星辰總部

總論部

題解

《易經·繫辭上》 在天成象，在地成形，變化見矣。

《尚書·堯典》 乃命羲和，欽若昊天，曆象日月星辰，敬授人時。

《尚書·洪範》（漢·孔安國傳） 五紀：一曰歲，所以紀四時。二曰月，所以紀一月。三曰日，紀一日。四曰星辰。二十八宿迭見以敘氣節，十二辰以紀日月所會。

《慎子》 氣積於陰，而其魄含景者，謂之月。體生於地，精浮於天者，謂之星。經星則麗天而左行。

《穀梁傳》 列星曰恒星，亦曰經星。

又 夏，四月辛卯昔，恒星不見。恒星者，經星也。

漢《河圖括地象》 巛德布精，上爲衆星。

漢·劉安《淮南子》卷三《天文訓》 星辰者，天之期也。

又 天有九野，九千九百九十九隅，去地五億萬里。五星、八風、二十八宿、五官、六府、紫宮、太微、軒轅、咸池、四守、天阿。

又 天地之襲情爲陰陽，陰陽之專情爲四時，四時之散情爲萬物；積陽之熱氣生火，火氣之精者爲日；積陰之寒氣爲水，水氣之精者爲月；日月之淫精爲星辰。

漢·司馬遷《史記》卷二七《天官書》 星者，金之散氣，（其）本曰火。星衆，國吉；少則兇。

漢·劉熙《釋名》卷一《釋天》 星，散也，列位布散也。

漢·張衡《靈憲》 星者，體生於地，精成於天，列居錯峙，各有攸屬。中外之官常明者百有二十，可名者三百二十，爲星二千五百，微星之數蓋一萬一千五百二十。庶類蠢蠢，咸得繫命，不然，何以總而理諸？

漢·毛亨《毛詩注疏》卷一六 桓二年《左傳》曰：三辰旂旗，昭其明也。服虔云：三辰，日月星也。謂之辰者，辰時也。日以照晝，月以照夜，星則運行於天。民得取其時節，故謂之辰也。

漢·許慎《說文·晶部》 萬物之精，上爲列星。

漢·班固《白虎通德論》卷八 所以名之爲星何？星者，精也。

漢·班固《漢書》卷二六《天文志》 凡天文在圖籍昭昭可知者，經星常宿中外官，凡百一十八名，積數七百八十三星，皆有州國官宮物類之象。

又 星者，金之散氣爲星，其本曰人。

又 漢者，亦金散氣，其本曰水。

三國吴·徐整《三五曆記》 星者，元氣之英，水之精也。

晉·楊泉《物理論》 星者，元氣之英也，漢水之精也。氣發而昇，精華上浮，宛轉隨流，名之曰天河，一曰雲漢，衆星出焉。

又 日月之精爲星辰，星辰生於地。

又 星，元氣之英，日精也。二十八宿度數有常，故謂恒星。

宋·邵雍《皇極經世書》卷一四 陽中之陰，月也。以其陽之類，故能見于晝。陰中之陽，星也，所以見於夜。陰中之陰，辰也，天壤也。

又 星爲日餘，辰爲月餘。星之至微如塵沙者，隕而爲堆阜。

宋·鮑雲龍《天原發微》卷八 經星是陽氣之餘凝結者，閃爍開合，其光不定。

又 邵子曰：陰中之陽，星也。星之至微如塵沙者，隕爲堆阜。又曰：星隕地爲石。

論說

清·李善蘭、偉烈亞力《談天》卷一五《恒星》 天空除日行星彗月之外，尚有無數光體，大小明暗不等，而相與成方位有一定，永不變亂，故名之曰恒星。然其中亦多有遲遲行者，非精測久測不能覺也。

《列子·天瑞》 日月星宿，亦積氣中之有光耀者，只使墜亦不能有所中傷。

漢·桓寬《鹽鐵論》卷九 常星猶公卿也，衆星猶萬民也，列星正則衆星齊，常星亂則衆星墜矣。

宋·王應麟《六經天文編》卷上　四仲中星　春則以胃加酉，夏則以柳加酉，秋則以氐加酉，冬則以虛加酉。中星各見於午位。《正義》曰：四方皆有七宿，各成一形。東方成龍形，西方成虎形，皆南首而北尾；南方成鳥形，北方成龜形，皆西首而東尾。天道左旋，日體右行，故星見之方與四時相逆。春則南方見，夏則東方見，秋則北方見，冬則西方見。何承天曰：《堯典》曰永星火、以正仲夏，今季夏則火中。宵中星虛、以殷仲秋，今季秋則虛中。爾來二千七百餘年，以中星檢之，所差二十七八度，則堯冬至日在須女十度左右也。漢《太初曆》冬至在牽牛初，後漢《四分》及魏《景初》法同在斗二十一。林氏曰：鳥、火、虛、昴皆是分至之昏見於南方直正午之中星。而孔氏謂七星畢見，不以爲中星。王肅覺其非，遂謂宅嵎夷孟月也。日中、日永、宵中，仲月也，鳥、火、虛、昴，季月也。此説並與天象偶合，然分孟、仲、季，非書之意，蓋不知曆家有歲差之法，以《月令》日在某宿而求之，所以不合。按曆家自北齊向子信始知歲差之法，故以曆推之，凡八十餘年差一度。《月令》日在某宿比之堯時則已差矣，故唐一行云「月在虛一則星火星昴皆以仲月昏中」，而沈存中亦云「《堯典》曰短星昴，今乃日短星東壁。」朱氏曰：中星或以象言，或以次言，或以星言者，蓋星適當昏中，則以星言，如星虛、星昴是也。星不當中，而適當其次者，則以次言，如尾、火是也。次不當中，而適界於兩次之間者，則以象言，如星鳥是也。聖人作曆，推攷參驗以識四時中星，其立言之法詳密如此。又按，堯冬至日在虛，昏中昴。今日在斗，昏中壁，而中星古今不同者，蓋天有三百六十五度四分度之一，歲有三百六十五日四分日之一，天度四分之一而有餘，歲日四分之一而不足，故天度常平運而舒，日運常内轉而縮，天漸差而西，歲漸差而東，此即歲差之由。唐一行所謂歲差者，日與黄道俱差者是也。古曆簡易，未立差法，但隨時占候修改以與天合。至東晉虞喜始以天爲天、以歲爲歲，乃立差法以追其變，約以五十年而退一度。何承天以爲太過，乃倍其年，而又反不及。至隋劉焯取二家中數，爲七十五年，蓋爲近之，而亦未爲精密也。堯時昏旦星中於午，《月令》差於未，漢晉以來又差，今比堯舜時似差及四分之一。陳氏曰：《書》之所言皆昏星也。《書》於仲夏舉房心，火，房心也。而《月令》舉亢。《書》於仲秋舉虛，而《月令》舉牛。《書》於仲冬舉昴，而《月令》舉壁。則《書》之中星常在後，而《月令》中星常在前。蓋《月令》舉月，本《書》舉月中也。鄭氏曰：二十八宿環列於四方，隨天而西轉。四方雖有定星，而星無定居，各以時見於南方。天形北傾，故北極居天之中，而常在人北。二十八宿常半隱半見，日東行歷十八宿，故隱見各有時，必於南方攷之。惟仲春之月四方之星各居其位，故星火在東，星鳥在南，星昴在西，星虛在北。至仲夏則鳥轉而西，火轉而南，虛轉而東，昴轉而北。至仲秋則火轉而西，虛轉而南，昴轉而東，鳥轉而北。至仲冬則虛轉而西，昴轉而南，鳥轉而東，火轉而北。來歲仲春則鳥又轉而南矣，循環無窮。《堯典》考中星以正四時甚簡而明，異乎《吕令》之星舉月本也。方氏曰：《書》言分至之所中，《月令》言昏旦之所中。彼以時爲主，此以月爲主，然見於南方則一也。

《堯典》日星、《月令》日星、秦曆断取近距，以乙卯岁正月。《唐月令》日星已巳合朔立春为上元，七曜俱在营室。

	孟春日在營室，昏參中，旦尾中。	正月節，日在虛，昏昴中，曉心中，斗建寅初。中氣，日在危，昏畢中，曉尾中，斗寅中。
日中星鳥	仲春日在奎，昏弧中，旦建星中。	二月節，日在營室，昏東井中，曉箕中，斗卯初。中氣，日在奎，昏東井中，曉南斗中，斗卯中。
	季春日在胃，昏七星中，旦牽牛中。	三月節，日在婁，昏柳中，曉南斗中，斗辰初。中氣，日在胃，昏張中，曉南斗中，斗辰中。
	孟夏日在畢，昏翼中，旦婺女中。	四月節，日在昴，昏翼中，曉牽牛中，斗巳初。中氣，日在畢，昏軫中，曉須女中，斗巳中。
日永星火	仲夏日在東井，昏元中，旦危中。	五月節，日在參，昏角中，曉危中，斗午初。中氣，日在東井，昏亢中，曉營室中，斗午中。
	季夏日在柳，昏火中，旦奎中。	六月節，日在東井，昏氐中，曉東壁中，斗未初。中氣，日在柳，昏尾中，曉奎中，斗未中。
	孟秋日在翼，昏建星中，旦畢中。	七月節，日在張，昏尾中，曉婁中，斗申初。中氣，日在張，昏箕中，曉昴中，斗申中。
宵中星虛	仲秋日在角，昏牽牛中，旦觜觿中。	八月節，日在翼，昏南斗中，曉畢中，斗酉初。中氣，日在軫，昏南斗中，曉東井中，斗酉中。
	季秋日在房，昏虛中，旦柳中。	九月節，日在角，昏牽牛中，曉東井中，斗戌初。中氣，日在氐，昏須女中，曉柳中，斗戌中。
	孟冬日在尾，昏危中，旦七星中。	十月節，日在房，昏虛中，曉張中，斗亥初。中氣，日在尾，昏危中，曉翼中，斗亥中。
日短星昴	仲冬日在斗，昏東壁中，旦軫中。	十一月節，日在算，昏營室中，曉軫中，斗子初。中氣，日在南斗，昏東壁中，曉角中，斗子中。
	季冬日在婺女，昏婁中，旦氐中。	十二月節，日在南斗，昏奎中，曉亢中，斗丑初。中氣，日在須女，昏婁中，曉氐中，斗丑中。

馬融、鄭玄以爲星鳥、星火謂正在南方。春分之昏七星中，仲夏之昏心星中，秋分之昏虚星中，冬至之昏昴星中，皆舉正中之星，不爲一方盡見。夏氏曰：仲春之月日在昴，入於西地，初昏之時鶉火之星見於南方正午之位。當是時也，晝五十刻，夜五十刻，晝夜相等，故曰「日中」。又云：星鳥者，蓋是時朱鳥亦見南方。不言鶉火而言星鳥，舉四象也。仲夏之月，日在星，入於西地，初昏之時大火見於南方正午之位。當是時也，晝長夜短，晝六十刻，夜四十刻，故謂之「日永星火」，此舉十二次也。仲秋之月，日在心，入於西地。初昏之時虚星見於南方正午之位。當是時也，晝夜分，晝五十刻，夜五十刻，故謂之「宵中星虚」。仲冬之月，日在虚，入於西地，初昏之時昴星見於南方正午之位。方是時也，晝短夜長，晝四十刻，夜六十刻，故謂之「日短星昴」，此舉二十八宿也。賈逵曰：《太初曆》冬至日在牽牛初者，牽牛初星也。古黄帝、夏、殷、周、魯冬至日在建星，建星即今斗星也。蔡邕曰：《顓帝曆術》曰天元正月己巳朔旦立春，俱以日月起於天廟營室五度，今《月令》孟春之月日在營室。王孝通詰傅仁均曰：日短星昴，以正仲冬。七宿畢見，舉中宿言耳，舉中宿則餘星可知。仁均專守昴中，執文害意，不亦謬乎？又《月令》仲冬昏東壁中，明昴中非爲常準。若堯時星昴昏中，差至東壁。然則堯前七千餘載，冬至昏翼中，日應在東井。井極北，去人最近，故暑。斗極南，去人最遠，故寒。寒暑易位，必不然矣。仁均對曰：宋祖冲之立歲差，隋張胄玄等因而修之。雖差數不同，各明其意。孝通未曉，乃執南斗爲冬至常星。夫日躔宿度如郵傳之過，宿度既差，黄道隨而變矣。《大衍曆議》曰：夏曆十二次，立春日在東壁三度，於《太初》星距壁一度太也。《顓頊曆》上元甲寅歲正月甲寅晨初合朔立春七曜皆直艮維之首。蓋重黎受職於顓頊，九黎亂德，二官咸廢，帝堯復其子孫，命掌天地四時，以及虞夏，故本其所由生，命曰《顓頊》，其實夏曆也。湯作《殷曆》，更以十一月甲子合朔冬至爲上元，周人因之，距羲和千祀，昏明中星率差半次。夏時直月節者，皆當十有二中，故因循夏令。其後吕不韋得之，以爲秦法，更考中星，斷取近距，以乙卯歲正月己巳合朔立春爲上元。《洪範傳》曰：歷記始於《顓頊》上元太始閼逢攝提格之歲，畢陬之月，朔日己巳立春，七曜俱在營室五度是也。角至箕爲蒼龍，凡七十五度。斗至壁爲玄武，凡九十八度四分度之一。奎至參爲白虎，凡八十度。井至軫爲朱雀，凡百一十度。總爲三百六十五度四分度之一。日日行一度，月日行十三度十九分度之七。正月會於亥，其辰爲陬訾。二月會戌，爲降婁。三月會酉，爲大梁。四月會申，爲實沈。五月會未，爲鶉首。六月會午，爲鶉火。七月會巳，爲鶉尾。八月會辰，爲壽星。九月會卯，爲大火。十月會寅，爲析木。十一月會丑，爲星紀。十二月會子，爲玄枵。

又　經星，三垣，二十八舍，中外官星是也，計二百八十三官，一千五百六十五星，其星不動。三垣，紫微、太微、天市垣也。二十八舍，東方七宿，角、亢、氐、房、心、尾、箕，爲蒼龍之體；北方七宿，斗、牛、女、虚、危、室、壁，爲靈龜之體；西方七宿，奎、婁、胃、昴、畢、觜、參，爲白虎之體；南方七宿，井、鬼、柳、星、張、翼、軫，爲朱雀之體。中外官星，在朝象官，如三台、諸侯、九卿、騎官、羽林之類是也。在野象物，如雞、狗、狼、魚、龜、鼈之類是也。在人象事，如離宫、閣道、華蓋、五車之類是也。其餘因義制名，觀其名則可知其義也。經星皆守常位，隨天運轉，譬如百官萬民各守其職業而聽命於七政。

宋・王應麟《六經天文編》卷下　三星在天

毛以爲三星者，參也。首章言在天，謂始見東方十月之時，故王肅述毛云三星在天謂十月也。在天既據十月二章，在隅謂在東南隅，又在十月之後也。謂十一月、十二月也。卒章在户言參星正中直户，謂正月中也。故《月令》孟春之月，昏參中，是參星直户，在正月中也。鄭以爲三星者，心也，一名火星。凡嫁娶者以二月之昏火星未見之時爲之。首章言在天，謂昏而火星始見東方，三月之末、四月之中也。二章言在隅又晚於在天，謂四月之末、五月之中也。卒章言在户，又晚於在隅，謂五月之末，六月之中。故《月令》季夏之月昏火中，是六月之中心星直户也。朱氏曰：三星，心也。在天昏始見於東方，建辰之月也。李氏曰：仲春之月心星未見，至三月、四月則見而在東方。左氏曰：火出於夏爲三月，《周官》季春出火，言三月之時，已失其時矣，況於在隅、在户乎？在隅則四月之末、五月之中，在户則五月之末、六月之中。《月令》曰仲夏之月昏心中是也。鄭以三星爲心星則可，若以心爲有尊卑、夫婦、父子之象，則其説鑿矣。吕氏曰：三星見則非昏姻之時，在天、在隅、在户，隨所見而互言之，不必以爲時之先後。

七月流火

《左傳》張趯曰：火星中而寒暑退。服虔云：火，大火，心也。季冬十二月平旦正中在南方，大寒退；季夏六月黄昏火星中，大暑退，是火爲寒暑之候。又曰火猶西流，謂火下爲流。朱氏曰：火以六月之昏加於地之南方，至七月之昏則下而西流矣。曹氏曰：季夏昏正在於南方，暑已極矣。過是而流，流則暑退，故「七月流火」也。至九月流盡而伏於戌，寒氣始勝。王氏曰：《七月》九月一之日、二之日何也？陽生矣則言日，陰生矣則言月。與《易》臨「至于八月，有凶」、復「七日來復」同意。然則四月正陽也，秀葽言月何也？秀葽以言陰生也，陰始於四月，生於五月，而於四月言陰生者，氣之先至者也。胡氏曰：星辰之運，始則見於辰至未，然後得其中，至於申則流，至於戌則伏。《傳》言「火見於辰」，又以大火爲大辰，又以日月星爲三辰，豈非日月星辰至於辰而畢見故邪？《詩》言「定之方中」，《左傳》言「火星中而寒暑退」，及《月令》所紀昏旦中星，非他取也，取其中於未耳。《詩》言「七月流火」，豈非至申則流歟？《傳》言「火伏於戌」，豈非至戌則伏歟？餘星皆類此。然《堯典》特取其見於午者，何哉？蓋聖人南面而聽天下，以答陽爲義也。

又　大東衆星

朱氏曰：「漢」，天河也。「跂」，隅貌。「織女」，星名，在漢旁，三星跂然如隅也。「七襄」未詳，《傳》曰反也，《箋》云駕也。駕謂更其肆也。蓋天有十二次，日月所止舍，所謂肆也。經星一晝一夜左旋一周而有餘，則終日之間自卯至酉，當更七次也。「睆」，明星貌。「牽牛」，星名。「服」，駕也。「箱」，車箱也。「啓明」、「長庚」，皆金星也。以其先日而出，故謂之「啓明」；以其後日而入，故謂之「長庚」。蓋金、水二星常附日行，而或先或後，但金大水小，故獨以金星爲言也。「天畢」，畢星也，狀如掩兔之畢。「行」，行列也。「箕」、「斗」二星，以夏秋之間見於南方。云北斗者，以其在箕之北也。或曰北斗常見不隱者也。「翕」，引也，舌下二星也。南斗柄固指西，若北斗而西柄，則亦秋時也。

歐陽氏曰：譚人仰訴於天，言我民困矣。天之雲漢有光，亦能下監我民乎？其不言日月之明而言雲漢之光者，謂不能下監也。天雖有織女，不能爲我織而成章。雖有牽牛，不能爲我駕車而輸物。雖有啓明、長庚，不能助日爲晝，俾我營作。雖有天畢，不能爲我掩捕鳥獸。雖有箕，不能爲我簸揚糠粃。雖有斗，不能爲我挹酌酒漿。箕斗非徒不可用而已，箕引其舌，反若有所噬；斗西其柄，反若有所挹取於東也。李氏曰：《爾雅》曰明星謂之啓明。孫炎曰：明星，太白也。出東方，高三舍。今曰太白。觀此則啓明即是太白也，長庚不知是何星。毛氏云只是一星，故後世亦以長庚爲太白。鄭漁仲乃謂：啓明，金星。長庚，水星。金在日西，故日將出則東見；水在日東，故日將没則西見。又似是二星，不得渾而爲一也。唐盧仝《月蝕詩》歷言星辰不救月蝕之事，其體制正類此詩。劉氏曰：金星朝在東，所以啓日之明；夕在西，所以續日之長。

又　雲漢

楊泉《物理論》云：漢，水之精也，氣發而昇，精華浮上，宛轉隨流，名曰天河，一曰雲漢。《埤雅》曰：萬物之精上爲列星，河精上爲天漢。《詩》曰：「倬彼雲漢，昭回于天」，言水氣之在天爲雲，水象之在天爲漢。今皆倬然昭明，回轉於上，則非雨之候也。又曰：「瞻卬昊天，有嘒其星」，言旱久而繁星備見，則尤非雨之候也。且其正言昊天，則夏之時也。以今觀之，炎夏旱暵而熱，則小星森布始碁。星，陽之精也。陽盛而亢，則星稠於上，其理然也。

又　星辰

疏云：五緯即五星，言緯者，二十八宿隨天左轉爲經，五星右旋爲緯。星備云：五星初起牽牛。此云星明是五緯。又星備云：歲星一日行十二分度之一，十二歲而周天。熒惑日行三十三分度之一，三十三歲而周天。鎮星日行二十八分度之一，二十八歲而周天。太白日行八分度之一，八歲而周天。辰星日行一度，一歲而周天。是五緯所行度數之事。二十八星面有七，不當日月之會，直謂之星。若日月所會，則謂之宿，謂之辰，謂之次，亦謂之房。故《書》云：辰弗集于房。朱氏曰：緯星，陰中之陽。經星，陽中之陰。

宋・魏了翁《尚書要義》卷一　中星更互在南。《書傳》取張、火、虚、昴四方中星者，二十八宿布在四方，隨天轉運，更互在南方，每月各有中者。《月令》每月昏旦惟舉一星之中，若使每日視之，即諸宿每日昏旦莫不常中。中則人皆見之，故以中星表宿四方中星，總謂二十八宿。或以《書傳》云主春者張，昏中可以種穀；主夏者火，昏中可以種黍；主秋者虚，昏中可以種麥；主冬者昴，昏中可以收斂。皆云上告天子，下賦臣人。天子南面而視四方星之中，知人緩急，故曰「敬授人時」，謂此四方中星如《書傳》之説。孔於虚昴諸星本無取中之事，用《書傳》爲孔説，非旨矣。

元・馬端臨《文獻通考》卷二八〇《象緯考三》　天漢起没

天河亦一名天漢，起自東方箕、尾間。遂乃分爲南北道，南經傳説入魚淵，開籥戴弁鳴河鼓。北經龜宿貫箕邊，次絡斗魁冒左旗，又合南道天津湄。二道相合西南行，分夾匏瓜絡人星，杵畔造父騰蛇精，王良附路閣道平。登此太陵泛天船，直到卷舌又南征。五車駕向北河南，東井、水位入吾驂。水位過了東南游，經次南河向闕邱。天狗、天紀與天稷，七星南畔天河没。

天漢起東方，經箕、尾之間，謂之天河，亦謂之漢津。乃分爲二道：其南經傳説、魚、天籥、天弁、河鼓，其北經龜，貫箕下，次絡南斗魁、左旗，至天津下而合南道。乃西南行，又分夾匏瓜，絡人星、杵、造父、騰蛇、王良、附路、閣道北端，太陵、天船、卷舌而南行，絡五車，經北河之南，入東井、水位而東南行，絡南河、闕邱、天狗、天紀、天稷，在七星南而没。張衡云，津漢者，金之氣也。其本曰水，漢中星多則水，星少則旱。《中興天文志》：石氏云：「天漢，蓋天一所生凝毓而成者，天所以爲東南西北，襟帶之限也。天下河漢之源，蓋出於此。故河漢者亦地所以爲東南西北之限也。」漢張氏云：「八極之維，徑二億三萬一千三百里，南北則短減千里，東西則廣增千里。自地至天，半於八極，則地之深亦如之。」唐袁氏云：「以是觀之，天漢越東北，而止西南，其修徑可知矣。」

明・李翀《天文書》卷一　第八門　説雜星性情

凡雜星數多，亦有與五星性情相類者，其星本無一定性情，或如金星者，或如土星者，或如木星者，或微如太陰太陽性情者。雜星大小有六等，有大顯者，有微顯者。其大顯者乃第一等、第二等，并第三等最大之星。凡人作一事，看此時東方是何宫分出地平環上，呼爲命宫。却看命宫或第十宫有何大顯雜星在其上。又遇太陽太陰或木星或福星在上，又看雜星與何星性同，大相助福也。若雜星與兇星性同者，則其事先吉後兇。若雜星與吉星性同者，則始終皆吉。雜星内有一等星至兇。凡一切事，或人命限遇此星，則事不吉，人命夭。若人要行一事，看此時東方是何宫分出地平環上，以此爲命宫。却看命宫主星并太陰在何宫分，看所求何事，以何星爲主，如求官，則以太陽爲主，即看太陽與太陰并命主星，或三合六合吉照，則事成矣。又看雜星得力者與太陰或命主星性情相同者，或同度，則事必成，且快利。今將雜星内選出光顯有爲者三十星，各星屬何宫分，係何等第，是何性情，屬何方緯度，及三十星内兇星有幾箇，具列于後。雜星三十，其一是人坐椅子象上第十二星，在白羊宫第二十度七分，屬黄道北，係第三等星，有金土二星之性。其二是金牛象上第十四星，在金牛宫二十度四十分，屬黄道南，係第一等星，有火星之性，兇。其三是人提猩猩頭象上第十二星，在金牛宫十二度四十分，屬黄道北，係第二等星，有火水二星之性，兇。其四是人提猩猩頭象上第七星，在金牛宫第十七度五十分，屬黄道北，係第二等星，有火水二星之性，兇。其五是人拿拄杖象上第一星，在陰陽宫第十度，屬黄道南，係第六等最小星，有水火二星之性，兇。其六是人拿拄杖象上第四星，在陰陽宫第十五度，屬黄道南，係第一等星，有水土二星之性，兇。其七是人拿拄杖象上第五星，在陰陽宫第七度五分，屬黄道南，係第二等星，有土木二星之性。其八是人拿拄杖象上第二十九星，在陰陽宫第十度二十分，屬黄道南，係第一等星，有木土二星之性。其九是人拿拄杖象上第三十七星，在陰陽宫第二度三分，屬黄道南，係第一等星，有木土二星之性。其十是人拿馬牽胷象上第三星，在陰陽宫第八度，屬黄道北，係第一等星，有火水二星之性。其十一是人拿馬牽胷象上第四星，在陰陽宫第十五度五十分，屬黄道北，係第二等星，有火水二星之性。其十二是大犬象上第一星，在巨蠏宫初度四十分，屬黄道南，係第一等星，有木星性，微兼火星性。其十三是小犬象上第二星，在巨蠏宫第十二度一十分，屬黄道南，係第一等星，有水星性，又微有火星性。其十四是兩童子并立象上第一星，在巨蠏宫第六度二十分，屬黄道北，係第二等星，有水星之性。其十五是兩童子并立象上第二星，在巨蠏宫第九度四十分，屬黄道北，係第二等星，有火星之性。其十六是大蠏象上第一星，在巨蠏宫第二十三度二十分，屬黄道北，係第六等最小星，有火星太陰之性，兇。其十七是獅子象上第六星，在獅子宫第十五度一十分，屬黄道北，係第二等星，有土星性，又微有火星之性，兇。其十八是獅子象上第八星，在獅子宫第十六度一十分，屬黄道北，係第一等星，有火星性，又微有木星性，兇，又云不甚兇。其十九是獅子象上第二十七星，在雙女宫第七度三十分，屬黄道北，係第一等星，有土金二星之性。其二十是人呼呌象外第一星，在天稱宫第十度，屬黄道北，係第一等星，有水土二星之性。其二十一是婦人有兩翅象上第十四星，在天稱宫第九度四十分，屬黄道南，係第一等星，有金星性，微有水星之性。其二十二是缺椀象上第一星，在天稱宫第二十七度四十分，屬黄道北，係第二等星，有金水二星之性。其二十三是蝎子象上第八星，在天蝎宫第二十五度四十分，屬黄道南，係第二等星，有火星性，微有木星之性，兇。其二十四是蝎子象上第二十星，在人馬宫第十四度一十分，屬黄道南，係第六等最小星，有太陽、火星之性，兇。其二十五是人彎弓騎馬象上第七星，在人馬宫第二十八度一十分，屬黄道北，係第六等最小星，有土水二星之性，兇。其二十六是龜象上第一星，在磨羯宫初度二十分，屬黄道北，係第一等星，有金水二星之性。其二十七是飛禽象上第三星，在磨羯宫第十六度五十分，屬黄道北，係第二等星，有火木二星之性。其二十八是寶瓶象上第四十二星，在寶瓶宮第二十度，屬黄道南，係第一等星，有土水二星之性。其二十九是雞象上第五星，在寶瓶宮第二十二度一十分，屬黄道北，係第二等星，有金水二星之性。其三十是大馬象上第三星，在雙魚宮第十五度一十分，屬黄道北，係第二等星，有火水二星之性，兇。已上星數是三百九十二年之前度數，如此其星皆往東行，一年行五十四秒，十年行九分，六十六年行一度，觀者依此推之。

第九門　説十二宮分爲三等

白羊與天稱二宮，太陽到此，晝夜停。自白羊宮至雙女宮爲北六宮，天稱宮至雙魚宮爲南六宮。入白羊宮轉北，入天稱宮轉南。太陽至巨蠏宮初度後，漸轉於南，至磨羯宮初度，漸轉於北，此四宮皆呼爲轉宮。金牛宮、獅子宮、天蝎宮、寶瓶宮，此四宮呼爲定宮。陰陽宮、雙女宮、人馬宮、雙魚宮，此四宮呼爲二體宮。白羊宮、金牛宮、陰陽宮屬春，巨蠏宮、獅子宮、雙女宮屬夏，天稱宮、天蝎宮、人馬宮屬秋，磨羯宮、寶瓶宮、雙魚宮屬冬。

第十門　説十二宮分陰陽晝夜

白羊宮屬陽，屬晝，金牛宮屬陰屬夜，陰陽宮屬陽，屬晝，巨蠏宮屬陰，屬夜，獅子宮屬陽，屬晝，雙女宮屬陰，屬夜，天稱宮屬陽，屬晝，天蝎宮屬陰，屬夜，人馬宮屬陽，屬晝，磨羯宮屬陰，屬夜，寶瓶宮屬陽，屬晝，雙魚宮屬陰，屬夜。又一云：命宮至第十宮爲陽，第七宮至第四宮亦爲陽，其餘六宮屬陰。

第十一門　説十二宮分性情

白羊宮、獅子宮、人馬宮，三宮屬火。金牛宮、雙女宮、磨羯宮，三宮屬土。陰陽宮、天稱宮、寶瓶宮，三宮屬風。巨蠏宮、天蝎宮、雙魚宮，三宮屬水。火與風屬陽，屬晝，土與水屬陰，屬夜。

第十二門　説十二宮分度數相照

凡宮分相照者，隔六宮一百八十度呼爲相衝，隔四宮一百二十度呼爲三合，隔三宮九十度呼爲二弦，隔兩宮六十度呼爲六合。相衝照係相離讎恨，兇。二弦照比相衝減半兇。三合照主和睦親厚，吉。六合照比三合減半吉。若一星在白羊宮二度，與雙魚宮二十八度同。一星在人馬宮二十八度，與磨羯宮二度同。一星在陰陽宮二十八度，與巨蠏宮二度同。一星在雙女宮二十八度，與天稱宮二度同。白羊宮初度至雙女宮末度屬北道，高係昇上。天稱宮初度至雙魚宮末度屬南道，低係降下。

第十三門　説七曜所屬宮分

獅子宮屬太陽，巨蠏宮屬太陰。與二宮相對者，寶瓶宮、磨羯宮屬土星。因土星性情與太陽、太陰相拗。土星輪下是木星，因此人馬宮緊依磨羯宮，雙魚宮緊依寶瓶宮，此二宮屬木星。白羊宮與天蝎宮屬火星，天蝎宮緊依人馬宮，白羊宮緊依雙魚宮。金牛宮與天稱宮屬金星，金牛宮緊依白羊宮，天稱宮緊依天蝎宮。陰陽宮與雙女宮屬木星，陰陽宮緊依金牛宮，雙女宮緊依天稱宮。木星二宮與太陰太陽宮分三合照。金星二宮與太陰太陽宮分六合照。土星二宮與太陰太陽宮分相衝照。火星二宮與太陰、太陽二弦相照。各星在本宮有力，在對照宮無力。

又　第十五門　説三合宮分主星

凡十二宮分均分作四分，每分三宮，呼爲三合。白羊宮、獅子宮、人馬宮屬火，屬東北方，主星晝太陽、木星，夜木星、太陽，晝夜相助者土星。金牛宮、雙女宮、磨羯宮屬土，屬東南方，主星晝金星、太陰，夜太陰、金星，晝夜相助者火星。陰陽宮、天稱宮、寶瓶宮屬風，屬西南方，主星晝土星、水星，夜水星、土星，晝夜相助者木星。巨蠏宮、天蝎宮、雙魚宮屬水，屬西北方，主星晝火星、金星，夜金星、火星，晝夜相助者太陰。三合主星，如火局：太陽性熱燥，木星性熱潤，土星性寒燥，故以解太陽、木星之性。寒以解熱，燥以解潤，故平和。土局：金星性熱而潤，潤多於熱。太陰性潤，火星性極燥，燥以解潤，故平和。風局：土星性寒燥，木星性熱而潤，水星性隨土木之性，木性熱潤解土星寒燥，以此平和。水局：火性極燥，金星性熱而潤，潤多於熱，太陰性極潤，以解火金之燥熱，故平和。又但是有人烟生物之處，亦分作四分，從中道上緯度往北分起，至緯度六十六度處止。經度自東海邊至西海邊，一百八十度。經緯取中處緯度三十三度，經度九十度，東西南北共分爲四分。但是地方緯度三十三度以下、經度九十度以下者，此一分屬東南。若緯度三十三度以下、經度九十度之上者，此一分屬西南。若緯度三十三度以上、經度九十度之下者，此一分屬東北。若緯度三十三度之上、經度九十度之上者，此一分屬西北。

又　第二十門　説各星力氣

凡各星力氣有三等，一等是本體之力，一等是相助之力，一等是福氣之力。本體力者，各星在本宮，或廟旺宮，或三合，或在分定度數，或在喜樂宮。或一宮均分作三分，每分十度，其星在本度上，皆是各星本體有力氣處位分。此是總論如此，若人求見君上，或求名分，或干係官事，其星在廟旺宮，勝；如在本宮，利且吉。其餘一切求請皆依此論。凡星在本宮，如人在本宅房屋内安居。若星在廟旺宮，如人在高貴位上坐。若星在三合，如人得志，諸事吉，得人相助。若星在各宮分定度數上，如人在親戚處居住。若星在每宮分三分之一度數上，如人在自己田產内。若星在喜樂宮，如人在喜樂之處。若屬陽之星晝在地上，屬陰之星夜在地上，如人與親戚朋友相會之喜。此各星本體之力也。又一説，如各星在昇高度數上，有力。九十度之下爲昇高，有力。九十度以上爲降，無力。如太陽在巨蟹宮初度爲最高處，木星在天稱宮第二度爲最高處之類，其餘以此推之。又一説，各星順行疾爲有力，土、木、火先太陽東出，有力。金、水後太陽西入，有力。又星在緯度黄道北漸往北行時，有力。以上皆説各星本體之力，次言相助之力者。若一星在四正中之一位，其第二位係相助本星之位。若星在四正宮或相助之宮爲有力，最有力者是命宮，其次第十宮，其次第七宮，其次第四宮，其次第十一宮，其次第五宮，其次第九宮，其次第三宮，其次第二宮，其次第八宮。唯第六宮並第十二宮是至弱宮，無力。以上亦是總説。若人求一公事，官禄宮主星有力於命宮主星者，吉。其餘宮分以此例推之。第三言福氣之力者，若一星遇吉星，其吉星又順行，或吉星遇本星，皆爲受喜。又前後宮分或度數又遇吉星，此爲全吉。若一星在命宮，又有吉星在第二宮，又有吉星在第十二宮，謂之拱夾有力，吉。本體與相助者皆有力也，凡人命入此格，爲大貴大賢之人。若人命宮前後遇兇星拱夾者，爲低微至賤之人。大凡要知人有聰明識見並身體安寧者，須看命主星有本體之力。要見人有聲名者，須看命主星有相助之力。要論財帛，却看財帛宮主星。若財帛宮主星有本體之力，主有財得受用。若得相助之力，亦主有財，其財不得受用。若一星在命宮，一星在第十宮，第十宮之星旺，高於命宮之星。若星在第十一宮，雖高且旺，比第十宮爲次也。若一星在本輪小輪上，近高，比其餘星在小輪下者爲有力。

第二十一門　説命宮等十二位分

凡看各星在何宮分，一命宮者何謂？言人初生時，看東方是何宮分出地平環上，即爲命宮。命宮係人性、體、壽數一切創生之事。第二宮係人生財帛、衣禄、生理相濟助並未來之事。第三宮繫親近並相助之人，及兄弟、姊妹、親戚，及近出攤移之事。第四宮主父並田宅，並一切結末之事。第五宮主男女、喜樂、使客、信息、慶賀並收成五穀、菓木之類。第六宮係疾病、奴僕並小畜孳生。第七宮主祖並妻妾、婚姻、火伴並讎隙。第八宮係死亡、兇險並妻財。第九宮係遷移遠方諸事，更改並才學識見、夢寐之類。第十宮主官禄高貴並母。第十一宮主福禄並想望之事，又朋友之事。第十二宮係讎人爭競並牢獄及大畜頭匹等類。若一星在命宮前離安命度數五度以下，屬命宮。五度以上，不屬命宮，屬第十二宮。其餘宮分，一體推之，此取用之法，前賢多曾體驗如此。

明·熊明遇《格致草·辯》　天星平動非轉動辨

星非轉動，證乃在月。凡轉運者，必始繇一面，隨轉隨换，不得恒見一面。今觀月中班影，隨時隨處，象勢皆一，則月之與星並非轉運可知。然所謂星不自移者，第論各星本體之動，而非論五曜各輪之動。蓋渾天周動之外，五曜又各因本輪之動也。然星動雖平，星體却渾，大圜所含，具是渾象。

星動由地氣閃爍辨

列宿天至高，有時而芒角騰動，皆人眼從地氣中上窺，氣動目光，星光本自如也。若切近地平之星，比于中天者，其閃爍更倍，則以近地之游氣倍厚于中天。若昧爽，日未出數刻之前，地平之星躍動較他時更倍，亦地氣爲日光蒸起，倍厚于他時耳。故天將曉之候，較夜尤暗，日將出之處，比周天他處尤黑。曉行之人，繇此而知天之將旦，理可類推。

又　漢唐宋不知歲差之故辨

宋《中興天文志》曰：按《三統曆》日躔與《堯典》、《月令》不同，日行黄道每歲有差故也。江默謂歲差者，日躔于一歲之間，行周天度未及餘分，而日已至焉。故每歲常有不及之分。然歲差，古無有其法，漢洛下閎雖知《太初曆》八百年當差一度，後人未究其悉也。晉虞喜始覺之，曆家祖述其説，自唐堯至漢，自漢至本朝，冬至日躔，各各不同，然後知歲（星）差之法得天甚密，不可廢也。然嘗考歲差，諸説不同。宋《大明曆》以四十年差一度，失之太過。何承天倍其數，以百年退一度，又反不及。惟隋劉焯取二家中數，以七十五年退一度。故唐一行詳考三家，而知劉焯之爲尤近。遂以《大衍曆》推之，乃得八十三年而差一度。蓋《大衍》分一度爲三千四十分，其所差之分一歲三十有六太，積至八十三年則差一度，又不若本朝《紀元曆》以七十八年差一度爲最密也。即其法推之，慶曆甲申冬至，日在斗五度，上距唐開元甲子三百二十一年，日差五度，蓋《唐志》開元甲子日在赤道斗中一度是也。開元甲子上距漢太初元年丁丑八百二十七年，日差十度，蓋《唐志》以《開元大衍曆》歲差引而退之，則太初元年冬至，日在斗二十度是也。太初丁丑，上距秦莊襄王元年一百四十五年，日差二度，冬至日在斗二十二度。蓋《月令》云：日在斗是也。秦莊襄王元年，上距堯甲子二千二十八年，日差二十八度，冬至日在虚一度，日没而昴中，故《堯典》言日短星昴也。説者不知歲差之法，以《堯典》較之《月令》，逮于今日，不啻差一次，求其説而不可得，遂以爲節氣有初中之殊，又謂古以午爲中，皆失之遠矣。《宋志》如此云云，是漢、唐、宋以來言歲差者，衹于年分度數課疏密，竟未曉其所以差之故，由列宿天東行，二萬五千餘年而一周也。東行之天以黄道極爲軸，不獨有東西差，更因有南北差矣。

列宿天震動圖説辨

列宿一天，如木節在板，不似五星，另有附輪，宜其萬古行度畫一。乃精于候星者，或見其自南而北復日北而南，于東西出没地平之際候之，其度不常，謂

之一進一退之動，此春秋分之所以有南北差也。右旋之動，是其本動。左旋之動，是宗動天帶動。此進退一動，乃宗動之下列宿之上，有一天以赤道爲極，南北轉動不常，故帶此列宿天亦南北進退不常。愚謂宗動天健行，循南北極左旋，迅速不可思議。列宿天最近宗動，循黄道極右旋，彼此牽掣，未免微有震動之差。其差亦小，不似五星出入黄道，差至八度而遠，更不必于宗動下又設震動一天也。

明·熊明遇《格致草·河漢》　天漢

天漢兩交黄道，兩交赤道，旁過二極，皆一一相對，正與黄道相反，斜絡平分爲二故也。欲測其廣，無定數，大約兩至之外廣于兩至之中。從天津又分爲二，至尾宿復合爲一。過夏至圈，以井宿距星爲度，正切鶉首初度，過北極西距二十三度半前，過冬至圈，則星紀初度，約居其中，又轉至南極，東距亦二十三度半，而復就夏至，總爲過兩至，與黄道相反之斜圈也。其兩涯所過星宿，在赤道北則從四瀆始，南三星當其中，北一星不與焉。次水府，次井西四星切其左邊，天闕一星、五車口切其右。其右更前，積水在左，大陵從北第二星在右，王良所居在其中，若洲渚然。次天津，横截之兩端，平出其左右，河鼓中星在右，其對邊爲天市垣齊星，此赤道北兩涯所經諸星也。在赤道南者，以天井東星爲界，次斗第三星，次箕南二星。其對邊，則天市垣宋星，尾宿第一星，而入于常隱之界。迨過南極以來，復起于天稷，過弧矢、天狼，以至赤道，此爲赤道南所經諸星也。或問：天漢何物耶？曰：古人以天漢非星，不置諸列宿天之上，意其光與映日之輕雲相類，謂在空中月天之下，爲恒清氣而已。其實不然，以遠鏡窺之，明是無數小星。蓋因天體通明映徹，受諸星之光，并合爲一，直似清白之氣，與鬼宿中白之質、大陵積屍氣同理也。使其真爲清氣之類，與恒星天異體，安能亘古常存？其所當星宿，又安能古今寰宇覩若畫一哉？甚矣，天載之玄也。

渺論存疑

《河圖括地象》曰：河精上爲天河。《集林》曰：「昔有人尋河源，見婦人浣紗，問之，曰：此天河也。乃與一石而歸。問嚴君平，君平曰：此織女支機石也。凡烏鵲填河，七夕乞巧之事，皆謂人稗史語，不必信。

天河探穀價

每年逢七月七日，漢光必澹。里諺曰：天河去，探穀價。如六日、七日復回，則以定穀價六石、七石。此固可笑，而詞家稗説，遂有牛郎織女相會，烏鵲填橋之説，總屬不經。或曰：河到七夕，果澹六日、七日，果復明。其故爲何？曰：孟秋之月，日在星、張間，昏心中，房、心、尾、箕、斗、牛俱在漢内。初一日月合朔於星、張間，則月無光。月一日一夜行十三度强，行過六日，恰經歷翼、軫、角、亢，八十度而躔氐、房，正在漢中。月將上弦，其光漸盛，且房、心昏中，夜坐恒于更初，人易共見。月光既盛，遂掩奪漢光，人遂以爲七夕河去也。不見近月之星，非一、二等大星，便不可數乎？六七日後，月又行過房、心、尾、箕斗、牛八十餘度而躔女虚，距漢遠矣，故漢光復盛，此其理也。不獨七月，即他月，但月光躔在漢中，漢亦隨澹，如東井、輿鬼之間亦然，不獨房、心諸宿也。但未必值在更初，故人遂忽而不覺云。

明·熊明遇《格致草·星經》　南極諸星圖説

北京北極出地四十度，積減至閩粤以南，止出地二十四度。南極因之入地二十四度。則後圖南極左右前後諸星泛海者，見其煌煌爛爛，而《甘石星經》都所未載。人域是域，乃臺史目境所限，非天固私秘之專照海外也。華夷一統，萬

國梯航，白雉火珠，尚侈圖史，而況麗天之文曜，儒者可以目境自封，因仍巫咸之缺，使南極之光不燿于簡編乎？考《一統志·輿地圖》，凡屬國，越在萬里之外，皆得附載，何獨畧于天文？如海南諸國，近在襟帶，所見星辰，歷歷指掌，惟見向來，無象無名。今從徐太史翻譯原名，特爲圖表，俾普天之文曜，域于人目，不域于人心，亦熙朝盛事也。

查滿剌加國，處赤道下，南北二極，皆比地可測。春秋分，日正麗天頂；冬夏至，日距頂各二十三度有奇。彼人目境常見晝夜平，亦常見南北極麗天諸星無一隱者。從閩廣南行六千里，即其地，猶是中國閫閾之前，非蒙莊所云：「六合之外，可存而不論者也。」

後圖各星有麗東宮卯、辰、寅，北宮丑、子、亥，而缺西南二宮者，以各星距南極稍遠，西南二宮偶無星麗耳。若最後圓圖，老人星在鶉首，則南宮矣。其海石、金魚、飛鳥、小斗、附白諸曜，于南極甚近。近極星之度最細密，故十二宮皆有所麗，不得不爲圓圖也。

清·黄鼎《管窺輯要》卷二〇　中外官占

折威，詔獄卒。梗河，天梯。周鼎，神鼎，成王定鼎於郊，世年九百。天(日)〔田〕，天子畿内躬耕之田。平道，天子八達之道。招摇，胡人亦曰矛盾。天門，在角南，天子宴游出入處。平星，在角南，正紀綱，平獄訟。南門，在庫樓南，天子外門，主守兵禁。頓頑，獄中之吏，獄官。陣車，革車。亢池，渡水迎送，舟船津道。折威，主斷獄、棄市、刑戮。陽門，隘口，禦寇。騎官，天子宿衛、武騎、禁兵。騎陣將軍，統攝宗兵之首領。車騎，乃車騎陣之將。天乳，所降之甘露。從官，乃疾病之醫巫。日，太陽之精，昭明令德。積卒，掃除不祥。罰，主刑法。平，政令太平。曲而斜，賞罰不平。魚，在河中，知雲、雨、風氣，狀如雲，大而風，雨順，律吕。正火守主旱，在北大水。天江不欲明，明則有大水，江河漲溢。傳說，主後宫、女巫。龜，贊神明，定吉凶。糠，在箕舌口，主簸揚，給犬豕。糠粃明，即豐熟。不見，天下穀貴。暗小，爲饑荒。天籥，閉門户之鑰。杵，舂杵。狗，主守禦。農丈人，主農正官。明，則豐稔。暗小，民失業。織女，天女，主瓜菓、絲帛。天弁，入河中，辯別市上珍寶，乃市肆之老吏。東西咸，房之門户，防淫佚。漸臺，主晷漏、律吕之事。明則陰陽和，律吕正。河鼓，天軍之數，中央大星曰大將軍，左右小將軍。《左傳》曰：河鼓即名牽牛，與織女七月七日相見。天有象，以鵲爲橋，故每年七月六日天下鵲皆奔爲橋。當此二日，天下無鵲，至八日鵲來，皆頭上無毛，是其驗也。此每年七月七日相見。左右旗，爲河鼓旗表。輦道，乃太子游幸之道。天桴，知四時而擊鼓，知更漏。奚仲，主御車之官。天津，横於河中，一星不備，津道不通。瓠瓜，瓜菜屬，明即瓜瓠熟。羅堰，堤塘壩官。離珠，女子珍寶、珠石。九坎，溝渠通，泉達道。敗臼，人之本，庶人之占。不見，流離散亡。離瑜，婦人服餙。天壘，城北夷、丁零、匈奴之類。哭泣，乃哭泣事。人星，如人形狀，乃姦人、巧舌、辯事之人，不見，則姦人詐佞横行。司命，掌死喪。司禄，掌禄俸。墳墓，主兆域，以明葬禮。流星出入，有葬事。司危，掌市中樓閣安危。司非，伺侯内外察愆。天鈎，入河中，式道移徙，生地動。車府，車輦官。造父，御天子御馬官。杵臼，舂軍糧，供厨用。土公吏，主土功。虚梁，乃丘陵禱祀。蓋屋，乃蓋治屋官。天錢，庫藏制錢。附路，閣道之别道。天大將軍，統領兵武。卷舌，知讒佞，明則天下多口舌。南門，主河淮出入。左更、右更，乃牧養禽獸官。天溷，主糞穢溷厠。外屏，乃遮天溷陣穢。土司空，乃土功長吏。斧鑕，斬剉薦，飼牛羊。天倉，倉官也。小星衆多，倉廩盈。天廩，主畜積、倉廩。天陰，天子密謀羽獵。天囷，倉囷。天高，司陰陽候氣。積水，候水災，明則天下水溢。月，主蟾蜍，金火守，女主災。八魁，張羅捕禽官。北落師門，主北方蕃部之主。敗臼左右擁，蕃人部落叅佐。天綱，北落下，乃天子遊獵張綱。鐵鑕，行誅，拒難，刀斧。雲雨、霹靂、雷電，並爲陰陽氣擊，作風雨之應。螣蛇，如盤虫之狀，居河中，天蛇也。主北方水蟲風雨之司。天廄，天馬，外廄金火守，廄焚，馬死。離官，兩兩而居，乃天子之别官。大陵，主墓。天船，主船。天策，主僕御邊。王良，御車官。閣道，亦各飛閣。天街，爲陰陽界。月過天街，天下太平。諸王，諸王室子孫、支庶。咸池，魚雀官。天潢，津渡河梁。參旗，天弩弓矢。九州，殊口能傳九土風俗言語。天節，住臣通遠方宣揚帝化之符節。天苑，養禽獸所。天園，菜菓之園。九斿，天子兵旗。軍井，乃軍營水泉。玉井，天軍出行水泉。矢，主羽箭；弧，主角弓，以備天下盜賊。厠，主溷隱。五車，邊將器物。司怪，使臣候占風雨雲氣，知天地草水精怪。座旗，表君臣尊卑。五諸侯，主刺舉□不虞官。天罇，罇罍酒器。水位，主水移徙，近河，爲天下大水。積水，水官，供酒食。積薪，外厠柴薪。水府，宮内水官。四瀆，江、河、淮、濟精氣。盟丘，天子雙闕，懸法象。軍市，軍中市。野鷄，主野賊、草寇。丈人，隱逸之士，不離於家人、父子者，故有子孫附於左右侍之。天社，祝祀之官。天狗，野狗。天記，知禽獸齒歲、醫獸者。天相，主大臣宰相。天稷，民之農具。外厨，主烹宰。酒旗，造酒官。少微，乃高隱處士。爟，主烽火，備急行，火邊地，掌四時變火。内平，執法、平罪官。長垣，邊界城邑。靈臺，觀候風雲。明堂，天子布政之宫。青丘，蠻夷君長。土司空，南海君，亦曰九域地界。軍門，天子六軍之門。東甌，東越、穿心、南蠻三夷之君長。器府，司絲竹宫。天廟，乃天子祖廟。已上諸坐，流星出入其位所，王占之，惟青黑爲兇。彗孛、客星守犯，凶變用占。

已上計二百八十四座，有名應象，常見不隱。又有一百二十座，有明者，有暗者。三百二十座，又細星二千五百座，爲庶人星，常在見而不隱。又有微星一萬一千五百二十座，爲倉靈蠢動之應，附於衆星。八千五百在河中，有見時，有隱時也。爲蟄蟲始振之後，其星漸衆。至二三四五六七八月，衆見而繁入。蟄蟲坯户之候，其星漸少。至蟄蟲咸俯之候，其星並隱。蓋隨其蠢動，靈物出則星見，藏則星隱。

天漢

天漢，天下江、河、淮、濟、海嶽之氣，起東方尾箕之間，謂之漢津。分爲兩道，其河南經傳説、魚尾、天江、天市絡輦道、漸臺，河北經魚、鱉，貫箕、南斗柄、籥、天弁河鼓、右旗、天津，下合南河，西行歷匏瓜、人星、造父、螣蛇、王良、附路又西南行，經天狗、天紀、大陵、天船、卷舌、五車，南入東井、四瀆、天稷、七星，南而没。凡歷十九宿，於天下三分而經二分者也。

清·李明徹《圜天圖説》卷中　恒星圖説

恒星者，即三垣二十八宿經星是也。内則包涵七政並南北歲差、東西歲差，外隨宗動天運行，居第八重天，離地三萬二千二百七十六萬九千八百四十五里餘。此外即宗動天，乃一日一周之天也，包絡旋轉，此天離地六萬四千七百三十三萬八千六百九十里有餘。自太陽以上，諸星離地絶遠，且其體極鉅，以地較之，地爲甚微，非如金、水、太陰，離地不甚遠，必須從地心推測爲定。故測日、火、木、土及恒星，皆測從地面。恒星之有移動，是名歲差，即恒星東移也。但其所移也密，百年之内所差不多，故可以定儀測之。其微星，古稱萬有一千五百二十，可名者中外星官三百六十，未易悉列。今品其光曜大小者約分爲六等：其上等全徑大於地全徑一百零六倍又六分之一，次等者大於地全徑八十九倍零八分之一，其三等大於地七十一倍零三分之一，其四等大於地五十三倍零十二分之十一，其五等大於地三十五倍八分之一，其六等者大於地一十七倍十分之一。今舉其大畧，以推測恒星與七政並不相攝，但其近日者則隱，遠日者即顯，然皆不離其次。居中如轂、遍入於列舍者，紫微垣也；散之於外、如輻而翼於垣者，二十八舍也；起翼之初度、盡軫之末度者，太微垣也；西離於氐、東入於斗者，天市垣也。其他雜星皆在紫微垣之外、分布列舍之間：在赤道内者，謂之中官；在赤道外者，謂之外官。星名既異，去極不同，入宿亦别：或象天官，或象庶人，或主萬物，或主人君，或主諸侯宰輔，或主后妃，或主太子，或主外國。所謂「在天成象，在地成形」，各專所主而應所司焉。但列宿之中，另有無名小星，不能計其數，團聚在一帶，故其體光顯相連聯爲一片，若白練然，今所謂天河者是也。

又　恒星隨宗動天左旋，自東而西，周行不息。但恒星在本天又有自行之度，仍是右旋，自西而東，古所言歲差是也。今即恒星東移每歲自行本天度分，遵今之曆法考之，每歲所差定爲五十一秒，積至七十年餘而差一度。此歲差之數，在古法爲冬至西移之度，在今法爲恒星東移之度。此度微渺極耳。

恒星東移説

恒星所在之位，是以黄道黄極爲極。凡行度，有時近於赤極，有時遠於赤極，因黄道與赤道是斜交，故其度有遠有近。若行漸近赤極，所過距星之度漸密，其本宿赤道弧較小；若行漸遠赤極，所過距星之度漸疎，本宿赤道弧較大。皆因兩道之極不同，非距星有異行也。所以其星在黄赤二道各自有别，而恒星本以黄道黄極爲主，其距本極之緯度終古恒然。若依赤道而論，其赤極非恒星之極，而緯度亦非恒星之緯度。蓋因兩道從兩極出線，各定其度，所以各自有異。但測星之法，必以太陽爲主。太陽將入地平時，則測月、或太白、或歲星，測其距太陽度分若干。太陽既没已後，再測月、或太白、或歲星，測其與某星相距度分若干。合兩測，即得太陽與此星之距。然後查太陽本日躔某宫度，則知此星所在宫度矣。但測一星經度如此，則他星亦然。於是又測此星出地平最高，即其距赤道之緯度，並可得也。然而恒星之經緯度分有二：其一以黄道極爲樞，每歲東移五十一秒有奇，其距本極之緯度則亘古無變。其一則因赤道以算其經緯，南北星位，古今則大異。如堯時外屏星全座在赤道南，今測得在赤道北。角宿古測在北，今測在南矣。星之緯度變易，多類如此。若在赤道論，各宿距度亦有異焉。如觜宿距參歷代漸減者，因觜度促而近參易見也。他星互有損益，則因度廣而畧之。然則距度各各不同，是恒星經緯之度，非赤道經緯之度故也。

觀恒星定位説

夫觀星者，必須認定赤道與北極。北極有星可指考而易認，赤道是隨虛空而分，必須測法乃定。此天腰橫帶，所以平分南北天經，並南極、北極，皆爲觀星至要。知此二極與赤道共三處，即知天之本體矣。從北極周圍直道至南極者，爲赤道經度從南極心至赤道是名南緯，從北極心至赤道是爲北緯，乃赤道經緯度也。此經緯度即天之定靜本體。

凡測星象，先知其星體大小分爲六等：一等大星十六星，二等大六十七星，三等大二百十六星，四等五百二十二星，五等四百十九星，六等五百七十二星。凡一千八百十二星，此有名之星也。每日太陽入地，則星體光耀。先測恒星中大星在某宿之位，即赤道經度。因中國是居赤道北，所以北極常見，故測此星離北極遠近即赤道緯度也。合以黄道過宫之經度與離南北赤道之緯度，用儀器如數安置，細認星體大小幾等，則無遺漏。

又　今定周天爲四象限，每限列三宫，宫分三十度。春分入白羊戌宫，此黄赤相交，故無距度。是太陽行正中天，白羊初度交壁初度。金牛酉宫，初度交婁五度。陰陽申宫，初度交昴七度。巨蟹未宫，初度際參末井初。獅子午宫，初度交井三十度。霜女巳宫，初度交張七度。天秤辰宫，初度交軫初度。天蝎卯宫，初度交亢初度。人馬寅宫，初度交房三度。磨羯丑宫，初度交箕二度。寶瓶子宫，初度交牛初度。雙魚亥宫，初度交危三度。測法以線按極心至周天宫度某星在某宫線内者，即屬某宫某宿之星也。

南極諸星説

南極諸星，《步天歌》雖未有載，然漢時《藝文志》有《海中星占驗》十二卷，但畧言南方之星，而未及其詳也。至唐開元十二年，有使者自交州還，言八月中見老人星下列宿燦然，明大者甚衆，而未悉其名。至元時，郭守敬修改曆法，於《渾天儀説》著有《無名星》一卷，此必南極星也。惜乎後人失傳，無從考象。至明萬曆時，曆法失錯，泰西利瑪竇等始入中國，同徐、李諸公重修曆法，推測星辰，而後南極之星，其象數名目乃得詳列。但在南極規内諸星，如鳥喙七星、孔雀十一星、異雀九星、三角形三星、密(蜜)蜂四星、十字架四星、小斗九星、南船五星、夾白二星、附白二星、飛鳥六星、蛇腹四星、蛇尾七星、龜五星、馬腹三星，此十五座星是在常隱規内。南極星共有二十五座，是萬曆時始載入《儀象志》。其餘星十座，散在常隱規外周圍環繞，人在地球上正居赤道之下者，週年全見。南北二極諸星與地平規合爲極平，是週年晝夜平分也。若向北行二百五十里，則北極出地一度，南極星隱一度。至於北行或二十度或三十度，則北極星亦高出二、三十度，南極即低二、三十度。或再北行至九十度，是北極星中於天頂，則赤道爲地平也。彼處視南方星宿全在地平之下，北極星宿全居天頂矣。如向南行至南極者，亦皆反是。

清・李明徹《圓天圖説續編》卷上　天象如瓜，有蒂有臍。中央濶大，兩頭狹小。而至于極心，當中濶大，乃天之腰圍正帶，即名赤道。從赤道當中剖爲南北兩開，平分各半。又從赤道北周圍直上，至二十餘度，漸上漸狹，至于中心，謂之北極。從赤道南周圍直上，至三十餘度，漸上漸狹，至于極心，謂之南極。此兩極所在，乃天元子午；當中赤道，即天元卯酉耳。今從赤道南北兩開者，取正天心子午位也。恒星亦有一定之位，是隨天分列南極恒星，北極恒星。恒星又有東移，七十年餘止差一度，今定爲實測。凡觀星者，先須認識南北。諸星定位，則知黄赤二道之經緯。因星圖細小，度數未真，不過得恒星之形象而已。觀星必須分明各星宿之定位，而後度數可以推算。又有黄道，同在腰圍濶處，與赤道斜交，跨入南北各離二十三度半，亦有兩極。此非天元子午，乃丑未也。黄道乃日躔所至，輪交節氣，一歲周天。五星與月亦由黄道運行，或出赤道南，或出赤道北，相離二道距交不遠，總在腰圍濶處，不能至兩極。兩極止有恒星，此乃七政不到處也。黄赤二道雖有其名，亦無可見。黄道尚有日躔，可以易知。赤道冲漠，界限難明，所見者皆星也。今繪黄赤二道見界諸星，使知某星跨赤道、某星跨黄道、某星從黄赤之間，認定星位，則赤道亦不難知也。再分二十八宿者，使從宿度認識星象，定位取爲實證，而後可以分列各方之恒星，亦隨二十八宿而定河漢見界諸星。是取其有據，爲證分別諸星之名位，此觀星要法，最爲明顯耳。其外另有大恒星圖，可以並觀。

又　若恒星微渺難見者，如昴宿傳云七星，唯據目力所見而定也。但用管窺實測，細微者有三十七星。如鬼宿中白質，傳云積尸氣，其中實有三十六星。又如牛宿，本體質亦甚小。尾宿東之魚星並傳説星、觜宿南星皆在六等星之外，微渺難見，必須用管窺鏡觀之，分明顯見多星，列次甚近。又如觜宿南一星，實測有二十一星，大小不等，可見恒星無數。三垣二十八舍共三百六十，未易悉列，然其有名者中外星官通共一千八百一十二星之外，樊然淆亂，非上聖高真、容成、隸首則不能窮究也。

又　恒星分度無名星數説

恒星即經星，以其有常不易，故名經星。又各有經緯度，故別之曰恒星。其星官名數，古今不同。如《漢書・天文志》經星常宿中外星官一百十八名，積數七百八十三星。《晉志》載，吴太史令陳卓始列甘石與巫咸三家星官，著於圖録，凡二百八十三官，一千四百六十四星。今未見原本，維存丹元子《步天歌》與陳卓數合，此後言天官者，皆以《步天歌》爲準也。康熙十三年，監臣南懷仁修《儀象志》，星名與古同者總二百五十九座，一千一百二十九星，比《步天歌》少二十四座、三百三十五星。又於有名常數之外增五百九十七星，又多近南極星二十五座，本星一百三十九星，外增無名二十星。近年以來，累多測驗，星官推其度數，觀其形象，序其次第，著之於圖，計三垣二十八宿星名與古同者總二百五十六座、一千二百五十九星，其餘諸座之星皆以次第順序，則無淩躐顛倒之弊。又於有名常星之外多增一千六百一十四星，此乃無名之星。若附近某座者，即名某座增星。依次分注方位，以備稽考。其近南極諸星，如中國所不見者，仍依西國之名，分列測之。舊計恒星三百座，計三千零八十三星。但其星官名數古今不同，以及黄道所屬宫次，今即順序發明，皆得展卷瞭然矣。

又　其名今無星者不録。附録南極諸星：海山六星，外增二星，黄卯、辰，赤巳。馬尾三星，黄辰赤辰、巳。金魚五星，外增一星，黄寅、酉、戌，赤未、申。水委三星，黄亥，赤戌。蛇首二星，黄亥，赤酉、戌。海石五星，外增三星，黄辰、巳，赤午。火鳥十星，外增一星，黄亥、子，赤戌、亥。波斯十一星，在子丑。鶴十二星，外增二星，黄子，赤亥、子。十字架四星，黄卯，赤辰。馬腹三星，黄卯，赤辰。蜜蜂四星，黄卯，赤辰。三角形三星，外增四星，黄寅，赤寅、卯。異雀九星，黄寅，赤寅、卯。孔雀十一星，外增四星，黄丑、寅，赤子、丑、寅。蛇尾七星，黄丑，赤戌、亥、子。蛇腹四星，黄亥、子，赤酉、戌。鳥喙七星，外增一星，黄子，赤戌、亥。附白二星，黄子，赤酉。夾白二星，黄戌、亥，赤申、酉。飛魚六星，黄卯、辰，赤午未。南船五星，外增一星，黄卯、辰，赤午、未。小斗九星，外增一星，黄寅、卯，赤辰、巳、午、未。南極星本二十五座，老人與龜二座以入恒星。此二十三座，共計一百三十二星，皆有名之星。其外增多二十星，此無名星也。

又　恒星伏見説

恒星居第八重天，最高最遠。本體極大，五緯與月不能相掩，故無伏見。但因地球有南北高低，不可不察。若以人目所視，有可見不可見處言之，故爲伏見。此乃蓋天之説。僅按一方而論，所見不廣，何能證於四方？今以渾天通測爲全體大用，必須全天星象辨明方位、度數，則無遺漏，而合天下之耳目，不至管窺，所見一視而已。如南北兩極諸星，不能全見者爲何？皆由人居之地面各有高低，緯度亦有多少。星宿各有南北之定位，人居南地不見北星，若居北地亦不見南星。此地球所掩，是爲伏也。如處赤道之下者謂之天中，故無高低，與南北二極合爲地平，春秋二分日麗天頂，冬夏二至僅距天頂各二十三度半，常見南北二極諸星，無一隱者。然恒見諸星亦有伏見，豈可遺乎？但恒星伏見，皆由太陽右旋至某星宿度，附近之星光爲日所奪，故能不見，亦爲伏也。迨太陽去離漸遠，此星之光漸昇東方，則見而不伏矣。

清・李明徹《圜天圖説續編》卷下　天漢説

天漢者，古來各説不同，傳云河彰，又云清氣。《埤雅》云：河精上爲天漢。《物理論》曰：水氣發而昇精華浮上，曰天河。《靈憲注》亦以水精爲天河。各説紛紛不同。古曆以天漢非星，意其光相射，如日之映輕雲同類，在半空中、月天之下，爲恒氣而已。其實不然也。今以管窺測觀天漢，實是微小之星隱而不現者，盈千累萬，攢在一帶。天體通明透徹，衆小星受太陽之光，合併爲一氣，如白練焉，故名天河。後世因天河之名，則疑爲水之精也。然其理與鬼宿中白質大陵積尸等，俱係微小之星，並非清白之氣。

夫清氣或聚或散，倏有倏無，安能亘古常存，四方見之，永夜一轍哉？甚矣，天載幽元！人據目力所觀，曷能窮盡微妙之理耶？有云天漢十月昏轉南而隱，二月昏轉北而現，天下皆然。惟嶺南至臘月時晴朗之夜，仍見天漢朗然若星，總不收隱。因其星微小，近則見，遠則隱也。嶺南之地，離赤道二十三度半，距南不遠，所以冬月亦得見之。其朗然若星，不用管窺，亦可知其非清氣也。

又　歷朝歲差説

歲差者，天運日躔所致。日躔一歲之間，行周天度未及星之餘分，日已至而星略移於東，似日退而實星進焉。故每歲常移於東之分秒，以過其原界謂之差也。古今謂不及餘分者，是日躔其界，星則過之，是以過爲不及，非日不能及星度。上推帝堯時五十一年甲辰歲冬至，初昏昴中，日躔虚七度。至夏時不降三十五年乙未歲冬至，日退女十一度。本是星進，故以日爲退也。商時武乙四年丙寅歲冬至，日退牛七度。退即謂之差年，年退但以此爲準，便可起算，不繁也。至周簡王十二年丁亥冬至，日退斗二十三度。秦莊襄王元年壬子，日退斗二十二度。漢太初元年丁丑歲，日退斗二十度。晉太元九年甲申歲，日退斗十七度。宋元嘉十年癸酉歲，日退斗十四度。唐開元十二年甲子歲，日退斗十度。宋慶曆四年甲申歲，日退斗五度。至度宗四年戊辰歲，日退斗四度二分。元時至正元年辛巳歲，日退箕十度。明時洪武十七年甲子歲，日退箕七度。嘉靖三年甲申歲，初昏室中，日退箕五度。萬曆四十年壬子歲冬至日，尚在黄道箕三度三十九分十九秒，在赤道箕四度四分二十五秒，内道口在壁一度，外度口在軫初度。至崇禎十六年癸未歲，歷三十一年，止差一分三十五秒。此差是星之東移，是進非退也。至於國朝順治十七年庚子歲冬至日，尚在箕三度一十九分。再至嘉慶甲子歲，計一百四十三年，日退箕一度十三分。此乃實算上嘉靖甲申至崇禎癸未一百二十年，日尚進而未退，則天道微渺之行，亦有遲速，不可以年限計也。歲差不獨遲速不等，而有已進而復退也。自崇禎癸未年上距慶曆甲申，共六百年，而差十二度餘，則以五十年差一度。自慶曆甲申上距開元甲子，計三百二十一年，日差五度，則以六十四年差一度。又開元甲子上距漢太初丁丑，八百二十七年，共算日差十度，則以八十三年差一度。太初丁丑上距莊襄王壬子，一百四十五年，日差二度，則以七十三年差一度。莊襄王壬子上距帝堯甲辰，二千二百零八年，積算所差二十八度，則以七十二年差一度。此析而分之也。以全曆推之，崇禎癸未上距帝堯甲辰三千九百二十年，共差五十八度，則以六十八年零七個月十三日三時差一度。通計二萬五千一百有餘年共差三百六十五度有奇爲一周天，復躔元界矣。此以虚宿起測，則二萬五千餘年躔虚之元位。若以斗宿起，則二萬五千餘年亦復躔斗之元位也。再推之崇禎癸酉上距帝嚳甲子，共得四千零三十年，止差五十七度，約一歲差五十一秒，七十年零七個月差一度，二萬五千七百三十五年行一周天，此是統算而分也。若云古今諸家度數不密者，至有多少差度耳，此統分之亦有不同。然歷代諸家所推者，亦各自有據。但推差之法，如郭守敬、許衡等測影驗氣，減周歲爲三百六十五日二十四分二十五秒，加周天三百六十五度二十六分七十五秒，强弱相較，差一分五十秒，積六十六年有奇而退一度，定爲歲差。又如振之李公，謂經星雖有移動，但其移也密，百年之内所差未多，至四萬九千年復一周天。是爲歲差。如良孺熊公，以二萬五千年差一周天，謂東行之天以黄道爲軸，不但東西有差，更因南北亦有差。又如密之方公以經星行度歷差於静天之度，而歲實日周遂與經星之度遂也。因太陽本行每年是從西過東，輪交節氣，行二十八宿三百六十五度四分度之一，尚差一分，餘積至六十年餘而差一度，大約積至二萬一千六百餘年而復回元宿之度矣。但其所差之理，亦不能執一法以統論也。又如石齊黄公，以《易》定曆，而以郭守敬萬法積之，終不免於灑派納虚也。夫《易》者以數爲端幾而定於環輪，静天亦猶是也，均列定限，分别節氣，以日所行至者紀於何節之分秒焉。如月五星亦紀之，經星所行亦紀之，則所差之由，與追差之合，自犂然也。或謂天不可見，惟以經星躔度爲考。其静天何所考乎？潛夫方公曰：謂算家遇不可問之數，則立爲商法焉。商法而兩測之，以中之度，於是乎定今以静天，環一定之分秒，而使日月五星與經星皆各有遲速，自然之行豈能逃乎？又如密之方公曰：此當用定、恒之法，隨時測驗，盈虚在其中矣。天運之盈虚者，則一年有盈虚，一日亦有盈虚，又多年有盈而多年有虚也。欲明其理，而理則如此，因從前是以經星天而日周之，不知經星自行於静天，而静天不可見，故無悟者。不知歲自爲歲，差自爲差也。天有静天、有動天，静天本有一定之度，動天亦有一定之至。此即動静合一而言。周静天之度，切動天之至，以成其歲。節氣齊而南陸極，歲何常有差？但仰視諸星，稍移分許耳，故不可謂之歲差，但可謂之星差。亦不可謂之星差，但可謂之經星。周天或百十年移一度，或遲或速，其數不等也。凡推測者，亦止測經星離至幾許、周天幾許，與歲無涉，所以萬古如一也。然人一生精力不過數十年間耳，亦止可見其所行一度半度而已，又豈能以其遲速概前後之度，而遠及於數萬年哉？此言差之理，但未晰其差數也。天度之理數，其玅不可測，政在於秒忽微芒之間。而其日月星辰之象，陰陽寒暑之候，亦有時不能齊，亦不可以一定而求之。歲差也，所測自古及今，冬至日躔星度分秒，年年各有不同，即各節氣亦然，但以冬至爲主。而遲速者各自有異。遲則有百餘年差一度，速有四五十年差一度。如《堯典》時，冬至日在虚，此今則東移至於箕矣。而恒星東移者，有實據之理，謂星差之法，知此則得天度甚密也。如測實差之法，以太陽爲主，以恒星爲據。太陽之歲有二：其一某節氣某點行天一周而復於元節元點，是爲太陽節氣之歲；若太陽會於某恒星行天一周而復於元星會，是名太陽恒星歲。但恒星是有本行，自西而東。假如今年冬至太陽會某星，來年冬至此星已行過冬至若干分秒耳。積至數十年或未及一度，雖至二萬五千餘年，或亦不能及一周天。曆家必從節氣限以其不滿恒星歲實者，此爲歲差也。須要分明節氣歲實與恒星歲實，知此兩者，則得之矣。漢唐以來，祇以年分課疏密，而未曉其所以差之由，皆因分測統測之法未明也。若能知此，則不必辨其年之多寡爲疑也。所以求其故者，宜舉中星以定四時，考晷刻以驗永短。將黄道二至二分爲界，再測其恒星距界之度，測差者，必以此數法爲始。從而復測之，乃見推移復有環轉之差也。以較中古，上古此星離冬至虚也，今順行東去，繼之者爲女、爲牛、爲斗、爲箕矣。然歲差者，實係恒星前行，與七政本行無異也。

歲差不同説

太陽行度，每歲雖有一定之常數，但恒星略有移動，所謂差也。黄道節氣必以太陽爲主準之，每年冬至日躔未及星之餘分，積至數十餘年而差一度，又謂日退。故考較歷代所紀度分，或多或少，而無定數。所以歲差之法，各測不同。如漢時鄧平改洛下閎曆，謂百年後當差一度。漢末劉洪作《乾象曆》，有核歲之法。又晉虞喜始分「天自爲天，歲自爲歲」，復測歲差之法，以追其變，則以五十年餘日差一度。又至何承天增之，約百年差一度。至隨時劉焯折取兩家中數，爲七十五年而差一度。至劉炫修改曆法，減爲四十五年差一度。又至梁時，虞鄺推測，言其差之太速，不合，復改之以一百八十六年差一度。又至唐時，一行禪師作《大衍曆》，定爲八十二年差一度。又宋時《大明曆》，復以四十年差一度。又《統天曆》改以六十七年差一度。又元時郭守敬等修改爲《授時曆》，以六十六年差一度。又明時《大統曆》，以七十八年差一度。後至萬曆時，曆法錯亂，大學士徐光啓、李之藻，泰西利瑪竇、陽瑪諾等重修曆法，細推密測，得真實數，每年恒星東移五十一秒，約以七十年零七個月弱差一度，至今定爲實差之法也。歷朝歲差，各測不同者，亦有故焉。一因太陽最高行度，一因太陽本圈心離地心漸次不等，此二者爲所差之根。或因測驗未合，或因北極出地之高未真，此二者爲偶差之根。若無此四緣故，太陽所成歲周，終古若一。今因實測實理，則恒星經歲之間，其東行實有三百六十五日二十四刻零九分二十六秒四十三微。常有定率，絶無多霧。以較日躔定周歲實實，贏一刻零五分四十二秒，以變經度每年所差爲五十一秒，乃恒星歲周離四節東行之經度，此實測中之實理也。

年月之説

一歲者，太陽隨列宿東行、旋轉一周天之期也。但其行度有二：一從某宫次度分，一日一度行天一周而復元界，其數爲三百六十五日二十四刻二十一分有奇。一爲太陽會於列宿天之某星，亦一日一度，行天一周而復與元星會，此乃一歲之全數也。但其數每歲自有本行，必須加本行之數以定歲所以加者，是恒星東移，定爲五十一秒，所謂歲差也。然而日曆紀年者，惟以全日推算，不用小餘。如以太陽十二次會合太陰，共成三百五十四日爲一歲，故三年一閏，至五年或有再閏，所以紀月有二：或因太陰會朔一次以定，謂太陰之月；或因太陽行一宫次以定，所謂太陽之月，故其十二分年之一分則一也。如一月之終分爲大盡小盡者，以二十九日六時餘刻，是月與日會爲合朔。如初朔在子正初刻，過二十九日外而不及三十日之子時正初刻，則謂之小月；如過子正初刻，則謂之大月。雖有三十日弱時刻不及者，曆家不得謂之大。或至二十九日而時刻已逾者，仍不得名小。且宇内地度不同，而月之大小因而互異。如京師所定朔在子初二刻，未到子正，其月則爲小。如西安以此朔則已到子正初刻，又應當爲大月。此大盡小盡，亦如節氣，然因各處地方不同故也。但論推算者不得差之分秒，即如各處節氣與月大月小各有不同。但依京師爲主，則各處亦存其理，只得略其法而遵之，以便民俗也。如日月所蝕多寡與時刻淺深亦然。是月合朔要滿二十九日六時五刻奇，即成一月，取日月正對爲始。此以合朔定月，故名太陰曆也。又有以冬至節氣正中交宫爲始者，太陽旋行十二宫，仍復故位，則爲一歲之周，共行三百六十五日三時餘。行滿一歲，依太陽所定，不論月圓而朔望另算，此是依宫論氣，則無閏月。其法雖則平易，但因朔望月之圓缺是衆目所見，但以月之圓滿爲一月，必須加閏而成歲。則曆法亦有一定之數，故以太陰爲曆，以月爲主，依月之消長而定盈虚。故月有大小，而太陽節氣宫度反注於月之下。若以太陽爲曆，則以節氣爲主，朔望分紀於節氣之中。雖則曆法不繁，而氣朔盈虚各有差別，不能合也。如太陽本行自西而東，每日行一度。又隨宗動天，每日從東歷西，旋轉一周天復躔元位，而太虚每日東移一度，是爲一日。而定周天三百六十度，平分四限，每限三宫，每宫三十度，每一刻太陽行三度四十五分。行三十度過一宫，爲一時。每日歷遍十二宫，共爲十二時而成一日也。

綜述

《論語·爲政》 子曰：「爲政以德，譬如北辰居其所，而衆星共之。」

《荀子·天論》 列星隨旋，日月遞炤。

《尸子·廣》自井中視星，所見不過數星；自丘山以望，則見始多也。非明益也，勢使然也。

《文子·上德》　百星之明，不如一月之光。

漢·劉安《淮南子》卷三《天文訓》　天有九野，九千九百九十九隅，去地五億萬里。五星、八風、二十八宿、五官、六府、紫宮、太微、軒轅、咸池、四守、天阿。

三國吳·徐整《長曆》　大星徑百里，中星五十，小星三十，北斗七星間相去九千里，皆在日月下。

南朝宋·范曄《後漢書》卷一〇〇《天文志上》《易》曰：「天垂象，聖人則之。」庖犧氏之王天下，仰則觀象於天，俯則觀法於地。」觀象於天，謂日月星辰。觀法於地，謂水土州分。形成於下，象見于上。故曰天者北辰星，合元垂燿建帝形，運機授度張百精。三階九列，二十七大夫，八十一元士，斗、衡、太微、攝提之屬百二十官，二十八宿各布列，下應十二子。天地設位，星辰之象備矣。

又　臣昭以張衡天文之妙，冠絶一代。所著《靈憲》、《渾儀》，略具辰燿之本，今寫載以備其理焉。《靈憲》曰：【略】衆星列布，其以神著，有五列焉，是爲三十五名。一居中央，謂之北斗。動變挺占，寔司王命。四布於方，爲二十八宿。日月運行，歷示吉凶，五緯經次，用告禍福，則天心於是見矣。中外之官，常明者百有二十四，可名者三百二十，爲星二千五百，而海人之占未存焉。微星之數，蓋萬一千五百二十。庶物蠢蠢，咸得繫命。不然，何以總而理諸！

唐·房玄齡等《晉書》卷一一《天文志上》　天文經星

《洪範傳》曰：「清而明者，天之體也。天忽變色，是謂易常。天裂，陽不足，是謂臣强。天裂見人，兵起國亡。天鳴有聲，至尊憂且驚。皆亂國之所生也。」

馬續云：「天文在圖籍昭昭可知者，經星常宿中外官凡一百一十八名，積數七百八十三，皆有州國官宫物類之象。」

張衡云：「文曜麗乎天，其動者有七，日月五星是也。日者，陽精之宗；月者，陰精之宗；五星，五行之精。衆星列布，體生於地，精成於天，列居錯峙，各有攸屬。在野象物，在朝象官，在人象事。其以神著，有五列焉，是爲三十五名。一居中央，謂之北斗。四布於方各七，爲二十八舍。日月運行，歷示吉凶，五緯躔次，用告禍福。中外之官，常明者百有二十四，可名者三百二十，爲星二千五百，微星之數蓋萬有一千五百二十。庶物蠢蠢，咸得繫命。不然，何以總而理諸？」後武帝時，太史令陳卓總甘、石、巫咸三家所著星圖，大凡二百八十三官，一千四百六十四星，以爲定紀。今略其昭昭者，以備天官云。

又　又今視諸星出於東者，初但去地小許耳。漸而西行，先經人上，後遂西轉而下焉，不旁旋也。其先在西之星，亦稍下而沒，無北轉者。日之出入亦然。若謂天磨右轉者，日之出入亦然，衆星日月宜隨天而迴，初在於東，次經於南，次到於西，次及於北，而復還於東，不應横過去也。今日出於東，冉冉轉上，及其入西，亦復漸漸稍下，都不繞邊北去。了了如此，王生必固謂爲不然者，疏矣。

今日徑千里，圍周三千里，中足以當小星之數十也。若日以轉遠之故，但當光曜不能復來照及人耳，宜猶望見其體，不應都失其所在也。日光既盛，其體又大於星多矣。今見極北之小星，而不見日之在北者，明其不北行也。若日以轉遠之故，不復可見，其比入之間，應當稍小，而日方入之時乃更大，此非轉遠之徵也。王生以火炬喻日，吾亦將借子之矛以刺子之楯焉。把火之人去人轉遠，其光轉微，而日月自出至入，不漸小也。王生以火喻之，謬矣。

又　天漢起没

天漢起東方，經尾箕之間，謂之漢津。乃分爲二道，其南經傳説、魚、天籥、天弁、河鼓，其北經龜，貫箕下，次絡南斗魁、左旗，至天津下而合南道。乃西南行，又分夾匏瓜，絡人星、杵、造父、騰蛇、王良、傅路、閣道北端、太陵、天船、卷舌而南行，絡五車，經北河之南，入東井水位而東南行，絡南河、闕丘、天狗、天紀、天稷，在七星南而没。

十二次度數

十二次。班固取《三統曆》十二次配十二野，其言最詳。又有費直説《周易》、蔡邕《月令章句》，所言頗有先後。魏太史令陳卓更言郡國所入宿度，今附而次之。

自軫十二度至氐四度爲壽星，於辰在辰，鄭之分野，屬兖州。費直《周易分野》，壽星起軫七度。蔡邕《月令章句》，壽星起軫六度。

自氐五度至尾九度爲大火，於辰在卯，宋之分野，屬豫州。費直，起氐十一度。蔡邕，起亢八度。

自尾十度至南斗十一度爲析木，於辰在寅，燕之分野，屬幽州。費直，起尾九度。蔡邕，起尾四度。

自南斗十二度至須女七度爲星紀，於辰在丑，吳越之分野，屬揚州。費直，起斗十度。蔡邕，起斗六度。

自須女八度至危十五度爲玄枵，於辰在子，齊之分野，屬青州。費直，起女六度。蔡邕，起女二度。

自危十六度至奎四度爲諏訾，於辰在亥，衛之分野，屬并州。費直，起危十四度。蔡邕，起危十度。

自奎五度至胃六度爲降婁，於辰在戌，魯之分野，屬徐州。費直，起奎二度。蔡邕，起奎八度。

自胃七度至畢十一度爲大梁，於辰在酉，趙之分野，屬冀州。費直，起婁十度。蔡邕，起胃一度。

自畢十二度至東井十五度爲實沈，於辰在申，魏之分野，屬益州。費直，起畢九度。蔡邕，起畢六度。

自東井十六度至柳八度爲鶉首，於辰在未，秦之分野，屬雍州。費直，起井十二度。蔡邕，起井十度。

自柳九度至張十六度爲鶉火，於辰在午，周之分野，屬三河。費直，起柳五度。蔡邕，起柳三度。

自張十七度至軫十一度爲鶉尾，於辰在巳，楚之分野，屬荆州。費直，起張十三度。蔡邕，起張十二度。

州郡躔次

陳卓、范蠡、鬼谷先生、張良、諸葛亮、譙周、京房、張衡並云：

角、亢、氐，鄭，兖州：東郡入角一度，東平、任城、山陽入角六度泰山入角十二度，濟北、陳留入亢五度，濟陰入氐二度，東平入氐七度。

房、心，宋，豫州：潁川入房一度，汝南入房二度，沛郡入房四度，梁國入房五度，淮陽入心一度，魯國入心三度，楚國入房四度。

尾、箕，燕，幽州：涼州入箕中十度，上谷入尾一度，漁陽入尾三度，右北平入尾七度，西河、上郡、北地、遼西東入尾十度，涿郡入尾十六度，渤海入箕一度，樂浪入箕三度，玄菟入箕六度，廣陽入箕九度。

斗、牽牛、須女，吴，越，揚州：九江入斗一度，廬江入斗六度，豫章入斗十度，丹楊入斗十六度，會稽入牛一度，臨淮入牛四度，廣陵入牛八度，泗水入女一度，六安入女六度。

虚、危，齊，青州：齊國入虚六度，北海入虚九度，濟南入危一度，樂安入危四度，東萊入危九度，平原入危十一度，菑川入危十四度。

營室、東壁，衛，并州：安定入營室一度，天水入營室八度，隴西入營室四度，酒泉入營室十一度，張掖入營室十二度，武都入東壁一度，金城入東壁四度，武威入東壁六度，敦煌入東壁八度。

奎、婁、胃，魯，徐州：東海入奎一度，琅邪入奎六度，高密入婁一度，城陽入婁九度，膠東入胃一度。

昴、畢，趙，冀州：魏郡入昴一度，鉅鹿入昴三度，常山入昴五度，廣平入昴七度，中山入昴一度，清河入昴九度，信都入畢三度，趙郡入畢八度，安平入畢四度，河間入畢十度，真定入畢十三度。

觜、參，魏，益州：廣漢入觜一度，越嶲入觜三度，蜀郡入參一度，犍爲入參三度，牂柯入參五度，巴郡入參八度，漢中入參九度，益州入參七度。

東井、輿鬼，秦，雍州：雲中入東井一度，定襄入東井八度，雁門入東井十六度，代郡入東井二十八度，太原入東井二十九度，上黨入輿鬼二度。

柳、七星、張，周，三輔：弘農入柳一度，河南入七星三度，河東入張一度，河内入張九度。

翼、軫，楚，荆州：南陽入翼六度，南郡入翼十度，江夏入翼十二度，零陵入軫十一度，桂陽入軫六度，武陵入軫十度，長沙入軫十六度。

北周·庾季才《靈臺秘苑》卷三　十二分野

二十八宿，天之列舍。象分於其間，猶地有九州，分布列舍；衆星分布於其間，如地有九州，而萬物居其内。故古者以列舍紀天之度，而田别爲十二次，乃氣接於其間。典籍所載，雖時見於書，而初未於某宿之某度應其野之某州，皆不詳著。《周禮》則九國土皆有分星，而不列宿次之文，其地所載又復不一。班固始備載十二次於篇，說者曰「光禄」，劉向之言也，以配十二分野，而後世用焉。考天官之學，傳自巫咸、石申。班固、費直、蔡邕、李淳風、一行，其說皆不同。一行作《大衍曆》，考古以十道州郡，配以參之。然斗牛之分，主吴越星辰；西南之星而配在周邦，綿亘萬里，至兖州皆鄭分，而桐柏正在《禹貢》之豫州，爲宋分，而淮泗又在《書》之揚州。占之而應驗，如有深義。大抵古今事殊，州郡數易，九土疆界，已難考正。今宋建都岳台，正當角宿，在鄭分之中，故以角亢鄭分爲首焉。

壽星之次

角、亢，壽星之次。初軫十二度外，末氐四度内。於分在鄭，於辰在辰，於野爲兖州。自原武、管城，渡河，濟之南，東至封丘、陳留，盡陳、蔡、汝南之地，逾淮源至於弋陽，西涉南陽，至於桐柏，東北抵嵩山之陽，東涉壽星之次，當雒邑衆山之東，次南直隸之間，太昊之墟爲亢分，南抵淮氣，連鶉尾，在周之東陽，並無角分。今乃開封、陳留、封丘以內，大河以南，孟、潁、陳、蔡、光、黄、壽州之西界，皆鄭分也。

大火之次

氐、房、心，大火之次。初氐四度，末尾九度内。於分爲宋，於辰在卯，於野爲豫。自雍丘而東，循濟陰，分於齊魯，右四水達於吕梁。東南抵淮，西接太昊之墟。自商、亳負北河爲心分，自豐、沛以直河南爲房分，故其下流皆爲尾分。同占西接陳鄭爲氐分，今開封之東，亳、壽之東，界徐、濟、曹、單皆宋分。

析木之次

尾、箕，析木之次。初尾九度外，末斗十一度内。於分爲燕，於辰在寅，於野爲幽。自漢渤海、九河之北，皆析木之次。尾星得雲漢之末派，海物黿魚係焉。故當九河之下流，濱爲渤海、碣，皆北絶之所窮，與南相近。故其分自遼水之陽，盡朝鮮、三韓之地，在吴越之東。北平、廣信、安乾、永静、保定、順安、保雄、莫霸、大遼之東偏，與高麗皆燕分也。

星紀之次

南斗、牽牛，星紀之次。初斗十一度外，末女七度内。於分爲吴越，於辰在丑，於野在揚。自廬江、九江，負淮水之南，盡臨淮、廣陵，至於東海，又逾南河，西濱彭蠡，南至南海。南斗在雲漢之下流，當淮海之間，爲吴分。牽牛去南河漸遠，故其分野自古豫章，達古之會稽，南逾嶺徼，爲越分。島夷蠻貊之人，聲教之所不洎，其係之分，淮南之廬、舒、濠、和、滁、真、揚、楚、泰、通、無爲，兩浙、蘇、秀、湖、常、潤、明、越、處、温、衢、婺，江南之西寧、饒、信、共、蕪、筠、袁、吉、宣、歙、江、池、廣信、南康、興國、臨江、建昌，福建、漳、泉、福、潮、安化，南循梅嶺、廣東、梧、桐、惠、雷、海南、瓊、丹、萬，皆吴越也。

玄枵之次

須女、虚、危，玄枵之次。初女七度外，末危十六度内。於分爲齊，於辰在子，於野爲青，漢、濟北郡。東逾濟水，涉平陰至於山翟，循岱獄，衆山之陰。東南及高密，東盡萊夷之北，復盡九河故道之南，濱於碣石，今登、萊、濟、陰、濱、棣、德、博，皆齊分。

娵訾之次

營星、東壁，娵訾之次。初危十六度外，末奎四度内。於分爲衛，於辰在亥，於野爲并。自王屋、太行東，盡黄河内之地，北鄴東及館陶、聊城，盡漢東郡域。今開封之白馬及大名、衛、濮、曹，皆衛之分。

降婁之次

奎、婁，降婁之次。初奎四度外，末胃六度内。於分爲魯，於辰在戌，於野爲徐。自蛇丘，南届鉅野，東達梁父，循岱嶽之陽以負東海。又濱泗水之東，又東南抵淮，並淮水而東，盡徐夷之地。奎爲大澤，在娵訾之下流，其地直距東陽，濱於淮泗，東北負山爲婁，胃之墟，乃中國膏腴之地，百穀之所阜也。胃星得牧愚之氣，與翼之地士同占。今兗、沂、淮海、泗陽、利國，故皆爲曹。

大梁之次

胃、昴、畢，大梁之次。初胃六度外，末畢十一度内。於分爲趙，於辰在酉，於野爲冀。自古魏郡濁漳，東及清河、信北，及中山、真定，又北衆山，盡代郡、雁門、雲中、定襄之地，北及之東陽，表裏山河以蕃屏中國，爲畢星之分。循河之表西盡塞垣，皆古旄頭之國，爲昴之分。冀北之土，馬牧之蕃庶，故天苑之象存焉，皆趙之分。

實沈之次

觜觿、參、伐，實沈之次。初畢十一度外，末井十度内。於分爲晉，於辰在申，於野爲益。自太行以西，盡河西之地。其地上直天闕，其南曲之陰，在晉地，衆山之陽；在秦地，衆山之陰。陰陽之氣昇，故與井星同象。參、伐爲戎索，爲武政，故當河東，盡大夏之墟。上黨次居下流，與魏相接，爲觜分。今太原、河中、晉、絳、解、澤、遼、忻、隰、嵐、石、大同、武勝、火山、保德，大遼之西，偏夏國之東，皆爲晉之分。

鶉首之次

東井、輿鬼，鶉首之次。初井十五度外，末柳八度内。於分爲秦，於辰在未，於野爲雍。自漢之三輔及北地、上郡、安定，西自隴抵自河，盡巴蜀、漢中之地，乃西南夷犍，爲越嶲、益州郡，極南河之表，東至牂牁。東井居兩界之陰，正當雒之西北。鬼居兩界之陽，故漢中，東盡華陽，與鶉東相接，當雒之東南。鶉首之外，雲漢潛流而未達，故狼星分野在河、江上原之西。今陝西之永興、鳳翔、隴、並丹、同、華、耀、延、鄜、環、慶、涇、成、階、岷及四川之成都、興、元、嘉、瀘、涪、黔、合、夔、萬、龍、文、興、利、巴、閬、雲、井、大寧及西夏之西，盡四川之西，盡西南夷之地、雲滇南，皆秦分。

鶉火之次

柳、七星、張，鶉火之次。初柳八度外，末張十六度内。於分爲周，於辰在午，於野爲三河。周分自河之南，西及函關，逾南紀，達武當、漢水之陰，盡弘農郡。柳在輿鬼之東，又接漢原，故當商雒之陽，接南河上流。七星上係軒轅，得土行之正，故爲河東之分。張直河南、許、汝、唐、鄧、光、陝、信陽、新鄭，皆周分也。

鶉尾之次

翼、軫，鶉尾之次。初張十六度外，末軫十二度内。於分爲楚，於辰在巳，於野爲荆。自房陵、白帝而東，盡漢之南郡、江夏，南達廬江南諸郡，濱彭蠡之西，又逾南盡鬱林、合浦。翼星與味張同象，故當南河之北，皆在天關之外，故當南河之南。軫中一星曰長沙，逾嶺徼而西南，皆東甌、青丘之野。今襄陽、蘄、黄、澧、潭、嶽、鄂、辰、沅、道、郴、連、歸、峽、柳、象、融、潯、貴、賓、欽、廉、洞夷、貊貉，皆楚分也。

唐·佚名《星占》　合石、甘氏、巫咸三家星，總有二百八十三坐一千四百六十四星。周天三百六十五度四分度之一，一度二千九百卌二里七十一步二尺七寸四分一千四百六十一分分之一千八十六。

唐·李鳳《天文要録》卷一　天文圖簿星，魏石申(天)〔夫〕，一百廿官，八百八星。齊文卿，一百十八官，五百一十二星。殷巫咸卌四官，一百卌三星。右三家合二百八十二官，二千四百六千三星。黄帝，卌四官，二百十六星。東晉陳卓，一百十九官，七百五十星。周萇弘，十二官，五十七星。右三家合一百六千五官，一千十九星。凡右六家合四百卌七(宫)〔官〕，二千四百八十二星。黄帝《三靈紀》曰：天微星數一億三千五十八星，此謂自周蓋到于偏下之環亭也。《伏羲周懸紀》曰：天微星數一億三千三百星，是陰不登星三今之二，相去一萬二千里，此謂周端到蓋下之端也。

陳卓曰：天微星數蓋一萬一千五百廿星，此謂夏冬之奇步端運也。

郗萌曰：天微星數自周奇發五萬六千七百十二星，甚微類之，故古代之數，實不明矣。前漢唐都曰：自赤道張内到于環登旋迴星數二萬九千二百五十三星。

後漢賈逵曰：天星據黄道張内外，數一億三千八千，微星之類盡也。辨公曰：後漢光武時天星數一億八十二星，尚未明分之也。

臣李鳳言：右衆家數星不然，天微星數尚(七萬)七萬七千八百廿星，謂黄赤之内外合伹，有檀總瑞到於周陵之端，數星五萬九千二百六十星，舌代之數星不當，於今勘校北斗卜環之二星隱不〔缺〕，相去一萬里，是辭不明天之鋭奇無端。自天極到于兩極之端七萬八千里，二至二分之上奇下卜影不齊，故西極之端周環也，足亭東極之端，不運於迫遲，故南北二面相傾顛奇不齊也。

唐·瞿曇悉達《開元占經》卷六五《石氏中官占上一》　攝提占一

石氏曰：「攝提六星，夾大角；入角八度少，去北極五十九度半，在黄帝道内三十二度太。一名環樞，一名天樞，一名闕丘，一名致法，一名三老，一名天鈇，一名天獄，一名天楯，一名天武，一名天兵。星東西三三而居，形似鼎足，常東向，天子吉昌。若北向，即大人失位，聖人更制，天下有事，期三十日，兵出，復三十日，兵罷。若攝提北向，向格而治，十日而令出。其反故位，十日而兵罷。」《天官書》曰：「攝提者，直斗杓所指，以建時，故曰攝提格。」巫咸曰：「攝提三星，如鼎足，左右角，西南向，主易姓。」《樂緯叶圖徵》曰：「攝提爲楯，以其夾捧帝席也。」《合誠圖》曰：「攝提主九卿。」《洛書》：「攝提移，政更權。」《帝覽嬉》曰：「仁道不行，攝提失衡。」《含文嘉》曰：「王者敬師長，有尊，則攝提如列；無則反折。」宋均注曰：師者所以教人爲君也，長者所以教納人爲長也，大角爲帝席，攝提六星攜紀綱，以輔大角，師長象也，如列者，如鼎足，俱東向。《春秋緯》曰：「攝提，斗攜角，以接下化，而東向，令乖行，則天下更紀，王者滅。」《文曜鈎》曰：「代提天下更紀，世有名師。」宋均曰：主德不一，則攝提代移更紀，授有令名爲天下師表者也。《援神契》曰：「攝提遠度，主接靈。」石氏曰：「攝提色欲黄而潤澤，温温不明，天下安；明大者，三公恣，天子弱，鈇鉞用。」《元命包》曰：「攝提反衡，天下大亂，易姓興。」宋均曰：反衡，謂不東向也。《春秋緯》曰：「攝提移向北，王者以過見滅；攝提疏潤，大夫僭差。」焦延壽曰：「攝提星近大角，若不居其故，近戚有謀賊王者。」《石氏贊》曰：「攝提六星攜紀綱，建時立節伺機祥。」

大角占二

石氏曰：「大角一星，在攝提間；入亢二度半，去極五十八度，在黄道内三十四度少。一名格，一名漢星。」《詩緯》曰：「大角，一曰帝筵，成統理。」《紀曆樞》曰：「大角爲天棟，以正紀綱；一曰大角爲火，以其赤明也。」《春秋緯》曰：「大角爲坐候；一曰大角爲帝席，以布神厚德。」又曰：「大角者，天王帝筵也。」甘氏曰：「大角者，棟星也；其星光澤明大，揚芒奮角，强臣伏誅，天下安寧；芒之所指，兵所從往者，吉。」石氏曰：「大角，天棟也；明則天子威行。」《雒罪級》曰：「棟星亡，不吉，王失號。」《尚書緯》曰：「棟星亡，罪深重，誅。」《春秋緯》曰：「大角不見，蒼帝失勢。」《含文嘉》曰：「王者敬諸父有差，則大角光明以揚。」宋均曰：諸父，伯仲叔季也；角堅剛而居帝前，帝敬諸父，感天，故應之也。《鉤命決》曰：「赤滅亂，棟星去。」《論讖》曰：「棟星亡，主曠之。」石氏曰：「大角，貴人象也，主帝座；光潤明大，則吉；光不明者，若有他色：青憂，赤兵，黑疾，白喪。大角不明，王者失天心，强臣淩主，天下有憂；秦之亡也，攝提不動，而大角亡去。」焦延壽曰：「大角星，角起揚光，若近天帝；左右有以席薦害主者。」郗萌曰：「大角變色，有芒角，大動，不出三月，兵大起。大角數動，人主好游，不居其宫，馳騁天下。《晉陽秋》曰：孝武太元二年七月乙亥，大角摇。三年二月乙巳，作新宫，帝及二年移會稽。大角不明，則天子耗衰。棟星明大，天子輔强。」《荆州占》曰：「棟星亡，王者死。」韓楊曰：「大角動摇，主不安，臣下有惡事劫主者。」《宋天文志》曰：安帝隆安五年七月癸亥，大角星散摇，五色。元興二年，桓玄纂位，遷帝潯陽。《石氏贊》曰：「大角帝席，色欲明，光隆潤澤，德合同。」

梗河占三

石氏曰：「梗河三星，大角北。」西星入亢八度，去極三十八度，在黄道内四十九度。郗萌曰：「天矛者，天子之兵也。」《黄帝占》曰：「梗河三星，天鋒；天之劍戟，主於罰戮；其星如常明而不動，邊寇寧，天下安；星若明大，芒角動摇，邊夷兵起，胡人爲亂，王者有憂。」《荆州占》曰：「梗河，天楯；晉灼曰：名天鬭玄戈，天矛也。相近相向，大安。」石氏曰：「梗河三星，天矛也；梗者遞也，河者擔也，士卒更遞，擔持天矛以行也；在斗杓頭，主殺，所向無前也；主胡兵，芒角大，則四裔不清，邊兵大起。」《黄帝》曰：「梗河主喪，陰十日不見，國有喪；以初不見日，占之男女。梗河末男，本女；天不陰，梗河亡不見，視二十八宿星嬴縮；若在北斗傍，所見之宿，其國若諸侯有喪。」石氏曰：「梗河亡三日不見，國有謀兵，若諸侯有死者；七日不見，國有大喪；以其初不見之日，以占其國。梗河，天矛也；亡不見，即有所藏；所藏之國，宿有謀兵，不然有喪。求於二十八宿，若斗；則是以見之日知其期。」《荆州占》曰：「天矛星不欲明大，明大兵起。」石氏曰：「梗河三星，天矛鋒。」

招摇占四

石氏曰：「招摇一星，梗河北。」入氐二度半、去極四十度太，在黄道内五十七度强。《黄帝》曰：「招摇，尚羊也；吴龔《天官星占》曰：常陽尚羊者，懸以匡也；一名矛楯，胡星也；與梗河、玄戈，列從北斗柄端，抵大角；近北斗者玄戈，次曰招摇；星明大，赤角而動，胡兵大起，四夷主昌，中國亡。又曰：其俱明，胡利。」《黄帝占》曰：「招摇爲矛，攝提大楯。相當，兵大起，大戰。」《春秋緯》曰：「斗端有兩星，一内爲招摇，一外爲楯，天鋒主兵用，若動，兵大行。」《荆州占》曰：「招摇，南夷也。」巫咸曰：「矛、楯，兵星，金官也。」《黄帝占》曰：「招摇欲與梗河星相直，則胡常來受命，貢獻於中國；不相直，則胡人叛戾。招摇明而不正，胡不來受命；斗末之星，招摇之間，名爲天庫；招摇離其處，名曰開庫，開庫兵發。招摇星欲明而微小，則王者威令行四夷。」《春秋緯》曰：「矛楯動，兵四行，臣子謀，姦通，弑君弑父，九州振。」《春秋緯》曰：「楯動摇，若角，大兵起，天下弑主，害於中發，四方並興，王者行德、納賢、正度。」又曰：「臣主爭伐相誅，則矛楯角躍相抴。」焦延壽曰：「招摇亡去，國兵起，主遇賊。」《天官書》曰：「招摇星赤角，胡兵大起，不來受命；星大亦然。」《荆州占》曰：「招摇奮，光明動，天子强。招摇色青，有憂；赤白而明者，天子有怒；黄白光澤，天下安静；小而黑，軍破國亡；又曰：色黑爲弱。」《荆州占》曰：「矛楯動，近臣恣，庶雄謀。」《石氏贊》曰：「招摇、玄戈，主胡兵；芒角變動，兵革行。」

玄戈占五

石氏曰：「玄戈一星，在招摇北。」入氐一度，去極三十二度半，在黄道内五十三度半。《黄帝占》曰：「玄戈，主北夷；玄戈，招摇雌也，星欲小微；小微，則王者吉，天下安寧；其星明而大，則胡夷單於動，兵大起。」甘氏曰：「玄戈主胡兵，星若小動，兵小動；大動，兵大起，胡人入境。」《樂緯》曰：「玄戈，宫也。戊子候之，宫亂則荒，其君驕，不聽諫，佞在側；宫和，利致鳳凰，頌聲作。」《荆州占》曰：「玄戈，小數動，後而大動，則兵大起。」石氏曰：「玄戈星赤，天下有兵。」

天槍占六

石氏曰：「天槍三星，在北斗杓東。」西星入氐太，去極二十八度太，在黄道内七十一度。《黄帝占》曰：「天槍，一名天鉞，三星鼎足形，在北斗柄端。其狀忽然不明，明大則斧鉞用，一曰有兵；小不明，則兵罷。」石氏曰：「天槍三星，主帝伏兵，槍者，今之槍也，以竹爲之，鋭其頭，以捶地，鋒外向，以槍人；星温温而不明，則吉；若光明，則伏兵行。」巫咸曰：「槍，金官也。」《黄帝》曰：「槍三星，備非常，若今之機槍也；其星温而不明，則王者吉；其星明大，則兵起斧鑽用。」石氏曰：「左槍、右棓，天之武備也；攻城襲邑，當視槍星；大而明，若有叛而自歸者，其國不可出兵，星小而明，兵可出，城可襲。」《荊州占》曰：「天槍，一星不具所見而兵起。」《黄帝》曰：「天槍星動摇，若角，大兵起，天下弒主，害以中發。」《荊州占》曰：「天槍揚光，天降喪亂。」《石氏贊》曰：「槍棓八星，備非常。」

天棓占七

石氏曰：「天棓蘇林曰：打棓之棓。五星，在女床東北。」柄星入箕八度半，去極三十二度，在黄道内七十一度。郗萌曰：「天棓者，先驅也。」石氏曰：「天棓五星，天之武備也；棓者，大杖，所以打賊也；皆所以禁暴横，備不虞也。」《黄帝占》曰：「天棓五星，天之武備也，以防不虞。其星不明而静，則天下無兵；其星明大，動摇，則兵大起，五仗用。」石氏曰：「天棓，一星不見，其國兵起。」郗萌曰：「天棓星，微細則吉；變明則兇，有憂。」《荊州占》曰：「天棓，一星不見，天下有大兵。」

女床占八

石氏曰：「女床三星，在天紀北。西星入箕三度，去極五十度，在黄道内五十六度。女床，後宫御也，衆妾所居宫也；侍皇后，隨從以時御見者。」《黄帝》曰：「女床星，後宫御也，嬪妾所居宫也；其星欲明，大小相承，如其故，則后妃安，宫人吉；星若微小不明，非其常處，嬪妾不安，其宫有憂。」郗萌曰：「女床者，主女藏。」石氏曰：「女床星不明，則吉；明，則宫女恣。女床星動，不吉。」焦延壽曰：「女床星舒，妾代女主，不乃死。」《荊州占》曰：「女床星無故不見，女子多疾。」韓揚曰：「女床非其故，則後宫有憂。」石氏曰：「女床主女事，行列微（靖）〔清〕，吉；亂明動，不吉。」《石氏贊》曰：「女床三星，（待）〔侍〕後宫。」

七公占九

石氏曰：「七公七星，招摇東。」西星入氐四度半，去極三十九度少，在黄道内五十九度半强。《黄帝》曰：「七公，一名天紀。七公主議疑，天之輔助，七政之象，評議之臣；其星大而齊明，議人有忠，王者安；其星大小有差，微而不明，議者不同，決事不從，人主有憂。」石氏曰：「七公，天之相也，三公廷尉之象也；上星，上公也；次星，中公也；明則七輔强。」《海中占》曰：「七公，七輔也：上星上公，次星次公，下星下公，各以其次第齊明，輔臣居其常職；其星不明者，各以其次，輔臣有黜，若有罪，期不出年。」郗萌曰：「七公，主七政，別善惡。」石氏曰：「七公主議疑，天之相理，謂三公，左輔右弼，前疑後丞之官，平議疑獄，斷折刑法，欲詳審也；星大小不明，議事者不從也。」《石氏贊》曰：「七公七星，議欲詳。」

貫索占十

石氏曰：「貫索九星，《天官書》曰：「勾圜十五星，屬杓，曰賊人之牢。」案：貫索爲賊人之牢，止有九星，未詳遷所云十五星所以在七公前。上右星入尾半度，去極五十九度少，在黄道内三十七度。在七公前。」《黄帝占》曰：「天牢者，賊人之牢也，天下獄律也；一名連索，一名天受，一名天圍。」《論讖》曰：「貫索，主天牢。」郗萌曰：「貫索，而逮獄之法律也。天牢，主天子之疾病憂患。」《春秋緯》：「貫索，賊人之牢；中星實，則囚多；虚，則開出。」石氏曰：「貫索北開，名曰牢户；其星間闊，則户開，必有赦；若星狹而不開，牢中有憂，貴人當之。」《黄帝占》曰：「常以四時候天牢，其口星開披，天下赦；不赦，逆人，主憂，開市不利。」《黄帝占》曰：「天牢中央大星，牢監也；左右徙倚，不居其處，若不見，大赦，期十八日。天牢中常有繫星三，以甲子、丙子、戊子、庚子、壬子暮視之，其一星去，有善事；其二星去，有賜令爵禄之事；三星盡去，人主德令，赦天下。甲子，期八十一日；丙子，期七十二日；戊子，期六十日；庚子，期八十日；壬子，期六十二日而赦。」《黄帝》曰：「天牢中星，不欲衆，衆則囚多；其中星稀，則囚少；其中無星，天下無罪人，其國安。連索直而抵織女，天下有急布帛之徵。」石氏曰：「貫索入漢中，人相食，兵起。天牢口所向開門者，兵所往，期六月。」焦延壽曰：「貫索星户開，左右星入牢中，有貴人自索，守者不復，必兇、兵、死。」郗萌曰：「天牢直若角，赦，以午未候之。天牢旁有此星，以至開閉；天牢已開，天下大赦。此星閉而赦，此星以開，不赦，爲不慎。順天牢空，更立元年，不行德令，天雨沙石，期三年。」《天官書》曰：「赦帝行德，天牢爲之空。」《荊州占》曰：「天牢中多星，則多繫囚；九星，天下獄煩；八星，姦人入；七星，小赦；六星、五星，大赦。天牢斧鑕動摇，非其故，斧鑕用。」《石氏贊》曰：「貫索九星，禁暴横。」

天紀占十一

石氏曰：「天紀九星，在貫索東。」西星入尾五度半，去極五十一度半，在黄道内五十六度太。《黄帝》曰：「天紀，天緯也，主正理冤訟。星齊明，王法正直，無有偏黨，天下綱紀。」《論讖》曰：「天紀星，以表九州定圖位。天紀星，主曆、音律。」《黄帝》曰：「天紀星敗絶，山崩易政，有飢民，君不安。」石氏曰：「天紀絶，天下大亂，主兇。天紀星明，天下多詞訟者，亡，則政理壞。」焦延壽曰：「天紀星與女床合，王者妻姑姨以淫亡；若以女謁失位。」郗萌曰：「紀星入漢中，人相食。」班固《天文志》曰：「紀星散者，山崩；不則有喪。」《荊州占》曰：「紀星散絶，不山崩，則主死；又曰紀星馳散，則國綱紀亂。」《石氏贊》曰：「天紀九星，理怨訟。」

織女占十二

石氏曰：「織女三星，在天紀東端。」大星入斗十一度，去極五十二度，在黃道内六十三度太。郗萌曰：「織女一名東橋。」《荊州占》曰：「織女一名天女，天子之女也；在牽牛西北，鼎足居，星足常向牽牛、扶筐，牽牛、扶筐星亦常向織女之足，不如其故，布帛倍其價，若有喪。」班固《天文志》曰：織女。杜預曰：星占之織女，處女也，天孫女也。案：織女七夕有渡河之期，似非處女之稱。石氏曰：「織女主經緯絲制之事，大聖皇聖之母，二小星者，太子、庶子位也；三星俱明，天下和平。」《詩紀曆樞》曰：「織女内正紀綱。」《合誠》曰：「織女，天女也；主瓜果、收藏、珍寶，以保神明，成衣立紀，故齊制成文繡，應天道。」巫咸曰：「織女，天水官也。」郗萌曰：「織女大長秋也。」《黃帝》曰：「織女主絲帛五彩之府，大星後兩小星，太子之位，三星齊明，天下和平，絲綿綵帛賤；星若不明，主后有憂，絲綿繒帛貴。織女大星怒而角者，布帛貴。」《黃帝》曰：「織女，一星亡，兵起，女子爲侈；織女不居其處，若更天下，以女爲憂。」石氏曰：「織女之道與貫索相直，布帛賤，不相直，天下有急，布帛貴。織女主絲帛之事，與扶筐爲妃，其足常向扶筐，即吉；不則絲帛有變。其一足亡也，女病；或曰兵起。」焦延壽曰：「織女星入漢，婦人皆水行，后亦然。」郗萌曰：「織女晨見東方，赤精明，女工善；不精明，女工惡；常以十月朔，六七日視之。」郗萌曰：「織女星非故，山搖地動，若牛疾。」陳卓曰：「王者至孝，神祇咸喜，則織女三星俱明，天下和平。」《石氏贊》曰：「織女三星保神明，收藏珍寶以奉王。」

天市垣占十三

石氏曰：「天市垣，二十二星。張衡《渾儀》曰：天市二十二星帝座前有一耳。在房心東北。門右星入尾太，去極九十四度少，在黃道内一度少。郗萌曰：「天市垣星，一名天府，一名長城。」巫咸曰：「天市，五帝之治水官也。」郗萌曰：「天市者，天子之市也。」《詩緯》曰：「天市，主聚衆。」《春秋緯》曰：「天市，主權衡。」《荊州占》曰：「天市西北大星，南方相去三尺所，名曰天曹。」石氏曰：「市者，四方所樂，帝都之邦，主王之坐；故帝座在市中，聖主之明候也。」郗萌曰：「天市之垣，天之旗幟也；欲其大明，明則糴賤。」

石氏曰：「天市垣二十二星，主西方邊國；門左星，宋也；次星，衛；次星，燕；次星，東海；次星，徐；次星，太山；次星，齊；次星，河中；次星，九河；次星，趙；次星，魏；次星，中山；次星，河間；市門右一星，韓；次星，楚；次星，梁；次星，巴；次星，蜀；次星，秦；次星，周；次星，鄭；次星，晉也。其星光芒，即其國有謀也；若星色微小，其國邑弱，王者修德以扶之。」

《黃帝》曰：「天市垣星不明，市中星簡，其歲虛，五穀傷，糴大貴，人民饑。天市中，星次其明潤澤，衆蓄可以積貯；市中星不明，市少，可以發出貯積。」《含文嘉》曰：「王者於族人有次序，則天市正明。宋均注曰：王者於親疏有次序，族者非一人也，天市之應明，所感多。石氏曰：「天市星明，則市吏急，商人無利；星微小，則吏弱，商人多利。天市中星衆明，則歲實；星稀，則歲不實，虛也。」郗萌曰：「天市星明大，則糴賤；不明，則糴貴。天市中多小星，民富足。」《石氏贊》曰：「天市二十二星，爲外臣。」

帝座占十四

石氏曰：「帝座一星，在市中，侯星西。」入尾十五度半，去極七十一度少，在黃道内三十九度。《黃帝占》曰：「帝座，天廷也，人主象也。」石氏曰：「帝座，天位也，帝座，天之貴神也；執陰陽之銳，秉殺生之府，總萬化之原，保存亡之機，和陰陽之氣，應四時之分。帝座星色欲明光而潤澤，則天子吉，威令行；微小，則兇；星亡，則王者有憂，大人當之，天下亂，有兵起，期二年。」《石氏贊》曰：「帝座一星，尊時行。」

候星占十五

石氏曰：「侯一星，帝座東。」入箕二度半，去極七十三度太，在黃道内三十八度少。巫咸曰：「候星，土官也。」石氏曰：「候星以候陰陽，伺遠國夷狄，以知謀徵。候星主時變，貨財安靜，吉；候星明，萬國同風，王道通利，輔臣强也；微小不明，則王道不通，輔臣弱；星移，主不安，期不出年。若星亡，主失位，期不出年。」《荊州占》曰：「候星明大，則四夷開；候星微細，則國安。」《石氏贊》曰：「候星在東，司陰陽。」

宦者占十六

石氏曰：「宦者四星，在帝座西。」南星入尾十二度，去極七十二度半，在黃道内三十八度。宦者星，常侍黃門左右，小臣侍從之官，常侍市中帝座也。宦者，刑餘人，在座西；微，吉；明，兇。」郗萌曰：「宦者星，非其常，宦者官有憂；宦者，刑人也，有刑人於市。」《石氏贊》曰：「宦者在西，侍主傍。」

斗星占十七

石氏曰：「斗五星，在宦者西南。」第一星入尾十度少，去極七十二度，在黃道內二十五度。郗萌曰：「斗者，主也，署物散也，其星明，吉；不明，兇；若其星亡，歲饑，或其星仰出，天下昇斛不平；覆，則歲稂。又斗星不明，穀不成，歲大饑，人相食。」《石氏贊》曰：「南有斗星，主平量。」

宗正星占十八

石氏曰：「宗正二星，在帝座東南。」南星入箕二度，去極八十四度，在黃道內二十七度半。宗正，主宗人，小宗之象也。《黃帝》曰：「宗正，帝宗也，主萬物之名，品類於市；其星非其故處，帝宗后族多有黜者，若多死。」石氏曰：「宗者，主也；正者，政也；主政萬物之名於市中。星非其故，吏不去則死，及更號令。宗星失色，宗正有事。宗正星明大，帝宗強大；星不明，帝宗弱也。」《石氏贊》曰：「宗正二星，宗大夫。」

宗人星占十九

石氏曰：「宗人四星，在宗正東。」南星入箕七度半，去極八十五度，在黃道內二十八度。《元命包》曰：「宗人，主先人；以時祠享。」石氏曰：「宗人主恩享，大宗之象，敦穆親親。」《含文嘉》曰：「族人有序，則宗人倚文正明。」《黃帝》曰：「宗人星明，如其故，宗室有序，人主吉昌；若動搖，不如其常，則宗人不和，王者親屬有變，若宗族貴人多死者。」石氏曰：「宗人星離絶，有大怪鳥見。」《石氏贊》曰：「宗人四星，録親疏。」

宗星占二十

石氏曰：「宗星二星，在宗人北。」南星入箕九度，去極七十九度，在黃道內二十三度太。《元命包》曰：「宗星主先人祠享。」石氏曰：「宗星，主別親疏，宗室之象也，皆帝輔血脈之臣也。」《黃帝占》曰：「宗星明而相近，帝相親，后族有序；其星不明，而相遠，則帝親后族相簡，若有謀者，王者有憂。」《石氏贊》曰：「宗星二星，恩不殊。」

東西咸占二十一

石氏曰：「東咸四星，在房東北；南星入心二度，去極一百三度，在黃道內二度少。西咸四星，在房北。」《黃帝》曰：「東西咸，一名大明，在房東西，各四星而列，熒惑道也，不道輒還之。」石氏曰：「東咸西咸八星者，房戶之扇，常爲帝之前屏，以表障後宫，以防姦私也。」郗萌曰：「東西咸，日月之道也；日月五星不以道，必

有賊。」《荊州占》曰：「東西咸者，房戶也；星明如列表間，天子吉，子孫蕃滋。」石氏曰：「東西咸四星，在房東北，主日行；色明，吉；不明、兇。」《海中占》曰：「東咸、西咸，星明而行列，王者威令行，妃后守其宫；其星微小，而不行列，若亡不見，人主威弱，女主自恣，奢淫無度，防守者憂，若宫人有罪，一曰貴女有黜者。」焦延壽曰：「東咸星，上近鉤鈐十日，則有讒賊臣入害主者；西咸星前近，上若有角搖起，明動十日，有人以知天數入爲害者。」《石氏贊》曰：「東咸西咸防泆淫。」

天江星占二十二

石氏曰：「天江四星，在尾北。」南星入尾六度少，去極一百一十一度，在黃道外二度半。《黃帝》曰：「天江星如常微小，則陰陽和，水旱調；其星明大，天下大水，江海溢流，五穀不熟，民人以水饑；若其星微，若參差不齊，馬貴，一曰馬多死。」石氏曰：「天江星中河而動，則兵起，如流沙，死人若亂麻，以人渡河；如其星不見，則津梁不通；又曰其星不欲明，動搖，則大水出，没城邑，大道不通。」郗萌曰：「天江星不欲明河中，而居河中者，大兵起，車騎滿野，道不通。」石氏曰：「天江四星，主太陰，其星明，大水不禁。」

建星占二十三

石氏曰：「建星在南斗北。」西星入斗七度少，去極一百一十三度少，在黃道內一度。黃帝曰：「建星者，一名天旗，一名天關。」巫咸曰：「建星，土官也。」郗萌曰：「建星，天之都關也，爲謀事，爲天鼓，爲天馬。南二星，天庫也；中央二星，市也，鈇鑕也；上二星，旗也，天府庭也；斗建之間，三光道也。」《海中占》曰：「斗建者，陰陽始終之門，大政昇平之所，起律曆之本原也。」郗萌曰：「箕星與建星之間，日月五星之下道也。」《詩・雅度覽》曰：「建星動，勞未央。」焦延壽曰：「建星，一星不具，若與斗合一月，辟亡；二星合十日，亡；三星合三日，亡，病也。」《荊州占》曰：「建星欲其相對列，則天下安；若下相類，天下亂，人主憂。」石氏曰：「建星明大，則大臣忠孝，帝承天心；不明大，小不齊，則王者失道，忠臣不用。」《石氏贊》曰：「建星六星，爲斗承，主國日月行失繩。」

天弁星占二十四

石氏曰：「天弁九星，在建星北。」西星入斗六度太，去極九十度太，在黃道內一十七度太。石氏曰：「天弁九星，在天市垣外，天下市官之長也，主市中列肆諸賈入在市籍者，商税還，方持物來，皆當責其租税。其星明大，則市物盛興；其星不

明，則萬物衰耗。」《黄帝》曰：「天弁星欲明大，則天下安寧，萬物興隆，珠玉珍物賤；其星不明，天下空虚，萬物衰惡，五穀不成，珍物貴。」《樂緯》曰：「弁星，羽也，壬子候之，羽亂惻危，其財匱，百姓枯渴，爲旱。」石氏曰：「天弁星主恭儉，明吉；不明兇。」焦延壽曰：「天弁星近建星，若明大動摇，天下有女樂見，人主爲害者。」《石氏贊》曰：「天弁九星知市珍，其星明大萬物興。」

河鼓星占二十五

石氏曰：「河鼓三星，旗九星，在牽牛北。」大星入南斗二十二度太，去極八十五度，在黄道内二十八度太。《黄帝》曰：「河鼓，一名天鼓，一名三武，一名三將軍也；中央星，大將也；左星，左將軍；右星，右將軍；皆天子將也。」郗萌曰：「河鼓，一名提鼓，一名天董，一名天廐。」巫咸曰：「河鼓，金官也。」《天官書》曰：「河鼓大星，上將也。」《合誠圖》曰：「河鼓備，主軍鼓，主斧鉞，主外關州，又主軍喜怒。」《赫連圖》曰：「河鼓怒黑，命成矣。」石氏曰：「河鼓旗揚而舒者，大將出，不可逆，當隨旗之指而擊之，大勝。」石氏曰：「河鼓旗星明者，則旗幟出，以日占其國；其星若戾，將軍政亂，士卒强，將相淩。若旗星不正，有兵。」《黄帝》曰：「河鼓星曲，失計奪勢。」石氏曰：「河鼓不正，若變色，皆爲兵憂將免；其星動若怒，皆爲兵馬或將出；又河鼓欲正直而明大，黄潤澤，則無兵，大將吉。」又曰：「三武易次，兵起。」郗萌曰：「天鼓之星怒者，馬貴；一名元鼓。」《石氏贊》曰：「河鼓鼓旗建音聲，設守險阨知謀徵，旗星差戾亂相淩。」

離珠星占二十六

石氏曰：「離珠五星，在須女北。」北星入須女初，去極九十四度，在黄道内二十度。郗萌曰：「離珠，女子之星也。」石氏曰：「離珠星者，御後宫離袿衣也，環珮玉珠，后夫人之盛飾也；主進王后之衣服也。」《黄帝》曰：「離珠星明，如其常，則宫人妃后安身；其星不明，易其故，則宫人不安。」石氏曰：「離珠非其故，後宫亂；從危之陽，天旱；危之陰，大水，五穀不登；離珠明大，則後宫昌；失色不明，則后勢任子不顯，所近不正。」《石氏贊》曰：「離五星，御後宫。」

匏瓜星占二十七

石氏：「匏瓜星五星，在離珠北。」西星入須女少，去極七十一度半，在黄道内三十三度。《黄帝》曰：「匏瓜，一名天鳥，一名天雞，其四星，劍鐔之形；其星明大，如其故，則果物皆實，歲熟；星若不明，非其常，果物皆惡，歲不登，有大水，川道不通。」石氏曰：「匏瓜者，一名天匏，一名天雞；匏瓜大，則歲熟；星微，則歲惡。」《黄帝占》曰：「匏瓜星，主後宫；匏瓜，天雞也，主司中，所以和五味。」《元命包》曰：「匏瓜，主陰謀。」郗萌曰：「天子果園，爲獻食者。」《星官訓》曰：「匏瓜，大瓜也；性内，文明而有子，美盡在内。」《黄帝》曰：「匏瓜星明，則野瓜甘露生，庖廚後宫多子孫；星不明，后失勢；又其星非其故，則山摇。」石氏曰：「匏瓜非其故，則山谷多水，天下不通。」焦延壽曰：「匏瓜星不見，若不正，動摇，皆爲有賊人主者；若以果實爲敗。」《石氏贊》曰：「匏瓜五星，司謀忠。」

天津星占二十八

石氏曰：「天津九星，在須女北河中。」西北星入斗二度，去極四十九度，在黄道内四十九度少。《黄帝占》曰：「天津者，一名天潢，一名潢中，一名巨潢，一名江星，一名水王柱，一名格星，一名潢星，一名天津，天津有潢四星，在危之北，居漢。」郗萌曰：「天潢者，天津也，一名天漢。」《元命包》曰：「天潢，主河梁，所以度神，通四方也。」又曰：「天潢一星，天子都船也。」《黄帝占》曰：「天津有變，水賊稱王，水道不通。」石氏曰：「天津處，河溢；天津覆水，水滔天；天津亡，河水爲害，天下不通。」石氏曰：「天津亡，津道不通；天津張，天下安。」郗萌曰：「天潢星不具，天下津河關道絶不通。」《石氏贊》曰：「天津九星，通厄窮。」

螣蛇星占二十九

石氏曰：「螣蛇二十二星，在營室北。」螣星入營室一度半，去極五十一度，在黄道内五十三度少。螣蛇，天蛇也，主水蟲；又螣蛇，蛇之牡也，與龜鱉交，水蟲之長也；水中之蟲，皆屬螣蛇。《黄帝》曰：「螣蛇星明，水蟲茂，魚鹽賤；星不明，則水蟲衰耗，魚鹽貴。」石氏曰：「螣蛇星移南，則軍兵起；移北，大水；若星明，不安；微，則安。」《石氏贊》曰：「螣蛇之星，主水蟲。」

王良星占三十

石氏曰：「王良五星，在奎北。」居河中，西星入壁半度，去極四十二度半，在黄道内五十七度。郗萌曰：「王良，一名天津；一名王濟。」案《荆州占》云：王良，或占車騎，或占津梁，且古字通用，故二字，並依舊本。《元命包》曰：「天騎四星，在漢中，一名天駟，傍一名王良，主天馬。」郗萌曰：「王良，一名天馬。」《黄帝占》曰：「王良，主御風雨，水道，主河梁。」《河圖》曰：「王良爲天橋。」巫咸曰：「王良，天子道橋之度水之官。」郗萌曰：「王良者，天子奉車。」郗萌曰：「王良策馬，前與馬等，後與馬等。」《荆州占》曰：「王良爲西橋，故或占車騎，或占津梁。」《黄帝》曰：「駟馬參差，不行列，天下安；若駟馬齊行，王良舉策，天子自臨兵，國不安。」《黄帝》

曰：「王良發者，河水出。」《河圖》曰：「王良策馬，此皆諸侯聖雄並起，期不出九年，天下之兵擾。」《考靈曜》曰：「王良策馬，狼弧張，咄咀害，出血將將。」王良傍一星，名策，策馬謂有光芒也。張猶明也，咄咀大星名也，血將將，兵起死傷以衆也。《含文嘉》曰：「天子乘舟，得其所，貴賤不相逾僭，則王良附路星明，常在河中，天子壽昌，萬民無疫癘之殃。」《論讖》曰：「王良策馬，野骨曝。」石氏曰：「王良星移，則有兵，以東西南北處所在；王良星不具，津河道不道。王良策馬，車騎滿野，天下大亂，兵大起，明君出，期不出三年。」《海中占》曰：「駟馬不動，天子安營。」焦延壽曰：「天駟星前與閣道相近，有江河之變。」郗萌曰：「王良正，馬疾病。王良與馬齊，天子有疾馬。」《荊州占》曰：「王良與馬齊，天下有急。」郗萌曰：「王良向造父，馬賤。」《赫連圖》曰：「王良策馬，北夷制號。」宋均曰：策星在王良傍，若移在王良前，居馬後，是謂策馬。石氏曰：「王良星常在漢中，則吉；不可移動，移動則有兵。王良駟馬動搖，天子欲出；小動小出，大動大出，千里駟馬。有芒角，天子兵，期二年；王者必有所在，惟意有所想，未發顔色，王良星。」《石氏贊》曰：「王良五星，知王莊。」

唐・瞿曇悉達《開元占經》卷六六《石氏中官》　閣道星占三十一

石氏曰：「閣道六星，司馬遷《天官書》云：後六星，絶漢抵營室，曰閣道。案圖簿，營室北有螣蛇二十二星，其閣道止六星，恐由子長之謬矣。在王良東北。」南星入奎五度，去極四十三度少。在黄道内五十八度少。巫咸曰：「閣道，水官也。」石氏曰：「閣道形如飛閣之狀，從紫微北門出，至河上，天子法駕乘其行，神乘也。」石氏曰：「閣道，王良旗也；一名紫宫旗；在王良傍，而抵紫宫垣，旗動搖，不如其故，旗所指者，兵所起。」《春秋緯》曰：「閣道，所以捍衛，難滅諸咎。」《黄帝占》曰：「閣道，天子御道也；絶漢，直紫宫，後名曰閣道。其星明，行列正直，人主吉，天下安；其星動摇，不如其故；若星不具，則天子津道不通，有謀臣；閣道星，主道星，天子私出入，王者别宫以候；近出星明大，則王者聖明，四方大通；若星不具，天子道津不通。」焦延壽曰：「閣道星與紫宫藩星同行，辟溺河梁，若王者宫闕道有害者。」《石氏贊》曰：「閣道六星，神所乘。」

附路星占三十二

石氏曰：「附路一星，在閣道兩傍。」入奎三度，去極四十三度，在黄道内五十七度。郗萌曰：「附路，一名王濟之太僕，一名伯樂，一名就父。」《論讖》曰：「附路，主掃除。」郗萌曰：「附路，主御風雨。」石氏曰：「附路以通道，若閣道，道壞當從附路，道備，豫不虞，以候災害，故曰備路。」《禮緯》曰：「附路明，天子壽昌，萬民無疫病之殃。」《論讖》曰：「附路亡，道塗塞。」石氏曰：「附路星芒，則車騎滿野。」郗萌曰：「附路正，馬車騎滿野，天下大亂，期十月。王良，駟馬也；正馬，謂移在駟馬之前。」《石氏贊》曰：「附路一星，備敗傷。」

天將軍占三十三

石氏曰：「天將十一星，在婁北。」大星入奎十五度半，去極六十度少強，在黄道内二十九度少。巫咸曰：「天將軍，金官也。」郗萌曰：「天將軍者，天所以將，率忠正之群士而自衛者。」石氏曰：「天將軍者，天之大將軍也；中大星，大將也；外衛，小吏士也；大將星動搖，兵起，大將出。」《黄帝占》曰：「天將軍小星動搖，不具，兵發。」又占曰：「天將軍星欲明，安靜，天下無兵，大將安寧；其星不明，搖動，天下大兵，大將出行。」《海中占》曰：「天將軍星動搖，天子自將兵出。」郗萌曰：「天將軍旗陳直揚者，所指者勝，所背者負；旗者，左右星也。」《石氏贊》曰：「天將軍十一星，主武兵。」

大陵星占三十四

石氏曰：「大陵八里，在胃北。」北星入婁六度少，去極四十三度少，在黄道内四十度少。石氏曰：「大陵，一名積京；其星明，藩國多有大喪，民多疾病，諸侯有喪。」石氏曰：「大陵中有積屍星，明則有大喪，死人如丘山。」甘氏曰：「大陵喪墓，積屍隨居。」郗萌曰：「積京者，大陵也，卷舌之口也；大陵曲而北向，卷舌曲而南向，相爲牝牡。」郗萌曰：「積京中星衆，則粟聚；星少，則粟散。」《石氏贊》曰：「大陵八星，主崩喪。」

天船星占三十五

石氏曰：「天船九星，在大陵北河中。」北星入婁九度，去極四十三度半，在黄道内四十三度少。郗萌曰：「天船九星，一名王船；中有四星，常欲均明，即天下大安；不明，移處，消小不見，天下有兵，若有喪。」石氏曰：「天船主水旱之事，一名天更。」《黄帝占》曰：「天船主帝王濟渡之官，常居漢中。」郗萌曰：「天船，天將軍兵船也。」石氏曰：「天船常在漢中；不明，天下兵起，津河不通，川水大出，舟船用。」焦延壽曰：「舟星頭四星，常在漢中，將以水戰不成；若有沒國，水大出。」《石氏贊》曰：「船九星，濟不通。」

卷舌占三十六

石氏曰：「卷舌六星，在昴北。」北星入胃十度少，去極五十六度，在黄道内四十一度太。《黃帝占》曰：「卷星，一名勝舌，一名左舌，一名積京，一名積薪。」《春秋·合誠圖》曰：「卷舌，主口語。」石氏曰：「卷舌主利口，明大，則利口用事。」石氏曰：「卷舌星欲微小不明；明大，多讒言，下多讒，口舌作也。」石氏曰：「卷舌星曲如舌，即吉；舌直，天下多口舌之害。」《聖洽符》曰：「卷舌動，其中星衆，兵大起，多口舌；卷舌安靜，其中星希，則國寧，無兵。」郗萌曰：「卷舌星藩盛，天下多口舌，民多疾死；一曰兵起，人死如丘山。」郗萌曰：「卷舌星動，兵大起，多口舌；星希，則無兵。」郗萌曰：「卷舌星出守，不居漢中，天下盡爲口舌妄言。」《石氏贊》曰：「卷舌六星，知讒謗。」

五車星占三十七

石氏曰：「五車五星，三柱九星；凡十四星，在畢東北。」西星入畢三度，去極六十三度，在黃道內十度太。石氏曰：「五車，一名天庫，一名天倉，凡五星，在畢昴北，大陵東；其西北端一大星，曰天庫，天庫將，畢也，秦也，太白也，其神名曰令尉；次東北星，名曰獄，燕、趙也，辰星也，其神名曰風伯；次東星，名曰天倉，天倉，衛魯也，其神名曰雨師；次東南星，名曰司空，楚也，鎮星也，其神名曰雷公；次西南星，名曰鄉，鄉，韓、魏也，熒惑也，其神名曰豐隆。」石氏曰：「五車中，有三柱；晉灼曰：柱解音注。三星鼎足居；柱一名休格，一名旗。」郗萌曰：「五車一名咸池，一名爲五潢，一名爲重華，居豐隆也。」《天文志》曰：「三淵者，五車柱也。」《黃帝占》曰：「五車者，五帝之座。」巫咸曰：「五車，天子五兵，水官。」郗革曰：「五車，天子大澤也，主輕車。」石氏曰：「五車，西北大星，大荳；東北星，稻也；東南星，麻也；正南星，粟也；西北，麥也。」甘氏曰：「五車星，五穀各有所主分野，其星動摇變色，其國有兵，五穀大貴，人民饑亡，隨(闕)(星所主分野占之次)決吉凶。」郗萌曰：「五車主五穀；一車主蕡，蕡麻也；一車主麥；一車主赤黑豆；一車主黍；一車主稻米。」《黃帝占》曰：「五車三柱，星動，期三十日，車騎發。」《禮緯含文嘉》曰：「天子觀天文，察地理，和陰陽，揆星度，原神明之變，獲福於無方，得靈臺之視，則五車三柱均明，不離其常，川原陸澤，年豐穰。」宋均注曰：天子考察天氣，若祥填見，赤星之祲者也，所以獲福穰災。五車主五穀，爲民穰災得民福，民無飢寒之困，故五車星均明，以應之也。《春秋元命包》曰：「五車三柱，象天下之車；一柱不見，三分一車行；二柱不見，三分二車行；三柱不見，天子自將兵。」《文曜鉤》曰：「咸池中三柱不具，兵革起。」石氏曰：「五車中，一柱出若不見，兵少半出；二柱出若不見，兵大半出；三柱盡出若不見，兵盡出；柱入而兵入。柱外出，不與天庫相近者，軍出，穀貴，轉穀千里；柱外出一月，穀貴，期一歲；出二月，穀貴六倍，期二歲；出三月，穀貴九倍，期三歲；出三月不入，穀貴十倍。」石氏曰：「五車柱外出，不居兩星之間者，天下大水，木大貴；柱倒立者，就車行，土大貴，轉土千里。」石氏曰：「五車星欲其均明，闊狹有常。五車天庫星中河而不見，天下有積屍，人不可度河，河不通，即有軍。」石氏曰：「五車明大，若星繁衆，兵革大起。」石氏曰：「五車休出庫者，甲兵强，輕車騎出；休出倉者，大車出，婦女挽糧；休格所指者，車從之。」石氏曰：「五車倉星不見，其所臨之軍，必絶食，大窮而亡。」郗萌曰：「五車旗不見，天下大風，髮屋折木。」又占曰：「五車休，旗動，四夷畔。」又占曰：「五軍休，格反，抵大星，兵起天下，先兵者勝。」《荊州占》曰：「五車柱倒立，占軍行。」石氏曰：「五車星俱明，五穀豐；一星不明，則其穀不昇。」又占曰：「五車星失色，赤地三千里，不生。」石氏曰：「五車星有不見，其國饑，有兵憂。」《石氏贊》曰：「五車三柱欲均明，主穀豐耗知敗傷。」

天闕星占三十八

石氏曰：「天闕星在五車南，參西北。」入觜初度，去極七十三度半，在黃道外二度太。郗萌曰：「天闕，天門也；在黃道中，日月不出其中行，必有一國之主不朝者；一曰柱不道者，五星不出其中，臣必有不道者。」《黃帝占》曰：「日月五星不出天闕中者，必有叛臣，不從君命，若主不道，臣謀君，有兵起。」石氏曰：「天闕星芒角，有兵。」焦延壽曰：「天闕星不在，若與五車星舍，大將披甲，國門閉。」《天官書》曰：「黑帝行德，天闕爲之動。」石氏曰：「天闕星欲大明，明大，則王道平通。」《石氏贊》曰：「天闕一星，道所從。」

南北河戍占三十九

石氏曰：「南河北河六星，夾東井。」東河中央，入井十七度少，去極八十度，在黃道外十四度。《春秋緯》曰：「井鉞北曰北河，南曰南河；兩河天闕門，爲關梁也。」《黃帝占》曰：「南河戍名曰南紀，陽門、南宮、南高、南關、越門。」《黃帝占》曰：「南北河戍，一名天高，一名天亭；兩河戍間爲天道。」郗萌曰：「南河戍，一名南藏；北河戍，一名北藏；一名天門。」《黃帝占》曰：「北河戍名曰北横、陰門、北宮、北高、北關、胡門。」《黃帝占》曰：「南河戍爲權，北河戍爲衡，權不正則天傾。所謂不正者，南河戍南五尺。」《黃帝占》曰：「南北河戍爲天街，天街流相抵，天下大亂，親離也。」巫咸曰：「南北戍，北門，水官也。」石氏曰：「天闕者，河戍也，主中國之難。此皆天之度，以昭示人也。」郗萌曰：「兩河戍與戍俱爲帝闕。」又占曰：「兩戍間爲天門，日月五星常出其門中。經行吉，不得久留守焉。日月五星不出其中者，爲王失道。行其南，以刑法舉錯不當失道；行其北，以女及財物金錢失道。近期三年，中期六年，遠期九年。」韓揚曰：「南北戍者，天門也。兩戍間爲天道，日月五星常出南北戍間。出北，旱。」《黃帝占》曰：「兩河星欲明，大小如其故，則天下安寧，四夷來朝；其星不明，若動摇不於其常，則邊兵大動，交侵中國，人主有憂。」郗萌曰：「北河戍下多小星，有民不治，將不明，多失職。」《黃帝占》曰：「日月五星行不出天道間，必有不道之臣；一曰必有道不通。」石氏曰：「南戍主夷狄，北戍主中國；兩戍之間，天闕門。」石氏曰：「南北河星不具，道不通，一曰大水。」《石氏贊》曰：「兩河六星，知逆邪。」

五諸侯占四十

石氏曰：「五諸侯五星，在東井北，近北河。」西星入井二度，去極五十七度，在黃道內二度少。《黃帝占》曰：「五諸侯，主帝心；一曰帝師，二曰帝友，三曰三公，四曰博士，五曰太史；此五者，爲帝定疑也。」巫咸曰：「五諸侯，士官。」石氏曰：「五諸侯五星，在北戍之南，東西列。東端第一星，齊也；西端一星，秦也；其餘星，皆爲諸國。」《春秋緯・元命包》曰：「五諸侯主刺舉，戒不虞。」《援神契》曰：「五諸侯主危傾，此皆諸侯之職也。」石氏曰：「五諸侯者，使發摘姦謀，司察陰私伏匿之事。」《春秋緯》曰：「五諸侯，理陰陽，舉外害，察得失，九州之外使。五星之變逆出，名罰，第一曲歲，其次如位；故以上天，禍從中起。」《禮緯含文嘉》曰：「五禮修備，則五諸侯星正行，光明，不相淩侵；五禾五水，應以大豐。」《黃帝占》曰：「五諸侯星，欲均大小齊明，則王吉昌，天下太平，其臣皆忠；星若差戾，摇動不明，則輔臣不忠，王者不安，天下有憂。」《春秋緯元命包》曰：「五諸侯生角，禍在中。」《春秋緯元命包》曰：「五諸侯星流四去，外牧傷，天子避宫，公卿逃。」石氏曰：「五諸侯星明大潤澤、大小齊同者，吉，諸侯忠良，王道大興；細微者，兇。」郗萌曰：「五諸侯星當明，即天下大治，安昌；不明，若不見者，天下之貴人有謀其主者，不出三年而發。」韓揚曰：「五諸侯糾戒，見亂相屠。」《石氏贊》曰：「五諸侯星，主議疑。」

積水星占四十一

石氏曰：「積水一星，在北河西星北。」入井十三度，去極五十五度，在黃道內十二度太。石氏曰：「積水一星，一名聚水；積聚美水，以給酒官之旗。」巫咸曰：「積水之官。」《黃帝占》曰：「積水一星，給酒旗積水者，甘泉也；擬於醪醲，以待賓客；其星欲明，天下安，養宴之禮行；其星不明，人主不安，五穀不登，養宴禮廢，徭役殷煩，人民憂。」石氏曰：「積水星明大，動摇，天下水河海溢流，津道不通。」《石氏贊》曰：「積水星，給酒旗。」

積薪星占四十二

石氏曰：「積薪一星，在積水東南。」入井二十一度半，去極六十一度半，在黃道內十度太。石氏曰：「積薪，聚薪也；聚薪以給享祀。」《黃帝占》曰：「積薪所以給庖廚，以燎熟飲食；其星欲明，明則王者安，五穀熟；其星不明，則庖廚空虛，天下旱，歲不登，人民饑，王者有憂。」石氏曰：「積薪與積水，相去五尺以內，天下太平，五穀成；若相去一丈以外，天下饑荒，人民流亡，去其鄉。」石氏曰：「積薪明大，則人君增庖廚。」石氏曰：「積薪星明大，禘嘗察；星不明，君臣不和，百祀不享。」《石氏贊》曰：「積薪一星，主給庖。」

水位星占四十三

石氏曰：「水位四星，在東井東，南北列。」南星入井十九度半，去極七十二度半，在黃道外三度太。《黃帝占》曰：「水位，主水官也；其星微小，如其故，則陰陽和，雨澤以時，天下安；其星明大，大水横流，溝渠溢滿，五穀死傷，民以水饑。」石氏曰：「水位星，主水衡，衡平象水，澤平而後流，澤不壅塞也；星明大，則兵水興。」焦延壽曰：「水位星上近北戍，國没爲河，不乃有滔天之水，以日占國。」《石氏贊》曰：「水位四星，瀉溢流。」

軒轅星占四十四

石氏曰：「軒轅十七星，在七星北。」大星入張太，去極七十一度，在黃道內一度少。《詩推度災》曰：「黃龍在內，正土職也；一曰陳陵，二曰權星，主雷雨之神。」石氏曰：「軒轅一名昏昌宫，而龍蛇形，凡十七星。南端明者，女主也，母也；女主北六尺，一星，夫人也，屏也，上將也；北六尺，一星，次夫人也，妃也，次將也；北六尺一星，次妃也；其次，皆次妃也；女主南三尺，星不明者，女御也；御西南丈所一星，大明也，太后宗也；御東南丈所一星，少明也，皇后宗也。」郗萌曰：「軒轅，女主之廷也，一名天柱。」《荊州占》曰：「軒轅前大星明，一曰天闕，主陰闕。」《淮南鴻烈》曰：「軒轅，帝妃之舍也。」巫咸曰：「軒轅，天子后妃之庭，主土官也。」《黃帝占》曰：「軒轅十七星，主后妃黃龍之體，以應主；南第一星，皇后也；次北一星，三夫人；又北一星，九嬪也；次北一星，二十七世婦；

其次北一星，八十一御女；西南六尺，一星，太后宗也；東星六尺，一星，皇后宗也；后妃星南一尺，一星小者，皇子也；次南二尺，一星，女史也；其星主雷雨風霜霧露，虹霓背瓊抱珥，此軒轅之變氣，皆應主之祥。」石氏曰：「軒轅星，王后以下所居宮也，一曰帝南宮，中央土神，女主之象也；女主之位，黄帝之舍也。」《禮緯含文嘉》曰：「諸舅有儀，則軒轅東西角大張。」《孝經（闕）〔左〕契》曰：「軒轅列明，后女爭譽。」石氏曰：「軒轅屏星去，無君臣之義。」石氏曰：「軒轅星如其故，色黄而潤澤，則天下和，年大豐。」石氏曰：「軒轅移外，民流亡，從胡人；移其内，民人大饑，胡人來。」焦延壽曰：「軒轅星動有摇，若相就，皆爲后夫人之宗有死喪，若卑伐尊者。」又占曰：「女御星去後星遠，有賤星迫近之，有賞賜事；其東西至大民、少民；王者娶，不以次；淫佚不用道理，以下賤爲正也。」郗萌曰：「軒轅角振，后族敗，振動也。」《荊州占》曰：「軒轅欲小，小黄明也；消小不見，皇貴妃不安；黑色，大兇。」石氏曰：「軒轅星合，爲百二十妃大小相次，後宮多子孫；不明，有暴憂。」《石氏贊》曰：「軒轅龍體，主后妃。」

少微星占四十五

石氏曰：「少微四星，在太微西，南北列。」南星入張十度半，去極七十度半，在黄道内三度半弱。　韓楊曰：「天官圖簿，少微四星，謂第一處士、第二博士、第三義士、第四大夫也。」別書云：有五星，南端一星主真人，老子、許由也；第二星處士，孔子也；第三星工士，奚仲、魯班也；第四星術士，定鐘律，師曠也；第五星能士，力舉九千鈞也。又《天官書》曰：廷蕃西有墮星五。案圖簿，止有四星。且韓楊又云異聞，今故兼録也。《文曜鉤》曰：「少微，士大夫位也；一名處士。」巫咸曰：「處士，水官也。」石氏曰：「少微，伏戲之廷。」巫咸曰：「少微，天子副主；或曰博士官；一曰主衛掖門。」《黄帝占》曰：「少微，主藝能之士。若聞如孔子、巧如魯班、道術之士，悉皆主之。」《黄帝占》曰：「少微星明而行列，王者任賢良，舉隱逸才用，天下安；其不明，微而不見，賢良不出，術士潛藏，人主不安。」《春秋緯》曰：「大夫專權，則兵陵地坼；少微纖昧。」石氏曰：「少微星明大而黄潤澤，則賢士舉，而忠臣用。」石氏曰：「少微星微小，則賢士退，而忠臣廢。」巫咸曰：「少微星非其故，女主有憂。」巫咸曰：「處士明，王命興，輔佐出。」焦延壽曰：「少微星近太微，若一星獨前，入太微西門，胡主有謀，賊辟。」《石氏贊》曰：「少微四星，逸士位。」

太微星占四十六

石氏曰：「太微十星，案司馬遷《天官書》、班固《天文志》並匡星，未詳其占。在翼軫北。」門右星入翼九度，去極七十六度半，在黄道内二度太也。　吴龔《天官星占》曰：「太微者，天闕也；南門闕千里，分爲左右掖。」郗萌曰：「太微之宫，天子之廷，上帝之治，五帝之座也；案張衡《靈憲》曰：「太微爲五帝之庭。」名曰保舍，十二諸侯之府也；其外蕃，九卿也；軒轅爲權，太微爲衡。」案《續晉陽秋》曰：桓温入蜀，聞有善星者。後有大志，遂致之。夜獨執其手，於星下問國祚之修短。星人曰：太微、紫微、文昌三宫，氣候如此，決無憂虞，五十年外不論耳。温不悦，遺絹一疋，錢五千。星人詣習鑿齒，曰：受旨自裁，乞命爲標揭棺木。鑿齒問其故，星人曰：賜絹令我自縊，乞錢買棺，故知之耳。鑿齒曰：君幾誤死，君亦知星宿有不覆之義乎？絹以戲君，（線）〔錢〕供資糧，是聽君去耳。星人喜，以此言詣温。温嘆曰：君三十年看儒書，不如一詣習主簿。《淮南鴻烈》曰：「微者，主朱鳥也。」許慎曰：「大風之鄉，朱鳥。《孝經緯》曰：「太微，天廷，帝以紀録出圖；五星並設，神録集謀，故置將相，輔佐執法，郎位，少微以議疑。」巫咸曰：「太微，天子常侍，士官也。」《黄帝占》曰：「太微，天子之宫。　西蕃四星，南北列，南端第一星，爲上將；北間，爲太陽西門；門北一星，爲次將；北間，爲中華西門；門北一星，爲次相；北間，爲太陰西門；門北一星，爲次相；北間，爲中華東門；門北一星，爲次將；北間，爲太陰東門；北端一星，爲上相。東藩四星，南北列，南端第一星，爲上相；北間，爲太陽東門；北端一星，爲上將。南蕃兩星，東西列，其西星，爲右執法；其東星，爲左執法，廷尉尚書之象；兩執法之間，太微天廷端門也；右執法西間，爲右掖門；左執法之東，爲左掖門。帝有四部將軍相，有十，帝之所尊貴者，爲上將相，不以廷尉、尚書爲例。」《洛書》曰：「太微西蕃將，執威誅不順；東蕃相，執美拒侯王。」《春秋・元命包》曰：「太微，權政所在。」又曰：「太微爲天廷，理法平辭，監昇授德，列宿受符，諸神考節，舒情稽疑也；南蕃二星，東星曰左執法，廷尉之象也；西星曰右執法，御史大夫之象也；執法，所以舉刺兇姦者也；兩星之間，南端門也；左執法之東，左掖門也；右執法之西，右掖門也；東蕃四星，南第一星，曰上相，上相之北，東門也；第二星，曰次相，次相之北，中華門也；第三星，曰次將，次將之北，太陰門也；第四星、曰上將；所謂四輔也。西蕃四星，南第一星，曰上將；上將之北，西門也；第二星，曰次將；次將之北，中華門也；第三星，曰次相，次相之北，太陰門也；第四星、曰上相；亦爲四輔也。」《春秋緯》曰：「天廷微序，五統三立，法式成章。　匡衛星爲蕃臣，西星將位，東星爲相位，中執法，南兩星端門，旁左右掖門，五諸侯王。」

唐・瞿曇悉達《開元占經》卷六七《石氏中官》 三台占五十三

石氏曰：「三台六星，兩兩而居。起文昌，列抵太微。」兩台北星入井三十度太，去極三十度少，在黃道内二十八度少也。《黃帝占》曰：「三能蘇氏曰：能音台。者，三公之位也；諸侯，農人也；一名天柱，太一之舍道也，文昌之庭也；在下名曰天奇。」《黃帝占》曰：「三能，近文昌宫者，曰太尉，司命，爲孟；次星曰司徒，司中，爲仲；次星爲司空，司禄，爲季。」《黃帝占》曰：「泰階，天之三階也；上階上星，爲天子；下星，爲女主；中階上星，爲諸侯、三公；下星爲卿大夫；下階上星，爲士，爲庶民，所以和陰陽而理萬物。」又占曰：「三台大間中，相去十六度，爲平過，爲太滅，爲損。小間中相去太半度，爲平過，爲奢滅，爲迫。」又占曰：「知三能者，使人不病癘；夫妻俱視三能，使人離；三能雖尊，臣之位也。」又占曰：「司禄，主人君之爵禄。」《禮・含文嘉》曰：「三台爲天階，太一躡以上下；一曰天階。」《春秋緯》曰：「三能在前，參稽正緒。」《春秋緯元命包》曰：「魁下六星，兩兩而北，曰三能，主德，聞德宣符之；西近文昌二星，曰上台，爲司命，主壽；次二星，中台，爲司中，主宗室；東二星，曰下台，爲司禄，主兵。」《論讖》曰：「上台上星，主兗豫；下星、主荆揚；中台上星，主梁雍；下星，主冀州；下台上星，主青州；下星，主徐州；星非其故，以占其邦。」巫咸曰：「三能，天子六階；六階，土官也。」郗萌曰：「三能主爵，爲天倉。」司馬遷《天官書》曰：「三能、三衡者，天庭也。」《荆州占》曰：「司命主兵，間六尺有兵。」又占曰：「司命、司中、禄星，天子定見安危之府也；萬民壽之主也。」《黃帝占》曰：「司命、司中、司禄，星色青黑，天下多憂。」又占曰：「司中主宗室，間六尺，主亂政急，骨肉親疏遠，宗室不和附，人君不安，兵起。」《黃帝占》曰：「公侯背叛，率部動兵，則中階上星其色赤；夷狄侵邊，境内騷運，則中階下星疏而横，其色白；卿大夫廢正向邪，作姦營私，則下星垂而疏，其色赤；避尊比下，興衆同位，則星迫而下，色白。」《黃帝占》曰：「士庶民不從法令，犯刑爲賊，則下階上星其色赤；星去本就末，淫侈相起，則閹人横，其色白；令行法勝，委命聽從，則星迫而下，其色白。」又占曰：「上能不具，春不得耕；中能不具，夏不得芸；下能不具，秋不得獲。」又占曰：「三階平，則陰陽和，風雨時，五穀豐，禎祥應，天下太平；三階不平，則陰陽不和，風雨不時，百靈不享，災異並生，百姓不寧。」《黃帝占》曰：「天子剛猛好兵，滅后殺嗣，則上階上星其色赤；循宫廣囿，肆其聲色，則上階奢而横；温儒柔弱，誅罰不行，則上階迫，其色白；朋黨比周，度逾適易，則上階下星其色白；妃嬪尊榮，讒言進用，則上階下星奢而横，其色白；恃寵肆欲，懷邪作亂，則星高而仰，其色赤。」《黃帝占》曰：「人主有綱，臣下有紀，賦斂惟省，刑罰用輕，則上階爲之蹙；諸侯納貢，朝聘有禮，三公盡忠，卿大夫無私，則中階爲之比；庶民奉化，閨門和穆，予給以時，徭役有序，下階爲之密蹙。比、密者，相近也。」《黃帝占》曰：「人主徭役肆意縱慾，崇飭臺榭，數奪農時，上階爲之奢；諸侯盛，車服上僭，三公專權，卿大夫貪誇，則中階爲之疏；案王隱《晉書》曰：張華少子建曉仰占云：中台坼，内懼。遂勸華遜位。華言：今惟修德以應之耳。檀道鸞《晉陽秋》曰：張華死後，中台遂坼。大元中，還陰斂正，中國以謝太傅祖德之所致也。《宋書・天文志》云：晉惠永康元年三月，中台星坼，是日賈后殺太子，趙王倫尋廢殺后，及張華又廢帝自立。於是三王並起，操據天權也。士庶民去本趨末，不務農桑，豪侈相淩，竟爲狡猾，則下階爲之闊奢。疏闊者，階相遠也。」《洛書》曰：「三能横通，天下嘿嘿。後十二年，山大崩，亡主之符也。」《尚書・中侯》曰：「中能垂，公輔謀。」《尚書・中侯》曰：「天能有變，厥爲災，土崙山崩，谷溜滿，川枯。」《禮・含文嘉》曰：「王者得禮之制，不傷財，不害民，君臣和集，草木昆蟲，各蒙正則，則三台爲齊明，不闊不狹，如其度。」宋均注曰：君臣制度、宫室車旗多少，各有科品，則應之也。《禮緯・含文嘉》曰：「殯喪之禮，各以其時，變製革禮之差，各制之宜，三台平正，有德星出入其間矣。」《春秋緯》曰：「三公擅恣，非其人，則山崩。三台移，鼎折足。」《春秋緯》曰：「三能色齊，君臣和；不齊，大乖。」《春秋緯》曰：「三能色亂，天子不賢。」甘氏曰：「三台以明，行列齊，等相類，則君臣和，吉而治臻。」甘氏曰：「三台色黃，天下謀德；色赤，謀兵；色黑，在憂；色白，爲喪；色白，爲疾；三台不直，天下失謀。」甘氏曰：「三能流相抵者，諸侯爲亂，天子不見，有亡主；以其日占其國。」甘氏曰：「司中星坼摇若合，赦。」甘氏曰：「司禄星其坼者，兇，主者當之。」焦延壽曰：「三能星摇動，皆爲有謀。」郗萌曰：「三能之上星疏者，變從上家起；中星疏者，變從中家起；下星疏者，變從下家起；所謂變起者，反逆之事。」又占曰：「司命、司中、司禄星，欲其赤黃，萬民奮壯，所爲數利。」《荆州占》曰：「三能一疏一數，宗廟咎責，亡孝悌仁義也，五府不順，此三公之過也。」又占曰：「三能不齊等，三公不相信。」又占曰：「三能色不齊，君臣奪走。黑爲喪。」《荆州占》曰：「三能一星去，天下危；二星去，天下亂；三星去，天下不治。」《荆州占》曰：「三能色黃澤，赦。」又占曰：「三能黃澤有光，民安壽。」又占曰：「司命、司中、司禄，欲其大，淳而澤，天子多推恩。」《石氏贊》曰：「三台六星三公位，其色齊明德洋溢。」

相星占五十四

石氏曰：「相一星，在北斗南。」入翼五度，去極三十一度半，在黃道內三十七度也。《黃帝占》曰：「相星，天丞相也；大臣象也，主衣服之章。」《黃帝占》曰：「相星明大，則天子明，忠臣興；相星亡，則輔臣黜，若有誅。」石氏曰：「相星明，吉；不明，兇。」焦延壽曰：「相星亡，相死；不死，出走。」《石氏贊》曰：「相在斗南，集衆事。」

太陽守星占五十五

石氏曰：「太陽一星，在相西南。」入張十三度少，去極三十五度半，在黃道內三十九度也。《黃帝占》曰：「太陽守，輔臣象也；所以守衛天主之宮，備守諸門；其星明，則主人威伏四方，天下安，王者致符瑞。」石氏曰：「太陽守星明，吉；不明，不吉。」焦延壽曰：「太陽守星北近斗，居七星行間，以入日辟煞亡。」陳卓曰：「太陽守星非其常，天下兵起，中國不安，大臣誅。」《石氏贊》曰：「太陽守在西，設武備。」

天牢星占五十六

石氏曰：「天牢六星，在北斗魁下。」東星入張一度少，去極二十六度半，在黃道內四十四度太也。《黃帝占》曰：「天牢，貴人之牢也，在北斗魁下，所以禁暴橫。」《春秋·合誠圖》曰：「天牢主守將。」郗萌曰：「天牢，天子疾病之憂患。」《黃帝占》曰：「天牢中星衆，貴人多下獄；星希，天下安，無罪人。」石氏曰：「天牢中無星，天下安寧；有星，賢主傷。」焦延壽曰：「天牢星明大動摇，辟拘繫；一星明，主侯有繫者。」司馬遷《天官書》曰：「赤帝行德，天牢爲之空。」石氏曰：「天牢與貫索通占。」《石氏贊》曰：「天牢六星，禁暴去惡。」

文昌星占五十七

石氏曰：「文昌六星。」一本七星。案陸績《渾天圖》曰：「文昌中有一星在司禄內，名爲主禄，統名爲七星。西星入井十五度太，去極二十五度太，在黃道內四十三度半也。司馬遷《天官書》曰：「斗魁戴匡六星，曰文昌宮。」晉灼曰：似戴，故曰戴匡也。《黃帝占》曰：「文昌，六府之宮也；在斗魁前，經緯天下，文德之宮；六府，謂金木水火土穀，從斗魁；第一星，爲上將，建威武；第二星，爲次將，臨左右；第三星，爲貴相，主文理；第四星，爲司命，主賞功進賢；第五星，爲司中。（班固《天文志》云：司禄。主司過詰咎；第六星，司禄、佐理寶。」《天文志》曰：司命。《洛書》曰：「文昌，主六府寇。」《春秋緯元命包》曰：「文昌主集計禍福也。天道，文者，精所聚；昌者，揚天紀；輔弼並居，成天象。」《春秋緯》曰：「文昌宮爲六府，以布昇度，明天道；上將招威，次將輔主，貴相宣德，司命進官，司中滅咎，司禄賞善，佐理揚寶，六名執權，守隸四海之府，士官也。」巫咸曰：「文昌，天子司禄之府，士官。」陳卓曰：「文昌，一星上將，大將軍也；二曰次將，尚書也；三曰貴相，太常也；四曰司中，司隸也；五曰司怪，太史也；六曰大理，廷尉也。」《黃帝占》曰：「文昌宮者，天府離宮也；文昌宮，三能屬軒轅，相與爲體。星明大齊同，則王者致太平；星不明，道術隱藏。王者求賢，則星明。」《黃帝占》曰：「文昌星黃潤澤光，萬民安；青黑微，多所害。」又占曰：「司命主滅不祥，其星黃澤有光，萬民安；蒼，爲天下多有憂。」焦延壽曰：「文昌星動摇，不如故，三公誅，不乃后死。」陳卓曰：「文昌星明，大小齊等，天瑞臻。」《石氏贊》曰：「文昌在西，則六府治。」

北斗星占五十八

石氏曰：「北斗七星，輔一星，在太微北。」第五星入井十三度，去極十一度太，極星入張初，去極十八度少，在黃道內九十八度也。《黃帝占》曰：「北斗爲帝車，運於中央，臨制四方，《漢書天文志》曰：四海。吳龔《天文星占》曰：四卿也。分別陰陽，建於四時，均立五行，移應節度，定諸紀綱，太一之事也；配於二十八宿，天所以發其時，地所以成萬物，諸侯屬焉。」《春秋緯元命包》曰：「斗爲帝令，出號布政，授度四方，故置輔星，以佐功爲；斗爲人君之象，而號令之主也。」《兵法》曰：「北斗，名長史，小字大方，能知者，便不畏白刃。」巫咸曰：「北斗，天子受命之使，士官也。」《河圖》曰：「北斗魁第一星，開樞、受樞；受樞至四星，屬魁，爲璇璣；第二星，提執序；第三星，璣耀緒；第四星，權拾取；第五星，玉衡拒；第六星，開陽紀，輔星紀；第七星，摇光吐；摇光主玉衡，屬杓，爲玉衡。案《春秋緯元命包》曰：玉衡北繩。注曰：直杓，故曰玉繩也。《舜典》曰：璇璣玉衡，以齊七政。巫咸曰：七政者，日月木火土金水星是也。《洛書》曰：「北斗，魁第一，曰天樞；第二，璇星；第三，璣星；第四，權星；第五，玉衡；第六，開陽；第七，摇光。第一至第四爲魁，第五至第七爲杓，合爲斗。杓陰布陽，故稱北斗。開陽重寶，故置輔。」《易斗中》曰：「北斗第一曰破軍，第二曰武曲，第三曰廉，第四曰文曲，第五曰禄存，第六曰巨門，第七曰貪狼。」石氏曰：「北斗第一星曰正星，主陽，主德，天子之相也；第二曰法星，主陰，主刑，女主之位也；第三曰令星，主福；第四曰伐星，主天理，伐無道；第五曰殺星，主中央，助四旁，殺有罪；第六星危星，主天倉五穀；第七曰部星，一曰應星，主兵。」《淮南鴻烈閒詁》曰：「斗杓爲小歲。歲之言越歷十二辰而行。正月建寅，月後左行，行十二辰，咸池爲太歲；二月建卯，月徙右行四仲，終而復始。太歲，迎者辱，順者强，左者喪，右者昌；小歲，東南即生，西北即煞，不可迎也，而可順也，不可左也，而可右也，其此之謂也。」又曰：「北斗之神，有雌雄。十一月建於子，月後一辰，雄左行，雌右行，五月合午，謀刑；刑爲煞，故薺麥死也。十一月合子，謀德。德爲生，問射於振末。」《詩含神霧》曰：「七政天斗，上一星，天位，二主地，三主火，四主水，五主土，六主木，七主金。」《春秋緯》曰：「正星，主營室、東壁、奎、婁；法星，主胃、昴、畢、觜觿；令星，主參、東井、輿鬼，主柳；伐星，主七星、張、翼、軫；煞星，主角、亢、氐、房；危星，主心、尾、箕、南斗；部星，主牽牛、須女、虛、危。」石氏曰：「北斗第一星，主日；第二星，主月；第三星，主熒惑；第四星，主辰星；第五星，主填星；第六星，主歲星；第七星，主太白。」《黃帝占》曰：「北斗第一星，主秦；第二星、主楚；第三星，主梁；第四星，主吳；第五星，主趙；第六星，主燕；第七星，主齊。」《春秋緯》曰：「北斗，杓攜龍角，孟康注《天文志》：攜，連也。衡殷南斗，魁枕參首。用昏建者杓，華山以西南；孟康傳曰：第七星法太白，杓斗之尾，爲孤陰位，在西方，故主西南也。夜半建者衡，以殷中州河濟之間；平旦建者魁，海岱以東北也。」孟康傳曰：斗魁第一星，法於日，主齊，魁斗之首陽也。又用其在明陽與明德，在東房，故主東北齊也。《春秋緯文曜鉤》曰：「華岐以北，龍門積石，西至三危之野，雍州，屬魁星；太行以東至碣石、王屋，砥柱，冀州，屬璇星；三河、雷澤，東至海岱以北，兗青之州，屬璣星；蒙山以東，至羽山南，至江、會稽、震澤，徐揚之州，屬權星；大別以東，至雲澤、九江、衡山，荊州，屬衡星；荊山西南，至岷山，北距鳥鼠，梁州，屬陽星；外方熊耳以東，至泗水、陪尾，豫州，屬杓星。」陸績《渾圖》曰：「魁星第一星，主徐州；第二星，主益州；第三星，主冀州；第四星，主荊州；第五星，主兗州；第六星，主揚州；第七星，主豫州。」皇甫謐《年曆》曰：「斗者，天樞也。天有七紀，故斗有七星。星間相去七度百二十分，曜各百里，周七千里；分得日月五星、九州之地。自一至四曰魁，自五至七曰杓。一曰樞星，太白主之，雍州屬焉；二曰璇星，填星主之，冀州屬焉；三曰璣星，熒惑主之，青兗州屬焉；四曰權星，辰星主之，徐揚州屬焉；五曰玉衡，歲星主之，荊州屬焉；六曰闓陽，日主之，梁州屬焉；七曰摇光，月主之，豫州屬焉。摇光，一名杓，或曰招摇；以昏候之，左旋於天，月建一辰，晝夜一周，日月會焉。故孟春建寅，日月會於豕韋；仲春建卯，會於降婁；季春建辰，會於大梁；孟夏建巳，會於實沈；仲夏建午，會於鶉首；季夏建未，會於鶉火；孟秋建申，會於鶉尾；仲秋建酉，會於壽星；季秋建戌，會於大火；孟冬建亥，會於析木；仲冬建子，會於星紀；季冬建丑，會於玄枵。」《黃帝占》曰：「北斗七星，名曰七神。神各主四宿，而衛太一之宮。其星欲明大，潤澤，相類，七政齊明，則天子吉，大臣昌；其星不明，王者弱，大臣有殃；星摇動，不出百八十日，天下盡兵，多有死者。」又占曰：「北斗魁第一星爲天道，六甲主五子。甲子、丙子、戊子、庚子、壬子五子者，氣之始也。魁星建除主建萬物。甲子木，春始王，所以通達根莖；丙子火，夏始王，所以通成花葉；戊子土，季夏始王，主萬物肌膚；庚子金，秋始王，煞萬物；壬子水，冬始王，主舍凍定根。故魁星爲歲星，其位甲子；故天子不尊鬼神，幼稚多弱，則魁星不明；不明，則歲星不光；不光，則萬物少稚不昌，天潤不盈，魁星不澤，列地封虛財而不賞，王道所後及，皆思其下紀也。」《黃帝占》曰：「北斗第二星爲地道，六甲主乙丑、乙亥、丁丑、丁亥、己丑、己亥、辛丑、辛亥、癸丑、癸亥，建除主除閉，物無不除。除陳發新，地道自虐，故天使萬物，皆得盛合寧。故第二星爲太白，其位後主諸侯，故天子教令顯，數發，土功發，壞没山林，不受藏，則第二星不明，則太白無光。無光則名術士不昌，藩臣不忠，地澤不藏，藩臣多疾。」《黃帝占》曰：「北斗第三星爲人道，六甲主丙寅、甲戌、戊寅、丙戌、庚寅、戊戌、壬寅、庚戌、甲寅、壬戌，建除主滿開。天下能承天理物，設上定下，夫婦昇進，而定家道，故第三星主熒惑，百姓不進爲退，過則第三星不明，不明則即熒惑無光，無光則百姓罷死役，士多避過亡匿，智士退，賢人避。」《黃帝占》曰：「北斗第四星爲四時，六甲主丁卯、癸酉、己卯、乙酉、辛卯、丁酉、癸卯、己酉、乙卯、辛酉，建除主平四時。四時，萬物之節度數也，故第四星爲辰星，其位爲司徒。故天子出令，教化不順四時，春行秋政，夏行冬政，秋行春政，冬行夏政，四時不和，不明則辰星無光，無光則歲雕殺，五穀不盛，萬物不昌，百姓夭喪，上下不相親，司徒非其人。」《黃帝占》曰：「北斗第五星爲首德，六甲主戊辰、壬申、庚辰、甲申、壬辰、丙申、甲辰、戊申、丙辰、庚申，建除主定成。音者，五氣之和，五宮之政，制樂之節，皆在於是；故第五星爲填星，其爲天子中宮；故天數更日曆，損宗廟，歷衣服，遠親離疏，戮辱父兄，蕃臣以兵，上下相欺。」《黃帝占》曰：「北斗第六星爲法星，六甲主己巳、辛未、辛巳、癸未、癸巳、乙未、乙巳、丁未、丁巳、己未，建除主執危。法律者，所以善善而惡惡也；故死者不可生，刑者不可息；故第六星爲月，其位主天理；天子出令，法苛刻，誅不正，威煞用刑，則第六星不明，不明則月不光，不光則執政不察，盜賊並起。」《黄帝占》曰：「北斗第七星爲部星，六甲庚午、壬午、丙午、戊午、甲午，建除主破收，主兵，主天四瀆。瀆者，江河淮濟之水，故第七星主日，其位主司馬，不敬諸神江河淮濟，則第七星不明；不明則日無光，則海水出，流煞百姓，則其年有兵，司馬將軍而行，萬民不昌，司馬與士卒俱兇。」《河圖》曰：「璣四星，紀日蝕微；玉衡三星，紀天倫山崩。」《洛書》曰：「開樞受微，逆天失度；提旋序微，地道失理；機耀渚微，人民冤結，政乖失常；權拾取微，江河涸竭，水失道；玉衡樞微，音節災紀；開陽紀微，律曆鐘吕，昧失理；摇光吐微，星辰政度失序。」《詩含神霧》曰：「七政星不明，各爲其政不行。」《尚書璇璣鈐》曰：「北斗第一星變色，微赤不明，六日而日蝕。」《禮記斗威儀》曰：「君乘土而王，其政太平，則宫室黄大，其餘六星，暉光四起。」宫，北斗魁星也。《春秋演孔圖》曰：「八政不中部，則王綱紀起，失常。」《春秋元命包》曰：「衡之撥起，三公后妃恣，君如贅旒。」《春秋緯文曜鉤》曰：「王者失執偏任，臣下擅任，則衡撥起，柳失制。撥者，陽星戾。戾則日蝕，心消，江河爲害，期九年。天子無威，王者舒濡，臣並爲政，則衡匡移側不停。匡者，陰星進。進則山谷滿，極星亡，日不見，期八年。中國無君主，天大下亂，王者貪恣，開利門，賈百姓，朝以貨財爲榮，無仁義之廉，則璣星低。低者，樞璣星下移。移則山躍參差，天投石，蝗蟲爲害，奎星息，期九年。主試天下，無文法，兵官榮，王者不用仁義爲政，則佞臣熾，哲人消，群姦之害，以圓爲方，以欺爲忠，朝廷閉塞，天下蔽壅，則杓仰。仰者，杓星上句，移而高，則山崩，龍群吟，飛火，泉踴，彗入斗，辰守房，天庫虚，狼狐張，期八年。五伯起，帝王亡，后黨嬉，宋均曰：嬉，盛也。讒賊興，群官之政，以私害公，則魁星反而擾衡。」《春秋運斗樞》曰：「王者承度行義、郊天事神不敬，廢禮文不從經圖，則樞星不明，主病目舌若喉，此類見，主以逆天自恣，爲三公名侯所謀。舉土功，立州侯，失德逆時，害謀顯惡，問仰左官，隨意已虜符，則璇星不明，主鮮落，若偏枯。近臣恣，將相謀，主以逆，陰失符，德義少，殘百姓，家獄慘，毒吏巧，邪暴設，變害舒，失民命，懷冤抑，則璣星不明，主病心腹，若眩疸，太尉謀主，以逆人倫誅。符命到，禁切愚，喜怒動失時，則横星不明，若主庳蹶逆，以無禁誅。遠雅頌，若倡優，奢政僞度，毁讒則嬉，則玉衡不明，主若痿蹙，以迷或誅。德弊任過，官多尸禄，爵賞逆符，不修斗度，房表之樞，法令數更，以苛相杓，則開陽星不明，主若高疽，以不聰明誅。廢江淮，不省山瀆之祠，州士之位，不應天符，斬伐無度，壞山絶渠，威德四弱，外國遠州，摇光不明。主若腫痂痔痛，備失樞。」《孝經援神契》曰：「王者德至於天，則斗極明。」《援神契》曰：「天子不事祠名山，不敬鬼神，則斗第一星不明；數起土功，壞決山陵，逆地理，不從諫，則第二星不明；天子不愛百姓，則第三星不明；發號施令，不從四時，則第四星不明；用樂聲淫泆，則第五星不明；用文法深刻，則第六星不明；不省江河淮濟之祠，則第七星不明。」《孝經内記》曰：「兩北斗夜見者，天子易后當起。」石氏曰：「北斗第四星，名照明，大動，天子兵强國安；其微小，色若青黑，軍破國亡。」石氏曰：「七政星明者，其國昌；不明者，其國有殃。」石氏曰：「北斗七星，欲其明大，潤澤相類；不相類者，治亂。」又占曰：「北斗一星亡，天下必有大事，若有大變。」又占曰：「正星有變，其宫有憂若死；法星有變，女主當之，若死；令星有變，火官有憂，若死；伐星有變，水官有憂，若死；煞星有變，土官有憂，若死；危星有變，木官有憂，若死；部星有變，金官有憂，若死。」甘氏曰：「衡星分明，則法令從；微細，則法令不行；衡星相疏，法令緩；相去數，法令急。」又占曰：「北斗自暈，破軍，北斗消；天下君臣相背。」巫咸曰：「北斗明星，王者治。」郗萌曰：「北斗杓爲北高，主急事，馳馬兵驚。常以春三月候北斗魁第一星者，曰應星，色赤，大赦；色白，有喜。」郗萌曰：「北斗旁多星，則國家安。」又占曰：「北斗前移，外胡人北移，内胡人南。」巫咸曰：「王者逆道，則北斗不明。」《瑞應圖》曰：「王者孝行溢，則斗涢精者，精光不隕也。」《荆州占》曰：「北斗星盛動摇者，不出百日中，天下盡以兵革死。」《荆州占》曰：「北斗中多小星者，民怨上，天下多訟法者；無星，二十日有赦。」又占曰：「北斗亡，不相反害，必有伐主。」《荆州占》曰：「北斗第一星不明，御史大夫非其人也；第二星不明，大司農非其人也；第三星不明，少府非其人也；第四星不明，光禄非其人也；第五星不明，鴻臚非其人也；第六星不明，廷尉非其人也；第七星不明，執金吾非其人也。」《荆州占》曰：「北斗魁第一星，主陽，主德，天子之象也，萬國之始也；即有變，日應之，使其官有憂，若有死亡。正星色赤，有兵，不出月中；色白，爲水。若揚光，色赤，無利，春至夏，馬牛金石物貴；夏至秋，黍麥貴；秋至冬，粟黍麥魚鹽貴；冬至春，薪菜貴，而糴賤。」《荆州占》曰：「北斗第二星，主陰，主刑，而生萬物，女主位也；即有變，月應之，無救，大人一子爲憂，女主官當之者死；法星色赤，有兵無救，期一歲，若二歲，兵罷；色青，三日有兵，期三月，若四月；色青不復，有暴疾之君，色青白，有白衣之會，期三月；色黃黑，更弊；色黑，有大水，期三年中，其有，期三月中；色黑白，郭壞之，有暴水，若大風，期六月中。」《荆州占》曰：「北斗第三星，變色青黑，變更法令，天下不安；赤黃有兵；其變白，爲一月而兵罷。」又占曰：「北斗第四星，色青若赤，大臣有憂；黃，君有喜。」又占曰：「北斗第五星，色青，米粟貴；赤，菽貴；赤黑，麥貴；白，禾黍貴；黑，糴賤。」《荆州占》曰：「北斗第六星，色青，有離國；赤，有兵。」又占曰：「北斗第七星，一名應星，主兵；即有憂，太白應之，金官有憂，若死；色赤，死，有兵，期一歲，其春也，有喜；色青，有移徙民；色黃，有君益地；色白，有憂；色黑，有水。」《文曜鉤》曰：「輔星匡危。」孟康曰：在北斗第六星旁。《春秋合誠圖》曰：「輔星主旋明。」《援神契》曰：「輔星正，矯不平。」《荆州占》曰：「輔星，丞相之象也。」《雒罪級》曰：「輔星微，公宰弱，無良羽。」《春秋緯》曰：「輔星小，天子佐消，七政毀，輔乃亡。」《春秋緯》曰：「輔星明近，則輔臣親厚；疏小，則輔臣微弱，無道。」郗萌曰：「輔星明，則王者夾輔佐出。」郗萌曰：「輔星遠斗星五六寸，相不死，出走。」《荆州占》曰：「輔星近斗一寸、二寸，臣欲迫脅主。」又占曰：「輔星不見，相死。」又占曰：「輔星北，則黃瑞降，子孫蕃昌。」又占曰：「斗星明，輔星不明，主強臣弱。」又占曰：「輔星明，斗星不明，臣強主弱。」又占曰：「輔星大而明，主奪攻。」又占曰：「輔星不明，相不死則免。」又占曰：「輔星欲小明，小明則相明。」又占曰：「輔星合斗星，十日兵起。」又占曰：「輔星明大，與斗星合，兵起，臣強主弱。」又占曰：「斗輔星去，丞相去。」《孝經右秘》曰：「大夫不信，斗輔亡。」郗萌曰：「輔星入斗中，相繫。」《荆州占》：「輔星入斗中，輔臣有誅者。」《荆州占》曰：「輔星生翌，天子驚，大將謀。」《春秋緯》曰：「輔星生翌，不出三年，主誅臣爲王。」又占曰：「邪臣挾私，擅國符，輔生翌。」又占曰：「九卿阿黨，排擠正直，驕奢侈害，則江河潰決，斗輔生角，輔遠陽，大臣無德，邦必立王。」《石氏贊》曰：「北斗七星，稟授輔相。一本云：輔養。一本云：輔爭。近臣見微意。」

紫微垣星占五十九

石氏曰：「紫微垣十五星。西蕃七，東蕃八。在北斗北。」右星入軫十度，去極九十度半，在黃道內五十六度太。《荆州占》曰：「紫微宮，紫北也；宮，中也；一名天營，一名長垣，又曰日旗。」《樂什圖》曰：「天宮，紫微宮也。」《春秋合誠圖》曰：「紫宮者，太一之常座。」郗萌曰：太一之常舍也。巫咸曰：「紫宮者，天子之常居，土官也。」張衡《靈憲》曰：「紫宮爲皇極之居。」《春秋元命苞》曰：「紫宮，吐陽合陰。」《淮南天文間詁》曰：「紫宮，執斗而佐還，日行一度，以周於天；日冬至駿狼之山，駿狼之山，冬至所止也，日移一度，行百八十二度八分度之五而夏至牛首之維；牛首之維，夏至之所至；反覆三百六十五度四分度之一，而成一歲。」《詩含神霧》曰：「紫宮主出度。」《聖治符》曰：「紫宮以戊子日侯之，宮亂則荒，其君驕奢，不聽諫，姦佞在側；紫宮和而正，則致鳳凰，頌聲作。」石氏曰：「紫宮之星，均皆明，大小有常。」郗萌曰：「紫宮星不盛，即士耗，亡妻子。」又占曰：「紫宮旗直者，天子出，自將兵；紫宮開，兵起。」《荆州占》曰：「紫宮星盛，即吉昌，內輔強。」《石氏贊》曰：「紫微宮中十五星，備蕃臣。」

北極鉤陳占六十

石氏曰：「北極五星，鉤陳六星，皆在紫微宮中。」鉤陳六星，入東壁八度太，去極十一度半，在黃道內八十四度。《黃帝占》曰：「北極者，一名天極，一名北辰。」《論語》曰：譬如北辰，衆星拱。共謂北極也。紫宮，天聖主也，三公也；在北斗前。」北極紐星，天之樞也，天運無輟，而旋星不移也。《黃帝占》曰：「天樞，天一坐也。」吳龔《天官星占》曰：「北辰者，一名天一，一名西秋。」《春秋緯》曰：「北極星，其一明大者，太一之光，含元氣，以斗布賞開，命元節序神明，流精生一，以立黃帝。」《春秋緯》曰：「道起於元一爲貴，故太一爲北極天帝位。」司馬遷《天官書》曰：「天極星，其一星，太一常居也；旁三星，三公，或曰子屬。」《廣雅》曰：「北辰回曜魄。」《黃帝占》曰：「北極，太一之座也；第一星，主月，太子也；謂第一星者，最赤明者也。」《黃帝占》曰：「極星盛，人君吉昌；不明，人君耗。」《禮緯》曰：「天子正珪瑁，則北辰列齊。」《春秋緯》曰：「北極，主出度。」又占曰：「極星亡，期八年，中國無君王，天下大亂。」《春秋緯運斗樞》曰：「王者承度行義，郊天事神不敬，廢禮文不從經圖，則樞星不明。」《孝經緯》曰：「德至天，則斗星極明，甘露下。」石氏曰：「北極星明大，數動搖，主好出遊；色青，微滅，皆兇。」《荆州占》曰：「北極出斗，去地三丈，大星獨居，無位出，天下大亂，易姓，人相食。」又占曰：「北極中央星不明，去疏，主不用事；左星不明，太子有憂；右星不明，庶子有憂。」《荆州占》曰：「天樞，大端指心，小端指參。故用兵者順行偕天樞，則左青龍、右白虎、前朱雀、後玄武。蒼龍，白虎，朱雀七星，玄武虛危。」

《春秋緯》曰：「上精爲鉤陳者，鉤陳也，害土，立萬物度數；以(闕)陳。」《樂什圖》曰：「鉤陳，後宮也。」《合誠圖》曰：「鉤陳，大帝之正妃也；大帝之常居也。」巫咸曰：「鉤陳，天子護陳將軍，水宮也。」郗萌曰：「鉤陳者，後宮也。」司馬遷《天官書》曰：「鉤陳四星，末大星，正妃；餘三星，後宮之屬。」《荊州占》曰：「鉤陳，天子大司馬。」又占曰：「鉤陳者，黄龍之位也。」《荊州占》曰：「鉤陳四守，太一之所妃也。」《黄帝占》曰：「鉤陳四守，星盛，人君吉昌；不明盛，人君耗。」石氏曰：「鉤陳星，欲其光明耀美，天子左右强；若細色黑，左右弱。」郗萌曰：「鉤陳星盛，天子之輔强；小微，即輔弱。」又占曰：「鉤陳星去，不見，女主惡之。」《荊州占》曰：「主不用諫，佞人在位，則鉤陳星不明。」《石氏占》曰：「北極五星最爲尊，鉤陳大星配輔臣。」

天一星占六十一

石氏曰：「天一星，在紫宫門外右星南，與紫宫門右星同度。」南星入軫十度，去極十度半，在黄道内七十四度半。　韓楊曰：「天一星，名曰北斗主。其星明，則王者治；不明者，王道逆，則斗主不明，七政之星，應而變色。」《黄帝占》曰：「天一星，地道也，欲其小有光，則陰陽和，萬物成；天一星大而明盛，水旱不調，五穀不成，天下大饑，人民流亡，去其鄉。」《黄帝占》曰：「天一星，明澤光潤，則天子吉。」石氏曰：「天一星，欲明而有光，則陰陽和，萬物成。」又占曰：「天一星亡，則天下亂，大人去。」《荊州占》曰：「天一之星盛，人君吉昌。」《石氏贊》曰：「天一太一，主承神也。」

太一星占六十二

石氏曰：「太一一星，在天一星南，相近。」入軫十度，去極十度，在黄道内七十四度半也。《祖暅占》曰：「太一，赤，天帝神也，主使十六神，知風雨、水旱、兵革、饑饉、疾疫，災害所在之國。」石氏曰：「天一星明，吉；不明，不吉。」《合誠圖》曰：「太一離其位而乘斗，後九十日，兵必起。」《荊州占》曰：「太一星失其位，則天子有所之未反。」又占曰：「太一之居，左文而右武，後極而前行，四帝方旁，衆神爲輔；文武不明，輔乃不强。」

唐·瞿曇悉達《開元占經》卷六九《甘氏中官占五》　天皇大帝占一

甘氏曰：「天皇大帝一星，在鉤陳口中。」《黄帝占》曰：「天皇大帝，名耀魄寶，主天女象，下出命符。」《河圖》《洛書》曰：「以授天子，立五禮。」《春秋緯》曰：「大帝紫宫，不言不動摇，以斗運度推精，使五帝修名號。」《元命苞》曰：「帝位明達，羽翮秀良，則光大，色度和同，天下太平，國號中央。」宋均曰：「帝，大帝之精也；皇，大帝之星。」《甘氏贊》曰：「天皇大帝，秉萬神圖。」

四輔星占二

甘氏曰：「輔四星，抱北極樞。」郗萌曰：「四輔去，君臣失禮，輔臣有誅者。」《甘氏贊》曰：「四輔機權，北權樞也。」

華蓋星占三

甘氏曰：「華蓋七星，杠九星，凡十六度，在大帝上。」《荊州占》曰：「正上柱蓋者，名曰杠星；次蓋大星者，母也；其中央者，身也；母星下二寸者，妻子也。若此星有變，各有所主災也。母星下有二寸，有小星，不當見，見即有急，太子不得代立，若有異姓欲立，近期一年，中期二年，遠期三年而起，天下煩亂，五穀大貴，田宅無價。」《甘氏贊》曰：「華蓋張光，掩翳帝舡；玄橑周杠，捶植距趺。」

五帝内座占四

甘氏曰：「五帝内座五星，在華蓋下。」《甘氏贊》曰：「内座設席。」

六甲星占五

甘氏曰：「六甲六星，在華蓋杠傍。」《春秋緯》曰：「六甲中爲輔，包羅物類，爲神户。」六甲所以紀陽，陽而紀時，故在杠旁，以布政授民。《甘氏贊》曰：「六甲中候，出入有須。」

天柱星占六

甘氏曰：「天柱五星，在紫微宫中，近東垣。」《甘氏贊》曰：「天柱立政，朔望懸書。」天柱立政教，懸圖法之所也，常以朔望施禁令於柱，以示百僚。

柱下史占七

甘氏曰：「柱下史一星，在北極東北。」《甘氏贊》曰：「柱下史記過，密移東廚。」廚，書藏也。

女史星占八

甘氏曰：「女史一星，在柱下史北。」女史，婦人微者也，主傳漏也。《甘氏贊》曰：「女史傳漏，動記時。」

尚書星占九

甘氏曰：「尚書五星，在紫微宫門内，東南維。」《甘氏贊》曰：「尚書納言，夙夜諮謀。」

陰德占十

甘氏曰：「陰德二星，在尚書西。」《文耀鉤》曰：「紫微宫前，列直斗口三星，隨北端銳，若見若不見，曰陰德，爲天一剛。」《天官書》《天文志》並云：三星或曰天一。

案《圖簿志》(云)二星。《運斗樞》曰：「陰德主正經。」《春秋緯》曰：「陰德動，臣主爭伐相謀。」《運斗樞》曰：「陰德浮，近臣恣，庶雄謀，天子感，並相謀。」宋均曰：浮猶見也，陰德星常微，今著明也。焦延壽曰：「陰德星明，太子伐主，若有女主治天下者。」《赫連圖》曰：「陰德滅，聖人即紀。」《甘氏贊》曰：「陰德惟惠，周民賑撫。」

天床占十一

甘氏曰：「天床六星，在紫微宮門外。」《甘氏贊》曰：「天床寢舍，一本云寢室解息燕休。」

天理星占十二

甘氏曰：「天理四星，在北斗魁口中。」《樂緯》曰：「天理，貴人之牢也。」《合誠圖》曰：「天理，主司三公。」巫咸曰：「北斗魁中，天理，主貴者，水官也。」《援神契》曰：「天理敕修，糾中情。」《甘氏贊》曰：「天理執平，首鞫魁頭。」

內廚星占十三

甘氏曰：「內廚二星，在紫微宮西南角外，大宮之內，飲食廚也。」《甘氏贊》曰：「內廚優宴，房誦說虞。」

內階星占十四

甘氏曰：「內階六星，在文昌北。」《合誠圖》曰：「內階星，主明堂。」宋均曰：階星，內階也。《甘氏贊》曰：「內階朱户，顯龍念慮。」

天廚星占十五

甘氏曰：「天廚六星，在紫微宮東北維外。」《甘氏贊》曰：「天廚咸饌，百宰若疏。」

策星占十六

甘氏曰：「第一星，在王良前。」巫咸曰：「策星，天子兵馬，金官。」案豫章《烈士傳》曰：周勝字叔達，南昌人，爲侍御史。桓帝當南郊，平明應出。勝仰觀曰：主御者策星，今宮車出，必策馬。星悉不動，明必不出。至四更，皇子卒，遂止也。郗萌曰：「策星，主天子之僕御。」《甘氏贊》曰：「策執御右，螣蛇先驅。」

傳舍星占十七

甘氏曰：「傳舍九星，在華蓋上，近河傍，舍賓客之館舍也。」巫咸曰：「傳舍，水官也。」焦延壽曰：「傳舍星入紫微宮垣間，胡人來入漢宮害上，若胡兵大起。」《甘氏贊》曰：「傳舍止客。」

造父星占十八

甘氏曰：「造父五星，在傳舍南河中。」郗萌曰：「造父，一名西橋，一名司馬星，御道僕。」《黃帝占》曰：「造父星移處，兵起，車騎滿野，馬御。又曰：造父亡，馬大貴。」《甘氏贊》曰：「造父洗馬，轡勒御鑣。」

車府星占十九

甘氏曰：「車府七星，在天津東，近河傍。」車府，主車官也。《甘氏贊》曰：「車府撰御。」

人星占二十

甘氏曰：「人星五星，在車府東南。」一曰臥星，主治萬民。《元命苞》曰：「臥星主夜行，一度齊記以防淫。」巫咸曰：「人星，土官也。」焦延壽曰：「人星不具，王者有子，不成而死。星盡不見，有人傳相驚以詔事，若有詐僞詔者。又曰婦人大亂，後大兵起。」又曰：「臥星立，則天(子明)死民。」《甘氏贊》曰：「人星優遊，乃爾寧諸。」

內杵星占二十一

甘氏曰：「內杵三星，在人星傍。」

臼星占二十二

甘氏曰：「臼四星，近人星東南。」《論語讖》曰：「杵臼七星，主給庖。」郗萌曰：「杵臼，主軍糧食。」《黃帝占》曰：「天杵臼星不具，民賣其釜甑，去其處。」郗萌曰：「天臼之星衆，則歲樂；星疏，則歲饑。」又曰：「杵臼離，黎民饑。」陳卓曰：「杵臼星不具，民失杵臼。」《甘氏贊》曰：「杵臼充舂，主給養廚。」

扶筐星占二十三

甘氏曰：「扶筐七星，在天津北。」《元命苞》曰：「扶筐主藏，蓋量入知息耗。」郗萌曰：「扶筐主將作事。」焦延壽曰：「扶筐近織女，若不正，皆爲天下府藏空開。」《甘氏贊》曰：「扶筐採葉，翊養玄羞。」

司命星占二十四

甘氏曰：「司命二星，在虛北。」《詩緯》曰：「司命執刑，行罰。」《元命苞》曰：「司命舉過，滅除不詳。」甘氏曰：「司命繼嗣，移正朔。」郗萌曰：「司命，主百鬼。」又曰：「司命與輿鬼司候。」

司祿星占二十五

甘氏曰：「司祿二星，在司命北。」又曰：「司祿，增年延德。」

司危星占二十六

甘氏曰：「司危二星，在司禄北。」又曰：「危，驕逸亡下。」

司非星占二十七

甘氏曰：「司非二星，在司危北。」又曰：「司非，以祛多私。」《甘氏贊》曰：「四司續功，桑麻襄陸。」

敗瓜星占二十八

甘氏曰：「敗瓜五星，在匏瓜傍。」《甘氏贊》曰：「敗瓜熟爛，遺種畜葅。」

河鼓左旗星占二十九

甘氏曰：「河鼓左旗九星，在河鼓傍。」《甘氏贊》曰：「左旗幽谷，阻險隱逃。」

天雞星占三十

甘氏曰：「天雞二星，在狗國北。」《合誠圖》曰：「天雞主候時。」《荊州占》曰：「天雞非其故，多大水，不通。」《甘氏贊》曰：「雞鳴司旦，審夜察時。」一本云省時。

羅堰星占三十一

甘氏曰：「羅堰三星，在牽牛東。」郗萌曰：「羅堰，主起居。」《甘氏贊》曰：「羅堰紫壅，激内注渠。」

市樓星占三十二

甘氏曰：「市樓六星，在市中，臨箕上。」又曰：「樓星，臨市計，食畜夫。」《合誠圖》曰：「天樓主市賈。」郗萌曰：「市樓，天子市府也。」《授神契》曰：「市樓星動，即賈殊。」甘氏曰：「市樓星不見，政亂。」焦延壽曰：「市樓星不見，兵作於市；若胡人來入漢市，以兵相害。」郗萌曰：「市樓星，陽爲金錢，陰爲珠玉；星有不備者，天子幣大亂。」又曰：「市樓星，天珠玉，金錢府也；欲其忽然不明，明則賦斂衆。」石氏曰：「市樓亡，天下易政。」《甘氏贊》曰：「律度制令，遍市樓。」

斛星占三十三

甘氏曰：「斛四星，在市中，斗南。」《論語讖》曰：「天斛星，主量則。」《甘氏贊》曰：「斗斛稱量，尺寸分銖。」

日星占三十四

甘氏曰：「日一星，在房中道前。」《甘氏贊》曰：「日詔德令，耀生飛鳥也。」

天乳星占三十五

甘氏曰：「天乳一星，在氐北。」《甘氏贊》曰：「天乳甘露，醴酪充飴。」

亢池星占三十六

甘氏曰：「亢池六星，在亢池北。亢，舟船也；池，水也；亢池，猶度水也。」《黄帝占》曰：「亢池，一名代津，一名亢星。亢星，巨星之兩端也。亢池敗，天下不通。」焦延壽曰：「亢池不居亢度中；則廟有大怪，以主司日見則主命終。」郗萌曰：「亢池，主水道，其星微細則兇，其壞敗宗廟。」《甘氏贊》曰：「亢池不居移徙之家。」

漸臺星占三十七

甘氏曰：「漸臺四星，屬織女東足。」四方高曰臺，下有水曰漸，主晷、律吕之事。《甘氏贊》曰：「漸臺守漏晷吹灰。」

輦道星占三十八

甘氏曰：「輦道五星，屬織女西足。」《甘氏贊》曰：「輦道逍遙，優遊私行。」

三公星占三十九

甘氏曰：「三公三星，在北斗柄南。」三公若今之太尉、司徒、司空也。石氏曰：「三公星，天子輔臣也，其星欲大明，黄潤澤，有德令；其星赤，皆有兵；蒼白黑，有急喪。」《黄帝占》曰：「三公一星去，天下危；二星去，天下亂；三星去，天下不治。」《甘氏贊》曰：「三公宣德，奉均匡衡。」

周鼎星占四十

甘氏曰：「周鼎三星，在攝提西。」《春秋緯》曰：「天鼎，主流亡。」宋均曰：天鼎，周鼎也。《甘氏贊》曰：「周鼎酒尊，二簋缶壺。」

帝席星占四十一

甘氏曰：「帝席三星，在大角北。」石氏曰：「帝席不欲明，明則大臣外其心，期三年。」《甘氏贊》曰：「帝席設座，宴旅酢酬。」

天田星占四十二

甘氏曰：「天田二星，在右角北。」《甘氏贊》曰：「天田外界，縣邑正邪。」

天門星占四十三

甘氏曰：「天門二星，在左角南。」《甘氏贊》曰：「天門待客，應對無疑。」

平道星占四十四

甘氏曰：「平道二星，在左右角間。」平道，主治道之官也。《甘氏贊》曰：「平道，除道塗轍，宣輸。」

進賢星占四十五

甘氏曰：「進賢一星，在平道西。」甘氏曰：「進賢，卿相舉逸命才。」《甘氏贊》曰：「進賢，鄉里庠序選。」

謁者星占四十六

甘氏曰：「謁者一星，在左執法北，主贊謁之官也。」

三公內座星占四十七

甘氏曰：「三公內座三星，在謁者東北，朝會宴私之所也。」

九卿內座星占四十八

甘氏曰：「九卿內座三星，在三公北。」《甘氏贊》曰：「三公九卿，贊謁者、諸侯。」

內五諸侯星四十九

甘氏曰：「內五諸侯五星，在九卿西。」又曰：「五諸侯衛國，故列在帝庭。」《河圖》曰：「五諸侯，主刺姦。」《禮緯》曰：「辟雍之禮得穆穆皇皇和服，則太微諸侯明也。」

太子星占五十

甘氏曰：「太子一星，在帝座北。」

從官星占五十一

甘氏賢：「從官一星，在太子西北。從官，侍衛之臣也。」《甘氏贊》曰：「從官常陳，五署列居。」

倖臣占五十二

甘氏曰：「倖臣一星，在帝座東北。」《甘氏贊》曰：「太子倖臣，侍座後聚。」

明堂星占五十三

甘氏曰：「明堂三星，在太微西南角外。」《甘氏贊》曰：「明堂顯化，常盡孝慈。」

靈臺星占五十四

甘氏曰：「靈臺三星，在明堂西，觀候之所也。」《甘氏贊》曰：「靈臺考符，居南密微。」

勢星占五十五

甘氏曰：「勢四星，在太陽守北。」《甘氏贊》曰：「勢不專事，相命御之。」勢者，官也，謂刑餘之人才，不可專事，助宣王命而已。

內平星占五十六

甘氏曰：「內平四星，在中臺南。」《甘氏贊》曰：「內平近決，讞請禮書。」內平近執法之官，有疑則準案禮律。

爟星占五十七

甘氏曰：「爟四星，在軒轅尾南、柳北。」巫咸曰：「爟，土官也。」《甘氏贊》曰：「爟舉烽表，遠期沈浮。」爟，烽火，驚急，以火相告，日行萬里。

酒旗星占五十八

甘氏曰：「酒旗三星，在軒轅右角。」酒，酒官也。旗，旗官也。《元命苞》曰：「酒旗，主上尊大帝，運樞陰陽，滿陳列宿，成德五星，布恩神明，和合四節，並宣曆紀，齊得諸靈合歡，故設酒旗以人侑神。」焦延壽曰：「酒旗不具，天下有燕，大喪，以酒亡。」《甘氏贊》曰：「酒旗燕會，情意歡娛。」

天尊星占五十九

甘氏曰：「天尊三星，在東井北。」《甘氏贊》曰：「天尊滑民，憐育幼孤。」天尊，主盛餒粥，以給貧病也。

諸王星占六十

甘氏曰：「諸王六星，在五車南。」《元命苞》曰：「諸王星，主存亡。」郗萌曰：「諸王，主朝會。」《元命苞》曰：「王星明，則下附從。宋均曰：不明，下倍畔也。」《甘氏贊》曰：「王星督察，諸侯存亡。」

司怪星占六十一

甘氏曰：「司怪四星，在鉞前。」司怪，主占候災祥者也。《洛書》曰：「司怪集得失。」又曰：「司怪，主人揆靈出微。」焦延壽曰：「司怪星不行宮中，有大怪，若天下多怪物。」《甘氏贊》曰：「司怪詰咎，國無災殃。」

座旗星占六十二

甘氏曰：「座旗九星，在司怪東北。」《甘氏贊》曰：「座旗，旗表別異，殊居以旗。」表，則君世之安立也。

天高星占六十三

甘氏曰：「天高四星，在參旗西，近畢。」《合誠圖》曰：「天高，主齋戒之門。」焦延壽曰：「天高星，近井鉞，大臣斬，不乃高爲下，下爲高。」《甘氏贊》曰：「天高闕遠，九層望樓。」

礪星占六十四

甘氏曰：「礪石四星，在五車西。」《甘氏贊》曰：「礪石砥刃，百工卒治。」

八穀星占六十五

甘氏曰：「穀擊八星，在五車北。」（八穀謂稻、黍、稷、大麥、小麥、大豆、小豆、麻子也。）巫咸曰：「八穀星，主土官也。」郗萌曰：「八穀，主候歲。」石氏曰：「八穀一星不具，則一穀不成；三星已上不具，以食爲害。」《甘氏贊》曰：「八穀平衡，聚集王都。」謂穀粟皆歸集於王都也。

天讒星占六十六

甘氏曰：「天讒一星，在卷舌中。」石氏曰：「天讒星明大，則讒佞害民善，天下二心，諸侯專權誣欺。」《甘氏贊》曰：「卷舌唾水，讒主天醫。」

積水星占六十七

甘氏曰：「積水一星，在天船中。」石氏曰：「積水星明，則水大出，船行人道，必有淪邑者；星動搖，而行上舟，船摩天。」《甘氏贊》曰：「天船布罔，積水候災。」

積屍星占六十八

甘氏曰：「積屍一星，在大陵中。」石氏曰：「大陵中有朽骨，故大陵中有積屍。若其星明大者，有大喪，死人如丘山。」《甘氏贊》曰：「大陵表墓，積屍隨居。」

左更星占六十九

甘氏曰：「左更五星，在婁東。」左更，山虞之官，主川澤、林藪、竹林、菜蔬之屬也。郗萌曰：「左更，主仁之道。」《黄帝》曰：「左更星不具，天下道不通。」焦延壽曰：「左更星不動搖，王者以出，必道亡；其動者，以出吉。」《甘氏贊》曰：「左更采薪，菟園採茹。」

右更星占七十

甘氏曰：「右更五星，在婁西。」右更，主牧養牛馬之官也。郗萌曰：「右更，主禮義。」《黄帝占》曰：「右更星不具，天下道不通。」焦延壽曰：「左更不動，右更獨動，王者私出；左右具動，王者千萬官出。」《甘氏贊》曰：「右更僕畜孕重犢駒也。」

軍南門星占七十一

甘氏曰：「軍南門一星，在天將軍西南，大將軍之南門也。」《甘氏贊》曰：「軍門營壘，禁攻御暴。」

天潢星占七十二

甘氏曰：「天潢五星，在五車中。」《合誠圖》曰：「天潢主河梁，所以渡神人，通四方。」《禮緯》曰：「潢星明，天子壽昌，萬民無疾疫災殃。」《甘氏贊》曰：「天潢濟渡，漸池濯高。」

咸池星占七十三

甘氏曰：「咸池三星，在天潢西北。」《黄帝》曰：「咸池，一名黄龍，一名五潢。」注云：《天官書》曰：咸池星曰天五潢。一名天津，一名潢池，一名天井，一名天淵；豐際太陰，陰者，蒼龍之舍也，五帝之車也。《樂叶圖》曰：「咸池，五車天關也。」宋均曰：五車，咸池別名也。《春秋緯》曰：「咸池天潢，五帝車舍。」《淮南子》曰：「咸池者，水魚之囿也。」郗萌曰：「咸池者，天子名池也。」《合誠圖》曰：「咸池，主五穀。」焦延壽曰：「咸池星明大，則有龍墮死者，不乃虎狼爲人害，若大兵起。」郗萌曰：「咸池者，五車中星也，非其故，國旱。」郗萌曰：「咸池不足，津河道不通。」又曰：「五潢，欲其黄澤明也。」《甘氏贊》曰：「咸池陂澤，鵰雞雁鳥。」

月星占七十四

甘氏曰：「月一星，在昴東，主女主，大臣之象也。」《甘氏贊》曰：「月明刑度，光生蟾蜍。」

天街星占七十五

甘氏曰：「天街二星，在昴、畢間，近月東。」巫咸曰：「天街，水官也。」《春秋圖》曰：「天街，主伺候。」石氏曰：「天街，陰陽之所分，中國之境界。昴以西，屬外國；畢以東，屬中國也。」石氏曰：「天街者，日月五星，出入之道也。」《甘氏贊》曰：「天街保塞，孔塗道衢。」

天阿星占七十六

甘氏曰：「天阿一星，在昴西。偏高曰阿，亦曜候之處，以察山林之妖也。」《甘氏贊》曰：「天阿察近，岑尉西隅。」

唐・瞿曇悉達《開元占經》卷一〇七《星圖二》 石氏中官星座古今同異

攝提，古今同，六星，夾大角。

大角，同，一星。

梗河，三星，大角北，西星曲向南，今視西星亦端直。

招摇，古今同，一星，梗河北。

玄戈，古今同，一星，招摇北。

天槍，古今同，三星，北斗柄東。

天棓，古今同，五星，女床東北。

女床，古今同，三星，天紀星北。

七公，古今同，七星招搖東。

貫索，古今同，九星，七公前。

天紀，九星，貫索東。舊在尾箕度，今測東三星入南斗度，近織女。

織女，古今同，三星，天紀星東端。

天市垣，二十二星，房心東北端。舊東垣從南門第一星至第五星並在赤道外，今測從門頭星至第三星在赤道外，餘星在赤道內。又東垣第二星、第六星在河裏，舊圖並不入市，又審視天河，一差入市。

帝座，古今同，一星，在市中。

候，古今同，一星，帝座東南。

宦者，古今同，四星，帝座西。

斗，五星，在宦者西南。舊斗星口仰兼背斛，今視天，斗口向下覆斛。

宗正，古今同，二星，帝座東南。

宗人，舊在河外，今在河內，四星，宗正東。

宗星，舊兩星相去遠，今測兩星相去近，二星，宗人北。

東咸，古今四星，房東北。

西咸，舊四星，並在房星西赤道外北一度，今測在房星西北，三星在赤道內房度，一星在赤道外氐一度。四星，房西北。

天江，古今同，四星，在尾北。

建星，舊五星，在黃道內，兼一星，又一星在黃道外，今測六星並在黃道內，元不入河。六星，在南斗北。

天弁，舊大小遠近並均，又偃勢覆向下，今測有疏密，大小不均，其偃勢仰向上，又視天河，與舊不同。九星，在建星北。

河鼓，舊三星，並旗六星，並入河。又旗南四星在赤道外。今測河鼓唯北一星及旗三星入河，又旗南唯三星在赤道外，視天河正當河差。河鼓並旗，十二星，在牽牛北。

離珠，舊在須女，又在須女北橫列，今測在牽牛度，又在須女西北竪立。五星，在須女西北。

匏瓜，舊並在河中，又近天津。今測在河外，又去津遠，又視天河，與舊不同。五星，在離珠北。

天津，舊並在虛度，仍竪，唯二星出河。今測向西北，東南斜指，入牽牛女虛等度，及有六星出河，又視天河，有斷絶委曲不同。九星，在虛北，河中。

螣蛇，舊八星出河，今視唯尾末二星出河。二十二星，在奎北，河中。閣道，舊北四星出河，今測北二星出河。六星，在王良北。

附路，古今同，一星，閣道傍。

天大將軍，舊星並均圓，曲向上。今測星有出入不均。十一星，在婁北。

大陵，古今同，八星，在胃北。

天舡，舊四星，出河，今在河內。九星，在大陵北，河中。

卷舌，舊北二星入河，今並在河外。六星，在昴北。

五車，舊東北及西北星入河，今出河。又西北柱，舊雙星向上，今測向下。又車北柱，舊雙星在東北，今向西北。五車三柱，十四星。在畢東北端。

天關，古今同，一星，五車南，參西北。

南河、北河，南河舊在河內，西二星入前實沈次，今測不入河，亦不入前次，復在河外，又在後鶉首次。北河舊在鶉首次，今測二星入前實沈次。六星，夾東井。

五諸侯，舊東頭第一星在黃道外，今測在黃道內四度。又舊東頭第二星曲向南，今乃曲向北，又與第三星相近。五星，在東井北，近北河。

積水、積薪，二星，舊在鶉首次，今並在前實沈次。積水，一星，北河西北。積薪，一星，積水東南。

水位，舊南二星入河，今四星並在河外。四星，東井東，南北列。

軒轅，舊尾漸斜向上，其右角在黃道內，今測其尾勢迤邐向西，其左角出黃道外半度，不在內。十七星，在七星大星北。

少微，同，四星，太微西，南北列。

太微，古今同，十星，在翼、軫北。

黃帝座，舊四星，去黃帝座近遠並相侶，今有近有遠不等。黃帝座，一星，在太微中。四帝，四星，夾黃帝座。

內屏，古今同，四星，在黃帝座南。

郎位，舊取端正均配行列，今有偏，並不均。十五星，在帝座東北。

郎將，古今同，一星，郎位東北。

常陳，古今同，七星，如畢狀，帝座北。

三台，古今同，六星，兩兩而居，起文昌列，抵太微。

相星、太陽守二座，舊重四相當，今太陽守在相星西南。相，一星，北斗南。

太陽守，一星，相星西南。

天牢，舊均圓，近中台，今其星北斗魁下兼有疏有密。

文昌，古今同，六星，北斗魁前。

北斗，古今同，七星輔一星，在太微北。

紫微宮垣兩蕃，舊在婁、昴、畢、井、柳、張、軫等度，今測在胃、畢、井、鬼、七星、張、軫等度。十五星，東蕃八，西蕃七，北斗北。

北極，古今同，五星。

鉤陳，六星，皆在紫微宮中。

天一、太一，舊並在軫度，今俱在翼度。天一，一星，紫微宮門外右星南。太一，一星，天一星南，相近。

唐・瞿曇悉達《開元占經》卷一〇九《星圖四》　甘氏中官古今同異

天皇大帝，古今同，一星，鉤陳口中。

四輔，古今同，四星，抱北極樞。

華蓋，古今同，七星，杠九星，凡十六星，大帝上。

周鼎，古今同，三星，攝提西。

帝席，古今同，三星，在角南。

平道，古今同，二星，左右角間。

五帝内座，古今同，五星，華蓋上。

六甲，古今同，六星，華蓋傍。

天柱，古今同，五星，紫微宮中，近東垣。

進賢，古今同，一星，平道西。

謁者，古今同，一星，左執法東北。

三公内座，古今同，三星，謁者東北。

九卿内座，古今同，三星，三公北。

柱下史，舊《經》云在北極東南斗度，審視在北極東北牽牛度。一星，北極東北。

女史，舊《圖》在南斗度，今測在須女度，當柱下史北，與紫宮東垣南第六星相近。一星，柱下史北，近紫微東垣第六星内。

五諸侯，古今同，五星，九卿西。

太子，古今同，一星，黄帝座東北。

從官，古今同，一星，太子西北。

倖臣，古今同，一星，太子東北。

尚書，古今同，五星，紫微宮門内。

東維、陰德，古今同，二星，尚書西。

天床，舊《圖》普闊促均齊，視天，乃狹長，兼有明暗。六星，紫宮門外。

天理，古今同，四星，北斗魁中。

内廚，古今同，二星，紫微宮西南角外。

明堂，古今同，三星，太微西南角外。

靈台，古今同，三星，明堂西。

勢星，古今同，四星，太陽守西北。

内平，舊云在中台南，舊《圖》在軒轅腹，又在柳七星度，今測在中台南，張七度，復與《星經》同。四星，中台南。

耀星，舊《圖》在軒轅腹内，今測在軒轅尾南，近柳北四星。

内階，《經》云在文昌北，舊《圖》安星在八穀北，畢、觜、東井等度，其星又闊促。今測在文昌北，東井柳度，又狹長，兩相近，亦與《星經》本文同。六星，文昌北。

天廚，舊在虚危度，並闊促均齊。今測在南斗、牽牛、須女、虚等度，又狹長，明暗不等。

酒旗，古今同，三星，軒轅右角南。

天尊，古今同，三星，東井北。

諸王，古今同，六星，五車南。

司怪，舊《圖》端列，南第一星出河，審視天，並在河内，又向西曲。四星，在鉞星前。

座旗，舊《經》在司怪西北，舊《圖》及視天並司怪東北。九星。

天高，古今同，四星，參旗西，近畢。

策星，舊《圖》在河外，今在河内。一星，王良前。

傳舍，舊《圖》在奎、婁度，今測在東壁、奎、婁、胃等度，九星。華蓋上，近河傍。

造父，古今同，五星，鉤星南，河中。

礪石，古今同，四星，五車南。

八穀，古今同，八星，五車北。

天讒，古今同，一星，卷舌中。

積水，古今同，一星，天船中。

積屍，古今同，一星，大陵中。

車府，古今同，七星，天津東，近河傍。

人星，古今同，五星，車府東南。

臼杵，古今同，三星，人星傍。

臼星，古今同，四星，人星東南。

左更，古今同，五星，在婁東。

右更，古今同，五星，在婁西。

軍南門，舊在天將大軍西，近奎北。以儀測，在天將軍南，如奎正東。一星，天將軍西南。

天潢，舊四星東西列，一星在北。審視天，四星南北列，一星在西，五星在五車中。

扶匡，舊在須女度，東北西南行列，又在子規外。審視天，在南斗度，東南北行列，又在子規內，唯一星在規外。

司命，古今同，二星，在虛北。

司祿，古今同，二星，司命北。

司危，古今同，二星，司祿北。

司非，古今同，二星，司危北。

敗瓜，舊四星入河，一星出河，又橫。審視天，並在河外，又竪。五星，匏瓜傍。

咸池，舊《圖》在五車中，近東，今測近西，附金柱。三星，天潢西北。

月星，古今同，一星，在昴東。

天街，舊《圖》絡黃道，今在黃道北。二星，昴、畢間，近月星東。

天河，古今同，一星，在昴西。

河鼓左旗，舊九星並入河，今測三星出河。九星，河鼓左傍。

天雞，古今同，二星，狗國北。

羅堰，古今同，三星，牽牛東。

市樓，舊在赤道外，今測在赤道內。六星，在市中，臨箕上。

斛星，古今同，四星，在市中，斗南。

日星，古今同，一星，房中道前。

天乳，古今同，一星，在氐北。

亢池，古今同，六星，在亢北。

漸臺，古今同，四星，屬織女東足。

輦道，舊星並均，南斗度，又在河外。今其星有遠有近，南二星入牽牛度，又入河。五星，屬織女西足。

三公，古今同，三星，在北斗西南。

宋・鄭樵《通志》卷三九《天文略二》 魏石申以赤點紀星，共一百三十八座，計八百十星。商巫咸以黃點紀星，共四十四座，計一百四十四星。齊甘德以黑點紀星，共一百一十八座，計五百十一星。三家都紀三百座，計一千四百六十五星。此舊書所紀，傳寫之訛，數目參差，無所考正。

天漢起沒　臣謹按：天漢舊有圖無歌，故爲之補。

天河亦一名天漢，起自東方箕尾間，遂乃分爲南北道。南經傳說入魚淵，開籥戴弁鳴河鼓。北經龜宿貫箕邊，次絡斗魁冒左旗，又合南道天津湄。二道相合西南行，分夾匏瓜絡人星，杵畔造父騰蛇精，王良附路閣道平。登此大陵泛天船，直到卷舌又南征。五車駕向北河南，東井水位入吾驂。水位過了東南游，經次南河向闕丘。天狗天紀與天稷，七星南畔天河沒。

天漢，起東方，經箕、尾之間，謂之天河，亦謂之漢津。乃分爲二道，其南經傳說、魚、天籥、天弁、河鼓，其北經龜，貫箕下，次絡南斗魁、左旗，至天津下，而合南道。乃西南行，又分夾匏瓜，絡人星、杵、造父、騰蛇、王良、附路、閣道北端、太陵、天船、卷舌而南行，絡五車，經北河之南，入東井水位而東南行，絡南河、闕丘、天狗、天紀、天稷，在七星南而沒。張衡云：「津漢者，金之氣也。其占曰：水，漢中星多則水，少則旱。」

宋・許洞《虎鈐經》卷一四 臣謹按《星》及諸傳記，凡諸星宿中外羅列周天，蓋隱見變化，下應人事，七曜往來，以爲經緯，災變之作，實在於兹。凡爲大將，不可不詳察星位，以占休咎焉。或興受命之術，或起敗亡之兆，鮮不由此矣。

中宮大極，其一明者，大乙常居也。旁三星曰三公，或曰子屬。後四星，末一作未。大星曰正妃，餘三星後宮之屬也。環之十二星，藩臣也，皆曰紫宮。前列直斗口三星，隨此耑銳，微，曰陰陽，或曰天一。紫宮左三星天槍，右三星天棓，後十七星絶漢抵營室，曰閣一作閬。道。北斗七星，所謂琁璣玉衡以齊七政。杓攜龍角，杓，斗柄也。龍角，東方也。攜，連也。衡中南北，魁抗參首。用昏建者杓，杓自華蓋以西北斗第七星法，太白主杓者，斗之尾爲陰。又其用昏，昏陰位在西方，故主西南也。夜半建者衡，衡正中州河濟之間假令杓昏建寅，衡夜半亦建寅也。平旦建者魁，魁海岱以東北也斗魁第一星法，爲日主齊，魁斗之首，首陽也，其用在明，陽爲明，德在東方，故主東北方也。斗爲帝車，運於中央，臨利一作制。四海一作極。分陰分陽，建四時，均五行，移一作利。節度，定諸紀，皆繫於斗。斗魁戴筐六星，曰文昌：一曰上將，二曰次將，三曰貴相，四曰司命，五曰司中，六曰司禄。在魁中，貴人之牢。魁中四星曰天理四星，在斗魁中，貴人牢曰天理。魁下六星兩兩而比者，曰三台。三台色齊，君臣和；不齊，爲乖戾。輔星明近，主輔臣親强；暗小，主疏弱。杓端有兩星：一内爲矛，招摇近北斗者，天子星也，招摇更河三星，天矛、天鋒、天盾、招摇，一星也；一外爲盾，天鋒遠北斗也，在招摇第一星也，名曰天鋒。有勾圓一作圖。十五星，曰賊人之牢。牢中星實則囚多，虚則開出也。若夫天一、天槍、天矛、天盾動摇，其芒角，則天下之兵戈大起也。東宮蒼龍，房、心謂房、心戴角曳尾若龍也。心爲明堂，大星天王，前後星子屬。不欲直，直，王失計。房爲天府，曰天駟。其陰，右驂。旁二星旁一作房鈐，鈐北星曰舝。東北曲十二星曰旗，旗中四星曰天市。天市中星衆者曰實，虚則耗。房南衆星曰騎官。左角，理；一作李。右角，將；大角，天王帝廷。其兩旁各有三星，鼎足勾之，曰攝提者，直斗柄所指，以建時節，故曰攝提格。亢爲宗廟，主疾。其南北兩大星，曰南門。氐爲天根，主疫。尾爲九子，曰君臣斥絶，不和。箕爲傲客，后妃之府，曰口舌。火犯守角，則有陣戰。犯房、心，王者惡之。南宮朱雀，權、衡。軒轅爲權，太微爲衡。衡、太微，三光之庭。衛十二星，藩臣：西，將；東，相；南四星，曰執法；中，端門；左右，掖門；内六星，諸侯。其内五星，五帝座。後聚一十五星，曰哀烏郎位。旁一大星，將位也。五星順入軌道，司其出所守，天子所誅也。其逆入，若不順軌道，以所犯名之。中座，成形。中座者，犯帝坐也；成形者，成禍福之形也，群下之從謀也。金、火尤甚。廷藩西有隋星四，曰少微，士大夫。權、軒轅，黄龍體如騰蛇也。前大星，女主象。旁小星，御者，後宫屬。月、五星守犯者，如衡占。東井爲水事，火入之，一星居其左右，天子且以火爲敗。東井曲星曰戊；北，北河；南，南河；兩河、天闕間爲關梁。輿鬼，則鬼祠事；中白者爲質。輿鬼五星中白者爲質。火守南、北河者，兵起之象也，穀不登。故德成衡，觀成潢，日月五星不軌道也。衡，太微廷也。觀，占也。潢，五潢，五帝車舍也。傷成戊，敗傷之先，占成刑於戊也。誅成質，熒惑入輿鬼天質者，占曰大臣有誅也。禍成井。東方水事，火入一星居其旁，天子且以火敗，故曰禍。柳爲鳥喙，主草木。七星，頸，爲圓宫，主急事。張，嗉，爲廚，主觴客。翼爲羽翮，主遠客。軫爲車，主風。其旁有一星，曰長沙星，星不欲明；明與四星等。若五星入軫，兵大起也。軫南衆星曰天庫，庫有五車。車星角，若益衆及不具，亡處車馬。西宫咸池，大五潢，五帝車舍。火入，旱；金入，兵起；水，滂。水中有二柱，柱不具者，兵起。奎曰封豨，爲溝瀆。婁爲聚衆，胃爲天倉，其南衆星廥積。昴曰旄頭，胡星也，爲白衣會。畢曰罕車，爲邊兵，主弋獵。其大星旁曰小星附耳，摇動有讒亂之臣在側。畢、昴間爲天街，其陰，陰國；其陽，陽國。陰，胡也；陽，中夏也。參爲白虎，三星直者，是爲衡石。參三星白虎宿中，東西直有以稱衡也。下有三星鋭，曰罰，在參間之星也，上小下大，故曰鋭，説曰：罰三星小邪列，無鋭形。爲斬艾事。其外四星，左右肩股一作暇。也。小三星隅置，曰觜觿，爲虎首，主葆旅事。葆，守也。旅，軍衆。言佐忝伐芟除兇慝也。其南有四星曰天厠，厠下一星曰天矢。矢黄則吉，白及青則兇。其西有勾曲九星，三處羅列：一曰天旗，二曰天苑，三曰九游。其東有一大星曰狼，狼角變色，則多盜賊。下有四星曰弧，直狼。狼比地有大星，曰南極老人：星見，則天下治平；不見，兵起。常以秋分候之南郊。附耳星入畢中，天下兵起。北宫玄武，虚、危。危爲蓋屋，危上一星高，傍二下，似蓋屋也。虚爲哭位之事。東一作其。南有衆星，曰羽林天軍。虚危一作營室。陰陽始終之處，際會之間，常多姦邪，故設羽林爲兵衛。天軍之西曰壘，或曰鉞。旁一大星，曰北落，若微天，一作亡。軍星動角益稀，及五星犯北落，入天庫，一作軍。兵火起。火、金、水犯之，尤甚。火犯，多憂兵事；水犯，憂水患；木、土犯之，軍吉。危東六星，兩兩而比，曰司寇。一作空。營室爲宗一作清。廟，四一作曰。離宮閣一作闖。道。漢中四星，曰天駟。旁一星，曰王良，策馬，車騎滿野。旁有八星，絶漢，曰潢星。旁，江星，動，人涉水。杵、臼四星，在危南。瓠瓜，有青黑守之，魚鹽貴。南斗爲廟，其北建星。建星者，旗也。牽牛爲犧牲，其北河鼓。河鼓大星，爲上將；左右者，爲左右將。婺女，其北爲織女。織女者，天孫也。是以聖人以春秋二百四十二年之間，日食三十六，彗星三見，夜明常星不見，夜中星殞如雨，皆書之。當時禍亂輒應，上下交怨，諸侯奔走，戰伐並興，一作與。不保其社稷者，不可勝數。是知玄象示變，吉凶之徵也。凡爲將者，不可不詳之也。

宋・鮑雲龍《天原發微》卷八　少陽

星象繁雜，不勝其說。星者，元氣之英也。邵子曰：少陽爲星。張〔衡〕《靈憲》曰：中外之官，常明者百二十有四，可名者三百二十，爲星者二千五百，微星之數萬有一千五百二十。羅當常與予言，星家愛陘人，使人不知頭緒。欲識萬象之森羅，不出五行之指訣。自太極判而爲陰陽，陰陽播而爲五行。五星者，五行之精也。日、月、五星，是爲七政。散在四方，方有七宿，合中央之北斗言之，則有五七三十五名，皆不離乎五行也。故班固曰：太極運三辰五星於上，元氣轉三統五行於下，人皇位三德五事於中。分爲三才，孰有外於五行者！歐陽子曰：堯命羲和考中星以正四時，爲道猶簡。降及後世，其法漸密，必積衆人之智，然後能極其精微。三代中間，遺文曠發，六經無所述，天人之事難言矣！今所存者惟以五行爲主，非敢以星翁歷史爲比也。

邵子曰：五星之說，自甘公、石公始也。五星之說，古未有聞，《虞書》但曰撫于五辰而已，至甘石則盡露矣。石申，魏人，著《星經》。甘德亦同。時星有三色，所以別三家之異。出於石者赤，出於甘者黑，出於巫咸者黃。紫宫中外諸星亦出三家，總數三百八十三名，積數七百八十三星。其施於渾家者，惟天極北斗二十八舍爲占候之要，其餘載者，所以備上象之全體而已。

又《星經》難曰：視蓋橑與車輻，近杠轂則密，益遠益疏。今北極爲天杠轂，二十八宿爲天橑輻。今疏密不同，何也？橑輻者，取《周禮・輈人》，蓋弓二十八以象星，輪輻以象日月。日與月會，一月一周天又行一辰，遂及日而合宿。天圓如雨蓋相合，南北極猶兩蓋扛轂，二十八宿猶蓋之弓橑，赤道橫絡天腹如雨蓋相交處，赤道北爲内郭，如上覆蓋；赤道南爲外郭，如下仰蓋。赤道正在天中，如合縫處。黃道橫過，是在那赤道之間。故列弓橑之數，近兩轂則狹，漸遠漸闊，亦猶列舍之度，近兩極則狹，漸遠漸闊，至赤道則極闊也。圓圖近南星度當漸狹則反闊，橫圖去兩極皆闊，失天形矣。今攷天形爲覆仰兩圓圖，以圓心爲極，赤道以北爲北極内宫星圖，赤道以南爲南極外宫星圖，兩圖相合全體渾象，則得星度闊狹之勢，占候不失。北極曰上規，南極曰下規，赤道橫絡者，曰中規。中規闊，上下兩極處極狹也。歐子曰：《蓋天》則南度漸狹；《渾天》則北極寖高。二説當闕疑可也。

《周禮》星土辨九州封域，皆有分星。分星《禮經》所載，不可磨也。其說有三，伶周鳩曰：歲星所在則我之分野。古堪輿書亡，後郡國所入非古歲星，或北或西，與古受封所在不同，一也。唐虞及夏萬國殷周千七百七十三國，並依附十二邦，以係十二次之星。法先王命親之意，以主祀爲重。如封閼伯商丘，主辰爲商星，商人是因；封實沈大夏，主參爲夏星，唐人是因。唐後爲晉，參爲晉星，二也。今以分野次舍攷之，青州在東，玄枵在北，雍在西，鶉首在南，以至揚，東南星紀，北冀東北大梁，西徐東降婁，西豫與三河居中，大火在正東，此躔次之最差者，三也。三説不同，識者當自擇之。

又　中宫天極五星，勾陳六星，皆在紫宫中，最尊者也。《靈憲》曰：黃神軒轅於中。天五居十干中，爲戊己，屬土，應天極五星。地六居十二支中，爲辰戌丑未，屬土，應勾陳六星。在天爲辰，在地爲土，故張氏以黃神目之。其曰五宫，五七三十五名者，以北斗七星爲帝車，以斡旋造化也。

天極五星星家言四帝俠黃帝中坐者，東帝威靈仰，南帝赤熛怒，西帝白招矩，北帝叶光紀，即《月令》木、火、金、水並中央土爲五是也。或謂天一而帝五，何也？曰：此不過借主宰之名，以言五行之氣，各有攸統爾。

鉤陳六星六星，土象，坤數六也。口中一星曰天皇大帝，主御羣靈。《抱極樞》：四星曰四輔。《隋志》曰：在紫微宫中。班固曰：周以勾陳之位，蓋土居五行中，而四時之氣無不備。勾陳居龍、虎、鶉、龜中，而四方毛、羽、甲、鱗之蟲無不統，所以爲中宫之衛歟。《靈憲》曰：在朝象官，在人象事。

三台星六星，兩兩而起。一曰天柱。三公之位，在人曰三公，在天曰三台。文昌二星曰上台，爲司命，主壽。次二星曰中台，爲司中，主宗室。東二星曰下台，爲司禄主兵。又曰三台爲天階，太乙躡以上下。一曰泰階，上階上星爲天子，下星女主。中階上星爲諸侯，下星卿大夫。下階上星爲士，下星庶人。又曰：上台司命爲大尉，中台司中爲司徒，下台司禄爲司空。三能台色叁，君臣和。不齊，爲乖戾。三階平，陰陽和，風雨時，社稷神祇咸獲宜，天下太平。六符者，六星之符驗也。

文昌星六星，在北斗魁前。天之六符，主集計，天道史。天官曰斗魁。戴魁六星，一上將，二次將，三貴相。司命、司中、司禄與三台同。

尚書五星爲天喉舌，斟酌元氣，運平四時，賦政四海，共治天下。

少微星四星，在太微士大夫之位。一曰處士，或曰博士。官南第一星，處士。第二星，議士。第三星，大夫。明大而黃，賢才舉。

郎官十五星在帝座東北，一曰依烏郎府。《周官》元士，漢光禄中散諫議郎，是其職也。

傳説一星在箕尾後，主章祝，巫官也。愚謂一星應在朝一官前。星爲太章祝，巫官也。子三台爲三公，文昌六星爲尚書六部。北斗爲天喉舌，尚書亦爲王喉舌。天有傳説星，人有傳説相。天有王良、策馬，人有王良善馭。如此之類，難以遍舉。

文星

東壁二星，主天下文章圖書之府。星明，王道行，國多君子。

五星聚奎見前五星連珠注。

柱下史極東一星，主記過，左右史之象。

六甲六星，在華蓋旁，分陰陽，配節候、布政教。

華蓋《晉志》上九星華蓋，下九星扛蓋之柄，所以覆帝座。《詩》：爲章于天。

織女三星，天孫也。主果蓏、絲帛、珍寶、嫁娶。《詩》：終日七襄。東坡云：天孫爲織雲錦裳。

武星

天將軍十二星，在婁北，主武。中央大星，天之大將也。外小星，吏士也。大將軍摇，兵起。大將出，小星不具，兵發。

郎官一星，在郎位北，爲武備。

騎官二十七星，在氐南，爲天子虎賁，主宿衛。

虎賁一星，在太微北，旄頭之騎士也。

羽林星四十五星，在營室南，一曰天軍。

壘壁星十二星，在羽林北，羽林之垣壁也，三軍位爲營室。

參旗九星，在參西，一曰天旗，一曰天弓。主司弩弓之張，候變。

九斿西南九星，天子旗也。

左旗右旗九星，在牽牛北，天鼓也。一曰三武大將軍，居左右二將之中也。旗九星，在鼓旁相爲旌表。又河鼓星亦名牽牛，非也。《隋志》曰：河鼓三星。唐《天文志》曰：河鼓，將軍象也。

天槍三星，在北斗杓東。一曰天鉞，天之武備。

弧九星，在狼東南，天弓也，主備盜賊。

天棓五星，天子先驅也。忿争禦難，皆所以備非常。一星不具，國兵起。

招摇一星，與斗相應。胡來受命中國。明而不正，則胡不受命。

天廐東壁十里，曰天廐，主馬之官。主驛亭，主刻漏與晷刻，並馳。

王粱天駟一星，曰王粱策馬，車騎滿野。《晉志》曰：王良亦曰天馬，亦粱，爲天橋，故或占車騎，或津粱道。愚曰：文武並用，長久之道。然在朝爲郎官，其星十五；野爲郎將，星止於一。天之示人至矣。

民星

房星爲農祥在東七星中，立春日晨星中於午，爲農祥，占曰：百穀熟。

農丈人在南斗西南，老農，主穡也。

天雞主候時，以催耕。

牽牛張騫《乘槎事見》：河東牛郎耕，河西織女織。雖未必然，於世教有補。況七曜起於牽牛道，陽氣以出乎。《爾雅》：河鼓、牽牛一星。李巡、孫炎二之。李曰：二十八宿名。孫曰：河鼓在牽牛北。

犂曲九星六星大而明，餘三星小而暗，耕時柄向上。

天田九星，在牛星南，又曰蒼龍左角，爲天田。

水府在東井西南，主水官。

羅堰九星，在牽牛東，壅水潦爲灌溉之渠。

四瀆江、河、淮、濟之星。

斗五星，在宦南，主平量。仰則天下斗斛不平，覆則歲穰。

内杵臼七星，主給軍糧。客星入，兵起。東府南三星，内杵四星，臼内臼。

天江在尾北，四星不具，津梁關道不通。動摇，大水出。

天船九星，一曰舟車，以濟不通。中一星曰積水，候水灾，亦主水旱。均明，則天下安。

天錢十星，如貫錢之狀，在北落門西北。

天籥在斗杓西，主關閉。

天市垣《隋志》：垣有二十二星，在房星東北，主權衡，主聚衆。市中星衆潤，則歲實。稀，則歲虚。熒惑守之，戮不忠之臣。彗孛守之，爲徙市易郡。帝座一星在市中，天庭也。光而潤，天子吉，威令行。候一星在帝座東北，主伺陰陽。宦者四星在西南，不欲大明，則輔臣强。《易》曰：日中爲市，交易而退，天下之民從之。神農取諸噬嗑以此。

人星南五星曰人星，主靜衆庶，柔遠近。一曰卧星，主防淫佚。

老人星一曰南極，常以秋分之日見，于春分之日没。于丁見，則治平，主壽昌。不見，則兵起。

天乳亢北一星曰天乳，主甘露。

格澤炎火之狀，黄白起地，下大上鋭。其見也，不耕而獲，不有土功，必有大咎。

景星德星也，又曰天暒，常出有道之國，生於晦朔，助月爲明。暒，明也。赤方氣與青方氣相連，赤方中有兩黄星，青方中有一黄星，三方星合爲景星。

天社輿鬼之南六星曰天社。其位坤，其氣未，其神共工氏之子勾龍，平水土，故祀以配其精爲星。

天稷星五星，在七星南。稷，農正也。取乎五穀之長，以爲號。

天廟張南十五星曰天廟，天子之祖廟也。虚、危爲宗廟子之氣。愚謂生民之功起於后稷，力農以配天，則景星見而甘露降。天象昭昭，豈不信乎。

宋·李昉等《太平御覽》卷五《天部五·星上》　《釋名》曰：星，散也，列位布散也。宿，宿也，星各止宿其所也。

《説文》曰：萬物之精，上爲列星。

《三五曆記》曰：星者，元氣之英，水之精也。

《易》曰：日中見斗，幽不明也。又曰：在天成象，在地成形。象況日月星辰，形況山川草木。

《書》曰：堯乃命羲、和：欽若昊天，曆象日月星辰，敬授人時。又曰：日中，星鳥，以殷仲春。又曰：庶民惟星，星有好風，星有好雨。星民象，故衆民惟若星。箕星好風，畢星好雨，亦民所好也。月之從星，則以風雨。月經於箕則多風，月離於畢則多雨。政教失常，以從民欲亦所以亂也。

《詩》曰：睆彼牽牛，不以服箱。注：睆，星明貌。河鼓，謂之牽牛也。又曰：維南有箕，不可以簸揚；維北有斗，不可以挹酒漿。又曰：東有啓明，西有長庚。日旦出謂明星爲啓明，日既入謂明星爲長庚。庚，續也。又曰：嘒彼小星，三五在東。三，心也。五，噣也。嘒，微明貌。噣音晝，柳也。又曰：子興視夜，明星有爛。又曰：三星在户。又曰：月離于畢，俾滂沱矣。又曰：定之方中，作于楚宫。定，營室星也。又曰：維南有箕，載翕其舌；維北有斗，西柄之揭。又曰：昏以爲期，明星煌煌。

《禮》曰：八月中氣。是月也，命有司享壽星於南郊。又曰：十二月。是月也，日窮于次，月窮于紀，星回于天。又曰：幽禜，祭星也。又曰：天秉陽，垂日星。又曰：宿離不忒，無失經紀。注：二十八宿爲經，七曜爲紀。

《周禮》曰：保章氏掌天星，以志星辰日月之變動，以觀天下之遷，辨其吉凶。以星土辨九州之地所封。封域皆有分星，以觀妖祥。

《左傳》曰：魯莊公七年夏四月辛卯夜恒星不見，夜中星隕如雨，與雨偕也。又曰：魯僖公五年，晉侯復假道於虞以伐虢，問於卜偃曰：「吾其濟乎？」對曰：「克之。童謡云：丙子之晨，龍尾伏辰。」杜預曰：龍尾是尾星也。又曰：十六年春，隕石于宋五，隕星也。又曰：魯襄公二十八年春，無冰。梓慎曰：「今茲宋、鄭其饑乎？歲在星紀，星紀在丑。而淫於玄枵，玄枵在子，虚危之次，星紀在斗牛之次。以有時災，陰不堪陽，蛇乘龍。龍，歲星木也。木爲青龍，蛇爲玄武，龍失次也。龍，宋、鄭之星也，宋、鄭必饑。玄枵，虚中也。枵，耗名也。土虚而民耗，不饑何爲？」又曰：昔高辛氏有二子，長曰閼伯，季曰實沉，居於曠林，不相能也。日尋干戈，以相征討。后帝不臧，后帝，堯也。臧，善。遷閼伯于商丘，主辰。商丘，東地也。主祀辰星。辰，大火也。商人是因，故辰爲商星。商人湯先祖因閼伯，故國祀辰星。遷實沉于大夏，主參。大夏，今晉陽縣也。唐人是因，故參爲晉星。又曰：火中，寒暑乃退。心以季夏昏中而暑退，季冬旦中而寒退。又曰：昭三十二年，吴伐越。史墨曰：「不及四十年，越其有吴乎！越得歲而吴伐之，必受其兇。」

《穀梁傳》曰：列星曰恒星，亦曰經星。恒、經，皆常也。

《爾雅》曰：星紀斗，牽牛也；玄枵，虚也。又曰：祭星曰布。布，散食於地上。又曰：西陸，昴也。郭璞曰：昴，西方之宿，別名旄頭。

《論語》曰：爲政以德，譬如北辰，居其所而衆星拱之。

《易是類謀》曰：五星合狼張，晝視無日光，虹霓煌煌。太山失金雞，西岳亡玉羊。太山失金雞者，箕星亡也。箕者，風也。風動雞鳴。今箕候亡，故雞亦亡也。西岳亡玉羊者，羊星在未，未爲羊，雞失羊亡，臣縱恣，萬人愁，不祥。

京房《對災異》曰：人君不行仁恩，破胎傷孕，春殺無辜，則歲星失度。

《尚書考靈曜》曰：歲星木精，熒惑火精，鎮星土精，太白金精，辰星水精也。又曰：歲星得度五穀滋，熒惑順行甘雨時，鎮星得度地無災。太白出入當，五穀成熟人民昌。又曰：心大星，天王也，其前星太子，後星庶子也。

《詩紀曆樞》曰：箕爲天口，主出氣。尾爲逃臣賢者叛，十二諸侯列於庭。《元命苞》曰：五諸侯。此云十二，則兼他星爲數也。

《禮稽命圖》曰：作樂制禮得天心則景星見也。

《禮斗威儀》曰：鎮星黄時則祥風至。

《春秋説題辭》曰：星之爲言精也，榮也，陽之精也。陽精爲日，日分爲星，故其字日生爲星。

《春秋元命苞》曰：直弧北有一大星爲老人星，見則治平，主壽；亡則君危，主亡。常以秋分候之。又曰：商紂之時，五星聚於房。房者，蒼神之精，周據而興。又曰：玉衡北兩星爲玉繩。玉之爲言溝，刻也。瑕而不掩，折而不傷。宋均注曰：繩能直物，故名玉繩。溝，謂作器。又曰：心三星五度，有天子明堂布政之宫。又曰：尾九星，箕四星，爲後宫之場，列爲南宫。其庭太微。又曰：蟾蜍陰精，流生織女，立地候。宋均注曰：地候，鎮星別名也。又曰：三台星色齊，群臣和；不齊，大乖。

《春秋合誠圖》曰：天文地理各有所主，北斗有七星，天子有七政也。又曰：軒轅，主雷雨之神。旁有一星玄戈，名曰貴人。旁側郎位，主宿衛、尚書。

《春秋運斗樞》曰：北斗七星：第一天樞，第二璇，第三機，第四權，第五玉衡，第六闓陽，第七摇光。《廣雅》又云：樞爲雍州，璇爲冀州，機爲青、兖州，權爲徐、揚州，衡爲荆州，闓陽爲梁州，摇光爲豫州。第一至第四爲魁，第五至第七爲杓，合爲斗，居陰布陽，故稱北。又曰：五帝所行，同道異位，皆循斗樞機衡之分，遵七政之紀，九星之法。又曰：天樞得則景星見，衡星得則麒麟生，萬人壽。

《春秋佐助期》曰：蕭何稟昴星而生。

《春秋後傳》曰：魏人唐雎對秦王曰：「專諸之刺王僚，彗星襲月色。」

《春秋文耀鉤》曰：老人星見則主安，不見則兵起。

《論語讖》曰：仲尼曰：「吾聞堯率舜等游首山，觀河渚，有五老游河渚。一老曰：『河圖將來告帝期。』二老曰：『河圖將來告帝謀。』三老曰：『河圖將來告帝書。』四老曰：『河圖將來告帝圖。』五老曰：『河圖將來告帝符。』龍銜玉苞，金泥玉檢封盛書，五老飛爲流星，上入昴。」

《孝經援神契》曰：歲星守心，則年穀豐。

《廣雅》曰：太白謂之長庚，或謂之太囂。又曰：熒惑謂之罰星，或謂之執法。又曰：天宫謂之紫宫，參伐謂之大辰，太微謂之明堂。

《史記·天官書》曰：星者，金之散氣。又曰：漢中四星曰天駟，旁一星王良，王良策馬，車騎滿野。又曰：星墮至地則石也。河濟之間，時有墜星。又曰：畢爲罕車，爲邊兵，主弋獵。其大星傍小星爲附耳。附耳動，有讒臣在側。又曰：四鎮星所出四隅，若月始出也。又曰：咸池曰天五潢，帝車舍。

又曰：中，端門，門左右，掖門。門内六星，諸侯。其内五星，五帝坐。又曰：漢武帝以正月上辛祠太一甘泉。夜祠到明，忽有流星至於祠壇上，使童男女七十人俱歌十九章之歌。又曰：魁下六星，兩兩相比者曰三能。蘇林曰：能音台。又曰：東宫蒼龍，房、心。心爲明堂，房爲天府。又曰：國皇星，大而赤，狀類南極。徐廣注曰：南極，老人星也。又曰：五星皆大，其事亦大；皆小，其事亦小。早出爲盈，盈者爲客；晚出爲縮，縮者爲主。同舍爲合，相陵爲斗。

《漢書》曰：皇甫嵩爲太尉，以流星免官。又曰：武帝時中星盡摇。占曰：民勞也。後征伐四夷。又曰：北斗七星，所謂「璇璣玉衡，以齊七政」。杓攜龍角，孟康曰：杓，斗柄也。龍角，東方宿也。攜，連也。殷衡南斗，魁枕參首。又曰：營室爲清廟，亦曰離宫。又曰：河鼓大星，上將。其北織女。織女，天女孫也。又曰：高帝七年，月暈，圍參、畢七重。占曰：畢、昴間天街也，街北胡也，街南中國也。後有平城之圍。又曰：太微之十二星，東相西將。又曰：戴主六星，曰文昌宫：一曰上將，二曰次將，三曰貴相，四曰司命，五曰司禄，六曰司災。又曰：危東六星，兩兩相比，曰司寇。又曰：古人有言曰：天下太平，五星循度。又曰：革命創制，三章是紀；應天順人，五星同軌。又《郊祀志》曰：漢祖詔御史，令天下立靈星祠，常歲時祠以牛。又《天文志》曰：金木水火土五星，天之五佐，爲經緯，伏見有時。歲星東方春，於人五常仁也，五事貌也。仁虧貌失，逆春令，傷木氣，罰見歲星。熒惑南方夏，禮也，視也。禮虧視失，逆夏令，傷火氣，罰見熒惑。太白西方秋，義也，言也。義虧言失，逆秋令，傷金氣，罰見太白。太白經天，孟康注曰：謂出東入西，出西入東也。太白陽星，出東當伏西，過午爲經天。晉灼曰：星盡見午上爲經天。天下兵革，更主，是謂亂紀，人民流亡。晝見與日爭明，强國弱，小國强，女主昌。辰星北方冬，智也，聽也。智虧聽失，逆冬令，傷水氣，罰見辰星。鎮星中央土，主季夏，信也，思心也。仁義禮智以信爲主，貌言視聽以心爲正，四星皆失，鎮星乃爲之動。又曰：凡五星色：皆白，爲喪爲旱；青爲憂爲水；黑爲疾爲多死；黄吉。五星同色，天下偃兵，百姓安寧，歌舞以行，不見災疾，五穀蕃昌。又曰：天星皆有州國分野：角、亢、氐、房、心，豫州之分。尾、箕，幽州之分。牽牛、婺女，揚州之分。虚、危，青州之分。營室、東壁，并州之分。胃，徐州之分。畢、昴，冀州之分。觜、參，益州之分。東井、輿鬼，雍州之分。柳、七星、張，三河之分。翼、軫，荆州之分。析木之津，燕之分。大火，宋之分。壽星，鄭之分。鶉尾，楚之分。鶉火，周之分。鶉首，秦之分。實沉，魏之分。大梁，趙之分。降婁，魯之分。訾即移反。娵，子于反。衛之分。玄枵，齊之分。星紀，吴之分。太史掌之，以觀妖祥。又曰：秦地於天官，東井、輿鬼之分野，周地柳、七星、張之分野，韓地角、亢、氐之分野，趙地昴、畢之分野，燕地箕之分野，齊地虚、危之分野，魯地奎之分野，宋地房、心之分野，衛地營室、東壁之分野，楚地翼、軫之分野，吴地斗、牛之分野。

《漢武故事》曰：西王母使者至，東方朔死。上問使者，對曰：「朔是木帝精，爲歲星，下遊人中以觀天下，非陛下臣也。」

《漢書音義》曰：瑞星曰景星，亦曰德星。妖星曰孛星、彗星、長星，亦曰欃槍。絶跡而去曰飛星，光跡相連曰流星，亦曰奔星。

《後漢書》曰：嚴光，字子陵。與光武爲友。後光武登祚，忘之，光怨帝。是時，太史云：「天上有客星恨帝。」帝曰：「豈非朕故人嚴子陵乎？」遽命徵之。

夜與子陵共臥，光以腳加帝腹。太史奏：「客星侵御座。」子陵縮腳，客星尋退。竟不仕。又曰：李固對詔：「陛下有尚書，猶天之有北斗。北斗，天之喉舌；尚書，陛下之喉舌。斗斟酌元氣，運乎四時。尚書出納王命，所謂制氣之臣也。」又曰：和帝分遣使者二人，各至州郡觀采風謡。二人當到益州，投候館吏李郃舍，郃問曰：「二君發京師時，知朝廷遣二使耶。」問何以知之，郃指星云：「前有二星向益州分野。」

謝承《後漢書》曰：吴郡周敞師事京房，房爲石顯所譖，繫獄，謂敞曰：「吾死後四十日，客星必入天市，即吾無辜之驗也。」房死後，果如房言。

《東觀漢記》曰：光武破聖公，與伯叔書曰：「交鋒之日，辰星晝見，太白清明。」

《蜀志》曰：漢安二十五年，劉豹、向舉上言於先主曰：「乃年太白、熒惑、鎮從歲。漢初興，五星聚歲。歲星主義，漢位在西，義之上方，故漢法常以歲星候人主。當有聖主起於此，以致中興。頃者熒惑復追歲，見在胃昴畢；昴畢爲天維，《經》曰：帝星處之，衆邪消亡。」於是先主即位。

《續晉陽秋》曰：桓玄庶母馬氏，本袁真之妓也，與同列薛氏、郭氏夏夜同出月下，有銅甕水在其側，見一流星墮甕中，驚喜，共視，見星如二寸火珠於水底，冏然明淨，乃相謂曰：「此吉祥也，誰當應之？」於是，薛、郭更以瓢接取，並不得。馬最後，取星正入瓢中，便飲之，既而若有感焉。俄而懷玄。玄雖篡位不終，而數年之中，榮貴極矣。

宋・李昉等《太平御覽》卷六《天部六・星中》 《天文録》曰：格擇星，狀如炎火，下大上鋭，色黄白，起地而上。占曰：「格擇星見，不種而獲。不有土功，必有大害。」又曰：歸邪如星非星，如雲非雲，名曰歸邪。司馬遷《天官書》曰：「歸邪見，必有歸國者。」又曰：六甲六星，主分陰陽而紀節候，故在帝旁，所以布政教而授民則也。又曰：平星。《論語讖》曰：「平星主法。」《合誠圖》曰：「主建廷評，主平天下之獄事。若今廷尉之象。」又曰：魚星，主理陰陽事，知雲雨之期也。故贊曰：「漢中魚星知雲雨也。」占曰：「魚星明，大河海水皆出。」又云：「魚星明則大，陰陽氣和。魚星忽不明而在，則魚多；魚星亡，則少魚。」又曰：郎位一曰哀烏，郎府也。注曰：「郎位，《周官》之元士，漢官之光禄、中散、諫議三署郎中，是其職也。」或曰：「郎位，今尚書也。」

《天象列星圖》曰：北極五星：一名天極，一名北極，其第一星爲太子，第二星最明者爲帝，第三星爲庶子，餘二後宫屬也，並在紫微宫中央，故謂之中極。其占明大則吉，若變動則有憂。今觀象之始，始於中極者，先尊以及卑，自中以周外也。其一人爲首，謂極，第二星爲首也。又曰：四輔四星，在紫微宫中抱之，紐星也。此爲輔臣之位，贊於萬機。其占以小而明則吉，若微暗則官不理。又曰：鉤陳六星，在紫微宫中華蓋之下，天帝所居之宫，亦護軍將軍之象。占以明則吉。又曰：華蓋七星，其杠九星，合十六星，如蓋狀，在紫微宫，臨鉤陳以蔭帝座。占若正則吉，若傾則兇也。又曰：女史一星在紫微宫内，柱史北，此婦人之官，常記宫中之事。占以明則爲記史直詞，若不明則反是。又曰：柱下史一星在紫微宫内，近尚書，此左右掌記君之過。其占以明則爲史直詞，若不明則詞不依過，無真實也。又曰：尚書五星在紫微宫内東南之隅。此八座大臣之象。故贊曰：「尚書納言，夙夜諮謀。」占以小而明，則君臣和。又曰：北斗七星，近紫微宫南，在太微北。是謂帝車，以主號令，運乎中央而臨制四方，建四時，均五行，移節度，定諸紀，皆繫於北斗。其魁四星爲璇璣，其杓三星爲玉衡。故《書》云：「在璇璣玉衡，以齊七政。」又其魁第一星爲樞，亦曰正星，主陽德，天子之象；二曰璇，亦曰法星，主陰刑，女主之位；三曰璣，亦曰令星，主禍；四曰權，亦曰伐星，主天理，伐無道；五曰衡，亦曰殺星，主中央，助四旁，殺有罪；六曰開陽，亦曰應星。又一主天，二主地，三主火，四主水，五主土，六主木，七主金。又一主秦，二主楚，三主梁，四主吴，五主隋，六主燕，七主齊。又曰：文昌六星在北斗魁前，如匡形，故史遷曰：「斗魁戴匡。」其第六星，名曰司禄，此天之府計集所會也。又曰：宦者四星，次帝座西南，主侍者，帝旁閹人也。占以不明爲吉，若明則内臣專權。又曰：勢四星在太陽西兆，主刑餘人而用事者也。占以不明爲吉，若明則閹宦用權。又曰：輔一星，附北斗杓第六星，大臣之象也。占欲其小而明則吉；若大而明，則臣奪君政；若小而不明，則臣不任職；若明大與斗合者，則國兵暴起。又曰：八穀八星，在紫微蕃之外，五車之北，其八星：一主稻，二主黍，三主大麥，四主大荳，五主小荳，六主小麥，七主粟，八主麻子。占其明則八穀成，若暗則不成；若一星不見，則一穀不登；若八星不見，則國人有糊口之憂。又曰：房四星，去氐十五度，爲明堂，布政之宫。占：若移徙則國流逆，均明則天下大同。又曰：傳説一星在尾後河中也，蓋後宫女巫也。主祝祠神靈，祈禱，以求子胤。占：若大而明，則後宫多禱祈。又曰：杵三星，在箕南，主舂杵之用。占：若其縱則爲豐，若其横則爲饑。又曰：農丈人一星在南斗南，主農正官也。占：明則爲豐稔，若暗則爲饑歉。又曰：南斗六星，去牽牛二十六度四分之一，爲天廟，丞相太宰之位，主薦賢良、授爵禄。又主兵機。魁南二星爲天梁，中央二星爲天相，北二星杓曰天廚庭，亦爲壽命之期，將有天子之事。占：其斗星盛明則王道和平，爵禄行；若不然，反是也。又曰：河鼓三星在牽牛北，主軍鼓，蓋天子三將軍也。中央，大將軍也；其南左星，左將軍也；其北右星，右將軍也。所以備關梁而拒難也。昔傳牽牛、織女七月七日相見者，則主是也。故《爾雅》云：「河鼓謂之牽牛。」又古歌曰：「東飛伯勞西飛燕，黄姑織女時相見。」其黄姑者，即河鼓也，爲吴音訛而然。今之言者，謂是列舍牽牛而會織女，故爲此分析，令知斷其疑焉。又曰：臼四星在人星東南，主舂臼。占：若覆則歲中，人饑荒；若仰則天下熟。又曰：内杵三星在人星旁，主軍糧。占：若正直下對臼口則吉；若偏與臼不相當，則軍糧絶。又曰：漸臺四星屬織女左足，主晷刻律吕。占：若明則陰陽調而律吕和，不然則否也。又曰：弧九星在狼東南，謂天弓也。主備賊盜，常屬矢向狼星。又曰：天錢十星在北落西北，主錢帛所聚。占：若明則府藏盈，若不明則爲虚耗。又曰：東壁二星，去宫室十六度，天子圖書之秘府也。占：若明則圖書集，道術行，小人退，君子入；若不然，則天子好武臣，賤文士，稽古忠正之臣隱，親黨邪曲之人用也。又曰：羽林四十五星，二三而聚，在壘壁南，主天軍。占：若星聚明則國安寧；若星稀而動摇，則兵革出。又曰：進賢一星在太微宫東華門東、平道之西，主訪賢薦士也。占：若明則賢人進，若不明則否也。又曰：太微宫垣十星，在翼、軫北，主天子之宫庭，五帝之座，十二諸侯府也。其外藩南二星間，名曰端門；東第一星爲左執法，廷尉之象也。又曰：軒轅十七星，在七星北，如龍之體，主雷雨之神，後宫之象。陰陽交感，震爲雷，激爲電，和爲雨，怒爲風，亂爲霧，凝爲霜，散爲露，聚爲雲氣，立爲虹蜺，離爲背矞，分爲抱珥。此十四變，皆軒轅主之。又曰：天街二星在畢、昴間，主國界也。街南爲華夏之國，街北爲戎夷之國。又曰：玉井四星在參西，主水泉。

《石氏星經》曰：卷舌六星在昴北，主讒佞言語之吏。若移動，多口舌，兵起。舌直，天下無口舌。星繁，天下兵亂；星少，兵廢。又曰：天讒星在卷舌中，亦主誹謗。又曰：天廩四星在昴南，主積聚黍稷，供享祀及御膳。星明，豐；暗，儉。又曰：天苑十六星在昴、畢，如環狀，主天子苑囿。五星守苑牛馬死。又曰：參旗九星，在參、畢間。一曰天弓星。不欲明；明則白衣會，邊兵動。又曰：闕丘二星在南河，主天子門闕，諸侯之兩觀也。又曰：文昌六星，如半月形，斗魁前，爲天府，主天下集計事。第一星名上將，第二名次將，第三名貴相，第四名司禄，第五名司命，第六名司法。星光潤則天下安。又曰：大理四星在斗中，亦爲貴人牢，又爲執法之宫。又曰：庫樓十五星，在左角南，器府東。一名天庫，兵車之府，星芒角兵起。又曰：招摇一星在梗河北，主遠狄，芒角則兵起。又曰：貫索九星，在七公前，爲賤人牢。口一星爲門，門欲開，開即有赦。星總見，獄事繁。

《豫章列士傳》曰：周騰，字叔達，爲御史。桓帝欲南郊，平明出，叔達仰首曰：「王者象星，今宫中宿策馬星不出動，帝何出焉？」四更，皇子卒，遂止。

《關令内傳》曰：北斗一星面百里，相去九千里，置二十四氣，四宿行四時，五方立五星，主五嶽也。

《黄石公記》曰：黄石，鎮星之精也。

王子年《拾遺記》曰：禹鑄九鼎，擇雌金爲陰鼎，雄金爲陽鼎，太白星見，九日不没。

《莊子》曰：夫道可傳而不可受，可得而不可見。傳説得之，以相武丁，奄有天下，乘東維，騎箕尾，而比於列星。

《列子》曰：星，積氣之中有光耀者。

《抱朴子》曰：辰星，水精，生玄武。歲星，木精，生青龍。又曰：人初受氣，皆應列宿之精，值聖宿則聖，值賢宿則賢也。

《尸子》曰：自井中視星，所見不過數星；自丘山以望，則見始多也。非明益也，勢使然也。私，井中也；公，丘上也。

《淮南子》曰：太微者，太一庭也；紫宫者，太一之居也；軒轅者，帝妃之舍也；咸池者，水魚之囿也；天河者，群神之闕也。天河，星名也。闕猶門也。又曰：令雨師灑道，使風伯掃塵。高誘注曰：「雨師，畢星也；風伯，箕星也。」又曰：歲星之所居，五穀豐昌；其對爲衡，歲乃殃。又曰：四守者，所司賞罰。許慎注曰：「四守：紫宫、軒轅、咸池、天河也。」

《家語》曰：巫馬期爲單父令，戴星出入以理人。

劉向《説苑》曰：玄象著明，莫大於日月；察變之動，莫著於五星也。又曰：秦胡亥立，日月薄食，山林淪亡，枉矢光夜，熒惑襲月。

《景帝通紀》曰：彗星者，天地之旗也。

《國精符》曰：地爲山川，山川之精，上爲星，各應其州城分野，爲國作精神符驗也。

《五姓占》曰：君薄德義，懦弱不勝任，則太白失度經，天作變易之象。

《樂汁圖》曰：天宮，紫微宮也。鉤陳，後宮也。大當，正妃也。大當，鉤陳末犬星也。閣道北斗，輔天理，貴人牢。爲貴人作牢獄也。文昌宮，天五曹會府也。玄戈招搖也。皆備兵難之星。梗河，天矛也。梗河，一名天矛。織女、連營、賤人牢。連營貫索。咸池，五車。五車，咸池別名。天關、參旗，伐也。觜觿，天廟也。奎，天豕也；婁，天矢也；胃，天倉也。狼弧、魚陵、天船、天苑、卷舌、天老人。皆西方星名也。柳主材木。柳星，主材木也。

鄭玄注曰：日月遺其珠囊。珠謂五星也；遺其囊者，盈縮失度也。

《黃石公陰謀秘訣法》曰：熒惑者，火之精，御史之象，主禁令刑罰。

蔡邕《月令章句》曰：天官五獸之於五事也，左有蒼龍，大辰之貌；右有白虎，大梁之文；前有朱雀，鶉火之體；後有玄武，龜蛇之質；中有大角，軒轅、麒麟之信。

《風俗通》曰：月與星並無光，日照之乃光耳。如以鏡照日，則影見壁。月初見西方，月望後光見東北，一照也。又曰：東方朔，太白星精，黃帝時爲風后，堯時爲務成子，周時爲老子，越爲范蠡，齊爲鴟夷，言其變化無常也。

祖台之《志怪》曰：吳未亡前，常有紫赤氣見斗牛之間，星官及諸善占者咸憂。吳方興，惟張茂先於天文尤精，獨知爲神劍之氣，非江南之祥。

宋・李昉等《太平御覽》卷七《天部七・星下》 《河圖》曰：以德布精，上爲衆星。

《龍魚河圖》曰：太白之精，下爲風伯之神，主司非星辰之氣。下爲靈星之神，主得土。

《河圖帝秘微篇》曰：帝淫泆，政不平，則奎有角。

《異苑》曰：陳仲弓從諸子侄造荀季和父家，于時，德星聚。太史奏：「五百里內有賢人聚。」

《雜兵書》曰：春，斗爲天關，軫爲地梁。夏，角爲天關，參爲地梁。又曰：四帚星，四向守之，君有德，天下豐熟。

《古辯異》曰：仰觀天形如車蓋，衆星纍纍如連珠。

張衡《靈憲》曰：星者，體生於地，精成於天，列居錯峙，各有攸屬。中外之官常明者百有二十，可名者三百二十，爲星二千五百，微星之數蓋一萬一千五百二十。庶類蠢蠢，咸得繫命。不然，何以總而理諸？

徐整《長曆》曰：大星徑百里，中星五十，小星三十，北斗七星間相去九千里，皆在日月下。

《天文要集》曰：七公，天之相也；三公，廷尉之象也；上星上公也，次星中公也。星明則七輔强。

《天官・星占》曰：歲星，其國齊，其位東方，蒼帝之子，人主之象也。其色明而內實暗，天下安寧。夫歲星所居國，人主有福，不可加以兵。歲星一曰攝提，一曰重華，一曰應星，一曰經星，一曰修人。歲星動，人主怒。無光，仁道失。歲星順行，仁德加也。歲星，農官也。主五穀，春不勸農則歲星盈縮，所在之國不可以罰。小則民多病，大則喜。又曰：熒惑主夏，位在南，赤帝之子，方伯之象也。爲天侯，主歲成敗，司察妖孽，所往有兵爲亂，爲賊、爲疾、爲喪、爲饑、爲兵，蓋天下不理也。東西南北無有常，出則有兵，入則散，周旋止息，乃爲死喪。又曰：鎮星主德，女主之象也。所居國有德，不可以軍加也。又曰：辰星，北之位，黑帝之子，宰相之祥也。一名安調，一名熊星，一名鈞星，一名伺晨。主德，常行四仲。當出不出，天下旱。色黃，五穀熟；色白，中謀泄；色青，大臣憂。又曰：太白，位在西方，白帝之子，天將之象也。一名天相，一名大正，一名大臣，一名大皓，一名明星。又曰：紫微者，天之帝座也。一名天營，一名長垣。又曰：北辰者，一名天關，一名北極。極者，紫宮太一座也。太微者，天闕也。南端門間十星，分爲左右掖，太微之宮，天子之庭，五帝之座也。北斗爲帝車，運於中央，臨制四方。北斗魁第一星少微，一名處士。星明大而黃澤，即賢士舉，忠臣用。招搖者，常陽也，一名矛盾，胡星也。

《荊州星占》曰：五星，天府，一名天法，主察姦謀。又曰：軒轅，主雷雨之神，旁側郎位，主宿衛。又曰：河鼓，一名三武，一名天鼓。又曰：市，天子旗幟也，大明則糴賤。又曰：五車，一名天庫，凡十四星。五車中有三柱三星，若不見，兵盡起。又曰：心爲天王，其宿三星，一名天司空。又曰：箕舌一星，動則大風至，不出三日。又曰：箕宿四星，第二星一名風后。又曰：太白出東北爲觀星，出東南爲明星，出西方爲太白。

楊泉《物理論》曰：星者，元氣之英，水之精也。又曰：日月之精爲星辰，星辰生於地。又曰：星，元氣之英，日精也。二十八宿度數有常，故謂恒星。

《鹽鐵論》曰：常星猶公卿也，衆星猶萬民也。列星正則衆星齊，常星亂則衆星墜矣。

崔豹《古今注》曰：漢明帝爲太子時，令樂人作歌詩曰「星重輝」，言太子比德，故云重也。

庾闡詩曰：玄景如映璧，繁星如散錦。

元・趙有欽《革象新書》卷二　古人仰觀天象，遂知夜久而星移斗轉，漸漸不同。昏暮東出者，曉則西墜。昏暮不見者，曉則東昇。北天之星雖然旋轉，未嘗入地，四時皆見其徹夜在天。然其旋轉有甚窄者，以衡管窺之，衆星無有不轉，但有一星旋轉最密，循環不出於管中，名曰紐星者是也。古人以旋磨比天，則磨臍比爲天之不動處，此即紐星旋轉之所，名曰北極。案：日右旋成寒暑，月右旋成朔望，五星右旋成伏見，經星右旋成歲差，其理一也。又皆隨大氣運之而左，以成東出西没之象。經星之右旋甚微，故昔人不覺，遂以左旋之天歸之經星耳。北極乃左旋之樞，步算家謂之不動處。賈逵、張衡、蔡邕、王蕃、陸績皆以紐星爲不動處，梁祖暅之測紐星離不動處一度有奇，元郭守敬測離三度有奇矣。亦猶車輪之軸，瓣瓜之攢頂也。

又　謂天體轉旋者，天非可見，其體因衆星出没於東西，管轄於兩極，有常度，無停機，遂即星所附麗，擬以爲天之體耳。

又　古人仰觀天象，見衆星昏曉出没，乃知天體每日運轉一周。然衆星昏見，四時漸漸不同。唐虞之時，日永則心宿當南方正午之位，心宿三星中赤者名曰「大火」，故曰「日永星火」；日短則昴宿當午位；春中則張翼之類當午位。南方七宿配朱雀，故曰「日中星鳥」；秋中則虚宿當午位，歲歲皆然。古人因見四時昏曉之中星不同，乃知太陽所躔漸異，歲終而中星復舊。是太陽亦復舊而行天一周矣。

又　中星

方氏曰：「中」謂中於南方也。先昏而後旦者，順陰陽之義也。《書》於春言「星鳥」，夏言「星火」，秋言「星虚」，冬言「星昴」，與此不同，何也？蓋《書》言分至之所中者，此言昏旦之所中者，彼以時爲主，此以月爲主，故詳畧不同，然其見於南方則一也。弧與建星非二十八宿之數，而仲春昏旦舉之者，由弧近井，建近斗。井三十三度，斗二十六度，其度最寬，難以明其星之中故也。至於孟秋昏舉建星者，亦以是爾。考之曆法，其間固不能無差，經之所言亦要其大畧，姑以記時而已。《大衍曆議》曰：古曆冬至昏明中星去日九十二度，春分、秋分百度，夏至百一十八度，率一氣差三度，九日差一刻。《秦曆》十二次立春在營室五度，於《太初》星距危十六度少也，昏畢八度中。《月令》參中，謂肩股也。晨心八度中，《月令》尾中，於《太初》星距尾也。仲春昏東井十四度中，《月令》弧中，弧星入東井十八度。晨南斗二度中，《月令》建星中，於《太初》星距西建也。《甄耀度》及《魯曆》南方有狼弧，無東井、鬼；北方有建星，無南斗、井。斗度長，弧建度短，故以正昏明云。

元・脱脱等《宋史》卷四八《天文志一》　臣今輯古今之説以求數象，有不合者十有三事：

其一，舊説以謂今中國於地爲東南，當令西北望極星，置天極不當中北。又曰：「天常傾西北，極星不得居中。」臣謂以中國規觀之，天常北倚可也，謂極星偏西則不然。所謂東西南北者，何從而得之？豈不以日之所出者爲東，日之所入者爲西乎？臣觀古之候天者，自安南都護府至浚儀大岳臺纔六千里，而北極之差凡十五度，稍北不已，庸詎知極星之不直人上也？臣嘗讀黄帝《素書》：「立於午而面子，立於子而面午，至於自卯而望酉，自酉而望卯，皆曰北面。立於卯而負酉，立於酉而負卯，至于自午而望南，自子而望北，則皆曰南面。」臣始不諭其理，逮今思之，乃常以天中爲北也。常以天中爲北，則蓋以極星常居天中也。《素問》尤爲善言天者。今南北纔五百里，則北極輒差一度以上；而東西南北數千里間，日分之時候之，日未嘗不出於卯半而入於酉半，則又知天樞既中，則日之所出者定爲東，日之所入者定爲西，天樞則常爲北無疑矣。以衡窺之，日分之時，以渾儀抵極星以候日之出没，則常在卯酉之半少北。此殆放乎四海而同者，何從而知中國之爲東南也？彼徒見中國東南皆際海而爲是説也。臣以謂極星之果中，果非中，皆無足論者。彼北極之出地六千里之間所差者已如是，又安知其茫昧幾千萬里之外邪？今直當據建邦之地，人目之所及者，裁以爲法；不足爲法者，宜置而勿議可也。

又　其五，前世皆以極星爲天中，自祖暅以璣衡窺考天極不動處，乃在極星之末猶一度有餘。今銅儀天樞内徑一度有半，乃謬以衡端之度爲率。若璣衡端平，則極星常游天樞之外；璣衡小偏，則極星乍出乍入。令瓚舊法，天樞乃徑二度有半，蓋欲使極星游於樞中也。臣考驗極星更三月，而後知天中不動處遠極星乃三度有餘，則祖暅窺考猶爲未審。今當爲天樞徑七度，使人目切南樞望之，星正循北極。樞裏周常見不隱，天體方正。

又　中星

四時中星見於《堯典》，蓋聖人南面而治天下，即日行而定四時，虛、鳥、火、昴之度在天，夷隩析因之候在人，故書首載之，以見授時爲政之大也。而後世考驗冬至之日，堯時躔虛，至於三代則躔于女，春秋時在牛，至後漢永元已在斗矣。大略六十餘年輒差一度。開禧占測已在箕宿，校之堯時幾退四十餘度。蓋自漢太初至今，已差一氣有餘。而太陽之躔十二次，大約中氣前後，乃得本月宮次。蓋太陽日行一度，近歲《紀元曆》定歲差，約退一分四十餘秒。蓋太陽日行一度而微遲緩，一年周天而微差，積累分秒而躔度見焉。曆家考之，萬五千年之後，所差半周天，寒暑將易位，世未有知其說者焉。

元・脫脫等《遼史》卷四四《曆象志下》　官星

古者官星萬餘名。遭秦焚滅圖籍，世祕不傳。漢收散亡，得甘德、石申、巫咸三家圖經。經緯合千餘官，僅存什一。分爲三垣、四宮、二十八宿，樞以二極，建以北斗，緯以五星，日月代明，貴而太一，賤逮屎糠。占決之用，亦云備矣。司馬遷《天官書》既以具錄，後世保章守候，無出三家官星之外者。天象昭垂，歷代不易，而漢、晉、隋、唐之書累志天文，近於衍矣。且天象機祥，律格有禁，書于勝國之史，詿誤學者，不宜書。其日食、星變、風雲、震雪之祥，具載《帝紀》，不復書。

元・李克家《戎事類占》卷七　星類一

《易》曰：庖犧氏之王天下，仰則觀象於天，俯則觀法於地。觀象於天，謂日月星辰，觀法於地，謂水土州分。形成於下，象見於上。故曰天者北辰星，合元垂耀建帝形，運機授度張百精。三階九列，二十七大夫，八十一元士，斗、衡、太微、攝提之屬，百二十官，二十八宿各布列，下應十二子。天地設位，星辰之象備矣。

凡至大莫如天，至厚莫如地。地至質者曰地而已，至多莫若水，水精爲漢，漢用於天而無列焉，思次質也。地有山嶽，以宣其氣，精種爲星。星也者，體生於地，精成於天，列居錯跱，各有逌屬。紫宮爲皇極之居，太微爲五帝之廷，明堂之房，大角有席，天市有坐。蒼龍連蜷於左，白虎猛據於右，朱雀奮翼於前，靈龜圈首於後，黃神軒轅於中。六畜既擾，而狼、蚖、魚、鼈罔有不具。在野象物，在朝象官，在人象事，於是備矣。衆星列布，其以神著有五列焉，是爲三十五名。一居中央謂之北斗，動變挺占，實司王命。四布於方，爲二十八宿。日月運行，歷示吉凶，五緯經次，用告禍福，則天心於是見矣。中外之官常明者百二十有四，可名者三百二十，爲星二千五百，而海人之占未存焉。微星之數蓋萬一千五百二十。庶物蠢蠢，咸得繫命。不然，何以總而理諸？夫三光同形，有似珠玉，神守精存，麗其職而宣其明。及其衰也，神歇精斁，於是乎有隕星。然則奔星之所墜，至則石。文曜麗乎天，其動者七，日、月、五星是也。周旋右回，天道者，貴順也。近天則遲，遠天則速，行則屈，屈則留回，留回則逆，逆則遲，迫於天也。攝提、熒惑、地侯，見晨，附於日也。太白、辰星見昏，附於月也。二陰三陽，參天兩地，故男女取焉。方星巡鎮，必因常度，苟或盈縮，不逾於次，故有列司作使，曰老子四星，周伯、王蓬、芮各一，錯乎五緯之間，其見無期，其行無度，寔妖經星之所，然後吉凶宣周，其祥可盡矣。

明・王應明《曆體略》卷中　象位

在天成象，左蒼龍，右白虎，前朱鳥，後玄龜。奠四方而運四時，繫天絡星，耿耿然依附分屬之。左前二象有二垣，蓋象中之垣也。武密及《乾象新書》諸家以垣中諸星分屬列宿，乃合天度。然舉全垣則跨半象矣，別系其後。

又　古言星官者，唐虞以前莫考。其見於《尚書》，則四象列宿，僅僅有其三。漢以來石申、甘德兩家最著，後又有巫咸家出。然象於朝者皆襲秦官，意其非巫咸本文也。馬遷、班固《書》《志》已多不同，張衡《靈憲》以爲中外之官常明者百有二十，可名者三百二十，爲星二千五百，微星之數萬有一千五百二十。吳太史令陳卓乃備列甘德、石申、巫咸三家之星，總二百八十三座，爲星一千四百六十四。石申紫微垣二十三座，六十四星；中官四十八座，二百八十六星；外官三十六座，一百七十七星，皆赤。甘德紫薇垣二十一座，一百二十星；中官五十七座，一百九十八星；外官四十座，二百一十一星，皆黑。巫咸紫薇垣四座，一十八星；中官九座，三十一星；外官二十座，九十三星，皆黃。即今《步天歌中》所謂黃、赤、黑者也。其名同者，三公星有三，兩在紫薇垣，一在太微垣。從官星有二，在太微垣者一星，屬房宿者二星。天紀星亦有二，在天市垣者九星，屬鬼宿者一星。御女亦有二，在軒轅之下者一星，在紫薇垣內者四星。天田星亦有二，屬角宿者二星，屬牛宿者九星。杵星亦有二，箕屬危屬，皆三星也。又土司空有二，屬奎者一星，屬軫者四星。胃屬有積尸在大陵中，其在輿鬼內者，名積尸氣也。角屬有衡星，又太微爲衡，北斗第五星爲玉衡也。斗星有三，在紫薇垣者謂之北斗七星，在玄武象者謂之南斗六星，在天市垣者，則五星也。司禄亦有三，其一屬危，其一爲文昌第四星，其一爲三台東二星也。兩太子，一在太微垣，一爲北極第一星，心宿之前星亦爲太子也。兩積水，一在井，一在胃。兩五諸侯，一在井，一在太微垣。房屬有罰，參中之伐亦作罰。天市垣之諸國與女下之十二國，亦多同。其相似者如内屏外屏之與屏星，内廚外廚之與天廚，天雞之與野雞，天溷之與天厠，臼星之與敗臼，鈎星之與天鈎，相星之與天相，狗星之與天狗，狗國，三公内座之與三公五侯，内座之與五侯，軍門之與軍南門，土功之與土功吏，五柱之與三柱。實繁有徒餘，不著者無名。《回回曆》暨郭太史俱有新測無名諸星，但不便於考記，故不著。今所用乃宋皇祐間校定，而皇祐一本之《丹元子步天歌》，紫微垣三十八座、一百八十四星，太微垣一十九座、七十八星，天市垣一十八座、八十七星。列舍並附官二百一十二座，一千一百三十八星。中外官共二百八十七座，一千四百八十七星。然一座之星有兼跨兩宿，勢難割裂。《步天歌》但取其相近者屬之，而觀測則不合，故今雖從歌紀之，而仍明注入某度入某度。

天漢　天漢自《昔志》天官者遺之。然絡帶南北，爲天之大界，宿次舍垣，借此以分。昭昭乎與星辰俱垂象也，烏可遺乎？

天漢謂之天河，張衡云金之氣，或云水之精。精氣發昇，宛轉若流，與河海通。余謂不然，直是成象之在天者，與星月同耳。其南入南極，不可見。可見者，自尾箕始，經龜、魚、傳説、天江、糠星、天籥斜行，上連箕、斗、天弁、河鼓、左右旗，倒分一派，西映天市之吴越，自坤抵艮，至宗人、宗星而止。其大勢上絡天津而至車府、造父、螣蛇、王良、附路閣道、大陵、天船，則漸下而南行，歷卷舌、五車、諸[王]、天關、司怪、水府，入東井，過四瀆、闕丘、天狗、弧矢之墟，在社稷、七星之南，而入于南極内也。

明・王應明《曆體略》卷下　經宿凡經星以二萬四千四百年一周天，是爲歲差。但其移也密，百年之内所差不多，故可以定度取之。中外星官三百六十，未易悉列，茲舉大者數十以俟宵測。總之，論各星所入赤道宿次度分與其在赤道南北幾何，距極幾何，以至異體大小之等，皆載焉。

凡經星距地三億二千二百七十六萬九千八百四十五里有餘，此外即一日一周之天，包絡轉運，此天距地六億四千七百三十三萬八千六百九十〇里有餘，所謂宗動天也。其經星之體，凡有六等：上等全徑大于地全徑一百〇六倍零六分之一，次等大于地八十九倍零八分之一，其三等大于地七十一倍零三分之一，其四等大于地五十三倍零十二分之一，其五等大于地三十五倍零八分之一，其六等大于地一十七倍零十分之一。舉其著者五十二官，若今所謂天漢者，則小星稠密，光顯相聯，若白練然，非白氣也。

勾陳三星，體等三，入壁二度，距北極三度，赤道北八十五度太。

閣道南二星，體等三，入壁六度少，距北極三十六度半，赤道北五十三度太。

天綱，體等三，入壁七度太，距北極一百〇二度，赤道南二十度半。

奎左北第五，體等三，入奎三度太，距北極六十二度，赤道北三十四度少。

天倉右三星，體等三，入奎七度太，距北極一百〇二度，赤道南十三度太。

大陵大星，體等二，入胃三度太，距北極五十三度太，赤道北三十九度半。

天船西三星，體等二，入胃五度太，距北極四十一度太，赤道北四十七度太。

天囷東一星，體等三，入胃八度少，距北極八十五度太，赤道北二度少。

昴宿兩星，體等俱五，入胃十五度少，昴一度，距北極六十八度少，赤道北二十一度太。

畢宿大星，體等一，入畢二度，距北極七十五度少，赤道北十五度太。

五車右北，體等一，入畢八度太，距北極四十五度太，赤道北四十五度。

參右足，體等一，入畢十二度太，距北極九十八度半，赤道南九度少。

參左肩，體等一，入參五度少，距北極八十二度太，赤道北六度少。

天狼，體等一，入井八度少，距北極二百〇六度少，赤道南十五度太。

北河中星，體等二，入井十六度半，距北極五十八度少，赤道北三十一度半。

南河東星，體等一，入井二十度少，距北極八十四度少，赤道北六度少。

北河東星，體等二，入井二十度少，距北極六十度少，赤道北二十八度太。

星宿大星，體等二，入星初度半，距北極九十七度太，赤道南四度半。

軒轅大星，體等一，入張三度少，距北極七十五度太，赤道北十四度少。

軒轅南三星，體等三，入張三度半，距北極六十八度半，赤道北二十二度少。

北斗天樞，體等二，入張一十五度半，距北極二十五度太，赤道北六十二度太。

北極天璇，體等二，入張一十五度少，距北極三十一度少，赤道北五十九度。

太微西垣上相，體等二，入翼三度，距北極六十六度半，赤道北二十二度太。

北斗天璣，體等二，入翼十三度，距北極三十三度少，赤道北五十七度。

北斗天權，體等三，入翼十三度少，距北極二十九度太，赤道北六十度少。

太微帝座，體等一，入翼十三度太，距北極七十一度太，赤道北十七度少。

北斗玉衡，體等二，入軫十度少，距北極三十一度，赤道北五十八度少。

角宿南星，體等一，入角初度，距北極九十八度半，赤道南八度少。

北斗開陽，體等二，入角一度少，距北極三十二度，赤道北五十七度少。

北斗摇光，體等二，入角七度太，距北極三十七度半，赤道北五十一度太。

太角，體等一，入亢一度，距北極六十八度，赤道北二十一度太。

招摇，體等三，入亢六度太，距北極四十九度少，赤道北四十度半。

氐右南星，體等三，入氐初度，距北極一百〇四度，赤道南十三度半。

氐右北星，體等三，入氐五度，距北極九十八度太，赤道南七度少。

貫索大星，體等三，入氐四度太，距北極五十六度少，赤道北三十八度太。

市垣梁星，體等三，入房五度，距北極九十一度太，赤道南二度。

心宿中星，體等二，入心二度，距北極一百一十五度少，赤道南二十四度太。

市垣候星，體等二，入尾二度太，距北極七十六度少，赤道北十三度少。

市垣帝座，體等三，入尾七度太，距北極七十四度太，赤道北十五度半。

天棓大星，體等三，入箕四度，距北極四十度少，赤道北五十二度少。

織女大星，體等一，入斗一十八度少，距北極五十一度太，赤道北三十八度太。

河鼓中星體等二，入斗二十度半，距北極八十三度太，赤道北七度少。

天津右北三星，體等二，入女二度少，距北極四十七度少，赤道北四十三度太。

天鈎大星，體等三，入虚二度少，距北極三十度太，赤道北六十度太。

壁壘西星，體等三，入虚三度少，距北極一百〇九度太，赤道南十八度太。

危宿北星，體等三，入危初度太，距北極八十七度少，赤道北七度少。

室宿北星，體等二，入室初度，距北極六十五度半，赤道北二十五度。

室宿南星，體等二，入室初度，距北極七十八度少，赤道北十二度太。

羽林大星，體等三，入室九度太，距北極一百〇六度太，赤道南十八度。

北落師門，體等一，入室(缺)距北極(缺)赤道南(缺)。

右中外星官，燦爛著明，可立距七曜者略備矣。若初學之士未能盡識，更擇取簡要大星，用之如左：

大陵大星、天船三星、畢宿大星、五車右北、參左肩、右足、天狼、北河兩星、南河東星、星宿大星、軒轅大星、太微帝座、微垣上相、角宿南星、大角、心宿中星、河鼓中星、織女大星、北落師門、天津右二、室壁南宿、北斗七星。

右所紀度分，節去五度四分度之一，而零分以太半少約之。

以地圜故，凡人在南方，則見北方所不見之星；在北方者亦見南方所不見之星。人之行漸南漸北，其南北之星隨而漸次隱見也。

黄道宫界帶天之紘爲赤道，七曜經行爲黄道，兩環斜交，各自有極，以三百六十度計之，則經度每三十度交一宫，十五度爲一氣。起磨羯之初爲冬至，月建子中小寒，月建丑初是盡一宫。次交寶瓶宫爲大寒。丑中立春，寅初次交雙魚宫爲雨水。寅中驚蟄，卯初而際于赤道，交白羊宫，爲春分。卯中清明，辰初次交金牛宫，爲穀雨。辰中立夏，巳初次交陰陽宫爲小滿。巳中芒種，午初既盡此宫，遂轉而交巨蟹宫爲夏至。午中小暑，未初次交獅子宫爲大暑。未中立秋，申初次交雙女宫爲處暑。申中白露，酉初又際赤道，交天秤宫爲秋分。酉中寒露，戌初次交天蝎宫爲霜降。戌中立冬，亥初次交人馬宫爲小雪。亥中大雪，子初乃又值天正冬至而一歲周焉。凡天下寒暑榮悴，皆由黄道。中國當赤道之北，故太陽之行黄道也，一北而暖，而萬物生；一南而寒，而萬物死也。其反是者不論。兹以白羊戌宫爲始紀之，所謂步戌成歲云。

白羊宫三十度，初度起壁初，于辰爲酉，中戌初。

金牛宫三十度，初度起婁五，于辰爲申，中酉初。

陰陽宫三十度，初度起昴七，于辰爲未，中申初。

巨蟹宫三十度，初度際參末，于辰爲午，中未初。

獅子宫三十度，初度起井三十，于辰爲巳，中午初。

雙女宫三十度，初度起張七，于辰爲辰，中巳初。

天秤宫三十度，初度起軫初，于辰爲卯，中辰初。

天蝎宫三十度，初度起亢初，于辰爲寅，中卯初。

人馬宫三十度，初度起房三，于辰爲丑，中寅初。

磨羯宫三十度，初度起箕三，于辰爲子，中丑初。

寶瓶宫三十度，初度起牛初，于辰爲亥，中子初。

雙魚宫三十度，初度起危三，于辰爲戌，中亥初。

明・利瑪竇、李之藻《乾坤體義》卷上 地球比九重天之星遠且大幾何余嘗留心於量天地法，且從太西庠天文諸士討論已久，兹述其各數以便覽焉。夫地球既每度二百五十里，則知三百六十度爲地一周九萬里，又可以計地面至其中心隔一萬四千三百一十八里零十八丈。地心至第一重謂月天，四十八萬二千五百二十二餘里；至第二重謂辰星，即水星天，九十一萬八千七百五十餘里；至第三重謂太白，即金星天，二百四十萬零六百八十一餘里；至第四重謂日輪天，一千六百零五萬五千六百九十餘里；至第五重謂熒惑，即火星天，二千七百四十一萬二千一百餘里；至第六重謂歲星，即木星天，一萬二千六百七十六萬九千五百八十四餘里；至第七重謂填星，即土星天，二萬五百七十七萬零五百六十四餘里，至第八重謂列宿天，三萬二千二百七十六萬九千八百四十五餘里，至第九重謂宗動天，六萬四千七百三十三萬八千六百九十餘里。此九層相包如葱頭皮焉，皆硬堅，而日月星辰定在其體内，如木節在板，而只因本天而動。第天體明而無色，則能通透光如琉璃水晶之類無所礙也。若二十八宿星，其上等每各大於地球一百零六倍又六分之一，其二等之各星大於地球八十九倍又八分之一，其三等之各星大於地球七十一倍又三分之一，其四等之各星大於地球五十三倍又十二分之十一，其五等之各星大於地球三十五倍又八分之一，其六等之各星大於地球十七倍又十分之一。夫此六等皆在第八重天也。土星大於地球九十倍又八分之一，木星大於地球九十四倍又一半分，火星大於地球半倍，日輪大於地球一百六十五倍又八分之三，地球大於金星三十六倍又二十七分之一，大於水星二萬一千九百五十一倍，大於月輪三十八倍又三分之一，則日大於月(下闕)。

明·熊明遇《格致草·星宿》 星經外有餘星

昴宿傳云七星，實則三十七星。鬼宿四星，中白質傳爲白氣耳，其間實有三十六小星。如牛宿中南星、尾宿東魚星、傅説星、觜宿南星，皆在六等外，所稱微茫難見，以遠鏡窺之，則見多星列次甚遠，如觜宿南一星是二十一星大小不等。可見周天諸星實無數，《甘石星經》特其大都耳。

經星位置

經星二萬五千歲一周天，是爲歲差。亦時有移動，但其移密，百年内所差未多，可以定儀取之。古稱萬有一千五百二十，可名者中外星官三百六十品，其光曜約有數等。今畧舉大者，以俟宵測。欲置渾儀，其法取各星入宿之位爲經，以離北極爲緯，合以黄道過宫之經，與離赤道南北之緯，如數安置，用銅輪轉之，可合天行不悖。

清·張廷玉等《明史》卷二五《天文志一》 恒星

崇禎初，禮部尚書徐光啓督修曆法，上《見界總星圖》。以爲回回《立成》所載，有黄道經緯度者止二百七十八星，其繪圖者止十七座九十四星，並無赤道經緯。今皆崇禎元年所測，黄赤二道經緯度畢具。後又上《赤道兩總星圖》。其説謂常現常隱之界，隨北極高下而殊，圖不能限。且天度近極則漸狹，而《見界圖》從赤道以南，其度反寬，所繪星座不合仰觀。因從赤道中剖渾天爲二，一以北極爲心，一以南極爲心。從心至周，皆九十度，合之得一百八十度者，赤道緯度也。周分三百六十度者，赤道經度也。乃依各星之經緯點之，遠近位置形勢皆合天象。

至於恒星循黄道右旋，惟黄道緯度無古今之異，而赤道經緯則歲歲不同。然亦有黄赤俱差，甚至前後易次者。如觜宿距星，唐測在參前三度，元測在參前五分，今測已侵入參宿。故舊法先觜後參，今不得不先參後觜，不可强也。

又有古多今少，古有今無者。如紫微垣中六甲六星今止有一，華蓋十六星今止有四，傳舍九星今五，天廚六星今五，天牢六星今二。又如天理、四勢、五帝内座、天柱、天牀、大贊府、大理、女御、内廚，皆全無也。天市垣之市樓六星今二。太微垣之常陳七星今三。郎位十五星今十，長垣四星今二。五諸侯五星全無也。角宿中之庫樓十星今八。亢宿中之折威七星今無。氐宿中之亢池六星今四，帝席三星今無。尾宿中天龜五星今四。斗宿中之鼈十四星今十三，天籥、農丈人俱無。牛宿中之羅堰三星今二，天田九星俱無。女宿中之趙、周、秦、代各二星今各一，扶匡七星今四，離珠五星今無。虚宿中之司危、司禄各二星今各一，敗臼四星今二，離瑜三星今二，天壘城十三星今五。危宿中之人五星今三，杵三星今一，臼四星今三，車府七星今五，天鈎九星今六，天鈔十星今四，蓋屋二星今一。室宿中之羽林軍四十五星今二十六，騰蛇二十二星今十五，八魁九星今無。壁宿中之天廐十星今三。奎宿中之天溷七星今四。畢宿中之天節八星今七，咸池三星今無。觜宿中之座旗九星今五。井宿中之軍井十三星今五。鬼宿中之外廚六星今五。張宿中之天廟十四星今無。翼宿中之東甌五星今無。軫宿中之青邱七星今三，其軍門、土司空、器府俱無也。

又有古無今有者。策星旁有客星，萬曆元年新出，先大今小。南極諸星，古所未有，近年浮海之人至赤道以南，往往見之，因測其經緯度。其餘增入之星甚多,並詳《恒星表》。

其論雲漢,起尾宿,分兩派。一經天江、南海、市樓,過宗人、宗星,涉天津至滕蛇。一由箕、斗、天弁、河鼓、左右旗,涉天津至車府而會於滕蛇,過造父,直趨附路、閣道、大陵、天船,漸下而南行,歷五車、天關、司怪、水府,傍東井,入四瀆,過闕丘、弧矢、天狗之墟,抵天社、海石之南,踰南船,帶海山,貫十字架、蜜蜂,傍馬腹,經南門,絡三角、龜、杵,而屬於尾宿,是爲帶天一周。以理推之,隱界自應有雲漢,其所見當不誣。又謂雲漢爲無數小星,大陵鬼宿中積尸亦然。考《天官書》言星漢皆金之散氣,則星漢本同類,得此可以相證。又言昴宿有三十六星,皆得之於窺遠鏡者。

凡測而入表之星共一千三百四十七,微細無名者不與。其大小分爲六等:內一等十六星,二等六十七星,三等二百零七星,四等五百零三星,五等三百三十八星,六等二百一十六星。悉具黄赤二道經緯度。列表二卷,入光啓所修《崇禎曆書》中。

又 黄赤宮界

十二宮之名見於爾雅,大抵皆依星宿而定。如婁奎爲降婁,心爲大火,朱鳥七宿爲鶉首、鶉尾之類。故宮有一定之宿,宿有常居之宮,由來尚矣。唐以後始用歲差,然亦天自爲天,歲自爲歲,宮與星仍舊不易。西洋之法,以中氣過宮,如日躔冬至,即爲星紀宮之類。而恒星既有歲進之差,於是宮無定宿,而宿可以遞居各宮,此變古法之大端也。兹以崇禎元年各宿交宮之黄十度,分列於左方,以志權輿云。

赤道交宮宿度	黄道交宮宿度
箕,三度零七分,入星紀。	箕,四度一十七分,入星紀。
斗,二十四度二十一分,入元枵。	牛,一度零六分,入元枵。
危,三度一十九分,入娵訾。	危,一度四十七分,入娵訾。
壁,一度二十六分,入降婁。	室,一十一度四十分,入降婁。
婁,六度二十八分,入大梁。	婁,一度一十四分,入大梁。
昴,八度三十九分,入實沈。	昴,五度一十三分,入實沈。
觜,一十一度一十七分,入鶉首。	觜,一十一度二十五分,入鶉首。
井,二十九度五十三分,入鶉火。	井,二十九度五十二分,入鶉火。
張,六度五十一分,入鶉尾。	星,七度五十一分,入鶉尾。
翼,一十九度三十二分,入壽星。	翼,一十一度二十四分,入壽星。
亢,一度五十分,入大火。	亢,初度四十六分,入大火。
心,初度二十二分,入析木。	房,二度一十二分,入析木。

又 中星

古今中星不同,由於歲差。而歲差之説,中西復異。中法謂節氣差而西,西法謂恒星差而東,然其歸一也。今將李天經、湯若望等所推崇禎元年京師昏旦時刻中星列於後。

春分,戌初二刻五分昏,北河三中;寅正一刻一十分旦,尾中。清明,戌初三刻十三分昏,七星偏東四度;昏旦時或無正中之星,則取中前、中後之大星用之。距中三度以內者,爲時不及一刻,可勿論。四度以上,去中稍遠,故紀其偏度焉。寅正初刻二分旦,帝座中。穀雨,戌正一刻七分昏,翼偏東七度;寅初二刻八分旦,箕偏東四度。立夏,戌正三刻二分昏,軫偏東五度;寅初初刻十三分旦,箕偏西四度。小滿,亥初初刻十二分昏,角中;丑正三刻三分旦,箕中。芒種,亥初一刻十二分昏,大角偏西六度;丑正二刻三分旦,河鼓二中。

夏至,亥初二刻五分昏,房中;丑正一刻一十分旦,須女中。小暑,亥初一刻十二分昏,尾中;丑正二刻三分旦,危中。大暑,亥初初刻十二分昏,箕偏東七度;丑正三刻三分旦,營室中。立秋,戌正三刻二分昏,箕中;寅初三刻十三分旦,婁偏東六度。處暑,戌正一刻七分昏,織女一中;寅初二刻八分旦,婁中。白露,戌初三刻十三分昏,河鼓二偏東四度;寅正初刻二分旦,昴偏東四度。

秋分,戌初二刻五分昏,河鼓二中;寅正一刻十一分旦,畢偏西五度。寒露,戌初初刻十四分昏,牽牛中;寅正三刻一分旦,參四中。霜降,酉正三刻十一分昏,須女偏西五度;卯初初刻四分旦,南河三偏東六度。立冬,酉正二刻一十分昏,危偏東四度;卯初一刻五分旦,輿鬼中。小雪,酉正一刻十二分昏,營室偏東七度;卯初二刻二分旦,張中。大雪,酉正一刻五分昏,營室偏西八度;卯初二刻一十分旦,翼中。

冬至,酉正一刻二分昏,土司空中;卯初二刻十三分旦,五帝座中。小寒,酉正一刻五分昏,婁中;卯初二刻一十分旦,角偏東五度。大寒,酉正一刻十三分昏,天囷一中;卯初二刻二分旦,亢中。立春,酉正二刻一十分昏,昴偏西六度;卯初一刻五分旦,氐中。雨水,酉正三刻十一分昏,參七中;卯初初刻四分旦,貫索一中。驚蟄,戌初初刻十四分昏,天狼中;寅正三刻一分旦,心中。

分野

《周禮·保章氏》以星土辨九州之地，所封之域皆有分星，以觀妖祥。唐貞觀中，李淳風撰《法象志》，因《漢書》十二次度數以唐州縣配而一行則以爲天下山河之象，存乎南北兩界，其説詳矣。洪武十七年，《大明清類天文分野》書成，頒賜秦、晉二王。其書大略謂「《晉天文志》分野始角、亢者，以東方蒼龍爲首也。唐始女、虛、危者，以十二支子爲首也。今始斗、牛者，以星紀爲首也。古言天者皆由斗、牛以紀星，故曰星紀，是之取耳。」兹取其所配直隸十三布政司府州縣衛及遼東都司分星録之。

斗三度至女一度，星紀之次也。直隸所屬之應天、太平、寧國、鎮江、池州、徽州、常州、蘇州、松江九府，暨廣德州，屬斗分。鳳陽府壽、滁、六安三州，泗州之盱眙、天長二縣，揚州府高郵、通、泰三州，廬州府無爲州，安慶府和州，皆斗分。淮安府，斗、牛分。浙江布政司所屬之杭州、湖州、嘉興、嚴州、紹興、金華、衢州、處州、寧波九府皆牛、女分。台州、温州二府，斗、牛、須、女分。江西布政司所屬皆斗分。福建布政司所屬皆牛、女分。廣東布政司所屬之廣州府亦牛、女分。惠州，女分。肇慶、南雄二府，德慶州，皆牛、女分。潮州府，牛分。雷州、瓊州二府，崖、儋、萬三州，高州府化州，廣西布政司所屬梧州府之蒼梧、藤、岑溪、容四縣，皆牛、女分。

女二度至危十二度，元枵之次也。山東布政司所屬之濟南府樂安、德、濱三州，皆危分。泰安州、青州府，皆虛、危分。萊州府膠州，登州府寧海州，東昌府高唐州，皆危分。東平州之陽穀、東阿、平陰三縣，北平布政司所屬之滄州，皆須、女、虛、危分。

危十三度至奎一度，陬訾之次也。河南布政司所屬之衛輝、彰德、懷慶三府，北平之大名府開州，山東東昌之濮州，館陶、冠、臨清三縣，東平州之汶上、壽張二縣，皆室、壁分。

奎二度至胃三度，降婁之次也。山東濟寧府之兖州，滕、嶧二縣，青州府之莒州，安丘、諸城、蒙陰三縣，濟南府之沂州，直隸鳳陽府之泗、邳二州，五河、虹、懷遠三縣，淮安府之海州，桃源、清河、沭陽三縣，皆奎、婁分。

胃四度至畢六度，大梁之次也。北平之真定府，昴、畢分。定、冀二州，皆昴分。晉、深、趙三州，皆畢分。廣平、順德二府，皆昴分。祁州，昴、畢分。河南彰德府之磁州，山東高唐州之恩縣，山西布政司所屬之大同府應、朔、渾源、蔚四州，皆昴、畢分。

畢七度至井八度，實沈之次也。山西之太原府石、忻、代、平定、保德、岢嵐六州，平陽府，皆參分。絳、蒲、吉、隰、解、霍六州皆觜、參分。澤、汾二州，皆參分。潞、沁、遼三州，皆參、井分。

井九度至柳三度，鶉首之次也。陝西布政司所屬之西安府同、華、乾、耀、邠五州，鳳翔府隴州，延安府鄜、綏德、葭三州，漢中府金州，臨洮、平涼二府，靜寧州，皆井、鬼分。涇州，鬼分。慶陽府寧州，鞏昌府階、徽、秦三州，皆井、鬼分。四川布政司所屬惟綿州觜分，合州參、井分，餘皆井、鬼分。雲南布政司所屬皆井、鬼分。

柳四度至張十五度，鶉火之次也。河南之河南府陝州，皆柳分。南陽府鄧、汝、裕三州，汝寧府之信陽、羅山二縣，開封府之均、許二州，陝西西安府之商縣，華州之洛南縣，湖廣布政司所屬德安府之隨州，襄陽府之均州、光化縣，皆張分。

張十六度至軫九度，鶉尾之次也。湖廣之武昌府興國州，荆州府歸、夷陵、荆門三州，黄州府蘄州，襄陽、德安二府，安陸、沔陽二州，皆翼、軫分。長沙府軫旁小星曰長沙，應其地。衡州府桂陽州，永州府全、道二州，岳州、常德二府，澧州，辰州府沅州，漢陽府靖、郴二州，寶慶府武岡、鎮遠二州，皆翼、軫分。廣西所屬除梧州府之蒼梧、藤、容、岑溪四縣屬牛、女分，餘皆翼、軫分。廣東之連州、廉州府欽州，韶州府，皆翼、軫分。

軫十度至氐一度，壽星之次也。河南之開封府，角、亢分。鄭州，氐分。陳州，亢分。汝寧府光州，懷慶府之孟，濟源、温三縣，直隸壽州之霍丘縣，皆角、亢、氐分。

氐二度至尾二度，大火之次也。河南開封府之杞、太康、儀封、蘭陽四縣，歸德、睢二州，山東之濟寧府，皆房、心分。直隸鳳陽府之潁州，房分。徐、宿二州，壽州之蒙城縣，潁州之亳縣，皆房、心分。

尾三度至斗二度，析木之次也。北平之北平府，尾、箕分。涿、通、薊三州，皆尾分。霸州，保定府，皆尾、箕分。易、安二州，皆尾分。河間府、景州，皆尾、箕分。永平府，尾分。

灤州，尾、箕分。遼東都指揮司，尾、箕分。朝鮮，箕分。

清·湯若望《西洋新法曆書·恒星曆指一》 恒星曆叙目

曆以齊七政，乃自日躔而後，首論恒星者，何也？曰：日躔終古行黄道，其經其緯，易定耳。若月五星，各有道，各有極，各有交，各有轉，紛糅不齊，非先定恒星之經緯，即六曜之經緯無從可論。故六曜如乘傳，恒星其地志也。六曜如行棊，恒星其枰局也。以是先恒星也。恒星之黄道赤道須並論者，何也？曰：赤道在天中，終古不變，推步者賴爲準則焉，乃諸曜皆循黄道行，一切躔度因之布算。故用赤道經緯以求合于天元，用黄道經緯以求合于本行，則七政如海舟，黄道其行程，赤道其望山也。故黄赤二道須並論也。二道之兼求經緯，何也？曰：凡測量躔度，及交食會合，必將定其所至之處，左右前後，纖微乖舛，非定處矣。故二道之各經各緯，如棋局之有縱有横，地圖之有袤有廣，闕其一，固不可也。然則自古曆家，何以皆有經度無緯度乎？曰：創始難工，增脩易善，前人所作爲後人之師，前人所缺待後人而補，凡事盡然，曆爲尤甚者，天事難明故也。有經無緯，正前人所未及。回回曆有經有緯，而成法爲千年前所立，至今無測候改定者，亦彼法所未及也。曰：繇前取喻，既以爲郵之志、棊之局，宜恒定不易矣。今又須測候改定，則是恒星之經緯，亦非恒定也。已自不定，曷爲他行待彼而定？曰：天載無窮，天能無盡，大圜在上，既爲動體，凡在體中無有不動。若云不動，則有窮之屬也。顧其爲動，動必有法。若云無法，又無能之屬也。天豈然哉！非止動而已也。凡能動者，皆有四端，一曰隨動，一曰自動，一曰疾動，一曰遲動。宗動西行，諸曜從之，此隨動也。七曜恒星，各自東行而各有法，此自動也。西行一日一周，其爲亟速非思議所及，此疾動也。諸曜東行，經時不等，比于宗動，皆可名遲。最遲者，二萬五千餘年而東行一周，此遲動也。今論恒星，則屬自動，又屬遲動。自動既有法，即依法推步，可爲他行之法。遲動即數十年而微露端倪，數百年而灼見違離。違離之後，因可隨時革正，端倪初見，不妨豫爲更易。其或甄明此學，人不絶世，即數年之間，一爲推變，有何不可？向所云：「測候改定，職此之繇」，《易》稱「治曆明時，取象于革」，至哉乎，一言蔽之矣。曰：向言每一動者各有四動，今恒星之黄赤經緯又屬四種。此四動者，異乎？同乎？曰：安得同乎？黄赤二道，位置不等，其各兩極不等，二經二緯，縱横不等，交互不等，故令星行不等，其差亦不等，有名爲有差，而絶不可謂差者，黄道之經度是也。恒星依黄道東行，如載籍相傳，堯時冬至日躔約在虚七度，今躔箕四度，四千年間而日退行若干度者，即星之進行若干度也。古曆謂之歲差，各立年率，郭守敬以爲六十六年有奇而差一度。今者斟酌異同，辨析微眇，定爲每歲東行一分四十三秒七十三微二十六纖。六十九年一百九十一日七十三刻而行一度，凡二萬五千二百〇二年九十一日二十五刻而行天一周，終古恒然也。此立名爲差，而實有定法，不可謂差者也。有行度不爽而兩道叅差致生違異者，赤道之經度是也。星依黄道行，與赤道諸緯皆以斜角相遇，兩經相較，是生廣狹。因其廣狹，是生疾遲。又因其斜迤，而從赤極分經。古今各測，復生參錯，其南北東西，亟舒寛迮，互有乘除，一再迴易，即還故處。此則星經不異，而以交道爲異者也。有星本平行，而兩距變易，致成升降者，赤道之緯度是也。黄赤兩至之距爲二十三度八十六分有奇。星從南至行，北距如是。既迄象限與赤同行，迨于半周，則其距南亦復乃爾。計行半周，而南北距差四十七度七十二分有奇，盡一周而復，是其星行不異，而以距度爲異者也。至若黄赤二道兩至之距，古來皆稱二十四度，今測定爲二十三度八十六分七十六秒。考之西史所載，周顯王時一測，西漢景帝時一測，東漢順帝時一測。三史折衷爲二十四度一十八分三十秒，以較今測，差三十一分五十四秒，此爲二道之兩至距度二千年間昔遠今近、漸次移易之數也。故有不係星行，不關經度，而躔道自爲近就者，黄道之緯度是也。合四者論之，有易見易知者一，有難見而可知者二，有易見而不可知者一。黄道經行，與日躔同類，理明數順，易見易知矣。赤經赤緯，糾紛轉易，致爲繁曲，然其理可推，其數可循，總皆二萬五千二百〇二年有奇而一周，則難見而可知也。惟是黄緯一差，分數曉然。然古時既遠，上古時當更遠，不知遠于何始？今時既近，後來者當更近，不知近于何終？遠極或當先近，不知改于何年？近極或當返遠，不知轉于何日？此則非理數所能窮，非思路所能及，故曰易見也，不可知也。而近世曆家以支離之詞，文鹵莽之術，揣摩者尚云微有移動，誕妄者直曰天度失行，自非博稽遠覽、探賾索隱，何繇知天運之必無僭差，天事之終難究竟耶？然則法當何如？曰：無他，道焉。深論理，明著數，精擇人，審造器，隨時測驗，追合于天而已。西曆所載恒星經緯，定自萬曆年間，迄今已三十餘載，不敢因仍妄用。今擬新曆，以崇禎元年戊辰歲爲曆元，一切撰造，斷以是年爲始。故恒星黄赤道經緯，皆用是年實躔度分，展轉推算，三四較勘，無有差忒，然後繪圖立表，以待施用。别爲《恒星曆指》三卷，首言測驗諸法，次言本行及經緯度變易，又次言經緯相求繪圖法義，于所謂深論理、明著數者未及詳備，已得其十二三矣。用之百年，當無舛戾。後此依法推變，畧如前説，凡爲圖二十有五，立成表四卷。其與舊傳天文圖稍異者，舊圖無緯度，並分宫分宿，亦千二百年前所定，今則皆係見測。又圖中止有形象而無本星躔度，回回曆立成所載，有黃道經緯度者止二百七十八星，其繪圖者止十七座九十四星，亦無赤道經緯。今皆崇禎元年所測黃赤二道經緯度分，各各備具，各各正對。一加量度，即圖中各星所在度分與立成表所載本星度分，各各符同，並無差失。凡有測而入表者，一千三百五十六星，所分大小等次，遠近位置，紆直形模，悉與天象相合。其所繇符合者，非從舊圖改易，非從懸象倣摹。若改易倣摹，不惟不合，去之彌遠。今此諸圖，黃赤經緯，每座每星，測算既確，次于圖中依表點定，乃加印記，後方聯綴。所謂閉門造車，出而合轍。因此知前之測候，曾無乖爽，後來致用，可無謬誤也。其舊圖未載，而體勢明晳，測量已定，經緯悉具者，一一增入。舊圖所有，而微細隱約者，雖仍其位座目所未見，星猶闕焉。此外微星，雖分明可見，而不在測數者，悉無增加，免致煩亂。至若舊圖中南天田、六甲、天柱、天床等，皆茫昧依希，不成位座。又如器府、天理、八魁、天廟等，按圖索之，了不可得。其近處多有微星，或云昔之作者，牽合此星，綴緝成形，以補苴空缺。今欲依經緯度分聯之，即非本像，因仍舊貫，則餙無爲有，迹涉矯誣，儻令依圖指陳，依法測驗，將無辭以對，不得不並廢其名也。

測恒星法

凡治曆，以七政經緯度分爲本。欲知七政經緯度分，以恒星度分爲本。欲察恒星，得其所居定處，必用測星之法。測星之法有三。其一，用太陰。用太陰者，令太陰居太陽恒星之間，早測，則太陽未出，先測星與太陰之距度；既出，即測太陰與太陽之距度；晚測，則太陽未入，先測陰陽之距度；既入，即測太陰與星之距度。各以兩測合推之，得恒星度分也。其二，用器。器者，水漏、自鳴鐘等，一切定時之器。細考恒星過子午線時刻，並測其高，又別求太陽所躔本度，因得恒星經緯度也。其三，用太白。用太白者，畧同前太陰法。早則先測恒星太白之距，次測太白太陽之距，晚測反是，亦各以二距推得恒星度分也。問：此三法孰愈？曰：太白爲愈。用太陰者，古法也，而未盡善者有三。太陰之體大，欲測其中點甚難，欲測其邊亦復未易，一也。本行疾速，先與太陽同測，次與恒星同測，兩測之間，所過時刻，又自有經行度分，二也。太陰有視差，早晚間高度愈寡，差度愈多，三也。用器者，近世之法，若人器俱精，多能巧合。顧其用法繁細，而又多風塵寒熱之變，亦難保其必合也。若用太白，則近歲之法，較前二爲勝者。其體小，測以窺筩，則全見之。行度遲緩，兩測之間遷變甚少。又視差絶微，通無乖悮之緑也。測法曰：午後太陽未入，得並見太白時，即測其兩相距度分。器用紀限大儀，一人從通光定耳中窺太白之體，一人從通光游耳上取太陽之景，次數儀邊兩距，即日星之距。又同時用渾儀，求其出地平上之兩高弧及其距赤道之兩緯度，次于日入後，既見恒星，更依前法，求太白與恒星之距度及其兩高弧，兩距赤緯度，仍並識兩測相距之時刻，推兩測間太白經行分秒，加減之，即得三曜之各定度分，即得太白左右，太陽與恒星相距之定度分也。既得此星所纏赤道經度，又先已測得距赤緯度，因推得其黃道經緯度。又用此一星徧測餘星，其經緯度分悉可得矣。西士士第谷，七八年精習此法，度越倫輩，每連日比測，又早晚並測，必求太陽與太白晚測所居高，所居緯度，及離地遠近，比次日早測所得，一一符合乃已。何者？高度同，則視差亦同，以東補西，即不必計視差故也。

獨測恒星法

以太白居中，左右測恒星太陽之距度，必用兩測，一求太白距太陽，一求太白距恒星也。然須連日比測，須早晚並測者，欲以相等之兩視差相補，可不論視差，此簡法也。今不用比測並測，或早或晚，一測即得，故名獨測。此則必論視差，本法也。

又 求畢宿大星赤道經緯度

本日戌初初刻，測畢宿大星，其西距太白三十〇度五十九分，其赤道緯一十五度三十六分，太白高二十七度三十〇分，在赤道北一十五度二十五分一十〇秒。今求兩距之赤道經度差，如圖，丁戊爲赤道，甲爲赤道極，乙爲太白，丙爲畢大星，甲乙爲太白緯度之餘弧，甲丙爲畢大星緯度之餘弧，乙丙其兩測之距弧。

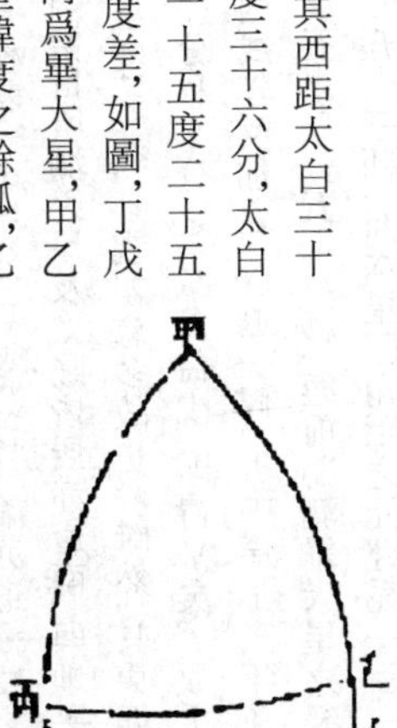

依上法得甲角三十二度一十一分〇六秒，兩星之經度差也。又依此時刻，定太白之本行，爲是日合行五十七分，先後兩測間得八分一十八秒，以加太白之實經度，又以後測之高下視差，再用前高下差圖，求得三分四十五秒。以求東西視差，亦再用前東西差圖求得二分〇七秒，以減太白之實經度，共得春分至太白之視經三十〇度四十九分四十一秒，以加太白距畢大星之視經三十二度一十一分〇六秒，得此星離春分六十三度〇〇四十七秒。

又 前法因視差之煩，恐有誤，不如早晚左右測之，兩得數相除相補，簡而易就，所謂重測也。

求婁宿北星赤道經緯度

萬曆十四年丙戌，酉十二月二十六日，申初二刻，第谷測得太白距太陽四十六度三十〇分，太白在赤道南一十一度一十五分三十〇秒，高二十三度正，太陽高三度。其距赤道，查本表得在南二十二度四十一分三十〇秒，躔星紀一十四度五十一分五十三秒，總經得二百八十六度〇八分四十二秒。春分起算。如圖，甲爲赤道南極，乙爲太白，丙爲太陽，甲乙爲太白距南之餘弧，七十八度四十四分三十〇秒，甲丙爲太陽距南之餘弧，六十七度一十八分三十〇秒，乙丙爲兩測之度差。依三角形法，推得甲角四十七度二十一分〇五秒，爲太白距太陽之經度差，其總經爲三百三十三度二十九分四十七秒。再于本日申正三刻，求婁宿北星距太白經度差，得五十二度二十一分，太白高二十〇度三十〇分，兩測間，太白之本行四分五十四秒，以加經度差，總得太白經度三百三十三度三十四分四十一秒，以加二星經度差，減周，約存婁宿北星赤道視經二十五度五十五分四十一秒。

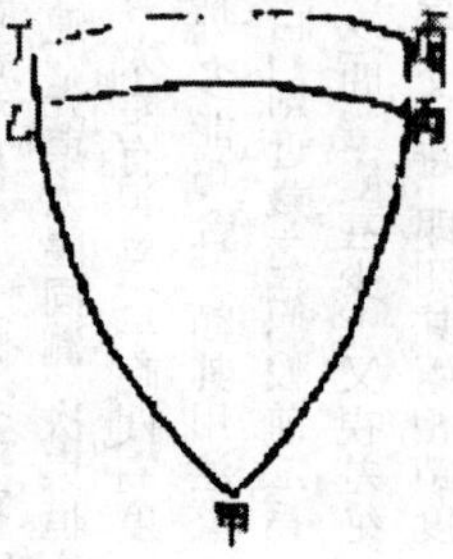

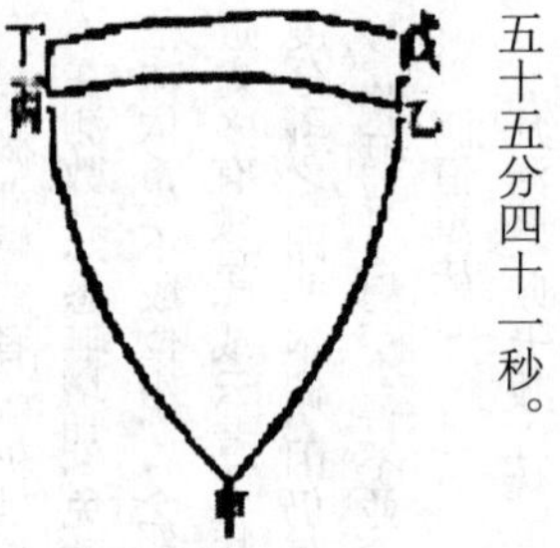

求角宿距星赤道經緯度

又戊子年酉十二月十五日巳初初刻，測得太白距太陽四十六度三十六分，出地平高二十度，居赤道之南十四度〇四分，太陽高三度，躔星紀三度五十三分四十一秒，在赤道南二十三度二十八分〇二秒，其總經二百七十四度一十四分四十九秒。如圖，甲爲南極，乙爲太白，丙爲太陽，丙甲爲太陽緯度之餘六十六度三十二分，乙甲爲太白緯度之餘七十五度五十六分，乙丙爲兩測之距四十六度三十六分。依法推得乙丙距之經度差爲丁戊，四十八度二十六分一十八秒，以減太陽經度，餘二百二十五度四十八分三十一秒，爲太白之總經度。

本日辰初三刻，先測太白距角宿距星二十九度三十二分三十秒，居赤道南一十四度〇二分，出地平上一十九度。今依前圖，乙爲角距星，丙爲太白，餘同上，乙甲爲角距星緯度之餘弧，八十一度〇三分四十五秒，丙甲爲太白緯度之餘弧，七十五度五十八分，乙丙爲兩星相距，二十九度三十三分三十秒。依法推得甲角二十九度四十四分二十一秒，爲兩星之經度差，又兩測間，太白赤道度三分四十七秒，以減前太白之總經度，得二百二十五度四十四分四十四秒，再減角距星與太白經度之差，得總經一百九十六度〇分二十三秒。

更求角宿距星赤道經度

前借西土所測三星之度，仍用三角形證之。百簡其二三，以明法之密合。其法，再取角距星以較兩年所測而定其準數。如前丙戌年，測婁北星，得二十五經度五十五分四十一秒，若加婁角二星元經度之差一百六十九度五十一分五十一秒，即丙戌年角距星之經度，共得一百九十五度四十七分三十二秒，此比戊子年所得之一百九十六度〇分二十三秒差一十二分一十一秒。論赤道經度之星差，兩年間不得有此。所以然者，因當日所測之星及太陽皆居赤道南，與地平相近，其視差爲多，繇有清蒙之差、地半徑之差，其視差愈多故也。雖然，其東西兩測之高度既同，距度又同，若以前差分秒平分之，減多益少，即得平矣。故于戊子年減恒星差五十秒，以進一周，丙戌年反加之，以退一周，折中爲丁亥年冬至之後角距星之經度有一百九十五度五十三分五十八秒，與前獨測畢大星之經度正相合何者。彼所得六十三度〇分五十三秒，而本星距角距之元經爲一百三十二度四十八分一十〇秒，兩測之相距六年，更加經五分，恒星東行，每年五十一秒，六年得五分〇六秒，赤經略同。並之得角宿距星丙戌年兩測爲俱在同度同分，僅隔五秒矣。

證獨測不如重測之便

測恒星之經度，向所云獨測爲本法，重測爲簡法，其大端矣。重測之爲簡法者，獨測之求視差甚難，重測則不論視差也。所以不論視差者，先於西邊測太陽之高度，後於東邊測太陽之高度，兩高度既同，即其距赤道兩率不甚相遠。而太白之兩高度與其兩距度亦然，即有偏斜，微細難推，可勿論也。此兩測所得數若有贏縮，則兩視差所爲矣。而兩測之高同緯同，則視差必同。若依本法推論，視差所得數，于兩測，一宜減，一宜加。今以贏縮之總率平分之，加于此，減于彼，損有餘，補不足，適得其平，與兩推視差何異焉？故曰重測則不論視差，第谷之新法甚爲簡捷者也。

又以赤道之周度察恒星之經度

近黃赤兩道有大星，任定若干爲距星，用前測法，或自西而東，或自東而西，求其兩測之距度，及其距赤道之緯度。即用三角形法，推得其經度差。如是相連綴，求之以迄一周，所得各赤道經度，總之，合於赤道周，即如所測各距星之經度俱爲密合。用此距星爲衆星之界，測量推算，鮮不合也。

先右旋求四大距星之經度

今借用萬曆十三年乙酉第谷所測之星以爲法。

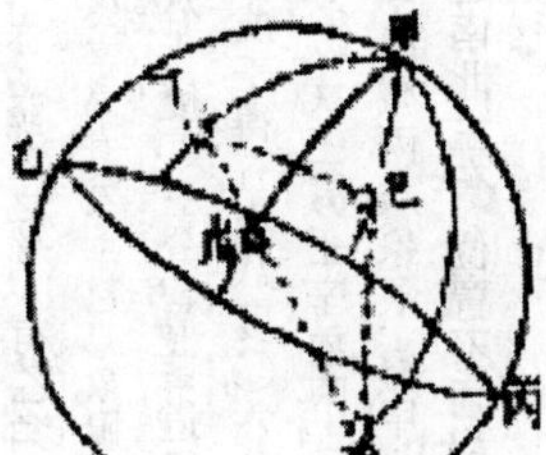

如圖，甲乙丙爲極分交圈，乙丙爲赤道，甲爲赤道極，庚爲角宿距星，距河鼓中星己九十七度五十〇分，在赤道南八度五十六分二十〇秒。河鼓己距婁宿北星丁九十〇度一十五分，在赤道北七度五十一分三十〇秒，婁北丁距北河東星戊七十四度四十五分三十〇秒，在赤道北二十一度二十八分三十〇秒，北河東戊又距角距星九十〇度四十六分二十〇秒，距赤道二十八度五十七分。左旋一周，連綴測得各星之經度，總之，合于赤道周，即各測俱不謬，而可用爲距星以測衆星矣。

依前法，先推甲己庚三角形，其第一邊甲己，爲河鼓中星緯度之餘八十二度〇八分三十〇秒，第二邊甲庚爲北極至赤道南之角大星共九十八度五十六分二十〇秒，第三邊庚己爲兩星之距度，依上測爲九十七度五十〇分。用三角形法，推得九十六度四十五分〇九秒，爲甲角之弧，即兩星相距之赤道經度也。次推甲己丁三角形。有第一甲己邊，有第二甲丁，爲北極至婁北，得六十八度三十一分三十秒，第三己丁，河鼓中婁北之距，依上測，爲九十〇度一十五分。依法推得甲角之赤道弧，九十三度二十二分五十八秒。又轉推甲丁戊在左，甲戊庚在右，兩三角形，其甲戊六十一度〇三分，爲同用邊，餘邊皆見上文。依法推甲角左對弧八十三度五十七分三十三秒，右對弧八十五度五十四分一十八秒。此四星相距之各經度差，並之得三百五十九度五十九分五十八秒，以較赤道全周，止差二秒。若以秋分爲界，則于半周減一十五度五十二分一十八秒，爲秋分與角大星之距度，次加各星之經度差，以合于全周。

後左旋求六大距星之經度

上文隨恒星之本行，自西而東，測得其經度。此自東還西，反測之，以證其密合，亦用角宿距星爲首。依萬曆乙酉所測赤道，與前解不異，所得諸星距度及赤道經緯度，若數一二於眉睫之下也。

六大星		距赤道度	分	秒	相距度	分	秒
乙角宿距星	南	八	五十六	二十	五十四	二	〇
丙軒轅大星	北	十三	五十八	〇	五十四	三十三	四十五
丁井宿距星	北	二十二	三十八	三十	五十八	二十二	〇
戊婁宿大星	北	二十一	二十八	三十	三十四	三十七	十五
己室宿大星	北	十三	〇	四十	四十七	四十九	二十
庚河鼓中星	北	七	五十一	二十	九十七	五十	〇

六距星，用大三角形，輳甲者六角。其第一，乙甲丙形從甲過赤道至乙，共九十八度五十六分二十〇秒，甲丙爲軒轅大星距赤道之餘七十六度〇二分，乙丙爲二星之距五十四度〇二分，推得甲角對二星之經度差四十九度一十九分二十〇秒。第二，丙甲丁形先有甲丙，其甲丁爲井宿距星距赤道之餘六十七度二十一分三十秒，丙丁爲二星之距五十四度三十三分四十五秒，推得甲角弧五十七度〇四分一十〇秒。第三，丁甲戊形先有甲丁，其甲戊爲婁宿北星距赤道之餘六十八度三十一分三十秒，丁戊爲二星之距五十八度二十二分，推得甲角弧六十三度二十八分三十秒。第四，戊甲己形先有甲戊，其甲己爲室宿距星距赤道之餘七十六度五十九分二十〇秒，戊己爲二星之距三十四度三十七分一十五秒，推得甲角弧四十四度五十八分。第五，己甲庚形先有甲己，其甲庚爲河鼓中星緯度之餘八十二度〇八分四十〇秒，己庚爲二星之距四十七度四十九分，得甲角弧四十八度二十五分。第六，庚甲乙形先有兩腰，其庚乙爲二星之距九十七度五十分，得甲角弧九十六度四十五分一十〇秒。已上所得六經度差，並之得三百六十度，即赤道周。若從二分起算，則先定近分第一星近分之度，以加減前測，所得不異。今依上述萬曆乙酉所測春分以後總經度如左。

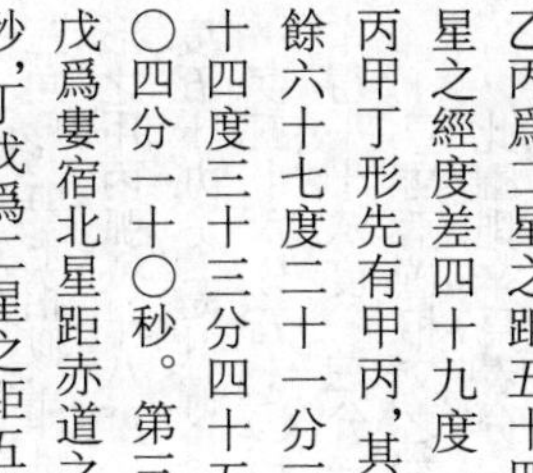

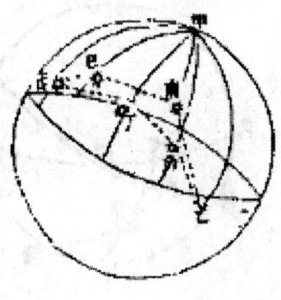

星名	赤道經度	分	秒	赤道緯度	分	秒
婁宿大星	二十六	〇	三十	二十一	二十八	二十

畢宿大星	六十三	三	四十五	十五	三十六	十五
井宿距星	八十九	二十九	一十	二十二	三十八	三十
北河東星	一百九	五十八	〇	二十八	五十七	四十五
軒轅大星	一百四十六	二十二	四十五	一十三	五十七	四十五
角宿距星	一百九十五	五十二	一十八	八	五十六	二十
河鼓中星	二百九十二	三十七	二十	七	五十一	二十
室宿距星	三百四十一	二	三十	一十三	〇	二十

以恒星赤道經緯度求其黄道經緯度

前定赤道上之恒星經緯度，可用以推考七政矣，欲求備法須更求黄道上經緯度也。蓋黄道上恒星之緯度，終古不易，其經度雖隨時變易，而每星相距之經度差亦終古如一，無相離，無相就也。所以然者，恒星本行之極，即是黄道之極。故用赤道者，爲其與天元密合。用黄道者，爲其與本行密合。二道二極，兩經兩緯，兼而用之，七政遠近，灼然不爽矣。欲推其理，非三角形無繇得之。今更依前所測諸星，申明此法如左。

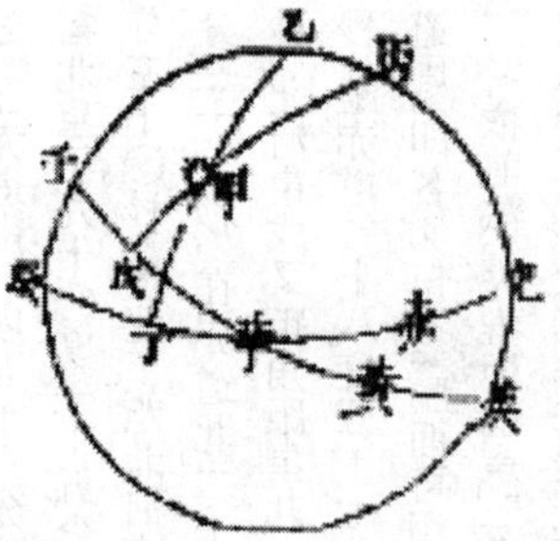

星居兩道之北

如圖，外周爲極至交圈，丁己爲赤道，戊庚爲黄道，乙爲赤道極，丙爲黄道極，甲爲婁宿北星之本位。今設赤道距度甲丁，經度辛丁，以求黄道經度辛戊，緯度甲戊。其法用甲乙丙三角形。有乙丙邊，兩極相距。有甲乙，赤道緯度之餘。有乙角。對邊丁辛己，丁辛爲赤道經度，辛爲春分，辛己爲象限。依三角形法，先求得甲丙八十度〇三分，爲黄道緯度之餘，次求得丙角，其弧戊壬得五十八度〇六分五十〇秒，爲黄道經度之餘。壬，夏至也。辛，春分也。以戊壬減壬辛象限，得戊辛三十一度五十三分一十〇秒，爲黄道經度。又以甲丙減丙戊象限，得甲戊九度五十七分，爲黄道緯度。求餘星做此。其居黄赤道南北左右，位置不同，别用三角形求之，今畧舉如左。

星居兩道之中

如甲爲畢宿大星，有赤道緯度甲丁。依前用甲乙丙三角形求得丙極出弧過黄道戊至甲共九十五度三十〇分五十一秒，即象限外五度三十〇分五十一秒，爲黄道之南距緯度。而丙角之弧戊壬二十六度〇二分，以減象限得戊辛六十三度五十八分，爲畢大星之黄道經度。

又如甲點爲井宿距星，其甲乙丙三角形，求甲丙。法以乙丙、乙甲兩邊及乙角，推得甲丙九十度五十二分五十七秒，爲南距緯度。其在黄道南者，止五十二分五十七秒，其丙角亦止二十八分四十〇秒，其餘辛甲即本星之黄道經度也。

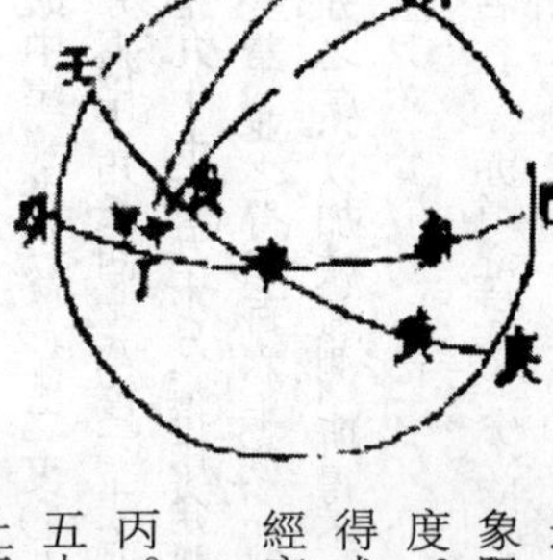

星居兩道之南

如角宿距星居黄赤二道之南。圖中甲乙丙三角形，與上相似，即推法亦同，但乙丙則南極耳。形之甲丙弧八十八度〇一分，即甲星在黄道南一度五十九分，是其緯度。而丙角之對弧庚戊，七十一度五十六分五十〇秒，即黄道經度自戊至秋分辛得一十八度〇三分一十〇秒。

星居兩道相交之左

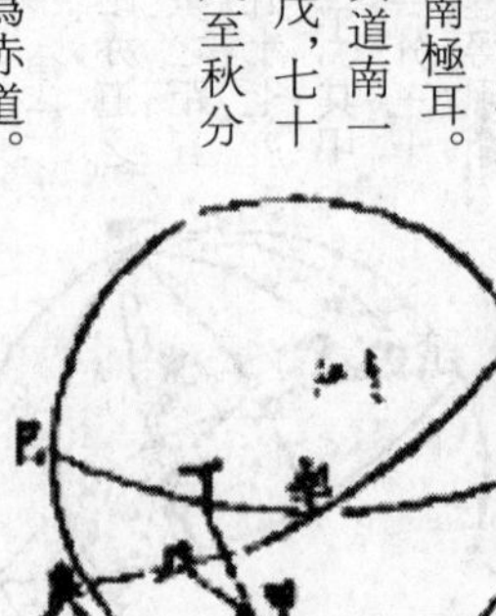

此圖則辛爲春分，辛己爲黄道，辛庚爲赤道。冬至移左，夏至移右，而經度亦從左起算，故甲乙丙三角形與上第一圖正相反。上求甲丙，此則甲乙；上求丙角，此乙角也。如甲爲河鼓中星，依法求得乙極至甲六十〇度三十八分三十秒，即甲丁二十九度二十一分三十秒，爲黄道緯度。而乙角之弧丁己，一百五十四度〇四分，減象限己辛，得辛丁六十四度〇四分，爲距春分之黄道經度。若甲爲室宿距星，依法求得乙極至甲七十〇度三十四分，即甲丁一十九度二十六分，爲黄道緯度。而乙角丁己一百〇七度有奇，可推其距春分之經度。

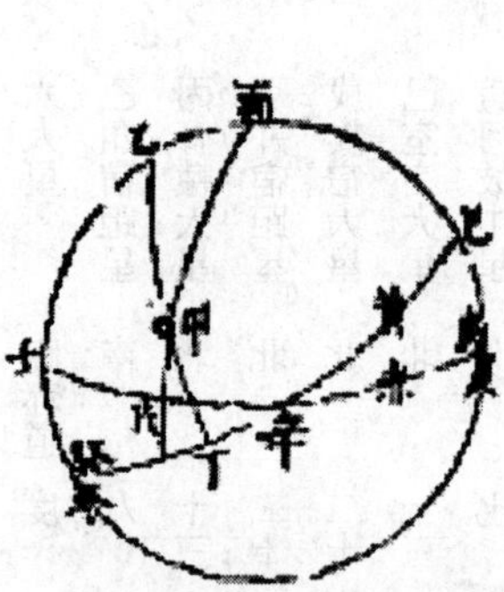

星居兩道相交之右

此圖則辛又爲秋分，餘皆如前一二圖。而甲

星在秋分辛、夏至癸之間，即其經度必過一象限。如甲爲北河東星，依法求得甲丙八十三度〇二分〇八秒，即緯度在黄道北六度五十七分五十二秒。而丙角于一象限外，加一十七度三十〇分二十六秒，爲其黄道經度。若甲爲軒轅大星，即甲丙之餘甲戊在黄道北止二十六分三十〇秒，爲其緯度。而丙角之弧于夏至癸一象限外，加五十四度〇四分四十〇秒，爲其黄道經度。

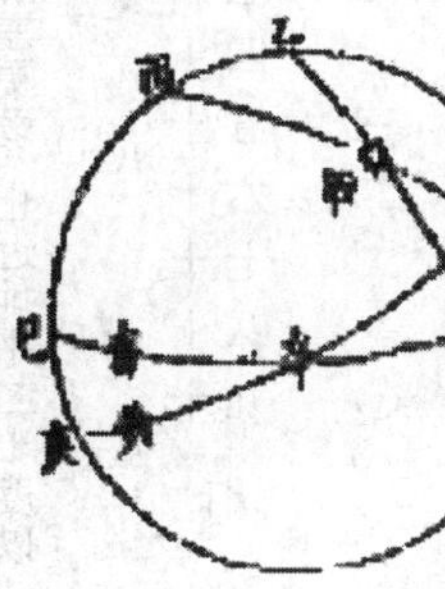

星名	黄道經度	分	秒	黄道緯度		分	秒
婁宿北星	三十一	五十三	〇	北	九	五十七	〇
畢宿大星	六十四	〇	〇	南	五	三十一	〇
井宿距星	八十九	三十一	二十	南	〇	五十三	〇
北河東星	一百七	三十	三十	南	六	五十八	〇

又 前以太白求恒星，簡知太陽所在，因是推定各星度數，其理著明矣。今既得恒星爲界，即不必以太陽與距星比測，直以星相比，可得其實躔度數也。

測近赤道之恒星

凡恒星近赤道四十度以下，藉儀器測之，聊可省功，太遠即不可。蓋渾儀中圈正合天元赤道，乃至地平過極等圈，皆切對其所當度分，所以近赤道諸星不論在何方向，即可指本星之赤道經度差及其距度也。但須用二星左右同見，先得其遠近度差，依法求得第三星之真經度，真經度者，從降婁起算至本星。若彼此分秒相符，即爲密合；若有微差，則平分其較，以多益寡。

假如測井宿南第二星，得赤道北緯一十六度四十〇分。左有軒轅大星，其北緯一十三度五十七分四十五秒，相距五十一度一十一分，即所求經度差，爲五十三度〇八分三十秒，此應減于先得之軒轅經度，而存九十三度二十四分一十五秒，爲是井二星之經度也。春分起算。右有畢宿大星，其北緯一十五度三十六分一十五秒，相距二十九度〇九分，即所求經

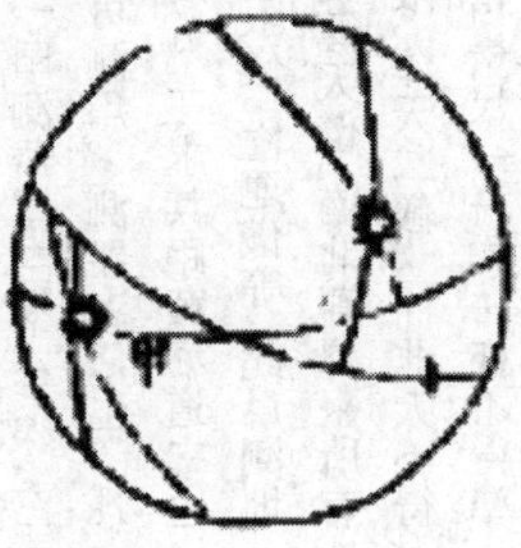

度差三十度二十一分一十五秒，應加于畢宿大星之本經度，乃得井二星之經九十三度二十五分也。兩測相比，則右方所得數較餘四十五秒，減半以益左，得九十三度二十四分三十六秒，爲井二星赤道上真經度矣。

今更求黄道經緯度，即以所得赤道經緯度，依前法，即得井二星甲之經度在鶉首三度一十八分五十〇秒，其南緯六度四十八分三十〇秒，居黄赤二道之間。其餘星各依本方本向，或南或北，各依三角形法推算，俱倣此。

測近兩極之恒星

隆慶六年壬申，有客星甚大，在策星東北甚近。第谷詳究其經緯度，先測定四周諸星，然後與本星兩兩相比，即得其實所。今先用所測王良西星，以明其法。按王良西星距婁北星四十一度二十〇分四十五秒，距北河南星七十七度二十五分。如上圖，甲爲婁北星，乙爲北河，丙爲王良西星。從黄道極丁出弧過各星至戊至己至庚，成甲乙丁、甲乙丙、乙丙丁三三角形。今所求者爲王良西星距黄道之餘弧丁丙，及丁角，以得黄道上之戊庚弧，定其經度也。

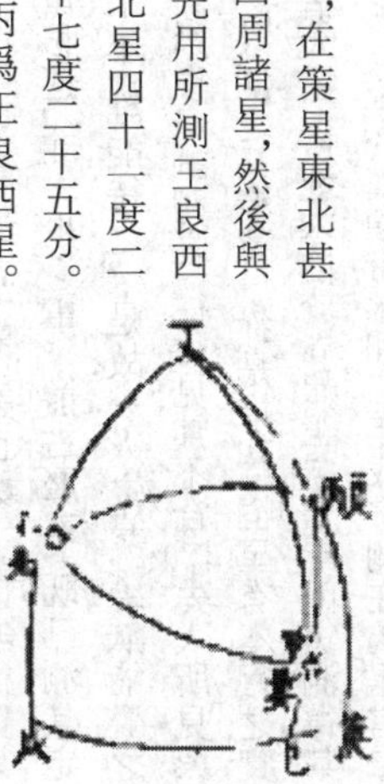

先論甲乙丁三角形。其兩腰弧爲二星距極之弧，即其距黄道之餘弧也，一爲八十〇度〇三分，一爲八十三度二十二分。其乙丁甲角之弧戊己，則二星之黄道經度差，爲七十五度三十七分。如前法得甲乙底七十四度四十五分〇八秒，又得乙角八十一度二十七分一十五秒。

次論甲乙丙三角形。其腰線即王良西星與二星之距，而底線即上甲乙，因推甲乙丙角四十二度三十四分一十八秒，而存丙乙丁外角三十八度五十二分五十七秒。下文用此。

末論乙丙丁三角形。前已得乙丙乙丁丙弧及乙角，因推得丙丁弧三十八度四十五分二十二秒。其餘弧丙庚爲王良西星距黄道之緯度。又推得丁角七十八度〇八分三十〇秒，是王良西星與北河南星之黄道經度差，真經度所出也。若更求其赤道經緯度，即因所得度分。如上圖之甲丙線及丙角，依前法即得本星之赤道經三百五十六

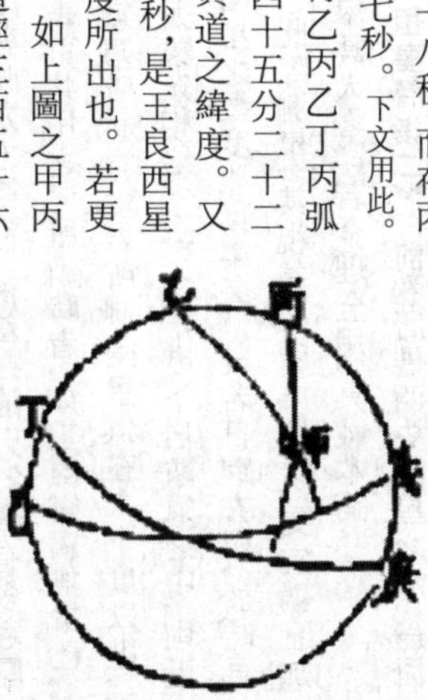

度四十三分二十〇秒，其北緯五十六度四十八分三十〇秒。餘星皆依此法。

又 測恒星，測七政躔度，公理也。而有四資：一曰測器，二曰子午線，三曰北極出地度分，四曰視差。四資既具，非其時又不可測焉。測器者何也？凡測星有三求：一求其出地平上度分，二求其互相距度分，三求其距黄赤道二之何方何度分。所用器亦有三：一爲過天頂之圈，如象限儀、立運儀等，此爲測地平高度之器；一爲紀限儀，此爲測兩距度之器；一爲渾天儀，南北觀象臺所有即是，是爲兼測二道經緯之器。今所用測星者，則紀限、渾天二儀。而非大不得準，非堅固不得準，非界畫均平、安置停穩、垂線與闚筩景尺一一如法亦不得準也。子午線者，七政行度升之極而降之始也。北極出地者，凡用儀必以儀之極與本地之高極高極者，出地上之極也。相當，而後各經緯皆相當，乃始展轉測候焉。若無子午以正東西升降，無高極以正南北高下，即一切綴算之法，無從得用。故二者測天之本也。視差者何也？凡七政之視差有二：一爲地半徑差，一爲清蒙氣差。地半徑差，月最大，日金水次之，火木土則漸遠漸消。恒星天最遠，地居其中，止于一點，故絶無地半徑差，而獨有清蒙之差。清蒙地氣去人甚近，故不論天體近遠，但以高卑爲限。星去地平未遠，人目望之，星爲此氣所蒙，不能直射人目，必成折照，乃能見之。一經轉折，人之見星必不在其實所，即星體在地平之下，人所目見乃在其上矣。迨升度既高，蒙氣已絶，則直射人目，是爲正照。雖星月之間微有濕氣，不能爲差也。試用一星於地平近處測其去北極之度，迨至子午圈上又測之，即兩測必不合；或用兩星于地平近處測其距度，迨至子午圈上又測之，即兩測亦必不合。此其證也。此氣晴明時有之，人目所不見，而能曲折相照，升卑爲高，故名清蒙。若雲霧等濁蒙直，是難測，不論視差矣。第谷累年測候，妙悟此理，創立差分。恒星視差比日躔視差更弱，止近地平二十度以下乃能覺之，表如下方。

恒星高度	恒星視差分	視差秒
〇	三十	〇
一	廿一	三十
二	十五	三十
三	十二	三十
四	十一	〇
五	十	〇
六	九	〇
七	八	十五
八	六	四五
九	六	〇
十	五	三十
十一	五	〇
十二	四	三十
十三	四	〇
十四	三	三十
十五	三	〇
十六	二	三十
十七	二	〇
十八	一	十五
十九	〇	三十
廿	〇	

作此表者，其本方極出地之度與此方不等，且視差亦隨天氣各有多寡厚薄。但數既密微，測得其時，則此表可共用之。所謂時者，如雲霞霧霜無論已，即使晴明時日，而二十度以下，蒙氣乃所必有。若所測兩星俱在二十度以上，即可不論視差。若一在二十度上與蒙氣相絶，一在二十度下居蒙氣之中，則近地平之星必升卑爲高而成視差，兩星之經度非真率矣。至若日躔玄枵，於時爲立春，干候爲東風解凍，濕氣尤盛，此際測星，其視差必多于他時，更宜消息加減之也。此四資者，爲測星所須，舉其大畧。若全理全用，具載本論。

清・湯若望《西洋新法曆書・恒星曆指二》 前卷所借西史測星之法，爲恒星曆之基本。此卷應準前法，仍借舊測諸星經緯度，立表以待推算。然舊測在萬曆十二四年，今相去四十餘載，不復可用，宜作新表。又須先明新舊所以異同之故，不得不論其本行，次乃定時下各星之經緯度表。

恒星本行之徵

七政之運行也，時相會，時相對。其與恒星也，時相近，時相遠。其本曜之光，時消時長。月有晦朔弦望。近論太白、辰星、熒惑，皆有之。其東西出没於卯酉也，時南時北。其過子午圈也，時高時下。人目所見，變動不居，故從古迄今，人人知其自有運動，因生各曜推步之法，無可疑者。若恒星則無先相會後相望，無先相近後相遠。其光不消不長，其東西出没，其過子午圈，雖百數十年，無從覺其有差，安知其有本運動乎？夫恒星移運，非一世之事。前古曆家，既已測其定度，欲更得其轉移之數，必百年數十年，誰能待之？是故一人之身，絶無能覺之緣也。後來學者，傳受先賢所測度數，復身試測之，往往見其不合。先人所見與四節相近者，後人測之漸遠，又後之人測之又漸遠。從是推知，恒星有本行之實度分及其移易之所以然也。如角宿大星，古地末恰於周赧王二十年丙寅測得其經度在秋分前鶉尾宫二十二度，後多禄某於漢順帝永和三年戊寅測在鶉尾宫二十七度，後尼谷老於嘉靖四年乙酉測得過秋分在壽星宫一十七度，後第谷于萬曆十三年乙酉測在壽星宫一十八度。軒轅星亦如之，周赧王丙寅在鶉首宫二十七度，漢永和戊寅在鶉火宫三度三十分，今測在鶉火宫二十四度四十分。餘星皆如之。是以帝堯之世，日中星鳥，謂春分則初昏時鶉火中也，而週末在井，今在參矣。堯時冬至日在虚，漢唐在斗，今在箕矣。非其自有本行，安得冬至離虚宿而西，鳥離子午而東乎？

恒星本行之極

七政本行，以黄道爲道，以黄道極爲極，終古恒然。何繇知之？蓋人目所見，出没于地平之卯酉，南北不一，過午之高度多寡不一。又有時離赤道而南，有時復還於赤道之北。以此知其行必非循赤道行，以此知其極必非宗赤道極也。然七政之循黄道，或浹旬可得，或周歲可得。恒星之循黄道，必上下古今，然後可得。何者？上古有測，中古有測，今時有測，乃恒星出没地平之處，今非中古之處，中古非上古之處，其過午之軌高亦然。而恒移不定者，赤道之距度；恒定不移者，黄道之距度也。以此推知，其循黄道行、宗黄道極與七政同理，灼然無疑矣。更徵實論之，凡恒星距赤道之度，從星紀迄鶉首，則在赤道之南者，必古多而今漸少；在赤道之北者，必古少而今漸多。不似七政之行，從冬至逾春分而夏至，自南趨北乎。從鶉首迄星紀，則在赤道之南者，必古少而今漸多；在赤道之北者，必古多而今漸少。不似七政之行，從夏至逾秋分而冬至，自北趨南乎。如外屏第二星，堯時在赤道南十二度强，因此時入娵訾宫，故距度漸減，至多禄某尚在南二度四十九分，後漸過赤道以北，今北距五度矣。並宿距星，堯時在赤道北一十四度弱，因入實沈宫，故距度漸加，至多禄某得二十度正，今北距二十三度，與夏至圈相近也。又軒轅大星，堯時距赤道北二十四度，因入鶉火宫，故距度漸減，至多禄某得一十九度三十分，今止一十三度三十分。角宿大星，堯時距赤道北十度，因入鶉尾宫，故距度漸減，以至于盡盡而復加，至多禄某過赤道距南三十分，而今漸遠，距南得九度一十分。以此三四星爲徵，餘者盡然，知其不隨赤道而循黄道行宗黄道極也。且七政皆右行，而恒星亦右行，以此推之，尤著明矣。

恒星本行古測

多禄某見恒星距赤游移不一，先以上古所測星之赤道距度、黄道距度及其兩道相距度，依三角形法，測得其黄道經度，後以自測之赤道距度，如前求所當之黄道經度，以兩距時之經度差，得中積之本行。假如地末恰在其前四百三十二年，所測角宿大星距赤道北一度二十四分，距黄道南二度正，此時之兩道相距爲二十三度五十一分，因推其黄道經度在鶉尾宫二十二度二十分。後自測其黄道距度已過赤道而南三十分，其黄道距度及兩道相距如前，因得木星黄道經度在鶉尾宫二十六度三十八分。以較地末恰所測，差四度一十八分。以四百三十二年分之約得一百餘年而行一度，此多禄某所定爲恒星本行也。

泥谷老後多禄某一千三百八十六年，又以時史所記恒星距赤道度及所自測，以推其本行，漸次戚速。蓋從多禄某至巴德倪七百四十一年，共得本行一十一度二十六分，爲六十五年而一度。又六百四十五年，至見測時，行九度一十一分，是爲六十一年而一度。以是論恒星之本行有遲速，初無恒度可爲常定不易之法也，因立爲遲疾加減法。今略解之云：凡恒星去離四節，有兩説：或云恒星離四節二分、二至。而右行，每六七十年進一度；或四節離恒星而左行，每六七十年退一度。其理則同，此所用者，左行而退度也。如圖，甲戊子大圈爲黄道。甲爲天元春分，古時合于婁宿南星，後來春分去離天元甲，而積漸西移，以至于戊。乃其行遲疾不一，故推步之法，以從甲至戊之本行爲春分去天元之平行。以戊爲心，作午于巳小平面圈，帖合于圓球面上。以子未全徑，指量平行與視行視行即實行也。之差度。其癸巳辛邊上爲自行度。立加減法，若在己未午半圈則減于甲戌之平行以得其實行，若在午子巳半圈即加于甲戌之平行以得實行也。依此所求有三：一求春分節戊隨時去離天元甲若干，爲平行；二求小圈之最遠巳隨時向辛未行若干，爲自行；三求子未小圈半徑内加減度所當小圈邊之自行度，即顯恒星實本行之度也。

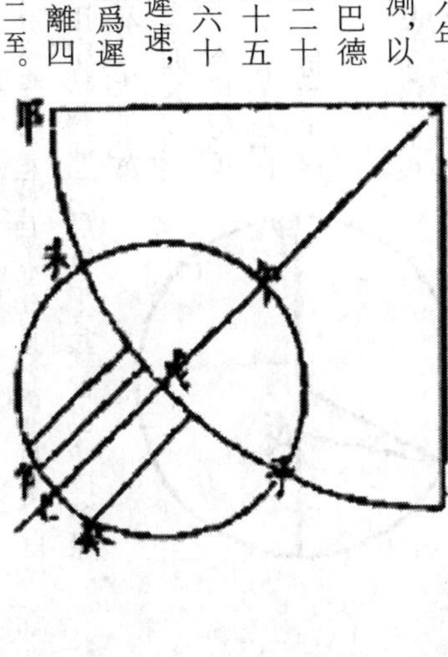

恒星本行今測

從古曆家，既知恒星自有本行。後相去二千餘年，其所行度，尚未及周天十二分之一。三十〇度。其遲如此，乃欲藉此推測全周，欲定其運行體勢、歷歲多寡，譬如隙中窺豹，所見一斑。而遽欲槩其全體，何從取證乎？故古來諸家所定，或六十年、或七八十年、或百年而行一度，各不相合。若于諸家所定長短不齊之中立爲别法，又甚繁而未必是也。第谷精思累年，用前賢之成法展轉參訂，始信恒星運動，常是平行。雖從前諸測不無差殊，究所從來，各有因起，窮極理勢，終歸一致。其説先以泥谷老所測角宿距星試之，於正德九年甲戌測得赤道南距八度二十六分。第谷疑前測地面，其北極出地高度尚非真率，使人用大器密測，實得彼所用高度尚差二分四十五秒，因辨角距星距度中宜減二分四十五秒爲北極不及之度。又以所自測本星之黄道南距二度五十九分及此時之兩道相距二十三度三十一分三十秒，依前卷三角形法，改泥谷老時所測黄道經應得過秒分一十七度〇三分三十〇秒。又自于萬曆甲申年測算得十八度〇三分。兩測時相距七十年，而角南星行五九分三十秒，即一年得五十一秒，爲恒星本行之恒數也。

又疑七十年時日太少，不足以推驗全周，再引係巴科於漢武帝元朔六年戊午所測軒轅大星在鶉首宮二十九度五十分。至自測時，逾一千七百二十三年，乃在鶉火宮二十四度〇五分，即所行二十四度一十五分。以距年而一，亦得五十一秒，爲一年之本行，凡七十年又七閲月而行一度，可爲定率矣。

又因此距太遠，復引巴德倪在係巴科後一千〇六年，爲唐僖宗中和四年甲辰，所測軒轅大星，得其黄道經度在鶉火宮一十四度〇五分，比元朔戊午贏一十四度一十五分。迄第谷時越七百〇五年，而差一十度正，究其比例，又得五十一秒，爲一年之本行，且無遲速。若兹叅伍，知于年數百年，此率猶當未變也。

或問前言古名曆，若地末恰、若多禄某，各有測驗，第谷時曷不用此二家之説，並加叅伍乎？曰：依地末恰、多禄某測法，即二家所得本行先自不合，用之參伍，將何從而可乎？試簡彼兩測角距星，地末恰測在鶉尾宮二十二度二十〇分，越一千八百七十九年，而第谷測得經度東行二十五度四十三分，即一年平行僅得四十九秒一十五微；多禄某測在鶉尾宮二十六度四十〇分，越一千四百四十六年，而第谷測得東行二十一度二十三分，即一年平行五十三秒一十五微。何從而可乎？若損有餘、補不足，亦宜以五十一秒爲正，何況有係巴科、巴德倪、第谷三測並較，並無乖舛，安得舍此之密合而從彼之紛紜哉？

又問古者測驗，何故多有不合？而今所當用，全屬第谷之新法乎？曰：第谷測星，非得其分秒不用，非三四器、三四人同時並測而所並得在一分以内不用，故其法爲獨密也。古法寬疎，或儀器未善，或未覺知天行變易之詳，所測度數差在數分之内，自謂足矣，安得如新法之精乎？又第谷于恒星，一一測候，皆躬親爲之，又苦心數十年，乃得就此。若古測不能遍及諸星，又皆遠借係巴科所遺之經緯度表，加以後來行度，率爾立法，未如第谷之實測實見，確有據依，可以信今傳後也。若泥谷老所立恒星測法，設平行自行，以遲疾加減求得實行，當其時誠爲密合，今以測星法細考之，已覺稍遠，將來愈久愈遠，後有作者，當自得之，不待繁稱也。

又 歲之有差亦多故矣。一因太陽最高行度，一因太陽本圈心去離地心漸次不等，此二者爲自差之根。或因測驗未合，或因北極出地之高度未真，此二者爲偶差之根。若無此四緣，即太陽所成歲周終古若一，何難之有哉？然而太陽最高、地心去離，皆緣古今測候灼然無爽，故當依彼自差，剏意立法。若恒星行度參錯短長，既未能確見其所繇，而平行一法又千數百年來的有可據，則短長之因，亦宜斷歸于偶差而已，何必强定爲自差。揣摩臆度，定爲參差之法，並向下諸天亦與之爲參差，牽率天行，憖從彼管窺未定之説耶？今依實測實理，則恒星經歲之間，其東行實得三百六十五日二十四刻〇九分二十六秒四十三微，常有定率，絶無多寡。以較日躔定用歲實，實贏一刻〇五分四十二秒，以變經度，得五十一秒，爲恒星周歲離四節而東行之經度。

恒星歲實

古今定歲實之法有二：一爲星歲，恒星行周歲而復於故處是也；一爲節歲，日行周歲而復于故處是也。近古曆家專用節歲者多矣。尼谷老于正德年間欲復用星歲，其説引恒星之歲實三：一，上古之實爲三百六十五日二十四刻一十一分；其一，中古之實爲三百六十五日二十四刻〇九分一十二秒；又自行測驗，約畧改定爲三百六十五日二十四刻〇九分四十秒。以先後三率較之，所差僅一分四十八秒，以爲密親。又用古今所測節歲相較，二千年以來，有差至八九分者，以爲疎遠。此其復用星歲之本意也。然第谷更密考之，並恒星歲實所得日數亦復小異。其法取多禄某所測太陽及恒星度分，以較所自測度分。又除去最高差、不同心差，專求太陽從婁西星平行之度。上古春分節密合于婁西星，後節漸違星，而西星漸違節而東。推步者從天元春分以迄婁西定爲若干度分，是名歲差根也。自多禄某以迄自測，得兩距之中積度分，用中積歲而一，爲每年之歲實也。按多禄某于漢順帝永和三年戊寅測得天正秋分，第谷于萬曆十六年戊子亦如之。次加兩測地之東西差，兩測地有東西差，即中積歲之率有多有寡。加之者，令兩測之中積歲等。得中積距一千四百五十五年三百五十三日五十九刻一十〇分。依此查太陽平行，得若干周如左。

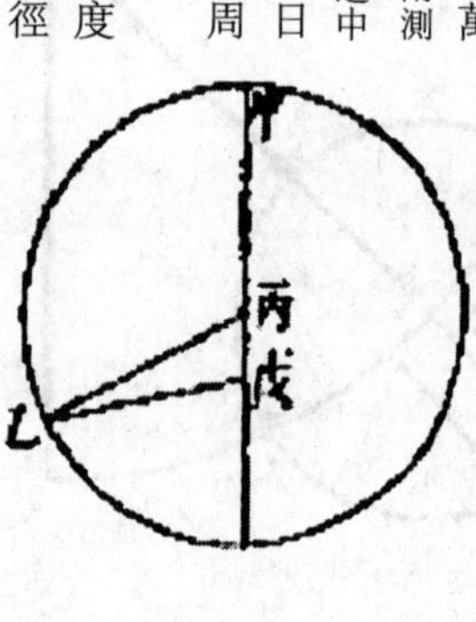

多禄某測太陽在秋分節，其最高在實沉宮五度三十分，其本圈心距地心之度爲六十分，本圈半徑

之二分二十九秒三十微。如圖，甲爲最高，丙爲最高心，戊爲地心，甲乙爲太陽離最高之弧。弧之對甲戊乙與丙戊乙同角，則乙丙戊三角形内有乙丙爲本圈之半徑，有丙戊爲本圈心離地心之遠，有丙戊乙角對太陽去最高之遠，可推得丙乙戊角爲中處日平行所至。與實數以見測視行依法加減訖即實行。之差。因在夏後冬前，宜以中實差加於實處，若冬後夏前，則以減于實處。即太陽實處改爲中處，而離春分得六宫二度一十分。當時歲差根止六度三十六分，因此時測得角距星距赤道三十〇分，推得其黄道經度距春分爲一百七十六度三十六分，内減角距婁西之本距一百七十度正，餘六度三十六分，爲此時之歲差根。以減太陽距節平行度六宫二度一十分，得太陽距婁西星平行度五宫二十五度三十四分，爲陽嘉元年壬申之太陽平行根。

後第谷亦測太陽在秋分，此時最高移至鶉首宫五度三十〇分。如圖，甲爲最高，丙爲太陽本圈心，戊爲地心，二心之距丙戊爲六十分本圈半徑之二分〇九秒，乙爲太陽之實處，見測之數已經加減訖。距最高八十四度三十〇分，所對甲戊乙與丙戊乙同角，即乙丙戊三角形内有乙丙、丙戊兩邊，有戊角，可推丙乙戊角，爲中處與實處之差，得二度〇二分三十〇秒，以加實處，得中處六宫〇二度〇二分三十〇秒，爲太陽距春分之平行度也。内減此時之歲差根二十八度〇五分三十〇秒，得太陽去離婁西星平行五宫〇三度五十七分，以較前多禄某所測五宫二十五度三十四分，所差二十一度二十七分，爲太陽中積年間之平行。以恒星之中積度分，推太陽之右旋得一千四百五十五周三百三十八度二十三分。以四率比例推得日行度五十九分〇八秒一十一微二十七纖一十四芒二十六末五十四塵，一年行一十一宫二十九度四十四分四十九秒四十〇微四十二纖五十三芒三十八末三十〇塵，爲恒星歲實，較尼谷老所定實少一十三秒一十六微三十〇纖，變時得三百六十五日二十四刻九分二十六秒四十三微三十〇纖。自多禄某以來，至于今，恒如是。

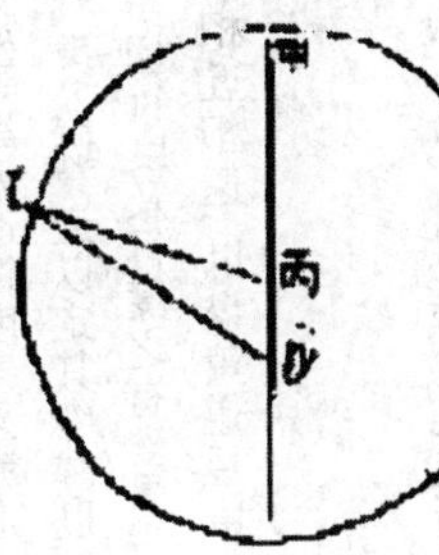

問：星歲無差，而有定算，如此，何近古曆家不復用之？曰：欲立歲限，以定處爲主。節歲于纏道有定處，于四節有定處，于天氣寒暑有定處。若星歲雖有定算而無定限，隨恒星右旋，若隨火木土而已，以此較彼，將孰愈也？其餘尚有他故，《曆指》詳之。

恒星變易度

向言恒星有本行，足明其黄道經度日日變遷，且有定率矣。若用此以推赤道經緯度及黄道緯度，可否？移易及其經度差，互相近互相遠，俱未及詳也。今論次如左。

恒星赤道經緯度變易

定恒星向赤道之度，必從赤道起算，右行則爲經度，而去離南北則距度也。若從赤道兩極出大圈，過春分，名極分交圈，乃爲界首，經度所始。而星居其上者，不論在赤道之或南或北，皆無經度分，因在初度初分故也。一離此圈，不論左右遠近，皆名正升度之圈，是從黄道上行，而與赤道同出地平、同入地平者，名升度圈；其在正球處，名正升；在欹球處，名斜升。然止論赤道度，則皆用正升。乃以限赤道之經度，容赤道之緯度也。又赤道大圈爲南北距度所始，星居其上，則無緯度。一離此圈，不論南北遠近，乃至兩極，皆名距等圈，或云赤道緯圈。乃以限赤道之緯度，容赤道之經度也。但赤道既斜交于黄道，而恒星依黄道有本行，必與赤道緯圈皆以斜角相交相過，即星雖在赤道緯圈上得限距度，而以迤行故，即黄赤兩距圈每相違遠矣。故星之升度圈能得黄赤經度，合一不離者，獨有二：一爲同在極至交圈，一爲同在兩道交之兩點。自此而外，更不可得。雖行黄道經度均平如一，其行赤道經度時時變動。所以然者，赤道之升度圈與黄道極所出圈相遇有疏有密，隨在不等故也。如圖，赤道極乙所出升度圈乙午、乙子、乙癸等；黄道極甲所出圈甲庚、未甲、丑未等。若星在黄道緯之丙己圈，行近于黄道，即黄赤兩極所出兩圈相去畧等，其經度或赤道或黄道東行亦畧等。若星距黄道遠在戊丁圈，從戊至庚設一十五度，即星歷黄道經圈若干時，得戊庚十五度，而歷赤道升度圈亦若干時，所過乙壬、乙癸，各十五度。將及乙甲，幾四十度矣。所以然者，甲庚未弧限黄道經度，至戊庚已稍寬，而乙壬、乙癸等弧限赤道經度，至此尚密，所以星行歷黄道經度少，歷赤道經度多也。又使有星在黄道緯之辛丁圈上行，即乙午、乙子等弧限赤道經度者反寬，而甲辛未等弧限黄道者反密，則星行時所歷黄道經度反多，歷赤道經度反寡矣。總言之，爲星行二道之經度恒自不等。

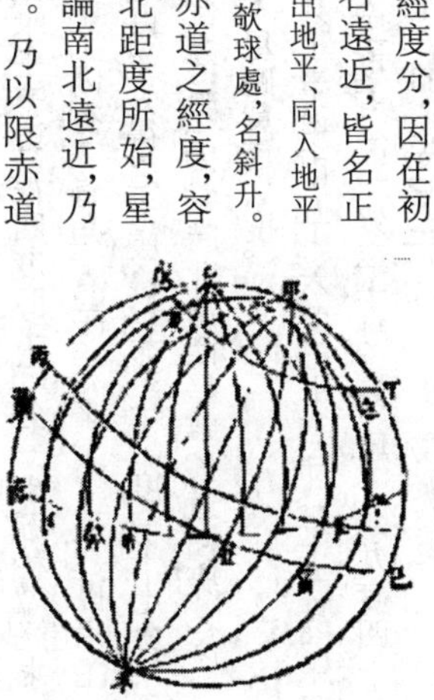

再論星歷赤道緯度，亦常不等。如圖，甲爲星，在赤道南二十三度三十〇分。若行一周，必至分節乙，即無距度。然隨黄道行，必過赤道而北，極遠處又在北二十三度三十〇分矣。又丙爲星，行一周，即離赤道圈丙，漸至己，行愈遠，去赤道亦愈遠；至丁，必離四十七度。若更在戊，距赤道丙已向北二十度；過庚，行愈遠，距亦愈遠；至壬爲本圈，距赤最遠之界更加二十度。總爲六十七度矣。餘皆倣此。蓋左邊距赤之度，每多于右邊距赤之度，如庚之距乙多于戊之距丙也。至北極癸，即左滿九十度。若過極，即周行皆在癸丙九十度間，戊辛之間加一度，即癸辛之間減一度。減者，減癸丙九十度也。若至黄道極辛，即其距度終古不易矣。

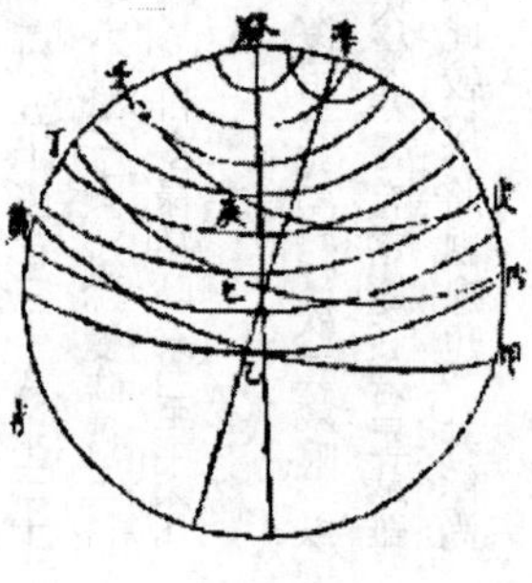

又　恒星黄道經緯度變易

前論赤道星度。設大圈過南北兩極及赤道上，以定諸星赤道經度。又赤道左右設不等小圈，至兩極，横割子午圈，以定赤道緯度。今論黄道以定其經緯度亦如之，但不從赤道南北極論，而以黄道南北極論。一切行度及行度之有變易，皆主此。今論其緯度變易與否及其經度差，與諸星相近相遠，以盡黄道星度之理。

恒星黄道緯度變易

第谷測星數十年，得其黄緯度，以較多禄某所記，微不合。且極至交圈側近之星，比于極分交圈側近之星，其緯度所差尤多。反覆研究，以古黄經度及赤緯度，究其所當黄緯度，明其實然。又欲定諸星之古時經度，宜得一起算之界，故先求角宿距星經度。此爲近于極分交圈者，其黄赤距當不易。依前三角形法，求其緯度。按地末恰所測角距星距赤道北一度二十四分，係巴科所測止距三十六分後多禄某測得其距度在赤道南三十〇分。其黄道南距度，因此時離秋節不遠，故恒爲二度不變。因推得黄經度於地末恰時在鶉尾二十一度五十三分。後係巴科時，在本宫二十三度五十三分。多禄某時，至二十六度三十八分。繇是以角宿爲距星，先測近二至之星試之，然後以測分至兩間之星，各得其緯度分，知諸星之距黄緯度，漸近二至，漸有變易焉。非星位之有變易也，而黄道之時遠時近于赤道也。

北河西星距角距星之黄經差九十三度三十五分，而在左。此爲近于極至交圈，可驗黄赤距度變易之數。地末恰時，其經度在實沉宫一十八度一十八分，與夏至近，其赤道距度三十三度正。後係巴科時，稍前，在本宫二十〇度一十八分，赤距度三十三度一十〇分。又多禄某時，更前，在二十三度〇三分，而赤緯度三十三度二十四分。因是可求其黄緯度各時所當焉。如圖，外圈爲極至交圈，甲丙爲赤道，甲乙爲黄道，丁爲北河西星，甲己爲黄經度，庚己爲過黄道極及本星之弧。其赤道緯度，三史所測，皆設爲丁戊。今所求爲丁己，黄道距度也。丁辛庚三角形內有丁辛邊，爲本星距赤道戊丁之餘弧，在地末恰時爲五十七度，蓋三十三度之餘也。有庚辛邊，黄赤二道最遠之距，于時爲二十三度五十一分二十〇秒。有辛庚丁角。甲己黄經七十八度一十八分，餘己乙一十一度四十二分，爲辛庚丁角之弧。以求庚丁第三邊，得其餘弧，即本星之黄緯度丁己。

法：從辛至壬，下垂線，成兩直角形：一爲壬辛庚，一爲壬辛丁。先壬辛庚內有庚辛邊，有庚角，有壬直角。以求壬辛邊，得四度四十二分一十五秒。又求壬庚，得二十三度二十五分。次壬辛丁內有壬直角，有壬辛、辛丁二邊。以求壬丁邊，得五十六度五十二分十五秒，以並先得之壬庚邊，共八十〇度一十七分一十五秒，爲丁庚邊，是黄道緯度丁己之餘弧，即當時北河西星離黄道極庚之度。而其餘九度四十二分四十五秒，爲本星距黄道之度。

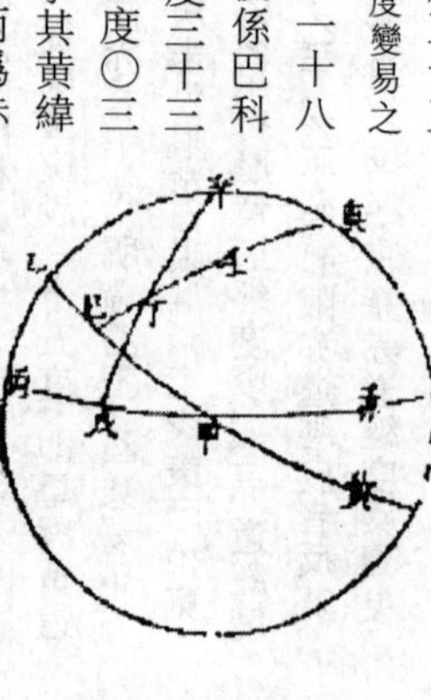

依係巴科所測，赤緯度如前。其丁辛邊，則五十六度五十〇分，三十三度一十〇分之餘。兩極相距辛庚，仍前二十三度五十一分二十秒。辛庚丁角九度四十二分。黄經甲己八十〇度一十八分之餘。推壬辛邊三度五十四分三十〇秒，壬庚二十三度三十三分壬丁五十六度四十四分四十五秒，並得丁庚八十度一十八分，即北河西星黄道之北距丁己九度四十二分。

依多禄某所測，其兩極距如前。本星赤道緯三十三度二十四分，即丁辛邊爲五十六度三十六分；黄道經八十三度〇三分，即辛庚丁角六度五十七分。以推壬辛邊，得二度四十八分二十秒，壬庚二

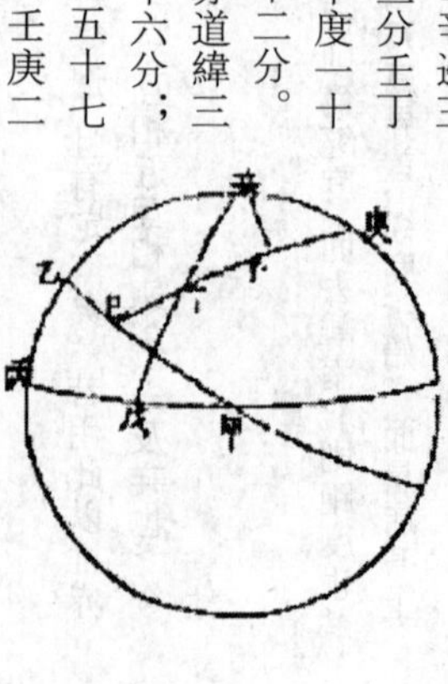

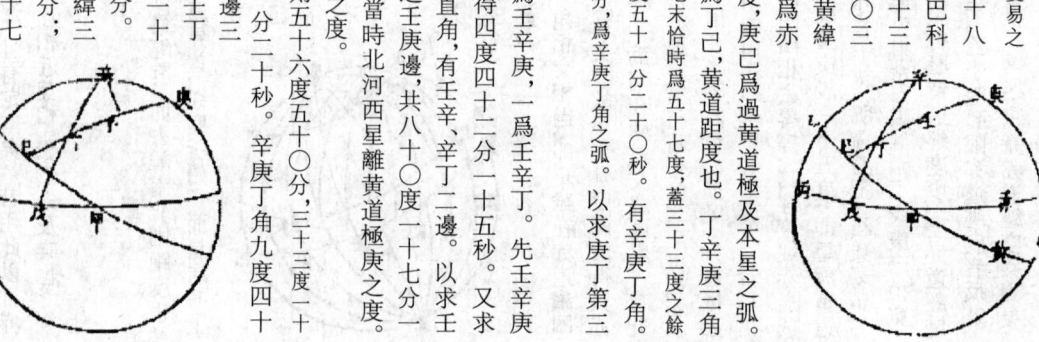

十三度四十二分，以加壬丁五十六度三十三分一十五秒，并得黄緯之餘弧庚丁八十度一十五分一十五秒。其緯度稍强于前兩測，爲九度四十四分四十五秒。總三史所推，折中爲九度四十三分，以較今測北河西星之距黄道一十〇度〇二分，實差一十九分，爲三史時至今黄赤相距之度漸次改易，自遠而近也。

又河鼓中星角距星之經差九十七度五十二分，在右邊。亦近于極至交圈，可驗黄赤距變易。地末恰時，在析木宫二十九度五十〇分，距赤道北五度四十八分，後稍前至星紀宫一度五十分，其距赤緯亦五度四十八分。及多禄某時，更前至本宫四度三十五分，其距赤緯五度五十分。此時此星在冬至左右不遠，故以黄赤二道相距最遠之度加三測之本星赤緯度，即得黄緯度二十九度四十〇分，爲其切近于極至交圈。與其在圈也略等，故不用三角形法，乃今河鼓中星距黄道二十九度二十一分三十〇秒。以此證近至之黄赤距度，昔遠今近，極著明矣。

前用二星者，爲其一近冬至，一近夏至，皆在黄道北，必一增一減其黄緯度。隨黄道所兩至之處，測其遠離南北幾何，得其漸近于赤道也。若考星居分至之間者，則其差亦在多寡之間矣。如昴宿東第二星，地末恰以太陰測之，得其北距黄道三度四十〇分，在降婁三十度，後在大梁三度；亞仁諾所測，未移緯度；而今測在本宫二十四度四十五分，恒得距黄道三度五十五分，較古測强一十五分，爲此處變易黄道之度也。又房宿北星，與昴宿爲對照，地末恰所測，在大火宫二度距北一度二十〇分，後在本宫六度；默蠡老所測，未移度；而今測乃前至二十三度二十分，距黄道止一度〇五分，較古測差一十五分，即此時黄道近就于赤道，亦一十五分矣。或疑黄赤二道之距既能自遠而近，則邃古之時必更遠，遠于何止乎？曰：邃古之距，無從取證，何可妄爲之説？但近古三史，皆以二十三度五十一分爲二至距赤之限，且測非一人，人非一測，又皆以太陽二至之高下得之，豈有誤乎？今世之測驗，更細更詳比昔就近，實爲三分度之一，尤無可疑者。但自今以後，當復更近，近何時已？近極或當復遠，復在何時？此則人靈微眇，無能窮天載之無窮耳。

或問：前所求虚宿等距星，上古之經度也，而用今之黄緯度，能無謬乎？曰：用今世之緯度，微不同千古之緯度。但以之推南北度，亦微差；以求東西經度，即無緣致誤矣。

恒星黄道經度不變易

前以恒星之有本行徵其赤道經緯度隨時變易者，爲諸星循黄道行，斜交于赤道故也。今論諸星循黄道行，互相視有遲速乎？曰：否。藉有遲有速者，必有違有就。位置有違就者，形象必有改革。乃自上古以來，氐恒似斗，尾恒如鈎，天津如弓，箕宿向冬至行四千年，得五十四度。虚宿之過冬至也四千年，亦五十四度。餘皆若此。歷數千年形像如故，運行如故，遲速如故，知黄道經度决無變易矣。係巴科于二千年前，述古記以遺後世，論黄道周繞數星，或居一直綫上，或别成形象。多禄某在後，更測之，仍如是，迄今不改。如當時婁宿自西一二星與天大將軍南二星作一直綫，天關星偕畢大星、天廩南二星同在大梁宫，亦如之。北河二大星與五諸侯中星爲三等邊三角形。鶉火宫内，御女與軒轅向北第二第四第六星皆相距等遠。次相星與角宿北星、亢宿北二星，在鶉尾宫，皆作一直綫。虚宿二星相距之廣同危宿南北二星相距之廣也。此皆古係巴科所傳，與今所見一一不爽。試用尺度向地平二十度以上既離蒙氣之處一一量度，甚易見也。此以知恒星各相距。或遠或近，窮古今恒如是矣。

清・湯若望《西洋新法曆書・恒星曆指三》 恒星分六等

古多禄某推太陽太陰本體之容積，先測其視徑及月食時之地影，及地球之徑容，展轉相較，乃能得之。後巴德倪借用其法，以考五星及恒星離地之遠，又測諸大星之視徑。如圖，甲辛爲太陽離地之遠，其視徑甲乙爲太陽居最高及最高衝折中之半徑也。今設丙爲鎮星，其離地爲辛丙，即太陽之半徑，至此見如丙戊。而鎮星居此所見大，僅得太陽視半徑一十八分之一，爲丙丁。用三率法，辛丙與丙戊若辛甲與甲乙，次以地徑推得丙戊總綫數，即可得丙丁分綫數。古法推七政及恒星之體，大略如此，蓋因其視徑及距地之遠，可得渾體之容積也。但恒星已知離地最遠而無視差可考，止依其視徑以較五星，即其體之大小，十得七八矣。第谷則以鎮星較之，因測鎮星，得其視徑一分五十秒，亦微有

視差，爲一十五秒弱，推其離地以地半徑爲度，得一萬〇五百五十，因得其全徑大于地之全徑二倍又一十一分之九，是鎮星之渾體容地之渾體二十有二矣，此測爲鎮星居最高最高衝折中之數也。若在最高，測其距地，爲地半徑一萬二千九百，後論五星，更詳此理。而恒星更遠居其上，設加一千，即約爲一萬四千。因以所測之視徑分其等差，先測明星，如心宿中星、大角參宿右肩等，其視徑二分，即得大地四徑有奇。何也？因設星離地一萬四千，依圈界與圈徑之比例，徑七，圍二十二。即星所居之圈界，得八萬八千。三百六十分之，每度得二百四十四〇九分之四。又六十分之，每分得四。視徑二分，得八有奇，是恒星之全徑二分當渾地之八半徑也，即四全徑也。又以立圓法推之，即此星渾體之容大于渾地之容六十有八倍，此爲第一等星也。此一等内尚有狼星、織女等，又見大一十五秒，其體更加二十餘倍；若見小一十五秒，如角宿距星等，即反之，其體減二十餘倍。

次測北斗、上相、北河等，其視徑一分三十秒。設其距地與前等，推其實徑大于地徑三倍有奇，而其渾體大于地之渾體二十八倍有奇，此爲第二等。

又次測婁、箕、尾三宿等星，其視徑一分〇五秒，依前距地之遠，其實徑大于地徑二倍又五分之一，其體大于地體近一十一倍，爲第三等。

又次測參旗、柳宿、玉井等星，其視徑四十五秒，其實徑與地徑若三與二，其體大于地體四倍有半，爲第四等。

又次測内平、東咸、從官等小星，得視徑三十秒，其實徑與地徑若五十與四十九，其體比于地體得一又一十八分之一，爲第五等。

又次測最小星，如昴宿、左更等，得視徑二十秒，其實徑與地徑若一十五與二十二，即其體比于地體得三分之一，爲第六等。

右恒星相比，約分六等。若各等之中，更有微過或不及，其差無盡，則匪目能測，匪數可算矣。

問：前言恒星居鎮星之上，離地皆等，故依其視徑以推其體之大小，則不等。若設其遠近不等，即其實徑不隨其視徑，從何推知其體乎？曰：假令諸恒星之體實等，因其中更有遠近不等，故見有大小不等，即以六等星比第一等，所見小大乃爾必更遠于前率十餘倍矣。蓋測此大小星，比其視徑，如天田西星與大角星差一分五十五秒，即其遠近距當得一十四萬一千大地之半徑，與鎮星最高及大角之距地畧等，此中空界，安所用之？且小大彬彬，雜以成文物之理也，若何舍此而强言等體乎？七政恒星遠近大小，皆從視徑視差展轉推測，理數實然，無庸不信，然而宏濶已甚，猶有未經測算難于遽信者焉，况此遠近等體之説，非理非數，則是虚想戲論而已，又誰信之哉？

恒星無數

自古掌天星者，大都以可見可測之星求其形似，聯合而爲象，因象而命之名以爲識别，是有三垣二十八宿三百座一千四百六十一有名之星焉，世所傳巫咸、石申、甘德之書是也。西曆依黄道分十二宫，其南北又三十七像，亦以能見能測之星聯合成之，共得一千七百二十五，其第一等大星一十七，次二等五十七，次三等一百八十五，次四等三百八十九，次五等三百二十三，次六等二百九十五，蓋有名者一千二百六十六，餘皆無名矣，然而可圖者止此，若依法仰觀，所見實無數也。何謂依法？今使未諳星曆者漫視之漫數之，樊然淆亂，未足實證其無數也，更使諳曉者按圖索象，則依法矣。如是令圖以内之星悉皆習熟，若數一二，然而各座之外各座之中所不能圖不能測者尚多有之，可見恒星實無數也。更于晴明之夜比蒙昧之夜，又多矣；於晦朔之夜比弦望之夜，又多矣；以秋冬比春夏，又多矣；以利眼比鈍眼，又多矣；至若用遠鏡以窺衆星，較多于平時不啻數十倍，而且光耀粲然，界限井然也。即如昴宿傳云七星，或云止見六星，而實則三十七星。鬼宿四星，其中積尸氣，相傳爲白氣如雲耳，今如圖，甲爲距星，乙爲本宿東北大星，其間小星三十六，瞭然分明可數也。他如牛宿中南星、尾宿東魚星、傅説星、觜宿南星，皆在六等之外，所稱微茫難見者，用鏡則各見多星，列次甚遠。假如觜宿南一

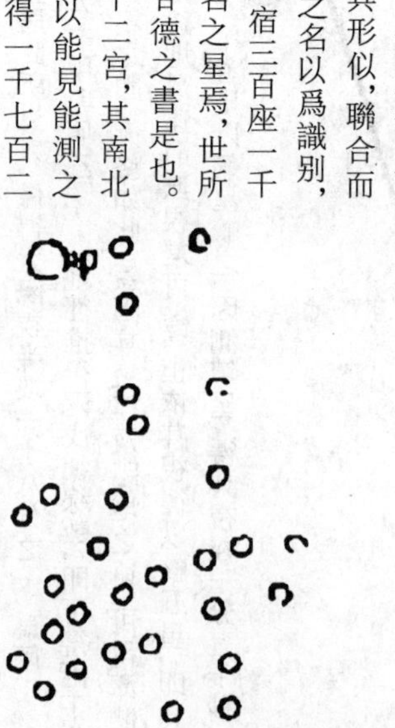

鬼宿中積尸氣圖

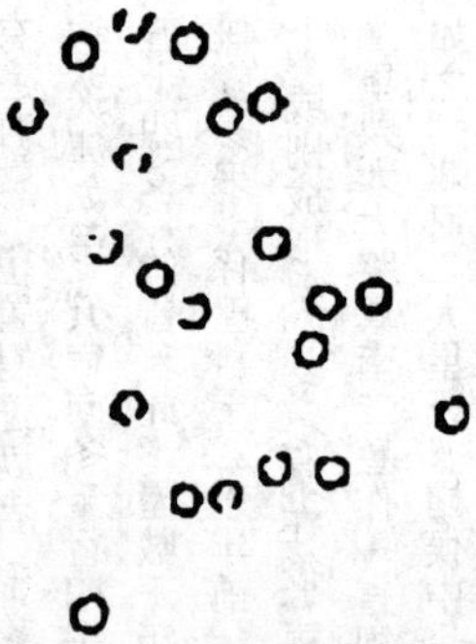

觜宿南小星圖

星，數得二十一星，相距如圖，大小不等。可徵周天諸星，實無數也。

天漢

渾天衆圈，有大有小，如黄赤二道過極經圈、極至極分交圈、地平圈等。凡與地同心者皆大圈也，如冬夏二至圈、常見常隱圈、各距等圈。凡與地不同心者皆小圈也。若天漢者，論其界不可謂圈，凡圈以圓線爲界，此以廣面爲界故也。論其心，實與黄赤二道相等，不可謂非大圈，蓋其心必同地心，且兩交黄道，兩交赤道，旁過二極，皆一一相對，正與黄道相反，斜絡天體，平分爲二，故也。欲測其廣，無定數，大約兩至之外廣于兩至之中。從天津又分爲二，至尾宿復合爲一。過夏至圈，以井宿距星爲限，正切鶉首初度，過北極西，距二十三度半。前過冬至圈，則星紀初度，約居其中，又轉至南極東，距亦二十三度半，而復就夏至，總爲過兩至，與黄道相反之斜圈也。古多禄某測其兩涯所過星宿，與近世不異，在赤道北，則從四瀆始南，三星當其中，北一星不與焉。次水府、次井西四星切其左邊，天關一星、五車口切其右。更前積水在左，大陵從北第二星在右，王良所居在其中，若洲渚然，次天津横截之，兩端平出其左右。河鼓中星在右，其對邊爲天市垣齊星。此赤道北兩涯所經諸星也。在赤道南者，以天弁東星爲界，次斗第三星，次箕南二星，其對邊則天市垣宋星、尾宿第一星，而入于常隱之界，迨過南極以來，復起于天稷，過弧矢、天狼，以至赤道，此爲赤道南所經諸星也。

問：天漢何物也？曰：古人以天漢非星，不置諸列宿天之上也，意其光與映日之輕雲相類，謂在空中月天之下，爲恒清氣而已。今則不然，遠鏡既出，用以仰窺，明見爲無數小星，蓋因天體通明映徹，受諸星之光，并合爲一，直似清白之氣，與鬼宿同理。不藉此器，其誰知之？然後思天漢果爲氣類，與星天異體者，安能亘古恒存？且所當星宿，又安得古今寰宇，覩若畫一哉？甚矣，天載之玄，而人智之淺也。温故知新，可爲惕然矣。

清·湯若望《遠鏡説》 用(遠鏡)以觀宿天諸星，較之平時，不啻多數十倍，而且界限甚明也。即如昴宿數不止於七，而有三十多。鬼宿中積尸氣、觜宿中北星、天河中諸小星，皆難見者，用鏡則瞭然矣。又如尾宿中距星及神宫北斗中開陽及輔星，皆難分者，用鏡則見相去甚遠焉。是宿天諸星，借鏡驗之算之，相去幾何，絲毫不爽。因之而觀察星宿本相，星宿所好，星宿正度偏度，於修曆法，尤爲切要。

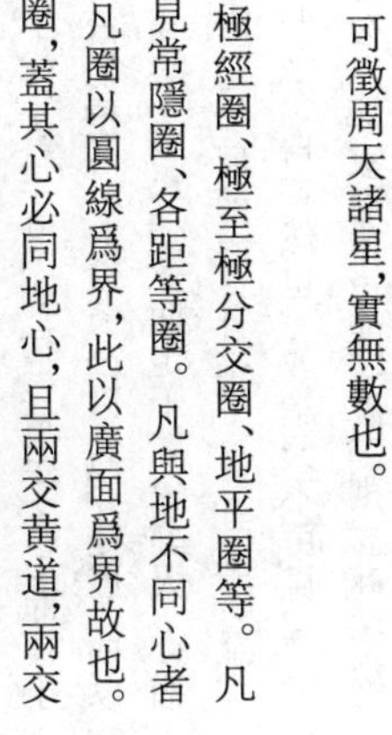

積尸氣之圖

觜宿之圖

清·游藝《天經或問》卷三 歲差

客問歲差曰：每歲太陽行度皆有常數，何以有歲差？黄道節氣必以太陽爲準，而曰每年冬至日躔不及餘分，積數十年而差一度，謂之日退。又考歷代所紀度分，或多或寡，而無定則。如漢鄧平改歷，洛下閎謂百年後當差一度。漢末劉洪作《乾象曆》，有核歲之法。晉虞喜始以天爲天、歲爲歲，立差以追其變，以五十年日差一度。何承天增之，約百年差一度。隋劉焯折取二家中數，爲七十五年差一度。劉炫以四十五年差一度。梁虞鄺以百八十六年差一度。唐僧一行作《大衍曆》，以八十三年差一度。宋《大明曆》以四十年差一度，《統天曆》以六十七年差一度。元《授時曆》以六十六年差一度。明《大統曆》以七十八年差一度。萬曆中利西泰名瑪竇，西域人。入，仍約以六十八年八閲月差一度，每年不及周天一分五十秒。熊良孺以六十七年差一度。方密之以六十餘年差一度。而差之説紛然，以何爲據知其差也？夫差有一定之法乎？抑差必復差，無可算測乎？惟詳示之。

曰：歲差者，天運日躔之所，致日躔一歲之間，行周天度未及星之餘分，日已至而星畧移于東，似日退而實星進焉。故每歲常移于東之分秒以過其元界，謂之差也。游燕曰：古今謂不及餘分者，是日躔其界，星則過之，是以過爲不及也，非日不能及星度也。 上推帝堯甲辰冬至初昏昴中，日躔虚七度，湯道未推帝嚳甲子冬至日躔虚六度。夏不降乙未冬至日退女十一度，日退者，星進，則以日爲退也。商武乙丙寅冬至日退牛七度，退即謂之差，年年漸退，但以此爲準，便起算不繁也。周簡王丁亥冬至日退斗二十三度，秦莊襄王元年壬子日退斗二十二度，漢太初元年丁丑日退斗二十度，晉太元九年甲申日退斗十七度，宋元嘉十年癸酉日退斗十四度，唐開元十二年甲子日退斗十度，宋慶曆四年甲申日退斗五度，度宗四年戊辰日退斗四度二分，元至正元年辛巳日退箕十度，洪武十七年甲子日退箕七度，嘉靖三年甲申初昏室中日退箕三度。萬曆四十年壬子冬至日尚在黄道箕三度十九分十九秒，在赤道箕四度四分二十五秒，内道口在壁一度，外道口在軫初度，至崇禎十六年癸未歷三十一年止差一分三十五秒。此差是進非退。湯道未測順治庚子冬至日在箕三度二十九分。嘉靖甲申至崇禎癸未一百二十年日尚進而未退，則天道微渺之行亦有遲速，不可以年限也。揭子曰：歲差不獨遲速不等，游于詳測，而有已進而復退也。今從崇禎癸未上距慶曆甲申，六百年日差十二度餘，則以五十年差一度。慶曆甲申上距開元甲子三百二十一年，日差五度，則以六十四年差一度。開元甲子上距漢太初丁丑八百二十七年，日差十度，則以八十三年差一度。太初丁丑上距莊襄王壬子一百四十五年，日差二度，則以七十三年差一度。莊襄王壬子上距堯帝甲辰二千二十八年，差二十八度，則以七十二年差一度。此析而分之也，以全曆推之，崇禎癸未上距帝堯甲申三千九百二十年，共差五十八度，則以六十八年零七月十三日三時差一度，二萬五千一百有餘年共差三百六十五度有奇，爲一周天，復躔元界矣。游熊曰：此以虚宿起測，則二萬五千餘年躔虚之元位。若以斗宿起測，二萬五千餘年亦復躔斗之元位也。余復推之，崇禎癸未上距帝嚳甲子四千二十年，止差五十七度，約一歲差一分少九秒，七十年零六月差一度，二萬五千七百三十五年差一周天此，統而分之也。游熊曰：諸名家分度不密，以致多寡游移差度耳。然此統而分之，亦有不同。歷代諸家所推各自有據，然推差之法，如郭守敬、許衡、王恂輩測影驗氣，減周歲爲三百六十五日二十四分二十五秒，加周天爲三百六十五度二十五分七十五秒，强弱相較，差一分五十秒，積六十六年有奇而退一度，定爲歲差。振之李子謂經星時有動移，但其移也密，百年之内所差未多，四萬九千年則差一周。良孺熊公以二萬五千餘年差一周，謂東行之天以黄道爲軸，不獨有東西差，更因有南北差。密之方公以經星行度歷差于静天之度，而歲實日周遂與經星之度移也。日一年從西向東行二十八宿、三百六十五度四分度之一，尚差一分餘，而至六十餘年差一度，約積三萬年不足而復于原宿之度矣，蓋其所差之理亦不能執一法以窮之。石齋黄公以《易》定曆，而以守敬萬法積之，終不免于灑派納虚也。《易》以數爲端幾而定于環輪静天，亦猶是也。均列定限，分别節氣，以日所行至者紀于何節之分秒焉。日五星所至亦紀之，經星所行亦紀之，則所差之由與追差之合自犂然也。或謂天不可見，惟以經星躔次爲考。静天何所考乎？潛夫方公謂算家遇不可問之數，則立商法焉。

商而兩測之，以中之，度于是乎定。今以静天環一定之分秒，而使日月五星與經星皆各行其遲速之行，豈能逃乎？猶之會通《易》幾者，無往非《河》《洛》。則物物之，未有物先，皆歷歷《河》《洛》也。因建此意，以待神明之士。密之方公曰：此定恒法也，而隨時測驗，盈虚在其中矣。天運盈虚，一年有盈虚，一日有盈虚，又多年而盈，多年而虚。太西穆公曰：地亦有游，欲據一歲之測而定之乎！欲明其理，理則如此。蓋從前止以經星天而日周之，不知經星自行於静天，而静天不可見，故無悟者。揭子宣曰：歲自爲歲，差自爲差，歲原無差也，天有静動。静天有一定之度，動天有一定之至。此動静合一而言。周静天之度，切動天之至，以成其歲，節氣齊而南陸極，歲何常有差？但仰視諸星，稍移分許耳。是不可謂之歲差，但可謂之星差。亦不可謂之星差，但可謂經星周天百十年移一度，而或遲或速，其數不等也。測之者亦止測經星離至幾許，周天幾許，于歲無涉也，歲則萬古如一也。然人罄一生，精力不過數十年，亦止見其所行一度、半度耳，又安能以其遲速概前後之度，而遠及于數萬年哉？此言差之理，但未悉其差數也。余謂天地之理之數，其秒不測，政在于秒忽微芒之間。而其日月星辰之象，陰陽寒暑之候，亦有時而不齊，亦不能以一定而求之。歲差之測，自古及今，冬至日躔星度分秒年年不同，各節亦然，但以冬至爲主。而遲速各異者乎。遲者，有百餘年差一度。速者，四五十年差一(差)度是也。堯時冬至虚者今東移于箕矣，而移者有實之理、差之法，知此則得天甚密也。游燕曰：測實差法以太陽爲主，以星行爲據。太陽之歲有二，其一某節某點行天一周而復于元節元點，是名太陽節氣歲。若太陽會于某恒星，行天一周而復與元星會，是名太陽恒星歲。恒星有本行，自西而東。假如今年冬至太陽會某星，來年冬至此星已行過冬至若干分秒耳。太陽至冬至，則已滿節氣歲之實，而尚未及元星歲之實也。積數十年未及一度，二萬五千餘年未及一周。曆家必以節氣限，以其不滿恒星歲實爲歲差也。知分節氣歲實、恒星歲實者，則得之矣。漢唐以來，祇以年分課疏密，如知分測統測之法，則不必辨其年之多寡爲疑也。未曉其所以差之故。求其故者，宜舉中星以定四時，考晷刻以驗永短，將黄道二分二至爲界，又測某恒星距界之度，測差者必以此數法爲始從而復測之，乃見推移，而復有環轉之差也。以較中古、上古，此星離冬至漸遠，如前居冬至者虚也，今順行東去，繼之者爲女、爲牛、爲斗、爲箕矣。然歲差實係恒星前行，與七政本行無異也。

經星名位

問：日爲諸陽之宗，故名太陽。月爲諸陰之母，故名太陰。五星像五行之色，故名爲金、木、水、火、土。經星錯綜列布全天，何能一一具名而有意義乎？

曰：天象之星，元雖無名。然地中之事上合于天，循序而觀之，故分内爲紫微、太微、天市，三垣定焉；外分爲四維：東則角、亢、氐、房、心、尾、箕，北則斗、牛、女、虚、危、室、壁，西則奎、婁、胃、昴、畢、觜、參，南則井、鬼、柳、星、張、翼、軫，二十八宿布焉。三垣二十八宿與天並運而一定不移者，爲經星也。日月五星運行于列宿而無定在者，爲緯星也。恒星布其經七，曜運其緯，經緯錯落而凡星布列其中，則天之文見矣。天學家以三垣者曰天市，按則堂位也；曰太微，按朝廷位也；曰紫微，按宫寢位也。明堂位者，天子巡狩之居也。朝廷位者，聽政之居也。宫寢位者，燕息之居也。天市歲臨之太微，日臨之紫微，朝夕在焉。七曜必遵黄道，歷天街，歲一受事太微而出，猶大臣受天子之命于朝，以行其職也。二十八宿分佈四方，各守其度，率諸經星以共紫微之帝，猶郡國百司各治其職，安其民人以承天子也。蓋周天以紫微垣爲中，雖天運無窮，三光迭曜，惟極不移。故曰：北辰居其所，而衆星共之。是北辰最尊，本無星也，極星乃其傍之最近者。其實極星未常不動，特動之微，人不覺耳。勾陳中一星曰天皇大帝，爲帝之主宰。帝在紫宫，故北辰居其所而周天運轉，晝夜不息，此獨爲之樞也。苟非帝以宰之，則四輔、三師、尚書、大理、女史、柱史皆空名耳。非極星以樞紐之，則其宿度井多至三十餘度，觜少不及度，其何以定之哉！可見天帝有常尊，天樞有定所，天度有定數也。又析舉其大之者言之，第一星主月后妃也；第二星主日太子也，亦爲太乙之座；第三星主五星庶子也。勾陳、后宫也。天帝之居北四星曰女御官，八十一御妻之象也。抱北四星曰四輔，所以輔佐北極而出度授政也。大帝上九星曰華蓋，所以覆蔽大帝之座也；下九星曰扛，華蓋之柄也。又下五星曰五帝内座；扛旁六星曰六甲，所以分陰陽而配節候，故在帝旁布政教而授農時也。極東一星曰柱下史，北一星曰女史。傳舍九星在華蓋上，近河，賓客之館。南河中五星曰造父，御官也。西河中九星曰鉤星。天乙星在紫宫門右星南，天帝之神也。太乙星在天乙南，亦帝之神也。紫宫垣十五星，其西蕃七、東蕃八，在北斗北。一曰紫微大帝之座，天子之常居也。東垣下五星曰天柱，建政教，懸圖法。門内東南維五星曰尚書，主納言。尚書西二星曰陰德、陽德，主周急賑撫。門左内二星曰大理，主理刑。門外六星曰天床。西南角外二星曰内厨。東西維外六星曰天厨。此北極紫宫之次也。北斗七星在太微北，七政之樞機，陰陽之元本也。運乎天中，臨制四方，以建四時，均五行也。故曰斗一北而萬物虚，斗一南而萬物盈。魁四星爲璇璣，杓三星爲玉衡。又曰斗爲人君之象，號令之主也。又爲帝車，取運動之義。其第一星曰天樞，爲天。二曰天璇，爲地。三曰天璣，爲日。四曰天權，爲時。五曰玉衡，爲音。六曰間陽，爲律。七曰瑶光，爲星。一至四爲魁，五至七爲杓。杓南三星與西三星及魁第一星皆曰三公，主宣德化，調七政，和陰陽也。此北斗之次也。文昌六星在北斗魁前，天之六府也，一曰上將，二曰次將，三曰貴相，四曰司禄、司中，五曰司命，六曰司寇。北六星曰内階。相一星在北斗南，總領百司以集衆事。太陽星在相西，西北四星曰勢。天牢六星在北斗魁下。此文昌宫之次也。太微，天子庭，五帝之座也，十二諸侯府也。其外蕃，九卿也。一曰太微爲衡，衡主平也，又爲天庭理法平辭，監升授德，列宿授符，諸神考節，舒情稽疑也。南蕃中二星曰端門，東曰左執法，廷尉之象也；西曰右執法，御史大夫之象也。左執法之東，左掖門也；右執法之西，右掖門也。東蕃四星，一上將，二次將，三次相，四上相，皆曰四輔也。西南角外三星曰明堂，天子布政之宫。西三星曰靈台，主觀雲物。左執法東北一星曰謁者，主贊賓客。謁者東北三星曰三公，内座朝會之所也。北三星曰九卿，内座九卿。西五星曰内五諸侯。此太微宫之次也。黄帝座在太微中，含樞紐之神也。四星夾黄帝座，東爲蒼帝，南爲赤帝，西爲白帝，北爲黑帝。北一星曰太子，太子北一星曰從官，帝座東北一星曰倖臣。屏四星在端門之内，所以擁蔽帝座。郎位十五星在帝座北，郎將在郎位北，武賁一星在太微西，蕃北常陳七星，在帝座北，爲天子宿衛，以設防疆御者也。此五帝座之次也。三台六星，兩兩而居，起文昌，抵太微。一曰天柱，三公之位也，在天曰三台，主開德宣符也。西近文昌曰上台，爲司命，主壽。次二星曰中台，爲司中，主宗室。東二星曰下台，爲司禄，主兵，所以昭德塞違也。又曰三台爲天階，太乙躡以上下，一曰太階。上階上星爲天子，下星爲女后，中階上星爲諸侯，三公下星爲卿大夫，下階上星爲士，下星爲庶人，所以相陰陽而理萬物也。南四星曰内平，平罪之官也。中台之北一星曰太尊，貴戚也。此三台之次也。二十八宿者，角主發育萬物，故特先焉。亢曰疏廟。氐曰天根。房爲天子之後寢，鍵閉鈎鈐兩咸，以防淫而謹内也。心，天子之象。尾主后妃。箕承帚掃，尾受之以箕，示婦道也。天寶之間，五星聚箕尾。斗主薦賢，受禄，斗爲器量，所以斟酌也。民事莫重于耕織，故牛女相聯。牛，農丈人耕。驪珠，女獻工也。天田九星象天田，天狗司夜，天雞司晨，而使樹蓄及時也。女寵則國虚，故哭泣、司命、司禄附之。虚主死喪，危主禍耗，故粱與墓附之。危則復盈爲室，室主管建宮室。嘉靖甲申，五星聚營室。壁，圖書之秘府。奎，天子之武庫，故軍南門、營壘、王良、策府、車騎附之。武備莫要于牧養，婁主蓄牧、犧牲以供祭祀。自室至婁，天子之宮，館苑囿在焉。胃主諸藏，五穀之府。昴名旄頭，主刑獄，故卷舌附之。畢主外兵，昴畢之間有天街分焉。參中三星爲中軍，中星爲大將，旁爲參謀也。二肩左右將軍，二足前後將軍也。中三小星曰伐，天都尉也。觜，行軍之藏府。座旗附井，主水衡、法令、平中之事。物之平者莫如水，故營國、制城、畫野、分州皆取象焉。故四瀆、五諸侯、南北河附之。國必有社，故天社附之。社必有祭，故天厨附之。鬼主祠祀，柳主草木、饗燕。星爲文明之會，黼黻文章。張主宗廟、珍寶、服用，故天廟、太尊附之。天啓甲子，五星聚張翼。天子之樂府也。軫主車騎，任載而復于角焉。如摇星、隕星、鬬星、飛星、淩、犯、守、留、芒、角、掩等，各以類占之。客、流、妖、瑞、彗、孛等星，俱是地上灾祥之氣上着于空，故出無常處，見無常時，而亦無常體也。

恒星多寡

問：恒星既循序有名矣，然亦有大小不齊者、多寡不等者，能無遺漏乎？

曰：恒星亦名列宿，亦名經星。云恒者，謂其終古不易也。云經者，以别五緯南北行也。其數甚多，莫能窮盡。今已測定，稽其大小，分爲六等。一等大星如五帝座、織女類者一十有七。二等如帝星、開陽類者五十有七。三等如太子、少衛類者八十有五。四等如上將、柱史類者三百八十有九。五等如上相、虎賁類者三百二十有三。六等如天皇、后宮類者二百九十有五。此皆有名之星，共計一千一百六十有六，微星之概萬一千五百二十。至于天漢，是無算小星接聚一帶如白練焉，較古之測精密極矣。大陵、積尸等亦小星攢聚以成，此不能以數名，總曰天漢積尸云。

又　經星東移

問：經星終古所行不易，觜星古今推測度分皆不同，而恒星亦有移乎？

曰：恒星以黄道極爲極，而行度時近時遠于赤道極，因黄道有斜絡其度，故有近有遠。若行漸近赤道極，所過距星線漸密，其本宿赤道弧較小。若行漸遠赤道極，所過距星線漸疎，其本宿赤道弧較大。此由二道之極不同，非距星有異行異位也。如觜星距星，上古測三度，歷代遞減，今測且侵入參宿二十四分矣。是其星在黄赤二道元有分别，而恒星以黄道極爲極，其距本極之緯度，參在觜後，終古恒然。其依赤道而論，其極非恒星之極，而緯度亦非恒星之緯度，在昔雖先觜後參，而近自二百年來則參先而觜後矣。蓋因兩道從兩極出線以定度，故有異也。元所定宫次今皆不同，因恒星有本行，宿度已東行十餘度耳。

又　恒星天

問：然其動静不同，似儱統錯綜其行也。何以知七曜在下，恒星在上？

曰：六曜有時能掩恒星，云六曜者，日未算也掩之者在下，所掩者在上。且七曜循黄道行皆速，恒星近宗動之天故最遲也。七曜惟月最近地，故能掩日與五星也。試立一表，候日月俱升至三十度，月影必肥而長，日影必瘦而短，豈非日遠月近之故乎？月循黄道行二十七日而周天，餘皆一年以上，是七曜中月爲最速也。

又　若恒星之微渺難見者，如《昴星傳》云：七星惟據目力之見而定也，實則三十七星。鬼宿四星中白質，《傳》云白氣，實有三十六星。小星如牛宿中南星、尾宿東魚星、傅説星、觜宿南星，皆在六等外，微渺難見，以遠鏡窺之，則見多星。列次甚遠如觜南一星，是二十一里，大小不等，可見恒星無數。三垣二十八舍三百座一千一百六十六官之外，樊然淆亂，隸首難窮也。

又　經星伏見

問：星分經緯矣，分宫度矣，分等第矣。如南極諸星，人不見其出没，雖有其星，亦空名耳。雖列經星之位，亦無據也。

曰：夫天星人只以目所見者言之，但諸物當論其全體，方無遺漏。合天下之耳目爲耳目，則無管窺之見。此南極諸星不見爲何？由本地處北極出地之度，則不見南極入地之度。處南極出地之度，則不見北極入地之度。如京師見北極出地四十度，則星距北極四十度以外者常見，距南極四十度以内者不見。若見南極出地四十度者反是。出地或多或寡者亦然。如處赤道之下，南北二極此地皆可見。春秋分日正麗天頂，冬夏至日僅距頂各二十三度半，常見南北二極，諸星無一隱者。漢有《海中星占》，亦載南極諸星，因人不見，故缺之。近者西士浮海來，測之甚悉也。然恒見諸星亦有伏見，因其伏見，亦可遺乎？經星伏見亦由太陽右旋，至某宿度附近之星光爲日奪，故不能見。迨太陽去離漸遠，則此星之光漸升東方，見而不伏矣。緣是而升至天頂午位，即曰中星。此其中星出没，在象學爲用甚鉅，曆家中夜資之，可定時刻不爽矣。

又 星動爍躍

問：天星行有定度，測有定算，然星有時閃躍，有時動摇，似無定也。斯動摇、閃爍，亦關之測算否？

曰：經星之定位，無錯綜變換、明晦增減之理。若將風雨，則閃爍動摇。皆地氣飛摇，騰動其影然，非星動也，氣躍也。故星摇之下當有濕露，百里之外則不動不躍矣。人目從地氣中窺動，日光、星光，本自如也。若切近地平之星比于中天者，其躍動更倍，則以近地之游氣倍厚于中天。若昧爽日未出之前，地平之星躍動更倍于他時，是地氣爲日光蒸起，倍厚于他時耳。故天將曉之候較夜猶暗，日將出之處比他處更黑，曉行之人由此而知天之將旦，理可類推也。

又 星座

問：同類之星有各自爲用，而不相附者，何也？

曰：諸星有以二星爲一座者，有以二三十星爲一座者，有相爲比附者，有相比而不附者。杠附華蓋凡十八星爲一座者，衡附庫樓凡二十九星爲一座者。鉞不附井，耳不附畢，糠不附箕，長沙不附軫，鈎鈐、閉鍵不附房，則以屬吏自爲官也。矢得以附弧，臼不得附杵，以弧矢一人司之，杵臼二人司之故也。野雞不附軍井，雞自守其所司也。南門不附庫樓，南門不但爲庫樓門也。如積水不附天船，積尸不附大陵，天讒不附卷舌，咸池、天潢不附五車，皆有其辯，不可臆説也。

清・薛鳳祚《曆學會通・正集》首卷 恒星本行，即所謂歲差，從黄道極起算各星距赤極度分古今不同，其距赤道内外也亦古今不同，而距黄極或距黄道内外則皆終古如一。所以日月五星俱依黄道行，其恒星本行應從黄極起算，以爲歲差之率。

又 夜中測星定時

太陽依赤道左行，每十五度爲一小時，三度四十五分爲一刻。今任指一星測之，必較其本星經行與太陽經行，得相距若干度分，又得其距子午圈前後若干度分，則以加減推太陽距本圈若干，因以變爲真時刻。

宋時所定十二宫次在某宿度，今不能定于某宿度，此因恒星有本行，宿度已右移故。

清・蔣友仁《地球圖説》 恒星

恒星在天，終古常静不動。自地視之，似有兩種運動，皆因地球旋轉之故。每九十五刻十一分四秒恒星似西行一周，蓋此時地球于南北兩極之軸東行一周故也。每七十二年恒星與黄道南北兩極似東行約一度，蓋此時地球兩極之軸漸轉微偏約一度也。七政體之大小及距地之遠近，天文家皆能測知其實數，惟恒星不然。因其距地最遠，雖細加測量，僅知其大小、遠近不等而已。又恒星本各有光，其中多有較太陽更大者。

恒星距地最遠，故地球並地球本輪之徑，自恒星天視之僅如微點。地球行本輪之時，其南北二極恒向于天之南北二極，在地雖相距有遠近，以應恒星天之兩極，常若無二。

清・秦蕙田《五禮通考》卷一九二《嘉禮六十五》 《漢書・天文志》：凡天文在圖籍昭昭可知者經星，常宿中外官凡百一十八名，積數七百八十三。

《晉書・天文志》：馬續云：天文在圖籍昭昭可知者經星，常宿中外官凡一百一十八名，積數七百八十三，皆有州國官宫物類之象。張衡云：文曜麗乎天，其動者有七，日月五星是也。日者，陽精之宗；月者，陰精之宗；五星，五行之精。衆星列布，體生於地，精成於天，列居錯峙，各有攸屬。在野象物，在朝象官，在人象事。其以神著有五列焉，是爲三十五名。一居中央，謂之北斗。四布於方各七，爲二十八舍。中外之官常明者百有二十四，可名者三百二十，爲星二千五百，微星之數蓋萬有一千五百二十。後武帝時，太史令陳卓總甘、石、巫咸三家所著星圖，大凡二百八十三官、一千四百六十四星，以爲定紀。

《隋書・天文志》：後漢張衡爲太史令，鑄渾天儀，總序經星，謂之《靈憲》。其大略曰：中外之官，常明者百有二十，可名者三百二十，爲星二千五百，微星之數萬有一千五百二十。衡所鑄之圖遭亂堙滅，星官名數今亦不存。三國時，吴太史令陳卓始列甘氏、石氏、巫咸三家星官，著於圖録，并注占贊。總有二百五十四官，一千二百八十三星，并二十八宿及輔官附坐一百八十二星，總二百八十三官，一千四百六十五星。宋元嘉中，太史令錢樂之所鑄渾天銅儀，以朱墨白三色用殊三家，而合陳卓之數。高祖平陳，得善天官者周墳并宋氏渾儀之器，乃令庚季才等參校周、齊、梁、陳及祖暅、孫僧化官私舊圖，刊其大小，正彼疎密，依準三家星位，以爲蓋圖。以墳爲太史令，自此太史觀生始能識天官。蕙田案：《晉》、《隋》二志述陳卓星圖總數只差一星，未知孰是。

《明史・天文志》：崇禎初，禮部尚書徐光啟督修天文，上《見界總星圖》，以爲《回回立成》所載有黄道經緯度者止二百七十八星，其繪圖者止十七座、九十四星，並無赤道經緯。今皆崇禎元年所測，黄赤二道經緯度畢具。後又上《赤道兩總星圖》，其説謂常現常隱之界隨北極高下而殊，圖不能限。且天度近極則漸狹，而《見界圖》從赤道以南其度反寬，所繪星座不合仰觀。因從赤道中剖渾天爲二，一以北極爲心，一以南極爲心。從心至周皆九十度，合之得一百八十度者，赤道緯度也。周分三百六十度者，赤道經度也。乃依各星之經緯點之，遠近位置形勢皆合天象。至於恒星循黄道右旋，惟黄道緯度無古今之異，而赤道經緯則歲歲不同，然亦有黄赤俱差，甚至前後易次者。如觜宿距星，唐測在參前三度，元測在參前五分，今測已侵入參宿。故舊法先觜後參，今不得不先參後觜，不可强也。又有古多今少、古有今無者。如紫微垣中六甲六星今只有一，華蓋十六星今止有四，傳舍九星今五，天廚六星今五，天牢六星今二。又如天理、四勢、五帝内座、天柱、天牀、大贊府、大理、女御、内廚，皆全無也。天市垣之市樓六星今二，太微垣之常陳七星今三，郎位十五星今十，長垣四星今二，五諸侯五星全無也。角宿中之庫樓十星今八，亢宿中之折威七星今無。氐宿中之亢池六星今四，帝席三星今無。尾宿中天龜五星今四，斗宿中之鼈十四星今十三，天籥、農丈人俱無。牛宿中之羅堰三星今二，天田九星俱無。女宿中之趙、周、秦、代各二星今各一，扶匡七星今四，離珠五星今無。虚宿中之司危、司禄各二星，今各一，敗臼四星今二，離瑜三星今二，天壘城十三星今五。危宿中之人五星今三，杵三星今一，臼四星今三，車府七星今五，天鉤九星今六，天錢十星今四，蓋屋二星今一。室宿中之羽林軍四十五星今二十六，螣蛇二十二星今十五，八魁九星今無。壁宿中之天廄十星今三。奎宿中之天溷七星今四。畢宿中之天節八星今七，咸池三星今無。觜宿中之座旗九星今五。井宿中之軍井十三星今五。鬼宿中之外廚六星今五。張宿中之天廟十四星今無。翼宿中之東甌五星今無。軫宿中之青邱七星今三，其軍門、土司空、器府俱無也。又有古無今有者。策星旁有客星，神宗元年新出，先大今小。南極諸星古所未有，近年浮海之人至赤道以南，往往見之，因測其經緯度。其餘增入之星甚多，並詳恒星表。

其論雲漢，起尾宿，分兩派：一經天江、南海、市樓，過宗人、宗星，涉天津至螣蛇；一由箕、斗、天弁、河鼓、左右旗，涉天津至車府而會於螣蛇，過造父，直趨附路、閣道、大陵、天船，漸下而南行，歷五車、天關、司怪、水府，傍東井，入四瀆，過闕邱、弧矢、天狗之墟，抵天社、海石之南，踰南舡、帶海山，貫十字架、蜜蜂，傍馬腹，經南門，絡三角、龜、杵而屬於尾宿，是爲帶天一周。以理推之，隱界自應有雲漢，其所見當不誣。又謂雲漢爲無數小星，大陵鬼宿中積尸亦然。考《天官書》，言星漢皆金之散氣，則星漢本同類，得此可以相證。又言昴宿有三十六星，皆得之於窺遠鏡者。凡測而入表之星共一千三百四十七，微細無名者不與。其大小分爲六等：内一等十六星，二等六十七星，三等二百零七星，四等五百零三星，五等三百三十八星，六等二百一十六星，悉具《黄赤二道經緯度》。《列表》二卷。

《續文獻通考》：明季西洋法入中國，崇禎元年所測諸星悉具黄赤經緯度，載於《崇禎新書》。《明史》撮其大要，入於《天文志》。今案馬端臨《象緯考》云：古今志天文者，述天官星之名義，大略皆同。兩朝志亦出入《晉》、《隋》二史，但能言其去極若干度、某宿若干度爲異，然亦惟赤道經緯度耳。西法所測悉具黄赤經緯度，至所上星圖，其《見界總星圖》即一行《蓋天圖》也。然赤道以外衆星疎密之狀，《唐書》已云與仰觀小殊，則從赤道分爲南北二圖，豈非著圖之良法歟？《明史》云：恒星有古多今少，古有今無者。《後漢書》註引張衡《靈憲》云：三光有似珠玉，神守精存，麗其職而宣其明。及其衰，神歇精斁，於是乎有隕星。恒星之隱顯有無，豈亦猶其説歟？《梅文鼎文集》云：「西法黄道十二象與中土異，而回回與歐邏巴復自不同。至黄道内外之星，或以爲六十象，或以爲六十二象。而貫索一星，回回以爲缺椀，歐邏巴以爲冕旒。其餘星名，亦多互異。今所傳之圖，皆因西法所列而變從中法之星座星名。或以西星合，古圖而有疑似，不敢輒定，遂並收之。而有增附之星，或以古星求西圖而弗得，其處不能强合，遂芟去之而成古有今亡之星。要之，皆徐、李諸公譯西星而酌爲之，非西傳之舊。」此論最爲明確。今又有即其增附之星收入本座，而與古合者矣。惟大贊府古無是星，《步天歌》云「上衛少衛次上丞，後門東邊大贊府」，蓋或以垣墻丞衛諸星爲贊襄之府，或訛輔爲府，今不可考。至近南極諸星與隱界、雲漢，理宜有之，廣東諸省已有見者。觀承案：紫宫垣十五星，東八而西七，若以大贊府爲星名，則多一星而成十六星矣。《宋志》載石氏説，則東西兩蕃總十六星。蓋於西蕃七星内添一太尉星，亦非所謂大贊府也。可知大贊府只是虚句，而非星名也。

梅氏文鼎《揆日候星紀要》：大西儒測算凡可見可狀之星一千二十二，若微小者、或不常見者、或朦黑者不與焉。其大小分爲六等。又因其難以識認，盡假取人物之像以别其名。星非真有象也，但人借名之耳。每合數星以成一像，凡四十八像，其多寡大小不等。在黄道北者二十一像：第一曰小熊，内有七星，外有一星。二曰大熊，内二十七，外八。三曰龍，凡三十一星。四曰黄帝，内十一外二。

五曰守熊人，内二十二外一。六曰北冕旒，凡八星。七曰熊人，内二十九外一。八曰琵琶，凡十星。九曰鴈鵞，内二十二外一。其十曰岳母，凡十三星。十一曰大將，内二十六外三。十二曰御車，凡十四星。十三曰醫生，又曰逐蛇，一醫常取蛇合藥以救世，其星如人逐蛇狀。内二十四外五。十四曰毒蛇，凡十八星。十五曰箭，凡五星。十六曰日鳥，性喜視日。内九外六。十七曰魚將軍，性好人，聞人歌樂即來聽，呼其名漸來就，人溺水則載之岸邊。人取魚，彼即領衆魚至。呼之，彼先躍過網，衆魚則羅網矣。凡十星。十八曰駒，凡四星。十九曰飛馬，凡二十星。二十曰公主，凡二十四星。二十一曰三角形，凡四星。共在北者三百六十星，一等三，二等十八，三等八十四，四等一百七十四，五等五十八，六等十三，昏者十。

在黄道中者，十二像：即十二宫。一曰白羊，即春分、清明，内十三外五。二曰金牛，即穀雨、立夏，内三十三外十一。三曰雙兒，即小滿、芒種，内十八外七。四曰巨蟹，即夏至、小暑，内九外四。五曰獅子，即大暑、立秋，内二十七外八。六曰列女，即處暑、白露，内二十六外六。七曰天秤，即秋分、寒露，内八外九。八曰天蝎，即霜降、立冬，内十一外三。九曰人馬，即小雪、大雪，凡三十一星。十曰磨羯，羊頭魚尾。即冬至、小寒，凡二十八星。十一曰寶瓶，即大寒、立春，内四十二外三。十二曰雙魚，即雨水、驚蟄，内三十四外四。共在中者三百四十六星，一等五，二等九，三等六十四，四等一百三十四，五等一百(缺)六，六等二十九，昏者三。在黄道南者十五像：一曰海獸，凡二十二星。二曰獵戶，凡三十八星。三曰天河，凡三十四星。四曰天兔，凡十二星。五曰大犬，内十八外十一。六曰小犬，凡二星。七曰船，凡四十五星。八曰水蛇，内二十五外二。九曰酒缾，凡七星。十曰烏雅，凡七星。十一曰半人牛，凡三十七星。十二曰豺狼，凡十九星。十三曰大臺，凡七星。十四曰南冕，凡十三星。十五曰南魚，内十二外六。共在南者三百十六星，一等七，二等十八，三等六十，四等一百六十八，五等五十三，六等九，昏者一。三方共一千二十二星，分其大小，一等共十五，二等共四十五，三等共二百(缺)八，四等共四百七十四，五等共一百十七，六等共四十九，昏者共十四。

新增十二像，係近南極之星。火鳥十，水委三，蛇首、蛇腹、蛇尾十五，小斗七，飛魚七，南船五，海山六，十字架四，馬尾四，馬腹三，蜜蜂四，三角形三，海石五，金魚四，夾白二，附白一，異雀十，孔雀十，波斯十一，鳥喙六，鶴十二，共一百三十四星。據西書言，彼地天文家原載可見之星分爲四十八象。後自宏治十年丁巳，有精於天文吴默哥者，行至極南，見有無名多星。復有西士安德肋者，亦見諸星之旁尚有白氣二塊如天漢者。嗣于明神宗十八年庚寅，有西士胡本篤始測定南極各星經緯度數，新增一十二像。至四十八年庚申，湯、羅兩公航海過赤道南，三月有奇，見南極已高三十餘度，將前星一一對測經緯皆符。但據云一十二像，今又有二十一名，何耶？蕙田案：南極旁諸星，自古未有，西人以目驗得之。

清《曆象考成》卷一六　恒星總論

恒星之名，見於《春秋》，而四仲中星及斗、牽牛、織女、參、昴、箕、畢、大火、農祥、龍尾、鳥帑、天駟、天黿之屬，散見於《尚書》、《易》、《詩》、《左傳》、《國語》。至《周禮・春官》馮相氏掌二十八星之位，而《禮記・月令》、《大戴・禮》、《夏小正》稍具諸星見伏之節。蓋古者敬天勤民，因時出政，皆以星爲紀。秦炬之後，羲和舊術，無復可稽，其傳者惟《史記・天官書》，而所載簡略。後漢張衡云：中外之官，常明者百有二十四，可名者三百二十，爲星二千五百，而其書不傳。至三國時，太史令陳卓始列巫咸、甘、石三家所著星圖，總二百八十三官，一千四百六十四星。隋丹元子作《步天歌》，叙三垣二十八宿，共一千四百六十七星，爲觀象之津梁，然尚未有各星經緯度數。自唐宋而後，諸曆家以儀象考測，始有各星入宿去極度數，視古加密矣。《新法曆書》恒星圖表，其星一千二百六十六，分爲六等，第一等星一十七，第二等星五十七，第三等星一百八十五，第四等星三百八十九，第五等星三百二十三，第六等星二百九十五，外無名不入等者四百五十九。康熙壬午年，欽天監新修《儀象志》，恒星亦分六等，而其數又與《新法曆書》微異。第一等星一十六，第二等星六十八，第三等星二百零八，第四等星五百一十二，第五等星三百四十二，第六等星七百三十二，總計一千八百七十八。蓋觀星者以目之所能辨，因其形體聯綴成象而命之名，其微茫昏暗者，多不可考。故各家星官之學，有古少而今多者，亦有古多而今少者，而惟列宿及諸大星，則中外如一轍也。今擇其近黄道諸星及星體之大者，爲推凌犯中星之用。其黄道經緯，則依《儀象志》加歲差推算，爲曆元康熙二十三年甲子黄道經緯度云。

恒星東行

恒星行，即古歲差也。古曆俱謂恒星不動而黄道西移，今謂黄道不動而恒星東行。蓋使恒星不動而黄道西移，則恒星之黄道經緯度宜每歲不同，而赤道經緯度宜終古不變。今測恒星之黄道經度每歲東行，而緯度不變，至於赤道經度則逐歲不同，而緯度尤甚。自星紀至鶉首六宫星，在赤道南者，緯度古多而今漸少，在赤道北者，緯度古少而今漸多。自鶉首至星紀六宫星，在赤道南者，緯度古少而今漸多，在赤道北者，緯度古多而今漸少。凡距赤道二十三度半以内之星，在赤道北者皆可以過赤道南，在赤道南者亦可以過赤道北。則恒星循黄道東行，而非黄道之西移明矣。《新法曆書》載西人第谷以前恒星東行之數，或云百年而行一度，或云七十餘年而行一度，或云六十餘年而行一度，隨時修改，訖無定數，與古曆累改歲差之意同。迨至第谷殫精推測，方定恒星每歲東行五十一秒，約七十年有餘而行一度。而元郭守敬所定，亦爲近之。至今一百四十餘年，驗之於天，雖無差忒，但星行微渺，必歷多年，其差乃見。然則第谷所定之數，亦未可泥爲定率，惟隨時測驗，依天行以推其數可也。

測恒星法

恒星東行既依黄道，則測定一年之黄道經緯度，而逐年之黄道經緯度皆視此矣。然欲測諸恒星，必以一星作距，而欲測黄道經緯度，必以赤道經緯度爲宗。蓋諸曜隨天左旋，惟赤極不動。其經緯既與黄道相當，又與地平相應，時刻之早晚於是乎紀，太陽之躔次於是乎辨，非赤道則黄道無從而稽也。其法擇恒星之大者，測其方中時刻，及正午高弧，乃以本時太陽赤道經度與太陽距午正赤道經度相加，即星之赤道經度，又以正午高弧與赤道高度相減，即星之赤道緯度，既得赤道經緯度，則用弧三角法推得黄道經緯度。既得一星之黄赤經緯度，即以此一星作距，或用黄道赤道諸儀測其相距之經緯，或用地平象限諸儀測其偏度及高弧，而諸星之黄赤經緯度皆可得矣。要之，測恒星之法，先測一星爲準，而此星經度，必取定於太陽，倘於時刻差四分，則於天行差一度，故須參互考驗，方得密合。或用太陰及太白比測者，然皆有視差，不如用太陽之確準也。

設如亥初初刻，測得大角星方中，正午高弧七十度四十九分四十秒，本時太陽赤道經度爲實沈宫一十五度四十九分一十秒，求大角星黄赤經緯度。如圖，甲爲天頂，甲乙丙丁爲子午圈，乙丙爲地平，丁爲北極，戊己爲赤道，庚辛爲黄道，壬爲大角星，當赤道之戊，戊乙爲京師赤道高五十度零五分，壬乙爲星高弧七十度四十九分四十秒，癸爲太陽，當赤道之子，戊子爲亥初初刻距午正赤道經度，以亥初初刻距午正之九小時變作一百三十五度，自子點實沈宫一十五度四十九分一十秒計之，得戊點爲大火宫初度四十九分一十秒，即大角星赤道經度。又以壬乙七十度四十九分四十秒與戊乙五十度零五分相減，餘壬戊二十度四十四分四十秒，即大角星距赤道北緯度。乃用弧三角法推之，即得大角星黄道經度爲壽星宫二十度二十二分三十秒，緯度距黄道北三十一度零三分也。法與斜弧三角形設例第七則同。

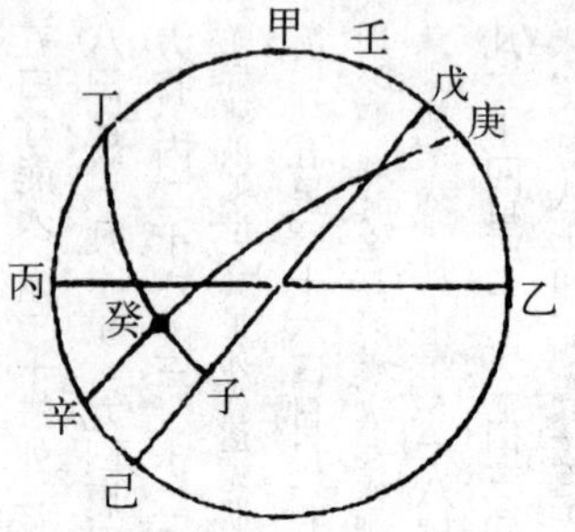

設如以大角星作距，用黄道儀測心宿第二星。如圖，甲乙爲南北極，丙丁爲黄極軸，甲丙乙丁爲過二極經圈，戊己爲地平，庚辛爲黄道，庚爲冬至，辛爲夏至，壬爲黄道心，壬癸爲黄道心緯表，子點爲壽星宫二十度二十二分三十秒，即大角星黄道經度，丑點爲其對衝，即降婁宫二十度二十二分三十秒。於丑點安表耳，對丙丁黄極軸，見大角星如寅，當黄道之子，同時於丙卯丁辰黄道經圈辰點安表耳，對壬癸緯表，見心宿第二星如卯，當黄道之巳，乃視巳點爲析木宫五度五十五分三十秒，即心宿第二星黄道經度。又視辰午四度二十七分與卯巳等，即心宿第二星距黄道南之緯度也。

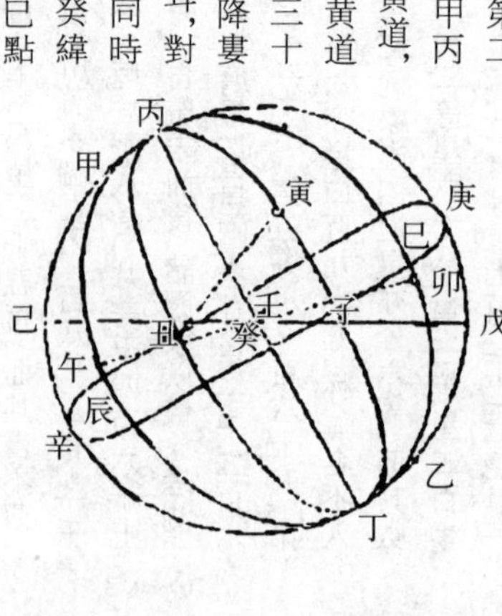

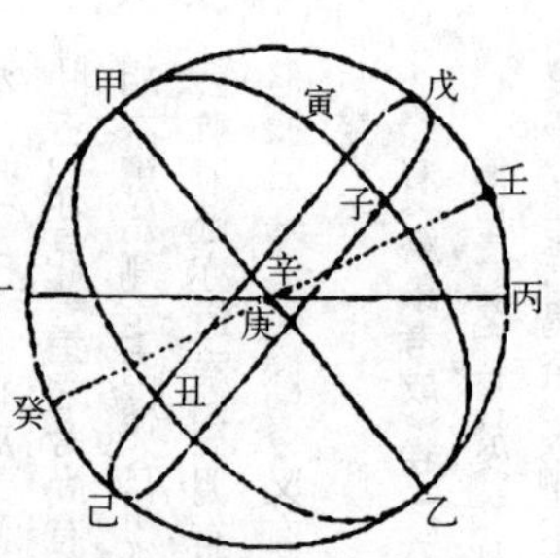

設如用赤道儀測之，如圖，甲乙爲赤極軸，甲丙乙丁爲子午圈，丙丁爲地平，戊己爲赤道，庚爲赤道心，庚辛爲赤道心緯表，壬爲心宿第二星，正到子午圈上。於癸點安表耳，對庚辛緯表，見心宿第二星當赤道之戊，距赤道如戊壬。同時以甲子乙丑經圈對大角星寅，則當赤道之子。乃視子戊相距三十二度二十分五十秒，與大角星赤道經度大火宫初度四十九分一十秒相加，因在距星東故加，若在距星西則減。得析木宫三度一十分，即心宿第二星赤道經度。又視戊壬二十五度四十三分二十秒，即心宿第二星距赤道南之緯度，既得赤道經緯度。用弧三角法推之，亦得心宿第二星黄道經度爲析木宫五度五十五分三十秒，緯度在黄道南四度二十七分也。

又隨時測恒星法。設如子正初刻，用地平儀測得室宿第一星地平經度偏西六十一度三十四分五十秒，同時用象限儀測得高弧五十二度五十三分四十五秒，本時太陽赤道經度爲壽星宫初度五十二分三十六秒，正午赤道經度爲降婁宫初度五十二分三十六秒，求室宿第一星黄赤經緯度。如圖，甲爲天頂，甲乙丙丁爲子午圈，乙丙爲地平，丁爲北極，戊己爲赤道，庚爲室宿第一星，當赤道之辛，乙壬爲地平經度偏西六十一度三十四分五十秒，即壬甲乙角，庚壬爲高弧五十二度五十三分四十五秒，庚辛爲赤道北緯度，即丁庚之餘，戊辛爲距午正赤道經度，即丁角。乃用甲丁庚斜弧三角形，求丁庚弧及丁角。此形有甲丁弧五十度零五分，爲京師北極距天頂之度，有甲庚弧三十七度零六分一十五秒爲庚壬之餘，有甲角一百一十八度二十五分一十秒，爲壬甲乙角之外角，求得丁庚弧七十六度一十六分一十四秒，與丁辛九十度相減，餘庚辛一十三度四十三分四十六秒，即室宿第一星距赤道北緯度。又求得丁角三十度，當戊辛弧，即距午正赤道經度，與戊點降婁宫初度五十二分三十六秒相減，因星在午西故減，若星在午東則加。得辛點爲娵訾宫初度五十二分三十六秒，即室宿第一星赤道經度。既有赤道經緯度，則用弧三角法推之，即得室宿第一星黄道經度爲娵訾宫一十九度三十九分三十秒，緯度在黄道北一十九度二十六分也。此法或用月食時刻，或用中星時刻，隨時測量，不必方中，其所得太陽距正午赤道經度較準，而所得之地平經緯度亦簡而易。用距星測他星倣此。

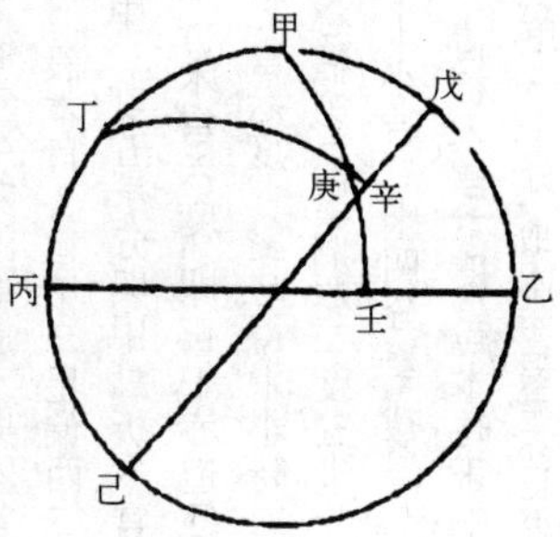

三恒星比測考經度

前用太陽經度推測各星經度，尚恐所測未準，又用左右兩星比測中一星以考驗之，彼此分秒相符，方爲密合。如原測得參宿第一星赤道經度實沈宫一十九度三十分，南河第二星赤道經度鶉首宫一十八度零二分，星宿第一星赤道經度鶉火宫一十八度三十一分。今用赤道儀先測得參宿第一星與南河第二星相距二十八度三十二分，以加參宿第一星赤道經度實沈宫一十九度三十分，得南河第二星赤道經度爲鶉首宫一十八度零二分。又測得南河第二星與星宿第一星相距三十度二十九分，以減星宿第一星赤道經度鶉火宫一十八度三十一分，亦得南河第二星赤道經度爲鶉首宫一十八度零二分。彼此參互考驗，其數相同，方知其不誤也。

推恒星赤道經緯度

恒星赤道經緯度，逐歲不同，難以列表。《儀象志》用加分算，法固簡捷，而理則未精。蓋二分之後，黄道度多，赤道度少。二至之後，黄道度少，赤道度多。恒星既依黄道東行，則升度差亦有增減，況黄道與赤道斜交，夏至後赤道北之星漸差而近，冬至後赤道北之星漸差而遠。緯度既差，則經度亦必有差。今立法以曆元甲子年各星黄道經度加歲差分，得本年各星黄道經度，然後用弧三角法推本年各星赤道經緯度，設例如左。

設曆元甲子年，河鼓第二星黄道經度爲星紀宫二十七度一十分，黄道北緯度二十九度二十一分，求赤道經緯度。如圖，甲爲赤極，乙爲黄極，甲乙相距二十三度二十九分三十秒，丙丁爲赤道，戊己爲黄道，戊爲冬至，己爲夏至，庚爲河鼓第二星，當黄道之辛，當赤道之壬。戊辛爲黄道經度距冬至二十七度一十分，即戊乙辛角。庚辛爲星距黄道北二十九度二十一分，丙壬爲距冬至赤道經度，即丙甲壬角。庚壬爲赤道北緯度，即甲庚之餘。故用甲乙庚斜弧三角形，求甲庚弧及甲角。此形有甲乙邊二十三度二十九分三十秒，有乙角一百五十二度五十分，爲戊乙辛角之外角，有乙庚弧六十度三十八分，爲庚辛之餘。求得甲庚弧八十一度五十四分五十六秒，與九十度相減，餘八度零五分零四秒，即赤道北緯度。又求得甲角二十三度四十一分五十八秒，即距冬至赤道經度，爲星紀宫二十三度四十一分五十八秒也。若用加分算，依《儀象志》内載康熙十一年壬子，河鼓第二星赤道經度爲星紀宫二十三度三十七分，緯度在赤道北八度九分，自癸丑年起算每年經度加四十六秒一十二微，緯度加七秒四十八微。至康熙二十三年甲子計十二年，經度應加九分一十四秒二十四微，緯度應加一分三十三秒三十六微，則甲子年河鼓第二星赤道經度爲星紀宫二十三度四十六分一十四秒二十四微，緯度在赤道北八度一十分三十三秒三十六微，較細推所得之數經度多四分

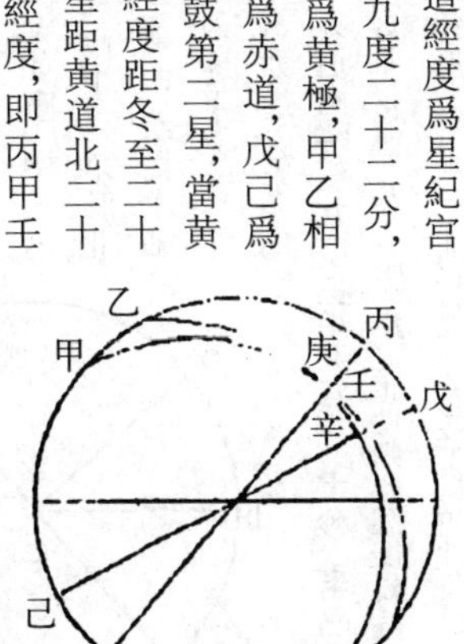

一十六秒二十四微，緯度多五分二十九秒三十六微。十二年之間，雖所差無多，然而積久則著也。

又　中星時刻

曆法最重中星，有中星可以知時刻，有時刻亦可以知中星。中星與時刻相符，則恒星之經度可稽，太陽之躔次可驗，而太陰與五星皆於是取徵焉。中星求時刻者，以中星赤道經度即本時正午赤道經度。與本日太陽赤道經度相減，餘數變時，自午正後起算，即得時刻。時刻求中星者，以本時太陽赤道經度與本時太陽距午正後赤道經度相加，即得本時正午赤道經度，視本年某星赤道經度與正午赤道經度相合，即爲某星方中。若星之赤道經度小於正午赤道經度，即爲某星偏西，大於正午赤道經度，即爲某星偏東也。

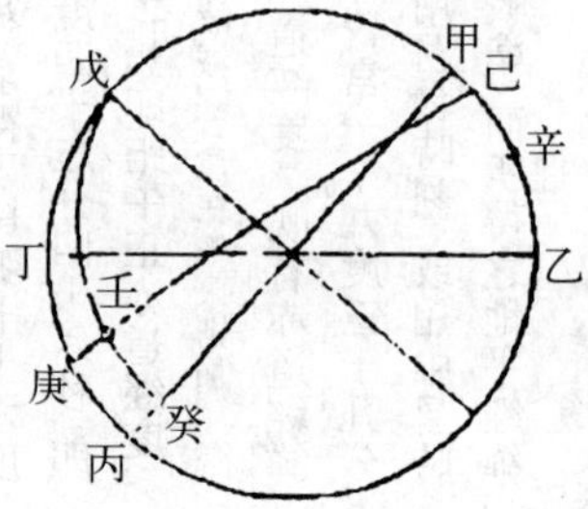

設心宿第二星康熙六十年赤道經度爲析木宮三度一十分，夏至日太陽赤道經度爲鶉首宮初度，求其方中之時刻。如圖，乙丙丁爲子午圈，乙丁爲地平，戊爲北極，甲丙爲赤道，己庚爲黃道，辛爲心宿第二星，當赤道之甲，爲析木宮三度一十分，即正午赤道經度。壬爲太陽，當赤道之癸，爲鶉首宮初度。則於正午甲點析木宮三度一十分內，減癸點太陽赤道經度鶉首宮初度，餘甲癸弧五宮三度一十分，變時得十小時一十二分四十秒。自甲點午正初刻起算，得亥正初刻一十二分四十秒，即心宿第二星方中之時刻也。如以時刻求中星，則以本時太陽距正午十小時一十二分四十秒變赤道度，得五宮三度一十分，與本時太陽赤道經度鶉首宮初度相加，得析木宮三度一十分，爲本時正午赤道經度。與本年心宿第二星赤道經度相合，即爲心宿第二星方中也。設本日心宿第二星偏西二度五十分，求時刻則赤道經度偏西如子甲，乃以子甲二度五十分與甲點析木宮三度一十分相加，因偏西故加，若偏東則減。得子點爲析木宮六度，即正午赤道經度，內減癸點太陽赤道經度鶉首宮初度，餘子癸弧五宮六度。變時得十小時二十四分，自子點午正初刻起算，得亥正二刻九分，即心宿第二星偏西二度五十分之時刻也。如以時刻求中星，則以本時太陽距正午十小時二十四分變赤道度，得五宮六度，與本時太陽赤道經度鶉首宮初度相加，得析木宮六度，爲本時正午赤道經度，內減本年心宿第二星赤道經度析木宮三度一十分，取本年恒星赤道經度相近者用之。餘二度五十分，即爲心宿第二星偏西二度五十分也。

恒星出入地平

恒星隨宗動天東出西入，旋轉有常。因節氣有冬夏，晝夜有永短，人居有南北，故所見恒星出入地平之時刻，因時各異，隨地不同也。夫逐時皆有出入地平之恒星，逐星皆有出入地平之時刻，可以測候而得，亦可以推步而知。其法用本地北極高度及本星赤道經緯度，求得本星與赤道同出入地平之度，乃與本時太陽赤道經度相減，即得本星出入地平之時刻也。

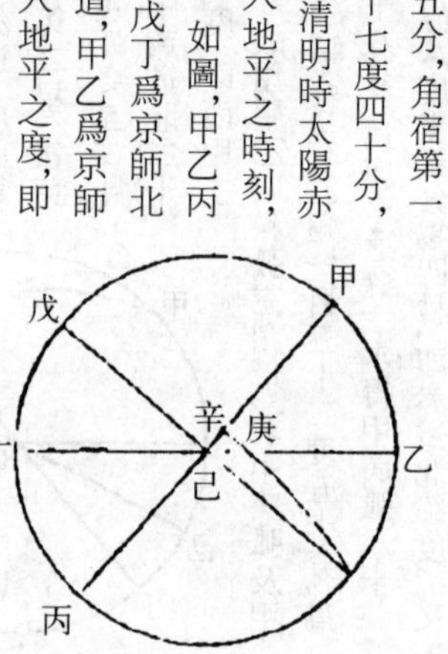

設如京師北極高三十九度五十五分，角宿第一星康熙六十年赤道經度爲壽星宮一十七度四十分，距赤道南緯度九度三十九分一十秒，清明時太陽赤道經度爲降婁宮一十五度，求其出入地平之時刻，則先求本星與赤道同出入地平之度。如圖，甲乙丙丁爲子午圈，乙丁爲地平，戊爲北極，戊丁爲京師北極高三十九度五十五分。甲丙爲赤道，甲乙爲京師赤道高五十度零五分。己爲赤道出入地平之度，即卯正酉正之位。庚爲角宿第一星，當赤道之辛，爲壽星宮一十七度四十分。庚辛爲距赤道南緯度九度三十九分一十秒，辛己爲星出入地平在卯後酉前分。星在赤道南爲卯後酉前分，星在赤道北爲卯前酉後分，與太陽出入地平之理同。乃用己辛庚正弧三角形，求辛己弧。此形有辛直角，有己角五十度零五分，有庚辛弧九度三十九分一十秒，求得辛己弧八度一十分五十一秒。以辛己弧與辛點壽星宮一十七度四十分相加，得壽星宮二十五度五十分五十一秒，爲星出地平時卯正赤道度。因辛己弧爲卯後分故加，若爲卯前分則減。又以辛己弧與辛點壽星宮一十七度四十分相減，得壽星宮九度二十九分零九秒，爲星入地平時酉正赤道度。因辛己弧爲酉前分故減，若爲酉後分則加。既得星出入地平時卯正酉正赤道度，則於星出地平時卯正赤道度壽星宮二十五度五十分五十一秒內，減本日太陽赤道經度降婁宮一十五度不及減者，加十二宮減之。餘六宮一十度五十分五十一秒，變時得一十二小時四十三分二十三秒，自卯正後計之爲酉正二刻十三分二十三秒，即角宿第一星出地平之時刻。又於星入地平時酉正赤道度壽星宮九度二十九分零九秒內，減本日太陽赤道經度降婁宮一十五度，餘五宮二十四度二十九分零九秒，變時得一十一小時三十七分五十七秒，自酉正後計之，爲卯初二刻七分五十七秒，即角宿第一星入地平之時刻也。

清《儀象考成・奏議》 查漢以前星官名數，今無全書。《晉志》載吴太史令陳卓總巫咸、甘、石三家星官著於圖録，凡二百八十三官，一千四百六十四星，今亦不見原本。隋丹元子《步天歌》與陳卓數合。後之言星官者皆以《步天歌》爲準。康熙十三年監臣南懷仁修《儀象志》，星名與古同者總二百六十一官、一千二百一十星，比《步天歌》少二十二官、二百五十四星，又於有名常數之外增五百一十六星，又多近南極星二十三官、一百五十星。監臣戴進賢等據西洋新測星度，累加測驗，《儀象志》尚多未合，又星之次第多不順序。臣何國宗恭奉聖訓，宜加釐正。臣劉松齡、臣鮑友管率同監員明安圖等詳加測算，著之於圖。臣允禄等復公同考定，總計星名與古同者二百七十七官、一千三百一十九星，比舊《儀象志》多十六官、一百零九星，與《步天歌》爲近。其中次第顛倒凌躐臣等順序改正者一百五官、四百四十五星。其尤彰明較著者，二十八宿次舍自古皆觜宿在前、參宿在後，其以何星作距星，史無明文。《儀象志》以參宿中三星之西一星作距星，則觜宿在後、參宿在前。今依次順序，以參宿中三星之東一星作距星，則觜前參後，與古合，亦經順序改正。又於有名常數之外增一千六百一十四星，按其次序，分註方位，以備稽考。又近南極星二十三官、一百五十星，中國所不見，悉仍西測之舊。共計恒星三百官、三千零八十三星，編爲《總記》一卷。《黄道經緯度表》、《赤道經緯度表》各十二卷，《月五星相距恒星經緯度表》一卷，《天漢黄赤經緯度表》四卷，共成書三十卷。書内星圖體制微小，謹另繪大圖，一併恭呈。

清《儀象考成》卷一《恒星總紀》 恒星即經星也，以其有常不易，故名經星。《史記・天官書》：紫宫、房、心、權衡、咸池、虚、危列宿部星，此天之五官坐位也，爲經，不移徙，大小有差，闊狹有常。經星又各有經緯度，故别之曰恒星。其星官名數，古今不同。《漢書・天文志》經星常宿中外官凡百一十八名，積數七百八十三星。《晉志》載吴太史令陳卓始列甘、石、巫咸三家星官著於圖録，凡二百八十三官、一千四百六十四星，今皆不見原本。隋丹元子《步天歌》與陳卓數合，後此言天官者皆以《步天歌》爲準。康熙十三年監臣南懷仁修《儀象志》，星名與古同者總二百五十九座、一千一百二十九星，比《步天歌》少二十四座、三百三十五星。又於有名常數之外增五百九十七星，又多近南極星二十三座、一百五十星。近年以來，累加測驗，星官度數，《儀象志》尚多未合。又星之次第多不順序，亦宜釐正。於是逐星測量，推其度數，觀其形象，序其次第，著之於圖，計三垣二十八宿星名與古同者總二百七十七座、一千三百一十九星，比《儀象志》多十八座、一百九十星，與《步天歌》爲近。其尤與古合者，二十八宿次舍自古皆觜宿在前，參宿在後，其以何星作距，古無明文。《唐書》云古以參右肩爲距，失之太遠。《文獻通考》載宋兩朝《天文志》云觜三星距西南星，參十星距中星西第一星。西法觜宿距中上星，參宿亦距中西一星。今按觜宿中上星在西南星前僅六分餘，而西南星小，中上星大，則以中上星作距可也。若參宿以中西一星作距星，則觜宿之黄道度已在參宿後一度餘，即赤道度亦在參宿後三十一分餘。今依次順序以參宿中三星之東一星作距星，則觜宿黄道度恒在參前一度弱，與觜前參後之序合。其餘諸座之星，皆以次順序，無凌躐顛倒之弊。又於有名常數之外增一千六百一十四星，近某座者即名某座增星，依次分註方位，以備稽考。其近南極星二十三座、一百五十星，中國所不見，仍依西測之舊，共計恒星三百座三千八十三星，編爲《總紀》一卷，庶星官名數古今不同及黄道赤道所屬宫次皆展卷瞭然矣。

又 近南極星

海山六星，外增二星，黄道在卯辰宫，赤道在巳宫。

十字四星，黄道在卯宫，赤道在辰宫。

馬尾三星，黄道在辰宫，赤道在辰巳宫。

馬腹三星，黄道在卯宫，赤道在辰宫。

蜜蜂四星，黄道在卯宫，赤道在辰宫。

三角形三星，外增四星，黄道在寅宫，赤道在寅卯宫。

異雀九星，黄道在寅宫，赤道在寅、卯、辰宫。

孔雀十一星，外增四星，黄道在丑、寅宫，赤道在子、丑、寅宫。

波斯十一星，黄道、赤道俱在子、丑宫。

蛇尾四星，黄道在丑宫，赤道在戌、亥、子宫。

蛇腹四星，黄道在亥、子宫，赤道在酉、戌宫。

蛇首二星，黄道在亥宫，赤道在酉、戌宫。

鳥喙七星，外增一星，黄道在子宫，赤道在戌、亥宫。

鶴十二星，外增二星，黄道在子宫，赤道在亥、子宫。

火鳥十星，外增一星，黄道在亥、子宫，赤道在戌、亥宫。

水委三星，黄道在亥宫，赤道在戌宫。

附白二星，黄道在子宫，赤道在酉宫。

夾白二星，黄道在戌、亥宫，赤道在申、酉宫。

金魚五星，外增一星，黄道在寅、酉、戌宫，赤道在未、申宫。海石五星，外增三星，黄道在辰、巳宫，赤道在午宫。

飛魚六星，黄道在卯、辰宫，赤道在午、未宫。

南船五星，外增一星，黄道在卯、辰宫，赤道在巳、午宫。

小斗九星，外增一星，黄道在寅、卯宫，赤道在辰、巳、午、未宫。

右共二十三座，一百三十星。外增二十星，古無。

清・王家弼《天學闡微》卷一 衆星

《漢書・天文志》中外官凡百一十八名，積數七百八十三。《晉書・天文志》張衡云：中外之官常明者百有二十四，可名者三百二十，爲星二千五百，微星之數蓋萬有一千五百二十。後武帝時太史令陳卓總甘、石、巫咸三家所著星圖，大凡二百八十三官，一千四百六十四星，以爲定紀。《隋書・天文志》總有二百五十四官，一千二百八十三星，并二十八宿及輔官附坐一百八十二星，總二百八十三官，一千五百六十五星。大西儒測算凡可見可狀之星一千二十二，若微小者、或不常見者，或朦黑者不與焉。《新法曆書》南北兩極共得一千七百二十五星，有名之星一千二百六十六，餘則皆爲無名之星。康熙時南懷仁考定星名，與古同者總二百五十九座，一千一百二十九星。又於有名常數之外增五百九十七星，又多近南極星二十三座，一百五十星。乾隆時戴進賢累加測驗，星名與古同者總二百七十七座，一千三百一十九星，又於有名常數之外增一千六百一十四星，其近南極星二十三座，一百五十星，仍依西測之舊，共計恒星三百座、三千八十三星。古今星數所以不同者，一由測星者之去取而意爲增減，如但取可見可狀之星，則數少；并取微小朦黑之星，則數多也。一由星氣之實有消長，而有古多今少、古少今多、古有今無、古無今有之異。戴進賢所測角宿内柱十五星今少四星，氐宿内亢池六星今少二星，騎官二十七星今少十七星，心宿内積卒十二星今少十星，斗宿内天淵十星今少七星，鱉十四星今少三星，牛宿内天田九星今少五星，九坎九星今少五星，女宿内離珠五星今少一星，危宿内天錢十星今少五星，人五星今少一星，室宿内八魁九星今少三星，壁宿内天厩十星今少七星，奎宿内天溷七星今少三星，畢宿内九州殊口九星今少三星，井宿内軍市十三星今少七星，共少八十三星。星宿内天稷五星、張宿内天廟十四星、翼宿内東甌五星、軫宿内軍門二星、土司空四星、器府三十二星，共六座六十二星今無。又所增一千六百一十四星之中蓋又有古少而今多、古無而今有者，是則星官消長之實測也。

清・李善蘭、偉烈亞力《談天》卷一五《恒星》 天文家測恒星之明暗，分爲若干等，光最大者爲一等，其次爲二等，又次爲三等四等，又次爲五六七等。光雖漸微，然清明之夜，目能見之。自八等至十六等則非遠鏡不能見矣，然遞次造遠鏡，力愈大，所見星亦愈多。故恐不止十六等，十六等以下，必尚有無數星，今未能見也。各人所測定之等，不盡同，然大略一等星或二十三或二十四，二等約五六十，三等約二百，愈小愈多，總計一等至七等，見于各家表者，自一萬二千至一萬五千未定。

恒星之體不能見，不過憑其入目之光分，以定其等。夫光分大小之故有三：一、星距我遠近，二、星之實光面大小，三星之光力强弱。準此，則星之光分，參差不等。其最大最小，必如數萬萬與一之比。今光分之三故，既不能略知，則所分之等，亦不足憑。且天文家測光分大小，亦非定用一法。有用連比例者，如下一等之光分，恒半于上一等，或恒爲三分之一。或任用他比例，有用逐數平方之反比例者，如一等爲一，二等爲四分之一，三等爲九分之一，四等爲十六分之一，以下類推。今案前法，與光理合，蓋逐等之光，有一定比例也。然依視學理，測光之比例，人目所不能，則亦有病也。後法與體積等齊之理合，其意蓋謂星之實光本相等，但距我有遠近，一等最近我，二等以下其距我或倍於一等，或二倍三倍於一等，餘類推。準此，七等與六等比若三十六與四十九比，十等與九等比若八十一與一百比，而一等與二等比若四與一比。此法無病，蓋目之辨别小光，較易於大光。察六七等之差，爲四十九分之三十六，與察一二等之差，爲四分之一，初無異，故後法勝於前法也。近代所用之等數，理與第二法略同。設一等星如南門第二星，距我爲〇・四一四，乃移此星漸遠，令其距我爲一・四一四，又爲二・四一四，又爲三・四一四，則其光分遞變小，必與二三四諸等之星同也，餘仿此。

凡相連二等諸星，其光分不齊，中間尚可分爲若干等。而一等與二等，尤不齊，或分爲一二等，二三等。餘類推，或於一二兩等間增兩等，曰一等，一二等、二一等、二等。一二等者，謂其等在一二等之間，而近於一等也。二一等者，亦謂在一二等之間，而近於二等也。然不如用整數小數，以整數表其等，以小數表其分，爲較密。如井宿第三星，在二三兩等之間。其光分與一等星中參宿第四星比，若一之平方與二·五一之平方比，則爲二·五一等。又與南門第二星比，若一之平方與二·九二四之平方比，則爲二·九二四等。末卷附恒星表，俱依此法列之。測星光分大小，其難有多端，星之色不同，一也。無一定大小之光爲本，二也。人目僅能辨光之等不等，而不能定大小之比例，三也。法之最善者，取木星之光爲本率。蓋木星之光，明於諸大恒星，無弦望之變。不過準距日遠近而小變，亦易推也。法依視學，令其光變小，與所測之恒星光相等，乃推其比例，而知所測星之光分也。如圖，𠮙爲所測星，呷爲木星，呐爲三稜玻瓈，叮爲凸鏡，𠮙爲聚光點。呷光入呐而回，透過叮，而聚於𠮙，𠮙必有小光點。熒熒若星，置呐法，必令呷之回光與𠮙之視線平行。戓爲人目，見𠮙并見𠮙，乃進退戓。令𠮙變大小，至

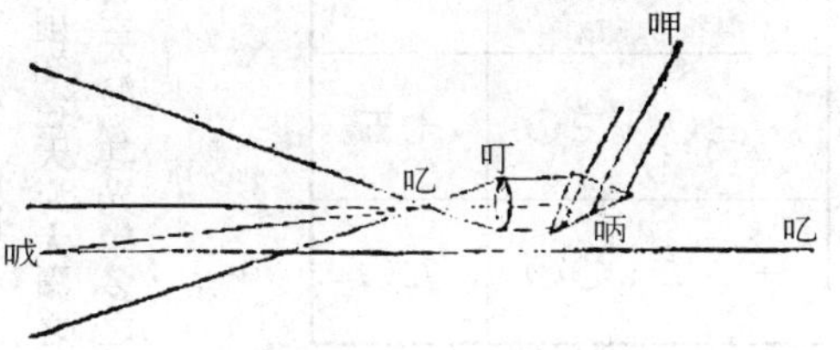

𠮙𠮙二光分相等而止。夫𠮙光之大小，與戓𠮙距平方有反比例，乃如法累測二星。定戓𠮙之二距，即得二星光分之比例也。先選取數星，用此法測其光分，以定其等。其餘諸星，暗於上一等明於下一等者，即用測定之星相較，以推其小分，則可成星等之全表。自最明天狼星起，至最小僅能見之星，俱能推定其光分也。天學中此一門，今初濫觴，若能精益求精，用以測諸變星，有大用也。

觀最明諸星之方位，覺其散布天空，疏密略同。而參宿第二星，十字架第四星，所居之大圈左右一帶最多，又南半球多於北半球，若并目所能見諸小星統論之，則覺近天河最多。而遠鏡測之，則近天河一帶，多至不可數計，目所見天河之白光，實無數小星之光也。由是觀之，恒星非散滿太虛中，乃聚居一處。其聚處之界，如圖。乙申丙或乙申丁爲其長，倍甲申爲其厚，申甲面之垂線爲其廣，厚較長與廣甚小，日爲恒星之一，與諸行星及地居於申，約在厚之中點。近申處分爲申丙、申丁二股，二股之交角不甚大。人在地望天空四周，申甲方向爲界之厚，厚之徑最小，故見星最少。申乙、申丙、申丁三方向爲界之長，長之徑最大，故見星最多。侯失勒維廉以最大遠鏡測天河，悟得恒星之理如此。以遠鏡窺天河最明處闊二度一帶，一小時中所過之星，約五萬。又當赤經一百五十七度三十分，距極一百四十七至一百五十度之處，方一度中，數之得五千餘星。小星如是多而大星甚少，蓋距申最遠也。

用目視天河最明之一道，大率爲天球之大圈，與赤道交角約六十三度。其二交點之赤經，一爲十一度四十五分，一爲一百九十一度四十五分。故天河圈之北極，其赤經一百九十一度四十五分，距極六十三度。其南極之赤經十一度四十五分，距極一百十七度。此大圈當分股處，在二股之間，略近尤明之股，依赤經度細測之。初過閣道，爲其最明處，約在閣道第三星北二度，即距極二十八度。再過策星與閣道第二星之間，發一分支向西南，近天船第三星最明，近卷舌第二星漸淡，過此幾不可見。約略近畢昴二宿，爲分支盡界，其中幹最淡。過柱第一第二第三星出五車第二星之西，又過諸王司怪，而交黃道路近二至經圈，過水府四瀆而交赤道。其經一百零三度三十分，光淡而難辨，過此漸明。自四瀆過天狼之北，至弧矢，漸闊而益明，色白。直至近日

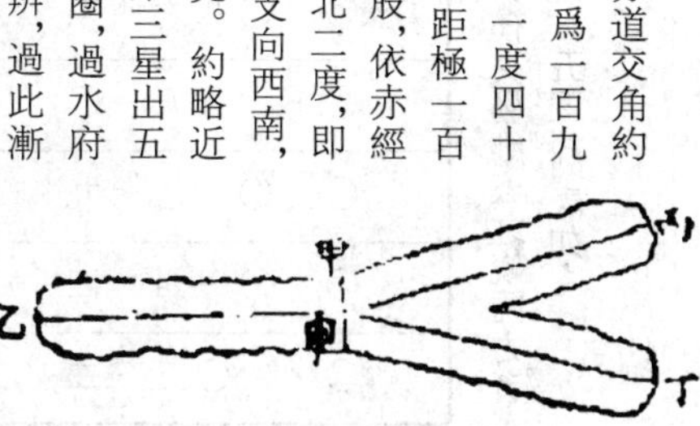

短圈，又分一支，細而曲，至天社第一星而盡。其中幹向南行，至距極一百二十三度，散爲數支，狀若摺扇，闊約二十度，錯雜相交，至天記及天社第一星之聯線，而數支忽俱隱歷若干度而再見，仍爲數支，至南船第三星而合，狀亦如摺扇。約至海山成小洞，狀半圜，次作小頸狀，最明，闊約三四度。而至十字架爲最狹處，過此忽變闊而明。中間函十字架第三第四星，及馬腹第三星將及南門第二星，白光之中，忽函黑洞，作梨狀，甚清晰，人人能見。海船中指名曰煤袋，此洞長八度，闊五度。用目察之，中惟一微星。測以遠鏡，則有多星。所有黑暗者，因四周皆白光故也，此即最近南極處，其光較北半球甚明。因思天河必作扁環，或别回原之形，其闊與厚不等。我地與日所處，四面皆遠天河，而非恰居中心，略近南也。常南門第二星，又分一支，其初甚闊，約如本幹之半，驟削而狹，其削邊與本方向交角約二十度，西至積卒第一星，漸淡不可見。其本幹變闊，過尾宿成曲肘形，又分爲二支，其東支闊狹明暗參差不等，其西支發諸小支相交。過神宮漸闊漸淡，近天籥而隱，距北極一百零三度，與北邊大支相隔，其空處十四度無光。本幹成曲肘形處彎向東，過杵，又過尾宿第五第六星。至箕宿第一星，忽聚爲橢圜狀，約長六度，闊四度，光極明，測其星至少當有十萬。過此而北，與黃道交，其經度二百七十六，過斗宿至於天弁。其狀有極凹處三，與驟凸處相間。其凸最甚而明者一，近河鼓，乃中國所見天河最明之處，當赤經二百八十五度過

赤道。此處屈曲無定，過右旗河鼓左旗，至天津第九星，作亂續之狀，不甚相連。在天津第九第三第一星之間，有廣黑洞，略如南方之煤袋，是爲三大支之源。三大支者，一即本支。其餘二支，一自黑洞處起，從天津第三星向北，過螣蛇造父而復至閣道。一自天津第一星起，光甚明，向南行，過輦道第四星入天市垣，約至赤道當星點希疎處而隱。此支若過赤道，可與天籥所隱之支相連。而本幹又分一支，從造父直向北極，大約函天鉤第四第九星，及造父第一星中間一段焉。

上條論天河如此詳細者，因他書未嘗論及，且天河實爲考恒星理之要事故也。我地亦在天河中，故欲測此無法之形，較測雲之狀更難。蓋雲之高不能過一定之限，且雲之動，其方向俱可見，而我恒在其下，故作雲之圖尚非甚難。而天河並無此諸端可憑，大率不過知其爲扁形，其厚較長闊俱甚小而已，此外諸事不能憑視學理而測。所可意度者，如忽遇空處，其中無星，若煤袋類，則知非如管之長空洞，透見界之外，乃遠方扁處，有空洞耳。又如觀諸分支，則知或爲薄層。我從側視或爲圜凸面，我從切線視而非柱形也。又或數支交錯如網，若尾宿内須知諸支或遠或近，相去懸絶，非在一面内相交相遇也。當大風時或有雲數層，上下移動，觀之可明此理。若欲實知天河之形狀大小，不能虚揣而得也。侯失勒維廉用徑十八寸之遠鏡，其聚光點距鏡二十尺，其力一百八十倍目力，測天空徑十五分一界，細數諸等之星若干。如此察天數百處，則知在天河大圈之極，星光之和分最少，距極漸遠漸多，至天河爲最多。從極至天河，其光變多之比例，初甚小，漸近大圈漸大。斯得路佛詳考其數如左。

星數比例表

距天河北極度	每十五分界内星數
〇	四・一五
一五	四・六八
三〇	六・五二
四五	一〇・三六
六〇	一七・六八
七五	三〇・三〇
九〇	一二二・〇〇

觀此，知天河内星數之密多於極，若三十與一比。較交其圈十五度角一帶之諸星，若四與一比强。前所論天河之狀，本卷觀最明諸星條。憑此數而得。細考此數，覺前説甚有理。譬如人在霧中，向天頂視，覺霧甚薄，視線漸近地平，則漸厚，且其變厚之比例漸增，至地平而最厚。蓋不獨視線過霧界由短而長，亦由霧之質漸近地漸濃也。天河之星亦然。斯得路佛考其比例，知諸星愈近天河大圈愈密，列表如下。此表右一行，以纔能見中等星遠鏡力之限爲一，名本距數。漸離天河大圈面恒星之密率驟變小，離面如二十分本距數之一，其密已減小一半。離面〇・八六六，幾若二百分之一。考此理欲令無病，當先設二事，一逐層各爲平面，面每面各處疏密相等。一取遠鏡之力有定限，限之外雖有星，不能見，與無星同。

星疏密比例表

距天河面	諸星疏密率
〇・〇〇	一・〇〇〇〇〇
〇・〇五	〇・四八五六八
〇・一〇	〇・三三二八八
〇・二〇	〇・二三八九五
〇・三〇	〇・一七九八〇
〇・四〇	〇・一三〇二一
〇・五〇	〇・〇八六四六
〇・六〇	〇・〇五五一〇
〇・七〇	〇・〇三〇七九
〇・八〇	〇・〇一四一四
〇・八六六	〇・〇〇五三二

天河之南半，星之方位略與北半同。嘗用遠鏡，與侯失勒維廉之鏡同力者，測繞天河南極諸帶内每界星數，界各十五分，每帶相距十五度，列表如左。

星數比例表

距天河北極度	每界星數
一五至一〇	六・〇五
三〇至一五	二・六二
四五至三〇	九・〇八
六〇至四五	一三・四九
七五至六〇	二六・二九
九〇至七五	五九・〇六

前斯得路佛之表不能與此表相比絜，蓋前表乃距天河北極限度若干處之數，此表乃每帶中之約數也。而斯得路佛別有一表，列距天河北極每度之約數，準之可推每帶之約數如下。觀此表，則南北二半球疏密之比例略同，而南半略密於北半。故意我日及地所居非恰當厚之中，而偏於北半也。

星數比例表

距天河北極度	每界星數
一五至一〇	四・三二
三〇至一五	五・四二
四五至三〇	八・二一
六〇至四五	一三・六一
七五至六〇	二四・〇九
九〇至七五	五三・四三

用最有力遠鏡察天河一帶，知其質分大不同。諸星有疏密停勻處，有亂列無法處。或爲諸小星座，俱相近，或爲空處，星甚稀，或爲黑暗處，欲覓得星甚難。有十五分界內得四五十星，有十五分界內得四五百星，各處星之等數不同亦然，各界大等與小等星之比例不等亦然。有黑暗處，不見有微星，故知今遠鏡之力已望至星界之外。不然，遠鏡力加大，微星何以不加多也。又若其外尚有無數小星，不當如此黑暗也。又有處，諸星之光分略相等，散布天空若在平面，且疎密有理，無甚大甚小之星，或有亦甚少，則知此諸星在一層中。其層之厚，小於距我數。或云，其中或有最遠之星，乃最大，故雖遠而光不甚小也。此説恐非是，蓋他處又有一層星俱大等，後襯一層星俱小等，無中間諸等星相雜，知二層相去甚遠，其懸隔處無星也。

天河南北兩半球，用最精遠鏡周徧察之，見天面黑處甚多，可知遠鏡之力能望及恒星之外，而諸恒星非散滿太虛，無盡界焉。否則諸小星聚而發光，無論若何遠，必能見之，不至天面黑暗也。或曰不然。準阿爾白士之説，星漸遠光漸變小其光衰，較因距數變小之衰甚大。蓋光衰爲按分之比例，而距數爲遞加之比例。依此理推之，遠鏡力必有定限，故最遠處雖有星，不能見，而天面黑暗也。曰：此理雖若甚奧，然半依性理，非全格致家言。今姑不論。但此理果精確，則凡最遠處之光皆當不見，何以遠方之星氣却能見也？又在尾宿處一大段，見空洞之外，有星極繁，散布無法。遠之又遠，至遠鏡不能分而成白氣，此必爲天河最遠處。若遠鏡力有定限不能過，何以又能見也？故所見黑面，實星界外無星之證。所見最小星，尚在星界內。乃體實小，非因遠極而小也。設有人問最近之恒星距我若干遠，又所見恒星之天球幾何大，又恒星天與諸行星天之比若何。能答否？曰：天文若今日之精，不難答也。以地道徑爲三角形之底，測恒星一歲視差。視差若得，則距數亦可知。然用各種精密之法測之甚久，最近恒星之視差終未能定也。蓋視差與測望諸差，雜糅不可分。其和不至一秒，故不能辨別諸差而得真數。雖諸差亦不甚大，而中有乍大乍小，無定之差，故分别最難也。近時測器歲精一歲，改正測差之法歲密一歲。至嘉慶間，於北半球測諸星，始知其視差無有過一秒者。凡半徑與一秒正弦之比，若二十萬六千二百六十五與一之比。又曰地距與地半徑之比，若二萬三千九百八十四與一之比。則有一秒視差之星，其距日爲四十九億四千七百零五萬九千七百六十倍地半徑，地半徑約一萬一千五百里，故星距日約五十六兆八千九百十一億八千七百二十四萬里，即最近恒星之遠也。光行最速歷時一秒，行五十五萬五千里。過地道半徑，當歷八分十三秒三。以二十萬六千二百六十五乘之得一千一百七十七日十六小時二分四秒五，即三年八十三日，爲最近恒星光行至日之時分。然則遠鏡所見無數最遠小星，其遠當如何耶。又天河最遠之星，望若白氣者，其遠又當何如耶。

以遠鏡之徑與目瞳徑比，又以其回光透光之力與目力比，即得遠鏡望遠之力。如前條所論遠鏡，其力爲七十五。設移六等星更遠日，至七十五倍原距日數，此鏡能見之。又六等星光爲一等星光百分之一，設移一等星遠日至七百五十倍原距日數，此鏡望之，如目視六等星。故天河遠處，必有無數大星，與近處之一等星相等。此諸星之光到我地，大率必二千年。故測望此等星，非觀今日之天文，乃觀二千年前之天文也。

與視差相雜糅者，有歲差，有恒星自行差，有地球十九年一周之尖錐動差。此諸變俱詳細知之，故推而去之不難，即根數尚有小差，亦甚微不覺也。而又有光行差，則異是。此差一年一終，與視差之時合，一年中逐時變之理亦相似。視差之頂點爲日心點，光行差之頂點爲地行方向諸平行線之合點，故推二差，同用一術。惟置日之經度，彼此九十度，餘法盡同。蓋視差之理，一若從星出線聯地球。地球繞日一周，則此線必行成極鋭之斜圜錐，其軸即星日之聯線，其底周即地道。此線過星引長之，必行成相似倒錐。準視差理，每年見星行於小橢圜一周，此小橢圜乃天球所割倒錐之面也。視線與其周恒正交，又若其星實行一道。其道與地道等，亦平行，人居太陽心望之，光行差之理亦然，而橢圜周之大小不同，又視線交周點之方位亦不同。恒星九十度，今以視差之最大一秒，光行差之最大二十秒五，俱設爲正圜，作圖明之。如呷吃爲因光行差所見星行之小圜道，甲乙爲因視差所見星行之小圜道，同繞一中點呻。呻羊線與二分線平行，若僅有視差，必見星在內道甲點。若僅有光行差，必見星在外道呷點。呷呻甲必爲直角，乃作呷呐，與呻甲等，且平行。作呻呐聯線，則呐必爲因視差、光行差二故，見星所在之點，且見星行於呐叮羊圜道。呻呐爲二十秒五二四，即道之半徑。星恒在呷點之前，其度如呷呻呐角，爲二度四十七分三十五秒。呻呷與呷呐比，若二〇・五與一比。故欲推視差呻甲，必先測得呷呻呐角，即二差所生角羊呻呐，與光行差所獨生角羊呻呷之較也。此角度在徑數十秒之圜周，故甚微面測之甚難焉。此外又有測器差，器之質，暑則漲大，寒則縮小。器所憑依之石墩及地，亦因寒暑即變，生極微之側動，垂線準及諸平準俱不能覺。凡此諸差，皆與測望之差相雜糅。然久測用其中數，自能消去。而又有蒙氣差每夜不同，蓋逐層之地氣，四時冷熱異，蒙氣差亦隨之而變。測恒星視差如此其難焉。

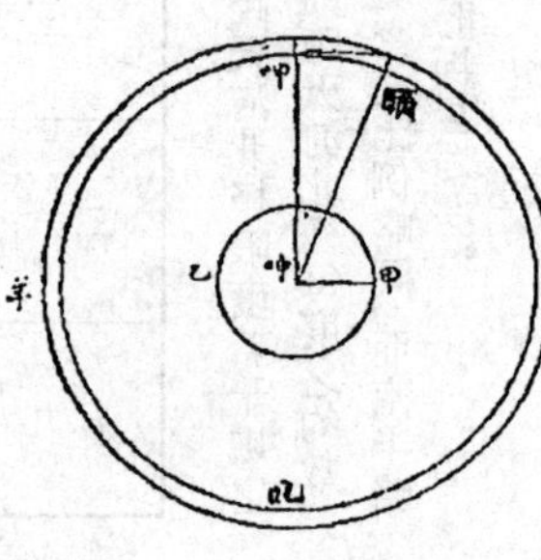

南門第二星爲南半球諸星中之最明者，好望角星臺官恒特孫於道光十二十三兩年中，用牆環累測此星，推得視差一秒，測相近諸星無此差，故知此差非因寒暑而生焉。後馬格韲於道光十九二十年，用牆環之最精者，復測而推之，所得略小，爲〇秒九一二八，約近十一分秒之十。然較一秒，所差甚微，不可謂一定，故大略仍可言一秒也。此星視差數未流傳之前，哥寧堡星臺官白西勒言赤經三百十五度十分十五秒，赤緯三十八度四分十七秒，星名鶴翼者，視差可推，係六等星。然覺其有自行，每年五秒强，較他星一年之小差甚大，則距我地必較近，故曰視差易測也。前南門第二星亦有自行，每年四秒，恒特孫亦因此而測其視差云。道光十七年秋，哥寧堡星臺最精之量日鏡成，乃日耳曼尼克人弗鑾斛拂所造也。白西勒即以此鏡測鶴翼星，用新測法，其命意極精，則測較易，而得數更密。凡二星之視線路相近，而距日遠近大不同。名視雙星，非實雙星也。此二星所有光行差、歲差、尖錐動差、蒙氣差及測器諸差，俱略同，可不必細推。惟地道半徑視差不同，因視差與距日數有反比例故也。故一歲中因視差所成之小橢圜，亦大小不同。若逐時測二星之相距，及聯線方位，即可得其視差。不必用赤經及距極數，但以雙星之遠者爲主，而測近者之遠近方位即得上諸差俱不相涉也。二星與日之方位既略同，則二小橢圜必相似，且等勢。如呷甲爲從日所見二星之方位，呷吃呐叮、甲乙丙丁爲因視差所成之二橢圜。二星在其周，其方位恒同，如近星在呷，遠星必在甲。地行一象限，二星必在吃乙。又行一象限，二星在呐丙。又行一象限，二星在叮丁。二星距日不等，故二橢圜大小不等。呷甲呐丙二線不能平行，吃乙叮丁二線不能相等。故二星距分之大小及方向，逐時不同。用分微尺細測之，可得其一定之變，此須用最精雙象分微尺量日鏡。則測時雖或因光差，或因器動，二星之視體刻移，然二星同移，與相與之方位無關也。又量日鏡之界，大於尋常分

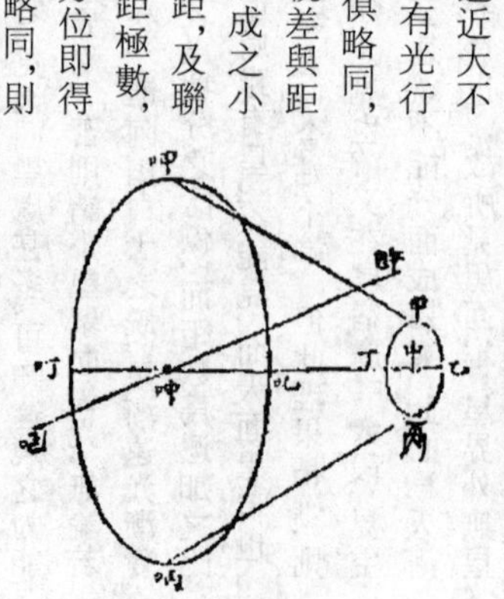

微尺，故可取一大星與相近數小星比較。白西勒測鶴翼星，用相近二星。一爲申，距本星七分四十二秒。一爲申，距本星十一分四十六秒。本星與二星之聯線，略成直角。故申申′、申申″二距變大變小不同時，當此距不變時，彼距之變最速，每隔三月彼此適相反。測其距之變，推得本星與餘一星二視差之較，約三分秒之一。累測所得恒同，可不疑。因推得此星之視差爲〇秒三四八，其距我地約二倍一秒視差之星。近時波羅咯星臺官彼得復測之，得數與前合，則益可信矣。織女第一星相近有微星，其距四十三秒。斯得路佛自道光十五年後用雙象分微尺屢測之，考覈甚嚴，知大星之視差，僅四分秒之一。雖小於鶴翼星，然測器甚精妙，測法又巧，故十五十六兩年中，纔測五夜，即得之。後累測盡十八年，俱合彼得復測之，得數亦同。初，乾隆四十六年，侯失勒維廉定此測法，謂於天學必有裨益。然此時分微尺未精，又有他故，久測未合。近時善用此法，始於斯得路佛云。

設呷申見前條之圖。一星相距甚近，則其方位之差角必甚大，即呷甲、呐丙二線之交角也。如二星相距于五秒，視差之較八分秒之一，方位之差角必半度。又如二星相距五秒，視差之較一秒，方位之差角十一度。二星相距愈近，則方差角愈大。此法陸得色利測多星用之，大有裨益，冀他日更用之也。

已推得有視差諸星表

星	視差角	測定之人
南門第二	〇秒九七六	恒特孫即彼得所改者
天津增第二十九	〇秒三四八	白西勒
織女第一	〇秒一五五	斯得路佛即斯得路佛阿所改者
天狼	〇秒一五〇	恒特孫即彼得所改者
宗人第四	〇秒一六	格路克
上台第一	〇秒一三三	彼得
大角	〇秒一二七	彼得
勾陳第一	〇秒〇六七	彼得
五車第二	〇秒〇四六	彼得

上所列末四星，視差甚小，不敢深信。然因此知視差大小，與等數無涉焉。此外又有天津第四星，彼得亦曾測之，絶無視差焉。既得地道半徑視差，星之遠近已知，次當測其實體之大小。然遠鏡所見星之體，乃光線相交所成之假體，非真體也。故用大小不等數遠鏡，測星之體不同。鏡愈大，星體愈小。最明之星，其體爲最小之點，故月掩恒星，霎時而隱，無初虧食既次第也。若遠鏡所見爲真體，不當如是。設太陽移遠至地道徑視差一秒之處，則今所見三十二分三秒之視徑，必變小爲〇秒〇〇九三，不滿一百分秒之一，則遠鏡雖極精，必不能察其真體矣。故星體大小無從測，僅能測其光分，而以其遠近推得其實光。測光用三稜玻璨法。本卷測星光分條。太陽光太大，不能與星比較，故用月之光爲本率。曾以南門第二星與月光比較十一次，取其中數，推得望時月與本星之二光分比，若二萬七千四百零八與一比。而武喇斯頓用精法，測得日月二光分比，若八十萬一千零七十二與一比。合二比例，得日與本星二光分比，若二百十九億五千五百七十八萬强與一比。乃以本星之視差推得其實光與太陽實光比，若二·三二四七與一比。又測得天狼之光四倍南門第二星，其視差不過〇秒一五〇。推其實光與太陽實光比，若三百九十三·七與一比。與南門第二星實光比，若一百六十九·三五與一比。

清·李善蘭、偉烈亞力《談天》卷一六《恒星新理》 恒星散布天空，何用耶？或云用以照夜，與月同功，則但更生一小月，若今月一千分之一，已遠勝諸星矣。或云裝嚴天空，以爲美觀。或云令測天者易定方位。説雖近是，然謂造物主之大旨，不過爾爾，恐未必然。夫天空如是其大也，諸星如是其多也，安知非別有動植諸物生於其中耶？行星俱受日光，恒星不藉日而自發光，安知非各自爲日而別有諸行星繞之耶？凡此雖不能懸斷，而要不可云無是理焉。

恒星雖甚遠，然亦有攝力之理，與我諸行星相同。此非臆説也。諸恒星中或有光變明變暗，有一定周時，甚者其光消盡而復生，此類星名曰變星。如天囷第十三星，萬曆二十四年，法必修覺其爲變星。大率十一年中，明暗十二次，其周時三百三十一日十五小時七分。其最明之時約半月，時或與二等大星相若，乃漸暗，約三月而目不能見，約五月而復見，乃漸明，約三月而復最明。但每次最明，光分非恒同，其變大變小，亦無一定次第。每二次最明相距之時，亦無定。近代阿及蘭特詳考測簿，知一切有定期，八十八周而復初。周時之最長最短，差至二十五日。最明時之光分變大變小，意亦有一定。又赫佛流言，此星自康熙十一至十五年，俱不見。道光十九年八月二十八日爲最明，大於天囷第一星，與五車第三星等近。最小之時，其色白，後變爲深紅。又大陵第五星，最明時若二等星。歷二日十三小時二刻忽漸暗，約三小時半而僅若四等星。歷一刻乃漸明，歷三小時半復如初，其周時爲二日二十小時三刻三分五十八秒五。乾隆四十七年，歌特歷格初測得其數。自此至今屢有人測之，覺其周時漸小。阿及蘭特、亥師、賜密特三人，俱言其變無一定比例。而其比例恒變速，意後常復變遲，若干周而復初，必有一定也，今未能測定。又造父第一星，亦有明暗。自暗變明，一日十四小時。自明變暗，三日十九小時。其周時爲五日八小時三刻二分三十九秒五，最明時爲三四等，最暗時爲五等。歌特歷格於乾隆四十九年始測之，自此至今屢測俱同。又漸臺第二星，歌特歷格亦於乾隆四十九年始測之，其周時六日九小時至十一小時。言人人殊，其光自明至暗有大變。阿及蘭特復細測之，謂其周時實十二日二十一小時三刻八分十秒。每周之變有二次最明，二次最暗。二最明俱爲三四等，而二最暗一爲四三等，一爲四五等。其周時每次不等，亦須久而復初。自乾隆四十九年後，其周時恒變大，而變大之比例漸小。至道光二十年而止，自此至今恒變小。準阿及蘭所推，此星最暗之限，在道光二十五年十二月初五日戌時三刻十分五十三秒。又天桴第一星，必哥得於乾隆四十九年測知爲變星，其周時爲七日四小時十三分五十三秒。其漸變明，歷五十七小時。漸變暗，歷一百十五小時。最明爲四三等，最暗爲五等。上諸星俱已細測，確知其周時及光分之變。此外有略知其周時，及光分變而未細測者，列於後。

星	周時	變等	測者	測年
大陵第五	二日八六七三	二至四	歌特歷格	乾隆四十七
畢宿第八	四日強弱未定	四至五四	伯生特利	道光二十八
造父第一	五日三六六四	三四至五	歌特歷格	乾隆四十九
天桴第一	七日一七六三	三四至四五	必哥得	乾隆四十九
鬼宿變星嘉慶五年表赤經一百二十八度七分三十秒距極七十度十五分	九日〇一五	七八至十	欣特	道光二十八
井宿第七	十日二	四三至四五	賜密特	道光二十七
漸臺第二	十二日九一九	三四至四五	歌特歷格	乾隆四十九
帝座	六十三日強弱未定	三至四	侯失勒維廉	嘉慶元年
天弁變星嘉慶六年表赤經二百七十九度十五分距極九十五度五十七分	七十一日二〇〇	五至〇	必哥得	乾隆六十
柱第一	二百五十日強弱未定	三至四	亥師	道光二十六
天囷第十三	三百三十一日六三	二至〇	法必修	萬曆二十四
市垣鄭變星道光八年表赤經二百三十六度四十一分十五秒距極七十四度二十分三十秒	三百三十五日強弱未定	七至〇	哈爾定	道光六
輦道變星	三百九十六日八七五	六至十一	格戢	康熙二十六
張宿變星	四百九十四日強弱未定	四至十	馬拉題	康熙四十三

星	周時	變等	測者	測年
騰蛇變星	五六年	三至六	侯失勒維廉	乾隆四十七
天津變星	十八年强弱未定	六至〇	然孫	萬曆二十八
軒轅變星	多年	六至〇	高黑	乾隆四十七
狗西三	多年	三至六	好里	康熙十五
靈臺第一	多年	六至〇	門他那力	康熙六
輦道第四	多年	四五至五六	侯失勒	道光二十二
屏變星道光二十年表赤經一百八十度四十五分距極八十二度八分	一百四十五日	六七至〇	哈爾定	嘉慶十九
貫索變星	十月半	六至〇	必哥得	乾隆六十
婁宿變星	五年	六至八	必亞齊	嘉慶三
海山第二	不等	一至四	不直勒	道光七
參宿第四	不等	一至一二	侯失勒	道光十六
天樞	數年	一二至二	侯失勒	道光二十六
搖光	數年	一二至二	侯失勒	道光二十六
帝	二三年	二至二三	斯得路佛	道光十八
王良第四	二百二十五日	二至二三	侯失勒	道光十八
星宿第一	二十九三十日	二三至三	侯失勒	道光十七
雷電變星道光二十七年表赤經三百四十四度四十四分四十三秒距極八十度十七分三十秒	未知	八至〇	欣特	道光二十八
積薪第一變星道光二十八年表赤經一百五度二十八分四十八秒距極六十六度十一分五十六秒	未知	九至〇	欣特	道光二十八
積薪第二變星道光二十八年表赤經一百十五度二分三十四秒五距極六十五度五十三分二十九秒	未知	九至〇	欣特	道光二十八
虛梁變星道光二十八年表赤經三百三十五度十五分六秒距極一百度四十二分四十秒	未知	七八至〇	龍格	
氐宿變星道光二十八年表赤經二百二十一度九分五十四秒距極一百零一度四十五分二十五秒	未知	八至九十	書馬赫	
天權	多年	二至二三	衆云	

道光三十年所記已知諸變星列表如左

星名	赤經時	北極距	變等	周時	測者	測年
近壁增第十三星	二十四分	七十六度二十三分	九・五至十一	三百四十二丄丅	路得	咸豐五年
王良第四星	三十二分	三十四度十七分	二至二・五	七十九・一	白德	道光十一年
近外屏第三星	一小時十分	八十一度五十一分	九至十三		欣特	咸豐十一年
近外屏第五星	一小時二十三分	八十七度五十四分	七・五至九・五	三百四十三	欣特	道光十年
芻藁增第二星	二小時十二分	九十三度四十分	二至十二	三百三十一・三三六	法必修	萬曆二十四年
大陵第五星	二小時五十八分	四十九度三十八分	二・三至四・五	二・八六七三	歌特歷格	乾隆四十七年
畢宿第八星	三小時五十二分	七十七度五十六分	四至五・四	四丄丅	伯生特利	道光二十八年
近天節第七星	四小時二十分	八十度十分	八至十三・五		欣特	道光二十九年
更近天節第七星	四小時二十二分	八十度二十二分	八至十二・五	二百五十七		
近參旗增第十星	四小時五十一分	八十二度六分	九至十二・五	二百三十七　未定	欣特	道光二十八年
柱第一星	四小時五十一分	四十六度二十四分	三至四	二百五十丄丅	亥師	道光二十六年
近九旌第五星	四小時五十三分	一百零五度二分	七		賜密特	咸豐五年
參宿第四星	五小時四十七分	八十二度三十八分	一至一・五		侯失勒約翰	道光二十六年
井宿第七星	六小時二十五分	六十九度十三分	三・七至四・五	十・一五	賜密特	道光二十七年
近天罇增第六星	六小時五十八分	六十七度四分	七至十一	三百七十日	欣特	道光二十八年
近四瀆第一星	七小時	七十九度四十四分	八		阿及蘭特	咸豐四年
近南河第二星	七小時二十五分	八十一度二十二分	八・一		欣特	咸豐六年
近積薪	七小時三十四分	六十六度十二分	九至十三・五	二百九十五日	欣特	道光二十八年
近積薪	七小時四十分	六十五度九十四分	九至十三・五	二百八十七	欣特	道光二十八年

（續表）

星名	赤經時	北極距	變等	周時	測者	測年
近積薪增第三星	七小時四十六分	六十七度三十七分	九至十三·五	未定	欣特	咸豐五年
近柳宿增第九星	八小時八分	七十七度五十一分	六至十	三百八十	哀而特	道光九年
近鬼宿第四星	八小時三十五分	七十度二十五分	八至十·五	九·四八四	欣特	道光二十八年
近柳宿第六星	八小時四十六分	八十六度二十二分	八·五至十三·五	二百六十	欣特	道光二十八年
近鬼宿增第十二星	八小時四十八分	六十九度三十五分	八·五至十二		欣特	道光三十年
近外廚增第七星	八小時四十九分	九十八度三十九分	八·五至十·五	二百四十丄丅	欣特	咸豐元年
星宿第一星	九小時二十分	九十八度	二·五至三	五十五	侯失勒約翰	道光十七年
酒旗增第五星	九小時二十一分	八十一度十分	六	七十八	斯密忒	不定
酒旗第一星	九小時三十六分	七十五度十八分	六	多年	門他那力	康熙六年
近軒轅增第四十四星	九小時三十九分	七十七度五十三分	五至十	三百十三　未定	高黑	乾隆四十七年
近天樞增第三星	十小時三十四分	二十度二十六分	七·五至十三	三百零一三五	包克孫	咸豐三年
海山第二星	十小時三十九分	一百四十八度五十四分	一至四	四十六年　未定	不直勒	道光三年
天樞	十小時五十四分	二十七度二十六分	一·五至二	多年	拉浪	乾隆五十一年
近宰臣	十一小時五十七分	七十度二十二分	八·			
天樞	十二小時八分	三十二度八分	二至二·五	多年		
軫宿增第一星	十二小時二十六分	九十八度二十八分				
近三公第一星	十二小時三十一分	八十二度十一分	六·五至十一	一百四十五·七二四	哈爾定	嘉慶十四年
近內廚增第二星	十二小時三十七分	二十八度五分	七至十二	二百二十一·七五	包克孫	咸豐三年
近三公第三星	十二小時四十三分	八十三度三十八分	七·八			

（續　表）

星名	赤經時	北極距	變等	周時	測者	測年
張宿第一星	十三小時二十二分	一百十二度二十分	四至十	四百九十五	馬拉題	康熙四十三年
近角宿增第二星	十三小時二十五分	九十六度二十五分	五·五至十一	三百七十七　未定	欣特	咸豐三年
摇光	十三小時四十二分	三十九度五十六分	一·五至二	多年	拉浪	乾隆五十一年
近氐增第四星	十四小時四十五分	一百零一度四十五分	八至九·五		書馬割	不定
帝	十四小時五十一分	十五度十四分	二至二·五	多年	斯得路佛	道光十八年
氐宿增第一星	十四小時五十三分	九十七度五十五分				
近周增第一星	十五小時十五分	七十五度九分	八至十	三百六十七	哈爾定	道光八年
近貫索第六星	十五小時五十二分	六十一度二十三分	六	三百二十三	必哥得	乾隆六十年
近周增第十三星	十五小時四十四分	七十四度二十四分	六·五至十	三百五十九	哈爾定	道光六年
近心宿增第三星	十六小時九分	一百十二度二十分	九		沙哥納	不定
近心宿增第三星	十六小時九分	一百十二度二十分	九至十二		沙哥納	咸豐五年
近心宿增第一星	十六小時九分	一百十二度二十六分			包克孫	咸豐十年
近東咸第一星	十六小時二十六分	一百零六度五十二分	九·三至十三·五	二百二十　未定	包克孫	咸豐四年
近宋增第一星	十六小時五十一分	一百零二度三十九分	四·五至十三·五		欣特	道光二十八年
近宋	十六小時五十九分	一百零五度五十三分	八至十三	三百九十六　未定	包克孫	咸豐三年
帝座	十七小時八分	七十五度二十六分	三·一至三·七	六十六·三三　未定	侯失勒維廉	乾隆六十年
鱉第十星	十八小時二十三分	一百二十八度五十分	三至六	多年	好里	康熙十五年
近天弁第四星	十八小時三十九分	九十五度五十一分	五至九	六十一	必哥得	乾隆六十年
漸臺第二星	十八小時四十五分	五十六度四十九分	三·五至四·五	十二·九一四	歌特歷格	乾隆四十九年

（續表）

星名	赤經時	北極距	變等	周時	測者	測年
輦道第一星	十八小時五十一分	四十六度十五分	四·三至四·六	四十八	伯生特利	咸豐六年
近徐增第三星	十八小時五十九分	八十二度	六·五			
近奚仲第三星	十九小時三十三分	四十度八分	八至十四·	四百十五·五	包克孫	嘉慶十七年
輦道第五星	十九小時四十一分	五十六度三十七分	五至十一	四百零〇六·〇六	格而吸	康熙二十六年
天桴第四星	十九小時四十五分	八十九度二十二分	三·三至四·七	七·一七六三	必哥得	乾隆四十九年
輦道增第五星	十九小時五十一分	五十五度十九分	四·五至五·五	多年	侯失勒約翰	道光二十二年
近牛宿第三星	二十小時三分	一百零四度四十二分	九·五至十三·五		欣特	道光二十八年
天津增第九星	二十小時十二分	五十二度二十六分	三至六	十八年　未定	然孫	萬曆二十八年
近敗瓜第三星	二十小時三十三分	七十七度四十九分	八至八有奇	二百七十四　未定	斯得路佛	道光三年
近勾陳增第五星	二十小時三十八分	一度二十分	五至十一		包克孫	咸豐三年
近女宿增第一星	二十小時四十二分	九十五度四十二分			哥勒斯迷	
近代第一星	二十一小時十五分	一百零五度四十七分	九	二百七十四		
造父第四星	二十一小時三十九分	三十一度五十四分	三至六	多年	侯失勒維廉	乾隆四十七年
近土公吏第二星	二十二小時二十五分	八十二度四十四分	八·五至十三·五		欣特	道光二十八年
造父第一星	二十二小時二十四分	三十二度二十一分	三·七至四·七	五·三六六四	歌特歷格	乾隆四十九年
室宿第二星	二十二小時五十七分	六十二度四十四分	二至二·五	四十一	賜密特	道光二十八年
近雷電增第五星	二十二小時五十九分	八十度十六分	八·五至十三·五	三百五十	欣特	道光二十八年
近羽林軍第四十五星	二十三小時三十七分	一百零六度六分	六·五至十	三百八十八·五	哈爾定	嘉慶十五年
近騰蛇增第十二星	二十三小時五十一分	三十九度二十六分	六至十四	四百三十四　未定	包克孫	咸豐三年

表中有星光分最明最暗時，其等不定，或周時不等，與前所論天囷第十三星相似。葛西尼言韋道變星，康熙三十八年至四十年，當最明時亦不易見。又天弁變星，當最暗時或目能見之，或不見其最明時，等亦不定。又必哥得所測貫索變星，阿及蘭特言其明暗相去甚微，目不能辨。而每隔數年，忽大變，暗至不見。又參宿第四星，於道光十六至二十年，其變顯然，二十至二十八年不甚可辨。

續至二十八年終時，其變又起。至咸豐二年十月二十四日，弗賴出觀參宿第四星，比五車第二星更明，當時爲北半球諸星之最大者。前表内近積薪贈第三星之變星，包克生云，變大變小，自九等至十三等。變時九秒至十五秒，其光如螢，而相近處等明諸星不變。

古今史志所載客星，亦變星類也。但其見時甚暫，而不見之時甚久，意其復見必有一定之時。古今測望僅一見而未再見，故未能知，蓋其周時甚長也。漢元朔四年，有客星見，日中不隱，依巴谷因此創作恒星表。又晉太元十四年，近河鼓第二星有客星見。歷二旬，明如金星而隱。又石晉開運二年，元至元元年，明隆慶六年，皆有客星，俱在王良造父之間。攷其年數，相距略同，恐即一星也。約三百十二年，或一百五十六年而一見。在隆慶時，其見驟非由小漸大，其見之夜第谷由化學館歸，路見村人羣聚望一星，第谷亦望之。見明如天狼，半時前尚未有也，於是逐夜測之。其光分漸大，過於木星，正午不隱。歷一月漸小，至萬曆二年春始隱，而萬曆三十二年，亦有客星，見於天市垣。明於前星同，至明秋始隱，又康熙九年，安得林見近漸臺有一三等星，隱而復見。歷二年，其光數次大變，後隱不復見。又道光二十八年三月二十五日，欣特見近天市垣宋有一五等星，其赤經二百五十二度四十五分二十二秒五，距極一百零二度三十九分十四秒。此處星俱最小，欣特所當測，知初二日以前，無大如九十等之星。攷古表此處亦無星，此星見後光漸減，未幾而隱，其色紅，或因高度少蒙氣厚故耳。

南半球海山第二星，其光分之變見於測簿者可異焉。康熙十六年，好里測爲四等星。乾隆十六年，拉該勒測爲二等星。嘉慶十六至二十年，俱爲四等星。道光二年至六年，又爲二等星。七年正月初六日，卜直勒見其變大爲一等星，與十字架第四星等明，復漸暗爲二等星。盡十七年冬，至十八年春復變大爲一等大星，略與南門第二星等明，惟不及天狼老人。後復漸小，然仍爲一等。至二十三年春又變大，明過老人，惟少遜於天狼耳。凡變星俱有一定周時，其漸明漸暗俱有法。而此星若任意變大小，歷測數百年，未有一定之次第，其忽明忽暗，究屬何理。設有動植諸物，藉其光熱而生，必甚不便也。此非妄論，蓋意諸恒星皆爲太陽，俱有行星繞之。而行星上必生諸物也，證以察地家言，知亘古以前，我地球有大變化，非海陸變遷所可比。蓋日之光熱若有變，地質必隨之而變。故知此星所屬諸行星上之物，必大不安也。

續阿波得云，此星在同治二年三月，僅爲六等星。羅密士以爲其變有一定之周時，其二次最小之間，約七十年。

馬端臨《文獻通攷》所載客星，意大半是彗。然其中亦有真客星，如云漢熹平二年十月癸亥。客星在南門中，五色，至後年六月消，此必客星也。又宋大中祥符四年正月丁丑，客星見南斗魁前，意即西史五年所見者。西史言在南半球，歷三月最明，其經緯度與馬氏所載合。又漢元光元年六月，客星見於房，或即依巴谷所見之星也。

續同治五年三月二十八日，罕忽在阿爾蘭之都安，新見近貫索第七星有二等星，速變小，黑京於是年四月初一日，見此如三六等，初二日見如四二等，初三日見如四九等，初四日見如五三等，初五日見如五七等，初六日見如六二等。小至十等，則又變大。八月二十七日，賜密特見爲七等，依是年之星表。赤經十六小時三刻九分，距北極六十三度四十二分，其成之光圖，有二式顯明正負二質之線，指有火炎，及收他物之質。

攷歷代恒星表，參以新測，則知有多星。古有今無，其故或由表誤，或誤以行星爲恒星。亦有恒星實隱者，蓋變星也。變星之理，雖未能全知，然此事無須諸器，人人可以目驗之。侯失勒維廉作恒星表，詳每星光分若干，爲攷變星者之助云。

恒星中多雙星，尤可爲攝力之證。何謂雙星？目視之爲一星，以遠鏡測之，則爲甚相近之二星。若統天空止有二三星，如是，則或偶然耳，今甚多，且或二星大小略等，此必有相聯屬之理焉。如北河第二星，以大力遠鏡測之，爲兩三等星，相距五秒。三等星不多，故相距甚近，非偶然。況有多星皆如是，則更非偶然矣。乾隆二十二年，有密者勒者曾推昴宿六星甚近合偶然與否，以相等之一千五百星推得當如是相近與不當之比，若一與五十萬之比。斯得路佛設雙星相距四秒，以本國所見七等以上諸星推其當如是與不當之比，若一與九千五百七十八之比。此時已得雙星九十一，後測得更多，且有三合者。再推當三合與不當之比，若一與十七萬三千五百二十四之比。而三合星已得其四，相距最遠三十二秒，一爲伐第二星，一參旗第九星，一近四續，一水位第四星。故知諸星必有相聯屬之理，非偶然矣。又南門第二星及鶴翼皆爲雙星，相距十五秒，而鶴翼爲兩七等星，其當不當之比爲一與九千五百七十八。南門第二星爲兩二等星，統天空二等星不過五六十，則其當不當之比例當更大。又此二星各有自行，若非相屬，則久必相離矣。古測不知其爲雙星，乾隆十六年拉該勒用約九倍力之遠鏡測之，始知。設一星行，一星不行，此時當相離六分，而仍如故，故知其相聯屬也。

侯失勒維廉作雙星表，共五百，相距最遠不滿三十二秒。斯得路佛用精器測，所得之數五倍之。後人屢測，所得益多，然必尚有未測得者。斯得路佛依其相距遠近分爲八類：第一類不過一秒，第二類一秒至二秒，第三類二秒至四秒，第四類四秒至八秒，第五類八秒至十二秒，第六類十二秒至十六秒，第七類十六秒至二十四秒，第八類二十四秒至三十二秒。又依其光分大小分爲二大類，以八·二五等已上諸星爲顯雙星，中等遠鏡能見之。以下諸星爲微雙星，非最精遠鏡不能見也。欲測第幾類星，當用若干力遠鏡。今每類取數顯星爲例，列於後，依其例測之，可攷遠鏡之力。

第一類　〇至一秒				
貫索第五	庫樓第七	騎官第三		左更增第七
天紀第一	天大將軍第一	貫索增第三	天紀增第一	王良第五
列肆第二	騎官第八	天津增第三十		市樓第六
柱史	文昌第三	河鼓增第三		酒旗第三
軍南門	昴宿第八	女宿第三	女宿增第一	上將
胃宿增第四	奎宿增第六			
第二類　一秒至二秒				
南門第一	天津第二	小斗第一	左攝提第三	

（續　表）

閣道第一	下台第二	河鼓增第四	貫索增第七	
天船增第八	參宿增第十三	參宿增第十七		
第三類　二秒至四秒				
外屏第七	翼宿第十六	天囷第八	軒轅第十二	
鱉第七	左垣上相	天市垣秦	梗河第一	
天廚第三	柳宿第五	墳墓第一	參宿第一	
右垣次將	奎宿增第十一	軍井第二	天棓增第九	
天狼增第三	女床第三	螣蛇第十一	槍增第四	
第四類　四秒至八秒				
十字架第二	帝座	北河第二	天罇第二	
七公增第七	火鳥增第一	天柱	觜宿第一	
左攝提增第一	天鈎第六	左攝提第二	牛宿第六	
海石第五	五車增第六	九斿第二	宗人第四	
天苑增第四	九州殊日增第二	帛度第一		
第五類　八秒至十二秒				
參宿第七	婁宿第二	匏瓜第二	天紀增第三	王良第三
天園增第六	伐第三	天園第八	當陳第六	
第六類　十二秒至十六秒				
南門第二	上衛增第一	房宿第四	飛魚第二	積卒第一
開陽	天槍第一	四瀆第四	闕邱	天津增第十九

（續　表）

第七類　十六秒至二十四秒				
常陳第一	尾宿增第二	外屏第三	天市垣除	鱉第十
礦石第三	五諸侯第五	宗正增第一		
第八類　二十四秒至三十二秒				
天市垣□	輦道增第二	天市垣晉	女史	輦道第五
參宿增第十				

恒星又有合三星四星多星者，略列數星於左。

天大將軍第一	織女第二	水位第四	伐第二	騎官第七
七公第六	八穀增第三十四			

右天大將軍第一星、七公第六星、騎官第七星，用尋常大力遠鏡測之，見爲雙星。用最精大力遠鏡測之，見其副星又分爲二星，共三星。又織女第二星爲雙雙星，蓋用尋常鏡測見爲雙星，用精鏡測之，見其二星。又各分爲二星，其一相距二秒半，其一相距三秒。又水位第四星、心宿三合星、闕邱三合星、丙階三合星，測見其正星爲密雙星，略遠有一小副星。而伐第二星有四明星，其等爲四爲六爲八，作四不等邊形，其對角線之最長爲二十一秒四。又有副星二，甚微而近，非極精遠鏡不能見也。其狀如圖。雙星中有正星明大，而副星極微者，略列數星於左。

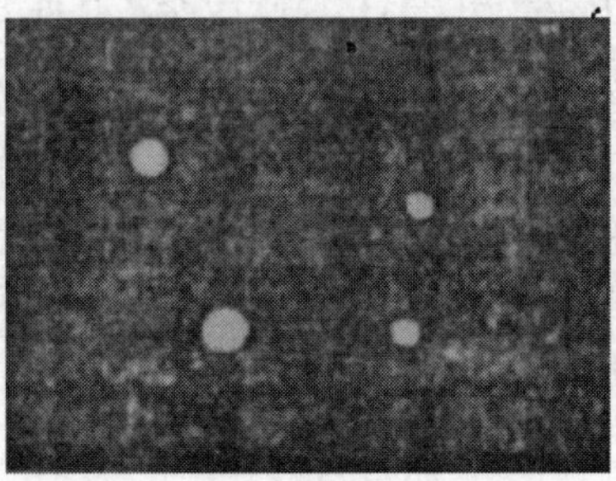

柳宿增第四　牛宿第二　波斯第二　織女第一　勾陳第一　心宿第二
虛宿第一　平第一　上台第一　積薪　天舊第七　右攝提第二
亢宿第三　天固第二　天潢增第一

侯失勒維廉欲密測諸雙星相與之方位，細驗其視差，恐其有一定變法也。乾隆四十四年至四十九年，所用遠鏡，力益大於前，乃作雙星表。蓋有此表，知每星方位，可據以測視差也。然維廉亦因此測得每星相距有一定變法，且又得一事，爲古人所未發者。蓋測得雙星有相距變，有方位變，同趨一方向而動，因知恒星必有本行，否則太陽與諸恒星俱直行。故測得視差，大於黄道視差，可據爲法。假如日與雙星俱行，而日星不相屬，則視其道必直，而用平速行。故但取雙星之一星爲本點，觀餘一星，必行於直線，測之即知所行之方向矣。又得一事，凡雙星不相聯屬，則有如上文所言。而有相聯屬者，則二星以攝力相加，必相環繞，或共繞其公重心。則取一星爲本點，餘一星必行於曲線以繞本星。星之行甚緩，非久測不能知。故歷二十五年至嘉慶八年，始能辨其非直線而實爲曲線也。自此至明年，維廉著書二通以寄公會，大略言諸星中，有相與環繞者，名曰聯星，與他雙星異。他雙星視之雖甚近，甚距地遠近實懸絶也。而聯星距地略等，其較不能大於相繞道之半徑。書中所舉聯星約五六十，其聯線易位，所過之度大小不等。其中有甚明晰，其相環繞，可不疑者若干星，曰北河第二星、左垣上相、三台第六星、宦者第一雙星、貫索第一雙星、貫索西八星、左攝提西四星、王良第三星、軒轅第十二星、天紀第一星、天津第二星、七公第六星、織女第二之四星、第二之五星、列肆第一星、天棓第一雙星、墳墓第一星。此諸星中，已有略推定其環繞周時者，如北河第二星爲三百三十四年，左垣上相爲七百零八年，軒轅第十二星爲一千二百年云云。準此，則奈端所悟，得攝力之理，不獨日與行星爲然，且推之恒星無不然矣。其後薩乞理始推得三台第六星之環繞，行橢圜道，五十八年二五而一周，測其行法一一相合。而因格用新術推得宦者第一雙星之環繞，亦行橢圜道，七十四年而一周。又梅特勒所推得者最多，欣特師密、雅各、包維勒、維拉鎖、米尼格、格林格府及約翰，亦各推得數星。今俱列於後。

角　交	距交卑	位方點交	差心兩	徑長半視	名　星
度　分	度　分	度　分		秒	
五〇・五三	二六二・四	三九・二六	〇・四四四五四	一・一八九	星聯座帝
七一・八	二六一・二一	二四・一八	〇・三三七六〇	一・〇八八	人四索貫
六三・一七	二六六	一・二八	〇・二三四八六	一・二九二	四第位水
五〇・四〇	一三一・三八	九五・二二	〇・四一六四〇	三・八五七	六第台三
五六・六	一三四・二二	九七・四七	〇・三七七七〇	三・二七八	六第台三
五四・五六	一三〇・四八	九八・五二	〇・四一三五〇	二・四一七	六第台三
五二・四九	一二八・五七	九五・五〇	〇・四三一四八	二・四三九	六第台三
四六・三三	一八五・二七	一三五・一一	〇・六四三三八	〇・八五七	三第旗酒
四六・二五	一六五・二二	一四七・一二	〇・四三〇〇七	四・三二八	星聯籥天
四八・五	一四五・四六	一三七・二	〇・四六六七〇	四・三九二	星聯籥天
六四・五一	一四二・五三	一二六・五五	〇・四四三八〇	四・一九二	星聯籥天
三五・三一	一三七・二七	一五・三	〇・四四九五八	一・二五五	星聯表氐斯
八〇・五	一〇〇・五九	三五九・五九	〇・五九三七四	一二・五六〇	四西提攝左
四六・二三	四三・二四	二四・五四	〇・六〇六六七	一・八一一	二第津天
二三・三六	三一三・四五	五・三三	〇・八七九五二	三・五八〇	相上垣左
七〇・三	九七・二九	五八・一六	〇・七五八二〇	八・〇八六	二第河北
七〇・五八	八七・三七	二三・五	〇・七九七二五	七・〇〇八	二第河北
四三・一四	三五六・二二	一一・二四	〇・二四〇五〇	六・三〇〇	星雙二第河北
二九・二九	六四・三八	二五・七	〇・六九九七八	三・九一八	星雙一第索貫
二五・三九	六九・二四	二一・三	〇・七二五六〇	五・一九四	星雙一第索貫
四六・五七	一〇三・一七	一七・二一	〇・八四〇一〇	三・二一八	次之六第公七
四七・五六	六九一・六六	八六・七	〇・九五〇〇〇	一五・五〇〇	二第門南
四三・四三	一〇四・五五	三四・二一	〇・四四八二一	一・二五四	一第紀天

（續表）

推步家	過卑點時	周時
	年	年
梅特勒	道光　九・五五	三三一・四六八
梅特勒	嘉慶　二〇・二六	四三・二四六
梅特勒	咸豐　三・四〇	五八・九一〇
薩乏理	嘉慶　二二・二八	五八・二六二
侯失勒	二一・七六	六〇・七二〇
梅特勒	二一・四七	六一・四六四
維拉鎖	二一・八九	六一・五七六
維拉鎖	道光　二九・七九	八二・五三三
因格	嘉慶　一一・九一	七三・八六二
侯失勒	一二・〇九	八〇・三四〇
梅特勒	一七・七六	九二・八七〇
梅特勒	道光　一七・四四	九四・七六五
侯失勒	乾隆　四四・九一	一一七・一四〇
欣特	咸豐　一二・九〇	一七八・七〇〇
侯失勒	道光　一六・四六	一八二・一二〇
侯失勒	咸豐　五・八六	二五二・六六〇
梅特勒	六三・九三	二三二・一二四
欣特	康熙　三八・二九	六三二・二七〇
梅特勒	道光　六・六三	六〇八・四五〇
欣特	六・五一	七三六・八八〇
欣特	咸豐　二・五三	六四九・七二〇
雅各	一・五三	七七・□□□
維拉鎖	道光　一〇・五一	三六・三五七

表中第四行指雙星道面交天殼點之方向，自正北轉東計之。第六行指此二而之交角。第五行指雙星道交點距卑點之度。其酒旗第三星、左攝提西四星、南門第二星諸根數俱尚有可疑，七公第六之次星亦未審定。因此諸星用本道之最小弧線所推不能詳細也。

第八行年之小餘從天正冬至後計之。

右諸星俱經精測，其中左垣上相係三等星，其二星大小略等，而有微變。斯得路佛言有時此星大於彼星，有時相等，有時彼星大於此星。康熙間已知其爲二星，時相距約六七秒。乾隆四十五年，侯失勒維廉測得五秒六六，漸相近，至道光十六年而合爲一，雖最精遠鏡測之，亦然。惟波羅咯一千倍力之遠鏡，覺兩頭有大小之狀。斯時路佛測其長闊之比，推得兩心距〇秒二二，其後復分爲二，至今明分爲二是。此聯星之距數變，聯線之行度亦變。乾隆四十八年，一年行半度弱。道光十年增至五度，十四年二十度，十五年四十度。十六年最大，其率至七十餘度，乃每五日行一度也。準動重學理，凡二體以攝力相環繞，無論行何曲線，亦無論或真道或視道，其速率與距在二道各恒有反比例。攷此星測簿，俱與此理合。初康熙五十七年，白拉里以子午儀測此星聯之方向，記於簿，與角宿第一左垣次相二星之聯線平行。今憑此推得其繞行之道，係橢圜。依其道推至道光二十六年冬，與所測一一密合。三台第六星依梅特勒之根數推之，亦然。又天紀第一星，自測知爲聯星後，見其相繞行已二周，見大星掩小星二次。貫索西八星、水位第四星、三台第六星，各見其行一周餘。宦者第一雙星、左垣上相見其行大半周。然則恒星亦有攝力，更無可疑矣。

梅特勒自言所測諸聯星之相繞，其天籥聯星之道，不合橢圜，亦非誤測，不知何故。余意此其正星亦係聯星，故副星之行別有攝動耳。蓋凡正星爲聯星，副星因攝動，其道必生變，有長差短差也。

恒星各爲日，則聯星之相繞，是二日相繞也。恐其日所屬，亦有行星及月，但其體小而遠，故我不能見。然意必甚近本星，否則爲餘一星所攝，必離本道矣。

南門第二星、鶴翼星，俱爲第六類顯雙星。已測得其地道半徑視差，又測得鶴翼二星之相距，其中數爲十六秒五。自乾隆四十六年測至今，其距之差一秒弱，其聯線方向之變約五十度。故其道必略近平圜，道之面約正交視線，其周時約近五百年。而其地道半徑視差爲〇秒三四八，即星中所見地道之視半徑也。故二星相距中數與地道半徑比，若十五秒五與〇秒三四八比，即四十四・五四與一比，是二星相繞之道，甚大於海王道。設其周時恰爲五百年，依奈端所設公題，及刻白爾第三例推之，我太陽積與二星之共積比若一與〇・三五三比。二積相去，不甚懸絶也。南門第二星，自道光三年後，二星相距數，以平速變小，每年約半秒。而其聯線之方向，至近時略不變，然則其道之面展廣之約當過地。又咸豐九年，二星最近，幾相掩。然未能定其橢圜之根數，但知其半長徑必大於十二秒，或甚大，未可知。而地道半徑視差爲〇秒九一三，設其半長徑僅爲十二秒，亦必爲十三・一五倍地道半徑。故其橢圜道必不小於土星道，或恐大於天王道也。諸聯星中，此兩星距地最近，相繞之視弧亦最大。其雙星之光俱略等，其色俱近橘黃，而副星之色更深。天空諸曜之質各不同，此兩星恐或一類焉。

諸聯星之正星，其色恒或紅或橘黃，而副星之色恒或青或緑。準光學理，凡目爲有色之光所眩，則視無色之光必成本色之餘色。如鬼宿雙星，正星之色黃，副星之色青。又如天大將軍第一星，正星之色紅，副星之色微緑是也。若有色之星光微，而無色之星光大，則不變。如王良第三星大者白，小者紫，則不可云二星之色恒爲正餘也。設有行星附此種聯星，則日日見光必不同。如一日爲紅，一日爲緑。或一日爲白，一日爲暗是也。獨星之色有紅如血者，從未見爲青爲緑。惟小星與大星俱，方有此種色也。

恒星俱有自行初，好里於康熙五十六年測恒星方位，上攷多禄某依漢元光五年依巴谷測數所作表，其中天狼、大角畢宿第五星較已測俱差而北，一爲二十分，一爲二十二分，一爲三十三分。古今相距一千八百四十七年，以黃赤道交角之變論之，設諸星不動，今當差而南，一爲十分，一爲十四分，一無差。故知此三星自行向南，一爲三十七分，一爲四十二分，一爲三十三分，其差皆合理，則非表之誤矣。又攷梁天監八年正月三十日，希臘國雅典所測畢宿第五星爲月掩復見之時，知其方位在月道上，亦與自行之理合。設當時星之緯度與今時同，其掩不當如此也。况星體甚大，居空中，無力令常静，能不生動乎？蓋諸星互相攝，其力雖甚遠而小，且相敵而相消，然歷久其敵力之較，必積而大，則不能不動矣。近代天文家以聯星證之，如鶴翼星，二星相距約十五秒，五十年來略不變。其方位移四分二十三秒，每年自行五秒三。是此二星恒行，其道之狀未知，數百年視之恒如以平速行直線也。又以獨星證之，如波斯第七星，其方位每年移七秒七四，閣道第四旁星，每年移三秒七四也。又有多星，其移之數小於此，俱確然無可疑焉。恒星既自行，則亦有變，不可云恒矣。然行分甚微，非數百年積之，不能見，故不易名，仍曰恒星也。

天文家或言太陽係恒星之一，以公理論之，恒星既自行，則太陽亦當自行，此說甚是。設太陽與諸恒星之行同一方向，而遲速各不等，則凡遲於太陽者，在太陽前必見其背此方向諸平行線之合點而行，在太陽後必見其向此諸平行線之餘一合點而行。速於太陽者，則反是。若詳知諸星之自行，準上理可測太陽之自行法。諸星同方向行而遲速不等者，此如衆塵浮行氣中，因風而移。知此，方能測太陽行。

乾隆四十八年，侯失勒維廉依上條理測得諸平行線之合點。近天市垣趙星，其赤經二百六十度三十四分，距極六十三度四十三分。乾隆五十五年表。是年百勒伏亦推得平行線之合點，距極度分略與前合，而赤經差二十七度。此後天算日精，測得恒星每年有行分者更多，知恒星之自行益真。天學最精深者凡四家，俱推明此事。一曰阿及蘭特，取二十一星每年行一秒强者，推日與諸星平行線之合點，赤經二百五十六度二十五分，距極五十一度二十三分。又取五十星每年行〇秒五至一秒者，推得合點之赤經二百五十五度十分，距極五十一度二十六分。又取三百十九星，每年行〇秒一至〇秒五者，推得合點之赤經二百六十一度十一分，距極五十九度二分。二曰倫大勒，取一百四十七星之行，推得合點之赤經二百五十二度五十三分，距極七十五度三十四分。三曰斯得路佛，細攷三百九十二星，推得合點之赤經二百六十一度二十二分，距極六十二度二十四分。三家所推，俱乾隆五十五年之合點也，約取其中數，爲赤經二百五十九度九分，距極五十五度二十二分。然所測皆北半球之星。四曰迦羅畏，於道光二十六年，作文一通，宣告英國博物公會，論南半球諸星平行所向合點也。其大略言準拉該勒乾隆十六十七二年在好望角所測，及閔孫於道光九年至十三年在三厄里那島所測，又恒特孫於道光十十一兩年在好望角所測，其中有八十一星，前三家所未用者取以相比勘，推得乾隆五十五年諸平行線之合點，赤經二百六十度一分，距極五十五度三十七分。與北半球所測之中數相差無幾，則信而有徵矣。

細推日與恒星諸平行線之合點，其法甚繁，不能詳載，今略述其理之源。凡天文諸要事，恒因奇零數推得。蓋事之已知者，依法推之，恒有小奇零不合。此小奇零，即他事之端倪。如推太陽每年一周，有小奇零不合，爲歲差之端倪。已詳知歲差之根，如法推之，仍有小奇零不合，爲光行差尖錐動之端倪。已知光行差尖錐動之根，如法推之仍有不合，乃恒星與太陽自行之端倪也。凡測天與所推有小奇零不合，必精心思其故，令此不合遞減小，以至於無。未至於無，必更思其故也。既思得一故，當攷此故能生此差否，又攷生此差之最大，其力若干。今太陽自行之故，能生前不合之差二，一方向，一速率也。然可見者，不過小奇零。憑以推得太陽自行之根，察其與恒星自行之數密合否。若不能盡合，而所餘之差更微。此更微差若不可解，當以偶然法推之。法用幾何中最小平方術，即可得所求根數與當得之數，或無大差。前條諸幾何家推日與恒星之合點，亦用上法。推日自行之方向與速率，當準諸恒星速率之比例。蓋日行必攷諸恒星距日遠近，察其每年行差之不同而知也。然惟二三星能知其距日確數，餘俱不能，不足以定公理。故先必用設數之法，其法有二：一、依諸星之大小明暗分若干類，每類星之距日，俱設爲略等。二、依諸星之自行分分類，以最速者爲最近。斯得路佛用第一法，阿及蘭特用第二法。攷第二法有不便事二：準視學星之行，不能知其實行，但知其視行，一也。恒星視行生於日之自行者，因距日線及距諸平行線合點之度而異，蓋距合點度之正弦與此視行有比例，二也。每星須知此二事，乃可攷。而第一事無從知，故不能不多用若干星，取其大率，冀其或消去也。第二事當先設諸恒星之距地俱等，推得其全行，乃各以太陽行所得諸星之視行減之，視其餘數，用以分諸類。此法測望甚費功，然亦不甚可憑。第一法但言星愈明愈近，其分類較易也。

斯得路佛推得設人在第一等星，望太陽一歲之行率，爲○秒三三九二。而其父言此類星之地道半徑視差，約爲○秒二○九。然則一歲太陽行與地道半徑比，若一•六二三與一比，是每歲太陽率諸行星彗星在空中行四億四千五百八十五萬四千里，計每日當行一百二十二萬餘里，視地行速率大四分之一也。

續：近時英國天文官用新法推算太陽之自行，與前條所言之法大異。其法不必知太陽與恒星之合點，而以空中之縱横線爲準，定太陽與恒星每年之自行。以其屬於幾何之例推之，先假設二限，使所得必在此二限之中。以諸自行法外之變，皆非恒星之實自行，而全是測量之差，一限也。以諸自行法外之變，皆非測量之差，而全爲恒星之實自行，二限也。乃用美以納所作之一百十三大自行恒星表，即天學會所發行者。而依斯得路佛分類之例，求太陽與恒星合點之方向。及設人在第一等恒星太陽每年當有之行差角，則依一限，得合點在赤經二百五十六度五十四分，北極距五十度三十一分，每年行差角一秒二六九。又依二限，得合點在赤經二百六十一度二十九分，北極距六十五度十六分，每年行差角一秒九一二。此假設之二限所得之合點，與前推得者見卷十六測得平行線合點條。略同。其太陽自行之路，比前條所言甚大。此因不計有大自行之星，而有此差也。咸豐九年，愛里在天學會中講此得數。其後盾靳依此法更推之而用之自行恒星更多，大小諸等及各率之星在北球有八百十九，在南球有三百四十八，共一千一百六十七。依愛里所設幾何之例推之，則依一限，得合點在赤經二百六十一度十四分，北極距五十七度五分，每年行差角○秒三三四六。又依二限得合點在赤經二百六十三度四十四分，北極距六十五度，每年行差角○秒四一○三。此與前略合，而與斯得路佛所得之行差角全合。

太陽實有自行，天學大家、算學大家均已屢用多法精心攷之，知其方向略近赤經二百五十九度，北極距五十六度，所言之行率亦略近而皆可無疑。然若推算恒星自行之全分有若干，則減歲差光行差章動各數見本卷細推日與恒星條所餘者，即知恒星自行之大半。如盾靳之一千一百六十七恒星，諸奇零平數之和，以秒角記之，若不減太陽之自行數，則得總數爲赤經七十八秒七五八三，北極距六十三秒二六八。若減太陽之自行數，則得總數爲赤經七十五秒五八三二，北極距六十秒九○八四。不爲詫異，因太陽能自行，則恒星亦必自行。無論用何法推算，其所得之移處，若緣此故，則太陽自行實不能出此全分之小分也。惟此諸亂移動，及諸球諸點移動之例，人尚絶然未知。而其中有一小分，與其全分極難分別，今竟能定此一小分之數，而知諸恒星之動及太陽相關之故，則最爲奇異矣。

前條所推太陽自行，其數合否，其行果平速否，其道或係直線，或係曲線，非後世天學家累代精測不能定也。今但能於天空作一弧線，當作日道，以表諸星攝力令日所行之方向耳。案舊測天狼與南河第三星俱覺不行直線，疑其繞一無光之體若聯星然。近世彼得攷天狼之周爲五十年○九三，其橢圓道之兩心差爲○•七九九四，當乾隆五十六年四五八過最卑點，俱與今測合。

續：攝動天狼之體，未必爲暗體，而或爲副星。以尋常遠鏡窺之，或被星光所奪而不見。以大力遠鏡窺之，則能見也。心宿第二星有副星相距十二秒，織女第一星有副星相距四十三秒，南河第三星有副星相距四十六秒。凡二星不論大小，環繞公重心而移動，則距公重心愈大，其移動亦愈大，在赤經及距北極皆有定時。近時格拉格亞用所造十八寸徑之無暈遠鏡，見天狼星之旁有副星。依路特福與本特及沙哥納三人，測見副星，今在天狼之略正東約距十秒。必得累年連測其相距與方位，以定其是否爲副星，則其攝力之例能解，天狼自行不平速之實據也。又哥勒斯迷言，其所用遠鏡之力甚小於格氏所用者，能測見天狼有六副星，距天狼十秒至六十秒不等。若將來有人能得此副星之實據，則能於自行不平速之數內，而擇其一故也。奥沕彼得二人所言之自行微不平速，或能先解明而後再微，各體攝動之實據也。但既未得此實據，則各家之説僅依測赤經所得不平速之數而已。米利堅沙夫特又依測距極所得不平速之數，然依行橢圜道，或行前言之道，或新攷之副星，皆可解其自行之不平速也。

近時有數天文士，用光圖之理攷恒星之光及星氣之光，甚得妙意。累攷諸恒星有所得光圖內之諸光線，各有不同，與地球內諸原質之光線相合。黑京用此法攷天狼，知其指輕氣三光線內之最明一線之位，略合於太陽光圖內此線之位。詳言之，測得天狼光圖內此最明光線在三稜玻璃折光之度數，稍小於太陽光圖內此光線折光之度數。依光浪之理，凡光浪在折光質內之速率，依光浪自初生至折光質面長短，自初生至折光質面一秒中之浪數愈少，則光浪愈長，而折光之度數愈小。設天狼内之一點定質有盪動，而在光氣內生等時之動，發一光線，若以星與地球爲皆不動，則初生之動與後生之各動必依次序而至折光質面。即三稜玻璃面。至時之次序歷時與生時之次序歷時各相等。若星與地球皆以平速相離，則初動後之各動所行之路必依次加大，所歷之時亦必依次加長，故光線至折光質面折光之度數必小於星與地球各不動之度數也。光浪每動歷時加多之較用精法可測得之，則光與地球相離速率之比，若光行速率之比，亦可得矣。黑京測得星與地球相距之速率每秒一百二十里，當時地球行道之速率每秒三十四里七，故得天狼星之速率每秒八十五里三，即天狼星與地球相離每日七百三十四萬四千八百餘里。然以光圖之定線爲輕氣所成，則此數略可信。若因未知之原質所成，則此數不可信也。

意太陽或亦有如是之行，而其所憑之理，與前推測所定之諸法皆不相涉。天學諸家有言天河與諸恒星及太陽聯爲一體而旋轉，同繞天河面内之一點，因諸星互相攝，故不因離心力散飛空中。近梅特勒定其所繞之點在昴宿中，顧此點離天河平面至二十六度，則未可深信，蓋所繞之點疑必在天河面內也。此當取天河中諸等星，雖最小等不遺，擇其易測者，測其經度歸極度，即能知天河果自轉否。惟望南北各地星臺，用心測此事，如是三四十年，方能定也。

日若果自行，且與他星之行不相涉，則必有日行視差日行光行差。設恒星行而日不行，則星但有實行。日亦行，則星并有視行。而不知星日之距，則實行視行混而爲一，不可分，是視差不能定日行也。日行則視諸星必有光行差，最大爲五秒。故諸星方位，皆依過星及合點之諸大圈而移。其移多少之比，若星距合點度正弦之比。但其移往而不復，若日恒以平速直行，則無從知。設久後日行之方向速率變，則其移位之方向大小亦隨之而變。雖可知，然與星之實行相雜而難分，是光行差亦未能定日行也。

合光行及星自行二事，測聯星環繞必生差。假如二星相繞之面與視線成直角，又設其周時爲萬日，若日與聯星之重心皆定於空中，則歷一周時二星必仍至原度。若聯星之重心離日以平速直行退後，每日過十分地道半徑之一，則歷一萬日，距我之數必增一千個地道半徑，光行到我必遲五十七日。故星雖已至原度，然我視之尚不在原度，再加五十七日始見其至原度，是其視周時爲一萬零五十七日也。若其重心進前則反是。

清·李善蘭、偉烈亞力《談天》卷一七《星林》 澄明之夜，仰觀天星，往往有簇聚而密于他處者。用遠鏡窺天，見簇聚之處益多，有星團、星氣、星雲星之別，總名之曰星林焉。

恒星多簇聚處，此必有一公理。最易見者，爲昴宿。用目力察之，僅見六七星。測以遠鏡，則見有五六十大星。他星俱距此稍遠，郎位亦然，但散而疎，星亦略大。鬼宿中積尸氣，望之若一點白氣。測以小力遠鏡，即能分爲無數星。大陵閣道間亦然。然非精遠鏡，其星不能分焉。此類皆名爲星團。天空有若無尾之彗星者，用遠鏡測之，乃小平圜或橢圜之星氣。乾隆四十九年，法蘭西通書中載有梅西爾星氣表，共一百零三處。欲測覓彗星者，須熟悉此表，庶免誤視。星氣皆諸星密聚，其邊界略可辨，愈近中心愈密，光愈多。星氣多有作平圜狀，一若玻瓈球中滿儲諸星，自成一部，與外星不相交涉也。以其球之徑略推其星數，當不下五千，而球徑所占度不過十分。此諸星光之和，至我目小于四等星，則其遠不可思議。故意其每星必俱如太陽之大，其相距如我距恒星也。觀諸星自成一部，知其有相屬之理。觀其作球形，知其有攝力。觀其漸近心漸密之比例，知其星非皆等距，攝力中大于外也。此諸星設無繞心行，則無離心力，必愈久愈密，而合成一體。若有繞心行，則有離心力，必其繞一軸。不然，則難保其相遇而相擊。或謂準奈端理，諸星互相攝。因此每星必向球中心，其向心力大小，必與質積有正比例，與距中心平方有反比例。依此理，各星必行于橢圜，以公重心爲橢圜之本心，其面與方向不論。諸橢圜同時成諸星之行，周而復始，永遠不變，不必共繞一軸也。所測得道光十年諸星氣之方位，列表于左。

諸星氣經時距極表

	赤經時			距極度	
	秒	分	時	分	度
一	二五	一六		二	一六三
二	三三	八	九	一〇	一五四
三	四二	四七	一二	五七	一五九
四	三〇	四	一三	五五	七〇
五	三八	一六	一三	三五	一三六
六	一〇	三四	一三	四六	六〇
七	五六	九	一五	一六	八七
八	五六	三四	一五	一三	一二七
九	五五	六	一六	三三	一一三
十	二	二三	一六	四〇	一〇三
十一	三七	三五	一六	一三	五三
十二	二四	五〇	一六	五一	一一九
十三	五一	二六	一七	三四	一四三
十四	四二	二八	一七	八	九三
十五	四	二六	一七	二	一一四
十六	四九	五五	一八	一四	一五〇
十七	四三	二一	二一	三四	七八
十八	四〇	二四	一二	三四	九一

表中第五近車騎，最顯，目能見之，狀若彗，光分若四五等星，測以大力遠鏡，圜如球，其徑二十分。愈近中心愈明，乃無數十三十五等星團聚而成。又第十五在天紀第一星及第一雙星之間，無雲之夜，目亦能見。此二星氣，乃好里于康熙十六年及五十三年所測得者。

侯失勒維廉分星林爲六類。一爲星團，其星皆明朗可見，有二種，一成球形，一作無法之形。二爲星氣，若遠鏡更精于今，意能分爲諸星也。三亦爲星氣，則絶無可分爲星之證，視其光分大小，區爲數種。四行星氣，五恒星氣，六雲星。維廉所用遠鏡在當時爲力最大，所測得皆昔人所未見者。言諸星林散列天空，無一定次序，而近天河之北極處最多。如軒轅、内平、北斗、三公、郎位、大角角宿中間一帶，約爲天球八分之一，星林在此者乃有二分之一。婁昴畢觜四宿，及五車、天船、八穀、天棓、候、宗正、天市垣徐吳越、織女中間一帶，則甚稀少。約計之，北半球赤經三十至七十五度，二百二十五至二百七十度甚少，而一百三十五至一百八十度甚多，其中一百六十五至一百八十度尤多。南半球分布停匀，除墨瓦臘尼雲外，無聚于一處者。

星團作無法形者，疎列天空，不甚密聚，大半俱近天河。團中諸星，或俱相等，或大不等，中心不甚密，其界亦不明晰。或即係恒星最密之處，其内或有一星作深紅色，甚明。侯失勒維廉謂是未成球之星團，蓋因諸星交互相攝，從四面匯集，漸漸成球。然未有確證，僅因諸星團之色有深淺而想當然耳。有一星團，中函十字架中一星，拉該勒謂是星氣。測其面積約四十八分方度之一，中共一百十星，俱七等以下。最明者八星，其色或紅或緑或青，合觀之如七寶佩。

可分之星氣，乃星團之極遠者，故其星光甚微，非二三星相并，不能見也。其狀或爲平圜，或爲橢圜，恐實係無法形。其星疎處不能見，但見最密處，爲有法形也。凡用小力遠鏡測一切大星團，皆成有法形。用大力遠鏡，始見爲無法形。則若用力更大之遠鏡，諸星必能分也。近羅斯用大回光遠鏡，管徑六尺，能分舊遠鏡絶不能分諸星氣之星。故星氣爲極遠之星團，無可疑焉。

不能分之星氣測以最精遠鏡，仍如白氣。不見有星，然亦必與星團無異。其星不能分，乃愈遠光愈微故也。而好里諸人，謂係尚未成星之氣。侯失勒維廉言若果是氣，此氣必能憑己之攝力凝聚成球，故近中心最密。其凝聚時，有諸重心，故成諸小體。各體俱憑一公重心而凝，故能成星氣，久後成諸星而爲星團。用已所造遠鏡，測此諸星氣，以證此理，則見有所成之星，已微能辨，中有最密之重心。近時所見諸星氣，俱與此理合。然則諸星團有星氣理，有星聚理，二者不相涉。星氣乃無始來，未成星之質。星聚乃動重學之理，諸星各依攝力，向其公重心而成環繞動也。

諸橢圜星氣，其兩心差大小不等。所函諸星，較平圜行者更難分。其狀或微橢，或幾成直線，然中心星更密同也。凡最密處，其光俱似平圜，或星更大，或因密聚，視二三星如一星，故中心諸星較易辨也。凡自外向内，漸近心漸密。其漸密之比例，有甚小者，則中心微密而光少；有甚大者，則中心甚密而光多，望之模糊若一恒星爲星氣所隔焉。有二最美觀，一赤經一百八十二度三十八分十五秒，距極四十一度四十六分，一赤經二百零一度五十二分，距極一百十九度，俱道光十年之經緯度也。

橢圜星氣，最大而整齊者有二，一在奎宿第七星旁，一赤經九度四十八分，距極一百十六度十三分。乾隆四十八年侯失勒維廉之妹加羅林所測得者，奎宿星氣，目能見之，人恒誤謂彗星。萬曆四十年，馬流曾測之，言如燭光在玻璃燈中，可謂善喻其狀。用尋常遠鏡窺之，爲長橢圜，其光自外而内漸變大，近中心變大尤速，而較明，然非一星，而爲最密之星氣，其面有他星可見。用徑十八寸之回光遠鏡，尚不能分所函之星。用力更大者，方能分之。米利堅堪比日星臺官本特，測得長二度半，廣一度强，其狀近橢圜，而其東北一點有凸出于橢圜界外者。中心最密，略如一星，不能明辨。心之四周見無數微星，徑二十分之界内約有二百星。最異者有二黑帶細而直，亘橢圜面，略與長徑平行，非精心細測不能見也。又有一星氣，道光十年其赤經一百九十八度五十二分四十五秒，距極一百三十二度八分，亦有一黑帶，更明晰，略與長徑合，分橢圜爲兩半。黑帶中間有一白帶，色淡而細。又有二星氣，一赤經一百八十六度四十五分四十五秒，距極六十三度五分，一赤經一百八十七度四十七分四十五秒，距極一百度四十分，亦俱有黑帶也。

星氣作環形者最少，有一較顯者，在漸臺第二第三星之間，中力遠鏡即能見之，雖小而甚清晰，狀作橢圜環，長短二徑比若五與四比。其孔徑占徑之大半，孔中非黑暗，有微光，淡薄如羅。羅斯所造遠鏡，能辨此爲最微之諸星，其邊有無數小星，相聯如線。

環形星氣已測得者，列表如左，乃道光十年之方位也。

環行星氣表

	赤經 秒	分	時	距極 分	度
一	三九	一〇	一七	一八	一二八
二	二	一九	一七	三七	二三
三	一三	四七	一八	一一	五七
四	三三	九	二〇	五七	五九

行星氣之狀與行星相似，其面或平圜，或微橢，其界或清晰，或模糊，其光或通體停勻，或明暗錯雜。行星氣不多，所測得者不過二十四五，在南半球者居四分之三。星氣中此類最美麗可觀，今取最顯者十二，列表如左，乃道光十年之經緯度也。

行星氣表

	赤經 秒	分	時	距極 分	度
一	三	三四	七	二〇	一〇四
二	三九	一六	九	三五	一四七
三	五二	五九	九	三六	一二九
四	三六	一六	一〇	四七	一〇七
五	四九	四	一一	四	三四
六	五六	四一	一一	一四	一四六
七	一八	五	一五	一	一三五
八	九	一〇	一九	四六	八三
九	二一	三四	一九	三三	一〇四
十	一九	四〇	一九	五四	三九
十一	五三	五四	二〇	二	一一二
十二	四四	一七	二三	二四	四八

表中第六星氣在十字架中，其光分約六七等星，徑約十二秒，其面圜而微橢，界甚明晰，狀似行星，色深青近緑。凡恒星作青色者，恒在黄星之旁。而行星氣每有青色者，如表中第四，作天青色，第十一十二俱青而更淡。又第二第七第九第十二俱美觀，第三第四第十一俱爲長橢圜，其長徑爲三十八秒、三十秒、十五秒。第三近中心有九等星，而其面之光如絨球，如塵團，則知亦爲無數微星聚而成也。表中第五最大，在天璇稍南偏東十二分，其視徑二分四十秒。設距日略如鶴翼星，則其實徑當七倍海王道徑。此星氣之光，通體若一，設爲無數星簇聚而成，則漸近中心必漸明，不能如此停勻也。意或爲空球，或爲平面，與視線成直角，俱未可知也。

行星氣之光力，必甚小于太陽。割太陽面徑一分之平圜，其光七百八十倍望時之月。今行星氣徑數分，而目不能見，則其光之大小豈可同年語耶？阿拉哥意謂是胞體，中心有一太陽，因遠極故不能見。其光映于胞，胞大故能見。蓋光不論遠近俱能到，其遠而不能見者因分太小，故改作大分即能見也。此説未確，若俱係本光，則小者不能見，大者能見。今太陽之光映于胞，必更薄，則雖變大，必仍不能見也。

續：近時羅斯與拉瑟拉用最大力之遠鏡精心久測，仍未解其故。且更見其中奇異之狀，益難解焉。有雙星氣者，或二球形星氣，或二球形星團。其相距、其方位、其光分之比例，一一與雙星相似，惟形狀及光分變大小則不同。其相與環繞未有確證，蓋其爲物甚大，則其行必甚遲。雖測之數千年，恐仍不覺也。然既甚近若聯星，而雙列天空，與別星氣不相近，其有相屬之理無疑。夫以諸行星彗星屬之太陽，聯爲一體。又聚無數太陽爲星氣，復聯爲一體。今觀星與恒星理同，則又必合無數星氣聯爲一體。如是遞推，愈大愈無窮。造物主之大智大力，真不可思議矣。

星氣之狀作有法形者，或與恒星之獨星雙星有連屬之理。間有若一明星，四周包氣，氣有淡光，漸遠心漸薄，以至于無，間或有清晰之界，此類名曰雲星。最美麗者二：一赤經一百零九度四十七分，距極六十八度四十五分，一赤經六十一度三十九分，距極五十九度四十分。二星俱係八等，俱在明球中心，其球徑一爲十二秒，一爲二十五秒，此即侯失勒表第四類中四十六、六十九二星也。表分八類，一明星氣，二淡星氣，三最淡星氣，四行星氣，有帶星氣、有鬚星氣、短光星氣、切異狀星氣，五甚大星氣，六最密星團，七略密星團，八疎星團。此類最大者，近奎宿及常陳皆有之。星氣有與雙星相屬者，其理最異，如赤經二百七十一度四十五分十五秒，距極一百零九度五十六分。有橢圜星氣，長徑約五十秒，有雙星近長徑兩端，俱係十等星。又斯得路佛測得赤經二百七十六度十五分，距極二十五度七分，亦有雙星，大小不等，居橢圜星氣長徑之二端。又赤經三百零七度十五分五秒，距極一百二十九度九分，有橢圜星氣，長徑二分，近中點有密雙星，皆九十等，而大小略異，相距不過二秒。又梅西爾表中，第六十四星氣，人疑是密雙星，更有數星氣亦如是。

星氣之略作有法形，其最奇者爲梅西爾表第二十七。道光十年，赤經二百九十八度三分，距極六十七度四十四分，其狀作二小橢圜星氣。有短頸相聯，頸之疎密與二體略相等。體頸四周，漸外漸淡，成橢圜總胞。小橢圜居胞之短徑上，測以徑十八寸之回光鏡，見其面有星疎列，而不能辨其皆爲星否。羅斯用倍大回光鏡測之，則見分爲無數小星，中有星氣相雜，而所見之狀不若小鏡之甚異也。又第五十一，其赤經二百度三十九分四十五秒，距極四十一度五十六分，測以徑十八寸之回光鏡，見爲球體星氣，大而且明。球外有一光環，環之光不停勻，五分環周之二，分爲二層，其一層略向上，與原環不同面。別有小而明之圜星氣距環約如環之半徑，用羅斯徑六尺之回光鏡測之，則前所見向上一層今見作螺卷形。又聯環與中體之諸帶，亦似欲成螺卷形，外之小星氣，以細而曲之光線與環相聯，此星氣全體俱可分爲無數微星焉。

續：羅斯與拉瑟拉見他星氣亦有此螺卷形，而卷更清。此種星氣頗多，可爲另成一類。梅西爾表中第九十九星氣，爲此類內之最。

星雲爲星氣之別一種，俱爲無法形，其面最廣，其狀與光各各不同，惟其方位近天河之邊，則俱同焉。略遠者近參宿，距天河大圈僅二十度，距天河視界十五度，則仍在近天河左右一帶之內也。前十五卷用目視條。言天河有一分支，從天船第三星卷舌第二星向畢昴二宿，恐與此星雲相連焉。故意星雲爲天河所分，其方位可區爲四：一參宿，二老人，三斗宿，四天津。益可信星雲爲天河之屬，設我能見天河之全，意必爲無法形焉。

四板

南

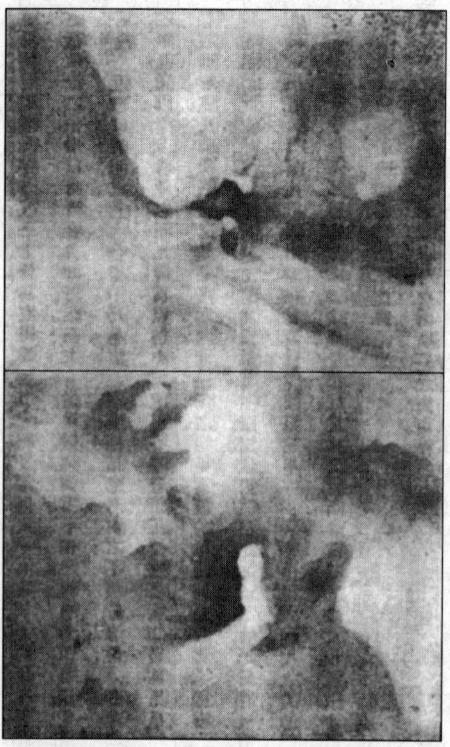

一圖 前

二圖 後

北

當伐第二星處有大星雲，自順治十三年海更士測得後，天文士恒作圖論之，其圖各不同，蓋遠鏡之力不齊，所見之狀各異焉。見四版一圖。乃用徑十八寸之回光鏡在好望角所測者，其地之高度大于歐羅巴，測較易。此圖之横，得赤經度三十分，其縱得緯度二十四分，圖與天相反，北在下，西在左也。星雲之最明處，若猛獸之頭，張口呀呀，厥鼻如野猪。面上有諸星散列，與雲不相連。前所云伐第二星爲六合星，十六卷有壁宿條。近獸口最明處。其六合星中，乃星雲之空處，稍暗處乃雲之不可分者，近六合星最光明，則獸之額也。測以徑十八寸之回光鏡，爲無數小光塊，光不停勻，顯在粒粒之狀，知必爲諸星所合成。用羅斯之回光鏡，或米利堅堪比日星臺之無暈鏡測之，始見爲無數星密列而成。然欲獨察一星，雖精鏡不能，惟近而最密處，見爲無數光點，其爲衆星無疑焉。伐第二星之北約三十三分，經度略同，有二小星，同爲一星氣所函。其星氣明面有支，狀最奇。伐第三星亦爲一厚星氣所函，用大力遠鏡細測之，此二星氣各有光一帶與大星雲相連。其光帶北行，意其又聯函參宿第二星及相近數小星之星雲。米利堅格致公會歲册中，本特所繪之圖最精。

續：英國大格致公會同治七年歲册内，有奥斯曼之圖更精。

海由第二星，在諸星雲密聚之處，其星雲滿方度見四版二圖。約得諸星雲四分之一，占赤經三十二分，赤緯二十八分。圖之右爲西，上爲南，在圖外者不甚明，然益可見爲無法之形。測以徑十八寸之回光鏡，無可分爲星之處，中有橢圜洞，近洞最明而濃。然其光無分粒之狀，不若伐之星雲可辨爲無數星也。此星雲在天河星最密而明處，其星在星雲面者多至一千二百。然此一千二百星，與星雲相去甚遠，絶不相連，乃天河掩遮星雲耳。蓋近此星雲赤經三十度之内，約計天河每方度之星不下三千一百三十八，俱列于天空暗處，別無他星雲相雜。故知此星雲在天河外，遠至不可思議，與我天河諸星各不相屬也。

近斗宿第三星，有星雲團聚處，其狀甚奇，難于形容。中有一星雲，合三星氣而成，作無法形。向内諸邊甚明，向外光漸薄，以至不見。中間有空洞無光，分三支作屈曲狀，其中一星氣，向内邊有三合星。在空洞分支處，又有一星氣，如摺扇，亦如鳥羽。從一星出，其星近三星氣。梅西爾表中第八星氣，作展疊狀，中有橢圜形暗洞若干。有一最明處，似其中心，其面之上稍偏有甚密之星團，與星雲不相連，亦非若前星雲，函參宿第二星也。又梅氏表中第十九星氣距上諸星雲雖有數度，然亦必同部。此星氣作二弓相合形，一明一暗，合處有帶，闊而明。其中最明處，可分爲諸微星團，外有暗帶繞之。其弓之背，有不甚明之圜星氣與之相連。

天津之星林，亦爲幾箇星雲所合成。其中有一星雲，爲長帶，狹而曲，發二三支，過天津第九星南之雙星。餘星雲赤經三百十二度二十分，距極五十八度二十七分，乃侯失勒維廉及約翰所測得，俱爲獨星雲。而梅森謂乃繁而異狀之星雲，其狀作曲狹長帶之分支，又作蜂房形。此星雲與星相雜，而蜂房空處無星。

墨瓦臘尼雲，狀若二白雲，又若割取天河二段。二形大略俱圜而微橢，然其界不整齊。大者更參差，似有光軸，中間不甚了了。兩端漸廣，若橢圜線。其東邊有一小斑，色更明，乃異星氣也。大雲赤經自七十度至九十度，距極自一百五十六度至一百六十二度，其面積方度者約四十二。小雲赤經自七度至十八度四十五分，距極自一百六十二度至一百六十五度，其面積方度者約十。小雲之光月能奪，大雲不能奪。測以大力遠鏡，見其狀極龐雜，大雲更甚，大率爲衆星林所合成。其中有星氣徑十八寸之回光鏡不能分者，亦有諸星明晰易分若天河者。又有球體星團或疎或密者，及無法形之星雲，有獨具異狀，他處所無者。統大雲中之星林，有二百七十八，相近者又有五六十，意必同部。計每方度約得六箇半，較天球各處爲最密也。小雲中略少，然測得者已有三十七，相近者有六。凡球體星團橢圜星氣，天河中甚少，其最多處距天河甚遠。此二雲中諸微星與天河無異，而有一切星氣星團攙入其中，是可異焉。

大雲之視半徑爲三度，當作正球，則球頂底二點之距爲十分球心距日之一强，故最近處之光力不太盛，而最遠處之光力不太微。此球内七八九十諸等星約六百餘，諸種星林約三百。又有無數微星散列其中，自十一等以下至微極而爲星雲。人或謂此雲自頂至底遠至不可思議，譬從柱端望柱，故不覺其甚遠耳。余謂若只一雲，此説亦可通，然不當二雲皆如是。故七八等星與難分之星氣，其距我遠近必如九與十之比謂近是。而前所云凡星氣皆諸星聚而成，尚未敢斷爲定論矣。小雲中心偏西有一最密之球體星團，目能見之，作淡玫瑰色，包于疎星白球中，甚美觀。其視徑十五分至二十分未定，即前表本卷所測得條。中第一星氣也。大雲中有異星氣，狀若小彗之中體，目能見之，約爲五百分本雲面之一，拉該勒曾細測之。

續：有數星氣，昔現今隱。中有一者，以遠鏡窺測，確是彗星，即乾隆五十七年之第二彗星也。上推此彗之道，至明年正月初四日，確是馬斯奇林所測得之星氣無疑。因彼時之表，當在赤經二小時三十九分，距北極四十六度十五分，與所測得者相合也。惟此外另有實是星氣，忽隱而後又現者，或初暗而後大明者，或在熟知之處昔無今忽現者，不可謂昔本有而未見也。咸豐二年八月二十八日，欣特在畢宿處測得昔所未見之星氣，依咸豐十年之表，赤經四小時十四分，北距極七十度四十九分，後又屢見之。咸豐五六兩年中，達嗼亦屢見之。咸豐十一年八月二十七日，又測之不見。至十一月二十八日，斯得路佛用波羅咯之大回光鏡測之，雖能一見，而甚難矣。同治元年二月二十三日，又變甚亮，以遠鏡窺之，見聚光之細線發光芒也。咸豐九年八月初五日，搭得勒測得昔所未見之星氣，依咸豐十年之表，赤經十八小時二十三分五十五秒，距北極十五度二十九分四十八秒，奥沕言此星氣略明而長。同治元年閏八月初一日，達嗼見其明大異常，昔時維廉與约翰曾用遠鏡盡察此處之諸星，若有此星氣，不能不見之也。同治二年三月十一日，巴黎斯雲學會之報載沙哥納于近天關測得一星氣。依咸豐十年之表，赤經五小時二十九分四秒，距北極六十八度五十二分二十秒。其星氣甚亮，且在此甚熱之處，若昔時已有如此之亮，亦不能不見之也。咸豐九年九月二十四夜，但白勒在切近昴宿第五星新見一星氣甚奇，初似彗星，次見其位不移，乃知實是星氣。十年十一月二十日，但白勒與波伯二人在馬塞里用十六尺回光鏡測之，難見。依咸豐十年之表，赤經三小時三十七分五十二秒，距北極六十六度四十分十三秒。奥沕云：其大十五分，形爲三角。想因近昴宿第一之明星，故昔未見也。欣特亦言常疑昴宿界内有星氣。梅西爾表内第八十星團人已屢經窺測，而熟知其爲扁球團形，内函無數微星，包克孫于咸豐十年四月初八日見其内有七八等之小星。依咸豐十年之表，赤經十六小時八分四十一秒，距北極一百十二度三十七分三十四秒。前次三月十九日，曾用遠鏡測之，不見所異。三月二十一日，無微星之狀，惟異常明亮而縮小。至四月初一日，路得與奥沕亦見爲微星而記爲六七等星。二十一日包克孫測之不見，而奥沕仍見之，知此星與星團不同一心。

海山第二星中之橢圜洞，四版二圖。繪圖之時，其界線明晰而全閉。惟近時包維勒來書云：橢圜南邊之界線已開。此後武官侯失勒用五寸徑之無暈遠鏡窺測之，而與同治七年十一月初九日初十日測得而作之圖相比，知橢圜洞尚存，但不及用更大力之遠鏡所見者明耳。又圜内近于本星即海山第二星。之四十九星内之四十八星，其相與之位置未改，能見也。其第四十九星最小而難于認識，又本星即海山第二星之光雖比昔大減，然恒在橢圜洞東邊之最明處，如藏入甚深者。非如舊説在橢圜洞之内，而在星氣外也。蓋舊説以爲如此，今知其誤也。同治三年，英國大格致公會歲册内有星氣與星團五千七十八之總表，依咸豐十年之赤經記之。又有已推至後同治二十年之歲差及説，皆约翰所著也。

用光圖法測明星氣，知雖最明者其實光亦甚淡，故光圖中不能見黑線，如太陽之光圖也。但所現之事異常，不似太陽光與星光，而更類火炎光，或燒氣質光也。最明之星球團，與能分星之無法形星氣所成之光圖，皆有諸光度之光帶，爲侯失勒維廉所測星氣之第四類，名之爲行星氣。及不分星之諸星氣，則與前者不同，此類内有伐與海山諸大星氣，其光成單色光線，有一定之折度，合于太陽所成之淡氣光線，亦合于以電氣附過淡氣之光線。或爲此光線乃别單色光線，或二或三相合而成。又一光線，合于太陽輕氣之光線，此略言黑京所得之要事也。武官侯失勒居印度之邦家羅耳，于無雲晴明之夜，用英國大格致公會所贈光圖鏡測得，與黑京者相合。又有一據，可解之。武官侯失勒移去光圖鏡小槽之板，以三稜玻璃觀遠鏡之全視界，測梅西爾表中第四十六星團，見此處有多明亮之星，内有侯失勒第四類第三十九行星氣，如淡光在諸星所發無數光條之間。此星氣之光若非略單色，則三稜玻璃變長，不能如明辨之物，此據可爲極妙也。

或言太陽有薄質包之，故與雲星同類。其證有二，一曰黄道光。二三四月間，若天氣清朗，日初入時能見之。或八九十月日未出前，亦能見之。狀如光尖錐，其軸在黄道面内，頂點距太陽之視度自四十至九十不等，與軸正交之底自八度至三十度不等。其尖錐角包太陽于中，其頂出水星金星道之外。有時頂點距太陽九十度，則至地道矣。愈近赤道，見之愈明。不可云北曉之類也，或云太虚中薄氣略厚處能阻彗星，此乃數萬彗星過最卑時所留尾上餘質積而成也。或云是太陽之本氣。然有如是氣胞，當有橢率及大小，而與中體同轉，與動重學之理大不合也。意或是無數小體，與日相屬，俱若小行星，各有本道，各有周時，距我甚遠，故視之甚微耳。所見尖錐，一若日光透門隙，見光中無數微塵也。此諸小體并之，較日體尚甚微不可比，故攝動不能覺。然其各道相交，則有時必相遇而相擊，而或落于日中或落于行星中。各國史中所載隕石隕鐵諸事，即此物也。西史有四人爲隕石所擊死。周貞定王四年，隕石于土耳其之哀可卜大摩，大六七石。後梁龍德元年，以大利之那尼隕石于河中，高出水面四尺。明泰昌元年，隕鐵于印度本若之斜林特，其王日杭格以鑄劍。此後隕石于英國十六次，一在倫敦。嘉慶八年三月初六日午正，法蘭西諾滿的之來格城，空中有大火球，裂爲數千石而隕，偏散于地，方里者七八十。王命人往觀之，不誣。此外不能勝載。昔人謂此係地面或日中火山口飛出者，非也。今人皆知是空中小體，與行星同類。其隕時有火光，至地尚甚熱，或于空中碎裂者。蓋其下行，速率遞增甚大，與氣相磨，力甚猛，故發熱，且生火也。一曰流星，與上鐵石諸小體異，當別是一質。每見大流星曳長光或大火球，經過地氣之上層。有時過後，所曳光帶留于空中，歷時數分始滅。有時發喧鬧聲，其體豁裂而隱。有時無聲而自隱。此必地氣外之物，偶入地氣中而發光也。乾隆四十八年七月二十一日，有大流星經過歐羅巴洲，從蘇格蘭之舌蘭島至羅馬。其速率一秒中約九十里，距地面一百五十里，其光較望時之月尤大，實徑一里半，其狀屢變。後分爲數體並行，各曳光尾，爲最異焉。或有時見流星多至無數，如花礮亂放，光滿天空，歷數時之久。偏大洲大洋皆見之，或兩半球皆見之。此必在立冬後五六兩夜。嘉慶四年、道光十二十三十四諸年皆然。其見史志者，攷之亦恒在此二夜。又立秋後二三兩夜亦有之，然不能如是之多。但常有大流星，皆曳光尾，徹夜不絕。又有數夜，略可定其時，不如此諸夜之確準。意地球行道，每周至此處，必過無數流星繞日道之面，一二日始過盡。其過時，諸流星及地球之路，皆當作直線論。又諸流星俱若用同速平行，而視地若定。故從地望之，若俱從天空一公點發出，此與雲隙日光平行線之合點同理。故諸流星所行之弧線引長之，俱成大圈。立冬後五六兩夜所向之點，近軒轅第十二星。立秋後二三兩夜所發之公點，恒近傳舍第七星。無論此二星與地平成何方位，皆然。流星道非必與黃道同面，但設爲橢圜，且兩心差無定。而各流星之速率及方向無論與地同異，其所發公點之緯度雖大同，未嘗不合理也。若諸流星匀列于此橢圜道，則地球繞日，每年必一次遇之。若諸流星分作數隊，依次相隨，行于橢圜道，而周時與地球不同，則或間數年一遇之。所遇之隊有疎密，故所見不同也。

近時天文家俱究心流星之理，便孫伯勃蘭特二人，欲知其道與地道之交角，細測各流星初見至隱之時分，及恒星中之方位。用底線長五千丈，從兩端測之，知其高從四十六里至四百餘里不等，速率每秒中五十二里至一百餘里不等。其速如是，繞日無疑也。

道光二十七年七月初九日，有大流星過法蘭西提挨伯及巴黎斯。測如上法，土魯士星臺官白底推得其繞日之道爲雙曲線，半長徑○·三二四○○八三，負兩心差三·九五一三○，最卑點距日○·九五六二六，與地赤道而之交角十八度二十分十八秒，正交點黃經十度三十四分四十八秒。依此諸根推之，此流星從最近恒星，即視差一秒之星。天行三萬七千三百四十年而始至也。

諸流星之行道，設有方向速率略與地同，而又近地，則意必爲地攝力所留而繞地也。若爲實體，能借光照地，則有時必于一刹那中見之，即入闇虛而隱。觀白底所測，中有一，疑其繞地如月，其周時三小時一刻五分，其距地心與地半徑比若二·五一三與一比，其距地面爲一萬四千五百里也。

續：依前言太陽之熱因摩盪而生，故其體不燒毀礫裂。古時倍根創說，謂凡動者之熱皆因體內之質點常速轉而生。其後細勒亦附和其說，然其是否未定。近時梅爾、儒勒、唐生三人，新論此理云：凡體之動無論如何而生，已生之後，永不能滅。若有物阻之，則其動力變形而存于體內，使其諸質點加速旋轉。因此而成熱，或成光，或成光及熱。而加入天空亮氣內之諸點，分散于天空各處，成所顯之光及熱也。此說有數事不解而難信，然合之則有妙論，故謂熱因擊力與面阻力而生，此可爲例矣。瓦得孫、唐孫二人，因此解太陽之光熱。瓦得孫云：諸隕石行甚長之橢圜道，如彗星相似，其遇太陽之雲氣而落至太陽面者甚多，而速率亦甚大，太陽所發一切之大光大熱即由此而成。準此，太陽面每方尺每小時必受隕石重五觔，速率每秒一千一百三十里。設隕石之疎密率等于花綱石，則每年必蓋于太陽面高十二尺。唐孫信此說，而謂太虛之黃道光黃道光如氣質之星氣。以螺絲道轉行，漸近太陽，而摩盪太陽之光氣，以成太陽所發一切之大光大熱。然此不必詳辨，可依前說而攷遠鏡所見太陽之事，以知此說之合理與否也。

同治五年立冬後五夜，見流星極多，故後必以是年爲流星天學之元年也。近時勤于測流星之人甚多，故大英格致公會設白來利格類失格勒格與侯失勒亞力會合地面陸海多人，如亥師及海定格等所測，而用便孫伯勃蘭特二人之原法，詳攷獨流星顯滅之高與速率行道，而知立冬立秋後之外，亦有依定時而見之流星。今已定流星顯滅之高及速率，而得總說如左。

一、流星所顯之光道距地面之高，至少五十八里，至多三百七十六里。其初顯時高之中數爲二百里，滅時高之中數爲一百五十里。故依北曉之證，言雲氣之高過于一百三十里有據也。

一、流星之速率每秒五十里至二百三十里，中數爲九十八里，與便孫伯勃爾特之數合。

一、立冬立秋後之外，最要之各隊流星，小寒前四日所顯者，合點在赤經二百三十四度，北赤緯五十一度。穀雨日所顯者，合點在赤經二百七十七度，北赤緯三十五度。霜降前五日所顯者，合點在赤經九十度，北赤緯十六度。大雪後五日所顯者，合點在赤經一百零五度，北赤緯三十度。

立冬後甚多之流星，米利堅紐赫温之奈端，攷相傳之書，知自唐昭宗至道光十三年，共有十三次，在唐昭宗天復二年、後唐明宗應順元年、宋真宗咸平五年、宋徽宗建中靖國元年、宋寧宗嘉泰二年、元順帝至正二十六年、明嘉靖十二年、明萬曆三十年、康熙三十七年、嘉慶四年、道光十二年十三年也。其間之期爲三十二年、三十三年、三十四年，中數爲三十三年又四分年之一，即一百三十三年内有四次。唐昭宗天復二年，在霜降前七夜，以後日期移易不勻。至道光十三年，則在立冬後六夜。依曆法變此年爲日數，得二百零五萬零七百九十九日，與二百三十九萬零八百六十七日之較，爲三十四萬零六十八日。而九百三十一太陽年爲三十四萬零四十日，其較爲二十八日。故發流星之日期，在九百三十一年内，漸移後二十八日，約每百年移後三日也。按嘉慶四年、道光十二年十三年人所推算者，知在同治五六年，當再見甚多之流星。將此預傳各處使人候之，至期有驗。雖不及嘉慶時之亮，而已爲甚亮。同治六年所見者則尤多，米利堅見其最大者。音地亞那不路明敦人格固烏特，自半夜至卯初一刻，共見五百二十五流星。近馬的尼島，見光星如雨。在特尼塔島之舟主名赤木云，自丑正至天明，記所見共一千六百流星。巴哈馬島之那掃，有武官名司多爾得，與其伴自丑初至卯初二刻，記所見共一千零四十流星。彼時細攷此流星之合點，在黄經一百四十二度三十五分，黄北緯十度二十七分，即在軒轅第十一第九之間也。彼時自太陽觀地球之黄經爲五十一度二十八分，故道光十三年，因格謂合點在黄道面推之，當時必略在地道内，地球所在之點切線之方向。故若以每流星爲細行星，則必逆行環繞，與地道同心之平圜或橢圜。其最卑點或最高點略與合點相合，在黄經五十一度二十八分，而其道之長徑約在黄道之面内。

設以流星爲細行星，而地球與大發流星之處一百三十三年中相會四次，則流星所行道之形有二法可解之。第一法：謂微橢圜道，周時略一恒星年。第二法，謂行長橢圜道，周時三十三恒星年又四分恒星年之一。第一法之橢圜道亦有二式：第一式，米利堅奈端之説，其相會在橢圜之最高點，周時三百五十四日五七，少於恒星年十日六七，半徑〇・九八一，兩心差〇・〇二〇四。第二式，同治七年英國月録無名氏之説，其相會在橢圜之最卑點，周時三百七十六日五六，多於恒星年十一日三三，半徑一・〇二一，兩心差〇・〇一九二。依第一式，每恒星年必行一周多十度五十分，故在三十三年内必過原點二度三十分。依第二式，每恒星年必行一周而少如前數，故在三十三年内，必不及原點，亦如前數。故推算各周時，得其元皆在三十一年三十二年三十三年及三十四年，而流星恒必略近所會之原點也。若諸流星散大至公總道闊十一度，則幾必相會。若散大至闊二十二度，則定必相會，而幾能連有兩年相會矣。第二法，以大利密蘭星臺官沙怕勒利之説，其相會其近橢圜道之最卑點，周時三十三年又四分年之一，半徑十〇・三四，兩心差〇・九〇三三。此法與前法，其相會皆在往下時之中交點也。其諸流星若散大至公總道之闊能容地球過此交點，則歷時必多於一年爲一百三十三分之四，相會約可在所定之年。若諸流星散大之闊爲此二倍，則相會必在所定之年。若再闊，則相會連有二三年，而與古所記者相合矣。每百年移後三日之故，半因恒星年長於太陽年一日四，尚有一日六，乃因被他行星所攝動，而每百年交點移前一度三十六分，即每年五十七秒六。地球屢近之攝力最大攝動必因此也，故知必被地球攝動也。前言流星行道第一法之二式，其速率必略同地球之速率。而行與地球相逆，可知其真交角約倍其視交角，而得二十度五十四分。流星行道第二法，在橢圜道之最卑點，速率與地球速率比，若一・三七一與一比。設呷㕷爲地道，𠮙叮爲流星道，視交角𠮙呷叮十度二十七分，𠮙叮邊爲一・三七一，叮呷邊爲一，則得叮𠮙呷角爲七度十三分，故真交角𠮙叮㕷爲十八度三十一分。

設諸流星爲細行星，而略行正圜道，與地道大小略同而逆行。其道之交角不大於小行星中者之一道，則與太陽所屬諸行星之例不合。又因其無亂攝力能使外移而至其本道，則必恒依此而行無窮之年，而與地球相會無窮之次數。故全團必因地球之攝力所散亂，而使各流星行道之斜度與兩心差各不同。設諸流星行長橢圜道，而周時爲三十三恒星年又四分恒星年之一，則似彗星之道。彗星則常有逆行也。彼得與沙帕勒利同時攷得。但白勒於同治

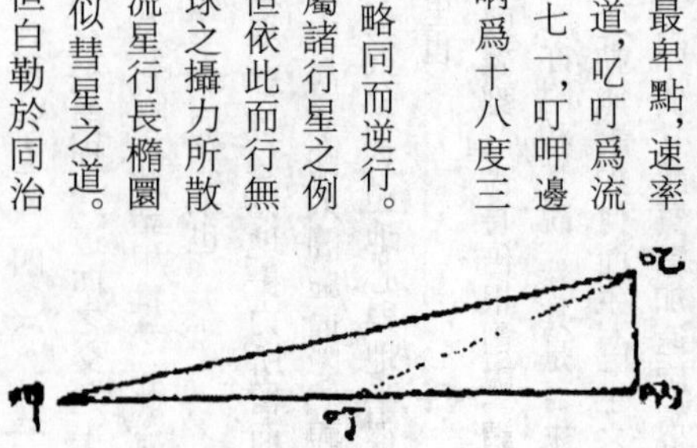

四年所測之彗星除過最卑點外，其根數與此流星盡合。列其二數如左，以比較之。

	流星道	但白勒彗星道
過最卑時	同治五年十月初七日	同治四年十一月二十五日
最卑點之距	○·九八九三即立冬後六日地道之帶径	○·九七六五
兩心差	○·九○三·三	○·九○五四
半長徑	一○·三四	一○·三三四
交角	十八度三分	十七度十八分一
中交黃經度	五十一度二十八分	五十一度二十六分一
周時	三十三年二五	三十三年一七六
行法	逆行	逆行

觀表內之半長徑一○·三四，最卑點之距略爲一，則知最高點距日必一九·六四，稍出天王星道之外，而道面與天王星道面之交角甚小，長徑與黃道面略合。故天王星與流星同時至二道之交處，略必相遇。無論長徑之方向有變，古必已有相遇之時，後亦必有相遇之時也。惟長徑之方向未必與交點同變，尚未推算，故未能確知其變否。力佛理亞另立一說云：在漢順帝永延元年，必已相遇。彼時天王星與流星之行俱慢於今，流星在最高點之速率與地球速率比若○·○七與一比，得每秒行三里八二，故必久受天王星攝動之力，而流星道之方向大有變移，即與古時木星攝動勒石力彗星變之爲短時道相似也。可知流星之行古尚在外，若非天王星攝之，使行於今之道，則在地球永不能見之也。沙帕勒利又另立說，謂流星道之半短徑爲○·四四一，其道面與地道面之交角小，故出地道面之距永不能過於一·五地道半徑。又思古時必已近木星或土星，而受其攝動，使行於今之道也。按此說不合理，倘如此，則攝力必正加於道面，而行星與流星之速率皆甚大，加力之時必甚小，所受攝動亦必甚小也。

立秋後三日之流星，依同治二年侯失勒亞力測星所得其合點，在大陵中。若其道合拋物線，則遇時之速率與地行正圜當有之速率比，若二之平方根與一比。此與侯失勒亞力及同測者所定之速率略同。又沙帕勒利依此而推得其道之根數，知與同治元年大彗星道之根數略合。列其二數如左，以比較之。

	沙帕勒利推流星之根數	大彗星道之根數
過中交點	同治五年七月初二日未正	
過最卑點	同治五年六月十三日午初	同治元年七月二十九日卯正
最卑點黃經度	三百四十三度三十八分	三百四十四度四十一分
正交之黃經度	一百三十八度十六分	一百三十七度二十七分
交角	六十四度三分	六十六度二十五分
最卑點距	○·九六四三	○·九六二六
周時		一千二百三十七年四

設非拋物線道，而是長橢圜道，周時約一百二十三年，亦是相合。惟若每年有相遇，則或正圜，或橢圜，皆必全圈有流星也。立秋後流星之合點，各人各年所測者各不同，不及立冬後合點之有定。可知立秋後之流星，屬太陽甚久於立冬後之流星。蓋各流星之周時必有稍異，故久則行前留後。而團聚者散開成一帶，又因地球之攝動，而諸交角兩心差亦各不同，故合點不定也。立冬後之流星不如此，故合點有定也。

《清會典》卷一○八《天文二》 恒星以黃極爲樞，其東行又循黃道。黃道主推步，赤道主測量，一也。總圖用赤道，分圖用黃道，二者互觀，庶符懸象。今纂黃道南北極及十二宮恒星圖各一，其經緯度一以光緒十三年丁亥爲率。正座而外，並及增星。六等之識，略同總圖，而去外芒，凡三千二百四十星。不及天漢者，以天漢自有圖，且總圖已及之也。又案《新法算書》引歐羅巴之言恒星，亦主黃道。爲像四十有八，在黃道北者，二十一像：曰小熊，八星。內七外一。中曰句陳。曰大熊，三十五星。內二十七外八。曰龍，三十一星。曰皇帝，十三星。內十一外二。曰守熊人，二十三星。內二十二外一。曰北冕旒，八星。中曰貫索，《回回》曰缺盌。曰熊人，三十星。內二十九外一。曰琵琶，十星。曰雁鵝，二十三星。內二十二外一。曰岳母，十三星。曰大將，二十九星。內二十六外三。曰御車，十四星。曰醫生，二十九星。又曰逐蛇，內二十四外五。曰毒蛇，十八星。曰箭，五星。曰日鳥，十五星。內九外六。曰魚將軍，十星。曰駒，四星。曰飛馬，二十星。曰公主，二十四星。曰三角形，四星。共在北者三百六十星。一等三，二等十八，三等八十四，四等一百七十四，五等五十八，六等十三，昏者十。在黃道中者十二像：即十二宮。曰白羊，十八星。主春分、清明，內十三外五。曰金牛，四十四星。主穀雨、立夏，內三十三外十一。曰雙兄，二十五星。《回回》曰陰陽，主小滿、芒種，內十八外七。曰巨蟹，十三星。主夏至、小暑，內九外四。曰獅子，三十五星。主大暑、立秋，內二十七外八。曰列女，三十二星。《回回》曰雙女，主處暑、白露，內二十六外六。曰天秤，十七星。內八外九。曰天蝎，十四星。主霜降、立冬，內十一外三。曰人馬，三十一星。主小雪、大雪。曰磨羯，二十八星。主冬至、小寒。曰寶瓶，四十五星。內四十二外三。曰雙魚，三十八星。主雨水、驚蟄，內三十四外四。共在中者三百四十六星。一等五，二等九，三等六十四，四等一百三十四，五等一百六，六等二十九，昏者三。在黃道南者，十五像：曰海獸，二十二星。曰臘户，三十八星。曰天河，三十四星。曰天兔，十二星。曰大犬，二十九星。內十八外十一。曰小犬，二星。曰船，四十五星。曰水蛇，二十七星。內二十五外二。曰酒瓶，七星。曰烏雅，七星。曰半人牛，三十七星。曰豺狼，十九星。曰大臺，七星。曰南冕，十三星。曰南魚，十八星。內十二外六。共在南者三百十六星。一等七，二等十八，三等六十，四等一百六十八，五等五十三，六等九，昏者一。三方共一千二十二星。一等共十五，二等共四十五，三等共二百八，四等共四百七十四，五等共一百十七，六等共四十九，昏者共十四。附志於末，以見中西之異云。

藝文

《卿雲歌》 卿雲爛兮，糺縵縵兮。日月光華，旦復旦兮。明明天上，爛然星陳。日月光華，弘於一人。日月有常，星辰有行。四時從經，萬姓允誠。

《詩經・召南・小星》 嘒彼小星，三五在東。肅肅宵征，夙夜在公。寔命不同！嘒彼小星，維參與昴。肅肅宵征，抱衾與裯。寔命不猶！

《詩經・小雅・苕之華》 牂羊墳首，三星在罶。

《詩經・小雅・雲漢》 倬彼雲漢，昭回於天。【略】瞻卬昊天，有嘒其星。

《詩經・鄭風・女曰雞鳴》 女曰鷄鳴，士曰昧旦。子興視夜，明星有爛。

《詩經・陳風・東門之楊》 東門之楊，其葉將將。昏以爲期，明星煌煌。東門之楊，其葉肺肺。昏以爲期，明星晢晢。

《荀子・賦》 天地易位，四時易鄉。列星隕墜，旦暮晦盲。幽暗登昭，日月下藏。

《楚辭・天問》 曰：遂古之初，誰傳道之？上下未形，何由考之？冥昭瞢闇，誰能極之？馮翼惟像，何以識之？明明闇闇，惟時何爲？陰陽三合，何本何化？圜則九重，孰營度之？惟茲何功？孰初作之？斡維焉繫？天極焉加？八柱何當，東南何虧？九天之際，安放安屬？隅隈多有，誰知其數？天何所沓？十二焉分？日月安屬？列星安陳？出自湯谷，次於蒙汜。自明及晦，所行幾里？夜光何德，死則又育？厥利維何，而顧菟在腹？女岐無合，夫焉取九子？伯强何處？惠氣安在？何闔而晦？何開而明？角宿未旦，曜靈安藏？【略】九州安錯？川谷何洿？東流不溢，孰知其故？東西南北，其修孰多？南北順墮，其衍幾何？崑崙縣圃，其尻安在？增城九重，其高幾里？四方之門，其誰從焉？西北辟啟，何氣通焉？日安不到，燭龍何照？羲和之未揚，若華何光？何所冬暖？何所夏寒？【略】羿焉彃日？烏焉解羽？【略】鼇戴山抃，何以安之？釋舟陵行，何之遷之？

漢·佚名《迢迢牽牛星》 迢迢牽牛星，皎皎河漢女。纖纖擢素手，札札弄機杼。終日不成章，泣涕零如雨。河漢清且淺，相去復幾許？盈盈一水間，脈脈不得語。

三国魏·曹操《觀滄海》 日月之行，若出其中。星漢燦爛，若出其裏。

三國魏·曹植《贈徐幹》 圓景光未滿，衆星粲以繁。

南朝梁·陸雲公《星賦》 漢武帝夜遊昆明之池，顧謂司馬遷、相如曰：「星之明麗矣，考之於歌頌，求之於經史。龍尾著於號童，天漢表於周士。既妖謡之體陋，嗟怨刺之蚩鄙。每鬱悒而未攄，思命篇於二子。」於是司馬遷對曰：「臣代典天官，緒由南正，檢之圖籍，傳之視聽。臣聞連珠合璧，曜靈之所起也；春鳥秋虚，曆數之所紀也。應黄鍾而正位，建玉衡以辨方。五緯麗而周道，四野分而畫疆。至如下方爽德，上玄告變，或守位而易所，或凌光而掩炫。故夫應若轉環，信如合契，俾明鏡與元龜，宜敕身而炯戒。長卿操牋染翰，思溢情煩，遷延奉筆，繼響而言曰：「日隱於西，月生於東。重輪晻而時缺，上枝棲而未融。豈若帝車之獨運，隨圓蓋而不窮。」帝乃歌曰：「白日没兮明月移，繁星曙兮情未疲。」

唐·李播《天文大象賦》 垂萬象乎列星，仰四覽乎中極。一人爲主，四輔爲翼。句陳分司，内坐齊飭。華蓋於是乎臨映，大帝於是乎遊息。尚書諮謀以納言，柱史記私而奏職。女史掌彤管之訓，御宫揚翠娥之色。陰德周給乎其隅，大理詳讞乎其側。天柱司晦朔之序，六甲候陰陽之域。其文焕矣，厥功茂哉！

環藩衛以曲列，儼閶闔之洞開。北斗標建車之象，移節度而齊七政；文昌制戴筐之位，羅將相而枕三臺。天床於玉闕，乃宴休之攸御，肅天理於璿璣，執威權而是預。天槍、天棓以相指，内廚、内階而分據。雙三夾斗而燮諧，兩乙賓門而佐助。

爾乃天牢崇圉，設禁暴之提防；太尊明位，擬聖公之寵章。太陽接相以班跡，玄戈撥杓而耀芒。勢微微而有象，輔熠熠而流光。薦秋成於八穀，務春采於扶筐。天廚敞兮供百宰，傳舍開兮通四方。偉天官之繁縟，立疏廟之隆崇。何大角之皎皎，夾攝提之融融。七宿畫野以分區，五宫立都而對雄。

既以歷於中宫，乃回眸而自東。觀角、亢於黄道，包分野於營中。開天門之燦耀，揖進賢之雍容。是推紀於變節，是正綱於大同。其次則梗河備預，招摇候敵，泛舟亢池，飛觴帝席，周鼎毓神，天田豐籍。按三條於平道，賓萬國於天門；置平星以決獄，列騎官而衛閽。陽門守於邊險，折威犯而將奔；頓頑司於五聽，車騎參於八屯。望南門之峻闕，覿庫樓之城府；偃蹇列於四衡，的曆分於五柱。或藏兵而蓄鋭，或重扃而禦侮。焕蒼龍之中宿，矚氐、心以及房。聽朝路寢，布政明堂。

爰俾其地，於宋之疆。粤若大火，赫然天王。鉤鈐儼於鳳闕，積卒穆於龍驤；天輻備於輦輂，鍵閉守於關梁。騎陣啟將軍之位，從官主巫醫之職。罰作贖刑，日爲陽德。二咸防非而體正，七公議賢而糾慝。陣車雷擊乎其南，天乳露滋乎其北。彼貫索之爲狀，實幽囹之取則。

歷龍尾以及箕，跨北燕而在兹；配四妃而立序，均九子以延慈；龜曳尾而波泳，魚張鱗而水嬉。天江爲太陰之主，傅説奉中闈之祠。糠爲簸揚之物，杵爲舂臼之用。天籥司其啟閉，丈人存其播種。狗以吠盗，奸回靡縱，卻睇女床，前瞻天紀。耀棘庭之金印，粲椒宫之玉齒。

中有崇垣，厥名天市。車肆中衢以連屬，市樓臨箕而鬱起。帝座類候而獨尊，候臣光熙而燮理。宗星派疏而遠集，宦者刑餘而近侍。列肆與屠肆分行，宗正與宗人同峙。帛度立象以量用，斗斛裁形而取擬。

若乃眺北宫於玄武，洎南斗於牽牛。賦象通犧廟之類，司域應江淮之洲。建星含曜於黄道，天弁寫映於清流。河鼓進軍以嘈囋，兩旗夾道以飛浮。天淵委輸於南海，狗國分權於北幽。雞揚音而顧侶，鼈曜影而來遊。天田臨於九坎，羅堰逼於天桴。是司溝洫，是制田疇。遂聳睇於漢陽，乃攸窺於織女。引寶毓圉，摇機弄杼。輦道清塵而俟駕，漸臺飛灰而候吕。可以嬉遊，可以臨處。瞻須女之繒室，奄開邦於會稽。離珠耀珍於藏府，匏瓜薦果於宸闈。離瑜佩瓊而彩服，敗瓜委蔓以分畦。

其外鄭、越開國，燕、趙鄰境，韓、魏接連，齊、秦悠永，周、楚列曜，晉代分囧。天津横漢以摛光，奚仲臨津而泛影。既編梁以虹構，亦裁輪而電警。列虚、危於齊濟，職悲哀與宗廟。墳墓寫狀以孤出，哭、泣含聲而相召。敗臼察災而揚輝，天壘守夷而駢照。司命與司禄連彩，司危與司非疊耀。伺禍福之多端，總興亡之要妙。人掌詔以優遊，儼爲人之質；鉤主震而屈曲，宛如鉤之象。車府息雷轂之聲，造父曳風鑾之響。杵軍給以標正，臼年豐而示仰。土吏設以司存，斧鉞用誅之所掌。虚粱闃寂以幽，蓋屋喧轟而宴賞；天錢納賨以山積，天綱憩輿而野饗；北落置候兵之門，八魁建張禽之網。

瞻廟府於室壁，諒有衛之封畿。布離宮之皎皎，散雲雨之霏霏。霹靂交震，雷電横飛。壘壁寫陣而齊影，羽林分營而析暉；土公司築而開務，天戢飛御而起機；騰蛇宛而成質，水蟲總而攸歸。動則飛躍於雲外，止則盤縈於漢沂。迤奎、婁之分野，辨鄒、魯之川陸，豢馴獸於囿苑，肆封豕於溝瀆。左更處東而掌虞，右更居西以司牧，立囷倉之儲聚，樹溷屏之重複。司空立土以搜祥，斧鑕縈芻而薦畜。軍南門列轅而遠出，天將軍揚旗而示逐。伊王良之策馬，則車騎之滿野。蒙居河而路塞，策裁鞭而電寫。閣道優遊而據中，附路備闕而居下。

自胃倉而昴、畢，實趙地之交衢。建旄頭而肅引，畢罕車而迅驅。卷舌列天讒之表，附耳屬天高之隅。天高望氣，天讒備巫。卷舌安其寂默，附耳矜其諂諛。天船泛影乎清瀨，貯積水而窺害；太陵分光乎耀虛，包積屍而如帶。礪石資乎鋸刃，月宿歸乎太陰。天街晝於戎野，天阿察於山林。天節宣威於邦域，天陰進謀於腹心。天庾積粟以示稔，天廩備稷以祈歆。天園曲列兮儲芳樹，天苑圓開兮畜異禽。芻蒿遵納秸之軌，殊國曉重譯之音。九遊排鋒以進退，軍井依營而淺深。天關嚴扃於畢野，諸王列藩於漢、潯。何五車之均明，而三柱之昭焕。納五兵於藏府，圖七國之邦貫。

天潢利涉以淪漣，咸池浮中而渺漫。闕岷峨之沃壤，睎觜、參之曜形。示斬刈以明罰，收葆旅而獲甯。參旗懾於邊寇，玉井通於水經。坐旗肅穆以昭禮，司怪幽求而發冥。屏嫌於客，廁咎於清，亦有天屎，質黄效靈。

於是仰東井之輿鬼，覽西秦之伯邑；質明祀而變生，鉞淬水而刑及。四瀆斷江淮之候，兩河占胡、越之戢。水位瀉流而迅奔，天樽奠饌而翕集。軍市通貨以圓綴，五侯議疑而衡立。積水醞燕酬之勞，積薪備牲庖之給。野雞侯兵而據市，天狗吠盜而映漣。闕丘擬乎兩觀，水府司乎百川。狼援戈而野戰，弧屬矢而承天。老人作主而秋焕，丈人通臣而夜懸。子扶尊而眇邈，孫孕緒而連緜。惟天社之赫若，實句龍之神焉。

覩柳星以及張，知周疆之爰啟。儼咮頸以分嗉，奉滋嘗而賜醴。觀夫軒轅之宫宛，若騰蛇之體。交雷雨之靄靄，列后妃之濟濟。酒旗緝醼以承歡，内平繩愆而執禮。爟含烽而喋寇，實防邊之有侯。長垣崇司域之備，少微彰處士之懿。外廚調別膳之滋，天相居大臣之位。天紀録禽而獻齒，天廟嚴祠而毓粹。天稷報五稼之勤，東甌表三夷之類。爰周翼軫，厥土惟荊。驅風驛之千乘，奏雲門之六英。長沙明而獻壽，車轄朗而陳兵。青丘蔭於韓貊，器府總於琴笙。軍門坐甲於軍闉，司空掌土於司平。

矚太微之峥嶸，啟端門之赫奕。何宫庭之廣敞，類乾坤之闔辟？五坐參一帝之謀，九卿踵三公之跡。儲以太子，參之幸臣。從官肅侍，謁者通賓。郎將司戟於丹陛，郎位含香於紫宸。乃寄屏以持法，控端門之内。明堂演化，靈臺候神。虎賁之徽猛士，進賢之訪幽人。獻淵謀於諸侯，儼營衛於常陳。

胡天漢之昭回，自東震而綿絡。北貫箕而聯斗，南經説而緯鑰。合乘津而浮瓜，分漂杵而泛閣。歷玉潢以汪洋，淪七星而依泊。惟木德之含精，爲歲星而明麗。雖盈縮所察，禍福攸系，然得之者隆，失之者替。祚明君而耀朗，罰昏主而光翳。下爲社靈，上爲天貴。如夭胎而毀卵，具職仁而施惠。回鶩愆期，前馳舛契。奮槍、棓以示慝，峙樓垣而表戾。粤若熒惑，火帝之精，每執法以明罰，必司災而告誡，守其邦而歲戰，去其野而時清。

若虧信而廢禮，則下乘而上征。居惟釁發，合與憂並。浮天讒而聳劍，列蚩尤而耀旌。司危見而失國，昭明出而起兵。伊土宿之播靈，爲鎮星而耀質。尋所履爲休慶，視所居爲貞吉。廣邦徼而斯留，復軒宫而載出。

若崇奢而賤義，則行虧而度失。或含丹而舉兵，或噏黑而遺疾。旬始發而侯起，獄漢明而主黜。彼金方之耀色，有太白之垂文，乃降神於屏翳，實建象於將軍。

若用兵而不察，匪先達之攸聞。高出利於深戰，順指著乎宏勳。苟恩義之不溥，則禍福之攸分。或飛芒而蝕月，或引彗而横氛。六賊陳災而構禍，天狗殺將而破軍。咨太陰之稟粹，粤辰星之攸揆。乘四仲而顯晦，歷一周而匝履。爲用罰之淵謨，爲出師之令軌。

若淫刑而縱欲，則委孛而流矢。白其角而表喪，黑其規而應水。察函劍之相去，候正旗之所指。非其出而夏寒，錯其宜而將死。

於是究經緯之終始，徵幽微之機符。昭晰兮，爲人主之明鑒；杳藹兮，實冥祇之秘樞。固聲聞而響集，方形移而影趨。若山石之旌處士，穀風之應騶虞者也。

若夫退寒暑而無舛，中昏旦而不越。畢露雲油，箕飀吹發。亦有樞降軒而繞電，景瑞堯而麗月。雖肸蠁之難窮，信靈爽之未歇。嘉大舜之登禪，耀黄星而靡鋒；壯高祖之遇時，聚五緯而相從。殷堪縱眺，識曹公之潛跡；李合流目，知漢使之幽蹤。荊軻入秦，白虹貫日；衛生設策，長庚食昴。星隕如雨而周衰，彗長竟天而秦滅；蛇隨楚而九域含嗟，狗過粱而千里流血。晉君終而婺妖見，漢帝圍而參暈結；周楚滅而南衝，晉齊殃而北裂。

自大辰以及漢彰，宋焚而衛爇，或除舊而布新，顯陳盛而姜絶。諒吉凶之有兆，匪災譴之虛設。固罔念而作狂，在恭己而成哲。是以帝王之有天下也，莫不分設其官，式司其告。唐則羲和降察，夏則昆吾演奥。嘉殷巫之美服，登周史之雅號。宋述子韋，鄭稱碑竃。唐昧與尹皐宣範，甘德暨石申垂誥。故能下守職而恪恭，上知變而無傲。此希夷之妙象，豈蒙昧之私好。有少微之養寂，無進賢之見譽。參器府之樂肆，掌貫索之刑書。恥附耳之求達，方卷舌以幽居。且扃扉而絶駟，奈臨河而羡魚。望天門而屏跡，安知公卿之所如。

唐・謝偃《明河賦》 月初回於夕陽日夜没於天綱。步庭砌以游衍，覺雲霄之杳茫。氣象萬殊，緬星河而盡列；光輝一道，羅銀漢之靈長。徒觀其粲兮如磋，潔兮如磨。明月照而不失其素，飄風驚而匪揚其波。莫測其深，含天際之四氣；莫度其遠，掩人間之衆河。及夫歲入三秋，勢直千里。度龍駕而容曳，搆鵲橋而迤邐。霞妝星靨，知婺女之不如；雜珮明璫，必姮娥之相似。七夕作之以良會，羣方於是而仰止。固能流不可準，涯不可度。既莫見乎端倪，亦焉知其厚薄？夫其爲謙也，太陽曜而不争其光；夫其爲德也，巨海枯而莫之能涸。奪凝霜之漫漫，方白石之鑿鑿。居崇高而不危，體虛無而自若。名連地脈，影雜天文。當霽夕而逾曉，凝微雨以暫曛。明白可稱，則皓如曳練；正平可緝，亦矗似長雲。亘紫極以斜轉，横碧空而中分。吐霄光而澹灩，含曙色而氤氲。將欲問之於槎客，如何欲決於嚴君？

唐・楊炯《老人星賦》 赫赫宗周，皇天降休；麗哉神聖，皇天降命。開綱布網，發號施令。河出圖兮五雲集，天垂象兮三光映。南極之庭，老人之星，煜煜爚爚，煌煌熒熒。秋分之旦見乎丙，春分之夕入乎丁。配神山之呼萬歲，符水德之兆千齡。晃如金粟，粲若銀燭。比秋草之一螢，狀荆山之片玉。渾渾熊熊，懸紫貝於河宫；曄曄暐暐，曜明珠於漢水。其光也如丹，其大也如李。稽元命之攸述，按星經之所紀。見則化平主昌，明則天下多士。經始靈臺，嵯峨崔嵬，星則唐都講藝，氣則王朔呈材。晝觀雲物，夜察昭回。覩南郊之炳燿，欣北極之康哉。三公輔弼，庶官文武。獻仙壽兮祝堯，奏昌言兮拜禹。瞻太霄而踴躍，伏前庭而俯僂。萬人於是和歌，百獸於焉率舞。穆穆神皇，受天之祥。邈矣台州之北，窅然汾水之陽。貞明也者，日月同光；貞觀也者，天地爲常。有渾成之獨立，運元氣之茫茫。若夫大虹流渚，金天當宁；大電繞樞，軒轅受圖。殷馗則黄星見楚，雷焕則紫氣臨吴。青方半月，東井連珠。辰極之齊七政，泰階之平六符。雖前皇之盛德，又何以加於此乎？至若甘露溢，醴泉出，蓂莢生，嘉禾實，鳳凰丹彩，騶虞白質，南海無波，東風入律。比夫皇穹之錫壽，何足以談其萬一？聖上猶復招列仙，擇羣賢，日慎一日，玄之又玄。兵戈不起，至德承天。臣炯作頌，皇家萬年。

唐・張環《秋河賦》 倬彼昭回，鑿天而開。含秋耿耿，積曙皚皚。水清淺而不落，光透迤而屢迴。非碧海之分上，即黄河之轉來。萬里直繩，九霄横帶。奕奕高影，湯湯連瀨。透垂簾於户前，飛瀑布於雲外。黯如平江不動，矗似長雲欲銷。映東吴而寫練，挂南斗而成橋。氣象晶明，波瀾澒洞，泛濫星點，紆餘月美。界黄道而宵迎，落青山而曉送。雖滔天而作限，乃沃日而爲節。識亍盈而必謙，恒昏凝而晝滅。亦猶靈烏之謝，顧兔之缺。適足明其舒卷，夫何累乎昭晰。於是張平子仰而歎曰：此何靈輝，若有若微，杳杳迴薄，茫茫是非。鵲填銀而何去？人取石而何依？乘槎之子兮上不上？美杼之女兮歸不歸？坐迴遑而曉失，空白露兮霑衣。

唐・寒山《衆星羅列》 衆星羅列夜明深，巖點孤燈月未沉。圓滿光華不歷鏡，掛在青天是我心。

唐・郗昂《老人星賦》 魯大夫登大庫，觀上玄。端北辰以正象，望南極之穹天；辨列宿之高映，見丈人之獨懸。色熒煌以奪目，形皎潔而臨邊；候德至而浮彩，副時和而應躔。爾其玄鳥司分，蒼龍御歷；節春秋而隱見，當丙丁而的皪。且遺光以表慶，亦應祉而純錫。故經曰：其國泰，其星明。天垂象，物與禎。循晷度而靡替，順璇衡而則呈。其座也一，符帝者之一位；其義也壽，契烝哉之壽名。玄武宵中，偵西陸以凝質；白藏氣杪，直南郊以散精。夫有開必先，無福不應。若政事中律，則嘉祥叶證。五緯分影而交朗，九月騰華而吐孕。此乃王澤弘，天瑞作；恒星轉耀而同焕，布景摇輝以相薄。初昇穹昊，月午而孤燭猶然；未映疎林，夜久而圓珠未落。景貺繁集，靈機衆夥。臣望氣以敷奏，君向陽而拱坐。雖戩穀而自天，實休徵之在我。騂芒下射，滅草莽之飛螢；紫燄旁融，掩榆關之流火。老人彰矣，成此乾文。老人出矣，贊此明君。書玉牒以垂範，紀緗圖而播芬。自古爲天官者，莫不察時變，紀殊尤。唐昧擅譽於南楚，史佚專美於西周。宋則子韋遐鑒，鄭乃裨竈深求。殷馗縱眺，識曹公之肇迹；李郃凝目，知漢使之將遊。余非曩昔之羣彦，媿懵學於前修。徒循甘石之遺旨，願獻祐而歸休。

唐·崔損《北斗賦》 倬垂象以昭回，惟帝居之曰斗，壯魁台以立極，建衡杓而爲首。齊七政而均序五行，臨四海而横制九有。所以附乾樞，壓坤紐，攜龍枕參，左槍右棓。總列宿而環衛中宮，體羣臣而輔弼元后。範圍六合，紀綱四維。其道不昧，其照無私。若乃銅渾作式，未央取則，其變可考，其動可測。履端於始，當獻歲以指南；舉正於中，在陰方而主北。觀夫峥嶸纚聯，若掇若懸，冰散珠圓，乍似拔長劍而倚天。揭西柄以戒滿，拱北辰而處偏；乘三台而斡運，齊七曜而迴旋。酌天地之心，豈酒漿之可挹；分寒暑之氣，較鈞石而罔愆。躔次靡失，曆數斯在。晝其隱也，不争曜於太陽；昏必見焉，能藏暉於真宰。照萬國兮猶魚從網，宗百川兮比朝於海。參差北斗，闌干太清。環帝座之焜燿，薄河漢之縱横。不應豐以中見，每居次而自明。總五緯於天統，行四時而歲成，非止雄橋梁於巴蜀，壯都邑於咸京而已。於是萬人攸仰，萬物取象，實星之長。

唐·李程《衆星拱北賦》 爲章於天，惟彼辰極。環衆星於庶位，標帝座於有北。故昭回之設象，俾聖哲而取則。鈎陳就列，等營衛於宸宮，閶闔旁連，類藩屏於王國。焕乎布彩，儼若受職。念精氣之無親，叶天地之輔德。仰圓象之炯爾，嘉清輝之皦如。昭明有融，不韜光於隱晦，悠久斯在，豈隨運以盈虚。戒彼不恒其德，故能奠厥攸居。當其天宇廓清，玄緯交映，若萬物之調玉燭，猶聖人之握金鏡。守寶位而厚羣生，在璿璣而齊七政。麗天之象，拱北辰以是依；率土之俗，亦向化而無違。契一人之有慶，同萬姓以知歸。不然，何躔次縈乎黄道，周廬匝乎紫微。乍合彩以呈質，竟同耀而分輝。俾夫左之右之，莫不具爾，無小無大，曷惟嘒彼。考時變兮是察，知天成兮在此。仰觀或辨其晦明，内附寧阻其遐邇。是以纚連清漢，點綴蒼旻。流彩未停，蜀郡猶占二使；圓光既聚，潁川應會賢人。則知居之者安，輔之者衆。輻共轂不足以喻其周環，斗在天孰可以齊其比諷。亦猶元聖立極，羣后來庭。登三傑而漢道斯盛，致多士而文王以寧。儻匡聖之有日，願在位於恒星。

唐·李程《衆星拱北賦二》 邈矣辰極，凝光於北。以迢迢之遠狀，出蒼蒼之正色。蔭華蓋作上帝之居，擁神休爲下土之式。厥高可仰，其儀不忒。觀衆星之附麗，如小邦之懷德。至於遐瞻五緯，迴眺九圍。湛河漢之秋景，滅煙霞之夕霏。此則信無大而無小，諒知章而知微。粲以低昂，嗟在空而錯置；焕而旋復，訝共貫而知歸。環紫極而未散，流素月而方稀。瞻夫攝提引翼，鈎陳邐迤。或重輝而玉集，乍浮爍而波委。儲精定位，叶天步之廓然，有耀遠方，振旄頭而嘒彼。且冲漠之外，或盈或虚。宵則觀夫成列，晝焉測其所如。是知惟辰得中，同睿作聖。合真宰之至理，稟昊天之成命。陰滋玉燭，徒見冥其六符；洞契璇樞，惟悟齊其七政。當其重城未啓，永夜向晨。想清防於嚴密，披玄宵而得真。俱熠熠以晶朗，乍煌煌而彩新。類珠連之可媚，儼天行而自陳。拱之立言，孔氏已傳乎舊史；犯而成象，漢帝曾容其友人。洎乎晷度環合，躔次律中。輻輳轂纔可比其稠，水會瀛未足方其衆。蓋所以明上德之攸擬，宣下情而通諷。客有託身白社，翹思青冥。當天地交泰，山川永寧，敢屬詞而體物，照庶士之從星。

唐·馮宿《星回於天賦》 天其運乎，歲聿云莫。彼星回而斗建，實維新而去故。攝提克正，無聞黍累之差；懸象著明，不忒陰陽之數。仰觀蒼蒼，悠久且長。一十二分終而復始，二十八宿巡而有常。各安其位，各正其方。每披雲而見質，恒耿漢而流光。凌霜晰晰，燭夜煌煌。瞻彼星之回復，知改歲之方將。豈不以式遵晷度，無失綱紀。縱横其狀，逐青陽而左旋；璀璨其容，候招摇而東指。匝四氣而爲度，臨萬户而可視。聖人所以參象，於躬考正極中。天蓋高而道遠，星且回於歲終。悠悠積氣，奕奕長空。潛應歷以相授，若循環之不窮。且運故無窮，時亦有替。三光垂其極，四序成其歲。必當觀大象以立規，驗周星而取制。方今時惟行夏，令無苟且。帝感於天，而克保休祥；星回於天，而不乖次舍。故得律應時貞，昭回上清。星歸其本，歲亦將更。遵舊紀而無謬，反初元而作程。則有博古之士，學於太史。觀歲杪而星窮，知有卒而有始。於是徵《月令》以揮翰，談天經而賦美。

唐·白行簡《斗爲帝車賦》 惟斗之列，在天之中。象其車之爲用，明乎運而不窮。爛然有光，隨月建而不忒；循環靡定，轉天道而潛通。爾其自彼玄功，彰乎真宰。輻輳而衆星有次，環回而周天可待。將臨無極，同樂御之在君；隨轉無窮，異月輪之生海。故得四時式序，九有皆臨。順乎軌而克陰陽之分，比於轂而正天地之心。宛轉潛移，循環微至。周行不失於紀綱，順動罔差於躔次。何有象而著天，何無跡而行地。是使星辰日月之度，光不失三；春夏秋冬之期，時不愆四。懿夫拱極昭彰，垂精耀芒。將侔功於引重，在載德以知方。莫測車行，式瞻其上象；遥觀帝座，宛在彼中央。是動不過位，止無其常。作解疑夫轞轞，有耀想乎煌煌。然則七星所臨，下土之分。度數必循於厚載，經行用昭其廣運。是以義將德比，動與化俱。廣覆之恩既博，致遠之道斯殊。輪不摧兮，展雲鋒而罔懼；駕非馬也，歷天險而無虞。所以取轅轂，喻璿樞。見維北之運矣，豈指南而已乎？猶一人之在上，而萬國之是制。規圓而輪轉罔差，鱗次而運行無替。遵不已之道，豈念窮塗；駕自然之車，寧愁輿曳？是則天衢可陟，雲路有勢。幸見殊於輪扁之徒，不可使其功而効藝。

唐·趙蕃《衆星環北極賦》 惟極天之樞，惟星日之餘。日散精而外布，天樞要以高居。的然守中，昭上玄之道著；爛兮繁會，助下濟以光舒。況乎有條不紊，既明且疎。雖貫珠而奚擬，縱編貝而豈如。周流無窮，隨五緯之軌道；運行有度，參兩曜之居諸。疑徐而速，若動而息。不騫不崩，匪差匪忒。俱遞遷而序別，各有位而分職。瞻言粲粲，何三五之在東；嘒彼累累，亦四七而朝北。是知統太一而爲衆，處天心而稱極。故能總懸象之綱，作垂光之則。不然，何以探天之賾，何以表天之闕。必得一以含默，乃聚黄以修繹。明夫據會者静而處，輔相者動而順。静乃常德不離，動惟適道無吝。然後衆星熠熠，外辨方而不迷；一極煌煌，中居所而作鎮。是以仲尼譬爲政之德，羲和時敬授之信。則天道恒象，人事或遵。北極足以比聖，衆星足以喻臣。惟臣不矜德，合星之夕惕；惟聖不伐道，配極之日新。故得肅清黄道，利貞紫宸。豈惟大邦是控，臨朝御衆而已，實將先天稽極，後極立經。仰觀其動静，旁暢其儀形。然後爲政同乎北極，來方類乎衆星。斯乃先哲之臣，是崇是奉。皋陶所以邁德，虞舜所以垂拱。不然，比衆星之環北，又奚足以爲重。

唐·王損之《曙觀秋河賦》 邈彼斜漢，麗於中天，遇良宵之已艾，與清景而相鮮。勢則昭回，既闌干而遠映；時方蕭瑟，亦汎灔而高懸。的爾遥分，凄然仰眺。澄奕奕之浮彩，隱蒼蒼而引耀。孤星迥泛，狀清淺之沉珠；殘月斜臨，似滄浪之垂釣。輕暉幕幕，遠景蕭蕭，色分隱映，光凝泬寥。疑瀑布而不落，似輕雲之欲銷。夜景將分，清光向曉。縈碧落以迴薄，澹晴空而縹緲。躋攀不及，限一水以心遥；瞻望空勞，邈九霄而思杳。發跡無際，凌虚不傾。積曙色之牢落，涵爽氣之凄清。疑曳練而勢遠，訝殘虹而體輕。遠想牽牛，漸失迢迢之狀；遥思美杍，無聞軋軋之聲。景氣潛昭，氛埃遠屏，寧在地以爲狀，信滔天而挂影。可以翫清光，狎餘景。分暉爽亮，向曉色而亭亭，遠勢縱横，帶秋光之耿耿。偉兹垂象，倬彼青霄，映星躔之的的，出雲路以昭昭。想穿鑿之初，悠然莫測；稽源流之始，邈矣方遥。則知匪自人功，實惟天設。自虚無而想像，界寥廓而昭晰。意天邊之横注，遠若波瀾；想空裏之潛流，遥疑嗚咽。宜其臨清泚，挹澄澈。儻天路之可昇，與清漪而比潔。

唐·盧肇《天河賦》 惟天有河，是生水德。凌浩渺之元氣，挂崢嶸之遠色。所以正辰極，奠南北。其清莫挹，濯星斗以滋上玄；其惡可流，蕩雲霓以臨下國。赫赫融融，自西自東，沿大象而其源不竭，横終古而其運無窮。磅礴九霄，浸潤豈沾於土宇；輕清一氣，波瀾寧動於天風。匪蕩蕩而就下，但耿耿而浮空。處晝則潛，由昏則見。俟良夜之延矚，故高明而自擅。光連月窟，何慙媚以懷珠；影照天津，豈愧净而如練。至若白榆風勁，析木煙秋。吹玉葉而將落，泛金波而共流。皎皛無際，闌干自浮。渡蟾魄之孤輪，不聞濡軌；漲鵲橋之遠岸，詎見操舟。莫議高深，孰能揭厲。演漾必滋於若水，氛氲更襲於丹桂。映蒼天而漸出，想積石於河源。拂遠樹以將低，誤一葦於天際。遥思濯手，遠憶乘槎。流合璧之輝，幾疑沉玉；映散金之氣，或類披沙。辨牛豈見其津涘，聞雞遽隱於雲霞。是宜以河之名，居天之大。閣道蛇横於曲渚，驪珠蚌剖乎淺瀨。源流自遠，清無可羨之魚；分野甚明，皎若誓封之帶。鑿自太古，疎於圓靈。奔注肯隨於川瀆，高明自貫於日星。夫其濟黄道，決青冥，蔭地軸，灑天經，悠矣久矣，配吾君之永寧。

唐·皮日休《酒中十咏·酒星》 誰遣酒旗耀，天文列其位。彩微嘗似酣，芒弱偏如醉。唯憂犯帝座，只恐騎天駟。若遇捲舌星，讒君應墮地。

宋·范仲淹《老人星賦》 萬壽之靈，三辰之英。其出也，表君之瑞；其大也，助月之明。但仰祥光，莫辨皤然之象；方資睿算，斯垂耄矣之名。皇家以大洽雍熙，咸臻仁壽。感垂象之丕變，彰御圖之可久。爰假號於耆年，實歸美於元后。南郊享處，能無鼓缶之歌；銀漢經時，誰是游河之友？觀夫落落位正，熒熒影孤。應春秋之候，出丙丁之隅。視合璧之祥兮未異，顧連珠之瑞兮若無。象兹黄髮，永我鴻圖。想天上之宵征，寧非鐘漏；顧人間之夕景，豈恨桑榆。是何上象著明，昌時合偶。曆數自延於人主，名實何慙於國叟。月輪遥覩，安車之意寧無？天駟傍瞻，失馬之嗟何有？此蓋君著明德，天陳瑞星。會兹鼎盛，薦乃椿齡。增芳華於信史，協休美於祥經。每覩運行，如縱心於黃道，無差躔次，疑尚齒於青冥。足使歷象者考祥，占天者改觀。挂碧空而的的，度青宵而爛爛。非時不見，如四皓之避秦；有道必居，若二疎之在漢。大矣哉，名尊五福，位列三光。發天文之炳煥，符帝德之悠長。北闕前瞻，獨呈祥於有爛；南山俯映，共獻壽於無疆。士有仰而賦曰：天之象兮示觀，君之位兮善建。用贊天靈之數，允協華封之願。又何必周王之夢九，與嵩嶽之呼萬者也？

宋・蘇軾《夜行觀星》 天高夜氣嚴，列宿森就位。大星光相射，小星鬧若沸。天人不相干，嗟彼本何事。世俗强指摘，一一立名字。南箕與北斗，乃是家人器。天亦豈有之，無乃遂自謂。迫觀知何如，遠想偶有以。茫茫不可曉，使我長嘆喟。

元・汪克寬《紫微垣賦》 璧月皎兮朗明，銀浦爛兮晶熒，輕飈恬兮肅清，纖雲收兮窅冥。若有客兮游木天，陟仙瀛，瞻太虛，仰圓靈。顧謂翰林主人曰：吾觀紫微之垣，天皇之庭，高高而在上，遥遥而莫登。願先生搜典籍之賾隱，闡象緯之縱橫，攄藻麗之錦心，賦鏗鏘之金聲。某也將屏息而竢，傾耳而聽。主人曰：唯唯。蓋聞紫宮巍巍，天皇是處，大帝之座，尊居其所。抱以勾陳之六珠，佐以天極之四輔。燦燦其後者，椒房之后妃；煜煜其前者，青宮之儲副。尚書、大理，炳焕而森羅；柱史、女御，輝光而旁午。運轉於百餘萬里之外，在中而弗移；周迴於七十二度之間，常現而可覩。緊榮衛之昭布，儼七八之相聯。環乎皇極之居，斯謂紫宮之垣。左樞、右樞，夾乎離南之穹門；上丞、下丞，攝乎坎北之重闇。上宰、少宰以對待少尉特立而聿存。上輔、少輔煒東西之次列，上衛、少衛分左右而屏藩。是垣也，覆以華蓋之輪囷，植以天柱之突兀。黄金爲城，塹以雲漢之津；白玉作京，闢以閶闔之闕。疊銀礫之層層，樹白榆之歷歷。匪築以干戈，河圖之倚杵；匪甃以五色，女媧之鍊石。傳舍、庖丁之密邇，内階、天府之相逼。瑶宫、玉臺岧嶢乎其中，廣寒清虚映照乎其側。故至尊之履位，代紫宮以居中。師保耿台躔之拱侍，臣鄰炯郎星之列從。奎壁炫文章之府，執法肅御史之風。由是天帝之垣環衛太一於高空，萬國羣黎，林林總總，以仰時雍之化，豈非微星之萬一千五百二十，旋繞而無窮。若太微象明堂之房，天市媲權衡之宗，雖皆帝座之所寓，羣星之所叢，或鄰翼、軫之墟，或貫房心之衢，曾未若紫宮環衛於北辰之扛轂、五緯連珠之所拱向、列宿轑輻之所會同也。客聞而歌之曰：我皇聖明兮，握符御極；賢才竝翰兮，光華赫奕。紫辰倚空兮，金墉截業；萬國歸心兮，黔黎戴德。又歌曰：丕圖弘開兮，景星耀輝；帝垣昭晰兮，中天巍巍。至和坱圠兮，玉燭獻奇；樞軸旋轉兮，萬壽無期。歌畢，月挂觚稜，露寒祕閣，璇杓低昂，玉繩迴薄。立清寒於掖垣，仰紫微於寥廓。

元・王詵《帝車賦》 按《史記》《晉書》，斗爲帝車，運乎中央。説者謂斗，君象也，故謂之帝；運動不居，故謂之車。以愚觀之，則帝車之義，蓋亦因其同運於天而名之爾。愚又聞古者造車之初，有取於斗柄下攜龍角之象，則謂之帝車者，豈亦因其象而名之歟？唐之文士固嘗爲北斗之賦矣，而未有賦帝車者。作帝車賦，其辭曰：

天之何爲令北斗而爲車兮，曰臨制乎八埏。收六合於一軫兮，載元氣之填填。仰昊蒼之窈寞兮；森萬緯之緜聯。帝端拱於紫宮兮，夫奚事乎車轂而周旋。謇予懷之寥廓兮，思仰觀而遠取。歷九關以見帝兮，帝玄默而無語。遡天津之浩蕩兮，窺四理之連延。靈樞告予以其故兮，維景曜之所纏。吾頫轄夫四海兮，亦維斡夫坤乾。璇璣權衡璀璨而錯落兮，開陽摇光晃朗而相宣。挾六氣以旁行兮，連四時而不息。美天路之平平兮，轉神杓夫阼側。吾令望舒攬轡兮，羲和爲予以先驅。衆星離離總總而擁轤兮，蜚廉豐隆奔湊而後隨。抶九神而軼羣衛兮，歷穹玄而輾八維。天戈屏跡而自韜兮，蚩尤不敢張其旗。吾東指於暘谷兮，蒼龍劭劭以驂乘。萬物欣然而竝生兮，仰陽輝以爲命。邅吾駕以南巡兮，矯朱鳥之翾翾。火傘煽燿而前導兮，祝融倚較而施鞭。吾西旋於昧谷兮，羣生爲予以揫斂。蓐收策白虎之趡趡兮，紛吾行之已遠。夐迴顧夫幽都兮，後騎載夫玄冥。冰霜紛糅而擁輪兮，雷鼓爲予以不鳴。羌吾車之騑騑兮，日東南而西北。吾亦孰知其成歲兮，自於兹而取則。却天駟而弗駕兮，屏王良而靡馮。一北而萬物爲之虚兮，一南而物盈。摶陰陽以爲輪兮，攢五行以爲輻。膏之以天澤兮，合三十六宮於一轂。動不聆其薄薄兮，疾不耳其彭彭。奚仲不得致其巧兮，造父無以施其能。彼下土之蚩蚩兮，誇古先之六羽。逮奇肱之險幽兮，亦軒車之飛翥。亶人力之轇轕兮，徒自誣於荒詭。夫豈知太虚之車兮，終萬古而不踰夫此矩。誶曰：蕩蕩上帝，孰爲車兮。維北有斗，握其樞兮。盤薄萬古，臨八區兮。明建四時，輔我皇輿兮。

圖表

宋・蘇頌《新儀象法要》卷中

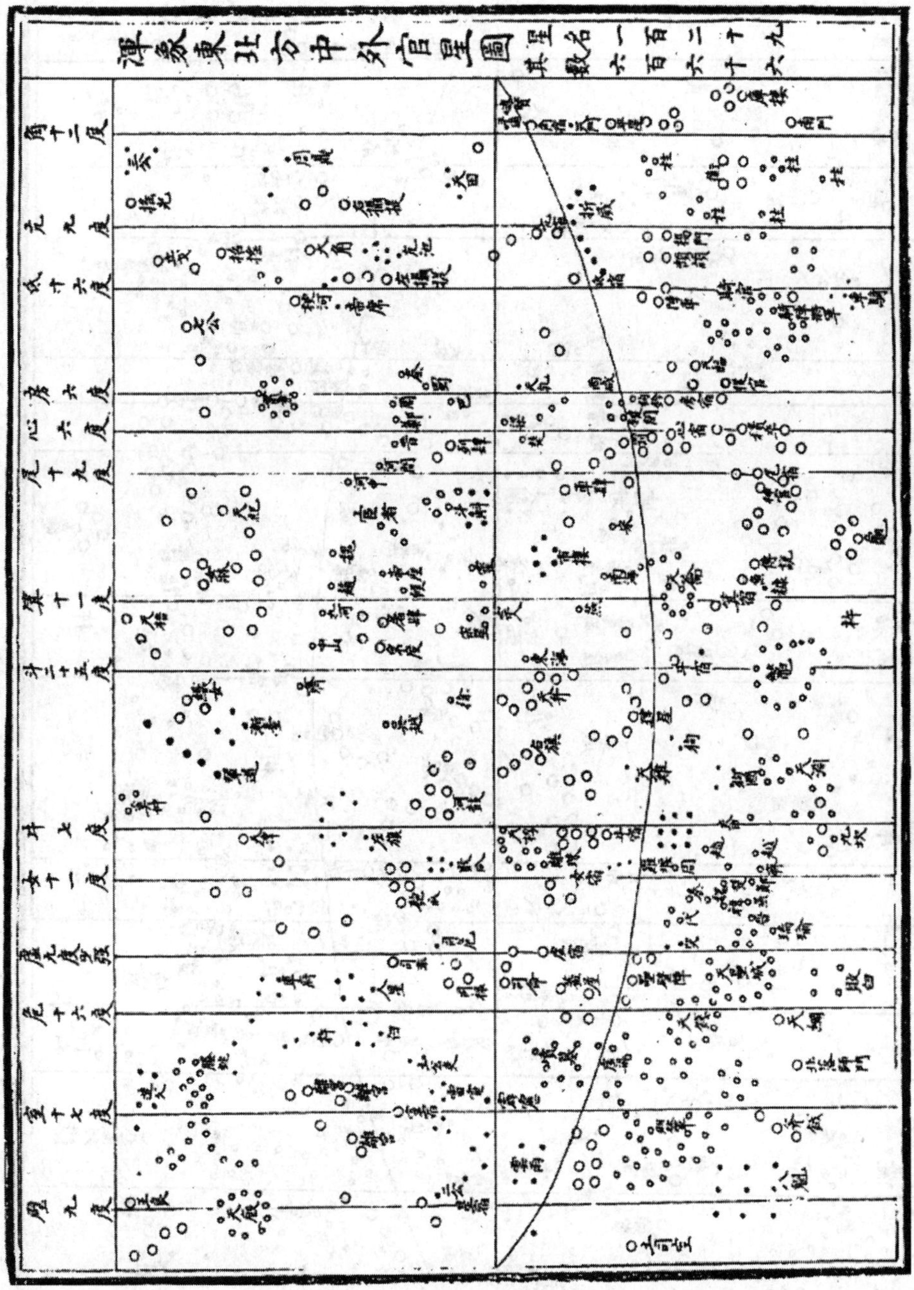

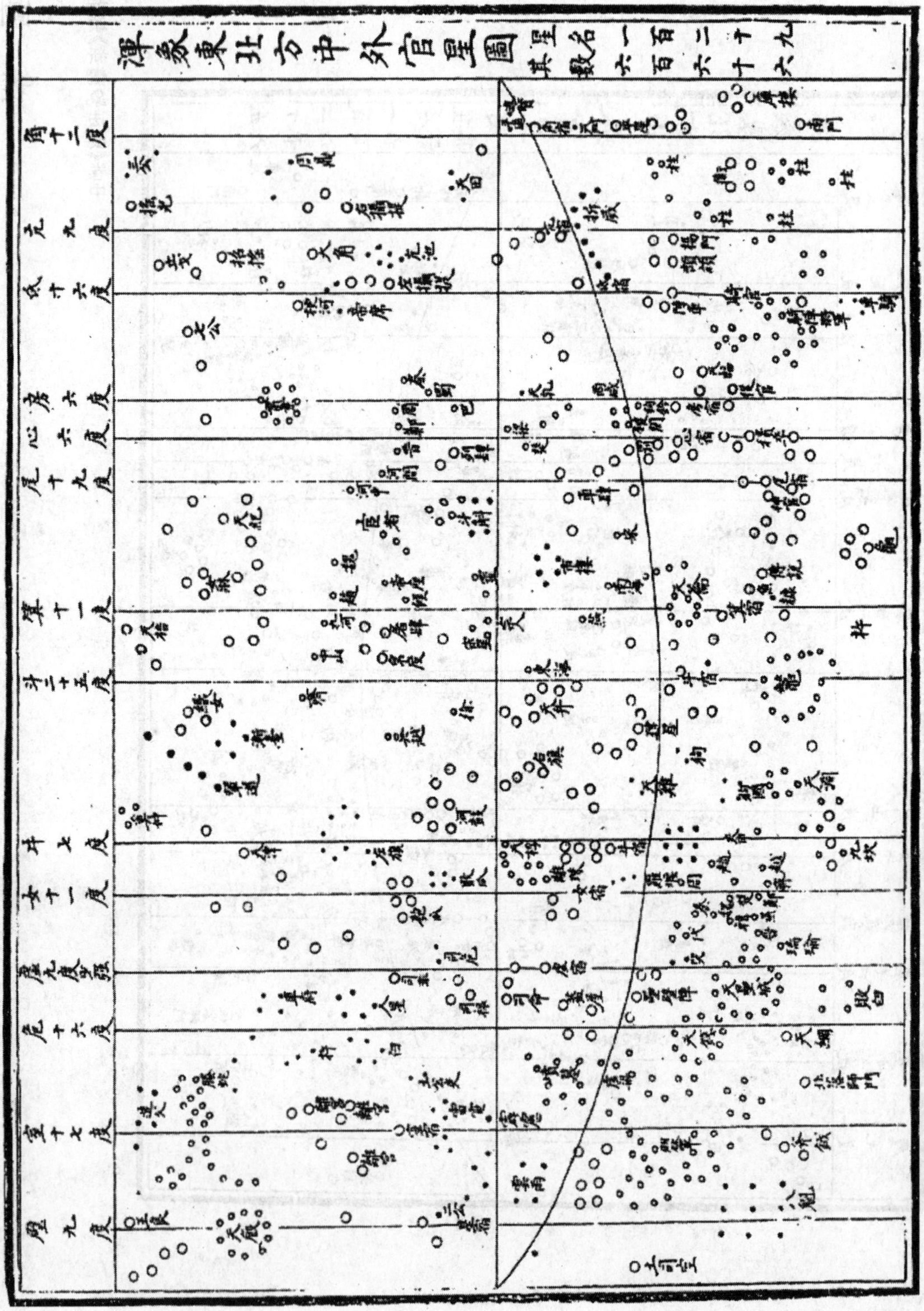
渾象東北方中外官星圖
星名一百二十九
其數六百六十六
角十二度
亢九度
氐十六度
房六度
心六度
尾十九度
箕十一度
斗二十五度
牛七度
女十一度
虛九度少弱
危十六度
室十七度
壁九度

前渾象中外官星圖二，凡二百四十六名、一千二百八十一星，分布于四方，周遍天體。惟南極入地，常隱不見，紫微宫常見不隱。餘星近日而伏，遠日而出，四時互見。二十八宿爲十二次，三百六十五度有畸，日月五星之所舍也。史志曰：東宫蒼龍，謂角、亢、氐、房、心、尾、箕七宿，其形如龍，在東方，故曰蒼龍也。南宫朱鳥，謂東井、輿鬼、柳、七星、張、翼、軫七宿，其形如鶉鳥，在南方，故曰朱鳥也。西宫咸池白虎，謂奎、婁、胃、昴、畢、觜觽、參，爲白虎，在西方，故曰白虎也。北方玄武，謂南斗、牽牛、女、虚、危、營室、東壁，有龜蛇體，在北方，故曰玄武也。凡星皆隨天左旋，日月五星常違天右轉。昏曉于是乎正，寒暑于是乎生，歲時于是乎成。所以著于渾象者，將以俯察而知七政行度之所在也。著于圖者，將以仰觀而上合乎天象也。星有三色，所以别三家之異也。出于石申者赤也，出于甘德者黑，出于巫咸者黄。紫宫諸星亦同。出三家中外官與紫宫星總二百八十三名、一千四百六十四星。《漢志》所載紫宫及中外官星才百一十八名，積數七百八十三星。至晉武帝時太史令陳卓總三家所著星圖，方具上數，至今不改。然則施于渾象者，惟天極北斗二十八舍爲占候之要，其餘備載者，所以具上象之全體也。

下渾象北極、南極星圖二，古圖有圓縱二法，圖圓視天極則親，視南極則不及；横圖視列舍則親，視兩極則疎。何以言之？夫天體正圓，如兩蓋之相合，南北兩極猶兩蓋之杠轂，二十八宿猶蓋之弓撩，《周禮·考工記》：蓋弓二十八以象星。注云：蓋弓，撩也。然則古之置蓋者，亦取法于天。赤道横絡

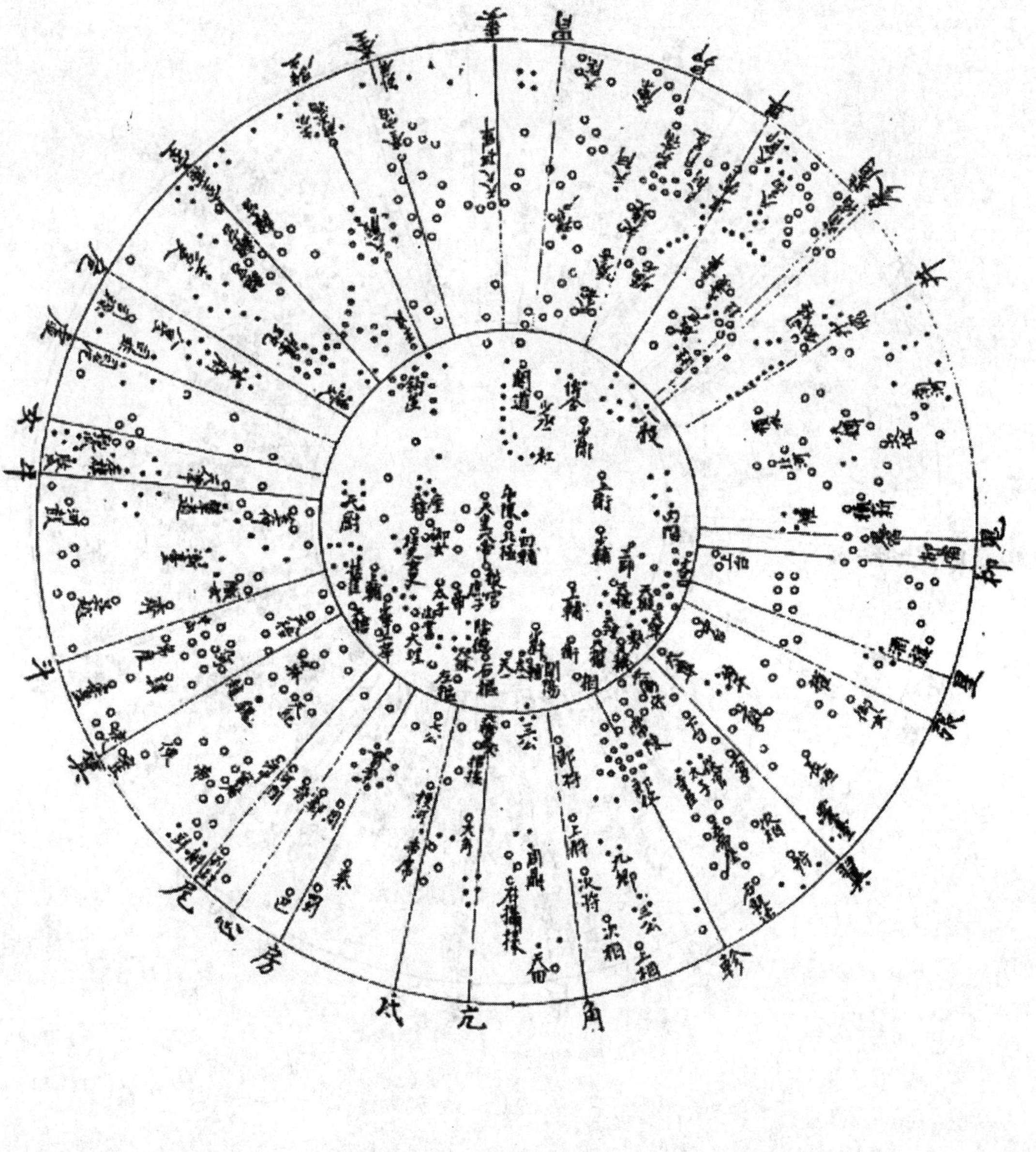

渾象北極圖

天腹，如兩蓋之交處，赤道之北爲内郭，如上覆蓋；赤道之南爲外郭，如下仰蓋。故列弓撩之數近兩轂則狹，漸遠漸闊，至交則極闊，勢之然也。亦猶列舍之度，近兩極則狹，漸遠漸闊，至赤道則極闊也。以圓圖視之，則近北星頗合天形，近南星度當漸狹，則反闊矣。以横圖視之，則去兩極星度皆闊，失天形矣。今做天形，爲覆仰兩圓圖。以蓋言之，則星度並在蓋外，皆以圖心爲極，自赤道而北爲北極内官星圖，赤道而南爲南極外官星圖。兩圖相合全體渾象，則星官闊狹之勢脗與天合，以之占候則不失毫釐矣。

下頁四時昏曉加臨中星圖。聖人南面視四時之中，所以候四時之早晚，以布民政。故「堯命羲和，曆象日月星辰，敬授人時」，「舜在璿璣玉衡，以齊七政」，皆謂此也。然則天以二十八宿分布四方，凡三百六十五度有畸，爲日月五星之次舍。日行一度爲一日，周天爲一歲。月行三十日一週天爲一月。故日月一歲十二會，爲四時。時有孟、仲、季，仲爲分至。人君不能日夕察候星度，故舉四時之中以驗之。曰日中，春分也。曰日永，夏至也。曰宵中，秋分也。曰日短，冬至也。所謂星鳥者，南方之星七，爲朱鳥體，春分則見于南方也。所謂星火者，東方之星七，爲蒼龍體，夏至則見于南方也。所謂星虚者，北方之星七，爲玄武體，秋分則見于南方也。所謂星昴者，西方之星七，爲白虎體，冬至則見于南方也。鄭康成云：凡記昏明中星者，爲人君南面而聽天下，視時候以授民事也。既舉四時之中，又昏旦視四方列宿，則孟季之月與周天之度數從可知也。故歷代聖王尚之。經

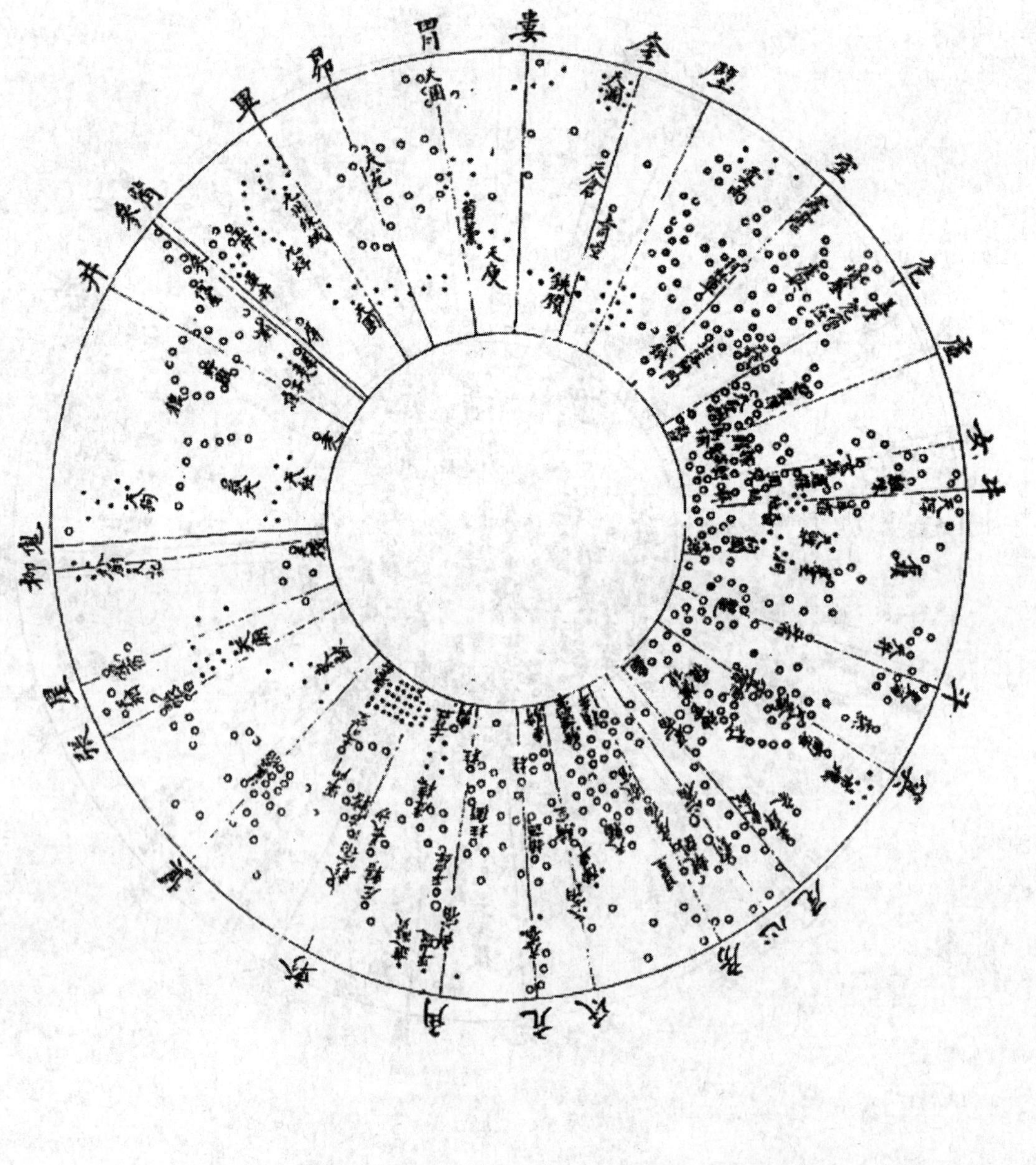

渾象南極圖

史記云：夏有《小正》，周有《時訓》，秦漢曁唐及本朝皆有《月令》，所以順天時而督民務也。《詩》曰：「定之方中，作于楚宫」，又有三星在天、在隅、在户之候。《春秋》傳曰：「啟蟄而郊，龍見而雩」，又曰：「凡土功，水昏正而栽」，又曰：「凡馬日中而出，日中而入」，此皆視列宿而行國政也。然其上所記，及唐虞之世日行次舍，如此歷三代、漢、唐至今數千年，日行漸遠，故中星隨而轉移。今以《禮記·月令》洎唐及本朝所測，合爲四時昏旦中星圖，所以上備宸庭觀覽，順陰陽而頒政令也。四仲圖別出于後。圖稱《月令》者，是漢《太初曆》星度。稱「唐」者，是《開元大衍曆》星度。稱「今」者，是元豐所測見今星度也。

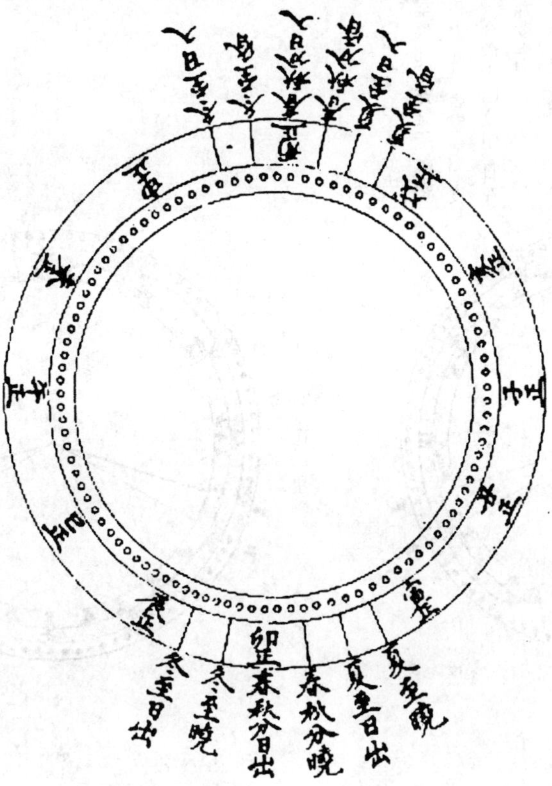

四時昏曉加臨中星圖

《禮記·月令》弧中，弧在輿鬼南。唐井宿二十三度中。今井宿二十一度中，日在奎宿二度少弱。

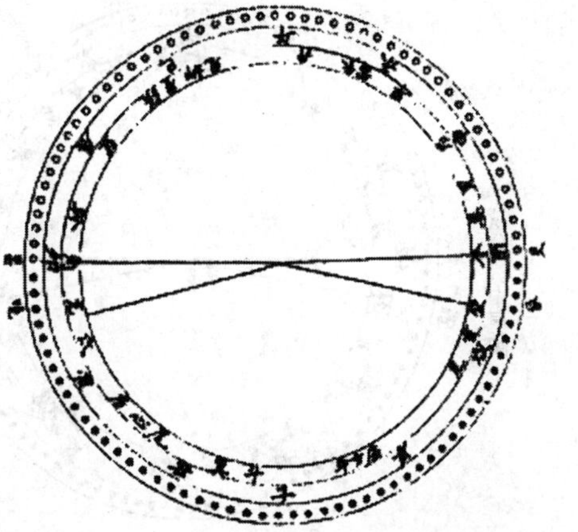

春分昏中星圖

《禮記·月令》建星中，建星在斗上。唐斗二度中。今箕六度中，日在奎一度少弱。

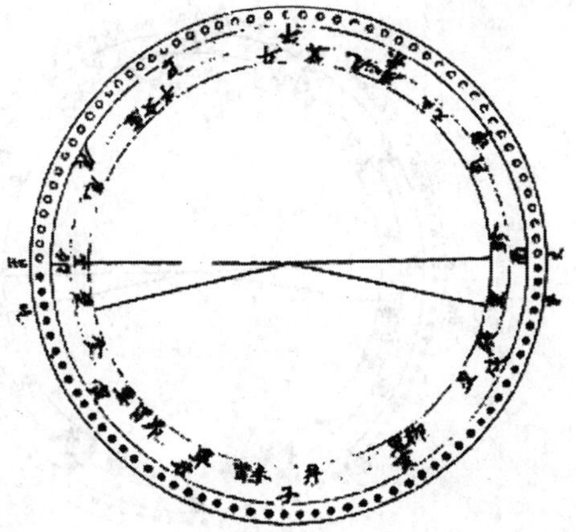

春分曉中星圖

《禮記・月令》亢中，夏至昏亢。案《月令》與《呂氏春秋》皆同，疑所記誤。唐氐一度中。今亢六度中，日在井九度弱。

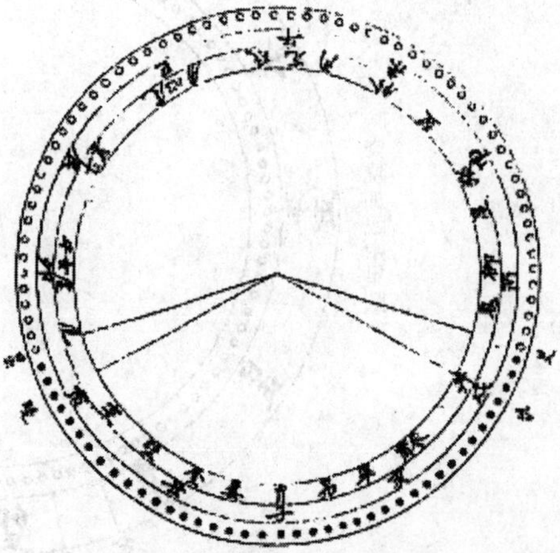

夏至昏中星圖

《禮記・月令》危中，夏至曉亢。亦疑所記誤，與昏中同。唐室宿一度中。今危十四度中，日在井九度半弱。

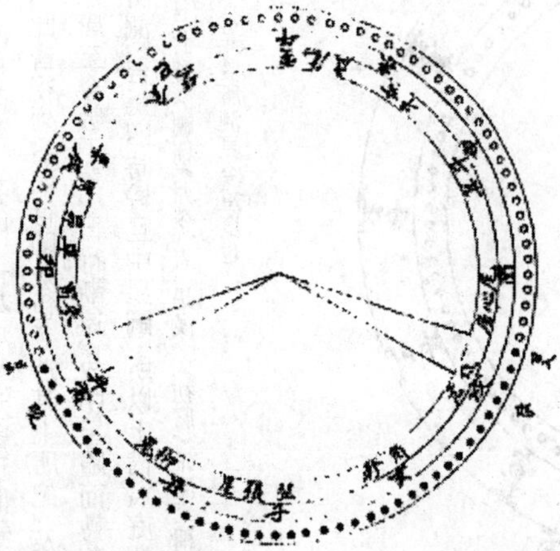

夏至曉中星圖

《禮記・月令》牽牛中。唐斗宿十九度中。今斗十度中，日在軫五度半弱。

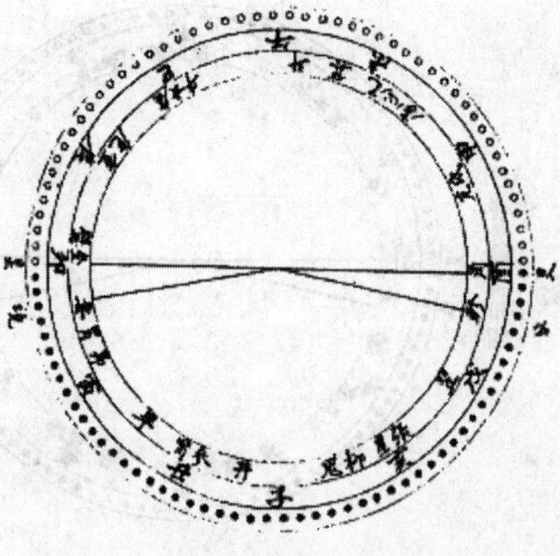

秋分昏中星圖

《禮記・月令》觜觿中，秋分曉觜觿，亦疑所記誤，與夏至同。唐井五度中。今參七度中，日在軫五度半弱。

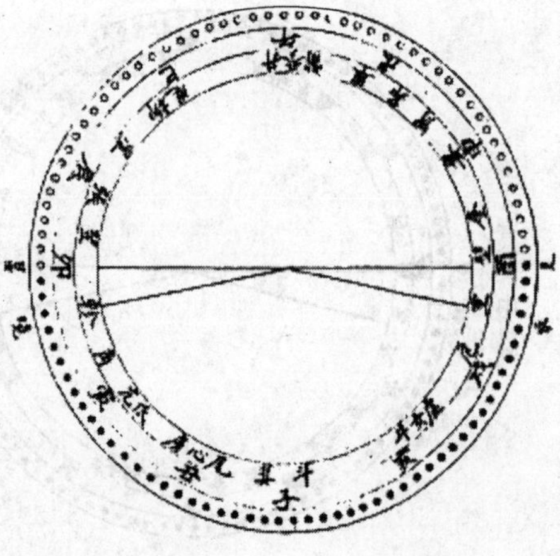

秋分曉中星圖

《禮記・月令》東壁中。唐壁三度中。今室末度中，日在斗三度。

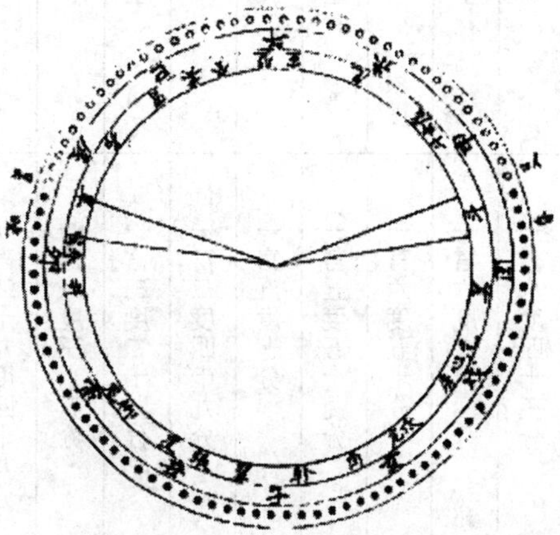

冬至昏中星圖

《禮記・月令》軫中，冬至軫中，亦疑所記誤，與夏至同。唐角三度中。今軫十六度中，日在箕十三度。

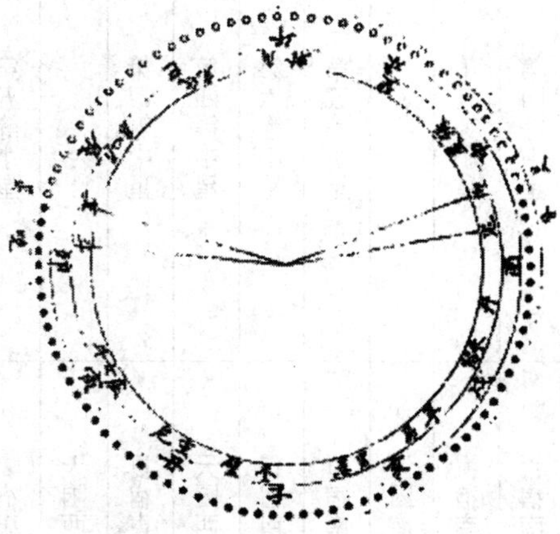

冬至曉中星圖

明・貝琳《七政推步》卷六　黃道南北各像内外星經緯度立成

黃道南北各像星	各星經度	各星緯度	各星等第	各星宿次
雙魚像内第十星	初宮一度九分	北三度四十分	第四等中星	壁宿東南無名星
雙魚像内第十一星	初宮五度四分	北二度五分	第四等中星	奎宿南無名星
新譯星無像	初宮六度九分	北初度五十四分		外屏西第一星
雙魚像内第十二星	初宮八度九分	北初度三十分	第四等中星	外屏西第二星
雙魚像内第十三星	初宮十度七分	南初度五十一分	第五等小星	外屏西第三星
雙魚像内第十四星	初宮十二度四十四分	南四度一十五分	第六等小星	奎宿東南無名星
雙魚像内第十五星	初宮十四度九分	南六度五十七分	第五等小星	奎宿東南無名星
雙魚像内第十九星	初宮十七度四分	南四度四十五分	第四等中星	外屏西第五星

（續表）

黃道南北各像星	各星經度	各星緯度	各星等第	各星宿次
雙魚像內第二十二星	初宮十八度二分	北五度二十分	第三等中星	奎宿東南無名星
雙魚像內第二十一星	初宮十八度六分	北一度三十五分	第六等小星	奎宿東南無名星
雙魚像內第二十星	初宮十八度三十四分	南一度二十三分	第四等中星	奎宿東南無名星
新譯星無像	初宮二十二度三分	北八度二十四分		婁宿西星
白羊像內第一星	初宮二十四度二十四分	北七度五十分	第三等中星	婁宿南無名星
白羊像內第五星	初宮二十四度二十五分	北五度五十分	第四等中星	婁宿南無名星
白羊像內第二星	初宮二十五度六分	北八度四十六分	第三等中星	婁宿南無名星
海獸像內第七星	初宮二十六度三十九分	南六度二十五分	第四等中星	婁宿南無名星
白羊像內第三星	初宮二十八度四十四分	北七度五十分	第四等中星	婁宿東無名星
海獸像內第五星	初宮二十九度一十九分	南七度四十分	第四等中星	婁宿東南無名星
白羊像內第四星	初宮二十九度四十九分	北六度三十分	第五等小星	婁宿東南無名星
新譯星無像	一宮一度三十五分	南四度〇分		天囷西南星
白羊像內第十三星	一宮二度二十九分	北五度〇分	第四等中星	婁宿東南無名星
海獸像內第六星	一宮二度四十九分	南六度五十分	第四等中星	天囷西第二星
白羊像內第六星	一宮五度七分	北五度三十五分	第六等小星	胃宿南無名星
白羊像內第十二星	一宮五度五十九分	北一度四十五分	第五等小星	胃宿南無名星
新譯星無像	一宮六度五十分	南六度〇分		天囷南第二星
白羊像內第十一星	一宮六度二十四分	北一度三十分	第五等小星	胃宿南無名星
白羊像內第七星	一宮八度四十三分	北四度三十二分	第四等中星	胃宿南無名星

（續表）

黃道南北各像星	各星經度	各星緯度	各星等第	各星宿次
白羊像内第八星	一宫十一度六分	北一度五十分	第五等小星	天陰下星
白羊像内第九星	一宫十二度一十四分	北二度三十二分	第五等小星	胃宿東南無名星
金牛像内第二星	一宫十三度三十九分	南七度二十五分	第五等小星	胃宿東南無名星
金牛像内第一星	一宫十四度一分	南六度六分	第四等中星	天廩北第一星
白羊像内第十星	一宫十四度二分	北一度四十五分	第五等小星	胃宿東南無名星
金牛像内第三十星	一宫十九度五十九分	北四度三十分	第四等中星	胃宿東南無名星
金牛像内第三十一星	一宫二十度二十四分	北三度三十分	第五等小星	胃宿東南無名星
金牛像内第三十二星	一宫二十一度二十九分	北三度一十五分	第三等中星	昴宿星
金牛像内第三十三星	一宫二十一度三十一分	北三度四十八分	第三等中星	昴宿星
金牛像内第二十五星	一宫二十四度三十九分	北二度一十分	第六等小星	昴宿東南無名星
金牛像内第二十四星	一宫二十四度四十九分	北初度三十分	第五等小星	月星
金牛像内第二十六星	一宫二十五度一十九分	北四度五十五分	第六等小星	昴宿東無名星
金牛像内第二十七星	一宫二十六度二十五分	北七度〇分	第六等小星	昴宿東無名星
金牛像内第十一星	一宫二十七度一十九分	南六度〇分	第四等中星	昴宿東南無名星
金牛像内第二十九星	一宫二十八度九分	北五度一十三分	第六等小星	昴宿東無名星
金牛像内第十二星	一宫二十八度一十四分	南四度三十分	第四等中星	畢宿右股北第二星
金牛像内第十三星	一宫二十九度四分	南六度〇分	第四等中星	畢宿南無名星
金牛像内第十五里	一宫二十九度四十九分	南三度一十五分	第四等中星	畢宿右股北第一星
金牛像内第二十三星	一宫二十九度四十九分	北三度〇分	第六等小星	畢宿北無名星

（續表）

黃道南北各像星	各星經度	各星緯度	各星等第	各星宿次
金牛像内第二十二星	一宫二十九度五十九分	北初度二十六分	第五等小星	天街下星
新譯星無像	二宫初度一分	北一度二分	第五等小星	天街上星
新譯星無像	二宫一度四十九分	南六度一十八分		畢宿左股第一星
新譯星無像	二宫二度四十分	南六度五十分		畢宿附耳星
金牛像内第二十八星	二宫初度二分	北三度五十分	第六等小星	畢宿北無名星
金牛像内第十四星	二宫初度五十一分	南五度二十分	第一等大星	畢宿大星
金牛像内第二十星	二宫三度二十五分	南四度一十分	第六等小星	畢宿東無名星
金牛像内第十六星	二宫四度五十四分	南四度二十五分	第五等小星	天高東星
金牛像内第十八星	二宫七度二十九分	南二度二十五分	第五等小星	畢宿東無名星
金牛像外第二星	二宫七度二十九分	南初度〇分	第五等小星	諸王西第二星
人像内第二十星	二宫七度四十九分	南八度五十分	第六等小星	畢宿東南無名星
金牛像内第十七星	二宫八度四分	南五度〇分	第五等小星	畢宿東南無名星
人像内第十九星	二宫八度五十六分	南八度五十三分	第六等小星	畢宿東南無名星
金牛像外第三星	二宫十一度四十九分	南一度三十五分	第五等小星	諸王東第二星
金牛像外第四星	二宫十三度一十四分	南三度二十五分	第六等小星	畢宿東無名星
金牛像内第二十一星	二宫十四度九分	北五度二十分	第三等中星	五車東南星
金牛像外第七星	二宫十四度三十四分	南一度一十二分	第六等小星	諸王東第一星
金牛像内第十九星	二宫十五度一分	南二度一十八分	第四等中星	天閭星
金牛像外第六星	二宫十六度三十六分	南七度四十分	第六等小星	參宿北無名星

（續 表）

黃道南北各像星	各星經度	各星緯度	各星等第	各星宿次
金牛像外第五星	二宮十六度四十四分	南六度一十分	第五等小星	參宿北無名星
金牛像外第八星	二宮十七度九分	北一度三十六分	第六等小星	參宿北無名星
金牛像外第九星	二宮十八度四十四分	南一度一十五分	第六等小星	司怪上星
陰陽像外第七星	二宮十九度一十九分	南二度〇分	第四等中星	司怪中星
人像内第十三星	二宮十九度三十四分	南三度一十五分	第五等小星	司怪下星
金牛像外第十星	二宮二十度七分	南三度七分	第六等小星	參宿北無名星
金牛像外第十一星	二宮二十一度一十四分	南初度五十五分	第六等小星	參宿北無名星
陰陽像外第一星	二宮二十二度四分	南初度二十分	第四等中星	參宿北無名星
人像内第十四星	二宮二十二度一十四分	南三度四十五分	第五等小星	參宿北無名星
陰陽像内第十四星	二宮二十四度一十九分	南一度二十分	第三等中星	井宿鉞星
陰陽像外第二星	二宮二十四度三十一分	南六度五分	第四等中星	井宿西北無名星
人像内第十二星	二宮二十四度三十四分	南七度四十分	第六等小星	井宿南無名星
人像内第十一星	二宮二十五度一十四分	南七度四十分	第六等小星	井宿南無名星
陰陽像内第十五星	二宮二十五度五十九分	南一度一十分	第三等中星	井宿西扇北第一星
陰陽像内第十六星	二宮二十七度五十九分	南三度一十五分	第四等中星	井宿西扇北第二星
陰陽像内第十七星	三宮初度一十四分	七度一十五分	第三等中星	井宿西扇南第二星
陰陽像内第十星	三宮初度五十四分	北一度三十五分	第三等中星	井宿東扇北第一星
陰陽像内第十一星	三宮三度一十七分	南一度五分	第六等小星	井宿東扇北第二星
陰陽像内第十二星	三宮六度九分	南二度二十五分	第三等中星	井宿東扇北第三星

（續　表）

黃道南北各像星	各星經度	各星緯度	各星等第	各星宿次
陰陽像内第四星	三宫七度一分	北七度二十七分	第三等中星	五諸侯北第二星
陰陽像内第十三星	三宫九度一分	南六度〇分	第三等中星	井宿東扇南第一星
陰陽像内第九星	三宫九度三十四分	北初度二十五分	第三等中星	天罇西星
陰陽像内第五星	三宫九度四十九分	北五度四十三分	第三等中星	五諸侯北第三星
陰陽像内第八星	三宫十度一十五分	北三度〇分	第五等小星	井宿北無名星
陰陽像内第一星	三宫十一度三十二分	北九度五十二分	第二等大星	井宿東北無名星
陰陽像内第六星	三宫十二度二十九分	北五度五分	第三等中星	五諸侯南第二星
陰陽像外第六星	三宫十三度三十九分	南四度三十分	第五等小星	井宿東無名星
陰陽像外第五星	三宫十四度九分	南三度一十五分	第五等小星	井宿東無名星
陰陽像内第七星	三宫十四度一十二分	北三度〇分	第四等中星	五諸侯南第一星
陰陽像内第二星	三宫十四度四十四分	北六度一十七分	第二等大星	北河東星
陰陽像外第四星	三宫十七度四十九分	南三度三十分	第五等小星	井宿東無名星
巨蟹像内第八星	三宫二十一度三十四分	北初度四十五分	第四等中星	積薪星
巨蟹像内第一星	三宫二十五度二十四分	南五度二十分	第四等中星	井宿東無名星
巨蟹像内第三星	三宫二十七度九分	南初度四十五分	第五等小星	鬼宿西南星
巨蟹像内第二星	三宫二十七度一十四分	北一度五十分	第五等小星	鬼宿西北星
巨蟹像内第一星	三宫二十八度五十六分	北一度四分		積尸氣
巨蟹像内第四星	三宫二十九度三十四分	北三度〇分	第五等小星	鬼宿東北星
巨蟹像内第五星	四宫初度一十四分	南初度三十分	第四等中星	鬼宿東南星

（續 表）

黃道南北各像星	各星經度	各星緯度	各星等第	各星宿次
巨蟹像外第四星	四宮二度四分	北四度四十五分	第五等小星	柳宿北無名星
巨蟹像外第三星	四宮三度二十四分	北四度四十八分	第六等小星	柳宿北無名星
巨蟹像外第一星	四宮四度一十九分	南一度一十五分	第六等小星	柳宿北無名星
獅子像內第一星	四宮七度二十四分	北四度二十五分	第四等中星	柳宿北無名星
巨蟹像外第二星	四宮七度三十一分	南六度二十五分	第六等小星	柳宿北無名星
獅子像內第二星	四宮九度三十四分	北七度三十分	第四等中星	柳宿北無名星
獅子像內第十二星	四宮十三度一分	南三度五十分	第五等小星	軒轅西南無名星
獅子像內第十一星	四宮十五度三十四分	南初度〇分	第六等小星	軒轅西無名星
獅子像內第十三星	四宮十五度四十九分	南四度一十分	第三等中星	軒轅右角星
獅子像內第十星	四宮十六度二十四分	南初度一十二分	第六等小星	軒轅西無名星
獅子像內第七星	四宮十九度四分	北四度二十二分	第四等中星	軒轅南第五星
獅子像內第六星	四宮二十度三十四分	北八度三十分	第二等大星	軒轅北無名星
獅子像內第八星	四宮二十度五十二分	北初度一十分	第一等大星	軒轅大星
獅子像內第五星	四宮二十度五十四分	南一度一十二分	第五等小星	御女星
獅子像內第十四星	四宮二十一度四分	南一度〇分	第五等小星	軒轅南無名星
獅子像內第九星	四宮二十一度五十九分	南一度三十分	第五等小星	軒轅南無名星
獅子像內第十六星	四宮二十五度二十四分	北四度一十分	第六等小星	軒轅東無名星
獅子像內第十五星	四宮二十七度二十四分	北初度五分	第四等中星	軒轅左角星
獅子像內第十七星	四宮二十八度一十四分	北五度一十分	第五等小星	軒轅東無名星

（續表）

黄道南北各像星	各星經度	各星緯度	各星等第	各星宿次
獅子像内第十八星	五宫初度三十一分	北三度一十二分	第五等小星	軒轅東無名星
獅子像外第四星	五宫五度九分	南初度二十八分	第五等小星	張宿東北無名星
獅子像外第三星	五宫五度五十四分	北一度三十分	第五等小星	靈臺中星
獅子像外第五星	五宫六度二十五分	北二度二十分	第五等小星	靈臺上星
獅子像内第二十三星	五宫八度四十七分	北六度五分	第四等中星	翼宿北無名星
獅子像内第二十四星	五宫九度五十九分	北一度三十五分	第四等中星	上將星
新譯星無像	五宫十度三十分	北六度三十分		次將星
新譯星無星	五宫十三度〇分	南四度二十分		明堂上星
獅子像内第二十五星	五宫九度五十九分	南五度三十分	第四等中星	翼宿北無名星
雙女像内第一星	五宫十四度三十九分	北四度五十分	第五等小星	内屏西南星
雙女像内第二星	五宫十四度二十四分	北七度〇分	第五等小星	内屏西北星
獅子像内第二十六星	五宫十五度三十四分	南二度三十分	第五等小星	翼宿北無名星
雙女像内第五星	五宫十七度四分	北初度〇分	第三等中星	右執法星
雙女像内第四星	五宫十八度一十九分	北五度三十分	第五等小星	内屏東南星
雙女像内第三星	五宫十八度三十九分	北八度〇分	第五等小星	内屏東北星
雙女像内第六星	五宫二十五度一十四分	北初度四十八分	第三等中星	左執法星
雙女像内第七星	六宫初度一十九分	北二度三十五分	第三等中星	上相星
雙女像外第一星	六宫二度三十四分	南四度五分	第五等小星	軫宿北無名星
雙女像内第十星	六宫二度四十二分	北八度一十二分	第三等中星	軫宿北無名星

（續表）

黄道南北各像星	各星經度	各星緯度	各星等第	各星宿次
雙女像内第八星	六宫五度一十九分	北二度一十七分	第六等小星	軫宿東北無名星
雙女像外第二星	六宫七度六分	北二度一十分	第五等小星	軫宿東北無名星
雙女像内第九星	六宫九度四分	北二度三十七分	第四等中星	進賢星
雙女像外第三星	六宫十度二十四分	南三度五十五分	第五等小星	軫宿東北無名星
雙女像内第十五星	六宫十二度四十九分	北八度〇分	第三等中星	角宿西北無名星
雙女像内第十六星	六宫十四度一十九分	北三度〇分	第六等小星	平道西星
雙女像内第十四星	六宫十四度四十分	南二度一十九分	第一等大星	角宿南星
雙女像内第十九星	六宫十五度五十四分	南初度四十分	第五等小星	角宿東無名星
雙女像内第十七星	六宫十六度一分	北五度八分	第五等小星	平道東星
新譯星無像	六宫十七度〇分	北八度五十分		角宿北星
雙女像内第十八星	六宫十七度四分	北二度二十五分	第五等小星	角宿東無名星
雙女像外第四星	六宫十七度二十四分	南七度〇分	第六等小星	角宿東南無名星
雙女像内第二十星	六宫十九度一十九分	南一度五分	第五等小星	角宿東無名星
雙女像外第六星	六宫二十度二十一分	南七度四十五分	第六等小星	角宿東南無名星
雙女像内第二十三星	六宫二十四度三十四分	北一度一十五分	第四等中星	角宿東無名星
雙女像内第二十二星	六宫二十四度四十四分	北四度五十五分	第四等中星	角宿東無名星
雙女像内第二十五星	六宫二十五度四十九分	南一度五十五分	第四等中星	角宿東無名星
新譯星無像	六宫二十七度〇分	北三度〇分		亢宿南第二星
新譯星無像	六宫二十八度三十分	南初度二十四分		亢宿南第一星

（續　表）

黄道南北各像星	各星經度	各星緯度	各星等第	各星宿次
天秤像内第二星	七宫四度五十四分	北一度一十五分	第六等小星	亢宿東無名星
天秤像内第一星	七宫六度一十八分	北初度一十五分	第三等中星	氐宿西南星
天秤像内第六星	七宫九度三十四分	北一度七分	第六等小星	氐宿中無名星
天秤像内第三星	七宫十度五十三分	北八度二十五分	第三等中星	氐宿西北星
天秤像外第七星	七宫十一度四十三分	南七度三十三分	第四等中星	氐宿南無名星
天秤像内第五星	七宫十二度二十四分	南二度一十七分	第五等小星	氐宿東南星
天秤像内第八星	七宫十二度二十九分	北六度三十分	第六等小星	氐宿北無名星
天秤像内第七星	七宫十六度七分	北四度一十分	第五等小星	氐宿東北星
天秤像外第五星	七宫十八度五十三分	北三度五十分	第六等小星	氐宿東無名星
天秤像外第六星	七宫十九度五十九分	南初度三十分	第六等小星	氐宿東無名星
天秤像外第二星	七宫二十二度六分	北五度四十分	第五等小星	氐宿東無名星
天秤像外第四星	七宫二十二度六分	北二度五十分	第五等小星	西咸南第一星
新譯星無像	七宫二十二度二十四分	南八度二十九分		房宿南第一星
天蝎像内第二星	七宫二十三度五十四分	南一度五十九分	第二等大星	房宿北第二星
新譯星無像	七宫二十三度二十一分	南五度二十九分		房宿南第二星
天蝎像内第三星	七宫二十四度二十八分	南五度二十二分	第三等中星	房宿東無名星
天蝎像内第一星	七宫二十四度二十九分	北一度〇分	第四等中星	房宿北第一星
天蝎像内第六星	七宫二十四度四十六分	北初度一十三分	第五等小星	鉤鈐東星
天蝎像内第五星	七宫二十五度二十九分	北一度一十七分	第五等小星	鍵閉星

（續表）

黃道南北各像星	各星經度	各星緯度	各星等第	各星宿次
天蝎像内第十星	七宫二十七度二十四分	南六度三十五分	第六等小星	房宿南無名星
人蛇像内第二十二星	七宫二十七度五十九分	北一度三十分	第六等小星	罰星下星
人蛇像内第二十一星	七宫二十八度一十九分	北三度〇分	第六等小星	罰星中星
天蝎像内第七星	七宫二十八度二十五分	南四度一十二分	第四等中星	心宿西星
天蝎像内第十一星	七宫二十八度三十九分	南七度七分	第六等小星	心宿南無名星
人蛇像内第二十四星	七宫二十八度四十四分	北一度〇分	第六等小星	東咸西第二星
人蛇像内第二十四星	八宫二度〇分	北四度五十五分	第六等小星	東咸東第一星
天蝎像内第八星	八宫初度五十九分	南四度三十六分	第一等大星	心宿大星
人蛇像内第二十三星	八宫一度五十六分	北二度三十分	第六等小星	東咸東第二星
天蝎像内第九星	八宫二度二十九分	南五度五十七分	第三等中星	心宿東星
人蛇像内第十四星	八宫十二度三十四分	北初度三十五分	第六等小星	天江中星
新譯星無像	八宫十二度一十分	南二度一十分		天江下星
人蛇像内第十三星	八宫十三度一十九分	北一度二十分	第五等小星	天江中星
天蝎像外第二星	八宫十三度二十七分	南六度五十七分	和五等小星	尾宿北無名星
人蛇像内第十八星	八宫十三度四十九分	北三度五十分	第五等小星	天江上星
人蛇像内第十五星	八宫十三度五十四分	北初度三十分	第四等中星	尾宿北無名星
人蛇像内第十六星	八宫十四度四十四分	北一度〇分	第四等中星	尾宿北無名星
人蛇像内第十七星	八宫十六度四分	北一度二十五分	第五等小星	尾宿北無名星
天蝎像外第三星	八宫十七度三十九分	南三度五十四分	第五等小星	尾宿北無名星

（續 表）

黃道南北各像星	各星經度	各星緯度	各星等第	各星宿次
人馬像内第一星	八宫二十二度三十五分	南六度四十分	第四等中星	箕宿西北星
人馬像内第五星	八宫二十四度二十九分	北二度三十五分	第四等中星	南斗杓第一星
人馬像内第二星	八宫二十五度五十六分	南六度五分	第四等中星	箕宿東北星
人馬像内第四星	八宫二十七度三十五分	南一度四十二分	第四等中星	南斗杓第二星
人馬像内第八星	九宫一度三十四分	南三度五十三分	第四等中星	南斗魁第四星
人馬像内第七星	九宫三度四分	北初度三十分		南斗魁北無名星
人馬像内第六星	九宫三度四十九分	南三度一十六分	第三等中星	南斗魁第三星又杓第四星
人馬像内第九星	九宫四度四分	北一度五十五分	第五等小星	建星西第一星
人馬像内第二十二星	九宫四度二十九分	南七度一十分	第三等中星	南斗魁第一星
人馬像内第二十一星	九宫五度五十九分	南四度四十七分	第四等中星	南斗魁第二星
人馬像内第十一星	九宫六度一分	北一度五分	第五等小星	建星西第二星
人馬像内第十星	九宫七度一十九分	北一度三十三分	第三等中星	建星西第三星
人馬像内第二十星	九宫七度一十九分	南二度三十分	第六等小星	斗魁東無名星
人馬像内第十二星	九宫九度五十四分	北四度五分	第六等小星	建星東第二星
人馬像内第十三星	九宫十度七分	北五度〇分	第五等小星	建星東第一星
人馬像内第十八星	九宫十度九分	南二度三十八分	第六等小星	狗星上星
人馬像内第十四星	九宫十一度五十四分	北六度三十六分	第五等小星	斗魁東北無名星
人馬像内第十九星	九宫十二度三十七分	南三度五十五分	第五等小星	狗星下星
人馬像内第十五星	九宫十五度一十九分	北四度五十五分	第六等小星	斗宿東北無名星

（續　表）

黃道南北各像星	各星經度	各星緯度	各星等第	各星宿次
人馬像内第十七星	九宫十五度二十九分	北一度一十五分	第五等小星	斗宿東北無名星
人馬像内第二十八星	九宫十五度五十四分	南五度一十五分	第五等小星	斗宿東無名星
人馬像内第三十星	九宫十六度二十九分	南六度一十分	第五等小星	斗宿東無名星
人馬像内第二十九星	九宫十六度五十九分	南五度一十分	第五等小星	斗宿東無名星
人馬像内第三十一星	九宫十七度四十九分	南六度三十分	第五等小星	斗宿東無名星
人馬像内第十六星	九宫十八度四十四分	北五度五分	第六等小星	斗宿東北無名星
磨羯像内第四星	九宫二十三度四十九分	北七度三十三分	第四等中星	斗宿東北無名星
磨羯像内第八星	九宫二十三度五十四分	北初度一十分	第六等小星	斗宿東北無名星
磨羯像内第一星	九宫二十六度七分	北六度三十分	第三等中星	牛宿北星
磨羯像内第三星	九宫二十六度一十四分	北四度五分	第三等中星	牛宿大星
磨羯像内第二星	九宫二十六度二十九分	北六度一十分	第四等中星	牛宿上東星
磨羯像内第五星	九宫二十七度一十九分	北初度二十五分	第五等小星	牛宿南星
磨羯像内第六星	九宫二十七度一十九分	北一度五分	第五等小星	牛宿下西星
磨羯像内第七星	九宫二十七度三十九分	北初度四十八分	第六等小星	牛宿下東星
磨羯像内第十一星	九宫二十九度二十九分	南六度三十分	第四等中星	牛宿南無名星
磨羯像内第十星	九宫二十九度五十九分	北初度二十五分	第四等中星	羅堰下星
磨羯像内第九星	十宫初度二十四分	北三度二十分	第四等中星	羅堰上星
磨羯像内第十三星	十宫四度四十九分	南七度二十分	第四等中星	女宿南無名星
磨羯像内第十八星	十宫五度一分	南二度五十五分	第四等中星	十二諸國秦星

（續　表）

黄道南北各像星	各星經度	各星緯度	各星等第	各星宿次
磨羯像内第十七星	十宫五度二十九分	南四度二十分	第五等小星	女宿南無名星
寶瓶像内第六星	十宫六度四分	北五度二十五分	第五等小星	女宿東南無名星
磨羯像内第十九星	十宫六度三十四分	南初度三十分	第四等中星	女宿東南無名星
磨羯像内第十六星	十宫七度九分	南四度一十八分	第五等小星	十二諸國代星
磨羯像内第十四星	十宫八度一十九分	南六度五十二分	和三等中星	女宿東南無名星
磨羯像内第十五星	十宫八度五十四分	南六度三十分	第四等中星	女宿東南無名星
磨羯像内第二十星	十宫十度三十四分	南一度三十分	第四等中星	女宿東南無名星
磨羯像内第二十一星	十宫十一度五十九分	南四度四十五分	第四等中星	壘壁陣西方第一星
磨羯像内第二十二星	十宫十三度二十六分	南四度二十分	第四等中星	壘壁陣西方第二星
磨羯像内第二十三星	十宫十三度四十九分	南二度三十分	第三等中星	壘壁陣西方第三星
寶瓶像内第五星	十宫十四度三十六分	北八度四十八分	第四等中星	虚宿南星
磨羯像内第二十五星	十宫十四度三十七分	南初度〇分	第五等小星	虚宿南無名星
磨羯像内第二十四星	十宫十五度四分	南二度一十三分	第三等中星	壘壁陣西方第四星
磨羯像内第二十七星	十宫十六度二十四分	北二度七分	第五等小星	虚宿東南無名星
磨羯像内第二十六星	十宫十六度五十九分	南初度二十分	第五等小星	虚宿東南無名星
磨羯像内第二十八星	十宫十六度五十九分	北四度〇分	第五等小星	虚宿東南無名星
寶瓶像内第十六星	十宫十九度一十五分	南一度四十五分	第四等中星	壘壁陣西第五星
寶瓶像内第十七星	十宫二十度三十九分	南初度一十分	第六等小星	虚宿東南無名星
寶瓶像内第二十星	十宫二十一度五十四分	南五度四十分	第六等小星	危宿南無名星

（續表）

黄道南北各像星	各星經度	各星緯度	各星等第	各星宿次
寶瓶像内第十三星	十宮二十三度四十九分	北二度四十五分	第四等中星	危宿南無名星
寶瓶像内第十四星	十宮二十四度三十六分	北二度四十五分	第五等小星	泣星下星
寶瓶像内第十五星	十宮二十六度九分	南一度五分	第五等小星	壘壁陣西第六星
寶瓶像内第十八星	十宮二十九度二十九分	南七度五十分	第三等中星	危宿東南無名星
寶瓶像内第十九星	十宮二十九度二十九分	南五度一十七分	第四等中星	危宿東南無名星
寶瓶像内第二十三星	十一宮初度一十四分	北四度一十五分	第六等小星	危宿東南無名星
寶瓶像内第二十四星	十一宮二度三十四分	南初度二十五分	第四等中星	壘壁陣東第六星
寶瓶像内第二十五星	十一宮四度四十六分	南一度三十分	第五等小星	危宿東南無名星
寶瓶像内第二十八星	十一宮六度四十四分	南三度三十五分	第五等小星	羽林軍星
寶瓶像内第二十六星	十一宮七度一十九分	南初度五十分	第四等中星	壘壁陣東第五星
寶瓶像内第二十九星	十一宮七度二十九分	南四度〇分	第四等中星	羽林軍星
寶瓶像内第二十七星	十一宮七度五十四分	南二度五分	第五等小星	室宿南無名星
雙魚像内第二星	十一宮十二度三十四分	北七度三十分	第六等小星	室宿東南無名星
雙魚像内第六星	十一宮十四度二十四分	北四度三十分	第五等小星	室宿東南無名星
雙魚像内第七星	十一宮十七度四十九分	北三度三十分	第五等小星	雲雨西南星
雙魚像外第三星	十一宮十八度三十七分	南五度三十分	第六等小星	壘壁陣東方第四星
雙魚像内第五星	十一宮十九度六分	北七度二十五分	第五等小星	室宿東南無名星
雙魚像外第一星	十一宮十九度一十九分	南二度三十分	第六等小星	壘壁陣東方第三星
雙魚像外第四星	十一宮二十度六分	南五度二十五分	第六等小星	壘壁陣東方第二星

（續　表）

黃道南北各像星	各星經度	各星緯度	各星等第	各星宿次
雙魚像外第二星	十一宮二十度二十九分	南二度二十五分	和六等小星	壘壁陣東方第一星
雙魚像內第八星	十一宮二十四度五十四分	北五度四十七分	第四等中星	室宿東南無名星
雙魚像內第九星	十一宮二十九度七分	北五度三十分	第六等小星	壁宿東南無名星

明・熊明遇《格致草・星宿》

	入宿	離北極	體等	黃道過宮	離赤道
一勾陳三星	壁一度五十九分	三度	三	白羊一度十五分	北八十五度五十一分
二閣道南星	壁六度十三分	三十六度三十分	三	白羊三度〇	北五十三度四十五分
三天綱星	壁七度四十六分	一百一度五十八分	三	白羊四度三十一分	南二十度二十六分
四奎左北五星	奎三度五十六分	六十二度三分	三	白羊十度四十三分	北三十四度一十三分
五天倉右三星	奎七度四十六分	一百一度五十八分	三	白羊二十三度二分	北三十四度一十三分
六天船西三星	胃五度四十二分	四十一度五十二分	二	金牛十四度五分	北四十七度四十三分
七大陵大星	胃三度四十五分	五十三度四十六分	二	金牛十一度二十分	北三十九度三十二分
八昴宿二星	胃十五度一分 昴一度五分	六十八度十分 六十八度十一分	俱五	金牛□度□分 □度□分	北二十一度□十六分 二十一度五十四分
九天囷東大星	胃八度七分	八十五度四十二分	三	金牛十一度二十三分	北二度十八分
十畢左大星	畢一度五十八分	七十五度二十一分	一	陰陽三度十八分	北十五度五十五分
十一五車右北	畢八度五十三分	四十五度四十八分	一	陰陽十一度一十二分	北四十四度五十六分
十二參右足星	畢十二度四十八分	九十八度三十分	一	陰陽十三度四十八分	南九度十四分
十三參左肩星	參五度二十分	八十二度四十四分	一	陰陽二十二度三十七分	北六度十六分

（續表）

	入宿	離北極	體等	黃道過宮	離赤道
十四天狼星	井八度二十二分	一百六度二十二分	一	巨蟹五度三十□分	南十五度四十九分
十五北河中星	井十六度三十三分	五十八度六分	二	巨蟹十四度○	北三十一度二十八分
十六北河東星	井二十度十八分	六十度五分	二	巨蟹十六度四十八分	北二十八度四十三分
十七南河東星	井二十度十八分	八十四度十三分	一	巨蟹十六度四十三分	北六度五分
十八星宿大星	星初度二十八分	九十七度四十三分	二	獅子十三度十四分	南四度三十二分
十九軒轅大星	張三度八分	七十五度四十五分	一	獅子二十二度(缺)	北十四度(缺)
二十軒轅南星	張三度二十七分	六十八度二十八分	二	獅子二十四度四十九分	北二十二度十九分
二十一北斗天璇	張十五度八分	三十一度十分	二		
二十二北斗天樞	張十五度二十八分	二十五度三十六分	二	雙女五度十九分	北六十二度三十六分
二十三北斗天璣	翼十三度○	三十三度十分	二		
二十四北斗天權	翼十三度二十分	二十九度四十分	三		
二十五太微帝座	翼十三度二十六分	七十一度五十四分	一	雙女十九度十六分	北十七度九分
二十六微西垣上相	翼二度五十七分	六十九度三十分	二	雙女九度三十分	北二十二度五十一分
二十七北斗玉衡	軫十度二十一分	三十一度一分	二	天秤七度十七分	北五十八度七分
二十八角宿南星	角初度○	九十八度三十分	一	天秤十五度十三分	南八度十六分
二十九北斗開陽	角一度十一分	三十二度一分	一	天秤十五度三十分	北五十七度二十四分
三十北斗摇光	角七度五十二分	三十七度二十六分	二	天秤二十二度五十七分	北五十一度四十二分
三十一大角	亢一度四十六分	六十七度五十八分	一	天秤二十九二十一分	北二十一度四十五分
三十二招摇	亢六度三十六分	四十九度十五分	三	天蝎四度○	北四十度三十二分

（續 表）

	入宿	離北極	體等	黄道過宮	離赤道
三十三氐右北星	氐初度〇	一百三度五十五分	二	天蝎十四度二十八分	南七度十八分
三十四氐右南星	氐四度五十六分	九十八度五十分	二	天蝎七度五十一分	南十三度二十九分
三十五貫索大星	氐四度四十六分	五十六度九分	二	天蝎二十度十一分	北二十八度五十一分
三十六天市垣梁	房四度五十六分	九十一度三十六分	三	天蝎二十九度〇	南一度五十八分
三十七心中星	心一度五十八分	一百十五度一十五分	二	人馬一度二十七分	南二十四度三十六分
三十八天市垣候星	尾二度四十九分	七十六度二十一分	二	人馬十八度十分	北十三度十一分
三十九天市垣帝座	尾七度（缺）	七十四度（缺）	三	人馬十一度（缺）	北十五度（缺）
四十天棓南星	箕三度五十六分	四十度二十三分	三		
四十一河鼓中星	斗十八度二十分	八十三度四十四分	二	磨羯十八度五十七分	北七度十九分
四十二織女大星	斗二十度三十分	五十一度四十三分	一	磨羯三度五十一分	北三十八度三十六分
四十三天津右北三星	女二度十分	四十七度十七分	二	寶瓶三度五十五分	北四十三度四十三分
四十四天鉤大星	虛二度二十二分	三十度五十分	三	寶瓶十四度十分	北六十度四十分
四十五壘壁西星	虛三度十五分	一百六度五十分	三	寶瓶十五度八分	南十八度四十六分
四十六危宿北星	危初度三十八分	八十七度十分	三	寶瓶十七度四十一分	北七度五分
四十七室宿北星	室初度〇	六十五度三十分	二	雙魚七度四十七分	北二十五度三分
四十八室宿南星	室初度〇	七十八度十九分	二	雙魚八度〇	北十二度四十一分
四十九羽林大星	室九度四十五分	一百六度五十二分	三	雙魚四度十五分	南十八度〇

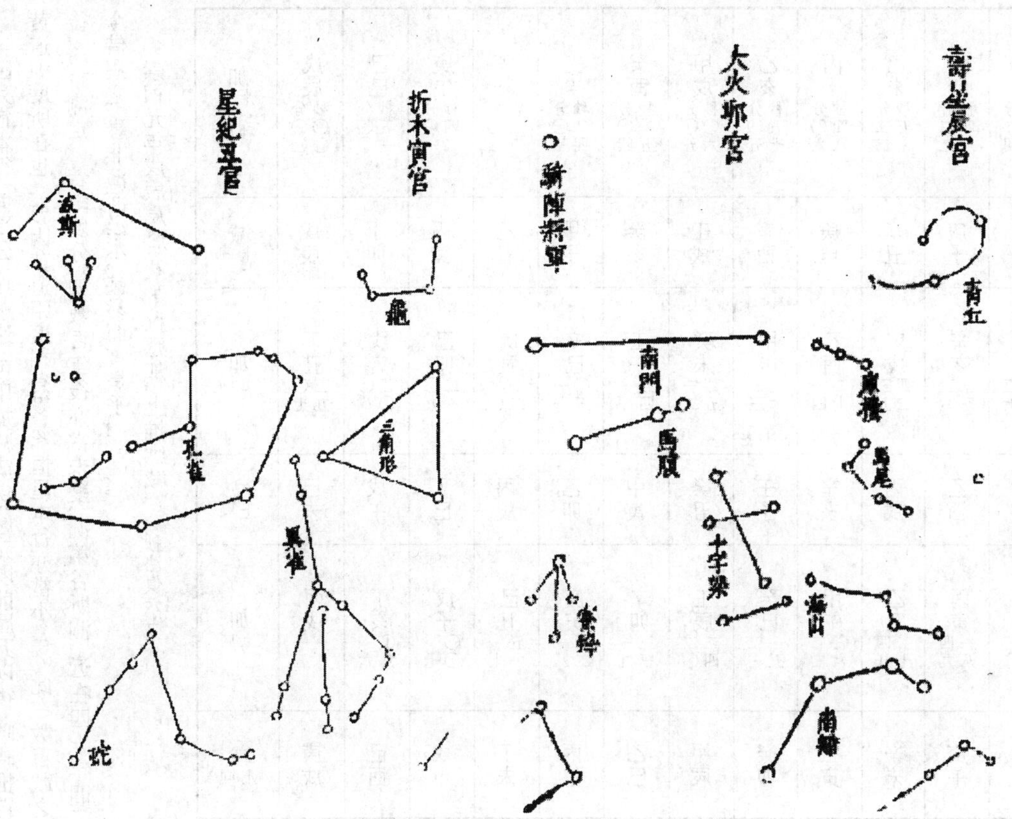
壽星辰宮
大火卯宮
析木寅宮
星紀丑宮
青丘
南門
馬腹
馬尾
十字架
海山
南船
蜜蜂
三角形
孔雀
波斯
蛇

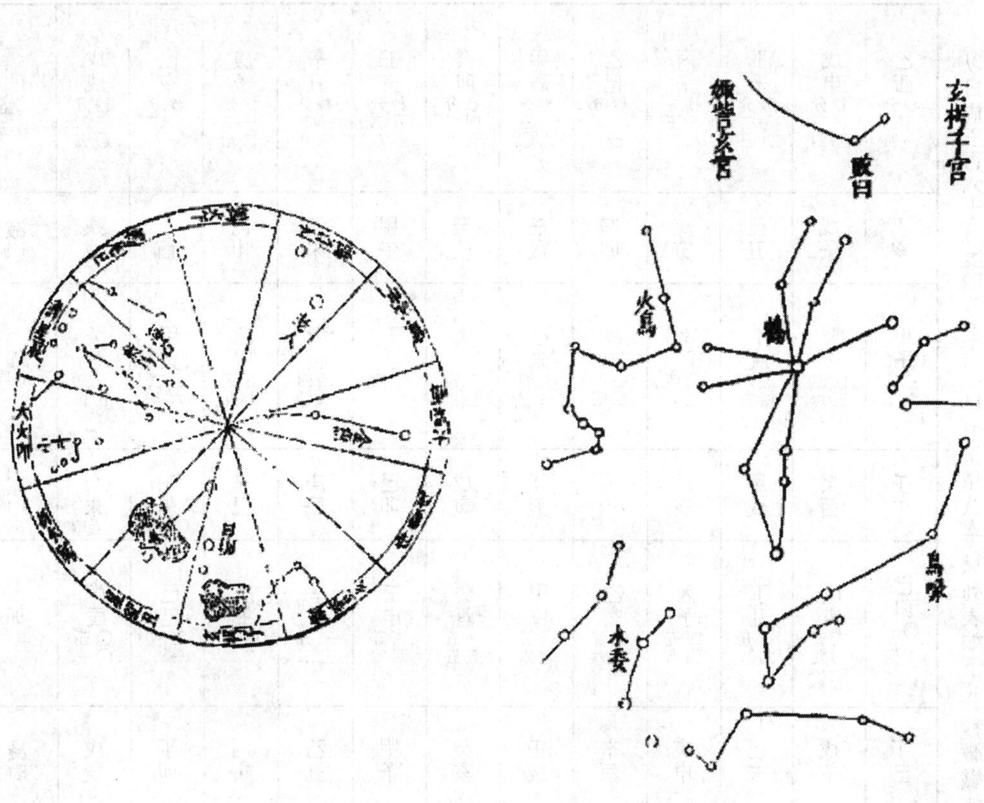
玄枵子宮
娵訾亥宮
火鳥
鶴
鳥喙
水委

中爲南極

清·湯若望《西洋新法曆書·恒星曆指二》 恒星本行表

因列宿本行，恒平分，無遲速，可用加減法，於曆元以前曆元以後，時時推得黄道經度所在也。若因黄道距度稍有變易，恒星本行亦當小差。此在數百載之後，隨時測定。若經度分，即數百年後亦當未變，况第谷所測，近在四十年間。今借用之，豈非濱河汲水，甚易而實是乎！

崇禎元年戊辰爲曆元，下推應加，上推應減。分秒法俱六十。

加每年五十一秒	減同上	加同上	減同上	加同上	減同上
戊辰分〇〇秒〇〇	戊辰	丁丑〇七三九	己未	丙戌一五一八	庚戌
己巳分〇〇秒五一	丁卯	戊寅〇八三〇	戊午	丁亥一六〇九	己酉
庚午分〇一秒四二	丙寅	己卯〇九二一	丁巳	戊子七〇〇	戊申
辛未分〇二秒三三	乙丑	庚辰一〇一二	丙辰	己丑一七五一	丁未
壬申分〇三秒二四	甲子	辛巳一一〇三	乙卯	庚寅一八四二	丙午
癸酉分〇四秒一五	癸亥	壬午一一五四	甲寅	辛卯一九三三	乙巳
甲戌分〇五秒〇六	壬戌	癸未一二四五	癸丑	壬辰二〇二四	甲辰
乙亥分〇五秒五七	辛酉	甲申一三三六	壬子	癸巳二一一五	癸卯
丙子分〇六秒四八	庚申	乙酉一四二七	辛亥	甲午二二〇六	壬寅
乙未分二二秒五七	辛丑	庚戌三五四二	丙戌	乙丑四八二七	辛未
丙申分二三秒四八	庚子	辛亥三六三三	乙酉	丙寅四九一八	庚午
丁酉分二四秒三九	己亥	壬子三七二四	甲申	丁卯三〇〇九	己巳

（續　表）

加每年五十一秒	減同上	加同上	減同上	加同上	減同上
戊戌分二五秒三〇	戊戌	癸丑三八一五	癸未	戊辰五一〇〇	戊辰
己亥分二六秒二一	丁酉	甲寅三九〇六	壬午	己巳五一五一	丁卯
庚子分二七秒一二	丙申	乙卯三九五七	辛巳	庚午五二四二	丙寅
辛丑分二八秒〇三	乙未	丙辰四〇四八	庚辰	辛未五三三三	乙丑
壬寅分二八秒五四	甲午	丁巳四一三九	己卯	壬申五四二四	甲子
癸卯分二九秒四五	癸巳	戊午四二三〇	戊寅	癸酉五五一五	癸亥
甲辰分三〇秒三六	壬辰	己未四三二一	丁丑	甲戌五六〇六	壬戌
乙巳分三一秒二七	辛卯	庚申四四一二	丙子	乙亥五六五七	辛酉
丙午分三二秒一八	庚寅	辛酉四五〇三	乙亥	丙子五七四□	庚申
丁未分三三秒〇九	己丑	壬戌四五五四	甲戌	丁丑五八三九	己未
戊申分三四秒〇□	戊子	癸亥四六四五	癸酉	戊寅五九三	戊午
乙酉分三四秒五一	丁亥	甲子四七三六	壬申	己卯一度〇〇二一	丁巳

以日周三百六十五度四分度之一推恒星積歲本行，列表如下，分秒微纖法俱一百。

年	分	秒	微	纖	年	度	分	秒	微	纖
一	一	四十三	七十三	二十六	八十	一	一十四	九十八	六十一	一十一
二	二	八十七	四十六	五十二	九十	一	二十九	三十五	九十三	七十五
三	四	三十一	一十九	七十八	一百	一	四十三	七十三	二十六	三十九
四	五	七十四	九十三	〇六	二百	二	八十七	四十六	五十二	七十八
五	七	一十八	六十六	三十二	三百	四	二十一	一十九	七十九	一十七
六	八	六十二	三十九	五十八	四百	五	七十四	九十三	〇五	五十六
七	十	〇六	一十二	八十五	五百	七	一十八	六十六	三十一	九十四
八	十一	四十九	八十六	一十一	六百	八	六十二	三十九	五十八	三十三
九	十二	九十三	五十九	三十八	七百	一十	〇六	一十二	八十四	七十二
十	十四	三十七	三十二	六十四	八百	一十一	四十九	八十六	一十一	一十一
二十	二十八	七十四	六十五	二十八	九百	一十二	九十三	五十九	三十七	五十
三十	四十三	一十一	九十七	九十二	一千	一十四	三十七	三十二	六十三	八十九
四十	五十七	四十九	三十	五十六	二千	二十八	七十四	六十五	二十七	七十八
五十	七十一	八十六	六十三	一十九	三千	四十三	一十一	九十七	九十一	六十七
六十	八十六	二十三	九十五	八十三	四千	五十七	四十九	三十	五十五	五十六
七十	一度〇	六十一	二十八	四十七	五千	七十一	八十六	六十三	一十九	四十四

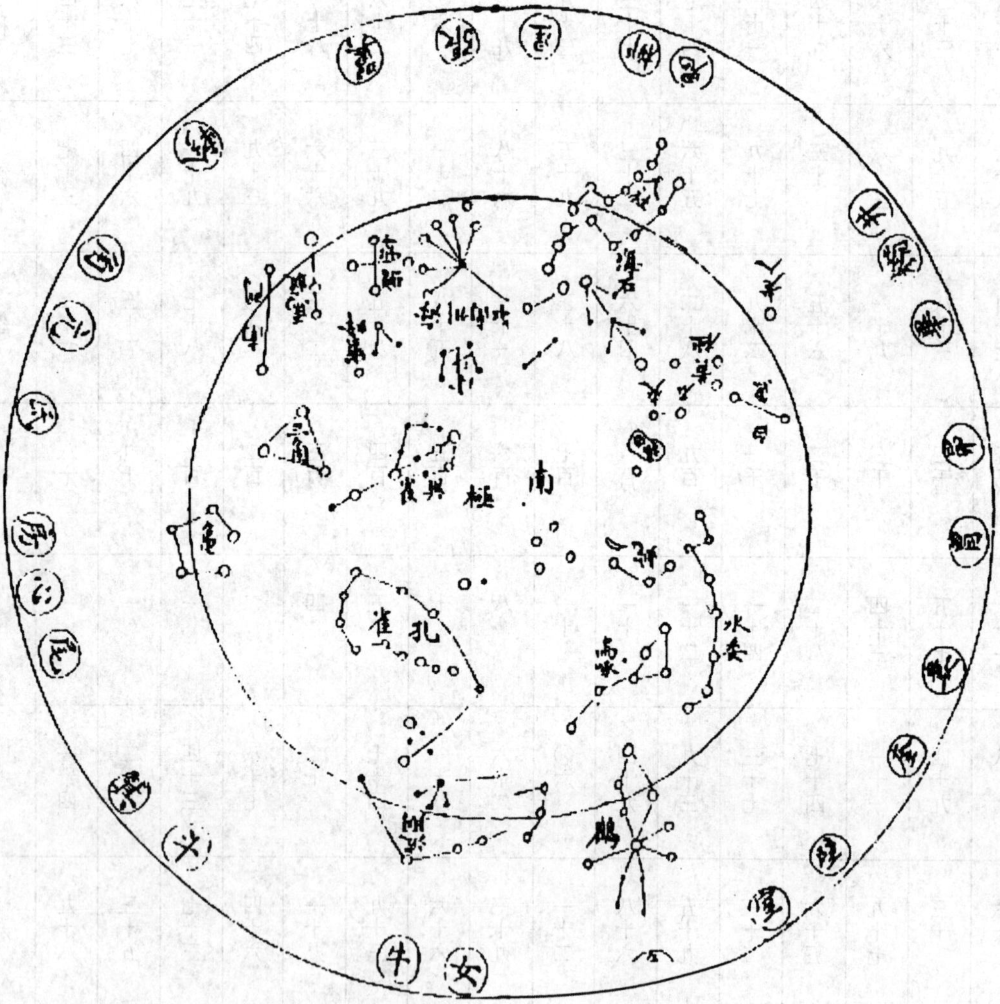

南極諸星垣見界星圖

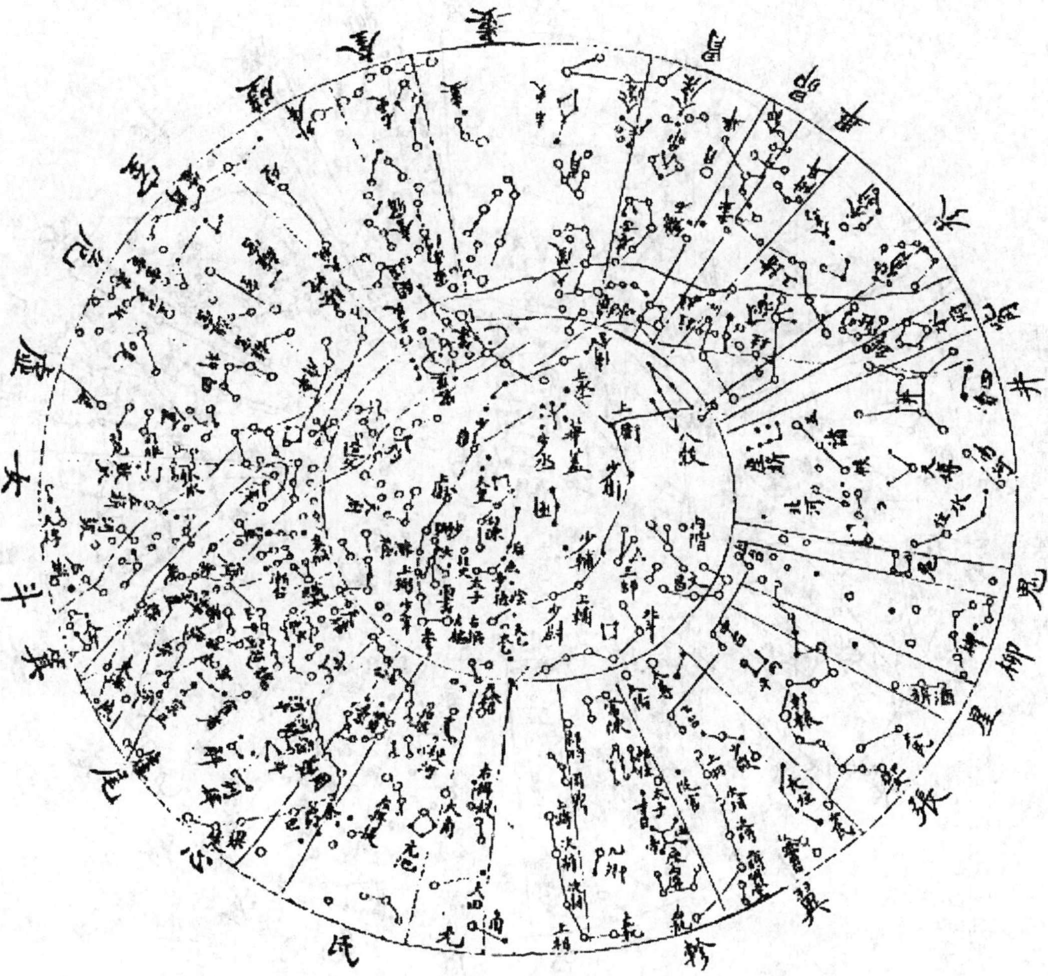

北極至赤道圈中分一半見界總星圖

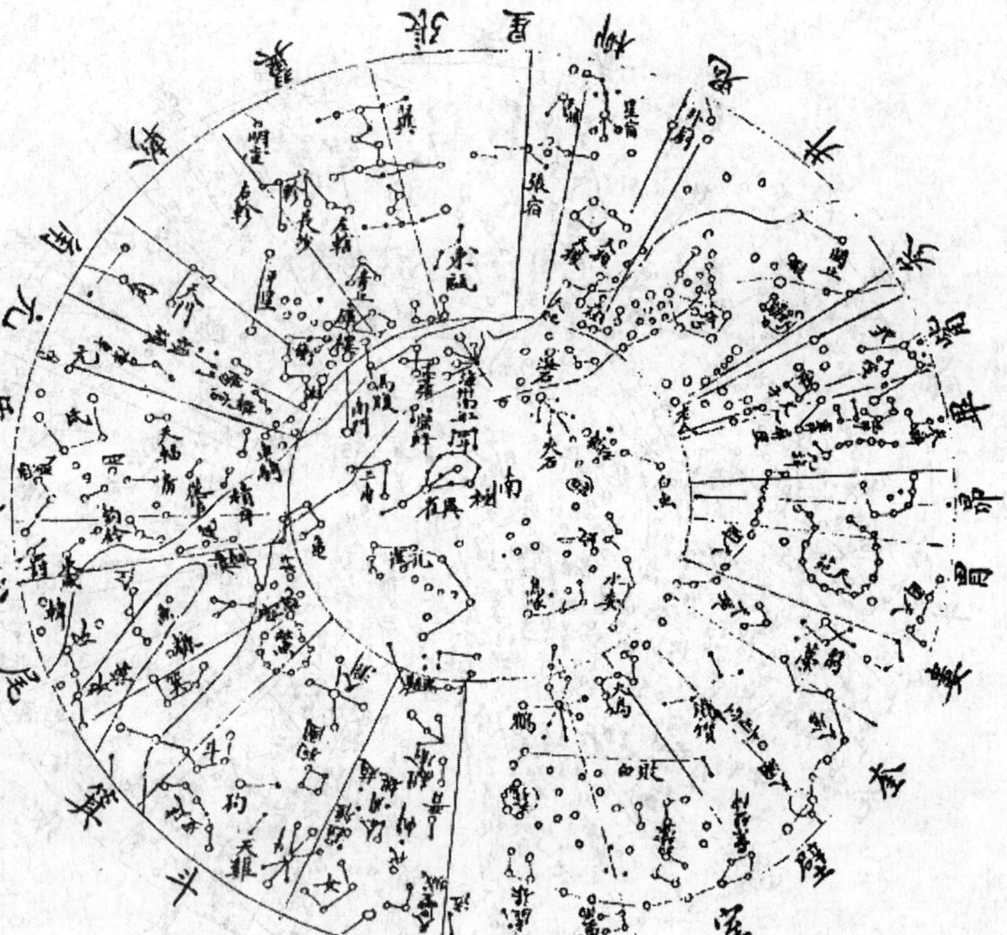

南極至赤道圈中分一半見界總星圖

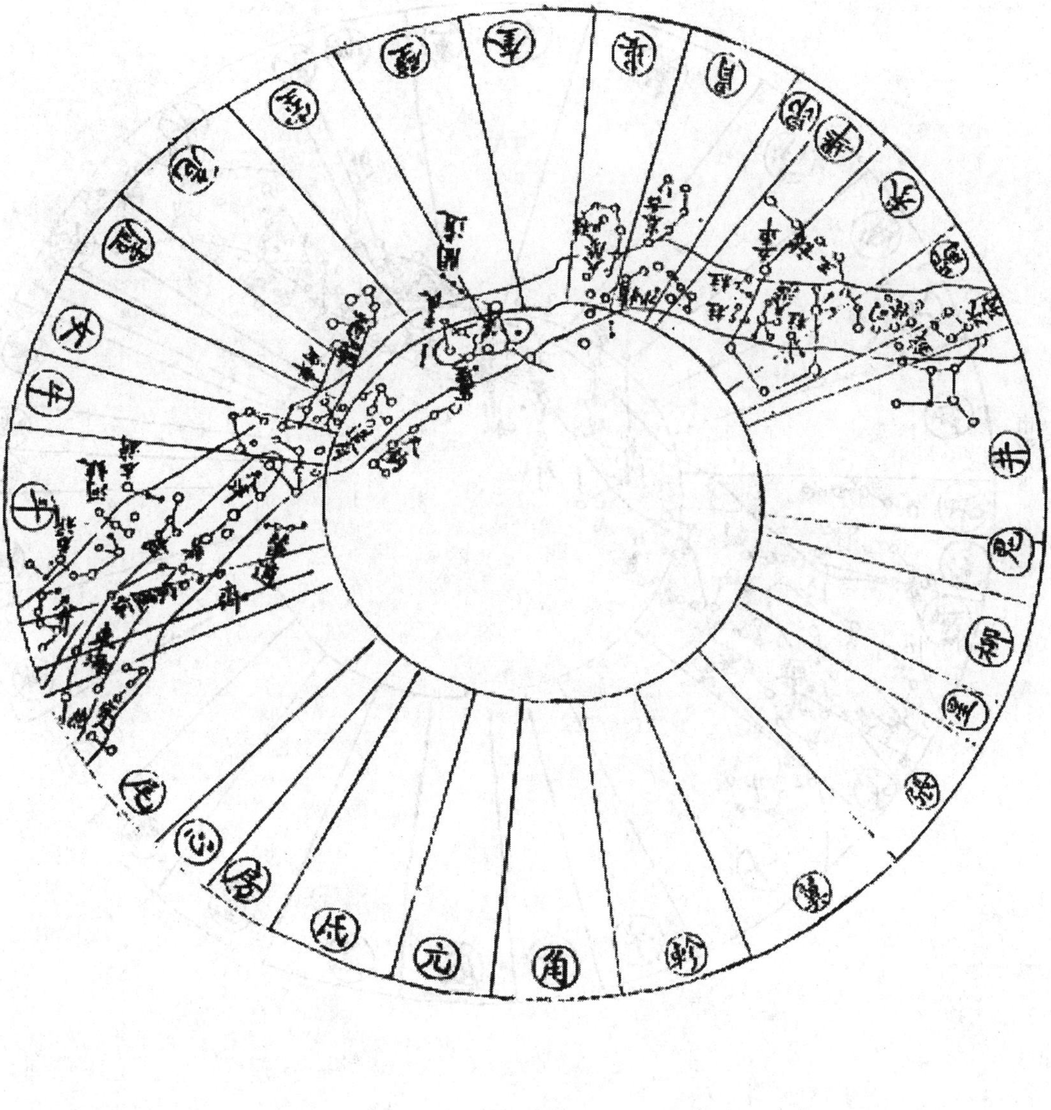

北極河漢星見界圖

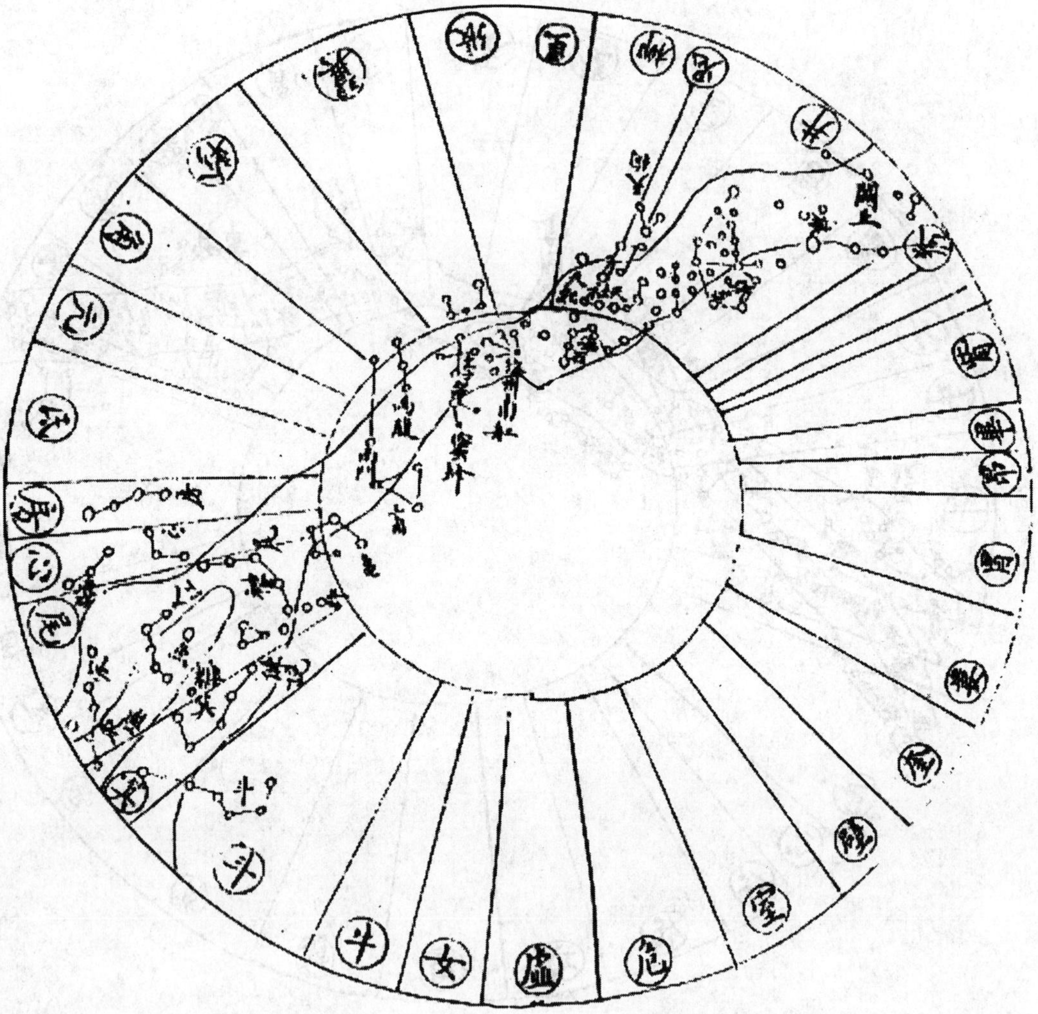

南極河漢星見界圖

清・游藝《天經或問》卷三　大星位分

問：經星一一具名矣，如何認法，知是某星，知是幾等，是某星在南，某星在北。

曰：觀星法先知赤道中分之位界，並南北極之位分，實測經星中大星入某宿之位爲經，以距北極遠近爲緯，合以黃道過宮之經，與離赤道南北之緯，如數安置，定其體大幾等，則無遺矣。今録吾師良孺熊公測定宮度之星于後，以便學者觀測。

	入宿	距北極	體	黃道過宮	離赤道
勾陳三星	壁二度	三度	三	戌一度餘	北八十五度太
閣道南三星	壁六度餘	三十六度半	三	戌三度	北五十三度太
天綱之星	壁七度太	一百〇二度	三	戌四度半	南二十度半
奎左五星	奎四度少	六十二度太	三	戌十度太	北三十四度餘
天倉右三星	奎七度太	一百〇二度少	三	戌二十三度餘	北三十四度餘
天船西三星	胃五度太	四十一度太	二	酉十四度餘	北四十七度餘
大陵大星	胃三度太	五十三度太	二	酉十一度餘	北三十九度半
昴宿二星	昴一度	六十八度餘	五	酉二十度太	北二十二度
天囷大星	胃八度餘	八十五度太	三	酉十一度太	北二度餘
畢左大星	畢二度	七十五度餘	一	申三度餘	北十六度少
五車右北	畢九度少	四十五度太	一	申十一度餘	北四十五度少
參右足星	畢十三度太	九十八度半	一	申十三度太	南九度餘
參左肩星	參五度餘	八十二度太	一	申二十三度太	北六度餘
天狼之星	井八度餘	一百〇六度餘	一	未五度半	南十五度太

（續　表）

	入宿	距北極	體	黃道過宮	離赤道
北河中星	井十六度太	五十八度餘	二	未十四度	北三十一度半
北河東星	井二十度餘	六十度餘	二	未十六度太	北二十八度太
南河東星	井二十度餘	八十四度餘	一	未十六度太	北六度餘
星宿大星	星初度半	九十七度太	二	午十三度餘	南四度半
軒轅大星	張三度餘	七十五度太	一	午二十二度餘	北十四度餘
軒轅南星	張三度太	六十八度半	二	午二十四度太	北二十二度餘
北斗天樞	張十五度餘	三十五度餘	二	巳五度餘	北六十二度太
北斗天璇	張十五度餘	三十一度餘	二	巳六度少	北五十九度
北斗天璣	翼十三度	三十三度餘	二	巳十二度少	北五十七度
北斗天權	翼十三度餘	二十九度太	二	巳十七度太	北六十度少
太微帝座	翼十三度半	七十二度少	一	巳十九度餘	北十七度餘
微西上相	翼三度少	六十六度半	二	巳九度半	北二十三度少
北斗玉衡	軫十度太	三十一度	二	辰七度餘	北五十八度餘
角宿南星	角初度	九十八度半	一	辰十五度餘	南八度餘
北斗開陽	角一度餘	三十二度	一	辰十五度半	北五十七度太
北斗搖光	角八度少	三十七度太	二	辰二十三少	北五十一度太
大角之星	亢一度太	六十八度少	一	辰二十九太	北二十一度太
招搖之星	亢六度太	四十九度餘	三	卯四度	北四十度半

（續　表）

	入宿	距北極	體	黃道過宮	離赤道
氐右北星	氐初度	一百〇四度少	二	卯十四度半	南七度餘
氐右南星	氐五度少	五十九度少	二	卯八度少	南十三度半
貫索大星	氐四度太	五十六度餘	二	卯二十度餘	北二十九度少
天市梁星	房五度少	九十一度太	三	卯二十九度	南二度少
心宿中星	心二度少	一百十五度餘	二	寅一度太	南二十四度太
天市候星	尾二度太	七十六度餘	二	寅十八度餘	北十三度餘
天市帝座	尾八度少	七十五度少	三	寅十一度太	北十五度太
天棓大星	箕四度少	四十度餘	三	寅十度少	北五十二度少
河鼓中星	斗十八度餘	八十三度太	二	丑十九度少	北七度餘
織女大星	斗二十度半	五十一度太	一	丑四度少	北三十八度太
天津右北	女二度餘	四十七度餘	二	子四度少	北四十三度太
天鈎大星	虛二度餘	三十一度少	三	子十四度餘	北六十度餘
壘壁西星	虛三度餘	一百〇十度少	三	子十五度餘	南十八度太
危宿北星	危初度太	八十七度餘	三	子十七度太	北七度餘
室宿北星	室初度	六十五度半	二	亥七度太	北二十五度餘
室宿南星	室初度	七十八度餘	二	亥八度	北十二度太
羽林大星	室九度太	一百〇七度少	三	亥四度餘	南十八度

清·胡亶《中星譜》 發凡

晝夜循環，無刻不有中星。晝則太陽光盛，星不可見，故不備録。今以日入至日出爲限，通夜中星依次順列，較古法止記昏旦者爲詳。若欲並知晝時中星，弟檢隔半年後，對待節氣譜內，於各星下時刻數其相衝時刻，即半年前節氣之晝時星中也。所以然者，半年後節氣之夜，與半年前節氣之晝，長短數同，此正星回於天，適半周之候故也。假如欲知立春晝星，檢對待之立秋譜內，視心宿在酉正三刻三分中，卯酉爲衝，即知立春心宿在卯正三刻三分中也。室宿在丑初二刻七分中，丑未爲衝，即知立春室宿在未初二刻七分中也。餘星倣此，雨水檢處暑之類亦倣此。

《月令》以十二月記中星，月之氣朔不齊，法難分晝，故註家皆主其月中氣爲説。今既録中氣，兼録節氣，共爲二十四譜，亦漢唐以來舊術。

古法以日入後二刻半爲昏，所謂初昏也。以日出前二刻半爲旦，所謂平旦也。今《時憲新法》以太陽在地平下十八度定爲昏旦時刻，但此十八度內太陽升降有正有斜，故各省各節之定昏定旦時刻小異，然刻數大約倍於初昏平旦者，於時星體全見，經緯較明故也。若欲知古旦昏時刻，弟於譜內日入時刻加二刻六分，日出時刻減二刻六分，即得。蓋古法百刻之二刻五十分，即今九十六刻之二刻又十五分刻之六故也。

古法每日百刻，每刻百分，《授時曆》所謂日法一萬者也。但以百刻配十二時，無法可均，如俗傳子午各多二刻，或云子午卯酉各多一刻，皆非曆家所用。考《授時》元曆。《大統》明曆。所用者，每一時凡八大刻二小刻，其前四大刻曰初初、曰初一、曰初二、曰初三，俱各百分，間以一小刻曰初四，止一十六分六十六秒不盡，其後四大刻曰正初、曰正一、曰正二、曰正三，俱各百分，再間以一小刻曰正四，亦止一十六分六十六秒不盡，合十二時，總爲九十六大刻二十四小刻，其小刻以六準一，故名百刻，共足萬分之數。雖爲傳習有據，民間頗似難知。宋人有以大刻爲各六十分，小刻爲各二十分者，又古語云每時八刻零三分刻之一，其理並同。今《時憲新法》每時止整八刻，初初、初一、初二、初三、正初、正一、正二、正三。删去二小刻，總共九十六刻，較爲簡捷易曉，蓋刻數雖省而時不異。譬有匹帛，於此以小尺量得四丈，大尺量爲三丈六尺，其於匹帛無加損也。

古法每刻百分者，《時憲》止用每刻十五分，蓋計時至刻已近矣，刻下之分簡則易考也。若運算則不嫌遞以百計，以便乘除，所謂並行不悖也。若欲據新法刻分考知古法刻分，自有會通算法，先除後乘，即自可知。

古法中星止記二十八宿，內如井、斗度廣，候之不免移時。今於列宿外增益十七大星，共爲四十五座大星，庶接續易明。凡此大星各有經緯度分，另於譜後備録，用以按圖比對，若合符節。其餘衆星皆有中時譜，雖不著，可以類推。

大星四十五座，皆係近黃、赤道者，每座星數多寡不等，譜內止拈各座之一星爲言，如增益十七座，明書某大星、某南星之類是也。其二十八宿專指距星，如角宿以南星爲距，亢宿以南第二星爲距之類。按圖檢之，凡距星皆有經線爲界，並橫書宿名於其端，甚易識別。

星宿出入地平皆有定時，但各省各節刻數不同，惟正中之時刻無二，亦如日出、日入各處時刻不同，惟日中皆爲午正初刻也。

中星既云正南午位，如五車、天津、織女等，星實在人頂之北，蓋以北極視之，不嫌爲南也。

譜內所録中星時刻，皆指其節氣、中氣之第一日也。若次日，則星行天一周而又西逾約一度，即須於本星時刻內減十五分刻之四弱，以驗其中，從此遞日減之，以至次節。如立春日首胃宿酉初初刻十三分中，若第二日須減四分，爲酉初初刻九分中。第三日再減四分，爲五分中。餘星倣此。

日出入及昏旦晝夜長短各省計時大同，較刻小異。今譜前所列者，一依《時憲》所頒順天府時刻，尊京師也。他省時刻具在曆前可檢，故不復贅，惟末附記浙省以備參考。

各節氣昏旦時刻不必適遇星中，今考其距宿之幾度幾分中，附録於大星經緯度分後，以合古法。而驗同異，第大星經緯係録平度，距宿度分係録日度，其說見星圖發凡中。

星宿西行，經一晝夜九十六刻，每刻十五分，共一千四百四十分行天一周。按譜內係用平度，計周天三萬六千分，三百六十度，每度百分。每刻之一分行天之二十五分，每一刻行三百七十五分，即三度七十五分。每一時行三千分。即三十度。如用日度計，周天三萬六千五百二十五分，三百六十五度四分度之一，每度百分。每刻之一分行天之二十五分三十六秒四十五微零，每分百秒，每秒百微。每一刻行三百八十分四十六秒八十七微零，每一時行三千四十三分三十七秒四十二微零。此與前述節氣次日遞減四分，皆是論其大較。其間尚小有加減，別書詳之。然要自大體不遠也。

清·張廷玉等《明史》卷二五《天文志一》

十二宮星名		黃道經度	黃道緯度	赤道經度從春分起算	赤道緯度
降婁	壁宿一	四度强	北一十二度半强	三百五十八度半强	北一十二度太强
	壁宿二	九度少弱	北二十五度太弱	三百七十五度少强	北二十六度太
	奎宿一	一十七度少强	北一十五度少强	九度强	北二十五度少弱
	奎宿二	一十五度半强	北一十七度太强	七度弱	北二十二度少弱
	奎宿九	二十五度少弱	北二十六度弱	一十二度少弱	北三十三度太弱
	婁宿一	二十八度太强	北八度半弱	二十三度半强	北一十八度太强
大梁	天大將軍一	九度强	北二十七度太强	二十五度半	北四十三度少

（續　表）

	十二宫星名	黄道經度	黄道緯度	赤道經度從春分起算	赤道緯度
	天囷一	九度少弱	南一十二度半强	四十一度弱	北二度少强
	胃宿一	一十一度太强	北一十一度少	三十五度半强	北二十六度强
	昴宿一	二十四度太强	北四度	五十一度少强	北二十三度弱
	天船三	二十六度太弱	北三十度强	四十四度半弱	北四十八度半弱
	卷舌五	二十八度弱	北一十二度弱	五十二度半强	北三十一度半弱
實沈	畢宿一	三度少	南三度	六十一度太	北一十八度少强
	畢宿五	四度半强	南五度太强	六十三度太弱	北一十五度太弱
	参宿一	一十七度少	南二十三度太弱	七十八度少强	南初度太弱
	参宿二	一十八度少强	南二十四度半强	七十九度少强	南一度半
	参宿三	一十九度半	南二十五度少强	八十度半	南二度少弱
	参宿四	二十三度半强	南一十六度太强	八十三度太强	北七度少强
	参宿五	一十五度太	南一十七度弱	七十六度少强	北六度弱
	参宿七	一十一度太弱	南三十一度太弱	七十三度少弱	南八度太
	觜宿一	一十八度半强	南一十三度半弱	七十八度太	北九度太弱
	天皇大帝	一十五度半	北六十八度弱	三百三十七度半强	北八十四度少弱
	五車二	一十六度太弱	北二十二度太强	七十二度少弱	北四十五度少强

（續表）

	十二宮星名	黃道經度	黃道緯度	赤道經度從春分起算	赤道緯度
	丈人一	一十七度少强	南五十七度太弱	八十二度太强	南三十四度半
	五車五	一十七度半弱	北五度少强	七十五度太弱	北二十八度少
	子二	二十度少强	南五十九度太弱	八十四度弱	南三十六度少强
	勾陳大星	二十三度半弱	北六十六度	六度半	北八十七度少弱
	五車三	二十六度少	北二十一度半弱	八十三度少弱	北四十四度太强
鶉首	井宿一	初度少弱	南一度弱	九十度强	北二十二度太弱
	井宿三	四度弱	南六度太强	九十四度强	北一十六度太弱
	軍市一	二度强	南四十一度少强	九十一度太强	南一十七度太强
	天樞即北極星	八度弱	北六十七度少强	一百九十九度少强	北八十六度太弱
	老人	八度半	南七十五度	九十四度半弱	南五十一度半强
	狼星	九度	南三十九度少强	九十七度少强	同一十六度少弱
	北河二	一十五度强	北一十度强	一百零七度少	北三十二度太弱
	北河三	一十八度强	北六度太弱	一百一十度太弱	北二十九度弱
	南河三	二十度太弱	南一十六度弱	一百一十度弱	北六度强
	上台一	二十六度少强	北二十九度少	一百二十五度强	北四十九度太弱
	上台二	二十七度半强	北二十八度太弱	一百二十七度半弱	北四十八度太弱

（續表）

十二宫	星名	黄道經度	黄道緯度	赤道經度從春分起算	赤道緯度
	文昌一	二十八度半弱	北四十六度少强	一百四十度少弱	北六十五度强
鶉火	鬼宿一	初度半强	南初度太强	一百二十三度弱	北一十九度少强
	柳宿一	五度少弱	南一十二度半弱	一是二十四度半强	北七度弱
	弧矢一	六度半	南五十四度半	一百一十五度弱	南三十四度少弱
	帝星	七度太弱	北七十二度太强	一百二十三度	北七十五度太强
	弧矢南一	八度太强	南五十一度少	一百一十七度半	南三十一度半弱
	天樞	一十度弱	北四十九度太弱	一百六十度强	北六十三度太
	弧矢南五	一十二度半	南五十八度少强	一百一十七度强	南三十八度太
	天璇	一十四度强	北四十五度强	一百五十九度太弱	北五十八度半弱
	中台一	一十四度少强	北二十九度太强	一百四十八度强	北四十五度弱
	太子	一十五度强	北七十五度半弱	二百三十一度半强	北七十三度太弱
	中台二	一十五度半弱	北二十八度太	一百四十八度太	北四十三度半
	天社一	二十一度少强	南六十四度弱	一百二十度弱	南四十五度半强
	星宿一	二十二度少弱	南二十二度半弱	一百三十七度少强	南七度弱
	軒轅十二	二十四度少强	北八度太强	一百四十九度太强	北二十一度太弱
	軒轅十四	二十四度太弱	北初度半弱	一百四十七度少弱	北一十三度太强

（續表）

十二宮	星名	黄道經度	黄道緯度	赤道經度從春分起算	赤道緯度
	天璣	二十五度少弱	北四十七度强	一百七十三度半弱	北五十五度太强
	天權	二十五度太强	北五十一度半强	一百七十九度少弱	北五十九度强
鶉尾	張宿一	初度半强	南二十六度少弱	一百四十三度少弱	南一十二度半
	下台一	一度少强	北二十六度少	一百六十四度半强	北三十五度少弱
	下台二	二度	北二十五度弱	一百六十四度少	北三十三度太强
	右樞	二度半强	北六十六度半强	二百零九度少弱	北六十六度少强
	玉衡	三度半强	北五十四度少强	一百八十九度强	北五十八度少弱
	西上相	六度强	北一十四度少强	一百六十三度半强	北二十二度半强
	天記	六度半弱	南五十五度半	一百三十九度半强	南三十三度半
	開陽	一十度少强	北五十六度少强	一百九十七度少弱	北五十七度少弱
	五帝座	一十六度半弱	北一十二度少强	一百七十二度半	北二十六度太弱
	常陳一	一十八度强	北四十度强	一百八十八度半	北四十度太强
	翼宿一	一十八度半强	南二十二度太弱	一百六十度半弱	南一十六度少强
	摇光	二十一度半强	北五十四度半弱	二百零三度少弱	北五十一度半
壽星	軫宿一	五度半强	南一十四度半弱	一百八十一度弱	南十五度半弱
	長沙	八度半强	南一十八度少	一百八十度少强	南二十度强
	角宿一	一十八度太弱	南二度	一百九十六度半弱	南九度少弱

（續表）

十二宫星名		黄道經度	黄道緯度	赤道經度從春分起算	赤道緯度
	大角	一十九度强	北三十一度强	二百零九度半强	北二十一度少弱
	馬尾一	二十四度	南四十六度少弱	一百七十七度太强	南五十度强
	亢宿一	二十九度少	北三度弱	二百零八度少弱	南八度半弱
大火	十字二	一度少强	南五十一度强	一百七十九度半弱	南五十七度半弱
	貫索一	七度强	北四十四度半弱	二百二十九度太	北二十八度
	馬復一	七度太弱	南四十三度	一百九十三度半弱	南五十三度半
	氐宿一	一十度弱	北半度弱	二百一十七度半	南一十四度半弱
	氐宿四	一十四度少弱	北八度半强	二百二十四度少强	南八度弱
	蜀	一十七度弱	北二十五度半强	二百三十一度半强	北七度太弱
	騎宫七	二十二度少弱	南二十九度	二百一十九度少强	南四十六度强
	房宿一	二十七度太强	南五度半弱	二百三十四度少弱	南二十五度弱
	房宿三	二十八度	北一度强	二百三十六度	南一十八度太弱
	南門二	二十九度太弱	南四十一度少弱	二百二十一度少	南五十九度太弱
析木	心宿一	二度半强	南四度弱	二百三十九度太弱	南二十四度半强
	心宿二	四度半强	南四度半弱	二百四十一度太弱	南二十五度半
	三角形一	六度少强	南四十七度太强	二百二十四度半强	南六十七度太强
	尾宿一	一十度强	南一十五度	二百四十五度太强	南三十六度太强
	帝座	一十二度弱	北三十七度半弱	二百五十四度半弱	北一十五度弱

（續表）

十二宫	星名	黄道經度	黄道緯度	赤道經度從春分起算	赤道緯度
	箕宿一	二十五度太弱	南六度半	二百六十五度强	南三十度弱
星紀	斗宿一	五度强	南三度太强	二百七十五度太弱	南二十七度少
	天淵二	八度少强	南一十八度	二百八十度强	南四十一度少
	天淵一	九度	南二十三度	二百八十一度太	南四十六度少弱
	織女一	九度太弱	北六十一度太强	二百七十四度半强	北三十八度半弱
	河鼓二	二十六度半强	北二十九度少强	二百九十三度少弱	北八度弱
	牛宿一	二十九度弱	北四度太弱	三百度强	南十六度弱
玄枵	鳥喙一	四度太强	南四十五度	三百一十七度半强	南六十一度太强
	女宿一	六度半强	北八度少弱	三百零七度弱	南一十度太强
	鶴一	一十一度弱	南三十二度半	三百二十五度太强	南四十八度半弱
	虚宿一	一十八度少	北八度太弱	三百一十八度	南七度少弱
	危宿一	二十八度少弱	北一十度太弱	三百二十六度太弱	南二度强
	北落師門	二十八度半强	南二十一度	三百三十九度强	南三十一度半强
娵訾	天津四	初度少强	北六十度弱	三百零七少	北四十四度
	蛇首一	六度半弱	南六十四度半弱	二十六度太	南六十三度太强
	水委一	八度少弱	南五十九度	一十九度强	南五十九度太弱
	室宿一	一十八度少强	北一十九度半弱	三百四十一度半强	北一十三度少
	室宿二	二十四度少弱	北三十一度少弱	三百四十一度半	北二十六度强
	土司空七	二十七度少强	南二十度太强	六度少弱	南二十度强

清・戴進賢《儀象考成》卷一《恒星全圖》《唐書・天文志》：蓋天之説，一行削篾爲度，徑一分，其厚半之，長與圖等，穴其正中，植鍼爲樞，令可環運。自中樞之外，均刻百四十七度。全度之末，旋爲外規。規外大半度，再旋爲重規，以均賦周天度分。又距極樞九十一度少半，旋爲赤道帶天之紘。距極三十五度旋爲内規。乃步冬至日躔所在，以正辰次之中，以立宿距。按渾儀所測，甘、石、巫咸衆星明者，皆以篾，横考入宿距，縱考去極度，而後圖之。其赤道外衆星踈密之狀，與仰視小殊者，由渾儀去南極漸近，其度益狹，而蓋圖漸遠，其度益廣使然。若考其去極入宿度數，移之於渾天，則一也。又赤道内外，其廣狹不均，若就二至出入赤道二十四度以規度之，則二分所交不得其正；自二分黄赤道交以規度之，則二至距極度數不得其正；當求黄赤分至之中，均刻爲七十二限，據每黄道差數以篾度量而識之，然後規爲黄道，則周天咸得其正矣。今按渾天係圓體，圖之於平面止見其半，故渾天不可圖。蓋天圖以北極爲中心，乃見星座全象，然其内外二規亦猶是渾天之法也。渾天家以北極出地常見不隱，謂之上規；南極入地常隱不見，謂之下規。一行蓋天圖以三十五度爲内規，即上規之度也。北極出地三十五度。一百四十七度爲外規，即北極距下規之度也。古法圜天三百六十五度四分度之一，則北極距南極爲一百八十二度有奇，除南極入地三十五度有奇，餘一百四十七度。今法周天三百六十度，赤道距南北極各九十度，京師北極出地四十度，故以四十度爲内規。中國幅隕南至北極出地二十度，則北極距下規一百六十度，故以一百六十度爲外規。其餘悉如一行之法。依新測恒星赤道經緯度著之於圖，仍用赤黄黑三色，以存三家之舊。又以赤道南北分爲二圖，則北極出地二十度以南所見之星座無不備具。雖中天所見星座横分爲二，然赤道以南其度漸狹，可以補蓋天星度益廣之失。合觀三圖，則懸象著明，躔離攸次。星之隱見，天漢昭回，庶幾無遺憾矣。

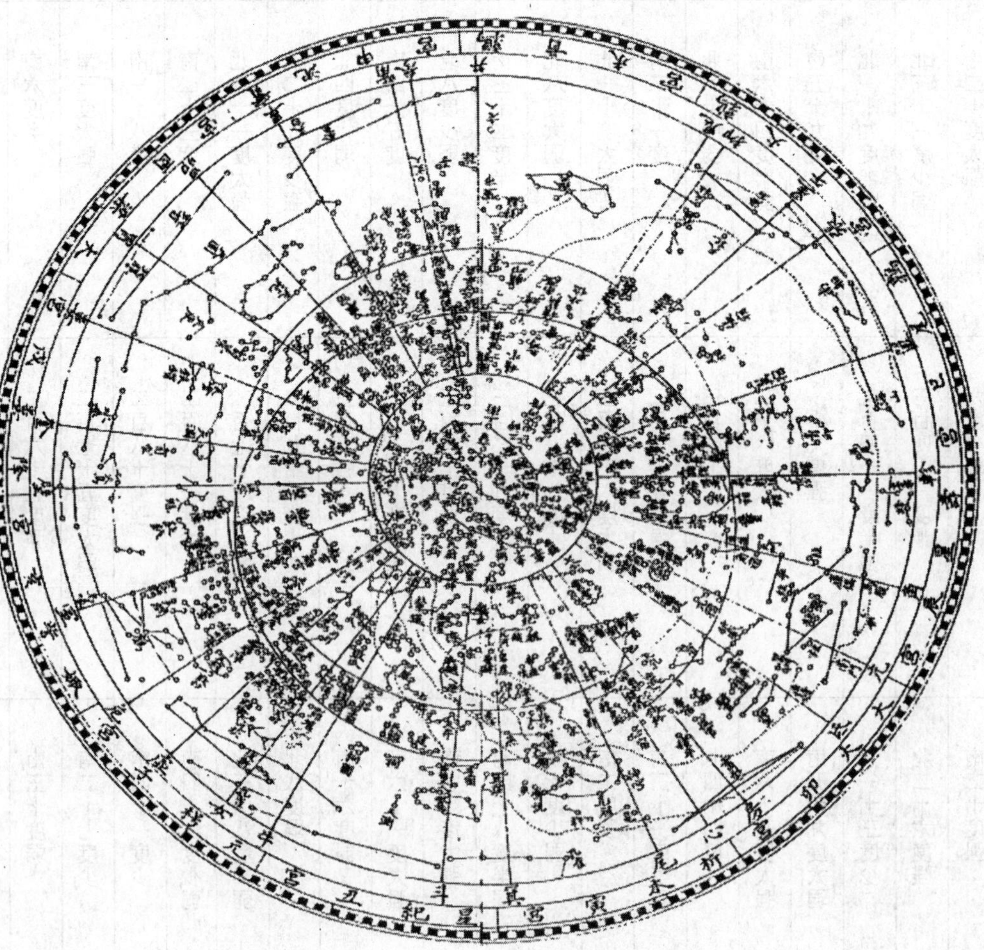

恒星全圖

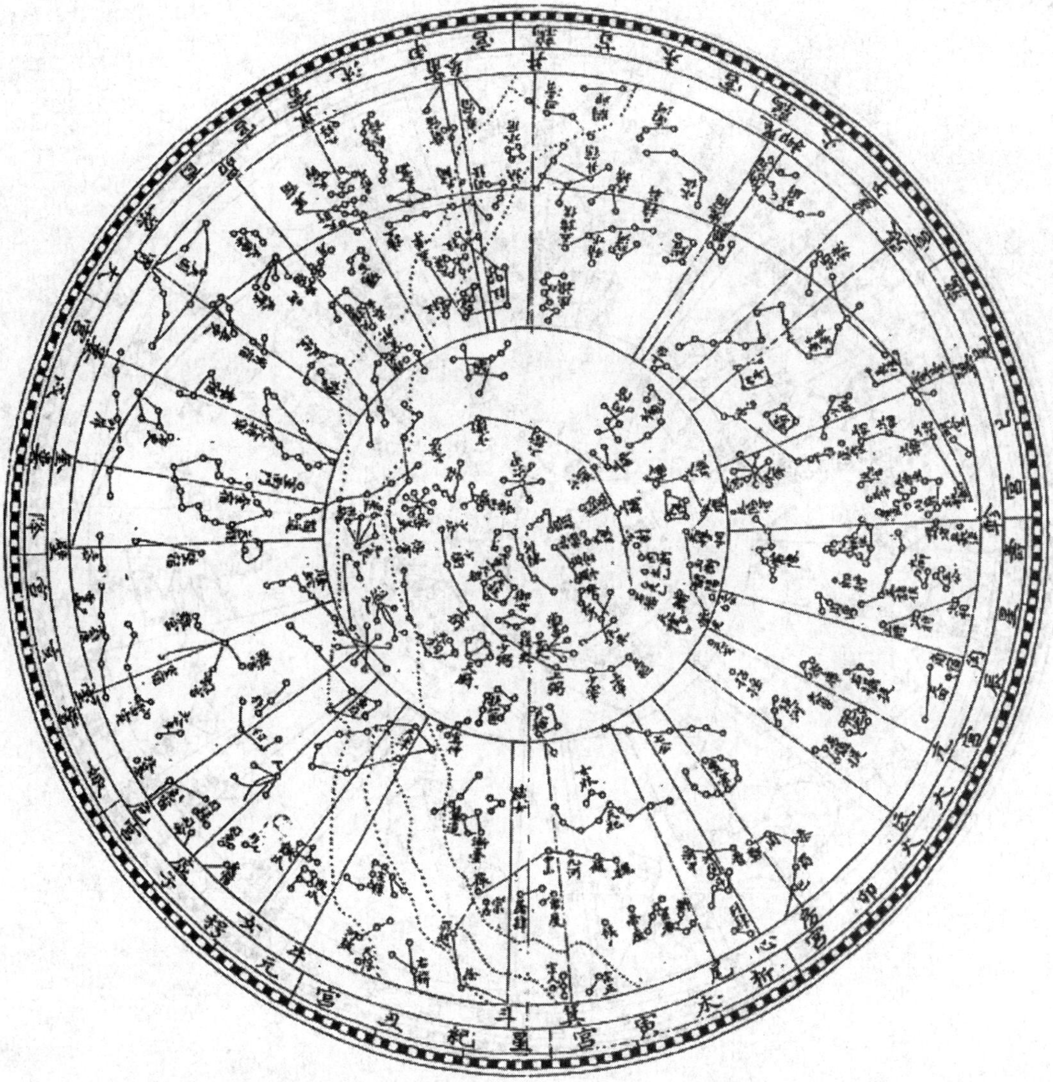

赤道北恒星圖

赤道南恒星圖

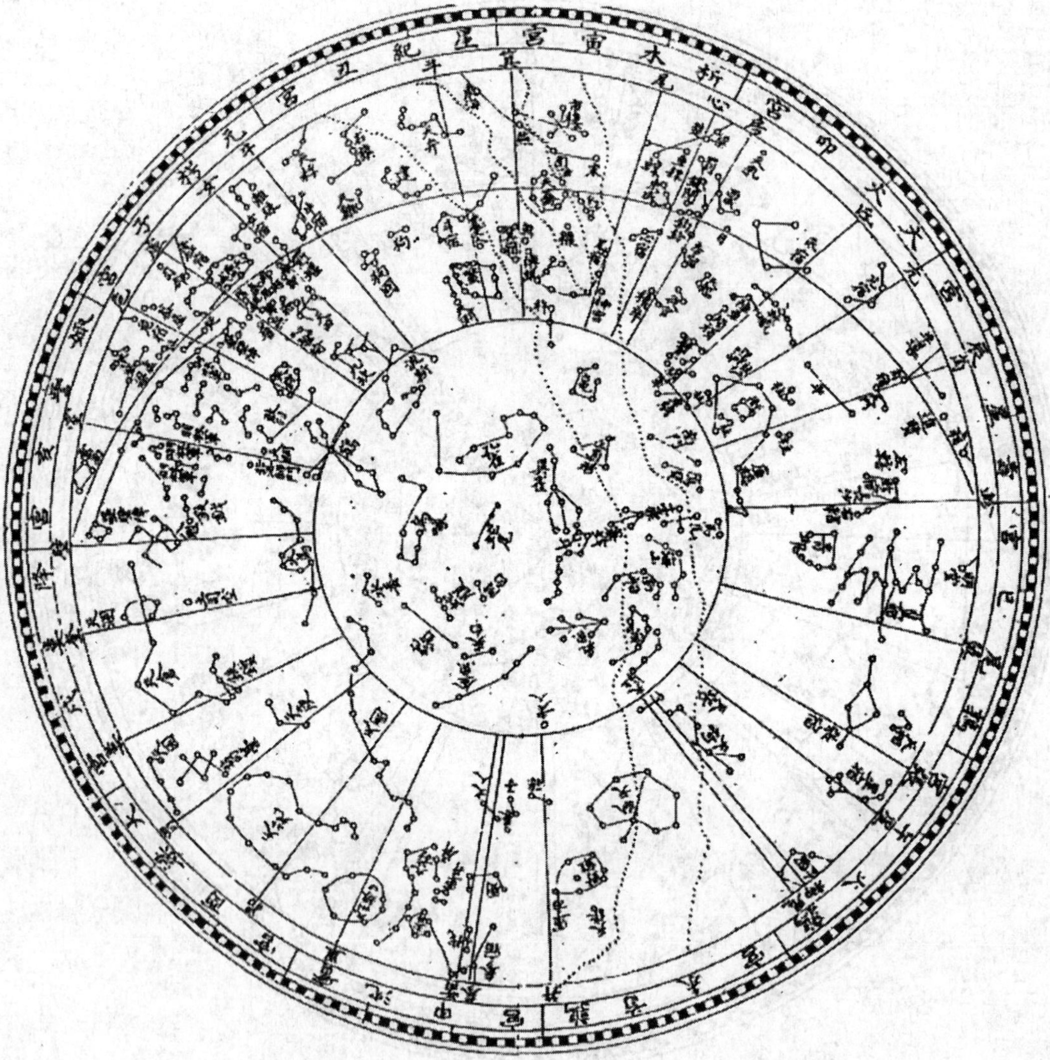

清·戴進賢《儀象考成》卷二《恒星黃赤經緯度表一》 恒星布列周天，古有去極入宿度數，入宿即經度也，去極即緯度也。然黃道度與赤道度不同，歲差亦異，蓋黃道以黃極爲樞，赤道以赤極爲樞。兩道兩極各相距二十三度半，故星在兩極之間者，黃道屬未宮，赤道則屬丑宮；星在兩道之間者，黃道屬緯南，赤道則屬緯北。此黃赤不同之極致也。恒星循黃道東行，每年五十一秒。緯度終古不改，而經度之差有常。赤道與黃道斜交分至前後，南北遠近其差不等。兩極之間在黃道爲差而東，在赤道爲差而西。兩交之際，黃道南者差而入赤道北，黃道北者差而出赤道南。此歲差不同之極致也。今以乾隆九年甲子恒星黃赤經緯度，依黃道次序列恒星黃道經緯度表，而以赤道經緯附之，依赤道次序列恒星赤道經緯度表，而以黃道經緯附之，各將赤道歲差列於其下，黃道以便推算，赤道以便測量。曆象之用，於斯備矣。

黃道星紀宮赤道度附

黃道星紀宮恒星		黃道				赤道				赤道歲差				星等
		宮	度	分	秒	宮	度	分	秒		分	秒	微	
斗宿北增二	經	丑	○	○○	○五	丑	○	○○	○九	加		五四	二五	六
	緯	北	二	四二	二八	南	二○	四六	三二	減			九	
箕宿四	經	丑	○	○五	四八	丑	○	○七	○三	加	一	○一	五八	三
	緯	南	一三	一七	四五	南	三六	四六	四五	減			一三	
中山北增四	經	丑	○	四七	五八	丑	○	三二	二一	加		三四	二三	四
	緯	北	五四	五○	三○	北	三一	二一	三五	加			一八	
箕宿二	經	丑	○	五九	一二	丑	一	○七	五二	加		五八	二七	三
	緯	南	六	二五	二一	南	二九	五四	○七	減			三五	
孔雀三	經	丑	一	○三	四四	丑	一	四六	五九	加	一	二五	三五	五
	緯	南	三八	五四	一四	南	六二	二二	五○	減			五三	
箕宿三	經	丑	一	三○	三三	丑	一	四七	四九	加	一	○○	四三	三
	緯	南	一○	五九	五四	南	三四	二八	二○	減			四九	
鼈一	經	丑	一	三二	二三	丑	二	○二	五七	加	一	○七	五一	四
	緯	南	二二	三六	二三	南	四六	○四	四四	減			五六	
孔雀八	經	丑	一	三六	二一	丑	三	二三	三四	加	一	四七	三二	四
	緯	南	四八	○六	○三	南	七一	三三	五四	減		一	三○	
宗人東增四	經	丑	二	一四	四九	丑	二	○○	三五	加		四五	三七	六
	緯	北	二六	四四	三六	北	三	一六	三三	加			五○	

（續表）

黃道星紀宮恒星		黃道宮	黃道度	黃道分	黃道秒	赤道宮	赤道度	赤道分	赤道秒	赤道歲差	赤道歲差分	赤道歲差秒	赤道歲差微	星等
東海	經	丑	二	一六	〇三	丑	二	〇七	三五	加		四七	四八	三
	緯	北	二〇	三一	五六	南	二	五六	〇四	減			五四	
斗宿北增三	經	丑	二	二三	五五	丑	二	三三	三八	加		五四	二四	六
	緯	北	二	四八	三九	南	二〇	三九	〇四	減		一	〇四	
屠肆北增二	經	丑	二	三二	二五	丑	一	五二	一八	加		三七	三五	五
	緯	北	四七	四九	三〇	北	二四	二一	二九	加			四七	
斗宿二	經	丑	二	四四	五五	丑	三	〇二	三九	加		五六	二七	四
	緯	南	二	〇四	〇一	南	二五	三一	一六	減		一	一五	
鼈十一	經	丑	二	五三	五六	丑	三	四二	五五	加	一	〇五	一八	六
	緯	南	一八	五九	五〇	南	四二	二六	三六	減		一	三一	
孔雀内增一	經	丑	二	五六	二一	丑	五	一二	四九	加	一	三〇	一一	五
	緯	南	四一	三七	〇九	南	六五	〇二	五七	減		二	〇七	
鼈十	經	丑	三	〇五	一二	丑	三	四九	一六	加	一	〇三	〇五	六
	緯	南	一五	二三	一五	南	三八	四九	四八	減		一	三三	
屠肆内增三	經	丑	三	〇七	三六	丑	二	二二	〇四	加		三八	三八	六
	緯	北	四五	二〇	〇六	北	二一	五二	三八	加			五八	
東海北增二	經	丑	三	五一	五一	丑	三	三二	三二	加		四六	四九	六
	緯	北	二三	三九	五三	北	〇	〇三	四五	加		一	一三	
中山東增六	經	丑	三	五三	三六	丑	二	四三	一二	加		三五	三七	六
	緯	北	五二	一三	二〇	北	二八	四六	三三	加		一	〇三	
中山東增五	經	丑	三	五七	五四	丑	二	四四	〇二	加		三五	一〇	六
	緯	北	五三	一三	一〇	北	二九	四六	二五	加		一	〇五	

（續表）

黃道星紀宮恒星		黃道宮	黃道度	黃道分	黃道秒	赤道宮	赤道度	赤道分	赤道秒	赤道歲差 加減	赤道歲差 分	赤道歲差 秒	赤道歲差 微	星等
孔雀五	經	丑	四	○七	三四	丑	七	四五	○五	加	一	三五	一一	五
	緯	南	四四	○六	一三	南	六七	二八	三三	減		三	○一	
孔雀四	經	丑	四	○九	三二	丑	六	五九	二七	加	一	二五	二○	四
	緯	南	三九	○三	二三	南	六二	二六	一九	減		二	四三	
屠肆一	經	丑	四	一二	四九	丑	三	一一	五九	加		三八	四二	四
	緯	北	四五	○六	五五	北	二一	四○	四四	加		一	一四	
織女西增四	經	丑	四	二○	三九	丑	二	四三	四七	加		三二	○三	五
	緯	北	五九	二四	四二	北	三五	五八	一一	加		一	○三	
東海東增四	經	丑	四	二三	三八	丑	四	○五	四六	加		四七	三二	六
	緯	北	二一	一七	二四	南	二	○七	五○	減		一	三五	
東海東增三	經	丑	五	○四	一四	丑	四	四一	三六	加		四七	一一	六
	緯	北	二二	一四	三一	南	一	○九	三一	減		一	四七	
孔雀北增三	經	丑	五	二五	一三	丑	八	四七	二六	加	一	二二	二	六
	緯	南	三七	一○	四六	南	六○	二九	五○	減		三	二○	
天弁一	經	丑	五	二五	五七	丑	五	一八	一六	加		四九	四五	四
	緯	北	一四	五九	○七	南	八	二三	五二	減		二	○一	
農丈人	經	丑	五	三一	三四	丑	六	三九	三四	加	一	○一	二○	六
	緯	南	一二	二八	一八	南	三五	四九	三七	減		二	三二	
鼈二	經	丑	五	四五	四七	丑	七	二九	五三	加	一	○六	○八	六
	緯	南	二○	三四	四○	南	四三	五四	四○	減		二	五一	
斗宿北增四	經	丑	六	○一	○○	丑	六	三五	二四	加		五五	四五	六
	緯	南	○	四一	二○	南	二四	○二	○四	減		二	二九	

（續表）

黃道星紀宮恒星		黃道 宮	黃道 度	黃道 分	黃道 秒	赤道 宮	赤道 度	赤道 分	赤道 秒	赤道歲差	赤道歲差 分	赤道歲差 秒	赤道歲差 微	星等
織女西增三	經	丑	六	一四	一九	丑	三	四一	一四	加		三〇	〇七	六
	緯	北	六二	四六	四〇	北	三九	三二	二八	加		一	一四	
斗宿一	經	丑	六	三五	四二	丑	七	二四	一三	加		五七	〇七	五
	緯	南	三	五四	三五	南	二七	一三	二五	減		二	四七	
天弁二	經	丑	七	一一	一四	丑	七	〇三	五一	加		五〇	〇三	五
	緯	北	一四	〇二	三〇	南	九	一五	五五	減		二	三九	
天弁三	經	丑	七	三三	三三	丑	七	一三	二〇	加		四九	四七	五
	緯	北	一四	四六	五七	南	八	三〇	二五	減		二	四六	
鼈九	經	丑	七	五五	四八	丑	九	四二	四五	加	一	〇二	一〇	六
	緯	南	一四	二四	一六	南	三七	三七	一三	減		三	三六	
建西增一	經	丑	八	〇四	五六	丑	八	三七	四二	加		五四	一九	六
	緯	北	二	三九	一二	南	二〇	三五	一六	減		三	一二	
建西增五	經	丑	八	一一	二四	丑	八	五一	五一	加		五五	〇二	六
	緯	北	〇	四八	三四	南	二三	二五	一九	減		三	一八	
鼈八	經	丑	八	三三	四八	丑	一〇	一五	五二	加	一	〇二	〇一	六
	緯	南	一四	一三	〇八	南	三七	二四	一一	減		三	四九	
建西增四	經	丑	八	三〇	五五	丑	九	一二	〇一	加		五四	五八	六
	緯	北	一	〇一	三〇	南	二三	一一	一一	減		三	二五	
鼈三	經	丑	八	四一	五九	丑	一一	〇九	〇五	加	一	〇四	五七	六
	緯	南	一九	一六	一二	南	四二	二四	五九	減		四	〇七	
徐西增一	經	丑	八	四八	〇〇	丑	七	五八	一二	加		四六	〇八	五
	緯	北	二五	〇三	二六	北	一	四九	〇三	加		二	五七	

黄道星紀宫恒星	黄道經宫	黄道經度	黄道經分	黄道經秒	黄道緯宫	黄道緯度	黄道緯分	黄道緯秒	赤道經宫	赤道經度	赤道經分	赤道經秒	赤道緯宫	赤道緯度	赤道緯分	赤道緯秒	赤道歲差經	赤道歲差經分	赤道歲差經秒	赤道歲差經微	赤道歲差緯	赤道歲差緯分	赤道歲差緯秒	赤道歲差緯微	星等
斗宿四	丑	八	四八	一二	南	三	二三	三二	丑	九	五○	○八	南	二六	三四	三○	加		五六	四六	減		三	三九	三
天弁四	丑	八	四九	四○	北	一八	一三	二七	丑	八	二四	五○	南	五	○○	○四	加		四八	三二	減		三	○六	四
建西增六	丑	八	五四	○四	北	○	○九	一二	丑	九	四○	四五	南	二三	○一	五一	加		五五	一六	減		三	三五	五
天弁北增一	丑	八	五九	○五	北	二二	○○	二九	丑	八	一九	三八	南	一	一二	五六	加		四七	二	減		三	○五	六
建西增三	丑	九	○○	○九	北	一	三二	○三	丑	九	四一	一九	南	二一	三八	四七	加		五四	四一	減		三	三四	六
建西增七	丑	九	○七	一四	北	○	一二	三三	丑	九	五四	四六	南	二三	五七	三七	加		五五	一四	減		三	三九	五
建北增二	丑	九	五一	○九	北	二	○九	二五	丑	一○	三三	○四	南	二○	五七	五七	加		五四	二五	減		三	五四	六
建一	丑	九	五三	五二	北	一	四二	一二	丑	一○	三八	○七	南	二一	二四	五三	加		五四	三五	減		三	五五	五
鼈四	丑	九	五五	四一	南	一七	四八	○八	丑	一二	三二	○五	南	四○	五一	一三	加	一	○三	五二	減		四	三六	六
鼈七	丑	九	五七	○九	南	一四	二○	○八	丑	一二	一○	○五	南	三七	二三	五五	加	一	○一	五五	減		四	二八	五
孔雀九	丑	九	五七	一七	南	五○	四九	○七	丑	二二	三八	二七	南	七三	三一	○六	加	一	四九	二九	減		八	○七	四

（續表）

黄道星紀宫恒星		黄道宫	黄道度	黄道分	黄道秒	赤道宫	赤道度	赤道分	赤道秒	赤道歲差	分	秒	微	星等
天弁北增二	經	丑	九	五九	〇七	丑	九	二五	〇六	加		四八	〇〇	六
	緯	北	一九	三七	一六	南	三	三三	〇八	減		三	二七	
斗宿六	經	丑	一〇	〇二	二三	丑	一一	三二	四八	加		五八	二二	三
	緯	南	七	〇七	五五	南	三〇	一二	四七	減		四	一四	
天弁北增三	經	丑	一〇	〇二	二四	丑	九	二八	二七	加		四八	〇一	六
	緯	北	一九	三三	三三	南	三	三五	四九	減		三	二九	
鼈五	經	丑	一〇	二四	二六	丑	一二	五九	五七	加	一	〇三	一〇	五
	緯	南	一六	四二	一三	南	三九	四三	〇三	減		四	四六	
鼈六	經	丑	一〇	一八	二四	丑	一二	五四	三一	加	一	〇二	二二	五
	緯	南	一五	一五	五七	南	三八	一六	四九	減		四	四四	
宗一	經	丑	一一	一二	三七	丑	八	三九	一四	加		三九	二〇	五
	緯	北	四三	二七	五四	北	二〇	一九	〇七	加		三	一〇	
斗宿五	經	丑	一一	一五	一〇	丑	一二	四三	〇九	加		五七	一七	四
	緯	南	五	〇一	一二	南	二八	〇〇	二五	減		四	三八	
天弁五	經	丑	一一	一五	三五	丑	一〇	四九	五〇	加		四八	五五	四
	緯	北	一六	五四	一一	南	六	〇九	二六	減		三	五七	
宗二	經	丑	一一	一五	四八	丑	八	五四	一七	加		四〇	一七	四
	緯	北	四一	〇三	二三	北	一七	五五	一六	加		三	一六	
建二	經	丑	一一	二五	四六	丑	一二	二〇	四七	加		五四	四九	五
	緯	北	一〇	五四	三八	南	二二	〇五	〇〇	減		四	三〇	
織女一	經	丑	一一	四二	一八	丑	七	〇三	〇七	加		三〇	四一	一
	緯	北	六一	四五	三一	北	三八	三三	四三	加		二	三五	

（續表）

黃道星紀宮恒星	黃道經宮	黃道經度	黃道經分	黃道經秒	黃道緯宮	黃道緯度	黃道緯分	黃道緯秒	赤道經宮	赤道經度	赤道經分	赤道經秒	赤道緯宮	赤道緯度	赤道緯分	赤道緯秒	赤道歲差經加減	赤道歲差經分	赤道歲差經秒	赤道歲差經微	赤道歲差緯加減	赤道歲差緯分	赤道歲差緯秒	赤道歲差緯微	星等
天淵二	丑	一二	○八	四四	南	二三	○五	四八	丑	一五	五八	三七	南	四四	五四	二七	加	一	○六	○八	減		五	四七	四
徐	丑	一二	一一	一五	北	二六	五四	四一	丑	一○	五二	三三	北	三	五三	一六	加		四五	二五	加		三	五八	三
天淵一	丑	一二	一一	二六	南	二三	二六	五○	丑	一六	○五	三九	南	四五	一五	○二	加	一	○六	二三	減		五	四九	四
徐北增二	丑	一二	一六	二八	北	二九	一九	二七	丑	一○	四四	五○	北	六	一七	五五	加		四四	三四	加		三	五四	六
徐南增四	丑	一二	一六	四八	北	二五	一三	四五	丑	一一	○六	○五	北	二	一三	○七	加		四六	○○	加		四	○三	六
天弁六	丑	一二	二九	四二	北	一六	五三	三三	丑	一二	○○	五八	南	六	○四	一三	加		四八	五三	減		四	二二	四
建三	丑	一二	四一	四四	北	一	二八	五九	丑	一三	三八	五五	南	二一	二三	五九	加		五四	二九	減		四	五七	四
天淵三	丑	一二	五八	四六	南	一八	一九	五一	丑	一六	二五	四四	南	四一	○四	三一	加	一	○三	四○	減		五	五四	四
天弁九	丑	一三	○二	二五	北	一八	五二	四○	丑	一二	二一	三○	南	四	○二	四九	加		四八	一○	減		四	三○	六
狗西增六	丑	一三	二八	○六	南	二	五二	五五	丑	一四	五七	二三	南	二五	四○	○三	加		五六	一○	減		五	二四	五
齊	丑	一三	二八	四四	北	四四	○八	○八	丑	一○	一九	五五	北	二一	○八	○七	加		三九	○二	加		三	四六	四

（續 表）

黄道星紀宮恒星		黄道宮	黄道度	黄道分	黄道秒	赤道宮	赤道度	赤道分	赤道秒	赤道歲差	赤道歲差分	赤道歲差秒	赤道歲差微	星等
天弁八	經	丑	一三	三一	五九	丑	一二	五一	三八	加		四八	一七	六
	緯	北	一八	二九	二六	南	四	二三	二三	減		四	四〇	
天弁七	經	丑	一三	四七	一五	丑	一三	一〇	五二	加		四八	三二	三
	緯	北	一七	三九	三六	南	五	一一	三七	減		四	四六	
孔雀六	經	丑	一三	五六	三八	丑	二五	四七	一四	加	一	二八	五三	三
	緯	南	四四	二九	〇八	南	六六	四三	二二	減		九	〇五	
吴越西增二	經	丑	一四	五	二九	丑	一一	四五	一八	加		四一	五八	六
	緯	北	三六	二八	五一	北	一三	三四	四二	加		四	一六	
吴越西增三	經	丑	一四	一八	五五	丑	一一	四九	五四	加		四二	〇四	六
	緯	北	三六	一一	四五	北	一三	一七	五九	加		四	一七	
蛇尾四	經	丑	一四	二五	〇〇	子	九	五五	二三	加	一	五五	一九	五
	緯	南	五六	〇〇	〇〇	南	七七	二八	二四	減		一三	一七	
齊北增一	經	丑	一四	三〇	一七	丑	一〇	五九	〇九	加		三八	三四	五
	緯	北	四五	一六	二〇	北	二二	二〇	二九	加		三	五九	
織女三	經	丑	一四	三一	五五	丑	八	五八	二六	加		三一	二七	五
	緯	北	六〇	二三	一三	北	三七	二一	二三	加		三	一六	
織女南增一	經	丑	一四	三二	二九	丑	八	五八	五七	加		三一	二六	五
	緯	北	六〇	二二	一六	北	三七	二〇	二七	加		三	一七	
吴越西增一	經	丑	一四	四一	五八	丑	一一	五九	四七	加		四一	三二	三
	緯	北	三七	三六	四三	北	一四	四四	二三	加		四	二一	
建四	經	丑	一四	四七	二二	丑	一五	四〇	二四	加		五三	三八	六
	緯	北	三	一七	五九	南	一九	二二	五二	減		五	三八	

（續表）

黄道星紀宮恒星		黄道宮	黄道度	黄道分	黄道秒	赤道宮	赤道度	赤道分	赤道秒	赤道歲差	赤道歲差分	赤道歲差秒	赤道歲差微	星等
天弁東增四	經	丑	一五	○一	三七	丑	一四	四二	二○	加		四九	三七	五
	緯	北	一四	二二	一七	南	八	二○	四八	減		五	一九	
織女内增二	經	丑	一五	○二	一七	丑	八	五七	○五	加		三○	一八	六
	緯	北	六二	二二	三一	北	三九	二一	三四	加		三	一四	
織女二	經	丑	一五	○二	四二	丑	八	五六	四三	加		三○	一七	五
	緯	北	六二	二六	○五	北	三九	二五	○七	加		三	一五	
漸臺南增五	經	丑	一五	○二	五八	丑	一○	○五	○九	加		三四	○九	六
	緯	北	五五	一三	五八	北	三二	一六	三四	加		三	三九	
漸臺南增六	經	丑	一五	○四	四二	丑	一○	○四	○○	加		三四	○一	六
	緯	北	五五	二九	四八	北	三二	三二	二四	加		三	三九	
漸臺二	經	丑	一五	二○	三○	丑	一○	○九	四六	加		三三	四四	三
	緯	北	五六	○一	四八	北	三三	○五	一五	加		三	四一	
波斯一	經	丑	一五	三七	○○	丑	二三	○七	四二	加	一	一二	五六	五
	緯	南	三二	二五	○○	南	五四	三九	○三	減		八	一○	
狗二	經	丑	一五	四五	一九	丑	一七	二四	四八	加		五五	四五	五
	緯	南	二	二六	一七	南	二四	五八	二○	減		六	一五	
狗北增五	經	丑	一五	四七	四三	丑	一七	二六	四三	加		五五	四四	六
	緯	南	二	二一	○五	南	二四	五二	五三	減		六	一五	
建南增八	經	丑	一五	五一	一七	丑	六	四三	五一	加		五三	二一	六
	緯	北	三	四八	四三	南	一八	四五	一三	減		六	○○	
狗北增四	經	丑	一五	五二	四六	丑	一七	二八	四五	加		五五	三三	六
	緯	南	一	五四	三六	南	二四	二六	○○	減		六	一六	

（續表）

黃道星紀宮恒星		黃道宮	黃道度	黃道分	黃道秒	赤道宮	赤道度	赤道分	赤道秒	赤道歲差	赤道歲差分	赤道歲差秒	赤道歲差微	星等
建五	經	丑	一五	五三	二〇	丑	一六	四二	四三	加		五三	一一	五
	緯	北	四	一五	四三	南	一八	一八	〇九	減		五	五九	
徐東增三	經	丑	一五	五九	四六	丑	一四	〇六	〇一	加		四四	四七	六
	緯	北	二八	三三	四八	北	五	四一	四〇	加		五	〇四	
建六	經	丑	一六	〇六	四九	丑	一六	四三	〇四	加		五二	二八	五
	緯	北	六	〇八	四二	南	一六	二四	二三	減		六	〇〇	
吳越南增四	經	丑	一六	一二	四八	丑	一三	四三	一七	加		四三	〇二	六
	緯	北	三三	二四	三二	北	一〇	四一	四六	加		四	五六	
吳越	經	丑	一六	一三	三四	丑	一三	二四	一三	加		四二	〇一	三
	緯	北	三六	一三	四八	北	一三	三〇	〇〇	加		四	四九	
蛇尾三	經	丑	一六	一五	〇〇	子	一九	三二	一三	加	一	五一	二五	五
	緯	南	五八	一〇	〇〇	南	七八	四八	五〇	減		一五	四〇	
狗北增三	經	丑	一六	二四	〇四	丑	一七	四五	五五	加		五四	四〇	六
	緯	北	〇	一二	二〇	南	二三	一六	一三	減		六	二二	
右旗西增二	經	丑	一六	四三	三四	丑	一五	一一	三四	加		四八	〇六	五
	緯	北	二四	二八	四五	北	一	五二	三一	加		五	二七	
天弁東增五	經	丑	一七	二一	五一	丑	一六	四二	三三	加		四八	四五	六
	緯	北	一六	三六	〇九	南	五	五二	三九	減		五	五九	
漸臺西增一	經	丑	一七	四八	五一	丑	一一	一〇	四〇	加		三一	五七	四
	緯	北	五九	二六	三九	北	三六	三九	〇五	加		四	〇二	
右旗西增一	經	丑	一七	五三	三〇	丑	一五	五六	五六	加		四五	一五	六
	緯	北	二六	五四	一一	北	四	二四	二五	加		五	四二	

（續表）

黃道星紀宮恒星		黃道				赤道				赤道歲差				星等
		宮	度	分	秒	宮	度	分	秒		分	秒	微	
右旗西增三	經	丑	一八	○五	○五	丑	一六	五○	三一	加		四七	一三	六
	緯	北	二一	○四	四四	南	一	二一	○五	減		六	○一	
漸臺一	經	丑	一八	○六	三九	丑	一一	二二	四五	加		三一	五八	四
	緯	北	五九	二一	五四	北	三六	三五	四七	加		四	○六	
狗北增一	經	丑	一八	○九	一二	丑	二○	○七	一五	加		五五	四四	六
	緯	南	三	○一	五三	南	二五	一五	一二	減		七	○九	
狗一	經	丑	一八	一六	一五	丑	二○	一六	三九	加		五五	四八	六
	緯	南	三	一三	○一	南	二五	二五	一五	減		七	一一	
漸臺三	經	丑	一八	二二	○○	丑	一二	二○	一一	加		三四	一一	三
	緯	北	五五	○三	二八	北	三二	二一	三五	加		四	二六	
漸臺南增四	經	丑	一八	三五	三六	丑	一二	三五	三二	加		三四	二八	六
	緯	北	五四	二八	一五	北	三一	四七	五五	加		四	三三	
扶筐二	經	丑	一八	四六	四四	丑	五	○三	二七	加		一三	二三	五
	緯	北	八一	四八	四○	北	五八	三九	三三	加		一	五○	
孔雀七	經	丑	一八	五五	四八	子	五	二三	一四	加	一	一五	二一	三
	緯	南	四五	五二	三四	南	六七	○二	四一	減		二二	○○	
狗東增二	經	丑	一九	一三	○四	丑	二一	○六	一六	加		五五	一○	六
	緯	南	一	五四	○四	南	二三	五九	○六	減		七	二九	
吳越東增五	經	丑	一九	二七	一八	丑	一六	二六	一八	加		四二	五五	六
	緯	北	三三	三一	五三	北	一一	○九	一三	加		五	五二	
右旗西增九	經	丑	一九	三八	二七	丑	一八	四二	○三	加		四八	一○	六
	緯	北	一七	五七	三八	南	四	一五	一七	減		六	四○	

（續表）

黃道星紀宮恒星		黃道				赤道				赤道歲差				星等
		宫	度	分	秒	宫	度	分	秒		分	秒	微	
右旗四	經	丑	一九	五一	四〇	丑	一八	二二	〇六	加		四六	四八	五
	緯	北	二二	〇四	一七	南	〇	〇九	一二	減		六	三三	
蛇尾二	經	丑	一九	五五	〇〇	亥	三	一一	三七	加	一	三一	五九	五
	緯	南	六〇	〇〇	〇〇	南	七八	五九	五五	減		一八	一六	
右旗三	經	丑	二〇	〇三	二一	丑	一八	〇八	〇八	加		四五	五二	三
	緯	北	二四	五〇	五四	北	二	三七	一二	加		六	二七	
吳越東增六	經	丑	二〇	〇八	三三	丑	一六	五五	〇五	加		四二	三九	六
	緯	北	三四	一三	二七	北	二一	五五	〇六	加		六	〇二	
右旗西增八	經	丑	二〇	一二	二一	丑	一九	一〇	三七	加		四八	〇一	六
	緯	北	一八	二二	四六	南	三	四六	〇〇	減		六	四九	
孔雀十一	經	丑	二〇	一四	一三	子	一	一七	三九	加	一	二三	四六	二
	緯	南	三六	一一	一八	南	五七	二九	二三	減		一〇	四四	
右旗南增十	經	丑	二〇	一四	二四	丑	二〇	一四	五七	加		五〇	一八	六
	緯	北	一〇	五八	二一	南	一一	〇五	四九	減		七	一一	
右旗西增七	經	丑	二〇	二四	五五	丑	一九	一九	一一	加		四七	五三	六
	緯	北	一八	四六	一〇	南	三	二一	一〇	減		六	五二	
天雞西增一	經	丑	二〇	三八	五六	丑	二一	三一	五一	加		五二	二九	六
	緯	北	五	〇五	五四	南	一六	五一	〇八	減		七	三六	
齊東增二	經	丑	二〇	四五	〇八	丑	一六	〇三	三〇	加		三九	二〇	六
	緯	北	四三	〇七	四五	北	二〇	四七	五三	加		五	四三	
右旗内增四	經	丑	二〇	四八	三五	丑	一九	〇〇	三七	加		四六	一七	六
	緯	北	二三	三四	〇〇	北	一	二六	五五	加		六	四五	

（續表）

黃道星紀宮恒星		黃道宮	黃道度	黃道分	黃道秒	赤道宮	赤道度	赤道分	赤道秒	赤道歲差	赤道歲差分	赤道歲差秒	赤道歲差微	星等
齊東增三	經	丑	二一	〇五	二四	丑	一六	一七	五六	加		三九	一八	五
	緯	北	四三	一五	一〇	北	二〇	五七	二七	加		五	四九	
天雞一	經	丑	二一	〇五	二九	丑	二一	五八	一九	加		五二	二三	五
	緯	北	五	一一	二六	南	一六	四一	四三	減		七	四四	
右旗八	經	丑	二一	一六	四七	丑	二〇	四六	一七	加		四九	一六	三
	緯	北	二四	二三	〇三	南	七	三四	三一	減		七	二一	
漸臺南增三	經	丑	二一	二〇	一八	丑	一四	二五	五二	加		三四	三五	六
	緯	北	五四	三三	〇二	北	三二	〇七	五九	減		五	〇九	
天雞二	經	丑	二一	二一	四一	丑	二三	五一	一二	加		五三	四一	六
	緯	北	一	二七	〇三	南	二〇	二一	〇四	減		八	〇二	
吳越東增七	經	丑	二一	三三	〇四	丑	一八	一二	〇五	加		四二	五二	六
	緯	北	三三	三二	〇五	北	一一	二四	二〇	加		六	二八	
輦道一	經	丑	二一	三九	四六	丑	一一	五二	〇三	加		二七	四九	六
	緯	北	六六	一三	〇六	北	四三	三七	三六	加		四	一六	
右旗七	經	丑	二一	五四	四六	丑	一一	〇二	〇四	加		四八	一八	六
	緯	北	一六	四二	〇〇	南	五	一一	四一	減		七	二六	
漸臺北增三	經	丑	二一	五五	四六	丑	一三	三六	四九	加		三一	三五	六
	緯	北	六〇	〇二	二一	北	三七	三五	二四	加		四	五二	
右旗六	經	丑	二一	五五	四八	丑	一〇	四七	三五	加		四七	五四	六
	緯	北	一八	二五	二一	南	三	二九	二〇	減		七	二〇	
狗國一	經	丑	二二	一四	四六	丑	一五	〇〇	五〇	加		五六	〇五	五
	緯	南	五	二三	五五	南	二六	五七	〇二	減		八	四四	

（續表）

黄道星紀宮恒星		黄道宮	黄道度	黄道分	黄道秒	赤道宮	赤道度	赤道分	赤道秒	赤道歲差	赤道歲差分	赤道歲差秒	赤道歲差微	星等
右旗五	經	丑	二三	一五	四七	丑	二〇	五一	三五	加		四七	二一	三
	緯	北	二〇	〇二	五九	南	一	四九	五八	減		七	二一	
狗國四	經	丑	二三	二〇	一五	丑	二五	一七	一〇	加		五六	二四	五
	緯	南	六	一六	三四	南	二七	四八	五八	減		八	五〇	
左旗西增三	經	丑	二三	三〇	四五	丑	一八	一二	〇二	加		四一	〇四	六
	緯	北	三八	三一	二五	北	一六	二七	一七	加		六	二八	
齊東增四	經	丑	二三	三二	一〇	丑	一七	〇八	三四	加		三八	〇九	六
	緯	北	四四	四九	二六	北	二三	四〇	三三	加		六	〇一	
右旗東增六	經	丑	二三	三七	二一	丑	二一	一四	〇九	加		四七	二六	六
	緯	北	一九	四六	二九	南	二	〇三	一三	減		七	三〇	
左旗西增二	經	丑	二三	三八	二七	丑	一八	一八	一六	加		四一	〇二	六
	緯	北	三八	三一	一八	北	一六	二八	〇七	加		六	三〇	
漸臺四	經	丑	二三	三九	〇八	丑	一四	三一	五六	加		三二	三八	五
	緯	北	五八	〇三	五四	北	三五	四三	一六	加		五	一一	
天雞東增二	經	丑	二三	五一	〇二	丑	二四	二〇	二七	加		五三	二一	六
	緯	北	一	五四	〇三	南	一九	四〇	〇八	減		八	三一	
狗國二	經	丑	二三	五八	一六	丑	二五	四九	〇二	加		五五	五八	五
	緯	南	五	二四	四四	南	二六	五一	二四	減		九	〇一	
扶筐二	經	丑	二三	〇九	五六	丑	七	二一	三三	加		一五	五四	五
	緯	北	七九	四四	四四	北	五六	五一	二五	加		二	三八	
右旗一	經	丑	二三	一二	五八	丑	二〇	二二	四五	加		四四	二九	四
	緯	北	二八	四二	三〇	北	六	五一	二〇	加		七	一二	

（續表）

黃道星紀宮恒星		黃道宮	黃道度	黃道分	黃道秒	赤道宮	赤道度	赤道分	赤道秒	赤道歲差	赤道歲差分	赤道歲差秒	赤道歲差微	星等
孔雀東增四	經	丑	二三	一五	〇〇	子	七	二一	二三	加	一	一四	〇七	四
	緯	南	三九	一五	〇〇	南	五九	四四	五六	減		一二	三一	
右旗東增五	經	丑	二三	二六	二〇	丑	二一	五二	三九	加		四七	〇八	六
	緯	北	二〇	三一	〇四	南	一	一二	〇〇	減		七	四三	
狗國三	經	丑	二三	二八	三〇	丑	二六	四二	一五	加		五六	三一	五
	緯	南	七	〇三	四八	南	二八	二三	三四	減		九	一八	
左旗西增四	經	丑	二三	三二	四三	丑	一八	三二	五四	加		四〇	〇一	六
	緯	北	四一	一六	二七	北	一九	一七	五一	加		六	三五	
左旗西增五	經	丑	二三	五二	一二	丑	一八	四五	一三	加		三九	五五	六
	緯	北	四一	三二	四三	北	一九	三六	二三	加		六	三八	
右旗南增十一	經	丑	二四	〇三	二六	丑	二四	一〇	〇五	加		五〇	二九	五
	緯	北	一〇	〇五	二〇	南	一一	二三	四三	減		八	二八	
右旗二	經	丑	二四	一三	五六	丑	二一	三七	四二	加		四五	一〇	五
	緯	北	二六	三〇	四四	北	四	五〇	〇〇	減		七	三七	
波斯九	經	丑	二四	二五	〇〇	子	五	五七	四七	加	一	〇九	一七	六
	緯	南	三三	四〇	〇〇	南	五四	〇八	一六	加		一二	〇五	
齊東增八	經	丑	二四	三二	三六	丑	一八	〇三	五九	加		三七	二五	六
	緯	北	四七	四六	三五	北	二五	四九	二五	加		六	二四	
天雞東增三	經	丑	二四	五二	四九	丑	二五	五一	四五	加		五二	〇一	六
	緯	北	五	〇八	二三	南	一六	〇八	〇二	減		九	〇一	
左旗西增六	經	丑	二四	五二	五九	丑	一九	三二	二八	加		三九	五四	五
	緯	北	四一	三四	二八	北	一九	四六	〇三	加		六	五四	

（續表）

黃道星紀宮恒星		黃道 宮	黃道 度	黃道 分	黃道 秒	赤道 宮	赤道 度	赤道 分	赤道 秒		赤道歲差 分	赤道歲差 秒	赤道歲差 微	星等
孔雀十	經	丑	二四	五六	○一	子	一六	○七	四二	加	一	一八	三三	三
	緯	南	四六	五六	二一	南	六六	二八	○二	減		一四	四九	
波斯十	經	丑	二四	五七	○○	子	六	四三	四五	加	一	○九	○一	六
	緯	南	三三	四五	○○	南	五四	○五	三一	減		一二	一九	
齊東增七	經	丑	二九	○一	四五	丑	一八	四二	○二	加		三七	五八	六
	緯	北	四六	二五	四○	北	二四	三三	三一	加		六	三九	
波斯二	經	丑	二五	一七	○○	子	四	三八	二五	加	一	○五	二五	三
	緯	南	二七	五五	○○	南	四八	二三	五七	減		一一	四二	
右旗九	經	丑	二五	一八	○二	丑	二五	○二	四九	加		四九	四四	五
	緯	北	一二	○五	一一	南	九	一三	一三	減		八	四四	
輦道二	經	丑	二五	一八	一一	丑	一五	二六	○○	加		三○	五九	六
	緯	北	六一	○○	一三	北	三八	五二	一七	加		五	三○	
右旗東增十二	經	丑	二五	二九	五四	丑	二五	一一	○四	加		四九	三六	六
	緯	北	一二	二四	一○	南	八	五二	三○	減		八	四六	
波斯八	經	丑	二五	三五	○○	子	八	四五	五六	加	一	一○	○四	五
	緯	南	三六	○○	○○	南	五六	○五	一○	減		一二	五三	
波斯十一	經	丑	二五	三七	○○	子	七	四一	五五	加	一	○八	四二	六
	緯	南	三三	五三	○○	南	五四	○三	三三	減		一二	三五	
齊東增五	經	丑	二五	五七	三四	丑	二九	三○	一○	加		三八	一一	四
	緯	南	四五	五四	二○	北	二四	一○	○三	加		六	五三	
輦道南增八	經	丑	二六	○三	四七	丑	一八	二八	一八	加		三六	○一	五
	緯	北	五○	五七	三○	北	二九	○八	一○	加		六	三二	

（續表）

黄道星紀宮恒星		黄道宮	黄道度	黄道分	黄道秒	赤道宮	赤道度	赤道分	赤道秒	赤道歲差	赤道歲差分	赤道歲差秒	赤道歲差微	星等
齊東增六	經	丑	二六	一〇	四九	丑	一九	三二	五〇	加		三七	五六	六
	緯	北	四六	二八	三七	北	二四	四五	二七	加		六	五四	
牛宿西增一	經	丑	二六	一二	六九	丑	二六	五四	三九	加		五一	二一	六
	緯	北	六	四四	三三	南	一四	一九	二〇	減		九	二〇	
左旗西增一	經	丑	二六	一四	四二	丑	二一	二四	三二	加		四一	二三	五
	緯	北	三七	二七	〇九	北	一五	五四	一一	加		七	三二	
左旗西增七	經	丑	二六	二〇	五〇	丑	二〇	五〇	〇九	加		四〇	〇八	六
	緯	北	四〇	四九	二六	北	一九	一三	五一	加		七	二〇	
扶筐一	經	丑	二六	二八	三六	丑	九	二六	四五	加		一七	四九	五
	緯	北	七七	四五	〇〇	北	五五	一七	一九	加		三	二四	
河鼓西增九	經	丑	二六	二九	一五	丑	二三	一七	二七	加		四四	二八	六
	緯	北	二八	二二	〇四	北	七	〇〇	一七	加		八	〇九	
輦道東增二	經	丑	二六	三一	一九	丑	一六	一五	三〇	加		三一	〇七	六
	緯	北	六〇	四二	五五	北	三八	四三	二三	加		五	四七	
輦道北增一	經	丑	二六	三一	二六	丑	一三	三三	二八	加		二五	五一	六
	緯	北	六八	五二	二三	北	四六	三八	一二	加		四	五〇	
河鼓北增二	經	丑	二六	三七	〇三	丑	二三	三二	五二	加		四二	五四	六
	緯	北	三三	〇二	〇八	北	一一	三六	五七	加		七	五五	
河鼓北增三	經	丑	二六	三七	三〇	丑	二三	三七	二〇	加		四三	〇二	六
	緯	北	三二	三九	二四	北	一一	一四	三九	加		七	五六	
天桴四	經	丑	二六	五一	五四	丑	二四	五一	一〇	加		四六	三九	三
	緯	北	一二	三三	二三	北	〇	二一	五四	加		八	四一	

（續表）

黄道星紀宮恒星		黄道 宮	黄道 度	黄道 分	黄道 秒	赤道 宮	赤道 度	赤道 分	赤道 秒	赤道歲差 加減	赤道歲差 分	赤道歲差 秒	赤道歲差 微	星等
輦道三	經	丑	二六	五九	一一	丑	一六	五二	〇二	加		三一	四四	六
	緯	北	五九	三六	二〇	北	三七	四一	四三	加		五	五九	
蛇尾一	經	丑	三七	〇五	五八	戌	二	二九	四七	加		四一	四八	三
	緯	南	六四	三一	二七	南	七八	四一	二二	減		二〇	一八	
牛宿西增二	經	丑	二七	一四	二七	丑	二七	四八	〇五	加		五一	〇〇	六
	緯	北	七	三一	四五	南	一三	一一	三三	減		九	三七	
天桴三	經	丑	二七	一七	二八	丑	二五	二三	三八	加		四六	五三	六
	緯	北	二〇	四三	四三	南	〇	二二	三七	減		八	五一	
河鼓三	經	丑	二七	二二	〇八	丑	二三	三〇	四七	加		四三	二九	三
	緯	北	三一	一六	五二	北	一〇	〇〇	三一	加		八	一四	
牛宿西增三	經	丑	二七	二三	〇一	丑	二七	四四	三一	加		五〇	三九	六
	緯	北	八	三四	四〇	南	一二	一八	一〇	減		九	三七	
左旗一	經	丑	二七	三〇	一六	丑	二二	〇九	一四	加		四〇	五一	五
	緯	北	三八	四九	五二	北	一七	二六	三六	加		七	四六	
河鼓北增一	經	丑	二七	三三	三三	丑	二三	〇九	一二	加		四二	三三	六
	緯	北	三四	〇〇	〇六	北	一二	四二	三九	加		八	〇七	
左旗二	經	丑	二七	三八	二三	丑	二三	二三	四五	加		四一	〇二	五
	緯	北	三八	一五	一七	北	一六	五三	五三	加		七	五二	
輦道南增七	經	丑	二七	四〇	三七	丑	二〇	〇四	四一	加		三六	五一	三
	緯	北	四九	〇〇	三一	北	二七	二六	二三	加		七	〇五	
河鼓二	經	丑	二八	〇八	二四	丑	二四	三三	五六	加		四四	〇五	一
	緯	北	二九	一九	一一	北	八	一二	二六	加		八	三四	

（續 表）

黃道星紀宮恒星		黃道宮	黃道度	黃道分	黃道秒	赤道宮	赤道度	赤道分	赤道秒	赤道歲差	赤道歲差分	赤道歲差秒	赤道歲差微	星等
牛宿西增九	經	丑	二八	一一	〇一	子	〇	四四	三〇	加		五三	五九	六
	緯	南	二	〇三	二三	南	二二	三四	三七	減		一〇	三二	
河鼓北增四	經	丑	二八	二二	二九	丑	二四	〇九	〇二	加		四三	〇六	六
	緯	北	三二	一九	四九	北	一一	一五	五三	加		八	三六	
牛宿西增四	經	丑	二八	二一	五八	丑	二八	五六	四〇	加		五〇	四五	六
	緯	北	七	二七	〇四	南	一三	一三	二二	減		九	五九	
河鼓東增五	經	丑	二八	三八	〇一	丑	二四	四〇	二九	加		四三	三五	六
	緯	北	三〇	五一	二〇	北	九	四七	四八	加		八	三六	
河鼓一	經	丑	二八	五一	四四	丑	二五	四〇	三八	加		四四	五四	三
	緯	北	二六	四四	二〇	北	五	四七	四八	加		八	五四	
牛宿三	經	丑	二八	五五	二八	丑	二九	三二	四五	加		五〇	五六	六
	緯	北	七	一三	一八	南	二三	二〇	二〇	減		一〇	〇九	
河鼓東增八	經	丑	二九	〇二	五六	丑	二五	二六	三五	加		四四	一四	五
	緯	北	二八	四六	一二	北	七	四九	一五	加		八	五二	
牛宿西增八	經	丑	二九	〇六	四四	子	一	〇九	二三	加		五三	〇一	氣
	緯	北	〇	二九	二九	南	一九	五三	三五	減		一〇	四〇	
天桴二	經	丑	二九	三五	一七	丑	二七	四七	二七	加		四七	一二	六
	緯	北	一九	一六	〇一	南	一	二四	〇八	減		九	三六	
輦道四	經	丑	二九	三六	二〇	丑	一九	一一	三四	加		三二	五五	六
	緯	北	五七	二〇	四四	北	三五	四九	一九	加		六	四六	
波斯三	經	丑	二九	三七	〇〇	子	一二	一六	四九	加	一	〇五	三五	六
	緯	南	三二	三〇	〇〇	南	五一	四三	〇二	減		一三	四九	

（續表）

黃道星紀宮恒星		黃道宮	度	分	秒	赤道宮	度	分	秒	赤道歲差	分	秒	微	星等
左旗三	經	丑	二九	四九	四〇	丑	二三	五九	一九	加		四〇	四六	四
	緯	北	三八	五六	五二	北	一七	五五	一三	加		八	二三	
牛宿内增五	經	丑	二九	五六	四一	子	〇	三三	二三	加		五〇	四九	六
	緯	北	七	一五	三四	南	一三	〇五	五四	減		一〇	二七	

清·戴進賢《儀象考成》卷三《恒星黃道經緯度表二》 黃道元枵宮赤道度附

黃道元枵宮恒星		黃道宮	度	分	秒	赤道宮	度	分	秒	赤道歲差	分	秒	微	星等
牛宿内增六	經	子	〇	一三	一九	子	〇	五一	五八	加		五〇	五〇	四
	緯	北	七	〇一	三一	南	一三	一六	二八	減		一〇	三三	
牛宿二	經	子	〇	一七	二一	子	〇	五七	四二	加		五〇	五一	三
	緯	北	六	五八	〇六	南	一三	一八	四七	減		一〇	三五	
河鼓東增六	經	子	〇	二一	五七	丑	二六	〇〇	四四	加		四三	一八	六
	緯	北	三一	三二	一七	北	一〇	四五	三九	加		九	〇二	
左旗四	經	子	〇	二八	四七	丑	二四	二三	四九	加		四〇	三四	六
	緯	北	三九	二七	〇五	北	一八	三一	〇八	加		八	三一	
牛宿一	經	子	〇	二八	五七	子	一	三九	三六	加		五一	三三	三
	緯	北	四	三七	二七	南	一五	三三	五七	減		一〇	四七	
天桴内增一	經	子	〇	三二	〇三	丑	二八	四一	四二	加		四七	一一	六
	緯	北	一九	〇七	二七	南	一	二一	四九	減		九	五二	

（續表）

黃道元枵宮恒星		黃道宮	黃道度	黃道分	黃道秒	赤道宮	赤道度	赤道分	赤道秒		赤道歲差分	赤道歲差秒	赤道歲差微	星等
輦道南增九	經	子	〇	四一	一七	丑	二〇	三一	二八	加		三三	五八	六
	緯	北	五五	一五	一八	北	三三	五六	二七	加		七	一四	
牛宿東增七	經	子	〇	五二	〇九	子	一	三七	〇〇	加		五〇	五三	六
	緯	北	六	三六	五一	南	二三	三二	二一	減		一〇	四六	
左旗北增八	經	子	一	〇三	三八	丑	二三	一五	〇二	加		三八	〇一	六
	緯	北	四六	一〇	三三	北	二五	一〇	二一	加		八	〇七	
牛宿四	經	子	一	〇八	五五	子	三	一〇	〇二	加		五二	三五	氣
	緯	北	〇	五六	〇六	南	一九	〇一	三九	減		一一	一六	
九坎三	經	子	一	一一	〇〇	子	九	五六	四六	加	一	〇〇	三七	三
	緯	南	二二	四〇	〇〇	南	四一	五四	五四	減		一三	一一	
天桴一	經	子	一	二〇	三〇	丑	二九	三一	〇三	加		四七	一四	三
	緯	北	一八	四五	三五	南	一	三三	五〇	減		一〇	〇八	
左旗内增二十九	經	子	一	二〇	四一	丑	二五	一四	〇〇	加		四〇	四八	六
	緯	北	三八	四八	二三	北	一八	〇二	〇二	加		八	四七	
輦道南增六	經	子	一	二一	一九	丑	二二	一七	二一	加		三六	〇六	五
	緯	北	五〇	三九	三八	北	二九	三四	四八	加		七	四八	
河鼓東增七	經	子	一	二七	二七	丑	二七	五三	三八	加		四四	四一	六
	緯	北	二七	〇三	一六	北	六	三四	一八	加		九	三七	
牛宿六	經	子	一	三六	〇九	子	三	三三	五二	加		五二	二六	氣
	緯	北	一	一四	一七	南	一八	三七	五六	減		一一	二二	
牛宿五	經	子	一	三九	一〇	子	三	四八	一五	加		五二	三九	氣
	緯	北	〇	二六	〇九	南	一九	二四	一三	減		一一	二六	

(續表)

黃道元枵宮恒星		黃道宮	黃道度	黃道分	黃道秒	赤道宮	赤道度	赤道分	赤道秒	赤道歲差 加減	赤道歲差 分	赤道歲差 秒	赤道歲差 微	星等
左旗内增二十八	經	子	一	四七	一三	丑	二六	○五	二六	加		四一	三三	六
	緯	北	三六	三六	五四	北	一五	五八	一九	加		九	○二	
天桴東增二	經	子	一	四七	三三	丑	二九	五九	四七	加		四七	一八	五
	緯	北	一八	二八	○七	南	一	四五	三四	減		一○	一七	
扶筐北增一	經	子	一	四八	一○	丑	三	○五	五三	加		四	三四	六
	緯	北	八七	二七	一○	北	六四	一九	○八	加		一	○七	
波斯四	經	子	一	五○	○○	子	一七	四二	二○	加	一	○六	一一	六
	緯	南	三六	五五	○○	南	五五	一四	三四	減		一五	一○	
左旗北增十八	經	子	二	一三	四九	丑	二五	○○	一四	加		三九	一九	五
	緯	北	四二	四一	五○	北	二一	五八	三四	加		八	四二	
左旗七	經	子	二	一九	五三	丑	二六	三一	二三	加		四一	三一	六
	緯	北	三六	三九	四三	北	一六	○六	四九	加		九	二一	
左旗六	經	子	三	一三	○六	丑	二七	○六	三三	加		四一	一七	六
	緯	北	三七	一四	○三	北	一六	四九	五○	加		九	二三	
輦道東增三	經	子	三	二三	一六	丑	二一	三六	五九	加		三二	五一	六
	緯	北	五七	二三	三六	北	三六	二三	三七	加		七	三四	
左旗北增九	經	子	三	二六	四○	丑	二四	四○	三六	加		三七	二六	氣
	緯	北	四七	二八	○三	北	二六	四八	四九	加		八	三四	
左旗五	經	子	三	二七	五八	丑	二六	四九	三四	加		四○	三六	四
	緯	北	三九	一三	三九	北	一八	四八	五五	加		九	一六	
左旗北增十七	經	子	三	二八	二九	丑	二五	三七	五九	加		三八	五一	六
	緯	北	四三	五八	二六	北	二三	二五	四六	加		八	五四	

（續表）

黄道元枵宫恒星		黄道宫	黄道度	黄道分	黄道秒	赤道宫	赤道度	赤道分	赤道秒	赤道歲差加減	赤道歲差分	赤道歲差秒	赤道歲差微	星等
烏喙二	經	子	三	三〇	四四	亥	二	〇五	三六	加	一	〇七	五一	四
	緯	南	四九	五〇	四四	南	六六	二四	二九	減		一八	〇二	
天田四	經	子	三	三五	一一	子	七	四三	〇一	加		五四	三五	五
	緯	南	六	五八	二三	南	二六	〇九	二九	減		一二	三三	
左旗八	經	子	三	四五	二四	丑	二七	五六	二七	加		四一	五〇	六
	緯	北	三五	三五	〇六	北	一五	一九	二八	加		九	三七	
羅堰二	經	子	四	〇五	五三	子	六	二二	〇〇	加		五二	二〇	五
	緯	北	〇	一五	四六	南	一九	〇〇	四三	減		一二	一〇	
羅堰西增一	經	子	四	一三	五七	子	五	四五	〇〇	加		五一	二六	六
	緯	北	三	一九	三〇	南	一六	〇〇	一三	減		一二	〇〇	
左旗東增二十七	經	子	四	一八	一〇	丑	二八	〇八	四六	加		四一	二九	六
	緯	北	三六	三五	〇二	北	一六	二三	五四	加		九	四五	
九坎二	經	子	四	二一	〇〇	子	一三	三七	〇〇	加		五九	二三	三
	緯	南	二二	三〇	〇〇	南	四〇	五四	五三	減		一四	〇八	
天田二	經	子	四	二二	〇五	子	九	〇六	一三	加		五五	〇一	六
	緯	南	八	五五	〇五	南	二七	五〇	五二	減		一二	五七	
羅堰三	經	子	四	三五	五九	子	七	四九	二二	加		五三	二〇	六
	緯	南	三	二三	三四	南	二三	二五	二四	減		一二	三四	
羅堰一	經	子	四	四三	四四	子	六	一四	〇六	加		五一	二一	五
	緯	北	三	二三	二六	南	一五	四九	二五	減		一二	〇七	
離瑜西增一	經	子	四	五〇	一〇	子	一一	二一	三三	加		五六	三九	五
	緯	南	一四	三七	一二	南	三三	一三	四三	減		一三	二三	

（續表）

黄道元枵宫恒星		黄道宫	黄道度	黄道分	黄道秒	赤道宫	赤道度	赤道分	赤道秒	赤道歲差	赤道歲差分	赤道歲差秒	赤道歲差微	星等
左旗北增十九	經	子	四	五二	一九	丑	二七	〇二	四〇	加		三九	一九	五
	緯	北	四二	四〇	五六	北	二二	二五	二五	加		九	二〇	
離珠南增一	經	子	五	〇二	四八	子	三	四四	二三	加		四八	〇〇	六
	緯	北	一五	一六	五〇	南	四	一一	〇七	減		一一	二五	
波斯五	經	子	五	〇七	〇〇	子	二一	五八	〇二	加	一	〇三	五六	六
	緯	南	三七	〇〇	〇〇	南	五四	一九	一二	減		一六	〇八	
九坎四	經	子	五	二一	〇〇	子	一四	〇三	五二	加		五八	三八	五
	緯	南	二一	一〇	〇〇	南	三九	二四	四二	減		一四	一五	
扶筐七	經	子	五	一三	〇〇	丑	一四	三九	〇一	加		二〇	三九	五
	緯	北	七四	四二	〇〇	北	五三	〇〇	四四	加		五	一三	
輦道五	經	子	五	二一	三七	丑	二四	〇九	〇五	加		三四	三九	五
	緯	北	五三	四二	三三	北	三三	〇九	二二	加		八	二四	
離珠四	經	子	五	二八	四四	子	四	〇三	二九	加		四七	五一	五
	緯	北	一五	三九	三九	南	三	四三	〇八	減		二一	二九	
左旗東增二十六	經	子	五	三一	二八	丑	二八	二六	三六	加		四〇	三一	六
	緯	北	三九	一八	二三	北	一九	一六	一九	加		九	四七	
離瑜西增二	經	子	五	四〇	二六	子	一二	一四	二五	加		五六	三一	六
	緯	南	一四	五八	二〇	南	三三	二〇	四〇	減		一三	五〇	
烏喙一	經	子	五	五三	〇五	亥	〇	〇一	二五	加	一	〇五	一二	三
	緯	南	四五	二七	五三	南	六一	四〇	〇四	減		一七	四二	
波斯七	經	子	六	二二	〇〇	子	二五	四三	一二	加	一	〇三	五〇	六
	緯	南	四〇	〇〇	〇〇	南	五六	三九	〇九	減		一六	五四	

（續表）

黄道元枵宫恒星	黄道經宫	黄道經度	黄道經分	黄道經秒	黄道緯宫	黄道緯度	黄道緯分	黄道緯秒	赤道經宫	赤道經度	赤道經分	赤道經秒	赤道緯宫	赤道緯度	赤道緯分	赤道緯秒	赤道歲差經加減	赤道歲差經分	赤道歲差經秒	赤道歲差經微	赤道歲差緯加減	赤道歲差緯分	赤道歲差緯秒	赤道歲差緯微	星等
左旗北增十六	子	六	二四	〇一	北	四四	一五	五〇	丑	二七	四六	三九	北	二四	一四	〇三	加		三八	四一	加		九	三四	五
左旗九	子	六	三二	三三	北	三四	〇六	一二	子	〇	三六	〇九	北	一四	二五	四〇	加		四二	一六	加		一〇	二七	五
輦道東增四	子	六	三五	四三	北	五七	一五	〇九	丑	二三	四四	〇〇	北	三六	四五	〇四	加		三二	五三	加		八	一六	六
附白二	子	六	三七	三二	南	七二	五六	五三	酉	一三	二〇	四四	南	七六	〇四	五〇	減		八	五五	減		一四	四八	六
附白一	子	六	四八	五八	南	七六	四五	三五	酉	二八	〇〇	三二	南	七四	五九	〇八	減		一七	〇〇	減		一〇	四九	四
離瑜一	子	七	〇一	〇〇	南	一七	二〇	〇〇	子	一四	四三	一二	南	三五	一四	一八	加		五六	五一	減		一四	二六	四
波斯六	子	七	〇五	〇〇	南	三八	三五	〇〇	子	二五	三二	三〇	南	五五	〇八	〇五	加	一	〇二	五八	減		一六	五二	六
九坎一	子	七	一一	〇〇	南	二一	三〇	〇〇	子	一六	二九	一八	南	三九	〇九	四六	加		五八	〇二	減		一四	五一	三
左旗東增二十五	子	七	一四	五三	北	三九	五二	五八	丑	二九	三九	一九	北	二〇	〇九	四九	加		四〇	一七	加		一〇	一〇	六
左旗北增十	子	七	一六	三七	北	四七	〇一	四三	丑	二七	三七	一一	北	二七	〇三	四五	加		三七	三四	加		九	三一	四
離珠一	子	七	二〇	一四	北	一五	三一	四九	子	五	四九	五四	南	三	二五	一八	加		四七	四三	減		一二	〇〇	五

（續 表）

黄道元枵宫恒星		黄道 宫	黄道 度	黄道 分	黄道 秒	赤道 宫	赤道 度	赤道 分	赤道 秒	赤道歲差	赤道歲差 分	赤道歲差 秒	赤道歲差 微	星等
左旗北增二十	經	子	七	二二	四〇	丑	二八	五七	三九	加		三九	一五	四
	緯	北	四二	四一	一二	北	二二	五三	三七	加		九	五六	
扶筐六	經	子	七	二五	三〇	丑	一三	五六	一一	加		一八	一六	六
	緯	北	七六	五七	四〇	北	五五	一七	五六	加		四	五七	
越	經	子	七	三二	二四	子	一〇	〇五	〇三	加		五二	〇一	六
	緯	南	〇	二八	〇九	南	一八	五二	二二	減		一三	一二	
離珠二	經	子	八	〇九	〇三	子	六	一六	三三	加		四七	一九	四
	緯	北	一六	四八	五六	南	一	五九	〇四	減		一二	〇八	
女宿一	經	子	八	〇九	〇六	子	八	二六	五五	加		四九	三九	四
	緯	北	八	〇六	四一	南	一〇	二五	〇一	減		一二	四四	
天田三	經	子	八	一五	四六	子	一三	〇〇	五八	加		五三	五五	六
	緯	南	八	〇三	三八	南	二六	〇〇	〇五	減		一三	五九	
鄭	經	子	八	一九	二四	子	一一	一六	〇三	加		五二	一五	六
	緯	南	一	五一	一〇	南	二〇	〇〇	二〇	減		一三	三一	
離瑜二	經	子	八	二〇	二〇	子	一五	三四	〇七	加		五五	五八	四
	緯	南	一五	三六	〇七	南	三三	一二	三六	減		一四	三七	
天津西增一	經	子	八	三九	四四	丑	二二	四六	一六	加		二九	四六	六
	緯	北	六二	四二	〇五	北	四二	一四	四九	加		七	五六	
天田一	經	子	八	四一	二八	子	一四	二二	二五	加		五四	三六	六
	緯	南	一〇	五五	四〇	南	二八	三八	一三	減		一四	二〇	
離珠三	經	子	八	五一	五八	子	六	三四	二七	加		四六	五一	六
	緯	北	一八	一六	三六	南	〇	二四	〇〇	減		一二	一三	

（續表）

黃道元枵宮恒星		黃道宮	黃道度	黃道分	黃道秒	赤道宮	赤道度	赤道分	赤道秒	赤道歲差	分	秒	微	星等
周二	經	子	九	〇二	〇二	子	一二	三六	四八	加		五一	四八	六
	緯	南	〇	二九	三七	南	一八	三〇	二五	減		一三	三六	
周一	經	子	九	一〇	五五	子	一三	二七	五三	加		五二	二五	五
	緯	南	二	五七	四三	南	二〇	五〇	四七	減		一三	五〇	
輦道東增五	經	子	九	二三	二八	丑	二六	三九	一八	加		三四	一九	六
	緯	北	五四	一八	四八	北	三四	二五	一二	加		九	一三	
左旗東增二十四	經	子	九	三二	四八	子	一	一六	一一	加		四〇	一〇	六
	緯	北	四〇	〇七	一七	北	二〇	四九	二八	加		一九	三九	
女宿四	經	子	九	二三	四六	子	八	三三	〇〇	加		四八	二四	五
	緯	北	一二	二四	四二	南	五	五六	四九	減		一二	四七	
女宿二	經	子	九	二九	一三	子	九	四二	二四	加		四九	二八	四
	緯	北	八	一六	一〇	南	九	五五	四三	減		一三	〇六	
敗瓜西增一	經	子	九	三四	五〇	子	四	三〇	一二	加		四三	四七	六
	緯	北	二八	五四	三八	北	一〇	〇三	一〇	加		一一	三七	
天津西增二	經	子	九	三八	二三	丑	二五	二〇	三六	加		三二	二二	六
	緯	北	五八	〇七	一二	北	三八	〇四	四七	加		八	四八	
齊	經	子	九	四二	五二	子	一三	二八	一一	加		五二	四三	五
	緯	南	四	三一	〇八	南	二三	一一	五九	減		一四	〇六	
左旗東增十三	經	子	九	四八	五一	丑	二九	五七	〇九	加		三八	〇七	六
	緯	北	四五	三四	五四	北	二六	〇九	三三	加		一〇	一四	
左旗東增二十三	經	子	九	五二	四六	子	一	〇六	一四	加		三九	二八	五
	緯	北	四二	〇〇	二七	北	二二	四四	三〇	加		一〇	三六	

（續 表）

黄道元枵宫恒星		黄道宫	黄道度	黄道分	黄道秒	赤道宫	赤道度	赤道分	赤道秒	赤道歲差	赤道歲差分	赤道歲差秒	赤道歲差微	星等
天壘城九	經	子	一〇	〇四	二〇	子	一一	二七	一九	加		五〇	三二	六
	緯	北	三	五一	五二	南	一四	〇一	四七	減		一三	三四	
左旗東增十五	經	子	一〇	〇四	二四	子	〇	一八	一九	加		三八	一九	五
	緯	北	四五	〇四	四八	北	二五	四三	四八	加		一〇	二一	
趙二	經	子	一〇	〇七	〇七	子	一三	四三	二七	加		五二	三二	六
	緯	南	三	五八	〇九	南	二一	三三	三七	減		一四	〇九	
女宿三	經	子	一〇	〇七	二八	子	九	二七	二六	加		四八	三二	六
	緯	北	一一	三四	五一	南	六	三四	〇三	減		一三	〇一	
左旗東增十四	經	子	一〇	〇九	一四	子	〇	一五	四三	加		三八	一一	六
	緯	北	四五	二四	二八	北	二六	〇三	三七	加		一〇	二一	
趙一	經	子	一〇	〇九	五七	子	一三	四〇	〇二	加		五二	二四	六
	緯	南	三	三六	四六	南	二一	一二	一七	減		一四	〇九	
扶筐五	經	子	一〇	一一	〇五	丑	一三	〇五	五三	加		一五	四三	六
	緯	北	七九	〇七	〇〇	北	五七	二八	四七	加		四	三九	
天壘城八	經	子	一〇	一三	一一	子	一一	四四	五八	加		五〇	三九	五
	緯	北	三	一九	三〇	南	一四	三〇	三九	減		一三	三九	
秦一	經	子	一〇	一六	四〇	子	一三	五三	三一	加		五一	三七	五
	緯	南	〇	三三	〇〇	南	一八	一三	四一	減		一三	五七	
女宿南增五	經	子	一〇	一七	五九	子	一〇	四五	一三	加		四九	三八	六
	緯	北	七	一七	五三	南	一〇	三九	二七	減		一三	二三	
女宿東增一	經	子	一〇	一九	三四	子	九	三七	五四	加		四八	三〇	六
	緯	北	一一	三八	五四	南	六	二七	〇三	減		一三	〇四	

（續表）

黃道元枵宮恒星		黃道				赤道					赤道歲差			星等
		宮	度	分	秒	宮	度	分	秒		分	秒	微	
敗瓜一	經	子	一〇	二九	二七	子	五	一三	五八	加		四三	四一	三
	緯	北	二九	〇六	二一	北	一〇	二六	五五	加		一一	五〇	
離瑜三	經	子	一〇	四一	〇〇	子	一八	〇二	五九	加		五五	一五	六
	緯	南	一五	二二	三六	南	三二	一八	五一	減		一五	一三	
離瑜東增三	經	子	一〇	四二	四〇	子	一九	〇九	三六	加		五五	五八	六
	緯	南	一八	一五	一四	南	三五	〇二	二二	減		一五	二九	
左旗東增二十一	經	子	一〇	四三	四七	子	一	二六	四五	加		三九	〇五	五
	緯	北	四三	〇一	五三	北	二三	五四	〇二	加		一〇	四一	
敗瓜二	經	子	一一	一五	〇六	子	五	二六	五三	加		四三	二三	六
	緯	北	三〇	四二	〇六	北	一二	〇九	四五	加		一一	五二	
天津西增三	經	子	一一	一六	二〇	丑	二六	三七	五〇	加		三三	四一	六
	緯	北	五七	三一	四三	北	三七	四八	二三	加		九	一二	
奚仲一	經	子	一一	三三	一八	丑	一七	四六	一三	加		二一	〇九	四
	緯	北	七三	五〇	一一	北	五二	五四	三八	加		六	一六	
楚	經	子	一一	二七	四四	子	一五	一六	〇一	加		五二	二四	六
	緯	南	四	二九	五〇	南	二一	四一	三一	減		一四	三三	
扶筐四	經	子	一一	二八	三〇	丑	一一	五〇	五七	加		一三	三四	四
	緯	北	八〇	五〇	〇〇	北	五九	〇四	五四	加		四	一二	
敗瓜五	經	子	一一	三九	〇六	子	六	三九	二九	加		四四	〇七	六
	緯	北	二七	三一	四〇	北	九	一一	五七	加		一二	一三	
天津西增四	經	子	一一	四三	一〇	丑	二七	三五	三五	加		三三	三一	六
	緯	北	五五	五四	二九	北	三六	二一	二九	加		九	三〇	

（續表）

黃道元枵宮恒星		黃道 宮	度	分	秒	赤道 宮	度	分	秒	赤道歲差	分	秒	微	星等
左旗東增十一	經	子	一一	四四	二八	子	〇	五四	一五	加		三七	三二	五
	緯	北	四七	〇二	〇八	北	二七	五六	一九	加		一〇	三一	
敗瓜四	經	子	一一	四五	一八	子	六	二三	〇九	加		四三	四四	六
	緯	北	二八	五一	〇三	北	一〇	二九	五二	加		一二	一〇	
左旗東增十二	經	子	一一	四八	一二	子	一	一六	一二	加		三七	五四	四
	緯	北	四六	〇五	二〇	北	二七	〇二	五三	加		一〇	三八	
天錢西增四	經	子	一一	五七	一〇	子	二〇	一八	四九	加		五五	二八	六
	緯	南	一七	四三	二七	南	三四	〇九	三五	減		一五	四四	
左旗東增二十三	經	子	一二	一一	二三	子	二	五四	三八	加		二九	五一	六
	緯	北	四二	二六	三六	北	二三	三八	四七	加		一一	〇五	
瓠瓜五	經	子	一二	一二	〇四	子	五	五〇	一二	加		四二	四三	五
	緯	北	三一	一〇	二七	北	一三	四七	五九	加		一二	〇〇	
鶴一	經	子	一二	一六	一九	子	二七	五五	五一	加		五八	三七	二
	緯	南	三二	五〇	三五	南	四八	一〇	二〇	減		一七	一九	
女宿東增三	經	子	一三	二二	四四	子	一一	四四	〇五	加		四八	二七	六
	緯	北	一一	〇五	〇六	南	六	二七	三九	減		一三	三七	
女宿東增二	經	子	一二	三六	三八	子	一一	四五	一九	加		四八	一五	六
	緯	北	一一	四九	〇〇	南	五	四一	四三	減		一三	三八	
敗瓜三	經	子	一二	三九	〇五	子	六	三九	〇六	加		四三	一〇	六
	緯	北	三〇	三八	一四	北	一二	二五	四三	加		一二	一四	
敗瓜南增三	經	子	一二	三九	一二	子	八	四六	〇二	加		四五	二〇	五
	緯	北	二三	〇〇	〇五	北	五	〇五	〇三	加		一二	五〇	

（續表）

黃道元枵宮恒星		黃道 宮	黃道 度	黃道 分	黃道 秒	赤道 宮	赤道 度	赤道 分	赤道 秒	赤道歲差	赤道歲差 分	赤道歲差 秒	赤道歲差 微	星等
天津二	經	子	一二	四二	〇七	丑	二四	一三	〇六	加		二八	三二	三
	緯	北	六四	二七	一四	北	四四	三一	三二	加		八	二五	
瓠瓜四	經	子	一二	四六	一四	子	六	二二	四三	加		四二	四六	三
	緯	北	三一	五六	五二	北	一三	四二	五八	加		一二	〇九	
秦二	經	子	一二	四七	三一	子	一五	五四	〇七	加		五一	三六	六
	緯	南	二	〇七	二三	南	一九	〇二	一六	減		一四	四二	
天壘城十	經	子	一二	四九	一三	子	一三	五四	一九	加		四九	五七	五
	緯	北	四	四七	四八	南	一二	二三	二四	減		一四	一二	
天壘城七	經	子	一二	五五	三九	子	一五	一一	一五	加		五〇	五三	六
	緯	北	〇	四三	四〇	南	一六	一五	五八	減		一四	三〇	
女宿東增四	經	子	一三	〇八	五四	子	一二	三七	三四	加		四八	三三	六
	緯	北	一〇	三〇	一四	南	六	四八	五一	減		一三	五一	
天津西增五	經	子	一三	一五	二九	丑	二九	一二	一一	加		三四	一四	五
	緯	北	五四	二八	一六	北	三五	一七	三九	加		一〇	〇一	
魏	經	子	一三	一八	三五	子	一七	二四	四三	加		五二	一四	六
	緯	南	五	一七	二五	南	二一	五五	〇七	減		一五	〇四	
燕	經	子	一三	二一	四九	子	一八	〇〇	一五	加		五二	三六	五
	緯	南	六	五七	三六	南	二三	二九	五一	減		一五	一三	
天錢三	經	子	一三	三九	二八	子	二二	二三	一七	加		五五	〇五	四
	緯	南	一八	一七	一五	南	三四	〇九	四一	減		一六	一一	
敗瓜南增二	經	子	一三	四五	三三	子	九	一七	五二	加		四四	五一	六
	緯	北	二四	三七	三〇	北	六	五五	二三	加		一二	五八	

（續表）

黃道元枵宮恒星		黃道宮	黃道度	黃道分	黃道秒	赤道宮	赤道度	赤道分	赤道秒	赤道歲差	赤道歲差分	赤道歲差秒	赤道歲差微	星等
瓠瓜南增一	經	子	一三	四七	二五	子	七	一九	〇二	加		四二	四九	六
	緯	北	三一	三九	四八	北	一三	四一	一二	加		一二	二五	
瓠瓜一	經	子	一三	四八	二四	子	六	五五	二四	加		四二	二五	三
	緯	北	三三	〇二	五八	北	一五	〇一	一〇	加		一二	一九	
敗臼一	經	子	一三	五〇	〇八	子	二四	三四	四二	加		五五	五八	三
	緯	南	二二	五八	五二	南	三八	三〇	五二	減		一六	三九	
韓	經	子	一三	五三	〇八	子	一八	〇一	〇五	加		五二	〇九	六
	緯	南	五五	二〇	二七	南	二一	四七	四九	減		一五	一二	
晉	經	子	一四	〇〇	二〇	子	一八	三一	三一	加		五二	二三	六
	緯	南	六	三一	四五	南	二三	五三	四三	減		一五	二〇	
代一	經	子	一四	〇六	五〇	子	一六	五九	四七	加		五一	一一	五
	緯	南	一	二〇	一三	南	一七	五四	一三	減		一四	五八	
天錢北增三	經	子	一四	一一	一八	子	二〇	一七	四七	加		五三	二二	四
	緯	南	一一	一二	〇五	南	二七	一七	一六	減		一五	四五	
奚仲二	經	子	一四	二七	四三	丑	二〇	四七	五七	加		二三	〇八	六
	緯	北	七一	二八	三八	北	五一	一一	五三	加		七	一六	
奚仲東增一	經	子	一四	二九	四〇	丑	二〇	一八	五四	加		二三	三一	六
	緯	北	七二	一〇	一〇	北	五一	四九	一六	加		七	〇七	
瓠瓜三	經	子	一四	三三	〇七	子	七	五一	五七	加		四二	四二	四
	緯	北	三一	五八	一二	北	一四	〇九	五七	加		一二	三四	
天津西增六	經	子	一四	四二	四三	丑	二九	五六	二八	加		三三	五六	五
	緯	北	五五	〇一	四〇	北	三六	〇六	一三	加		一〇	一三	

（續表）

黃道元枵宮恒星		黃道宮	黃道度	黃道分	黃道秒	赤道宮	赤道度	赤道分	赤道秒	赤道歲差	赤道歲差分	赤道歲差秒	赤道歲差微	星等
虛宿西增四	經	子	一四	五七	五七	子	一一	三〇	五九	加		四四	二三	五
	緯	北	二〇	三二	五六	北	三	一九	一七	加		一三	三五	
天壘城十一	經	子	一五	〇三	三〇	子	一五	三八	〇六	加		四九	一八	六
	緯	北	六	二一	四三	南	一〇	一五	三七	減		一四	三九	
烏喙七	經	子	一五	〇四	二五	亥	二六	二八	二八	加		四九	一八	四
	緯	南	五六	三五	二二	南	六七	〇〇	三〇	減		二〇	一七	
天錢二	經	子	一五	〇四	三〇	子	二三	〇八	三九	加		五四	一五	四
	緯	南	一六	二一	一八	南	三一	五三	二二	減		一六	二二	
奚仲三	經	子	一五	〇七	四二	丑	二二	二三	一七	加		二四	三九	四
	緯	北	六九	三七	五六	北	四九	三八	二二	加		七	四九	
鶴四	經	子	一五	〇八	四一	亥	七	二一	五九	加		五七	三四	五
	緯	南	四一	二四	〇六	南	五四	四九	二三	減		一八	四九	
瓠瓜南增二	經	子	一五	一三	二五	子	九	一六	四一	加		四三	三三	六
	緯	北	二九	〇七	〇五	北	一一	三六	〇七	加		一二	五八	
敗臼二	經	子	一五	一九	四六	子	二七	三六	二五	加		五五	五八	五
	緯	南	二五	五四	四六	南	四〇	四五	〇八	減		一七	一六	
瓠瓜北增五	經	子	一五	四一	五九	子	六	五三	五八	加		四〇	〇五	五
	緯	北	三八	〇七	〇七	北	二〇	一九	〇〇	加		一二	一八	
天壘城六	經	子	一五	四六	一六	子	一七	三二	三〇	加		五〇	〇七	六
	緯	北	二	一七	〇三	南	一三	五七	二一	減		一五	〇五	
瓠瓜二	經	子	一五	四八	四一	子	八	四一	〇三	加		四二	二七	三
	緯	北	三二	四四	三二	北	一五	一二	五四	加		一二	四九	

（續表）

黄道元枵宮恒星		黄道 宮	黄道 度	黄道 分	黄道 秒	赤道 宮	赤道 度	赤道 分	赤道 秒	赤道歲差	赤道歲差 分	赤道歲差 秒	赤道歲差 微	星等
代二	經	子	一五	五三	三七	子	二○	○七	三四	加		五一	四八	六
	緯	南	五	三一	一九	南	二一	二一	五四	減		一五	四一	
代内增一	經	子	一五	五五	五七	子	二○	○六	五七	加		五一	四六	六
	緯	南	五	二二	一五	南	二一	一二	三四	減		一五	四一	
扶筐東增四	經	子	一五	五七	○六	丑	一六	四一	五七	加		一七	二四	五
	緯	北	七七	一三	四八	北	五六	二六	○三	加		五	五三	
天津西增七	經	子	一六	一九	四三	子	一	一二	○七	加		三四	○七	六
	緯	北	五四	三六	三三	北	三六	○二	二三	加		一○	三七	
鶴十二	經	子	一六	二二	一四	子	二九	五八	○七	加		五五	五八	五
	緯	南	二八	一七	○四	南	四二	三五	一七	減		一七	四○	
鶴内增一	經	子	一六	二五	一四	亥	○	一二	一三	加		五五	五八	五
	緯	南	二八	三七	一四	南	四二	五二	四八	減		一七	四三	
代南增二	經	子	一六	二七	一六	子	二一	五○	三三	加		五二	二三	六
	緯	南	八	五三	三八	南	二四	二三	四二	減		一六	○五	
天津西增十五	經	子	一六	二七	三二	子	三	二二	四○	加		三六	二六	六
	緯	北	四九	三六	三三	北	三一	二三	三九	加		一一	一五	
天津西增十四	經	子	一六	二九	二三	子	二	一○	二八	加		三五	○五	六
	緯	北	五二	三六	一五	北	三四	一一	四八	加		一○	五四	
天壘城十二	經	子	一六	三五	三三	南	一七	一七	四六	加		四九	一五	六
	緯	北	五	四五	四一	北	一○	二三	三○	減		一五	○二	
壘壁陣二	經	子	一六	三七	五二	子	二○	四一	○六	加		五一	三三	四
	緯	南	四	五六	五六	南	二○	三五	三七	減		一五	四九	

（續表）

黃道元枵宮恒星		黃道 宮	黃道 度	黃道 分	黃道 秒	赤道 宮	赤道 度	赤道 分	赤道 秒	赤道歲差	赤道歲差 分	赤道歲差 秒	赤道歲差 微	星等
鳥喙内增一	經	子	一六	四一	五七	亥	二六	一三	三一	加		四九	二三	五
	緯	南	五五	三三	二一	南	六五	三八	一二	減		二〇	一七	
虛宿西增一	經	子	一六	四四	三七	子	一二	二三	〇五	加		四五	〇八	六
	緯	北	二三	〇二	三六	北	六	一一	〇五	加		一三	四七	
鶴五	經	子	一六	四七	〇五	亥	一五	三〇	二八	加		五五	〇八	三
	緯	南	四七	四八	四五	南	五九	三八	〇五	減		一九	四二	
虛宿西增三	經	子	一六	四七	三〇	子	一二	五六	五二	加		四五	三五	六
	緯	北	二一	一六	〇一	北	四	二九	五四	加		一三	五六	
天津西增二十二	經	子	一六	四九	二六	子	六	五一	二六	加		三九	四九	六
	緯	北	四〇	五四	一〇	北	二三	一三	五八	加		一二	一七	
瓠瓜南增三	經	子	一六	五二	四〇	子	一〇	四九	三〇	加		四三	三七	六
	緯	北	二八	四〇	一九	北	一一	三五	五八	加		一三	二三	
天津西增二十一	經	子	一六	五五	〇四	子	六	一七	〇二	加		三九	〇八	六
	緯	北	四二	四五	一一	北	二五	〇〇	三一	加		一二	〇八	
虛宿西增五	經	子	六七	五七	一〇	子	一六	一〇	四四	加		四八	〇七	六
	緯	北	一〇	四一	四一	南	五	三四	一四	減		一四	四五	
天壘城十三	經	子	一六	五九	三七	子	一七	五一	一八	加		四九	二一	六
	緯	北	五	一一	三三	南	一〇	四九	〇一	減		一五	〇九	
司非西增二	經	子	一七	〇〇	五七	子	一一	三〇	一〇	加		四四	〇七	六
	緯	北	二六	四九	〇五	北	九	五一	五四	加		一三	三五	
鶴三	經	子	一七	〇四	〇八	亥	八	〇八	四四	加		五六	二七	四
	緯	南	三九	四三	〇九	南	五二	三八	三三	減		一八	五五	

（續表）

黄道元枵宫恒星		黄道 宫	黄道 度	黄道 分	黄道 秒	赤道 宫	赤道 度	赤道 分	赤道 秒	赤道歲差	赤道歲差 分	赤道歲差 秒	赤道歲差 微	星等
天津西增十六	經	子	一七	〇九	二〇	子	四	四二	五五	加		三七	一九	四
	緯	北	四七	二八	五三	北	二九	三一	四八	加		一一	四〇	
虚宿西增二	經	子	一七	一〇	三七	子	一三	一〇	五五	加		四五	二八	六
	緯	北	二一	三八	三一	北	四	五七	四二	加		一四	〇〇	
瓠瓜南增四	經	子	一七	一六	〇五	子	一〇	四九	一三	加		四三	一七	六
	緯	北	二九	四六	三五	北	一二	四五	一九	加		一三	二三	
天津西增二十	經	子	一七	二七	四一	子	六	三一	五二	加		三八	五八	五
	緯	北	四三	一三	三二	北	二五	三五	〇五	加		一二	一〇	
虚宿西增六	經	子	一七	三八	二三	子	一六	五四	三一	加		四八	〇六	六
	緯	北	一〇	二五	一二	南	五	三八	〇五	減		一四	五八	
奚仲四	經	子	一七	四六	〇八	丑	二三	四四	四八	加		二四	三八	六
	緯	北	六九	三〇	五〇	北	四九	五六	四五	加		八	一五	
天津西增八	經	子	一七	四七	一三	子	二	一二	〇九	加		三四	〇九	六
	緯	北	五四	三三	六	北	三六	一七	三七	加		一〇	五五	
鶴十一	經	子	一七	五五	二七	亥	三	三〇	五九	加		五五	五九	五
	緯	南	三一	三三	五〇	南	四五	〇二	二九	減		一八	一六	
鶴内增二	經	子	一七	五八	二三	亥	三	二五	一〇	加		五五	三七	五
	緯	南	三一	一八	三一	南	四四	四七	三二	減		一八	一五	
壘壁陣一	經	子	一八	〇四	〇五	子	二二	〇五	二一	加		五五	一五	五
	緯	南	四	四八	三六	南	二〇	〇〇	五二	減		一六	〇八	
鳥喙三	經	子	一八	〇五	二七	亥	二五	五四	三二	加		四九	三〇	五
	緯	南	五四	三二	一一	南	六四	二〇	五八	減		二〇	一六	

（續表）

黃道元枵宮恒星		黃道 宮	黃道 度	黃道 分	黃道 秒	赤道 宮	赤道 度	赤道 分	赤道 秒	赤道歲差	赤道歲差 分	赤道歲差 秒	赤道歲差 微	星等
壘壁陣三	經	子	一八	一二	四二	子	二一	二八	二七	加		五〇	四六	四
	緯	南	二	三一	一八	南	一七	四七	四七	減		一五	五九	
天津西增九	經	子	一八	一四	一四	子	二	〇四	一四	加		三三	四一	六
	緯	北	五五	二九	二〇	北	三七	一五	二七	加		一〇	五二	
鶴六	經	子	一八	一六	一七	亥	一一	一七	四三	加		五五	三一	四
	緯	南	四一	五五	一四	南	五四	〇六	二六	減		一九	一八	
鳥喙六	經	子	一八	二二	五五	戌	一	二六	二〇	加		四五	一九	三
	緯	南	五七	三六	〇四	南	六六	三二	四三	減		二〇	一九	
天錢四	經	子	一八	三〇	五六	子	二八	一九	二五	加		五三	五三	四
	緯	南	二〇	〇二	〇〇	南	三四	一二	二五	減		一七	二二	
鶴二	經	子	一八	三七	四八	亥	六	四一	五四	加		五五	三三	二
	緯	南	三五	三三	四〇	南	四八	一三	二四	減		一八	四三	
天錢北增一	經	子	一八	四〇	二〇	子	二六	二九	三〇	加		五三	〇二	五
	緯	南	一五	一三	四〇	南	二九	三九	二六	減		一七	〇三	
天錢北增二	經	子	一八	四二	四八	子	二六	一一	二九	加		五二	五四	六
	緯	南	一四	二一	二〇	南	二八	四九	二七	減		一六	五八	
天錢一	經	子	一八	五三	一〇	子	二七	二二	二五	加		五三	一六	六
	緯	南	一六	五一	四五	南	三一	〇七	〇六	減		一七	一一	
虛宿西增八	經	子	一八	五五	二〇	子	一七	五二	一六	加		四七	四八	六
	緯	北	一一	一四	一〇	南	四	二八	四六	減		一五	一〇	
虛宿西增七	經	子	一八	五八	一五	子	一七	五八	一五	加		四七	五一	六
	緯	北	一一	〇三	一九	南	四	三七	五四	減		一四	三〇	

（續表）

黄道元枵宫恒星		黄道宫	黄道度	黄道分	黄道秒	赤道宫	赤道度	赤道分	赤道秒	赤道歲差	赤道歲差分	赤道歲差秒	赤道歲差微	星等
天錢五	經	子	一九	○一	三六	子	二八	四四	三四	加		五三	四二	五
	緯	南	一九	四五	二○	南	三三	四六	二八	減		一七	二八	
鶴十	經	子	一九	○五	四一	亥	二	○九	一七	加		五四	三九	五
	緯	南	二六	四八	一七	南	四○	一六	四○	減		一八	○二	
天津西增二十三	經	子	一九	○七	三四	子	八	二五	五六	加		三九	三四	六
	緯	北	四一	三○	五四	北	二四	二三	二○	加		一二	四三	
哭西增一	經	子	一九	二五	四九	子	二一	五四	三○	加		五○	○七	六
	緯	南	○	○九	一三	南	一五	○九	五八	減		一六	○五	
扶筐東增三	經	子	一九	二九	二七	丑	一七	二三	四二	加		一六	三三	五
	緯	北	七七	四四	二○	北	五七	一六	三四	加		六	○七	
虛宿二	經	子	一九	三二	四八	子	一五	四四	五二	加		四五	四三	四
	緯	北	二○	○九	○九	北	四	一二	○六	加		一四	三九	
哭西增二	經	子	一九	三八	四六	子	二三	一六	三三	加		五○	一○	六
	緯	南	○	三七	四四	南	一五	三三	五八	減		一六	○九	
哭西增三	經	子	一九	四五	○○	子	二三	三○	三七	加		五○	一三	六
	緯	南	一	○一	五四	南	一五	五三	五六	減		一六	一三	
虛宿一	經	子	一九	四九	二三	子	一九	三○	三九	加		四八	一八	三
	緯	北	八	三八	四三	南	六	四○	四二	減		一五	三三	
司非一	經	子	一九	五一	二四	子	一四	二七	三五	加		四四	二六	四
	緯	北	二五	一三	一二	北	九	○六	四九	加		一四	一九	
司非南增一	經	子	一九	五二	○七	子	一四	三○	一一	加		四四	二八	六
	緯	北	二五	○六	五二	北	九	○○	五九	加		一四	二○	

（續表）

黄道元枵宫恒星		黄道宫	黄道度	黄道分	黄道秒	赤道宫	赤道度	赤道分	赤道秒	赤道歲差	赤道歲差分	赤道歲差秒	赤道歲差微	星等
壘壁陣四	經	子	一九	五八	一四	子	二三	一三	四〇	加		五〇	三〇	三
	緯	南	二	三三	一九	南	一七	一五	二七	減		一六	二一	
天津西增十七	經	子	二〇	一三	一七	子	六	四五	四八	加		三七	〇六	六
	緯	北	四七	五七	一六	北	三〇	四一	一五	加		一二	一六	
鶴九	經	子	二〇	一五	二三	亥	五	一四	三六	加		五四	三一	五
	緯	南	三〇	一一	一八	南	四二	五七	一六	減		一八	三一	
鳥喙五	經	子	二〇	二八	二九	戌	七	二五	〇九	加		四〇	二三	五
	緯	南	五九	四六	五三	南	六六	五七	〇九	減		二〇	〇八	
天壘城一	經	子	二〇	三二	一六	子	二一	〇一	一五	加		四八	四五	五
	緯	北	五	五九	一四	南	八	五九	一四	減		一五	五三	
天津西增十二	經	子	二〇	四五	五七	子	四	五二	四四	加		三四	五〇	六
	緯	北	五三	〇七	〇六	北	三五	三七	〇二	加		一一	四二	
司非二	經	子	二〇	五二	五〇	子	一五	二九	〇七	加		四四	三〇	四
	緯	北	二四	四七	五七	北	九	〇〇	〇七	加		一四	三四	
天津一	經	子	二一	一七	五一	子	三	一四	二四	加		三二	四八	三
	緯	北	五七	〇九	二〇	北	三九	二七	〇六	加		一一	一三	
天壘城五	經	子	二一	二一	五八	子	二三	〇六	二四	加		四九	二七	六
	緯	北	一	五八	二四	南	一二	三二	一一	減		一六	二一	
天津西增十三	經	子	二一	二二	一八	子	五	五八	五〇	加		三五	三二	六
	緯	北	五一	三八	一六	北	三四	二三	一二	加		一二	〇一	
天壘城四	經	子	二一	二六	〇四	子	二三	一〇	四二	加		四九	二六	五
	緯	北	一	五七	二四	南	一二	三一	四九	減		一六	二一	

（續表）

黃道元枵宮恒星		黃道宮	黃道度	黃道分	黃道秒	赤道宮	赤道度	赤道分	赤道秒	赤道歲差	分	秒	微	星等
人西增一	經	子	二二	三〇	〇四	子	一一	四一	四八	加		四〇	五一	六
	緯	北	三七	三九	四二	北	二一	二〇	五一	加		一三	三七	
天津西增十一	經	子	二一	三五	五四	子	五	一八	〇七	加		三四	四三	六
	緯	北	五三	二五	二四	北	三六	〇五	二二	加		一一	四九	
司危二	經	子	二一	三六	〇五	子	一七	〇五	四五	加		四五	一三	六
	緯	北	二一	四二	五三	北	六	一六	四九	加		一五	〇〇	
天津西增十	經	子	二一	三六	五八	子	四	三〇	二三	加		三三	五二	六
	緯	北	五五	〇四	四六	北	三七	三七	〇五	加		一一	三七	
天津西增十八	經	子	二一	三九	五五	子	七	三八	三六	加		三六	五七	六
	緯	北	四八	二一	一三	北	三一	二四	二八	加		二二	三〇	
羽林軍六	經	子	二一	四八	二〇	子	二九	五五	〇〇	加		五二	一八	四
	緯	南	一五	四〇	四〇	南	二九	〇一	〇二	減		一七	四〇	
天壘城二	經	子	二二	五〇	三一	子	二二	四九	五七	加		四八	五六	六
	緯	北	四一	三五	五一	南	一〇	一四	四二	減		一六	一六	
司危一	經	子	二二	五二	〇二	子	一七	三二	二九	加		四五	二四	四
	緯	北	二一	〇三	〇六	北	五	四三	四五	加		一五	〇四	
天津西增二十四	經	子	二二	〇三	一二	子	一〇	一六	三二	加		三九	一〇	六
	緯	北	四三	三七	〇九	北	二六	〇九	〇〇	加		二三	一四	
天壘城三	經	子	二三	〇四	三一	子	二三	〇九	〇〇	加		四八	五八	六
	緯	北	三	五六	三八	南	一〇	二六	三四	減		一六	二二	
天津西增十九	經	子	二二	〇六	二九	子	八	四四	五六	加		三七	四二	六
	緯	北	四六	三〇	二六	北	二九	四七	五〇	加		一二	四八	

（續表）

黄道元枵宫恒星		黄道宫	黄道度	黄道分	黄道秒	赤道宫	赤道度	赤道分	赤道秒	赤道歲差宫	赤道歲差分	赤道歲差秒	赤道歲差微	星等
哭一	經	子	二二	一四	一二	子	二四	四九	三二	加		四九	四八	五
	緯	南	〇	三九	一〇	南	一四	四四	三一	減		一六	四二	
鳥喙四	經	子	二二	五七	四二	戌	四	四九	一〇	加		四三	〇〇	三
	緯	南	五七	一五	三八	南	六四	一九	三八	減		二〇	一五	
羽林軍一	經	子	二三	〇九	五七	子	二七	〇六	三三	加		五〇	一九	六
	緯	南	四	三七	二九	南	一八	一一	〇一	減		一七	〇九	
天津西增二十五	經	子	二三	一三	二九	子	一〇	五三	五二	加		三八	五六	五
	緯	北	四三	一八	四二	北	二七	〇六	〇五	加		一三	二四	
敗臼内增一	經	子	二三	三四	五五	亥	四	一一	四七	加		五二	三一	三
	緯	南	二一	一八	三〇	南	三三	三七	一三	減		一八	二二	
司命一	經	子	二三	三五	五七	子	二一	三六	二三	加		四七	〇一	六
	緯	北	一三	一二	二八	南	一	一一	〇一	減		一六	〇〇	
羽林軍二	經	子	二四	〇四	五一	子	二八	四四	〇一	加		五〇	三〇	六
	緯	南	六	三七	四七	南	一九	四五	三九	減		一七	二七	
天津九	經	子	二四	〇七	五三	子	八	五六	一三	加		三六	三一	三
	緯	北	四九	二六	二一	北	三三	〇一	二二	加		一二	五〇	
羽林軍三	經	子	二四	一九	二二	亥	〇	〇一	三四	加		五〇	五一	六
	緯	南	九	二七	四五	南	二三	二〇	〇七	減		一七	四一	
羽林軍七	經	子	二四	二一	〇〇	亥	二	二六	三二	加		五一	四〇	五
	緯	南	一五	三〇	〇〇	南	二七	五七	四八	減		一八	〇六	
司禄二	經	子	二四	二三	五六	子	二一	三七	五〇	加		四六	三〇	六
	緯	北	一五	二一	四〇	北	一	〇五	五七	加		一六	〇二	

（續表）

黃道元枵宮恒星		黃道宮	黃道度	黃道分	黃道秒	赤道宮	赤道度	赤道分	赤道秒	加減	赤道歲差分	赤道歲差秒	赤道歲差微	星等
司祿内增二	經	子	二四	二三	二七	子	二一	三八	一六	加		四六	三〇	六
	緯	北	一五	二一	四七	北	一	〇六	一三	加		一六	〇二	
奚仲東增三	經	子	二四	二九	一二	丑	二八	三一	二四	加		二五	五六	六
	緯	北	六七	三三	四〇	北	四九	二四	三四	加		九	四七	
天津三	經	子	二四	三一	一九	子	一	一七	五二	加		二八	四五	四
	緯	北	六三	四三	二九	北	四六	〇三	二四	加		一〇	三九	
天津内增三十八	經	子	二四	三二	五五	子	一	二二	二六	加		二八	四九	五
	緯	北	六三	三八	〇三	北	四五	五八	五六	加		一〇	三九	
司命二	經	子	二四	四一	三〇	子	二二	一六	四八	加		四六	四三	六
	緯	北	一四	一三	五五	北	〇	〇七	四二	加		一六	一〇	
鶴七	經	子	二四	五一	五一	亥	一三	五三	〇五	加		五二	三三	五
	緯	南	三六	一一	三四	南	四六	三六	三一	減		一九	三五	
羽林軍五	經	子	二四	五六	五四	亥	二	一七	二八	加		五一	一八	五
	緯	南	一三	三九	一一	南	二六	〇一	五六	減		一八	〇三	
奚仲東增二	經	子	二五	〇〇	三四	丑	二六	〇二	五六	加		二三	〇五	五
	緯	北	七〇	五三	二六	北	五二	二一	二四	加		八	五九	
壘壁陣五	經	子	二五	〇九	〇一	子	二八	〇九	〇二	加		四九	三七	四
	緯	南	二	〇三	一五	南	一五	〇五	四五	減		一七	二一	
鶴八	經	子	二五	一二	四三	亥	一三	〇二	二四	加		五二	三〇	五
	緯	南	三四	二三	五四	南	四四	五三	二四	減		一九	二九	
蛇腹四	經	子	二五	二〇	四六	戌	二七	一五	二八	加		二三	三九	五
	緯	南	六七	〇八	三六	南	六八	五六	〇四	減		一八	〇二	

（續表）

黃道元枵宮恒星		黃道 宮	度	分	秒	赤道 宮	度	分	秒		赤道歲差 分	秒	微	星等
危宿西增二	經	子	二五	二一	五五	子	二二	二四	二三	加		四五	四六	六
	緯	北	一八	四六	○五	北	四	三七	三五	加		一五	五五	
危宿西增一	經	子	二五	二八	四一	子	二一	一三	一二	加		四五	三二	六
	緯	北	一九	三八	一四	北	五	二八	五六	加		一五	五五	
蛇腹三	經	子	二五	三一	二三	酉	四	二九	五八	加		一五	三四	四
	緯	南	六九	五○	四六	南	六九	五○	二六	減		一六	四三	
人西增二	經	子	二五	三六	三六	子	一四	五一	二五	加		四○	四四	六
	緯	北	三七	五九	五○	北	二三	四七	○五	加		一四	二五	
羽林軍四	經	子	二五	四四	三八	亥	一	五一	五六	加		五○	四三	五
	緯	南	一○	三三	四五	南	二三	五二	○九	減		一八	○○	
危宿西增三	經	子	二六	○六	一一	子	二三	一二	一四	加		四五	四七	六
	緯	北	一八	二一	三六	北	四	二八	二一	加		一六	○七	
天津内增三十	經	子	二六	一一	四七	子	九	二○	二一	加		三五	三二	四
	緯	北	五一	三八	三七	北	三五	三三	五九	加		一二	五八	
天津北增三十七	經	子	二六	一六	五八	子	一	五二	二八	加		二八	一八	五
	緯	北	六四	一八	五三	北	四六	五六	三五	加		一○	四九	
司禄南增一	經	子	二六	二四	二一	子	二三	三三	二○	加		四六	二六	六
	緯	北	一五	○六	五九	北	一	三○	三一	加		一六	二六	
司禄一	經	子	二六	二四	三九	子	二三	三三	三一	加		四六	二六	六
	緯	北	一五	○七	一四	北	一	三○	五一	加		一六	二六	
人二	經	子	二六	四三	三九	子	一七	三二	二四	加		四二	○八	四
	緯	北	三三	一八	三九	北	一八	四三	二四	加		一五	○四	

（續表）

黄道元枵宫恒星		黄道宫	黄道度	黄道分	黄道秒	赤道宫	赤道度	赤道分	赤道秒		赤道歲差分	赤道歲差秒	赤道歲差微	星等
哭二	經	子	二六	五四	五八	子	二九	一三	五四	加		四九	〇五	六
	緯	南	〇	一五	三七	南	一二	四八	二九	減		一七	三三	
泣西增一	經	子	二七	〇一	二三	子	二七	二九	二三	加		四八	一四	六
	緯	北	五	〇四	四八	南	七	四四	五六	減		一七	一三	
敗臼四	經	子	二七	〇七	五〇	亥	六	五九	五三	加		五一	二三	五
	緯	南	一九	三〇	五〇	南	三〇	四〇	四一	減		一八	四六	
哭東增四	經	子	二七	〇九	一四	子	二九	一二	四七	加		四八	五七	六
	緯	北	〇	二六	四三	南	二二	〇三	四九	減		一七	三二	
敗臼三	經	子	二七	四三	二六	亥	九	三一	三八	加		五一	三〇	五
	緯	南	二三	三六	一〇	南	三四	一二	三四	減		一九	〇五	
羽林軍八	經	子	二七	四三	四〇	亥	六	三五	二一	加		五三	〇三	三
	緯	南	一七	一四	一八	南	二八	二一	三七	減		一八	四三	
泣西增二	經	子	二七	四九	三三	子	二八	五八	〇二	加		四八	二七	六
	緯	北	二	五九	四八	南	九	二六	一一	減		一七	三〇	
羽林軍十八	經	子	二八	一二	四六	亥	一	一九	〇二	加		四九	一五	六
	緯	南	二	三六	〇五	南	一四	三三	二〇	減		一七	五四	
蛇腹二	經	子	二八	一六	二〇	酉	九	〇六	一九	加		二二	五三	四
	緯	南	七一	一四	四九	南	六九	二三	〇一	減		一五	四五	
危宿三	經	子	二八	一八	三二	子	二三	五三	一七	加		四四	五三	三
	緯	北	二二	〇七	一六	北	八	四二	四〇	加		一六	一六	
蓋屋一	經	子	二八	三二	一九	子	二七	三〇	五一	加		四七	一五	五
	緯	北	九	一〇	五八	南	三	二二	四五	減		一七	一二	

（續表）

黃道元枵宮恒星	黃道 經 宮	黃道 經 度	黃道 經 分	黃道 經 秒	黃道 緯 宮	黃道 緯 度	黃道 緯 分	黃道 緯 秒	赤道 經 宮	赤道 經 度	赤道 經 分	赤道 經 秒	赤道 緯 宮	赤道 緯 度	赤道 緯 分	赤道 緯 秒	赤道歲差 經	赤道歲差 經 分	赤道歲差 經 秒	赤道歲差 經 微	赤道歲差 緯	赤道歲差 緯 分	赤道歲差 緯 秒	赤道歲差 緯 微	星等
天綱	子	二八	三五	一五	南	二三	三六	〇七	亥	一〇	二三	五四	南	二三	五三	〇七	加		五一	一五	減		一九	一一	五
羽林軍十五	子	二八	三八	二三	南	六	二八	三六	亥	三	〇九	三八	南	一八	〇一	四七	加		四九	四二	減		一八	一二	六
羽林軍十一	子	二八	五六	四二	南	一〇	五一	四二	亥	五	〇九	一四	南	二二	〇〇	二三	加		五〇	〇八	減		一八	三〇	五
羽林軍九	子	二八	五八	一六	南	二〇	二六	三六	亥	九	一六	二七	南	三〇	五一	〇七	加		五〇	五八	減		一九	〇四	六
危宿西增四	子	二九	〇〇	二一	北	一一	五八	二一	子	二六	五九	四〇	南	〇	三六	〇一	加		四六	五二	減		一七	〇八	六
蓋屋二	子	二九	二〇	四〇	北	一〇	一三	一四	子	二七	五四	二四	南	二	〇七	五七	加		四七	〇九	減		一七	一八	六
羽林軍十七	子	二九	二二	〇五	南	三	一七	四二	亥	二	四一	一〇	南	一四	四七	五四	加		四九	一一	減		一八	〇七	六
天津八	子	二九	二九	三六	北	四三	四三	一三	子	一五	三〇	〇〇	北	二九	一一	二三	加		三八	五〇	加		一四	三四	三
羽林軍十	子	二九	三〇	五〇	南	一六	〇〇	一〇	亥	七	五〇	一三	南	二六	三三	四六	加		五〇	三一	減		一八	五三	六
泣二	子	二九	四〇	四四	北	二	四三	四七	亥	〇	四九	一三	南	九	〇二	五四	加		四八	一八	減		一七	四九	四
危宿一	子	二九	四七	一六	北	一〇	四〇	三八	子	二八	〇九	三三	南	一	三三	一四	加		四七	〇三	減		一七	二〇	三

（續表）

黃道元枵宮恒星		黃道宮	度	分	秒	赤道宮	度	分	秒	赤道歲差	分	秒	微	星等
火鳥三	經	子	二九	五九	〇〇	亥	二〇	五四	一六	加		五〇	〇一	四
	緯	南	三八	四七	〇〇	南	四六	五二	三八	減		二〇	〇六	

清・戴進賢《儀象考成》卷四《恒星黃赤經緯度表三》 黃道娵訾宮赤道度附

黃道娵訾宮恒星		黃道宮	度	分	秒	赤道宮	度	分	秒	赤道歲差	分	秒	微	星等
火鳥内增一	經	亥	〇	〇一	五六	亥	二〇	五八	四八	加		五〇	〇一	四
	緯	南	三八	四九	一一	南	四六	五三	二一	減		二〇	〇五	
北落師門	經	亥	〇	一三	五九	亥	一〇	四九	五六	加		五〇	四〇	一
	緯	南	二一	〇四	五四	南	三〇	五七	五一	減		一九	一五	
羽林軍十六	經	亥	〇	一七	四一	亥	四	〇八	三三	加		四九	一四	六
	緯	南	四	四八	三三	南	一五	五二	五五	減		一八	二〇	
泣一	經	亥	〇	二七	〇七	亥	一	四〇	二一	加		四八	一七	五
	緯	北	二	二三	三〇	南	九	〇五	四一	減		一七	五八	
羽林軍十四	經	亥	〇	二八	一五	亥	五	三〇	〇一	加		四九	三四	六
	緯	南	七	五八	三一	南	一八	四六	〇八	減		一八	三四	
人内增三	經	亥	〇	三四	三二	子	二一	二五	五〇	加		四二	三七	六
	緯	北	三一	二八	三五	北	一八	一〇	三四	加		一五	五九	
人一	經	亥	〇	三四	五七	子	一九	三五	一二	加		四一	一八	四
	緯	北	三六	〇九	三〇	北	二二	三一	三九	加		一五	三三	
虛梁一	經	亥	〇	三六	五五	亥	〇	五五	二九	加		四七	五三	六
	緯	北	四	五六	三〇	南	六	三八	五七	減		一七	五〇	

（續表）

黄道娵訾宫恒星		黄道宫	黄道度	黄道分	黄道秒	赤道宫	赤道度	赤道分	赤道秒	赤道歲差	赤道歲差分	赤道歲差秒	赤道歲差微	星等
壘壁陣内增一	經	亥	〇	四三	一六	亥	三	一六	三七	加		四八	四九	六
	緯	南	一	二一	二五	南	一二	三〇	二三	減		一八	一三	
危宿内增七	經	亥	一	〇一	二一	子	二六	四九	〇五	加		四五	四一	五
	緯	北	一七	四六	二〇	北	五	三〇	五六	加		一七	〇五	
蛇腹一	經	亥	一	〇五	〇四	酉	一〇	三八	二〇	加		一三	〇八	五
	緯	南	七一	三三	〇八	南	六八	三五	四〇	減		一五	二四	
火鳥三	經	亥	一	一七	四五	亥	二〇	一七	二一	加		四九	五六	四
	緯	南	三六	〇五	〇三	南	四四	〇〇	五八	減		二〇	〇三	
人四	經	亥	一	二六	〇四	子	二三	〇四	五二	加		四三	一四	四
	緯	北	二九	〇三	四九	北	一六	一一	〇六	加		一六	一九	
水委三	經	亥	一	三八	一〇	戌	七	四九	三七	加		四二	〇二	三
	緯	南	五四	二四	一六	南	五八	五二	〇九	減		二〇	〇八	
羽林軍十三	經	亥	一	三九	五五	亥	七	二七	〇一	加		四九	三五	六
	緯	南	九	五六	二四	南	二〇	〇九	二八	減		一八	四五	
危宿内增六	經	亥	一	四三	〇六	子	二八	一〇	二五	加		四六	〇二	五
	緯	北	一五	四二	〇一	北	三	四八	三三	加		一七	二一	
天津四	經	亥	一	四六	三二	子	八	〇七	五九	加		三一	〇七	二
	緯	北	五九	五六	三七	北	四四	二三	〇一	加		一二	三七	
壘壁陣六	經	亥	一	四八	五四	亥	四	一六	〇八	加		四八	三五	五
	緯	南	一	一二	三三	南	一一	五八	三八	減		一八	二三	
危宿東增八	經	亥	一	五一	三九	子	二七	〇五	三五	加		四五	二三	六
	緯	北	一九	〇六	三六	北	七	〇二	五一	加		一七	〇八	

（續　表）

黃道娵訾宮恒星		黃道宮	黃道度	黃道分	黃道秒	赤道宮	赤道度	赤道分	赤道秒	赤道歲差	分	秒	微	星等
羽林軍十九	經	亥	一	五八	一〇	亥	四	三一	三九	加		四八	三六	六
	緯	南	一	三〇	四〇	南	一二	一三	一三	減		一八	二四	
天津東增三十六	經	亥	二	〇七	一七	子	四	四八	〇八	加		二七	五二	五
	緯	北	六四	四一	四六	北	四八	三三	〇一	加		一一	三九	
羽林軍十二	經	亥	二	一四	五四	亥	八	二七	四〇	加		四八	四五	六
	緯	南	一一	〇〇	四〇	南	二〇	五七	五八	減		二〇	四八	
危宿北增十一	經	亥	二	二〇	二〇	子	二六	〇五	五九	加		四四	三五	六
	緯	北	二三	〇一	四六	北	一〇	五二	〇七	加		一六	五六	
虛梁二	經	亥	二	二六	四八	亥	二	四一	一二	加		四七	四四	六
	緯	北	四	四九	一一	南	六	〇七	一三	減		一八	〇八	
天津東增三十五	經	亥	二	三一	〇七	子	五	三一	三三	加		二八	一九	五
	緯	北	六四	〇三	五一	北	四八	〇六	二一	加		一一	五二	
天津五	經	亥	二	三六	二一	子	一一	五三	二九	加		三四	〇一	四
	緯	北	五四	五六	二五	北	四〇	一一	五五	加		一三	三八	
天津內增二十九	經	亥	二	四五	〇三	子	一三	四五	五〇	加		三五	三三	六
	緯	北	五一	五〇	三五	北	二七	二七	五六	加		一四	〇七	
人南增四	經	亥	二	四九	〇四	子	二四	二八	一七	加		四三	二一	六
	緯	北	二八	二八	五八	北	一六	〇六	一七	加		一六	三六	
天津東增三十一	經	亥	三	〇七	五六	子	一〇	一三	四七	加		三二	一五	六
	緯	北	五八	〇五	三一	北	四三	〇六	三七	加		一三	一一	
墳墓二	經	亥	三	〇八	一一	亥	二	〇六	二六	加		四七	一一	三
	緯	北	八	一四	四九	南	二	四〇	二四	減		一八	〇一	

（續表）

黃道娵訾宮恒星		黃道宮	黃道度	黃道分	黃道秒	赤道宮	赤道度	赤道分	赤道秒	赤道歲差	赤道歲差分	赤道歲差秒	赤道歲差微	星等
危宿二	經	亥	三	一三	四六	子	二九	一八	〇〇	加		四五	五二	四
	緯	北	一六	二一	四八	北	四	五六	三八	加		一七	三三	
天津東增三十四	經	亥	三	一六	〇四	子	五	五一	二七	加		二八	一五	五
	緯	北	六四	一〇	〇七	北	四八	三三	〇六	加		一一	五八	
危宿北增九	經	亥	三	三六	四一	子	二七	四〇	〇二	加		四四	四九	五
	緯	北	二一	四七	五七	北	一〇	〇八	四五	加		一七	一五	
火鳥一	經	亥	三	三七	五〇	亥	一九	四六	三四	加		四九	三五	五
	緯	南	三一	三九	五五	南	三九	一二	二四	減		二〇	〇二	
天津七	經	亥	三	四二	二九	子	一六	五〇	〇三	加		三七	〇八	五
	緯	北	四七	二九	一〇	北	三三	五〇	〇二	加		一四	五四	
危宿北增十	經	亥	三	四六	四二	子	二七	〇八	一四	加		四四	二七	六
	緯	北	二三	三七	二〇	北	一一	五四	〇〇	加		一七	〇九	
羽林軍二十	經	亥	三	四七	三三	亥	六	一一	〇七	加		四八	三三	六
	緯	南	一	一八	一〇	南	一一	二〇	五七	減		一八	三九	
人三	經	亥	四	一九	一七	子	二三	二九	三〇	加		四一	五八	六
	緯	北	三四	〇五	一〇	北	二一	四六	四二	加		一六	二四	
天津東增三十二	經	亥	四	二四	一九	子	一一	〇二	一八	加		三二	一六	六
	緯	北	五八	〇五	一三	北	四三	二六	〇九	加		一三	二五	
羽林軍二十五	經	亥	四	二五	二四	亥	八	三三	一〇	加		四八	四五	五
	緯	南	五	五五	〇四	南	一五	二四	二六	減		一八	五八	
羽林軍三十	經	亥	四	四四	四四	亥	一三	一三	一七	加		四九	二七	六
	緯	南	一六	三四	三四	南	二五	〇七	三二	減		一九	三〇	

（續表）

黄道娵訾宫恒星		黄道宫	黄道度	黄道分	黄道秒	赤道宫	赤道度	赤道分	赤道秒	赤道歲差 加減	赤道歲差 分	赤道歲差 秒	赤道歲差 微	星等
羽林軍二十一	經	亥	四	五二	二〇	亥	七	二四	〇三	加		四八	一九	六
	緯	南	一	四八	五〇	南	一一	二五	四五	減		一八	四六	
天津東增三十三	經	亥	四	五三	五四	子	一〇	〇一	五六	加		三二	〇八	六
	緯	北	五九	五七	一〇	北	四五	一〇	三四	加		一三	〇八	
天津六	經	亥	五	〇一	三八	子	一六	〇七	五四	加		三六	一二	四
	緯	北	五〇	三二	四〇	北	三六	五七	三七	加		一四	四三	
墳墓四	經	亥	五	〇一	五一	亥	三	〇二	五八	加		四六	四四	五
	緯	北	一〇	二九	〇八	北	〇	〇五	一一	加		一八	一一	
羽林軍二十四	經	亥	五	〇一	五二	亥	九	〇〇	四二	加		四八	四〇	五
	緯	南	五	三八	四二	南	一四	五五	四二	減		一九	〇一	
羽林軍二十七	經	亥	五	一〇	一一	亥	一〇	一八	三七	加		四八	五三	六
	緯	南	八	三七	〇一	南	一七	三七	四七	減		一九	一一	
羽林軍二十六	經	亥	五	一八	四九	亥	一〇	一六	四一	加		四八	四九	三
	緯	南	八	一一	一七	南	一七	一〇	四四	減		一九	一一	
墳墓一	經	亥	五	一九	三一	亥	三	五四	二九	加		四六	五九	四
	緯	北	八	五一	三六	南	一	一九	二六	減		一八	一九	
臼二	經	亥	五	二三	一〇	子	一三	一五	〇七	加		四一	一六	四
	緯	北	三六	三九	〇五	北	二四	二八	二三	加		一六	二一	
奚仲東增七	經	亥	五	三三	二四	丑	二七	〇一	二〇	加		一九	〇〇	六
	緯	北	七四	一〇	一五	北	五六	五二	〇七	加		九	一六	
危宿東增五	經	亥	五	三三	三〇	亥	一	五二	五一	加		四六	〇〇	六
	緯	北	一五	〇一	四七	北	四	三〇	三〇	加		一八	〇〇	

（續表）

黄道娵訾宫恒星		黄道宫	黄道度	黄道分	黄道秒	赤道宫	赤道度	赤道分	赤道秒	赤道歲差	分	秒	微	星等
虚梁三	經	亥	五	五一	一三	亥	六	○七	一六	加		四七	三三	五
	緯	北	四	○七	四七	南	五	三二	二三	減		一八	三九	
羽林軍二十二	經	亥	五	五五	四六	亥	八	四五	一五	加		四八	一七	六
	緯	南	二	四四	三六	南	一一	五四	○七	減		一九	○○	
墳墓南增四	經	亥	五	五七	二六	亥	五	一一	三六	加		四七	一一	六
	緯	北	六	五五	四七	南	二	五三	四二	減		一八	三一	
羽林軍二十九	經	亥	五	五九	五三	亥	一四	○三	○二	加		四九	○九	五
	緯	南	一五	四一	五五	南	二三	五○	三○	減		一九	三五	
火鳥四	經	亥	六	○○	二○	亥	二九	○二	二六	加		四七	○○	三
	緯	南	四一	五四	三八	南	四七	○九	三一	減		二○	二○	
壘壁陣北增二	經	亥	六	○五	○九	亥	七	二七	四七	加		四七	五二	六
	緯	北	一	○五	○九	南	八	一七	一一	減		一八	四九	
羽林軍二十八	經	亥	六	二五	五三	亥	一三	五六	四○	加		四九	○三	四
	緯	南	一四	二九	○七	南	二三	三三	四三	減		一九	三五	
墳墓北增一	經	亥	六	二七	四五	亥	三	二二	五一	加		四六	一六	六
	緯	北	一三	○九	五六	北	三	○五	三三	加		一八	一四	
奚仲東增六	經	亥	六	三二	三四	丑	二七	一三	四六	加		一八	四四	六
	緯	北	七四	一八	○○	北	五七	○八	四二	加		九	一六	
羽林軍二十三	經	亥	六	三九	二三	亥	九	五九	四三	加		四八	一九	六
	緯	南	四	一一	○八	南	一二	五八	○七	減		一九	○九	
天津東增二十八	經	亥	六	四八	四九	子	一六	四九	四九	加		三五	四八	四
	緯	北	五一	三○	四五	北	三八	二○	一○	加		一四	五四	

(續表)

黃道娵訾宮恒星		黃道宮	黃道度	黃道分	黃道秒	赤道宮	赤道度	赤道分	赤道秒	赤道歲差加減	赤道歲差分	赤道歲差秒	赤道歲差微	星等
墳墓三	經	亥	六	四九	五三	亥	五	三三	○一	加		四六	五七	四
	緯	北	八	○九	四二	南	一	二五	五四	減		一八	三五	
臼一	經	亥	六	五三	○○	子	二三	○九	三九	加		四○	二五	三
	緯	北	三九	三二	一六	北	二七	三五	四○	加		一六	二○	
墳墓北增二	經	亥	六	五三	五五	亥	三	四二	一八	加		四六	一三	六
	緯	北	一三	二一	○九	北	三	二五	一九	加		一八	一八	
車府六	經	亥	七	一七	○三	子	一三	五四	○二	加		三三	○九	四
	緯	北	五六	三六	○五	北	四二	五五	二一	加		一四	一○	
墳墓北增三	經	亥	七	一八	一六	亥	四	一四	四五	加		四六	一六	六
	緯	北	一二	五三	二八	北	三	○八	一八	加		一八	三三	
天津東增二十六	經	亥	七	二六	四○	子	一九	○三	五八	加		三七	一一	六
	緯	北	四八	二五	○八	北	三五	四六	三五	加		一五	二五	
臼内增三	經	亥	七	三九	二七	子	二五	二○	三三	加		四一	二八	六
	緯	北	三六	○七	○七	北	二四	四三	三二	加		一六	四七	
天津東增二十七	經	亥	七	四六	一五	子	一九	一二	四三	加		三七	○九	六
	緯	北	四八	三四	五五	北	三六	○一	一一	加		一五	二八	
火鳥八	經	亥	七	五五	三三	戌	四	三九	二七	加		四四	四○	四
	緯	南	四六	三一	○五	南	五○	一三	二三	減		二○	一四	
壘壁陣七	經	亥	七	五九	四一	亥	九	四八	二六	加		四七	五一	四
	緯	南	○	二三	○○	南	八	五六	三二	減		一九	○六	
車府北增一	經	亥	八	○二	三二	子	八	三四	五五	加		二八	一三	六
	緯	北	六四	○四	一八	北	四九	二六	一七	加		一二	四五	

（續表）

黃道娵訾宮恒星		黃道宮	黃道度	黃道分	黃道秒	赤道宮	赤道度	赤道分	赤道秒		赤道歲差分	赤道歲差秒	赤道歲差微	星等
蛇首一	經	亥	八	一八	四四	戌	二七	三一	四九	加		二八	二六	三
	緯	南	六四	一〇	二〇	南	六二	五〇	一四	減		一七	五九	
土公吏一	經	亥	八	二二	五二	亥	二	一三	〇五	加		四四	五七	六
	緯	北	二〇	五一	四二	北	一〇	五五	一〇	加		一八	〇二	
車府内增三	經	亥	八	二七	一〇	子	一三	〇二	四六	加		三一	五〇	六
	緯	北	五八	五〇	一九	北	四五	〇九	四五	加		一三	五七	
壘壁陣北增三	經	亥	八	三五	三四	亥	一〇	一八	一三	加		四七	四五	六
	緯	南	〇	一二	四四	南	八	三三	三五	減		一九	一一	
水委二	經	亥	八	四一	四八	戌	一四	一九	〇一	加		三九	〇三	四
	緯	南	五五	〇五	二三	南	五六	三六	四九	減		一九	三九	
土公吏二	經	亥	八	五六	五七	亥	四	〇四	三一	加		四五	三三	六
	緯	北	一七	一八	五一	北	七	五〇	〇四	加		一八	二一	
臼内增二	經	亥	九	〇四	一〇	子	二五	一五	四一	加		四〇	四三	六
	緯	北	三八	四六	〇七	北	二七	三六	〇七	加		一六	四六	
扶筐北增二	經	亥	九	〇九	二七	丑	六	一二	三六	加		二	三七	六
	緯	北	八七	一四	二〇	北	六五	二四	二二	加		二	一三	
臼内增一	經	亥	九	一〇	一三	子	二四	三七	二八	加		四〇	一七	六
	緯	北	四〇	一五	四〇	北	二八	五九	一五	加		一六	三八	
臼南增四	經	亥	九	一六	三〇	子	二八	五八	〇四	加		四二	五三	六
	緯	北	三〇	五一	四二	北	二〇	二七	〇九	加		一七	二九	
臼南增五	經	亥	九	三三	五一	子	二九	三五	三〇	加		四三	〇六	六
	緯	北	二九	五七	四四	北	一九	四三	三四	加		一七	三六	

（續表）

黃道娵訾宮恒星		黃道宮	黃道度	黃道分	黃道秒	赤道宮	赤道度	赤道分	赤道秒	加減	赤道歲差分	赤道歲差秒	赤道歲差微	星等
車府五	經	亥	九	三四	〇九	子	一二	四五	四六	加		三一	〇二	五
	緯	北	六〇	〇六	一九	北	四六	三二	一一	加		一三	五一	
奚仲東增五	經	亥	九	三五	四一	丑	二七	五〇	〇〇	加		一七	五九	六
	緯	北	七四	四一	一五	北	五七	五九	一三	加		九	三三	
羽林軍三十四	經	亥	九	五三	四二	亥	一七	二三	〇二	加		四八	二七	五
	緯	南	一四	四六	二六	南	一一	二九	二二	減		一九	五一	
奚仲東增四	經	亥	一〇	〇七	四六	子	一	五三	一〇	加		二一	一七	五
	緯	北	七一	三七	四八	北	五五	五二	〇七	加		一〇	四七	
羽林軍三十三	經	亥	一〇	二〇	一三	亥	一八	〇九	〇一	加		四八	二三	五
	緯	南	一五	三四	一六	南	二三	〇二	四九	減		一九	五五	
虛梁四	經	亥	一〇	二七	三〇	亥	一一	一九	二四	加		四七	二七	六
	緯	北	一	四一	二九	南	六	〇五	三八	減		一九	一七	
車府南增八	經	亥	一〇	四四	二八	子	二一	〇三	三九	加		三七	〇二	六
	緯	北	四九	〇七	〇〇	北	三七	二四	〇六	加		一五	五四	
臼三	經	亥	一〇	四八	〇九	子	二八	四四	三七	加		四二	〇五	四
	緯	北	三四	一六	四八	北	二四	〇五	五八	加		一七	二五	
羽林軍四十二	經	亥	一〇	四九	一〇	亥	一二	五六	四九	加		四七	四二	六
	緯	南	一	四〇	一四	南	九	〇四	〇三	減		一九	二八	
火鳥五	經	亥	一〇	五二	三六	戌	二	五八	三五	加		四五	三七	四
	緯	南	四一	一五	四一	南	四四	四〇	〇六	減		二〇	一七	
羽林軍四十一	經	亥	一〇	五三	四一	亥	一三	〇七	四九	加		四六	四三	六
	緯	南	一	五七	四五	南	九	一八	三二	減		一九	二九	

黄道娵訾宫恒星		黄道宫	黄道度	黄道分	黄道秒	赤道宫	赤道度	赤道分	赤道秒	加減	赤道歲差分	赤道歲差秒	赤道歲差微	星等
羽林軍三十二	經	亥	一一	一五	五五	亥	一九	三三	二三	加		四八	一五	五
	緯	南	一六	四五	四八	南	二三	四六	二三	減		二〇	〇二	
羽林軍四十	經	亥	一一	三二	三〇	亥	一三	三二	四七	加		四七	三九	六
	緯	南	一一	五二	三四	南	九	〇二	四五	減		一九	三二	
水委一	經	亥	一一	三三	五六	戌	二一	五四	四〇	加		三四	一八	一
	緯	南	五九	一九	〇六	南	五八	三三	五五	減		一八	四九	
車府北增三	經	亥	一一	三五	四一	子	一四	二六	〇八	加		三一	二五	六
	緯	北	五九	三三	四〇	北	四六	三八	一五	加		一四	一七	
羽林軍三十六	經	亥	一一	四三	〇四	亥	一六	二四	二七	加		四八	〇〇	六
	緯	南	八	一八	〇二	南	一四	五〇	二〇	減		一九	四七	
羽林軍三十一	經	亥	一一	四九	一九	亥	一九	五八	一〇	加		四八	〇九	五
	緯	南	一六	三〇	二一	南	二二	一九	一一	減		二〇	〇二	
火鳥六	經	亥	一一	四九	四二	戌	三	一八	五八	加		四五	三三	二
	緯	南	四〇	三三	四五	南	四三	四一	四五	減		二〇	一八	
羽林軍三十五	經	亥	一一	五三	〇二	亥	一七	一八	四四	加		四八	〇二	六
	緯	南	一〇	〇七	五七	南	一六	二七	三三	減		一九	五一	
火鳥七	經	亥	一二	〇八	二四	戌	七	一二	五〇	加		四三	五一	四
	緯	南	四五	一四	〇六	南	四七	二九	五四	減		二〇	〇九	
杵三	經	亥	一二	二四	五七	子	二八	二八	二〇	加		四一	一三	六
	緯	北	三七	四〇	三四	北	二七	四三	四六	加		一七	二二	
雷電一	經	亥	一二	三四	〇六	亥	七	〇九	一八	加		四五	二八	三
	緯	北	一七	四二	〇三	北	九	三〇	二〇	加		一八	四五	

（續表）

黃道娵訾宮恒星		黃道宮	黃道度	黃道分	黃道秒	赤道宮	赤道度	赤道分	赤道秒	赤道歲差	赤道歲差分	赤道歲差秒	赤道歲差微	星等
離宮西增一	經	亥	一二	四〇	四六	亥	二	四九	〇四	加		四三	三〇	六
	緯	北	二八	三五	三一	北	一九	三三	二九	加		一八	〇八	
羽林軍三十九	經	亥	一二	四二	二八	亥	一五	三六	三三	加		四七	四〇	五
	緯	南	三	五八	〇三	南	一〇	二七	五二	減		一九	四三	
車府七	經	亥	一二	四六	二三	子	二一	三九	〇九	加		三六	二九	六
	緯	北	五〇	三二	〇二	北	三九	一六	三二	加		一六	〇〇	
霹靂西增一	經	亥	一二	四九	四八	亥	一一	五二	二五	加		四六	五二	六
	緯	南	六	〇一	〇九	南	一	一一	三二	減		一九	二一	
霹靂西增二	經	亥	一二	五一	二三	亥	一一	三四	三六	加		四六	四八	六
	緯	北	六	五一	三九	南	〇	二四	一五	減		一九	一九	
羽林軍三十八	經	亥	一三	〇九	一七	亥	一六	〇八	三六	加		四七	三九	五
	緯	南	四	一五	四五	南	一〇	三三	四八	減		一九	四五	
羽林軍三十七	經	亥	一三	一三	一六	亥	一六	二四	〇九	加		四七	四〇	五
	緯	南	四	四五	三九	南	一〇	五九	五〇	減		一九	四七	
夾白一	經	亥	一三	二六	〇七	申	一八	三一	〇〇	加		一	〇七	六
	緯	南	八五	二五	二九	南	六七	二四	五七	減		四	〇三	
羽林軍四十三	經	亥	一三	二八	五六	亥	一五	五三	一一	加		四七	三二	五
	緯	南	二	四九	五一	南	九	〇七	〇一	減		一九	四四	
壘壁陣八	經	亥	一三	三三	五七	亥	一五	一五	三二	加		四七	二五	五
	緯	南	一	〇一	二五	南	七	二五	〇四	減		一九	四一	
車府南增七	經	亥	一四	一六	五五	子	二二	四八	一七	加		三六	三七	六
	緯	北	五〇	二五	二一	北	三九	三九	一四	加		一六	一五	

（續表）

黄道娵訾宫恒星		黄道 宫	黄道 度	黄道 分	黄道 秒	赤道 宫	赤道 度	赤道 分	赤道 秒	赤道歲差	赤道歲差 分	赤道歲差 秒	赤道歲差 微	星等
雷電二	經	亥	一四	二二	一九	亥	八	二七	四八	加		四五	二一	五
	緯	北	一八	二七	一八	北	一〇	五一	五八	加		一八	五七	
離宮西增二	經	亥	一四	三三	四三	亥	五	〇二	四〇	加		四三	五〇	六
	緯	北	二七	〇九	三〇	北	一八	五五	一六	加		一八	二八	
車府南增六	經	亥	一四	四一	四九	子	二三	〇〇	一五	加		三六	三三	六
	緯	北	五〇	三四	二六	北	三九	五五	〇一	加		一六	一七	
雷電三	經	亥	一四	四二	〇一	亥	九	五〇	〇七	加		四五	四三	六
	緯	北	一五	四三	三四	北	八	二八	三〇	加		一九	〇七	
鈇鉞一	經	亥	一四	五四	四二	亥	二三	〇四	四四	加		四七	四二	五
	緯	南	一四	四〇	五六	南	一九	二六	二一	減		二〇	〇九	
雷電南增二	經	亥	一四	五九	〇六	亥	一〇	三四	一五	加		四五	五四	六
	緯	北	一四	三〇	〇六	北	七	二七	一三	加		一九	一二	
鈇鉞北增一	經	亥	一五	〇〇	〇〇	亥	二一	五二	〇三	加		四七	四二	六
	緯	南	一四	〇〇	〇〇	南	一八	四六	五三	減		二〇	〇八	
霹靂一	經	亥	一五	〇〇	五六	亥	一二	四二	四三	加		四六	三一	五
	緯	北	一九	〇三	一九	北	二	二六	三一	加		一九	二七	
霹靂南增三	經	亥	一五	二六	一八	亥	一三	五二	五三	加		四六	四一	六
	緯	北	七	〇一	三一	北	〇	四三	四八	加		一九	三四	
鈇鉞二	經	亥	一五	三三	二四	亥	二三	五三	四一	加		四七	三七	五
	緯	南	一五	一〇	一七	南	一九	三七	五一	減		二〇	一一	
鈇鉞南增二	經	亥	一五	三六	四〇	亥	二三	一〇	五〇	加		四七	三五	六
	緯	南	一五	四二	三六	南	一〇	〇六	〇二	減		二〇	一三	

（續表）

黃道娵訾宮恒星		黃道宮	黃道度	黃道分	黃道秒	赤道宮	赤道度	赤道分	赤道秒	赤道歲差	赤道歲差分	赤道歲差秒	赤道歲差微	星等
離宮西增三	經	亥	一五	四五	二九	亥	六	三六	五三	加		四四	○九	六
	緯	北	二五	五四	○二	北	一八	一二	二四	加		一八	四三	
杵西增一	經	亥	一五	四九	一五	子	二九	二八	○四	加		四○	二三	五
	緯	北	四一	○三	四五	北	三一	五五	四七	加		一七	三三	
臼四	經	亥	一五	五五	五六	亥	二	二一	五一	加		四二	○○	六
	緯	北	三五	三四	○三	北	三七	○二	四四	加		一八	○三	
杵二	經	亥	一六	○○	一三	子	二九	三八	五一	加		四○	二四	四
	緯	北	四○	五九	五二	北	三一	五六	○六	加		一七	三六	
車府内增五	經	亥	一六	○○	五二	子	二二	三一	二三	加		三五	三七	六
	緯	北	五二	三九	三○	北	四二	○七	三五	加		一六	一二	
離宮西增四	經	亥	一六	○二	三三	亥	六	五○	二四	加		四四	○九	六
	緯	北	二五	五六	五九	北	一八	二一	二○	加		一八	四五	
羽林軍四十四	經	亥	一六	○五	三○	亥	二一	三七	五三	加		四七	三四	五
	緯	南	一一	○一	四六	南	一五	三八	○○	減		二○	○七	
車府北增四	經	亥	一六	二四	四五	子	一九	五九	三二	加		三三	三二	六
	緯	北	五六	二五	三六	北	四五	二五	五○	加		一五	三八	
火鳥九	經	亥	一六	三六	三八	戌	一三	三一	一五	加		四一	二二	三
	緯	南	四八	一四	二七	南	四八	一二	四六	減		一九	四四	
羽林軍四十五	經	亥	一六	三七	一七	亥	二二	二二	○一	加		四七	三○	五
	緯	南	一一	三六	二三	南	一五	五七	○八	減		二○	○九	
車府四	經	亥	一六	三八	一八	子	二一	○五	一四	加		三四	一二	四
	緯	北	五五	一二	二一	北	四四	二八	四三	加		一五	五二	

（續表）

黃道娵訾宮恒星		黃道宮	黃道度	黃道分	黃道秒	赤道宮	赤道度	赤道分	赤道秒	赤道歲差	赤道歲差分	赤道歲差秒	赤道歲差微	星等
鈇鉞三	經	亥	一六	四三	一八	亥	二四	三二	三〇	加		四七	二六	六
	緯	南	一六	二六	五九	南	二〇	二〇	〇四	減		二〇	一五	
雷電北增一	經	亥	一七	〇六	五九	亥	一一	三四	五九	加		四五	三七	六
	緯	北	一六	四六	一八	北	一〇	二〇	四五	加		一九	一九	
離宮西增五	經	亥	一七	一四	三六	亥	八	一四	五二	加		四四	二一	六
	緯	北	二五	〇五	四八	北	一八	〇一	〇九	加		一八	五五	
蛇首二	經	亥	一七	四七	〇六	酉	二五	二一	四三	加		一〇	一三	五
	緯	南	七六	〇五	二三	南	六五	三四	五二	減		一一	三二	
霹靂二	經	亥	一七	四八	四四	亥	一五	五七	一七	加		四六	三七	四
	緯	北	七	一六	四三	北	一	五二	三七	加		一九	四五	
雷電四	經	亥	一七	五九	一六	亥	一三	三〇	四八	加		四五	五八	五
	緯	北	一三	五三	五二	北	八	〇二	〇九	加		一九	三一	
雷電南增三	經	亥	一八	一六	一九	亥	一四	〇八	一八	加		四六	〇三	六
	緯	北	一二	五八	一〇	北	七	一七	二八	加		一九	三六	
雲雨南增一	經	亥	一八	四一	四七	亥	一九	〇四	〇九	加		四六	五八	六
	緯	北	一	二二	五四	南	三	一二	三〇	減		一九	五九	
雷電南增四	經	亥	一八	四八	三二	亥	一四	四一	四〇	加		四六	〇六	六
	緯	北	一二	四七	二四	北	七	一九	五六	加		一九	三九	
雷電南增五	經	亥	一八	五一	三九	亥	一四	一六	二三	加		四五	五七	六
	緯	北	一三	五七	五八	北	八	二五	五八	加		一九	三六	
雲雨二	經	亥	一九	〇一	一五	亥	一九	〇五	五〇	加		四七	五六	六
	緯	北	二	〇四	二〇	南	二	二六	四六	減		一九	五九	

（續表）

黃道娵訾宮恒星		黃道宮	黃道度	黃道分	黃道秒	赤道宮	赤道度	赤道分	赤道秒		赤道歲差分	赤道歲差秒	赤道歲差微	星等
雲雨一	經	亥	一九	一九	三三	亥	一八	二七	〇〇	加		四六	四六	五
	緯	北	四	二六	二六	南	〇	〇八	五一	減		一九	五六	
雲雨内增四	經	亥	一九	二〇	二〇	亥	一八	三一	三二	加		四六	四七	六
	緯	北	四	一六	四〇	南	〇	一七	三二	減		一九	五七	
霹靂北增四	經	亥	一九	二七	一八	亥	一六	四九	四〇	加		四六	二七	五
	緯	北	八	五二	三五	北	三	五九	〇一	加		一九	四九	
八魁三	經	亥	一九	二三	〇九	亥	二六	〇二	一六	加		四七	一一	六
	緯	南	一四	一四	二五	南	一七	六	一一	減		二〇	一八	
離宮一	經	亥	一九	二八	四八	亥	八	三二	一四	加		四三	四五	四
	緯	北	二八	四八	一二	北	二三	一三	〇八	加		一八	五八	
雲雨南增三	經	亥	一九	三三	二八	亥	一九	四二	二六	加		四六	五五	六
	緯	北	一	四六	三六	南	二	三〇	二八	減		二〇	〇二	
天園一	經	亥	一九	五二	四一	戌	二〇	〇三	四〇	加		三八	一四	三
	緯	南	五二	三四	二六	南	五〇	二六	一〇	減		一九	〇四	
室宿一	經	亥	一九	五四	一三	亥	二二	五九	二三	加		四五	二〇	二
	緯	北	一九	二四	三七	北	一三	四九	二三	加		一九	二八	
雲雨南增二	經	亥	一九	五八	五八	亥	二〇	一四	二六	加		四六	五五	六
	緯	北	一	二四	五三	南	二	四〇	二五	減		二〇	〇三	
八魁二	經	亥	二〇	一〇	三七	亥	二七	三九	〇六	加		四七	〇一	四
	緯	南	一六	一四	二三	南	一八	四六	一〇	減		二〇	一九	
杵東增二	經	亥	二〇	二六	五一	亥	四	三三	五一	加		四一	三〇	六
	緯	北	三八	二九	〇八	北	三一	一五	五七	加		一八	三五	

（續表）

黄道娵訾宫恒星		黄道宫	黄道度	黄道分	黄道秒	赤道宫	赤道度	赤道分	赤道秒	赤道歲差	赤道歲差分	赤道歲差秒	赤道歲差微	星等
杵一	經	亥	二〇	二七	〇七	亥	一	一一	〇六	加		三九	三四	五
	緯	北	四四	二四	三〇	北	三六	二九	〇一	加		一九	五一	
騰蛇五	經	亥	二〇	三五	二〇	子	一八	五五	四九	加		三〇	四七	五
	緯	北	六〇	四一	一五	北	五〇	〇九	三八	加		一五	二三	
室宿西增一	經	亥	二〇	四一	三七	亥	一一	一二	一八	加		四四	二九	六
	緯	北	二五	一一	四七	北	一九	二三	五九	加		一九	一六	
離宫二	經	亥	二〇	四八	二〇	亥	九	二四	〇六	加		四三	四四	四
	緯	北	二九	二三	三二	北	二三	一四	四二	加		一九	〇四	
騰蛇六	經	亥	二一	一四	二五	子	一七	一〇	五四	加		二九	〇六	五
	緯	北	六二	四九	二二	北	五二	〇一	〇三	加		一四	五八	
雲雨内增五	經	亥	二一	一九	二三	亥	二〇	三五	五九	加		四六	四六	六
	緯	北	三	三七	五四	南	〇	〇六	三二	減		二〇	〇四	
離宫三	經	亥	二一	二〇	四三	亥	七	二五	〇五	加		四二	三九	五
	緯	北	三四	二五	四三	北	二七	五八	三一	加		一八	五〇	
霹靂三	經	亥	二一	三七	二七	亥	一八	四四	二八	加		四六	二六	五
	緯	北	九	〇一	五八	北	四	五八	二〇	加		一九	五七	
騰蛇北增一	經	亥	二一	二三	〇四	子	九	四七	五七	加		二二	五七	五
	緯	北	六九	一二	〇〇	北	五六	四四	一三	加		一三	〇四	
雲雨北增六	經	亥	二一	五〇	四六	亥	二〇	四九	五五	加		四六	四三	六
	緯	北	四	一五	三四	北	〇	四〇	二六	加		二〇	〇五	
八魁六	經	亥	二一	五七	一二	戌	〇	二四	一八	加		四六	四〇	五
	緯	南	一八	四五	五四	南	二〇	二一	二三	減		二〇	一九	

（續表）

黃道娵訾宮恒星		黃道宮	黃道度	黃道分	黃道秒	赤道宮	赤道度	赤道分	赤道秒	赤道歲差加減	赤道歲差分	赤道歲差秒	赤道歲差微	星等
離宮四	經	亥	二二	○九	一二	亥	七	四四	三○	加		四二	二四	三
	緯	北	三五	○七	○一	南	二八	五三	一八	加		一八	五一	
天園二	經	亥	二三	二三	二三	戌	二六	二一	二七	加		二四	四六	四
	緯	南	五六	五八	一七	南	五二	五四	四八	減		一八	一○	
壘壁陣北增四	經	亥	二二	三三	二一	亥	二三	四一	三八	加		三六	五七	五
	緯	南	一	一九	五○	南	四	一○	五二	減		二○	一二	
八魁一	經	亥	二二	四二	一二	亥	二九	三三	一五	加		四六	四七	五
	緯	南	一五	一六	○三	南	一六	五二	四二	減		二○	一九	
天鉤北增一	經	亥	二二	四五	○八	子	○	二四	四三	加		一四	四四	六
	緯	北	七五	四七	四六	北	六一	一五	三二	加		一○	二○	
雷電五	經	亥	二二	五五	二三	亥	一七	三一	五○	加		四五	五七	六
	緯	北	一四	五七	二五	北	一○	五四	四○	加		一九	五二	
雲雨四	經	亥	二三	○一	三六	亥	二三	一四	四六	加		四六	四五	五
	緯	北	三	二五	○七	北	○	二二	○○	加		二○	一○	
八魁四	經	亥	二三	一三	四○	亥	二七	五○	五七	加		四六	五四	六
	緯	南	一○	○五	○○	南	一一	五六	一四	減		二○	一八	
壘壁陣北增五	經	亥	二三	三二	四四	亥	二四	五六	五五	加		四六	五四	六
	緯	南	二	一一	三九	南	四	三五	五三	減		二○	一五	
雷電北增六	經	亥	二三	五一	一九	亥	一七	三五	五五	加		四五	四七	六
	緯	北	一六	四九	○八	北	一二	五八	三五	加		一九	五四	
螣蛇三	經	亥	二四	○二	一八	子	二四	二○	二五	加		三三	二五	五
	緯	北	五七	一二	○六	北	四八	二七	五二	加		一六	三四	

（續表）

黃道娵訾宮恒星		黃道宮	黃道度	黃道分	黃道秒	赤道宮	赤道度	赤道分	赤道秒		赤道歲差分	赤道歲差秒	赤道歲差微	星等
霹靂四	經	亥	二四	○三	三八	亥	二二	四一	二六	加		四六	三三	六
	緯	北	七	一二	一二	北	四	一四	五八	加		二○	○七	
雲雨三	經	亥	二四	二六	○七	亥	二四	○五	一八	加		四六	四七	六
	緯	北	二	○一	四七	南	○	二一	○五	減		二○	一四	
壘壁陣十二	經	亥	二四	一七	三六	亥	二七	一一	五五	加		四六	五二	五
	緯	南	五	四三	三三	南	七	二六	三○	減		二○	一八	
天鉤北增二	經	亥	二四	二七	五二	子	一	五○	三六	加		一五	○八	六
	緯	北	七五	一五	二○	北	六一	一八	一九	加		一○	四六	
火鳥十	經	亥	二四	二八	二七	戌	一九	一四	二一	加		四○	○六	三
	緯	南	四七	三三	一七	南	四四	三八	三八	減		一九	○八	
雷電六	經	亥	二四	三○	○六	亥	一九	○二	○八	加		四六	○一	五
	緯	北	一四	四五	二五	北	一一	二○	三八	加		二○	○○	
雲雨北增七	經	亥	二四	四一	五五	亥	二三	一九	五三	加		四六	四一	六
	緯	北	四	三二	四三	北	二	○三	四三	加		二○	一二	
壘壁陣九	經	亥	二四	四二	三四	亥	二六	二三	三三	加		四六	五二	五
	緯	南	三	○七	四九	南	四	五八	四一	減		二○	一八	
螣蛇四	經	亥	二四	四六	四五	子	二三	一五	二七	加		三二	一八	四
	緯	北	五八	五二	三七	北	五○	○一	五九	加		一六	二一	
室宿東增二	經	亥	二五	一三	四八	亥	一三	三八	五○	加		四四	一六	五
	緯	北	二八	二八	三○	北	二四	○五	二一	加		一九	三三	
壘壁陣十一	經	亥	二五	二一	三八	亥	二八	○三	二○	加		四六	五一	四
	緯	南	五	四六	五五	南	七	○九	○○	減		二○	一九	

（續表）

黄道娵訾宫恒星		黄道宫	黄道度	黄道分	黄道秒	赤道宫	赤道度	赤道分	赤道秒	赤道歲差	赤道歲差分	赤道歲差秒	赤道歲差微	星等
壘壁陣十	經	亥	二五	三八	○四	亥	二七	一○	三二	加		四六	五○	五
	緯	南	二	五七	四五	南	四	二七	二二	減		二○	一八	
雲雨東增九	經	亥	二五	四○	二四	亥	二四	五九	三八	加		四六	四五	六
	緯	北	二	三六	三○	北	○	四○	一五	加		二○	一五	
雲雨東增八	經	亥	二五	四四	四四	亥	二四	四二	四五	加		四六	四四	六
	緯	北	三	二八	五七	北	一	三○	○六	加		二○	一四	
室宿二	經	亥	二五	四七	一三	亥	一二	四九	五七	加		四三	四九	二
	緯	北	三一	○八	○六	北	二六	四一	二七	加		一九	二七	
車府南增十	經	亥	二六	二八	二八	亥	六	○七	三○	加		四○	二○	六
	緯	北	四四	○二	三一	北	三八	一八	五六	加		一八	三九	
離宫南增六	經	亥	二六	三五	○八	亥	一七	二八	五四	加		四五	一六	六
	緯	北	二三	四四	二二	北	一九	二五	四四	加		一九	五三	
八魁五	經	亥	二六	四一	二三	戌	二	二五	四七	加		四六	三三	六
	緯	南	一三	二七	一五	南	一三	三八	一五	減		二○	一八	
霹靂北增五	經	亥	二六	四五	一九	亥	二二	三三	五三	加		四六	二三	六
	緯	北	一一	○七	四○	北	八	五四	三六	加		二○	一○	
車府南增十一	經	亥	二六	四九	三六	亥	六	五六	一八	加		四○	三九	六
	緯	北	四三	一二	三四	北	三七	四三	三二	加		一八	四五	
天鉤北增三	經	亥	二六	五七	三三	子	三	四九	○四	加		一五	三九	六
	緯	北	七四	三三	一○	北	六一	二七	○六	加		一一	二三	
室宿東增三	經	亥	二七	○一	○四	亥	一四	五○	○一	加		四四	一八	六
	緯	北	二九	一三	四八	北	二五	二七	一三	加		一九	三九	

（續表）

黃道娵訾宮恒星		黃道 宮	黃道 度	黃道 分	黃道 秒	赤道 宮	赤道 度	赤道 分	赤道 秒	赤道歲差	赤道歲差 分	赤道歲差 秒	赤道歲差 微	星等
天園三	經	亥	二七	一五	一三	酉	一	四四	二〇	加		三二	四二	四
	緯	南	五八	五六	四八	南	五二	四二	三七	減		一七	一四	
天倉一	經	亥	二七	二〇	〇〇	戌	一	三五	三三	加		四六	三九	三
	緯	南	一〇	〇一	三〇	南	一〇	一四	五五	減		二〇	一九	
壘壁陣東增六	經	亥	二七	二四	四五	亥	二八	五四	二八	加		四八	四八	六
	緯	南	三	一二	四二	南	三	五八	三五	減		二〇	一九	
離宮五	經	亥	二七	一九	〇八	亥	一六	五九	一七	加		四四	五六	六
	緯	北	二五	三三	五七	北	二二	二〇	〇九	加		一九	五〇	
壘壁陣東增七	經	亥	二七	三三	三五	亥	二九	〇一	二七	加		四六	四七	六
	緯	南	三	〇九	五四	南	三	五二	三〇	減		二〇	一九	
天鉤北增四	經	亥	二七	四五	五三	子	四	三八	〇六	加		一五	五七	六
	緯	北	七四	一三	四〇	北	六一	二七	〇八	加		一一	三六	
車府南增九	經	亥	二七	五三	二四	亥	四	五〇	三七	加		三九	〇六	五
	緯	北	四七	三二	四一	北	四一	四九	一二	加		一八	二七	
霹靂北增八	經	亥	二八	〇七	五五	亥	二五	三〇	〇九	加		四六	三八	六
	緯	北	六	五八	一三	北	五	三八	五一	加		二〇	一七	
霹靂北增七	經	亥	二八	〇九	四五	亥	二四	三二	四五	加		四六	三三	六
	緯	北	九	二四	二六	北	七	五三	三二	加		二〇	一二	
車府南增十二	經	亥	二八	一〇	二七	亥	七	三〇	一一	加		四〇	三四	六
	緯	北	四三	五九	三五	北	三八	五三	四六	加		一八	四九	
離宮六	經	亥	二八	二三	一五	亥	一八	〇八	二五	加		四五	〇八	六
	緯	北	二四	四七	五二	北	二一	五九	三六	加		一九	五五	

（續表）

黃道娵訾宮恒星		黃道宮	黃道度	黃道分	黃道秒	赤道宮	赤道度	赤道分	赤道秒	赤道歲差	赤道歲差分	赤道歲差秒	赤道歲差微	星等
室宿東增四	經	亥	二八	三八	四〇	亥	一五	四九	一六	加		四四	一八	六
	緯	北	三〇	〇五	一七	北	二六	五〇	五九	加		一九	四四	
車府三	經	亥	二八	四三	三六	亥	二	三六	五六	加		三七	二三	五
	緯	北	五一	一八	二二	北	四五	一五	三九	加		一八	〇五	
雷電東增七	經	亥	二八	五七	三四	亥	二一	一四	四四	加		四五	五二	六
	緯	北	一九	〇〇	四八	北	一六	五八	三二	加		二〇	〇六	
土司空	經	亥	二八	五八	〇二	戌	七	四〇	一九	加		四五	四八	二
	緯	南	二〇	四六	五二	南	一九	二三	五三	減		二〇	〇八	
霹靂五	經	亥	二八	五九	五五	亥	二六	三二	一〇	加		四六	四〇	五
	緯	北	六	二二	一五	北	五	二六	三四	加		二〇	一七	
霹靂北增六	經	亥	二九	〇七	三三	亥	二四	五	一二	加		四六	二九	六
	緯	北	一〇	四五	五九	北	九	三一	〇六	加		二〇	一四	
雷電東增八	經	亥	二九	〇八	五五	亥	二三	二五	三八	加		四六	〇七	六
	緯	北	一六	四〇	〇二	北	一四	五四	五四	加		二〇	〇八	
離宮東增八	經	亥	二九	四六	五一	亥	一八	四四	〇三	加		四五	〇三	六
	緯	北	二六	〇九	二〇	北	二三	四五	四二	加		一九	五七	
離宮東增七	經	亥	二九	四九	〇二	亥	二〇	〇九	三四	加		四五	二八	六
	緯	北	二三	一〇	〇九	北	二一	〇四	五二	加		二〇	〇四	
車府南增十三	經	亥	二九	五六	三六	亥	八	一〇	一四	加		四〇	二三	六
	緯	北	四五	〇五	〇六	北	四〇	二八	五九	加		一八	五五	

 黃道降婁宮赤道度附

黃道降婁宮恒星		黃道宮	黃道度	黃道分	黃道秒	赤道宮	赤道度	赤道分	赤道秒	赤道歲差加減	赤道歲差分	赤道歲差秒	赤道歲差微	星等
天厨六	經	戌	〇	〇七	三五	丑	一九	五二	三三	加		五	一七	四
	緯	北	八一	四八	三〇	北	六五	一三	二一	加		六	五六	
天厨北增一	經	戌	〇	一一	〇六	丑	一七	一四	三八	加		三	五七	六
	緯	北	八二	五七	二〇	北	六五	三三	四三	加		六	〇三	
土公一	經	戌	〇	二三	四一	亥	二七	二〇	四七	加		四六	四一	五
	緯	北	七	三一	四三	北	七	〇三	三三	加		二〇	一九	
土公北增一	經	戌	〇	三四	一二	亥	二七	一九	四九	加		四六	四〇	六
	緯	北	七	五七	五〇	北	七	三一	三九	加		二〇	一八	
室宿東增五	經	戌	〇	五五	三八	亥	一七	〇四	〇〇	加		四四	一八	六
	緯	北	三一	三一	三九	北	二九	〇一	〇七	加		一九	五〇	
天鈎四	經	戌	〇	五七	五八	子	九	五五	四四	加		一八	四七	四
	緯	北	七一	四六	二三	北	六〇	五〇	二三	加		一三	〇五	
車府二	經	戌	一	〇四	五二	亥	七	一九	一四	加		三九	三二	五
	緯	北	四七	三〇	五九	北	四二	五七	三一	加		一八	四八	
天鈎三	經	戌	一	二二	四〇	子	六	一四	三三	加		一五	四二	五
	緯	北	七三	五七	三〇	北	六二	〇八	三三	加		一二	〇三	
車府南增十四	經	戌	一	二六	〇五	亥	九	四二	〇三	加		四〇	四九	六
	緯	北	四四	三四	三四	北	四〇	三六	一六	加		一九	〇六	
天溷三	經	戌	一	三九	三〇	戌	八	〇九	〇〇	加		四六	〇〇	六
	緯	南	一六	一八	三九	南	一四	一六	一八	減		二〇	〇六	
車府東增十九	經	戌	一	四二	五四	亥	四	四三	五二	加		三七	四四	五
	緯	北	五一	二四	二〇	北	四六	二四	三四	加		一八	二六	

（續表）

黃道降婁宮恒星		黃道宮	黃道度	黃道分	黃道秒	赤道宮	赤道度	赤道分	赤道秒	赤道歲差	赤道歲差分	赤道歲差秒	赤道歲差微	星等
天溷北增一	經	戌	一	四四	○七	戌	四	一四	○九	加		四六	三七	六
	緯	南	六	三七	一七	南	五	二三	五○	減		二○	一五	
室宿東增六	經	戌	一	五六	一三	亥	一七	二○	五六	加		四四	一三	六
	緯	北	三二	三九	○一	北	三○	二四	三一	加		一九	五一	
天厨南增二	經	戌	二	一○	一○	丑	三九	五五	一九	加		一○	四一	六
	緯	北	七七	一九	一○	北	六三	五四	四二	加		一○	○九	
天溷四	經	戌	二	一八	三二	戌	七	四九	一七	加		四六	一○	五
	緯	南	一四	○七	四五	南	一二	○一	二七	減		二○	○七	
螣蛇二	經	戌	二	二二	三三	亥	三	三三	一七	加		三六	四三	五
	緯	北	五三	一九	○九	北	四八	一一	四三	加		一八	一五	
車府南增十五	經	戌	二	三○	二八	亥	一一	一○	四九	加		四一	一八	六
	緯	北	四三	四一	一○	北	四○	一四	五六	加		一九	一七	
土公南增八	經	戌	二	三○	五○	戌	三	二二	五二	加		四六	四五	六
	緯	南	二	四二	○○	南	一	二八	三一	減		二○	一六	
壁宿西增九	經	戌	二	三四	五九	亥	二四	五一	二八	加		四一	○九	六
	緯	北	一八	一三	四一	北	一七	四一	四二	加		二○	一五	
車府一	經	戌	二	五○	○九	亥	一○	○七	四四	加		四○	三八	五
	緯	北	四五	三三	三八	北	四一	五七	四九	加		一九	○九	
土公南增九	經	戌	二	五○	一六	戌	四	一一	四四	加		四六	四九	六
	緯	南	三	五九	五六	南	二	三二	一七	減		二○	一六	
天厨五	經	戌	二	五二	一八	丑	二九	四五	二四	加		一○	二○	五
	緯	北	七七	二八	一○	北	六四	○六	四九	加		一○	○六	

（續表）

黄道降婁宫恒星		黄道宫	黄道度	黄道分	黄道秒	赤道宫	赤道度	赤道分	赤道秒	赤道歲差	赤道歲差分	赤道歲差秒	赤道歲差微	星等
室宿東增七	經	戌	三	○○	○三	亥	一八	○四	一四	加		四四	一八	六
	緯	北	三三	○一	一九	北	三一	○九	○九	加		一九	五四	
土公南增七	經	戌	三	○一	一○	戌	三	○三	○二	加		四六	四七	六
	緯	南	○	四四	四九	北	○	三一	○三	加		二○	一七	
天溷北增二	經	戌	三	○三	二六	戌	五	三○	四五	加		四六	三六	六
	緯	南	六	四七	二八	南	五	○○	四○	減		二○	一二	
壁宿南增十	經	戌	三	○七	○○	亥	二八	○七	二一	加		四六	四○	六
	緯	北	一一	四二	三八	北	一一	五八	○六	加		二○	一九	
土公北增二	經	戌	三	一一	二三	亥	二九	一三	一六	加		四六	四四	六
	緯	北	九	一二	三七	北	九	四二	四一	加		二○	二○	
螣蛇七	經	戌	三	二○	一○	子	二三	五四	四五	加		二八	二三	六
	緯	北	六三	四五	○○	北	五六	二三	三二	加		一六	一六	
土公北增三	經	戌	三	二二	一六	戌	○	二六	五六	加		四六	四九	六
	緯	北	六	三六	○三	北	七	二三	四一	加		二○	二○	
土公北增四	經	戌	三	三○	○八	戌	○	四七	○九	加		四六	三六	六
	緯	北	五	五四	二六	北	六	四八	五○	加		二○	三九	
天溷内增六	經	戌	三	四二	○○	戌	九	一九	五八	加		四六	○四	五
	緯	南	一四	四四	一四	南	一三	○一	五三	減		二○	○二	
壁宿西增八	經	戌	三	四二	三二	亥	二四	五○	三八	加		四六	○八	六
	緯	北	二○	三二	五八	北	二○	一四	五一	加		二○	一六	
壁宿西增七	經	戌	三	四八	○一	亥	二四	五四	三九	加		四六	一○	六
	緯	北	二○	三五	○○	北	二○	一八	五三	加		二○	一五	

（續表）

黄道降婁宫恒星		黄道宫	黄道度	黄道分	黄道秒	赤道宫	赤道度	赤道分	赤道秒	赤道歲差	赤道歲差分	赤道歲差秒	赤道歲差微	星等
夾白二	經	戌	三	五一	四五	申	二	五四	五〇	加		一一	一一	三
	緯	南	七八	〇五	二〇	南	六三	〇六	四二	減		九	一四	
騰蛇八	經	戌	四	〇七	五五	子	二六	三一	〇〇	加		三三	五一	六
	緯	北	六一	一四	〇〇	北	五四	五一	五五	加		一七	〇〇	
天園四	經	戌	四	一一	五五	酉	四	一七	〇四	加		三三	四〇	四
	緯	南	五六	五七	五三	南	四八	五一	〇二	減		一六	四四	
車府南增十六	經	戌	四	一四	二七	亥	一二	三三	〇三	加		四一	二三	五
	緯	北	四三	四五	三八	北	四〇	五八	〇七	加		一九	二五	
壁宿西增二	經	戌	四	二〇	四二	亥	二〇	一八	三八	加		四四	五三	六
	緯	北	三一	〇一	五七	北	二九	五四	四九	加		二〇	〇四	
土公北增五	經	戌	四	二四	一三	戌	一	四四	一七	加		四四	一五	六
	緯	北	五	二七	二八	北	六	四五	三〇	加		二〇	三〇	
騰蛇一	經	戌	四	三七	一二	亥	五	一二	〇四	加		三六	五六	四
	緯	北	五三	一七	二六	北	四八	五八	四三	加		一八	三〇	
土公南增十	經	戌	四	四一	五一	戌	六	一五	一六	加		四八	四七	六
	緯	南	三	五八	五六	南	一	四七	一〇	減		二〇	〇〇	
車府南增十七	經	戌	四	四二	二二	亥	一二	四三	二九	加		四一	三一	六
	緯	北	四四	〇三	〇八	北	四一	二三	三五	加		一九	二六	
天溷二	經	戌	四	四七	三三	戌	一〇	四八	〇四	加		四五	五四	五
	緯	南	一五	五三	五〇	南	一二	三九	四六	減		一九	五七	
土公南增十一	經	戌	四	五八	二六	戌	六	一五	二六	加		四八	四七	六
	緯	南	四	一五	一六	南	一	五五	三八	減		二〇	〇八	

（續表）

黃道降婁宮恒星		黃道宮	黃道度	黃道分	黃道秒	赤道宮	赤道度	赤道分	赤道秒	赤道歲差	赤道歲差分	赤道歲差秒	赤道歲差微	星等
螣蛇十	經	戌	五	○八	五六	亥	三	二三	一九	加		三五	三六	五
	緯	北	五五	三四	一○	北	五○	五七	三九	加		一八	一三	
土公二	經	戌	五	二一	五五	戌	三	○七	二三	加		五六	一二	六
	緯	北	四	三○	四二	北	六	一六	四○	加		二○	一○	
天溷東增五	經	戌	五	二二	三九	戌	一一	二八	五一	加		四五	五○	五
	緯	南	一六	一五	五一	南	一二	四六	○八	減		一九	五三	
天溷一	經	戌	五	二三	四六	戌	一○	二○	四三	加		四六	○七	六
	緯	南	一三	二四	○八	南	一○	○七	五四	減		一九	五九	
螣蛇南增八	經	戌	五	二九	一六	亥	一七	○七	三四	加		四三	二七	六
	緯	北	三八	二○	四五	北	三六	四七	三一	加		一九	五○	
壁宿西增三	經	戌	五	三一	○○	亥	二三	四五	四七	加		四五	二八	五
	緯	北	二八	一八	○五	北	二七	五六	三○	加		二○	一○	
天鈎二	經	戌	五	三三	○八	子	二	四八	三九	加		一一	二四	六
	緯	北	七六	一六	五四	北	六四	一○	一三	加		一一	○二	
壁宿一	經	戌	一五	三四	五○	戌	○	○○	四五	加		四六	四九	二
	緯	北	一二	三五	一二	北	一三	四五	○○	加		二○	二○	
壁宿西增一	經	戌	五	四一	三一	亥	二○	二九	三一	加		四四	四五	六
	緯	北	三二	五三	○○	北	三二	○五	○○	加		二○	○四	
壁宿南增十一	經	戌	五	四九	○六	戌	○	五一	一八	加		四六	五三	六
	緯	北	一一	○五	三六	北	一二	二八	五一	加		二○	一九	
壁宿西增十八	經	戌	五	五四	一七	亥	二八	五七	○九	加		四六	四三	六
	緯	北	一五	四六	一五	北	一六	四六	五五	加		二○	一九	

（續 表）

黃道降婁宮恒星		黃道 宮	黃道 度	黃道 分	黃道 秒	赤道 宮	赤道 度	赤道 分	赤道 秒	赤道歲差	赤道歲差 分	赤道歲差 秒	赤道歲差 微	星等
壁宿西增四	經	戌	六	三〇	二四	亥	二四	一〇	〇三	加		四五	四六	六
	緯	北	二七	一六	二〇	北	二七	二四	四八	加		二〇	一三	
壁宿西增六	經	戌	六	三〇	五〇	亥	二六	一〇	四三	加		四六	一四	六
	緯	北	二三	〇九	一六	北	二三	四二	五八	加		二〇	一八	
土公東增六	經	戌	六	三四	二一	戌	四	三三	一七	加		四四	一一	六
	緯	北	三	一一	〇八	北	五	三二	一〇	加		二〇	二〇	
壁宿南增十二	經	戌	六	五四	四八	戌	二	一五	〇八	加		四六	五九	六
	緯	北	一〇	〇九	〇八	北	一二	〇三	二四	加		二〇	一八	
車府南增十八	經	戌	七	〇〇	一一	亥	一四	三九	二四	加		四二	〇〇	六
	緯	北	四三	五七	〇五	北	四二	一一	一〇	加		一九	三八	
造父四	經	戌	七	〇三	一一	子	二四	三四	〇四	加		二八	〇四	六
	緯	北	六四	〇二	五三	北	五七	四七	二四	加		一六	三七	
壁宿東增十七	經	戌	七	〇三	四五	戌	一	〇六	五一	加		四六	五四	六
	緯	北	一三	一二	〇四	北	一四	五四	〇五	加		二〇	一九	
螣蛇十五	經	戌	七	一三	二八	亥	六	四一	五三	加		三七	一一	六
	緯	北	五三	四一	四四	北	五〇	一四	二七	加		一八	四二	
螣蛇西增七	經	戌	七	一一	二九	亥	一六	三三	一〇	加		四二	五〇	六
	緯	北	四一	三九	五四	北	四〇	二二	四四	加		一九	四八	
壁宿東增十六	經	戌	七	三一	一八	戌	一	三九	二三	加		四六	五九	六
	緯	北	一二	五五	〇三	北	一四	四九	三一	加		二〇	一九	
天倉内增十四	經	戌	七	三四	〇九	戌	一三	一一	四八	加		四五	五〇	六
	緯	南	一五	三八	五九	南	一一	二一	一四	減		一九	四五	

（續 表）

黄道降婁宮恒星		黄道宮	黄道度	黄道分	黄道秒	赤道宮	赤道度	赤道分	赤道秒	赤道歲差	赤道歲差分	赤道歲差秒	赤道歲差微	星等
天倉内增十三	經	戌	七	四三	四九	戌	一三	一八	三八	加		四五	五一	六
	緯	南	一五	三五	二九	南	一一	一三	二三	減		一九	四五	
壁宿南增十三	經	戌	七	四六	○六	戌	二	四八	五六	加		四七	○三	六
	緯	北	一○	四一	三四	北	一二	五三	二九	加		三○	一七	
螣蛇西增六	經	戌	七	五三	一二	亥	一六	五五	一四	加		四二	五五	六
	緯	北	四一	四六	三三	北	四○	四○	四二	加		一九	四九	
壁宿東增十九	經	戌	八	○○	四二	戌	○	二○	○六	加		四六	五二	六
	緯	北	二七	○一	四○	北	一八	四五	五四	加		二○	一九	
鈇鑕一	經	戌	八	○六	四四	戌	九	一八	五二	加		四三	五五	六
	緯	南	二八	三七	五六	南	二二	五七	四八	減		一九	○八	
天倉北增十二	經	戌	八	○八	五二	戌	一三	四三	二三	加		四五	五○	六
	緯	南	一五	三九	五六	南	一一	○八	三九	減		一九	四二	
天倉二	經	戌	八	一○	一八	戌	一三	五五	五四	加		四五	四五	三
	緯	南	一六	○七	一六	南	一六	三三	○七	減		一九	四一	
天溷北增三	經	戌	八	一○	一八	戌	九	五九	一一	加		四六	五○	六
	緯	南	六	一七	五○	南	二	三二	一二	減		一九	五九	
壁宿西增五	經	戌	八	二二	三三	亥	二七	一一	○四	加		四六	二三	六
	緯	北	二四	三四	四二	北	二五	四四	二○	加		二○	一八	
螣蛇南增九	經	戌	八	二三	一○	亥	一九	四○	一三	加		四四	○二	六
	緯	北	三八	一四	四二	北	三七	五○	○八	加		二○	○一	
造父西增一	經	戌	八	二六	四八	子	二八	一七	五三	加		三○	三○	六
	緯	北	六一	五二	五○	北	五六	四六	二三	加		一七	二○	

（續表）

黃道降婁宮恒星		黃道				赤道				赤道歲差				星等
		宮	度	分	秒	宮	度	分	秒		分	秒	微	
螣蛇西增四	經	戌	八	三八	一五	亥	一四	〇〇	一五	加		四一	一六	六
	緯	北	四六	三五	〇五	北	四五	〇一	一四	加		一九	三三	
天倉北增十一	經	戌	九	〇五	一〇	戌	一四	二〇	二九	加		四五	五一	六
	緯	南	一五	〇六	四七	南	一〇	一六	三一	減		一九	三九	
天溷北增四	經	戌	九	〇五	二四	戌	一二	三三	五二	加		四六	一七	六
	緯	南	一〇	四一	〇〇	南	六	一二	三四	減		一九	四九	
天鈎五	經	戌	九	一五	三三	子	一八	〇二	四九	加		二一	四二	三
	緯	北	六八	五六	二〇	北	六一	三〇	五六	加		一五	〇九	
螣蛇九	經	戌	九	二五	五〇	亥	一	一九	三六	加		三三	二九	四
	緯	北	五九	五九	〇五	北	五五	四六	三〇	加		三〇	一九	
壁宿東增十五	經	戌	九	二八	三一	戌	三	四三	三三	加		四七	一一	六
	緯	北	一二	一六	五六	北	一五	〇一	二三	加		二〇	一六	
螣蛇南增十	經	戌	九	四六	一四	亥	二〇	三八	一九	加		四四	二二	六
	緯	北	三八	三六	〇四	北	三八	四一	一四	加		二〇	〇五	
壁宿東增十四	經	戌	九	五三	四七	戌	四	二二	四七	加		四七	一二	六
	緯	北	一一	三九	一三	北	一四	三六	五七	加		二〇	一五	
外屏西增九	經	戌	九	五七	二二	戌	八	三二	三〇	加		四七	〇四	六
	緯	北	一	三一	四八	北	五	二一	二五	加		二〇	〇四	
螣蛇西增五	經	戌	一〇	〇〇	一二	亥	一八	四二	〇五	加		四三	二一	六
	緯	北	四一	四六	五九	北	四一	三〇	三三	加		一九	五七	
壁宿東增二十	經	戌	一〇	〇一	四八	戌	三	四〇	一〇	加		四七	一二	六
	緯	北	一三	三七	三〇	北	一六	二八	一八	加		二〇	一六	

（續表）

黃道降婁宮恒星		黃道宮	黃道度	黃道分	黃道秒	赤道宮	赤道度	赤道分	赤道秒	赤道歲差	赤道歲差分	赤道歲差秒	赤道歲差微	星等
造父內增四	經	戌	一〇	二〇	〇五	子	二四	五三	二三	加		二六	五五	六
	緯	北	六五	〇二	三五	北	五九	三〇	二八	加		一六	四〇	
天倉內增十五	經	戌	一〇	二一	三六	戌	一八	一五	四三	加		四四	五七	五
	緯	南	二一	五〇	〇七	南	一五	五六	二一	減		一九	一五	
外屏西增八	經	戌	一〇	二二	三一	戌	八	四五	三二	加		四七	〇七	六
	緯	北	一	五七	二八	北	五	五四	五四	加		二〇	〇三	
造父二	經	戌	〇	二四	四五	亥	〇	二六	〇九	加		三一	二四	四
	緯	北	六一	〇九	四一	北	五六	五六	五〇	加		一七	四三	
天倉北增九	經	戌	一〇	二七	〇四	戌	一五	二三	三一	加		四五	五三	五
	緯	南	一四	三七	五九	南	九	一八	三四	減		一九	三五	
壁宿東增二十一	經	戌	一〇	三二	四〇	戌	三	三〇	二一	加		四七	一三	六
	緯	北	一五	〇六	四五	北	一八	〇一	四九	加		二〇	一七	
天倉北增十	經	戌	一〇	三三	〇三	戌	一四	五八	三七	加		四六	〇一	六
	緯	南	一三	二四	五八	南	八	〇九	一三	減		一九	三五	
外屏一	經	戌	一〇	三四	一七	戌	八	五一	三三	加		四七	〇八	四
	緯	北	二	〇九	四四	北	六	一〇	四九	加		二〇	〇三	
造父內增二	經	戌	一〇	四〇	五七	子	二九	四三	四〇	加		三〇	四五	六
	緯	北	六一	四八	五〇	北	五七	二九	二七	加		一七	三五	
壁宿二	經	戌	一〇	四三	五三	亥	二八	四七	〇三	加		四三	六七	二
	緯	北	二五	四一	〇一	北	二七	四〇	一一	加		二〇	一九	
外屏南增十	經	戌	一〇	四五	三八	戌	一一	五一	五二	加		四六	三四	六
	緯	南	五	〇二	一〇	南	〇	二二	一〇	減		二〇	〇七	

（續 表）

黄道降婁宫恒星		黄道宫	黄道度	黄道分	黄道秒	赤道宫	赤道度	赤道分	赤道秒	赤道歲差	赤道歲差分	赤道歲差秒	赤道歲差微	星等
造父五	經	戌	一〇	五〇	〇八	子	二四	二八	一五	加		二六	二二	五
	緯	北	六五	二九	〇三	北	五九	五六	五四	加		一六	三五	
鈇鑕二	經	戌	一〇	五八	一七	戌	二一	三〇	〇三	加		四三	五一	五
	緯	南	二八	〇二	〇〇	南	二一	二一	一二	減		一九	〇一	
造父東增五	經	戌	一一	〇三	一二	子	二四	三四	四一	加		二六	二一	五
	緯	北	六五	二九	一五	北	六〇	〇一	一六	加		一六	三六	
螣蛇内增二	經	戌	一一	〇六	〇九	亥	一四	〇一	五〇	加		四〇	四〇	六
	緯	北	四八	五六	二三	北	四七	五三	五九	加		一九	三四	
螣蛇十六	經	戌	一一	〇六	一六	亥	一三	一一	三二	加		四〇	一二	六
	緯	北	四九	五三	二六	北	四八	四〇	一一	加		一九	二九	
天鈎南增九	經	戌	一一	〇八	二一	子	二二	四二	五四	加		二四	四八	六
	緯	北	六六	四〇	三五	北	六〇	四六	二九	加		一六	一三	
天倉内增十六	經	戌	一一	一九	一七	戌	一八	三四	〇八	加		四五	〇五	六
	緯	南	二〇	三三	四〇	南	一四	二三	四四	減		一九	一三	
天倉北增八	經	戌	一一	二〇	五五	戌	二六	一二	二五	加		四五	五二	六
	緯	南	一四	四一	三九	南	九	〇一	一六	減		一九	二八	
天鈎南增十	經	戌	一一	二七	一〇	子	二三	四〇	四二	加		二四	三四	六
	緯	北	六六	四七	二八	北	六〇	五六	三三	加		一六	一三	
造父内增三	經	戌	一一	四三	一六	子	二八	四九	〇三	加		二九	三五	六
	緯	北	六二	五四	二三	北	五八	三四	五八	加		一七	二七	
壁宿東增二十二	經	戌	一一	五〇	一一	戌	四	三三	二九	加		四七	二三	六
	緯	北	一五	二九	〇四	北	一八	五二	五八	加		二〇	一五	

（續表）

黃道降婁宮恒星		黃道宮	黃道度	黃道分	黃道秒	赤道宮	赤道度	赤道分	赤道秒	赤道歲差	赤道歲差分	赤道歲差秒	赤道歲差微	星等
天倉内增十八	經	戌	一二	○二	五○	戌	二○	三一	五五	加		四四	三五	六
	緯	南	二三	四一	二四	南	一六	五九	五五	減		一八	五九	
壁宿東增二十三	經	戌	一二	○四	三七	戌	四	四七	四四	加		四七	二四	六
	緯	北	一五	二四	四七	北	一八	五四	四八	加		二○	一四	
鈇鑕三	經	戌	一二	○七	三二	戌	二三	五三	四六	加		四三	三六	五
	緯	南	二八	五五	五一	南	二一	四四	三二	減		一八	四○	
天倉北增四	經	戌	一二	○七	三八	戌	一四	四二	五三	加		四二	四九	六
	緯	南	九	○八	四三	南	三	三七	五二	減		二八	三五	
螣蛇十七	經	戌	一二	一一	四五	亥	一五	一三	三八	加		四一	○八	六
	緯	北	四八	三四	一一	北	四八	○一	○九	加		一九	四○	
天園五	經	戌	一二	一三	三三	酉	七	二三	五一	加		三四	四九	四
	緯	南	五四	一三	一三	南	四四	○○	二四	減		一六	○六	
造父三	經	戌	一二	三五	四六	亥	○	三八	三一	加		三○	四七	六
	緯	北	六一	五四	五○	北	五八	○九	四六	加		一七	四五	
天倉内增十七	經	戌	一二	三○	三○	戌	二○	五二	五五	加		四四	三五	六
	緯	南	二三	三三	五六	南	一六	四二	四七	減		一八	五七	
螣蛇二十二	經	亥	一二	三二	二五	亥	二一	二四	一八	加		四四	○八	四
	緯	北	四一	○一	二六	北	四一	五一	二八	加		二○	○七	
天倉三	經	戌	一二	三八	五二	戌	一七	四八	二三	加		四五	四三	三
	緯	南	一五	四六	三○	南	九	三一	○九	減		一九	一八	
天倉北增七	經	戌	一二	四○	○六	戌	一七	四五	一一	加		四五	四五	六
	緯	南	一五	三五	四四	南	九	二○	四八	減		一九	二○	

（續表）

黄道降婁宫恒星		黄道宫	黄道度	黄道分	黄道秒	赤道宫	赤道度	赤道分	赤道秒	赤道歲差	赤道歲差分	赤道歲差秒	赤道歲差微	星等
外屛南增十一	經	戌	一二	五二	一〇	戌	一四	一五	二七	加		四三	一六	六
	緯	南	四	四九	一六	北	〇	三八	四四	加		一九	四八	
螣蛇十八	經	戌	一二	五三	二九	亥	一六	二九	三七	加		四一	四〇	六
	緯	北	四七	四五	一七	北	四七	三七	二四	加		一九	四八	
螣蛇内增三	經	戌	一二	五四	二七	亥	一六	五五	二〇	加		四一	五四	六
	緯	北	四七	一五	五五	北	四七	一三	四五	加		一九	四八	
天倉北增六	經	戌	一三	〇八	二五	戌	一五	五四	二四	加		四六	二六	六
	緯	南	九	四九	三三	南	三	五一	二四	減		一九	三一	
天倉北增三	經	戌	一三	〇八	五六	戌	一五	一七	五八	加		四六	三四	六
	緯	南	八	一四	四五	南	二	二三	五一	減		一九	三四	
天倉北增五	經	戌	一三	一七	一〇	戌	一五	五七	五七	加		四六	二五	六
	緯	南	九	三八	一二	南	三	三七	三五	減		一九	三〇	
外屛南增五	經	戌	一三	二六	四六	戌	一三	〇七	一〇	加		四七	〇四	六
	緯	南	一	五五	三〇	北	三	三二	三六	加		一九	五四	
外屛南增六	經	戌	一三	三一	四六	戌	一二	五四	二三	加		四七	〇八	六
	緯	南	一	一〇	五五	北	四	一五	三六	加		一九	四七	
外屛南增十二	經	戌	一三	三八	一〇	戌	一四	二一	五一	加		四六	五一	六
	緯	南	四	四〇	五七	北	一	〇七	二九	加		一九	三九	
螣蛇二十一	經	戌	一三	四五	一六	亥	二一	五七	三七	加		四四	一五	四
	緯	北	四一	四三	〇六	北	四二	五五	三九	加		二〇	〇八	
外屛内增七	經	戌	一三	四六	四〇	戌	一二	一三	二〇	加		四七	一八	六
	緯	北	一	〇九	二八	北	六	三〇	四四	加		一九	五〇	

（續表）

黃道降婁宮恒星		黃道 宮	度	分	秒	赤道 宮	度	分	秒	赤道歲差	分	秒	微	星等
天廚一	經	戌	一三	五一	〇三	丑	一八	〇五	五三	加			四三	三
	緯	北	八二	五二	五〇	北	六七	二二	三四	加		六	二〇	
外屏二	經	戌	一三	五七	一一	戌	一二	二五	一〇	加		四七	一八	四
	緯	北	一	〇四	〇七	北	六	二九	五四	加		一九	四九	
奎宿西增三	經	戌	一四	〇二	三九	戌	六	三二	一二	加		四七	四二	六
	緯	北	一五	三七	一二	北	一九	五二	五六	加		二〇	〇九	
造父一	經	戌	一四	〇四	〇五	亥	四	五一	五七	加		三三	二九	四
	緯	北	五九	三三	二五	北	五七	〇七	一一	加		一八	二六	
外屏南增十三	經	戌	一四	〇六	五八	戌	一四	五二	〇四	加		四六	五〇	六
	緯	南	四	五〇	三一	北	一	〇六	三七	加		一九	四六	
奎宿西增二	經	戌	一四	一〇	二六	戌	六	三六	一〇	加		四七	四一	六
	緯	北	一五	四四	四七	北	二〇	〇二	五四	加		二〇	一一	
天庾一	經	戌	一四	一六	五一	戌	二九	二七	四六	加		四一	〇〇	六
	緯	南	三八	五二	一九	南	二九	五六	一九	減		一七	三七	
天庾北增一	經	戌	一四	一八	〇八	戌	二八	五七	〇六	加		四一	一八	六
	緯	南	三七	五〇	〇五	南	二九	〇〇	〇六	減		一七	四三	
鈇鑕五	經	戌	一四	一八	三三	戌	二六	一〇	二五	加		四二	四八	四
	緯	南	三二	〇三	二八	南	二三	四七	一五	減		一八	一一	
奎宿西增五	經	戌	一四	一九	〇二	戌	八	五二	〇五	加		四七	四二	六
	緯	北	一〇	四四	四九	北	一五	三二	〇八	加		二〇	〇四	
天倉五	經	戌	一四	二〇	四八	戌	二三	四〇	三〇	加		四四	一七	三
	緯	南	二四	五七	三二	南	一七	一八	二八	減		一八	三九	

（續表）

黃道降婁宮恒星		黃道宮	黃道度	黃道分	黃道秒	赤道宮	赤道度	赤道分	赤道秒	赤道歲差加減	赤道歲差分	赤道歲差秒	赤道歲差微	星等
外屏南增四	經	戌	一四	二一	四五	戌	一三	四八	○六	加		四七	○九	五
	緯	南	一	三○	一四	北	四	一七	一一	加		一九	四二	
天倉北增二	經	戌	一四	三九	二五	戌	一六	四一	四四	加		四六	三六	六
	緯	南	八	一七	四二	南	一	五一	五四	減		一九	二五	
螣蛇十九	經	戌	一四	四五	四三	亥	二一	一五	五八	加		四三	四八	四
	緯	北	四三	四八	三四	北	四五	○五	一九	加		二○	○六	
天園北增一	經	戌	一五	○○	○六	酉	七	三二	二九	加		三六	○一	四
	緯	南	五一	四三	○三	南	四○	五九	五七	減		一六	○三	
奎宿西增四	經	戌	一五	○一	三六	戌	八	二六	三四	加		四七	四九	六
	緯	北	一三	一九	五八	北	一八	一○	五五	加		二○	○五	
天鈎北增五	經	戌	一五	○三	三八	子	一八	二六	四一	加		一九	一八	六
	緯	北	六九	五九	三○	北	六三	四七	五三	加		一五	一六	
天倉北增一	經	戌	一五	一九	二八	戌	一七	二三	○六	加		四六	三六	六
	緯	南	八	三○	○六	南	一	四八	○五	減		一九	二一	
天鈎北增六	經	戌	一五	二八	三六	子	一八	四四	一七	加		一九	二一	六
	緯	北	六九	五五	二四	北	六三	五三	二一	加		一五	一九	
天鈎一	經	戌	一五	四○	五五	子	九	五二	二二	加		一二	○二	六
	緯	北	七四	○七	○三	北	六五	四三	五八	加		一三	○二	
奎宿西增一	經	戌	一五	四四	○三	戌	四	○八	二四	加		四七	三九	六
	緯	北	二四	一一	四二	北	二九	一九	二八	加		二○	一五	
外屏南增十四	經	戌	一五	四五	○四	戌	一六	○九	二七	加		四七	○二	五
	緯	南	四	一七	一三	北	二	一五	一○	加		一九	二九	

（續表）

黃道降婁宮恒星		黃道宮	黃道度	黃道分	黃道秒	赤道宮	赤道度	赤道分	赤道秒	赤道歲差	赤道歲差分	赤道歲差秒	赤道歲差微	星等
鈇鑕四	經	戌	一五	四九	一五	戌	二六	五九	○○	加		四二	五九	四
	緯	南	三一	○二	二九	南	二二	一九	三二	減		一八	○三	
天倉六	經	戌	一五	五三	三二	戌	二六	五六	○六	加		四三	○○	五
	緯	南	三○	四七	五二	南	二二	○四	四三	減		一八	○五	
外屏三	經	戌	一六	一七	一三	戌	一五	○五	一七	加		四七	二二	四
	緯	南	○	一三	二五	北	六	一二	三六	加		一九	三五	
外屏南增三	經	戌	一六	一七	五三	戌	一五	二○	四五	加		四七	二○	六
	緯	南	○	五一	五○	北	五	三七	二四	加		一九	三三	
天鈎南增十一	經	戌	一六	一八	一七	子	二九	一五	四一	加		二八	○○	六
	緯	北	六四	一八	二六	北	六一	○二	四一	加		一七	三○	
螣蛇二十	經	戌	一六	二五	三三	亥	二三	二一	五八	加		四四	三三	四
	緯	北	四二	五六	二九	北	四五	○○	五二	加		二○	一三	
天鈎南增十二	經	戌	一六	二七	一七	子	二九	二三	三○	加		二八	○五	五
	緯	北	六四	一六	四○	北	六一	○四	四一	加		一七	三二	
外屏北增二	經	戌	一六	二八	二一	戌	一三	○○	三四	加		四七	四五	六
	緯	北	五	三一	一三	北	一一	三四	四○	加		一九	四七	
奎宿西增六	經	戌	一六	二八	二九	戌	一○	一四	四一	加		四八	○○	六
	緯	北	一二	一七	一三	北	一七	四七	四○	加		一九	五八	
天廄三	經	戌	一六	四八	五三	戌	一	一二	二七	加		四七	一一	五
	緯	北	三一	三五	五六	北	三五	二一	四六	加		二○	一九	
天廚四	經	戌	一六	五八	四三	子	○	二六	一八	加		五	○四	五
	緯	北	七八	○七	四○	北	六七	○八	四四	加		一○	二○	

（續表）

黃道降婁宮恒星		黃道宮	黃道度	黃道分	黃道秒	赤道宮	赤道度	赤道分	赤道秒	赤道歲差加減	赤道歲差分	赤道歲差秒	赤道歲差微	星等
奎宿二	經	戌	一七	○一	二九	戌	八	二二	二○	加		四八	○七	四
	緯	北	一七	三五	五一	北	二二	五一	四○	加		二○	○五	
外屏北增一	經	戌	一七	○八	三六	戌	一二	五三	二六	加		四七	五一	六
	緯	北	七	二三	二二	北	一三	三三	三一	加		一九	四七	
天鈎南增十三	經	戌	一七	一四	二二	子	二九	一五	五一	加		二七	三六	六
	緯	北	六四	三六	四八	北	六一	三三	○三	加		一七	三○	
奎宿四	經	戌	一七	二二	○二	戌	六	一四	五五	加		四八	○一	四
	緯	北	二三	○○	五六	北	二七	五四	三四	加		二○	一一	
天廄一	經	戌	一七	三六	四四	戌	○	五三	五四	加		四七	○八	四
	緯	北	三三	二二	五三	北	三七	一五	○七	加		二○	一八	
天廄二	經	戌	一八	○一	五○	戌	一	五二	三一	加		四七	二三	五
	緯	北	三二	二三	一一	北	三六	三二	三三	加		二○	一八	
奎宿五	經	戌	一八	一三	一四	戌	六	二三	五○	加		四八	○八	三
	緯	北	二四	二○	三五	北	二九	二六	四○	加		二○	一一	
螣蛇內增十二	經	戌	一八	一七	三五	亥	二一	四二	三九	加		四三	三二	六
	緯	北	四六	五五	三二	北	四九	○三	三三	加		二○	○八	
天廄北增一	經	戌	一八	一九	三五	戌	○	○四	四四	加		四六	五五	六
	緯	北	三五	四六	一二	北	三九	三七	三六	加		二○	一九	
天倉四	經	戌	一八	二一	四七	戌	二四	四六	四二	加		四五	○二	三
	緯	南	二○	二一	一九	南	一一	三六	五四	減		一八	二四	
奎宿內增九	經	戌	一八	二五	五八	戌	一○	二一	○四	加		四八	二○	六
	緯	北	一六	一九	三五	北	二二	一五	二一	加		一九	五八	

（續表）

黃道降婁宮恒星		黃道宮	黃道度	黃道分	黃道秒	赤道宮	赤道度	赤道分	赤道秒	赤道歲差	赤道歲差分	赤道歲差秒	赤道歲差微	星等
奎宿一	經	戌	一八	五一	〇八	戌	一〇	五五	三五	加		四八	二四	四
	緯	北	一五	五五	一九	北	二三	〇三	〇三	加		一九	五五	
奎宿三	經	戌	一九	〇二	四六	戌	九	〇一	四七	加		四八	二七	六
	緯	北	二〇	三〇	四三	北	二六	一八	二三	加		二〇	〇六	
奎宿六	經	戌	一九	〇四	四七	戌	五	四六	二一	加		四九	〇九	四
	緯	北	二七	〇八	二八	北	三三	一七	五二	加		二〇	一二	
天鈎南增十四	經	戌	一九	一六	四四	亥	二	二四	二八	加		二九	五二	六
	緯	北	六三	二四	四〇	北	六一	三一	四六	加		一八	〇四	
外屏四	經	戌	一九	三一	四〇	戌	一九	一一	一五	加		四七	二一	五
	緯	南	三	〇四	二五	北	四	四八	三一	加		一九	一一	
天園六	經	戌	一九	三三	二七	酉	一二	〇四	〇〇	加		三五	四六	三
	緯	南	五三	四四	五二	南	四一	二一	二六	減		一五	〇二	
右更西增五	經	戌	一九	四二	五五	戌	一七	三五	二三	加		四七	三〇	六
	緯	北	一	五四	五三	北	一〇	〇七	一〇	加		一九	一一	
奎宿十六	經	戌	一九	五四	〇〇	戌	一三	〇一	四九	加		四八	三一	五
	緯	北	一三	二一	〇八	北	二〇	〇六	二六	加		一九	四六	
奎宿南增七	經	戌	二〇	〇二	五〇	戌	一四	〇一	五二	加		四八	二八	六
	緯	北	一一	一八	〇九	北	一八	一六	五七	加		一九	四一	
奎宿南增八	經	戌	二〇	〇三	二五	戌	一三	三二	五四	加		四八	三一	六
	緯	北	一二	二八	四六	北	一九	二二	〇二	加		一九	四四	
奎宿內增十	經	戌	二〇	〇八	二四	戌	一〇	三二	三五	加		四八	三九	六
	緯	北	一九	二九	三九	北	二五	四八	四一	加		一九	五七	

（續表）

黃道降婁宮恒星		黃道宮	度	分	秒	赤道宮	度	分	秒	赤道歲差	分	秒	微	星等
天鉤六	經	戌	二〇	三九	三九	子	二九	〇一	一九	加		二五	五四	五
	緯	北	六五	四六	〇五	北	六三	二三	二二	加		一七	二七	
天庚南增三	經	戌	二〇	四一	一八	酉	八	二三	四五	加		三八	〇四	六
	緯	南	四六	一九	二七	南	三四	二八	五三	減		一五	五二	
螣蛇南增十一	經	戌	二〇	五四	五二	亥	二九	一六	二七	加		四六	四〇	五
	緯	北	四〇	二四	三三	北	四四	三九	二六	加		二〇	一九	
奎宿十五	經	戌	二〇	五六	四三	戌	一四	二五	〇〇	加		四八	三八	五
	緯	北	一二	二五	二九	北	一九	三九	三八	加		一九	三九	
天庚二	經	戌	二一	〇九	〇八	酉	五	二一	一二	加		四〇	二五	六
	緯	南	三九	四一	一五	南	二八	二一	四七	減		一六	三一	
天庚三	經	戌	二一	一一	四二	酉	七	五九	四四	加		三八	三八	五
	緯	南	四四	五二	二三	南	三三	〇一	三〇	減		一五	五六	
天鉤北增七	經	戌	二一	一五	一八	子	二〇	三六	四〇	加		一八	〇九	六
	緯	北	七〇	〇二	五五	北	六五	四二	〇九	加		一五	四五	
奎宿内增十一	經	戌	二一	一八	五六	戌	一〇	五九	〇三	加		四八	五四	六
	緯	北	二〇	五七	〇八	北	二七	三五	四七	加		一九	五六	
天鉤北增八	經	戌	二一	三六	一三	子	二〇	五六	一二	加		一八	一五	六
	緯	北	六九	五七	二二	北	六五	四六	一四	加		一五	四八	
螣蛇北增十三	經	戌	二一	五一	四五	亥	一三	五八	一六	加		三七	五七	六
	緯	北	五六	四六	〇〇	北	五八	〇三	五三	加		一九	三三	
外屏五	經	戌	二五	五五	三七	戌	二三	〇一	五四	加		四七	二二	五
	緯	南	四	四三	一二	北	四	一〇	三五	加		一八	四七	

（續表）

黃道降婁宮恒星		黃道 宮	黃道 度	黃道 分	黃道 秒	赤道 宮	赤道 度	赤道 分	赤道 秒	赤道歲差	赤道歲差 分	赤道歲差 秒	赤道歲差 微	星等
天庾東增二	經	戌	二二	○一	一七	酉	七	一六	五四	加		三九	三三	六
	緯	南	四二	一四	三二	南	三○	二三	四六	減		一六	○六	
天苑西增七	經	戌	二二	二二	○○	酉	三	五○	四九	加		四一	五七	六
	緯	南	三四	一四	○五	南	二三	五九	三六	減		一六	四八	
奎宿十四	經	戌	二二	五三	三一	戌	一四	五八	二五	加		四九	○六	五
	緯	北	一五	二九	○二	北	二三	一三	○六	加		一九	三六	
奎宿北增二十二	經	戌	二二	五八	一三	戌	六	四九	五○	加		四八	四七	六
	緯	北	三一	五一	三六	北	三八	○二	二三	加		二○	一○	
右更西增四	經	戌	二二	五八	三八	戌	二○	一八	五八	加		四八	一四	六
	緯	北	二	二八	○五	北	一一	一四	二一	加		一九	○一	
金魚四	經	戌	二三	○四	一七	申	二六	○二	五四	加		一	四六	五
	緯	南	八八	一四	二○	南	六五	四六	三一	減		一	二三	
天園南增三	經	戌	二三	○七	二五	酉	一七	二二	○二	加		三二	一七	五
	緯	南	五八	○二	三六	南	四四	○三	一八	減		一三	四一	
蒭藁西增一	經	戌	二三	○八	三三	戌	二九	二○	二一	加		四四	五二	六
	緯	南	二一	二五	三五	南	一○	五四	三五	減		一七	三九	
右更二	經	戌	二三	一四	二○	戌	一九	二七	一四	加		四八	三一	四
	緯	北	五	二一	○七	北	一四	○○	三六	加		一九	○六	
右更三	經	戌	二三	二○	一八	戌	○	五三	○七	加		四八	一三	五
	緯	北	一	五二	○五	北	一○	四九	○二	加		一八	五六	
右更一	經	戌	二三	三○	一二	戌	一八	○七	○一	加		四八	五三	五
	緯	北	九	二二	○三	北	一七	四九	二三	加		一九	一七	

（續表）

黃道降婁宮恒星		黃道宮	黃道度	黃道分	黃道秒	赤道宮	赤道度	赤道分	赤道秒	赤道歲差	赤道歲差分	赤道歲差秒	赤道歲差微	星等
右更東增一	經	戌	二三	三七	二七	戌	一八	一三	一二	加		四八	五二	六
	緯	北	九	二三	五八	北	一七	五三	五五	加		一九	一五	
天鈎南增十五	經	戌	二三	三八	四〇	亥	七	一九	二八	加		三一	五九	六
	緯	北	六二	〇二	一〇	北	六二	一五	〇九	加		一八	四七	
奎宿内增十五	經	戌	二三	三八	四一	戌	一二	一二	二四	加		四九	二八	五
	緯	北	二三	〇三	四七	北	三〇	二五	一一	加		一九	五二	
天囷西增二	經	戌	二三	四八	五五	戌	二七	〇〇	三三	加		四六	一六	六
	緯	南	一三	三二	三四	南	三	二〇	四二	減		一八	〇三	
螣蛇十四	經	戌	二三	五〇	〇五	亥	一八	一二	二八	加		四〇	二七	六
	緯	北	五四	三八	三二	北	五七	一五	五八	加		一九	五五	
天鈎南增十六	經	戌	二三	五一	四七	亥	七	三〇	一八	加		三二	〇〇	五
	緯	北	六二	〇〇	三七	北	六二	一九	一〇	加		一八	四九	
外屏六	經	戌	二三	五六	一八	戌	二五	〇四	一九	加		四七	〇五	五
	緯	南	七	五五	四五	北	一	五五	三五	加		一八	二一	
右更内增二	經	戌	二三	五六	三五	戌	二〇	三〇	四三	加		四八	三一	六
	緯	北	四	二〇	四七	北	一三	二〇	三〇	加		一九	〇〇	
右更四	經	戌	二四	〇九	四〇	戌	二二	五八	四一	加		四七	五五	五
	緯	南	一	三八	五八	北	七	五一	一一	加		一八	三九	
奎宿北增二十一	經	戌	二四	一六	四〇	戌	七	一一	〇三	加		四九	〇一	氣
	緯	北	三三	二〇	四四	北	三九	五二	〇七	加		二〇	〇八	
天囷北增二	經	戌	二四	二六	五四	酉	一二	四〇	二三	加		三六	五〇	六
	緯	南	四九	〇四	三七	南	三五	四八	〇五	減		一四	五一	

（續表）

黃道降婁宮恒星		黃道 宮	度	分	秒	赤道 宮	度	分	秒	赤道歲差	分	秒	微	星等
奎宿十	經	戌	二四	三一	三〇	戌	一三	〇二	二〇	加		四七	三七	五
	緯	北	二三	〇六	二三	北	三〇	四八	〇七	加		一九	四九	
右更五	經	戌	二四	三五	〇六	戌	二一	二二	四五	加		四八	三二	六
	緯	北	三	四〇	三二	北	二二	五七	二九	加		一八	五三	
奎宿十一	經	戌	二四	四三	二六	戌	一四	二三	一一	加		四九	三八	五
	緯	北	二〇	四二	一九	北	二八	四一	四九	加		一九	三九	
奎宿内增十四	經	戌	二四	四九	一八	戌	一三	二八	四三	加		四九	四一	六
	緯	北	二二	四七	五一	北	三〇	三八	一三	加		一九	四四	
天鈎七	經	戌	二四	五〇	三五	亥	四	三八	五三	加		二九	〇五	六
	緯	北	六三	五七	一〇	北	六三	五〇	〇九	加		一八	二五	
天囷西增三	經	戌	二五	〇六	三二	戌	二七	四〇	五一	加		四六	三二	六
	緯	南	一二	〇九	一三	南	一	三五	三四	減		一七	五六	
天囷西增四	經	戌	二五	〇七	四四	戌	二七	三一	二二	加		四六	三六	六
	緯	南	一一	三九	五三	南	一	〇七	四七	減		一七	五八	
奎宿十三	經	戌	二五	一二	一〇	戌	一六	二〇	三一	加		四九	三九	五
	緯	北	一七	二六	五七	北	二五	五四	二三	加		一九	二七	
奎宿東增十三	經	戌	二五	一二	三二	戌	一四	一四	五七	加		四九	四七	六
	緯	北	二一	五九	〇六	北	三〇	〇二	五六	加		一九	四〇	
外屏内增十五	經	戌	二五	二七	〇五	戌	二六	四二	三一	加		四七	〇六	六
	緯	南	八	三五	〇五	北	一	五一	二八	加		一八	〇六	
奎宿八	經	戌	二五	三三	四五	戌	一〇	三六	一一	加		四九	四四	四
	緯	北	二九	三九	二〇	北	三七	〇六	〇五	加		一九	五六	

（續表）

黃道降婁宮恒星		黃道宮	黃道度	黃道分	黃道秒	赤道宮	赤道度	赤道分	赤道秒	赤道歲差	赤道歲差分	赤道歲差秒	赤道歲差微	星等
奎宿七	經	戌	二五	三三	五二	戌	八	五四	三〇	加		四九	三一	四
	緯	北	三二	三三	一二	北	三九	四〇	三七	加		二〇	〇四	
天囷西增一	經	戌	二五	四一	〇一	戌	二九	〇二	四二	加		四六	一一	六
	緯	南	一四	二九	一三	南	三	三四	〇四	減		一七	四三	
外屏七	經	戌	二五	四七	二三	戌	二七	一二	〇四	加		四七	〇三	三
	緯	南	九	〇五	一〇	北	一	三〇	三六	加		一八	〇一	
蒭藁五	經	戌	二五	五四	三四	酉	二	〇五	一七	加		四四	四四	六
	緯	南	二二	一六	二八	南	一〇	四五	〇〇	減		一七	〇九	
蒭藁三	經	戌	二六	〇五	一三	酉	一	〇二	〇二	加		四五	二三	六
	緯	南	一八	五八	五一	南	七	三七	一四	減		一七	二〇	
蒭藁一	經	戌	二六	〇七	一〇	酉	三	二三	二七	加		四四	〇六	四
	緯	南	二五	一五	五〇	南	一三	二七	四一	減		一六	五四	
右更東增三	經	戌	二六	〇九	四二	戌	二四	二五	〇四	加		四八	一六	六
	緯	南	〇	二六	三九	北	九	四二	一九	加		一八	二六	
奎宿十二	經	戌	二六	一〇	二一	戌	一六	四四	二四	加		四九	五五	六
	緯	北	一八	三九	五三	北	二七	二三	二三	加		一九	二五	
天囷十二	經	戌	二六	一三	一六	戌	二九	二四	一七	加		四六	一六	六
	緯	南	一四	〇八	〇三	南	三	〇三	〇六	減		一七	三九	
天囷十三	經	戌	二六	三〇	二〇	戌	二九	五四	四八	加		四六	〇九	六
	緯	南	一四	五〇	〇五	南	三	三六	二六	減		一七	三三	
天苑西增九	經	戌	二六	三一	〇二	酉	四	五九	一七	加		四三	二一	四
	緯	南	二八	三〇	四八	南	一六	二二	五〇	減		一六	三四	

（續表）

黄道降婁宫恒星		黄道宫	黄道度	黄道分	黄道秒	赤道宫	赤道度	赤道分	赤道秒	赤道歲差	分	秒	微	星等
螣蛇十一	經	戌	二六	三五	四一	亥	二六	三一	三六	加		四五	一四	六
	緯	北	四九	二四	五〇	北	五四	二〇	一二	加		二〇	一八	
奎宿九	經	戌	二六	四七	四四	戌	一三	四九	二七	加		五〇	一二	二
	緯	北	二五	五六	一九	北	三四	一四	四〇	加		一九	四二	
婁宿西增二	經	戌	二七	二一	一八	戌	二三	〇九	三〇	加		四九	〇八	六
	緯	北	五	五七	〇三	北	一六	〇五	三六	加		一八	三八	
螣蛇十三	經	戌	二七	三一	二四	亥	二五	二五	二七	加		四四	三三	六
	緯	北	五一	〇九	一七	北	五六	〇四	五四	加		二〇	一六	
螣蛇十三	經	戌	二七	二一	三一	亥	二三	三九	三五	加		四三	二七	五
	緯	北	五二	三九	五〇	北	五七	一四	一七	加		二〇	一三	
婁宿西增三	經	戌	二三	三三	一五	戌	二二	〇九	一八	加		四九	二九	六
	緯	北	九	〇一	二六	北	一九	〇一	一四	加		一八	四六	
閣道西增一	經	戌	二七	五一	一八	戌	七	一九	二八	加		四九	三六	六
	緯	北	三八	一九	〇〇	北	四五	三七	一八	加		二〇	〇七	
天廚二	經	戌	二七	五四	三五	丑	二三	一〇	三三	減		二	四三	四
	緯	北	八〇	五五	一四	北	六九	一四	五〇	加		八	〇〇	
蒭藁北增二	經	戌	二七	五六	一五	酉	一	三六	〇六	加		四六	〇一	氣
	緯	南	一五	五六	三八	南	四	〇九	一三	減		一七	一四	
奎宿東增十六	經	戌	二八	〇九	〇八	戌	一四	一三	二四	加		五〇	三七	五
	緯	北	二七	四二	一八	北	三六	二一	三九	加		一九	三九	
奎宿東增二十	經	戌	二八	二〇	二三	戌	一二	〇九	一八	加		五〇	三〇	六
	緯	北	三一	四〇	〇九	北	三九	五八	四八	加		一九	五二	

（續 表）

黃道降婁宫恒星		黃道 宫	黃道 度	黃道 分	黃道 秒	赤道 宫	赤道 度	赤道 分	赤道 秒	赤道歲差	赤道歲差 分	赤道歲差 秒	赤道歲差 微	星等
螣蛇北增十四	經	戌	二八	二七	四九	亥	一八	二三	五四	加		三九	三五	五
	緯	北	五七	一〇	一二	北	六〇	五三	〇八	加		一九	五六	
天苑八	經	戌	二八	二八	五〇	酉	八	一七	一三	加		四二	一六	四
	緯	南	三二	四六	〇三	南	一九	四〇	一六	減		一五	五二	
天苑内增八	經	戌	二八	二九	三〇	酉	八	一七	五二	加		四二	一七	六
	緯	南	三二	四六	二〇	南	一九	四〇	二〇	減		一五	五三	
閣道六	經	戌	二八	五五	二五	戌	七	三八	四一	加		四九	五〇	六
	緯	北	三九	一七	四五	北	四六	五三	一六	加		二〇	〇七	
天苑九	經	戌	二九	〇二	四一	酉	九	五一	四三	加		四一	三〇	四
	緯	南	三五	三二	四四	南	二三	〇四	二四	減		一五	三三	
婁宿北增四	經	戌	二九	〇七	五二	戌	二三	四四	二八	加		五〇	〇〇	六
	緯	北	一一	二四	〇八	北	二一	四八	二五	加		一八	四一	
天廚三	經	戌	二九	一六	四〇	丑	二七	一五	一〇	減		二	〇一	五
	緯	北	七九	二七	四〇	北	六九	三六	三八	加		九	一九	
天囷十一	經	戌	二九	二一	〇四	酉	二	一六	五六	加		四六	二四	六
	緯	南	一四	一四	〇一	南	二	〇四	二六	減		一七	〇七	
蒭藁四	經	戌	二九	二二	三六	酉	三	〇〇	三一	加		四六	〇二	六
	緯	南	一六	一五	一二	南	三	五七	三二	減		一六	五八	
天苑西增六	經	戌	二九	二五	五三	酉	一一	二九	二四	加		四〇	三一	六
	緯	南	三八	四三	四八	南	二四	五四	一一	減		一五	〇九	
婁宿二	經	戌	二九	三六	〇〇	戌	二四	五二	一四	加		四九	三五	四
	緯	北	七	〇八	五八	北	一八	〇一	三三	加		一八	二二	

（續表）

黃道降婁宮恒星		黃道宮	黃道度	黃道分	黃道秒	赤道宮	赤道度	赤道分	赤道秒	赤道歲差	赤道歲差分	赤道歲差秒	赤道歲差微	星等
天鈎八	經	戌	二九	四三	三〇	亥	一〇	〇五	四三	加		三二	〇九	四
	緯	北	六二	三六	五〇	北	六四	五一	三五	加		一九	〇九	
天苑西增五	經	戌	二九	四四	二三	酉	一一	三九	四〇	加		四〇	三四	六
	緯	南	三八	三三	一六	南	二四	三八	五五	減		一五	〇五	
天囷内增五	經	戌	二九	四四	四二	酉	二	一三	〇七	加		四六	四〇	六
	緯	南	一三	〇〇	五六	南	〇	四七	五五	減		一七	〇七	
蒭藁六	經	戌	二九	四五	一五	酉	六	四八	一八	加		四三	五九	三
	緯	南	二六	〇〇	二五	南	一二	五八	〇九	減		一六	一一	
閣道北增二	經	戌	二九	五五	〇四	戌	六	五七	二四	加		四九	四九	六
	緯	北	四一	二五	五〇	北	四九	〇六	二一	加		二〇	〇八	
婁宿南增一	經	戌	二九	五五	五七	戌	二五	五〇	三三	加		四九	二七	五
	緯	北	五	二六	一三	北	一六	三二	五七	加		一八	一三	
蒭藁二	經	戌	二九	五八	五八	酉	五	三〇	三八	加		四四	五五	六
	緯	南	二一	五〇	三六	南	八	五九	五五	減		一六	二七	

清·戴進賢《儀象考成》卷六《恒星黃道經緯度表五》 黃道大梁宮赤道度附

黃道大梁宮恒星		黃道宮	黃道度	黃道分	黃道秒	赤道宮	赤道度	赤道分	赤道秒	赤道歲差	赤道歲差分	赤道歲差秒	赤道歲差微	星等
天囷西增六	經	酉	〇	〇〇	〇五	戌	二九	三八	〇七	加		四八	〇六	六
	緯	南	四	二四	三八	北	七	二一	四一	加		一七	三七	
天苑七	經	酉	〇	〇九	五三	酉	七	五九	一九	加		四三	二七	三
	緯	南	二八	一六	三二	南	一四	五七	三四	減		一五	五六	

（續表）

黄道大梁宫恒星		黄道 宫	黄道 度	黄道 分	黄道 秒	赤道 宫	赤道 度	赤道 分	赤道 秒	赤道歲差	赤道歲差 分	赤道歲差 秒	赤道歲差 微	星等
奎宿東增十八	經	西	○	一一	二七	戌	一三	五八	四六	加		五一	○六	六
	緯	北	三一	四一	四○	北	四○	四三	一七	加		一九	四○	
蒭藁東增五	經	西	○	一九	三四	酉	五	五○	三五	加		四四	五五	六
	緯	南	二一	五五	四四	南	八	五八	○○	減		一六	二四	
婁宿一	經	西	○	二二	五九	戌	二五	○七	二七	加		四九	五四	三
	緯	北	八	二八	一六	北	一九	三一	二二	加		一八	二○	
天囷五	經	西	○	二七	三六	戌	二九	五一	二六	加		四八	一一	四
	緯	南	四	一七	○五	北	七	三八	一七	加		一七	三三	
奎宿東增十七	經	西	○	三九	二九	戌	一七	一七	○八	加		五一	二一	六
	緯	北	二六	三九	○三	北	三六	二三	一四	加		一九	二二	
奎宿東增十九	經	西	○	四三	一六	戌	一三	二一	五八	加		五一	一五	五
	緯	北	三三	三三	一三	北	四二	三四	三八	加		一九	四五	
奎宿東增十二	經	西	○	五○	一七	戌	二一	四七	四五	加		五○	五五	六
	緯	北	一七	三九	○八	北	二八	一二	五二	加		一八	四九	
天苑南增四	經	西	○	五六	一四	酉	一五	一七	三四	加		三八	二六	三
	緯	南	四四	四五	○一	南	三○	○○	五三	減		一四	一三	
天苑南增三	經	西	○	五六	五一	酉	一五	一七	四八	加		三八	二六	四
	緯	南	四四	四四	三三	南	三○	○○	一六	減		一四	一三	
王良五	經	西	一	○七	二三	戌	四	二六	二七	加		四九	○四	五
	緯	北	四五	三八	五○	北	五三	○六	四四	加		二○	一四	
天苑十	經	西	一	一○	○○	酉	一二	五八	四六	加		四○	二五	三
	緯	南	三九	○○	○一	南	二四	三八	二八	減		一四	四七	

（續表）

黃道大梁宮恒星		黃道宮	黃道度	黃道分	黃道秒	赤道宮	赤道度	赤道分	赤道秒		赤道歲差分	赤道歲差秒	赤道歲差微	星等
天園南增四	經	西	一	二〇	四三	酉	二二	五九	一二	加		三二	四八	五
	緯	南	五七	〇四	四八	南	四一	〇五	二六	減		一二	二六	
閣道五	經	西	一	二六	五〇	戌	八	二五	一二	加		五〇	三三	五
	緯	北	四一	一六	〇五	北	四九	三四	一六	加		二〇	〇五	
附路	經	西	一	三二	三八	戌	五	四三	三〇	加		四九	三八	四
	緯	北	四四	四二	一三	北	五二	二九	五七	加		二〇	一三	
王良一	經	西	一	三三	〇六	亥	二八	五四	三三	加		四六	二三	二
	緯	北	五二	一三	五〇	北	五七	四四	三六	加		二〇	一九	
芻藁東增三	經	西	一	四〇	三七	酉	五	三七	一〇	加		四五	四九	六
	緯	南	一七	四九	〇一	南	四	四〇	一一	減		一六	二六	
天囷十	經	西	一	四四	一九	酉	四	四七	〇九	加		四六	二二	五
	緯	南	一五	一二	一五	南	二	一一	三二	減		一六	三六	
王良北增一	經	西	一	五四	四〇	亥	二四	〇八	五二	加		四三	一六	六
	緯	北	五五	〇七	四五	北	六〇	四七	五八	加		二〇	一五	
上衛東增一	經	西	二	〇二	五三	子	二一	一四	二四	加		一二	四二	三
	緯	北	七二	〇九	〇〇	北	六九	二六	三二	加		一五	五三	
婁宿北增五	經	西	二	〇七	一五	戌	二五	五五	二六	加		五〇	三〇	五
	緯	北	一〇	四七	四七	北	一二	一九	四六	加		一八	一二	
芻藁東增四	經	西	二	一七	五五	酉	六	一二	五五	加		四五	五一	六
	緯	南	一七	五二	四三	南	四	三一	三八	減		一六	一九	
婁宿南增十五	經	西	二	三四	五〇	戌	二九	四四	四九	加		四九	二一	六
	緯	北	一	四六	二五	北	一四	〇三	二〇	加		一七	三四	

（續表）

黃道大梁宮恒星		黃道				赤道					赤道歲差			星等
		宮	度	分	秒	宮	度	分	秒		分	秒	微	
軍南門	經	西	二	五三	○一	戌	一三	四二	一七	加		五一	五六	五
	緯	北	三六	二○	二一	北	四五	五二	一二	加		一九	四二	
金魚一	經	西	二	五八	三八	申	二	二五	三九	加		二三	三八	四
	緯	南	七○	一二	二八	南	五二	○八	三七	減		九	一○	
婁宿北增六	經	西	三	一五	五一	戌	二四	三五	三八	加		五一	二七	四
	緯	北	一六	四八	二三	北	二八	一九	一九	加		一八	二四	
婁宿南增十四	經	西	三	二八	四九	戌	二九	○六	三九	加		五○	○六	六
	緯	北	五	五六	五八	北	一八	一六	五八	加		一七	四○	
婁宿南增十一	經	西	三	四○	○八	戌	二八	○三	五九	加		五○	三九	五
	緯	北	九	一三	二九	北	二一	二四	四七	加		一七	五二	
天囷北增七	經	西	三	四五	四九	西	二	四四	二三	加		四八	三九	六
	緯	南	三	三三	三一	北	九	二六	四四	加		一七	○二	
天囷六	經	西	三	五二	三五	西	三	三八	○一	加		四八	一六	四
	緯	南	五	五三	○七	北	七	一七	二六	加		一六	五○	
天囷九	經	西	三	五九	二六	西	六	三六	○五	加		四六	三九	三
	緯	南	一四	二九	五七	南	○	四七	五八	減		一六	一五	
天囷南增二十	經	西	四	○三	三九	西	七	○一	三九	加		四六	二五	六
	緯	南	一五	三五	三九	南	一	四八	三八	減		一六	○八	
婁宿三	經	西	四	○四	一八	戌	一八	一一	一二	加		五○	四七	二
	緯	北	九	五七	一二	北	二二	一四	○七	加		一七	五一	
天大將軍西增一	經	西	四	一○	四四	戌	一六	四三	一三	加		五二	三七	四
	緯	北	三三	四七	五○	北	四四	○七	二六	加		一九	二六	

（續表）

黃道大梁宮恒星		黃道宮	黃道度	黃道分	黃道秒	赤道宮	赤道度	赤道分	赤道秒	赤道歲差	赤道歲差分	赤道歲差秒	赤道歲差微	星等
婁宿北增七	經	西	四	一一	一四	戌	二七	一七	二八	加		五一	一〇	六
	緯	北	一二	三二	五二	北	二四	四〇	五三	加		一八	〇〇	
王良北增三	經	西	四	一	五九	亥	二七	四八	五三	加		四五	三八	六
	緯	北	五三	五七	一〇	北	六〇	五一	五六	加		二〇	一九	
王良四	經	西	四	一五	二三	戌	六	三三	〇五	加		五〇	二〇	三
	緯	北	四六	三五	五三	北	五五	〇八	〇五	加		二〇	一〇	
天大將軍西增二	經	西	四	一八	四四	戌	一六	五一	二七	加		五二	四一	五
	緯	北	三三	四七	五〇	北	四四	一〇	二九	加		一九	二五	
金魚三	經	西	四	一九	四一	申	七	一三	五一	加		一九	二七	三
	緯	南	七四	三八	一一	南	五五	三四	二九	減		七	五〇	
婁宿南增十二	經	西	四	三一	五〇	戌	二九	三六	五五	加		五〇	三一	六
	緯	北	七	二二	四五	北	一九	五九	一三	加		一七	三五	
婁宿北增八	經	西	四	四七	一二	戌	二八	〇四	三四	加		五一	一三	六
	緯	北	一二	〇四	〇二	北	二四	二七	三七	加		一七	五一	
天囷七	經	西	四	四八	〇九	酉	五	三六	三四	加		四七	四四	四
	緯	南	九	一二	二六	北	四	二七	三三	加		一六	二七	
上衛東增二	經	西	四	五八	四七	子	二四	二六	四八	加		一三	五六	五
	緯	北	七〇	一六	三〇	北	七〇	〇七	四五	加		一六	三三	
天大將軍六	經	西	五	〇一	二七	戌	二〇	二八	二七	加		五二	五五	五
	緯	北	二八	五八	二一	北	四〇	〇七	〇〇	加		一九	〇〇	
天苑六	經	西	五	〇九	五〇	酉	一〇	五九	一四	加		四四	二七	三
	緯	南	二四	三三	三八	南	九	五五	五九	減		一五	一五	

（續表）

黃道大梁宮恒星		黃道宮	黃道度	黃道分	黃道秒	赤道宮	赤道度	赤道分	赤道秒	赤道歲差	赤道歲差分	赤道歲差秒	赤道歲差微	星等
天大將軍西增三	經	酉	五	一三	四五	戌	一八	〇七	三四	加		五三	〇四	五
	緯	北	三三	一七	三一	北	四四	〇四	二五	加		一九	一六	
婁宿南增十三	經	酉	五	一七	二五	酉	〇	五八	二〇	加		五〇	二三	六
	緯	北	五	四三	三九	北	一八	四一	五五	加		一七	二三	
天園七	經	酉	五	一九	〇八	酉	二三	一九	四九	加		三四	〇〇	四
	緯	南	五四	五〇	一〇	南	三八	〇六	二三	減		一二	〇四	
天大將軍七	經	酉	五	二一	〇一	戌	二一	二四	〇二	加		五三	〇〇	五
	緯	北	二七	五四	〇六	北	三九	一六	〇五	加		一八	五二	
天大將軍西增四	經	酉	五	二一	〇四	戌	二二	一一	二三	加		五二	五四	六
	緯	北	二六	二五	一五	北	三七	五五	一八	加		一八	四五	
婁宿北增九	經	酉	五	二五	四六	戌	二八	四二	四一	加		五一	二三	六
	緯	北	一二	〇五	三二	北	二四	四二	三二	加		一七	四五	
天苑南增二	經	酉	五	五一	三六	酉	一六	四五	〇七	加		四〇	二三	六
	緯	南	三九	〇八	二八	南	二三	二六	四九	減		一三	五〇	
天囷八	經	酉	五	五二	〇三	酉	七	三一	一〇	加		四七	一六	三
	緯	南	一二	〇一	二六	北	二	〇八	一三	加		一六	〇二	
天鈎九	經	酉	六	二六	五五	亥	一六	五九	二五	加		三六	一七	五
	緯	北	六一	二三	四六	北	六六	四三	〇七	加		一九	四九	
天苑十一	經	酉	六	三〇	〇三	酉	一七	〇一	五三	加		四〇	三三	四
	緯	南	三八	三二	一七	南	二三	四二	二七	減		一三	四六	
天大將軍四	經	酉	六	三四	二七	戌	一八	四四	三一	加		五三	三九	五
	緯	北	三四	三〇	五五	北	四五	四〇	一六	加		一九	一二	

（續表）

黃道大梁宮恒星		黃道 宮	黃道 度	黃道 分	黃道 秒	赤道 宮	赤道 度	赤道 分	赤道 秒		赤道歲差 分	赤道歲差 秒	赤道歲差 微	星等
王良三	經	西	六	三七	五六	戌	八	二五	三〇	加		五一	三二	四
	緯	北	四七	〇四	一九	北	五六	二七	三七	加		二〇	〇四	
王良内增四	經	西	六	四四	一五	戌	二	四三	三六	加		四八	四五	六
	緯	北	五二	〇一	二〇	北	六〇	二四	五八	加		二〇	一七	
婁宿北增十	經	西	六	四四	三八	酉	〇	一六	五〇	加		五一	三四	六
	緯	北	一一	二七	四四	北	二四	三四	三三	加		一七	二八	
天大將軍南增五	經	西	六	四五	二五	戌	二六	五九	一六	加		五二	四一	六
	緯	北	一九	二八	〇〇	北	三三	〇二	一八	加		一八	〇二	
天苑北增十	經	西	六	四七	四四	酉	二	〇八	四七	加		四四	四二	六
	緯	南	二三	四五	二〇	南	八	四一	一〇	減		一五	〇〇	
王良北增二	經	西	六	四九	〇三	亥	二八	二一	〇八	加		四五	五四	六
	緯	北	五五	一〇	〇六	北	六二	四六	四一	加		二〇	一九	
天大將軍五	經	西	六	五六	二六	戌	二一	〇二	〇九	加		五三	四七	六
	緯	北	三一	二七	四三	北	四三	〇四	三六	加		一八	五五	
天園八	經	西	六	五六	四五	酉	二四	四七	〇四	加		三三	三七	四
	緯	南	五五	三三	三三	南	三八	二三	五八	減		一一	三九	
天大將軍八	經	西	六	五八	〇五	戌	二五	一五	四三	加		五三	一四	六
	緯	北	二三	三九	一三	北	三五	五八	四二	加		一八	一九	
天囷北增八	經	西	七	〇五	〇七	酉	五	三八	四八	加		四九	一二	六
	緯	南	二	四四	一二	北	一一	一八	五七	加		一六	二六	
天苑北增十一	經	西	七	一一	三九	酉	一二	三二	四六	加		四四	四一	五
	緯	南	二三	五四	三七	南	八	四二	五四	減		一四	五三	

（續表）

黃道大梁宮恒星		黃道宮	度	分	秒	赤道宮	度	分	秒	赤道歲差	分	秒	微	星等
天苑北增十二	經	酉	七	三七	○九	酉	一二	五五	五七	加		四四	四二	四
	緯	南	二三	五七	一六	南	八	三七	五七	減		一四	四七	
天大將軍南增六	經	酉	七	三七	三五	戌	二九	二三	二七	加		五二	二六	六
	緯	北	一五	五九	○二	北	二九	○六	二二	加		一七	三九	
天大將軍內增十一	經	酉	七	五四	四○	戌	二四	三一	一七	加		五三	五二	氣
	緯	北	二七	○四	○八	北	三九	二六	五七	加		一八	二五	
天囷北增九	經	酉	七	五九	二二	酉	七	一一	三三	加		四八	五四	六
	緯	南	四	四八	二九	北	九	三八	四○	加		一六	○六	
上衛東增三	經	酉	八	○一	○六	子	二四	五八	一四	加		一二	二八	五
	緯	北	七○	二三	○七	北	七一	○八	三○	加		一六	四○	
天囷南增十九	經	酉	八	○八	○四	酉	一一	四三	一二	加		四五	五八	六
	緯	南	一八	四二	二三	南	三	三○	○八	減		一五	○五	
天園九	經	酉	八	一○	三九	酉	二四	五八	四五	加		三四	一五	四
	緯	南	五四	一九	○一	南	三六	五七	五一	減		一一	三五	
閣道四	經	酉	八	一三	二九	戌	一三	五五	二八	加		三三	四二	四
	緯	北	四三	○五	一五	北	五三	四五	五五	加		一九	四一	
左更西增一	經	酉	八	一六	四五	酉	四	一七	五八	加		五○	四四	六
	緯	北	四	四一	三○	北	一八	四三	三五	加		一六	四二	
天囷南增十八	經	酉	八	一六	五八	酉	一二	○○	○九	加		四五	五三	六
	緯	南	一九	一○	五○	南	三	五四	三○	減		一五	○○	
天囷四	經	酉	八	一九	五○	酉	七	四六	一六	加		四八	四八	四
	緯	南	五	三五	三三	北	九	○○	三一	加		一五	五八	

（續表）

黄道大梁宮恒星		黄道				赤道				赤道歲差				星等
		宮	度	分	秒	宮	度	分	秒		分	秒	微	
胃宿西增一	經	西	八	一三	三一	酉	○	五九	三四	加		五二	一九	六
	緯	北	一三	五五	二六	北	二七	二六	四四	加		一七	二○	
天大將軍九	經	西	八	四四	四四	戌	二八	三三	二五	加		五三	二四	四
	緯	北	二○	三四	一七	北	三三	四五	四八	加		一七	四六	
少衛西增四	經	西	八	五二	一○	亥	一	一八	四三	加		一八	三三	六
	緯	北	六八	一八	二○	北	七○	五○	五二	加		一七	五一	
天大將軍三	經	西	八	五三	三六	戌	二○	三六	四一	加		五四	四四	五
	緯	北	三五	二三	四五	北	四七	一九	二七	加		一八	五七	
王良東增五	經	西	九	○四	二六	戌	一○	二四	四四	加		五二	五三	六
	緯	北	四七	三二	二○	北	五七	四八	○二	加		一九	五七	
王良二	經	西	九	○五	一九	戌	四	四一	四五	加		五○	○八	四
	緯	北	五二	一四	四○	北	六一	三一	一四	加		二○	一四	
傳舍一	經	西	九	一六	三○	亥	二三	五三	○○	加		四二	○三	五
	緯	北	五九	○○	五三	北	六六	二三	一五	加		二○	一四	
少衛西增三	經	西	九	二五	三三	亥	一	○八	四四	加		一七	五九	五
	緯	北	六八	二五	五五	北	七一	○四	五六	加		一七	五○	
天大將軍南增七	經	西	九	二七	四○	酉	○	一○	五九	加		五三	二○	六
	緯	北	一八	三四	一二	北	三二	○九	○五	加		一七	二九	
天大將軍内增九	經	西	九	四一	四一	戌	二八	一七	二八	加		五四	○五	六
	緯	北	二三	一八	一一	北	三六	三七	三一	加		一七	四九	
左更三	經	西	九	四八	四三	酉	七	三五	四三	加		四九	五九	六
	緯	南	○	三六	二四	北	一四	一二	二二	加		一六	○一	

（續表）

黄道大梁宫恒星		黄道宫	黄道度	黄道分	黄道秒	赤道宫	赤道度	赤道分	赤道秒	赤道歲差 加減	赤道歲差分	赤道歲差秒	赤道歲差微	星等
天大將軍十一	經	酉	九	五四	四三	酉	〇	一八	五〇	加		五三	三四	五
	緯	北	一九	二一	三三	北	三三	〇二	二八	加		一七	二九	
天大將軍十	經	酉	九	五五	二一	酉	〇	三〇	二九	加		五三	三一	四
	緯	北	一八	五六	〇七	北	三二	三九	〇一	加		一七	二六	
天苑五	經	酉	一〇	一四	二五	酉	一五	五一	一七	加		四四	一七	三
	緯	南	二五	五七	二三	南	九	四七	一二	減		一四	〇三	
天苑内增十三	經	酉	一〇	二〇	一三	酉	一六	〇三	二〇	加		四四	〇〇	六
	緯	南	二六	一九	四六	南	一〇	〇六	五四	減		一四	〇一	
天園北增五	經	酉	一〇	二三	三五	酉	二五	五八	三四	加		三四	四三	五
	緯	南	五三	一五	二六	南	三五	二九	〇四	減		一一	一七	
策	經	酉	一〇	二四	〇五	戌	一〇	二一	五六	加		五三	一四	三
	緯	北	四八	四七	五六	北	五九	二〇	二五	加		一九	五八	
左更一	經	酉	一〇	三三	三五	酉	六	〇四	四四	加		五一	二四	六
	緯	北	六	〇七	五六	北	二〇	四九	四九	加		一六	二二	
天苑十二	經	酉	一〇	三六	三二	酉	二〇	三七	三七	加		四〇	一七	四
	緯	南	三九	二八	一四	南	二三	三〇	二九	減		一二	四八	
天大將軍東增十	經	酉	一〇	三九	三二	戌	二八	五二	二四	加		五四	三二	六
	緯	北	二四	一三	二四	北	三七	四八	四六	加		一七	四三	
天大將軍一	經	酉	一〇	四〇	四四	戌	二七	〇五	四七	加		五四	五九	二
	緯	北	二七	四六	〇七	北	四一	〇四	五五	加		一八	〇二	
天囷一	經	酉	一〇	四四	一五	酉	一二	一三	四三	加		四七	三二	二
	緯	南	一二	三六	五九	北	三	〇三	四八	加		一四	五七	

（續　表）

黃道大梁宮恆星		黃道宮	黃道度	黃道分	黃道秒	赤道宮	赤道度	赤道分	赤道秒	赤道歲差	赤道歲差分	赤道歲差秒	赤道歲差微	星等
胃宿西增二	經	酉	一〇	四四	三四	酉	三	一七	三〇	加		五二	五七	六
	緯	北	一四	一四	〇三	北	二八	三一	四七	加		一六	五三	
左更二	經	酉	一〇	四四	五五	酉	六	五九	一〇	加		五一	〇二	六
	緯	北	四	〇一	五六	北	一八	五四	〇八	加		一六	〇九	
天囷內增十	經	酉	一〇	五〇	〇八	酉	一二	一四	五六	加		四七	三六	六
	緯	南	一二	一二	五五	北	三	一八	五六	加		一四	五七	
天大將軍二	經	酉	一一	〇三	一三	戌	二一	五七	三三	加		五五	五二	四
	緯	北	三六	四九	一三	北	四九	二三	二九	加		一八	四七	
少衛西增二	經	酉	一一	一一	四八	子	二八	四六	五一	加		一四	一四	五
	緯	北	六九	二四	〇〇	北	七一	五七	五九	加		一七	二五	
左更四	經	酉	一一	二〇	四六	酉	九	一九	四八	加		五〇	〇二	六
	緯	南	一	一九	三七	北	一四	〇〇	〇二	加		一五	三八	
天囷三	經	酉	一一	三〇	〇六	酉	一一	二九	四二	加		四八	四一	四
	緯	南	七	四九	一二	北	七	五一	四六	加		一五	〇八	
左更五	經	酉	一一	三二	五二	酉	八	四四	五七	加		五〇	三五	六
	緯	北	一	〇六	一三	北	一六	二二	二七	加		一五	四五	
左更東增二	經	酉	一一	三七	三九	酉	八	三三	二六	加		五〇	四六	六
	緯	北	一	五六	一四	北	一七	一一	二八	加		一五	四八	
天囷南增十七	經	酉	一一	四七	一三	酉	一四	五六	〇七	加		四六	一六	六
	緯	南	一八	二五	四二	南	二	一〇	四四	減		一四	一七	
閣道內增三	經	酉	一一	五八	一六	戌	一六	〇三	〇九	加		五五	四二	六
	緯	北	四五	〇四	〇七	北	五六	五二	四八	加		一九	二八	

（續表）

黃道大梁宮恒星		黃道宮	黃道度	黃道分	黃道秒	赤道宮	赤道度	赤道分	赤道秒	赤道歲差	赤道歲差分	赤道歲差秒	赤道歲差微	星等
天園南增六	經	酉	一二	一二	〇八	申	一	二二	一六	加		三〇	一二	四
	緯	南	六一	四三	四三	南	四二	五五	一四	減		九	三九	
少衛西增一	經	酉	一二	二四	二七	子	二七	三六	五一	加		一一	五二	六
	緯	北	六九	五五	〇〇	北	七二	二九	三九	加		一七	〇九	
胃宿西增五	經	酉	一二	三三	〇一	酉	六	二五	五三	加		五二	四四	五
	緯	北	一〇	五一	五三	北	二五	五六	四三	加		一六	一六	
天大將軍東增十六	經	酉	一二	三七	〇一	戌	二四	〇二	〇八	加		五六	四二	六
	緯	北	三六	一八	三七	北	四九	三〇	四〇	加		一八	二九	
天苑内增一	經	酉	一二	五三	五七	酉	二一	一〇	三八	加		四一	三二	五
	緯	南	三五	四〇	一五	南	一八	二〇	一五	減		一二	三九	
傳舍西增一	經	酉	一二	五四	二四	戌	四	一六	二七	加		五〇	二三	六
	緯	北	五五	〇一	四〇	北	六五	〇六	〇七	加		二〇	一六	
左更東增三	經	酉	一二	五四	三二	酉	一〇	〇八	二五	加		五〇	四六	六
	緯	北	〇	五八	三七	北	一六	五五	四七	加		一五	二六	
天大將軍東增十五	經	酉	一二	五四	五六	戌	二五	三七	四二	加		五六	四四	六
	緯	北	三四	二六	〇一	北	四七	五六	一四	加		一八	一五	
天園南增十六	經	酉	一三	一六	三五	酉	一六	一九	三二	加		四六	一九	六
	緯	南	一八	三三	四二	南	一	五三	二九	減		一三	五六	
左更東增五	經	酉	一三	一七	一一	酉	一〇	二一	一九	加		五〇	五六	六
	緯	北	一	二八	五八	北	一七	一六	〇九	加		一五	二三	
天大將軍東增十二	經	酉	一三	一七	二〇	戌	二九	二〇	一九	加		五六	一五	六
	緯	北	二八	五二	三五	北	四三	〇〇	五一	加		一七	三九	

（續表）

黃道大梁宮恒星		黃道宮	黃道度	黃道分	黃道秒	赤道宮	赤道度	赤道分	赤道秒	赤道歲差	分	秒	微	星等
左更東增四	經	酉	一三	一九	二四	酉	一〇	二九	三三	加		五〇	五二	六
	緯	北	一	一〇	〇三	北	一六	五八	四七	加		一五	二三	
胃宿一	經	酉	一二	二〇	四七	酉	七	〇六	〇七	加		五三	〇一	四
	緯	北	一一	一七	一三	北	二六	三五	五六	加		一六	〇七	
傳舍二	經	酉	一三	三二	四七	戌	四	五七	二三	加		五〇	五八	六
	緯	北	五四	五九	四八	北	六五	二〇	〇一	加		二〇	一四	
天苑十四	經	酉	一三	四五	五二	酉	二四	一〇	四〇	加		三九	一二	五
	緯	南	四二	三四	三二	南	二四	四〇	五〇	減		一一	四九	
天苑十三	經	酉	一三	四九	一五	酉	二三	五八	五六	加		三九	二七	四
	緯	南	四一	五三	〇九	南	二四	〇〇	四六	減		一一	五一	
天大將軍東增八	經	酉	一三	五三	二八	酉	四	一五	一五	加		五四	五四	六
	緯	北	二〇	〇〇	三七	北	三四	五九	二四	加		一六	四〇	
少衛西增五	經	酉	一四	〇九	二〇	亥	七	一八	三四	加		二二	〇九	六
	緯	北	六七	〇〇	一〇	北	七二	一八	四七	加		一八	四七	
少衛西增六	經	酉	一四	一八	〇六	亥	七	三三	一四	加		二二	二一	六
	緯	北	六六	五六	四〇	北	七二	二〇	五〇	加		一八	四九	
閣道三	經	酉	一四	二二	一五	戌	一七	一九	五二	加		五七	〇九	三
	緯	北	四六	三三	二六	北	五八	五四	〇九	加		一九	二一	
御女西增一	經	酉	一四	二二	三〇	丑	二六	三九	〇二	減		一五	〇七	六
	緯	北	七九	〇四	五〇	北	七二	二五	五六	加		九	〇四	
左更東增六	經	酉	一四	二七	〇八	酉	一〇	五一	二五	加		五一	三五	六
	緯	北	三	三四	三七	北	一九	三七	〇三	加		一五	一六	

（續表）

黃道大梁宮恒星		黃道宮	度	分	秒	赤道宮	度	分	秒		赤道歲差分	秒	微	星等
胃宿三	經	酉	一四	三六	四五	酉	八	四三	二七	加		五三	○八	三
	緯	北	二○	二五	三七	北	二六	一○	五七	加		一五	四五	
天苑四	經	酉	一四	四○	二四	酉	二○	一四	一七	加		四三	五七	三
	緯	南	二七	四六	三○	北	一○	二○	三三	減		一二	五五	
天囷南增十一	經	酉	一四	四二	五八	酉	一六	二八	四八	加		四七	二六	五
	緯	南	一四	二九	二一	北	二	二四	二一	加		一三	五四	
胃宿二	經	酉	一四	四五	五五	酉	八	○九	一○	加		五三	三六	四
	緯	北	一二	二八	○八	北	二八	○九	五六	加		一五	五三	
閣道南增四	經	酉	一四	五三	○五	戌	一九	二一	四九	加		五七	五○	六
	緯	北	四四	五八	五五	北	五七	五四	四六	加		一九	○七	
左更東增七	經	酉	一四	五五	○九	酉	一一	○九	○三	加		五一	四八	五
	緯	北	四	○八	○一	北	二○	一七	二○	加		一五	一二	
大陵北增四	經	酉	一五	○四	一三	戌	二三	五一	二八	加		五八	一九	六
	緯	北	四○	一三	一六	北	五三	五二	○七	加		一八	三一	
天苑北增十四	經	酉	一五	一五	二○	酉	一九	二八	五一	加		四五	一一	四
	緯	南	二三	二二	二七	南	五	五八	二七	減		一三	○六	
天囷二	經	酉	一五	一五	二五	酉	一六	五五	五四	加		四七	三一	四
	緯	南	一四	一八	三五	北	一	四三	四三	加		一三	四六	
天苑十五	經	酉	一五	一六	二○	酉	二五	四二	四七	加		三八	四九	四
	緯	南	四三	四○	五○	南	二五	二三	○五	減		一一	二二	
傳舍三	經	酉	一五	四○	○六	戌	一二	一七	四一	加		五五	五六	六
	緯	北	五一	三九	二○	北	六五	三九	三三	加		一九	四九	

（續表）

黄道大梁宫恒星		黄道 宫	度	分	秒	赤道 宫	度	分	秒	赤道歲差	分	秒	微	星等
天大將軍東增十三	經	酉	一五	四九	一九	酉	○	四五	四○	加		五七	四九	六
	緯	北	三一	二三	二八	北	四六	一○	四四	加		一七	二三	
天大將軍東增十四	經	酉	一六	一二	四八	酉	○	二一	一三	加		五八	一五	六
	緯	北	三二	四八	三六	北	四七	三七	三三	加		一七	二七	
天陰西增一	經	酉	一六	一五	四八	酉	一三	二七	二五	加		五一	一九	六
	緯	北	一	○五	三九	北	一七	四六	五一	加		一四	三八	
大陵北增五	經	酉	一六	二四	一○	戌	二六	二三	四五	加		五九	○八	六
	緯	北	三八	五七	三六	北	五三	一四	○六	加		一八	○八	
大陵西增六	經	酉	一六	二九	五七	戌	二九	一一	三七	加		五八	四六	六
	緯	北	三五	○九	三四	北	四九	五一	三五	加		一七	三九	
傳舍四	經	酉	一六	三一	一二	戌	一三	四九	三八	加		五七	○○	六
	緯	北	五一	一三	五○	北	六三	三九	二○	加		一九	四一	
少弼	經	酉	一六	五三	○五	丑	一四	二二	○六	減		一○	二三	四
	緯	北	八三	一一	三○	北	七○	五六	三四	加		五	○一	
天陰四	經	酉	一七	一五	一八	酉	一四	一四	四三	加		五一	三九	四
	緯	北	一	四七	三四	北	一八	四四	○六	加		一四	二六	
天苑三	經	酉	一七	一五	五六	酉	二二	四五	○八	加		四三	四五	三
	緯	南	二八	四六	一六	南	一○	三九	一七	減		一二	一一	
大陵八	經	酉	一七	一六	五三	酉	六	五九	三五	加		五六	三二	六
	緯	北	二二	一三	○六	北	三八	○九	三二	加		一六	○七	
閣道南增五	經	酉	一七	一六	五五	戌	三一	三四	四○	加		五九	四一	六
	緯	北	四五	三○	一六	北	五九	一五	○三	加		一八	五○	

（續表）

黄道大梁宫恒星		黄道 宫	度	分	秒	赤道 宫	度	分	秒	赤道歲差	分	秒	微	星等
天苑北增十五	經	西	一七	一九	一四	西	二一	三五	五一	加		四五	○○	六
	緯	南	二四	二五	二○	南	六	二七	二九	減		一二	三三	
大陵南增十六	經	西	一七	二一	三五	西	八	五五	一五	加		五五	三一	五
	緯	北	一七	四六	○八	北	三三	五九	二四	加		一五	四三	
天苑二	經	西	一七	二二	二八	西	二三	三一	○○	加		四三	○二	四
	緯	南	三一	○九	一五	南	一二	五五	○九	減		一一	五八	
上衛	經	西	一七	二三	○八	子	八	四一	三九	加		九	一三	五
	緯	北	七五	一八	四五	北	七四	○三	四三	加		一二	四一	
大陵西增七	經	西	一七	二三	三一	西	一	○四	四一	加		五九	○五	六
	緯	北	三三	四九	三一	北	四八	五七	一九	加		一七	一九	
天苑十六	經	西	一七	二三	三七	西	二七	一六	二二	加		三八	五三	四
	緯	南	四三	三○	四四	南	二四	四五	二八	減		一○	五四	
胃宿東增四	經	西	一七	二四	二○	西	一二	三七	二○	加		五三	○三	六
	緯	北	七	二九	○五	北	二四	一三	三一	加		一四	五○	
天廩四	經	西	一七	三四	三六	西	一七	四五	○九	加		四八	五七	四
	緯	南	九	二一	四七	北	八	○六	二五	加		一三	三三	
胃宿東增三	經	西	一七	三六	○八	西	一○	二七	○七	加		五四	四七	四
	緯	北	一四	二四	四七	北	三○	五三	○三	加		一五	二二	
天苑北增十六	經	西	一七	五一	三七	西	二一	五九	四八	加		四五	○七	五
	緯	南	二四	○八	一八	南	六	○三	○七	減		一二	二四	
大陵西增八	經	西	一七	五六	五八	西	一	五六	二五	加		五九	一八	六
	緯	北	三三	二八	二七	北	四八	四九	二八	加		一七	○九	

（續表）

黃道大梁宮恒星		黃道宮	黃道度	黃道分	黃道秒	赤道宮	赤道度	赤道分	赤道秒	赤道歲差	赤道歲差分	赤道歲差秒	赤道歲差微	星等
大陵七	經	西	一八	一四	一三	西	八	三六	一一	加		五六	三三	四
	緯	北	二〇	五五	三三	北	三七	一四	三六	加		一五	四六	
天廩三	經	西	一八	一八	四三	西	一八	一八	五〇	加		四九	一〇	四
	緯	南	八	四九	四八	北	八	四八	五七	加		一三	二五	
天陰二	經	西	一八	二一	三四	西	一五	〇二	五一	加		五二	〇六	五
	緯	北	二	五一	一九	北	二〇	〇四	〇〇	加		一四	一五	
天囷南增十五	經	西	一八	二三	三八	西	二〇	五七	三八	加		四六	四一	四
	緯	南	一八	二七	四一	南	〇	二六	五二	減		二二	四一	
大陵西增九	經	西	一八	三七	一九	西	二	三六	五六	加		五九	四二	五
	緯	北	三三	三八	五〇	北	四九	一二	三三	加		一七	〇二	
金魚三	經	西	一八	四六	一九	申	二三	五五	四〇	加		七	五〇	四
	緯	南	八五	〇四	二三	南	六二	三七	四三	減		二	二九	
大陵西增十	經	西	一八	四九	四一	西	二	四五	五七	加		五九	五一	六
	緯	北	三三	四七	三五	北	四九	二四	四二	加		一七	〇〇	
天園十	經	西	一八	五二	〇〇	申	二	〇一	五九	加		三四	二九	三
	緯	南	五三	五八	五四	南	三四	二五	三六	減		九	二七	
大陵內增十五	經	西	一八	五三	一一	西	九	二三	五一	加		五六	四四	六
	緯	北	二〇	四四	四三	北	三七	一六	二七	加		一五	三六	
大陵內增十四	經	西	一九	一〇	五七	西	六	五六	一六	加		五八	二四	六
	緯	北	二六	五七	二七	北	四三	一二	一一	加		一六	〇八	
天廩二	經	西	一九	二九	五八	西	一九	〇五	五三	加		四九	三九	六
	緯	南	七	二八	二九	北	一〇	二六	〇五	加		一三	一二	

（續表）

黄道大梁宫恒星		黄道宫	黄道度	黄道分	黄道秒	赤道宫	赤道度	赤道分	赤道秒	加減	赤道歲差分	赤道歲差秒	赤道歲差微	星等
天廩南增一	經	西	一九	三二	四一	西	一九	四〇	五七	加		四九	〇八	六
	緯	南	九	三〇	二七	北	八	二九	〇五	加		一三	〇三	
大陵北增三	經	西	一九	四六	二七	戌	二八	三二	四九	加	一	〇一	四九	六
	緯	北	四一	一二	二三	北	五六	二五	〇九	加		一七	四五	
天囷東增十二	經	西	一九	四八	〇八	西	二一	三八	一八	加		四七	二五	六
	緯	南	一六	〇四	五七	北	二	一一	五八	加		一二	三〇	
大陵南增十七	經	西	一九	五六	一〇	西	一一	三七	〇六	加		五六	二四	六
	緯	北	一八	〇五	〇〇	北	三五	〇四	一七	加		一五	〇五	
天囷東增十四	經	西	一九	五六	三六	西	二三	五三	二八	加		四六	一四	五
	緯	南	二〇	二七	一七	南	一	五九	三〇	減		一二	一〇	
少衛	經	西	一九	五九	四六	亥	一四	五一	五九	加		二八	二〇	五
	緯	北	六五	三三	〇〇	北	七四	〇〇	〇二	加		一九	三八	
天廩一	經	西	二〇	〇〇	一八	西	一九	一一	〇六	加		五〇	〇七	五
	緯	南	五	五七	一三	北	一二	〇二	〇四	加		一三	一〇	
天陰三	經	西	二〇	〇三	四九	西	一九	〇〇	五五	加		五二	一二	六
	緯	北	二	〇四	五七	北	一九	四七	四四	加		一三	四五	
華蓋四	經	西	二〇	一五	三六	戌	一三	二三	二六	加		五八	三五	六
	緯	北	五四	一三	四〇	北	六七	二四	三〇	加		一九	四四	
天囷東增十三	經	西	二〇	一五	五〇	西	二二	五八	二八	加		四六	三〇	六
	緯	南	一九	三八	三四	南	一	〇七	四六	減		一二	〇七	
天苑一	經	西	二〇	一六	三四	西	二六	三一	二八	加		四二	二九	二
	緯	南	三三	一三	三五	南	一四	一五	〇七	減		一一	〇六	

（續表）

黃道大梁宮恒星		黃道宮	黃道度	黃道分	黃道秒	赤道宮	赤道度	赤道分	赤道秒	赤道歲差	赤道歲差分	赤道歲差秒	赤道歲差微	星等
積尸	經	西	二〇	一九	三五	西	一〇	三六	二八	加		五七	二九	四
	緯	北	二二	四二	一五	北	三八	三七	一二	加		一五	一九	
大陵一	經	西	二〇	二九	四三	西	一	一二	四〇	加	一	〇一	五五	六
	緯	北	三八	五七	四一	北	五四	三九	五五	加		一七	一七	
大陵北增一	經	西	二〇	四一	四八	西	〇	〇四	〇〇	加	一	〇二	二二	六
	緯	北	四〇	四三	二一	北	五六	一八	三六	加		一七	三〇	
天囷十一	經	西	二〇	五一	三〇	申	三	三五	二七	加		三四	一四	五
	緯	南	五四	三三	一五	南	三四	三六	二八	減		八	五六	
大陵北增二	經	西	二〇	五七	三五	西	〇	〇六	四三	加	一	〇二	三七	六
	緯	北	四一	〇三	二二	北	五六	四一	五一	加		一七	三〇	
九州殊口西增四	經	西	二一	〇一	二〇	西	二四	五九	〇二	加		四七	〇一	五
	緯	南	二五	〇〇	三八	南	六	〇八	四一	減		一一	三二	
九州殊口西增三	經	西	二一	〇三	一六	西	二四	五八	〇七	加		四五	〇六	六
	緯	南	二四	四二	二五	南	五	五〇	三七	減		一一	三三	
大陵内增十三	經	西	二一	〇四	二三	西	六	四一	四五	加	一	〇〇	三三	四
	緯	北	三一	三六	三七	北	四八	〇八	〇九	加		一六	一二	
閣道二	經	西	二一	一一	四八	戌	二四	〇一	五六	加	一	〇三	〇二	三
	緯	北	四七	三一	五〇	北	六二	二四	〇五	加		一八	三一	
九州殊口西增五	經	西	二一	一八	三七	西	二五	一六	〇四	加		四五	〇一	五
	緯	南	二四	五九	四七	南	六	〇三	五六	減		一一	二九	
柱史北增一	經	西	二一	一八	四八	丑	四	三七	二三	減		四	四九	六
	緯	北	八七	一七	五五	北	六八	三三	四五	加		一	三八	

（續表）

黃道大梁宮恒星		黃道宮	黃道度	黃道分	黃道秒	赤道宮	赤道度	赤道分	赤道秒	赤道歲差	赤道歲差分	赤道歲差秒	赤道歲差微	星等
大陵六	經	酉	二一	一九	三二	酉	一二	一二	〇六	加		五七	二八	四
	緯	北	二〇	三三	一三	北	三七	四九	四二	加		一四	五八	
華蓋五	經	酉	二一	二四	四〇	戌	一七	〇三	一六	加	一	〇一	一一	五
	緯	北	五二	四九	五〇	北	六六	四七	〇八	加		一九	二三	
天陰北增二	經	酉	二一	二四	四五	酉	一七	一八	一六	加		五三	二七	六
	緯	北	五	五一	三九	北	二三	四七	五一	加		一三	三九	
御女一	經	酉	二一	二九	一〇	丑	二〇	〇二	二六	減		一五	二四	四
	緯	北	八〇	四〇	〇三	北	七二	五一	四三	加		六	五六	
天阿	經	酉	二一	四一	五四	酉	一六	四三	四四	加		五四	一八	六
	緯	北	八	四五	二五	北	二六	三九	三八	加		一三	四八	
天廩南增二	經	酉	二一	五八	〇六	酉	二三	〇一	〇四	加		四八	一八	六
	緯	南	一三	三〇	〇六	北	五	一三	二八	加		一二	〇八	
九州殊口西增二	經	酉	二三	〇二	三八	酉	二五	二一	四九	加		四五	四三	四
	緯	南	二三	四五	四三	南	三	四四	〇三	減		一一	二六	
大陵内增十二	經	酉	二三	一七	〇〇	酉	八	〇一	四〇	加	一	〇一	一四	六
	緯	北	三一	四八	一〇	北	四八	四一	五三	加		一五	五四	
天陰五	經	酉	二三	一七	二八	酉	一九	〇二	四二	加		五二	四九	六
	緯	北	二	五九	五七	北	二一	一六	二二	加		一三	一二	
天陰一	經	酉	二三	三一	五〇	酉	二〇	〇八	一八	加		五二	〇二	六
	緯	南	〇	〇五	二〇	北	一八	二一	〇五	加		一二	五四	
大陵五	經	酉	二三	三五	四二	酉	一二	五三	三八	加		五八	三二	二
	緯	北	二二	二三	四七	北	三九	五七	〇〇	加		一四	四五	

（續表）

黄道大梁宫恒星	黄道經宫	黄道經度	黄道經分	黄道經秒	黄道緯宫	黄道緯度	黄道緯分	黄道緯秒	赤道經宫	赤道經度	赤道經分	赤道經秒	赤道緯宫	赤道緯度	赤道緯分	赤道緯秒	赤道歲差經加減	赤道歲差經分	赤道歲差經秒	赤道歲差經微	赤道歲差緯加減	赤道歲差緯分	赤道歲差緯秒	赤道歲差緯微	星等
大陵南增十八	西	二二	四六	四〇	北	二〇	五五	五八	西	一三	四一	三三	北	三八	三六	四五	加		五八	〇九	加		一四	三四	五
華蓋六	西	二三	一九	五三	北	五一	五〇	一三	戌	二〇	五六	五五	北	六六	四三	三五	加	一	〇四	一二	加		一八	五五	六
昴宿西增二	西	二三	三五	一二	北	五	〇二	四〇	西	一九	四九	一一	北	二三	三五	〇一	加		五三	三八	加		一二	五九	六
畢宿西增二	西	二三	三九	一七	南	一三	二二	五七	西	二四	三五	一五	北	五	四四	一四	加		四八	二九	加		一一	三九	六
畢宿西增一	西	二三	四五	一五	南	八	四〇	三六	西	二三	三三	〇一	北	一〇	一九	五〇	加		四九	四八	加		一一	五八	五
昴宿西增三	西	二三	五一	一〇	北	三	四一	三七	西	二〇	二八	二六	北	二三	二〇	四四	加		五三	一八	加		一二	四九	六
大陵四	西	二四	〇六	一二	北	二六	〇四	二一	西	一三	〇三	五四	北	四三	五二	二一	加	一	〇〇	一九	加		一四	四四	五
杠九	西	二四	一三	四四	北	五四	一一	二〇	戌	一八	一〇	一九	北	六八	五四	〇四	加	一	〇三	四九	加		一九	一四	六
天陰東增三	西	二四	一五	四九	南	〇	〇〇	五〇	西	二一	五三	二〇	北	一八	五一	三〇	加		五二	一八	加		一二	二六	六
九州殊口西增一	西	二四	一七	二四	南	二一	四七	二八	西	二七	〇九	〇八	南	二	一七	四一	加		四六	〇七	減		一〇	五五	五
大陵二	西	二四	二〇	三〇	北	三四	二〇	一二	西	九	〇三	二三	北	五一	四一	三〇	加	一	〇三	一五	加		一九	三九	五

（續表）

黃道大梁宮恒星		黃道 宮	度	分	秒	赤道 宮	度	分	秒	赤道歲差	分	秒	微	星等
華蓋三	經	西	二四	三〇	一七	戌	一四	四一	〇三	加	一	〇一	五六	五
	緯	北	五六	一〇	一三	北	七〇	二八	四〇	加		一九	三七	
天陰東增四	經	西	二四	三五	二九	西	二二	一五	〇九	加		五二	一九	六
	緯	南	〇	〇七	一五	北	一八	五〇	〇六	加		二二	二〇	
大陵東增十一	經	西	二四	三七	四〇	西	九	二八	〇一	加	一	〇三	二四	六
	緯	北	三四	一四	三二	北	五一	四一	三二	加		一五	三四	
柱史北增二	經	西	二五	〇三	二〇	丑	四	一三	五四	減		五	一〇	六
	緯	北	八七	一八	五〇	北	六八	三九	五八	加		一	二九	
天船一	經	西	二五	一〇	二四	西	八	〇五	四一	加	一	〇四	五一	四
	緯	北	三七	二六	五〇	北	五四	四九	一九	加		一五	五三	
昴宿北增一	經	西	二五	一一	二四	西	二一	二三	一四	加		五四	〇五	六
	緯	北	五	三二	五一	北	二四	二八	三二	加		二二	三三	
大陵東增二十	經	西	二五	三三	四八	西	一五	〇八	〇〇	加	一	〇〇	二五	六
	緯	北	二四	四九	五二	北	四三	〇三	五五	加		一四	二三	
九州殊口西增六	經	西	二五	二五	二四	西	二九	二八	四一	加		四四	二七	六
	緯	南	二七	二九	五六	南	七	三六	四三	減		一〇	一三	
昴宿南增四	經	西	二五	三二	〇九	西	二三	二四	〇八	加		五三	二四	六
	緯	北	三	〇三	四三	北	二三	〇九	〇六	加		二三	一七	
大陵三	經	西	二五	三二	一一	西	一二	二五	五九	加	一	〇二	四三	四
	緯	北	三〇	五六	二九	北	四八	五二	五八	加		一四	五二	
華蓋七	經	西	二五	三六	〇八	戌	二四	〇八	二四	加	一	〇七	二一	六
	緯	北	五一	三八	五〇	北	六七	二四	三六	加		一八	一七	

（續表）

黄道大梁宫恒星		黄道宫	黄道度	黄道分	黄道秒	赤道宫	赤道度	赤道分	赤道秒	赤道歲差	赤道歲差分	赤道歲差秒	赤道歲差微	星等
九州殊口一	經	西	二五	四五	五〇	申	〇	三四	一六	加		四三	二二	五
	緯	南	三〇	五七	二八	南	一〇	五四	四二	減		九	五三	
昴宿一	經	西	二五	五〇	二一	酉	二二	二五	二七	加		五三	四八	五
	緯	北	四	〇九	〇五	北	二三	一六	五六	加		一二	一六	
九州殊口二	經	西	二五	五〇	五一	酉	二九	五〇	五三	加		四四	二八	三
	緯	南	二七	三〇	〇〇	南	七	三一	三九	減		一〇	〇六	
卷舌西增一	經	西	二五	五一	一二	酉	二〇	〇七	〇四	加		五六	二〇	六
	緯	北	一二	二一	三三	北	三一	一三	四三	加		一二	五五	
大陵東增十九	經	西	二五	五二	五六	酉	一六	〇三	五六	加	一	〇〇	一八	六
	緯	北	二三	五八	〇四	北	四二	二二	四四	加		一三	五八	
天園十三	經	西	二五	五三	二〇	申	五	五〇	四五	加		三五	五七	四
	緯	南	五〇	五六	四三	南	三〇	一七	一九	減		八	一三	
杠八	經	西	二五	五七	〇四	戌	二〇	五五	一六	加	一	〇六	三九	六
	緯	北	五三	五二	一九	北	六九	一八	一四	加		一八	五五	
少丞	經	西	二五	五九	三〇	戌	八	〇〇	五四	加		五六	五九	六
	緯	北	五九	四一	一〇	北	七三	二六	〇九	加		二〇	〇五	
昴宿二	經	西	二五	五九	四二	酉	二三	三〇	三二	加		五三	五五	五
	緯	北	四	二九	〇二	北	二三	三八	三四	加		一二	一四	
少丞北增一	經	西	二六	〇一	五四	戌	七	二八	五一	加		五六	二七	六
	緯	北	五九	五三	四三	北	七三	三四	五二	加		二〇	〇八	
傳舍五	經	西	二六	〇六	二四	戌	二八	三九	三一	加	一	〇八	三〇	六
	緯	北	四八	五三	〇六	北	六五	一七	五五	加		一七	四四	

（續 表）

黄道大梁宫恒星		黄道 宫	黄道 度	黄道 分	黄道 秒	赤道 宫	赤道 度	赤道 分	赤道 秒	赤道歲差	赤道歲差 分	赤道歲差 秒	赤道歲差 微	星等
昴宿四	經	酉	二六	○六	三一	酉	二二	三九	四四	加		五三	五四	五
	緯	北	四	二一	二五	北	二三	三二	四九	加		一二	一一	
昴宿五	經	酉	二六	○七	三○	酉	二三	四七	四七	加		五三	四六	五
	緯	北	三	五四	四七	北	二三	○七	一三	加		一二	一○	
天柱三	經	酉	二六	○八	二九	子	一	二六	一七	減		二一	三九	六
	緯	北	七六	三六	一○	北	七五	四○	一四	加		一○	三二	
昴宿三	經	酉	二六	一○	一六	酉	二二	四一	○一	加		五三	五八	六
	緯	北	四	三一	三三	北	二三	四三	三四	加		一二	一○	
天園十二	經	酉	二六	一七	二一	申	六	二三	五四	加		三五	三三	三
	緯	南	五一	五一	○	南	三一	○五	五四	減		八	○三	
畢宿南增三	經	酉	二六	二○	○八	酉	二七	三三	一九	加		四八	二三	四
	緯	南	一四	二九	五○	北	五	一四	五九	加		一○	五○	
畢宿南增四	經	酉	二六	二二	五一	酉	二七	三三	三○	加		四八	一二	六
	緯	南	一五	○四	○二	北	四	四二	一三	加		一○	四七	
昴宿六	經	酉	二六	二五	○八	酉	二三	○四	五一	加		五三	五○	三
	緯	北	四	○○	三七	北	二三	一七	○七	加		一二	○四	
天船二	經	酉	二六	二七	○七	酉	一一	三五	三○	加	一	○四	三七	三
	緯	北	三四	三○	○五	北	五二	二九	○九	加		一五	○五	
少衛東增八	經	酉	二六	三三	三五	亥	二二	二○	○五	加		三六	○○	三
	緯	北	六四	三六	三○	北	七六	一二	二二	加		二○	○九	
天柱二	經	酉	二六	三三	五四	子	一七	二八	三八	減		一三	五一	五
	緯	北	七二	三五	二○	北	七七	○四	二四	加		一四	五七	

（續表）

黃道大梁宮恒星		黃道宮	黃道度	黃道分	黃道秒	赤道宮	赤道度	赤道分	赤道秒	赤道歲差	赤道歲差分	赤道歲差秒	赤道歲差微	星等
昴宿七	經	西	二六	四六	五二	酉	二三	二九	五〇	加		五三	五二	五
	緯	北	三	五二	三七	北	二三	一四	三一	加		一二	五八	
九州殊口内增七	經	西	二六	五二	四五	申	〇	五四	二四	加		四四	一八	五
	緯	南	二八	一三	〇三	南	八	〇一	二五	減		九	四五	
畢宿八	經	西	二七	〇二	三一	酉	二六	三六	五九	加		五〇	二一	四
	緯	南	七	五九	五七	北	一一	四四	二三	加		一一	〇三	
卷舌五	經	西	二七	〇七	五四	酉	二一	三一	五三	加		五六	三八	五
	緯	北	一二	二一	三二	北	三二	三三	〇〇	加		一二	三一	
少衛東增七	經	西	二七	二二	三四	亥	六	三六	三六	加		一〇	〇三	六
	緯	北	六八	二三	〇四	北	七七	三〇	一三	加		一八	四〇	
卷舌六	經	西	二七	三三	五〇	酉	二一	三三	三二	加		五七	一六	六
	緯	北	一三	五二	〇〇	北	三三	〇六	五五	加		一二	三一	
天船西增一	經	西	二七	三七	四四	酉	一五	〇八	二二	加	一	〇三	四三	六
	緯	北	三〇	四二	一二	北	四九	一五	三七	加		一四	一二	
天船西增二	經	西	二七	三九	四四	酉	一五	一五	〇五	加	一	〇三	四二	五
	緯	北	三〇	三三	四二	北	四九	〇八	〇九	加		一四	一〇	
華蓋二	經	西	二八	〇八	二七	戌	一九	四〇	〇三	加	一	〇八	一四	六
	緯	北	五五	五八	五一	北	七一	四三	二四	加		一九	〇五	
昴宿東增五	經	西	二八	一〇	二一	酉	二五	二六	一四	加		五三	三一	六
	緯	北	一	五八	三二	北	二一	四二	五二	加		一一	二四	
華蓋一	經	西	二八	一一	三〇	戌	二〇	五五	三八	加	一	〇八	五九	六
	緯	北	五五	二四	四〇	北	七一	一八	五八	加		一八	五五	

（續表）

黄道大梁宫恒星		黄道宫	黄道度	黄道分	黄道秒	赤道宫	赤道度	赤道分	赤道秒	赤道歲差宫	赤道歲差分	赤道歲差秒	赤道歲差微	星等
畢宿南增五	經	西	二八	一七	五八	西	二九	二六	〇三	加		四八	一七	六
	緯	南	一五	二一	一〇	北	四	四九	二七	加		一〇	一三	
杠七	經	西	二八	二三	二六	戌	二五	二一	二九	加	一	一〇	五八	五
	緯	北	五三	一二	〇七	北	六九	四〇	一三	加		一八	一六	
天船三	經	西	二八	三一	〇四	西	一六	三三	〇〇	加	一	〇三	五五	二
	緯	北	三〇	〇五	二〇	北	四八	五五	三一	加		二三	五一	
天船南增五	經	西	二八	四八	一五	西	一八	四二	一二	加	一	〇二	一九	六
	緯	北	二六	〇三	四八	北	四五	一〇	〇四	加		一三	一六	
閣道一	經	西	二八	四九	〇〇	西	二	一九	〇七	加	一	二三	〇三	五
	緯	北	四八	五五	〇九	北	六六	一五	三〇	加		一七	〇四	
天讒	經	西	二八	五二	四一	西	二三	一九	二〇	加		五七	一六	六
	緯	北	一二	五三	一八	北	三二	二九	一四	加		一二	〇〇	
傳舍六	經	西	二八	五五	二一	西	九	〇八	二九	加	一	〇九	五七	五
	緯	北	四二	三一	一七	北	六〇	三七	二九	加		一五	三八	
天船南增四	經	西	二九	〇二	四二	西	一八	〇九	五九	加	一	〇三	一五	五
	緯	北	二八	〇〇	二五	北	四七	〇五	一五	加		一三	二四	
畢宿南增六	經	西	二九	一七	〇五	西	二九	五六	三九	加		四九	〇〇	六
	緯	南	一三	一七	五五	北	七	〇一	五五	加		一〇	〇二	
天船内增三	經	西	二九	一七	三九	西	一七	四七	三九	加	一	〇四	〇二	六
	緯	北	二九	三〇	三二	北	四八	三五	〇三	加		一三	三一	
卷舌四	經	西	二九	三二	四四	西	二四	三一	〇一	加		五六	五一	三
	緯	北	一一	一七	五三	北	三一	〇六	〇一	加		一一	三九	

（續表）

黃道大梁宮恒星	黃道經宮	黃道經度	黃道經分	黃道經秒	黃道緯宮	黃道緯度	黃道緯分	黃道緯秒	赤道經宮	赤道經度	赤道經分	赤道經秒	赤道緯宮	赤道緯度	赤道緯分	赤道緯秒	赤道歲差經	經分	經秒	經微	赤道歲差緯	緯分	緯秒	緯微	星等
天柱内增二	酉	二九	三六	二二	北	七五	二八	三〇	子	四	〇六	四四	北	七六	五五	二二	減		二六	二二	加		一一	二二	五
畢宿南增八	酉	二九	四〇	三八	南	一一	四七	三九	申	〇	〇〇	四五	北	八	三四	五八	加		四九	二九	加		一〇	〇二	六
九州殊口三	酉	二九	四四	四七	南	二五	〇一	〇一	申	二	四四	五八	南	四	二一	二九	加		四五	二六	減		九	一一	三
杠六	酉	二九	四五	四三	北	五三	二四	一五	戌	二六	五五	二四	北	七〇	一九	二二	加	一	一三	一七	加		一八	〇一	六
月	酉	二九	五二	一九	北	一	一三	二〇	酉	二七	二三	五〇	北	二一	五一	一五	加		五三	三三	加		一〇	五〇	五
畢宿南增七	酉	二九	五九	一三	南	一二	一三	一七	申	〇	二三	五九	北	八	一三	三二	加		四九	二一	加		九	五六	四

清·戴進賢《儀象考成》卷七《恒星黃道經緯度表六》黃道實沈宮赤道度附

黃道實沈宮恒星	黃道經宮	黃道經度	黃道經分	黃道經秒	黃道緯宮	黃道緯度	黃道緯分	黃道緯秒	赤道經宮	赤道經度	赤道經分	赤道經秒	赤道緯宮	赤道緯度	赤道緯分	赤道緯秒	赤道歲差經	經分	經秒	經微	赤道歲差緯	緯分	緯秒	緯微	星等
月東增一	申	〇	〇〇	〇〇	北	一	〇八	〇一	酉	二七	三三	〇六	北	二一	一七	四三	加		五三	三二	加		一〇	四六	六
杠五	申	〇	〇〇	五三	北	五四	二一	〇四	戌	二五	三二	二九	北	七一	〇九	五七	加	一	一三	一七	加		一八	一五	四
天船四	申	〇	一〇	五六	北	二七	五五	一八	酉	一九	三六	五五	北	四七	一八	一四	加	一	〇三	四五	加		一三	〇二	五

（續表）

黃道實沈宮恒星		黃道宮	黃道度	黃道分	黃道秒	赤道宮	赤道度	赤道分	赤道秒	赤道歲差加減	赤道歲差分	赤道歲差秒	赤道歲差微	星等
卷舌一	經	申	○	一五	二○	酉	二一	五八	二○	加	一	○一	一四	四
	緯	北	三二	○七	○二	北	四一	四四	四九	加		一二	二二	
天街西增一	經	申	○	二五	五二	酉	二八	三四	○九	加		五二	四七	五
	緯	南	一	二三	五八	北	一八	五四	三六	加		一○	二八	
九斿八	經	申	一	○八	四一	申	七	一九	一三	加		三九	五三	三
	緯	南	四一	二五	○三	南	二○	一一	○○	減		七	四三	
畢宿北增九	經	申	一	一二	四三	申	○	一八	二八	加		五一	二八	六
	緯	南	五	五○	一一	北	一四	四三	二五	加		九	五六	
天船五	經	申	一	一四	○六	酉	二一	一二	三三	加	一	○三	五五	三
	緯	北	二七	一五	二二	北	四六	五六	○一	加		一二	三六	
卷舌三	經	申	一	二四	一五	酉	二五	三六	三三	加		五八	三九	五
	緯	北	一四	五四	○五	北	三五	○一	三八	加		一一	二一	
傳舍九	經	申	一	二七	三六	酉	一七	四一	一五	加	一	○八	一○	五
	緯	北	三五	一○	四七	北	五四	三二	三三	加		一三	三二	
九斿西增四	經	申	一	四一	一○	申	六	三七	二五	加		四一	五○	三
	緯	南	三六	○一	四八	南	一四	四九	一三	減		七	五六	
礪石一	經	申	一	四二	二五	酉	二七	四七	○六	加		五六	○七	五
	緯	北	七	五四	三八	北	二八	一六	四五	加		一○	四二	
九州殊口內增八	經	申	一	四五	三一	申	五	二八	三○	加		四三	五六	四
	緯	南	二九	五三	五二	南	八	四七	三○	減		八	一九	
九州殊口內增九	經	申	一	五七	三八	申	五	二一	五五	加		四四	二六	五
	緯	南	二八	二四	五○	南	七	一八	○五	減		八	二二	

（續表）

黃道實沈宮恒星		黃道宮	黃道度	黃道分	黃道秒	赤道宮	赤道度	赤道分	赤道秒	赤道歲差	赤道歲差分	赤道歲差秒	赤道歲差微	星等
天節三	經	申	一	五八	三一	申	一	二二	四〇	加		五一	〇四	六
	緯	南	七	二〇	三二	北	一三	二三	四二	加		九	三六	
九斿西增一	經	申	二	〇〇	一五	申	三	五一	二七	加		四七	〇四	五
	緯	南	二〇	一一	二七	北	〇	四六	五九	加		八	五〇	
礪石二	經	申	二	〇四	三二	酉	二八	四八	三六	加		五五	一六	六
	緯	北	五	一六	四一	北	二五	四六	五九	加		一〇	二二	
卷舌二	經	申	二	〇六	二五	酉	二五	一一	一二	加	一	〇〇	三三	三
	緯	北	一九	〇四	五三	北	三九	一四	五一	加		一一	二八	
天節八	經	申	二	〇九	五七	申	二	二八	二五	加		四九	三七	五
	緯	南	一二	〇一	二一	北	八	五〇	〇九	加		九	一六	
畢宿四	經	申	二	一二	三四	申	一	一八	〇七	加		五一	三六	三
	緯	南	五	四六	二三	北	一四	五八	四七	加		九	三八	
畢宿南增十	經	申	二	一八	一二	申	一	三〇	二八	加		五一	二五	六
	緯	南	六	一九	五七	北	一四	二六	五五	加		九	三三	
天街二	經	申	二	二八	四〇	申	〇	三三	四七	加		四三	二九	六
	緯	南	〇	四七	二六	北	一九	五五	一〇	加		九	五一	
杠四	經	申	二	三六	一八	戌	二六	〇二	〇〇	加	一	一七	三三	六
	緯	北	五五	五六	四五	北	七三	二〇	一〇	加		一八	一〇	
九斿西增二	經	申	二	三八	二四	申	四	四三	三四	加		四六	三六	五
	緯	南	二一	四三	五三	南	〇	三七	一五	減		八	三三	
傳舍八	經	申	二	四一	五八	酉	一七	二三	三五	加	一	一一	〇一	五
	緯	北	三八	二六	四三	北	五七	五七	〇五	加		一三	三六	

（續表）

黃道實沈宮恒星		黃道宮	黃道度	黃道分	黃道秒	赤道宮	赤道度	赤道分	赤道秒	赤道歲差宮	赤道歲差分	赤道歲差秒	赤道歲差微	星等
傳舍七	經	申	三	一二	五五	酉	一七	二二	二七	加	一	一二	○九	五
	緯	北	三九	三三	二三	北	五九	○七	五八	加		一三	三六	
九州殊口四	經	申	三	一四	一五	申	五	五三	○八	加		四五	三三	四
	緯	南	二五	○八	三九	南	三	五二	三九	減		八	一○	
畢宿内增十一	經	申	三	一六	二四	申	二	一○	五○	加		五二	○二	六
	緯	南	四	四四	五八	北	一六	一一	○七	加		九	二三	
畢宿三	經	申	三	一六	二七	申	二	○二	一三	加		五二	一七	四
	緯	南	四	○○	三四	北	一六	五四	四五	加		九	二三	
畢宿内增十二	經	申	三	三二	一三	申	二	二○	○二	加		五二	一六	四
	緯	南	四	○九	○四	北	一六	四九	二○	加		九	一八	
卷舌東增四	經	申	三	四一	四九	酉	二七	五○	○八	加	一	○○	○一	六
	緯	北	一六	二六	二六	北	三七	○一	三九	加		一○	四一	
天節一	經	申	三	四一	五七	申	三	○一	五四	加		五一	二三	五
	緯	南	六	五六	五三	北	一四	○六	○九	加		九	○五	
九州殊口北增十	經	申	三	四四	○三	申	六	一一	一五	加		四五	四九	四
	緯	南	二四	二○	三七	南	三	○○	三三	減		八	○四	
畢宿七	經	申	三	四七	一○	申	二	五六	五九	加		五一	四○	六
	緯	南	六	○二	四四	北	一五	○○	二一	加		九	○五	
卷舌東增五	經	申	三	四八	四四	酉	二七	五三	一六	加	一	○○	○○	六
	緯	北	一六	四四	二四	北	三七	二○	三八	加		一○	四○	
九斿七	經	申	三	五六	二五	申	九	○二	三二	加		四○	五○	五
	緯	南	三九	○一	四九	南	一七	二五	三九	減		七	一○	

（續表）

黃道實沈宮恒星		黃道宮	黃道度	黃道分	黃道秒	赤道宮	赤道度	赤道分	赤道秒	赤道歲差	分	秒	微	星等
畢宿二	經	申	三	五六	四二	申	二	四〇	一一	加		五二	二八	五
	緯	南	三	四三	二七	北	一七	一九	〇一	加		九	一一	
天節四	經	申	三	五七	三一	申	三	三六	四三	加		五〇	五一	五
	緯	南	八	四〇	三二	北	一二	二六	五九	加		八	五四	
杠內增一	經	申	三	五八	一五	酉	三	二九	二七	加	一	二一	二九	五
	緯	北	五三	一五	三〇	北	七一	三九	一一	加		一六	四八	
杠三	經	申	四	一三	一二	戌	二五	三二	五五	加	一	二〇	一八	六
	緯	北	五七	一一	一〇	北	七四	五一	二五	加		一八	一三	
上丞	經	申	四	一七	一四	酉	一四	二五	五二	加	一	一七	一九	五
	緯	北	四五	一〇	五六	北	六四	三八	三七	加		一四	二一	
礪石四	經	申	四	一七	五九	申	一	〇七	〇七	加		五五	四七	五
	緯	北	五	四六	一二	北	二六	四二	三一	加		九	四〇	
九州殊口六	經	申	四	一八	一〇	申	七	四九	五三	加		四三	四二	六
	緯	南	三〇	四九	一八	南	九	一七	五三	減		七	三二	
九斿一	經	申	四	二〇	三五	申	六	〇八	二四	加		四六	五七	五
	緯	南	三〇	五四	〇六	北	〇	二三	四〇	加		八	〇六	
畢宿六	經	申	四	二一	二五	申	三	二八	四九	加		五一	四八	五
	緯	南	五	四七	一六	北	一五	二一	四二	加		八	五六	
九斿西增五	經	申	四	二一	三八	申	九	一六	一二	加		四一	〇三	六
	緯	南	三八	二七	一三	南	一六	四八	〇二	減		七	〇四	
畢宿南增十三	經	申	四	二一	五一	申	三	二八	五七	加		四四	三三	五
	緯	南	五	五二	五五	北	一五	一六	一三	加		八	五六	

（續表）

黃道實沈宮恒星	黃道經宮	黃道經度	黃道經分	黃道經秒	黃道緯宮	黃道緯度	黃道緯分	黃道緯秒	赤道經宮	赤道經度	赤道經分	赤道經秒	赤道緯宮	赤道緯度	赤道緯分	赤道緯秒	赤道歲差經加減	赤道歲差經分	赤道歲差經秒	赤道歲差經微	赤道歲差緯加減	赤道歲差緯分	赤道歲差緯秒	赤道歲差緯微	星等
九州殊口五	申	四	三〇	五八	南	三〇	一八	二一	申	七	五七	一〇	南	八	五五	二〇	加		四三	五〇	減		七	三〇	六
積水西增一	申	四	三一	四七	北	二九	三二	五三	酉	二四	二七	五七	北	四九	五五	五三	加	一	〇六	三九	加		一一	三九	五
礪石三	申	四	三一	五六	北	三	五八	四一	申	一	四五	〇七	北	二四	五九	三八	加		五五	一二	加		九	二八	五
天街一	申	四	三六	三七	北	〇	二九	四六	申	二	三二	三〇	北	二一	三五	一七	加		五三	五九	加		九	一二	五
天街北增二	申	四	三六	五三	北	〇	三五	二一	申	二	三一	四二	北	二一	四〇	四七	加		五四	〇〇	加		九	一五	五
九斿六	申	四	五二	四六	南	三八	二四	二〇	申	九	四〇	四三	南	一六	四〇	五二	加		四一	〇四	減		六	五八	六
畢宿一	申	四	五三	一一	南	二	三五	五八	申	三	二四	三八	北	一八	三五	二五	加		五二	五六	加		八	五七	三
天街北增三	申	四	五四	四二	北	一	〇四	〇六	申	二	四四	五三	北	二二	一二	一九	加		五四	一三	加		九	一〇	五
天街北增四	申	五	一〇	一八	北	一	一二	三六	申	二	五九	四九	北	二三	二三	三〇	加		五四	一七	加		九	〇五	六
天節七	申	五	一二	一〇	南	一一	四六	四五	申	五	二三	二九	北	九	三六	二六	加		四九	五七	加		八	一九	五
五帝内座北增二	申	五	二二	一二	北	六一	三八	一〇	戌	一二	五五	三一	北	七八	一六	四七	加	一	一〇	〇〇	加		一九	四五	六

（續表）

黄道實沈宫恒星		黄道宫	黄道度	黄道分	黄道秒	赤道宫	赤道度	赤道分	赤道秒	赤道歲差	赤道歲差分	赤道歲差秒	赤道歲差微	星等
天節二	經	申	五	二七	〇七	申	四	四九	二二	加		五一	二九	五
	緯	南	七	〇五	〇六	北	一四	一六	二八	加		八	三一	
五帝内座二	經	申	五	三四	〇七	戌	二五	一〇	五七	加	一	二三	五一	五
	緯	北	五八	〇六	五六	北	七六	〇一	四八	加		一八	二七	
卷舌東增六	經	申	五	三四	三〇	酉	二九	二三	〇二	加	一	〇一	二八	五
	緯	北	一八	五三	二〇	北	三九	四八	二五	加		一〇	一二	
卷舌東增三	經	申	五	三六	一一	申	〇	五八	一五	加		五八	四九	六
	緯	北	一二	五一	四九	北	三三	五四	五九	加		九	四三	
九斿二	經	申	五	四五	五三	申	八	〇一	二一	加		四五	五三	四
	緯	南	二四	二四	一三	南	二	四五	一四	減		七	三〇	
五帝内座内增一	經	申	五	五〇	一三	戌	二五	三九	二九	加	一	二三	四二	六
	緯	北	五八	〇六	〇〇	北	七六	〇六	五五	加		一八	一二	
天柱内增一	經	申	五	五二	四〇	丑	一九	三四	五二	減		三一	〇九	六
	緯	北	七八	三九	一六	北	七六	〇七	一一	加		六	四四	
天船六	經	申	五	五五	五三	酉	二七	三二	五二	加	一	〇五	一九	五
	緯	北	一六	一二	〇七	北	四七	〇〇	一九	加		一〇	四五	
天節五	經	申	六	〇九	三〇	申	五	五七	一三	加		五〇	四四	五
	緯	南	九	三二	三二	北	一一	五八	一〇	加		八	〇九	
積水	經	申	六	一一	二二	酉	二六	五四	四五	加	一	〇七	〇〇	四
	緯	北	二八	五〇	五九	北	四九	三七	四五	加		一〇	五六	
畢宿五	經	申	六	一二	〇〇	申	五	一八	一四	加		五二	〇六	一
	緯	南	五	二九	四九	北	一五	五七	五六	加		八	二一	

（續表）

黃道實沈宫恒星		黃道宫	黃道度	黃道分	黃道秒	赤道宫	赤道度	赤道分	赤道秒	赤道歲差加減	赤道歲差分	赤道歲差秒	赤道歲差微	星等
卷舌東增二	經	申	六	二二	○六	申	一	五九	○三	加		五八	四五	六
	緯	北	二二	一七	四八	北	三三	三○	二三	加		九	二三	
天節六	經	申	六	三四	五八	申	六	二六	一八	加		五○	三九	六
	緯	南	九	五五	一四	北	一一	三九	五三	加		七	五八	
附耳南增一	經	申	六	五二	一四	申	六	○七	四一	加		五一	五四	六
	緯	南	六	一九	一九	北	一五	一五	四二	加		八	○五	
上丞東增二	經	申	六	五三	○○	酉	二○	五六	一四	加	一	一七	二七	五
	緯	北	四二	○四	四四	北	六二	二七	二五	加		一二	三八	
附耳	經	申	六	五四	五二	申	六	○九	一四	加		五一	五六	五
	緯	南	六	一二	三五	北	一五	二二	四六	加		八	○四	
天船七	經	申	七	一四	○○	酉	九	○三	三六	加	一	○六	○七	四
	緯	北	二六	四○	○九	北	四七	四三	五六	加		一○	一七	
九斿三	經	申	七	二八	○三	申	一○	○五	○一	加		四四	四九	五
	緯	南	二七	五○	四○	南	五	五四	三一	減		六	四九	
九斿九	經	申	七	二九	○三	申	一二	五八	二四	加		三八	二八	六
	緯	南	四五	二○	一七	南	二三	一○	四四	減		五	五○	
柱史	經	申	七	四一	二八	丑	六	○四	三三	減		一二	三七	五
	緯	北	八四	五○	四○	北	七一	一一	二四	加		二	○七	
傳舍東增二	經	申	七	四六	一四	酉	二四	○○	二八	加	一	一五	五○	六
	緯	北	三九	二八	一八	北	六○	一二	一○	加		一一	四五	
天柱内增三	經	申	七	五○	○○	子	一○	四八	一九	減		四三	二五	六
	緯	北	七二	四七	二○	北	八○	○九	四八	加		一三	一二	

（續表）

黄道實沈宫恒星		黄道宫	黄道度	黄道分	黄道秒	赤道宫	赤道度	赤道分	赤道秒	赤道歲差	赤道歲差分	赤道歲差秒	赤道歲差微	星等
天柱四	經	申	七	五二	二五	丑	一七	二四	五九	減		三二	○四	六
	緯	北	七九	○○	○六	北	七六	○六	三二	加		六	○○	
天船南增六	經	申	八	○二	四七	申	○	四六	四六	加	一	○五	一二	六
	緯	北	二四	三四	五九	北	四五	五一	三七	加		九	四六	
天船八	經	申	八	一○	四九	酉	二九	四七	一一	加	一	○七	二五	五
	緯	北	二八	○八	五一	北	四九	二一	四八	加		一○	○四	
參旗六	經	申	八	一七	三九	申	八	五八	二一	加		四八	五七	四
	緯	南	一五	二五	三○	北	六	二九	○六	加		七	一○	
上丞東增一	經	申	八	一九	○四	酉	二一	三六	五一	加	一	二○	五六	五
	緯	北	四四	○四	五四	北	六四	四一	四九	加		一二	二六	
上丞東增三	經	申	八	二三	五四	酉	二三	四○	三一	加	一	一八	一七	五
	緯	北	四一	二七	三○	北	六二	一四	二二	加		一一	五一	
九斿五	經	申	八	二六	○○	申	一二	○一	二三	加		四二	二○	六
	緯	南	三五	○四	五二	南	一二	五六	一一	減		六	○八	
九斿東增三	經	申	八	一八	四六	申	一○	五五	二六	加		四四	五八	六
	緯	南	二七	三○	四九	南	五	二六	四八	減		六	三一	
屏二	經	申	八	三○	○六	申	一三	四一	○一	加		三八	三六	四
	緯	南	四五	○○	一八	南	一二	四四	○三	減		五	三六	
參旗七	經	申	八	三一	○○	申	九	二三	二八	加		四八	三○	四
	緯	南	一六	四八	五五	北	五	○八	二九	加		七	○二	
諸王六	經	申	八	三四	二○	申	六	四三	一二	加		五四	三一	五
	緯	北	○	四○	二三	北	二二	二六	一八	加		七	五三	

（續表）

黄道實沈宫恒星		黄道宫	黄道度	黄道分	黄道秒	赤道宫	赤道度	赤道分	赤道秒	赤道歲差加減	赤道歲差分	赤道歲差秒	赤道歲差微	星等
天船九	經	申	八	三八	四六	酉	二九	一一	三四	加	一	○九	五二	六
	緯	北	三一	二六	○○	北	五二	三九	一一	加		一○	一四	
參旗西增十一	經	申	八	四一	○九	申	一○	○○	三○	加		四七	三○	六
	緯	南	一九	五七	一五	北	二	○三	三四	加		六	四九	
九斿四	經	申	八	四四	五一	申	一一	五六	三三	加		四三	○九	六
	緯	南	三二	四九	一三	南	一○	三九	四三	減		六	一○	
參旗五	經	申	八	四五	五三	申	九	○八	四一	加		四九	三七	四
	緯	南	一三	三一	二○	北	八	二六	○三	加		七	六○	
杠二	經	申	八	四七	四八	酉	一一	一二	五六	加	一	三二	四○	六
	緯	北	五三	二九	一八	北	七三	二二	三七	加		一五	○七	
傳舍東增四	經	申	八	四八	三三	酉	二六	三五	○三	加	一	一四	五七	六
	緯	北	三七	三八	一○	北	五八	四○	五三	加		一一	○一	
天柱内增四	經	申	八	五一	四八	子	一○	五○	二一	減		四六	五三	六
	緯	北	七二	三六	五○	北	八○	二○	五九	加		一三	一一	
參旗八	經	申	八	五四	四○	申	一○	一三	五二	加		四七	二八	四
	緯	南	二○	○二	四二	北	二	○○	○一	加		六	四四	
勾陳西增一	經	申	九	○七	三○	亥	一一	四八	五三	加		一	四六	六
	緯	北	六七	四五	○○	北	八一	五○	○八	加		一九	一八	
諸王北增一	經	申	九	○八	○八	申	七	○八	三八	加		五五	○○	六
	緯	北	一	四四	一一	北	二三	三四	三六	加		七	四四	
御女二	經	申	九	一二	○二	丑	一三	一八	五六	減		二七	五二	四
	緯	北	八○	二四	二五	北	七五	○六	四二	加		四	三六	

（續表）

黃道實沈宮恒星	黃道宮(經)	黃道宮(緯)	黃道度(經)	黃道度(緯)	黃道分(經)	黃道分(緯)	黃道秒(經)	黃道秒(緯)	赤道宮(經)	赤道宮(緯)	赤道度(經)	赤道度(緯)	赤道分(經)	赤道分(緯)	赤道秒(經)	赤道秒(緯)	加減(經)	加減(緯)	赤道歲差分(經)	赤道歲差分(緯)	赤道歲差秒(經)	赤道歲差秒(緯)	赤道歲差微(經)	赤道歲差微(緯)	星等
参旗北增一	申	南	九	六	二六	二八	二七	〇〇	申	北	八	一五	四六	三〇	〇八	四二	加	加			五二	七	〇四	一三	六
玉井二	申	南	九	二九	三八	四八	〇二	三〇	申	南	一二	七	一五	三四	五一	二一	加	減			四四	六	一三	〇四	五
五車西增二	申	北	九	二〇	四〇	四九	四六	一〇	申	北	三	四二	五三	二八	二五	三〇	加	加	一		〇三	八	三六	四七	六
参旗一	申	南	九	八	五四	一六	一五	〇七	申	北	九	一三	三〇	四七	二〇	三七	加	加			五一	六	二九	五九	四
参旗九	申	南	九	二〇	五六	五三	四二	五一	申	北	一一	一	一八	一七	三六	三〇	加	加			四七	六	一四	二三	四
参旗四	申	南	九	一二	五九	二四	五五	〇二	申	北	一〇	九	一一	四二	一九	五五	加	加			五〇	六	〇五	四五	六
五車西增三	申	北	一〇	一八	〇一	五八	二〇	〇〇	申	北	四	四〇	四六	四二	〇九	四七	加	加	一		〇二	八	四一	三〇	五
参旗三	申	南	一〇	一一	〇七	〇九	一一	一七	申	北	一〇	一〇	〇七	五七	五九	五六	加	加			五〇	六	三一	四六	六
天高二	申	南	一〇	三	〇九	四〇	五六	三五	申	北	九	一八	〇五	三二	四九	三六	加	加			五三	七	〇六	〇七	六
参旗二	申	南	一〇	九	四五	〇六	三四	三一	申	北	一〇	一三	二九	〇四	〇八	四一	加	加			五一	六	一六	三九	四
天柱一	申	北	一〇	七一	五一	三三	二〇	四六	子	北	一四	八一	五五	三三	二四	一四	減	加			五二	一四	一七	一五	五

（續表）

黄道實沈宫恒星		黄道 宫	度	分	秒	赤道 宫	度	分	秒	赤道歲差	分	秒	微	星等
傳舍東增三	經	申	一〇	五二	〇八	酉	二八	三六	五五	加	一	一八	二三	六
	緯	北	三九	三四	〇七	北	六〇	五八	四九	加		一〇	二三	
杠一	經	申	一一	〇一	五六	酉	二〇	五三	二〇	加	一	三二	〇一	五
	緯	北	四九	三三	四〇	北	七〇	二八	三〇	加		一二	三七	
天船東增九	經	申	一一	〇五	五〇	申	二	三一	一二	加	一	一二	〇七	六
	緯	北	三一	三四	一一	北	五三	一五	四一	加		九	一一	
玉井北增一	經	申	一一	二六	一八	申	一三	三〇	一八	加		四五	〇七	六
	緯	南	二七	一六	五六	南	四	五一	二七	減		五	三九	
參旗北增二	經	申	一一	二六	五八	申	一〇	四八	〇五	加		五二	一七	六
	緯	南	六	一九	〇六	北	一五	五六	〇六	加		六	三三	
五車西增一	經	申	一一	三三	〇五	申	六	一二	五四	加	一	〇四	〇八	六
	緯	北	二〇	五三	〇二	北	四二	五一	一一	加		八	〇二	
玉井一	經	申	一一	三七	五五	申	一四	一三	二三	加		四三	四〇	四
	緯	南	三一	三四	一〇	南	九	〇五	一九	減		五	二五	
玉井三	經	申	一一	四二	二〇	申	一三	四九	〇七	加		四四	五七	三
	緯	南	二七	五三	四八	南	五	二六	一四	減		五	三三	
五帝内座四	經	申	一一	四八	三四	酉	一一	四三	二七	加	一	四四	四〇	六
	緯	北	五六	〇五	五三	北	七六	三〇	三一	加		一四	五七	
屏一	經	申	一一	四九	三五	申	一五	二三	二六	加		四〇	五七	四
	緯	南	三九	〇五	二八	南	一六	三一	三九	減		五	〇〇	
參旗北增三	經	申	一一	五一	二八	申	一一	一五	五二	加		五二	一一	六
	緯	南	六	三九	〇〇	北	一五	三九	三三	加		六	二二	

黃道實沈宮恒星		黃道宮	黃道度	黃道分	黃道秒	赤道宮	赤道度	赤道分	赤道秒	赤道歲差	分	秒	微	星等
玉井北增二	經	申	一二	〇〇	四〇	申	一四	〇〇	四九	加		四五	〇九	六
	緯	南	二七	一七	五〇	南	四	四八	三一	減		五	二九	
五帝内座一	經	申	一二	〇三	三二	酉	七	五五	三二	加	一	四七	一九	六
	緯	北	五七	四七	二七	北	七七	五九	一〇	加		一五	五一	
五車西增七	經	申	一二	〇七	二三	申	八	一一	一七	加	一	〇一	〇六	五
	緯	北	一四	五二	三五	北	三七	〇〇	四八	加		七	二四	
軍井一	經	申	一二	一二	二〇	申	一五	〇六	五八	加		四二	三三	五
	緯	南	三四	四五	三九	南	一二	一一	三九	減		五	〇七	
勾陳六	經	申	一二	一二	四五	亥	一三	四三	一〇	減			五一	六
	緯	北	六七	三〇	四〇	北	八三	〇〇	二八	加		一九	三一	
諸王五	經	申	一二	二〇	二四	申	一〇	四四	一四	加		五五	〇三	六
	緯	北	〇	五〇	二九	北	二三	〇八	五八	加		六	三三	
軍井二	經	申	一二	二〇	四三	申	一五	二一	一一	加		四二	〇九	五
	緯	南	三五	五〇	二五	南	三	一五	〇三	減		五	〇一	
諸王北增二	經	申	一二	二五	五八	申	一〇	三七	三〇	加		五五	三七	六
	緯	北	二	一九	〇三	北	二四	三七	二九	加		六	三六	
五車西增八	經	申	一二	三四	四五	申	八	五三	二九	加	一	〇〇	四五	五
	緯	北	一四	〇一	四七	北	三六	一四	三四	加		七	一〇	
天船東增七	經	申	一二	三六	五九	申	四	五八	二七	加	一	一一	〇〇	六
	緯	北	三〇	三三	五〇	北	五二	三二	四一	加		八	二五	
天船東增八	經	申	一二	四二	〇八	申	四	五八	〇六	加	一	一一	二〇	五
	緯	北	三〇	五七	〇五	北	五二	五六	二一	加		八	二五	

（續表）

（續表）

黃道實沈宮恒星		黃道宮	黃道度	黃道分	黃道秒	赤道宮	赤道度	赤道分	赤道秒	赤道歲差	赤道歲差分	赤道歲差秒	赤道歲差微	星等
少衛西增一	經	申	一二	四二	四一	酉	二九	三五	三九	加	一	二三	五五	六
	緯	北	四二	四九	二八	北	六四	二九	二六	加		一〇	〇四	
五帝内座三	經	申	一二	四三	一〇	酉	〇	二三	四七	加	一	四八	五二	六
	緯	北	六〇	二四	二三	北	八〇	一二	三五	加		一七	二二	
參旗北增四	經	申	一二	五六	五六	申	一二	二八	四七	加		五二	〇〇	五
	緯	南	七	二五	五五	北	一五	〇一	〇六	加		五	五九	
御女四	經	申	一三	〇一	五七	丑	六	一九	三五	減		一七	五〇	四
	緯	北	八三	三一	二〇	北	七二	三六	五五	加		二	一一	
五車一	經	申	一三	〇四	三三	申	一〇	〇六	〇四	加		五九	〇七	四
	緯	北	一〇	二四	五三	北	三二	四四	〇四	加		六	四五	
參旗東增十	經	申	一三	〇五	四五	申	一三	二八	〇八	加		四九	三六	五
	緯	南	一四	二三	三七	北	八	〇八	二四	加		五	三八	
參旗東增九	經	申	一三	〇六	三二	申	一三	二二	五七	加		四九	五三	六
	緯	南	一三	三二	二〇	北	八	五八	二五	加		五	四一	
參旗東增八	經	申	一三	〇九	四七	申	一三	二五	〇一	加		四九	五五	六
	緯	南	一三	二二	五一	北	九	〇八	一三	加		五	三九	
天高一	經	申	一三	一二	三六	申	一一	五七	二二	加		五四	一八	四
	緯	南	一	一四	三四	北	二一	一一	三六	加		六	〇八	
參宿七	經	申	一三	一五	〇〇	申	一五	三三	四〇	加		四三	五一	一
	緯	南	三一	一〇	一一	南	八	三一	二五	減		四	五六	
玉井四	經	申	一三	一五	二六	申	一五	二五	〇〇	加		四四	一七	四
	緯	南	二九	五二	五二	南	七	一四	三五	減		五	〇〇	

（續表）

黃道實沈宮恒星		黃道 宮	黃道 度	黃道 分	黃道 秒	赤道 宮	赤道 度	赤道 分	赤道 秒	赤道歲差	赤道歲差 分	赤道歲差 秒	赤道歲差 微	星等
參旗東增七	經	申	一三	三六	五八	申	一三	四九	三七	加		五〇	〇四	六
	緯	南	一三	〇五	三四	北	九	二八	二五	加		五	三一	
天高南增一	經	申	一三	五四	一八	申	一三	〇四	二五	加		五三	一四	六
	緯	南	四	一六	〇八	北	一八	一六	一九	加		五	四六	
參宿西增九	經	申	一三	五八	四八	申	一四	五八	〇一	加		四七	三九	四
	緯	南	二〇	〇七	二四	北	二	三一	三四	加		五	〇九	
五車西增六	經	申	一四	〇三	四一	申	一〇	二八	五二	加	一	〇一	三一	五
	緯	北	一五	〇四	〇〇	北	三七	二八	二七	加		六	三八	
天高内增二	經	申	一四	一一	五五	申	一三	一〇	〇一	加		五三	五四	六
	緯	南	二	三〇	五九	北	二〇	〇二	四八	加		五	四四	
參旗北增五	經	申	一四	一二	三四	申	一三	四五	二五	加		五二	〇七	五
	緯	南	七	二一	三三	北	一五	一四	一三	加		五	三二	
軍井三	經	申	一四	一二	四七	申	一六	五七	三二	加		四二	〇三	四
	緯	南	三六	一三	五九	南	一三	二七	四六	減		四	二七	
天高内增三	經	申	一四	二〇	二〇	申	一三	〇九	二七	加		五四	二四	六
	緯	南	一	一四	〇六	北	二一	三〇	〇九	加		五	四三	
天高三	經	申	一四	二三	五二	申	一三	二六	四九	加		五三	四三	六
	緯	南	三	〇五	三四	北	一九	二九	四九	加		五	三八	
軍井四	經	申	一四	二五	三三	申	一七	〇二	一九	加		四二	二三	五
	緯	南	三五	二三	一〇	南	一二	三六	〇八	減		四	二六	
諸王四	經	申	一四	二六	二九	申	一二	五三	四五	加		五五	三五	六
	緯	北	一	四二	四二	北	二四	一六	二八	加		五	四九	

（續表）

黃道實沈宮恒星		黃道宮	度	分	秒	赤道宮	度	分	秒	赤道歲差	分	秒	微	星等
五車西增五	經	申	一四	二六	四七	申	一〇	四一	二四	加	一	〇二	二二	六
	緯	北	一六	三二	二三	北	三八	五九	〇三	加		六	三三	
五車西增四	經	申	一四	二九	三五	申	一〇	四二	〇二	加	一	〇二	三三	六
	緯	北	一六	四八	〇六	北	三九	一五	〇〇	加		六	三二	
八穀西增一	經	申	一四	三九	五一	申	六	四四	四六	加	一	一四	五七	六
	緯	北	三四	〇一	三四	北	五六	一六	三三	加		七	四九	
柱二	經	申	一五	〇三	五八	申	一一	〇九	四八	加	一	〇三	二四	四
	緯	北	一八	一〇	一〇	北	四〇	四〇	四六	加		六	二三	
丈人二	經	申	一五	〇八	三七	申	二〇	三三	〇〇	加		三二	二四	四
	緯	南	五八	三八	三四	南	三五	三八	四八	減		三	一四	
柱一	經	申	一五	一六	一〇	申	一〇	五四	四四	加	一	〇五	〇三	四
	緯	北	二〇	五四	二四	北	四三	二五	〇一	加		六	二八	
軍井東增一	經	申	一五	一九	五二	申	一七	五八	〇九	加		四一	四六	六
	緯	南	三七	〇三	四二	南	一四	一一	二四	減		四	〇七	
參旗東增六	經	申	一五	二七	二六	申	一五	二九	三九	加		五〇	三七	五
	緯	南	一一	四三	四四	北	一一	〇一	二五	加		四	五八	
參宿西增八	經	申	一五	三一	四二	申	一六	二七	〇六	加		四七	三八	六
	緯	南	二〇	三〇	〇一	北	二	一八	一四	加		四	三七	
八穀西增三	經	申	一五	三四	四〇	申	八	三五	五七	加	一	一三	四六	六
	緯	北	三二	二三	一四	北	五四	四八	〇八	加		七	一三	
八穀五	經	申	一五	四二	五三	申	九	一四	〇七	加	一	一二	二七	五
	緯	北	三〇	五一	〇六	北	五三	一八	三〇	加		七	〇〇	

（續表）

黃道實沈宮恒星		黃道宮	黃道度	黃道分	黃道秒	赤道宮	赤道度	赤道分	赤道秒	赤道歲差加減	赤道歲差分	赤道歲差秒	赤道歲差微	星等
柱三	經	申	一五	五一	五二	申	一二	〇八	二八	加	一	〇三	三六	四
	緯	北	一八	一五	一四	北	四〇	五一	四七	加		六	〇四	
八穀西增二	經	申	一五	五七	一四	申	八	五九	〇五	加	一	一四	二六	六
	緯	北	三二	五五	一五	北	五五	二三	五六	加		七	〇五	
參宿西增五	經	申	一五	五八	三六	申	一七	〇九	四二	加		四六	三五	五
	緯	南	二三	三一	一九	南	〇	三九	四五	減		四	二三	
參宿內增三十七	經	申	一五	五八	四七	申	一七	五三	一八	加		四三	五七	五
	緯	南	三〇	五七	四四	南	八	〇四	〇三	減		四	〇八	
厠二	經	申	一六	〇七	二五	申	一九	二〇	三九	加		三九	〇七	三
	緯	南	四三	五七	二四	南	二〇	五九	一〇	減		三	三八	
參宿西增十	經	申	一六	三三	四二	申	一七	二〇	〇五	加		四七	五六	六
	緯	南	一九	三七	三九	北	三	一五	五七	加		四	一九	
參宿西增三	經	申	一六	三四	四七	申	一七	五四	一一	加		四四	五六	三
	緯	南	二五	三四	四七	南	二	三九	三三	減		四	〇七	
參宿西增四	經	申	一六	四〇	四九	申	一七	五一	二三	加		四六	二三	六
	緯	南	二四	〇五	二四	南	一	一〇	〇三	減		四	〇九	
參宿西增六	經	申	一六	五五	四六	申	一七	五一	五六	加		四七	一四	六
	緯	南	二一	四〇	四四	北	一	一五	一七	加		四	〇八	
天潢三	經	申	一六	五五	五三	申	一四	四一	四一	加		五九	一五	六
	緯	北	九	三四	〇六	北	三二	二一	三一	加		五	一二	
參宿西增七	經	申	一六	五七	二六	申	一七	五一	四二	加		四七	二一	五
	緯	南	二一	二一	〇七	北	一	三四	五七	加		四	〇八	

（續表）

黃道實沈宮恒星		黃道 宮	黃道 度	黃道 分	黃道 秒	赤道 宮	赤道 度	赤道 分	赤道 秒	赤道歲差	赤道歲差 分	赤道歲差 秒	赤道歲差 微	星等
天高四	經	申	一六	五九	五八	申	一五	五八	五一	加		五四	四一	六
	緯	南	一	〇三	〇三	北	二一	四八	〇三	加		四	四六	
天潢五	經	申	一七	〇〇	一六	申	一三	五九	四五	加	一	〇二	一〇	五
	緯	北	一五	二三	一八	北	三八	〇九	〇四	加		五	二六	
厠内增一	經	申	一七	〇三	一四	申	二〇	〇四	二六	加		三九	〇四	六
	緯	南	四四	〇六	五〇	南	二一	〇四	三五	減		三	二三	
八穀南增四	經	申	一七	〇五	〇四	申	一一	四三	五三	加	一	一〇	五五	六
	緯	北	二八	三三	二九	北	五一	一三	二六	加		六	一一	
天皇大帝	經	申	一七	〇九	一五	亥	七	一二	一五	減		四四	〇九	六
	緯	北	六八	〇一	四一	北	八四	四九	二三	加		一八	四〇	
八穀六	經	申	一七	一一	五一	申	一一	四一	三一	加	一	一一	四〇	四
	緯	北	二九	二四	五〇	北	五二	〇五	〇七	加		六	一一	
少衛	經	申	一七	一九	四二	申	七	〇四	四六	加	一	二八	四八	五
	緯	北	四三	二〇	二八	北	六五	四九	〇三	加		七	四〇	
參宿五	經	申	一七	二二	三三	申	一七	五一	二六	加		四八	五四	二
	緯	南	一六	五一	三〇	北	六	〇五	三七	加		四	〇八	
天潢内增一	經	申	一七	三四	一七	申	一五	二一	三三	加		五九	三七	六
	緯	北	一〇	一三	二〇	北	三三	〇四	三〇	加		四	五八	
參宿西增十一	經	申	一七	三五	五〇	申	一八	二一	〇七	加		四七	四七	五
	緯	南	二〇	〇八	一八	北	二	五〇	三八	加		三	五八	
天潢内增二	經	申	一七	三八	〇四	申	一五	二三	〇二	加		五九	四九	六
	緯	北	一〇	三五	四四	北	三三	二七	二〇	加		四	五七	

（續表）

黄道實沈宮恒星		黄道宮	黄道度	黄道分	黄道秒	赤道宮	赤道度	赤道分	赤道秒	赤道歲差	赤道歲差分	赤道歲差秒	赤道歲差微	星等
八穀北增十四	經	申	一七	四一	一三	申	一〇	一〇	二〇	加	一	二〇	〇九	四
	緯	北	三七	二三	五二	北	六〇	〇二	〇六	加		六	四〇	
厠一	經	申	一七	四九	四七	申	二〇	二三	〇一	加		四〇	一五	三
	緯	南	四一	〇六	二八	南	一八	〇一	五〇	減		二	一七	
八穀七	經	申	一七	五五	一九	申	一一	〇一	二五	加	一	一八	二五	五
	緯	北	三五	五三	三三	北	五八	三四	五三	加		六	二三	
八穀北增十三	經	申	一七	五六	三五	申	一一	〇二	三〇	加	一	一八	二九	六
	緯	北	三五	五六	二一	北	五八	三七	四八	加		六	二三	
勾陳五	經	申	一七	五六	四五	戌	九	四三	〇四	加		二九	二九	六
	緯	北	六五	一〇	一〇	北	八四	五三	四三	加		一九	五九	
天潢一	經	申	一八	〇〇	二三	申	一五	四八	〇九	加		五九	五七	六
	緯	北	一〇	四六	〇二	北	三三	三九	三七	加		四	四八	
參宿內增二	經	申	一八	〇八	二二	申	一九	一二	二〇	加		四六	二〇	六
	緯	南	二四	二一	二九	南	一	一九	〇八	減		三	四〇	
咸池三	經	申	一八	一三	五四	申	一五	一六	四三	加	一	〇三	一四	五
	緯	北	一六	五八	三九	北	三九	五一	三七	加		四	五九	
天關南增一	經	申	一八	一四	四四	申	一七	四九	〇七	加		五二	三九	六
	緯	南	六	三三	〇二	北	一六	二六	一〇	加		四	〇九	
五車二	經	申	一八	一六	四一	申	一四	二六	五四	加	一	〇六	五七	一
	緯	北	二三	五一	四八	北	四五	四二	五三	加		五	一五	
五帝內座五	經	申	一八	一七	〇〇	酉	二二	〇八	五八	加	二	一九	〇七	六
	緯	北	五七	五七	四〇	北	七九	五三	一八	加		一二	〇八	

（續 表）

黃道實沈宮恒星		黃道宮	黃道度	黃道分	黃道秒	赤道宮	赤道度	赤道分	赤道秒	赤道歲差	赤道歲差分	赤道歲差秒	赤道歲差微	星等
五車北增十八	經	申	一八	一七	三五	申	一四	二四	一一	加	一	○七	一二	六
	緯	北	二三	二五	○八	北	四六	○六	一○	加		五	一六	
參宿内增三十六	經	申	一八	一九	○五	申	一九	五二	二六	加		四四	○八	四
	緯	南	三○	三五	一二	南	七	三○	五○	減		三	二七	
丈人一	經	申	一八	三五	四四	申	二三	三五	四九	加		三三	○九	二
	緯	南	五七	二三	四一	南	三四	一二	一六	減		二	三一	
參宿内增十二	經	申	一八	四六	一○	申	一九	二六	二三	加		四七	五二	六
	緯	南	二○	○○	○九	北	三	○四	一○	加		三	三五	
參宿三	經	申	一八	四六	三八	申	一九	四三	三四	加		四六	三七	二
	緯	南	二三	三六	○七	南	○	三二	○七	減		三	二九	
參宿内增十三	經	申	一八	四七	五○	申	一九	一五	三○	加		四八	四七	五
	緯	南	一七	二○	二五	北	五	四三	三二	加		三	三九	
天高東增四	經	申	一八	五五	○六	申	一八	○三	五五	加		五四	四三	五
	緯	南	二一	二○	一二	北	二一	四二	一六	加		四	○三	
咸池五	經	申	一八	五五	五八	申	一五	五六	○七	加	一	○四	一八	六
	緯	北	一八	三四	二三	北	四一	三一	○○	加		四	四五	
五車五	經	申	一八	五八	五六	申	一七	三○	四二	加		五七	三一	二
	緯	北	五	二一	三四	北	二八	二一	五六	加		四	一三	
老人西增四	經	申	一九	○五	○○	申	二五	二一	三六	加		二一	三八	四
	緯	南	七四	二七	三○	南	五一	○九	○四	減		一	三五	
天潢四	經	申	一九	一一	四八	申	一六	四九	二五	加	一	○一	四八	五
	緯	北	一四	○七	三一	北	三七	○六	五四	加		四	二七	

（續表）

黄道實沈宫恒星		黄道				赤道				赤道歲差				星等
		宫	度	分	秒	宫	度	分	秒		分	秒	微	
伐西增二	經	申	一九	二二	五八	申	二〇	三九	二二	加		四四	五〇	六
	緯	南	二八	四二	四五	南	五	三四	二五	減		三	一一	
伐三	經	申	一九	二四	一七	申	二〇	四二	五三	加		四四	三九	三
	緯	南	二九	一四	三七	南	六	〇六	〇七	減		三	一〇	
伐二	經	申	一九	二四	五〇	申	二〇	四一	〇七	加		四四	五〇	四
	緯	南	二八	四四	二三	南	五	三五	五六	減		三	一一	
伐一	經	申	一九	二七	一一	申	二〇	四〇	四二	加		四五	〇〇	五
	緯	南	二八	一〇	一七	南	五	〇一	四六	減		三	一〇	
諸王三	經	申	一九	二七	五六	申	一八	二三	三六	加		五六	〇二	六
	緯	北	一	五一	一四	北	二四	五四	四五	加		三	五五	
伐東增一	經	申	一九	三一	四八	申	二〇	四四	四八	加		四五	〇〇	五
	緯	南	二八	一〇	四五	南	五	〇一	五五	減		三	〇八	
八穀四	經	申	一九	三三	四八	申	一二	二八	二六	加	一	二三	四〇	五
	緯	北	三九	二九	二九	北	六二	二〇	二五	加		六	五二	
參宿內增十四	經	申	一九	三六	〇六	申	二〇	一〇	三八	加		四八	〇六	六
	緯	南	一九	二四	一〇	北	三	四三	三四	加		三	一九	
天潢二	經	申	一九	三八	四〇	申	一七	四一	一〇	加	一	〇〇	二〇	五
	緯	北	一一	一〇	五〇	北	三四	一三	一八	加		四	〇九	
勾陳內增二	經	申	一九	四二	〇五	亥	二一	一九	四七	加		二	〇三	六
	緯	北	六六	四七	五五	北	八五	五四	五二	加		二〇	〇四	
參宿二	經	申	一九	五二	四四	申	二〇	四八	〇〇	加		四六	一七	二
	緯	南	二四	三三	二三	南	一	二三	四七	減		三	〇七	

（續表）

黄道實沈宫恒星		黄道宫	黄道度	黄道分	黄道秒	赤道宫	赤道度	赤道分	赤道秒	赤道歲差	分	秒	微	星等
八穀内增十二	經	申	一九	五五	四一	申	一四	二二	三一	加	一	一八	○一	六
	緯	北	三四	五二	二八	北	五七	四八	四三	加		五	一五	
觜宿二	經	申	二○	○○	五一	申	二○	一○	四○	加		五○	○四	五
	緯	南	一三	五一	一九	北	九	一七	一五	加		三	二○	
觜宿一	經	申	二○	○七	一八	申	二○	一五	○八	加		五○	一四	四
	緯	南	一三	二五	○二	北	九	四三	五五	加		三	一七	
參宿内增三十五	經	申	二○	二○	二五	申	二一	三七	二七	加		四四	一一	五
	緯	南	三○	三四	五○	南	七	二二	四一	減		二	五○	
參宿内增一	經	申	二○	三○	四一	申	二一	二八	○四	加		四五	四九	四
	緯	南	二五	五八	四七	南	二	四六	三九	減		二	五三	
觜宿三	經	申	二○	三一	二八	申	二○	四一	二九	加		五○	○一	五
	緯	南	一四	○二	五八	北	九	○七	三九	加		三	○九	
八穀内增十一	經	申	二○	三一	三○	申	一五	二五	四一	加	一	一七	三一	六
	緯	北	三四	一五	三五	北	五七	一五	五○	加		四	五三	
厠南增二	經	申	二○	三五	○○	申	二三	五四	一四	加		三八	二五	六
	緯	南	四五	四六	四六	南	二三	三一	四二	減		二	二五	
柱七	經	申	二○	三五	二○	申	一九	○一	一三	加		五九	一五	五
	緯	北	八	五○	四三	北	三一	五八	一二	加		三	四二	
諸王南增三	經	申	二○	四八	五五	申	一九	五七	○二	加		五五	三九	六
	緯	北	一○	四○	三二	北	二二	五○	一八	加		二	二三	
參宿内增十五	經	申	二○	五四	三六	申	二一	二四	○九	加		四八	一○	五
	緯	南	一九	一六	○三	北	三	五六	四○	加		二	五二	

（續表）

黄道實沈宫恒星		黄道宫	黄道度	黄道分	黄道秒	赤道宫	赤道度	赤道分	赤道秒	赤道歲差	赤道歲差分	赤道歲差秒	赤道歲差微	星等
咸池二	經	申	二〇	五九	二三	申	一八	四六	二七	加	一	〇三	一四	五
	緯	北	一六	二〇	〇三	北	三九	二七	五九	加		三	四六	
參宿一	經	申	二一	〇六	四五	申	二一	五八	〇五	加		四六	〇三	二
	緯	南	二五	二〇	一七	南	二	〇六	一〇	減		二	四三	
六甲南增一	經	申	二一	〇九	五五	申	九	五八	五七	加	一	五一	三七	六
	緯	北	五〇	三四	三八	北	七三	二六	四五	加		六	三八	
屎	經	申	二一	一〇	二六	申	二四	〇七	二三	加		三三	五六	六
	緯	南	五五	四二	二六	南	三二	二四	一四	減		一	五八	
天闕	經	申	二一	一二	二八	申	二〇	三五	一二	加		五四	二八	三
	緯	南	二	一四	二一	北	二〇	五七	二四	加		三	一一	
厠三	經	申	二一	二一	二〇	申	二三	二九	二一	加		三八	二四	三
	緯	南	四五	四九	五八	南	二二	三二	四二	減		二	一一	
六甲五	經	申	二一	二七	五五	申	一	二二	〇九	加	二	三五	五二	六
	緯	北	五七	五三	五〇	北	八〇	三一	三四	加		九	二〇	
參宿内增十六	經	申	二一	四三	四九	申	二三	一九	五一	加		四七	一四	六
	緯	南	二一	五六	一二	北	一	一九	三五	加		二	三四	
柱八	經	申	二一	四七	四六	申	二〇	三三	三六	加		五八	三一	六
	緯	北	七	〇五	二四	北	三〇	一八	一六	加		三	一〇	
諸王二	經	申	二一	五一	〇七	申	二〇	五七	二八	加		五六	二七	四
	緯	北	二	二九	二三	北	二五	四三	〇二	加		三	〇二	
天闕南增二	經	申	二一	五四	二八	申	二一	三七	二九	加		五二	四一	六
	緯	南	六	五二	四三	北	一六	二二	〇九	加		二	四九	

（續表）

黄道實沈宫恒星		黄道宫	黄道度	黄道分	黄道秒	赤道宫	赤道度	赤道分	赤道秒	赤道歲差	赤道歲差分	赤道歲差秒	赤道歲差微	星等
八穀内增十	經	申	二一	五七	三八	申	一七	四一	一二	加	一	一七	二八	六
	緯	北	三三	五二	〇七	北	五七	〇〇	三〇	加		四	〇七	
柱九	經	申	二二	一七	〇〇	申	二一	〇八	四六	加		五八	二三	六
	緯	北	六	四二	三五	北	二九	五七	一〇	加		二	五九	
天闕南增六	經	申	二三	二一	五四	申	二一	五七	一六	加		五三	三九	六
	緯	南	四	二五	五四	北	一八	五〇	一八	加		二	四一	
厠北增七	經	申	二三	二四	五二	申	二三	五〇	三〇	加		四一	二三	四
	緯	南	三八	一五	三〇	南	一四	五六	一五	減		二	〇四	
勾陳内增三	經	申	二二	二八	三七	戌	一一	一七	〇七	加	二	一〇	一三	六
	緯	北	六五	四二	五四	北	八六	五一	〇八	加		一九	五二	
天闕南增三	經	申	二三	四四	二三	申	二二	三〇	三五	加		五二	三三	六
	緯	南	七	二〇	五七	北	一五	五六	四三	加		二	二九	
参宿六	經	申	二三	四八	四一	申	二三	五三	四一	加		四三	一七	三
	緯	南	三三	〇七	〇六	南	九	四七	一六	減		二	〇三	
子二	經	申	二二	四九	五六	申	二五	二九	〇五	加		三二	〇七	三
	緯	南	五九	一五	三一	南	三五	五三	一六	減		一	三一	
八穀北增十五	經	申	二三	一一	〇二	申	一八	一一	〇二	加	一	二七	三九	六
	緯	北	四〇	四五	一〇	北	六三	五七	二三	加		三	五四	
天闕南增四	經	申	二三	二二	〇二	申	二三	五九	五六	加		五二	二七	六
	緯	南	七	三八	〇一	北	一五	四一	〇三	加		二	二〇	
六甲六	經	申	二三	一六	四〇	申	一〇	〇六	三七	加	二	二五	〇四	五
	緯	北	五五	五〇	四〇	北	七八	五一	四三	加		六	三〇	

（續表）

黃道實沈宮恒星		黃道宮	黃道度	黃道分	黃道秒	赤道宮	赤道度	赤道分	赤道秒	赤道歲差	赤道歲差分	赤道歲差秒	赤道歲差微	星等
水府西增二	經	申	二三	一七	二六	申	二三	○九	一八	加		五一	五八	六
	緯	南	八	五七	三九	北	一四	二一	四七	加		二	一五	
參宿内增十七	經	申	二三	一七	三七	申	二三	三二	五四	加		四九	○一	六
	緯	南	一六	五九	五五	北	六	二○	○四	加		二	○八	
水府西增一	經	申	二三	二三	四四	申	二三	一七	三八	加		五一	四五	六
	緯	南	九	三三	二八	北	一三	四六	一八	加		二	一三	
天關南增五	經	申	二三	二四	二二	申	二三	○六	五五	加		五三	一二	六
	緯	南	五	四三	二三	北	一七	三六	○九	加		二	一七	
八穀北增十六	經	申	二三	三○	三八	申	一九	一三	五四	加	一	二四	○四	六
	緯	北	三八	三○	二○	北	六一	四四	四五	加		三	三四	
厠四	經	申	二三	三六	○九	申	二五	○六	○六	加		三九	○二	三
	緯	南	四四	一七	一九	南	二○	五四	五一	減		一	三七	
八穀内增九	經	申	二三	三九	○二	申	二○	二一	五○	加	一	一七	○二	六
	緯	北	三三	○八	三五	北	五六	二四	五○	加		三	一一	
子一	經	申	二三	四七	三三	申	二五	五七	四三	加		三三	一○	四
	緯	南	五七	一六	○六	南	三三	五二	一九	減		一	一九	
參宿東增三十四	經	申	二三	五四	三二	申	二四	四四	○二	加		四四	○五	六
	緯	南	三○	五八	五八	南	七	三六	三九	減		一	四四	
五車北增十七	經	申	二三	五四	五五	申	二一	三三	三七	加	一	一○	三一	六
	緯	北	二六	二二	三九	北	四九	四○	五七	加		二	四六	
諸王南增四	經	申	二三	五五	○三	申	二三	一九	○一	加		五五	五九	四
	緯	北	一	○六	三二	北	二四	二七	○二	加		二	一三	

（續表）

黃道實沈宫恒星		黃道宫	黃道度	黃道分	黃道秒	赤道宫	赤道度	赤道分	赤道秒	赤道歲差	赤道歲差分	赤道歲差秒	赤道歲差微	星等
八穀北增十七	經	申	二四	〇二	二八	申	二〇	一一	三八	加	一	二三	二八	六
	緯	北	三八	〇一	一八	北	六一	一八	〇七	加		二	三二	
水府西增三	經	申	二四	〇四	四八	申	二三	五八	一五	加		五一	五四	六
	緯	南	九	〇九	三七	北	一四	一一	五七	加		一	五九	
八穀三	經	申	二四	一二	二三	申	二一	一五	五四	加	一	一六	三七	五
	緯	北	三二	三九	五七	北	五五	五八	二四	加		二	五一	
柱六	經	申	二四	一五	二四	申	二三	五二	一〇	加	一	〇三	一一	五
	緯	北	一五	四三	四一	北	三九	〇四	〇九	加		二	二〇	
八穀内增八	經	申	二四	一八	五四	申	二一	一九	二八	加	一	一七	三三	六
	緯	北	三三	二八	一〇	北	五六	四六	五三	加		二	五一	
參宿東增二十二	經	申	二四	二三	一〇	申	二四	四六	四八	加		四七	二五	六
	緯	南	二一	三七	五四	北	一	四四	五九	加		一	四二	
水府西增四	經	申	二四	三一	二九	申	二四	二五	四五	加		五一	五一	六
	緯	南	九	一八	〇二	北	一四	〇四	三七	加		一	四八	
水府西增五	經	申	二四	三一	五四	申	二四	二六	四二	加		五一	四七	六
	緯	南	九	三一	一三	北	一三	五一	二七	加		一	四九	
柱四	經	申	二四	三五	三八	申	二三	二四	一九	加	一	〇二	〇六	六
	緯	北	一三	五〇	三三	北	三七	一二	〇七	加		二	〇九	
柱五	經	申	二四	四二	三五	申	二三	二六	一三	加	一	〇三	一〇	五
	緯	北	一五	四一	〇七	北	三九	〇二	五三	加		二	〇八	
八穀内增七	經	申	二四	五三	三七	申	二三	一二	二二	加	一	一七	三一	五
	緯	北	三三	二七	〇三	北	五六	四七	四二	加		二	三二	

（續表）

黄道實沈宫恒星		黄道宫	黄道度	黄道分	黄道秒	赤道宫	赤道度	赤道分	赤道秒	赤道歲差	赤道歲差分	赤道歲差秒	赤道歲差微	星等
諸王一	經	申	二四	五五	三七	申	二四	一七	○七	加		五七	二三	五
	緯	北	四	一八	一五	北	二七	四一	一三	加		一	五○	
勾陳一	經	申	二四	五九	四三	戌	一○	一四	○五	加	二	五○	三六	二
	緯	北	六六	○四	一○	北	八七	五六	二一	加		一九	五四	
司怪四	經	申	二五	○七	二三	申	二四	四八	三八	加		五四	一四	五
	緯	南	三	一一	四四	北	二○	一一	五九	加		一	四一	
参宿四	經	申	二五	一○	○○	申	二五	一九	○四	加		四九	二三	一
	緯	南	一六	○四	二六	北	七	一九	五一	加		一	三一	
八穀内增十八	經	申	二五	一三	○八	申	二二	二七	四○	加	一	二○	一二	六
	緯	北	三五	二九	四二	北	五八	五一	一一	加		二	二六	
司怪南增三	經	申	二五	一四	一三	申	二四	五七	○六	加		五四	○三	六
	緯	南	三	四四	○一	北	一九	三九	五九	加		一	三七	
厠北增六	經	申	二五	二○	四八	申	二六	一二	○三	加		四一	三八	四
	緯	南	三七	三九	二七	南	一四	一四	○九	減		一	一四	
子東增一	經	申	二五	二八	○九	申	二七	○七	一六	加		三三	二四	五
	緯	南	五八	四四	三一	南	三五	一八	一五	減			五六	
八穀内增六	經	申	二五	三五	○五	申	二三	二二	四六	加	一	一六	一九	六
	緯	北	三三	一三	三二	北	五五	三六	二六	加		二	○七	
八穀二	經	申	二五	三五	二七	申	二三	二一	三八	加	一	一六	三九	五
	緯	北	三三	三○	五○	北	五五	五三	四四	加		一	○八	
八穀八	經	申	二五	三九	三一	申	二三	○二	四五	加	一	二一	三一	五
	緯	北	三六	二四	四○	北	五九	四七	二三	加		二	一二	

（續表）

黃道實沈宮恒星		黃道宮	黃道度	黃道分	黃道秒	赤道宮	赤道度	赤道分	赤道秒	赤道歲差	赤道歲差分	赤道歲差秒	赤道歲差微	星等
司怪一	經	申	二五	五七	二八	申	二五	三〇	三七	加		五六	三七	五
	緯	北	二	二八	〇五	北	二五	五三	一八	加		一	二五	
參宿東增二十一	經	申	二五	五九	一〇	申	二六	一六	〇四	加		四七	二五	六
	緯	南	二一	三八	五〇	北	一	四七	〇二	加		一	一一	
老人北增三	經	申	二六	〇五	〇四	申	二七	五一	一二	加		二七	五八	五
	緯	南	六六	一六	三〇	南	四二	四九	一五	減			四〇	
參宿東增二十三	經	申	二六	〇五	四一	申	二六	二四	一三	加		四六	五七	六
	緯	南	二六	五六	〇四	南	三	三〇	〇〇	減		一	〇九	
參宿東增三十三	經	申	二六	〇六	三二	申	二六	四一	一五	加		四三	二五	六
	緯	南	三二	五一	五〇	南	九	二五	三一	減		一	〇三	
參宿東增三十二	經	申	二六	〇七	二〇	申	二六	四二	一三	加		四三	二一	六
	緯	南	三三	〇二	一〇	南	九	三五	五〇	減		一	〇三	
勾陳内增五	經	申	二六	一〇	二七	子	二五	三三	〇六	減	六	二六	三八	六
	緯	北	六七	二八	三五	北	八八	一三	二六	加		一六	〇六	
五車三	經	申	二六	二〇	三一	申	二五	一一	三二	加	一	〇六	五九	二
	緯	北	二一	二八	二一	北	四四	五三	四一	加		一	三〇	
八穀一	經	申	二六	二一	二三	申	二四	三八	三三	加	一	一四	五四	四
	緯	北	三〇	四九	〇二	北	五四	一三	五八	加		一	四〇	
五車四	經	申	二六	二一	四五	申	二五	三三	五二	加	一	〇二	〇九	四
	緯	北	一三	四四	一九	北	三七	〇九	五七	加		一	二四	
八穀東增五	經	申	二六	二三	二八	申	二四	三六	五六	加	一	一五	五九	六
	緯	北	三一	五一	〇四	北	五五	一六	〇〇	加		一	四二	

（續表）

黃道實沈宮恒星		黃道 宮	黃道 度	黃道 分	黃道 秒	赤道 宮	赤道 度	赤道 分	赤道 秒		赤道歲差 分	赤道歲差 秒	赤道歲差 微	星等
五車北增十六	經	申	二六	二五	一二	申	二五	一四	四一	加	一	○七	四二	六
	緯	北	二三	二七	五二	北	四五	五三	一九	加		一	二九	
天柱五	經	申	二六	二九	○五	丑	四	四一	○五	減	一	○七	三○	五
	緯	北	七六	三一	五○	北	七九	五五	四三	加		一	二八	
天柱東增五	經	申	二六	三○	三八	丑	四	四二	○五	減	一	○八	一四	五
	緯	北	七六	一八	○○	北	七九	五九	三五	加		一	二七	
司怪內增一	經	申	二六	三一	三五	申	二六	一三	四八	加		五五	二○	六
	緯	南	○	三五	○三	北	二二	五一	一三	加		一	一○	
五車北增十五	經	申	二六	三七	二五	申	二五	二五	○○	加	一	○九	一○	六
	緯	北	二四	二五	二一	北	四七	五一	○七	加		二	二六	
司怪內增二	經	申	二六	四八	四○	申	二六	三三	○七	加		五五	○八	六
	緯	南	一	○四	四三	北	二二	二一	五九	加		一	○四	
參宿東增三十一	經	申	二六	五六	三五	申	二七	二五	二七	加		四二	五八	六
	緯	南	三四	○四	三九	南	一○	三七	一七	減			四七	
參宿北增十八	經	申	二七	○一	○五	申	二七	○三	四八	加		五○	一三	四
	緯	南	一三	五○	○一	北	九	三七	○九	加			五四	
五車東增十	經	申	二七	○四	○九	申	二六	一三	二五	加	一	○五	四一	六
	緯	北	一九	三一	四八	北	四二	五八	二九	加		一	○九	
參宿東增十九	經	申	二七	○六	三八	申	二七	一四	二六	加		四八	四二	六
	緯	南	一八	○二	五六	北	五	二四	二四	加			五○	
司怪二	經	申	二七	二三	二四	申	二七	○八	二七	加		五五	三○	四
	緯	南	○	一二	一九	北	二三	一五	○七	加			五一	

（續表）

黃道實沈宮恒星		黃道宮	黃道度	黃道分	黃道秒	赤道宮	赤道度	赤道分	赤道秒	赤道歲差	分	秒	微	星等
五車東增十一	經	申	二七	二五	〇六	申	二六	四〇	二五	加	一	〇五	四一	六
	緯	北	一九	三一	一四	北	四二	五八	二六	加		一	〇〇	
勾陳二	經	申	二七	三四	三〇	丑	一三	四五	五七	減	四	四一	五九	三
	緯	北	六九	五四	一〇	北	八六	二九	五〇	加		四	〇〇	
參宿東增二十	經	申	二七	四四	〇〇	申	二七	五一	一九	加		四八	一五	六
	緯	南	一九	一九	一八	北	四	〇八	四一	加			三七	
五車東境九	經	申	二七	四五	〇五	申	二七	一三	三一	加	一	〇二	五六	六
	緯	北	一五	〇〇	五九	北	三八	二八	四一	加			四八	
勾陳東增六	經	申	二七	五一	二三	丑	一三	四二	〇〇	減	五	一八	三〇	六
	緯	北	六九	三四	二五	北	八六	五〇	二五	加		三	五三	
司怪南增四	經	申	二七	五六	四〇	申	二七	四九	一九	加		五四	〇二	六
	緯	南	三	四八	三一	北	一九	三九	三二	加			三六	
厠北增四	經	申	二八	〇〇	一三	申	二八	二四	一六	加		四〇	四六	六
	緯	南	三九	五七	三五	南	一六	二九	一五	減			二七	
八穀東增十九	經	申	二八	〇一	三〇	申	二六	五二	五六	加	一	二〇	二九	五
	緯	北	三五	二八	〇〇	北	五八	五五	四三	加			五二	
司怪三	經	申	二八	〇三	二五	申	二七	五六	〇三	加		五四	一四	五
	緯	南	三	二一	三三	北	二〇	〇六	三七	加			三四	
上衛西增一	經	申	二八	一三	二八	申	二六	四八	一一	加	一	三一	四八	六
	緯	北	四二	一五	一七	北	六五	四三	〇六	加			五二	
水府一	經	申	二八	一六	一七	申	二八	一三	五八	加		五二	〇八	四
	緯	南	八	四二	一六	北	一四	四六	〇六	加			二八	

（續表）

黃道實沈宮恒星		黃道 宮	黃道 度	黃道 分	黃道 秒	赤道 宮	赤道 度	赤道 分	赤道 秒	赤道歲差	赤道歲差 分	赤道歲差 秒	赤道歲差 微	星等
厠北增五	經	申	二八	二二	三四	申	二八	四〇	五九	加		四一	二三	四
	緯	南	三八	二四	二六	南	一四	五五	五二	減			二〇	
五車東增十四	經	申	二八	三三	四二	申	二八	〇一	四一	加	一	〇九	五五	六
	緯	北	二五	一五	三二	北	四八	四三	五六	加			三〇	
八穀東增二十	經	申	二八	五二	〇九	申	二八	一〇	五三	加	一	二二	〇一	六
	緯	北	三六	三三	二〇	北	六〇	〇一	五四	加			二四	
參宿東增三十	經	申	二八	五三	三九	申	二九	〇四	二一	加		四二	四六	六
	緯	南	三四	三六	二六	南	一一	〇七	三九	減			一二	
厠東增三	經	申	二八	五四	五〇	申	二九	〇九	一五	加		三九	四三	六
	緯	南	四二	三八	二三	南	一九	〇九	三五	減			一一	
上衛西增二	經	申	二八	五五	〇七	申	二七	五一	三一	加	一	四〇	五九	五
	緯	北	四五	五八	二六	北	六九	二六	五七	加			二七	
勾陳南增四	經	申	二九	〇三	三七	申	二一	一八	一四	加	七	五一	三四	六
	緯	北	六三	四八	〇〇	北	八七	一五	一七	加		一	四二	
八穀東增二十一	經	申	二九	〇九	四二	申	二八	三六	五二	加	一	二四	一八	五
	緯	北	三八	〇四	三〇	北	六一	三三	一六	加			一四	
司怪東增五	經	申	二九	一五	二五	申	二九	一二	四二	加		五四	〇七	六
	緯	南	三	三九	五九	北	一九	四八	五四	加			七	
水府二	經	申	二九	一九	〇一	申	二九	一八	一六	加		五一	五六	四
	緯	南	九	一四	四九	北	一四	一四	〇五	加			六	
水府四	經	申	二九	一九	一四	申	二九	一七	五六	加		五二	三八	六
	緯	南	七	一九	三〇	北	一六	〇九	二四	加			六	

（續 表）

黃道實沈宮恒星		黃道 宮	黃道 度	黃道 分	黃道 秒	赤道 宮	赤道 度	赤道 分	赤道 秒	赤道歲差	赤道歲差 分	赤道歲差 秒	赤道歲差 微	星等
孫二	經	申	二九	二八	四九	申	二九	四〇	五〇	加		六	五九	五
	緯	南	六〇	四一	四二	南	三七	一二	四四	減			一	
八穀東增二十六	經	申	二九	三二	五五	申	二九	一七	一〇	加	一	二〇	四〇	四
	緯	北	三五	三四	三〇	北	五九	〇三	二六	加			一	
五車東增十三	經	申	二九	四三	〇二	申	二九	三七	一九	加	一	〇八	一一	六
	緯	北	二二	五九	三二	北	四六	二八	三一	加			五	
井宿北增一	經	申	二九	四七	四三	申	二九	四五	五七	加		五八	一九	四
	緯	北	六	〇四	四七	北	二九	三三	四七	加			六	
八穀東增二十二	經	申	二九	四八	一八	申	二九	四〇	三四	加	一	二四	四三	六
	緯	北	三八	二〇	五二	北	六一	四九	五二	加			九	
五車東增十二	經	申	二九	五〇	五二	申	二九	四七	四七	加	一	〇八	〇八	六
	緯	北	二二	五六	三四	北	四六	二五	三四	加			九	
鉞	經	申	二九	五一	三三	申	二九	五〇	五一	加		五五	一三	四
	緯	南	〇	五六	〇〇	北	二二	三三	〇〇	加			七	
八穀東增二十五	經	申	二九	五五	二二	申	二九	五二	三七	加	一	二一	一二	六
	緯	北	三五	五七	三四	北	五九	二六	三四	加			一二	
天柱北增六	經	申	二九	五六	〇〇	丑	〇	〇三	一六	減		四一	三八	六
	緯	北	七九	二七	五〇	北	七七	〇三	一〇	加			六	
司怪東增六	經	申	二九	五七	一〇	申	二九	五六	五八	加		五四	〇〇	六
	緯	南	四	一六	〇二	北	一九	一二	五八	減			八	

黄道鶉首宮恒星		黄道宮	黄道度	黄道分	黄道秒	赤道宮	赤道度	赤道分	赤道秒	赤道歲差	赤道歲差分	赤道歲差秒	赤道歲差微	星等
女史	經	未	○	○五	五八	寅	二九	五八	○九	減		一五	四九	四
	緯	北	八四	三○	一○	北	七二	○○	五○	減			四	
六甲一	經	未	○	○六	四○	未	○	二○	五一	加	二	三九	二六	六
	緯	北	五六	一八	○三	北	七九	四七	○三	減			三六	
水府三	經	未	○	○九	○九	未	○	○九	二八	加		五二	三九	六
	緯	南	七	一七	三一	北	一六	一一	二九	減			一三	
八穀東增三十四	經	未	○	一二	二三	未	○	一八	○二	加	一	一四	一六	六
	緯	北	三○	○二	五七	北	五三	三一	五七	減			二一	
鉞北增一	經	未	○	一八	○五	未	○	一九	四六	加		五五	四四	六
	緯	北	○	一八	四八	北	二三	四七	四七	減			一七	
水府南增六	經	未	○	一九	四九	未	○	二○	二○	加		五一	二二	六
	緯	南	一○	五三	一三	北	一二	二八	二七	減			二○	
水府南增七	經	未	○	三○	一二	未	○	三○	二○	加		五一	二二	六
	緯	南	一一	一○	三○	北	一二	一八	一七	減			二○	
參宿東增二十八	經	未	○	三八	一四	未	○	三三	二四	加		四四	三四	四
	緯	南	二九	四二	○○	南	六	二三	○五	加			一九	
八穀東增二十七	經	未	○	四三	二四	未	一	○八	○三	加	一	一九	五七	六
	緯	北	三五	○二	三○	北	五八	三一	二○	減			三八	
水府南增八	經	未	○	四五	○○	未	○	四四	二六	加		五○	二三	六
	緯	南	一三	二八	二五	北	一○	○○	二九	減			二五	
座旗西增一	經	未	○	五七	四○	未	一	一九	四一	加	一	一○	二七	五
	緯	北	二五	五四	二○	北	四九	二三	○四	減			四一	

（續表）

黃道鶉首宮恒星		黃道宮	黃道度	黃道分	黃道秒	赤道宮	赤道度	赤道分	赤道秒	赤道歲差	赤道歲差分	赤道歲差秒	赤道歲差微	星等
八穀東增二十八	經	未	一	二二	四五	未	二	○九	一九	加	一	一九	四○	六
	緯	北	三四	五○	三六	北	五八	一八	五九	減		一	○○	
參宿東增二十九	經	未	一	三七	一四	未	一	二一	五四	加		四二	五七	六
	緯	南	三四	○七	四○	南	一○	三九	○八	加			三六	
井宿一	經	未	一	四三	一○	未	一	五一	四五	加		五五	一四	三
	緯	南	○	五一	二二	北	二二	三六	五八	減			五○	
六甲四	經	未	二	○一	二五	未	八	一五	四○	加	三	二四	四八	六
	緯	北	五九	二三	○七	北	八二	四八	三八	減		三	三一	
座旗西增二	經	未	二	○二	五○	未	二	四四	四八	加	一	○八	二三	六
	緯	北	二三	二○	五四	北	四六	四八	四四	減		一	一一	
六甲二	經	未	二	○三	四五	未	五	三一	二三	加	二	一五	四八	五
	緯	北	五三	四七	五○	北	七七	一四	二七	減		二	二一	
參宿東增二十七	經	未	二	○六	四○	未	一	四九	二○	加		四四	○○	六
	緯	南	三一	一二	三○	南	七	四四	一八	加			四七	
八穀東增二十三	經	未	二	○九	三○	未	三	三四	二九	加	一	二四	二○	六
	緯	北	三八	一三	三○	北	六一	三九	五四	減		一	三二	
八穀東增三十三	經	未	二	一○	五二	未	三	一八	五○	加	一	一七	二五	六
	緯	北	三三	○三	○○	北	五六	三○	二九	減		一	二三	
八穀東增二十四	經	未	二	一六	二○	未	三	四五	四六	加	一	二四	一九	六
	緯	北	三八	一二	一二	北	六一	三九	二五	減		一	三五	
八穀東增三十二	經	未	二	三五	三八	未	三	五八	二二	加	一	一七	五八	六
	緯	北	三三	三四	五五	北	五七	○一	四六	減		一	三八	

（續表）

黄道鶉首宫恒星		黄道宫	黄道度	黄道分	黄道秒	赤道宫	赤道度	赤道分	赤道秒	赤道歲差	赤道歲差分	赤道歲差秒	赤道歲差微	星等
井宿北增二	經	未	二	三七	一七	未	三	○一	二二	加		五八	四六	六
	緯	北	七	○九	三○	北	三○	三六	五一	減		一	一五	
四瀆四	經	未	二	四一	四九	未	二	三三	四四	加		四八	二六	四
	緯	南	一八	四五	四四	北	四	四一	四九	減		一	○二	
四瀆西增四	經	未	二	四二	五○	未	二	三五	二八	加		四八	四一	六
	緯	南	一八	○五	一八	北	五	二三	一四	減		一	○四	
孫一	經	未	二	五三	五六	未	一	五○	五五	加		三二	三二	五
	緯	南	五八	○三	二九	南	三五	○三	三○	加			四五	
井宿二	經	未	三	一三	二○	未	三	二五	五四	加		五四	一七	四
	緯	南	三	○六	○三	北	二○	二○	三九	減		一	二三	
上衛南增三	經	未	三	一八	二七	未	六	一六	二四	加	一	三六	一七	五
	緯	北	四四	二六	三八	北	六七	五一	一八	減		二	二九	
上衛	經	未	三	三四	三○	未	七	○四	○九	加	一	四○	一五	五
	緯	北	四五	五九	四六	北	六九	二三	二九	減		二	四七	
軍市一	經	未	三	三七	五八	未	二	五一	五九	加		四○	一五	二
	緯	南	四一	一七	四七	南	一七	五○	五八	加		一	○八	
四瀆南增五	經	未	三	五一	五七	未	三	三三	二三	加		四六	五四	六
	緯	南	二三	○四	○八	北	○	二二	○○	減		一	二四	
孫北增一	經	未	三	五二	○四	未	一	三九	三七	加		三五	○四	三
	緯	南	五三	二四	二四	南	二九	五七	三三	加		一	○三	
四瀆南增六	經	未	三	五四	三五	未	三	三四	五八	加		四六	四四	六
	緯	南	二三	三四	二六	南	○	○八	二二	加		一	二四	

（續表）

黃道鶉首宮恒星		黃道 宮	黃道 度	黃道 分	黃道 秒	赤道 宮	赤道 度	赤道 分	赤道 秒		赤道歲差 分	赤道歲差 秒	赤道歲差 微	星等
參宿東增二十四	經	未	四	〇二	〇五	未	三	三四	五七	加		四五	一七	五
	緯	南	二七	三九	五〇	南	四	一三	五一	加		一	二四	
座旗五	經	未	四	〇五	二三	未	五	一五	一六	加	一	〇五	二六	五
	緯	北	一九	一六	三四	北	四二	四一	〇五	減		二	〇三	
座旗七	經	未	四	一一	二五	未	五	一四	五七	加	一	〇三	四七	五
	緯	北	一六	四〇	四四	北	四〇	〇五	〇八	減		二	〇二	
座旗八	經	未	四	一二	四六	未	五	一三	五四	加	一	〇三	二九	五
	緯	北	一六	一〇	三五	北	三九	三五	〇〇	減		二	〇二	
八穀東增三十一	經	未	四	一一	五七	未	六	二八	〇五	加	一	一八	一六	六
	緯	北	三四	〇〇	二〇	北	五七	二三	四一	減		二	三三	
井宿北增六	經	未	四	一二	四六	未	四	四五	五一	加		五七	三六	六
	緯	北	四	四六	三〇	北	二八	一一	一九	減		一	五一	
參宿東增二十五	經	未	四	一九	〇三	未	三	四九	一九	加		四五	〇九	六
	緯	南	二八	〇二	五八	南	四	三七	二四	加		一	三〇	
座旗三	經	未	四	四〇	〇〇	未	六	〇七	二五	加	一	〇六	四六	五
	緯	北	二一	二一	二二	北	四四	四四	二四	減		二	二一	
參宿東增二十六	經	未	四	四一	五八	未	四	〇五	〇八	加		四四	一九	五
	緯	南	三〇	一八	二〇	南	六	五三	二一	加		一	三四	
八穀東增二十九	經	未	四	四七	〇五	未	七	三九	二五	加	一	二一	二〇	五
	緯	北	三六	二一	二〇	北	五九	四二	四二	減		二	五七	
孫北增三	經	未	四	四八	三八	未	三	〇九	一七	加		三三	二六	五
	緯	南	五六	四四	三八	南	三三	一八	四八	加		一	一三	

（續表）

黃道鶉首宫恒星		黃道宫	黃道度	黃道分	黃道秒	赤道宫	赤道度	赤道分	赤道秒	赤道歲差	赤道歲差分	赤道歲差秒	赤道歲差微	星等
井宿北增三	經	未	四	五一	一六	未	五	三二	○一	加		五八	○二	六
	緯	北	五	四七	○五	北	二九	一○	二八	減		二	○七	
四瀆三	經	未	四	五五	三三	未	四	四七	四○	加		四八	二六	四
	緯	南	一五	五四	一九	北	七	二九	四六	減		一	五○	
四瀆南增三	經	未	四	五五	五四	未	四	四一	五一	加		四八	三三	五
	緯	南	一八	二二	四六	北	五	○一	二四	減		一	四九	
孫北增四	經	未	四	五七	三九	未	三	一五	一三	加		三三	二七	四
	緯	南	五六	四四	○八	南	三三	一八	三一	加		一	一四	
四輔一	經	未	五	○○	一八	午	二三	二四	一四	加	四	四一	四七	六
	緯	北	六四	五一	一五	北	八七	二一	一二	減		一六	四八	
座旗一	經	未	五	○三	五七	未	六	五八	一七	加	一	一一	一四	六
	緯	北	二五	四○	○○	北	四九	○一	三八	減		二	四二	
井宿内增八	經	未	五	○五	○七	未	五	一七	二六	加		五三	○○	六
	緯	南	六	一四	五七	北	一七	○八	二六	減		二	○一	
井宿北增五	經	未	五	○九	三九	未	五	五○	五八	加		五七	四二	六
	緯	北	五	○四	五○	北	二八	二七	三二	減		二	一四	
座旗四	經	未	五	一四	一四	未	六	四八	二一	加	一	○六	○六	六
	緯	北	二○	二六	三二	北	四三	四八	○六	減		二	三六	
井宿西增九	經	未	五	一四	四一	未	五	一四	四二	加		四九	三一	五
	緯	南	七	四四	三八	北	一五	一四	三八	減		一	五九	
六甲三	經	未	五	二五	二五	未	一七	三九	三三	加	二	三八	○六	六
	緯	北	五七	○六	三三	北	八○	一五	三一	減		六	三六	

（續表）

黃道鶉首宮恒星		黃道宮	黃道度	黃道分	黃道秒	赤道宮	赤道度	赤道分	赤道秒	赤道歲差	赤道歲差分	赤道歲差秒	赤道歲差微	星等
井宿三	經	未	五	三一	一八	未	五	四三	一八	加		五二	四七	二
	緯	南	六	四七	一九	北	一六	三五	〇六	減		二	一一	
八穀東增三十	經	未	五	三四	五六	未	八	四七	〇一	加	一	一九	四四	五
	緯	北	三五	二四	三〇	北	五八	四三	一六	減		三	二〇	
勾陳三	經	未	五	四〇	二五	寅	一八	〇二	一二	減	一	四〇	五二	四
	緯	北	七三	五三	〇八	北	八二	二三	三八	減		四	三三	
井宿北增四	經	未	六	一五	二二	未	七	〇八	〇〇	加		五八	〇一	六
	緯	北	五	五二	〇〇	北	二九	一一	四二	減		二	四二	
井宿五	經	未	六	二一	三七	未	七	〇二	一三	加		五六	一九	三
	緯	北	二	〇一	三〇	北	二五	二一	一一	減		二	四〇	
座旗六	經	未	六	二三	三四	未	八	〇九	四八	加	一	〇四	五三	四
	緯	北	一八	四五	〇八	北	四二	〇三	一五	減		三	〇四	
井宿內增七	經	未	六	三三	〇二	未	六	五一	一〇	加		五三	一六	五
	緯	南	五	二七	三四	北	一七	五二	〇四	減		二	三五	
四瀆北增一	經	未	六	四九	三一	未	六	四四	五六	加		五〇	二三	四
	緯	南	一三	一二	五二	北	一〇	〇六	三二	減		二	三二	
孫北增二	經	未	六	五九	二三	未	四	三八	五五	加		三三	五五	五
	緯	南	五三	四七	三七	南	三二	二五	二三	加		一	四六	
軍市六	經	未	七	〇五	五四	未	五	一八	〇七	加		三八	〇五	五
	緯	南	四六	三六	一七	南	二三	一四	五八	加		二	〇九	
座旗九	經	未	七	〇六	五六	未	八	五〇	一四	加	一	〇三	〇四	六
	緯	北	一五	五二	四七	北	三九	〇八	四一	減		三	一八	

（續表）

黃道鶉首宮恒星		黃道宮	黃道度	黃道分	黃道秒	赤道宮	赤道度	赤道分	赤道秒	赤道歲差加減	赤道歲差分	赤道歲差秒	赤道歲差微	星等
座旗南增三	經	未	七	一一	一五	未	八	五三	三三	加	一	○二	五○	六
	緯	北	一五	二八	○七	北	三八	四三	四八	減		三	二○	
井宿西增十	經	未	七	一六	四七	未	七	二二	三二	加		五一	三六	六
	緯	南	九	五○	二七	北	一三	二七	二二	減		二	四六	
座旗南增四	經	未	七	二○	二八	未	九	○五	一○	加	一	○二	五一	六
	緯	北	一五	三一	三三	北	三八	四六	二八	減		三	二三	
座旗二	經	未	七	二二	三三	未	九	四四	三五	加	一	○七	○一	六
	緯	北	二二	○九	一四	北	四五	二三	一六	減		三	三八	
五諸侯一	經	未	七	三二	三二	未	八	五八	○○	加	一	○○	二四	四
	緯	北	一○	五九	二五	北	三四	一四	二○	減		三	二三	
井宿四	經	未	七	三七	五三	未	七	四二	五四	加		五一	二九	四
	緯	南	一○	○七	五七	北	一三	○八	四六	減		二	五二	
井宿南增十一	經	未	七	四七	五七	未	七	五一	二二	加		五二	三三	六
	緯	南	一○	二○	一三	北	一二	五六	○三	減		三	○○	
四輔二	經	未	八	○一	二五	午	二五	一三	一七	加	三	一○	○六	六
	緯	北	六三	五○	二五	北	八五	四二	一一	減		一七	○○	
軍市内增一	經	未	八	○一	四八	未	六	一八	二一	加		四○	○一	五
	緯	南	四一	四六	二三	南	一八	二七	五七	加		二	二一	
軍市内增二	經	未	八	○六	二五	未	六	○五	二○	加		三八	一七	五
	緯	南	四六	○五	三六	南	二三	四六	五四	加		二	一五	
野雞	經	未	八	一○	四一	未	六	二三	○七	加		三九	四七	五
	緯	南	四二	二一	二五	南	一九	○三	一九	加		二	二○	

（續表）

黃道鶉首宮恒星		黃道宮	黃道度	黃道分	黃道秒	赤道宮	赤道度	赤道分	赤道秒	赤道歲差加減	赤道歲差分	赤道歲差秒	赤道歲差微	星等
四瀆北增二	經	未	八	一九	四六	未	八	○九	四六	加		四九	五○	六
	緯	南	一四	二五	○○	北	八	四九	五○	減		二	○一	
内階西增二	經	未	八	二○	○二	未	一三	二四	五三	加	一	二○	五六	六
	緯	北	三六	五七	一七	北	六○	○三	○○	減		四	五七	
井宿六	經	未	八	二三	三九	未	九	○二	二七	加		五四	五二	六
	緯	南	一	一一	一五	北	二二	○一	五八	減		三	二二	
座旗東增五	經	未	八	二五	二三	未	一○	二三	一六	加	一	○二	三三	六
	緯	北	一五	一一	三三	北	三八	二二	一九	減		三	五○	
軍市二	經	未	八	二六	五七	未	六	三九	五一	加		四○	二二	五
	緯	南	四一	一九	二四	南	一八	○二	○九	加		二	二六	
四瀆二	經	未	八	三四	四○	未	八	二二	二五	加		四九	四一	五
	緯	南	一四	五六	四四	北	八	一七	一八	減		三	○六	
井宿内增十二	經	未	八	四九	三五	未	八	五七	三五	加		五一	三九	六
	緯	南	九	三一	四七	北	一三	四○	四五	減		三	二○	
天罇西增一	經	未	八	五四	四六	未	九	五三	一七	加		五六	三三	六
	緯	北	二	二九	○九	北	二五	三九	四八	減		三	三九	
闕邱一	經	未	九	一三	五六	未	八	三八	○五	加		四七	四二	四
	緯	南	二○	三二	一八	北	二	四○	○七	減		三	一一	
女史東增一	經	未	九	四六	五○	寅	二六	四三	三七	減		一六	三九	六
	緯	北	八四	○七	四○	北	七二	一六	三七	減		一	一三	
天罇西增二	經	未	九	四七	一三	未	一○	五四	二七	加		五六	三四	六
	緯	北	三	○七	一二	北	二六	一三	五八	減		四	○○	

（續表）

黄道鶉首宫恒星		黄道宫	黄道度	黄道分	黄道秒	赤道宫	赤道度	赤道分	赤道秒	赤道歲差	赤道歲差分	赤道歲差秒	赤道歲差微	星等
御女三	經	未	九	五〇	四〇	寅	二四	五五	〇九	減		二五	二七	六
	緯	北	八一	五八	三三	北	七四	二〇	五七	減		一	五三	
井宿内增十三	經	未	九	五三	一九	未	一〇	〇一	三一	加		五一	三三	六
	緯	南	九	四〇	一九	北	一三	一八	〇六	減		三	四一	
内階西增一	經	未	一〇	二一	五五	未	一五	三四	四三	加	一	一五	二一	五
	緯	北	三二	四八	一九	北	五五	四三	四三	減		五	四一	
天狼	經	未	一〇	三四	〇一	未	八	二八	三四	加		四〇	五三	一
	緯	南	三九	三一	〇八	南	一六	二一	四八	加		三	〇六	
天罇三	經	未	一〇	三七	二〇	未	一一	四一	一九	加		五五	五〇	六
	緯	北	一	三〇	一四	北	二四	三三	二四	減		四	一八	
四輔南增一	經	未	一〇	四二	五八	午	一三	五九	〇八	加	二	三三	〇四	六
	緯	北	六〇	三八	四七	北	八二	二七	三〇	減		一四	二七	
天狼北增一	經	未	一〇	四四	三八	未	八	四七	四〇	加		四一	四二	五
	緯	南	三七	一九	三八	南	一四	一〇	一九	加		三	一四	
座旗東增六	經	未	一〇	四七	五三	未	一三	二九	一〇	加	一	〇三	〇八	四
	緯	北	一六	四三	三五	北	三九	四二	一六	減		四	五五	
井宿内增十四	經	未	一〇	五九	一〇	未	一一	二三	二七	加		五二	三六	六
	緯	南	六	四三	二〇	北	一六	一九	三九	減		四	〇九	
四瀆一	經	未	一一	〇九	二三	未	一一	〇七	四八	加		五〇	二八	四
	緯	南	一一	四九	〇三	北	一一	一四	〇七	減		四	五二	
座旗東增十一	經	未	一一	一〇	〇二	未	一五	四〇	二二	加	一	一〇	三〇	六
	緯	北	二七	四四	一四	北	五〇	三六	四九	減		五	四一	

（續表）

黃道鶉首宮恒星		黃道宮	黃道度	黃道分	黃道秒	赤道宮	赤道度	赤道分	赤道秒	赤道歲差	赤道歲差分	赤道歲差秒	赤道歲差微	星等
井宿七	經	未	一一	二四	三一	未	一二	一三	○○	加		五四	一九	三
	緯	南	二	○五	二七	北	二○	五四	三三	減		四	二八	
天罇南增六	經	未	一一	二七	二五	未	一二	二七	三九	加		五五	○九	六
	緯	北	○	○○	一一	北	二二	五九	二九	減		四	三三	
老人	經	未	一一	三○	五九	未	四	三六	二三	加		二○	二○	一
	緯	南	七五	五○	一九	南	五二	三二	二四	加		一	四一	
四輔三	經	未	一一	三六	五五	午	二八	五六	五二	加	二	一八	一九	六
	緯	北	六二	五一	一五	北	八三	五○	四○	減		一七	三七	
軍市內增三	經	未	一一	四二	○二	未	八	五九	三四	加		三九	一一	六
	緯	南	四三	五三	一九	南	二○	四六	一四	加		三	一七	
座旗東增七	經	未	一一	五一	三四	未	一五	○二	三三	加	一	○三	五七	五
	緯	北	一八	二六	三五	北	四一	一八	二八	減		五	二六	
五諸侯二	經	未	一一	五四	○四	未	一三	四四	二一	加		五八	二六	五
	緯	北	七	四三	○七	北	三○	三八	○六	減		四	五九	
四輔四	經	未	一二	○三	○七	巳	二五	四二	○八	加	一	○一	三九	六
	緯	北	六五	四○	○八	北	八五	○三	○四	減		二○	一七	
座旗東增九	經	未	一二	○八	一三	未	一六	三五	一八	加	一	○九	三五	五
	緯	北	二六	五三	五八	北	四九	四○	二八	減		六	○五	
天罇北增三	經	未	一二	一九	三○	未	一三	五一	○五	加		五六	五五	六
	緯	北	四	二一	二五	北	二七	一四	五四	減		五	○一	
座旗東增十	經	未	一二	三七	○九	未	一七	三六	五三	加	一	○九	五二	六
	緯	北	二七	二六	三五	北	五○	○九	二二	減		六	二○	

（續表）

黃道鶉首宮恒星		黃道宮	黃道度	黃道分	黃道秒	赤道宮	赤道度	赤道分	赤道秒	赤道歲差	赤道歲差分	赤道歲差秒	赤道歲差微	星等
天狼北增二	經	未	一二	三七	五三	未	一〇	三四	二九	加		四二	三八	五
	緯	南	三四	四四	三四	南	一一	四三	二三	加		三	五〇	
內階西增三	經	未	一二	四六	四八	未	二〇	一八	四四	加	一	一八	三七	五
	緯	北	三六	四一	〇〇	北	五九	一六	〇二	減		七	一六	
天罇內增五	經	未	一二	五四	一二	未	一四	一二	一一	加		五五	四四	六
	緯	北	一	四一	〇五	北	二四	三一	五九	減		五	〇九	
井宿內增十五	經	未	一三	五六	一三	未	一三	二三	五六	加		五二	三三	六
	緯	南	六	三四	二五	北	一六	一八	三三	減		四	五二	
弧矢西增一	經	未	一三	五七	一四	未	八	五〇	四一	加		三四	四六	六
	緯	南	五三	五五	〇〇	南	三〇	四九	五二	加		三	一三	
座旗東增八	經	未	一三	〇五	五三	未	一六	三五	二一	加	一	〇三	四二	五
	緯	北	一八	一四	二一	北	四一	〇八	一二	減		五	五九	
北極	經	未	一三	〇九	二五	辰	一二	五二	〇七	加		二	一二	五
	緯	北	六七	〇二	五一	北	八四	四七	四五	減		一九	五三	
積水	經	未	一三	一五	〇二	未	一六	一〇	五一	加	一	〇一	三三	五
	緯	北	一四	二八	一一	北	三七	一二	三八	減		五	五一	
天罇內增四	經	未	一三	一八	四六	未	一四	四四	二九	加		五六	〇二	六
	緯	北	二	二九	五六	北	二五	一八	〇九	減		五	二〇	
天狼北增三	經	未	一三	二九	二九	未	一一	〇六	〇九	加		四一	五四	四
	緯	南	三六	四二	五〇	南	一三	四四	〇〇	加		四	〇二	
老人北增二	經	未	一三	三八	四二	未	七	三〇	二八	加		二八	〇〇	三
	緯	南	六六	〇五	一九	南	四二	五七	四〇	加		二	四五	

(續表)

黃道鶉首宮恒星		黃道宮	黃道度	黃道分	黃道秒	赤道宮	赤道度	赤道分	赤道秒	赤道歲差	赤道歲差分	赤道歲差秒	赤道歲差微	星等
軍市三	經	未	一三	四〇	〇四	未	一〇	三六	二三	加		三九	三一	六
	緯	南	四二	五五	三三	南	一九	五六	四三	加		三	五一	
井宿内增十六	經	未	一三	五八	三五	未	一四	二四	〇七	加		五二	一五	六
	緯	南	七	一三	二五	北	一五	三三	四五	減		五	一二	
天狼東增五	經	未	一三	五八	三七	未	一一	一一	二七	加		四〇	四六	四
	緯	南	三九	四二	〇〇	南	一六	四五	三二	加		四	〇四	
闕邱南增四	經	未	一四	〇二	三九	未	一二	三二	三六	加		四五	二五	四
	緯	南	二六	四五	三八	南	三	五三	一六	加		四	三二	
井宿内增十七	經	未	一四	〇六	五一	未	一四	三八	五五	加		五二	三五	六
	緯	南	六	一三	一三	北	一六	三二	四九	減		五	一七	
軍市四	經	未	一四	一〇	四九	未	一〇	五九	二一	加		三九	二八	六
	緯	南	四三	〇三	二四	南	二〇	〇六	四九	加		四	〇〇	
軍市東增四	經	未	一四	一九	二九	未	一一	〇七	五六	加		三九	三五	六
	緯	南	四二	四六	三二	南	一九	五〇	四三	加		四	〇二	
軍市五	經	未	一四	三五	三四	未	一〇	五二	〇九	加		三七	五六	五
	緯	南	四六	四八	五二	南	二三	五二	五二	加		三	五七	
弧矢八	經	未	一四	五〇	三六	未	九	五七	〇九	加		三四	〇九	五
	緯	南	五五	一二	〇五	南	三二	一三	五〇	加		三	三七	
天罇二	經	未	一四	五六	三六	未	一六	一一	五四	加		五四	四七	三
	緯	南	〇	一三	〇七	北	二二	二五	三七	減		五	五〇	
五諸侯内增一	經	未	一五	〇八	二五	未	一七	〇八	二七	加		五七	〇六	六
	緯	北	五	三一	〇六	北	二八	〇六	一三	減		六	〇九	

（續表）

黄道鶉首宮恒星		黄道 宮	黄道 度	黄道 分	黄道 秒	赤道 宮	赤道 度	赤道 分	赤道 秒		赤道歲差 分	赤道歲差 秒	赤道歲差 微	星等
井宿八	經	未	五	一二	〇四	未	一五	五〇	〇二	加		五二	四四	四
	緯	南	五	四〇	三七	北	一六	五八	二三	減		五	四二	
天罇一	經	未	一五	一六	五五	未	一六	五七	二九	加		五六	〇一	五
	緯	北	二	五五	四一	北	二五	三〇	五三	減		六	〇六	
五諸侯三	經	未	一五	二三	一〇	未	一七	二六	四〇	加		五七	一〇	四
	緯	北	五	四三	三五	北	二八	一六	五二	減		六	一五	
北河一	經	未	一五	二九	五五	未	一八	〇八	四四	加		五八	五五	五
	緯	北	九	四五	一〇	北	三二	一五	四八	減		六	三一	
天罇南增七	經	未	一五	三四	三九	未	一六	四一	五四	加		五四	一〇	六
	緯	南	一	四〇	五八	北	二〇	五四	〇二	減		六	〇〇	
闕邱二	經	未	一五	四九	〇九	未	一四	三四	三九	加		四六	五三	五
	緯	南	二二	三五	二〇	北	〇	〇五	四六	減		五	一五	
闕邱東增三	經	未	一五	五八	一七	未	一四	四一	五四	加		四六	四四	五
	緯	南	二二	四五	四〇	南	〇	〇五	二六	加		五	一七	
天狼東增四	經	未	一六	〇二	四一	未	一三	〇二	三三	加		四一	二三	三
	緯	南	三八	〇一	五〇	南	一五	一六	二〇	加		四	四二	
闕邱南增五	經	未	一六	〇四	〇三	未	一四	二二	〇六	加		四五	二七	六
	緯	南	二六	三二	四一	南	三	五一	三九	加		五	一〇	
五諸侯北增二	經	未	一六	〇七	五八	未	一八	二〇	三四	加		五七	一六	六
	緯	北	六	〇九	二三	北	二八	三六	五九	減		六	三三	
五諸侯北增三	經	未	一六	一五	五一	未	一八	二七	五一	加		五七	〇八	六
	緯	北	五	五八	二〇	北	二八	〇五	〇二	減		六	三六	

（續表）

黃道鶉首宮恒星		黃道宮	黃道度	黃道分	黃道秒	赤道宮	赤道度	赤道分	赤道秒	赤道歲差	赤道歲差分	赤道歲差秒	赤道歲差微	星等
鬫邱東增二	經	未	一六	一九	〇六	未	一五	〇二	四九	加		四六	四九	六
	緯	南	三二	二九	一六	北	〇	〇八	四五	減		五	二五	
北河二	經	未	一六	四〇	二〇	未	一九	三三	〇二	加		五八	五三	二
	緯	北	一〇	〇三	四八	北	三二	二五	一二	減		六	五七	
天罇東增八	經	未	一六	四五	四五	未	一七	五七	一六	加		五四	〇三	六
	緯	南	一	四一	五五	北	二〇	四四	三九	減		六	二五	
天罇東增九	經	未	一六	四六	二九	未	一八	〇七	三九	加		五四	三一	六
	緯	南	〇	二九	二八	北	二一	五六	二八	減		六	二九	
鬫邱東增一	經	未	一六	五〇	三四	未	一五	三二	五二	加		四六	五一	六
	緯	南	二二	一九	一〇	北	〇	一五	二八	減		五	三四	
北河北增一	經	未	一六	五五	二八	未	二〇	二三	二〇	加	一	〇〇	二一	五
	緯	北	一三	一八	一三	北	三五	三五	四一	減		七	一六	
北河北增二	經	未	一七	〇八	二二	未	二〇	三四	〇八	加	一	〇〇	〇六	五
	緯	北	一二	五二	四九	北	三五	〇八	四五	減		七	一九	
弧矢七	經	未	一七	〇九	四六	未	一二	〇六	三〇	加		三五	五五	二
	緯	南	五一	二三	五七	南	二八	三八	〇九	加		四	二三	
軍市東增五	經	未	一七	二六	二五	未	一三	〇四	四三	加		三八	一一	五
	緯	南	四六	一〇	一三	南	二三	二八	三八	加		四	四二	
水位西增一	經	未	一七	三三	三四	未	一七	四〇	三八	加		五〇	五五	六
	緯	南	一〇	一六	一二	北	一二	〇八	二六	減		六	一九	
上台西增二	經	未	一七	三四	三九	未	二三	五九	四一	加	一	〇七	二五	五
	緯	北	二六	一〇	四五	北	四八	一二	二〇	減		八	二七	

（續表）

黃道鶉首宮恒星		黃道宮	黃道度	黃道分	黃道秒	赤道宮	赤道度	赤道分	赤道秒	赤道歲差加減	赤道歲差分	赤道歲差秒	赤道歲差微	星等
上台西增三	經	未	一七	三四	四三	未	二三	五六	三五	加	一	〇七	一七	六
	緯	北	二五	五八	五五	北	四八	〇〇	四三	減		八	二五	
五諸侯四	經	未	一七	四六	三四	未	二〇	〇二	〇四	加		五六	三七	五
	緯	北	五	一一	〇一	北	二七	二六	一三	減		七	〇七	
弧矢内增二	經	未	一七	五七	三一	未	一二	五〇	五二	加		三六	二五	四
	緯	南	五〇	一六	〇〇	南	二七	三四	五八	加		四	三七	
内階西增五	經	未	一七	五九	〇〇	未	二九	〇八	三四	加	一	一七	三七	五
	緯	北	三八	三八	五〇	北	六〇	一九	一五	減		一〇	〇六	
内階西增八	經	未	一八	〇四	一五	午	二	五三	二六	加	一	二四	三五	五
	緯	北	四四	三三	〇〇	北	六五	五八	四四	減		一一	一五	
南河一	經	未	一八	〇四	五八	未	一七	五三	五七	加		五〇	〇五	六
	緯	南	一二	三六	四二	北	九	四五	一二	減		六	二四	
五諸侯北增四	經	未	一八	二〇	三六	未	二〇	五一	五八	加		五七	〇四	六
	緯	北	六	二六	一五	北	二八	三五	五八	減		七	二四	
五諸侯北增五	經	未	一八	二八	二九	未	二〇	五八	五一	加		五六	五八	六
	緯	北	六	一四	二六	北	二八	二三	〇九	減		七	二六	
南河二	經	未	一八	三六	五二	未	一八	一八	〇七	加		四九	四四	三
	緯	南	一三	三一	三〇	北	八	四六	五三	減		六	三一	
水位一	經	未	一八	四一	三一	未	一八	五二	三四	加		五一	〇二	六
	緯	南	九	四五	一八	北	一二	三〇	三五	減		六	四三	
内階西增九	經	未	一八	四六	一六	午	四	〇五	一七	加	一	二三	五二	五
	緯	北	四四	三五	四五	北	六五	五二	〇六	減		一一	三五	

（續表）

黄道鶉首宫恒星		黄道宫	黄道度	黄道分	黄道秒	赤道宫	赤道度	赤道分	赤道秒	赤道歲差	赤道歲差分	赤道歲差秒	赤道歲差微	星等
南河北增一	經	未	一八	四六	二三	未	一八	三二	三八	加		四九	五六	六
	緯	南	一二	五一	五一	北	九	二五	〇〇	減		六	三六	
水位北增二	經	未	一九	〇〇	一七	未	一九	四三	五三	加		五二	二〇	六
	緯	南	五	五〇	二一	北	一六	二〇	五九	減		七	〇一	
内階西增四	經	未	一九	〇〇	五二	未	二九	五一	四九	加	一	一五	一三	六
	緯	北	三六	五六	五〇	北	五八	二八	一八	減		一〇	一九	
北河内增四	經	未	一九	〇二	五六	未	二一	四九	二八	加		五七	二三	五
	緯	北	七	二五	四六	北	二九	二八	四二	減		七	四二	
上台西增一	經	未	一九	〇三	〇四	未	二七	一八	五五	加	一	〇九	五三	五
	緯	北	三〇	三一	二六	北	五二	一二	四五	減		九	三〇	
南河南增二	經	未	一九	〇三	一四	未	一八	三三	三二	加		四九	一六	六
	緯	南	一四	四九	一四	北	七	二六	二九	減		六	三七	
北河北增三	經	未	一九	〇五	四七	未	二二	四二	二八	加		五九	二一	五
	緯	北	一二	〇一	四二	北	三四	〇〇	五六	減		八	〇一	
内階西增七	經	未	一九	一四	四五	午	四	二四	四〇	加	一	二三	三四	六
	緯	北	四三	五九	三五	北	六五	一一	二二	減		一一	四二	
内階一	經	未	一九	二五	三三	午	二	一二	〇三	加	一	一八	〇九	四
	緯	北	四〇	一二	三四	北	六一	三二	〇五	減		一一	〇一	
北河三	經	未	一九	四一	〇九	未	二三	二四	二〇	加		五六	五九	二
	緯	北	六	三九	二七	北	二八	三七	一一	減		七	五三	
積薪北增一	經	未	一九	四六	五二	未	二三	〇七	三五	加		五六	〇四	六
	緯	北	四	二四	二五	北	二六	二三	五一	減		七	四八	

（續表）

黄道鶉首宮恒星		黄道 宮	黄道 度	黄道 分	黄道 秒	赤道 宮	赤道 度	赤道 分	赤道 秒	赤道歲差	赤道歲差 分	赤道歲差 秒	赤道歲差 微	星等
弧矢一	經	未	一九	四八	三〇	未	一四	二八	一〇	加		三七	一一	二
	緯	南	四八	二九	三七	南	二六	〇〇	〇八	加		五	一一	
積薪	經	未	二〇	〇五	一八	未	二二	一四	〇二	加		五五	三〇	四
	緯	北	三	〇二	二	北	二四	五八	五九	減		七	五一	
水位北增三	經	未	二〇	〇五	三二	未	二一	〇九	一八	加		五二	五九	六
	緯	南	二	四七	一九	北	一八	一三	四三	減		七	二九	
三師一	經	未	二〇	二四	一〇	午	九	四七	五八	加	一	二五	五七	五
	緯	北	四七	五四	四五	北	六八	三五	二三	減		一三	一二	
南河南增五	經	未	二〇	五五	四〇	未	一九	四〇	四〇	加		四七	三四	六
	緯	南	一九	三七	五八	北	二	二五	四七	減		六	五九	
弧矢北增五	經	未	二〇	五七	二六	未	一五	二四	四二	加		三七	二五	六
	緯	南	四七	五三	四九	南	二五	三一	五一	加		五	三〇	
南河南增四	經	未	二〇	五九	〇七	未	一九	五五	五五	加		四八	〇二	六
	緯	南	一八	一三	五一	北	三	四八	三五	減		七	〇四	
南河南增三	經	未	二一	一三	三三	未	二〇	一〇	三六	加		四八	〇三	六
	緯	南	一八	〇六	二二	北	三	五四	〇〇	減		七	〇七	
積薪東增二	經	未	二一	一四	五九	未	二三	一八	三一	加		五四	五五	六
	緯	北	一	五七	一九	北	二三	四三	五七	減		八	一二	
内階三	經	未	二一	二三	四九	午	八	三七	二六	加	一	二一	一一	五
	緯	北	四四	五五	〇三	北	六五	三三	〇五	減		一二	五二	
水位北增四	經	未	二一	三〇	五三	未	二三	四八	四二	加		五三	一三	六
	緯	南	二	四〇	五九	北	一九	〇六	三五	減		八	〇二	

（續表）

黃道鶉首宮恒星		黃道宮	黃道度	黃道分	黃道秒	赤道宮	赤道度	赤道分	赤道秒	赤道歲差	分	秒	微	星等
少輔北增一	經	未	二一	三七	四五	午	一九	四九	〇六	加		二九	四一	六
	緯	北	五三	三八	三〇	北	七三	二二	四九	減		一五	四一	
三師三	經	未	二一	三八	〇六	午	一一	二四	五一	加	一	二三	三九	五
	緯	北	四七	二八	五〇	北	六七	五二	一七	減		一三	三七	
五諸侯五	經	未	二一	四〇	一二	未	二四	二六	四八	加		五六	一八	五
	緯	北	五	四四	三八	北	二七	二四	一三	減		八	三四	
弧矢北增四	經	未	二一	四四	五二	未	一五	五六	〇五	加		三七	一六	六
	緯	南	四八	一二	三八	南	二五	五五	三一	加		五	四二	
三師內增一	經	未	二一	四三	二六	午	一一	五三	五八	加	一	二三	五一	五
	緯	北	四七	四八	一〇	北	六八	〇八	三九	減		一三	四五	
弧矢北增三	經	未	二二	〇三	三四	未	一六	〇五	一五	加		三七	〇六	五
	緯	南	四八	三六	五一	南	二六	二一	二七	加		五	四五	
南河三	經	未	二二	一五	三一	未	二一	二八	三一	加		四八	四一	一
	緯	南	一五	五七	五五	北	五	五二	一六	減		七	三五	
內階五	經	未	二二	一八	五二	午	八	〇一	二六	加	一	一七	三六	五
	緯	北	四二	一九	三五	北	六二	五三	二一	減		一二	四二	
積薪東增三	經	未	二二	二四	五八	未	二四	二七	二九	加		五四	三四	五
	緯	北	一	二三	二〇	北	二三	五八	〇九	減		八	三四	
陰德北增一	經	未	二二	三四	〇七	巳	三	〇〇	四五	加	一	二五	一八	五
	緯	北	五八	三二	五三	北	七七	〇〇	四八	減		一八	一四	
弧矢北增七	經	未	二二	四一	一〇	未	一六	五九	〇九	加		三八	〇五	五
	緯	南	四六	一五	三七	南	二四	〇六	二九	加		六	〇三	

（續表）

黄道鶉首宮恒星		黄道				赤道				赤道歲差				星等
		宮	度	分	秒	宮	度	分	秒		分	秒	微	
水位二	經	未	二二	四一	二二	未	二二	四六	二〇	加		五〇	三〇	六
	緯	南	一〇	二〇	一五	北	一一	二三	〇一	減		八	〇〇	
少輔	經	未	二二	四六	五二	午	一七	五五	四二	加	一	二五	二一	四
	緯	北	五一	一三	四〇	北	七〇	五六	〇二	減		一五	一五	
弧矢北增六	經	未	二二	四八	二五	未	一七	〇〇	一九	加		三七	五四	五
	緯	南	四六	三八	三〇	南	二四	二九	五三	加		六	〇四	
陰德一	經	未	二二	五四	四七	巳	二	三一	三四	加	一	二四	五〇	五
	緯	北	五八	一一	一三	北	七六	一七	三〇	減		一八	〇九	
内階内增六	經	未	二三	一九	〇八	午	八	五四	〇九	加	一	一五	五三	六
	緯	北	四一	二六	〇〇	北	六一	四七	五三	減		一二	五五	
闕邱東增六	經	未	二三	二七	三一	未	二一	〇七	四八	加		四五	三五	六
	緯	南	二五	二〇	一七	南	三	三三	四四	加		七	二八	
水位北增五	經	未	二三	二八	三四	未	二五	一〇	二四	加		五三	三七	六
	緯	南	〇	五四	四一	北	二〇	三二	二五	減		八	四七	
爟西增二	經	未	二三	三四	五八	未	二六	二〇	四二	加		五五	三六	六
	緯	北	四	四三	二一	北	二六	〇四	〇六	減		九	〇九	
爟西增三	經	未	二三	三九	二八	未	二六	五五	五九	加		五六	三二	五
	緯	北	七	一一	二六	北	二八	二九	〇五	減		九	二一	
勾陳四	經	未	二三	四七	二五	卯	二八	三三	三七	減		三七	四六	四
	緯	北	七五	〇六	五〇	北	七八	三二	二六	減		一〇	四二	
爟西增一	經	未	二三	四九	一一	未	二六	三三	二五	加		五五	二九	六
	緯	北	四	二七	一五	北	二五	四五	五一	減		九	一四	

（續表）

黃道鶉首宮恒星		黃道 宮	黃道 度	黃道 分	黃道 秒	赤道 宮	赤道 度	赤道 分	赤道 秒	赤道歲差	赤道歲差 分	赤道歲差 秒	赤道歲差 微	星等
上台西增四	經	未	二三	五八	三八	午	一	一八	一一	加	一	〇三	二三	五
	緯	北	二三	〇四	二二	北	四四	五八	四九	減		一〇	四三	
内階内增十	經	未	二三	五九	三〇	午	一二	二二	三一	加	一	一七	四九	五
	緯	北	四四	三二	五七	北	六四	三二	一三	減		一三	五二	
水位内增十	經	未	二四	〇七	二三	未	二四	三二	四六	加		五一	〇五	五
	緯	南	八	一五	一七	北	一三	一二	三五	減		八	三五	
老人東增一	經	未	二四	一二	三八	未	一〇	五四	二六	加		二一	四五	三
	緯	南	七二	五一	一四	南	五〇	一七	一八	加		三	五四	
水位北增九	經	未	二四	三四	一三	未	二五	三五	三四	加		五二	〇八	六
	緯	南	四	五二	四六	北	六	二六	三七	減		八	五四	
爟西增四	經	未	二四	五二	四六	未	二八	一六	二七	加		五六	一八	六
	緯	北	七	〇八	〇一	北	二八	一二	一二	減		九	四六	
水位北增七	經	未	二五	〇九	四六	未	二六	三〇	三一	加		五三	三七	六
	緯	南	三	一二	三五	北	一七	五九	〇二	減		九	一三	
陰德二	經	未	二五	一八	二八	巳	三	五一	一八	加	一	二九	一二	五
	緯	北	五七	一四	三〇	北	七五	〇四	一四	減		一八	三〇	
爟四	經	未	二五	二〇	一七	未	二九	一八	一六	加		五七	〇五	五
	緯	北	九	二七	二二	北	三〇	二三	三五	減		一〇	〇五	
水位北增八	經	未	二五	三〇	三〇	未	二六	四三	〇〇	加		五二	一九	六
	緯	南	四	〇〇	二一	北	一七	〇八	一九	減		九	一七	
爟内增五	經	未	二五	三二	二三	未	二八	四〇	一一	加		五五	三七	六
	緯	北	五	三六	〇四	北	二六	三四	二五	減		九	五四	

（續表）

黃道鶉首宮恒星		黃道宮	黃道度	黃道分	黃道秒	赤道宮	赤道度	赤道分	赤道秒	赤道歲差加減	赤道歲差分	赤道歲差秒	赤道歲差微	星等
爟一	經	未	二五	三九	四九	未	二八	四四	三四	加		五五	三〇	四
	緯	北	五	一八	四四	北	二六	一五	五九	減		九	五五	
内階二	經	未	二五	四一	一八	午	一三	二七	一三	加	一	一四	三八	五
	緯	北	四二	四八	〇〇	北	六二	二七	一八	減		一四	〇八	
闕邱東增七	經	未	二五	四一	五二	未	二二	一三	四〇	加		四三	四七	六
	緯	南	三〇	二九	二七	南	八	五八	二二	加		七	四八	
大理一	經	未	二五	五二	三八	巳	二九	五三	一〇	加		四六	二〇	五
	緯	北	六四	一二	〇五	北	七九	〇三	〇一	減		二〇	一八	
水位北增六	經	未	二五	五四	二六	未	二八	一〇	一八	加		五四	〇三	五
	緯	北	一	一九	一三	北	二二	一八	〇四	減		九	四四	
弧矢二	經	未	二五	五七	一六	未	一八	二七	五六	加		三六	一〇	二
	緯	南	五〇	三八	五六	南	二八	四九	〇九	加		六	三二	
南河東增六	經	未	二六	〇四	四七	未	二四	三六	一〇	加		四七	三一	五
	緯	南	一八	五三	〇〇	北	二	二三	四六	減		八	三四	
弧矢九	經	未	二六	四七	一九	未	一七	〇二	五一	加		三二	二〇	三
	緯	南	五八	三一	五五	南	三六	三七	三六	加		六	〇三	
三師二	經	未	二六	四九	〇七	午	二五	二六	〇三	加	一	一八	〇四	六
	緯	北	五一	五二	一七	北	七〇	一三	四一	減		一六	五三	
勾陳東增九	經	未	二七	〇三	二二	寅	五	五三	三九	減		二八	五二	五
	緯	北	七七	四四	一五	北	七六	一九	〇四	減		八	二四	
水位三	經	未	二七	〇三	三四	未	二七	四二	一三	加		五一	一〇	五
	緯	南	七	〇五	三〇	北	一三	四九	二二	減		九	三六	

（續表）

黃道鶉首宮恒星		黃道宮	黃道度	黃道分	黃道秒	赤道宮	赤道度	赤道分	赤道秒	赤道歲差	赤道歲差分	赤道歲差秒	赤道歲差微	星等
勾陳東增七	經	未	二七	○七	二六	卯	二四	四八	五三	減		三○	三○	五
	緯	北	七四	四五	四八	北	七七	五九	五五	減		一一	四七	
内階四	經	未	二七	一三	一○	午	一七	四四	五七	加	一	一四	二八	四
	緯	北	四五	○七	○四	北	六四	○八	五三	減		一五	一一	
勾陳東增八	經	未	二七	一四	二八	寅	四	四一	二一	減		二九	一○	五
	緯	北	七七	二四	一五	北	七六	二九	五三	減		八	四六	
爟内增六	經	未	二七	二三	○三	午	一	○六	二九	加		五五	五八	六
	緯	北	七	二七	三三	北	二八	○一	三九	減		一○	三八	
南河東增七	經	未	二七	四二	三○	未	二六	一五	五二	加		四七	四○	六
	緯	南	一八	○六	一○	北	二	五三	○七	減		九	○七	
水位四	經	未	二七	四五	二三	未	二九	二一	五九	加		五二	三七	五
	緯	南	二	一七	五二	北	一八	二三	四四	減		一○	○六	
水位東增十一	經	未	二七	四六	四二	未	一八	三三	三四	加		五一	一七	六
	緯	南	六	二四	三五	北	一四	二一	二六	減		九	五○	
大理二	經	未	二七	五三	三八	辰	一	四○	五三	加		四三	二○	五
	緯	北	六四	一二	○五	北	七八	一四	四九	減		二○	一九	
軒轅西增八	經	未	二八	一○	二六	午	四	三二	三六	加		五九	二三	六
	緯	北	一七	○六	二四	北	三七	一五	五八	減		一二	四○	
弧矢北增八	經	未	二八	一一	二六	未	二三	二五	一八	加		四三	○六	六
	緯	南	三五	一八	○二	南	一四	○五	○八	加		八	一二	
爟二	經	未	二八	一四	三三	午	一	一九	○六	加		五四	四三	六
	緯	北	四	二○	三三	北	二四	四八	○七	減		一○	四二	

（續表）

黄道鶉首宫恒星		黄道宫	黄道度	黄道分	黄道秒	赤道宫	赤道度	赤道分	赤道秒	赤道歲差	赤道歲差分	赤道歲差秒	赤道歲差微	星等
弧矢北增十	經	未	二八	一七	二六	未	二三	五八	五三	加		四二	五四	六
	緯	南	三二	五四	○五	南	一一	四四	五一	加		八	二三	
弧矢北增九	經	未	二八	一七	四○	未	二三	三二	一四	加		四二	○七	六
	緯	南	三五	○九	一三	南	一三	五七	二八	加		八	一四	
内階六	經	未	二八	三三	四○	午	一四	一一	○一	加	一	○九	三五	五
	緯	北	三八	三五	○八	北	五七	四七	一七	減		一四	一九	
爟三	經	未	二八	三七	二八	午	二	四二	二四	加		五六	○四	六
	緯	北	八	二五	四三	北	二八	四二	五○	減		一一	○七	
南河東增八	經	未	二八	四○	○七	未	二七	一三	○七	加		四七	四一	四
	緯	南	一七	四八	二七	北	三	○○	一二	減		九	二六	
爟東增七	經	未	二八	五二	一三	午	二	五九	○五	加		五六	○一	六
	緯	北	八	二七	三一	北	二八	四一	二五	減		一一	一三	
文昌北增一	經	未	二八	五三	○○	午	二一	二九	三三	加	一	一三	一○	五
	緯	北	四六	二五	一七	北	六四	四九	○○	減		一六	○二	
爟東增八	經	未	二八	五五	三三	午	二	四八	二七	加		五五	四一	六
	緯	北	七	三○	○○	北	二七	四四	三四	減		一一	○八	
后宫	經	未	二九	○八	二四	卯	三	三七	二二	減		八	五六	五
	緯	北	七○	二九	三八	北	七八	四四	二四	減		一六	五七	
南河東增九	經	未	二九	一四	四四	未	二七	○二	三五	加		四六	三二	五
	緯	南	二一	二八	四二	南	○	四二	一三	加		九	二一	
上台一	經	未	二九	一五	四九	午	一○	二五	○九	加	一	○四	二三	四
	緯	北	二九	三四	三二	北	四九	○一	四○	減		一三	二○	

（續表）

黃道鶉首宮恒星		黃道宮	黃道度	黃道分	黃道秒	赤道宮	赤道度	赤道分	赤道秒	赤道歲差	赤道歲差分	赤道歲差秒	赤道歲差微	星等
上台南增五	經	未	二九	二二	二○	午	八	三九	二一	加	一	○二	一七	六
	緯	北	二五	○一	五五	北	四四	三八	四四	減		一二	五○	
南河東增十	經	未	二九	二四	○八	未	二六	四三	五五	加		四五	四八	五
	緯	南	二三	四七	五○	南	三	○○	二二	加		九	一五	
爟東增九	經	未	二九	二九	一八	午	二	五一	一一	加		五四	四八	六
	緯	北	五	一○	三六	北	二五	二一	二二	減		一一	一○	
文昌五	經	未	二九	三二	五○	午	一二	四○	四一	加	一	○六	○四	五
	緯	北	三三	二五	五六	北	五二	三七	○九	減		一三	五五	
勾陳東增十	經	未	二九	三六	四五	寅	四	五二	○一	減		二五	三三	六
	緯	北	七七	五○	五五	北	七五	四九	二八	減		八	四二	
文昌六	經	未	二九	四三	○三	午	一四	二三	五三	加	一	○七	一六	五
	緯	北	三六	○四	二五	北	五五	○三	四四	減		一四	二二	
弧矢六	經	未	二九	五四	五八	未	二二	○五	四二	加		三七	三○	三
	緯	南	四七	二四	五三	南	二六	一二	一五	加		七	四五	

清·戴進賢《儀象考成》卷九《恒星黃道經緯度表八》黃道鶉火宮赤道度附

黃道鶉火宮恒星		黃道宮	黃道度	黃道分	黃道秒	赤道宮	赤道度	赤道分	赤道秒	赤道歲差	赤道歲差分	赤道歲差秒	赤道歲差微	星等
爟東增十	經	午	○	○○	四○	午	三	二○	四九	加		五四	三六	六
	緯	北	四	五三	四五	北	二四	五七	五六	減		一一	一八	
文昌一	經	午	○	○四	一三	午	二三	五四	二九	加	一	一一	三八	五
	緯	北	四六	○九	二三	北	六四	一二	二五	減		一六	二○	

（續表）

黄道鶉火宫恒星		黄道宫	黄道度	黄道分	黄道秒	赤道宫	赤道度	赤道分	赤道秒	赤道歲差	赤道歲差分	赤道歲差秒	赤道歲差微	星等
弧矢北增十一	經	午	○	一一	○五	未	二五	○七	一二	加		四二	○七	六
	緯	南	三五	○三	一○	南	一四	一○	一○	加		八	四三	
弧矢北增十二	經	午	○	一一	一八	未	二四	三五	一一	加		四一	一五	五
	緯	南	三七	三三	二五	南	一六	三六	一一	加		八	三四	
鬼宿西增二	經	午	○	一二	○六	午	二	○九	五○	加		五二	四一	六
	緯	南	一	○二	三九	北	一九	○七	二八	減		一○	五六	
軒轅西增十	經	午	○	一八	○四	午	五	五七	五三	加		五七	三一	六
	緯	北	一三	三七	○五	北	三三	二三	二○	減		一二	○四	
軒轅西增九	經	午	○	一九	二○	午	六	○三	三○	加		五七	三六	六
	緯	北	一三	五一	三一	北	三三	三七	○二	減		一二	○五	
上台二	經	午	○	二一	五八	午	一一	三一	二八	加	一	○三	三三	四
	緯	北	二八	五七	一○	北	四八	○八	四三	減		一三	三六	
爟東增十一	經	午	○	四○	○六	午	四	○四	三二	加		五四	三二	六
	緯	北	四	五九	四八	北	二四	五五	○七	減		一一	三二	
柳宿西增十	經	午	○	四一	一九	午	○	三九	○○	加		四九	四八	四
	緯	南	一○	一九	○六	北	九	五七	一三	減		一○	一九	
鬼宿南增三	經	午	一	○五	二四	午	二	四九	五八	加		五二	一四	六
	緯	南	二	○七	五一	北	一七	五二	二三	減		一一	○九	
大理東增一	經	午	一	○五	五三	辰	一	四二	○○	加		三三	四○	六
	緯	北	六三	三一	三○	北	七六	四一	二三	減		二○	二八	
文昌内增三	經	午	一	二○	三八	午	一六	五二	○五	加	一	○六	二五	六
	緯	北	三六	三六	二五	北	五五	○五	五一	減		一四	五七	

（續表）

黄道鶉火宫恒星		黄道宫	黄道度	黄道分	黄道秒	赤道宫	赤道度	赤道分	赤道秒	赤道歲差	赤道歲差分	赤道歲差秒	赤道歲差微	星等
弧矢内增十八	經	午	一	二三	○一	未	二三	二○	二九	加		三七	四五	六
	緯	南	四六	四五	五○	南	二五	四七	四六	加		八	○九	
外厨西增一	經	午	一	三四	三三	未	二八	五五	三九	加		四六	○三	六
	緯	南	二三	三七	三五	南	二	一五	四九	加		九	五七	
軒轅一	經	午	一	四三	二三	午	一○	五八	五五	加	一	○○	四八	四
	緯	北	二三	四一	四七	北	四二	四五	四九	減		一三	二七	
文昌南增五	經	午	一	四六	一五	午	一五	四三	一一	加	一	○四	五三	六
	緯	北	三三	四五	一一	北	五二	一八	一五	減		一四	四一	
鬼宿二	經	午	一	五○	二九	午	四	二八	二○	加		五三	一○	五
	緯	北	一	三二	三三	北	二一	一七	二三	減		一一	三八	
軒轅西增十一	經	午	一	五六	四九	午	七	二三	三四	加		五六	三八	六
	緯	北	一二	一○	四六	北	三一	三六	○七	減		一二	二八	
柳宿西增九	經	午	二	○五	一一	午	二	二四	二四	加		五○	一三	六
	緯	南	八	三一	三二	北	一一	二四	五三	減		一一	○一	
鬼宿一	經	午	二	○九	四四	午	四	一四	四一	加		五二	二九	五
	緯	南	○	四七	四六	北	一八	五六	二○	減		一一	三五	
天樞西增一	經	午	二	一二	五六	午	二九	四八	三六	加	一	○九	三三	五
	緯	北	四九	二七	一八	北	六六	二一	五一	減		一七	四一	
弧矢内增十九	經	午	二	一九	二三	未	二三	二三	○四	加		三六	四一	四
	緯	南	四九	一四	五八	南	二八	二一	三四	加		八	一○	
鬼宿南增五	經	午	二	一九	五八	午	三	○七	五一	加		五○	四九	六
	緯	南	六	二三	一六	北	一三	二七	五二	減		一一	一三	

（續表）

黃道鶉火宮恒星		黃道宮	黃道度	黃道分	黃道秒	赤道宮	赤道度	赤道分	赤道秒		赤道歲差分	赤道歲差秒	赤道歲差微	星等
鬼宿南增四	經	午	二	二四	二四	午	三	三四	一八	加		五一	一六	六
	緯	南	四	四五	二六	北	一五	○一	二二	減		一一	二二	
弧矢北增十七	經	午	二	二九	一四	未	二四	三七	二七	加		三八	二六	五
	緯	南	四四	五八	四九	南	二四	一四	二四	加		八	三四	
弧矢五	經	午	二	三一	一三	未	二四	二二	一四	加		三八	○一	四
	緯	南	四六	○三	○八	南	二五	一七	一七	加		八	二九	
鬼宿內增一	經	午	二	三八	一九	午	五	○八	一七	加		五二	五五	六
	緯	北	○	五二	○一	北	二○	二七	○二	減		一一	五○	
文昌二	經	午	二	四一	四九	午	二三	一七	○一	加	一	○○	○五	四
	緯	北	四二	三九	○六	北	六○	一二	一二	減		一四	三三	
軒轅西增二十二	經	午	二	四五	五三	午	七	四六	五四	加		五五	五○	五
	緯	北	一○	二三	四○	北	二九	四○	二七	減		一二	三五	
文昌南增六	經	午	二	四九	四五	午	一六	一四	四三	加	一	○三	四○	六
	緯	北	三二	一六	一六	北	五○	三六	二九	減		一四	四八	
軒轅西增七	經	午	二	五七	四四	午	九	一○	○一	加		五七	○四	六
	緯	北	一四	一八	三三	北	三三	二四	四二	減		一二	五九	
文昌內增二	經	午	三	○七	○七	午	二三	○三	四二	加	一	○六	三九	五
	緯	北	四○	三九	三○	北	五八	一七	四二	減		一六	○九	
天樞西增二	經	午	三	二○	二四	巳	二	五三	二三	加	一	○七	五五	六
	緯	北	五○	三五	○五	北	六六	五五	○七	減		一八	一一	
積尸	經	午	三	三八	一○	午	六	二○	一五	加		五二	五七	氣
	緯	北	一	三一	一八	北	二○	五一	一八	減		一二	一○	

（續　表）

黃道鶉火宮恒星		黃道 宮	黃道 度	黃道 分	黃道 秒	赤道 宮	赤道 度	赤道 分	赤道 秒	赤道歲差	赤道歲差 分	赤道歲差 秒	赤道歲差 微	星等
積尸北增一	經	午	三	三八	五三	午	六	二一	四四	加		五二	五六	氣
	緯	北	一	三四	一〇	北	二〇	五三	五五	減		一二	一一	
上台東增六	經	午	三	四三	四五	午	一四	一五	一三	加	一	〇〇	四七	五
	緯	北	二五	四九	三六	北	四四	一五	二三	減		一四	一八	
軒轅西增六	經	午	三	四四	三五	午	一〇	一五	三三	加		五七	〇五	五
	緯	北	一四	五九	四一	北	三三	五二	二七	減		一三	一六	
文昌四	經	午	三	四五	二二	午	一八	五六	〇二	加	一	〇三	五六	三
	緯	北	三四	五六	二二	北	五二	四九	五二	減		一五	二一	
積尸東增二	經	午	三	五〇	〇九	午	六	二九	三〇	加		五二	五三	氣
	緯	北	一	一八	三七	北	二〇	三六	〇八	減		一二	〇三	
積尸南增三	經	午	三	五〇	二五	午	六	二六	四五	加		五二	四二	氣
	緯	北	一	〇六	二二	北	二〇	二四	一一	減		一二	一二	
軒轅西增十二	經	午	三	五一	一二	午	九	三七	四七	加		五六	一七	五
	緯	北	一二	三五	三四	北	三一	三一	四四	減		一三	〇六	
文昌內增四	經	午	三	五一	一六	午	一九	一九	二二	加	一	〇四	一三	五
	緯	北	三五	二二	一八	北	五三	一二	一四	減		一五	三二	
軒轅二	經	午	三	五六	一五	午	一二	三〇	一五	加		五八	五七	四
	緯	北	二〇	五〇	五三	北	三九	二六	五一	減		一三	五二	
鬼宿三	經	午	三	五八	〇〇	午	七	〇六	一一	加		五三	二三	四
	緯	北	三	〇九	四一	北	二二	二三	〇七	減		一二	二三	
弧矢北增十五	經	午	四	〇五	四三	未	二六	二七	五二	加		一九	二〇	四
	緯	南	四二	三六	四〇	南	二三	一二	五四	加		九	一〇	

（續表）

黄道鶉火宫恒星	黄道經宫	黄道經度	黄道經分	黄道經秒	黄道緯宫	黄道緯度	黄道緯分	黄道緯秒	赤道經宫	赤道經度	赤道經分	赤道經秒	赤道緯宫	赤道緯度	赤道緯分	赤道緯秒	赤道歲差經加減	赤道歲差經分	赤道歲差經秒	赤道歲差經微	赤道歲差緯加減	赤道歲差緯分	赤道歲差緯秒	赤道歲差緯微	星等
軒轅西增二十一	午	四	〇八	〇二	北	一〇	一五	一二	午	九	一四	一五	北	二九	一一	五三	加		五五	二九	減		一三	〇〇	六
軒轅西增二十	午	四	一一	〇一	北	一〇	二一	四七	午	九	一九	二七	北	二九	一七	二九	加		五五	二九	減		一三	〇一	六
庶子北增一	午	四	一一	五〇	北	七三	〇六	三四	卯	一四	三四	二二	北	七六	四四	五一	減		一三	〇三	減		一四	二九	六
柳宿西增八	午	四	三三	〇一	南	八	三一	五〇	午	四	三九	四八	北	一〇	五四	一五	加		四九	五七	減		一一	四〇	六
軒轅西增五	午	四	二五	五〇	北	一四	四〇	四六	午	一〇	五五	三六	北	三三	二三	三二	加		五六	四七	減		一三	二六	六
軒轅西增十九	午	四	二六	〇一	北	一〇	二四	三四	午	九	三六	三六	北	二九	一六	二二	加		五五	二八	減		一三	〇四	六
外厨南增十五	午	四	四一	一九	南	三二	三〇	一七	未	二九	二六	五一	南	一二	三〇	二〇	加		四二	五一	加		一〇	〇六	六
軒轅西增十三	午	四	四四	四二	北	一二	二九	〇一	午	一〇	三四	四七	北	三一	一一	三九	加		五六	〇一	減		一三	一八	六
庶子	午	四	四六	〇九	北	七一	二五	二〇	卯	七	〇九	一九	北	七六	四九	二三	減		四	五七	減		一六	一二	四
天樞西增三	午	四	五一	二一	北	五一	二四	三二	巳	六	〇五	四九	北	六七	〇三	〇〇	加	一	〇五	三九	減		一八	四〇	五
軒轅西增四	午	四	五二	二一	北	一四	三七	四六	午	一一	二四	四六	北	三三	一三	四二	加		五六	〇三	減		一三	三五	六

（續 表）

黃道鶉火宮恒星		黃道 宮	黃道 度	黃道 分	黃道 秒	赤道 宮	赤道 度	赤道 分	赤道 秒	赤道歲差	赤道歲差 分	赤道歲差 秒	赤道歲差 微	星等
弧矢北增十六	經	午	四	五五	二四	未	二七	〇一	四七	加		三九	一三	六
	緯	南	四二	五三	一〇	南	三三	三七	五〇	加		九	二〇	
軒轅西增十八	經	午	四	五五	五一	午	一〇	〇四	一五	加		五五	一五	六
	緯	北	一〇	〇八	二四	北	二八	五三	〇八	減		一三	一二	
外厨南增十六	經	午	五	〇〇	四七	未	二九	四八	五五	加		四二	五七	四
	緯	南	三二	〇六	二七	南	一二	一一	〇〇	加		一〇	一二	
外厨南增十四	經	午	五	〇七	五二	未	二九	四二	一二	加		四二	四〇	六
	緯	南	三二	五九	一〇	南	一三	〇三	三八	加		一〇	一二	
鬼宿四	經	午	五	〇八	四〇	午	七	三一	二六	加		五二	一七	四
	緯	北	〇	〇三	四六	北	一九	〇四	三九	減		一二	三〇	
弧矢南增二十四	經	午	五	一二	五七	未	二〇	一八	〇七	加		二九	〇八	三
	緯	南	六三	四七	三一	南	四二	四六	一八	加		七	〇八	
弧矢北增十四	經	午	五	一九	二四	未	二八	二〇	三二	加		四〇	三六	六
	緯	南	三九	〇四	四五	南	一九	〇〇	五〇	加		九	四五	
弧矢南增二十	經	午	五	三二	〇六	未	二三	三七	一二	加		三三	一六	三
	緯	南	五八	二五	五〇	南	三七	四二	三九	加		七	五四	
柳宿西增七	經	午	五	三四	二七	午	五	四八	〇二	加		四九	四七	六
	緯	南	八	三九	〇一	北	一〇	三〇	五〇	減		一一	五九	
上台東增七	經	午	五	三六	五九	午	一七	五八	〇九	加	一	〇一	〇〇	六
	緯	北	二八	五八	四〇	北	四六	四一	四七	減		一五	一三	
文昌三	經	午	五	四五	一七	午	二三	三七	四六	加	一	〇三	五一	五
	緯	北	三八	一四	一〇	北	五五	一五	〇〇	減		一六	二九	

（續 表）

黄道鶉火宫恒星		黄道宫	黄道度	黄道分	黄道秒	赤道宫	赤道度	赤道分	赤道秒	赤道歲差	赤道歲差分	赤道歲差秒	赤道歲差微	星等
柳宿西增六	經	午	五	四九	三〇	午	六	〇二	二七	加		四九	四六	六
	緯	南	八	四〇	〇四	北	一〇	二六	一九	減		一二	〇五	
外厨西增二	經	午	五	五八	二九	午	二	五六	三二	加		四五	五二	四
	緯	南	一二	二四	三二	南	二	五七	〇九	加		一一	一〇	
鬼宿南增六	經	午	六	一四	四六	午	七	一六	一五	加		五〇	三七	六
	緯	南	五	二〇	三六	北	一三	三三	五七	減		一二	二五	
軒轅西增十七	經	午	六	一五	三七	午	一一	三七	一四	加		五五	〇三	六
	緯	北	一〇	三〇	〇五	北	二八	五三	一五	減		一三	三七	
外厨西增三	經	午	六	一七	二二	午	三	一二	二八	加		四五	五〇	六
	緯	南	二二	二八	五八	南	三	〇五	三四	加		一一	一五	
弧矢北增十三	經	午	六	二四	〇六	未	二九	二三	四二	加		四〇	五〇	五
	緯	南	三八	二〇	四〇	南	一八	三〇	三三	加		一〇	〇五	
外厨南增十三	經	午	六	二九	四〇	午	〇	二四	〇八	加		四二	〇四	五
	緯	南	三四	四四	一〇	南	二五	〇一	五三	加		一〇	二四	
外厨一	經	午	六	三二	〇九	午	三	二四	三五	加		四五	四九	四
	緯	南	二三	三〇	一〇	南	三	〇九	四五	加		一一	一八	
上輔	經	午	六	四三	三〇	巳	一八	五九	〇八	加		五七	一八	三
	緯	北	五七	一三	〇三	北	七〇	四四	二〇	減		一九	五四	
柳宿一	經	午	六	四四	〇三	午	六	〇〇	四四	加		四八	三八	四
	緯	南	一二	二五	三七	北	六	三四	二八	減		一二	〇三	
軒轅西增十六	經	午	六	四五	四〇	午	一二	一二	〇六	加		五四	五九	六
	緯	北	一〇	三七	四八	北	二八	五二	四二	減		一三	四七	

（續 表）

黃道鶉火宮恒星		黃道				赤道				赤道歲差				星等
		宮	度	分	秒	宮	度	分	秒		分	秒	微	
軒轅三	經	午	六	五八	一〇	午	一五	四一	〇六	加		五七	四〇	四
	緯	北	二〇	〇四	二〇	北	三七	五一	五六	減		一四	三九	
軒轅西增三	經	午	六	五九	二八	午	一四	五一	三〇	加		五六	五九	六
	緯	北	一七	四七	四一	北	三五	四一	一一	減		一四	二七	
軒轅西增十四	經	午	七	〇三	一四	午	一三	〇八	〇六	加		五五	二八	六
	緯	北	一二	三四	〇六	北	三〇	三九	四四	減		一四	〇一	
上輔東增一	經	午	七	一三	二〇	巳	二〇	一一	〇七	加		五六	〇六	六
	緯	北	五七	三〇	三〇	北	七〇	四四	四三	減		二〇	〇四	
鬼宿東增九	經	午	七	一二	〇〇	午	九	一〇	四九	加		五一	三一	六
	緯	南	一	三七	一五	北	一六	五六	一六	減		一二	五七	
鬼宿南增七	經	午	七	一六	三七	午	八	一二	五六	加		五〇	二五	六
	緯	南	五	三八	五八	北	一三	〇一	〇三	減		一二	四一	
柳宿北增五	經	午	七	一七	三二	午	七	四一	五三	加		四九	五一	六
	緯	南	七	四四	五八	北	一〇	五八	四七	減		一二	三四	
弧矢三	經	午	七	二〇	三四	未	二四	〇一	五五	加		三三	三八	四
	緯	南	五七	四四	〇五	南	三七	一九	五四	加		八	二三	
鬼宿東增八	經	午	七	二二	一〇	午	九	一〇	四九	加		五一	一九	六
	緯	南	二	一六	一六	北	一六	一五	五七	減		一二	五七	
弧矢四	經	午	七	二二	五〇	未	二六	五二	〇四	加		三六	二七	六
	緯	南	四九	四〇	四七	南	二九	三七	五〇	加		九	一七	
軒轅西增二十三	經	午	七	二七	一二	午	一一	五四	四七	加		五三	五二	六
	緯	北	七	一四	三九	北	二五	二六	〇一	減		一三	四二	

（續表）

黃道鶉火宮恒星		黃道宮	黃道度	黃道分	黃道秒	赤道宮	赤道度	赤道分	赤道秒	赤道歲差加減	赤道歲差分	赤道歲差秒	赤道歲差微	星等
外厨六	經	午	七	三〇	〇四	午	五	二七	一二	加		四七	〇六	六
	緯	南	一七	四三	〇八	北	一	一五	三七	減		一一	五四	
柳宿二	經	午	七	三八	一四	午	六	一九	五三	加		四七	五七	五
	緯	南	一四	三八	〇五	北	四	一三	一二	減		一二	〇九	
外厨南增十二	經	午	七	五〇	三一	午	一	三七	三四	加		四二	一〇	三
	緯	南	三四	一八	二四	南	一四	五三	三三	加		一〇	四六	
庶子南增二	經	午	七	五四	〇四	卯	一	二八	〇七	加		五	一三	六
	緯	北	七〇	〇四	五四	北	七五	四七	四八	減		一七	二一	
外厨南增十一	經	午	八	〇五	〇〇	午	一	三九	二一	加		四一	五七	六
	緯	南	三四	五七	〇〇	南	一五	三三	五三	加		一〇	四七	
軒轅西增十五	經	午	八	〇八	五八	午	一三	二五	二五	加		五四	二六	六
	緯	北	九	四六	〇二	北	二七	四〇	二三	減		一四	〇六	
外厨南增十七	經	午	八	一五	〇六	午	二	四二	〇四	加		四三	〇三	六
	緯	南	三一	二九	一七	南	一三	一五	〇七	加		一一	〇五	
軒轅四	經	午	八	一六	一〇	午	一六	二〇	一一	加		五六	三八	四
	緯	北	一七	五六	〇〇	北	三五	二七	一七	減		一四	四九	
柳宿内增一	經	午	八	三二	四九	午	七	五一	一二	加		四八	三五	五
	緯	南	一一	五八	一三	北	六	三四	五〇	減		一二	三四	
文昌東增七	經	午	八	三五	五八	午	二四	四一	四六	加	一	〇一	〇二	六
	緯	北	三四	三六	四〇	北	五一	〇〇	四〇	減		一六	四一	
柳宿三	經	午	八	四四	一二	午	七	二七	〇八	加		四七	五七	四
	緯	南	一四	一七	一〇	北	四	一七	四二	減		一二	二九	

（續表）

黃道鶉火宮恒星		黃道宮	黃道度	黃道分	黃道秒	赤道宮	赤道度	赤道分	赤道秒	赤道歲差	赤道歲差分	赤道歲差秒	赤道歲差微	星等
柳宿五	經	午	八	四六	五二	午	八	一七	二二	加		四八	四七	四
	緯	南	一一	○七	五九	北	七	二○	一一	減		一二	四三	
鬼宿東增十	經	午	八	四七	五六	午	一○	四三	一六	加		五一	一二	六
	緯	南	一	五三	一六	北	一六	一六	一四	減		一三	二二	
鬼宿東增十一	經	午	八	四八	五一	午	一○	四八	四○	加		五一	一七	六
	緯	南	一	三六	四五	北	一六	三一	五七	減		一三	二四	
尚書西增一	經	午	八	五八	三三	寅	二四	三二	○○	減		五	二九	四
	緯	北	八六	五二	一○	北	六八	五一	四九	減		一	五七	
文昌東增八	經	午	九	○五	三三	午	二六	○四	一○	加		五九	五○	六
	緯	北	三五	五○	○六	北	五二	二一	五○	減		一六	二一	
柳宿四	經	午	九	二○	○四	午	八	四二	一三	加		四八	三六	五
	緯	南	一一	三五	○○	北	六	四五	四八	減		一二	四九	
鬼宿東增十二	經	午	九	二一	四一	午	一一	五○	四二	加		五一	三九	六
	緯	北	○	○七	五六	北	一八	○四	一八	減		一三	四○	
外厨五	經	午	九	三一	一七	午	七	三二	五九	加		四七	一三	六
	緯	南	一六	四八	一五	北	一	四○	○三	減		一二	二九	
柳宿北增四	經	午	九	三一	三三	午	一○	二八	二一	加		五○	一一	四
	緯	南	五	三○	三二	北	一二	三五	○七	減		一三	一七	
内平西增四	經	午	九	三七	○○	午	二○	三四	五一	加		五七	五八	六
	緯	北	二四	三五	四三	北	四一	二一	五二	減		一五	四九	
軒轅西增二十四	經	午	九	三七	四五	午	一三	三八	二九	加		五二	五七	五
	緯	北	五	一三	二四	北	一三	○三	三八	減		一四	○九	

（續表）

黄道鶉火宫恒星		黄道宫	黄道度	黄道分	黄道秒	赤道宫	赤道度	赤道分	赤道秒	赤道歲差	赤道歲差分	赤道歲差秒	赤道歲差微	星等
帝	經	午	九	四〇	〇八	卯	一二	五九	五八	減		五	一〇	二
	緯	北	七二	五八	二六	北	七五	一一	三三	減		一四	五二	
鬼宿東增十三	經	午	一〇	〇二	四〇	午	一二	四一	一一	加		五一	四〇	六
	緯	北	〇	三九	三一	北	一八	二三	四四	減		一三	五三	
外厨南增四	經	午	一〇	〇二	五二	午	六	四三	四四	加		四四	四二	六
	緯	南	二五	四六	〇六	南	七	〇七	二七	加		一一	五九	
柳宿北增三	經	午	一〇	〇三	三四	午	一一	〇六	二一	加		五〇	一八	四
	緯	南	五	〇六	二七	北	一二	五〇	〇四	減		一三	三〇	
内平西增五	經	午	一〇	〇三	五七	午	一九	二二	二八	加		五六	四六	六
	緯	北	二〇	三五	三七	北	三七	二七	〇二	減		一五	三一	
軒轅北增一	經	午	一〇	一〇	一七	午	一八	五八	五九	加		五六	二五	五
	緯	北	一九	一九	三〇	北	三六	一三	〇二	減		一五	二六	
内平西增六	經	午	一〇	一三	三三	午	一九	三六	〇一	加		五六	四六	四
	緯	北	二〇	四二	四〇	北	三七	三〇	四九	減		一五	三五	
庶子北增三	經	午	一〇	二四	二〇	卯	一六	四九	三一	減		七	三三	六
	緯	北	七三	五九	四四	北	七四	五一	三三	減		一三	五五	
弧矢東增二十一	經	午	一〇	三〇	一二	未	二五	五四	三九	加		三二	二四	五
	緯	南	五八	〇四	二七	南	三八	一一	〇八	加		八	五八	
内平西增三	經	午	一〇	三〇	五六	午	二一	三一	〇三	加		五七	三四	六
	緯	北	二四	二四	三〇	北	四〇	五四	三六	減		一六	〇〇	
軒轅内增二	經	午	一〇	三〇	五七	午	一八	四八	三四	加		五五	五六	六
	緯	北	一七	五四	〇六	北	三四	四五	五〇	減		一五	二五	

（續表）

黃道鶉火宮恒星		黃道 宮	黃道 度	黃道 分	黃道 秒	赤道 宮	赤道 度	赤道 分	赤道 秒	赤道歲差	赤道歲差 分	赤道歲差 秒	赤道歲差 微	星等
內平西增七	經	午	一〇	四七	一二	午	二〇	〇三	一六	加		五六	二七	六
	緯	北	二〇	一七	四〇	北	三六	五六	五五	減		一五	四一	
鬼宿東增十四	經	午	一〇	五六	一五	午	一三	四一	四〇	加		五一	三七	六
	緯	北	一	〇〇	五四	北	一八	二九	四三	減		一四	〇九	
天璇西增二	經	午	一〇	五七	四二	巳	四	三七	一〇	加	一	〇〇	三六	五
	緯	北	四三	四五	三六	北	五八	二三	四四	減		一八	二六	
天璇西增一	經	午	一一	〇〇	〇六	巳	三	三〇	一五	加	一	〇〇	三六	五
	緯	北	四二	三〇	〇〇	北	五七	一七	〇一	減		一八	一六	
柳宿六	經	午	一一	〇〇	一八	午	一〇	二六	五六	加		四八	三七	四
	緯	南	一二	〇〇	〇三	北	六	五四	〇七	減		一三	一七	
鬼宿東增十八	經	午	一二	〇五	二〇	午	一三	二二	〇九	加		五一	〇三	六
	緯	南	一	一三	四五	北	一六	一七	四三	減		一四	〇一	
內平西增八	經	午	一一	一三	一五	午	二〇	二四	〇四	加		五六	一三	五
	緯	北	一九	五七	五三	北	三六	三〇	一四	減		一五	四六	
上輔東增二	經	午	一一	二〇	二〇	巳	二一	四六	四二	加		五三	三三	六
	緯	北	五六	〇六	三〇	北	六八	〇九	〇八	減		二〇	〇八	
鬼宿東增十七	經	午	一一	二二	〇七	午	一三	一六	五八	加		五〇	五〇	六
	緯	南	一	五五	五二	北	一五	三二	三八	減		一四	〇三	
弧矢東增二十三	經	午	一一	三三	三一	未	二五	五一	四二	加		三一	二九	四
	緯	南	五九	四二	三八	南	三九	五四	三五	加		八	五七	
天樞	經	午	一一	三五	〇〇	巳	一一	五五	〇七	加		五八	四八	一
	緯	北	四九	四〇	〇五	北	六三	〇八	〇九	減		一九	二三	

（續表）

黃道鶉火宮恒星		黃道宮	黃道度	黃道分	黃道秒	赤道宮	赤道度	赤道分	赤道秒	赤道歲差	赤道歲差分	赤道歲差秒	赤道歲差微	星等
外厨内增五	經	午	一一	三八	三〇	午	七	二八	四六	加		四四	五九	六
	緯	南	二四	二七	〇〇	南	六	一三	五〇	加		一二	二九	
軒轅七	經	午	一二	四二	一八	午	一七	二四	三五	加		五三	四五	四
	緯	北	一〇	一三	五一	北	一七	一六	〇〇	減		一五	〇五	
軒轅西增二十五	經	午	一一	四五	四〇	午	一七	〇七	二三	加		五三	三〇	六
	緯	北	九	二一	五七	北	二六	一五	五七	減		一五	〇一	
天璇西增三	經	午	一一	五〇	五二	巳	八	四八	〇四	加		五九	二八	五
	緯	北	四六	四八	三〇	北	六〇	四〇	二八	減		一九	〇〇	
外厨二	經	午	一一	五八	〇三	午	七	四五	四三	加		四四	五九	三
	緯	南	二四	二八	一〇	南	六	一九	四四	加		一二	三二	
中台西增一	經	午	一二	〇二	二一	午	二五	五二	三一	加		五八	〇七	六
	緯	北	二九	四二	三四	北	四五	二一	五八	減		一六	五八	
外厨四	經	午	一二	一〇	一九	午	九	四四	五〇	加		四六	四五	六
	緯	南	一七	四五	〇〇	北	〇	〇五	四一	減		一三	〇六	
内平北增二	經	午	一三	一一	三三	午	二三	三七	一四	加		五七	〇一	六
	緯	北	二四	五三	一九	北	四〇	四八	五一	減		一六	二八	
天璇西增五	經	午	一二	一五	五四	巳	六	五一	〇五	加		五九	二九	六
	緯	北	四四	二八	一八	北	五八	三二	一〇	減		一八	四五	
外厨三	經	午	一二	一六	〇八	午	九	〇六	五五	加		四六	〇四	五
	緯	南	二〇	二六	一四	南	二	三一	〇七	加		一二	五六	
少尉北增一	經	午	一二	二〇	〇八	辰	五	五六	一五	加		四〇	一五	六
	緯	北	六一	五七	二〇	北	七一	二六	一四	減		二〇	一二	

（續表）

黃道鶉火宮恒星		黃道宮	黃道度	黃道分	黃道秒	赤道宮	赤道度	赤道分	赤道秒	赤道歲差加減	赤道歲差分	赤道歲差秒	赤道歲差微	星等
內平三	經	午	一二	二九	二七	午	二一	五一	三〇	加		五五	五〇	六
	緯	北	二〇	〇六	二五	北	三六	一四	三九	減		一六	〇五	
天璇西增四	經	午	一二	三四	二八	巳	七	三三	一八	加		五九	一二	六
	緯	北	四四	四八	五八	北	五八	四三	〇三	減		一八	五二	
柳宿北增二	經	午	一二	三五	四四	午	一三	二七	二九	加		四九	四七	四
	緯	南	五	三六	〇八	北	一一	四〇	三九	減		一四	〇四	
少尉	經	午	一二	三六	四〇	辰	五	三二	四七	加		四〇	四一	三
	緯	北	六一	四三	二〇	北	七一	一二	〇五	減		二〇	一三	
外厨南增八	經	午	一二	四三	〇二	午	六	五七	三四	加		四三	二六	六
	緯	南	二九	四四	四二	南	一一	三五	一三	加		一二	一九	
天璇西增六	經	午	一二	五〇	三六	巳	七	二六	五三	加		五九	〇一	六
	緯	北	四四	二三	二七	北	五八	一五	一六	減		一八	五〇	
軒轅五	經	午	一二	五四	〇〇	午	二一	二四	〇二	加		五五	二二	六
	緯	北	一七	五二	〇七	北	三四	〇〇	一三	減		一五	五八	
中台西增二	經	午	一三	〇三	四〇	午	二五	二九	一一	加		五七	〇四	五
	緯	北	二六	四三	二二	北	四二	一五	三〇	減		一六	五〇	
鬼宿東增十六	經	午	一三	〇四	四八	午	一五	五一	三九	加		五〇	〇一	六
	緯	北	〇	五八	四五	北	一七	五一	三四	減		一四	三三	
鬼宿東增十五	經	午	一三	〇五	五四	午	一六	〇九	一九	加		五一	二九	六
	緯	北	一	五六	〇七	北	一八	四六	一二	減		一四	四五	
少尉北增二	經	午	一三	一七	四三	辰	四	四〇	四三	加		四一	四七	六
	緯	北	六一	四九	四〇	北	七〇	三七	〇一	減		二〇	一四	

（續表）

黃道鶉火宮恒星		黃道宮	黃道度	黃道分	黃道秒	赤道宮	赤道度	赤道分	赤道秒		赤道歲差分	赤道歲差秒	赤道歲差微	星等
內平北增一	經	午	一三	二二	三三	午	二四	一六	二二	加		五六	一五	六
	緯	北	二三	二五	四一	北	三九	○四	五五	減		一六	三五	
柳宿七	經	午	一三	四九	○五	午	一三	○六	二七	加		四八	一九	六
	緯	南	一一	○三	四五	北	六	○五	四五	減		一四	○○	
天璇西增七	經	午	一三	五六	一○	巳	八	四七	五一	加		五八	一○	六
	緯	北	四四	二八	四六	北	五七	五五	三四	減		一九	○一	
外厨東增六	經	午	一四	○○	四一	午	九	四四	一六	加		四五	○四	六
	緯	南	二三	五○	四五	南	六	一四	一九	加		一三	○五	
軒轅八	經	午	一四	一七	一三	午	一九	一五	一四	加		五二	三七	四
	緯	北	七	五一	二七	北	二四	○四	三七	減		一五	三○	
外厨南增十	經	午	一四	二四	四九	午	七	二七	五七	加		四二	二七	六
	緯	南	三二	五五	三三	南	一五	○二	四○	加		一二	二八	
軒轅六	經	午	一四	二七	三三	午	二二	○六	○一	加		五四	一一	六
	緯	北	一五	二一	○三	北	三一	○八	一一	減		一六	○九	
天理一	經	午	一四	四六	○八	巳	一五	○二	三七	加		五六	○六	六
	緯	北	四九	一七	○四	北	六一	三六	三一	減		一九	四一	
外厨南增九	經	午	一四	四七	三九	午	八	三三	四○	加		四三	一一	六
	緯	南	三○	一八	四○	南	一二	三八	一三	加		一二	四六	
弧矢東增二十二	經	午	一五	○○	四一	未	二八	三八	四六	加		三二	一一	二
	緯	南	五八	二○	三七	南	三九	一五	四一	加		九	五○	
軒轅內增二十六	經	午	一五	○六	○五	午	二○	四八	一五	加		五二	五四	六
	緯	北	九	五五	四八	北	二五	四七	五七	減		一五	五一	

（續表）

黄道鶉火宫恒星		黄道宫	黄道度	黄道分	黄道秒	赤道宫	赤道度	赤道分	赤道秒	赤道歲差宫	赤道歲差分	赤道歲差秒	赤道歲差微	星等
外厨東增七	經	午	二五	一六	五八	午	一○	四三	三六	加		四四	五一	六
	緯	南	二四	一八	四四	南	七	○○	四八	加		一三	二一	
軒轅内增二十七	經	午	一五	三○	一六	午	二一	四四	二三	加		五三	○七	六
	緯	北	一一	二三	二六	北	二七	○三	三四	減		一六	○三	
天璇南增八	經	午	一五	四七	二二	巳	九	二八	一八	加		五七	○二	六
	緯	北	四二	五八	一○	北	五五	五六	三四	減		一九	○五	
天璇	經	午	一五	四九	一三	巳	一一	三三	○一	加		五六	三九	二
	緯	北	四五	○六	一五	北	五七	四五	○○	減		一九	二○	
中台一	經	午	一五	五八	四二	巳	○	二四	○一	加		五六	二○	三
	緯	北	二九	五三	二二	北	四四	一○	五七	減		一七	四四	
天理西增一	經	午	一六	○一	五五	巳	一九	五二	二三	加		五三	二九	六
	緯	北	五一	五四	○○	北	六三	一一	○三	減		二○	○二	
内平四	經	午	一六	一八	四二	午	二五	二一	三七	加		五四	一九	六
	緯	北	一八	三四	四八	北	三三	三四	五七	減		一六	四八	
柳宿八	經	午	一六	四二	○四	午	一五	一五	一八	加		四七	三五	四
	緯	南	一三	○二	四七	北	三	二三	三五	減		一四	三二	
天床六	經	午	一七	○三	三三	卯	一一	一二	五五	加		三	一五	六
	緯	北	七二	三一	四四	北	七三	○一	○一	減		一五	一七	
軒轅九	經	午	一七	○七	一六	午	二二	四八	三六	加		五二	二四	三
	緯	北	九	四一	四○	北	二四	五六	三六	減		一六	一七	
中台内增三	經	午	一七	一五	三三	巳	一	二六	二七	加		五五	四一	六
	緯	北	二九	一二	○八	北	四三	○七	一九	減		一七	五五	

（續表）

黄道鶉火宮恒星		黄道宮	黄道度	黄道分	黄道秒	赤道宮	赤道度	赤道分	赤道秒	赤道歲差	赤道歲差分	赤道歲差秒	赤道歲差微	星等
內平二	經	午	一七	二四	三〇	午	二八	〇二	五一	加		五四	三五	五
	緯	北	二二	〇四	〇〇	北	三六	二八	三六	減		一七	二〇	
內平南增九	經	午	一七	二六	三九	午	二六	三二	五〇	加		五三	五九	六
	緯	北	一八	三二	一二	北	三三	一〇	〇五	減		一八	〇二	
酒旗北增一	經	午	一七	三六	一〇	午	二〇	四三	二六	加		五〇	四六	六
	緯	北	二	〇四	五四	北	一七	三四	〇一	減		一五	五〇	
中台二	經	午	一七	三九	四七	巳	一	四五	一七	加		五五	三〇	三
	緯	北	二八	五八	一〇	北	四二	四六	〇三	減		一八	〇〇	
軒轅十	經	午	一七	五一	二六	午	二四	三一	四一	加		五二	四四	三
	緯	北	一二	一九	三九	北	二七	一一	三四	減		一六	三八	
太子	經	午	一七	五五	二八	卯	二〇	二〇	三三	減		三	一四	三
	緯	北	七五	一三	〇一	北	七二	四四	一二	減		一二	五八	
酒旗三	經	午	一七	五七	五七	午	一八	四〇	二五	加		四九	〇四	五
	緯	南	五	三五	二七	北	一〇	〇八	五二	減		一五	二二	
天床北增三	經	午	一七	五九	一七	卯	一九	三三	〇七	減		二	三一	五
	緯	北	七四	五六	〇〇	北	七二	四四	二八	減		一三	一四	
酒旗北增二	經	午	一七	五九	二〇	午	二〇	二六	五三	加		五〇	一八	六
	緯	北	〇	〇一	五二	北	一五	二九	五〇	減		一五	四五	
酒旗二	經	午	一八	〇四	四四	午	一九	三一	二三	加		四九	三七	四
	緯	南	三	一一	二三	北	一三	二四	〇八	減		一五	三三	
天床北增一	經	午	一八	〇四	四八	卯	一五	〇九	〇〇	加			四一	六
	緯	北	七三	四〇	四〇	北	七二	四五	〇七	減		一四	二〇	

（續表）

黄道鶉火宫恒星		黄道宫	黄道度	黄道分	黄道秒	赤道宫	赤道度	赤道分	赤道秒	赤道歲差	歲差分	歲差秒	歲差微	星等
軒轅内增二十八	經	午	一八	一二	四五	午	二四	一八	四八	加		五二	二一	六
	緯	北	一〇	四五	〇一	北	二五	三五	三一	減		一六	三六	
酒旗南增五	經	午	一八	一四	四六	午	一八	四一	三九	加		四八	五六	六
	緯	南	六	二四	二二	北	九	一七	一一	減		一五	二一	
酒旗北增三	經	午	一八	二九	二四	午	二〇	五九	二五	加		五〇	一六	六
	緯	北	〇	一〇	四八	北	一五	二九	〇三	減		一五	五二	
酒旗東增四	經	午	一八	三五	〇一	午	一九	三二	五三	加		四九	一五	六
	緯	南	四	四一	一二	北	一〇	四九	二五	減		一五	三三	
軒轅内增二十九	經	午	一八	五二	三二	午	二三	五〇	四三	加		五一	三八	六
	緯	北	七	三二	五八	北	二二	二一	一〇	減		一六	二九	
星宿西增四	經	午	一八	五三	二三	午	一四	〇一	三二	加		四四	四八	六
	緯	南	二三	五三	〇九	南	七	三四	二七	加		一四	一四	
星宿西增三	經	午	一九	二一	〇一	午	一四	一四	四七	加		四四	四六	六
	緯	南	二四	〇〇	二九	南	七	四六	二一	加		一四	一六	
内厨一	經	午	一九	一七	〇二	辰	九	一二	三三	加		三八	二六	六
	緯	北	六一	〇四	一〇	北	六八	一一	四七	減		二〇	〇三	
星宿西增五	經	午	一九	一九	二七	午	一四	五五	三五	加		四五	一四	六
	緯	南	二二	一一	三五	南	六	〇四	五八	加		一四	二七	
天理四	經	午	一九	二九	三一	巳	二五	一二	五七	加		四九	四四	六
	緯	北	五三	一〇	一七	北	六二	四七	〇五	減		二〇	一七	
酒旗一	經	午	一九	五五	〇四	午	二二	二六	二八	加		五〇	〇四	六
	緯	北	〇	一九	〇三	北	一五	一〇	〇六	減		一六	一二	

（續表）

黃道鶉火宮恒星		黃道宮	黃道度	黃道分	黃道秒	赤道宮	赤道度	赤道分	赤道秒	赤道歲差	分	秒	微	星等
星宿西增六	經	午	二〇	〇八	二六	午	一五	五八	三八	加		四五	二六	六
	緯	南	二一	〇八	一〇	南	五	一八	二九	加		一四	四二	
勢西增三	經	午	二〇	三二	三〇	巳	三	四五	〇七	加		五四	一三	六
	緯	北	二七	一四	二〇	北	四〇	一三	一八	減		一八	一八	
内平一	經	午	二〇	三一	五六	巳	〇	〇四	三九	加		五三	一〇	六
	緯	北	一九	一一	二二	北	三二	四三	五〇	減		一七	四二	
勢西增六	經	午	二〇	三七	五〇	巳	二	〇二	三七	加		五三	四〇	五
	緯	北	二三	一七	〇四	北	三六	二九	三八	減		一八	〇三	
軒轅十五	經	午	二〇	四二	〇八	午	二二	五一	五〇	加		四九	一一	四
	緯	南	三	四六	五〇	北	一一	〇二	一四	減		一六	〇四	
天理二	經	午	二〇	四四	二六	巳	一八	四九	五一	加		五二	四〇	六
	緯	北	四七	〇〇	五三	北	五七	二六	四二	減		一九	五八	
軒轅南增四十五	經	午	二〇	四四	五八	午	二〇	五四	一六	加		四八	二一	五
	緯	南	六	五九	五四	北	七	五七	三九	減		一五	五一	
金魚東增一	經	午	二〇	五一	五九	未	一一	二五	一四	加		九	五一	四
	緯	南	八三	〇一	五九	南	六一	三七	四八	加		四	〇三	
勢西增四	經	午	二〇	五六	三六	巳	三	一三	五五	加		五三	四八	五
	緯	北	二五	〇二	四三	北	三八	〇〇	二一	減		一八	一二	
星宿西增二	經	午	二〇	五九	二八	午	一六	〇一	三七	加		四四	五一	六
	緯	南	二三	二三	三三	南	七	四一	五〇	加		一四	四三	
勢西增五	經	午	二一	〇六	一六	巳	二	四四	三一	加		五三	三五	六
	緯	北	二三	四一	五六	北	三六	四二	三二	減		一八	〇八	

（續表）

黄道鶉火宫恒星		黄道宫	黄道度	黄道分	黄道秒	赤道宫	赤道度	赤道分	赤道秒	加減	赤道歲差分	赤道歲差秒	赤道歲差微	星等
内厨北增一	經	午	二一	○七	四八	辰	一二	二九	一二	加		三五	四五	六
	緯	北	六一	五七	一五	北	六七	五八	四七	減		一九	四九	
勢西增七	經	午	二一	一二	二七	巳	二	○五	一八	加		五三	二○	六
	緯	北	一三	○五	二五	北	二五	一一	○二	減		一八	○二	
軒轅内增四十四	經	午	二一	一五	二八	午	二三	○八	一六	加		四九	三三	六
	緯	南	一	三三	三三	北	一二	五七	五八	減		一六	二一	
勢西增八	經	午	二一	二八	五○	巳	二	一九	四○	加		五三	一六	六
	緯	北	二一	五九	二六	北	三四	五九	五三	減		一八	○四	
内平東增十	經	午	二一	三七	五二	巳	○	二四	○六	加		五二	三五	五
	緯	北	一七	一六	四二	北	三○	三四	一四	減		一七	四五	
軒轅南增四十六	經	午	二一	四五	四四	午	二一	一四	五六	加		四八	○二	五
	緯	南	八	五六	五六	北	五	四七	四○	減		一五	五五	
勢西增九	經	午	二一	四八	四四	巳	二	四六	三八	加		五三	一○	四
	緯	北	二三	一二	三五	北	三五	○五	○一	減		一八	○八	
星宿西增七	經	午	二一	五四	一五	午	一八	○八	三五	加		四五	四七	六
	緯	南	一九	一五	○八	南	四	○一	五五	加		一五	一三	
軒轅内增四十三	經	午	二一	五四	二六	午	二四	一七	二八	加		四九	四四	六
	緯	北	○	○一	○七	北	一四	一四	五六	減		一六	三五	
天狗六	經	午	二一	五四	三七	午	九	五三	五○	加		三八	五五	四
	緯	南	四三	一八	二三	南	二六	四五	二四	加		一三	○七	
内平東增十一	經	午	二一	五六	二五	巳	○	二九	二六	加		五二	二六	六
	緯	北	一六	四三	四八	北	二九	五七	○八	減		一七	四五	

（續表）

黄道鶉火宮恒星		黄道宮	黄道度	黄道分	黄道秒	赤道宮	赤道度	赤道分	赤道秒	赤道歲差	分	秒	微	星等
星宿二	經	午	二二	〇〇	四二	午	一九	〇一	五七	加		四六	二二	五
	緯	南	一六	四四	〇一	南	一	四〇	二三	加		一五	二六	
天床一	經	午	二二	〇四	五六	卯	一	三六	二四	加		一六	一九	五
	緯	北	六九	一二	〇五	北	七〇	四七	五〇	減		一七	一七	
星宿三	經	午	二二	一〇	四一	午	一九	四三	四六	加		四六	四四	五
	緯	南	一五	〇〇	〇三	南	〇	〇四	四三	加		一五	三五	
星宿五	經	午	二二	一四	五六	午	一六	五九	一二	加		四四	四一	六
	緯	南	二三	五〇	四九	南	八	二九	三一	加		一四	五八	
内厨二	經	午	二二	三〇	〇〇	辰	一一	一三	三四	加		三七	三一	五
	緯	北	六〇	五三	四五	北	六六	四九	五九	減		一九	五五	
勢北增二	經	午	二二	四三	五〇	巳	六	〇九	四七	加		五三	二〇	六
	緯	北	二七	〇五	一七	北	三九	一四	〇〇	減		一八	三八	
尚書一	經	午	二二	四四	五〇	寅	二三	一二	〇三	減		三	五二	五
	緯	北	八六	五〇	四五	北	六八	一七	一九	減		二	二五	
勢北增一	經	午	二二	四九	四〇	巳	五	二三	〇七	加		五三	〇九	五
	緯	北	二五	二三	一五	北	三七	三八	三六	減		一八	三二	
勢一	經	午	二二	五一	一〇	巳	四四	〇五	九〇	加		五三	〇二	四
	緯	北	二三	五五	二七	北	三六	一七	三〇	減		一八	二七	
天牢一	經	午	二二	五五	四〇	巳	九	四七	三一	加		五三	三一	四
	緯	北	三三	〇二	三六	北	四四	三二	四三	減		一九	〇七	
天狗五	經	午	二二	五六	一五	午	八	一八	五二	加		三六	四三	三
	緯	南	四八	五五	一六	南	三二	一四	四八	加		一二	四一	

（續表）

黄道鶉火宫恒星		黄道宫	黄道度	黄道分	黄道秒	赤道宫	赤道度	赤道分	赤道秒	赤道歲差加減	赤道歲差分	赤道歲差秒	赤道歲差微	星等
尚書四	經	午	二三	○六	○○	寅	六	二四	○七	加		六	二○	六
	緯	北	八○	三○	○○	北	七○	四四	五八	減		八	○九	
天狗四	經	午	二三	一二	三八	午	七	二九	○四	加		三五	四五	四
	緯	南	五一	○九	五三	南	三四	二三	一六	加		一二	二六	
天狗七	經	午	二三	一四	四九	午	一一	○五	三三	加		三九	○五	五
	緯	南	四二	五二	○九	南	二六	四一	三九	加		一三	二六	
勢二	經	午	二三	三八	一○	巳	四	一七	三三	加		五二	三三	四
	緯	北	二一	二三	四五	北	三三	四○	五三	減		一八	二二	
星宿一	經	午	二三	四二	五九	午	一八	四四	三七	加		四四	五九	二
	緯	南	二二	二四	三二	南	七	三三	五一	加		一五	二二	
軒轅内增四十二	經	午	二三	四五	五二	午	二五	○六	○五	加		四九	二八	四
	緯	北	○	○一	二五	北	一三	三八	四七	減		一六	五七	
天社一	經	午	二三	四八	一七	午	○	二四	二七	加		二八	一六	二
	緯	南	六四	二六	五一	南	四六	三二	五七	加		一○	二二	
星宿内增一	經	午	二三	四九	五六	午	一八	三九	五一	加		四四	五二	六
	緯	南	二二	五七	四九	南	八	○七	二四	加		一五	二○	
軒轅東增三十	經	午	二三	五六	二八	巳	○	三五	○九	加		五一	一七	六
	緯	北	一一	五四	五五	北	二四	四五	四六	減		一七	四六	
軒轅十一	經	午	二三	五八	四一	巳	○	三五	三三	加		五一	一五	三
	緯	北	一一	五○	一三	北	二四	四○	三六	減		一七	四六	
星宿六	經	午	二三	五九	○七	午	一八	一四	四一	加		四四	二六	六
	緯	南	二四	三八	二七	南	九	四五	一六	加		一五	一五	

（續表）

黄道鶉火宫恒星		黄道				赤道				赤道歲差				星等
		宫	度	分	秒	宫	度	分	秒		分	秒	微	
軒轅内增四十一	經	午	二四	○○	三六	午	二五	五八	○○	加		四九	一五	六
	緯	南	一	○四	二四	北	一二	三一	四六	減		一六	五六	
星宿四	經	午	二四	○四	一九	午	二一	四一	一二	加		四六	五○	四
	緯	南	一四	一八	一七	南	○	○○	一○	加		一六	○二	
勢内增十	經	午	二四	○八	三一	巳	五	四七	三九	加		五二	三四	六
	緯	北	二三	二七	三三	北	三五	二三	五一	減		一八	三五	
軒轅東增三十一	經	午	二四	一五	五三	巳	○	四七	四五	加		五一	一二	六
	緯	北	一一	三七	一三	北	二四	二二	二九	減		一七	四九	
軒轅十三	經	午	二四	一九	二四	午	二八	一九	三七	加		五○	一一	三
	緯	北	四	五○	二○	北	一七	五九	四三	減		一七	二二	
星宿東增八	經	午	二四	二七	二九	午	二○	二六	○六	加		四五	四○	六
	緯	南	一九	一五	○一	南	四	四八	○五	加		一五	四五	
軒轅南增四十	經	午	二四	三二	五一	午	二五	四一	三七	加		四八	四六	六
	緯	南	三	二五	一九	北	一○	○八	○七	減		一六	五二	
内厨南增二	經	午	二四	三五	四○	辰	七	一八	二六	加		四一	○四	六
	緯	北	五七	五五	三六	北	六四	○七	四三	減		二○	○八	
天理三	經	午	二四	三七	五七	巳	二五	三九	二五	加		四九	○一	六
	緯	北	四九	三八	四○	北	五八	○一	二九	減		二○	一六	
軒轅南增四十八	經	午	二四	四三	一七	午	二四	一五	五一	加		四七	五三	六
	緯	南	八	一四	○五	北	五	三一	五六	減		一六	三五	
星宿七	經	午	二五	○一	○三	午	一九	三六	一八	加		四四	四五	六
	緯	南	二三	一五	五八	南	八	四五	五九	加		一五	三三	

（續表）

黄道鶉火宫恒星		黄道宫	黄道度	黄道分	黄道秒	赤道宫	赤道度	赤道分	赤道秒		赤道歲差分	赤道歲差秒	赤道歲差微	星等
軒轅南增三十九	經	午	二五	〇八	四七	午	二六	〇七	一〇	加		四八	三七	五
	緯	南	三	五一	三一	北	九	三一	三二	減		一六	五七	
太尊	經	午	二五	一三	五八	巳	一三	四八	三三	加		五二	二七	三
	緯	北	三五	三一	三〇	北	四五	五二	四四	減		一九	三四	
勢内增十一	經	午	二五	一四	五〇	巳	六	〇二	五一	加		五二	〇五	六
	緯	北	二一	三六	二八	北	三三	一七	三九	減		一八	三八	
軒轅南增四十九	經	午	二五	二一	〇八	午	二五	〇八	三三	加		四七	五九	六
	緯	南	七	二二	一四	北	六	〇八	三六	減		一六	四五	
軒轅内增三十二	經	午	二五	二六	〇四	巳	〇	四四	四三	加		五〇	三〇	六
	緯	北	八	二六	〇八	北	二〇	五九	一八	減		一七	四七	
天牢三	經	午	二五	二八	五五	巳	一一	一四	〇二	加		五二	二七	六
	緯	北	三一	〇二	一二	北	四一	四七	一四	減		一九	一九	
軒轅内增三十四	經	午	二五	二九	〇〇	午	二九	一三	〇四	加		四九	五四	六
	緯	北	四	〇八	四五	北	一六	五六	五五	減		一七	三一	
太乙	經	午	二五	三六	〇〇	辰	二〇	二三	三四	加		二九	三八	六
	緯	北	六四	一三	〇〇	北	六七	二九	一二	減		一九	〇〇	
軒轅南增三十八	經	午	二五	四四	〇四	午	二六	三九	一二	加		四八	三三	四
	緯	南	三	五六	一八	北	九	一五	一九	減		一七	〇三	
軒轅南增四十七	經	午	二五	四六	〇四	午	二四	四二	〇二	加		四七	二九	六
	緯	南	九	五二	五三	北	三	三八	一六	減		一六	四一	
軒轅十二	經	午	二六	〇〇	〇五	巳	一	二六	二九	加		五〇	二七	二
	緯	北	八	四七	二七	北	二一	〇七	二三	減		一七	五五	

（續表）

黄道鶉火宮恒星		黄道宮	黄道度	黄道分	黄道秒	赤道宮	赤道度	赤道分	赤道秒	赤道歲差	赤道歲差分	赤道歲差秒	赤道歲差微	星等
軒轅内增三十三	經	午	二六	○七	二五	巳	一	二五	五六	加		五○	二三	六
	緯	北	八	二六	五一	北	二○	四五	三三	減		一七	五五	
軒轅十四	經	午	二六	一六	二○	午	二八	四○	二九	加		四九	一二	一
	緯	北	○	二六	三八	北	一三	一二	○一	減		一七	二七	
天牢五	經	午	二六	二三	一六	巳	一一	三六	一五	加		五二	○七	六
	緯	北	三○	○四	二六	北	四○	三四	四七	減		一九	二○	
軒轅内增三十七	經	午	二六	三○	一○	午	二九	二七	一一	加		四九	二四	六
	緯	北	二	○一	一○	北	一四	三六	○八	減		一七	三四	
星宿東增十五	經	午	二六	三四	三九	午	二一	一九	○九	加		四四	五四	六
	緯	南	二二	一五	○○	南	八	一七	一五	加		一五	五七	
軒轅十七	經	午	二六	五○	三六	午	二八	三四	○九	加		四八	五○	六
	緯	南	一	二六	一五	北	一一	一四	一三	減		一七	二五	
天璣	經	午	二六	五一	三八	巳	二五	○四	○六	加		四九	○四	二
	緯	北	四七	○七	二○	北	五五	○七	○八	減		二○	一六	
軒轅南增五十	經	午	二六	五三	四一	午	二六	三四	四五	加		四七	五○	六
	緯	南	七	二四	四一	北	五	三五	四六	減		一七	○三	
星宿東增十四	經	午	二七	○五	○○	午	二一	四九	一一	加		四四	五五	六
	緯	南	二二	○五	一九	南	八	一七	三七	加		一六	○四	
天社南增一	經	午	二七	一二	四九	未	二七	三四	四四	加		二三	二八	三
	緯	南	七○	一七	五九	南	五二	一五	二一	加		九	二九	
勢四	經	午	二七	一五	○四	巳	九	四二	三○	加		五一	四二	四
	緯	北	二四	五五	三○	北	三五	三五	三二	減		一九	○七	

（續表）

黃道鶉火宮恒星		黃道 宮	黃道 度	黃道 分	黃道 秒	赤道 宮	赤道 度	赤道 分	赤道 秒	赤道歲差	赤道歲差 分	赤道歲差 秒	赤道歲差 微	星等
勢三	經	午	二七	一八	四三	巳	七	五三	○六	加		五一	二七	四
	緯	北	二二	○二	四七	北	三三	○一	一五	減		一八	五三	
天權	經	午	二七	二五	五五	辰	○	四一	二三	加		四六	一○	二
	緯	北	五一	三九	四○	北	五八	二八	四五	減		二○	一八	
天權北增二	經	午	二七	二七	五二	辰	二	○五	五○	加		四五	一八	六
	緯	北	五二	四五	二二	北	五九	一七	五四	減		二○	一八	
少微西增一	經	午	二七	二八	三○	巳	六	三一	一八	加		五一	○八	六
	緯	北	一七	三九	五二	北	二八	五○	四六	減		一八	四二	
軒轅內增三十六	經	午	二七	三一	○一	巳	○	四二	五八	加		四九	二二	六
	緯	北	二	四八	○七	北	一四	五九	一○	減		一七	四八	
星宿東增十三	經	午	二七	三八	一八	午	二一	五七	二七	加		四四	四一	六
	緯	南	二三	○六	二四	南	九	二五	三○	加		一六	○六	
勢東增十二	經	午	二七	四三	一○	巳	一○	一○	一○	加		五一	三三	六
	緯	北	二四	五三	五○	北	三五	二三	二九	減		一九	一○	
星宿東增九	經	午	二七	五五	一四	午	二四	三三	一四	加		四六	○八	六
	緯	南	一六	一四	二五	南	三	○三	二三	加		一六	三七	
勢東增十三	經	午	二八	○二	二七	巳	一○	一六	二一	加		五一	二五	六
	緯	北	二四	二七	二三	北	三四	五二	一○	減		一九	一一	
軒轅南增五十二	經	午	二八	○六	三七	午	二八	一九	二六	加		四八	○一	六
	緯	南	五	三八	三五	北	六	五一	○七	減		一七	二二	
勢南增十四	經	午	二八	○九	○五	巳	八	三八	四三	加		五一	○四	六
	緯	北	二○	○八	一四	北	三○	四五	○七	減		一八	五九	

（續表）

黃道鶉火宮恒星		黃道宮	黃道度	黃道分	黃道秒	赤道宮	赤道度	赤道分	赤道秒	赤道歲差	赤道歲差分	赤道歲差秒	赤道歲差微	星等
軒轅内增三十五	經	午	二八	一四	二三	巳	二	〇〇	一六	加		四九	三〇	六
	緯	北	四	二四	五四	北	一六	一四	三九	減		一八	〇一	
星宿東增十	經	午	二八	一五	一二	午	二三	四八	〇〇	加		四五	二九	六
	緯	南	一九	一九	五七	南	六	〇四	二一	加		一六	二九	
軒轅南增五十一	經	午	二八	二〇	四五	午	二七	四一	四二	加		四七	三六	六
	緯	南	八	〇七	三七	北	四	二六	一三	減		一七	一五	
天牢六	經	午	二八	三二	四四	巳	一七	一〇	五〇	加		五一	〇六	六
	緯	北	三五	四六	二二	北	四四	五三	〇〇	減		一九	五一	
天權北增一	經	午	二八	三三	三九	辰	四	二九	三一	加		四三	四九	六
	緯	北	五三	五七	二〇	北	五九	四九	二一	減		二〇	一五	
天狗一	經	午	二八	三〇	三四	午	七	一二	四四	加		三二	〇九	五
	緯	南	五八	一四	四五	南	四二	〇五	三七	加		一二	二三	
天狗三	經	午	二八	三一	〇〇	午	一〇	三〇	二四	加		三五	一〇	四
	緯	南	五二	二九	五〇	南	三六	五六	一〇	加		一三	一六	
少微西增二	經	午	二八	三五	二四	巳	七	一四	五六	加		五〇	四七	六
	緯	北	一六	四六	一六	北	二七	三六	四五	減		一八	四八	
星宿東增十一	經	午	二八	五四	〇七	午	二四	二四	三九	加		四五	二八	六
	緯	南	一九	一四	二〇	南	六	一一	三八	加		一六	三七	
張宿五	經	午	二九	〇四	四三	午	二一	五八	〇一	加		四三	五〇	四
	緯	南	二六	三七	二一	南	一三	一〇	三三	加		一六	〇六	
勢南增十五	經	午	二九	〇九	五〇	巳	八	五〇	三三	加		五〇	五〇	六
	緯	北	一九	〇四	四三	北	二九	三一	三六	減		一九	〇〇	

（續表）

黃道鶉火宮恒星		黃道 宮	黃道 度	黃道 分	黃道 秒	赤道 宮	赤道 度	赤道 分	赤道 秒	赤道歲差	赤道歲差 分	赤道歲差 秒	赤道歲差 微	星等
勢南增十六	經	午	二九	一七	三二	巳	八	五三	二九	加		五〇	四八	六
	緯	北	一八	五四	一二	北	二九	一九	〇四	減		一九	〇一	
太陽守南增一	經	午	二九	一八	二〇	巳	二一	一二	一五	加		五〇	〇六	六
	緯	北	四〇	〇三	五一	北	四八	一四	四五	減		二〇	〇六	
軒轅南增五十四	經	午	二九	三〇	〇七	午	二九	五三	三五	加		四八	〇〇	六
	緯	南	四	五三	五〇	北	七	〇四	三六	減		一七	三九	
軒轅南增五十三	經	午	二九	三一	五〇	午	二九	五〇	五六	加		四七	五九	六
	緯	南	五	〇六	〇三	北	六	五二	三二	減		一七	三八	
星宿東增十二	經	午	二九	四二	二〇	午	二四	五七	三三	加		四五	二一	六
	緯	南	一九	四三	一六	南	六	五四	二八	加		一六	四三	
少微三	經	午	二九	五四	一五	巳	七	二二	一四	加		五〇	一五	五
	緯	北	一三	五六	四六	北	二四	三一	〇四	減		一八	四九	

清・戴進賢《儀象考成》卷一〇《恒星黃道經緯度表九》

黃道鶉尾宮赤道度附

黃道鶉尾宮恒星		黃道 宮	黃道 度	黃道 分	黃道 秒	赤道 宮	赤道 度	赤道 分	赤道 秒	赤道歲差	赤道歲差 分	赤道歲差 秒	赤道歲差 微	星等
太陽守	經	巳	〇	〇五	一六	巳	二三	〇七	五一	加		四九	二五	四
	緯	北	四一	三二	五八	北	四九	一一	二四	減		二〇	一一	
天牢四	經	巳	〇	〇六	二〇	巳	一九	一一	二八	加		五〇	二三	六
	緯	北	三六	一一	四八	北	四四	三四	五二	減		一九	五九	
天狗二	經	巳	〇	〇八	一六	午	八	四七	四五	加		三二	四〇	五
	緯	南	五七	二一	三〇	南	四一	四二	一八	加		一二	五〇	

（續表）

黃道鶉尾宮恒星		黃道宮	黃道度	黃道分	黃道秒	赤道宮	赤道度	赤道分	赤道秒		赤道歲差分	赤道歲差秒	赤道歲差微	星等
天牢南增二	經	巳	○	三六	○五	巳	一六	一五	三六	加		五○	三八	五
	緯	北	三○	四五	五○	北	三九	三五	○五	減		一九	四七	
相西增一	經	巳	○	五○	二六	辰	○	三一	一三	加		四六	一八	六
	緯	北	四八	四六	三七	北	五四	五一	五五	減		二○	一九	
長垣一	經	巳	○	五二	五八	巳	四	三六	五七	加		四九	○七	六
	緯	北	四	三三	二七	北	一五	二六	一一	減		一八	二八	
天權東增三	經	巳	○	五三	五○	辰	三	五一	○二	加		四四	二七	六
	緯	北	五一	四三	○六	北	五七	○八	三七	減		二○	一六	
軒轅南增五十六	經	巳	一	一五	三九	巳	二	五五	二四	加		四八	二三	五
	緯	南	一	○二	二七	北	一○	○四	二四	減		一八	一○	
天乙	經	巳	一	一六	○五	辰	二六	○○	三九	加		二六	四四	五
	緯	北	六五	二二	三八	北	六五	五九	五一	減		一八	一四	
天牢北增一	經	巳	一	二○	四六	巳	二一	○九	三九	加		四九	四四	六
	緯	北	三七	一六	四七	北	四五	○二	一八	減		二○	○六	
少微北增三	經	巳	一	二五	○四	巳	一○	○九	三四	加		五○	一○	六
	緯	北	一七	○○	五五	北	二六	四七	一六	減		一九	一○	
軒轅内增五十七	經	巳	一	二七	四五	巳	三	三一	二二	加		四八	二九	六
	緯	北	○	○五	○八	北	一一	○三	一五	減		一八	一五	
軒轅南增五十五	經	巳	一	三二	一○	巳	二	二一	三七	加		四八	○二	六
	緯	南	三	二○	一四	北	七	四九	四二	減		一八	○四	
尚書二	經	巳	一	三三	五二	寅	七	○四	四三	減		二	三六	四
	緯	北	八一	○○	○三	北	六九	一九	一一	減		七	五六	

（續表）

黄道鶉尾宮恒星		黄道 宮	黄道 度	黄道 分	黄道 秒	赤道 宮	赤道 度	赤道 分	赤道 秒	加減	赤道歲差 分	赤道歲差 秒	赤道歲差 微	星等
長垣北增一	經	巳	一	三九	二一	巳	六	一七	四四	加		四九	一六	六
	緯	北	七	○○	四八	北	一七	二六	三五	減		一八	四○	
少微二	經	巳	一	五五	二二	巳	一○	二五	一五	加		五○	○二	四
	緯	北	一六	二八	四○	北	二六	○六	一四	減		一九	一一	
天牢二	經	巳	二	○○	二八	巳	一八	四八	二四	加		五○	○二	六
	緯	北	三三	四一	三三	北	四○	四五	○八	減		一九	五八	
張宿一	經	巳	二	○八	三三	午	二四	四七	五九	加		四三	五六	五
	緯	南	二六	○五	一四	南	一三	三九	二一	加		一六	四○	
少微四	經	巳	二	一五	一四	巳	八	○八	四五	加		四九	二九	六
	緯	北	一○	一四	五二	北	二○	一三	三四	減		一八	五五	
少微内增四	經	巳	二	三七	一○	巳	一一	二六	二九	加		四九	五五	六
	緯	北	一七	一四	四○	北	二六	三二	四六	減		一九	一九	
長垣南增四	經	巳	二	三八	一八	巳	一	五五	○○	加		四七	二○	五
	緯	南	七	二九	○○	北	三	三三	四四	減		一七	五九	
軒轅十六	經	巳	二	四八	五○	巳	四	四九	二四	加		四八	二一	四
	緯	北	○	○七	四八	北	一○	三六	三九	減		一八	二六	
天社二	經	巳	二	五九	四八	午	八	○一	二六	加		三○	二三	五
	緯	南	六一	○八	一七	南	四五	四三	○六	加		一二	三五	
下台一	經	巳	三	○三	四○	巳	一六	○八	一八	加		五○	○一	四
	緯	北	二六	○八	一二	北	三四	二八	四三	減		一九	四七	
長垣内增一	經	巳	三	三四	二五	巳	五	二三	四七	加		四八	一四	六
	緯	南	○	一六	一○	北	九	五七	五○	減		一八	三二	

（續表）

黃道鶉尾宮恒星		黃道宮	黃道度	黃道分	黃道秒	赤道宮	赤道度	赤道分	赤道秒	加減	赤道歲差分	赤道歲差秒	赤道歲差微	星等
下台二	經	巳	三	四五	三六	巳	一六	○七	○五	加		四九	五一	四
	緯	北	二四	四六	○○	北	三二	五八	一三	減		一九	四六	
右樞	經	巳	三	四七	四三	辰	二九	二一	五一	加		二四	四八	三
	緯	北	六六	二○	五二	北	六五	三六	二○	減		一七	四○	
少微內增五	經	巳	三	四九	○○	巳	一二	五一	○○	加		四九	四○	六
	緯	北	一七	四六	四○	北	二六	三四	五三	減		一九	二七	
天社北增二	經	巳	三	五六	三七	午	九	一九	一八	加		三一	○一	五
	緯	南	六○	○七	五三	南	四五	○五	一三	加		一二	五六	
天相二	經	巳	四	○○	○七	巳	○	○七	○四	加		四五	五五	四
	緯	南	一六	○一	一八	南	四	五三	二七	加		一七	四○	
少微一	經	巳	四	○三	二○	巳	一三	一七	二七	加		四九	三九	五
	緯	北	一八	一四	二六	北	二六	五四	五一	減		一九	三○	
長垣二	經	巳	四	○四	二一	巳	八	一一	五三	加		四八	五三	六
	緯	北	五	五四	四八	北	一五	三一	五九	減		一八	五五	
天相一	經	巳	四	○四	二四	午	二九	一八	三八	加		四五	二九	六
	緯	南	一八	二五	三六	南	七	○九	三二	加		一七	三二	
長垣四	經	巳	四	○九	○五	巳	五	二一	一一	加		四七	五八	六
	緯	南	一	五二	二七	北	八	一五	三二	減		一八	三一	
天床二	經	巳	四	一三	一六	卯	一七	五五	四五	加		八	五六	六
	緯	北	七四	○四	二七	北	六八	二一	三九	減		一三	三六	
相	經	巳	四	一三	二八	辰	二	五三	一一	加		四五	一五	六
	緯	北	四八	○六	二七	北	五二	五八	五六	減		二○	一七	

（續表）

黄道鶉尾宫恒星		黄道宫	黄道度	黄道分	黄道秒	赤道宫	赤道度	赤道分	赤道秒	赤道歲差加減	赤道歲差宫分	赤道歲差秒	赤道歲差微	星等
天相内增一	經	巳	四	一八	三七	午	二九	三三	○八	加		四五	二八	六
	緯	南	一八	二○	三七	南	七	○九	四六	加		一七	三四	
天相北增八	經	巳	四	二二	五六	巳	二	三三	四九	加		四六	四九	六
	緯	南	一○	一三	四二	北	○	二三	五九	減		一八	○五	
長垣南增三	經	巳	四	二三	五三	巳	四	四三	一四	加		四七	三九	六
	緯	南	四	一四	三六	北	五	五七	四一	減		一八	二七	
天相内增三	經	巳	四	三三	三八	巳	○	一二	五一	加		四五	四○	六
	緯	南	一七	○八	二八	南	六	○七	四○	加		一七	四二	
少微東增八	經	巳	四	三七	○八	巳	一○	三○	二七	加		四九	○七	六
	緯	北	一○	二五	三七	北	一九	三○	三九	減		一九	一三	
張宿内增一	經	巳	四	四六	四五	午	二八	一○	一八	加		四四	三一	五
	緯	南	二三	一一	三一	南	一一	五○	一二	加		一七	二○	
少微東增六	經	巳	四	四九	五六	巳	一三	四五	三二	加		四九	二七	五
	緯	北	一七	三五	五四	北	二六	○一	四六	減		一九	三三	
天相内增二	經	巳	四	五四	二六	巳	○	二○	○八	加		四五	三五	六
	緯	南	一七	三九	二九	南	六	四三	四七	加		一七	四三	
長垣南增五	經	巳	四	五七	二一	巳	四	二○	四一	加		四七	一六	六
	緯	南	六	四二	四一	北	三	一七	三三	減		一八	二二	
少微東增七	經	巳	五	○八	二○	巳	一三	二八	一五	加		四九	二二	六
	緯	北	一六	一六	二九	北	二四	四一	五六	減		一九	三一	
天相北增九	經	巳	五	○八	三九	巳	三	二二	○一	加		四六	四九	六
	緯	南	九	五六	二六	北	○	二三	五二	減		一八	一四	

（續表）

黃道鶉尾宮恒星		黃道 宮	黃道 度	黃道 分	黃道 秒	赤道 宮	赤道 度	赤道 分	赤道 秒		赤道歲差 分	赤道歲差 秒	赤道歲差 微	星等
西上相西增一	經	巳	五	一六	〇〇	巳	一二	〇九	〇五	加		四九	〇八	五
	緯	北	一二	五四	〇五	北	二一	三二	五七	減		一九	二四	
玉衡	經	巳	五	一八	〇五	辰	一〇	四二	四〇	加		四〇	四五	二
	緯	北	五四	一九	三五	北	五七	二二	一二	減		一九	五六	
天相北增四	經	巳	五	三五	三八	巳	二	三五	二四	加		四六	一九	六
	緯	南	一三	一〇	一六	南	二	四七	二三	加		一八	〇六	
相南增二	經	巳	五	三六	四〇	辰	一	四七	四三	加		四五	五〇	六
	緯	北	四五	三七	三〇	北	五〇	二四	四五	減		二〇	一九	
天相三	經	巳	五	四八	〇一	巳	一	一三	四〇	加		四五	三六	六
	緯	南	一七	二四	一〇	南	六	四八	〇九	加		一七	五三	
張宿二	經	巳	五	四九	一〇	午	二九	三一	二〇	加		四四	五五	四
	緯	南	二二	〇一	〇一	南	一一	〇五	五九	加		一七	三四	
天相北增十	經	巳	五	五六	〇二	巳	四	一七	五一	加		四六	五二	五
	緯	南	九	一九	四七	北	〇	四〇	〇五	減		一八	二二	
天相北增六	經	巳	六	〇〇	三五	巳	三	三三	二一	加		四六	三二	五
	緯	南	一一	三三	三〇	南	一	二六	〇五	加		一八	一六	
長垣三	經	巳	六	〇六	一九	巳	八	五六	二五	加		四八	一五	六
	緯	北	二	四七	四〇	北	一一	五三	〇二	減		一九	〇一	
天相北增七	經	巳	六	〇八	二九	巳	四	〇四	五七	加		四六	四一	五
	緯	南	二〇	二六	三五	南	〇	二六	三六	加		一八	二〇	
常陳七	經	巳	六	二八	三六	巳	二七	一六	一二	加		四七	三六	六
	緯	北	三八	五八	一四	北	四四	二七	五六	減		二〇	一八	

（續 表）

黃道鶉尾宮恒星		黃道 宮	黃道 度	黃道 分	黃道 秒	赤道 宮	赤道 度	赤道 分	赤道 秒		赤道歲差 分	赤道歲差 秒	赤道歲差 微	星等
天相北增五	經	巳	六	二八	五三	巳	三	二四	〇二	加		四六	一五	六
	緯	南	一三	〇九	三一	南	三	〇五	三五	加		一八	一五	
虎賁	經	巳	六	五三	一三	巳	一五	二二	三六	加		四九	〇二	五
	緯	北	一六	四六	〇二	北	二四	二八	四五	減		一九	四二	
天床五	經	巳	六	五五	三〇	卯	一三	二五	五三	加		一三	五六	五
	緯	北	七二	〇三	一八	北	六七	〇一	三一	減		一四	四六	
長垣南增八	經	巳	六	五五	四八	巳	八	〇九	〇九	加		四七	四五	六
	緯	南	一	二一	四一	北	七	四三	〇八	減		一八	五五	
長垣南增七	經	巳	六	五六	四六	巳	七	三一	〇二	加		四七	三五	六
	緯	南	三	〇六	三三	北	六	〇五	一九	減		一八	五〇	
張宿四	經	巳	六	五八	〇七	午	二八	二四	〇六	加		四三	三七	六
	緯	南	二七	二九	〇四	南	一六	三三	二七	加		一七	二三	
下台東增一	經	巳	七	一〇	四二	巳	二一	四八	四九	加		四八	四四	六
	緯	北	二九	一四	五一	北	三五	三九	三五	減		二〇	〇八	
長垣南增六	經	巳	七	一三	四八	巳	七	二一	二四	加		四七	二四	六
	緯	南	四	一五	二七	北	四	五五	〇一	減		一八	四九	
長垣南增九	經	巳	七	一四	三三	巳	八	二八	五〇	加		四七	四五	六
	緯	南	一	一五	五九	北	七	四一	二九	減		一八	五七	
天記	經	巳	七	三六	〇一	午	一四	三六	二三	加		三三	三四	二
	緯	南	五五	五二	〇三	南	四二	二二	三一	加		一四	二〇	
西上相	經	巳	七	四二	二一	巳	一五	〇五	五〇	加		四八	四八	二
	緯	北	一四	一九	〇四	北	二一	五五	〇八	減		一九	四一	

（續表）

黄道鶉尾宮恒星		黄道宮	黄道度	黄道分	黄道秒	赤道宮	赤道度	赤道分	赤道秒	赤道歲差	赤道歲差分	赤道歲差秒	赤道歲差微	星等
靈臺西增二	經	巳	八	一二	○○	巳	七	五七	五五	加		四七	一五	六
	緯	南	五	○二	四二	北	三	四九	四○	減		一八	五四	
下台東增二	經	巳	八	三七	五七	巳	二三	○一	五六	加		四八	三一	六
	緯	北	二七	○五	二四	北	三三	○九	二四	減		二○	○九	
天相北增十一	經	巳	八	五六	一六	巳	七	○三	四四	加		四六	四二	六
	緯	南	九	一八	二六	南	○	二四	○六	加		一八	四七	
西次相北增一	經	巳	九	一一	三四	巳	一五	二一	五○	加		四八	二九	六
	緯	北	一一	三五	○五	北	一八	五○	○七	減		一九	四一	
靈臺西增一	經	巳	九	一八	二八	巳	一○	三九	五五	加		四七	三九	六
	緯	南	○	三五	五一	北	七	三二	二七	減		一九	一三	
西次相	經	巳	九	五○	三一	巳	五	一一	二二	加		四八	一七	三
	緯	北	九	三九	五○	北	一六	四九	○六	減		一九	四一	
天社北增三	經	巳	一○	一五	五二	午	一三	四八	四七	加		三一	三三	五
	緯	南	五九	一八	三六	南	四六	○三	二八	加		一四	○八	
靈臺二	經	巳	一○	二五	三三	巳	一一	五一	一一	加		四七	三四	五
	緯	南	○	一三	一六	北	七	二八	○三	減		一九	二三	
常陳六	經	巳	一○	五一	五八	辰	○	四九	○三	加		四六	二三	五
	緯	北	三八	一四	五○	北	四二	○五	四二	減		二○	二○	
靈臺一	經	巳	一○	五七	○九	巳	一二	五六	三七	加		四七	四○	四
	緯	北	一	二○	二一	北	八	四二	三八	減		一九	二八	
西次相南增三	經	巳	一一	○三	○七	巳	一五	三六	一○	加		四八	○三	六
	緯	北	七	五一	四一	北	一四	四一	三一	減		一九	四三	

(續表)

黃道鶉尾宫恒星		黃道宫	黃道度	黃道分	黃道秒	赤道宫	赤道度	赤道分	赤道秒	加減	赤道歲差分	赤道歲差秒	赤道歲差微	星等
天記北增一	經	巳	一一	一〇	三二	午	二〇	〇七	〇六	加		三六	〇六	四
	緯	南	五一	〇九	四六	南	三九	一九	四七	加		一五	四〇	
常陳北增一	經	巳	一一	一三	一五	辰	二	四七	四八	加		四五	四一	六
	緯	北	四〇	三五	五〇	北	四三	五八	〇一	減		二〇	一八	
靈臺南增三	經	巳	一一	一九	三三	巳	一〇	三七	一九	加		四七	〇一	六
	緯	南	五	三九	五七	北	二	〇五	一三	減		一九	一三	
靈臺三	經	巳	一一	二〇	三四	巳	一一	四九	三五	加		四七	一七	六
	緯	南	二	三一	五一	北	四	五八	五七	減		一九	二一	
張宿三	經	巳	一一	二九	五〇	巳	三	二六	一七	加		四四	一五	四
	緯	南	二四	四〇	一〇	南	一五	三二	二一	加		一八	一四	
靈臺南增四	經	巳	一一	三三	三七	巳	一〇	四四	五八	加		四六	五八	六
	緯	南	五	五四	〇三	北	一	四六	五二	減		一九	一三	
天相北增十三	經	巳	一一	三九	五二	巳	九	〇二	一八	加		四六	二〇	六
	緯	南	一〇	四〇	三五	南	二	四〇	四二	加		一九	〇二	
相東增三	經	巳	一一	四四	五四	辰	九	一四	一三	加		四二	四七	六
	緯	北	四七	五六	四〇	北	四九	五二	一六	減		二〇	〇二	
西次相東增二	經	巳	一一	五九	〇〇	巳	一八	〇三	一五	加		四八	〇四	六
	緯	北	一一	四一	四〇	北	一七	五一	一四	減		一九	五三	
開陽	經	巳	一二	〇三	二三	辰	一八	二四	五二	加		三七	〇四	二
	緯	北	五六	二一	四七	北	五六	一六	三六	減		一九	一四	
開陽北增一	經	巳	一二	一三	五〇	辰	一八	四五	四〇	加		三六	五二	五
	緯	北	五六	三三	三〇	北	五六	二〇	二九	減		一九	一二	

（續表）

黄道鶉尾宫恒星		黄道宫	黄道度	黄道分	黄道秒	赤道宫	赤道度	赤道分	赤道秒	赤道歲差	赤道歲差分	赤道歲差秒	赤道歲差微	星等
西上相東增二	經	巳	一二	一五	四九	巳	一九	一六	三〇	加		四八	〇四	六
	緯	北	一三	五七	一〇	北	一九	四八	四九	減		一九	五九	
張宿内增二	經	巳	一三	〇七	四七	巳	五	〇四	二三	加		四四	二四	五
	緯	南	二四	〇八	二四	南	一五	三八	一九	加		一八	二九	
天社内增四	經	巳	一三	一〇	二〇	午	九	一四	四八	加		二六	一六	四
	緯	南	六六	一五	四四	南	五二	二八	四八	加		一二	五六	
從官	經	巳	一三	一七	二一	巳	二一	五一	二〇	加		四七	五六	六
	緯	北	一七	三八	〇〇	北	二二	四六	一一	減		二〇	〇七	
五帝座西增二	經	巳	一三	一九	一〇	巳	一九	〇四	四五	加		四七	五四	六
	緯	北	一一	〇八	〇九	北	一六	四九	一二	減		一九	五九	
靈臺南增七	經	巳	一三	二七	二一	巳	一二	三七	〇二	加		四六	五四	六
	緯	南	五	三四	三五	北	一	二一	五一	減		一九	二六	
靈臺南增八	經	巳	一三	二八	四四	巳	一三	二七	三四	加		四七	〇五	六
	緯	南	三	二六	〇一	北	三	二〇	〇七	減		一九	三一	
輔	經	巳	一三	三一	五〇	辰	二一	〇五	一〇	加		三五	三四	五
	緯	北	五七	四〇	四〇	北	五六	三九	五二	減		一八	五五	
翼宿西增二	經	巳	一三	三三	四二	巳	八	五八	三三	加		四五	四八	六
	緯	南	一五	一八	三八	南	七	四〇	〇二	加		一九	〇一	
張宿北增三	經	巳	一三	四三	二七	巳	五	五七	四九	加		四四	三三	六
	緯	南	二三	一四	〇二	南	一五	〇一	一九	加		一八	三七	
翼宿西增一	經	巳	一三	五〇	三五	巳	九	一九	二七	加		四五	五〇	六
	緯	南	一五	〇三	五五	南	七	三二	四四	加		一九	〇四	

（續表）

黄道鶉尾宫恒星		黄道宫	黄道度	黄道分	黄道秒	赤道宫	赤道度	赤道分	赤道秒	赤道歲差	分	秒	微	星等
五帝座西增一	經	巳	一三	五一	四一	巳	二〇	一九	二七	加		四七	五〇	六
	緯	北	一二	五三	〇八	北	一八	一二	三八	減		二〇	〇四	
西次將	經	巳	一三	五七	五八	巳	一七	二六	三六	加		四七	四〇	四
	緯	北	六	〇五	一〇	北	一一	五五	四二	減		一九	五三	
靈臺南增五	經	巳	一三	五八	四〇	巳	一二	〇九	〇一	加		四六	三九	六
	緯	南	八	〇三	〇一	南	一	〇七	一一	加		一九	二三	
常陳四	經	巳	一四	一一	〇〇	辰	五	二四	〇二	加		四四	五三	五
	緯	北	四〇	三三	〇二	北	四二	四四	五九	減		二〇	一三	
五帝座西增三	經	巳	一四	一四	二七	巳	一九	三八	一六	加		四七	四六	六
	緯	北	一〇	一三	五三	北	一五	四六	五七	減		二〇	〇一	
張宿六	經	巳	一四	三〇	五六	巳	六	三二	四六	加		四四	三三	五
	緯	南	二三	二九	五〇	南	一五	三三	〇八	加		一八	四二	
靈臺南增六	經	巳	一四	五三	五六	巳	一三	三七	三七	加		四六	四六	六
	緯	南	六	二四	〇八	北	〇	〇三	〇五	加		一九	三三	
常陳五	經	巳	一四	五八	〇四	辰	四	一一	四一	加		四五	二六	五
	緯	北	三七	四五	五八	北	四〇	〇二	四九	減		二〇	一五	
天床四	經	巳	一五	〇四	四〇	寅	四	一七	一二	加		四	〇二	六
	緯	北	七九	五五	四〇	北	六七	〇四	一五	減		八	四八	
西上將	經	巳	一五	〇七	三五	巳	一六	五八	〇〇	加		四七	二一	四
	緯	北	一	四〇	五六	北	七	二五	一七	減		一九	五〇	
天社三	經	巳	一五	二〇	三六	午	九	二二	二三	加		二五	二一	二
	緯	南	六七	一〇	三六	南	五三	四三	五四	加		一二	五七	

（續表）

黃道鶉尾宮恒星		黃道 宮	黃道 度	黃道 分	黃道 秒	赤道 宮	赤道 度	赤道 分	赤道 秒	赤道歲差	赤道歲差 分	赤道歲差 秒	赤道歲差 微	星等
太子	經	巳	一五	二三	五〇	巳	二三	四一	〇三	加		四七	三六	四
	緯	北	一七	一八	〇九	北	二二	三八	〇八	減		二〇	一三	
常陳三	經	巳	一五	二九	四八	辰	六	三六	二八	加		四四	三三	六
	緯	北	四〇	三七	三〇	北	四二	一七	三四	減		二〇	〇九	
輔東增一	經	巳	一五	四〇	二四	辰	二二	四六	三一	加		三五	〇五	六
	緯	北	五七	五〇	二四	北	五五	五九	二二	減		一八	四二	
明堂西增四	經	巳	一五	四八	三九	巳	一六	〇一	〇五	加		四七	〇二	六
	緯	南	二	三三	五三	北	三	二四	三六	減		一九	四四	
明堂西增五	經	巳	一五	四九	二九	巳	一五	〇九	二三	加		四六	五三	五
	緯	南	四	三八	五三	北	一	一八	四八	減		一九	四〇	
五帝座三	經	巳	一六	三一	〇八	巳	二一	四六	〇〇	加		四七	二八	六
	緯	北	一〇	二三	四一	北	一四	五三	〇一	減		二〇	〇八	
張宿南增四	經	巳	一六	三七	二八	巳	五	二八	〇五	加		四三	二六	六
	緯	南	三〇	一一	一五	南	二二	二五	三六	加		一八	三三	
三公三	經	巳	一六	三九	〇二	辰	一六	四九	五三	加		三九	二四	六
	緯	北	五一	四七	〇六	北	五一	〇二	〇八	減		一九	二五	
翼宿西增三	經	巳	一六	三九	二四	巳	八	三五	四一	加		四四	四〇	六
	緯	南	二三	〇四	二四	南	一五	五七	〇七	加		一八	五九	
明堂西增二	經	巳	一六	四二	五一	巳	一七	四七	〇一	加		四七	一〇	六
	緯	北	〇	〇〇	三五	北	五	一五	四七	減		一九	五三	
翼宿五	經	巳	一六	四八	三九	巳	九	一五	〇五	加		四四	五二	四
	緯	南	二一	四九	二八	南	一四	五一	五九	加		一九	〇四	

（續表）

黃道鶉尾宮恒星		黃道				赤道				赤道歲差				星等
		宮	度	分	秒	宮	度	分	秒		分	秒	微	
翼宿十二	經	巳	一七	〇九	〇八	巳	一二	二二	五七	加		四五	五二	六
	緯	南	一四	五一	〇〇	南	八	三五	三五	加		一九	二五	
輔東增二	經	巳	一七	〇九	二三	辰	二四	一五	四七	加		三四	一七	六
	緯	北	五八	一三	三四	北	五五	四三	三七	減		一八	二九	
五帝座二	經	巳	一七	二八	一六	巳	二四	一一	四五	加		四七	二四	六
	緯	北	一四	〇三	〇七	北	一七	五一	〇五	減		二〇	一四	
明堂西增三	經	巳	一七	三六	五三	巳	一七	四三	一四	加		四六	五七	五
	緯	南	二	一六	五五	北	二	四八	〇七	減		一九	五三	
開陽東增二	經	巳	一七	三八	〇五	辰	二二	二八	一七	加		三五	五六	六
	緯	北	五六	二五	五〇	北	五四	一三	五五	減		一八	四四	
明堂西增六	經	巳	一七	五五	一九	巳	一五	五四	三五	加		四六	三四	四
	緯	南	七	三九	〇五	南	二	一五	四六	加		一九	四四	
明堂一	經	巳	一七	五六	〇二	巳	一八	四一	〇五	加		四七	〇四	四
	緯	南	〇	三四	〇四	北	四	一五	二〇	減		一九	五七	
常陳二	經	巳	一七	五六	三三	辰	八	一二	三六	加		四四	一二	六
	緯	北	三九	五一	三〇	北	四〇	四〇	一四	減		二〇	〇五	
五帝座一	經	巳	一八	〇四	一四	巳	二三	五九	五九	加		四七	一九	二
	緯	北	一二	一六	五一	北	一五	五九	四六	減		二〇	一四	
郎位西增三	經	巳	一八	〇六	一五	巳	二九	四一	二二	加		四六	四五	六
	緯	北	二四	四五	二三	北	二七	一八	〇四	減		二〇	一九	
翼宿西增四	經	巳	一八	一一	一六	巳	九	三八	五二	加		四四	三六	六
	緯	南	二三	四五	〇三	南	一七	〇八	三〇	加		一九	〇七	

（續表）

黃道鶉尾宮恒星		黃道宮	黃道度	黃道分	黃道秒	赤道宮	赤道度	赤道分	赤道秒	赤道歲差	赤道歲差分	赤道歲差秒	赤道歲差微	星等
內屏西增一	經	巳	一八	一五	○五	巳	二一	一八	三五	加		四七	一六	六
	緯	北	五	一九	一三	北	九	三一	四四	減		二○	○六	
天社內增五	經	巳	一八	二六	○七	午	一二	三六	三五	加		二六	三八	三
	緯	南	六五	四○	○○	南	五三	二三	四八	加		一三	四九	
幸臣	經	巳	一八	二六	一三	巳	二六	四四	○五	加		四七	○九	六
	緯	北	一七	四八	○四	北	二○	五二	五五	減		二○	一七	
郎位十五	經	巳	一八	二九	○九	巳	二七	四七	五四	加		四七	○三	六
	緯	北	二○	○二	五一	北	二三	五四	○一	減		二○	一九	
郎位西增一	經	巳	一八	三五	五九	辰	一	四三	○二	加		四六	二一	六
	緯	北	二七	五一	五六	北	二九	五三	二○	減		二○	一九	
郎位西增二	經	巳	一八	四一	二八	辰	一	三八	○○	加		四六	二三	六
	緯	北	二七	三二	三五	北	二九	三三	五二	減		二○	一九	
天社四	經	巳	一八	五七	○五	午	一二	四三	三三	加		二六	三一	二
	緯	南	六五	四八	一七	南	五三	三八	二四	加		一三	五一	
五帝座四	經	巳	一九	○四	二七	巳	二五	三六	五一	加		四七	一三	六
	緯	北	一三	五三	二一	北	一七	○三	五九	減		二○	一六	
明堂北增一	經	巳	一九	二○	一一	巳	二○	一八	二八	加		四七	○一	六
	緯	北	○	一六	○九	北	四	二八	三四	減		二○	○四	
翼宿十一	經	巳	一九	二九	三一	巳	一四	○一	四二	加		四五	四五	六
	緯	南	一五	五九	○一	南	一○	三一	三六	加		一九	三四	
翼宿西增五	經	巳	一九	二九	三三	巳	一○	一四	五七	加		四四	二八	六
	緯	南	二四	五九	四二	南	一八	四五	五二	加		一九	一一	

（續　表）

黃道鶉尾宮恒星		黃道宮	黃道度	黃道分	黃道秒	赤道宮	赤道度	赤道分	赤道秒	赤道歲差	赤道歲差分	赤道歲差秒	赤道歲差微	星等
五帝座五	經	巳	一九	三二	〇五	巳	二四	一二	二三	加		四七	一三	六
	緯	北	九	三一	〇七	北	一二	五三	一九	減		二〇	一五	
海石一	經	巳	一九	三四	五六	午	四	一八	三二	加		一九	一二	二
	緯	南	七二	三八	五九	南	五八	三八	四一	加		一一	二九	
輔東增三	經	巳	一九	三六	三四	辰	二六	〇八	三九	加		三三	五六	六
	緯	北	五八	二五	一〇	北	五四	五九	〇〇	減		一八	一二	
內屏一	經	巳	一九	四五	二九	巳	二三	〇一	一七	加		四七	一一	五
	緯	北	六	〇六	二一	北	九	四〇	一八	減		二〇	一〇	
郎位十	經	巳	二〇	〇三	一九	辰	〇	五一	一一	加		四六	三六	五
	緯	北	二三	二八	三三	北	二五	二二	一八	減		二〇	一九	
翼宿一	經	巳	二〇	一一	四三	巳	一一	五一	二九	加		四四	五三	四
	緯	南	二二	四二	〇〇	南	一六	五六	一八	加		一九	二一	
郎位一	經	巳	二〇	一七	二四	辰	三	三一	四二	加		四五	五九	五
	緯	北	二八	二四	〇二	北	二九	四一	三七	減		二〇	一七	
內屏內增二	經	巳	二〇	二二	一五	巳	二三	四一	二七	加		四七	〇八	六
	緯	北	六	二一	三三	北	九	三九	四三	減		二〇	一三	
郎位七	經	巳	二〇	三〇	二九	辰	二	二三	五五	加		四六	一七	五
	緯	北	二五	四七	三三	北	二七	一六	二四	減		二〇	一八	
內屏二	經	巳	二〇	三四	三五	巳	二三	一〇	一三	加		四七	〇六	五
	緯	北	四	三五	三九	北	七	五七	三九	減		二〇	一一	
郎位三	經	巳	二〇	四〇	四〇	辰	三	二三	一五	加		四六	〇三	五
	緯	北	二七	二六	五四	北	二八	四一	一九	減		二〇	一六	

（續表）

黄道鶉尾宫恒星		黄道宫	黄道度	黄道分	黄道秒	赤道宫	赤道度	赤道分	赤道秒		赤道歲差分	赤道歲差秒	赤道歲差微	星等
郎位十四	經	巳	二〇	四一	〇六	巳	二九	四七	四一	加		四六	四四	六
	緯	北	一九	五九	〇七	北	二一	五八	〇四	減		二〇	一九	
三公二	經	巳	二〇	四六	〇〇	辰	二一	〇〇	三五	加		三七	五六	五
	緯	北	五二	五二	〇〇	北	五〇	二〇	一〇	減		一八	五六	
郎位六	經	巳	二〇	四七	二三	辰	二	五一	二三	加		四六	一〇	五
	緯	北	二六	一一	四七	北	二七	三一	二六	減		二〇	一八	
明堂三	經	巳	二〇	四八	一三	巳	一九	一八	二五	加		四六	四〇	四
	緯	南	五	四二	三三	南	一	三五	四〇	加		一九	五九	
常陳一	經	巳	二〇	五八	二三	辰	二〇	五九	四五	加		四三	二九	二
	緯	北	四〇	〇七	一八	北	三九	四二	二二	減		一九	五六	
郎位四	經	巳	二一	〇一	五五	辰	三	三三	一四	加		四六	〇三	五
	緯	北	二七	〇六	五〇	北	二八	一四	五六	減		二〇	一六	
郎位二	經	巳	二一	二六	三二	辰	四	〇九	三七	加		四五	五五	六
	緯	北	二七	三六	三六	北	二八	三一	四六	減		二〇	一五	
明堂二	經	巳	二一	二七	五二	巳	二〇	五七	一八	加		四六	四七	四
	緯	南	三	〇三	三五	北	〇	三四	四四	減		二〇	〇六	
内屏内增三	經	巳	二一	五四	四七	巳	二五	二八	三二	加		四七	〇二	六
	緯	北	七	一四	五三	北	九	五一	五三	減		二〇	一六	
郎位五	經	巳	二一	五五	二九	辰	四	〇一	四〇	加		四五	五九	五
	緯	北	二六	二九	一一	北	二七	一九	五六	減		二〇	一六	
五諸侯内增七	經	巳	二一	五九	三〇	巳	二九	二四	五二	加		四六	四七	六
	緯	北	一六	二七	〇〇	北	一八	一四	一八	減		二〇	二〇	

（續表）

黄道鶉尾宮恒星		黄道宮	黄道度	黄道分	黄道秒	赤道宮	赤道度	赤道分	赤道秒		赤道歲差分	赤道歲差秒	赤道歲差微	星等
常陳東增二	經	巳	二二	二七	一七	辰	一四	四一	五五	加		四二	〇二	六
	緯	北	四三	四〇	三五	北	四二	〇九	四四	減		九	三八	
翼宿十	經	巳	二二	四〇	五九	巳	一七	五五	〇九	加		四六	〇五	四
	緯	南	一三	二八	二八	南	九	二七	三六	加		一九	五四	
郎位九	經	巳	二三	五四	四四	辰	四	〇八	四二	加		四六	〇一	五
	緯	北	二四	五四	五〇	北	二五	三一	四二	減		二〇	一五	
郎位八	經	巳	二三	〇三	一五	辰	四	三二	〇七	加		四五	五六	五
	緯	北	二五	二九	一〇	北	二五	五九	一〇	減		二〇	一五	
翼宿七	經	巳	二三	〇八	五〇	巳	一六	三八	三二	加		四五	四一	四
	緯	南	一七	三五	二〇	南	一三	二四	一八	加		一九	四八	
摇光	經	巳	二三	一八	四〇	辰	二四	二三	一七	加		三六	三〇	二
	緯	北	五四	二四	三〇	北	五〇	三六	三七	減		一八	二八	
天記東增二	經	巳	二三	二五	三〇	巳	〇	五八	〇一	加		三八	一七	四
	緯	南	四八	一四	四五	南	四〇	四九	五三	加		一七	五〇	
右執法	經	巳	二三	三一	一四	巳	二四	一九	二三	加		四六	五二	三
	緯	北	〇	四〇	四七	北	三	一二	〇五	減		二〇	一五	
三公一	經	巳	二三	四八	〇二	辰	二一	二七	〇〇	加		三八	三四	五
	緯	北	五〇	五一	四〇	北	四七	三六	二六	減		一八	五三	
常陳東增四	經	巳	二三	四九	四〇	辰	一四	三四	一九	加		四二	二四	六
	緯	北	四一	五一	四四	北	四〇	〇五	二〇	減		一九	三八	
五諸侯北增六	經	巳	二三	五〇	五一	辰	一	五六	三五	加		四六	二九	五
	緯	北	一八	一九	五三	北	一九	一二	三〇	減		二〇	一九	

（續表）

黃道鶉尾宮恒星	經緯	黃道宮	黃道度	黃道分	黃道秒	赤道宮	赤道度	赤道分	赤道秒	加減	赤道歲差分	赤道歲差秒	赤道歲差微	星等
常陳東增五	經	巳	二三	五二	四〇	辰	一四	二九	〇四	加		四二	二七	五
	緯	北	四一	四〇	一五	北	三九	五四	二二	減		一九	三九	
翼宿九	經	巳	二三	五四	二〇	巳	一八	三四	〇四	加		四六	〇〇	五
	緯	南	一四	三五	一六	南	一〇	五七	二三	加		一九	五六	
內屏三	經	巳	二三	五八	二九	巳	二六	五五	四五	加		四六	五四	五
	緯	北	六	〇八	五二	北	八	〇二	一三	減		二〇	一九	
常陳東增六	經	巳	二三	五八	五八	辰	一四	三四	三三	加		四二	二六	六
	緯	北	四一	四〇	三四	北	三九	五二	一三	減		一九	三八	
五諸侯五	經	巳	二四	〇一	四四	辰	〇	四五	一五	加		四六	三九	五
	緯	北	一五	一三	五五	北	一六	一九	〇五	減		二〇	一九	
內屏四	經	巳	二四	〇八	〇六	巳	二八	〇二	三四	加		四六	五三	五
	緯	北	八	三一	二九	北	一〇	〇九	〇〇	減		二〇	一九	
常陳東增三	經	巳	二四	一三	四〇	辰	一六	三一	一四	加		四一	三〇	六
	緯	北	四四	一二	二四	北	四一	五六	一三	減		一九	二七	
郎位十三	經	巳	二四	二八	二六	辰	四	一一	四六	加		四六	〇八	六
	緯	北	二三	〇二	三八	北	二三	一九	一七	減		二〇	一六	
翼宿南增六	經	巳	二四	四八	二八	巳	一二	二八	四一	加		四三	五四	六
	緯	南	三〇	〇八	四八	南	二五	二五	五四	加		一九	二五	
郎位十一	經	巳	二四	五二	〇三	辰	五	三一	三二	加		四五	五一	四
	緯	北	二四	〇七	〇九	北	二四	〇二	一四	減		二〇	一三	
內屏南增六	經	巳	二四	五七	三一	巳	二六	四二	二三	加		四六	五一	五
	緯	北	三	二〇	三一	北	五	〇四	二二	減		二〇	一七	

（續表）

黃道鶉尾宮恒星		黃道 宮	黃道 度	黃道 分	黃道 秒	赤道 宮	赤道 度	赤道 分	赤道 秒	赤道歲差	赤道歲差 分	赤道歲差 秒	赤道歲差 微	星等
翼宿十六	經	巳	二五	○○	三五	巳	一四	四七	一○	加		四四	四三	三
	緯	南	三五	三七	三三	南	二一	二六	○○	加		一九	三九	
翼宿十三	經	巳	二五	○一	二六	巳	二○	五五	○六	加		四六	一八	四
	緯	南	一一	一八	三三	南	八	二三	三六	加		二○	○四	
天社五	經	巳	二五	一七	三三	午	一八	三○	二○	加		二八	一九	二
	緯	南	六三	四二	○三	南	五三	五二	三六	加		一五	一八	
内屏北增四	經	巳	二五	二三	一三	辰	○	○六	一六	加		四六	四五	六
	緯	北	一○	四四	二四	北	一一	四○	三九	減		二○	一九	
翼宿二	經	巳	二五	四一	一六	巳	一八	○二	一○	加		四五	三五	四
	緯	南	一九	三九	二三	南	一六	一六	四一	加		一九	五四	
郎將西增一	經	巳	二五	四二	五二	辰	九	一一	一三	加		四四	五五	六
	緯	北	二九	五八	二四	北	二八	五六	五二	減		二○	○二	
翼宿二十	經	巳	二五	四六	四○	巳	一三	一五	○○	加		四三	五八	五
	緯	南	三○	一六	三一	南	二五	五四	五九	加		一九	三○	
翼宿四	經	巳	二五	五一	四三	巳	一七	四一	○三	加		四五	二七	五
	緯	南	二○	四九	三一	南	一七	二四	三四	加		一九	五三	
天床三	經	巳	二五	五四	三○	卯	二五	四三	○七	加		一三	一六	六
	緯	北	七五	二三	二三	北	六三	二八	○七	減		一一	二五	
郎將	經	巳	二六	一五	二四	辰	九	四七	○八	加		四四	四九	四
	緯	北	三○	一二	二四	北	二八	五六	三三	減		二○	○○	
天槍一	經	巳	二六	二一	三九	卯	一	○七	四○	加		三二	四七	四
	緯	北	五八	五四	四四	北	五二	五九	一七	減		一七	二一	

（續表）

黄道鶉尾宫恒星		黄道宫	黄道度	黄道分	黄道秒	赤道宫	赤道度	赤道分	赤道秒	赤道歲差	赤道歲差分	赤道歲差秒	赤道歲差微	星等
内屏東增五	經	巳	二六	二四	五六	巳	二九	一四	三八	加		四六	四八	六
	緯	北	六	一九	三一	北	七	一三	三九	減		二〇	一九	
周鼎二	經	巳	二六	二八	〇四	辰	一一	五八	三〇	加		四四	〇三	四
	緯	北	三三	五六	三六	北	三三	一〇	二七	減		一九	五二	
郎位十二	經	巳	二六	三三	三八	辰	六	三五	〇八	加		四五	四六	五
	緯	北	二三	〇八	一〇	北	二三	二八	四七	減		二〇	一〇	
郎將東增二	經	巳	二六	四四	五八	辰	一〇	〇九	三四	加		四四	四六	五
	緯	北	三〇	〇五	三一	北	二八	三八	四九	減		一九	五九	
五諸侯北增五	經	巳	二六	五二	二三	辰	五	三四	一〇	加		四六	〇二	五
	緯	北	二〇	一七	五七	北	一九	四七	二四	減		二〇	一二	
翼宿八	經	巳	二六	五三	五三	巳	二一	二五	一七	加		四六	〇九	五
	緯	南	一四	一三	二二	南	一一	四七	四八	加		二〇	〇七	
翼宿南增七	經	巳	二六	五九	一一	巳	一四	〇五	一六	加		四四	〇〇	六
	緯	南	三〇	四一	一三	南	二六	四四	五〇	加		一九	三五	
五諸侯四	經	巳	二七	二七	一〇	辰	三	五七	五七	加		四六	二二	六
	緯	北	一五	二六	〇六	北	一五	〇八	二三	減		二〇	一六	
翼宿十五	經	巳	二七	三〇	一四	巳	一八	五三	一〇	加		四五	二九	六
	緯	南	二一	二五	〇八	南	一八	三五	二二	加		一九	五八	
天槍二	經	巳	二七	三一	〇〇	卯	一	四九	〇六	加		三二	四五	四
	緯	北	五八	五一	五〇	北	五二	三三	三一	減		一七	一三	
五諸侯北增四	經	巳	二七	五一	四九	辰	六	〇一	三八	加		四六	〇二	六
	緯	北	一九	一九	一二	北	一八	三〇	三三	減		二〇	一一	

（續表）

黄道鶉尾宫恒星		黄道宫	黄道度	黄道分	黄道秒	赤道宫	赤道度	赤道分	赤道秒		赤道歲差分	赤道歲差秒	赤道歲差微	星等
謁者西增一	經	巳	二七	五三	一二	巳	二九	〇八	四八	加		四六	四七	六
	緯	北	二	四二	五二	北	三	一九	五〇	減		二〇	二〇	
天槍南增一	經	巳	二七	五四	二四	辰	二九	四二	五六	加		三四	二六	六
	緯	北	五六	三四	四八	北	五〇	四〇	二三	減		一七	三六	
翼宿十四	經	巳	二八	〇四	〇七	巳	二四	〇七	一〇	加		四六	二八	六
	緯	南	一〇	一四	四六	南	八	三七	二二	加		二〇	一四	
翼宿十九	經	巳	二八	二一	〇七	巳	一六	三五	三五	加		四四	三八	六
	緯	南	二八	〇〇	〇四	南	二四	五一	五五	加		一九	四八	
翼宿十七	經	巳	二八	二九	一五	巳	一九	〇二	三六	加		四五	二二	六
	緯	南	二三	〇一	一七	南	二〇	二五	三五	加		一九	五九	
九卿西增九	經	巳	二八	五一	三四	辰	四	〇六	四四	加		四六	二九	六
	緯	北	一二	四四	四七	北	一二	〇七	四一	減		二〇	一一	
天槍三	經	巳	二八	五九	〇〇	卯	四	〇九	五一	加		三一	四〇	四
	緯	北	六〇	一〇	〇四	北	五三	〇二	五八	減		一六	四六	
上弼	經	巳	二九	二四	〇五	寅	一七	〇四	〇五	加		二	二〇	三
	緯	北	八四	四七	〇〇	北	六六	〇一	四七	減		四	三三	
謁者北增二	經	巳	二九	二九	一八	辰	二	二二	五二	加		四六	三九	六
	緯	北	七	〇七	〇九	北	六	四三	五〇	減		二〇	一八	
翼宿十八	經	巳	二九	四〇	〇八	巳	一八	一三	一七	加		四四	五七	六
	緯	南	二七	〇一	一三	南	二四	二九	四五	加		一九	五六	
五諸侯北增二	經	巳	二九	四四	四四	辰	一〇	〇九	五六	加		四五	一五	四
	緯	北	二四	四二	四二	北	二二	三八	四五	減		一九	五八	

（續表）

黃道鶉尾宮恒星		黃道宮	黃道度	黃道分	黃道秒	赤道宮	赤道度	赤道分	赤道秒	赤道歲差	赤道歲差分	赤道歲差秒	赤道歲差微	星等
謁者	經	巳	二九	四七	一七	辰	一	四九	五三	加		四六	四四	四
	緯	北	五	○四	二二	北	四	四四	一一	減		二○	一九	
周鼎三	經	巳	二九	四七	四二	辰	一三	四二	五六	加		四四	○三	四
	緯	北	三一	四九	四一	北	二九	○○	二三	減		一九	四三	
海石北增一	經	巳	二九	四九	二九	午	一六	○一	一七	加		二四	一七	四
	緯	南	六七	三○	一○	南	五七	五二	三八	加		一四	四○	
九卿西增八	經	巳	二九	五二	五一	辰	五	○一	五六	加		四六	二五	六
	緯	北	一二	四三	二二	北	一一	四二	○三	減		二○	一四	

清·戴進賢《儀象考成》卷一一《恒星黃道經緯度表十》黃道壽星宮赤道度附

黃道壽星宮恒星		黃道宮	黃道度	黃道分	黃道秒	赤道宮	赤道度	赤道分	赤道秒	赤道歲差	赤道歲差分	赤道歲差秒	赤道歲差微	星等
海石內增二	經	辰	○	○七	二九	午	一二	一七	○○	加		二一	○五	五
	緯	南	七○	○六	五○	南	五九	三七	四九	加		一三	四三	
五諸侯三	經	辰	○	一九	四九	辰	八	二七	五七	加		四五	四七	五
	緯	北	一九	四八	四二	北	一七	五八	五○	減		二○	○四	
翼宿三	經	辰	○	三○	五○	巳	二二	五七	三五	加		四六	○三	四
	緯	南	一八	一七	二九	南	一六	五五	五八	加		二○	一一	
尚書三	經	辰	○	三○	五八	寅	九	四六	○五	加		五	五一	五
	緯	北	八一	三七	一○	北	六五	○四	三○	減		七	○二	
天社六	經	辰	○	三七	五九	午	二○	四八	二六	加		二七	五○	四
	緯	南	六四	一三	五三	南	五五	五二	五五	加		一五	四八	

（續表）

黃道壽星宮恒星		黃道				赤道					赤道歲差			星等
		宮	度	分	秒	宮	度	分	秒		分	秒	微	
周鼎一	經	辰	○	五一	三一	辰	一四	五八	一四	加		四三	四八	五
	緯	北	三二	二八	三三	北	二五	一○	一九	減		一九	三五	
尚書五	經	辰	○	五二	四七	寅	一三	三九	五九	加		三	五九	五
	緯	北	八三	一八	四○	北	六五	三二	○九	減		五	四二	
左執法南增一	經	辰	一	○一	四四	辰	一	二三	四六	加		四六	四六	六
	緯	北	一	○八	○八	北	○	三七	五四	減		二○	一九	
左執法	經	辰	一	一五	五二	辰	一	四二	一六	加		四六	四六	三
	緯	北	一	二二	○一	北	○	四五	○○	減		二○	一九	
左樞	經	辰	一	一八	○五	卯	一九	四七	二○	加		二○	○七	三
	緯	北	七一	○四	○四	北	五九	五○	二三	減		一三	○五	
九卿三	經	辰	一	三四	四五	辰	五	五六	○六	加		四六	二五	六
	緯	北	一一	○九	五二	北	九	三六	○九	減		二○	一一	
海石二	經	辰	○一	四六	一二	午	一七	三三	一三	加		二四	四○	二
	緯	南	六七	○四	五四	南	五八	○九	五三	加		一五	○三	
九卿北增五	經	辰	一	四八	○五	辰	七	一○	五○	加		四六	一四	六
	緯	北	一三	四一	三七	北	一一	四九	三六	減		二○	○九	
尚書東增二	經	辰	一	四八	二八	寅	一三	四四	二一	加		四	二二	六
	緯	北	八三	一八	四○	北	六五	二五	五六	減		五	四二	
九卿內增七	經	辰	一	四八	三三	辰	六	○五	○七	加		四六	二四	六
	緯	北	一二	○一	一○	北	九	二三	四四	減		二○	一一	
九卿北增二	經	辰	一	五五	二八	辰	九	○一	二八	加		四五	五二	六
	緯	北	一七	四七	五七	北	一五	三一	二二	減		二○	○三	

（續表）

黃道壽星宮恒星		黃道宮	度	分	秒	赤道宮	度	分	秒		赤道歲差分	秒	微	星等
九卿北增一	經	辰	一	五五	三〇	辰	九	〇一	三一	加		四五	五二	五
	緯	北	一七	四八	〇〇	北	一五	三一	二四	減		二〇	〇三	
九卿一	經	辰	一	五五	三三	辰	七	一三	五八	加		四六	一二	五
	緯	北	一三	三三	四九	北	一一	三八	三七	減		二〇	〇九	
九卿北增三	經	辰	二	〇一	〇五	辰	八	五一	三二	加		四五	五六	六
	緯	北	一七	一二	五七	北	一四	五七	一六	減		二〇	〇二	
五諸侯北增一	經	辰	二	〇七	五一	辰	一三	二七	五七	加		四四	三八	六
	緯	北	二七	一四	三九	北	二三	五九	五〇	減		一九	四三	
天槍東增二	經	辰	二	二〇	四六	卯	四	五七	三七	加		三二	二三	六
	緯	北	五八	五五	〇五	北	五〇	五九	三七	減		一六	三六	
九卿北增四	經	辰	二	二七	一一	辰	八	三五	一八	加		四六	〇二	五
	緯	北	一五	三九	〇一	北	一三	二一	二一	減		二〇	〇四	
翼宿六	經	巳	二	三二	四四	巳	二五	四五	二三	加		四六	二三	四
	緯	南	一六	〇四	四六	南	一五	四三	三四	加		二〇	一六	
五諸侯二	經	辰	二	四八	五五	辰	一一	三三	三五	加		四五	二一	五
	緯	北	二二	四六	五六	北	一八	四七	四〇	減		一九	五三	
三公一	經	辰	二	四九	〇〇	辰	六	〇六	四一	加		四六	二九	六
	緯	北	八	四九	三〇	北	六	五八	一五	減		二〇	一三	
五諸侯一	經	辰	二	五〇	〇七	辰	一三	二七	五四	加		四四	四六	五
	緯	北	二五	五五	五六	北	二二	三二	三二	減		一九	四五	
青邱三	經	巳	二	五一	五六	巳	一九	五二	一九	加		四四	五六	六
	緯	南	二九	二二	一四	南	二七	五一	〇八	加		二〇	〇二	

（續　表）

黃道壽星宮恒星		黃道 宮	黃道 度	黃道 分	黃道 秒	赤道 宮	赤道 度	赤道 分	赤道 秒	赤道歲差	赤道歲差 分	赤道歲差 秒	赤道歲差 微	星等
翼宿二十一	經	辰	三	〇一	五四	巳	二二	二七	一三	加		四五	一四	六
	緯	南	二四	二四	一五	南	二三	二七	四四	加		二〇	一〇	
九卿北增六	經	辰	三	一三	五一	辰	八	二〇	四五	加		四六	一二	六
	緯	北	一三	二二	四五	北	一〇	五八	三〇	減		二〇	〇五	
三公二	經	辰	三	二一	一四	辰	七	一四	三六	加		四六	二一	六
	緯	北	一〇	二四	四五	北	八	一二	四三	減		二〇	〇八	
元戈	經	辰	三	二二	五八	卯	一	四〇	三八	加		三五	一一	四
	緯	北	五四	三九	二〇	北	四七	一六	〇二	減		一七	一四	
五諸侯東增三	經	辰	三	二七	二三	辰	一二	〇七	〇二	加		四五	一九	六
	緯	北	二一	四五	一四	北	一八	三一	〇六	減		一九	五〇	
東次將西增一	經	辰	三	四八	〇五	辰	一〇	一五	二五	加		四五	五二	六
	緯	北	一六	四三	三三	北	一三	四八	二六	減		一九	五八	
海山西增一	經	辰	三	四八	五一	巳	六	三五	四二	加		三八	一三	四
	緯	南	五一	〇二	四六	南	四六	五二	四四	加		一八	四一	
九卿二	經	辰	三	五一	一八	辰	八	一〇	一三	加		四六	一八	六
	緯	北	一一	三四	一五	北	九	〇四	二九	減		二〇	〇七	
青邱四	經	辰	三	五六	二五	巳	二〇	〇〇	二七	加		四四	五〇	六
	緯	南	三〇	五五	五九	南	二九	三九	五九	加		二〇	〇二	
青邱五	經	辰	四	二二	四七	巳	二〇	〇二	二五	加		四四	四五	四
	緯	南	三一	三五	五五	南	三〇	二五	四九	加		二〇	〇二	
軫宿北增二	經	辰	四	二三	五二	辰	一	三二	〇二	加		四六	五二	六
	緯	南	六	一四	五二	南	七	二八	五〇	加		二〇	一八	

（續表）

黃道壽星宮恒星		黃道宮	黃道度	黃道分	黃道秒	赤道宮	赤道度	赤道分	赤道秒	加減	赤道歲差分	赤道歲差秒	赤道歲差微	星等
翼宿二十二	經	辰	四	四一	一八	巳	二四	五五	五五	加		四六	〇六	六
	緯	南	二三	一七	二六	南	二三	一二	四一	加		二〇	一五	
軫宿西增三	經	辰	四	四三	四一	巳	二六	五七	二五	加		四六	二八	五
	緯	南	一七	五二	五九	南	一八	一四	〇三	加		二〇	一八	
海石三	經	辰	五	〇八	四六	午	二一	四二	一九	加		二六	三四	五
	緯	南	六五	二一	三〇	南	五八	〇三	一七	加		一六	〇〇	
青邱六	經	辰	五	一九	五一	巳	二〇	二七	五五	加		四四	四六	六
	緯	南	三二	二一	二一	南	三一	二八	二九	加		二〇	〇五	
東上將	經	辰	五	二三	三五	辰	一四	二二	四六	加		四五	〇一	四
	緯	北	二二	五九	一二	北	一八	五三	一一	減		一九	三九	
青邱內增二	經	辰	五	五二	四六	巳	二一	〇一	三九	加		四四	五五	六
	緯	南	三二	一二	二七	南	三一	三三	三四	加		二〇	〇五	
東次將南增二	經	辰	五	五七	一〇	辰	一〇	三〇	〇五	加		四六	一〇	六
	緯	北	一二	三七	二七	北	九	一二	五一	減		一九	五七	
三公三	經	辰	六	〇一	〇〇	辰	八	四二	三二	加		四六	三〇	六
	緯	北	八	〇一	四〇	北	四	五八	三一	減		二〇	〇四	
東次將	經	辰	六	二三	四〇	辰	一二	二一	三四	加		四五	四八	三
	緯	北	一六	一二	五四	北	一二	二〇	〇二	減		一九	四九	
東上相	經	辰	六	三七	一一	辰	七	一一	二六	加		四六	四七	三
	緯	北	二	四八	五三	南	〇	〇二	五四	加		二〇	〇九	
青邱內增一	經	辰	六	三八	〇二	巳	二三	一〇	四六	加		四五	一一	六
	緯	南	三一	一八	四〇	南	三一	〇三	四五	加		二〇	〇九	

（續表）

黃道壽星宮恒星		黃道宮	黃道度	黃道分	黃道秒	赤道宮	赤道度	赤道分	赤道秒	赤道歲差	赤道歲差分	赤道歲差秒	赤道歲差微	星等
青邱南增三	經	辰	六	三九	一〇	巳	二〇	五四	〇八	加		四四	四四	六
	緯	南	三三	三九	二三	南	三三	〇八	三六	加		二〇	〇六	
海山西增二	經	辰	六	五四	〇八	巳	八	五三	四八	加		三八	四三	三
	緯	南	五一	〇四	三一	南	四八	〇二	二〇	加		一九	〇〇	
東次相西增一	經	辰	七	〇五	三〇	辰	九	三九	〇二	加		四六	二〇	六
	緯	北	七	五五	五〇	北	四	二七	四八	減		二〇	〇一	
軫宿一	經	辰	七	一〇	五八	辰	〇	四〇	四二	加		四六	五四	三
	緯	南	一四	二九	〇〇	南	一六	〇七	〇七	加		二〇	一八	
海石内增三	經	辰	七	一六	二四	午	一六	一九	〇六	加		一二	一〇	五
	緯	南	六九	二七	三一	南	六一	一三	五〇	加		一四	四四	
進賢西增九	經	辰	七	二七	二〇	辰	六	一二	四五	加		四六	五七	六
	緯	南	一	三五	三二	南	四	二五	三三	加		二〇	一二	
青邱七	經	辰	七	三二	二六	巳	二一	四八	〇五	加		四四	五七	五
	緯	南	三三	二六	三九	南	三三	一八	二二	加		二〇	〇八	
青邱二	經	辰	七	三八	〇三	巳	二五	三八	一七	加		四六	〇四	六
	緯	南	二六	一二	三〇	南	二七	〇二	三二	加		二〇	一六	
軫宿北增一	經	辰	七	五四	五二	辰	五	〇八	二八	加		四七	〇四	六
	緯	南	五	一九	四七	南	八	〇二	一六	加		二〇	一四	
東次相	經	辰	七	五四	五四	辰	一〇	四一	〇〇	加		四六	二八	三
	緯	北	八	三八	二七	北	四	四七	三三	減		一九	五七	
軫宿二	經	辰	八	〇六	五八	巳	二九	一五	二五	加		四六	四四	四
	緯	南	一九	三九	四一	南	二一	一一	四八	加		二〇	一九	

（續表）

黃道壽星宮恒星		黃道宮	黃道度	黃道分	黃道秒	赤道宮	赤道度	赤道分	赤道秒	赤道歲差加減	赤道歲差分	赤道歲差秒	赤道歲差微	星等
進賢南增八	經	辰	八	三五	三八	辰	六	三一	○八	加		四七	○四	五
	緯	南	三	二七	二三	南	六	三五	一七	加		二○	一一	
右轄	經	辰	八	四○	三五	巳	二八	四八	三五	加		四六	三八	四
	緯	南	二一	四四	二六	南	二三	一八	○三	加		二○	二○	
軫宿南增四	經	辰	八	四五	二五	巳	二九	二八	三一	加		四六	四四	六
	緯	南	二○	二七	四五	南	二二	一○	三九	加		二○	二○	
進賢南增七	經	辰	九	○○	四九	辰	七	一一	三○	加		四七	○四	六
	緯	南	二	四四	二五	南	六	○五	四八	加		二○	○九	
天槍東增三	經	辰	九	○二	一○	卯	九	一五	○五	加		三一	一四	六
	緯	北	六○	○四	○○	北	四九	四六	五八	減		一五	二七	
青邱一	經	辰	九	四九	四七	巳	二四	五六	○六	加		四五	四二	四
	緯	南	三一	二八	一六	南	三二	二八	一○	加		二○	一六	
軫宿三	經	辰	九	五四	一三	辰	四	一○	二○	加		四七	一三	三
	緯	南	一二	○九	四七	南	一五	○五	○三	加		二○	一六	
進賢西增一	經	辰	一○	○四	二四	辰	一○	○二	四二	加		四六	五五	六
	緯	北	二	○○	三四	南	二	○八	五五	加		一九	五九	
帝席西增一	經	辰	一○	一四	五三	辰	二三	四一	三八	加		四二	三五	六
	緯	北	三三	五九	二○	北	二六	五九	五○	減		一八	三三	
長沙	經	辰	一○	一四	五八	辰	一	五○	一八	加		四七	○五	五
	緯	南	一八	一六	四○	南	二○	四七	三一	加		二○	一八	
左轄	經	辰	一○	一六	○七	辰	四	四三	○九	加		四七	一五	五
	緯	南	一一	三九	五五	南	一四	四六	二八	加		二○	一四	

（續 表）

黃道壽星宮恒星		黃道 宮	黃道 度	黃道 分	黃道 秒	赤道 宮	赤道 度	赤道 分	赤道 秒	赤道歲差	赤道歲差 分	赤道歲差 秒	赤道歲差 微	星等
東次將東增三	經	辰	一〇	二六	〇三	辰	一六	〇〇	〇二	加		四五	四三	六
	緯	北	一六	一三	〇七	北	一〇	四六	一四	減		一九	三〇	
右攝提西增二	經	辰	一〇	二八	三四	辰	二三	一三	三二	加		四三	二二	六
	緯	北	三〇	三二	〇〇	北	二三	四八	〇二	減		一八	四六	
少宰	經	辰	一〇	三九	〇〇	寅	五	〇六	二八	加		一二	〇一	三
	緯	北	七八	二六	三〇	北	六二	〇六	二五	減		八	三二	
元戈東增一	經	辰	一〇	四四	〇二	卯	七	二〇	五三	加		三四	一二	六
	緯	北	五五	二七	三九	北	四五	二〇	五四	減		一六	〇五	
東上將東增一	經	辰	一一	二三	〇七	辰	一八	五九	一三	加		四四	五八	六
	緯	北	二一	二四	三五	北	一五	〇九	四七	減		一九	一〇	
飛魚三	經	辰	一一	三三	五五	午	五	四二	一五	加		一〇	五二	五
	緯	南	七五	三三	二二	南	六五	一四	四五	加		一一	五三	
右攝提西增三	經	辰	一一	三六	五六	辰	二三	〇七	三一	加		四三	四七	六
	緯	北	二八	一一	二六	北	二一	一五	二八	減		一八	四七	
進賢	經	辰	一一	三七	五五	辰	一一	三七	〇五	加		四六	五八	六
	緯	北	二	二一	五〇	南	二	二五	五八	加		一九	五二	
進賢北增二	經	辰	一一	三九	〇一	辰	一一	三八	三四	加		四六	五八	六
	緯	北	二	二三	〇四	南	二	二五	一五	加		一九	五三	
進賢北增三	經	辰	一一	四一	三二	辰	一一	五二	三三	加		四六	五六	六
	緯	北	二	五二	五五	南	一	五八	四五	加		一九	五二	
帝席三	經	辰	一一	四五	三八	辰	二六	一三	四八	加		四一	四九	五
	緯	北	三六	三三	一〇	北	二八	四五	〇一	減		一八	一一	

（續表）

黄道壽星宫恒星		黄道宫	黄道度	黄道分	黄道秒	赤道宫	赤道度	赤道分	赤道秒		赤道歲差分	赤道歲差秒	赤道歲差微	星等
元戈東增二	經	辰	一一	四七	四八	卯	一〇	〇二	四九	加		三二	三九	六
	緯	北	五七	五四	〇一	北	四七	一一	四三	減		一五	三〇	
軫宿南增五	經	辰	一二	〇一	一五	辰	二	三〇	三四	加		四七	一三	六
	緯	南	二〇	二三	四二	南	二三	二五	〇〇	加		二〇	一八	
天田西增一	經	辰	一二	一二	一七	辰	一六	一〇	一〇	加		四六	〇五	五
	緯	北	一三	三九	三〇	北	六	四九	二一	減		一九	二九	
進賢南增六	經	辰	一三	一六	三〇	辰	一〇	〇四	五三	加		四七	一七	六
	緯	南	三	〇三	一六	南	七	四〇	一三	加		一九	五九	
進賢北增四	經	辰	一二	三三	四五	辰	一二	四一	五五	加		四六	五八	六
	緯	北	二	五六	一五	南	二	一六	〇一	加		一九	四八	
進賢南增五	經	辰	一二	三七	二五	辰	一〇	一五	三二	加		四七	一九	五
	緯	南	三	二五	二三	南	八	〇八	四四	加		一九	五八	
東上將東增二	經	辰	一二	四九	一七	辰	一九	〇八	四四	加		四五	二一	六
	緯	北	一八	四二	四九	北	一二	〇九	〇九	減		一九	一〇	
帝席二	經	辰	一二	五八	〇五	辰	二七	二三	一七	加		四一	四〇	六
	緯	北	三六	五三	一六	北	二八	三七	一五	減		一七	五八	
上宰	經	辰	一三	〇九	一二	卯	二九	一七	一一	加		一七	三一	三
	緯	北	七四	二六	〇〇	北	五九	一三	三六	減		一〇	一九	
右攝提西增一	經	辰	一三	一一	一七	辰	二四	二三	四三	加		四三	一五	五
	緯	北	三〇	一四	二八	北	二二	三二	三七	減		一八	二八	
天田西增二	經	辰	一三	二四	〇六	辰	一七	一八	二九	加		四六	〇五	六
	緯	北	一二	四八	一一	北	六	二九	五六	減		一九	二二	

（續表）

黃道壽星宮恒星		黃道宮	黃道度	黃道分	黃道秒	赤道宮	赤道度	赤道分	赤道秒	赤道歲差	赤道歲差分	赤道歲差秒	赤道歲差微	星等
海石四	經	辰	一三	二八	〇〇	午	二四	三〇	〇四	加		二五	一四	五
	緯	南	六六	一七	一六	南	六一	一七	二五	加		一六	三四	
軫宿四	經	辰	一三	四八	二五	辰	五	一四	五二	加		四七	三六	三
	緯	南	一八	〇一	四〇	南	二一	五八	四七	加		二〇	一三	
招搖	經	辰	一四	〇三	一八	卯	五	二五	四四	加		三七	〇四	三
	緯	北	四九	三三	〇〇	北	三九	二五	五五	減		一六	二九	
天槍東增四	經	辰	一四	一一	一一	卯	一三	四九	〇九	加		三〇	四八	六
	緯	北	六〇	三二	三七	北	四八	三八	二九	減		一四	三六	
海山一	經	辰	一四	一四	二六	巳	四	三二	四五	加		三三	一〇	五
	緯	南	五九	五三	〇四	南	五七	二四	三九	加		一八	二三	
右攝提二	經	辰	一四	二二	三〇	辰	二三	四六	二一	加		四三	五九	四
	緯	北	二六	三二	〇八	北	一八	四四	一七	減		一八	三三	
平道一	經	辰	一四	三九	二三	辰	一四	一〇	一八	加		四七	一〇	四
	緯	北	一	四五	二九	南	四	〇九	五六	加		一九	四〇	
右攝提三	經	辰	一五	三六	五七	辰	二四	一七	〇〇	加		四四	一二	四
	緯	北	二五	一二	四七	北	一七	〇四	三七	減		一八	二八	
右攝提一	經	辰	一五	四三	三二	辰	二五	三七	〇九	加		四三	三八	三
	緯	北	二八	〇七	三五	北	一九	四二	〇七	減		一八	一七	
飛魚五	經	辰	一五	五二	三八	未	一九	一三	二四	加			二六	五
	緯	南	八二	二七	二六	南	六七	二七	〇三	加		六	四一	
角宿西增十五	經	辰	一六	一〇	〇九	辰	一三	三七	二五	加		四七	三六	五
	緯	南	三	一五	〇三	南	九	二二	一〇	加		一九	四三	

（續表）

黄道壽星宫恒星		黄道宫	黄道度	黄道分	黄道秒	赤道宫	赤道度	赤道分	赤道秒		赤道歲差分	赤道歲差秒	赤道歲差微	星等
角宿西增十四	經	辰	一六	二六	二八	辰	一四	〇五	二四	加		四七	三六	六
	緯	南	二	四二	三二	南	八	五八	二九	加		一九	四〇	
南船一	經	辰	一六	二七	五八	巳	二	〇四	二一	加		三〇	一九	四
	緯	南	六二	三五	一三	南	六〇	〇一	〇七	加		一八	〇一	
帝席一	經	辰	一六	二八	〇四	辰	二九	三九	四七	加		四一	四六	五
	緯	北	三五	四一	〇三	北	二六	一八	四二	減		一七	三七	
天田一	經	辰	一六	四八	四八	辰	二〇	一七	四三	加		四六	一〇	六
	緯	北	二	三三	〇一	北	四	五八	四五	減		一九	〇一	
角宿西增十三	經	辰	一六	四九	二七	辰	一四	三五	〇六	加		四七	三六	六
	緯	南	二	二一	二五	南	八	四七	五三	加		一九	三八	
飛魚一	經	辰	一七	〇〇	二四	午	一四	三二	二七	加		一五	〇六	五
	緯	南	七二	一一	〇五	南	六五	二〇	五一	加		一四	一七	
角宿西增一	經	辰	一七	三一	〇〇	辰	一七	三一	二五	加		四七	一〇	六
	緯	北	三	三五	五一	南	三	三三	四七	加		一九	二〇	
角宿西增十二	經	辰	一七	三六	〇七	辰	一五	二一	〇〇	加		四七	三九	六
	緯	南	二	一五	二五	南	九	〇〇	一九	加		一九	三四	
角宿西增十一	經	辰	一八	二二	五二	辰	一六	〇一	五一	加		四七	四二	六
	緯	南	一	五八	三八	南	八	五八	五五	加		一九	三〇	
海山二	經	辰	一八	三一	三六	巳	八	四二	四三	加		三四	五四	四
	緯	南	五八	五四	四三	南	五八	一八	〇五	加		一八	五九	
角宿二	經	辰	一八	三四	五〇	辰	二〇	二五	一一	加		四六	四二	三
	緯	北	八	三九	〇九	北	〇	四二	四九	減		一九	〇〇	

（續 表）

黃道壽星宮恒星		黃道宮	黃道度	黃道分	黃道秒	赤道宮	赤道度	赤道分	赤道秒	赤道歲差	赤道歲差分	赤道歲差秒	赤道歲差微	星等
天田北增三	經	辰	一九	〇〇	〇四	辰	二二	三三	一〇	加		四六	〇七	六
	緯	北	一三	一六	四五	北	四	五〇	三〇	減		一八	四三	
梗河三	經	辰	一九	一〇	五〇	卯	五	〇一	二八	加		三九	三五	四
	緯	北	四二	二七	五七	北	三一	三〇	三八	減		一六	三二	
天門一	經	辰	一九	一〇	五六	辰	一四	三六	二六	加		四八	一一	四
	緯	南	七	五三	二〇	南	一四	四八	二八	加		一九	三八	
角宿西增十	經	辰	一九	一三	一九	辰	一六	四四	〇九	加		四七	五〇	六
	緯	南	二	三五	二六	南	九	五六	〇二	加		一九	二五	
海石五	經	辰	一九	一七	三一	午	二五	〇七	二六	加		二三	〇三	四
	緯	南	六七	二八	三三	南	六三	五一	〇〇	加		一六	四三	
南船二	經	辰	一九	二五	五四	巳	五	三九	三九	加		三一	一〇	四
	緯	南	六一	二五	三八	南	六〇	一九	四三	加		一八	三三	
角宿內增二	經	辰	一九	四四	一八	辰	一九	一六	三三	加		四七	二五	六
	緯	北	二	四七	二五	南	五	〇九	〇一	加		一九	〇八	
海山三	經	辰	一九	四六	二五	巳	一二	一九	三一	加		三七	一五	四
	緯	南	五六	五一	〇七	南	五七	一八	四六	加		一九	三三	
角宿東增三	經	辰	二〇	〇一	二七	辰	一九	四〇	三六	加		四七	二四	六
	緯	北	三	〇八	五五	南	四	五五	三二	加		一九	〇六	
角宿一	經	辰	二〇	一六	二一	辰	一七	五六	一一	加		四七	五四	一
	緯	南	二	〇一	五九	南	九	四九	〇五	加		一九	一七	
梗河二	經	辰	二〇	一六	三三	卯	五	五二	三〇	加		三九	三九	五
	緯	北	四三	〇八	二四	北	三〇	五一	四五	減		一六	二四	

（續表）

黄道壽星宫恒星		黄道宫	黄道度	黄道分	黄道秒	赤道宫	赤道度	赤道分	赤道秒		赤道歲差分	赤道歲差秒	赤道歲差微	星等
角宿東增四	經	辰	二〇	三一	一二	辰	二〇	三三	一二	加		四七	一九	六
	緯	北	四	一五	二一	南	四	〇五	〇六	加		一九	一五	
天門南增三	經	辰	二〇	三一	二〇	辰	一四	五六	一〇	加		四八	二九	六
	緯	南	一〇	一二	〇六	南	一七	二七	一三	加		一九	三五	
七公西增五	經	辰	二〇	三八	四一	卯	一三	〇五	二八	加		三四	三一	三
	緯	北	五四	一〇	三八	北	四一	二四	三七	減		一四	四六	
大角	經	辰	二〇	三八	五二	卯	一	〇〇	一八	加		四二	五一	一
	緯	北	三〇	五七	〇〇	北	二〇	三三	三六	減		一七	二一	
七公西增六	經	辰	二〇	五一	〇一	卯	一二	二七	〇〇	加		三五	〇七	六
	緯	北	五二	五八	四〇	北	四〇	一八	二三	減		一四	五六	
亢池二	經	辰	二一	〇三	二三	辰	二九	三〇	二四	加		四三	五〇	六
	緯	北	二六	二九	三一	北	一六	一九	〇九	減		一七	三七	
角宿南增九	經	辰	二一	一一	四八	辰	一八	一八	五一	加		四八	〇六	五
	緯	南	三	一八	二四	南	一一	二〇	四八	加		一九	一五	
天門南增二	經	辰	二一	一五	三〇	辰	一五	一五	四九	加		四八	三八	六
	緯	南	一一	〇六	二四	南	一八	三四	一〇	加		一九	三五	
平西增一	經	辰	二一	一七	〇五	辰	一三	五〇	〇七	加		四八	四八	六
	緯	南	一四	三三	一五	南	二一	四四	四五	加		一九	四二	
天門南增四	經	辰	二一	二八	一〇	辰	一六	一五	三三	加		四八	三四	四
	緯	南	九	〇九	五〇	南	一六	五一	四〇	加		一九	二八	
天門南增一	經	辰	二一	二八	二〇	辰	一五	三〇	二〇	加		四八	四〇	六
	緯	南	一一	〇〇	五〇	南	一八	三三	五八	加		一九	三三	

（續表）

黃道壽星宮恒星		黃道				赤道				赤道歲差				星等
		宮	度	分	秒	宮	度	分	秒		分	秒	微	
角宿東增八	經	辰	二一	四○	五一	辰	一九	五二	五三	加		四七	五三	六
	緯	南	○	二四	○七	南	八	五○	一七	加		一九	○四	
角宿東增五	經	辰	二一	五五	二四	辰	二一	○四	一九	加		四七	三九	六
	緯	北	二	○九	二○	南	六	三三	二二	加		一八	五五	
亢池一	經	卯	二一	五六	一一	卯	一	○三	一三	加		四三	二五	五
	緯	北	一八	二七	○○	北	一七	四九	一六	減		一七	二○	
天門南增五	經	辰	二三	一三	二三	辰	一七	一八	四五	加		四八	三七	六
	緯	南	八	一九	四一	南	一六	二二	三九	加		一九	二二	
天門二	經	辰	二三	三四	一五	辰	一八	二六	五七	加		四八	三一	五
	緯	南	六	一七	五四	南	一四	三八	○二	加		一九	一四	
天田南增四	經	辰	二三	四○	○九	辰	二五	二三	五七	加		四六	二六	六
	緯	北	一一	五九	三四	北	二	一八	四五	減		一八	一七	
亢池三	經	卯	二三	五三	四二	卯	○	二六	二八	加		四四	一一	六
	緯	北	二四	五一	○○	北	一四	一○	○四	減		一七	二七	
天田南增五	經	辰	二三	○六	三二	辰	二五	五一	四一	加		四六	二六	六
	緯	北	一二	○九	四一	北	二	一八	四一	減		一八	一三	
平道二	經	辰	二三	○八	三一	辰	二二	○三	○七	加		四七	四九	六
	緯	北	一	四三	四五	南	七	二四	一三	加		一八	四七	
大角東增一	經	辰	二三	二三	○○	卯	三	三八	○六	加		四二	三五	五
	緯	北	三二	四五	一四	北	二○	二二	四○	減		一六	五一	
平一	經	辰	二三	二七	三○	辰	一六	一六	二九	加		四九	○八	三
	緯	南	一三	四三	一八	南	二一	四九	○五	加		一九	二八	

(續表)

黄道壽星宫恒星	黄道經宫	黄道經度	黄道經分	黄道經秒	黄道緯宫	黄道緯度	黄道緯分	黄道緯秒	赤道經宫	赤道經度	赤道經分	赤道經秒	赤道緯宫	赤道緯度	赤道緯分	赤道緯秒	赤道歲差經	赤道歲差經分	赤道歲差經秒	赤道歲差經微	赤道歲差緯	赤道歲差緯分	赤道歲差緯秒	赤道歲差緯微	星等
天門東增六	辰	二三	三三	三〇	南	〇五	一四	三四	辰	一九	四八	〇〇	南	一四	〇一	四三	加		四八	三三	加		一九	〇五	六
天田南增六	辰	二三	三七	二三	北	九	三七	二三	辰	二五	二四	〇七	南	〇	一四	〇九	加		四六	五〇	加		一八	一八	六
馬尾三	辰	二三	五五	三三	南	四四	二七	二一	巳	二八	四八	二八	南	四九	一五	四五	加		四六	二七	加		二〇	一八	三
角宿東增六	辰	二四	〇一	〇七	北	四	〇四	〇四	辰	二三	四四	一三	南	五	三三	〇二	加		四七	三六	加		一八	三三	六
亢池四	辰	二四	〇八	五三	北	二五	一〇	一五	卯	一	三九	〇一	北	一四	〇二	一五	加		四四	〇六	減		一七	一四	六
天田二	辰	二四	〇九	五六	北	一二	〇四	五〇	辰	二七	〇九	三〇	北	二	四七	二五	加		四六	二〇	減		一八	〇一	五
梗河南增五	辰	二四	二一	二三	北	四〇	〇〇	〇九	卯	八	〇二	〇六	北	二七	三七	三三	加		四〇	一三	減		一五	五六	六
梗河一	辰	二四	二九	三五	北	四〇	三八	二一	卯	八	二六	一八	北	二八	〇九	四八	加		四〇	〇〇	減		一五	五〇	三
庫樓九	辰	二四	三一	〇三	南	四〇	三五	〇〇	辰	二	二八	一六	南	四六	一四	二七	加		四七	五〇	加		二〇	一九	六
天門東增十一	辰	二四	三七	一四	南	八	二六	四〇	辰	一九	三三	二六	南	一七	二二	二九	加		四八	五八	加		一九	〇六	六
角宿東增七	辰	二五	二八	〇六	南	一	二一	四六	辰	二三	〇五	二八	南	一一	〇八	〇五	加		四八	二三	加		一八	三八	六

（續 表）

黃道壽星宮恒星		黃道宮	黃道度	黃道分	黃道秒	赤道宮	赤道度	赤道分	赤道秒	赤道歲差	赤道歲差分	赤道歲差秒	赤道歲差微	星等
南船三	經	辰	二五	三二	四〇	巳	八	二一	四〇	加		三二	〇七	三
	緯	南	六二	〇七	三四	南	六三	〇〇	四二	加		一八	五六	
馬尾二	經	辰	二五	五〇	〇三	巳	二九	三六	四六	加		四六	四七	五
	緯	南	四五	三一	〇六	南	五〇	五四	〇二	加		二〇	一九	
天門東增七	經	辰	二六	一一	〇五	辰	二三	二一	二七	加		四八	五四	六
	緯	南	五	〇六	三三	南	一四	五二	五一	加		一八	四五	
天門東增八	經	辰	二六	三五	〇三	辰	二二	五八	〇五	加		四八	五三	六
	緯	南	四	三〇	三八	南	一四	二八	一九	加		一八	三九	
庫樓十	經	辰	二七	一一	〇七	辰	三	三四	三六	加		四八	二三	五
	緯	南	四二	二一	五八	南	四八	四八	四七	加		二〇	一六	
天門東增十	經	辰	二七	四四	三四	辰	二三	二三	四五	加		四九	一四	六
	緯	南	六	一八	一九	南	一六	三三	五四	加		一八	三六	
庫樓八	經	辰	二七	四六	一五	辰	五	五六	二七	加		四九	一三	四
	緯	南	四〇	〇四	三四	南	四七	〇六	〇三	加		二〇	一二	
馬尾一	經	辰	二七	四六	四六	辰	三	一一	二三	加		四八	一八	六
	緯	南	四三	三〇	〇四	南	五〇	〇〇	〇八	加		二〇	一七	
海山四	經	辰	二七	五三	〇九	巳	二〇	三七	一〇	加		四一	二一	四
	緯	南	五五	一六	三八	南	五九	一九	〇二	加		二〇	〇四	
左攝提二	經	辰	二八	一五	〇六	卯	七	一〇	〇一	加		四二	五四	三
	緯	北	三〇	二三	一八	北	一七	三一	五八	減		一六	〇六	
柱十	經	辰	二八	一九	五一	辰	一六	〇一	五一	加		五〇	三七	五
	緯	南	二四	三五	二〇	南	三三	三六	五一	加		一九	二九	

（續表）

黄道壽星宫恒星		黄道宫	黄道度	黄道分	黄道秒	赤道宫	赤道度	赤道分	赤道秒	赤道歲差	赤道歲差分	赤道歲差秒	赤道歲差微	星等
南船五	經	辰	二八	二一	三六	午	一七	二八	五四	加		一一	三三	二
	緯	南	七二	一三	○八	南	六八	三七	○二	加		一五	○一	
天門東增九	經	辰	二八	二四	三六	辰	二四	○一	一二	加		四九	二一	五
	緯	南	六	二一	二七	南	一六	五一	二五	加		一八	三○	
庫樓七	經	辰	二八	四六	三六	辰	六	五三	一六	加		四九	三七	二
	緯	南	四○	○六	二九	南	四七	三一	三五	加		二○	一○	
七公五	經	辰	二八	五四	二五	卯	二○	二五	四四	加		三二	四九	六
	緯	北	五七	○五	五四	北	四一	四二	五六	減		一二	五二	
亢宿西增一	經	辰	二八	五五	三○	辰	二八	一二	○八	加		四八	○七	六
	緯	北	三	四一	四八	南	七	三九	一六	加		一七	五一	
七公内增九	經	辰	二九	○七	二七	卯	二○	三九	二二	加		三二	四三	六
	緯	北	五七	一四	一七	北	四一	四七	○三	減		一二	四九	
亢宿西增二	經	辰	二九	一○	二五	辰	二八	一八	二八	加		四八	一一	六
	緯	北	三	一九	五九	南	八	○四	五六	加		一七	四九	
左攝提一	經	辰	二九	一二	四五	卯	八	一九	○七	加		四二	四○	四
	緯	北	三一	一七	○七	北	一八	○三	五三	減		一五	五三	
左攝提三	經	辰	二九	二五	二一	卯	七	一二	五四	加		四三	三二	三
	緯	北	二七	五三	四三	北	一四	五○	一九	減		一六	○七	
七公七	經	辰	二九	三三	○八	卯	一六	一八	五七	加		三六	四五	三
	緯	北	四九	○○	一○	北	三四	一七	○三	減		一三	五七	
七公六	經	辰	二九	三六	一三	卯	一八	四三	三四	加		三四	四三	四
	緯	北	五三	二六	五六	北	三八	一七	○二	減		一三	一九	

（續表）

黃道壽星宮恒星		黃道宮	黃道度	黃道分	黃道秒	赤道宮	赤道度	赤道分	赤道秒	赤道歲差	分	秒	微	星等
柱十一	經	辰	二九	三六	一四	辰	一六	三五	五五	加		五一	〇一	三
	緯	南	二五	五六	五六	南	三五	二〇	〇〇	加		一九	二六	
亢宿西增十二	經	辰	二九	四九	四〇	卯	一	三六	五三	加		四七	〇〇	五
	緯	北	一一	〇二	五七	南	一	〇四	二八	加		一七	一四	
梗河東增一	經	辰	二九	五五	二〇	卯	一三	二三	一五	加		三九	二一	五
	緯	北	四二	一一	四〇	北	二七	五七	一三	減		一四	四二	
左攝提北增一	經	辰	二九	五五	三三	卯	九	五三	〇二	加		四一	五八	四
	緯	北	三三	四七	二八	北	二〇	一〇	三一	減		一五	三三	

清·戴進賢《儀象考成》卷一二《恒星黃道經緯度表十一》黃道大火宮赤道度附

黃道大火宮恒星		黃道宮	黃道度	黃道分	黃道秒	赤道宮	赤道度	赤道分	赤道秒	赤道歲差	分	秒	微	星等
亢宿西增三	經	卯	〇	〇一	五四	辰	二八	五〇	一七	加		四八	二三	五
	緯	北	二	三二	二〇	南	九	〇七	三四	加		一七	四四	
梗河東增四	經	卯	〇	一一	四八	卯	一二	四二	五三	加		四〇	〇三	五
	緯	北	四〇	一一	三三	北	二六	〇一	四〇	減		一四	五一	
亢宿二	經	卯	〇	一二	三六	卯	〇	三九	三〇	加		四七	四一	四
	緯	北	七	一五	四〇	南	四	四五	三四	加		一七	二五	
亢宿北增十一	經	卯	〇	一八	〇五	卯	二	一二	二四	加		四六	五七	五
	緯	北	一一	三〇	〇三	南	〇	四八	三八	加		一七	〇七	
左攝提南增二	經	卯	〇	二二	三三	卯	七	二〇	一八	加		四三	五九	六
	緯	北	二五	五九	五五	北	一二	四五	五〇	減		一六	〇五	

（續表）

黃道大火宮恒星		黃道宮	黃道度	黃道分	黃道秒	赤道宮	赤道度	赤道分	赤道秒	赤道歲差	赤道歲差分	赤道歲差秒	赤道歲差微	星等
亢宿内增四	經	卯	○	四二	四二	辰	二九	四四	○六	加		四八	二二	六
	緯	北	三	一五	三三	南	八	四一	三三	加		一七	三五	
海山五	經	卯	○	五三	五四	巳	二○	五三	五○	加		四一	○○	四
	緯	南	五六	四六	四七	南	六一	三四	○七	加		二○	○六	
亢宿一	經	卯	○	五五	四○	辰	二九	四九	三○	加		四八	二六	四
	緯	北	二	五五	四○	南	九	○四	二二	加		一七	三三	
梗河東增二	經	卯	一	一九	二二	卯	一四	一九	四七	加		三九	二六	六
	緯	北	四一	五四	四三	北	二七	一七	二七	減		一四	二八	
七公東增十	經	卯	一	三○	二三	卯	二二	一一	二二	加		三二	四四	六
	緯	北	五七	一四	四六	北	四一	一一	五七	減		一二	二二	
貫索西增一	經	卯	一	三六	一○	卯	一五	五六	一八	加		三八	一八	五
	緯	北	四五	○四	○七	北	三○	○七	一八	減		一四	○三	
左攝提南增三	經	卯	一	三八	二八	卯	七	一六	○○	加		四四	四七	五
	緯	北	二二	四一	三二	北	九	一五	四七	減		一六	○五	
梗河東增三	經	卯	一	三九	三八	卯	一三	五九	一三	加		三九	五六	五
	緯	北	四○	二九	一五	北	二五	五二	三五	減		一四	三二	
七公東增八	經	卯	一	四四	四三	卯	二一	三○	一二	加		三三	二九	五
	緯	北	五五	四八	五○	北	三九	五一	三二	減		一二	三四	
亢宿三	經	卯	一	五三	五四	卯	三	四五	五六	加		四七	○一	四
	緯	北	一一	四七	二五	南	一	○四	○七	加		一六	四九	
十字架四	經	卯	二	○八	二六	辰	○	二八	三七	加		四七	五一	三
	緯	南	五○	二一	一三	南	五七	一七	四九	加		二○	二○	

（續表）

黃道大火宮恒星		黃道宮	黃道度	黃道分	黃道秒	赤道宮	赤道度	赤道分	赤道秒	赤道歲差	赤道歲差分	赤道歲差秒	赤道歲差微	星等
平北增二	經	卯	二	四四	三四	辰	二六	○二	五五	加		五○	四六	六
	緯	南	一二	○二	○六	南	二三	四二	一八	加		一八	一二	
貫索西增二	經	卯	二	五○	一六	卯	一七	一七	三一	加		三七	五六	六
	緯	北	四五	五七	五二	北	三○	三五	五八	減		一三	四三	
庫樓五	經	卯	二	五六	一六	辰	一九	○五	四二	加		五二	○七	四
	緯	南	二七	三四	五三	南	三八	○四	三三	加		一九	○九	
亢宿東增六	經	卯	二	五九	四二	卯	三	三二	二五	加		四七	四七	六
	緯	北	八	○四	二三	南	四	五六	○九	加		一六	五三	
庫樓六	經	卯	三	○六	一七	辰	一三	二五	四八	加		五一	五六	四
	緯	南	三七	○三	二九	南	四六	三五	○六	加		一九	四三	
柱九	經	卯	三	○七	四三	辰	二三	四七	一二	加		五一	四五	四
	緯	南	二○	三三	三四	南	三一	四四	○八	加		一八	四一	
十字架一	經	卯	三	一○	四八	辰	四	一九	二九	加		四九	一五	二
	緯	南	四七	四四	四九	南	五五	三八	二七	加		二○	一四	
平北增三	經	卯	三	一七	四三	辰	二六	三九	四四	加		五○	五二	六
	緯	南	一一	五二	三○	南	二三	四五	一二	加		一八	○五	
亢宿四	經	卯	三	二三	一三	卯	一	一九	五六	加		四九	○七	四
	緯	北	○	三一	○四	南	一二	一○	四八	加		一七	一六	
貫索西增三	經	卯	三	二九	四五	卯	一八	○八	四○	加		三七	三六	五
	緯	北	四六	四九	三○	北	三一	一三	二九	減		一三	二九	
亢宿東增五	經	卯	三	三三	○一	卯	三	五○	三六	加		四八	○六	六
	緯	北	七	二五	五六	南	五	四三	二七	加		一六	四七	

（續表）

黃道大火宮恒星		黃道宮	黃道度	黃道分	黃道秒	赤道宮	赤道度	赤道分	赤道秒	赤道歲差	分	秒	微	星等
飛魚四	經	卯	三	四五	二一	午	五	○六	二七	減			四九	六
	緯	南	七六	四五	○○	南	七○	三八	五九	加		一一	四○	
南船四	經	卯	三	四六	二五	巳	一	四九	一七	加		二三	○五	四
	緯	南	六七	二一	一八	南	六八	四二	三九	加		一七	五六	
柱七	經	卯	四	一二	五五	辰	二四	三七	○五	加		五一	五三	四
	緯	南	一八	五七	○○	南	三○	三八	五五	加		一八	二五	
柱八	經	卯	四	二一	○○	辰	二四	一五	四一	加		五二	○三	四
	緯	南	二○	○二	五○	南	三一	四二	三六	加		一八	二八	
庫樓四	經	卯	四	二六	三六	辰	二三	三九	○○	加		五二	一四	四
	緯	南	二一	三四	四○	南	三三	○九	一四	加		一八	三三	
七公四	經	卯	四	三四	○七	卯	二五	五六	一九	加		三○	五九	六
	緯	北	六○	一五	五○	北	四三	一○	三八	減		一一	一八	
七公内增十二	經	卯	四	三七	三八	卯	二六	二九	二一	加		三○	二八	六
	緯	北	六一	○五	二一	北	四三	五四	○一	減		二一	一○	
七公東增七	經	卯	四	四三	二三	卯	二三	二九	二一	加		三四	二五	四
	緯	北	五三	五九	三一	北	三七	二八	五一	減		二二	一八	
七公西增四	經	卯	四	四七	四○	卯	二八	四五	五六	加		二八	一九	五
	緯	北	六四	二二	三○	北	四六	四六	一六	減		一○	二七	
亢宿東增十	經	卯	四	五五	五○	卯	八	一九	○三	加		四六	○八	四
	緯	北	一七	○七	○一	北	二	五八	二八	減		一五	五二	
平二	經	卯	四	五六	○八	辰	二七	四九	四一	加		五一	二三	四
	緯	南	一三	○三	五八	南	二五	二六	四○	加		一七	五四	

（續 表）

黄道大火宫恒星		黄道 宫	黄道 度	黄道 分	黄道 秒	赤道 宫	赤道 度	赤道 分	赤道 秒	赤道歲差	赤道歲差 分	赤道歲差 秒	赤道歲差 微	星等
亢宿東增九	經	卯	五	〇七	四四	卯	八	〇六	五四	加		四六	二五	六
	緯	北	一五	五六	五二	北	一	四八	二六	減		一五	五四	
七公内增十一	經	卯	五	三〇	二二	卯	二六	四五	〇七	加		三〇	四五	六
	緯	北	六〇	三九	五〇	北	四三	一九	四〇	減		一一	〇四	
貫索三	經	卯	五	三〇	五三	卯	一九	一八	二六	加		三七	五三	四
	緯	北	四六	〇四	四〇	北	三〇	〇〇	一一	減		一三	〇九	
貫索二	經	卯	五	五〇	二〇	卯	二〇	三九	〇二	加		三六	五一	四
	緯	北	四八	三四	五〇	北	三二	一四	一三	減		一二	四七	
庫樓内增一	經	卯	六	〇六	五〇	辰	一七	四九	一二	加		五三	二六	氣
	緯	南	三五	一〇	四九	南	四六	〇五	一三	加		一九	一九	
飛魚二	經	卯	六	一五	四九	未	一七	四三	五〇	減		六	三八	五
	緯	南	八五	三五	二七	南	七〇	〇二	一三	加		六	一一	
亢宿東增七	經	卯	六	三二	二三	卯	七	二四	〇六	加		四七	四八	四
	緯	北	九	四三	〇八	南	四	三一	五五	加		一六	〇三	
折威西增一	經	卯	六	三七	三八	辰	二九	三二	〇三	加		五一	四六	六
	緯	南	一三	〇四	一一	南	二六	〇二	二一	加		一七	三七	
海山六	經	卯	七	二一	〇八	巳	二三	一六	五五	加		四一	五〇	五
	緯	南	五八	二九	三七	南	六五	一六	二三	加		二〇	一二	
亢宿東增八	經	卯	七	二六	〇九	卯	九	二六	三五	加		四七	〇五	六
	緯	北	一三	三〇	一七	南	一	一三	二三	加		一五	三六	
折威一	經	卯	七	二九	四四	卯	〇	三二	一五	加		五一	五五	五
	緯	南	一二	四五	三三	南	二六	〇二	五四	加		一七	二五	

（續表）

黃道大火宮恒星	黃道經宮	黃道經度	黃道經分	黃道經秒	黃道緯宮	黃道緯度	黃道緯分	黃道緯秒	赤道經宮	赤道經度	赤道經分	赤道經秒	赤道緯宮	赤道緯度	赤道緯分	赤道緯秒	赤道歲差經	赤道歲差經分	赤道歲差經秒	赤道歲差經微	赤道歲差緯	赤道歲差緯分	赤道歲差緯秒	赤道歲差緯微	星等
衡一	卯	七	三一	一四	南	二八	一二	五九	辰	二三	三〇	四七	南	四〇	二一	三三	加		五三	五〇	加		一八	三四	四
衡二	卯	七	五八	三八	南	二八	五五	五九	辰	二三	三五	〇一	南	四一	一〇	一八	加		五四	〇三	加		一八	三四	四
七公三	卯	八	〇三	二六	北	六三	四九	三六	寅	〇	一三	二四	北	四五	三七	三二	加		二八	四五	減		一〇	〇二	六
十字架三	卯	八	〇五	四一	南	四八	三四	〇一	辰	八	一六	一五	南	五八	一四	四八	加		五一	四六	加		二〇	〇六	二
馬腹三	卯	八	一二	二七	南	四三	四九	五七	辰	一三	一三	四三	南	五四	二三	一九	加		五三	三二	加		一九	四五	五
十字架二	卯	八	一九	三三	南	五二	四九	二四	辰	三	一一	〇九	南	六一	三八	三四	加		四九	〇八	加		二〇	一七	二
貫索一	卯	八	三五	四一	北	五〇	三〇	〇三	卯	二三	二八	五六	北	三三	二〇	二六	加		三六	〇二	減		一二	〇一	五
貫索四	卯	八	四〇	五六	北	四四	二一	一七	卯	二〇	五八	〇〇	北	二七	三五	一八	加		三八	三一	減		一二	四二	二
庫樓三	卯	八	四五	一八	南	二一	五九	〇六	辰	二七	五五	一七	南	三五	〇四	三四	加		五三	三五	加		一七	五三	二
貫索北增四	卯	九	〇二	三四	北	五三	五九	四三	卯	二五	二四	二一	北	三六	二八	一五	加		三四	二五	減		一一	二七	五
氐宿北增二十七	卯	九	〇二	四二	北	一八	三四	一五	卯	一二	二九	五五	北	三	〇六	一五	加		四六	〇三	減		一四	五三	六

（續表）

黃道大火宮恒星		黃道宮	黃道度	黃道分	黃道秒	赤道宮	赤道度	赤道分	赤道秒	赤道歲差	赤道歲差分	赤道歲差秒	赤道歲差微	星等
貫索北增五	經	卯	九	〇三	二一	卯	二六	三六	四六	加		三三	一二	五
	緯	北	五六	二五	三三	北	三八	四二	一九	減		一一	〇七	
折威南增二	經	卯	九	〇五	〇〇	卯	二	〇六	〇〇	加		五二	一九	五
	緯	南	一二	五四	二一	南	二六	四三	三四	加		一七	〇八	
七公北增一	經	卯	九	二〇	三二	寅	七	四二	一九	加		二一	二六	五
	緯	北	七三	〇一	〇〇	北	五三	二七	一八	減		七	三九	
七公北增二	經	卯	九	二一	四七	寅	七	四一	二一	加		二一	二七	五
	緯	北	七二	五九	一六	北	五三	二五	三八	減		七	四〇	
氐宿北增二十八	經	卯	九	二七	〇七	卯	一二	一一	〇四	加		四六	三五	六
	緯	北	一六	二一	三〇	北	〇	五二	四八	減		一四	五八	
衡三	經	卯	九	二七	三八	辰	二五	四〇	五一	加		五四	三三	四
	緯	南	二七	五八	三三	南	四〇	五〇	一三	加		一八	一五	
氐宿北增二十九	經	卯	九	三五	一八	卯	一〇	五八	二五	加		四七	三四	五
	緯	北	一二	〇〇	四八	南	一三	一七	四二	加		一五	一六	
七公東增十三	經	卯	九	三六	三五	寅	〇	三三	二六	加		二九	二三	六
	緯	北	六二	五六	三〇	北	四四	三一	二九	減		九	五五	
氐宿西增六	經	卯	一〇	一三	二七	卯	七	五九	四二	加		五〇	〇二	六
	緯	北	〇	三五	三八	南	一四	二〇	五三	加		一五	五五	
馬腹二	經	卯	一〇	二五	三五	辰	一六	五六	二六	加		五五	一一	五
	緯	南	四二	一九	二四	南	五三	五七	三四	加		一九	二三	
衡四	經	卯	一〇	三二	二四	辰	二七	三三	五八	加		五四	四九	五
	緯	南	二六	三五	一〇	南	三九	五六	五四	加		一七	五五	

（續表）

黃道大火宮恒星		黃道宮	黃道度	黃道分	黃道秒	赤道宮	赤道度	赤道分	赤道秒	赤道歲差	赤道歲差分	赤道歲差秒	赤道歲差微	星等
氐宿西增五	經	卯	一〇	三六	四三	卯	八	五〇	五〇	加		四九	四七	五
	緯	北	二	〇三	五四	南	一三	〇四	一八	加		一五	四四	
折威二	經	卯	一〇	四〇	五五	卯	四	四八	四七	加		五二	五五	五
	緯	南	一〇	〇二	二六	南	二四	三三	四四	加		一六	五三	
周西增一	經	卯	一〇	四二	二〇	卯	一八	二九	五〇	加		四二	一九	六
	緯	北	三二	五八	五五	北	一六	二〇	一四	減		一三	二二	
柱二	經	卯	一〇	四九	〇五	辰	二五	四八	〇一	加		五五	二三	五
	緯	南	三〇	二三	一四	南	四三	三一	二〇	加		一八	一三	
七公二	經	卯	一〇	四九	一一	寅	三	〇四	〇七	加		二七	二四	四
	緯	北	六五	五三	〇〇	北	四六	五六	三九	減		九	〇八	
氐宿西增四	經	卯	一一	〇七	三一	卯	一〇	〇八	一二	加		四九	一九	六
	緯	北	四	三四	三八	南	一〇	五〇	二二	加		一五	二六	
貫索五	經	卯	一一	一六	五〇	卯	二二	五九	五六	加		三八	二八	四
	緯	北	四四	三二	一八	北	二七	〇七	二四	減		一二	〇八	
蜀西增二	經	卯	一一	一八	三一	卯	一五	三七	五六	加		四五	一八	六
	緯	北	二三	一一	〇〇	北	五	五三	四六	減		一四	〇六	
庫樓一	經	卯	一一	二三	三九	辰	二四	五六	四九	加		五五	五一	三
	緯	南	三二	五二	一四	南	四五	五八	四八	加		一八	二一	
氐宿西增七	經	卯	一一	二七	五五	卯	九	〇九	一四	加		五〇	一五	六
	緯	北	〇	二四	二六	南	一四	五四	四四	加		一五	四〇	
氐宿一	經	卯	一一	三一	四〇	卯	九	一二	二四	加		五〇	一七	二
	緯	北	〇	三二	五一	南	一四	五七	二三	加		一五	三九	

（續 表）

黃道大火宮恒星		黃道宮	黃道度	黃道分	黃道秒	赤道宮	赤道度	赤道分	赤道秒	赤道歲差	赤道歲差分	赤道歲差秒	赤道歲差微	星等
氐宿西增三	經	卯	一一	三二	五九	卯	一〇	四四	二九	加		四九	一六	六
	緯	北	五	一二	二七	南	一〇	二三	〇四	加		一五	一八	
折威三	經	卯	一一	三七	四六	卯	六	〇八	五三	加		五二	一一	六
	緯	南	九	〇一	二二	南	二三	五四	三一	加		一六	一九	
氐宿西增一	經	卯	一一	四三	三四	卯	一一	五〇	五〇	加		四八	三六	四
	緯	北	八	一六	三四	南	七	二九	四〇	加		一五	〇四	
柱一	經	卯	一一	四六	三四	辰	二六	三二	二〇	加		五五	五一	五
	緯	南	三〇	五〇	四〇	南	四四	二〇	二八	加		一八	〇七	
南門一	經	卯	一一	五七	一九	辰	二〇	五六	四一	加		五六	二三	二
	緯	南	三九	三〇	一六	南	五二	〇五	三三	加		一八	五五	
氐宿西增二	經	卯	一一	五七	五五	卯	一一	一六	〇五	加		四九	一三	六
	緯	北	五	三七	〇三	南	一〇	一五	四一	加		一五	一〇	
飛魚六	經	卯	一二	〇五	四八	未	二六	一三	〇六	減		九	二六	五
	緯	南	七九	二一	四六	南	七一	五六	二〇	加		八	五六	
七公西增三	經	卯	一二	〇七	四六	寅	五	五一	三五	加		二五	〇三	六
	緯	北	六九	〇一	三八	北	四九	三一	四六	減		八	一五	
柱六	經	卯	一二	〇九	三七	卯	一	一八	五一	加		五四	四七	四
	緯	南	二三	二七	〇八	南	三六	四一	二〇	加		一七	一七	
氐宿南增八	經	卯	一二	二四	一四	卯	九	二三	一五	加		五〇	五一	六
	緯	南	一	四五	三〇	南	一七	一五	四一	加		一五	三七	
折威四	經	卯	一二	二八	一七	卯	七	〇六	五九	加		五二	一八	六
	緯	南	八	四三	〇九	南	二三	五三	二六	加		一六	〇六	

（續表）

黄道大火宫恒星	黄道經宫	黄道經度	黄道經分	黄道經秒	黄道緯宫	黄道緯度	黄道緯分	黄道緯秒	赤道經宫	赤道經度	赤道經分	赤道經秒	赤道緯宫	赤道緯度	赤道緯分	赤道緯秒	赤道歲差經加減	赤道歲差經分	赤道歲差經秒	赤道歲差經微	赤道歲差緯加減	赤道歲差緯分	赤道歲差緯秒	赤道歲差緯微	星等
折威五	卯	一二	三〇	二九	南	八	四二	一一	卯	七	〇九	三四	南	二三	五三	一三	加		五二	一九	加		一六	〇六	六
周西增五	卯	一二	三八	一七	北	三五	四八	四〇	卯	二一	〇〇	三六	北	一八	三一	三九	加		四一	二九	減		一二	四〇	六
氐宿北增二十六	卯	一二	四九	〇八	北	一七	五〇	二三	卯	一五	四一	五八	北	一	一九	三八	加		四六	二八	減		一四	〇五	六
折威南增三	卯	一三	一五	〇〇	南	九	〇〇	五〇	卯	七	四八	四二	南	二四	二四	五八	加		五二	三一	加		一五	五七	五
氐宿北增二十四	卯	一三	一五	〇〇	北	一九	二七	〇六	卯	一六	三三	三七	北	二	四五	〇〇	加		四六	〇六	減		一三	五二	六
柱五	卯	一三	一六	〇四	南	二三	四七	〇三	卯	一	五三	一五	南	三八	一八	一〇	加		五五	二五	加		一七	一〇	四
貫索六	卯	一三	三三	一四	北	四四	五三	〇五	卯	二四	四二	四九	北	二六	五七	一八	加		三八	二〇	減		一一	三九	四
周西增三	卯	一三	二五	〇〇	北	三四	二三	二八	卯	二一	一一	二七	北	一六	五八	五一	加		四一	五六	減		一二	三八	六
貫索九	卯	一三	三三	二四	北	五二	三〇	四二	卯	二七	四八	五九	北	三四	〇六	〇二	加		三五	〇八	減		一〇	四四	六
折威南增四	卯	一三	三四	一〇	南	九	〇一	五六	卯	八	〇八	〇二	南	二四	三二	〇二	加		五二	三五	加		一五	五三	六
周西增七	卯	一三	三六	〇五	北	三八	〇八	二一	卯	二三	三二	五六	北	二〇	三〇	一七	加		四〇	四五	減		一二	一六	五

（續表）

黃道大火宮恒星		黃道宮	黃道度	黃道分	黃道秒	赤道宮	赤道度	赤道分	赤道秒	赤道歲差	赤道歲差分	赤道歲差秒	赤道歲差微	星等
周西增二	經	卯	一二	四六	〇五	卯	二一	一〇	一四	加		四二	一六	六
	緯	北	三三	二四	〇九	北	一五	五七	〇一	減		一二	三八	
折威南增五	經	卯	一三	四六	四九	卯	八	一二	二三	加		五二	四三	六
	緯	南	九	二六	五〇	南	二四	五九	三六	加		一五	五三	
氐宿北增二十五	經	卯	一四	〇二	〇四	卯	一七	〇〇	二三	加		四六	二二	六
	緯	北	一八	三二	〇六	北	一	三九	三一	減		一三	四六	
周西增六	經	卯	一四	〇八	一七	卯	二二	三六	三三	加		四一	〇七	六
	緯	北	三六	五九	五四	北	一九	一七	一八	減		一二	一五	
南船東增一	經	卯	一四	二五	五五	巳	四	三九	五一	加		一八	四五	五
	緯	南	六七	五二	三四	南	七二	四一	二二	加		一八	二四	
貫索北增六	經	卯	一四	二七	五一	卯	二九	五五	二八	加		三三	二八	六
	緯	北	五五	五七	四五	北	三七	〇八	三四	減		一〇	〇六	
周西增四	經	卯	一四	四二	五四	卯	二二	一九	二八	加		四一	五四	六
	緯	北	三四	三六	一二	北	一六	五一	四七	減		一二	一八	
秦	經	卯	一四	四五	三四	卯	二〇	三八	四三	加		四三	三七	三
	緯	北	二八	五四	二三	北	一一	二四	一三	減		一二	四八	
折威六	經	卯	一四	四七	四七	卯	九	五二	四三	加		五二	三三	六
	緯	南	七	三七	三三	南	二三	三四	四一	加		一五	三〇	
陣車一	經	卯	一四	五三	五八	卯	八	四八	〇八	加		五三	一九	五
	緯	南	一一	〇三	〇九	南	二六	五一	五四	加		一五	四四	
陣車內增一	經	卯	一四	五五	〇〇	卯	八	四九	〇八	加		五三	二〇	五
	緯	南	一一	〇三	二〇	南	二六	五二	二三	加		一五	四四	

（續表）

黄道大火宫恒星		黄道宫	黄道度	黄道分	黄道秒	赤道宫	赤道度	赤道分	赤道秒	赤道歲差	赤道歲差分	赤道歲差秒	赤道歲差微	星等
氐宿内增十	經	卯	一五	一三	○一	卯	一三	○六	五五	加		五○	三七	五
	緯	北	一	一三	四三	南	一五	一五	一五	加		一四	四四	
柱三	經	卯	一五	二四	一七	卯	○	四八	○七	加		五七	二○	五
	緯	南	三○	○八	五○	南	四四	五一	一二	加		一七	二二	
氐宿内增九	經	卯	一五	一九	一六	卯	一三	○九	二六	加		五○	四一	六
	緯	北	一	○一	三二	南	一五	二八	四四	加		一四	四三	
周北增九	經	卯	一五	二二	三四	卯	二三	一七	四七	加		四一	二八	六
	緯	北	三六	○三	三三	北	一八	○四	五八	減		一二	○二	
秦南增一	經	卯	一五	二四	三八	卯	二○	四五	二八	加		四四	○二	六
	緯	北	二七	三○	五五	北	九	五五	○七	減		一二	四六	
貫索八	經	卯	一五	二四	三八	卯	二七	四七	四八	加		三六	三七	五
	緯	北	四九	一一	二一	北	三○	三四	三二	減		一○	四四	
氐宿北增二十三	經	卯	一五	三○	一八	卯	一八	四七	一二	加		四六	○三	六
	緯	北	二○	○七	○二	北	二	四六	五九	減		一三	一七	
貫索七	經	卯	一五	三一	一五	卯	二六	四四	五四	加		三七	五三	四
	緯	北	四六	○六	二七	北	二七	三八	○六	減		一一	○四	
折威南增六	經	卯	一五	四三	四八	卯	一○	三九	一五	加		五二	五二	六
	緯	南	八	一一	○五	南	二四	二三	三七	加		一五	二○	
七公一	經	卯	一五	四七	四九	寅	八	○一	○三	加		二四	四七	六
	緯	北	六九	三四	○五	北	四九	二六	三二	減		七	三二	
陽門二	經	卯	一五	四八	二七	卯	七	○○	五六	加		五五	一○	四
	緯	南	一八	一九	五八	南	三四	○二	○五	加		一六	○八	

（續表）

黄道大火宫恒星		黄道宫	黄道度	黄道分	黄道秒	赤道宫	赤道度	赤道分	赤道秒		赤道歲差分	赤道歲差秒	赤道歲差微	星等
氐宿四	經	卯	一五	四八	四〇	卯	一五	四九	三九	加		四八	五八	二
	緯	北	八	三二	〇三	南	八	二五	一九	加		一四	〇三	
貫索南增十三	經	卯	一五	五六	二一	卯	二五	〇一	〇〇	加		四〇	〇八	三
	緯	北	四〇	〇一	三九	北	二一	四五	一三	減		一一	三三	
周南增十四	經	卯	一五	五七	三一	卯	二二	二六	三七	加		四二	五二	六
	緯	北	三一	三四	〇〇	北	一三	三九	一八	減		一二	一七	
柱四	經	卯	一六	〇四	二九	卯	二	一四	〇五	加		五七	三〇	五
	緯	南	二八	五六	一八	南	四四	〇一	二七	加		一七	〇四	
周北增八	經	卯	一六	一一	四七	卯	二四	一八	五六	加		四一	〇六	四
	緯	北	三七	〇八	五〇	北	一八	五六	三二	減		一一	四五	
周	經	卯	一六	二二	〇三	卯	二三	三六	三四	加		四二	〇一	三
	緯	北	三四	二一	三〇	北	一六	一三	五六	減		一一	五八	
陽門一	經	卯	一六	二二	五〇	卯	六	三三	五〇	加		五五	五五	四
	緯	南	二〇	五五	〇九	南	三六	三九	〇三	加		一六	一四	
周北增十	經	卯	一六	一五	五三	卯	二四	〇一	二八	加		四一	三九	六
	緯	北	三五	三四	〇四	北	一七	二二	三三	減		一一	五一	
周東增十一	經	卯	一六	三〇	二〇	卯	二三	四五	一六	加		四二	〇〇	五
	緯	北	三四	二七	五〇	北	一六	一八	〇三	減		一一	五五	
蜜蜂一	經	卯	一六	三四	五一	辰	七	四三	〇三	加		五三	三〇	四
	緯	南	五五	一一	一〇	南	六六	四〇	一九	加		二〇	〇八	
陣車北增二	經	卯	一六	三七	〇一	卯	一〇	五三	〇五	加		五三	三三	六
	緯	南	一〇	一三	五〇	南	二六	三六	三三	加		一五	一五	

（續表）

黃道大火宮恒星		黃道宮	黃道度	黃道分	黃道秒	赤道宮	赤道度	赤道分	赤道秒	赤道歲差	赤道歲差分	赤道歲差秒	赤道歲差微	星等
庫樓二	經	卯	一六	三九	四三	卯	四	四八	五○	加		五七	○三	三
	緯	南	二五	二八	○六	南	四一	○○	○○	加		一六	三五	
蜜蜂三	經	卯	一六	五○	三九	辰	五	三六	一○	加		五二	○一	四
	緯	南	五六	二九	五○	南	六七	四二	二二	加		二○	一三	
周南增十二	經	卯	一七	○六	○六	卯	二三	五一	五一	加		四二	二五	六
	緯	北	三三	○九	三六	北	一四	五四	三六	減		一一	五三	
折威七	經	卯	一七	○七	三一	卯	一二	一七	三九	加		五三	○一	三
	緯	南	七	三五	五六	南	二四	一五	○六	加		一四	五五	
氐宿内增十二	經	卯	一七	二六	二○	卯	一五	○三	一三	加		五一	一○	六
	緯	北	○	一八	○三	南	一六	四六	四六	加		一四	一五	
氐宿二	經	卯	一七	二六	四三	卯	一四	二六	○○	加		五一	四二	四
	緯	南	一	四八	二三	南	一八	四八	○八	加		一四	二四	
陣車二	經	卯	一七	二八	一九	卯	一一	四三	三二	加		五三	四六	六
	緯	南	一○	二三	五二	南	二七	○一	二八	加		一五	○四	
氐宿北增二十一	經	卯	一七	三四	五七	卯	一九	五七	○四	加		四六	五三	六
	緯	北	一七	二七	五四	南	○	一八	二四	加		一二	五九	
氐宿内增十一	經	卯	一七	三九	三○	卯	一四	四二	四一	加		五一	四○	六
	緯	南	一	三五	五八	南	一八	三九	五一	加		一四	二○	
氐宿北增二十	經	卯	一七	四六	四三	卯	一七	三五	五六	加		四九	一八	四
	緯	北	八	○五	四四	南	九	二二	五一	加		一三	三六	
貫索北增七	經	卯	一七	四九	四三	寅	一	一七	二六	加		三四	三二	六
	緯	北	五三	五二	四一	北	三四	三一	二九	減		九	四○	

（續表）

黃道大火宫恒星		黃道 宫	黃道 度	黃道 分	黃道 秒	赤道 宫	赤道 度	赤道 分	赤道 秒	赤道歲差	赤道歲差 分	赤道歲差 秒	赤道歲差 微	星等
七公東增十四	經	卯	一七	五七	一三	寅	五	○五	一二	加		二九	五五	五
	緯	北	六二	二○	五八	北	四二	二七	三七	減		八	二九	
氐宿北增二十二	經	卯	一八	二○	一八	卯	二○	五一	五六	加		四六	四三	六
	緯	北	一八	一七	三八	北	○	一八	○一	減		一二	四三	
氐宿内增十七	經	卯	一八	二一	四八	卯	一六	四二	一七	加		五○	四二	六
	緯	北	二	四九	四六	南	一四	三六	一三	加		一三	五○	
蜀	經	卯	一八	二八	二三	卯	二二	五四	四一	加		四四	四五	二
	緯	北	二五	三一	五六	北	七	一四	四七	減		一二	一○	
貫索南增十二	經	卯	一八	三三	二三	卯	二七	五○	○一	加		三九	一八	四
	緯	北	四二	二八	五二	北	二三	三一	二三	減		一○	四四	
氐宿内增十八	經	卯	一八	四三	三二	卯	一七	一三	○○	加		五○	三五	六
	緯	北	三	二二	一八	南	一四	一一	○○	加		一三	四二	
蜀北增一	經	卯	一八	四九	五六	卯	二三	三○	二四	加		四四	二八	四
	緯	北	二六	三四	五三	北	八	一○	一九	減		一一	五九	
氐宿内增十三	經	卯	一八	五九	二六	卯	一六	三七	○○	加		五一	二四	六
	緯	北	○	一八	五六	南	一七	一一	四五	加		一三	五一	
周東增十三	經	卯	一九	○一	一八	卯	二五	一九	五○	加		四二	三七	六
	緯	北	三二	四一	一八	北	一四	○○	四八	減		一一	二七	
鄭	經	卯	一九	○八	○四	卯	二六	○九	四九	加		四一	四七	三
	緯	北	三五	一九	三二	北	一六	三一	三七	減		一一	一四	
巴南增一	經	卯	一九	二七	五○	卯	二二	四七	三五	加		四五	五二	六
	緯	北	二一	四五	○三	北	三	二一	三三	減		一二	一一	

（續表）

黄道大火宫恒星		黄道宫	黄道度	黄道分	黄道秒	赤道宫	赤道度	赤道分	赤道秒	赤道歲差	赤道歲差分	赤道歲差秒	赤道歲差微	星等
車騎三	經	卯	一九	三六	三六	卯	三	五六	四四	加	一	〇〇	一一	五
	緯	南	三三	二一	五〇	南	四九	一六	四三	加		一六	四六	
天紀北增二	經	卯	一九	三六	五二	寅	四	〇五	〇九	加		三二	三〇	五
	緯	北	五七	五三	一〇	北	三七	五九	一四	減		八	四八	
七公東增十五	經	卯	一九	四〇	五〇	寅	六	二九	五七	加		二九	二五	四
	緯	北	六三	一一	四八	北	四二	五八	一七	減		八	〇二	
騎官十	經	卯	一九	五五	二三	卯	六	一五	〇六	加		五九	三三	三
	緯	南	二九	五七	四二	南	四六	一四	一七	加		一六	一七	
晉西增一	經	卯	一九	五五	三〇	卯	二七	二七	一〇	加		四一	〇二	三
	緯	北	三七	三六	〇四	北	一八	三三	四〇	減		一〇	四九	
氐宿北增十九	經	卯	二〇	〇四	四一	卯	二〇	〇二	五八	加		四九	二〇	六
	緯	北	八	五六	五〇	南	九	〇九	四六	加		一二	五六	
車騎二	經	卯	二〇	〇五	三八	卯	五	一六	二五	加	一	〇〇	一〇	五
	緯	南	三二	〇四	四九	南	四八	一五	一九	加		一六	二九	
馬腹一	經	卯	二〇	一三	二七	辰	二六	三一	〇六	加	一	〇二	一八	二
	緯	南	四四	〇三	四七	南	五九	〇五	〇〇	加		一八	〇六	
騎官九	經	卯	二〇	一五	〇〇	卯	八	四二	〇一	加		五八	三五	五
	緯	南	二五	四九	四〇	南	四二	二八	五三	加		一五	四五	
氐宿東增十六	經	卯	二〇	二〇	三〇	卯	一八	二九	〇五	加		五一	〇九	六
	緯	北	二	〇八	一七	南	一五	四八	一四	加		一三	二三	
天紀北增三	經	卯	二〇	二五	五六	寅	三	一二	〇二	加		三四	二一	五
	緯	北	五四	一六	三〇	北	三四	二五	〇六	減		九	〇四	

（續 表）

黃道大火宮恒星		黃道宮	黃道度	黃道分	黃道秒	赤道宮	赤道度	赤道分	赤道秒	赤道歲差	分	秒	微	星等
蜜蜂四	經	卯	二〇	二八	二八	辰	九	〇三	一五	加		五五	四四	五
	緯	南	五六	四〇	二七	南	六九	一五	五一	加		二〇	〇三	
貫索東增八	經	卯	二〇	三六	一五	寅	一	三七	一三	加		三六	三三	六
	緯	北	四九	二八	〇四	北	二九	四七	五八	減		九	三三	
巴	經	卯	二〇	四四	二二	卯	二四	三一	〇九	加		四五	一七	三
	緯	北	二四	〇二	〇五	北	五	一五	五六	減		一一	四一	
氐宿東增十五	經	卯	二〇	五一	四〇	卯	一九	〇四	二一	加		五一	〇九	六
	緯	北	二	二三	〇六	南	一五	四二	〇七	加		一三	一二	
天乳北增一	經	卯	二一	〇四	四六	卯	二三	一三	一四	加		四七	〇六	六
	緯	北	一七	三九	二五	南	〇	五九	一三	加		一二	〇四	
頓頑二	經	卯	二一	〇六	〇〇	卯	一四	四三	三五	加		五五	一八	五
	緯	南	一二	五八	二一	南	三〇	三三	一二	加		一四	二〇	
貫索東增十一	經	卯	二一	〇八	二三	寅	〇	一一	四七	加		三八	五一	五
	緯	北	四三	四三	四七	北	二四	一一	二九	減		一〇	〇〇	
巴南增二	經	卯	二一	一二	〇五	卯	二四	三三	〇一	加		四五	五六	六
	緯	北	二一	四七	三八	北	二	五九	二四	減		一一	四五	
天棓西增九	經	卯	二一	一二	四五	寅	一五	〇三	三九	加		一八	五五	四
	緯	北	七六	一七	一〇	北	五四	四九	二九	減		五	一二	
騎官三	經	卯	二一	一三	〇四	卯	一〇	三八	一一	加		五八	二八	四
	緯	南	二四	〇〇	〇四	南	四一	〇三	三三	加		一五	一八	
天紀北增四	經	卯	二一	一九	一六	寅	三	一八	二三	加		三五	〇一	五
	緯	北	五二	五四	〇八	北	三二	五七	〇〇	減		九	〇一	

（續表）

黃道大火宫恒星		黃道宫	黃道度	黃道分	黃道秒	赤道宫	赤道度	赤道分	赤道秒	赤道歲差	赤道歲差分	赤道歲差秒	赤道歲差微	星等
陣車三	經	卯	二一	二四	二四	卯	一五	三三	二〇	加		五四	五九	五
	緯	南	一一	二八	一二	南	二九	一一	〇三	加		一四	〇六	
騎官四	經	卯	二一	二六	三三	卯	一〇	二七	一七	加		五八	五〇	三
	緯	南	二四	五九	二〇	南	四二	〇三	三一	加		一五	二一	
氐宿東增十四	經	卯	二一	二七	〇五	卯	一九	三八	〇八	加		五一	一五	四
	緯	北	二	一六	三九	南	一五	五七	三三	加		一三	〇三	
氐宿三	經	卯	二一	三三	五三	卯	二〇	一九	〇九	加		五〇	四二	四
	緯	北	四	二五	二七	南	一三	五四	四九	加		一二	五一	
天紀一	經	卯	二一	三九	一〇	寅	三	〇一	五七	加		三五	四二	五
	緯	北	五一	二七	〇〇	北	三一	三〇	〇八	減		九	〇七	
南門南增一	經	卯	二二	〇六	一八	辰	二九	五七	三二	加	一	〇三	四九	五
	緯	南	四二	五一	二九	南	五八	四一	二〇	加		一七	三一	
晉	經	卯	二二	〇六	二六	卯	二九	〇六	五〇	加		四一	一三	四
	緯	北	三七	一四	五七	北	一七	四四	五三	減		一〇	二〇	
晉北增二	經	卯	二二	一六	〇〇	卯	二九	一七	四五	加		四一	〇九	五
	緯	北	三七	二六	四六	北	一七	五四	二一	減		一〇	一七	
天乳南增三	經	卯	二二	一六	四六	卯	二三	五三	一六	加		四七	四一	六
	緯	北	一五	五一	〇〇	南	三	〇一	一九	加		一一	五一	
天乳	經	卯	二二	二二	〇八	卯	二四	〇四	二五	加		四七	三四	四
	緯	北	一六	一六	一一	南	二	三八	〇九	加		一一	四八	
貫索東增九	經	卯	二二	二三	一三	寅	一	五六	五一	加		三七	四九	六
	緯	北	四六	二五	二二	北	二六	三二	三〇	減		九	二七	

（續 表）

黃道大火宮恒星		黃道宮	黃道度	黃道分	黃道秒	赤道宮	赤道度	赤道分	赤道秒	赤道歲差	赤道歲差分	赤道歲差秒	赤道歲差微	星等
蜜蜂二	經	卯	二二	三六	二五	辰	六	三九	一一	加		五四	二四	五
	緯	南	五八	四七	四三	南	七一	三一	五八	加		二〇	一〇	
貫索東增十	經	卯	二一	四〇	一二	寅	一	一〇	一八	加		三八	五五	六
	緯	北	四三	三八	四七	北	二三	四八	四九	減		九	四〇	
天乳北增二	經	卯	二二	四二	一三	卯	二四	二九	二〇	加		四七	二九	六
	緯	北	一六	四一	四九	南	二	一七	五七	加		一一	四二	
天紀北增五	經	卯	二二	五二	〇八	寅	四	三五	〇八	加		三四	四三	六
	緯	北	五三	三二	〇六	北	三三	一七	〇五	減		八	三九	
天棓北增十	經	卯	二三	〇二	四〇	寅	二三	〇二	四五	加		八	五二	六
	緯	北	八四	三四	三〇	北	六二	〇〇	〇七	減		二	二六	
七公東增十六	經	卯	二三	〇七	四二	寅	一〇	二九	〇〇	加		二六	三九	五
	緯	北	六七	二六	一九	北	四六	二六	三一	減		六	四二	
晉東增三	經	卯	二三	一四	五九	卯	二九	五九	一五	加		四一	一八	六
	緯	北	三七	〇三	三三	北	一七	二〇	〇一	減		一〇	〇四	
巴東增三	經	卯	二三	一七	五四	卯	二六	五四	五三	加		四五	一五	五
	緯	北	二四	三二	三〇	北	五	一〇	五八	減		一一	〇〇	
日西增一	經	卯	二四	二四	〇二	卯	二一	〇三	五三	加		五二	〇六	六
	緯	北	〇	一四	〇七	南	一八	二五	四八	加		一二	三八	
河間西增一	經	卯	二三	四六	三四	寅	一	〇一	一二	加		四〇	三〇	六
	緯	北	三九	二二	四二	北	一九	二八	三三	減		九	四四	
西咸四	經	卯	二三	四七	三八	卯	二三	二六	四〇	加		五一	〇七	四
	緯	北	四	〇二	五二	南	一四	四九	五六	加		一二	一六	

（續表）

黃道大火宮恒星		黃道宮	黃道度	黃道分	黃道秒	赤道宮	赤道度	赤道分	赤道秒		赤道歲差分	赤道歲差秒	赤道歲差微	星等
頓頑一	經	卯	二三	五五	一八	卯	一六	二四	三二	加		五七	一九	五
	緯	南	一七	○六	四七	南	三五	一七	一七	加		一三	五一	
斗西增四	經	卯	二三	五六	四七	卯	二八	五一	二三	加		四三	三三	六
	緯	北	三○	一五	二五	北	一○	三五	四三	減		一○	二四	
斗西增三	經	卯	二四	○一	一七	卯	二八	五八	二○	加		四三	二八	六
	緯	北	三○	二八	一四	北	一○	四七	一五	減		一○	二三	
巴東增四	經	卯	二四	○五	一○	卯	二七	四七	○○	加		四五	○五	六
	緯	北	二五	一五	四二	北	五	四二	四六	減		一○	四三	
騎官八	經	卯	二四	○六	○八	卯	一二	○○	二二	加	一	○一	○四	五
	緯	南	二八	二○	二三	南	四六	○○	四五	加		一四	五八	
騎官五	經	卯	二四	○八	四八	卯	一二	五六	二三	加	一	○○	二七	五
	緯	南	二六	二七	四七	南	四四	一五	一七	加		一四	四六	
日	經	卯	二四	一二	○○	卯	二一	四九	四二	加		五二	一七	四
	緯	北	○	○一	五四	南	一八	四九	三二	加		一二	二六	
斗二	經	卯	二四	一九	○七	寅	○	○六	一九	加		四二	一九	六
	緯	北	三四	○四	四一	北	一四	一三	四八	減		一○	○一	
頓頑南增一	經	卯	二四	二○	五九	卯	一六	四二	二七	加		五七	三七	六
	緯	南	一七	三七	四七	南	三五	五四	○一	加		一三	四八	
天輻西增一	經	卯	二四	二六	五四	卯	一九	四四	三一	加		五四	四九	六
	緯	南	八	三○	一六	南	二七	○八	四九	加		一三	○一	
斗西增五	經	卯	二四	三○	五六	卯	二九	○二	一五	加		四三	五八	六
	緯	北	二八	五八	四三	北	九	一四	一一	減		一○	二一	

（續表）

黄道大火宫恒星		黄道宫	黄道度	黄道分	黄道秒	赤道宫	赤道度	赤道分	赤道秒	赤道歲差	赤道歲差分	赤道歲差秒	赤道歲差微	星等
房宿西增三	經	卯	二四	四五	三四	卯	二一	一八	四八	加		五三	三五	六
	緯	南	四	○五	三八	南	二三	五七	三九	加		一二	三五	
天輻一	經	卯	二五	○二	二八	卯	二○	二三	一九	加		五四	五七	四
	緯	南	八	二八	○九	南	二七	一五	五二	加		一二	五○	
騎官二	經	卯	二五	○四	二九	卯	一六	○九	四五	加		五九	○四	四
	緯	南	二一	二一	○五	南	三九	三九	三四	加		一三	五七	
天紀北增一	經	卯	二五	○七	○八	寅	八	三○	○三	加		三一	一四	三
	緯	北	六○	一九	四七	北	三九	二五	四一	減		七	二一	
斗三	經	卯	二五	三六	三○	寅	○	四三	五○	加		四二	五八	五
	緯	北	三二	一二	○五	北	一二	○九	○九	減		九	五○	
河間	經	卯	二五	三六	三三	寅	二	三八	三二	加		四○	一八	三
	緯	北	四○	○二	○六	北	一九	四六	○四	減		九	一四	
小斗西增一	經	卯	二五	三六	三九	午	六	○七	五九	減		一九	五○	五
	緯	南	七五	二四	二二	南	七六	○二	○二	加		一一	五七	
天紀南增六	經	卯	二五	三八	二七	寅	五	五三	五五	加		三五	三六	六
	緯	北	五一	四一	三七	北	三一	○三	○五	減		八	一二	
天輻二	經	卯	二五	四六	一七	卯	二○	四四	二二	加		五五	三三	四
	緯	南	九	五八	五○	南	二八	五四	三七	加		一二	四四	
騎陣將軍	經	卯	二五	五四	二八	卯	一三	三四	○五	加	一	○二	二四	五
	緯	南	二九	三五	五六	南	四七	四三	三八	加		一四	三六	
斗内增二	經	卯	二五	五四	五○	寅	○	五八	五四	加		四二	五九	六
	緯	北	三二	一○	二九	北	一二	○四	○二	減		九	四四	

（續表）

黃道大火宮恒星	黃道經宮	黃道經度	黃道經分	黃道經秒	黃道緯宮	黃道緯度	黃道緯分	黃道緯秒	赤道經宮	赤道經度	赤道經分	赤道經秒	赤道緯宮	赤道緯度	赤道緯分	赤道緯秒	赤道歲差經加減	赤道歲差經分	赤道歲差經秒	赤道歲差經微	赤道歲差緯加減	赤道歲差緯分	赤道歲差緯秒	赤道歲差緯微	星等
西咸北增一	卯	二六	一七	一六	北	一二	○○	○九	卯	二六	四七	○五	南	七	四○	一八	加		四九	○六	加		一一	○○	六
西咸三	卯	二六	一八	○四	北	三	三○	○四	卯	二四	四九	五三	南	一五	五七	二一	加		五一	三五	加		二一	三四	四
南門二	卯	二六	二○	○七	南	四二	二六	五八	卯	五	四四	一二	南	五九	四四	二九	加	一	○七	三一	加		一六	二三	一
斗南增六	卯	二六	二三	一三	北	二八	三七	五○	寅	○	三四	二三	北	八	三一	二一	加		四四	○九	減		九	五二	六
騎官六	卯	二六	三二	一五	南	二五	一一	四	卯	一六	二○	一四	南	四三	四三	一八	加	一	○一	○一	加		一三	五四	四
斗南增七	卯	二六	三八	○○	北	二五	五七	二四	寅	○	○九	一三	北	五	四二	一五	加		四五	○三	減		一○	○○	六
小斗三	卯	二六	四四	二六	南	六八	○四	二九	巳	七	五二	○三	南	七七	一三	四一	加		一二	四四	加		一八	五○	五
騎官七	卯	二六	四八	三六	南	二八	二六	三八	卯	一五	一三	二三	南	四六	五三	三一	加	一	○二	三三	加		一四	一一	五
西咸二	卯	二六	四九	○四	北	六	○七	四八	卯	二五	五八	○四	南	一三	三○	四五	加		五○	五一	加		一一	一五	四
房宿西增二	卯	二六	五四	四三	北	○	○七	五○	卯	二四	三八	二六	南	一九	三三	三四	加		五二	四○	加		一一	三九	四
西咸北增二	卯	二六	五五	○四	北	一一	二九	三二	卯	二七	一六	三九	南	八	一八	二一	加		四九	二○	加		一○	五一	六

（續 表）

黃道大火宮恒星		黃道宮	黃道度	黃道分	黃道秒	赤道宮	赤道度	赤道分	赤道秒	赤道歲差	赤道歲差分	赤道歲差秒	赤道歲差微	星等
從官西增一	經	卯	二七	○五	四三	卯	二○	五一	三六	加		五七	二○	六
	緯	南	一四	二五	四四	南	三三	三一	三○	加		一二	四二	
車騎一	經	卯	二七	○七	二九	卯	一三	二五	四四	加	一	○四	一八	五
	緯	南	三二	四五	五六	南	五一	○三	三三	加		一四	三八	
房宿西增一	經	卯	二七	○七	三七	卯	二四	五二	○五	加		五二	四一	六
	緯	北	○	○九	一二	南	一九	二四	一三	加		一一	三四	
小斗八	經	卯	二七	一九	○三	午	六	五五	四六	減		二一	五九	五
	緯	南	七五	○一	五二	南	七六	三四	三七	加		一二	一○	
河中	經	卯	二七	二九	四六	寅	四	四七	二○	加		三四	二○	三
	緯	北	四二	四二	四一	北	二三	○二	一一	減		八	三四	
房宿西增四	經	卯	二七	三三	五○	卯	二三	五五	一八	加		五四	三○	六
	緯	南	五	二六	三三	南	二四	五六	五一	加		一一	五一	
西咸一	經	卯	二七	四三	四三	卯	二七	三四	三五	加		五○	○二	五
	緯	北	九	一六	二九	南	一○	三八	三八	加		一○	四六	
從官一	經	卯	二七	四七	二八	卯	二一	三五	五七	加		五七	三四	五
	緯	南	一四	三四	○六	南	三三	五一	○一	加		一二	二九	
罰三	經	卯	二七	四九	五三	卯	二六	三○	四三	加		五一	三五	六
	緯	北	四	○四	二○	南	一五	四四	三五	加		一一	○六	
騎官一	經	卯	二七	五二	五三	卯	一九	二九	三一	加	一	○○	○二	四
	緯	南	二一	一一	一六	南	四○	一五	一三	加		一三	○三	
天紀二	經	卯	二七	五三	四九	寅	七	五三	二○	加		三四	五九	三
	緯	北	五三	○七	一五	北	三二	○四	四二	減		七	三三	

（續表）

黃道大火宮恒星		黃道宮	黃道度	黃道分	黃道秒	赤道宮	赤道度	赤道分	赤道秒	赤道歲差	分	秒	微	星等
斗內增一	經	卯	二七	五九	四九	寅	三	二四	五〇	加		四二	〇二	六
	緯	北	三五	一二	二五	北	一四	三八	〇九	減		九	〇〇	
斗一	經	卯	二八	〇〇	〇二	寅	三	二五	〇四	加		四二	〇三	六
	緯	北	三五	一二	四三	北	一四	三八	二四	減		八	五九	
房宿西增五	經	卯	二八	〇三	〇八	卯	二四	三四	五三	加		五四	二四	五
	緯	南	四	五四	一三	南	二四	三一	一五	加		一一	三九	
房宿西增六	經	卯	二八	四〇	四六	卯	二五	〇二	二九	加		五四	四九	六
	緯	南	五	四三	四八	南	二五	二九	〇八	加		一一	三〇	
小斗二	經	卯	二八	四〇	四七	巳	二六	三二	一二	加		四一	五九	五
	緯	南	六三	五六	三八	南	七六	四六	三五	加		二〇	一九	
梁	經	卯	二八	四三	一五	寅	〇	一四	〇六	加		四七	四五	三
	緯	北	一七	一七	一五	南	三	〇一	〇〇	加		九	五七	
罰二	經	卯	二八	四六	一一	卯	二八	二〇	二六	加		五〇	三一	六
	緯	北	八	〇四	四〇	南	一二	〇二	〇〇	加		一〇	三二	
南門南增二	經	卯	二八	四七	二三	卯	五	三三	〇五	加	一	一一	一六	三
	緯	南	四六	〇七	〇四	南	六三	四八	二五	加		一六	二五	
房宿三	經	卯	二九	〇〇	五〇	卯	二六	一九	四二	加		五三	三七	三
	緯	南	一	五六	三一	南	二一	五二	一二	加		一一	〇八	
罰西增一	經	卯	二九	〇四	五四	卯	二九	三四	五一	加		四九	一四	六
	緯	北	一二	二九	二四	南	七	四六	五七	加		一一	〇九	
斗南增九	經	卯	二九	一一	四二	寅	二	五四	五二	加		四四	二三	六
	緯	北	二八	一一	三七	北	七	三三	五七	減		九	〇八	

（續表）

黃道大火宫恒星	黃道 經 宫	黃道 經 度	黃道 經 分	黃道 經 秒	黃道 緯 宫	黃道 緯 度	黃道 緯 分	黃道 緯 秒	赤道 經 宫	赤道 經 度	赤道 經 分	赤道 經 秒	赤道 緯 宫	赤道 緯 度	赤道 緯 分	赤道 緯 秒	赤道歲差 經	赤道歲差 經 分	赤道歲差 經 秒	赤道歲差 經 微	赤道歲差 緯	赤道歲差 緯 分	赤道歲差 緯 秒	赤道歲差 緯 微	星等
從官二	卯	二九	一四	四〇	南	一三	〇七	四八	卯	二三	三九	四九	南	三二	四八	三〇	加		五七	二六	加		一一	五五	五
罰内增二	卯	二九	二〇	〇七	北	一〇	五四	三〇	卯	二九	二九	四八	南	九	二三	五二	加		四九	四二	加		一〇	一二	五
房宿一	卯	二九	二三	二五	南	五	二五	四六	卯	二五	五一	四三	南	二五	二〇	五九	加		五四	四九	加		一一	一六	三
天紀南增七	卯	二九	三一	四二	北	四八	三五	一二	寅	七	四七	三九	北	二七	二五	四七	加		三七	〇一	減		七	三五	五
房宿二	卯	二九	三三	五二	南	八	三三	二五	卯	二五	一六	二一	南	二八	二六	一九	加		五五	五五	加		一一	二六	四
房宿四	卯	二九	三七	五六	北	一	〇三	〇九	卯	二七	三九	五八	南	一九	〇四	五二	加		五二	四八	加		一〇	四四	二
斗南增八	卯	二九	三八	〇五	北	二六	二二	一四	寅	二	五五	二九	北	五	四二	〇五	加		四四	五九	減		九	〇八	六
列肆一	卯	二九	五〇	五四	北	二三	一六	〇二	寅	二	一七	一八	北	一	三八	三五	加		四六	一六	減		九	二〇	五
罰一	卯	二九	五四	二三	北	一二	四六	三九	寅	〇	二六	〇七	南	七	三九	五五	加		四九	一二	加		九	五四	四
楚	卯	二九	五五	八二	北	一六	二八	二〇	寅	一	一二	一一	南	四	〇三	〇一	加		四八	〇四	加		九	三九	三

黄道析木宫恒星		黄道 宫	黄道 度	黄道 分	黄道 秒	赤道 宫	赤道 度	赤道 分	赤道 秒	加減	赤道歲差 分	赤道歲差 秒	赤道歲差 微	星等
鈎鈐一	經	寅	○	○六	三五	卯	二七	五九	○五	加		五三	○五	五
	緯	北	○	一六	○五	南	一九	五六	五六	加		一○	三八	
罰東增三	經	寅	○	○八	一一	卯	二九	五六	一八	加		五○	一八	六
	緯	北	九	一五	一六	南	一一	○九	四一	加		一○	○二	
天紀南增八	經	寅	○	一三	一五	寅	八	四一	三五	加		三六	二○	六
	緯	北	五○	○八	四三	北	二八	五○	四二	減		七	一七	
鈎鈐二	經	寅	○	一七	○九	卯	二八	○七	四八	加		五三	一○	五
	緯	北	○	○五	五六	南	二○	○九	○五	加		一○	三六	
天紀北增十二	經	寅	○	二八	三三	寅	一○	一九	二二	加		三三	五一	五
	緯	北	五五	三○	二六	北	三四	○一	三五	減		六	四五	
小斗九	經	寅	○	三○	五二	未	二六	二七	二六	減		三七	一三	五
	緯	南	七七	二五	五六	南	七六	○五	二五	加		九	○一	
斗四	經	寅	○	三六	三七	寅	五	○七	一三	加		四二	五一	四
	緯	北	三三	○一	四六	北	二二	○三	一五	減		八	二六	
鍵閉	經	寅	一	○五	一一	卯	二九	一八	二八	加		五二	四六	四
	緯	北	一	四○	五○	南	一八	四六	一○	加		一○	一五	
天紀南增十	經	寅	一	○九	二五	寅	九	四八	二三	加		三五	三四	六
	緯	北	五一	五四	○○	北	三○	二五	二三	減		六	五五	
天紀南增九	經	寅	一	四一	○三	寅	一○	○八	五七	加		三五	三八	五
	緯	北	五一	四八	○六	北	三○	一五	一九	減		六	四八	
車肆一	經	寅	一	四三	二○	寅	二	一三	五四	加		四九	一七	五
	緯	北	一三	○○	一八	南	七	四七	二一	加		九	二○	

（續表）

黃道析木宮恒星		黃道 宮	黃道 度	黃道 分	黃道 秒	赤道 宮	赤道 度	赤道 分	赤道 秒	赤道歲差	分	秒	微	星等
小斗一	經	寅	一	四五	四三	辰	○	三九	四二	加		四八	三七	五
	緯	南	六三	三五	四一	南	七七	五一	一○	加		二○	一九	
斗南增十	經	寅	一	四七	三○	寅	四	五八	四○	加		四四	五○	六
	緯	北	二七	○九	一七	北	六	○五	三四	減		八	二九	
斗南增十一	經	寅	一	四八	二一	寅	四	五九	一七	加		四四	四九	六
	緯	北	二七	○八	三四	北	六	○四	四四	減		八	二八	
小斗七	經	寅	一	五三	○○	午	一三	三五	三三	減		二六	二六	六
	緯	南	七三	○○	二五	南	七八	二八	四一	加		一三	五六	
天紀北增十一	經	寅	一	五三	二二	寅	一○	四七	四八	加		三四	四三	五
	緯	北	五三	四六	○○	北	三二	○八	四一	減		六	三六	
小斗四	經	寅	一	五七	五四	巳	一○	三○	四九	加		一一	○三	五
	緯	南	六七	四七	一七	南	七九	○八	一○	加		一九	一○	
積卒二	經	寅	一	五八	○○	卯	二五	三二	五四	加		五九	四七	五
	緯	南	一七	二一	○○	南	三七	三二	○三	加		一一	二三	
列肆二	經	寅	二	○○	三八	寅	四	三○	○一	加		四五	五九	四
	緯	北	二三	三五	三八	北	二	三三	三一	減		八	三七	
積卒一	經	寅	二	二九	○○	卯	二七	一五	四九	加		五九	一八	五
	緯	南	一五	三○	○○	南	三五	五七	二九	加		一○	五○	
斗五	經	寅	二	三八	五五	寅	六	○三	○九	加		四四	一七	六
	緯	北	二八	五三	○五	北	七	三九	○四	減		八	○八	
心宿南增二	經	寅	二	四○	五九	卯	二九	○九	二四	加		五五	五○	六
	緯	南	六	三八	二二	南	二七	一四	二三	加		一○	一六	

（續表）

黃道析木宮恒星		黃道宮	黃道度	黃道分	黃道秒	赤道宮	赤道度	赤道分	赤道秒	赤道歲差	赤道歲差分	赤道歲差秒	赤道歲差微	星等
心宿南增一	經	寅	二	四五	三五	卯	二九	○七	四七	加		五六	○一	六
	緯	南	七	○七	○三	南	二七	四三	二三	加		一○	一八	
魏西增一	經	寅	三	三一	五一	寅	一○	一八	三○	加		三七	四九	五
	緯	北	四六	四七	二三	北	二五	○六	一一	減		六	四五	
小斗六	經	寅	三	四七	五九	午	二三	四六	○二	減		二一	二四	五
	緯	南	七一	○一	○五	南	七九	三六	三一	加		一六	○八	
心宿北增三	經	寅	三	五二	三五	寅	一	一九	四九	加		五四	三六	六
	緯	南	二	三七	一○	南	二三	三二	○八	加		九	三七	
小斗五	經	寅	三	五三	五九	午	二四	五四	三六	減		一八	四五	五
	緯	南	七○	三七	○七	南	七九	四三	一九	加		一六	三六	
東咸三	經	寅	三	五九	一八	寅	二	一八	一○	加		五三	一○	五
	緯	北	一	三六	○九	南	一九	二四	三七	加		九	一八	
列肆東增四	經	寅	四	○八	一九	寅	五	四三	一四	加		四七	二二	六
	緯	北	一九	三四	一七	南	一	四五	一七	加		八	一四	
斛南增四	經	寅	四	一二	四六	寅	七	○三	二五	加		四五	○一	六
	緯	北	二六	五一	五六	北	五	一四	五九	減		七	四七	
斛南增五	經	寅	四	一三	五○	寅	六	五六	五四	加		四五	一五	六
	緯	北	二六	○九	一七	北	四	四二	五○	減		七	五○	
斛南增六	經	寅	四	一四	一六	寅	六	五七	三五	加		四五	一五	六
	緯	北	二六	一○	五七	北	四	四四	二五	減		七	五○	
心宿一	經	寅	四	一四	二四	寅	一	二六	○六	加		五五	○八	四
	緯	南	三	五九	○四	南	二四	五六	四二	加		九	三四	

（續表）

黃道析木宮恒星		黃道宮	黃道度	黃道分	黃道秒	赤道宮	赤道度	赤道分	赤道秒	赤道歲差	赤道歲差分	赤道歲差秒	赤道歲差微	星等
魏西增二	經	寅	四	一五	五九	寅	一	○六	一一	加		三七	二○	六
	緯	北	四七	五八	三○	北	二六	一○	○八	減		六	二九	
天紀四	經	寅	四	二二	三三	寅	二三	○一	一三	加		三三	四一	六
	緯	北	五五	五六	○八	北	三三	五七	一九	減		五	五八	
東咸二	經	寅	四	二五	二五	寅	三	○四	三七	加		五三	四○	五
	緯	北	三	一六	三二	南	一七	五○	四二	加		九	○四	
天紀三	經	寅	四	四一	五六	寅	二二	三六	一九	加		三四	五八	三
	緯	北	五三	一九	一二	北	三一	二一	二四	減		五	五九	
心宿北增四	經	寅	四	五二	五八	寅	二	三五	二六	加		五四	二六	六
	緯	南	一	四二	三五	南	二三	四九	五○	加		九	一二	
斛四	經	寅	四	五七	○四	寅	八	二一	五一	加		四三	四六	五
	緯	北	三○	四一	二○	北	九	○四	一六	減		七	三三	
斛内增一	經	寅	四	五七	四一	寅	八	二三	二二	加		四三	四六	六
	緯	北	三○	四一	一八	北	九	○四	○八	減		七	二二	
列肆東增三	經	寅	五	○二	四五	寅	七	一○	三○	加		四六	一五	六
	緯	北	二三	一二	三四	北	一	四一	○七	減		七	四六	
東咸一	經	寅	五	○六	二六	寅	四	○八	三八	加		五二	○五	四
	緯	北	五	一四	四一	南	一六	○一	四一	加		八	四四	
斛南增二	經	寅	五	○九	二二	寅	八	○七	○五	加		四四	三七	六
	緯	北	二八	一二	五七	北	六	三六	一三	減		七	二七	
魏西增三	經	寅	五	一一	一九	寅	一一	四三	○二	加		三七	二九	六
	緯	北	四七	四○	五○	北	二五	四五	四五	減		六	一六	

（續表）

黄道析木宫恒星	黄道經宫	黄道經度	黄道經分	黄道經秒	黄道緯宫	黄道緯度	黄道緯分	黄道緯秒	赤道經宫	赤道經度	赤道經分	赤道經秒	赤道緯宫	赤道緯度	赤道緯分	赤道緯秒	赤道歲差經加減	赤道歲差經分	赤道歲差經秒	赤道歲差經微	赤道歲差緯加減	赤道歲差緯分	赤道歲差緯秒	赤道歲差緯微	星等
天紀五	寅	五	一二	〇五	北	五七	五四	三五	寅	一四	〇三	二〇	北	三五	四七	三七	加		三三	四一	減		五	二九	六
韓	寅	五	三八	五五	北	一一	二五	二七	寅	五	四六	〇四	南	一〇	〇一	五〇	加		五〇	〇六	加		八	一二	三
宦者西增三	寅	五	四一	三六	北	三七	一四	二五	寅	一〇	〇七	三八	北	一五	二五	一八	加		四一	三一	減		六	四六	六
三角形一	寅	五	四九	一三	南	四八	〇一	三二	卯	一三	五二	一一	南	六七	四〇	〇一	加	一	二一	四二	加		一四	二九	三
宦者西增二	寅	六	〇〇	一四	北	四〇	四六	三五	寅	一一	〇〇	二七	北	一八	五一	五四	加		四〇	一四	減		六	三〇	五
斛南增三	寅	六	〇二	五八	北	二七	二七	四三	寅	八	四六	三四	北	五	四三	四六	加		四四	五三	減		七	一四	五
東咸四	寅	六	〇四	五三	北	〇	二八	四〇	寅	四	一六	五三	南	二〇	五三	三〇	加		五三	四八	加		八	四〇	五
列肆東增二	寅	六	〇五	〇三	北	二三	一一	三〇	寅	八	〇六	四九	北	一	三〇	三八	加		四六	一九	減		七	二八	六
宦者西增一	寅	六	〇五	〇六	北	四〇	四五	〇二	寅	一一	〇四	〇一	北	一八	四九	四四	加		四〇	一三	減		六	二八	五
心宿北增五	寅	六	一〇	一二	南	三	一一	三〇	寅	三	四〇	四八	南	二四	三一	一二	加		五五	〇九	加		八	五二	六
心宿二	寅	六	一一	〇四	南	四	三一	二六	寅	三	二六	〇二	南	二五	五〇	〇一	加		五五	三九	加		八	五六	一

（續 表）

黃道析木宮恒星		黃道 宮	黃道 度	黃道 分	黃道 秒	赤道 宮	赤道 度	赤道 分	赤道 秒	赤道歲差	赤道歲差 分	赤道歲差 秒	赤道歲差 微	星等
斛三	經	寅	六	二六	〇八	寅	九	二六	五九	加		四四	一三	五
	緯	北	二九	三一	四五	北	七	四二	五二	減		七	〇一	
天棓西增一	經	寅	六	四六	一八	寅	二一	五〇	一六	加		一七	四〇	四
	緯	北	七八	一一	五〇	北	五五	二二	二八	減		二	五〇	
天棓二	經	寅	六	五一	三三	寅	二一	五一	五〇	加		一七	四〇	四
	緯	北	七八	一一	一八	北	五五	二一	四〇	減		二	四九	
三角形內增二	經	寅	六	五四	二七	卯	一八	二五	四六	加	一	二〇	三〇	五
	緯	南	四五	一二	四八	南	六五	二三	三一	加		一三	一八	
天棓西增八	經	寅	七	〇二	四八	寅	一八	一八	四四	加		二五	五〇	六
	緯	北	六九	〇二	五〇	北	四六	二九	四二	減		四	〇三	
斛一	經	寅	七	〇二	五一	寅	一〇	二七	三六	加		四三	一二	四
	緯	北	三二	三二	一六	北	一〇	三六	〇四	減		六	四一	
列肆東增一	經	寅	七	三九	一七	寅	九	三六	〇〇	加		四六	一四	六
	緯	北	二三	三五	一六	北	一	四〇	三四	減		六	五八	
東咸東增一	經	寅	七	四三	一〇	寅	六	四一	一九	加		五二	三六	六
	緯	北	四	二八	二五	南	一七	一三	一八	加		七	五三	
金魚五	經	寅	七	五〇	三七	未	二	三二	一〇	減		五	二八	六
	緯	南	八七	三三	四八	南	六八	四五	一六	加			五四	
心宿三	經	寅	七	五二	五六	寅	四	五九	四六	加		五六	二九	四
	緯	南	六	〇四	二三	南	二七	三九	一二	加		八	二七	
斛二	經	寅	八	一五	一二	寅	一一	二二	四八	加		四三	二九	四
	緯	北	三一	五二	二〇	北	九	四七	一一	減		六	二二	

（續表）

黃道析木宮恒星		黃道宮	黃道度	黃道分	黃道秒	赤道宮	赤道度	赤道分	赤道秒	赤道歲差	赤道歲差分	赤道歲差秒	赤道歲差微	星等
三角形二	經	寅	八	一八	三六	卯	一三	一六	五三	加	一	一八	三五	三
	緯	南	四一	五〇	一〇	南	六二	三四	三七	加		一一	五七	
女牀一	經	寅	八	二六	一二	寅	一六	三〇	三三	加		三一	五〇	三
	緯	北	五九	三五	三〇	北	三七	〇六	五七	減		四	三九	
天棓三	經	寅	八	三〇	四六	寅	二一	一四	〇八	加		二〇	三六	三
	緯	北	七五	一九	五五	北	五二	三〇	一四	減		三	〇三	
車肆二	經	寅	八	四八	〇五	寅	八	五四	〇三	加		五〇	一五	六
	緯	北	一一	三八	〇〇	南	一〇	一八	二九	加		七	一〇	
魏北增四	經	寅	八	五〇	〇六	寅	一四	四八	一二	加		三六	三三	六
	緯	北	四九	五六	三〇	北	二七	三四	一五	減		五	一三	
宦者一	經	寅	八	五七	二一	寅	二二	四二	〇七	加		四一	四六	六
	緯	北	三六	四二	〇〇	北	一四	二八	二七	減		五	五六	
魏西增五	經	寅	九	〇一	四〇	寅	一四	二七	一六	加		三七	四四	六
	緯	北	四七	一一	三七	北	二四	五〇	一六	減		五	二〇	
天棓西增七	經	寅	九	〇六	五三	寅	二〇	〇二	二六	加		二四	一一	六
	緯	北	七一	一四	三〇	北	四八	二八	五一	減		三	二六	
女牀二	經	寅	九	二〇	三〇	寅	一七	一一	四八	加		三一	三二	四
	緯	北	六〇	〇八	三五	北	三七	三四	三四	減		四	二四	
宦者二	經	寅	九	二三	〇八	寅	二二	五九	一五	加		四一	五六	六
	緯	北	三六	一五	二〇	北	一三	五九	〇三	減		五	五一	
車肆北增一	經	寅	九	二七	一六	寅	一〇	一三	一二	加		四八	四二	六
	緯	北	一六	二二	〇一	南	五	四二	五一	加		六	四五	

（續表）

黃道析木宮恒星		黃道宮	黃道度	黃道分	黃道秒	赤道宮	赤道度	赤道分	赤道秒	赤道歲差	赤道歲差分	赤道歲差秒	赤道歲差微	星等
宦者內增四	經	寅	九	二七	四五	寅	一三	〇二	四七	加		四一	五七	六
	緯	北	三六	一三	三五	北	一三	五六	四六	減		五	四九	
心宿東增六	經	寅	九	三〇	五六	寅	七	四二	五五	加		五四	四一	六
	緯	南	〇	四五	二〇	南	二二	三九	五五	加		七	三五	
心宿東增八	經	寅	九	五七	五四	寅	七	四八	五九	加		五五	三九	六
	緯	南	三	〇五	一〇	南	二五	〇二	一三	加		七	三二	
三角形南增三	經	寅	九	五九	一〇	卯	一五	四二	四〇	加	一	三三	四五	六
	緯	南	五二	〇二	五六	南	七二	二七	二四	加		一三	五九	
宦者三	經	寅	一〇	〇〇	五〇	寅	一三	二三	一六	加		四二	一五	六
	緯	北	三五	二六	五〇	北	一三	〇六	四一	減		五	四一	
巽雀九	經	寅	一〇	〇七	三六	辰	二七	四八	一一	加	一	三六	四六	六
	緯	南	五九	四五	〇二	南	七八	五〇	一三	加		一七	五一	
天紀六	經	寅	一〇	一九	二二	寅	一六	五七	四六	加		三三	四三	五
	緯	北	五五	五九	二四	北	三三	二三	四四	減		四	三〇	
心宿東增七	經	寅	一〇	三〇	二一	寅	八	三三	四二	加		五七	一九	六
	緯	南	二	〇七	〇五	南	二四	〇九	三五	加		七	一六	
巽雀八	經	寅	一〇	四〇	四五	卯	三	五四	一四	加	一	四一	二三	四
	緯	南	五八	一三	〇八	南	七七	五二	五〇	加		一六	四二	
車肆北增二	經	寅	一〇	五四	一七	寅	一一	五二	五五	加		四八	〇五	六
	緯	北	一八	二八	二一	南	三	四八	五七	加		六	一一	
三角形南增四	經	寅	一〇	五八	二〇	卯	一七	四八	一四	加	一	三五	三七	六
	緯	南	五一	五一	三三	南	七二	三三	二〇	加		一三	二七	

（續表）

黄道析木宫恒星		黄道宫	黄道度	黄道分	黄道秒	赤道宫	赤道度	赤道分	赤道秒	赤道歲差	赤道歲差分	赤道歲差秒	赤道歲差微	星等
巽雀七	經	寅	一一	〇二	三九	辰	二六	三一	〇四	加	一	三九	〇〇	五
	緯	南	六〇	三二	一〇	南	七九	四二	四九	加		一八	〇四	
魏	經	寅	一一	〇八	三〇	寅	一六	〇六	〇八	加		三七	三一	四
	緯	北	四七	四三	四五	北	二五	〇九	一二	減		四	四六	
三角形北增一	經	寅	一一	一五	四三	卯	二八	〇四	〇六	加	一	二〇	五七	五
	緯	南	四一	三二	四一	南	六二	五七	四四	加		一〇	三三	
天紀内增十三	經	寅	一一	三六	四一	寅	一七	四三	五八	加		三三	五九	六
	緯	北	五五	三一	五七	北	三二	四九	五一	減		四	一三	
女牀三	經	寅	一一	四七	〇二	寅	一八	四二	四九	加		三一	三三	四
	緯	北	六〇	一〇	四〇	北	三七	二四	二七	減		三	五三	
尾宿二	經	寅	一一	四八	三二	寅	八	二四	五二	加		五九	三〇	三
	緯	南	一一	三九	四九	南	三三	四七	二九	加		七	一九	
宋西增一	經	寅	一一	五二	二三	寅	一一	四一	一七	加		五八	三九	六
	緯	北	九	四四	四五	南	一二	三五	二六	加		六	一四	
宦者四	經	寅	一二	二一	二一	寅	一五	〇四	五五	加		四三	〇一	六
	緯	北	三三	二九	三七	北	一〇	五五	一六	減		五	〇六	
尾宿一	經	寅	一二	二九	二四	寅	八	三一	三一	加	一	〇一	二五	三
	緯	南	一五	二四	五九	南	三七	三六	〇三	加		七	一七	
帝座	經	寅	一二	三五	〇三	寅	一五	四五	一七	加		四一	三七	三
	緯	北	三七	一九	一五	北	一四	四一	四七	減		四	五三	
宋西增二	經	寅	一二	四一	四二	寅	一一	四六	〇六	加		五三	一五	六
	緯	北	三	五五	五〇	南	一八	二七	四四	加		六	一二	

（續表）

黃道析木宮恒星		黃道宮	黃道度	黃道分	黃道秒	赤道宮	赤道度	赤道分	赤道秒	赤道歲差	赤道歲差分	赤道歲差秒	赤道歲差微	星等
天江西增九	經	寅	一二	五三	二二	寅	一一	〇八	三〇	加		五五	三六	六
	緯	南	二	一一	〇〇	南	二四	三三	〇五	加		六	二五	
尾宿北增一	經	寅	一三	〇七	〇一	寅	一〇	〇八	〇五	加		五九	一〇	六
	緯	南	一〇	二九	五六	南	三三	四九	二四	加		六	四四	
魏東增六	經	寅	一三	〇九	〇六	寅	一七	三三	一〇	加		三七	三八	四
	緯	北	四七	三一	四七	北	二四	四六	二三	減		四	一六	
魏東增七	經	寅	一三	一七	〇八	寅	一七	三九	一二	加		三七	三七	五
	緯	北	四七	三二	三〇	北	二四	四六	二四	減		四	一三	
神宮	經	寅	一三	二二	五〇	寅	八	五三	三九	加	一	〇三	三三	氣
	緯	南	一九	〇五	〇五	南	四一	二一	三一	加		七	〇九	
天棓西增六	經	寅	一三	二四	〇六	寅	二一	五四	〇七	加		二三	四七	四
	緯	北	七〇	三三	一三	北	四七	三二	一五	減		二	四七	
天棓西增五	經	寅	一三	二六	四六	寅	二一	五五	二〇	加		二四	四九	四
	緯	北	七〇	三三	〇〇	北	四七	三一	五三	減		二	四八	
尾宿三	經	寅	一三	三四	二二	寅	九	〇一	三〇	加	一	〇三	五五	四
	緯	南	一九	三七	一七	南	四一	五四	五〇	加		七	〇六	
天江西增十	經	寅	一三	三四	五五	寅	一一	四八	一七	加		五五	五八	六
	緯	南	二	五一	一七	南	二五	一八	一八	加		六	一二	
天江西增十一	經	寅	一三	四五	一五	寅	一三	〇〇	一五	加		五五	五六	六
	緯	南	二	四六	四〇	南	二五	一五	〇〇	加		六	〇七	
天江西增八	經	寅	一三	五七	五五	寅	一三	四六	三二	加		五四	二〇	六
	緯	北	一	二一	五〇	南	二一	〇九	五一	加		五	五一	

（續表）

黃道析木宫恒星		黃道宫	黃道度	黃道分	黃道秒	赤道宫	赤道度	赤道分	赤道秒	赤道歲差	赤道歲差分	赤道歲差秒	赤道歲差微	星等
天棓内增四	經	寅	一四	○四	一六	寅	二三	三二	一○	加		二三	五○	六
	緯	北	七一	四八	四六	北	四八	四四	三四	減		二	三四	
宦者東增五	經	寅	一四	一○	○○	寅	一六	三九	二五	加		四二	五三	六
	緯	北	三三	五五	○六	北	一一	一○	○○	減		四	三三	
宋	經	寅	一四	二三	四六	寅	二三	五五	五九	加		五二	一○	三
	緯	北	七	一三	五三	南	一五	二三	○三	加		五	二九	
魏東增八	經	寅	一四	二九	二○	寅	一八	二一	一四	加		三八	一五	六
	緯	北	四六	○四	二九	北	三	一三	○三	減		三	五九	
巽雀五	經	寅	一四	四二	三四	辰	二六	四三	二○	加	一	五五	五○	四
	緯	南	六二	○四	四五	南	八二	○三	一二	加		一七	五九	
候西增二	經	寅	一五	○八	二七	寅	一七	五○	四三	加		四一	二九	六
	緯	北	三七	二一	一四	北	一四	二九	四七	減		四	○九	
宗正西增三	經	寅	一五	一○	○四	寅	一六	二○	○三	加		四六	四九	六
	緯	北	二二	三八	三三	南	○	○八	二○	加		四	四○	
龜四	經	寅	一五	二○	二七	寅	六	五八	二九	加	一	一七	三四	四
	緯	南	三六	一三	一三	南	五八	三三	○六	加		七	四五	
候西增一	經	寅	一五	五六	五四	寅	一八	二二	一四	加		四二	○八	六
	緯	北	三六	○二	四五	北	一三	○七	四四	減		三	五七	
龜一	經	寅	一六	○一	三一	寅	九	五○	三二	加	一	一二	○一	三
	緯	南	三○	一三	三四	南	五二	四四	○三	加		六	四九	
天江一	經	寅	一六	一三	一五	寅	一四	三四	五五	加		五六	三九	六
	緯	南	三	五三	四七	南	二六	三八	三八	加		五	一四	

（續表）

黄道析木宫恒星		黄道 宫	度	分	秒	赤道 宫	度	分	秒	赤道歲差	分	秒	微	星等
天棓五	經	寅	一六	一六	○一	寅	二三	○二	四五	加		二五	四五	四
	緯	北	六九	一八	四九	北	四六	○九	四四	減		二	二四	
趙	經	寅	一六	一六	二八	寅	二○	○四	○一	加		三六	五二	四
	緯	北	四九	二○	一六	北	二六	一九	三八	減		三	二三	
龜五	經	寅	一六	一六	三一	寅	九	二五	一五	加	一	一四	四一	四
	緯	南	三三	○一	四六	南	五五	三二	○五	加		六	五六	
趙北增一	經	寅	一六	二一	四七	寅	二○	二四	二三	加		三五	五一	六
	緯	北	五一	三八	四○	北	二八	三六	五五	減		三	一七	
天江二	經	寅	一六	二七	一四	寅	一四	五三	五三	加		五六	二七	五
	緯	南	三	二四	○九	南	二六	一○	三八	加		五	○八	
天江内增三	經	寅	一六	四○	一五	寅	一五	○八	四五	加		五六	二七	六
	緯	南	三	二○	○八	南	二六	○七	五九	加		五	○二	
市樓四	經	寅	一六	四二	三九	寅	一六	三六	○八	加		五一	一三	四
	緯	北	一○	一八	一一	南	一二	三三	四八	加		四	三四	
天江北增六	經	寅	一六	五一	一七	寅	一五	三五	二七	加		五五	三四	六
	緯	南	一	○八	五三	南	二三	五八	三○	加		四	五五	
天江東增二	經	寅	一六	五七	四六	寅	一五	二七	○四	加		五六	三二	六
	緯	南	三	二九	三九	南	二六	一九	一三	加		四	五七	
市樓南增一	經	寅	一六	五七	四六	寅	一六	五○	二七	加		五一	一六	六
	緯	北	一○	○八	五九	南	一二	四四	二○	加		四	二九	
宗正西增二	經	寅	一七	○○	五二	寅	一八	二七	○九	加		四五	一五	五
	緯	北	二七	二○	三九	北	四	二三	五一	減		三	五六	

（續表）

黄道析木宫恒星		黄道宫	黄道度	黄道分	黄道秒	赤道宫	赤道度	赤道分	赤道秒	赤道歲差	赤道歲差分	赤道歲差秒	赤道歲差微	星等
尾宿四	經	寅	一七	〇七	一四	寅	一三	二四	一五	加	一	〇四	五七	四
	緯	南	二〇	〇八	五三	南	四二	五三	二七	加		五	三八	
三角形三	經	寅	一七	一五	五九	寅	五	二二	一八	加	一	三四	〇五	二
	緯	南	四六	〇四	五一	南	六八	二八	三五	加		八	一三	
天江北增七	經	寅	一七	一八	五五	寅	一六	二五	二三	加		五四	一九	四
	緯	北	二	〇四	四三	南	二〇	四八	二八	加		四	三七	
天紀七	經	寅	一七	四〇	〇八	寅	二一	三七	五〇	加		三四	三五	五
	緯	北	五四	二一	〇〇	北	三一	一三	三〇	減		二	五二	
巽雀六	經	寅	一七	四五	一二	卯	二五	二一	一九	加	二	〇六	三八	五
	緯	南	五五	五六	〇六	南	七七	五六	〇九	加		一一	一六	
天江內增四	經	寅	一七	四五	二七	寅	一六	三一	〇三	加		五五	五一	六
	緯	南	一	四二	二八	南	二四	三七	〇八	加		四	三五	
天江三	經	寅	一七	四八	一一	寅	一六	三三	三〇	加		五五	五三	三
	緯	南	一	四七	四七	南	二四	四二	四一	加		四	三四	
市樓四	經	寅	一八	一三	四〇	寅	一八	〇九	五〇	加		五一	〇七	六
	緯	北	一〇	四四	五三	南	二三	一五	〇八	加		四	〇一	
天江南增一	經	寅	一八	一八	〇五	寅	一六	四七	二七	加		五七	一七	四
	緯	南	四	五四	四七	南	二七	五一	三八	加		四	二九	
天江內增五	經	寅	一八	二八	五七	寅	一七	二二	四六	加		五五	二八	六
	緯	南	〇	五九	五四	南	二三	五八	三九	加		四	一八	
候北增三	經	寅	一八	三八	五九	寅	二〇	三八	一九	加		四二	〇一	六
	緯	北	三六	二八	二二	北	一三	二一	三〇	減		三	一一	

（續表）

黃道析木宮恒星		黃道宮	度	分	秒	赤道宮	度	分	秒	赤道歲差	分	秒	微	星等
趙東增二	經	寅	一八	四二	三六	寅	二一	三九	五六	加		三七	三七	六
	緯	北	四七	三八	〇七	北	二四	二八	四三	減		二	五〇	
天江四	經	寅	一八	四四	五四	寅	一七	四〇	四二	加		五五	三七	四
	緯	南	〇	五四	〇三	南	二三	五四	一二	加		四	一一	
候	經	寅	一八	五〇	三二	寅	二〇	四四	五九	加		四二	一四	二
	緯	北	三五	五三	一六	北	二二	四五	四五	減		三	〇八	
候北增四	經	寅	一八	五一	五一	寅	二〇	四八	五一	加		四二	〇一	六
	緯	北	三六	二七	二七	北	一三	一九	四六	減		三	〇八	
候南增五	經	寅	一八	五六	一二	寅	二〇	三五	二七	加		四三	二〇	六
	緯	北	三二	五四	二七	北	九	四七	〇八	減		三	一二	
巽雀四	經	寅	一八	五七	四二	卯	二八	一四	二八	加	二	一一	三五	四
	緯	南	五六	〇〇	二二	南	七八	一五	五四	加		一〇	二二	
巽雀三	經	寅	一九	一六	一三	寅	一	二六	四一	加	二	〇四	五六	四
	緯	南	五四	三一	〇七	南	七六	五六	〇三	加		九	二三	
糠	經	寅	一九	一六	一六	寅	一七	四三	一一	加		五八	〇六	五
	緯	南	六	三四	一二	南	二九	三五	四七	加		四	〇九	
天籥西增一	經	寅	一九	四五	四七	寅	一八	四九	一二	加		五五	三一	六
	緯	南	〇	三一	二〇	南	二三	三六	三一	加		三	四七	
天籥六	經	寅	一九	五四	一五	寅	一八	五七	三九	加		五五	三四	五
	緯	南	〇	三八	二三	南	二三	四四	一一	加		三	四四	
天籥七	經	寅	二〇	〇八	一〇	寅	一九	〇二	四四	加		五六	二七	六
	緯	南	二	三九	五二	南	二五	四六	二三	加		三	四二	

（續表）

黄道析木宫恒星		黄道宫	黄道度	黄道分	黄道秒	赤道宫	赤道度	赤道分	赤道秒	赤道歲差	赤道歲差分	赤道歲差秒	赤道歲差微	星等
天棓内增二	經	寅	二〇	〇九	三六	寅	二五	四六	二五	加		二一	五三	六
	緯	北	七四	一一	三〇	北	四九	五一	一一	減		一	二六	
尾宿九	經	寅	二〇	二六	一六	寅	一八	二〇	四七	加	一	〇一	五一	四
	緯	南	一三	五七	〇四	南	三七	〇二	五二	加		三	五六	
趙東增三	經	寅	二〇	三〇	〇六	寅	二三	五九	一五	加		三七	三八	六
	緯	北	四七	三八	〇七	北	二四	二三	〇〇	減		二	二三	
杵三	經	寅	二〇	三六	五三	寅	一五	五九	五六	加	一	一五	一八	四
	緯	南	三二	一一	四三	南	五五	一三	二二	加		四	四二	
龜二	經	寅	二〇	四一	四二	寅	一五	五六	四四	加	一	一六	一二	四
	緯	南	三三	〇二	四四	南	五六	〇四	三〇	加		四	四三	
天籥五	經	寅	二〇	四二	三八	寅	一九	五九	一九	加		五四	四九	六
	緯	北	一	一九	五九	南	二一	四九	三九	加		三	二二	
南海	經	寅	二〇	五八	二三	寅	二〇	四四	〇二	加		五二	一五	四
	緯	北	七	五九	〇五	南	一五	一二	二九	加		三	〇七	
市樓一	經	寅	二〇	五九	三七	寅	二一	一三	四五	加		四九	三五	四
	緯	北	一五	一五	五一	南	七	五六	四二	加		二	五七	
尾宿八	經	寅	二一	〇〇	一〇	寅	一九	〇三	〇八	加	一	〇一	四六	三
	緯	南	一三	四四	二〇	南	三六	五二	五〇	加		三	四〇	
天棓一	經	寅	二一	一四	二〇	寅	二七	一八	四四	加		一五	三七	三
	緯	北	八〇	一九	四〇	北	五六	五五	三五	減			五四	
天棓東增三	經	寅	二一	一四	三〇	寅	二五	五三	三六	加		二三	五三	六
	緯	北	七一	四九	五三	北	四八	二八	二四	減		一	二四	

（續表）

黄道析木宫恒星		黄道宫	黄道度	黄道分	黄道秒	赤道宫	赤道度	赤道分	赤道秒	赤道歲差	分	秒	微	星等
杵二	經	寅	二一	二〇	〇六	寅	一七	五九	二〇	加	一	一〇	一三	四
	緯	南	二六	二九	三〇	南	四九	三六	四九	加		四	〇二	
異雀一	經	寅	二一	二〇	四八	寅	一三	四二	五七	加	一	三四	一四	五
	緯	南	四四	三二	五五	南	六七	三二	三一	加		五	二七	
天籥四	經	寅	二二	三一	二三	寅	二〇	五二	二六	加		五四	四七	六
	緯	北	一	三〇	二四	南	二一	四二	二九	加		三	〇四	
異雀二	經	寅	二二	三八	五九	寅	一三	一四	〇二	加	一	四〇	一三	六
	緯	南	四六	五二	三三	南	六九	五二	一〇	加		五	三五	
九河	經	寅	二二	三九	二六	寅	二四	〇五	四八	加		三六	〇五	四
	緯	北	五一	一二	三八	北	二七	五三	五四	減		一	五九	
宗正一	經	寅	二二	四五	四四	寅	二三	四二	一九	加		四五	〇七	三
	緯	北	二七	五八	〇〇	北	四	四一	三一	減		二	二六	
杵一	經	寅	二二	五〇	〇二	寅	一九	〇六	一九	加	一	〇七	四二	五
	緯	南	二三	〇五	二六	南	四六	一五	五四	加		三	三八	
市樓二	經	寅	二二	五二	〇九	寅	二一	四八	二四	加		五一	一八	五
	緯	北	一〇	三三	五一	南	一二	四一	一六	加		二	四四	
龜三	經	寅	二二	五八	四〇	寅	一七	〇〇	二一	加	一	二一	四七	四
	緯	南	三七	一七	二四	南	六〇	二四	四一	加		四	一九	
尾宿五	經	寅	二二	五九	〇七	寅	一九	四一	〇七	加	一	〇五	二二	二
	緯	南	一九	三七	三六	南	四二	四九	二三	加		三	二七	
市樓六	經	寅	二三	〇七	二七	寅	二三	一八	四六	加		四九	四九	四
	緯	北	一五	〇一	一一	南	八	一五	一二	加		二	三四	

（續表）

黄道析木宫恒星		黄道宫	黄道度	黄道分	黄道秒	赤道宫	赤道度	赤道分	赤道秒		赤道歲差分	赤道歲差秒	赤道歲差微	星等
宗正南增一	經	寅	二二	○七	四六	寅	二二	五五	二五	加		四五	四九	六
	緯	北	二六	○一	二四	北	二	四四	○○	減		二	二二	
天紀八	經	寅	二二	一○	一五	寅	二四	五三	二一	加		三三	一七	五
	緯	北	五七	○二	○三	北	三三	四一	二四	減		一	四三	
九河南增一	經	寅	二二	三一	一○	寅	二四	三四	○二	加		三七	○二	六
	緯	北	四九	○四	一○	北	二五	四三	三八	減		一	四八	
天籥三	經	寅	二二	三三	四四	寅	二三	○○	一六	加		五四	四四	五
	緯	北	一	四四	四五	南	二一	三一	五一	加		二	四一	
尾宿七	經	寅	二二	五一	三九	寅	二一	○九	二一	加	一	○三	○○	四
	緯	南	一五	三六	三八	南	三八	五二	二九	加		二	五六	
宗正二	經	寅	二三	○三	三二	寅	二三	四五	五四	加		四五	四五	三
	緯	北	二六	○九	二○	北	二	四九	二一	減		二	○四	
天籥二	經	寅	二三	二○	○九	寅	二三	四九	三七	加		五四	四九	六
	緯	北	一	三六	○一	南	二一	四三	○一	加		二	二三	
天紀北增十四	經	寅	二三	三○	五一	寅	二六	一三	一一	加		二九	四三	六
	緯	北	六三	二八	二○	北	四○	○四	二七	減		一	一五	
天籥八	經	寅	二三	四○	○一	寅	二三	五一	五○	加		五七	二三	六
	緯	南	四	二二	四二	南	二七	四二	一七	加		二	二一	
尾宿六	經	寅	二三	五四	二九	寅	二三	二二	二一	加	一	○三	四四	三
	緯	南	一六	四一	四一	南	四○	○一	○○	加		二	三一	
傳説	經	寅	二四	二一	四○	寅	二三	○八	○七	加	一	○一	五九	四
	緯	南	一三	三七	一五	南	三六	五八	一一	加		二	一五	

（續表）

黃道析木宮恒星		黃道 宮	度	分	秒	赤道 宮	度	分	秒	赤道歲差	分	秒	微	星等
孔雀一	經	寅	二四	二一	五四	寅	二〇	〇三	五五	加	一	二九	二三	四
	緯	南	四一	二八	〇二	南	六四	四五	二一	加		三	一五	
天棓四	經	寅	二四	二七	四八	寅	二七	四一	四三	加		二	一三	二
	緯	北	七四	五八	二〇	北	五一	三二	〇〇	減			四六	
天紀九	經	寅	二四	五〇	五〇	寅	二六	五〇	〇七	加		三一	二〇	四
	緯	北	六〇	四三	四〇	北	三七	一八	〇四	減		一	〇一	
魚	經	寅	二五	〇九	三四	寅	二四	一三	〇八	加	一	〇〇	五一	四
	緯	南	一一	二四	三四	南	三四	四七	四四	加		一	五五	
天籥一	經	寅	二五	一六	三〇	寅	二四	四七	四三	加		五六	〇八	五
	緯	南	一	二四	〇八	南	二四	四八	〇一	加		一	四〇	
中山西增一	經	寅	二五	三三	四九	寅	二六	五五	一六	加		三五	二四	四
	緯	北	五二	四三	五六	北	二九	一七	四七	減			五九	
中山西增二	經	寅	二五	五一	〇〇	寅	二七	〇九	二一	加		三四	五七	五
	緯	北	五三	四〇	一五	北	三〇	一三	四三	減			五五	
燕	經	寅	二六	一〇	一六	寅	二六	一三	三四	加		五〇	一六	四
	緯	北	一三	四二	四五	南	九	四三	一四	加		一	一一	
帛度南增三	經	寅	二六	二一	三七	寅	二七	〇五	五三	加		四〇	四〇	五
	緯	北	四〇	一二	五八	北	一六	四六	一〇	減			五五	
天籥東增二	經	寅	二六	二三	一六	寅	二六	〇三	一〇	加		五五	四二	六
	緯	南	〇	一九	四五	南	二三	四五	四六	加		一	一四	
天籥東增三	經	寅	二六	二八	一七	寅	二六	〇七	四八	加		五五	四八	六
	緯	南	〇	四七	五一	南	二四	一四	〇〇	加		一	一三	

（續表）

黃道析木宮恒星		黃道宮	黃道度	黃道分	黃道秒	赤道宮	赤道度	赤道分	赤道秒	赤道歲差	赤道歲差分	赤道歲差秒	赤道歲差微	星等
宗人一	經	寅	二六	二九	三三	寅	二六	五三	二五	加		四五	一二	四
	緯	北	二七	五一	〇三	北	四	二四	一九	減			五八	
斗宿西增一	經	寅	二六	三一	〇一	寅	二六	二一	一八	加		五三	二二	六
	緯	北	五	二八	五一	南	一七	五七	三〇	加		一	〇八	
東海西增一	經	寅	二六	三二	三二	寅	二六	四四	二五	加		四八	〇五	三
	緯	北	一九	四七	五二	南	三	三八	四七	加		一	〇一	
宗人二	經	寅	二六	三六	一九	寅	二六	五七	二一	加		四五	四四	四
	緯	北	二六	二四	三一	北	二	五七	四一	減			五六	
帛度一	經	寅	二六	五〇	三六	寅	二七	三六	一〇	加		三八	四三	四
	緯	北	四五	〇四	三〇	北	二一	三七	〇四	減			四三	
宗人三	經	寅	二六	五四	一七	寅	二七	一一	二一	加		四六	一九	四
	緯	北	二四	四七	〇七	北	一	一九	五六	減			五二	
天籥東增四	經	寅	二七	〇四	四七	寅	二六	四七	四九	加		五五	五六	六
	緯	南	〇	四七	五〇	南	二四	一四	五三	加			五八	
帛度南增一	經	寅	二七	〇六	五〇	寅	二七	四七	二六	加		三九	〇三	五
	緯	北	四四	一八	五四	北	二〇	五一	一四	減			四〇	
市樓三	經	寅	二七	一二	三三	寅	二七	一六	四〇	加		四九	四一	五
	緯	北	一五	一七	三一	南	八	〇九	五三	加			五〇	
屠肆西增一	經	寅	二七	一七	一六	寅	二七	五八	一一	加		三八	一一	五
	緯	北	四六	二四	四八	北	二三	五六	五六	減			三五	
杵東增一	經	寅	二七	三二	四〇	寅	二六	三四	四五	加	一	一一	〇二	五
	緯	南	二六	三六	〇五	南	五〇	〇三	二〇	加		一	〇〇	

（續表）

黃道析木宮恒星		黃道宮	黃道度	黃道分	黃道秒	赤道宮	赤道度	赤道分	赤道秒	赤道歲差加減	赤道歲差分	赤道歲差秒	赤道歲差微	星等
孔雀二	經	寅	二七	三七	○四	寅	二五	五四	○七	加	一	二七	四一	五
	緯	南	四○	○九	二八	南	六三	三六	二六	加		一	一一	
箕宿一	經	寅	二七	四○	四七	寅	二七	一九	四六	加		五八	四一	三
	緯	南	六	五五	五一	南	三○	二三	三三	加			四七	
宗人四	經	寅	二七	五四	一六	寅	二八	○六	五六	加		四五	五二	四
	緯	北	二六	○三	五四	北	二	三五	四三	減			三一	
屠肆二	經	寅	二八	二○	二四	寅	二八	四四	五一	加		三八	二八	五
	緯	北	四五	四一	二四	北	二三	一二	五○	減			一九	
宗人北增二	經	寅	二八	三二	四一	寅	二八	四五	一五	加		四三	三九	六
	緯	北	三二	一一	五三	北	八	四三	一五	減			一八	
宗人北增一	經	寅	二八	三四	四三	寅	二八	四七	三○	加		四三	二一	六
	緯	北	三三	○一	二五	北	九	三二	四六	減			一七	
中山北增三	經	寅	二八	五八	四○	寅	二九	一八	一○	加		三四	四七	五
	緯	北	五四	○一	三二	北	三○	三二	四一	減			九	
中山南增七	經	寅	二九	○五	二八	寅	二九	二○	三七	加		三六	五○	六
	緯	北	四九	三三	四○	北	二六	○四	四七	減			七	
中山	經	寅	二九	○六	一三	寅	二九	二二	二五	加		三五	三九	四
	緯	北	五二	一三	三五	北	二八	四四	四二	減			七	
宗人東增三	經	寅	二九	○六	三九	寅	二九	一二	三二	加		四五	二八	六
	緯	北	二七	二六	一四	北	三	五七	二三	減			九	
帛度南增二	經	寅	二九	一二	○九	寅	二九	二三	○四	加		三九	二一	五
	緯	北	四三	三○	二三	北	二○	○一	二九	減			六	

（續表）

黃道析木宮恒星		黃道宮	黃道度	黃道分	黃道秒	赤道宮	赤道度	赤道分	赤道秒	赤道歲差	分	秒	微	星等
帛度二	經	寅	二五	一三	二六	寅	二九	二四	二八	加		三九	○三	四
	緯	北	四四	一七	○六	北	二○	四八	一二	減			六	
斗宿三	經	寅	二九	三九	一○	寅	二九	三七	四二	加		五四	三六	四
	緯	北	二	二二	五四	南	二一	○六	○五	加			二	
孔雀北增二	經	寅	二九	五三	二七	寅	二九	四九	一二	加	一	二四	一六	四
	緯	南	三八	○三	三六	南	六一	三三	三六	減			一一	

清・戴進賢《儀象考成》卷一四《恒星赤道經緯度表一》赤道星紀宮黃道度附

赤道星紀宮恒星		赤道宮	赤道度	赤道分	赤道秒	黃道宮	黃道度	黃道分	黃道秒	赤道歲差	分	秒	微	星等
斗宿北增二	經	丑	○	○○	○九	丑	○	○○	○五	加		五四	二五	六
	緯	南	二○	四六	三二	北	二	四二	二八	減			九	
天柱西增六	經	丑	○	○三	一六	申	二九	五六	○○	減		四一	三八	六
	緯	北	七七	○三	一○	北	七九	二七	五○	加			六	
箕宿四	經	丑	○	○七	○三	丑	○	○五	四八	加	一	○一	五八	三
	緯	南	三六	四六	四五	南	一三	一七	四五	減			一三	
中山北增四	經	丑	○	三三	二一	丑	○	四七	五八	加		三四	二三	四
	緯	北	三一	二一	三五	北	五四	五○	三○	加			一八	
箕宿二	經	丑	一	○七	五二	丑	○	五九	一二	加		五八	二七	三
	緯	南	二九	五四	○七	南	六	二五	二一	減			三五	
孔雀三	經	丑	一	四六	五九	丑	一	○三	四四	加	一	二五	三五	五
	緯	南	六二	二三	五○	南	三八	五四	一四	減			五三	

（續表）

赤道星紀宮恒星		赤道宮	赤道度	赤道分	赤道秒	黃道宮	黃道度	黃道分	黃道秒	赤道歲差	赤道歲差分	赤道歲差秒	赤道歲差微	星等
箕宿三	經	丑	一	四七	四九	丑	一	三〇	三三	加	一	〇〇	四三	三
	緯	南	三四	二八	二〇	南	一〇	五九	五四	減			四九	
屠肆北增二	經	丑	一	五二	二八	丑	二	三二	二五	加		三七	三五	五
	緯	北	二四	二一	二九	北	四七	四九	三〇	加			四七	
宗人東增四	經	丑	二	〇〇	三五	丑	二	一四	四九	加		四五	三七	六
	緯	北	三	一六	三三	北	二六	四四	三六	加			五〇	
鼈一	經	丑	二	〇二	五七	丑	一	三二	二三	加	一	〇七	五一	四
	緯	南	四六	〇四	四四	南	二三	三六	二三	減			五六	
東海	經	丑	二	〇七	三五	丑	二	一六	〇三	加		四七	四八	三
	緯	南	二	五六	〇四	北	二〇	三一	五六	減			五四	
屠肆內增三	經	丑	二	二二	〇四	丑	三	〇七	三六	加		三八	三八	六
	緯	北	二一	五二	三八	北	四五	三〇	〇六	加			五八	
斗宿北增三	經	丑	二	三三	三八	丑	二	二三	五五	加		五四	二四	六
	緯	南	二〇	三九	〇四	北	二	四八	三九	減		一	〇四	
中山東增六	經	丑	二	四三	二二	丑	三	五三	三六	加		三五	三七	六
	緯	北	二八	四六	三三	北	五二	一三	二〇	加		一	〇三	
織女西增四	經	丑	二	四三	四七	丑	四	二〇	三九	加		三二	〇三	五
	緯	北	三五	五八	一一	北	五九	二四	四二	加		一	〇三	
中山東增五	經	丑	二	四四	〇二	丑	三	五七	五四	加		三五	一〇	六
	緯	北	二九	四六	二五	北	五三	一三	一〇	加		一	〇五	
斗宿二	經	丑	三	〇二	三九	丑	二	四四	五五	加		五六	二七	四
	緯	南	二五	三一	一六	南	二	〇四	〇一	減		一	一五	

（續表）

赤道星紀宮恒星		赤道宮	赤道度	赤道分	赤道秒	黃道宮	黃道度	黃道分	黃道秒	加減	赤道歲差分	赤道歲差秒	赤道歲差微	星等
扶筐北增一	經	丑	三	○五	五三	子	一	四八	一○	加		四	三四	六
	緯	北	六四	一九	○八	北	八七	二七	一○	加		一	○七	
屠肆一	經	丑	三	一一	五五	丑	四	一二	四九	加		三八	四二	四
	緯	北	二一	四○	四四	北	四五	○六	五五	加		一	一四	
孔雀八	經	丑	三	二三	三四	丑	一	三六	二一	加	一	四七	三二	四
	緯	南	七一	三三	五四	南	四八	○六	○三	減		一	三○	
東海東增二	經	丑	三	三二	三二	丑	三	五一	五一	加		四六	四九	六
	緯	北	○	○三	四五	北	二三	二九	五三	加		一	一三	
織女西增三	經	丑	三	四一	一四	丑	六	一四	一九	加		三○	○七	六
	緯	北	三九	二三	二八	北	六二	四六	四○	加		一	一四	
鼈十一	經	丑	三	四二	五五	丑	二	五三	五六	加	一	○五	一八	六
	緯	南	四二	二六	三六	南	一八	五九	五○	減		一	三一	
鼈十	經	丑	三	四九	一六	丑	三	○五	一二	加	一	○三	○五	六
	緯	南	三八	四九	四八	南	一五	二三	一五	減		一	三三	
東海東增四	經	丑	四	○五	四六	丑	四	二三	三八	加		四七	三二	六
	緯	南	二	○七	五○	北	二一	一七	二四	減		一	三五	
柱史南增二	經	丑	四	一三	五四	酉	二五	○三	二○	減		五	一○	六
	緯	北	六九	三九	五八	北	八七	一八	五○	加		一	二九	
柱史南增一	經	丑	四	三七	二三	酉	二一	一八	四八	減		四	四九	六
	緯	北	六八	三三	四五	北	八七	一七	五五	加		一	三八	
天柱五	經	丑	四	四一	○五	申	二六	二九	○五	減	一	○七	三○	五
	緯	北	七九	五五	四三	北	七六	三一	五○	加		一	二八	

（續表）

赤道星紀宮恒星		赤道 宮	赤道 度	赤道 分	赤道 秒	黃道 宮	黃道 度	黃道 分	黃道 秒	赤道歲差 加減	赤道歲差 分	赤道歲差 秒	赤道歲差 微	星等
東海東增三	經	丑	四	四一	三六	丑	五	〇四	一四	加		四七	一一	六
	緯	南	一	〇九	三一	北	二二	一四	三一	減		一	四七	
天柱內增五	經	丑	四	四二	〇五	申	二六	三〇	三八	減	一	〇八	一四	五
	緯	北	七九	五九	三五	北	七六	二八	〇〇	加		一	二七	
扶筐三	經	丑	五	〇三	二七	丑	一八	四六	四四	加		一三	三二	五
	緯	北	五八	三九	三三	北	八一	四八	四〇	加		一	五〇	
孔雀內增一	經	丑	五	一二	四九	丑	二	五六	二一	加	一	三〇	一一	五
	緯	南	六五	〇二	五七	南	四一	三七	〇九	減		二	〇七	
天弁一	經	丑	五	一八	一六	丑	五	二五	五七	加		四九	四五	四
	緯	南	八	二三	五二	北	一四	五九	〇七	減		二	〇一	
柱史	經	丑	六	〇四	二三	申	七	四一	二八	減		一一	三七	五
	緯	北	七一	一一	二四	北	八四	五〇	四〇	加		二	〇七	
扶筐北增二	經	丑	六	一二	三六	亥	九	〇九	二七	加		二	三七	六
	緯	北	六五	二四	二二	北	八七	一四	二〇	加		二	一三	
御女四	經	丑	六	一九	三五	申	一三	〇一	五七	減		一七	五〇	四
	緯	北	七二	三六	五五	北	八三	三一	二〇	加		二	一一	
斗宿北增四	經	丑	六	三五	二四	丑	六	〇一	〇〇	加		五五	四五	六
	緯	南	二四	〇二	〇四	南	〇	四二	二〇	減		二	二九	
農大人	經	丑	六	三九	三四	丑	五	三一	三四	加	一	〇一	二〇	六
	緯	南	三五	四九	三七	南	一二	二八	一八	減		二	三二	
孔雀四	經	丑	六	五九	二七	丑	四	〇九	三三	加	一	二五	二〇	四
	緯	南	六二	二六	一九	南	三九	〇三	二三	減		二	四三	

（續表）

赤道星紀宮恒星		赤道宮	赤道度	赤道分	赤道秒	黃道宮	黃道度	黃道分	黃道秒	加減	赤道歲差分	赤道歲差秒	赤道歲差微	星等
織女一	經	丑	七	〇三	〇七	丑	一一	四二	一八	加		三〇	四一	一
	緯	北	三八	三三	四三	北	六一	四五	三一	加		二	三五	
天弁二	經	丑	七	〇三	五一	丑	七	一一	一四	加		五〇	〇三	五
	緯	南	九	一五	五五	北	一四	〇二	三〇	減		二	三九	
扶筐二	經	丑	七	二一	三三	丑	二三	〇九	五六	加		一五	五四	五
	緯	北	五六	五一	二五	北	七九	四四	四四	加		二	三八	
天弁三	經	丑	七	二三	二〇	丑	七	三三	三二	加		四九	四七	五
	緯	南	八	三〇	二五	北	一四	四六	五七	減		二	四六	
斗宿一	經	丑	七	二四	一三	丑	六	三五	四二	加		五七	〇七	五
	緯	南	二七	一三	二五	南	三	五四	三五	減		二	四七	
鼈二	經	丑	七	二九	五三	丑	五	四五	四七	加	一	〇六	〇八	六
	緯	南	四三	五四	四〇	南	二〇	三四	四〇	減		二	五一	
孔雀五	經	丑	七	四五	〇五	丑	四	〇七	三四	加	一	三五	一一	五
	緯	南	六七	二八	三三	南	四四	〇六	一三	減		三	〇一	
徐西增一	經	丑	七	五八	一二	丑	八	四八	〇〇	加		四六	〇八	五
	緯	北	一	四九	〇三	北	二五	〇三	二六	加		二	五七	
天弁北增一	經	丑	八	一九	三八	丑	八	五九	〇五	加		四七	一一	六
	緯	南	一	一二	五六	北	二二	〇〇	二九	減		三	〇五	
天弁四	經	丑	八	二四	五〇	丑	八	四九	四〇	加		四八	三二	四
	緯	南	五	〇〇	〇四	北	一八	一三	二七	減		三	〇六	
建西增一	經	丑	八	三七	四二	丑	八	〇四	五六	加		五四	一九	六
	緯	南	二〇	三五	一六	北	二	三九	一二	減		三	一二	

（續表）

赤道星紀宮恒星		赤道宮	赤道度	赤道分	赤道秒	黃道宮	黃道度	黃道分	黃道秒	赤道歲差	赤道歲差分	赤道歲差秒	赤道歲差微	星等
宗一	經	丑	八	三九	一四	丑	一一	一二	三七	加		三九	二〇	五
	緯	北	二〇	一九	〇七	北	四三	二七	五四	加		三	一〇	
孔雀北增三	經	丑	八	四七	二六	丑	五	二五	一三	加	一	二二	一一	六
	緯	南	六〇	二九	五〇	南	三七	一〇	四六	減		三	二〇	
建西增五	經	丑	八	五一	五一	丑	八	一一	二四	加		五五	〇二	六
	緯	南	二二	二五	一九	北	〇	四八	三四	減		三	一八	
宗二	經	丑	八	五四	一七	丑	一一	一五	四八	加		四〇	一七	四
	緯	北	一七	五五	一六	北	四一	〇三	二三	加		三	一六	
織女二	經	丑	八	五六	四三	丑	一五	〇二	四二	加		三〇	一七	五
	緯	北	三九	二五	〇七	北	六二	二六	〇五	加		三	一五	
織女內增二	經	丑	八	五七	〇五	丑	一五	〇二	一七	加		三〇	一八	六
	緯	北	三九	二一	三四	北	六二	二三	三一	加		三	一四	
織女三	經	丑	八	五八	二六	丑	一四	二一	五五	加		三一	二七	五
	緯	北	三七	二一	二三	北	六〇	二三	一三	加		三	一六	
織女南增一	經	丑	八	五八	五七	丑	一四	三三	二九	加		三一	二六	五
	緯	北	三七	二〇	二七	北	六〇	二三	一六	加		三	一七	
建西增四	經	丑	九	一二	〇一	丑	八	三〇	五五	加		五四	五八	六
	緯	南	二二	一一	一一	北	一	〇一	三〇	減		三	二五	
天弁北增二	經	丑	九	二五	〇六	丑	九	五九	〇七	加		四八	〇〇	六
	緯	南	三	三二	〇八	北	一九	三七	一六	減		三	二七	
扶筐一	經	丑	九	二六	四五	丑	二六	二八	三六	加		一七	四九	五
	緯	北	五五	一七	一九	北	七七	五四	〇〇	加		三	二四	

（續表）

赤道星紀宮恒星		赤道宮	赤道度	赤道分	赤道秒	黃道宮	黃道度	黃道分	黃道秒	赤道歲差	赤道歲差分	赤道歲差秒	赤道歲差微	星等
天弁北增三	經	丑	九	二八	二七	丑	一〇	〇二	二四	加		四八	〇一	六
	緯	南	三	三五	四九	北	一九	三三	二二	減		三	二九	
建西增六	經	丑	九	四〇	四五	丑	八	五四	〇四	加		五五	一六	五
	緯	南	二三	〇一	五一	北	〇	〇九	一二	減		三	三五	
建西增三	經	丑	九	四一	一九	丑	九	〇〇	〇九	加		五四	四一	六
	緯	南	二一	三八	四七	北	一	三二	〇三	減		三	三四	
鼈九	經	丑	九	四二	四五	丑	七	五四	四八	加	一	〇二	一〇	六
	緯	南	三七	三七	一三	南	一四	二四	一六	減		三	三六	
斗宿四	經	丑	九	五〇	〇八	丑	八	四八	一二	加		五六	四六	三
	緯	南	二六	三四	三〇	南	三	二三	三二	減		三	三九	
建西增七	經	丑	九	五四	四六	丑	九	〇七	一四	加		五五	一四	五
	緯	南	二三	五七	三七	北	〇	一二	三三	減		三	三九	
漸臺南增六	經	丑	一〇	〇四	〇〇	丑	一五	〇四	四二	加		三四	〇一	六
	緯	北	三二	三二	二四	北	五五	二九	四八	加		三	三九	
漸臺南增五	經	丑	一〇	〇五	〇九	丑	一五	〇二	五八	加		三四	〇九	六
	緯	北	三二	一六	三四	北	五五	一三	五八	加		三	三九	
漸臺二	經	丑	一〇	〇九	四六	丑	一五	二〇	三〇	加		三三	四四	三
	緯	北	三三	〇五	一五	北	五六	〇一	四八	加		三	四一	
鼈八	經	丑	一〇	一五	五二	丑	八	二三	四八	加	一	〇二	〇一	六
	緯	南	三七	二四	一一	南	一四	一三	〇八	減		三	四九	
齊	經	丑	一〇	一九	五五	丑	一三	二八	四四	加		三九	〇二	四
	緯	北	二一	〇八	〇七	北	四四	〇八	〇八	加		三	四六	

（續表）

赤道星紀宮恒星		赤道宮	赤道度	赤道分	赤道秒	黃道宮	黃道度	黃道分	黃道秒	赤道歲差加減	赤道歲差分	赤道歲差秒	赤道歲差微	星等
建北增二	經	丑	一〇	三三	〇四	丑	九	五一	〇九	加		五四	二五	六
	緯	南	二〇	五七	五七	北	二	〇九	一五	減		三	五四	
建一	經	丑	一〇	三八	〇七	丑	九	五三	五二	加		五四	三五	五
	緯	南	二一	二四	五三	北	一	四二	一二	減		三	五五	
徐北增二	經	丑	一〇	四四	五〇	丑	一二	一六	二八	加		四四	三四	六
	緯	北	六	一七	五五	北	二九	一九	二七	加		三	五四	
天弁五	經	丑	一〇	四九	五〇	丑	一一	一五	三五	加		四八	五五	四
	緯	南	六	〇九	二六	北	一六	五四	一一	減		三	五七	
徐	經	丑	一〇	五二	三三	丑	一二	一一	一五	加		四五	二五	三
	緯	北	三	五三	一六	北	二六	五四	四一	加		三	五八	
齊北增一	經	丑	一〇	五九	〇九	丑	一四	三〇	一七	加		三八	三四	五
	緯	北	三二	二〇	二九	北	四五	一六	二〇	加		三	五九	
徐南增四	經	丑	一一	〇六	〇五	丑	一二	一六	四八	加		四六	〇〇	六
	緯	北	二	一三	〇七	北	二五	一三	四五	加		四	〇三	
鼈三	經	丑	一一	〇九	〇五	丑	八	四一	五九	加	一	〇四	五七	六
	緯	南	四二	四四	五九	南	一九	一六	一二	減		四	〇七	
漸臺西增一	經	丑	一一	一〇	四〇	丑	一七	四八	五一	加		三一	五七	四
	緯	北	三六	三九	〇五	北	五九	二六	三九	加		四	〇二	
漸臺一	經	丑	一一	二二	四五	丑	一八	〇六	三九	加		三一	五八	四
	緯	北	三六	三五	四七	北	五九	二一	五四	加		四	〇六	
斗宿六	經	丑	一一	三二	四八	丑	一〇	〇二	二二	加		五八	二一	三
	緯	南	三〇	一二	四七	南	七	〇七	五五	減		四	一四	

（續表）

赤道星紀宫恒星	赤道 宫 經	赤道 宫 緯	赤道 度 經	赤道 度 緯	赤道 分 經	赤道 分 緯	赤道 秒 經	赤道 秒 緯	黄道 宫 經	黄道 宫 緯	黄道 度 經	黄道 度 緯	黄道 分 經	黄道 分 緯	黄道 秒 經	黄道 秒 緯	赤道歲差 經	赤道歲差 緯	赤道歲差 分 經	赤道歲差 分 緯	赤道歲差 秒 經	赤道歲差 秒 緯	赤道歲差 微 經	赤道歲差 微 緯	星等
吴越西增二	丑	北	一一	一三	四五	三四	一八	四二	丑	北	一四	三六	一五	二八	二九	五一	加	加			四一	四	五八	一六	六
吴越西增三	丑	北	一一	一三	四九	一七	五四	五九	丑	北	一四	三六	一八	一一	五五	四五	加	加			四二	四	〇四	一七	六
扶筐四	丑	北	一一	五九	五〇	〇四	五七	五四	子	北	一一	八〇	二八	五〇	三〇	〇〇	加	加			一三	四	三四	一二	四
輦道一	丑	北	一一	四三	五二	三七	〇三	三六	丑	北	二一	六六	三九	一三	四六	〇六	加	加			二七	四	四九	一六	六
吴越西增一	丑	北	一一	一四	五九	四四	四七	二三	丑	北	一四	三七	四一	三六	五八	四三	加	加			四一	四	三二	二一	三
天弁六	丑	南	一二	六	〇〇	〇四	五八	一三	丑	北	一二	一六	二九	五三	四二	三三	加	減			四八	四	五三	二二	四
鼈七	丑	南	一二	三七	一〇	二三	〇五	五五	丑	南	九	一四	五七	二〇	〇九	〇八	加	減	一		〇一	四	五五	二八	五
漸臺三	丑	北	一二	三二	二〇	二一	一一	三五	丑	北	一八	五五	二三	〇三	〇〇	二八	加	加			三四	四	一一	二六	三
建二	丑	南	一二	二二	二〇	〇五	四七	〇〇	丑	北	一一	〇	二五	五四	四六	三八	加	減			五四	四	四九	三〇	五
天弁九	丑	南	一二	四	二一	〇二	三〇	四九	丑	北	一三	一八	〇二	五二	二五	四〇	加	減			四八	四	一〇	三〇	六
鼈四	丑	南	一二	四〇	三二	五一	〇五	一三	丑	南	九	一七	五五	四八	四一	〇八	加	減	一		〇三	四	五二	三六	六

（續表）

赤道星紀宮恒星		赤道宮	赤道度	赤道分	赤道秒	黃道宮	黃道度	黃道分	黃道秒	赤道歲差	赤道歲差分	赤道歲差秒	赤道歲差微	星等
漸臺南增四	經	丑	一二	三五	三二	丑	一八	三五	三六	加		三四	二八	六
	緯	北	三一	四七	五五	北	五四	二八	一五	加		四	三三	
斗宿五	經	丑	一二	四三	○九	丑	一一	一五	一○	加		五七	一七	四
	緯	南	二八	○○	二五	南	五	○一	一二	減		四	三八	
天弁八	經	丑	一二	五一	三八	丑	一三	三一	五九	加		四八	一七	六
	緯	南	四	二三	二三	北	一八	二九	二六	減		四	四○	
鼈六	經	丑	一二	五四	三一	丑	一○	二八	二四	加	一	○二	二一	五
	緯	南	三八	一六	四九	南	一五	一五	五七	減		四	四四	
鼈五	經	丑	一二	五九	五七	丑	一○	二四	二六	加	一	○三	一○	五
	緯	南	三九	四三	○三	南	一六	四二	一二	減		四	四六	
扶筐五	經	丑	一三	○五	五三	子	一○	一一	○五	加		一五	四三	六
	緯	北	五七	二八	四七	北	七九	○七	○○	加		四	三九	
天弁七	經	丑	一三	一○	五二	丑	一三	四七	一五	加		四八	三二	三
	緯	南	五	一一	三七	北	一七	三九	三六	減		四	四六	
御女二	經	丑	一三	一八	五六	申	九	一二	○二	減		二七	五二	四
	緯	北	七五	○六	四二	北	八○	二四	二五	加		四	三六	
吳越	經	丑	一三	二四	一三	丑	一六	一三	三四	加		四二	○一	三
	緯	北	一三	三○	○○	北	三六	一三	四八	加		四	四九	
輦道北增一	經	丑	一三	三三	二八	丑	二六	三一	二六	加		二五	五一	六
	緯	北	四六	三八	一二	北	六九	五二	二三	加		四	五○	
漸臺北增二	經	丑	一三	三六	四九	丑	二一	五五	四六	加		三一	三五	六
	緯	北	三七	三五	二四	北	六○	○二	二一	加		四	五二	

（續表）

赤道星紀宮恒星		赤道 宫	度	分	秒	黄道 宫	度	分	秒		赤道歲差 分	秒	微	星等
建三	經	丑	一三	三八	五五	丑	一二	四一	四四	加		五四	二九	四
	緯	南	二一	二三	五九	北	一	二八	五九	減		四	五七	
勾陳内增六	經	丑	一三	四二	○○	申	二七	五一	二三	減	五	一八	三○	六
	緯	北	八六	五○	二五	北	六九	三四	二五	加		三	五三	
吴越南增四	經	丑	一三	四三	一七	丑	一六	一二	四八	加		四三	○二	六
	緯	北	一○	四一	四六	北	三三	二四	三二	加		四	五六	
勾陳二	經	丑	一三	四五	五七	申	二七	三四	三○	減	四	四一	五九	三
	緯	北	八六	二九	五○	北	六九	五四	一○	加		四	○○	
扶筐六	經	丑	一三	五六	一一	子	七	二五	三○	加		一八	一六	六
	緯	北	五五	一七	五六	北	七六	五七	四○	加		四	五七	
徐東增三	經	丑	一四	○六	○一	丑	一五	五九	四六	加		四四	四七	六
	緯	北	五	四一	四○	北	二八	二三	四八	加		五	○四	
少弼	經	丑	一四	二二	○六	酉	一六	五三	○五	減		一○	二三	四
	緯	北	七○	五六	三四	北	八三	一一	三○	加		五	○一	
漸臺南增三	經	丑	一四	二五	五二	丑	二一	二○	一八	加		三四	二五	六
	緯	北	三二	○七	五九	北	五四	三三	○二	加		五	○九	
漸臺四	經	丑	一四	三一	五六	丑	二二	三九	○八	加		三三	三八	五
	緯	北	三五	四三	一六	北	五八	○三	五四	加		五	一一	
扶筐七	經	丑	一四	三九	○一	子	五	一三	○○	加		二○	三九	五
	緯	北	五三	○○	四四	北	七四	四二	○○	加		五	一三	
天弁東增四	經	丑	一四	四二	二○	丑	一五	○一	三七	加		四九	三七	五
	緯	南	八	二○	四八	北	一四	二二	一七	減		五	一九	

（續表）

赤道星紀宮恒星		赤道宮	赤道度	赤道分	赤道秒	黃道宮	黃道度	黃道分	黃道秒	赤道歲差加減	赤道歲差分	赤道歲差秒	赤道歲差微	星等
狗西增六	經	丑	一四	五七	二三	丑	一三	二八	〇六	加		五六	一〇	五
	緯	南	二五	四〇	〇三	南	二	五二	五五	減		五	二四	
右旗西增二	經	丑	一五	一一	三四	丑	一六	四三	三四	加		四六	〇八	五
	緯	北	一	五二	三一	北	二四	二八	四五	加		五	二七	
輦道二	經	丑	一五	二六	〇〇	丑	二五	一八	一一	加		三〇	五九	六
	緯	北	三八	五二	一七	北	六一	〇〇	一三	加		五	三〇	
建四	經	丑	一五	四〇	二四	丑	一四	四七	二二	加		五三	三八	六
	緯	南	一九	二二	五二	北	三	一七	五九	減		五	三八	
右旗西增一	經	丑	一五	五六	五六	丑	一七	五三	三〇	加		四五	一五	六
	緯	北	四	二四	二五	北	二六	五四	一一	加		五	四二	
天淵二	經	丑	一五	五八	三七	丑	一二	〇八	四四	加	一	〇六	〇八	四
	緯	南	四四	五四	二七	南	二三	〇五	四八	減		五	四七	
齊東增二	經	丑	一六	〇三	三〇	丑	二〇	四五	〇五	加		三九	二〇	六
	緯	北	二〇	四七	五三	北	四三	〇七	四五	加		五	四三	
天淵一	經	丑	一六	〇五	三九	丑	一二	一一	二六	加	一	〇六	二三	四
	緯	南	四五	一五	〇二	南	二三	二六	五〇	減		五	四九	
輦道東增二	經	丑	一六	一五	三〇	丑	二六	三一	一九	加		三一	〇七	六
	緯	北	三八	四三	二三	北	六〇	四二	五五	加		五	四七	
齊東增三	經	丑	一六	一七	五六	丑	二一	〇五	二四	加		三九	一八	五
	緯	北	二〇	五七	二七	北	四三	一五	一〇	加		五	四九	
天淵三	經	丑	一六	二五	四四	丑	一二	五八	四六	加	一	〇三	四〇	四
	緯	南	四一	〇四	三一	南	一八	一九	五一	減		五	五四	

（續表）

赤道星紀宮恒星		赤道 宮	度	分	秒	黃道 宮	度	分	秒	赤道歲差	分	秒	微	星等
吴越東增五	經	丑	一六	二六	一八	丑	一九	二七	一八	加		四二	五五	六
	緯	北	一一	○九	一三	北	三三	三一	五三	加		五	五二	
扶筐東增四	經	丑	一六	四一	五七	子	一五	五七	○六	加		一七	二四	五
	緯	北	五六	二六	○三	北	七七	一三	四八	加		五	五三	
天弁東增五	經	丑	一六	四二	三三	丑	一七	二一	五一	加		四八	四五	六
	緯	南	五	五三	三九	北	一六	三六	○九	減		五	五九	
建五	經	丑	一六	四二	四三	丑	一五	五三	二○	加		五三	一一	五
	緯	南	一八	一八	○九	北	四	一五	四三	減		五	五九	
建六	經	丑	一六	四三	○四	丑	一六	○六	四九	加		五二	二八	五
	緯	南	一六	二四	二三	北	六	○八	四二	減		六	○○	
建南增八	經	丑	一六	四三	五一	丑	一五	五一	一七	加		五三	二一	六
	緯	南	一八	四五	一三	北	三	四八	四三	減		六	○○	
右旗西增三	經	丑	一六	五○	三二	丑	一八	○五	○五	加		四七	一三	六
	緯	南	一	二一	○五	北	二一	○四	四四	減		六	○一	
輦道三	經	丑	一六	五二	○二	丑	二六	五九	一一	加		三一	四四	六
	緯	北	三七	四一	四三	北	五九	三六	二○	加		五	五九	
吴越東增六	經	丑	一六	五五	○五	丑	二○	○八	三三	加		四二	三九	六
	緯	北	一一	五五	○六	北	三四	一三	二七	加		六	○二	
齊東增四	經	丑	一七	○八	三四	丑	二二	三二	一○	加		三八	○九	六
	緯	北	二二	四○	三三	北	四四	四九	二六	加		六	○一	
天厨西增一	經	丑	一七	一四	三八	戌	○	一一	○六	加		三	五七	六
	緯	北	六五	三三	四三	北	八二	五七	二○	加		六	○三	

（續表）

赤道星紀宮恒星		赤道 宮	赤道 度	赤道 分	赤道 秒	黃道 宮	黃道 度	黃道 分	黃道 秒	赤道歲差	赤道歲差 分	赤道歲差 秒	赤道歲差 微	星等
扶筐東增三	經	丑	一七	二三	四二	子	一九	二九	二七	加		一六	三三	五
	緯	北	五七	一六	三四	北	七七	四四	二〇	加		六	〇七	
狗二	經	丑	一七	一四	四八	丑	一五	四五	一九	加		五五	四五	五
	緯	南	二四	五八	二〇	南	二	二六	一七	減		六	一五	
天柱四	經	丑	一七	二四	五九	申	七	五二	二五	減		三二	〇四	六
	緯	北	七六	〇六	三二	北	七九	〇〇	〇六	加		六	〇〇	
狗北增五	經	丑	一七	三六	四三	丑	一五	四七	四三	加		五五	四四	六
	緯	南	二四	五二	五三	南	二	二一	〇五	減		六	一五	
狗北增四	經	丑	一七	二八	四五	丑	一五	五二	四六	加		五五	三三	六
	緯	南	二四	二六	〇〇	南	一	五四	三六	減		六	一六	
狗北增三	經	丑	一七	四五	五五	丑	一六	二四	〇四	加		五四	四〇	六
	緯	南	二三	一六	一三	北	〇	一三	二〇	減		六	三三	
奚仲一	經	丑	一七	四六	一三	子	一一	二三	一八	加		二一	〇九	四
	緯	北	五二	五四	三八	北	七三	五〇	一一	加		六	一六	
齊東增八	經	丑	一八	〇三	五九	丑	二四	三三	三六	加		三七	二五	六
	緯	北	二五	四九	二五	北	四七	四六	三五	加		六	二四	
天廚一	經	丑	一八	〇五	五三	戌	一三	五一	〇三	加			四三	三
	緯	北	六七	一二	三四	北	八二	五二	五〇	加		六	二〇	
右旗三	經	丑	一八	〇八	〇八	丑	二〇	〇二	二一	加		四五	五二	三
	緯	北	二	三七	一二	北	二四	五〇	五四	加		六	二七	
左旗西增三	經	丑	一八	一二	〇二	丑	二三	三〇	四五	加		四一	〇四	六
	緯	北	一六	二七	一七	北	三八	三一	二五	加		六	二八	

（續表）

赤道星紀宮恒星		赤道宮	赤道度	赤道分	赤道秒	黃道宮	黃道度	黃道分	黃道秒	赤道歲差	赤道歲差分	赤道歲差秒	赤道歲差微	星等
吳越東增七	經	丑	一八	一二	○五	丑	二一	三三	○四	加		四二	五二	六
	緯	北	一一	二四	二○	北	三三	三二	○五	加		六	二八	
左旗西增二	經	丑	一八	一八	一六	丑	二三	三八	二七	加		四一	○三	六
	緯	北	一六	二八	○七	北	三八	三一	一八	加		六	三○	
右旗四	經	丑	一八	三一	○六	丑	一九	五一	四○	加		四六	四八	五
	緯	南	○	○九	一二	北	二三	○四	一七	減		六	三三	
輦道南增八	經	丑	一八	二八	一八	丑	二六	○三	四七	加		三六	○一	五
	緯	北	二九	○八	一○	北	五○	五七	三○	加		六	三三	
左旗西增四	經	丑	一八	三三	五四	丑	二三	三三	四三	加		四○	○一	六
	緯	北	一九	一七	五一	北	四一	一六	二七	加		六	三五	
齊東增七	經	丑	一八	四二	○二	丑	二五	○一	四五	加		三七	五八	六
	緯	北	二四	三三	三一	北	四六	二五	四○	加		六	三九	
右旗西增九	經	丑	一八	四二	○三	丑	一九	三八	二七	加		四八	一○	六
	緯	南	四	一五	一七	北	一七	五七	三八	減		六	四○	
左旗西增五	經	丑	一八	四五	一三	丑	二三	五二	一二	加		三九	五五	六
	緯	北	一九	三六	二三	北	四一	三三	四三	加		六	三八	
右旗内增四	經	丑	一九	○○	三七	丑	二○	四八	三五	加		四六	一七	六
	緯	北	一	二六	五五	北	二三	三四	○○	加		六	四五	
右旗西增八	經	丑	一九	一○	三七	丑	二○	一二	二一	加		四八	○一	六
	緯	南	三	四六	○○	北	一八	二三	四六	減		六	四九	
輦道四	經	丑	一九	一一	三四	丑	二九	三六	二○	加		三二	五五	六
	緯	北	三五	四九	一九	北	五七	二○	四四	加		六	四六	

（續表）

赤道星紀宮恒星		赤道宮	赤道度	赤道分	赤道秒	黃道宮	黃道度	黃道分	黃道秒	赤道歲差	赤道歲差分	赤道歲差秒	赤道歲差微	星等
右旗西增七	經	丑	一九	一九	一一	丑	二〇	二四	五五	加		四七	五三	六
	緯	南	三	二一	一〇	北	一八	四六	一〇	減		六	五二	
齊東增五	經	丑	一九	三〇	一〇	丑	二五	五七	三四	加		三八	一一	四
	緯	北	二四	一〇	〇三	北	四五	五四	二〇	加		六	五三	
左旗西增六	經	丑	一九	三三	二八	丑	二四	五二	五九	加		三九	五四	五
	緯	北	一九	四六	〇三	北	四一	三四	二八	加		六	五四	
齊東增六	經	丑	一九	三二	五〇	丑	二六	一〇	四九	加		三七	五六	六
	緯	北	二四	四五	二七	北	四六	二八	三七	加		六	五四	
天柱内增二	經	丑	一九	三四	五二	申	五	五二	四〇	減		三一	〇九	六
	緯	北	七六	〇七	一一	北	七八	三九	一六	加		六	四四	
天廚六	經	丑	一九	五二	三二	戌	〇	〇七	三五	加		五	一七	四
	緯	北	六五	一三	二一	北	八一	四八	三〇	加		六	五六	
御女一	經	丑	二〇	〇二	二六	酉	二一	二九	一〇	減		一五	二四	四
	緯	北	七二	五一	四三	北	八〇	四〇	〇三	加		六	五六	
輦道南增七	經	丑	二〇	〇四	四一	丑	二七	四〇	三七	加		三六	五二	三
	緯	北	二七	二六	二三	北	四九	〇〇	三一	加		七	〇五	
狗北增一	經	丑	二〇	〇七	一五	丑	一八	〇九	一二	加		五五	四四	六
	緯	南	二五	一五	一二	南	三	〇一	五三	減		七	〇九	
右旗南增十	經	丑	二〇	一四	五七	丑	二〇	一四	二四	加		五〇	二八	六
	緯	南	一一	〇五	四九	北	一〇	五八	二一	減		七	一一	
狗一	經	丑	二〇	一六	三九	丑	一八	一六	一五	加		五五	四八	六
	緯	南	二五	二五	一五	南	三	一三	〇一	減		七	一一	

（續表）

赤道星紀宮恒星		赤道宮	赤道度	赤道分	赤道秒	黃道宮	黃道度	黃道分	黃道秒	赤道歲差	赤道歲差分	赤道歲差秒	赤道歲差微	星等
奚仲東增一	經	丑	二〇	一八	五四	子	一四	二九	四〇	加		二二	三一	六
	緯	北	五一	四九	一六	北	七二	一〇	一〇	加		七	〇七	
右旗一	經	丑	二〇	二二	四五	丑	二三	一二	五八	加		四四	二九	四
	緯	北	六	五一	二〇	北	二八	四二	三〇	加		七	一二	
輦道南增九	經	丑	二〇	三一	二八	子	〇	四一	一七	加		三三	五八	六
	緯	北	三三	五六	二七	北	五五	一五	一八	加		七	一四	
右旗八	經	丑	二〇	四六	一七	丑	二一	一六	四七	加		四九	一六	三
	緯	南	七	三四	三一	北	一四	二三	〇三	減		七	二一	
右旗六	經	丑	二〇	四七	三五	丑	二一	五五	四八	加		四七	五四	六
	緯	南	三	二九	二〇	北	一八	二五	二一	減		七	二〇	
奚仲二	經	丑	二〇	四七	五七	子	一四	二七	四三	加		二三	〇八	六
	緯	北	五一	一一	五三	北	七一	二八	三八	加		七	一六	
左旗西增七	經	丑	二〇	五〇	〇九	丑	二六	二〇	五〇	加		四〇	〇八	六
	緯	北	一九	一三	五一	北	四〇	四九	二六	加		七	二〇	
右旗五	經	丑	二〇	五一	三五	丑	二三	一五	四七	加		四七	二一	三
	緯	南	一	四九	五八	北	二〇	〇二	五九	減		七	二一	
右旗七	經	丑	二一	〇二	〇四	丑	二一	五四	四六	加		四八	二八	六
	緯	南	五	一一	四二	北	一六	四二	〇〇	減		七	二六	
狗東增二	經	丑	二一	〇六	一六	丑	一九	一三	〇四	加		五五	一〇	六
	緯	南	二三	五九	〇六	南	一	五四	〇四	減		七	二九	
右旗東增六	經	丑	二一	一四	〇九	丑	二二	三七	二一	加		四七	二六	六
	緯	南	二	〇三	一三	北	一九	四六	二九	減		七	三〇	

（續表）

赤道星紀宮恒星		赤道 宮	赤道 度	赤道 分	赤道 秒	黃道 宮	黃道 度	黃道 分	黃道 秒	赤道歲差	赤道歲差 分	赤道歲差 秒	赤道歲差 微	星等
左旗西增一	經	丑	二一	二四	三二	丑	二六	一四	四二	加		四一	二三	五
	緯	北	一五	五四	一一	北	三七	二七	〇九	加		七	三三	
天雞西增一	經	丑	二一	三一	五一	丑	二〇	三八	五六	加		五二	二九	六
	緯	南	一六	五一	〇八	北	五	〇五	五四	減		七	三六	
輦道東增三	經	丑	二一	三六	五九	子	三	一三	一六	加		三二	五一	六
	緯	北	三六	二三	三七	北	五七	二三	三六	加		七	三四	
右旗二	經	丑	二一	三七	四二	丑	二四	一三	五六	加		四五	一〇	五
	緯	北	四	五〇	〇〇	北	二六	三〇	四四	加		七	三七	
右旗東增五	經	丑	二一	五二	三九	丑	二三	二六	二〇	加		四七	〇八	六
	緯	南	一	一二	〇〇	北	二〇	三一	〇四	減		七	四三	
天雞一	經	丑	二一	五八	一九	丑	二一	〇五	九二	加		五二	二三	五
	緯	南	一六	四一	四三	北	五	一一	二六	減		七	四四	
左旗一	經	丑	二二	〇九	一四	丑	二七	三〇	一六	加		四〇	五一	五
	緯	北	一七	二六	三六	北	三八	四九	五二	加		七	四六	
輦道南增六	經	丑	二二	一七	二一	子	一	二一	一九	加		三六	〇六	五
	緯	北	二九	三四	四八	北	五〇	三九	三八	加		七	四八	
左旗二	經	丑	二二	二二	四五	丑	二七	三八	二三	加		四一	〇二	五
	緯	北	一六	五三	五三	北	三八	一五	一七	加		七	五二	
奚仲三	經	丑	二二	二三	一七	子	一五	〇七	四二	加		二四	三九	四
	緯	北	四九	三八	二二	北	六九	三七	五六	加		七	四九	
河鼓北增二	經	丑	二二	三二	五二	丑	二六	三七	〇三	加		四二	五四	六
	緯	北	一一	三六	五七	北	三三	〇二	〇八	加		七	五五	

（續表）

赤道星紀宮恒星		赤道 宮	赤道 度	赤道 分	赤道 秒	黃道 宮	黃道 度	黃道 分	黃道 秒	加減	赤道歲差 分	赤道歲差 秒	赤道歲差 微	星等
河鼓北增三	經	丑	二二	三七	二〇	丑	二六	三七	二〇	加		四三	〇二	六
	緯	北	一一	一四	三九	北	三二	三九	二四	加		七	五六	
孔雀九	經	丑	二三	三八	二七	丑	九	五七	一七	加		四九	二九	四
	緯	南	七三	三一	〇六	南	五〇	四九	〇七	減		八	〇七	
天津西增一	經	丑	二二	四六	一六	子	八	三九	四四	加		二九	四六	六
	緯	北	四二	一四	四九	北	六二	四二	〇五	加		七	五六	
天雞二	經	丑	二二	五一	一二	丑	二一	二一	四一	加		五三	四一	六
	緯	南	二〇	二一	〇四	北	一	二七	〇二	減		八	〇二	
波斯一	經	丑	二三	〇七	四二	丑	一五	三七	〇〇	加	一	一二	五六	五
	緯	南	五四	三九	〇三	南	三二	二五	〇〇	減		八	一〇	
河鼓北增一	經	丑	二三	〇九	一二	丑	二七	三三	三三	加		四二	三三	六
	緯	北	一二	四二	三九	北	三四	〇〇	〇六	加		八	〇七	
天廚二	經	丑	二三	一〇	三三	戌	二七	五四	三五	減		二	四三	四
	緯	北	六九	一四	五〇	北	八〇	五五	一四	加		八	〇〇	
左旗北增八	經	丑	二三	一五	〇二	子	一	〇三	三八	加		三八	〇一	六
	緯	北	二五	一〇	二一	北	四六	一〇	三二	加		八	〇七	
河鼓西增九	經	丑	二三	一七	二七	丑	二六	二九	一五	加		四四	二八	六
	緯	北	七	〇〇	一七	北	二八	二二	〇四	加		八	〇九	
河鼓三	經	丑	二三	三〇	四七	丑	二七	二二	〇八	加		四三	二九	三
	緯	北	一〇	〇〇	三一	北	三一	一六	五二	加		八	一四	
輦道東增四	經	丑	二三	四四	〇〇	子	六	三五	四三	加		三二	五三	六
	緯	北	三六	四五	〇四	北	五七	一五	〇九	加		八	一六	

（續表）

赤道星紀宮恒星		赤道宮	赤道度	赤道分	赤道秒	黃道宮	黃道度	黃道分	黃道秒	赤道歲差	赤道歲差分	赤道歲差秒	赤道歲差微	星等
奚仲四	經	丑	二三	四四	四八	子	一七	四六	○八	加		二四	三八	六
	緯	北	四九	五六	四五	北	六九	三○	五○	加		八	一五	
左旗三	經	丑	三三	五九	一九	丑	二九	四九	四○	加		四○	四六	四
	緯	北	一七	五五	一三	北	三八	五六	五二	加		八	二三	
河鼓北增四	經	丑	二四	○九	○二	丑	二八	二一	二九	加		四三	○六	六
	緯	北	一一	一一	五三	北	三二	一九	四九	加		八	二六	
輦道五	經	丑	二四	○九	○五	子	五	二一	三七	加		三四	三九	五
	緯	北	三三	○九	三三	北	五三	四二	三三	加		八	二四	
右旗南增十一	經	丑	二四	一○	○五	丑	二四	○三	二六	加		五○	二九	五
	緯	南	一一	二三	四三	北	一○	○五	二○	減		八	二八	
天津二	經	丑	二四	一三	○六	子	一二	四二	○七	加		二八	三二	三
	緯	北	四四	三一	三二	北	六四	二七	一四	加		八	二五	
天雞東增二	經	丑	二四	二○	二七	丑	二三	五一	○二	加		五三	二一	六
	緯	南	一九	四○	○八	北	一	五四	○三	減		八	三一	
左旗四	經	丑	二四	二三	四九	子	○	二八	四七	加		四○	三四	六
	緯	北	一八	三一	○八	北	三九	二七	○五	加		八	三一	
河鼓二	經	丑	二四	三二	五六	丑	二八	○八	二四	加		四四	○五	一
	緯	北	八	一二	二六	北	二九	一九	一一	加		八	三四	
左旗北增九	經	丑	二四	四○	二六	子	三	二六	四○	加		三七	二六	氣
	緯	北	二六	四八	四九	北	四七	二八	○三	加		八	三四	
河鼓東增五	經	丑	二四	四○	二九	丑	二八	三八	○一	加		四三	三五	六
	緯	北	九	四七	四八	北	三○	五一	二○	加		八	三六	

（續表）

赤道星紀宮恒星		赤道宮	赤道度	赤道分	赤道秒	黄道宮	黄道度	黄道分	黄道秒		赤道歲差分	赤道歲差秒	赤道歲差微	星等
天桴四	經	丑	二四	五一	一〇	丑	二六	五一	五四	加		四六	三九	三
	緯	北	〇	二一	五四	北	二一	三三	二三	加		八	四一	
左旗北增十八	經	丑	二五	〇〇	一四	子	二	一三	四九	加		三九	一九	五
	緯	北	二一	五八	三四	北	四二	四一	五〇	加		八	四二	
狗國一	經	丑	二五	〇〇	五〇	丑	二三	一四	四六	加		五六	〇五	五
	緯	南	二六	五七	〇二	南	五	二三	五五	減		八	四四	
右旗九	經	丑	二五	〇二	四九	丑	二五	一八	〇二	加		四九	四四	五
	緯	南	九	一三	一三	北	一二	〇五	一一	減		八	四四	
右旗東增十二	經	丑	二五	一一	〇四	丑	二五	二九	五四	加		四九	三六	六
	緯	南	八	五二	三〇	北	一二	二四	一〇	減		八	四六	
左旗内增二十九	經	丑	二五	一四	〇〇	子	一	二〇	四一	加		四〇	四八	六
	緯	北	一八	〇二	〇二	北	三八	四八	二三	加		八	四七	
狗國四	經	丑	二五	一七	一〇	丑	二三	二〇	一五	加		五六	二四	五
	緯	南	二七	四八	五八	南	六	一六	三四	減		八	五〇	
天津西增二	經	丑	二五	二〇	三六	子	九	三八	二二	加		三二	二二	六
	緯	北	三八	〇四	四七	北	五八	〇七	一二	加		八	四八	
天桴三	經	丑	二五	二三	三八	丑	二七	一七	二八	加		四六	五三	六
	緯	南	〇	二二	三七	北	二〇	四三	四三	減		八	五一	
河鼓東增八	經	丑	二五	二六	三五	丑	二九	〇二	五六	加		四四	一四	五
	緯	北	七	四九	一五	北	二八	四六	一二	加		八	五二	
左旗北增十七	經	丑	二五	三七	五九	子	三	二八	二九	加		三八	五一	六
	緯	北	二三	二五	四六	北	四三	五八	二六	加		八	五四	

（續表）

赤道星紀宮恒星		赤道 宮	赤道 度	赤道 分	赤道 秒	黃道 宮	黃道 度	黃道 分	黃道 秒	赤道歲差	赤道歲差 分	赤道歲差 秒	赤道歲差 微	星等
河鼓一	經	丑	二五	四〇	三八	丑	二八	五一	四四	加		四四	五四	三
	緯	北	五	四七	四八	北	二六	四四	二〇	加		八	五四	
孔雀六	經	丑	二五	四七	一四	丑	一三	五六	三八	加	一	二八	五三	三
	緯	南	六六	四三	二三	南	四四	二九	〇八	減		九	〇五	
狗國二	經	丑	二五	四九	〇二	丑	二二	五八	一六	加		五五	五八	五
	緯	南	二六	五一	二四	南	五	二四	四四	減		九	〇一	
天雞東增三	經	丑	二五	五一	四五	丑	二四	五二	四九	加		五二	〇一	六
	緯	南	一六	〇八	〇二	北	五	〇八	二三	減		九	〇一	
河鼓東增六	經	丑	二六	〇〇	四四	子	〇	二一	五七	加		四三	一八	六
	緯	北	一〇	四五	三九	北	三一	三三	一七	加		九	〇二	
奚仲東增二	經	丑	二六	〇二	五六	子	二五	〇〇	三四	加		二三	〇五	五
	緯	北	五二	二一	二四	北	七〇	五三	二六	加		八	五九	
左旗内增二十八	經	丑	二六	〇五	二六	子	一	四七	一三	加		四一	三二	六
	緯	北	一五	五八	一九	北	三六	三六	五四	加		九	〇二	
左旗七	經	丑	二六	三一	二三	子	二	一九	五三	加		四一	三二	六
	緯	北	一六	〇六	四九	北	三六	三九	四三	加		九	一一	
天津西增三	經	丑	二六	三七	五〇	子	一一	一六	二〇	加		三二	四二	六
	緯	北	三七	四八	二二	北	五七	三一	四三	加		九	一二	
御女東增一	經	丑	二六	三九	〇二	酉	一四	二二	三〇	減		一〇	五七	六
	緯	北	七二	二五	五六	北	七九	〇四	五〇	加		九	〇四	
輦道東增五	經	丑	二六	三九	一八	子	九	二二	二八	加		三四	一九	六
	緯	北	三四	二五	一二	北	五四	一八	四八	加		九	一三	

（續表）

赤道星紀宫恒星		赤道宫	赤道度	赤道分	赤道秒	黃道宫	黃道度	黃道分	黃道秒	加減	赤道歲差分	赤道歲差秒	赤道歲差微	星等
狗國三	經	丑	二六	四二	一五	丑	二三	二八	三〇	加		五六	三一	五
	緯	南	二八	二三	三四	南	七	〇三	四八	減		九	一八	
左旗五	經	丑	二六	四九	三四	子	三	二七	五八	加		四〇	三六	四
	緯	北	一八	四八	五五	北	三九	一三	三九	加		九	一六	
牛宿西增一	經	丑	二六	五四	三九	丑	二六	一二	一九	加		五一	二一	六
	緯	南	一四	一九	二〇	北	六	四四	三三	減		九	二〇	
奚仲東增七	經	丑	二七	〇一	二〇	亥	五	三三	二四	加		一九	〇〇	六
	緯	北	五六	五二	〇七	北	七四	一〇	一五	加		九	一六	
左旗北增十九	經	丑	二七	〇二	四〇	子	四	五二	一九	加		三九	一九	五
	緯	北	二三	二五	二五	北	四二	四〇	五六	加		九	二〇	
左旗六	經	丑	二七	〇六	三三	子	三	一三	〇六	加		四一	一七	六
	緯	北	一六	四九	五〇	北	三七	一四	〇三	加		九	二二	
奚仲東增六	經	丑	二七	一三	四六	亥	六	三三	三四	加		一八	四四	六
	緯	北	五七	〇八	四二	北	七四	一八	〇〇	加		九	一六	
天廚三	經	丑	二七	一五	一〇	戌	二九	一六	四〇	減		二	〇一	五
	緯	北	六九	三六	三八	北	七九	二七	四〇	加		九	一九	
天津西增四	經	丑	二七	三五	三五	子	一一	四三	一〇	加		三三	三一	六
	緯	北	三六	二一	二九	北	五五	五四	二九	加		九	三〇	
左旗北增十	經	丑	二七	三七	一一	子	七	一六	三七	加		三七	三四	四
	緯	北	二七	〇三	四五	北	四七	〇一	四三	加		九	三一	
牛宿西增三	經	丑	二七	四四	三一	丑	二七	二三	〇一	加		五〇	三九	六
	緯	南	一二	一八	一〇	北	八	三四	四〇	減		九	三七	

（續表）

赤道星紀宮恒星		赤道 宮	赤道 度	赤道 分	赤道 秒	黃道 宮	黃道 度	黃道 分	黃道 秒	赤道歲差	赤道歲差 分	赤道歲差 秒	赤道歲差 微	星等
左旗北增十六	經	丑	二七	四六	三九	子	六	二四	○一	加		三八	四一	五
	緯	北	二四	一四	○三	北	四四	一五	五○	加		九	三四	
天桴二	經	丑	二七	四七	二七	丑	二九	三五	一七	加		四七	一二	六
	緯	南	一	二四	○八	北	一九	一六	○一	減		九	三六	
牛宿西增二	經	丑	二七	四八	○五	丑	二七	一四	二七	加		五一	○○	六
	緯	南	一三	二一	三三	北	七	三一	四五	減		九	三七	
奚仲東增五	經	丑	二七	五○	○○	亥	九	三五	四一	加		一七	五九	六
	緯	北	五七	五九	一三	北	七四	四一	一五	加		九	三二	
河鼓東增七	經	丑	二七	五三	三八	子	一	二七	二七	加		四四	四一	六
	緯	北	六	三四	一八	北	二七	○三	一六	加		九	三七	
左旗八	經	丑	二七	五六	二七	子	三	四五	二四	加		四一	五○	六
	緯	北	一五	一九	二八	北	三五	三五	○六	加		九	三七	
左旗東增二十七	經	丑	二八	○八	四六	子	四	一八	一○	加		四一	二九	六
	緯	北	一六	三三	五四	北	三六	三五	○三	加		九	四五	
左旗東增二十六	經	丑	二八	二六	三六	子	五	三一	二八	加		四○	三一	六
	緯	北	一九	一六	一九	北	三九	一八	二三	加		九	四七	
奚仲東增三	經	丑	二八	三一	二四	子	二四	二九	一二	加		二五	五六	六
	緯	北	四九	二四	三四	北	六七	三三	四○	加		九	四七	
天桴内增一	經	丑	二八	四一	四二	子	○	三三	○三	加		四七	一一	六
	緯	南	一	二一	四九	北	一九	○七	二七	減		九	五二	
牛宿西增四	經	丑	二八	五六	四○	丑	二八	二一	五八	加		五○	四五	六
	緯	南	一三	一三	二三	北	七	二七	○四	減		九	五九	

（續表）

赤道星紀宮恒星		赤道宮	赤道度	赤道分	赤道秒	黃道宮	黃道度	黃道分	黃道秒	赤道歲差	赤道歲差分	赤道歲差秒	赤道歲差微	星等
左旗北增二十	經	丑	二八	五七	三九	子	七	二一	四〇	加		三九	一五	四
	緯	北	二二	五三	三七	北	四二	四一	一二	加		九	五六	
天津西增五	經	丑	二九	一二	一一	子	一三	一五	二九	加		三四	一四	五
	緯	北	三五	一七	三九	北	五四	二八	一六	加		一〇	〇一	
天桴一	經	丑	二九	三一	〇三	子	一	二〇	三〇	加		四七	一四	三
	緯	南	一	三三	五〇	北	一八	四五	三五	減		一〇	〇八	
牛宿三	經	丑	二九	三二	四五	丑	二八	五五	二八	加		五〇	五六	六
	緯	南	一三	二〇	二〇	北	七	一三	一八	減		一〇	〇九	
左旗東增二十五	經	丑	二九	三九	一九	子	七	一四	五三	加		四〇	一七	六
	緯	北	二〇	〇九	四九	北	三九	五二	五八	加		一〇	一〇	
天廚五	經	丑	二九	四五	二四	戌	二	五二	一八	加		一〇	二〇	五
	緯	北	六四	〇六	四九	北	七七	二八	一〇	加		一〇	〇六	
天廚南增二	經	丑	二九	五五	一九	戌	二	一〇	一〇	加		一〇	四一	六
	緯	北	六三	五四	四二	北	七七	一九	一〇	加		一〇	〇九	
天津西增六	經	丑	二九	五六	二八	子	一四	四二	四三	加		三三	五六	五
	緯	北	三六	〇六	一三	北	五五	〇一	四〇	加		一〇	一三	
左旗北增十三	經	丑	二九	五七	〇九	子	九	四八	五一	加		三八	〇七	六
	緯	北	二六	〇九	三三	北	四五	三四	五四	加		一〇	一四	
天桴東增二	經	丑	二九	五九	四七	子	一	四七	三三	加		四七	一八	五
	緯	南	一	四五	三四	北	一八	二八	〇七	減		一〇	一七	

清・戴進賢《儀象考成》卷一五《恒星赤道經緯度表二》赤道元枵宮黄道度附

赤道元枵宮恒星		赤道 宮	赤道 度	赤道 分	赤道 秒	黄道 宮	黄道 度	黄道 分	黄道 秒	赤道歲差 加減	赤道歲差 分	赤道歲差 秒	赤道歲差 微	星等
左旗北增十四	經	子	○	一五	四三	子	一○	○九	一四	加		三八	一一	六
	緯	北	二六	○三	三七	北	四五	二四	二八	加		一○	二二	
左旗北增十五	經	子	○	一八	一九	子	一○	○四	二四	加		三八	一九	五
	緯	北	二五	四三	四八	北	四五	○四	四八	加		一○	二一	
天鈎西增一	經	子	○	二四	四三	亥	二二	四五	○八	加		一四	四四	六
	緯	北	六一	一五	三三	北	七五	四七	四六	加		一○	二○	
天厨四	經	子	○	二六	一八	戌	一六	五八	四三	加		五	四○	五
	緯	北	六七	○八	四四	北	七八	○七	四○	加		一○	二○	
牛宿内增五	經	子	○	三三	二三	丑	二九	五六	四一	加		五○	四九	六
	緯	南	一三	○五	五四	北	七	一五	三四	減		一○	二七	
左旗九	經	子	○	三六	○九	子	六	三二	三三	加		四二	一六	五
	緯	北	一四	二五	四○	北	三四	○六	一二	加		一○	二七	
牛宿南增九	經	子	○	四四	三○	丑	二八	一一	○一	加		五三	五九	六
	緯	南	二二	三四	三七	南	二	○三	二三	減		一○	三一	
牛宿内增六	經	子	○	五一	五八	子	○	一二	一九	加		五○	五○	四
	緯	南	一三	一六	二八	北	七	○一	三一	減		一○	三三	
左旗北增十一	經	子	○	五四	一五	子	一一	四四	二八	加		三七	三二	五
	緯	北	二七	五六	一九	北	四七	○二	○八	加		一○	三一	
牛宿二	經	子	○	五七	四二	子	○	一七	二一	加		五○	五一	三
	緯	南	一三	一八	四七	北	六	五八	○六	減		一○	三五	
左旗東增二十三	經	子	一	○六	一四	子	九	五二	四六	加		三九	二八	五
	緯	北	二二	四四	三○	北	四二	○○	二七	加		一○	三六	

（續表）

赤道元枵宮恒星		赤道宮	赤道度	赤道分	赤道秒	黃道宮	黃道度	黃道分	黃道秒	赤道歲差	赤道歲差分	赤道歲差秒	赤道歲差微	星等
牛宿南增八	經	子	一	〇九	二三	丑	二九	〇六	四四	加		五三	〇一	氣
	緯	南	一九	五三	三五	北	〇	二九	二九	減		一〇	四〇	
天津西增七	經	子	一	一二	〇七	子	一六	一九	四三	加		三四	〇七	六
	緯	北	三六	〇二	二三	北	五四	三六	二三	加		一〇	三七	
左旗東增二十四	經	子	一	一六	一一	子	九	二二	四八	加		四〇	一〇	六
	緯	北	二〇	四九	二八	北	四〇	〇七	一七	加		一〇	三九	
左旗北增十二	經	子	一	一六	一二	子	一一	四八	一二	加		三七	五四	四
	緯	北	二七	〇二	五三	北	四六	〇五	二〇	加		一〇	三八	
孔雀十一	經	子	一	一七	三九	丑	二〇	一四	一三	加	一	一三	四六	二
	緯	南	五七	二九	二三	南	三六	一一	一八	減		一〇	四四	
天津三	經	子	一	一七	五二	子	二四	三一	一九	加		二八	四五	四
	緯	北	四六	〇三	二四	北	六三	四三	二九	加		一〇	三九	
天津內增三十八	經	子	一	二三	二六	子	二四	三二	五五	加		二八	四九	五
	緯	北	四五	五八	五六	北	六三	三八	〇三	加		一〇	三九	
天柱三	經	子	一	二六	一七	酉	二六	〇八	二九	減		二一	三九	六
	緯	北	七五	四〇	一四	北	七六	三六	一〇	加		一〇	三二	
左旗東增二十一	經	子	一	二六	四五	子	一〇	四三	四七	加		三九	〇五	五
	緯	北	二三	五四	〇二	北	四三	〇一	五三	加		一〇	四一	
牛宿東增七	經	子	一	三七	〇〇	子	〇	五二	〇九	加		五〇	五三	六
	緯	南	一三	三二	二一	北	六	三六	五一	減		一〇	四六	
牛宿一	經	子	一	三九	三六	子	〇	二八	五七	加		五一	三二	三
	緯	南	一五	三三	五七	北	四	三七	二七	減		一〇	四七	

（續 表）

赤道元枵宫恒星		赤道 宫	赤道 度	赤道 分	赤道 秒	黄道 宫	黄道 度	黄道 分	黄道 秒	赤道歲差	赤道歲差 分	赤道歲差 秒	赤道歲差 微	星等
天鈎西增二	經	子	一	五○	三六	亥	二四	二七	五二	加		一五	○八	六
	緯	北	六一	一八	一九	北	七五	一五	二○	加		一○	四六	
天津北增三十七	經	子	一	五二	二八	子	二六	一六	五八	加		二八	一八	五
	緯	北	四六	五六	三五	北	六四	一八	五三	加		一○	四九	
奚仲東增四	經	亥	一	五三	一○	亥	一○	○七	四六	加		二一	一七	五
	緯	北	五五	五二	○七	北	七一	三七	四八	加		一○	四七	
天津西增九	經	子	二	○四	一四	子	一八	一四	一四	加		三三	四一	六
	緯	北	三七	一五	二七	北	五五	二九	二○	加		一○	五二	
天津西增十四	經	子	二	一○	二八	子	一六	二九	一三	加		三五	○五	六
	緯	北	三四	一一	四八	北	五二	三六	一五	加		一○	五四	
天津西增八	經	子	二	一二	○九	子	一七	四七	一三	加		三四	○九	六
	緯	北	三六	一七	三七	北	五四	三三	一六	加		一○	五五	
天鈎二	經	子	二	四八	三九	戌	五	三一	○八	加		一一	二四	六
	緯	北	六四	一○	一三	北	七六	一六	五四	加		一一	○二	
左旗東增二十二	經	子	二	五四	三八	子	一二	一一	二三	加		二九	五一	六
	緯	北	二三	三八	四七	北	四二	二六	三六	加		一一	○五	
牛宿四	經	子	三	一○	○二	子	一	○八	五五	加		五二	三五	氣
	緯	南	一九	○一	三九	北	○	五六	○五	減		一一	一六	
天津一	經	子	三	一四	二四	子	二一	一七	五一	加		三三	四八	三
	緯	北	三九	二七	○六	北	五六	○九	二○	加		一一	一三	
天津南增十五	經	子	三	二二	四○	子	一六	二七	二二	加		三六	二六	六
	緯	北	三一	二二	三九	北	四九	三六	三三	加		一一	一五	

（續表）

赤道元枵宮恒星		赤道 宮	赤道 度	赤道 分	赤道 秒	黃道 宮	黃道 度	黃道 分	黃道 秒		赤道歲差 分	赤道歲差 秒	赤道歲差 微	星等
牛宿六	經	子	三	三三	五二	子	一	三六	○九	加		五二	二六	氣
	緯	南	一八	三七	五六	北	一	一四	一七	減		一一	二三	
離珠南增一	經	子	三	四四	二三	子	五	○二	四八	加		四八	○○	六
	緯	南	四	一一	○七	北	一五	一六	五○	減		一一	二五	
牛宿五	經	子	三	四八	一五	子	一	三九	一○	加		五二	三九	氣
	緯	南	一九	二四	一三	北	○	二六	○九	減		一一	二六	
天鈎西增三	經	子	三	四九	○四	亥	二六	五七	三三	加		一五	三九	六
	緯	北	六一	二七	○六	北	七四	三三	一○	加		一一	二三	
離珠四	經	子	四	○三	二九	子	五	二八	四四	加		四七	五一	五
	緯	南	三	四三	○八	北	一五	三九	三九	減		一一	二九	
天柱內增二	經	子	四	○六	四四	酉	二九	三六	二二	減		二六	二一	五
	緯	北	七六	五五	二二	北	七五	二八	三○	加		一一	二一	
敗瓜西增一	經	子	四	三○	一二	子	九	三四	五○	加		四三	四七	六
	緯	北	一○	○三	一○	北	二八	五四	三八	加		一一	三七	
天津西增十	經	子	四	三○	二二	子	二一	三六	五八	加		三三	五二	六
	緯	北	三七	三七	○五	北	五五	○四	四六	加		一一	三七	
天鈎西增四	經	子	四	三八	○六	亥	二七	四五	五三	加		一五	五七	六
	緯	北	六一	三七	○八	北	七四	一三	四○	加		一一	二六	
波斯二	經	子	四	三八	二五	丑	二五	一七	○○	加	一	○五	二五	三
	緯	南	四八	二三	五七	南	二七	五五	○○	減		一一	四二	
天津南增十六	經	子	四	四二	五五	子	一七	○九	二○	加		三七	一九	四
	緯	北	二九	三一	四八	北	四七	二八	五三	加		一一	四○	

（續表）

赤道元枵宮恒星		赤道宮	赤道度	赤道分	赤道秒	黃道宮	黃道度	黃道分	黃道秒	赤道歲差	赤道歲差分	赤道歲差秒	赤道歲差微	星等
天津北增三十六	經	子	四	四八	〇八	亥	二	〇七	一七	加		二七	五二	五
	緯	北	四八	三三	〇一	北	六四	四一	四六	加		一一	三九	
天津西增十二	經	子	四	五二	四四	子	二〇	四五	五七	加		三四	五〇	六
	緯	北	三五	三七	〇二	北	五三	〇七	〇六	加		一一	四〇	
敗瓜一	經	子	五	一三	五八	子	一〇	二九	二七	加		四三	四一	三
	緯	北	〇	二六	五五	北	二九	〇六	二一	加		一一	五〇	
天津西增十一	經	子	五	一八	〇七	子	二一	二五	五四	加		三四	四三	六
	緯	北	三六	〇五	二三	北	五三	二五	二四	加		一一	四九	
孔雀七	經	子	五	二三	一四	丑	一八	五五	四八	加	一	二五	二一	三
	緯	南	六七	〇二	四一	南	四五	五二	三四	減		一二	〇〇	
敗瓜二	經	子	五	二六	五三	子	一一	一五	〇六	加		四三	二三	六
	緯	北	一二	〇九	四五	北	三〇	四二	〇六	加		一一	五二	
天津北增三十五	經	子	五	三一	三三	亥	二	三一	〇七	加		二八	一九	五
	緯	北	四八	〇六	二一	北	六四	〇三	五一	加		一一	五二	
羅堰西增一	經	子	五	四五	〇〇	子	四	一三	五七	加		五一	二六	六
	緯	南	一六	〇〇	一三	北	三	一九	三〇	減		一二	〇〇	
離珠一	經	子	五	九四	五四	子	七	二〇	一四	加		四七	四三	五
	緯	南	三	二五	一八	北	一五	三一	四九	減		一二	〇〇	
瓠瓜五	經	子	五	五〇	一二	子	一二	一三	〇四	加		四二	四三	五
	緯	北	一三	四七	五九	北	三二	一〇	二七	加		一二	〇〇	
天津北增三十四	經	子	五	五一	二七	亥	三	一六	〇四	加		二八	一五	五
	緯	北	四八	二三	〇六	北	六四	一〇	〇七	加		一一	五八	

（續表）

赤道元枵宮恒星		赤道宮	赤道度	赤道分	赤道秒	黃道宮	黃道度	黃道分	黃道秒	加減	赤道歲差分	赤道歲差秒	赤道歲差微	星等
波斯九	經	子	五	五七	四七	丑	二四	二五	○○	加	一	○九	一七	六
	緯	南	五四	○八	一六	南	三三	四○	○○	減		一二	○五	
天津西增十三	經	子	五	五八	五○	子	二二	二二	一八	加		三五	三三	六
	緯	北	三四	二三	一二	北	五一	三八	一六	加		一二	○一	
羅堰一	經	子	六	一四	○六	子	四	四三	四四	加		五一	二一	五
	緯	南	一五	四九	二五	北	三	二三	二六	減		一二	○七	
天鉤三	經	子	六	一四	三三	戌	一	二二	四○	加		一五	四二	五
	緯	北	六二	○八	三二	北	七三	五七	三○	加		一二	○三	
離珠二	經	子	六	一六	三三	子	八	○九	○三	加		四七	一九	四
	緯	南	一一	五九	○四	北	一六	四八	五六	減		一二	○八	
天津南增二十一	經	子	六	一七	○二	子	一六	五五	○四	加		三九	○八	六
	緯	北	二五	○○	三一	北	四二	四五	一一	加		一二	○八	
羅堰二	經	子	六	二三	○○	子	四	○五	五三	加		五二	二○	五
	緯	南	一九	○○	四三	北	○	一五	四六	減		一二	一○	
瓠瓜四	經	子	六	二二	四三	子	一二	四六	一四	加		四二	四六	三
	緯	北	一三	四二	五八	北	三一	五六	五二	加		一二	○九	
敗瓜四	經	子	六	二三	○九	子	一一	四五	一八	加		四三	四四	六
	緯	北	一○	二九	五二	北	二八	五一	○三	加		一二	一○	
天津南增二十	經	子	六	三一	五二	子	一七	二七	四一	加		三八	五八	五
	緯	北	二五	三五	○五	北	四三	一三	三二	加		一二	一○	
離珠三	經	子	六	三四	二七	子	八	五一	五八	加		四六	五一	六
	緯	南	○	二四	○○	北	一八	一六	三六	減		一二	一三	

（續表）

赤道元枵宮恒星		赤道 宮	赤道 度	赤道 分	赤道 秒	黄道 宮	黄道 度	黄道 分	黄道 秒	赤道歲差 加減	赤道歲差 分	赤道歲差 秒	赤道歲差 微	星等
敗瓜三	經	子	六	三九	○六	子	一二	三九	○六	加		四三	二○	六
	緯	北	一二	二五	四三	北	三○	三八	一四	加		一一	一四	
敗瓜五	經	子	六	三九	二九	子	一一	三九	○六	加		四四	○七	六
	緯	北	九	一一	五七	北	二七	三一	四○	加		一三	一三	
波斯十	經	子	六	四三	四五	丑	二四	五七	○○	加	一	○九	○一	六
	緯	南	五四	○五	三一	南	三三	四五	○○	減		一三	一九	
天津南增十七	經	子	六	四五	四八	子	二○	一三	一七	加		三七	○六	六
	緯	北	三○	四一	一五	北	四七	五七	一六	加		一二	一六	
天津南增二十二	經	子	六	五一	二六	子	一六	四九	二六	加		三九	四九	六
	緯	北	二三	一三	五八	北	四○	五四	一○	加		一二	一七	
瓠瓜北增五	經	子	六	五三	五八	子	一五	四一	五九	加		四○	○五	五
	緯	北	二○	一九	○○	北	三八	○七	○七	加		一二	一八	
瓠瓜一	經	子	六	五五	二四	子	一三	四八	二四	加		四三	二五	三
	緯	北	一五	○一	一○	北	三三	○三	五八	加		一二	一九	
瓠瓜南增一	經	子	七	一九	○二	子	一三	四七	二五	加		四二	四九	六
	緯	北	一三	四一	一二	北	三一	三九	四八	加		一二	二五	
孔雀東增四	經	子	七	二一	二三	丑	三三	一五	○○	加	一	一四	○七	四
	緯	南	五九	四四	五六	南	三九	一五	○○	減		一二	三一	
天津南增十八	經	子	七	三八	三六	子	二一	三九	五五	加		三六	五七	六
	緯	北	三一	二四	二八	北	四八	二一	一三	加		一二	三○	
波斯十一	經	子	七	四一	五五	丑	二五	三七	○○	加	一	○八	四二	六
	緯	南	五四	○三	三三	南	三三	五三	○○	減		一二	三五	

（續表）

赤道元枵宮恒星		赤道宮	赤道度	赤道分	赤道秒	黃道宮	黃道度	黃道分	黃道秒	赤道歲差	赤道歲差分	赤道歲差秒	赤道歲差微	星等
天田四	經	子	七	四三	〇一	子	三	三五	一一	加		五四	三五	五
	緯	南	二六	〇九	二九	南	六	五八	二三	減		一二	三三	
羅堰三	經	子	七	四九	三三	子	四	三五	五九	加		五三	二〇	六
	緯	南	二三	二五	二四	南	三	二二	三四	減		一二	三四	
瓠瓜三	經	子	七	五一	五七	子	一四	三三	〇七	加		四二	四二	四
	緯	北	一四	〇九	五七	北	三一	五八	一二	加		一二	三四	
天津四	經	子	八	〇七	五九	亥	一	四六	三二	加		三一	〇七	二
	緯	北	四四	二三	〇一	北	五九	五六	三七	加		一二	三七	
天津南增二十三	經	子	八	二五	五六	子	一九	〇七	三四	加		三九	三四	六
	緯	北	二四	二三	二〇	北	四一	三〇	五四	加		一二	四三	
女宿一	經	子	八	二六	五五	子	八	〇九	〇六	加		四九	三九	四
	緯	南	一〇	二五	〇一	北	八	〇六	四一	減		一二	四四	
女宿四	經	子	八	三三	〇〇	子	九	二三	四六	加		四八	二四	五
	緯	南	五	五六	四九	北	一二	二四	四二	減		一二	四七	
車府北增一	經	子	八	三四	五五	亥	八	〇二	三二	加		二八	一三	六
	緯	北	四九	二六	一七	北	六四	〇四	一八	加		一二	四五	
瓠瓜二	經	子	八	四一	〇三	子	一五	四八	四一	加		四二	二七	三
	緯	北	一五	一二	五四	北	三二	四四	三二	加		一二	四九	
上衛	經	子	八	四一	三九	酉	一七	二三	〇八	減		九	一三	五
	緯	北	七四	〇三	四三	北	七五	一八	四五	加		一二	四一	
天津南增十九	經	子	八	四四	五六	子	二二	〇六	二九	加		三七	四二	六
	緯	北	二九	四九	五〇	北	四六	三〇	二六	加		一二	四八	

（續表）

赤道元枵宮恒星		赤道宮	赤道度	赤道分	赤道秒	黃道宮	黃道度	黃道分	黃道秒	加減	赤道歲差分	赤道歲差秒	赤道歲差微	星等
波斯八	經	子	八	四五	五六	丑	二五	三五	○○	加	一	一○	○四	五
	緯	南	五六	○五	一○	南	三六	○○	○○	減		一二	五三	
敗瓜南增三	經	子	八	四六	○二	子	一二	三九	一二	加		四五	二○	五
	緯	北	五	○五	○三	北	二三	○○	○五	加		一二	五○	
天津九	經	子	八	五六	一三	子	二四	○七	五二	加		三六	三一	三
	緯	北	三三	○一	二二	北	四九	二六	二一	加		一二	五○	
天田二	經	子	九	○六	一三	子	四	二二	○五	加		五五	○一	六
	緯	南	二七	五○	五二	南	八	五五	○五	減		一二	五七	
瓠瓜南增二	經	子	九	一六	四一	子	一五	一三	二五	加		四三	三三	六
	緯	北	一一	三六	○七	北	二九	○七	○五	加		一二	五八	
敗瓜南增二	經	子	九	一七	五一	子	一三	四五	三三	加		四四	五一	六
	緯	北	六	五五	二三	北	二四	三七	三○	加		一二	五八	
天津內增三十	經	子	九	二○	二一	子	二六	一一	四七	加		三五	三二	四
	緯	北	三五	三三	五九	北	五一	三八	三七	加		一二	五八	
女宿三	經	子	九	二七	二六	子	一○	○七	二八	加		四八	三三	六
	緯	南	六	三四	○三	北	一一	三四	五一	減		一三	○一	
女宿東增一	經	子	九	三七	五四	子	一○	一九	三四	加		四八	三○	六
	緯	南	六	二七	○三	北	一一	三八	五四	減		一三	○四	
女宿二	經	子	九	四二	二四	子	九	二九	一三	加		四九	二八	四
	緯	南	九	五五	四三	北	八	一六	一○	減		一三	○六	
螣蛇西增一	經	子	九	四七	五七	亥	二一	二三	○四	加		二三	五七	五
	緯	北	五六	四四	一三	北	六九	一二	○○	加		一三	○四	

（續表）

赤道元枵宮恒星		赤道宮	赤道度	赤道分	赤道秒	黃道宮	黃道度	黃道分	黃道秒	赤道歲差	赤道歲差分	赤道歲差秒	赤道歲差微	星等
天鈎一	經	子	九	五二	二二	戌	一五	四〇	五五	加		二二	〇二	六
	緯	北	六五	四三	五八	北	七四	〇七	〇三	加		一三	〇二	
蛇尾四	經	子	九	五五	二三	丑	一四	二五	〇〇	加	一	五五	一九	五
	緯	南	七七	二八	一四	南	五六	〇〇	〇〇	減		一三	一七	
天鈎四	經	子	九	五五	四四	戌	〇	五七	五八	加		一八	四七	四
	緯	北	六〇	五〇	二二	北	七一	四六	二二	加		一三	〇五	
九坎三	經	子	九	五六	四六	子	一	一一	〇〇	加	一	〇〇	三七	三
	緯	南	四一	五四	五四	南	二二	四〇	〇〇	減		一三	一一	
天津東增三十三	經	子	一〇	〇一	五六	亥	四	五三	五四	加		三一	〇八	六
	緯	北	四五	一〇	三四	北	五九	五七	一〇	加		一三	〇八	
越	經	子	一〇	〇五	〇三	子	七	三二	二四	加		五二	〇一	六
	緯	南	一八	五二	二三	南	〇	二八	〇九	減		一三	一二	
天津東增三十一	經	子	一〇	一三	四七	亥	三	〇七	五六	加		三二	一五	六
	緯	北	四三	〇六	三七	北	五八	〇五	三一	加		一三	一一	
天津西增二十四	經	子	一〇	一六	三二	子	二二	〇三	一二	加		三九	一〇	六
	緯	北	二六	〇九	〇〇	北	四二	三七	〇九	加		一三	一四	
女宿南增五	經	子	一〇	四五	一三	子	一〇	一七	五九	加		四九	三八	六
	緯	南	一〇	三九	二七	北	七	一七	五三	減		一三	二三	
天柱内增三	經	子	一〇	四八	一九	申	七	五〇	〇〇	減		四三	二五	六
	緯	北	八〇	〇九	四八	北	七二	四七	二〇	加		一三	一二	
瓠瓜南增四	經	子	一〇	四九	一三	子	一七	一六	〇五	加		四三	一七	六
	緯	北	一二	四五	一九	北	二九	四六	三五	加		一三	二三	

（續表）

赤道元枵宮恒星		赤道宮	度	分	秒	黄道宮	度	分	秒	赤道歲差	分	秒	微	星等
瓠瓜南增三	經	子	一〇	四九	三〇	子	一六	五二	四〇	加		四三	三七	六
	緯	北	一一	三五	五八	北	二八	四〇	一九	加		一三	二三	
天柱内增四	經	子	一〇	五〇	二一	申	八	五一	四八	減		四六	五三	六
	緯	北	八〇	三〇	五九	北	七二	三六	五〇	加		一三	一一	
天津南增二十五	經	子	一〇	五三	五二	子	二三	一三	二九	加		三八	五六	五
	緯	北	二七	〇六	〇五	北	四三	一八	四二	加		一三	二四	
天津東增三十二	經	亥	一一	〇二	一八	亥	四	二四	一九	加		三三	一六	六
	緯	北	四三	二六	〇九	北	五八	〇五	一三	加		一三	二五	
鄭	經	子	一一	一六	〇三	子	八	一九	二四	加		五二	一五	六
	緯	南	二〇	〇〇	二〇	南	一	五一	一〇	減		一三	三一	
離瑜西增一	經	子	一一	二一	三三	子	四	五〇	一〇	加		五六	三九	五
	緯	南	二三	一三	四三	南	一四	三七	一二	減		一三	三三	
天壘城九	經	子	一一	二七	一九	子	一〇	〇四	二〇	加		五〇	三二	六
	緯	南	一四	〇一	四七	北	三	五一	五二	減		一三	三四	
司非西增二	經	子	一一	三〇	一〇	子	一七	〇〇	五七	加		四四	〇七	六
	緯	北	九	五一	五四	北	二六	四九	〇五	加		一三	三五	
虛宿西增四	經	子	一一	三〇	五九	子	一四	五七	五七	加		四四	二三	五
	緯	北	一三	一九	一七	北	二〇	三三	五六	加		一三	三五	
周二	經	子	一一	三六	四八	子	九	〇二	〇二	加		五一	四八	六
	緯	南	一八	三〇	三五	南	〇	二九	三七	減		一三	三六	
人西增一	經	子	一一	四一	四八	子	二一	三〇	〇四	加		四〇	五一	六
	緯	北	二一	二〇	五一	北	三七	三九	四二	加		一三	三七	

（續表）

赤道元枵宫恒星		赤道 宫	赤道 度	赤道 分	赤道 秒	黄道 宫	黄道 度	黄道 分	黄道 秒	赤道歲差 加減	赤道歲差 分	赤道歲差 秒	赤道歲差 微	星等
女宿東增三	經	子	一一	四四	〇五	子	一二	二二	四四	加		四八	二七	六
	緯	南	六	二七	三九	北	一一	〇五	〇六	減		一三	三七	
天壘城八	經	子	一一	四四	五八	子	一〇	一三	一一	加		五〇	三九	五
	緯	南	一四	三〇	三九	北	三	一九	三〇	減		一三	三九	
女宿東增二	經	子	一一	四五	一九	子	一二	三六	三八	加		四八	一五	六
	緯	南	五	四一	四三	北	一一	四九	〇〇	減		一三	三八	
天津五	經	子	一一	五三	二九	亥	二	三六	二一	加		三四	〇一	四
	緯	北	四〇	一一	五五	北	五四	五六	二五	加		一三	三八	
波斯三	經	子	一二	一六	四九	丑	二九	三七	〇〇	加	一	〇五	三五	六
	緯	南	五一	四三	〇三	南	三二	三〇	〇〇	減		一三	四九	
虚宿西增一	經	子	一二	二三	〇五	子	一六	四四	三七	加		四五	〇八	六
	緯	北	六	一一	〇五	北	二三	〇二	三六	加		一三	四七	
離瑜西增二	經	子	一二	二四	二五	子	五	四〇	二六	加		五六	三一	六
	緯	南	三三	二〇	四〇	南	一四	五八	二〇	減		一三	五〇	
周一	經	子	一二	二七	五三	子	九	一〇	五五	加		五二	二五	五
	緯	南	二〇	五〇	四七	南	二	五七	四三	減		一三	五〇	
女宿東增四	經	子	一二	三七	三四	子	一三	〇八	五四	加		四八	三二	六
	緯	南	六	四八	五一	北	一〇	三〇	一四	減		一三	五一	
車府五	經	子	一二	四五	四六	亥	九	三四	〇九	加		三一	〇二	五
	緯	北	四六	三二	一一	北	六〇	〇六	一九	加		一三	五一	
秦一	經	子	一二	五三	三一	子	一〇	一六	四〇	加		五一	三七	五
	緯	南	一八	一三	四一	南	〇	三三	〇〇	減		一三	五七	

（續 表）

赤道元枵宫恒星		赤道 宫	赤道 度	赤道 分	赤道 秒	黄道 宫	黄道 度	黄道 分	黄道 秒	加減	赤道歲差 分	赤道歲差 秒	赤道歲差 微	星等
虚宿西增三	經	子	一二	五六	五二	子	一六	四七	三〇	加		四五	三五	六
	緯	北	四	二九	五四	北	二一	一六	〇一	加		一三	五六	
天田三	經	子	一三	〇〇	五八	子	八	一五	四六	加		五三	五五	六
	緯	南	二六	〇〇	〇五	南	八	〇三	三八	減		一三	五九	
車府内增二	經	子	一三	〇三	四六	亥	八	二七	一〇	加		三一	五〇	六
	緯	北	四五	〇九	四五	北	五八	五〇	一九	加		一三	五七	
虚宿西增二	經	子	一三	一〇	五五	子	一七	一〇	三七	加		四五	二八	六
	緯	北	四	五七	四二	北	二一	三八	三一	加		一四	〇〇	
齊	經	子	一三	二八	一一	子	九	四二	五二	加		五二	四三	五
	緯	南	二二	一一	五九	南	四	三二	〇八	減		一四	〇六	
九坎二	經	子	一三	三七	〇〇	子	四	二一	〇〇	加		五九	二三	三
	緯	南	四〇	五四	五三	南	二二	三〇	〇〇	減		一四	〇八	
趙一	經	子	一三	四〇	〇二	子	一〇	〇九	五七	加		五二	二四	六
	緯	南	二一	一二	一七	南	三	三六	四六	減		一四	〇九	
趙二	經	子	一三	四三	二七	子	一〇	〇七	〇七	加		五二	三一	六
	緯	南	二一	三三	三七	南	三	五八	〇九	減		一四	〇九	
天津南增二十九	經	子	一三	四五	五〇	亥	二	四五	〇三	加		三五	三三	六
	緯	北	三七	二七	五六	北	五一	五〇	三五	加		一四	〇七	
車府六	經	子	一三	五四	〇三	亥	七	一七	〇三	加		三三	〇九	四
	緯	北	四二	五五	二一	北	五六	三六	〇五	加		一四	一〇	
天壘城十	經	子	一三	五四	一九	子	一二	四九	一三	加		四九	五七	五
	緯	南	一二	二三	二四	北	四	四七	四八	減		一四	一二	

赤道元枵宮恒星		赤道 宮	赤道 度	赤道 分	赤道 秒	黃道 宮	黃道 度	黃道 分	黃道 秒		赤道歲差 分	赤道歲差 秒	赤道歲差 微	星等
九坎四	經	子	一四	○三	五二	子	五	一一	○○	加		五八	三八	五
	緯	南	三九	二四	四二	南	二一	一○	○○	減		一四	一五	
天田一	經	子	一四	二二	二五	子	八	四一	二八	加		五四	三六	六
	緯	南	二八	三八	一三	南	一○	五五	四○	減		一四	二○	
車府北增三	經	子	一四	二六	○八	亥	一一	三五	四一	加		三一	二五	六
	緯	北	四六	三八	一五	北	五九	三三	四○	加		一四	一七	
司非一	經	子	一四	二七	三五	子	一九	五一	二四	加		四四	二六	四
	緯	北	九	○六	四九	北	二五	一三	一二	加		一四	一九	
司非南增一	經	子	一四	三○	一一	子	一九	五二	○七	加		四四	二八	六
	緯	北	九	○○	五九	北	二五	○六	五二	加		一四	二○	
離瑜一	經	子	一四	四三	一二	子	七	○一	○○	加		五六	五一	四
	緯	南	三五	一四	一八	南	一七	二○	○○	減		一四	二六	
人西增二	經	子	一四	五一	二五	子	二五	三六	三六	加		四○	四四	六
	緯	北	二二	四七	○五	北	三七	五九	五○	加		一四	二五	
天柱一	經	子	一四	五五	二四	申	一○	五一	二○	減		五二	一七	五
	緯	北	八一	三三	一四	北	七一	三三	四六	加		一四	一五	
天壘城七	經	子	一五	一一	一五	子	一二	五五	三九	加		五○	五三	六
	緯	南	一六	一五	五八	北	○	四三	四○	減		一四	三○	
楚	經	子	一五	一六	○一	子	一一	二七	四四	加		五二	二四	六
	緯	南	二一	四一	三二	南	四	二九	五○	減		一四	三三	
司非二	經	子	一五	二九	○七	子	二○	五二	五○	加		四四	三○	四
	緯	北	九	○○	○七	北	二四	四七	五七	加		一四	三四	

（續表）

赤道元枵宮恒星		赤道宮	赤道度	赤道分	赤道秒	黃道宮	黃道度	黃道分	黃道秒	赤道歲差	赤道歲差分	赤道歲差秒	赤道歲差微	星等
天津八	經	子	一五	三〇	〇〇	子	二九	二九	三六	加		三八	五〇	三
	緯	北	二九	一一	二三	北	四三	四三	二三	加		一四	三四	
離瑜二	經	子	一五	四三	〇七	子	八	二〇	二〇	加		五五	五八	四
	緯	南	三三	一二	三六	南	一五	三六	〇七	減		一四	三七	
天壘城十一	經	子	一五	三八	〇六	子	一五	〇三	三〇	加		四九	一八	六
	緯	南	一〇	一五	三七	北	六	二一	四三	減		一四	三九	
虛宿二	經	子	一五	四四	五二	子	一九	三二	四八	加		四五	四三	四
	緯	北	四	一二	〇六	北	二〇	〇九	〇九	加		一四	三九	
秦二	經	子	一五	五四	〇七	子	一二	四七	三一	加		五一	三六	六
	緯	南	一九	〇二	一六	南	二	〇七	二三	減		一四	四二	
孔雀十	經	子	一六	〇七	四二	丑	二四	五六	〇一	加	一	一八	三三	三
	緯	南	六六	二八	〇二	南	四六	五六	二一	減		一四	四九	
天津六	經	子	一六	〇七	五四	亥	五	〇一	三八	加		三六	一二	四
	緯	北	三六	五七	三七	北	五〇	三二	四〇	加		一四	四三	
虛宿西增五	經	子	一六	一〇	四四	子	一六	五七	一〇	加		四八	〇七	六
	緯	南	五	三四	一四	北	一〇	四一	四一	減		一四	四五	
九坎一	經	子	一六	二九	一八	子	七	一一	〇〇	加		五八	〇二	三
	緯	南	三九	〇九	四六	南	二一	三〇	〇〇	減		一四	五一	
天津東增二十八	經	子	一六	四九	四九	亥	六	四八	四九	加		三五	四八	四
	緯	北	三八	二〇	一〇	北	五一	三〇	四五	加		一四	五四	
天津七	經	子	一六	五〇	〇三	亥	三	四二	二九	加		三七	〇八	五
	緯	北	三三	五〇	〇二	北	四七	二九	一〇	加		一四	五四	

（續表）

赤道元枵宮恒星		赤道 宮	赤道 度	赤道 分	赤道 秒	黃道 宮	黃道 度	黃道 分	黃道 秒	赤道歲差	赤道歲差 分	赤道歲差 秒	赤道歲差 微	星等
虛宿西增六	經	子	一六	五四	三一	子	一七	三八	二三	加		四八	○六	六
	緯	南	五	三八	○五	北	一○	二五	一二	減		一四	五八	
代一	經	子	一六	五九	四七	子	一四	○六	五○	加		五一	一一	五
	緯	南	一七	五四	一三	南	一	二○	一三	減		一四	五八	
司危二	經	子	一七	○五	四五	子	二二	三六	○五	加		四五	一三	六
	緯	北	六	一六	四九	北	二二	四二	五三	加		一五	○○	
螣蛇六	經	子	一七	一○	五四	亥	二二	一四	二五	加		二九	○六	五
	緯	北	五二	○一	○三	北	六二	四九	二三	加		一四	五八	
天壘城十二	經	子	一七	一七	四六	子	一六	三五	三三	加		四九	一五	六
	緯	南	一○	二三	三○	北	五	四五	四一	減		一五	○二	
魏	經	子	一七	二四	四三	子	二三	一八	三五	加		五二	一四	六
	緯	南	二一	五五	○七	南	五	一七	二五	減		一五	○四	
天柱二	經	子	一七	二八	三八	酉	二六	三三	五四	減		一三	五一	五
	緯	北	七七	○四	二四	北	七二	三五	二○	加		一四	五七	
人二	經	子	一七	三二	二四	子	二六	四三	三九	加		四二	○八	四
	緯	北	一八	四三	二四	北	三三	一八	三九	加		一五	○四	
司危一	經	子	一七	三三	二九	子	二二	五二	○二	加		四五	二四	四
	緯	北	五	四三	四五	北	二二	○三	○六	加		一五	○四	
天壘城六	經	子	一七	三二	三○	子	一五	四六	一六	加		五○	○七	六
	緯	南	一三	五七	二一	北	二	一七	○三	減		一五	○五	
波斯四	經	子	一七	四二	二○	子	一	五○	○○	加	一	○六	一一	六
	緯	南	五五	一四	三四	南	三六	五五	○○	減		一五	一○	

（續表）

赤道元枵宮恒星		赤道宮	赤道度	赤道分	赤道秒	黃道宮	黃道度	黃道分	黃道秒	赤道歲差	分	秒	微	星等
天壘城十三	經	子	一七	五一	一八	子	一六	五九	三七	加		四九	二一	六
	緯	南	一〇	四九	〇一	北	五	一一	三三	減		一五	〇九	
虛宿西增八	經	子	一七	五二	一六	子	一八	五五	二〇	加		四七	四八	六
	緯	南	四	二八	四六	北	一一	一四	一〇	減		一五	一〇	
虛宿西增七	經	子	一七	五八	一五	子	一八	五八	一五	加		四七	五一	六
	緯	南	四	三七	五四	北	一一	〇三	一九	減		一四	三〇	
燕	經	子	一八	〇〇	一五	子	一三	二一	四九	加		五二	三六	五
	緯	南	二三	二九	五一	南	六	五七	三六	減		一五	一三	
韓	經	子	一八	〇一	〇五	子	一三	五三	〇八	加		五二	〇九	六
	緯	南	二一	四七	四九	南	五	二〇	二七	減		一五	一二	
天鈎五	經	子	一八	〇二	四九	戌	九	一五	三三	加		二一	四二	三
	緯	北	六一	三〇	五六	北	六八	五六	二〇	加		一五	〇九	
離瑜三	經	子	一八	〇二	五九	子	一〇	四一	〇〇	加		五五	一五	六
	緯	南	三二	一八	五一	南	一五	二二	三六	減		一五	一三	
天鈎北增五	經	子	一八	二六	四一	戌	一五	〇三	三八	加		一九	一八	六
	緯	北	六三	四七	五三	北	六九	五九	三〇	加		一五	一六	
晉	經	子	一八	三一	三一	子	一四	〇〇	二〇	加		五二	二三	六
	緯	南	二二	五三	四三	南	六	三一	四五	減		一五	二〇	
天鈎北增六	經	子	一八	四四	一七	戌	一五	二八	三六	加		一九	二一	六
	緯	北	六三	五三	二一	北	六九	五五	二四	加		一五	一九	
螣蛇五	經	子	一八	五五	四九	亥	二〇	三五	二〇	加		三〇	四七	五
	緯	北	五〇	〇九	三八	北	六〇	四一	一五	加		一五	二三	

（續表）

赤道元枵宮恒星		赤道宮	赤道度	赤道分	赤道秒	黃道宮	黃道度	黃道分	黃道秒	赤道歲差	赤道歲差分	赤道歲差秒	赤道歲差微	星等
天津東增二十六	經	子	一九	〇三	五八	亥	七	二六	四〇	加		三七	一一	六
	緯	北	三五	四六	三五	北	四八	二五	〇八	加		一五	二五	
離瑜東增三	經	子	一九	〇九	三六	子	一〇	四二	四〇	加		五五	五八	六
	緯	南	三五	〇二	二二	南	一八	一五	一四	減		一五	二九	
天津東增二十七	經	子	一九	一二	四三	亥	七	四六	一五	加		三七	〇九	六
	緯	北	三六	〇一	一一	北	四八	三四	五五	加		一五	二八	
虛宿一	經	子	一九	三〇	三九	子	一九	四九	二二	加		四八	一八	三
	緯	南	六	四〇	四二	北	八	三八	四三	減		一五	三三	
蛇尾三	經	子	一九	三三	一三	丑	一六	一五	〇〇	加	一	五一	二五	五
	緯	南	七八	四八	五〇	南	五八	一〇	〇〇	減		一五	四〇	
人一	經	子	一九	三五	一二	亥	〇	三四	五七	加		四一	一八	四
	緯	北	二二	三一	三九	北	三六	〇九	三〇	加		一五	三三	
車府北增四	經	子	一九	五九	三二	亥	一六	二四	四五	加		三三	三二	六
	緯	北	四五	二五	五〇	北	五六	二五	三六	加		一五	三八	
代内增一	經	子	二〇	〇六	五七	子	一五	五五	五七	加		五一	四六	六
	緯	南	二一	一二	三四	南	五	二二	一五	減		一五	四一	
代二	經	子	二〇	〇七	三四	子	一五	五三	三七	加		五一	四八	六
	緯	南	二一	二一	五四	南	五	三一	一九	減		一五	四一	
天錢北增三	經	子	二〇	一九	四七	子	一四	一一	一八	加		五三	二三	四
	緯	南	二七	一七	一六	南	一一	一二	〇五	減		一五	四五	
天錢西增四	經	子	二〇	一八	四九	子	一一	五七	一〇	加		五五	二八	六
	緯	南	三四	〇九	三五	南	一七	四三	二七	減		一五	四四	

（續 表）

赤道元枵宫恒星		赤道 宫	赤道 度	赤道 分	赤道 秒	黄道 宫	黄道 度	黄道 分	黄道 秒	加減	赤道歲差 分	赤道歲差 秒	赤道歲差 微	星等
天鈎北增七	經	子	二〇	三六	四〇	戌	二一	一五	一八	加		一八	〇九	六
	緯	北	六五	四二	〇九	北	七〇	〇二	五五	加		一五	四五	
壘壁陣二	經	子	二〇	四一	〇六	子	一六	三七	五二	加		五一	三三	四
	緯	南	二〇	三七	三五	南	四	五六	五六	減		一五	四九	
天鈎北增八	經	子	二〇	五六	一二	戌	二一	三六	一三	加		一八	一五	六
	緯	北	六五	四六	一四	北	六九	五七	二三	加		一五	四八	
天壘城一	經	子	二一	〇一	一五	子	二〇	三二	一六	加		四八	四五	五
	緯	南	八	五九	一四	北	五	五九	一四	減		一五	五三	
車府南增八	經	子	二一	〇三	三九	亥	一〇	四四	二八	加		三七	〇二	六
	緯	北	三七	二四	〇六	北	四九	〇七	〇〇	加		一五	五四	
車府四	經	子	二一	〇五	一四	亥	一六	三八	一八	加		三四	一二	四
	緯	北	四四	二八	四三	北	五五	一二	二一	加		一五	五二	
危宿西增一	經	子	二一	一三	一二	子	二五	二八	四一	加		四五	三二	六
	緯	北	五	二八	五六	北	一九	三八	一四	加		一五	五五	
上衛東增一	經	子	二一	一四	二四	酉	二	〇二	五三	加		二二	四二	三
	緯	北	六九	二六	二二	北	七一	〇九	〇〇	加		一五	五三	
危宿西增二	經	子	二一	二四	二二	子	二五	二一	五五	加		四五	四六	六
	緯	北	四	三七	三五	北	一八	四六	〇五	加		一五	五五	
人内增三	經	子	二一	二五	五〇	亥	〇	三四	三二	加		四二	三七	六
	緯	北	一八	一〇	三四	北	三一	二八	三五	加		一五	五九	
壘壁陣三	經	子	二一	二八	二七	子	一八	一二	四二	加		五〇	四六	四
	緯	南	一七	四七	四七	南	二	三一	一八	減		一五	五九	

（續表）

赤道元枵宫恒星		赤道宫	赤道度	赤道分	赤道秒	黄道宫	黄道度	黄道分	黄道秒		赤道歲差分	赤道歲差秒	赤道歲差微	星等
司命一	經	子	二一	三六	二二	子	二三	三五	五七	加		四七	○一	六
	緯	南	一	一一	○一	北	一三	一二	二八	減		一六	○○	
司禄二	經	子	二一	三七	五○	子	二四	二三	五六	加		四六	三○	六
	緯	北	一	○五	五七	北	一五	二一	四○	加		一六	○二	
司禄内增二	經	子	二一	三八	一六	子	二四	二三	二七	加		四六	三○	六
	緯	北	一	○六	一三	北	一五	二一	四七	加		一六	○二	
車府七	經	子	二一	三九	○九	亥	一二	四六	二三	加		三六	二九	六
	緯	北	三九	一六	三二	北	五○	三二	○二	加		一六	○○	
代南增二	經	子	二一	五○	三三	子	一六	二七	一六	加		五二	二三	六
	緯	南	二四	二三	四二	南	八	五三	三八	減		一六	○五	
哭西增一	經	子	二一	五四	三○	子	一九	二五	四九	加		五○	○七	六
	緯	南	一五	○九	五八	南	○	○九	一三	減		一六	○五	
波斯五	經	子	二一	五八	○二	子	五	○七	○○	加	一	○三	五六	六
	緯	南	五四	一九	一二	南	三七	○○	○○	減		一六	○八	
壘壁陣一	經	子	二二	○五	二一	子	一八	○四	○五	加		五一	一五	五
	緯	南	二○	○○	五二	南	四	四八	三六	減		一六	○八	
危宿西增三	經	子	二二	一二	一四	子	二六	○六	一一	加		四五	四七	六
	緯	北	四	二八	二一	北	一八	二一	三六	加		一六	○七	
哭西增二	經	子	二二	一六	三三	子	一九	三八	四六	加		五○	一○	六
	緯	南	一五	三二	五八	南	○	三七	四四	減		一六	○九	
司命二	經	子	二二	一六	四八	子	二四	四一	三○	加		四六	四三	六
	緯	北	○	○七	四三	北	一四	一三	五五	加		一六	一○	

（續表）

赤道元枵宮恒星		赤道 宮	赤道 度	赤道 分	赤道 秒	黃道 宮	黃道 度	黃道 分	黃道 秒	赤道歲差	赤道歲差 分	赤道歲差 秒	赤道歲差 微	星等
天錢三	經	子	二一	二三	一七	子	二三	三九	二八	加		五五	○五	四
	緯	南	三四	○九	四一	南	一八	一七	一五	減		一六	一一	
哭西增三	經	子	二一	三○	三七	子	一九	四五	○○	加		五○	一三	六
	緯	南	一五	五三	五六	南	一	○一	五四	減		一六	一三	
車府内增五	經	子	二三	三○	二三	亥	一六	○○	五二	加		三五	三七	六
	緯	北	四二	○七	三五	北	五二	三九	三○	加		一六	一二	
天鈎南增九	經	子	二一	四○	四二	戌	一一	二七	一○	加		二四	三四	六
	緯	北	六○	五六	三三	北	六六	四七	二八	加		一六	一三	
天鈎南增十	經	子	二一	四二	五四	戌	一一	○八	二一	加		二四	四八	六
	緯	北	六○	四六	二九	北	六六	四○	三五	加		一六	一三	
車府南增七	經	子	二一	四八	一七	亥	一四	一六	五五	加		三六	三七	六
	緯	北	三九	三九	一四	北	五○	二五	二一	加		一六	一五	
天壘城二	經	子	二一	四九	五七	子	二一	五○	三一	加		四八	五六	六
	緯	南	一○	一四	四二	北	四	一三	五一	減		一六	一六	
危宿三	經	子	二一	五三	一七	子	二八	一八	三二	加		四四	五二	三
	緯	北	八	四二	四○	北	二三	○七	一六	加		一六	一六	
螣蛇七	經	子	二一	五四	四五	戌	三	二○	一○	加		二八	二三	六
	緯	北	五六	二三	三二	北	六三	四五	○○	加		一六	一六	
車府南增六	經	子	二三	○○	一五	亥	一四	四一	四九	加		三六	三三	六
	緯	北	三九	五五	○一	北	五○	三四	二六	加		一六	一七	
人四	經	子	二三	○四	五二	亥	一	二六	○四	加		四三	一四	四
	緯	北	一六	一一	○六	北	二九	○二	四九	加		一六	一九	

（續表）

赤道元枵宮恒星		赤道 宮	赤道 度	赤道 分	赤道 秒	黃道 宮	黃道 度	黃道 分	黃道 秒	赤道歲差	赤道歲差 分	赤道歲差 秒	赤道歲差 微	星等
天壘城五	經	子	二三	○六	二四	子	二一	二一	五八	加		四九	二七	六
	緯	南	一二	三三	一一	北	一	五八	二四	減		一六	二一	
天錢二	經	子	二三	○八	三九	子	一五	○四	三○	加		五四	一五	四
	緯	南	三一	五三	二二	南	一六	二一	一八	減		一六	二三	
天壘城三	經	子	二三	○九	○○	子	二三	○四	三一	加		四八	五八	六
	緯	南	一○	二六	三四	北	三	五六	三八	減		一六	二一	
臼一	經	子	二三	○九	三九	亥	六	五三	○○	加		四○	二五	三
	緯	北	二七	三五	四○	北	三九	三二	一六	加		一六	二○	
天壘城四	經	子	二三	○○	四二	子	二一	二六	○四	加		四九	二六	五
	緯	南	一二	三一	四九	北	一	五七	二四	減		一六	二一	
壘壁陣四	經	子	二三	一三	四○	子	一九	五八	一四	加		五○	三○	三
	緯	南	一七	一五	二七	南	二	三二	一九	減		一六	二二	
臼二	經	子	二三	一五	○七	亥	五	二二	一○	加		四一	一六	四
	緯	北	二四	二八	二三	北	三六	三九	○五	加		一六	二二	
螣蛇四	經	子	二三	一五	二七	亥	二四	四六	四五	加		三三	一八	四
	緯	北	五○	○一	五九	北	五八	五二	三七	加		一六	二一	
人三	經	子	二三	二九	三○	亥	四	一九	一七	加		四一	五八	六
	緯	北	二一	四六	四二	北	三四	○五	一○	加		一六	二四	
司祿南增一	經	子	二三	三三	二○	子	二六	二四	二一	加		四六	二六	六
	緯	北	一	三○	一三	北	一五	○六	五九	加		一六	二六	
司祿一	經	子	二三	三三	三一	子	二六	二四	三九	加		四六	二六	六
	緯	北	一	三○	五一	北	一五	○七	一四	加		一六	二六	

（續表）

赤道元枵宫恒星		赤道宫	赤道度	赤道分	赤道秒	黃道宫	黃道度	黃道分	黃道秒	赤道歲差	分	秒	微	星等
螣蛇三	經	子	二四	二〇	二五	亥	二四	〇二	一八	加		三三	二五	五
	緯	北	四八	二七	五二	北	五七	一二	〇六	加		一六	三四	
上衛東增二	經	子	二四	二六	四八	酉	四	五八	四七	加		一三	五六	五
	緯	北	七〇	七〇	四五	北	七〇	一六	三〇	加		一六	三三	
造父五	經	子	二四	二八	一五	戌	一〇	五〇	〇八	加		二六	二一	五
	緯	北	五九	五六	五四	北	六五	二九	〇三	加		一六	三五	
人南增四	經	子	二四	二八	一七	亥	二	四九	〇四	加		四三	二一	六
	緯	北	一六	〇六	一七	北	二八	二八	五八	加		一六	三六	
造父四	經	子	二四	三四	〇四	戌	七	〇三	一一	加		二八	〇四	六
	緯	北	五七	四七	二四	北	六四	〇二	五三	加		一六	三七	
造父北增五	經	子	二四	三四	四一	戌	一一	〇三	一二	加		二六	二一	五
	緯	北	六〇	〇一	一六	北	六五	二九	一五	加		一六	三六	
敗臼一	經	子	二四	三四	四二	子	一三	五〇	〇八	加		五五	五八	三
	緯	南	三八	三〇	五二	南	二三	五八	五二	減		一六	三九	
臼北增一	經	子	二四	三七	二八	亥	九	一〇	一三	加		四〇	一七	六
	緯	北	二八	五九	一五	北	四〇	一五	四〇	加		一六	三八	
哭一	經	子	二四	四九	三二	子	二二	一四	一二	加		四九	四八	五
	緯	南	一四	四四	三一	南	〇	三九	一〇	減		一六	四二	
造父內增四	經	子	二四	五三	二二	戌	一〇	二〇	〇五	加		二六	五五	六
	緯	北	五九	三〇	二八	北	六五	〇二	三五	加		一六	四〇	
上衛東增三	經	子	二四	五八	一四	酉	八	〇一	〇六	加		一二	二八	五
	緯	北	七一	〇八	三〇	北	七〇	二二	〇七	加		一六	四〇	

（續表）

赤道元枵宮恒星		赤道宮	赤道度	赤道分	赤道秒	黃道宮	黃道度	黃道分	黃道秒	赤道歲差	赤道歲差分	赤道歲差秒	赤道歲差微	星等
臼內增二	經	子	二五	一五	四一	亥	九	○四	一○	加		四○	四三	六
	緯	北	二七	三六	○七	北	三八	四六	○七	加		一六	四六	
臼內增三	經	子	二五	二○	三三	亥	七	三九	二七	加		四一	二八	六
	緯	北	二四	四三	三二	北	三六	○七	○七	加		一六	四七	
波斯六	經	子	二五	三二	三○	子	七	○五	○○	加	一	○二	五八	六
	緯	南	五五	○八	○五	南	三八	三五	○○	減		一六	五二	
勾陳內增五	經	子	二五	三三	○六	申	二六	一○	二七	減	六	二六	三八	六
	緯	北	八八	一三	二六	北	六七	二八	三五	加		一六	○六	
波斯七	經	子	二五	四三	一二	子	六	三三	○○	加	一	○三	五○	六
	緯	南	五六	三九	○九	南	四○	○○	○○	減		一六	五四	
危宿北增十一	經	子	二六	○五	五九	亥	二	二○	二○	加		四四	三五	六
	緯	北	一○	五二	○七	北	二三	○一	四六	加		一六	五六	
天錢北增二	經	子	二六	一一	二九	子	一八	四二	四八	加		五二	五四	六
	緯	南	二八	四九	二七	南	一四	二一	二○	減		一六	五八	
天錢北增一	經	子	二六	二九	三○	子	一八	四○	二○	加		五三	○二	五
	緯	南	二九	三九	二六	南	一五	一三	四○	減		一七	○三	
螣蛇八	經	子	二六	三一	○○	戌	四	○七	五五	加		三三	五一	六
	緯	北	五四	五一	五五	北	六一	一四	○○	加		一七	○○	
危宿內增七	經	子	二六	四九	○五	亥	一	○一	二一	加		四五	四一	五
	緯	北	五	三○	五六	北	一七	四六	二○	加		一七	○五	
危宿西增四	經	子	二六	五九	四○	子	二九	○○	二一	加		四六	五二	六
	緯	南	○	三六	○一	北	一一	五八	二一	減		一七	○八	

（續表）

赤道元枵宮恒星		赤道宫	赤道度	赤道分	赤道秒	黃道宫	黃道度	黃道分	黃道秒	赤道歲差加減	赤道歲差分	赤道歲差秒	赤道歲差微	星等
危宿北增八	經	子	二七	〇五	三五	亥	一	五一	三九	加		四五	二三	六
	緯	北	七	〇二	五一	北	一九	〇六	三六	加		一七	〇八	
羽林軍一	經	子	二七	〇六	三三	子	二三	〇九	五七	加		五〇	一九	六
	緯	南	一八	一一	〇一	南	四	三七	二九	減		一七	〇九	
危宿北增十	經	子	二七	〇八	一四	亥	三	四六	四二	加		四四	二七	六
	緯	北	一一	五四	〇〇	北	一三	三七	二〇	加		一七	〇九	
天錢一	經	子	二七	一三	二五	子	一八	五三	一〇	加		五三	一六	六
	緯	南	三一	〇七	〇六	南	一六	五一	四五	減		一七	一一	
泣西增一	經	子	二七	二九	二二	子	二七	〇一	二三	加		四八	一四	六
	緯	南	七	四四	五六	北	五	〇四	四八	減		一七	一三	
蓋屋一	經	子	二七	三〇	五一	子	二八	三三	一九	加		四七	二五	五
	緯	南	三	一二	四五	北	九	一〇	五八	減		一七	一三	
敗臼二	經	子	二七	三六	二五	子	一五	一九	四六	加		五五	五八	五
	緯	南	四〇	四五	〇八	南	二五	五四	四六	減		一七	一六	
少衛西增一	經	子	二七	三六	五一	酉	一二	二四	二七	加		一一	五三	六
	緯	北	七二	二九	三九	北	六九	五五	〇〇	加		一七	〇九	
危宿北增九	經	子	二七	四〇	〇二	亥	三	三六	四一	加		四四	四九	五
	緯	北	一〇	〇八	四五	北	二一	四七	五七	加		一七	一五	
蓋屋二	經	子	二七	五四	二四	子	二九	二〇	四〇	加		四七	〇九	六
	緯	南	二	〇七	五七	北	一〇	一三	一四	減		一七	一八	
鶴一	經	子	二七	五五	五一	子	一二	一六	一九	加		五八	三七	二
	緯	南	四八	一〇	二〇	南	三二	五〇	三五	減		一七	一九	

（續表）

赤道元枵宫恒星		赤道宫	赤道度	赤道分	赤道秒	黄道宫	黄道度	黄道分	黄道秒	赤道歲差	赤道歲差分	赤道歲差秒	赤道歲差微	星等
壘壁陣五	經	子	二八	○九	○二	子	二五	○九	○一	加		四九	三七	四
	緯	南	一五	○五	四五	南	二	○三	一五	減		一七	二一	
危宿一	經	子	二八	○九	三三	子	二九	四七	一六	加		四七	○三	三
	緯	南	一	三三	一四	北	一○	四○	三八	減		一七	二○	
危宿内增六	經	子	二八	一○	二五	亥	一	四三	○六	加		四六	○二	五
	緯	北	三	四八	三三	北	一五	四二	○一	加		一七	二一	
造父南增一	經	子	二八	一七	五三	戌	八	二六	四八	加		三○	三○	六
	緯	北	五六	四六	三三	北	六一	五二	五○	加		一七	二○	
天錢四	經	子	二八	一九	二五	子	一八	三○	五六	加		五三	五三	四
	緯	南	三四	一二	二五	南	二○	○二	○○	減		一七	二三	
杵三	經	子	二八	二八	二○	亥	一二	二四	五七	加		四一	一三	六
	緯	北	二七	四三	四六	北	三七	四○	三四	加		一七	二三	
羽林軍二	經	子	二八	四四	○一	子	二四	○四	五一	加		五○	三○	六
	緯	南	一九	四五	三九	南	六	三七	四七	減		一七	二七	
天錢五	經	子	二八	四四	三四	子	一九	○一	三六	加		五三	四二	五
	緯	南	三三	四六	二八	南	一九	四五	二○	減		一七	二八	
臼三	經	子	二八	四四	三七	亥	一○	四八	○九	加		四二	○五	四
	緯	北	二四	○五	五八	北	三四	一六	四八	加		一七	二五	
少衛西增二	經	子	二八	四六	五一	酉	一一	一一	四八	加		一四	一四	五
	緯	北	七一	五七	五九	北	六九	二四	○○	加		一七	二五	
造父北增三	經	子	二八	四九	○三	戌	一一	四三	一六	加		二九	三五	六
	緯	北	五八	三四	五八	北	六二	五四	二二	加		一七	二七	

(續表)

赤道元枵宮恒星		赤道宮	赤道度	赤道分	赤道秒	黃道宮	黃道度	黃道分	黃道秒	赤道歲差	赤道歲差分	赤道歲差秒	赤道歲差微	星等
泣西增二	經	子	二八	五八	〇二	子	二七	四九	三三	加		四八	二七	六
	緯	南	九	二六	一一	北	二	五九	四八	減		一七	三〇	
臼南增四	經	子	二八	五八	〇四	亥	九	一六	三〇	加		四二	五三	六
	緯	北	二〇	二七	〇九	北	三〇	五一	四二	加		一七	二九	
天鈎六	經	子	二九	〇一	一九	戌	二〇	三九	三九	加		二五	五四	五
	緯	北	六三	二三	二二	北	六五	四六	〇五	加		一七	二七	
哭北增四	經	子	二九	一二	四七	子	二七	〇九	一四	加		四八	五七	六
	緯	南	一二	〇三	四九	北	〇	二六	四三	減		一七	三二	
哭二	經	子	二九	一三	五四	子	二六	五四	五八	加		四九	〇五	六
	緯	南	一二	四八	二九	南	〇	一五	三七	減		一七	三二	
天鈎南增十一	經	子	二九	一五	四一	戌	一六	一八	一七	加		二八	〇〇	六
	緯	北	六一	〇二	四一	北	六四	一八	二六	加		一七	三〇	
天鈎南增十三	經	子	二九	一五	五一	戌	一七	一四	二三	加		二七	三七	六
	緯	北	六一	三三	〇三	北	六四	三六	四八	加		一七	三〇	
危宿二	經	子	二九	一八	〇〇	亥	三	一三	四六	加		四五	五二	四
	緯	北	四	五六	三八	北	一六	二一	四八	加		一七	三二	
天鈎南增十二	經	子	二九	二三	三〇	戌	一六	二七	一七	加		二八	〇五	五
	緯	北	六一	〇四	四一	北	六四	一六	四〇	加		一七	三二	
杵西增一	經	子	二九	二八	〇五	亥	一五	四九	一五	加		四〇	二三	五
	緯	北	三一	五五	四七	北	四一	〇三	四五	加		一七	三三	
臼南增五	經	子	二九	三五	三〇	亥	九	三三	五一	加		四三	〇六	六
	緯	北	一九	四三	三四	北	二九	五七	四四	加		一七	三六	

（續表）

赤道元枵宮恒星		赤道宮	赤道度	赤道分	赤道秒	黃道宮	黃道度	黃道分	黃道秒	赤道歲差	赤道歲差分	赤道歲差秒	赤道歲差微	星等
杵二	經	子	二九	三八	五一	亥	一六	〇〇	一三	加		四〇	二四	四
	緯	北	三一	五六	〇六	北	四〇	五九	五二	加		一七	三六	
造父內增二	經	子	二九	四三	四〇	戌	一〇	四〇	五七	加		三〇	四五	六
	緯	北	五七	二九	二七	北	六一	四八	五〇	加		一七	三五	
羽林軍六	經	子	二九	五五	〇〇	子	二一	四八	二〇	加		五二	一八	四
	緯	南	二九	〇一	〇二	南	一五	四〇	四〇	減		一七	四〇	
鶴十二	經	子	二九	五八	〇七	子	一六	二二	一四	加		五五	五八	五
	緯	南	四二	三五	一七	南	二八	一七	〇四	減		一七	四〇	

清・戴進賢《儀象考成》卷一六《恒星赤道經緯度表三》赤道娵訾宮黃道度附

赤道娵訾宮恒星		赤道宮	赤道度	赤道分	赤道秒	黃道宮	黃道度	黃道分	黃道秒	赤道歲差	赤道歲差分	赤道歲差秒	赤道歲差微	星等
鳥喙一	經	亥	〇	〇一	二五	子	五	五三	〇五	加	一	〇五	一二	三
	緯	南	六一	四〇	〇四	南	四五	二七	五三	減		一七	四二	
羽林軍三	經	亥	〇	〇一	三四	子	二四	一九	二二	加		五〇	五一	六
	緯	南	二二	二〇	〇七	南	九	二七	四五	減		一七	四一	
鶴內增一	經	亥	〇	一二	一三	子	一六	二五	一四	加		五五	五八	五
	緯	南	四二	五二	四八	南	二八	三七	一四	減		一七	四三	
造父二	經	亥	〇	二六	〇九	戌	一〇	二四	四五	加		三一	二四	四
	緯	北	五六	五六	五〇	北	六一	〇九	四一	加		一七	四三	
造父三	經	亥	〇	三八	三一	戌	一二	二五	四六	加		三〇	四七	六
	緯	北	五八	〇九	四六	北	六一	五四	五〇	加		一七	四五	

（續表）

赤道娵訾宫恒星		赤道宫	度	分	秒	黄道宫	度	分	秒	赤道歲差	分	秒	微	星等
泣二	經	亥	〇	四九	一三	子	二九	四〇	四四	加		四八	一八	四
	緯	南	九	〇二	五四	北	二	四三	四七	減		一七	四九	
虚梁一	經	亥	〇	五五	二九	亥	〇	三六	五五	加		四七	五三	六
	緯	南	六	三八	五七	北	四	五六	三〇	減		一七	五〇	
少衛西增三	經	亥	一	〇八	四四	酉	九	二五	三三	加		一七	五九	五
	緯	北	七一	〇四	五六	北	六八	二五	五五	加		一七	五〇	
杵一	經	亥	一	一一	〇六	亥	二〇	二七	〇七	加		三九	三四	五
	緯	北	三六	二九	〇一	北	四四	二四	三〇	加		一九	五一	
少衛西增四	經	亥	二	一八	四三	酉	八	五二	一〇	加		一八	三三	六
	緯	北	七〇	五〇	五二	北	六八	一八	二〇	加		一七	五一	
羽林軍十八	經	亥	一	一九	〇二	子	二八	一二	四六	加		四九	一五	六
	緯	南	一四	三三	二〇	南	二	三六	〇五	減		一七	四五	
螣蛇九	經	亥	一	一九	三六	戌	九	二五	五〇	加		三二	二九	四
	緯	北	五五	四六	三〇	北	五九	五九	〇五	加		二〇	一九	
泣一	經	亥	一	四〇	二一	亥	〇	二七	〇七	加		四八	一七	五
	緯	南	九	〇五	四一	北	二	二三	三〇	減		一七	五八	
羽林軍四	經	亥	一	五一	五六	子	二五	四四	三八	加		五〇	四三	五
	緯	南	二三	五二	〇九	南	一〇	三三	四五	減		一八	〇〇	
危宿東增五	經	亥	一	五二	五一	亥	五	三三	三〇	加		四六	〇〇	六
	緯	北	四	三〇	三〇	北	一五	〇一	四七	加		一八	〇〇	
鳥喙二	經	亥	二	〇五	三六	子	三	三〇	四四	加	一	〇七	五一	四
	緯	南	六六	一四	二九	南	四九	五〇	四四	減		一八	〇二	

（續表）

赤道娵訾宮恒星		赤道宮	赤道度	赤道分	赤道秒	黃道宮	黃道度	黃道分	黃道秒	赤道歲差	赤道歲差分	赤道歲差秒	赤道歲差微	星等
墳墓二	經	亥	二	〇六	二六	亥	三	〇八	一一	加		四七	一二	三
	緯	南	二	四〇	二四	北	八	一四	四九	減		一八	〇一	
鶴十	經	亥	二	〇九	一七	子	一九	〇五	四一	加		五四	三九	五
	緯	南	四〇	一六	四〇	南	二六	四八	一七	減		一八	〇二	
土公吏一	經	亥	二	一三	〇五	亥	八	二二	五二	加		四四	五七	六
	緯	北	一〇	五五	一〇	北	二〇	五一	四三	加		一八	〇二	
羽林軍五	經	亥	二	一七	二八	子	二四	五六	五四	加		五一	一八	五
	緯	南	二六	〇一	五六	南	一三	三九	一一	減		一八	〇三	
臼四	經	亥	二	二一	五一	亥	一五	五五	五六	加		四二	〇〇	六
	緯	北	二七	〇二	四四	北	三五	三四	〇三	加		一八	〇三	
天鉤南增十四	經	亥	二	二四	二八	戌	一九	一六	四四	加		二九	五二	六
	緯	北	六一	三一	四六	北	六三	二四	四〇	加		一八	〇四	
羽林軍七	經	亥	二	二六	三三	子	二四	二一	〇〇	加		五一	四〇	五
	緯	南	二七	五七	四八	南	一五	三〇	〇〇	減		一八	〇六	
車府三	經	亥	二	三六	五六	亥	二八	四三	三六	加		三七	二三	五
	緯	北	四五	一五	三九	北	五一	一八	二三	加		一八	〇五	
羽林軍十七	經	亥	二	四一	一〇	子	二九	二二	〇五	加		四九	一一	六
	緯	南	一四	四七	五四	南	三	一七	四二	減		一八	〇七	
虛梁二	經	亥	二	四一	一三	亥	二	二六	四八	加		四七	四四	六
	緯	南	六	〇七	一三	北	四	四九	一一	減		一八	〇八	
離宮西增一	經	亥	二	四九	〇四	亥	一二	四〇	四六	加		四三	三〇	六
	緯	北	一九	三三	二九	北	二八	三五	三一	加		八	〇八	

（續表）

赤道娵訾宮恒星		赤道				黃道				赤道歲差				星等
		宮	度	分	秒	宮	度	分	秒		分	秒	微	
墳墓四	經	亥	三	○二	五八	亥	五	○一	五一	加		四六	四四	五
	緯	北	○	○五	一一	北	一○	二九	○八	加		一八	一一	
羽林軍十五	經	亥	三	○九	三八	子	二八	三八	二三	加		四九	四二	六
	緯	南	一八	○一	四七	南	六	二八	三六	減		一八	一二	
蛇尾二	經	亥	三	一一	三七	丑	一九	五五	○○	加	一	三一	六九	五
	緯	南	七八	五九	五五	南	六○	○○	○○	減		一八	一六	
壘壁陣內增一	經	亥	三	一六	三七	亥	○	四三	一六	加		四八	四九	六
	緯	南	一二	三○	二三	南	一	二一	二五	減		一八	一三	
墳墓北增一	經	亥	三	二二	五一	亥	六	二七	四五	加		四六	一六	六
	緯	北	三	○五	三三	北	一三	○九	五六	加		一八	一四	
螣蛇十	經	亥	三	二三	一九	戌	五	○八	五六	加		三六	三六	五
	緯	北	五○	五七	三九	北	五五	三四	一○	加		一八	一三	
鶴內增二	經	亥	三	二五	一○	子	一七	五八	二三	加		五五	三七	五
	緯	南	四四	四七	三二	南	三一	一八	三一	減		一八	一五	
鶴十一	經	亥	三	三○	五九	子	一七	五五	二七	加		五五	三九	五
	緯	南	四五	○二	二九	南	三一	三三	五○	減		一八	一六	
螣蛇二	經	亥	三	三三	一七	戌	二	二三	三二	加		三六	四三	五
	緯	北	四八	一一	四三	北	三	一九	○九	加		一八	一五	
墳墓北增二	經	亥	三	四二	二八	亥	六	五三	五五	加		四六	一三	六
	緯	北	三	二五	一九	北	一三	二一	○九	加		一八	一八	
墳墓一	經	亥	三	五四	二九	亥	五	一九	三一	加		四六	五九	四
	緯	南	一	一九	二六	北	八	五一	三六	減		一八	一九	

（續表）

赤道娵訾宮恒星		赤道 宮	赤道 度	赤道 分	赤道 秒	黃道 宮	黃道 度	黃道 分	黃道 秒	赤道歲差	赤道歲差 分	赤道歲差 秒	赤道歲差 微	星等
土公吏二	經	亥	四	○四	三一	亥	八	五六	五七	加		四三	五五	六
	緯	北	七	五○	○四	北	一七	一八	五一	加		一八	二二	
羽林軍十六	經	亥	四	○八	三二	亥	○	一七	四一	加		四九	一四	六
	緯	南	一五	五二	五五	南	四	四八	三二	減		一八	二○	
敗臼内增一	經	亥	四	一一	四七	子	二三	三四	五五	加		五二	三一	三
	緯	南	三三	三七	一三	南	二一	一八	三○	減		一八	三三	
墳墓北增三	經	亥	四	一四	四五	亥	七	一八	一六	加		四六	一六	六
	緯	北	三	○八	一八	北	一二	五三	二八	加		一八	二三	
壘壁陣六	經	亥	四	一六	○八	亥	一	四八	五四	加		四八	三五	五
	緯	南	一一	五八	三八	南	一	一二	三三	減		一八	二三	
羽林軍十九	經	亥	四	三一	三九	亥	一	五八	一○	加		四八	三六	六
	緯	南	一二	一二	一三	南	一	三○	四○	減		一八	二四	
杵東增二	經	亥	四	三三	五一	亥	二○	二六	五一	加		四一	三○	六
	緯	北	三一	一五	五七	北	三八	二九	○八	加		一八	三五	
天鉤七	經	亥	四	三八	五三	戌	二四	五○	三五	加		二九	○五	六
	緯	北	六三	五○	○九	北	六三	五七	一○	加		一八	二五	
車府北增十九	經	亥	四	四三	五二	戌	一	四二	五四	加		三七	四四	五
	緯	北	四六	二四	三四	北	五一	二四	二○	加		一八	二六	
車府南增九	經	亥	四	五○	三七	亥	二七	五三	二四	加		三九	○六	五
	緯	北	四一	四九	一二	北	四七	三三	四一	加		一八	二七	
造父一	經	亥	四	五一	五七	戌	一四	○四	○五	加		三三	二九	四
	緯	北	五七	○七	一一	北	五九	三三	二五	加		一八	二六	

（續表）

赤道娵訾宮恒星		赤道 宮	赤道 度	赤道 分	赤道 秒	黄道 宮	黄道 度	黄道 分	黄道 秒	赤道歲差	赤道歲差 分	赤道歲差 秒	赤道歲差 微	星等
離宮西增二	經	亥	五	〇二	四〇	亥	一四	三三	四三	加		四三	五〇	六
	緯	北	一八	五五	一六	北	二七	〇九	三〇	加		一八	二八	
羽林軍十一	經	亥	五	〇九	一四	子	二八	五六	四二	加		五〇	〇八	五
	緯	南	二二	〇〇	二三	南	一〇	五一	四二	減		一八	三〇	
墳墓南增四	經	亥	五	一一	三六	亥	五	五七	二六	加		四七	一二	六
	緯	南	二	五三	四二	北	六	五五	四七	減		一八	三一	
螣蛇一	經	亥	五	一二	〇四	戌	四	三七	一二	加		三六	五六	四
	緯	北	四八	五八	四三	北	五三	一七	二六	加		一八	三〇	
鶴九	經	亥	五	一四	三六	子	二〇	一五	三三	加		五四	三一	五
	緯	南	四二	五七	一六	南	三〇	一一	一八	減		一八	三一	
羽林軍十四	經	亥	五	三〇	〇一	亥	〇	二八	一五	加		四九	三四	六
	緯	南	一八	四六	〇八	南	七	五八	三一	減		一八	三四	
墳墓三	經	亥	五	三三	〇一	亥	六	四九	五三	加		四六	五七	四
	緯	南	一	二五	五四	北	八	〇九	四二	減		一八	三五	
虚梁三	經	亥	六	〇七	一六	亥	五	五一	一三	加		四七	三三	五
	緯	南	五	三二	二三	北	四	〇七	四七	減		一八	三九	
車府南增十	經	亥	六	〇七	三〇	亥	二六	二八	二八	加		四〇	二〇	六
	緯	北	三八	一八	五六	北	四四	〇二	三一	加		一八	三九	
羽林軍二十	經	亥	六	一一	〇七	亥	三	四七	三三	加		四八	二三	六
	緯	南	一一	二〇	五七	南	一	一八	一〇	減		一八	三九	
羽林軍八	經	亥	六	三五	二一	子	二七	四三	四〇	加		五三	〇三	三
	緯	南	二八	二一	三七	南	一七	一四	一八	減		一八	四三	

（續表）

赤道娵訾宫恒星		赤道宫	赤道度	赤道分	赤道秒	黄道宫	黄道度	黄道分	黄道秒		赤道歲差分	赤道歲差秒	赤道歲差微	星等
少衛北增七	經	亥	六	三六	三六	酉	二七	二二	三四	加		一〇	〇三	六
	緯	北	七七	三〇	一三	北	六八	二三	〇四	加		一八	四〇	
離宫南增三	經	亥	六	三六	五三	亥	一五	四五	二九	加		四四	〇九	六
	緯	北	一八	一二	二四	北	二五	五四	〇二	加		一八	四三	
螣蛇十五	經	亥	六	四一	五三	戌	七	一二	二八	加		三七	一一	六
	緯	北	五〇	一四	二七	北	五三	四一	四四	加		一八	四二	
鶴二	經	亥	六	四一	五四	子	一八	三七	四八	加		五五	三三	二
	緯	南	四八	一三	二四	南	三五	二三	四〇	減		一八	四三	
離宫南增四	經	亥	六	五〇	二四	亥	一六	〇二	三三	加		四四	〇九	六
	緯	北	一八	二一	二〇	北	二五	五六	五九	加		一八	四五	
車府南增十一	經	亥	六	五六	一八	亥	二六	四九	三六	加		四〇	三九	六
	緯	北	三七	四三	三二	北	四三	一二	三四	加		一八	四五	
敗臼四	經	亥	六	五九	五三	子	二七	〇七	五〇	加		五一	二三	五
	緯	南	三〇	四〇	四一	南	一九	三〇	五〇	減		一八	四六	
雷電一	經	亥	七	〇九	一八	亥	一二	三四	〇六	加		四五	二八	三
	緯	北	九	三〇	二〇	北	一七	四二	〇三	加		一八	四五	
天皇大帝	經	亥	七	一二	一五	申	一七	〇九	一五	減		四四	〇九	六
	緯	北	八四	四九	二三	北	六八	〇一	四一	加		一八	四〇	
少衛西增五	經	亥	七	一八	三四	酉	一四	〇九	二〇	加		二二	〇九	六
	緯	北	七二	一八	四七	北	六七	〇〇	一〇	加		一八	四七	
車府二	經	亥	七	一九	一四	戌	一	〇四	五二	加		三九	三二	五
	緯	北	四二	五七	三一	北	四七	三〇	五九	加		一八	四八	

（續表）

赤道婁訾宮恒星		赤道宮	赤道度	赤道分	赤道秒	黃道宮	黃道度	黃道分	黃道秒	赤道歲差	赤道歲差分	赤道歲差秒	赤道歲差微	星等
天鉤南增十五	經	亥	七	一九	二八	戌	二三	三八	四〇	加		三一	五九	六
	緯	北	六二	一五	〇九	北	六二	〇二	一〇	加		一八	四七	
鶴四	經	亥	七	二一	五九	子	一五	〇八	四一	加		五七	三四	五
	緯	南	五四	四九	二三	南	四一	二四	〇六	減		一八	四九	
羽林軍二十一	經	亥	七	二四	〇三	亥	四	五二	二〇	加		四八	一九	六
	緯	南	一一	二五	四五	南	一	四八	五〇	減		一八	四八	
離宮三	經	亥	七	二五	〇五	亥	二一	二〇	四三	加		四二	三九	五
	緯	北	二七	五八	三一	北	三四	二五	四三	加		一八	五〇	
羽林軍十三	經	亥	七	二七	〇一	亥	一	三九	五五	加		四九	三五	六
	緯	南	二〇	〇九	二八	南	九	五六	二四	減		一八	四九	
壘壁陣北增二	經	亥	七	二七	四七	亥	六	〇五	〇九	加		四七	五二	六
	緯	南	八	一七	一一	北	一	〇五	〇九	減		一八	四九	
車府南增十二	經	亥	七	三〇	一一	亥	二八	一〇	二七	加		四〇	三四	六
	緯	北	三八	五三	四六	北	四三	五九	三五	加		一八	四九	
天鉤南增十六	經	亥	七	三〇	一八	戌	二三	五一	四七	加		三二	〇〇	五
	緯	北	六一	一九	一〇	北	六二	〇〇	三七	加		一八	四九	
少衛西增六	經	亥	七	三三	一四	酉	一四	一八	〇六	加		二三	二一	六
	緯	北	七二	二〇	五〇	北	六六	五六	四〇	加		一八	四九	
離宮四	經	亥	七	四四	三〇	亥	二三	〇九	一二	加		四二	三四	三
	緯	北	二八	五三	一八	北	三五	〇七	〇一	加		一八	五一	
羽林軍十	經	亥	七	五〇	一三	子	二九	三〇	五〇	加		五〇	三一	六
	緯	南	二六	三三	四六	南	一六	〇〇	一〇	減		一八	五三	

（續表）

赤道娵訾宮恒星		赤道宮	赤道度	赤道分	赤道秒	黃道宮	黃道度	黃道分	黃道秒	赤道歲差	赤道歲差分	赤道歲差秒	赤道歲差微	星等
鶴三	經	亥	八	〇八	四四	子	一七	〇四	〇八	加		五六	二七	四
	緯	南	五二	三八	三三	南	三九	四三	〇九	減		一八	五五	
車府南增十三	經	亥	八	一〇	一四	亥	二九	五六	三六	加		四〇	三三	六
	緯	北	四〇	二八	五九	北	四五	〇五	〇六	加		一八	五五	
離宮南增五	經	亥	八	一四	五二	亥	一七	一四	三六	加		四四	二一	六
	緯	北	一八	〇一	〇九	北	二五	〇五	四八	加		一八	五五	
羽林軍十二	經	亥	八	二七	四〇	亥	二	一四	五四	加		四八	四五	六
	緯	南	二〇	五七	五八	南	一一	〇〇	四〇	減		二〇	四八	
雷電二	經	亥	八	二七	四八	亥	一四	二二	一九	加		四五	二一	五
	緯	北	一〇	五一	五八	北	一八	二七	一八	加		一八	五七	
羽林軍二十五	經	亥	八	三二	一〇	亥	四	二五	二四	加		四八	四五	五
	緯	南	一五	二四	二六	南	五	五五	〇四	減		一八	五八	
離宮一	經	亥	八	三二	一四	亥	一九	二八	四八	加		四三	四五	四
	緯	北	二二	一三	〇八	北	二八	四八	一二	加		一八	五八	
羽林軍二十二	經	亥	八	四五	一五	亥	五	五五	四六	加		四八	一七	六
	緯	南	一一	五四	〇七	南	二	四四	三六	減		一九	〇〇	
羽林軍二十四	經	亥	九	〇〇	四二	亥	五	〇一	五二	加		四八	四〇	五
	緯	南	一四	五五	四二	南	五	三八	四二	減		一九	〇一	
羽林軍九	經	亥	九	一六	二七	子	二八	五八	一六	加		五〇	五八	六
	緯	南	三〇	五一	〇七	南	一〇	二六	三六	減		一九	〇四	
離宮二	經	亥	九	二四	〇六	亥	二〇	四八	二〇	加		四三	四四	四
	緯	北	二三	一四	四二	北	二九	二三	三二	加		一九	〇四	

（續　表）

赤道娵訾宫恒星		赤道宫	赤道度	赤道分	赤道秒	黄道宫	黄道度	黄道分	黄道秒	赤道歲差加減	赤道歲差分	赤道歲差秒	赤道歲差微	星等
敗臼三	經	亥	九	三一	三八	子	二七	四三	二六	加		五一	三〇	五
	緯	南	三四	一二	三四	南	二三	三六	一〇	減		一九	〇五	
車府南增十四	經	亥	九	四二	〇三	戌	一	二六	〇五	加		四〇	四九	六
	緯	北	四〇	三六	一六	北	四四	三四	三四	加		一九	〇六	
壘壁陣七	經	亥	九	四八	二六	亥	七	五九	四一	加		四七	五一	四
	緯	南	八	五六	三二	南	〇	二三	〇〇	減		一九	〇六	
雷電三	經	亥	九	五〇	〇七	亥	一四	四二	〇一	加		四五	四三	六
	緯	北	八	二八	三〇	北	一五	四三	三四	加		一九	〇七	
羽林軍二十三	經	亥	九	五九	四三	亥	六	三九	二三	加		四八	一九	六
	緯	南	一二	五八	〇七	南	四	一一	〇八	減		一九	〇九	
天鈎八	經	亥	一〇	〇五	四三	戌	二九	四三	三〇	加		三二	〇九	四
	緯	北	六四	五一	三五	北	六二	三六	五〇	加		一九	〇九	
車府一	經	亥	一〇	〇七	四四	戌	二	五〇	〇九	加		四〇	三八	五
	緯	北	四一	五七	四九	北	四五	三三	三八	加		一九	〇九	
羽林軍二十六	經	亥	一〇	一六	四一	亥	五	一八	四九	加		四八	四九	三
	緯	南	一七	一〇	四四	南	八	一一	一七	減		一九	一一	
壘壁陣内增三	經	亥	一〇	一八	一三	亥	八	三五	三四	加		四七	四五	六
	緯	南	八	三三	三五	南	〇	一二	四四	減		一九	一一	
羽林軍二十七	經	亥	一〇	一八	三七	亥	五	一〇	一一	加		四八	五三	六
	緯	南	一七	三七	四七	南	八	三七	〇一	減		一九	一一	
天綱	經	亥	一〇	二三	五四	子	二八	三五	一五	加		五一	一五	五
	緯	南	三三	五三	〇七	南	二三	三六	〇七	減		一九	一一	

（續表）

赤道娵訾宮恒星		赤道 宮	赤道 度	赤道 分	赤道 秒	黃道 宮	黃道 度	黃道 分	黃道 秒	加減	赤道歲差 分	赤道歲差 秒	赤道歲差 微	星等
雷電南增二	經	亥	一〇	三四	一五	亥	一四	五九	〇六	加		四五	五四	六
	緯	北	七	二七	一三	北	一四	三〇	〇六	加		一九	一二	
北落師門	經	亥	一〇	四九	五六	亥	〇	一三	五九	加		五〇	四〇	一
	緯	南	三〇	五七	五一	南	二一	〇四	五四	減		一九	一五	
車府東增十五	經	亥	一一	一〇	四九	戌	二	三〇	二八	加		四一	一八	六
	緯	北	四〇	一四	五六	北	四三	四一	一〇	加		一九	一七	
室宿西增一	經	亥	一一	一二	二八	亥	二〇	四一	三七	加		四四	二九	六
	緯	北	一九	二三	五九	北	二五	一一	四七	加		一九	一六	
鶴六	經	亥	一一	一七	四三	子	一八	一六	一七	加		五五	三一	四
	緯	南	五四	〇六	二六	南	四一	五五	一四	減		一九	一八	
虛梁四	經	亥	一一	一九	二四	亥	一〇	二七	三〇	加		四七	二七	六
	緯	南	六	〇五	三八	北	一	四一	二九	減		一九	一七	
霹靂西增二	經	亥	一一	三四	三六	亥	一二	五一	二二	加		四六	四八	六
	緯	北	〇	二四	一五	北	六	五一	三九	減		一九	一九	
雷電北增一	經	亥	一一	三四	五九	亥	一七	〇六	五九	加		四五	三七	六
	緯	北	一〇	二〇	四五	北	一六	四六	一八	加		一九	一九	
勾陳南增一	經	亥	一一	四八	五三	申	九	〇三	七〇	加		一	四六	六
	緯	北	八一	五〇	〇八	北	六七	四五	〇〇	加		一九	一八	
霹靂西增一	經	亥	一一	五二	二五	亥	一二	四九	四八	加		四六	五二	六
	緯	南	一	一一	三一	南	六	〇一	〇九	減		一九	二一	
車府東增十六	經	亥	一二	三二	〇三	戌	四	一四	二七	加		四一	二三	五
	緯	北	四〇	五八	〇七	北	四三	四五	三八	加		一九	二五	

（續表）

赤道娵訾宮恒星		赤道 宮	赤道 度	赤道 分	赤道 秒	黃道 宮	黃道 度	黃道 分	黃道 秒	赤道歲差	赤道歲差 分	赤道歲差 秒	赤道歲差 微	星等
車府東增十七	經	亥	一二	四二	二九	戌	四	四二	二二	加		四一	三一	六
	緯	北	四一	二三	三五	北	四四	○三	○八	加		一九	二六	
霹靂一	經	亥	一二	四二	四三	亥	一五	○○	五六	加		四六	三七	五
	緯	北	二	二六	三一	北	九	○三	一九	加		一九	三一	
室宿二	經	亥	一二	四九	五七	亥	二五	四七	一三	加		四三	四九	二
	緯	北	二六	四一	二七	北	三一	○八	○六	加		一九	一七	
羽林軍四十二	經	亥	一二	五六	四九	亥	一○	四九	一○	加		四七	四二	六
	緯	南	九	○四	○三	南	一	四○	一四	減		一九	二八	
室宿一	經	亥	一二	五九	二三	亥	一九	五四	一三	加		四五	二○	二
	緯	北	一三	四九	二三	北	一九	二四	三七	加		一九	二八	
鶴八	經	亥	一三	○二	二四	子	二五	一二	四三	加		五二	三○	五
	緯	南	四四	五三	二四	南	三四	二三	五四	減		一九	二九	
羽林軍四十一	經	亥	一三	○七	四九	亥	一○	五三	四一	加		四六	四三	六
	緯	南	九	一八	三二	南	一	五七	四五	減		一九	二九	
螣蛇十六	經	亥	一三	一一	三三	戌	一一	○六	一六	加		四○	一二	六
	緯	北	四八	四○	一一	北	四九	五三	二六	加		一九	二九	
羽林軍三十	經	亥	一三	一三	一七	亥	四	四四	四四	加		四九	二七	六
	緯	南	二五	○七	三二	南	一六	三四	三四	減		一九	三○	
雷電四	經	亥	一三	三○	四八	亥	一七	五九	一六	加		四五	五八	五
	緯	北	八	○二	○九	北	一三	五三	五二	加		一九	三一	
羽林軍四十	經	亥	一三	三二	四七	亥	一一	二三	三○	加		四七	三九	六
	緯	南	九	○二	四五	南	一	五二	三四	減		一九	三二	

（續表）

赤道娵訾宮恒星		赤道宮	赤道度	赤道分	赤道秒	黃道宮	黃道度	黃道分	黃道秒		赤道歲差分	赤道歲差秒	赤道歲差微	星等
室宿東增二	經	亥	一三	三八	五〇	亥	二五	一三	四八	加		四四	一六	六
	緯	北	二四	〇五	二一	北	二八	二八	三〇	加		一九	三三	
勾陳六	經	亥	一三	四三	一〇	申	一二	一二	四五	減			五一	六
	緯	北	八三	〇〇	二八	北	六七	三〇	四〇	加		一九	三一	
霹靂南增三	經	亥	一三	五二	五三	亥	一五	二六	一八	加		四六	四一	六
	緯	北	〇	四三	四八	北	七	〇一	三一	加		一九	三四	
鶴七	經	亥	一三	五三	〇五	子	二四	五一	五一	加		五二	三三	五
	緯	南	四六	三六	三一	南	三六	一一	三四	減		一九	三五	
羽林軍二十八	經	亥	一三	五六	四〇	亥	六	二五	五三	加		四九	〇三	四
	緯	南	二二	三三	四三	南	一四	二九	〇七	減		一九	三五	
螣蛇北增十三	經	亥	一三	五八	一六	戌	二一	五一	四五	加		三七	五七	六
	緯	北	五八	〇二	五三	北	五六	四六	〇〇	加		一七	三三	
螣蛇南增四	經	亥	一四	〇〇	一五	戌	八	三八	一五	加		四一	一六	六
	緯	北	四五	〇一	一四	北	四六	三五	〇五	加		一九	三三	
螣蛇內增二	經	亥	一四	〇一	五〇	戌	一一	〇六	〇九	加		四〇	四〇	六
	緯	北	四七	五三	五九	北	四八	五六	二三	加		一九	三四	
羽林軍二十九	經	亥	一四	〇三	〇二	亥	五	五九	五三	加		四九	〇九	五
	緯	南	二三	五〇	三〇	南	一五	四一	五五	減		一九	三五	
雷電南增三	經	亥	一四	〇八	一八	亥	一八	一六	一九	加		四六	〇三	六
	緯	北	七	一七	二八	北	一二	五八	一〇	加		一九	三六	
雷電南增五	經	亥	一四	一六	二三	亥	一八	五一	三九	加		四五	五七	六
	緯	北	八	二五	五八	北	一三	五七	五八	加		一九	三六	

（續表）

赤道娵訾宮恒星		赤道宮	赤道度	赤道分	赤道秒	黃道宮	黃道度	黃道分	黃道秒	赤道歲差	赤道歲差分	赤道歲差秒	赤道歲差微	星等
車府東增十八	經	亥	一四	三九	二四	戌	七	〇〇	一一	加		四二	〇〇	六
	緯	北	四二	一一	一〇	北	四三	五七	〇五	加		一九	三八	
雷電南增四	經	亥	一四	四一	四〇	亥	一八	四八	三二	加		四六	〇六	六
	緯	北	七	一九	五六	北	一二	四七	二四	加		一九	三九	
室宿東增三	經	亥	一四	五〇	〇一	亥	二七	〇一	〇四	加		四四	一八	六
	緯	北	二三	二七	一三	北	二九	一三	四八	加		一九	三九	
少衛	經	亥	一四	五一	五九	酉	一九	五九	四六	加		二八	二〇	五
	緯	北	七四	〇〇	〇二	北	六五	三三	〇〇	加		一九	三八	
螣蛇十七	經	亥	一五	一三	三八	戌	一二	一一	四五	加		四一	〇八	六
	緯	北	四八	〇一	〇九	北	四八	三四	一一	加		一九	四〇	
壘壁陣八	經	亥	一五	一五	三三	亥	一三	三三	五七	加		四七	二五	五
	緯	南	七	二五	〇四	南	一	〇一	二五	減		一九	四一	
鶴五	經	亥	一五	三〇	二八	子	一六	四七	〇五	加		五五	〇八	三
	緯	南	五九	三八	〇五	南	四七	四八	四五	減		一九	四二	
羽林軍三十九	經	亥	一五	三六	三三	亥	一二	四二	二八	加		四七	四〇	五
	緯	南	一〇	二七	五二	南	三	五八	〇三	減		一九	四三	
室宿東增四	經	亥	一五	四九	一六	亥	二八	三八	四〇	加		四四	一八	六
	緯	北	二六	五〇	五九	北	三〇	〇五	一七	加		一九	四四	
羽林軍四十三	經	亥	一五	五三	一一	亥	一三	二八	五六	加		四七	三一	五
	緯	南	九	〇七	〇一	南	二	四九	五一	減		一九	四四	
霹靂二	經	亥	一五	五七	一七	亥	一七	四八	四四	加		四六	三七	四
	緯	北	一	五二	三七	北	七	一六	四三	加		一九	四五	

（續表）

赤道娵訾宮恒星		赤道宮	赤道度	赤道分	赤道秒	黃道宮	黃道度	黃道分	黃道秒		赤道歲差分	赤道歲差秒	赤道歲差微	星等
羽林軍三十八	經	亥	一六	○八	三六	亥	一三	○九	一七	加		四七	三九	五
	緯	南	一○	三三	四八	南	四	一五	四五	減		一九	四五	
羽林軍三十七	經	亥	一六	二四	○九	亥	一三	一三	一六	加		四七	四○	五
	緯	南	一○	五九	五○	南	四	四五	三九	減		一九	四七	
羽林軍三十六	經	亥	一六	二四	二七	亥	一一	四三	○四	加		四八	○○	六
	緯	南	一四	五○	二○	南	八	一八	○二	減		一九	四七	
螣蛇十八	經	亥	一六	二九	三七	戌	一二	五三	二九	加		四一	四○	六
	緯	北	四七	三七	二四	北	四七	四五	一七	加		一九	四八	
螣蛇南增七	經	亥	一六	三三	一○	戌	七	二一	二九	加		四二	五○	六
	緯	北	四○	二二	四四	北	四一	三九	五四	加		一九	四八	
霹靂北增四	經	亥	一六	四九	四○	亥	一九	二七	一八	加		四六	二七	五
	緯	北	三	五九	○一	北	八	五二	三五	加		一九	四六	
螣蛇南增六	經	亥	一六	五五	一四	戌	七	五三	一二	加		四二	五五	六
	緯	北	四○	四○	四二	北	四一	四六	三二	加		一九	四九	
螣蛇内增三	經	亥	一六	五五	二○	戌	一二	五四	二七	加		四一	五四	六
	緯	北	四七	一三	四五	北	四七	一五	五五	加		一九	四八	
離宮五	經	亥	一六	五九	一七	亥	二七	二九	○八	加		四四	五六	六
	緯	北	二二	二○	○九	北	二五	三三	五七	加		一九	五○	
天鈎九	經	亥	一六	五九	二五	酉	六	二六	五五	加		三六	一七	五
	緯	北	六六	四三	○七	北	六一	二三	四六	加		一九	四九	
室宿東增五	經	亥	一七	○四	○○	戌	○	五五	三八	加		四四	一八	六
	緯	北	二九	○一	○七	北	三一	三一	三九	加		一九	五○	

（續表）

赤道娵訾宫恒星		赤道宫	赤道度	赤道分	赤道秒	黄道宫	黄道度	黄道分	黄道秒	赤道歲差	赤道歲差分	赤道歲差秒	赤道歲差微	星等
螣蛇南增八	經	亥	一七	○七	三四	戌	五	二九	一六	加		四三	二七	六
	緯	北	三六	四七	三一	北	三八	二○	四五	加		一九	五○	
羽林軍三十五	經	亥	一七	一八	四四	亥	一一	五三	○二	加		四八	○二	六
	緯	南	一六	二七	三三	南	一○	○七	五七	減		一九	五一	
室宿東增六	經	亥	一七	三○	五六	戌	一	五六	一三	加		四四	一三	六
	緯	北	三○	二四	三一	北	三三	三九	○一	加		一九	五一	
羽林軍三十四	經	亥	一七	二三	○二	亥	九	五三	四二	加		四八	二七	五
	緯	南	二一	二九	二二	南	一四	四六	二六	減		一九	五一	
離宫南增六	經	亥	一七	二八	五四	亥	二六	三五	○八	加		四五	一六	六
	緯	北	一九	二五	四四	北	二二	四四	二二	加		一九	五三	
雷電五	經	亥	一七	三一	五○	亥	二二	五五	三三	加		四五	五七	六
	緯	北	一○	五四	四○	北	一四	五七	二五	加		一九	五二	
雷電北增六	經	亥	一七	三五	五五	亥	二三	五一	一九	加		四五	四七	六
	緯	北	一二	五八	三五	北	一六	四九	○八	加		一九	五四	
室宿東增七	經	戌	一八	○四	一四	戌	三	○○	○三	加		四四	一八	六
	緯	北	三一	○九	○九	北	三三	○一	一九	加		一九	五四	
離宫六	經	亥	一八	○八	二五	亥	二八	二三	一五	加		四五	○八	六
	緯	北	二一	五九	三六	北	二四	四七	五二	加		一九	五五	
羽林軍三十三	經	亥	一八	○九	○一	亥	一○	二○	二二	加		四八	三三	五
	緯	南	二二	○二	四九	南	一五	三四	一六	減		一九	五五	
螣蛇十四	經	亥	一八	一二	二八	戌	二三	五○	○五	加		四○	二七	六
	緯	北	五七	一五	五八	北	五四	三八	三二	加		一九	五五	

（續表）

赤道娵訾宫恒星		赤道宫	赤道度	赤道分	赤道秒	黄道宫	黄道度	黄道分	黄道秒		赤道歲差分	赤道歲差秒	赤道歲差微	星等
騰蛇北增十四	經	亥	一八	二三	五四	戌	一八	二七	四九	加		三九	三五	五
	緯	北	六〇	五三	〇八	北	五七	一〇	一二	加		一九	五六	
雲雨一	經	亥	一八	二七	〇〇	亥	一九	一九	三三	加		四六	四六	五
	緯	北	〇	〇八	五一	北	四	二六	二六	減		一九	五六	
雲雨内增四	經	亥	一八	三一	三二	亥	一九	二〇	二〇	加		四六	四七	六
	緯	南	〇	一七	三二	北	四	一六	四〇	減		一九	五七	
騰蛇南增五	經	亥	一八	四二	〇五	戌	一〇	〇〇	一二	加		四三	二一	六
	緯	北	四一	三〇	三三	北	四一	四六	五九	加		一九	五七	
離宫北增八	經	亥	一八	四四	〇三	亥	二九	四六	五一	加		四五	〇三	六
	緯	北	二三	四五	四二	北	二六	〇九	二〇	加		一九	五七	
霹靂三	經	亥	一八	四四	二八	亥	二一	三七	二七	加		四六	二六	五
	緯	北	四	五八	二〇	北	九	〇一	五八	加		一九	五七	
雷電六	經	亥	一九	〇二	〇八	亥	二四	三〇	〇六	加		四六	〇一	五
	緯	北	一一	二〇	三八	北	一四	四五	二五	加		二〇	〇〇	
雲雨南增一	經	亥	一九	〇四	〇九	亥	一八	四一	四七	加		四六	五八	六
	緯	南	三	一二	三〇	北	一	二二	五四	減		一九	五九	
雲雨二	經	亥	一九	〇五	五〇	亥	一九	〇一	一五	加		四七	五六	六
	緯	南	二	二六	四六	北	二	〇四	二〇	減		一九	五九	
羽林軍三十二	經	亥	一九	三三	二三	亥	一一	一五	五五	加		四八	一五	五
	緯	南	二二	四六	二三	南	一六	四五	四八	減		二〇	〇二	
騰蛇南增九	經	亥	二九	四〇	一三	戌	八	二三	一〇	加		四四	〇二	六
	緯	北	三七	五〇	〇八	北	三八	一四	四二	加		二〇	〇一	

（續表）

赤道娵訾宮恒星		赤道				黄道				赤道歲差				星等
		宮	度	分	秒	宮	度	分	秒		分	秒	微	
雲雨南增三	經	亥	一九	四二	二六	亥	一九	三三	二八	加		四六	五五	六
	緯	南	二	三〇	二八	北	一	四六	三六	減		二〇	〇二	
火鳥一	經	亥	一九	四六	三四	亥	三	三七	五〇	加		四九	三五	五
	緯	南	三九	一二	二四	南	三一	三九	五五	減		二〇	〇二	
羽林軍三十一	經	亥	一九	五八	一〇	亥	一一	四九	一九	加		四八	〇九	五
	緯	南	三	一九	一一	南	一六	三〇	二一	減		二〇	〇二	
離宫東增七	經	亥	二〇	〇九	三四	亥	二九	四九	〇二	加		四五	二八	六
	緯	北	二一	〇四	五二	北	二三	一〇	〇九	加		二〇	〇四	
雲雨南增二	經	亥	二〇	一四	二六	亥	一九	五八	五八	加		四六	五五	六
	緯	南	二	四〇	二五	北	一	二四	五三	減		二〇	〇三	
火鳥二	經	亥	二〇	一七	二一	亥	一	一七	四五	加		四九	五六	四
	緯	南	四四	〇〇	五八	南	三六	〇五	〇三	減		二〇	〇三	
壁宿西增二	經	亥	二〇	一八	三八	戌	四	二〇	四二	加		四四	五二	六
	緯	北	二九	五四	四九	北	三一	〇一	五七	加		二〇	〇四	
壁宿西增一	經	亥	二〇	二九	三一	戌	五	四一	三一	加		四四	四五	六
	緯	北	三二	〇五	〇〇	北	三三	五三	〇〇	加		二〇	〇四	
雲雨内增五	經	亥	二〇	三五	五九	亥	二一	一九	二三	加		四六	四六	六
	緯	南	〇	〇六	三二	北	三	三七	五四	減		二〇	〇四	
螣蛇南增十	經	亥	二〇	三八	一九	戌	九	四六	一四	加		四四	一二	六
	緯	北	三八	四一	一四	北	三八	三六	〇四	加		二〇	〇五	
雲雨北增六	經	亥	二〇	四九	五五	亥	二一	五〇	四六	加		四六	四三	六
	緯	北	〇	四〇	二六	北	四	一五	三四	加		二〇	〇五	

（續表）

赤道娵訾宮恒星		赤道宮	赤道度	赤道分	赤道秒	黃道宮	黃道度	黃道分	黃道秒		赤道歲差分	赤道歲差秒	赤道歲差微	星等
火鳥三	經	亥	二〇	五四	一六	子	二九	五九	〇〇	加		五〇	〇一	四
	緯	南	四六	五二	三八	南	二八	四七	〇〇	減		二〇	〇六	
火鳥内增一	經	亥	二〇	五八	四八	亥	〇	〇一	五六	加		五〇	〇一	四
	緯	南	四六	五三	二一	南	三八	四九	一一	減		二〇	〇五	
雷電東增七	經	亥	二一	一四	四四	亥	二八	五七	三四	加		四五	五二	六
	緯	北	一六	五八	三三	北	一九	〇〇	四八	加		二〇	〇六	
螣蛇十九	經	亥	二一	一五	五八	戌	一四	四五	四三	加		四三	四八	四
	緯	北	四五	〇五	一九	北	四三	四八	三四	加		二〇	〇六	
勾陳内增二	經	亥	二一	一九	四七	申	一九	四二	〇五	加		二	〇三	六
	緯	北	八五	五四	五二	北	六六	四七	五五	加		二〇	〇四	
螣蛇二十二	經	亥	二一	二四	一八	戌	一二	三二	二五	加		四四	〇八	四
	緯	北	四一	五一	二八	北	四一	〇一	二六	加		二〇	〇七	
羽林軍四十四	經	亥	二一	三七	五三	亥	一六	〇五	三〇	加		四七	三四	五
	緯	南	一五	三八	〇〇	南	一一	〇一	四六	減		二〇	〇七	
霹靂四	經	亥	二一	四一	二六	亥	二四	〇三	三八	加		四六	三三	六
	緯	北	四	一四	五八	北	七	一二	一二	加		二〇	〇七	
螣蛇内增十二	經	亥	二一	四二	三九	戌	一八	一七	三五	加		四三	三一	六
	緯	北	四九	〇三	三三	北	四六	五五	三二	加		二〇	〇八	
鈇鉞北增一	經	亥	二一	五二	〇三	亥	一五	〇〇	〇〇	加		四七	四二	六
	緯	南	一八	四六	五三	南	一四	〇〇	〇〇	減		二〇	〇八	
螣蛇二十一	經	亥	二一	五七	三七	戌	一三	四五	一六	加		四四	一五	四
	緯	北	四二	五五	三九	北	四一	四三	〇六	加		二〇	〇八	

（續表）

赤道娵訾宮恒星		赤道 宮	赤道 度	赤道 分	赤道 秒	黃道 宮	黃道 度	黃道 分	黃道 秒	赤道歲差	赤道歲差 分	赤道歲差 秒	赤道歲差 微	星等
鈇鉞一	經	亥	二二	〇四	四四	亥	一四	五四	四二	加		四七	四二	五
	緯	南	一九	二六	二一	南	一四	四〇	五六	減		二〇	〇九	
雲雨四	經	亥	二二	一四	四六	亥	二三	〇一	三六	加		四六	四五	五
	緯	北	〇	二二	〇〇	北	三	二五	〇七	加		二〇	一〇	
少衛東增八	經	亥	二二	二〇	〇五	酉	二六	三三	三五	加		三六	〇〇	三
	緯	北	七六	一二	二二	北	六四	三六	三〇	加		二〇	〇九	
羽林軍四十五	經	亥	二二	二二	〇一	亥	一六	三七	一七	加		四七	三〇	五
	緯	南	一五	五七	〇八	南	一一	三六	二二	減		二〇	〇九	
雷電東增八	經	亥	二二	二五	三八	亥	二九	〇八	五五	加		四六	〇七	六
	緯	北	一四	五四	五四	北	一六	四〇	〇二	加		二〇	〇八	
霹靂北增五	經	亥	二二	三三	五二	亥	二六	四五	一九	加		四六	二三	六
	緯	北	八	五四	三六	北	一一	〇七	四〇	加		二〇	一〇	
壁宿西增三	經	亥	二二	四五	四七	戌	五	三一	〇〇	加		四五	二八	五
	緯	北	二七	五六	三〇	北	二八	一八	〇五	加		二〇	一〇	
鈇鉞二	經	亥	二二	五三	四一	亥	一五	三三	二四	加		四七	三七	五
	緯	南	一九	三七	五一	南	一五	一〇	一七	減		二〇	一一	
鈇鉞南增二	經	亥	二三	一〇	五〇	亥	一五	三六	四〇	加		四七	三五	六
	緯	南	二〇	〇六	〇二	南	一五	四二	三六	減		二〇	一三	
雲雨北增七	經	亥	二三	一九	五三	亥	二四	四一	五五	加		四六	四一	六
	緯	北	二	〇三	四三	北	四	三二	四三	加		二〇	一二	
螣蛇二十	經	亥	二三	二一	五八	戌	一六	二五	一三	加		四四	三三	四
	緯	北	四五	〇〇	五二	北	四二	五六	二九	加		二〇	一三	

(續表)

赤道娵訾宮恒星		赤道				黃道					赤道歲差			星等
		宮	度	分	秒	宮	度	分	秒		分	秒	微	
螣蛇十三	經	亥	二三	三九	三五	戌	二七	三一	三一	加		四三	二七	五
	緯	北	五七	一四	一七	北	五二	三九	五〇	加		二〇	一三	
壘壁陣北增四	經	亥	二三	四一	三八	亥	二三	三三	二一	加		三六	五七	五
	緯	南	四	一〇	五二	南	一	一九	五〇	減		二〇	一二	
傳舍一	經	亥	二三	五三	〇〇	酉	九	一六	三〇	加		四二	〇三	五
	緯	北	六六	二二	一五	北	五九	〇〇	五三	加		二〇	一四	
雲雨三	經	亥	二四	〇五	一八	亥	二四	二六	〇七	加		四六	四七	六
	緯	南	〇	二一	〇五	北	二	〇一	四七	減		二〇	一四	
王良北增一	經	亥	二四	〇八	五二	酉	一	五四	四〇	加		四三	一六	六
	緯	北	六〇	四七	五八	北	五五	〇七	四五	加		二〇	一五	
壁宿西增四	經	亥	二四	一〇	〇三	戌	六	三〇	二四	加		四五	四六	六
	緯	北	二七	二四	四八	北	二七	一六	二〇	加		二〇	一三	
鈇鉞三	經	亥	二四	三二	三〇	亥	一六	四三	一八	加		四七	二六	六
	緯	南	二〇	二〇	〇四	南	一六	二六	五九	減		二〇	一五	
霹靂北增七	經	亥	二四	三二	四五	亥	二八	〇九	四五	加		四六	三三	六
	緯	北	七	五三	三二	北	九	二四	二六	加		二〇	一二	
雲雨東增八	經	亥	二四	四二	四五	亥	二五	四四	四四	加		四六	四四	六
	緯	北	一	三〇	〇六	北	三	二八	五七	加		二〇	一四	
壁宿西增八	經	亥	二四	五〇	三八	戌	三	四二	三二	加		四六	〇八	六
	緯	北	二〇	一四	五一	北	二〇	三二	五八	加		二〇	一六	
壁宿西增九	經	亥	二四	五一	二八	戌	二	三四	五九	加		四一	〇九	六
	緯	北	一七	四一	四二	北	一八	一三	四一	加		二〇	一五	

（續表）

赤道娵訾宮恒星		赤道宮	赤道度	赤道分	赤道秒	黃道宮	黃道度	黃道分	黃道秒	加減	赤道歲差分	赤道歲差秒	赤道歲差微	星等
霹靂北增六	經	亥	二四	五二	一二	亥	二九	〇七	三三	加		四六	二九	六
	緯	北	九	三一	〇六	北	一〇	四五	五九	加		二〇	一四	
壁宿西增七	經	亥	二四	五四	三九	戌	三	四八	〇一	加		四六	一〇	六
	緯	北	二〇	一八	五三	北	二〇	三五	〇〇	加		二〇	一五	
壘壁陣北增五	經	亥	二四	五六	五五	亥	二三	三二	四四	加		四六	五四	六
	緯	南	四	三五	五三	南	二	一一	三九	減		二〇	一五	
雲雨東增九	經	亥	二四	五九	三八	亥	二五	四〇	二四	加		四六	四五	六
	緯	北	〇	四〇	一五	北	二	三六	三〇	加		二〇	一五	
螣蛇十二	經	亥	二五	二五	二七	戌	二七	三一	二四	加		四四	三三	六
	緯	北	五六	〇四	五四	北	五一	〇九	一七	加		二〇	一六	
霹靂北增八	經	亥	二五	三〇	〇九	亥	二八	〇七	五五	加		四六	三七	六
	緯	北	五	三八	五一	北	六	五八	一三	加		二〇	一七	
鳥喙三	經	亥	二五	五四	三二	子	一八	〇五	二七	加		四九	三〇	五
	緯	南	六四	二〇	五八	南	五四	三二	一一	減		二〇	一六	
八魁三	經	亥	二六	〇二	一六	亥	一九	二二	〇九	加		四七	二一	六
	緯	南	一七	一六	一一	南	一四	一四	二五	減		二〇	一八	
壁宿西增六	經	亥	二六	一〇	四三	戌	六	三〇	五〇	加		四六	一四	六
	緯	北	二三	四二	五八	北	二三	九〇	一六	加		二〇	一八	
鳥喙内增一	經	亥	二六	一三	三二	子	一六	四一	五七	加		四九	二三	五
	緯	南	六五	三八	一三	南	五五	三三	二一	減		二〇	一七	
壘壁陣九	經	亥	二六	二三	三三	亥	二四	四二	三四	加		四六	五二	五
	緯	南	四	五八	四一	南	三	〇七	四九	減		二〇	一八	

（續表）

赤道娵訾宮恒星		赤道宮	赤道度	赤道分	赤道秒	黃道宮	黃道度	黃道分	黃道秒	赤道歲差	赤道歲差分	赤道歲差秒	赤道歲差微	星等
烏喙七	經	亥	二六	二八	二八	子	一五	〇四	二五	加		四九	一八	四
	緯	南	六七	〇〇	三〇	南	五六	三五	二二	減		二〇	一七	
螣蛇十一	經	亥	二六	三一	三六	戌	二六	三五	四一	加		四五	一四	六
	緯	北	五四	二〇	一二	北	四九	二四	五〇	加		二〇	一八	
霹靂五	經	亥	二六	三二	一〇	亥	二八	五九	五五	加		四六	四〇	五
	緯	北	五	二六	三四	北	六	二二	一五	加		二〇	一七	
壘壁陣十	經	亥	二七	一〇	三二	亥	二五	三八	〇四	加		四六	五〇	五
	緯	南	四	二七	二三	南	二	五七	四五	減		二〇	一八	
壁宿西增五	經	亥	二七	一一	〇四	戌	八	二二	三三	加		四六	二三	六
	緯	北	二五	四四	二〇	北	二四	三四	四二	加		二〇	一八	
壘壁陣十三	經	亥	二七	一一	五五	亥	二四	二七	三六	加		四六	五二	五
	緯	南	七	二六	三〇	南	五	四三	三三	減		二〇	一八	
土公北增一	經	亥	二七	一九	四九	戌	〇	三四	一二	加		四六	四〇	六
	緯	北	七	三一	三九	北	七	五七	五〇	加		二〇	一八	
土公一	經	亥	二七	二〇	四七	戌	〇	二三	四一	加		四六	四一	五
	緯	北	七	〇三	三三	北	七	三一	四三	加		二〇	一九	
八魁二	經	亥	二七	三九	〇六	亥	二〇	一〇	三七	加		四七	〇一	四
	緯	南	一八	四六	一〇	南	一六	一四	二二	減		二〇	一九	
王良北增三	經	亥	二七	四八	五三	酉	四	一三	五九	加		四五	三八	六
	緯	北	六〇	五一	五六	北	五三	五七	一〇	加		二〇	一九	
八魁四	經	亥	二七	五〇	五七	亥	二三	一三	四〇	加		四六	五四	六
	緯	南	一一	五六	一四	南	一〇	〇五	〇〇	減		二〇	一八	

（續表）

赤道娵訾宮恒星		赤道宮	赤道度	赤道分	赤道秒	黃道宮	黃道度	黃道分	黃道秒	赤道歲差加減	赤道歲差分	赤道歲差秒	赤道歲差微	星等
壘壁陣十一	經	亥	二八	〇三	二〇	亥	二五	二一	三八	加		四六	五一	四
	緯	南	七	〇九	〇〇	南	五	四六	五五	減		二〇	一九	
壁宿南增十	經	亥	二八	〇七	一二	戌	三	〇七	〇〇	加		四六	四〇	六
	緯	北	一一	五八	〇六	北	一一	四二	三八	加		二〇	一九	
王良北增二	經	亥	二八	二一	〇八	酉	六	四九	〇三	加		四五	五四	六
	緯	北	六二	四六	四一	北	五五	一〇	〇六	加		二〇	一九	
壁宿二	經	亥	二八	四七	〇三	戌	一〇	四三	五三	加		四六	三七	二
	緯	北	二七	四〇	一一	北	二五	四一	〇一	加		二〇	一九	
壘壁陣東增六	經	亥	二八	五四	二八	亥	二七	二四	四五	加		四六	四八	六
	緯	南	三	五八	三五	南	三	一二	四二	減		二〇	一九	
王良一	經	亥	二八	五四	三三	酉	一	三三	〇六	加		四六	二三	二
	緯	北	五七	四四	三六	北	五一	一三	五〇	加		二〇	一九	
壁宿西增十八	經	亥	二八	五七	〇九	戌	五	五四	一七	加		四六	四三	六
	緯	北	一六	四六	五五	北	一五	四六	一五	加		二〇	一九	
壘壁陣東增七	經	亥	二九	〇一	二七	亥	二七	三三	三五	加		四六	四七	六
	緯	南	三	五二	三〇	南	三	〇九	五四	減		二〇	一九	
火鳥四	經	亥	二九	〇二	二六	亥	六	〇〇	二〇	加		四七	〇〇	三
	緯	南	四七	〇九	三一	南	四一	五四	三八	減		二〇	二〇	
土公北增二	經	亥	二九	一三	一六	戌	三	一一	二三	加		四六	四四	六
	緯	北	九	四二	四一	北	九	一二	三七	加		二〇	二〇	
螣蛇東增十一	經	亥	二九	一六	二七	戌	二〇	五四	五二	加		四六	四〇	五
	緯	北	四四	三九	二六	北	四〇	二四	三三	加		二〇	一九	

（續表）

赤道娵訾宮恒星		赤道宮	赤道度	赤道分	赤道秒	黃道宮	黃道度	黃道分	黃道秒	赤道歲差	分	秒	微	星等
八魁一	經	亥	二九	三三	一五	亥	二二	四二	一二	加		四六	四七	五
	緯	南	一六	五二	四二	南	一五	一六	○三	減		二○	一九	

清·戴進賢《儀象考成》卷一七《恒星赤道經緯度表四》赤道降婁宮黃道度附

赤道降婁宮恒星		赤道宮	赤道度	赤道分	赤道秒	黃道宮	黃道度	黃道分	黃道秒	赤道歲差	分	秒	微	星等
壁宿一	經	戌	○	○○	四五	戌	五	三四	五○	加		四六	四九	二
	緯	北	一三	四五	○○	北	一二	三五	一二	加		二○	二○	
天厩北增一	經	戌	○	○四	四四	戌	一八	一九	三五	加		四六	五五	六
	緯	北	三九	三七	三六	北	三五	四六	一二	加		二○	一九	
壁宿東增十九	經	戌	○	二○	○六	戌	八	○○	四二	加		四六	五二	六
	緯	北	一八	四五	五四	北	一七	○一	四○	加		二○	一九	
八魁六	經	戌	○	二四	一八	亥	二一	五七	一二	加		四六	四○	五
	緯	南	二○	二一	二三	南	一八	四五	五四	減		二○	一九	
土公北增三	經	戌	○	二六	五六	戌	三	二二	一六	加		四六	四九	六
	緯	北	七	二三	四一	北	六	三六	○三	加		二○	二○	
土公北增四	經	戌	○	四七	○九	戌	三	三○	○八	加		四六	三六	六
	緯	北	六	四八	五○	北	五	五四	二六	加		二○	三九	
壁宿南增十一	經	戌	○	五一	一八	戌	五	四九	○六	加		四六	五三	六
	緯	北	一二	二八	五一	北	一一	○五	三六	加		二○	一九	
天厩一	經	戌	○	五三	五四	戌	一七	三六	四四	加		四七	○八	四
	緯	北	三七	一五	○七	北	三三	二二	五三	加		二○	一八	

（續 表）

赤道降婁宮恒星		赤道宮	赤道度	赤道分	赤道秒	黃道宮	黃道度	黃道分	黃道秒		赤道歲差分	赤道歲差秒	赤道歲差微	星等
壁宿東增十七	經	戌	一	〇六	五一	戌	七	〇三	四五	加		四六	五四	六
	緯	北	一四	五四	〇五	北	一三	一二	〇四	加		二〇	一九	
天厩三	經	戌	一	一二	二七	戌	一六	四八	五三	加		四七	一一	五
	緯	北	三五	二一	四六	北	三一	三五	五六	加		二〇	一九	
鳥喙六	經	戌	一	二六	二〇	子	一八	二二	五五	加		四五	一九	三
	緯	南	六六	二二	四三	南	五七	三六	〇四	減		二〇	一九	
天倉一	經	戌	一	三五	三三	亥	二七	二〇	〇〇	加		四六	三九	三
	緯	南	一〇	一四	五五	南	一〇	〇一	三〇	減		二〇	一九	
壁宿東增十六	經	戌	一	三九	二二	戌	七	三一	一八	加		四六	五九	六
	緯	北	一四	四九	三一	北	一二	五五	〇三	加		二〇	一九	
土公北增五	經	戌	一	四四	一七	戌	四	二四	一三	加		四四	一五	六
	緯	北	六	四五	三〇	北	五	二七	二八	加		二〇	三〇	
天厩二	經	戌	一	五二	三一	戌	一八	〇一	五〇	加		四七	二三	五
	緯	北	三六	三二	三三	北	三二	二三	一一	加		二〇	一八	
壁宿南增十二	經	戌	二	一五	〇八	戌	六	五四	四八	加		四六	五九	六
	緯	北	一二	〇三	二四	北	一〇	〇九	〇八	加		二〇	一八	
八魁五	經	戌	二	二五	四七	亥	二六	四一	二二	加		四六	三三	六
	緯	南	一三	三八	一五	南	一三	二七	一五	減		二〇	一八	
蛇尾一	經	戌	二	二九	四七	丑	二七	〇五	五八	加		四一	四八	三
	緯	南	七八	四一	二二	南	六四	三一	二七	減		二〇	一八	
王良內增四	經	戌	二	四三	三六	酉	六	四四	一五	加		四八	四五	六
	緯	北	六〇	二四	五八	北	五二	〇一	二〇	加		二〇	一七	

（續表）

赤道降婁宮恒星		赤道 宮	赤道 度	赤道 分	赤道 秒	黃道 宮	黃道 度	黃道 分	黃道 秒	赤道歲差	赤道歲差 分	赤道歲差 秒	赤道歲差 微	星等
壁宿南增十三	經	戌	二	四八	五六	戌	七	五六	〇六	加		四七	〇三	六
	緯	北	一二	五三	二九	北	一〇	四一	三四	加		二〇	一七	
火鳥五	經	戌	二	五八	三五	亥	一〇	五二	三六	加		四五	三七	四
	緯	南	四四	四〇	〇六	南	四一	一五	四一	減		二〇	一七	
土公南增七	經	戌	三	〇三	〇二	戌	三	〇一	一〇	加		四六	四七	六
	緯	北	〇	三一	〇三	南	〇	四四	四九	加		二〇	一七	
土公二	經	戌	三	〇七	二三	戌	五	二一	五五	加		五六	二二	六
	緯	北	六	一六	四〇	北	四	三〇	四二	加		二〇	一〇	
火鳥六	經	戌	三	一八	五八	亥	一一	四九	四二	加		四五	三二	二
	緯	南	四三	四一	四五	南	四〇	三三	四五	減		二〇	一八	
土公南增八	經	戌	三	二二	五二	戌	二	三〇	五〇	加		四六	四五	六
	緯	南	一	二八	三一	南	二	四二	〇〇	減		二〇	一六	
壁宿東增二十一	經	戌	三	三〇	二一	戌	一〇	三二	四〇	加		四七	一三	六
	緯	北	一八	〇一	四九	北	一五	〇六	四五	加		二〇	一七	
壁宿東增二十	經	戌	三	四〇	一〇	戌	一〇	〇一	四八	加		四七	一二	六
	緯	北	一六	二八	一八	北	一三	三七	三〇	加		二〇	一六	
壁宿東增十五	經	戌	三	四三	三三	戌	九	二八	三一	加		四七	一一	六
	緯	北	一五	〇一	二三	北	一二	一六	五六	加		二〇	一六	
奎宿西增一	經	戌	四	〇八	二四	戌	一五	四四	〇三	加		四七	三九	六
	緯	北	二九	一九	二八	北	二四	一一	四二	加		二〇	一五	
土公南增九	經	戌	四	一一	四四	戌	二	五〇	一六	加		四六	四九	六
	緯	南	二	三二	一七	南	三	五九	五六	減		二〇	一六	

（續表）

赤道降婁宮恒星		赤道宮	赤道度	赤道分	赤道秒	黃道宮	黃道度	黃道分	黃道秒	赤道歲差	赤道歲差分	赤道歲差秒	赤道歲差微	星等
天溷北增一	經	戌	四	一四	〇九	戌	一	四四	〇七	加		四六	三七	六
	緯	南	五	二二	五〇	南	六	三七	一七	減		二〇	一五	
傳舍南增一	經	戌	四	一六	二七	酉	一二	五四	二四	加		五〇	二三	六
	緯	北	六五	〇六	〇七	北	五五	〇一	四〇	加		二〇	一六	
壁宿東增十四	經	戌	四	二二	四七	戌	九	五三	四七	加		四七	一三	六
	緯	北	一四	三六	五七	北	一一	三九	一三	加		二〇	一五	
王良五	經	戌	四	二六	二七	酉	二	〇七	二三	加		四九	〇四	五
	緯	北	五三	〇六	四四	北	四五	三八	五〇	加		二〇	一四	
壁宿東增二十二	經	戌	四	三三	二九	戌	一一	五〇	一一	加		四七	三二	六
	緯	北	一八	五二	五八	北	一五	二九	〇四	加		二〇	一五	
土公東增六	經	戌	四	三三	一七	戌	六	三四	二一	加		四四	一一	六
	緯	北	五	三三	一〇	北	三	一一	〇八	加		二〇	二〇	
火鳥八	經	戌	四	三九	二七	亥	七	五五	三三	加		四四	四〇	四
	緯	南	五〇	一三	二三	南	四六	三一	〇五	減		二〇	一四	
王良二	經	戌	四	四一	四五	酉	九	〇五	一九	加		五〇	〇八	四
	緯	北	六一	三一	一四	北	五二	一四	四〇	加		二〇	一四	
壁宿東增二十三	經	戌	四	四七	四四	戌	一二	〇四	三七	加		四七	二四	六
	緯	北	一八	五四	四八	北	一五	二四	四七	加		二〇	一四	
鳥喙四	經	戌	四	四九	一〇	子	二二	五七	四二	加		四三	〇〇	三
	緯	南	六四	一九	三八	南	五七	一五	三八	減		二〇	一五	
傳舍二	經	戌	四	五七	二三	酉	一三	三二	四七	加		五〇	五八	六
	緯	北	六五	二〇	〇一	北	五四	五九	四八	加		二〇	一四	

（續表）

赤道降婁宮恒星		赤道宮	赤道度	赤道分	赤道秒	黃道宮	黃道度	黃道分	黃道秒	赤道歲差	赤道歲差分	赤道歲差秒	赤道歲差微	星等
天溷北增二	經	戌	五	三〇	四五	戌	三	〇三	二六	加		四六	三六	六
	緯	南	五	〇〇	四〇	南	六	四七	二八	減		二〇	一一	
附路	經	戌	五	四三	三〇	酉	一	三三	三八	加		四九	三八	四
	緯	北	五二	二九	五七	北	四四	四二	一三	加		二〇	一三	
奎宿六	經	戌	五	四六	二一	戌	一九	〇四	四七	加		四九	〇九	四
	緯	北	三二	一七	五二	北	二七	〇八	二八	加		二〇	一三	
奎宿四	經	戌	六	一四	五五	戌	一七	二三	〇二	加		四八	〇一	四
	緯	北	二七	五四	三四	北	二三	〇〇	五六	加		二〇	一一	
土公南增十	經	戌	六	一五	一六	戌	四	四一	五一	加		四八	四七	六
	緯	南	一	四七	一〇	南	三	五八	五六	減		二〇	〇〇	
土公南增十一	經	戌	六	二五	二六	戌	四	五八	二六	加		四八	四七	六
	緯	南	一	五五	三八	南	四	一五	一六	減		二〇	〇八	
奎宿五	經	戌	六	二三	五〇	戌	一八	一三	一四	加		四八	〇八	三
	緯	北	二九	二六	四〇	北	二四	二〇	三五	加		二〇	一一	
奎宿南增三	經	戌	六	三三	一二	戌	一四	〇二	三九	加		四七	四二	六
	緯	北	一九	五二	五六	北	一五	三七	一二	加		二〇	九九	
王良四	經	戌	六	三三	〇五	酉	四	一五	二三	加		五〇	二〇	三
	緯	北	五五	〇八	〇五	北	四六	三五	五三	加		二〇	一〇	
奎宿南增二	經	戌	六	三六	一〇	戌	一四	一〇	二六	加		四七	四一	六
	緯	北	二〇	〇二	五四	北	一五	四四	四七	加		一〇	一一	
奎宿北增二十二	經	戌	六	四九	五〇	戌	二二	五八	一三	加		四八	四七	六
	緯	北	三八	〇二	二三	北	三一	五一	三六	加		二〇	一〇	

（續表）

赤道降婁宮恒星		赤道宮	赤道度	赤道分	赤道秒	黃道宮	黃道度	黃道分	黃道秒	赤道歲差	分	秒	微	星等
閣道西增二	經	戌	六	五七	二四	戌	二九	五五	○四	加		四九	四九	六
	緯	北	四九	○六	二一	北	四一	二五	五○	加		二○	○八	
奎宿北增二十一	經	戌	七	一一	○三	戌	二四	一六	四○	加		四九	○一	氣
	緯	北	三九	五二	○七	北	三三	二○	四四	加		二○	○八	
火鳥七	經	戌	七	一二	五○	亥	一二	○八	二四	加		四三	五一	四
	緯	南	四七	二九	五四	南	四五	一四	○六	減		二○	○九	
閣道南增一	經	戌	七	一九	二八	戌	二七	五一	一八	加		四九	三六	六
	緯	北	四五	三七	一八	北	三八	一九	○○	加		二○	○七	
鳥喙五	經	戌	七	二五	○九	子	二○	二八	二九	加		四○	二三	五
	緯	南	六六	五六	○九	南	五九	四六	五三	減		二○	○八	
少丞北增一	經	戌	七	二八	五一	酉	二六	○一	五四	加		五六	二七	六
	緯	北	七三	三四	五二	北	五九	五三	四三	加		二○	○八	
閣道六	經	戌	七	三八	四一	戌	二八	五五	二五	加		四九	五○	六
	緯	北	四六	五三	一六	北	三九	一七	四五	加		二○	○七	
土司空	經	戌	七	四○	一九	亥	二八	五八	○二	加		四五	四八	二
	緯	南	一九	二三	五三	南	二○	四六	五二	減		二○	○八	
天溷四	經	戌	七	四九	一七	戌	二	一八	三八	加		四六	一○	五
	緯	南	一二	○一	二七	南	一四	○七	四五	減		二○	○七	
水委三	經	戌	七	四九	三七	亥	一	三八	一○	加		四二	○二	三
	緯	南	五八	五二	○九	南	五四	二四	一六	減		二○	○八	
少丞	經	戌	八	○○	五四	酉	二五	五九	三○	加		五六	五九	六
	緯	北	七三	二六	○九	北	五九	四一	一○	加		二○	○五	

（續表）

赤道降婁宮恒星		赤道 宮	赤道 度	赤道 分	赤道 秒	黃道 宮	黃道 度	黃道 分	黃道 秒	赤道歲差	赤道歲差 分	赤道歲差 秒	赤道歲差 微	星等
外屏西增九	經	戌	八	三二	三〇	戌	九	五七	二二	加		四七	〇四	六
	緯	北	五	二一	三五	北	一	三一	四八	加		二〇	〇四	
天溷三	經	戌	八	〇九	〇〇	戌	一	三九	三〇	加		四六	〇〇	六
	緯	南	一四	一六	一八	南	一六	一八	三九	減		二〇	〇六	
王良三	經	戌	八	二五	三〇	酉	六	三七	五六	加		五一	三二	四
	緯	北	五六	二七	三七	北	四七	〇四	一九	加		二〇	〇四	
奎宿南增四	經	戌	八	二六	三四	戌	一五	〇一	三六	加		四七	四九	六
	緯	北	一八	一〇	五五	北	一三	一九	五八	加		二〇	〇五	
奎宿二	經	戌	八	二七	二〇	戌	一七	〇一	二九	加		四八	〇七	四
	緯	北	二二	五一	四〇	北	一七	三五	五一	加		二〇	〇五	
閣道五	經	戌	八	三五	一二	酉	一	二六	五〇	加		五〇	三三	五
	緯	北	四九	三四	一六	北	四一	一六	〇五	加		二〇	〇五	
外屏西增八	經	戌	八	四五	三二	戌	一〇	二三	三一	加		四七	〇七	六
	緯	北	五	五四	五四	北	一	五七	二八	加		二〇	〇三	
外屏一	經	戌	八	五一	三三	戌	一〇	三四	一七	加		四七	〇八	四
	緯	北	六	一〇	四九	北	二	〇九	四四	加		二〇	〇三	
奎宿南增五	經	戌	八	五二	〇五	戌	一四	一九	〇二	加		四七	四二	六
	緯	北	一五	三二	〇八	北	一〇	四四	四九	加		二〇	〇四	
奎宿七	經	戌	八	五四	三〇	戌	二五	三三	五二	加		四九	三一	四
	緯	北	三九	四〇	三七	北	三二	三三	一二	加		二〇	〇四	
奎宿三	經	戌	九	〇一	四七	戌	一九	〇二	四六	加		四八	二七	六
	緯	北	二六	一八	二三	北	二〇	三〇	四三	加		二〇	〇六	

（續表）

赤道降婁宫恒星		赤道宫	赤道度	赤道分	赤道秒	黄道宫	黄道度	黄道分	黄道秒	赤道歲差	歲差分	歲差秒	歲差微	星等
天溷内增六	經	戌	九	一九	五八	戌	三	四二	〇〇	加		四六	〇四	五
	緯	南	一二	〇一	五三	南	一四	四四	一四	減		二〇	〇二	
勾陳五	經	戌	九	四三	〇四	申	一七	五六	四五	加	一	二九	二九	六
	緯	北	八四	五三	四三	北	六五	一〇	一〇	加		一九	五九	
天溷北增三	經	戌	九	五九	一一	戌	八	一〇	一八	加		四六	五〇	六
	緯	南	二	三二	一二	南	六	一七	五〇	減		一九	五九	
勾陳一	經	戌	一〇	一四	〇五	申	二四	五九	四三	加	二	五〇	三六	二
	緯	北	八七	五六	二一	北	六六	〇四	一〇	加		一九	五四	
奎宿南增六	經	戌	一〇	一四	四一	戌	一六	二八	二九	加		四八	〇〇	六
	緯	北	一七	四七	四〇	北	一二	一七	一三	加		一九	五八	
天溷一	經	戌	一〇	二〇	四三	戌	五	二二	四六	加		四六	〇七	六
	緯	南	一〇	〇七	五四	南	一三	二四	〇八	減		一九	五九	
奎宿内增九	經	戌	一〇	二一	〇四	戌	一八	二五	五八	加		四八	二〇	六
	緯	北	二三	一五	二一	北	一六	一九	三五	加		一九	五八	
策	經	戌	一〇	二一	五六	酉	一〇	二四	〇五	加		五三	一四	三
	緯	北	五九	二〇	二五	北	四八	四七	五六	加		一九	五八	
王良東增五	經	戌	一〇	二四	四四	酉	九	〇四	二六	加		五二	五三	六
	緯	北	五七	四八	〇二	北	四七	三二	二〇	加		一九	五七	
奎宿内增十	經	戌	一〇	三二	三五	戌	二〇	〇八	二四	加		四八	三九	六
	緯	北	二五	四八	四一	北	一九	二九	三九	加		一九	五七	
奎宿八	經	戌	一〇	三六	一一	戌	二五	三三	四五	加		四九	四四	四
	緯	北	三七	〇六	〇五	北	二九	三九	二〇	加		一九	五六	

（續表）

赤道降婁宮恒星		赤道宮	赤道度	赤道分	赤道秒	黃道宮	黃道度	黃道分	黃道秒	赤道歲差	赤道歲差分	赤道歲差秒	赤道歲差微	星等
天溷二	經	戌	一〇	四八	〇四	戌	四	四七	三二	加		四五	五四	五
	緯	南	一二	三九	四六	南	一五	五三	五〇	減		一九	五七	
奎宿一	經	戌	一〇	五五	三五	戌	一八	五一	〇八	加		四八	二四	四
	緯	北	二三	〇三	〇三	北	一五	五五	一九	加		一九	五五	
奎宿内增十一	經	戌	一〇	五九	〇二	戌	二一	一八	五六	加		四八	五四	六
	緯	北	二七	三五	四七	北	二〇	五七	〇八	加		一九	五六	
勾陳内增三	經	戌	一一	一七	〇七	申	二二	二八	三七	加	二	一〇	一三	六
	緯	北	八六	五一	〇八	北	六五	四二	五四	加		一九	五二	
天溷東增五	經	戌	一一	二八	五一	戌	五	二三	三九	加		四五	五〇	五
	緯	南	一二	四六	〇八	南	一六	一五	五一	減		一九	五三	
外屏南增十	經	戌	一一	五一	五二	戌	一〇	四五	三八	加		四六	三四	六
	緯	南	〇	二二	一〇	南	五	〇二	一〇	減		二〇	〇七	
奎宿北增二十	經	戌	一二	〇九	一八	戌	二八	二〇	二三	加		五〇	三〇	六
	緯	北	三九	五八	四八	北	三一	四〇	〇九	加		一九	五二	
奎宿内增十五	經	戌	一二	一三	二四	戌	二三	三八	四一	加		四九	二八	五
	緯	北	三〇	二五	一一	北	二三	〇三	四七	加		一九	五二	
外屏内增七	經	戌	一二	一三	二〇	戌	一三	四六	四〇	加		四七	一八	六
	緯	北	六	三〇	四四	北	一	〇九	二八	加		一九	五〇	
傳舍三	經	戌	一二	一七	四一	酉	一五	四〇	〇六	加		五五	五六	六
	緯	北	六三	三九	三三	北	五一	三九	二〇	加		一九	四九	
外屏二	經	戌	一二	二五	一〇	戌	一三	五七	一一	加		四七	一八	四
	緯	北	六	二九	五四	北	一	〇四	〇七	加		一九	四九	

（續表）

赤道降婁宮恒星		赤道宮	赤道度	赤道分	赤道秒	黃道宮	黃道度	黃道分	黃道秒	赤道歲差	分	秒	微	星等
天溷北增四	經	戌	一二	三三	五二	戌	九	○五	二四	加		四六	一七	六
	緯	南	六	一二	三四	南	一○	四一	○○	減		一九	四九	
外屏北增一	經	戌	一二	五三	二六	戌	一七	○八	三六	加		四七	五一	六
	緯	北	一三	三三	三一	北	七	二三	二三	加		一九	四七	
外屏南增六	經	戌	一二	五四	二三	戌	一三	三一	四六	加		四七	○八	六
	緯	北	四	一五	三六	南	一	一○	五五	加		一九	四七	
五帝内座西增二	經	戌	一二	五五	三一	申	五	二二	一二	加	一	一○	○○	六
	緯	北	七八	一六	四七	北	六一	三八	一○	加		一九	四五	
外屏北增二	經	戌	一三	○○	三四	戌	一六	二八	二一	加		四七	四五	六
	緯	北	一一	三四	四○	北	五	三一	一三	加		一九	四七	
奎宿十六	經	戌	一三	○一	四九	戌	一九	五四	○○	加		四八	三一	五
	緯	北	二○	○六	二六	北	一三	二一	○八	加		一九	四六	
奎宿十	經	戌	一三	○二	二○	戌	二四	三一	三○	加		四七	三七	五
	緯	北	三○	四八	○七	北	二三	○六	二三	加		一九	四九	
外屏南增五	經	戌	一三	○七	一○	戌	一三	二六	四六	加		四七	○四	六
	緯	北	三	三二	三六	南	一	五五	三○	加		一九	五四	
天倉内增十四	經	戌	一三	一一	四八	戌	七	三四	○九	加		四五	五○	六
	緯	南	一一	二一	一四	南	一五	三八	五九	減		一九	四五	
天倉内增十三	經	戌	一三	一八	三八	戌	七	四三	四九	加		四五	五○	六
	緯	南	一一	一三	二三	南	一五	三五	二九	減		一九	四五	
奎宿北增十九	經	戌	一三	二一	五八	酉	○	四三	一六	加		五一	一五	五
	緯	北	四二	三四	三八	北	三三	三三	一三	加		一九	四五	

（續 表）

赤道降婁宫恒星		赤道宫	赤道度	赤道分	赤道秒	黄道宫	黄道度	黄道分	黄道秒	赤道歲差	赤道歲差分	赤道歲差秒	赤道歲差微	星等
華蓋四	經	戌	一三	二三	二六	酉	二〇	一五	三六	加		五八	三五	六
	緯	北	六七	二四	三〇	北	五四	一三	四〇	加		一九	四四	
奎宿東增十四	經	戌	一三	二八	四三	戌	二四	四九	一八	加		四九	四一	六
	緯	北	三〇	三八	一三	北	二三	四七	五一	加		一九	四四	
火鳥九	經	戌	一三	三一	一五	亥	一六	三六	三八	加		四一	二二	三
	緯	南	四八	一二	四六	南	四八	一四	二七	減		一九	四四	
奎宿南增八	經	戌	一三	三二	五四	戌	二〇	〇三	二五	加		四八	三一	六
	緯	北	一九	二二	〇三	北	二二	二八	四六	加		一九	四四	
軍南門	經	戌	一三	四二	二七	酉	二	五三	〇一	加		五一	五六	五
	緯	北	四五	五二	一二	北	三六	二〇	二一	加		一九	四二	
天倉北增十二	經	戌	一三	四三	二三	戌	八	〇八	五二	加		四五	五〇	六
	緯	南	一一	〇八	三九	南	一五	三九	五六	減		一九	四二	
外屏南增四	經	戌	一三	四八	〇六	戌	一四	二一	四五	加		四七	〇九	五
	緯	北	四	一七	一一	南	一	三〇	一四	加		一九	四二	
奎宿九	經	戌	一三	四九	二七	戌	二六	四七	四四	加		五〇	一二	二
	緯	北	三四	一四	四〇	北	二五	五六	一九	加		一九	四二	
傳舍四	經	戌	一三	四九	三八	酉	一六	三一	一二	加		五七	〇〇	六
	緯	北	六三	三九	二〇	北	五一	一三	五〇	加		一九	四一	
閣道四	經	戌	一三	五五	二八	酉	八	一三	二九	加		五三	四二	四
	緯	北	五三	四五	五五	北	四三	〇五	一五	加		一九	四一	
天倉二	經	戌	一三	五五	五四	戌	八	一〇	一八	加		四五	四五	三
	緯	南	一一	三三	〇七	南	一六	〇七	一六	減		一九	四一	

（續表）

赤道降婁宮恒星		赤道 宮	赤道 度	赤道 分	赤道 秒	黃道 宮	黃道 度	黃道 分	黃道 秒	赤道歲差	赤道歲差 分	赤道歲差 秒	赤道歲差 微	星等
奎宿北增十八	經	戌	一三	五八	四六	酉	〇	一一	二七	加		五一	〇九	六
	緯	北	四〇	四三	一七	北	三一	四一	四〇	加		一九	四〇	
奎宿南增七	經	戌	一四	〇一	五二	戌	二〇	〇二	五〇	加		四八	二八	六
	緯	北	一八	一六	五七	北	一一	一八	〇九	加		一九	四一	
奎宿東增十六	經	戌	一四	一三	二四	戌	二八	〇九	〇八	加		五〇	三七	五
	緯	北	三六	二一	三九	北	二七	四二	一八	加		一九	三九	
奎宿東增十三	經	戌	一四	一四	五七	戌	二五	一二	三二	加		四九	四七	六
	緯	北	三〇	〇二	五六	北	二一	五九	〇六	加		一九	四〇	
外屏南增十一	經	戌	一四	一五	二七	戌	一二	五二	一〇	加		四三	一六	六
	緯	北	〇	三八	四四	南	四	四九	一六	加		一九	四八	
水委二	經	戌	一四	一九	〇一	亥	八	四一	四八	加		三九	〇三	四
	緯	南	五六	三六	四九	南	五五	〇五	二三	減		一九	三九	
天倉北增十一	經	戌	一四	二〇	二九	戌	九	〇五	一〇	加		四五	五一	六
	緯	南	一〇	一六	三一	南	一五	〇六	四七	減		一九	三九	
外屏南增十二	經	戌	一四	二一	五一	戌	一三	三八	一〇	加		四六	五二	六
	緯	北	一	〇七	二九	南	四	四〇	五七	加		一九	三九	
奎宿十一	經	戌	一四	二三	一一	戌	二四	四三	二六	加		四九	三八	五
	緯	北	二八	四一	四九	北	二〇	四二	一九	加		一九	三九	
奎宿十五	經	戌	一四	二五	〇〇	戌	二〇	五六	四三	加		四八	三八	五
	緯	北	一九	三九	三八	北	一二	二五	二九	加		一九	三九	
華蓋三	經	戌	一四	四一	〇三	酉	二四	三〇	一七	加	一	〇一	五六	五
	緯	北	七〇	二八	四〇	北	五六	一〇	一三	加		一九	三七	

（續表）

赤道降婁宮恒星		赤道宮	赤道度	赤道分	赤道秒	黄道宮	黄道度	黄道分	黄道秒	加減	赤道歲差分	赤道歲差秒	赤道歲差微	星等
天倉北增四	經	戌	一四	四二	五三	戌	一二	○七	三八	加		四二	四九	六
	緯	南	三	三七	五二	南	九	○八	四三	減		二八	三五	
外屏南增十三	經	戌	一四	五二	○四	戌	一四	○六	五八	加		四六	五○	六
	緯	北	一	○六	三七	南	四	五○	三一	加		一九	四六	
奎宿十四	經	戌	一四	五八	二五	戌	二二	五三	三一	加		四九	○六	五
	緯	北	二三	一三	○六	北	一五	二九	○二	加		一九	三六	
天倉北增十	經	戌	一四	五八	三七	戌	一○	三三	○三	加		四六	○一	六
	緯	南	八	○九	一三	南	一三	二四	五八	減		一九	三五	
外屏三	經	戌	一五	○五	一七	戌	一六	一七	一三	加		四七	二二	四
	緯	北	六	一二	三六	南	○	一三	二五	加		一九	三五	
天倉北增三	經	戌	一五	一七	五八	戌	一三	○八	五六	加		四六	三四	六
	緯	南	二	二三	五一	南	八	一四	四五	減		一九	三四	
外屏南增三	經	戌	一五	二○	四五	戌	一六	一七	五三	加		四七	二○	六
	緯	北	五	三七	二四	南	○	五一	五○	加		一九	三三	
天倉北增九	經	戌	一五	二三	三一	戌	一○	二七	○四	加		四五	五三	五
	緯	南	九	一八	三四	南	一四	三七	五九	減		一九	三五	
天倉北增六	經	戌	一五	五四	二四	戌	一三	○八	二五	加		四六	二五	六
	緯	南	三	五一	二四	南	九	四九	三三	減		一九	三一	
天倉北增五	經	戌	一五	五七	五七	戌	一三	一七	一○	加		四六	二五	六
	緯	南	三	三七	三五	南	九	三八	一二	減		一九	三○	
閣道内增三	經	戌	一六	○三	○九	酉	一一	五八	一六	加		五五	四二	六
	緯	北	五六	五二	四八	北	四五	○四	○七	加		一九	二八	

（續表）

赤道降婁宮恒星		赤道宮	度	分	秒	黃道宮	度	分	秒	赤道歲差	分	秒	微	星等
外屏南增十四	經	戌	一六	〇九	二七	戌	一五	四五	〇四	加		四七	〇二	五
	緯	北	二	一五	一〇	南	四	一七	一三	加		一九	二九	
天倉北增八	經	戌	一六	一二	二五	戌	一一	二〇	五五	加		四五	五二	六
	緯	南	九	〇一	一六	南	一四	四一	三九	減		一九	二八	
奎宿十三	經	戌	一六	二〇	三一	戌	二五	一二	一〇	加		四九	三九	五
	緯	北	二五	五四	二三	北	一七	二六	五七	加		一九	二七	
天倉北增二	經	戌	一六	四一	四四	戌	一四	三九	二五	加		四六	三六	六
	緯	南	一	五一	五四	南	八	一七	五二	減		一九	二五	
天大將軍西增一	經	戌	一六	四三	一三	酉	四	一〇	四四	加		五二	三七	四
	緯	北	四四	〇七	二六	北	三三	四七	五〇	加		一九	二六	
奎宿十二	經	戌	一六	四四	二四	戌	二六	一〇	二一	加		四九	五五	六
	緯	北	二七	二三	二三	北	一八	三九	五三	加		一九	二五	
天大將軍西增二	經	戌	一六	五一	二七	酉	四	一八	四四	加		五二	四一	五
	緯	北	四四	一〇	二九	北	三三	四七	五〇	加		一九	二五	
華蓋五	經	戌	一七	〇三	一六	酉	二一	二四	四〇	加	一	〇一	一一	五
	緯	北	六六	四七	〇八	北	五二	四九	五〇	加		一九	三三	
奎宿東增十七	經	戌	一七	一七	〇八	酉	〇	三九	二九	加		五一	二一	六
	緯	北	三六	二二	一四	北	二六	三九	〇三	加		一九	二三	
閣道三	經	戌	一七	一九	五二	酉	一四	二二	一五	加		五七	〇九	三
	緯	北	五八	五四	〇九	北	四六	二三	二六	加		一九	二一	
天倉北增一	經	戌	一七	二三	〇六	戌	一五	一九	二八	加		四六	三六	六
	緯	南	一	四八	〇五	南	八	三〇	〇五	減		一九	一一	

（續表）

赤道降婁宮恒星		赤道宮	赤道度	赤道分	赤道秒	黃道宮	黃道度	黃道分	黃道秒	赤道歲差	分	秒	微	星等
右更西增五	經	戌	一七	三五	三二	戌	一九	四二	五五	加		四七	三〇	六
	緯	北	一〇	〇七	一〇	北	一	五四	五二	加		一九	一一	
天倉北增七	經	戌	一七	四五	一一	戌	二二	四〇	〇六	加		四五	四五	六
	緯	南	九	二〇	四八	南	一五	三五	四四	減		一九	二〇	
天倉三	經	戌	一七	四八	二三	戌	二二	三八	五二	加		四五	四三	三
	緯	南	九	三一	〇九	南	一五	四六	三〇	減		一九	一八	
右更一	經	戌	一八	〇七	〇一	戌	二三	三〇	一二	加		四八	五三	五
	緯	北	一七	四九	二三	北	九	二二	〇三	加		一九	一七	
天大將軍西增三	經	戌	一八	〇七	三四	酉	五	一三	四五	加		五三	〇四	五
	緯	北	四四	〇四	二五	北	三三	一七	三一	加		一九	一六	
杠九	經	戌	一八	一〇	一九	酉	二四	一三	四四	加	一	〇三	四九	六
	緯	北	六八	五四	〇四	北	五四	一一	二〇	加		一九	一四	
右更東增一	經	戌	一八	一三	二二	戌	二三	三七	二七	加		四八	五二	六
	緯	北	一七	五三	五五	北	九	二三	五八	加		一九	一五	
天倉內增十五	經	戌	一八	一五	四三	戌	一〇	二一	三六	加		四〇	五七	五
	緯	南	一五	五六	二一	南	二一	五〇	〇七	減		一九	一五	
天倉內增十六	經	戌	一八	三四	〇八	戌	一一	一九	一七	加		四五	〇五	六
	緯	南	一四	二三	四四	南	二〇	三三	四〇	減		一九	一三	
天大將軍四	經	戌	一八	四四	三一	酉	六	三四	二七	加		五三	三九	五
	緯	北	四五	四〇	一六	北	三四	三〇	五五	加		一九	一二	
外屏四	經	戌	一九	一一	一五	戌	一九	三一	四〇	加		四七	二一	五
	緯	北	四	四八	三一	南	三	〇四	二五	加		一九	一一	

(續 表)

赤道降婁宮恒星		赤道 宮	赤道 度	赤道 分	赤道 秒	黃道 宮	黃道 度	黃道 分	黃道 秒	赤道歲差	赤道歲差 分	赤道歲差 秒	赤道歲差 微	星等
火鳥十	經	戌	一九	一四	二一	亥	二四	二八	二七	加		四〇	〇六	三
	緯	南	四四	三八	三八	南	四七	三三	一七	減		一九	〇八	
鈇鑕一	經	戌	一九	一八	五二	戌	八	〇六	四四	加		四三	五五	六
	緯	南	一二	五七	四八	南	二八	三七	五六	減		一九	〇八	
閣道南增四	經	戌	一九	二一	四九	酉	一四	五三	〇五	加		五七	五〇	六
	緯	北	五七	五四	四六	北	四四	五八	五五	加		一九	〇七	
右更二	經	戌	一九	二七	一四	戌	二三	一四	二〇	加		四八	三一	四
	緯	北	一四	〇〇	三六	北	五	二一	〇七	加		一九	〇六	
華蓋二	經	戌	一九	四〇	〇三	酉	二八	〇八	二七	加	一	〇八	一四	六
	緯	北	七一	四三	二四	北	五五	五八	五一	加		一九	〇五	
天園一	經	戌	二〇	〇三	四〇	亥	一九	五二	四一	加		三八	一四	三
	緯	南	五〇	二六	一〇	南	五二	三四	二二	減		一九	〇四	
右更西增四	經	戌	二〇	二八	五八	戌	二三	五八	三八	加		四八	一四	六
	緯	北	一一	一四	二一	北	二	二八	〇五	加		一九	〇一	
天大將軍六	經	戌	二〇	二八	二七	酉	五	〇一	二七	加		五二	五五	五
	緯	北	四〇	〇七	〇〇	北	二八	五八	二一	加		一九	〇〇	
右更內增二	經	戌	二〇	三〇	四三	戌	二三	五六	三五	加		四八	三一	六
	緯	北	一三	二〇	三〇	北	四	二〇	四七	加		一九	〇〇	
天倉內增十八	經	戌	二〇	三一	五五	戌	一二	〇二	五〇	加		四四	三五	六
	緯	南	一六	五九	五五	南	二三	四一	二四	減		一八	五九	
天大將軍三	經	戌	二〇	三六	四一	酉	八	五三	三六	加		五四	四四	五
	緯	北	四七	一九	二七	北	三五	二三	四五	加		一八	五七	

（續表）

赤道降婁宮恒星		赤道宮	赤道度	赤道分	赤道秒	黃道宮	黃道度	黃道分	黃道秒	赤道歲差	赤道歲差分	赤道歲差秒	赤道歲差微	星等
天倉內增十七	經	戌	二〇	五二	五五	戌	一二	三〇	三〇	加		四四	三五	六
	緯	南	一六	四二	四七	南	二三	三三	五六	減		一八	五七	
右更三	經	戌	二〇	五三	〇七	戌	二三	二〇	一八	加		四八	一三	五
	緯	北	一〇	四九	〇二	北	一	五二	〇五	加		一八	五六	
杠八	經	戌	二〇	五五	一五	酉	二五	五七	〇四	加	一	〇六	三九	六
	緯	北	六九	一八	一四	北	五三	五二	一九	加		一八	五五	
華蓋一	經	戌	二〇	五五	三八	酉	二八	一一	三〇	加	一	〇八	五九	六
	緯	北	七一	一八	五八	北	五五	二四	四〇	加		一八	五五	
華蓋六	經	戌	二〇	五六	五五	酉	二三	一九	五三	加	一	〇四	一二	六
	緯	北	六六	四三	三五	北	五一	五〇	一二	加		一八	五五	
天大將軍五	經	戌	二一	〇二	〇九	酉	六	五六	二六	加		五三	四七	六
	緯	北	四三	〇四	三六	北	三一	二七	四三	加		一八	五五	
右更五	經	戌	二一	二二	四五	戌	二四	三五	〇六	加		四八	三三	六
	緯	北	一二	五七	二九	北	三	四〇	三二	加		一八	五三	
天大將軍七	經	戌	二一	二四	〇二	酉	五	二一	〇一	加		五三	〇〇	五
	緯	北	三九	一六	〇五	北	二七	五四	〇六	加		一八	五二	
鈇鑕二	經	戌	二一	三〇	〇三	戌	一〇	五八	一七	加		四三	五一	五
	緯	南	二一	二一	一一	南	二八	〇二	〇〇	減		一九	〇一	
閣道南增五	經	戌	二一	三四	四〇	酉	一七	一六	五五	加		五九	四一	六
	緯	北	五九	一五	〇三	北	四五	三〇	一六	加		一八	五〇	
奎宿東增十二	經	戌	二一	四七	四五	酉	〇	五〇	一七	加		五〇	五五	六
	緯	北	二八	一二	五二	北	一七	三九	〇八	加		一八	四九	

（續表）

赤道降婁宮恒星		赤道 宮	赤道 度	赤道 分	赤道 秒	黃道 宮	黃道 度	黃道 分	黃道 秒	赤道歲差	赤道歲差 分	赤道歲差 秒	赤道歲差 微	星等
水委一	經	戌	二一	五四	四〇	亥	一一	三三	五六	加		三四	一八	一
	緯	南	五八	三二	五五	南	五九	一九	〇六	減		一八	四九	
天大將軍二	經	戌	二一	五七	三三	酉	一一	〇三	一三	加		五五	五二	四
	緯	北	四九	二三	二九	北	三六	四九	一三	加		一八	四七	
外屏五	經	戌	二二	〇一	五四	戌	二一	五五	三七	加		四七	二三	五
	緯	北	四	一〇	三五	南	四	四三	一二	加		一八	四七	
婁宿西增三	經	戌	二二	〇九	一八	戌	二七	三三	一五	加		四九	二九	六
	緯	北	一九	〇一	一四	北	九	〇一	二六	加		一八	四二	
天大將軍西增四	經	戌	二二	一一	二二	酉	五	二一	〇四	加		五二	五四	六
	緯	北	三七	五五	一八	北	二六	二五	一五	加		一八	四五	
婁宿北增四	經	戌	二二	四四	二八	戌	二九	〇七	五二	加		五〇	〇〇	六
	緯	北	二一	四八	二五	北	一一	二四	〇八	加		一八	四一	
鈇鑕三	經	戌	二二	五三	四六	戌	一二	〇七	三二	加		四三	三六	五
	緯	南	二一	四四	三二	南	二八	五五	五一	減		一八	四〇	
右更四	經	戌	二二	五八	四一	戌	二四	〇九	四〇	加		四七	五五	五
	緯	北	七	五一	一一	南	一	三八	五八	加		一八	三九	
婁宿西增二	經	戌	二三	〇九	三〇	戌	二七	二一	一八	加		四九	〇八	六
	緯	北	一六	〇五	三六	北	五	五七	〇三	加		一八	三八	
天倉五	經	戌	二三	四〇	三〇	戌	一四	二〇	四八	加		四四	一七	三
	緯	南	一七	一八	二八	南	二四	五七	三二	減		一八	三九	
大陵西增四	經	戌	二三	五一	二八	酉	一五	〇四	一三	加		五八	一九	六
	緯	北	五三	五二	〇七	北	四〇	一三	一六	加		一八	三一	

（續表）

赤道降婁宮恒星		赤道宮	赤道度	赤道分	赤道秒	黃道宮	黃道度	黃道分	黃道秒	赤道歲差加減	赤道歲差分	赤道歲差秒	赤道歲差微	星等
閣道二	經	戌	二四	○一	五六	酉	二一	一一	四八	加	一	○三	○二	三
	緯	北	六二	二四	○五	北	四七	三一	五○	加		一八	三二	
天大將軍北增十六	經	戌	二四	○二	○八	酉	一二	三七	○一	加		五六	四二	六
	緯	北	四九	三○	四○	北	三六	一八	三七	加		一八	二九	
華蓋七	經	戌	二四	○八	二四	酉	二五	三六	○八	加	一	○七	二一	六
	緯	北	六七	二四	三六	北	五一	三八	五○	加		一八	二七	
右更東增三	經	戌	二四	二五	○四	戌	二六	○九	四二	加		四八	一六	六
	緯	北	九	四二	一九	南	○	二六	三九	加		一八	二六	
天大將軍內增十一	經	戌	二四	三一	一七	酉	七	五四	四○	加		五三	五二	氣
	緯	北	三九	二六	五七	北	二七	○四	○八	加		一八	二五	
婁宿北增六	經	戌	二四	三五	三八	酉	三	一五	五一	加		五一	二七	四
	緯	北	二八	一九	一九	北	一六	四八	二三	加		一八	二四	
天倉四	經	戌	二四	四六	四二	戌	一八	二一	四七	加		四五	○二	三
	緯	南	一一	三六	五四	南	二○	二一	一九	減		一八	二四	
婁宿二	經	戌	二四	五二	一四	戌	二九	三六	○○	加		四九	三五	四
	緯	北	一八	○一	三三	北	七	○八	五八	加		一八	二三	
外屏六	經	戌	二五	○四	一九	戌	二三	五六	一八	加		四七	○五	五
	緯	北	一	五五	三五	南	七	五五	四五	加		一八	二一	
婁宿一	經	戌	二五	○七	二七	酉	○	二二	五九	加		四九	五四	三
	緯	北	一九	三二	二二	北	八	二八	一六	加		一八	二○	
五帝內座二	經	戌	二五	一○	五七	申	五	三四	○七	加	一	二二	五一	五
	緯	北	七六	○一	四八	北	五八	○六	五六	加		一八	一七	

（續表）

赤道降婁宮恒星		赤道宮	赤道度	赤道分	赤道秒	黃道宮	黃道度	黃道分	黃道秒	加減	赤道歲差分	赤道歲差秒	赤道歲差微	星等
天大將軍八	經	戌	二五	一五	四三	酉	六	五八	〇五	加		五三	一四	六
	緯	北	三五	五八	四二	北	二三	三九	一三	加		一八	一九	
杠七	經	戌	二五	二一	二九	酉	二八	二三	二六	加	一	一〇	五八	五
	緯	北	六九	四〇	一三	北	五三	一二	〇七	加		一八	一六	
杠五	經	戌	二五	三二	二九	申	〇	〇〇	五三	加	一	一三	一七	四
	緯	北	七一	〇九	五七	北	五四	二一	〇四	加		一八	一五	
杠三	經	戌	二五	三二	五五	申	四	一三	一二	加	一	二〇	一八	六
	緯	北	七四	五一	二五	北	五七	一一	一〇	加		一八	一三	
天大將軍東增十五	經	戌	二五	三七	四二	酉	一二	五四	五六	加		五六	四四	六
	緯	北	四七	五六	一四	北	三四	二六	〇一	加		一八	一五	
五帝内座内增一	經	戌	二五	三九	二九	申	五	五〇	一三	加	一	二三	四二	六
	緯	北	七六	〇六	五五	北	五八	〇六	〇〇	加		一八	一二	
婁宿南增一	經	戌	二五	五〇	三三	戌	二九	五五	五七	加		四九	二七	五
	緯	北	一六	三二	五七	北	五	二六	一二	加		一八	一三	
婁宿北增五	經	戌	二五	五五	二六	酉	二	〇七	一五	加		五〇	三〇	五
	緯	北	二二	一九	四六	北	一〇	四七	四七	加		一八	一二	
杠四	經	戌	二六	〇二	〇〇	申	二	三六	一八	加	一	一七	三三	六
	緯	北	七三	二〇	一〇	北	五五	五六	四五	加		一八	一〇	
鈇鑕五	經	戌	二六	一〇	二五	戌	一四	一八	三二	加		四二	四八	四
	緯	南	二三	四七	一五	南	三二	〇三	二八	減		一八	一一	
天園二	經	戌	二六	二二	二七	亥	二二	二三	二三	加		三四	四六	四
	緯	南	五二	五四	四八	南	五六	五八	一七	減		一八	一〇	

（續表）

赤道降婁宫恒星		赤道宫	赤道度	赤道分	赤道秒	黄道宫	黄道度	黄道分	黄道秒	赤道歲差	赤道歲差分	赤道歲差秒	赤道歲差微	星等
大陵西增五	經	戌	二六	二二	四五	酉	一六	二四	一〇	加		五九	〇八	六
	緯	北	五三	一四	〇六	北	三八	五七	三六	加		一八	〇八	
外屏北增十五	經	戌	二六	四二	三一	戌	二五	二七	〇五	加		四七	〇六	六
	緯	北	一	五一	二八	南	八	三五	〇五	加		一八	〇六	
杠六	經	戌	二六	五五	二四	酉	二九	四五	四三	加	一	一三	一七	六
	緯	北	七〇	一九	二三	北	五三	二四	一五	加		一八	〇一	
天倉六	經	戌	二六	五六	〇六	戌	一五	五三	三二	加		四三	〇〇	五
	緯	南	二三	〇四	四三	南	三〇	四七	五二	減		一八	〇五	
鈇鑕四	經	戌	二六	五九	〇〇	戌	一五	四九	一五	加		四二	五九	四
	緯	南	二三	一九	三二	南	三一	〇二	二九	減		一八	〇三	
天大將軍南增五	經	戌	二六	五九	一六	酉	六	四五	二五	加		五二	四一	六
	緯	北	三二	〇二	一八	北	一九	二八	〇〇	加		一八	〇二	
天囷西增二	經	戌	二七	〇〇	三三	戌	二三	四八	五五	加		四六	一六	六
	緯	南	三	二〇	四二	南	一三	三二	三四	減		一八	〇三	
天大將軍一	經	戌	二七	〇五	四七	酉	一〇	四〇	四四	加		五四	五九	二
	緯	北	四一	〇四	五五	北	二七	四六	〇七	加		一八	〇二	
外屏七	經	戌	二七	一二	〇四	戌	二五	四七	二三	加		四七	〇三	三
	緯	北	一	三〇	三六	南	九	〇五	一〇	加		一八	〇一	
蛇腹四	經	戌	二七	一五	二八	子	二五	二〇	四六	加		二二	三九	五
	緯	南	六八	五六	〇四	南	六七	〇八	三六	減		一八	〇二	
婁宿北增七	經	戌	二七	一七	二八	酉	四	一一	一四	加		五一	一〇	六
	緯	北	二四	四〇	五三	北	一二	三一	五二	加		一八	〇〇	

（續 表）

赤道降婁宮恒星		赤道 宮	赤道 度	赤道 分	赤道 秒	黃道 宮	黃道 度	黃道 分	黃道 秒	赤道歲差	赤道歲差 分	赤道歲差 秒	赤道歲差 微	星等
天囷西增四	經	戌	二七	三一	二二	戌	二五	○七	四四	加		四六	三六	六
	緯	南	一	○七	四七	南	一一	三九	五三	減		一七	五八	
蛇首一	經	戌	二七	三一	四九	亥	八	一八	四四	加		二八	二六	三
	緯	南	六二	五○	一四	南	六四	一○	二○	減		一七	五九	
天囷西增三	經	戌	二七	四○	五一	戌	二五	○六	三二	加		四六	三二	六
	緯	南	一	三五	三四	南	一二	○九	一三	減		一七	五六	
婁宿東增十一	經	戌	二八	○三	五九	酉	三	四○	○八	加		五○	三七	五
	緯	北	一二	二四	四七	北	九	一三	二九	加		一七	五二	
婁宿北增八	經	戌	二八	○四	三四	酉	四	四七	一二	加		五一	一三	六
	緯	北	二四	二七	三七	北	一二	○四	○二	加		一七	五一	
婁宿三	經	戌	二八	一一	一二	酉	四	○四	一八	加		五○	四七	二
	緯	北	二二	一四	○七	北	九	五七	一二	加		一七	五一	
天大將軍内增九	經	戌	二八	一七	二八	酉	九	四一	四一	加		五四	○五	六
	緯	北	三六	三七	三一	北	二三	一八	一一	加		一七	四九	
大陵北增三	經	戌	二八	三二	四九	酉	一九	四六	二七	加	一	○一	四九	六
	緯	北	五六	二五	○九	北	四一	一二	二三	加		一七	四五	
天大將軍九	經	戌	二八	三三	二五	酉	八	四四	四四	加		五三	二四	四
	緯	北	三三	四五	四八	北	二○	三四	一七	加		一七	四六	
傳舍五	經	戌	二八	三九	三一	酉	二六	○六	二四	加	一	○八	三○	六
	緯	北	六五	一七	五五	北	四八	五三	○六	加		一七	四四	
婁宿北增九	經	戌	二八	四二	四一	酉	五	二五	四六	加		五一	二二	六
	緯	北	二四	四二	三二	北	一二	○五	三二	加		一七	四五	

（續表）

赤道降婁宮恒星		赤道宮	赤道度	赤道分	赤道秒	黃道宮	黃道度	黃道分	黃道秒	赤道歲差	赤道歲差分	赤道歲差秒	赤道歲差微	星等
天大將軍東增十	經	戌	二八	五二	二四	酉	一〇	三九	三二	加		五四	三二	六
	緯	北	三七	四八	四六	北	二四	一三	二四	加		一七	四三	
天庾西增一	經	戌	二八	五七	〇六	戌	一四	一八	〇八	加		四一	一八	六
	緯	南	二九	〇〇	〇六	南	三七	五〇	〇五	減		一七	四三	
天囷西增一	經	戌	二九	〇二	四二	戌	二五	四一	〇一	加		四六	一一	六
	緯	南	三	三四	〇四	南	一四	二九	一三	減		一七	四三	
婁宿東增十四	經	戌	二九	〇六	三九	酉	三	二八	四九	加		五〇	〇六	六
	緯	北	一八	一六	五八	北	五	五六	五八	加		一七	四〇	
大陵西增六	經	戌	二九	一一	三七	酉	一六	二九	五七	加		五八	四六	六
	緯	北	四九	五一	三五	北	三五	〇九	三四	加		一七	三九	
天大將軍東增十二	經	戌	二九	二〇	一九	酉	一三	一七	二〇	加		五六	一五	六
	緯	北	四三	〇〇	五一	北	二八	五二	三五	加		一七	三九	
蒭藁西增一	經	戌	二九	二〇	二一	戌	二三	〇八	三三	加		四四	五二	六
	緯	南	一〇	五四	三五	南	二一	二五	三五	減		一七	三九	
天大將軍南增六	經	戌	二九	二二	二七	酉	七	三七	三五	加		五二	二六	六
	緯	北	二九	〇六	二二	北	一五	五九	〇二	加		一七	三九	
天囷十二	經	戌	二九	二四	一七	戌	二六	一三	一六	加		四六	一六	六
	緯	南	三	〇三	〇六	南	一四	〇八	〇三	減		一七	三九	
天庾一	經	戌	二九	二七	四六	戌	一四	一六	五一	加		四一	〇〇	六
	緯	南	二九	五六	一九	南	三八	五二	一九	減		一七	三七	
婁宿東增十二	經	戌	二九	三六	五五	酉	四	三一	五〇	加		五〇	三一	六
	緯	北	一九	五九	一三	北	七	二三	四五	加		一七	三五	

（續 表）

赤道降婁宮恒星		赤道宮	赤道度	赤道分	赤道秒	黃道宮	黃道度	黃道分	黃道秒	赤道歲差	赤道歲差分	赤道歲差秒	赤道歲差微	星等
天囷西增六	經	戌	二九	三八	〇七	酉	〇	〇〇	〇五	加		四八	〇六	六
	緯	北	七	二一	四一	南	四	二四	三八	加		一七	三七	
婁宿南增十五	經	戌	二九	四四	四九	酉	二	三四	五〇	加		四九	二一	六
	緯	北	一四	〇三	二〇	北	一	四六	二五	加		一七	三四	
天囷五	經	戌	二九	五一	二六	酉	〇	二七	三六	加		四八	一一	四
	緯	北	七	三八	一七	南	四	一七	〇五	加		一七	三三	
天囷十三	經	戌	二九	五四	四八	戌	二六	三〇	二〇	加		四六	〇九	六
	緯	南	三	三六	二六	南	一四	五〇	〇五	減		一七	三二	

清·戴進賢《儀象考成》卷一八《恒星赤道經緯度表五》 赤道大梁宮黃道度附

赤道大梁宮恒星		赤道宮	赤道度	赤道分	赤道秒	黃道宮	黃道度	黃道分	黃道秒	赤道歲差	赤道歲差分	赤道歲差秒	赤道歲差微	星等
大陵北增一	經	酉	〇	〇四	〇〇	酉	二〇	四一	四八	加	一	〇二	二三	六
	緯	北	五六	一八	三六	北	四〇	四三	二一	加		一七	三〇	
大陵北增二	經	酉	〇	〇六	四三	酉	二〇	五七	三五	加	一	〇二	三七	六
	緯	北	五六	四一	五一	北	四一	〇三	二二	加		一七	三〇	
天大將軍南增七	經	酉	〇	一〇	五九	酉	九	二七	四〇	加		五三	二〇	六
	緯	北	三二	〇九	〇五	北	一八	三四	一二	加		一七	二九	
婁宿北增十	經	酉	〇	一六	五〇	酉	六	四四	三八	加		五一	三四	六
	緯	北	二四	三四	三三	北	一一	二七	四四	加		一七	二八	
天大將軍十一	經	酉	〇	一八	五〇	酉	九	五四	四三	加		五三	三四	五
	緯	北	三三	〇二	二八	北	一九	二一	三二	加		一七	二九	

(續表)

赤道大梁宮恒星		赤道 宮	度	分	秒	黃道 宮	度	分	秒	赤道歲差	分	秒	微	星等
天大將軍東增十四	經	西	○	二一	一三	酉	一六	一二	四八	加		五八	一五	六
	緯	北	四七	三七	三三	北	三三	四八	三六	加		一七	二七	
五帝內座三	經	西	○	二二	四七	申	二二	四三	一○	加	一	四八	五二	六
	緯	北	八○	一二	三五	北	六○	二四	二三	加		一七	二三	
天大將軍十	經	西	○	三○	二九	酉	九	五五	二一	加		五三	三一	四
	緯	北	三二	三九	○一	北	一八	五六	○七	加		一七	二六	
天大將軍東增十三	經	西	○	四五	四○	酉	一五	四九	一九	加		五七	四九	六
	緯	北	四六	一○	四四	北	三一	二二	二八	加		一七	二三	
婁宿東增十三	經	西	○	五八	二○	酉	五	一七	二五	加		五○	二三	六
	緯	北	一八	四一	五五	北	五	四三	三九	加		一七	二三	
胃宿西增一	經	西	○	五九	三四	酉	八	二三	三一	加		五二	一九	六
	緯	北	二七	二六	四四	北	一三	五五	二六	加		一七	二○	
蒭藁三	經	西	一	○二	○二	戌	二六	○五	一三	加		四五	二三	六
	緯	南	七	三七	一四	南	一八	五八	五一	減		一七	二○	
大陵西增七	經	西	一	○四	四一	酉	一七	二三	三一	加		五九	○五	六
	緯	北	四八	五七	一九	北	三三	四九	三一	加		一七	一九	
大陵一	經	西	一	一二	四○	酉	二○	二九	四三	加	一	○一	五五	六
	緯	北	五四	三九	五五	北	三八	五七	四一	加		一七	一七	
蒭藁北增二	經	西	一	三六	○六	戌	二七	五六	一五	加		四六	○一	氣
	緯	南	四	○九	一三	南	一五	五六	三八	減		一七	一四	
天園三	經	西	一	四四	二○	亥	二七	一五	一三	加		三二	四二	四
	緯	南	五二	四二	三七	南	五八	五六	四八	減		一七	一四	

（續表）

赤道大梁宫恒星		赤道宫	赤道度	赤道分	赤道秒	黄道宫	黄道度	黄道分	黄道秒		赤道歲差分	赤道歲差秒	赤道歲差微	星等
大陵西增八	經	酉	一	五六	二五	酉	一七	五六	五八	加		五九	一八	六
	緯	北	四八	四九	二八	北	三三	二八	二七	加		一七	〇九	
蒭藁五	經	酉	二	〇五	一七	戌	二五	五四	三四	加		四四	四四	六
	緯	南	一〇	四五	〇〇	南	二三	一六	二八	減		一七	〇九	
天囷内增五	經	酉	二	一三	〇七	戌	二九	四四	四二	加		四六	四〇	六
	緯	南	〇	四七	五五	南	一三	〇〇	五六	減		一七	〇七	
天囷十一	經	酉	二	一六	五六	戌	二九	二一	〇四	加		四六	二四	六
	緯	南	二	〇四	二六	南	一四	一四	〇一	減		一七	〇七	
閣道一	經	酉	二	一九	〇七	酉	二八	四九	〇〇	加	一	一二	〇三	五
	緯	北	六六	一五	三〇	北	四八	五五	〇九	加		一七	〇四	
大陵西增九	經	酉	二	三六	五六	酉	一八	三七	一九	加		五九	四二	五
	緯	北	四九	一二	三三	北	三三	三八	五〇	加		一七	〇二	
天囷北增七	經	酉	二	四四	二二	酉	三	四五	四九	加		四八	三九	六
	緯	北	九	二六	四四	南	三	三三	三一	加		一七	〇二	
大陵西增十	經	酉	二	四五	五七	酉	一八	四九	四一	加		五九	五一	六
	緯	北	四九	二四	四二	北	三三	四七	三五	加		一七	〇〇	
蒭藁四	經	酉	三	〇〇	三一	戌	二九	二二	三六	加		四六	〇二	六
	緯	南	三	五七	三三	南	一六	一五	一二	減		一六	五八	
胃宿西增二	經	酉	三	一七	三〇	酉	一〇	四四	三四	加		五二	五七	六
	緯	北	二八	三一	四七	北	一四	一四	〇三	加		一六	五三	
蒭藁一	經	酉	三	二二	二七	戌	二六	〇七	一〇	加		四四	〇六	四
	緯	南	一三	二七	四一	南	二五	一五	五〇	減		一六	五四	

（續表）

赤道大梁宮恒星		赤道宮	赤道度	赤道分	赤道秒	黃道宮	黃道度	黃道分	黃道秒	加減	赤道歲差分	赤道歲差秒	赤道歲差微	星等
杠内增一	經	酉	三	二九	二七	申	三	五八	一五	加	一	二一	二九	五
	緯	北	七一	三九	一一	北	五三	一五	三〇	加		一六	四八	
天囷六	經	酉	三	三八	〇一	酉	三	五二	三五	加		四八	一六	四
	緯	北	七	一七	二六	南	五	五三	〇七	加		一六	五〇	
天苑西增七	經	酉	三	五〇	四九	戌	二二	二二	〇〇	加		四一	五七	六
	緯	南	二二	五九	三六	南	三四	一四	〇五	減		一六	四八	
天大將軍東增八	經	酉	四	一五	一五	酉	一三	五三	二八	加		五四	五四	六
	緯	北	三四	五九	二四	北	二〇	〇〇	三七	加		一六	四〇	
天園四	經	酉	四	一七	〇四	戌	四	一一	五五	加		三三	四〇	四
	緯	南	四八	五一	〇二	南	五六	五七	五三	減		一六	四四	
左更西增一	經	酉	四	一七	五八	酉	八	一六	四五	加		五〇	四四	六
	緯	北	一八	四三	三五	北	四	四一	三〇	加		一六	四二	
蛇腹三	經	酉	四	二九	五八	子	二五	三一	二三	加		一五	三四	四
	緯	南	六九	五〇	二六	南	六九	五〇	四六	減		一六	四三	
天囷十	經	酉	四	四七	〇九	酉	一	四四	一九	加		四六	二三	五
	緯	南	二	一一	三二	南	一五	一二	一五	減		一六	三六	
天苑西增九	經	酉	四	五九	一七	戌	二六	三一	〇二	加		四三	二一	四
	緯	南	一六	三二	五〇	南	二八	三〇	四八	減		一六	三四	
天庾二	經	酉	五	二一	一二	戌	二一	〇九	〇八	加		四〇	二五	六
	緯	南	二八	二一	四七	南	三九	四一	一五	減		一六	三一	
蒭藁二	經	酉	五	三〇	三八	戌	二九	五八	五八	加		四四	五五	六
	緯	南	八	五九	五五	南	二一	五〇	三六	減		一六	二七	

（續表）

赤道大梁宮恒星		赤道宮	赤道度	赤道分	赤道秒	黃道宮	黃道度	黃道分	黃道秒	赤道歲差	赤道歲差分	赤道歲差秒	赤道歲差微	星等
天囷七	經	酉	五	三六	三四	酉	四	四八	〇九	加		四七	四四	四
	緯	北	四	二七	三三	南	九	一二	二六	加		一六	二七	
蒭藁東增三	經	酉	五	三七	一〇	酉	一	四〇	三七	加		四五	四九	六
	緯	南	四	四〇	一一	南	一七	四九	〇一	減		一六	二六	
天囷北增八	經	酉	五	三八	四八	酉	七	〇五	〇七	加		四九	一二	六
	緯	北	一一	一八	五七	南	二	四四	一二	加		一六	二六	
蒭藁東增五	經	酉	五	五〇	三五	酉	〇	一九	三四	加		四四	五五	六
	緯	南	八	五八	〇〇	南	二一	五五	四四	減		一六	二四	
右更一	經	酉	六	〇四	四四	酉	一〇	三三	三五	加		五一	二四	六
	緯	北	二〇	四九	四九	北	六	〇七	五六	加		一六	二一	
蒭藁東增四	經	酉	六	一一	五五	酉	二	一七	五五	加		四五	五一	六
	緯	南	四	三一	三八	南	一七	五二	四三	減		一六	一九	
胃宿西增五	經	酉	六	二五	五三	酉	一三	三三	〇一	加		五二	四四	五
	緯	北	二五	五六	四三	北	一〇	五一	五二	加		一六	一六	
天囷九	經	酉	六	三六	〇五	酉	三	五九	二六	加		四六	三九	三
	緯	南	〇	四七	五八	南	一四	二九	五七	減		一六	一五	
大陵西增十三	經	酉	六	四一	四五	酉	二一	〇四	二三	加	一	〇〇	三三	四
	緯	北	四八	〇八	〇九	北	三一	三六	三七	加		一六	一二	
蒭藁六	經	酉	六	四八	一八	戌	二九	四五	一五	加		四三	五九	三
	緯	南	一二	五八	〇九	南	二六	〇〇	二五	減		一六	一一	
大陵西增十四	經	酉	六	五六	一六	酉	一九	一〇	五七	加		五八	二四	六
	緯	北	四三	一二	一一	北	二六	五七	二七	加		一六	〇八	

（續表）

赤道大梁宮恒星		赤道宮	赤道度	赤道分	赤道秒	黃道宮	黃道度	黃道分	黃道秒	加減	赤道歲差分	赤道歲差秒	赤道歲差微	星等
左更二	經	酉	六	五九	一〇	酉	一〇	四四	五五	加		五一	〇二	六
	緯	北	一八	五四	〇八	北	四	〇一	五六	加		一六	〇九	
大陵八	經	酉	六	五九	三五	酉	一七	一六	五三	加		五六	三一	六
	緯	北	三八	〇九	三二	北	二二	一三	〇六	加		一六	〇七	
天囷南增二十	經	酉	七	〇一	三九	酉	四	〇三	三九	加		四六	二五	六
	緯	南	一	四八	三八	南	一五	三五	三九	減		一六	〇八	
胃宿一	經	酉	七	〇六	〇七	酉	一三	二〇	四七	加		五三	〇一	四
	緯	北	二六	三五	五六	北	一一	一七	一三	加		一六	〇七	
天囷北增九	經	酉	七	一一	三三	酉	七	五九	二二	加		四八	五四	六
	緯	北	九	三八	四〇	南	四	四八	二九	加		一六	〇六	
天庾東增二	經	酉	七	一六	五四	戌	二三	〇一	一七	加		三九	三三	六
	緯	南	三〇	二三	四六	南	四二	一四	三二	減		一六	〇六	
天園五	經	酉	七	二三	五一	戌	一二	一三	三二	加		三四	四九	四
	緯	南	四四	〇〇	二四	南	五四	一三	一三	減		一六	〇六	
天囷八	經	酉	七	三一	一〇	酉	五	五二	〇三	加		四七	一六	三
	緯	北	二	〇八	一三	南	一二	〇一	二六	加		一六	〇二	
天園北增一	經	酉	七	三二	二九	戌	一五	〇〇	〇六	加		三六	〇一	四
	緯	南	四〇	五九	五七	南	五一	四三	〇三	減		一六	〇三	
左更三	經	酉	七	三五	四三	酉	九	四八	四三	加		四九	五九	六
	緯	北	一四	一二	二二	南	〇	三六	二四	加		一六	〇一	
天囷四	經	酉	七	四六	一六	酉	八	一九	五〇	加		四八	四八	四
	緯	北	九	〇〇	三一	南	五	三五	三三	加		一五	五八	

（續表）

赤道大梁宮恒星		赤道宮	赤道度	赤道分	赤道秒	黃道宮	黃道度	黃道分	黃道秒	赤道歲差加減	赤道歲差分	赤道歲差秒	赤道歲差微	星等
五帝内座一	經	西	七	五五	三二	申	一二	〇三	三一	加	一	四七	一九	六
	緯	北	七七	五九	一〇	北	五七	四七	二七	加		一五	五一	
天苑七	經	西	七	五九	一九	酉	〇	〇九	五三	加		四三	二七	三
	緯	南	一四	五七	三四	南	二八	一六	三一	減		一五	五六	
天庾三	經	西	七	五九	四四	戌	二一	一一	四二	加		三八	三八	五
	緯	南	三三	〇一	三〇	南	四四	五二	二三	減		一五	五六	
大陵西增十二	經	西	八	〇一	四〇	酉	二三	一七	〇〇	加	一	〇一	一四	六
	緯	北	四八	四一	五三	北	三一	四八	一〇	加		一五	五四	
天船一	經	西	八	〇五	四一	酉	二五	一〇	二四	加	一	〇四	五一	四
	緯	北	五四	四九	一九	北	三七	二六	五〇	加		一五	五三	
胃宿二	經	西	八	〇九	一〇	酉	一四	四五	五五	加		五三	三六	四
	緯	北	二八	〇九	五六	北	一三	二八	〇八	加		一五	五三	
天苑八	經	西	八	一七	一三	戌	二八	二八	五〇	加		四二	一六	四
	緯	南	一九	四〇	一六	南	三三	四六	〇三	減		一五	五二	
天苑内增八	經	西	八	一七	五二	戌	二八	二九	三〇	加		四二	一七	六
	緯	南	一九	四〇	二〇	南	三三	四六	二〇	減		一五	五三	
天庾南增三	經	西	八	二三	四五	戌	二〇	四一	一八	加		三八	〇四	六
	緯	南	三四	二八	五三	南	四六	一九	二七	減		一五	五二	
左更東增二	經	西	八	三三	二六	酉	一一	三七	三九	加		五〇	四六	六
	緯	北	一七	一一	二八	北	一	五六	一四	加		一五	四八	
大陵七	經	西	八	三六	一一	酉	一八	一四	一三	加		五六	三三	四
	緯	北	三七	一四	三六	北	二〇	五五	三二	加		一五	四六	

(續表)

赤道大梁宫恒星		赤道宫	赤道度	赤道分	赤道秒	黄道宫	黄道度	黄道分	黄道秒	赤道歲差	分	秒	微	星等
胃宿三	經	西	八	四三	二七	西	一四	三六	四五	加		五三	〇八	三
	緯	北	二六	一〇	五七	北	一〇	二五	三七	加		一五	四五	
左更五	經	西	八	四四	五七	西	一一	三二	五二	加		五〇	三五	六
	緯	北	一六	二三	二七	北	一	〇六	一三	加		一五	四五	
大陵南增十六	經	西	八	五五	一五	西	一七	二一	三五	加		五五	三一	五
	緯	北	三三	五九	二四	北	一七	四六	〇八	加		一五	四三	
大陵二	經	西	九	〇三	二三	西	二四	二〇	三〇	加	一	〇三	一五	五
	緯	北	五一	四一	三〇	北	三四	二〇	一二	加		一九	三九	
蛇腹二	經	西	九	〇六	一九	子	二八	一六	二〇	加		一二	五三	四
	緯	南	六九	二三	〇一	南	七一	一四	四九	減		一五	四九	
傳舍六	經	西	九	〇八	二九	西	二八	五五	二一	加	一	〇九	五七	五
	緯	北	六〇	三七	二九	北	四二	三一	一七	加		一五	三八	
左更四	經	西	九	一九	四八	西	一一	二〇	四六	加		五〇	〇二	六
	緯	北	一四	〇〇	〇二	南	一	一九	三七	加		一五	三八	
大陵内增十五	經	西	九	二三	五一	西	一八	五三	一一	加		五六	四四	六
	緯	北	二七	一六	二七	北	二〇	四四	四三	加		一五	三六	
大陵東增十一	經	西	九	二八	〇一	西	二四	三七	四〇	加	一	〇三	二四	六
	緯	北	五一	四一	三三	北	三四	一四	三三	加		一五	三四	
天苑九	經	西	九	五一	四三	戌	二九	〇二	四一	加		四一	三〇	四
	緯	南	二二	〇四	二四	南	三五	三二	四四	減		一五	三二	
左更東增三	經	西	一〇	〇八	二五	西	一二	五四	三二	加		五〇	四六	六
	緯	北	一六	五五	四七	北	〇	五八	三七	加		一五	二六	

（續 表）

赤道大梁宮恒星		赤道				黃道				赤道歲差				星等
		宮	度	分	秒	宮	度	分	秒		分	秒	微	
左更東增五	經	酉	一〇	二一	一九	酉	一三	一七	一一	加		五〇	五六	六
	緯	北	一七	一六	〇九	北	一	二八	五八	加		一五	二三	
胃宿東增三	經	酉	一〇	二七	〇七	酉	一七	三六	〇八	加		五四	四七	四
	緯	北	三〇	五三	〇三	北	一四	二四	四七	加		一五	二二	
左更東增四	經	酉	一〇	二九	三三	酉	一三	一九	二四	加		五〇	五二	六
	緯	北	一六	五八	四七	北	一	一〇	〇三	加		一五	二二	
積尸	經	酉	一〇	三六	二八	酉	二〇	一九	三五	加		五七	二九	四
	緯	北	三八	三七	一二	北	二一	四二	一五	加		一五	一九	
蛇腹一	經	酉	一〇	三八	二〇	亥	一	〇五	〇四	加		一三	〇八	五
	緯	南	六八	三五	四〇	南	七一	三三	一八	減		一五	二四	
左更東增六	經	酉	一〇	五一	二五	酉	一四	二七	〇八	加		五一	三五	六
	緯	北	一九	三七	〇三	北	三	三四	三七	加		一五	一六	
天苑六	經	酉	一〇	五九	一四	酉	五	〇九	五〇	加		四四	二七	三
	緯	南	九	五五	五九	南	二四	三三	三八	減		一五	一五	
左更東增七	經	酉	一一	〇九	〇三	酉	一四	五五	〇九	加		五一	四八	五
	緯	北	二〇	一七	二〇	北	四	〇八	〇一	加		一五	一二	
杠二	經	酉	一一	一二	五六	申	八	四七	四八	加	一	三二	四〇	六
	緯	北	七三	二二	三七	北	五三	二九	一八	加		一五	〇七	
天苑南增六	經	酉	一一	二九	二四	戌	二九	二五	五三	加		四〇	三一	六
	緯	南	二四	五四	一一	南	三八	四三	四八	減		一五	〇九	
天囷三	經	酉	一一	二九	四二	酉	一一	三〇	〇六	加		四八	四一	四
	緯	北	七	五一	四六	南	七	四九	一二	加		一五	〇八	

（續表）

赤道大梁宫恒星		赤道宫	赤道度	赤道分	赤道秒	黄道宫	黄道度	黄道分	黄道秒	赤道歲差	赤道歲差分	赤道歲差秒	赤道歲差微	星等
天船二	經	酉	一一	三五	三〇	酉	二六	二七	〇七	加	一	〇四	三七	三
	緯	北	五二	二九	〇九	北	三四	三〇	〇五	加		一五	〇五	
大陵南增十七	經	酉	一一	三七	〇六	酉	一九	五六	一〇	加		五六	二四	六
	緯	北	三五	〇四	一七	北	一八	〇五	〇〇	加		一五	〇五	
天苑南增五	經	酉	一一	三九	四〇	戌	二九	四四	二三	加		四〇	三四	六
	緯	南	二四	三八	五五	南	三八	三三	一六	減		一五	〇五	
天囷南增十九	經	酉	一一	四三	一二	酉	八	〇八	〇四	加		四五	五八	六
	緯	南	三	三〇	〇八	南	一八	四二	二三	減		一五	〇五	
五帝内座四	經	酉	一一	四三	二七	申	一一	四八	三四	加	一	四四	四〇	六
	緯	北	七六	三〇	三一	北	五六	〇五	五三	加		一四	五七	
天囷南增十八	經	酉	一二	〇〇	〇九	酉	八	一六	五八	加		四五	五三	六
	緯	南	三	五四	三〇	南	一九	一〇	五〇	減		一五	〇〇	
天園六	經	酉	一二	〇四	〇〇	戌	一九	三三	二七	加		三五	四六	三
	緯	南	四一	二一	二六	南	五三	四四	五二	減		一五	〇二	
天苑北增十	經	酉	一二	〇八	四七	酉	六	四七	四四	加		四四	四二	六
	緯	南	八	四一	一〇	南	二三	四五	二〇	減		一五	〇〇	
大陵六	經	酉	一二	一一	〇六	酉	二一	一九	三二	加		五七	二八	四
	緯	北	三七	四九	四二	北	二〇	三三	一三	加		一四	五八	
天囷一	經	酉	一二	一三	四三	酉	一〇	四四	一五	加		四七	三二	二
	緯	北	三	〇三	四八	南	一二	三六	五九	加		一四	五七	
天囷内增十	經	酉	一二	一四	五六	酉	一〇	五〇	〇八	加		四七	三六	六
	緯	北	三	一八	五六	南	一二	二三	五五	加		一四	五七	

（續表）

赤道大梁宮恒星		赤道宮	赤道度	赤道分	赤道秒	黃道宮	黃道度	黃道分	黃道秒	赤道歲差 加減	赤道歲差分	赤道歲差秒	赤道歲差微	星等
大陵三	經	酉	一二	二五	五九	酉	二五	三二	一一	加	一	〇二	四三	四
	緯	北	四八	五二	五八	北	三〇	五六	二九	加		一四	五二	
天苑北增十一	經	酉	一二	三二	四六	酉	七	一一	三九	加		四四	四一	五
	緯	南	八	四二	五四	南	二三	五四	三七	減		一四	五三	
胃宿東增四	經	酉	一二	三七	二〇	酉	一七	二四	二〇	加		五三	〇三	六
	緯	北	一四	一三	三一	北	七	一九	〇五	加		一四	五〇	
天園北增二	經	酉	一二	四〇	一三	戌	二四	二六	五四	加		三六	五〇	六
	緯	南	三五	四八	〇五	南	四九	〇四	三七	減		一四	五一	
大陵五	經	酉	一二	五三	三八	酉	二二	三五	四二	加		五八	三二	二
	緯	北	三九	五七	〇〇	北	二三	二三	四七	加		一四	四五	
天苑北增十二	經	酉	一二	五五	五七	酉	七	三七	〇九	加		四四	四二	四
	緯	南	八	三七	五七	南	二三	五七	一六	減		一四	四七	
天苑十	經	酉	一二	五八	四六	酉	一	一〇	〇〇	加		四〇	二五	三
	緯	南	二四	三八	二八	南	三九	〇〇	〇一	減		一四	四七	
大陵四	經	酉	一三	〇三	五四	酉	二四	〇六	一二	加	一	〇〇	一九	五
	緯	北	四三	五二	二一	北	二六	〇四	二一	加		一四	四四	
附白二	經	酉	一三	二〇	四四	子	六	三七	三二	減		八	五五	六
	緯	南	七六	〇四	五〇	南	七二	五六	五三	減		一四	四八	
天陰西增一	經	酉	一三	二七	二五	酉	一六	一五	四八	加		五一	一九	六
	緯	北	一七	四六	五一	北	一	〇五	三九	加		一四	三八	
大陵東增十八	經	酉	一三	四一	三三	酉	二三	四六	四〇	加		五八	〇九	五
	緯	北	三八	三六	四五	北	二〇	五五	五八	加		一四	三四	

（續表）

赤道大梁宫恒星		赤道宫	赤道度	赤道分	赤道秒	黃道宫	黃道度	黃道分	黃道秒	赤道歲差	赤道歲差分	赤道歲差秒	赤道歲差微	星等
天陰四	經	酉	一四	一四	四三	酉	一七	一五	一八	加		五一	三九	四
	緯	北	一八	四四	〇六	北	一	四七	三四	加		一四	二六	
上丞	經	酉	一四	二五	五二	申	四	一七	一四	加	一	一七	一九	五
	緯	北	六四	三八	三七	北	四五	一〇	五六	加		一四	二一	
天囷南增十七	經	酉	一四	五六	〇七	酉	二一	四七	一三	加		四六	一六	六
	緯	南	二	一〇	四四	南	一八	二五	四二	減		一四	一七	
天陰二	經	酉	一五	〇二	五一	酉	一八	二一	三四	加		五二	〇六	五
	緯	北	二〇	〇四	〇〇	北	二	五一	一九	加		一四	一五	
大陵東增二十	經	酉	一五	〇八	〇〇	酉	二五	二三	四八	加	一	〇〇	二五	六
	緯	北	四三	〇三	五五	北	二四	四九	五二	加		一四	一三	
天船西增一	經	酉	一五	〇八	二二	酉	二七	三七	四四	加	一	〇三	四三	六
	緯	北	四九	一五	三七	北	三〇	四二	一二	加		一四	一二	
天船西增二	經	酉	一五	一五	〇五	酉	二七	三九	四四	加	一	〇三	四二	五
	緯	北	四九	〇八	〇九	北	三〇	三三	四二	加		一四	一〇	
天苑南增四	經	酉	一五	一七	三四	酉	〇	五六	一四	加		三八	二六	三
	緯	南	三〇	〇〇	五三	南	四四	四五	〇一	減		一四	一三	
天苑南增三	經	酉	一五	一七	四八	酉	〇	五六	五一	加		三八	二六	四
	緯	南	三〇	〇〇	一六	南	四四	四四	三二	減		一四	一三	
天苑五	經	酉	一五	五一	一七	酉	一〇	一四	二五	加		四四	一七	三
	緯	南	九	四七	一二	南	二五	五七	二二	減		一四	〇三	
天苑内增十三	經	酉	一六	〇三	二〇	酉	一〇	二〇	一三	加		四四	一〇	六
	緯	南	一〇	〇六	五四	南	二六	一九	四六	減		一四	〇一	

（續表）

赤道大梁宮恒星		赤道宮	赤道度	赤道分	赤道秒	黃道宮	黃道度	黃道分	黃道秒	赤道歲差	赤道歲差分	赤道歲差秒	赤道歲差微	星等
大陵東增十九	經	酉	一六	○三	五六	酉	二五	五二	五六	加	一	○○	一八	六
	緯	北	四二	二二	四四	北	二三	五八	○四	加		一三	五八	
天囷南增十六	經	酉	一六	一九	三二	酉	一三	一六	三五	加		四六	一九	六
	緯	南	一	五三	二九	南	一八	三三	四二	減		一三	五六	
天囷南增十一	經	酉	一六	二八	四八	酉	一四	四二	五八	加		四七	二六	五
	緯	北	二	二四	二一	南	一四	二九	二一	加		一三	五四	
天船三	經	酉	一六	三三	○○	酉	二八	三一	○四	加	一	○三	五五	二
	緯	北	四八	五五	三一	北	三○	○五	二○	加		一三	五一	
天阿	經	酉	一六	四三	四四	酉	二一	四一	五四	加		五四	一八	六
	緯	北	二六	三九	三八	北	八	四五	二五	加		一三	四八	
天苑南增二	經	酉	一六	四五	○七	酉	五	五一	三六	加		四○	二二	六
	緯	南	二三	二六	四九	南	三九	○八	二八	減		一三	五○	
天囷二	經	酉	一六	五五	五四	酉	一五	一五	二五	加		四七	三一	四
	緯	北	二	四三	四三	南	一四	一八	二五	加		一三	四六	
天陰三	經	酉	一七	○○	五五	酉	二○	○三	四九	加		五二	一二	六
	緯	北	一九	四七	四四	北	二	○四	五九	加		一三	四五	
天苑十一	經	酉	一七	○一	五三	酉	六	三○	○三	加		四○	三三	四
	緯	南	二二	四二	二七	南	三八	三二	一七	減		一三	四六	
天陰北增二	經	酉	一七	一八	一六	酉	二一	二四	四五	加		五三	二七	六
	緯	北	二三	四七	五一	北	五	五一	三九	加		一三	三九	
天園南增三	經	酉	一七	二二	○二	戌	二三	○七	二五	加		三二	一七	五
	緯	南	四四	○三	一八	南	五八	○二	三六	減		一三	四一	

（續表）

赤道大梁宮恒星		赤道				黄道				赤道歲差				星等
		宫	度	分	秒	宫	度	分	秒		分	秒	微	
傳舍七	經	酉	一七	二三	二七	申	三	一二	五五	加	一	一二	○九	五
	緯	北	五九	○七	五八	北	三九	三二	二三	加		一三	三六	
傳舍八	經	酉	一七	二三	三五	申	二	四一	五八	加	一	一一	○一	五
	緯	北	五七	五七	○五	北	三八	二六	四三	加		一三	三六	
傳舍九	經	酉	一七	四一	一五	申	一	二七	三六	加	一	○八	一○	五
	緯	北	五四	三二	三三	北	三五	一○	四七	加		一三	三二	
天廩四	經	酉	一七	四五	○九	酉	一七	三四	三六	加		四八	五七	四
	緯	北	八	○六	二五	南	九	二一	四七	加		一三	三三	
天船内增三	經	酉	一七	四七	三九	酉	二九	一七	三五	加	一	○四	○二	六
	緯	北	四八	三五	○三	北	二九	三○	三三	加		一三	三一	
天船南增四	經	酉	一八	○九	五九	酉	二九	○二	四二	加	一	○三	一五	五
	緯	北	四七	○五	一五	北	二八	○○	二五	加		一三	二四	
天廩三	經	酉	一八	一八	五○	酉	一八	一八	四三	加		四九	一○	四
	緯	北	八	四八	五七	南	八	四九	四八	加		一三	二五	
天船南增五	經	酉	一八	四二	一二	酉	二八	四八	一五	加	一	○二	一九	六
	緯	北	四五	一○	○四	北	二六	○三	四八	加		一三	一六	
天陰五	經	酉	一九	○二	四二	酉	二三	一七	二八	加		五二	四九	六
	緯	北	二一	一六	二三	北	二	五九	五七	加		一三	一二	
天廩二	經	酉	一九	○五	五三	酉	一九	二九	五八	加		四九	三九	六
	緯	北	一○	二六	○五	南	七	二八	二九	加		一三	一二	
天廩一	經	酉	一九	一一	○六	酉	二○	○○	一八	加		五○	○七	五
	緯	北	一二	○二	○四	南	五	五七	一三	加		一三	一○	

（續表）

赤道大梁宮恒星		赤道宮	赤道度	赤道分	赤道秒	黃道宮	黃道度	黃道分	黃道秒	赤道歲差加減	赤道歲差分	赤道歲差秒	赤道歲差微	星等
天苑北增十四	經	酉	一九	二八	五一	酉	一五	一五	二〇	加		四五	一一	四
	緯	南	五	五八	二七	南	二三	二二	二七	減		一三	〇六	
天船四	經	酉	一九	三六	五五	申	〇	一〇	五六	加	一	〇三	四五	五
	緯	北	四七	一八	一四	北	二七	五五	一八	加		一三	〇二	
天廩南增一	經	酉	一九	四〇	五七	酉	一九	三二	四一	加		四九	〇八	六
	緯	北	八	二九	〇五	南	九	三〇	二七	加		一三	〇三	
昴宿西增二	經	酉	一九	四九	一一	酉	二三	三五	一二	加		五三	三八	六
	緯	北	二三	三五	〇一	北	五	〇二	四〇	加		一二	五九	
卷舌西增一	經	酉	二〇	〇七	〇四	酉	二五	五一	一二	加		五六	二〇	六
	緯	北	三一	一三	四三	北	一二	二二	三三	加		一二	五五	
天陰一	經	酉	二〇	〇八	一八	酉	二三	三一	五〇	加		五三	〇二	六
	緯	北	一八	二一	〇五	南	〇	〇五	二〇	加		一二	五四	
天苑四	經	酉	二〇	一四	一七	酉	一四	四〇	二四	加		四三	五七	三
	緯	南	一〇	二〇	三三	南	二七	四六	三〇	減		一二	五五	
昴宿西增三	經	酉	二〇	二八	二六	酉	二三	五一	一〇	加		五三	一八	六
	緯	北	二三	二〇	四四	北	三	四一	三七	加		一二	四九	
天苑十二	經	酉	二〇	三七	三七	酉	一〇	三六	三二	加		四〇	一七	四
	緯	南	二三	三〇	二九	南	三九	二八	一四	減		一二	四八	
杠一	經	酉	二〇	五三	二〇	申	一一	〇一	五六	加	一	三二	〇一	五
	緯	北	七〇	二八	三〇	北	四九	三三	四〇	加		一二	三七	
上丞東增二	經	酉	二〇	五六	一四	申	六	五三	〇〇	加	一	一七	二七	五
	緯	北	六二	二七	二五	北	四二	〇四	四四	加		一二	三八	

（續表）

赤道大梁宮恒星		赤道宮	赤道度	赤道分	赤道秒	黃道宮	黃道度	黃道分	黃道秒	赤道歲差加減	赤道歲差分	赤道歲差秒	赤道歲差微	星等
天囷東增十五	經	西	二○	五七	三八	酉	一八	二三	三八	加		四六	四一	四
	緯	南	○	二六	五二	南	一八	二七	四一	減		一二	四一	
天苑内增一	經	西	二一	一○	三八	酉	一二	五三	五七	加		四一	三二	五
	緯	南	一八	二○	一五	南	三五	四○	一五	減		一二	三九	
天船五	經	西	二一	一二	三三	申	一	一四	○六	加	一	○三	五五	三
	緯	北	四六	五六	○一	北	二七	一五	二三	加		一二	三六	
昴宿北增一	經	西	二一	二二	一四	酉	二五	一一	二四	加		五四	○五	六
	緯	北	二四	二八	三二	北	五	三三	五一	加		一二	三三	
卷舌五	經	西	二一	三一	五三	酉	二七	○七	五四	加		五六	三八	五
	緯	北	三一	三三	○○	北	一二	二一	三二	加		一二	三一	
卷舌六	經	西	二一	三三	三二	酉	二七	三三	五○	加		五七	一六	六
	緯	北	三三	○六	五五	北	一三	五二	○○	加		一二	三一	
天苑北增十五	經	西	二一	三五	五一	酉	一七	一九	一四	加		四五	○○	六
	緯	南	六	二七	二九	南	二四	二五	二○	減		一二	三一	
上丞東增一	經	西	二一	三六	五一	申	八	一九	○四	加	一	二○	五六	五
	緯	北	六四	四一	四九	北	四四	○四	五四	加		一二	二六	
天囷東增十二	經	西	二一	三八	一八	酉	一九	四八	○八	加		四七	二五	六
	緯	北	二	一一	五八	南	一六	○四	五七	加		一二	三○	
天陰東增三	經	西	二一	五三	二○	酉	二四	一五	四九	加		五二	一八	六
	緯	北	一八	五一	三○	南	○	○○	五○	加		一二	二六	
卷舌一	經	西	二一	五八	二○	申	○	一五	二○	加	一	○一	一四	四
	緯	北	四一	四四	四九	北	二三	○七	○二	加		一二	二三	

（續　表）

赤道大梁宮恒星		赤道宮	赤道度	赤道分	赤道秒	黃道宮	黃道度	黃道分	黃道秒	赤道歲差	赤道歲差分	赤道歲差秒	赤道歲差微	星等
天園南增四	經	酉	二一	五九	一二	酉	一	二〇	四三	加		三二	四八	五
	緯	南	四二	〇五	二六	南	五七	〇四	四八	減		一二	二六	
天苑北增十六	經	酉	二一	五九	四八	酉	一七	五一	三七	加		四五	〇七	五
	緯	南	六	〇三	〇七	南	二四	〇八	一八	減		一二	二四	
五帝内座五	經	酉	二三	〇八	五八	申	一八	一七	〇〇	加	二	一九	〇七	六
	緯	北	七九	五三	一八	北	五七	五七	四〇	加		一二	〇八	
天陰東增四	經	酉	二三	一五	〇九	酉	二四	三五	二九	加		五二	一九	六
	緯	北	一八	五〇	〇六	南	〇	〇七	一五	加		一二	二〇	
昴宿南增四	經	酉	二三	二四	〇八	酉	二五	三一	〇九	加		五三	二四	六
	緯	北	二三	〇九	〇六	北	三	〇三	四三	加		一二	一七	
昴宿一	經	酉	二三	二五	五七	酉	二五	五〇	二一	加		五三	四八	五
	緯	北	二三	一六	五六	北	四	〇九	〇五	加		一二	一六	
昴宿二	經	酉	二三	三〇	三二	酉	二五	五九	四二	加		五三	五五	五
	緯	北	二三	三八	三四	北	四	二九	〇二	加		一二	一四	
昴宿四	經	酉	二三	三九	四四	酉	二六	〇六	三一	加		五三	五四	五
	緯	北	二三	三二	四九	北	四	二一	二五	加		一二	一一	
昴宿三	經	酉	二三	四一	〇一	酉	二六	一〇	一六	加		五三	五八	六
	緯	北	二三	四三	三四	北	四	三一	三三	加		一二	一〇	
天苑三	經	酉	二三	四五	〇八	酉	一七	一五	五六	加		四三	四五	三
	緯	南	一〇	三九	一七	南	二八	四六	一六	減		一二	一一	
昴宿五	經	酉	二三	四七	四七	酉	二六	〇七	三〇	加		五三	四六	五
	緯	北	二三	〇七	一三	北	三	五四	四七	加		一二	一〇	

（續表）

赤道大梁宮恒星		赤道宮	赤道度	赤道分	赤道秒	黃道宮	黃道度	黃道分	黃道秒	赤道歲差	赤道歲差分	赤道歲差秒	赤道歲差微	星等
天囷東增十四	經	西	二二	五三	二八	西	一九	五六	三六	加		四六	一四	五
	緯	南	一	五九	三〇	南	二〇	二七	一七	減		一二	一〇	
天囷東增十三	經	西	二三	五八	二八	西	二〇	一五	五〇	加		四六	三〇	六
	緯	南	一	〇七	四六	南	一九	三八	三四	減		一二	〇七	
天廩南增二	經	西	二三	〇一	〇四	西	二一	五八	〇六	加		四八	一八	六
	緯	北	五	一三	二八	南	一三	三〇	〇六	加		一二	〇八	
昴宿六	經	西	二三	〇四	五一	西	二六	二五	〇八	加		五三	五〇	三
	緯	北	二三	一七	〇七	北	四	〇〇	三七	加		一二	〇四	
天讒	經	西	二三	一九	二〇	西	二八	五二	四一	加		五七	一六	六
	緯	北	三二	二九	一四	北	一二	五三	一八	加		一二	〇〇	
天園七	經	西	二三	一九	四九	西	五	一九	〇八	加		三四	〇〇	四
	緯	南	三八	〇六	二三	南	五四	五〇	一〇	減		一二	〇四	
昴宿七	經	西	二三	二九	五〇	西	二六	四六	五二	加		五三	五二	五
	緯	北	二三	一四	三一	北	三	五二	三七	加		一一	五八	
天苑二	經	西	二三	三一	〇〇	西	一七	二二	二八	加		四三	〇二	四
	緯	南	一二	五五	〇九	南	三一	〇九	一五	減		一一	五八	
畢宿西增一	經	西	二三	三三	〇一	西	二三	四五	一五	加		四九	四八	五
	緯	北	一〇	一九	五〇	南	八	四〇	三六	加		一一	五八	
上丞東增三	經	西	二三	四〇	三一	申	八	一三	五四	加	一	一八	一七	五
	緯	北	六二	一四	二二	北	四一	二七	三〇	加		一一	五一	
天苑十三	經	西	二三	五八	五六	西	一三	四九	一五	加		三九	二七	四
	緯	南	二四	〇〇	四六	南	四一	五三	〇九	減		一一	五一	

（續表）

赤道大梁宫恒星		赤道 宫	赤道 度	赤道 分	赤道 秒	黄道 宫	黄道 度	黄道 分	黄道 秒	赤道歲差	赤道歲差 分	赤道歲差 秒	赤道歲差 微	星等
傅舍東增二	經	酉	二四	○○	二八	申	七	四六	一四	加	一	一五	五○	六
	緯	北	六○	一二	一○	北	三九	二八	一八	加		一一	四五	
天苑十四	經	酉	二四	一○	四○	酉	一三	四五	五二	加		三九	一二	五
	緯	南	二四	四○	五○	南	四二	三四	三二	減		一一	四九	
積水西增一	經	酉	二四	二七	五七	申	四	三一	四七	加	一	○六	三九	五
	緯	北	四九	五九	五三	北	二九	三二	五三	加		一一	三九	
卷舌四	經	酉	一四	三一	○一	酉	二九	三二	四四	加		五六	五一	三
	緯	北	三一	○六	○一	北	一一	一七	三五	加		一一	三九	
畢宿西增二	經	酉	二四	三五	一五	酉	二三	三九	一七	加		四八	二九	六
	緯	南	五	四四	一四	南	一三	二二	五七	加		一一	三九	
天園八	經	酉	二四	四七	○四	酉	六	五六	四五	加		三三	三九	四
	緯	南	三八	二二	五八	南	五五	三三	二二	減		一一	三九	
九州殊口西增三	經	酉	二四	五八	○七	酉	二一	○三	一六	加		四五	○六	六
	緯	南	五	五○	三七	南	二四	四二	二五	減		一一	三三	
天園九	經	酉	二四	五八	四五	酉	八	一○	三九	加		三四	一五	四
	緯	南	三六	五七	五一	南	五四	一九	○一	減		一一	三五	
九州殊口西增四	經	酉	二四	五九	○二	酉	二一	○一	二○	加		四七	○一	五
	緯	南	六	○八	四一	南	二五	○○	三八	減		一一	三二	
卷舌二	經	酉	二五	一一	一二	申	二	○六	二五	加	一	○○	三三	三
	緯	北	三九	一四	五一	北	一九	○四	五三	加		一一	二八	
九州殊口西增五	經	酉	二五	一六	○四	酉	二一	一八	三七	加		四五	○一	五
	緯	南	六	○三	五六	南	二四	五九	四七	減		一一	二九	

（續表）

赤道大梁宮恒星		赤道宮	赤道度	赤道分	赤道秒	黃道宮	黃道度	黃道分	黃道秒	赤道歲差	赤道歲差分	赤道歲差秒	赤道歲差微	星等
蛇首二	經	酉	二五	二一	四三	亥	一七	四七	○六	加		一○	一三	五
	緯	南	六五	三四	五二	南	七六	○五	二三	減		一一	三二	
九州殊口西增二	經	酉	二五	二一	四九	酉	二三	○二	三八	加		四五	四三	四
	緯	南	三	四四	○三	南	二二	四五	四三	減		一一	二六	
昴宿東增五	經	酉	二五	二六	一四	酉	二八	一○	二一	加		五三	三一	六
	緯	北	二一	四二	五二	北	一	五八	三二	加		一一	二四	
卷舌三	經	酉	二五	三六	三三	申	一	二四	一五	加		五八	三九	五
	緯	北	三五	○一	三八	北	一四	五四	○五	加		一一	二一	
天苑十五	經	酉	二五	四二	四七	酉	一五	一六	二○	加		三八	四九	四
	緯	南	二五	二三	○五	南	四三	四○	五○	減		一二	二二	
天園北增五	經	酉	二五	五八	三四	酉	一○	二三	三五	加		三四	四六	五
	緯	南	三五	二九	○四	南	五三	一五	二六	減		一一	一七	
天苑一	經	酉	二六	三一	二八	酉	二○	一六	三四	加		四二	二九	二
	緯	南	一四	一五	○七	南	三三	一三	三五	減		一一	○六	
傅舍東增四	經	酉	一六	三五	○三	申	八	四八	三二	加	一	一四	五七	六
	緯	北	五八	四○	五三	北	三七	三八	一○	加		一一	○一	
畢宿八	經	酉	二六	三六	五九	酉	二七	○二	三一	加		五○	二一	四
	緯	北	一一	四四	二三	南	七	五九	五七	加		一一	○三	
積水	經	酉	二六	五四	四五	申	六	一一	三二	加	一	○七	○○	四
	緯	北	四九	三七	四五	北	二八	五○	五九	加		一○	五六	
九州殊口西增一	經	酉	二七	○九	○八	酉	二四	一七	二四	加		四六	○七	五
	緯	南	二	一七	四一	南	二一	四七	二八	減		一○	五五	

（續 表）

赤道大梁宫恒星		赤道宫	赤道度	赤道分	赤道秒	黄道宫	黄道度	黄道分	黄道秒	赤道歲差	赤道歲差分	赤道歲差秒	赤道歲差微	星等
天苑十六	經	西	二七	一六	二二	酉	一七	二三	三七	加		三八	五三	四
	緯	南	二四	四五	二八	南	四三	三○	四四	減		一○	五四	
畢宿南增三	經	西	二七	二三	一九	酉	二六	二○	○八	加		四八	二三	四
	緯	北	五	一四	五九	南	一四	二九	五○	加		一○	五○	
月	經	西	二七	二三	五○	酉	二九	五二	一九	加		五三	三三	五
	緯	北	二一	二一	一五	北	一	一三	二○	加		一○	五○	
天船六	經	西	二七	三三	五二	申	五	五五	五三	加	一	○五	一九	五
	緯	北	四七	○○	一九	北	二六	一二	○七	加		一○	四五	
月東增一	經	西	二七	三三	○六	申	○	○○	○○	加		五三	三三	六
	緯	北	二一	一七	四三	北	一	○八	○一	加		一○	四六	
畢宿南增四	經	西	二七	三三	三○	酉	二六	二三	五一	加		四八	二二	六
	緯	北	四	四二	一三	南	一五	○四	○二	加		一○	四七	
礪石一	經	西	二七	四七	○六	申	一	四二	二五	加		五六	○七	五
	緯	北	二八	一六	四五	北	七	五四	三八	加		一○	四二	
卷舌東增四	經	西	二七	五○	○八	申	三	四一	四九	加	一	○○	○一	六
	緯	北	三七	○一	三九	北	一六	二六	二六	加		一○	四一	
卷舌東增五	經	西	二七	五三	一六	申	三	四八	四四	加	一	○○	○○	六
	緯	北	三七	二○	三八	北	一六	四四	二四	加		一○	四○	
附白一	經	西	二八	○○	三二	子	六	四八	五八	減		一七	○○	四
	緯	南	七四	五九	○八	南	七六	四五	三五	減		一○	四九	
天街西增一	經	西	二八	三四	○九	申	○	二五	五二	加		五二	四七	五
	緯	北	一八	五四	三六	南	一	二三	五八	加		一○	二八	

（續表）

赤道大梁宫恒星		赤道宫	赤道度	赤道分	赤道秒	黄道宫	黄道度	黄道分	黄道秒	加減	赤道歲差分	赤道歲差秒	赤道歲差微	星等
傅舍東增三	經	酉	二八	三六	五五	申	一〇	五二	〇八	加	一	一八	二三	六
	緯	北	六〇	五八	四九	北	三九	三四	〇七	加		一〇	二三	
礪石二	經	酉	二八	四八	三六	申	二	〇四	三二	加		五五	一六	六
	緯	北	二五	四六	五九	北	五	一六	四一	加		一〇	二三	
天船七	經	酉	二九	〇三	三六	申	七	一四	〇〇	加	一	〇六	〇七	四
	緯	北	四七	四三	五六	北	二六	四〇	〇九	加		一〇	一七	
天船九	經	酉	二九	一一	三四	申	八	三八	四六	加	一	〇九	五二	六
	緯	北	五二	三九	一一	北	三一	二六	〇〇	加		一〇	一四	
卷舌東增六	經	酉	二九	二三	〇二	申	五	三四	三〇	加	一	〇一	二八	五
	緯	北	三九	四八	三五	北	一八	五三	二〇	加		一〇	一二	
畢宿南增五	經	酉	二九	二六	〇三	酉	一八	一七	五八	加		四八	一七	六
	緯	北	四	四九	二七	南	一五	二一	一〇	加		一〇	一三	
九州殊口西增六	經	酉	二九	二八	四一	酉	二五	二五	二四	加		四四	二七	六
	緯	南	七	三六	四三	南	二七	二九	五六	減		一〇	一三	
少衛西增一	經	酉	二九	三五	三九	申	一二	四二	四一	加	一	二三	五五	六
	緯	北	六四	二九	二六	北	四二	四九	二八	加		一〇	〇四	
天船八	經	酉	二九	四七	一一	申	八	一〇	四九	加	一	〇七	二五	五
	緯	北	四九	二一	四八	北	二八	〇八	五一	加		一〇	〇四	
九州殊口二	經	酉	二九	五〇	五三	酉	二五	五〇	五一	加		四四	二八	三
	緯	南	七	三一	三九	南	二七	三〇	〇〇	減		一〇	〇六	
畢宿南增六	經	酉	二九	五六	三九	酉	二九	一七	〇五	加		四九	〇〇	六
	緯	北	七	〇一	五五	南	一三	一七	五五	加		一〇	〇二	

清・戴進賢《儀象考成》卷一九《恒星赤道經緯度表六》 赤道實沈宮黃道度附

赤道實沈宮恒星		赤道				黃道					赤道歲差			星等
		宮	度	分	秒	宮	度	分	秒		分	秒	微	
畢宿南增八	經	申	○	○○	四五	酉	二九	四○	三六	加		四九	二九	六
	緯	北	八	三四	五八	南	一一	四七	三九	加		一○	○二	
畢宿北增九	經	申	○	一八	二八	申	一	一二	一一	加		五一	二八	六
	緯	北	一四	四三	二五	南	五	五○	四三	加		九	五六	
畢宿南增七	經	申	○	二三	五九	酉	二九	五九	一二	加		四九	二一	四
	緯	北	八	一三	三二	南	一二	一三	一七	加		九	五六	
天街二	經	申	○	三三	四八	申	二	二八	四○	加		四三	二九	六
	緯	北	一九	五五	一○	南	○	四七	二六	加		九	五一	
九州殊口一	經	申	○	三四	六	酉	二五	四五	五○	加		四三	二三	五
	緯	南	一○	五四	四二	南	三○	五七	二八	減		九	五三	
天船南增六	經	申	○	四六	四六	申	八	○二	四七	加	一	○五	一二	六
	緯	北	四五	五一	三七	北	二四	三四	五九	加		九	四六	
九州殊口內增七	經	申	○	五四	二四	酉	二六	五二	四五	加		四四	一八	五
	緯	南	八	○一	二五	南	二八	一三	○二	減		九	四五	
卷舌東增三	經	申	○	五八	一五	申	五	三六	一一	加		五八	四九	六
	緯	北	三三	五四	五九	北	一二	五一	四九	加		九	四三	
礪石四	經	申	一	○七	○七	申	四	一七	五九	加		五五	四七	五
	緯	北	二六	四二	三一	北	五	四六	一二	加		九	四○	
畢宿四	經	申	一	一八	○七	申	二	一二	三四	加		五一	三六	三
	緯	北	一四	五八	四七	南	五	四六	二二	加		九	三八	
六甲五	經	申	一	二二	○九	申	二一	二七	五五	加	二	三五	五二	六
	緯	北	八○	三一	三四	北	五七	五三	五○	加		九	二○	

（續表）

赤道實沈宫恒星		赤道宫	赤道度	赤道分	赤道秒	黄道宫	黄道度	黄道分	黄道秒	赤道歲差	赤道歲差分	赤道歲差秒	赤道歲差微	星等
天園南增六	經	申	一	二二	一六	酉	一二	一二	〇八	加		三〇	一二	四
	緯	南	四二	五五	一四	南	六一	四三	四三	減		九	三九	
天節三	經	申	一	二一	四〇	申	一	五八	三一	加		五一	〇四	六
	緯	北	一三	二三	四二	南	七	二〇	三三	加		九	三六	
畢宿南增十	經	申	一	三〇	二八	申	二	一八	一二	加		五一	二五	六
	緯	北	一四	二六	五五	南	六	一九	五七	加		九	三三	
礪石三	經	申	一	四五	〇七	申	四	三一	五六	加		五五	一二	五
	緯	北	二四	五九	三八	北	三	五八	四一	加		九	二八	
卷舌東增二	經	申	一	五九	〇三	申	六	二二	〇六	加		五八	四五	六
	緯	北	三三	三〇	二二	北	一二	一七	四八	加		九	二三	
天園十	經	申	二	〇一	五九	酉	一八	五二	〇〇	加		三四	二九	三
	緯	南	三四	二五	三六	南	五三	五八	五四	減		九	二七	
畢宿三	經	申	二	〇二	一三	申	三	一六	二七	加		五二	一七	四
	緯	北	一六	五四	四五	南	四	〇〇	三四	加		九	二三	
畢宿内增十一	經	申	二	一〇	五〇	申	三	一六	二四	加		五二	〇二	六
	緯	北	一六	一一	〇七	南	四	四四	五八	加		九	二三	
畢宿内增十二	經	申	二	二〇	〇二	申	三	三三	一三	加		五二	一六	四
	緯	北	一六	四九	二〇	南	四	〇九	〇四	加		九	一八	
金魚一	經	申	二	二五	三九	酉	二	五八	三八	加		三三	三八	四
	緯	南	五二	〇八	三七	南	七〇	一三	二八	減		九	二〇	
天節八	經	申	二	二八	二五	申	二	〇九	五七	加		四九	三七	五
	緯	北	八	五〇	〇九	南	一二	〇一	二一	加		九	一六	

（續表）

赤道實沈宮恒星		赤道 宮	赤道 度	赤道 分	赤道 秒	黃道 宮	黃道 度	黃道 分	黃道 秒	赤道歲差	赤道歲差 分	赤道歲差 秒	赤道歲差 微	星等
天船東增九	經	申	二	三一	一二	申	一一	〇五	五〇	加	一	一一	〇七	六
	緯	北	五三	一五	四一	北	三一	三四	一一	加		九	一一	
天街北增二	經	申	二	三一	四二	申	四	三六	五三	加		五四	〇〇	五
	緯	北	二一	四〇	四七	北	〇	三五	二一	加		九	一五	
天街一	經	申	二	三二	三〇	申	四	三六	三七	加		五三	五九	五
	緯	北	二一	三五	一七	北	〇	二九	四六	加		九	二二	
畢宿二	經	申	二	四〇	一一	申	三	五六	四二	加		五二	二八	五
	緯	北	一七	一九	〇一	南	三	四三	二七	加		九	一一	
天街北增三	經	申	二	四四	五三	申	四	五四	四二	加		五四	一三	五
	緯	北	二二	一二	一九	北	一	〇四	〇六	加		九	一〇	
九州殊口三	經	申	二	四四	五八	酉	二九	四四	四七	加		四五	二六	三
	緯	南	四	二一	一九	南	二五	〇一	〇一	減		九	一一	
夾白二	經	申	二	五四	五〇	戌	三	五一	四五	加		一一	一一	三
	緯	南	六三	〇六	四二	南	七八	〇五	二〇	減		九	一四	
畢宿七	經	申	二	五六	五九	申	三	四七	一〇	加		五一	四〇	六
	緯	北	一五	〇〇	二一	南	六	〇二	四四	加		九	〇五	
天街北增四	經	申	二	五九	四九	申	五	一〇	一八	加		五四	一七	六
	緯	北	二二	二三	三〇	北	一	一二	三六	加		九	〇五	
天節一	經	申	三	〇一	五四	申	三	四一	五七	加		五一	二二	五
	緯	北	四	〇六	〇九	南	六	五六	五三	加		九	〇五	
畢宿一	經	申	三	二四	三八	申	四	五三	一一	加		五二	五六	三
	緯	北	一八	三五	二五	南	二	三五	五八	加		八	五七	

（續表）

赤道實沈宮恒星		赤道宮	赤道度	赤道分	赤道秒	黃道宮	黃道度	黃道分	黃道秒	赤道歲差	歲差分	歲差秒	歲差微	星等
畢宿六	經	申	三	二八	四九	申	四	二一	二五	加		五一	四八	五
	緯	北	一五	二一	四二	南	五	四七	一六	加		八	五六	
畢宿南增十三	經	申	三	二八	五七	申	四	二一	五一	加		四四	三三	五
	緯	北	一五	一六	一三	南	五	五二	五五	加		八	五六	
天園十一	經	申	三	三五	二七	酉	二〇	五一	三〇	加		三四	一四	五
	緯	南	三四	三六	二八	南	五四	三三	一五	減		八	五六	
天節四	經	申	三	三六	四三	申	三	五七	三一	加		五〇	五一	五
	緯	北	一二	二六	五九	南	八	四〇	三二	加		八	五四	
九斿西增一	經	申	三	五一	二七	申	二	〇〇	一五	加		四七	〇四	五
	緯	北	〇	四六	五九	南	二〇	一一	二七	加		八	五〇	
五車西增二	經	申	三	五三	二五	申	九	四〇	四六	加	一	〇三	三六	六
	緯	北	四二	二八	三〇	北	二〇	四九	一〇	加		八	四七	
九斿西增二	經	申	四	四三	三四	申	二	三八	二四	加		四六	三六	五
	緯	南	〇	三七	一五	南	二三	四三	五三	減		八	三三	
五車西增三	經	申	四	四六	〇九	申	一〇	〇一	二〇	加	一	〇二	四一	五
	緯	北	四〇	四二	四七	北	一八	五八	〇〇	加		八	三〇	
天節二	經	申	四	四九	三二	申	五	二七	〇七	加		五一	二九	五
	緯	北	一四	一六	二八	南	七	五〇	〇六	加		八	三一	
天船東增八	經	申	四	五八	〇六	申	一二	四二	〇八	加	一	一一	二〇	五
	緯	北	五二	五六	二一	北	三〇	五七	〇五	加		八	二五	
天船東增七	經	申	四	五八	二七	申	一二	三六	五九	加	一	一一	〇〇	六
	緯	北	五二	三二	四一	北	三〇	三三	五〇	加		八	二五	

（續 表）

赤道實沈宮恒星		赤道				黃道				赤道歲差				星等
		宮	度	分	秒	宮	度	分	秒		分	秒	微	
畢宿五	經	申	五	一八	一四	申	六	一二	〇〇	加		五二	〇六	一
	緯	北	一五	五七	五六	南	五	二九	四九	加		八	二一	
九州殊口內增九	經	申	五	二一	五五	申	一	五七	三八	加		四四	二六	五
	緯	南	七	一八	〇五	南	二八	二四	五〇	減		八	二三	
天節七	經	申	五	二三	二九	申	五	一二	一〇	加		四九	五七	五
	緯	北	九	三六	二六	南	一一	四六	四五	加		八	一九	
九州殊口內增八	經	申	五	一八	三〇	申	一	四五	三一	加		四三	五六	四
	緯	南	八	四七	三〇	南	二九	五三	五二	減		八	一九	
天園十三	經	申	五	五〇	四五	酉	二五	五三	二〇	加		三五	五七	四
	緯	南	三〇	一七	一九	南	五〇	五六	四三	減		八	一三	
九州殊口四	經	申	五	五三	〇八	申	三	一四	一五	加		四五	三二	四
	緯	南	三	五二	三九	南	二五	〇八	三九	減		八	一〇	
天節五	經	申	五	五七	一三	申	六	〇九	三〇	加		五〇	四四	五
	緯	北	一一	五八	一〇	南	九	三二	三二	加		八	〇九	
附耳南增一	經	申	六	〇七	四一	申	六	五二	一四	加		五一	五四	六
	緯	北	一五	一五	四二	南	六	一九	一九	加		八	〇五	
九斿一	經	申	六	〇八	二四	申	四	二〇	三五	加		四六	五七	五
	緯	北	〇	二八	四〇	南	二〇	五四	〇六	加		八	〇六	
附耳	經	申	六	〇九	一四	申	六	五四	五二	加		五一	五六	五
	緯	北	一五	二二	四六	南	六	一二	三五	加		八	〇四	
九州殊口北增十	經	申	六	一一	一五	申	三	四四	〇三	加		四五	四九	四
	緯	南	三	〇〇	三三	南	二四	二〇	三七	減		八	〇四	

（續表）

赤道實沈宮恒星	赤道								黃道								赤道歲差								星等
	宮		度		分		秒		宮		度		分		秒				分		秒		微		
	經	緯	經	緯	經	緯	經	緯	經	緯	經	緯	經	緯	經	緯	經	緯	經	緯	經	緯	經	緯	
五車西增一	申	北	六	四二	一二	五一	五四	一一	申	北	一一	二〇	三三	五三	〇五	〇二	加	加	一		〇四	八	〇八	〇二	六
天園十二	申	南	六	三一	二三	〇五	五四	五四	酉	南	二六	五一	一七	五一	二一	〇一	加	減			三五	八	三三	〇三	三
天節六	申	北	六	一一	二六	三九	一八	五三	申	南	六	九	三四	五五	五八	一四	加	加			五〇	七	三九	五八	六
九斿西增四	申	南	六	一四	三七	四九	二五	一三	申	南	一	三六	四一	〇一	一〇	四八	加	減			四一	七	五〇	五六	三
諸王六	申	北	六	二二	四三	二六	一二	一八	申	北	八	〇	三四	四〇	二〇	二三	加	加			五四	七	三二	五三	五
八穀西增一	申	北	六	五六	四四	一六	四六	三三	申	北	一四	三四	三九	〇一	五一	三四	加	加	一		一四	七	五七	四九	六
少衛	申	北	七	六五	〇四	四九	四六	〇三	申	北	一七	四三	一九	二〇	四二	二八	加	加	一		二八	七	四八	四〇	五
諸王北增一	申	北	七	二三	〇八	三四	三八	三六	申	北	九	一	〇八	四四	〇八	一一	加	加			五五	七	〇〇	四四	六
金魚二	申	南	七	五五	一三	三四	五一	二九	酉	南	四	七四	一九	三八	四一	一一	加	減			一九	七	二七	五〇	三
九斿八	申	南	七	二〇	一九	一一	一三	〇〇	申	南	一	四一	〇八	二五	四一	〇三	加	減			三九	七	五三	四三	三
九州殊口六	申	南	七	九	四九	一七	五三	五三	申	南	四	三〇	一八	四九	一〇	一八	加	減			四三	七	四二	三二	六

（續表）

赤道實沈宮恒星		赤道宮	赤道度	赤道分	赤道秒	黃道宮	黃道度	黃道分	黃道秒	赤道歲差	分	秒	微	星等
九州殊口五	經	申	七	五七	一〇	申	四	三〇	五八	加		四三	五〇	六
	緯	南	八	五五	二〇	南	三〇	二八	二一	減		七	三〇	
九斿二	經	申	八	〇一	二一	申	五	四五	五三	加		四五	五三	四
	緯	南	二	四五	一四	南	二四	二四	一三	減		七	三〇	
五車西增七	經	申	八	一一	一七	申	一二	〇七	二三	加	一	〇一	〇六	五
	緯	北	三七	〇〇	四八	北	一四	五二	三五	加		七	二四	
八穀西增三	經	申	八	三五	五七	申	一五	三四	四〇	加	一	一三	四六	六
	緯	北	五四	四八	〇八	北	三二	二三	一四	加		七	一三	
參旗北增一	經	申	八	四六	〇八	申	九	二六	二七	加		五二	〇四	六
	緯	南	一五	三〇	四二	南	六	二八	〇〇	加		七	一三	
五車西增八	經	申	八	五三	二九	申	一二	三四	四五	加	一	〇〇	四五	五
	緯	北	三六	一四	三四	北	一四	〇一	四七	加		七	一〇	
參旗六	經	申	八	五八	二一	申	八	一七	三九	加		四八	五七	四
	緯	北	六	二九	〇六	南	一五	二五	三〇	加		七	一〇	
八穀西增二	經	申	八	五九	〇五	申	一五	五七	一四	加	一	一四	二六	六
	緯	北	五五	二三	五六	北	三二	五五	一五	加		七	〇五	
九斿七	經	申	九	〇二	三二	申	三	五六	二五	加		四〇	五〇	五
	緯	南	一七	二五	三九	南	二九	〇一	四九	減		七	一〇	
天高二	經	申	九	〇五	四九	申	一〇	〇九	五八	加		五三	〇六	六
	緯	北	一八	二二	三六	南	三	四〇	三五	加		七	〇七	
參旗五	經	申	九	〇八	四一	申	八	四五	五三	加		四九	三七	四
	緯	北	八	二六	〇三	南	一三	三一	二〇	加		七	〇六	

（續表）

赤道實沈宮恒星		赤道宮	赤道度	赤道分	赤道秒	黃道宮	黃道度	黃道分	黃道秒	赤道歲差	赤道歲差分	赤道歲差秒	赤道歲差微	星等
八穀五	經	申	九	一四	○七	申	一五	四二	五三	加	一	一二	二七	五
	緯	北	五三	一八	三○	北	三○	五一	○六	加		七	○○	
九斿西增五	經	申	九	一六	一二	申	四	二一	三八	加		四一	○三	六
	緯	南	一六	四八	○二	南	三八	二七	一三	減		七	○四	
參旗七	經	申	九	二三	二八	申	八	三一	○○	加		四八	三○	四
	緯	北	五	○八	二九	南	一六	四八	五五	加		七	○二	
參旗一	經	申	九	三○	二○	申	九	五四	一五	加		五一	二九	四
	緯	北	一三	四七	三七	南	八	一六	○七	加		六	五九	
九斿六	經	申	九	四○	四三	申	四	五二	四六	加		四一	○四	六
	緯	南	一六	四○	五二	南	三八	二四	二○	減		六	五八	
六甲南增一	經	申	九	五八	五七	申	二一	○九	五五	加	一	五一	三七	六
	緯	北	七三	二六	四五	北	五○	三四	三八	加		六	三八	
參旗西增十一	經	申	一○	○○	三○	申	八	四一	○九	加		四七	三○	六
	緯	北	二	○三	三四	南	一九	五七	一五	加		六	四九	
九斿三	經	申	一○	○五	○一	申	七	二八	○三	加		四四	四九	五
	緯	南	五	五四	三一	南	二七	五○	四○	減		六	四九	
五車一	經	申	一○	○六	○四	申	一三	○四	三三	加		五九	○七	四
	緯	北	三二	四四	○四	北	一○	二四	五三	加		六	四五	
六甲六	經	申	一○	○六	三七	申	二三	一六	四○	加	二	三五	○四	五
	緯	北	七八	五一	四三	北	五五	五○	四○	加		六	三○	
參旗三	經	申	一○	○七	五九	申	一○	○七	一一	加		五○	三一	六
	緯	北	一○	五七	五六	南	一一	○九	一七	加		六	四六	

（續 表）

赤道實沈宮恒星		赤道 宮	赤道 度	赤道 分	赤道 秒	黃道 宮	黃道 度	黃道 分	黃道 秒	赤道歲差	赤道歲差 分	赤道歲差 秒	赤道歲差 微	星等
八穀西增十四	經	申	一〇	一〇	二〇	申	一七	四一	一三	加	一	二〇	〇九	四
	緯	北	六〇	〇二	〇六	北	三七	二三	五二	加		六	四〇	
參旗四	經	申	一〇	一一	一九	申	九	五九	五五	加		五〇	〇五	六
	緯	北	九	四二	五五	南	一二	二四	〇二	加		六	四五	
參旗八	經	申	一〇	一三	五二	申	八	五四	四〇	加		四七	二八	四
	緯	北	二	〇〇	〇一	南	二〇	〇二	四二	加		六	四四	
五車西增六	經	申	一〇	二八	五二	申	一四	〇三	四一	加	一	〇一	三一	五
	緯	北	三七	二八	二七	北	一五	〇四	〇〇	加		六	三八	
參旗二	經	申	一〇	二九	〇八	申	一〇	四五	三四	加		五一	一六	四
	緯	北	一三	〇四	四三	南	九	〇六	三一	加		六	三九	
諸王北增二	經	申	一〇	三七	三〇	申	一二	二五	五八	加		五五	三七	六
	緯	北	二四	三七	二九	北	二	一九	〇三	加		六	三六	
五車西增五	經	申	一〇	四一	二四	申	一四	二六	四七	加	一	〇二	三三	六
	緯	北	三八	五九	〇三	北	一六	三二	二三	加		六	三三	
五車西增四	經	申	一〇	四二	〇二	申	一四	二九	三五	加	一	〇二	三二	六
	緯	北	三九	一五	〇〇	北	一六	四八	〇六	加		六	三三	
諸王五	經	申	一〇	四四	一四	申	一二	二〇	二四	加		五五	〇三	六
	緯	北	二三	〇八	五八	北	〇	五〇	二九	加		六	三三	
參旗北增二	經	申	一〇	四八	〇五	申	一一	二六	五八	加		五二	一七	六
	緯	北	一五	五六	〇六	南	六	一九	〇六	加		六	三三	
柱一	經	申	一〇	五四	四四	申	一五	一六	一〇	加	一	〇五	〇三	四
	緯	北	四三	二五	〇一	北	一〇	五四	二四	加		六	二八	

（續表）

赤道實沈宮恒星		赤道宮	赤道度	赤道分	赤道秒	黃道宮	黃道度	黃道分	黃道秒	赤道歲差	赤道歲差分	赤道歲差秒	赤道歲差微	星等
九斿東增三	經	申	一〇	五五	二六	申	八	二八	四六	加		四四	五八	六
	緯	南	五	二六	四八	北	二七	三〇	四九	減		六	三一	
八穀七	經	申	一一	〇一	二五	申	一七	五五	一九	加	一	一八	二五	五
	緯	北	五八	三四	五三	北	三五	五三	三三	加		六	二三	
八穀內增十三	經	申	一一	〇二	三〇	申	一七	五六	三五	加	一	一八	二九	六
	緯	北	五八	三七	四八	北	三五	五六	二一	加		六	二三	
柱二	經	申	一一	〇九	四八	申	一五	〇三	五八	加	一	〇三	二四	四
	緯	北	四〇	四〇	四六	北	一八	一〇	一〇	加		六	二三	
參旗北增三	經	申	一一	一五	五二	申	一一	五一	二八	加		五二	一一	六
	緯	北	一五	三九	三三	南	六	三九	〇〇	加		六	二三	
參旗九	經	申	一一	一八	三六	申	九	五六	四二	加		四七	一四	四
	緯	北	一	一七	三〇	南	二〇	五三	五一	加		六	二三	
八穀六	經	申	一一	四一	三一	申	一七	一一	五一	加	一	一一	四〇	四
	緯	北	五二	〇五	〇七	北	二九	二四	五〇	加		六	一一	
八穀南增四	經	申	一一	四三	五三	申	一七	〇五	〇四	加	一	一〇	五五	六
	緯	北	五一	一三	二六	北	二八	三三	二九	加		六	一一	
九斿四	經	申	一一	五六	三三	申	八	四四	五一	加		四三	〇九	六
	緯	南	一〇	三九	四三	南	三二	四九	一三	減		六	一〇	
天高一	經	申	一一	五七	三二	申	一三	一二	三六	加		五四	一九	四
	緯	北	二二	一一	三六	南	一	一四	三四	加		六	〇八	
九斿五	經	申	一二	〇一	二三	申	八	二六	〇〇	加		四二	二〇	六
	緯	南	一二	五六	一一	南	三五	〇四	五二	減		六	〇八	

(續表)

赤道實沈宮恒星		赤道宮	赤道度	赤道分	赤道秒	黃道宮	黃道度	黃道分	黃道秒	加減	赤道歲差分	赤道歲差秒	赤道歲差微	星等
柱三	經	申	一三	〇八	二八	申	一五	五一	五二	加	一	〇三	三六	四
	緯	北	四〇	五一	四七	北	一八	一五	一四	加		六	〇四	
玉井二	經	申	一二	一五	五一	申	九	三八	〇二	加		四四	一三	五
	緯	南	七	三四	二一	南	二九	四八	三〇	減		六	〇四	
八穀四	經	申	一二	二八	二六	申	一九	三三	四八	加		一二	三四	五
	緯	北	六二	二〇	二五	北	三九	二九	二九	加		六	五二	
參旗北增四	經	申	一三	二八	四七	申	一二	五六	五六	加		五二	〇〇	五
	緯	北	一五	〇一	〇六	南	七	二五	五五	加		五	五九	
諸王四	經	申	一二	五三	四五	申	一四	二六	二九	加		五五	三五	六
	緯	北	二四	一六	二八	北	一	四二	四二	加		五	四九	
九斿九	經	申	一二	五八	二四	申	七	二九	〇二	加		三八	二八	六
	緯	南	二三	一〇	四四	南	四五	二〇	一七	減		五	五〇	
天高南增一	經	申	一三	〇四	二五	申	一三	五四	一八	加		五三	一四	六
	緯	北	一八	一六	一九	南	四	一六	〇八	加		五	四六	
天高內增三	經	申	一三	〇九	二七	申	一四	二〇	二〇	加		五四	二四	六
	緯	北	二一	二〇	〇九	南	一	一四	〇六	加		五	四三	
天高內增二	經	申	一三	一〇	〇一	申	一四	一一	五五	加		五三	五四	六
	緯	北	二〇	〇二	四八	南	二	三〇	五九	加		五	四四	
參旗東增九	經	申	一三	二二	五七	申	一三	〇六	三二	加		四九	五三	六
	緯	北	八	五八	二五	南	一三	三二	二〇	加		五	四一	
參旗東增八	經	申	一三	二五	〇一	申	一三	〇九	四七	加		四九	五五	六
	緯	北	九	〇八	一三	南	一三	二三	五一	加		五	三九	

（續表）

赤道實沈宮恒星		赤道宮	赤道度	赤道分	赤道秒	黃道宮	黃道度	黃道分	黃道秒	赤道歲差加減	赤道歲差分	赤道歲差秒	赤道歲差微	星等
天高三	經	申	一三	二六	四九	申	一四	二三	五二	加		五三	四三	六
	緯	北	一九	二九	四九	南	三	○五	三四	加		五	三八	
參旗東增十	經	申	一三	二八	○八	申	一三	○五	四五	加		四九	三六	五
	緯	北	八	○八	二四	南	一四	二二	三七	加		五	三八	
玉井北增一	經	申	一三	三○	一八	申	一一	二六	一八	加		四五	○七	六
	緯	南	四	五一	二七	南	二七	一六	五六	減		五	三九	
屏二	經	申	一三	四一	○一	申	八	三○	○六	加		三八	三六	四
	緯	南	一二	四四	○三	南	四五	○○	一八	減		五	三六	
參旗北增五	經	申	一三	四五	二五	申	一四	一二	三四	加		五二	○七	五
	緯	北	一五	一四	一三	南	七	二一	三二	加		五	三二	
玉井三	經	申	一三	四九	○七	申	一一	四二	二○	加		四四	五七	三
	緯	南	五	二六	一四	南	二七	五三	四八	減		五	三三	
參旗東增七	經	申	一三	四九	三七	申	一三	三六	五八	加		五○	○四	六
	緯	北	九	二八	二五	南	一三	○五	三四	加		五	三一	
天潢五	經	申	一三	五九	四五	申	一七	○○	一六	加	一	○二	一○	五
	緯	北	三八	○九	○四	北	一五	二三	一八	加		五	二六	
玉井北增二	經	申	一四	○○	四九	申	一二	○○	四○	加		四五	○九	六
	緯	南	四	四八	三一	南	二七	一七	五○	減		五	二九	
玉井一	經	申	一四	一三	二二	申	一一	三七	五五	加		四三	四○	四
	緯	南	九	○五	一九	南	三一	三四	一○	減		五	二五	
八穀內增十二	經	申	一四	二二	三一	申	一九	五五	四一	加	一	一八	○一	六
	緯	北	五七	四八	四三	北	三四	五二	二八	加		五	一五	

（續表）

赤道實沈宮恒星		赤道宮	赤道度	赤道分	赤道秒	黃道宮	黃道度	黃道分	黃道秒	赤道歲差	赤道歲差分	赤道歲差秒	赤道歲差微	星等
五車北增十八	經	申	一四	二四	一一	申	一八	一七	三五	加	一	〇七	一二	六
	緯	北	四六	〇六	一〇	北	二三	一五	〇八	加		五	一六	
五車二	經	申	一四	二六	五四	申	一八	一六	四一	加	一	〇六	五七	一
	緯	北	四五	四二	五三	北	二二	五一	四八	加		五	一五	
天潢三	經	申	一四	四一	四一	申	一六	五五	五三	加		五九	一五	六
	緯	北	三二	二一	三一	北	九	三四	〇六	加		五	一二	
參宿西增九	經	申	一四	五八	〇一	申	一三	五八	四八	加		四七	三九	四
	緯	北	二	三一	三四	南	二〇	〇七	二四	加		五	〇九	
軍井一	經	申	一五	〇六	五八	申	一二	一二	二〇	加		四二	三三	五
	緯	南	一二	一一	三九	南	三四	四五	三九	減		五	〇七	
咸池三	經	申	一五	一六	四三	申	一八	一三	五四	加	一	〇三	一四	五
	緯	北	二九	五一	三七	北	一六	五八	三九	加		四	五九	
天潢內增一	經	申	一五	二一	三二	申	一七	三四	一七	加		五九	三七	六
	緯	北	三三	〇四	三〇	北	一〇	一三	二〇	加		四	五八	
軍井一	經	申	一五	二三	一一	申	一二	二〇	四三	加		四二	〇九	五
	緯	南	一三	一五	〇三	南	三五	五〇	二五	減		五	〇一	
屏一	經	申	一五	二二	二六	申	一一	四九	三五	加		四〇	五七	四
	緯	南	一六	三一	三九	南	三九	〇五	二八	減		五	〇〇	
天潢內增二	經	申	一五	二三	〇二	申	一七	三八	〇四	加		五九	四九	六
	緯	北	三三	二七	一〇	北	一〇	三五	四四	加		四	五七	
玉井四	經	申	一五	二五	〇〇	申	一三	一五	二六	加		四四	一七	四
	緯	南	七	一四	三五	南	二九	五二	五二	減		五	〇〇	

（續表）

赤道實沈宮恒星		赤道宮	赤道度	赤道分	赤道秒	黃道宮	黃道度	黃道分	黃道秒	赤道歲差	赤道歲差分	赤道歲差秒	赤道歲差微	星等
八穀内增十一	經	申	一五	二五	四一	申	二〇	三一	三〇	加	一	一七	三一	六
	緯	北	五七	一五	五〇	北	三四	一五	三五	加		四	五三	
參旗東增六	經	申	一五	二九	三九	申	一五	二七	二六	加		五〇	三七	五
	緯	北	一一	〇一	二五	南	一一	四三	四四	加		四	五八	
參宿七	經	申	一五	三三	四〇	申	一三	一五	〇〇	加		四三	五一	一
	緯	南	八	三一	二五	南	三一	一〇	一一	減		四	五六	
天潢一	經	申	一五	四八	〇九	申	一八	〇〇	二三	加		五九	五七	六
	緯	北	三三	三九	三七	北	一〇	四六	〇二	加		四	四八	
咸池一	經	申	一五	五六	〇七	申	一八	五五	五八	加	一	〇四	一八	六
	緯	北	四一	三一	〇〇	北	一八	三四	二三	加		四	四五	
天高四	經	申	一五	五八	五一	申	一六	五九	五八	加		五四	四一	六
	緯	北	二一	四八	〇三	南	一	〇三	〇三	加		四	四六	
參宿西增八	經	申	一六	二七	〇六	申	一五	三一	四二	加		四七	三八	六
	緯	北	二	一八	一四	南	二〇	三〇	〇一	加		四	三七	
天潢四	經	申	一六	四九	二五	申	一九	一一	四八	加	一	〇一	四八	五
	緯	北	三七	〇六	五四	北	一四	〇七	三一	加		四	二七	
軍井三	經	申	一六	五七	三二	申	一四	一二	四七	加		四二	〇三	四
	緯	南	一三	二七	四六	南	三六	一三	五九	減		四	二七	
軍井四	經	申	一七	〇二	一九	申	一四	二五	三二	加		四二	二三	五
	緯	南	一二	三六	〇八	南	三五	二三	一〇	減		四	二六	
參宿西增五	經	申	一七	〇九	四二	申	一五	五八	三六	加		四六	三五	五
	緯	南		三九	四五	南	二三	三一	一九	減		四	二三	

（續表）

赤道實沈宮恒星		赤道宮	赤道度	赤道分	赤道秒	黃道宮	黃道度	黃道分	黃道秒	赤道歲差	赤道歲差分	赤道歲差秒	赤道歲差微	星等
參宿西增十	經	申	一七	二〇	〇五	申	一六	三三	四二	加		四七	五六	六
	緯	北	三	一五	五七	南	一九	三七	三九	加		四	一九	
五車五	經	申	一七	三〇	四二	申	一八	五八	五六	加		五七	三一	二
	緯	北	二八	二一	五六	北	五	二一	三四	加		四	一三	
天潢二	經	申	一七	四一	一〇	申	一九	三八	四〇	加	一	〇〇	二〇	五
	緯	北	三四	一三	一八	北	一一	一〇	五〇	加		四	〇九	
八穀內增十	經	申	一七	四一	一二	申	二二	五七	三八	加	一	一七	二八	六
	緯	北	五七	〇〇	三〇	北	三三	五二	〇七	加		四	〇七	
天關南增一	經	申	一七	四九	〇七	申	一八	一四	四四	加		五二	三九	六
	緯	北	一六	二六	一〇	南	六	三三	〇二	加		四	〇九	
參宿西增四	經	申	一七	五一	二三	申	一六	四〇	四九	加		四六	二三	六
	緯	南	一	一〇	〇三	南	二四	〇五	二四	減		四	〇九	
參宿五	經	申	一七	五一	二六	申	一七	二二	三三	加		四八	五四	二
	緯	北	六	〇五	三七	南	一六	五一	三〇	加		四	〇八	
參宿西增七	經	申	一七	五一	四二	申	一六	五七	二六	加		四七	二一	五
	緯	北	一	三四	五七	南	二一	一二	〇七	加		四	〇八	
參宿西增六	經	申	一七	五一	二六	申	一六	五五	四六	加		四七	一四	六
	緯	北	一	一五	一七	南	二一	四〇	四四	加		四	〇八	
參宿內增三十七	經	申	一七	五三	一八	申	一五	五八	四七	加		四三	五七	五
	緯	南	八	〇四	〇三	南	三〇	五七	四四	減		四	〇八	
參宿西增三	經	申	一七	五四	一一	申	一六	三四	四七	加		四四	五六	三
	緯	南	二	三九	三三	南	一五	三四	四七	減		四	〇七	

（續表）

赤道實沈宮恒星		赤道 宮	赤道 度	赤道 分	赤道 秒	黃道 宮	黃道 度	黃道 分	黃道 秒		赤道歲差 分	赤道歲差 秒	赤道歲差 微	星等
軍井東增一	經	申	一七	五八	○九	申	一五	一九	五二	加		四一	四六	六
	緯	南	一四	一一	二四	南	三七	○三	四二	減		四	○七	
天高東增四	經	申	一八	○三	五五	申	一八	五五	○六	加		五四	四三	五
	緯	北	二一	四一	一六	南	一	二○	一二	加		四	○三	
八穀北增十五	經	申	一八	一一	○二	申	二三	一一	○二	加	一	二七	三九	六
	緯	北	六三	五七	二三	北	四○	四五	一○	加		三	五四	
參宿西增十一	經	申	一八	二一	○七	申	一七	三五	五○	加		四七	四七	五
	緯	北	二	五○	三八	南	二○	○八	一八	加		三	五八	
諸王三	經	申	八	二三	三六	申	一九	二七	五六	加		五六	○二	六
	緯	北	二四	五四	四五	北	一	五一	一四	加		三	五五	
夾白一	經	申	一八	三一	○○	亥	一三	二六	○七	加		一	○二	六
	緯	南	六七	二四	五七	南	八五	二五	二九	減		四	○三	
咸池二	經	申	一八	四六	二七	申	二○	五九	二三	加	一	○三	一四	五
	緯	北	三九	二七	五九	北	一六	二○	○三	加		三	四六	
柱七	經	申	一九	○一	一三	申	二○	三五	二○	加		五九	一五	五
	緯	北	三一	五八	一二	北	八	五○	四三	加		三	四二	
參宿內增二	經	申	一九	一二	二○	申	一八	○八	二二	加		四六	二○	六
	緯	南	一	一九	○八	南	二四	二一	二九	減		三	四○	
八穀北增十六	經	申	一九	一三	五四	申	二三	三○	三八	加	一	二四	○四	六
	緯	北	六一	四四	四五	北	三八	三○	二○	加		三	三四	
參宿內增十三	經	申	一九	一五	二○	申	一八	四七	五○	加		四八	四七	五
	緯	北	五	四三	三二	南	一七	二○	二五	加		三	三九	

（續表）

赤道實沈宮恒星		赤道宮	赤道度	赤道分	赤道秒	黃道宮	黃道度	黃道分	黃道秒	赤道歲差	赤道歲差分	赤道歲差秒	赤道歲差微	星等
厠二	經	申	九	二〇	三九	申	一六	〇七	二五	加		三九	〇七	三
	緯	南	一〇	五九	一〇	南	四三	五七	二四	減		三	三八	
參宿内增十二	經	申	九	二六	二三	申	一八	四六	一〇	加		四七	五二	六
	緯	北	三	〇四	一〇	南	二〇	〇〇	〇九	加		三	三五	
參宿三	經	申	一九	四三	三四	申	一八	四六	三八	加		四六	三七	二
	緯	南	〇	三一	〇七	南	二三	三六	〇七	減		三	一九	
參宿内增三十六	經	申	一九	五二	二六	申	一八	一九	〇五	加		四四	〇八	四
	緯	南	七	三〇	五〇	南	三〇	三五	一二	減		三	一七	
諸王南增三	經	申	一九	五七	〇二	申	二〇	四八	五五	加		五五	三九	六
	緯	北	二三	五〇	一八	北	〇	四〇	三三	加		三	二三	
厠内增一	經	申	二〇	〇四	二六	申	一七	〇三	一四	加		三九	〇四	六
	緯	南	二一	〇四	三五	南	四四	〇六	五〇	減		三	二三	
參宿内增十四	經	申	二〇	一〇	三八	申	一九	三六	〇六	加		四八	〇六	六
	緯	北	三	四三	三四	南	一九	二四	一〇	加		三	一九	
觜宿二	經	申	二〇	一〇	四〇	申	二〇	〇〇	五一	加		五〇	〇四	五
	緯	北	九	一七	一五	南	一三	五一	一九	加		三	二〇	
八穀北增十七	經	申	二〇	一一	三八	申	二四	〇二	二八	加	一	二三	一八	六
	緯	北	六一	一八	〇七	北	三八	〇一	一八	加		二	三二	
觜宿一	經	申	二〇	一五	〇八	申	二〇	〇七	一八	加		五〇	一四	四
	緯	北	九	四三	五五	南	一三	二五	〇三	加		三	一七	
八穀内增九	經	申	二〇	二一	五〇	申	二三	三九	〇二	加	一	一七	〇二	六
	緯	北	五六	二四	五〇	北	三三	〇八	三五	加		三	一一	

（續表）

赤道實沈宫恒星	赤道 經 宫	赤道 經 度	赤道 經 分	赤道 經 秒	赤道 緯 宫	赤道 緯 度	赤道 緯 分	赤道 緯 秒	黄道 經 宫	黄道 經 度	黄道 經 分	黄道 經 秒	黄道 緯 宫	黄道 緯 度	黄道 緯 分	黄道 緯 秒	赤道歲差 經	赤道歲差 經 分	赤道歲差 經 秒	赤道歲差 經 微	赤道歲差 緯	赤道歲差 緯 分	赤道歲差 緯 秒	赤道歲差 緯 微	星等
厠一	申	二〇	二三	〇一	南	一八	〇一	五〇	申	一七	四九	四七	南	四一	〇六	二八	加		四〇	一五	減		三	一七	三
丈人二	申	二〇	三三	〇〇	南	三五	三八	四八	申	一五	〇八	三七	南	五八	三八	三四	加		三二	二四	減		三	一四	四
柱八	申	二〇	三三	三六	北	三〇	一八	一六	申	二一	四七	四六	北	七	〇五	二四	加		五八	三一	加		三	一〇	六
天闕	申	二〇	三五	一二	北	二〇	五七	二四	申	二一	一二	二八	南	二	一四	二一	加		五四	二八	加		三	一一	二
伐西增二	申	二〇	三九	二三	南	五	三四	二五	申	一九	二二	五八	南	二八	四二	四五	加		四四	五〇	減		三	一一	六
伐一	申	二〇	四〇	四二	南	五	〇一	四六	申	一九	二七	一一	南	二八	一〇	一七	加		四五	〇〇	減		三	一〇	五
伐二	申	二〇	四一	〇七	南	五	三五	五六	申	一九	二四	五〇	南	二八	四四	二三	加		四四	五〇	減		三	一一	四
觜宿三	申	二〇	四一	二九	北	九	〇七	三九	申	二〇	三一	二八	南	一四	〇二	五八	加		五〇	〇一	加		三	〇九	五
伐三	申	二〇	四二	五三	南	六	〇六	〇七	申	一九	二四	一七	南	二九	一四	三七	加		四四	三九	減		三	一〇	三
伐東增一	申	二〇	四四	四八	南	五	〇一	五五	申	一九	三一	四八	南	二八	一〇	四五	加		四五	〇〇	減		三	〇八	五
參宿二	申	二〇	四八	〇〇	南	一二	三四	七	申	一九	五二	四四	南	二四	三三	二三	加		四六	一六	減		三	〇七	二

（續表）

赤道實沈宮恒星		赤道宮	赤道度	赤道分	赤道秒	黃道宮	黃道度	黃道分	黃道秒	赤道歲差	赤道歲差分	赤道歲差秒	赤道歲差微	星等
諸王二	經	申	二〇	五七	二八	申	二一	五一	〇七	加		五六	二七	四
	緯	北	二五	四三	〇二	北	二	二九	二三	加		三	〇二	
柱九	經	申	二一	〇八	四二	申	二三	一七	〇〇	加		五八	二三	六
	緯	北	二九	五七	一〇	北	六	四二	二五	加		二	五九	
八穀三	經	申	二一	一五	五四	申	二四	一二	二三	加	一	一六	三七	五
	緯	北	五五	五八	二四	北	三三	三九	五七	加		二	五一	
勾陳南增四	經	申	一一	一八	一四	申	二九	〇三	三七	加	七	五一	三四	六
	緯	北	八七	一五	一七	北	六三	四八	〇〇	加		一	四二	
八穀内增八	經	申	二一	一九	二八	申	二四	一八	五四	加	一	一七	三三	六
	緯	北	五六	四六	五三	北	二三	二八	一〇	加		二	五一	
参宿内增十五	經	申	二一	二四	〇九	申	二〇	五四	三六	加		四八	一〇	五
	緯	北	三	五六	四〇	南	一九	一六	〇三	加		二	五三	
参宿内增一	經	申	二一	二八	〇四	申	二〇	三〇	四一	加		四五	四九	四
	緯	南	二	四六	三九	南	二五	五八	四七	減		二	五三	
五車北增十七	經	申	二一	三三	三七	申	二三	五四	五五	加	一	一〇	三一	六
	緯	北	四九	四〇	五七	北	二六	二二	三九	加		二	四六	
参宿内增三十五	經	申	二一	三七	二七	申	二〇	二〇	二五	加		四四	一一	五
	緯	南	七	二三	四一	南	二〇	三四	五〇	減		二	五〇	
天關南增二	經	申	二一	三七	二九	申	二一	五四	二八	加		五二	四一	六
	緯	北	一六	二二	〇九	南	六	五二	四三	加		二	四九	
天關南增六	經	申	二一	五七	一六	申	二二	二一	五四	加		五三	三九	六
	緯	北	一八	五〇	一八	南	四	二五	五四	加		二	四一	

（續表）

赤道實沈宮恒星		赤道 宮	赤道 度	赤道 分	赤道 秒	黃道 宮	黃道 度	黃道 分	黃道 秒	赤道歲差	赤道歲差 分	赤道歲差 秒	赤道歲差 微	星等
參宿一	經	申	二一	五八	〇五	申	二一	〇六	四五	加		四六	〇三	二
	緯	南	二	〇六	一〇	南	二五	二〇	一七	減		二	四三	
八穀內增七	經	申	二二	一二	三二	申	二四	五三	三七	加	一	一七	三七	五
	緯	北	五六	四七	四二	北	三三	二七	〇三	加		二	三二	
參宿內增十六	經	申	二二	一九	五一	申	二一	四三	四九	加		四七	一四	五
	緯	北	一	一九	三五	南	二一	五六	一二	加		二	三四	
八穀內增十八	經	申	二二	二七	四〇	申	二五	一三	〇八	加	一	二〇	一二	六
	緯	北	五八	三一	一一	北	三五	二九	四二	加		二	二六	
天闕南增三	經	申	二二	三〇	三五	申	二二	四四	二三	加		五二	三三	六
	緯	北	一五	五六	四三	南	七	二〇	五七	加		二	二九	
丈人一	經	申	二二	三五	四九	申	一八	三五	四四	加		三三	〇九	二
	緯	南	三四	一二	一六	南	五七	二三	四一	減		二	三一	
柱六	經	申	二二	五二	一〇	申	二四	一五	二四	加	一	〇三	一一	五
	緯	北	三九	〇四	〇九	北	一五	四三	四一	加		二	二〇	
厠南增二	經	申	二一	五四	一四	申	二〇	三五	〇〇	加		三八	二五	六
	緯	南	二一	三一	四二	南	四五	四六	四六	減		二	二五	
金魚三	經	申	二二	五五	四〇	酉	一八	四六	一九	加		七	五〇	四
	緯	南	六二	三七	四三	南	八五	〇四	二二	減		二	二九	
天闕南增四	經	申	二二	五九	五六	申	二三	一二	〇一	加		五二	二七	六
	緯	北	一五	四一	〇三	南	七	三八	〇一	加		二	二〇	
八穀八	經	申	二三	〇二	四九	申	二五	三九	三一	加	一	一一	三一	五
	緯	北	五九	四七	二三	北	三六	二四	四〇	加		二	一二	

（續表）

赤道實沈宮恒星		赤道宮	赤道度	赤道分	赤道秒	黃道宮	黃道度	黃道分	黃道秒	赤道歲差	赤道歲差分	赤道歲差秒	赤道歲差微	星等
天闕南增五	經	申	二三	〇六	五五	申	二三	二四	二二	加		五三	一二	六
	緯	北	一七	三六	〇九	南	五	四三	三三	加		二	一七	
水府西增二	經	申	二三	〇九	一八	申	二三	一七	一六	加		五一	五八	六
	緯	北	一四	二一	四七	南	八	五七	三九	加		二	一五	
水府西增一	經	申	二三	一七	三八	申	二三	二三	四四	加		五一	四五	六
	緯	北	一三	四六	一八	南	九	三三	二八	加		二	一三	
諸王南增四	經	申	二三	一九	〇一	申	二三	五五	〇三	加		五五	五九	四
	緯	北	二四	二七	〇二	北	一	〇六	三一	加		二	一三	
八穀二	經	申	二三	二一	三八	申	二五	三五	二七	加	一	一六	三九	五
	緯	北	五五	五三	四四	北	三二	三〇	五〇	加		二	〇八	
八穀內增六	經	申	二三	二三	四六	申	二五	三五	〇五	加	一	一六	一九	六
	緯	北	五五	三六	二六	北	三二	一三	三二	加		二	〇七	
柱四	經	申	二三	二四	一九	申	二四	三五	三八	加	一	〇二	〇六	六
	緯	北	三七	一二	〇七	北	一三	五〇	三三	加		二	〇九	
柱五	經	申	二三	二六	一三	申	二四	四二	三五	加	一	〇三	一〇	五
	緯	北	三九	〇二	五三	北	一五	四一	〇七	加		二	〇八	
厠三	經	申	二三	二九	二一	申	二一	二一	二〇	加		三八	二四	三
	緯	南	二二	三一	四二	南	四五	四九	五八	減		二	一一	
參宿內增十七	經	申	二三	三二	五四	申	二三	一七	三七	加		四九	〇一	六
	緯	北	六	二〇	〇四	南	一六	五九	五五	加		二	〇八	
厠北增七	經	申	二三	五〇	三〇	申	二三	二四	五二	加		四一	二二	四
	緯	南	一四	五六	一五	南	三八	一五	三〇	減		二	〇四	

(續表)

赤道實沈宮恒星		赤道宮	赤道度	赤道分	赤道秒	黃道宮	黃道度	黃道分	黃道秒	加減	赤道歲差分	赤道歲差秒	赤道歲差微	星等
參宿六	經	申	二三	五三	四一	申	二二	四八	四一	加		四三	一七	三
	緯	南	九	四七	一六	南	三三	〇七	〇六	減		二	〇三	
水府西增三	經	申	二三	五八	一五	申	二四	〇四	四八	加		五一	五四	六
	緯	北	一四	一一	五七	南	九	〇九	三七	加		一	五九	
屎	經	申	二四	〇七	二三	申	二一	一〇	二六	加		三三	五六	六
	緯	南	三二	二四	一四	南	五五	四二	二六	減		一	五八	
諸王一	經	申	二四	一七	〇七	申	二四	五五	三七	加		五七	二三	五
	緯	北	二七	四一	一三	北	四	一八	一五	加		一	五〇	
水府西增四	經	申	二四	二五	四五	申	二四	三一	二九	加		五一	五一	六
	緯	北	一四	〇四	三七	南	九	一八	〇二	加		一	四八	
水府西增五	經	申	二四	二六	四二	申	二四	三一	五四	加		五一	四七	六
	緯	北	一三	五一	二七	南	九	三一	一三	加		一	四九	
八穀東增五	經	申	二四	三六	五六	申	二六	二三	二八	加	一	一五	五九	六
	緯	北	五五	一六	〇〇	北	三一	五一	〇四	加		一	四二	
八穀一	經	申	一四	二八	三三	申	二六	二一	三三	加	一	一四	五四	四
	緯	北	五四	一三	五八	北	三〇	四九	〇二	加		一	四〇	
參宿東增三十四	經	申	二四	四四	〇二	申	二三	五四	三二	加		四四	〇五	六
	緯	南	七	三六	三九	南	三〇	五八	五八	減		一	四四	
參宿東增二十二	經	申	二四	四六	四八	申	二四	二三	一〇	加		五七	二五	六
	緯	北	一	四四	五九	南	二一	三七	五四	加		一	四二	
司怪四	經	申	二四	四八	三八	申	二五	〇七	二三	加		五四	一四	五
	緯	北	二〇	一一	五九	南	三	一一	四四	加		一	四一	

（續 表）

赤道實沈宮恒星		赤道宮	赤道度	赤道分	赤道秒	黃道宮	黃道度	黃道分	黃道秒	加減	赤道歲差分	赤道歲差秒	赤道歲差微	星等
司怪南增三	經	申	二四	五七	〇六	申	二五	一四	一三	加		五四	〇三	六
	緯	北	一九	三九	五九	南	三	四四	〇一	加		一	三七	
厠四	經	申	二五	〇六	〇六	申	二三	三六	〇九	加		三九	〇二	三
	緯	南	二〇	五四	五一	南	四四	一七	一九	減		一	三七	
五車三	經	申	二五	一一	三二	申	二六	二〇	三一	加	一	〇六	五九	二
	緯	北	四四	五三	四一	北	二一	二八	二一	加		一	三〇	
五車北增十六	經	申	二五	一四	四一	申	二六	二五	一二	加	一	〇七	四二	六
	緯	北	四五	五三	一九	北	二三	二七	五二	加		一	二九	
参宿四	經	申	二五	一九	〇四	申	二五	一〇	〇〇	加		四九	二三	一
	緯	北	七	一九	五一	南	一六	〇四	二六	加		一	三一	
老人西增四	經	申	二五	二一	三六	申	一九	〇五	〇〇	加		二一	三八	四
	緯	南	五一	〇九	〇四	南	七四	二七	三〇	減		一	三五	
五車北增十五	經	申	二五	二五	〇〇	申	二六	三七	二五	加	一	〇九	一〇	六
	緯	北	四七	五一	〇七	北	二四	二五	二一	加		二	二六	
子二	經	申	二五	二九	〇五	申	二三	四九	五六	加		三三	〇七	三
	緯	南	三五	五三	一六	南	五九	一五	三一	減		一	三一	
司怪一	經	申	二五	三〇	三七	申	二五	五七	二八	加		五六	三七	五
	緯	北	二五	五三	一八	北	二	二八	〇五	加		一	二五	
五車四	經	申	二五	三三	五二	申	二六	二一	四五	加	一	〇二	〇九	四
	緯	北	三七	〇九	五七	北	一三	四四	一九	加		一	二四	
子一	經	申	二五	五七	四三	申	二三	四七	三三	加		三三	一〇	四
	緯	南	三三	五二	一九	南	五七	一六	〇六	減		一	一九	

（續表）

赤道實沈宮恒星		赤道宮	赤道度	赤道分	赤道秒	黃道宮	黃道度	黃道分	黃道秒	加減	赤道歲差分	赤道歲差秒	赤道歲差微	星等
金魚四	經	申	二六	○二	五四	戌	二三	○四	一七	加		一	四六	五
	緯	南	六五	四六	三一	南	八八	一四	二○	減		一	二三	
厠北增六	經	申	二六	一二	○三	申	二五	二○	四八	加		四一	三八	四
	緯	南	一四	一四	○九	南	三七	三九	二七	減		一	一四	
五車東增十	經	申	二六	一三	二五	申	二七	○四	○九	加	一	○五	四一	六
	緯	北	四二	五八	二九	北	一九	三一	四八	加		一	○九	
司怪内增一	經	申	二六	一三	四八	申	二六	三一	三五	加		五五	二○	六
	緯	北	二二	五一	一三	南	○	三五	○三	加		一	一○	
參宿東增二十一	經	申	二六	一六	○四	申	二五	五九	一○	加		四七	二五	六
	緯	北	一	四七	○二	南	二一	三八	五○	加		一	一一	
參宿東增二十三	經	申	二六	二四	一三	申	二六	○五	四一	加		四六	五七	六
	緯	南	三	三○	○○	南	二六	五六	○四	減		一	○九	
司怪内增二	經	申	二六	三三	○七	申	二六	四八	四○	加		五五	○八	六
	緯	北	二二	二一	五九	南	一	○四	四三	加		一	○四	
五車東增十一	經	申	二六	四○	二五	申	二七	二五	○六	加	一	○五	四一	六
	緯	北	四二	五八	二六	北	一九	三一	一四	加		一	○○	
參宿東增三十三	經	申	二六	四一	一五	申	二六	○六	三二	加		四三	二五	六
	緯	南	九	二五	三一	南	三二	五一	五○	減		一	○三	
參宿東增三十二	經	申	二六	四二	一三	申	二六	○七	二○	加		四三	二一	六
	緯	南	九	三五	五○	南	三三	○二	一○	減		一	○三	
上衛西增一	經	申	二六	四八	一一	申	二八	一三	二八	加	一	三一	四八	六
	緯	北	六五	四三	○六	北	四二	一五	一七	加			五二	

（續表）

赤道實沈宫恒星		赤道宫	赤道度	赤道分	赤道秒	黄道宫	黄道度	黄道分	黄道秒	赤道歲差	赤道歲差分	赤道歲差秒	赤道歲差微	星等
八穀東增十九	經	申	二六	五二	五六	申	二八	〇一	三〇	加	一	二〇	二九	五
	緯	北	五八	五五	四三	北	三五	二八	〇〇	加			五二	
參宿北增十八	經	申	二七	〇三	四八	申	二七	〇一	〇五	加		五〇	一三	四
	緯	北	九	三七	〇九	南	一三	五〇	〇一	加			五四	
子東增一	經	申	二七	〇七	一六	申	二五	二八	〇九	加		三二	二四	五
	緯	南	三五	一八	一五	南	五八	四四	三一	減			五六	
司怪二	經	申	二七	〇八	二七	申	二七	二三	二四	加		五五	三〇	四
	緯	北	二三	一五	〇七	南	〇	一二	一九	加			五一	
五車東增九	經	申	二七	一三	三一	申	二七	四五	〇五	加	二	〇二	五六	六
	緯	北	三八	三八	四一	北	一五	〇〇	五九	加			四八	
參宿東增十九	經	申	二七	一四	二六	申	二七	〇六	三八	加		四八	四二	六
	緯	北	五	二四	二四	南	一八	〇二	五六	加			五〇	
參宿東增三十一	經	申	二七	二五	二七	申	二六	五六	三五	加		四二	五八	六
	緯	南	一〇	三七	一七	南	三四	〇四	三九	減			四七	
司怪南增四	經	申	二七	四九	一九	申	二七	五六	四〇	加		五四	〇二	六
	緯	北	一九	三九	三二	南	三	四八	三一	加			三六	
老人北增三	經	申	二七	五一	一二	申	二六	〇五	〇四	加		二七	五八	五
	緯	南	四二	四九	一五	南	六六	一六	三〇	減			四〇	
參宿東增二十	經	申	二七	五一	一七	申	二七	四四	〇〇	加		四八	一五	六
	緯	北	四	〇八	四一	南	一九	一九	一八	加			三七	
上衛西增二	經	申	二七	五一	三一	申	二八	五五	〇七	加	一	四〇	五九	五
	緯	北	六九	二六	五七	北	四五	五八	二六	加			二七	

（續表）

赤道實沈宮恒星		赤道宮	赤道度	赤道分	赤道秒	黃道宮	黃道度	黃道分	黃道秒	加減	赤道歲差分	赤道歲差秒	赤道歲差微	星等
司怪三	經	申	二七	五六	〇三	申	二八	〇三	二五	加		五四	一四	五
	緯	北	二〇	〇六	三七	南	三	二一	三三	加			三四	
五車北增十四	經	申	二八	〇一	四一	申	二八	三三	四二	加	一	〇九	五五	六
	緯	北	四八	四三	五六	北	二五	一五	三二	加			三〇	
八穀東增二十	經	申	二八	一〇	五三	申	二八	五二	〇九	加	一	二三	〇一	六
	緯	北	六〇	〇一	五四	北	三六	三三	二〇	加			二四	
水府一	經	申	二八	一三	五八	申	二八	一六	一七	加		五二	〇八	六
	緯	北	一四	四六	〇六	南	八	四二	一六	加			二八	
厠北增四	經	申	二八	二四	一六	申	二八	〇〇	一三	加		四〇	四六	六
	緯	南	一六	二九	一五	南	三九	五七	三五	減			二七	
八穀東增二十一	經	申	二八	三六	五二	申	二九	〇九	四二	加	一	二四	一八	五
	緯	北	六一	三三	一六	北	三八	〇四	三〇	加			一四	
厠北增五	經	申	二八	四〇	五九	申	二八	二二	三四	加		四一	二三	四
	緯	南	一四	五五	五二	南	三八	二四	二六	減			二〇	
参宿東增三十	經	申	二九	〇四	二一	申	二八	五三	三九	加		四二	四六	六
	緯	南	一一	〇七	三九	南	三四	三六	二六	減			一二	
厠東增三	經	申	二九	〇九	一五	申	二八	五四	五〇	加		三九	四三	六
	緯	南	一九	〇九	三五	南	四二	三八	二三	減			一一	
司怪東增五	經	申	二九	一二	四二	申	二九	一五	二五	加		五四	〇七	六
	緯	北	一九	四八	五四	南	三	三九	五九	加			七	
八穀東增二十六	經	申	二九	一七	一〇	申	二九	三二	五五	加	一	二〇	四〇	四
	緯	北	五九	〇三	三六	北	三五	三四	三〇	加			一	

（續表）

赤道實沈宮恒星		赤道 宮	赤道 度	赤道 分	赤道 秒	黃道 宮	黃道 度	黃道 分	黃道 秒	赤道歲差	赤道歲差 分	赤道歲差 秒	赤道歲差 微	星等
水府四	經	申	二九	一七	五六	申	二九	一九	一四	加		五二	三八	六
	緯	北	一六	〇九	二四	南	七	一九	三〇	加			六	
水府二	經	申	二九	一八	一六	申	二九	一九	〇一	加		五一	五六	四
	緯	北	一四	一四	〇五	南	九	一四	四九	加			六	
五車東增十三	經	申	二九	三七	一九	申	二九	四三	〇二	加	一	〇八	一一	六
	緯	北	四六	二八	三一	北	二三	五九	三一	加			五	
八穀東增二十二	經	申	二九	四〇	三四	申	二九	四八	一八	加	一	二四	四三	六
	緯	北	六一	四九	五二	北	三八	二〇	五五	加			九	
孫二	經	申	二九	四〇	五〇	申	二九	二八	四九	加		六	五九	五
	緯	南	三七	一二	四四	南	六〇	四一	四二	減			一	
井宿北增一	經	申	二九	四五	五七	申	二九	四七	四三	加		五八	一九	四
	緯	北	二九	三三	四七	北	六	〇四	四七	減			六	
五車東增十二	經	申	二九	四七	四七	申	二九	五〇	五二	加	一	〇八	〇八	六
	緯	北	四六	二五	三四	北	三二	五六	三四	加			九	
鉞	經	申	二九	五〇	五一	申	二九	五一	三三	加		五五	一三	四
	緯	北	二三	三三	〇〇	南	〇	五六	〇〇	減			七	
八穀東增二十五	經	申	二九	五二	三七	申	二九	五五	二二	加	一	二二	一二	六
	緯	北	五九	二六	三四	北	三五	五七	三四	加			一三	
司怪東增六	經	申	二九	五六	五八	申	二九	五七	一〇	加		五四	〇〇	六
	緯	北	一九	一二	五八	南	四	一六	〇二	減			八	

赤道鶉首宮恒星		赤道宮	赤道度	赤道分	赤道秒	黃道宮	黃道度	黃道分	黃道秒	赤道歲差	赤道歲差分	赤道歲差秒	赤道歲差微	星等
水府三	經	未	○	○九	二八	未	○	○九	○九	加		五二	三九	六
	緯	北	一六	一一	二九	南	七	一七	三一	減			一三	
八穀東增三十四	經	未	○	一八	○二	未	○	一二	二三	加		一四	一六	六
	緯	北	五三	三一	五七	北	三○	○二	五七	減			二一	
鉞北增一	經	未	○	一九	四六	未	○	一八	○五	加		五五	四四	六
	緯	北	二三	四七	四七	北	○	一八	四八	減			一七	
水府南增六	經	未	○	二○	二○	未	○	一九	四九	加		五一	一二	六
	緯	北	一二	三八	二七	南	一○	五三	一三	減			二○	
六甲一	經	未	○	二○	五一	未	○	○六	四○	加	二	三九	二六	六
	緯	北	七九	四七	○三	北	五六	一八	○三	減			三六	
水府南增七	經	未	○	三○	二○	未	○	三○	一二	加		五一	一二	六
	緯	北	一二	一八	一七	南	一一	一○	三○	減			二○	
參宿東增二十八	經	未	○	三三	二四	未	○	三八	一四	加		四四	三四	四
	緯	南	六	一三	○五	南	二九	四二	○○	加			一九	
水府南增八	經	未	○	四四	二六	未	○	四五	○○	加		五○	二三	六
	緯	北	一○	○○	二九	南	一三	二八	二五	減			二五	
八穀東增二十七	經	未	一	○八	○三	未	○	四三	二四	加	一	一九	五七	六
	緯	北	五八	三一	二○	北	三五	○二	三○	減			三八	
座旗西增一	經	未	一	一九	四一	未	○	五七	四○	加	一	一○	二七	五
	緯	北	四九	二三	○四	北	二五	五四	二○	減			四一	
參宿東增二十九	經	未	一	二一	五四	未	一	三七	一四	加		四二	五七	六
	緯	南	一○	三九	○八	南	三四	○七	四○	加			三六	

（續表）

赤道鶉首宫恒星		赤道宫	赤道度	赤道分	赤道秒	黄道宫	黄道度	黄道分	黄道秒		赤道歲差分	赤道歲差秒	赤道歲差微	星等
參宿東增二十七	經	未	一	四九	二〇	未	二	〇六	四〇	加		四四	〇〇	六
	緯	南	七	四四	一八	南	三一	一二	三〇	加			四七	
孫一	經	未	一	五〇	五五	未	二	五三	五六	加		三二	三二	五
	緯	南	三五	〇三	三〇	南	五八	〇三	二九	加			四五	
井宿一	經	未	一	五一	四五	未	一	四三	一〇	加		五五	一四	三
	緯	北	二三	三六	五八	南	〇	五一	二三	減			五〇	
八穀東增二十八	經	未	二	〇九	一九	未	一	二二	四五	加	一	一九	四〇	六
	緯	北	五八	一八	五九	北	三四	五〇	三六	減		一	〇〇	
金魚五	經	未	二	三二	一〇	寅	七	五〇	三七	減		五	二八	六
	緯	南	六八	四五	一六	南	八七	三三	四八	加			五四	
四瀆四	經	未	二	三三	四四	未	二	四一	四九	加		四八	二六	四
	緯	北	四	四一	四九	南	一八	四五	四四	減		一	〇二	
四瀆西增四	經	未	二	三五	二八	未	二	四二	五〇	加		四八	四一	六
	緯	北	五	二三	一四	南	一八	〇五	一八	減		一	〇四	
孫北增一	經	未	二	三九	三七	未	三	五二	〇四	加		三五	〇四	三
	緯	南	二九	五七	三三	南	五三	二四	二四	加		一	〇三	
座旗西增二	經	未	二	四四	四八	未	二	〇二	五〇	加	一	〇八	二三	六
	緯	北	四六	四八	四四	北	二三	二〇	五四	減		一	一一	
軍市一	經	未	二	五一	五九	未	三	三七	五八	加		四〇	一五	二
	緯	南	一七	五〇	五八	南	四一	一七	四七	加		一	〇八	
井宿北增二	經	未	三	〇一	二一	未	二	三七	一七	加		五八	四六	六
	緯	北	三〇	三六	五一	北	七	〇九	三〇	減		一	一五	

（續表）

赤道鶉首宮恒星		赤道宮	赤道度	赤道分	赤道秒	黃道宮	黃道度	黃道分	黃道秒	赤道歲差	赤道歲差分	赤道歲差秒	赤道歲差微	星等
孫北增三	經	未	三	○九	一七	未	四	四八	三八	加		三三	二六	五
	緯	南	三三	一八	四八	南	五六	四四	三八	加		一	一三	
孫北增四	經	未	三	一五	一三	未	四	五七	三九	加		三三	二七	四
	緯	南	三三	一八	三一	南	五六	四四	○八	加		一	一四	
八穀東增三十三	經	未	三	一八	五○	未	二	一○	五二	加	一	一七	二五	六
	緯	北	五六	三○	二九	北	三三	○三	○○	減		一	二三	
井宿二	經	未	三	二五	五四	未	三	一三	二○	加		五四	一七	四
	緯	北	二○	二○	三九	南	三	○六	○三	減		一	二三	
四瀆南增五	經	未	三	三三	二三	未	三	五一	五七	加		四六	五四	六
	緯	北	○	二三	○○	南	二三	○四	○八	減		一	二四	
八穀東增二十三	經	未	三	三四	二九	未	二	○九	三○	加	一	二四	二○	六
	緯	北	六一	三九	五四	北	三八	一二	三○	減		一	三三	
四瀆南增六	經	未	三	三四	五八	未	三	五四	三五	加		四六	四四	六
	緯	南	○	○八	二二	南	二三	三四	二六	加		一	二四	
參宿東增二十四	經	未	三	三四	五七	未	四	○二	○五	加		四五	一七	五
	緯	南	四	一三	五一	南	二七	三九	五○	加		一	二四	
八穀東增二十四	經	未	三	四五	四六	未	二	一六	二○	加	一	二四	一九	六
	緯	北	六一	三九	二五	北	三八	一二	一二	減		一	三五	
參宿東增二十五	經	未	三	四九	一九	未	四	一九	○三	加		四五	○九	六
	緯	南	四	三七	二四	南	二八	○三	五八	加		一	三○	
八穀東增三十二	經	未	三	五八	二三	未	二	三五	三八	加	一	一七	五八	六
	緯	北	五七	○一	四六	北	三三	三四	五五	減		一	三八	

（續表）

赤道鶉首宮恒星		赤道宮	赤道度	赤道分	赤道秒	黃道宮	黃道度	黃道分	黃道秒	赤道歲差	赤道歲差分	赤道歲差秒	赤道歲差微	星等
參宿東增二十六	經	未	四	○五	○八	未	四	四一	五八	加		四四	一九	五
	緯	南	六	五三	二一	南	三○	一八	二○	加		一	三四	
老人	經	未	四	三六	三三	未	一一	三○	五九	加		二○	二○	一
	緯	南	五二	三二	二四	南	七五	五○	一九	加		一	四一	
孫北增二	經	未	四	三八	五五	未	六	五九	二三	加		三三	五五	五
	緯	南	三二	二五	二三	南	五三	四七	三七	加		一	四六	
四瀆南增三	經	未	四	四一	五一	未	四	五五	五四	加		四八	三三	五
	緯	北	五	○一	二四	南	一八	二三	四六	減		一	四九	
井宿北增六	經	未	四	四五	五一	未	四	一二	四六	加		五七	三七	六
	緯	北	二八	一一	一九	北	四	四六	三○	減		一	五一	
四瀆三	經	未	四	四七	四○	未	四	五五	三三	加		四八	二六	四
	緯	北	七	二九	四六	南	一五	五四	一九	減		一	五○	
座旗八	經	未	五	一三	五四	未	四	一一	四六	加	一	○三	二九	五
	緯	北	三九	三五	○○	北	一六	一○	三五	減		二	○二	
井宿西增九	經	未	五	一四	四二	未	五	一四	四二	加		四九	三一	五
	緯	北	一五	一四	三八	南	七	四四	三八	減		一	五九	
座旗七	經	未	五	一四	五七	未	四	一一	二五	加	一	○三	四七	五
	緯	北	四○	○五	○八	北	一六	四○	四四	減		二	○二	
座旗五	經	未	五	一五	一六	未	四	○五	二三	加	一	○五	二六	五
	緯	北	四二	四一	○五	北	一九	一六	三四	減		二	○三	
井宿內增八	經	未	五	一七	二六	未	五	○五	○七	加		五三	○○	六
	緯	北	一七	○八	二六	南	六	一四	五七	減		二	○一	

(續表)

赤道鶉首宮恒星		赤道宮	赤道度	赤道分	赤道秒	黄道宮	黄道度	黄道分	黄道秒	赤道歲差加減	赤道歲差分	赤道歲差秒	赤道歲差微	星等
軍市六	經	未	五	一八	〇七	未	七	〇五	五四	加		三八	〇五	五
	緯	南	二三	一四	五八	南	四六	三六	一七	加		二	〇九	
六甲二	經	未	五	三一	二三	未	二	〇三	四五	加	二	一五	四八	五
	緯	北	七七	一四	二七	北	五三	四七	五〇	減		二	二一	
井宿北增三	經	未	五	三二	〇一	未	四	五一	一六	加		五八	〇二	六
	緯	北	二九	一〇	二八	北	五	四七	〇五	減		二	〇七	
井宿三	經	未	五	四三	一八	未	五	三一	一八	加		五二	四七	二
	緯	北	一六	三五	〇六	南	六	四七	一九	減		二	一二	
井宿北增五	經	未	五	五〇	五八	未	五	〇九	三九	加		五七	四二	六
	緯	北	二八	二七	三二	北	五	〇四	五〇	減		二	一四	
軍市内增二	經	未	六	〇五	二〇	未	八	〇六	二五	加		三八	一七	五
	緯	南	二二	四六	五四	南	四六	〇五	三六	加		二	一五	
座旗三	經	未	六	〇七	二五	未	四	四〇	〇〇	加	一	〇六	四六	五
	緯	北	四四	四四	二四	北	二一	二一	二二	減		二	二一	
上衛南增三	經	未	六	一六	二四	未	三	一八	二七	加	一	三六	一七	五
	緯	北	六七	五一	一八	北	四四	二六	三八	減		二	二九	
軍市内增一	經	未	六	一八	二一	未	八	〇一	四八	加		四〇	〇一	五
	緯	南	一八	二七	五七	南	四一	四六	二三	加		二	二一	
野雞	經	未	六	三三	〇七	未	八	一〇	四一	加		三九	四七	五
	緯	南	一九	〇三	一九	南	四二	二一	二五	加		二	二〇	
八穀東增三十一	經	未	六	二八	〇五	未	四	一一	五七	加	一	一八	一六	六
	緯	北	五七	二三	四一	北	三四	〇〇	二〇	減		二	三一	

（續表）

赤道鶉首宫恒星		赤道宫	赤道度	赤道分	赤道秒	黄道宫	黄道度	黄道分	黄道秒	赤道歲差宫	赤道歲差分	赤道歲差秒	赤道歲差微	星等
軍市二	經	未	六	三九	五一	未	八	二六	五七	加		四〇	一二	五
	緯	南	一八	〇二	〇九	南	四一	一九	二四	加		二	二六	
四瀆北增一	經	未	六	四四	五六	未	六	四九	三一	加		五〇	二三	四
	緯	北	一〇	〇六	三二	南	一三	一二	五二	減		二	三二	
座旗四	經	未	六	四八	二一	未	五	一四	一四	加	一	〇六	〇六	六
	緯	北	四三	四八	〇六	北	二〇	二六	三三	減		二	三六	
井宿内增七	經	未	六	五一	一〇	未	六	三三	〇二	加		五三	一六	五
	緯	北	一七	五二	〇四	南	五	二七	三四	減		二	三五	
座旗一	經	未	六	五八	一七	未	五	〇三	五七	加	一	二一	一四	六
	緯	北	四九	〇一	三八	北	二五	四〇	〇〇	減		二	四二	
井宿五	經	未	七	〇二	一三	未	六	二一	三七	加		五六	一九	三
	緯	北	二五	二一	一一	北	二	〇一	三〇	減		二	四〇	
上衛	經	未	七	〇四	〇九	未	三	三四	三〇	加	一	四〇	一五	五
	緯	北	六九	二三	二九	北	四五	五九	四六	減		二	四七	
井宿北增四	經	未	七	〇八	〇〇	未	六	一五	二二	加		五八	〇一	六
	緯	北	二九	一一	四二	北	五	五二	〇〇	減		二	四二	
井宿西增十	經	未	七	二三	三二	未	七	一六	四七	加		五一	三六	六
	緯	北	一三	二七	二三	南	九	五〇	二七	減		二	四六	
老人北增二	經	未	七	三〇	二八	未	一三	三八	四二	加		二八	〇〇	三
	緯	南	四二	五七	四〇	南	六六	〇五	一九	加		二	四五	
八穀東增二十九	經	未	七	三九	二五	未	四	四七	〇五	加	一	二一	一〇	五
	緯	北	五九	四二	四二	北	三六	二一	二〇	減		二	五七	

（續表）

赤道鶉首宮恒星		赤道 宮	度	分	秒	黃道 宮	度	分	秒	赤道歲差	分	秒	微	星等
井宿四	經	未	七	四二	五四	未	七	三七	五三	加		五一	二九	四
	緯	北	一三	○八	四六	南	一○	○七	五七	減		二	五二	
井宿南增十一	經	未	七	五一	二三	未	七	四七	五七	加		五二	二三	六
	緯	北	一二	五六	○三	南	一○	二○	一三	減		三	○○	
四瀆北增二	經	未	八	○九	四六	未	八	一九	四六	加		四九	五○	六
	緯	北	八	四九	五○	南	一四	二五	○○	減		二	○一	
座旗六	經	未	八	○九	四八	未	六	二三	三四	加	一	○四	五三	四
	緯	北	四二	○三	一五	北	一八	四五	○八	減		三	○四	
六甲四	經	未	八	一五	四○	未	二	○一	二五	加	三	二四	四八	六
	緯	北	八二	四八	三八	北	五九	二三	○七	減		三	三一	
四瀆二	經	未	八	二二	二五	未	八	三四	四○	加		四九	四一	五
	緯	北	八	一七	一八	南	一四	五六	四四	減		三	○六	
天狼	經	未	八	二八	三四	未	一○	三四	○一	加		四○	五三	一
	緯	南	一六	二一	四八	南	三九	三三	○八	加		三	○六	
闕邱一	經	未	八	三八	○五	未	九	二二	五六	加		四七	四二	四
	緯	北	二	四○	○七	南	二○	三三	一八	減		三	一二	
八穀東增三十	經	未	八	四七	○一	未	五	三四	五六	加	一	一九	四四	五
	緯	北	五八	四三	一六	北	三五	二四	三○	減		三	二○	
天狼北增一	經	未	八	四七	四○	未	一○	四四	三八	加		四一	四二	五
	緯	南	一四	一○	一九	南	三七	一九	三八	加		三	一四	
座旗九	經	未	八	五○	一四	未	七	○六	五六	加	一	○三	○四	六
	緯	北	三九	○八	四一	北	一五	五二	四七	減		三	一八	

（續表）

赤道鶉首宮恒星		赤道宮	赤道度	赤道分	赤道秒	黃道宮	黃道度	黃道分	黃道秒	赤道歲差加減	赤道歲差分	赤道歲差秒	赤道歲差微	星等
弧矢西增一	經	未	八	五〇	四一	未	一二	五七	一四	加		三四	四六	六
	緯	南	三〇	四九	五二	南	五三	五五	〇〇	加		三	一三	
座旗南增三	經	未	八	五三	三二	未	七	一一	一五	加	一	〇二	五〇	六
	緯	北	二八	四三	四八	北	一五	二八	〇七	減		三	二〇	
井宿内增十二	經	未	八	五七	三五	未	八	四九	三五	加		五一	三九	六
	緯	北	一三	四〇	四五	南	九	三一	四七	減		三	二〇	
五諸侯	經	未	八	五八	〇〇	未	七	三二	三二	加	一	〇〇	二四	四
	緯	北	三四	一四	二〇	北	一〇	五九	二五	減		三	二三	
軍市内增三	經	未	八	五九	三四	未	一一	四二	〇二	加		三九	一一	六
	緯	南	二〇	四六	一四	南	四三	五三	一九	加		三	一七	
井宿六	經	未	九	〇二	二七	未	八	二二	三九	加		五四	五二	六
	緯	北	二二	〇一	五八	南	一	一一	一五	減		三	二二	
座旗南增四	經	未	九	〇五	一〇	未	七	二〇	二八	加	一	〇三	五一	六
	緯	北	三八	四六	二八	北	一五	三一	二三	減		三	二三	
座旂二	經	未	九	四四	三五	未	七	二三	二三	加	一	〇七	〇一	六
	緯	北	四五	二三	一六	北	二二	〇九	一四	減		三	三八	
天罇西增一	經	未	九	五三	一七	未	八	五四	四六	加		五六	二二	六
	緯	北	二五	三九	四八	北	二	二九	〇九	減		三	三九	
弧矢八	經	未	九	五七	〇九	未	一四	五〇	三六	加		三四	〇九	五
	緯	南	三二	一三	五〇	南	五五	一二	〇五	加		三	三七	
井宿南增十三	經	未	一〇	〇一	三一	未	九	五三	一九	加		五一	三三	六
	緯	北	一三	二八	〇六	南	九	四〇	一五	減		三	四一	

（續表）

赤道鶉首宮恒星		赤道宮	赤道度	赤道分	赤道秒	黃道宮	黃道度	黃道分	黃道秒	赤道歲差	赤道歲差分	赤道歲差秒	赤道歲差微	星等
座旗南增五	經	未	一〇	二三	一六	未	八	二五	二三	加	一	〇二	三三	六
	緯	北	三八	二二	一九	北	一五	一一	三三	減		三	五〇	
天狼北增二	經	未	一〇	三四	二九	未	一二	三七	五三	加		四二	三八	五
	緯	南	一一	四三	二三	南	三四	四四	三四	加		三	五〇	
軍市三	經	未	一〇	三六	二三	未	一三	四〇	〇四	加		三九	三一	六
	緯	南	一九	五六	四三	南	四二	五五	三三	加		三	五一	
軍市五	經	未	一〇	五二	〇九	未	一四	三五	三四	加		三七	五六	五
	緯	南	二三	五二	五二	南	四六	四八	五二	加		三	五七	
老人東增一	經	未	一〇	五四	二六	未	二四	一三	三八	加		二二	四五	三
	緯	南	五〇	一七	一八	南	七二	五一	一四	加		三	五四	
天罇西增二	經	未	一〇	五四	二七	未	九	四七	一三	加		五六	三四	六
	緯	北	二六	一三	五八	北	三	〇七	一二	減		四	〇〇	
軍市四	經	未	一〇	五九	二一	未	一四	一〇	四九	加		三九	二八	六
	緯	南	二〇	〇六	四九	南	四三	〇三	二四	加		四	〇〇	
天狼北增三	經	未	一一	〇六	〇九	未	一三	二九	二九	加		四一	五四	四
	緯	南	一三	四四	〇〇	南	三六	四一	五〇	加		四	〇二	
四瀆一	經	未	一一	〇七	四八	未	一一	〇九	一二	加		五〇	二八	四
	緯	北	一一	一四	〇七	南	一一	四九	〇三	減		四	五二	
軍市東增四	經	未	一一	〇七	五六	未	一四	一九	二九	加		三九	三五	六
	緯	南	一九	五〇	四三	南	四二	四六	三二	加		四	〇二	
天狼東增五	經	未	一一	一一	二七	未	一三	五八	三九	加		四〇	四六	四
	緯	南	一六	四五	三二	南	三九	四二	〇〇	加		四	〇四	

（續 表）

赤道鶉首宮恒星		赤道宮	赤道度	赤道分	赤道秒	黃道宮	黃道度	黃道分	黃道秒	赤道歲差	赤道歲差分	赤道歲差秒	赤道歲差微	星等
井宿內增十四	經	未	一一	二二	二七	未	一〇	五九	一〇	加		五二	三六	六
	緯	北	一六	一九	三九	南	六	四三	二〇	減		四	〇九	
金魚東增一	經	未	一一	二五	一四	午	二〇	五一	五九	加		九	五一	四
	緯	南	六一	三七	四八	南	八三	〇一	五九	加		四	〇三	
天罇三	經	未	一一	四一	一九	未	一〇	三七	二〇	加		五五	五〇	六
	緯	北	二四	三三	二四	北	一	三〇	一四	減		四	一八	
弧矢七	經	未	一二	〇六	三〇	未	一七	〇九	四六	加		三五	五五	二
	緯	南	二八	三八	〇九	南	五一	二三	五七	加		四	二三	
井宿七	經	未	一二	一三	〇〇	未	一一	二四	三一	加		五四	一九	三
	緯	北	二〇	五四	三三	南	二	〇五	二七	減		四	二八	
天罇南增六	經	未	一二	二七	三九	未	一一	二七	二五	加		五五	〇九	六
	緯	北	二二	五九	二九	北	〇	〇〇	一一	減		四	三三	
闕邱南增四	經	未	一二	三二	三六	未	一四	〇二	三九	加		四五	二五	四
	緯	南	五	五三	一六	南	二六	四五	三八	加		四	三二	
弧矢北增二	經	未	一二	五〇	五二	未	一七	五七	三一	加		三六	二五	四
	緯	南	二七	三四	五八	南	五〇	一六	〇〇	加		四	三七	
天狼東增四	經	未	一三	〇二	三三	未	一六	〇二	四一	加		四一	二二	三
	緯	南	一五	一六	二〇	南	三八	〇一	五〇	加		四	四二	
軍市東增五	經	未	一三	〇四	四三	未	一七	二六	二五	加		三八	一一	五
	緯	南	二三	二八	三八	南	四六	一〇	一三	加		四	四二	
井宿內增十五	經	未	一三	二三	五六	未	一二	五六	一三	加		五二	三三	六
	緯	北	一六	一八	三二	南	六	三四	二五	減		四	五二	

（續表）

赤道鶉首宮恒星		赤道宮	赤道度	赤道分	赤道秒	黃道宮	黃道度	黃道分	黃道秒	赤道歲差	赤道歲差分	赤道歲差秒	赤道歲差微	星等
内階西增二	經	未	一三	二四	五三	未	八	二〇	〇二	加	一	二〇	五六	六
	緯	北	六〇	〇三	〇〇	北	三六	五七	一七	減		四	五七	
座旗東增六	經	未	一三	二九	一〇	未	一〇	四七	五三	加	一	〇三	〇八	四
	緯	北	三九	四二	一六	北	一六	四三	三五	減		四	五五	
五諸侯二	經	未	一三	四四	二一	未	一一	五四	〇四	加		五八	二六	五
	緯	北	三〇	三八	〇六	北	七	四三	〇七	減		四	五九	
天罇北增三	經	未	一三	五一	〇五	未	一二	一九	三〇	加		五六	五五	六
	緯	北	二七	一四	五四	北	四	二一	二五	減		五	〇一	
天罇内增五	經	未	一四	一二	一一	未	一二	五四	一二	加		五五	四四	六
	緯	北	二四	三一	五九	北	一	四一	〇五	減		五	〇九	
闕邱南增五	經	未	一四	二三	〇六	未	一六	〇四	〇三	加		四五	二七	六
	緯	南	三	五一	三九	南	二六	三三	四一	加		五	一〇	
井宿南增十六	經	未	一四	二四	〇七	未	一三	五八	三五	加		五二	一五	六
	緯	北	一五	三三	四五	南	七	一三	二五	減		五	一二	
弧矢一	經	未	一四	二八	一〇	未	一九	四八	三〇	加		三七	一一	二
	緯	南	二六	〇〇	〇八	南	四八	二九	三七	加		五	一一	
闕邱二	經	未	一四	三四	三九	未	一五	四九	〇九	加		四六	五三	五
	緯	北	〇	〇五	四六	南	二三	三五	二〇	減		五	一五	
井宿内增十七	經	未	一四	二八	五五	未	一四	〇六	五一	加		五二	三五	六
	緯	北	一六	三二	四九	南	六	一三	一三	減		五	一七	
闕邱東增三	經	未	一四	四一	五四	未	一五	五八	一七	加		四六	四四	五
	緯	南	〇	〇五	二六	南	二三	四五	四〇	加		五	一七	

（續表）

赤道鶉首宮恒星		赤道 宮	度	分	秒	黃道 宮	度	分	秒	赤道歲差	分	秒	微	星等
天罇北增四	經	未	一四	四四	二九	未	一三	一八	四六	加		五六	〇二	六
	緯	北	二五	一八	〇九	北	二	二九	五六	減		五	二〇	
座旗東增七	經	未	一五	〇二	三三	未	一一	五一	三四	加	一	〇三	五七	五
	緯	北	四一	一八	二八	北	一八	二六	三五	減		五	二六	
鬩邱東增二	經	未	一五	〇二	四九	未	一六	一九	〇六	加		四六	四九	六
	緯	北	〇	〇八	四五	南	二三	二九	一六	減		五	三五	
弧矢北增五	經	未	一五	二四	四二	未	二〇	五七	二六	加		三七	二五	六
	緯	南	二五	三一	五一	南	四七	五三	四九	加		五	三〇	
鬩邱東增一	經	未	一五	三二	五二	未	一六	五〇	三四	加		四六	五一	六
	緯	北	〇	一五	二八	南	二三	一九	一〇	減		五	三四	
內階西增一	經	未	一五	三四	四三	未	一〇	二一	五五	加	一	一五	二一	五
	緯	北	五五	四三	四三	北	三三	四八	一九	減		五	四一	
座旗東增十一	經	未	一五	四〇	二二	未	一一	一〇	〇二	加	一	一〇	三〇	六
	緯	北	五〇	三六	四九	北	二七	四四	一四	減		五	四一	
井宿八	經	未	一五	五〇	〇二	未	一五	一二	〇四	加		五二	四四	四
	緯	北	一六	五八	二三	南	五	四〇	三七	減		五	四二	
弧矢北增四	經	未	一五	五六	〇五	未	二一	四四	五二	加		三七	一六	六
	緯	南	二五	五五	三一	南	四八	一二	三八	加		五	四二	
弧矢北增三	經	未	一六	〇五	一五	未	二二	〇三	三四	加		三七	〇六	五
	緯	南	二六	二一	二七	南	四八	三六	五一	加		五	四五	
積水	經	未	一六	一〇	五一	未	一三	一五	〇二	加	一	〇一	三三	五
	緯	北	三七	一二	三八	北	一四	二八	一一	減		五	五一	

（續表）

赤道鶉首宮恒星		赤道宮	赤道度	赤道分	赤道秒	黃道宮	黃道度	黃道分	黃道秒	赤道歲差	赤道歲差分	赤道歲差秒	赤道歲差微	星等
天罇二	經	未	一六	二一	五四	未	一四	五六	三六	加		五四	四七	三
	緯	北	二二	二五	三七	南	○	一三	○七	減		五	五○	
座旗東增九	經	未	一六	三五	一八	未	一二	○八	一三	加	一	○九	三五	五
	緯	北	四九	四○	二八	北	二六	五三	五八	減		六	○五	
座旗東增八	經	未	一六	三五	二一	未	一三	○五	五三	加	一	○三	四二	五
	緯	北	四一	○八	一二	北	一八	二四	二一	減		五	五九	
天罇南增七	經	未	一六	四一	五四	未	一五	三四	三九	加		五四	一○	六
	緯	北	二○	五四	○二	南	一	四○	五八	減		六	○○	
天罇一	經	未	一六	五七	二九	未	一五	一六	五五	加		五六	○一	五
	緯	北	二五	三○	五三	北	二	五五	四一	減		六	○六	
弧矢北增七	經	未	一六	五九	○九	未	二二	四一	一○	加		三八	○五	五
	緯	南	二四	○六	二九	南	四六	一五	三七	加		六	○三	
弧矢北增六	經	未	一七	○○	一九	未	二二	四八	二五	加		三七	五四	五
	緯	南	二四	二九	五三	南	四六	三八	三○	加		六	○四	
弧矢九	經	未	一七	○二	五一	未	二六	四七	一九	加		三二	二○	三
	緯	南	三六	三七	三六	南	五八	三一	五五	加		六	○三	
五諸侯南增一	經	未	一七	○八	二七	未	一五	○八	二五	加		五七	○六	六
	緯	北	二八	○六	一三	北	五	三一	○六	減		六	○九	
五諸侯三	經	未	一七	二六	四○	未	一五	二三	一○	加		五七	一○	四
	緯	北	二八	一六	五二	北	五	四三	三五	減		六	一五	
座旗東增十	經	未	一七	三六	五三	未	一二	三七	○九	加	一	○九	五二	六
	緯	北	五○	○九	二三	北	二七	二六	三五	減		六	二○	

（續表）

赤道鶉首宮恒星		赤道 宮	赤道 度	赤道 分	赤道 秒	黃道 宮	黃道 度	黃道 分	黃道 秒	赤道歲差	赤道歲差 分	赤道歲差 秒	赤道歲差 微	星等
六甲三	經	未	一七	三九	三三	未	五	二五	二五	加	二	三八	○六	六
	緯	北	八○	一五	三一	北	五七	○六	三三	減		六	三六	
水位西增一	經	未	一七	四○	三八	未	一七	三三	三四	加		五○	五五	六
	緯	北	一二	○八	二六	南	一○	一六	一二	減		六	一九	
飛魚二	經	未	一七	四三	五○	卯	六	一五	四九	減		六	三八	五
	緯	南	七○	○二	一三	南	八二	三五	二七	加		六	一一	
南河一	經	未	一七	五三	五七	未	一八	○四	五八	加		五○	○五	六
	緯	北	九	四五	一二	南	一二	三六	四二	減		六	二四	
天罇東增八	經	未	一七	五七	一六	未	一六	四五	四五	加		五四	○三	六
	緯	北	二○	四四	三九	南	一	四一	五五	減		六	二五	
天罇東增九	經	未	一八	○七	三九	未	一六	四六	二九	加		五四	三一	六
	緯	北	二一	五六	二八	南	○	二九	二八	減		六	二九	
北河一	經	未	一八	○八	四四	未	一五	二九	五五	加		五八	五五	五
	緯	北	三二	一五	四八	北	九	四五	一○	減		六	三一	
南河二	經	未	一八	一八	○七	未	一八	三六	五二	加		四九	四四	三
	緯	北	八	四六	五三	南	一三	三一	三○	減		六	三一	
五諸侯北增二	經	未	一八	二○	三四	未	一六	○七	五八	加		五七	一六	六
	緯	北	二八	三六	五九	北	六	○九	二三	減		六	三三	
五諸侯北增三	經	未	一八	二七	五一	未	一六	一五	五一	加		五七	○八	六
	緯	北	二八	○五	○二	北	五	五八	二○	減		六	三六	
弧矢二	經	未	一八	二七	五六	未	二五	五七	一六	加		三六	一○	二
	緯	南	二八	四九	○九	南	五○	三八	五六	加		六	三三	

（續表）

赤道鶉首宮恒星		赤道 宮	赤道 度	赤道 分	赤道 秒	黃道 宮	黃道 度	黃道 分	黃道 秒	赤道歲差	赤道歲差 分	赤道歲差 秒	赤道歲差 微	星等
南河北增一	經	未	一八	三二	三八	未	一八	四六	二三	加		四九	五六	六
	緯	北	九	二五	〇〇	南	一二	五一	五一	減		六	三六	
南河南增二	經	未	一八	三三	三一	未	一九	〇三	一四	加		四九	一六	六
	緯	北	七	二六	二九	南	一四	四九	一四	減		六	三七	
水位一	經	未	一八	五二	三四	未	一八	四一	三一	加		五一	〇二	六
	緯	北	一二	三〇	三五	南	九	四五	一八	減		六	四三	
飛魚五	經	未	一九	一三	二四	辰	一五	五二	三八	加			二六	五
	緯	南	六七	二七	〇三	南	八二	二七	二六	加		六	四一	
北河二	經	未	一九	三三	〇二	未	一六	四〇	二〇	加		五八	五三	二
	緯	北	三二	二五	一二	北	一〇	〇三	四八	減		六	五七	
南河南增五	經	未	一九	四〇	四〇	未	二〇	五五	四〇	加		四七	三四	六
	緯	北	二	二五	四七	南	一九	三七	五八	減		六	五九	
水位北增二	經	未	一九	四三	五三	未	一九	〇〇	一七	加		五二	二〇	六
	緯	北	一六	二〇	五九	南	五	五〇	二一	減		七	〇一	
南河南增四	經	未	一九	五五	五五	未	二〇	五九	〇七	加		四八	〇二	六
	緯	北	三	四八	三五	南	一八	一三	五一	減		七	〇四	
五諸侯四	經	未	二〇	〇二	〇四	未	一七	四六	三四	加		五六	三七	五
	緯	北	二七	二六	一三	北	五	一一	〇一	減		七	〇七	
南河南增三	經	未	二〇	一〇	三六	未	二一	一三	三三	加		四八	〇三	六
	緯	北	三	五四	〇〇	南	一八	〇六	二二	減		七	〇七	
弧矢南增二十四	經	未	二〇	一八	〇七	午	五	一二	五七	加		二九	〇八	三
	緯	南	四二	四六	一八	南	六三	四七	二一	加		七	〇八	

（續 表）

赤道鶉首宫恒星		赤道 宫	赤道 度	赤道 分	赤道 秒	黄道 宫	黄道 度	黄道 分	黄道 秒	赤道歲差	赤道歲差 分	赤道歲差 秒	赤道歲差 微	星等
内階西增三	經	未	二〇	一八	四四	未	一二	四六	四八	加	一	一八	三七	五
	緯	北	五九	一六	〇二	北	三六	四一	〇〇	減		七	一六	
北河北增一	經	未	二〇	二三	二〇	未	一六	五五	二八	加	一	〇〇	二一	五
	緯	北	三五	三五	四一	北	一三	一八	一三	減		七	一六	
北河北增二	經	未	二〇	三四	〇八	未	一七	〇八	二二	加	一	〇〇	〇六	五
	緯	北	三五	〇八	四五	北	一二	五二	四九	減		七	一九	
五諸侯北增四	經	未	二〇	五一	五八	未	一八	二〇	三六	加		五七	〇四	六
	緯	北	二八	三五	五八	北	六	二六	一五	減		七	二四	
五諸侯北增五	經	未	二〇	五八	五一	未	一八	二八	二九	加		五六	五八	六
	緯	北	二八	二三	〇九	北	六	一四	二六	減		七	二六	
闕邱東增六	經	未	二一	〇七	四八	未	二三	二七	三一	加		四五	三五	六
	緯	南	三	三三	四四	南	二五	二〇	一七	加		七	二八	
水位北增三	經	未	二一	〇九	一八	未	二〇	〇五	三二	加		五二	五九	六
	緯	北	一八	一三	四三	南	三	四七	一九	減		七	二九	
南河三	經	未	二一	二八	三一	未	二三	一五	三一	加		四八	四一	一
	緯	北	五	五二	一六	南	一五	五七	五五	減		七	三五	
北河内增四	經	未	二一	四九	二八	未	一九	〇二	五六	加		五七	二三	五
	緯	北	二九	二八	四二	北	七	二五	四六	減		七	四二	
弧矢六	經	未	二三	〇五	四二	未	二九	五四	五八	加		三七	三〇	三
	緯	南	二六	一二	一五	南	四七	二四	五三	加		七	四五	
積薪北增一	經	未	二三	〇七	三五	未	一九	四六	五二	加		五六	〇四	六
	緯	北	二六	二三	五一	北	四	二四	二五	減		七	四八	

（續表）

赤道鶉首宮恒星		赤道宮	赤道度	赤道分	赤道秒	黃道宮	黃道度	黃道分	黃道秒	赤道歲差	赤道歲差分	赤道歲差秒	赤道歲差微	星等
闕邱東增七	經	未	二二	一三	四〇	未	二五	四一	五二	加		四三	四七	六
	緯	南	八	五八	二三	南	三〇	二九	二七	加		七	四八	
積薪	經	未	二二	一四	〇二	未	二〇	〇五	一八	加		五五	三〇	四
	緯	北	二四	五八	五九	北	三	〇二	二三	減		七	五一	
北河三	經	未	二二	二四	二〇	未	一九	四一	〇九	加		五六	五九	二
	緯	北	二八	三七	一一	北	六	三九	二七	減		七	五三	
弧矢南增二十	經	未	二二	三七	一二	午	五	三二	〇六	加		三二	一六	三
	緯	南	三七	四二	三九	南	五八	二五	五〇	加		七	五四	
北河北增三	經	未	二二	四二	二八	未	一九	〇五	四七	加		五九	二二	五
	緯	北	三四	〇〇	五六	北	一二	〇一	四一	減		八	〇一	
水位二	經	未	二二	四六	二〇	未	二二	四一	二二	加		五〇	三〇	六
	緯	北	二一	二二	〇一	南	一〇	二〇	一五	減		八	〇〇	
水位北增四	經	未	二二	四八	四二	未	二一	三〇	五三	加		五三	一三	六
	緯	北	一九	〇六	三五	南	二	四〇	五九	減		八	〇二	
積薪東增二	經	未	二三	一八	三一	未	二一	一四	五九	加		五四	五五	六
	緯	北	二三	四三	五七	北	一	五七	一九	減		八	一二	
弧矢內增十八	經	未	二三	二〇	二九	午	一	二三	〇一	加		三七	四五	六
	緯	南	二五	四七	四六	南	四六	四五	五〇	加		八	〇九	
弧矢內增十九	經	未	二三	二二	〇四	午	二	一九	二二	加		三六	四一	四
	緯	南	二八	二一	三四	南	四九	一四	五八	加		八	一〇	
弧矢北增八	經	未	二三	二五	一八	未	二八	一一	二六	加		四二	〇六	六
	緯	南	一四	〇五	〇八	南	三五	一八	〇三	加		八	一二	

（續表）

赤道鶉首宮恒星		赤道宮	赤道度	赤道分	赤道秒	黃道宮	黃道度	黃道分	黃道秒	赤道歲差	赤道歲差分	赤道歲差秒	赤道歲差微	星等
弧矢北增九	經	未	二三	三二	一四	未	二八	一七	四〇	加		四二	〇七	六
	緯	南	一三	五七	二八	南	三五	〇九	一三	加		八	一四	
上台西增三	經	未	二三	五六	三五	未	一七	三四	四三	加	一	〇七	一七	六
	緯	北	四八	〇〇	四三	北	二五	五八	五五	減		八	二五	
弧矢北增十	經	未	二三	五八	五三	未	二八	一七	二六	加		四三	五四	六
	緯	南	一一	四四	五一	南	三二	五四	〇五	加		八	三三	
上台西增二	經	未	二三	五九	四一	未	一七	三四	三九	加	一	〇七	二五	五
	緯	北	四八	一二	二〇	北	二六	一〇	四五	減		八	二七	
弧矢三	經	未	二四	〇一	五五	午	七	二〇	三四	加		三三	三八	四
	緯	南	三七	一九	五四	南	五七	四四	〇五	加		八	二三	
弧矢五	經	未	二四	二二	一四	午	二	三一	一三	加		三八	〇一	四
	緯	南	二五	一七	一四	南	四六	〇三	〇八	加		八	二九	
五諸侯五	經	未	二四	二六	四八	未	二一	四〇	一二	加		五六	一八	五
	緯	北	二七	二四	一三	午	五	四四	三八	減		八	三四	
積薪東增三	經	未	二四	二七	二九	未	二三	二四	五八	加		五四	三四	五
	緯	北	三二	五八	〇九	北	一	二三	二〇	減		八	三四	
水位内增十	經	未	二四	三二	四六	未	二四	〇七	二三	加		五一	〇五	五
	緯	北	一三	一一	三五	南	八	一五	一七	減		八	三五	
弧矢北增十二	經	未	二四	三五	一一	午	〇	一一	一八	加		四一	一五	五
	緯	南	一六	三六	一一	南	三七	三一	二五	加		八	三四	
南河東增六	經	未	二四	三六	一〇	未	二六	〇四	四七	加		四七	三一	五
	緯	北	二	二三	四六	南	一八	五三	〇〇	減		八	三四	

（續表）

赤道鶉首宮恒星		赤道宮	赤道度	赤道分	赤道秒	黃道宮	黃道度	黃道分	黃道秒	加減	赤道歲差分	赤道歲差秒	赤道歲差微	星等
弧矢北增十七	經	未	二四	三七	二七	午	一	二九	一四	加		三八	二六	五
	緯	南	二四	一四	二四	南	四四	五八	四九	加		八	三四	
弧矢北增十一	經	未	二五	〇七	一一	午	〇	一一	〇五	加		四二	〇七	六
	緯	南	一四	一〇	一〇	南	三五	〇三	一〇	加		八	四三	
水位北增五	經	未	二五	一〇	二四	未	二三	二八	三四	加		五三	三七	六
	緯	北	二〇	三二	二五	南	〇	五四	四一	減		八	四七	
水位北增九	經	未	二五	三五	三四	未	二四	三四	一三	加		五二	〇八	六
	緯	北	一六	二六	三七	南	四	五二	四六	減		八	五四	
弧矢南增二十三	經	未	二五	五一	四二	午	一一	三三	三一	加		三一	二九	四
	緯	南	三九	五四	三五	南	五九	四二	三八	加		八	五七	
弧矢南增二十一	經	未	二五	五四	三九	午	一〇	三〇	一二	加		三二	二四	五
	緯	南	三八	一一	〇八	南	五八	〇四	二七	加		八	五八	
飛魚六	經	未	二六	一三	〇六	卯	一三	〇五	四八	減		九	二六	五
	緯	南	七一	五六	二〇	南	七九	二一	四六	加		八	五六	
南河東增七	經	未	二六	一五	五二	未	二七	四二	三〇	加		四七	四〇	六
	緯	北	二	五三	〇七	南	一八	〇六	一〇	減		九	〇七	
爟西增二	經	未	二六	二〇	四二	未	二三	三四	五八	加		五五	三六	六
	緯	北	二六	〇四	〇六	北	四	四三	一一	減		九	〇九	
小斗九	經	未	二六	二七	二六	寅	〇	三〇	五二	減		三七	一三	五
	緯	南	七六	〇五	二五	南	七七	二五	五六	加		一九	〇一	
弧矢北增十五	經	未	二六	二七	五二	午	四	〇五	四三	加		三九	二〇	四
	緯	南	二二	一二	五四	南	四二	三六	四〇	加		九	一〇	

（續表）

赤道鶉首宮恒星		赤道 宮	赤道 度	赤道 分	赤道 秒	黃道 宮	黃道 度	黃道 分	黃道 秒	赤道歲差	赤道歲差 分	赤道歲差 秒	赤道歲差 微	星等
水位北增七	經	未	二六	三〇	三一	未	二五	〇九	四六	加		五二	三七	六
	緯	北	一七	五九	〇二	南	三	一二	三五	減		九	一三	
爟西增一	經	未	二六	三三	二五	未	二三	四九	一一	加		五五	二九	六
	緯	北	二五	四五	五一	北	四	二七	一五	減		九	一四	
水位北增八	經	未	二六	四三	〇〇	未	二五	三〇	三〇	加		五二	一九	六
	緯	北	一七	〇八	一九	南	四	〇〇	二一	減		九	一七	
南河東增十	經	未	二六	四三	五五	未	二九	二四	〇八	加		四五	四八	五
	緯	南	三	〇〇	二二	南	二三	四七	五〇	加		九	一五	
弧矢四	經	未	二六	五二	〇四	午	七	二二	五〇	加		三六	二七	六
	緯	南	二九	三七	五〇	南	四九	四〇	四七	加		九	一七	
爟西增三	經	未	二六	五五	五九	未	二三	三九	二八	加		五六	三二	五
	緯	北	二八	二九	〇五	北	七	一一	二六	減		九	二一	
弧矢北增十六	經	未	二七	〇一	四七	午	四	五五	二四	加		三九	一三	六
	緯	南	二三	三七	五〇	南	四二	五三	一〇	加		九	二〇	
南河東增九	經	未	二七	〇二	三五	未	二九	一四	四四	加		四六	三二	五
	緯	南	〇	四二	一三	南	二一	二八	四二	加		九	二一	
南河東增八	經	未	二七	一三	〇七	未	二八	四〇	〇七	加		四七	四一	四
	緯	北	三	〇〇	一二	南	一七	四八	二七	減		九	二六	
上台西增一	經	未	二七	一八	五五	未	一九	〇三	〇四	加	一	〇九	五三	五
	緯	北	五二	一二	四五	北	三〇	三一	二六	減		九	三〇	
天社東增一	經	未	二七	三四	四四	午	二七	一二	四九	加		二三	二八	三
	緯	南	五二	一五	二一	南	七〇	一七	五九	加		九	二九	

（續表）

赤道鶉首宮恒星		赤道 宮	赤道 度	赤道 分	赤道 秒	黄道 宮	黄道 度	黄道 分	黄道 秒		赤道歲差 分	赤道歲差 秒	赤道歲差 微	星等
水位三	經	未	二七	四二	一三	未	二七	〇三	三四	加		五一	一〇	五
	緯	北	一三	四九	二三	南	七	〇五	三〇	減		九	三六	
水位北增六	經	未	二八	一〇	一八	未	二五	五四	二六	加		五四	〇三	五
	緯	北	二三	一八	〇四	北	一	一九	一三	減		九	四四	
爟西增四	經	未	二八	一六	二七	未	二四	五二	四六	加		五六	一八	六
	緯	北	二八	一二	一二	北	七	〇八	〇一	減		九	四六	
弧矢北增十四	經	未	二八	二〇	三二	午	五	一九	二四	加		四〇	三六	六
	緯	南	一九	〇〇	五〇	南	三九	〇四	四五	加		九	四五	
水位東增十一	經	未	二八	三三	三四	未	二七	四六	四二	加		五一	一七	六
	緯	北	一四	二一	二六	南	六	二四	三五	減		九	五一	
弧矢南增二十二	經	未	二八	三八	四六	午	一五	〇〇	四一	加		三二	一一	二
	緯	南	三九	一五	四一	南	五八	二〇	三七	加		九	五〇	
爟内增五	經	未	二八	四〇	一一	未	二五	三二	二三	加		五五	三七	六
	緯	北	二六	三四	二五	北	五	三六	〇四	減		九	五四	
爟一	經	未	二八	四四	三四	未	二五	三九	四九	加		五五	三〇	四
	緯	北	二六	一五	五九	北	五	一八	四四	減		九	五五	
外厨西增一	經	未	二八	五五	三九	午	一	三四	三三	加		四六	〇三	六
	緯	南	二	一五	四九	南	二二	三七	三五	加		九	五七	
内階西增五	經	未	二九	〇八	三四	未	一七	五九	〇〇	加	一	一七	三七	五
	緯	北	六〇	一九	一五	北	三八	三八	五〇	減		一〇	〇六	
爟四	經	未	二九	一八	一六	未	二五	二〇	二七	加		五七	〇五	五
	緯	北	三〇	二三	三五	北	九	二七	二二	減		一〇	〇五	

（續表）

赤道鶉首宮恒星		赤道宮	赤道度	赤道分	赤道秒	黃道宮	黃道度	黃道分	黃道秒	赤道歲差	赤道歲差分	赤道歲差秒	赤道歲差微	星等
水位四	經	未	二九	二一	五九	未	二七	四五	二三	加		五二	三七	五
	緯	北	一八	二三	四四	南	二	一七	五二	減		一〇	〇六	
弧矢北增十三	經	未	二九	二三	四二	午	六	二四	〇六	加		四〇	五〇	五
	緯	南	一八	三〇	三三	南	三八	二〇	四〇	加		一〇	〇五	
外厨南增十五	經	未	二九	二六	五一	午	四	四一	一九	加		四二	五一	六
	緯	南	二二	三〇	二〇	南	三二	三〇	一七	加		一〇	〇六	
外厨南增十四	經	未	二九	四二	一二	午	五	〇七	五二	加		四二	四〇	六
	緯	南	二三	〇三	三八	南	三三	五九	一〇	加		一〇	二二	
外厨南增十六	經	未	二九	四八	五五	午	五	〇〇	四七	加		四二	五七	四
	緯	南	二二	一一	〇〇	南	三三	〇六	二七	加		一〇	二二	
内階西增四	經	未	二九	五一	四九	未	一九	〇〇	五二	加	一	一五	一三	六
	緯	北	五八	二八	一八	北	三六	五六	五〇	減		一〇	一九	

清·戴進賢《儀象考成》卷二一《恒星赤道經緯度表八》 赤道鶉火宮黃道度附

赤道鶉火宮恒星		赤道宮	赤道度	赤道分	赤道秒	黃道宮	黃道度	黃道分	黃道秒	赤道歲差	赤道歲差分	赤道歲差秒	赤道歲差微	星等
外厨南增十三	經	午	〇	二四	〇八	午	六	二九	四〇	加		四二	〇四	五
	緯	南	一五	〇一	五三	南	三四	四四	一〇	加		一〇	二四	
天社一	經	午	〇	二四	二七	午	二三	四八	一七	加		二八	一六	二
	緯	南	四六	三二	五七	南	六四	二六	五一	加		一〇	二一	
柳宿西增十	經	午	〇	三九	〇〇	午	〇	四一	一九	加		四九	四八	四
	緯	北	九	五七	一三	南	一〇	一九	〇六	減		一〇	二九	

（續表）

赤道鶉火宮恒星		赤道宮	赤道度	赤道分	赤道秒	黃道宮	黃道度	黃道分	黃道秒		赤道歲差分	赤道歲差秒	赤道歲差微	星等
燿内增六	經	午	一	○六	二九	未	二七	二三	○三	加		五五	五八	六
	緯	北	二八	○一	三九	北	七	二七	三二	減		一○	三八	
上台西增四	經	午	一	一八	一一	未	二三	五八	三八	加	一	○三	二三	五
	緯	北	四四	五八	四九	北	二三	○四	二一	減		一○	四三	
燿二	經	午	一	一九	○六	未	二八	一四	三三	加		五四	四三	六
	緯	北	二四	四八	○七	北	四	二○	三三	減		一○	四二	
外厨南增十二	經	午	一	三七	三四	午	七	五○	三一	加		四二	一○	三
	緯	南	一四	五三	三二	南	三四	一八	二四	加		一○	四六	
外厨南增十一	經	午	一	三九	二一	午	八	○五	○○	加		四一	五七	六
	緯	南	一五	三三	五三	南	三四	五七	○○	加		一○	四七	
鬼宿西增二	經	午	二	○九	五○	午	○	一二	○六	加		五二	四一	六
	緯	南	一九	○七	二八	南	一	○二	三九	減		一○	五六	
内階一	經	午	二	一二	○三	未	一九	二五	三二	加	一	一八	○九	四
	緯	北	六一	三二	○五	北	四○	一二	三四	減		一一	○一	
柳宿西增九	經	午	二	二四	二四	午	二	○五	一一	加		五○	一三	六
	緯	北	一一	二四	五三	南	八	三一	三二	減		一一	○一	
外厨南增十七	經	午	二	四二	○四	午	八	一五	○六	加		四三	○三	六
	緯	南	一二	一五	○七	南	三一	二九	一七	加		一一	○五	
燿三	經	午	二	四二	二四	未	二八	三七	二八	加		五六	○四	六
	緯	北	二八	四二	五○	北	八	二五	四三	減		一一	○七	
燿東增八	經	午	二	四八	二七	未	二八	五五	三二	加		五五	四一	六
	緯	北	二七	四四	三四	北	七	三○	○○	減		一一	○八	

（續　表）

赤道鶉火宮恒星		赤道 宮	度	分	秒	黃道 宮	度	分	秒	赤道歲差	分	秒	微	星等
鬼宿西增三	經	午	二	四九	五八	午	一	〇五	二四	加		五二	一四	六
	緯	北	一七	五二	二三	南	二	〇七	五一	減		一一	〇九	
爟東增九	經	午	二	五一	一一	未	二九	二九	一八	加		五四	四八	六
	緯	北	二五	二一	一二	北	五	一〇	三六	減		一一	一〇	
内階西增八	經	午	二	五三	二六	未	一八	〇四	一五	加	一	二四	三五	五
	緯	北	六五	五八	四四	北	四四	三三	〇〇	減		一一	一五	
外厨西增二	經	午	二	五六	三二	午	五	五八	二九	加		四五	五二	四
	緯	南	二	五七	〇九	南	二三	二四	三二	加		一一	一〇	
爟東增七	經	午	二	五九	〇五	未	二八	五二	一三	加		五六	〇一	六
	緯	北	二八	四一	二五	北	八	二七	三一	減		一一	二三	
鬼宿南增五	經	午	三	〇七	五一	午	二	一九	五八	加		五〇	四九	六
	緯	北	一三	二七	五二	南	六	二二	一六	減		一一	一三	
外厨西增三	經	午	三	一二	二八	午	六	一七	二三	加		四五	五〇	六
	緯	南	三	〇五	三四	南	二三	二八	五八	加		一一	一五	
爟東增十	經	午	三	二〇	四九	午	〇	〇〇	四〇	加		五四	三六	六
	緯	北	二四	五七	五六	北	四	五三	四五	減		一一	一八	
外厨一	經	午	三	二四	三五	午	六	三一	〇九	加		四五	四九	四
	緯	南	三	〇九	四五	南	二三	三〇	一〇	加		一一	一八	
鬼宿南增四	經	午	三	三四	一八	午	二	二四	二四	加		五一	一六	六
	緯	北	一五	〇一	二二	南	四	四五	二六	減		一一	二二	
爟東增十一	經	午	四	〇四	三二	午	〇	四〇	〇六	加		五四	三二	六
	緯	北	二四	五五	〇七	北	四	五九	四八	減		一一	三二	

（續表）

赤道鶉火宮恒星		赤道宫	赤道度	赤道分	赤道秒	黄道宫	黄道度	黄道分	黄道秒	赤道歲差	歲差分	歲差秒	歲差微	星等
内階西增九	經	午	四	〇五	一七	未	一八	四六	一六	加	一	二三	五二	五
	緯	北	六五	五二	〇六	北	四四	三五	四五	減		一一	三五	
鬼宿一	經	午	四	一四	四一	午	二	〇九	四四	加		五二	二九	五
	緯	北	一八	五六	二〇	南	〇	四七	四六	減		一一	三五	
海石一	經	午	四	一八	三二	巳	一九	三四	五六	加		一九	一二	二
	緯	南	五八	三八	四一	南	七二	三八	五九	加		一一	二九	
内階西增七	經	午	四	二四	四〇	未	一九	一四	四五	加	一	二二	三四	六
	緯	北	六五	一一	二三	北	四三	五九	三五	減		一一	四二	
鬼宿二	經	午	四	二八	二〇	午	一	五〇	二九	加		五三	一〇	五
	緯	北	二一	一七	二三	北	一	三三	三三	減		一一	三八	
軒轅西增八	經	午	四	三二	三六	未	二八	一〇	二六	加		五九	二三	六
	緯	北	三七	一五	五八	北	一七	〇六	二四	減		一一	四〇	
柳宿西增八	經	午	四	三九	四八	午	四	二三	〇一	加		四九	五七	六
	緯	北	一〇	五四	一五	南	八	三一	五〇	減		一一	四〇	
飛魚四	經	午	五	〇六	一七	卯	三	四五	二一	減			四九	六
	緯	南	七〇	三八	五九	南	七六	四五	〇〇	加		一二	四〇	
鬼宿内增一	經	午	五	〇八	一七	午	二	三八	一九	加		五二	五五	六
	緯	北	二〇	二七	〇二	北	〇	五二	〇一	減		一一	五〇	
外厨六	經	午	五	二七	一二	午	七	三〇	〇四	加		四七	〇六	六
	緯	北	一	一五	三七	南	一七	四三	〇八	減		一二	五四	
飛魚三	經	午	五	四二	一五	辰	一一	三三	五五	加		一〇	五二	五
	緯	南	六五	一四	四五	南	七五	三三	二二	加		一一	五三	

（續 表）

赤道鶉火宮恒星		赤道宮	赤道度	赤道分	赤道秒	黃道宮	黃道度	黃道分	黃道秒	赤道歲差	赤道歲差分	赤道歲差秒	赤道歲差微	星等
柳宿西增七	經	午	五	四八	○二	午	五	三四	二七	加		四九	四七	六
	緯	北	一○	三○	五○	南	八	三九	○一	減		一一	五九	
軒轅西增十	經	午	五	五七	五三	午	○	一八	○四	加		五七	三一	六
	緯	北	三三	二三	二○	北	一三	三七	○五	減		一二	○四	
柳宿一	經	午	六	○○	四四	午	六	四四	○三	加		四八	三八	四
	緯	北	六	三四	二八	南	一二	二五	三七	減		一二	○三	
柳宿西增六	經	午	六	○二	二七	午	五	四九	三○	加		四九	四六	六
	緯	北	一○	二六	一九	南	八	四○	○四	減		一二	○五	
軒轅西增九	經	午	六	○三	三○	午	○	一九	二○	加		五七	三六	六
	緯	北	三三	三七	○二	北	一三	五一	三一	減		一二	○五	
小斗北增一	經	午	六	○七	五九	卯	二五	三六	三九	減		一九	五○	五
	緯	南	七六	○二	○二	南	七五	二四	二二	加		一一	五七	
柳宿二	經	午	六	一九	五三	午	七	三八	一四	加		四七	五七	五
	緯	北	四	一三	一二	南	一四	三八	○五	減		一二	○九	
積尸	經	午	六	二○	一五	午	三	三八	一○	加		五三	五七	氣
	緯	北	二○	五一	一八	北	一	三二	一八	減		一二	一○	
積尸北增一	經	午	六	二一	四四	午	三	三八	五三	加		五二	五六	氣
	緯	北	二○	五三	五五	北	一	三四	一○	減		一二	一一	
積尸南增三	經	午	六	二六	四五	午	五	五○	二五	加		五二	四二	氣
	緯	北	二○	二四	一一	北	一	○六	二三	減		一二	一二	
積尸東增二	經	午	六	二九	三○	午	三	五○	○九	加		五三	五三	氣
	緯	北	二○	三六	○八	北	一	一八	三七	減		一二	○三	

（續 表）

赤道鶉火宫恒星		赤道宫	赤道度	赤道分	赤道秒	黄道宫	黄道度	黄道分	黄道秒	赤道歲差	赤道歲差分	赤道歲差秒	赤道歲差微	星等
外厨南增四	經	午	六	四三	四四	午	一〇	〇二	五二	加		四四	四二	六
	緯	南	七	〇七	二七	南	二五	四六	〇六	加		一一	五九	
小斗八	經	午	六	五五	四六	卯	二七	一九	〇三	減		二一	五九	五
	緯	南	七六	三四	三七	南	七五	〇一	五二	加		一二	一〇	
外厨南增八	經	午	六	五七	三四	午	一二	四三	〇二	加		四三	二六	六
	緯	南	一一	三五	一三	南	二九	四四	四二	加		一二	一九	
鬼宿三	經	午	七	〇六	一一	午	三	五八	〇〇	加		五三	二三	四
	緯	北	二二	二二	〇七	北	三	〇九	四一	減		一二	二三	
天狗一	經	午	七	一二	四四	午	二八	三〇	三四	加		三二	〇九	五
	緯	南	四二	〇五	三七	南	五八	一四	四五	加		一二	二二	
鬼宿南增六	經	午	七	一六	一五	午	六	一四	四六	加		五〇	三七	六
	緯	北	一三	三三	五七	南	五	二〇	三六	減		一二	二五	
軒轅西增十一	經	午	七	三三	三四	午	一	五六	四九	加		五六	三八	六
	緯	北	三一	三六	〇七	北	一二	一〇	四六	減		一二	二八	
柳宿三	經	午	七	二七	〇八	午	八	四四	一二	加		四七	五七	四
	緯	北	四	一七	四二	南	一四	一七	一〇	減		一二	二九	
外厨南增十	經	午	七	二七	五七	午	一四	二四	四九	加		四二	二七	六
	緯	南	一五	〇二	四〇	南	三二	五五	二三	加		一二	二八	
外厨内增五	經	午	七	二八	四六	午	一一	三八	三〇	加		四四	五九	六
	緯	南	六	一三	五〇	南	二四	二七	〇〇	加		一二	二九	
天狗四	經	午	七	二九	〇四	午	二三	一二	三八	加		三五	四五	四
	緯	南	三四	二三	一六	南	五一	〇九	五三	加		一二	二六	

（續 表）

赤道鶉火宫恒星		赤道宫	赤道度	赤道分	赤道秒	黄道宫	黄道度	黄道分	黄道秒	赤道歲差	赤道歲差分	赤道歲差秒	赤道歲差微	星等
鬼宿四	經	午	七	三一	二六	午	五	〇八	四〇	加		五二	一七	四
	緯	北	一九	〇四	三九	北	〇	〇三	四六	減		一二	三〇	
外厨五	經	午	七	三二	五九	午	九	三二	一七	加		四七	一三	六
	緯	北	一	四〇	〇三	南	一六	四八	一五	減		一二	二九	
柳宿北增五	經	午	七	四一	五三	午	七	一七	二二	加		四九	五一	六
	緯	北	一〇	五八	四七	南	七	四四	五八	減		一二	三四	
外厨二	經	午	七	四五	四二	午	一	五八	〇三	加		四四	五九	三
	緯	南	六	一九	四四	南	四	二八	一〇	加		一二	三二	
軒轅西增二十二	經	午	七	四六	五四	午	二	四五	五三	加		五五	五〇	五
	緯	北	二九	四〇	二七	北	一〇	二三	四〇	減		一二	三五	
柳宿内增一	經	午	七	五一	一二	午	八	三二	四九	加		四八	三五	五
	緯	北	六	三四	五〇	南	一一	五八	二三	減		一二	三四	
内階五	經	午	八	〇一	二六	未	二三	一八	五二	加	一	一七	三六	五
	緯	北	六二	五三	二一	北	四二	一九	三五	減		一二	四二	
天社二	經	午	八	〇一	二六	巳	二	五九	四八	加		三〇	二三	五
	緯	南	四五	四三	〇六	南	六一	〇八	一七	加		一二	三五	
鬼宿南增七	經	午	八	一二	五六	午	七	一六	三七	加		五〇	二五	六
	緯	北	一三	〇一	〇三	南	五	三八	五八	減		一二	四一	
柳宿五	經	午	八	一七	二三	午	八	四六	五二	加		四八	四七	四
	緯	北	七	二〇	一一	南	一一	〇七	五九	減		一二	四三	
天狗五	經	午	八	一八	五二	午	二三	五六	一五	加		三六	四三	三
	緯	南	三一	一四	四八	南	四八	五五	一六	加		一二	四一	

（續表）

赤道鶉火宫恒星		赤道宫	赤道度	赤道分	赤道秒	黄道宫	黄道度	黄道分	黄道秒	加減	赤道歲差分	赤道歲差秒	赤道歲差微	星等
外厨南增九	經	午	八	三三	四〇	午	一四	四七	三九	加		四三	一一	六
	緯	南	一二	三八	一三	南	三〇	一八	四〇	加		一二	四六	
内階三	經	午	八	三七	二六	未	二一	二三	四九	加	一	二一	一一	五
	緯	北	六五	三三	〇五	北	四四	五五	〇三	減		一二	五二	
上台南增五	經	午	八	三九	二一	未	二九	二二	二〇	加	一	〇二	一七	六
	緯	北	四四	三八	四四	北	二五	〇一	五五	減		一二	五〇	
柳宿四	經	午	八	四二	一三	午	九	二〇	〇四	加		四八	三六	五
	緯	北	六	四五	四八	南	一一	三五	〇〇	減		一二	四九	
天狗二	經	午	八	四七	四五	巳	〇	〇八	一六	加		三三	四〇	五
	緯	南	四一	四二	一八	南	五七	二一	三〇	加		一二	五〇	
内階内增六	經	午	八	五四	〇九	未	二三	一九	〇八	加	一	一五	五三	六
	緯	北	六一	四七	五三	北	四一	二六	〇〇	減		一二	五五	
外厨三	經	午	九	〇六	五五	午	一二	一六	〇八	加		四六	〇四	五
	緯	南	二	三一	〇七	南	二〇	二六	一四	加		一二	五六	
軒轅西增七	經	午	九	一〇	〇一	午	二	五七	四四	加		五七	〇四	六
	緯	北	三三	二四	四二	北	一四	一八	三三	減		一二	五九	
鬼宿東增九	經	午	九	一〇	四九	午	七	一二	〇〇	加		五一	三一	六
	緯	北	一六	五六	一六	南	一	三七	一五	減		一二	五七	
鬼宿東增八	經	午	九	一〇	四九	午	七	二二	一〇	加		五一	一九	六
	緯	北	一六	一五	五七	南	二	一六	一六	減		一二	五七	
軒轅西增二十一	經	午	九	一四	一五	午	四	〇八	〇二	加		五五	二九	六
	緯	北	二九	一一	五三	北	一〇	一五	一二	減		一三	〇〇	

（續表）

赤道鶉火宮恒星		赤道 宮	赤道 度	赤道 分	赤道 秒	黃道 宮	黃道 度	黃道 分	黃道 秒	赤道歲差	赤道歲差 分	赤道歲差 秒	赤道歲差 微	星等
天社内增四	經	午	九	一四	四八	巳	一三	一〇	二〇	加		二六	一六	四
	緯	南	五二	二八	四八	南	六六	一五	四四	加		一二	五六	
軒轅西增二十	經	午	九	一九	二七	午	四	一一	〇一	加		五五	二九	六
	緯	北	二九	一七	二九	北	一〇	二一	四七	減		一三	〇一	
天社北增二	經	午	九	一九	二八	巳	三	五六	三七	加		三一	〇一	五
	緯	南	四五	〇五	一三	南	六〇	〇七	五三	加		一二	五六	
天社三	經	午	九	二二	二二	巳	一五	二〇	三六	加		二五	二一	二
	緯	南	五三	四三	五四	南	六七	一〇	三六	加		一二	五七	
軒轅西增十九	經	午	九	三六	三六	午	四	二六	〇一	加		五五	二八	六
	緯	北	二九	一六	二二	北	一〇	二四	三四	減		一三	〇四	
軒轅西增十二	經	午	九	三七	四七	午	三	五一	一二	加		五六	一七	五
	緯	北	三一	三一	四四	北	一二	三五	三四	減		一三	〇六	
外厨東增六	經	午	九	四四	一六	午	一四	〇〇	四一	加		四五	〇四	六
	緯	南	六	一四	一九	南	二三	五〇	四五	加		一三	〇五	
外厨四	經	午	九	四四	五〇	午	二二	一〇	一九	加		四六	四五	六
	緯	北	〇	〇五	四一	南	一七	四五	〇〇	減		一三	〇六	
三師一	經	午	九	四七	五八	未	二〇	二四	一〇	加	一	二五	五七	五
	緯	北	六八	三五	二二	北	四七	五四	四五	減		一三	一二	
天狗六	經	午	九	五三	五〇	午	二一	五四	三七	加		三八	五五	四
	緯	南	二六	四五	二四	南	四三	一八	二二	加		一三	〇七	
軒轅西增十八	經	午	一〇	〇四	一五	午	四	五五	五一	加		五五	一五	六
	緯	北	二八	五三	〇八	北	一〇	〇八	二四	減		一三	一二	

（續 表）

赤道鶉火宮恒星		赤道 宮	赤道 度	赤道 分	赤道 秒	黃道 宮	黃道 度	黃道 分	黃道 秒		赤道歲差 分	赤道歲差 秒	赤道歲差 微	星等
軒轅西增六	經	午	一〇	一五	三三	午	三	四四	三五	加		五七	〇五	五
	緯	北	三三	五二	二七	北	一四	五九	四一	減		一三	一六	
上台一	經	午	一〇	一五	〇九	未	二九	一五	四九	加	一	〇四	二〇	四
	緯	北	四九	〇一	四〇	北	二九	三四	三二	減		一三	二三	
柳宿六	經	午	一〇	二六	五六	午	一一	〇〇	一八	加		四八	三七	四
	緯	北	六	五四	〇七	南	一一	〇〇	〇三	減		一三	一七	
柳宿北增四	經	午	一〇	二八	二一	午	九	三一	三三	加		五〇	一一	四
	緯	北	一二	三五	〇七	南	五	三〇	三二	減		一三	一七	
天狗三	經	午	一〇	三〇	二四	午	二八	三一	〇〇	加		三五	一〇	四
	緯	南	三六	五六	一〇	南	五二	二九	五〇	加		一三	一六	
軒轅西增十三	經	午	一〇	三四	四七	午	四	四四	四二	加		五六	〇一	六
	緯	北	三一	一一	三九	北	一二	二九	〇一	減		一三	一八	
鬼宿東增十	經	午	一〇	四三	一六	午	八	四七	五六	加		五一	一二	六
	緯	北	一六	一六	一四	南	一	五三	一六	減		一三	二三	
外厨東增七	經	午	一〇	四三	三六	午	一五	一六	五八	加		四四	五一	六
	緯	南	七	〇〇	四八	南	二四	一八	四四	加		一三	二一	
鬼宿東增十一	經	午	一〇	四八	四〇	午	八	四八	五一	加		五一	一七	六
	緯	北	一六	三一	五七	南	一	三六	四五	減		一三	二四	
軒轅西增五	經	午	一〇	五五	三六	午	四	二五	五〇	加		五六	四七	六
	緯	北	三三	二三	三一	北	一四	四〇	四六	減		一三	二六	
軒轅一	經	午	一〇	五八	五五	午	一	四三	二二	加	一	〇〇	四八	四
	緯	北	四二	四五	四九	北	二三	四一	四七	減		一三	二七	

（續 表）

赤道鶉火宮恒星		赤道宮	赤道度	赤道分	赤道秒	黃道宮	黃道度	黃道分	黃道秒	赤道歲差	赤道歲差分	赤道歲差秒	赤道歲差微	星等
天狗七	經	午	一一	○五	三三	午	二三	一四	四九	加		三九	○五	五
	緯	南	一六	四一	三九	南	四二	五二	○九	加		一三	二六	
柳宿北增三	經	午	一一	○六	二一	午	一○	○三	三四	加		五○	一八	四
	緯	北	一二	五○	○四	南	五	○六	二七	減		一三	三○	
軒轅西增四	經	午	一一	二四	四六	午	四	五二	二一	加		五六	○三	六
	緯	北	三三	一三	四二	北	一四	三七	四六	減		一三	三五	
三師三	經	午	一一	二四	五一	未	二一	三八	○六	加	一	二三	三九	五
	緯	北	六七	五二	一七	北	四七	二八	五○	減		一三	三七	
上台二	經	午	一一	三一	二八	午	○	二一	五八	加	一	○三	三三	四
	緯	北	四八	○八	四三	北	二八	五七	一○	減		一三	二六	
軒轅西增十七	經	午	一一	三七	一四	午	六	一五	三七	加		五五	○三	六
	緯	北	二八	五三	一五	北	一○	三○	○五	減		一三	三七	
鬼宿東增十二	經	午	一一	五○	四二	午	九	二一	四一	加		五一	三九	六
	緯	北	一八	○四	一八	北	○	○七	五六	減		一三	四○	
三師内增一	經	午	一一	五三	五八	未	二一	四三	二六	加	一	二三	五一	五
	緯	北	六八	○八	三九	北	四七	四八	一○	減		一三	四五	
軒轅西增二十三	經	午	一一	五四	四七	午	七	二七	一二	加		五三	五二	六
	緯	北	二五	二六	○一	北	七	一四	三九	減		一三	四二	
軒轅西增十六	經	午	一二	一二	○六	午	六	四五	四○	加		五四	五九	六
	緯	北	五八	五二	四二	北	一○	三七	四八	減		一三	四七	
海石内增二	經	午	一二	一七	○○	辰	○	○七	二九	加		二一	○五	五
	緯	南	五九	三七	四九	南	七○	○六	五○	加		一三	四三	

（續表）

赤道鶉火宮恒星		赤道宮	赤道度	赤道分	赤道秒	黃道宮	黃道度	黃道分	黃道秒		赤道歲差分	赤道歲差秒	赤道歲差微	星等
內階內增十	經	午	一二	二二	三一	未	二三	五九	三〇	加	一	一七	四九	五
	緯	北	六四	三二	一三	北	四四	三二	五七	減		一三	五二	
軒轅二	經	午	一二	三〇	一五	午	三	五六	一五	加		五八	五七	四
	緯	北	三九	二六	五一	北	二〇	五〇	五三	減		一三	五二	
天社內增五	經	午	一二	三六	三五	巳	一八	二六	〇七	加		二六	三八	三
	緯	南	五三	二三	四八	南	六五	四〇	〇〇	加		一三	四九	
文昌五	經	午	一二	四〇	四一	未	二九	三二	五〇	加	一	〇六	〇四	五
	緯	北	五二	三七	〇九	北	三三	二五	五六	減		一三	五五	
鬼宿東增十三	經	午	一二	四一	一一	午	一〇	〇二	四〇	加		五一	四〇	六
	緯	北	一八	二三	四四	北	〇	三九	三一	減		一三	五三	
天社四	經	午	一二	四三	三三	巳	一八	五七	〇五	加		二六	三一	二
	緯	南	五三	三八	二四	南	六五	四八	一七	加		一三	五一	
柳宿七	經	午	一三	〇六	二七	午	一三	四九	〇五	加		四八	一九	六
	緯	北	六	〇五	四五	南	一一	〇三	四五	減		一四	〇〇	
軒轅西增十四	經	午	一三	〇八	〇六	午	七	〇三	一四	加		五五	二八	六
	緯	北	三〇	三九	四四	北	一二	三四	〇六	減		一四	〇一	
鬼宿東增十八	經	午	一三	一二	〇九	午	一一	〇五	二〇	加		五一	〇三	六
	緯	北	一六	一七	四三	南	一	一三	四五	減		一四	〇一	
鬼宿東增十七	經	午	一三	一六	五八	午	一一	二二	〇七	加		五〇	五〇	六
	緯	北	一五	三二	三八	南	一	五五	五二	減		一四	〇三	
軒轅西增十五	經	午	一三	二五	二五	午	八	〇八	五八	加		五四	二六	六
	緯	北	二七	四〇	二二	北	九	四六	〇二	減		一四	〇六	

（續 表）

赤道鶉火宮恒星		赤道 宮	度	分	秒	黄道 宮	度	分	秒	赤道歲差	分	秒	微	星等
内階二	經	午	一三	二七	一三	未	二五	四一	一八	加	一	一四	三八	五
	緯	北	六二	二七	一八	北	四二	四八	○○	減		一四	○八	
柳宿北增二	經	午	一三	二七	二九	午	一二	三五	四四	加		四九	四七	四
	緯	北	一一	四○	三九	南	五	三六	○八	減		一四	○四	
小斗七	經	午	一三	三五	三三	寅	一	五三	○○	減		二六	二六	六
	緯	南	七八	二八	四一	南	七三	○○	二五	加		一三	五六	
軒轅西增二十四	經	午	一三	三八	二九	午	九	三七	四五	加		五二	五七	五
	緯	北	二三	○三	三八	北	五	二三	二四	減		一四	○九	
鬼宿東增十四	經	午	一三	四一	四○	午	一○	五六	一五	加		五一	三七	六
	緯	北	一八	二九	四三	北	一	○○	五四	減		一四	○九	
天社北增三	經	午	一三	四八	四七	巳	一○	一五	五二	加		三一	三三	五
	緯	南	四六	○三	二八	南	五九	一八	三六	加		一四	○八	
四輔南增一	經	午	一三	五九	○八	未	一○	四二	五八	加	二	三三	○四	六
	緯	北	八二	二七	三○	北	六○	三八	四七	減		一四	二七	
星宿西增四	經	午	一四	○一	三二	午	一八	五三	二二	加		四四	四八	六
	緯	南	七	三四	二七	南	二三	五三	○九	加		一四	一四	
内階六	經	午	一四	二一	○一	未	二八	三三	四○	加	一	○九	三五	五
	緯	北	五七	四七	一七	北	三八	三五	○八	減		一四	一九	
星宿西增三	經	午	一四	一四	四七	午	一九	一一	○一	加		四四	四六	六
	緯	南	七	四六	二一	南	二四	○○	二九	加		一四	一六	
上台南增六	經	午	一四	一五	一三	午	三	四三	四五	加	一	○○	四七	五
	緯	北	四四	一五	二三	北	二五	四九	三六	減		一四	一八	

（續表）

赤道鶉火宮恒星		赤道 宮	赤道 度	赤道 分	赤道 秒	黃道 宮	黃道 度	黃道 分	黃道 秒	赤道歲差	赤道歲差 分	赤道歲差 秒	赤道歲差 微	星等
文昌六	經	午	一四	二三	五三	未	二九	四三	〇三	加	一	〇七	一六	五
	緯	北	五五	〇三	四四	北	三六	〇四	二五	減		一四	二三	
飛魚一	經	午	一四	三三	二七	辰	一七	〇〇	二四	加		一五	〇六	五
	緯	南	六五	二〇	五一	南	七二	一一	〇五	加		一四	一七	
天記	經	午	一四	三六	一三	巳	七	三六	〇一	加		三三	三四	二
	緯	南	四二	二二	三一	南	五五	五二	〇三	加		一四	二〇	
軒轅西增三	經	午	一四	五一	三〇	午	六	五九	二八	加		五六	五九	六
	緯	北	三五	四一	一一	北	一七	四七	四一	減		一四	二七	
星宿西增五	經	午	一四	五五	三五	午	一九	一九	二七	加		四五	一四	六
	緯	南	六	〇四	五八	南	二三	一一	三五	加		一四	二七	
柳宿八	經	午	一五	一五	一八	午	一六	四二	〇四	加		四七	三五	四
	緯	北	三	二三	三五	南	一三	〇二	四七	減		一四	三三	
軒轅三	經	午	一五	四一	〇六	午	六	五八	一〇	加		五七	四〇	四
	緯	北	三七	五一	五六	北	二〇	〇四	二〇	減		一四	三九	
文昌南增五	經	午	一五	四三	一一	午	一	四六	一五	加	一	〇四	五三	六
	緯	北	五二	一八	一五	北	三三	四五	一一	減		一四	四一	
鬼宿東增十六	經	午	一五	五一	三九	午	一三	〇四	四八	加		五〇	〇一	六
	緯	北	一七	五一	三四	北	〇	五八	四五	減		一四	三三	
星宿西增六	經	午	一五	五八	三八	午	二〇	〇八	二六	加		四五	二六	六
	緯	南	五	一八	二九	南	二一	〇八	一〇	加		一四	四二	
海石北增一	經	午	一六	〇一	一七	巳	二九	四九	二九	加		二四	一七	四
	緯	南	五七	五二	三八	南	六七	三〇	一〇	加		一四	四〇	

（續表）

赤道鶉火宮恒星		赤道宮	赤道度	赤道分	赤道秒	黃道宮	黃道度	黃道分	黃道秒	加減	赤道歲差分	赤道歲差秒	赤道歲差微	星等
星宿東增二	經	午	一六	〇一	三七	午	二〇	五九	二八	加		四四	五二	六
	緯	南	七	四一	五〇	南	二三	二三	三三	加		一四	四三	
鬼宿東增十五	經	午	一六	〇九	一九	午	一三	〇五	五四	加		五一	二九	六
	緯	北	一八	四六	一二	北	一	五六	〇七	減		一四	四五	
文昌南增六	經	午	一六	一四	四三	午	二	四九	四五	加	一	〇三	四〇	六
	緯	北	五〇	三六	二九	北	三二	一六	一六	減		一四	四八	
海石内增三	經	午	一六	一九	〇六	辰	七	一六	二四	加		二一	一〇	五
	緯	南	六一	一三	五〇	南	六九	二七	三一	加		一四	四四	
軒轅四	經	午	一六	二〇	一一	午	八	一六	一〇	加		五六	三八	四
	緯	北	三五	二七	一七	北	一七	五六	〇〇	減		一四	四九	
文昌内增三	經	午	一六	五二	〇五	午	一	二〇	三八	加	一	〇六	二五	六
	緯	北	五五	〇五	五一	北	三六	三六	二五	減		一四	五七	
星宿五	經	午	一六	五九	一二	午	二二	一四	五六	加		四四	四一	六
	緯	南	八	二九	三一	南	二三	五〇	四九	加		一四	五八	
軒轅西增二十五	經	午	一七	〇七	二三	午	一一	四五	四一	加		五三	三〇	六
	緯	北	二六	一五	五七	北	九	二一	五七	減		一五	〇一	
軒轅七	經	午	一七	二四	三五	午	一一	四二	二八	加		五三	四五	四
	緯	北	二七	一六	〇〇	北	一〇	二三	五一	減		一五	〇五	
南船五	經	午	一七	二八	五四	辰	二八	二一	三六	加		一一	三三	二
	緯	南	六八	三七	〇二	南	七二	一三	〇八	加		一五	〇一	
海石二	經	午	一七	三三	一三	辰	一	四六	一二	加		二四	四〇	二
	緯	南	五八	〇九	五三	南	六七	〇四	五四	加		一五	〇三	

（續表）

赤道鶉火宮恒星		赤道 宮	度	分	秒	黄道 宮	度	分	秒	赤道歲差	分	秒	微	星等
内階四	經	午	一七	四四	五七	未	二七	一三	一〇	加	一	一四	二八	四
	緯	北	六四	〇八	五三	北	四五	〇七	〇四	減		一五	一一	
少輔	經	午	一七	五五	四二	未	二二	四六	五二	加	一	二五	二一	四
	緯	北	七〇	五六	〇二	北	五一	一三	四〇	減		一五	一五	
上台東增七	經	午	一七	五八	〇九	午	五	三六	五九	加	一	〇一	〇〇	六
	緯	北	四六	四一	四七	北	二八	五八	四〇	減		一五	一三	
星宿西增七	經	午	一八	〇八	三五	午	二一	五四	一五	加		四五	四七	六
	緯	南	四	〇一	五五	南	一九	一五	〇八	加		一五	一三	
星宿六	經	午	一八	一四	四一	午	二三	五九	〇七	加		四四	二六	六
	緯	南	九	四五	一六	南	二四	三八	二七	加		一五	一五	
天社五	經	午	一八	三〇	二〇	巳	二五	一七	三三	加		二八	一九	二
	緯	南	五三	五二	三六	南	六三	四二	〇三	加		一八	五八	
星宿内增一	經	午	一八	三九	五一	午	二三	四九	五六	加		四四	五一	六
	緯	南	八	〇七	二四	南	二二	五七	四九	加		一五	二〇	
酒旗三	經	午	一八	四〇	二五	午	一七	五七	五七	加		四九	〇四	五
	緯	北	一〇	〇八	五二	南	五	三五	二七	減		一五	二一	
酒旗南增五	經	午	一八	四一	三九	午	一八	一四	四六	加		四八	五六	六
	緯	北	九	一七	一一	南	六	二四	二二	減		一五	二一	
星宿一	經	午	一八	四四	三七	午	二三	四二	五九	加		四四	五九	二
	緯	南	七	三三	五一	南	二二	二四	三二	加		一五	二一	
軒轅内增二	經	午	一八	四八	三四	午	一〇	三〇	五七	加		五五	五六	六
	緯	北	三四	四五	五〇	北	一七	五四	〇六	減		一五	二五	

（續表）

赤道鶉火宫恒星		赤道宫	赤道度	赤道分	赤道秒	黄道宫	黄道度	黄道分	黄道秒	赤道歲差加減	赤道歲差分	赤道歲差秒	赤道歲差微	星等
文昌四	經	午	一八	五六	〇二	午	三	四五	二三	加	一	〇三	五六	三
	緯	北	五二	四九	五二	北	三四	五六	二三	減		一五	二一	
軒轅北增一	經	午	一八	五八	五九	午	一〇	一〇	一七	加		五六	二五	五
	緯	北	三六	一三	〇二	北	一九	一九	三〇	減		一五	二六	
星宿二	經	午	一九	〇一	五七	午	二二	〇〇	四二	加		四六	二二	五
	緯	南	一	四〇	二三	南	一六	四四	〇一	加		一五	二六	
軒轅八	經	午	一九	一五	一四	午	一四	一七	一三	加		五二	三七	四
	緯	北	二四	〇四	三七	北	七	五一	二七	減		一五	三〇	
文昌內增四	經	午	一九	一九	二二	午	三	五一	一六	加	一	〇四	一三	五
	緯	北	五三	一二	一四	北	三五	二二	一八	減		一五	三三	
內平西增五	經	午	一九	二二	二八	午	一〇	〇三	五七	加		五六	四六	六
	緯	北	三七	二七	〇二	北	二〇	三五	三七	減		一五	三一	
酒旗二	經	午	一九	三一	二三	午	一八	〇四	四四	加		四九	三七	四
	緯	北	一二	二四	〇八	南	三	一一	二二	減		一五	三三	
酒旗東增四	經	午	一九	三二	五三	午	一八	三五	〇一	加		四九	一五	六
	緯	北	一〇	四九	二五	南	四	四一	一二	減		一五	三三	
內平西增六	經	午	一九	三六	〇一	午	一〇	一三	三二	加		五六	四六	四
	緯	北	三七	三〇	四九	北	二〇	四二	四〇	減		一五	三五	
星宿七	經	午	一九	三六	一八	午	二五	〇一	〇三	加		四四	四五	六
	緯	南	八	四五	五九	南	二三	一五	五八	加		一五	三三	
星宿三	經	午	一九	四三	四六	午	二二	一〇	四一	加		四六	四四	五
	緯	南	〇	〇四	四三	南	一五	〇〇	〇五	加		一五	三五	

（續 表）

赤道鶉火宮恒星		赤道宮	赤道度	赤道分	赤道秒	黃道宮	黃道度	黃道分	黃道秒	赤道歲差	分	秒	微	星等
少輔北增一	經	午	一九	四九	〇六	未	二一	三七	四五	加		二九	四一	六
	緯	北	七三	二二	四九	北	五三	三八	三〇	減		一五	四一	
內平西增七	經	午	二〇	〇三	一六	午	一〇	四七	一二	加		五六	二七	六
	緯	北	三六	五六	五五	北	二〇	一七	四〇	減		一五	四一	
天記東增一	經	午	二〇	〇七	〇六	巳	一一	一〇	三二	加		三六	〇六	四
	緯	南	三九	一九	四七	南	五一	〇九	四六	加		一五	四〇	
內平西增八	經	午	二〇	二四	〇四	午	一一	一三	一五	加		五六	一三	五
	緯	北	三六	三〇	一四	北	一九	五七	五三	減		一五	四六	
星宿東增八	經	午	二〇	二六	〇六	午	二四	二七	二九	加		四五	四〇	六
	緯	南	四	四八	〇五	南	一九	一五	〇一	加		一五	四五	
酒旗北增二	經	午	二〇	二六	五三	午	一七	五九	二〇	加		五〇	一八	六
	緯	北	一五	二九	五〇	北	〇	〇一	五三	減		一五	四五	
內平北增四	經	午	二〇	三四	五一	午	九	三七	〇〇	加		五七	五八	六
	緯	北	四一	二一	五二	北	二四	三五	四三	減		一五	四九	
酒旗北增一	經	午	二〇	四三	二六	午	一七	三六	一〇	加		五〇	四六	六
	緯	北	一七	三四	〇一	北	二	〇四	五四	減		一五	五〇	
軒轅內增二十六	經	午	二〇	四八	一五	午	一五	〇六	〇五	加		五二	五四	六
	緯	北	二五	四七	五七	北	九	五五	四八	減		一五	五一	
天社六	經	午	二〇	四八	二六	辰	〇	三七	五九	加		二七	五〇	四
	緯	南	五五	五二	五五	南	六四	一三	五三	加		一五	四八	
軒轅南增四十五	經	午	二〇	五四	一六	午	二〇	四四	五八	加		四八	三一	五
	緯	北	七	五七	三九	南	六	五九	五四	減		一五	五一	

（續表）

赤道鶉火宮恒星		赤道宮	赤道度	赤道分	赤道秒	黃道宮	黃道度	黃道分	黃道秒	赤道歲差	赤道歲差分	赤道歲差秒	赤道歲差微	星等
酒旗北增三	經	午	二〇	五九	二五	午	一八	二九	二四	加		五〇	一六	六
	緯	北	一五	二九	〇三	北	〇	一〇	四八	減		一五	五二	
軒轅南增四十六	經	午	二一	一四	五六	午	二一	四五	四四	加		四八	〇二	五
	緯	北	五	四七	四〇	南	八	五六	五六	減		一五	五五	
星宿東增十五	經	午	二一	一九	〇九	午	二六	三四	三九	加		四四	五四	六
	緯	南	八	一七	一五	南	二三	一五	〇〇	加		一五	五七	
軒轅五	經	午	二一	二四	〇二	午	二二	五四	〇〇	加		五五	二三	六
	緯	北	三四	〇〇	一三	北	一七	五二	〇七	減		一五	五八	
文昌北增一	經	午	二二	二九	三三	未	二八	五三	〇〇	加	一	一三	一〇	五
	緯	北	六四	四九	〇〇	北	四六	二五	一七	減		一六	〇二	
內平西增三	經	午	二二	三一	〇三	午	一〇	三〇	五六	加		五七	三四	六
	緯	北	四〇	五四	三六	北	二四	二四	三〇	減		一六	〇〇	
星宿四	經	午	二二	四一	二二	午	二四	〇四	一九	加		四六	五〇	四
	緯	南	〇	〇〇	一〇	南	一四	一八	一七	加		一六	〇二	
海石三	經	午	二二	四二	一九	辰	五	〇八	四六	加		二六	三四	五
	緯	南	五八	〇三	一七	南	六五	二一	三〇	加		一六	〇〇	
軒轅內增二十七	經	午	二二	四四	二三	午	一五	三〇	一六	加		五三	〇七	六
	緯	北	二七	〇三	三四	北	一一	二三	二六	減		一六	〇三	
星宿東增十四	經	午	二二	四九	一一	午	二七	〇五	〇〇	加		四四	五五	六
	緯	南	八	一七	三七	南	二三	〇五	一九	加		一六	〇四	
內平三	經	午	二二	五一	三〇	午	二三	二九	二七	加		五五	五〇	六
	緯	北	三六	一四	三九	北	二〇	〇六	二五	減		一六	〇五	

（續表）

赤道鶉火宮恒星		赤道宮	赤道度	赤道分	赤道秒	黃道宮	黃道度	黃道分	黃道秒	赤道歲差	赤道歲差分	赤道歲差秒	赤道歲差微	星等
軒轅十五	經	午	二一	五一	五〇	午	二〇	四一	〇八	加		四九	一二	四
	緯	北	一一	〇二	一四	南	三	四六	五〇	減		一六	〇四	
星宿東增十三	經	午	二一	五七	二七	午	二七	三八	一八	加		四四	四一	六
	緯	南	九	二五	三〇	南	二三	〇六	二四	加		一六	〇六	
張宿五	經	午	二一	五八	〇一	午	二九	〇四	四三	加		四三	五〇	四
	緯	南	一三	一〇	三三	南	二六	三七	二一	加		一六	〇六	
文昌內增二	經	午	二二	〇三	四一	午	三	〇七	〇七	加	一	〇六	三九	五
	緯	北	五八	一七	四二	北	四〇	三九	三〇	減		一六	〇九	
軒轅六	經	午	二二	〇六	〇一	午	一四	二七	三二	加		五四	一一	六
	緯	北	三一	〇八	一一	北	一五	二一	〇三	減		一六	〇九	
酒旗一	經	午	二二	二六	二八	午	一九	五五	〇四	加		五〇	〇四	六
	緯	北	一五	一〇	〇六	北	〇	一九	〇三	減		一六	一二	
小斗六	經	午	二二	四六	〇二	寅	三	四七	五九	減		二一	二四	五
	緯	南	七九	三六	三一	南	七一	〇一	〇五	加		一六	〇八	
軒轅九	經	午	二二	四八	三六	午	一七	〇七	一六	加		五二	二四	三
	緯	北	二四	五六	三六	北	九	四一	四〇	減		一六	一七	
文昌一	經	午	二二	五四	二九	午	〇	〇四	一三	加	一	一一	三八	五
	緯	北	六四	一二	二五	北	四六	〇九	二二	減		一六	二〇	
軒轅內增四十四	經	午	二三	〇八	一六	午	二一	一五	二八	加		四九	三二	六
	緯	北	一一	五七	五八	南	一	三三	二三	減		一六	二一	
文昌二	經	午	二三	一七	〇一	午	二	四一	四九	加	一	〇〇	〇五	四
	緯	北	六〇	一二	一二	北	四二	三九	〇六	減		一四	三三	

(續表)

赤道鶉火宮恒星		赤道				黃道				赤道歲差				星等
		宮	度	分	秒	宮	度	分	秒		分	秒	微	
四輔一	經	午	二三	二四	一四	未	五	〇〇	一八	加	四	四一	四七	六
	緯	北	八七	二一	二二	北	六四	五一	一五	減		一六	四八	
內平北增二	經	午	二三	三七	一四	午	一二	一一	三三	加		五七	〇一	六
	緯	北	四〇	四八	五一	北	二四	五二	一九	減		一六	二八	
文昌三	經	午	二三	三七	四六	午	五	四五	一七	加	一	〇三	五一	五
	緯	北	五五	一五	〇〇	北	三八	一四	一〇	減		一六	二九	
星宿東增十	經	午	二三	四八	〇〇	午	二八	一五	一二	加		四五	二九	六
	緯	南	六	〇四	二一	南	一九	一九	五七	加		一六	二九	
軒轅內增二十九	經	午	二三	五〇	四二	午	一八	五二	三二	加		五一	三八	六
	緯	北	二二	二一	一〇	北	七	三二	五八	減		一六	二九	
軒轅南增四十八	經	午	二四	一五	五一	午	二四	四三	一七	加		四七	五三	六
	緯	北	五	三一	五六	南	八	一四	〇五	減		一六	三五	
內平北增一	經	午	二四	一六	三二	午	一三	二三	三二	加		五六	二五	六
	緯	北	三九	〇四	五五	北	二三	二五	四一	減		一六	三五	
軒轅內增四十三	經	午	二四	一七	二八	午	二一	五四	二六	加		四九	四四	六
	緯	北	一四	一四	五六	北	〇	〇一	〇七	減		一六	三五	
軒轅內增二十八	經	午	二四	一八	四八	午	一八	一二	四五	加		五二	二一	六
	緯	北	二五	三五	三一	北	一〇	四五	〇一	減		一六	三六	
星宿東增十一	經	午	二四	二四	三九	午	二八	五四	〇七	加		四五	二八	六
	緯	南	六	一一	三八	南	一九	一四	二〇	加		一六	三七	
海石四	經	午	二四	三〇	〇四	辰	一三	二八	〇〇	加		二五	一四	五
	緯	南	六一	一七	二五	南	六六	一七	一六	加		一六	三四	

（續表）

赤道鶉火宮恒星		赤道宮	赤道度	赤道分	赤道秒	黃道宮	黃道度	黃道分	黃道秒	赤道歲差	赤道歲差分	赤道歲差秒	赤道歲差微	星等
軒轅十	經	午	二四	三二	四一	午	一七	五一	二六	加		五二	四四	三
	緯	北	一七	一一	三四	北	一二	一九	二九	減		一六	三八	
星宿東增九	經	午	二四	三三	一四	午	二七	五五	一四	加		四六	〇八	六
	緯	南	三	〇三	三三	南	一六	一四	二五	加		一六	三七	
文昌東增七	經	午	二四	四一	四六	午	八	三五	五八	加	一	〇一	〇二	六
	緯	北	五一	〇〇	四〇	北	三四	三六	四〇	減		一六	四一	
軒轅南增四十七	經	午	二四	四二	〇二	午	二五	四六	〇四	加		四七	二九	六
	緯	北	三	三八	一六	南	九	五二	五三	減		一六	四一	
張宿一	經	午	二四	四七	五九	巳	二	〇八	三三	加		四三	五六	五
	緯	南	一三	三九	二一	南	二六	〇五	一四	加		一六	四〇	
小斗五	經	午	二四	五四	三六	寅	三	五三	五九	減		一八	四五	五
	緯	南	七九	四三	一九	南	七〇	三七	〇七	加		一六	三六	
星宿東增十二	經	午	二四	五七	三三	午	二九	四二	二〇	加		四五	二一	六
	緯	南	六	八四	二八	南	一九	四三	一六	加		一六	四三	
軒轅內增四十二	經	午	二五	〇六	〇五	午	二三	四五	五二	加		四九	二八	四
	緯	北	一三	三八	四七	北	〇	〇一	二五	減		一六	五七	
海石五	經	午	二五	〇七	二六	辰	一九	一七	三一	加		二三	〇三	四
	緯	南	六三	五一	〇〇	南	六七	二八	三三	加		一六	四三	
軒轅南增四十九	經	午	二五	〇八	三三	午	二五	二一	〇八	加		四七	五九	六
	緯	北	六	〇八	三六	南	七	二二	一四	減		一六	四五	
四輔二	經	午	二五	一三	一七	未	八	〇一	二五	加	二	一〇	〇六	六
	緯	北	八五	四二	一一	北	六三	五〇	二五	減		一七	〇〇	

（續表）

赤道鶉火宮恒星		赤道 宮	赤道 度	赤道 分	赤道 秒	黃道 宮	黃道 度	黃道 分	黃道 秒	赤道歲差	赤道歲差 分	赤道歲差 秒	赤道歲差 微	星等
内平四	經	午	二五	二一	三七	午	一六	一八	四二	加		五四	一九	六
	緯	北	三三	三四	五七	北	一八	三四	四八	減		一六	四八	
三師二	經	午	二五	二六	○三	未	二六	四九	○七	加	一	一八	○四	六
	緯	北	七○	一三	四一	北	五一	五二	一七	減		一六	五三	
中台西增二	經	午	二五	二九	一一	午	一三	○三	四○	加		五七	○四	五
	緯	北	四二	一五	三○	北	二六	四三	二三	減		一六	五○	
軒轅南增四十	經	午	二五	四一	三七	午	二四	三二	五一	加		四八	四六	六
	緯	北	一○	○八	○七	南	三	二五	一九	減		一六	五二	
中台西增一	經	午	二五	五二	三二	午	一二	○二	二一	加		五八	○七	六
	緯	北	四五	二一	五八	北	二九	四二	三四	減		一六	五八	
軒轅内增四十一	經	午	二五	五八	○○	午	二四	○○	三六	加		四九	一五	六
	緯	北	一二	三一	四六	南	一	○四	二四	減		一六	五六	
文昌東增八	經	午	二六	○四	一○	午	九	○五	三三	加		五九	五○	六
	緯	北	五二	二一	五○	北	三五	五○	○六	減		一六	二一	
軒轅南增三十九	經	午	二六	○七	一○	午	二五	○八	四七	加		四八	三七	五
	緯	北	九	三一	三二	南	三	五一	三一	減		一六	五七	
内平南增九	經	午	二六	三二	五○	午	一七	二六	三九	加		五三	五九	六
	緯	北	三三	一○	○五	北	一八	三三	一二	減		一八	○二	
軒轅南增五十	經	午	二六	三四	四五	午	二六	五三	四一	加		四七	五○	六
	緯	北	五	三五	四六	南	七	二四	四一	減		一七	○三	
軒轅南增三十八	經	午	二六	三九	一二	午	二五	四四	○四	加		四八	三三	四
	緯	北	九	一五	一九	南	三	五六	一八	減		一七	○三	

（續表）

赤道鶉火宮恒星		赤道宮	赤道度	赤道分	赤道秒	黃道宮	黃道度	黃道分	黃道秒	赤道歲差	赤道歲差分	赤道歲差秒	赤道歲差微	星等
軒轅南增五十一	經	午	二七	四一	四二	午	二八	二〇	四五	加		四七	三六	六
	緯	北	四	二六	一三	南	八	〇七	三七	減		一七	一五	
內平二	經	午	二八	〇三	五一	午	一七	二四	三〇	加		五四	三五	五
	緯	北	三六	二八	三六	北	二二	〇四	〇〇	減		一七	二〇	
張宿內增一	經	午	二八	一〇	一八	巳	四	四六	四五	加		四四	三一	五
	緯	南	一一	五〇	一二	南	二三	一一	三一	加		一七	二〇	
軒轅南增五十二	經	午	二八	一九	二六	午	二八	〇六	三七	加		四八	〇一	六
	緯	北	六	五一	〇七	南	五	三八	三五	減		一七	二二	
軒轅十三	經	午	二八	一九	三七	午	二四	一九	二四	加		五〇	一一	三
	緯	北	一七	五九	四三	北	四	五〇	二〇	減		一七	二二	
張宿四	經	午	二八	二四	〇六	巳	六	五八	〇七	加		四三	三七	六
	緯	南	一六	三三	二七	南	二七	二九	〇四	加		一七	二三	
軒轅十七	經	午	二八	三四	〇九	午	二六	五〇	三六	加		四八	五〇	六
	緯	北	一一	一四	一三	南	一	二六	一五	減		一七	二五	
軒轅十四	經	午	二八	四〇	二九	午	二六	一六	二〇	加		四九	一二	一
	緯	北	一三	一二	〇一	北	〇	二六	三八	減		一七	二七	
四輔三	經	午	二八	五六	五二	未	一一	三六	五五	加	二	一八	一九	六
	緯	北	八三	五〇	四〇	北	六二	五一	一五	減		一七	三七	
軒轅內增三十四	經	午	二九	一三	〇四	午	二五	二九	〇〇	加		四九	五四	六
	緯	北	一六	五六	五五	北	四	〇八	四五	減		一七	三一	
天相一	經	午	二九	一八	三八	巳	四	〇四	二四	加		四五	二九	六
	緯	南	七	〇九	三二	南	一八	二五	三六	加		一七	三二	

（續表）

赤道鶉火宮恒星		赤道宮	赤道度	赤道分	赤道秒	黃道宮	黃道度	黃道分	黃道秒	赤道歲差	赤道歲差分	赤道歲差秒	赤道歲差微	星等
軒轅內增三十七	經	午	二九	二七	一一	午	二六	三〇	一〇	加		四九	二四	六
	緯	北	一四	三六	〇八	北	二	〇一	一〇	減		一七	三四	
張宿二	經	午	二九	三一	二〇	巳	五	四九	一〇	加		四四	五五	四
	緯	南	一一	〇五	五九	南	二二	〇一	〇二	加		一七	三四	
天相內增一	經	午	二九	三三	〇八	巳	四	一八	三七	加		四五	二八	六
	緯	南	七	〇九	四六	南	一八	二〇	三七	加		一七	三四	
天樞西增一	經	午	二九	四八	三六	午	二一	二一	五六	加	一	〇九	三三	五
	緯	北	六六	二二	五一	北	四九	二七	一八	減		一七	四一	
軒轅南增五十三	經	午	二九	五〇	五六	午	二九	三一	五〇	加		四七	五九	六
	緯	北	六	五二	三二	南	五	〇六	〇三	減		一七	三八	
軒轅南增五十四	經	午	二九	五三	三五	午	二九	三〇	〇七	加		四八	〇〇	六
	緯	北	七	〇四	三六	南	四	五三	五〇	減		一七	三九	

清・戴進賢《儀象考成》卷二二《恒星赤道經緯度表九》 赤道鶉尾宮黃道度附

赤道鶉尾宮恒星		赤道宮	赤道度	赤道分	赤道秒	黃道宮	黃道度	黃道分	黃道秒	赤道歲差	赤道歲差分	赤道歲差秒	赤道歲差微	星等
內平一	經	巳	〇	〇四	三九	午	二〇	三二	五六	加		五三	一〇	六
	緯	北	三一	四三	五〇	北	一九	一一	二二	減		一七	四二	
天相一	經	巳	〇	〇七	〇四	巳	四	〇〇	〇七	加		四五	五五	四
	緯	南	四	五三	二七	南	一六	〇一	一八	加		一七	四〇	
天相內增三	經	巳	〇	一二	五一	巳	四	三三	三八	加		四五	四〇	六
	緯	南	六	〇七	四〇	南	一七	〇八	二八	加		一七	四二	

（續表）

赤道鶉尾宫恒星		赤道 宫	赤道 度	赤道 分	赤道 秒	黄道 宫	黄道 度	黄道 分	黄道 秒		赤道歲差 分	赤道歲差 秒	赤道歲差 微	星等
天相内增二	經	巳	○	二○	○八	巳	四	五四	二六	加		四五	三五	六
	緯	南	六	四三	四七	南	一七	三九	二九	加		一七	四二	
中台一	經	巳	○	二四	○一	午	一五	五八	四二	加		五六	二○	三
	緯	北	四四	一○	五七	北	二九	五五二	二二	減		一七	四四	
内平南增十	經	巳	○	二四	○六	午	二一	三七	五二	加		五二	三五	五
	緯	北	三○	三四	一四	北	一七	一六	四二	減		一七	四五	
内平南增十一	經	巳	○	二九	二六	午	二一	五六	二五	加		五二	二六	六
	緯	北	二九	五七	○八	北	一六	四三	四八	減		一七	四五	
軒轅東增三十	經	巳	○	三五	○九	午	二三	五六	二八	加		五一	一七	六
	緯	北	二四	四五	四六	北	一一	五四	五五	減		一七	四六	
軒轅十一	經	巳	○	三五	三三	午	二三	五八	四一	加		五一	一五	三
	緯	北	二四	四○	三六	北	一一	五○	一三	減		一七	四六	
軒轅内增三十六	經	巳	○	四二	五八	午	二七	三一	○一	加		四九	二二	六
	緯	北	一四	五九	一○	北	二	四八	○七	減		一七	四八	
軒轅内增三十二	經	巳	○	四四	四三	午	二五	二六	○四	加		五○	三○	六
	緯	北	二○	五九	一八	北	八	二六	○八	減		一七	四七	
軒轅内增三十一	經	巳	○	四七	四五	午	二四	一五	五二	加		五一	一二	六
	緯	北	二四	二二	二九	北	一一	三七	一三	減		一七	四九	
天記東增二	經	巳	○	五八	○一	巳	二三	二五	三○	加		三八	一七	四
	緯	南	四○	四九	五三	南	四八	一四	四五	加		一七	五○	
天相三	經	巳	一	一三	四○	巳	五	四八	○一	加		四五	三六	六
	緯	南	六	四八	○九	南	一七	二四	一○	加		一七	五三	

（續表）

赤道鶉尾宮恒星		赤道宮	赤道度	赤道分	赤道秒	黃道宮	黃道度	黃道分	黃道秒	加減	赤道歲差分	赤道歲差秒	赤道歲差微	星等
軒轅内增三十三	經	巳	一	二五	五六	午	二六	〇七	二五	加		五〇	二三	六
	緯	北	二〇	四五	三三	北	八	二六	五一	減		一七	五五	
中台内增三	經	巳	一	二六	二七	午	一七	一五	三三	加		五五	四一	六
	緯	北	四三	〇七	一九	北	二九	一二	〇八	減		一七	五五	
軒轅十二	經	巳	一	二六	二九	午	二六	〇〇	〇五	加		五〇	二七	二
	緯	北	二二	〇七	二三	北	八	四七	二七	減		一七	五五	
中台二	經	巳	一	四五	一七	午	一七	三九	四七	加		五五	三〇	三
	緯	北	四二	四六	〇三	北	二八	五八	一〇	減		一八	〇〇	
南船四	經	巳	一	四九	一七	卯	三	四六	二五	加		二三	〇五	四
	緯	南	六八	四二	三九	南	六七	二一	一八	加		一七	五六	
長垣南增四	經	巳	一	五五	〇〇	巳	二	三八	一八	加		四七	二〇	五
	緯	北	三	三三	四四	南	七	二九	〇〇	減		一七	五九	
軒轅内增三十五	經	巳	二	〇〇	一六	午	二八	一四	二三	加		四九	三〇	六
	緯	北	一六	一四	三九	北	四	二四	五四	減		一八	〇一	
勢西增六	經	巳	二	〇二	三七	午	二〇	三七	五〇	加		五三	四〇	五
	緯	北	三六	二九	三八	北	二三	一七	〇四	減		一八	〇三	
南船一	經	巳	二	〇四	二一	辰	一六	二七	五八	加		三〇	一九	四
	緯	南	六〇	〇一	〇七	南	六二	三五	一三	加		一八	〇一	
勢西增七	經	巳	二	〇五	一八	午	二一	一二	二七	加		五三	二〇	六
	緯	北	三五	一一	一二	北	二三	〇五	二五	減		一八	〇二	
勢西增八	經	巳	二	一九	四〇	午	二一	二八	五〇	加		五三	一六	六
	緯	北	三四	五九	五三	北	二一	五九	二六	減		一八	〇四	

（續表）

赤道鶉尾宮恒星		赤道宮	赤道度	赤道分	赤道秒	黃道宮	黃道度	黃道分	黃道秒	赤道歲差	赤道歲差分	赤道歲差秒	赤道歲差微	星等
軒轅南增五十五	經	巳	二	二一	三七	巳	一	三二	一〇	加		四八	〇二	六
	緯	北	七	四九	四二	南	三	二〇	一四	減		一八	〇四	
陰德一	經	巳	二	三一	三四	未	二二	五四	四七	加	一	二四	五〇	五
	緯	北	七六	三七	三〇	北	五八	一一	一三	減		一八	〇九	
天相北增八	經	巳	二	三三	四九	巳	四	二二	五六	加		四六	四九	六
	緯	北	〇	二三	五九	南	一〇	一三	四二	減		一八	〇五	
天相北增四	經	巳	二	三五	二四	巳	五	三五	三八	加		四六	一九	六
	緯	南	二	四七	二三	南	一三	一〇	一六	加		一八	〇六	
勢西增五	經	巳	二	四四	三一	午	二一	〇六	一六	加		五三	三五	六
	緯	北	三六	四二	三三	北	二三	四一	五六	減		一八	〇八	
勢西增九	經	巳	二	四六	三八	午	二一	四八	四四	加		五三	一〇	四
	緯	北	三五	〇五	〇一	北	二三	一二	三五	減		一八	〇八	
天樞西增二	經	巳	二	五三	二三	午	三	二〇	二四	加	一	〇七	五五	六
	緯	北	六六	五五	〇七	北	五〇	三五	〇五	減		一八	一一	
軒轅南增五十六	經	巳	二	五五	二四	巳	一	一五	三九	加		四八	二三	五
	緯	北	一〇	〇四	二四	南	一	〇二	二七	減		一八	一〇	
陰德北增一	經	巳	三	〇〇	四五	未	二三	三四	〇七	加	一	二五	一八	五
	緯	北	七七	〇〇	四八	北	五八	三二	五三	減		一八	一四	
勢西增四	經	巳	三	一三	五五	午	二〇	五六	三六	加		五三	四八	五
	緯	北	三八	〇〇	二一	北	二五	〇二	四三	減		一八	一二	
天相北增九	經	巳	三	二一	〇一	巳	五	〇八	三九	加		四六	四九	六
	緯	北	〇	二三	五二	南	九	五六	二六	減		一八	一四	

（續 表）

赤道鶉尾宮恒星		赤道宮	赤道度	赤道分	赤道秒	黃道宮	黃道度	黃道分	黃道秒	赤道歲差	赤道歲差分	赤道歲差秒	赤道歲差微	星等
天相北增五	經	巳	三	二四	〇二	巳	六	二八	五三	加		四六	一五	六
	緯	南	三	〇五	三五	南	一三	〇九	三二	加		一八	一五	
張宿三	經	巳	三	二六	一七	巳	一一	二九	五〇	加		四四	一五	四
	緯	南	一五	三二	二一	南	二四	四〇	一〇	加		一八	一四	
天璇西增一	經	午	三	三〇	一五	午	一一	〇〇	〇六	加	一	〇〇	三六	五
	緯	北	五七	一七	〇一	北	四二	三〇	〇〇	減		一八	一六	
軒轅内增五十七	經	巳	三	三一	二二	巳	一	二七	四五	加		四八	二九	六
	緯	北	一一	〇三	一五	北	〇	〇五	〇八	減		一八	一五	
天相北增六	經	巳	三	三三	二一	巳	六	〇〇	三五	加		四六	三二	五
	緯	南	一	二六	〇五	南	一一	三三	三〇	加		一八	一六	
勢西增三	經	午	三	四五	〇七	午	二〇	二二	三〇	加		五四	一三	六
	緯	北	四〇	一三	一八	北	二七	一四	二〇	減		一八	一八	
陰德二	經	未	三	五一	一八	未	二五	一八	二八	加	一	一九	一二	五
	緯	北	七五	〇四	一四	北	五七	一四	三〇	減		一八	三〇	
天相北增七	經	巳	四	〇四	五七	巳	六	〇八	二九	加		四六	四一	五
	緯	南	〇	二六	三六	南	一〇	二六	三五	加		一八	二〇	
勢二	經	巳	四	一七	三三	午	一三	三八	一〇	加		五二	三三	四
	緯	北	三三	四〇	五三	北	二一	二三	四五	減		一八	二三	
天相北增十	經	巳	四	一七	五一	巳	五	五六	〇二	加		四六	五二	五
	緯	北	〇	四〇	〇五	南	九	一九	四七	減		一八	二三	
長垣南增五	經	巳	四	二〇	四一	巳	四	五七	二一	加		四七	一六	六
	緯	北	三	二七	三三	南	六	四二	四一	減		一八	二二	

（續表）

赤道鶉尾宮恒星		赤道宮	赤道度	赤道分	赤道秒	黃道宮	黃道度	黃道分	黃道秒	赤道歲差	分	秒	微	星等
海山一	經	巳	四	三二	四五	辰	一四	一四	二六	加		三三	一〇	五
	緯	南	五七	二四	三九	南	五九	五三	〇四	加		一八	二三	
長垣一	經	巳	四	三六	五七	巳	〇	五二	五八	加		四九	〇七	六
	緯	北	一五	二六	一一	北	四	三三	二七	減		一八	二六	
天璇西增二	經	巳	四	三七	一〇	午	一〇	五七	四二	加	一	〇〇	三六	五
	緯	北	五八	二三	四四	北	四三	四五	三六	減		一八	二六	
南船南增一	經	巳	四	三九	五二	卯	一四	二五	五五	加		一八	四五	五
	緯	南	七二	四一	二二	南	六七	五二	三四	加		一八	二四	
勢一	經	巳	四	四〇	五九	午	二三	五一	一〇	加		五五三	〇二	四
	緯	北	三六	一七	三〇	北	二三	五五	二七	減		一八	二七	
長垣南增三	經	巳	四	四三	一四	巳	四	二三	五三	加		四七	三九	六
	緯	北	五	五七	四一	南	四	一四	三六	減		一八	二七	
軒轅十六	經	巳	四	四九	二四	巳	二	四八	五〇	加		四八	二一	四
	緯	北	一〇	三六	三九	北	〇	〇七	四八	減		一八	二六	
張宿內增二	經	巳	五	〇四	二三	巳	一四	〇七	四七	加		四四	二四	五
	緯	南	一五	三八	一九	南	二四	〇八	二四	加		一八	二九	
長垣四	經	巳	五	二一	一一	巳	四	〇九	〇五	加		四七	五八	六
	緯	北	八	一五	三三	南	一	五二	二七	減		一八	三一	
勢北增一	經	巳	五	二三	〇七	午	二三	四九	四〇	加		五三	〇九	五
	緯	北	三七	三八	三六	北	二五	二三	一五	減		一八	三三	
長垣內增二	經	巳	五	二三	四七	巳	三	三四	二五	加		四八	一四	六
	緯	北	九	五七	五〇	南	〇	一六	一〇	減		一八	三二	

（續表）

赤道鶉尾宮恒星	赤道經宮	赤道經度	赤道經分	赤道經秒	赤道緯宮	赤道緯度	赤道緯分	赤道緯秒	黃道經宮	黃道經度	黃道經分	黃道經秒	黃道緯宮	黃道緯度	黃道緯分	黃道緯秒	赤道歲差經	經分	經秒	經微	赤道歲差緯	緯分	緯秒	緯微	星等
張宿南增四	巳	五	二八	〇五	南	二二	二五	三六	巳	一六	三七	二八	南	三〇	一一	一五	加		四三	二六	加		一八	三三	六
南船二	巳	五	三九	三九	南	六〇	一九	四三	辰	一九	二五	五四	南	六一	二五	三八	加		三二	一〇	加		一八	三三	四
勢內增十	巳	五	四七	三九	北	三五	二三	五一	午	二四	〇八	三一	北	二三	二七	三二	加		五二	三四	減		一八	三五	六
張宿北增三	巳	五	五七	四九	南	一五	〇一	一九	巳	二三	四三	二七	南	二三	一四	〇二	加		四四	三三	加		一八	三七	六
勢內增十一	巳	六	〇二	五一	北	三三	一七	三九	午	二五	一四	五〇	北	二一	三六	二八	加		五二	〇五	減		一八	三八	六
天樞西增三	巳	六	〇五	四九	北	六七	〇三	〇〇	午	四	五一	二一	北	五一	二四	三二	加	一	〇五	三九	減		一八	四〇	五
勢北增二	巳	六	〇九	四七	北	三九	一四	〇〇	午	二三	四三	五〇	北	二七	〇五	一七	加		五三	二〇	減		一八	三八	六
長垣北增一	巳	六	一七	四四	北	一七	二六	三五	巳	一	三九	二一	北	七	〇〇	四八	加		四九	一六	減		一八	四〇	六
少微西增一	巳	六	三一	一八	北	二八	五〇	四六	午	二七	二八	三〇	北	一七	三九	五二	加		五一	〇八	減		一八	四二	六
張宿六	巳	六	三二	四六	南	一五	三三	〇八	巳	一四	三〇	五六	南	二三	二九	五〇	加		四四	三三	加		一八	四二	五
海山北增一	巳	六	三五	四二	南	四六	五二	四四	辰	三	四八	五一	南	五一	〇二	四六	加		三八	一三	加		一八	四一	四

（續表）

赤道鶉尾宮恒星		赤道宮	赤道度	赤道分	赤道秒	黃道宮	黃道度	黃道分	黃道秒	赤道歲差	赤道歲差分	赤道歲差秒	赤道歲差微	星等
天旋西增五	經	巳	六	五一	〇五	午	一二	一五	五四	加		五九	二九	六
	緯	北	五八	三二	一〇	北	四四	二八	一八	減		一八	四五	
天相東增十一	經	巳	七	〇三	四四	巳	八	五六	一六	加		四六	四二	六
	緯	南	〇	二四	〇六	南	九	一八	二六	加		一八	四七	
少微西增二	經	巳	七	一四	五六	午	二八	三五	二四	加		五〇	四七	六
	緯	北	二七	三六	四五	北	一六	四六	一六	減		一八	四八	
少微三	經	巳	七	二一	一四	午	二九	五四	一五	加		五〇	一五	五
	緯	北	二四	三一	〇四	北	一三	五六	四六	減		一八	四九	
長垣南增六	經	巳	七	二一	二四	巳	七	一三	四八	加		四七	二四	六
	緯	北	四	五五	〇一	南	四	一五	二七	減		一八	四九	
天旋西增六	經	巳	七	二六	五三	午	一二	五〇	三六	加		五九	〇一	六
	緯	北	五八	一五	一六	北	四四	二三	二七	減		一八	五〇	
長垣南增七	經	巳	七	三一	〇二	巳	六	五六	四六	加		四七	三五	六
	緯	北	六	〇五	一九	南	三	〇六	三三	減		一八	五〇	
天旋西增四	經	巳	七	三三	一八	午	一二	三四	二八	加		五九	一二	六
	緯	北	五八	四三	〇三	北	四四	四八	五八	減		一八	五二	
小斗三	經	巳	七	五二	〇三	卯	二六	四四	二六	加		一二	四四	五
	緯	南	七七	一三	四一	南	六八	〇四	二九	加		一八	五〇	
勢三	經	巳	七	五三	〇六	午	二七	一八	四三	加		五一	二七	四
	緯	北	三二	〇一	一五	北	二一	〇二	四七	減		一八	五三	
靈臺西增二	經	巳	七	五七	五五	巳	八	一二	〇〇	加		四七	一五	六
	緯	北	三	四九	四〇	南	五	〇二	四二	減		一八	五四	

（續表）

赤道鶉尾宫恒星		赤道 宫	赤道 度	赤道 分	赤道 秒	黄道 宫	黄道 度	黄道 分	黄道 秒		赤道歲差 分	赤道歲差 秒	赤道歲差 微	星等
少微四	經	巳	八	〇八	四五	巳	二	一五	一四	加		四九	二九	六
	緯	北	二〇	一三	三四	北	一〇	一四	五二	減		一八	五五	
長垣南增八	經	巳	八	〇九	〇九	巳	六	五五	四八	加		四七	四五	六
	緯	北	七	四三	〇八	南	一	二一	四一	減		一八	五五	
長垣二	經	巳	八	一一	五三	巳	四	〇四	二一	加		四八	四九	六
	緯	北	一五	三一	五九	北	五	五四	四八	減		一八	五五	
南船三	經	巳	八	二一	四〇	辰	二五	三二	四〇	加		三三	〇七	三
	緯	南	六三	〇〇	四二	南	六二	〇七	三四	加		一八	五六	
長垣南增九	經	巳	八	二八	五〇	巳	七	一四	三三	加		四七	四五	六
	緯	北	七	四一	二九	南	一	一五	五九	減		一八	五七	
翼宿西增三	經	巳	八	三五	四一	巳	一六	三九	二四	加		四四	四〇	六
	緯	南	一五	五七	〇九	南	二三	〇四	二四	加		一八	五九	
勢南增十四	經	巳	八	三八	四三	午	二八	〇九	〇五	加		五一	〇四	六
	緯	北	三〇	四五	〇七	北	二〇	〇八	一四	減		一八	五九	
海山二	經	巳	八	四二	四三	辰	一八	四一	三六	加		三四	五四	四
	緯	南	五八	一八	〇五	南	五八	五四	四三	加		一八	五九	
天旋西增七	經	巳	八	四七	五一	午	一三	五六	一〇	加		五八	一〇	六
	緯	北	五七	五五	三四	北	四四	二八	四六	減		一九	〇一	
天旋西增三	經	巳	八	四八	〇四	午	一一	五〇	五二	加		五九	二八	五
	緯	北	六〇	四〇	二八	北	四六	四八	三〇	減		一九	〇〇	
勢南增十五	經	巳	八	五〇	三三	午	二九	〇九	五〇	加		五〇	五〇	六
	緯	北	二九	三一	三六	北	一九	〇四	四三	減		一九	〇〇	

（續表）

赤道鶉尾宮恒星	赤道經宮	赤道經度	赤道經分	赤道經秒	赤道緯宮	赤道緯度	赤道緯分	赤道緯秒	黃道經宮	黃道經度	黃道經分	黃道經秒	黃道緯宮	黃道緯度	黃道緯分	黃道緯秒	赤道歲差經	赤道歲差經分	赤道歲差經秒	赤道歲差經微	赤道歲差緯	赤道歲差緯分	赤道歲差緯秒	赤道歲差緯微	星等
勢南增十六	巳	八	五三	二九	北	二九	一九	〇四	午	二九	一七	三二	北	一八	五四	一二	加		五〇	四八	減		一九	〇一	六
海山北增二	巳	八	五三	四八	南	四八	〇二	二〇	辰	六	五四	〇八	南	五一	〇四	二一	加		三八	四三	加		一九	〇〇	三
長垣三	巳	八	五六	二五	北	一一	五三	〇二	巳	六	〇六	一九	北	二	四七	四〇	加		四八	一五	減		一九	〇一	六
翼宿西增二	巳	八	五八	三三	南	七	四〇	〇二	巳	一三	三三	四二	南	一五	一八	三八	加		四五	四八	加		一九	〇一	六
天相東增十二	巳	九	〇二	一八	南	二	四〇	四二	巳	一一	三九	五二	南	一〇	四〇	三五	加		四六	二〇	加		一九	〇二	六
翼宿五	巳	九	一五	〇五	南	一四	五一	五九	巳	一六	四八	三九	南	二一	四九	二八	加		四四	五二	加		一九	〇四	四
翼宿西增一	巳	九	一九	二七	南	七	三二	四四	巳	一三	五〇	三五	南	一五	〇三	五五	加		四五	五〇	加		一九	〇四	六
天璇南增八	巳	九	二八	一八	北	五五	五六	三四	午	一五	四七	一二	北	四二	五八	一〇	加		五七	〇二	減		一九	〇五	六
翼宿西增四	巳	九	三八	五二	南	一七	〇八	三〇	巳	一八	一一	一六	南	二三	四五	〇三	加		四四	三六	加		一九	〇七	六
勢四	巳	九	四二	三〇	北	三五	三五	三二	午	二七	一五	〇四	北	二四	五五	三〇	加		五一	四二	減		一九	〇七	四
天牢一	巳	九	四七	三二	北	四四	三二	四三	午	二二	五五	四〇	北	三三	〇二	三六	加		五三	三一	減		一九	〇七	四

（續表）

赤道鶉尾宮恒星		赤道宮	赤道度	赤道分	赤道秒	黃道宮	黃道度	黃道分	黃道秒	赤道歲差加減	赤道歲差分	赤道歲差秒	赤道歲差微	星等
少微北增三	經	巳	一〇	〇九	三四	巳	一	二五	〇四	加		五〇	一〇	六
	緯	北	二六	四七	一六	北	一七	〇〇	五五	減		一九	一〇	
勢東增十二	經	巳	一〇	一〇	一〇	午	二七	四二	一〇	加		五一	三三	六
	緯	北	三五	二三	二九	北	二四	五二	五〇	減		一九	一〇	
翼宿西增五	經	巳	一〇	一四	五七	巳	一九	二九	三三	加		四四	二八	六
	緯	南	一八	四五	五二	南	二四	五九	四二	加		一九	一一	
勢東增十三	經	巳	一〇	一六	二一	午	二八	〇二	二七	加		五一	二五	六
	緯	北	三四	五二	一〇	北	二四	二七	二三	減		一九	一一	
少微二	經	巳	一〇	二五	一五	巳	一	五五	二一	加		五〇	〇二	四
	緯	北	二六	〇六	一四	北	一六	二八	四〇	減		一九	一二	
少微東增八	經	巳	一〇	三〇	二七	巳	四	三七	〇八	加		四九	〇七	六
	緯	北	一九	三〇	三九	北	一〇	二五	三九	減		一九	一三	
小斗四	經	巳	一〇	三〇	四九	寅	一	五七	五四	加		一一	〇三	五
	緯	南	七九	〇八	一〇	南	六七	四七	一七	加		一九	一〇	
靈臺南增三	經	巳	一〇	三七	一九	巳	一一	一九	三二	加		四七	〇一	六
	緯	北	二	〇五	一三	南	五	三九	五七	減		一九	一三	
靈臺西增一	經	巳	一〇	三九	五五	巳	九	一八	二八	加		四七	三九	六
	緯	北	七	三二	二七	南	〇	三五	五一	減		一九	二二	
靈臺南增四	經	巳	一〇	四四	五八	巳	一一	三三	三七	加		四六	五八	六
	緯	北	一	四六	五二	南	五	五四	〇三	減		一九	一三	
天牢三	經	巳	一一	一四	〇二	午	二五	二八	五五	加		五一	二七	六
	緯	北	四一	四七	一四	北	三一	〇二	一二	減		一九	一九	

（續表）

赤道鶉尾宮恒星		赤道 宮	赤道 度	赤道 分	赤道 秒	黃道 宮	黃道 度	黃道 分	黃道 秒		赤道歲差 分	赤道歲差 秒	赤道歲差 微	星等
少微内增四	經	巳	一一	二六	二九	巳	二	三七	一〇	加		四九	五五	六
	緯	北	二六	三二	四六	北	一七	一四	四〇	減		一九	一九	
天璇	經	巳	一一	三三	〇一	午	一五	四九	一三	加		五六	三九	二
	緯	北	五七	四五	〇〇	北	四五	〇六	一五	減		一九	二〇	
天牢五	經	巳	一一	三六	一五	午	二六	二三	一六	加		五二	〇七	六
	緯	北	四〇	三四	四七	北	三〇	〇四	二六	減		一九	二〇	
靈臺三	經	巳	一一	四九	三五	巳	一一	二〇	三四	加		四七	一七	六
	緯	北	四	五八	五七	南	二	三一	五一	減		九	二一	
靈臺二	經	巳	一一	五一	一一	巳	一〇	二五	三三	加		四七	三四	五
	緯	北	七	二八	〇三	南	〇	一三	一六	減		一九	二二	
翼宿一	經	巳	一一	五一	二九	巳	二〇	一一	四三	加		四四	五三	四
	緯	南	一六	五六	一八	南	二二	四二	〇〇	加		一九	二一	
天樞	經	巳	一一	五五	〇七	午	一一	三五	〇〇	加		五八	四八	一
	緯	北	六三	〇八	〇九	北	四九	四〇	〇五	減		一九	二三	
靈臺南增五	經	巳	一二	〇九	〇一	巳	一三	五八	四〇	加		四六	三九	六
	緯	南	一	〇七	一一	南	八	〇三	〇一	加		一九	二三	
西上相西增一	經	巳	一二	〇九	〇五	巳	五	一六	〇〇	加		四九	〇八	五
	緯	北	二一	三二	五七	北	一二	五四	〇五	減		一九	二四	
海山三	經	巳	一二	一九	三一	辰	一九	四六	二五	加		三七	一五	四
	緯	南	五七	一八	四六	南	五六	五一	〇七	加		一九	二三	
翼宿十二	經	巳	一二	二二	五七	巳	一七	〇九	〇八	加		四五	五二	六
	緯	南	八	三五	三五	南	一四	五一	〇〇	加		一九	二五	

（續表）

赤道鶉尾宮恒星		赤道				黃道				赤道歲差				星等
		宮	度	分	秒	宮	度	分	秒		分	秒	微	
翼宿南增六	經	巳	一二	二八	四二	巳	二四	四八	二八	加		四三	五四	六
	緯	南	二五	二五	五四	南	三〇	〇八	四八	加		一九	二五	
靈臺南增七	經	巳	一二	三七	〇二	巳	一三	二七	二一	加		四六	五四	六
	緯	北	一	二一	五一	南	五	三四	三五	減		一九	二六	
少微內增五	經	巳	一二	五一	〇〇	巳	三	四九	〇〇	加		四九	四〇	六
	緯	北	二六	三四	五三	北	一七	四六	四〇	減		一九	二七	
靈臺一	經	巳	一二	五六	三七	巳	一〇	五七	〇九	加		四七	四〇	四
	緯	北	八	四二	三八	北	一	二〇	二一	減		一九	二八	
翼宿二十	經	巳	一三	一五	〇〇	巳	二五	四六	四〇	加		四三	五八	五
	緯	南	二五	五四	五九	南	三〇	一六	三一	加		一九	三〇	
少微一	經	巳	一三	一七	二七	巳	四	〇三	二一	加		四九	三九	五
	緯	北	二六	五四	五一	北	一八	一四	二六	減		一九	三〇	
靈臺南增八	經	巳	一三	二七	三四	巳	一三	二八	四四	加		四七	〇五	六
	緯	北	三	二〇	〇七	南	三	二六	〇一	減		一九	三一	
少微東增七	經	巳	一三	二八	一五	巳	五	〇八	二〇	加		四九	二一	六
	緯	北	二四	四一	五六	北	一六	一六	二九	減		一九	三一	
靈臺南增六	經	巳	一三	三七	三七	巳	一四	五三	五六	加		四六	四六	六
	緯	北	〇	〇三	〇五	南	六	二四	〇八	加		一九	三三	
少微東增六	經	巳	一三	四五	三二	巳	四	四九	五六	加		四九	二七	五
	緯	北	二六	〇一	四六	北	一七	三五	五四	減		一九	三三	
太尊	經	巳	一三	四八	三三	午	二五	一三	五八	加		五二	二七	三
	緯	北	四五	五二	四四	北	三五	三一	三〇	減		一九	三四	

（續表）

赤道鶉尾宮恒星		赤道 宮	赤道 度	赤道 分	赤道 秒	黃道 宮	黃道 度	黃道 分	黃道 秒	赤道歲差	赤道歲差 分	赤道歲差 秒	赤道歲差 微	星等
翼宿十一	經	巳	一四	○一	四二	巳	一九	二九	三二	加		四五	四五	六
	緯	南	一○	三一	三六	南	一五	五九	○二	加		一九	三四	
翼宿南增七	經	巳	一四	○五	一六	巳	二六	五九	一一	加		四四	○○	六
	緯	南	二六	四四	五○	南	三○	四一	一二	加		一九	三五	
翼宿十六	經	巳	一四	四七	一○	巳	二五	○○	三五	加		四四	四三	三
	緯	南	二一	二六	○○	南	二五	三七	三三	加		一九	三九	
天理一	經	巳	一五	○二	三七	午	一四	四六	○八	加		五六	○六	六
	緯	北	六一	三六	三一	北	四九	一七	○四	減		一九	四一	
西上相	經	巳	一五	○五	五○	巳	七	四二	二一	加		四八	四八	二
	緯	北	二三	五五	○八	北	一四	一九	○四	減		一九	四一	
明堂西增五	經	巳	二五	○九	二三	巳	一五	四九	三九	加		四六	五三	五
	緯	北	一	一八	四八	南	四	三八	五三	減		一九	四○	
西次相	經	巳	一五	一一	二二	巳	九	五○	三一	加		四八	一七	三
	緯	北	一六	四九	○六	北	九	三九	五○	減		一九	四一	
西次相北增一	經	巳	一五	二一	五○	巳	九	一一	三四	加		四八	二九	六
	緯	北	一八	五○	○七	北	一一	三五	○五	減		一九	四一	
虎賁	經	巳	一五	二三	三六	巳	六	五三	一三	加		四九	○二	五
	緯	北	二四	二八	四五	北	一六	四六	○二	減		一九	四二	
西次相南增三	經	巳	一五	三六	一○	巳	一一	○三	○七	加		四八	○三	六
	緯	北	一四	四一	三一	北	七	五一	四一	減		一九	四三	
明堂西增六	經	巳	一五	五四	三五	巳	一七	五五	一九	加		四六	三四	四
	緯	南	二	一五	四六	南	七	三九	○五	加		一九	四四	

（續表）

赤道鶉尾宮恒星		赤道 宮	赤道 度	赤道 分	赤道 秒	黃道 宮	黃道 度	黃道 分	黃道 秒		赤道歲差 分	赤道歲差 秒	赤道歲差 微	星等
明堂西增四	經	巳	一六	〇一	〇五	巳	一五	四八	三九	加		四七	〇三	六
	緯	北	三	二四	三六	南	二	二二	五三	減		一九	四四	
下台三	經	巳	一六	〇七	〇五	巳	三	四五	三六	加		四九	五一	四
	緯	北	三三	五八	二三	北	二四	四六	〇〇	減		一九	四六	
下台一	經	巳	一六	〇八	一八	巳	三	〇三	四〇	加		五〇	〇一	四
	緯	北	三四	二八	四三	北	二六	〇八	一二	減		一九	四七	
天牢南增二	經	巳	一六	一五	三六	巳	〇	三六	〇五	加		五〇	三八	五
	緯	北	三九	三五	〇五	北	三〇	四五	五〇	減		一九	四七	
翼宿十九	經	巳	一六	三五	三五	巳	二八	二一	〇七	加		四四	三八	六
	緯	南	二四	五一	五五	南	二八	〇〇	〇四	加		一九	四八	
翼宿七	經	巳	一六	三八	三二	巳	二三	〇八	五〇	加		四五	四一	四
	緯	南	一三	二四	一八	南	一七	三五	二〇	加		一九	四八	
西上將	經	巳	一六	五八	〇〇	巳	一五	〇七	三五	加		四七	二一	四
	緯	北	七	二五	一七	北	一	四〇	五六	減		一九	五〇	
天牢六	經	巳	一七	一〇	五〇	午	二八	二二	四四	加		五一	〇六	六
	緯	北	四四	五三	〇〇	北	三五	四六	二二	減		一九	五一	
西次將	經	巳	一七	三六	三六	巳	一三	五七	五八	加		四七	四〇	四
	緯	北	一一	五五	四一	北	六	〇五	一〇	減		一九	五三	
翼宿四	經	巳	一七	四一	〇三	巳	二五	五一	四三	加		四五	二七	五
	緯	南	一七	二四	三四	南	二〇	四九	三一	加		一九	五三	
明堂西增三	經	巳	一七	四三	一四	巳	一七	三六	五三	加		四六	五七	五
	緯	北	二	四八	〇七	南	二	一六	五五	減		一九	五三	

（續表）

赤道鶉尾宮恒星		赤道宮	赤道度	赤道分	赤道秒	黃道宮	黃道度	黃道分	黃道秒	赤道歲差加減	赤道歲差分	赤道歲差秒	赤道歲差微	星等
明堂西增二	經	巳	一七	四七	〇一	巳	一六	四二	五一	加		四七	〇一	六
	緯	北	五	一五	四七	北	〇	〇〇	三五	減		一九	五三	
翼宿十	經	巳	一七	五五	〇九	巳	二二	四〇	五九	加		四六	〇五	四
	緯	南	九	二七	三六	南	一三	二八	二八	加		一九	五四	
翼宿二	經	巳	一八	〇二	一〇	巳	二五	四一	一六	加		四五	三五	四
	緯	南	一六	一六	四一	南	一九	三九	二二	加		一九	五四	
西次相東增二	經	巳	一八	〇三	一五	巳	一一	五九	〇〇	加		四八	〇四	六
	緯	北	一七	五一	一四	北	一一	四一	四〇	減		一九	五三	
翼宿十八	經	巳	一八	一三	一七	巳	二九	四〇	〇八	加		四四	五七	六
	緯	南	二四	二九	四五	南	二七	〇一	一三	加		一九	五六	
翼宿九	經	巳	一八	三四	〇四	巳	二三	五四	二〇	加		四六	〇〇	五
	緯	南	一〇	五七	二三	南	一四	三五	一六	加		一九	五六	
明堂一	經	巳	一八	四一	〇五	巳	一七	五六	〇二	加		四七	〇四	四
	緯	北	四	一五	二〇	南	〇	三四	〇四	減		一九	五七	
天牢二	經	巳	一八	四八	二四	巳	二	〇〇	二八	加		五〇	〇二	六
	緯	北	四〇	四五	〇八	北	三二	四一	三二	減		一九	五八	
天理二	經	巳	一八	四九	五一	午	二〇	四四	二六	加		五二	四〇	六
	緯	北	五七	二六	四二	北	四七	〇〇	五三	減		一九	五八	
翼宿十五	經	巳	一八	五三	一〇	巳	二七	三〇	一四	加		四五	二九	六
	緯	南	一八	三五	二三	南	二一	二五	〇八	加		一九	五八	
上輔	經	巳	一八	五九	〇八	午	六	四三	三〇	加		五七	一八	三
	緯	北	七〇	四四	二〇	北	五七	一三	〇三	減		一九	五四	

（續表）

赤道鶉尾宮恒星		赤道宮	赤道度	赤道分	赤道秒	黃道宮	黃道度	黃道分	黃道秒		赤道歲差分	赤道歲差秒	赤道歲差微	星等
翼宿十七	經	巳	一九	○二	三六	巳	二八	二九	一五	加		四五	二二	六
	緯	南	二○	二五	三五	南	二三	○一	一七	加		一九	五九	
五帝座西增二	經	巳	一九	○四	四五	巳	一二	一九	一○	加		四七	五四	六
	緯	北	一六	四九	一二	北	一一	○八	○九	減		一九	五九	
天牢四	經	巳	一九	一一	二八	巳	○	○六	二○	加		五○	二三	六
	緯	北	四四	三四	五二	北	三六	一一	四八	減		一九	五九	
西上相東增二	經	巳	一九	一六	三○	巳	一二	一五	四九	加		四八	○四	六
	緯	北	一九	四八	四九	北	一三	五七	一○	減		一九	五九	
明堂三	經	巳	一九	一八	二五	巳	二○	四八	一三	加		四六	四○	四
	緯	南	一	三五	四○	南	五	四二	二二	加		一九	五九	
五帝座西增三	經	巳	一九	三八	一六	巳	一四	一四	二七	加		四七	四六	六
	緯	北	一五	四六	五七	北	一○	二三	五三	減		二○	○一	
青邱三	經	巳	一九	五二	一九	辰	二	五一	五六	加		四四	五六	六
	緯	南	二七	五一	○九	南	二九	二二	一四	加		二○	○二	
天理北增一	經	巳	一九	五二	二三	午	一六	○一	五五	加		五三	二九	六
	緯	北	六三	一一	○三	北	五一	五四	○○	減		二○	○二	
青邱四	經	巳	二○	○○	二七	辰	三	五六	二五	加		四四	五○	六
	緯	南	二九	三九	五九	南	三○	五五	五九	加		二○	○二	
青邱五	經	巳	二○	○二	二五	辰	四	二二	四七	加		四四	四五	四
	緯	南	三○	二五	四九	南	三一	三五	五五	加		二○	○二	
上輔東增一	經	巳	二○	一一	○七	午	七	一三	二○	加		五六	○六	六
	緯	北	七○	四四	四三	北	五七	三○	三○	減		二○	○四	

（續表）

赤道鶉尾宮恒星		赤道				黃道					赤道歲差			星等
		宮	度	分	秒	宮	度	分	秒		分	秒	微	
明堂北增一	經	巳	二〇	一八	二八	巳	一九	二〇	一一	加		四七	〇一	六
	緯	北	四	二八	三四	北	〇	一六	〇九	減		二〇	〇四	
五帝座西增一	經	巳	二〇	一九	二七	巳	一三	五一	四一	加		四七	五〇	六
	緯	北	一八	一二	三八	北	一二	五三	〇八	減		二〇	〇四	
青邱七	經	巳	二〇	二七	五五	辰	五	一九	五一	加		四四	四六	六
	緯	南	三一	二八	二九	南	三二	二一	二一	加		二〇	〇五	
海山四	經	巳	二〇	三七	一〇	辰	二七	五三	〇九	加		四一	二一	四
	緯	南	五九	一九	〇一	南	五五	一六	三八	加		二〇	〇四	
海山五	經	巳	二〇	五三	五〇	卯	〇	五三	五四	加		四一	〇〇	四
	緯	南	六一	三四	〇七	南	五六	四六	四七	加		二〇	〇六	
青邱南增三	經	巳	二〇	五四	〇八	辰	六	三九	一〇	加		四四	四四	六
	緯	南	三三	〇八	三六	南	三三	三九	二三	加		二〇	〇六	
翼宿十三	經	巳	二〇	五五	〇六	巳	二五	〇一	二五	加		四六	一八	四
	緯	南	八	二三	三六	南	一一	一八	三三	加		二〇	〇四	
明堂二	經	巳	二〇	五七	一八	巳	二一	二七	五二	加		四六	四七	四
	緯	北	〇	三四	四四	南	三	〇三	三五	減		二〇	〇六	
青邱內增二	經	巳	二一	〇一	三九	辰	五	五二	四六	加		四四	五五	六
	緯	南	三一	三三	三四	南	三二	一二	二七	加		二〇	〇五	
天牢東增一	經	巳	二一	〇九	三九	巳	一	二〇	四六	加		四九	四四	六
	緯	北	四五	〇二	一八	北	三七	一六	四七	減		二〇	〇六	
太陽守西增一	經	巳	二一	一二	一五	午	二九	一八	二〇	加		五〇	〇六	六
	緯	北	四八	一四	四五	北	四〇	〇三	五一	減		二〇	〇六	

（續表）

赤道鶉尾宮恒星		赤道宮	赤道度	赤道分	赤道秒	黃道宮	黃道度	黃道分	黃道秒	赤道歲差	赤道歲差分	赤道歲差秒	赤道歲差微	星等
內屏西增一	經	巳	二一	一八	三五	巳	一八	一五	○五	加		四七	一六	六
	緯	北	九	三二	四四	北	五	一九	一三	減		二○	○六	
翼宿八	經	巳	二一	二五	一七	巳	二六	五三	五二	加		四六	○九	五
	緯	南	一一	四七	四八	南	一四	一三	二二	加		二○	○七	
五帝座三	經	巳	二一	四六	○○	巳	一六	三一	○八	加		四七	二八	六
	緯	北	一四	五三	○一	北	一○	二三	四一	減		二○	○八	
上輔南增二	經	巳	二一	四六	四三	午	一一	二○	二○	加		五三	三三	六
	緯	北	六八	○九	○八	北	五六	○六	三○	減		二○	○八	
青邱七	經	巳	二一	四八	○五	辰	七	二三	二六	加		四四	五七	五
	緯	南	三三	一八	二三	南	三三	一六	三九	加		二○	○八	
下台東增一	經	巳	二一	四八	四九	巳	七	一○	四二	加		四八	四四	六
	緯	北	三五	三九	三五	北	二九	一四	五一	減		二○	○八	
從官	經	巳	二一	五一	二○	巳	一三	一七	二一	加		四七	五六	六
	緯	北	二二	四六	一一	北	一七	三八	○○	減		二○	○七	
下台東增二	經	巳	二二	○一	五六	巳	八	三七	五七	加		四八	三二	六
	緯	北	三三	○九	二四	北	二七	○五	二四	減		二○	○九	
青邱內增一	經	巳	二二	一○	四六	辰	六	三八	○二	加		四五	一一	六
	緯	南	三二	○三	四五	南	三一	一八	四○	加		二○	○九	
翼宿二十一	經	巳	二二	二七	一三	辰	三	○一	五四	加		四五	四一	六
	緯	南	二三	二七	四四	南	二四	二四	一五	加		二○	一○	
翼宿三	經	巳	二二	五七	三五	辰	○	三○	五○	加		四六	○三	四
	緯	南	一六	五五	五八	南	一八	一七	二九	加		二○	一一	

（續 表）

赤道鶉尾宫恒星		赤道 宫	赤道 度	赤道 分	赤道 秒	黄道 宫	黄道 度	黄道 分	黄道 秒	赤道歲差	赤道歲差 分	赤道歲差 秒	赤道歲差 微	星等
内屏一	經	巳	二三	○一	一七	巳	一九	四五	二九	加		四七	一一	五
	緯	北	九	四○	一八	北	六	○六	二一	減		二○	一○	
太陽守	經	巳	二三	○七	五一	巳	○	○五	一六	加		四九	二五	四
	緯	北	四九	一一	二四	北	四一	三一	五八	減		二○	一一	
内屏二	經	巳	二三	一○	一三	巳	二○	三四	三五	加		四七	○六	五
	緯	北	七	五七	三九	北	四	三五	三九	減		二○	一一	
海山六	經	巳	二三	一六	五五	卯	七	二一	○八	加		四一	五○	五
	緯	南	六五	一六	二三	南	五八	二九	三七	加		二○	一二	
太子	經	巳	二三	四一	○三	巳	一五	二三	五○	加		四七	三六	四
	緯	北	二一	三八	○八	北	一七	一八	○九	減		二○	一三	
内屏内增二	經	巳	二三	四一	二七	巳	二○	二二	一五	加		四七	○八	六
	緯	北	九	三九	四三	北	六	二一	三三	減		二○	一三	
五帝座一	經	巳	二三	五九	五九	巳	一八	○四	一四	加		四七	一九	二
	緯	北	一五	五九	四六	北	一二	一六	五一	減		二○	一四	
翼宿十四	經	巳	二四	○七	一○	巳	二八	○四	○七	加		四六	二八	六
	緯	南	八	三七	二二	南	一○	一四	四六	加		二○	一四	
五帝座二	經	巳	二四	一一	四五	巳	一七	二八	一六	加		四七	二四	六
	緯	北	一七	五一	○五	北	一四	○三	○七	減		二○	一四	
五帝座五	經	巳	二四	一二	二三	巳	一九	三二	○五	加		四七	一三	六
	緯	北	一二	五三	一九	北	九	三一	○七	減		二○	一五	
右執法	經	巳	二四	一九	二三	巳	二三	三一	一四	加		四六	五二	三
	緯	北	三	一二	○五	北	○	四○	四七	減		二○	一五	

〔續表〕

赤道鶉尾宫恒星		赤道宫	赤道度	赤道分	赤道秒	黃道宫	黃道度	黃道分	黃道秒	赤道歲差加減	赤道歲差分	赤道歲差秒	赤道歲差微	星等
翼宿二十二	經	巳	二四	五五	五五	辰	四	四一	一八	加		四六	〇六	六
	緯	南	二三	一二	四一	南	二三	一七	二六	加		二〇	一五	
青邱一	經	巳	二四	五八	〇六	辰	九	四九	四七	加		四五	四二	四
	緯	南	三二	二八	一〇	南	三一	二八	一六	加		二〇	一六	
天璣	經	巳	二五	〇四	〇六	午	二六	五一	三八	加		四九	〇四	二
	緯	北	五五	〇七	〇八	北	四七	〇七	二〇	減		二〇	一六	
天理四	經	巳	二五	一二	五七	午	一九	二九	三一	加		四九	四四	六
	緯	北	六二	四七	〇五	北	五三	一〇	一七	減		二〇	一七	
内屏内增三	經	巳	二五	二八	三二	巳	二一	五四	四七	加		四七	〇二	六
	緯	北	九	五一	五三	北	七	一四	五三	減		二〇	一六	
五帝座四	經	巳	二五	三六	五一	巳	一九	〇四	二七	加		四七	一三	六
	緯	北	一七	〇三	五九	北	一三	五三	二一	減		二〇	一六	
青邱二	經	巳	二五	三八	一七	辰	七	三八	〇三	加		四六	〇四	六
	緯	南	一七	〇二	三二	南	二六	二一	三〇	加		二〇	一六	
天理三	經	巳	二五	三九	二五	午	二四	三七	五七	加		四九	〇一	六
	緯	北	五八	〇一	二九	北	四九	三八	四〇	減		二〇	一六	
四輔四	經	巳	二五	四二	〇八	未	一二	〇三	〇七	加	一	〇一	三九	六
	緯	北	八五	〇三	〇四	北	六五	四〇	〇八	減		二〇	一七	
翼宿六	經	巳	二五	四五	二三	辰	二	三二	四四	加		四六	二三	四
	緯	南	一五	四三	三四	南	一六	〇四	四六	加		二〇	一六	
小斗二	經	巳	二六	三二	一二	卯	二八	四〇	四七	加		四一	五九	五
	緯	南	七六	四六	三五	南	六三	五六	三八	加		二〇	一九	

（續表）

赤道鶉尾宮恒星		赤道宮	赤道度	赤道分	赤道秒	黃道宮	黃道度	黃道分	黃道秒		赤道歲差分	赤道歲差秒	赤道歲差微	星等
内屏南增六	經	巳	二六	四二	二三	巳	二四	五七	三一	加		四六	五一	五
	緯	北	五	〇四	二二	北	三	二〇	三一	減		二〇	一七	
辛臣	經	巳	二六	四四	〇五	巳	一八	二六	一三	加		四七	〇九	六
	緯	北	二〇	五二	五五	北	一七	四八	〇四	減		二〇	一七	
内屏三	經	巳	二六	五五	四五	巳	二三	五八	二九	加		四六	五四	五
	緯	北	八	〇二	一三	北	六	〇八	五二	減		二〇	一九	
軫宿西增三	經	巳	二六	五七	二五	辰	四	四三	四一	加		四六	二八	五
	緯	南	一八	一四	〇三	南	一七	五二	五九	加		二〇	一八	
常陳七	經	巳	二七	一六	一二	巳	六	二八	三六	加		四七	三六	六
	緯	北	四四	二七	五六	北	三八	五八	一四	減		二〇	一八	
郎位十五	經	巳	二七	四七	五四	巳	一八	二九	〇九	加		四七	〇三	六
	緯	北	二二	五四	〇一	北	二〇	〇二	五一	減		二〇	一九	
内屏四	經	巳	二八	〇二	三四	巳	二四	〇八	〇六	加		四六	五三	五
	緯	北	一〇	〇九	〇〇	北	八	三一	二九	減		二〇	一九	
馬尾三	經	巳	二八	四八	二八	辰	二三	五五	三三	加		四六	二七	三
	緯	南	四九	一五	四五	南	四四	二七	二一	加		二〇	一八	
右轄	經	巳	二八	四八	三五	辰	八	四〇	三五	加		四六	三八	四
	緯	南	二三	一八	〇三	南	一一	四四	二六	加		二〇	二〇	
謁者西增一	經	巳	二九	〇八	四八	巳	二七	五三	二二	加		四六	四七	六
	緯	北	三	一九	五〇	北	二	四二	五二	減		二〇	二〇	
内屏東增五	經	巳	二九	一四	三八	巳	二六	二四	五六	加		四六	四八	六
	緯	北	七	一三	三九	北	六	一九	三一	減		二〇	一九	

（續表）

赤道鶉尾宮恒星		赤道宮	赤道度	赤道分	赤道秒	黃道宮	黃道度	黃道分	黃道秒	赤道歲差	赤道歲差分	赤道歲差秒	赤道歲差微	星等
軫宿二	經	巳	二九	一五	一五	辰	八	○六	五八	加		四六	四四	四
	緯	南	二一	一	四八	南	一九	三九	四一	加		二○	一九	
五諸侯西增七	經	巳	二九	二四	五二	巳	二一	五九	三○	加		四六	四七	六
	緯	北	一八	一四	一八	北	一六	二七	○○	減		二○	二○	
軫宿南增四	經	巳	二九	二八	三一	辰	八	四五	二五	加		四六	四四	六
	緯	南	二二	一○	三九	南	二○	二七	四五	加		二○	二○	
馬尾二	經	巳	二九	四六	四六	辰	二五	五○	○三	加		四六	四七	五
	緯	南	五○	五四	○二	南	四五	三一	○六	加		二○	一九	
郎位西增三	經	巳	二九	四一	二二	巳	一八	○六	一五	加		四六	四五	六
	緯	北	二七	一八	○四	北	二四	四五	二三	減		二○	一九	
郎位十四	經	巳	二九	四七	四一	巳	二○	四一	○六	加		四六	四四	六
	緯	北	二一	五八	○四	北	一九	五九	○七	減		二○	一九	
大理一	經	巳	二九	五三	一○	未	二五	五二	三八	加		四六	二○	五
	緯	北	七九	○三	○一	北	六四	一二	○五	減		二○	一八	

清·戴進賢《儀象考成》卷二三《恒星赤道經緯度表十》 赤道壽星宮黃道度附

赤道壽星宮恒星		赤道宮	赤道度	赤道分	赤道秒	黃道宮	黃道度	黃道分	黃道秒	赤道歲差	赤道歲差分	赤道歲差秒	赤道歲差微	星等
內屏北增四	經	辰	○	○六	一六	巳	二五	二三	一三	加		四六	四五	六
	緯	北	一一	四○	三九	北	一○	四四	二四	減		二○	一九	
十字架四	經	辰	○	二八	三七	卯	二	○八	二六	加		四七	五一	三
	緯	南	五七	一七	四九	南	五○	二一	一二	加		二○	二○	

（續表）

赤道壽星宮恒星		赤道 宮	赤道 度	赤道 分	赤道 秒	黃道 宮	黃道 度	黃道 分	黃道 秒	赤道歲差	分	秒	微	星等
相北增一	經	辰	〇	三一	一三	巳	〇	五〇	二六	加		四六	一八	六
	緯	北	五四	五一	五五	北	四八	四六	三七	減		二〇	一九	
小斗一	經	辰	〇	三九	四二	寅	一	四五	四三	加		四八	三七	五
	緯	南	七七	五一	一〇	南	六三	三五	四一	加		二〇	一九	
軫宿一	經	辰	〇	四〇	四二	辰	七	一〇	五八	加		四六	五四	三
	緯	南	一六	〇七	〇七	南	一四	二九	〇〇	加		二〇	一八	
天權	經	辰	〇	四一	二三	午	二七	二五	五五	加		四六	一〇	二
	緯	北	五八	二八	四五	北	五一	三九	四〇	減		二〇	一八	
五諸侯五	經	辰	〇	四五	一五	巳	二四	〇一	四四	加		四六	三九	五
	緯	北	一六	一九	〇四	北	一五	一三	五五	減		二〇	一九	
常陳六	經	辰	〇	四九	〇三	巳	一〇	五一	五八	加		四六	二三	五
	緯	北	四二	〇五	四二	北	三八	一四	五〇	減		二〇	二〇	
郎位十	經	辰	〇	五一	一一	巳	二〇	〇三	一九	加		四六	三六	五
	緯	北	二五	二二	一八	北	二三	二八	三三	減		二〇	一九	
左執法南增一	經	辰	一	二三	四六	辰	一	〇一	四四	加		四六	四六	六
	緯	北	〇	三七	五四	北	一	〇八	〇八	減		二〇	一九	
軫宿北增二	經	辰	一	三二	〇三	辰	四	二三	五二	加		四六	五二	六
	緯	南	七	二八	五〇	南	六	一四	五二	加		二〇	一八	
郎位西增二	經	辰	一	三八	〇〇	巳	一八	四一	二八	加		四六	二三	六
	緯	北	二九	三三	五二	北	二七	三三	三五	減		二〇	一九	
大理二	經	辰	一	四〇	五三	未	二七	五三	三八	加		四三	二一	五
	緯	北	七八	一四	四九	北	六四	一二	〇五	減		二〇	一九	

（續表）

赤道壽星宮恒星		赤道 宮	赤道 度	赤道 分	赤道 秒	黃道 宮	黃道 度	黃道 分	黃道 秒	赤道歲差	赤道歲差 分	赤道歲差 秒	赤道歲差 微	星等
大理南增一	經	辰	一	四二	〇〇	午	一	〇五	五三	加		二三	四〇	六
	緯	北	七六	四一	二二	北	六三	三二	三〇	減		二〇	一八	
左執法	經	辰	一	四二	一六	辰	一	一五	五二	加		四六	四六	三
	緯	北	〇	四五	〇〇	北	一	二二	〇一	減		二〇	一九	
郎位西增一	經	辰	一	四三	〇二	巳	一八	三五	五九	加		四六	二一	六
	緯	北	二九	五三	二〇	北	二七	五一	五六	減		二〇	一九	
相南增二	經	辰	一	四七	四三	巳	五	三六	四〇	加		四五	五〇	六
	緯	北	五〇	二四	四五	北	四五	三七	三〇	減		二〇	一九	
謁者	經	辰	一	四九	五三	巳	二九	四七	一七	加		四六	四四	四
	緯	北	四	四四	一〇	北	五	〇四	二三	減		二〇	一九	
長沙	經	辰	一	五〇	一八	辰	一〇	一四	五八	加		四七	〇五	五
	緯	南	二〇	四七	三一	南	一八	一六	四〇	加		二〇	一八	
五諸侯北增六	經	辰	一	五六	三五	巳	二三	五〇	五一	加		四六	二九	五
	緯	北	一九	一二	三〇	北	一八	一九	五三	減		二〇	一九	
天權北增二	經	辰	二	〇五	五〇	午	二七	二七	五二	加		四五	一八	六
	緯	北	五九	一七	五四	北	五二	四五	二三	減		二〇	一八	
謁者北增二	經	辰	二	二二	五二	巳	二九	二九	一八	加		四六	三九	六
	緯	北	六	四三	五〇	北	七	〇七	〇九	減		二〇	一八	
郎位七	經	辰	二	二三	五五	巳	二〇	三〇	二九	加		四六	一七	五
	緯	北	二七	一六	二四	北	二五	四七	三二	減		二〇	一八	
庫樓九	經	辰	二	二八	一六	辰	二四	三一	〇三	加		四七	五〇	六
	緯	南	四六	一四	二七	南	四〇	三五	〇〇	加		二〇	一九	

(續表)

赤道壽星宮恒星		赤道·宮	赤道·度	赤道·分	赤道·秒	黃道·宮	黃道·度	黃道·分	黃道·秒		赤道歲差·分	赤道歲差·秒	赤道歲差·微	星等
軫宿南增五	經	辰	二	三〇	三四	辰	一二	〇一	一五	加		四七	一三	六
	緯	南	二三	二五	〇〇	南	二〇	二三	四二	加		二〇	一八	
常陳北增一	經	辰	二	四七	四八	巳	一一	一三	一五	加		四五	四一	六
	緯	北	四三	五八	〇一	北	四〇	三五	五〇	減		二〇	一八	
郎位六	經	辰	二	五一	二二	巳	二〇	四七	二三	加		四六	一〇	五
	緯	北	二七	三一	二六	北	二六	一一	四七	減		二〇	一八	
相	經	辰	二	五三	一一	巳	四	一三	二八	加		四五	一五	六
	緯	北	五二	五八	五六	北	四八	〇六	二七	減		二〇	一七	
十字架二	經	辰	三	一一	〇九	卯	八	一九	三三	加		四九	〇八	二
	緯	南	六一	三八	三四	南	五二	四九	二四	加		二〇	一七	
馬尾一	經	辰	三	一一	二三	辰	二七	四六	四六	加		四八	一八	六
	緯	南	五〇	〇〇	〇八	南	四三	三〇	〇四	加		二〇	一七	
郎位三	經	辰	三	二三	一五	巳	二〇	四〇	四〇	加		四六	〇二	五
	緯	北	二八	四一	一九	北	二七	二六	五四	減		二〇	一六	
郎位一	經	辰	三	三二	四二	巳	二〇	一七	二四	加		四五	五九	五
	緯	北	二九	四一	三七	北	二八	二四	〇二	減		二〇	一七	
郎位四	經	辰	三	三二	一四	巳	二一	〇一	五五	加		四六	〇三	五
	緯	北	二八	一四	五六	北	二七	〇六	五〇	減		二〇	一六	
庫樓十	經	辰	三	三四	三六	辰	二七	一一	〇七	加		四八	二三	五
	緯	南	四八	四八	四七	南	四二	二一	五八	加		二〇	一六	
天權東增三	經	辰	三	五一	〇二	巳	〇	五三	五〇	加		四四	二七	六
	緯	北	五七	〇八	三七	北	五一	四三	〇六	減		二〇	一六	

（續表）

赤道壽星宮恒星		赤道宮	赤道度	赤道分	赤道秒	黃道宮	黃道度	黃道分	黃道秒	赤道歲差	赤道歲差分	赤道歲差秒	赤道歲差微	星等
五諸侯四	經	辰	三	五七	五七	巳	二七	二七	一〇	加		四六	二二	六
	緯	北	一五	〇八	二三	北	一五	二六	〇六	減		二〇	一六	
郎位五	經	辰	四	〇一	四〇	巳	三一	五五	二九	加		四五	五九	五
	緯	北	二七	一九	五六	北	二六	二九	一一	減		二〇	一六	
九卿西增九	經	辰	四	〇六	四四	巳	二八	五一	三四	加		四六	二九	六
	緯	北	一二	〇七	四一	北	一二	四四	四七	減		二〇	一一	
郎位九	經	辰	四	〇八	四二	巳	二二	五四	四四	加		四六	〇一	五
	緯	北	二五	三一	四二	北	二四	五四	五〇	減		二〇	一五	
郎位二	經	辰	四	〇九	三七	巳	二一	二六	三二	加		四五	五五	六
	緯	北	二八	三一	四六	北	二七	三六	三六	減		二〇	一五	
軫宿三	經	辰	四	一〇	二〇	辰	九	五四	一三	加		四七	一三	三
	緯	南	一五	〇五	〇三	南	一二	〇九	四七	加		二〇	一六	
常陳五	經	辰	四	一一	四一	巳	一四	五八	〇四	加		五四	二六	五
	緯	北	四〇	〇二	四九	北	三七	四五	五八	減		二〇	一五	
郎位十三	經	辰	四	一一	四六	巳	二四	二八	二六	加		四六	〇八	六
	緯	北	二二	一九	一七	北	二二	〇二	三八	減		二〇	一六	
十字架一	經	辰	四	一九	二九	卯	三	一〇	四八	加		四九	一五	二
	緯	南	五五	三八	二七	南	四七	四四	四九	加		二〇	一四	
天權北增一	經	辰	四	二九	三一	午	二八	二三	三九	加		四三	四九	六
	緯	北	五九	四九	二一	北	五三	五七	二〇	減		二〇	一五	
郎位八	經	辰	四	四三	〇七	巳	二三	〇三	一五	加		四五	五六	五
	緯	北	二五	五九	一〇	北	二五	二九	一〇	減		二〇	一五	

（續表）

赤道壽星宮恒星		赤道宮	赤道度	赤道分	赤道秒	黃道宮	黃道度	黃道分	黃道秒	赤道歲差	赤道歲差分	赤道歲差秒	赤道歲差微	星等
少尉南增二	經	辰	四	四〇	四三	午	一三	一七	四三	加		四一	四七	六
	緯	北	七〇	三七	〇一	北	六一	四九	四〇	減		二〇	一四	
左轄	經	辰	四	四三	〇九	辰	一〇	一六	〇七	加		四七	一五	五
	緯	南	一四	四六	二八	南	一一	三九	五五	加		二〇	一四	
九卿西增八	經	辰	五	〇一	五六	巳	二九	五二	五一	加		四六	二五	六
	緯	北	一一	四三	〇三	北	一二	四三	二二	減		二〇	一四	
軫宿北增一	經	辰	五	〇八	二八	辰	七	五四	五二	加		四七	〇四	六
	緯	南	八	〇二	一六	南	五	一九	四七	加		二〇	一四	
軫宿四	經	辰	五	一四	五二	辰	一三	四八	二五	加		四七	三六	三
	緯	南	二一	五八	四七	南	一八	〇一	四〇	加		二〇	一三	
常陳四	經	辰	五	二四	〇二	巳	一四	一一	〇〇	加		四四	五三	五
	緯	北	四二	四四	五九	北	四〇	三三	〇二	減		二〇	一三	
郎位十一	經	辰	五	三一	三三	巳	二四	五二	〇一	加		四五	五一	四
	緯	北	二四	〇二	一四	北	二四	〇七	〇九	減		二〇	一三	
少尉	經	辰	五	三三	四七	午	一二	三六	四〇	加		四〇	四一	三
	緯	北	七一	一二	〇五	北	六一	四三	二〇	減		二〇	一三	
五諸侯北增五	經	辰	五	三四	一〇	巳	二六	五二	二三	加		四六	〇二	五
	緯	北	一九	四七	二四	北	二〇	一七	五七	減		二〇	一二	
蜜蜂三	經	辰	五	三六	一〇	卯	一六	五〇	三九	加		五二	〇一	四
	緯	南	六七	四二	二二	南	五六	二九	五〇	加		二〇	一三	
九卿三	經	辰	五	五六	〇六	辰	一	三四	四五	加		四六	二五	六
	緯	北	九	三六	〇九	北	一一	〇九	五二	減		二〇	一一	

（續表）

赤道壽星宫恒星		赤道宫	赤道度	赤道分	赤道秒	黄道宫	黄道度	黄道分	黄道秒	赤道歲差	分	秒	微	星等
少尉北增一	經	辰	五	五六	一五	午	一二	二〇	〇八	加		四〇	一五	六
	緯	北	七一	二六	一四	北	六一	五七	二〇	減		二〇	一二	
庫樓八	經	辰	五	五六	二七	辰	二七	四六	一五	加		四九	一三	四
	緯	南	四七	〇六	〇三	南	四〇	〇四	三四	加		二〇	一二	
五諸侯北增四	經	辰	六	〇一	三八	巳	二七	五一	四九	加		四六	〇二	六
	緯	北	一八	三〇	三三	北	一九	一九	一二	減		二〇	一一	
九卿内增七	經	辰	六	〇五	〇七	辰	一一	四八	三三	加		四六	二四	六
	緯	北	九	二二	四四	北	一一	〇一	一〇	減		二〇	一一	
三公一	經	辰	六	〇六	四一	辰	二	四九	〇〇	加		四六	二九	六
	緯	北	六	五八	一五	北	八	四九	三〇	減		二〇	一三	
進賢西增九	經	辰	六	一二	四五	辰	七	二七	二〇	加		四六	五七	六
	緯	南	四	二五	三三	南	一	三五	三二	加		二〇	一二	
進賢西增八	經	辰	六	三一	〇八	辰	八	三五	三八	加		四七	〇四	五
	緯	南	六	三五	一七	南	三	二七	二三	加		二〇	一一	
郎位十二	經	巳	六	三五	〇八	巳	二六	三三	三八	加		四五	四六	五
	緯	北	二二	二八	四七	北	二三	〇八	一〇	減		二〇	一〇	
常陳三	經	辰	六	三六	二八	巳	一五	二九	四八	加		四四	三三	六
	緯	北	四二	一七	三四	北	四〇	三七	三〇	減		二〇	〇九	
蜜蜂二	經	辰	六	三九	一一	卯	二二	三六	二五	加		五四	二四	五
	緯	南	七一	三一	五八	南	五八	四七	四三	加		二〇	一〇	
庫樓七	經	辰	六	五三	一六	辰	二八	四六	三六	加		四九	三七	二
	緯	南	四七	三一	三五	南	四〇	〇六	二九	加		二〇	一〇	

（續表）

赤道壽星宫恒星		赤道 宫	赤道 度	赤道 分	赤道 秒	黃道 宫	黃道 度	黃道 分	黃道 秒	赤道歲差	赤道歲差 分	赤道歲差 秒	赤道歲差 微	星等
九卿北增五	經	辰	七	一〇	五〇	辰	一	四八	〇五	加		四六	一四	六
	緯	北	一一	四九	三六	北	一三	四一	三七	減		二〇	〇九	
東上相	經	辰	七	一一	二六	辰	六	三七	一一	加		四六	四七	三
	緯	南	〇	〇二	五四	北	二	四八	五三	加		二〇	〇九	
進賢西增七	經	辰	七	一一	三〇	辰	九	〇〇	四九	加		四七	〇四	六
	緯	南	六	〇五	四八	南	二	四四	二五	加		二〇	〇九	
九卿一	經	辰	七	一三	五八	辰	一	五五	三三	加		四六	一二	五
	緯	北	一一	三八	三七	北	一三	三二	四九	減		二〇	〇九	
三公二	經	辰	七	〇四	三六	辰	三	二一	一四	加		四六	二一	六
	緯	北	八	一二	四三	北	一〇	二四	四五	減		二〇	〇八	
内厨南增二	經	辰	七	一八	二六	午	二四	三五	四〇	加		四一	〇四	六
	緯	北	六四	〇七	四三	北	五七	五五	三六	減		二〇	〇八	
蜜蜂一	經	辰	七	四三	〇三	卯	一六	三四	五一	加		五三	三〇	四
	緯	南	六六	四〇	一九	南	五五	一一	一〇	加		二〇	〇八	
九卿二	經	辰	八	一〇	一三	辰	三	五一	一八	加		四六	一八	六
	緯	北	九	〇四	二九	北	一一	三四	一五	減		二〇	〇七	
常陳二	經	辰	八	一二	三六	巳	一七	五六	三三	加		四四	一二	六
	緯	北	四〇	四〇	一四	北	三九	五一	三〇	減		二〇	〇五	
十字架三	經	辰	八	一六	一五	卯	八	〇五	四一	加		五一	四六	二
	緯	南	五八	一四	四八	南	四八	三四	〇一	加		二〇	〇六	
九卿東增六	經	辰	八	二〇	四五	辰	三	一三	五一	加		四六	一二	六
	緯	北	一〇	五八	三〇	北	一二	二二	四五	減		二〇	〇五	

（續表）

赤道壽星宮恒星		赤道宮	赤道度	赤道分	赤道秒	黃道宮	黃道度	黃道分	黃道秒	赤道歲差	赤道歲差分	赤道歲差秒	赤道歲差微	星等
五諸侯三	經	辰	八	二七	五七	辰	○	一九	四九	加		四五	四七	五
	緯	北	一七	五八	五○	北	二九	四八	四二	減		二○	○四	
九卿北增四	經	辰	八	三五	一八	辰	二	二七	一一	加		四六	○二	五
	緯	北	一三	二一	二一	北	一五	三九	○一	減		二○	○四	
三公三	經	辰	八	四二	三二	辰	六	○一	○○	加		四六	三○	六
	緯	北	四	五八	三一	北	八	○一	四○	減		二○	○四	
九卿北增三	經	辰	八	五一	三三	辰	二	○一	○五	加		四五	五六	六
	緯	北	一四	五七	一六	北	一七	一二	五七	減		二○	○二	
九卿北增二	經	辰	九	○一	二八	辰	一	五五	二八	加		四五	五二	六
	緯	北	一五	三一	二三	北	一七	四七	五七	減		二○	○三	
九卿北增一	經	辰	九	○一	三一	辰	一	五五	三○	加		四五	五二	五
	緯	北	一五	三一	二四	北	一七	四八	○○	減		二○	○三	
蜜蜂四	經	辰	九	○三	一五	卯	二○	二八	二八	加		五五	四四	五
	緯	南	六九	一五	五一	南	五六	四○	二七	加		二○	○三	
郎將西增一	經	辰	九	一一	一三	巳	二五	四二	五二	加		四四	五五	六
	緯	北	二八	五六	五三	北	二九	五八	二四	減		二○	○二	
内厨一	經	辰	九	二二	三二	午	一九	一七	○二	加		三八	二六	六
	緯	北	六八	一一	四七	北	六一	○四	一○	減		二○	○三	
相東增三	經	辰	九	一四	一三	巳	一一	四四	五四	加		四二	四七	六
	緯	北	四九	五二	一六	北	四七	五六	四○	減		二○	○二	
東次相西增一	經	辰	九	三九	二○	辰	七	○五	三○	加		四六	三○	六
	緯	北	四	二七	四八	北	七	五五	五○	減		二○	○一	

（續表）

赤道壽星宮恒星		赤道宮	赤道度	赤道分	赤道秒	黃道宮	黃道度	黃道分	黃道秒		赤道歲差分	赤道歲差秒	赤道歲差微	星等
郎將	經	辰	九	四七	〇八	巳	二六	一五	二四	加		四四	四九	四
	緯	北	二八	五六	三三	北	三〇	一二	二四	減		二〇	〇〇	
進賢西增一	經	辰	一〇	〇二	四二	辰	一〇	〇四	二四	加		四六	五五	六
	緯	南	二	〇八	五五	北	二	〇〇	三四	加		一九	五九	
進賢南增六	經	辰	一〇	〇四	五三	辰	一二	一六	三〇	加		四七	一七	六
	緯	南	七	四〇	一三	南	三	〇三	一六	加		一九	五九	
郎將東增二	經	辰	一〇	〇九	三四	巳	二六	四四	五八	加		四四	四六	五
	緯	北	二八	三八	四九	北	三〇	〇五	三一	減		一九	五九	
五諸侯北增二	經	辰	一〇	〇九	五六	巳	二九	四四	四四	加		四五	一五	四
	緯	北	二二	三八	四五	北	二四	四二	四二	減		一九	五八	
東次將西增一	經	辰	一〇	一五	二五	辰	三	四八	〇五	加		四五	五二	六
	緯	北	一三	四八	二六	北	一六	四三	三三	減		一九	五八	
進賢南增五	經	辰	一〇	一五	三三	辰	一二	三七	二五	加		四七	一九	五
	緯	南	八	〇八	四四	南	三	二五	二二	加		一九	五八	
東次將南增二	經	辰	一〇	三〇	〇五	辰	五	五七	一〇	加		四六	一〇	六
	緯	北	〇九	一二	五一	北	一二	三七	二七	減		一九	五七	
東次相	經	辰	一〇	四一	〇〇	辰	七	五四	五四	加		四六	二八	三
	緯	北	四	四七	三三	北	八	三八	二七	減		一九	五七	
玉衡	經	辰	一〇	四二	四〇	巳	五	一八	〇五	加		四〇	四五	二
	緯	北	五七	二二	一三	北	五四	一九	三五	減		一九	五六	
常陳一	經	辰	一〇	五九	四五	巳	二〇	五八	二二	加		四三	二九	二
	緯	北	三九	四二	二二	北	四〇	〇七	一八	減		一九	五六	

（續表）

赤道壽星宫恒星		赤道宫	赤道度	赤道分	赤道秒	黄道宫	黄道度	黄道分	黄道秒	赤道歲差加減	赤道歲差分	赤道歲差秒	赤道歲差微	星等
内厨二	經	辰	一二	一三	三四	午	二三	三〇	〇〇	加		三七	三一	五
	緯	北	六六	四九	五九	北	六〇	五三	四五	減		一九	五五	
五諸侯二	經	辰	一一	三三	三五	辰	二	四八	五五	加		四五	二一	五
	緯	北	一八	四七	四〇	北	二一	四六	五六	減		一九	五三	
進賢	經	辰	一二	三七	〇五	辰	一一	三七	五五	加		四六	五八	六
	緯	南	二	二五	五八	北	二	二一	五〇	加		一九	五二	
進賢北增二	經	辰	一一	三八	三四	辰	一一	三九	〇一	加		四六	五八	六
	緯	南	二	二五	一五	北	二	二三	〇四	加		一九	五三	
北極	經	辰	一一	五二	〇七	未	一三	〇九	二五	加		二	一二	五
	緯	北	八四	四七	四五	北	六七	〇二	五一	減		一九	五三	
進賢北增三	經	辰	一一	五二	三三	辰	一一	四一	三二	加		四六	五六	六
	緯	南	一	五八	四五	北	二	五二	五五	加		一九	五二	
周鼎二	經	辰	一二	五八	三〇	巳	二六	二八	〇四	加		四四	〇三	四
	緯	北	三三	一〇	二七	北	三三	五六	三六	減		一九	五二	
五諸侯東增三	經	辰	一二	〇七	〇二	辰	三	二七	二三	加		四五	一九	六
	緯	北	一八	三一	〇六	北	二一	四五	一四	減		一九	五〇	
東次將	經	辰	一二	二一	三四	辰	六	二三	四〇	加		四五	四八	三
	緯	北	一二	二〇	〇二	北	一六	一二	五四	減		一九	四九	
内厨北增一	經	辰	一二	二九	一二	午	二一	〇七	四八	加		三五	四五	六
	緯	北	六七	五八	四七	北	六一	五七	一五	減		一九	四九	
進賢東增四	經	辰	一二	四一	五五	辰	一二	三三	四五	加		四六	五八	六
	緯	南	二	一六	〇一	北	二	五六	一五	加		一九	四八	

（續表）

赤道壽星宮恒星		赤道宮	赤道度	赤道分	赤道秒	黃道宮	黃道度	黃道分	黃道秒		赤道歲差分	赤道歲差秒	赤道歲差微	星等
馬腹三	經	辰	一三	一三	四三	卯	八	一二	二七	加		五三	三二	五
	緯	南	五四	二三	一九	南	四三	四九	五七	加		一九	四五	
庫樓六	經	辰	一三	二五	四八	卯	三	○六	一七	加		五一	五六	四
	緯	南	四六	三五	○六	南	三七	○三	二九	加		一九	四三	
五諸侯一	經	辰	一三	二七	五四	辰	二	五○	○七	加		四四	四六	五
	緯	北	二二	三二	三二	北	二五	五五	五六	減		一九	四五	
五諸侯北增一	經	辰	一三	二七	五七	辰	二	○七	五一	加		四四	三八	六
	緯	北	二三	五九	五○	北	二七	一四	三九	減		一九	四三	
角宿西增十五	經	辰	一三	三七	二五	辰	一六	一○	○九	加		四七	三六	五
	緯	南	九	二二	一○	南	三	一五	○三	加		一九	四三	
周鼎三	經	辰	一三	四二	五六	巳	二九	四七	四二	加		四四	○三	四
	緯	北	二九	○○	二三	北	三一	四九	四一	減		一九	四三	
平西增一	經	辰	一三	五○	○七	辰	二一	一七	○五	加		四八	四八	六
	緯	南	二一	四四	四五	南	一四	三三	一五	加		一九	四二	
角宿西增十四	經	辰	一四	○五	二四	辰	一六	二六	二八	加		四七	三六	六
	緯	南	八	五八	二九	南	二	四二	三一	加		一九	四○	
平道一	經	辰	一四	一○	一八	辰	一四	三九	二三	加		四七	一○	四
	緯	南	四	○九	五六	北	一	四五	二九	加		一九	四○	
東上將	經	辰	一四	二二	四六	辰	五	二三	三五	加		四五	○一	四
	緯	北	一八	五三	一一	北	二二	五九	一二	減		一九	三九	
常陳東增五	經	辰	一四	二九	○四	巳	二三	五二	四○	加		四二	二七	五
	緯	北	三九	五四	二二	北	四一	四○	一五	減		一九	三九	

（續表）

赤道壽星宮恒星		赤道宮	赤道度	赤道分	赤道秒	黃道宮	黃道度	黃道分	黃道秒	赤道歲差	赤道歲差分	赤道歲差秒	赤道歲差微	星等
常陳東增四	經	辰	一四	三四	一九	巳	二三	四九	四〇	加		四二	二四	六
	緯	北	四〇	〇五	二〇	北	四一	五一	四四	減		一九	三八	
常陳東增六	經	辰	一四	三四	三三	巳	二三	五八	五八	加		四二	二六	六
	緯	北	三九	五二	一三	北	四一	四〇	三五	減		一九	三八	
角宿西增十三	經	辰	一四	三五	〇六	辰	一六	四九	二七	加		四七	三六	六
	緯	南	八	四七	五三	南	二	二一	二五	加		一九	三八	
天門一	經	辰	一四	三六	二六	辰	一九	一〇	五六	加		四八	一一	四
	緯	南	一四	四八	二八	南	七	五三	二〇	加		一九	三八	
常陳東增二	經	辰	一四	四一	五五	巳	二二	二七	一七	加		四二	〇二	六
	緯	北	四二	〇九	四四	北	四三	四〇	三五	減		一九	三八	
天門南增三	經	辰	一四	五六	一〇	辰	二〇	三一	二〇	加		四八	二九	六
	緯	南	一七	二七	一三	南	一〇	一二	〇六	加		一九	三五	
周鼎一	經	辰	一四	五八	一四	辰	〇	五一	三一	加		四三	四八	五
	緯	北	二九	一〇	一九	北	三三	二八	三三	減		一九	三五	
天門南增二	經	辰	一五	一五	四九	辰	二一	一五	三〇	加		四八	三八	六
	緯	南	一八	三四	一〇	南	一一	〇六	二四	加		一九	三五	
角宿西增十二	經	辰	一五	二一	〇〇	辰	一七	三六	〇七	加		四七	三九	六
	緯	南	九	〇〇	一九	南	二	一五	二五	加		一九	三四	
天門南增一	經	辰	一五	三〇	二〇	辰	二一	二八	二〇	加		四八	四〇	六
	緯	南	一八	三三	五八	南	一一	〇〇	五〇	加		一九	三三	
東次將東增三	經	辰	一六	〇〇	〇一	辰	一〇	二六	〇三	加		四五	四三	六
	緯	北	一〇	四六	一四	北	一六	一三	〇七	減		一九	三〇	

（續表）

赤道壽星宮恒星		赤道宮	赤道度	赤道分	赤道秒	黃道宮	黃道度	黃道分	黃道秒	赤道歲差	赤道歲差分	赤道歲差秒	赤道歲差微	星等
柱十	經	辰	一六	〇一	五一	辰	二八	一九	五一	加		五〇	三七	五
	緯	南	三三	三六	五一	南	二四	三五	二〇	加		一九	二九	
角宿西增十一	經	辰	一六	〇一	五一	辰	一八	一二	五二	加		四七	四二	六
	緯	南	八	五八	五五	南	一	五八	三八	加		一九	三〇	
天田西增一	經	辰	一六	一〇	一〇	辰	一二	一二	一七	加		四六	〇五	五
	緯	北	六	四九	二一	北	一二	三九	三〇	減		一九	二九	
天門南增四	經	辰	一六	一五	三三	辰	二一	二八	一〇	加		四八	三四	四
	緯	南	一六	五一	四〇	南	九	〇九	五〇	加		一九	二八	
平一	經	辰	一六	一六	二九	辰	二三	二七	三〇	加		四九	〇八	三
	緯	南	二一	四九	〇五	南	二三	四三	一八	加		一九	二八	
常陳東增三	經	辰	一六	三一	一四	巳	二四	一二	四〇	加		四一	三〇	六
	緯	北	四一	五六	一三	北	四四	一二	二四	減		一九	二七	
柱十一	經	辰	一六	三五	五五	辰	二九	三六	一四	加		五一	〇一	三
	緯	南	三五	二〇	〇〇	南	二五	五六	五六	加		一九	二六	
角宿西增十	經	辰	一六	四四	〇九	辰	一九	一三	一九	加		四七	五〇	六
	緯	南	九	五六	〇二	南	二	三五	二六	加		一九	二五	
三公三	經	辰	一六	四九	五三	巳	一六	三九	〇二	加		三九	二四	六
	緯	北	二一	〇二	〇八	北	五一	四七	〇六	減		一九	二五	
馬腹二	經	辰	一六	五六	二六	卯	一〇	二五	三五	加		五五	一一	五
	緯	南	五三	五七	三四	南	四二	一九	二四	加		一九	二三	
天田西增二	經	辰	一七	一八	二九	辰	一三	二四	〇六	加		四六	〇五	六
	緯	北	六	二九	五六	北	一二	四八	一一	減		一九	二三	

（續表）

赤道壽星宮恒星		赤道宮	赤道度	赤道分	赤道秒	黃道宮	黃道度	黃道分	黃道秒	赤道歲差	赤道歲差分	赤道歲差秒	赤道歲差微	星等
天門南增五	經	辰	一七	一八	四五	辰	二二	二三	二二	加		四八	三七	六
	緯	南	一六	二二	三九	南	八	一九	四一	加		一九	二三	
角宿西增一	經	辰	一七	三一	二五	辰	一七	三一	○○	加		四七	一○	六
	緯	南	三	三三	四七	北	三	三五	五一	加		一九	二○	
庫樓内增一	經	辰	一七	四九	一二	卯	六	○六	五○	加		五三	二六	氣
	緯	南	四六	○五	一三	南	三五	一○	四九	加		一九	一九	
角宿一	經	辰	一七	五六	一一	辰	二○	一六	二一	加		四七	五四	一
	緯	南	九	四九	○五	南	二	○一	五九	加		一九	一七	
角宿南增九	經	辰	一八	一八	五一	辰	二一	一一	四八	加		四八	○六	五
	緯	南	一一	二○	四八	南	三	一八	二四	加		一九	一五	
開陽	經	辰	一八	二四	五二	巳	一二	○三	二三	加		三七	○四	二
	緯	北	五六	一六	三六	北	五六	二二	四七	減		一九	一四	
天門二	經	辰	一八	二六	五七	辰	二二	三四	一五	加		四八	三一	五
	緯	南	一四	三八	○二	南	六	一七	五四	加		一九	一四	
開陽東增一	經	辰	一八	四五	四○	巳	一二	一三	五○	加		三六	五二	五
	緯	北	五六	二○	二九	北	五六	三三	三○	減		一九	一二	
東上將東增一	經	辰	一八	五九	一二	辰	一一	二三	○七	加		四四	五八	六
	緯	北	一五	○九	四七	北	二一	二四	三五	減		一九	一○	
庫樓五	經	辰	一九	○五	四二	卯	三	五六	一六	加		五二	七○	四
	緯	南	三八	○四	三三	南	二七	三四	五三	加		一九	○九	
東上將東增二	經	辰	一九	○八	四四	辰	一二	四九	一七	加		四五	二一	六
	緯	北	一二	○九	○九	北	一八	四二	四九	減		一九	一○	

（續表）

赤道壽星宮恒星		赤道宮	赤道度	赤道分	赤道秒	黃道宮	黃道度	黃道分	黃道秒	赤道歲差加減	赤道歲差分	赤道歲差秒	赤道歲差微	星等
角宿內增二	經	辰	一九	一六	三三	辰	一九	四四	一八	加		四七	二五	六
	緯	南	五	〇九	〇一	北	二	四七	二五	加		一九	〇八	
天門東增十一	經	辰	一九	三三	二六	辰	二四	三七	一四	加		四八	五八	六
	緯	南	一七	二二	二九	南	八	二六	四〇	加		一九	〇六	
角宿內增三	經	辰	一九	四〇	三六	辰	二〇	〇一	二七	加		四七	二四	六
	緯	南	四	五五	三三	北	三	〇八	五五	加		一九	〇六	
天門東增六	經	辰	一九	四八	〇〇	辰	二三	三三	三〇	加		四八	三三	六
	緯	南	一四	〇一	四三	南	五	一四	三四	加		一九	〇五	
角宿東增八	經	辰	一九	五二	五三	辰	二一	四〇	五一	加		四七	五三	六
	緯	南	八	五〇	一七	南	〇	二四	〇七	加		一九	〇四	
天田一	經	辰	二〇	一七	四三	辰	一六	四八	四八	加		四六	一〇	六
	緯	北	四	五八	四五	北	一二	三三	〇一	減		一九	〇一	
太乙	經	辰	二〇	二三	三四	午	二五	三六	〇〇	加		二九	三八	六
	緯	北	六七	二九	一二	北	六四	一三	〇〇	減		一九	〇〇	
角宿二	經	辰	二〇	二五	一一	辰	一八	三四	五〇	加		四六	四二	三
	緯	北	〇	四二	四九	北	八	三九	〇九	減		一九	〇〇	
角宿東增四	經	辰	二〇	三三	一二	辰	二〇	三一	一二	加		四七	一九	六
	緯	南	四	〇五	〇六	北	四	一五	二一	加		一九	一五	
南門一	經	辰	二〇	五六	四一	卯	一一	五七	一九	加		五六	二三	二
	緯	南	五二	〇五	三三	南	三九	三〇	一六	加		一八	五五	
三公二	經	辰	二一	〇〇	三五	巳	二〇	四六	〇〇	加		三七	五六	五
	緯	北	五〇	二〇	一〇	北	五二	五二	〇〇	減		一八	五六	

（續表）

赤道壽星宮恒星		赤道 宮	赤道 度	赤道 分	赤道 秒	黃道 宮	黃道 度	黃道 分	黃道 秒	赤道歲差	赤道歲差 分	赤道歲差 秒	赤道歲差 微	星等
角宿東增五	經	辰	二一	〇四	一九	辰	二二	五五	二四	加		四七	三九	六
	緯	南	六	三三	三二	北	一二	〇九	二〇	加		一八	五五	
輔	經	辰	二一	〇五	一〇	巳	一三	三一	五〇	加		三五	二四	五
	緯	北	五六	三九	五二	北	五七	四〇	四〇	減		一八	五五	
三公一	經	辰	三一	二七	〇〇	巳	二二	四八	〇二	加		三八	三四	五
	緯	北	四七	三六	二七	北	五〇	五一	四〇	減		一八	五三	
平道二	經	辰	二二	〇三	〇七	辰	二三	〇八	三一	加		四七	四九	六
	緯	南	七	二四	一三	北	〇一	四三	四五	加		一八	四七	
右攝提西增三	經	辰	二三	〇七	三一	辰	一一	三六	五六	加		四三	四七	六
	緯	北	二一	一五	二八	北	二八	一一	二六	減		一八	四七	
右攝提西增二	經	辰	二三	一三	三二	辰	一〇	二八	三四	加		四三	二二	六
	緯	北	二三	四八	〇二	北	三〇	三二	〇〇	減		一八	四六	
天門東增七	經	辰	二三	二一	二七	辰	二六	一一	〇五	加		四八	五四	六
	緯	南	一四	五二	五一	南	五	〇六	三二	加		一八	四五	
開陽東增二	經	辰	二三	二八	一九	巳	一七	三八	〇五	加		三五	五六	六
	緯	北	五四	一三	五五	北	五六	二五	五〇	減		一八	四四	
天田北增三	經	辰	二三	三三	一〇	辰	一九	〇〇	〇四	加		四六	〇七	六
	緯	北	四	五〇	三〇	北	一三	一六	四五	減		一八	四三	
輔東增一	經	辰	二三	四六	三一	巳	一五	四〇	二四	加		三五	〇五	六
	緯	北	五五	五九	二二	北	五七	五〇	二四	減		一八	四二	
柱九	經	辰	二三	四七	一二	卯	三	〇七	四三	加		五一	四五	四
	緯	南	三一	四四	〇八	南	二〇	三三	三四	加		一八	四一	

（續表）

赤道壽星宮恒星		赤道宮	赤道度	赤道分	赤道秒	黃道宮	黃道度	黃道分	黃道秒	加減	赤道歲差分	赤道歲差秒	赤道歲差微	星等
天門東增八	經	辰	二二	五八	○五	辰	二六	三五	○三	加		四八	五三	六
	緯	南	一四	二八	一九	南	四	三○	三八	加		一八	三九	
角宿東增七	經	辰	二三	○五	二八	辰	二五	二八	○六	加		四八	二三	六
	緯	南	一一	○八	○五	南	一	二一	四六	加		一八	三八	
天門東增十	經	辰	二三	二三	四五	辰	二七	四四	三四	加		四九	一四	六
	緯	南	一六	三三	五四	南	六	一八	一九	加		一八	三六	
衡一	經	辰	二三	三○	四七	卯	七	三二	一四	加		五三	五○	四
	緯	南	四○	二一	三三	南	二八	一二	五九	加		一八	三四	
衡二	經	辰	二三	三五	○一	卯	七	五八	三八	加		五四	○三	四
	緯	南	四一	一○	一八	南	二八	五五	五九	加		一八	三四	
庫樓四	經	辰	二三	三九	○○	卯	四	二六	三六	加		五二	一四	四
	緯	南	三三	○九	一四	南	二一	三四	四○	加		一八	三三	
帝席西增一	經	辰	二三	四一	三八	辰	一○	一四	五三	加		四二	三五	六
	緯	北	二六	五九	五○	北	三三	五九	二○	減		一八	三三	
角宿東增六	經	辰	二三	四四	一三	辰	二四	○一	○七	加		四七	三六	六
	緯	南	五	三三	○二	北	四	○四	○四	加		一八	三三	
右攝提二	經	辰	二三	四六	二一	辰	一四	二三	三○	加		四三	五九	四
	緯	北	一八	四四	一七	北	二六	三二	○八	減		一八	三三	
天門東增九	經	辰	二四	○一	一二	辰	二八	二四	三六	加		四九	二一	五
	緯	南	一六	五一	二五	南	六	二二	二七	加		一八	三○	
柱八	經	辰	二四	一五	四一	卯	四	二一	○○	加		五三	○三	四
	緯	南	三一	四二	三六	南	二○	○二	五○	加		一八	二八	

（續表）

赤道壽星宮恒星		赤道宮	赤道度	赤道分	赤道秒	黃道宮	黃道度	黃道分	黃道秒	赤道歲差	赤道歲差分	赤道歲差秒	赤道歲差微	星等
輔東增二	經	辰	二四	一五	四七	巳	一七	〇九	二三	加		三四	二七	六
	緯	北	五五	四三	三七	北	五八	一三	三四	減		一八	二九	
右攝提三	經	辰	二四	一七	〇〇	辰	一五	三六	五七	加		四四	一二	四
	緯	北	一七	〇四	三七	北	二五	一二	四七	減		一八	二八	
搖光	經	辰	二四	二二	一七	巳	二三	一八	四〇	加		三六	三〇	二
	緯	北	五〇	三六	三七	北	五四	二四	三〇	減		一八	二八	
右攝提西增一	經	辰	二四	二三	四三	辰	一三	一一	一七	加		四三	一五	五
	緯	北	三二	三二	三七	北	三〇	一四	二八	減		一八	二八	
柱七	經	辰	二四	三七	〇五	卯	四	一二	五五	加		五一	五三	四
	緯	南	三〇	三八	五五	南	一八	五七	〇〇	加		一八	二五	
庫樓一	經	辰	三四	五六	四九	卯	一一	二三	三九	加		五五	五一	三
	緯	南	四五	五八	四八	南	三三	五二	一四	加		一八	二一	
天田南增四	經	辰	二五	二三	五七	辰	二三	四〇	〇九	加		四六	二六	六
	緯	北	二	一八	四五	北	一一	五九	三四	減		一八	一七	
天田南增六	經	辰	二五	三四	〇七	辰	二三	三七	二二	加		四六	五〇	六
	緯	南	〇	一四	〇九	北	九	三七	二二	加		一八	一八	
右攝提一	經	辰	二五	三七	〇九	辰	一五	四三	三二	加		四三	三八	三
	緯	北	一九	四二	〇七	北	二八	〇七	三五	減		一八	一七	
衡三	經	辰	二五	四〇	五一	卯	九	二七	三八	加		五四	三三	四
	緯	南	四〇	五〇	一三	南	二七	五八	三三	加		一八	一五	
柱二	經	辰	二五	四八	〇一	卯	一〇	四九	〇五	加		五五	二二	五
	緯	南	四三	三一	二〇	南	三〇	二三	一四	加		一八	一三	

（續表）

赤道壽星宮恒星		赤道 宮	赤道 度	赤道 分	赤道 秒	黃道 宮	黃道 度	黃道 分	黃道 秒	赤道歲差	赤道歲差 分	赤道歲差 秒	赤道歲差 微	星等
天田南增五	經	辰	二五	五一	四二	辰	二三	○六	三二	加		四六	二六	六
	緯	北	二	一八	四一	北	一二	○九	四一	減		一八	一三	
天乙	經	辰	二六	○○	三九	巳	一	一六	○五	加		二六	四四	五
	緯	北	六五	五九	五一	北	六五	二一	三八	減		一八	一四	
平北增二	經	辰	二六	○二	五五	卯	二	四四	三四	加		五○	四六	六
	緯	南	二三	四二	一八	南	一二	○二	○六	加		一八	一二	
輔東增三	經	辰	二六	○八	三九	巳	一九	三六	三四	加		三三	五六	六
	緯	北	五四	五九	○○	北	五八	二五	一○	減		一八	一二	
帝席三	經	辰	二六	一三	四八	辰	一一	四五	三八	加		四一	四九	五
	緯	北	二八	四五	○一	北	三六	三三	一○	減		一八	一一	
巽雀七	經	辰	二六	三二	○四	寅	一一	○二	三九	加	一	三九	○○	五
	緯	南	七九	四二	四九	南	六○	三二	一○	加		一八	○四	
馬腹一	經	辰	三六	三一	○六	卯	二○	一三	二七	加	一	○二	一八	二
	緯	南	五九	○五	○○	南	四四	○三	四七	加		一八	○六	
柱一	經	辰	二六	三三	三○	卯	一一	四六	三四	加		五五	五一	五
	緯	南	四四	二○	二八	南	三○	五○	四○	加		一八	○七	
平北增三	經	辰	二六	三九	四四	卯	三	一七	四三	加		五○	五二	六
	緯	南	二三	四五	一二	南	一一	五一	三○	加		一八	○五	
巽雀五	經	辰	二六	四三	二○	寅	一四	四二	三四	加	一	五五	五○	四
	緯	南	八二	○三	一二	南	六二	○四	四五	加		一七	五九	
天田二	經	辰	二七	○九	三○	辰	二四	○九	五六	加		四六	二○	五
	緯	北	二	四七	二五	北	一三	○四	五○	減		一八	○一	

（續表）

赤道壽星宮恒星		赤道宮	赤道度	赤道分	赤道秒	黃道宮	黃道度	黃道分	黃道秒	赤道歲差加減	赤道歲差分	赤道歲差秒	赤道歲差微	星等
帝席二	經	辰	二七	二三	一七	辰	一二	五八	〇五	加		四一	四〇	六
	緯	北	二八	三七	一五	北	三六	五三	一六	減		一七	五八	
衡四	經	辰	二七	三三	五八	卯	一〇	三二	二四	加		五四	四九	五
	緯	南	三九	五六	五四	南	二六	三五	一〇	加		一七	五五	
巽雀九	經	辰	二七	四八	一一	寅	一〇	〇七	三六	加	一	三六	四六	六
	緯	南	七八	五〇	一三	南	五九	四五	〇二	加		一七	五一	
平二	經	辰	二七	四九	四一	卯	四	五六	〇八	加		五一	二三	四
	緯	南	二五	二六	四〇	南	一三	〇三	五八	加		一七	五四	
庫樓三	經	辰	二七	五五	一七	卯	八	四五	一八	加		五三	三五	二
	緯	南	三五	〇四	三四	南	二一	五九	〇六	加		一七	五三	
亢宿西增一	經	辰	二八	一二	〇八	辰	二八	五五	三〇	加		四八	〇七	六
	緯	南	七	三九	一六	北	三	四一	四八	加		一七	五二	
亢宿西增二	經	辰	二八	一八	二八	辰	二九	一〇	二五	加		四八	一一	六
	緯	南	八	〇四	五六	北	三	一九	五九	加		一七	四九	
亢宿西增三	經	辰	二八	五〇	一七	卯	〇	〇一	五四	加		四八	二三	五
	緯	南	九	〇七	三四	北	二	三二	二〇	加		一七	四四	
右樞	經	辰	二九	二一	五一	巳	三	四七	四三	加		二四	四八	三
	緯	北	六五	三六	二〇	北	六六	二〇	五二	減		一七	四〇	
亢池二	經	辰	二九	三〇	二四	辰	二一	〇三	二三	加		四三	五〇	六
	緯	北	一六	一九	〇九	北	二六	二九	三一	減		一七	三七	
折威西增一	經	辰	二九	三二	〇三	卯	六	三七	三八	加		五一	四六	六
	緯	南	二六	〇二	二一	南	一三	〇四	一一	加		一七	三七	

（續表）

赤道壽星宮恒星		赤道宮	赤道度	赤道分	赤道秒	黃道宮	黃道度	黃道分	黃道秒	加減	赤道歲差分	赤道歲差秒	赤道歲差微	星等
帝席一	經	辰	二九	三九	四七	辰	一六	二八	○四	加		四一	四六	五
	緯	北	二六	一八	四二	北	三四	四一	○三	減		一七	三七	
天槍南增一	經	辰	二九	四二	五六	巳	二七	五四	二四	加		三四	二六	六
	緯	北	五○	四○	二三	北	五六	三四	四八	減		一七	三六	
亢宿内增四	經	辰	二九	四四	○六	卯	○	四二	四二	加		四八	二三	六
	緯	南	八	四一	二三	北	三	一五	二三	加		一七	三五	
亢宿一	經	辰	二九	四九	三○	卯	○	五五	四○	加		四八	二六	四
	緯	南	九	○四	二二	北	二	五五	四○	加		一七	三三	
南門南增一	經	辰	二九	五七	三三	卯	二三	○六	一八	加	一	○三	四九	五
	緯	南	五八	四一	二○	南	四二	五一	二九	加		一七	三一	

清・戴進賢《儀象考成》卷二四《恒星赤道經緯度表十一》赤道大火宮黃道度附

赤道大火宮恒星		赤道宮	赤道度	赤道分	赤道秒	黃道宮	黃道度	黃道分	黃道秒	加減	赤道歲差分	赤道歲差秒	赤道歲差微	星等
亢池三	經	卯	○	二六	二八	辰	二三	五三	四二	加		四四	一一	六
	緯	北	一四	一○	○四	北	二四	五一	○○	減		一七	二七	
折威一	經	卯	○	三三	一五	卯	七	二九	四四	加		五一	五五	五
	緯	南	二六	○二	五四	南	一二	四五	三三	加		一七	二五	
亢宿二	經	卯	○	三九	三○	卯	○	一二	三六	加		四七	四一	四
	緯	南	四	四五	三四	北	七	一五	四○	加		一七	二五	
柱三	經	卯	○	四八	○七	卯	一五	一四	一七	加		五七	二○	五
	緯	南	四四	五一	一二	南	三○	○八	五○	加		一七	二二	

（續表）

赤道大火宮恒星		赤道宮	赤道度	赤道分	赤道秒	黃道宮	黃道度	黃道分	黃道秒	赤道歲差加減	赤道歲差分	赤道歲差秒	赤道歲差微	星等
大角	經	卯	一	〇〇	一八	辰	二〇	三八	五二	加		四二	五一	一
	緯	北	二〇	三三	三六	北	三〇	五七	〇〇	減		一七	二二	
亢池一	經	卯	一	〇三	一三	辰	二一	五六	一一	加		四三	一五	五
	緯	北	一七	四九	一六	北	一八	二七	〇〇	減		一七	二〇	
天槍一	經	卯	一	〇七	四〇	巳	二六	二一	三九	加		三三	四七	四
	緯	北	五二	五九	一七	北	五八	五四	四四	減		一七	二一	
柱六	經	卯	一	一八	五一	卯	一二	〇九	三七	加		五四	四七	四
	緯	南	三六	四一	二〇	南	二二	二七	〇八	加		一七	一七	
亢宿四	經	卯	一	一九	五六	卯	三	二三	一三	加		四九	〇七	四
	緯	南	一二	一〇	四八	北	〇	三一	〇四	加		一七	一六	
庶子西增二	經	卯	一	二八	〇七	午	七	五四	〇四	加		五	一三	六
	緯	北	七五	四七	五八	北	七〇	〇四	五四	減		一七	二一	
天床一	經	卯	一	三六	二四	午	二三	〇四	五六	加		一六	一九	五
	緯	北	七〇	四七	五〇	北	六九	一二	〇五	減		一七	一七	
亢宿北增十二	經	卯	一	三六	五三	辰	二九	四九	四〇	加		四七	〇〇	五
	緯	南	一	〇四	二八	北	一一	〇二	五七	加		一七	一四	
亢池四	經	卯	一	三九	〇一	辰	二四	〇八	五二	加		四四	〇六	六
	緯	北	一四	〇二	一五	北	二五	一〇	一五	減		一七	一四	
元戈	經	卯	一	四〇	三八	辰	三	二三	五八	加		三五	一一	四
	緯	北	四七	一六	〇二	北	五四	三九	二〇	減		一七	一四	
天槍二	經	卯	一	四九	〇六	巳	二七	三一	〇〇	加		三二	四五	四
	緯	北	五二	三三	三一	北	五八	五一	五〇	減		一七	一三	

（續表）

赤道大火宮恒星		赤道宮	赤道度	赤道分	赤道秒	黃道宮	黃道度	黃道分	黃道秒	加減	赤道歲差分	赤道歲差秒	赤道歲差微	星等
柱五	經	卯	一	五三	一五	卯	一三	一六	〇四	加		五五	二五	四
	緯	南	三八	一八	一〇	南	二三	四七	〇三	加		一七	一〇	
折威南增二	經	卯	二	〇六	〇〇	卯	九	〇五	〇〇	加		五二	一九	五
	緯	南	二六	四三	三四	南	一二	五四	二一	加		一七	〇八	
亢宿北增十一	經	卯	二	一二	二四	卯	〇	一八	〇五	加		四六	五七	五
	緯	南	〇	四八	三八	北	一一	三〇	〇三	加		一七	〇七	
柱四	經	卯	二	二四	〇五	卯	一六	〇四	一七	加		五七	三〇	五
	緯	南	四四	〇一	二七	南	二八	五六	一八	加		一七	〇四	
亢宿東增六	經	卯	三	三二	二五	卯	二	五九	四二	加		四七	四七	六
	緯	南	四	五六	〇九	北	八	〇四	二〇	加		一六	五三	
后宮	經	卯	三	三七	二三	未	二九	〇八	二四	減		八	五六	五
	緯	北	七八	四四	二四	北	七〇	二九	三八	減		一六	五七	
大角東增一	經	卯	三	三八	〇六	辰	二三	二三	〇〇	加		四二	三五	五
	緯	北	二〇	二三	四〇	北	三一	四五	一四	減		一六	五一	
亢宿三	經	卯	三	四五	五六	卯	一	五三	五四	加		四七	〇一	四
	緯	南	一	〇四	〇七	北	一二	四七	二五	加		一六	四九	
亢宿東增五	經	卯	三	五〇	三六	卯	三	三〇	〇一	加		四八	〇六	六
	緯	南	五	四三	二七	北	七	二五	五六	加		一六	四七	
巽雀八	經	卯	三	五四	一四	寅	一〇	四〇	四五	加	一	四一	二三	四
	緯	南	七七	五二	五〇	南	五八	一三	〇八	加		一六	四二	
車騎三	經	卯	三	五六	四四	卯	一九	三六	三六	加	一	〇〇	一一	五
	緯	南	四九	一六	四三	南	三三	二一	五〇	加		一六	四六	

（續表）

赤道大火宮恒星		赤道宮	度	分	秒	黄道宮	度	分	秒	赤道歲差	分	秒	微	星等
天槍三	經	卯	四	○九	五一	巳	二八	五九	○○	加		三一	四○	四
	緯	北	五三	○二	五八	北	六○	一○	○四	減		一六	四六	
折威二	經	卯	四	四八	四七	卯	一○	四○	五五	加		五二	五五	五
	緯	南	二四	三三	四四	南	一○	○二	二六	加		一六	五三	
庫樓二	經	卯	四	四八	五○	卯	一六	三九	四三	加		五七	○三	三
	緯	南	四一	○○	○○	南	二五	二八	○六	加		一六	三五	
天槍南增二	經	卯	四	五七	三七	辰	二	二○	四六	加		三二	二三	六
	緯	北	五○	五九	三七	北	五八	五五	○五	減		一六	三六	
梗河三	經	卯	五	一一	二八	辰	一九	一○	五○	加		三九	三五	四
	緯	北	三一	三○	三八	北	四二	二七	五七	減		一六	三二	
車騎二	經	卯	五	一六	二五	卯	二○	○五	三八	加	一	○○	一○	五
	緯	南	四八	一五	一九	南	三二	○四	四九	加		一六	二九	
招摇	經	卯	五	二五	四四	辰	一四	○三	一八	加		三七	○四	三
	緯	北	三九	二五	五五	北	四九	三三	○○	減		一六	二九	
南門南增二	經	卯	五	三二	○五	卯	二八	四七	二二	加	一	一二	一六	三
	緯	南	六三	四八	二五	南	四六	○七	○四	加		一六	二五	
南門二	經	卯	五	四四	一二	卯	二六	二○	○七	加	一	○七	三一	一
	緯	南	五九	四四	二九	南	四二	二六	五八	加		一六	二三	
梗河二	經	卯	五	五二	三○	辰	二○	一六	三三	加		三九	三九	五
	緯	北	三○	五一	四五	北	四二	○八	二四	減		一六	二四	
折威三	經	卯	六	○八	五三	卯	一一	三七	四六	加		五二	一一	六
	緯	南	二三	五四	三一	南	九	○一	二二	加		一六	一九	

（續　表）

赤道大火宫恒星		赤道宫	赤道度	赤道分	赤道秒	黃道宫	黃道度	黃道分	黃道秒	赤道歲差	赤道歲差分	赤道歲差秒	赤道歲差微	星等
騎官十	經	卯	六	一五	○六	卯	一九	五五	二三	加		五九	三三	三
	緯	南	四六	一四	一七	南	二九	五七	四二	加		一六	一七	
陽門一	經	卯	六	三三	五○	卯	一六	二二	五○	加		五五	五五	四
	緯	南	三六	三九	○三	南	二○	五五	○九	加		一六	一四	
陽門二	經	卯	七	○○	五六	卯	一五	四八	二七	加		五五	一○	四
	緯	南	三四	○二	○五	南	一八	一九	五八	加		一六	○八	
折威四	經	卯	七	○六	五九	卯	一二	二八	一七	加		五二	一八	六
	緯	南	二三	五六	二六	南	八	四三	○九	加		一六	○六	
庶子	經	卯	七	○九	一○	午	四	四六	○九	減		四	五七	四
	緯	北	七六	四九	二三	北	七一	二五	二○	減		一六	一二	
折威五	經	卯	七	○九	三四	卯	一二	三○	二九	加		五二	一九	六
	緯	南	二三	五三	一三	南	八	四二	一一	加		一六	○六	
左攝提二	經	卯	七	一○	○一	辰	二八	一五	○六	加		四二	五四	三
	緯	北	一七	三一	五八	北	三○	二三	一八	減		一六	○六	
左攝提三	經	卯	七	一二	五四	辰	二九	二五	二一	加		四三	三二	三
	緯	北	一四	五○	一九	北	二七	五三	四二	減		一六	○七	
左攝提南增三	經	卯	七	一六	○○	卯	一	三八	二八	加		四四	四七	五
	緯	北	九	一五	四七	北	二三	四一	三二	減		一六	○五	
左攝提南增二	經	卯	七	二○	一八	卯	○	二二	三三	加		四三	五九	六
	緯	北	一二	四五	五○	北	二五	五九	五五	減		一六	○五	
元戈東增一	經	卯	七	二○	五三	辰	一○	四四	○二	加		三四	一二	六
	緯	北	四五	三○	五四	北	五五	二七	三九	減		一六	○五	

（續表）

赤道大火宮恒星		赤道宮	赤道度	赤道分	赤道秒	黄道宮	黄道度	黄道分	黄道秒	赤道歲差	赤道歲差分	赤道歲差秒	赤道歲差微	星等
亢宿東增七	經	卯	七	二四	○六	卯	六	三二	二三	加		四七	四八	四
	緯	南	四	三一	五五	北	九	四三	○八	加		一六	○三	
折威南增三	經	卯	七	四八	四二	卯	一三	一五	○○	加		五二	三一	五
	緯	南	二四	二四	五八	南	九	○○	五○	加		一五	五七	
氐宿西增六	經	卯	七	五九	四二	卯	一○	一三	二七	加		五○	○二	六
	緯	南	一四	二○	五三	北	○	三五	三八	加		一五	五五	
梗河南增五	經	卯	八	○二	○六	辰	二四	二一	二二	加		四○	一三	六
	緯	北	二七	三七	三三	北	四○	○○	○九	減		一五	五六	
亢宿東增九	經	卯	八	○六	五四	卯	五	○七	四四	加		四六	二五	六
	緯	北	一	四八	二六	北	一五	五六	五二	減		一五	五四	
折威南增四	經	卯	八	○八	○二	卯	一三	三四	一○	加		五二	三五	六
	緯	南	二四	三二	○二	南	九	○一	五六	加		一五	五三	
折威南增五	經	卯	八	一二	二三	卯	一三	四六	四九	加		五二	四三	六
	緯	南	二四	五九	三六	南	九	二六	五○	加		一五	五三	
亢宿東增十	經	卯	八	一九	○三	卯	四	五五	五○	加		四六	○八	四
	緯	北	二	五八	二八	北	一七	○七	○一	減		一五	五一	
左攝提一	經	卯	八	一九	○七	辰	二九	一二	四五	加		四二	四○	四
	緯	北	一八	○三	五三	北	三一	一七	○七	減		一五	五三	
梗河一	經	卯	八	二六	一八	辰	二四	二九	三五	加		四○	○○	三
	緯	北	二八	○九	四八	北	四○	三八	二一	減		一五	五○	
騎官九	經	卯	八	四二	○一	卯	二○	一五	○○	加		五八	三五	五
	緯	南	四二	二八	五三	南	二五	四九	四○	加		二五	四五	

（續表）

赤道大火宮恒星		赤道宮	赤道度	赤道分	赤道秒	黃道宮	黃道度	黃道分	黃道秒	加減	赤道歲差分	赤道歲差秒	赤道歲差微	星等
陣車一	經	卯	八	四八	○八	卯	一四	五三	五八	加		五三	一九	五
	緯	南	二六	五一	五四	南	一一	○三	○九	加		一五	四四	
陣車内增一	經	卯	八	四九	○八	卯	一四	五五	○○	加		五三	二○	五
	緯	南	二六	五二	二三	南	一一	○三	二○	加		一五	四四	
氐宿西增五	經	卯	八	五○	五○	卯	一○	三六	四三	加		四九	四七	五
	緯	南	一三	○四	一八	北	二	○三	五四	加		一五	四四	
氐宿西增七	經	卯	九	○九	一四	卯	一一	二七	五五	加		五○	一五	六
	緯	南	一四	五四	四四	北	○	二四	二六	加		一五	四○	
氐宿一	經	卯	九	一二	二四	卯	一一	三一	四○	加		五○	一七	二
	緯	南	一四	五七	一三	北	○	二三	五一	加		一五	三九	
天槍東增三	經	卯	九	一五	○五	辰	九	○二	一○	加		三一	一四	六
	緯	北	四九	四六	五八	北	六○	○四	○○	減		一五	二七	
氐宿南增八	經	卯	九	二三	一五	卯	一二	二四	一四	加		五○	五一	六
	緯	南	一七	一五	四一	南	一	四五	三○	加		一五	三七	
亢宿東增八	經	卯	九	二六	三五	卯	七	二六	○九	加		四七	○五	六
	緯	南	一	一三	二三	北	一三	三○	一七	加		一五	三六	
折威六	經	卯	九	五二	四三	卯	一四	四七	四七	加		五二	三三	六
	緯	南	二三	三四	四一	南	七	三七	三三	加		一五	三○	
左攝提北增一	經	卯	九	五三	○二	辰	二九	五五	三三	加		四一	五八	四
	緯	北	二○	一○	三一	北	三三	四七	二八	減		一五	三三	
亢戈東增二	經	卯	一○	○二	四九	辰	一一	四七	四八	加		三二	三九	六
	緯	北	四七	一一	四三	北	五七	五四	○一	減		一五	三○	

（續表）

赤道大火宮恒星		赤道宮	赤道度	赤道分	赤道秒	黃道宮	黃道度	黃道分	黃道秒	赤道歲差	赤道歲差分	赤道歲差秒	赤道歲差微	星等
氐宿北增四	經	卯	一〇	〇八	一二	卯	一一	〇七	三一	加		四九	一九	六
	緯	南	一〇	五〇	二三	北	四	三四	三八	加		一五	二六	
騎官四	經	卯	一〇	二七	一七	卯	二一	二六	三三	加		五八	五〇	三
	緯	南	四二	〇三	三一	南	二四	五九	二〇	加		一五	二一	
騎官三	經	卯	一〇	三八	一一	卯	二一	一三	〇四	加		五八	二八	四
	緯	南	四一	〇三	三三	南	二四	〇〇	〇四	加		一五	一八	
折威南增六	經	卯	一〇	三九	一五	卯	一五	四三	四八	加		五二	五二	六
	緯	南	二四	二三	三七	南	八	一一	〇五	加		一五	二〇	
氐宿北增三	經	卯	一〇	四四	二九	卯	一一	三二	五九	加		四九	一六	六
	緯	南	一〇	二二	〇四	北	五	一二	二七	加		一五	一八	
陣車北增二	經	卯	一〇	五三	〇五	卯	一六	三七	〇一	加		五三	三三	六
	緯	南	二六	三六	三三	南	一〇	一三	五〇	加		一五	一五	
氐宿北增二十九	經	卯	一〇	五八	二五	卯	九	三五	一八	加		四七	三四	五
	緯	南	三	一七	四二	北	一二	〇〇	四八	加		一五	一六	
天床六	經	卯	一一	一二	五五	午	一七	〇二	三三	加		三	一五	六
	緯	北	七三	〇一	〇一	北	七二	三一	四四	減		一五	一七	
氐宿北增二	經	卯	一一	一六	〇五	卯	一一	五七	五五	加		四九	一三	六
	緯	南	一〇	一五	四一	北	五	三七	〇三	加		一五	一〇	
陣車二	經	卯	一一	四三	三二	卯	一七	二八	一九	加		五三	四六	六
	緯	南	二七	〇一	二八	南	一〇	二三	五二	加		一五	〇四	
氐宿北增一	經	卯	一一	五〇	五〇	卯	一一	四三	三四	加		四八	三六	四
	緯	南	七	二九	四〇	北	八	一六	三四	加		一五	〇四	

(續表)

赤道大火宮恒星		赤道				黃道				赤道歲差				星等
		宫	度	分	秒	宫	度	分	秒		分	秒	微	
騎官八	經	卯	一〇	〇〇	二三	卯	二四	〇六	〇八	加	一	〇一	〇四	五
	緯	南	四六	〇〇	四五	南	二八	二〇	三三	加		二四	五八	
氐宿北增二十八	經	卯	一二	一一	〇四	卯	九	二七	〇七	加		四六	三五	六
	緯	北	〇	五二	四八	北	一六	二一	三〇	減		一四	五八	
折威七	經	卯	一二	一七	三九	卯	一七	〇七	三一	加		五三	〇一	三
	緯	南	二四	一五	〇六	南	七	三五	五六	加		一四	五五	
七公西增六	經	卯	一二	二七	〇〇	辰	二〇	五一	〇一	加		三五	〇七	六
	緯	北	四〇	一八	二三	北	五二	五八	四〇	減		一四	五六	
氐宿北增二十七	經	卯	一二	二九	五五	卯	九	〇二	四二	加		四六	〇三	六
	緯	北	三	〇六	一五	北	一八	三四	一五	減		一四	五三	
梗河東增四	經	卯	一二	四二	五三	卯	〇	一一	四八	加		四〇	〇二	五
	緯	北	二六	〇一	四〇	北	四〇	一一	三三	減		一四	五一	
騎官五	經	卯	一二	五六	二三	卯	二四	〇八	四八	加	一	〇〇	二七	五
	緯	南	四四	一五	一七	南	二六	二七	四七	加		一四	四六	
帝	經	卯	一二	五九	五八	午	九	四〇	〇八	減		五	一〇	二
	緯	北	七五	一一	三三	北	七二	五八	二六	減		一四	五二	
七公西增五	經	卯	一三	〇五	二八	辰	二〇	三八	四一	加		三四	三一	三
	緯	北	四一	二四	三七	北	五四	一〇	三八	減		一四	四六	
氐宿内增十	經	卯	一三	〇六	五五	卯	一五	一三	〇一	加		五〇	三七	五
	緯	南	一五	一五	一五	北	一	一三	四三	加		一四	四四	
氐宿内增九	經	卯	一三	〇九	二六	卯	一五	一九	一六	加		五〇	四一	六
	緯	南	一五	二八	四四	北	一	〇一	三二	加		一四	四三	

（續表）

赤道大火宮恒星		赤道宮	赤道度	赤道分	赤道秒	黄道宮	黄道度	黄道分	黄道秒	赤道歲差	分	秒	微	星等
梗河東增一	經	卯	一三	二二	一五	辰	二九	五五	二〇	加		三九	二一	五
	緯	北	二七	五七	二三	北	四二	一一	四〇	減		一四	四二	
車騎一	經	卯	一三	二五	四四	卯	二七	〇七	二九	加	一	〇四	一八	五
	緯	南	五一	〇三	三三	南	三二	四五	五六	加		一四	三八	
天床五	經	卯	一三	二五	五三	巳	六	五五	三〇	加		一三	五六	五
	緯	北	六七	〇一	三一	北	七二	〇三	一八	減		一四	四六	
騎陣將軍	經	卯	一三	三四	〇五	卯	二五	五四	二八	加	一	〇二	二四	五
	緯	南	四七	四三	三八	南	二九	三五	五六	加		一四	三六	
天槍東增四	經	卯	一三	四九	〇九	辰	一四	一二	一一	加		三〇	四八	六
	緯	北	四八	三八	二九	北	六〇	三二	三七	減		一四	三六	
三角形一	經	卯	一三	五二	一一	寅	五	四九	一三	加	一	二一	四〇	三
	緯	南	六七	四〇	〇一	南	四八	〇一	三二	加		一四	二九	
梗河東增三	經	卯	一三	五九	一三	卯	一	三九	三七	加		三九	五六	五
	緯	北	二五	五二	三五	北	四〇	二九	一五	減		一四	三二	
梗河東增二	經	卯	一四	一九	四七	卯	一	一九	二三	加		三九	二六	六
	緯	北	二七	一七	二七	北	四一	五四	四三	減		一四	一八	
氐宿二	經	卯	一四	二六	〇〇	卯	一七	二六	四三	加		五一	四二	四
	緯	南	一八	四八	〇八	南	一	四八	二三	加		一四	二四	
庶子東增一	經	卯	一四	三四	二二	午	一四	一一	五〇	減		一三	〇三	六
	緯	北	七六	四四	五一	北	七三	〇六	三四	減		一四	二九	
氐宿内增十一	經	卯	一四	四二	四一	卯	一七	三九	三〇	加		五一	四〇	六
	緯	南	一八	三九	五一	南	一	三五	五八	加		一四	二〇	

（續表）

赤道大火宫恒星		赤道宫	赤道度	赤道分	赤道秒	黃道宫	黃道度	黃道分	黃道秒	赤道歲差加減	赤道歲差分	赤道歲差秒	赤道歲差微	星等
頓頑二	經	卯	一四	四三	三五	卯	二六	〇六	〇〇	加		五五	一八	五
	緯	南	三〇	三二	一二	南	一二	五八	二一	加		一四	二〇	
氐宿内增十二	經	卯	一五	〇三	一三	卯	一七	二六	二〇	加		五一	一〇	六
	緯	南	一六	四六	四六	北	〇	一八	〇三	加		一四	一五	
天床北增一	經	卯	一五	〇九	〇〇	午	一八	〇四	四八	加			四一	六
	緯	北	七二	四五	〇七	北	七三	四〇	四〇	減		一四	二〇	
騎官七	經	卯	一五	一三	一三	卯	二六	四八	三六	加	一	〇二	二三	五
	緯	南	四六	五三	三一	南	二八	二六	三八	加		一四	一一	
陣車三	經	卯	一五	三三	二〇	卯	二一	二四	二四	加		五四	五九	五
	緯	南	二九	一一	〇三	南	一一	二八	一二	加		一四	〇六	
蜀西增二	經	卯	一五	三七	五六	卯	一一	一八	三一	加		四五	一八	六
	緯	北	五	五三	四六	北	二三	一一	〇〇	減		一四	〇六	
氐宿北增二十六	經	卯	一五	四一	五八	卯	一二	四九	〇八	加		四六	二八	六
	緯	北	一	一九	三八	北	一七	五〇	二三	減		一四	〇五	
三角形南增三	經	卯	一五	四二	四〇	寅	〇九	五九	一〇	加	一	三三	四四	六
	緯	南	七二	二七	二四	南	五二	〇二	五六	加		一三	五九	
氐宿四	經	卯	一五	四九	三九	卯	一五	四八	四〇	加		四八	五八	二
	緯	南	八	二五	一九	北	八	三三	〇三	加		一四	〇三	
貫索西增一	經	卯	一五	五六	一八	卯	一	三六	一〇	加		三八	一八	五
	緯	北	三〇	〇七	一八	北	四五	〇四	〇七	減		一四	〇三	
騎官二	經	卯	一六	〇九	四五	卯	二五	〇四	二九	加		五九	〇四	四
	緯	南	三九	三九	三四	南	二一	二一	〇五	加		一三	五七	

（續 表）

赤道大火宮恒星		赤道				黃道					赤道歲差			星等
		宮	度	分	秒	宮	度	分	秒		分	秒	微	
七公七	經	卯	一六	一八	五七	辰	二九	三三	〇八	加		三六	四五	三
	緯	北	三四	一七	〇三	北	四九	〇〇	一〇	減		一三	五七	
騎官六	經	卯	一六	二〇	一四	卯	二六	三二	一五	加	一	〇一	〇一	四
	緯	南	四三	四三	一八	南	二五	一二	一四	加		一三	五四	
頓頑一	經	卯	一六	二四	三二	卯	二三	五五	一八	加		五七	一九	五
	緯	南	三五	一七	一七	南	一七	〇六	四七	加		一三	五一	
氐宿北增二十四	經	卯	一六	三三	三七	卯	一三	一五	〇〇	加		四六	〇六	六
	緯	北	二	四五	〇〇	北	一九	二七	〇六	減		一三	五二	
氐宿內增十三	經	卯	一六	三七	〇〇	卯	一八	五九	二六	加		五一	二四	六
	緯	南	一七	一一	四五	北	〇	一八	五六	加		一三	五一	
氐宿內增十七	經	卯	一六	四二	一七	卯	一八	二一	四八	加		五〇	四二	六
	緯	南	一四	三六	二三	北	二	四九	四六	加		一三	五〇	
頓頑南增一	經	卯	一六	四二	二七	卯	二四	二〇	五九	加		五七	三七	六
	緯	南	三五	五四	〇一	南	一七	三七	四七	加		一三	四八	
庶子南增三	經	卯	一六	四九	三一	午	一〇	二四	二〇	減		七	三三	六
	緯	北	七四	五一	三三	北	七三	五九	四四	減		一三	五五	
氐宿北增二十五	經	卯	一七	〇〇	二三	卯	一四	〇二	〇四	加		四六	二二	六
	緯	北	一	三九	三一	北	一八	三三	〇六	減		一三	四六	
氐宿內增十八	經	卯	一七	一三	〇〇	卯	一八	四三	三二	加		五〇	三五	六
	緯	南	一四	一一	〇〇	北	三	二二	一八	加		一三	四二	
貫索西增二	經	卯	一七	一七	三一	卯	二	五〇	一六	加		三七	五六	六
	緯	北	三〇	三五	五八	北	四五	五七	五一	減		一三	四三	

（續表）

赤道大火宮恒星		赤道宮	赤道度	赤道分	赤道秒	黃道宮	黃道度	黃道分	黃道秒		赤道歲差分	赤道歲差秒	赤道歲差微	星等
氐宿北增二十	經	卯	一七	三五	五六	卯	一七	四六	四三	加		四九	一八	四
	緯	南	九	二二	五一	北	八	○五	四四	加		一三	三六	
三角形南增四	經	卯	一七	四八	一四	寅	一○	五八	二○	加	一	三五	三七	六
	緯	南	七二	三三	二○	南	五一	五一	三三	加		一三	二七	
天床二	經	卯	一七	五五	四五	巳	四	一三	一六	加		八	五六	六
	緯	北	六八	二一	三九	北	七四	○四	二七	減		一三	三六	
貫索西增三	經	卯	一八	○八	四○	卯	三	二九	四五	加		三七	三六	五
	緯	北	三一	一三	二九	北	四六	四九	三○	減		一三	二九	
三角形西增二	經	卯	一八	二五	四六	寅	○六	五四	二七	加	一	二○	三○	五
	緯	南	六五	二三	三一	南	四五	一二	四八	加		一三	一八	
氐宿内增十六	經	卯	一八	二九	○五	卯	二○	二○	三○	加		五一	○九	六
	緯	南	一五	四八	一四	北	一	○八	一七	加		一三	二三	
周西增一	經	卯	一八	二九	五○	卯	一○	四二	二○	加		四二	一九	六
	緯	北	一六	二○	一四	北	三二	五八	五五	減		一三	二二	
七公六	經	卯	一八	四三	三四	辰	二九	三六	一三	加		三四	四三	四
	緯	北	三八	一七	○二	北	五三	二六	五六	減		一三	一九	
氐宿北增二十三	經	卯	一八	四七	一二	卯	一五	三○	一八	加		四六	○三	六
	緯	北	二	四六	五九	北	二○	○七	○二	減		一三	一七	
氐宿東增十五	經	卯	一九	○四	二一	卯	二○	五一	四○	加		五一	○九	六
	緯	南	一五	四二	○七	北	二	二三	○六	加		一三	一二	
貫索三	經	卯	一九	一八	二六	卯	五	三○	五三	加		三七	五三	四
	緯	北	三○	○○	一一	北	四六	○四	四○	減		一三	○九	

（續表）

赤道大火宮恒星		赤道 宮	赤道 度	赤道 分	赤道 秒	黃道 宮	黃道 度	黃道 分	黃道 秒	赤道歲差	赤道歲差 分	赤道歲差 秒	赤道歲差 微	星等
天床北增二	經	卯	一九	二三	〇七	午	一七	五九	一七	減		二	三一	五
	緯	北	一七	四四	二八	北	七四	五六	〇〇	減		一三	一四	
騎官一	經	卯	一九	二九	三一	卯	二七	五二	五三	加	一	〇〇	〇二	四
	緯	南	四〇	一五	一三	南	二一	一一	一六	加		一三	〇三	
氐宿東增十四	經	卯	一九	三八	〇八	卯	二一	二七	〇五	加		五一	一五	四
	緯	南	一五	五七	三三	北	二	一六	三九	加		一三	〇三	
天輻西增一	經	卯	一九	四四	三一	卯	二四	二六	五四	加		五四	四九	六
	緯	南	二七	〇八	四九	南	八	三〇	一六	加		一三	〇一	
左樞	經	卯	一九	四七	二〇	辰	一	一八	〇五	加		二〇	〇七	三
	緯	北	五九	五〇	二三	北	七一	〇四	〇四	減		一三	〇五	
氐宿北增二十一	經	卯	一九	五七	〇四	卯	一七	三四	五七	加		四六	五三	六
	緯	南	〇	一八	二四	北	一七	二七	五四	加		一二	五九	
氐宿北增十九	經	卯	二〇	〇二	五八	卯	二〇	〇四	四一	加		四九	二〇	六
	緯	南	九	〇九	四六	北	八	五六	五〇	加		一三	五六	
氐宿三	經	卯	二〇	一九	〇九	卯	二一	三三	五三	加		五〇	四二	四
	緯	南	一三	五四	四九	北	四	二五	二七	加		一二	五一	
太子	經	卯	二〇	二〇	三三	午	一七	五五	二八	減		三	一四	三
	緯	北	七二	四四	一二	北	七五	一三	〇一	減		一二	五八	
天輻一	經	卯	二〇	二三	一九	卯	二五	〇二	二八	加		五四	五七	四
	緯	南	二七	一五	五二	南	八	二八	〇九	加		一二	五〇	
七公五	經	卯	二〇	二五	四四	辰	二八	五四	二五	加		三二	四九	六
	緯	北	四一	四二	五六	北	五七	〇五	五四	減		一二	五二	

（續 表）

赤道大火宫恒星		赤道 宫	赤道 度	赤道 分	赤道 秒	黄道 宫	黄道 度	黄道 分	黄道 秒		赤道歲差 分	赤道歲差 秒	赤道歲差 微	星等
秦	經	卯	二〇	三八	四三	卯	一四	四五	三四	加		四三	三七	三
	緯	北	一一	二四	一三	北	二八	五四	二三	減		一二	四八	
貫索二	經	卯	二〇	三九	〇二	卯	五	五〇	二〇	加		三六	五一	四
	緯	北	三二	一四	一三	北	四八	三四	五〇	減		一二	四七	
七公内增九	經	卯	二〇	三九	二二	辰	二九	〇七	二七	加		三三	四三	六
	緯	北	四一	四七	〇三	北	五七	一四	一七	減		一二	四九	
天輻二	經	卯	二〇	四四	二二	卯	二五	四六	一七	加		五五	三三	四
	緯	南	二八	五四	三七	南	九	五八	五〇	加		一二	四四	
秦南增一	經	卯	二〇	四五	二八	卯	一五	二四	三八	加		四四	〇二	六
	緯	北	九	五五	〇七	北	二七	三〇	五五	減		一二	四六	
從官西增一	經	卯	二〇	五一	三六	卯	二七	〇五	四三	加		五七	二〇	六
	緯	南	三三	三二	三〇	南	四	二五	四四	加		一二	四二	
氐宿北增二十二	經	卯	二〇	五一	五六	卯	一八	二〇	一八	加		四六	四三	六
	緯	北	〇	一八	〇一	北	八	一七	三八	減		一二	四三	
貫索四	經	卯	二〇	五八	〇〇	卯	八	四〇	五六	加		三八	三一	二
	緯	北	二七	三五	一八	北	四四	二一	一七	減		一二	四二	
周西增五	經	卯	二一	〇〇	三六	卯	一二	三八	一七	加		四一	二九	六
	緯	北	一八	三一	三九	北	三五	四八	四〇	減		一二	四〇	
日西增一	經	卯	二一	〇三	五三	卯	二三	二四	〇二	加		五二	〇六	六
	緯	南	一八	二五	四八	北	〇	一四	〇七	加		一二	三八	
周西增二	經	卯	二一	一〇	一四	卯	一三	四六	〇五	加		四二	一六	六
	緯	北	一五	五七	〇一	北	三三	二四	〇九	減		一二	三八	

（續表）

赤道大火宮恒星		赤道宮	赤道度	赤道分	赤道秒	黃道宮	黃道度	黃道分	黃道秒	加減	赤道歲差分	赤道歲差秒	赤道歲差微	星等
周西增三	經	卯	二一	一一	二七	卯	一三	二五	○○	加		四一	五六	六
	緯	北	一六	五八	五一	北	三四	二三	二八	減		一二	三八	
房宿西增三	經	卯	二一	一八	四八	卯	二四	四五	三四	加		五三	三五	六
	緯	南	二三	五七	三九	南	四	○五	三八	加		一二	三五	
七公東增八	經	卯	二一	三○	一二	卯	一	四四	四三	加		三三	二九	五
	緯	北	三九	五一	三三	北	五五	四八	五○	減		一二	三四	
從官一	經	卯	二一	三五	五七	卯	二七	四七	二八	加		五七	三四	五
	緯	南	三三	五一	○一	南	一四	三四	○六	加		一二	二九	
日	經	卯	二一	四九	四二	卯	二四	一二	○○	加		五三	一七	四
	緯	南	一八	四九	三二	北	○	○一	五四	加		一二	二六	
七公東增十	經	卯	二二	一一	二三	卯	一	三○	二三	加		三三	四四	六
	緯	北	四一	一一	五九	北	五七	一四	四六	減		一二	三三	
周西增四	經	卯	二二	一九	二八	卯	一四	四二	五四	加		四一	五四	六
	緯	北	一六	五一	四七	北	三四	三六	一二	減		一二	一八	
周南增十四	經	卯	二二	二六	三七	卯	一五	五七	三一	加		四三	五三	六
	緯	北	一三	三九	一八	北	三一	三四	○○	減		一二	一七	
西咸四	經	卯	二二	二六	四○	卯	二三	四七	三八	加		五一	○七	四
	緯	南	一四	四九	五六	北	四	○二	五二	加		一二	一六	
七公東增七	經	卯	二二	二九	二一	卯	四	四三	二三	加		三四	二五	四
	緯	北	三七	二八	五一	北	五三	五九	三一	減		一三	一八	
周北增七	經	卯	二二	三二	五六	卯	一三	三六	○五	加		四○	四五	五
	緯	北	二○	三○	一七	北	三八	○八	二一	減		一二	一六	

(續表)

赤道大火宮恒星		赤道 宮	赤道 度	赤道 分	赤道 秒	黃道 宮	黃道 度	黃道 分	黃道 秒		赤道歲差 分	赤道歲差 秒	赤道歲差 微	星等
周北增六	經	卯	二三	三六	三三	卯	一四	○八	一七	加		四一	○七	六
	緯	北	一九	一七	一八	北	三六	五九	五四	減		一二	一五	
巴南增一	經	卯	二二	四七	三五	卯	一九	二七	五○	加		四五	五三	六
	緯	北	三	二一	三三	北	二一	四五	○三	減		一二	一一	
蜀	經	卯	二三	五四	四一	卯	一八	二八	二三	加		四四	四五	二
	緯	北	七	一四	四七	北	二五	三一	五六	減		一二	一○	
貫索五	經	卯	二二	五九	五六	卯	一一	一六	五○	加		三八	二八	四
	緯	北	二七	○七	二四	北	四四	三二	一八	減		一二	○八	
天乳北增一	經	卯	二三	一三	一四	卯	二一	○四	四六	加		四七	○六	六
	緯	南	○	五九	一三	北	一七	三九	二五	加		一二	○四	
三角形二	經	卯	二三	一六	五三	寅	八	一八	三六	加	一	一八	三五	三
	緯	南	六二	三四	三七	南	四一	五○	一○	加		一一	五七	
周北增九	經	卯	二三	一七	四七	卯	一五	二一	三四	加		四一	二八	六
	緯	北	一八	○四	五八	北	三六	○二	三三	減		一二	○二	
貫索一	經	卯	二三	二八	五六	卯	八	三五	四一	加		三六	○二	五
	緯	北	三三	二○	二六	北	五○	三○	○三	減		一二	○一	
蜀北增一	經	卯	二三	三○	二四	卯	一八	四九	五六	加		四四	二八	四
	緯	北	八	一○	一九	北	二六	三四	五三	減		一一	五九	
周	經	卯	二三	三六	三四	卯	一六	二二	○三	加		四二	○一	三
	緯	北	一六	一三	五六	北	三四	二一	三○	減		一一	五八	
從官二	經	卯	二三	三九	四九	卯	二九	一四	四○	加		五七	二六	五
	緯	南	三一	四八	三○	南	一三	○七	四八	加		一一	五五	

（續表）

赤道大火宫恒星		赤道宫	赤道度	赤道分	赤道秒	黄道宫	黄道度	黄道分	黄道秒	赤道歲差加減	赤道歲差分	赤道歲差秒	赤道歲差微	星等
周東增十一	經	卯	二三	四五	一六	卯	一六	三〇	二〇	加		四二	〇〇	五
	緯	北	一六	一八	〇三	北	三四	二七	五〇	減		一一	五五	
周南增十二	經	卯	二三	五一	五一	卯	一七	〇六	〇六	加		四三	二五	六
	緯	北	一四	五四	三六	北	三三	〇九	三六	減		一一	五三	
天乳南增三	經	卯	二三	五三	一六	卯	二二	一六	四六	加		四七	四一	六
	緯	南	三	〇一	一九	北	一五	五一	〇〇	加		一一	五一	
房宿西增四	經	卯	二三	五五	一八	卯	二七	三三	五〇	加		五四	三〇	六
	緯	南	二四	五六	五一	南	五	二六	三三	加		一一	五一	
周北增十	經	卯	二四	〇一	二八	卯	一六	二五	五三	加		四一	三九	六
	緯	北	一七	二二	三三	北	三五	三四	〇四	減		一一	五一	
天乳	經	卯	二四	〇四	二五	卯	二二	二三	〇八	加		四七	三四	四
	緯	南	二	三八	〇九	北	一六	一六	一一	加		一一	四八	
周北增八	經	卯	二四	一八	五六	卯	一六	一一	四七	加		四一	〇六	四
	緯	北	一八	五六	三二	北	三七	〇八	五〇	減		一一	四五	
巴南增二	經	卯	二四	二二	〇一	卯	二一	一二	〇五	加		四五	五六	六
	緯	北	二	五九	二四	北	二一	四七	三八	減		一一	四五	
天乳北增二	經	卯	二四	二九	二〇	卯	二三	四二	一三	加		四七	二九	六
	緯	南	二	一七	五七	北	一六	四一	四九	加		一一	四二	
巴	經	卯	二四	三一	〇九	卯	三〇	四四	二二	加		四五	一七	三
	緯	北	五	一五	五六	北	二四	〇二	〇五	減		一一	四一	
房宿西增五	經	卯	二四	三四	五三	卯	二八	〇三	〇八	加		五四	二四	五
	緯	南	二四	三二	一五	南	四	五四	一三	加		一一	三九	

（續表）

赤道大火宮恒星		赤道宮	赤道度	赤道分	赤道秒	黃道宮	黃道度	黃道分	黃道秒	加減	赤道歲差分	赤道歲差秒	赤道歲差微	星等
房宿西增二	經	卯	二四	三八	二六	卯	二六	五四	四三	加		五二	四〇	四
	緯	南	一九	二二	三四	北	〇	〇七	五〇	加		一一	三九	
貫索六	經	卯	二四	四二	四九	卯	一三	一三	一四	加		三八	二〇	四
	緯	北	二六	五七	一八	北	四四	五三	〇五	減		一一	三九	
勾陳南增七	經	卯	二四	四八	五三	未	二七	〇七	二六	減		三〇	三〇	五
	緯	北	七七	五九	五五	北	七四	四五	四八	減		一一	四七	
西咸三	經	卯	二四	四九	五二	卯	二六	一八	〇四	加		五一	三五	四
	緯	南	一五	五七	二一	北	三	三〇	〇四	加		一一	三四	
房宿西增一	經	卯	二四	五二	〇五	卯	二七	〇七	三七	加		五二	四一	六
	緯	南	一九	二四	一三	北	〇	〇九	一二	加		一一	三四	
貫索南增十三	經	卯	二五	〇一	〇〇	卯	一五	五六	二一	加		四〇	〇八	三
	緯	北	一一	四五	一三	北	四〇	〇一	三九	減		一一	三三	
房宿西增六	經	卯	二五	〇二	二九	卯	二八	四〇	四六	加		五四	四九	六
	緯	南	二五	二九	〇八	南	五	四三	四八	加		一一	三〇	
房宿二	經	卯	二五	一六	二一	卯	二九	三三	五二	加		五五	五五	四
	緯	南	二八	二六	一九	南	八	三三	二五	加		一一	二六	
周東增十三	經	卯	二五	一九	五〇	卯	一九	〇二	一八	加		四二	三七	六
	緯	北	一四	〇〇	四八	北	三二	四一	一八	減		一一	二七	
異雀	經	卯	二五	二一	一九	寅	一七	四五	一二	加	二	〇六	三八	五
	緯	南	七七	五六	〇九	南	五五	五六	〇六	加		一一	一六	
貫索北增四	經	卯	二五	二四	二一	卯	九	〇二	三四	加		三四	二五	五
	緯	北	三六	二八	一五	北	五三	五九	四三	減		一一	二七	

（續表）

赤道大火宮恒星		赤道宮	赤道度	赤道分	赤道秒	黃道宮	黃道度	黃道分	黃道秒	赤道歲差	赤道歲差分	赤道歲差秒	赤道歲差微	星等
積卒二	經	卯	二五	三二	五四	寅	一	五八	○○	加		五九	四七	五
	緯	南	三七	三二	○三	南	一七	二一	○○	加		一一	二二	
天床三	經	卯	二五	四三	○七	巳	二五	五四	三○	加		一三	一六	六
	緯	北	六三	二八	○七	北	七五	二三	二三	減		一一	二五	
房宿一	經	卯	二五	五一	四三	卯	二九	二三	二五	加		五四	四九	三
	緯	南	二五	二○	五九	南	五	二五	四六	加		一一	一六	
七公四	經	卯	二五	五六	一九	卯	四	三四	○七	加		三○	五九	六
	緯	北	四三	一○	三八	北	六○	一五	五○	減		一一	一八	
西咸二	經	卯	二五	五八	○四	卯	二六	四九	○四	加		五○	五一	四
	緯	南	一三	三○	四五	北	六	○七	四八	加		一一	一五	
鄭	經	卯	二六	○九	四九	卯	一九	○八	○四	加		四一	四七	三
	緯	北	一六	三一	三七	北	三五	一九	三二	減		一二	一四	
房宿三	經	卯	二六	一九	四二	卯	二九	○○	五○	加		五三	三七	三
	緯	南	二一	五二	一二	南	一	五六	三一	加		一一	○八	
七公西增十二	經	卯	二六	二九	二一	卯	四	三七	三八	加		三○	二八	六
	緯	北	四三	五四	○一	北	六一	○五	二一	減		一二	一○	
罰三	經	卯	二六	三○	四三	卯	二七	四九	五三	加		五一	三五	六
	緯	南	一五	四四	三五	北	四	○四	二○	加		一一	○六	
貫索北增五	經	卯	二六	三六	四六	卯	九	○三	二一	加		三三	一一	五
	緯	北	三八	四二	一九	北	五六	二五	三二	減		一一	○七	
貫索七	經	卯	二六	四四	五四	卯	一五	三一	一五	加		三七	五三	四
	緯	北	二七	三八	○六	北	四六	○六	二七	減		一一	○四	

（續表）

赤道大火宮恒星		赤道 宮	赤道 度	赤道 分	赤道 秒	黃道 宮	黃道 度	黃道 分	黃道 秒	赤道歲差	赤道歲差 分	赤道歲差 秒	赤道歲差 微	星等
七公東增十一	經	卯	二六	四五	〇七	卯	五	三〇	一二	加		三〇	四五	六
	緯	北	四三	一九	四〇	北	六〇	三九	五〇	減		一一	〇四	
西咸北增一	經	卯	二六	四七	〇五	卯	二六	一七	一六	加		四九	〇六	六
	緯	南	七	四〇	一八	北	一二	〇〇	〇九	加		一一	〇〇	
巴東增三	經	卯	二六	五四	五三	卯	二三	一七	五四	加		四五	一五	五
	緯	北	五	一〇	五八	北	二四	三二	三〇	減		一一	〇〇	
積卒一	經	卯	二七	一五	四九	寅	二	二九	〇〇	加		五九	一八	五
	緯	南	三五	五七	二九	南	一五	三〇	〇〇	加		一〇	五〇	
西咸北增二	經	卯	二七	一六	三九	卯	二六	五五	〇四	加		四九	二〇	六
	緯	南	八	一八	二一	北	一一	二九	三二	加		一〇	五一	
晉西增一	經	卯	二七	二七	一〇	卯	一九	五五	三〇	加		四一	〇二	三
	緯	北	一八	三二	四〇	北	三七	三六	〇四	減		一〇	四九	
西咸一	經	卯	二七	三四	三五	卯	二七	四三	四三	加		五〇	〇二	五
	緯	南	一〇	三八	三八	北	九	一六	二九	加		一〇	四六	
房宿四	經	卯	二七	三九	五八	卯	二九	三七	五六	加		五二	四八	二
	緯	南	一九	〇四	五二	北	一	〇三	〇九	加		一〇	四四	
巴東增四	經	卯	二七	四七	〇〇	卯	二四	〇五	一〇	加		四五	〇五	六
	緯	北	五	四二	四六	北	二五	一五	四二	減		一〇	四三	
貫索八	經	卯	二七	四七	四八	卯	一五	二四	三八	加		三六	三七	五
	緯	北	三〇	三四	三二	北	四九	一一	二一	減		一〇	四四	
貫索九	經	卯	二七	四八	五九	卯	一三	三三	二四	加		三五	〇八	六
	緯	北	三四	〇六	〇二	北	五二	三〇	四二	減		一〇	四四	

（續表）

赤道大火宮恒星		赤道宮	赤道度	赤道分	赤道秒	黃道宮	黃道度	黃道分	黃道秒	赤道歲差	赤道歲差分	赤道歲差秒	赤道歲差微	星等
貫索南增十二	經	卯	二七	五〇	〇一	卯	一八	三三	二三	加		三九	一八	四
	緯	北	二三	三一	二三	北	四二	二八	五二	減		一〇	四四	
鈎鈐一	經	卯	二七	五九	〇五	寅	〇	〇六	三五	加		五三	〇五	五
	緯	南	一九	五六	五六	北	〇	一六	〇五	加		一〇	三八	
三角形北增一	經	卯	二八	〇四	〇六	寅	一一	一五	四三	加	一	二〇	五七	五
	緯	南	六二	五七	四四	南	四一	三二	四一	加		一〇	三三	
鈎鈐二	經	卯	二八	〇七	四八	寅	〇	一七	〇九	加		五三	一〇	五
	緯	南	二〇	〇九	〇五	北	〇	〇五	五六	加		一〇	三六	
巽雀四	經	卯	二八	一四	二八	寅	一八	五七	四二	加	二	一一	三五	四
	緯	南	七八	一五	五四	南	五六	〇〇	二二	加		一〇	二二	
罰二	經	卯	二八	二〇	二六	卯	二八	四六	一一	加		五〇	三一	六
	緯	南	一二	〇二	〇〇	北	八	〇四	四〇	加		一〇	三二	
勾陳四	經	卯	二八	三三	三七	未	二三	四七	二五	減		三七	四六	四
	緯	北	七八	三二	二六	北	七五	〇六	五〇	減		一〇	四二	
七公西增四	經	卯	二八	四五	五六	卯	四	四七	四〇	加		二八	一九	五
	緯	北	四六	四六	一六	北	六四	二二	三〇	減		一〇	二七	
斗西增四	經	卯	二八	五一	二三	卯	二三	五六	四七	加		四三	三二	六
	緯	北	一〇	三五	四三	北	三〇	一五	二五	減		一〇	二四	
斗西增三	經	卯	二八	五八	三〇	卯	二四	〇一	一七	加		四三	二八	六
	緯	北	一〇	四七	一五	北	三〇	二八	一四	減		一〇	二三	
斗西增五	經	卯	二九	〇二	二五	卯	二四	三〇	五六	加		四三	五八	六
	緯	北	九	一四	一一	北	二八	五八	四三	減		一〇	二一	

（續表）

赤道大火宮恒星		赤道宮	赤道度	赤道分	赤道秒	黃道宮	黃道度	黃道分	黃道秒	赤道歲差加減	赤道歲差分	赤道歲差秒	赤道歲差微	星等
晉	經	卯	二九	〇六	五〇	卯	二二	〇六	二六	加		四一	一三	四
	緯	北	一七	四四	五三	北	三七	一四	五七	減		一〇	二〇	
心宿南增一	經	卯	二九	〇七	四七	寅	二	四五	三五	加		五六	〇一	六
	緯	南	二七	四三	二三	南	七	〇七	〇三	加		一〇	一八	
心宿南增二	經	卯	二九	〇九	二四	寅	二	四〇	五九	加		五五	五〇	六
	緯	南	二七	一四	二三	南	六	三八	二二	加		一〇	一六	
上宰	經	卯	二九	一七	一一	辰	一三	〇九	一二	加		一七	三一	三
	緯	北	五九	一三	三六	北	七四	二六	〇〇	減		一〇	一九	
晉北增二	經	卯	二九	一七	四五	卯	二二	一六	〇〇	加		四一	〇九	五
	緯	北	一七	五四	二一	北	三七	二六	四六	減		一〇	一七	
鍵閉	經	卯	二九	一八	二八	寅	一	〇五	一一	加		五二	四六	四
	緯	南	一八	四六	一〇	北	一	四〇	五〇	加		一〇	一五	
罰內增二	經	卯	二九	二九	四八	卯	二九	二〇	〇七	加		四九	四二	五
	緯	南	九	二三	五二	北	一〇	五四	三〇	加		一〇	一二	
罰西增一	經	卯	二九	三四	五一	卯	二九	〇四	五四	加		四九	一四	六
	緯	南	七	四六	五七	北	一二	二九	二四	加		一〇	〇九	
貫索北增六	經	卯	二九	五五	二八	卯	一四	二七	五一	加		三三	二八	六
	緯	北	三七	〇八	三四	北	五五	五七	四五	減		一〇	〇六	
罰東增三	經	卯	二九	五六	一八	寅	〇	〇八	一一	加		五〇	一八	六
	緯	南	一一	〇九	四一	北	九	一五	一六	加		一〇	〇二	
晉東增三	經	卯	二九	五九	一五	卯	二三	一四	五九	加		四一	一八	六
	緯	北	一七	二〇	〇一	北	三七	〇三	三三	減		一〇	〇四	

赤道析木宮恒星		赤道宮	赤道度	赤道分	赤道秒	黃道宮	黃道度	黃道分	黃道秒	赤道歲差	分	秒	微	星等
斗二	經	寅	○	○六	一九	卯	二四	一九	○七	加		四二	一九	六
	緯	北	一四	一三	四八	北	三四	○四	四一	減		一○	○一	
斗南增七	經	寅	○	○九	一三	卯	二六	三八	○○	加		四五	○三	六
	緯	北	五	四二	一五	北	二五	五七	二四	減		一○	○○	
貫索東增十一	經	寅	○	一一	四七	卯	二一	○八	二三	加		三八	五一	五
	緯	北	二四	一一	二九	北	四三	四三	四七	減		一○	○○	
七公三	經	寅	○	一三	二四	卯	八	○三	二六	加		二八	四五	六
	緯	北	四五	三七	三三	北	六三	四九	三六	減		一○	○二	
梁	經	寅	○	一四	○六	卯	二八	四三	一五	加		四七	四五	三
	緯	南	三	○一	○○	北	一七	一七	一五	加		九	五七	
罰一	經	寅	○	二六	○七	卯	二九	五四	二三	加		四九	一二	四
	緯	南	七	三九	五五	北	一二	四六	三九	加		九	五四	
七公東增十三	經	寅	○	三三	二六	卯	九	三六	三五	加		二九	二二	六
	緯	北	四四	三一	二九	北	六二	五六	三○	減		九	五五	
斗南增六	經	寅	○	三四	二三	卯	二六	二三	一三	加		四四	○九	六
	緯	北	八	三一	二一	北	二八	三七	五○	減		九	五二	
斗三	經	寅	○	四三	五○	卯	二五	三六	三○	加		四二	五八	五
	緯	北	一二	○九	○九	北	三二	一二	○五	減		九	五○	
斗內增二	經	寅	○	五八	五四	卯	二五	五四	五○	加		四二	五九	六
	緯	北	一二	○四	○二	北	三二	一○	二九	減		九	四四	
河間西增一	經	寅	一	○一	一二	卯	二三	四六	三四	加		四○	三○	六
	緯	北	一九	二八	三三	北	三九	二二	四二	減		九	四四	

（續表）

赤道析木宮恒星		赤道宮	赤道度	赤道分	赤道秒	黃道宮	黃道度	黃道分	黃道秒		赤道歲差分	赤道歲差秒	赤道歲差微	星等
楚	經	寅	一	一二	一一	卯	二九	五五	四五	加		四八	○四	三
	緯	南	四	○三	○一	北	一六	二八	二○	加		九	三九	
貫索東增七	經	寅	一	一七	二六	卯	一七	四九	四三	加		三四	三二	六
	緯	北	三四	三一	二九	北	五三	五二	四一	減		九	四○	
心宿北增三	經	寅	一	一九	四九	寅	三	五二	三五	加		五四	三六	六
	緯	南	二三	三二	○八	南	二	三七	一○	加		九	三七	
貫索東增十	經	寅	一	二○	一八	卯	二三	四○	一二	加		三八	五五	六
	緯	北	二三	四八	四九	北	四三	三八	四七	減		九	四○	
心宿一	經	寅	一	二六	○六	寅	四	一四	二四	加		五五	○八	四
	緯	南	二四	五六	四二	南	三	五九	○四	加		九	三四	
異雀三	經	寅	一	二六	四一	寅	一九	一六	一三	加	二	○四	五六	四
	緯	南	七六	五六	○三	南	五四	三一	○七	加		九	二三	
貫索東增八	經	寅	一	三七	一三	卯	二○	三六	一五	加		三六	三三	六
	緯	北	二九	四七	五八	北	四九	二八	○四	減		九	三三	
貫索東增九	經	寅	一	五六	五一	卯	二三	二三	一三	加		三七	四九	六
	緯	北	二六	三二	三○	北	四六	二五	二三	減		九	二七	
車肆一	經	寅	二	一三	五四	寅	一	四三	二○	加		四九	一七	五
	緯	南	七	四七	二一	北	一三	○○	一八	加		九	二○	
列肆一	經	寅	二	一七	一八	卯	二九	五○	五四	加		四六	一六	五
	緯	北	一	三八	三五	北	二二	一六	○二	減		九	二○	
東咸三	經	寅	二	一八	一○	寅	三	五九	一八	加		五三	一○	五
	緯	南	一九	二四	三七	北	一	三六	○九	加		九	一八	

（續表）

赤道析木宮恒星		赤道宮	赤道度	赤道分	赤道秒	黃道宮	黃道度	黃道分	黃道秒	赤道歲差	分	秒	微	星等
心宿北增四	經	寅	二	三五	二六	寅	四	五二	五八	加		五四	二六	六
	緯	南	二三	四九	五〇	南	一	四二	三五	加		九	一二	
河間	經	寅	二	三八	三二	卯	二五	三六	三三	加		四〇	一八	三
	緯	北	一九	四六	〇四	北	四〇	〇二	〇六	減		九	一四	
斗南增九	經	寅	二	五四	五二	卯	二九	一一	四二	加		四四	二三	六
	緯	北	七	三三	五七	北	一八	一一	三七	減		九	〇八	
斗南增八	經	寅	二	五五	二九	卯	二九	三八	〇五	加		四四	五九	六
	緯	北	五	四二	〇五	北	二六	二二	一四	減		九	〇八	
天紀一	經	寅	三	〇一	五七	卯	二一	三九	一〇	加		三五	四二	五
	緯	北	三十	三〇	〇八	北	五一	二七	〇〇	減		九	〇七	
七公二	經	寅	三	〇四	〇七	卯	一〇	四九	一一	加		二七	二四	四
	緯	北	四六	五六	三九	北	六五	五三	〇〇	減		九	〇八	
東咸二	經	寅	三	〇四	三七	寅	四	二五	二五	加		五二	四〇	五
	緯	南	一七	五〇	四二	北	三	一六	三二	加		九	〇四	
天紀北增三	經	寅	三	一二	〇二	卯	二〇	二五	五六	加		三四	二一	五
	緯	北	三四	二五	〇六	北	五四	一六	三〇	減		九	〇四	
天紀北增四	經	寅	三	一八	二三	卯	二一	一九	一六	加		三五	〇一	五
	緯	北	三二	五七	〇〇	北	五二	五四	〇八	減		九	〇一	
斗內增一	經	寅	三	二四	五〇	卯	二七	五九	四九	加		四二	〇二	六
	緯	北	一四	三八	〇九	北	三五	一二	二五	減		九	〇〇	
斗一	經	寅	三	二五	〇四	卯	二八	〇〇	〇二	加		四二	〇三	六
	緯	北	一四	三八	二四	北	三五	一二	四三	減		八	五九	

（續表）

赤道析木宮恒星		赤道宮	赤道度	赤道分	赤道秒	黃道宮	黃道度	黃道分	黃道秒	加減	赤道歲差分	赤道歲差秒	赤道歲差微	星等
心宿二	經	寅	三	二六	○二	寅	六	一一	○四	加		五五	三九	一
	緯	南	二五	五○	○一	南	四	三一	二六	加		八	五六	
心宿北增五	經	寅	三	四○	四八	寅	六	一○	一二	加		五五	○九	六
	緯	南	二四	三一	一三	南	三	一一	三○	加		八	五二	
天紀北增二	經	寅	四	○五	○九	卯	一九	三六	五二	加		三二	三○	五
	緯	北	三七	五九	一四	北	五七	五三	一○	減		八	四八	
東咸一	經	寅	四	○八	三八	寅	五	○六	二六	加		五二	○五	四
	緯	南	一六	○一	四一	北	五	一四	四一	加		八	四四	
東咸四	經	寅	四	一六	五三	寅	六	○四	五三	加		五三	四八	五
	緯	南	二○	五三	三○	北	○	二八	四○	加		八	四○	
天床四	經	寅	四	一七	一三	巳	一五	○四	四○	加		四	○二	六
	緯	北	六七	○四	一五	北	七九	五五	四○	減		八	四八	
列肆二	經	寅	四	三○	○一	寅	二	○○	三八	加		四五	五九	四
	緯	北	二	三三	三一	北	二三	三五	三八	減		八	三七	
天紀北增五	經	寅	四	三五	○八	卯	二二	五二	○八	加		三四	四三	六
	緯	北	三三	一七	○五	北	五三	二三	○六	減		八	三九	
勾陳南增八	經	寅	四	四一	二一	未	二七	一四	二八	減		二九	一○	五
	緯	北	七六	二九	五三	北	七七	二四	一五	減		八	四六	
河中	經	寅	四	四七	二○	卯	二七	二九	四六	加		三四	二○	三
	緯	北	二二	○二	一一	北	四二	四二	四一	減		八	三四	
勾陳南增十	經	寅	四	五二	○一	未	二九	三六	四五	減		二五	三三	六
	緯	北	七五	四九	二八	北	七七	五○	五五	減		八	四二	

（續 表）

赤道析木宮恒星		赤道 宮	赤道 度	赤道 分	赤道 秒	黃道 宮	黃道 度	黃道 分	黃道 秒	赤道歲差	赤道歲差 分	赤道歲差 秒	赤道歲差 微	星等
斗南增十	經	寅	四	五八	四〇	寅	一	四七	三〇	加		四四	五〇	六
	緯	北	六	〇五	三四	北	二七	〇九	一七	減		八	二九	
斗南增十一	經	寅	四	五九	一七	寅	一	四八	二一	加		四四	四九	六
	緯	北	六	〇四	四四	北	二七	〇八	三四	減		八	二八	
心宿三	經	寅	四	五九	四六	寅	七	五二	五六	加		五六	二九	四
	緯	南	二七	三九	一二	南	六	〇四	二三	加		八	二七	
七公東增十四	經	寅	五	〇五	二二	卯	一七	五七	一三	加		二九	五五	五
	緯	北	四二	二七	三七	北	六二	二〇	五八	減		八	三九	
少宰	經	寅	五	〇六	二八	辰	一〇	三九	〇〇	加		一二	〇一	三
	緯	北	六二	〇六	二五	北	七八	二六	三〇	減		八	三二	
斗四	經	寅	五	〇七	一三	寅	〇	三六	三七	加		四二	五一	四
	緯	北	一二	〇三	一五	北	三三	〇一	四六	減		八	二六	
三角形三	經	寅	五	一二	一八	寅	一七	一五	五九	加	一	三四	〇五	二
	緯	南	六八	二八	三五	南	四六	〇四	五一	加		八	一三	
列肆東增四	經	寅	五	四三	一四	寅	四	〇八	一九	加		四七	二二	六
	緯	南	一	四五	一七	北	一九	三四	一七	加		八	一四	
韓	經	寅	五	四六	〇四	寅	五	三八	五五	加		五〇	〇六	三
	緯	南	一〇	〇一	五〇	北	一一	二五	二七	加		八	一二	
七公北增三	經	寅	五	五一	三五	卯	一二	〇七	四六	加		二五	〇三	六
	緯	北	四九	三一	四六	北	六九	〇一	三八	減		八	一五	
勾陳南增九	經	寅	五	五三	三九	未	二七	〇三	二二	減		二八	五二	五
	緯	北	七六	一九	〇四	北	七七	四四	一五	減		八	二四	

（續表）

赤道析木宮恒星		赤道宮	赤道度	赤道分	赤道秒	黃道宮	黃道度	黃道分	黃道秒		赤道歲差分	赤道歲差秒	赤道歲差微	星等
天紀南增六	經	寅	五	五三	五五	卯	二五	三八	二七	加		三五	三六	六
	緯	北	三一	○三	○五	北	五一	四一	三七	減		八	一二	
斗五	經	寅	六	○三	○九	寅	二	三八	五五	加		四四	一七	六
	緯	北	七	三九	○四	北	二八	五三	○五	減		八	○八	
尚書四	經	寅	六	二四	○七	午	二三	○六	○○	加		六	二○	六
	緯	北	七○	四四	五八	北	八○	三○	○○	減		八	○九	
七公東增十五	經	寅	六	二九	五七	卯	一九	四○	五○	加		二九	二五	四
	緯	北	四二	五八	一七	北	六三	一一	四八	減		八	○二	
東咸東增一	經	寅	六	四一	一九	寅	七	四三	一○	加		五二	三六	六
	緯	南	一七	一三	一八	北	四	二八	二五	加		七	五三	
斛南增五	經	寅	六	五六	五四	寅	四	一三	五○	加		四五	一五	六
	緯	北	四	四二	五○	北	二六	○九	一七	減		七	五○	
斛南增六	經	寅	六	五七	三五	寅	四	一四	一六	加		四五	一五	六
	緯	北	四	四四	二五	北	二六	一○	五七	減		七	五○	
龜四	經	寅	六	五八	二九	寅	一五	二○	二七	加	一	一七	三四	四
	緯	南	五八	三二	○六	南	三六	一三	一二	加		七	四五	
斛南增四	經	寅	七	○三	二五	寅	四	一二	四六	加		四五	○一	六
	緯	北	五	二四	五九	北	二六	五一	五六	減		七	四七	
尚書二	經	寅	七	○四	四三	巳	一	三三	五二	減		二	三六	四
	緯	北	六九	一九	一一	北	八一	○○	○五	減		七	五六	
列肆東增三	經	寅	七	一○	三○	寅	五	○二	四五	加		四六	一五	六
	緯	北	一	四一	○七	北	二三	一二	三四	減		七	四六	

（續　表）

赤道析木宮恒星		赤道				黃道				赤道歲差			星等
		宮	度	分	秒	宮	度	分	秒		分	秒	微	
七公北增二	經	寅	七	四一	二一	卯	九	二一	四七	加		二一	二七	五
	緯	北	五三	二五	三八	北	七二	五九	一六	減		七	四〇	
七公北增一	經	寅	七	四二	一九	卯	九	二〇	三一	加		二一	二六	五
	緯	北	五三	二七	一八	北	七三	〇一	〇〇	減		七	三九	
心宿東增六	經	寅	七	四二	五五	寅	九	三〇	五六	加		五四	四一	六
	緯	南	二二	三九	五五	南	〇	四五	二〇	加		七	三五	
天紀南增七	經	寅	七	四七	三九	卯	二九	三一	四二	加		三七	〇一	五
	緯	北	二七	二五	四七	北	四八	三五	一二	減		七	三五	
心宿東增八	經	寅	七	四八	五九	寅	九	五七	五四	加		五五	三九	六
	緯	南	二五	〇二	一三	南	三	〇五	一〇	加		七	三二	
天紀二	經	寅	七	五三	二〇	卯	二七	五三	四九	加		三四	五九	三
	緯	北	三二	〇四	四二	北	五三	〇七	一五	減		七	三三	
七公一	經	寅	八	〇一	〇三	卯	一五	四七	四九	加		二四	四七	六
	緯	北	四九	二六	三二	北	六九	三四	〇五	減		七	三二	
列肆東增二	經	寅	八	〇六	四九	寅	六	〇五	〇三	加		四六	一九	六
	緯	北	一	三〇	三八	北	二三	一一	三〇	減		七	二八	
斛南增二	經	寅	八	〇七	〇五	寅	五	〇九	二二	加		四四	三七	六
	緯	北	六	三六	一三	北	二八	一二	五七	減		七	二七	
斛四	經	寅	八	二一	五一	寅	四	五七	〇四	加		四三	四六	五
	緯	北	九	〇四	一六	北	三〇	四一	二〇	減		七	二三	
斛内增一	經	寅	八	二三	二三	寅	四	五七	四一	加		四三	四六	六
	緯	北	九	〇四	〇八	北	三〇	四一	一八	減		七	二三	

（續表）

赤道析木宮恒星		赤道宮	赤道度	赤道分	赤道秒	黃道宮	黃道度	黃道分	黃道秒	赤道歲差	分	秒	微	星等
尾宿二	經	寅	八	二四	五二	寅	一一	四八	三二	加		五九	三〇	三
	緯	南	三三	四七	二九	南	一一	三九	四九	加		七	一九	
天紀北增一	經	寅	八	三〇	〇三	卯	二五	〇七	〇八	加		三一	一四	三
	緯	北	三九	二五	四一	北	六〇	一九	四七	減		七	二一	
尾宿一	經	寅	八	三一	三一	寅	一二	二九	二四	加	一	〇一	二五	三
	緯	南	三七	三六	〇三	南	一五	二四	五九	加		七	一七	
心宿東增七	經	寅	八	三三	四二	寅	一〇	三〇	二一	加		五七	一九	六
	緯	南	二四	〇九	三五	南	二	〇七	〇五	加		七	一六	
天紀南增八	經	寅	八	四一	三五	寅	〇	一三	一五	加		三六	二〇	六
	緯	北	二八	五〇	四二	北	五〇	〇八	四三	減		七	一七	
斛南增三	經	寅	八	四六	三四	寅	六	〇二	五八	加		四四	五三	五
	緯	北	五	四三	四六	北	二七	二七	四三	減		七	一四	
神宮	經	寅	八	五三	三九	寅	一三	二三	五〇	加	一	〇三	三三	氣
	緯	南	四一	二一	二一	南	一九	〇五	〇五	加		一七	〇九	
車肆二	經	寅	八	五四	〇三	寅	八	四八	〇五	加		五〇	一五	六
	緯	南	一〇	一八	二九	北	一一	三八	〇〇	加		七	一〇	
尾宿三	經	寅	九	〇一	三〇	寅	一三	三四	二三	加	一	〇三	五五	四
	緯	南	四一	五四	五〇	南	一九	三七	一七	加		七	〇六	
龜五	經	寅	九	二五	一五	寅	一六	一六	三一	加	一	一四	四一	四
	緯	南	五五	三三	〇五	南	三三	〇一	四六	加		六	五六	
斛三	經	寅	九	二六	五九	寅	六	二六	〇八	加		四四	一三	五
	緯	北	七	四二	五二	北	二九	三一	四五	減		七	〇一	

（續表）

赤道析木宮恒星		赤道宮	赤道度	赤道分	赤道秒	黃道宮	黃道度	黃道分	黃道秒	赤道歲差加減	赤道歲差分	赤道歲差秒	赤道歲差微	星等
列肆東增一	經	寅	九	三六	〇〇	寅	七	三九	一七	加		四六	一四	六
	緯	北	一	四〇	三四	北	二三	三五	一六	減		六	五八	
尚書一	經	寅	九	四六	〇五	辰	〇	三〇	五八	加		五	五一	五
	緯	北	六五	〇四	三〇	北	八一	三七	一〇	減		七	〇二	
天紀南增十	經	寅	九	四八	二三	寅	一	〇九	二五	加		三五	三四	六
	緯	北	三〇	二五	二三	北	五一	五四	〇〇	減		六	五五	
龜一	經	寅	九	五〇	三三	寅	一六	〇一	三一	加	一	一二	〇一	三
	緯	南	五二	四四	〇三	南	三〇	一三	三四	加		六	四九	
宦者西增三	經	寅	一〇	〇七	三八	寅	五	四一	三六	加		四一	三一	六
	緯	北	一五	二五	一八	北	三七	一四	二五	減		六	四六	
尾宿北增一	經	寅	一〇	〇八	〇五	寅	一三	〇七	〇一	加		五九	一〇	六
	緯	南	三二	四九	二四	南	一〇	二九	五六	加		六	四四	
天紀南增九	經	寅	一〇	〇八	五七	寅	一	四一	〇三	加		三五	三八	五
	緯	北	三〇	一五	一九	北	五一	四八	〇六	減		六	四八	
車肆北增一	經	寅	一〇	一三	一二	寅	九	二七	一六	加		四八	四二	六
	緯	南	五	四二	五一	北	一六	二二	〇一	加		六	四五	
魏西增一	經	寅	一〇	一八	三〇	寅	三	三一	五一	加		三七	四九	五
	緯	北	二五	〇六	一一	北	四六	四七	二三	減		六	四五	
天紀北增十二	經	寅	一〇	一九	二三	寅	〇	二八	三三	加		三三	五一	五
	緯	北	三四	〇一	三五	北	五五	三〇	二六	減		六	四五	
斛一	經	寅	一〇	二七	三六	寅	七	〇二	五一	加		四三	一二	四
	緯	北	一〇	三六	〇四	北	三二	三二	一六	減		六	四一	

（續表）

赤道析木宮恒星		赤道宮	赤道度	赤道分	赤道秒	黃道宮	黃道度	黃道分	黃道秒	赤道歲差	赤道歲差分	赤道歲差秒	赤道歲差微	星等
七公東增十六	經	寅	一〇	二九	〇〇	卯	二三	〇七	四三	加		二六	三九	五
	緯	北	四六	二六	三一	北	六七	二六	一九	減		六	四二	
天紀北增十一	經	寅	一〇	四七	四八	寅	一	五三	一二	加		三四	四三	五
	緯	北	三二	〇八	四一	北	五三	四六	〇〇	減		六	三六	
宦者西增二	經	寅	一一	〇〇	二七	寅	六	〇〇	一四	加		四〇	一四	五
	緯	北	一八	五一	五四	北	四〇	四六	三五	減		六	三〇	
宦者西增一	經	寅	一一	〇四	〇一	寅	六	〇五	〇六	加		四〇	一三	五
	緯	北	一八	四九	四四	北	四〇	四五	〇二	減		六	二八	
魏西增二	經	寅	一一	〇六	一一	寅	四	一五	五九	加		三七	二〇	六
	緯	北	二六	〇一	〇八	北	四七	五八	三〇	減		六	二九	
天江西增九	經	寅	一一	〇八	三〇	寅	一二	五三	二一	加		五五	三六	六
	緯	南	二四	三三	〇五	南	二	一一	〇〇	加		六	二五	
斛二	經	寅	一一	二二	四八	寅	八	一五	一二	加		四三	二九	四
	緯	北	九	四七	一一	北	三二	五二	二〇	減		六	二二	
宋西增一	經	寅	一一	四一	一七	寅	一一	五二	二三	加		五八	三九	六
	緯	南	一三	三五	二六	北	九	四四	四五	加		六	一四	
魏西增三	經	寅	一一	四三	〇二	寅	五	一一	一九	加		三七	二九	六
	緯	北	二五	四五	四五	北	四七	四〇	五〇	減		六	一六	
宋西增二	經	寅	一一	四六	〇六	寅	一二	四一	四二	加		五三	一五	六
	緯	南	一八	二七	四四	北	三	五五	五〇	加		六	一二	
天江西增十	經	寅	一一	四八	一七	寅	一三	三四	五五	加		五五	五八	六
	緯	南	二五	一八	一八	南	二	五一	一七	加		六	一三	

（續表）

赤道析木宮恒星		赤道宮	赤道度	赤道分	赤道秒	黃道宮	黃道度	黃道分	黃道秒	赤道歲差	赤道歲差分	赤道歲差秒	赤道歲差微	星等
車肆北增二	經	寅	一一	五二	五五	寅	一〇	五四	一七	加		四八	〇五	六
	緯	南	三	四八	五七	北	一八	二八	二一	加		六	一一	
天江西增十一	經	寅	一二	〇〇	一五	寅	一三	四五	一五	加		五五	五六	六
	緯	南	一五	一五	〇〇	南	二	四六	四〇	加		六	〇七	
天紀三	經	寅	一三	三六	一九	寅	四	四一	五六	加		三四	五八	三
	緯	北	三三	二一	二四	北	五三	一九	一二	減		五	五九	
宦者一	經	寅	一三	四二	〇七	寅	八	五七	二一	加		四一	四六	六
	緯	北	一四	二八	二七	北	三六	四二	〇〇	減		五	五六	
天江西增八	經	寅	一二	四六	三二	寅	一三	五七	五五	加		五四	二〇	六
	緯	南	二二	〇九	五一	北	一	二一	五〇	加		五	五一	
宦者二	經	寅	一二	五九	一五	寅	九	二三	〇八	加		四一	五六	六
	緯	北	一三	五九	〇三	北	三六	一五	二〇	減		五	五一	
天紀四	經	寅	一三	〇一	一三	寅	四	二二	三三	加		三三	四一	六
	緯	北	三三	五七	一九	北	五五	五六	〇八	減		五	五八	
宦者内增四	經	寅	一三	〇二	四七	寅	九	二七	四五	加		四一	五七	六
	緯	北	一三	五六	四六	北	三六	一三	三五	減		五	四九	
巽雀二	經	寅	一三	一四	〇二	寅	二一	三八	五九	加	一	四〇	一三	六
	緯	南	六九	五二	一〇	南	四六	五二	二二	加		五	三五	
宦者三	經	寅	一三	二三	一六	寅	一〇	〇〇	五〇	加		四二	一五	六
	緯	北	一三	〇六	四一	北	三五	二六	五〇	減		五	四一	
尾宿四	經	寅	一三	二四	一五	寅	一七	〇七	一四	加	一	〇四	五七	四
	緯	南	四二	五三	二七	南	二〇	〇八	五三	加		五	三八	

（續表）

赤道析木宮恒星		赤道 宮	赤道 度	赤道 分	赤道 秒	黃道 宮	黃道 度	黃道 分	黃道 秒	赤道歲差	赤道歲差 分	赤道歲差 秒	赤道歲差 微	星等
尚書五	經	寅	一三	三九	五九	辰	〇	五二	四七	加		三	五九	五
	緯	北	六五	三二	〇九	北	八三	一八	四〇	減		五	四二	
巽雀一	經	寅	一三	四一	五七	寅	二一	二〇	四八	加	一	三四	一四	五
	緯	南	六七	三二	三一	南	四四	三二	五五	加		五	二七	
尚書南增二	經	寅	一三	四四	二一	辰	一	四八	二八	加		四	一二	六
	緯	北	六五	二五	五六	北	八三	一八	四〇	減		五	四二	
宋	經	寅	一三	五五	五九	寅	一四	二三	四六	加		五二	一〇	三
	緯	南	一五	二三	〇三	北	七	一三	五三	加		五	二九	
天紀五	經	寅	一四	〇三	二〇	寅	五	一二	〇五	加		三二	四一	六
	緯	北	三五	四七	三七	北	五七	五四	三五	減		五	二九	
魏五增五	經	寅	一四	二七	一六	寅	九	〇一	四〇	加		三七	四四	六
	緯	北	二四	五〇	一六	北	四七	一一	三七	減		五	二〇	
天江一	經	寅	一四	三四	五五	寅	一六	一三	一五	加		五六	三九	六
	緯	南	二六	三八	三八	南	三	五三	四七	加		五	一四	
魏北增四	經	寅	一四	四八	一二	寅	八	五〇	〇六	加		三六	三三	六
	緯	北	二七	三四	一五	北	四九	五六	三〇	減		五	一三	
天江二	經	寅	一四	五三	五三	寅	一六	二七	一四	加		五六	二七	五
	緯	南	二六	一〇	三八	南	三	二四	〇九	加		五	〇八	
天棓西增九	經	寅	一五	〇三	三九	卯	二一	二二	四五	加		一八	五五	四
	緯	北	五四	四九	二九	北	七六	一七	一〇	減		五	一二	
宦者四	經	寅	一五	〇四	五五	寅	一二	二一	二一	加		四三	〇一	六
	緯	北	一〇	五五	一六	北	三三	二九	三七	減		五	〇六	

（續表）

赤道析木宮恒星		赤道宮	赤道度	赤道分	赤道秒	黄道宮	黄道度	黄道分	黄道秒	赤道歲差	赤道歲差分	赤道歲差秒	赤道歲差微	星等
天江内增三	經	寅	一五	〇八	四五	寅	一六	四〇	一五	加		五六	二七	六
	緯	南	二六	二七	五九	南	三	二〇	〇八	加		五	〇二	
天江東增二	經	寅	一五	二七	〇四	寅	一六	五七	四六	加		五六	三三	六
	緯	南	二六	一九	一三	南	三	二九	三九	加		四	五七	
天江北增六	經	寅	一五	三五	二七	寅	一六	五一	一七	加		五五	三四	六
	緯	南	二三	五八	三〇	南	一	〇八	五三	加		四	五五	
帝座	經	寅	一五	四五	一七	寅	一二	三五	〇三	加		四一	三七	三
	緯	北	一四	四一	四七	北	三七	一九	一五	減		四	五三	
黿二	經	寅	一五	五六	四四	寅	二〇	四一	四二	加	一	一六	一二	四
	緯	南	五六	〇四	三〇	南	三三	〇二	四四	加		四	四三	
杵三	經	寅	一五	五九	五六	寅	二〇	三六	五三	加	一	一五	一八	四
	緯	南	五五	一三	三三	南	三三	一一	四三	加		四	四二	
魏	經	寅	一六	〇六	〇八	寅	一一	〇八	三〇	加		三七	三一	四
	緯	北	二五	〇九	一二	北	四七	四三	四五	減		四	四六	
宗正西增三	經	寅	一六	二〇	〇三	寅	一五	一〇	〇四	加		四六	四九	六
	緯	南	〇	〇八	二〇	北	二三	三八	三二	加		四	四〇	
天江北增七	經	寅	一六	二五	一三	寅	一七	一八	五五	加		五四	一九	四
	緯	南	二〇	四八	二八	北	二	〇四	四三	加		四	三七	
女牀一	經	寅	一六	三〇	三三	寅	八	二六	一二	加		三一	五〇	三
	緯	北	三七	〇六	五七	北	五九	三五	三〇	減		四	三九	
天江内增四	經	寅	一六	三一	〇三	寅	一七	四五	二七	加		五五	五一	六
	緯	南	二四	三七	〇八	南	一	四二	二八	加		四	三五	

（續表）

赤道析木宮恒星	赤道經宮	赤道經度	赤道經分	赤道經秒	赤道緯宮	赤道緯度	赤道緯分	赤道緯秒	黃道經宮	黃道經度	黃道經分	黃道經秒	黃道緯宮	黃道緯度	黃道緯分	黃道緯秒	赤道歲差經	經分	經秒	經微	赤道歲差緯	緯分	緯秒	緯微	星等
天江三	寅	一六	三二	三〇	南	二四	四二	四一	寅	一七	四八	一二	南	一	四七	四七	加		五五	五三	加		四	三四	三
市樓四	寅	一六	三六	〇八	南	一二	三三	四八	寅	一六	四二	三九	北	一〇	一八	一一	加		五一	一三	加		四	三四	四
宦者東增五	寅	一六	三九	二五	北	一一	一〇	〇〇	寅	一四	一〇	〇〇	北	三三	五五	〇六	加		四二	五三	減		四	三三	六
天江南增一	寅	一六	四七	二七	南	二七	五一	三八	寅	一八	一八	〇五	南	四	五四	四七	加		五七	一七	加		四	二九	四
市樓南增一	寅	一六	五〇	二七	南	一二	四四	二〇	寅	一六	五七	四六	北	一〇	〇八	五九	加		五一	一六	加		四	二九	六
天紀六	寅	一六	五七	四六	北	三三	二三	四四	寅	一〇	一九	二二	北	五五	五九	二四	加		三三	四三	減		四	三〇	五
龜三	寅	一七	〇〇	二〇	南	六〇	二四	四一	寅	二一	五八	四〇	南	三七	一七	二四	加	一	二一	四七	加		四	一九	四
上弼	寅	一七	〇四	〇五	北	六六	〇一	四七	巳	二九	二四	〇五	北	八四	四七	〇〇	加		二	二〇	減		四	三三	三
女牀二	寅	一七	一一	四八	北	三七	三四	三四	寅	九	二〇	三〇	北	六〇	〇八	三五	加		三一	三二	減		四	二四	四
天江內增五	寅	一七	二二	四六	南	二三	五八	三九	寅	一八	二八	五七	南	〇	五九	五四	加		五五	三八	加		四	一八	六
魏東增六	寅	一七	三三	一〇	北	二四	四六	二三	寅	二三	〇九	〇六	北	四七	三一	四七	加		三七	三八	減		四	一六	四

（續表）

赤道析木宮恒星		赤道宮	赤道度	赤道分	赤道秒	黃道宮	黃道度	黃道分	黃道秒	赤道歲差加減	赤道歲差分	赤道歲差秒	赤道歲差微	星等
魏東增七	經	寅	一七	三九	一二	寅	一三	一七	〇八	加		三七	三七	五
	緯	北	二四	四六	二四	北	四七	三二	三〇	減		四	一三	
天江四	經	寅	一七	四〇	四二	寅	一八	四四	五四	加		五五	三七	四
	緯	南	二三	五四	一三	南	〇	五四	〇三	加		四	一一	
糠	經	寅	一七	四三	一一	寅	一九	一六	一六	加		五八	〇六	五
	緯	南	二九	三五	四七	南	六	三四	一二	加		四	〇九	
天紀內增十三	經	寅	一七	四三	五八	寅	一一	三六	四一	加		三三	五九	六
	緯	北	三二	四九	五一	北	五五	三一	五七	減		四	一三	
候西增二	經	寅	一七	五〇	四三	寅	一五	〇八	二七	加		四一	二九	六
	緯	北	一四	二九	四七	北	三七	二一	一四	減		四	〇九	
杵二	經	寅	一七	五九	二〇	寅	二一	二〇	〇六	加	一	一〇	一三	四
	緯	南	四九	三六	四九	南	二六	二九	三〇	加		四	〇二	
勾陳三	經	寅	一八	〇二	一二	未	五	四〇	二五	減	一	四〇	五二	四
	緯	北	八二	二三	三八	北	七三	五三	〇八	減		四	三三	
市樓五	經	寅	一八	〇九	五〇	寅	一八	一三	四〇	加		五一	〇七	六
	緯	南	一二	一五	〇八	北	一〇	四四	五二	加		四	〇一	
天棓南增七	經	寅	一八	一八	四四	寅	七	〇二	四八	加		二五	五〇	六
	緯	北	四六	二九	四二	北	六九	〇二	五〇	減		四	〇三	
尾宿九	經	寅	一八	二〇	四七	寅	二〇	二六	一六	加	一	〇一	五一	四
	緯	南	三七	〇二	五二	南	一三	五七	〇四	加		三	五六	
魏東增八	經	寅	一八	二一	一四	寅	一四	二九	二〇	加		三八	一五	六
	緯	北	二三	一三	〇三	北	四六	〇四	二九	減		三	五九	

（續表）

赤道析木宮恒星		赤道宮	赤道度	赤道分	赤道秒	黄道宮	黄道度	黄道分	黄道秒		赤道歲差分	赤道歲差秒	赤道歲差微	星等
候西增一	經	寅	一八	二三	一四	寅	一五	五六	五四	加		四二	○八	六
	緯	北	一三	○七	四四	北	三六	○二	四五	減		三	五七	
宗正西增二	經	寅	一八	二七	○九	寅	一七	○○	五二	加		四五	一五	五
	緯	北	四	二三	五一	北	二七	二○	三九	減		三	五六	
女牀三	經	寅	一八	四二	四九	寅	一一	四七	○二	加		三一	三三	四
	緯	北	三七	二四	二七	北	六○	一○	四○	減		三	五三	
天籥西增一	經	寅	一八	四九	一二	寅	一九	四五	五七	加		五五	三一	六
	緯	南	一三	三六	三一	南	○	三一	二○	加		三	四七	
天籥六	經	寅	一八	五七	三九	寅	一九	五四	一五	加		五五	三四	五
	緯	南	二三	四四	一一	南	○	三八	二三	加		三	四四	
天籥七	經	寅	一九	○二	四四	寅	二○	○八	一○	加		五六	二七	六
	緯	南	二五	四六	二二	南	二	三九	五二	加		三	四二	
尾宿八	經	寅	一九	○三	○八	寅	二一	○○	一○	加	一	○一	四六	三
	緯	南	三六	五二	五○	南	一三	四四	二○	加		三	四○	
杵一	經	寅	一九	○六	一九	寅	二一	五○	○一	加	一	○七	四二	五
	緯	南	四六	一五	五四	南	二三	○五	二六	加		三	三八	
尾宿五	經	寅	一九	四一	○七	寅	二一	五九	○七	加	一	○五	二三	二
	緯	南	四二	四九	二三	南	一九	三七	三六	加		三	二七	
天籥五	經	寅	一九	五九	一九	寅	二○	四二	三八	加		五四	四九	六
	緯	南	二一	四九	三九	北	一	一九	五九	加		三	二三	
天棓南增八	經	寅	二○	○二	二六	寅	九	○六	五三	加		二四	一一	六
	緯	北	四八	二八	五一	北	七一	一四	三○	減		三	二六	

（續表）

赤道析木宮恒星		赤道宮	赤道度	赤道分	赤道秒	黃道宮	黃道度	黃道分	黃道秒	赤道歲差	分	秒	微	星等
孔雀一	經	寅	二〇	〇三	五五	寅	二四	二一	五四	加	一	二九	二三	四
	緯	南	六四	四五	二一	南	四一	二八	〇二	加		三	一五	
趙	經	寅	二〇	〇四	〇一	寅	一六	一六	二八	加		三六	五二	四
	緯	北	二六	一九	三八	北	四九	二〇	一六	減		三	二三	
趙北增一	經	寅	二〇	二四	二三	寅	一六	二一	四七	加		三五	五一	六
	緯	北	二八	三六	五五	北	五一	三八	四〇	減		三	一七	
候南增五	經	寅	二〇	三五	二七	寅	一八	五六	一二	加		四三	二〇	六
	緯	北	九	四七	〇八	北	三二	五四	二七	減		三	二二	
候北增三	經	寅	二〇	三八	一九	寅	一八	三八	五九	加		四二	〇一	六
	緯	北	一三	二一	三〇	北	三六	二八	二二	減		三	一一	
南海	經	寅	二〇	四四	〇二	寅	二〇	五八	二三	加		五二	一五	四
	緯	南	一五	一二	二九	北	七	五九	〇五	加		三	〇七	
候	經	寅	二〇	四四	五九	寅	一八	五〇	三二	加		四二	一四	二
	緯	北	一二	四五	四五	北	三五	五三	一六	減		三	〇八	
候北增四	經	寅	二〇	四八	五一	寅	一八	五一	五一	加		四二	〇一	六
	緯	北	一三	一九	四六	北	三六	二七	二七	減		三	〇八	
天籥四	經	寅	二〇	五二	二六	寅	二一	三一	二三	加		五四	四七	六
	緯	南	二一	四二	二九	北	一	三〇	二四	加		三	〇四	
尾宿七	經	寅	二一	〇九	二一	寅	二三	五一	三九	加	一	〇三	〇〇	四
	緯	南	三八	五二	二九	南	一五	三六	三八	加		二	五六	
市樓一	經	寅	二一	一三	四五	寅	二〇	五九	三七	加		四九	三五	四
	緯	南	七	五六	四二	北	一五	一五	五一	加		二	五七	

（續表）

赤道析木宮恒星		赤道宮	赤道度	赤道分	赤道秒	黄道宮	黄道度	黄道分	黄道秒	赤道歲差	分	秒	微	星等
天棓三	經	寅	二一	一四	〇八	寅	八	三〇	四六	加		二〇	三六	三
	緯	北	五二	三〇	一四	北	七五	一九	五五	減		三	〇三	
天紀七	經	寅	二一	三七	五〇	寅	一七	四〇	〇八	加		三四	三五	五
	緯	北	三一	一三	三〇	北	五四	二一	〇〇	減		二	五二	
趙南增二	經	寅	二一	三九	五六	寅	一八	四二	三六	加		三七	三七	六
	緯	北	二四	二八	四三	北	四七	三八	〇七	減		二	五〇	
市樓二	經	寅	二一	四八	二四	寅	二一	五二	〇九	加		五一	一八	五
	緯	南	一三	四一	一六	北	一〇	三三	五一	加		二	四四	
天棓内增一	經	寅	二一	五〇	一六	寅	六	四六	一八	加		一七	四〇	四
	緯	北	五五	二三	二八	北	七八	一一	五〇	減		二	五〇	
天棓二	經	寅	二一	五一	五〇	寅	六	五一	三三	加		一七	四〇	四
	緯	北	五五	二一	四〇	北	七八	一一	一八	減		二	四九	
天棓南增六	經	寅	二一	五四	〇七	寅	一三	二四	〇六	加		二三	四七	四
	緯	北	四七	三二	一五	北	七〇	三三	一三	減		二	四七	
天棓南增五	經	寅	二一	五五	二〇	寅	一三	二六	四六	加		二四	四九	四
	緯	北	四七	三二	五三	北	七〇	三三	〇〇	減		二	四八	
天籥三	經	寅	二三	〇〇	一六	寅	二二	三三	四四	加		五四	四四	五
	緯	南	二一	三一	五一	北	一	四四	四五	加		二	四一	
市樓六	經	寅	二三	一八	四六	寅	二二	〇七	二七	加		四九	四九	四
	緯	南	八	一五	一二	南	一五	〇一	一一	加		二	三四	
尾宿六	經	寅	二三	二二	二一	寅	二三	五四	二九	加	一	〇三	四四	三
	緯	南	四〇	〇一	〇〇	南	一六	四一	四一	加		二	三一	

（續表）

赤道析木宮恒星		赤道				黃道				赤道歲差				星等
		宮	度	分	秒	宮	度	分	秒		分	秒	微	
天棓南增四	經	寅	二二	三二	一〇	寅	一四	〇四	一六	加		二三	五〇	六
	緯	北	四八	四四	三四	北	七一	四八	四六	減		二	三四	
宗正一	經	寅	二二	四二	一九	寅	二一	四五	四四	加		四五	〇七	三
	緯	北	四	四一	三一	北	二七	五八	〇〇	減		二	二六	
天籥二	經	寅	二三	四九	三七	寅	二三	二〇	〇九	加		五四	四九	六
	緯	南	二一	四三	〇一	北	一	三六	〇一	加		二	二三	
天籥八	經	寅	二二	五一	五〇	寅	二三	四〇	〇一	加		五七	三三	六
	緯	南	二七	四二	一七	南	四	二二	四二	加		二	二一	
宗正南增一	經	寅	二三	五五	二五	寅	二二	〇七	四六	加		四五	四九	六
	緯	北	二	四四	〇〇	北	二六	〇一	二四	減		二	二二	
趙東增三	經	寅	二二	五九	一五	寅	二〇	三〇	〇六	加		三六	三八	六
	緯	北	二四	二三	〇〇	北	四七	三八	〇七	減		二	二三	
天棓五	經	寅	二三	〇二	四五	寅	一六	一六	〇一	加		二五	四五	四
	緯	北	四六	〇九	四四	北	六九	一八	四九	減		二	二四	
天棓北增十	經	寅	二三	〇二	四五	卯	二三	〇二	四〇	加		八	五二	六
	緯	北	六二	〇〇	〇七	北	八四	三四	三〇	減		二	二六	
傳說	經	寅	二三	〇八	〇七	寅	二四	二一	四〇	加	一	〇一	五九	四
	緯	南	三六	五八	一一	南	一三	三七	一五	加		二	一五	
尚書一	經	寅	二三	一二	〇三	午	二二	四四	五〇	減		三	五二	五
	緯	北	六八	一七	一九	北	八六	五〇	四五	減		二	二五	
宗正二	經	寅	二三	四五	五四	寅	二三	〇三	三二	加		四五	四五	三
	緯	北	二	四九	二一	北	二六	〇九	二〇	減		二	〇四	

（續表）

赤道析木宫恒星		赤道宫	赤道度	赤道分	赤道秒	黄道宫	黄道度	黄道分	黄道秒	加減	赤道歲差分	赤道歲差秒	赤道歲差微	星等
九河	經	寅	二四	○五	四八	寅	二二	三九	二六	加		三六	○五	四
	緯	北	二七	五三	五四	北	五一	一二	三八	減		一	五九	
魚	經	寅	二四	一三	○八	寅	二五	○九	三四	加	一	○○	五一	四
	緯	南	三四	四七	四四	南	一一	二四	三四	加		一	五五	
尚書東增一	經	寅	二四	三二	○○	午	八	五八	三三	減		五	二九	四
	緯	北	六八	五一	四九	北	八六	五二	一○	減		一	五七	
九河南增一	經	寅	二四	三四	○二	寅	二二	三一	一○	加		三七	○二	六
	緯	北	二五	四三	三八	北	四九	○四	一○	減		一	四八	
天籥一	經	寅	二四	四七	四三	寅	二五	一六	三○	加		五六	○八	五
	緯	南	二四	四八	○一	南	一	二四	○八	加		一	四○	
天紀八	經	寅	二四	五三	二一	寅	二二	一○	一五	加		三三	一七	五
	緯	北	三三	四一	二四	北	五七	○二	○三	減		一	四三	
御女三	經	寅	二四	五五	○九	未	九	五○	四○	減		二五	二七	六
	緯	北	七四	二一	五七	北	八一	五八	三三	減		一	五三	
天棓内增二	經	寅	二五	四六	一五	寅	二○	○九	三六	加		二二	五三	六
	緯	北	四九	五一	一一	北	七四	一一	三○	減		一	二六	
天棓東增三	經	寅	二五	五三	三六	寅	二一	一四	三○	加		二三	五三	六
	緯	北	四八	二八	二四	北	七一	四九	五三	減		一	二四	
孔雀二	經	寅	二五	五四	○七	寅	二七	三七	○四	加	一	二七	四一	五
	緯	南	六三	三六	二六	南	四○	○九	二八	加		一	一一	
天籥東增二	經	寅	二六	○三	一○	寅	二六	二三	一六	加		五五	四二	六
	緯	南	二三	四五	四六	南	○	一九	四五	加		一	一四	

（續表）

赤道析木宮恒星		赤道宮	赤道度	赤道分	赤道秒	黃道宮	黃道度	黃道分	黃道秒	加減	赤道歲差分	赤道歲差秒	赤道歲差微	星等
天籥東增三	經	寅	二六	〇七	四八	寅	二六	二八	一七	加		五五	四八	六
	緯	南	二四	一四	〇〇	南	〇	四七	五一	加		一	一三	
天紀北增十四	經	寅	二六	一三	一一	寅	二三	三〇	五一	加		二九	四三	六
	緯	北	四〇	〇四	二七	北	六三	二八	二〇	減		一	一五	
燕	經	寅	二六	一三	三四	寅	二六	一〇	一六	加		五〇	一六	四
	緯	南	九	四三	一四	北	一三	四二	四五	加		一	一一	
斗宿西增一	經	寅	二六	二一	一八	寅	二六	三一	〇一	加		五三	一三	六
	緯	南	一七	五七	三〇	北	五	二八	五一	加		一	〇八	
杵東增一	經	寅	二六	三四	四五	寅	二七	三二	四〇	加	一	一二	〇二	五
	緯	南	五〇	〇三	二〇	南	二六	三六	〇五	加		一	〇〇	
女史西增一	經	寅	二六	四三	三七	未	九	四六	五〇	減		一六	三九	六
	緯	北	七二	一六	三七	北	八四	〇七	四〇	減		一	一三	
東海西增一	經	寅	二六	四四	二五	寅	二六	三二	三二	加		四八	〇五	三
	緯	南	三	三八	四七	北	一九	四七	五二	加		一	〇一	
天籥東增四	經	寅	二六	四七	四九	寅	二七	〇四	四七	加		五五	五六	六
	緯	南	二四	一四	五三	南	〇	四七	五〇	加			五八	
天紀九	經	寅	二六	五〇	〇七	寅	二四	五〇	五〇	加		三一	二〇	四
	緯	北	三七	一八	〇四	北	六〇	四三	四〇	減		一	〇一	
宗人一	經	寅	二六	五三	二五	寅	二六	二九	三三	加		四五	一二	四
	緯	北	四	二四	一九	北	二七	五一	〇三	減			五八	
中山西增一	經	寅	二六	五五	一六	寅	二五	三三	四九	加		三五	二四	四
	緯	北	二九	一七	四七	北	五二	四三	五六	減			五九	

（續表）

赤道析木宮恒星		赤道宮	赤道度	赤道分	赤道秒	黃道宮	黃道度	黃道分	黃道秒	赤道歲差	歲差分	歲差秒	歲差微	星等
宗人二	經	寅	二六	五七	二一	寅	二六	三六	一九	加		四五	四四	四
	緯	北	二	五七	四一	北	二六	二四	三一	減			五六	
帛度南增三	經	寅	二七	〇五	五三	寅	二六	二一	三七	加		四〇	四〇	五
	緯	北	一六	四六	一〇	北	四〇	一二	五八	減			五五	
中山西增二	經	寅	二七	〇九	二一	寅	二五	五一	〇〇	加		二四	五七	五
	緯	北	三〇	一三	四三	北	五三	四〇	一五	減			五五	
宗人三	經	寅	二七	一一	二一	寅	二六	五四	一七	加		四六	一九	四
	緯	北	一	一九	五六	北	二四	四七	〇七	減			五二	
市樓三	經	寅	二七	一六	四〇	寅	二七	一二	二三	加		四九	四一	五
	緯	南	八	〇九	五三	北	一五	一七	三一	加			五〇	
天棓一	經	寅	二七	一八	四四	寅	二一	一四	二〇	加		一五	三七	三
	緯	北	五六	五五	三五	北	八〇	一九	四〇	減			五四	
箕宿一	經	寅	二七	一九	四六	寅	二七	四〇	四七	加		五八	四一	三
	緯	南	三〇	二三	三三	南	六	五五	五一	加			四七	
帛度一	經	寅	二七	三六	一〇	寅	二六	五〇	三六	加		三八	四三	四
	緯	北	二一	三七	〇四	北	四五	〇四	三〇	減			四三	
天棓四	經	寅	二七	四一	四三	寅	二四	二七	四八	加		二一	一三	二
	緯	北	五一	三二	〇〇	北	七四	五八	二〇	減			四六	
帛度南增一	經	寅	二七	四七	二六	寅	二七	〇六	五〇	加		三九	〇三	五
	緯	北	二〇	五一	一四	北	四四	一八	五四	減			四〇	
屠肆西增一	經	寅	二七	五八	二一	寅	二七	一七	一六	加		三八	一一	五
	緯	北	二二	五六	五六	北	四六	二四	四八	減			三五	

（續 表）

赤道析木宮恒星		赤道 宮	赤道 度	赤道 分	赤道 秒	黃道 宮	黃道 度	黃道 分	黃道 秒	赤道歲差	赤道歲差 分	赤道歲差 秒	赤道歲差 微	星等
宗人四	經	寅	二八	○六	五六	寅	二七	五四	一六	加		四五	五二	四
	緯	北	二	三五	四三	北	二六	○三	五四	減			三一	
屠肆二	經	寅	二八	四四	五一	寅	二八	二○	二四	加		三八	二八	五
	緯	北	二三	一二	五○	北	四五	四一	二四	減			一九	
宗人北增二	經	寅	二八	四五	一五	寅	二八	三二	四一	加		四三	三九	六
	緯	北	八	四三	一五	北	三二	一一	五三	減			一八	
宗人北增一	經	寅	二八	四七	三○	寅	二八	三四	四三	加		四三	二一	六
	緯	北	九	三二	四六	北	三三	○一	二五	減			一七	
宗人東增三	經	寅	二九	一二	三二	寅	二九	○六	三九	加		四五	二八	六
	緯	北	三	五七	二三	北	二七	二六	一四	減			九	
中山北增三	經	寅	二九	一八	一○	寅	二八	五八	四○	加		三四	四七	五
	緯	北	三○	三二	四一	北	五四	○一	三二	減			九	
中山南增七	經	寅	二九	二○	三七	寅	二九	○五	二八	加		三六	五○	六
	緯	北	二六	○四	四七	北	四九	三三	四○	減			七	
中山	經	寅	二九	二二	二五	寅	二九	○六	一三	加		三五	三九	四
	緯	北	二八	四四	四二	北	五二	一三	三五	減			七	
帛度南增二	經	寅	二九	二三	○四	寅	二九	一二	○九	加		三九	二一	五
	緯	北	二○	○一	二九	北	四三	三○	二三	減			六	
帛度二	經	寅	二九	二四	二八	寅	二九	一三	三六	加		三九	○三	四
	緯	北	二○	四八	一二	北	四四	一七	○六	減			六	
斗宿三	經	寅	二九	三七	四二	寅	二九	三九	一○	加		五四	三六	四
	緯	南	二二	○六	○五	北	二	二二	五四	加			二	

（續表）

赤道析木宮恒星		赤道宮	赤道度	赤道分	赤道秒	黃道宮	黃道度	黃道分	黃道秒	赤道歲差	赤道歲差分	赤道歲差秒	赤道歲差微	星等
孔雀北增二	經	寅	二九	四九	一二	寅	二九	五三	二七	加	一	二四	一六	四
	緯	南	六一	三二	三六	南	三八	〇三	三六	減			一一	
女史	經	寅	二九	五八	〇九	未	〇	〇五	五八	減		一五	四九	四
	緯	北	七二	〇〇	五〇	北	八四	三〇	一〇	減			四	

清·戴進賢《儀象考成》卷二六《月五星相距恒星經緯度表》 黃道十二宮赤道度附

恒星在天，各有定位。月五星東行過之，南北相距一度以內爲犯。月距十七分以內，五星距三分以內爲淩。同度爲掩。月五星出入黃道不過十度，故取黃道南北十度以內之恒星，依黃道次序列爲表，而以赤道經緯附之，並將赤道歲差列於其下。推算之法詳見《考成》上編，茲不具載。

黃道星紀宮恒星		黃道宮	黃道度	黃道分	黃道秒	赤道宮	赤道度	赤道分	赤道秒	赤道歲差	赤道歲差分	赤道歲差秒	赤道歲差微	星等
斗宿北增二	經	丑	〇	〇〇	〇五	丑	〇	〇〇	〇九	加		五四	二五	六
	緯	北	二	四二	二八	南	二〇	四六	三三	減			九	
箕宿二	經	丑	〇	五九	一二	丑	一	〇七	五二	加		五八	二七	三
	緯	南	六	二五	二一	南	二九	五四	〇七	減			三五	
斗宿北增三	經	丑	二	二三	五五	丑	二	三三	三八	加		五四	二四	六
	緯	北	二	四八	三九	南	二〇	三九	〇四	減		一	〇四	
斗宿二	經	丑	二	四四	五五	丑	三	〇二	三九	加		五六	二七	四
	緯	南	二	〇四	〇一	南	二五	三一	一六	減		一	一五	
斗宿北增四	經	丑	六	〇一	〇〇	丑	六	三五	二四	加		五五	四五	六
	緯	南	〇	四一	二〇	南	二四	〇二	〇四	減		二	二九	
斗宿一	經	丑	六	三五	四二	丑	七	二四	一三	加		五七	〇七	五
	緯	南	三	五四	三五	南	二七	一三	二五	減		二	四七	

（續表）

黄道星紀宫恒星		黄道宫	黄道度	黄道分	黄道秒	赤道宫	赤道度	赤道分	赤道秒	赤道歲差	赤道歲差分	赤道歲差秒	赤道歲差微	星等
建西增一	經	丑	八	〇四	五六	丑	八	三七	四二	加		五四	一九	六
	緯	北	二	三九	一二	南	二〇	三五	一六	減		三	一二	
建西增五	經	丑	八	一一	二四	丑	八	五一	五一	加		五五	〇二	六
	緯	北	〇	四八	三四	南	二二	二五	一九	減		三	一八	
建西增四	經	丑	八	三〇	五五	丑	九	一二	〇二	加		五四	五八	六
	緯	北	一	〇一	三〇	南	二二	一一	一二	減		三	二五	
斗宿四	經	丑	八	四八	一二	丑	九	五〇	〇八	加		五六	四六	三
	緯	南	三	二三	三二	南	二六	三四	三〇	減		三	三九	
建西增六	經	丑	八	五四	〇四	丑	九	四〇	四五	加		五五	一六	五
	緯	北	〇	〇九	一二	南	二三	〇一	五一	減		三	三五	
建西增三	經	丑	九	〇〇	〇九	丑	九	四一	一九	加		五四	四一	六
	緯	北	一	三二	〇三	南	二一	三八	四七	減		三	三四	
建西增七	經	丑	九	〇七	一四	丑	九	五四	四六	加		五五	一四	五
	緯	北	〇	一二	三三	南	二三	五七	三七	減		三	三九	
建北增二	經	丑	九	五一	〇九	丑	一〇	三三	〇四	加		五四	二五	六
	緯	北	二	〇九	二五	南	二〇	五七	五七	減		三	五四	
建一	經	丑	九	五三	五二	丑	一〇	三八	〇七	加		五四	三五	五
	緯	北	一	四二	一二	南	二一	二四	五三	減		三	五五	
斗宿六	經	丑	一〇	〇二	二三	丑	一一	三二	四八	加		五八	二一	三
	緯	南	七	〇七	五五	南	三〇	一二	四七	減		四	一四	
斗宿五	經	丑	一一	一五	一〇	丑	一二	四三	〇九	加		五七	一七	四
	緯	南	五	〇一	一二	南	二八	〇〇	二五	減		四	三八	

（續表）

黃道星紀宮恒星		黃道宮	黃道度	黃道分	黃道秒	赤道宮	赤道度	赤道分	赤道秒	赤道歲差	赤道歲差分	赤道歲差秒	赤道歲差微	星等
建二	經	丑	一一	二五	四六	丑	一二	二〇	四七	加		五四	四九	五
	緯	北	〇	五四	三八	南	二三	〇五	〇〇	減		四	三〇	
建三	經	丑	一二	四一	四四	丑	一三	三八	五五	加		五四	二九	四
	緯	北	一	二八	五九	南	二一	二三	五九	減		四	五七	
狗西增六	經	丑	一三	二八	〇六	丑	一四	五七	二三	加		五六	一〇	五
	緯	南	二	五二	五五	南	二五	四〇	〇三	減		五	二四	
建四	經	丑	一四	四七	二二	丑	一五	四〇	二四	加		五三	三八	六
	緯	北	三	一七	五九	南	一九	二二	五二	減		五	三八	
狗二	經	丑	一五	四五	一九	丑	一七	二四	四八	加		五五	四五	五
	緯	南	二	二六	一七	南	二四	五八	二〇	減		六	一五	
狗北增五	經	丑	一五	四七	四三	丑	一七	二六	四三	加		五五	四四	六
	緯	南	二	二一	〇五	南	二四	五二	五三	減		六	一五	
建南增八	經	丑	一五	五一	一七	丑	一六	四三	五一	加		五三	二一	六
	緯	北	三	四八	四三	南	一八	四五	一三	減		六	〇〇	
狗北增四	經	丑	一五	五二	四六	丑	一七	二八	四五	加		五五	三三	六
	緯	南	一	五四	三六	南	二四	二六	〇〇	減		六	一六	
建五	經	丑	一五	五三	一〇	丑	一六	四二	四三	加		五三	一一	五
	緯	北	四	一五	四三	南	一八	一八	〇九	減		五	五九	
建六	經	丑	一六	〇六	四九	丑	一六	四三	〇四	加		五二	二八	五
	緯	北	六	〇八	四二	南	一六	二四	二三	減		六	〇〇	
狗北增三	經	丑	一六	二四	〇四	丑	一七	四五	五五	加		五四	四〇	六
	緯	北	〇	一二	二〇	南	二二	一六	一三	減		六	二二	

（續表）

黃道星紀宮恒星		黃道 宮	度	分	秒	赤道 宮	度	分	秒		赤道歲差 分	秒	微	星等
狗北增一	經	丑	一八	〇九	一二	丑	二〇	〇七	一五	加		五五	四四	六
	緯	南	三	〇一	五三	南	二五	一五	一二	減		七	〇九	
狗一	經	丑	一八	一六	一五	丑	二〇	一六	三九	加		五五	四八	六
	緯	南	三	一三	〇一	南	二五	二五	一五	減		七	一一	
狗東增二	經	丑	一九	一三	〇四	丑	二一	〇六	一六	加		五五	一〇	六
	緯	南	一	五四	〇四	南	二三	五九	〇六	減		七	二九	
天雞西增二	經	丑	二〇	三八	五六	丑	二一	三一	五一	加		五二	二九	六
	緯	北	五	〇五	五四	南	一六	五一	〇八	減		七	三六	
天雞一	經	丑	二一	〇五	二九	丑	二一	五八	一九	加		五二	一三	五
	緯	北	五	一一	二六	南	一六	四一	四三	減		七	四四	
天雞二	經	丑	二一	二一	四一	丑	二二	五一	一二	加		五三	四一	六
	緯	北	一	二七	〇二	南	二〇	二一	〇四	減		八	〇二	
狗國一	經	丑	二三	一四	四六	丑	二五	〇〇	五〇	加		五六	〇五	五
	緯	南	五	二二	五五	南	二六	五七	〇二	減		八	四四	
狗國四	經	丑	二三	二〇	一五	丑	二五	一七	一〇	加		五六	二四	五
	緯	南	六	一六	三四	南	二七	四八	五八	減		八	五〇	
天雞東增二	經	丑	二三	五一	〇二	丑	二四	二〇	二七	加		五三	二一	六
	緯	北	一	五四	〇三	南	一九	四〇	〇八	減		八	三一	
狗國二	經	丑	二二	五八	一六	丑	二五	四九	〇二	加		五五	五八	五
	緯	南	五	二四	四四	南	二六	五一	二四	減		九	〇一	
狗國三	經	丑	二三	二八	三〇	丑	二六	四二	一五	加		五六	三一	五
	緯	南	七	〇三	四八	南	二八	二三	三四	減		九	一八	

（續表）

黄道星紀宫恒星		黄道 宫	黄道 度	黄道 分	黄道 秒	赤道 宫	赤道 度	赤道 分	赤道 秒	赤道歲差	赤道歲差 分	赤道歲差 秒	赤道歲差 微	星等
天雞東增三	經	丑	二四	五二	四九	丑	二五	五一	四五	加		五二	○一	六
	緯	北	五	○八	二三	南	一六	○八	○二	減		九	○一	
牛宿西增一	經	丑	二六	一二	一九	丑	二六	五四	三九	加		五一	二一	六
	緯	北	六	四四	三二	南	一四	一九	二○	減		九	二○	
牛宿西增二	經	丑	二七	一四	二七	丑	二七	四八	○五	加		五一	○○	六
	緯	北	七	三一	四五	南	一三	二一	三三	減		九	三七	
牛宿西增三	經	丑	二七	二三	○一	丑	二七	四四	三一	加		五○	三九	六
	緯	北	八	三四	四○	南	一二	一八	一○	減		九	三七	
牛宿西增九	經	丑	二八	一一	○一	子	○	四四	三○	加		五三	五九	六
	緯	南	二	○三	二三	南	二三	三四	三七	減		一○	三二	
牛宿西增四	經	丑	二八	二一	五八	丑	二八	五六	四○	加		五○	四五	六
	緯	北	七	二七	○四	南	一三	一三	二二	減		九	五九	

赤道鶉首宫恒星		黄道 宫	黄道 度	黄道 分	黄道 秒	赤道 宫	赤道 度	赤道 分	赤道 秒	赤道歲差	赤道歲差 分	赤道歲差 秒	赤道歲差 微	星等
牛宿三	經	丑	二八	五五	二八	丑	二九	三二	四五	加		五	五六	六
	緯	北	七	一三	一八	南	一三	二○	二○	減		一○	○九	
牛宿西增八	經	丑	二九	○六	四四	子	一	○九	一三	加		五三	○一	氣
	緯	北	○	二九	二九	南	一九	五三	三五	減		一○	四○	
牛宿内增五	經	丑	二九	五六	四一	子	○	三三	二三	加		五○	四九	六
	緯	北	七	一五	三四	南	一三	○五	五四	減		一○	二七	

（續表）

黃道元枵宮恒星		黃道 宮	黃道 度	黃道 分	黃道 秒	赤道 宮	赤道 度	赤道 分	赤道 秒	赤道歲差	赤道歲差 分	赤道歲差 秒	赤道歲差 微	星等
牛宿内增六	經	子	○	一二	一九	子	○	五一	五八	加		五○	五○	四
	緯	北	七	○一	三一	南	一三	一六	二八	減		一○	三三	
牛宿二	經	子	○	七	二一	子	○	五七	四一	加		五○	五一	三
	緯	北	六	五八	○六	南	一三	一八	四七	減		一○	三五	
牛宿一	經	子	○	二八	五七	子	一	三九	三六	加		五一	三二	三
	緯	北	四	三七	二七	南	一五	三三	五七	減		一○	四七	
牛宿東增七	經	子	○	五二	○九	子	一	三七	○○	加		五○	五三	六
	緯	北	六	三六	五一	南	一三	三三	二一	減		一○	四六	
牛宿四	經	子	一	○八	五五	子	三	一○	○二	加		五三	三五	氣
	緯	北	○	五六	○六	南	一九	○一	三九	減		一一	一六	
牛宿六	經	子	一	三六	○九	子	三	三三	五二	加		五二	二六	氣
	緯	北	一	一四	一七	南	一八	三七	五六	減		一一	三二	
牛宿五	經	子	一	三九	一○	子	三	四八	一五	加		五三	三九	氣
	緯	北	○	二六	○九	南	一九	二四	一三	減		一一	二六	
天田四	經	子	三	三五	一一	子	七	四三	○一	加		五四	二五	五
	緯	南	六	五八	二三	南	二六	○九	二九	減		一二	三三	
羅堰二	經	子	四	○五	五三	子	六	二三	○○	加		五二	二○	五
	緯	北	○	一五	四六	南	一九	○○	四三	減		一二	一○	
羅堰西增一	經	子	四	一三	五七	子	五	四五	○○	加		五一	二六	六
	緯	北	三	一九	三○	南	一六	○○	一三	減		一二	○○	
天田二	經	子	四	二二	○五	子	九	○六	一三	加		五五	○一	六
	緯	南	八	五五	○五	南	二七	五○	五二	減		一二	五七	

（續表）

黃道元枵宮恒星		黃道 宮	黃道 度	黃道 分	黃道 秒	赤道 宮	赤道 度	赤道 分	赤道 秒	赤道歲差	赤道歲差 分	赤道歲差 秒	赤道歲差 微	星等
羅堰三	經	子	四	三五	五九	子	七	四九	二二	加		五三	二〇	六
	緯	南	三	二二	三四	南	二三	二五	二四	減		一二	三四	
羅堰一	經	子	四	四三	四四	子	六	一四	〇六	加		五一	二一	五
	緯	北	三	二三	二六	南	一五	四九	二五	減		一二	〇七	
越	經	子	七	三二	二四	子	一〇	五三	〇〇	加		五二	〇一	六
	緯	南	〇	二八	〇九	南	一八	五二	二二	減		一三	一二	
女宿一	經	子	八	〇九	〇六	子	八	二六	五五	加		四九	三九	四
	緯	北	八	〇六	四一	南	一〇	二五	〇一	減		一二	四四	
天田三	經	子	八	一五	四六	子	一三	〇〇	五八	加		五三	五五	六
	緯	南	八	〇三	三八	南	二六	〇〇	〇五	減		一三	五九	
鄭	經	子	八	一九	二四	子	一一	一六	〇三	加		五二	一五	六
	緯	南	一	五一	一〇	南	二〇	〇〇	二〇	減		一三	三一	
周二	經	子	九	〇二	〇二	子	一一	三六	四八	加		五一	四八	六
	緯	南	〇	二九	三七	南	一八	三〇	二五	減		一三	三六	
周一	經	子	九	一〇	五五	子	二二	二七	五三	加		五二	二五	五
	緯	南	二	五七	四三	南	二〇	五〇	四七	減		一三	五〇	
女宿二	經	子	九	二九	一三	子	九	四二	二四	加		四九	二八	四
	緯	北	八	一六	一〇	南	九	五五	四三	減		一三	〇六	
齊	經	子	九	四二	五二	子	一三	二八	一一	加		五二	四三	五
	緯	南	四	三一	〇八	南	二三	一一	五九	減		一四	〇六	
天壘城九	經	子	一〇	〇四	二〇	子	一一	二七	一九	加		五〇	三二	六
	緯	北	三	五一	五二	南	一四	〇一	四七	減		一三	三四	

（續表）

黃道元枵宮恒星		黃道宮	黃道度	黃道分	黃道秒	赤道宮	赤道度	赤道分	赤道秒	赤道歲差	赤道歲差分	赤道歲差秒	赤道歲差微	星等
趙二	經	子	一〇	〇七	〇七	子	一三	四三	二七	加		五二	三一	六
	緯	南	三	五八	〇九	南	二一	三三	三七	減		一四	〇九	
趙一	經	子	一〇	〇九	五七	子	一三	四〇	〇二	加		五二	二四	六
	緯	南	三	三六	四六	南	二二	一二	一七	減		一四	〇九	
天壘城八	經	子	一〇	一三	一一	子	一一	四四	五八	加		五〇	三九	五
	緯	北	三	一九	三〇	南	一四	三〇	三九	減		一三	三九	
秦一	經	子	一〇	二六	四〇	子	一二	五三	三一	加		五一	三七	五
	緯	南	〇	三三	〇〇	南	一八	一三	四一	減		一三	五七	
女宿南增五	經	子	一〇	一七	五九	子	一〇	四五	一三	加		四九	三八	六
	緯	北	七	一七	五三	南	一〇	三九	二七	減		一三	三三	
楚	經	子	一一	二七	四四	子	一五	一六	〇一	加		五二	二四	六
	緯	南	四	二九	五〇	南	二一	四一	三一	減		一四	三二	
秦二	經	子	一二	四七	三一	子	一五	五四	〇七	加		五一	三六	六
	緯	南	二	〇七	二三	南	一九	〇二	一六	減		一四	四二	
天壘城十	經	子	一二	四九	一三	子	一三	五四	一九	加		四九	五七	五
	緯	北	四	四七	四八	南	一二	二三	二四	減		一四	一二	
天壘城七	經	子	一二	五五	三九	子	一五	一一	一五	加		五〇	五三	六
	緯	北	〇	四三	四〇	南	一六	一五	五八	減		一四	三〇	
魏	經	子	一三	一八	三五	子	一七	二四	四三	加		五二	一四	六
	緯	南	五	一七	二五	南	二一	五五	〇七	減		一五	〇四	
燕	經	子	一三	二一	四九	子	一八	〇〇	一五	加		五二	三六	五
	緯	南	六	五七	三六	南	二三	二九	五一	減		一五	一三	

（續表）

黃道元枵宫恒星		黃道宫	黃道度	黃道分	黃道秒	赤道宫	赤道度	赤道分	赤道秒	赤道歲差	赤道歲差分	赤道歲差秒	赤道歲差微	星等
韓	經	子	一三	五三	〇八	子	一八	〇一	〇五	加		五二	〇九	六
	緯	南	五	二〇	二七	南	二一	四七	四九	減		一五	一二	
晉	經	子	一四	〇〇	二〇	子	一八	三一	三一	加		五二	二三	六
	緯	南	六	三一	四五	南	二二	五三	四三	減		一五	二〇	
代一	經	子	一四	〇六	五〇	子	一六	五九	四七	加		五一	一一	六
	緯	南	一	二〇	一三	南	一七	五四	一三	減		一四	五八	
天壘城十一	經	子	一五	〇三	三〇	子	一五	三八	〇六	加		四九	一八	六
	緯	北	六	二一	四三	南	一〇	一五	三七	減		一四	三九	
天壘城六	經	子	一五	四六	一六	子	一七	三二	三〇	加		五〇	〇七	六
	緯	北	二	一七	〇三	南	一三	五七	二一	減		一五	〇五	
代二	經	子	一五	五三	三七	子	二〇	〇七	三四	加		五一	四八	六
	緯	南	五	三一	九	南	二一	二一	五四	減		一五	四一	
代内增一	經	子	一五	五五	五七	子	二〇	〇六	五七	加		五一	四六	六
	緯	南	五	二二	一五	南	二一	一二	三四	減		一五	四一	
代南增二	經	子	一六	二七	一六	子	二一	五〇	三三	加		五二	二三	六
	緯	南	八	五三	三八	南	二四	二三	四二	減		一六	〇五	
天壘城十二	經	子	一六	三五	三三	子	一七	一七	四六	加		四九	一五	六
	緯	北	五	四五	四一	南	一〇	二三	三〇	減		一五	〇二	
壘壁陣二	經	子	一六	三七	五二	子	二〇	四一	〇六	加		五一	三三	四
	緯	南	四	五六	五六	南	二〇	三五	三七	減		一五	四九	
天壘城十三	經	子	一六	五九	三七	子	一七	五一	一八	加		四九	二一	六
	緯	北	五	一一	三三	南	一〇	四九	〇一	減		一五	〇八	

（續表）

黃道元枵宮恒星		黃道宮	黃道度	黃道分	黃道秒	赤道宮	赤道度	赤道分	赤道秒	赤道歲差	赤道歲差分	赤道歲差秒	赤道歲差微	星等
壘壁陣一	經	子	一八	〇四	〇五	子	二二	〇五	二一	加		五一	一五	五
	緯	南	四	四八	三六	南	二〇	〇〇	五二	減		一六	〇八	
壘壁陣三	經	子	一八	一二	四二	子	二一	二八	二七	加		五〇	四六	四
	緯	南	二	三一	一八	南	一七	四七	四七	減		一五	五九	
哭西增一	經	子	一九	二五	四九	子	二一	五四	三〇	加		五〇	〇七	六
	緯	南	〇	〇九	一三	南	一五	〇九	五八	減		一六	〇五	
哭西增二	經	子	一九	三八	四六	子	二二	一六	三三	加		五〇	一〇	六
	緯	南	〇	三七	四四	南	一五	三二	五八	減		一六	〇九	
哭西增三	經	子	一九	四五	〇〇	子	二二	三〇	三七	加		五〇	一三	六
	緯	南	一	〇一	五四	南	一五	五三	五六	減		一六	一三	
虛宿一	經	子	一九	四九	二二	子	一九	三〇	三九	加		四八	一八	三
	緯	北	八	三八	四三	南	六	四〇	四二	減		一五	三三	
壘壁陣四	經	子	一九	五八	一四	子	二三	一三	四〇	加		五〇	三〇	三
	緯	南	二	三二	一九	南	一七	一五	二七	減		一六	二一	
天壘城一	經	子	二〇	三二	一六	子	二一	〇一	一五	加		四八	四五	五
	緯	北	五	五九	一四	南	八	五九	一四	減		一五	五三	
天壘城五	經	子	二一	二一	五八	子	二三	〇六	二四	加		四九	二七	六
	緯	北	一	五八	二四	南	一二	三二	一一	減		一六	三一	
天壘城四	經	子	二一	二六	〇四	子	二三	一〇	四二	加		四九	二六	五
	緯	北	一	五七	二四	南	一二	三一	四九	減		一六	二一	
天壘城二	經	子	二一	五〇	三一	子	二三	四九	五七	加		四八	五六	六
	緯	北	四	一三	五一	南	一〇	一四	四二	減		一六	一六	

（續表）

黄道元枵宫恒星	黄道經宫	黄道經度	黄道經分	黄道經秒	黄道緯宫	黄道緯度	黄道緯分	黄道緯秒	赤道經宫	赤道經度	赤道經分	赤道經秒	赤道緯宫	赤道緯度	赤道緯分	赤道緯秒	經歲差加減	經歲差分	經歲差秒	經歲差微	緯歲差加減	緯歲差分	緯歲差秒	緯歲差微	星等
天壘城三	子	二二	〇四	三一	北	三	五六	三八	子	二三	〇九	〇〇	南	一〇	二九	三四	加		四八	五八	減		一六	二一	六
哭一	子	二二	一四	一二	南	〇	三九	一〇	子	二四	四九	三二	南	一四	四四	三一	加		四九	四八	減		一六	四二	五
羽林軍一	子	二三	〇九	五七	南	四	三七	二九	子	二七	〇六	三二	南	一八	一一	〇一	加		五〇	一九	減		一七	〇九	六
羽林軍二	子	二四	〇四	五一	南	六	三七	四七	子	二八	四四	〇一	南	一九	四五	三九	加		五〇	三〇	減		一七	二七	六
羽林軍三	子	二四	一九	二二	南	九	二七	四五	亥	〇	〇一	三四	南	二二	二〇	〇七	加		五〇	五一	減		一七	四一	六
壘壁陣五	子	二五	〇九	〇一	南	二	〇三	一五	子	二八	〇九	〇二	南	一五	〇五	四五	加		四九	三七	減		一七	二一	四
哭二	子	二六	五四	五八	南	〇	一五	三七	子	二九	一三	五四	南	一二	四八	二九	加		四九	〇五	減		一七	三三	六
泣西增一	子	二七	〇一	二三	北	五	〇四	四八	子	二七	二九	二三	南	七	四四	五六	加		四八	一四	減		一七	一二	六
哭東增四	子	二七	〇九	一四	北	〇	二六	四三	子	二九	一二	四七	南	一二	〇三	四九	加		四八	五七	減		一七	三三	六
泣西增二	子	二七	四九	三三	北	二	五九	四八	子	二八	五八	〇二	南	九	二六	一一	加		四八	二七	減		一七	三〇	六
羽林軍十八	子	二八	一二	四六	南	二	三六	〇五	亥	一	一九	〇二	南	一四	三三	二〇	加		四九	一五	減		一七	五四	六

（續表）

星名		黄道 宮	黄道 度	黄道 分	黄道 秒	赤道 宮	赤道 度	赤道 分	赤道 秒	赤道歲差	赤道歲差 分	赤道歲差 秒	赤道歲差 微	星等
黄道元枵宮恒星														
蓋屋一	經	子	二八	三二	一九	子	二七	三〇	五一	加		四七	二五	五
	緯	北	九	一〇	五八	南	二一	二二	四五	減		一七	一二	
羽林軍十五	經	子	二八	三八	二三	亥	三	〇九	三八	加		四九	四二	六
	緯	南	六	二八	三六	南	一八	〇一	四七	減		一八	一二	
羽林軍十七	經	子	二九	二二	〇五	亥	二	四一	一〇	加		四九	一一	六
	緯	南	三	一七	四二	南	一四	四七	五四	減		一八	〇七	
泣二	經	子	二九	四〇	四四	亥	〇	四九	一三	加		四八	一八	四
	緯	北	二	四三	四七	南	九	〇二	五四	減		一七	四九	
黄道娵訾宮恒星														
羽林軍十六	經	亥	〇	一七	四一	亥	四	〇八	三二	加		四九	一四	六
	緯	南	四	四八	三二	南	一五	五二	五五	減		一八	二〇	
泣一	經	亥	〇	二七	〇七	亥	一	四〇	二一	加		四八	一七	五
	緯	北	二	二三	三〇	南	九	〇五	四一	減		一七	五八	
羽林軍十四	經	亥	〇	二八	一五	亥	五	三〇	〇一	加		四九	三四	六
	緯	南	七	五八	三一	南	一八	四六	〇八	減		一八	三四	
虚梁一	經	亥	〇	三六	五五	亥	〇	五五	二九	加		四七	五三	六
	緯	北	四	五六	三〇	南	六	三八	五七	減		一七	五〇	
壘壁陣内增一	經	亥	〇	四三	一六	亥	三	一六	三七	加		四八	四九	六
	緯	南	一	二一	二五	南	一二	三〇	二三	減		一八	一三	
羽林軍十三	經	亥	一	三九	五五	亥	七	二七	〇一	加		四九	三五	六
	緯	南	九	五六	二四	南	二〇	〇九	二八	減		一八	四九	

（續　表）

黃道娵訾宮恒星		黃道宮	黃道度	黃道分	黃道秒	赤道宮	赤道度	赤道分	赤道秒		赤道歲差分	赤道歲差秒	赤道歲差微	星等
壘壁陣六	經	亥	一	四八	五四	亥	四	一六	〇八	加		四八	三五	五
	緯	南	一	一二	三三	南	一一	五八	三八	減		一八	二一	
羽林軍十九	經	亥	一	五八	一〇	亥	四	三一	三九	加		四八	三六	六
	緯	南	一	三〇	四〇	南	一二	一二	一三	減		一八	二四	
虛梁二	經	亥	二	二六	四八	亥	二	四一	一二	加		四七	四四	六
	緯	北	四	四九	一一	南	六	〇七	一三	減		一八	〇八	
墳墓二	經	亥	三	〇八	一一	亥	二	〇六	二六	加		四七	一一	三
	緯	北	八	一四	四九	南	二	四〇	二四	減		一八	〇一	
羽林軍二十	經	亥	三	四七	三三	亥	六	一一	〇七	加		四八	二三	六
	緯	南	一	一八	一〇	南	一一	二〇	五七	減		一八	三九	
羽林軍二十五	經	亥	四	二五	二四	亥	八	三一	〇一	加		四八	四五	五
	緯	南	五	五五	〇四	南	一五	二四	二六	減		一八	五八	
羽林軍二十一	經	亥	四	五二	二〇	亥	七	二四	〇三	加		四八	一九	六
	緯	南	一	四八	五〇	南	一一	二五	四五	減		一八	四八	
羽林軍二十四	經	亥	五	〇一	五二	亥	九	〇〇	四二	加		四八	四〇	五
	緯	南	五	三八	四二	南	一四	五五	四二	減		一九	〇一	
羽林軍二十七	經	亥	五	一〇	一一	亥	一〇	一八	三七	加		四八	五三	六
	緯	南	八	三七	〇一	南	一七	三七	四七	減		一九	一一	
羽林軍二十六	經	亥	五	一八	四九	亥	一〇	一六	四一	加		四八	四九	三
	緯	南	八	一一	一七	南	一七	一〇	四四	減		一九	一一	
墳墓一	經	亥	五	一九	三一	亥	三	五四	二九	加		四六	五九	四
	緯	北	八	五一	三六	南	一	一九	二六	減		一八	一九	

（續表）

黃道娵訾宮恒星		黃道 宮	黃道 度	黃道 分	黃道 秒	赤道 宮	赤道 度	赤道 分	赤道 秒	赤道歲差	赤道歲差 分	赤道歲差 秒	赤道歲差 微	星等
虛梁三	經	亥	五	五一	一三	亥	六	〇七	一六	加		四七	三三	五
	緯	北	四	〇七	四七	南	五	三二	三三	減		一八	三九	
羽林軍二十二	經	亥	五	五五	四六	亥	八	四五	一五	加		四八	一七	六
	緯	南	二	四四	三六	南	一一	五四	〇七	減		一九	〇〇	
墳墓南增四	經	亥	五	五七	二六	亥	五	一一	三六	加		四七	一一	六
	緯	北	六	五五	四七	南	二	五三	四二	減		一八	三一	
壘壁陣北增二	經	亥	六	〇五	〇九	亥	七	二七	四七	加		四七	五二	六
	緯	北	一	〇五	〇九	南	八	一七	一一	減		一八	四九	
羽林軍二十三	經	亥	六	三九	二三	亥	九	五九	四三	加		四八	一九	六
	緯	南	四	一一	〇八	南	一二	五八	〇七	減		一九	〇九	
墳墓三	經	亥	六	四九	五三	亥	五	三三	〇一	加		四六	五七	四
	緯	北	八	〇九	四二	南	一	二五	五四	減		一八	三五	
壘壁陣七	經	亥	七	五九	四一	亥	九	四八	二六	加		四七	五一	四
	緯	南	〇	一三	〇〇	南	八	五六	三二	減		一九	〇六	
壘壁陣北增三	經	亥	八	三五	三四	亥	一〇	一八	一三	加		四七	四五	六
	緯	南	〇	一二	四四	南	八	三三	三五	減		一九	一一	
虛梁四	經	亥	一〇	一七	三〇	亥	一一	一九	二四	加		四七	二七	六
	緯	南	一	四一	二九	南	六	〇五	三八	減		一九	一七	
羽林軍四十二	經	亥	一〇	四九	一〇	亥	一二	五六	四九	加		四七	四二	六
	緯	南	一	四〇	一四	南	九	〇四	〇三	減		一九	二八	
羽林軍四十一	經	亥	一〇	五三	四一	亥	一三	〇七	四九	加		四六	四三	六
	緯	南	一	五七	四五	南	九	一八	三二	減		一九	二九	

（續表）

黃道娵訾宮恒星		黃道宮	黃道度	黃道分	黃道秒	赤道宮	赤道度	赤道分	赤道秒	赤道歲差	赤道歲差分	赤道歲差秒	赤道歲差微	星等
羽林軍四十	經	亥	一一	二二	三〇	亥	一三	三二	四七	加		四七	三九	六
	緯	南	一	五二	三四	南	九	〇二	四五	減		一九	三二	
羽林軍三十六	經	亥	一一	四三	〇四	亥	一六	二四	二七	加		四八	〇〇	六
	緯	南	八	一八	〇二	南	一四	五〇	二〇	減		一九	四七	
羽林軍三十九	經	亥	一二	四二	二八	亥	一五	三六	三三	加		四七	四〇	五
	緯	南	三	五八	〇三	南	一〇	二七	五二	減		一九	四三	
霹靂西增一	經	亥	一二	四九	四八	亥	一一	五二	二五	加		四六	五二	六
	緯	北	六	〇一	〇九	南	一	一一	三二	減		一九	二一	
霹靂西增二	經	亥	一二	五一	二二	亥	一二	三四	三六	加		四六	四八	六
	緯	北	六	五一	三九	南	〇	二四	一五	減		一九	一九	
羽林軍三十八	經	亥	一三	〇九	一七	亥	一六	〇八	三六	加		四七	三九	五
	緯	南	四	一五	四五	南	一〇	三三	四八	減		一九	四五	
羽林軍三十七	經	亥	一三	一三	一六	亥	一六	二四	〇九	加		四七	四〇	五
	緯	南	四	四五	三九	南	一〇	五九	五〇	減		一九	四七	
羽林軍四十三	經	亥	一三	二八	五六	亥	一五	五三	一一	加		四七	三一	五
	緯	南	二	四九	五一	南	九	〇七	〇一	減		一九	四四	
壘壁陣八	經	亥	一三	三三	五七	亥	一五	一五	三二	加		四七	二五	五
	緯	南	一	〇一	二五	南	七	二五	〇四	減		一九	四一	
霹靂一	經	亥	一五	〇〇	五六	亥	一二	四二	四三	加		四六	三一	五
	緯	北	九	〇三	一九	北	二	二六	三一	加		一九	二七	
霹靂南增三	經	亥	一五	二六	一八	亥	一三	五二	五三	加		四六	四一	六
	緯	北	七	〇一	三一	北	〇	四三	四八	加		一九	三四	

（續表）

黃道娵訾宮恒星		黃道宮	度	分	秒	赤道宮	度	分	秒	赤道歲差	分	秒	微	星等
霹靂二	經	亥	一七	四八	四四	亥	一五	五七	一七	加		四六	三七	四
	緯	北	七	一六	四三	北	一	五二	三七	加		一九	四五	
雲雨南增一	經	亥	一八	四一	四七	亥	一九	○四	○九	加		四六	五八	六
	緯	北	一	二二	五四	南	三	一二	三○	減		一九	五九	
雲雨二	經	亥	一九	○一	一五	亥	一九	○五	五○	加		四七	五六	六
	緯	北	二	○四	二○	南	二	二六	四六	減		一九	五九	
雲雨一	經	亥	一九	一九	三三	亥	一八	一七	○○	加		四六	四六	五
	緯	北	四	二六	二六	南	○	○八	五一	減		一九	五六	
雲雨内增四	經	亥	一九	二○	二○	亥	一八	三一	三二	加		四六	四七	六
	緯	北	四	一六	四○	南	○	一七	三二	減		一九	五七	
霹靂北增四	經	亥	一九	二七	一八	亥	一六	四九	四○	加		四六	二七	五
	緯	北	八	五二	三五	北	三	五九	○一	加		一九	四九	
雲雨南增三	經	亥	一九	三三	二八	亥	一九	四二	二六	加		四六	五五	六
	緯	北	一	四六	三六	南	二	三○	二八	減		二○	○二	
雲雨南增二	經	亥	一九	五八	五八	亥	二○	一四	二六	加		四六	五五	六
	緯	北	一	二四	五三	南	二	四○	二五	減		二○	○三	
雲雨内增五	經	亥	二一	一九	二三	亥	二○	三五	五九	加		四六	四六	六
	緯	北	三	三七	五四	南	○	○六	三三	減		二○	○四	
霹靂三	經	亥	二一	三七	二七	亥	一八	四四	二八	加		四六	二六	五
	緯	北	九	○一	五八	北	四	五八	二○	加		一九	五七	
雲雨北增六	經	亥	二一	五○	四六	亥	二○	四九	五五	加		四六	四三	六
	緯	北	四	一五	三四	北	○	四○	二六	加		二○	○五	

（續表）

黄道娵訾宫恒星		黄道宫	黄道度	黄道分	黄道秒	赤道宫	赤道度	赤道分	赤道秒		赤道歲差分	赤道歲差秒	赤道歲差微	星等
壘壁陣北增四	經	亥	二三	三三	二一	亥	二三	四一	三八	加		三六	五七	五
	緯	南	一	一九	五〇	南	四	一〇	五二	減		二〇	一二	
雲雨四	經	亥	二三	〇一	三六	亥	二二	一四	四六	加		四六	四五	五
	緯	北	三	二五	〇七	北	〇	二二	〇〇	加		二〇	一〇	
壘壁陣北增五	經	亥	二三	三二	四四	亥	二四	五六	五五	加		四六	五四	六
	緯	南	二	一一	三九	南	四	三五	五三	減		二〇	一五	
霹靂四	經	亥	二四	〇三	三八	亥	二一	四一	二六	加		四六	三三	六
	緯	北	七	一二	一二	北	四	一四	五八	加		二〇	〇七	
雲雨三	經	亥	二四	二六	〇七	亥	二四	〇五	一八	加		四六	四七	六
	緯	北	二	〇一	四七	南	〇	二一	〇五	減		二〇	一四	
壘壁陣十二	經	亥	二四	二七	三六	亥	二七	一一	五五	加		四六	五二	五
	緯	南	五	四三	三三	南	七	二六	三〇	減		二〇	一八	
雲雨北增七	經	亥	二四	四一	五五	亥	二三	一九	五三	加		四六	四一	六
	緯	北	四	三二	四三	北	二	〇三	四三	加		二〇	一二	
壘壁陣九	經	亥	二四	四二	三四	亥	二六	二三	三三	加		四六	五二	五
	緯	南	三	〇七	四九	南	四	五八	四一	減		二〇	一八	
壘壁陣十一	經	亥	二五	二一	三八	亥	二八	〇三	二〇	加		四六	五一	四
	緯	南	五	四六	五五	南	七	〇九	〇〇	減		二〇	一九	
壘壁陣十	經	亥	二五	三八	〇四	亥	二七	一〇	三二	加		四六	五〇	五
	緯	南	二	五七	四五	南	四	二七	二二	減		二〇	一八	
雲雨東增九	經	亥	二五	四〇	二四	亥	二四	五九	三八	加		四六	四五	六
	緯	北	二	三六	三〇	北	〇	四〇	一五	減		二〇	一五	

（續表）

黄道娵訾宫恒星		黄道宫	黄道度	黄道分	黄道秒	赤道宫	赤道度	赤道分	赤道秒	赤道歲差	赤道歲差分	赤道歲差秒	赤道歲差微	星等
雲雨東增八	經	亥	二五	四四	四四	亥	二四	四二	四五	加		四六	四四	六
	緯	北	三	一八	五七	北	一	三〇	〇六	加		二〇	一四	
壘壁陣東增六	經	亥	二七	二四	四五	亥	二八	五四	二八	加		四六	四八	六
	緯	南	三	一二	四二	北	三	五八	三五	減		二〇	一九	
壘壁陣東增七	經	亥	二七	三三	三五	亥	二九	〇一	二七	加		四六	四七	六
	緯	南	二	〇九	五四	南	三	五二	三〇	減		二〇	一九	
霹靂北增八	經	亥	二八	〇七	五五	亥	二五	三〇	〇九	加		四六	三八	六
	緯	北	六	五八	一三	北	五	三八	五一	加		二〇	一七	
霹靂北增七	經	亥	二八	〇九	四五	亥	二四	三三	四五	加		四六	三三	六
	緯	北	九	二四	二六	北	七	五三	三三	加		二〇	一二	
霹靂五	經	亥	二八	五九	五五	亥	二六	三二	一〇	加		四六	四〇	五
	緯	北	六	二二	一五	北	五	二六	三四	加		二〇	一七	

黄道降婁宫恒星		黄道宫	黄道度	黄道分	黄道秒	赤道宫	赤道度	赤道分	赤道秒	赤道歲差	赤道歲差分	赤道歲差秒	赤道歲差微	星等
土公一	經	戌	〇	二三	四一	亥	二七	二〇	四七	加		四六	四一	五
	緯	北	七	三二	四三	北	七	〇三	三二	加		二〇	一九	
土公北增一	經	戌	〇	三四	一二	亥	二七	一九	四九	加		四六	四〇	六
	緯	北	七	五七	五〇	北	七	三一	三九	加		二〇	一八	
天溷北增一	經	戌	一	四四	〇七	戌	四	一四	〇九	加		四六	三七	六
	緯	南	六	三七	一七	南	五	二二	五〇	減		二〇	一五	
土公南增八	經	戌	二	三〇	五〇	戌	三	二三	五二	加		四六	四五	六
	緯	南	二	四二	〇〇	南	一	二八	三一	減		二〇	一六	

（續表）

黃道降婁宮恒星		黃道宮	黃道度	黃道分	黃道秒	赤道宮	赤道度	赤道分	赤道秒	加減	赤道歲差分	赤道歲差秒	赤道歲差微	星等
土公南增九	經	戌	二	五〇	一六	戌	四	一一	四四	加		四六	四九	六
	緯	南	三	五九	五六	南	二	三二	一七	減		二〇	一六	
土公南增七	經	戌	三	〇一	一〇	戌	三	〇三	〇二	加		四六	四七	六
	緯	南	〇	四四	四九	北	〇	三一	〇三	加		二〇	一七	
天溷北增二	經	戌	三	〇三	二六	戌	五	三〇	四五	加		四六	三六	六
	緯	南	六	四七	二八	南	五	〇〇	四〇	減		二〇	一二	
土公北增二	經	戌	三	一一	二三	亥	二九	一三	一六	加		四六	四四	六
	緯	北	九	一二	三七	北	九	四二	四一	加		二〇	三〇	
土公北增三	經	戌	三	二三	一六	戌	〇	二六	五六	加		四六	四九	六
	緯	北	六	三六	〇三	北	七	二三	四一	加		二〇	二〇	
土公北增四	經	戌	三	三〇	〇八	戌	〇	四七	〇九	加		四六	三六	六
	緯	北	五	五四	二六	北	六	四八	五〇	加		二〇	三九	
土公北增五	經	戌	四	二四	一三	戌	一	四四	一七	加		四四	一五	六
	緯	北	五	二七	二八	北	六	四五	三〇	加		二〇	三〇	
土公南增十	經	戌	四	四一	五一	戌	六	一五	一六	加		四八	四七	六
	緯	南	三	五八	五六	南	一	四七	一〇	減		二〇	〇〇	
土公南增十一	經	戌	四	五八	二六	戌	六	一五	二六	加		四八	四七	六
	緯	南	四	一五	一六	南	一	五五	三八	減		二〇	〇八	
土公二	經	戌	五	二一	五五	戌	三	〇七	二三	加		五六	二二	六
	緯	北	四	三〇	四二	北	六	一六	四〇	加		二〇	一〇	
土公東增六	經	戌	六	三四	二一	戌	四	三三	一七	加		四四	一一	六
	緯	北	三	一一	〇八	北	五	三二	一〇	加		二〇	二〇	

（續表）

黄道降婁宫恒星		黄道 宫	黄道 度	黄道 分	黄道 秒	赤道 宫	赤道 度	赤道 分	赤道 秒	赤道歲差	赤道歲差 分	赤道歲差 秒	赤道歲差 微	星等
天溷北增三	經	戌	八	一〇	一八	戌	九	五九	一一	加		四六	五〇	六
	緯	南	六	一七	五〇	南	二	三二	一二	減		一九	五九	
外屏西增九	經	戌	九	五七	二二	戌	八	三三	三〇	加		四七	〇四	六
	緯	北	一	三一	四八	北	五	二一	二〇	加		二〇	〇四	
外屏西增八	經	戌	一〇	二二	三一	戌	八	四五	三二	加		四七	〇七	六
	緯	北	一	五七	二八	北	五	五四	五四	加		二〇	〇三	
外屏一	經	戌	一〇	三四	一七	戌	八	五一	三三	加		四七	〇八	四
	緯	北	二	〇九	四四	北	六	一〇	四九	加		二〇	〇三	
外屏南增十	經	戌	一〇	四五	三八	戌	一一	五一	五二	加		四六	三四	六
	緯	南	五	〇二	一〇	南	〇	二三	一〇	減		二〇	〇七	
天倉北增四	經	戌	一二	〇七	三八	戌	一四	四二	五三	加		四二	四九	六
	緯	南	九	〇八	四三	南	三	三七	五二	減		二八	三五	
外屏南增十一	經	戌	一二	五二	一〇	戌	一四	一五	二七	加		四三	一六	六
	緯	南	四	四九	一六	南	〇	三八	四四	加		一九	四八	
天倉北增六	經	戌	一三	〇八	二五	戌	一五	五四	二四	加		四六	二六	六
	緯	南	九	四九	三三	南	三	五一	二四	減		一九	三一	
天倉北增三	經	戌	一三	〇八	五六	戌	一五	一七	五八	加		四六	三四	六
	緯	南	八	一四	四五	南	二	二三	五一	減		一九	三四	
天倉北增五	經	戌	一三	一七	一〇	戌	一五	五七	五七	加		四六	二五	六
	緯	南	九	三八	一二	南	三	三七	三五	減		一九	三〇	
外屏南增五	經	戌	一三	二六	四六	戌	一三	〇七	一〇	加		四七	〇四	六
	緯	南	一	五五	三〇	北	三	三二	三六	加		一九	五四	

（續表）

黃道降婁宮恒星		黃道宮	黃道度	黃道分	黃道秒	赤道宮	赤道度	赤道分	赤道秒		赤道歲差分	赤道歲差秒	赤道歲差微	星等
外屏南增六	經	戌	一三	三一	四六	戌	二二	五四	二三	加		四七	○八	六
	緯	南	一	一○	五五	北	四	一五	三六	加		一九	四七	
外屏南增十二	經	戌	一三	三八	一○	戌	一四	二一	五一	加		四六	五二	六
	緯	南	四	四○	五七	北	一	○七	二九	加		一九	三九	
外屏内增七	經	戌	一三	四六	四○	戌	一二	一三	二○	加		四七	一八	六
	緯	北	一	○九	二八	北	六	三○	四四	加		一九	五○	
外屏二	經	戌	一三	五七	一一	戌	一二	二五	一○	加		四七	一八	四
	緯	北	一	○四	○七	北	六	二九	五四	加		一九	四九	
外屏南增十三	經	戌	一四	○六	五八	戌	一四	五二	○四	加		四六	五○	六
	緯	南	四	五○	三一	北	一	○六	三七	加		一九	四六	
外屏南增四	經	戌	一四	二一	四五	戌	一三	四八	○六	加		四七	○九	五
	緯	南	一	三○	一四	北	四	一七	一一	加		一九	四二	
天倉北增二	經	戌	一四	三九	二五	戌	一六	四一	四四	加		四六	三六	六
	緯	南	八	一七	四二	南	一	五一	五四	減		一九	二五	
天倉北增一	經	戌	一五	一九	二八	戌	一七	二三	○六	加		四六	三六	六
	緯	南	八	三○	○六	南	一	四八	○五	減		一九	二一	
外屏南增十四	經	戌	一五	四五	○四	戌	一六	○九	二七	加		四七	○二	五
	緯	南	四	一七	一三	北	二	一五	一○	加		一九	二九	
外屏三	經	戌	一六	一七	一三	戌	一五	○五	一七	加		四七	二二	四
	緯	南	○	一三	二五	北	六	一二	三六	加		一九	三五	
外屏南增三	經	戌	一六	一七	五三	戌	一五	二○	四五	加		四七	二○	六
	緯	南	○	五一	五○	北	五	三七	二四	加		一九	三三	

（續表）

黄道降婁宮恒星		黄道宮	黄道度	黄道分	黄道秒	赤道宮	赤道度	赤道分	赤道秒	赤道歲差	分	秒	微	星等
外屏北增二	經	戌	一六	二八	二一	戌	一三	○○	三四	加		四七	四五	六
	緯	北	五	三一	一三	北	一一	三四	四○	加		一九	四七	
外屏北增一	經	戌	一七	○八	三六	戌	一二	五三	二六	加		四七	五一	六
	緯	北	七	二三	二二	北	一三	三三	三一	加		一九	四七	
外屏四	經	戌	一九	三一	四○	戌	一九	二一	一五	加		四七	二一	五
	緯	南	三	○四	二五	北	四	四八	三一	加		一九	一一	
右更西增五	經	戌	一九	四二	五五	戌	一七	三五	三二	加		四七	三○	六
	緯	北	一	五四	五二	北	一○	○七	一○	加		一九	一一	
外屏五	經	戌	二一	五五	三七	戌	二二	○一	五四	加		四七	二三	五
	緯	南	四	四三	二二	北	四	一○	三五	加		一八	四七	
右更西增四	經	戌	二三	五八	三八	戌	二○	一八	五八	加		四八	一四	六
	緯	北	二	二八	○五	北	一一	一四	二一	加		一九	○一	
右更二	經	戌	二三	一四	二○	戌	一九	二七	一四	加		四八	三二	四
	緯	北	五	二一	○七	北	一四	○	三六	加		一九	○六	
右更三	經	戌	二三	二○	一八	戌	二○	五三	○七	加		四八	一三	五
	緯	北	一	五二	○五	北	一○	四九	○二	加		一八	五六	
右更一	經	戌	二三	三○	一二	戌	一八	○七	○一	加		四八	五三	五
	緯	北	九	二二	○三	北	一七	四九	二三	加		一九	一七	
右更東增一	經	戌	二三	三七	二七	戌	一八	一三	一二	加		四八	五二	六
	緯	北	九	二三	五八	北	一七	五三	五五	加		一九	一五	
外屏六	經	戌	二三	五六	一八	戌	二五	○四	一九	加		四七	○五	五
	緯	南	七	五五	四五	北	一	五五	三五	加		一八	二一	

（續表）

黃道降婁宮恒星		黃道宮	黃道度	黃道分	黃道秒	赤道宮	赤道度	赤道分	赤道秒	赤道歲差加	赤道歲差分	赤道歲差秒	赤道歲差微	星等
右更内增二	經	戌	二三	五六	三五	戌	二○	三○	四三	加		四八	三一	六
	緯	北	四	二○	四七	北	一三	二○	三○	加		一九	○○	
右更四	經	戌	二四	○九	四○	戌	二三	五八	四一	加		四七	五五	五
	緯	南	一	三八	五八	北	七	五一	一一	加		一八	三九	
右更五	經	戌	二四	三五	○六	戌	二一	二三	四五	加		四八	三二	六
	緯	北	三	四○	三二	北	一二	五七	二九	加		一八	五三	
外屏内增十五	經	戌	二五	二七	○五	戌	二六	四二	三一	加		四七	○六	六
	緯	南	八	三五	○五	北	一	五一	二八	加		一八	○六	
外屏七	經	戌	二五	四七	二三	戌	二七	一二	○四	加		四七	○三	三
	緯	南	九	○五	一○	北	一	三○	三六	加		一八	○一	
右更東增三	經	戌	二六	○九	四二	戌	二四	二五	○四	加		四八	一六	六
	緯	南	○	二六	三九	北	九	四二	一九	加		一八	二六	
婁宿西增二	經	戌	二七	二一	一八	戌	二三	○九	三○	加		四九	○八	六
	緯	北	五	五七	○三	北	一六	○五	三六	加		一八	三八	
婁宿西增三	經	戌	二七	三三	一五	戌	二三	○九	一八	加		四九	二九	六
	緯	北	九	○一	二六	北	一九	○一	一四	加		一八	四六	
婁宿二	經	戌	二九	三六	○○	戌	二四	五二	一四	加		四九	三五	四
	緯	北	七	○八	五八	北	一八	○一	三三	加		一八	二三	
婁宿南增一	經	戌	二九	五五	五七	戌	二五	五○	三三	加		四九	二七	五
	緯	北	五	二六	一二	北	一六	三二	五七	加		一八	一三	

（續表）

黄道大梁宫恒星		黄道宫	黄道度	黄道分	黄道秒	赤道宫	赤道度	赤道分	赤道秒	赤道歲差	赤道歲差分	赤道歲差秒	赤道歲差微	星等
天囷西增六	經	酉	○	○○	○五	戌	二九	三八	○七	加		四八	○六	六
	緯	南	四	二四	三八	北	七	二一	四一	加		一七	三七	
婁宿一	經	酉	○	二二	五九	戌	二五	○七	二七	加		四九	五四	三
	緯	北	八	二八	一六	北	一九	三二	二三	加		一八	二○	
天囷五	經	酉	○	二七	三六	戌	二九	五一	二六	加		四八	一一	四
	緯	南	四	一七	○五	北	七	三八	一七	加		一七	三三	
婁宿南增十五	經	酉	二	三四	五○	戌	二九	四四	四九	加		四九	二一	六
	緯	北	一	四六	二五	北	一四	○三	二○	加		一七	三四	
婁宿南增十四	經	酉	三	二八	四九	戌	二九	○六	三九	加		五○	○六	六
	緯	北	五	五六	五八	北	一八	一六	五八	加		一七	四○	
婁宿南增十一	經	酉	三	四○	○八	戌	二八	○三	五九	加		五○	三九	五
	緯	北	九	一三	二九	北	二一	二四	四七	加		一七	五二	
天囷北增七	經	酉	三	四五	四九	酉	二	四四	二三	加		四八	三九	六
	緯	南	三	三三	三一	北	九	二六	四四	加		一七	○二	
天囷六	經	酉	三	五二	三五	酉	三	三八	○一	加		四八	一六	四
	緯	南	五	五三	○七	北	七	一七	二六	加		一六	五○	
婁宿三	經	酉	四	○四	一八	戌	二八	一一	一二	加		五○	四七	二
	緯	北	九	五七	一二	北	二三	一四	○七	加		一七	五一	
婁宿南增十二	經	酉	四	三一	五○	戌	二九	三六	五五	加		五○	三一	六
	緯	北	七	二三	四五	北	一九	五九	一三	加		一七	三五	
天囷七	經	酉	四	四八	○九	酉	五	三六	三四	加		四七	四四	四
	緯	南	九	一二	二六	北	四	二七	三三	加		一六	二七	

（續表）

黃道大梁宮恒星		黃道宮	黃道度	黃道分	黃道秒	赤道宮	赤道度	赤道分	赤道秒	赤道歲差	赤道歲差分	赤道歲差秒	赤道歲差微	星等
婁宿南增十三	經	西	五	一七	二五	西	〇	五八	二〇	加		五〇	二三	六
	緯	北	五	四三	三九	北	一八	四一	五五	加		一七	三二	
天囷北增八	經	西	七	〇五	〇七	西	五	三八	四八	加		四九	一二	六
	緯	南	二	四四	一二	北	一一	一八	五七	加		一六	二六	
天囷北增九	經	西	七	五九	二二	西	七	一一	三三	加		四八	五四	六
	緯	南	四	四八	二九	北	九	三八	四〇	加		一六	〇六	
左更西增一	經	西	八	一六	四五	西	四	一七	五八	加		五〇	四四	六
	緯	北	四	四一	三〇	北	一八	四三	三五	加		一六	四二	
天囷四	經	西	八	一九	五〇	西	七	四六	一六	加		四八	四八	四
	緯	南	五	三五	三三	北	九	〇〇	三一	加		一五	五八	
左更三	經	西	九	四八	四三	西	七	三五	四三	加		四九	五九	六
	緯	南	〇	三六	二四	北	一四	一二	二二	加		一六	〇一	
左更一	經	西	一〇	三三	三五	西	六	〇四	四四	加		五一	二四	六
	緯	北	六	〇七	五六	北	二〇	四九	四九	加		一六	二一	
左更二	經	西	一〇	四四	五五	西	六	五九	一〇	加		五一	〇二	六
	緯	北	四	〇一	五六	北	一八	五四	〇八	加		一六	〇九	
左更四	經	西	一一	二〇	四六	西	九	一九	四八	加		五〇	〇二	六
	緯	南	一	一九	三七	北	一四	〇〇	〇二	加		一五	三八	
天囷三	經	西	一一	三〇	〇六	西	一一	二九	四二	加		四八	四一	四
	緯	南	七	四九	一二	北	七	五一	四六	加		一五	〇八	
左更五	經	西	一一	三二	五二	西	八	四四	五七	加		五〇	三五	六
	緯	北	一	〇六	一三	北	一六	二二	二七	加		一五	四五	

（續表）

黃道大梁宮恒星		黃道 宮	黃道 度	黃道 分	黃道 秒	赤道 宮	赤道 度	赤道 分	赤道 秒	赤道歲差	赤道歲差 分	赤道歲差 秒	赤道歲差 微	星等
左更東增二	經	西	一一	三七	三九	西	八	三三	二六	加		五〇	四六	六
	緯	北	一	五六	一四	北	一七	一一	二八	加		一五	四八	
左更東增三	經	西	一二	五四	三二	西	一〇	〇八	二五	加		五〇	四六	六
	緯	北	〇	五八	三七	北	一六	五五	四七	加		一五	二六	
左更東增五	經	西	一三	一七	一一	西	一〇	二一	一九	加		五〇	五六	六
	緯	北	一	二八	五八	北	一七	一六	〇九	加		一五	二三	
左更東增四	經	西	一三	一九	二四	西	一〇	二九	三三	加		五〇	五二	六
	緯	北	一	一〇	〇三	北	一六	五八	四七	加		一五	二二	
左更東增六	經	西	一四	二七	〇八	西	一〇	五一	二五	加		五一	三五	六
	緯	北	三	三四	三七	北	一九	三七	〇三	加		一五	一六	
左更東增七	經	西	一四	五五	〇九	西	一一	〇九	〇三	加		五一	四八	五
	緯	北	四	〇八	〇一	北	二〇	一七	二〇	加		一五	一二	
天陰西增一	經	西	一六	一五	四八	西	一三	二七	二五	加		五一	一九	六
	緯	北	一	〇五	三九	北	一七	四六	五一	加		一四	三八	
天陰四	經	西	一七	一五	一八	西	一四	一四	四三	加		五一	三九	四
	緯	北	一	四七	三四	北	一八	四四	〇六	加		一四	二六	
胃宿東增四	經	西	一七	二四	二〇	西	一二	三七	二〇	加		五三	〇三	六
	緯	北	七	二九	〇五	北	二四	一三	三一	加		一四	五〇	
天廩四	經	西	一七	三四	三六	西	一七	四五	〇九	加		四八	五七	四
	緯	南	九	二一	四七	北	八	〇六	二五	加		一三	三三	
天廩三	經	西	一八	一八	四三	西	一八	一八	五〇	加		四九	一〇	四
	緯	南	八	四九	四八	北	八	四八	五七	加		一三	二五	

（續表）

黃道大梁宮恒星		黃道宮	黃道度	黃道分	黃道秒	赤道宮	赤道度	赤道分	赤道秒	赤道歲差	赤道歲差分	赤道歲差秒	赤道歲差微	星等
天陰二	經	西	一八	二二	三四	西	一五	○二	五一	加		五二	○六	五
	緯	北	二	五一	一九	北	二○	○四	○○	加		一四	一五	
天廩二	經	西	一九	二九	五八	西	一九	○五	五三	加		四九	三九	六
	緯	南	七	二八	二九	北	一○	二六	○五	加		一三	一二	
天廩南增一	經	西	一九	三二	四一	西	一九	四○	五七	加		四九	○八	六
	緯	南	九	三○	二七	北	八	二九	○五	加		一三	○三	
天廩一	經	西	二○	○○	一八	西	一九	一一	○六	加		五○	○七	五
	緯	南	五	五七	一三	北	一二	○三	○四	加		一三	一○	
天陰三	經	西	二○	○三	四九	西	一七	○○	五五	加		五二	一二	六
	緯	北	二	○四	五七	北	一九	四七	四四	加		一三	四五	
天陰北增二	經	西	二一	二四	四五	西	一七	一八	一六	加		五三	二七	六
	緯	北	五	五一	三九	北	二三	四七	五一	加		一三	三九	
天阿	經	西	二一	四一	五四	西	一六	四三	四四	加		五四	一八	六
	緯	北	八	四五	二五	北	二六	三九	三八	加		一三	四八	
天陰五	經	西	二三	一七	二八	西	一九	○二	四二	加		五二	四九	六
	緯	北	二	五九	五七	北	二二	一六	二二	加		一三	一二	
天陰一	經	西	二三	三一	五○	西	二○	○八	一八	加		五二	○二	六
	緯	南	○	○五	二○	北	一八	二一	○五	加		一二	五四	
昴宿西增二	經	西	二三	三五	一二	西	一九	四九	一一	加		五三	三八	六
	緯	北	五	○二	四○	北	二三	三五	○一	加		一二	五九	
畢宿西增一	經	西	二三	四五	一五	西	二三	三三	○一	加		四九	四八	五
	緯	南	八	四○	三六	北	一○	一九	五○	加		一一	五八	

（續 表）

黃道大梁宮恒星		黃道 宮	度	分	秒	赤道 宮	度	分	秒	赤道歲差 加減	分	秒	微	星等
昴宿西增三	經	西	二三	五一	一〇	西	二〇	二八	二六	加		五三	一八	六
	緯	北	三	四一	三七	北	二二	二〇	四四	加		一二	四九	
天陰東增三	經	西	二四	一五	四九	西	二一	五三	二〇	加		五二	一八	六
	緯	南	〇	〇〇	五〇	北	一八	五一	三〇	加		一二	二六	
天陰東增四	經	西	二四	三五	二九	西	二二	一五	〇九	加		五二	一九	六
	緯	南	〇	〇七	一五	北	一八	五〇	〇六	加		一二	二〇	
昴宿北增一	經	西	二五	一一	二四	西	二一	二二	一四	加		五四	〇五	六
	緯	北	五	三一	五一	北	二四	二八	三二	加		一三	三三	
昴宿南增四	經	西	二五	三三	〇九	西	二二	二四	〇八	加		五三	二四	六
	緯	北	三	〇三	四三	北	二三	〇九	〇六	加		一二	一七	
昴宿一	經	西	二五	五〇	二一	西	二二	二五	五七	加		五三	四八	五
	緯	北	四	〇九	〇五	北	二三	一六	五六	加		一二	一六	
昴宿二	經	西	二五	五九	四二	西	二二	三〇	三二	加		五三	五五	五
	緯	北	四	二九	〇二	北	二三	三八	三四	加		一三	一四	
昴宿四	經	西	二六	〇六	三一	西	二二	三九	四四	加		五三	五四	五
	緯	北	四	二一	二五	北	二三	三二	四九	加		一三	一一	
昴宿五	經	西	二六	〇七	三〇	西	二二	四七	四七	加		五三	四六	五
	緯	北	三	五四	四七	北	二三	〇七	一三	加		一三	一〇	
昴宿三	經	西	二六	一〇	一六	西	二二	四一	〇一	加		五三	五八	六
	緯	北	四	三一	三三	北	二三	四三	三四	加		一三	一〇	
昴宿六	經	西	二六	二五	〇八	西	二三	〇四	五一	加		五三	五〇	三
	緯	北	四	〇〇	三七	北	二三	一七	〇七	加		一三	〇四	

（續表）

黃道大梁宮恒星		黃道宮	黃道度	黃道分	黃道秒	赤道宮	赤道度	赤道分	赤道秒	赤道歲差	分	秒	微	星等
昴宿七	經	酉	二六	四六	五二	酉	二三	二九	五○	加		五三	五二	五
	緯	北	三	五二	三七	北	二三	一四	三一	加		一一	五八	
畢宿八	經	酉	二七	○二	三一	酉	二六	三六	五九	加		五○	二一	四
	緯	南	七	五九	五七	北	一一	四四	二三	加		一一	○三	
昴宿東增五	經	酉	二八	一○	二一	酉	二五	二六	一四	加		五三	三一	六
	緯	北	一	五八	三三	北	二一	四二	五二	加		一一	二四	
月	經	酉	二九	五二	一九	酉	二七	二三	五○	加		五三	三三	五
	緯	北	一	一三	二○	北	二一	二一	一五	加		一○	五○	

黃道實沈宮恒星		黃道宮	黃道度	黃道分	黃道秒	赤道宮	赤道度	赤道分	赤道秒	赤道歲差	分	秒	微	星等
月東增一	經	申	○	○○	○○	酉	二七	三三	○六	加		五三	三三	六
	緯	北	一	○八	○一	北	二一	一七	四三	加		一○	四六	
天街西增一	經	申	○	二五	五三	酉	二八	三四	○九	加		五二	四七	五
	緯	南	一	二三	五八	北	一八	五四	三六	加		一○	二八	
畢宿北增九	經	申	一	一二	四三	申	○	一八	二八	加		五一	二八	六
	緯	南	五	五○	一一	北	一四	四三	二五	加		九	五六	
礪石一	經	申	一	四二	二五	酉	二七	四七	○六	加		五六	○七	五
	緯	北	七	五四	三八	北	二八	一六	四五	加		一○	四二	
天節三	經	申	一	五八	三一	申	一	二二	四○	加		五一	○四	六
	緯	南	七	二○	三二	北	一三	二三	四二	加		九	三六	
礪石二	經	申	二	○四	三二	酉	二八	四八	三六	加		五五	一六	六
	緯	北	五	一六	四一	北	二五	四六	五九	加		一○	二三	

（續表）

黄道實沈宮恒星		黄道宮	黄道度	黄道分	黄道秒	赤道宮	赤道度	赤道分	赤道秒	赤道歲差	赤道歲差分	赤道歲差秒	赤道歲差微	星等
畢宿四	經	申	二	一二	三四	申	一	一八	○七	加		五一	三六	三
	緯	南	五	四六	二二	北	一四	五八	四七	加		九	三八	
畢宿南增十	經	申	二	一八	一三	申	一	三○	二八	加		五一	二五	六
	緯	南	六	一九	五七	北	一四	二六	五五	加		九	三三	
天街二	經	申	二	二八	四○	申	○	三三	四七	加		四三	二九	六
	緯	南	○	四七	二六	北	一九	五五	一○	加		九	五一	
畢宿内增十一	經	申	三	一六	二四	申	二	一○	五○	加		五二	○二	六
	緯	南	四	四四	五八	北	一六	一一	○七	加		九	二二	
畢宿三	經	申	三	一六	二七	申	二	○二	一三	加		五二	一七	四
	緯	南	四	○○	三四	北	一六	五四	四五	加		九	二三	
畢宿内增十二	經	申	三	三二	一三	申	二	二○	○二	加		五二	一六	四
	緯	南	四	○九	○四	北	一六	四九	二○	加		九	一八	
天節一	經	申	三	四一	五七	申	三	○一	五四	加		五一	二二	五
	緯	南	六	五六	五三	北	一四	○六	○九	加		九	○五	
畢宿七	經	申	三	四七	一○	申	二	五六	五九	加		五一	四○	六
	緯	南	六	○二	四四	北	一五	○○	二一	加		九	○五	
畢宿二	經	申	三	五六	四二	申	二	四○	一一	加		五二	二八	五
	緯	南	三	四三	二七	北	一七	一九	○一	加		九	一一	
天節四	經	申	三	五七	三一	申	三	三六	四三	加		五○	五一	五
	緯	南	八	四○	三二	北	一二	二六	五九	加		八	五四	
礪石四	經	申	四	一七	五九	申	一	○七	○七	加		五五	四七	五
	緯	北	五	四六	一二	北	二六	四二	三一	加		九	四○	

（續表）

黃道實沈宮恒星		黃道宮	黃道度	黃道分	黃道秒	赤道宮	赤道度	赤道分	赤道秒	赤道歲差	赤道歲差分	赤道歲差秒	赤道歲差微	星等
畢宿六	經	申	四	二一	二五	申	三	二八	四九	加		五一	四八	五
	緯	南	五	四七	一六	北	一五	二一	四二	加		八	五六	
畢宿南增十三	經	申	四	二一	五一	申	三	二八	五七	加		四四	三三	五
	緯	南	五	五二	五五	北	一五	一六	一三	加		八	五六	
礪石三	經	申	四	三一	五六	申	一	四五	〇七	加		五五	一二	五
	緯	北	三	五八	四一	北	二四	五九	三八	加		九	二八	
天街一	經	申	四	三六	三七	申	二	三二	三〇	加		五三	五九	五
	緯	北	〇	二九	四六	北	二一	三五	一七	加		九	一二	
天街北增二	經	申	四	三六	五三	申	二	三一	四二	加		五四	〇〇	五
	緯	北	〇	三五	二一	北	二一	四〇	四七	加		九	一五	
畢宿一	經	申	四	五三	一一	申	三	二四	三八	加		五二	五六	三
	緯	南	二	三五	五八	北	一八	三五	二五	加		八	五七	
天街北增三	經	申	四	五四	四二	申	二	四四	五三	加		五四	一三	五
	緯	北	一	〇四	〇六	北	二三	一二	一九	加		九	一〇	
天街北增四	經	申	五	一〇	一八	申	二	五九	四九	加		五四	一七	六
	緯	北	一	一二	三六	北	二三	二三	三〇	加		九	〇五	
天節二	經	申	五	二七	〇七	申	四	四九	二二	加		五一	二九	五
	緯	南	七	〇五	〇六	北	一四	一六	二八	加		八	三一	
天節五	經	申	六	〇九	三〇	申	五	五七	一三	加		五〇	四四	五
	緯	南	九	三三	三三	北	一一	五八	一〇	加		八	〇九	
畢宿五	經	申	六	一二	〇〇	申	五	一八	一四	加		五二	〇六	一
	緯	南	五	二九	四九	北	一五	五七	五六	加		八	二一	

（續表）

黄道實沈宫恒星		黄道宫	黄道度	黄道分	黄道秒	赤道宫	赤道度	赤道分	赤道秒		赤道歲差分	赤道歲差秒	赤道歲差微	星等
天節六	經	申	六	三四	五八	申	六	二六	一八	加		五〇	三九	六
	緯	南	九	五五	一四	北	一一	三九	五三	加		七	五八	
附耳南增一	經	申	六	五二	一四	申	六	〇七	四一	加		五一	五四	六
	緯	南	六	一九	一九	北	一五	一五	四二	加		八	〇五	
附耳	經	申	六	五四	五二	申	六	〇九	一四	加		五一	五六	五
	緯	南	六	一二	三五	北	一五	一二	四六	加		八	〇四	
諸王六	經	申	八	三四	二〇	申	六	四三	一二	加		五四	三三	五
	緯	北	〇	四〇	二三	北	二二	二六	一八	加		七	五二	
諸王北增一	經	申	九	〇八	〇八	申	七	〇八	三八	加		五五	〇〇	六
	緯	北	一	四四	一一	北	二三	三四	三六	加		七	四四	
參旗北增一	經	申	九	二六	二七	申	八	四六	〇八	加		五二	〇四	六
	緯	南	六	二八	〇〇	北	一五	三〇	四二	加		七	一三	
參旗一	經	申	九	五四	一五	申	九	三〇	二〇	加		五一	二九	四
	緯	南	八	一六	〇七	北	一三	四七	三七	加		六	五九	
天高二	經	申	一〇	〇九	五八	申	九	〇五	四九	加		五三	〇六	六
	緯	南	三	四〇	三五	北	一八	二二	三六	加		七	〇七	
參旗二	經	申	一〇	四五	三四	申	一〇	二九	〇八	加		五一	一六	四
	緯	南	九	〇六	三一	北	一三	〇四	四二	加		六	三九	
參旗北增二	經	申	一一	二六	五八	申	一〇	四八	〇五	加		五二	一七	六
	緯	南	六	一九	〇六	北	一五	五六	〇六	加		六	三二	
參旗北增三	經	申	一一	五一	二八	申	一一	一五	五二	加		五三	一一	六
	緯	南	六	三九	〇〇	北	一五	三九	三三	加		六	二三	

（續表）

黃道實沈宮恒星		黃道宮	黃道度	黃道分	黃道秒	赤道宮	赤道度	赤道分	赤道秒	赤道歲差	赤道歲差分	赤道歲差秒	赤道歲差微	星等
諸王五	經	申	一二	二○	二四	申	一○	四四	一四	加		五五	○三	六
	緯	北	○	五○	二九	北	二三	○八	五八	加		六	三三	
諸王北增二	經	申	一二	二五	五八	申	一○	三七	三○	加		五五	三七	六
	緯	北	二	一九	○三	北	二四	三七	二九	加		六	三六	
參旗北增四	經	申	一二	五六	五六	申	一二	二八	四七	加		五二	○○	五
	緯	南	七	二五	五五	北	一五	○一	○六	加		五	五九	
天高一	經	申	一三	一二	三六	申	一一	五七	二二	加		五四	一八	四
	緯	南	一	一四	三四	北	二一	一一	三六	加		六	○八	
天高南增一	經	申	一三	五四	一八	申	一三	○四	二五	加		五三	一四	六
	緯	南	四	一六	○八	北	一八	一六	一九	加		五	四六	
天高內增二	經	申	一四	一一	五五	申	一三	一○	○一	加		五三	五四	六
	緯	南	二	三○	五九	北	二○	○二	四八	加		五	四四	
參旗北增五	經	申	一四	一二	三四	申	一三	四五	二五	加		五二	○七	五
	緯	南	七	二一	三二	北	一五	一四	一三	加		五	三三	
天高內增三	經	申	一四	二○	二○	申	一三	○九	二七	加		五四	二四	六
	緯	南	一	一四	○六	北	二一	二○	○九	加		五	四三	
天高三	經	申	一四	二三	五二	申	一三	二六	四九	加		五三	四三	六
	緯	南	三	○五	三四	北	一九	二九	四九	加		五	三八	
諸王四	經	申	一四	二六	二九	申	一三	五三	四五	加		五五	三五	六
	緯	南	一	四二	四二	北	二四	一六	二八	加		五	四九	
天潢三	經	申	一六	五五	五三	申	一四	四一	四一	加		五九	一五	六
	緯	北	九	三四	○六	北	三二	二一	三一	加		五	一二	

（續 表）

黃道實沈宮恒星		黃道宮	黃道度	黃道分	黃道秒	赤道宮	赤道度	赤道分	赤道秒	赤道歲差	赤道歲差分	赤道歲差秒	赤道歲差微	星等
天高四	經	申	一六	五九	五八	申	一五	五八	五一	加		五四	四一	六
	緯	南	一	○三	○三	北	二一	四八	○三	加		四	四六	
天關南增一	經	申	一八	一四	四四	申	一七	四九	○七	加		五二	三九	六
	緯	南	六	三三	○二	北	一六	二六	一○	加		四	○九	
天高東增四	經	申	一八	五五	○六	申	一八	○三	五五	加		五四	四三	五
	緯	南	一	二○	一二	北	二一	四一	一六	加		四	○三	
五車五	經	申	一八	五八	五六	申	一七	三○	四二	加		五七	三一	二
	緯	北	五	二一	三四	北	二八	二一	五六	加		四	一三	
諸王三	經	申	一九	二七	五六	申	一八	二二	三六	加		五六	○二	六
	緯	北	一	五一	一四	北	二四	五四	四五	加		三	五五	
柱七	經	申	二○	三五	二○	申	一九	○一	一三	加		五九	一五	五
	緯	北	八	五○	四三	北	二一	五八	一二	加		三	四二	
諸王南增三	經	申	二○	四八	五五	申	一九	五七	○二	加		五五	三九	六
	緯	北	○	四○	三二	北	二三	五○	一八	加		三	二三	
天關	經	申	二一	一二	二八	申	二○	三五	一二	加		五四	二八	三
	緯	南	二	一四	二一	北	二○	五七	二四	加		三	一一	
柱八	經	申	二一	四七	四六	申	二○	三三	三六	加		五八	三一	六
	緯	北	七	○五	二四	北	三○	一八	一六	加		三	一○	
諸王二	經	申	二一	五一	○七	申	二○	五七	二八	加		五六	二七	四
	緯	北	二	二九	二三	北	二五	四三	○二	加		三	○二	
天關南增二	經	申	二一	五四	二八	申	二一	三七	二九	加		五二	四一	六
	緯	南	六	五二	四三	北	一六	二三	○九	加		二	四九	

（續表）

黃道實沈宮恒星		黃道宮	黃道度	黃道分	黃道秒	赤道宮	赤道度	赤道分	赤道秒	赤道歲差	赤道歲差分	赤道歲差秒	赤道歲差微	星等
柱九	經	申	二二	一七	〇〇	申	二一	〇八	四六	加		五八	二三	六
	緯	北	六	四二	二五	北	二九	五七	一〇	加		二	五九	
天闕南增六	經	申	二二	二一	五四	申	二一	五七	一六	加		五三	三九	六
	緯	南	四	一五	五四	北	一八	五〇	一八	加		二	四一	
天闕南增三	經	申	二二	四四	一三	申	二二	三〇	三五	加		五二	三三	六
	緯	南	七	二〇	五七	北	一五	五六	四三	加		二	二九	
天闕南增四	經	申	二三	一二	〇一	申	二二	五九	五六	加		五二	二七	六
	緯	南	七	三八	〇一	北	一五	四一	〇三	加		二	二〇	
水府西增二	經	申	二三	一七	一六	申	二三	〇九	一八	加		五一	五八	六
	緯	南	八	五七	三九	北	一四	二一	四七	加		二	一五	
水府西增一	經	申	二三	二三	四四	申	二三	一七	三八	加		五一	四五	六
	緯	南	九	三三	二八	北	一三	四六	一八	加		二	一三	
天闕南增五	經	申	二三	二四	二三	申	二三	〇六	五五	加		五三	二二	六
	緯	南	五	四三	二三	北	一七	三六	〇九	加		二	一七	
諸王南增四	經	申	二三	五五	〇三	申	二三	一九	〇一	加		五五	五九	四
	緯	北	一	〇六	三一	北	二四	二七	〇二	加		二	一三	
水府西增三	經	申	二四	〇四	四八	申	二三	五八	一五	加		五一	五四	六
	緯	南	九	〇九	三七	北	一四	一一	五七	加		一	五九	
水府西增四	經	申	二四	三一	二九	申	二四	二五	四五	加		五一	五一	六
	緯	南	九	一八	〇二	北	一四	〇四	三七	加		一	四八	
水府西增五	經	申	二四	三二	五四	申	二四	二六	四二	加		五一	四七	六
	緯	南	九	三二	一三	北	一三	五一	二七	加		一	四九	

（續表）

黃道實沉宮恒星		黃道 宮	黃道 度	黃道 分	黃道 秒	赤道 宮	赤道 度	赤道 分	赤道 秒	赤道歲差	赤道歲差 分	赤道歲差 秒	赤道歲差 微	星等
諸王一	經	申	二四	五五	三七	申	二四	一七	〇七	加		五七	二三	五
	緯	北	四	一八	一五	北	二七	四一	一三	加		一	五〇	
司怪四	經	申	二五	〇七	二三	申	二四	四八	三八	加		五四	一四	五
	緯	南	三	一一	四四	北	二〇	一一	五九	加		一	四一	
司怪南增三	經	申	二五	一四	一三	申	二四	五七	〇六	加		五四	〇三	六
	緯	南	三	四四	〇一	北	一九	三九	五九	加		一	三七	
司怪一	經	申	二五	五七	二八	申	二五	三〇	三七	加		五六	三七	五
	緯	北	二	二八	〇五	北	二五	五三	一八	加		一	二五	
司怪內增一	經	申	二六	三一	三五	申	二六	一三	四八	加		五五	二〇	六
	緯	南	〇	三五	〇三	北	二二	五一	一三	加		一	一〇	
司怪內增二	經	申	二六	四八	四〇	申	二六	三三	〇七	加		五五	〇八	六
	緯	南	一	〇四	四三	北	二三	二一	五九	加		一	〇四	
司怪二	經	申	二七	二三	二四	申	二七	〇八	二七	加		五五	三〇	四
	緯	南	〇	一二	一九	北	二三	一五	〇七	加			五一	
司怪南增四	經	申	二七	五六	四〇	申	二七	四九	一九	加		五四	〇二	六
	緯	南	三	四八	三一	北	一九	三九	三二	加			三六	
司怪三	經	申	二八	〇三	二五	申	二七	五六	〇三	加		五四	一四	五
	緯	南	三	二一	三三	北	二〇	〇六	三七	加			三四	
水府一	經	申	二八	一六	一七	申	二八	一三	五八	加		五二	〇八	四
	緯	南	八	四二	一六	北	一四	四六	〇六	加			二八	
司怪東增五	經	申	二九	一五	二五	申	二九	一二	四二	加		五四	〇七	六
	緯	南	三	三九	五九	北	一九	四八	五四	加			七	

（續表）

		黃道				赤道				赤道歲差				星等
		宮	度	分	秒	宮	度	分	秒		分	秒	微	
黃道實沈宮恒星														
水府二	經	申	二九	一九	○一	申	二九	一八	一六	加		五一	五六	四
	緯	南	九	一四	四九	北	一四	一四	○五	加			六	
水府四	經	申	二九	一九	一四	申	二九	一七	五六	加、		五二	三八	六
	緯	南	七	一九	三○	北	一六	○九	二四	加			六	
井宿北增一	經	申	二九	四七	四三	申	二九	四五	五七	加		五八	一九	四
	緯	北	六	○四	四七	北	二九	三三	四七	加			六	
鉞	經	申	二九	五一	三三	申	二九	五○	五一	加		五五	一三	四
	緯	南	○	五六	○○	北	二二	三三	○○	加			七	
司怪東增六	經	申	二九	五七	一○	申	二九	五六	五八	加		五四	○○	六
	緯	南	四	一六	○二	北	一九	一二	五八	加			八	
黃道鶉首宮恒星														
水府三	經	未	○	○九	○九	未	○	○九	二八	加		五二	三九	六
	緯	南	七	一七	三一	北	一六	一一	二九	減			一三	
鉞北增一	經	未	○	一八	○五	未	○	一九	四六	加		五五	四四	六
	緯	北	○	一八	四八	北	二三	四七	四七	減			一七	
井宿一	經	未	一	四三	一○	未	一	五一	四五	加		五五	一四	三
	緯	北	○	五一	二二	北	二二	三六	五八	減			五○	
井宿北增二	經	未	二	三七	一七	未	三	○一	二一	加		五八	四六	六
	緯	北	七	○九	三○	北	三○	三六	五一	減		一	一五	
井宿二	經	未	三	一三	二○	未	三	二五	五四	加		五四	一七	四
	緯	南	三	○六	○三	北	二○	二○	三九	減		一	二三	

（續表）

黃道鶉首宮恒星		黃道宮	黃道度	黃道分	黃道秒	赤道宮	赤道度	赤道分	赤道秒	赤道歲差	分	秒	微	星等
井宿北增六	經	未	四	一二	四六	未	四	四五	五一	加		五七	三七	六
	緯	北	四	四六	三○	北	二八	一一	一九	減		一	五一	
井宿北增三	經	未	四	五一	一六	未	五	三二	○一	加		五八	○二	六
	緯	北	五	四七	○五	北	二九	一○	二八	減		二	○七	
井宿內增八	經	未	五	○五	○七	未	五	一七	二六	加		五三	○○	六
	緯	南	六	一四	五七	北	一七	○八	二六	減		二	○一	
井宿北增五	經	未	五	○九	三九	未	五	五○	五八	加		五七	四二	六
	緯	北	五	○四	五○	北	二八	二七	三三	減		二	一四	
井宿西增九	經	未	五	一四	四二	未	五	一四	四二	加		四九	三一	五
	緯	南	七	四四	三八	北	一五	一四	三八	減		一	五九	
井宿三	經	未	五	三一	一八	未	五	四三	一八	加		五二	四七	二
	緯	南	六	四七	一九	北	一六	三五	○六	減		二	一一	
井宿北增四	經	未	六	一五	三二	未	七	○八	○○	加		五八	○一	六
	緯	北	五	五二	○○	北	二九	一一	四二	減		二	四二	
井宿五	經	未	六	二一	三七	未	七	○二	一三	加		五六	一九	三
	緯	北	二	○一	三○	北	二五	二一	一一	減		二	四○	
井宿內增七	經	未	六	三三	○二	未	六	五一	一○	加		五三	一六	五
	緯	南	五	二七	三四	北	一七	五二	○四	減		二	三五	
井宿西增十	經	未	七	一六	四七	未	七	二三	三三	加		五一	三六	六
	緯	南	九	五○	二七	北	一三	二七	二三	減		二	四六	
井宿六	經	未	八	二三	三九	未	九	○二	二七	加		五四	五二	六
	緯	南	一	一一	一五	北	二二	○一	五八	減		三	二二	

（續表）

黄道鶉首宫恒星		黄道宫	黄道度	黄道分	黄道秒	赤道宫	赤道度	赤道分	赤道秒	赤道歲差	赤道歲差分	赤道歲差秒	赤道歲差微	星等
井宿内增十二	經	未	八	四九	三五	未	八	五七	三五	加		五一	三九	六
	緯	南	九	三一	四七	北	一三	四〇	四五	減		三	二〇	
天罇西增一	經	未	八	五四	四六	未	九	五三	一七	加		五六	二二	六
	緯	北	二	二九	〇九	北	二五	三九	四八	減		三	三九	
天罇西增二	經	未	九	四七	一三	未	一〇	五四	二七	加		五六	三四	六
	緯	北	三	〇七	一二	北	二六	一三	五八	減		四	〇〇	
井宿内增十三	經	未	九	五三	一九	未	一〇	〇一	三一	加		五一	三三	六
	緯	南	九	四〇	一五	北	二三	二八	〇六	減		三	四一	
天罇三	經	未	一〇	三七	二〇	未	一一	四一	一九	加		五五	五〇	六
	緯	北	一	三〇	一四	北	二四	三三	二四	減		四	一八	
井宿内增十四	經	未	一〇	五九	一〇	未	一一	二二	二七	加		五二	三六	六
	緯	南	六	四三	二〇	北	一六	一九	三九	減		四	〇九	
井宿七	經	未	一一	二四	三一	未	一二	一三	〇〇	加		五四	一九	三
	緯	南	二	〇五	二七	北	二〇	五四	三三	減		四	二八	
天罇南增六	經	未	一一	二七	二五	未	一二	二七	三九	加		五五	〇九	六
	緯	北	〇	〇〇	一一	北	二三	五九	二九	減		四	三三	
五諸侯二	經	未	一一	五四	〇四	未	一三	四四	二一	加		五八	二六	五
	緯	北	七	四三	〇七	北	三〇	三八	〇六	減		四	五九	
天罇北增三	經	未	一二	一九	三〇	未	一三	五一	〇五	加		五六	五五	六
	緯	北	四	二一	二五	北	二七	一四	五四	減		五	〇一	
天罇内增五	經	未	一二	五四	一二	未	一四	一二	一一	加		五五	四四	六
	緯	北	一	四一	〇五	北	二四	三一	五九	減		五	〇九	

（續表）

黃道鶉首宮恒星		黃道宮	度	分	秒	赤道宮	度	分	秒	赤道歲差	分	秒	微	星等
井宿内增十五	經	未	一二	五六	一三	未	一三	二三	五六	加		五二	三三	六
	緯	南	六	三四	二五	北	一六	一八	三二	減		四	五二	
天罇内增四	經	未	一三	一八	四六	未	一四	四四	二九	加		五六	○二	六
	緯	北	二	二九	五六	北	二五	一八	○九	減		五	二○	
井宿内增十六	經	未	一三	五八	三五	未	一四	二四	○七	加		五二	一五	六
	緯	南	七	一三	二五	北	一五	三三	四五	減		五	一二	
井宿内增十七	經	未	一四	○六	五一	未	一四	三八	五五	加		五二	三五	六
	緯	南	六	一三	一三	北	一六	三二	四九	減		五	一七	
天罇二	經	未	一四	五六	三六	未	一六	一一	五四	加		五四	四七	三
	緯	南	○	一三	○七	北	二三	二五	三七	減		五	五○	
五諸侯内增一	經	未	一五	○八	二五	未	一七	○八	二七	加		五七	○六	六
	緯	北	五	三一	○六	北	二八	○六	一三	減		六	○九	
井宿八	經	未	一五	一三	○四	未	一五	五○	○二	加		五三	四四	四
	緯	南	五	四○	三七	北	一六	五八	二三	減		五	四二	
天罇一	經	未	一五	一六	五五	未	一六	五七	二九	加		五六	○一	五
	緯	北	二	五五	四一	北	二五	三○	五三	減		六	○六	
五諸侯三	經	未	一五	三三	一○	未	一七	二六	四○	加		五七	一○	四
	緯	北	五	四三	三五	北	二八	一六	五二	減		六	一五	
北河一	經	未	一五	二九	五五	未	一八	○八	四四	加		五八	五五	五
	緯	北	九	四五	一○	北	三二	一五	四八	減		六	三一	
天罇南增七	經	未	一五	三四	三九	未	一六	四一	五四	加		五四	一○	六
	緯	南	一	四○	五八	北	二○	五四	○二	減		六	○○	

(續表)

黄道鶉首宮恒星		黄道宫	黄道度	黄道分	黄道秒	赤道宫	赤道度	赤道分	赤道秒	赤道歲差	赤道歲差分	赤道歲差秒	赤道歲差微	星等
五諸侯北增二	經	未	一六	○七	五八	未	一八	二○	三四	加		五七	一六	六
	緯	北	六	○九	二三	北	二八	三六	五九	減		六	三三	
五諸侯北增三	經	未	一六	一五	五一	未	一八	二七	五一	加		五七	○八	六
	緯	北	五	五八	二○	北	二八	○五	○二	減		六	三六	
天罇東增八	經	未	一六	四五	四五	未	一七	五七	一六	加		五四	○三	六
	緯	南	一	四一	五五	北	二○	四四	三九	減		六	二五	
天罇東增九	經	未	一六	四六	二九	未	一八	○七	三九	加		五四	三一	六
	緯	南	○	二九	二八	北	二一	五六	二八	減		六	二九	
五諸侯四	經	未	一七	四六	三四	未	二○	○二	○四	加		五六	三七	五
	緯	北	五	一一	○一	北	二七	二六	一三	減		七	○七	
五諸侯北增四	經	未	一八	二○	三六	未	二○	五一	五八	加		五七	○四	六
	緯	北	六	二六	一五	北	二八	三五	五八	減		七	二四	
五諸侯北增五	經	未	一八	二八	二九	未	二○	五八	五一	加		五六	五八	六
	緯	北	六	一四	二六	北	二八	二三	○九	減		七	二六	
水位一	經	未	一八	四一	三一	未	一八	五二	三四	加		五一	○二	六
	緯	南	九	四五	一八	北	一二	三○	三五	減		六	四三	
水位北增二	經	未	一九	○○	一七	未	一九	四三	五三	加		五二	二○	六
	緯	南	五	五○	二一	北	一六	二○	五九	減		七	○一	
北河内增四	經	未	一九	○二	五六	未	二一	四九	二八	加		五七	二三	五
	緯	北	七	二五	四六	北	二九	二八	四二	減		七	四二	
北河三	經	未	一九	四一	○九	未	二三	二四	二○	加		五六	五九	二
	緯	北	六	三九	二七	北	二八	三七	一一	減		七	五三	

（續 表）

黃道鶉首宮恒星		黃道				赤道					赤道歲差			星等
		宮	度	分	秒	宮	度	分	秒		分	秒	微	
積薪北增一	經	未	一九	四六	五二	未	二二	〇七	三五	加		五六	〇四	六
	緯	北	四	二四	二五	北	二六	二二	五一	減		七	四八	
積薪	經	未	二〇	〇五	一八	未	二二	一四	〇二	加		五五	三〇	四
	緯	北	三	〇二	二三	北	二四	五八	五九	減		七	五一	
水位北增三	經	未	二〇	〇五	三三	未	二一	〇九	一八	加		五二	五九	六
	緯	南	三	四七	一九	北	一八	一三	四三	減		七	二九	
積薪東增二	經	未	二一	一四	五九	未	二三	一八	三一	加		五四	五五	六
	緯	北	一	五七	一九	北	二三	四三	五七	減		二八	二二	
水位北增四	經	未	二一	三〇	五三	未	二二	四八	四二	加		五三	一三	六
	緯	南	二	四〇	五九	北	一九	〇六	三五	減		八	〇二	
五諸侯五	經	未	二一	四〇	一二	未	二四	二六	四八	加		五六	一八	五
	緯	北	五	四四	三八	北	二七	二四	一三	減		八	三四	
積薪東增三	經	未	二三	二四	五八	未	二四	二七	二九	加		五四	三四	五
	緯	北	一	二二	二〇	北	二二	五八	〇九	減		八	三四	
水位北增五	經	未	二三	二八	三四	未	二五	一〇	二四	加		五三	三七	六
	緯	南	〇	五四	四一	北	二〇	三二	二五	減		八	四七	
爟西增二	經	未	二三	三四	五八	未	二六	二〇	四二	加		五五	三六	六
	緯	北	四	四三	一一	北	二六	〇四	〇六	減		九	〇九	
爟西增三	經	未	二三	三九	二八	未	二六	五五	五九	加		五六	三二	五
	緯	北	七	一一	二六	北	二八	二九	〇五	減		九	二一	
爟西增一	經	未	二三	四九	一一	未	二六	三三	二五	加		五五	二九	六
	緯	北	四	二七	一五	北	二五	四五	五一	減		九	一四	

（續表）

黄道鶉首宫恒星	黄道經宫	黄道經度	黄道經分	黄道經秒	黄道緯宫	黄道緯度	黄道緯分	黄道緯秒	赤道經宫	赤道經度	赤道經分	赤道經秒	赤道緯宫	赤道緯度	赤道緯分	赤道緯秒	赤道歲差經加減	經分	經秒	經微	赤道歲差緯加減	緯分	緯秒	緯微	星等
水位内增十	未	二四	○七	二三	南	八	一五	一七	未	二四	三二	四六	北	一三	一一	三五	加		五一	○五	減		八	三五	五
水位北增九	未	二四	三四	一三	南	四	五二	四六	未	二五	三五	三四	北	一六	二六	三七	加		五二	○八	減		八	五四	六
爟西增四	未	二四	五二	四六	北	七	○八	○一	未	二八	一六	二七	北	二八	一二	一二	加		五六	一八	減		九	四六	六
水位北增七	未	二五	○九	四六	南	三	一二	三五	未	二六	三○	三一	北	一七	五九	○二	加		五二	三七	減		九	一三	六
爟四	未	二五	二○	二七	北	九	二七	二三	未	二九	一八	一六	北	三○	二三	三五	加		五七	○五	減		一○	○五	五
水位北增八	未	二五	三○	三○	南	四	○○	二一	未	二六	四三	○○	北	一七	○八	一九	加		五二	一九	減		九	一七	六
爟内增五	未	二五	三二	二三	北	五	三六	○四	未	二八	四○	一一	北	二六	三四	二五	加		五五	三七	減		九	五四	六
爟一	未	二五	三九	四九	北	五	一八	四四	未	二八	四四	三四	北	二六	一五	五九	加		五五	三○	減		九	五五	四
水位北增六	未	二五	五四	二六	北	一	一九	一三	未	二八	一○	一八	北	二三	一八	○四	加		五四	○三	減		九	四四	五
水位三	未	二七	○三	三四	南	七	○五	三○	未	二七	四二	一三	北	一三	四九	二二	加		五一	一○	減		九	三六	五
爟内增六	未	二七	二三	○三	北	七	二七	三二	午	一	○六	二九	北	二八	○一	三九	加		五五	五八	減		一○	三八	六

（續表）

星名		黃道宮	黃道度	黃道分	黃道秒	赤道宮	赤道度	赤道分	赤道秒	赤道歲差加減	赤道歲差分	赤道歲差秒	赤道歲差微	星等
黃道鶉首宮恒星														
水位四	經	未	二七	四五	二三	未	二九	二一	五九	加		五二	三七	五
	緯	南	二	一七	五二	北	一八	二三	四四	減		一〇	〇六	
水位東增十一	經	未	二七	四六	四二	午	二八	三三	三四	加		五一	一七	六
	緯	南	六	二四	三五	北	一四	二一	二六	減		九	五一	
爟二	經	未	二八	一四	三三	午	一	一九	〇六	加		五四	四三	六
	緯	北	四	二〇	三三	北	二四	四八	〇七	減		一〇	四二	
爟三	經	未	二八	三七	二八	午	二	四二	二四	加		五六	〇四	六
	緯	北	八	二五	四三	北	二八	四二	五〇	減		一一	〇七	
爟東增七	經	未	二八	五二	一三	午	三	五九	〇五	加		五六	〇一	六
	緯	北	八	二七	三一	北	二八	四一	二五	減		一一	二三	
爟東增八	經	未	二八	五五	三三	午	二	四八	二七	加		五五	四一	六
	緯	北	七	三〇	〇〇	北	二七	四四	三四	減		一一	〇八	
爟東增九	經	未	二九	二九	一八	午	二	五一	一一	加		五四	四八	六
	緯	北	五	一〇	三六	北	二五	二一	一三	減		一一	一〇	
黃道鶉火宮恒星														
爟東增十	經	午	〇	〇〇	四〇	午	三	二〇	四九	加		五四	三六	六
	緯	北	四	五三	四五	北	二四	五七	五六	減		一一	一八	
鬼宿西增二	經	午	〇	一二	〇六	午	二	〇九	五〇	加		五三	四一	六
	緯	南	一	〇二	三九	北	一九	〇七	二八	減		一〇	五六	
爟東增十一	經	午	〇	四〇	〇六	午	四	〇四	三二	加		五四	三二	六
	緯	北	四	五九	四八	北	二四	五五	〇七	減		一一	三二	

（續表）

黃道鶉火宮恒星		黃道宮	黃道度	黃道分	黃道秒	赤道宮	赤道度	赤道分	赤道秒	赤道歲差	赤道歲差分	赤道歲差秒	赤道歲差微	星等
鬼宿南增三	經	午	一	○五	二四	午	二	四九	五八	加		五二	一四	六
	緯	南	二	○七	五一	北	一七	五二	二三	減		一一	○九	
鬼宿二	經	午	一	五○	二九	午	四	二八	二○	加		五三	一○	五
	緯	北	一	三二	三三	北	二一	一七	二三	減		一一	三八	
柳宿西增九	經	午	二	○五	一一	午	二	二四	二四	加		五○	一三	六
	緯	南	八	三一	三二	北	一一	二四	五三	減		一一	○一	
鬼宿一	經	午	二	○九	四四	午	四	一四	四一	加		五二	二九	五
	緯	南	○	四七	四六	北	一八	五六	二○	減		一一	三五	
鬼宿南增五	經	午	二	一九	五八	午	三	○七	五一	加		五○	四九	六
	緯	南	六	二二	一六	北	一三	二七	五二	減		一一	一三	
鬼宿南增四	經	午	二	二四	二四	午	三	三四	一八	加		五一	一六	六
	緯	南	四	四五	二六	北	一五	○一	二三	減		一一	二二	
鬼宿內增一	經	午	二	三八	一九	午	五	○八	一七	加		五二	五五	六
	緯	北	○	五二	○一	北	二○	二七	○二	減		一一	五○	
積尸	經	午	三	三八	一○	午	六	二○	一五	加		五二	五七	氣
	緯	北	一	三一	一八	北	二○	五一	一八	減		一二	一○	
積尸北增一	經	午	三	三八	五三	午	六	二一	四四	加		五二	五六	氣
	緯	北	一	三四	一○	北	二○	五三	五五	減		一二	一一	
積尸東增二	經	午	三	五○	○九	午	六	二九	三○	加		五二	五三	氣
	緯	北	一	一八	三七	北	二○	三六	○八	減		一二	○三	
積尸南增三	經	午	三	五○	二五	午	六	二六	四五	加		五二	四二	氣
	緯	北	一	○六	二三	北	二○	二四	一一	減		一二	一二	

（續　表）

黄道鶉火宫恒星		黄道宫	黄道度	黄道分	黄道秒	赤道宫	赤道度	赤道分	赤道秒	赤道歲差	赤道歲差分	赤道歲差秒	赤道歲差微	星等
鬼宿三	經	午	三	五八	○○	午	七	○六	一一	加		五三	二三	四
	緯	北	三	○九	四一	北	二三	二三	○七	減		一二	二三	
柳宿西增八	經	午	四	二三	○一	午	四	三九	四八	加		四九	五七	六
	緯	南	八	三一	五○	北	一○	五四	一五	減		一一	四○	
鬼宿四	經	午	五	○八	四○	午	七	三一	二六	加		五三	一七	四
	緯	北	○	○三	四六	北	一九	○四	三九	減		一三	三○	
柳宿西增七	經	午	五	三四	二七	午	五	四八	○二	加		四九	四七	六
	緯	南	八	三九	○一	北	一○	三○	五○	減		一一	五九	
柳宿西增六	經	午	五	四九	三○	午	六	○二	二七	加		四九	四六	六
	緯	南	八	四○	○四	北	一○	二六	一九	減		一二	○五	
鬼宿南增六	經	午	六	一四	四六	午	七	一六	一五	加		五○	三七	六
	緯	南	五	二○	三六	北	一三	三三	五七	減		一二	二五	
鬼宿東增九	經	午	七	一二	○○	午	九	一○	四九	加		五一	三一	六
	緯	南	一	三七	一五	北	一六	五六	一六	減		一二	五七	
鬼宿南增七	經	午	七	一六	三七	午	八	一二	五六	加		五○	二五	六
	緯	南	五	三八	五八	北	一三	○一	○三	減		一二	四一	
柳宿北增五	經	午	七	一七	二三	午	七	四一	五三	加		四九	五一	六
	緯	南	七	四四	五八	北	一○	五八	四七	減		一二	三四	
鬼宿東增八	經	午	七	二三	一○	午	九	一○	四九	加		五一	一九	六
	緯	南	二	一六	一六	北	一六	一五	五七	減		一二	五七	
軒轅西增二十三	經	午	七	二七	一二	午	一一	五四	四七	加		五三	五二	六
	緯	北	七	一四	三九	北	二五	二六	○一	減		一三	四二	

（續表）

黃道鶉火宮恒星		黃道 宮	黃道 度	黃道 分	黃道 秒	赤道 宮	赤道 度	赤道 分	赤道 秒		赤道歲差 分	赤道歲差 秒	赤道歲差 微	星等
軒轅西增十五	經	午	八	〇八	五八	午	一三	二五	二五	加		五四	二六	六
	緯	北	九	四六	〇二	北	二七	四〇	二二	減		一四	〇六	
鬼宿東增十	經	午	八	四七	五六	午	一〇	四三	一六	加		五一	一二	六
	緯	南	一	五三	一六	北	一六	一六	一四	減		一三	二三	
鬼宿東增十一	經	午	八	四八	五一	午	一〇	四八	四〇	加		五一	一七	六
	緯	南	一	三六	四五	北	一六	三一	五七	減		一三	二四	
鬼宿東增十二	經	午	九	二一	四一	午	一一	五〇	四二	加		五一	三九	六
	緯	北	〇	〇七	五六	北	一八	〇四	一八	減		一三	四〇	
柳宿北增四	經	午	九	三一	三三	午	一〇	二八	二一	加		五〇	一一	四
	緯	南	五	三〇	三二	北	一二	三五	〇七	減		一三	一七	
軒轅西增二十四	經	午	九	三七	四五	午	一三	三八	二九	加		五二	五七	五
	緯	北	五	二三	二四	北	二三	三八	〇〇	減		一四	〇九	
鬼宿東增十三	經	午	一〇	〇二	四〇	午	一二	四一	一一	加		五一	四〇	六
	緯	北	〇	三九	三一	北	一八	二三	四四	減		一三	五三	
柳宿北增三	經	午	一〇	〇三	三四	午	一一	〇六	二一	加		五〇	一八	四
	緯	南	五	〇六	二七	北	一二	五〇	〇四	減		一三	三〇	
鬼宿東增十四	經	午	一〇	五六	一五	午	一三	四一	四〇	加		五一	三七	六
	緯	北	一	〇〇	五四	北	一八	二九	四三	減		一四	〇九	
鬼宿東增十八	經	午	一二	〇五	二〇	午	一三	一二	〇九	加		五一	〇三	六
	緯	南	一	一三	四五	北	一六	一七	四三	減		一四	〇一	
鬼宿東增十七	經	午	一二	二二	〇七	午	一三	一六	五八	加		五〇	五〇	六
	緯	南	一	五五	五二	北	一五	三二	三八	減		一四	〇三	

（續表）

黃道鶉火宮恒星		黃道宮	黃道度	黃道分	黃道秒	赤道宮	赤道度	赤道分	赤道秒	赤道歲差	赤道歲差分	赤道歲差秒	赤道歲差微	星等
軒轅西增二十五	經	午	一一	四五	四一	午	一七	〇七	二二	加		五三	三〇	六
	緯	北	九	二一	五七	北	二六	一五	五七	減		一五	〇一	
柳宿北增二	經	午	一二	三五	四四	午	一三	二七	二九	加		四九	四七	四
	緯	南	五	三六	〇八	北	一一	四〇	三九	減		一四	〇四	
鬼宿東增十六	經	午	一三	〇四	四八	午	一五	五一	三九	加		五〇	〇一	六
	緯	北	〇	五八	四五	北	一七	五一	三四	減		一四	三三	
鬼宿東增十五	經	午	一三	〇五	五四	午	一六	〇九	一九	加		五一	二九	六
	緯	北	一	五六	〇七	北	一八	四六	一二	減		一四	四五	
軒轅八	經	午	一四	一七	一三	午	一九	一五	一四	加		五三	三七	四
	緯	北	七	五一	二七	北	二四	〇四	三七	減		一五	三〇	
軒轅內增二十六	經	午	一五	〇六	〇五	午	二〇	四八	一五	加		五二	五四	六
	緯	北	九	五五	四八	北	二五	四七	五七	減		一五	五一	
軒轅九	經	午	一七	〇七	一六	午	二三	四八	三六	加		五三	二四	三
	緯	北	九	四一	四〇	北	二四	五六	三六	減		一六	一七	
酒旗北增一	經	午	一七	三六	一〇	午	二〇	四三	二六	加		五〇	四六	六
	緯	北	二	〇四	五四	北	一七	三四	〇一	減		一五	五〇	
酒旗三	經	午	一七	五七	五七	午	一八	四〇	二五	加		四九	〇四	五
	緯	南	五	三五	二七	北	一〇	〇八	五二	減		一五	二一	
酒旗北增二	經	午	一七	五九	二〇	午	二〇	二六	五三	加		五〇	一八	六
	緯	北	〇	〇一	五二	北	一五	二九	五〇	減		一五	四五	
酒旗二	經	午	一八	〇四	四四	午	一九	三一	二三	加		四九	三七	四
	緯	北	三	一一	二三	北	一二	二四	〇八	減		一五	三三	

（續表）

黄道鶉火宫恒星		黄道宫	黄道度	黄道分	黄道秒	赤道宫	赤道度	赤道分	赤道秒	赤道歲差	赤道歲差分	赤道歲差秒	赤道歲差微	星等
酒旗南增五	經	午	一八	一四	四六	午	一八	四一	三九	加		四八	五六	六
	緯	北	六	二四	二三	北	九	一七	一一	減		一五	二一	
酒旗北增三	經	午	一八	二九	二四	午	二〇	五九	二五	加		五〇	一六	六
	緯	北	〇	一〇	四八	北	一五	二九	〇三	減		一五	五二	
酒旗東增四	經	午	一八	三五	〇一	午	一九	三二	五三	加		四九	一五	六
	緯	南	四	四一	一二	北	一〇	四九	二五	減		一五	三三	
軒轅内增二十九	經	午	一八	五二	三二	午	二三	五〇	四二	加		五一	三八	六
	緯	北	七	三二	五八	北	二三	二一	一〇	減		一六	二九	
酒旗一	經	午	一九	五五	〇四	午	二三	二六	二八	加		五〇	〇四	六
	緯	北	〇	一九	〇三	北	一五	一〇	〇六	減		一六	一二	
軒轅十五	經	午	二〇	四一	〇八	午	二一	五一	五〇	加		四九	一一	四
	緯	南	三	四六	五〇	北	一一	〇二	一四	減		一六	〇四	
軒轅南增四十五	經	午	二〇	四四	五八	午	二〇	五四	一六	加		四八	三一	五
	緯	南	六	五九	五四	北	七	五七	三九	減		一五	五一	
軒轅内增四十四	經	午	二一	一五	二八	午	二三	〇八	一六	加		四九	三三	六
	緯	南	一	三三	二三	北	一二	五七	五八	減		一六	二一	
軒轅南增四十六	經	午	二一	四五	四四	午	二一	一四	五六	加		四八	〇二	五
	緯	南	八	五六	五六	北	五	四七	四〇	減		一五	五五	
軒轅内增四十三	經	午	二一	五四	二六	午	二四	一七	二八	加		四九	四四	六
	緯	北	〇	〇一	〇七	北	一四	一四	五六	減		一六	三五	
軒轅内增四十二	經	午	二三	四五	五二	午	二五	〇六	〇五	加		四九	二八	四
	緯	北	〇	〇一	二五	北	一三	三八	四七	減		一六	五七	

（續 表）

黄道鶉火宮恒星		黄道宮	黄道度	黄道分	黄道秒	赤道宮	赤道度	赤道分	赤道秒	赤道歲差	赤道歲差分	赤道歲差秒	赤道歲差微	星等
軒轅内增四十一	經	午	二四	○○	三六	午	二五	五八	○○	加		四九	一五	六
	緯	南	一	○四	二四	北	一二	三一	四六	減		一六	五六	
軒轅十三	經	午	二四	一九	二四	午	二八	一九	三七	加		五○	一一	三
	緯	北	四	五○	二○	北	一七	五九	四三	減		一七	二二	
軒轅南增四十	經	午	二四	三二	五一	午	二五	四一	三七	加		四八	四六	六
	緯	南	三	二五	一九	北	一○	○八	○七	減		一六	五二	
軒轅南增四十八	經	午	二四	四三	一七	午	二四	一五	五一	加		四七	五三	六
	緯	南	八	一四	○五	北	五	三一	五六	減		一六	三五	
軒轅南增三十九	經	午	二五	○八	四七	午	二六	○七	一○	加		四八	三七	五
	緯	南	三	五一	三一	北	九	三一	三二	減		一六	五七	
軒轅南增四十九	經	午	二五	二一	○八	午	二五	○八	三三	加		四七	五九	六
	緯	南	七	三二	一四	北	六	○八	三六	減		一六	四五	
軒轅内增三十二	經	午	二五	二六	○四	巳	○	四四	四三	加		五○	三○	六
	緯	北	八	二六	○八	北	二○	五九	一八	減		一七	四七	
軒轅内增三十四	經	午	二五	二九	○○	午	二九	一三	○四	加		四九	五四	六
	緯	北	四	○八	四五	北	一六	五六	五五	減		一七	三二	
軒轅南增三十八	經	午	二五	四四	○四	午	二六	三九	一二	加		四八	三三	四
	緯	南	三	五六	一八	北	九	一五	一九	減		一七	○三	
軒轅南增四十七	經	午	二五	四六	○四	午	二四	四二	○二	加		四七	二九	六
	緯	南	九	五二	五三	北	三	三八	一六	減		一六	四一	
軒轅十二	經	午	二六	○○	○五	巳	一	二六	二九	加		五○	二七	二
	緯	北	八	四七	二七	北	二一	○七	二三	減		一七	五五	

（續表）

黄道鶉火宮恒星		黄道宮	黄道度	黄道分	黄道秒	赤道宮	赤道度	赤道分	赤道秒	赤道歲差	赤道歲差分	赤道歲差秒	赤道歲差微	星等
軒轅内增三十三	經	午	二六	○七	二五	巳	一	二五	五六	加		五○	二三	六
	緯	北	八	二六	五一	北	二○	四五	三三	減		一七	五五	
軒轅十四	經	午	二六	一六	二○	午	二八	四○	二九	加		四九	一三	一
	緯	北	○	二六	三八	北	一三	一二	○一	減		一七	二七	
軒轅内增三十七	經	午	二六	三○	一○	午	二九	二七	一一	加		四九	二四	六
	緯	北	二	○一	○○	北	一四	三六	○八	減		一七	三四	
軒轅十七	經	午	二六	五○	三六	午	二八	三四	○九	加		四八	五○	六
	緯	南	一	二六	一五	北	一一	一四	一三	減		一七	二五	
軒轅南增五十	經	午	二六	五三	四一	午	二六	三四	四五	加		四七	五○	六
	緯	南	七	二四	四一	北	五	三五	四六	減		一七	○三	
軒轅内增三十六	經	午	二七	三一	○一	巳	○	四二	五八	加		四九	二二	六
	緯	北	二	四八	○七	北	一四	五九	一○	減		一七	四八	
軒轅南增五十二	經	午	二八	○六	三七	午	二八	一九	二六	加		四八	○一	六
	緯	南	五	三八	三五	北	六	五一	○七	減		一七	二三	
軒轅内增三十五	經	午	二八	一四	二三	巳	二	○○	一六	加		四九	三○	六
	緯	北	四	二四	五四	北	一六	一四	三九	減		一八	○一	
軒轅南增五十一	經	午	二八	二○	四五	午	二七	四一	四二	加		四七	三六	六
	緯	南	八	○七	三七	北	四	二六	一三	減		一七	一五	
軒轅南增五十四	經	午	二九	三○	○七	午	二九	五三	三五	加		四八	○○	六
	緯	南	四	五三	五○	北	七	○四	三六	減		一七	三九	
軒轅南增五十三	經	午	二九	三一	五○	午	二九	五○	五六	加		四七	五九	六
	緯	南	五	○六	○三	北	六	五二	三二	減		一七	三八	

（續表）

黃道鶉尾宮恒星		黃道宮	黃道度	黃道分	黃道秒	赤道宮	赤道度	赤道分	赤道秒	赤道歲差	赤道歲差分	赤道歲差秒	赤道歲差微	星等
長垣一	經	巳	○	五二	五八	巳	四	三六	五七	加		四九	○七	六
	緯	北	四	三三	二七	北	一五	二六	一一	減		一八	二八	
軒轅南增五十六	經	巳	一	一五	三九	巳	二	五五	二四	加		四八	二三	六
	緯	南	一	○二	二七	北	一○	○四	二四	減		一八	一○	
軒轅内增五十七	經	巳	一	二七	四五	巳	三	三一	二二	加		四八	二九	六
	緯	北	○	○五	○八	北	一一	○三	一五	減		一八	一五	
軒轅南增五十五	經	巳	一	三二	一○	巳	二	二一	三七	加		四八	○二	六
	緯	南	三	二○	一四	北	七	四九	四二	減		一八	○四	
長垣北增一	經	巳	一	三九	二一	巳	六	一七	四四	加		四九	一六	六
	緯	北	七	○○	四八	北	一七	二六	三五	減		一八	四○	
長垣南增四	經	巳	二	三八	一八	巳	一	五五	○○	加		四七	二○	五
	緯	南	七	二九	○○	北	三	三三	四四	減		一七	五九	
軒轅十六	經	巳	二	四八	五○	巳	四	四九	二四	加		四八	二一	四
	緯	北	○	○七	四八	北	一○	三六	三九	減		一八	二六	
長垣内增二	經	巳	三	三四	二五	巳	五	二三	四七	加		四八	一四	六
	緯	南	○	一六	一○	北	九	五七	五○	減		一八	三二	
長垣二	經	巳	四	○四	二一	巳	八	一一	五三	加		四八	四九	六
	緯	北	五	五四	四八	北	一五	三一	五九	減		一八	五五	
長垣四	經	巳	四	○九	○五	巳	五	二二	一一	加		四七	五八	六
	緯	南	一	五二	二七	北	八	一五	三二	減		一八	三一	
長垣南增三	經	巳	四	二三	五三	巳	四	四三	一四	加		四七	三九	六
	緯	南	四	一四	三六	北	五	五七	四一	減		一八	二七	

（續表）

黃道鶉尾宮恒星		黃道宮	黃道度	黃道分	黃道秒	赤道宮	赤道度	赤道分	赤道秒	赤道歲差	赤道歲差分	赤道歲差秒	赤道歲差微	星等
長垣南增五	經	巳	四	五七	二一	巳	四	二〇	四一	加		四七	一六	六
	緯	南	六	四二	四一	北	三	二七	三三	減		一八	二二	
天相北增九	經	巳	五	〇八	三九	巳	三	二一	〇一	加		四六	四九	六
	緯	南	九	五六	二六	北	〇	二三	五二	減		一八	一四	
天相北增十	經	巳	五	五六	〇二	巳	四	一七	五一	加		四六	五二	五
	緯	南	九	一九	四七	北	〇	四〇	〇五	減		一八	二三	
長垣三	經	巳	六	〇六	一九	巳	八	五六	二五	加		四八	一五	六
	緯	北	二	四七	四〇	北	一一	五三	〇二	減		一九	〇一	
長垣南增八	經	巳	六	五五	四八	巳	八	〇九	〇九	加		四七	四五	六
	緯	南	一	二一	四一	北	七	四三	〇八	減		一八	五五	
長垣南增七	經	巳	六	五六	四六	巳	七	三一	〇二	加		四七	三五	六
	緯	南	三	〇六	三三	北	六	〇五	一九	減		一八	五〇	
長垣南增六	經	巳	七	一三	四八	巳	七	二一	二四	加		四七	二四	六
	緯	南	四	一五	二七	北	四	五五	〇一	減		一八	四九	
長垣南增九	經	巳	七	一四	三三	巳	八	二八	五〇	加		四七	四五	六
	緯	南	一	一五	五九	北	七	四一	二九	減		一八	五七	
靈台西增二	經	巳	八	一二	〇〇	巳	七	五七	五五	加		四七	一五	六
	緯	南	五	〇二	四二	北	三	四九	四〇	減		一八	五四	
天相北增十一	經	巳	八	五六	一六	巳	七	〇三	四四	加		四六	四二	六
	緯	南	九	一八	二六	南	〇	二四	〇六	加		一八	四七	
靈臺西增一	經	巳	九	一八	二八	巳	一〇	三九	五五	加		四七	三九	六
	緯	南	〇	三五	五一	北	七	三二	二七	減		一九	一三	

（續 表）

黄道鶉尾宫恒星		黄道宫	黄道度	黄道分	黄道秒	赤道宫	赤道度	赤道分	赤道秒	赤道歲差加減	赤道歲差分	赤道歲差秒	赤道歲差微	星等
西次相	經	巳	九	五〇	三一	巳	一五	一一	二三	加		四八	一七	三
	緯	北	九	三九	五〇	北	一六	四九	〇六	減		一九	四一	
靈臺二	經	巳	一〇	二五	三三	巳	一一	五一	一一	加		四七	三四	五
	緯	南	〇	一三	一六	北	七	二八	〇三	減		一九	二二	
靈臺一	經	巳	一〇	五七	〇九	巳	一二	五六	三七	加		四七	四〇	四
	緯	北	一	二〇	二一	北	八	四二	三八	減		一九	二八	
西次相南增三	經	巳	一一	〇三	〇七	巳	一五	三六	一〇	加		四八	〇三	六
	緯	北	七	五一	四一	北	一四	四一	三一	減		一九	四三	
靈臺南增三	經	巳	一一	一九	三三	巳	一〇	三七	一九	加		四七	〇一	六
	緯	南	五	三九	五七	北	二	〇五	一三	減		一九	二三	
靈臺三	經	巳	一一	二〇	三四	巳	一一	四九	三五	加		四七	一七	六
	緯	南	二	三一	五一	北	四	五八	五七	減		一九	二一	
靈臺南增四	經	巳	一一	三三	三七	巳	一〇	四四	五八	加		四六	五八	六
	緯	南	五	五四	〇三	北	一	四六	五二	減		一九	一三	
靈臺南增七	經	巳	一三	二七	二一	巳	一二	三七	〇二	加		四六	五四	六
	緯	南	五	三四	三五	北	一	二一	五一	減		一九	二六	
靈臺南增八	經	巳	一三	二八	四四	巳	一三	二七	三四	加		四七	〇五	六
	緯	南	三	二六	〇一	北	三	二〇	〇七	減		一九	三一	
西次將	經	巳	一三	五七	五八	巳	一七	三六	三六	加		四七	四〇	四
	緯	北	六	〇五	一〇	北	一一	五五	四一	減		一九	五三	
靈臺南增五	經	巳	一三	五八	四〇	巳	一二	〇九	〇一	加		四六	三九	六
	緯	南	八	〇三	〇一	南	一	〇七	一一	加		一九	二三	

（續 表）

黃道鶉尾宮恒星		黃道宮	黃道度	黃道分	黃道秒	赤道宮	赤道度	赤道分	赤道秒	赤道歲差	赤道歲差分	赤道歲差秒	赤道歲差微	星等
靈臺南增六	經	巳	一四	五三	五六	巳	一三	三七	三七	加		四六	四六	六
	緯	南	六	二四	〇八	北	〇	〇三	〇五	加		一九	三三	
西上將	經	巳	一五	〇七	三五	巳	一六	五八	〇〇	加		四七	二一	四
	緯	北	一	四〇	五六	北	七	二五	一七	減		一九	五〇	
明堂西增四	經	巳	一五	四八	三九	巳	一六	〇一	〇五	加		四七	〇三	六
	緯	南	二	二二	五三	北	三	二四	三六	減		一九	四四	
明堂西增五	經	巳	一五	四九	三九	巳	一五	〇九	二三	加		四六	五三	五
	緯	南	四	三八	五三	北	一	一八	四八	減		一九	四〇	
明堂西增二	經	巳	一六	四二	五一	巳	一七	四七	〇一	加		四七	一〇	六
	緯	北	〇	〇〇	三五	北	五	一五	四七	減		一九	五三	
明堂西增三	經	巳	一七	三六	五三	巳	一七	四三	一四	加		四六	五七	五
	緯	南	二	一六	五五	北	二	四八	〇七	減		一九	五三	
明堂西增六	經	巳	一七	五五	一九	巳	一五	五四	三五	加		四六	三四	四
	緯	南	七	三九	〇五	南	二	一五	四六	加		一九	四四	
明堂一	經	巳	一七	五六	〇二	巳	一八	四一	〇五	加		四七	〇四	四
	緯	南	〇	三四	〇四	北	四	一五	二〇	減		一九	五七	
內屏西增一	經	巳	一八	一五	〇五	巳	二一	一八	三五	加		四七	一六	六
	緯	北	五	一九	一三	北	九	三二	四四	減		二〇	〇六	
明堂北增一	經	巳	一九	二〇	一一	巳	二〇	一八	二八	加		四七	〇一	六
	緯	北	〇	一六	〇九	北	四	二八	三四	減		二〇	〇四	
五帝座五	經	巳	一九	三二	〇五	巳	二四	一二	二二	加		四七	一三	六
	緯	北	九	三一	〇七	北	一二	五三	一九	減		二〇	一五	

（續 表）

黃道鶉尾宮恒星		黃道 宮	黃道 度	黃道 分	黃道 秒	赤道 宮	赤道 度	赤道 分	赤道 秒	赤道歲差	赤道歲差 分	赤道歲差 秒	赤道歲差 微	星等
內屏一	經	巳	一九	四五	二九	巳	二三	〇一	一七	加		四七	一二	五
	緯	北	六	〇六	二一	北	九	四〇	一八	減		二〇	一〇	
內屏內增二	經	巳	二〇	二二	一五	巳	二三	四一	二七	加		四七	〇八	六
	緯	北	六	二一	三三	北	九	三九	四三	減		二〇	一三	
內屏二	經	巳	二〇	三四	三五	巳	二三	一〇	一三	加		四七	〇六	五
	緯	北	四	三五	三九	北	七	五七	三九	減		二〇	一一	
明堂三	經	巳	二〇	四八	一三	巳	一九	一八	二五	加		四六	四〇	四
	緯	南	五	四二	二二	南	一	三五	四〇	加		一九	五九	
明堂二	經	巳	二一	二七	五二	巳	二〇	五七	一八	加		四六	四七	四
	緯	南	三	〇三	三五	北	〇	三四	四四	減		二〇	〇六	
內屏內增三	經	巳	二一	五四	四七	巳	二五	二八	三二	加		四七	〇二	六
	緯	北	七	一四	五三	北	九	五一	五三	減		二〇	一六	
右執法	經	巳	二三	三一	一四	巳	二四	一九	二三	加		四六	五二	三
	緯	北	〇	四〇	四七	北	三	一二	〇五	減		二〇	一五	
內屏三	經	巳	二三	五八	二九	巳	二六	五五	四五	加		四六	五四	五
	緯	北	六	〇八	五二	北	八	〇二	一三	減		二〇	一九	
內屏四	經	巳	二四	〇八	〇六	巳	二八	〇二	三四	加		四六	五三	五
	緯	北	八	三一	二九	北	一〇	〇九	〇〇	減		二〇	一九	
內屏南增六	經	巳	二四	五七	三一	巳	二六	四二	二三	加		四六	五一	五
	緯	北	三	二〇	三一	北	五	〇四	二二	減		二〇	一七	
內屏東增五	經	巳	二六	二四	五六	巳	二九	一四	三八	加		四六	四八	六
	緯	北	六	一九	三一	北	七	一三	三九	減		二〇	一九	

（續表）

黃道鶉尾宮恒星		黃道宮	黃道度	黃道分	黃道秒	赤道宮	赤道度	赤道分	赤道秒	赤道歲差	赤道歲差分	赤道歲差秒	赤道歲差微	星等
謁者西增一	經	巳	二七	五三	二二	巳	二九	〇八	四八	加		四六	四七	六
	緯	北	二	四二	五二	北	三	一九	五〇	減		二〇	二〇	
謁者北增二	經	巳	二九	二九	一八	辰	二	二二	五二	加		四六	三九	六
	緯	北	七	〇七	〇九	北	六	四三	五〇	減		二〇	一八	
謁者	經	巳	二九	四七	一七	辰	一	四九	五三	加		四六	四四	四
	緯	北	五	〇四	二三	北	四	四四	一一	減		二〇	一九	

黃道壽星宮恒星		黃道宮	黃道度	黃道分	黃道秒	赤道宮	赤道度	赤道分	赤道秒	赤道歲差	赤道歲差分	赤道歲差秒	赤道歲差微	星等
左執法南增一	經	辰	一	〇一	四四	辰	一	二三	四六	加		四六	四六	六
	緯	北	一	〇八	〇八	北	〇	三七	五四	減		二〇	一九	
左執法	經	辰	一	一五	五二	辰	一	四二	一六	加		四六	四六	三
	緯	北	一	二二	〇一	北	〇	四五	〇〇	減		二〇	一九	
三公一	經	辰	二	四九	〇〇	辰	六	〇六	四一	加		四六	二九	六
	緯	北	八	四九	三〇	北	六	五八	一五	減		二〇	一三	
軫宿北增二	經	辰	四	二三	五二	辰	一	三二	〇三	加		四六	五二	六
	緯	南	六	一四	五二	南	七	二八	五〇	加		二〇	一八	
三公三	經	辰	六	〇一	〇〇	辰	八	四二	三二	加		四六	三〇	六
	緯	北	八	〇一	四〇	北	四	五八	三一	減		二〇	〇四	
東上相	經	辰	六	三七	一一	辰	七	一一	二六	加		四六	四七	三
	緯	北	二	四八	五三	南	〇	〇二	五四	加		二〇	〇九	
東次相西增一	經	辰	七	〇五	三〇	辰	九	三九	〇二	加		四六	三〇	六
	緯	北	七	五五	五〇	北	四	二七	四八	減		二〇	〇一	

（續表）

黃道壽星宮恒星		黃道宮	黃道度	黃道分	黃道秒	赤道宮	赤道度	赤道分	赤道秒	赤道歲差	赤道歲差分	赤道歲差秒	赤道歲差微	星等
進賢西增九	經	辰	七	二七	二〇	辰	六	一二	四五	加		四六	五七	六
	緯	南	一	三五	三二	南	四	二五	三三	加		二〇	二二	
軫宿北增一	經	辰	七	五四	五二	辰	五	〇八	二八	加		四七	〇四	六
	緯	南	五	一九	四七	南	八	〇二	一六	加		二〇	一四	
東次相	經	辰	七	五四	五四	辰	一〇	四一	〇〇	加		四六	二八	三
	緯	北	八	三八	二七	北	四	四七	三三	減		一九	五七	
進賢南增八	經	辰	八	三五	三八	辰	六	三一	〇八	加		四七	〇四	五
	緯	南	三	二七	二三	南	六	三五	一七	加		二〇	一一	
進賢南增七	經	辰	九	〇〇	四九	辰	七	一一	三〇	加		四七	〇四	六
	緯	南	二	四四	二五	南	六	〇五	四八	加		二〇	〇九	
進賢西增一	經	辰	一〇	〇四	二四	辰	一〇	〇二	四二	加		四六	五五	六
	緯	北	二	〇〇	三四	南	二	〇八	五五	加		一九	五九	
進賢	經	辰	一一	三七	五五	辰	一一	三七	〇五	加		四六	五八	六
	緯	北	二	二一	五〇	南	二	二五	五八	加		一九	五二	
進賢北增二	經	辰	一一	三九	〇一	辰	一一	三八	三四	加		四六	五八	六
	緯	北	二	二三	〇四	南	二	二五	一五	加		一九	五三	
進賢北增三	經	辰	一一	四一	三二	辰	一一	五二	三三	加		四六	五六	六
	緯	北	二	五二	五五	南	一	五八	四五	加		一九	五二	
進賢南增六	經	辰	一三	一六	三〇	辰	一〇	〇四	五三	加		四七	一七	六
	緯	南	三	〇三	一六	南	七	四〇	一三	加		一九	五九	
進賢北增四	經	辰	一三	三三	四五	辰	一三	四一	五五	加		四六	五八	六
	緯	北	二	五六	一五	南	二	一六	〇一	加		一九	四八	

（續表）

黃道壽星宮恒星		黃道宮	黃道度	黃道分	黃道秒	赤道宮	赤道度	赤道分	赤道秒	赤道歲差	分	秒	微	星等
進賢南增五	經	辰	一二	三七	二五	辰	一〇	一五	三二	加		四七	一九	五
	緯	南	三	二五	二二	南	八	〇八	四四	加		一九	五八	
平道一	經	辰	一四	三九	三三	辰	一四	一〇	一八	加		四七	一〇	四
	緯	北	一	四五	二九	南	四	〇九	五六	加		一九	四〇	
角宿西增十五	經	辰	一六	一〇	〇九	辰	一三	三七	二五	加		四七	三六	五
	緯	南	三	一五	〇三	南	九	二三	一〇	加		一九	四三	
角宿西增十四	經	辰	一六	二六	二八	辰	一四	〇五	二四	加		四七	三六	六
	緯	南	二	四二	三一	南	八	五八	二九	加		一九	四〇	
角宿西增十三	經	辰	一六	四九	二七	辰	一四	三五	〇六	加		四七	三六	六
	緯	南	二	二一	二五	南	八	四七	五三	加		一九	三八	
角宿西增一	經	辰	一七	三一	〇〇	辰	一七	三一	二五	加		四七	一〇	六
	緯	北	三	三五	五一	南	三	三三	四七	加		一九	二〇	
角宿西增十二	經	辰	一七	三六	〇七	辰	一五	二一	〇〇	加		四七	三九	六
	緯	南	二	一五	二五	南	九	〇〇	一九	加		一九	三四	
角宿西增十一	經	辰	一八	一二	五二	辰	一六	〇一	五一	加		四七	四二	六
	緯	南	一	五八	三八	南	八	五八	五五	加		一九	三〇	
角宿二	經	辰	一八	三四	五〇	辰	二〇	二五	一一	加		四六	四二	三
	緯	北	八	三九	〇九	北	〇	四二	四九	減		一九	〇〇	
天門一	經	辰	一九	一〇	五六	辰	一四	三六	二六	加		四八	一一	四
	緯	南	七	五三	二〇	南	一四	四八	二八	加		一九	三八	
角宿西增十	經	辰	一九	一三	一九	辰	一六	四四	〇九	加		四七	五〇	六
	緯	南	二	三五	二六	南	九	五六	〇二	加		一九	二五	

（續表）

黄道壽星宫恒星		黄道宫	度	分	秒	赤道宫	度	分	秒	赤道歲差 加	分	秒	微	星等
角宿内增二	經	辰	一九	四四	一八	辰	一九	一六	三三	加		四七	二五	六
	緯	北	二	四七	二五	南	五	○九	○一	加		一九	○八	
角宿東增三	經	辰	二○	○一	二七	辰	一九	四○	三六	加		四七	二四	六
	緯	北	三	○八	五五	南	四	五五	三二	加		一九	○六	
角宿一	經	辰	二○	一六	二一	辰	一七	五六	一一	加		四七	五四	一
	緯	南	二	○一	五九	南	九	四九	○五	加		一九	一七	
角宿東增四	經	辰	二○	三一	一二	辰	二○	三三	一二	加		四七	一九	六
	緯	北	四	一五	二一	南	四	○五	○六	加		一九	一五	
角宿南增九	經	辰	二一	一一	四八	辰	一八	一八	五一	加		四八	○六	五
	緯	南	三	一八	二四	南	一一	二○	四八	加		一九	一五	
天門南增四	經	辰	二一	二八	一○	辰	一六	一五	三三	加		四八	三四	四
	緯	南	九	○九	五○	南	一六	五一	四○	加		一九	二八	
角宿東增八	經	辰	二一	四○	五一	辰	一九	五二	五三	加		四七	五三	六
	緯	南	○	二四	○七	南	八	五○	一七	加		一九	○四	
角宿東增五	經	辰	二二	五五	二四	辰	二一	○四	一九	加		四七	三九	六
	緯	北	二	○九	二○	南	六	三三	二二	加		一八	五五	
天門南增五	經	辰	二三	一三	二三	辰	一七	一八	四五	加		四八	三七	六
	緯	南	八	一九	四一	南	一六	二二	三九	加		一九	二三	
天門二	經	辰	二三	三四	一五	辰	一八	二六	五七	加		四八	三一	五
	緯	南	六	一七	五四	南	一四	三八	○二	加		一九	一四	
天道二	經	辰	二三	○八	三一	辰	二三	○三	○七	加		四七	四九	六
	緯	北	一	四三	四五	南	七	二四	一三	加		一八	四七	

（續表）

黃道壽星宮恒星		黃道宮	黃道度	黃道分	黃道秒	赤道宮	赤道度	赤道分	赤道秒	赤道歲差	赤道歲差分	赤道歲差秒	赤道歲差微	星等
天門東增六	經	辰	二三	三三	三〇	辰	一九	四八	〇〇	加		四八	三三	六
	緯	南	五	一四	三四	南	一四	〇一	四三	加		一九	〇五	
天田南增六	經	辰	二三	三七	二二	辰	二五	二四	〇七	加		四六	五〇	六
	緯	北	九	三七	二二	南	〇	一四	〇九	加		一八	一八	
角宿東增六	經	辰	二四	〇一	〇七	辰	二三	四四	一三	加		四七	三六	六
	緯	北	四	〇四	〇四	南	五	三三	〇二	加		一八	三三	
天門東增十一	經	辰	二四	三七	一四	辰	一九	三三	二六	加		四八	五八	六
	緯	南	八	二六	四〇	南	一七	二二	二九	加		一九	〇六	
角宿東增六	經	辰	二五	二八	〇六	辰	二三	〇五	二八	加		四八	二三	六
	緯	南	一	二一	四六	南	一一	〇八	〇五	加		一八	三八	
天門東增七	經	辰	二六	二一	〇五	辰	二二	二一	二七	加		四八	五四	六
	緯	南	五	〇六	三二	南	一四	五二	五一	加		一八	四五	
天門東增八	經	辰	二六	三五	〇三	辰	二二	五八	〇五	加		四八	五三	六
	緯	南	四	三〇	三八	南	一四	二八	一九	加		一八	三九	
天門東增十	經	辰	二七	四四	三四	辰	二三	三三	四五	加		四九	一四	六
	緯	南	六	一八	一九	南	一六	三三	五四	加		一八	三六	
天門東增九	經	辰	二八	二四	三六	辰	二四	〇一	一二	加		四九	二一	五
	緯	南	六	二一	二七	南	一六	五一	二五	加		一八	三〇	
亢宿西增一	經	辰	二八	五五	三〇	辰	二八	一二	〇八	加		四八	〇七	六
	緯	北	三	四一	四八	南	七	三九	一六	加		一七	五一	
亢宿西增二	經	辰	二九	一〇	二五	辰	二八	一八	二八	加		四八	一一	六
	緯	北	三	一九	五九	南	八	〇四	五六	加		一七	四九	

黃道大火宮恒星		黃道宮	黃道度	黃道分	黃道秒	赤道宮	赤道度	赤道分	赤道秒	赤道歲差	赤道歲差分	赤道歲差秒	赤道歲差微	星等
亢宿西增三	經	卯	〇	〇一	五四	辰	二八	五〇	一七	加		四八	二三	五
	緯	北	二	三一	二〇	南	九	〇七	三四	加		一七	四四	
亢宿二	經	卯	〇	一二	三六	卯	〇	三九	三〇	加		四七	四一	四
	緯	北	七	一五	四〇	南	四	四五	三四	加		一七	二五	
亢宿内增四	經	卯	〇	四二	四二	辰	二九	四四	〇六	加		四八	一二	六
	緯	北	三	一五	二三	南	八	四一	二三	加		一七	三五	
亢宿一	經	卯	〇	五五	四〇	辰	二九	四九	三〇	加		四八	二六	四
	緯	北	二	五五	四〇	南	九	〇四	二二	加		一七	三三	
亢宿東增六	經	卯	二	五九	四一	卯	三	三二	二五	加		四七	四七	六
	緯	北	八	〇四	二三	南	四	五六	〇九	加		一六	五三	
亢宿四	經	卯	三	二三	一三	卯	一	一九	五六	加		四九	〇七	四
	緯	北	〇	三一	〇四	南	一二	一〇	四八	加		一七	一六	
亢宿東增五	經	卯	三	三三	〇一	卯	三	五〇	三六	加		四八	〇六	六
	緯	北	七	二五	五六	南	五	四三	二七	加		一六	四七	
亢宿東增七	經	卯	六	三一	二三	卯	七	二四	〇六	加		四七	四八	四
	緯	北	九	四三	〇八	南	四	三一	五五	加		一六	〇三	
氐宿西增六	經	卯	一〇	一三	二七	卯	七	五九	四二	加		五〇	〇二	六
	緯	北	〇	三五	三八	南	一四	二〇	五三	加		一五	五五	
氐宿西增五	經	卯	一〇	三六	四三	卯	八	五〇	五〇	加		四九	四七	五
	緯	北	二	〇三	五四	南	一三	〇四	一八	加		一五	四四	
氐宿西增四	經	卯	一一	〇七	三一	卯	一〇	〇八	一二	加		四九	一九	六
	緯	北	四	三四	三八	南	一〇	五〇	二二	加		一五	二六	

（續表）

黃道大火宮恒星		黃道宮	黃道度	黃道分	黃道秒	赤道宮	赤道度	赤道分	赤道秒	赤道歲差	歲差分	歲差秒	歲差微	星等
氐宿西增七	經	卯	一一	二七	五五	卯	九	○九	一四	加		五○	一五	六
	緯	北	○	二四	二六	南	一四	五四	四四	加		一五	四○	
氐宿一	經	卯	一一	三一	四○	卯	九	一二	二四	加		五○	一七	二
	緯	北	○	二二	五一	南	一四	五七	二三	加		一五	三九	
氐宿西增三	經	卯	一一	三三	五九	卯	一○	四四	二九	加		四九	一六	六
	緯	北	五	一二	二七	南	一○	二二	○四	加		一五	一八	
折威三	經	卯	一一	三七	四六	卯	六	○八	五三	加		五二	一一	六
	緯	南	九	○一	二二	南	二三	五四	三一	加		一六	一九	
氐宿西增一	經	卯	一一	四三	三四	卯	一一	五○	五○	加		四八	三六	四
	緯	北	八	一六	三四	南	七	二九	四○	加		一五	○四	
氐宿西增二	經	卯	一一	五七	五五	卯	一一	一六	○五	加		四九	一三	六
	緯	北	五	三七	○三	南	一○	一五	四一	加		一五	一○	
氐宿南增八	經	卯	一二	二四	一四	卯	九	二三	一五	加		五○	五一	六
	緯	南	一	四五	三○	南	一七	一五	四一	加		一五	三七	
折威四	經	卯	一二	二八	一七	卯	七	○六	五九	加		五二	一八	六
	緯	南	八	四三	○九	南	二三	五三	二六	加		一六	○六	
折威五	經	卯	一二	三○	二九	卯	七	○九	三四	加		五二	一九	六
	緯	南	八	四二	一一	南	二三	五三	一三	加		一六	○六	
折威南增三	經	卯	一三	一五	○○	卯	七	四八	四二	加		五二	三一	五
	緯	南	九	○○	五○	南	二四	二四	五八	加		一五	五七	
折威南增四	經	卯	一三	三四	一○	卯	八	○八	○二	加		五二	三五	六
	緯	南	九	○一	五六	南	二四	三二	○二	加		一五	五三	

（續　表）

黃道大火宮恒星		黃道宮	黃道度	黃道分	黃道秒	赤道宮	赤道度	赤道分	赤道秒	赤道歲差加	赤道歲差分	赤道歲差秒	赤道歲差微	星等
折威南增五	經	卯	一三	四六	四九	卯	八	一二	二三	加		五三	四三	六
	緯	南	九	二六	五〇	南	二四	五九	三六	加		一五	五三	
折威六	經	卯	一四	四七	四七	卯	九	五二	四三	加		五二	三三	六
	緯	南	七	三七	三三	南	二三	三四	四一	加		一五	三〇	
氐宿内增十	經	卯	一五	一三	〇一	卯	一三	〇六	五五	加		五〇	三七	五
	緯	北	一	一三	四三	南	一五	一五	一五	加		一四	四四	
氐宿内增九	經	卯	一五	一九	一六	卯	一三	〇九	二六	加		五〇	四一	六
	緯	北	一	〇一	三二	南	一五	二八	四四	加		一四	四三	
折威南增六	經	卯	一五	四三	四八	卯	一〇	三九	一五	加		五二	五二	六
	緯	南	八	一一	〇五	南	二四	二三	三七	加		一五	二〇	
氐宿四	經	卯	一五	四八	四〇	卯	一五	四九	三九	加		四八	五八	二
	緯	北	八	三二	〇三	南	八	二五	一九	加		一四	〇三	
折威七	經	卯	一七	〇七	三一	卯	一二	一七	三九	加		五三	〇一	三
	緯	南	七	三五	五六	南	二四	一五	〇六	加		一四	五五	
氐宿内增十二	經	卯	一七	二六	二〇	卯	一五	〇三	一三	加		五一	一〇	六
	緯	北	〇	一八	〇三	南	一六	四六	四六	加		一四	一五	
氐宿二	經	卯	一七	二六	四三	卯	一四	二六	〇〇	加		五一	四二	四
	緯	南	一	四八	二三	南	一八	四八	〇八	加		一四	二四	
氐宿内增十一	經	卯	一七	三九	三〇	卯	一四	四二	四一	加		五一	四〇	六
	緯	南	一	三五	五八	南	一八	三九	五一	加		一四	二〇	
氐宿北增二十	經	卯	一七	四六	四三	卯	一七	三五	五六	加		四九	一八	四
	緯	北	八	〇五	四四	南	九	二二	五一	加		一三	三六	

（續表）

黄道大火宫恒星		黄道				赤道				赤道歲差				星等
		宫	度	分	秒	宫	度	分	秒		分	秒	微	
氐宿内增十七	經	卯	一八	二一	四八	卯	一六	四二	一七	加		五〇	四二	六
	緯	北	二	四九	四六	南	一四	三六	二三	加		一三	五〇	
氐宿内增十八	經	卯	一八	四三	三二	卯	一七	一三	〇〇	加		五〇	三五	六
	緯	北	三	二二	一八	南	一四	一一	〇〇	加		一三	四二	
氐宿内增十三	經	卯	一八	五九	二六	卯	一六	三七	〇〇	加		五一	二四	六
	緯	北	〇	一八	五六	南	一七	一一	四五	加		一三	五一	
氐宿北增十九	經	卯	二〇	〇四	四一	卯	二〇	〇二	五八	加		四九	二〇	六
	緯	北	八	五六	五〇	南	九	〇九	四六	加		一二	五六	
氐宿東增十六	經	卯	二〇	二〇	三〇	卯	一八	二九	〇五	加		五一	〇九	六
	緯	北	二	〇八	一七	南	一五	四八	一四	加		一三	二三	
氐宿東增十五	經	卯	二〇	五一	四〇	卯	一九	〇四	二一	加		五一	〇九	六
	緯	北	二	二三	〇六	南	一五	四二	〇七	加		一三	一二	
氐宿東增十四	經	卯	二一	二七	〇五	卯	一九	三八	〇八	加		五一	一五	四
	緯	北	二	一六	三九	南	一五	五七	三三	加		一三	〇三	
氐宿三	經	卯	二一	三三	五三	卯	二〇	一九	〇九	加		五〇	四二	四
	緯	北	四	二五	二七	南	一三	五四	四九	加		一二	五一	
日西增一	經	卯	二三	二四	〇二	卯	二一	〇三	五三	加		五二	〇六	六
	緯	北	〇	一四	〇七	南	一八	二五	四八	加		一二	三八	
西咸四	經	卯	二三	四七	三八	卯	二三	二六	四〇	加		五一	〇七	四
	緯	北	四	〇二	五二	南	一四	四九	五六	加		一二	一六	
日	經	卯	二四	一二	〇〇	卯	二一	四九	四二	加		五二	一七	四
	緯	北	〇	〇一	五四	南	一八	四九	三二	加		一二	二六	

（續表）

黃道大火宫恒星		黃道宫	黃道度	黃道分	黃道秒	赤道宫	赤道度	赤道分	赤道秒	赤道歲差加	赤道歲差分	赤道歲差秒	赤道歲差微	星等
天輻西增一	經	卯	二四	二六	五四	卯	一九	四四	三一	加		五四	四九	六
	緯	南	八	三〇	一六	南	二七	〇八	四九	加		一三	〇一	
房宿西增三	經	卯	二四	四五	三四	卯	二一	一八	四八	加		五三	三五	六
	緯	南	四	〇五	三八	南	二二	五七	三九	加		一二	三五	
天輻一	經	卯	二五	〇二	二八	卯	二〇	二三	一九	加		五四	五七	四
	緯	南	八	二八	〇九	南	二七	一五	五二	加		一二	五〇	
天輻二	經	卯	二五	四六	一七	卯	二〇	四四	二二	加		五五	三三	四
	緯	南	九	五八	五〇	南	二八	五四	三七	加		一二	四四	
西咸三	經	卯	二六	一八	〇四	卯	二四	四九	五三	加		五一	三五	四
	緯	北	三	三〇	〇四	南	一五	五七	二一	加		一一	三四	
西咸二	經	卯	二六	四九	〇四	卯	二五	五八	〇四	加		五〇	五一	四
	緯	北	六	〇七	四八	南	一三	三〇	四五	加		一一	一五	
房宿西增二	經	卯	二六	五四	四三	卯	二四	三八	二六	加		五二	四〇	四
	緯	北	〇	〇七	五〇	南	一九	二二	三四	加		一一	三九	
房宿西增一	經	卯	二七	〇七	三七	卯	二四	五二	〇五	加		五二	四一	六
	緯	北	〇	〇九	一二	南	一九	二四	一三	加		一一	三四	
房宿西增四	經	卯	二七	三三	五〇	卯	二三	五五	一八	加		五四	三〇	六
	緯	南	五	二六	三三	南	二四	五六	五一	加		一一	五一	
西咸一	經	卯	二七	四三	四三	卯	二七	三四	三五	加		五〇	〇二	五
	緯	北	九	一六	二九	南	一〇	三八	三八	加		一〇	四六	
罰三	經	卯	二七	四九	五三	卯	二六	三〇	四三	加		五一	三五	六
	緯	北	四	〇四	二〇	南	一五	四四	三五	加		一一	〇六	

（續表）

星名		黃道宮	黃道度	黃道分	黃道秒	赤道宮	赤道度	赤道分	赤道秒	赤道歲差	分	秒	微	星等
黃道大火宮恒星														
房宿西增五	經	卯	二八	○三	○八	卯	二四	三四	五三	加		五四	二四	五
	緯	南	四	五四	一三	南	二四	三三	一五	加		一一	三九	
房宿西增六	經	卯	二八	四○	四六	卯	二五	○二	二九	加		五四	四九	六
	緯	南	五	四三	四八	南	二五	二九	○八	加		一一	三○	
罰二	經	卯	二八	四六	一一	卯	二八	二○	二六	加		五○	三一	六
	緯	北	八	○四	四○	南	一二	○二	○○	加		一○	三三	
房宿三	經	卯	二九	○○	五○	卯	二六	一九	四二	加		五三	三七	三
	緯	南	一	五六	三一	南	二一	五三	一二	加		一一	○八	
房宿一	經	卯	二九	二三	二五	卯	二五	五一	四三	加		五四	四九	三
	緯	南	五	二五	四六	南	二五	二○	五九	加		一一	一六	
房宿二	經	卯	二九	三三	五二	卯	二五	一六	二一	加		五五	五五	四
	緯	南	八	三三	二五	南	二八	二六	一九	加		一一	二六	
房宿四	經	卯	二九	三七	五六	卯	二七	三九	五八	加		五二	四八	二
	緯	北	一	○三	○九	南	一九	○四	五二	加		一○	四四	
黃道析木宮恒星														
鉤鈐一	經	寅	○	○六	三五	卯	二七	五九	○五	加		五三	○五	五
	緯	北	○	一六	○五	南	一九	五六	五六	加		一○	三八	
罰東增三	經	寅	○	○八	一一	卯	二九	五六	一八	加		五○	一八	六
	緯	北	九	一五	一六	南	一一	○九	四一	加		一○	○二	
鉤鈐二	經	寅	○	一七	○九	卯	二八	○七	四八	加		五三	一○	五
	緯	北	○	○五	五六	南	二○	○九	○五	加		一○	三六	

（續 表）

黃道析木宮恒星		黃道 宮	度	分	秒	赤道 宮	度	分	秒	赤道歲差	分	秒	微	星等
鍵閉	經	寅	一	〇五	一一	卯	二九	一八	二八	加		五二	四六	四
	緯	北	一	四〇	五〇	南	一八	四六	一〇	加		一〇	一五	
心宿南增二	經	寅	二	四〇	五九	卯	二九	〇九	二四	加		五五	五〇	六
	緯	南	六	三八	二二	南	二七	一四	二三	加		一〇	一六	
心宿南增一	經	寅	二	四五	三五	卯	二九	〇七	四七	加		五六	〇一	六
	緯	南	七	〇七	〇三	南	二七	四三	二三	加		一〇	一八	
心宿北增三	經	寅	三	五二	三五	寅	一	一九	四九	加		五四	三六	六
	緯	南	二	三七	一〇	南	二三	三二	〇八	加		九	三七	
東咸三	經	寅	三	五九	一八	寅	二	一八	一〇	加		五三	一〇	五
	緯	北	一	三六	〇九	南	一九	二四	三七	加		九	一八	
心宿一	經	寅	四	一四	二四	寅	一	二六	〇六	加		五五	〇八	四
	緯	南	三	五九	〇四	南	二四	五六	四二	加		九	三四	
東咸二	經	寅	四	二五	二五	寅	三	〇四	三七	加		五二	四〇	五
	緯	北	三	一六	三二	南	一七	五〇	四二	加		九	〇四	
心宿北增四	經	寅	四	五二	五八	寅	二	三五	二六	加		五四	二六	六
	緯	南	一	四二	三五	南	二二	四九	五〇	加		九	一二	
東咸一	經	寅	五	〇六	二六	寅	四	〇八	三八	加		五二	〇五	四
	緯	北	五	一四	四一	南	一六	〇一	四一	加		八	四四	
東咸四	經	寅	六	〇四	五三	寅	四	一六	五三	加		五三	四八	五
	緯	北	〇	二八	四〇	南	二〇	五三	三〇	加		八	四〇	
心宿北增五	經	寅	六	一〇	一二	寅	三	四〇	四八	加		五五	〇九	六
	緯	南	三	一一	三〇	南	二四	三一	一二	加		八	五二	

（續表）

黃道析木宮恒星		黃道宮	黃道度	黃道分	黃道秒	赤道宮	赤道度	赤道分	赤道秒	赤道歲差	赤道歲差分	赤道歲差秒	赤道歲差微	星等
心宿二	經	寅	六	一一	○四	寅	三	二六	○二	加		五五	三九	一
	緯	南	四	三一	二六	南	二五	五○	○一	加		八	五六	
東咸東增一	經	寅	七	四三	一○	寅	六	四一	一九	加		五二	三六	六
	緯	北	四	二八	二五	南	一七	一三	一八	加		七	五三	
心宿三	經	寅	七	五二	五六	寅	四	五九	四六	加		五六	二九	四
	緯	南	六	○四	二三	南	二七	三九	一二	加		八	二七	
心宿東增六	經	寅	九	三○	五六	寅	七	四二	五五	加		五四	四一	六
	緯	南	○	四五	二○	南	二三	三九	五五	加		七	三五	
心宿東增八	經	寅	九	五七	五四	寅	七	四八	五九	加		五五	三九	六
	緯	南	三	○五	一○	南	二五	○二	一三	加		七	三二	
心宿東增七	經	寅	一○	三○	二一	寅	八	三三	四二	加		五七	一九	六
	緯	南	二	○七	○五	南	二四	○九	三四	加		七	一六	
宋西增一	經	寅	一一	五二	二三	寅	一一	四一	一七	加		五八	三九	六
	緯	北	九	四四	四五	南	一二	三五	二六	加		六	一四	
宋西增二	經	寅	一二	四一	四二	寅	一一	四六	○六	加		五三	一五	六
	緯	北	三	五五	五○	南	一八	二七	四四	加		六	一二	
天江西增九	經	寅	一二	五三	二一	寅	一一	○八	三○	加		五五	三六	六
	緯	南	二	一一	○○	南	二四	三三	○五	加		六	二五	
天江西增十	經	寅	一三	三四	五五	寅	一一	四八	一七	加		五五	五八	六
	緯	南	二	五一	一七	南	二五	一八	一八	加		六	一二	
天江西增十一	經	寅	一三	四五	一五	寅	一二	○○	一五	加		五五	五六	六
	緯	南	二	四六	四○	南	二五	一五	○○	加		六	○七	

(續 表)

黄道析木宫恒星		黄道宫	黄道度	黄道分	黄道秒	赤道宫	赤道度	赤道分	赤道秒	赤道歲差	赤道歲差分	赤道歲差秒	赤道歲差微	星等
天江西增八	經	寅	一三	五七	五五	寅	一二	四六	三二	加		五四	二〇	六
	緯	北	一	二一	五〇	南	二二	〇九	五一	加		五	五一	
宋	經	寅	一四	二三	四六	寅	一三	五五	五九	加		五二	一〇	三
	緯	北	七	一三	五三	南	一五	二三	〇三	加		五	二九	
天江一	經	寅	一六	一三	一五	寅	一四	三四	五五	加		五六	三九	六
	緯	南	三	五三	四七	南	二六	三八	三八	加		五	一四	
天江二	經	寅	一六	二七	一四	寅	一四	五三	五三	加		五六	二七	五
	緯	南	三	二四	〇九	南	二六	一〇	三八	加		五	〇八	
天江内增三	經	寅	一六	四〇	一五	寅	一五	〇八	四五	加		五六	二七	六
	緯	南	三	二〇	〇八	南	二六	〇七	五九	加		五	〇二	
天江北增六	經	寅	一六	五一	一七	寅	一五	三五	二七	加		五五	三四	六
	緯	南	一	〇八	五三	南	二三	五八	三〇	加		四	五五	
天江東增二	經	寅	一六	五七	四六	寅	一五	二七	〇四	加		五六	三二	六
	緯	南	三	二九	三九	南	二六	一九	一三	加		四	五七	
天江北增七	經	寅	一七	一八	五五	寅	一六	二五	二三	加		五四	一九	四
	緯	北	二	〇四	四三	南	二〇	四八	二八	加		四	三七	
天江内增四	經	寅	一七	四五	二七	寅	一六	三一	〇三	加		五五	五一	六
	緯	南	一	四二	二八	南	二四	三七	〇八	加		四	三五	
天江三	經	寅	一七	四八	一一	寅	一六	三三	三〇	加		五五	五三	三
	緯	南	一	四七	四七	南	二四	四二	四一	加		四	三四	
天江南增一	經	寅	一八	一八	〇五	寅	一六	四七	二七	加		五七	一七	四
	緯	南	四	五四	四七	南	二七	五一	三八	加		四	二九	

（續表）

黄道析木宮恒星		黄道 宮	黄道 度	黄道 分	黄道 秒	赤道 宮	赤道 度	赤道 分	赤道 秒	赤道歲差	赤道歲差 分	赤道歲差 秒	赤道歲差 微	星等
天江南增五	經	寅	一八	二八	五七	寅	一七	二二	四六	加		五五	三八	六
	緯	南	○	五九	五四	南	二三	五八	三九	加		四	一八	
天江四	經	寅	一八	四四	五四	寅	一七	四○	四二	加		五五	三七	四
	緯	南	○	五四	○三	南	二三	五四	一二	加		四	一一	
糠	經	寅	一九	一六	一六	寅	一七	四三	一一	加		五八	○六	五
	緯	南	六	三四	一二	南	二九	三五	四七	加		四	○九	
天籥西增一	經	寅	一九	四五	四七	寅	一八	四九	一二	加		五五	三一	六
	緯	南	○	三一	二○	南	二三	三六	三一	加		三	四七	
天籥六	經	寅	一九	五四	一五	寅	一八	五七	三九	加		五五	三四	五
	緯	南	○	三八	二三	南	二三	四四	一一	加		三	四四	
天籥七	經	寅	二○	○八	一○	寅	一九	○二	四四	加		五六	二七	六
	緯	南	二	三九	五二	南	二五	四六	二二	加		三	四二	
天籥五	經	寅	二○	四二	三八	寅	一九	五九	一九	加		五四	四九	六
	緯	北	一	一九	五九	南	二一	四九	三九	加		三	二二	
南海	經	寅	二○	五八	二三	寅	二○	四四	○二	加		五二	一五	四
	緯	北	七	五九	○五	南	一五	一二	二九	加		三	○七	
天籥四	經	寅	二一	三一	二三	寅	二○	五二	二六	加		五四	四七	六
	緯	北	一	三○	二四	南	二一	四二	二九	加		三	○四	
天籥三	經	寅	二三	三三	四四	寅	二三	○○	一六	加		五四	四四	五
	緯	北	一	四四	四五	南	二一	三一	五一	加		二	四一	
天籥二	經	寅	二三	二○	○九	寅	二三	四九	三七	加		五四	四九	六
	緯	北	一	三六	○一	南	二一	四三	○一	加		二	二三	

（續表）

黄道析木宫恒星		黄道				赤道				赤道歲差				星等
		宫	度	分	秒	宫	度	分	秒		分	秒	微	
天籥八	經	寅	二三	四〇	〇一	寅	二三	五一	五〇	加		五七	二三	六
	緯	南	四	二二	四二	南	二七	四二	一七	加		二	二二	
天籥一	經	寅	二五	一六	三〇	寅	二四	四七	四三	加		五六	〇八	五
	緯	南	一	二四	〇八	南	二四	四八	〇一	加		一	四〇	
天籥東增二	經	寅	二六	二三	一六	寅	二六	〇三	一〇	加		五五	四二	六
	緯	南	〇	一九	四五	南	二三	四五	四六	加		一	一四	
天籥東增三	經	寅	二六	二八	一七	寅	二六	〇七	四八	加		五五	四八	六
	緯	南	〇	四七	五一	南	二四	一四	〇〇	加		一	一三	
斗宿西增一	經	寅	二六	三一	〇一	寅	二六	二一	一八	加		五三	二三	六
	緯	北	五	二八	五一	南	一七	五七	三〇	加		一	〇八	
天籥東增四	經	寅	二七	〇四	四七	寅	二六	四七	四九	加		五五	五六	六
	緯	南	〇	四七	五〇	南	二四	一四	五三	加			五八	
箕宿一	經	寅	二七	四〇	四七	寅	二七	一九	四六	加		五八	四一	三
	緯	南	六	五五	五一	南	三〇	二三	三三	加			四七	
斗宿三	經	寅	二九	三九	一〇	寅	二九	三七	四二	加		五四	三六	四
	緯	北	二	二二	五四	南	二一	〇六	〇五	加			二	

清·戴進賢《儀象考成》卷二七《天漢經緯度表一》

《晉書·天文志》云：天漢起東方，經箕尾之間，謂之漢津。乃分爲二道，其南經傳説、魚、天籥、天弁、河鼓，其北經龜，貫箕下，次絡南斗魁、左旗，至天津下而合南道。乃西南行，又分夾瓠瓜，絡人星、杵、造父、騰蛇、王良、附路、閣道北端、大陵、天船、卷舌而南行，絡五車，經北河之南，入東井水位，而東南行，絡南河、闕邱、天狗、天記、天稷，至七星南而没。《明史·天文志》云：近年浮海之人至赤道以南，見雲漢過天狗之墟，抵天社、海石之南，踰南船，帶海山，貫十字架、蜜蜂，傍馬腹，經南門，絡三角、龜、杵，而屬於尾宿，是爲帶天一周。《靈臺儀象志》：天漢經緯度分列黄道南北、赤道南北四表，與《明史》合，但不按宫次，或分二界，或分三界，或分四界，逐度列表，其分合曲折之處，尚有未詳。今亦分黄、赤、南、北四表，而各按宫次分南界、北界、南之北界、北之南界，各列四層。其分合既爲明晰，至其曲折之處，經緯或有不同，又於每度之間細分列表，按數圖之，庶合縣象云。

黃道北天漢度

黃道北天漢經度	北界 度	北界 分	北之南界 度	北之南界 分	南之北界 度	南之北界 分	南界 度	南界 分
寅宮十二度四十分	四	○○						
十二度四十分	四	四○						
十二度四十分	八	○○						
十三度二十分	二	○○						
十三度二十分	六	○○						
十三度二十分	一○	四○						
十三度二十分	一二	四○						
十四度	○	○○						
十四度	三	○○						
十四度	九	三○						
十四度	一一	四○						
十四度	一三	三○						
十五度	一四	○○						
十五度	一七	○○						
十五度	一八	○○						
寅宮十五度四十分	一九	二○						
十六度二十分	一五	二○						
十七度	二○	○○						
十七度三十分	二三	五○						
十七度三十分	二四	五○						
十八度	二二	○○						

（續表）

黃道北天漢經度	北界 度	北界 分	北之南界 度	北之南界 分	南之北界 度	南之北界 分	南界 度	南界 分
十八度	二五	五○						
十九度三十分	二七	○○	二	○○				
十九度三十分			四	三○				
二十度			○	○○				
二十度三十分			三	二○				
二十度三十分			五	三○				
二十一度	二九	二○						
二十一度四十分			六	四○				
二十一度四十分			八	三○				
二十二度	三一	○○						
二十二度四十分			一一	○○				
寅宮二十三度三十分	三一	五○	九	三○				
二十三度三十分	三三	○○	一二	二○				
二十三度三十分			一四	○○				
二十四度	三四	○○						
二十四度三十分			一六	三○				
二十四度三十分			一八	四○				
二十四度三十分			二一	二○				
二十五度	三四	二○	一五	○○				
二十五度			二○	○○				
二十五度			二三	○○				
二十五度三十分			二四	○○				

（續表）

黃道北天漢經度	北界 度	北界 分	北之南界 度	北之南界 分	南之北界 度	南之北界 分	南界 度	南界 分
二十六度	三五	三〇	一七	三〇	三	二〇		
二十六度三十分					一	〇〇		
二十六度三十分					二	三〇		
二十七度	三五	三〇			〇	〇〇		
二十七度					二	〇〇		
二十七度三十分					四	〇〇		
寅宮二十七度三十分					五	〇〇		
二十八度			二四	四〇	五	〇〇		
二十九度					七	〇〇		
二十九度四十分	三四	〇〇			九	〇〇		
二十九度四十分					一一	〇〇		
丑宮初度三十分			二六	〇〇	六	〇〇		
初度三十分					一三	〇〇		
二度	三五	〇〇			七	二〇		
二度					八	四〇		
二度二十分			二六	二〇	一五	〇〇		
二度三十分			二七	三〇				
三度三十分	三六	四〇			一七	〇〇		
四度			二八	三〇	一九	三〇		
四度					二〇	三〇		
五度	三六	三〇			一九	〇〇		
六度三十分	三五	三〇			二二	〇〇		

（續表）

黃道北天漢經度	北界 度	北界 分	北之南界 度	北之南界 分	南之北界 度	南之北界 分	南界 度	南界 分
七度			二九	二〇				
丑宮八度			三〇	〇〇	二三	〇〇		
九度	三六	三〇			二四	三〇	〇	〇〇
九度							二	〇〇
九度							四	〇〇
十度			三〇	〇〇			五	〇〇
十度							六	〇〇
十一度	三八	四〇			二五	二〇	七	〇〇
十一度							九	〇〇
十一度三十分			三二	〇〇			七	四〇
十三度					二七	〇〇	一〇	四〇
十三度							一二	二〇
十四度	四〇	〇〇	三三	〇〇	二九	〇〇	一一	〇〇
十四度							一三	二〇
十四度							一四	三〇
十五度	四二	三〇	三五	〇〇				
十六度					三〇	〇〇	一五	三〇
十六度							一七	〇〇
丑宮十六度三十分	四三	三〇						
十六度三十分	四五	〇〇						
十七度					二九	三〇	一七	四〇
十七度					三〇	二〇		

(續表)

黃道北天漢經度	北界 度	北界 分	北之南界 度	北之南界 分	南之北界 度	南之北界 分	南界 度	南界 分
十八度					二九	〇〇	一七	三〇
十八度三十分					三一	二〇	一九	〇〇
十九度	四五	〇〇	三七	〇〇	三〇	〇〇	二〇	〇〇
十九度					三二	四〇		
十九度三十分							一八	〇〇
十九度三十分							二〇	〇〇
二十　度	四六	〇〇			三四	二〇		
二十一度							二一	〇〇
二十二度	四六	二〇	三七	〇〇	三五	四〇		
二十二度三十分							二二	二〇
二十二度三十分	四九	〇〇					二三	四〇
二十四度			三八	四〇	三六	〇〇	二四	〇〇
二十四度			四〇	二〇	三七	〇〇		
丑宮二十五度	五〇	三〇	四二	〇〇			二四	〇〇
二十五度							二五	四〇
二十六度三十分							二七	〇〇
二十七度三十分	五一	〇〇			三八	〇〇		
二十七度三十分					四〇	〇〇		
二十八度	五三	〇〇	四二	三〇				
二十八度			四三	五〇				
二十九度					四〇	三〇	二七	〇〇
二十九度							二九	〇〇

(續表)

黃道北天漢經度	北界 度	北界 分	北之南界 度	北之南界 分	南之北界 度	南之北界 分	南界 度	南界 分
子宮初度三十分	五三	三〇	四四	四〇				
初度三十分	五五	〇〇						
一度	六〇	〇〇					二九	〇〇
二度					四一	〇〇	二九	〇〇
二度					四二	四〇		
三度	五七	〇〇	四五	〇〇			三〇	三〇
三度			四六	三〇				
四度			四七	三〇				
子宮四度			四九	〇〇			三〇	二〇
五度	六一	〇〇			四三	二〇		
五度	六三	〇〇						
六度			五〇	〇〇	四五	〇〇	三〇	〇〇
六度			五一	三〇				
七度三十分	•						三二	〇〇
八度三十分					四五	〇〇		
九度三十分	六三	四〇	五一	三〇			三二	三〇
九度三十分			五三	二〇			三四	二〇
十一度							三五	〇〇
十一度							三七	〇〇
十二度			五四	〇〇	四六	〇〇		
十四度					四七	二〇	三八	〇〇
十四度							四〇	〇〇

（續表）

黄道北天漢經度	北界 度	北界 分	北之南界 度	北之南界 分	南之北界 度	南之北界 分	南界 度	南界 分
十五度	六四	○○	五四	○○				
十七度					四九	○○	四一	○○
十七度							四二	三○
子宫十八度			五四	二○				
十九度二十分	六四	三○			四九	三○	四三	○○
二十度			五六	○○				
二十一度							四四	○○
二十二度	六六	○○			五一	○○		
二十三度			五六	○○				
二十四度							四五	○○
二十五度	六六	○○	五七	○○	五三	○○	四七	三○
二十七度三十分	六七	○○	五七	四○	五四	二○	四八	○○
二十七度三十分							四九	二○
亥宫初度			五八	四○	五四	二○	四九	三○
二度	六六	三○	五七	四○	五六	○○	五二	○○
四度			五八	○○	五六	○○		
六度	六六	二○					五三	三○
十度	六八	○○					五二	二○
十五度	六七	四○					五三	○○
十五度							五一	○○
十七度	六九	○○					五一	二○
亥宫二十度							五二	二○

（續表）

黄道北天漢經度	北界 度	北界 分	北之南界 度	北之南界 分	南之北界 度	南之北界 分	南界 度	南界 分
二十二度	六七	四○					五一	○○
二十四度							五二	二○
二十五度							五○	○○
二十七度	六八	○○					五二	二○
戌宫初度	六八	四○					五三	○○
三度							五三	○○
五度	六八	四○					五二	三○
八度							五三	○○
十度	六八	四○						
十度	六七	二○						
十二度							五三	○○
十二度							五二	○○
十五度	六七	二○					五二	三○
十五度	六六	一○						
十七度三十分	六五	○○					五○	三○
戌宫十七度三十分	六六	○○						
二十度	六五	○○					五一	○○
二十二度三十分	六二	二○					四九	○○
二十五度	六二	○○					五○	○○
二十七度	五八	四○					四七	三○
二十九度	六一	○○					四六	三○
酉宫初度	五八	二○					四五	○○

（續表）

黃道北天漢經度	北界 度	北界 分	北之南界 度	北之南界 分	南之北界 度	南之北界 分	南界 度	南界 分
二度三十分	五八	三〇					四四	三〇
四度	五六	四〇					四二	三〇
七度	五五	四〇					四二	二〇
九度	五四	三〇					四〇	四〇
九度	五二	四〇						
十度三十分	五〇	二〇						
十二度							四〇	三〇
十三度	五〇	〇〇					三八	〇〇
十三度	四八	三〇					三五	〇〇
十五度	四八	三〇						
酉宮十五度	四七	〇〇						
十七度	四七	〇〇					三六	二〇
十七度	四六	〇〇					二八	四〇
十九度三十分	四五	四〇					三四	〇〇
十九度三十分							三一	二〇
十九度三十分							二八	四〇
二十二度三十分	四六	二〇					二七	三〇
二十四度							二七	四〇
二十五度	四六	〇〇					二六	四〇
二十七度	四五	〇〇					二六	二〇
二十七度	四四	〇〇					二五	〇〇
二十九度	四三	四〇					二四	三〇

（續表）

黃道北天漢經度	北界 度	北界 分	北之南界 度	北之南界 分	南之北界 度	南之北界 分	南界 度	南界 分
申宮初度	四二	二〇					二二	四〇
一度三十分							二二	二〇
二度三十分	四一	〇〇					二一	〇〇
二度三十分	三九	〇〇						
二度三十分	三六	〇〇						
申宮四度	三七	四〇					二一	三〇
四度	三五	〇〇						
五度	三五	〇〇					二〇	三〇
六度三十分	三二	二〇					二一	二〇
八度	三〇	〇〇					二〇	二〇
九度三十分	二九	三〇					二〇	四〇
九度三十分	二七	三〇					一五	三〇
十一度三十分	二七	二〇					一九	四〇
十一度三十分	二六	二〇					一七	〇〇
十一度三十分							一四	四〇
十一度三十分							一三	三〇
十二度三十分	二六	〇〇					一二	三〇
十二度三十分	二四	四〇						
十四度							一一	〇〇
十四度							九	三〇
十五度	二四	三〇					九	〇〇
十五度	二三	四〇					八	〇〇

（續表）

黃道北天漢經度	北界 度	北界 分	北之南界 度	北之南界 分	南之北界 度	南之北界 分	南界 度	南界 分
申宮十六度三十分	二二	二〇					七	三〇
十六度三十分	二〇	〇〇					六	二〇
十七度三十分	二〇	〇〇					五	四〇
十九度	一九	〇〇					六	二〇
二十　度	一八	四〇					五	四〇
二十　度							三	四〇
二十　度三十分							二	〇〇
二十　度三十分							〇	〇〇
二十一度三十分	一七	〇〇						
二十一度三十分	一四	三〇						
二十二度二十分	一五	四〇						
二十二度二十分	一四	〇〇						
二十三度四十分	一二	四〇						
二十四度四十分	一三	〇〇						
二十四度四十分	一二	〇〇						
二十五度四十分	一一	四〇						
二十五度四十分	一〇	二〇						
申宮二十七度	九	二〇						
二十七度	八	〇〇						
二十八度	七	三〇						
二十八度	六	〇〇						
二十九度	五	〇〇						

（續表）

黃道北天漢經度	北界 度	北界 分	北之南界 度	北之南界 分	南之北界 度	南之北界 分	南界 度	南界 分
二十九度	三	三〇						
二十九度三十分	一	三〇						
二十九度三十分	〇	〇〇						

清·戴進賢《儀象考成》卷二八《天漢經緯度表二》 黃道南天漢度

黃道南天漢經度	北界 度	北界 分	北之南界 度	北之南界 分	南之北界 度	南之北界 分	南界 度	南界 分
申宮十九度四十分							二	三〇
二十度三十分							〇	〇〇
二十度三十分							一	四〇
二十度三十分							三	二〇
二十度三十分							四	二〇
申宮二十　度三十分							七	三〇
二十　度三十分							九	〇〇
二十一度							五	二〇
二十一度							六	四〇
二十一度							九	〇〇
二十二度							一〇	〇〇
二十三度三十分							一〇	二〇
二十四度							一二	〇〇
二十四度四十分							一三	二〇
二十六度							一三	二〇

（續表）

黃道南天漢經度	北界 度	北界 分	北之南界 度	北之南界 分	南之北界 度	南之北界 分	南界 度	南界 分
二十六度							一四	四〇
二十七度二十分							一六	〇〇
二十七度二十分							一七	三〇
二十八度							一九	〇〇
二十九度三十分	〇	〇〇					一九	四〇
未宮初度四十分	〇	〇〇					一九	〇〇
初度四十分	一	二〇						
未宮一度四十分	二	〇〇					二〇	四〇
一度四十分	三	〇〇					三三	四〇
二度四十分	三	三〇					二二	〇〇
三度三十分	四	三〇					二五	〇〇
三度三十分	五	三〇						
四度二十分	六	〇〇					二七	〇〇
五度	七	三〇					二九	四〇
六度	七	二〇						
七度	七	四〇					二九	〇〇
八度	八	〇〇					三〇	〇〇
八度三十分							二九	〇〇
九度	九	三〇					二八	〇〇
十度	一〇	〇〇					二九	〇〇
十度							三〇	四〇
十一度二十分	一一	二〇					三二	〇〇

（續表）

黃道南天漢經度	北界 度	北界 分	北之南界 度	北之南界 分	南之北界 度	南之北界 分	南界 度	南界 分
十一度二十分							三四	〇〇
十二度四十分	一二	三〇						
未宮十三度二十分	一二	〇〇						
十四度	一二	三〇					三五	〇〇
十五度	一三	四〇					三七	二〇
十五度三十分	一七	〇〇						
十六度	一三	三〇						
十六度	一八	三〇						
十六度三十分	一六	三〇						
十七度	一五	〇〇					四〇	〇〇
十七度	一四	〇〇						
十七度三十分	一六	三〇					四二	二〇
十八度	一九	〇〇						
十八度	二〇	二〇						
十九度	二一	〇〇					四五	〇〇
十九度	二三	二〇						
二十一度	二四	二〇						
二十一度	二七	四〇						
二十二度	二六	〇〇					四五	〇〇
未宮二十二度	二七	三〇						
二十二度	二九	〇〇						
二十二度	三〇	〇〇						

（續 表）

黃道南天漢經度	北界 度	北界 分	北之南界 度	北之南界 分	南之北界 度	南之北界 分	南界 度	南界 分
二十四度	三一	○○					四八	○○
二十四度	三二	○○						
二十五度	三三	二○						
二十六度	三四	○○					五○	三○
二十八度	三四	○○					五三	○○
二十九度	三五	四○						
午宮一度	三五	四○					五三	二○
二度	三七	○○					五六	○○
二度三十分	三七	四○						
三度	三八	四○						
四度	三七	三○					五六	四○
五度	三九	○○					五八	四○
六度三十分	四一	三○						
七度							六○	○○
午宮七度							六二	○○
八度	四四	三○						
十度	四七	○○						
十二度	四七	三○					六二	三○
十五度	四八	三○					六五	○○
十六度	五一	○○						
十九度	五一	○○						
二十二度	五三	○○					六七	○○

（續 表）

黃道南天漢經度	北界 度	北界 分	北之南界 度	北之南界 分	南之北界 度	南之北界 分	南界 度	南界 分
二十五度	五三	四○					六九	三○
二十七度	五四	四○						
巳宮一度	五五	二○					七○	○○
五度	五六	三○					七二	○○
九度	五六	三○						
十四度	五五	四○					七一	○○
十六度	五七	○○						
十九度	五六	四○						
二十二度	五七	三○					七一	○○
巳宮二十五度	五七	○○						
二十八度	五七	三○						
辰宮一度	五六	○○					七一	○○
三度	五六	○○						
五度	五六	○○						
五度	五五	○○						
五度	五四	○○						
八度三十分	五四	三○						
九度	五五	○○					七○	○○
十三度	五四	○○						
十六度	五五	○○						
十九度	五五	○○					七○	○○
二十一度	五四	○○						

（續表）

黃道南天漢經度	北界 度	北界 分	北之南界 度	北之南界 分	南之北界 度	南之北界 分	南界 度	南界 分
二十三度	五三	四〇						
二十三度	五二	〇〇						
二十五度							六九	〇〇
二十七度三十分	五二	〇〇						
卯宮初度	五〇	〇〇					六七	〇〇
四度	四八	三〇					六五	〇〇
七度	四七	三〇						
九度	四六	〇〇					六二	〇〇
九度							六五	〇〇
十度							六〇	三〇
十度							六四	〇〇
十二度	四五	四〇					六二	三〇
十二度							六〇	〇〇
十四度	四六	〇〇						
十七度	四七	三〇					六〇	〇〇
十九度	四七	四〇						
二十一度	四七	二〇					五七	〇〇
二十三度	四七	〇〇						
二十三度	四五	〇〇						
二十五度	四二	三〇						
二十七度	三九	三〇					五五	〇〇
卯宮二十九度	三九	三〇						

（續表）

黃道南天漢經度	北界 度	北界 分	北之南界 度	北之南界 分	南之北界 度	南之北界 分	南界 度	南界 分
寅宮一度	三七	三〇					五四	二〇
二度三十分	三六	二〇						
二度三十分	三四	〇〇						
三度三十分	三二	四〇						
四度	三六	〇〇					五〇	三〇
四度	三五	〇〇					五三	〇〇
四度	三四	二〇						
四度	三一	三〇						
五度							五一	二〇
六度	三〇	〇〇					五二	〇〇
六度	二八	三〇					五〇	二〇
七度二十分	二六	〇〇					五〇	〇〇
七度二十分	二四	〇〇						
八度	二〇	二〇						
八度	一九	〇〇						
八度	一四	〇〇						
寅宮八度	一二	四〇						
八度	一一	〇〇						
八度	一〇	〇〇						
八度	九	〇〇						
九度	二三	三〇					四八	〇〇
九度	二一	〇〇						

（續表）

黃道南天漢經度	北界度	北界分	北之南界度	北之南界分	南之北界度	南之北界分	南界度	南界分
九度	一二	○○						
九度	一六	○○						
九度	一○	四○						
九度	八	三○						
九度	七	二○						
十一度	七	○○					四七	三○
十二度	五	四○					四五	○○
十二度	四	四○						
十二度	三	○○						
十二度三十分	四	○○						
十三度三十分	一	四○	一四	二○				
寅宮十四度	○	○○					四○	四○
十四度三十分			一七	三○				
十四度三十分			一五	二○				
十四度三十分			一三	○○				
十四度三十分			一二	○○				
十四度三十分			一○	二○				
十四度三十分			九	三○				
十五度			一○	三○			四二	四○
十五度			一一	○○				
十五度			八	四○				
十六度			九	三○				

（續表）

黃道南天漢經度	北界度	北界分	北之南界度	北之南界分	南之北界度	南之北界分	南界度	南界分
十六度三十分			九	四○			四○	○○
十六度三十分			八	三○	一五	○○		
十六度三十分			七	○○	一四	○○		
十七度			五	○○				
十七度三十分			四	○○	一四	○○		
十七度三十分			三	○○	一二	二○		
寅宮十八度三十分			二	○○	一一	三○	三九	三○
十八度三十分							三七	二○
十九度三十分					一一	三○		
二十度			○	○○	九	二○	三六	二○
二十度					七	○○		
二十度三十分					一一	四○		
二十度三十分					一一	○○		
二十度三十分					一○	○○		
二十度三十分					七	四○		
二十一度					五	三○		
二十一度					四	二○		
二十二度					四○	○○	三五	○○
二十二度							三一	二○
二十三度三十分					三	二○	三四	○○
二十三度三十分							三一	○○
二十三度三十分					三	二○	二九	○○

（續　表）

黃道南天漢經度	北界 度	北界 分	北之南界 度	北之南界 分	南之北界 度	南之北界 分	南界 度	南界 分
二十四度三十分					三	二〇		
寅宮二十五度四十分					二	〇〇	二〇	〇〇
二十五度四十分							一八	三〇
二十六度							二九	〇〇
二十六度							二七	〇〇
二十七度					一	四〇	二五	〇〇
二十七度					〇	〇〇	二四	〇〇
二十七度							一九	三〇
二十七度							一七	三〇
二十八度							二二	〇〇
二十八度							二〇	〇〇
二十八度三十分							一五	〇〇
二十九度三十分							一三	三〇
丑宮一　度							一一	三〇
一　度							九	二〇
二　度							八	三〇
三　度三十分							七	〇〇
四　度							五	〇〇
丑宮五　度二十分							四	三〇
五　度二十分							三	〇〇
七　度二十分							二	二〇
八　度							一	〇〇
九　度							〇	〇〇

清・戴進賢《儀象考成》卷二九《天漢經緯度表三》　赤道北天漢度

赤道北天漢經度	北界 度	北界 分	北之南界 度	北之南界 分	南之北界 度	南之北界 分	南界 度	南界 分
寅宮十八度三十五分	〇	五一						
十八度四十分	〇	〇〇						
十八度四十分	一	五一						
十九度十二分	二	四八						
二十　度三十八分	三	五一						
二十二度　七分	六	〇六						
二十三度　五分	七	四三						
二十四度二十五分	八	二九						
寅宮二十四度二十九分	九	三九						
二十四度五十七分	一〇	三七						
二十五度四十八分	一〇	五五	〇	〇〇				
二十五度五十三分			〇	三五				
二十六度四十　分	一二	〇四	一	二〇				
二十七度三十　分	一二	〇三						
二十八度　十一分	一一	〇〇	一	一二				
二十九度四十三分	一〇	三一	二	三〇				
丑宮初　度二十七分	一一	二〇	二	三一				
一　度四十　分	一一	三二						
二　度　十三分			四	〇二				
二　度　十五分	一一	〇〇	二	五二				
二　度五十三分	一三	二三						
三　度三十二分	一二	四〇	五	〇四				

（續表）

赤道北天漢經度	北界 度	北界 分	北之南界 度	北之南界 分	南之北界 度	南之北界 分	南界 度	南界 分
四度八分	一三	○五	六	○○				
五度二十五分	一二	○八						
六度八分	一三	○○	六	○○				
六度五十八分			六	四三				
丑宮七度二十五分	一三	一五						
八度	一四	五○			○	○○		
八度十一分					一	一六		
八度四十三分			六	四九				
八度五十四分	一五	三一						
九度五十五分	一五	四○	八	五五	二	一四		
十一度十一分	一七	○四	一○	○○	三	○○		
十一度四十一分	一九	三八			四	○		
十一度五十四分			一○	○六				
十二度十七分					六	○七		
十二度三十二分	一三	一四	一二	一○				
十二度四十四分	二○	四五						
十三度五十六分	一三	四○	一四	○○	七	一七		
十四度二十八分	一三	二八						
十四度四十五分					七	四三		
十四度五十一分					六	五三		
丑宮十五度一分	一三	三三						
十五度四十五分			一四	四六	八	五二		

（續表）

赤道北天漢經度	北界 度	北界 分	北之南界 度	北之南界 分	南之北界 度	南之北界 分	南界 度	南界 分
十六度二十分	二四	一六			一○	一五		
十六度三十分					六	三三		
十六度三十二分					七	三六		
十六度四十七分					一二	○一		
十七度四分	二六	五四	一四	二○				
十七度四十九分	二八	三三			一三	○○		
十八度十分			一四	五三	一三	三四		
十九度十四分	三八	三四	一八	二六				
十九度二十分	三一	二三	一六	四七	一四	○○		
十九度三十三分			二○	一二				
十九度四十分	二九	二二			一五	○九		
十九度五十分	三七	○○			一四	一○		
二十度二十九分	三三	四○	二一	○○	一六	○○		
二十度三十一分	四一	五九						
二十度五十四分	三二	一三						
丑宮二十一度二十分	四○	○五	二三	二五			○	○○
二十一度三十分	三五	五八					○	五六
二十一度五十分			二一	○七	一八	三六	二	一九
二十度五十五分					一六	三九		
二十二度二十六分							四	一一
二十二度四十六分	四三	一七					二	二八
二十三度十二分			二三	三七	一九	一九	五	四○

（續表）

赤道北天漢經度	北界度	北界分	北之南界度	北之南界分	南之北界度	南之北界分	南界度	南界分
二十四度三十七分			二五	四八	一九	三〇	六	〇〇
二十四度三十九分			二八	二三	二一	五五		
二十五度			二四	二一				
二十五度　四分			二六	五六				
二十五度二十　分			三一	〇八	二〇	一七	八	〇二
二十五度四十五分	四四	三〇	二九	四二	二三	二〇	六	〇五
二十七度　五分			三三	三一	二三	〇五	八	二三
二十七度　十六分					二四	五二		
二十七度五十四分	四五	四四	三一	四六			八	三五
二十八度二十九分	四七	三四	三四	三六			一〇	一四
丑宮二十九度　十　分					二五	一二	一〇	一五
二十九度五十八分	四八	〇九						
子宮初　度三十四分	四九	三一	三五	一二	二五	三〇	九	三〇
一　度二十　分					二七	〇〇	一〇	二〇
一　度五十六分							一二	三五
二　度二十七分			三六	〇八	二八	四二		
二　度五十九分			三八	〇七			一五	一六
三　度二十九分	五〇	〇三					一三	三〇
三　度二十九分							一八	一〇
四　度　二分					三〇	五六	一六	一五
四　度五十七分			三八	四七			二一	四三
五　度二十八分	五〇	四八	四〇	四五	三一	五五	一九	四八

（續表）

赤道北天漢經度	北界度	北界分	北之南界度	北之南界分	南之北界度	南之北界分	南界度	南界分
五　度五十二分	五三	〇四						
六　度二十六分							二四	四七
六　度五十六分			四一	二〇	三三	五七	二三	二二
七　度五十　分			四二	五〇	三六	三一		
八　度　四分	五五	三〇					二五	四九
子宮八　度五十　分	五四	〇一			三八	二〇	二七	一一
九　度四十七分			四二	二七				
十　度三十　分					三八	五八	三一	二七
十　度五十一分			四三	一五	四〇	五九	二八	五三
十一度二十四分							三三	三八
十二度　三分	五五	四九			四一	三〇	三二	三四
十三度　七分							三四	三七
十三度　十一分							三七	一五
十三度五十九分	五七	二五						
十四度二十六分	五八	四一						
十五度　四分							三九	五一
十六度三十七分	六〇	〇七						
十八度三十三分							四〇	〇〇
十八度五十八分	六一	三一						
二十一度　五分	六〇	四九						
二十一度三十五分							四二	〇六
二十二度五十六分							四〇	二三

（續表）

赤道北天漢經度	北界 度	北界 分	北之南界 度	北之南界 分	南之北界 度	南之北界 分	南界 度	南界 分
子宮二十三度二十六分	六二	二三						
二十四度　九分							四一	一八
二十五度二十八分	六一	四三					四三	〇八
二十七度	六二	二七						
二十七度五十八分							四二	四一
二十八度四十五分	六一	五二					四三	三九
亥宮初　度　五分	六二	四四					四五	三〇
初　度五十三分							四二	五二
二　度　八分							四七	〇六
四　度　十八分	六三	〇〇					四八	一〇
六　度　七分	六二	〇一					四八	三〇
八　度　十四分	六二	四四					四九	五九
十　度五十六分							五一	二九
十一度五十五分							五〇	四二
十二度三十六分	六三	三七						
十三度四十三分							五二	一四
十五度　二分	六一	二〇						
亥宮十七度四十七分	六二	一七					五一	三七
十九度二十五分	六三	二二					五三	〇〇
二十三度三十六分	六二	四三					五二	二四
二十四度三十　分							五四	一一
二十七度四十五分	六三	一二						

（續表）

赤道北天漢經度	北界 度	北界 分	北之南界 度	北之南界 分	南之北界 度	南之北界 分	南界 度	南界 分
二十八度四十九分							五二	五九
戌宮一　度二十二分	六三	一〇					五二	五八
四　度　二分	六一	四八					五二	〇八
六　度三十七分	六〇	三七					五二	四三
十　度　六分	六〇	三〇					五一	三七
十一度三十八分	六一	一九						
十三度二十八分	六〇	〇七					五三	三九
十五度三十九分	六〇	五三						
十六度四十九分							五一	五九
十七度二十二分	五九	三九						
十九度三十九分	六〇	二四					五二	五九
二十度四十四分	五九	三四						
戌宮二十三度　十五分							五一	〇九
二十四度　二分	六〇	一二						
二十五度二十一分							四八	二九
二十七度	六一	五一					五一	〇〇
酉宮初　度三十四分	六二	二六					五〇	〇〇
三　度二十六分							四九	五〇
三　度三十五分							四四	〇五
四　度　十五分	六二	一四						
五　度　十三分	六一	二一					四七	二二
六　度二十七分							四四	五四

（續表）

赤道北天漢經度	北界 度	北界 分	北之南界 度	北之南界 分	南之北界 度	南之北界 分	南界 度	南界 分
八度十四分	六一	四一					四四	三〇
十度四十七分	六〇	四七					四四	四五
十二度十二分							四五	二一
十三度五十二分							四四	四二
十五度二十分	六〇	一七						
十六度二十四分							四四	五六
十六度四十五分	五八	二五					四三	三九
酉宮十八度三十七分	五五	三六						
十九度四十二分	五七	三四					四三	四三
二十一度十二分	五五	〇二					四二	一三
二十二度三十四分	五五	一七						
二十三度二十四分	五四	〇〇					四二	一五
二十五度三分							四一	一二
二十五度五十四分	五三	〇四						
二十六度四十二分							四二	〇一
二十八度十四分							四一	一六
二十八度五十二分	五一	〇八						
二十九度四十九分	五〇	五七					四二	二三
申宮一度四十五分	四八	五九					四二	四二
三度四十二分							四二	一八
四度二十七分	四九	一二						
四度四十五分	四八	一二					三七	一三

（續表）

赤道北天漢經度	北界 度	北界 分	北之南界 度	北之南界 分	南之北界 度	南之北界 分	南界 度	南界 分
六度九分	四八	〇三						
六度三十一分	四六	四四					四一	三九
申宮七度							三九	〇一
七度二十九分							三六	四三
七度四十三分							三五	三四
九度四分							三四	四三
九度四十九分	四六	五六						
十度	四六	〇七						
十一度五分							三三	二七
十一度十九分							三一	五七
十二度十四分	四四	五九						
十二度三十二分							三一	三五
十二度三十九分	四二	四〇					三〇	三五
十三度五十五分	四二	四七						
十四度二十八分							三〇	一五
十四度五十六分							二九	〇六
十五度五十八分	四一	五七					二八	三二
十七度十六分	四一	四三					二九	二〇
十八度三十八分							二八	四五
申宮十八度四十九分							二六	四六
十八度五十八分							二〇	三五
十九度二十分	四〇	一〇						

（續表）

赤道北天漢經度	北界		北之南界		南之北界		南界	
	度	分	度	分	度	分	度	分
十九度三十五分	三七	四一					二五	〇八
十九度四十　分							二三	〇九
十九度四十七分							二一	二九
十九度五十五分							一九	四九
十九度五十九分							一八	四九
二十度十三分							一五	四〇
二十度十九分							一四	一〇
二十度三十分	三八	五四					一七	五一
二十度三十九分	三七	一四					一六	三二
二十　度五十　分							一四	一二
二十二度二十一分	三五	五九					一三	一六
二十三度三十三分	三六	二三					一三	〇〇
二十三度三十六分	三六	二三						
二十四度　一分							一一	一三
申宮二十四度四十九分	三五	〇四					一〇	〇三
二十四度五十二分	三三	四五						
二十六度　三分							一〇	〇六
二十六度　五分							八	四六
二十六度二十九分	三二	四七						
二十六度三十一分	三一	二七						
二十七度二十五分							七	二八
二十七度四十一分	三〇	五八					五	五八

（續表）

赤道北天漢經度	北界		北之南界		南之北界		南界	
	度	分	度	分	度	分	度	分
二十七度四十三分	二九	二八						
二十八度　六分							四	二八
二十八度五十三分	二六	五九						
二十八度五十三分	二八	二九						
二十九度二十七分	二四	五九					三	四九
二十九度二十七分	二三	二九						
未宮初　度四十三分	二三	二九					四	二九
初　度四十三分	二二	〇九						
一　度四十七分	二一	二九					二	四八
未宮一　度四十七分	二〇	二八					〇	〇〇
二　度四十一分	一九	五八					一	二八
三　度四十分	一七	五六						
三　度四十一分	一八	五六						
四　度三十一分	一七	二五						
五　度　九分	一五	五四						
六　度十二分	一六	〇一						
七　度十二分	一五	三八						
八　度十三分	一五	一五						
九　度　八分	一三	四二						
十　度　七分	一三	〇八						
十一度二十一分	一一	四二						
十二度三十四分	一〇	二六						

（續表）

赤道北天漢經度	北界 度	北界 分	北之南界 度	北之南界 分	南之北界 度	南之北界 分	南界 度	南界 分
十三度 十七分	一〇	五二						
十三度五十四分	一〇	一九						
十四度四十五分	九	〇三						
十四度五十三分	五	四一						
未宮十五度 十二分	四	〇九						
十五度四十五分	九	〇七						
十五度五十四分	六	〇五						
十六度三十三分	七	三一						
十六度四十 分	八	三〇						
十六度五十一分	五	五八						
十六度五十一分	二	〇六						
十七度 一分	三	二六						
十七度二十 分	〇	〇〇						
十七度四十二分	一	一九						

清·戴進賢《儀象考成》卷三〇《天漢經緯度表四》 赤道南天漢度

赤道南天漢經度	北界 度	北界 分	北之南界 度	北之南界 分	南之北界 度	南之北界 分	南界 度	南界 分
未宮一 度三十二分							〇	一二
一 度四十 分							〇	〇〇
三 度 十分							一	三三
未宮三 度五十二分							三	三五

（續表）

赤道南天漢經度	北界 度	北界 分	北之南界 度	北之南界 分	南之北界 度	南之北界 分	南界 度	南界 分
四 度二十二分							六	一六
六 度 九分							五	四〇
六 度五十九分							七	四二
七 度二十八分							五	四四
七 度五十八分							四	四六
八 度四十 分							七	二九
八 度四十七分							五	四九
九 度三十三分							一〇	五四
九 度四十三分							八	五四
十一度四十二分							一二	〇五
十二度 十六分							一四	二九
十三度三十四分							一七	一九
十三度三十九分							一九	四一
十四度二十六分							二三	二八
十六度四十二分							二三	四七
十七度二十 分	〇	〇〇						
未宮十七度五十四分	一	〇〇					二五	五九
十八度三十六分	五	三二					二八	四一
十九度 四分	二	一四						
十九度 七分	七	五八						
十九度 十六分	六	五九					三一	二三
十九度三十 分	五	三〇						

（續表）

赤道南天漢經度	北界		北之南界		南之北界		南界	
	度	分	度	分	度	分	度	分
十九度四十四分	四	○一						
二十度三十一分	一○	一三						
二十度四十一分	九	一四						
二十一度 十 分							三四	五○
二十一度 十九分	一○	四一					三二	○七
二十一度五十一分	一三	二八					四一	二○
二十二度 十二分							三七	五一
二十二度 十五分							三五	四七
二十二度五十六分							三九	二六
二十三度三十一分	一二	四七						
二十四度 一分	一四	三五						
未宮二十四度四十九分							四二	三六
二十五度 十二分							四五	二五
二十五度四十 分	一四	五五						
二十六度 十 分	一六	二三						
二十六度二十六分	一七	○七						
二十六度三十六分	一八	一一						
二十七度 十四分							五一	一○
二十七度四十一分	一七	一四					四八	二七
二十八度 六分	一八	五三					四八	三○
二十八度三十八分	二一	三五						
二十八度五十五分	二四	四六						

（續表）

赤道南天漢經度	北界		北之南界		南之北界		南界	
	度	分	度	分	度	分	度	分
二十九度 十九分	二八	○○					五五	○七
二十九度三十八分	二七	三三					五二	四四
午宮初 度五十六分	二八	二六						
二 度三十 分	三二	三五						
二 度四十六分	三○	○一						
三 度四十 分							五六	三七
午宮四 度三十六分	三三	一五						
五 度四十七分	三五	四八						
七 度三十 分	三七	○七					五八	○六
八 度十九分	三八	三一						
十 度三十五分	四○	○八						
十一度 十四分							六○	二四
十二度二十九分	四二	一一						
十五度 五分	四三	一九					六四	○○
十六度 四分	四四	四○					六二	○二
十八度五十九分	四四	○四						
十九度五十四分	四五	四七					六四	五九
二十一度三十 分	四六	二六						
二十二度四十五分	四八	○三						
二十四度二十 分							六六	二六
二十五度 九分	四八	三七						
二十六度四十一分	四九	五九						

（續表）

赤道南天漢經度	北界		北之南界		南之北界		南界	
	度	分	度	分	度	分	度	分
巳宮初度八分	四九	四九						
巳宮一度							六七	一四
一度二十九分	五〇	三二						
二度五十一分	五一	一五						
三度五十一分	五〇	二八					六八	〇〇
四度四十八分	四九	四一						
六度四十一分	五一	五五						
六度五十分	五一	二一						
七度三十六分							六七	四四
十度三十九分	五二	三八					六九	三五
十一度四十八分	五四	三一						
十三度二十八分							六九	三〇
十四度二分	五五	四〇						
十六度四十五分	五五	四一						
十七度三十分							六八	〇三
十八度四十四分	五六	一三					六九	三〇
二十度三十九分	五四	五七						
二十一度二十九分	五六	〇〇					六七	三五
巳宮二十四度二十六分	五六	四三					六八	〇四
二十八度五十五分	五六	一〇					七〇	〇三
辰宮四度十九分	五六	三四					六九	〇〇
八度二十一分	五六	五七					六九	四二

（續表）

赤道南天漢經度	北界		北之南界		南之北界		南界	
	度	分	度	分	度	分	度	分
十一度五十七分	五六	三〇					六九	〇〇
十五度二十九分	五七	二三					七〇	三〇
十七度二十分	五八	二六						
十九度五分	六〇	四九						
二十度十分							七〇	三四
二十一度十三分	六一	四三						
二十四度一分	六二	一〇						
二十六度五十三分	六二	三六						
二十七度							七一	三〇
二十九度二分	六〇	五三						
卯宮三度五十七分	五九	二一					七一	二七
七度五十三分	五九	〇〇					六九	一九
八度十六分							七〇	二一
卯宮八度五十九分	五七	一六					七一	一四
十一度三十八分	五七	五三					六九	四七
十三度五十七分							六九	五一
十五度四十一分	五六	三六						
十八度二十五分	五五	五五						
十九度六分							六八	三一
十九度四十三分	五三	四二						
二十度四十分	五五	五九						
二十一度十二分	五五	〇二						

（續表）

赤道南天漢經度	北界 度	北界 分	北之南界 度	北之南界 分	南之北界 度	南之北界 分	南界 度	南界 分
二十一度三十三分	五四	二四						
二十一度四十三分	五二	四一						
二十二度五十六分	五一	四一					六八	三三
二十六度十三分	五〇	四二						
二十六度四十八分	四九	一五					六六	二五
二十九度二十五分	四七	〇六						
寅宮初度 三分	四五	〇〇					六六	一五
一度五十六分	四一	四二						
寅宮二度十七分	四〇	二三						
二度三十六分	四四	〇〇						
三度	四二	三二					六二	三九
三度二十九分	三五	二九					六四	四六
三度四十七分	三四	一〇						
四度 九分	三二	三二						
四度十三分	三七	三七						
四度二十一分	三一	三三						
四度三十三分	三〇	三三						
五度 五分	三三	四一						
五度二十一分	三三	二二						
五度四十七分	三〇	一四						
六度	二九	〇五						
六度二十八分							六二	二一

（續表）

赤道南天漢經度	北界 度	北界 分	北之南界 度	北之南界 分	南之北界 度	南之北界 分	南界 度	南界 分
八度十八分	二九	〇四						
九度三十九分	二七	五三						
九度四十八分	二六	五四	三六	四〇				
寅宮十度 三分	二五	一五						
十度二十七分	二六	一八						
十度三十五分			三九	五七			六二	一三
十度五十八分			三七	四八				
十一度二十一分			三五	二九				
十一度三十一分			三四	三〇			六〇	〇五
十一度四十五分	一八	二三	三二	五〇				
十一度五十 分	一七	四四						
十一度五十三分	二四	〇七	三二	〇一				
十二度十一分	二〇	二七						
十二度十六分	一四	二五	三三	三四				
十二度十九分			三三	〇四				
十二度三十五分	二二	三二	三一	一五				
十二度四十二分	一六	二九						
十三度 一分	一九	三三			三八	四一		
十三度十六分	一一	五一			三七	四二		
十三度三十 分	〇九	五二	三三	一一	三六	四二		
寅宮十三度四十八分	一三	〇五	三二	二四				
十四度 三分	一〇	五六	三一	一四			五九	一六

（續表）

赤道南天漢經度	北界 度	北界 分	北之南界 度	北之南界 分	南之北界 度	南之北界 分	南界 度	南界 分
十四度 十五分	九	○七	二九	四五				
十四度四十八分					三六	五○		
十五度 一分					三五	一○		
十五度 十七分	八	四三	二七	四九				
十五度三十六分	五	四四						
十五度四十二分	四	四五						
十六度			二六	五三				
十六度二十八分	三	二九	二五	五三	三四	二六		
十六度四十三分	七	三一					五七	○○
十七度 十八分			二四	五九	三四	三二	五八	四八
十七度四十七分	二	五六					五五	三九
十八度 十七分			二三	○○	三二	二五		
十八度三十一分					三○	○五		
十八度三十九分	○	○○			三四	四七		
十八度四十五分			二一	○四	三四	○七		
寅宮十八度四十九分					三三	○七		
十八度五十三分	一	○一	一八	五三				
十九度 七分			二○	一一	三○	四七		
十九度四十七分					二八	四○		
十九度五十五分			一九	四九	二七	三○		
二十度 四分			一七	三九			五七	一六
二十度二十六分							五四	一六

（續表）

赤道南天漢經度	北界 度	北界 分	北之南界 度	北之南界 分	南之北界 度	南之北界 分	南界 度	南界 分
二十度四十一分							五二	一六
二十一度二十二分			一六	三四	二七	一四		
二十一度二十九分			一四	四四			五五	四○
二十二度三十八分			一二	一八	二六	三九		
二十三度三十二分			一一	○○				
二十三度三十四分			一三	五○				
二十三度三十七分			九	二○	二六	四二		
二十四度 十六分							五二	二四
二十四度二十四分							四三	二四
二十四度二十四分							五○	二四
寅宮二十四度四十一分			六	五三			四一	五四
二十四度四十六分			四	四三				
二十四度五十三分			二	○三				
二十五度 七分			八	二四	二五	二五		
二十五度 十八分			三	二四				
二十五度二十二分			一	四四				
二十五度四十五分			○	○○	二○	○六	四八	二六
二十五度五十七分							四七	二六
二十六度 十分			五	五六	二三	二六	四二	五七
二十六度 十五分					二○	五六	四○	五七
二十六度四十一分					二五	○七		
二十六度四十四分					二三	二七		

（續 表）

赤道南天漢經度	北界 度	北界 分	北之南界 度	北之南界 分	南之北界 度	南之北界 分	南界 度	南界 分
二十六度四十七分					二一	二七		
二十七度二十一分					一九	二八	四五	二八
二十七度三十三分					一八	二八	四三	二八
二十七度五十四分					一八	二八		
二十八度九分							三八	二九
寅宮二十八度五十八分					一六	二八		
二十九度二十四分							三六	五九
二十九度四十分					一四	二九		
二十九度四十分					一二	二九		
丑宮初度三十分					一〇	二九		
初度三十一分					一七	二九		
一度十一分					一四	三〇	三四	五九
一度十一分					九	〇〇	三三	四九
二度三分					一四	四八		
二度四分					一六	〇八		
二度二十七分					八	二八	三一	二八
三度二十二分					六	二七		
三度四十五分					二	五六		
三度四十七分					三	五六		
四度二分							三〇	二六
四度四十五分					四	二四	二八	二五
五度五十七分							二六	二三

（續 表）

赤道南天漢經度	北界 度	北界 分	北之南界 度	北之南界 分	南之北界 度	南之北界 分	南界 度	南界 分
丑宮六度二分					一	二一	二七	五二
七度三十二分					〇	一七		
八度八分					〇	〇〇	二五	三七
八度四十七分							一四	一四
九度三十一分							一九	一一
九度三十九分							一一	一一
九度四十八分							一三	一一
十度二十五分							一七	〇八
十度三十九分							一八	〇七
十一度十三分							一四	〇三
十一度二十二分							一六	〇三
十一度五十分							一五	二三
十二度五十五分							一〇	三四
十三度四分							一二	一四
十三度四十一分							八	一九
十三度四十九分							九	二八
十四度三分							一一	四八
丑宮十五度二十二分							五	三八
十五度三十二分							七	〇八
十六度十四分							四	五二
十七度二十九分							三	二二
十七度四十一分							四	五一

（續　表）

赤道南天漢經度	北界		北之南界		南之北界		南界	
	度	分	度	分	度	分	度	分
十七度五十分							二	一九
十八度十八分							二	一五
十八度三十四分							四	一四
十九度三十三分							一	○四
二十度五十三分							○	三二
二十一度二十分							○	○○

清·六嚴《榆石山房恒星赤道經緯圖》天之不動處曰極，北曰北極，南曰南極，即圖之中心也。兩極之中腰曰赤道，即圖之圓邊也。赤道上平分一十二宫，每宫三十度，是爲周天三百六十度。緯度自赤道起初度，北至北極九十度，南至南極九十度，亦爲周天三百六十度。

斜環赤道南北曰黄道，即太陽所行之道也。南北各距二十三度二十九分，夏至則最北最高，冬至則最南最卑。交角處在戌亥宫曰春分，辰巳宫曰秋分。斜環黄道南北曰白道，即太陰所行之道也。南北各距五度。交角處東曰龍頭、曰羅睺，西曰龍尾、曰計都。

恒星麗天，各有定位，無少動移。蓋因宗動天左旋，一日一周，帶動恒星亦一日一周。更兼太陽右旋，日行一度，月行一宫，是以恒星日早一度、月早一宫。故觀象者往往望洋而嘆。今以圖之中心加上時刻活盤，將午字對在本日現交節氣之上，次觀時盤某時某刻對某星，知某時當爲某宿正中也。至正南，日中星。

設如夏至後五日，欲知各時中心，先以時盤午正對在夏至後五度未宫之井宿，凡各時所對諸星皆合，時刻由南方迤次行過。若酉時在辰宫則酉時之正南軫宿太微是也，戌時在卯宫戌時之正南亢宿大角諸星是也。餘倣此。

若求南北高卑之度，先以天頂之度爲準，則凡天頂之度即爲北極出地之度。如京師(西)[四]十，江南三十，山東三十有六。

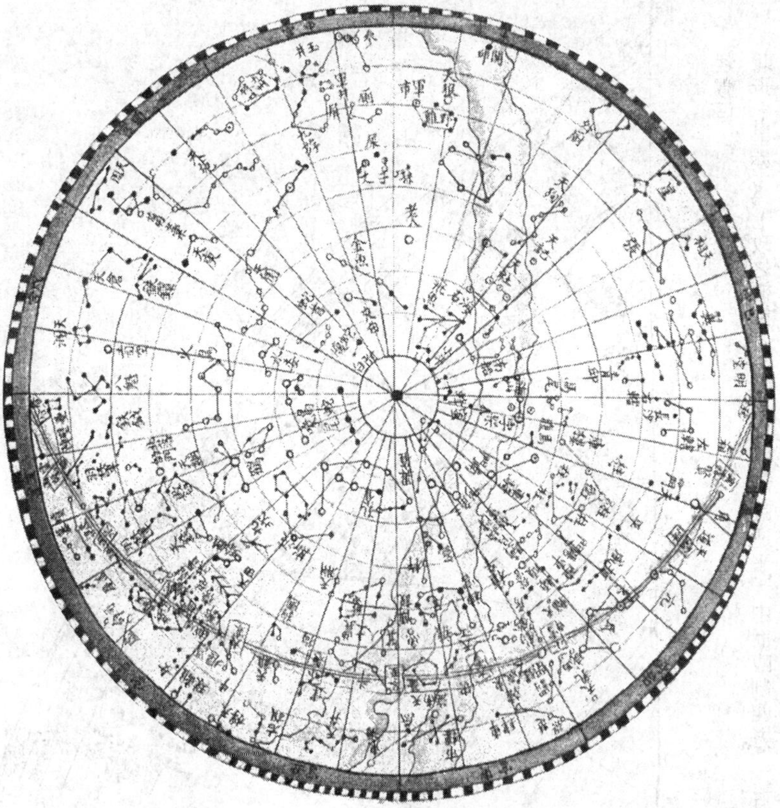

赤道南圖

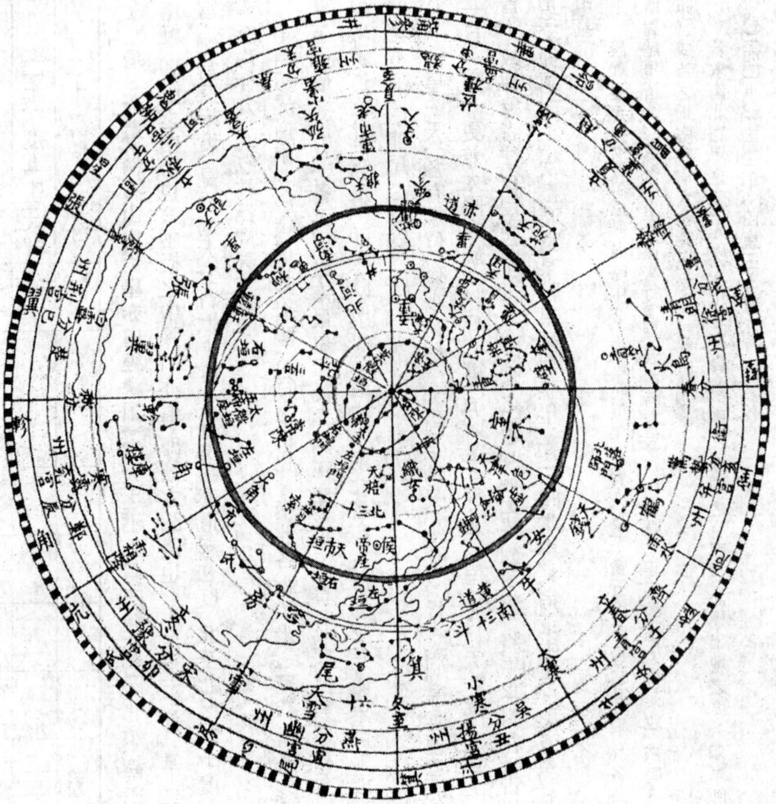

咸豐壬子歲之丙午月，江陰六嚴德只甫繪於濟寧官舍。

未宮增十七星

四瀆增七、八，井宿增十八、十九，大狼增六，軍市增六、七，五諸侯增六，水位增十二，弧矢增廿五、廿六、廿七、廿八、廿九、三十、卅一，南河增十一。

午宮增七星

弧矢增三十二，柳宿增十一、十二、十三，鬼宿增十九，軒轅增五十八、五十九。

巳宮增八星

張宿增五，中合增四，勢增十七、十八、十九，少微增九，明堂增七，五帝座增四。

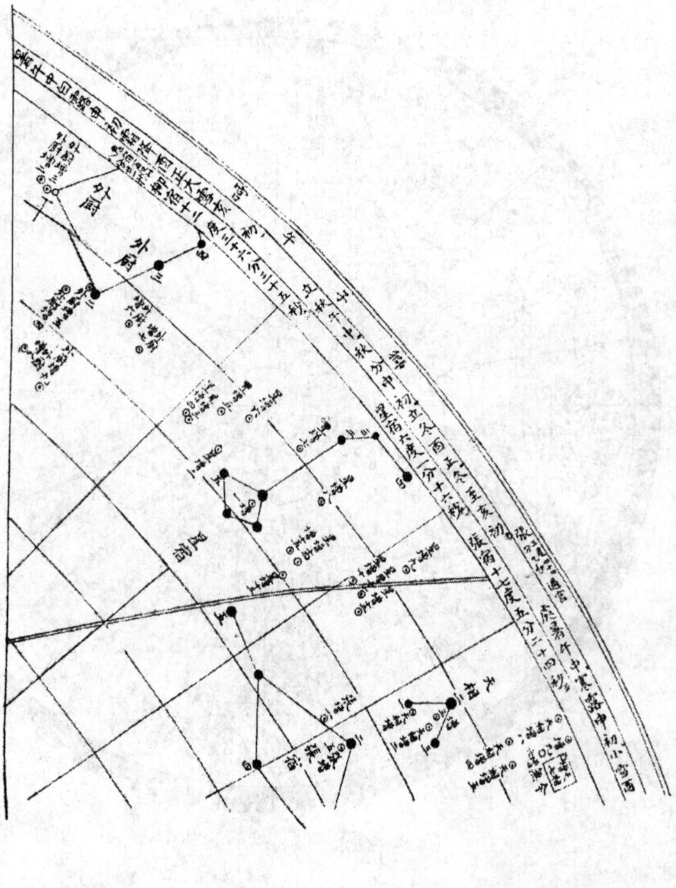

紫微垣

北十七星赤，爲七政之樞機，陰陽之本原也，故運乎天中而臨制四方，均五行，達四時，定紀綱，主號令。魁四星曰璇璣。杓三星曰玉衡，又爲帝車，取運動之義也。第一星曰正星，主陽德，爲天，爲帝，主宗廟、鬼神，秦分也。二星曰法星，主陰刑，爲地，爲后，主宮室、山陵，楚分。三星曰令星，主中禍，爲火，爲徭役，梁分。四星曰伐星，主天理，爲水，爲政治、號令，吴分。五曰殺星，主中央，助四旁，殺有罪，爲土，爲刑罰，趙分。六曰危星，主倉庫，爲木，爲分別賢佞，燕分。七曰部星，又曰應星，主兵，爲金，爲財帛，齊分。輔一星黑，爲丞相，佐斗成功，微明吉。

天市垣

帝座一星赤，天廷也，爲帝王之座。明潤，王道昌，威令行。東西垣門二十二星赤，爲貨殖聚會之所，主天下權衡。市口星多，主歲豐。市中星多，主民富。二十二星均明，天下貨賄流通。若一星不明，則一國糴貴。各以其星占其國之歲。又曰天旗庭，主斬戮刑人，皆在於市也。候一星赤，主伺候陰陽，明潤，則君臣得理，四夷來貢。芒大移徙，則四時失序。宦者四星微赤，刑餘之人也，微小爲近侍稱職。斗五星赤，主平量，覆則歲豐，仰則歉，明則吉，暗則不平。斛四星黑，主度量，以分算數。明潤，糴賤。列肆二星黃，主金玉珠璣珍寶，明則商賈流通，國富民安。車肆二星黃，主車駕，又主商賈，聚集之區。明潤，則車轍輻湊，百貨利益。市樓六星黑，曰市都之官，主闤闠律度制令。陽爲金錢，陰爲珠玉。微明爲吉。宗正二星赤，爲大夫，主司得失之官，主宗族。明潤，則爲天子親睦九族。宗人四星赤，主録親疏享祀。明如綺文，則天子親親，皇族有序。宗二星赤，宗室之象，帝輔血脈之臣。明主宗枝親愛，皇綱大振。帛度二星赤，主度量貨易，明大則尺量公平。屠肆二星黑，主屠宰烹殺，明多屠戮，暗則不事烹庖。天紀九星赤，爲九卿，主萬事之紀綱，雪理冤獄。明吉暗凶。星亡，主山崩地震。女牀主御女妃嬪，蠶桑絲枲，明爲後宫有序，女功利宜。貫索九星赤，曰連索，曰連營，曰天牢，主法律，禁强暴，爲賤人之牢。門開主有赦令，微暗則獄事簡，囹圄空虛。一星亡小喜，二星亡賜爵禄，三星亡大赦，常以五子夜候之，甲子八旬，丙子七旬，戊子六旬，庚子五旬，壬子四旬。客星入囚疫，客星出囚赦。小星多囚多，小星少囚少。七公七星黑，爲三公，爲執法，曰天相，明則輔臣有德，紀綱正，而天下平。

危宿三黑赤，爲天府，爲天市，主架屋受藏，主宗廟祭享喪葬，明則吉，動則役。人四星古五。黑，主防禦淫邪詐譎。明淳，暗詐，聚盜，坼窨，亡亂。杵三星黑，主給庖舂，明則三軍足食，正列臼中穀熟。臼四星黑，主歲。明豐，暗饑，仰熟，覆歉。車府七星黑，主兵車、府庫、賓客，明潤則車府有備。天鈎九星黃，爲輿服、法駕、甲卒、禁禦。直則地動，坼則式道路輿梗塞。造父五星黑，爲伯樂，主御。明潤車馬安，暗亡馬貴。墳墓四星赤，星亡陵毁，星明多喪。虛梁四星黃，爲園陵、寢廟，非人所居，明大多喪，微小多壽。天錢五星黃，古十星。主天下財帛，星明爲府庫充盈，貯藏饒足，國豐民富。蓋屋二星黑，主修造宫室，明儉，暗奢。

女宿四星赤，天之少府也，爲賤妾，主布帛絲枲，明潤國富年豐，女功利用，多貞女，尚風教。十二國十六星黃。以各星之明暗，占各國之灾祥，一星明爲一國利，一星亡爲一國亂。離珠五星赤，主後宫，主女子，明則後宫府藏盈。匏瓜五星赤，主菓，主穀，主陰謀，主後宫，明潤菓實，後宫安。敗瓜五星黑，主後宫，主瓜菓蔬菜，明吉。天津九星赤，主四瀆、津梁，明大四海通達，欹斜馬貴，芒動兵起水溢。奚仲四星黃，明潤主兵車備、器械修。扶筐七星黑，主盛桑之器，又主勸農事，明潤主蠶桑絲枲盛，五穀有成。

虛宿二星赤，主廟堂、祭祀、喪葬，明則祭之以禮，暗則多喪葬。司命二星黑，主生死，主彈姦邪，刺過罰，明潤吉。司禄二星黑，明潤主人君增壽算，民多福禄。司危二星黑，明潤則無驕奢顛蹶之患。司非二星黑，主枉法，不公，明大徇情，暗亡曲法，微明執法平。哭二星黑，主死喪哭泣，微暗則吉。泣二星黑，主哭泣，明則死喪多。天壘城十三星黃，主夷狄，星微暗則夷狄來歸化。敗臼四星赤，知休咎，主夷狄，星微暗主君吉臣安，夷狄順命。離瑜三星黑，主後宫，主衣飾珠玉，芒角主奢，暗微主儉，明潤主吉。

室宿二星赤，上星爲宫，下爲太廟，曰營室，曰定星，主清廟、軍糧、土功，明正國昌神享。離宫六星赤，爲天子别宫，休息遊幸之所，明潤宫闕安，多子孫。雷電六星黑，微明雷電及時，號令得中，明大主震雷暴令。壘壁陣十二星赤，明潤主三軍營塞無虞。羽林軍四十五星赤，主天軍翊衛，明則衛士安，不具及動主兵。鈇鉞三星黃，錫諸侯，使專征伐，明大用武。北落師門一星赤，主軍門，明大兵精邊靖。八魁六星古九。黑，爲虞人，主張禽獸，主兵，微吉。天綱一星赤，主遊獵武帳，明吉。土公吏二星黑，主山陵，主過失，主兵，主歲，明吉。螣蛇二十二星赤，主水蟲，微明爲國安。

壁宿二星赤，爲圖書秘府，曰東壁，明則敦禮樂，重詩書。霹靂五星黑，主雷，主號令，微明吉。雲雨四星黑，明潤雨澤時。天厩三星古十。黃，主驛舍，明潤郵傳通達，動移多使。鈇鑕五星黑，主芟刈之具，主斬芻飼牲，微潤牛馬肥，芒大牛多疫，歲荒。土公二星黑，主水土功，明潤民安，暗則不有水患即多土役。

《乾象通鑑》曰：牽牛爲七政之始，主國祀之犧牲，上一星主道路，次二星主闕梁，次三星主南越。

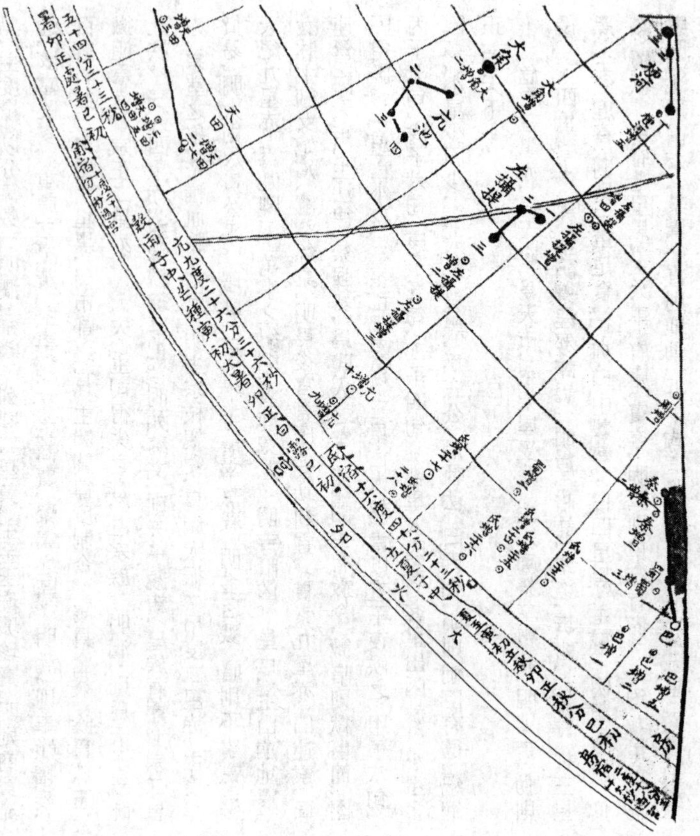

牛宿六星赤，爲天鼓，主犧牲，明潤則國泰年豐。天田四星古九。黑，主九州之田，明熟。九坎四星古九。赤，主導泉源，疏盈溢，爲九州之溝渠，微則陰陽和、川澤通，明大大水。河鼓三星赤，爲天鼓，爲斧鉞，爲將，中大將，南左將，北右將。明大潤直主將軍吉，難險桿，關津通，怒則馬貴。左右旗各九星赤，爲天之旗鼓，爲三軍之旌，主設備，知敵謀，明潤吉。天桴四星黃，主桴鼓，明則天下偃武，暗則漏刻失時，動則軍鼓用。織女三星赤，天女也，主絲帛，主珍寶，主女功，主菓蓏。明大則女主修德，蠶桑絲枲布帛及時，且多貞孝。又曰，大星爲后，二小星爲女子。漸臺四星黑，主律吕晷漏，明正則陰陽調和，四時有序。輦道五星

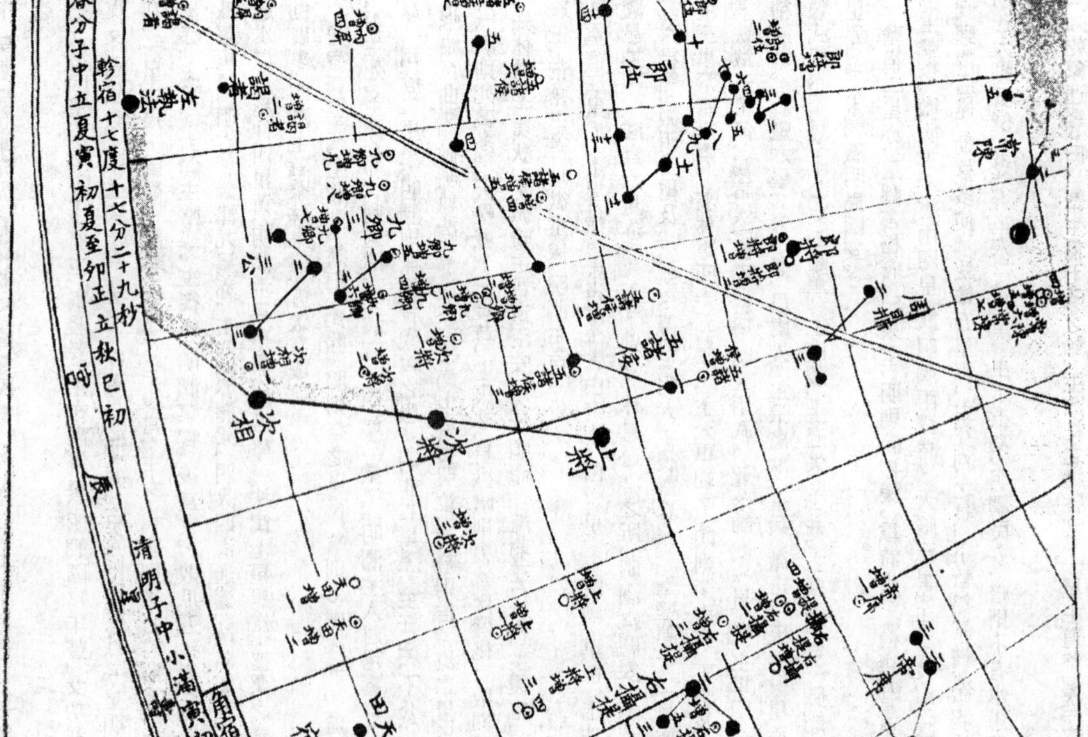

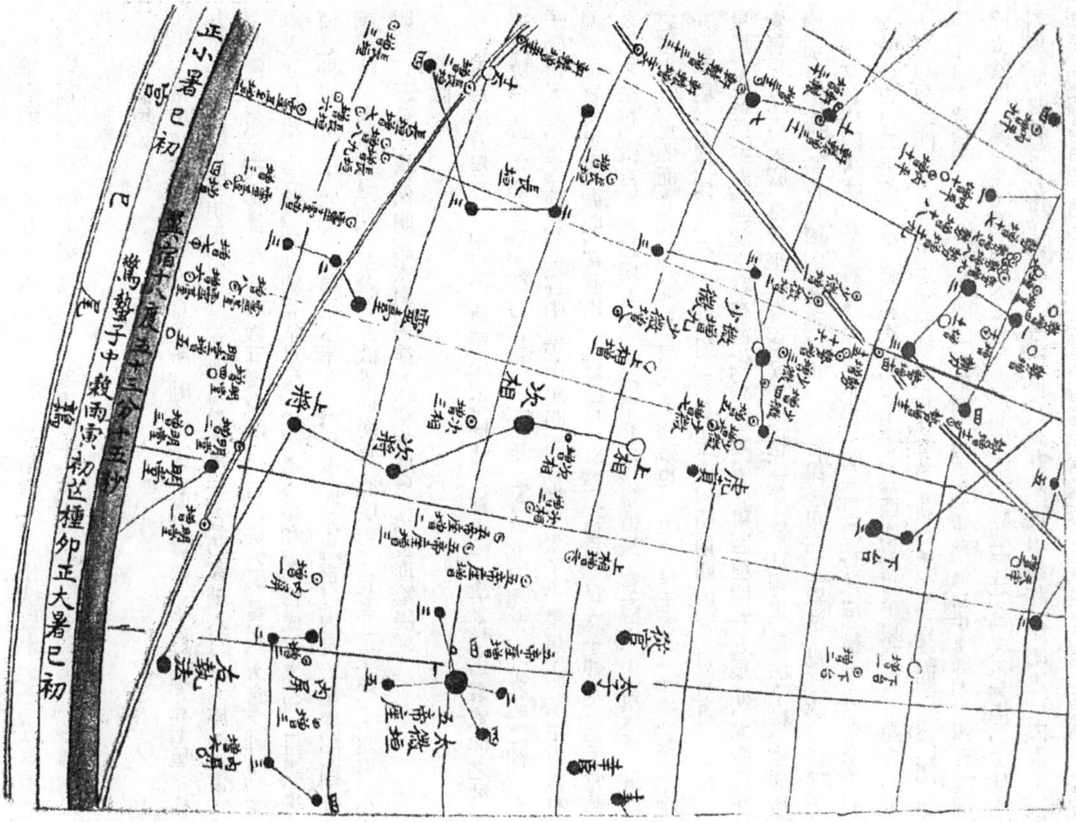

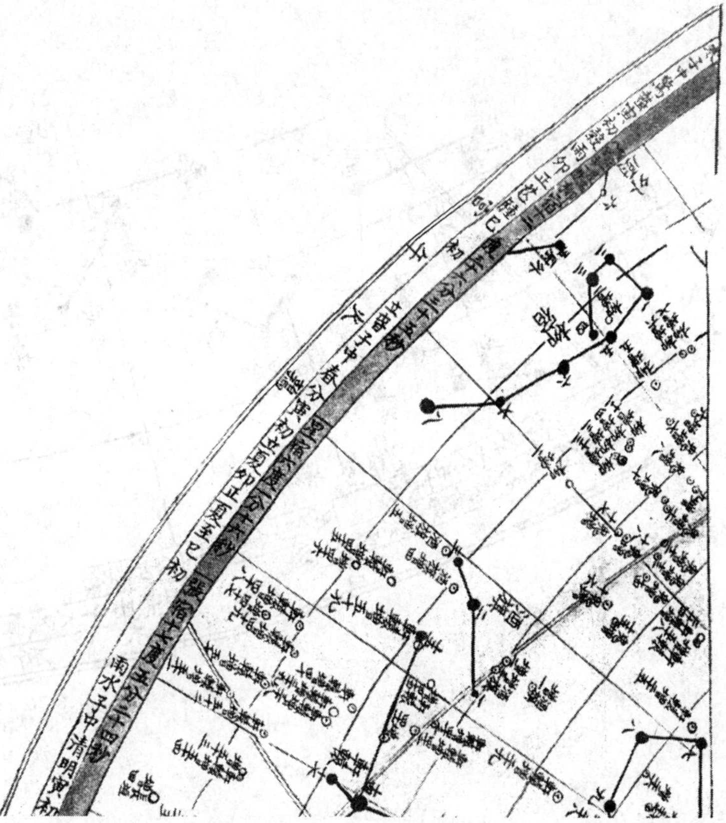

黑，主天子燕樂之别道，明潤宫闕，車駕無虞。羅堰三星黑，岠馬也。又主水利，爲壅畜水潦，以待灌溉。小明爲吉，大明主水暴漲。

戌宫增十星

螣蛇增十九，王良增十一、十二、十三、十四，天倉增十九、二十、二十一，五帝内座增三，奎增二十三。

酉宫增十八星

天大將軍增十七，左更增八，天陰增五、六，大陵增二十一，天苑增十七、十八，天廩增三，天囷增二十二，卷舌增七，昴增六、七、八、九、十、十一、十二、十三。

中宫增十九星

畢宿增十四、十五、十六、十七、十八，天船增十，九州殊口增十一，五車增十九，附耳增二、三、四，九斿增六、七，參旗增十二，玉井增三，軍井增二，參宿增卅八、卅九，厠增八。

紫微垣

五帝座，五星黑，天子燕息之所，黼扆之象，以備宸樞，明吉。華蓋七星。杠九星黑，覆蔽帝座，明正則吉。如流星貫蓋奄星，宜防姦細入宫。六甲六星黑，主陰陽寒暑，正四時節候，布政教而授農時，明吉。天乙一星黑，天帝之神也，主承天運化，治十二將，司戰鬬，知吉凶。小明則陰陽和，萬物成。太乙一星黑，天使之神也，主使十六神，知風雨水旱，兵饑疾疫，明小爲吉。内厨二星黑，明則飲饌得時。天槍三星赤，曰天鉞，爲武備以衛宫，微明吉。元戈一星赤，主北夷，小明吉。三公三星赤，明潤太尉、司徒、司空弼成機務，爕理陰陽。

太微垣

五帝座五星赤。中星曰黄帝座，含樞紐之神也。東方蒼帝，靈威仰之神。南方赤帝，赤，熛怒之神。西方白帝，白，招矩之神。北方黑帝，叶光紀之神。天子動得天度，止得地意，從容中道，則星明而有光。太子一星黑，明潤主青宫有德。從官一星黑，微明，黄潤則主侍臣吉。幸臣一星黑，爲太子親幸之臣，常侍太子之左右，微吉。五諸侯五星，爲刺舉非法，察得失，審姦民，内侍天子，辟雝之禮得宜，星明而光潤。九卿三星黑，主弼帝也。上一星主太常、光禄、宗正，左一星衛尉、太僕、鴻臚，右一星廷尉、司農、太府。明則四海安，百官言。三公三星黑，主輔臣奏對，明潤主宣布德化，調理陰陽。東西垣門各五星赤，太微爲衡衡者平也，爲大庭，爲帝座，十二諸侯之府也，其外蕃九卿也，理法平辭，監罪授德，列宿授符，諸神考節，舒清稽疑也。東蕃第一星曰左執法，爲廷尉。二曰上相，三次相，四次將，五上將，爲東四輔也。西一星曰右執法，爲御史大夫，主刺凶詰姦也。二上將，三次將，四次相，五上相，爲西四輔也。東西第一星左右執法之間曰端門，一星二星之間曰掖門，（東曰左掖，西曰右掖。）二三之間曰太陽門，（東曰東太陽，西曰西太陽。）三四之間曰中華門，（東曰中華東門，西曰中華西門。）四五之間曰太陰門。（東曰東太陰，西曰西太陰。）内屏四星赤，壅蔽帝廷，爲天子蕃屏，主執法刺舉，明潤君臣有禮。郎將一星赤，爲左右九衛，爲中郎將，微明吉。郎位十五星赤，爲烏衣郎府，周之元士，漢之光禄中散諫議郎、三署郎中，今之尚書郎中是

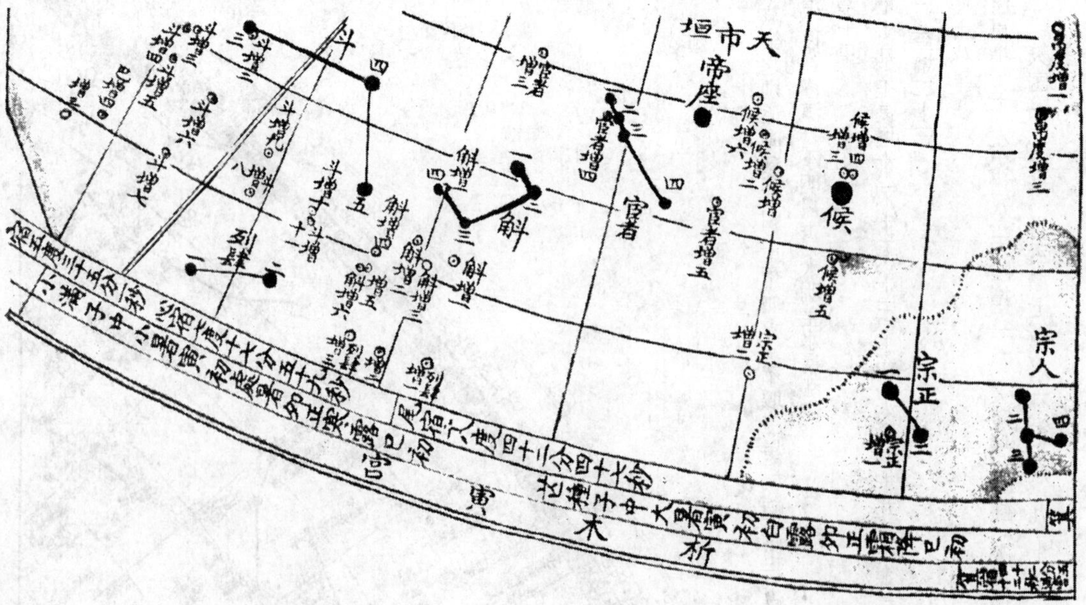

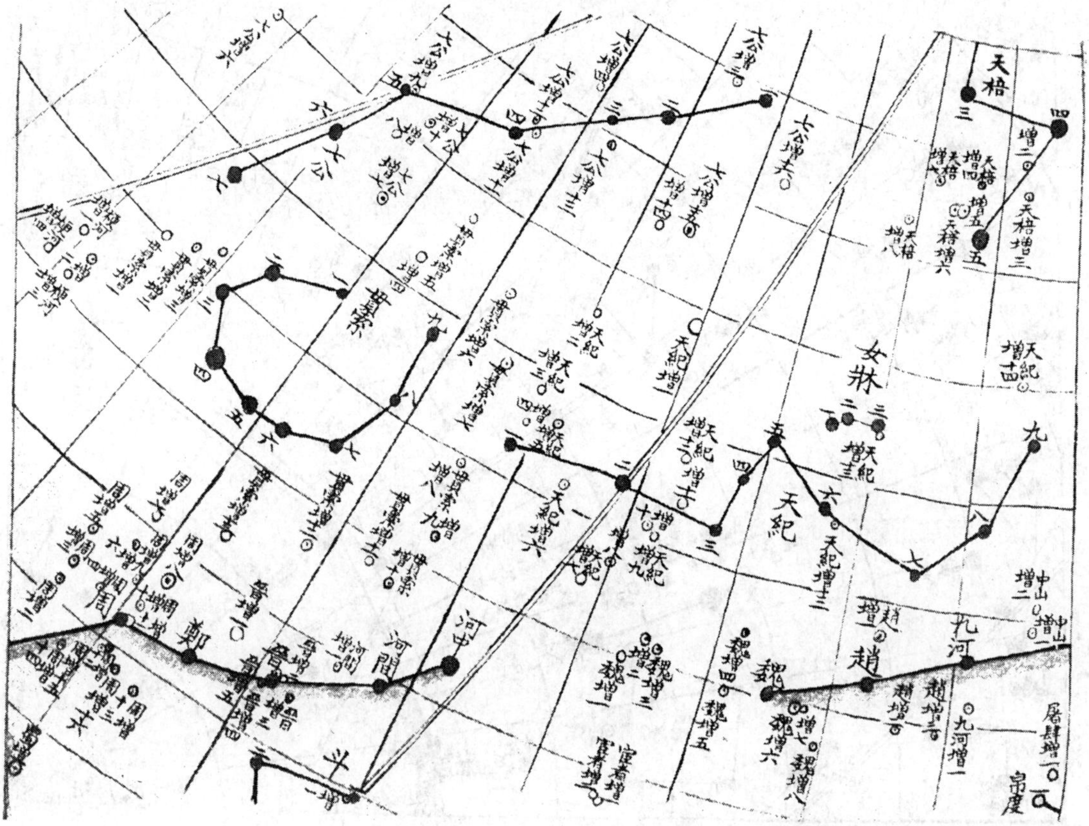
天棓
女牀
天紀
九河
中山
趙
魏
河中
河間
晉
鄭
周
貫索
七公
斗
帛度

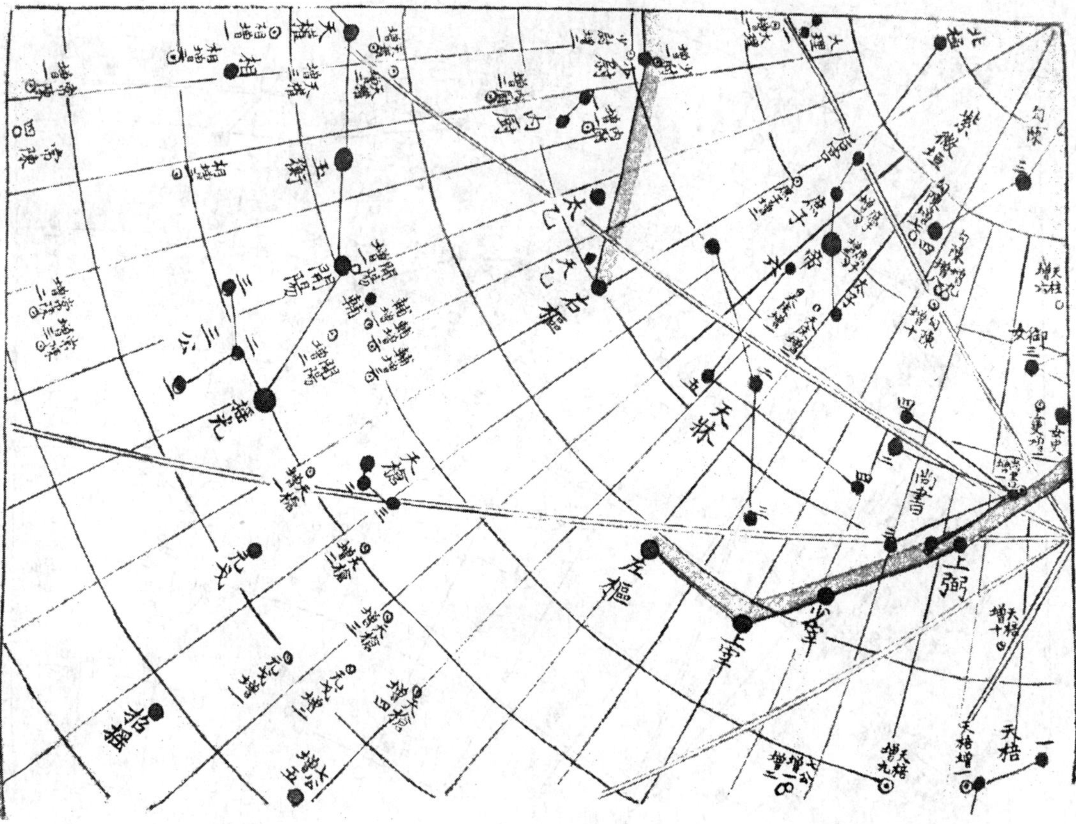
北極
勾陳
天乙
太乙
右樞
左樞
上宰
少宰
上弼
尚書
天牀
三公
玉衡
開陽
搖光
天槍
天棓
相
內廚
招搖
帝
太子
庶子
女御

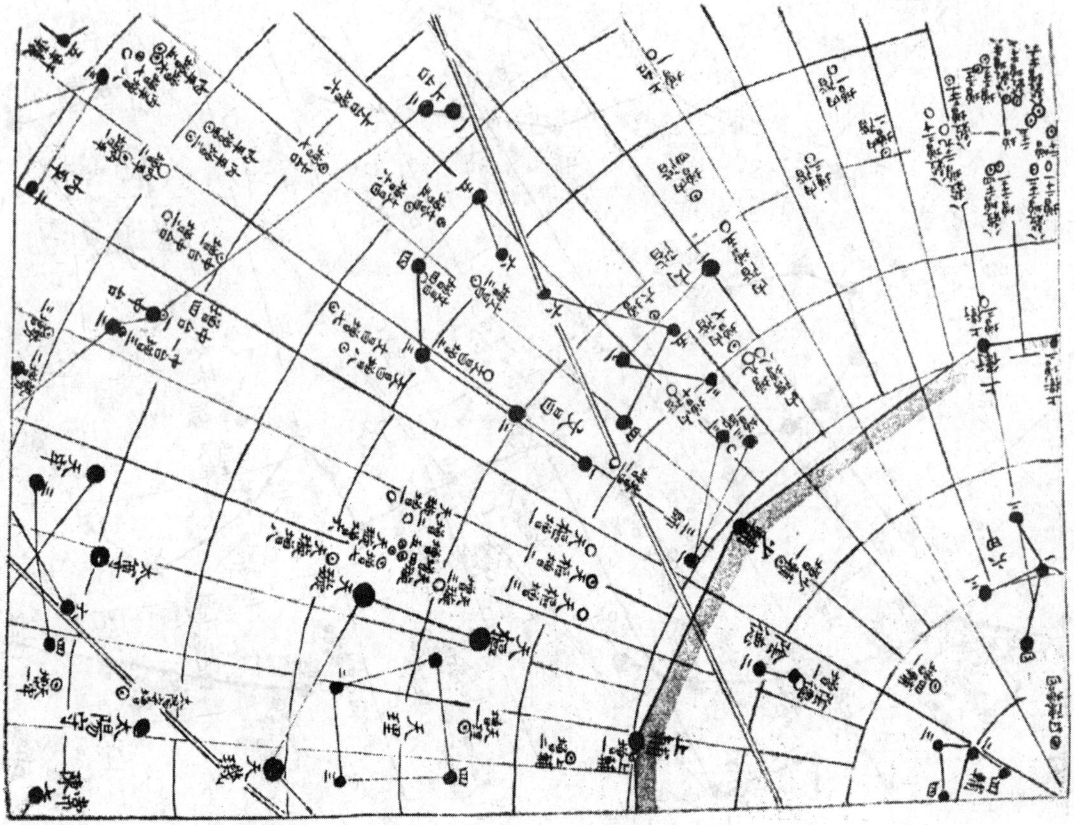

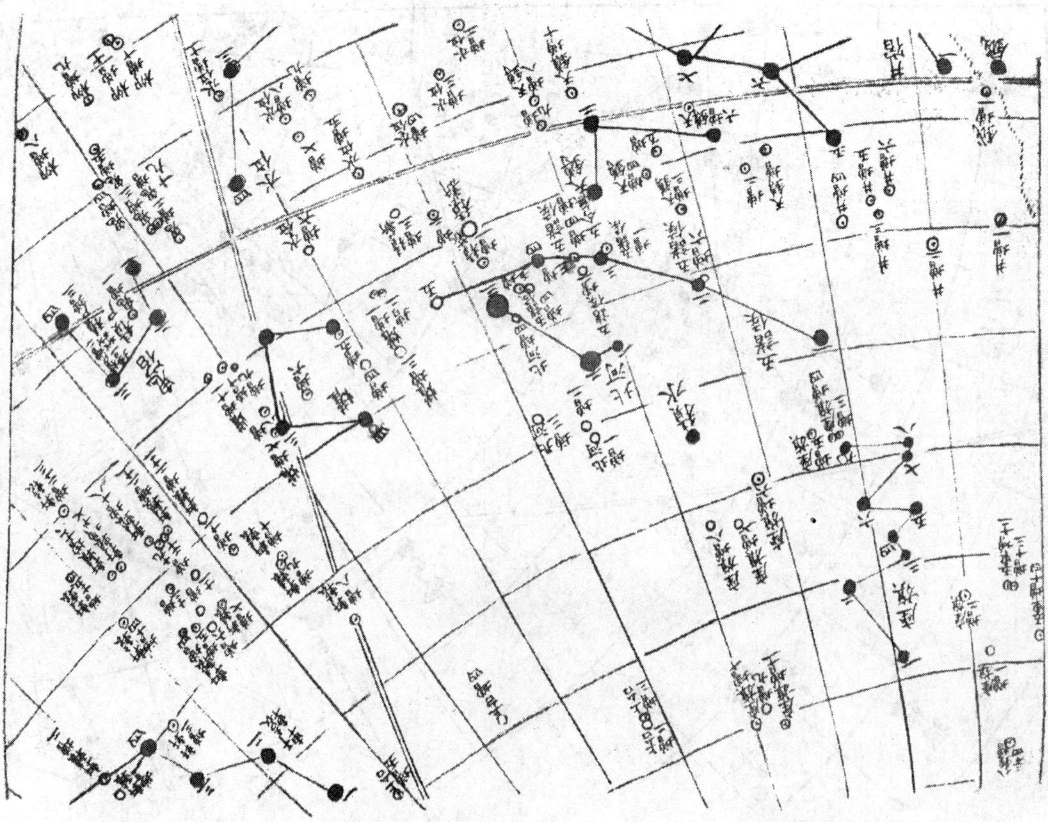

也。郎主衛守，明潤庶司理，百職明。常陳七星赤，爲宿衛，爲虎賁，明則武備修，疆域禦。三台六星赤，曰天階、泰階、天柱，上台，爲司命，主壽，爲太尉。君臣有道，賦省刑清，上階爲之輯。一曰上天子下女主。中台爲司中，主宗室，爲司徒。公卿盡忠，中階爲之比。上三公，下大火。下台爲司禄，主兵，爲司空。庶人奉化，下階爲之密。上元士，下庶人。明正，和陰陽，理萬物。虎賁一星黑，爲侍衛，主車騎，微小吉。少微四星赤，爲士大夫。一處士，二議士，三博士，四大夫。明潤，國舉賢能。長垣四星黃，爲界域，主外夷，明吉。靈臺三星黑，候日月星辰雲霧，明則七曜循軌。明堂三星黑，主布政令，明吉。謁者一星黑，主協贊賓客，辨疑惑。明潤，則四夷來貢。

斗宿六星赤，爲丞相，爲太宰，爲天機，主褒賢進士，稟授爵禄，主兵，主天廟，主鈇鉞。南二星爲魁，曰座樓，曰天梁。中二星曰天相。北二星爲杓，曰天府庭，第一星曰北亭。南斗均明，君壽相賢，年豐國泰。月宿，主大風。鼈十一星古十四星。赤，主司水、火、雨、暘，主水蟲。遠漢水灾，客守火灾，星微則雨暘時，明則江河溢。建六星赤，曰天旗、天關，爲天鼓、天馬，主謀事。南二星爲天庫，中二星爲市都、鈇鑕，上三星爲旗跗。明潤君臣和、天下治，動移民多役。天弁九星赤，爲市官，主列肆闤闠糴糶貴賤，明吉。天鷄二星黑，主省時。明潤，陰陽和，四時序。天籥八星黑，主關閉。星亡，則管籥無禁。狗二星黑，主捍難警捕，明吉。天淵三星古十。黃，曰天池，曰天泉，曰天海。主灌溉。明大而怒角，天下洪水泛濫。狗國四星黑，主外夷，北方之烏桓、獫狁，東南鮮卑袄旦之屬。星微暗，主邊民安靖。農丈人一星黑，主農官田畯。明潤，主歲熟。又農坐箕東，繞箕偃仰，東熟西饑，南旱北水。

紫微垣

天皇大帝一星黑，耀魄寶之神，主御羣靈、秉萬機。明則除舊賓新，暗則吉。勾陳六星黃，大帝之正妃，爲後宫，爲大司馬，主六軍，又主三公、三師。明吉。天柱五星黑，主建政教，懸法國門。星明，則書同文，四海治。御女四星黃，八十一御妻之象，微明吉。女史星黑，爲内史女官，主傳漏紀時，漢侍史也。明潤，史官直。柱史一星黑，主記過。明則言路通，史直詞。尚書五星黑。納言夙夜諮謀，協贊萬機，宜明。天牀六星黑，爲天子寢舍，爲視朝几案，明正吉。大理二星黃，主平刑斷獄，明潤則無冤獄。陰德二星黃，主周給賑恤，微明吉。

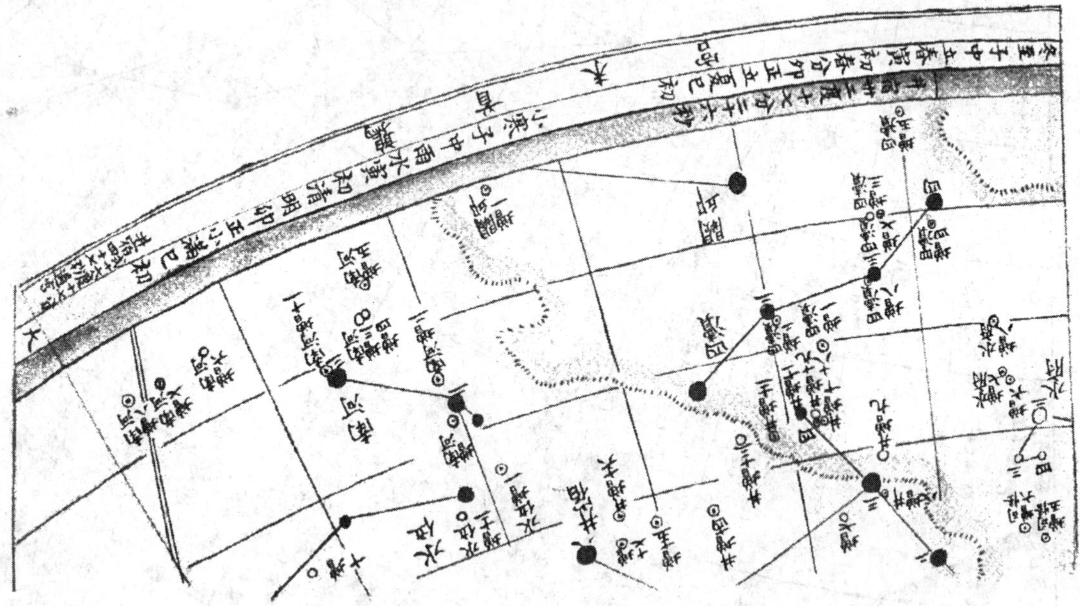

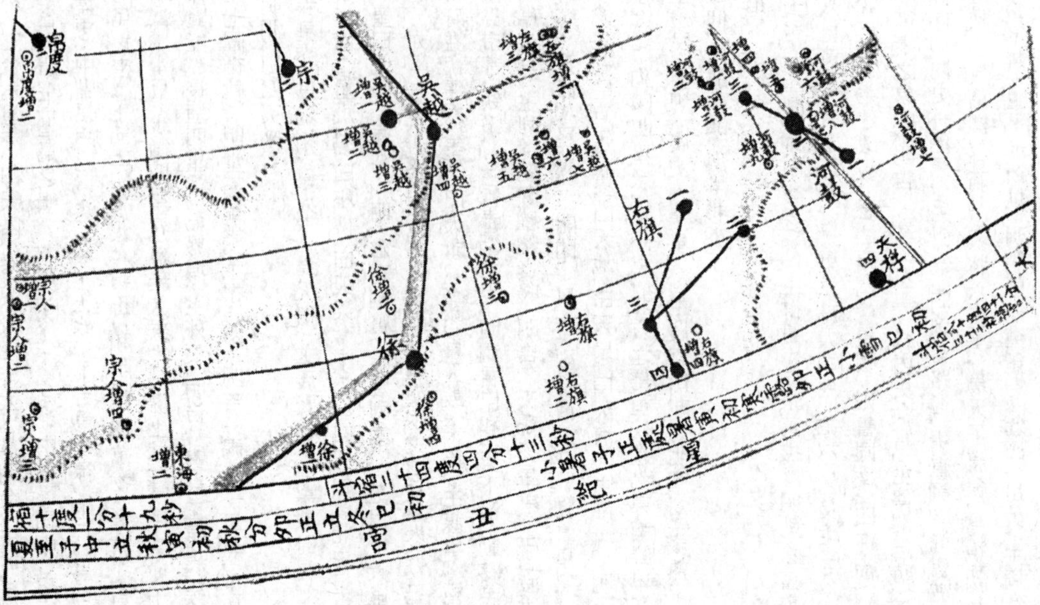
吴越
宗
河鼓
右旗
天桴
徐

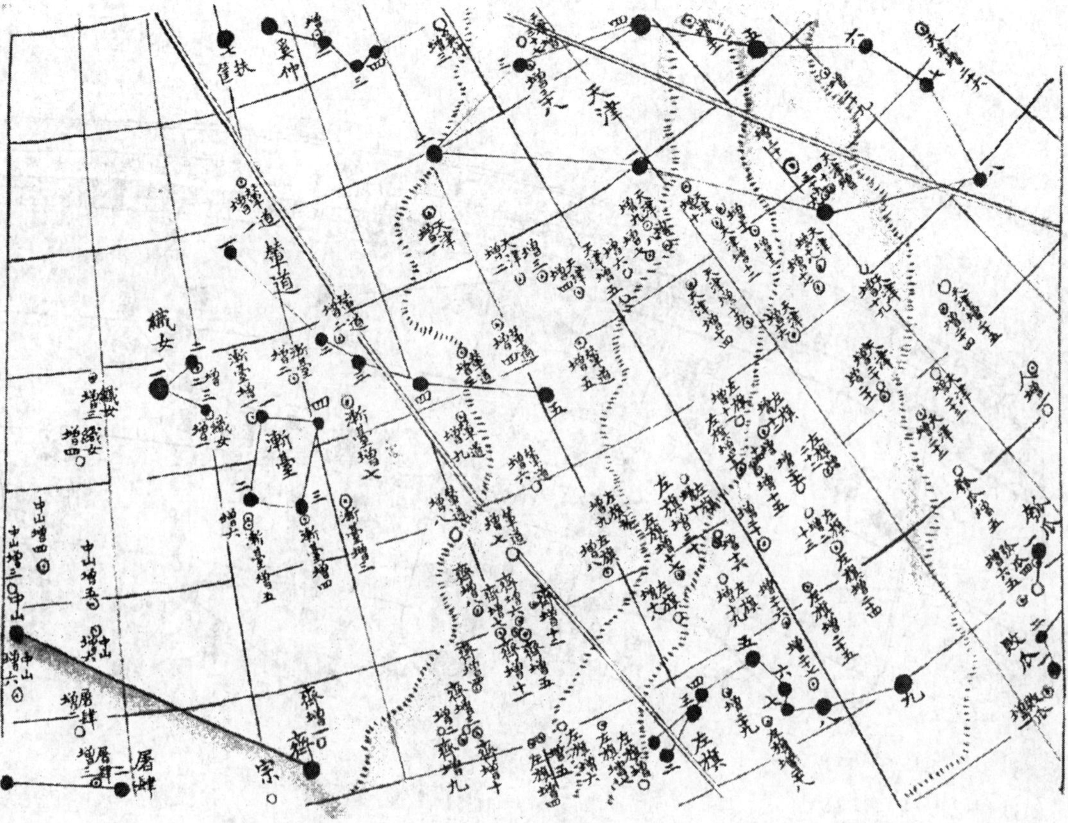
天津
輦道
織女
漸臺
左旗
齊
宗
中山
奚仲
扶筐

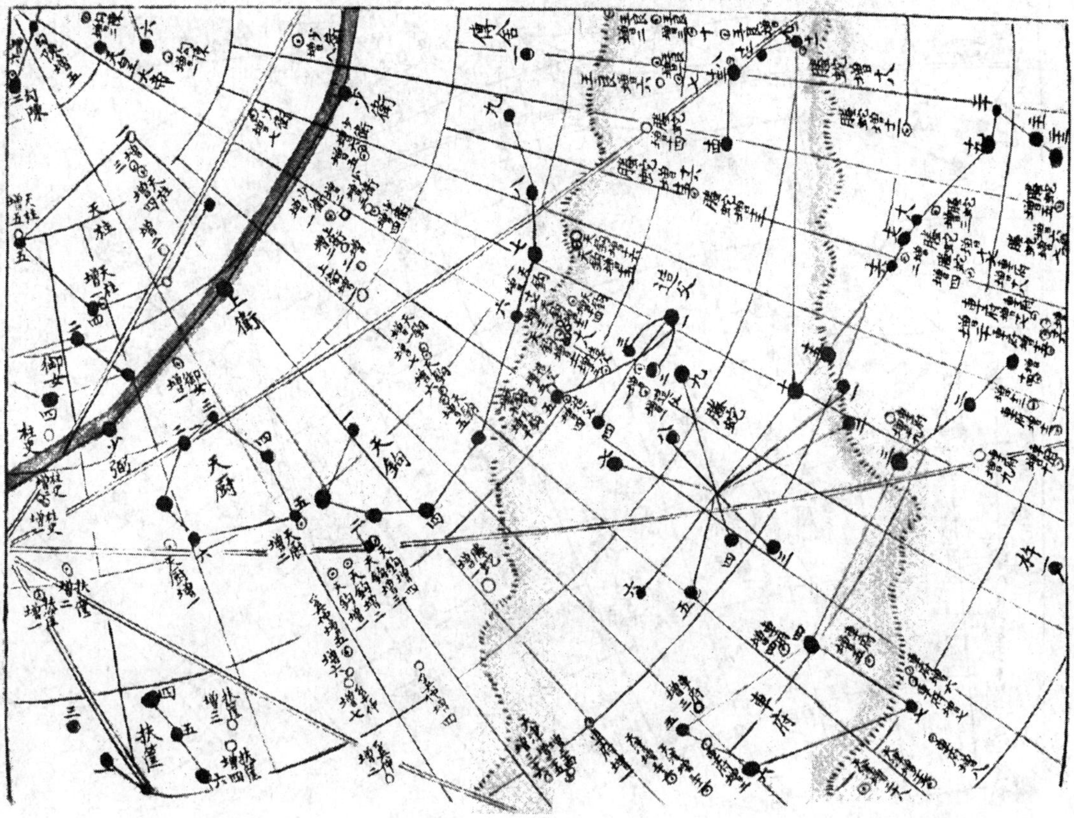

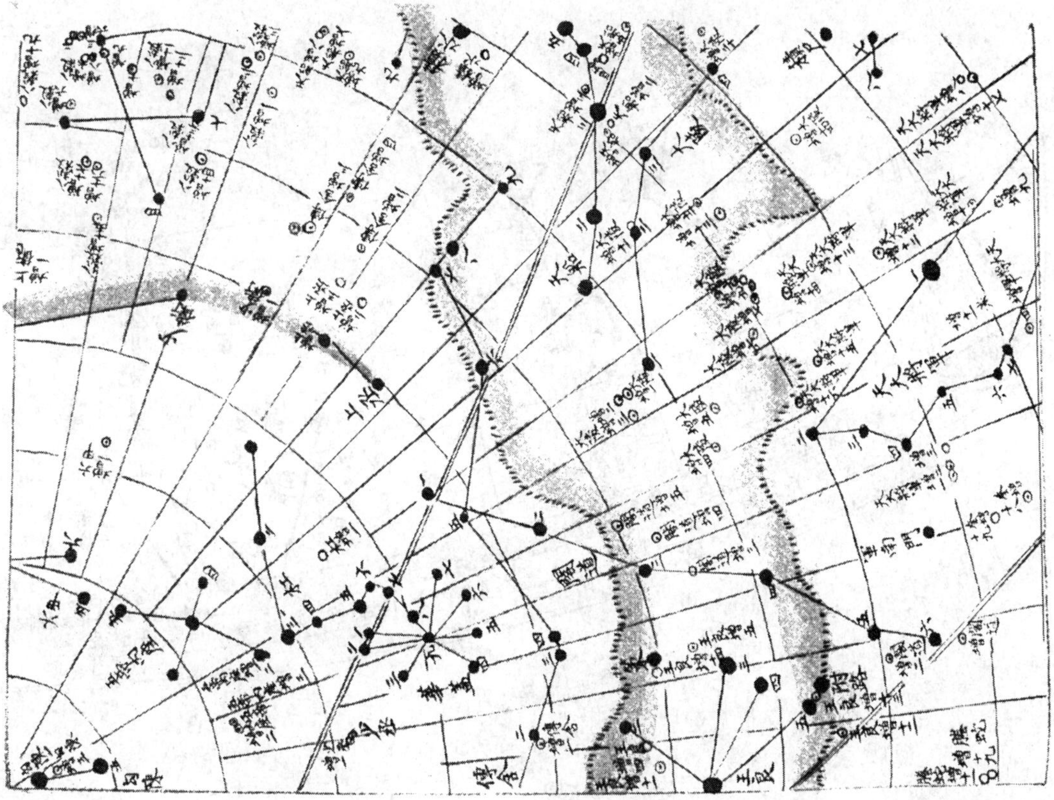

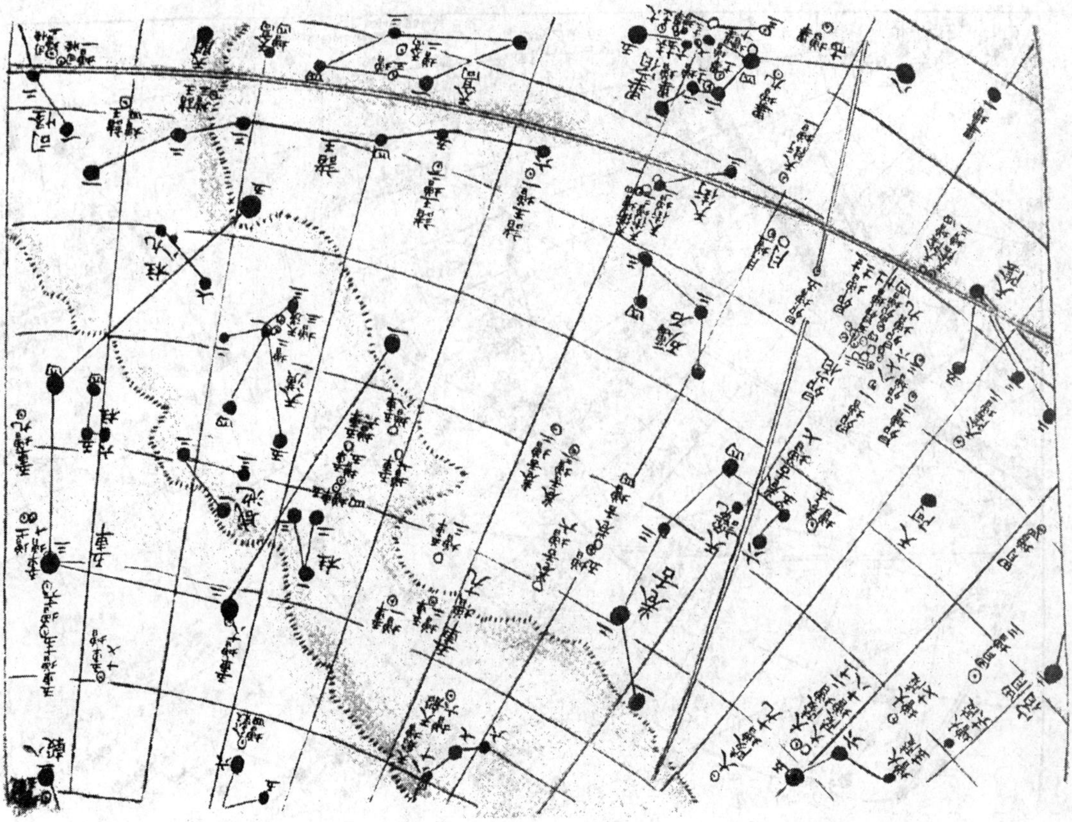

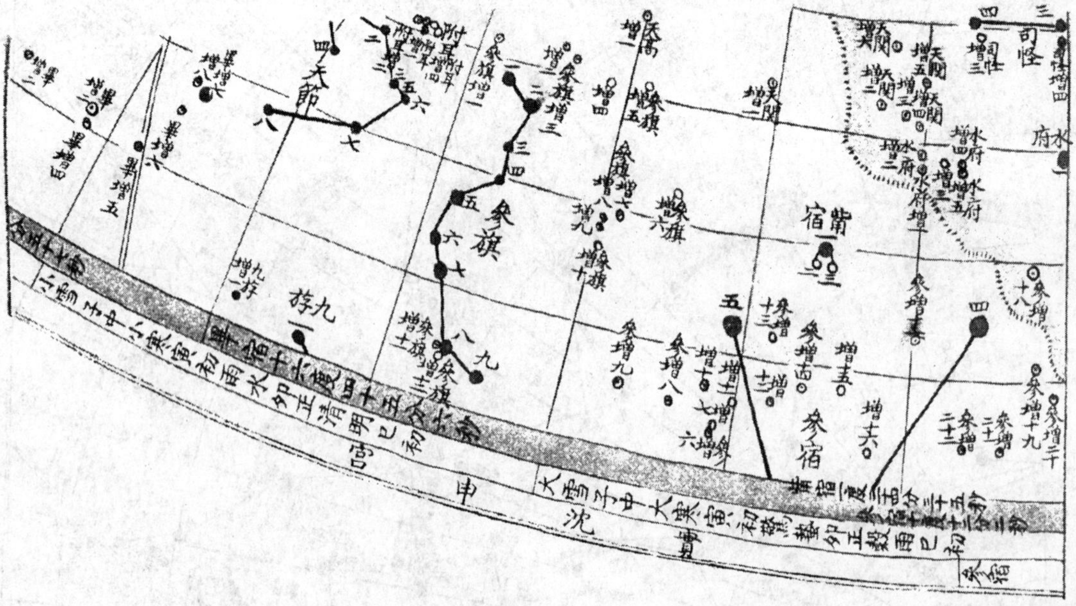

尾宿九星赤，后妃之府。上星爲后，二三爲夫人，其次爲嬪妾。均明，則後宫有序，子孫蕃昌，君臣和，五穀熟。神宫一星赤，爲解衣内室，有常吉。龜五星赤，贊神明、定吉凶。明則民安，坼主水。天江四星赤，主津河，主太陰。明大動移，主水，糴貴。暗亡則關津不通。微潤爲常。傳説一星赤，主巫祝之官，明潤則王者多子孫，又主禱祀，亡則多妖言。魚一星赤，主天河中陰事，候雲雨。明潤則陰陽和，風雨時。動移主大水。月暈五日内大雨，無雨大旱。

箕宿四星赤，爲后妃之别府，曰天津，曰大司空，曰天鷄，主八風。前二星爲舌，動摇者，三日内大風揚沙。又云月宿箕，主大風。在其度合朔謂之宿。又云口開多風，口歛多雨。又爲傲客，主口舌，主蠻夷胡貊。故蠻夷將動，先表箕焉。又主歲星，明潤及其中星衆多者，天下大豐。杵三星赤，主歲。欹斜暗小，歲歉民飢。糠一星黑，主歲之豐凶。每以歲首之上甲日及冬至日候之，明潤豐稔，暗小饑饉，大怒及亡荒歉。

紫微垣

北極五星黄，居天之中，最尊者也。前星曰太子，主月。太子之上曰帝星，主日。第三星曰庶子，主五行。四曰后宫。五曰北極。天運無窮，三光迭耀，而極星不移。古之極星與天之樞紐附近，故星與極並曰北極。迤次歲差漸遠，實測道光甲午北極星距不動處積差五度五十二分一秒。五星均明潤，主内宫吉慶，天子萬壽無疆。四輔四星黑，主輔佐，出度授政，協贊萬機，微明則吉。東西垣門十五星赤，爲大帝之座，爲天子之常居，主命令，主權度，曰天營，曰長垣，曰旗星，以備蕃臣也。明潤大小有常，則内輔盛。兩樞之間如門者，曰閶闔門。流星自門而出，當有中使銜命，視其所往分野以占。

亢宿四星赤，爲士曜之中道，天子之内庭，總攝四海奏疏，聽訟理獄録功，主疏廟，主疾疫。星明潤則天子納諫，輔臣獻忠，民無疾疫。以秋分占歲之豐凶，明則熟，暗則饑，赤怒旱，青怒水。左星爲水，右星爲兵。大角一星赤，爲人君之象，爲天棟，爲帝座，正天下紀綱法度。明大潤澤，國泰民安。折威七星黑，主斬殺，主軍獄，明潤則獄簡無冤。左右攝提各三星赤，主建時節，伺機祥。夾擁帝座，以爲盾，主六部大臣之象。明怒三公恣，微明天下安。頓頑二星黄，察獄情真僞。明潤，獄平刑中。

氐宿四星赤，爲天子宿宫，后妃之府，曰天根，曰本星，曰路寢。前二星爲嫡，後二星爲妾。明潤光澤，君正臣賢，民無徭役。冬月日蝕，逢壬癸日者，洪水横流。天乳一星黑，爲天之甘露，人之和氣。潤澤則甘露降，人民和。黑氣入主水，赤氣主旱。招摇一星赤，爲矛楯，主匈奴，主胡兵。暗則夷狄衰弱。彗孛犯夷狄死亡。梗河三星黄，曰天矛，曰天鋒，爲天子劍擊之星，所以備不虞也。一星亡，夷兵敗績。三星亡，夷狄國破君亡。帝席三星黑，爲天子遊幸宴樂之所，微明爲吉。亢池四星古六星。黑，主舟楫濟渡，微明爲吉。騎官十星古二十七。赤，爲宿衛之官，虎賁之士，明潤兵嚴將猛。陣車三星黑，主革車，明爲禁衛肅兵車備。車騎三星黑，爲騎兵，主部陣行列兵車，明吉。天輻二星黄，主鑾駕，明潤則法駕有備，禁衛嚴肅，暗則鑾輿有警，客守輦轂有變。騎陣將軍一星赤，爲騎將，明將盛，微將弱，動將出，亡將亡。

房宿四星赤，爲明堂，天子布政之宫，爲天厩，主蓄藏，爲天駟，主車駕。其一星爲上將，次次將，三次相，四上相。又爲四表。中間曰天衢，又曰天闕。南間曰陽環，其南爲太陽道，北間二星間也。曰陰環，其北爲太陰道。以二月候七曜，由天衢則國泰年豐，由陽道主旱主喪，由陰道主水主兵。星明大光潤，則君正臣忠。鍵閉一星黄，主鎖鑰關閉，明潤天子安禁宫嚴。鈎鈐二星赤，爲天門之管鑰，主閉鍵天心。明潤近房，天下安。客入，主地動。東西咸各四星赤，房之門户，防淫佚也，明吉。罰三星黄，主刑罰，主以金贖罪，潤直吉。日一星黄，太陽之精，主昭令德，明吉。從官二星黄，主醫卜，主伎術，小明吉。

心宿三星赤爲大火，爲大辰，主賞罰。前星太子，後星庶子，中爲天皇，曰明堂。明大則化成道昌。積卒二星古十二星。赤，主衛士，又爲五營軍士，微小而潤爲吉。

角宿二星赤，壽星也，爲蒼龍之首。南曰左角，爲太陽道。北曰右角，爲太陰道。中爲天關，其間天門，其内天庭，黄道之所經，七曜之所由也。爲將主兵，爲理主刑，主造化萬物，布君威信。明大光潤，則主道大昌，賢者任事。天田二星黑，主畿内之田，明則國富年豐。一星亡，水灾。二星亡，旱灾。平道二星黑，爲八達之衢，明則道路通，動則法駕有虞。進賢一星黑，主薦賢良，舉隱逸。星明潤，則賢人仕，幽隱拔。周鼎三星黑，主國之神器，明爲國祚昌。天門二星黑，朝聘以待諸侯之所，明則四夷來賓。平二星赤，主平刑獄，明潤天下無冤。庫樓十星赤，爲天庫，爲兵車之府，主兵。六大星爲庫，南四星爲樓。中多小星則兵強，星明潤天下安，芒角及不具者主兵起。柱十星古十五星。赤，庫樓之柱，主兵。衡四星赤，主陣，明大有兵變。陽門二星黄，主邊庭險塞，明則民安邊靖。

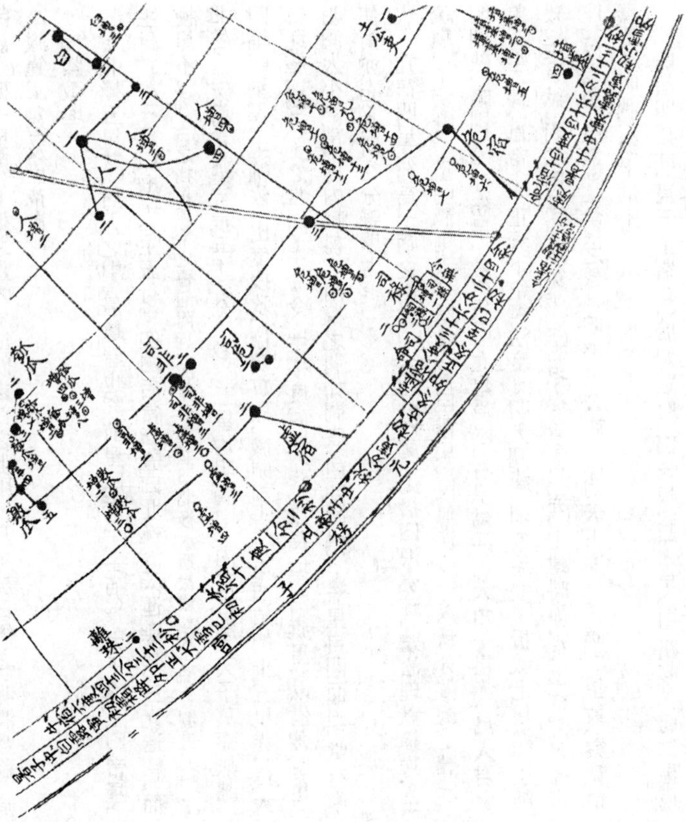

南門二星赤，天之外門也。暗主兵起，明大潤澤，天下太平。

道光二十四年甲辰重修《儀象攷成續編》共增恒星一百六十有三，共少星七。

丑宫增十六星

斗增五，天弁增六，齊增九、十、十一、十二，漸臺增七，建增九、十，狗增七，天淵增一、二、三，狗國增一、二，左旗增三十。

亥宫增十八星

天鉤增十七、十八，臼增六、七、八，車府增二十，螣蛇增十五、十六、十七、十八，霹靂增九，王良增六、七、八、九、十，鈇鉞增三，雲雨增十。

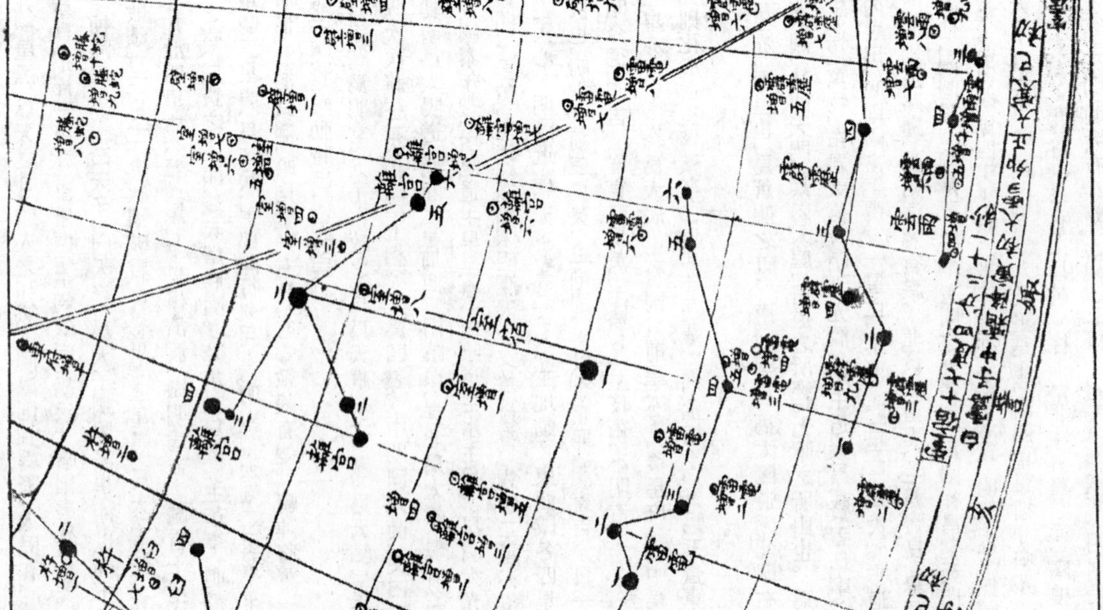

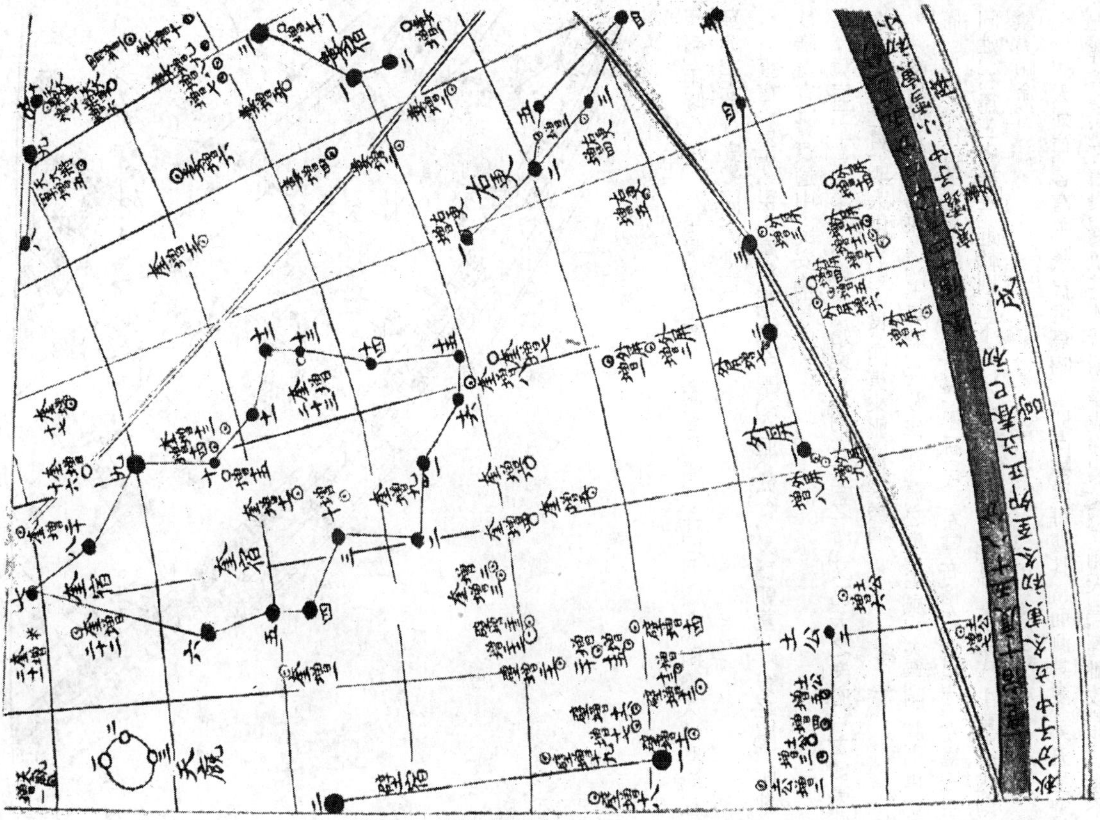

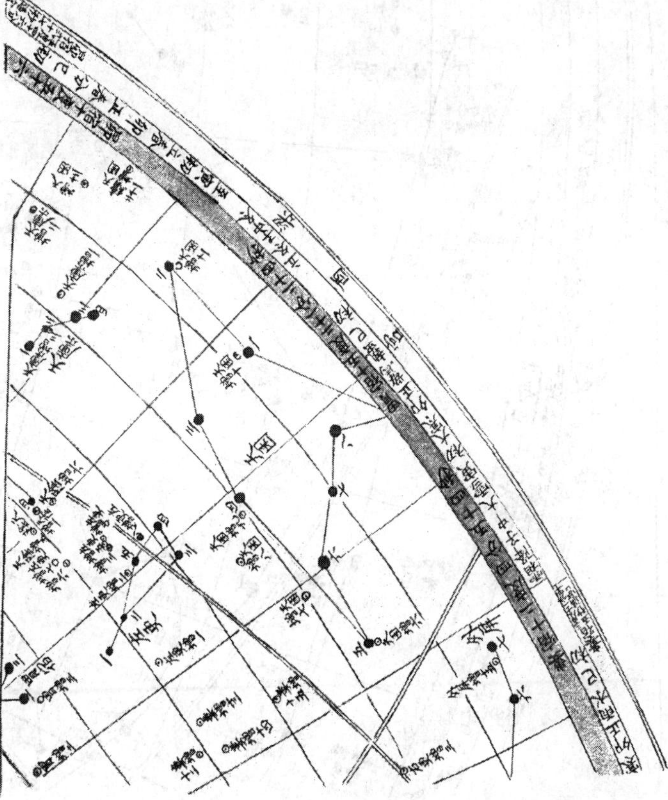

子宮增十八星

狗國增三，牛宿增十、十一、十二、十三、十四，匏瓜增六、七、八，天津增三十九、四十，天壘城增一、二，司非增三，危宿增十二、十三、十四，壘壁陣增八。

星宿七星赤，曰天都，主衣裳文繡主兵，主盜。均明，則治道修，賢人用。軒轅十七星赤，主雷雨之神，后妃之舍，從官之象，又爲黄龍之神。陰陽交合，盛爲雷，激爲電，和爲雨，怒爲風，亂爲霧，凝爲霜，散爲露，變爲雲，聚爲氣，立爲虹霓，離爲背璚，分爲抱珥。十四變，皆軒轅主之。其大星爲后，次北上將，又次爲妃，餘皆嬪侍，南小星女御，左星少民少后宗，右星太民太后宗，皆明吉。天相三星黄，主服制，爲輔臣，總領百司，而掌邦教，明潤爲宰相論道經邦，天下大治。內平四星黑，爲平罪之官，明潤則刑罰中、法令平。

柳宿八星赤，爲天之厨宰。主飲食，和五味，右雷雨。均明則風雨適時。一

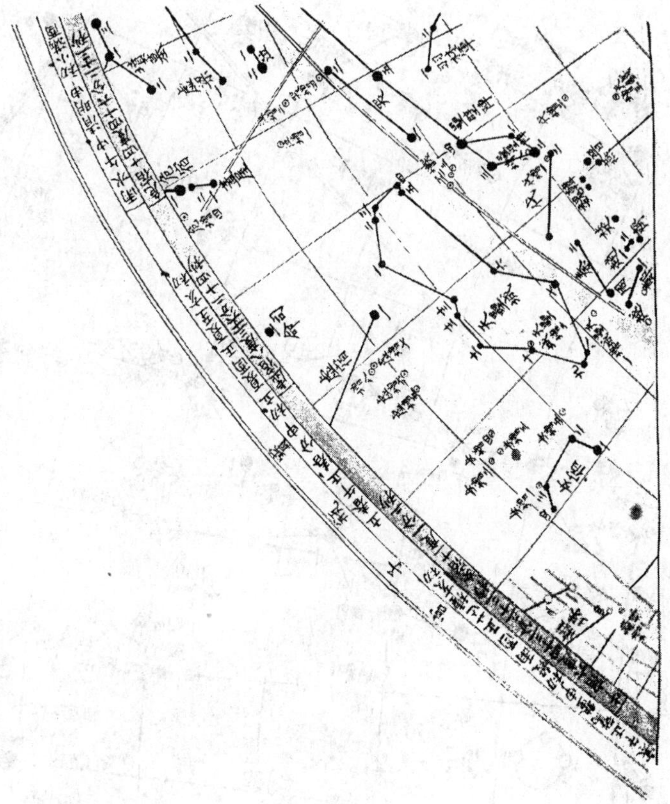

星暗，雨暘失序。八星暗，雷不震聲，雨淫川溢。一曰月宿柳，雨不久。酒旗三星赤，主飲食宴饗，明潤則吉。

張宿六星赤，主宗廟祭祀，爲金玉、衣服、飲食，又爲朝貢、珍寶之庫。明則飲膳得宜，賞賚適中，民安物阜。

翼宿二十二星赤，爲俳優、嬉樂、文物、聲名之所，又爲天之樂府。主蠻夷，遠客負海之賓，明大則君明臣良、四夷來服，禮樂振興。

軫宿四星赤，爲冢宰，主車騎，任戰伐、輬輴之事，主風，主喪，明潤則車駕備。長沙一星赤，主壽命，明則王者壽，子孫昌。左轄右轄各一星赤，左爲王者同姓，右爲王者異姓，近軫則上下和，小明則國祚安。青邱七星黑，主東夷，明則蠻夷順命。

周天列宿，各有主掌，亘古爲昭。而占驗家每據其常而測其變，如五星守犯，暨彗孛流客諸異，攟摭其休咎，攛掩成書，究屬妄測天機，輕訕政體，兹概不

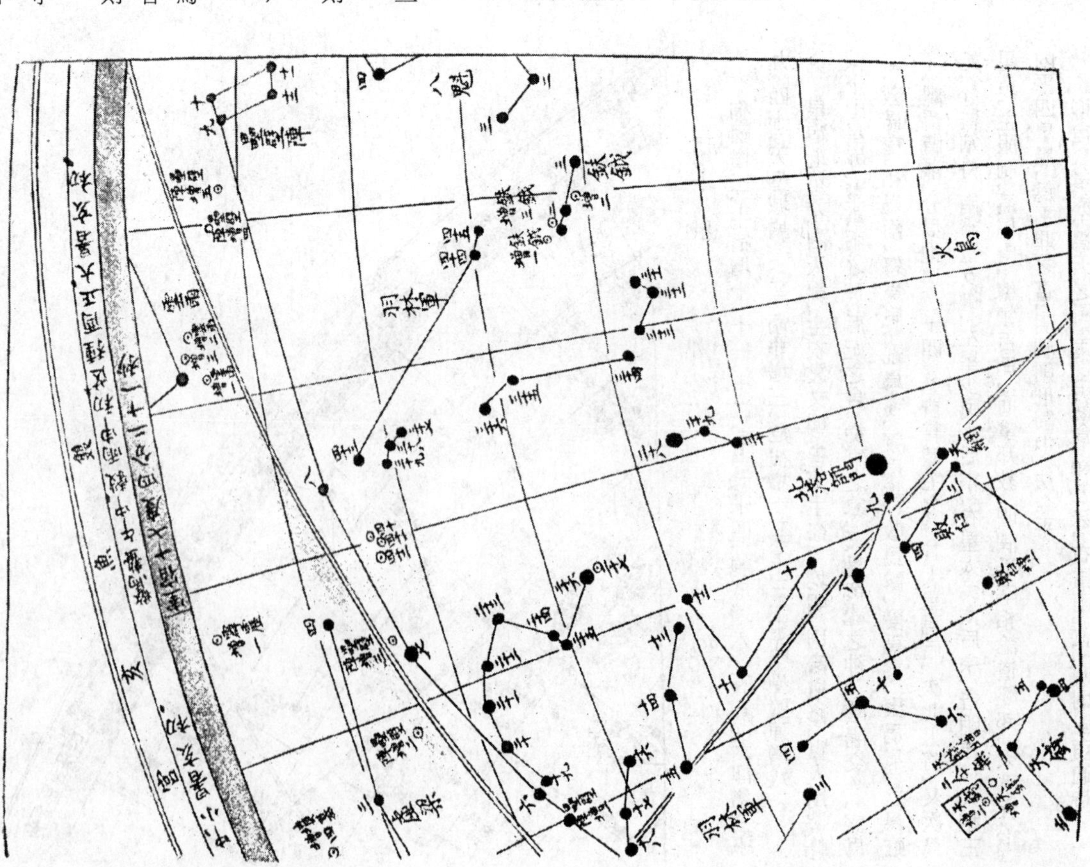

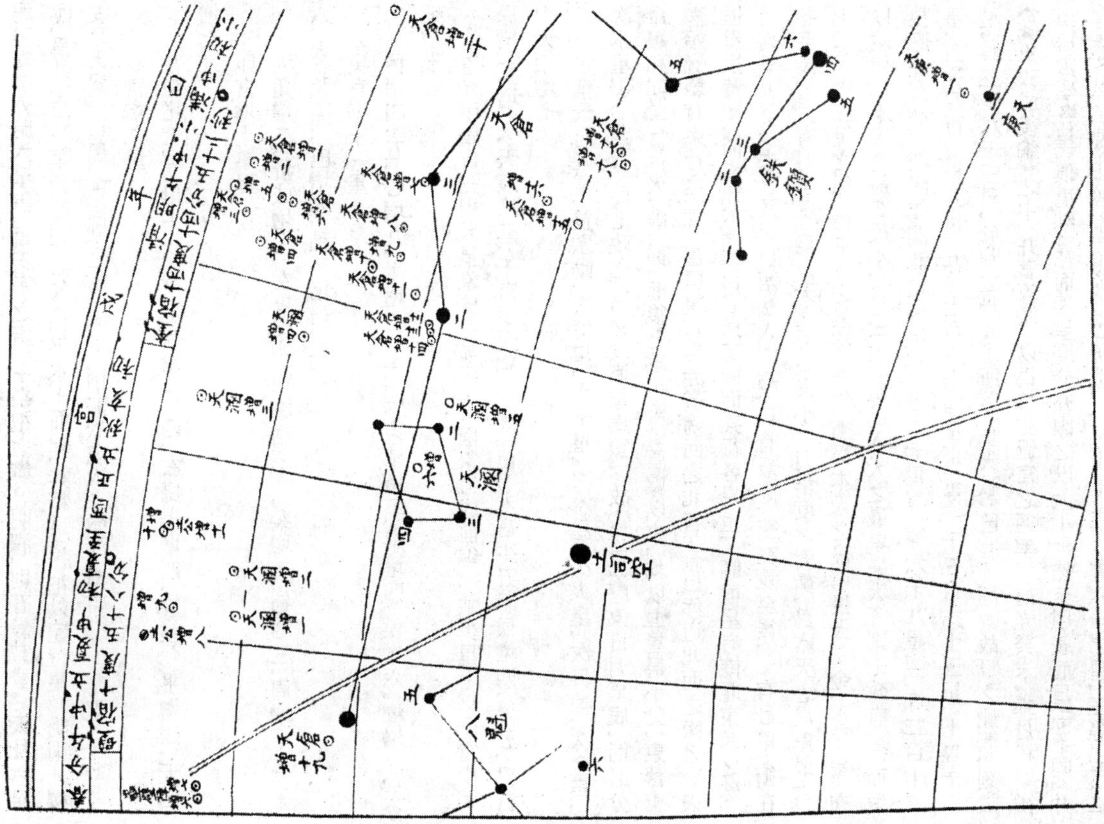

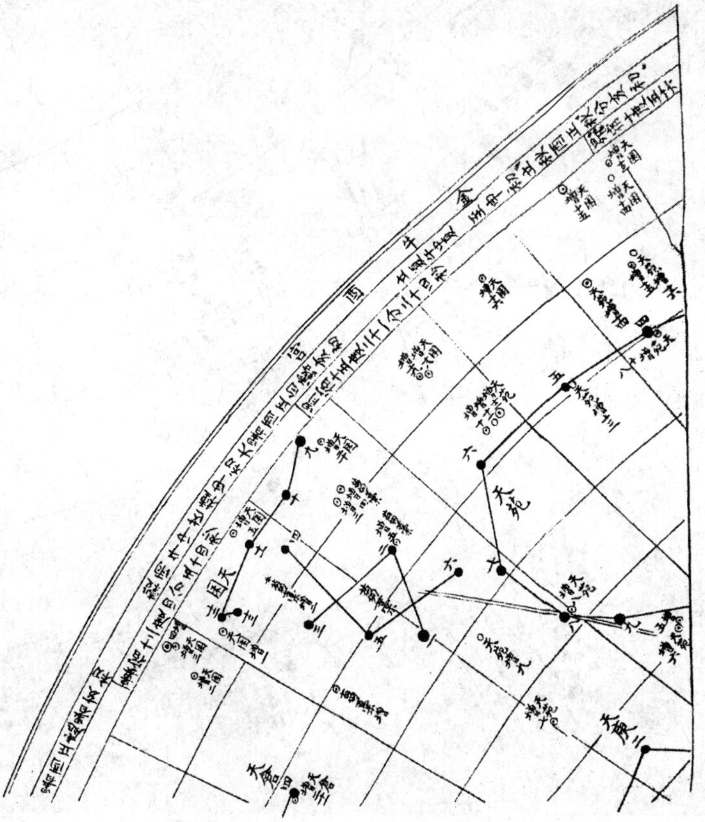

録。第録其各星所主掌，凡詳見於甘德、石申、巫咸諸家，《天文別録》、《大象旁通》、《古今星釋》、《河圖帝覽》、《雌雄圖》、《符瑞圖》、《荆州占》、《海上占》及各史諸書之説，彙其同異，摘其旨要，紀常而去變，雖管窺略見，亦姑存其説，以博攷古者之一粲云。

鬼宿東南之星明潤，主將勇兵强。東北之星明潤，主息馬蓄庶。西南之星明潤，主絲枲豐盛。西北之星明潤，主府庫充實。

鬼宿四星，積尸氣一星赤，主視民察姦。鬼之爲言歸也。合而言之，爲天府、爲天目，爲朱雀首。散而言之，東南星積兵，東北星積馬，西南星爲布帛，西北星爲金玉。中曰積尸，主死喪，主斬伐、誅戮。暗而微小爲吉。爟四星黑，主邊陲烽火。微潤，邊陲綏靖。天狗七星黑，主狩獵之犬，主邊兵，主外夷。星微潤而疏坼，則夷弱邊安。外厨六星黑，爲天子之厨，主祭祀之饌。明潤，則五穀豐登。天杜六星黑，爲共工氏之子勾龍，一曰勾芒，平水土而死，其精爲星，祀以配行星。明則社稷安。天記一星黑，主禽獸之齒。明大，則野獸噬人。微潤，爲吉。

辰宮增九星

常陳增七，角增十六，東上將增三、四，右攝提增四、五、六，平增四，天田增七。

卯宮增十二星

大角增二，折威增七，左攝提增四，氐增三十，秦增二，蜀增三，周增十五、十六，天乳增四，巳增五，積卒增一、二。

寅宮增十一星

晉增四、五，心增九，尾增二、三、四，東咸增二，斛增四，侯增六，糠增一，天紀增十五。

道光甲辰實測周天星象核乾隆甲子《儀象考成前編》，共少星七。子宮少司禄增一、增二，天錢增二，午宮少天狗正座一星，未宮少五諸侯增四、增五，巳宮少天相增七。

古稱天有九重，首宗動，次恒星，次土星，次木星，次火星，次日輪，次金星，次水星，次月輪。而七政之行，必以恒星爲驗。故《堯典》歷象日月星辰，而必分命羲和，攷之鳥、火、虚、昴，而後七政可齊。唐虞以來，均以恒星爲不動，東晉虞喜始覺歲有東行之率。蓋恒星有自赤道南而之北者，有自赤道北而之南者。夫恒星拱黄極，而南北不同，自必拱黄極而東行各異也。顧恒星有南北東西之殊，而高卑上下猶未之及。自西法入中國，日有最高，衝在夏至後；有最卑，衝在冬至後。月有月孛度，爲本天之最高最小。月孛度之對衝，爲本天之最卑最大。土、木、火三星之伏，爲本天之最高最小，衝爲本天之最卑最大。金、水二星，亦以兩伏爲本天之最高最小，(雨)〔兩〕留爲本天之最卑最大。則七政有之，而恒星應亦宜然。乾隆年間測定恒星，一等十七星，二等六十九星，三等二百十二星，四等四百七十五星，五等七百三十四星，六等一千五百六十三星，七等十三星，共三千八十三星，於隋之丹元子所著《步天歌》已有不同。故爲之删潤，刻於《儀象攷成後編》之中，并著算法，以爲每歲過宫之通率。道光癸未，張丹村翠微山房數學各星，俱爲細算，而經星度分亦因之以大小。然至甲辰而星等不同，并有無各異。現在《儀象攷成續編》所載，一等十七星，二等六十二星，三等二百二

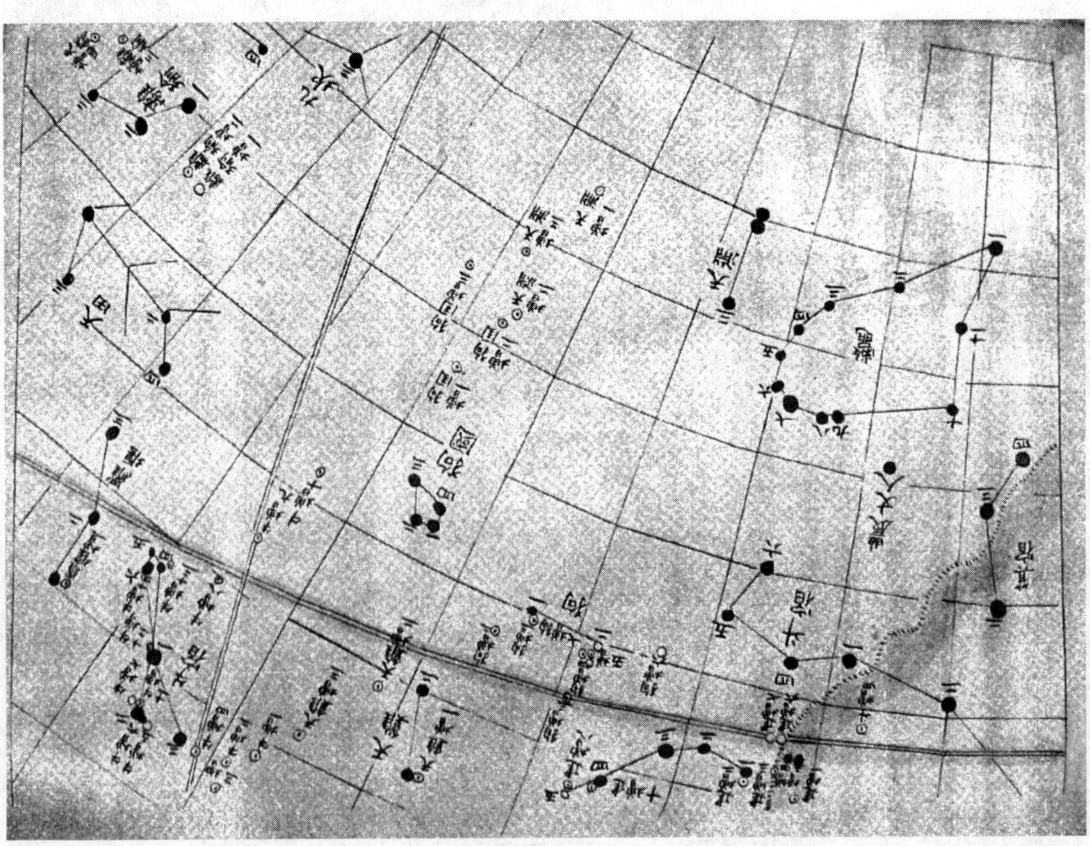

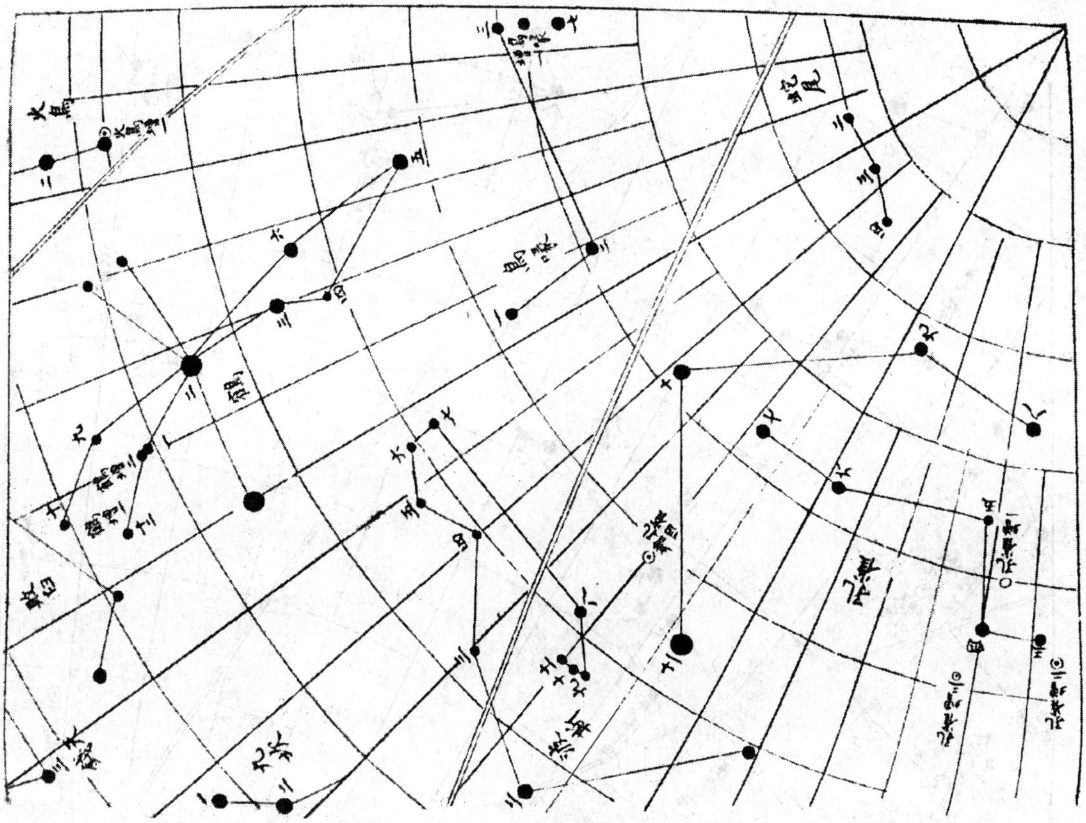

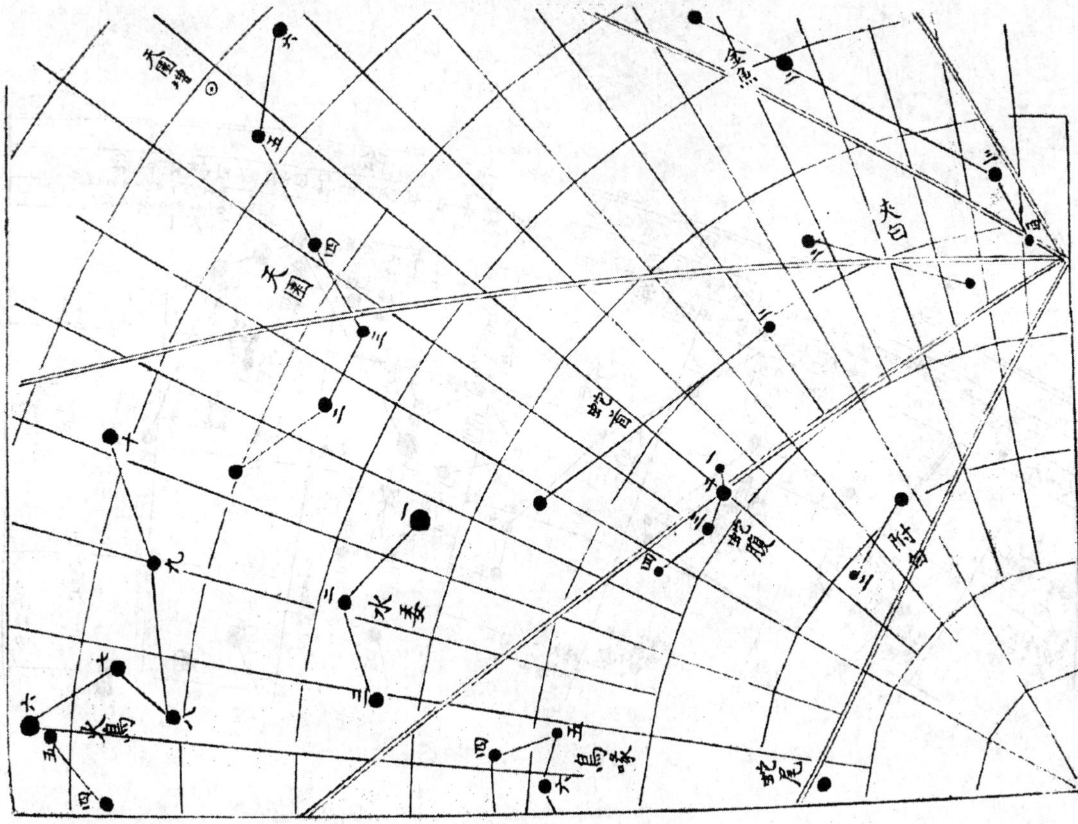

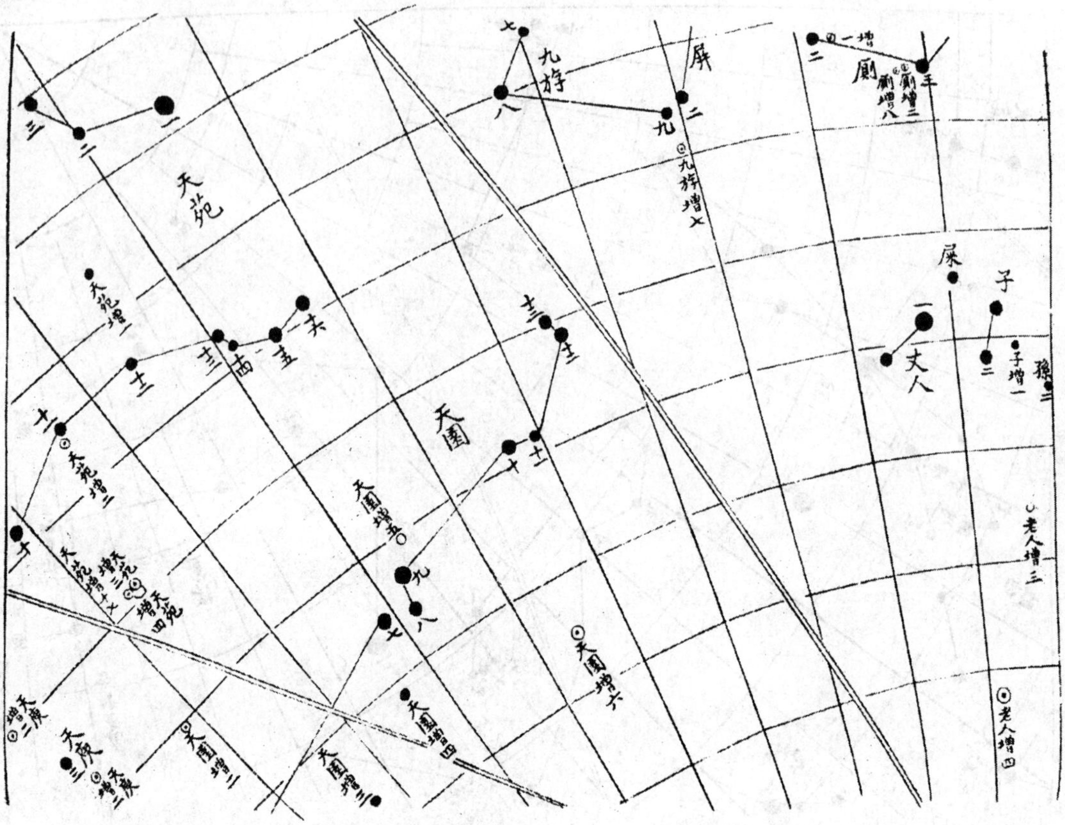
天苑
天園
九斿
屏
廁
丈人
子
孫
天廩

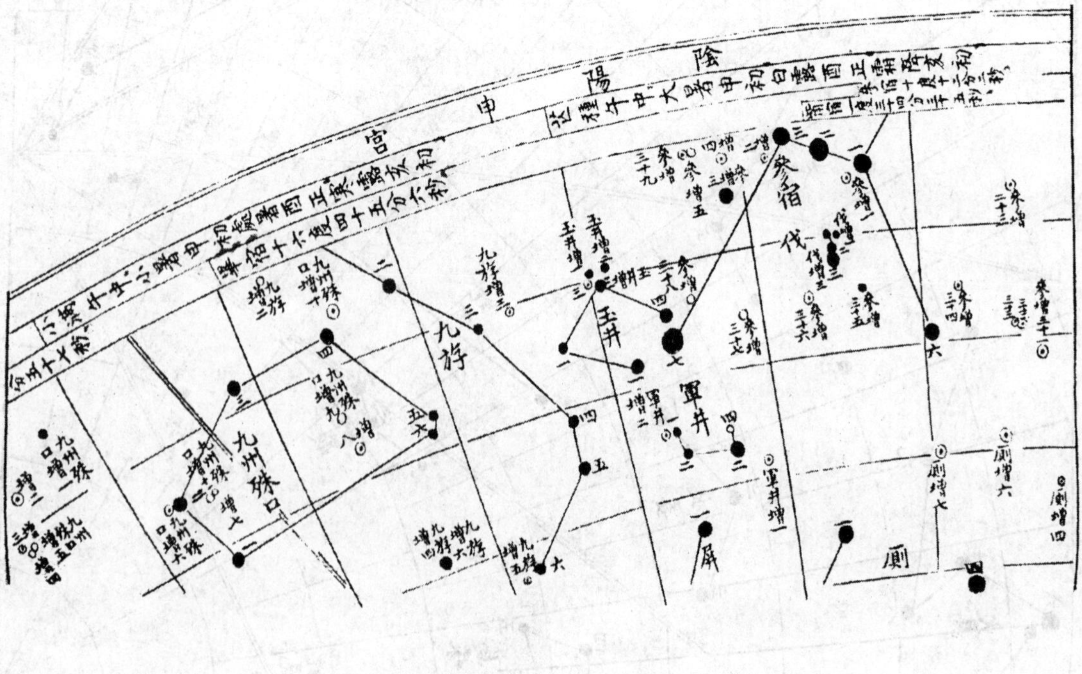
陰
陽
申
宫
參宿
伐
九斿
玉井
軍井
九州殊口
屏
廁

星，四等四百八十九星，五等八百十四星，六等一千六百四十六星，（氣）〔七〕等九星，共三千二百三十九星。且自無而之有者一百六十三星，自有而之無者七星。則本天上下高卑之理，亦得之目驗，而爲千萬世之準則可知也。自本天下行，則自無之有，自小而大。自本天上行，則自有之無，自大而小。儻執舊圖以問津，而大小有無之偶訛，即經緯星垣之不協，毫釐千里，所關亦非淺鮮。嚴不揣固陋，謹以《後編》之經緯，逐年算其東行，迄於咸豐甲子。其合者，可以見天行之不變。其不合者，可以見天道之不居。因以《續編》之數改訂，而經星度分之大小，亦於是而各著，繪成南北兩圖，共四十八帙，以請正四方高明之士。竊以爲張之一室，平而視者，可以仰而觀，如數家珎，如指掌紋，尚不至望洋而嘆。至《後編》、《續編》黄道内外十度表，七政之淩犯，可以佈算得之，是亦輔相裁成之一端也，因取星占之便於民事者，間附焉。夫蓋天寫天於平，渾天寫天於渾，自渾天之學盛，而蓋天之學遂微。今此圖全以平寫之，似與渾體不協。然梅定九先生云：三角八線，所以算渾者，而其線皆以平視得之。則即平即渾，無二理，亦無軒輊也。惟今距咸豐甲子尚十有餘年，其恒星近黄極者則差最多，遠黄極者則差數少。其理不可知，即其數亦少有不協，然亦在塵纖之間耳，閲者自不必以此爲疑云。

咸豐元年歲在重光大淵獻，日在東壁，昏參中旦箕中，江陰六嚴謹識。

紫微垣

文昌六星赤，天之六府。一上將，大將軍，建威武。二次將，尚書，正左右。三貴相太常，理文緒。四司禄，司中，司隸，賞功進士。五司命，司怪，太史，主滅咎。六司寇，大理，佐理國寶。明潤，天瑞臻，百職理。内階六星黑，爲昇降文苑之階，明吉。三師三星黄，明則太師、太傅、太保宣德化，和陰陽。八穀八星黑，一稻，二黍，三大麥，四小麥，五大荳，六小荳，七粟，八麻。一星明，則一穀熟。傳舍九星黑，主驛亭賓客之館，明則夷狄來貢。天厨六星黑，主餚饌，爲光禄之厨，明則年豐。天棓五星赤，爲前驅，禦外難，備非常，又主刑罰，明則偃武，天下太平。

紫微垣

相一星赤，總領百司，而掌邦教。明則宰相論道經邦。天理四星黑，爲天之元氣，造化萬物之理。明則禮樂興，君子在位。一作爲理官，主牢獄，誤。太陽守一星赤，主大將，設武備，戒不虞，明吉。太尊一星黄，主君位。石申。爲聖人之象，巫咸陳卓叙古經。爲人君之象，《古今星釋》。客星入，人君當之。《天文録》。

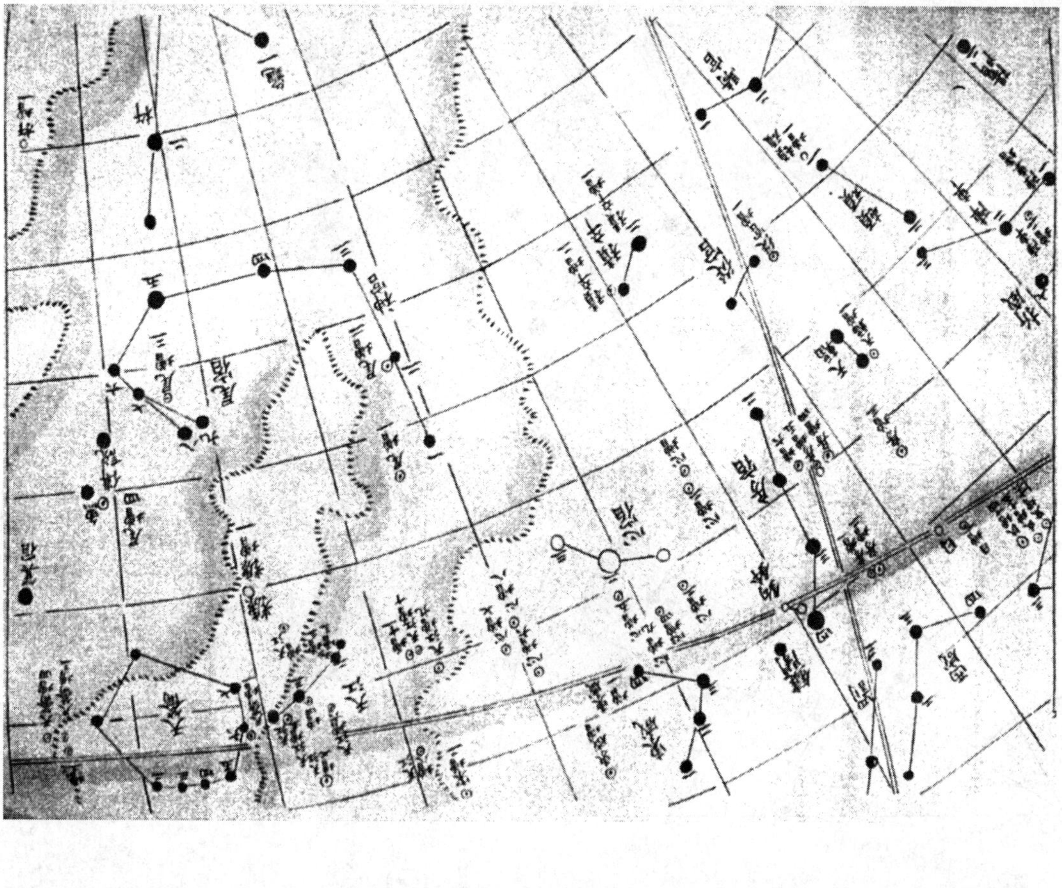

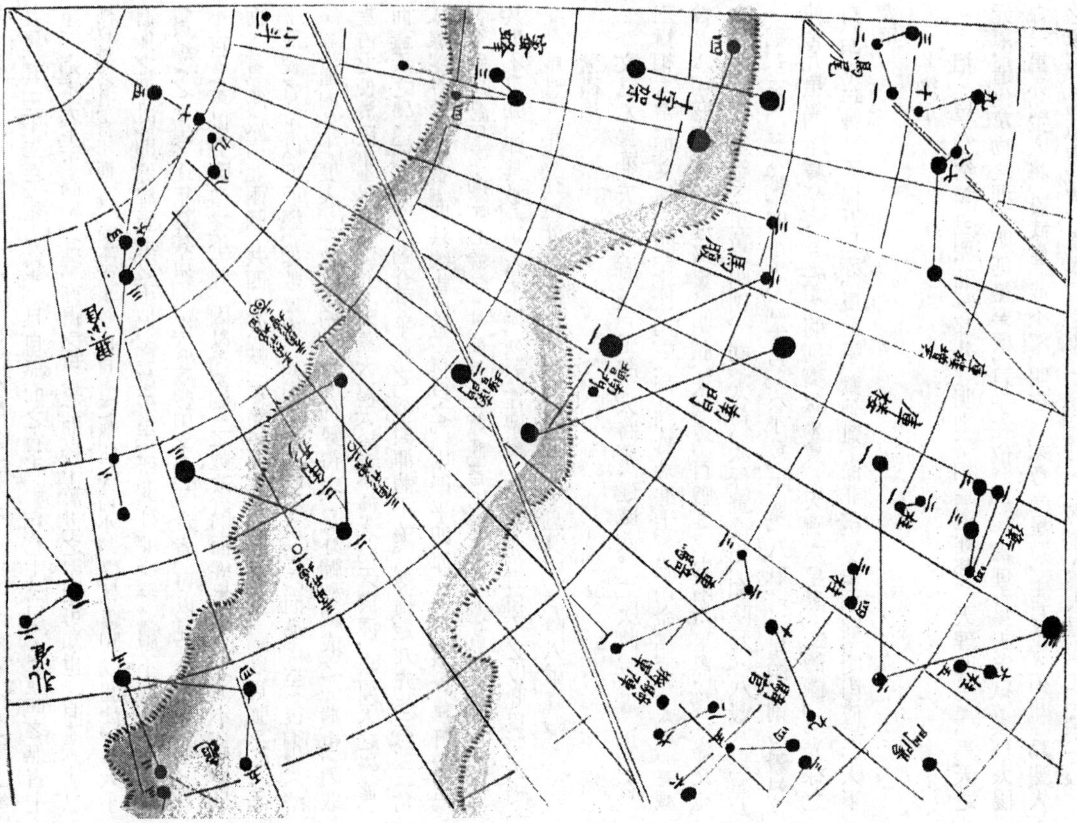

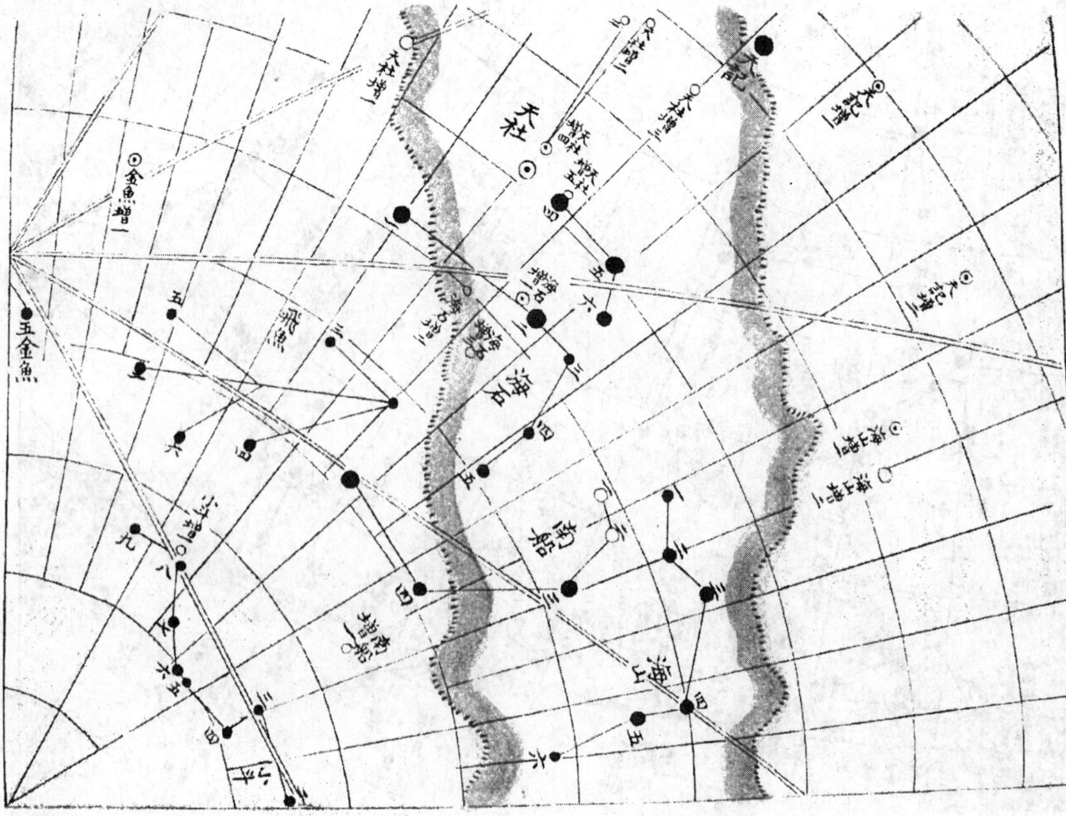

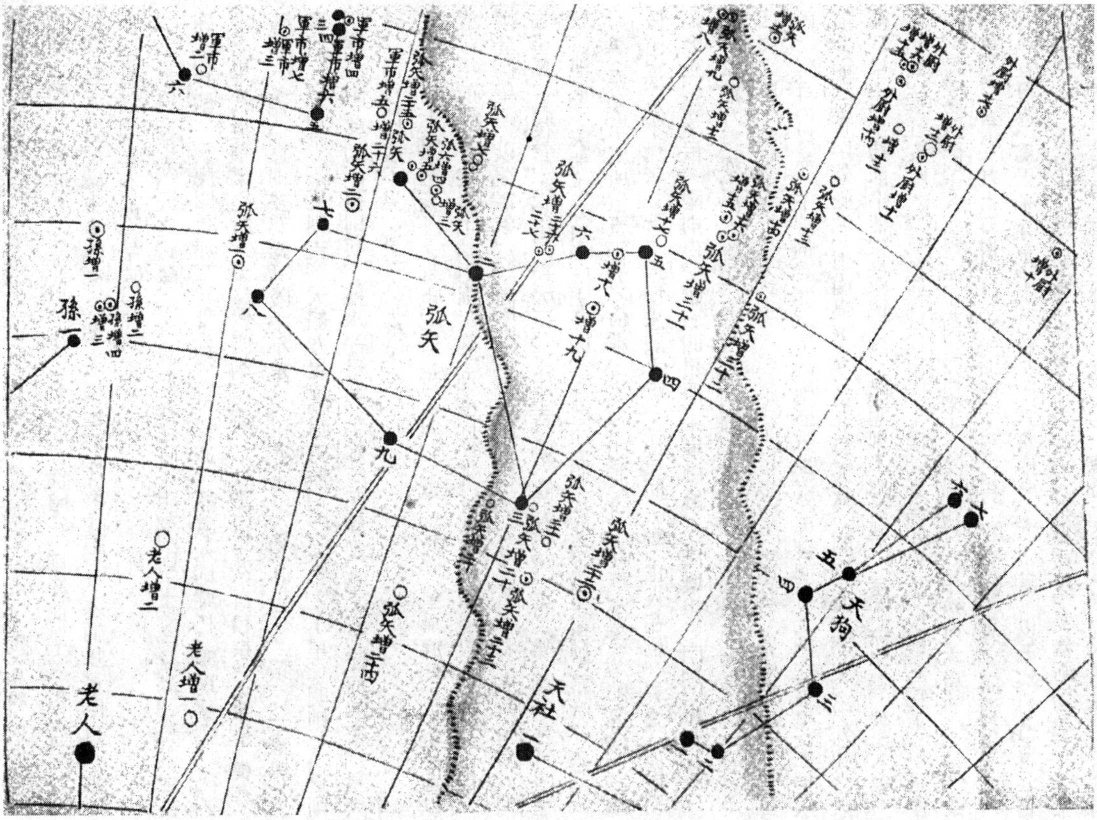
弧矢
老人
天社
天狗
孫

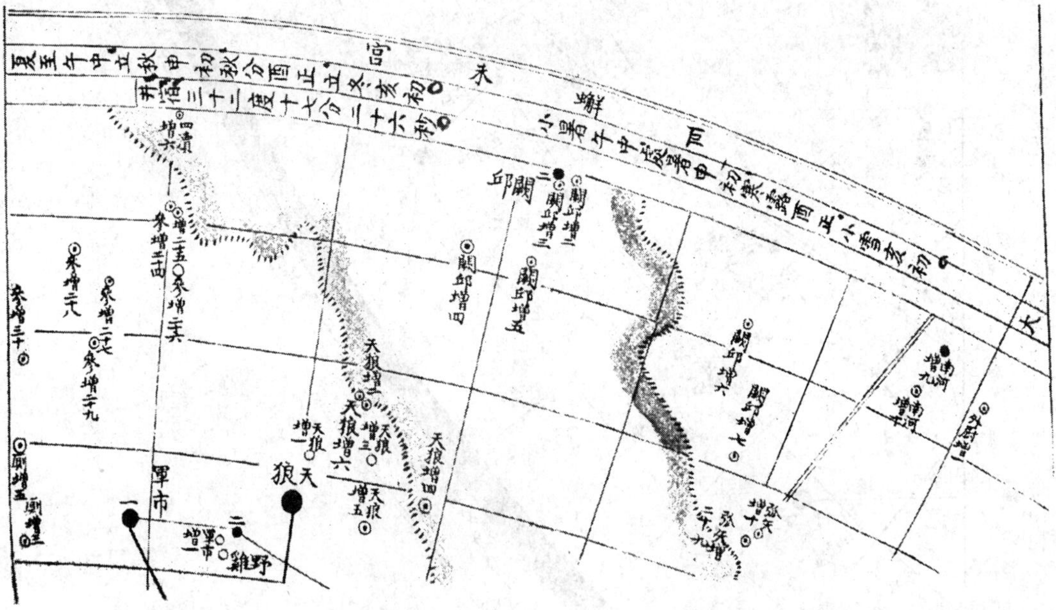
天狼
軍市
野雞

明潤吉。諸家星占皆以太尊主君，惟《天元曆理》主外戚，不宜明。兩説具録，以備參考。

天牢六星黑，爲貴人之牢。以五子夜候之，微而暗小，則訟簡獄空，星不具有赦。勢四星黑，晉忠謂王者臨御之柄，所謂惟辟作威作福，以入柄馭羣臣也。微明吉，作爲刑餘之人，助宣王命者，暗吉。

胃宿三星赤，天之厨藏，主倉廪五穀之府。明潤，則主倉廪盈滿。芒動主征誅，主兵餉。天廪四星赤，主蓄黍稷以供粢盛。黑氣入則粟朽，明則廪實。天囷十三星赤，爲積粟之所，主倉廪，明潤歲豐。大陵八星赤，爲積京，主陵墓、喪葬，暗則人多死，直則多暴露。陵中小星多，主粟貴民役，又主兵。積尸一星黑，主喪葬。曰積京，不見則吉。天船九星赤，爲舟航，主濟渡，主水旱。明則安，直則川途溢阻，移動不喪則兵。積水一星黑，主水。明潤則天下安，江河無害。星大及動摇移徙，或不見，皆主大水傷禾。

昴宿七星赤，天子之耳也，主口舌奏對，主獄，主胡。星爲旄頭，天子出巡以旄頭竿前驅，此其義也。明則兵寢，刑措，獄平。動移，水溢傷穀。天阿一星黑，主登高望遠，以觀氣象，候陰陽察邊陲。明則邊界安靖，黄氣入夷狄來貢。月一星黑，爲後官，主陰事，爲大臣。微明吉。天陰五星黄，主弋獵，爲禁言。暗亡禁言泄漏。天苑十六星赤，主苑囿，主外兵。明正而多小星，禽獸蕃庶。芻藁六星黑，爲積草之所，主牛馬之衍耗，主兵。明潤吉。卷古六星赤，知樞機，主讒佞，出漢及不見者，主口舌，損忠諫之臣。如弓而明者，正人在位。天讒一星黑，爲醫巫，爲讒佞。隱則吉。礪石四星黑，主磨礪鋒刃，以禦患。明潤，械利兵强。

畢宿八星赤，爲天馬，爲邊兵，爲刑罰，主弋獵。其大星曰天高，爲邊將，主四夷之尉。明大則遠夷來貢，天下安康。小星多，主多盗賊。月宿於畢，主多風雨。附耳一星赤，主聽伺姦邪。星微則盗賊少，外夷衰弱。天街二星黑，主伺候(開)(關)梁，中外疆域，街南爲華夏，街北爲夷狄。明潤主天下安，中外和。天節八星黑，主持節奉使，宣威德於四方，明則不辱君命。諸王六星黑，侯王之象。星明潤，宗社安，王侯吉，禮樂征伐自天子出。天高四星黑，主觀雲望氣，察理陰陽，爲邊將，主四夷之尉。明潤則夷狄來貢，陰陽和。九州殊口六星古九。黑，爲通重譯之官，如九土方俗。以十一月間，主占星。正直則中外言語通，邊陲靖。五車五星赤，爲天子兵車，主五穀。明大倉庫實，天下安。以五寅日占歲之豐凶。甲寅日占東南星。《乾象通鑑》爲正東。爲天倉，爲歲星，主魯衛徐吴之分，主麻。丙寅日占西南之星，爲鄉星，爲熒惑，主魏益之分，主麥。戊寅日占中央星，

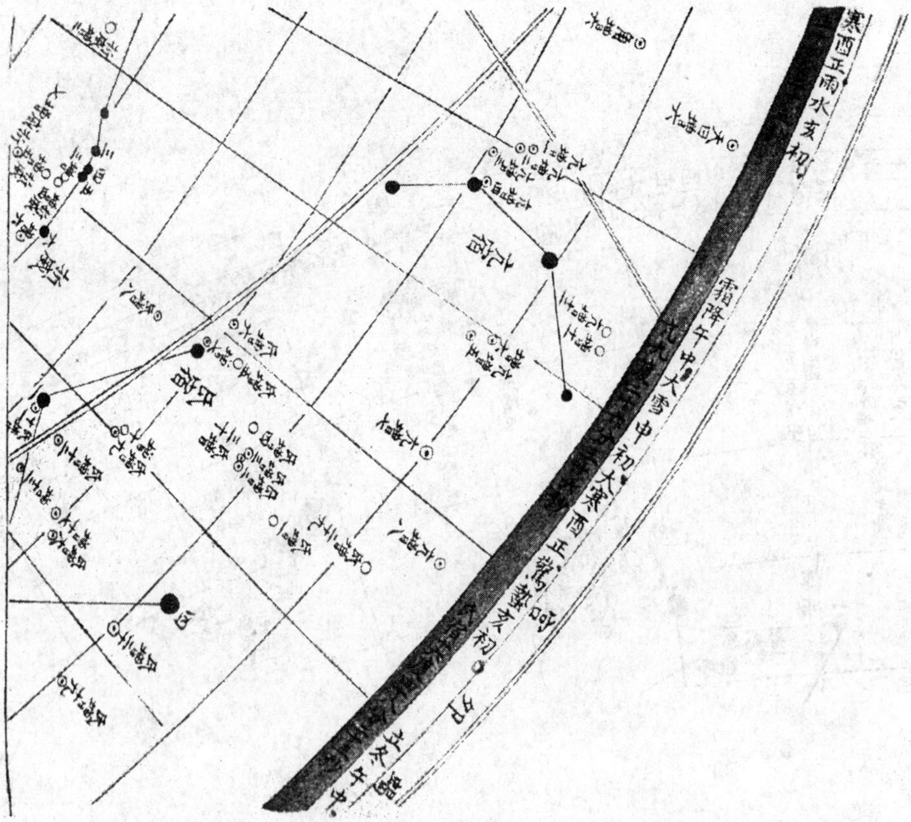

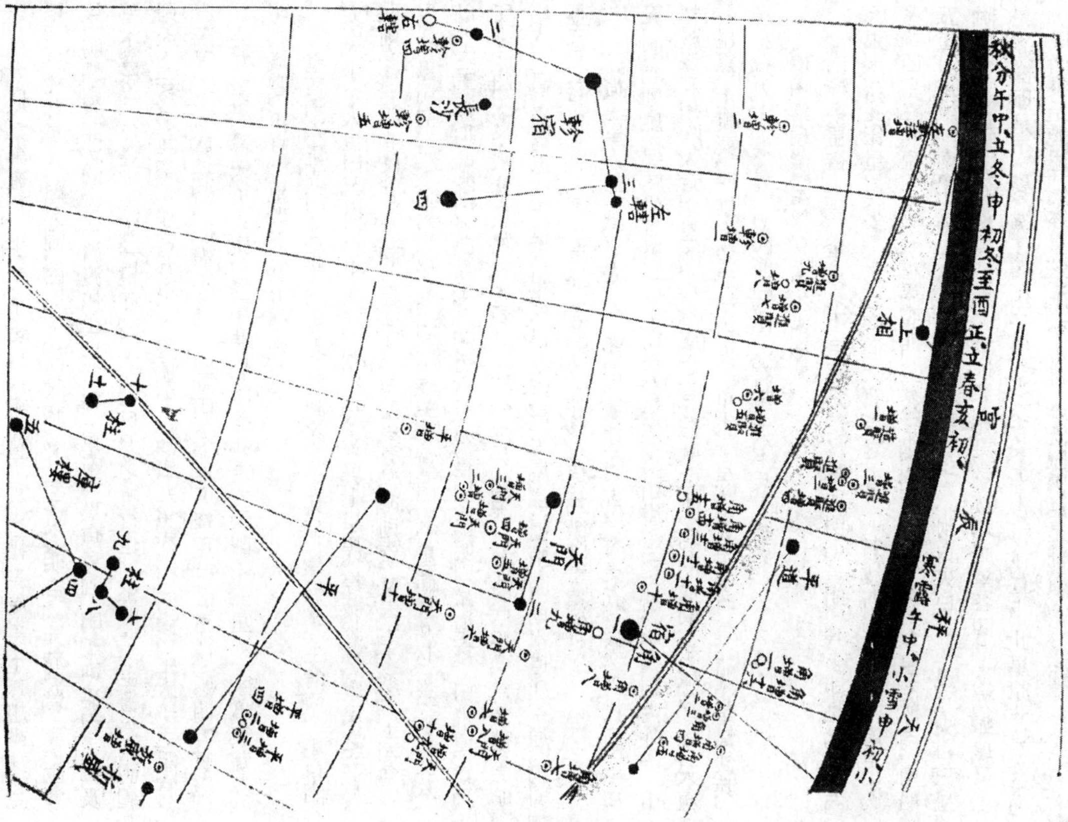

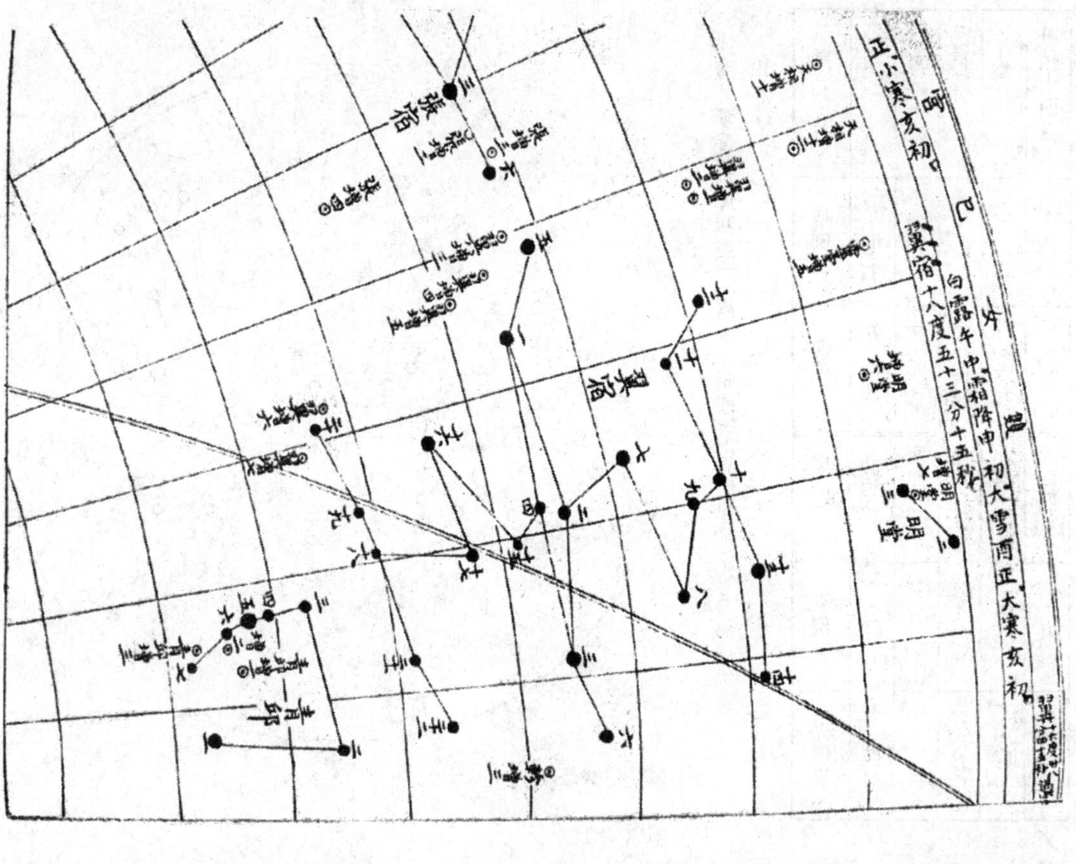

《乾象通鑑》爲東南。爲司空，爲填星，主荆楚，主黍粟。庚寅日占西北大星，爲天庫，爲大白，泰分雍州，主荳。壬寅日占東北星，爲天獄，爲辰星，主燕趙幽冀，主稻。三柱九星赤，曰天淵，曰天休，曰天旖，又曰三泉，明吉。天潢五星黑，主津梁，明潤則(開)〔關〕津、濟渡無虞。咸池三星黑，爲魚鳥囿，明潤則爲天子仁及草木、昆蟲、魚鳥。大闕一星赤，曰天門，日月之所行也。主關塞，主邊兵。明潤則天下安，邊陲靖。移合五車，大將披甲。參旗九星赤，曰天旗，主天子之軍官。曰天弓，主弓弩兵器，以備不虞。曲動明大，寇興弩用。静直微潤，四方賓服。九斿九星黑，爲天子兵旗，導軍進退，明静兵吉。天園十三星赤，主瓜菓蔬菜。明潤歲豐，菓實。星衆而静，五穀豐登。

奎宿十六星赤，曰武庫，曰天豕，曰封豕。主兵，主禁横暴，主溝瀆。小星明大，大水。大星曰天豕目，主大將，明則吉。外屏七星黑，捍蔽天溷，察民之安危。聚則多盜，明潤民安。天溷四星古七。黑，主安危，明則吉，又云主豢豕。土司空一星赤，爲司空，主水、土，知禍福。明，主豐安。軍南門一星黑，或作白。主訴訶出入，以侯三軍行止。明則將武兵雄。閣道六星赤，爲别宫，明則輦道安。曰飛道，爲神所乘。曰王良旗、紫宫旗，主旌表，主捍難，主兵，静吉。附路一星赤，爲太僕星，明則人主昌，道路通。王良五星赤，爲奉御，曰天馬，知風雨，明則水道津梁通。四星曰天駟，一星曰王良。策一星黑，主僕厮。動移有伏兵，微明車駕安。

婁宿三星赤，主獄，主苑牧、郊祀、犧牲，明吉。右更五星黑，爲牧師，主禮義，明潤則風俗淳，牛馬繁孳。左更五星黑，爲山虞，主仁智，明潤則内外治，山林藪澤利用。天倉六星赤，爲倉廪之官，貯藏之所，明潤而開，主歲豐稔。天庾三星黑，主聚粟，明則五穀熟。天大將軍十一星，中大星曰將軍，諸小星爲武兵，爲左右吏士，爲旗。明潤而静，小大有常，天下兵强將勇。

清·鍾瑞彪《星學初階》 南極歌

南極中星書未誌，奎璧之下烏啄是。烏啄朗朗七星明，其上即是鶴十二。啄東十八孔雀星，巽雀十二近南極。孔雀之上十一即波斯，三角形上房星次。蜜蜂四星三角東，馬尾五星馬腹四。五星海舟識。南船左右十一星，海石五星海山六，附白夾白黄極邊。夾白三星附白一，金魚五尾七飛魚。魚上一位老人星，蛇首蛇腹星各四。欲知蛇尾又七星，此間即是奎、婁、璧。蛇左三星名水委，委上十星火鳥是。此星原非見界星，未氏西來始能述。《經星該》中亦未言，今既歷書爲是補。

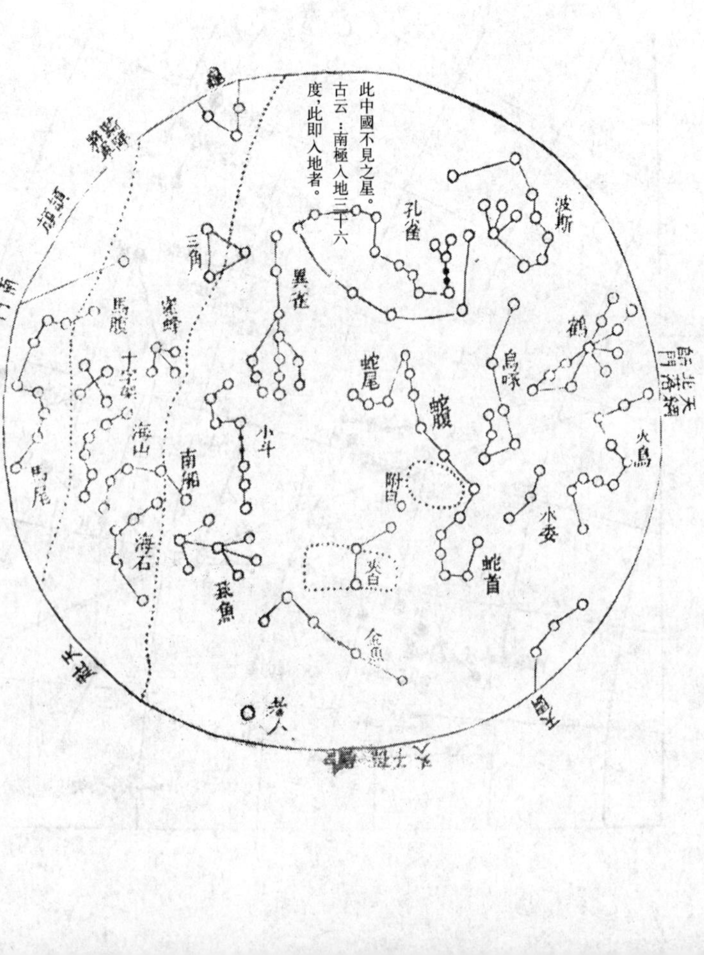

清·李善蘭、偉烈亞力《談天·附表》 諸恒星常例等及光理等表

北半球

星名	常例等	光理等	星名	常例等	光理等
大角	○·七七	一·一八	五車二	一·○	一·四
織女一	一·○	一·四	南河三	一·○	一·四
□宿四	一·○	一·四三	畢宿五	一·一	一·五
河鼓二	一·二八	一·六九	北河三	一·六	二·○
軒轅十四	一·六	二·○	天津四	一·九○	二·三一

（續表）

星名	常例等	光理等	星名	常例等	光理等
北河二	一·九四	二·三五	玉衡	一·九五	二·三六
天輻	一·九六	二·三七	天船三	二·○七	二·四八
摇光	二·一八	二·五九	参宿五	二·一八	二·五九
五車五	二·二八	二·六九	勾陳一	二·二八	二·六九
軒轅十二	二·三四	二·七五	婁宿三	二·四○	二·八一
開陽	二·四三	二·八四	奎宿九	二·四五	二·八六
五車三	二·四八	二·八九	天大將軍一	二·五○	二·九一
策	二·五二	二·九三	壁宿二	二·五四	二·九五
王良四	二·五七	二·九八	井宿三	二·五九	三·○○
大陵五	二·六二	三·○三	危宿三	二·六二	三·○三
天棓四	二·六二	三·○三	五帝座一	二·六三	三·○四
候	二·六三	三·○四	王良一	二·六三	三·○四
天津一	二·六三	三·○四	室宿一	二·六五	三·○六
室宿二	二·六五	三·○六	貫索四	二·六九	三·一○
天璣	二·七一	三·一二	天璇	二·七七	三·一八
梗河一	二·八○	三·二一	天津九	二·八八	三·二九
天鈎五	二·九○	三·三一	天市垣蜀	二·九二	三·三三
太微垣右上相	二·九四	三·三五	河鼓三	二·九八	三·三九
閣道三	二·九九	三·四○	右攝提一	三·○一	三·四二
紫微垣少宰	三·○二	三·四三	天棓三	三·○六	三·四七
婁宿一	三·○九	三·五○	壁宿一	三·一一	三·五二

（續表）

星名	常例等	光理等	星名	常例等	光理等
太微左垣次將	三·一四	三·五五	五車四	三·一七	三·五八
天市垣河中	三·一八	三·五九	常陳一	三·二二	三·六三
宗正一	三·二三	三·六四	天津二	三·二四	三·六五
卷舌二	三·二六	三·六七	昴宿六	三·二六	三·六七
卷舌四	三·二七	三·六八	天紀二	三·二八	三·六九
五車一	三·二九	三·七○	太子	三·三○	三·七一
離宫四	三·三一	三·七二	天市垣吴越	三·三二	三·七三
輦道增七	三·三三	三·七四	天船二	三·三四	三·七五
中台二	三·三五	三·七六	天大將軍九	三·三五	三·七六
天船五	三·三六	三·七七	太尊	三·三六	三·七七
柱一	三·三七	三·七八	紫微垣上弼	三·四○	三·八一
女牀一	三·四一	三·八二	南河二	三·四一	三·八二
天關	三·四二	三·八三	天廚一	三·四二	三·八三
井宿一	三·四二	三·八三	招摇	三·四三	三·八四
井宿五	三·四三	三·八四	天市垣魏	三·四四	三·八五
天罇二	三·四四	三·八五	上衛增一	三·四五	三·八六
文昌四	三·四五	三·八六	上台一	三·四六	三·八七
柱三	三·四六	三·八七	漸□三	三·四七	三·八八
鉞	三·四八	三·八九	少衛增八	三·四八	三·八九
上台二	三·四九	三·九○	閣道二	三·四九	三·九○

南半球

星名	常例等	光理等	星名	常例等	光理等
天狼	○·○八	○·四九	海山二	樊大小無恒等	
老人	○·二九	○·七○	南門二	○·五九	一·○○
參宿七	○·八二	一·二三	水委一	一·○九	一·五○
馬腹一	一·一七	一·五八	十字架二	一·二	一·六
心宿二	一·二	一·六	角宿	一·三八	一·七九
北落師門	一·五四	一·九五	十字架三	一·五七	一·九八
鶴一	一·六六	二·○七	十字架一	一·七三	二·一四
參宿二	一·八四	二·二五	弧矢七	一·八六	二·二七
尾宿八	一·八七	二·二八	參宿一	三·○一	二·四二
南船五	二·○三	二·四四	天社一	二·○八	二·四九
海石一	二·一八	二·五九	三角形三	二·二三	二·六四
箕宿二	二·二六	二·六七	尾宿五	二·二九	二·七○
星宿一	二·三○	二·七一	弧矢一	二·三二	二·七三
孔雀十一	二·三三	二·七四	鶴二	二·三六	二·七七
斗宿四	二·四一	二·八二	天社三	二·四二	二·八三
土司空	二·四六	二·八七	天記	二·四六	二·八七
庫樓三	二·五四	二·九五	軍市一	二·五八	二·九九
參宿六	二·五九	三·○○	參宿三	二·六一	三·○二

（續　表）

星名	常例等	光理等	星名	常例等	光理等
庫樓七	二·六八	三·○九	尾宿二	二·七一	三·一二
弧矢增二十二	二·七二	三·一三	火鳥六	二·七八	三·一九
海石二	二·八○	三·二一	騎官十	二·八二	三·二三
南門一	二·八二	三·二三	弧矢二	二·八五	三·二六
虛宿一	二·八五	三·二六	房宿三	二·八六	三·二七
天市垣宋	二·八九	三·三○	軫宿一	二·九○	三·三一
尾宿七	二·九一	三·三二	庫樓二	二·九一	三·三二
天社五	二·五四	三·三五	軫宿四	二·九五	三·三六
房宿四	二·九六	三·三七	庫樓一	二·九六	三·三七
天市垣韓	二·九七	三·三八	危宿一	二·九七	三·三八
弧矢九	二·九八	三·三九	馬尾三	二·九九	三·四○
厠一	三·○○	三·四一	天市垣梁	三·○○	三·四一
斗宿六	三·○一	三·四二	天江一	三·○五	三·四六
氐宿四	三·○七	三·四八	太微左垣上相	三·○八	三·四九
老人增五	三·○八	三·四九	箕宿二	三·一一	三·五二
氐宿一	三·一二	三·五三	斗宿二	三·一三	三·五四
騎官四	三·一四	三·五五	丈人一	三·一五	三·五六
南柱十一	三·二○	三·六一	壘壁陣四	三·二○	三·六一

（續 表）

星名	常例等	光理等	星名	常例等	光理等
軫宿三	三・二二	三・六三	玉井三	三・二六	三・六七
南船三	三・二六	三・六七	蛇尾一	三・二七	三・六八
軫宿二	三・二八	三・六九	杵三	三・三一	三・七二
鳥喙一	三・三二	三・七三	牛宿一	三・三二	三・七三
弧矢增二十五	三・三二	三・七三	房宿一	三・三五	三・七六
脂二	三・三五	三・七六	騎官一	三・三六	三・七七
尾宿九	三・三七	三・七八	伐三	三・三七	三・七八
杵二	三・四〇	三・八一	建三	三・四〇	三・八一
密蜂三	三・四三	三・八四	蛇首一	三・四四	三・八五
心宿三	三・四四	三・八五	柳宿六	三・四五	三・八六
平一	三・四六	三・八七	三角形二	三・四六	三・八七
心宿一	三・五〇	三・九一	弧矢增十九	三・五〇	三・九一

三垣部

題解

《列子》卷三《周穆王》 王實以爲清都、紫微、鈞天、廣樂帝之所居。注：清都紫微，天帝之所居也。

漢・劉安《淮南子》卷三《天文訓》 太微者，太一之庭也。紫宮者，太一之居也。軒轅者，帝妃之舍也。咸池者，水魚之囿也。天阿者，群神之闕也。四宮者，所以守司賞罰。太微者，主朱雀，紫宮執斗而左旋，日行一度，以周於天。

漢・焦延壽《易林》卷一 乾之豐：太微帝室，黃帝所宜。藩屏周衛，不可得入，常安無患。

漢・許慎《說文・土部》 垣，墻也。

唐・房玄齡等《晉書》卷一一《天文志上》 紫宮垣十五星，其西蕃七，東蕃八，在北斗北。一曰紫微，大帝之座也，天子之常居也，主命主度也。

元・脫脫等《宋史》卷四九《天文志二》 紫微垣東蕃八星，西蕃七星，在北斗北，左右環列，翊衛之象也。一曰大帝之坐，天子之常居也，主命、主度也。

明・張居正《張太岳先生文集》卷一〇《宮殿紀》 譬之三垣麗天，太乙之所更居也。

論說

漢・王充《論衡》卷六《雷虛篇》 天神之處天，猶王者之居也。王者居重關之內，則天之神宜在隱匿之中；王者居宮室之內，則天亦有太微、紫宮、軒轅、文昌之坐。王者與人相遠，不知人之隱惡；天神在四宮之內，何能見人闇過？

宋・黎靖德編《朱子語類》卷一〇一 「五峰作《皇王大紀》，說北極如帝星、紫微等皆不動。說宮聲屬仁，不知宮聲却屬信。又宮無定體，十二律旋相爲宮。帝星等如果不動，則天必擘破。不知何故，讀書如此不子細。」

「五峰說得宮之用極大，殊不知十二律皆有宮。又宮在五行屬土。他說得其用如此大，猶五常之仁。宮自屬土，亦不爲仁也。又其云天有五帝座星，皆不動。今天之不動者，只有紫微垣、北極、五帝座不動，其他帝座如天市垣，太微垣，大火中星帝座，與大角星帝座，皆隨天動，安得謂不動！」

「五峰論樂，以黃鍾爲仁，都配屬得不是。它此等上不曾理會，却都要將一大話包了。」

論五峰說極星有三個極星不動，殊不可曉。若以天運譬如輪盤，則極星只是中間帶子處，所以不動。若是三個不動，則不可轉矣。

清・梅文鼐《中西經星異同考》卷上 紫微垣星序悉依古歌

帝星一星。

庶子一星。

太子一星。

后宮一星。

天樞一星，西一名北極外增一星。

四輔四星，西外增一星。

天乙一星。

太乙一星。

左樞一星。

上宰一星，西三星。

少宰一星，西二星。

上輔一星，西名上弼。

少輔一星，西名少弼二星外增二星。

上衛一星。

少尉一星，西外增一星。

少丞一星，西作少丞八，以上左垣。

右樞一星。
少尉一星，西外增一星。
上輔一星。
少輔一星，西外增一星亦名陰德。
上衛一星，西外增三星。
少衛一星，西作少衛六外增二星。
上丞一星，西作上丞七，以上右垣。
贊府一星，西無。
陰德二星，西一星其一增少輔星。
尚書五星。
柱史一星。
女史一星。
御女四星，西無。
天柱五星，西無。
太理二星，西無。
勾陳六星，西十一星外增三星。
六甲六星，西一星。
天皇大帝一星。
五帝内座五星，西無。
華蓋九星，西四星。
杠七星，西無。
傳舍九星，西八星。
内階六星。
天厨六星，西五星外增二星。
八穀八星，西十一星。
天棓五星，西七星外增二星。
天床六星，西無。
内厨二星，西無。
文昌六星，西外增一星。
三師三星，西外增三星。
太尊一星，西外增一星屬太微。
天牢六星，西一星屬太微。
太陽守一星，西屬太微。
四勢四星，西無。
相一星，西外增二星屬太微。
三公三星，西外增一星。
玄戈一星，西三星外增二星屬亢。
天理四星。
輔星一星，西三星。
天樞一星，西外增一星即文昌八。
天璇一星。
天璣一星。
天權一星，西外增一星。
玉衡一星。
闓陽一星，西名開陽。
摇光一星，以上七星爲北斗。
天槍三星，西外增二星。
客星古無，西一星萬曆癸酉始見。
近黄極六古無，西一星。

古歌

中元北極紫微宫，北極五星在其中。
大帝之座第二珠，第三之星庶子居。
第一號曰皇太子，四爲后宫五天樞。
左右四星是四輔，天乙太乙當門路。
左樞右樞夾南門，兩面營衛一十五。
上宰少尉兩相對，少宰上輔次少輔，
上衛少尉次上丞，後門東邊大贊府。
門西唤作一少丞，以次却向門前數，
陰德門裏兩黄聚，尚書以次其位五。
女史柱史各一户，御女四星五天柱。

大理兩星陰德邊，勾陳尾指北極顛，
勾陳六星六甲前，天皇獨在勾陳裏。
五帝内座後門是，華蓋并杠十六星，
杠作柄像蓋傘形，蓋上連連九個明，
名曰傳舍如連丁。垣外左右各六珠，
右是内階左天厨。階前八星名八穀，
厨下五個天棓宿。天牀六星左樞在，
内厨兩星右樞對。文昌斗上半月形，
希疎分明六個星。文昌之下曰三師，
太尊只向三師明。天牢六星太尊邊，
太陽之守四勢前。一個宰相太陽側，
更有三公相西偏，即是玄戈一星圓。
天理四星斗裏暗，輔星近著闓陽淡，
北斗之星七宿明，第一主帝名樞精，
第二第三璇璣是，第四名權第五衡，
闓陽摇光六七名，摇光左三天槍明。

西歌

垣高先論極出地，北向須尋不動處，
欲知真極無本星，列宿皆旋斯獨異。
近極小星强名極，后宫庶子遥相類。
帝星最明太子次，連極五星作斜勢。
帝下陰德横兩烏，極下四輔承四細。
勾陳七星中甚明，離極三度認最易。
勾陳柄曲勾更曲，勾内微星天皇帝。
太子上有無名星，下方左樞少宰迎，
上宰少弼與上弼，少衛上衛連少丞，
其中五位皆朗朗，上下衛丞弼次明。
右邊右樞與左對，太乙天乙顯微精，
少尉上輔次少輔，上衛少衛共上丞，
右弼之内五尚書，一微一顯三潛形。
尚書之後小明二，左柱右女皆史稱，
上少丞間曰華蓋，四黑兩兩遮北門。
弼外六星名天棓，其曲似斗雜氣星。
扶筐四星三畧暗，天厨五星長方形。
二巨三小近少弼，後有一顆無能名。
六星仰承名天鈎，迤北第三光獨熒。
河中六星名造父，三暗三微錯雜陳。
三隅纍纍曰王良，尖角一珠微遜明。
良旁一顆名爲策，策後八星閣道稱。
三暗下連奎宿角，二巨三細與策親。
附路一顆王良下，適當壁宿上端停。
王良策星并閣道，内有五個光耀均，
五顆四在河虚處。一條閣道穿河身，
閣道盡處横傳舍，八星隱現斜直形。
右下七星名北斗，天槍三星斗柄親。
三公三點與槍類，斗柄之旁隱輔星。
天理四星斗内隱，三師小星少輔隣。
文昌六星如半月，東角下星光更清。
師昌之間名内階，六星微茫兩簇分。
八穀九星一最著，已盡紫微垣内星。

太微垣

上相一星，西名西上相，外增一星。
次相一星，西名西次相，外增一星。
次將一星，西名西次將。
上將一星，西名西上將。
右執法一星，以上西垣。
上將一星，西名東上將。
次將一星，西名東次將，外增二星。
次相一星，西名東次相。
上相一星，西名東上相。

左執法一星，以上東垣。
謁者一星。
三公三星。
九卿三星。
五諸侯五星，西無。
内屏四星，西外增四星。
五帝座五星。
幸臣一星。
太子一星。
從官一星。
郎將一星。
虎賁一星。
常陳七星，西一星，外增二星。
郎位十五星，西十星。
明堂三星，西外增一星。
靈臺三星，西四星，外增四星。
少微四星，西外增一星。
長垣四星。
上台二星，西外增一星一，屬張。
中台二星，西外增六星，屬張。
下台二星，西屬張。

古歌

上元天廷太微宮，昭昭列象布蒼穹。
端門只是門之中，左右執法門西東。
門左皂衣一謁者，以次即是烏三公。
三黑九卿公背傍，五黑諸侯卿後行。
四箇門西曰内屏，五帝内坐於中正。
幸臣太子并從官，烏列帝後從東定。
郎將虎賁分左右，常陳郎位居其後。
常陳七星不相誤，郎位陳東一十五。
兩面宫垣十星布，左右執法是其數。
宫外明堂布政宫，三箇靈臺候雲雨。
少微四星西北隅，長垣雙雙微西居。
北門西外接三台，與垣相對無兵災。

西歌

北斗四星南向軫，翼軫之北太微垣。
垣中最巨五帝座，座旁小星四點攢。
座前四黑内屏遶，座後三小横斜安。
正中稍明爲太子，右後幸臣左從官。
謁者一黑在屏左，九卿三點三公三。
座隅數點名郎位，一簇聯輝珠入綿。
郎將微星位之左，更與周鼎三小連。
位上常陳三可見，二微在上一巨懸。
三公三小與下應，相亦同之斗柄前。
座北一點太陽守，太尊天牢守右邊。
左垣執法上次相，次上將星五位聯，
右垣執法上次將，次上相星亦復然。
虎賁一星右垣末，少微曲四虎西肩。
長垣亦四曲且暗，上與少微相後先。
三點靈臺一稍白，正當右將長垣間。
右前三小稱明堂，左外一小名進賢。
靈明之際一珠小，微茫可見難名言。

天市垣

河中一星，西外增一星。
河間一星。
晉一星，西外增一星。
鄭一星，西外增一星。
周一星，西外增二星。
秦一星，西外增四星。
巴一星，西外增二星，其一即天乳。

蜀一星，西外增三星。
梁一星，西外增一星。
楚一星，西外增一星。
韓一星，西外增一星，以上右垣。
魏一星。
趙一星。
九河一星。
中山一星，西外增六星。
齊一星。
吳越一星，西外增六星。
徐一星，西外增六星。
東海一星。
燕一星，西外增一星。
南海一星，西外增一星。
宋一星，西外增一星，以上左垣。
市樓六星，西二星，外增一星，一名肆樓。
車肆二星。
宗正二星，西外增一星。
宗人四星，西五星，外增二星。
宗星二星。
帛度二星，西外增二星。
屠肆二星，西一名屠市。
候一星，西二星，外增二星。
帝座一星。
宦者四星。
列肆二星。
斗五星。
斛四星，西六星。
貫索九星，西十八星，外增十二星。
七公七星，西外增四星。
天紀九星，西外增一星。
女牀三星，西四星，外增五星。

古歌

下元一宫名天市，兩扇垣墻二十二。
當門六角黑市樓，門左兩星是車肆。
兩箇宗正四宗人，宗星一雙亦依次。
帛度兩星屠肆前，候星還在帝座邊。
帝座一星常光明，四箇微茫宦者星。
以次兩星名列肆，斗斛帝前依其次，
斗是五星斛是四。垣北九箇貫索星，
索口横者七公成，天紀恰似七公形，
數著分明多兩星。紀北三星名女牀，
此坐還依織女傍。三元之象無相侵，
二十八宿隨其陰，水火木土并與金，
以次别有五行吟。

又歌

河中河間晉鄭周，秦連巴蜀細搜求，
十一星屬十一國，梁楚韓邦在盡頭，
魏趙九河與中山，齊越吳徐東海間，
燕連南海盡屬宋，請君熟記又何難。

西歌

房心尾箕宿之北，天市名垣列兩行，
中有明星稱帝座，候星一位在其傍。
階下四微名宦者，宗正雙星俱並光，
一顆無名宗之類，宗人四小入天潢。
前左一細名車肆，肆樓二小逼河上，
後左連二名帛度，屠市連珠共帛長。
宗星二小在帛左，下與東齊相頡頏。
列肆二星右垣内，斗五斛四皆微茫。
左垣之星首稱宋，南海與燕爲雁行。

東海徐州吳越齊，中山九河趙魏疆。右垣之星首稱韓，楚梁巴蜀秦周鄉，鄭晉河間與河中，星體微異光皆揚。右上圜八名貫索，索上七公首射芒。左北曲九稱天紀，紀上三星號女床。中山之顛名織女，一巨二細三隅張。其左四黑是輦道，道前四顆漸臺方。

清・錢大昕《廿二史考異》卷六八《宋史二》 《晉志》以織女、漸臺、輦道皆屬太微垣，以河鼓、左旗、右旗、天桴屬天市垣。案《晉書・天文志》：天文經星分爲三段：一爲中官，二爲二十八舍，一爲星官，在二十八宿之外者，古人謂之外官。其中官之星，以北極紫宫爲首，而北斗次之。文昌諸星直斗魁前者也，太微諸星與斗衡相直者也。自攝提大角以至貫索、天紀、織女、漸臺、輦道，皆在斗杓下者也，故次於北斗。自平道以至少微長垣，俱在二十八宿之上，故亦屬之中官，其序則自東而北而西而南焉。《隋志》星名較多於《晉志》，其分目次第則一與《晉志》同。蓋古無以太微、天市配紫宫爲三垣者。《史記・天官書》祇有中官，而太微屬南官，天市屬東官，晉、隋兩志則分中外官與二十八舍爲三列，而太微天市亦雜叙於中官之内。晉隋志皆出李淳風之手，無云三垣者，則三垣之名在淳風以後矣。上元太微，下元天市始見於《步天歌》，歌不著撰人名氏，相傳以爲唐王希明(自號丹元子)者所撰。鄭漁仲獨非之，以爲丹元子隋之隱者。然唐初尚無三垣之説，則非隋人所撰審矣。後世以中官之星分屬三垣，又以二十八宿内外諸星案其經度分屬各宿，皆始於《步天歌》。晉、隋以前所未有也。修《宋史》者不加詳考，輒云《晉志》某星屬太微垣、某星屬天市垣，誣甚矣。即如扶筐織女、漸臺、輦道，北方之星也，豈得越紫宫而南屬於太微乎？大陵、積尸、天船、積水天、大將軍、軒轅、酒旗，西方南方之星也，豈得越紫宫而東屬於天市乎？

清・王家弼《天學闡微》卷一 北辰居其所

朱注云：北辰，北極天之樞也，蓋本《爾雅》。北極謂之北辰，讀者以爲北極即北辰矣。及觀《朱子語類》，謂北極星離天之不動處猶一度有餘。此語蓋本《隋書・天文志》祖暅所測。《宋史・天文志》沈括《渾儀議》云：考驗極星更三月而知天中不動處遠極星三度有餘。《元史》郭守敬所測仍三度奇，而宋邵諤鑄儀於臨安，已去極星四度有奇。諸家所測異於《爾雅》，《爾雅》是則諸家非，諸家是則《爾雅》非矣。且諸家所測或近或遠，而宋時邵諤所測在元郭守敬之先，而其度較遠，又何以？故曰《爾雅》與諸家皆是也。北辰在第九重宗動天，北極在第八重恒星天，宗動天萬古不動，而恒星天則每歲東行也。作《爾雅》時，北極正當北辰之處，故曰北極謂之北辰。其後東行而差，則漸與北辰遠矣。故曰離不動處一度有餘，三度有餘也。今以所製儀器考之，其儀器是自南周用目以窺北周祖氏所測，雖云離一度有餘，其真度尚未及一度。宋沈括時亦正在二度左右，元郭太史所測爲的，至於邵諤時已去四度奇者，北極出地之高下差也。前所云每歲東行者，歲差也。歲差每七十餘年而移一度。此所云北極出地之高下者，里差也。里差則雖同在一時，而每向南二百里則北極低一度，每向北二百里則北極高一度。臨安，北極出地三十度十八分，北極既低而宗動恒星二天參差益遠，固其宜也。故曰《爾雅》與諸家皆是也。然則當以何説爲宗？曰：今非周秦之時，亦非隋唐宋元之時，當以今日之實測爲宗耳。考乾隆甲子經緯度，北極星經度在辰宫一十一度五十二分零七秒，緯度在赤道北八十四度四十七分四十五秒，用赤道差率加減推算至今。道光甲申經度在辰宫一十一度五十五分零三秒，緯度在赤道北八十四度二十一分三十秒一十四微，實去北辰五度三十八分二十九秒四十六微，是則今日之實測也。然則朱注之誤奈何？曰：朱注固不誤也，北極星非北極，乃紐星也，所謂近極小星强名極也。所謂北極者，即北辰也，今法推測北極出地之高下者，亦以北極言之，俱指北辰，非謂紐星也。北極天樞正指北極之在宗動天者，其言原無可議，特以後人誤解，直以北極星爲北極耳。至於邢氏疏中以北辰爲北斗，北斗運旋環繞亦同在衆星之列耳，又安能居所而不動哉？此又異説之不足辨者也。

又 行夏之時

注疏只言以建寅之月爲正原，無「斗柄初昏」四字，惟《月令》鄭注云：孟春者，斗建寅之辰。上有「斗」字，亦無「初昏」二字。孔疏云：孟春者，夏正建寅之月。并「斗」字去之。集注蓋沿《月令》鄭注之誤而未深考也。夫孟春建寅是氣候之所至，天干甲乙居東，地支卯辰列東。《易大傳》云：帝出乎震，春令自在東方也。《堯典》：仲春宅嵎夷。仲春在正東爲卯月，則孟春必在東之北而爲寅月也，何待斗柄指寅而後謂之寅月乎？且亦有寅年寅日寅時，又以何星而謂之寅乎？蓋此持以斗運中央而妄爲之説，不知斗亦恒星，隨歲差移而無定位，十二宫無不可指也。沈括云：古者正月，斗杓建寅，今則正月建丑，是宋時已不建寅。今推斗杓經度在辰宮二十五度一十分四十八秒，緯度去北極三十九度四十七分五十九秒，以北極爲中心而求其所指之方位，則立春之日正指子宮七度，建寅之非關斗柄明矣。

綜述

漢・劉安《淮南子》卷三《天文訓》 太微者，太一之庭也。紫宮者，太一之居也。軒轅者，帝妃之舍也，咸池者，水魚之囿也。天阿者，群神之闕也。四宮者，所以守司賞罰。太微者，主朱雀，紫宮執斗而左旋，日行一度，以周於天。

漢・司馬遷《史記》卷二七《天官書》 中宮天極星，其一明者，太一常居也；旁三星三公，或曰子屬。後句四星，末大星正妃，餘三星後宮之屬也。環之匡衛十二星，藩臣。皆曰紫宮。

前列直斗口三星，隨北端兑，若見若不，曰陰德，或曰天一。紫宮左三星曰天槍，右五星曰天棓，後六星絶漢抵營室，曰閣道。

北斗七星，所謂「旋、璣、玉衡以齊七政」。杓攜龍角，衡殷南斗，魁枕參首。用昏建者杓；杓，自華以西南。夜半建者衡；衡，殷中州河、濟之閒。平旦建者魁；魁，海岱以東北也。斗爲帝車，運於中央，臨制四鄉。分陰陽，建四時，均五行，移節度，定諸紀，皆繫於斗。

斗魁戴匡六星曰文昌宫：一曰上將，二曰次將，三曰貴相，四曰司命，五曰司中，六曰司禄。在斗魁中，貴人之牢。魁下六星，兩兩相比者，名曰三能。三能色齊，君臣和；不齊，爲乖戾。輔星明近，輔臣親彊；斥小，疏弱。

杓端有兩星：一内爲矛，招摇；一外爲盾，天鋒。有句圜十五星，屬杓，曰賤人之牢。其牢中星實則囚多，虚則開出。

天一、槍、棓、矛、盾動摇，角大，兵起。

漢・班固《漢書》卷二六《天文志》 中宮天極星，其一明者，泰一之常居也，旁三星三公，或曰子屬。後句四星，末大星正妃，餘三星後(官)〔宫〕之屬也。環之匡衛十二星，藩臣。皆曰紫宮。

前列直斗口三星，隨北耑鋭，若見若不見，曰陰德，或曰天一。紫宮左三星曰天槍，右四星曰天棓。後十七星絶漢抵營室，曰閣道。

北斗七星，所謂「旋、璣、玉衡以齊七政」。杓攜龍角，衡殷南斗，魁枕參首。用昏建者杓；杓，自華以西南。夜半建者衡；衡，殷中州河、濟之間。平旦建者魁；魁，海岱以東北也。斗爲帝車，運於中央，臨制四海。分陰陽，建四時，均五行，移節度，定諸紀，皆繫於斗。

斗魁戴筐六星，曰文昌宫：一曰上將，二曰次將，三曰貴相，四曰司命，五曰司禄，六曰司災。在魁中，貴人之牢。魁下六星兩兩而比者，曰三能。三能色齊，君臣和；不齊，爲乖戾。柄輔星，明近，輔臣親彊；斥小，疏弱。

杓端有兩星：一内爲矛，招摇；一外爲盾，天蠭。有句圜十五星，屬杓，曰賤人之牢。牢中星實則囚多，虚則開出。

天一、槍、棓、矛、盾動摇，角大，兵起。

三國吴・陳卓《玄象詩》 紫微垣十五，南北兩門通，七在宫門右，八在宫門東，

勾陳與北極，俱在紫微宫，辰居四輔内，帝坐鉤陳中，
斗杓傳帝極，向背悉皆同。華蓋宫門北，傳舍東西直，
五帝六甲坐，杠旁近門閾，天廚及内階，宫外東西域。
天柱女御宫，并在鉤陳側。柱史及女史，尚書位攢逼，
門内近極傍，大理與陰德，門外斗杓横，門近天床塞。
欲知門大小，衡端例同則。天一太一神，衡北門西息，
内廚以次設，后與夫人食。公相及槍、戈，攢聚杓旁得，
勢，守衡南隱，天理魁中匿，三公魁上安，天牢魁下植，
以次至文昌，昌則開八穀，北斗不入詠，爲是人皆識，
正北有奎、婁，正南當軫、翼，以此記推步，衆星安可匿。

北周・庾季才《靈臺秘苑》卷一 紫微垣

中元北極紫微宫，北極五星在其中。大帝之座第二珠，第三之星庶子居。第一號曰爲太子，四爲後宫五天樞。左右四星是四輔，天一太一當門户。左樞右樞夾南門，兩麵營衛一十五。上宰少尉兩相對，少宰上輔次少輔。上衛少衛次上丞，後門東邊大讚府。門東喚作一少丞，以次却向前門數。陰德門裏兩黃

聚，尚書以次其位五。女史柱史各一户，御女四星五天柱。大理兩黄陰德邊，勾陳尾指北極顛。勾陳六星六甲前，天皇獨在勾陳裏。五帝内座後門是，華蓋並杠十六星。杠作柄象華蓋形，蓋上連連九個星。名曰傳舍如連丁，垣外左右各六珠。右是内階左天廚，階前八星名八穀。廚下五個天棓宿，天床六星左樞右。内廚兩星右樞對，文昌斗上半月形。稀疏分明六個星，文昌之下曰三師。太尊隻向三公明，天牢六星太尊邊。太陽之守四勢前，一個宰相太陽側。更有三公相西偏，即是玄戈一星圓。天理四星斗裏暗，輔星近著開陽淡。北斗之宿七星明，第一主帝名樞精，第二第三旋璣星，第四名權第五衡。開陽摇光六七名，摇光左三天槍紅。

太微垣

上元天庭太微宫，昭昭列象布蒼穹。端門隻是門之中，左右執法門西東。門左皂衣一謁者，以次即是烏三公。三黑九卿公背旁，五黑諸侯卿後行。四個門西主軒屏，五帝内座於中正。幸臣太子並從官，烏列帝後從東定。郎將虎賁居左右，常陳郎位居其後。常陳七星不相誤，郎位陳東一十五。兩麵宫垣十星布，左右執法是其數。宫外明堂布政宫，三個靈台候雲雨。少微四星西南隅，長垣雙雙微西居。北門西外接三台，與垣相對無兵災。

天市垣

下元一宫名天市，兩扇垣牆二十二。當門六個黑市樓，門左兩星是車肆。兩個宗正四宗人，宗星一雙亦依次。帛度兩星屠肆前，侯星還在帝座邊。帝座一星常光明，四個微茫宦者星。以次兩星名列肆，斗斛帝前依其次。斗是五星斛是四，垣北九個貫索星。索口横著七公成，天紀恰似七公形。數著分明多兩星，紀北三星名女床。此座還依織女旁，三元之象無相侵。二十八宿隨其陰，水火土木並與金，以次别有五行吟。

北周・庾季才《靈臺秘苑》卷一　星總

紫微垣

中宫紫微。北極五星，其末曰紐星，天之樞，所謂北辰者也。古者以爲三光列象，隨天而轉，而紐星不移。自梁祖景爍以儀側定，不動處猶在紐星之末一度餘，今曰去極者，距不動處也。以東一星曰太子。二星赤明，曰帝，太乙之座也。三曰庶子，主五行。四曰後宫之屬。五曰后，輔所以出度授政而佐萬幾也。北六星曰鉤陳，正妃、大帝之所居，又爲大司馬護軍，又爲三公、三師。勾陳口中一星曰天皇大帝，主禦群靈，執萬神圖，所謂耀魄寶是也。上十六星曰華蓋，其七曰蓋，其九曰杠，所以覆蔽大帝之座。上九星曰傳舍，近河賓客之館，亦爲驛亭。又曰前六星曰閣道，遊幸别宫之路。從紫宫至河，其神所乘，亦所以捍難滅咎。又曰王良旗，亦曰紫宫旗，所以旌蔽帝座也。蓋下五星曰五帝座，集議之所，扆扆之居。杠東六星曰六甲，所以出入省察，布政教而敬授民時，分陰陽而紀節候。勾陳東四星曰女禦，禦妻之象也。座東南五星曰天柱，象魏也。

太子東五星曰尚書，主諮謀出納，故有尚書之象。太子南二星曰陰德，主施惠賑濟。又東南二星曰大理，刑獄之官。近尚書一星曰柱下史。以北一星曰女史，主記禁傳漏、婦人之微者，漢之侍史也。其外十五星，垣牆也。一曰天營，一曰星旗，又曰長垣。東八西七，東西布列，環衛之臣，主出命。度中間南向如門者，閶闔也。東蕃近門一星曰左驂樞，次上宰，少宰，次上弼，少弼，次上衛，次少衛，又上丞。其門西近一星曰右驂樞，次少尉，次上輔，少輔，次上衛，少衛，次上丞。南門六星曰天床，解息宴休之寢舍也。門外右樞西一星曰天乙，天帝之臣也。承天運化，治十二將，司戰鬥之吉凶。以西一星曰太乙，天帝之神，主承天運化，使十六神知風雨、水旱、兵革、饑饉、疾疫、災害。少尉南二星曰内尉，主宫中飲膳之事。少弼東北六星曰天廚，主盛饌。近少尉九星如鉤曰天鉤，主輿輦車飾。天廚東南七星曰扶筐，盛桑之器，爲后妃桑蠶之事。

北斗並輔八星在紫微北，七政之樞機，陰陽之元本，運乎天中，臨製四方，故有帝輦車之象。建四時，均五行爲號令之主。故有人君之象，一至四爲魁，曰璿璣；五至七爲柄，曰玉衡。初一天樞正星，陽德，天子之象，主日爲秦；次天旋法星，陰刑，女主之象，主月爲楚；次天機金星，爲人主禍害，主火爲梁；次天權，曰伐無道，主水爲吴；次玉衡殺星，爲文昌，爲音，主中央，助四旁，殺有罪，主土爲趙；次抃陽危星爲律，主天倉五穀，主木爲燕；次摇光部星，亦曰應星，爲吕輔，星附於闓陽佐斗以成功，有成相之象，主金爲齊。

魁中四星曰天理，貴人之牢，執法之官。魁上三星曰三師，三公、太師等象，主宣政化而和陰陽。魁前六星曰文昌，主集計天下事務，天之六府也。近内階一星曰上將，大將軍建威武；次曰尚書，正左次右；次曰貴相，太常卿理文緒；次曰司禄，司中司隸賞功進士；次曰司命，司怪太史，主滅咎；次曰司空，大理，主理寶佐。北六星曰内階，大帝升降之階。傳舍西北八星曰八穀，一稻，二黍，三大麥，四小麥，五大豆，六小豆，七粟，八麻，所以候歲之豐歉。近王良一星曰策，主執禦策，天子仆也。天牢六星在旋西，繩愆禁貴人之牢也。魁西南一星曰勢，內侍之官，助宣王命。斗南一星曰天相，乃宰相之象。次西一星太陽守，大丞相之象，主戒不虞，設武備也。杓南三星曰三公，太尉、司空、司徒象也，奉宣德化變理陰陽、佐樞機也。杓東三星曰天槍，在紫微宫，又天之武備，所以禦難也。次東五星曰天棓，天子先驅也，主忿争、刑罰、藏兵、禦難、非常也，其外布爲列舍。

太微垣

十星曰太微，在翼北。天子之庭，五帝座。十二諸侯之府，主於衡。衡，平也。又爲天庭，理法辭，監計授，德列宿，受符諸神，考節舒情，稽疑也。其外蕃，卿也。東西蕃，各五星。南蕃中三門曰端門，東曰左執法，廷尉之象；西曰右執法，禦史大夫之象，執法所以刺舉凶奸也。左執法門東曰左掖門，右執法西曰右掖門，東蕃東近執法曰上相，其北東太陰門也。次曰次相，中華東門。次曰次將，其北東太陽門也。次曰上將，所謂四輔也。西蕃近右執法曰上將，其北西太陰門也。次曰次將，其北中華西門。次曰次相，其北西太陽門也。次曰上相，四輔也。內屏四星在右執法旁，在端門內，所以擁蔽內帝庭，主刺舉也。五帝座五星，中曰黄帝含樞紐，東曰蒼帝靈威仰，南曰赤帝赤熛怒，西曰白帝白招炬，北曰黑帝葉光紀。北一星曰太子帝儲也，一曰幸臣見親愛之臣，侍太子也。一曰從官侍臣也。中一星曰謁者，主讚賓客釋疑惑。次三公三星，内附朝會之所居也，爲輔弼之臣。東三星曰九卿，内佐天子而治萬事，其在官九寺卿。又五星曰五諸侯，内侍天子之國，主刺奸邪。

郎位十五星，在帝座東北，守衛之司，依烏郎府也，漢光禄三省是其職也。又東北七星曰常陳，宿衛虎賁之士，所以設强毅也。東北一星曰郎將，所以爲武備，主宿衛之官。西上一星曰虎賁，侍衛之武士也。自太微至此，元本在平星之下。三台六星在軒轅上，兩兩而居，起文昌，抵太微。一曰天柱，三公之位，主開德宣符也。近文昌二星曰上台，爲司命，主壽次。二星曰中台，爲司中，主宗室。東二星曰下台，爲司禄，主兵。所以昭德塞違也。三台爲天階，又曰太乙躡以下。上階上星，天子；下星，女后。中階上星，公侯；下星，卿大夫。下階上星爲士，下星爲庶人。所以和陰陽而理萬物也。中台北一星曰大中，尊貴戚也。三台大尊，元本在東甌下。翼北三星曰明堂，布政之宫。西北三星曰靈台，觀台也，專察妖祥二星，元本右翼下。左角少東四星曰長垣，主邊戍城邑。次北四星曰少微，爲處士，又爲大夫，亦女后之象及太史博士之官，一曰主衛。掖門第一星，處士；第二星，議士；次博士，次大夫長垣，元本在少微酒旗下。

天市垣

天市垣，東西各十一星。西列於氐，東入於斗，在房心東北，國市也，民象交易之所。東垣南第一星宋、南海、燕、東海、徐、吴越、齊、中山、九河、趙、魏；西南第一星曰韓、楚、梁、巴、蜀、秦、周、鄭、晋、河間、河中。垣南門近東六星曰市樓也。市，有也，主市賣交易、律令製度。市樓西二星曰車肆，百貨貿易之肆。帝座一星在天市中，北天之庭也，神農之所居。帝座西南四星曰宦者，侍主之近臣也。帝座東南一星曰候星，輔弼之臣也，主伺候陰陽。又東南二星曰宗正，司宗室之官也。其正東四星曰宗人，主録親疏，享祭祀。其北二星曰宗星，主宗支遠近也。北二星曰帛度，主度量、買賣、貿易。西四星曰斛，主度量、分銖之數。北五星曰斗，主斗量也。斛西二星曰列肆，主貨金玉、璇璣。天紀九星在天市上，主理冤訴，爲萬物之紀綱、九卿之象。上三星曰女床，禦女侍從也天紀、女床，元本在龜下。梗河東九星曰貫索，一曰連營，一曰天牢，賤人牢也。横列七星曰七公，主議政化，以見善惡，三公之象貫索、七公，元在西成下。

北周・庾季才《靈臺秘苑》卷一〇　紫微垣

北極

北極紐星，天之極也，以紐爲不動處。梁祖景爍以儀測之，在不動處一度餘。皇祐測一度少强，太子去極十五度，入心三度。若君得天心，則北辰齊列，星明盛，則人君昌，不則耗。星暗則各以其所，主爲憂。摇則君出遊無度。青而微者，凶。亡則天下有變。客星出之，有德令，安天下，又主暴驚，宗室亂，犯郊廟。大赦，則消災。守之，天下憂，國易政。干犯乘守，又爲喪或叛。中犯乘守，太子或庶子所至皆凶。彗孛干犯，北辰有喪。流星出之，地動，又曰有使出，及兵起在外罷。抵而過者，國改政，觸蕃屏，出入不依門，隨其方，外國使來。氣之入中，蒼白、黄則兵起，黑則大人憂。黄白入紫微宫，達北極星則立諸侯，獸群國爲喜。黄白出之，天子賜諸侯王。赤而近極，出紫微宫中，兵起。抵北極座，左右諸危，臣死。

四輔

四輔去極各四度。星明小則君臣同道，而吉昌。暗微不明，若動則凶。去則君臣失禮，或有謀。客彗孛流星干犯守抵，大臣災。流星出入，宰相出使。若橫貫藩屏，外國使來。犯則不迫上。氣之入，黃白，相有喜，白乃相凶。

鉤陳

鉤陳距大星去極六度半，入壁五度。星明盛則輔臣强，微小則輔臣弱。不見則后惡之。佞人用，不納忠諫，則星不明。客犯守，後宮有謀，彗孛亦然，又爲近臣憂。客星黃色出其傍，有獻女者，後宮有喜，餘同上。流星出貫之，後宮妃有慶。兩點入則防變。氣之出入，青蒼白赤黃入之，爲大司馬憂。蒼白，又爲喪。黑，乃大司馬溺。軍中其出則蒼白，軍破，將憂。赤則大戰，將有功。黃則不戰，兵在外罷。

天皇大帝

天皇大帝去極八度半，入室十一度。君聖臣賢則星光大，色度和，同天下升平。光芒動摇，爲急。青而有光，宜出邪佞。隱而不見，占以爲度。客星干犯，除舊布新之意。守之，宫中有謀。彗孛干犯，大臣以叛而族之。流星出，君使出。入之君心，不安，察奸任賢，以赦即吉。抵犯，國有憂。雲氣犯掩，澤潤，吉。黃白氣連東大帝座，臣獻女。出其上，王者惡之。

華蓋

華蓋，距中央星去極二十六度，入婁四度。杠距南第一星去極一十四度半，入婁一十一度。正，吉；斜，凶。暗從則從，天子失德。客星干犯，王室有兵起，大變。彗孛干犯，同。流星出之，内使發不過三日。干犯抵之，太子憂，赦即解。黃白氣入之，天子有喜。

五帝内座

五帝内座，距中大星去極十二度半，入室一度。星明正爲吉，變動爲災。客星犯守，下犯上，又爲政改臣，臣受誅。彗孛干犯，民饑，宗廟徙，大臣憂，兵起宫門。流星出，幸臣死。入之，爲使還。干犯，兵起，臣叛。黃氣入之，太子有喜。

六甲

六甲距南星去極一十五度，入奎四度。明則陰陽和順，暗則寒暑失節。亡則水旱。客星干犯，農事廢，寒暑相反，或大旱。守之，赤旱，白殁，黑水。彗孛干犯，女后擅權政，或君惑圖史。孛出熒，滅圖書。流星干犯抵，術士凶，水滂不節。氣之入，黃氣，術士興。蒼白雲，大史官受賜。

女御

女御距西南星去極十三度半，入牛一度。星明則多内寵。客彗孛出入，犯之皆爲后有謀，自戮。流星出之，或抵，後宮有廢出者。入則外國獻美女。氣入蒼白，後宮病。黃白，有子孫，喜。赤黃，後宮受賜。

天柱

天柱距東南星去極十三度半，入危初度。星明正則吉，暗及傾側離折凶。客星有干犯國中防賊。守之，主移宫室，君及大臣有憂。彗孛干犯，臣叛，又爲易政。流星出，術士大使出，振武天下。衝入，主憂，大使還之，宗廟不安，又三公當之。氣之入赤，天子喜，封廟陵之事，黑則將相死。

尚書

尚書，距西南星去極一十九度，入尾十四度。占與四輔同。客星干犯，仆射災，餘皆占在八座。守之，有下獄及誅。彗孛干犯，有謀叛者，或以家坐罪。不則太子病憂。流星出，則出。入則有憂；抵之，諫臣出。雲氣入，黃則受賜；赤黃，有出鎮者；黑則法官坐罪。

柱下史

柱下史去極一十八度，入斗十三度。星明則史詞直。客星犯，受賜，守則黜。彗孛干犯，百官多黜，禦史刑。干犯，太子憂。流星出，史官誅黜，入則君自言其咎。氣之入占在左右史，蒼白死，黃受賜，白乃可遷。

女史

女史去極十七度半，入斗二度。占與柱史同。

陰德

陰德距東星去極一十九度半，入房二度。星微則吉，明則太子、女后專政，人君忌之。客星守，天下發倉廩賑給。彗孛出之，後宮女及太子連謀。干犯，太子不軌。流星抵之，賞罰不行，入則弼臣、主錢穀者出。黃雲入，天子喜，諸侯受賜。青黑出，太子憂。

大理

大理距東星去極二十三度半，入心五度。星明則法律平，暗則囚冤酷。客星犯之，貴人下獄，黃則遇赦，赤黃無罪，白受戮。守乃刑獄之官黜。彗孛干犯，大臣以家事坐罪，出則刑獄官出使；抵犯則官憂；氣之入，其官受遷。赤爲大赦；黑，災、獄；不平，刑官誅黜。

天床

天床距西南星去極二十二度半，入氐二度半。星明則人君有憂，傾側人君不安。客彗孛干犯，宫中有刺客，又爲侍臣憂。彗孛則寢禦有火災，天子憂，大臣失位。流星出之，謀兵起，王者憂。抵則天子易内寢。入則宫中不安，后妃叛，女后强。氣之入，天子有女喜。蒼白，人君不安。青黑，主憂，疾。白則主惡之。黄氣出，後宫有子喜。

紫微垣

紫微垣與極相去，及入星左驂樞二十七度半，入房一度。上宰二十八度，入尾一度。少宰二十六度，入尾四度。上弼三十三度，入箕初度。少弼一十八度，入斗十二度，左上衛十五度半，入女七度。左少衛十五度半，入軫五度。上輔十五度半，入翼四度半。少輔十六度半，入柳四度。右上衛十九度半，入參八度。右少衛一十八度半，入昴九度。少上丞二十度，入胃初度半。

星皆欲均明，大小常則内輔盛，不明爲憂。門開則兵起，勢直則天子自將兵。客星入紫宫，人主憂，大臣逆，或死。犯之，若喪。入則天子變，兵起。彗孛干犯，入主惡之。孛出而抵之，世亂，入有奇令，守則有撓政者。彗孛雲，有陰謀。流星出紫宫，天子之使也。青爲憂，赤爲兵，黄土，白喪，黑水，皆以所出命其地。若入紫宫，兵起，水旱，若有奇令。自南門而出入者，外國使，出則使出，入則使入。大流星出入，色赤忽白黑，或炸，人君惡之，赦令除咎。雲氣伏如雞雛出，子孫之氣。氣之出，赤，兵起。赤黄連兩蕃，君有喜。如帚，美女受賜。黄白，有自立者。白爲喪，喜。黄，潤澤，諸侯受賜。氣之入，赤黄，潤，天子有喜。黄白如杯碗正，天子有璧玉喜，或幸臣有獻女者。如獸，天子以獸賜諸侯。如箕，起紫微宫上，天子大喜，延年益壽。若潤澤，如劍，男子喜；如帚，婦女喜。黑入兩蕃，國暴，兵起。

天乙

天乙去極二十度半，入亢一度。光明潤澤則陰陽和，萬物成，人君不明。反，是。星明則天下亂。他星、彗孛干犯，宫門不閉，臣叛，白衣會。流星抵之，兵起，民流，水旱，饑疫。氣之入黄，則君臣和，萬物成，朝多賢士，天下太平。黑，相凶。

太乙

太乙去極二十一度，入亢半度。星明爲大吉，微暗爲凶。若離徙，有水旱之疾。客星守之，兵起，民流，水旱，饑疫，大臣死，或出。彗孛干犯，占亦然。又曰客星出之，大使官黜。干犯抵，宰相下獄，或出。氣之入黄白，百姓受賜。赤，旱，兵。蒼白，疫。

内廚

内廚距大星去極十九度半，入軫十一度。守常則吉。客、彗孛、流、雲氣干犯，飲食有毒。

内階

内階距西南星去極二十三度，入井二十六度。其星明正則吉，傾動，國有憂。客星犯，奸臣在君側。流星抵之，人主憂。犯之，使者至，一月有陰謀事。

八穀

八穀距西南星去極三十一度半，入畢三度。其星明則八穀成，暗則不成。一星不具，一穀不登。三星不具，民食不足。八星皆亡，天下大饑。客星犯之，穀貴，兵起，王者失。彗孛干犯，水潦貴。黑氣入，萬物不成，人死太半。

天廚

天廚距大星去極二十四度，入斗二十二度。星見則吉，不見凶，星亡則天下饑。客星守之，人饑，人相食，又曰食客有變。流星犯之，大饑，民流。黑氣入之，人君饑食中防有置毒者。

傳舍

傳舍距西第四星去極二十八度半，入胃五度。若移徙於紫宫垣中，則敵人、客入中國。彗孛干犯，守之，黑雲入，邊夷侵境。又曰客星出，守，亦宜備奸使，則又爲邦有憂，大使轉粟，天下自河之東爲兵喪。

閣道

閣道南星去極四十八度，入奎四度半。星不見則輦道不通，動摇則宫垣有兵。客彗孛干犯之，人君不安，國有喪，人君居正殿不微；行則吉。氣之入黄黑，病。白，有急事。

策星

策星去極三十三度半，入壁五度。若動摇移徙居王良前，或處馬後，是爲策馬，皆爲兵起。故曰：王良策馬，車騎滿野。又爲北人製號。流星彗孛干犯，大兵起，天子將兵。

鈎星

鈎星距大星去極二十四度，入危初度。星明則服正，若非其故。彗孛干犯，五星守之，或直，皆爲地動占。

扶筐

扶筐距大星去極二十四度，入危初度。星明則吉，不明則女功失業。暗及移徙，農蠶不收，絲綿大貴。客星彗孛流等干犯，同占。

北斗（輔星附）

北斗並輔八星，北極相距及宿：天樞二十三度，入張十度。天璿二十九度，入張十度。天璣三十一度，入翼十一度。天權二十七度，入軫初度。玉衡二十八度，入軫十一度。抃陽三十度，入角二度半。摇光三十五度，入角九度。輔星三十度，入角二度半。

其星明變光，則各有所因。天樞以簡慢宗廟、社稷，天璿以廣營宮室、鑿山陵，天璣以不愛百姓、暴行征役，天權以號令不順時、逆天道，玉衡以廢正聲、務淫聲，闓陽以峻法濫刑、退賢傷政，摇光以廣衆而不尚德。北斗星明盛、潤澤則國昌，不明則有咎，芒乃國凶。月暈及動摇則兵起。其旁及中多小星，則天下安；少則國人故。五星及客星守之，皆凶。彗孛，尤甚。彗孛干犯，又爲殺伐。流星出入，爲使出入，又爲遠國來貢，三分有賜。抵則天下大起兵。若出其旁，明如炬火，長六尺，形如繒布，賊臣專政。大流星犯之，大臣有擊。抵納，入納，大臣憂。五彩雲氣直入之，立太子。氣之入，蒼白，多大風。赤，兵星宫；或火災，兵起。氣少，兵亦多。黑而曆之，民災。入而化群鳥龍蛇豕刑，人病，亦兵起。大如布席，如鳥獸，三日必雨；不則敵犯塞。白衝之，爲大戰。白雲氣壓之，三日内雨；若色青，五日内雨。天晴，霽北斗，獨有雲，亦然。黄而蔽之，明日雨，或明日大熱殺人。魁之占客星出，有赦，赦之大小如星。彗入之出之，三日以上諸侯恣，亦爲民人散。彗孛流星白氣出樞星，兵相伐，世亂。流星黄白爲赦。大流星入之，臣叛；出則其年兵起。蒼白氣入，大臣不軌。蒼黑則貴臣下獄。輔星欲小而明，臣輔强恣。明與北斗齊，國兵暴起。暗而遠斗則臣亡，不則奔逐。若近臣專佞，人用兵。芒角，近臣專權；不明則臣恣。逼近闓陽，則下迫上。彗孛流干犯，並爲將相誅。客星入之，有善令。一雲色青，相有罪，赤將兵。黄白，受賜及有喜。黄白氣，有喜，黑則薨，或黜，白乃憂，皆占在相。

天理

天理距東南星去極二十八度半，入翼九度。星不欲明，明動及中有星，皆爲貴人下獄。客星犯之，多獄官坐罪。入則有戮卿，貴臣係。彗孛出之，三公黜或殺，將相跋扈。流星入之，大名臣係。色青，憂。赤，有金；殺；黄白，無故；黑，凶。出魁中，係者出，黄白之爲赦。流星犯之，帝王振威，諸侯死。氣之入之蒼，黑，貴臣死，獄無故。出魁皆，其禍除。赤，兵大起；黄白出之，有德令。

三公

三公距東星去極三十五度少，入角六度。居常則安移，徙凶。一星去，天下危。二星去，天下亂。三星去，天下不治。客彗孛流星干犯，三公憂。

三師

三師距西北星去極二十一度，入張半度。占與三分同。

文昌

文昌距西北星去極三十四度半，入柳二度半。星明，澤大小齊則國瑞臻。光色黄潤，天下安，萬物善；青黑微細則多所殘害。動摇移徙，則三公黜；不然，后有憂。動而非故，以其所動之名爲不順，天子知而治之。客星出，天子憂。犯則大臣叛。守之，宫中有兵。入乃輔臣殃，亦爲女惑。彗星出而拂之，大亂。犯之，三公下獄，大將叛。流星出之，貴相出，亦爲三公出鎮，或下有雲，邊將入朝受賜。衝則公卿憂。奔星出之，宫内亂。入則其地不寧。又言流星出入之，貴人出入爲使。氣之入，如色黄，三公受賜；蒼白及赤黄，皆爲將相憂；黑氣，三公受戮或黜。

天牢

天牢距西北星去極二十八度，入張六度。占同貫索。客星彗孛流干犯，三公下獄。又爲將相死。流星有德令，流星出丑未時，日入皆爲赦。有氣大圍長三四尺出之，親族有憂。

天相

天相去極三十二度，入軫四度。星明，吉，暗，凶。不見客彗孛干犯，皆爲輔臣有變法，令民移徙。黄白入，諸侯有喜。

太陽守

太陽守去極五十五度，入翼十度。星明，吉；暗，凶。移徙，大臣有咎；不則兵動。客彗孛流星干犯，亦如之，又爲改政。氣之入黄，大臣受賜，三公有喜。黄白氣，將軍戰死，宰相憂。

勢星

勢星距東北星去極三十一度，入翼二度。星不明則吉，明則内臣强。客彗孛流星干犯，内侍有憂。氣之入黄白，受賜；赤，叛；黑，憂，占皆中官。

天槍

天槍距大星去極三十二度半，入氐初度。星明大則斧鉞用；暗小，兵散。芒角動摇，兵起，移徙，人君失禦。一星不具，其地兵動。客彗孛流星干犯，守，兵大起，又爲饑。雲氣入之，赤，禦警失位。蒼白，兵起。

天棓

天棓距南星去極四十四度，入箕三度。星不明，吉，明則斧鉞用。一星不具，其地兵起。客彗孛干犯，爲兵喪。流星入，諸侯争地。犯則后妃惡之。雲氣蒼白起之，兵起；入亦然，大將戮。黄白，先驅有拜賜者。黑乃大人憂。

太微垣

太微垣兩藩相距入宿：上相六十五度半，入十二度。次相七十二度半，入三度。上將八十度，入四度。次將七十五度，入一度。右執法八十四度，入十一度半，入皆是翼宿。其東左執法八十六度，入半度。上相八十七度，入一度。次相八十一度半，入一十度。次將七十四度半，入十二度半。上將六十八度，入十四度，皆入軫也。

太微之變，兩藩有芒及動摇，諸侯有謀。執法移，刑罰尤急。五星入太微軌道，吉。其所犯中座成形，入犯乘守，皆爲天子所誅。若有罪，皆以其官名之。五星留之，皆爲大臣有憂。若色潤白，入之有赦。月犯太微，中貴者失勢，亦爲反臣强，四夷兵盛，有奸人來聽候，天下喜乃未之也。或有赦，一云爲大變。火則有逆賊，宫中不安，歲饑，又曰後三年有喪。入留九日，天子惡之，或曰十日有赦。又曰守宫三旬，必有赦。土入，有德令，大人憂，其下亡地。久留七十日，君憂之。犯，女主執政。金入，大臣相殺，其地有憂，宫庭防兵，邪臣伏誅，主自將兵，或廷尉、丞相、禦史黜。若庚子日順入之，天子所使也。入則淩犯，留守，亦爲水喪。水星見之，人君當之，又爲亂，後宫災，或大水。客星出，令有奇，一曰爲兵喪。中犯乘守四輔，君臣失禮，輔臣誅，執法其官誅有罪。彗孛干犯太微，有兵喪，大人惡之，所壓者亡。流星出入，臣有外事。出天庭之内，天子使也，皆以所之之野命。其方入者，使複命也。出南門，其衆貴人殺。流星出則兵起，外國當有急使。縱横行太微中，臣强，四夷不制。奔星出，王者惡之，入則其地亂。青氣起五帝座，出南門者，人君動摇不安。而入之，天子憂。若劍直指，則因兵而驚；黄白入者，若起其上有光，天子有喜，延年益壽。赤黑如蛟蛇，又若龍形入之，有叛臣及喪亂。赤黑，潤澤入之，或狀如帚，黄白如杯碗，如獸，皆同紫宫占。又掖門之占：青白蒼白入及黑氣入之，憂喪事。赤則内兵起，黑乃大人憂。氣之出則兵起，將憂。黄白，有德令。

謁者

謁者，去極八十三度，入軫一度。明如常則四夷來貢，不明無失則外國不來。

三公

三公距東星去極八十四度半，入軫六度。占與紫宫三公同。五星抵觸，淩守犯之，三公下獄或黜。流星犯之，相憂。

九卿

九卿距西南星去極七十五度，入軫七度。占同天紀。流星犯之内座，王者憂，亦爲病。

内五諸侯

内五諸侯距西星去極七十度，入軫一度。星明則吉，暗亡則諸侯出。若禮樂盛明則太微諸侯明。彗孛干犯守，諸侯誅。流星入之，宰相入。

五帝座

五帝座距中大星去極七十一度，入翼十一度。天子出入，動止合天，從容中道則帝座光明，占在人君。明吉暗凶。五星彗孛流干犯帝座，皆爲大人憂。若五星入黄帝座，色白有赦。客星犯，臣有誅。至帝座而還，謀不成，反受其殃。若蒼白色抵之，憂，喪事。抵座旁，臣叛。客舍五帝，有德者昌。抵之，青赤，近臣圖議，氣不明則不成。蒼白赤如劍，天子諸侯以兵驚，黑而止不去，大人憂。氣之出入，黄氣出，太子入帝座，有子孫喜。赤黑如蛇及龍形，入太微垣，有白衣會。氣上赤下，白如大井口，從外入者，邪臣之氣。氣直者，貴臣之氣。赤而出之，經南門者，人君憂。

軒屏

軒屏距西南星去極八十度，入翼十度。若臣下恭恪，尊嚴君上則屏星光明潤澤，乃國法平允。暗則法令不正。月五星干犯乘守，皆爲上下失禮，而輔臣退。及金火守之，有兵在中。彗孛出犯守，衛臣有罪，執法者當之。流星抵，尚書有憂。

太子

太子去極六十六度半，入翼十一度半。皆占太子星，明澤則仁賢。星亡及彗孛五星客流干犯，金火干犯，不廢則有謀。雲氣入之，黄白，喜；黑，憂。

從官

從官去極六十四度半，入翼八度半。星不見則帝不安，如常則吉。

幸臣

幸臣去極六十四度半，入翼十五度。危微暗則吉，明盛則幸臣用事。青赤氣出五帝下，入幸臣中，近臣用謀。氣不明者不成，明則爲亂。

郎位

郎位距西南星去極六十度，入軫初度。其星均明光潤，居常則吉。明盛色怒，大臣爲亂。微暗則兵弱，幸臣災，不見則后妃凶，動則天子出行。客彗孛干犯，臣失勢。客星入之，憂，大臣有亂。蒼白出之，郎官多死。諸彗枉矢出之，郎官謀叛。流星犯之，大臣憂。月氣入皆占其中郎，蒼白爲亂，黄白潤受賜，黑多死，赤氣入之，兵起；出之，多用兵，遠出行。

郎將

郎將去極四十七度半，入軫十一度。守常爲是盛，大動摇、芒角則將恣。客彗孛干犯，郎將死。流星則有憂。

常陳

常陳距東星去極五十一度半，入軫初度。星明則武士用，動摇則天子行。客星犯，王者行誅。

虎賁

虎賁去極六十二度少，入翼二度。占同常陳。

三台

三台上台距西北星去極三十九度半，入柳二度。中台距西北星去極四十三度，入張二度。下台距西北星去極五十二度，入翼二度。上台之占：人君剛烈、好兵則上台距而色赤。若修宫廟、囿肆聲則台横。君道弱而誅伐不行，則迫近下，而色暗。臣朋比，嫡庶亂則下星色白。后妃任、讒言用則其色白，舍而横。若恃寵亂政則星高而升，其色赤。若紀綱不栅飩殘斂而刑輕，則謂之戚縱恣，而崇台相奪，農時力侵，則謂之奢。

中階之占：若公侯叛亂，則上星色赤。夷狄侵邊，内外動摇，則下星距而横，色白。若卿大夫作私，則其星疏而色赤黄潤。上附下則其星下而色白。若諸侯朝貢有禮，公卿盡忠，則謂之比。强盛而僭，專恣而僭，則謂之疏。

下台之占：若民不從、令犯刑爲賊，則上星色黑。棄本就末則下星暗而横，其色白。若從令聽法則星迫下，而色白。若庶人順化，閨門雍睦，賦斂順時，謂之密。去本逐末，豪猾相淩，謂之闊。其戚比密參者，皆相近也。奢疏闊三者，皆移徙也。三階之占：平則陰陽和，風雨時，五穀豐，禎祥應，天下太平。不平則反是。星明則潤，行列齊等。如其常則若臣和而政令行。變動外齊則君臣不和，治衰。動摇則有逆謀。若一星去，天下危；二星去，天下亂；三星去，天下不治。月干犯，君有憂，大臣相攻，公侯多叛。金火守犯，兵大起。客星出守，大臣黜，貴人病死。彗孛出之，陰謀奸宄起，宫中火災。守則三公亡黜。流星入之，有兵，大將憂。若抵上台，人主惡之。中台，將有憂。氣之入蒼白，三公黜，民多敗傷。赤，將相驚，臣有謀。黄，將相喜；黄白潤澤，民安居。青黑，將相死。

少微

少微距東大星去極六十五度半，入張十五度半。星明大而光潤，則賢人舉，忠臣用。不則反是。月五星犯守，處士憂，女后憂，宰相、史官黜。又曰月犯之，又以所主官爲憂。客彗孛犯，賢能及功臣有咎。流星出入抵，賢者進，道術興。蒼白入，賢士憂，大臣遭黜。

長垣

長垣距南星去極七十六度，入張十四度。動摇，夷狄犯邊。火干犯，中國憂。金則九卿有謀，或邊將叛。客彗孛，則狄人入寇。流星入之，亦然。出則狄出。

靈台

靈台距南星去極八十度半，入翼初度。五星干犯，術士大使官災。流星出之，賢者用。青黑色，賢者術士死。

明堂

明堂距西南星去極九十度，入翼四度半。明吉，暗凶。土星客彗孛干犯守之，人主不安其宫。

天市垣

天市垣去極入宿：西垣秦七十六度，入十二度半。蜀八十度半，入十五度。皆氐。周七十二度半，入初度。巴八十三度，入一度。鄭七十一度，入三度。皆房宿。梁九十二度，入初度。晉六十八度半，入一度。楚二十一度，入一度。河間一十八度，入二度。韓九十八度半，入五度。皆心宿。河中六十六度半，入三度。東垣宋一百五度半，入七度半。魏六十二度半，入十二度。南海一百六度，入十四度。趙六十三度半，入十六度。皆入尾。九河六十二度半，入半度。燕一百度，入一度半。中山六十二度，入半度。東海九十三度半，入七度半。皆入箕宿。齊七十度，入五度。徐八十七度半，入六度。吳越七十八度，入九度。皆入斗。

垣星欲其光明潤澤，及市中星衆，則歲實。不明則歲虚。又曰垣星明則市吏急，商人無利。微細則市吏弱，商人有利。若族人有序，則其垣綺文而正見。月犯乘之，改正有更弊之令，將死，粟貴。入及有變於市中，女后凶，將相憂，近臣有謀。五星入，兵火起，將相憂。入，若守之，又爲市驚。赤，爲更甚之。又木守之，糴貴或賤。土同火，則戮不忠之臣於市。金則兵起。水乃蠻夷居，死。客彗孛干犯，所起者誅。客星出，有喪；入則大臣誅；守，度量不平。彗孛出之，徙市易都。守之，五穀大貴。入則豪傑起。流星出而入中天，諸座前列；入濁天，欲有赦、賞賜事，倉庫盈溢，五穀豐，君喜。犯之，主憂。若入而色蒼白，萬物貴。赤色，大災。氣之出入，蒼白，嗇夫遇賊，人有憂；黑則市壞，嗇夫死；蒼黑，萬物賤。赤而出之，弓弩貴；入之，斧鉞用。若如波者，市有火災。黃白而入，萬物賤。若一如匹繒、匹帛，常集天市中，有神奇物入，天子喜。出則有神奇物出。

帝座

帝座去極七十五度，入尾十度。光明潤澤，則天子吉而威令行。細小不見及月犯之，人主憂。五星干犯，下謀叛，金火尤甚。客星入留，貴人改易政令。守之，爲大亂。彗孛干犯，人民亂，宮廟徙，大臣憂。流星抵之，諸侯起兵，臣有謀，若貴人更令。

候星

候星去極七十八度半，入尾十六度。星明大則輔臣强，四夷開張。微小則輔臣弱。移徙則不安，無主者忌之。居常則無忌。月犯之則輔臣憂。客星出之，有急行。彗孛出守犯，輔臣出；又爲大臣叛。

宦者

宦者距西南星去極七十度半，入危九度。星微則吉，明盛動摇或非其常，及月彗孛流星干犯，皆爲侍臣有憂。

宗正

宗正距北星去極八十五度，入尾十六度。星失色、彗孛犯守，族人凶。客流貫之，不睦宗親。客景星守，政令改。

宗人

宗人距大星去極八十六度，入箕一度。若族人有序，則星綺文而正明。動摇則族人有變。客星守，貴人出。

宗星

宗星距北星去極八十度半，入箕五度。皆占在宗室。明則有序。暗則微弱。客星守之，不和。彗孛干犯，爲黜。

市樓

市樓距東南星去極九十八度，入尾十二度。星明則吉。暗亡則市吏不理，乃其兵興於市，或夷兵入。動則市易殊常。火星守之，天子易弊。客彗孛守之，市門閉，多亂。

車肆

車肆距西大星去極一百度，入尾三度。星明則吉，不見，車蓋盡行。客彗孛，兵，車蓋盡廢。

斛

斛距西南星去極八十六度半，入尾三度。星明則尺量平而商人不欺。不然則反之。亡則歲饑。木星守之，則得忠臣，陰陽平。過數不去，王者與天同人，四夷和平，五穀大豐。

斗

斗距東大星去極七十九度，入尾六度半。星明，吉；暗，凶。仰則不熟，斗覆則歲稔。客彗孛犯，天下大荒。

列肆

列肆距東大星去極八十六度，入心三度半。星明，吉；暗，凶。移徙則列肆不安，金火入爲兵起。

帛度

帛度距北星去極六十九度少，入箕三度。星明大則尺量平而商人不欺，不則反是。客彗孛守之，絲貴。

屠肆

屠肆距西星去極六十八度半，入箕三度。明大則多宰殺，細微則不利。

天紀

天紀距西南第一星去極五十七度，入尾初度。明則無冤訟，暗則政壞，散則民饑喪，就則明主多憂。若與女床合，則若失政禮，而女謁行。客星犯之，政亂，大臣黜，或死。守之，民饑，居不安，獄訟不理。彗孛干犯，相有咎，若地震。

女床

女床距西星去極五十二度半，入尾十四度。動則爲憂，舒則更代，女后不久死；不見，女有疾。客彗孛守之，宫人有謀。氣之，占在後宫。黑白皆死喪，青爲病，黄有福善。

貫索

貫索距西南大星去極六十度半，入氐三度半。牢口一星其開閉則囚自縊。星皆明見及其中星衆，獄事繁；中星小，則獄空。動摇，斧鉞用。八星見，奸人入獄。七星見，少赦。五星六星見，及牢中大星不見，或左右移徙不常，爲大赦，牢空則改元。又常以五子日夜候之。一星亡，有喜事。二星亡，錫爵禄事。三星亡，占如六星見。水星犯，水災，米貴。客彗孛干犯守之，爲赦。又曰客星出之，亦赦，或其下亡地；入則有枉死者。彗星見，豪傑起，諸侯相殘。流星出，紫微而入主，以赦應之。流星丑未日出，天下赦。氣之入，蒼白，憂，亡地。赤，兵。黄白，喜。黑則獄多枉死。

七公

七公距西星去極四十四度半，入氐初度。星小而明，則國吉。大而明，輔臣强。若大而動，則朝廷有兵，齊正則法平。若戾則獄多冤，連貫索則天下亂。入河中則民饑，金火守犯，兵起。彗孛干犯守，大臣下獄，或黜。流星出之，主將黜。

唐·王希明《步天歌》 太微宫

上元〔天庭〕太微宫，昭昭列象在蒼穹。端門只是門之中，左右執法門西東。門左皂衣一謁者，以次即是烏三公。三黑九卿公背旁，五黑諸侯卿後行。四個門西主軒屏，五帝内坐於中正。宰臣太子并從官，烏列帝後從東定。郎將虎賁居左右，常陳郎位居其後。常陳七星不相誤，郎位陳東一十五。兩面宫垣十星布，左右執法是其數。宫外明堂布政宫，三個靈臺候雲雨。少微四星西南隅，長垣雙雙微西居。北門西外接三台，與垣相對無兵災。

紫微宫

中元北極紫微宫，北極五星在其中。大帝之坐第二珠，第三之星庶子居。第一號曰爲太子，四爲后宫五天樞。一云，第三明者，帝之居。第四名曰四庶子，最小第五天之樞。左右四星是四輔，天一太一當門路。左樞右樞夾南門，兩面營衛一十五。上宰少尉兩相對，少宰上輔次少輔。上衛少衛次上丞，後門東邊大贊府。門西唤作一少丞，以次却向前門數。陰德門裏兩黄聚，尚書以次其位五。女史柱史各一戶，御女四星五天柱。大理兩星陰德邊，勾陳尾指北極顛。勾陳六星六甲前，天皇獨在勾陳裏。五帝内座後門是，華蓋并杠十六星。杠作柄象華蓋形，蓋上連連九個星，名曰傳舍如連丁。垣外左右各六珠，右是内階左天厨。階前八星名八穀，厨下五個天棓宿。天床六星左樞在，内厨兩星右樞對。文昌斗上半月形，希踈分明六個星。文昌之下曰三公，太尊只向三公明。天牢六星太尊邊，太陽之守四勢前。一個宰相太陽側，更有三公相西偏。即是玄戈一星圓，天理四星斗裏暗。輔星近着開陽淡，一本云：文昌之下三師名，天牢六星四暫前。更有三公相西偏，即是太陽一星圓。天理云云。北斗之宿七星明，第一主帝名樞精。第二第三璇璣是，第四名權第五衡。開陽摇光六七名，〔摇光左三滅槍明。〕

天市垣

下元一宫名天市，兩肩垣墻二十二。當門六角黑市樓，門左兩星是車肆。兩個宗正四宗人，宗星一雙亦依次。帛度兩星屠肆前，侯星還在帝座邊。帝座一星常光明，四個微茫宦者星。以次兩星名列肆，斗斛帝前依其次，斗是五星斛是四。垣北九個貫索星，索口横者七公成。天紀恰似七公形，數著分明多兩星。紀北三星名女床，此坐還依織女旁。三元之象無相侵，二十八宿隨其陰。水火木土并與金，以此别有五行吟。〔□〕〔河中河間晉鄭周，秦連巴蜀細搜求，十一星屬十一國，梁楚韓邦在盡頭，魏趙九河與中山，齊越吴徐東海間，燕連南海盡屬宋，請君熟記有何難。〕

唐·房玄齡等《晉書》卷一一《天文志上》 中宫

北極五星，鉤陳六星，皆在紫宫中。北極，北辰最尊者也，其紐星，天之樞也。天運無窮，三光迭耀，而極星不移，故曰「居其所而衆星共之」。第一星主月，太子也。第二星主日，帝王也；亦太乙之坐，謂最赤明者也。第三星主五星，庶子也。中星不明，主不用事；右星不明，太子憂。鉤陳，後宫也，大帝之正妃也，大帝之常居也。北四星曰女御宫，八十一御妻之象也。鉤陳口中一星曰天皇大帝，其神曰耀魄寶，主御羣靈，執萬神圖。抱北極四星曰四輔，所以輔佐北極而出度授政也。大帝上九星曰華蓋，所以覆蔽大帝之坐也。蓋下九星曰杠，蓋之柄也。華蓋下五星曰五帝內坐，設叙順帝所居也。客星犯紫宫中坐，大臣犯主。華蓋杠旁六星曰六甲，可以分陰陽而配節候，故在帝旁，所以布政教而授農時也。極東一星曰柱下史，主記過；左右史，此之象也。柱史北一星曰女史，婦人之微者，主傳漏，故漢有侍史。傳舍九星在華蓋上，近河，賓客之館，主胡人入中國。客星守之，備姦使，亦曰胡兵起。傳舍南河中五星曰造父，御官也，一曰司馬，或曰伯樂。星亡，馬大貴。其西河中九星如鉤狀，曰鉤星，直則地動。天一星在紫宫門右星南，天帝之神也，主戰鬭，知人吉凶者也。太一星在天一南，相近，亦天帝神也，主使十六神，知風雨水旱、兵革饑饉、疾疫災害所在之國也。

紫宫垣十五星，其西蕃七，東蕃八，在北斗北。一曰紫微，大帝之坐也，天子之常居也，主命主度也。一曰長垣，一曰天營，一曰旗星，爲蕃衛，備蕃臣也。宫闕兵起，旗星直，天子出，自將宫中兵。東垣下五星曰天柱，建政教，懸圖法。門內東南維五星曰尚書，主納言，夙夜諮謀；龍作納言，此之象也。尚書西二星曰陰德、陽德，主周急振無。宫門左星內二星曰大理，主平刑斷獄也。門外六星曰天牀，主寢舍，解息燕休。西南角外二星曰內廚，主六宫之內飲食，主后妃夫人與太子宴飲。東北維外六星曰天廚，主盛饌。

北斗七星在太微北，七政之樞機，陰陽之元本也。故運乎天中，而臨制四方，以建四時，而均五行也。魁四星爲琁璣，杓三星爲玉衡。又曰，斗爲人君之象，號令之主也。又爲帝車，取乎運動之義也。又魁第一星曰天樞，二曰琁，三曰璣，四曰權，五曰玉衡，六曰開陽，七曰摇光；一至四爲魁，五至七爲杓。樞爲天，琁爲地，璣爲人，權爲時，玉衡爲音，開陽爲律，摇光爲星。石氏云：「第一曰正星，主陽德，天子之象也。二曰法星，主陰刑，女主之位也。三曰令星，主中禍。四曰伐星，主天理，伐無道。五曰殺星，主中央，助四旁，殺有罪。六曰危星，主天倉五穀。七曰部星，亦曰應星，主兵。」又云：「一主天，二主地，三主火，四主水，五主土，六主木，七主金。」又曰：「一主秦，二主楚，三主梁，四主吳，五主燕，六主趙，七主齊。」

魁中四星爲貴人之牢，曰天理也。輔星傅乎開陽，所以佐斗成功，丞相之象也。七政星明，其國昌；輔星明，則臣强。杓南三星及魁第一星西三星皆曰三公，主宣德化，調七政，和陰陽之官也。

文昌六星，在北斗魁前，天之六府也，主集計天道。一曰上將，大將軍建威武。二曰次將，尚書正左右。三曰貴相，太常理文緒。四曰司禄、司中，司隷賞功進。五曰司命、司怪，太史主滅咎。六曰司寇，大理佐理寶。所謂一者，起北斗魁前近內階者也。明潤，大小齊，天瑞臻。

文昌北六星曰內階，天皇之階也。相一星在北斗南。相者，總領百司而掌邦教，以佐帝王安邦國，集衆事也。其星明，吉。太陽守一星，在相西，大將大臣之象也，主戒不虞，設武備。西北四星曰勢。勢，腐刑人也。天牢六星，在北斗魁下，貴人之牢也。

太微，天子庭也，五帝之坐也，十二諸侯府也。其外蕃，九卿也。一曰太微爲衡。衡，主平也。又爲天庭，理法平辭，監升授德，列宿受符，諸神考節，舒情稽疑也。南蕃中二星間曰端門。東曰左執法，廷尉之象也。西曰右執法，御史大夫之象也。執法，所以舉刺凶姦者也。左執法之東，左掖門也。右執法之西，右掖門也。東蕃四星，南第一星曰上相，其北，東太陽門也；第二星曰次相，其北，中華東門也；第三星曰次將，其北，東太陰門也；第四星曰上將：所謂四輔也。西蕃四星，南第一星曰上將，其北，西太陽門也；第二星曰次將，其北，中華西門也；第三星曰次相，其北，西太陰門也；第四星曰上相：亦曰四輔也。東西蕃有芒及動摇者，諸侯謀天子也。執法移，刑罰尤急。月、五星入太微，軌道，吉。其所犯中坐，成刑。

其西南角外三星曰明堂，天子布政之宫。明堂西三星曰靈臺，觀臺也，主觀雲物，察符瑞，候災變也。左執法東北一星曰謁者，主贊賓客也。謁者東北三星曰三公內坐，朝會之所居也。三公北三星曰九卿內坐，主治萬事。九卿西五星曰內五諸侯，內侍天子，不之國也。辟雍之禮得，則太微、諸侯明。

黄帝坐在太微中，含樞紐之神也。天子動得天度，止得地意，從容中道，則太微五帝坐明以光。黄帝坐不明，人主求賢士以輔法，不然則奪勢。四帝星俠黄帝坐，東方蒼帝，靈威仰之神也；南方赤帝，赤熛怒之神也；西方白帝，白招矩之神也；北方黑帝，叶光紀之神也。

五帝坐北一星曰太子，帝儲也。太子北一星曰從官，侍臣也。帝坐東北一星曰幸臣。屏四星在端門之內，近右執法。屏，所以壅蔽帝庭也。執法主刺舉；臣尊敬君上，則星光明潤澤。郎位十五星在帝坐東北，一曰依烏郎府也。

周官之元士，漢官之光禄、中散、諫議、議郎、三署郎中，是其職也。郎，主守衛也。其星不具，后妃死，幸臣誅。星明大及客星入之，大臣爲亂。郎將在郎位北，主閲具，所以爲武備也。武賁一星，在太微西蕃北，下台南，静室旄頭之騎官也。常陳七星，如畢狀，在帝坐北，天子宿衛武賁之士，以設强禦也。星摇動，天子自出，明則武兵用，微則兵弱。

三台六星，兩兩而居，起文昌，列抵太微。一曰天柱，三公之位也。在人曰三公，在天曰三台，主開德宣符也。西近文昌二星曰上台，爲司命，主壽。次二星曰中台，爲司中，主宗室。東二星曰下台，爲司禄，主兵，所以昭德塞違也。又曰三台爲天階，太一躡以上下。一曰泰階。上階，上星爲天子，下星爲女主；中階，上星爲諸侯三公，下星爲卿大夫；下階，上星爲士，下星爲庶人：所以和陰陽而理萬物也。君臣和集，如其常度，有變則占其人。

南四星曰内平，近職執法平罪之官也。中台之北一星曰太尊，貴戚也。

攝提六星，直斗杓之南，主建時節，伺禨祥。攝提爲楯，以夾擁帝座也，主九卿。明大，三公恣。客星入之，聖人受制。西三星曰周鼎，主流亡。大角在攝提間。大角者，天王座也。又爲天棟，正經紀也。北三星曰帝席，主宴獻酬酢。北三星曰梗河，天矛也。一曰天鋒，主胡兵。又爲喪，故其變動應以兵喪也。星亡，其國有兵謀。其北一星曰招摇，一曰矛楯，其北一星曰玄戈，皆主胡兵，占與梗河略相類也。招摇與北斗杓間曰天庫。星去其所，則有庫開之祥也。招摇欲與棟星、梗河、北斗相應，則胡當來受命於中國。玄戈又主北夷，客星守之，胡大敗。天槍三星，在北斗杓東，一曰天鉞，天之武備也。故在紫宫之左，所以禦難也。女牀三星，在紀星北，後宫御也，主女事。天棓五星，在女牀北，天子先驅也，主分争與刑罰，藏兵亦所以禦難也。槍、棓，皆以備非常也；一星不具，其國兵起。東七星曰扶筐，盛桑之器，主勸蠶也。七公七星，在招摇東，天之相也，三公之象也，主七政。貫索九星在其前，賤人之牢也。一曰連索，一曰連營，一曰天牢，主法律，禁暴强也。牢口一星爲門，欲其開也。九星皆明，天下獄煩；七星見，小赦；六星、五星，大赦。動則斧鑕用，中空則更元。《漢志》云十五星。天紀九星，在貫索東，九卿也，主萬事之紀，理怨訟也。明則天下多辭訟；亡則政理壞，國紀亂；散絶則地震山崩。織女三星，在天紀東端，天女也，主果蓏絲帛珍寶也。王者至孝，神祇咸喜，則織女星俱明，天下和平。大星怒角，布帛貴。東足四星曰漸臺，臨水之臺也，主晷漏律吕之事。西足五星曰輦道，王者嬉游之道也，漢輦道通南北宫，其象也。

左右角間二星曰平道之官。平道西一星曰進賢，主卿相舉逸才。亢。東咸、西咸各四星，在房心北，日月五星之道也。房之户，所以防淫佚也。星明則吉；月、五星犯守之，有陰謀。鍵閉一星，在房東北，近鉤鈐，主關籥。

天市垣二十二星，在房心東北，主權衡，主聚衆。一曰天旗庭，主斬戮之事也。市中星衆潤澤，則歲實。熒惑守之，戮不忠之臣。彗星除之，爲徙市易都。客星入之，兵大起；出之，有貴喪。

帝坐一星，在天市中候星西，天庭也。光而潤則天子吉，威令行。候一星，在帝坐東北，主伺陰陽也。明大，輔臣强，四夷開；候細微，則國安；亡則主失位；移則不安。宦者四星，在帝坐西南，侍主刑餘之人也。星微，吉；非其常，宦者有憂。宗正二星，在帝坐東南，宗大夫也。彗星守之，若失色，宗正有事；客星守之，更號令也。宗人四星，在宗正東，主録親疏享祀。族人有序，則如綺文而明正。動則天子親屬有變；客星守之，貴人死。宗星二，在候星東，宗室之象，帝輔血脈之臣也。客星守之，宗支不和。

天江四星，在尾北，主太陰。江星不具，天下津河關道不通。明若勸摇，大水出，大兵起，參差則馬貴。熒惑守之，有立王。客星入之，河津絶。

天籥八星在南斗柄西，主關閉。建星六星在南斗北，亦曰天旗，天之都關也。爲謀事，爲天鼓，爲天馬。南二星，天庫也。中央二星，市也，鈇鑕也。上二星，旗跗也。斗建之間，三光道也。星動則衆勞。月暈之，蛟龍見，牛馬疫。月、五星犯之，大臣相譖有謀，亦爲關梁不通，有大水。東南四星曰狗國，主鮮卑、烏丸、沃且。熒惑守之，外夷爲變。狗國北二星曰天雞，主候時。天弁九星，在建星北，市官之長也，以知市珍也。星欲明，吉。彗星犯守之，糴貴，囚徒起兵。

河鼓三星，旗九星，在牽牛北，天鼓也，主軍鼓，主鈇鉞。一曰三武，主天子三將軍；中央大星爲大將軍，左星爲左將軍，右星爲右將軍。左星，南星也，所以備關梁而距難也，設守阻險，知謀徵也。旗即天鼓之旗，所以爲旌表也。左旗九星，在鼓左旁。鼓欲正直而明，色黄光澤，將吉；不正，爲兵憂也。星怒，馬貴。動則兵起，曲則將失計奪勢。旗星差戾，亂相陵。旗端四星南北列，曰天桴，鼓桴也。星不明，漏刻失時。前近河鼓，若桴鼓相直，皆爲桴鼓用。

離珠五星，在須女北，須女之藏府，女子之星也。天津九星，横河中，一曰天漢，一曰天江，主四瀆津梁，所以度神通四方也。一星不備，津關道不通。

騰蛇二十二星，在營室北，天蛇也，主水蟲。王良五星，在奎北，居河中，天子奉車御官也。其四星曰天駟，旁一星曰王良，亦曰天馬。其星動，爲策馬，車騎滿野。亦曰梁，爲天橋，主御風雨水道，故或占車騎，或占津梁。客星守之，橋不通道。前一星曰策星，王良之御策也，主天子之僕，在王良旁。若移在馬後，是謂策馬，則車騎滿野。閣道六星，在王良前，飛道也。從紫宮至河，神所乘也，一曰，閣道星，天子游別宮之道也。傅路一星，在閣道南，旁別道也。東壁北十星曰天廐，主馬之官，若今驛亭也，主傳令置驛，逐漏馳騖，謂其行急疾，與晷漏競馳也。

天將軍十二星，在婁北，主武兵。中央大星，天之大將也。南一星曰軍南門，主誰何出入。太陵八星在胃北，亦曰積京，主大喪也。積京中星衆，則諸侯有喪，民多疾，兵起。太陵中一星曰積尸，明則死人如山。北九星曰天船，一曰舟星，所以濟不通也。中一星曰積水，候水災。昴西二星曰天街，三光之道，主伺候關梁中外之境。卷舌六星，在昴北，主口語，以知佞讒也。曲，吉；直而動，天下有口舌之害。中一星曰天讒，主巫醫。

五車五星，三柱九星，在畢北。五車者，五帝車舍也，五帝坐也，主天子五兵，一曰主五穀豐耗。西北大星曰天庫，主太白，主秦。次東北星曰獄，主辰星，主燕趙。次東星曰天倉，主歲星，主魯衛。次東南星曰司空，主填星，主楚。次西南星曰卿星，主熒惑，主魏。五星有變，皆以其所主占之。三柱一曰三泉。天子得靈臺之禮，則五車、三柱均明有常。其中五星曰天潢。天潢南三星曰咸池，魚囿也。月、五星入天潢，兵起，道不通，天下亂。

五車南六星曰諸王，察諸侯存亡。其西八星曰八穀，主候歲。八穀一星亡，一穀不登。天關一星，在五車南，亦曰天門，日月之所行也，主邊事，主關閉。芒角，有兵。五星守之，貴人多死。

東井鉞前四星曰司怪，主候天地日月星辰變異及鳥獸草木之妖，明主聞災，修德保福也。司怪西北九星曰坐旗，君臣設位之表也。坐旗西四星曰天高，臺榭之高，主遠望氣象。天高西一星曰天河，主察山林妖變。南河、北河各三星，夾東井。一曰天高，天之闕門也，主關梁。南河曰南戍，一曰南宮，一曰陽門，一曰越門，一曰權星，主火。北河曰北戍，一曰北宮，一曰陰門，一曰胡門，一曰衡星，主水。兩河戍間，日月五星之常道也。河戍動摇，中國兵起。南河南三星曰闕丘，主宮門外象魏也。五諸侯五星，在東井北，主刺舉，戒不虞。又曰理陰陽，察得失。亦曰主帝心。一曰帝師，二曰帝友，三曰三公，四曰博士，五曰太史，此五者常爲帝定疑議。星明大潤澤，則天下大治；芒角，則禍在中。五諸侯南三星曰天樽，主盛饘粥以給貧餒。積水一星，在北河西北，水河也，所以供酒食之正也。積薪一星在積水東北，供庖廚之正也。水位四星，在積薪東，主水衡。客星若水火守犯之，百川流溢。

軒轅十七星，在七星北。軒轅，黃帝之神，黃龍之體也；后妃之主，士職也。一曰東陵，一曰權星，主雷雨之神。南大星，女主也。次北一星，夫人也，屏也，上將也。次北一星，妃也，次將也。其次諸星，皆次妃之屬也。女主南小星，女御也。左一星少民，后宗也。右一星大民，太后宗也。欲其色黃小而明也。軒轅右角南三星曰酒旗，酒官之旗也，主宴饗飲食。五星守酒旗，天下大酺，有酒肉財物，賜若爵宗室。酒旗南三星曰天相，丞相之象也。軒轅西四星曰爟，爟者，烽火之爟也，邊亭之警候。

爟北四星曰內平，平罪之官，明刑罰。少微四星在太微西，士大夫之位也。一名處士，亦天子副主，或曰博士官，一曰主衛掖門。南第一星處士，第二星議士，第三星博士，第四星大夫。明大而黃，則賢士舉也。月、五星犯守之，處士、女主憂，宰相易。南四星曰長垣，主界域及胡夷。熒惑入之，胡入中國；太白入之，九卿謀。

唐·魏徵等《隋書》卷一九《天文志上》　經星中宮

北極五星，鉤陳六星，皆在紫宮中。北極，辰也。其紐星，天之樞也。天運無窮，三光迭耀，而極星不移。故曰：「居其所而衆星共之。」賈逵、張衡、蔡邕、王蕃、陸績，皆以北極紐星爲樞，是不動處也。祖暅以儀準候不動處，在紐星之末，猶一度有餘。北極大星，太一之座也。第一星主月，太子也。第二星主日，帝王也。第三星主五星，庶子也。所謂第二星者，最赤明者也。北極五星，最爲尊也。中星不明，主不用事。右星不明，太子憂。鉤陳，後宮也，太帝之正妃也，太帝之坐也。北四星曰女御宮，八十一御妻之象也。鉤陳口中一星，曰天皇太帝。其神曰耀魄寶，主御羣靈，秉萬神圖。抱極樞四星曰四輔，所以輔佐北極，而出度授政也。太帝上九星曰華蓋，蓋所以覆蔽太帝之坐也。又九星直，曰杠。蓋下五星曰五帝內坐，設叙順帝所居也。客犯紫宮中坐，大臣犯主。華蓋杠旁六星曰六甲，可以分陰陽而紀節候，故在帝旁，所以布政教而授人時也。極東一星曰柱下史，主記過。古者有左右史，此之象也。柱史北一星曰女史，婦人之微者，主傳漏。故漢有侍史。傳舍九星在華蓋上，近河，賓客之館，主胡人入中國。客星守之，備姦使，亦曰胡兵起。傳舍南河中五星曰造父，御官也，一曰司馬，或曰伯樂。星亡，馬大貴。西河中九星如鉤狀，曰鉤星，伸則地動。天一一星，在紫宮門右星南，天帝之神也，主戰鬬，知人吉凶者也。太一一星，在天一南，相近，亦天帝神也，主使十六神，知風雨水旱，兵革饑饉，疾疫災害所生之國也。

紫宮垣十五星，其西蕃七，東蕃八，在北斗北。一曰紫微，太帝之坐也，天子之常居也，主命，主度也。一曰長垣，一曰天營，一曰旗星，爲蕃衛，備蕃臣也。宮闕兵起，旗星直，天子出，自將宮中兵。東垣下五星曰天柱，建政教，懸圖法之所也。常以朔望日懸禁令於天柱，以示百司。《周禮》以正歲之月，懸法象魏，此之類也。門內東南維五星曰尚書，主納言，夙夜諮謀，龍作納言，此之象也。尚書西二星曰陰德、陽德，主周急振無。宮門左星內二星曰大理，主平刑斷獄也。門外六星曰天牀，主寢舍，解息燕休。西南角外二星曰內厨，主六宮之飲食，主后夫人與太子宴飲。東北維外六星曰天厨，主盛饌。

北斗七星，輔一星在太微北，七政之樞機，陰陽之元本也。故運乎天中，而臨制四方，以建四時，而均五行也。魁四星爲琁璣，杓三星爲玉衡。又象號令之主，又爲帝車，取乎運動之義也。又魁第一星曰天樞，二曰琁，三曰璣，四曰權，五曰玉衡，六曰開陽，七曰摇光。一至四爲魁，五至七爲杓。樞爲天，琁爲地，璣爲人，權爲時，玉衡爲音，開陽爲律，摇光爲星。石氏云：「第一曰正星，主陽德，天子之象也。二曰法星，主陰刑，女主之位也。三曰令星，主禍害也。四曰伐星，主天理，伐無道。五曰殺星，主中央，助四旁，殺有罪。六曰危星，主天倉五穀。七曰部星，亦曰應星，主兵。」又云：「一主天，二主地，三主火，四主水，五主土，六主木，七主金。」又曰：「一主秦，二主楚，三主梁，四主吴，五主趙，六主燕，七主齊。」

魁中四星，爲貴人之牢，曰天理也。輔星傅乎開陽，所以佐斗成功也。又曰：「主危正，矯不平。」又曰：「丞相之象也。」七政星明，其國昌。不明，國殃。斗旁欲多星則安，斗中少星則人恐上，天下多訟法者。無星二十日。有輔星明而斗不明，臣强主弱。斗明輔不明，主强臣弱也。杓南三星及魁第一星，皆曰三公，宣德化，調七政，和陰陽之官也。

文昌六星，在北斗魁前，天之六府也，主集計天道。一曰上將，大將建威武。二曰次將，尚書正左右。三曰貴相，太常理文緒。四曰司禄、司中，司隸賞功進。五曰司命、司怪，太史主滅咎。六曰司寇，大理佐理寶。所謂一者，起北斗魁前，近內階者也。明潤，大小齊，天瑞臻。

文昌北六星曰內階，天皇之陛也。相一星在北斗南。相者總領百司而掌邦教，以佐帝王安邦國，集衆事也。其明吉。太陽守一星，在相西，大將大臣之象也，主戒不虞，設武備也。非其常，兵起。西北四星曰勢。勢，腐刑人也。天牢六星在北斗魁下，貴人之牢也，主愆過，禁暴淫。

太微，天子庭也，五帝之坐也，亦十二諸侯府也。其外蕃，九卿也。一曰太微爲衡。衡，主平也。又爲天庭，理法平辭，監升授德，列宿受符，諸神考節，舒情稽疑也。南蕃中二星閒曰端門。東曰左執法，廷尉之象也。西曰右執法，御史大夫之象也。執法，所以舉刺凶姦者也。左執法之東，左掖門也。右執法之西，右掖門也。東蕃四星，南第一曰上相，其北東大陽門也。第二星曰次相，其北中華東門也。第三星曰次將，其北東太陰門也。第四星曰上將。所謂四輔也。西蕃四星：南第一星曰上將，其北西太陽門也。第二星曰次將，其北中華西門也。第三曰次相，其北西太陰門也。第四星曰上相。亦四輔也。東西蕃有芒及摇動者，諸侯謀天子也。執法移則刑罰尤急。月、五星所犯中坐，成刑。月、五星入太微軌道，吉。

西南角外三星曰明堂，天子布政之宮也。明堂西三星曰靈臺，觀臺也。主觀雲物，察符瑞，候災變也。左執法東北一星曰謁者，主贊賓客也。謁者東北三星曰三公內坐，朝會之所居也。三公北三星曰九卿內坐，主治萬事。九卿西五星曰內五諸侯，內侍天子，不之國者也。辟雍之禮得，則太微諸侯明。

黄帝坐一星，在太微中，含樞紐之神也。天子動得天度，止得地意，從容中道，則太微五帝坐明，坐以光。黄帝坐不明，人主求賢士以輔法，不然則奪勢。又曰太微五坐小弱青黑，天子國亡。四帝坐四星，四星俠黄帝坐。東方星、蒼帝靈威仰之神也。南方星、赤帝熛怒之神也。西方星、白帝招距之神也。北方星、黑帝叶光紀之神也。

五帝坐北一星曰太子，帝儲也。太子北一星曰從官，侍臣也。帝坐東北一星曰幸臣。屏四星在端門之內，近右執法。屏所以壅蔽帝庭也。執法主刺舉，臣尊敬君上，則星光明潤澤。郎位十五星，在帝坐東北，一曰依烏，郎位也。周官之元士，漢官之光禄、中散、諫議、議郎、三署郎中，是其職也。或曰今之尚書也。郎位主衛守也。其星明，大臣有劫主。又曰，客犯上。其星不具，后死，幸臣誅。客星入之，大臣爲亂。郎將一星在郎位北，主閱具，所以爲武備也。武賁一星，在太微西蕃北，下台南，静室旄頭之騎官也。常陳七星，如畢狀，在帝坐北，天子宿衛武賁之士，以設强毅也。星揺動，天子自出，明則武兵用，微則武兵弱。

三台六星，兩兩而居，起文昌，列招摇，太微。一曰天柱，三公之位也。在天曰三台，主開德宣符也。西近文昌二星曰上台，爲司命，主壽。次二星曰中台，爲司中，主宗。東二星曰下台，爲司禄，主兵，所以昭德塞違也。又曰三台爲天階，太一躡以上下。一曰泰階，上星爲天子，下星爲女主；中階，上星爲諸侯三公，下星爲卿大夫；下階，上星爲士，下星爲庶人。所以和陰陽而理萬物也。其星有變，各以所主占人。君臣和集，如其常度。

南四星曰内平，近職執法平罪之官也。中台之北一星曰大尊，貴戚也。下台南一星曰武賁，衛官也。

攝提六星，直斗杓之南，主建時節，伺禨祥。攝提爲楯，以夾擁帝席也，主九卿。明大三公恣，客星入之，聖人受制。西三星曰周鼎，主流亡。大角一星，在攝提間。大角者，天王座也。又爲天棟，正經紀。北三星曰帝席，主宴獻酬酢。梗河三星，在大角北。梗河者，天矛也。一曰天鋒，主胡兵。又爲喪，故其變動應以兵喪也。星亡，其國有兵謀。招摇一星在其北，一曰矛楯，主胡兵。占與梗河略相類也。招摇與北斗杓間曰天庫。星去其所，則有庫開之祥也。招摇欲與棟星、梗河、北斗相應，則胡常來受命於中國。招摇明而不正，胡不受命。玄戈二星，在招摇北。玄戈所主，與招摇同。或云主北夷。客星守之，胡大敗。天槍三星，在北斗杓東。一曰天鉞，天之武備也。故在紫宫之左，所以禦難也。女牀三星，在其北，後宫御也，主女事。天棓五星，在女牀北，天子先驅也，主忿争與刑罰，藏兵，亦所以禦難也。槍棓皆以備非常也。一星不具，國兵起。

東七星曰扶筐，盛桑之器，主勸蠶也。七公七星，在招摇東，天之相也，三公之象，主七政。貫索九星在其前，賤人之牢也。一曰連索，一曰連營，一曰天牢，主法律，禁暴强也。牢口一星爲門，欲其開也。九星皆明，天下獄煩。七星見，小赦；五星，大赦。動則斧鑕用，中空則更元。《漢志》云十五星。天紀九星，在貫索東，九卿也。九河主萬事之紀，理怨訟也。明則天下多辭訟，亡則政理壞，國紀亂，散絶則地震山崩。織女三星，在天紀東端，天女也，主果蓏絲帛珍寶也。王者至孝，神祇咸喜，則織女星俱明，天下和平。大星怒角，布帛貴。東足四星曰漸臺，臨水之臺也。主晷漏律吕之事。西足五星曰輦道，王者嬉遊之道也，漢輦道通南、北宫象也。

左右角間二星曰平道之官。平道西一星曰進賢，主卿相舉逸才。角北二星曰天田。亢北六星曰亢池。亢，舟航也；池，水也。主送往迎來。氐北一星曰天乳，主甘露。房中道一星曰歲守之，陰陽平。房西二星南北列，曰天福，主乘輿之官，若《禮》巾車、公車之政。主祠事。東咸、西咸各四星，在房心北，日月五星之道也。房之户，所以防淫佚也。星明則吉，暗則凶。月、五星犯守之，有陰謀。東咸西三星，南北列，曰罰星，主受金贖。鍵閉一星，在房東北，近鉤鈐，主關鑰。

天市垣二十二星，在房心東北，主權衡，主聚衆。一曰天旗庭，主斬戮之事也。市中星衆潤澤則歲實，星稀則歲虚。熒惑守之，戮不忠之臣。又曰，若怒角守之，戮者臣殺主。彗星除之，爲徙市易都。客星入之，兵大起，出之有貴喪。市中六星臨箕，曰市樓市府也，主市價律度。其陽爲金錢，其陰爲珠玉。變見，各以所主占之。北四星曰天斛，主量者也。斛西北二星曰列肆，主寶玉之貨，市門左星内二星曰車肆，主衆賈之區。

帝坐一星，在天市中，候星西，天庭也。光而潤則天子吉，威令行。微小凶，大人當之。候一星，在帝坐東北，主伺陰陽也。明大輔臣强，四夷開。候細微則國安，亡則主失位，移則主不安。宦者四星，在帝坐西南，侍主刑餘之人也。星微則吉，明則凶，非其常，宦者有憂。斗五星，在宦者南，主平量。仰則天下斗斛不平，覆則歲穰。宗正二星，在帝坐東南，宗大夫也。彗星守之，若失色，宗正有事。客星守動，則天子親屬有變。客星守之，貴人死。宗星二，在候星東，宗室之象，帝輔血脈之臣也。客星守之，宗人不和。東北二星曰帛度，東北二星曰屠肆，各主其事。

天江四星在尾北，主太陰。江星不具，天下津河關道不通。明若動揺，大水出，大兵起。參差則馬貴。熒惑守之，有立王。客星入之，河津絶。

天籥八星，在南斗杓西，主關閉。建星六星，在南斗北，亦曰天旗，天之都關也。爲謀事，爲天鼓，爲天馬。南二星，天庫也。中央二星，市也，鈇鑕也。上二星，旗跗也。斗建之間，三光道也。星動則人勞。月暈之，蛟龍見，牛馬疫。月、五星犯之，大臣相譖，臣謀主；亦爲關梁不通，有大水。東南四星曰狗國，主鮮卑、烏丸、沃且。熒惑守之，外夷爲變。太白逆守之，其國亂。客星犯之，有大盜，其王且來。狗國北二星曰天雞，主候時。天弁九星在建星北，市官之長也。主列肆闤闠，若市籍之事，以知市珍也。星欲明，吉。彗星犯守之，糴貴，囚徒起兵。

河鼓三星，旗九星，在牽牛北，天鼓也，主軍鼓，主鈇鉞。一曰三武，主天子三將軍。中央大星爲大將軍，左星爲左將軍，右星爲右將軍。左星，南星也，所以備關梁而距難也，設守阻險，知謀徵也。旗即天鼓之旗，所以爲旌表也。左旗九星，在鼓左旁。鼓欲正直而明，色黄光澤，將吉；不正，爲兵憂也。星怒馬貴，動則兵起，曲則將失計奪勢。旗星戾，亂相陵。旗端四星南北列，曰天桴。桴，鼓桴也。星不明，漏刻失時。前近河鼓，若桴鼓相直，皆爲桴鼓用。

離珠五星，在須女北，須女之藏府也，女子之星也。星非故，後宫亂。客星犯之，後宫凶。虛北二星曰司命，北二星曰司禄，又北二星曰司危，又北二星曰司非。司命主舉過行罰，滅不祥。司禄增年延德，故在六宗北。犯司危，主驕佚亡下。司非以法多就私。瓠瓜五星，在離珠北，主陰謀，主後宫，主果食。明則歲熟，微則歲惡，后失勢。非其故，則山摇，谷多水。旁五星曰敗瓜，主種。天津九星，梁，所以度神通四方也。一星不備，津關道不通。星明動則兵起如流沙，死人亂麻。微而參差，則馬貴若死。星亡，若從河水爲害，或曰水賊稱王也。東近河邊七星曰車府，主車之官也。車府東南五星曰人星，主静衆庶，柔遠能邇。一曰卧星，主防淫。其南三星内析，東南四星曰杵臼，主給軍糧。客星入之，兵起，天下聚米。天津北四星如衡狀，曰奚仲，古車正也。

騰蛇二十二星，在營室北，天蛇星主水蟲。星明則不安，客星守之，水雨爲災，水物不收。王良五星，在奎北，居河中，天子奉車御官也。其四星曰天駟，旁一星曰王良，亦曰天馬。其星動，爲策馬，車騎滿野。亦曰王良梁，爲天橋，主御風雨水道，故或占津梁。其星移，有兵，亦曰馬病。客星守之，橋不通。前一星曰策，王良之御策也，主天子僕，在王良旁。若移在馬後，是謂策馬，則車騎滿野。閣道六星，在王良前，飛道也。從紫宫至河，神所乘也。一曰閣道，主道里，天子遊别宫之道也。亦曰閣道，所以扞難滅咎也。一曰王良旗，一曰紫宫旗，亦所以爲旌表，而不欲其動摇。旗星者，兵所用也。傅路一星，在閣道南，旁别道也。備閣道之敗，復而乘之也。一曰太僕，主禦風雨，亦遊從之義也。東壁北十星曰天厩，主馬之官，若今驛亭也，主傳令置驛，逐漏馳鶩，謂其行急疾，與晷漏競馳。

天將軍十二星，在婁北，主武兵。中央大星，天之大將也。外小星，吏士也。大將星摇，兵起，大將出。小星不具，兵發。南一星曰軍南門，主誰何出入。太陵八星，在胃北。陵者，墓也。太陵巷舌之口曰積京，主大喪也。積京中星絶，則諸侯有喪，民多疾，兵起，粟聚。少則粟散。星守之，有土功。太陵中一星曰積尸，明則死人如山。天船九星，在太陵北，居河中。一曰舟星，主度，所以濟不通也，亦主水旱。不在漢中，津河不通。中四星欲其均明，即天下大安。不則兵若喪。客彗星出入之，爲大水，有兵。中一星曰積水，候水災。昴西二星曰天街，三光之道，主伺候關梁中外之境。天街西一星曰月。卷舌六星在北，主口語，以知佞讒也。曲者吉，直而動，天下有口舌之害。中一星曰天讒，主巫醫。

五車五星，三柱九星，在畢北。五車者，五帝車舍也，五帝坐也，主天子五兵，一曰主五穀豐耗。西北大星曰天庫，主太白，主秦。次東北星曰獄，主辰星，主燕、趙。次東星曰天倉，主歲星，主魯、衛。次東南星曰司空，主填星，主楚。次西南星曰卿星，主熒惑，主魏。五星有變，皆以其所主而占之。三柱，一曰三泉，一曰休，一曰旗。五車星欲均明，闊狹有常也。天子得靈臺之禮，則五車、三柱均明。中有五星曰天潢。天潢南三星曰咸池，魚囿也。月、五星入天潢，兵起，道不通，天下亂，易政。咸池明，有龍墮死，猛獸及狼害人，若兵起。

五車南六星曰諸王，察諸侯存亡。西五星曰厲石，金若客星守之，兵動。北八星曰八穀，主候歲。八穀一星亡，一穀不登。天關一星，在五車南，亦曰天門，日月所行也，主邊事，主開閉。芒角，有兵。五星守之，貴人多死。

東井鉞前四星曰司怪，主候天地日月星辰變異，及鳥獸草木之妖，明主聞災，修德保福也。司怪西北九星曰坐旗，君臣設位之表也。坐旗西四星曰天高，臺榭之高，主遠望氣象。天高西一星曰天河，主察山林妖變。南河、北河各三星，夾東井。一曰天高天之闕門，主關梁。南河曰南戍，一曰南宫，一曰陽門，一曰越門，一曰權星，主火。北河一曰北戍，一曰北宫，一曰陰門，一曰胡門，一曰衡星，主水。兩河戍間，日月五星之常道也。河戍動摇，中國兵起。南河三星曰闕丘，主宫門外象魏也。五諸侯五星，在東井北，主刺舉，戒不虞。又曰理陰陽，察得失。亦曰主帝心。一曰帝師，二曰帝友，三曰三公，四曰博士，五曰太史。此五者常爲帝定疑議。星明大潤澤，則天下大治，角則禍在中。五諸侯南三星曰天樽，主盛饘粥，以給酒食之正也。積薪一星，在積水東，供給庖廚之正也。水位四星，在東井東，主水衡。客星若水火守犯之，百川流溢。

軒轅十七星，在七星北。軒轅，黃帝之神，黃龍之體也。后妃之主，士職也。一曰東陵，一曰權星，主雷雨之神。南大星，女主也。次北一星，妃也。次，將軍也。其次諸星，皆次妃之屬也。女主南小星，女御也。左一星少民，少后宗也。右一星大民，太后宗也。欲其色黃小而明也。軒轅右角南三星曰酒旗，酒官之旗也，主饗宴飲食。五星守酒旗，天下大酺，有酒肉財物，賜若爵宗室。酒旗南二星曰天相，丞相之象也。軒轅西四星曰爟，爟者烽火之爟也，邊亭之警候。爟北四星曰內平。少微四星，在太微西，士大夫之位也。一名處士，亦天子副主，或曰博士官。一曰主衛掖門。南第一星處士，第二星議士，第三星博士，第四星大夫。明大而黃，則賢士舉也。月、五星犯守之，處士、女主憂，宰相易。南四星曰長垣，主界域及胡夷。熒惑入之，胡入中國。太白入之，九卿謀。

唐·佚名《星占》 天皇大帝一星，鈎陳口，四輔四星，抱北極樞。華蓋七星，扛九星，凡十六星大帝上。五帝內坐五星，華蓋下。六甲六星，華蓋杠傍。天柱五星，在紫微宮中，近東垣。柱下史一星，北極東，女史一星，柱下史北。尚書五星，紫微宮門內東南淮。陰得二星，尚書西。天牀六星，紫微宮門外。天俚四星，北斗魁中。內厨二星，紫微宮西南角。內階六星，文昌北。天厨六星，紫微宮東北維外。宋一星，王良前。傳舍九星，華蓋上近河傍。造父五星，傳舍南河中。車府七星，天津東近河傍。人五星，車府東南內。杵三星，人星南河傍。臼四星，人星東(人)。扶筐七星，天津北。司命二星，在虛北。司禄二星，司命北。司危二星，司禄北。司非二星，司危北。敗瓜五星，瓠瓜傍。河鼓左旗九星，河鼓左傍。天雞二星，狗國北。羅偃三星，牽牛東。市樓六星，在市中，臨箕。斛四星，在中斗南。日一星，旁中道前。天乳一星，在亘北。亢池六星，在亢北。漸臺四星，屬織女東足。輦通五星，屬織女西足。三公三星，北斗柄東。周鼎三星，攝提西。帝座三星，大角北。天田二星，右角北。天門二星，左角北。中道二星，左右角間。進賢一星，平道西。謁者一星，左執法東北。三公內坐三星，謁者東北。九卿內坐三星，三公北。內五諸侯五星，九卿西。太子一星，黃帝坐北。從官一星，太子西北。幸臣一星，太子南。明堂三星，太微西南角。靈臺三星，明堂西。勢四星，太陽守西南。內平四星，中台南。權四星，軒轅尾西。酒旗三星，軒轅右角南。天撙三星，東井北。諸天六星，五車南。司怪四星，鉞室北。坐旗九星，司怪南。天高四星，參旗西近畢。厲石四星，五車西北。八穀八星，五車北。災讒一星，卷舌中。積水一星，天船中。積尸一星，大陵中。左更五星，在婁東。右更五星，在婁西。軍南門一星，將軍西北。天潢五星，五車中。咸池三星，天潢東。月一星，在昴東。天街二星，昴間，在月星西。天河一星，在天稟西。

右甘氏中官七十六座、二百八十一星，皆黑。

又 天尊一星，中台北。三公三星，北斗魁第一星西，大理二星，紫微宮門右星內。御女宮四星，鈎陳星北。天相三星，七星北。長垣四星，少微西南北列。虎賁一星，下台南。軍門二星，青丘西。

佚名《通占大象曆星經》卷上

四輔 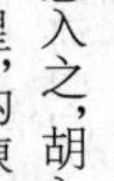

四輔四星抱北極樞星，主君臣禮儀，主政萬機，輔弼佐理萬邦之象，輔佐北辰，而出入授政也。

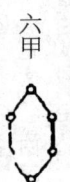

六甲 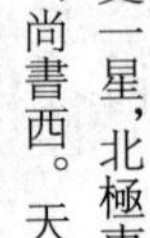

六甲六星在華蓋之下，扛星之旁，主分陰陽，而配於節候出入，故在帝座旁。所布政教，而授農時也。

鈎陳 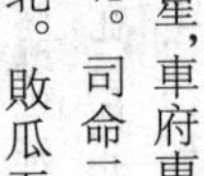

鈎陳六星在五帝下，爲後宮大帝正妃，又主天子、六軍將軍，又主三公。若星暗，人主凶惡之象矣。

天皇 

天皇大帝一星在鈎陳中央也，不記數，皆是一星，在五帝前坐，萬神輔録圖也。其神曰：耀魄寶，主御群靈。

柱下 

柱下史在北辰東，主左右，《史記》過事也。

尚書 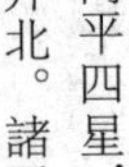

五尚書在東南維，主納言，夙夜諮謀事也。

內厨 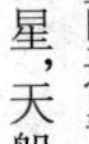

內厨二星在西北角，主六宮飲食，后妃第宴，飲厨府也。

天床

天床六星在宮門外，聽政之前，亦主寢宴。會讌息，床星傾，天子不安，失位也。訣曰：火入紫微宮中，天下大亂，帝王失位。

北斗

北斗星謂之七政，天之諸侯，亦爲帝車，魁四星爲璇璣，杓三星爲玉衡，齊七政，斗爲人君，號令之主，出號施令，布政天中，臨制四方。第一名天樞，爲土星，主陽德，亦曰政星也。是太子像。星暗亦經七日，則大災。第二名璇，主金刑陰，女主之位，主月及法。若星暗，經六日，則月蝕。第三名璣，主木及禍，亦名金星，若天子不愛百姓，則暗也。第四名權，主火爲伐，爲天理伐也，無道，天子施令不依，四時則暗。第五名衡，主水爲煞，助四時旁煞，有罪，天子樂淫，則暗。第六名闓陽，主木及天下倉庫五穀。第七名瑤光，主金，亦爲應星。訣曰：王有德至天，則斗齊明國昌總。暗，則國有災起也。右斗中子星少，則人多淫亂，法令不行，木星守，貴人繁，天下亂也。火星守，兵起，人主災，人不聊生，棄宅走奔。諸邑守斗西，大饑，人相食。守斗南，五果不成。五星入斗中，國易政，又易主，大亂也。彗孛入斗中，天下改主，有大戮，先舉兵者，咎；後舉兵者，昌。其國主大災，甚於彗之禍。右旁守之，咎重細審之所，守樞入張一度，去北辰十八度也，衡去極十五度，去辰十一度。

華蓋

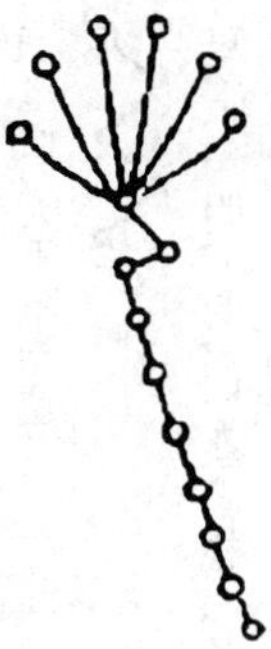

華蓋十六星，星在五帝座，上正吉，帝道昌。星傾邪，大凶，扛九星爲華蓋之柄也。上七星爲庶子之官，若星明，臣主天下，不明，主亂，期八年，國無主也。

五帝座

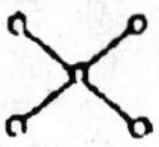

五帝內座，在華蓋下，覆帝座也，五帝同座也。上色，政吉，色變，爲災，凶也。

御女

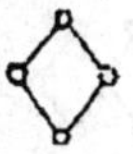

御女四星，在鉤陳北，主天子八十一御女，妃也，后之官。明，吉，暗，凶也。

天柱

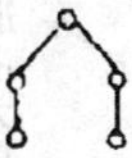

天柱五星，在紫微宮內，近東垣，主建教等，二十四氣也。

女史

女史一星，在天柱下，史北掌記，禁中傳漏動静，主時要事也。

陰德

陰德二星，以太陰，在尚書西，主天下綱紀。陰德遺周，給惠賑財之事。

大理

大理二星，在宮門內，主刑獄事也。自北極已下五十星，並在紫微宮內外。占曰：彗孛入中宮，有異姓王。火星入守北極，臣下煞君。木星入守北極，國有大衰。若分守久，有逆臣反亂。土星犯乘之，大人當之，太子有罪。五星聚在中宮，改立帝王，五星及客，犯守鉤陳者，大臣凶，所守犯之座，皆受，其殃咎也。

輔星

輔星像親，近大臣，輔佐興，而相明。若明，大如斗者，則相奪政，兵起。若暗，小則死，免官。若近，斗一二寸，爲臣迫脅主。若五六寸，四遠。客及彗孛入斗中，諸侯争權，逼天子。月暈斗，大水入城，兵起，主有赦。北斗第六七捐角，第四五六指南，第一二指觜，二十有九星。

內階

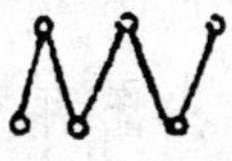

內階六星，在文昌北，階爲明堂頭。

文昌

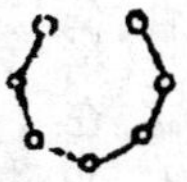

文昌七星，如半月形，在北斗魁前天府，主營計天下事，其六星各有名，六司

法大理。色黄光潤，則天下安，萬物成，青黑及細微，多所殘害，摇動移處，三公被誅，不然皇后崩。文昌與三公攝提，軒轅共爲一體，通占木土星守之，天下安。火星守，國亂，兵起。金星守，兵大起。若彗孛流星入之，大將返叛，亂也。

三公 

三公星三，在斗柄東，和陰陽，齊七政，以教天下。人一星亡，天下危，二星亡，天下亂，三星亡，天下不治也。

天棓 

天棓五星，不用明。明，則天下兵起，斧鉞用鎗。棓八星，皆非常也。入氐二度，去北辰二十八度。

天槍 

天槍三星，在北斗柄東，主天鋒武備，在紫微宫，右以御也。

傳舍 

傳舍九星，在華蓋奚仲，北近天河，主賓客之館，客星守之，兵起，令四方館也。

天廚 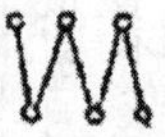

天廚六星，在紫微宫，東北維，近傳舍，北百官厨今光禄厨像之星亡君子賣衣，民人賣妻子，大饑，客守之，大饑荒。

天一 

天一星，在紫微宫門外，右曰：南爲天帝之神，主戰鬬，知吉凶。星明，吉，暗，凶。若離本位，而乘斗，後九十日，必兵大起也。光明，陰陽和也，萬物盛，天子吉。星亡，天下亂，大凶也。

太一 

太一星，在天一南半度，天帝神，主十六神，知風雨、水旱、兵馬、饑饉、疾病、災害。若在其國也，星明，吉，暗，凶。離本位，而乘斗者，九十日，必兵大起也。太一星入軫十度，去北辰十五度半，太一星去北辰十一度。

天牢 

天牢六星，在北斗魁下，貴人牢。占爲貫索同，主禁思。慕姦志：火星守入之，人民相食之，應有赦也。

天市圖

天市垣，五十六星，在房心北，主權衡一名天旗大明，則米貴，市中星衆，則歲實。五星入市門，則兵起。芒角色赤，赤氣入，大災。火守，米貴。所守坐犯，皆當之門左。星入尾一度，去北辰九十四度也。

候 

候星在市東，主輔臣、陰陽、法官。明，則輔臣强。小暗，輔微弱。入箕三度，去北辰七十二度。

宦官 

宦官四星，在帝座西南，侍帝之傍，入尾十二度。

斗 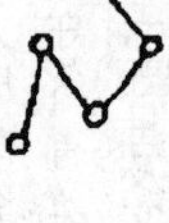

斗五星，在宦星西南，主稱量度。明，斗西後，則豐。若斗亡，仰不熟，入尾十度。

宗人 

宗人四星，在宗政東，主司享。先人星動，帝親致憂。

宗正 

宗正二星，在帝座東南，主宗正、卿大夫。暗，室位、室族有事。

佚名《通占大象曆星經》卷下

屠肆 

屠肆二星，在帛度北，主屠，煞之位也。

市樓 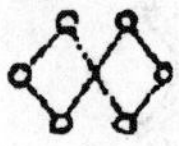

市樓六星，在市門中，主闤闠之司令，市曹官之職。

斛

斛四星，在北斗南，主斛，食之事已上。諸星並在市中也。

女床

女床三星，在天紀北，主後宮生女事，侍帝及皇后。明，則宮人自恣。入箕一度，去北辰五十三度。

帝座

帝座一星，在市中，神農所貴。色明潤，天子威令行。微小、凶亡，大惡之。入尾十五度，去北辰七十一度。

宗星

宗二星，在候東，主宗室，爲帝血脈之臣，録呈家親族等級。星明，則族人有序，暗，則族有憂。

列肆

列肆二星，在斛西北，主貨珍寶，金玉等也。

東肆

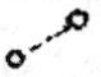

東肆二星，在宮門西垣左，星之西，主市易價直之官。

帛度

帛度二星，在宗星東北，主平量也。

天紀

天紀九星，在貫索東，主九卿。萬事綱紀，掌理怨訟，與貫相連，有索即地動，期二年，星不欲明，即天下有怨恨生。亡，則，國政壞。西入尾五度，去北辰五十一度。

天棓

天棓五星，在女床東北，主忿争。刑罰以禦王，難備非常。明大，有憂。微小，吉。不用明火，星守，兵起。入箕八度，去北辰十二度。春夏，火，秋冬，水。主八風之始，一名析木。

宋・鄭樵《通志》卷三九《天文略二》　太微宫

上元天廷太微宫，昭昭列象布蒼穹。端門只是門之中，左右執法門西東。門左皂衣一謁者，以次即是烏三公。三黑九卿公背傍，五黑諸侯卿後行。四箇門西主軒屏，五帝内坐於中正。幸臣太子并從官，烏列帝後從東定。郎將虎賁居左右，常陳郎位居其後。常陳七星不相誤，郎位陳東一十五。兩面宫垣十星布，左右執法是其數。宫外明堂佈政宫，三箇靈臺候雲雨。少微四星西南隅，長垣霎霎微西居。北門西外接三台，與垣相對無兵災。

太微垣，十星，在翼、軫北。張衡云：「天子之宫庭，五帝之坐，十二諸侯府也。其外蕃九卿也。」一曰，軒轅爲權，太微爲衡。衡，主平也。《隋志》云：「又爲天庭，理法平辭，監升授德，列宿受符，諸神考節，舒情稽疑也。」

南蕃中二星間曰端門，東曰左執法，廷尉之象也。西曰右執法，御史大夫之象也。執法，所以舉刺凶奸者也。左執法之東，左掖門也；右執法之西，右掖門也。

東蕃四星，南第一曰上相，其北東太陽門也。第二星曰次相，其北中華東門也。第三星曰次將，其北東太陰門也。第四星曰上將，所謂四輔也。西蕃四星，南第一星曰上將，其北西太陰門也。第二星曰次將，其北中華西門也。第三星曰次相，其北西太陽門也。第四星曰上相，亦四輔也。東西蕃有芒及動摇者，諸侯謀天子也。執法移則刑罰尤急。月五星入太微軌道，吉。其所犯中坐，成刑。

謁者一星，在太微内左執法東北，主贊賓客也。不見，外國不賓服。謁者東北三星曰三公，内坐朝會之所居也。張衡云：「以輔弼帝者，其名與夾斗三公同。」三公北三星曰九卿内坐，主治萬事，與天紀同占。九卿西五星曰内五諸侯，内侍天子，不之國也。辟雍之禮得，則太微諸侯明。

屏四星，在端門内帝座南，近右執法。屏，所以擁蔽帝庭也。執法主刺舉，星大明潤，則君臣有禮。

黄帝内坐一星，在太微中，含樞紐之神也。天子動得天度，止得地意，從容中道，則太微五帝之坐明以光。黄帝坐不明，人主當求賢士以輔治，不然則奪勢。又曰，太微五帝坐小弱青黑，天子國亡。四帝内坐四星，夾黄帝坐。東方星，蒼帝靈威仰之神也。南方星，赤帝赤熛怒之神也。西方星，白帝白招矩之神也。北方星，黑帝叶光紀之神也。

張衡云：「五帝同明而光，則天下歸心。不然則失位。」金、火、水入太微，若順入軌道，伺其出之所守之分，則爲天子所誅也。

帝坐東北一星曰幸臣，主親愛臣。明則幸用事；微細，吉。太子一星，在幸臣西五帝坐北，儲貳之星，明而潤則太子賢，不然則否。金、火守入，太子不廢，則爲篡逆之事。從官一星，在太子西北，主從官。不見則帝不安，如常則吉。郎將一星，在郎位東北，所以爲武備。張衡云：「今左、右中郎將是也。大明芒角，將怒不可當也。」虎賁一星，在太微西蕃之外，上相之西，下台之南，静室旄頭之騎官也。張衡云：「主侍從之武臣也與車騎同占。」常陳七星，如畢狀，在帝坐北，天子宿衛虎賁之士，以設彊毅也。星摇動，天子自出；明則武兵用；微則武兵弱。郎位十五星，又云二十四星，在帝坐東北。一曰，依烏，郎位也。周官之元士，漢官之光禄、中散騎、諫議、議郎、三署郎中，是其職也。張衡又云：「今之尚書郎也，欲其大小相均，光潤有常，吉。」《隋志》：「郎位，主守衛也。其星明，大臣有劫主。又曰，客犯上。其星不具，后死，幸臣誅。客星入之，大臣爲亂。」明堂三星，在太微西南角外，天子布政之宫也。明，吉；暗，凶。明堂西三星曰靈臺，主觀雲物，察符瑞，候災變也。占與司怪同。少微、長垣二坐星，已釋在張星之次矣。三台六星，兩兩而居，起文昌，列招摇，太微。一曰天柱，三公之位也，在天曰三台，主開德宣符也。西近文昌二星曰上台，爲司命，主壽。次二星對軒轅曰中台，爲司中，主宗室。東二星抵太微曰下台，爲司禄，主兵。所以昭德塞違也。又曰，三台爲天階，太一躡以上下。一曰泰階。上階，上星爲天子，下星爲女主。中階，上星爲諸侯三公，下星爲卿大夫。下階，上星爲士，下星爲庶人。所以和陰陽而理萬物也。其星有變，各以所主占之。君臣和集，如其常度。張衡云：「包齊明而行列相類，則君臣和，法令平。不齊爲乖度。」金、火守入，兵起。彗孛尤甚也。

北級紫微宫

中元北極紫微宫，北極五星在其中。大帝之坐第二珠，第三之星庶子居，第一號曰爲太子，四爲后宫五天樞。一云：第三明者帝之居，第四名曰四庶子，最小第五天之樞。左右四星是四輔，天一太一當門路。左樞右樞夾南門，兩面營衛一十五。上宰少尉兩相對，少宰上輔次少輔。上衛少衛次上丞，後門東邊大贊府。門西喚作一少丞，以次却向前門數。陰德門裏兩黃聚，尚書以次其位五。女史柱史各一户，御女四星五天柱。大理兩星陰德邊，勾陳尾指北極顛，勾陳六星六甲前，天皇獨在勾陳裏。五帝内坐後門是，華蓋并杠十六星，杠作柄象蓋傘形，蓋上連連九箇星，名曰傳舍如連丁。垣外左右各六珠，右是内階左天厨。階前八星名八穀，厨下五箇天棓宿。天牀六星左樞在，内厨兩星右樞對。文昌斗上半月形，希疎分明六箇星。文昌之下曰三公，太尊只向三公明。天牢六星太尊邊，太陽之守四勢前。一箇宰相太陽側，更有三公相西偏，即是玄戈一星圓。天理四星斗裏暗，輔星近著開陽淡。一本云：文昌之下三師名，天牢六星四勢前。更有三公相西偏，即是太陽一星圓。天理四星斗裏暗，輔星近著開陽淡。北斗之宿七星明，第一主帝名樞精，第二第三璇璣星，第四名權第五衡，闓陽、摇光六七名。

北極五星，在紫微宫中。一名天極，一名北辰，其紐星，天之樞也。天運無窮，三光迭耀，而極星不移，故曰居其所而衆星拱之。第一星主月，太子也。第二星主日，帝王也，亦爲太一之坐，謂最赤明者也。第三星主五星，庶子也。北極五星，最爲尊也。中星不明，主不用事。右星不明，太子憂也。其第四星爲后宫，第五星爲天樞。張衡云：「二星並爲後宫。北極五星明大則吉，變動則憂。」抱極樞四星曰四輔，所以輔佐北極，而出度授政也。張衡云：「抱極之細星也，爲輔臣之位，主贊萬機。小而明，吉；大明及芒角，臣逼君；暗則官不理。」天一一星，在紫宫門右星之南，天帝之神也，主戰鬭，知人吉凶者也。太一一星，在天一南相近，亦天帝神也，主使十六神，知風雨、水旱、兵革、饑饉、疾疫，災害所生之國也。張衡云：「天一逼閶闔外。其占，明而有光則陰陽和合，萬物成，人主吉。不然反是。」太一占與天一略同。

紫宫垣十五星，其西蕃七，東蕃八，在北斗之北。一曰紫微，大帝之坐也，天子之常居也，主命主度也。一曰長垣，一曰天營，一曰旗星，爲蕃衛，備蕃臣也。宫闕兵起，旗星直，天子出，自將宫中兵。張衡云：「紫微垣十五星，東蕃八，西蕃七。其東蕃近閶闔門第一星爲左樞，第二星爲上宰，第三星爲少宰，第四星爲上輔，第五星爲少輔，第六星爲上衛，第七星爲少衛，第八星爲少丞。其西蕃近閶闔門第一星爲右樞，第二星爲少尉，第三星爲上輔，第四星爲少輔，第五星爲上衛，第六星爲少衛，第七星爲上丞。皆以明大有常則吉，若盛明則内輔盛也。宫垣直而明，天子將兵；開則兵起。西藩正南開如門象，名閶闔門，有流星自門而出四野者，當有中使銜命，視其所適分野而論之也。」陰德二星，在紫微宫内尚書之西，主施德者，其占以不明爲宜，明則新君踐極。《隋志》曰：「尚書西二星曰陰德、陽德，主周急振撫。」又分爲二坐星矣。門内東南維五星曰尚書，主納言，夙夜咨謀，龍作納言，此之象也。張衡曰：「八坐大臣之象，其占與四輔不殊。」極東一星曰柱下史，主左右記君之過，星明則史直辭，不明反是。柱史北一星曰女史，婦人之微者，主傳漏。故漢有侍史。張衡云：「婦官也，主記宮内之事。」其占與柱史同。御女第四星，在紫微宮内勾陳之北，八十一御妻之象也，其占，明則多内寵，不明則否。《晉志》謂之女御宮。天柱五星，在紫微宮門内華蓋杠左傍，近東垣北隅，法五行，主晦朔晝夜之職。明正則吉，人安，陰陽調；不然則司歷過。《隋志》云：「建政教，立圖法之府也。常以朔望日垂禁令於天柱，以示百司。」《周禮》：「以正歲之月示法象魏」，此之謂也。大理二星，在紫微門内，次近陰德，決獄之官，星明則刑憲平，不明則冤酷深。

勾陳六星，在紫微宮華蓋之下。《隋志》云：「後宮也，大帝之正妃也，大帝之帝居也。」張衡云：「大帝所居之宮也，亦將軍之象也。」星明則吉，暗則人主惡之。勾陳口一星曰天皇，亦曰大帝，其神曰曜魄寶，主御羣靈，秉萬機神圖也。其星隱而不見，見則爲災。六甲六星，在紫微宮内華蓋杠左傍，分掌陰陽，紀時節，明則陰陽和，不明則寒暑易節。五帝内坐五星，在華蓋下勾陳上，斧扆之象，所以備宸居者，明正則吉，變動則災凶。《隋志》云：「客星犯紫宮中坐，大臣犯主。」華蓋七星，其杠九星，合十六星，在勾陳上，正當大帝，所以覆蔽大帝之坐也，明正則吉，傾動則凶。傳舍九星，在華蓋上近河，賓客之館，主胡人入中國。客星守之，備姦使，亦曰胡兵起。内階六星，在文昌北，天皇之陛也。明，吉；傾動，凶。紫微東垣北維外六星曰天廚，天子百官之厨也。見，吉；不見，凶。八穀八星，在紫微西蕃之外五車之北，其八星，一主稻，二主黍，三主大麥，四主小麥，五主大豆，六主小豆，七主粟，八主麻子。明則八穀皆成，暗則不熟。一星不見則一穀不登，八星不見則國人餬口。天棓五星，在女牀東北，天子先驅，所以禦難也，不明則國兵起。一曰，主争訟，明大，凶；小，吉。天牀六星，當閶闔門外，主天子寢舍解息燕休之處，星正大，吉，君有慶，傾則人主不安。一云，在宮門外，聽政之象也，爲寢舍也，暗，凶。内厨兩星，在紫垣外西南角，主六宮之内飲食府也。一云，主后夫人與太子宴飲，居常，無咎；有犯守，凶。

文昌六星，在北斗魁前，天之六府也，主集計天道。一曰上將，大將軍建威武。二曰次將，尚書正左右。三曰貴相，太常理文緒。四曰司禄、司中，司隸賞功進爵。五曰司命、司怪，太史主滅咎。六曰司寇，大理佐理寶。所謂一者，起北斗魁前，近内階者也，明潤，大小齊，天瑞臻。張衡云：「其占，黄潤光明，萬人安；大小均，天瑞降；青黑細微，多所害；摇動移徙，大臣憂。金、火守入，兵興。孛彗犯，國亂。」一曰，文昌動則三公受誅，后崩，災福與三公同。三公三星，在北斗柄東，又三公星在北斗魁西，並爲太尉、司空、司徒之象，主爕理陰陽，弼君機務。其星移徙，不吉；居常，安。金、火守之，三公有凶。《隋志》曰：「杓南三星及魁第一星，皆曰三公，宣德化，調七政，和陰陽之官也。」太尊一星，在中台之北，貴戚也。巫咸云：「聖公之象，居常爲定，不見則凶。金犯守爲災，貴賤將敗者也。」

天牢六星，在北斗魁下，貴人之牢也，主愆過，禁暴淫，與貫索同占。太陽守一星，在相西，大將大臣之象也，主戒不虞，設武備也。非其常，兵起。明，吉；暗，凶；移徙，大臣誅。勢四星，在太陽守西北，刑餘人而用事者也。不明，吉；明即閹官擅權。相一星，在北斗南。《隋志》曰：「相者，總領百官而掌邦教，以佐帝王，安邦國，集衆事也。明，吉。」玄戈一星，在招摇北，亦曰天戈也。芒角大而動則四夷兵起，其占與梗河相類。北斗魁中四黑星，爲貴人之牢曰天理，明及摇動與有星者，爲貴人下獄。

北斗七星，輔一星，在太微北，七政之樞機，陰陽之元本也。故運乎天中而臨制四方，以建四時而均五行也。魁四星爲璇璣，杓三星爲玉衡。又曰，斗爲人君之象，號令之主，又爲帝車，取乎運動之義也。又魁第一星曰天樞，二曰璇，三曰璣，四曰權，五曰玉衡，六曰開陽，七曰摇光。一至四爲魁，五至七爲杓。樞爲天，璇爲地，璣爲人，權時，玉衡爲音，開陽爲律，摇光爲星。石氏云：「第一曰正星，主陽德，天子之象也。二曰法星，主陰刑，女主之位也。三曰令星，主禍害也。四曰伐星，主天理，伐無道。五曰殺星，主中央，助四旁，殺有罪。六曰危星，主天倉五穀。七曰部星，亦曰應星，主兵。」又云：「一主天，二主地，三主火，四主水，五主土，六主木，七主金。」又曰：「一主秦，二主楚，三主梁，四主吴，五主趙，六主燕，七主齊。輔星附乎開陽，所以佐斗成功也。」又曰：「主危正，矯不平。」又曰：「丞相之象也。七政星明則國昌；不明，國殃。」斗旁欲多星則安，斗中少星則人恐上，天下多訟法者。無星二十日。有輔星明而斗不明，臣彊主弱。斗明輔不明，主彊臣弱也。杓南三星及魁第一星皆曰三公，宣德化，調七政，和陰陽之官也。張衡云：「若天子不恭宗廟，不敬鬼神，則魁第一星不明，或變色。或廣營宮室，妄鑿山陵，則第二星不明，或變色。若不愛百姓，驟興征役，則第三星不明，或變色。若發號施令，不順四時，不明天道，則第四星不明，或變色。若廢正樂，務淫聲，則第五星不明，或變色。若不勸農桑，不務稼穡，峻法濫刑，退賢傷政，則第六星不明，或變色。若不撫四方，不安夷夏，則第七星不明，或變色。」凡日月暈連環及斗月暈及摇動，兵起。其傍及中小星多則天下不安，人多怨。一云，小星多則天下安，不然則國人散。五曜及客星守入，皆凶，孛彗尤甚也。

天市垣

下元一宫名天市，兩扇垣牆二十二。當門六角黑市樓，門左兩星是車肆。兩箇宗正四宗人，宗星一雙亦依次。帛度兩星屠肆前，候星還在帝坐邊，帝坐一星常光明，四箇微茫宦者星。以次兩星名列肆，斗斛帝前依其次，斗是五星斛是四。垣北九箇貫索星，索口横者七公成，天紀恰似七公形，數著分明多兩星。紀北三星名女牀，此坐還依織女傍。三元之象無相侵，二十八宿隨其陰，水火木土并與金，以次别有五行吟。

天市垣二十二星，在房、心東北，主權衡，主聚衆。一曰，天旗庭，主斬戮之事也。市中星衆潤澤則歲實，星稀則歲虚。熒惑守之，戮不忠之臣。又曰，若怒角守之，戮者臣殺主。彗星出，爲徙市易都。客星入之，兵大起；出之，有貴喪。張衡曰：「天市明則市吏急，商人無利。忽忽暗則反是。」市樓六星，在市中，臨箕星之上，主司闤闠，明則吉，暗則市吏不理也。《隋志》：「市樓者，市府也，主市價律度，其陽爲金錢，其陰爲珠玉。變見，各以所主占之。」車肆二星，在天市垣南門之内，主車駕，不明則國車盡行。《隋志》：「主衆賈之區。」宗正二星，在帝坐東南，宗大夫也。彗星守之，若失色，宗正有事。客星守動，則天子親屬有變。又曰，客星守之，貴人死。又曰，宗正明則宗室有秩，暗則國家凶。宗人四星，在宗正東，主録親疏享祀，如綺文而明，主族人有序。宗星二星，在宗人東北候星之東，宗室之象，帝輔血脈之臣也。客星守之，宗人不和。帛度二星，在宗星東北，主度量，明則尺量平，商人不欺；暗則否。屠肆二星，在帛度東北，主烹宰，明大則肆中多宰殺。候一星，在帝坐東北，主伺陰陽也。明大，輔臣彊，四夷開。候細微則國安，亡則主失位，移則主不安，居常則吉。

帝坐一星，在天市中，候星西，天庭也。光而潤則天子吉，威令行；微小，凶，大人當之。或云，暗則大人不正。張衡云：「帝坐者，帝王之坐。」帝坐有五，一坐在紫微宫，一坐在大角，一坐在心中，一坐在天市垣，一坐在太微宫；咸云帝坐。一曰，神農所居，不見，則大人當其咎。宦者四星，在帝坐西南，帝傍之閹人也。星微則吉，明則凶，非其常，宦者有憂，其占與勢星同。列肆二星，在斛西北，主寶玉之貨，移徙則列肆不安。火守入，兵大起。斗五星，在宦者西南，主平量。覆則歲熟，仰則大飢。明暗，與帛度同。斛四星，在市樓北，亦曰天斛，主量者也，占與斗同。

貫索九星，在七公前，一曰連索，一曰連營，一曰天牢，主法律，禁暴彊也。牢口一星爲門，欲其開也。九星皆明，天下獄煩。七星見，小赦；五星見，大赦。動則斧鑕用，中空則更元。《漢志》云十五星。張衡云：「貫索開，有赦。不見，即刑獄簡。若閉口及星入牢中，有繫死者。」常以午子夜候之，一星不見則有小喜；二星不見，賜禄；三星不見，人主德令行且赦，若客出，視其小大，大有大赦，小有小赦。或云，貫索爲賤人之牢，一星芒，有喜事；二星芒，賜爵禄；三星芒，有赦。門閉牢中，多死。水犯，災。火犯，米貴。七公七星，在招摇東，天之相也，三公之象。張衡云：「七公横列貫索之口，主執法，列善惡之官也。」星齊正則國法平，差戾則獄多冤酷。或云，星入河，米貴。火犯之，兵起。天紀九星，在貫索東，九卿也，爲九河，主萬事之紀，理冤訟也，明則天下多辭訟，亡則政理壞，國紀亂，散絶則地震山崩。女牀三星，在天紀之北，爲後宫御女，主女事，明則宫人恣意，常則無咎。

宋·鮑雲龍《天原發微》卷九 天樞 維北有辰，爲紐爲樞，居中不動，旋斗杓於外，以建四時，齊七政也。《西志》曰：中宫天極星，其一明者，太一之常居也。愚謂一者，氣數之始，物無(然既)[不統]。常居者，居中不動之義也。《東志》曰：北辰星合元垂曜，建帝形，運機授，度張百精，三階、九列、斗衡、太微，攝提之屬，百二十官。二十八宿各布列，下應十二子，天地設位，星辰之象備矣。愚謂曰合、曰垂、曰建、曰運、曰授、曰張、曰屬、曰布與應九字爾，最宜玩味。蓋言辰極無不包括天地星辰之象於其中，故曰備矣。舍爲元氣，散爲星曜，張爲百精，建爲斗衡。班固曰：攝提直斗杓所指，以建時節，故亦曰天樞焉。二十八宿即布列於十二辰者，十二辰即統於北辰者，故曰居其所，而衆星共之。《爾雅疏》謂：斗杓所建以正四時，故謂之辰。北辰即總十二辰在其中，斗杓即指十二辰者。傳記多言北斗，不言北辰者，以辰居中，無爲藏諸用也，故無迹可指。可指而言者，斗杓所建而已。其言北斗，則北辰可知。

程子曰：北辰自是不動，便爲氣之主，爲星之最尊也。故衆星四面環繞而歸向之。

愚當參酌先師之論，而得其説曰：北辰不動爲天之樞。朱子曰：緣人取此爲極，不可無箇記認，所以就其旁取一小星，謂之極星。問極星動不動？曰：也動，只是他近那辰處，雖動不覺。今以管窺極星，見其動去只在管裏面，不動出去。向來人説北極不動，至宋時人方推得是北極只在北辰邊頭，而極星依舊動。舊説皆以絲星即天極，在正北，爲天心不動。今驗天極亦晝夜運轉，其不移處乃在天極星内一度有半。故揮象扛轂，正中置之不動，以象天心也。愚按：北極五星在紫微垣中，北頭一星在天心，四方去各九十一度。九十一度者，四九三百六十五度四分度之一。四方輻湊，將來辰星居中，即北頭一星之内無星處是也。衆星咸共者，北辰在天爲天之心，猶心在人爲身之主，手足耳目血脈膚體無一不關也。世無非人也，而人君南面以爲之主；天體無非辰也，北辰居中以爲之主。以至周天之度、萬有之夥，莫不脈絡於是。是則，不動之辰以爲羣動之本，故曰：無形者有形之統，不用之一，即無極之極降而在我者也。嗚呼精矣！

朱子曰：北極爲天之樞，以其居中，故曰北極。南極在地下中處，南北相對。天雖轉，地却在中不動。天形如鷄子旋轉，極如一物，橫亘其中，兩頭抨定。一頭，在北上，是爲北極；一頭在南上，是爲南極。太一如帝座在紫微者，故有北辰之號。是中間無星處些子不動。緣人要取此爲極，如輪之轂，如磑之臍。天圓繞地左旋不息。惟此，其樞軸不動之處，則在南北之兩端焉。

南極低入地下三十六度，故周回七十二度之中，常隱不見。《唐書》説有人至海上見南極下有數大星甚明，亦在七十二度之内。北極高出地上三十六度，故周回七十二度常見不隱。北極之星正在常見不隱七十二度之中，常居其所不動。其旁則經星隨天左旋，日月爲緯右轉，更迭隱見，若環繞而歸向之。唐一行謂大約南北相去八萬餘里，南林邑國北極高十七度，安南都護府北極高二十一度，其餘州不同，太史南〔宫〕説等至海中南望，老人星下衆星燦然，皆古所未名。或問：南極見老人壽星，則是南極也，解見。朱子答曰：南極不見，是南邊自有一箇老人星。南極高時，解浮得起來。

太一是帝座，如人主之居北極，如帝都，有紫微者有七十二度常見不隱之中。故有北辰之號。

前《志》言：天極其一明者，太一。常居太一天皇大帝北辰，以起節度。亦爲紫微宫，天帝居中。紫之言此，中之言宫。此宫之中，天神圖法陰陽開閉皆在其中。朱子曰：此辰常居其所。天形運轉，晝夜不息，而此爲之樞，如輪轂磑臍，雖欲動而不可得，非有意於不動也。朱漢上曰：辰爲天樞，而不動之處猶在極星之下。聖人言居其所曰北辰，而占天者必曰極星之下者，詳略異也。

或問北辰之爲天樞，何也？曰：天圓而動，包乎地外。地方而静，處乎天中。故天之形半覆地上，半繞地下而左旋不息。惟此爲不動而謂之樞焉。其他諸星，則與二十八宿同一運行。

朱子答曰：若太微之在翼，天市之在尾，攝提之在亢。其南距赤道也甚近，其北距天極地甚遠。則固不容於不動，不免與經星向其運行。故其或東或西，或隱或見，各有度數。仰而觀之，蓋無頃刻之或停也。今曰與其在紫微者皆居所而爲不動者四，則是一天而四樞，一輪而四轂，一磑而四臍。分寸一移，則其爲輻裂而瓦碎也無日矣。若之何而運動之無窮哉？胡五峰説有三箇極星不動，殊不可曉。若以天運譬如極盤，則極星只是中間蒂子，所以不動。若是三箇不動，則不可轉矣。

西山蔡氏問曰：「極星只在天中，東西南北皆取正於極，而極星皆在其上，何也？」朱子無以答，後思之曰：「只是背坐極星，極星便是北，而南則無定位。」

《公羊傳》曰：北辰曰大辰，常居其所，迷惑不知東西者。視此永嘉鄭氏曰：北極居天之中，而常在人北，以天形北傾也。或曰斗杓可指東西，而辰則無爲，曰觀其所指，則知辰之所在。《書傳》曰：日月，天之使也；星辰，天之期也。左一右更有經緯。蓋自斗杓之所如言之，則謂之建；自日月之所會言之，則謂之辰。斗柄左移，日月有徙。故辰與建常相合焉。月行及日會而爲辰。辰本無體，兼星而見，故天正之吉辰在星紀。自北而西，則地正之於天，玄枵以正之於豕韋。而西陸之降婁、大梁、實沈，南陸之鶉首、鶉火、鶉尾，東陸之壽星、大火、析木，其朔月可知也。《春秋外傳》所謂日月底於天廟者，言建寅之月，辰在諏訾；建亥之月，辰在天漢。日月會於龍豝，蓋因朔月之所在以知辰，因辰之所合以知斗之建焉。愚按：斗杓與北辰相脈絡，北辰爲十二辰之統，斗杓則指十二辰者也。又《公羊傳》謂大火爲大辰。此則夾鍾生於房心之氣，爲天帝之明堂，亦曰天宫，非北辰之大辰比也。如正月建寅，辰在東北，日月却會西北之亥。氣便相應者，以寅與亥合也。日月都是如此。斗每月所指辰曰建斗，第一星爲魁，四爲衡，七爲杓。用昏建者，杓屬陰，夜半建曰衡，居平三建者，魁屬陽。曆家以建除滿平定執破危成收開閉，凡十二周而復始。觀所值以定吉凶，每交一月節，必疊兩值日。如正月寅日值建二卯三辰之類，與斗杓所指相應。

《易傳》曰：大衍之數五十，其用四十有九，一者太極也。漢馬季長云：易有太極，謂北辰也。太極生兩儀，兩儀生日月，日月生四時，四時生五行，五行生十二月，十二月生二十四氣，北辰居中不動。

或難之曰：如此，則太極有此，北辰之可指。周子無極，而大極恐無此。愚應之曰：太極無聲無臭，是至微之中而有至顯之理；北辰至中至極，是有象之中而寓至微之理。體用一原，顯微無間。故北辰居中不動，而能生兩儀、日月、四時、五行、十二月、二十四氣也。太極静極而動，而能生兩儀、四象、八卦，一物各具一太極也。天之北辰微有象，象夫子之太極；夫子之太極故無象，而象天之北辰。北辰爲氣之宗，而理行其中；太極爲理之宗，而氣行其中。是或一道也。

邵子曰：天渾渾於上而不可測也，故觀斗數以占天斗之所建。天之行也，魁建子，杓建寅，星以寅爲晝也。斗有七星，是以晝不過七分。

張氏曰：星以寅爲晝者，中星以寅爲旦，戌爲昏，日以卯酉爲中，則十二分而用七星。以寅戌爲限，則十分而用七矣。愚演之曰：天道左旋，以辰爲體，無物之氣，不可見已，渾渾之中惟星可指。日月五星從地右行，斗杓所建四時，以平大衍五十。一爲太極，四十有九，是爲七七分而用之，各有所入。一爲天體，一爲七政。一居中央，是爲北斗。四列四方，是爲七宿。蓋天地四方以斗爲樞，天運四時自斗而指，斗正則時正，時正則斗正。故曆有差法，斗無差度。善治曆者，質諸斗而已矣。

北斗七星在太微，北魁四星爲璇璣，杓三星爲玉衡。斗，人君之象，號令之主也。輔星輔於開陽，佐斗成功，丞相象也。

一至四爲魁，五至七爲杓。一曰天樞，二曰璇，三曰璣，四曰權，五曰玉衡，六曰開陽，七曰摇光。樞爲天，天子象，陽德也。璇爲地，女主象，陰刑也。璣爲人，曰令星，主火。權爲時，曰代星，主水。玉衡爲音，曰殺星，主土。開陽爲律，曰危星，主木，主天倉、五穀。摇光爲星，亦曰應星，主金。輔一星輔於開陽，所以佐斗成功，主危正，矯不平。或問曰：斗有七星，并輔星爲八，星家又謂斗有九星，主九州，何耶？或又謂《天官書》言孟諏攝提。攝提者，星名，隨斗杓所指，以建十二月。以此星而足爲九，可乎？曰：此無明證，不可從也。張平子妙於知天，言北斗與四宫星共爲五。七則七星，爲斗。確乎不可增也。瞽史之學，易流於誕。吾儒寧缺疑可也。歐陽子曰：天人之際遠矣。使一藝之士布筭積分，舍經從史，以求合焉，不亦艱哉？

《天官書》曰：所謂璇璣玉衡，以齊七政，杓携龍角，衡殷南斗，魁枕參首。前《志》曰：用昏建者杓，杓自華以西南。夜半建者衡，衡殷中州、河濟之間。旦建者魁，魁海岱以東地也。杓，斗携，連也。龍角，天田也。東七宿共爲龍形。殷，中也。玉衡居中，南北之斗相殷也。杓，斗之尾星，第七也。尾爲陰，昏，陰位，故主西南。衡星居中，昏杓建於寅，夜半衡亦建於寅也。魁斗之首星屬陽，故主東北，所以斗杓連東方龍角之星。

《要義》曰：斗所建，地上辰；辰所會，天上次。斗與辰合。

按：斗柄所建十二辰而左旋，日體十二月與月合宿而右轉。但斗之所建，建在地上十二辰，故言子丑之等。辰者，日月之會，會在天上十二次，故言諏訾降婁之等。以十二律是候氣之管，聲之陰陽各有合。如黄鍾十一月建子合大吕十二月建丑之類，是斗與辰合宿而成日月之會。

斗星亦隨天運轉。

孔氏曰：斗星一日一夜亦隨天轉，過一周而行天一度，聖王觀斗所建命其四時，以分十二月之會。

《詩》曰：維北有斗，西柄之揭。朱子曰：北斗，常見不隱者也。南斗柄固指西。若北斗而西柄，則亦秋時也。

董氏曰：斗四星，其方爲斗，三星爲柄，垂而下揭。斗隨天旋轉，四時各有畛界。故《春秋傳》曰「斗有環域。」是也。李子堅曰：北斗爲天喉舌，斟酌元氣，運平四時。《太玄》亦曰：陰質北斗，夜則測陰。言陰夜質正於北斗，以歷日月，定時成歲也。又，北極與南極相對，是爲樞星。南隱北見，人多舉其見者言之，以其居天之中故也。北斗之星七，其數奇，對南斗之星六，其數偶，是天亦如此巧也。

《傳》曰：「辰在斗柄，日月會南斗。」是也。其星亦分南北。南二星曰大梁，中二星曰天相，北二星曰天府庭也。斗星盛明，王道和平。劉向曰：「北斗貴星，君象也。」

宋·王應麟《六經天文編》卷上 斗有七星，第一星曰魁，第五星曰衡，第七星曰杓，此三星謂之斗綱。假如建寅之月，昏則杓指寅，夜半衡指寅，平旦魁指寅。

宋·王應麟《六經天文編》卷下 司中司命

鄭司農云：司中，三能三階也。司命，文昌宫星。疏云：案武陵太守《星傳》云：三台，一名天柱。上台司命爲太尉，中台司中爲司徒，下台司禄爲司空。文昌宫第四曰司命，第五曰司中，二文俱有司中、司命，故兩載之。康成云：司中、司命，文昌第五、第四星，或曰中能、上能也。疏云：先鄭以爲司中是三台，司命是文昌星。今案：三台與文昌皆有司中、司命，何得分之？武陵太守《星傳》云：文昌宫六星，第一曰上將，第二曰次將，第三曰貴相，第四曰司命，第五曰司中，第六曰司禄。是其本次也。或曰：中能者亦據《星傳》而言。洪氏《楚辭注》曰：按《史記·天官書》，文昌六星，四曰司命。《晉書·天文志》：三台六星，兩兩而居。西近文昌二星曰上台，爲司命，主壽。然則有兩司命也。《祭法》王立七祀，諸侯立五祀，皆有司命。疏云：司命，宫中小神。而《漢書·郊祀志》「荆巫有司命」。説者曰：文昌第四星也。五臣云：司命，星名。主知生死，輔天行化，誅惡護善也。《大司命》云：「乘清氣兮御陰陽。」《少司命》云：「登九天兮撫彗星。」其非宫中小神明矣。

又 司民司禄

司民，軒轅角也；司禄，文昌第六星，或曰下能也。疏云：武陵太守《星傳》云：軒轅十七星如龍形，有兩角，角有大民小民。文昌宫有六星，第一爲上將，第二爲次將，第三爲貴相，第四爲司命，第五爲司中，第六爲司禄。是司民在軒轅角，司禄在文昌第六星也。石氏《星傳》曰：上能司命爲太尉，中能司中爲司徒，下能司禄爲司寇。是司禄在下能也。以二處並有司禄，故舉二文以見義。

極星

朱氏曰：北辰之爲天樞，何也？曰：天圓而動，包乎地外。地方而静，處乎天中。故天之形半覆乎地上，半繞乎地下，而左旋不息。其樞紐不動之處，則在夫南北之端焉。謂之極者，猶屋脊之謂極也。然南極低入地三十六度，故周回七十二度，常隱不見。北極高出地三十六度，故周回七十二度，常見不隱。北極之星正在常見不隱七十二度之中，常居其所而不動。其旁則經星隨天左旋，日月五緯右轉更迭隱見，皆若環繞而歸向之。知此則知天樞之説。太一如人主，北極如帝都，帝坐惟在紫微者。據北極七十二度常見不隱之中，故有北辰之號，而常居其所。蓋天形運轉，晝夜不息，而此爲之樞，如輪之轂，如磑之齊，雖欲動而不可得，非有意於不動也。若太微之在翼，天市之在尾，攝提之在亢，其南距赤道也皆近，其北距天極也皆遠。則固不容於不動，而不免與二十八宿同其運行矣。故其或東或西，或隱或見，各有度數。仰而觀之，蓋無晷刻之或停也。蔡氏曰：日晷有差，如千里差一寸，極星無差。

宋・王應麟《小學紺珠》卷一《天道類律曆類》 三垣：上垣太微十星，中垣紫微十五星，下垣天市二十二星，三垣，四十七星。

元・脱脱等《宋史》卷四八《天文志一》 紫微垣

紫微垣東蕃八星，西蕃七星，在北斗北，左右環列，翊衛之象也。一曰大帝之坐，天子之常居也，主命、主度也。東蕃近閶闔門第一星爲左樞，第二星爲上宰，三星曰少宰，四星曰上弼，一曰上輔。五星爲少弼，一曰少輔。六星爲上衛，七星爲少衛，八星爲少丞。或曰上丞。其西蕃近閶闔門第一星爲右樞，第二星爲少尉，第三星爲上輔，第四星爲少輔，第五星爲上衛，第六星爲少衛，第七星爲上丞。其占，欲均明，大小有常，則内輔盛；垣直，天子自將出征；門開，兵起宫垣。兩蕃正南開如門，曰閶闔。有流星自門出四野者，當有中使御命，視其所往分野論之；不依門出入者，外蕃國使也。太陰、歲星犯紫微垣，有喪。太白、辰星犯之，改世。熒惑守宫，君失位。客星守，有不臣，國易政。國皇星，兵。彗星犯，有異王立。流星犯之，爲兵、喪，水旱不調。使星入北方，兵起。石氏云：東西兩蕃總十六星，西蕃亦八星，一右樞，二上尉，三少尉，四上輔，五少輔，六上衛，七少衛，八少丞。上宰一星，上輔二星，三公也。少宰一星，少輔二星，三孤也。此三公、三孤在朝者也。左右樞、上少丞，疑丞輔弼，四鄰之謂也。尉二星，衛四星，六軍大副尉，四衛將軍也。

北極五星在紫微宫中，北辰最尊者也，其紐星爲天樞，天運無窮，三光迭耀，而極星不移，故曰「居其所而衆星共之」。樞星在天心，四方去極各九十一度。賈逵、張衡、蔡邕、王蕃、陸績皆以北極紐星之樞，是不動處。在紐星末猶一度有餘。今清臺則去極四度半。第一星主月，太子也；二星主日，帝王也，亦太一之坐，謂最赤明者也；第三星主五行，庶子也。《乾象新星書》曰：「第三星主五行，第四星主諸王，第五星爲後宫。」閎云：「北極五星，初一曰帝，次二曰后，次三曰妃，次四曰太子，次五曰庶子。」四曰太子者，最赤明者也。後四星勾曲以抱之者，帝星也。太公望以爲北辰，以爲耀魄寶，以爲帝極者是也。或以勾陳口中一星爲耀魄寶者，非是。北極中星不明，主不用事；右星不明，太子憂；左星不明，庶子憂；明大動摇，主好出游；色青微者，凶。客星入，爲兵、喪。彗入，爲易位。流星入，兵起地動。

北斗七星在太微北，杓攜龍角，衡殷南斗，魁枕參首，是爲帝車，運於中央，臨制四海，以建四時、均五行、移節度、定諸紀，乃七政之樞機，陰陽之元本也。魁第一星曰天樞，正星，主天，又曰樞爲天，主陽德，天子象。其分爲秦，《漢志》主徐州。《天象占》曰：「天子不恭宗廟，不敬鬼神，則不明，變色。」二曰璇，法星，主地，又曰璇爲地，主陰刑，女主象。其分爲楚，《漢志》主益州。《天象占》曰：「若廣營宫室，妄鑿山陵，則不明，變色。」三曰璣，爲人，主火，爲令星，主中禍。其分爲梁，《漢志》主冀州。若王者不恤民，驟征役，則不明，變色。四曰權，爲時，主水，爲伐星，主天理，伐無道。其分爲吴，《漢志》主荆州。若號令不順四時，則不明，變色。五曰玉衡，爲音，主土，爲殺星，主中央，助四方，殺有罪。其分爲燕，《漢志》主兗州。若廢正樂，務淫聲，則不明，變色。六曰闓陽，爲律，主木，爲危星，主天倉、五穀。其分爲趙，《漢志》主揚州。若不勸農桑，峻刑法，退賢能，則不明，變色。七曰摇光，爲星，主金，爲部星，爲應星，主兵。其分爲齊，《漢志》主豫州。王者聚金寶，不修德，則不明，變色。又曰一至四爲魁，魁爲璇璣；五至七爲杓，杓爲玉衡：是爲七政，星明其國昌。第八曰弼星，在第七星右，不見，《漢志》主幽州。第九曰輔星，在第六星左，常見，《漢志》主并州。《晉志》，輔星傅乎闓陽，所以佐斗成功，丞相之象也。其色在春青黄，在夏赤黄，秋爲白黄，冬爲黑黄。變常則國有兵殃，明則臣强。斗旁欲多星則安，斗中星少則人恐。太陰犯之，爲兵、喪、大赦。白暈貫三星，王者惡之。星孛於北斗，主危。彗星犯，爲易主。流星犯，主客兵。客星犯，爲兵。五星犯之，國亂易主。

按北斗與輔星爲八，而《漢志》云九星，武密及楊維德皆采用之。《史記索隱》云：「北斗星間相去各九千里。其二陰星不見者，相去八千里。」而丹元子《步天歌》亦云九星，《漢書》必有所本矣。

勾陳六星，在紫宫中，五帝之後宫也，太帝之正妃也，大帝之帝居也。《樂緯》曰：「主後宫。」巫咸曰：「主天子護軍。」《荆州占》：「主大司馬。」或曰主六軍將軍。或曰主三公、三師，爲萬物之母。六星比陳，象六宮之化，其端大星曰元始，餘星乘之曰庶妾，在北極配六輔。甘氏曰：勾陳在辰極左，是爲鈎陳衛六軍將軍。或以爲後宮，非是。勾陳口中一星爲陽德，天皇大帝内坐。或即以爲天皇大帝，非是。其占，色不欲甚明，明即女主惡之。星盛，則輔强；主不用諫，佞人在側，則不見。客星入之，色蒼白，將有憂；白，爲立將；赤黑，將死。客星出而色赤，戰有功；守之，後宮有女使欲謀。彗星犯之，後宮有謀，近臣憂。流星入，爲迫主。青氣入，大將憂。

天皇大帝一星，在勾陳口中，其神曰耀魄寶，主御羣靈，執萬神圖，大人之象也。客星犯之，爲除舊布新。彗、孛犯，大臣叛。流星犯，國有憂。雲氣入之，潤澤，吉。黄白氣入，連大帝坐，臣獻美女；出天皇上者，改立王。

四輔四星，又名四弼，在極星側，是曰帝之四鄰，所以輔佐北極，而出度授政也。去極星各四度。陶云：「四輔一名中斗。」或以爲後宮，非是。武密曰：「光浮而動，凶；明小，吉；暗，則不理。」客星犯之，大臣憂。彗、孛犯，權臣死。流星犯，大臣黜。黄白氣入，四輔有喜。白氣入，相失位。

五帝内坐五星，在華蓋下，設叙順，帝所居也。色正，吉；變色，爲災。客星犯紫宮中坐，占爲大臣犯主。彗、孛犯之，民饑，大臣憂，三年有兵起。流星犯，爲兵起，臣叛；出，爲有誅戮。雲氣入，色黄，太子即位，期六十日；赤黄，人君有異。

六甲六星，在華蓋杠旁，主分陰陽，配節候，故在帝旁，所以布政教，授農時也。明，則陰陽和；不明，則寒暑易節；星亡，水旱不時。客星犯之，色赤，爲旱；黑，爲水；白，則人多疫。彗、孛犯，女主出政令。流星犯，爲水旱，術士誅。雲氣犯，色黄，術士興。蒼白，史官受爵。

柱史一星，在北極東，主記過，左右史之象。一云在天柱前，司上帝之言動。星明，爲史官得人；不明，反是。客星犯之，史官有黜者。彗、孛犯，太子憂，若百官黜。流星犯，君有咎。雲氣犯，色黄，史有爵禄。蒼白氣入，左右史死。

女史一星，在柱史北，婦人之微者，主傳漏。

天柱五星，在東垣下，一云在五帝左稍前，主建政教。一曰法五行，主晦朔、晝夜之職。明正，則吉，人安，陰陽調；不然，則司歷過。客星犯之，國中有賊。彗、孛犯，宗廟不安，君憂，一曰三公當之。雲氣赤黄，君喜；黑，三公死。

女御四星，在大帝北，一云在勾陳腹，一云在帝坐東北，御妻之象也。星明，多内寵。客星犯之，後宮有謀，一云自戮。孛、彗犯，後宮有誅。流星犯，後宮有出者，一云外國進美女。雲氣化黄，爲後宮有子喜；蒼白，多病。

尚書五星，在紫微東蕃内，大理東北，《晉志》在東南維，一云在天柱右稍前，主納言，夙夜咨謀，龍作納言之象。彗、孛犯之，官有叛，或太子憂。流星若出，則尚書出使；犯之，諫官黜，八坐憂。雲氣入，黄，爲喜；黄而赤，尚書出鎮；黑，尚書有坐罪者。

大理二星，在宮門左，一云在尚書前，主平刑斷獄。明，則刑憲平；不明，則獄有冤酷。客星犯之，貴臣下獄；色黄，赦；白，受戮；赤黄，無罪；守之，則刑獄冤滯，或刑官有黜。彗犯，獄官憂；流星，占同。雲氣入，黄白，爲赦；黑，法官黜。

陰德二星，巫咸圖有之，在尚書西，甘氏云：「陰德外坐在尚書右，陽德外坐在陰德右，太陰太陽入垣翊衛也。」《天官書》則以「前列直斗口三星，隨北耑鋭，若見若不見，曰陰德。」謂施德不欲人知也。主周急振撫。明，則立太子，或女主治天下。客星犯之，爲旱、饑；守之，發粟振給。彗、孛犯，後宮有逆謀。流星犯，君令不行。雲氣入，黄，爲喜；青黑，爲憂。

天牀六星，在紫微垣南門外，主寢舍解息燕休。一曰在二樞之間，備幸之所也。陶隱居云：「傾則天王失位。」客星入宮中，有刺客，或内侍憂。彗、孛犯之，主憂，大臣失位。流星犯，后妃叛，女主立，或人君易位。雲氣入，色黄，天子得美女，後宮喜有子；蒼白，主不安；青黑，憂；白，凶。

華蓋七星，杠九星如蓋有柄下垂，以覆大帝之坐也，在紫微宮臨勾陳之上。正，吉；傾，則凶。客星犯之，王室有憂，兵起。彗、孛犯，兵起，國易政。流星犯，兵起宮内，以赦解之；貫華蓋，三公災。雲氣入，黄白，主喜；赤黄，侯王喜。

傳舍九星，在華蓋上，近河，賓客之館，主北使入中國。客星犯，邦有憂；一曰客星守之，備姦使；亦曰北地兵起。彗、孛犯，守之，亦爲北兵。黑雲氣入，北兵侵中國。

八穀八星，在華蓋西，五車北，一曰在諸王西。武密曰：「主候歲豐儉，一稻，二黍，三大麥，四小麥，五大豆，六小豆，七粟，八麻。」甘氏曰：「八穀在宮北門之右，司親耕，司候歲，司尚食。」星明，吉；一星亡，一穀不登；八星不見，大饑。客星入，穀貴。彗星入，爲水。黑雲氣犯之，八穀不收。

内階六星，在文昌東北，天皇之階也。一曰上帝幸文館之内階也。明，吉；

傾動，憂。彗、孛、客、流星犯之，人君遜避之象。

文昌六星，在北斗魁前，紫微垣西，天之六府也，主集計天道。一曰上將，大將軍，建威武；二曰次將，尚書，正左右；三曰貴相，大常，理文緒；四曰司祿、司中，司隸，賞功進；五曰司命，司怪，太史，主滅咎；六曰司寇，大理，佐理寶。所謂一者，起北斗魁前近内階者也。明潤色黄，大小齊，天瑞臻，四海安；青黑微細，則多所殘害；動摇，三公黜。月暈其宿，大赦。歲星守之，兵起。熒惑守之，將凶。太白守入，兵興。填星守，國安。客星守，大臣叛。彗、孛犯，大亂。流星犯，宫内亂。

三公三星，在北斗杓南，及魁第一星西，一云在斗柄東，爲太尉，司徒，司空之象。在魁西者名三師，占與三公同，皆主宣德化，調七政，和陰陽之官也。移徙，不吉；居常，則安；一星亡，天下危；二星亡，天下亂；三星不見，天下不治。客星犯，三公憂。彗、孛及流星犯之，三公死。

天牢六星，在北斗魁下，貴人之牢也，主繩愆禁暴。甘氏云：「賤人之牢也。」月暈入，多盜。熒惑犯之，民相食，國有敗兵。太白、歲星守，國多犯法。客星、彗星犯之，三公下獄，或將相憂。流星犯之，有赦宥之令。

勢四星，在太陽守西北，一曰在璣星北。勢，腐形人也，主助宣王命，内常侍官也。以不明爲吉，明則閹人擅權。

天理四星，在北斗魁中，貴人之牢也。星不欲明，其中有星則貴人下獄。客星犯，多獄。彗、孛犯之，國危。赤雲氣犯之，兵大起，將相行兵。

相一星，在北斗第四星南，總百司，集衆事，掌邦典，以佐帝王。一曰在中斗文昌之南，在朝少師行大宰者。明，吉；暗，凶；亡，則相黜。

太陽守一星，在相星西北，斗第三星西南，大將大臣之象，主設武備以戒不虞。一曰在下台北，太尉官也，在朝少傅行大司馬者。明，吉；暗，凶。客、彗、孛犯之，爲易政，將相憂，兵亂。雲氣入，黄，爲喜；蒼白，將死；赤，大臣憂。

内廚二星，在紫微垣西南外，主六宫之内飲食，及后妃夫人與太子燕飲。彗、孛或流星犯之，飲食有毒。

天廚六星，在扶筐北，一曰在東北維外，主盛饌，今光禄廚也。星亡，則饑；不見，爲凶。客星、流星犯之，亦爲饑。

天一一星，在紫微宫門右星南，天帝之神也，主戰鬭，知吉凶。明，則陰陽和，萬物盛，人君吉；亡，則天下亂。客星犯，五穀貴。彗、孛犯之，臣叛。流星犯，兵起，民流。雲氣犯，黄，君臣和；黑，宰相黜。

太一一星，在天一南相近一度，亦天帝神也，主使十六神，知風雨、水旱、兵革、饑饉、疾疫、災害所在之國也。明，吉；暗，凶；離位，有水旱。客星犯，兵起，民流，火災，水旱，饑饉。彗、孛犯，兵、喪。流星犯，宰相、史官黜。雲氣犯，黄白，百官受賜；赤爲旱、兵；蒼白，民多疫。

天槍三星，在北斗杓東。一曰天鉞，天之武備也，故在紫微宫左右，所以禦難也。明，吉；暗、小，兵敗；芒角動，兵起。客星、彗星、流星犯，皆爲兵、饑。

天棓五星，在女牀北，天子先驅也，主分争與刑罰藏兵，亦所以禦難，備非常也。一星不具，其國兵起；明，有憂；細微，吉。客星入，兵，喪。彗星守，兵起。流星犯，諸侯多争。雲氣犯，蒼白、黑，爲凶。

天戈一星，又名玄戈，在招摇北，主北方。芒角、動摇，則北兵起。客星守之，北兵敗。彗、孛、流星犯之，占同。雲氣犯，黑，爲北兵退；蒼白，北人病。

太尊一星，在中台北，貴戚也。不見，爲憂。客、彗、流星犯之，並爲貴戚將敗之徵。

按《步天歌》載，中宫紫微垣經星常宿可名者三十五坐，積數一百六十有四。而《晉志》所載太尊、天戈、天槍、天棓皆屬太微垣，八穀八星在天市垣，與《步天歌》不同。

太微垣十星，《漢志》曰：「南宫朱鳥，權、衡。」《晉志》曰：「天子庭也，五帝之坐也，十二諸侯之府也。其外蕃，九卿也。一曰太微爲衡，衡主平也；又爲天庭，理法平辭，監升授德，列宿受符，諸神考節，舒情稽疑也。南蕃中二星間曰端門。東曰左執法，廷尉之象。西曰右執法，御史大夫之象。執法所以舉刺凶邪。左執法東，左掖門也。右執法西，右掖門也。東蕃四星：南第一曰上相，其北東太陽門也；第二曰次相，其北中華東門也；第三曰次將，其北東太陰門也；第四曰上將，所謂四輔也。西蕃四星：南第一曰上將，其北西太陽門也；第二曰次將，其北中華西門也；第三曰次相，其北西太陰門也；第四曰上相，亦曰四輔也。」《漢志》：「環衛十二星，蕃臣：西，將；東，相；南四星，執法；中，端門；左右，掖門。」《乾象新書》：十星，東西各五，在翼、軫北。其西蕃北星爲上相，南門右星爲右執法。東西蕃有芒及動摇者，諸侯謀上。執法移，刑罰尤急。月、五星，入太微軌道，吉；其所犯中坐，成刑。月犯太微垣，輔臣惡之，又君弱臣强，四方兵不制；犯執法，《海中占》云：「將相有免者期三年。」月入東西門、左右掖門，而南出端門，有叛臣，君憂；入西門，出東門，君憂，大臣假主威。月中犯乘守四輔，爲臣失禮，輔臣有誅。月暈，天子以兵自衛。一月三暈太微，有赦。月食太微，大臣憂，王者惡之。歲星入，有赦；犯之，執法臣有憂；入東門，天下有急兵；守之，將、相、執法憲臣死；入端門，守天庭，大禍至；入南門，出東門，旱；入南門，逆出西門，國有喪；逆行入東門，出西門，國破亡。填星、熒惑犯之，逆行入，爲兵、喪；犯上將，上將憂；守端門，國破亡，或三公謀上，有戮臣；犯西上將，天子戰於野，上相死；入太微，色白無芒，天下饑；退行不正，有大獄；犯太微門，左右將死；入天庭在屏星南，出左掖門左將死，右掖門右將死，直出端門無咎；入太微，淩犯，留止，爲兵，入二十日廷尉當之，留天庭十日有赦，犯太微東南陬，歲饑，執法大臣憂；犯上相，大臣死。填星犯入太微，有德令，女主執政。若逆行執法，四輔，守之，有憂；守太微，國破；守西蕃，王者憂。太白犯入太微，爲兵，大臣相殺；留守，有兵、喪；與填星犯太微中，王者惡之；入右掖門，從端門出，貴人奪勢；晝見太微，國有兵、喪。月掩太白于端門，外國受兵。辰星犯太微，天子當之，有內亂；入天庭，後宮憂，大水；守左右執法，入，兵起，有赦；入西門，後宮災，大水；入西門，出東門，爲兵、喪，水災。客星犯入太微，色黃白，天子喜；出入端門，國有憂；左掖門，旱；右掖門，國亂；出天庭，有苛令，兵起；入太微三十日，有赦；犯四輔，輔臣凶。彗星犯太微，天下易；出太微，宮中憂，火災；犯執法，執法者黜；犯天庭，王者有立；孛于翼，近太微上將，爲兵、喪；孛于西蕃，主革命；孛五帝，亡國殺君。流星出太微，大臣有外事；出南門甚衆，貴人有死者；縱横太微宮，主弱臣强；由端門入翼，光照地有聲，有立王。雲氣出入，色微青，君失位。青白黑雲氣入左右掖，爲喪；出，無咎。赤氣入東掖門，內兵起。黃白雲氣入太微垣，人主喜，年壽長。入左右掖門，天子有德令。黑及蒼白氣入，天子憂，出則無咎。黑氣如蛇入垣門，有喪。

內五帝坐五星，內一星在太微中，黃帝坐，含樞紐之神也。天子動得天度，止得地意，從容中道則明以光，不明則人主當求賢以輔法；不則奪勢。四帝星夾黃帝坐，四方各去二度。東方，蒼帝靈威仰之神也。南方，赤帝赤熛怒之神也。西方，白帝白招拒之神也。北方，黑帝叶光紀之神也。黃帝坐明，天子壽，威令行；小，則反是，勢在臣下；若亡，大人當之。月出坐北，禍大；出坐南，禍小；出近之，大臣誅，或饑；犯黃帝坐，有亂臣。抵帝坐，有土功事。月暈帝坐，有赦。《海中占》：月犯帝坐，人主惡之。五星守黃帝坐，大人憂。熒惑、太白入，有强臣。歲星犯，有非其主立。熒惑犯，兵亂；入天庭，至帝坐，有赦。太白入之，兵在宮中。填逆行，守黃帝坐，亡君之戒。五星入，色白，爲亂。客星色黃白抵帝坐，臣獻美女。彗星入，宮亂；抵帝坐，或如粉絮，兵、喪並起。流星犯之，大臣憂；抵四帝坐，輔臣憂，人多死。蒼白氣抵帝坐，天子有喪；青赤，近臣欲謀其主；黃白，天子有子孫喜。月犯四帝，天下有喪，諸侯有憂。五星犯四帝，爲憂。

太子一星，在帝坐北，帝儲也。儲有德，則星明潤。雲氣入，黃爲喜，黑爲憂。太白、熒惑、客星、流星守犯，皆爲憂。一云金、火守之或入，太子不廢則爲篡逆之事。

內五諸侯五星，在九卿西，內侍天子，不之國也。《乾象新書》：在郎位南，辟雍禮得，則星明；亡，則諸侯黜。

從官一星，在太子北，侍臣也。以不見爲安，一曰不見則帝不安，如常則吉。

幸臣一星，在帝坐東北，常侍太子，以暗爲吉。《新書》：在太子東，青赤氣入之，近臣謀君不成。

內屏四星，在端門內，近右執法。屏者所以擁蔽帝庭也。

左右執法各一星，在端門兩旁，左爲廷尉之象，右爲御史大夫之象，主舉刺凶姦。君臣有禮，則光明潤澤。《乾象新書》：在中台南，明，則法令平。月、五星及客星犯守，則君臣失禮，輔臣黜。熒惑、太白入，爲兵。流星犯之，尚書憂。

郎位十五星，在帝坐東北，一曰依烏郎府也。周之元士，漢之光禄、中散、諫議，議郎、郎中是其職，主衛守也。其星不具，后妃災，幸臣誅。星明大，或客星入之，大臣爲亂，元士憂。彗、孛犯，郎官失勢。彗星、枉矢出其次，郎佐謀叛。熒惑守之，兵、喪。赤氣入，兵起；黃白，吉；黑，凶。

郎將一星，在郎位北，主閱具，以爲武備也。若今之左右中郎將。《新書》曰：在太微垣東北。明，大臣叛。客星犯守，郎將誅。黃白氣入，則受賜。流星犯，將軍憂。

常陳七星，如畢狀，在帝坐北，天子宿衛虎賁之士，以設强禦也。星摇動，天子自出將；明，則武兵用；微，則弱。客星犯，王者行誅。

九卿三星，在三公北，主治萬事，今九卿之象也。《乾象新書》：在內五諸侯南，占與天紀同。

三公三星，在謁者東北，內坐朝會之所居也。《乾象新書》：在九卿南，其占與紫微垣三公同。

謁者一星，在左執法東北，主贊賓客，辨疑惑。《乾象新書》：在太微垣門內，左執法北。明盛，則四夷朝貢。

三台六星，兩兩而居，起文昌，列抵太微。一曰天柱，三公之位也。在人曰三公，在天曰三台，主開德宣符。西近文昌二星，曰上台，爲司命，主壽；次二星曰中台，爲司中，主宗室；東二星曰下台，爲司禄，主兵；所以昭德塞違也。又曰三台爲天階，太一躡以上下。一曰泰階，上階上星爲天子，下星爲女主；中階上星爲諸侯三公，下星爲卿大夫；下階上星爲士，下星爲庶人，所以和陰陽而理萬物也。又曰上台，上星主兖、豫，下星主荆、揚；中台上星主梁、雍，下星主冀；下台上星主青，下星主徐。人主好兵，則上階上星疏而色赤。修宫廣囿，肆聲色，則上階合而横。君弱則上階迫而色暗。公侯背叛，率部動兵，則中階上星赤。外夷來侵，邊國騷動，則中階下星疏而横，色白。卿大夫廢正向邪，則中階下星疏而色赤。民不從令，犯刑爲盜，則上階下星色黑。去本就末，奢侈相尚，則下階上星闊而横，色白。君臣有道，賦省刑清，則上階爲之戚。諸侯貢聘，公卿盡忠，則中階爲之比。庶人奉化，徭役有叙，則下階爲之密。若主奢欲，數奪民時，則上階爲之奪。諸侯僭强，公卿專貪，則中階爲之疏。士庶逐末，豪傑相淩，則下階爲之闊。三階平，則陰陽和，風雨時，穀豐世泰；不平，則反是。三台不具，天下失計。色明齊等，君臣和而政令行，微細，反是。一曰天柱不見，王者惡之。司命星亡，春不得耕。司中不具，夏不得耨。司禄不具，秋不得穫。一曰三台色青，天下疾；赤，爲兵；黄潤，爲德；白，爲喪；黑，爲憂。月入，君憂，臣亂，公族叛。月入而暈，三公下獄。客星入之，貴臣賜爵邑；出而色蒼，臣奪爵；守之，大臣黜，或貴臣多病。彗星犯，三公黜。流星入，天下兵將憂；抵中台，將相憂，人主惡之。雲氣入，蒼白，民多傷；黄白潤澤，民安君喜；黄，將相喜；赤，爲憂；青黑，憂在三公；蒼白，三公黜。

按上台二星在柳北，其北星入柳六度。中台二星其北入張二度。下台二星在太微垣西蕃北，其北星入翼二度。武密書：三台屬鬼，又屬柳、屬張。《乾象新書》：上台屬柳，中台屬張，下台屬翼。

長垣四星，在少微星南，主界域，及北方。熒惑入之，北人入中國。太白入，九卿謀，邊將叛。彗、孛犯之，北地不安。流星入，北方兵起，將入中國。

少微四星，在太微西，士大夫之位也。一名處士，亦天子副主，或曰博士官，一曰主衛掖門。南第一星處士，第二星議士，第三星博士，第四星大夫。明大而黄，則賢士舉。月五星犯守處士，女主憂，宰相易。歲犯，小人用，忠臣危。火犯，賢德退。土犯，宰相易，女主憂。金犯，大臣誅，又曰以所居主占之。客星、孛星犯之，王者憂，姦臣衆。彗星犯，功臣有罪，一曰法令臣誅。流星出，賢良進，道術用。雲氣入，色蒼白，賢士憂，大臣黜。

靈臺三星，在明堂西，神之精明曰靈，四方而高曰臺，主觀雲物，察符瑞，候災變也。武密曰：與司怪占同。

虎賁一星，在下台星南，一曰在太微西蕃北，下台南，静室旄頭之騎官也。明，則臣順，與車騎星同占。

明堂三星，在太微西南角外，天子布政之宫。明吉，暗凶。五星、客星及彗犯之，主不安其宫。

右上元太微宫常星一十九坐，積數七十有八，而《晉志》所載，少微、長垣各四星，屬天市垣，與《步天歌》不同。

天市垣二十二星，在氐、房、心、尾、箕、斗内宫之内。東蕃十一星：南一曰宋，二曰南海，三曰燕，四曰東海，五曰徐，六曰吴越，七曰齊，八曰中山，九曰九河，十曰趙，十一曰魏。西蕃十一星：南一曰韓，二曰楚，三曰梁，四曰巴，五曰蜀，六曰秦，七曰周，八曰鄭，九曰晉，十曰河間，十一曰河中。象天王在上，諸侯朝王，王出皐門大朝會，西方諸侯在應門左，東方諸侯在應門右。其率諸侯幸都市也亦然。一曰在房、心東北，主權衡，主聚衆。又曰天旗庭，主斬戮事。《乾象新書》曰：市中星衆潤澤，則歲實。熒惑守之，戮不忠之臣。彗星掃之，爲徙市易都。客星入，爲兵起；出，爲貴喪。《天文録》曰：天子之市，天下所會也。星明大，則市吏急，商人無利；小，則反是；忽然不明，糴貴；中多小星，則民富。月入天市，易政更弊，近臣有抵罪，兵起。月守其中，女主憂，大臣災。五星入，將相憂，五官災；守之，主市驚更弊。又曰：五星入，兵起。熒惑守，大饑，火災。或芒角色赤如血，市臣叛。填星守，糴貴。太白入，起兵，糴貴。辰星守，蠻夷君死。客星守，度量不平；星色白，市亂；出天市，有喪。彗星守，穀貴；出天市，豪傑起，徙易市都；掃帝坐，出天市，除舊布新。流星入，色蒼白，物貴；赤，火災，民疫。一曰出天市，爲外兵。雲氣入，色蒼白，民多疾；蒼黑，物貴；出，物賤；黄白，物賤；黑，爲嗇夫死。

帝坐一星，在天市中，天皇大帝外坐也。光而潤澤，主吉，威令行；微小，大人憂。月犯之，人主憂。五星犯，臣謀主，下有叛；熒惑，尤甚。客星入，色赤，有兵；守之，大臣爲亂。彗、孛犯，人民亂，宫廟徙。流星犯，諸侯兵起，臣謀主，貴人更令。

候一星，在帝坐東北，候，一作后。主伺陰陽也。明大，輔臣强；細微，國安；亡，則主失位；移，則不安居。太陰犯之，輔臣憂。客、彗守之，輔臣黜。孛犯，臣謀叛。

宦者四星，在帝坐西南侍，主刑餘之臣也。星微，吉；失常，宦者有憂。

斗五星，在宦者南，主平量。《乾象新書》：在帝坐西，覆則歲熟，仰則荒。客、彗犯，爲饑。

斛四星，在斗南，主度量、分銖、算數。其星不明，凶；亡，則年饑。一曰在市樓北，名天斛。

列肆二星在斛西北，主貨金、玉、珠、璣。

屠肆二星，在帛度東北，主屠宰、烹殺。《乾象新書》：在天市垣内十五度。

車肆二星，在天市門中，主百貨。星不明，則車蓋盡行；明，則吉。客星、彗星守之，天下兵車盡發。《乾象新書》：在天市垣南門偏東。

宗正二星，在帝坐東南，宗大夫也。武密曰：主□司宗得失之官。《乾象新書》：在宗人西。彗星守之，若失色，宗正有事。客星守之，更號令也；犯之，主不親宗廟。星孛，其分宗正黜。

宗人四星，在宗正東，主録親疏享祀。宗族有序，則星如綺文而明正；動，則天子親屬有變。客星守之，貴人死。

宗星二星，在候星東，宗室之象，帝輔血脈之臣。《乾象新書》：在宗人北。客星守之，宗支不和；暗，則宗支弱。

帛度二星，在宗星東北，主度量買賣平貨易者。《乾象新書》：在屠肆南。星明大，尺量平，商人不欺。客星、彗星守之，絲綿大貴。

市樓六星，在天市中，臨箕星之上，市府也，主市賈律度。其陽爲金錢，陰爲珠玉，變見各以其所占之。《乾象新書》：主闤闠，度律制令，在天市中。星明，吉；暗，則市吏不理。彗星、客星守之，市門多閉。

七公七星，在招摇東，爲天相，三公之象也，主七政。明，則輔佐强；大而動，爲兵；齊政，則國法平；戾，則獄多囚；連貫索，則世亂；入河中，糴貴，民饑。太白守之，天下亂，兵起。客星守，歲饑，主危。流星出，其分主將黜。

貫索九星，在七公星前，賤人之牢也。一曰連索，一曰連營，一曰天牢，主法律，禁强暴。牢口一星爲門，欲其開也。星在天市垣北。星皆明，天下獄繁；七星見，小赦；五星、六星，大赦；動，則斧鑕用；中空，改元。石申曰：一星亡，則有賜爵；三星亡，大赦，遠期八十日；入河中，爲饑；中星衆，則囚多。辰星犯之，主水，米貴。彗星出，其分中外豪傑起。客星入，有枉死者；色黄，諸侯獻地；青，爲憂；赤，爲兵；白，乃爲吉。流星入，女主憂，或赦；出，則貴女死。雲氣入，色蒼白，天子亡地；青，兵起；黑，獄多枉死；白，天子喜。

天紀九星，在貫索東，九卿之象，萬事綱紀，主獄訟。星明，則天下多訟；亡，則政理壞，國紀亂；散絶，則地震山崩；與女牀合，則君失禮，女謁行。客星守之，主危，民饑。客星犯，諸侯舉兵。彗、孛犯之，地震。客星、彗星合守，天下獄訟不理。

女牀三星，在天紀北，後宫御女侍從官也，主女事。明，則宫人恣；舒，則妾代女主；不動，則吉；不見，女子多疾。客星、彗星守之，宫人謀上。客星入，女子憂，後宫恣動，女謁行。雲氣出，色黄，後宫有福；白，爲喪；黑，凶；青，女多疾。

右天市垣常星可名者一十七座，積數八十有八。而市樓、天斛、列肆、車肆、斗、帛度、屠肆等星，《晉志》皆不載，《隋志》有之，屬天市垣，與《步天歌》合。又貫索、七公、女牀、天紀，《晉志》屬太微垣。按《乾象新書》：天紀在天市垣北，女牀屬箕宿，貫索屬房宿，七公屬氐宿。武密以七公屬房，又屬尾；貫索屬房，又屬氐、屬心；女牀屬於尾、箕。説皆不同。

元·岳熙載《天文精義賦》卷三　紫微垣

紫微垣，圜衛皇極不移，衛分平樞丞、宰輔。弼之謂極，兼以後宫帝庶太一之爲。

紫微垣一十五星，左樞、上宰、少宰、上弼、少弼、左少衛、左上衛、少丞、右樞、少尉、上輔、少輔、右上衛、右少衛、上丞。一曰天營，又曰旗星，又曰長垣。東八西七，左右布列，圜衛之臣也。主出命度。中間南向如門者，曰閶闔門。《荆州占》曰：紫，此也，宫中也。言此中皇極之爲，帝居也。《元命苞》曰：此宫之中天神圖法，陰陽開閉皆在此中。北極五星，其末也紐星，爲天之樞，所謂北辰也。古者以謂三光列象，隨天西轉，而紐星不移，故曰居其所而衆星共之。自梁祖景爍以運天儀測定不動處指在紐星之末一度餘。金曰去極者，距不動處也。第一星太子，主月坎赤。明帝玉主曰：亦曰太乙之座也。其次庶子，主五行。又次主後宫之屬。《春秋緯》曰：其一明大者，太乙之光，含元出氣，以布斗常，開命運，節序神明，流精生一，以立黄帝。《後漢志》曰：北極亦爲大辰。李巡曰：大辰，天心也，故居北方，正四時，謂之大辰。《隋志》曰：北極爲天之杠轂，二十八宿爲天之繚輻。

六甲，所以出入省察而授農事。

六甲六星所以出入省察，布政教而授農時，分陰陽而紀節候也。

四輔，所以出度授政而佐萬機。

四輔四星，所以出度授政而佐萬機也。武密曰：是帝之四隣，樞衡輔佐北極。

華蓋，覆蔽之儀。

華蓋十六星，其七蓋九曲者。杠所以覆蔽大帝坐也。

傳舍，賓客之館驛。

傳舍九星，賓客之館，亦爲驛亭。

閣道，遊幸之旌旗。

閣道六星，遊幸别宫之路也。從子宫至河神乘，亦所以捍難滅咎。又曰王良旗，又曰紫宫旗，以爲旌表而不欲動摇也。

天柱，主懸法與象魏。

主建政教，張圖法與國門内。常以朔望日張禁命於天柱，示百司。

女御，乃侍帝之御妻。

女御四星，御妻之象也。以贊禮職獻功事，内布禮儀帝晏寢。

柱史，主記過，史臣之職。

柱史一星，左右史也。主記過。古者有左史記事，此之象也。

女史，主禁漏動静之微。

漢之侍史也，掌記宫中之事。

咨謀出内兮，尚書之象。

尚書五星，主諮謀出内，故有尚書之象。

施惠賑濟也，陰德之爲。

陰德二星，主施惠賑濟。

大理，主平刑而斷獄。

大理二星，刑獄之官，主平行斷獄。

天牢，主繩愆而禁非。

天牢六星，主繩愆禁暴，貴人之勢也。

大帝陞降之階爲内階，而主明堂。

内階六星，大帝陞降之階也，主明堂。

天子休憩之所爲寢舍，而曰天牀。

天牀六星，解息燕休之寢舍也。《古今占》曰：主視朝之所休憩也。

天廚，主盛饌之事。

天廚六星，主盛饌，百官之廚也。

内廚，主飲宴之常。

内廚二星，主宫中飲宴之事。

天乙，治十二將，而司戰鬭。

天乙一星，天帝神，主丞天運化，使十六神，知風雨、水旱、兵革、饑饉、疾疫、災害。

太乙，總四時，令以主災祥。

太乙一星，亦天地之神，註與天乙同。

豐儉須占八穀。

八穀八星，一主稻，二主黍，三主大麥，四主小麥，五主大豆，六主小豆，七主粟，八主麻，以候歲之豐儉。

桑蠶必察扶筐。

伏筐七星，盛桑之器也。主后妃桑蠶。之一曰蓋藏，量入知耗。

斗象帝車，出號令，斡旋萬化。輔爲丞象，主燮理而佐平章。

北斗，七元七政之樞，陰陽之元本，運乎天中而制四方，故爲帝車之象。建四時而均五行，爲號令之主，故有人君之象。一至四爲魁，曰旋璣；五至七星爲杓星。玉衡，杓一，天樞正星，陽德，天子之象，爲天，主秦。次天璇法星，陰刑，女主之象，爲地，主月主楚。次天旋令星，爲人，主禍害，主火，主梁。次天權伐星，爲時，主月，主楚。次天理，伐無道，主水，主吴。次玉衡殺星，爲文曲昌，爲陰，主中央，助四旁，殺有罪，主土，主趙。次開陽厄星，爲律，主天倉五穀，主木，主燕。次摇光部星，亦曰應星，爲吕，主兵，主金，主齊。輔一星傅於開陽，佐斗以成功，有丞相之象焉。

三公，佐萬機而宣德化。

三公三星，太尉、司空、司徒之象，主奉宣德化，燮理陰陽，佐萬機也。

三師，爲模範而和陰陽。

三師三星，太保、太傅、太師之象，主宣政化而和陰陽。一云主理七政，爲模範。

總領百司兮天相。

天象一星，宰相之象。相者，總領百司而掌邦教，以佐帝王安邦國集衆事。

集記六府者文昌。

文昌六星，主集記天下事，天之六府也。近内階一星曰上將大將軍，建威武；次曰司中司隸，賞次將(上)〔士〕，正左右；次曰貴相太常卿，理文緒；次曰司中司隸，賞功進士；次曰司命司怪太史，主滅咎；次曰司寇大理，佐理寶，一云文昌，六府之宫也。經緯天下文德之宫。六府謂金、木、水、火、土、穀也。

策，主兵馬僕御。

策一星，主執御策，天子僕也，天子兵馬。讚曰：策執御右，螣蛇先驅。

鉤，爲服飾輦輿。

鉤大星，主輦輿服飾及戒道傳路宣輿。

天理，貴人之獄。

天理四星，貴人之牢，執法之官也。

勢，爲内侍刑餘。

勢四星，内侍之官，主助先王命。又曰：勢者，閹官也，刑餘之人，不可專事，助宣王命而已。

天槍，天之武備。

天槍三星，天之武備，所以禦難也。

天棓，天子先驅。

天棓五星，天子先驅也，主忿争刑罰，藏兵遇難，備非常也。一云：棓者，大杖，所以禁暴横，備不虞。

太陽守，大臣將相，設武備，主戒不虞。

太陽守一星，大臣將相之象，主戒不虞，設武備也。

太微垣

太微，天庭爲衡，主平星，爲執法上次將相之職。其間有端門東西左右之稱。

太微垣十星，天子之庭，五帝之座，十二諸侯之府也。主衡，衡平也。又爲天庭理法，平辭監計，授德列宿，授符諸神，考節舒情稽疑也。其外藩各五星，南藩中二星間曰端門；東曰左執法，漢廷尉之象；西曰右執法，御史大夫之象，並爲執法之大臣也。執法，所以舉刺凶奸也。左執法之東，左掖門也，右執法之西，右掖門也。東藩近左執法曰上相，其北東太陽門也；次曰次相，其北中華東門也；次曰次將，北東太陰門也；次曰上將。四謂四輔也。西藩近右執法曰上將，其北西太陽門也；次曰次將，其北中華西門也；次曰次相，其北西太陰門也；次曰上相，亦四輔也。

壅蔽帝廷而刺舉者爲内屏。

内屏四星，所以壅蔽帝廷，主刺舉也。一云主刺善惡臣，敬奉於上。

輔弼天子之治政者，曰九卿。

九卿三星，九卿之座，弼天子而萬事其在宫，九寺卿也。

内五諸侯，内侍天子而不治國。

内五諸侯内五星，内侍天子不之國，主刺奸。

五帝内座，各隨方色而施其行。

五帝内座五星，中曰黄帝，含樞紐；(冬)〔東〕曰蒼帝，靈威仰；南曰赤帝，赤標怒；西曰白帝，白招矩；北曰黑帝，叶光紀。武密曰：四帝座，是隨方色，施行政化，隨帝道觀德。

太子，帝儲。幸臣，侍太子而爲親愛。

太子一星，帝儲也。幸臣一星，親愛之官，常侍太子也。

從官，侍側。謁者，讚賓客以辨惑情。

從官一星，侍辰也。謁者一星，主贊賓客辨惑疑。

郎位，爲守禦之司，亦元士、尚書之象。

郎位十五星，守衛之司，依烏之府。漢光禄勳有三局郎，是其職也。依烏郎府者，周官之元士，漢官之光禄，中散諫議臺郎之位，今云尚書也。

三公，即内廟之座，爲燮理輔弼之臣。

三公三星，内座朝會之所居也，爲輔弼之臣。

宿衛之武官爲郎將。

郎將一星，所以爲武備，主宿衛臣。

侍衛之武士爲虎賁。

虎賁之一星，侍衛之武士也。

宿衛、虎賁設强毅，太微之北號常陳。

常陳七星，宿衛、虎賁之事，所以設强毅。

天市垣

天市爲國都交易之市。

天市垣，二十二星，國市也。爲國都交易之事，民衆交易之所。東垣南第一曰宋，次曰南海，又次燕，又次東海，又次徐，又次吴、越，又次齊，又次中山，又次九河，又次趙，末曰魏。西垣南第一星曰韓，次曰楚，又次梁，又次巴，又次蜀，又次秦，又次周，又次鄭，又次晉，又次河間，末曰河中。武密曰：主權衡聚衆。

東肆爲百貨貿易之肆。東肆二星，百貨貿易之肆。

帝座，天庭也，神農之所居。帝座一星，天之庭也，神農之居。一星曰帝之失位。天庭者，主威令。

宦者，近臣也，君側之所侍。宦者四星，侍主之近臣也。

市樓，乃市府制令之司。市樓六星，市府也。主市賈交易、律度治令也。

屠肆，主屠宰庖饌之事。屠肆二星，主上同。

宗正，宗族之官。宗正二星，司宗族之官也。

候星，陰陽之伺。候一星，輔弼臣也，主伺候陰陽。

宗星，乃遠近之宗枝。宗星二星，宗枝之臣。主宗族之遠近。

宗人，録親疏之享祀。宗人四星，主録親疏享祀。

主度量，買賣者爲帛度。帛度二星，主度量、買賣之貨易。

貨金玉珠璣者爲列肆。列肆二星，主貨金玉。

斛，主度量分銖。斛四星，主度量分銖之數。

斗，爲平量之事。斗五星，主平量也。

元・李克家《戎事類占》卷七　紫微垣，東蕃八星，西蕃七星，在北斗北。左右環列，翊衛之象也。一曰大帝之坐，天子之常居也，主命主度也。東蕃近閶闔門第一星爲左樞，第二星爲上宰，三星爲少宰，四星爲上弼，五星爲少弼，六星爲上衛，七星爲少衛，八星爲少丞。其西蕃近閶闔門第一星爲右樞，二星爲少尉，三星爲上輔，四星爲少輔，五星爲上衛，六星爲少衛，七星爲上丞，爲蕃衛備蕃臣也。一曰長垣，一曰天營，一曰旗星。旗星直天子，自將出征，門閉兵起。宫垣西蕃正南開如門，曰閶闔，有流星出，當有中使銜命視所往分野論之。不依門出入，外國使也。太白辰星犯，改世。熒惑守，君易位。客星守，有不臣。國皇星見，兵起。彗星犯，異王立。流星犯，爲兵喪水旱。流星入北方，兵起。石氏云：東西兩蕃總十六星，西蕃亦八星。

北極五星在紫微宫中，北辰最尊者也。其紐星爲天樞。天運無窮，三光迭耀而極星不移，故曰居其所而衆星共之。樞星在天心，四方去極各九十一度太强。南第一星主月，太子也；二星主日，帝王也，亦太一之坐，謂最赤明者也；三星主五行，庶子也；四星爲后。客星入爲兵喪，彗入爲易位，流星入，兵起、地動，星亡中國無主，天下亂。四星皆不明而大星獨居，國易姓，人相食。

四輔四星又名四弼，在極星側，是上帝之四鄰，所以輔佐北極而出度授政也。去極星各四度。光浮而動，凶；明小，吉；暗，則不理。

勾陳六星在紫宫中，華蓋之下，五帝之後宫，太帝之常居也。主天子護軍，主大司馬，主六軍將軍，其占色不欲甚明，佞人在側則不見。客星入，色蒼白，將有憂。白爲立將，赤黑將死。客星出而色赤，戰有功。流星入爲迫主。青氣入，大將憂。甘氏曰：或以爲後宫。非是。勾陳口中一星，爲陽德，天皇大帝内坐。或即以爲天皇大帝，亦非是。

天皇大帝一星在勾陳口中，其神曰耀魄寶，主御羣靈，執萬神圖，大人之象也。客星犯，除舊布新。彗孛犯，大臣叛。流星犯，國有憂。雲氣出，天皇上改立王。

五帝内坐五星在華蓋下，設叙順帝所居也。變色爲災。客星犯，臣犯主。彗孛犯，民饑三年，有兵。流星犯，兵起臣叛。

陰德二星在尚書西。一曰陰陽德。甘氏云：陰德外坐在尚書右，陽德外坐在陰德右。《天官書》則以前列直斗口三星，隨北端鋭，若見若不見。曰陰德，謂施德不欲人知也。主周急振撫。明，則立太子，或女主治天下。客星犯，爲旱饑。彗孛犯，後宫有逆謀。

尚書五星在紫微垣内東南維，大理東北，主納言，夙夜咨謀。龍作納言之象。流星出，尚書出使。雲氣入，黄而赤，尚書出鎮。

柱史一星在東藩内天柱前，主記過，左右史之象。司上帝之言動。星明，爲史官得人；不明反是。

女史一星在柱史北，婦人之微者，主傳漏。

女御四星在勾陳北，天柱前八十一。御妻之象。星明多内寵。

天柱五星在東垣下，五帝左稍前。主建政教。一曰法五行，主晦朔晝夜之職。明，正陰陽調；不，則司歷過。客星犯，國中有賊。

大理二星在宫門左，近陰德，主平刑斷獄。

六甲六星在華蓋杠左傍，主分陰陽，紀節候，故在帝旁。所以布政教，授農時也。其占竝主水旱。

天牀六星在紫微垣南門外，主寢舍解息、燕休備幸之所。客星入，宫中有刺客。流星犯，女主立，或曰君易位。

華蓋七星杠九星，如蓋，有柄，下垂，以覆大帝之坐也，在紫微官臨勾陳之上。正，吉。傾，則凶。彗孛客犯，兵起，國易政。流星犯，兵起宫内，以赦解之。

傳舍九星在華蓋上，近河，賓客之館。主北使入中國。客星犯邦，有憂。一曰客星守，備奸使。亦曰北地兵起。彗孛犯守，亦爲北兵。黑雲氣入，北兵侵中國。

八穀八星在華蓋西，五車北，主候歲豐儉。一星亡，一穀不登；八星不見，大饑。客星入，穀貴；彗星入，爲水黑。雲氣犯，八穀不收。

内階六星在文昌東北，天皇升降之階也。一曰上帝幸文館之内階也。明，吉；傾動，憂。

天廚六星在紫宫東北維外扶筐北，主盛饌，今光禄厨也。星亡，則饑。不見，爲凶。客星、流星犯，亦爲饑。

天棓五星在女牀北，天子先驅也。主分争與刑罰藏兵，亦所以禦難備非常也。一星不具，其國兵起。明有憂，細微吉。客星入，兵喪；彗星守，兵起。

天乙一星在紫微宫門右星南，天帝之神也。主戰鬭，知吉凶。星亡，天下亂。客星犯，五穀貴；彗孛犯，臣叛；流星犯，兵起民流。

太乙一星在天乙南相近，亦天帝神也。主使十六神，知風雨、水旱、兵革、饑饉、疾疫、災害所在之國。明，吉；暗，凶。離位有水旱。客星犯，兵起，民流，火災，水旱，饑饉，彗孛犯，兵喪。

北斗七星在太微北，七政之樞機，陰陽之元本也。故運乎天中，臨制四方，以建四時而均五行也。魁四星爲璇璣，杓三星爲玉衡。所謂璇璣、玉衡，以齊七政。杓攜龍角，衡殷南斗，魁枕參首。用昏建者，杓；夜半建者，衡；平旦建者，魁。斗又象號令之主，又爲帝車，取乎運動之義。魁第一星曰天樞正星，主天，又曰主陽德。天子象，其分爲秦。二曰旋法星，主地，又曰主陰刑。女主象，其分爲楚。三曰璣，爲人，主火；爲令星，主中禍。其分爲梁。四曰權，爲時，主水；爲伐星，主天理，伐無道。其分爲吴。五曰玉衡，爲音，主土；爲殺星，主中央，助四方，殺有罪。其分爲燕。六曰闓陽，爲律，主木；爲危星，主天倉五穀。其分爲趙。七曰摇光，爲星，主金；爲部星，爲應星主兵。其分爲齊。又曰一至四爲魁，魁爲璇璣，五至七爲杓，杓爲玉衡，是爲七政。第八星曰弼星，在第七星右，不見。第九星曰輔星，在第六星左，常見。《晉志》：輔星，傳乎闓陽，所以佐斗成功，丞相之象也。一曰：輔星明，與斗齊，國兵暴起。合斗十日，兵起。亡，不見，近臣黨逆害忠良。芒角，臣擅權，謀危社稷。一曰：輔生角，大將謀，天子驚。璇璣玉衡占色，春青黄，夏赤黄，秋白黄，冬黑黄。變常國有兵殃，明則臣强。斗旁欲多星則安，斗中星少則人離。太陰犯之，爲兵喪、大赦；流星犯，有客兵；客星犯爲兵；彗孛五星犯，國亂易主。一曰：彗星穿出，北斗在内，主君在外，主將防有陰謀。斗下氣若車輪，白色漸侵斗口，饑荒盜起。若黑色守斗口，邊父子相侵，天下水歉。北斗第一星名貪狼，要光明忽然不見，主將必死。北斗夜夜白雲遮，不過七日，兵大起，積尸千里。斗爲主，霞爲客，酉未來索戰，不可出，出必凶。青蒼之氣入斗中，賊來侵，不然裨將欲謀爲凶。北斗暈，天下亂。晝見，絶世更紀。動摇，天下多以兵死。《星經》曰：璇璣者，謂北極星也。玉衡者，謂斗九星也。玉衡第一星，主徐州，常以五子日候之。甲子爲東海，丙子爲琅琊，戊子爲彭城，庚子爲下邳，壬子爲廣陵，凡五郡。第二星主益州，常以五亥日候之，乙亥爲漢中，丁亥爲永昌，己亥爲巴郡、蜀郡、牂牁，辛亥爲廣漢，癸亥爲犍爲，凡七郡。第三星主冀州，常以五戌日候之，甲戌爲魏郡、渤海，丙戌爲安平，戊戌爲鉅鹿、河間，庚戌爲清河、趙國，壬戌爲恒山，凡八郡。第四星主荆州，常以五卯日候之，乙卯爲南陽，己卯爲零陵，辛卯爲桂陽，癸卯爲長沙，丁卯爲武陵，凡五郡。第五星主兖州，常以五辰日候之，甲辰爲東郡陳留，丙辰爲濟北，戊辰爲山陽、泰山，庚辰爲濟陰，壬辰爲東平、任城，凡八郡。第六星主楊州，常以五巳日候之，乙巳爲豫章，辛巳爲丹陽，己巳爲廬江，丁巳爲吴郡會稽，癸巳爲九江，凡六郡。第七星主豫州，常以五午日候之，甲午爲潁川，壬午爲梁國，丙午爲汝南，戊午爲沛國，庚午爲魯國，凡五郡。第八星主幽州，常以五寅日候之，甲寅爲玄菟，丙寅爲遼東、遼西、漁陽，庚寅爲上谷、代郡，壬寅爲廣陽，戊寅爲涿郡，凡八郡。第九星主并州，常以五申日候之，甲申爲五原、鴈門，丙申爲朔方雲中，戊申爲西河，庚申爲太原、定襄，壬申爲上黨，凡八郡。爲六十郡九州所領，自有分而名焉。

天理四星在北斗魁中，貴人之牢也。星不欲明，彗孛犯，國危。赤雲氣犯，大兵起，將相行兵。

文昌六星在北斗魁前紫微垣西，天之六府也。主集計天道。一曰上將大將軍，建威武；二曰次將尚書，正左右；三曰貴相太常，理文緒；四曰司禄、司中、司隸，賞功進；五曰司命、司怪太史，主滅咎；六曰司寇大理，佐理寶。所謂一者，起北斗魁前，近内階者也。明潤色黄，大小齊，天瑞臻，四海安。青黑微細，則多所殘害。歲星守之，兵起；熒惑守之，將凶；太白守，入兵；輿填星守，國安；客星守，大臣叛；彗孛犯，大亂；流星犯，宫内亂，一云大將軍叛。

三師三星在北斗魁第一星西，爲太尉、司徒、司空之象。主宣德化，調七政、和陰陽之官也。星欲明大，其色赤，則有兵。一星亡，天下危；二星亡，天下亂；三星亡，天下易主。

三公三星在斗柄東，闓陽南，主燮理陰陽，弼君機務。其占與三師同。

内厨二星在紫微垣西南外，主六宫之内飲食及后妃夫人與太子燕飲。

天牢六星在北斗魁下，貴人之牢，主繩愆禁暴。甘氏云：賤人之牢。熒惑犯，民相食，國有敗兵；客星彗犯，將相憂。

太尊一星在中台北，貴戚也。不見爲憂。

勢四星在太陽守西北，北斗璣星東北。勢，腐形人也。主助宣王命，以不明爲吉。

太陽守一星在相星西，北斗第三星西南，大將大臣之象。主設武備，以戒不虞。明吉，暗凶。客彗孛犯，爲易政，將相憂，兵亂。蒼白雲氣入，將死。

相一星在北斗第四星南，總百司，集衆事，掌邦典，以佐帝王。明吉暗凶。

天槍三星在北斗杓東，一曰天鉞。天之武備也，故在紫微宫左右，所以禦難也。明吉，暗小兵敗。芒角動，兵起。客彗流犯皆爲兵饑。

玄戈一星又名天戈，在招摇北，主北方。芒角動摇，則北兵起；客星守、彗孛、流星犯，北兵敗；黑雲氣犯，北兵退。

太微垣十星，《漢志》：南宫，朱鳥，權衡。《晉志》：天子廷也，五帝之坐也，十二諸侯之府也，其外蕃九卿也。一曰太微爲衡。衡，王平也。又爲天廷理法平辭，監升授德，列宿受符，諸神考節，舒情稽疑也。南蕃中二星，間曰端門；東曰左執法，廷尉之象；西曰右執法，御史大夫之象。執法，所以舉刺凶邪。左執法，東左掖門也；右執法，西右掖門也。東蕃四星，南第一星曰上相，其北東太陽門也；第二曰次相，其北中華東門也；第三曰次將，其北東太陰門也；第四曰上將，所謂四輔也。西蕃四星，南第一星曰上將，其北西太陽門也；第二曰次將，其北中華西門也；第三曰次相，其北西太陰門也；第四曰上相，亦曰四輔也。月五星入太微軌道吉，其所犯中坐成刑。月犯四方，兵不制，犯執法。歲星入東門天下有急，兵守之，將相死。填星熒惑犯逆行，入爲兵喪；犯上將，上將憂；犯西上將，天子戰於野，上相死。入太微，色白無芒，天下饑。犯太微門，左右將死。入天庭，在屏星南出，左掖門左將死，右掖門右將死。入太微淩犯，留止爲兵。太白犯，入太微爲兵，大臣相殺，留守有兵喪。晝見太微，國有兵喪。月掩太白於端門，外國受兵。辰星犯太微，天子當之，有内亂，守左石執法，兵起，有赦。入西門後宫，災大水。入西門出東門，爲兵喪、水災。客星犯，出入端門，國有憂。左掖門旱，右掖門國亂。出天庭，有苛令，兵起。彗星犯，天下易犯天庭，王者有立。孛於翼，近太微，上將爲兵喪。孛於西蕃，主革命。孛五帝，亡國殺君。赤雲氣入東掖門，内起兵。

内五帝坐五星在太微宫中，中一星黄帝坐含樞紐之神也。天子動得天度，止得地意，從容中道則明以光。四帝星夾黄帝坐，四方各去二度。東方蒼帝，靈威仰之神也；南方赤帝，赤熛怒之神也；西方白帝，白招矩之神也；北方黑帝，叶光紀之神也。月出坐北禍大，出坐南禍小，出近之大饑，犯黄帝坐有亂臣。抵帝坐有土功事，歲星犯有非其主立，熒惑犯兵亂。太白入兵在宫中，五星入色白爲亂，彗星入宫亂。抵帝坐，或如粉絮，兵喪並起。

太子一星在帝坐北，帝儲也。儲有德，則星明潤。

幸臣一星在帝坐東北，常侍太子，以暗爲吉。

内屏四星在端門内，近右執法。屏者，所以擁蔽帝庭也。

謁者一星在左執法東北，主贊賓客、辯疑惑。明盛則四夷朝貢。

三公三星在謁者東北，内坐朝會之所居也。

九卿三星在三公北，主治萬事。

內五諸侯五星在九卿西，主刺奸。

郎將一星在郎位北，主閲兵，以爲武備也。明大臣叛，客星犯，守郎將誅。流星犯，將軍憂。

郎位十五星在帝坐東北，一曰依烏郎府也。星明大，或客星入，大臣爲亂。彗星枉矢出其次，郎佐謀叛。熒惑守之，兵喪。赤氣入，兵起。

常陳七星在帝坐北，天子宿衛，虎賁之士，以設强禦也。星摇動，天子自出將。明則武兵用。

三台六星兩兩而居，起文昌列，抵太微。一曰天柱，三公之位也，在人曰三公，在天曰三台。主開德宣符。西近文昌二星曰上台，爲司命，主壽。次二星曰中台，爲司中，主宗室。東二星曰下台，爲司禄，主兵，所以昭德塞違也。又曰：三台爲天階，大乙躡以上下。一曰泰階，上階上星爲天子，下星爲女主，中階上星爲諸侯。三公下星爲卿大夫，下階上星爲士，下星爲庶人。所以和陰陽而理萬物也。又曰上台上星主兖、豫，下星主荆、揚，中台上星主梁、雍，下星主冀，下台上星主青，下星主徐。人主好兵，則上階上星疏而色赤，其色暗。公侯背叛，率部動兵，則中階上星赤。外夷來侵，邊國騷動，則中階下星疏而横，色白。三階平則陰陽和，風雨時，穀豐世泰，不平則反是。三台不具，天下失計。色明齊等，君臣和而政令行，微細反是。司命星亡，春不得耕；司中不具，夏不得耨；司禄不具，秋不得穫。一曰：三台色赤爲兵，黄潤爲德，黑爲憂。月入，君憂臣亂，公族叛。流星入，天下兵將憂。抵中台，將相憂。雲氣入，色黄，將相喜，赤爲憂。

虎賁一星在下台星南，一曰在太微西蕃北下台南，静室旄頭之騎官也。明則臣順。與車騎星同占。

少微四星在太微西下台側，南北列士大夫之位也。一名處士，或曰博士官，一曰主衛。掖門南第一星處士，第二星議士，第三星博士，第四星大夫。明大而黄，則賢士舉。一曰：少微星近太微，若一星獨前，入太微西門，必有謀賊天子者。

長垣四星在少微星南，主界域及北方。熒惑入，北人入中國；太白入，九卿謀，邊將叛。彗孛犯，北地不安；流星入，北方兵起，將入中國。

靈臺三星在明堂西，神之精白曰靈，四方而高曰臺。主觀雲物、察符瑞、候災變也。

明堂三星在太微西南角外，天子布政之宮。明吉暗凶。

天市垣二十二星在氐、房、心、尾、箕、斗內宮之內。東蕃十一星，南一曰宋，二曰南海，三曰燕，四曰東海，五曰徐，六曰吴越，七曰齊，八曰中山，九曰九河，十曰趙，十一曰魏；西蕃十一星，南一曰韓，二曰楚，三曰梁，四曰巴，五曰蜀，六曰秦，七曰周，八曰鄭，九曰晉，十曰河間，十一曰河中。主權衡，主聚衆。又曰：天旗庭主斬戮事。市中星衆潤澤，則歲實。彗星掃爲徙市易都。客星入，爲兵起。星不明，糴貴。月入天市，易政，更王，兵起。五星入，將相憂，兵起。熒惑守，大饑，火災。或芒角色赤如血，市臣叛。填星守，糴貴。太白入，兵起，糴貴。辰星守，蠻夷君死。客星入，大兵起；星色白，市亂。彗星守，穀貴。出天市，豪傑起，徙市易都。流星入，色蒼白，物貴；赤爲兵，爲火災，民疫。若有使來，言兵事。一曰出天市爲外兵。

帝坐一星在天市中，候星西，天皇大帝外坐也。星明潤吉；小暗，王道失；亡則天下亂，兵起；移出垣外，天子巡游；五星犯，臣謀主，下有叛；熒惑尤甚。客星入，色赤，有兵；守之，大臣爲亂；彗犯，人民亂，宮廟徙；流星，犯諸侯兵起。

宦者四星在帝坐西南，刑餘之臣也，星微吉。

候一星在帝坐東北，主伺陰陽，孛犯臣謀叛。

宗正二星在帝坐東南，宗大夫也。

宗人四星在宗正東，主録親疎享祀。

宗星二星在候星東，宗室之象，帝輔血脈之臣。

帛度二星在宗星東北，主度量，買賣，平貨易者。

屠肆二星在帛度東北，主屠宰烹殺。

列肆二星在斛西北，主貨金玉珠璣。

斗五星在宦者南，主平量，覆則穰，仰則凶，客彗犯爲饑。

斛四星在斗南，主度量，分銖、筭數。星不明，凶；亡則年饑。

車肆二星在天市門中，主百貨。星不明，車蓋盡行；明則吉。

客星彗星守之，天下兵車盡發。

市樓六星在天市中，臨箕星之上，市府也。主市賈律度。其陽爲金錢，陰爲珠玉。星不具，兵作於市，胡人入中國，以兵相害；星亡，天下易都。彗星客星守之，市門多閉。

貫索九星在七公星前，賤人之牢。其口北開，中央大星，牢鑑也。牢口一星爲門，欲其開也。《漢志》：十五星九星皆明，天下獄繁。七星見，小赦。五星六星，大赦。動則斧鑕用。中空改元。入河中，大饑。中星衆則囚多。辰星犯，主水，米貴。彗星出其分中，外豪傑起。客星入，青爲憂，赤爲兵，白乃吉。雲氣入，色蒼白，天子亡地，青兵起，黑獄多枉死，白天子喜。

七公七星在招摇東，爲天相三公之象，主七政。大而動爲兵，連貫索則世亂。入河中，糴貴民饑。大白守，天下亂，兵起。客星守，歲饑。主危。流星出其分，主將黜。

天紀九星在貫索東，九卿之象，萬事綱紀，主獄訟。明則天下多訟；亡則政理壞，國紀亂。散絶則地震、山崩。與女牀合則君失理，女謁行。客星守，主危，民饑；客星犯，諸侯舉兵。

女牀三星在天紀北，後宫御女侍從官也，主女事。

元·馬端臨《文獻通考》卷二七八《象緯考一》　中宫三垣

《漢·天文志》曰：凡天文在圖籍昭昭可知者，經星常宿中外官凡一百十八名，積數七百八十三星，皆有州國官宫物類之象。其伏見早晚，邪正存亡，虚實廣狹孟康曰：「伏見早晚，謂五星也。日月五星下道爲邪。存謂列宿不虧也，亡謂恒星不見。虚實，若天牢星實則囚多，虚則開出之屬也。闊狹，若三臺星相去遠近也。」，及五星所行，合散犯守，陵歷斗食孟康曰：「合，同舍也。散，五星有變則精散爲價星也。犯，五寸以内光芒相及也。陵，相冒過也。食，星月相陵，不見者則所食也。」韋昭曰：「自下往觸之曰犯，居其宿曰守，經之爲歷，突掩爲陵，星相擊爲鬥也。」，彗孛飛流，日月薄食張晏曰：「彗所以除舊布新也。孛氣似彗。飛流謂飛星流星也。」孟康曰：「飛，絶跡而去。流，光跡相連也。日月無光曰薄。」京房《易傳》曰：「日月赤黄爲薄。或曰不交而食曰薄。」韋昭曰：「氣往迫之爲薄，虧毁曰食也。」，暈適背穴，抱珥虹蜺孟康曰：「暈，日旁氣也。適，日之將食先有黑之變也。背，形如背字也。穴多作鐍，其形如玉鐍也。抱，氣向口也。珥，形點黑也。」如淳曰：「暈讀曰運。虹或作虹。蜺讀曰齧偶，偖謂之虹，表云：雄爲虹，雌爲蜺。凡氣在日上冠爲戴，在旁直對爲珥，在旁如牛環向日爲抱，向外爲背。有氣刺日爲鐍。鐍，抉傷也。」，迅雷風價，怪雲變氣：此皆陰陽之精，其本在地，而上發於天者也。政失於此，則變見於彼，猶景之象形，鄉之應聲師古曰：「鄉讀曰響。」。是以明君睹之而寤，飭身正事，思其咎，謝其過，則禍除而福至，自然之符也。

《晉·天文志》曰：「張衡云：文曜麗乎天，其動者有七，日月五星是也。日者，陽精之宗；月者，陰精之宗；五星，五行之精。衆星列布，體生於地，精成於天，列居錯峙，各有攸屬。在野象物，在朝象官，在人象神。其以神差，有五列焉，是爲三十五名。一居中央，謂之北斗。四布於方各七，爲二十八舍。日月運行，歷示吉凶，五緯纏次，用告禍福。中外之官，常明者百有二十四，可名者三百二十，爲星二千五百，微星之數蓋萬一千五百二十。庶物蠢蠢，咸得系命。不然，何得總而理諸？後武帝時，太史令陳卓總甘、石、巫咸三家所著星圖，大凡二百八十三官，一千四百六十四星，以爲定紀。今略其昭昭者，以備天官云。」

中宫　北極紫微宫

中元北極紫微宫，北極五星在其中。大帝之座第二珠，第三之宫庶子居，第一號曰爲太子，四爲後宫，五天樞一云，第三明者帝之居，第四明曰四庶子，最小第五天之樞。左右四星是四輔。天一、太一當門路，左樞、右樞夾南門，兩面營衛一十五。上宰、少尉兩相對，少宰、上輔次少輔，上衛、少衛次上丞。後門東邊大贊府，門西唤作一少丞。以次却向門前數，陰德門裏兩黄聚。尚書以次其位五，女史、柱史各一户，禦女四星五天柱。大理兩星陰德邊。勾陳尾指北極顛，勾陳六星六甲前，天皇獨在勾陳裏，五帝内座後門是。華蓋並杠十六星，杠作柄象華蓋形，蓋上連連九個星，名曰傳舍如連丁。垣外左右各六珠，右是内階左天廚。階前八星名八穀。廚下五個天棓宿。天床六星左樞在。内廚兩星右樞對。文昌斗上半月形，希蓋分明六個星。文昌之下曰三公，太尊只向三公明。天牢六星太尊邊。太陽之守四勢前。一個宰相太陽側，更有三公相西邊，即是元戈一星圓。天理四星斗裏暗，輔星近著開陽淡一本云，文昌之平三師名。天牢六星四勢前，更有二公、相西偏，即見太陽一星圓。天理四星斗裏暗，輔星近著開陽淡。北斗之宿七星明，第一主帝名，樞精，第二第三璇、璣是，第四名權第五衡，開陽、摇光六、七名。

北極五星，在紫微宫中。一名天極，一名北辰。其紐星，天之樞也。天運無窮，三光叠耀，而極星不移。故曰「居其所而衆星共之」。第一星主月，太子也。第二星主日，帝王也，亦爲太乙之座，謂最赤明者也。第三星主五星，庶子也。北極五星最爲尊也。中星不明，主不用事。右星不明，太子憂也。其第四星爲後宫，第五星爲天樞。張衡云：二星並爲後宫，北極五星明大則吉，變動則憂。抱極樞四星曰四輔，所以輔佐北樞而出度受政也。張衡云：抱極之細星也，爲輔臣之位，主贊萬機。小而明，吉；太明及芒角，臣逼君。暗則官不理。天乙一星，在紫宫門右星之南，天帝之神也，主戰鬥，知人吉凶者也。太乙一星，在天乙南相近，亦天帝神也，主使十六神，知風雨、水旱、兵革、饑饉、疾疫、災害所生之國也。張衡云，天乙逼閶闔外，其占，明而有光，則陰陽和合，萬物成，人主吉；不然反是。太乙占與天乙略同。紫微垣十五星，其西蕃七，東蕃八，在北斗之北。一曰紫微，大帝之座也，天子之常居也，主命、主度也。一曰長垣，一曰天營，一曰旗星，爲藩衛，備藩臣也。宫闕兵起，旗星直，天子出，自將宫中兵。張衡云，紫微垣十五星，東藩八，西藩七。其東藩近閶闔門，第一星爲左樞，第二星爲上宰，第三星爲少宰，第四星爲上輔，第五星爲少輔，第六星爲上衛，第七星爲少衛，第八星爲少丞。其西藩近閶闔門，第一星爲右樞，第二星爲少尉，第三星爲上輔，第四星爲少輔，第五星爲上衛，第六星爲少衛，第七星爲少丞。皆以明大有常則吉，若盛明，則内輔盛也。宫垣直而明，天子將兵；開則兵起。西藩開如門象，名閶闔門，有流星自門而出四野者，當有中使銜命，視其所適野而論之也。陰德二星，在紫微宫内尚書之西，主施德者，其占，以不明爲宜，明則新君踐極。《隋志》曰：「尚書西二星曰陰德、陽德，主周急振撫。」又分爲二坐星矣。門内東南維五星曰尚書，主納言，夙夜咨謀，龍作納言，此之象也。張衡曰，八座大臣之象，其占與四輔不殊。極東一星曰柱下史，主左右記君之過，星明則史直辭，不明反是。柱史北一星曰女史，婦人之微者，主傳漏，故漢有侍史。張衡云，婦官也，主記宫中之事，其占與柱史同。禦女四星，在紫微宫内勾陳之北，八十一禦妻之象也。其占，明則多内寵，不明則否。《晉志》謂之女禦宫。天柱五星，在紫微宫門内，華蓋杠左旁，近東垣北隅，法五行，主晦朔、晝夜之職。明正則吉，人安，陰陽調；不然則司歷過。《隋志》云：建政教，立圖法之府也。常以朔望日垂禁令於天柱，以示百司。《周禮》以正歲之月，示法象魏，此之謂也。大理二星，在紫微門内，次近陰德，決獄之官。星明則刑憲平，不明則冤酷深。勾陳六星，在紫微宫華蓋之下。《隋志》云，後宫也，大帝之正妃也，大帝之常居也。張衡云，大帝所居之宫也，亦將軍之象也。星明則吉，暗則人主惡之。勾陳中一星，曰天皇大帝，其神曰曜魄寶，主禦群靈，秉萬機神圖也。其星隱而不見，則爲災。六甲六星，在紫微宫内華蓋杠左傍，分掌陰陽，紀時節。明則陰陽和，不明則寒暑易節。五帝内座五星，在華蓋下，勾陳上，斧馳之象，所以備辰居者。明正則吉，變動則災凶。《隋志》云，客星犯紫微宫中座，大臣犯主。華蓋七星，其杠九星，合十六星，在勾陳上，正當大帝，所以覆蔽大帝之座也。明正則吉，傾動則凶。傳舍九星，在華蓋上，近河，賓客之館，主胡人入中國。客星守之，備奸使，亦曰胡兵起。内階六星，在文昌北，天皇之陛也。明，吉；傾動，凶。紫微東垣北維外六星曰天廚，天子百官之廚也。見，吉；不見，凶。八穀八星，在紫微西藩之外，五車之北。其八星，一主稻，二主黍，三主大麥，四主小麥，五主大豆，六主小豆，七主粟，八主麻子。明則八穀皆成，暗則不熟。一星不見，則八穀不登；八星不見，則國人糊口。天棓五星，在女床東北，天子先驅，所以禦難也。不明則國兵起。一曰主爭訟。明，大凶小吉。天床六星，當閶闔門外，主天子寢舍，解息燕休之處。星正大吉，君有慶；傾則人主不安。一云在宫門外，聽政之象也，爲寢舍也，暗凶。内廚兩星，在紫微垣外西南角，主六宫之内飲食府也，一云主後夫人與太子飲宴。居常無咎，有犯、守，凶。文昌六星，在北斗魁前，天之六府也，主集計天道。一曰上將、大將軍，建威武；次二曰次將、尚書，正左右；三曰貴相、太常，理文緒；四曰司禄，司中、司隸，賞功進爵；五曰司命、司怪、太史，主滅咎；六曰司寇、大理，佐理寶。所謂一者，起北斗魁前近内階者也。明潤，大小齊，天瑞臻。張衡云，其占，黄潤光明，萬人安，大小均，天瑞降；青黑細微，多所害；摇動移徙，大臣憂。金火守入，兵興。孛犯，國亂。一曰文昌動，則三公受誅，后崩，災福與三公同。三公三星，在北斗柄東，又三公星在北斗魁西，並爲太尉、司空、司徒之象。主谿理陰陽，弼君機務。其星移徙，不吉；居，常安。金火守之，三公有凶。《隋志》曰，杓南三星及魁第一星皆曰三公，宣德化，調七政，和陰陽之官也。太尊一星，在中臺之北，貴戚也。巫咸云，聖公之象，居常爲定，不見則凶。金犯守爲災，貴賤將敗者也。天牢六星，在北斗魁下，貴人之牢也，主愆過禁暴淫，與貫索同占。太陽守一星，在相西，大將大臣之象也，主戒不虞，設武備也。非其常，兵起；明，吉；暗，凶；移徙，大臣誅。勢四星，在太陽西北，刑餘人而用事者也。不明，吉；明即閹宦擅權。相一星，在北斗南。《隋志》曰，相者，總領百官，而掌邦教，以佐帝王，安邦國，集衆事也。明，吉。元戈一星，在招摇北，一曰天戈也。芒角大而動，則四夷兵起。其占與梗河相類。北斗魁中四黑星，爲貴人之牢，曰天理。明及摇動與有星者，爲貴人下獄。北斗七星，輔一星，在太微北，七政之樞機，陰陽之本元也。故運乎天中，而臨制四方，以建四時，而均五行也。魁四星爲璇璣，杓三星爲玉衡。又象號令之主，又爲帝車，取乎運動之義也。又魁第一星曰天樞，二曰璇，三曰璣，四曰權，五曰玉衡，六曰開陽，七曰摇光。一至四爲魁，五至七爲杓。樞爲天，璇爲地，璣爲人，權爲時，玉衡爲音，開陽爲律，摇光爲星。石氏云，第一曰正星，主陽德，天子之象也。二曰法星，主陰刑，女主之位也。三曰令星，主禍害也。四曰伐星，主天理，伐無道。五曰殺星，主中央，助四旁，殺有罪。六曰危星，主天倉五穀。七曰部星，亦曰應星，主兵。又云，一主天，二主地，三主火，四主水，五主土，六主木，七主金。又曰，一主秦，二主楚，三主梁，四主吳，五主趙，六主燕，七主齊。輔星附乎開陽，所以佐斗成功也。又曰主危正，矯不平，又曰丞相之象也。七政星明則國昌，不明則國殃。斗旁欲多星則安，斗中少星則人怨上，天下多訟法者。無星二十日有赦。輔星明而斗不明，臣強主弱；斗明輔不明，主強臣弱也。杓南三星及魁第一星皆曰三公，宣德化，調七政，和陰陽之官也。張衡云：「若天子不恭宗廟，不敬鬼神，則魁第一星明，或變色。若廣營宮室，妄鑿山陵，則第二星不明，或變色。若不愛百姓，聚興征役，則第三星不明，或變色。若發號令，不明四時，不明天道，則第四星不明，或變色。若廢正樂，務淫聲，則第五星不明，或變色。若不勸農桑，不務稼穡，峻法濫刑，退賢傷政，則第六星不明，或變色。若不撫四方，不安夷夏，則第七星不明，或變色。」凡日、月暈連環。及斗、月暈，及摇動，兵起。其傍側中小星多，則天下不安，人多怨。一云小星多則天下安，不然則國人散。五曜及客星守入皆凶，孛彗尤甚也。

右夾漈鄭氏作《通志・天文略》言，漢晉諸志，所載諸星名數災祥，叢雜難舉。惟隋丹元子作《步天歌》，句中有圖，言下見象，或豐或約，無餘無失，故特取其歌，而於歌之後采諸家之言以備之。今所載其前則丹元子歌也，後則夾漈所取諸志以釋之者也，其説亦略備矣。然《宋史・志》所載近代諸儒之説，則考訂尤詳，故又摭其所未備者，附見各段之末云。

《宋兩朝天文志》：舊説皆以紐星正樞機，後祖暅之立儀測之，洎皇祐中，以銅儀管候之，其不動處猶在樞星之末一度餘。

《朱子語録》曰：北辰乃天之北極，天如水車，北辰乃軸處，水車動而軸未嘗動。又曰：北辰是那中間無星處些子不動，是天之樞紐。北辰無星，緣人要取此爲極，不可無個記認，所以就其旁取一小星，謂之極星。問極星動否？曰極星也動，只是近那辰後雖動而不覺。今人以管去窺那極星，見其動來動去，只在管裏面不動出去。向來人説北極便是北辰，皆只説北極不動，至本朝人方去推得是北極，只在北辰邊頭，而極星依舊動。

宋兩朝《天文志》：太子星，去北極十五度，入心宿三度。四輔四星，去天樞各四度。勾陳六星，去極六度半，入壁宿五度。天皇大帝星，去極八度半，入室宿十一度。華蓋七星杠九星距中大星，去極二十六度，入婁宿四度。五帝內座五星距中大星，去極十二度半，入室宿六度。六甲六星距南星，去極一十五度，入奎宿四度。御女四星距西南星，去極一十三度半，入奎宿一度。天柱五星距東南星，去極十三度半，入危宿初度。尚書五星距西南星，去極十九度，入尾宿十四度。柱下史一星，去極十八度，入斗宿十三度。女史一星，去極十七度半，入斗宿二度。陰德二星距東星，去極十九度，入房宿二度。大理二星距東星，去極二十三度半，入心宿五度。天床六星距西南星，去極二十二度，入氐宿二度半。紫微垣十五星：其左駱樞，去極二十七度半，入房宿一度；右驂樞，去極二十一度，入亢宿八度。天乙一星，去極二十度半，入亢宿一度半。太乙一星，去極二十一度，入亢宿一度。內廚二星距西南星，去極十九度半，入軫宿十一度。天廚六星距大星，去極二十四度，入井宿二十二度。內階六星距西南星，去極二十三度，入井宿二十六度。八穀八星距西南星，去極三十一度半，入畢宿三度。傳舍九星距西第四星，去極二十八度半，入胃宿五度。閣道六星距南星，去極四十八度，入奎宿四度半。策一星，去極三十三度半，入壁宿五度。鈎九星距大星，去極二十四度，入危宿初度。扶筐七星距南第一星，去極三十二度半，入斗宿六度。北斗七星：天樞，去極二十三度半，入張宿十度；摇光去極三十五度，入角宿九度。輔一星，去極三十度，入角宿三度。天理四星距東南星，去極二十八度，入翼宿九度。三公三星距東星，去極三十五度少，入角宿六度。三師三星距西星，去極二十一度，入張宿初度半。文昌六星距西南星，去極三十四度半，入柳宿二度半。天牢六星距西北星，去極二十八度半，入張宿六度。天相一星，去極三十三度，入軫宿四度。勢四星，去極三十一度，入翼宿二度。天槍三星距大星，去極三十二度半，入氐宿初度。天棓五星距南星，去極四十四度，入箕宿三度。

先公曰：古今志天文者，述天官星之名義，大略皆同。兩朝《志》亦出入晉、隋二史，但此能言其去極若干度，某宿若干度爲異耳。

宋《中興天文志》：坎，正北方也。北極不於坎乾而於艮丑，以艮東北萬物之所，成終而所成始也。作歷者逆推而上之，以至於數千百載，必得日月合璧，五星連珠，於建牛之次，然後用之，爲曆元，謂建牛艮丑分野，萬物成終成始之地也。故北極則居其方，爲天之極。而七政則會其分，爲歷之元。當七政會其分之時，亦必纏運適當其方次，天道自然知者鮮矣，此其辨之。一曰北極第一星，最赤明者，星圖謂之帝。而勾陳口中又爲天皇大帝，非是。按巫咸《通元經寶鏡圖》：北極五星，勾陳六星，在紫極宮中，奈宮一而帝二也。此當辨。曰，賈逵、張衡、蔡邕、王蕃、陸績皆以紐星爲不動處。《晉志》謂「北辰爲最尊者」是也。孔子曰，譬如北辰，居其所而衆星共之。言於天象，爲至尊。是於五星爲第一，而《志》反以第五，倒置之甚，此當辨。夫不以紐星之居其所，衆星共者爲帝，而以從極之赤明者爲帝，則異乎吾孔子所云，此當辨。北辰一星不爲帝，而指勾陳口中星爲天皇大帝，豈居其所非大，而不居其所爲大乎。口中一星，即大帝之座，不當遂指爲天皇大帝，遂以爲耀魄寶，此當辨。《志》曰，北極五星，其紐星，天之樞也。第一星主月，太子也。第二星主日，帝王也，亦太乙之座，謂最赤明者也。第三星主五星，庶子也，非是。按《大象列星圖》，亦以一爲太子，二爲帝王，三爲庶子，而餘星則以爲後宮。《乾象新書》所載傳言，亦以一主月，爲太子；二主日，爲帝王；而三則以爲主五行；四則以爲主諸王；五則以爲主庶子。核其説皆非是，而未暇辨。所辨者，日月五星各分所主，而非其義也。藉令必有所主，則主者惟帝耳，太子何得分主月，庶子又何得分主五星，而帝乃獨主日乎？此當辨。《天官書》、《前漢志》及《春秋合誠圖》曰，中宮天極星，其一明者太乙常居；旁三星三公，或曰子屬。後勾四星，末大星正妃，餘三星後宮之屬也。《孝經援神契》曰，辰極横，后妃四星從，端大妃光明。二説大略相類。然考之經觀之象，則指三星爲三公固不可，而又以三星爲子屬尤不可，且既以爲三公，又以爲子屬，何自二其説乎？子屬即旁二星耳，太子一，庶子一，豈又有子屬乎？宫南三星曰三公内座，杓南三星及魁上三星曰三公，三孤後豈此又有三公乎？所謂後勾四星，勾曲抱極，《志》謂四輔星也。則言末大星正妃，餘三星後宮之屬者，與言后妃四星從，端大妃光明者，皆非是，此當辨。夫以四輔末大星爲妃者，固非是，而《志》則曰，勾陳後宮也，大帝之正妃也，亦非是。勾陳實主六軍，大司馬。巫咸曰，主天子護軍。即不當以爲後宮，又不當以爲正妃，此當辨。曰，然則北極五星之辨，如何聞之師云。天樞紐星，在四輔中者，是爲天皇大帝，其神曰耀魄寶，此是也。而彼所指勾陳中一星爲耀魄寶者，非也。故初一曰帝；次二曰后；次三曰妃；次四曰太子，乃其赤明者也；次五曰庶子。因知中宮帝，當以孔子所稱北辰爲據，其精北極星，其神耀魄實，太公望、閎天書不誣，此其辨之二。

又曰：極星之在紫垣，萬神所宗，七曜、三垣、二十八宿，衆星所拱，是北極爲天文之正中。而自唐以來歷家以儀象考測，則中國南北極之正，實去極星之北一度有半，此蓋中原地勢之度數也。

中興更造渾儀，而太史局令丁師仁言：「臨安府地勢向南，於北辰極高下當量行移易。」局官呂璨言：「渾天無量行更易之制，若用於臨安與天參合，移之他往必有差忒。」於此罷議。後十餘年，邵諤鑄儀，則果用臨安北極高下爲之。以今清臺儀校之，實去極星四度有奇焉。若列星諸宿去極之度數，與赤道之遠近，則清臺一遵皇祐所測，無所更易。舊史已具，茲不復言。

太微宮

上元太微宮，昭昭列象在蒼穹。端門只是門之中，左右執法門西東。門首皂衣一謁者，以次即是烏三公。三黑九卿公背傍，五黑諸侯卿後行。四個門西主軒屏，五帝内座於中正。幸臣、太子並從官，烏列帝後從東定。郎將、虎賁居左右，常陳、郎位居其後，常陳七星不相誤，郎位陳東一十五。兩面宮垣十星布，左右執法是其數。宮外明堂布政宮，三個靈臺候雲雨，少微四星西南隅，長垣雙雙微西居。北門西外接三臺，與垣相對無兵災。

太微垣十星，在翼、軫北。張衡云，天子之宮庭，五帝之座，十二諸侯府也。其外蕃，九卿也。一曰，軒轅爲權，太微爲衡。衡，主平也。《隋志》云，又爲天庭，理法平辭，監升授德，列宿受符，諸神考節，舒情稽疑也。南蕃中二星間曰端門。東曰左執法，廷尉之象也。西曰右執法，御史大夫之象也。執法，所以舉刺凶奸者也。左執法之東，左掖門也。右執法之西，右掖門也。東蕃四星：南第一曰上相，其北東太陽門也；第二星曰次相，其北中華東門也；第三星曰次將，其北東太陰門也；第四星曰上將，所謂四輔也。西蕃四星：南第一星曰上將，其北西太陽門也；第二星曰次將，其北中華西門也；第三星曰次相，其北西太陰門也；第四星曰上相，亦四輔也。東西蕃有芒及動摇者，諸侯謀天子也。執法移則刑罰尤急。月五星入太微軌道，吉；其所犯中座，成刑。謁者一星，在太微内在執法東北，主贊賓客也。不見，外國不賓服。謁者東北三星曰三公内座，朝會之所居也。張衡云，以輔弼帝者，其名與夾斗三公同。三公北三星曰九卿内座，主治萬事，與天紀同占。九卿西五星曰内五諸侯，内侍天子，不之國也。辟雍之禮得，則太微諸侯明。屏四星，在端門内，帝座南，近右執法。屏所以擁蔽帝庭也。執法主刺舉，星明潤，則君臣有禮。黄帝内座一星，在太微中，含樞紐之神也。天子動得天度，止得地意，從容中道，則太微五帝之座明以光。黄帝座不明，人主當求賢士以輔治；不然則奪勢。又曰，太微五帝座小弱青黑，天子國亡。四帝內座四星，夾黃帝座。東方星，蒼帝靈威仰之神也。南方星，赤帝赤熛怒之神也。西方星，白帝白招矩之神也。北方星，黑帝葉光紀之神也。張衡云，五帝同明而光，則天下歸心；不然則失位。金火水入太微，若順人軌道，伺其出之，所守之分，則爲天子所誅也。帝座東北一星曰幸臣，主親愛臣，明則幸臣用事，微細吉。太子一星，在幸臣西，五帝座北，儲貳之星，明而潤，則太子賢；不然則否。金火守入，太子不廢則爲簒逆之事。從官一星，在太子西北，主從官。不見則帝不安，如常則吉。郎將一星，在郎位東北，所以爲武衛。張衡云，今左右中郎將是也，大明、芒角，將恐不可當也。虎賁一星，在太微西蕃之外，上相之西，下臺之南，靜室旄頭之騎官也。張衡云，主侍從之武臣也，與車騎同占。常陳七星，如畢狀，在郎位北，天子宿衛虎賁之士，以設强毅也。星摇動，天子自出；明則武兵用；微則兵弱。郎位十五星，又云二十四星，在帝座東北，一曰依烏，郎位也。周官之元士，漢宮之光禄、中散騎、諫議、議郎、三署郎中，是其職也。張衡云，今之尚書郎也。欲其大小相均，光潤有常，吉。《隋志》，郎位，主守衛也。其星明，大臣有劫主，又曰客犯上；其星不具，后死，幸臣誅。客星入之，大臣爲亂。明堂三星，在太微西南角外，天子布政之宮也。明吉，暗凶。明堂西三星曰靈臺，主觀雲物，察符瑞，候災變也。占與司怪同。少微、長垣二座星，已釋在張星之次矣。三臺六星，兩兩而居，起文昌，列招摇太微。一曰天柱，三公之位也。在天曰三台，主開德宣符也。西近文昌二星曰上台，爲司命，主壽；次二星，對軒轅，曰中台，爲司中，主宗室；東二星，抵太微，曰下台，爲司禄，主兵。所以昭德塞違也。又曰三台爲天階，太乙躡以上下。一曰泰階，上階上星爲天子下，星爲女主；中階上星爲諸侯三公，下星爲卿大夫；下階上星爲士，下星爲庶人。所以和陰陽而理萬物也。其星有變，各以所主占之。君臣和集，如其常度。張衡云，色齊明而行列相類，則君臣和，法令平；不齊，爲乖度。金火守入，兵起，彗孛尤甚也。

宋兩朝《天文志》：太微十星：右執法，去極八十四度，入翼宿十二度半；左執法，去極八十六度，入軫宿初度半。謁者一星，去極八十三度，入軫宿一度。三公三星距東星，去極八十四度半，入軫六度。九卿三星距西北星，去極七十五度，入軫七度。內五諸侯五星距西星，去極七十度，入軫一度。五帝座五星距中大星，去極七十一度，半入翼十一度。內屏四星距西南星，去極八十度，入翼十度。太子一星，去極六十六度半，入翼十一度半。從官一星，去極六十四度半，入翼八度半。幸臣一星，去極六十六度半，入翼十五度。郎位十五星距西南星，去極六十度，入翼十八度。郎將一星，去極四十七度半，入軫十一度。常陳七星距東星，去極五十一度半，入軫初度。虎賁一星，去極六十二度少，入翼二度。

宋《中興天文志》曰：太微垣有五帝座，五帝內座又列乎紫宮，何也？曰五帝常居在太微而入覲乎紫宮，故有內座也。然則五帝何帝也？此《志》所謂靈威仰、赤熛怒、含樞紐、白招矩、葉光紀之神也。有天皇矣，而又有五帝何也？五帝，在天主五行，在地主五嶽，分方主事，以輔天皇者。昔周公郊祀后稷以配天，斯北極紫微中宮天皇大帝也。而宗祀文王於明堂，以配上帝，則宮南太微五帝也。此《月令》明堂，所以分五宮，祀五帝也。

天市垣

下元一宮名天市，兩扇垣墻二十二。當門六角黑市樓，門左兩星是車肆。兩個宗正四宗人，宗星一雙亦依次。帛度兩星屠肆前，候星遺在帝座邊。帝座一星常光明，四個微茫宦者星。以次兩星名列肆，斗、斛帝前依其次，斗是五星斛是四。垣北九個貫索星，索口横者七公成。天紀恰似七公形，數著分明多兩星。紀北三星名女床，此座還依織女傍。三光之象無相侵，二十八宿隨其陰。水火木土並與金，以次別有五行吟。

天市垣二十二星，在房、心東北，主權衡，主聚衆。一曰天旗庭，主斬戮之事也。市中星衆潤澤則歲實，星希則歲虛。熒惑守之，戮不忠之臣。又曰，若怒角守之者，臣殺主。彗星出，爲徙市易都。客星入之，兵大起；出之，有貴喪。張衡云，天市明則市利隱，商人無利；忽暗，則反是。市樓六星，在市中，臨箕星之上，主司闤闠。明則吉，暗則市利不理也。《隋志》，市樓者市府也，主市價律度，其陽爲金錢，其陰爲珠玉。變見，各以所主占之。車肆二星，在天市垣南門之內，主車駕。不明則國車盡行。《隋志》，主衆賈之區。宗正二星，在帝座東南，宗大夫也。彗星守之，若失色，宗正有事。客星守、動，則天子親屬有變。又曰，客星守之，貴人死。又曰，宗正明則宗室有秩，暗則國家凶。宗人四星，在宗正東，主録親疏享祀，如綺而明正，族人有序。宗星二星，在宗人東北，候星之東，宗室之象，帝輔血脈之臣也。客星守之，宗人不和。帛度二星，在宗室星東北，主度量。明則尺量平，商人不欺；暗則否。屠肆二星，在帛度東北，主烹宰。明大則肆中多宰殺。候一星，在帝座東北，主伺陰陽也。明大則輔臣强，四夷開；候細微則國安；亡則主失位；移則主不安；居常則吉。帝座一星，在天市中，候星西，天庭也。光而潤則天子吉，威令行；微細凶，大人當之。或云，暗則大人不正。張衡云，帝座者，帝王之座。帝座有五：一座在紫微宮，一座在大角，一座在心中，一座在天市垣，一座在太微宮。咸云，帝座一曰神農所居，不見則大人當其咎。宦者四星，在帝座西南，帝傍之閹人也。星微則吉，明則凶，非其常，宦者有憂。其占與勢星同。列肆二星，在斛西北，主寶玉之貨。移徙，則列肆不安；火守入，兵大起。斗五星，在宦者西南，主平量。覆則歲熟，仰則大饑。明暗與帛度同。斛四星，在市樓北，亦曰天斛，主量者也。占與斗同。貫索九星，在七公前。一曰連索，一曰連營，一曰天牢，主法律，禁暴强也。牢口一星爲門，欲其開也。九星皆明，天下獄煩；七星見，小赦；五星見，大赦；動則斧鑕用；中空則更元。《漢志》云十五星。張衡云，貫索開，有赦；不見則刑獄簡：若閉口及星入，牢中有系死者。常以午子夜候之，一星不見，則有小喜；二星不見，賜禄；三星不見，入主德令行且赦。若客星出，視其小大，大有大赦，小有小赦。或云貫索爲賤人之牢。一星芒，有喜事；二星芒，賜爵禄；三星芒，有赦。門閉，牢中多死。水犯災，火犯米貴。七公七星，在招摇東，天之相也，三公之象。張衡云，七公横列貫索之口，主執法，列善惡之官也。星齊正則國法平，差戾則獄多冤酷。或云星入河，米貴；火犯之，兵起。天紀九星，在貫索東，九卿也，爲九河，主萬事之紀，理冤訟也。明則天下多詞訟；亡則政理壞，國紀亂；散絶則地震山崩。女床三星，在天紀之北，爲後宮禦女，主女事，明則宮人恣意，常則無咎。

宋兩朝《天文志》：天市垣二十二星，東西列各十一星。其東垣：南第一星曰宋，第二星曰南海，第三星曰燕，第四星曰東海，第五星曰徐，第六星曰吴越，第七星曰齊，第八星曰中山，第九星曰九河，第十星曰趙，第十一星曰魏。其西垣：第一星曰韓，第二星曰楚，第三星曰梁，第四星曰巴，第五星曰蜀，第六星曰秦，第七星曰周，第八星曰鄭，第九星曰晉，第十星曰河間，第十一星曰河中。東垣南第一星宋，去極一百五度半，入危宿七度。西垣第一星韓，去極九十八度半，入心宿五度。市樓一星距東南星，去極九十八度，入尾宿十二度。東肆二星距西大星，去極一百度，入尾宿三度。斛四星距西南星，去極八十七度半，入尾宿三度。列肆二星距東星，去極八十六度，入心宿三度半。帝座一星，去極七十五度，入尾十度。候一星，去極七十八度半，入尾十六度。宦者四星距南星，去極七十六度半，入尾九度半。斗五星距東大星，去極七十九度，入尾六度半。宗正二星距北星，去極八十五度半，入尾十六度。宗人四星距大星，去極八十六度，入箕一度。宗室二星距北大星，去極八十度半，入箕五度。帛度二星距西星，去極六十九度少，入箕三度。屠肆二星距西星，去極六十八度半，入箕宿三度。

宋《中興天文志》：天市垣中一星，明大者謂之帝座。帝座東北一星爲后，舊誤作候，西南三星爲妃，舊失其位。妃北一星在帝右，后北一星在帝左，是爲左右常侍。妃南四星爲宦寺，宦寺南一星爲閹人，閹人南四星爲内屏，此其別也。而舊乃以右常侍一星及妃三星爲宦者，又以宦寺、閹人合五星爲斗，又以内屏四星爲斛，皆誤也。

又曰，凡三垣：紫宮在中，天市在紫宮之東北，太微在紫宮之東南。而大角在紫宮之正東，故天市在大角左，太微在大角右。大角一星，《晉》、《隋志》雜之衆星中，謂之天王座，其説不同。司馬遷云：「大角者，天王帝廷。其兩旁各有三星，鼎足勾之，曰攝提。攝提者，直斗柄所指，以建時節，故曰攝提格。」雖於衆星中頗表而出之，亦未爲得也。故凡曰天王座，曰天王帝廷，曰直斗柄所指，以建時節，皆非是。

明・佚名《觀象玩占》卷二〇　太微宮垣總叙

太微宮垣十五，在翼軫之北，天子之庭，上帝之所治。一曰天庭，一曰保天五帝之座，十二諸侯之府，其外蕃九卿也。軒轅爲權太微衡者，主平之器。太微明，天子常治，理法平，辟命功，授德列宿之所，受符諸神之所，考舒情稽疑，順時施化，以應天下之所也。巫咸曰：太微，土官也。黄帝占曰：大微東西蕃，各四星，南北列西蕃，南端第一星爲上將，北間爲太陽西門。門北一星爲次將，北間爲中華西門。門北一星爲次相，北間爲太陰西門。北端一星相，東蕃四星，亦南北列。南端第一星爲上相，北間爲太陽東門。門北一星爲次相，北間爲中華東門。門北一星爲次將，北間爲太陰東門。北端一星爲上將，其南蕃兩星，東西列，西星爲右執法，東星爲左執法。兩執法之間，太微、天庭，端門也。右執法門西爲右掖門，左執法東間爲左掖門。右執法，御史大人之象；左執法，廷尉之象，主刺奸。去西十星齊明，則將同心，天下治安。差戾，則輔臣乖違。不明，則臣失職。動摇，諸侯謀天子。芒角，則大臣專恣。執法怒，則威刑急。移徙，則刑罰不中。

明・佚名《觀象玩占》卷二一　紫微垣宮總叙

紫微宫垣十五星，東南列以衛北極，爲蕃屏之臣。東蕃八星，西蕃七星，在北斗之北，太乙之常居，土官也。一曰垣，一曰天營，一曰旗星，旗南兩蕃、兩星之間，如開閉之象者，謂之閶闔門。東蕃近閶闔門第一星爲左樞，第二星爲上宰，第三星爲少宰，第四星爲上輔，第五星爲少輔，第六星爲上尉，第七星爲少尉，第八星爲少丞。西蕃近閶闔門第一星爲右樞，第二星爲少尉，第三星爲上輔，第四星爲少輔，第五星上衛，第六星爲少，第七星爲上丞。垣星欲其均明，大小有常則吉，盛明則臣强，不明則臣失職。垣直則天子自將兵，不明則兵起。

又　天市垣宫總叙

天市垣二十二星，在房心東北。一曰天府，一曰長城。天子之市也，主權衡，主聚衆。一曰天旗庭，天子之旗幟，主斬戮之事。又曰天市者，都市也，天下之所會者也。石氏曰：天市垣二十二星，主四方邊國門，左一星宋也，次衛，次燕，次東海，次徐，次泰山，次齊，次河中，次河，次趙，次魏，次中山，次河間。右一星韓也，次楚，次巴，次梁，次蜀，次秦，次周，次鄭，次晉。其色芒角動摇，而光色異常，即爲其國有不臣，有叛謀。微小、失色，則爲其國弱。黄帝占曰：天市垣星，欲其明光潤澤，則吉。其星不明，若市中星少，皆爲歲虚，五穀傷，米貴，大飢。石氏曰：天市星明，則市吏急，商人無利。不明，則市吏弱，商人多利。郄萌曰：天市星明大，則粟賤，其中小星多，則民富之。一曰垣星芒角赤色，則主市之臣叛。

明·佚名《觀象玩占》卷二二　太微垣列座五帝座總叙

五帝座五星，在太微宫中，其中星黄帝座，中央含樞紐之神也。四帝座夾黄帝座，東一星爲青帝座，東方青帝，靈威仰之神也。南一星爲赤帝座，南方赤帝，赤熛怒之神也。西一星爲白，西方白帝座，白招炬之神也。五帝之座，天子之位。天子動，合天心，上得天意，則其心恒明，以光帝座。不明，則天子宜急求賢，以自輔，不然，則奪勢。帝座明大光澤，則天子有道，天下歸心；青黑微小，則天下國亡；動摇移徙，則天子失位。

又　謁者總叙

謁者一星，在太微宫中，左執法之東北，主贊賓客，辨疑惑。星明，則四夷來貢，不見，外國不服。謁者移近内屏，宜防奸客。

又　三公總叙

三公三星，在太微宫中，左執法之東北座，朝會所居也。所以輔德謀事。其占與紫微宫夾斗三公同。

又　九卿總叙

九卿三星，在太微宫中，三公之北，九卿朝會之内座也，主治萬事。星亡，則九卿非其人，法政大壞。

又　五諸侯總叙

五諸侯五星，在太微宫九卿之西，天子畿内之諸侯也，主刺奸。星不見，則諸侯黜。一曰雍之禮得，諸侯星明，諸侯有喜。

又　内屏總叙

内屏四星，在太微門中，五帝座南，近右執法。所以壅蔽帝庭也，至執法刺舉。星明潤，則君臣有禮；不明，則法律誅戮謬。

又　幸臣總叙

幸臣一星，在帝座北，太子之侍臣也。星不明，則吉。明盛，則嬖用事。

又　太子總叙

太子一星，在幸臣西南座北，天子之儲貳也。星明潤，則儲君有德；暗黑，則凶。

又　從官總叙

從官一星，在太子西北，侍從之臣也。共星亡，則君不安寧；守常，則無咎。

又　郎將總叙

郎將一星，在郎位東北，武衛之臣也，主閲武備。明大，則將專恣。明而角動，則將爲記。變色，或移徙，不見，則將有憂。

又　虎賁總叙

虎賁一星，在太微西蕃之外，上相之西，下台之南，旄頭之騎官也，主宿衛侍從。變色，或摇動，則車兵大動。

又　常陳總叙

常陳七星，如畢，在郎位北，天子之宿衛也，主備强禦難。星明，則武備脩。暗，則兵弱。動摇，天子自出。移近帝座，則近臣誅。

又　郎位總叙

郎位十有五星，依烏然，在太微帝座東。東北周官之元士，漢官之光禄、中散諫議郎，三署郎中，是其職也。張衡曰：今之尚書郎也，其星大小均齊，光明有常，則吉。明盛、南動，則有臣弑主者。不具，則侍臣誅。微暗、黑小，則郎中官失職。

又　明堂總叙

明堂三星，在太微垣外西南，陬天子布政之宫也，主宗祀、先王朝觀萬國。星明，則王道。暗小，則反是。

又　靈臺總叙

靈臺三星，在明堂西，主觀雲物，機祥侯，變星不見，則司天之官失其守，陰陽不和。

又　少微總叙

少微四星，在太微西南，北列士大夫之位也。一曰處士，水官也，主賓賢才，弼教化。一曰主微掖門南第一星爲處士，第二星爲議士，第三星爲博士，第四爲大夫。星明大而黄，賢士舉，天下安。暗微失色，則天地閉，賢人隱。黄帝曰：少微，主藝能道術之士。星明而行列正，王者任賢良，舉隱逸，天下治安。微小不明，賢良不出，道術潛隱，天下不安。焦延壽曰：少微星，近太微，若一前獨星入太微西門，有謀殺天子者。

又　長垣總叙

長垣四星，在少微南，西北列，主邊界、城邑及胡夷彊城。星有變色、動摇，則邊城不安。

又　三台總叙

三星六星，兩□而居。一曰三能，一曰三衡，一曰三奇，一曰天柱，一曰天階，一曰太階，三公之位也，諸侯大夫之象也。上台起文昌，中台對軒轅，下台抵太微。上台曰太尉、司命，爲孟。中台曰司徒、司中，爲仲。下台曰司空、司禄，爲季。黄帝占曰：太階，天之三階也。上階，上星爲天子，下星爲女主。中階，上星爲諸侯、三公，下星爲卿大夫。下階，上星爲士，下星爲庶人。主和陰陽，理萬物。又曰：三台，大間中相，去十有六度爲平，過爲太，不及爲隕。小間中相，去半度爲平，過爲奢，不及爲迫。又曰：三台爲天階，太一躡之以上下。《春秋元命包》曰：三能，主開德宣符，故六星又爲六符。西近文昌二星曰上台，爲司命，主壽終。二星曰中台，〔爲〕中司，主室宗。東二星曰下台，爲司禄，主兵。一曰三台上星主兖、豫，下星，主荆、揚。中台上星主梁、雍，下星主冀州。下台上星主青州，下星主徐州。非其故以占其邦。巫咸曰：三能，士官也，主爵禄三階。平，則陰陽和，風雨時，五穀豐，祥瑞應。三階不平，寒暑失節，雨暘不時，百神不享，灾害並生，天下不寧。三台色齊，君臣和；不齊，君臣乖。三台青黑色，天下多寡。甘氏曰：三台色黄，潤澤，天下謀德。色赤，謀兵。色黑有憂，色白有喪，色青疾病。三台不直，天子失謀。三台横國，主亡。三台移，三宫非其人。三台相抵，諸侯爲記。三台不見，有亡國。上台不具，春不得耕。中台不具，夏不得耕。下台不具，秋不得收。三台動摇，天下有謀，朝廷失策。三台疏拆，三公憂。上台疏變，從上家起。中台疏變，從中家起。下台疏變，從下家起。所謂變者，反謀作逆也。三台不齊，大小失常，三公不得其人，大人有憂。三台一星不見，天子危；二星不見，天下亂；三星不見，則人紀滅，天下無主。

明・佚名《觀象玩占》卷二三　紫微垣列座北極總叙

北極五星，在紫微宫中。一曰天樞，一曰北辰，天之最尊星也。其紐，星之極也。天運無窮，三光迭耀，而極星不移，故曰居其所而衆星拱之。其一星，主月，太子也。第二星，主日，帝王也，亦爲太乙之座，謂最明而赤也。第三星，主五行，庶子也。第四星，後宫也。第五星，天樞也。又曰二星并爲後宫。北極，主出度。天子有道，則北極齊明，人君耗。中星不明，主不用事。右星不明，太子憂。左星不明，庶子憂。石氏曰：北極明大而數動摇，則天子好遊。色青而微，則天子凶。北極星亡，則中國無主，天下亂。北極星皆不明，火星獨居，天子易姓，人相食。《荆州占》曰：天樞大端，指心小端。參故用兵者，順行，背天樞則青〔龍〕在左，白虎在右，朱雀在前，玄武在後。朱雀者，七星。玄武者，虚危也。

又　四輔總叙

四輔四星，抱北極之樞，所以輔佐北極而出度庶政。張衡曰：四輔爲輔臣之位，主贊萬機。星小而明吉，明大芒角則臣逼君，暗則輔臣失職政事。丕星亡，則君臣失禮，輔臣有誅死者。

又　天乙總叙

天乙一星，在紫微閶闔門中右星之南，主戰鬥，又主天道，和人吉凶。星欲小明而有光，陰陽和，萬物盛；星火盛明，水旱不調，五穀不成，天下飢，人流亡。黄帝占曰：天乙星，光明潤澤，天子吉。星亡，天下亂，人主亡。

又　太乙總叙

太乙一星，在天乙南相近，天帝之神也。主使十六神，知風、雨、水、旱、兵機、疾疫。所在之國，星明有光，吉；暗，則凶。太乙離其位而垂斗後，九十日，兵起。

又 勾陳總叙

勾陳四星，在紫微宫中之下，大帝之所居也。巫咸曰：勾陳者，天子護軍將水官也，六星爲六軍。一曰：勾陳爲法宫，天子之正妃，故爲萬國之母，而象六宫之位。其端大星爲元妃，餘星承之爲庶妾。《荆州占》曰：勾陳，天子之司馬也。主三公師。星明盛，則天子輔周；暗小，則輔弱；不見，女主惡之。又曰：入主不納忠諫而用佞臣，勾陳不明。

又 天皇大帝總叙

天皇大帝乙星，在勾陳口中。其神曰曜魄寶，主出命符，以授天子，立五禮，御群靈，垂萬機，握神圖。星常隱不明，明則爲灾。若光動，有芒角，失常，人君行不中度。星亡，則天理絶滅。

又 五帝内座總叙

五帝内座五星，在紫微宫中華蓋下，勾陳之上。斧扆之象，所以備扆居者。其星明正，則吉；變動，則扆不安。

又 陰德總叙

陰德二星，在紫微宫内，尚書之西。主周給、賑卹、行德、施惠。或曰：二星，一曰陰德，一曰陽德，爲天綱，主一政經。其星欲明見。若不見，不欲明，亦不欲無明。見，近臣恣庶，雄謀天子。明，則太子有逆謀，若有女主治天下者。動，則君臣相攻。無，則聖人絶。

又 尚書總論

尚書五星，在紫微門内東南維，八座。大臣之象，主咨謀一納言。星小而明，則吉。明大而芒角，則臣强逼君。暗，則臣失職。星已不見，則輔臣誅。

又 柱史總叙

柱史一星，在北極東，近尚書。主左右紀君之過，故有左史。其象也，一曰厨書之所滅藏臣。星明，則史直詞，不明，反是。

又 女使總叙

女使一星，在柱史北，婦官之微者。主傳漏記時。漢有侍史，是其象也。婦官，主記宫禁動静之事。星明，則記得其實。微暗，則婦官失職。

又 天柱總叙

天柱五星，在紫微宫中，華蓋杠左旁，近東垣北隅。主建政、教懸、法禁，又主晦朔、晝夜之職。《周禮》：「以正歲之月示法，象魏。」其象也。星明大，陰陽和，天下平。不明，寒暑失節。離傾，則國易政。變動，則司曆有灾。

又 大理總叙

大理二星，在紫微宫内垣之明，近陰德，平獄之官也。星明，刑法平；不明，獄多枉濫。

又 六甲總叙

六甲六星，在紫微宫内，華蓋杠旁，主分陰德，紀節侯，所以布政授時。星明，陰陽和；不明，則寒暑易。星亡不見，則有水旱之灾。

又 華蓋總叙

華蓋七星，杠九星，共十六星，在勾陳上，所以覆蔽大帝之座。其星明正則吉，傾動則凶，離徙則人君失御。《荆州占》曰：正杠蓋者，名曰杠星。次蓋大星爲母，中央爲身。母星下二寸者，妻子也。下有一小星，不當見。見則太子不得代立，若有異姓者立。

又 傳舍總叙

傳舍九星，在紫微宫外，華蓋上，近河戍，賓客之館舍也，主備奸使。一曰水官也。星移入紫微宫垣，則胡人來。入宫，胡兵大起，天子憂。

又 内階總叙

内階六星在紫微垣外，文昌之北，天皇之階也。主明堂。星明正則吉，傾動則國有憂。

又 天廚總叙

天廚六星，在紫微垣外，東北維外。天子百官之廚也，主御膳。星見，則吉。不見，凶。星亡，天下飢。

又 天床總叙

天床六星，在紫微閶闔門外，天子寢息、燕休之所也。其星明大平正，則吉。傾側，則人主不安。暗，則人主憂。

又 内厨總叙

内厨二星，在紫微垣外，西南角宫内，飲食之府也。一曰夫人、太子之厨也。星有變動則凶。

又 天理總叙

天理四星，在北斗魁中。執法之官，决獄之職，貴人之牢也。巫咸曰：天理，水官也。主司三公，糾貴臣。星不欲其明，明則法令峻急，獄事煩多。動搖及其中有小星，皆爲貴人下獄。

又 相星總叙

相一星，在北斗南，天之承相也。所以總領百官，以佐帝王安邦。輔臣有黜者，一曰相死，否則出走。

又 太陽守總叙

太陽守一星，在(此處疑脱字若干)天子、大臣、大將之象，所以守衛天子宫，備守諸門，主武備，戒不虞。星明，人主成。伏四方，天下治安。不明，則主令不行天下。移徙，則天子大憂。一曰大臣誅。不見，則兵起。

又 三公總叙

三公三星，在北斗魁西，主燮理陰陽，弼成機務。又曰：三公三星，在北斗柄南。亦曰三師。主宣德化，調七政，和陰陽，皆天子之輔臣也。星欲其大明、黄潤，則吉。色赤，有兵蒼。白黑，有喪。黄帝占曰：三公一星去，則天下危；二星，則天下亂；三星皆亡，天下易主。

又 勢星總叙

勢星四星，在太陽守西北，刑餘之人也。星不明則吉，明則宦官弄權。

又 文昌總叙

文昌六星，在紫微垣外，北斗魁前，如筐形，天之六府也。主集記禍福，明天道，經緯天下。《天官書》曰：斗魁載筐。六星曰文昌，六星之會計也。起北斗魁前，近内左右。次三星曰貴相，主理文緒。次四星曰司命，主賞功、進德。次五星曰司中，主遇誥咎。次六曰司禄，主佐理太寶。黄帝占曰：昌者，天府之離宫也。星明大，齊同王者，致太平嵌榛。不明，則道術隱藏。其色黄潤光明，則萬民安。黑微細，天下多憂，人相殘害。摇動移徙，三公受殃，不則女主忌之。

又 天牢總叙

天牢六星，在北斗魁下貴人之牢也，主繩愆禁淫。中無星，則天下安；有星，則賢士傷。星衆，貴人下獄。明火動摇，則王侯有繫獄者，天子憂。

又 天棓總叙

天棓五星，在紫微外，女床東北。天子之先驅，所以禦難備非常也。主禁暴防不虞，又主争訟。星微明而静，則天下戰，兵民不安。動摇，則兵大起。不明，亦爲兵起。郄萌曰：天棓明大，則國有憂。石氏曰：明大，斧鉞用，一星不具，兵起。

又 天槍總叙

天槍三星，在北斗摇光之旁。一曰天鉞，天之武備，以守衛紫微宫金星也。其星勿欲明，明大則斧鉞用，伏兵行。小而明則兵敗。移徙則君失御。芒角動摇則兵大起。石氏曰：天槍，以備非常。攻城、襲邑，當視槍。星大而明，不可出兵。小而明，則兵可出，城可襲。《荆州占》曰：天槍角動，天下殺，主禍從中起。一星不具，則兵起。

又 玄戈總叙

玄戈一星，在北斗杓端，摇招之北。一曰天戈，主北夷。其星微而小明，則天下安。明大，則胡夷恣横。明動，則胡入中國。暗，則胡兵退。芒角，胡兵大起。石氏曰：玄戈，主胡兵。小動，則兵小起；大動，則兵大起。胡入境曰玄戈。色赤，天下有兵。

明・佚名《觀象玩占》卷二四 北斗七星，在紫微垣外，太微垣北，七政之樞機，陰陽之本元也。魁第一星曰天樞，二星曰璇，三星曰璣，四星曰權，五星曰衡，六星曰開陽，七星曰摇光。一至四爲魁，亦曰璇璣。五至七爲杓，亦爲主衡。杓楷龍角，衡中南斗，枕參首。樞爲天，璇爲地，璣爲人，權爲時，衡爲音，開陽律，摇光陽爲吕，又爲帝車，運乎中央，而臨制四方，以建四時，均五行，定綱紀，爲號令之主。石氏曰：北斗第一星爲正星，主陽德，天子之象也。二星曰法星，主陰刑，女主之象也。三星曰金星，主禍害。四星曰伐星，主天理，伐無道。五星曰殺星，主中央助四方，殺無道。六星曰危星，主天倉五穀。七星曰部星，又曰應星，主兵。又曰：北斗，一主天，二主地，三主火，四主水，五主土，六主木，七主金。又曰：一主秦，二主楚，三主梁，四主吴，五主趙，六主燕，七主齊。具星均明，則國昌；不明，則有殃，天子不事宗廟，不敬鬼神。第一星不明，或變色，若廣宫室，妄鑿山林。第二星不明，或變色，若號令不順，四時(此處疑有脱文)則。第四星不明，或變色，若廢正樂好聲則。第五星不明，或變色，若峻法濫刑，退賢傷正則。第六星不明，或變色，若廣驟金玉，不脩道德則。第七星不明，或變色，王者德合天地則。北斗明，國祚昌。七星俱暗，則國祚亡。

北斗自暈及動摇，皆爲兵起。

北斗旁多小星，天下安。星少，則民怨，上國人離叛。北斗自暈，有破軍。

北斗消天，下臣背君。

北斗動摇，天下盡以兵死。斗中無星，□□□。有赦。

北斗正星色赤，有兵；色白，爲水；色青，春夏牛馬、金物、石類貴，夏秋黍麥貴，秋冬粟麥、魚鹽貴，冬春薪菜貴，糴賤。

法星色赤，有兵；色青，君有暴疾；色青白，有白衣會；色黄白，更弊；色黑，有大水；色黑而白，角環之，有暴風、大水。

令星色青黑，更法令，天下不寧，有兵。

伐星色青若赤，大臣有憂；色黄，人主有喜。

殺星色青，米貴；色黄，赤黑，麥貴；色白，禾黍貴；色黑者，糴賤。

危星色青，有離國；色赤，有兵。

應星色赤，有兵；色青，有徙民；色黄，君益地；色白，有憂；色黑，有水；色赤，有喜。

又　輔星總叙

輔一星輔，在開陽之旁，所以佐斗成功也，主輔正，主危矯不平，丞相之象也。星欲小而明，明而近，則輔臣親，踈則輔臣非其人。輔星遠去斗五六寸，則相死。不死，則出走。近斗一二寸，則臣迫。大而明，則臣奪君政。小而不明，則臣不任職。斗明輔不明，主强臣弱。輔明而斗不明，則臣强主弱。輔星與斗齊明，國兵暴起。輔合於斗，十日兵起。輔亡不見，相死。若近臣合黨，排賢用佞，則輔生角。臣擅國權，欲謀社稷，則輔生翼。大將謀，天子驚，不出三年，主死，臣爲君。輔星生角，河江潰決。輔星入斗中，相下獄。

明・佚名《觀象玩占》卷二五　天市垣列帝座總叙

帝座一星，在天市垣中，候星之西，天庭也，人主之象。巫咸曰：帝座一星，神農所居天位也，天之貴神。又曰：帝座者，帝王之位也。帝座有五，一曰在北極，一在紫微，一在太微，一在天市，一在大角，一在心中央，皆王者之所居。其星常欲光明潤澤，則天子威德行。微小，則天子弱。暗不明，王道失。星亡，則天子憂，天下亂，兵起。

又　候星總叙

侯一星，在市中，帝座東北。土官也，主候陰陽，伺遠國夷狄，以知謀微。又主時變貨財。安静而明，萬物同豐，王道行，輔臣强。微小不明，則輔臣失職。

又　宦官總叙

宦者四星，在帝座西南，帝旁之閹人也。其星微，則吉。明盛，宦竪弄權。不見，則閹者憂。

又　宗正總叙

宗正二星，在天市帝座東南，宗正大夫之象也。又曰：宗正，帝宗也。色變，則宗正有事；移徙，則帝宗有憂。

又　宗人總叙

宗人四星，在宗正東，主恩享。宗正，小宗之象，（此處疑有脱文）大宗之象也。星明大方正，則族人有序，人主康寧。動摇，則宗族不和，天子親有變。離析，則族人離。

又　宗星總叙

宗二星，在宗人東北，侯人之東。主先人祀享，主别親疏，宗室之象也。星明而相近，則宗室相親。離析，則宗人攜貳。若有謀者，天子惡之。又曰：宗星明，族人有序；暗，則宗室衰弱。

又　帛度總叙

帛度二星，在天市中，宗星東北。主度量，平貨，交易。星明大，則尺度平，商人不欺；不明，則反（事）〔是〕。

又　屠肆總叙

屠肆二星，在帛度東垣，主屠宰。星微暗，魚肉貴；星明大，則市中多宰殺；細微則不然。

又　列肆總叙

列肆二星，在斛星西北，〔主〕市貨。星移徙，則市肆不安。

又　斗星總叙

斗五星，在天市中，宦者西南，主平量。星明，則吉。不明，五穀不成。星亡，則歲大飢，人相食，斗斛不用。覆歲穰仰，則天下斗升不平。

又　斛星總叙

斛四星，在市樓北，斗星南，亦曰天斛。（立）〔主〕度，量，占同斗。

又　車肆總叙

車肆二星，在天〔市〕中南門，主車駕。又爲重賈之區，主百貨。星明則吉，暗則國車盡行。

又　市樓總叙

市樓六星，在天市中門，臨箕星之上，天子之市府也。主司闤闠市賈律度。

其星欲忽忽不明。大明，賦斂重大。暗，則市吏不理。若星移動，則價殊不具，兵作于市，胡入中國，市以相害。不見，則國政亂。石氏曰：市樓亡，天下易政。郄萌曰：市樓陽爲金錢，陰爲珠玉。星不備，則天下弊大，大亂。有變動，則各以其所主占之。

又 七公總叙

七公七星，在招摇東，横列貫索之口，天之輔相，主疑議。石氏曰：七公三公廷尉之象，主執法，別善惡之官，其上星，上官也，次星中公也，下星下公也。七星俱明，則輔相周，又曰七公星大而齊明，議臣忠國，法平差失，獄多冤酷。微細不明，則疑議不決，人主憂，連貫索，天下亂，移入河中，人相食。

又 貫索總叙

貫索九星，在天市垣外，七公之前，一曰連索，一曰連營，一曰天圍，亦謂之天牢，賤人之牢也，主繩奸律暴，其口北開之牢，户中央大星牢監也，牢中小星，不欲其多，星多，則囚多，星少，囚少。宇中無星，天下獄空，牢户開，則有赦，迫促不開，刑獄繁，酷間左右，何不居其處。若不見不出，八十日，有大赦，牢星直而抵織女，天下有急，徵布帛之，令星移入漢中，則大飢，人相食，兵起。刑州〔占〕曰：天牢九星，皆明天下，獄繁。一星不見，則牢人出，二星不見，則小赦，三星不見，大赦，動摇，斧鉞用。一曰天牢中空，則改元若開口，及入牢中，獄有繫死者，又曰恒以五子日夜，候貫索。一星不見，則有小赦，二星，則有賜禄，三星不見，則人主德令行，且赦甲期八十日，丙期七十日，戊期六十日，庚期五十日，壬期四十日。

又 女牀總叙

女牀三星，在天紀北，後宫女御也，爲嬪妾所居之宫，主侍從宫宦。其星大小相承，則後宫安明。暗失列，則嫡妾無序，明大角芒，宫女放恣，動摇，後宫憂，不見，后妃多病。

明·王應明《曆體略》卷中 極宫

言星者皆以三垣並稱。然紫薇爲北極之宫，天樞中奠，綱維六合，司天者宜首重之。若太微、天市旁列，乃占候家取象離宫，亦名之曰垣，固不可與天極並也。《史》《漢書·志》但曁四象爲五宫，未有垣名，深得此理，兹特表紫薇中宫，而斥兩外垣於不伍，蓋爲曆數著，不爲占候著也。又，古今星官所屬各異，今從《步天歌》便誦習焉。

紫薇宫居天中，北倚若蓋，廣袤各七十有二度。垣星一十有五，環布兩列，左八右七。石氏云：左右皆八也。紫薇宫取極星周圍近度定之。諸星旋轉不没，居中御外，有宸居之象焉，故名紫薇。前後二門，當大火、大梁之次。大火爲卯，前門向之，故卯爲天根也。前門爲閶闔門。左垣首一猶言一星也，後倣此。曰左樞。次上宰、少宰，次上輔、少輔，次上衛、少衛，次上丞。右垣首一曰右樞。次上尉，次上輔、少輔，次上衛、少衛，次少丞，亦名長垣。石氏多少尉一星。此垣中者，紫薇大帝之座也。垣之最中曰天樞，亦名北辰，亦名北極。此天樞言天之樞紐，非謂星也。辰有二義，日月所會曰辰，垣亦稱辰。言無星之處曰辰，見影響之詞也。凡五星株連，而薇曲携前門之天牀。首一明者曰太子，所謂前星也。次曰帝星，最明赤，所謂太乙之座。次曰庶子。次曰後宫，最微。第五差平聲。遠而不甚明者，即曰天樞，此天樞指星，非指樞紐也。是爲極星。天運無窮，三光迭曜，而此處不移，所謂居其所而衆星共之者也。極星旋繞，其外僅咫尺，若轂口之繞軸轄。或以極星爲北辰，非也。抱極星四星曰四輔，極旁六星如斗狀，曰鈎陳。鈎陳中一星曰天皇大帝，緯書所謂耀魄寶者也。鈎陳口下五星如聚花，曰五帝内座。座後十有六星，曲杠九，聚頂七，曰華蓋，以覆帝座。臨鈎陳之上，瀕漢，當蓋後九星，曰傳舍，舍北六星曰閣道，所謂絶漢抵營室者也。舍東南一星曰策，二官歌中皆屬奎座。右六星曰六甲。座前五星曰天柱，柱前傍鈎陳四星匡立，曰女御。女御左一星曰女史。女史前一星近左垣曰柱下史。女前五星在太子東，曰尚書。尚書前二星曰大理，大理右二星曰陰德，或分爲陰陽二德。陰德前六星，適當前門，曰天牀。天牀之右，右樞之内，近少衛二星曰内廚，皆在垣以内者也。北斗七星在右垣外，太微垣之北。魁枕參，觜，衡殷南斗，杓携龍角，亦名帝車，運乎天中，以定諸紀者也。一曰樞，二曰旋，三曰璣，四曰權，五曰玉衡，六曰開陽，七曰摇光，其樞入張度。或云一至四爲魁，魁爲璇璣。五至七爲杓，杓爲玉衡，是爲七政。開陽左一星曰輔星。摇光右一陰星曰弼星，是爲貪、巨、禄、文、廉、武、破輔弼也。魁内四星曰天理。魁外近璇六星曰天牢。牢左四星曰勢。勢左一星，入張度，曰太陽守。其左一星，當權衡之南，入翼度，曰相。相之左三星在杓南，曰三公。天乙一星在右樞開陽間。太乙一星在天乙右，入軫度，或云二星也。天槍三星在天牀右、斗杓左。天棓棓音棒。五星在天牀東北，臨箕上，當天市垣之北，入氐度。玄戈一星，或名天戈，亦入氐，在摇光左，遥連招摇，爲北斗九星。《考要》云：一徐、二梁、三冀、四荆、五兖、六楊、七豫、八雍、九青。《天官書》云：杓端有兩星，内爲矛，招摇；外爲盾，天鋒，即招摇玄戈也。文昌六星在北斗魁上，形如半月，天之六府也。一曰上將，二曰次將，三曰貴相，四曰司禄，五曰司命，六曰司冠。其右六星曰内階。魁及文昌間三星，亦曰三公，或曰三師。其南一星在下台之上，入翼度，曰六尊，以象貴戚。階右八星，近傳舍，曰八穀。舍右近上丞二星曰贅府。府右九星岐卷斜入漢湄，曰天鉤。鉤右六星在東藩少衛之東北，曰天厨。其東南七星曰扶筐，於歌中屬女。石氏又有天維三星在斗杓後。

附：《步天歌》曰：中垣紫薇宫，北極五星在其中。大帝之座第二珠，第一前星太子居。第三之號爲庶子，四爲後宫五天樞。左右四星是四輔，天乙、太乙當門路。左樞、右樞夾南門，兩面營衛一八伍。太尉、少尉右樞連，依序上輔與少輔。上衛、少衛次上丞，後門東邊兩贊府。門西唤作一少丞，依次却向前門數。陰德門裏兩黄聚，尚書以次其位五。女史、柱史各一户，女御四星五天柱。大理兩星陰德邊，鉤陳尾指北極巔。鉤陳六星六甲前，天皇獨在鉤陳裏。五帝内座後門是，華蓋并杠十六星。杠作柄象蓋繖形，蓋上連連九箇星，名曰傳舍如連丁。垣外左右各六珠，右是内階左天厨。階後八星名八穀，厨下五箇天棓宿。天牀六星左樞在，内厨兩星右樞對。文昌斗上半月形，稀疎分明六箇星。文昌之下曰三師，太尊只向三師明。天牢六星太尊邊，太陽之守四勢前。一箇宰相太陽側，更有三公、相西偏，即是玄戈一星圓。天理四星斗裏暗，輔星近著開陽淡。北斗之宿七星明，第一主帝名樞精。第二第三璇璣星，第四名權第五衡。開陽、摇光六、七名，摇光左三天槍紅。丹元子，隋人，隱者之流，不著名氏。作《步天歌》，句中有圖，言下成象。或約或多，無掛無漏。不言休咎，而頗便習誦。仰觀向藏，靈臺擁爲秘芨，名曰鬼科竅。近世相傳，然無善本。茲從先生訂正，庶鮮魚魯之訛焉。

又 太微垣在北斗之南，鶉尾之次，西臨翼初，東盡軫末。垣星左右各五，南中爲端門，夾端門二星曰左右執法，執法之東西爲左右掖門。掖門之北左四輔，南相北將；右四輔南將北相。各有上次四輔，間各三門，南曰東西太陽，中曰東西華，北曰東西太陰。端門内右執法，北四星曰内屏，屏北五星爲五帝座。中曰黄帝，蒼、赤、白、黑四帝，各居其方。座北一星曰太子。太子右一星曰從官，左一星曰幸臣。左執法東北一星曰謁者。謁者東北三星曰三公内座。三公北三星曰九卿内座。九卿北五星曰内五諸侯。侯北十有五星，依烏曰郎位，或云二十四星也。東北一大星曰郎將從官，右一星在西垣之外，上相之西、下台之南曰虎賁郎。位北七星如畢狀，曰常陳。常陳右六星，兩兩相北，起文昌，列招摇，抵太微，曰三台，亦曰三能。西二星近文昌，爲上台，司命，在柳北，其北星入柳六度。次二星對軒轅，爲中台，司宗，其北星入張二度。東二星近太微，爲下台，司禄，在垣西藩北，其北星入翼二度。東方朔顧陳泰階六符，孟康曰：三台也。南四星雁行，近上相，曰少微，處士星也。其南四星入張度，曰長垣。右垣西南三星曰明堂。堂西三星近上相，曰靈臺，二官皆入翼度。《天官書》無垣名，而曰南宫，朱鳥、權衡。衡，太微；權，軒轅。《考要》亦云：南宫之宿，其大者曰權衡。衡爲太微之庭，權爲女主之宫。

《步天歌》云：上垣太微宫，昭昭列象鋪蒼穹。端門只是門之中，左右執法門西東。門左皂衣一謁者，以次即是烏三公。三黑九卿公背傍，五黑諸侯卿後行。四箇門西主軒屏，五帝内座於中正。幸臣太子及從官，烏列帝後從東定。郎將虎賁居左右，常陳郎位居其後。常陳七星不相誤，郎位陳東一十五。兩邊宫垣十星布，左右執法是其數。宫外明堂布政官，三箇靈臺候雲雨。少微四星西南隅，長垣雙雙微西居。北門外西接三台，與垣相對無兵災。

右列宿度分，皆以赤道立。距各過宫中星，皆以萬曆年間爲準。

清・何君藩《步天歌》 三垣

紫微垣

紫微垣衛應庭闈，北極珠聯五座依。二是帝星光最赫，一爲太子亦呈輝。庶子居三四後宫，五名北極象攸祟。北辰之位無星座，近著勾陳兩界中。六數勾連曲折陳，大星近極體惟真。天皇大帝勾陳裏，天柱稀疏五數臻。柱南御女四斜方，柱史之南女史廂。南列尚書分五位，迤西六足是天床。兩星陰德極之西，大理偏南數亦齊。四輔微勾當極上，北瞻六甲數堪稽。勾陳正北五珠圓，五帝斯稱内座聯。一十五星營衛列，兩樞左右最居先。右樞少尉位居西，上輔之西少輔析。上衛北迤爲少衛，上丞居右北門棲。左樞上少宰星連，上弼微東少弼躔。上少衛星仍按次，少丞亦菦北門邊。北門中處七成章，華蓋爲名象好詳。門内杠星承九數，狀如曲柄蓋斯張。蓋北當門曲折排，名爲傳舍九星偕。舍西八穀交加積，八穀迤南六内階。階前六數是文昌，半月勾形少輔傍，更有三師依輔近，尉南兩箇内厨房。厨前門右兩星析，天乙居東太乙西。六舍天厨鄰少弼，五珠天棓宰東提。天槍三數斗稍東，西是三公數亦同，南指玄戈單一顆，七星北斗麗長空。天樞西北斗魁張，璇次璣權序自詳，再次玉衡居第五，開陽當柄接摇光。開陽東北輔星連，相在衡南最近權。魁下太尊中正坐，太陽守位却南偏。斗中天理四堪窺，尊右天牢六數維，勢四牢西方正式，中垣内外步無遺。

太微垣

太微垣在勢東南，勢北名台位列三。東向少微斜四數，長垣西向數同參。文昌勾次上台平，東列中台勢右明。勢左下台皆兩級，常陳七數斗南呈。長垣南左是靈臺，其數爲三左亦該。左即明堂相對待，常陳正下兩垣開。門西執法右名宜，上將居南次將隨。次相後瞻爲上相，右垣五衛左如兹。門東執法左稱名，上相迤東次相迎。次將北東居上將，内屏四數列前楹。中央五帝座惟真，正北微東一幸臣。太子從官星各一，虎賁依序向西循。屏東謁者一星參，東列三公數已含。北屬九卿三數迤，東依次將却南偏。北瞻折節五諸侯，郎位之旋十五儔。郎將一星東北駐，上垣俱向斗南求。

天市垣

下垣天市太微東，列國圜圍象著雄。北有七公承宰次，公南貫索九星充。貫索迤東天棓南，女床一座數爲三。床南天紀星連九，垣上彎還向好參。西衛韓星第一籌，楚梁巴蜀及秦周。次爲鄭晉河間位，再次河中右壁修。宋東南海北迤燕，東海徐星次第連。吴越一星齊又北，中山西次九河躔。又西趙魏左垣襄，廿二交環兩衛牆。帝座一星居正位，一侯東列近中央。座西宦者四屏營，西有斛星四角平。以次斗星爲數五，迤南列肆兩星横。侯左迤南序好循，兩星宗正四宗人。宗星惟二齊南迤，屠肆微西兩數臻。帛度雙星屠肆前，楚南車肆二星連。市樓六箇依南海，天市垣星步已全。

清・戴進賢《儀象考成》卷一　紫微垣

北極五星，一太子，二帝星，三庶子，四後宫，五天樞。外庶子增三星，後宫增一星，黄道在午未宫，赤道在卯辰宫。四輔四星，外增一星，黄道在未宫，赤道在巳午宫。

勾陳六星，外增十星，黄道在未申宫，赤道在丑寅卯戌。亥宫。

天皇大帝一星，黄道在申宫，赤道在亥宫。

天柱五星，外增六星，黄道在申酉宫，赤道在子丑宫。

御女四星，外增一星，黄道在未申酉宫，赤道在丑寅宫。

女史一星，外增一星，黄道在未宫，赤道在寅宫。

柱史一星，外增二星，黄道在申宫，赤道在丑宫。

尚書五星，外增二星，黄道在辰巳午宫，赤道在寅宫。

天床六星，外增一星，黄道在巳午宫，赤道在寅卯宫。

大理二星，外增一星，黄道在未宫，赤道在辰巳宫。

陰德二星，外增一星，黄道在未宫，赤道在巳宫。

六甲六星，外增一星，黄道赤道俱在未申宫。

五帝内座五星，外增二星，黄道在申宫，赤道在酉戌宫。

華蓋七星，黄道在酉宫，赤道在戌宫。

杠九星附華蓋爲一座，外增一星，黄道在申酉宫，赤道在酉戌宫。

右垣墻七星，一右樞，二少尉，三上輔，四少輔，五上衛，六少衛，七上丞。外少尉增二星，上輔增二星，少輔增一星，上衛增三星，少衛增一星，上丞增三星，黄道在巳午未申宫，赤道在辰巳午未申酉宫。

左垣墻八星，一左樞，二上宰，三少宰，四上弼，五少弼，六上衛，七少衛，八少丞。外上衛增三星，少衛增八星，少丞增一星，黄道在辰巳酉宫，赤道在戌亥子丑寅卯宫。

天乙一星，黄道在巳宫，赤道在辰宫。

太乙一星，黄道在午宫，赤道在辰宫。

内厨二星，外增二星，黄道在午宫，赤道在辰宫。

北斗七星，一天樞，二天璇，三天璣，四天權，五玉衡，六開陽，七摇光。外天樞增三星，天璇增八星，天權增三星，開陽增二星，黄道在巳午宫，赤道在辰巳宫。

輔一星附北斗爲一座，外增三星，黄道在巳宫，赤道在辰宫。

天槍三星，外增四星，黄道在巳宫，赤道在卯宫。

元戈一星，外增二星，黄道在辰宫，赤道在卯宫。

三公三星，黄道在巳宫，赤道在辰宫。

相一星，外增三星，黄道在巳宫，赤道在辰宫。

天理四星，外增一星，黄道在午宫，赤道在巳宫。

太陽守一星，外增一星，黄道赤道俱在巳宫。

太尊一星，黄道在午宫，赤道在巳宫。

天牢六星，外增二星，黄道在巳午宫，赤道在巳宫。

勢四星，外增十六星，黄道在午宫，赤道在巳宫。

文昌六星，外增八星，黃道在午未宫，赤道在午宫。

内階六星，外增十星，黃道在未宫，赤道在午宫。

三師三星，外增一星，黃道在未宫，赤道在午宫。

八穀八星，外增三十四星，黃道，赤道俱在申宫。

傳舍九星，外增四星，黃道在申酉宫，赤道在酉戌亥宫。

天厨六星，外增二星，黃道在戌宫，赤道在子丑宫。

天棓五星，外增十星，黃道赤道俱在寅宫。

右共三十七座一百六十三星，外增一百七十七星。

太微垣

五帝座五星，外增三星，黃道赤道俱在巳宫。

太子一星，黃道赤道俱在巳宫。

從官一星，黃道赤道俱在巳宫。

幸臣一星，黃道赤道俱在巳宫。

五諸侯五星，外增七星，黃道在辰巳宫，赤道在辰宫。

九卿三星，外增九星，黃道赤道俱在辰宫。

三公三星，黃道赤道俱在辰宫。

内屏四星，外增六星，黃道赤道俱在巳宫。

右垣墻五星，一右執法，二上將，三次將，四次相，五上相。外次相增三星，上相增二星，黃道赤道俱在巳宫。

左垣墻五星，一左執法，二上相，三次相，四次時，五上將。外左執法增一星，次相增一星，次将增三星，上将增二星，黃道赤道俱在辰宫。

郎將一星，外增二星，黃道在巳宫，赤道在辰宫。

郎位十五星，外增三星，黃道在巳宫，赤道在辰巳宫。

常陳七星，外增六星，黃道在巳宫，赤道在辰巳宫。

三台六星，上台二星，中台二星，下台二星。外上台增七星，中台增三星，下台增二星，黃道在巳午未宫，赤道在巳午宫。

虎賁一星，黃道赤道俱在巳宫。

少微四星，外增八星，黃道在巳午宫，赤道在巳宫。

長垣四星，外增九星，黃道在巳午宫，赤道在巳宫。

靈臺三星，外增八星，黃道，赤道俱在巳宫。

明堂三星，外增六星，黃道赤道俱在巳宫。

謁者一星，外增二星，黃道在巳宫，赤道在辰宫。

右共二十座七十八星外增九十三星。

天市垣

帝座一星，黃道赤道俱在寅宫。

侯一星，外增五星，黃道赤道俱在寅宫。

宦者四星，外增五星，黃道赤道俱在寅宫。

斗五星，外增十四星，黃道在寅卯宫，赤道在寅宫。

斛四星，外增三星，黃道赤道俱在寅宫。

列肆二星，外增四星，黃道在寅卯宫，赤道在寅宫。

車肆二星，外增二星，黃道赤道俱在寅宫。

市樓六星，外增一星，黃道赤道俱在寅宫。

宗正二星，外增三星，黃道赤道俱在寅宫。

宗人四星，外增四星，黃道赤道俱在寅宫。

宗二星，黃道赤道俱在丑宫。

帛度二星，外增三星，黃道赤道俱在寅宫。

屠肆二星，外增三星，黃道赤道俱在丑寅宫。

右垣墻十一星，一河中，二河間，三晉，四鄭，五周，六秦，七蜀，八巴，九梁，十楚，十一韓。外河間增一星，晉增三星，周增十四星，秦增一星，蜀增二星，巴增四星，黃道赤道俱在寅卯宫。

左垣墻十一星，一魏，二趙，三九河，四中山，五齊，六吴越，七徐，八東海，九燕，十南海，十一宋。外魏增八星，趙增三星，九河增一星，中山增七星，齊增八星，吴越增七星，徐增四星，東海增四星，宋增二星。黃道赤道俱在丑寅宫。

天紀九星，外增十四星，黃道在寅卯宫，赤道在寅宫。

女床三星，黃道赤道俱在寅宫。

貫索九星，外增十三星，黃道赤道俱在卯宫。

七公七星，外增十六星，黃道在卯辰宫，赤道在寅卯宫。

右共十九座八十七星，外增一百五十九星。

清・錢塘《淮南子天文訓補注》卷上　太微者，太一之庭也。

元注：太微星名也，太一天神也。

補曰：《春秋元命包》云：太微爲天庭，五帝合明。《天官書》云：南宮朱鳥，權，衡。衡，太微，三光之庭。《集解》孟康曰：軒轅爲權，太微爲衡。《索隱》宋均曰：太微，天帝南宮也，然太微主式法，故爲衡。辰在巳，王者象之，立明堂于其地也。

紫宮者，太一之居也。

補曰：《天官書》云：中宮天極星，其一明者，太一常居也，匡之環衛十二星藩臣，皆曰紫宮。《索隱》曰：案《春秋合誠圖》云：紫宮，大帝室，太一之精也。《元命包》云：紫之言此也，宮之言中也。言天神運動陰陽，開閉皆在此中也。又《晉書・天文志》云：鈎神口中一星曰天皇大帝，其神曰耀魄寶，主御羣神，執萬神圖。天一星在紫宮門右，星内天帝之神也，主戰鬭，知人吉凶者也。太一星在天一南，相近，亦天帝之神也，主使十六神，知風雨、水旱、兵革、饑饉、疾疫、災害之國也。然紫宮太一即耀魄寶，故《隋志》云：北極大星，太一之坐也，義與《史記》合。

軒轅者，帝妃之舍也。

補曰：《天官書》云：權，軒轅。軒轅，黄龍體。前大星，女主象；旁小星，御者，後宮屬。《索隱》曰：援神契云，軒轅十二星，後宮所居。《石氏星贊》以軒轅龍體主后妃也。《文選》謝玄暉《齊敬皇后哀册文》注引高誘《淮南子注》：軒轅星也，當在此。

咸池者，水魚之囿也。

元注：咸池，星名，水魚神名。案木魚，神名，似誤，當以莊刻本：「水魚，天神」爲是。

補曰：《隋書・天文志》云：五車五星在畢北，中有五星曰天潢，天潢，南三星曰咸池，魚囿也。

天阿者，羣神之闕也。

元注：闕，猶門也。

補曰：《御覽》卷六引有注：天河，星名也。句正文阿亦作河。案《韓非子》天河，何犿注：吉星，即謂此天阿，蓋古阿河通也。《隋志》云：坐旗西四星曰天高，天高西一星曰天河，主察山林妖變，一曰天高天之闕門。

四宮者，所以爲司賞罰。

元注：四宮，紫宮、軒轅、咸池、天阿。

補曰：四宮《御覽》卷六引作四守，守爲是也。四方之宮，古謂四宮，非。此四星矣，彼引許慎注與此同，而宮亦爲守，知前云四宮天阿，當爲四守天河也。

太微者，主朱鳥。案朱鳥莊刻本作朱雀，攷前文其神爲熒惑，其獸朱鳥注云：朱鳥，朱雀也。似淮南文正作朱雀。

紫宮執斗而左旋。

元注：主猶輿也。

補曰：《天官書》云斗爲帝車運于中央，臨制四鄉，分陰陽。建四時，均五行，移節度，定諸紀，皆繫于斗。《春秋運斗樞》云：北斗七星第一天樞，第二旋，第三機，第四權，第五衡，第六開陽，第七摇光。第一至第四爲魁，第五至第七爲杓，合而爲斗，展陰布施，故稱北斗。

清・李明徹《圜天圖説》卷中 北極中垣，紫微宫者，天子之大内也，帝常居焉。上垣太微宫，乃天子之正朝也，帝之朝聽在此。下垣天市，天子畿内之市也，每歲帝一臨之。三垣各有帝座，乃天子之座也。紫微宫北極五星，一太子、二帝、三庶子、四后妃，五爲天樞，即北辰居其所不動者也。北斗七星，是七政之樞機也。宫垣東藩八星，西藩七星，乃藩屏之臣也。太微宫三台六星，三公宰輔之位也。宫垣左右十星，天子之南宫也。天市垣二十二星，乃國市也。

又 紫微垣步天歌

中宫北極紫微宫，北極五星在其中。大帝之座第二珠，第三之星庶子居。第一號曰爲太子，四爲後宫五天樞。在右四星是四輔，天一太一當門路。左樞右樞夾南門，兩面營衛一十五。上宰少尉兩相對，少宰上輔次少輔。上衛少衛次上丞，後門東邊大贊府。門東喚作一少丞，以次却向門前數。陰德門裡兩黄聚，尚書以次其位五。女史柱史各一户，御女四星五天柱。大理兩黄陰德邊，勾陳尾指北極顛。勾陳六星六甲前，天皇獨在勾陳裡。五帝内座後門是，華蓋并杠十六星。杠作柄象華蓋形，蓋上連連九箇星。名曰傳舍如連丁。門外左右各六珠，右是内階左天厨。階前八星名八穀，厨下五箇天棓宿。天床六星左樞在，内厨兩星右樞對。文昌斗上半月形，稀疎分明六箇星。文昌之下曰三師，太尊只向三公明。天牢六星太尊邊，太陽之守四勢前。一箇宰相太陽側，更有三公相西邊。即是元戈一星圓，天理四星斗裡暗。輔星近着開陽淡，北斗之宿七星明。第一主帝名樞精，第二第三旋璣星。第四名權第五衡，開陽摇光六七名。

搖光左三天槍紅。

星經

按《步天歌》，五帝内座五星，内厨二星，勢四星，杠八星，御女四星，天柱五星，大理二星，天床六星。今《儀象志》無。傳舍九星今八星，華蓋八星今四星，天牢六星今一星，六甲六星今亦一星。

太微垣步天歌

上元天庭太微宫，昭昭列象布蒼穹。端門只在門之中，左右執法門西東。門左皂衣一謁者，以次即是烏三公。三黑九卿背旁列，五黑諸侯卿後行。四箇門西主軒屏，五帝内座於中正。幸臣太子并從官，烏列帝後從東定。郎將虎賁居左右，常陳郎位居其後。常陳七星不相誤，郎位陳東一十五。兩面宫垣十星布，左右執法是其數。宫外明堂布政宫，三箇靈臺候雲雨。少微四星西南隅，長垣雙雙微西居。北門西外接三台，與垣相對無兵災。

星經

按《步天歌》，五諸侯五星，今《儀象志》全無。郎位十五星，今只得十星。又常陳七星，今存三星。

天市垣步天歌

下元一宫名天市，兩扇垣墻二十二。當門六箇黑市樓，門左兩星是車肆。兩箇宗正四宗人，宗星一雙亦依次。帛度兩星屠肆前，候星還在帝座邊。帝座一星常光明，四箇微芒宦者星。以次兩星名列肆，斗斛帝前依其次。斗是五星斛是四，垣北九箇貫索星。索口横着七公成，天紀恰似七公形。數着分明多兩星，紀北三星名女床，此座還依織女旁。三台之相無相侵，二十八宿隨其陰。水火木土並與金，以此别有五行吟。

星經

按《步天歌》，市樓六星，今只存三星。

清·李明徹《圜天圖説續編》卷上　北極紫微垣

北極五星，一太子，二帝，三庶子，四後宫，五天樞。庶子外增三星，後宫增一星，黄道在午未宫，赤道在卯辰宫。四輔四星，外增一星，黄未赤午。勾陳六星，外增十星，黄道在未申，赤道在丑寅戌亥。

天皇大帝一星，黄道在申，赤道在亥。女史一星，外增一星，黄道在未，赤道在寅。柱史一星，外增二星，黄道在申，赤道在丑。尚書五星，外增二星，黄道在辰巳午，赤道在寅。陰德二星，外增一星，黄道在未，赤道在巳。華蓋四星，黄道在酉，赤道戌。右垣墻七星，一右樞，二少尉，三上輔，四少輔，五上衛，六少衛，七上丞。少尉外增一星，上輔增二星，少輔增一星，上衛增三星，少衛增一星，上丞增三星，黄道在巳午未申，赤道在辰巳午未申酉。左垣墻八星，一左樞，二上宰，三少宰，四上弼，五少弼，六上衛，七少衛，八少丞。上衛外增三星，少衛增八星，少丞增一星，黄道在辰巳酉，赤道在戌亥子丑寅卯。天乙一星，黄道在巳，赤道在辰。太一一星，黄道在午，赤道在辰。北斗七星，一天樞，二天璇，三天璣，四天權，五玉衡，六開陽，七摇光。天樞外增三星，天璇增八星，天權增三星，開陽增二星，黄道在巳午，赤道在辰巳。輔一星，附北斗爲一座，外增三星，黄道在巳，赤道在辰。天槍三星，外增四星，黄道在巳，赤道在卯。元戈一星，外增二星，黄道在辰，赤道在卯。三公一星，黄道在巳，赤道在辰。相一星，外增三星，黄道在巳，赤道在辰。天理四星，外增一星，黄道在午，赤道在巳。太陽守一星，外增一星，黄道在巳，赤亦在巳。天牢一星，外增二星，黄道在巳午，赤道在巳。

文昌六星，外增八星，黄道在午未，赤道在午。内階六星，外增十星，黄道在未，赤道在午。三師三星，外增一星，黄道在未，赤道在午。八穀八星，外增三十四星，黄道在申，赤道亦在申。傳舍八星，外增四星，黄道在申酉，赤道在酉戌亥。天厨六星，外增二星，黄道在戌，赤道在子丑。天棓五星，外增十星，黄赤二道俱在寅。

共二十七座，一百零八星，外增一百四十六星，此無名星也。

太微垣

五帝座五星，外增三星，黄赤道俱在巳宫。太子一星，從官一星，幸臣一星，俱在巳。九卿三星，外增九星在辰。謁者一星，外增二星，黄道在巳，赤道在辰。三公三星，在辰。内屏四星，外增六星，在巳。右垣墻五星，一右執法，二上將，三次將，四次相，五上相，外增三星，上相增二星，俱在巳。

左垣墻五星，一左執法，二上相，三次相，四次將，五上將。左執法外增一星，次相增一星，次將增三星，上將增二星，俱在辰。郎將一星，外增二星，黄道在巳，赤道在辰。郎位十星，外增三星，黄道在巳，赤道在辰巳。常陳三星，外增六星，黄道在巳，赤道在辰巳。三台六星，上台二，中台二，下台二。上台外增七星，中台增三星，下台增二星，黄道在巳午未，赤道在巳午。虎賁一星，在巳。靈臺三星，外增八星，在巳。明堂三星，外增六星，在巳。少微四星，外增八星，黄道在巳午，赤道在巳。長垣四星，外增九星，黃道在巳午，赤道在巳。

共十七座，六十四星，外增八十六星。

天市垣

帝座一星，在寅。侯一星，外增五星，在寅。宦者四星，外增五星，在寅。斛四星，外增三星，在寅。

斗五星，外增十四星，黃道在寅卯，赤道在寅。

列肆二星，外增四星，黃道在寅卯，赤道在寅。

車肆三星，外增二星，在寅。市樓二星，外增一星，在寅。宗正二星，外增三星，在寅。宗人四星，外增四星，在寅。宗星二星，在丑。帛度二星，外增三星，在寅。屠肆二星，外增三星，在丑寅。

右垣墻十一星，一河中，二河間，三晉，四鄭，五周，六秦，七蜀，八巴，九梁，十楚，十一韓。河間外增一星，晉增三星，周增十四星，秦增一星，蜀增二星，巴增四星，俱在寅卯。左垣墻十一星，一魏，二趙，三九河，四中山，五齊，六越，七徐，八東海，九燕，十南海，十一宋。魏外增八星，趙增三星，九河增一星，中山增七星，齊增八星，吳越增七星，徐增四星，東海增四星，宋增二星，俱在丑寅。天紀九星，外增十四星，黃道在寅卯，赤道在寅。女床三星，在寅。貫索九星，外增十三星，黃道在卯辰，赤道在寅卯。七公七星，外增十六星，黃道在卯辰，赤道在寅卯。

共十九座，八十四星，外增一百五十九星。

又 斗建考證說

《天官書》云：北斗七星，所謂璇璣玉衡，以齊七政。又云：建四時，移節度，並繫於斗，是即以斗柄所指，定爲月建之說也。柳知陶唐時，斗柄並不當月建，如漢唐諸說，以爲冬至，日在斗初，昏斗柄，指子以月建定於斗柄所指。然則上考《堯典》：日短星昴則冬至，子月初昏時，斗柄指丑，日中星鳥，則春分。卯月初昏，斗柄指辰，亦非以斗柄所指爲月建。又以《大統曆》所測，子月冬至，日在箕，初昏斗柄指亥。寅月立春日，在危初昏，斗柄指丑，亦不以斗柄所指爲月建。此則可知，非以斗柄爲實測。又因馬融《尚書註》曰：七政，北斗七星，各有所主。第一曰正日法天，第二曰主月法地，第三曰命火，謂熒惑也，第四曰煞土，謂填星也，第五曰代水，謂辰星也，第六曰危木，謂歲星也，第七曰剽金，謂太白也。日月五星各異，故名曰七政。此亦一說。雖存而不可論，但日月五星之行遲疾各異，故用璣衡推測，知其度立法，步算以齊，其不齊焉。若以北斗七星分屬日月五星，則何齊之有，此恐悞傳或有別作借語而立名象也。至於月名支干，乃從上元甲子，循次而下，假如今日甲子，明日乙丑之次第，起初非因斗柄所指而定。但在秦漢時以斗柄爲驗，固自不爽，且云建之名義，實因建星濫觴，昔人知而秘隱不發，後人亦未深究其真，遂習而不察，傳爲常語。按漢律曆志，是武帝太初時，冬至日臨建星。有云在牽牛者，非也。則十一月夜半時，建星適子，故仲冬月，建星在子，而建星與北斗所指。十二辰是太虛，定位內應，赤道之度，與加時同如正月日躔室壁，則半夜建星臨寅。故曰：孟春是月建，在寅。夫半夜建星臨子，則初昏建星加酉，北斗杓指子夜半建星臨寅，則初昏室璧，加酉建星，加亥北斗杓指寅，故合稱之曰斗建也。此乃北斗與建星二者，相爲更代而當，以建星爲主，因冬至日躔所在而定之。蓋冬至，乃一歲之始，子時爲一日之始。以昏時爲主，自不如以半夜爲主也。若就人所見者爲候，則莫如北斗七星形體最大，又在常見規內，但亥子丑三方中土所見，斗杓已入地中，無從測驗，又昏時逐氣不同，如仲冬子月昏時爲酉，則以本月之宿加酉，斗杓正指子，若仲夏午月昏時爲亥刻初，則以本月之宿加於亥，而斗杓却已指未申，此古人以恒星見中流伏爲候，非若半夜之定，爲子正也。如斗杓所指，亦僅可略言耳，仍不如建星所在之辰，爲能按月不差矣。蓋日躔是有歲差，而冬至之建星亦不可以爲常說，然月建之名義所傳者，不得取爲實證，因古今所見推測不同耳。

又 斗杓天樞圖說

如圖以北極爲樞，外列十二辰不動，取七政旋轉，自子至丑而寅，以象運天，以北斗璇璣定四時，八節故存，月建名義，又因北辰爲羣動之宗，經緯皆從此出。北斗雖在常見規內，而偏在北辰之旁，所占雖則兩宫非如紫微垣，圍繞北辰而能偏入於列舍也。故從極星，引出極星亦非北辰，但秦漢以前，極星正與北辰合爲一點，後始漸移至今，已差四度餘矣。北斗七星之杓星，與角宿相參正直，此列舍所以始於角宿也。若魁衡則入張翼軫度耳。北極璇璣之名，有七衡六間，冬至日當外衡，夏至日當內衡，春秋分日當中衡之規法。所謂北極樞者有二，赤極黃極。赤極正北天樞，真體不動處也。璇璣者，乃黃極運行之動用，黃赤皆稱北級，各離二十三度半，此天樞之體用也。

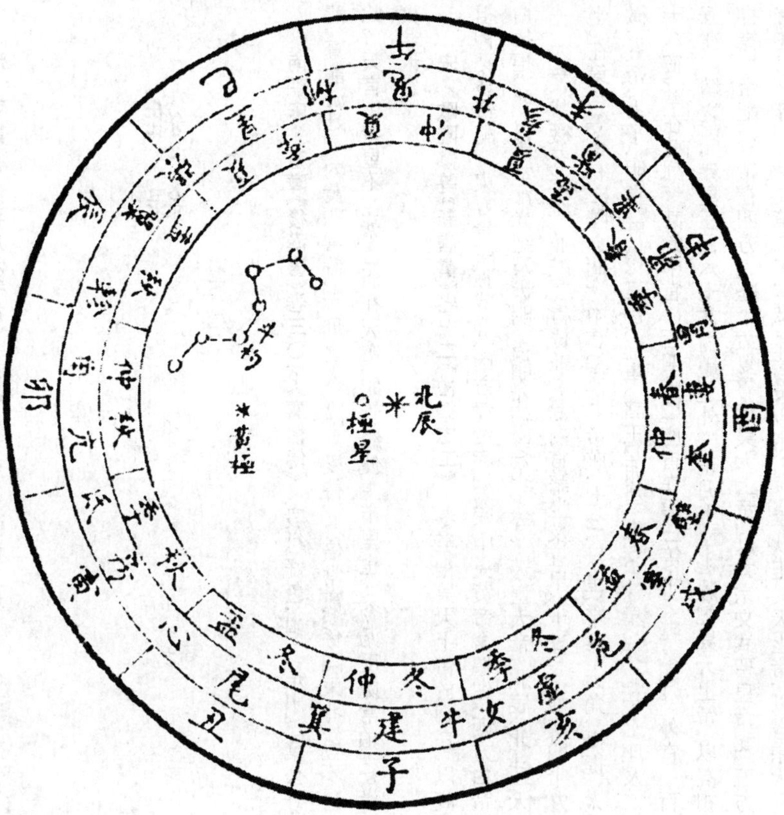

斗杓天樞圖

藝文

《楚辭・遠游》 召豐隆使先導兮，問大微之所居。

唐・王勃《晚秋游武擔山寺序》 引星垣於逕嶂，下布金沙；棲日觀於長崖，傍臨石鏡。

唐・杜甫《秋日荆南送薛明府辭滿告别奉寄薛尚書之作三十韵》 紫微臨六角，皇極正乘輿。

宋・方翥《紫微》 學得天文夜睡遲，雲籠月照恨星稀。而今病眼都無力，猶向檐邊認紫微。

宋・李呂《乙巳四月比屋多疹痘虐痢間作五月盡猶未已病》 三垣拱帝座，百辟森列位。星辰各授職，鈞播豈私遺。

宋・廖行之《再酬湯無邪》 太微别垣環紫宸，臺符炯炯光太清。

宋・諶祐《句》 霓裳風秋舞天半，舞到玉花飛石棧。三臺四輔繞星垣，只一曲中知後患。風流天子悟轉圜，不見蜀山横翠面。

宋・蘇頌《開府潞公太師得謝西歸謹賦七言四韻詩五首拜》 幾夕華星動紫躔，少微光入太微垣。帝臨便座延公衮，人喜安車到國門。

宋・佚名《六州》 皇撫極，明德貫乾坤。信星列，卿雲爛，輝亘紫微垣。思報貺，明詔祠宫，練時搜曠典，紫時觚壇，昭孝德，親御和鑾。振鷺玉珊珊。精純調款，肸蠁熉煬。黄流湛淡，百末布生蘭。扣天閽，延飛駕，相仿佛，降雲端。神光集，嘉響應，靄靄萬衣冠。浚熙事清曉輕寒。烝榮觀，華衣霧縠般般。乾坤並貺慶君歡，翹首聖恩寬。遵皇極，沛天澤，靈心懌，龜鼎永尊安。

元・王逢《七月聞河南平章凶問》 六月妖星芒角白，幾夜徘徊天市側。尋聞盜殺李上公，窮旅孤臣淚沾臆。當時寬猛制萑澤，安得受降翻受敵。上公忠名垂竹帛，書生奚爲費諱惜。東南風動旗黄色，蒲梢天馬長依北。

元・周伯琦《七月七日同宋顯夫學士暨經筵僚屬遊上京西山》 聯岡疊阜

衛神都，萬幕平沙八陣圖。朝市星垣周社稷，宗藩盤石漢規摹。官堤亘野豐青草，禁御深林暗碧榆。地辟天開到今日，九重垂拱制寰區。

明・吴本泰《帝京篇》 廣殿飭梓材，神霄聳輪奂。微垣妖彗消，芝蓋卿雲縵。

清・曹寅《黄河看月示子猷》 陰森浚九地，晃朗排三垣。

雜録

南朝宋・范曄《後漢書》卷三〇下《襄楷傳》 殷紂好色，妲己是出。葉公好龍，真龍游廷。内黄門常侍，天刑之人，陛下愛待，兼倍常寵，係嗣未兆，豈不爲此？天官宦者星不在紫宫而在天市，明當給使主市里也。今乃反處常伯之位，實非天意。

宋・歐陽修等《新唐書》卷一二《禮樂志二》 冬至祀昊天上帝於圜丘，以高祖神堯皇帝配。東方青帝靈威仰、南方赤帝赤熛怒、中央黄帝含樞紐、西方白帝白招拒、北方黑帝汁光紀及大明、夜明在壇之第一等。天皇大帝、北辰、北斗、天一、太一、紫微五帝座，並差在行位前。餘内官諸坐及五星、十二辰、河漢四十九坐，在第二等十有二陛之間。中官、市垣、帝座、七公、日星、帝席、大角、攝提、太微、五帝、太子、明堂、軒轅、三台、五車、諸王、月星、織女、建星、天紀十七座及二十八宿，差在前列。其餘中官一百四十二座皆在第三等十二陛之間。外官一百五在内壝之内，衆星三百六十在内壝之外。正月上辛祈穀祀昊天上帝，以高祖神堯皇帝配，五帝在四方之陛。孟夏雩祀昊天上帝，以太宗文武聖皇帝配，五方帝在第一等，五帝在第二等，五官在壇下之東南。季秋祀昊天上帝，以睿宗大聖真皇帝配，五方帝在五室，五帝各在其左，五官在庭，各依其方。

圖表

宋・蘇頌《新儀象法要》卷中

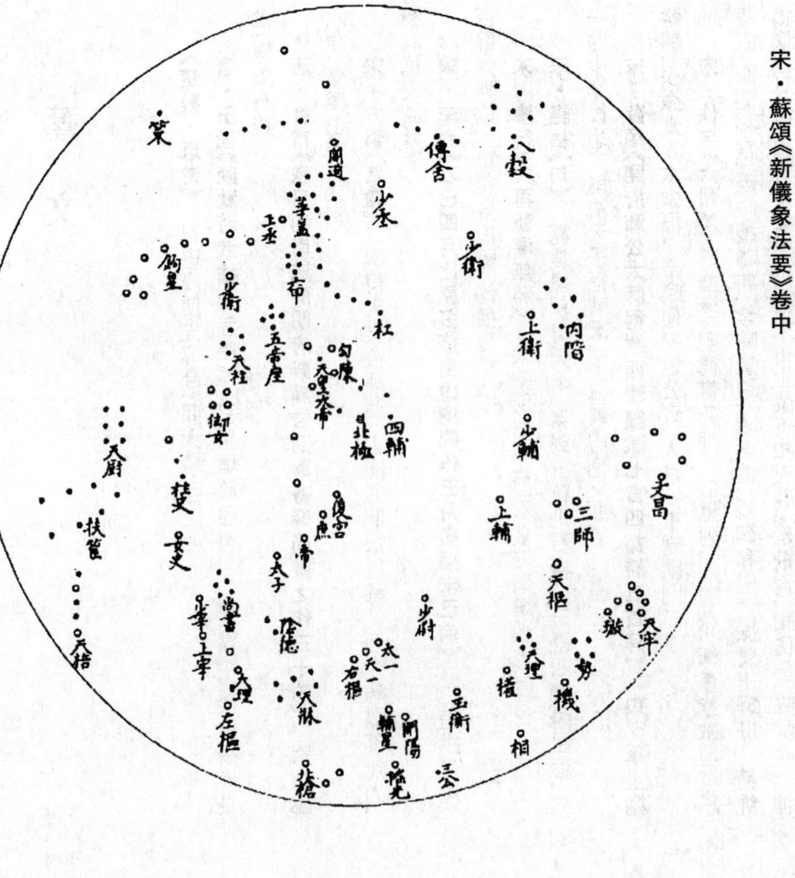

渾象紫微垣星之圖

上《紫微垣星圖》一，凡三十七名、一百八十三星，布列渾象之北。上規所以正天地之南北也。北斗七星在垣内，所以正四時也。《史志》曰：中宫北極五星，鈎陳六星，皆在紫宫中。北極，北辰之最尊者也。其細星，天之樞也。天運無窮，三光迭曜，而極星不移，故曰居其所而衆星拱之。舊説皆以紐星即天極，在正北，爲天心不動。今驗天極亦晝夜運轉，其不移處乃在天極之内一度有半，故渾象杠軸正中置之不動，以象天心也。自天極外諸星皆隨渾象運轉，以象列宿隨天左旋也。天有二十八宿，爲十二次舍，布列四方三百六十五度有畸，而天極亦具其數。古人所謂天形如蓋，即天心爲蓋之杠軸，列舍如蓋之橑輻，分布十二次舍之度數。紫宫近天極故狹而密，列舍布四方故闊而疎也。北斗七星，所謂旋璣玉衡以齊七政者也。魁四星爲璿璣，杓五星爲玉衡。杓攜龍角，杓，斗柄也。龍角，東方星攜連也。衡中南斗，衡，斗中央之星也。魁枕參首，斗第一星爲魁。用昏建者杓，斗第七星爲杓斗之星也。夜半建者衡，假令杓昏建寅，則夜半衡亦建寅。平旦建者魁。斗爲帝車，運于中央，照臨四海。分陰陽，建四時，均五行，移節度，定諸紀，皆繫于斗。故揚子雲云：日一南而萬物死，謂夏至已後，日第南陸，一反南道，羣陰漸長，萬物所以死也。日一北而萬物生；謂冬至已後，日窮北陸，一反北道，羣陽漸長，萬物所以生也。斗一北而萬物虚，謂立冬已後，斗杓建亥，自亥之後，陰主于時，萬物以斂，故曰虚。斗一南而萬物盈。謂立夏已後，斗杓建巳，自巳之後，陽主于時，萬物華盛，故曰盈。日之南也，右行而左還；斗之北也，左行而右還。日則迎天右行，謂春行西方，歷七星而南；秋行東方，歷七星而北。始行西方，故云右行也；還從東方，故云左還也。斗則隨天而行，春指東方，歷三辰而南；秋指西方，歷三辰而北。始指東方，故云左行也，還從西方故云右還也。由是言之，天形無垠，晝夜不息，所以分節候，運寒暑。日與斗建相推移于上，而成歲于下也。所以著于圖象者，欲俯仰之，叅合先天而趨務也。故人君南面聽天下，常視四七之中星，察玉衡之杓建，考日躔之南北，順天時而布民政。自唐虞以來，莫不尚之。然則渾象人居天外，故俯視之。星圖人在天裏，故仰觀之。二者相戾，蓋俯仰之異也。其下中外官星亦倣此。

明·貝琳《七政推步》卷七 太微垣

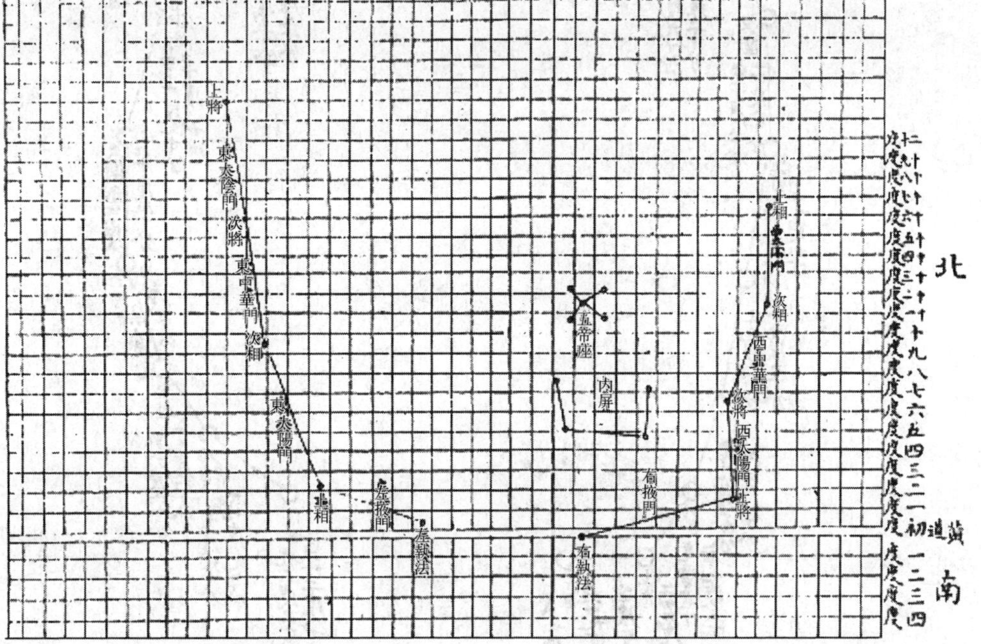

明·王應明《曆體略》卷上 天市垣

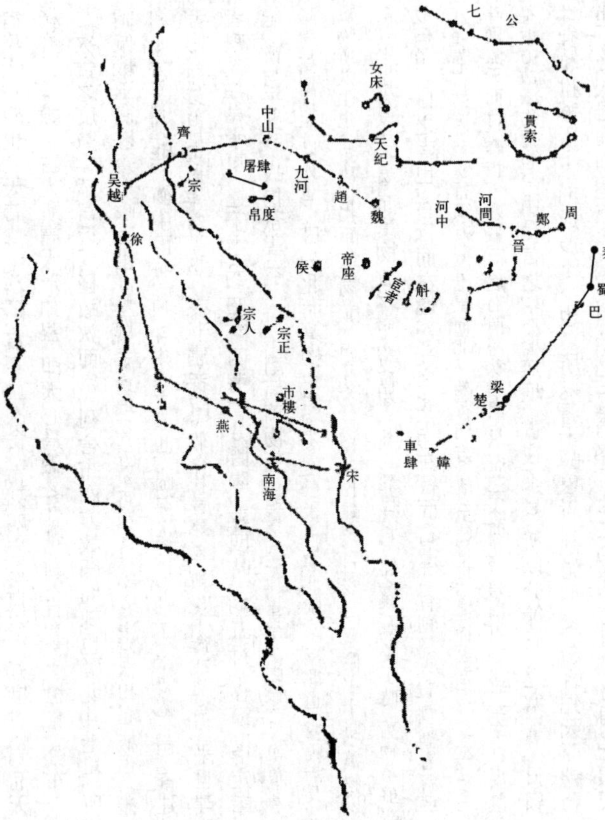

明·佚名《三垣列舍入宿去極集》

紫微垣

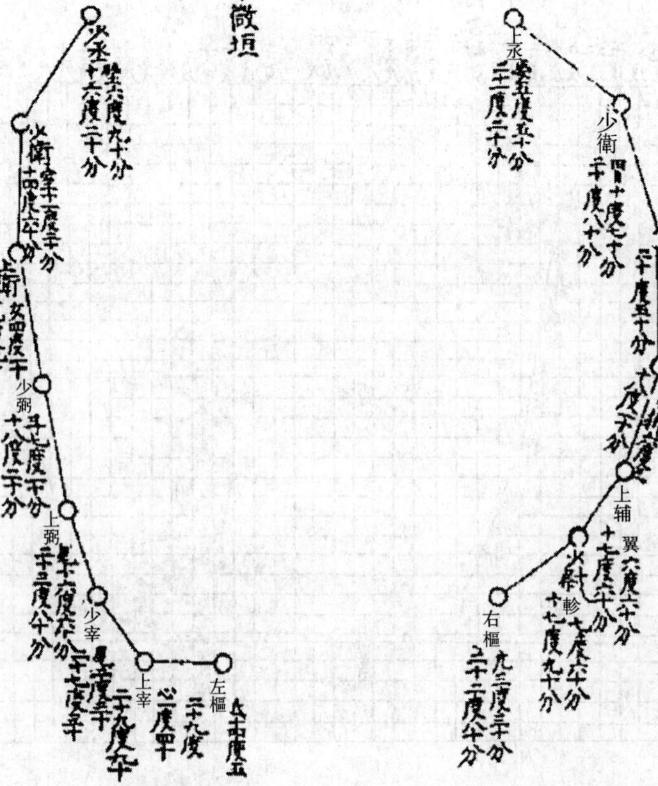

北極五星

鈎陳六星

閣道六星

陰德

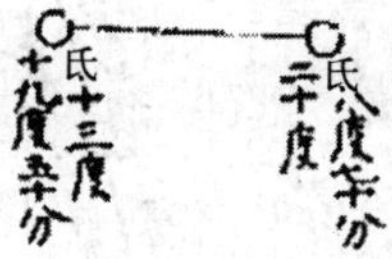

大理

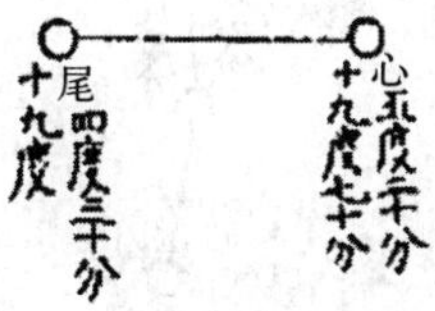

女史

柱史

内厨

天厨

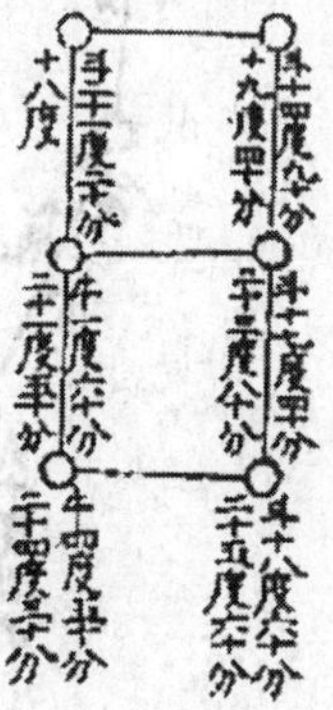

天鉤九星

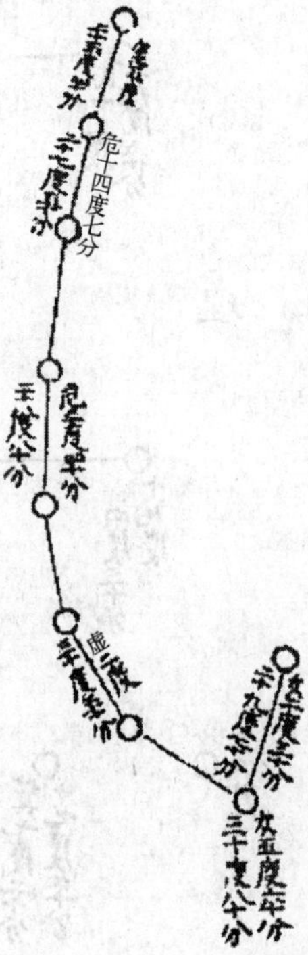

北斗八星

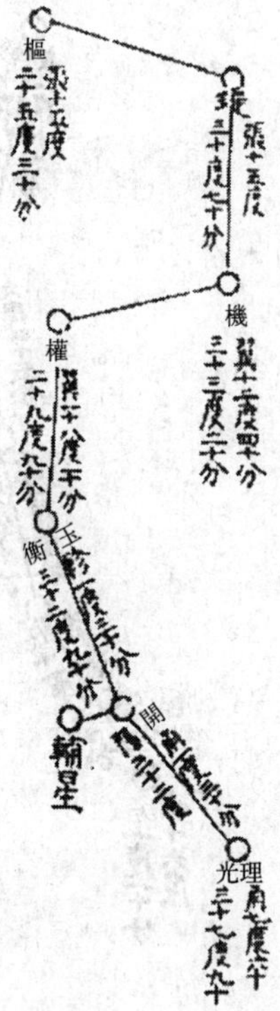

招摇　玄戈

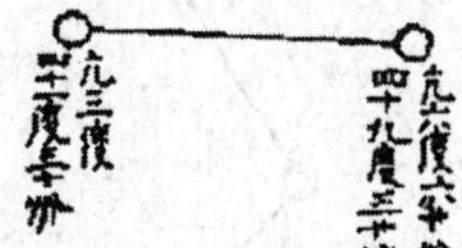

御女

五帝内座

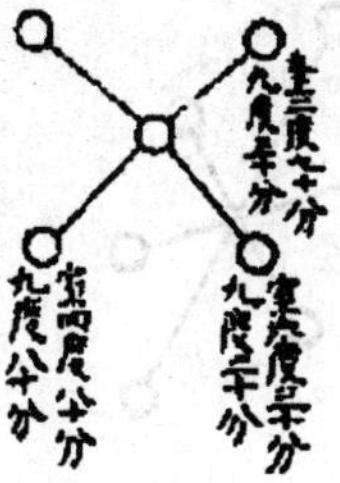

文昌

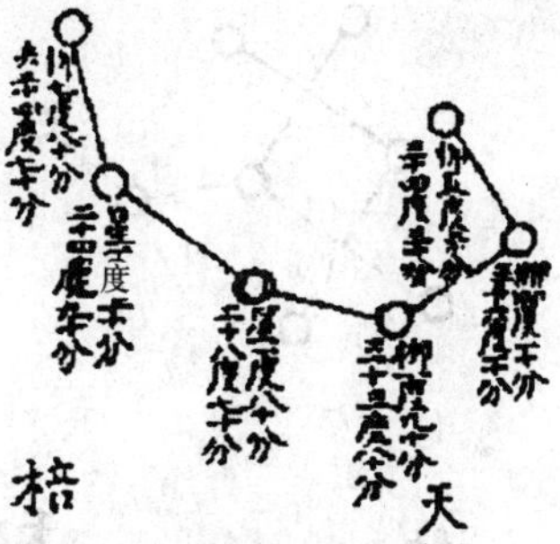

天柱

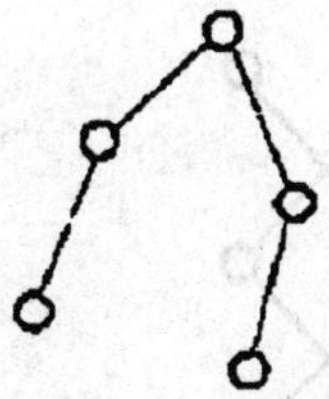

天棓

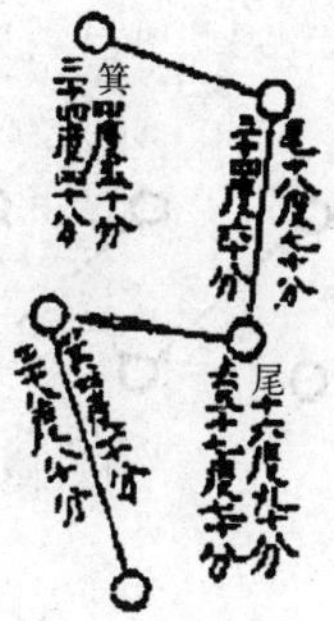

三公

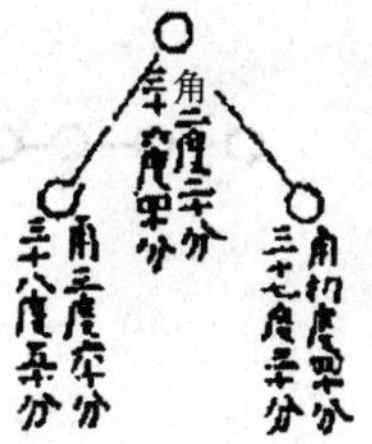

六甲

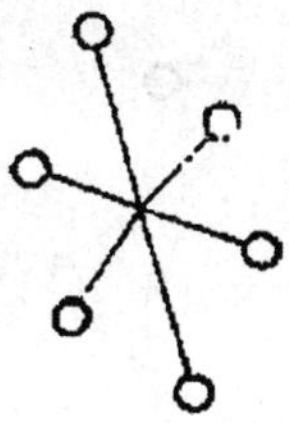

三師

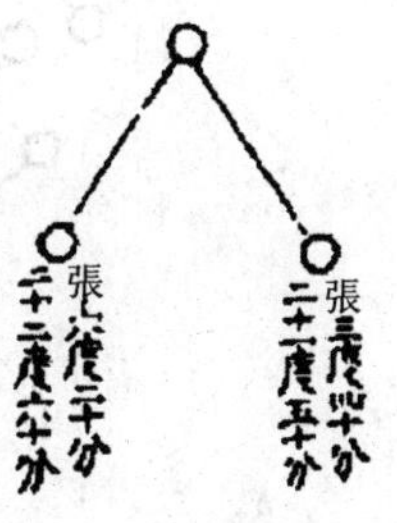

尚書

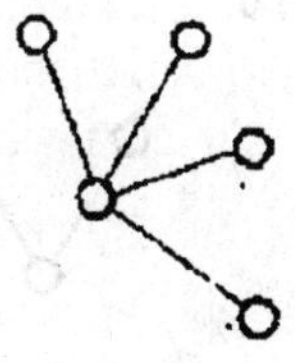

八穀

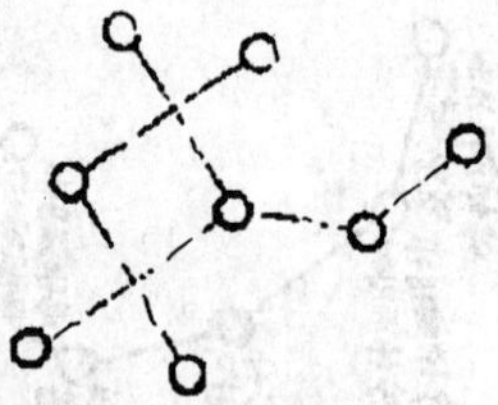

天牢

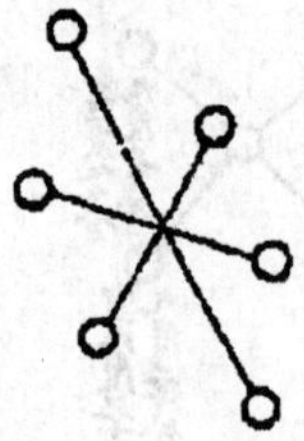

天厨

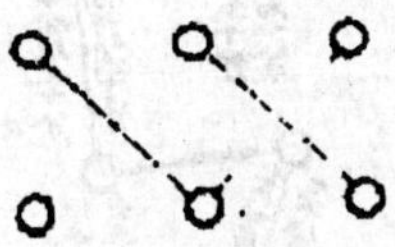

內階

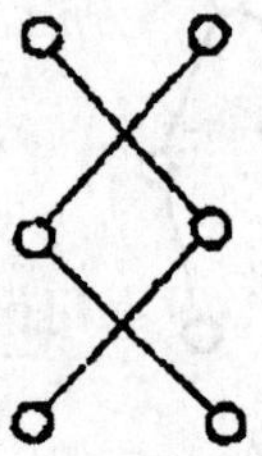

太乙

天乙

傳舍

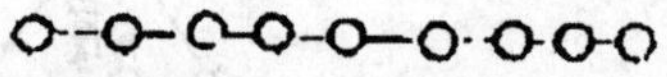

相星

太陽守

華盖

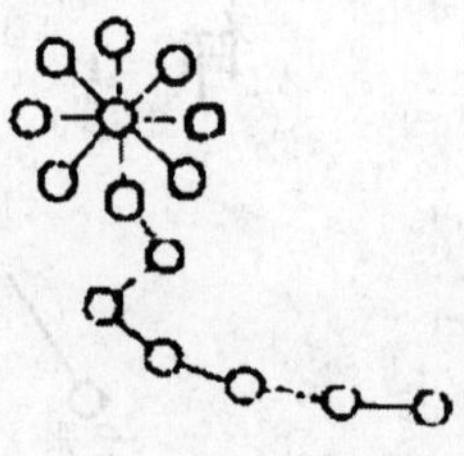

天槍

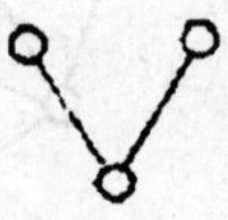

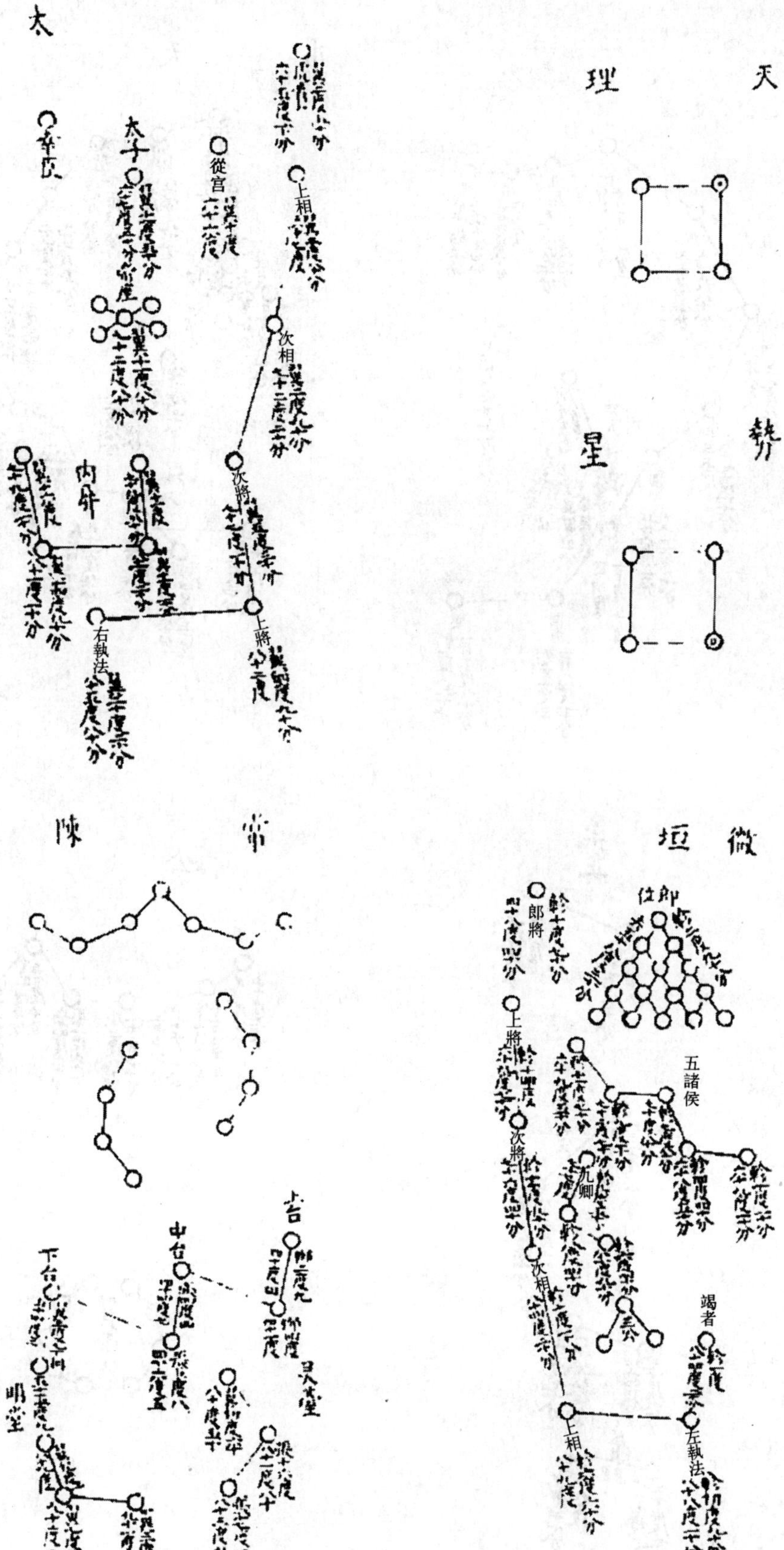
天理
勢星
太
微垣
常陳
從宮
上相
次相
次將
上將
右執法
內屏
郎將
郎位
上將
次將
五諸侯
九卿
次相
謁者
上相
左執法
上台
中台
下台
明堂

天市垣

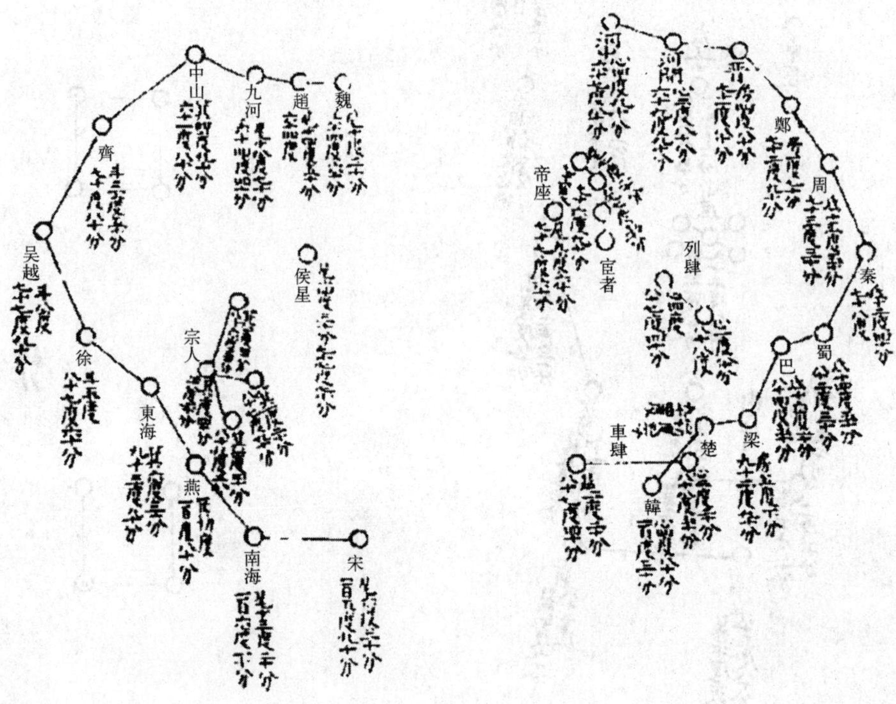

七公

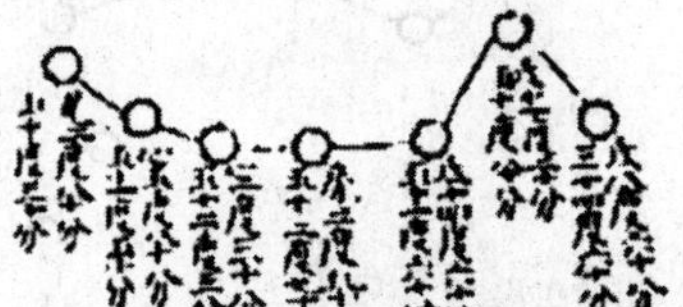

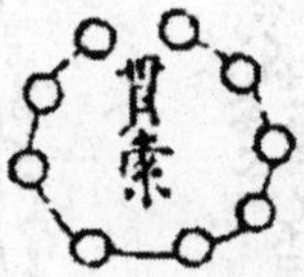

宗正

宗星

帛度

屠肆

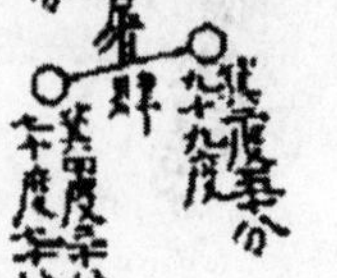

清·游藝《天經或問》卷一

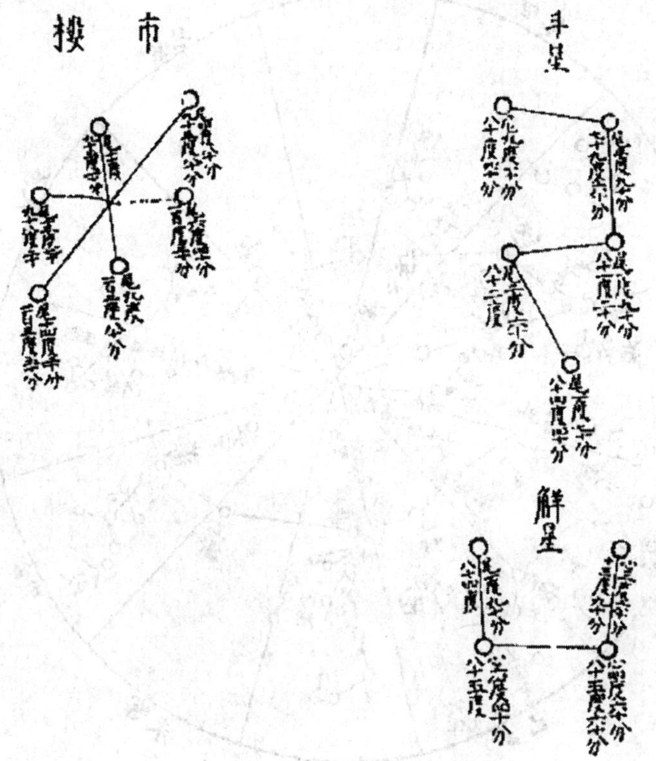

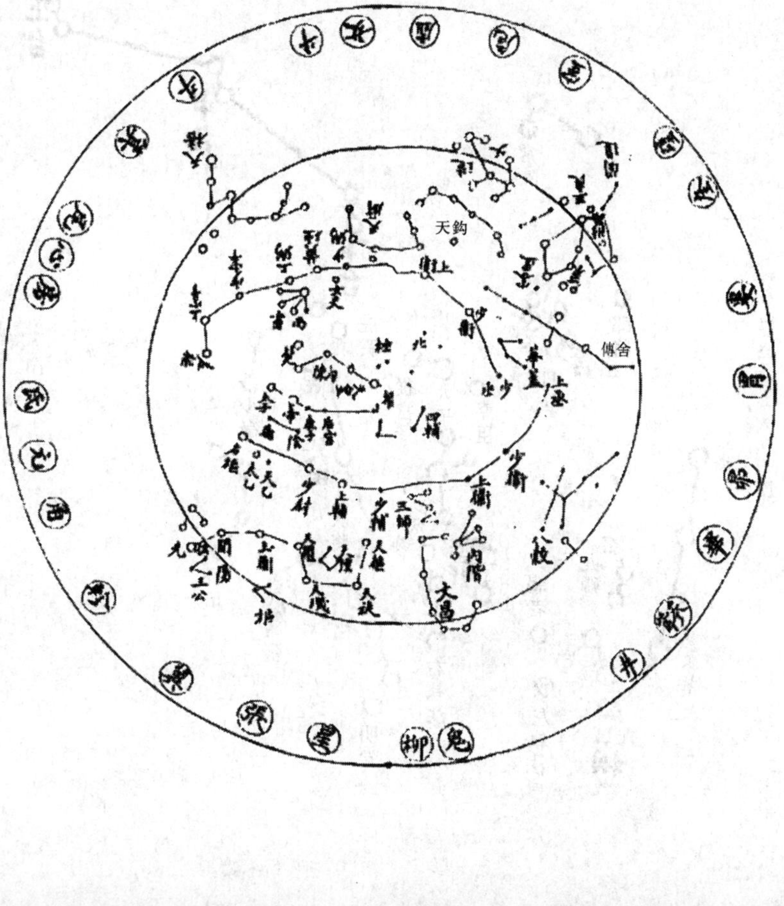

北極紫微垣見界星圖

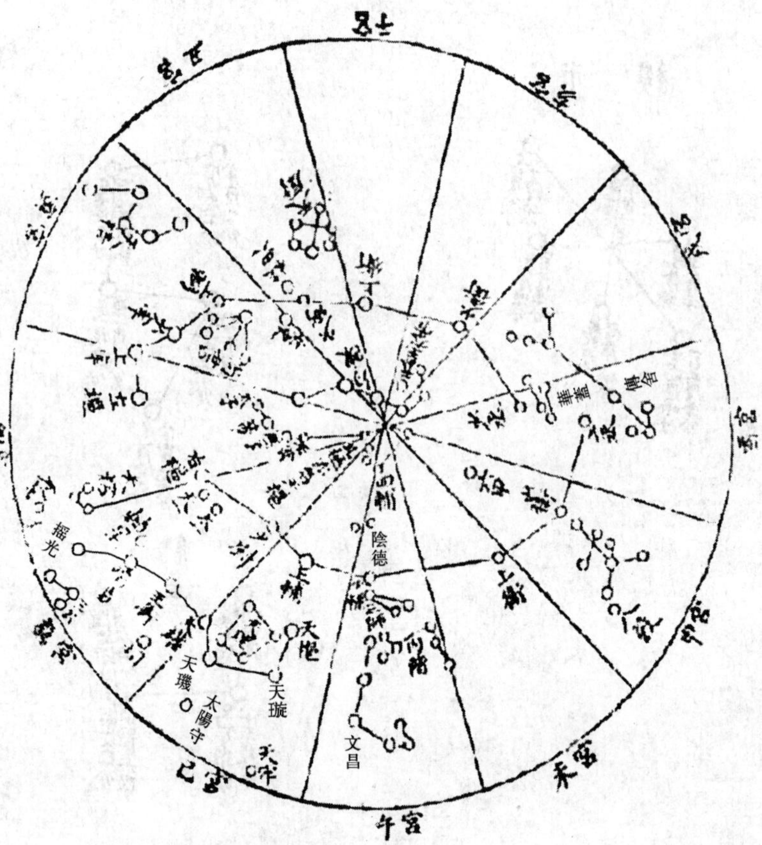

紫微垣圖

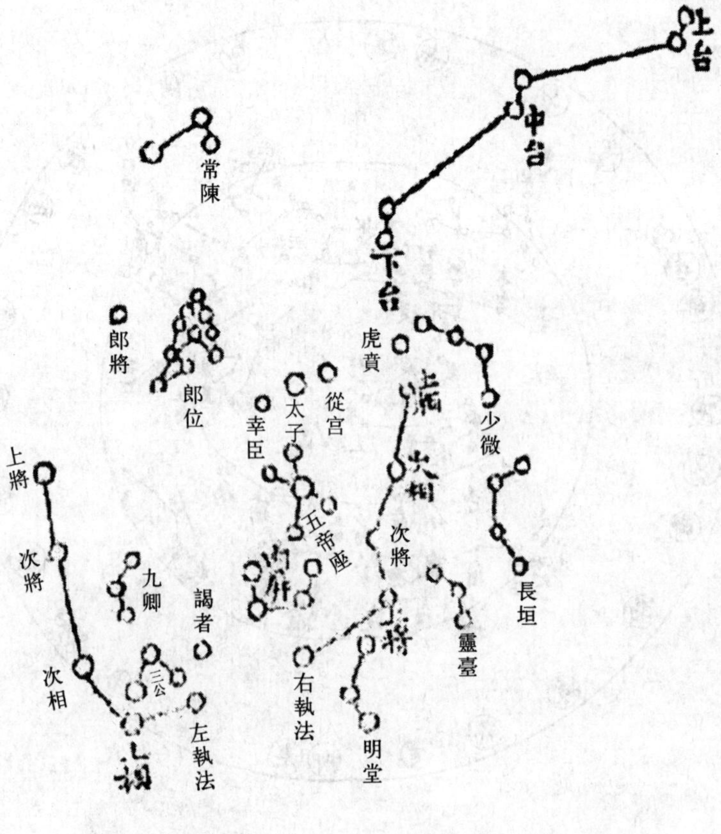

下臨翼軫角亢四宿

界午巳辰三宮占六十七度

太微垣圖

下臨房心尾箕四宿

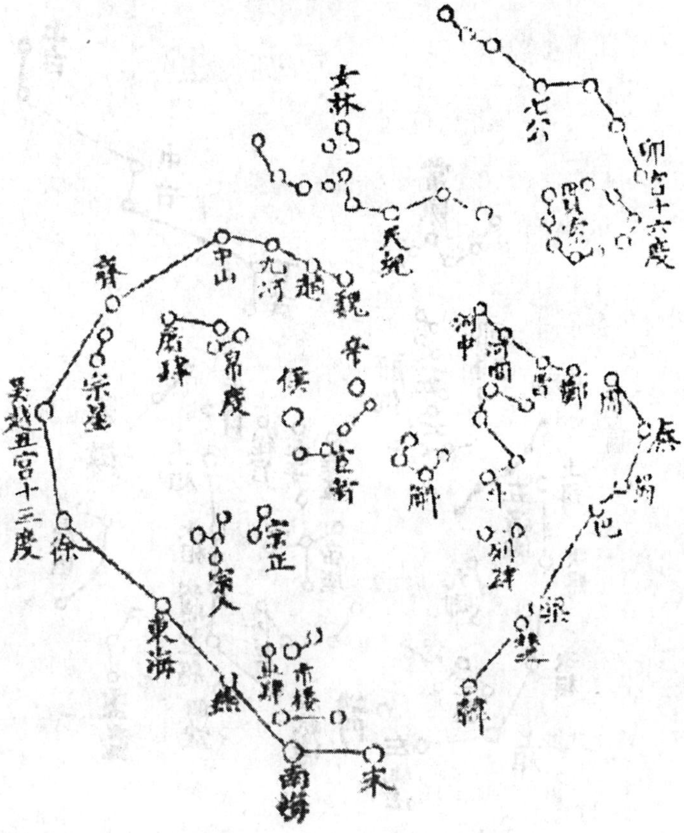

天市垣圖

界卯寅丑三宫占五十七度

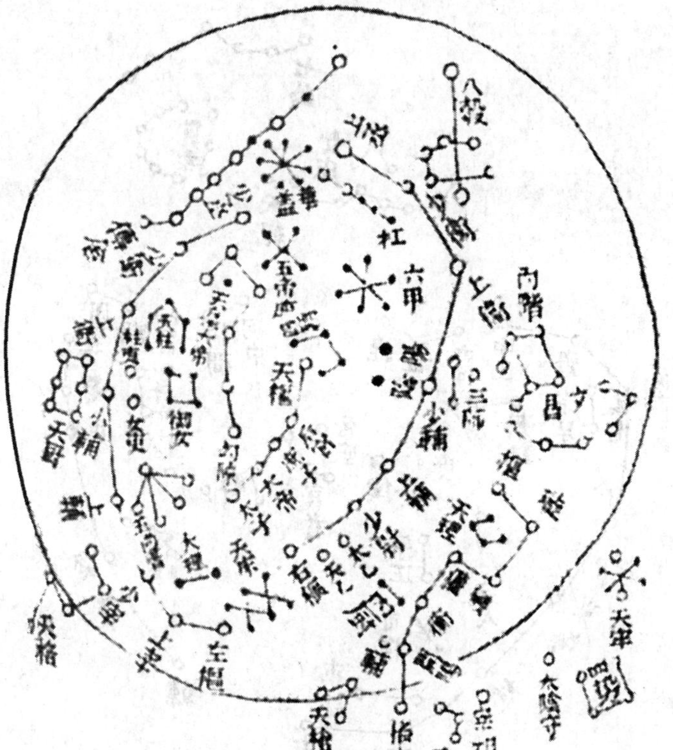

紫微垣圖

清·鍾瑞彪《星學初階》

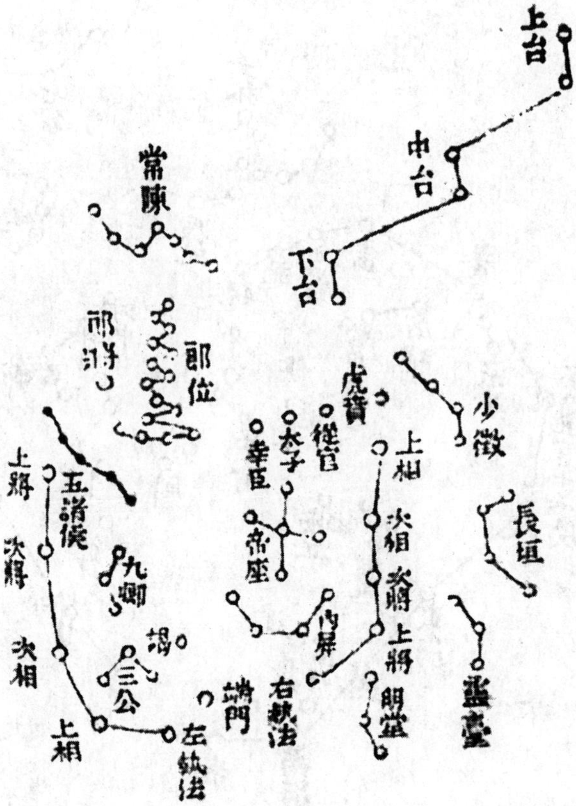
上台
中台
下台
常陳
郎位
郎將
虎賁
少微
從官
太子
幸臣
帝座
上相
次相
次將
上將
長垣
五諸侯
九卿
謁者
三公
內屏
明堂
靈臺
端門
右執法
左執法
上將
次將
次相
上相

太微垣圖

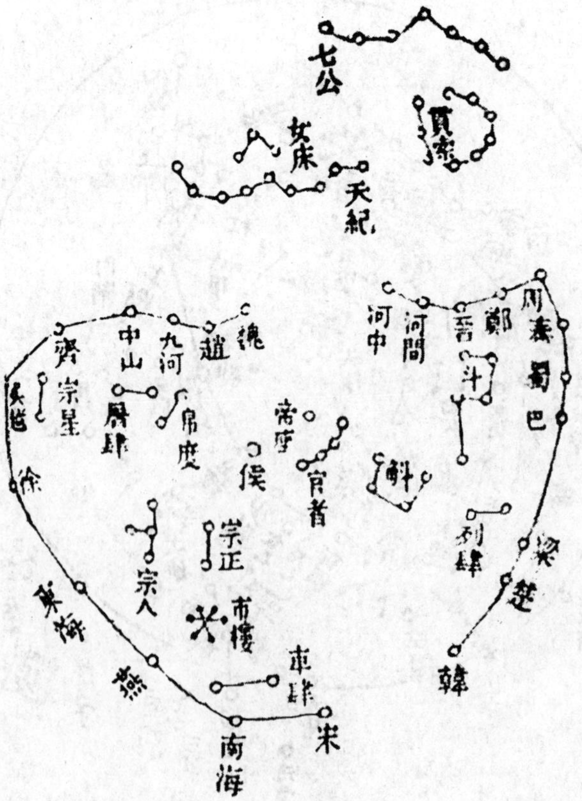
七公
貫索
女床
天紀
周
秦
蜀
巴
鄭
晉
河間
河中
魏
趙
九河
中山
齊
吳越
宗星
屠肆
帛度
帝座
宦者
斗
斛
侯
列肆
宗正
宗人
市樓
梁
楚
韓
車肆
宋
南海
燕
東海
徐

天市垣圖

二十八宿部

題解

《呂氏春秋·有始覽》 何謂九野？中央曰鈞天，其星角、亢、氐。東方曰蒼天，其星房、心、尾。東北曰變天，其星箕、斗、牽牛。北方曰玄天，其星婺女、虛、危、營室。西北曰幽天，其星東壁、奎、婁。西方曰顥天，其星胃、昴、畢。西南曰朱天，其星觜巂、參、東井。南方曰炎天，其星輿鬼、柳、七星。東南曰陽天，其星張、翼、軫。

漢·劉向《說苑》卷一八《辨物》 天之五星運氣於五行，其初猶發於陰陽，而化極萬一千五百二十。所謂二十八星者：東方曰角、亢、氐、房、心、尾、箕，北方曰斗、牛、須女、虛、危、營室、東壁，西方曰奎、婁、胃、昴、畢、觜、參，南方曰東井、輿鬼、柳、七星、張、翼、軫。所謂宿者，日月五星之所宿也。其在宿運外內者，以宮名別，其根荄皆發於地而華形於天。

漢·王充《論衡》卷五《感虛篇》 星之在天也，爲日月舍，猶地有郵亭，爲長吏廨也。二十八舍有分度，一舍十度，或增或減。言日反三舍，乃三十度也。日，日行一度，一麾之間，反三十日時所在度也？如謂舍爲度，三度亦三日行也，一麾之間，令日卻三日也？

漢·王充《論衡》卷十一《談天篇》 儒者曰：「天，氣也，故其去人不遠。人有是非，陰爲德害，天輒知之，又輒應之，近人之效也。」如實論之，天，體，非氣也。人生於天，何嫌天無氣？猶有體在上，與人相遠。秘傳或言：「天之離天下，六萬餘里。」數家計之，三百六十五度一周天。下有周度，高有里數。如天審氣，氣如雲煙，安得里度？又以二十八宿效之，二十八宿爲日月舍，猶地有郵亭爲長吏廨矣。郵亭著地，亦如星舍著天也。案附書著：天有形體，所據不虛。猶此考之，則無恍惚，明矣。

漢·許慎《說文解字·宀部》 宿，止也。

漢·劉熙《釋名》卷一《釋天》 宿，宿也，星各止宿其處也。

宋·沈括《夢溪筆談》卷七 予編校昭文書時，預詳定渾天儀。官長問予：「二十八宿，多者三十三度，少者止一度，如此不均，何也？」予對曰：「天事本無度，推曆者無以寓其數，乃以日所行分天爲三百六十五度有奇。既分之，必有物記之，然後可窺而數，於是以當度之星記之。循黃道，日之所行一朞，當者止二十八宿而已。今所謂『距度星』者是也。非不欲均也，黃道所由當度之星，止有此而已。

明·陳耀文《天中記》卷二 宿字解，《釋名》云：宿，宿也。言星各止住其所也。《說苑·辨物篇》曰：二十八星所謂宿者，日月五星之所宿也。王充《論衡》云：二十八宿爲日月舍猶地有郵亭，爲長吏廨矣。《晉天文志》云：四布於方各七爲二十八舍，觀此數公則宿止。當讀如本音《吳都賦》窮飛走之棲宿，葉披重霄而高。狩借韻耳，未可固執宿爲秀音也，《史記律書》註正義秀肅二音。

論說

《呂氏春秋·季春紀》 日夜一周，圜道也。月躔二十八宿，軫與角屬，圜道也。

漢·孔安國傳、唐·孔穎達疏《尚書注疏》卷二《堯典》 曆象日月星辰，敬授人時。孔傳：星，四方中星。辰，日月所會。孔穎達疏：「星，四方中星」者，二十八宿，布在四方，隨天轉運，更互在南方，每月各有中者。《月令》每月昏旦，惟舉一星之中，若使每日視之，即諸宿每日昏旦莫不常中，中則人皆見之，故以中星表宿，「四方中星」總謂二十八宿也。或以《書傳》云「主春者張，昏中，可以種穀。主夏者火，昏中，可以種黍。主秋者虛，昏中，可以種麥。主冬者昴，昏中，可以收斂。皆云上告天子，下賦臣人。天子南面而視四方星之中，知人緩急，故曰敬授人時」，謂此「四方中星」如《書》傳之說。孔于虛昴諸星本無取中之事，用《書傳》爲孔說非其旨矣。「辰，日月所會」者，昭七年《左傳》士文伯對晉侯之辭也。日行遲，月行疾，每月之朔月行及日而與之會，其必在宿。分二十八宿，是日月所會之處。辰，時也，集會有時，故謂之辰。「日月所會」與「四方中星」俱是二十八宿。舉其人目所見，以星言之。論其日月所會，以辰言之，其實一物，故星、辰共文。《益稷》稱古人之象，日月星辰共爲一象，由其實同故也。日月與星，天之三光。四時變化，以此爲政。故命羲和，令以算術推步，累曆其所行，法象其所在，具有分數節候，參差不等，敬記此天時以爲曆而授人。此言星辰共爲一物。《周禮·大宗伯》云：「實柴祀日月星辰。」鄭玄云「星謂五緯，辰謂日月所會十二次」者，以星、辰爲二者。五緯與二十八宿俱是天星，天之神祇，禮無不祭，故鄭玄隨事而分之。以此「敬授人時」無取五緯之義，故鄭玄於此注亦以星、辰爲一，觀文爲說也。然則五星與日月皆别行，不與二十八宿同爲不動也。

漢·京房《京氏易傳》卷上　乾上乾下　乾：參宿從位起壬戌

巽下乾上　姤：井宿從位入辛丑

艮下乾上　遯：鬼宿入位降丙辰

坤下乾上　否：柳宿從位降乙卯

坤下巽上　觀：星宿從位降辛未

坤下艮上　剥：張宿從位降丙子

坤下離上　晉：翼宿從位降己酉金

乾下離上　大有：軫宿從位降甲辰

震上震下　震：角宿從位降庚戌土

坤下震上　豫：亢宿從位降乙未土

坎下震上　解：氐宿從位降戊辰

巽下震上　恒：房宿從位降辛酉

巽下坤上　升：心宿入位降癸丑

巽下坎上　井：尾宿從位降戊戌

巽下兑上　大過：箕宿從位降丁亥

震下兑上　隨：斗宿從位降庚辰

坎上坎下　坎：牛宿從位降戊子（二十八宿，從位八卦，週而復始。）

兑下坎上　節：女宿從位降丁巳

震下坎上　屯：虚宿從位降庚寅

離下坎上　既濟：危宿從位降己亥

離下兑上　革：室宿從位降丁亥

離下震上　豐：壁宿從位降庚申

離下坤上　明夷：奎宿從位降癸丑

坎下坤上　師：婁宿從位降戊午

艮下艮上　艮：胃宿從位降丙寅

離下艮上　賁：昴宿從位降己卯

乾下艮上　大畜：畢宿從位降甲寅

兑下艮上　損：觜宿從位降丁丑

兑下離上　睽：參宿從位降丁未土

兑下乾上　履：井宿從位降戊寅

兑下巽上　中孚：翼宿從位降乙巳

艮下巽上　漸：柳宿從位降丙申

漢·京房《京氏易傳》卷中　坤下坤上　坤：星宿從位降戊申

震下坤上　復：張宿從位降癸亥

兑下坤上　臨：翼宿從位降庚午

乾下坤上　泰：軫宿從位降丁丑土

乾下震上　大壯：角宿從位降庚午

乾下兑上　夬：亢宿從位降丁酉

乾下坎上　需：氐宿從位降戊申

坤下坎上　比：房宿從位降乙卯

巽下巽上　巽：心宿從位降辛卯

乾下巽上　小畜：尾宿從位降甲子

離下巽上　家人：箕宿從位降己丑

震下巽上　益：斗宿從位降庚辰

震下乾上　無妄：牛宿從位降壬午

震下離上　噬嗑：女宿從位降己未土

震下艮上　頤：虚宿從位降丙戌土

巽下艮上　蠱：危宿從位降辛酉金

離下離上　離：室宿從位降己巳火

艮下離上　旅：壁宿從位降丙辰

巽下離上　鼎：奎宿從位降辛亥水
坎下離上　未濟：婁宿從位降戊午火
坎下艮上　蒙：胃宿從位降丙戌土
坎下巽上　渙：昴宿從位降辛巳火
坎下乾上　訟：畢宿從位降壬午火
離下乾上　同人：觜宿從位降己亥水
兑下兑上　兑：參宿從位降丁未土
坎下兑上　困：井宿從位降戊寅
艮下兑上　咸：柳宿從位降丙申
坤下兑上　萃：翼宿從位降乙巳
艮下坎上　蹇：星宿從位降戊申
艮下坤上　謙：張宿從位降癸亥
艮下震上　小過：翼宿從位降庚午
兑下震上　歸妹：軫宿從位降丁丑土

三國・支謙、竺律炎《摩登伽經》卷上《説星圖品第五》　爾時蓮華實問帝勝伽，仁者豈知占星事不。帝勝伽言：大婆羅門過此秘要，吾尚通達，況斯小事而不知耶？汝當善問，吾今宣説。星紀雖多，要者其唯二十有八，一名昴宿，二名爲畢，三名爲觜，四名爲參，五名爲井，六名爲鬼，七名爲柳，八名爲星，九名爲張，第十名翼，十一名軫，十二名角，十三名亢，十四名氐，十五名房，十六名心，十七名尾，十八名箕，十九名斗，二十名牛，二十一女，二十二虚，二十三危，二十四室，二十五壁，二十六奎，二十七婁，二十八胃，如是名爲二十八宿。蓮華實言：如此宿者，爲有幾星？形貌何類？爲復幾時，與月共俱？其所祭祀，爲用何等？何神主之？有何等姓？唯願仁者重爲分別。帝勝伽言：若欲聞者，歸聽當説。昴有六星，形如散花，於十二時與月俱行。祭則用酪，火神主之，姓毘舍延。畢有五星，形如飛雁。於一日半與月共行。麞肉以祭。屬於梵王，姓婆羅婆。觜有三星，形如鹿首。於一日中與月共俱。以果爲祭。屬於月神，即姓鹿氏。參有一星，一日及月須，酥以祭。係在日神，姓則安氏。井有二星，形如人步，唯於一日與月而俱。祭必用蜜，屬乎歲星，亦姓安氏。鬼有三星，形如畫瓶，一日與月而共同遊。祭以桃花，屬乎歲星，姓烏波若。柳宿一星，半日共月不相捨離。祭之用乳，屬於龍神，因姓龍氏。有此七宿，在於東方。其七星者，五則顯現，二星隱没，形如河曲，一日及月，胡麻祭之，屬於鬼神，姓實伽羅。張宿二星，亦如人步，於一日中，與月俱行，以果用祭，其姓善氏，即屬善神。翼有二星，形如人步，於一日半共月而行。鮫魚祭之。屬婆伽神，姓憍尸迦。軫宿五星，形如人手。一日一夜共月俱行。稗穀祭之。姓奢摩延，屬咀吒神。角有一星，一日及月，以花爲祭，屬咀吒神，姓質多延。亢宿一星，酥麥祭之，一日及月。屬咀吒神，姓曰赤氏。氐宿二星，形如羊角，於一日半共月俱行。以花用祭，屬乎火神，姓桑遮延。有此七宿，在於南方。房宿四星，形類珠貫，一日一夜與月共俱。酒肉爲祭。係於親神，姓阿藍婆。心宿三星，其形如鳥。一日及月，粳米祭之。屬天地神，姓迦旃延。尾有七星，其形如蝎，一日一夜與月共俱。果以祭之。屬沙陀神，姓迦旃延。箕宿四星，形如牛步。一日一夜而與月俱。尼俱陀果，以用爲祭。屬於水神，姓迦旃延。斗有四星，形如象步。於一日半與月同行。桃花祭之。屬凶惡神。姓伽羅延。牛宿三星，形如牛首。一時與月而共同行。不須祭祀。屬於梵天，姓於梵氏。女有三星，形如穬麥。一日一夜共月而行。鳥肉用祀。屬毘紐神，姓迦旃延。有斯七宿，在於西方。虚有四星，形如飛鳥。一日一夜共月而俱。豆糜爲祭。屬婆藪神，姓憍陳如。危宿一星，一日及月。粳米爲祭。屬于水神，姓單荼延。室有二星，形如人步，一日一夜與月共行。血肉祠祀。其宿屬在富單那神，姓闍那。壁宿二星，形如人步。一日一夜及月而行。以肉祭之。屬於善神，姓陀闍延。奎一大星，自餘小者，爲之輔翼，形如半珪。一日一夜共月而行。酪飯以祭。屬富沙神，姓八姝氏。婁宿三星，形如鳥首。一日一夜共月俱行。乳糜用祭。胃有三星，形如鼎足。一日一夜共月而俱。胡麻爲祭。屬於閻神，共姓拔伽。有此七星，在於北方。大婆羅門，我已廣説二十八宿。然此宿中，右於六宿，一日一夜共月俱行。所謂畢、井、氐、翼、斗、壁之等，復有五宿但於一日共月而俱，一參、二柳、三箕、四心，五者名危。唯有牛宿半日及月，自餘盡皆一日一夜共月而行。東方七宿，初起於昴；南方七宿，初起七星；西方七宿，初起於房；北方七宿，初起於虚。又，此宿中七宿最勝：張、室、氐、箕、房、井及亢；三宿凶惡：參、柳、與胃；四宿和善：翼、斗、壁、畢；五宿柔弱：女、虚、危、心。第五名尾。五宿常定：一觜，二角，三名七星，四者爲柳，五者名牛。四宿速疾：昴、觜、婁、鬼。而此諸宿，共月合行，凡有三種：一在月前，二在月後，三共月俱。今當爲汝復説七曜。日月、熒惑、歲星、鎮星、太白、辰星，是名爲七，羅睺彗星通則爲九。如是等名，占星等事，汝宜應當深諦觀察。

唐・佚名《星占》　天市北二里，同施北星。天倉二星居南，一星北居。熒惑守天倉，大飢。熒惑入广，米貴。太白及五星入天市，有兵荒。赤氣入天市，憂，水。南斗違六星，天關也。又有司空六星，在違東北。歲星守天關，有水灾，米貴，民飢，地氣發泄，多病死。太白違久留，地氣泄，萬物不成。辰星守違，米貴民飢。織女三星，天女也。一星亡，兵起。熒惑守其女久留，十年兵息。客星守天女，布帛貴。向鼓三星，三將軍也。星動摇，兵起。五星守向鼓，兵起。包瓜五星在鼓東，星欲明，歲咸熟。客星守之，魚鹽貴。離珠五星在向鼓北，離珠之南方者，大旱。離珠之北方，大水，米貴。鈎陳九星，天將四星，天津九星，熒惑守津，大亂大旱。螣蛇廿五星守，水灾。閣道六星，熒惑守之，兵起，王不直，天下道不通。造父五星，客星守之，兵起。天廏七星在大陵西南。天厨六星，客星守天厨，大飢。傳舍九星，客星守之，兵報。紀漢八星，客星守之，天下九州各異政。天大將軍十一星，左石處向十星，星有不直，天下道不通。大陵八星，天船九星，在大陵北。卷舌六星，在大陵東。大陵一名積尸，一名積京，一名積水，在星北漢中。大陵曲而北向，卷舌曲而南向，背爲北狄。大陵卷舌左右星不欲繁，繁多，天下悉爲國口舌妄言，民疾病，兵起，死人如亂麻。星希少，國安。月及五星客星入大陵中，皆有水旱兵亂。天高四星，天衡二星，太白守之，兵起，道塞。天關一星，太白守，民多死；熒惑守之，兵起。五車五星，其中三柱各三星，合十四星，在柳北大陵東，歲星守之，人飢兵起，月暈五星，有赦。熒惑入五車，大旱，兵起，米貴。旬始象有喙見者，即兵起。咸池三星，南向三星，北向三星，一名南北界，日月五星之道。咸池一名五潢，一名天津，在車中。太白犯咸池，水灾，有兵起百萬衆以上。五星犯守咸池，此有殃，大飢荒，有攻，南爲權，北爲衡。月五星犯守，此有兵荒水旱。酒旗三星，勵石四星，水府四星，水位四星，外官占庫樓十星，五柱三星，合十三星，在軫角南。又衡四星，什庫天庫也，在軫南角間。又有五車三星，不見，兵起。歲星守天庫，兵起，米貴，人亂。騎官北星，積卒二星，在房，星守之，兵起。天黿五星，鼈十四星，熒惑守之，水旱。巨魚星在翼間，客守之，魚鹽貴。蒙星，一名江星。忽不明，如雲非雲，江星中向而居者，天下道路通。當夜居河邊，邊若中而動者，兵起。江中漢中而明，動摇者，兵起，如流沙，死人如亂麻。魚星，旗也。中河而居。大而不明，即陰陽調和。若動摇者，即水暴出，熒惑守之，在南爲旱，在北爲水。天泉十星一名天海，客星及五星守之，水出河決。熒惑守之，水旱凶燋。天雞三星，熒惑守之，兵起。更正。【略】羽林西南有一大赤星，名地落，一名天軍。熒惑入天門，兵弱不可用，殘。以上五星入羽林中，兵起。太白與熒惑入羽林，吴楚反□。天倉六星，天廩四星，天積五星，在婁，胃之南。天倉星衆盛久，廩聚；若希少則廩散，天下亂。五星犯，天兵起，米貴。久守，天下大飢，人相食。天苑十六星在畢南，九州九星亦在畢南，當十一月直之。率一星不直，一國凶；三以上不直，天下有兵。金火守之，九州兵。九游九星金火守之，兵起。天節八星，去井四星，軍井四星。天玉井在參右足下。參左足入玉井中，兵起。參左足不遠出玉外，虚爲害。火星若守玉井，歲多水。五星及客星入天節中，米大貴，人相食。天矢星去屏星可天。當以秋分候之矢亡，天下凶。狼一星，狐九星，在參伐東，天弓也，主盜賊。弓射狼，矢直狼者，無盜賊。五星犯守狼，兵起，狼黄吉。八魁九星，近羽林。客星守之，兵起尤急。軍市十三星在狼南。客星及五星守之，大飢。老人一星，一名南極大人，在狼弧下。當以秋分候之，出則兵起凶荒。天柱六星，天廟十四星，貴兵七星，土司空一星，巫咸玉土，司空四星，近青丘，在軫南。五星犯司空，天下男不得耕，女不得織。【略】占：列宿變，五星逆順，犯者守國分野。角主兵，動者兵起。亢主疾，動，人多病。氐主徭役，動者人役苦。房主財寶，動者財散。心主憂，兵起。牛主犧牲，動者牛疫。女主嫁娶，虚主喪，動者國有大喪。危主架屋，動者有坳。室主室館，動者造宫，軍出乏糧。壁主兵，動者簡術久章。(金)〔奎〕主溝，動主水災天下。婁主聚衆，動即衆聚。胃主糧食，動者輸運。昂主白衣會，動者胡兵起。婁、畢主邊兵，動者邊兵起。(角)〔觜〕主保振，動者人飢。參主斬伐，動者斬刈。井主津梁，動者修，梁亦大水。鬼主積聚，動者賊動。柳主天厨，動者賞宴，星衣主裳，亦主兵，動者則兵起。張主賞賜，動者賞賜。翼主倡樂。軫主車騎，動則車騎行。凡廿八宿各有州郡分野，水旱之災皆相應。故旱候其國火動，而水其國水星皆黑。廿八宿合星色有變，必與五星相應。歲星變色，木星皆應之。鎮星變，土星皆應之。太白變色，金星此應之，鎮星皆然。五星逆守，廿八宿皆有禍。芒角犯陵者，禍成。凡四時，春夏東南則爲前，西北爲後；秋冬西北爲前，東南爲後。春北方爲左，南方爲右。四方左右皆如此。【略】日月五星行兩角間，亢卯置五外。行房中央間，行尾内十八尺，箕内十二尺，行斗柄一尺，行斗間須女分四尺，行虚外六尺，行危外十三尺，室外十六尺，行壁外五尺，行奎外十三尺，行婁外九尺，行胃外十一尺，行昂外十五尺，行畢左角，行觜内八尺，行參内十八尺，又行度東井中，行鬼外十四尺，行柳内九尺，行七星内十五尺，行張内十八尺，行翼内十六尺，行軫内十三尺。行此皆日月五星之正道也。【略】角亢氐，鄭兖州東郡入角一度，陳留入亢六度，太白入角十二度，濟北入亢一度，山陽入角六度，濟陰入氐一度，東平入氐十度。房心，宋豫州潁川入房一度，汝陰入房二度，沛郡入房四度，梁國入房一度，魯國入心三度。尾箕，燕出上谷入尾一度，温陽入尾三度，右北牙入尾七度，遼東入尾□度，涿郡入尾□度，渤海入箕一度，樂浪入箕三度，玄免入箕六度，廣陽入箕九度。斗牛女，吴越揚州，九江入斗一度，盧江入斗六度，豫章入斗十度，丹陽入□十六度，廣陵入斗六度，會稽入斗廿一度，臨淮入斗四度，海西入女一度。虚危，青州齊入虚六度，東萊入危九度，五原入危十度。室壁，衛并州安定入室一度，隴西入室四度，酒泉入室七度，天水入室八度，張掖入室十度，武都入壁四度，金城壁六度，武威入壁六度。奎婁胃，魯徐州東海入奎一度，瑯琊入奎六度，高密入婁一度，城陽入婁九度，膠東入胃一度。昴畢，魏冀州魏郡入昴一度，鉅鹿入昴三度，常山入昴五度，廣平入昴七度，清河入昴九度，中山入畢一度，安平入畢四度，趙入畢八度，河間入畢十度。觜參，趙益州廣漢入觜一度，越嶲入觜三度，蜀郡入參一度，犍爲入參三度，牂牁入參五度，巴郡入參九度，漢中入參九度，益州國入參十度。井鬼，秦雍州雲中入井一度，定襄入井八度，太原入井九度，鴈門入井十六度，上黨入鬼二度。柳星張，周同州三河弘農入一度，河南入星三度，河東入張一度，河内入張九度。翼軫，楚京州南陽入翼一度，南郡入翼十度，江夏入翼十度，零陵入軫一度；桂陽入軫一度，桂陽入軫六度，武陵入軫十度，長沙入軫十六度。【略】

角二星十二度距左角星，去極九十一度半，鄭之分。

亢四星九度距西南二星，去極八十九度，鄭之分。

氐四星十五度距西南星，去極九十四度，宋之分。

房四星鈎鈐二星五度距西南第二星，去極一百八度，宋之分。

心三星五度距前第一星，去極一百八度半，宋之分。

尾九星十八度距本第三星，去極一百廿度，燕之分。

箕四星十一度距西北星，去極一百一十八度，燕之分。

右東方青龍七宿州二星七十五度。

南斗六星廿六度四分之一距魁第四星，去極一百一十六度，吴之分。

牽牛六星八度距中央大星，去極一百六度，吴之分。

須女四星十二度距西南星，去極一百六度，越之分。

虚星二十度距南星，去極一百四度，齊之分。

危三星墳墓四星十七度距西南星，去極九十度，齊之分。

營室二星離宮六星十六度距南星，去極八十五度，漸之分。

東壁二星九度距南星，去極八十六度，漸之分。

右北方玄武七星州五星九十八度四分之一。

奎十六星十六度距西南大星，去極七十度，魯之分。

婁三星十二度距中央星，去極八十度，魯之分。

胃三星十四度距西南星，去極七十二度，趙之分。

昴七星十一度距西南第一星，去極七十四度，趙之分。

畢八星附耳一星十六度距左腹第一星，去極七十八度，趙之分。

觜觽三星二度距西南星，去極八十四度，晋之分。

參十星九度距中央西星，去極九十四度，晋魏之分。

右西方白虎七宿五十一星八十度。

東井八星鉞一星卅三度距南轅西頭第一星，去極七十度，秦之分。

興鬼五星四度距西南星，去極六十八度，秦之分。

柳八星十五度距西頭第三星，去極七十七度，周之分。

七星七度距中央大星，去極九十七度，周之分。

張六星十八度距應前第一星，去極九十七度，周之分。

翼廿二星十八度距中央西大星，去極九十九度，楚之分。

軫四星長沙一星轄二星十二度距西南星，去極九十八度，楚之分。

右南方朱鳥七宿六十四星一百一十二度，合廿八宿一百八十二星周天三百六十五度四分度之一，計一度有二千九百卅二里七十五步三尺六寸四分太半，總有一百七萬一千五百五十里九百四尺六寸六分之二。

自天皇已來至武德四年二百七十六萬一千一百八歲，攝提六星夾太角，大角一星攝提間，梗河三星大角北，招摇一星梗河北，七公七星招摇東，貫索九星七公前，天紀九星貫索東，織女三星天紀星東端，天市垣廿二星房心東北，帝坐一星在天市中，候一星帝坐東北，官者四星帝坐西，斗五星官者西南，宗正二星帝坐東南，宗人四星宗正東北，宗星二星宗人北，東咸四星房東北，西咸四星房西北，天江四星在尾北，建星六星南斗北，天弁九星達星北，河鼓三星鼓旗九星，凡十二星，牽牛北。離珠五星須女北，匏瓜五星離珠北，天津九星在匏瓜北河中，螣蛇廿二星營室北，王良五星在奎北河中，閣道六星王良東北，卷舌六星在昴北，五車五星三桂九星，凡十四星，在畢東北。天開一星五車南參西北，南河北河六星夾東北，五諸侯五星東井北近北河，積水一星北河西星北，積薪一星積水東南，水位四星東井北列，軒轅十七星七星北，少微四星太微西南北列，太微十星翼軫北，黄帝坐一星太微中，四帝四星夾黄帝坐，屏四星帝坐南近，即位十五星帝坐東北，即將一星即位東北，常陳七星如畢狀帝坐北，三台六星兩兩而居起文昌，列大微。相一星北斗南，太陽守一星相星西北，北極五星鈎陳六星，皆在紫微宫中。天一星紫微宫門外，右星南。太一星天一南相近。

右石氏中官六十四坐，二百七十星赤。

庫樓十星五桂十五星，衡四星，在角南。南門二星庫樓南，平星二星庫樓北，騎官廿七星在氐南，積卒十二星房心南，龜五星在尾南，傳説一星在尾後，魚星在尾後河中，杵三星在箕南，鼈十四星在斗南，九坎九星牽牛南，敗臼四星虚危南北，落師門一星羽林西南，羽林四十五星，壘壁陳十二星，凡五十七星室壁南，北洛師門星羽林，西南。土司空一星在奎南，天倉六星在婁南，天囷十三星在胃南，天廩四星在昴南，天苑十六星昴畢南，參旗九星在參西一名，天弓。玉井四星在參左足下，屏二星玉井南，廁四星在屏東，天矢一星在廁南，軍市十三星參東南，野雞一星軍市中，狼一星參東南，弧九星狼東南，老人一星在孤南，稷五星七星南。

右石氏外官三十坐凡二百五十七星，合廿八宿及中外官一百廿一坐，八百九星赤。

又 青丘七星在軫東南，折威七星在亢南，陳車七星在氐南，騎陣將軍一星，騎官中東端。車騎三星騎官南，康一星冥舌前，農丈人一星南斗西南，狗二星南斗魁前，狗國四星建星東南，天田九星牽牛南，哭二星在虚南，泣二星在哭東，蓋屋二星在危南，八魁九星北洛東南，雷電六星營室西南，雲雨四星霹靂南，霹靂五星土公西南，土公二星東壁南，土公吏二星營室西南，鈇鑕五星天倉西南，天溷七星外屏南，外屏七星在奎南，天庾三星天倉東南，芻稾六星天苑西天園十三星天苑南，九州殊口九星天節下，天節八星在畢附耳南，九游九星玉井西南，軍井四星玉井東南，水府四星東井南，四瀆四星東井南轅東，開兵一星南河南，天狗七星狼東北，丈人二星軍市西南，子二星丈人東，孫二星在子東，天社六星在孤南，天紀一星外厨南，外厨六星在柳南，天廟十四星在張南，東區五星在翼南，器府卅二星在軫南。

右甘氏外官卅二坐二百卅星，合中官一百一十八坐，五百一十一星黑。

又 土司空四星軍門南，陽門二星庫婁北，頓頑二星折威東南，從官二星房，星東之北列。天福二星房星東之西列，揵閑一星房東北，罰三星東咸西南北列，列肆二星，天市中角天星西北。鈎九星如鈎狀造父東南，天桴四星河鼓右旗南北列，天籥八星南斗柄第一星西。天攙十星在鼈東南，九坎間一名三攙，齊一星九坎東行星北，趙一星在齊北，鄭一星在趙北，越一星在鄭北，周二星在越東，秦二星在周東南北列，伐二星在秦南，晉一星在伐西，韓一星在晉北，魏一星在韓北，楚一星在魏西，燕一星在楚南，離榆三星秦代東南北列，天壘城十三星，如貫索，哭泣南。虚眾四星在花南，天錢十星北洛西北，天網一星北洛西南，鈇鑕三星八魁西北，天廄十星東壁北，天陰五星畢柄西，右巫咸中外發卅四坐，一百卅四星黄。

清・薛鳳祚《曆學會通》 二十八宿距度自漢《太初曆》以來，距度不同，互有損益。冲之曆則於度下餘分附以太半少，皆私意牽就，未嘗實測其數。今折儀首細刻周天度分，每度爲三十六分，以距綫代管窺，宿度餘分並依實測，不以私意牽就。

又 占今各宿度不同

恒星以黄道極爲極，故各宿距星行度與赤道極時近時遠。蓋行漸近極，即赤極所出過距星綫漸密，其本宿赤道弧則較小；漸遠極，即過距星綫漸疎，其本宿赤道弧則較大。此緣二道二極不同，故非距星有異行，亦非距星有易位也。如觜宿距星，古測距參二度或一度半度，又或五分。今測之，不啻無分，且侵入參宿二十四分。此非可證之一端乎？

又 參觜先後

黄道變易，實測觜居參後，此正法也。中法原以七宿分屬七政，觜火參水猶之尾火箕水室火壁水翼火軫水，非無義理者。此今宜仍用古法而參距移西第二星。

清・陳元龍《格致鏡原》卷二《乾象類二》 二十八宿

劉熙《釋名》：宿，宿也。言星各止住其所也。劉向《説苑》：二十八星所謂宿者，日月五星之所宿也。王充《論衡》：二十八宿爲日月舍，猶地有郵亭，爲長吏廨矣。邢昺《爾雅疏》：四方皆有七宿，各成一形。東方成龍形，西方成虎形，皆南首而北尾。南方成鳥形，北方成龜形，皆西首而東尾。《漢書・律曆志》：東方角、亢、氐、房、心、尾、箕，北方斗、牛、女、虛、危、室、壁，西方奎、婁、胃、昴、畢、觜、參，南方井、鬼、柳、星、張、翼、軫，宿凡二十八。石氏《星經》：東方蒼龍七宿，氐胸，房腹，箕所糞也。北方玄武七宿，斗有龍虵蟠結之象，牛蛇象，女龜象，虛危室壁皆龜蛇蟠虬之象。西方白虎七宿，奎象白虎，婁、胃、昴，虎三子也。畢象虎，觜參象璘，觜首參身也。南方朱鳥七宿，井首，鬼目，柳喙，星頸，張嗉，翼翮，軫尾。中宮黃龍爲軒轅首枕星，張尾掛柳，井體映三台。《晉天文志》：東方角二星爲天關。其間天門，其内天庭，黃道徑其中，七曜之所行。左角爲天田，主刑。右角爲將，主兵。亢四星，天子之内庭。氐四星，天子之宿。宮、房四星爲明堂，天子布政之宮也，亦四輔也。又有四表，中間爲天衢，爲天關，黃道之所經也。南間曰陰間，北間曰陰間。七曜由乎天衢，則天下和平，亦曰天駟，爲天馬，主車駕。亦曰天廄。又主開閉，爲蓄藏。又北小星爲鈎鈐，房之鈐鍵，天之管籥。明而近房，天下同心。心三星，天王正位也。中星曰明堂，天子位，爲大辰，主天下之賞罰。前星爲太子，後星爲庶子。尾九星，後宮之場，亦爲九子。色欲均明，小大相承，則後宮有叙。箕四星亦后妃之府，主八風。《天文志》：東宮蒼龍，左角理，右角將。大角者，天王爲坐廷。亢爲宗廟。《爾雅》：壽星，角亢也。注數起：角亢列宿之長，故曰壽星。疏：壽星之次，值角亢之宿也。《月令》：秋分日饗壽星於南郊。注：壽星，南極老人星也。《漢郊祀志》：高祖詔御史，其令天下立靈星祠。張晏注：龍星左角曰天田，則農祥也。杜佑《通典》：周制，仲秋之月祭靈星於國之東南。唐開元禮祀靈星於國城東南，天寶四載升爲中祀。《爾雅》：天根，氐也。郭注：角亢下繫於氐，若木之有根。邢疏：氐一名天根。《國語》：天根見而水涸。是也。《爾雅》：天駟，房也。郭注：龍爲天馬，故房四星謂之天駟。《國語》：農祥晨正，土乃脈發。韋昭注：農祥，房星也。《爾雅》：大辰，房心尾也。郭注：龍星明者，以爲時候，故曰大辰。邢疏：大辰者，房心尾之總名也。《左傳》：心爲大火。郭璞《爾雅注》：大火，心星也。在中最明，故時候主焉。《國語》曰：月會於龍豵。賈逵注：龍豵，尾也。《月令》：孟冬日在尾。《詩汎曆樞》：箕爲天口，主出氣。尾爲逃臣。賢者叛，十二諸侯列於庭。《讀書雜抄》：星有好風，星有好雨。《洪範注》止言箕好風，畢好雨。《月令・正義》乃謂按鄭注《洪範》，中央土氣爲風，東方木氣爲雨。箕屬東方木，木克土，尚妃之所好，故箕星好風。西方金氣爲陰，克東方木，木爲妃。畢屬西方尚妻之所好，故好雨也。《晉天文志》：北方南斗六星，天廟也。丞相、太宰之位，主褒賢進士，又主兵。牽牛六星，天之關梁，主犧牲事。須女四星，天小府也，主布帛。虛二星，三牽之臣也，主北方邑居、廟堂、祭祀、祝禱事。危三星，主天府。營室二星，天子之宮也，主功事。東壁二星，主文章，天下圖書之秘府。《爾雅》注：牽牛、斗者，日月五星之所終始，故謂之星紀。《春秋・運斗樞》：牽牛，神名略。《石氏星經》：牽牛名天關，春秋佐助期。織女，神名收陰。《博雅》：須女謂之婺女。《晉書》：織女東足四星曰漸臺，西足四星曰輦道。《實菴紀聞》：女星傍一小星名始影，婦女於夏至夜候而祭之。南並肩一星名瑄朗，男子於冬至夜候而祭之，得好智慧。《爾雅》：玄枵，虛也。顓頊之虛虛也，北陸虛也。郭注：虛在正北，北方黑色，枵之耗也，耗亦虛意。顓頊水德，位在北方。《邢疏》：玄枵，虛之次名也。以其色黑而虛耗，故名其次曰玄枵。北方三次以玄枵爲中，玄枵次有三宿，又虛在其中。虛星又謂之北陸。陸，中也。北方之宿，虛爲中也。虛也、玄枵也、顓頊之虛也、北陸也，虛星之名凡四。《毛詩鄭箋》：定星昏中而正，於是可以營制宮室，故謂之營室。《爾雅邢疏》：營室一名定。《博雅》：營室謂之豕韋。《爾雅》：娵訾之口，營室、東壁也。郭注：室壁二星，四方似口，因名。《晉天文志》：西方奎十六星，天之武庫也，主以兵禁暴。婁三星，主苑牧、犧牲、供給、郊祀。胃三星，天之廚藏，主倉廩，五穀府也。昴七星，天之耳也，主西方。昴畢間爲天街，黃道之所經。畢八星主邊兵、弋獵。觜觿三星爲三軍之侯。參十星，白獸之體，中三星主將。《爾雅》：降婁，奎婁也。郭注：奎爲溝瀆，故稱降。《邢疏》：大梁，昴之次名，又謂之西陸，別名旄頭。《爾雅》：濁謂之畢。《邢疏》：畢，西方之宿，一名濁。《史・天官書》：參爲白虎，其西有句曲九星，一曰天旗。《博雅》：參謂之實沉。《晉天文志》：南方東井八星，天之南門，黃道所經，主水。衡輿鬼五星，天目也，主視，明察姦謀。柳八星，天之廚宰。星七星，主衣裳、文繡。張六星，主珍寶，又主天廚。翼一十二星，天之樂府，主夷狄、遠客。軫四星，主冢宰、輔臣也。《博雅》：東井謂之鶉首，張謂之鶉尾，軫謂之鳥駕，輿鬼謂之天廟。《爾雅》：咮謂之柳。柳，鶉火也。《邢疏》南方七宿共爲朱鳥之形，柳星爲朱鳥之口，故名咮也。鶉火，柳之次名。鶉即朱鳥也。火屬南方行也，因名其次爲鶉火。《抱朴子》：軫星逐鬼，張星拘魂，東井還魄感精符。堯翼之精，星在南方；舜斗之精，星在中央；禹參之精，星在西方；湯虛之精，星在北方；文王房之精，星在東方。

清・梅文鼎《中西經星異同考》卷下　角宿

角二星，西外增五星。

平道二星。

天田二星，西外增二星。

進賢一星，西三星外增五星屬太微垣。

周鼎三星，西屬太微。

天門二星，西外增二星。

平星二星，西外增一星，一作屏星。

庫樓十星，西八星外增一星。

柱十五星，西九星。

衡四星，西一作平衡。

南門二星，西分一星屬亢。

馬腹古無，西三星，外增一星。

古歌

角　兩星南北正直著，中有平道上天田。
總是黑星兩相連，別有一烏名進賢。
平道右畔獨淵然，最上三星周鼎形。
角下天門左平星，雙雙横于庫樓上。
庫樓十星屈曲明，樓中柱有十五星。
三三相著如鼎形，其中四星別名衡。
南門樓外兩星横。

西歌

角宿兩星南最巨，中間平道黑星二。
左右九點無名星，天田二小角上對。
其頂正向摇光星，天門兩黑角下是。
平星兩白不甚平，庫樓七星展屏似。
樓内五小名平衡，樓間六小作三柱。
樓下馬腹三星明，南門小星當腹處。

亢宿

亢四星，西外增二星。

大角一星，西外增一星。

折威七星，西無。

右攝提三星，西四星。

左攝提三星，西外增一星。

頓頑二星，西作頓頑，分一星屬騎官。

陽門二星。

古歌

亢　四星恰似彎弓狀，大角一星直上明。
折威七個亢下横，大角左右攝提星。
三三相對如鼎形，折威下角頓頑星。
兩個斜安黄色精，頑西二星號陽門。
色若頓頑直下存。

西歌

亢宿四星兩端黑，左邊無名附兩粒。
亢下大角懸明珠，角上玄戈與斗直。
玄戈斜帶梗河三，惟有南星光欲滴。
角東四星左攝提，垂下一星芒熠熠。
角西四星右攝提，迤北第三獨異色。
角下四小曰亢池，形如方勝欹斜立。
亢下遥遥此頓頑，四星微逐陽門白。
庫樓東角右來侵，南門最明近南極。

氐宿

氐四星，西外增五星。

天乳一星，西列天市垣，作巴增星。

招摇一星，西外增一星。

梗河三星，西七星，外增五星，屬亢。

帝席三星，西無。

亢池六星，西四星，屬亢。

騎官二十七星，西十四星，内三車騎一頓頑。
陣車三星。
車騎三星，西入騎官。
天輻二星。
騎陣將軍一星。
古歌
氐 四星似斗側量米，天乳氐上一黑星。
世人不識稱無名，一箇招摇梗河上。
梗河横立三星狀，帝席三黑河之西。
亢池六星近攝提，氐下衆星騎官出。
騎官之衆二十七，三三相聚十欠一。
陣車氐下騎官次，騎官下三車騎位。
天輻兩星立騎傍，將軍陣裏振威霜。
西歌
氐宿四明側斗形，無名五點雜來侵。
上與七公明耀對，類公北有招摇星。
兩星上與玄戈友，下左復與貫索親。
索外無名多纍纍，直下正當天市秦。
氐下二小陣車是，天輻亦與車同輪。
平三平二皆車騎，一明二暗騎將軍。
房宿
房四星，西外增二星。
鍵閉一星。
鉤鈐二星，西一星。
罰三星，西一作伐。
西咸四星一名右咸池，西五星，外增三星。
東咸四星一名左咸池，西外增一星。
日一星，西外增一星。
從官二星。
古歌
房 四星直下主明堂，鍵閉一黄斜向上。
鉤鈐兩箇近其傍，罰有三星直鈐上。
兩咸夾罰似房狀，房下一星號爲日。
從官兩箇日下出。
西歌
諺傳夏夜有星象，儼如巨人冠進賢。
口鼻四星即房宿，二三頗明下闇然。
當頭一點鉤鈐是，鈐畔一微鍵閉言。
頭上雙星近者日，冠前曲四是西咸。
衝冠三闇稱爲伐，冠後四黑名東咸。
當腹兩點積卒是，稍前相似名從官。
心宿
心三星，西外增二星。
積卒十二星，西二星，屬房。
古歌
心 三星中央色最深，下有積卒共十二，三三相聚心下是。
西歌
更有心三最明顯，中巨旁微當背肩。
尾宿
尾九星，西外增一星。
龜五星，西四星。
天江四星，西五星，外增二星。
傳説一星，西作氣。
魚一星。
神宫一星。
古歌
尾 九星如鉤蒼龍尾，下頭五點號龜星。
尾上天江四横是，尾東一星名傳説。
傳説東畔一魚子，尾西一室是神宫。
所以列在后妃中。

西歌

接心是尾九點曲，卓如衣角飄風前。

神宫一星尾内坐，傳説獨立尾之尖。

天江六點當河隙，魚星一黑遊江邊。

龜星有五三署見，西去三星河外緣。

巨人側身向西北，其上正當天市垣。

箕宿

箕四星。

天舌二星，西無。

木杵三星，西二星，外增一星，屬尾。

糠粃一星。

古歌

箕　四星其狀似簸箕，天舌二星箕口是。

箕下三星木杵隨，箕前一點是糠粃。

明則歲豐暗爲饑。

西歌

箕星有四明相等，大口如箕正向西。

當前一點糠星黑，何年簸向河之湄。

北方玄武七宿。

斗宿

斗六星。

建星六星，西外增一星。

天弁九星。

鼈十四星，西十三星。

天雞二星，西外增一星。

天籥八星，西無。

狗國四星。

天淵十星，西圖以中六星作氣。

狗二星，西外增一星。

農丈人一星，西無。

古歌

斗　六星其狀如北斗，魁上建星六相守。

天弁建上三三九，斗下圓安十四星。

雖然名鼈貫索形，天雞建下雙黑星。

天籥柄前八黄精，狗國四方雞下生。

天淵十星鼈東邊，更有兩狗斗魁前。

農家丈人斗下眠，天淵十黄狗色元。

西歌

箕背六星名斗宿，北斗相方柄不如。

斗下曲圍十三點，形肖其名鼈似龜。

天淵四微鼈所向，狗國小方淵上圍。

國外雙鳥名曰狗，其傍相似立天雞。

斗背六星稱作建，下五微星若仰盂。

河中九點天弁斜，兩箸中高若髻堆。

牛宿

牛六星，西外增二星，内三星作氣。

天田九星，西無。

九坎九星，西四星，屬女。

河鼓三星，西四星，外增七星。

織女三星，西四星，外增一星，屬天市垣。

左旗九星，西十六星，外增七星。

右旗九星，西八星，外增二星。

天桴四星，西表無。

羅堰三星，西二星。

漸臺四星，西外增二星，屬天市垣。

輦道五星，西四星，屬天市垣。

波斯古無，西十一星，歌無。

古歌

牛　六星近在河岸頭，頭上雖然有兩角。

腹下從來欠一脚，牛下九黑是天田。

田下三三九坎連，牛上直建三河鼓。
鼓上三星號織女，左旗右旗各九星。
河鼓兩畔右邊明，更有四黄名天桴。
河鼓之下如連珠，羅堰三烏牛東居。
漸臺四星似口形，輦道東足連五丁。
輦道漸臺在河滸，欲得見時近織女。

西歌

牛宿六星大小半，一巨居中上下齊。
牛上三星是河鼓，中間一巨三之魁。
鼓下四星天桴卧，鼓傍各竪左右旗。
左旗曲七星皆小，右旗亦七三揚輝。
牛前二小名羅堰，堰上匏瓜四粒珠。
匏下五星名敗瓜，一粒等匏餘並微。
匏上跨河名天津，四明二小一更欹。
天津之下十三小，總屬無名不必疑。

女宿

女四星，亦曰婺女，西外增二星。

趙二星，西一星。

周二星，西一星。

秦二星，西一星。

代二星，西一星。

韓一星。

魏一星。

齊一星。

晉一星，西歌無。

楚一星。

燕一星。

鄭一星。

越一星。

離珠五星，西無。

匏瓜五星，西作匏瓜，屬牛。

敗瓜五星，西屬牛。

天津九星，西二十八星，外增五星屬牛。

奚仲四星，西七星，屬牛，歌無。

扶筐七星，西四星，外增一星，屬紫微垣。

平衡古無，西三星，表無。

古歌

女四星如箕主嫁娶，十二諸侯在下陳。
先從趙國向東論，東西兩周次二秦。
雍州南下雙雁門，代國向西一晉紳。
韓魏一齊晉北輪，楚之一國魏西屯。
楚城南畔獨燕軍，燕西一郡與齊隣。
齊北兩邑平原君，欲知鄭在越下存。
十六黄星細區分，五箇離珠女上星。
敗瓜之上匏瓜生，兩瓜各五匏瓜明。
天津九箇彈弓形，兩星入牛河中横。
四箇奚仲天津上，七箇仲側扶筐星。

西歌

女宿三微一稍白，非方非斜形不侔。
右方數起趙與越，周楚鄭齊燕一流。
並楚爲秦並周代，鄭星方在魏之頭。
魏韓相並望齊楚，十星皆晦此舒眸。
下爲九坎四可見，平衡三白微難求。
離瑜三點均且直，坎下四微散不收。

虚宿

虚二星。

司命二星。

司禄二星，西歌無。

司危二星，西一星。

司非二星。

哭二星，西屬危。
泣二星，西屬危。
天壘城十三星，西五星，外增二星。
敗臼四星，西二星。
離瑜三星，西二星，屬女。
古歌
虛 上下各一如連珠，命祿危非虛上呈。
虛危之下哭泣星，哭泣雙雙下壘城。
天壘團圓十三星，敗臼四星城下横。
臼西三箇離瑜明。
西歌
虛宿兩星南最明，南下圍三天壘城。
城下四方壁壘陣，五顆獨有四顆清。
壁陣東行十三點，彼端亦作小方形。
陣頭之下天錢繞，稀微四點圓難成。
錢下二箇名敗臼，臼下雙珠莫可名。
虛東一小名司命，司危司非虛上承。
人星只有三星確，六星車府射天津。
府上螣蛇六圍一，兩尾八星遥對分。
危宿
危三星，西外增一星。
人星五星，西四星，屬虛。
杵三星，西一星。
臼四星，西三星。
車府七星，西五星，外增三星，屬虛。
天鈎九星，西六星，屬紫微垣。
造父五星，西六星，屬紫微垣。
墳墓四星。
虛梁四星。
天錢十星，西屬虛。
蓋屋二星，西一星。
古歌
危 三星不直曲爲之，危上五黑號人星。
人左三四杵臼形，人上七烏號車府。
府上天鈎九黄精，鈎下五鴉字造父。
危下四星號墳墓，墓下四星斜虛梁。
十箇天錢梁下黄，墓傍兩星名蓋屋。
身著皂衣危下宿。
西歌
危宿三星若磬折，中間一點光微奪。
危下微光蓋屋名，屋西三星墳墓接。
三箇晦明各自異，四小虛梁墓左貼。
墓下雙烏哭泣臨，一同土公墳後歇。
壘壁十二南横遮，羽林軍士縱横列。
軍前統御有天網，北落師門光更烈。
危端臼杵四星懸，其南敗臼半邊缺。
室宿
室二星，西外增一星，一作營室。
離宫六星。
雷電六星，西外增一星，一作電霆。
壘壁陣十二星，西屬虛。
羽林軍四十五星，西二十六星，內三鈇鉞，屬危。
鈇鉞三星，西屬羽林軍。
北落師門一星，西屬危。
八魁九星，西無。
天網一星，西屬危，表無。
土公吏二星，西一星，歌無。
螣蛇二十二星，西十六星，外增一星，屬虛。
古歌
室 兩星上有離宫出，遶室三雙有六星。

下頭六箇雷電形，壘壁陣次十二星。
十二兩頭大似升，陣下分佈羽林軍。
四十五卒三爲羣，東西兩下多難論。
仔細歷歷看區分，三粒黄金名鈇鉞。
一顆珍珠北落門，門東八魁九箇子。
門西一宿天綱是，電傍兩黑土公吏。
螣蛇室上二十二。

西歌

室宿兩箇光耀同，無名一箇頂上冲。
室傍雙星共三座，或小或大皆離宫。
雷霆六星惟右大，霹靂曲五半朦朧。
雲雨平方四點小，鈇鉞三小羽林中。
上頭直與螣蛇接，其下復與火鳥逢。

壁宿

壁二星，一作東壁，西外增三星。
霹靂五星，西外增二星。
雲雨四星，西屬室。
天廄十星，西三星。
鈇鑕五星，西七星，屬奎。
土公二星，西三星。
火烏古無，西十星，表作火鳥。

古歌

壁　兩星下頭是霹靂，霹靂五星横著行。
雲雨次之口四方，壁上天廄十圓黄。
鈇鑕五星羽林傍，土公兩黑壁下藏。

西歌

壁宿二明與室似，其上三星團天廄。
廄上一顆附路稱，其中正與王良對。
陣上雙烏有土公，火烏十星兩翼細。

西方白虎七宿

奎宿

奎十六星，西二十一星，外增四星。
外屏七星，西外增二星。
天溷七星，西四星。
土司空一星，西二星。
軍南門一星，西屬婁。
閣道六星，西九星，外增二星，屬紫微垣。
附路一星，西屬紫微垣。
王良五星，西六星，屬紫微垣。
策一星，西外增一星，屬紫微垣。
水委古無，西三星。

古歌

奎　腰細頭尖似破鞋，一十六星繞鞋生。
外屏七烏奎下横，屏下七箇天溷成。
司空右畔土之精，奎上一宿軍南門。
河中六個閣道形，附路一星道傍明。
五箇吐花王良星，良星近上一策名。
天策天溷與外屏，一十五星皆不明。

西歌

奎宿十六連勝形，東北一星芒獨異。
奎尖上與閣道通，奎下七星外屏樹。
屏間五點不甚明，兩箇揚輝屏盡處。
六箇天倉曲繞屏，天溷四黑倉右附。
溷下一明土司空，鈇鑕五小倉前地。
水委三星南極横，其左一星最明巨。

婁宿

婁三星，西五星，外增三星。
左更五星，西六星，外增一星。
右更五星。
天倉六星，西十八星，外增一星，屬奎。

天庾三星。
大將軍十一星，西作天大將軍，十九星，外增三星。
古歌
婁　三星不勻近一頭，左更右更烏夾婁。
天倉六箇婁下頭，天庾三星倉東脚。
婁上十一將軍侯。
西歌
婁三不均光甚均，上疎下密雜星臨。
右更左更各五點，並若懸弧兩翼分。
當頭數點弦弧似，其名總曰天將軍。
弧中一派光殊顯，弧背一黑軍南門。
天庾三點天倉下，芻藁六星左獨明。
胃宿
胃三星，西外增二星。
天廩四星，西七星，外增一星。
天囷十三星，西十七星。
大陵八星，西十五星，外增三星。
天船九星，西十一星，外增三星。
積尸一星。
積水一星。
古歌
胃　三星鼎足河之次，天廩左下斜四丁。
廩西十三天囷名，胃上一鉤八大陵。
九箇天船陵上生，兩星背貼一般形。
積尸積水各中心。
西歌
胃宿三星聚一隅，無名兩點胃之餘。
胃下左更四點小，更西天廩四星殊。
天囷十三圜乙狀，右下三星光頗殊。
曲環十六當天苑，北顯南微正背西。
更有天囷十三點，東經五小勢尤奇。
大陵繞八中更朗，當陵之中名積尸。
天船十七與陵背，船中積水看欲無。
昴宿
昴七星。
河一星，西作天阿。
月一星。
太陰五星，西作天陰。
芻藁六星，西分四星入天苑屬婁。
天苑十六星，西三十四星外增五星屬胃。
卷舌六星，西九星外增二星。
天讒一星。
礪石四星，西外增一星。
古歌
昴　七星一聚實不少，河西月東各一星。
河下太陰五黃精，陰下六烏芻藁營。
營南十六天苑形，河裏六星名卷舌。
舌中黑點天讒星，礪石舌旁斜四丁。
西歌
昴宿七星天讒下，亂落圓珠一簇奇。
其上六箇垂卷舌，天讒一點舌尖居。
天阿點附天陰上，天陰五星皆隱微。
昴東孤月光如晦，礪石四小拱舌疲。
廩囷積米堪飽胃，讒阿西去致橫屍。
畢宿
畢八星。
附耳一星。
天街二星，西外增一星。
天節八星，西十一星，外增一星。
諸正六星，西八星，外增一星。

天高四星，西外增一星。
九州殊域九星，西作九州，七星，外增二星。
五車五星，西十一星，外增六星。
柱九星，西作西柱三星，東柱三星，南柱三星。
天潢五星。
咸池三星，西無。
天關一星，西二星，外增二星。
參旗九星，西十一星，外增一星。
九斿九星，西八星。
天園十三星，西屬胃。
古歌
畢　恰似丫義八星出，附耳畢股一星光。
天街兩星畢背旁，天節耳下八烏幢。
畢上横列六諸王，王下四皂天高星。
節下團圓九州城，畢口斜對五車口。
東西三柱任縱横，車中五箇天潢精。
潢畔咸池三黑星，天關一星車脚邊。
參旗九箇參車間，旗下直建九斿連。
斿下十三烏天園，九斿天園參脚邊。
西歌
畢宿八星如小網，左角一珠光獨朗。
珠邊一顆名附耳，天節九小畢居上。
九州殊域畢之南，團圓七點依稀像。
畢上天街三箇斜，街上五車截河往。
五車皆明右最巨，天潢五星小中放。
潢旁三柱柱各三，河中細密如指掌。
車下横六名諸王，天高四小斜方狀。
下垂九點曰參旗，旗下九斿與旗倣。
觜宿西序在參後。
觜三星，一名觜觿，西外增二星。
座旗九星，西屬井。
司怪四星。
古歌
觜　三星相近作參蘂，觜上座旗直指天。
尊卑之位九相連，司怪曲立座旗邊。
四鵶大近井鉞前。
西歌
觜宿三小當參上，觜上天關一顆招。
司怪四星明晦半，水府相同莫混瞧。
參宿西序在觜前。
參七星，西二十四星，外增五星。
伐三星，西四星，外增二星。
玉井四星，西五星，外增一星。
軍井四星。
屏星二星，西六星。
厠四星，西六星，外增一星。
屎一星。
古歌
參　總有七星觜相侵，兩肩雙足三爲心。
伐星三小足裏深，玉井四星右足陰。
屏星兩扇井南襟，軍井四星屏上吟。
左足下四天厠臨，厠下一物天屎沉。
西歌
參宿七星明燭宵，兩肩兩足三爲腰。
參伐下垂三四點，玉井四星右足交。
玉井下方曰軍井，屏星二點井南標。
四顆厠星屏左立，屎星一點厠下抛。
丈人子孫各連二，老人最巨南望遥。
南方朱鳥七宿
井宿

井八星。
鉞一星，西外增一星，屬參，歌無。
北河三星，西外增五星。
南河三星，西外增九星。
天罇三星，西歌無。
五諸侯五星，西七星。
積水一星，西表無。
積薪一星，西外增四星。
水府四星，西外增二星，屬觜。
水位四星，西外增五星。
四瀆五星，西八星，外增二星。
軍市十三星，西五星，外增四星。
野雞精一星，西二星。
孫二星，西外增一星，屬參。
子二星，西外增一星，屬參。
丈人二星，西屬參。
闕邱二星，西外增一星。
天狼一星，西外增四星。
弧矢九星，西外增十八星。
老人一星，西外增二星。

古歌

井　八星行列河中净，一星名鉞井邊安。
兩河各三南北正，天罇三星井上頭。
罇上横列五諸侯，侯上北河西積水。
欲覓積薪東畔是，鉞下四星名水府。
水位東邊四星序，四瀆横列南河裏。
南河下頭是軍市，軍市團圓十三星。
中有一箇野雞精，孫子丈人市下列。
各立兩星從東説，闕邱三箇南河東。
邱下一狼光蓬茸，左畔九箇彎弧弓。
一矢擬射頑狼胷，有箇老人南極中。
春秋出入壽無窮。

西歌

井宿八星形似井，座旗六黑垂其頂。
旗東五小皆無名，貼旗斜下四星整。
左斜五點五諸侯，其上北河兩明並。
河上一顆名積水，河左斜方爟星命。
河下一微名積薪，南河似與北河證。
水位四小若仰盂，上下數顆難考訂。
井下四星名四瀆，闕邱之二與河映。
天狼最巨當其南，一矢加弧一矢剩。
軍市一白野雞傍，老人獨向天南炳。
弧矢十星儼張弧，内外無名難究竟。

鬼宿

鬼四星，一名輿鬼。
積尸氣一星，西作氣。
爟四星，一名爟位，西七星，外增二星，屬井。
天狗七星，西屬柳。
外厨六星，西五星，外增四星。
天社六星，西七星，外增五星，屬柳。
天紀一星，西作天記，屬星。

古歌

鬼　四星册方似木櫃，中央白者積尸氣。
鬼上四星名爟位，天狗七烏鬼下是。
外厨六間柳星次，天社六個弧東倚。
社東一宿名天紀。

西歌

鬼宿四星方似櫃，中間一白積尸氣。
其下五小爲外厨，五隅五小居其内。

柳宿

柳八星，西外增一星。

酒旗三星，西外增七星。

古歌

柳　八星曲頭垂似柳，近上三星號爲酒，宴享大酺五星守。

西歌

柳宿曲八名垂柳，其上無名三點繫。
酒旗糾三宿上飄，其上却與文昌對。
天狗盤七當其南，天社七横星頗巨。

星宿

星七星，西十三星，外增一星。

軒轅十六星，西二十五星，外增七星，屬張。

御女一星，歌無，西屬張。

内平四星，西三星，作内屏，屬張。

天相三星，西六星，屬張。

稷五星，西表無。

古歌

星　七星如鈎柳下生，星上十七軒轅形。
軒轅東頭四内平，平上三箇名天相。
相下稷星横五靈。

西歌

星宿十星大小異，中間一巨首尾細。
垂頭曲尾如蝎形，其上一白石天記。
記下天稷五箇星，南隅一顆與記類。

張宿

張六星，西七星，外增五星。

天廟十四星，西無。

古歌

張　六星似軫在星傍，下頭惟有天廟廊。
一十四星册四方，長垣少微雖向上。
數星倚在太微傍，太尊一星直上黄。

西歌

張宿六星芒甚小，中如方勝兩角弔。
軒轅大星當其顛，一十五星龍天矯。
小方内屏轅上居，轅下御女一星杳。
宿端天相有三星，向右一顆光頗皎。
三台三座上猶明，相與雁行行大道。
台北二小名天牢，一點太尊牢左照。

翼宿

翼二十二星。

東甌五星，西表無。

馬尾古無，西四星，外增一星。

古歌

翼　二十二星最難識，上五下五横著行。
中心六箇恰似張，更有六星在何處。
三三相連張畔附，必若不能分處所。
更請向前看野取，五箇黑星翼下頭。
欲知名字是東甌。

西歌

翼宿微星二十二，上横五星下無異。
其中六箇似張星，兩端各有三顆繫。
東甌五小在其南，青邱三箇翼下寄。
邱南馬尾横三星，上端一箇尤明巨。

軫宿

軫四星，西外增一星。

長沙一星。

左轄一星。

右轄一星。

軍門二星，西無。

土司空四星，西無。

青邱七星，西三星，屬翼。

器府三十二星，西無。

古歌

軫　四星似張翼相近，中有一箇長沙星。左轄右轄東西附，軍門兩黄近翼星。門西四箇土司空，門東七烏青邱從。青邱之下名器府，器府之星三十二。以上便是太微宫，黄道向上看取是。

西歌

軫宿四珠不等方，長沙一黑中間藏。左名二轄肩之附，一顆無名南向光。

南極諸星據曆書及儀象志。

鳥喙古無，西七星。

鶴古無，西十二星。

孔雀古無，西十八星。

異雀古無，西十二星。

三角形古無，西三星，外增二星。

蜜蜂古無，西四星。

綜　述

漢·劉安《淮南子》卷三《天文訓》　星分度：角十二，亢九，氐十五，房五，心五，尾十八，箕十一四分一，斗二十六，牽牛八，須女十二，虚十，危十七，營室十六，東壁九，奎十六，婁十二，胃十四，昴十一，畢十六，觜巂二，參九，東井三十三，輿鬼四，柳十五，星七，張、翼各十八，軫十七，凡二十八宿也。

星部地名：角亢鄭，氐房心宋，尾箕燕，斗牽牛越，須女吴，虚危齊，營室東壁衛，奎婁魯，胃昴畢魏，觜巂參趙，東井輿鬼秦，柳七星張周，翼軫楚。

漢·司馬遷《史記》卷二七《天官書》　東宫蒼龍，房、心。心爲明堂，大星天王，前後星子屬。不欲直，直則天王失計。房爲府，曰天駟。其陰，右驂。旁有兩星曰衿；北一星曰轄。東北曲十二星曰旗。旗中四星曰天市；中六星曰市樓。市中星衆者實；其虚則耗。房南衆星曰騎官。

左角，李；右角，將。大角者，天王帝廷。其兩旁各有三星，鼎足句之，曰攝提。攝提者，直斗杓所指，以建時節，故曰「攝提格」。亢爲疏廟，主疾。其南北兩大星，曰南門。氐爲天根，主疫。

尾爲九子，曰君臣；斥絶，不和。箕爲敖客，曰口舌。

火犯守角，則有戰。房、心，王者惡之也。

南宫朱鳥，權、衡。衡，太微，三光之廷。匡衛十二星，藩臣：西，將；東，相；南四星，執法；中，端門；門左右，掖門。門内六星，諸侯。其内五星，五帝坐。後聚一十五星，蔚然，曰郎位；傍一大星，將位也。月、五星順入，軌道，司其出，所守，天子所誅也。其逆入，若不軌道，以所犯命之；中坐，成形，皆羣下從謀也。金、火尤甚。廷藩西有隋星五，曰少微，士大夫。權，軒轅。軒轅，黄龍體。前大星，女主象；旁小星，御者後宫屬。月、五星守犯者，如衡占。

東井爲水事。其西曲星曰鉞。鉞北，北河；南，南河；兩河、天闕間爲關梁。輿鬼，鬼祠事；中白者爲質。火守南北河，兵起，穀不登。故德成衡，觀成潢，傷成鉞，禍成井，誅成質。

柳爲鳥注，主木草。七星，頸，爲員官，主急事。張，素，爲廚，主觴客。翼爲羽翮，主遠客。

軫爲車，主風。其旁有一小星，曰長沙，星星不欲明；明與四星等，若五星入軫中，兵大起。軫南衆星曰天庫樓；庫有五車。車星角若益衆，及不具，無處車馬。

西宫咸池，曰天五潢。五潢，五帝車舍。火入，旱；金，兵；水，水。中有三柱；柱不具，兵起。

奎曰封豕，爲溝瀆。婁爲聚衆。胃爲天倉。其南衆星曰廥積。

昴曰髦頭，胡星也，爲白衣會。畢曰罕車，爲邊兵，主弋獵。其大星旁小星爲附耳。附耳摇動，有讒亂臣在側。昴、畢間爲天街。其陰，陰國；陽，陽國。

參爲白虎。三星直者，是爲衡石。下有三星，兑，曰罰，爲斬艾事。其外四星，左右肩股也。小三星隅置，曰觜觿，爲虎首，主葆旅事。其南有四星，曰天廁。廁下一星，曰天矢。矢黄則吉；青、白、黑，凶。其西有句曲九星，三處羅：一曰天旗，二曰天苑，三曰九游。其東有大星曰狼。狼角變色，多盗賊。下有四星曰弧，直狼。狼比地有大星，曰南極老人。老人見，治安；不見，兵起。常以秋分時候之於南郊。

附耳入畢中，兵起。

北宫玄武，虚、危。危爲蓋屋；虚爲哭泣之事。

其南有衆星，曰羽林天軍。軍西爲壘，或曰鉞。旁有一大星爲北落。北落若微亡，軍星動角益希，及五星犯北落，入軍，軍起。火、金、水尤甚；火，軍憂；水，〔水〕患；木、土，軍吉。危東六星，兩兩相比，曰司空。

營室爲清廟，曰離宫、閣道。漢中四星，曰天駟。旁一星，曰王良。王良策馬，車騎滿野。旁有八星，絶漢，曰天潢。天潢旁，江星。江星動，人涉水。

杵、臼四星，在危南。匏瓜，有青黑星守之，魚鹽貴。

南斗爲廟，其北建星。建星者，旗也。牽牛爲犧牲。其北河鼓。河鼓大星，上將；左右，左右將。婺女，其北織女。織女，天女孫也。

又 角、亢、氐，兖州。房、心，豫州。尾、箕，幽州。斗，江、湖。牽牛、婺女，楊州。虚、危，青州。營室至東壁，并州。奎、婁、胃，徐州。昴、畢，冀州。觜觿、參，益州。東井、輿鬼，雍州。柳、七星、張，三河。翼、軫，荆州。

漢·趙爽注《周髀算經》卷下 立二十八宿，以周天曆度之法。以，用也。列二十八宿之度，用周天。

術曰：倍正南方，倍猶背也。正南方者，二極之正南北也。以正句定之。正句之法，日出入，識其晷。晷兩端相直者，正東西。中折之以指表，正南北。即平地徑二十一步，周六十三步，令其平矩以水正，如定水之平，故曰平矩以水正也。則位徑一百二十一尺七寸五分。因而三之，爲三百六十五尺四分尺之一，徑一百二十一尺七寸五分，周三百六十五尺二寸五分者，四分之一。而或言一百二十尺，舉其全數。以應周天三百六十五度四分度之一。審定分之，無令有纖微。所分平地周一尺爲一度二寸五分，爲四分度之一。其令審定，不欲使有細小之差也。纖微，細分也。臣鸞曰：求一百二十一尺七寸五分，因而三之，爲三百六十五度四分度之一。法，列徑一百二十一尺七寸五分，以三乘得三百六十五尺二寸五分二寸五分者，即四分之一，此即周天三百六十五度四分度之一。分度以定，則正督經緯而四分之一，合各九十一度十六分度之五。南北爲經，東西爲緯。督亦通。周天四分之一，又以四乘分母，以法除之。臣鸞曰：求分度以定四分之一，合各九十一度十六分度之五。法，列周天三百六十五度，以四分度之一而通分，内子得一千四百六十一爲實，更以四乘分母，得十六爲法，除之得九十一不盡五，即是各九十一度十六分度之五也。於是圓定而正。分所圓爲天度，又四分之皆定而正。則立表正南北之中央，以繩繫顛，希望牽牛中央星之中。引繩至經緯之交以望之，星與表繩參相直也。則復候須女之星先至者，復候須女中，則當以繩望之。如復以表繩希望須女先至，定中。須女之先至者，又復如上引繩至經緯之交以望之。即以一游儀希望牽牛中央星出中正表西幾何度，游儀亦表也。游儀移望星爲正，知星出中正之表西幾何度，故曰游儀。各如游儀所至之尺爲度數。所游分圓周一尺應天一度，故以游儀所至尺數爲度。游在於八尺之上，故知牽牛八度，須女中而望牽牛，游在八尺之上，故牽牛爲八度。其次星放此，以盡二十八宿度則之矣。皆如此上法定。

立周度者，周天之度。各以其所先至游儀度上，二十八宿不以一星爲體，皆以先至之星爲正之度。車輻引繩，就中央之正以爲轂，則正矣。以經緯之交爲轂，以圓度爲輻，知一宿得幾何度，則引繩如輻湊，轂爲正，望星定度，皆以方爲正南，知二十八宿爲幾何度，然後環分而布之也。日所以入，亦以周定之。亦同望星之周。欲知日之出入，出入二十八宿東西南北面之宿，列置各應其方，立表望之，知日出入何宿，從出入徑幾何度。即以三百六十五度四分度之一而各置二十八宿，以二十八宿列置地所圓周之度，使四面之宿各應其方。以東井夜半中，牽牛之初臨子之中，東井，牽牛相對之宿也。臨午，則牽牛臨於子也。東井出中正表西三十度十六分度之七而臨未之中，牽牛初亦當臨丑之中，分周天之度爲十二位，而十二辰各當其一，所應十二月。從午至未三十度十六分度之七，未與丑相對。而東井、牽牛之所居分之法已陳於上矣。臣鸞曰：求東井出中正表西三十度十六分度之七。法：先通周天，得一千四百六十一，爲實。以位法十二乘周天分母四，得四十八，爲法。除實，得三十度不盡二十一。更副置法實等數平於三，約不盡二十一，得七。約法四十八，得十六，即部三十度一十六分度之七。於是天與地協，協，合也。乃以置周二十八宿。從東井、牽牛所居以置十二位焉。置以定，乃復置周度之中央立正表，置東井、牽牛，使居丑、未相對，則天之列宿與地所爲圓周相應。合，得之矣。置周度之中央者，經緯之交也。以冬至、夏至之日以望日始出也。立一游儀於度上，以望中央表之晷。從日所出度上立一游儀，皆望中表之晷，所以然者，當曜不復當日，得以視之也。晷參正，則日所出之宿度。游儀與中央表及晷參相直，游儀之下即所出合宿度。日入放此。此日出法求之。

漢·劉向《説苑》卷一八《辨物》 《書》曰：「在璿璣玉衡，以齊七政。」璿璣謂此辰勾陳樞星也。以其魁杓之所指二十八宿爲吉凶禍福；天文列舍盈縮之占，各以類爲驗。

漢・班固《漢書》卷二六《天文志》 東宮蒼龍，房、心。心爲明堂，大星天王，前後星子屬。不欲直；直，王失計。房爲天府，曰天駟。其陰，右驂。旁有兩星曰衿。衿北一星曰舝。東北曲十二星曰旗。旗中四星曰天市。天市中星衆者實，其中虛則耗。房南衆星曰騎官。

左角，理；右角，將。大角者，天王帝坐廷。其兩旁各有三星，鼎足句之，曰攝提。攝提者，直斗杓所指，以建時節，故曰「攝提格」。亢爲宗廟，主疾。其南北兩大星，曰南門。氐爲天根，主疫。尾爲九子，曰君臣；斥絶，不和。箕爲敖客，后妃之府，曰口舌。火犯守角，則有(戟)〔戰〕。房、心，王者惡之。

南宮朱鳥，權、衡。衡，太微，三光之廷。筐衛十二星，藩臣：西，將；東，相；南四星，執法；中，端門；左右，掖門。掖門內六星，諸侯。其內五星，五帝坐。後聚十五星，曰哀烏郎位；傍一大星，將位也。月、五星順入，軌道，司其出，所守，天子所誅也。其逆入，若不軌道，以所犯名之；中坐，成形，皆羣下不從謀也。金、火尤甚。廷藩西有隨星四，名曰少微，士大夫。權，軒轅，黃龍體。前大星，女主象；旁小星，御者後宮屬。月、五星守犯者，如衡占。

東井爲水事。火入之，一星居其左右，天子且以火爲敗。東井西曲星曰戉；北，北河；南，南河；兩河、天闕間爲關梁。輿鬼，鬼祠事；中白者爲質。火守南北河，兵起，穀不登。故德成衡，觀成潢，傷成戉，禍成井，誅成質。

柳爲鳥喙，主木草。七星，頸，爲員宮，主急事。張，嗉，爲廚，主觴客。翼爲羽翮，主遠客。

軫爲車，主風。其旁有一小星，曰長沙，星星不欲明；明與四星等，若五星入軫中，兵大起。軫南衆星曰天庫，庫有五車。車星角，若益衆，及不具，亡處車馬。

西宮咸池，曰天五潢。五潢，五帝車舍。火入，旱；金，兵；水，水。中有三柱；柱不具，兵起。

奎曰封豨，爲溝瀆。婁爲聚衆。胃爲天倉。其南衆星曰廥積。

昴曰旄頭，胡星也，爲白衣會。畢曰罕車，爲邊兵，主弋獵。其大星旁小星爲附耳。附耳搖動，有讒亂臣在側。昴、畢間爲天街。其陰，陰國；陽，陽國。

參爲白虎。三星直者，是爲衡石。下有三星，銳，曰罰，爲斬艾事。其外四星，左右肩股也。小三星隅置，曰觜觿，爲虎首，主葆旅事。其南有四星，曰天廁。天廁下一星，曰天矢。矢黃則吉；青、白、黑，凶。其西有句曲九星，三處羅列：一曰天旗，二曰天苑，三曰九斿。其東有大星曰狼，狼角變色，多盜賊。下有四星曰弧，直狼。比地有大星，曰南極老人。老人見，治安；不見，兵起。常以秋分時候之戉南郊。

北宮玄武，虛、危。危爲蓋屋；虛爲哭泣之事。其南有衆星，曰羽林天軍。軍西爲壘，或曰戉。旁一大星，北落。北落若微亡，軍星動角益稀，及五星犯北落，入軍，軍起。火、金、水尤甚。火入，軍憂；水，水患；木、土，軍吉。危東六星，兩兩相比，曰司寇。

營室爲清廟，曰離宮、閣道。漢中四星，曰天駟。旁一星，曰王梁。王梁策馬，車騎滿野。旁有八星，絶漢，曰天横。天横旁，江星。江星動，以人涉水。

杵、臼四星，在危南。匏瓜，有青黑星守之，魚鹽貴。

又 角、亢、氐，沇州。房、心，豫州。尾、箕，幽州。斗，江、湖。牽牛、婺女，揚州。虛、危，青州。營室、東壁，并州。奎、婁、胃，徐州。昴、畢，冀州。觜觿、參，益州。東井、輿鬼，雍州。柳、七星、張，三河。翼、軫，荆州。

三國魏・張揖《廣雅》卷九《釋天》 東方七宿，七十五度；南方七宿，百一十二度；西方七宿，八十度；北方七宿，九十八度四分度之一。四方凡三百六十五度四分度之一，一度二千九百三十二里。二十八宿間相距積一百七萬九百一十三里，徑三十五萬六千九百七十里。

三國吳・陳卓《玄象詩》 角亢氐三宿，行位東西直，庫樓在角南，平星庫樓北，南門樓下安，騎官氐南植，攝角梗招搖，以次當杓直。兩咸俱近房，積卒在心旁，鼉魚傅尾側，天江尾上張，箕安尾北畔，□在斗南廂，建星與天弁，南北正相當。建星在斗背，天弁河中央，市垣雖兩扇，二十二星光，其中有帝坐，候官東西廂，前者宗正立，官側斗平量。宗人宗在左，宗在候東廂，七公與天紀，市北東西行，公南貫位紀，女北正林房，唯余有天棓，獨在紫墻□。九坎至牽牛，織女旗河鼓，牛東須女位，女上離珠府，敗臼天南際，瓠口河畔渚，瓜左有天津，津下虛危所。室壁兩星間，上有螣蛇舞，王良雖五星，并在河心許，臼東北落門，門東羽林府。土空倉困苑，列位俱遼遠，奎婁胃昴畢，并在中天出。閣道河中央，傅路在其旁，將軍在婁北，閣道幾相當。天船河北岸，大陵河南畔，卷舌在其東，雖繁有條貫。大倉天囷北，頭東向昴側，天關車柱南，正是參西北，參體有十星，頭上戴一觜，左脚玉井中，左角參旗□。廁當右足下，廁南有天矢，矢南有屏星，廁東有軍市，市中有野雞，東有狼弧矢，老人以次遠，出見稱祥美。東井與五車，俱在河心里，水位南北列，五候東西齒。北河五候北，南河河東俟，東南有積薪，西北有積水，欲知二星處，并在三台始。軒出柳星東，輪囷臨鬼北，柳佐號爲星，河末稱爲稷，三台自文昌，斜連太微側，下台下有星，少微與張翼。軫在翼星東，太微當軫北，太微垣十星，二曲八星直，其中五帝坐，各各依本色，屏在帝前安，常陳坐後植，郎位常陳東，星繁遥似織，郎將獨易分，不與諸星逼。天門在角南，天田在角北，平道有二星，角中東西直，進賢平道西，乳星居氐北，車騎騎南隱，將軍騎東匿。陣車騎北安，折威東西直，亢池攝提近，帝座梗河側，周鼎東垣端，依行在垣北。日落房心分，糠飄箕舌前。市樓居市内，農狗□傍邊。天雞狗國□，南北正相當，天雞近北畔，狗國在南方，羅堰牛東列，天田坎北張，敗在瓠瓜側，旗居河鼓傍。漸台將輦道，俱鄰織女房，津東有造父，津北有扶筐。策在王良側，車府騰蛇旁，人在危星上，杵臼人東廂。命禄危非背，重重虚上行，蓋屋危星下，哭泣在南方。八魁在壁外，土吏危星背，土公東壁藏，雷星營壁西，霹靂驚羽林，雲雨霈□□。屏溷居奎下，鑕庾在倉前，園芻天苑接，天節九州連。二更夾婁側，軍門當奎北，天讒與尸水，處置常依式，咸池及五潢，并在軍中匿，礪石在河内，船車兩邊逼。天高畢昴東，諸王天高北，河月及天街，咸依畢昴側，軍井屏星南，九游玉井側，司怪與坐旗，車東正南直。司怪井鉞近，坐旗車柱逼，井北天樽位，井南水府域，市南丈子孫，井東流四瀆，社出老人家，丘在狼弧北。外廚居柳下，天狗在廚邊，内平列軒側，爟星鬼上懸，酒旗軒足置，天紀在廚前，天廟東甌接，青丘器府連。明堂列宫外，靈台兩相對，門東謁者傍，公卿五侯輩，太子當陣前，從幸西東邊。陽門庫樓左，頓頑騎官側，房下有從官，房西有天福，罰在東咸西，鍵閉鉤鈐北。屠肆與帛度，次次宗旁息，列肆斗西維，車肆東南得。□籥狗前置，天淵次居北。奚仲天津北，鉤星奚仲旁，天桴牛北置，諸國次東行，離瑜臼西隱，天壘臼中藏，天錢北落北，天廄王良側，鈇鉞羽林藏，天綱羽門塞。虚樑危下安，天陰畢頭息。長垣少微下，賁位在魁前，天尊中台北，天相七星邊，居空器府北，軍門軫下懸。

三國蜀·諸葛亮《諸葛武侯文集》卷三　諸葛武侯二十八宿分野　角亢氐鄭兗州，東郡入角一度，東平任城山陰入角六度，泰山入角十二度，濟北陳留入亢五度，濟陰入氐二度，東平入氐七度，房心宋豫州，潁川入房一度，汝南入房二度，柳郡入房四度，樑國入房五度，淮南入心一度，魯國入心三度，楚國入房四度，箕尾燕幽州，凉州入箕十度，上谷入尾一度，漁陽入尾三度，右北平入尾七度，河西上郡北遼東西入尾十度，涿郡入尾十六度，渤海入箕一度，樂浪入箕三度，玄菟入箕六度，廣陽入箕九度，斗牛女吴越揚州，九江入斗一度，廬江入斗六度，墜方入斗十度，丹陽入斗十六度，會稽入牛一度，臨淮入牛四度，廣陵入牛八度，泗水入女一度，六安入牛六度虚危齊青州，齊國入虚六度，北海入虚九度，濟南入危一度，樂安入危四度，東萊入危九度，平原入危十一度，淄川入危十四度，室壁衛并州，安定入室一度，天水入室八度，隴西入室四度，酒泉入室十一度，張掖入室十四度，武都入壁一度，金城入壁四度，武城入壁六度，墩隍入壁八度奎婁胃魯徐州，東海入奎一度，瑯琊入奎六度，高密入婁一度，陽城入婁九度，膠東入胃一度，昴畢趙冀州，魏郡入昴一度，鉅鹿入昴三度，常山入昴五度，廣平入昴七度，中山入昴十度，清河入昴九度，信都入畢三度，趙郡入畢八度，安平入畢四度，河澗入畢十度，真定入畢十三度，觜參魏益州，廣漢入觜一度，趙僞入觜三度，蜀郡入參一度，犍爲入參三度，牂牁入參五度，巴郡入參八度，漢中入參九度，益州入參七度，井鬼秦雍州，漢中入井一度，定襄入井八度，雁門入井十六度，代郡入井二十八度，太原入井二十九度，上黨入井二度，柳星張周三河，弘農入柳一度，河南入星三度，河東入張一度，河内入張九度翼軫楚荆州，南陽入翼六度，南郡入翼十度，江夏入翼十二度，零陵入軫一度，桂陽入軫六度，郡陵入軫十度，長沙入軫十六度。

晉·皇甫謐《帝王世紀》卷一〇　自天地設闢，未有經界之制。三皇尚矣。諸子稱神農之王天下也，地東西九十萬里，南北八十五萬里。及黄帝受命，始作舟車，以濟不通。乃推分星次，以定律度。自斗十一度至婺女七度，一名須女，曰星紀之次，於辰在丑，謂之赤奮若，於律爲黄鍾，斗建在子，今吴、越分野。自婺女八度至危十六度，曰玄枵之次，一名天黿，於辰在子，謂之困敦，於律爲大吕，斗建在丑，今齊分野。自危十七度至奎四度，曰豕韋之次，一名娵訾，於辰在亥，謂之大淵獻，於律爲太蔟，斗建在寅，今衛分野。自奎五度至胃六度，曰降婁之次，於辰在戌，謂之閹茂，於律爲夾鍾，斗建在卯，今魯分野。自胃七度至畢十一度，曰大樑之次，於辰在酉，謂之作噩，於律爲姑洗，斗建在辰，今趙分野。自畢十二度至東井十五度，曰實沈之次，於辰在申，謂之涒灘，於律爲中吕，斗建在巳，今晉、魏分野。自井十六度至柳八度，曰鶉首之次，於辰在未，謂之協洽，於律爲蕤賓，斗建在午，今秦分野。自柳九度至張十七度，曰鶉火之次，於辰在午、謂之敦牂，一名大律，於律爲林鍾，斗建在未，今周分野。自張十八度至軫十一度，曰鶉尾之次，於辰在巳，謂之大荒落，於律爲夷則，斗建在申，今楚分野。自軫十二度至氐四度，曰壽星之次，於辰在辰，謂之執徐，於律爲南吕，斗建在酉，今韓分野。自氐五度至尾九度，曰大火之次，於辰在卯，謂之單閼，於律爲無射，斗建在戌，今宋分野。自尾十度至斗十度百三十五分而終，曰析木之次，於辰在寅，謂之攝提格，於律爲應鍾，斗建在亥，今燕分野。凡天有十二次，日月之所躔也；地有十二分，王侯之所國也。故四方方七宿，四七二十八宿，合百八十二星。東方蒼龍三十二星，七十五度；北方玄武三十五星，九十八度（四分度之一）；西方白虎五十一星，八十度；南方朱雀六十四星，百一十二度。周天三百六十五度四分度之一。一度二千九百三十二里，分爲十二次，一次三十度三十二分度之十四，各以附其七宿間。距周天積百七萬九百一十三里，徑三十五萬六千九百七十一里。陽道左行，故太歲右轉，凡中外官常明者百一十四，可名者三百二十，合二千五百星。微星之數，凡萬一千五百二十星，萬物所受，咸系命焉。此黄帝創制之大略也。

北周・庾季才《靈臺秘苑》卷二 東方七宿

角二星，左爲天田，右爲天津，主刑理。其南爲太陽道，右爲天門，爲將，主兵。其北爲太陰道，爲天闕，其内爲天庭。七曜之所行，黄道經其中。蓋天之三門，猶房之四表也。日月之行黄道，黄道所經爲天闕，或曰天階，三光之庭。房與東井、天街、天闕、南北河，其説略同，然黄道歲久遷變，占天者當察其所在而詳審焉。角爲壽星，蒼龍角也，主造化飛龍之所，星明盛布。東方蒼龍，角亢也。其間二星，名曰平道，主除道路，平道路之官也。西一星曰進賢，主卿相，舉賢能。右角北二星曰天田，畿内之田亦爲籍田，主疆界。天田北三星曰右攝提說見亢宿。又北三星曰周鼎，主流亡，國之神器也。秦無道，周鼎淪於泗水，其精應於上。左角南二星曰天門，朝聘待士之所。又南二星曰平星，主執法平刑以興獄。陽門二星說見亢宿下。南二十九星曰庫樓，藏兵之府也。彎曲者爲庫，西南四星方斜者爲樓。其十五星三者相聚，柱也；中四小星，衡也；又中大者陳兵。南二星曰南門，天子之外門，主守兵禁。亢四星，總理天下卿大夫之法治，猶尚書，又主病，又爲疏廣。六星亢池說見氐宿下。上一星，大角，在攝提間，爲天之紀綱，棟樑，天王座也。天田北三星曰右攝提，主建時節，問禨祥，左亦如之攝提，元在天田下。兩攝提各三星，夾大角，直，斗柄之南。上三星曰帝席，北三星曰梗河，又西北一星曰招摇，北一星曰玄戈並說見氐宿下。亢南七星曰折威，主斬殺以斷軍獄。其南二星曰頓頑，主考察囚情，治獄官也。陽門二星，主執兵器以戍邊陽門，元在平星下。

氐四星，休解之所，后妃之府也，前二星曰適，後二星曰妾。又爲天根，主宫室正妃。東北二星曰天乳，主飴饋之事。六星亢池，主舟濟渡亢池，元在亢宿下。上三星曰帝席，宴樂獻酬之所。北三星曰梗河，一名天鋒，亦名天楯，主矛鋒以備不虞，亦主寇兵，又爲喪事。又西北一星曰招摇，主矛盾及寇兵。北一星曰玄戈，主匈奴以上，元並在亢宿下。氐南三星曰陣車，主兵革之事。又南二十七星曰騎官，南三星曰車騎，主部列行陣、車騎之事。房四星爲明堂，布政之宫，亦四輔也。上將，次次將，次次相，所以理陰陽，正教化。南二星君位，北二星夫人位，又爲四表中間。黄道所以行，爲天衢，又爲天闕。南間曰陽環，其南曰太陽；北間曰陰環，其北曰太陰，亦曰天廄。又爲天駟，亦曰天馬，主車駕。南一星曰左驂，次左股，次右股，次右驂，主開閉蓄藏之所。

房北星，東南二小星曰鉤鈐，附於房天之管籥，主開閉蓄藏，輔弼之象。以東北一星曰鍵閉，主管籥開閉之事。北四星曰西咸，以防淫泆房之户也。梗河東九星曰貫索，横列七星曰七公貫索七公，並說見天市垣。道前一星曰日，所以昭明令德，太陽之精也。其西南二星曰天輻，主鑾駕乘輿之事。房下二星曰從官，主醫巫病疾禱祝之事。其南十二星曰積卒說見心宿下。心北四星曰東咸，占如西咸。又北二星曰罰，主罰之事。

心三星，天王之正位，爲大辰，主賞罰。中央曰明堂，天子也。前星曰太子，後星曰庶子。東咸、罰說見房宿下，從宿南十二星，曰積卒，掃除不祥軍卒衛士之象此元在從官下。

尾九星曰九子星，所謂升龍之尾，蓋陰陽之交泰，風雨之乘輿。上第一星，后也；次三星，夫人也；其次嬪妾，爲后妃之宫府，又主君臣。神宫一星在尾西，第二星傍爲附座，解衣之内室也。其南五星曰龜，主讚神明，定吉凶龜卜也。天紀、女床說見天市垣。南四星曰天江，主太陰。後一星曰傳說，傳說巫祝之官，主祝神靈以祈繼嗣。東一星曰魚，主雲雨風氣。

箕四星亦曰天津，亦曰天雞，後宫之府，嬪妃之象，又主八風，又主口舌。蠻夷將動，先表箕焉。箕舌前一星曰糠比以給豢養。天籥說見斗宿。箕南三星曰杵，主舂，以給庖廚。

北方七宿

南斗六星，元龜之首，亦爲天廟，宰相之位，主褒賢進士，稟授爵禄，故斗爲量器，所以斟酌而授爵也。又曰兵，亦曰天機。南二星曰魁，庫樓天樑也。中二星，相也。天府，建杓也。初曰北庭，又曰天關，又曰鈇鉞，主吴，主君壽，次會稽，次丹陽，次豫章，次廬江，又次九江。南一星曰農丈人，爲老農，主稼穡農正之官也。又南十四星曰鱉，主族魚蟲。斗東北六星曰建，一曰天旗，天之都關也，爲謀事，爲天鼓，爲天馬；上二星爲庫中二星，市鈇鎖也；下二星爲旗，其間三光之道，向者七曜、冬至起於此，是以司之。狗二星前，主守禦。天雞二星，主伺候，察時節。南四星曰狗國，主三韓、鮮卑、烏桓、獫狁之屬。東十星曰天淵，爲天泉、天海、太陰，主灌溉之事。天弁九星，武官之長也。織女、漸台、輦道並説見牛宿、奚仲説見女宿八星曰天籥一曰在南斗柄西箕北，主開閉鑽籥也元在糠下。牽牛六星爲天關樑，主犧牲，亦曰天鼓，主四足蟲。其大星，牛星；上一星，道路；次二星，主關樑；次三星，主南越。東三星曰羅堰，主壅蓄灌溉之事，亦爲拒馬。南九星曰天田，畿内之田，亦主農器。北四星曰天桴，主刻漏、桴鼓之事。上三星曰河鼓，主軍鼓、鈇鉞，一曰三武。中央大星，大將軍；左右星，左將軍；右北星，右將軍，皆以守險拒難也。東北九星曰左旗，西南九星曰右旗，皆天之旗鼓爲經表，主音聲，設險以知敵謀。織女三星一曰在河北天紀東，主瓜果、絲綿、珍寶。漸台四星一曰在織女東足，臨水之台，主晷漏、律吕。旁五星曰輦道一曰在漸台織女東北，人君嬉遊之道織女、漸台、輦道，元在天弁下。九坎九星在諸國南，主溝渠之事，以主水旱。須女四星，賤妾之稱，婦職之卑者。又爲天之府，藏掌環佩帛、布列后妃、禦服婦功之域。其北曰璃珠，後宮之府藏，主天下后妃環佩之飾。敗瓜五星，主瓜果。瓠瓜五星，天子之果園，亦主瓜果，又主後宮陰謀之事。天津九星一曰天江，主四瀆津梁，所以度神道四方也。輦東道四星曰奚仲，主車正元在輦道下。諸國合十六星，趙二星在天田東南，越一星在趙南，周二星在羅堰東南，齊一星在越東，鄭一星在齊東，楚一星在鄭東北，秦二星在周之東，燕一星在鄭之東南，魏一星在楚東北，代二星在秦東，晉一星在燕東，韓一星在晉北，各主地。東甌在晉北，亦主其地。璃瑜，天壘城説見虛宿，天錢説見危宿。

虛二星，塚宰官也，主北方祭禱祝，又主死喪哭泣，亦主風雨。東二星曰司命，主刑罰生算死喪之事。北二星曰司禄，主增益、年德、官禄、食料之事。東北二星曰司危，主驕溢以正下，又主台榭死喪之事。又北二星曰司非，司過失。司命而下皆置官也。壘壁陣説見室宿。虛南二星曰哭，主哭泣死喪。又蓋屋南二星曰泣，主墳墓倚廬、哭泣之事元在蓋屋下。諸國東三星曰璃瑜，璃圭衣瑜玉飾，婦人之服。又十三星曰天壘城，主鬼方北夷也此三者，元在諸國下。壘壁陣其南四星曰敗臼，主敗亡災咎舊在羽林軍下。

危三星，天府也，一曰天市，主宗廟宮室，又主營造受藏之事。墳墓四星爲附座，主兆域死喪，哭泣之事，又主北宮玄武。虛、危東南四星虛樑，主靈廟祀禱之事。天津旁近河七星曰車府，近河車輿之府，亦其官爲客館舍。南五星曰人星，一曰三卧星，主萬民，亦主處夜淫佚。又四星曰臼上，三星曰杵，皆主舂軍糧也。危南二星曰蓋屋，主治屋之官也。又南二星曰泣説見虛宿，諸國東北十星曰天錢，錢帛所聚，軍之府藏也元在天壘城下。離宮其北六星曰造父，主禦馬，亦其官也元在離宮下。

營室二星，天子之宮也，一曰直宮，一曰清廟，爲軍樑之府，又主土工。離宮六星兩兩而居，在室上爲附座，天子別宮也，主假藏休息、慈幸之所。其北六星曰造父説見危宿，次二十二星曰騰蛇，北方水蟲，主風雨。又南六星曰雷電，主雷電。西南二星曰土，公吏訣備過失，主土之官。又南五星曰霹靂，西南四星曰雲雨並説見壁宿。

壘壁陣西抵虛宿，東近壁宿，下天軍營也元在司非下。羽林軍四十五星在室南三三而居市，在壘壁陣南，主天軍翊衛之象。其南四星曰敗臼説見虛宿，上一星曰師門，主師門候兵天庫之蕃落。斧鉞在師門南，主行誅拒難斬伐姦謀。天綱一星，主武帳戈綱。壁東八星曰八魁，主設機阱張，羅禽獸之官也元在土公下。東壁三星，圖書之官，又主土功。其北十星天廏，主馬廏，亦具官，今之驛遞也。北五星曰王良説見奎宿，南二星曰土公，主營造及稼穡起土之官。又東八星曰八魁説見室宿，又室南五星曰霹靂，主陽氣大盛擊萬物。西南四星曰雲雨，主雲澤此二者，元在土公吏下。又奎南五星曰鈇鉞，乃芟刈之具，斬芻以種也元在土司空下。

西方七宿

奎十六星曰天豕，一曰封豕，天之庫，主兵，所以禁暴横也；又主溝瀆。其西南大星曰天豕目，亦曰大將。其上一星曰附路，閣道之便道路。天廏北五星曰王良，禦車之事，主駕車馬；又爲天橋，主津梁；又主風雨兵革之事元在天廏下。婁北一星曰軍南門，主禁入以防盜詐，軍營之南門也元在左右更下。奎南七星曰外屏，主障蔽惡穢、遮擁天溷。南七星曰天溷，溷養之所。又南六星曰天倉詳見婁宿，次一星曰土司空，主水土功利之宮。又南五星曰鈇鉞説見室宿又東三星曰天庚說見婁宿。

婁三星爲天獄，主牧養犧牲以給郊祀，亦爲興兵聚衆。東西各五曰左右更，左主仁智，陂澤林藪，小虞之官；右主禮儀牧養，爲牧師之官。北一星曰軍南門說見奎宿。北十一星曰天大將軍，用武兵之官；中大星將其小星吏，左右星爲旗。又天溷南六星曰天倉，主藏五穀以待邦用，亦倉官。又鈇鉞東三星曰天庾，積穀之所二者，元在天溷、鈇鉞下。

胃三星，天之廚藏，主倉庫五穀之府也，又主討捕誅殺之事。北八星曰太陵，主陵墓、喪死、積京也。中一星曰積屍，陵中墓也，亦曰積京。

昴北與大陵分勢九星曰天船，主舟棹、水旱之事。中一星曰積水，候水災此元在雞石下。天阿，天陰說見昴宿。遠胃十三星曰天囷，主給禦廩之繁盛、百庫之儲蓄。芻槁說見昴宿。畢柄西星曰天廩，禦廩也，主蓄九穀，養犧牲以給祭祀、養膳之事元在月星下。

昴七星天子之耳目，主西方，主禦獄事，又主喪旌頭胡星也。昴畢之間爲天街。北六星曰卷舌，主言語樞機之事、讒佞之候。中一星曰天讒，主讒佞及醫巫。東南四星曰礪石，主磨礪鋒刃，亦主伺候明兵律蓋百工之事。天船積水說見胃宿。昴東一星曰月，太陰蟾蜍、女后大臣之衆，主刑及死喪事。昴西北一星曰天阿，類天高，主察候山林妖變。西南五星曰天陰，私潛謀之事，從天子，亦爲弋獵臣也此二者，元在大陵下。天廩說見胃宿。又十六星曰天苑一曰在昴畢南，養禽獸之所，亦其官也。天園說見畢宿。天苑西六星曰芻槁，以給牛馬之用元在天囷下。

畢八星爲悍車，主弋獵邊兵，所以備敵寇。附耳一星在畢左股，下爲附座，主聽得失，伺愆邪，察不祥。又二星曰天街，主道路，天門之外街爲國界、陰陽之所，分三光之正道，街南爲華夏，街北爲絶塞。南八星曰天節，主郎將奉使也。南九星曰九州之殊口，主遠方通俗傳驛之官。東五星曰五車柱，各三星，一曰天泉，一曰天林，一曰天楡。天子車舍，五帝座也，主產五稼以候豐儉。西大星爲天庫神，又曰令尉，主太白，秦雍豆也。東北一星曰天獄神，曰風伯，主辰星，幽燕趙稻也。東南六星曰天倉神，曰雨師、主歲星，徐魯衛麻桑也。東南星曰司空神，主填星，主荆楚黍禾也。西南星曰卿神，曰豐隆，主熒惑，韓魏麥也。車中五星曰天潢，又曰潢天池也，主河梁津渡之事。北三星曰咸池魚囿，主陂澤池沼、魚鱉鳧雁之事。五車南六星曰諸王，主宗廟，所以蕃屏王室、審察諸侯。又南四星曰天高，主望八方雲氣、觀台之象。參西北九星曰參旗，天子之兵旗，所以尊君之進退也。又南九星曰九斿，一曰天旗，天號也；司弓弩變候之候以滅不虞。觜北一星曰天關，日月之行爲天門，主關閉邊防道路之事此元在觜下。又天苑之南九星曰天園，囿也；掌蔬菜之官元在天苑下。

觜三星，三軍之候、行軍之府藏，主褒旅，收斂萬物。天關說見畢宿。井西四星曰司怪，主諸災變而候祥異元在四瀆下。東九星曰座旗，主旗，表尊卑元在五諸侯下。

參七星一曰參伐，一曰大辰，又曰天市，又曰鈇鉞，又曰天獄，主殺伐、權衡，所以平理，又主邊城九驛，參爲白獸之體其中。橫列三星，三將也。其肩東北，左肩西北，右肩爲左右將足。左爲後將軍，右爲偏將軍，故占參以應七將。中三小星曰伐天之部禦也，主戎狄之國。右足旁四星曰玉井，主水泉給廚用也。又南四星曰軍井，營之井給師徒也。南二星曰屏，以蔽天廁。屏東四星曰天廁，主圓溷疚病之事。南一星曰天屎，主糞穢。丈人，子，孫並說見井宿。

南方七宿

井八星，天之南門，爲亭侯之所，黄道之所經，三光之正道，主水衡法令、中平之事。鉞一星，附井前，爲附座，主伺候奢淫而斬之。南四星曰水府，水官也，主堤防、溝瀆之事。又南四星曰四瀆，江河淮濟之精。西司怪說見觜宿。東北五星曰五諸侯，一曰帝師，二曰帝友，三曰三公，四曰博士，五曰大史，決斷疑獄，戒不虞，理陰陽，察得失。座旗說見觜宿。井東三星曰天樽，樽器也，主盛挍粥以給貧餒。又東四星曰水位，主水衡。北三星曰北河，與南河夾東井爲南北孤戍，亦曰高門。又曰胡門，爲户北戍，自首陽台而北負微垣，而東抵穢貊、朝鮮以爲北紀，爲陰國自戍北，主攻伐之政。東一星曰積水，供酒用之官也，所以給酒食政。東南一星曰積薪，主外廚烹飪之事。東北四星曰爟說見鬼宿。南三星曰南河，與北河爲相戍，南河爲戍也。一曰陽門，一曰鉞，自弘農函穀絶江漢南達五嶺，循障而東西抵越嶲、東甌、兩戍之間，得山河分陝之限，是爲帝闕七曜之常道，亦爲天街。南紀爲陽國，主禮樂之政。西南二星曰闕丘，兩觀也，所以布象緯，列尊卑也。軍市十三星在邱西，如天錢、天軍，貿易之市也。市中一星曰野雞精，主之變怪野外之郊政，以虞伏姦也。東南九星曰弧矢，外矢，弓也；一星，矢也，常屬天狗，狼星，陰謀，備盜賊。又東南曰天社說見鬼宿。又參東南一星曰狼，爲野將，主盜賊侵掠；次東北曰天狗說見鬼宿、天稷說見星宿。西南一星曰老人，主壽

北周・庾季才《靈臺秘苑》卷一　東方七宿(中外官附)

考，常以二分候之春夕，没於丁秋晨，見於丙，又曰南極者非樞極蓋，其所屬在於極南近北。天屎南二星曰丈人，主壽考哀，孤獨人之象。東二星曰子，主孝愛侍。又東二星曰孫，占如子以上三者，元在天屎下。

鬼四星，主觀明察姦，天目也。中一星曰積屍，又曰鈇鑕，主喪門祀誅斬鬼。東南星主積馬，東北星積兵，西南星積布絹，西北星積金玉。井東北四星曰爟，主四時變入烽燧之官也元在積薪下。又弧矢東南六星曰天社，土地之主社神也，勾龍之精上爲此星，又主禱祀之官元在弧矢下。次狼東北七星曰天狗，主守禦，吠則應之元在狼下。柳南六星曰外廚，天子之外廚，主烹宰以給宗廟。又東南一星曰天紀，主知禽獸齒醫獸也此二者在柳星下。

柳八星亦曰天相，又爲鳥啄，又爲天庫，天之廚官，主庖廚烹祀宴飲之事，亦主雷雨土功。外廚，天紀並說見鬼宿。軒轅右角，太民。西南三星曰酒旗，主饗宴酒食之事，亦爲酒官之旗幟也元在右角下。

星七星，天都也，爲朱雀頭，文明之紵，羽儀之所，主衣裳文繡，又主急兵、盗賊。又北十七星軒轅，一曰東陵，一曰權，主雷雨之神、黄帝之神、黄龍之體，後宫之像，后妃之宫，主内政以弼太微。其南大星，少后也；南小星，女禦也；左一星，少民，少后之宗；右一星，太民，太后之宗；次北一星，夫人也，屏也，上將也；北一星，妃也，次將也；餘皆次妃之屬。軒轅爲權，太微爲衡，南宫朱雀，權衡也。酒旗說見柳宿。辰垣，少微說見太垣。東三星曰天相，大臣之象，亦禦府官也。中台東南曰平星，執法平罪之官也元在中台下。中社東南五星曰天稷之神也，又曰農正元在天狗下。

張六星，主朝服之製，又曰六星，主珍寶宗廟服用及衣服飲食賞賚之事。中四星又主輔臣也。張南十四星曰天廟，主祭祀天子之廟。東甌說見翼宿。三台，太尊並說見太微垣。

翼二十二星，天之樂府，亦主遠方賓客，淮海之賓。明堂，靈台並說見太微垣。次天廟，東南五星曰東甌，南越蠻夷之星也元在天廟下。

軫四星，輔相之臣也。軫主車騎，又主任載及風雨、死喪之事。出入皆占之。左右轄二星，左轄爲同姓，右轄爲異姓，主侯王長沙。一星在於軫中長沙，主壽命。東七星曰青丘，南方蠻夷之國。西二星曰天門，天子之軍門也。南四星曰土司空，主界城人民之事。其直南三十二星曰器府，樂府也。

【角宿】角宿距去極九十七度半，係南星。星明，太平；微小不明，王道失政。動摇移徙爲幸行。月行中道，民安，歲美，無兵。犯則大人憂，有獄事。木星犯之，多疫。守則攻急，臣戮，歲饑。火星犯之，有兵及赦，貴人有憂。居而環繞勾已有芒，如劍刃，行幸。守則爲戰，宫中防盗賊，讒臣進，政急，帛貴。土星守，后喜，穀傷。潤澤則爲歲豐。犯之亦爲之有不臣。犯守，亦爲兵火。金星犯守，天下大戰，道路不通。木星守之，萬物不成，刑急，水災。久守，爲大水。芒守之，色青，憂；赤，旱；白，喪；黑，水。客星守犯，大旱，有赦，富民貧，獄多。彗孛幹犯兩角間，色白，有喪起，不戰；赤則戰，所至則有破軍，侵城。彗則占其所指。彗孛出之，大亂，王者惡之，后黨恣，亦爲亂，饑。流星出入兩角間，皆爲大使出入。若抵而角不動，臣欲而戮死。氣之蒼青，皆憂疾；赤，國驚，有戰；黄則貴人親祠；白，戰不勝；黑，入右角，亦然。氣如刀劍，出角間，宫禁有陰謀，變患。

【平道】平道距西去極九十一度，入角一度。明正，吉；動摇，戒不虞。木星守，天下治，隱士升。火守之，天下饑。客彗孛幹犯守之，車駕行。客守之，又爲賢人退。

【天田】天田距西星去極八十三度半，入角二度。木星守，歲豐，犯則人相食。火則大旱。金守，穀傷，兵出。水守，有水災。客星出入，蝗蟲，旱。

【周鼎】周鼎距東北星去極六十四度半。明則國安；不見、摇動，就聚移國。

【進賢】進賢去極九十一度，入軫十四度。明則賢人在朝，不明則不肖者用。五星幹犯，賢者得罪，死。流星有出入，夷人來國，用賢。青黑色，丈士死。

【天門】天門距西星去極一百四度半，入軫十六度。明則萬物歸化。不見及火舍而進退，若犯入而去複還，皆爲兵至，關樑不通。火守則上失禮。金舍，人主慎出入。

【平星】平星距西星去極一百九度半，入軫十六度。星齊等闊，狹居常則天下治，萬物化，訟平。不則反是。五星犯之，皆凶。又曰木星犯，法官憂。火則火兵起。客彗孛守犯出入，占如木，又曰政令不行，國失紀綱。流星出之，臣有廢黜者，入則執政之臣憂，若有罪。

【庫樓】庫樓距西北星去極一百二十三度，入軫十五度半。衡北星去極一百二十八度。若天庫星明大、芒角而繁則兵起，車馬用。動則王者謀伐四夷。庫中星不見，大兵起。無星，臣下謀。庫中欲實，吉。虚則惡。星生角則有兵。一柱不具則兵少。半出若全不具，則自將兵。月入，兵火起。木星犯守，內兵作，近臣謀。火入其下，旱。守亦如之，及兵起。客星乘守入，彗孛守，亦爲兵水。客入之，又爲兵饑，流星入之，天下虚兵盡出，則所當之地受殃。抵則主憂，兵起。赤氣入，如千尋槍竿，主者親征，內外不安。

【南門】南門距西星去極一百三十七度，入軫十一度。明則遠方來，微則夷狄叛。客星出，有兵出。客彗孛守之，外兵起。

【亢宿】亢宿距南第二星去極九十六度。明大則民無疾，臣納忠，天下安。暗則政弱。月犯之，大人多疾，有兵，將軍亡，旗鼓其分，將死，亡地。在其宿有變，當省刑。木星犯之，臣爲亂，佞臣用，有德令，禾稼熟。守則歲饑，小兵。三十日以上，有赦，國豐。久守，人多病。火星守之，天子惡之，多旱，穀不成，土功興，兵大起。久守則民憂。犯則亂，臣人多病。若有芒角，大人惡之，及白衣會。居而勾己環繞，宫室不安。土星干犯，臣有謀，諸侯失土。守則爲兵、疫，犯守之又爲穀傷，民饑流。金星犯守，君自將兵。犯而芒角，貴臣戮。水星守則其分米貴，賊盜，相惡。犯及守，水災，其分疫。客彗孛犯，國不安，兵起，政亂。客星出，有使出。守則穀傷，色赤憂旱。彗孛出，兵，喪，饑，疫，水災，穀不成。流星出之，寬恩清獄。入則倖臣自殺，外使來，雨水調，五穀豐。犯之，軍府憂。氣之入，蒼，民疫；白，瘧；赤則廊廟有兵；黄，土功；黑，水災。

【攝提】左攝提距南星去極七十二度，入亢七度。右攝提距北大星去極六十七度，入角七度。明大則三公恣，君不明，東向則天下安，不東向爲反衡，天下亂，起移近。大角，有謀，仁道有虧，則失恣疏闊。潛移則改政令。月犯，臣專政則王者惡之。五星犯守，兵起，有謀。火守，天下亂。客星出入，占月。彗出，主惑群，下争起。孛則主自將兵。流星出，有使出。干犯及衝，九卿改動。入，有外兵入王庭。氣之入，青，憂；黄，受賜，占在九卿；黑，則大臣戮。

【大角】大角去極六十六度半，入亢二度半。色黄而不動，天下大安。變色、芒角，爲兵火。動則人主好遊幸，亡則主惡之。月蝕亦然。犯，凶，戰不勝，大人憂。五星犯守，諸侯有兵起。客星出入，謀臣在側而强恣。守則諸侯有謀。彗孛出，主改更。上失仁則彗孛守之，若竿而長六七尺，天下亂，國大變。孛守之，占同。客星出，色黄而國泰民安。流星出之，王者惡之。刺亦如之，亦曰貴人死，兵起邊庭。抵之，將有出者。犯及觸四方，兵起。發而光色，糴貴，大將破。青氣掩，君憂。一道如十尋搶衝過者，殿棵折。黄出，國喜。白掩，大喪。黑久而散，人主惡之。

【玄戈】玄戈去極三十九度，入亢四度。微則吉，明則兵起。芒角動摇，外夷兵興，或移徙則退。

【折威】折威距西第三星去極一百三度，入亢三度。守常則吉。月犯上，無威。五星彗孛守犯，邊將戮。

【頓頑】頓頑距東南星去極一百一十二度半，入亢四度。暗則刑濫。客星彗孛犯，並爲貴人下獄，臣戮。

【陽門】陽門距西星去極一百一十三度，入角十度。明則無侵掠。暗則寇犯塞。五星客入，五兵藏。彗孛守及赤氣入，邊兵用。

【氐宿】氐宿距西南星去極一百四度半。明大則臣奉法度，君安民無勞。微小則臣失勢，暗則臣不奉法而有謀，動則役起。月幹犯，兵起，將憂。犯而有變，盗賊興。入之，兵動。水星犯之，蝗蟲生，萬物不成。入則有赦。環繞而留，其分有兵。守則年豐，立后，而后有喜。火星幹犯，多火災。若成勾已，大人憂，天子惡之。守之成勾己亦然，或有赦。久守六十日，亦赦。乃入之，宫中慎火，臣有謀。土星犯守，其地亡。守之，有德令，土工興，太后、皇后、太子喜，歲安。色赤爲疫，四夷不順，在其宿乃光大黄潤，后有喜，或米暴貴。金守犯，徭役興，君憂，無兵，兵起；有兵，兵罷。守又爲其下饑，將受爵賜。犯，又爲郎將誅；若有芒角，兵喪，亡地。入則霜不時，春糴貴，人役。水星入之，貴臣憂，法官入獄，歲旱不收。守則兵起，多惡風，水旱，萬物不成。若乘左星，天子將兵；右則大水，兵起。客星出之，黄乃有赦，犯乃其分憂。水守，有德令，布帛羊貴，穀不登，邊兵起，後宫亂。入之，邊臣獻女。入中而散，中外不通，大臣恣。彗孛幹犯之，有赦。犯之，爲臣有謀，人主惡之，糴貴。入之，後宫暴，兵起。流星出之，使出宣佈德令。犯則藏書官有憂事。入之，後宫喜，國相佞，病饑。色赤黑，後宫不安；白則有災。氣之入，蒼白，有大疫；赤，內兵作；黄白，土工；白而不散，後宫憂；黑爲水災。

【梗河】梗河距大星去極九十五度，入氐三度。變動以應兵喪，星亡則有兵誅。連陰不見，其分有喪。客星出守，陰陽不和，大風。幹犯則凶奴來侵。彗孛出則敗去。守之如客占，又爲邊兵入寇。流星幹犯，王者出兵。氣之出，赤，大戰；蒼白爲將死。

【招摇】招摇去極三十一度，入亢四度半。與標星、梗河、北斗相直則夷狄受命。暗而不明，敵不臣。芒角、動摇、亡去，皆兵起。彗孛干犯，蠻有喪，及兵動。流星出之，所向有兵起。氣之出，蒼白，相死；赤曰兵起；黃，兵罷，君喜；白乃大人憂。

【帝席】帝席距東星去極六十七度，入氐一度半。明則吉，動摇、微暗，凶。亡則爲失臣。彗孛守，人君憂，又爲兵亂。

【天乳】天乳去極九十一度，入氐十四度半。明則甘露降。客彗孛幹犯守，天雨爵賜。

【亢池】亢池距北星去極七十度，入亢三度。常則吉，微細、移徙則凶。不在亢度中則宗廟有怪，亡則道不通。五星守犯，百川溢。客星守之，宗廟有道，水蟲。死。

【騎官】騎官距西北星去極一百一十二度，入氐初度。星聚，天下安。稀則騎兵叛，不見則兵起，又衛士憂而兵。客彗孛流星犯守及流星入之，兵起。蒼白氣入，將死，大臣黜。

【車騎】車騎距東南星去極一百四十度，入氐二度。星變色、動摇，則兵行於道路。金火客彗孛幹犯，大兵出，天下亂。客星入，西羌降。

【陣車】陣車距東星去極一百一十三度，入氐四度。五星守之，變動，皆兵。

【騎陣將軍】騎陣將軍去極一百三十三度，入氐三度半。星明、大動摇則將盛，兵出。微暗則將亡、兵亂。静則吉。金火幹守，爲兵。客彗孛，尤甚。

【天輻】天輻距南星去極一百一十六度半，入氐十一度。星近則天下有福，明潤則車駕安，動摇則車駕行。五星客彗孛幹犯，輦轂不寧。

【房宿】鉤鈐附房宿鉤鈐。房距南第二星去極一百一十四度半。明大則君明，臣忠，天下太平。暗則臣亂政，王道不行。動外則財寶出，動内財寶入。七政之占行中道，主壽長，天下豐年。由陽道爲旱，爲喪；由陰道爲水，爲兵。月在其宿有變，名寶駟。馬出，時令不順。月五星犯守，皆爲將相憂。又曰木犯之，歲豐民安，有德令，豫州災。守則大赦，天下和平。入則成勾己，天子惡之，良馬出。火金幹犯，將軍亂，王者憂。入占，色青，喪；赤，兵；白，芒角爲火；黑，將相死。若犯而色怒、芒角，兵大起，改正朔，秦、燕、趙、代憂。守則更政，有德令，臣亂，兵起。守而勾己環繞，天子不安其居。土星犯守，有喜，或赦。成勾己，相凶。犯之，又爲后憂。守之，爲地動，兵旱，立后，土工興，宫室數移。金星幹犯，君有憂。占其色：青及白而芒角，皆喪；赤，兵；黑，將相死。守之，土工起，帛貴，將相失位。久守爲饑。入房十日成勾己，天子憂，以赦解之。水星干犯皆殃。犯而留守，爲水。入而成勾己，占如金。守則大臣乖憂，滂，邊兵起而散。客彗孛犯之，國空，民饑。彗孛，又爲失德，臣有謀，兵起，世亂，有德令，馬貴。流星出之，恤民，有德令。犯衡爲水災。抵乃將相出鎮。入則大臣入賀，國昌，或爲喪。入而蛇曲，輔臣亡。氣之出，將相憂。赤則宫中亂，若如波，宫焚，出之兵。氣之入，黃，諸侯來貢。赤黃潤澤，黑貫入其間，諸侯有使來。黑出之，宫中憂。有雲如人形入，后妃有子。鉤鈐距東星去極一百九度半，入房二度半。明則王者至孝，近房則人心同，不則反是。其間有星及疏折，則地動、河清。月火金犯之，王者憂。月又爲車駕行，食則將死。木守爲饑，相去二寸，王者失政，近臣起亂。火守，有德令。土則失土。水乃地震、山崩。客彗孛干犯，宫庭失禁，流星入之，兵散。

【鍵閉】鍵閉去極一百八度，入房四度。明則王道昌，不則宫門不禁，津梁阻。月犯之，大人憂，及火災。五星犯，戒行幸，有匿兵。客彗孛守之，道路阻。流星入，有口舌中宫，大臣災。

【罰星】罰星距西南星去極一百八度，入心一度半。正直而列則法令平，若曲而斜則刑法不中。客彗孛守犯，國政多枉。

【東咸】東咸距西南星去極一百一十度，入心一度。明吉暗凶。又曰行則勻明，天子吉，子孫昌。近鉤鈐則讒臣入，饑，占同西咸。

【西咸】西咸距西南星去極一百四度半，入氐十五度。近上及動摇則奸人爲害，餘同東咸。月犯之，失禮，民饑，又爲陰謀。五星犯守，占同，又曰臣下不從。客金彗孛幹犯守，流星抵之，後宫恣，宫門不禁，貴女憂。流星犯衡，大水川溢，出入則閹出。

【日星】日星去極一百一十三度，入氐十四度半。明大則君有德，月犯掩，下謀上。木守之，王者與天同心，臣忠，天下昇平。金火守犯，人主惡之。客彗孛，則君惡之。

【從官】從官距西星去極一百一十二度，入氐十四度。星大而明。五星客彗孛干犯，並爲巫人構亂。氣之入，占在巫人；黃，受爵；黑，戮。

【心宿】三心距西星去極一百一十四度半。若天下有變，心星見，不祥。大而赤明，德服天下；暗小失色，微弱，不能明。動摇變黑，大人憂。直到主失勢。角而摇動，兵起。離則人流。前星不明，太子不得立。后星明，庶子立。皆光明亦黃，有慶。月犯之，大臣憂。犯中火星，人主有憂，太子、庶子星各以其所主爲憂。在宿有變，大將易，刑罰失中。木星犯乘守之，歲豐，平久。守，臣有謀。火星干犯，大人憂，物不成，民流，土工興，民憂。火犯守，則地動，王者忌之。勾己環繞，災尤甚。土星幹犯，旱，饑，民疫，大赦。守之，太平，大人喜慶，益地，又爲土工。若行勾己環繞，其地亂。金星犯守，兵興，糴貴，殃在貴人。守則又爲臣叛，其分憂。水星犯守，大水，帛貴，内外亂，明當則大人憂，當之在陽爲燕，在陰爲邊。不明，地動，大雨。又犯則兵，旱，民流。守乃盜賊，賦役興。客彗孛犯守，大臣有謀，天子憂。客星出之，君使人於諸侯。犯之，修飾台榭。守之，饑喪，火災，土工興。彗孛犯守出之，兵喪，民流，蝗起，大臣相疑，下有謀。流星出之，遣使邊埸也。犯抵，大臣相賊，入則王者憂之，及外國使來。青色占憂，赤，兵；黃，喜，及土工；白，喪；黑，凶。青氣出之，天子使人之諸侯；赤入之，有立王；黃則子孫喜。前星則太子受賜，庶子亦如之。白入之，亂臣在側。蒼白及黑，各以所主爲憂。

【積卒】積卒距西北大星去極一百二十六度半，入氐十五度。微小，吉，明大則有兵。星亡皆爲兵起。一星少出，二星半出，三星盡出。五星出，金革興，不則近臣謀。彗孛守之，禁兵大起，天子將兵。青赤色雲氣入之，正臣欲論列，兵事發。

【尾星】神宫附尾星距西第二星去極一百二十七度。星欲明，大小相承，則後宫有嗣，子孫蕃，五穀豐。微暗，后有殃，五穀傷。動摇則君臣乖，天下亂。就聚，有水災。疏遠，后失勢。月犯之，臣不和，貴戚其地，將死。若有變，後宫子孫不安。木星犯之，燕地饑。守之，水旱。又曰犯守皆爲糴貴。守三十日以上，立后或生太子。守而成勾己，女后憂之。土星犯守，占同，又曰妾爲夫人。火久守，多妖祥，后妃恐。土守及犯，其色黃，后有喜。守而芒角動摇，易政，兵起。金火干犯，民憂。留守之，后妃、宫嬪或貴人相憂，又爲兵起。守其分，水災。水星犯之，天下水江河決。守之，亦爲水，又曰下賤貴，民疫，后宫憂。客星出，大風，水災，後宫惡之，兵革，亂散，民饑，民死。守犯則女暴貴。彗孛干犯，后、相、貴臣有咎，兵起宫門。流星出入，風雨時，稼穡成。出則又爲使人於諸侯，後宫喜。入則反是。一曰出則有子孫之慶，入則后族進禄。抵之，后妃有喪，氣之入，蒼則舊臣來，赤則諸侯來，青則外國降，白則大臣在殊方，欲歸。青氣出，爲亂。神宫去極一百二十七度半，入尾六度。

【天江】天江距南第二星去極一百一十四度半，入尾十度。星明天動，水溢，兵起不具，津梁不通，參差不齊，馬貴，多死。月五星犯守及流星出入，皆大水。又日月犯爲兵，客彗孛尤甚。一云火星犯守，大旱。氣之入，青，多水潦；黃，兵；白，罷。氣之出，赤則車騎滿野；黃白，天子用兵。

【傅説】傅説去極一百二十八度半，入尾十四度。明大，宫中多祝禱而子孫。暗小，反是。動摇則後宫不安，亡則憂，繼嗣微。居尾下則咒詛，巫醫爲害。彗孛守之，不享宗廟，赤氣入，祝官凶。

【魚】魚去極一百二十六度，入尾十五度半。明大則江河溢。若大而不明，則陰陽風雨時。動摇則暴水，移徙出河，則大魚死。赤爲旱。五星犯守皆凶，曰火上，在陽則旱，陰爲水。氣之占，與天江同。

【龜】龜星距大星去極一百四十度半，入尾八度半。星明則君臣和，不明則上下乖。不居漢中則川溢。火犯，大旱。守之，火起。又曰守之爲水。去之，地千里。客星入之，爲小憂。流星出之，赤，兵；黃，旱；青，黑，爲水，各占其分。赤氣出之，巫祝者憂。

【箕宿】箕宿距西北星去極一百二十一度半。星明大則歲豐，國無讒佞。不明則歲儉。細微就聚，天下憂。動則變夷來，口舌動。不出，三日有大風雨。移徙則民流。宿中星衆則天下安，少則反是而糴貴。月犯之，旱，風，占如上軍，相死。入中亦然，又曰后憂，後宫幹政，法令酷。在其宿，有變，暴風雨作。失行離之，則爲風。凡月犯箕壁、翼軫皆風起。木星犯守，旱，饑，多惡風。入之，中宫口舌。火星入，旱災，人主惡之。守入亦然，又爲改移。地動，燕地君長病。犯則東夷、燕人疫死。環繞勾己，大臣誅。土星犯守，女后憂。守則又爲兵喪。黃，水，土工興，后貴人大喜。金犯之，后喜。守則兵，疫，旱，風。水星犯之，河溢守而動，色青，臣自戮。犯守之，又爲火，旱，物不成。凡土星犯守金星，若入中水星犯之，皆爲赦。客星出之，大饑，大臣有見棄者，宫人出。入之，多風雨，宫女不安，外使來，民流，土工興，北方饑，棺木貴。守之，土工興，秋冬多水。彗孛出犯守，爲夷狄作亂，大旱，兵起。流星出之，宫人有出者，交對。抵之，宫人不安。入乃有風雨。若色黃爲大臣出使，蠻夷來。氣之入，蒼白、黃，蠻夷入貢，及女喜。黃色則宫人多死。氣之出，蒼白，國災除。青則占其分，不爾，四夷來降。黃則使出。

【糠星】糠星去極一百二十七度半。明則歲豐，暗則饑，去則人相食。

【杵星】杵星距大星去極一百三十八度，入箕三度。明縱爲豐，横明則饑，動則人失釜甑，移徙亡没，皆爲歲荒。五星守之，尤甚。客星彗孛幹犯，天下有急兵。

北周・庾季才《靈臺秘苑》卷一二　北方七宿（中外官附）

【斗宿】斗宿距西第三星去極一百十九度。星明則太平而主壽。不明失次，芒角，動摇則國失忠臣，民多怨，兵起。暗而離析，君臣俱禍。月犯，風雨不時，臣將出不測，死，女后憂。在其宿有變，臣更主令，又爲易相，近臣死。入魁，大臣、太子辱，宫中有賊，一歲三入，有赦。木星入犯守，皆爲赦。犯則又爲火，臣逆憂。守乃占同，而大臣受封。經其宿得度而色光明潤澤，國昌歲豐。若有變，失節，其分憂。火星幹犯，丞相有事，有赦，破軍，殺將，道路不通，多火災，暴兵作。守之，爲賊亂及兵，旱，火，糴貴。若久之，災其内，之外有謀，吴分兵起。土星犯守，先水後旱。又曰守之，國多義士，大臣有黜。久守，其分福，或臣動。入中，貴人相死。金星犯守爲兵，又守則戮，臣叛。入乃天下受爵禄，將相黜，或有逆謀，外國使來。水星犯守之，臣謀其分，兵饑。守則斧鉞用，水災，穀傷。客彗孛干犯，王者有病，諸侯不通，下謀上，易政。客星出，使人之諸侯。色青爲憂，赤，兵；黄，土工；白，喪；黑，凶。入則外國來降，獄官入疾，五穀不成，民相攻，多盜，諸侯謀，宫廟火，及兵憂。犯則其下必亂，守則盜，興五穀。彗孛出入，臣下謀亂圖議，其分亂。流星出之，則赦，使出也。色赤或如火色炸，皆大臣死。入則蠻夷來貢，大臣來賀，犯則宰相憂。氣之入，蒼白，多風；赤則旱，或兵起，宫廟憂火；白爲雨；黑則廟有憂，若掩，主病，宜赦解之。黄白潤澤，諸侯客來朝，出則使諸侯。

【建星】建星距西星去極一百一十二度，入斗四度。若星動則民勞。月五星干犯，大臣相謀。木水火守之，諸侯有謀，歲水民饑，貴人死。五星守，在陽田宅賤。金則外國使來。客彗孛干犯，上失道，不納忠，賢士逃。又曰客星守之，道不通，多盜。流星入之，天下謀。赤色者，昌。犯，王道不寧。

【天弁】天弁距西星去極九十九度半，入斗初度。明，萬物興。暗則萬物無。若近見，星明大，動摇則女樂進。月犯之，糴貴。客彗孛犯守，亦如之。若久守則囚徒兵起。

【農丈人】農丈人去極一百二十四度半，入箕六度半。明則歲豐，暗則失産業。移徙及亡皆爲饑。客彗孛守之與暗，移徙，同占。

【天籥】天籥距西星去極一百一十四度半，入箕初度。明吉，暗凶，不具則關籥無禁。彗孛守之，關梁塞。

【天雞】天雞距西星去極一百一十度，入斗十六度半。星不依常，雞多夜鳴。亡則失於伺候，明則有赦。金火犯守，兵起，土星則民流。客彗孛乃水旱失時。又曰客守之，占如變常。流星觸犯，幹戈動。

【狗星】狗星距東大星去極一百一十八度，入斗一十二度。星不依常，則戒守衛，動摇則庶臣爲亂。火守，天下旱驚。客守，御臣作亂。

【狗國】狗國距西北去極一百二十度，入斗十八度。明則邊寇起，不明則安，不具則天下有大盜。月犯之，烏桓、鮮卑之種地亂。五星犯則外夷憂，火守，東夷兵起。金守，烏桓、鮮卑之地受兵。客星犯，占如不具。入之，其主來貢。

【鱉星】鱉星距東大星去極一百八十度，入斗五度。不居，漢中有水災，亡則有喪，大爲旱，水守爲水。又曰五星守之，白衣會；客星守之，有水令。流星犯之，水，野殍死，魚大貴。青黑爲水，赤黄旱。視其所没之處，以占地。雲氣出之，占同。若赤黑氣入之，占如五星守。

【天淵】天淵距中北星去極一百二十九度，入斗七度。若星動摇，不居常，則澇。月行其中，臣近主。五星守，客彗孛犯，皆爲天川決，河溢。又曰火入守，大旱。流星入之，魚出。

【牛宿】牛宿距中大星去極一百八度半。星明大則王道昌，關梁通或牛貴。怒則馬貴，不明失常，穀不登。直則糴賤，曲則糴貴，時則占細爲賤，動爲災炎，亡及中星移爲死，遠漢爲貴，入漢中爲疫。月犯其下有憂，將死，牛馬及穀貴，犧牲之災。其宿有變，犧牲事之四足殃疫，關梁不通，將有農令。木星干犯，吴越來貢。入則貴人及小兒多死，歲多寒，臣有謀，民饑，虎害人。守則陰陽不和，萬物不成，民病，人死，六畜、賊牛疫。火星犯守，諸侯多疾，破軍殺將，臣有謀。一云守又爲兵起，牛車用，將死，牛貴，有犧牲事，臣謀，穀不成收，大人有疾。入牛中，四月越地君長凶，糴貴。土星犯守，有土工事。守則又爲大赦，多雨雪，人民，牛、馬疫，其分多忠臣、義士，天下有急令。金星犯守，諸侯不通，妖言無益。又曰將軍失衆，其分凶。守則地氣泄，城中多死。入之，天下失車用。水星犯守，破軍殺將，有謀，人多死，又爲穀不收，關梁不通，又爲牛疫，多水，其分憂。客星犯之，有犧牲事。守之，越地起兵，又爲來獻，牛馬貴，江淮多盜，歲多水。入之，諸侯客來，出則占如斗，又地動，牛馬貴三倍。彗孛出之，改元，糴貴，牛死。又曰天下合謀，人主憂。客彗孛幹犯，越地兵自攻。流星出之，色赤，將出，如星所之，以占四方。入，將受命。黑色，牛馬疫；黄則昌盛，關梁不通。干犯則王欲改，事及將出，氣之入，黑，牛多疫死；黄白，蕃息；赤爲兵。

【天桴】天桴距中大星去極九十四度，入斗二十四度半。不明則漏刻失時。若前近河鼓或相直動摇及金火守之，皆爲桴鼓用。客星幹犯，占如不明。

【河鼓】河鼓距中星去極八十三度，入斗十八度。其星正直而明大黄潤則吉，易次則亂，兵起；怒則馬貴，芒角則雄猛，動摇則兵大出，直則將有功，曲則將失計。若不正，或有色，皆爲兵憂。月犯，將軍死，有軍在外則敗，無兵則兵起。木星犯之，將有誅者。火星犯守，大將軍死，軍食絶，又曰兵大起。土星入守，大將有錫。受封者起之，將軍憂。金星、辰星犯守，皆爲兵起，將憂。客星出，旗鼓大用，穀貴，軍乏糧。入之，三軍出野，宫吏驚。流星彗孛入之，兵起，大將出。若抵之，有死將。氣之入，蒼白，將有憂；赤，兵起；黄白，有以衆來降者；黑則將死；青，將憂。蒼白氣出，則禍除；赤出，將軍出，戰不勝；黄白出，將有喜。

【左旗】左旗距西大星去極八十三度，入斗二十二度。星直而明潤，將軍能應用。曲不明，將失計。芒角，將軍凶猛。動摇差戾，亂兵起。月犯，軍敗亡。火星則大將起兵。五星彗孛干犯守之，占如右旗。客流星出之，兵出；入之，兵入。流星干犯，兵起，諸侯作亂。入之，大將亡旗鼓。氣之入，黄白，天子喜；赤兵起。出則戰勝。青黑入，皆占在將。青，憂；黑，失地。入則大衆行。氣之入，黑及蒼，憂，水；赤，旱；黄，有德令。

【右旗】右旗距東大星去極八十八度半，入斗十五度。占與左旗同。

【漸台】漸台距東南星去極五十八度，入斗十度。明則陰陽調而律吕和，不明則反是。客彗孛干犯守之，陰陽乖戾。流星犯，宫庭火。

【輦道】輦道距西北星去極四十七度，入斗一十一度半。明而列則衢路通。火星守之，禦路兵起。流星出犯，天子遊獵。

【織女】織女距東大星去極五十二度，入斗五度。星欲明，王者孝通，神明則星明，而天下和平。暗而微則女工廢。大而角，星怒布絹貴。一星亡，女病或兵起。月犯之，女后憂。火客守之，同占，又曰絲帛貴。客彗孛干犯，后族亂，人誅。又曰彗出之，女黨行政。有星守之，爲女喪。流星出之。布絹貴。入之，水災或盜。干犯衝入，占如月。氣之入，占在女子，蒼白，憂疾；赤，兵起；黄，有進女；黑，病死。

【羅堰】羅堰距北星去極一百九度，入斗四度。暗則吉，明則百川溢，馬被水淹，客彗孛干犯，大水暴起。

【天田】天田距西北星去極一百一十六度，入斗二十三度。明則耕農及時，微暗及客彗孛守之，農失業。又與角北、天田同占。

【九坎】九坎距西大星去極一百四十一度半，入牛初度。星明盛有大水，微小則吉。五星犯之，江河溢。客星犯，天下憂。流星衝犯王者，憂，后崩。氣入，青，旱；黑則百川溢。

【女宿】女宿星距西南去極一百四度半。星明則民豐、國富，女功昌。暗小則國虚，動則有嫁娶、出納、裁製之事。月犯之，女子多疾及女惑。犯而有變，布帛改，易貴賤，女工令。一曰月變須女，有嫁娶事，兵不戰而降。土犯，美女進，后妃喜，宫中爲賜。守則女喜，歲多水，糴貴，民有大災，其分饑喪，人多凍死。火星犯，國多妖，不祥，大臣當之。守又爲女喪，民病，政急，后病，宫中火災，布帛貴。入亦如之，又爲天子納女工。土星犯守，人民相惡，有女喪，又爲后喜，且專政，賤者暴貴，山水壞廬，多妖女及土工。入之，君有喜。金星犯之，布帛貴，兵起。入之，有女謀金帛；出，有女多寡。犯守同占，又爲嫁娶事。水星亦爲娶事；不爾，外國進美女，或爲水災，帛貴。又守之，后夫人憂。客星干犯，有亂。守則糴貴，宫人憂。又犯守，美女進，賤暴貴，及兵起。出入皆爲嫁娶事。彗孛出入，王者惡之，其下憂。干犯則占同客星。流星出之，女禦爲使。犯入則天子納女。抵之，貴女下獄。又出，色赤，妄，死；黑，女功死者。若潤澤，爲入后。氣之入，黄則女后有慶；黄白，有嫁女事。赤，兵死；白，疾；黑，喪，皆占婦人。

【離珠】離珠距東北大星去極九十五度，入牛六度。星非其故則後宫府藏有移。五星客彗孛犯，後宫爲亂，若宫人有罪。流星入之，宫中兵起。

【敗瓜】敗瓜距南星去極八十二度半，入牛六度。占如瓠瓜。

【瓠瓜】瓠瓜距西星去極九十七度，入女初度。明大潤澤，歲豐。暗則果菜不登，而后失勢。不具及移徙，動摇皆爲賊王者，以瓜菜爲敗。非具故，則山穀多水。五星幹犯，大旱。客星干犯，大旱。客星出之，以果實賜諸侯。犯入，同占，又爲遊兵不戰。守之，占如非故。入則魚鹽貴，獻食之官憂，近臣辱。流星衝犯，天下不安。氣之入，蒼白，果木不可食；黑亦如之，政憂；赤，天子攻城；

黄，以果賜諸侯。

【天津】天津距西稍星去極四十七度，入斗二十三度。一星不具，關梁不通。星明、動，則兵起。又色微而參差，則爲貴妃疾。若移徙，或亡，河水爲災，水賊稱王。客星守之，入之，皆爲大水。流星出之，有使出，隨星出之處占。

【奚仲】奚仲距西北星去極三十八度，入斗十八度。金火守，兵大起。

【扶筐】扶筐距北第一星去極三十二度，入斗八度。星明則吉，不明則女功失業。暗及移徙，農蠶不收，絲綿大貴。客彗孛流等星干犯，同占。

【十二諸國】十二諸國，趙距西星去極一百二十三度，入牛四度。越去極一百二十四度，入牛四度。周距西星去極一百八度，入牛六度。齊去一百二十八度，入牛六度。鄭去一百二十三度，入女一度。楚去一百三十六度，入女二度半。秦距西星去一百六度，入女三度。燕去一百二十八度，入女四度。魏去一百二十一度，入女四度半。代距西星去一百十六度，入女六度半。晉去一百二十八度半，入女八度。韓去一百二十三度，入女八度少。其星有變及五星客彗孛干犯，各以其國占。

【虚宿】虚宿距南星去極一百度半。静而明，天下安，不明則旱。揺動，有井田之法及喪，欺糾上下不比，享祀失禮。月犯，兵起，有陵廟事，空邑複起，其分憂，將死。其宿有變，土工作，外軍饑。木星犯，圍乘守，宰相凶，有德令。犯，又爲王者惡之，天下饑。火星幹犯，流血滿野。守則將叛，旱災，萬物不成，女子多厄，有土工，兵火起。入而勾己，大人憂，戰不勝。又犯之，守七月，齊分君憂，災，不則相凶。土星犯守，有赦，德令行；又守則風雨不時，旱風，米糴貴，大臣爲亂，人多不安，妖言。金星干犯，爲喪政。急。有芒角，臣有謀。又守犯之，有兵不多，孤寡。水星幹犯，春旱秋水，五穀不成，其分政急，多水災。守亦爲水，物不成。若角動，色青，臣欺君，國兵喪。客星守，其分兵疫。犯之，糴貴。守犯，又爲哭泣事。出則使人之諸侯，其分有喪。入則有井田之法改製之事，軍離散。又出入，君自將兵。淩犯，環繞勾己，國憂，兵亂。彗孛出犯，爲兵喪，亦占其分，彗孛所指，其地必亡。流星出之，貴人求醫，重臣出使。入則其下兵聚，又曰出入之於相，光潤澤則受賜，黑死黜。氣之入，白蒼，哭；赤則大哭；黄蒼，喜慶；白則使客來；黑則水爲憂。白以喜，祀宗廟。出之爲享祀。

【司命】司命距西星去極九十二度，入虚三度。逢星出之，王者憂，疾妨，妖惑。

【司禄】司禄距西星去極九十度，入虚四度。

【司危】司危距西星去極八十五度半，入女八度。

【司非】司非距西星去極七十九度半，入女九度半。其命禄危非皆占在天子以下壽命、爵禄、是非、安危之事。明大爲災，居常則吉。

【哭星】哭星距西星去極一百一十七度半，入女九度。月五星客彗孛干犯，皆主喪。流星出入，大臣出入。

【泣星】泣星距北星去極一百四度半，入危二度。占同哭星。

【天壘城】天壘城距西星去極一百二十六度，入虚初度。金火客星守入，夷人死塞。赤氣掩入，北夷驚滅，大疫。

【敗臼】敗臼距西北星去極一百三十九度半，入虚八度。一星不具，民亂，貧。不見則人流。五星入之，禍殃作。客彗孛幹犯，人相食。黑氣入，主憂。

【離瑜】離瑜距南星去極一百二十八度，入女九度。星微則後宮儉約，明則婦人奢縱。客彗孛干犯，後宮無禁。

【危宿】墳墓附危宿距南星去極九十六度。星動、不明，營宫室，土功，兵革興。月干犯，大臣及其分有憂，將死，興治樓台，又爲兵喪，來年米貴。在其宿有變將相，有哭泣、死喪、墳墓、動衆之事。木星干犯守之，更宫室及土功興，又兵喪。又守，則民勞，多盜，民相惡。火星犯之，越亡地。守則國憂、兵叛、疾疫、宫中火災，春旱秋澇。久守，近臣叛。犯守皆爲大赦。土星犯守，皇后憂，兵喪並起，土功興。又守爲水旱，民疾，祠祀不恭。金星干犯，無兵，兵起，有兵，兵罷，穀不成，多火災。守則旱火，民多癰疽之疾，將軍憂。又犯守之，天下多急事，國憂，兵加，民流亡。水星犯守，大臣、刑法官憂，其分災。又守，曰皇后有疾，糴貴，兵喪並起。客星出犯之，多雨，穀不登，及哭泣，則土工興，營宫室，王侯死，國敗，饑荒。若留守成勾己，君惡之，又云建宫室，立王侯。彗孛干犯，其分有叛者，兵起，將出之，易政，糴貴，大水。流星入，其下不寧，下有謀。抵則地亡，交秋兵犯，則有祭祀事。黄潤出入，國安，歲豐，土工興，陵廟有火，大臣災。氣之入，蒼白若赤，皆爲土工興，功營造事；白，兵；青，憂；蒼則憂，損屋；黑，有喪；赤氣出，火災；黑，下有水，若哭泣。若黄而出之，國有喜。墳墓距中星去極九十六度，入危五度。星暗小，移徙不見則山陵不安。動揺及五星犯守，皆爲喪。流星出入，有喪事。

【臼星】臼星距南星去極六十九度半，入危二度半。仰則歲豐，覆則儉。若杵臼不相當，軍士饑。餘占與杵同。

【杵星】杵星距南星去極六十一度半，入危三度。守常則吉，若不具、不明、動搖、移徙、離拆，與臼不相當，皆大饑。客彗孛守犯，亦如之。

【造父】造父距南星去極三十八度，入危十一度。明則喜。亡及動搖，兵起，馬貴。客彗孛幹犯，兵革動，廄馬出。

【車府】車府距西第一星去極五十六度半，入虛四度半。動則車馬出。火金客彗孛干犯守之，兵車動。

【鉤星】鉤星距大星去極二十四度，入危初度。星明，明則服正，若非其故，彗孛干犯，五星守之或直，皆爲地動。

【人星】人星距西南去極七十度，入虛六度半。星亡則有僞詔及婦人之亂。若星芒則天下有縱民，不具則王者有子孫。客彗孛幹犯守之，人多疾，或民亂。有星入之，天子有詔，符傳相驚。

【蓋屋】蓋屋距西星去極九十七度，入虛九度。星動有板築之事。五星守犯，國兵起。客彗孛，尤重。

【虛梁】虛梁距東星去極一百度半，入危六度。星動搖則陵廟壞或築。金火干犯，兵起。客彗孛同占，又主大凶。

【天錢】天錢距東北星去極一百一十八度，入危三度。明則庫藏盈，暗則虛耗。金火守之，兵盜起。客彗孛幹犯，庫藏有賊，火。

【室宿】離宮附室宿距南星去極八十度半。星明而靜則國昌，不明則禱祀不享。動則兵出，土工興。室壁爲四輔，各有二星二舍也。欲其正實，正由方也，實則中多小星。四輔不正則輔臣不忠。二舍不實，宮女諂，後宮怨。月犯之，宗廟毁，宰相憂，土工興，有哭泣，王自將兵，在其宿有變，臣亂，兵在外敗。木星干犯，得地，歸與民爵。守之，修宮室，土工興，野滿，宮中火災，民疫。火星干犯，兵戰，歲不收。守之，水旱，大疫，宮中不和，或病死。若久而成勾己，大臣陰謀，兵起。入宫勾己環繞，天子出幸。土星干犯，其下有兵出入，用斧越，貴人憂。守之，有爵封益地，關梁不通，土工興，后夫人有憂。久守，大人惡之，以赦除咎。金星干犯五寸許，政令不行。守則兵罷，國喜。又夫人忌之，防察親近。久守，兵革滿野。乘守勾巳，逆行往來，宮妃廢，或天喪，宮人諂。水星犯守，掩閉其分，水災。又守則西北兵動，深宜守備。客星守之，城郭壞，不利先起兵，君使人於諸侯。赤，占兵；白，喪；黄，土工；青，憂；黑，凶。犯則王者憂之。守之，不利出軍，多陰雨。彗孛出之，大亂，易政，大水。幹犯，先起兵者弱，戰必亡地，將戮。見其宿中，後宮亂，有德令。流星幹犯，軍乏糧。出之，有使出。犯之，人使自他邦來。赤，占兵；黄白，土工；黑，喪；青，憂。其色潤澤。出入，國安，歲豐，民欲有廟享、慶賀之事。氣之入，兵起。雜雲氣在其宿中，民暴疾。雲潤澤如日月，男子之祥。離宮星動搖，土工興；不具則君憂。月宿之，君數移寢處。金幹犯，成勾己環繞，皆爲兵起。客星出之，犯爲喪。彗孛干犯，宮室有修除事。

【雷電】雷電距西南星去極八十七，入危十二度。明動則雷電作。流星出入，爲風雨不出七日。又曰赤色，旱；清白，雨。

【螣蛇】螣蛇距中大星去極四十四度少，入危九度半。明則不安，微則安。移徙，南旱北水。客彗孛犯守，爲水災。又曰守之，天下怨。流星入之，水旱，兵喪。衝之，口舌起，魚鹽貴，龍見。

【土公吏】土公吏距南星去極八十五度半。動搖，有板築之事。金火犯守，兵起。

【壘壁陣】壘壁陣距西第一星去極一百一十五度，入虛初度。明則國安，非其故則兵起，破軍，殺將。亡則兵盡出。五星逆、守、留、淩犯、變色、勾己、客星入之，皆爲兵起。火金水，尤甚。客星干犯，邊將死。流星入而色青，南則后憂，北則諸侯憂。赤黑，東則后有謀，西則太子有謀。黄白，諸侯受賜。

【羽林軍】羽林軍距大星去極一百一十七度，入危十五度半。星而聚則國安，稀而動則兵出，其中無星則兵盡出，不見則天下大亂。月、五星入犯，皆爲兵起。五星若退留、變色、成勾己者，兵革大興。火金，允甚。火星留二十日已上，大人當之。若芒角、色赤，興兵者。客星守之，及戊己日旬始見，其中兵大起。入而色黄白，天子喜；色赤，臣叛。彗孛出之，大人謀逆。流星出，其禁兵受賜。犯則兵起，士卒散，軍有出者。其入之，與壘壁同占。氣之入，蒼白入南，后憂；北則諸侯憂。黄白，后或太子有所獻。黑則太子、諸侯憂。

【斧鉞】斧鉞距北星去極一百三十度，入室二度。星不欲明，明動則斧鉞用，移徙非常，夷兵起。月五星彗孛犯守，皆爲臣下將死，憂，誅。彗孛，尤甚。

【北落師門】北落師門去極一百二十六度，入危十一度半。大而明則國安，微小、芒角，月五星幹犯，皆兵起，水火甚之。客彗孛幹犯，守之，光芒相及，覆軍殺將，邊兵入塞。流星入、抵，皆爲兵候。氣入，蒼白，疫；赤，兵；黄白，喜及使出；黑則邊將死。

【天綱】天綱去極一百二十九度，入危五度。動摇則兵出入不常。彗孛爲兵起。

【八魁】八魁距南大星去極一百三十九度，入壁四度半。動則禽獸多羅網死。火金客彗孛犯守，皆爲兵起。

【東壁】東壁距南星去極八十度半。星明則王者吉，國多君子。暗及失色、大小不同，尚武事，經術、圖書廢。動則有土工。雜徒就聚爲宅事。月犯之，大亂，民饑，多死其分，憂，及土工。在其宿有變，孕婦多損，近臣憂。月宿之，不晦冥而有風雨。木星幹犯，水，傷穀。守則有赦，國有賢人，天下安。久守，淩犯，勾己，夷狄侵擾。幹犯，若是火星則衛地，憂；不則相凶。守乃兵火，土工，歲惡，賢者退之。若守而光明潤澤，則凶。土星守犯，君安國昌，圖書興，天下豐平。逆行，勾己，其分土工興。金星干犯，火災。守之，有軍不戰，大臣向正，水旱，風雨，文武術士病。月犯守之，其分兵喪，奸臣謀。客星出之，色赤，其下大臣憂。犯之，文士死，亦爲喪，津梁不通。守則死，歲多風雨。彗孛出犯，其分兵起，火災，一云大水，民流。客星彗孛干犯，文士死，流星犯之，同占，或文章廢。黄白潤澤出入，文章、賢士用，遠國來。氣之入，青，憂；蒼白，喪；黑，破亡，並占其分，黑又爲水；黄則外國來貢，又名倚五立；赤出入皆爲兵起。若無潤澤，天子言宗廟事。

【天廄】天廄距西星去極四十九度，入壁初度。明而動則多郵馹，不明則道路節。非其故，人主以馬爲憂，不則馬多死。月犯，六馬歸。客彗孛干犯，入守，舍驛道路不通。彗入，又爲廄焚。或移動，流星出入，天下驚，御馬死路；色赤黄，御馬進。

【土公】土公距西星去極八十五度，入壁初度。動摇，有板築之事。

【雲雨】雲雨距西北星去極九十五度，入室五度。星明則多雨水，動則多陰陽晦。火守，天下旱；水守，大水。流星與霹靂，同占。

【霹靂】霹靂距西星去極九十二度，入危十五度。星明而動摇及五星犯入，皆有霹靂之事。流星明，同占雲雨。

【鐵鎖】鐵鎖距中北星去極一百二十八度，入奎三度半。明則牛馬肥；動摇、微暗、不見，牛馬多；不則多死。彗孛守，爲兵將憂。

北周・庚季才《靈臺秘苑》卷一三　西方七宿（中外官附）

【奎宿】奎宿距西南大星去極七十二度半。星欲明則吉。若德政虧，則星有角動，爲兵，其中星明則大水。月犯之，其分亂，邊兵，水災，貴人憂，民不安。木星干犯，近臣爲逆。守之，大饑，多獄訟，又爲其大道興，臣忠，北人賓服。若潤澤，爲大熟。入之以饑，兵起。火星犯之，環繞三十日以上，將相凶，其分水災，民流。守則農夫不得耕，又爲疾疫，不宜婦人，其分多妖言，妖孽。若動摇、進退，有赦，入則三日魯分君長死。經旬，相死。土星干犯，女后昌，國喜，遠人來。守之、入之，有名者多死，邊兵動。久守，貴女攝政，或有女喜。金星干犯守之，外兵來，有軍不戰，五穀不成，有赦。又守之，傑俊興，國有圖謀。有芒角，天下争奪；又守之，外兵入國及兵起西方。水星干犯，奸臣有謀。守之，天下多悲，王者憂。入乃水泛，守占亦如之。又大臣下獄，水旱，兵，火災，五穀不成。客星出之，奸臣僞惑天子。干犯或入，其中有溝瀆事。又入之，爲破軍，殺將。守則賊臣在側，王者有憂，或兵敗。彗孛干犯，出入皆爲兵喪，大饑，占於西北宜備之。流星出入，有溝瀆事。入之聚，衆事及破軍，殺將。干犯，若赤如火光，炸有聲，出入皆爲弓弩用。氣之入，蒼白，婦人憂；黄，有珠玉寶，喜，宫女災。若潤澤，爲天下喜，而有受命。赤者，亦爲兵及婦人之病。

【附路】附路去極三十五度半，入奎五度。芒角動摇則車騎在野，不明則津梁不通，亡則有道路之災。金火干犯，占如芒角。客彗孛犯之，道路不通。氣入之占在太仆，赤，誅；黄白，受賜；蒼白，憂；黑爲死。

【軍南門】軍南門去極六十六度，入奎十五度。星不明則夷狄叛，明則遠方來貢，動摇則兵起。他占與大將軍同。

【閣道】閣道距南星去極四十八度，入奎四度半。星不見則輦道不通，動摇則宫垣有兵。客彗孛干犯之，人君不安，國有喪，人君居正殿。不微行，則吉。氣之入，黄，喜；黑，病；白，有急事。

【策星】策星去極三十三度半，入壁五度。若動摇移徙，居王良前或處馬後，是爲策馬，皆爲兵起。故曰「王良策馬，車騎滿野」，又曰北夷製號。流星彗孛干犯，大兵起，天子將兵。

【王良】王良距西星去極三十七度，入壁初度。明則馬貴，不具則津梁不通。移向西方則隨其方兵起，「王良策馬，車騎滿野」。前與閣道相近，相近有江河之變。金火客彗孛幹犯，皆爲兵起。客彗孛又爲橋樑不通。彗出之，奉車之臣反。

流星出入，占與雷電同。干犯、抵入，兵將興。氣之入，白占奉車之臣；青白，憂，墜車；赤則斧鑕用；黄爲拜賜。

【外屏】外屏距西星去極八十九度，入壁八度半。星不明、移徙，國不安居。其他與天溷同占。

【天溷】天溷距西南星去極九十七度半，入奎二度。不明、移徙，人不安居。客星守之，下溺衆。

【土司空】土司空去極一百一十五度少，入奎初度。大而黄潤則天下安；否則凶。五星幹犯，男女不得耕織。客彗孛，則水旱，民流，兵起，土工興。流星干犯，同五星，又爲荒亂，災起。黄氣入之，遷都，土工興。

【婁宿】婁宿距中星去極七十五度半。星明則王者祀享，子孫昌，臣盡忠，又曰天子孝，天下和平。星明大而赤色，或色小，郊祀失禮。動則有聚衆事，明静則天下和，直則有執主之命；就聚，國不安。月犯之，有田獵，民流，將死，其分憂。犯及有變，聚斂事作，兵戰而和，人多冤獄。木星干犯，有赦，春糴賤，牛多死，苑囿空。守則世治，兵罷，有聚斂事，民疫，六畜大貴。火星犯守，旱，穀貴。又守則臣亂政，人多疫，金銀貴，或赦其分，君長憂。若逆行成勾已，倉庫火災。土星干犯，或邊境不可將兵。守則天下豐樂。金星犯守，將軍惡之，其鄉吉，天下和平。水星犯守，法令急，大臣憂獄，水災；無兵，兵起，有兵，兵罷。若芒動而赤黑，臣争禄。客星出之，邊兵動。干犯，大兵作。守則社稷不安，王者憂，貴人當之。不則魯地兵起，又糴貴，狄人死。如入其中三日環繞，大赦。彗孛出犯，水旱，穀傷，畜死，兵饑。流星出入爲聚衆，又出則祠官用事，或德令清。犯之，犧牲蕃畜，色黑多死。若抵，死，貴賤相謀。氣之入，赤黑，兵喪，並起疾疫；黄則貴人受賜；白，民受賜；黑，水災。

【天大將軍】天大將軍距南大星去極六十度半，入婁四度。明則將軍勇，暗則弱。動摇，不具，兵起其分。左右岐星爲旗，若其旗直揚者，隨所直擊之勝；逆之則負。五星客犯守，大將憂。彗孛出，若干犯，兵起，大將誅死。或流星入之，大將驚。氣之入，蒼白，兵將憂，疫；赤則兵出。

【右更】右更距東北星去極七十五度，入奎十三度。星，不具則道路不通。金火犯守，山澤有兵。流星犯之，大更失錯。

【左更】左更距西南去極一百七十五度半，入婁四度半。占同右更。

【天倉】天倉距北第三星去極一百四度，入奎十度。星大而黄，或相近及其中星繁，皆歲實，稀少相疏則歲惡。天下有兵，則倉庫之户俱開而主勝。若兩軍相當，其星不見，則所臨之軍絶食，大祲而亡。五星入守干犯，皆爲粟帛發用。客彗孛犯守，五穀不成，倉庫皆空。流星出入，有賑貸事。氣之入，蒼白若黑，不熟；赤，旱，倉廪火。黄白歲豐。

【天庾】天庾距中大星去極一百二十五度半，入婁五度。占與困倉同。

【胃宿】胃宿距西南星去極六十七度半。明大則倉廪實，天下和平。暗則倉廪虚。乍大乍小，失位摇動，有轉輸事。就聚則穀貴，人流。若移徙。倉穀不出；芒則兵起。其中星衆，則穀聚；少則穀散。月犯之，兵饑及疫，夷狄爲憂，及粟貴事。犯而變色，其分有憂，將軍死。木星犯守，穀無實。又守之，王者順天德，國安，歲昌，其分昌。火星守之，旱，饑，疾疫。犯之，囚獄空，法令改更，主勝客敗。守之，又爲貴人有憂。若久守，進退環繞勾已，倉廪空虚，兵起。土星犯之，水災，臣叛。守則無蓄積，有德令。若逆行、守之、或勾已，兵起。金星犯之，歲將大惡。守則民饑、兵亂，又爲大臣執忠，四海安寧。又犯守，則將軍爲亂。若逆行守之，或勾已，其下兵起，流血。水星犯守，穀不實，其分不寧；又守之，兵旱，國立侯王，王者有急令。客星出之，其分君長憂。幹犯守之，皆爲饑。彗孛出犯，亦然，又爲臣叛，兵起。流星出之，以金出賜大臣，有降國，其分五穀豐。抵之，倉廪空，出則其官黜。氣之出入，其色青黑爲兵，蒼白及赤爲粟出；若入蒼白，占同；黄白潤澤，歲豐，倉實；黑則倉穀敗。

【大陵】大陵距大星去極五十五度，入胃七度。星明大，其中星繁，則天下多喪，民疫，兵起。不則安而無兵。月五星犯之，皆爲兵喪。水星彗孛，則有積屍。流星出之亦然，而占在其下。守犯衝，則栄官憂。蒼白氣爲兵喪，赤則人多戰死。

【積屍】積屍去極五十五度，入胃四度。暗或不見則吉。月干犯，有叛臣。五星犯守，天下多喪。客彗孛流星出入，皆爲喪。流星則以日占其分，大臣憂。赤白青色則死；氣之入，蒼及黑皆爲人多死。

【天船】天船距大星去極四十四度半，入胃十三度。星欲其均明，則天下安。若移徙不明，則有喪兵。星不在漢中及五星客彗孛流星犯守，若入，爲大水。氣之入，青，天下有憂，船不可動；黄白氣，行船有喜。

【積水】積水去極四十三度，入昴初度。不明則吉，明則水溢，動而止行則舟船崩。火星干犯，兵起，有水災。

【天囷】天囷距大星去極九十一度半，入胃六度半。星明則歲豐，暗小、不見爲饑。月犯之，有五穀事。五星犯守，倉庫空。火星又爲錢穀，主者黜。客彗孛則倉庫焚溺。流星出入，占如天倉。青白氣入，歲饑，民流。

【天廩】天廩距南星去極八十五度半，入胃十二度。明而實，國充，歲豐。黑而稀則粟廩敗。其占與囷倉同。月犯之，穀貴。五星犯之，爲饑，倉粟出。彗孛則倉廩空，其官黜。流星入，青，天下多憂；赤，旱，火；黄白，熟。氣之入，占如流星，爲水戾。

【昴宿】昴宿距西南星去極七十度。明則牢獄平，暗則法刑濫。大星明與火星等，大水。七星皆黄又大而動摇，皆兵起。一星亡，爲兵喪。動摇，大臣下獄。月犯之，將軍死，門户之臣憂，其分兵饑。犯而變色，其分民離散。木星犯守，獄空，北征於狄，棺木貴。守又爲刑急，有兵，水災，禍不成，有德令，臣有獄死者解。久守，大臣有咎，關津吏憂，及民饑。火星犯守，四夷兵起，旱，火，饑疫。又守之，狄人不寧，貴人多死，又或赦。守而勾已環繞，亦爲赦。入之占同，又爲喜令，天下無兵，有亦罷。土星犯入守之，皆爲胡王死。犯之又爲天下有禍。守則女后失勢，夷人死，土工興，穀不成，火災，民疫。金星守之四夷，夷主憂死，兵動，將軍下獄。犯則兵，旱，火。又云犯守之，易政令，臣有謀。入則大臣憂獄事，天下擾，趙分有兵，大赦。久之，夷可伐。水星入之，兵起，破散，民流亡。犯亦如之，又爲大水決溢。守則民饑，諸侯誅，邊兵起，夷人勝。勾已逆行環繞，刑獄失大率。月五星干犯，皆爲夷王死。客出之，兵車滿野。犯守，兵起，臣叛。入乃貴人有急獄，夷兵敗，其分有喪。彗孛犯之，臣亂，兵起。出亦如之，又爲赦。流星出入，貴人下獄，兵起。出則他國使來。若大流星出之，有赦，入則夷狄來。氣之出入，青，有兵，大水；蒼赤，民疫；青白，人多喪；赤，有軍令，白衣將兵；黄則其分喜；黑入抵之，夷王死。

【天阿】天阿去極六十六度，入胃十五度。客彗孛干犯，妖言滿國。

【卷舌】卷舌距東南星去極十二度，入昴一度。星曲而近則賢人進。若直而動、明大及出漢，天下多口舌。月幹犯，人多死。五星流則多讒佞。客彗孛干犯守，侍臣有咎。

【天讒】天讒去極六十一度半，入昴初度半。暗則吉，明盛則佞臣用。客守之，天下妄言。

【礪石】礪石距南第二星去極六十五度，入昴六度。居常爲吉。明及火金干犯，皆主兵起。客星守之，百工用；赤爲兵動。

【月星】月星去極七十一度半，入昴一度。明大則女后專政，星微則吉。金火客彗孛干犯，女后、大臣有憂。又金火守之，大臣走，兵亂。

【天陰】天陰距西星去極七十五度半，入胃七度。星不欲明，明則禁漏泄。

【芻藁】芻稿距西中星去極一百八度，入婁十一度。若其中星盛，則庫藏貯而豐，稀則貨財出，暗則芻稿焚溺。赤氣入，有火災；黄則天子財豐，赤氣出，以火出貨財；黄則喜出。

【天苑】天苑距東星去極一百七度半，入昴七度半。從東第八星去極一百八度，入胃三度。明則牛馬、禽獸盛，不明則瘠死。不具，有斬死吏，或斬刈事。五星客彗孛犯守入，兵起，畜獸多死。流星出之，占在牛馬。色赤，以兵；黑則以令出；赤，多傷；黑，多死；黄則蕃息。氣之入，以色占如流星。

【畢宿】附耳附畢宿右股第一星去極七十五度。星明大則遠夷來，天下安。失色，動摇，邊兵起，讒臣用。離徙爲獄亂，就聚，法令酷，芒則爲兵喪。月犯之，陰國有憂，刑急，臣叛，將相憂，春多雨，夏多風，天下有變令，邊兵起，邊將刑。失行離之則雨，入則亦如之，又爲兵起。木星干犯入之，多暴風雨，又爲有邊兵。守則大赦，王賜夷狄，邊兵急，或糴貴。火星犯之，兵戰。入則兵饑，將相憂。守之，有德令，國有畋獵，男子則爵，夷主死，道路不通。土星干犯，有赦，兵起，西北不戰。守亦兵起，賦役繁，政令不行，邊有降軍，王公受賀。入之，地震，水溢。入畢口，大臣憂。金星犯之，邊兵敗。若犯大星及左右角，皆將戰死。守則大將有功，大臣出使，有急令，及兵起，邊境不安，水災，五穀不成。若守則其西國益地。入畢口，車馬貴，將相爲亂，國易政，及女喪。水星犯之，水災，兵，刑罰用。木火土金入之，皆爲赦。客星出，邊兵，車馬急。入之畋獵，事多，貴人下獄。入畢口，大臣憂，無兵，兵起，有兵，兵罷。犯亦如之，又爲歲饑。守乃讒臣弊主。又犯守，外國有詐來，欲叛謀。彗孛犯，土工，人勞，夷爲亂，邊軍大戰。守柄，王侯益地。守口，相爲亂，易政令。若出之入之，占其色。蒼則五穀不成，下有破軍；赤乃其分主憂；黄，女爲亂；白，兵喪；黑爲水。流星入犯之，邊兵大戰。若赤色，如之蕃。黄白潤澤，光出之，赦令行，使出安邊。入則四夷求和，國有喜慶。雲氣之入，蒼白，歲不收。赤，兵，旱災。黄白，天子有喜，貴人生。出入，受民田。附耳在畢下去極七十七度，入畢三度。星勝，中國微，盜賊起，邊侯驚，外國反。移動則讒佞行，而兵起，邊鄙尤甚。月五星犯之皆爲兵起，將有喪，憂，不即免退。客星守，兵饑，多獄訟。氣之入，蒼白、純白，將憂；赤則內兵起；黃白，無兵，兵起；黑，將死；赤出，將出；黃白，爲兵將。

【天街】天街距南星去極七十一度，入昴十度。明則王道正。月犯，道路不通，軍嚴。五星犯守，邊兵動，大臣憂。若留上，邊行；其中赤，爲兵候。金火守，又爲邊兵起，道路絕。彗孛犯守，邊人入，中國失地。

【諸王】諸王距西星去極七十度，入畢三度。明則附，不明則叛。不見則兵起，宗廟憂。月、五星、客慧孛干犯守，流星出之，皆爲諸侯宗臣災。

【天高】天高距東北星去極七十四度半，入畢六度。守常則吉。微暗則陰陽不調。若干井鉞則大臣有咎；不則高爲下，下爲高。月犯之，將死，臣誅。五星，水旱不時。客彗孛幹犯守之，大旱。蒼白氣入，旱霜損稼。

【五車】五車距大星去極四十七度半，入畢八度。其西北柱四十九度，入畢五度。東南柱五十九度半，入畢十五度。東北柱五十三度半，入畢十六度半。五車有變，各以所主占之，五穀豐儉，亦占其星。又以五寅日候其車。若大風寒，折木發屋則物類大，貴候法。如庚寅日候金車，布帛、銅鐵、麻日、風寒，其物貴也。五星靜則爲吉。若明大星繁，兵革大行。一柱出軍外或不見，則兵少出。三柱盡出或不見，則兵盡出，入亦如之。柱若出，每一月穀貴三倍，月數增之。若見出而不居二星之間，天下大水，米貴，轉穀千裏；若到立則戰車行。五車三柱欲其均明，闊狹有常則萬物成，年豐，君政得則應之。若動搖、微暗，則所主之物貴，大風，兵起，君政失則應之。月干犯入之，兵起，駕道不通。五星犯守，旱喪。入則兵起，金火尤甚。客星入之，占其色，青，憂；赤色、白、黃，人主受賀；白，喪；黑，死。犯之所守，物貴三倍，天下大水，地動，海魚出。守之，左，軍大發；右爲喪。彗孛犯之，兵騎滿野，民徙。流星出入，諸侯入賀，國有喜。犯衝則水旱不調，天子惑，諸侯憂。若光明潤澤，遣使四民，五穀成，年來物賤。氣入蒼白，民流；赤，兵起。

【天潢】天潢距西北星去極五十八度，入畢十一度。不見則津梁不通。月五星犯之入，兵起，道不通，天下亂，貴人死。客星入爲赦。守之，有水害。氣之入，黃白，天子喜，安然，無兵兵罷；赤，內兵起；如波，兵庫火。氣出之，兵出戰。蒼白皆爲死喪。

【咸池】咸池距南星去極五十一度半，入畢十一度半。若星明大則有龍見，不則虎狼爲害，或兵起；不具，津梁不通。非其故，國旱。月入之，暴兵起。五星入之，失忠臣，爲兵喪。若旱則水道不通，貴人死，或爲饑。金星中犯乘守，大兵起。客星入之，大人憂，天下水。流星出之，隨星所之，大兵起。氣之入，蒼白，魚多死；赤，旱；黃白，太子喜；黃白出，神魚見；黑氣出之，皆爲水。

【天關】天關去極七十一度，入觜初度。星明盛、芒角、動移徙及與五車星合，則爲兵戰。月犯之，亂臣，更法令，主津關者有罪。掩則關梁不通，其官及邊臣死。五星干犯守，占同。客彗孛干犯守，占如月。客彗孛犯守出入，兵起，多盜，關梁不通。流星抵犯，亦然。出入則守關臣憂。黃白氣入，四方來貢。

【天節】天節距北星去極八十度半，入昴三度。明則節使中正，暗則奉使無違。火星守，持節臣，有謀，君死。金則大將以兵出，客彗孛守犯，法令不行，奉使者有咎。

【九州殊口】九州殊口距西北星去極一百度，入昴十度半。常以十一月候，若亡一星，其地憂。三星以上，大亂。金火幹守，兵起。客星入之，民憂，水事。守則直海國，國不安或兵動。流星出入，夷狄君憂。色赤，夷人亂，旱潦，民饑。

【天園】天園距東北星去極一百二十四度，入畢五度。星勾曲而明則菜果熟，不則惡。白氣入爲兵。

【參旗】參旗距南第二星去極八十七度，入畢六度半。星偃曲勢如張弓則兵起，則則有白衣會，邊寇動。不動爲吉。若君臣、旌旗中禮則星正，齊而均明。動則有惑主者，不具則所在有兵。五星客彗孛流星犯之，或守，及出入，皆爲兵起，天下憂。氣入狄，兵侵境。

【九遊】九遊距南星去極一百一十二度，入畢十二度半。星居常則吉，或動搖則兵大起。金火守犯，兵騎滿野。客守犯，諸侯起兵，禽獸多疾。

【觜宿】觜觿距西南星去極八十二度半。明則軍儲盈，將得勢；暗則不可用兵。動則堡盜起；動而明，盜賊群行，移徙則將逐。月犯之，兵起，其分災，爲赦。變於其宿，刑罰急。木星犯之，其分兵起。守則后有憂，農夫不得耕，或多暴死，其下饑疫、反叛，亦爲君臣不和。火星犯守，其下兵叛，斧鉞用，大旱，糴貴。土星犯，土工興。守亦如之，或兵侵其土，又爲其分安寧。金星幹犯，兵起，斧鉞用；兵守之，亦如之。水星犯守，不可動衆行兵，趙地水災及有叛者。客星干犯者，暴兵出，爲謀亂。若星不明、不行、深，宜防察西戎侵動。彗孛干犯之，其分亂，有破軍，天下動擾。流星出之，天下無兵，邊使入賀。又云出之，堡兵事；入之或犯，其分亂。雲氣入之，蒼白，民有堡盜之憂；赤則兵起；白，邊將戮，或邊將戰死；黑，趙地大人憂；赤則兵起；黃有神寶，黃白潤澤。出入，占同，又爲其分喜。

【司怪】司怪距南星去極七十一度，入參六度。或星不成行列，宮中有大怪，或天下多怪，占同天高。

【座旗】座旗距南星去極六十度半，入參八度。星明則國有禮，暗則失禮。

【參宿】伐附參宿距中心第一星去極九十二度半。伐星去極六十八度一十分，入參一度四十分。參不欲動，伐不欲明。七星皆明大，天下軍精。若王道缺則星芒角張；不明，大將疫；失色則軍敗。不具則亡地，差戾，則王者憂。移徙則客伐主，大將逐。就聚則將誅。右足出玉井中，兵大起，秦地有水，喪，及山石爲怪。芒，不可舉兵。左股出東方、南方，右股出西方、北方。伐星疏，法令縱數動則急，動則有斬伐之事，明與參等，大臣有謀而兵起。月犯之，兵貴，臣憂，其分饑。伐則小將死，有兵事，競城堡。木星犯之，水旱，饑疫。守之，大疫，王者惡之，或憂疾。伐乃兵起。火星幹犯，占同。守之，多霜雹，旱災。五穀不成，兵動，四方不安。久守不去，秦地災。伐則有赦。入參成勾已環繞，天下惡之。土星犯乘守，奸臣謀逆，或大臣出使。又守之，天下有喪。宿於參、伐，田價貴易。金星犯守之，邊兵起。又守之，臣叛，大旱及喪。若犯守伐星，大臣亂，車騎用。水星犯乘之，有水，兵起，貴臣出。守則臣叛，水災，五穀不成。伐乃占在邊人，移南，出塞也；移北，入塞也。客星出之，有暴兵，老人多死，馬貴，宮女爭。守則國敗，歲饑；又守之，土崩；守伐星，大臣誅，邊兵敗。彗孛出之，兵起；幹犯其下，有破軍。流星出，米賤。干犯，有堡兵事。入則先起兵者破，或有軍圍城。氣之入，蒼白，天子自將巡邊城；蒼，邊境火災；蒼白，臣亂；赤，有內兵；黄白潤澤，大將受賜；黑，大人憂及水戾。出，則將死。

【玉井】玉井距西北星去極九十八度少，入畢十一度半。動摇則有憂。若參出之，狼虎害人，兵饑，水溢。月五星干犯守之，皆凶。客星流星出之，國得地，或將出。入則失地，多水，又爲喪。青入井，不可食。

【軍井】軍井距西星去極一百五十度半，入畢十四度。月入之芻槁，財寶出。火星客星守之軍井，有水，憂，或多死。金及彗孛犯守，兵起，民流。

【天屏】天屏距南星去極一百一十五度，入畢十三度。星不具，人多病。暗亡則大人疾。月五星犯之，皆爲水災。客彗孛干犯，水旱不時。客出占，如暗亡、犯與，人多病。

【天廁】天廁距西北星去極一百一十一度半，入參三度。星黄則吉，蒼黑爲凶，不具則貴人多疾。客彗孛，歲饑，氣入，蒼白，陰病；赤白黄，爲喜；黑，憂，皆主君也。

【屎星】屎星去極一百一十五度，入參三度半。星明黄，吉，餘凶。以秋分候之，不見則大饑。彗孛守，天下弓矢用。流星犯，民多病。

北周·庾季才《靈臺秘苑》卷一四　南方七宿（中外官附）

【井宿】鉞星附東井距西肩北第一星去極六十九度。王者用法平，則星明而端列。暗而不正，國君憂，又云不則有風雨。月犯之，爲兵，水，官黜，將死，刑政不平，其分君長憂。宿之，不雨則風。若變於其宿，以色占之，入則諸侯臣死。木星守犯，刑急多獄乘。若守之，有法令，水，衡事，臣亂，將死。入則有川瀆事分，饑亂。守之，亦然，若環繞勾已爲赦。火星干犯，水旱，群臣有以家坐罪。明乃將死，兵不利先舉；入之，無兵，兵起，有兵，兵罷，又爲旱，天下不安。守則貴相死。久守，其分民多死。守三十日以上，成勾已，角動，色赤黑，貴人當之，百川水溢，兵起。若環繞，其事必成。色黄，益地，黑則反之。土星干犯六十日，大旱；九十日，有赦。入則所居有德利以興兵，又爲兵起東北。守之，旱災，民疾，五穀不熟。犯入守之，皆爲大人憂。金星入之，大水，先起兵者敗，將軍犯罪，政急，民流。守乃憂，火，物不成。犯之，將有咎。水星干犯，刑法平或威惡，邊兵起。一云犯而角動，色赤黑，以水起兵；黄潤，有善令。入之，其下亂，馬暴貴，又主兵之進退。星進則進，退則退。守則以爲水戾。久守之，則春歲春旱，晚水。五星乘犯，淩守，芒角，環繞勾已，爲三軍不起，國君出。客星出，水潦，宫中火災，其分叛。入則外使來，五穀不成。犯之，大水傷稼，大臣凶，土工興，小兒妖言。守之，臣爲亂。彗孛出之，大使出。干犯，其分兵起，大臣誅。入井，大人憂；見四十日內，兵將當之；見五十日，相當之；見七十日，君長當之。流星出入，其分大水。入之尤甚，又爲有使來言兵事。黄潤出入，國安，歲美。黑赤，秦分水災，民流。流星犯之，春夏秦地叛，秋冬宫中憂。氣之入，蒼，人疾；赤，叛；黑，水，皆占其下。黄白潤澤，有言池澤、水泉事。白氣出，有水澇之命。常以正月朔日暮候井上有雲，歲多水。鉞星去極九十六度少，入參八度半。其星不欲明，明與井齊及月五星犯守，皆爲斧鉞用。客犯之，將卒死。彗孛，乃易政，秦地受殃。

【天樽】天樽距西星去極六十八度，入井十六度。明則熟稼，暗則不熟。

【五諸侯】五諸侯距西星去極五十六度半，入井六度半。星明潤、大小齊等則諸侯忠良，五道興；不則上下相譖，忠良不用。若星生芒，則禍在中。亡則貴人有讒。若五禮修備，則五星行，列光明，不相侵淩。月犯掩，將相憂。五星中犯乘守，諸侯兵死。客彗孛出犯，大臣憂，執法之臣凶。又曰客星犯之，王室亂，諸侯亡地。守則親屬失位，水大，穀貴，秦地尤重。流星出，諸侯叛；入之爲喪。蒼白雲氣亦然，不則臣叛。一曰流星色黑出入，大臣薨，與諸王。三台少微，同占。

【北河】北河距東大星去極六十一度半，入井二十度。與南河爲南北，不具則其道不通，河壅，星動則中國兵起，明大則水道不通。月五星犯守，北河爲荒敗之災。五星守之，兵起，道不通。客星犯，奸人在中。守之，大水，或邊暴。彗孛，邊兵爲亂，若來侵國。守則邊軍動。犯之，爲水災。流星入，邊兵來，關梁不通。若經兩河之間，天下有難。蒼白氣入，邊兵起，疾疫，敵主犯。

【積水】積水去極五十四度半，入井十八度。居常則吉，不見爲災。五星犯守，其地大水，物不成，魚鹽貴，貴人饑。客彗孛，兵起，大臣憂。客出或守，又爲火水，土工興，提塘成。流星入抵，大水，民饑。蒼白氣，亦如之。

【積薪】積薪去極六十五度半，入井二十七度。星明大則君增庖廚；不明，五穀不登。五星犯守，大旱，民流，穀不成。客星守之，有以積槁致罪者。彗孛犯之，有亂臣流星抵犯，以薪芻爲憂。若廚官有罪，赤氣入，芻槁災。

【南河】南河距東大星去極八十三度半，入井二十一度。星明而得常，則中國四夷來。暗，動搖，邊兵起，四夷侵。月掩，中國憂，兵喪，旱疫。五星留守，占同北河。木乘之，夷王死。火犯，兵大興。守，大旱，穀不登。土乘，物不滋，民憂。金犯之，邊臣謀，若兵起，夷狄君憂。若毀亡，客彗孛守，流星出入，皆爲旱災。客星出入，爲喪。彗孛入則蠻兵起。流星出入，又爲兵喪，邊戍憂。氣之入，黄，有德令；青白，河道不通；赤爲水，傷人。出之，用兵諸侯。

【水府】水府距西星去極七十六度半，入參七度。占同水位。

【四瀆】四瀆距西南星去極八十六度半，入井二度。星明大則百川溢。土守爲吉。

【水位】水位距西星去極七十三度半，入井十八度。星近上北河，有滔天之水。五星犯守，天下以水爲害。客彗孛出入，犯守尤甚。流星入之，占如五星。出之，色青，大水；赤黄，大旱，皆以所之命其色。氣之入，大旱，歲饑。

【闕丘】闕丘距大星去極九十一度少，入井十五度。守常則吉，金火客彗孛犯守，兵戰門闕。赤氣入，天子憂，一曰宮中火災。

【軍市】軍市距北星去極一百七度半，入井初度。市中星衆則軍有餘糧，星少及五星客彗孛干犯守，皆爲軍饑。月入犯，兵起，人君不安。客星入之，刺客起，將卒散。流星出之，大將出。若犯衝，大饑。赤氣入，軍亂，大饑。

【野雞】野雞去極一百九度半，入井四度。星安靜則吉，芒角、動摇爲兵災。若移出市外，天下有兵，諸侯相攻。

【狼星】狼星去極一百七度半，入井十度。守常爲吉，芒角，動摇、變色，兵起。光明盛大，兵器貴。移位，人相食。月犯，有兵不戰，亦爲水居之，外國有謀。五星犯守，兵騎滿野，多盜，狄人犯中國。客星守，物大貴。其色黄潤，有喜色。黑有憂。客彗孛干犯守，國多盜，外夷侵。流星出，戎狄將亡。氣之入，有兵革，狄人侵，民驚擾。

【弧矢】弧矢距西南稍星去極一百二十三度，入井十二度。矢去極一百一十四度，入井十五度。星張弓則邊兵起。若矢不直狼及動摇，多盜。明大，變孛亦如之。引滿則民盡爲盜之兵。月入，臣逾主；客星出之，則兵出；入則兵入，或南夷降。守之，亂兵起，外夷大饑。守而弧矢張，先起兵者勝。流星衝入、守犯，狄兵起，屠城殺將。氣之入，赤爲民驚，狄人犯中國；黑爲狄人病

不得自通。

【丈人】丈人距西星去極一百二十八度，入參四度。若星亡、客星入，則人臣

【子星】子星距西星去極一百二十八度，入參九度。不見爲災。

【孫星】孫星距西星去極一百二十五度，入井六度。其占與丈人、子同。

【老人】老人去極一百四十三度，入井十度。若依時見而明大，赤則天子壽昌，天下治平，賢士用。不見則兵起，歲荒，君憂。客干犯守之，疾疫，兵興，老者憂。彗孛則傷秋稼。以時不明，天下兵荒。流星出之、衝犯，皆爲國安，天下豐樂。入之又爲老人有疾，或兵起。白氣掩，蔽之國大凶。

【鬼宿】積屍附輿鬼距西南星去極六十九度半。明大，五穀熟；不明，百姓散。動而光芒，賦役繁，民多怨，連年大水，秦分尤甚。徙則人愁，政急。鑕星不欲明，明則兵起，大臣誅。月犯之，多刑殺，民疫，大臣憂，將死，秦地兵。入則財寶出。犯鑕星，賢臣、女后憂，及大喪，謀臣糾彈之官誅，一云秦分君長慶。木星干犯，人饑，人君憂之，大臣災。守則有祭祀事。狀若犯鑕星，兵喪，王者疾，斧鉞用。火星犯之，大臣憂，后失勢，執法者凶。入之，金玉用，疾疫，大赦，賊臣在君側。若勾己環繞，有大喪，天子、皇后忌之。舍鬼中央，多霜露，風雨不時，民疫頭目，小兒多死。守則喪，役物貴，或女后病。若入，皆爲兵喪，旱災。犯，屍

兵在西北，軍將死亡，又爲喪。土星干犯，女后奢侈；不則有憂，臣亂，旱疫。入之，大喪，或主其分，又爲大臣死。舍中央，爲赦。守則後宮憂，土工，旱災。又犯之，若守皆爲大人憂，其分積屍滿野。入則王者惡之。犯之，積屍失勢。

金星干犯，有兵謀，斧鉞用，其分兵興，將誅，多損孕婦，亂臣在內。守已，近臣叛。若成勾己環繞，天子惡之。犯積屍，大臣誅，有屠城。守則將軍憂，其地兵喪。水星犯之，穀不登。入則兵起，蠻夷滅。守之，蝗，水及喪，貴人憂，秦地災。犯積屍，貴人有罪。入守，法官兇。客星出入、犯守，在南，主君及男夫；在北，后及女婦；東，太子及丁壯；西，貴臣及老人，及隨所主惡人。又犯，則其分主憂，修德无咎，亦爲土工興，男女不得耕織。若守，積屍，人主惡之。彗孛出之，下有兵喪，棺槨貴。犯之，尤盛。流星出而有光天，使出，國喜。入則外使來。流星入之，四夷來貢，祠祭宗廟。犯鑕，有戮死者。氣之入，白，疾病；赤，旱；黄，土工；黑，后憂。又曰：白，貴人憂；青，病；黑，喪；黄，其分喜，以占其善惡。

【爟星】爟星距北星去極六十度半，入井二十九度。星不明、安靜則吉。明大、動摇，邊有驚急。赤氣入，爟火，皆動。

【外廚】外廚距大星去極九十二度半，入柳初度。占與天廚同。

【天紀】天紀去極一百一度半，入柳五度。居常則所主吉。金火客彗孛守犯，獸畜災民，不安居。

【天狗】天狗距西星去極一百六度，入井二十二度。動摇則兵饑，移則多盜。土寸之，相食，從其鄉。客彗孛干犯，群盜起，狼蟲興。

【天社】天社距西南星去極一百三十四度，入井十二度。明則社稷安。動摇，天下有謀。金火客彗孛犯守，皆爲社稷不安。客星出之，爲祠祀事。

【柳宿】柳宿距西星去極八十二度半。明則大臣重，其國安，廚食興。直則天下謀亂。就聚，兵滿，國開張，人饑，漂散，都邑振動。月犯之，土木之工興，大臣將相憂。木星守之，貴臣得地，后有德。犯，占如上。水星，惡，多獄訟。又入，若天下豐樂。木星干犯，名木被伐。守之，有兵，逆臣在側，或糴貴，而天下安，諸侯喜，一云天子以飲食爲戒。土星守之，亦然。干犯，則女后昌，土工興。入之，有君喜。金星干犯守之，有急兵及强臣。又守之，益地。入亦然，或貴人用兵，久則邊人不安。若逆行而入，成勾己，臣叛民，多暴死。水星犯，民多饑。歲星，馬貴；守則水船相望。入之，占同。客星犯則同分當之；入，占同守。若入，兵起，布帛、魚鹽貴。彗孛出犯守之，皆爲兵喪，大臣賤，臣有謀，大旱，穀不登，亦爲庫官出，夷狄爲亂。流星出之，宗廟喜，木工用，多雨水，其分憂之，主大災，名木有伐，木工廢，廚官憂。干犯，其分當之。氣之出入，赤，大旱，一云如波者，有火災。黄，赦；黄白，有異果來貢；黑，廚官憂。其出赤，旱；黄白，喜，君建宮室；黑，木腐。

【酒旗】酒旗距西北星去極七十七度，入星初度。星明則多宴飲而合度，昏闇則過度而非禮。星不具則有喪，或有酒食財物，賜爵宗室。金犯之，公卿謀。客彗孛出犯之，亂。赤氣，宜宴飲，察近臣。

【星宿】星宿距大星去極九十六度。大明則王道昌，暗乃賢良不處，天下空，天子疾。動則兵起，離則大凶。月犯之，兵戰，廚官憂，臣亂，其分饑。入則其分殺將破軍。木星犯之，人主憂，兵攻，臣受封。入則立太子，穀傷。守之，天下和平，又爲盜賊，兵起，以德令解之。又爲治宮室，臣背命。土星守之，王道興，後宮喜，其分福；犯之，穀傷，女后先災後喜。金星守之，其分有暴兵戰，勝，益地。犯之亦然，又爲君有德，大臣當之，水災，穀不成。水星犯之，賊臣在側，以善令則无咎。守則水傷萬物，民流，多疾，其分兵起，貴臣誅；不則法官憂。火土金水入之，占同水。客入之，亦然。而有奇令，有客以急使事。出則反，色赤，占兵；黄，土工；白，喪；青，憂；黑，水。出守犯之，又爲河決，民去其野。彗孛守之，臣亂，兵起，貴臣戮。出犯之，其下有叛臣，大臣有潛謀。流星去之，王者以急而使。出乃庫官以匹帛賜内臣，入則急使來，乃庫官以錦繡進，女工用。犯則有兵刃。星爲天都使者。星出入皆爲財帛事。氣之出入，蒼白，入，或如飛鳥，其啄正對之，貴人憂；蒼白，入，用急使；赤，兵起；如波者，火也；黄白，若粉絮及潤澤，皆貢獻來；黄白出之，遣使，賜諸侯；白占如上。久而不散，有大風，兼有赦令。黑，賢士死。

【軒轅】軒轅距大星去極七十五度，入張二度。其星欲黄小而明，則後宮安静；大而列明，後宮争譽；微小不見，則皇后貴，女不安。色黑，大凶。移徙則民流，動摇、就聚爲外戚喪，東西角大張而振，后族敗。古占書又云：「軒轅爲大典之内，政弼太微，陰陽交合，感爲雷，激爲電，和爲雨，怒爲風，亂爲風霧，凝爲霜，散爲露，聚爲雲，立爲虹霓，離爲背，矞爲抱珥。」此一十四變，軒轅乘主之。五星干犯，乘守之，盜賊，並火災。又淩犯，勾己環守，皆爲女后有憂。火星則后妃惡，以赦除咎。禦女若大，民則大饑，太后宗有罪；小，民小饑，小皇后宗有罪。左右角，大臣當之。客彗守之，兵起。客星出之，後宮失勢。犯之，美人枉死，親近有謀，以赦除咎。彗孛出之，女后爲亂，君后憂，後宮不安，干犯之，大變亂，以五星占期。流星出之，后遣中使出。入則后有喜，又曰有子孫之慶。

【内平】内平距西星去極五十二度，入張六度。星明則刑罰平，不明則反是。

【天相】天相距北星去極九十五度，入星六度。五星、客彗孛守犯，后妃、將相坐法。氣之入，占在大臣，黄，喜；黑，死。

【天稷】天稷距大星去極一百三十七度，入柳十三度。星明大則歲豐，暗不具則饑。不見，天下荒亂。客彗孛干犯守，占如暗、不見。客星出入，占同天社。

【張宿】張宿距西第二星，去極一百二度半。明則五禮得中，動摇則有賞。不明則皇孫疾，徙移則有逆民，就聚則兵起。月犯之，將相叛，其分憂，飛鳥暴死。宿張而霧，天子惡之。水星入，若犯，光黄潤，澤國有慶。守則氣和，歲豐。火星犯之，水災穀。守則歲豐，明有慶賜，大將驚，或其下諸侯叛。又犯守之，功臣封土，入乃兵起。土星在其宿而光黄潤澤，天下安，君子有慶。犯之，大水泛，魚鱉死，貴臣災。在秋冬仲月，土工起。守則天下和平，宫中喜，大臣有伏法。若土工事，或陰陽不和，民多疾。入之，兵興。金星犯之，將叛，賊臣在側，春旱，其地憂。守則國凶，民擾，水災，穀不成，其分謀不成。水星犯之，民不安。守爲大火，又五穀不成，水災，兵疫，其分不寧。客星出，兵起，及有賜賚事。守則周楚之分有急事。又犯守之，天子以酒爲憂。彗孛出入，大旱，穀貴；不則，兵，水災，民流。流星出，諸侯受賜。入爲諸侯來獻，近臣憂。抵之，廚官受賜。出入爲國昌及有赦。氣之入，蒼白出，客憂；潤澤，賜賚諸侯；赤，用兵。客出亦如之。黄白潤澤入，國喜，賜客；黑而徘徊，聚散，其分水災。出入環繞，其下君防刺客。

【太尊】太尊去極三十九度，入張九度。守常則吉，不見爲憂。客彗孛流干犯，並爲貴戚，將則尤甚。

【天廟】天廟距西北星去極一百一十三度半，入柳十三度。星均明則吉，微細則凶。非其故則有憂者，白衣會。又爲兵，軍食不通，與虚梁同占。客星犯守，非其所，又爲牛馬多死，祠官憂。彗孛則當有誅黜。

【翼宿】翼宿距中西第三星去極一百四度。星明大，禮樂興，四夷賓。暗則禮樂虧，動則夷狄來，移徙，天子舉兵。月干犯，女后惡之，其分兵喪，將死，太常之官災。入中，大臣死。木星犯之，五穀風傷。守則王道興，文術用。久守，則天下和熟。火星入之，兵起，其分饑疫，又曰，臣不用命。守則臣亂，風旱，魚鹽糴貴。久守，民流亡。土星守犯，世治，歲豐，后喜。久守則有叛臣。金星干犯，兵起，民疫，五穀風傷。入乃天下兵起，守則國得地。若守犯、勾己淩突，其地大臣擅權。水星干犯，其地荒；守之，同占。又曰權臣在下，大炎，或蛇見。入若守中，皆兵起。犯守淩抵，其下臣以亂誅。客星出入，君使人於外國；不然，海客來貢，入則外國使來。又出入之，歲災。犯守爲兵起。彗孛出犯，其下兵喪。芒所指，其下有鄰人。流星出之，其下有兵，遣使求賢，不則大臣憂。抵則天子尊受諸侯。入之，貴臣因四海受賜，南夷來貢。氣之出入，下有暴兵。黄而潤澤，諸侯來貢，又云君賜諸侯。蒼白，太常之官憂。黑而圍之三夜不去，其下君長憂。

【東甌】東甌距西南星去極一百二十九度，入張七度。芒角動摇則夷兵叛。金火守之，其地有兵。

【軫宿】軫宿距西北星去極一百二度半。星明，車駕備，動則車駕用；離從，天子憂；就聚，兵起。月犯之，其分憂，兵，車騎用。入則多風雨。木星犯之，民病，火災，庫官有罪。守則君有憂，以赦除咎，亦爲天下太平。若久之，憂，大喪。又犯守，大臣憂。入之，兵罷，或將死。火星干犯，海客來貢。入之，妖言，水旱，民擾。又守犯入，亂兵，民作，或大亂，大災。土星犯守，兵起，若土工事。久守失色，其分饑。入乃兵發自敗。金星犯入守，其下兵起，又犯則其分得地，守則犯地及喪。水星犯之，穀不成，親戚、近臣憂。守則水災，民疾，執法之官凶。又犯守之，車駕貴，兵起。彗孛出犯，王公出兵，喪並起。色赤則分，禮義失。流星出之，有使出。犯則兵犯，喪，庫藏凶。又出入之國昌，臣忠物賤。若赤或黑或白入之，皆爲大臣死。氣之入，蒼白，圍國憂，以赦除咎。赤内，兵起，車庫大用。黄白潤澤，天子有喜，若諸侯獻車馬。出之，用車賜諸侯。白則戒行幸。黑而四散，其下大小車不用。黑如鼠大，人憂墜車。左轄去極一百一度半，入軫五度。右轄去極一百一十度半，去翼十一度半。星不見，王侯憂。與軫齊，南蠻侵欲。近軫若去一尺以上，月入，將相、庶子死。客星守，主軍吏憂。

【長沙】長沙去極一百八度，入軫初度半。明則天子壽長，子孫昌。微暗、細乍、不見，王侯有喜。客流星入之，天下動摇。

【軍門】軍門距西南星去極一百一十二度半，入翼十三度。守常爲吉。若非其故及客星犯之，皆爲道不通，占同南門。

【土司空】土司空距南星去極一百二十度，入翼十四度。豐則星均明，苗稼不成則星幽闇。金犯守，男女不得耕織。客彗孛干犯，兵大起，民不安居。

【青丘】青丘距西北星去極一百二十度半，入軫五度。明則夷兵盛，動摇則反亂。客星守之，上官有事。

【器府】器府距西北星去極一百三十七度半，入翼八度半。星均明則喜樂調和，君臣平允。暗及失常則樂工不工，八音不調，正聲廢。星亡則樂崩墜。客彗孛干犯，樂官災。赤氣掩之，樂官廢。

【天漢】天漢之占，漢之中星。多則水，少則旱。客星守，津河不通。入亦如之，人主貴人溺死。流星入而不出者，不可渡軍。若絶漢者，可以渡涉。其入有黑氣獨居，如皮度不過五日，有雨如船，如一匹帛羅，河津開；不出十日，大雨。天漢，非星也，以其爲天之末，故附於星末。

唐·王希明《步天歌》 東方角

兩星南北正直著，中有平道上天田。總是黑星兩相連，別有一烏名進賢。平道右畔獨淵然。最上三星周鼎形，角下天門左平星。雙雙横於庫樓上，庫樓十星屈曲明。樓中柱有十五星，三三相著如鼎形。其中四星別名衡，南門樓外兩星横。

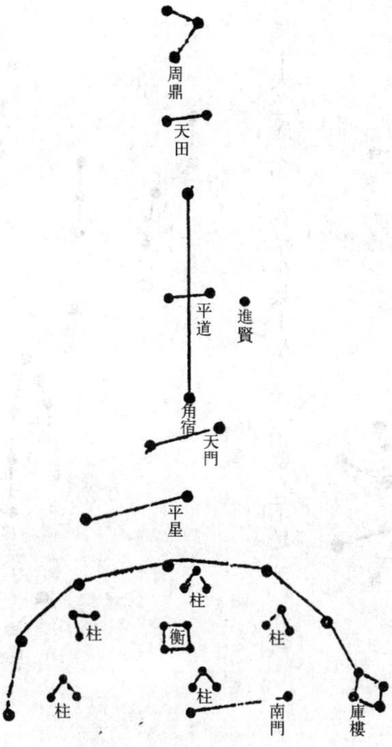

亢

四星恰似彎弓狀，大角一星直上明，折威七子亢下横。大角左右攝提星，三三相似如鼎形。折威下左頓頑星，兩箇斜安黄色精，頑下二星號陽門，色若頓頑直下蹲。

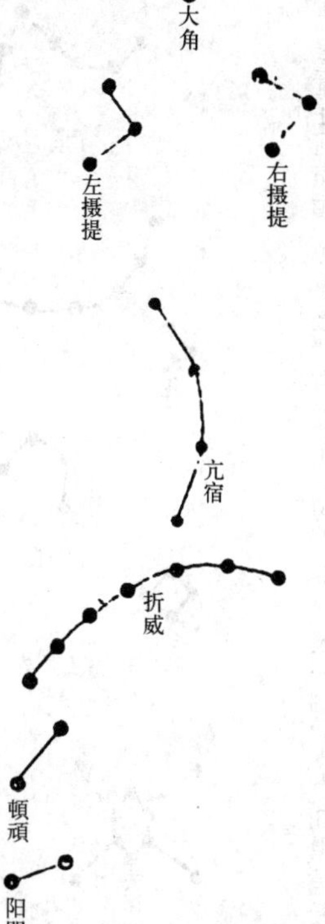

氐

四星似斗側量米，天乳氐上黑一星，世人不識稱無名，一個招摇梗河上，梗河横列三星狀。帝席三黑河之西，亢池六星近攝提，氐下衆星騎官出，騎官之衆二十七，三三相連十欠一。陣車氐下騎官次，騎官下三車騎位，天輻兩星立陣旁，將軍陣裏振威霜。

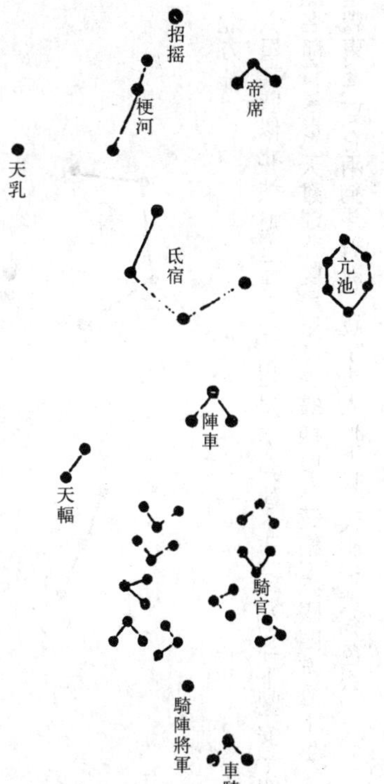

房

四星直下主明堂，鍵閉一黄斜向上，鉤鈐兩個近其傍，罰有三星植鍵上，兩咸夾罰似房狀。房下一星號爲日，從官兩個日下出。

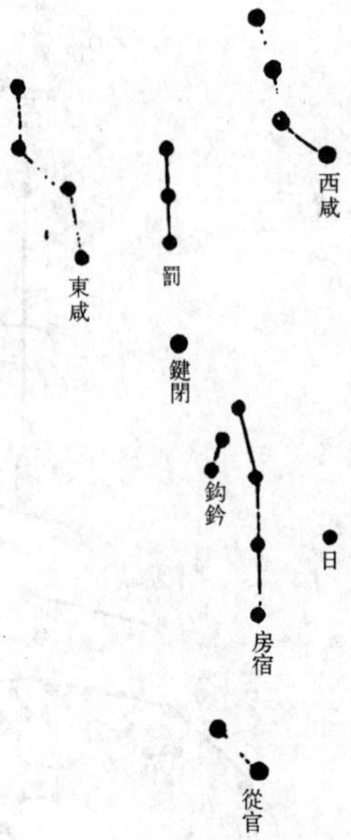

心

三星中央色最深，下有積卒共十二，三三相聚心下是。

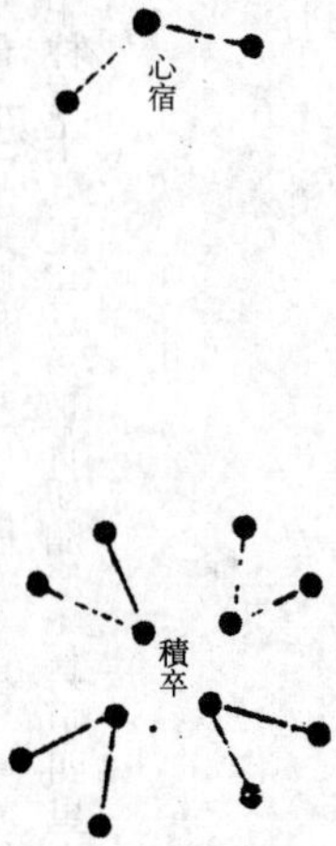

尾

九星如鈎蒼龍尾，下頭五點號龜星。尾上天江四横是，尾東一個名傳說，傳說東畔一魚星。龜西一室是神宫，所以列在后妃中。

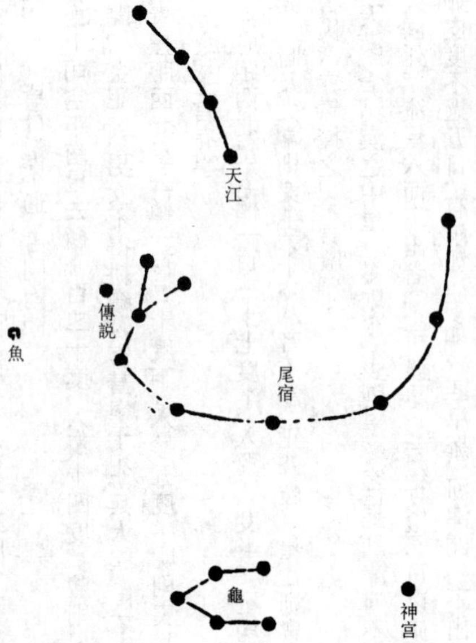

箕

四星形狀如簸箕，箕下三星名木杵，箕前一黑是糠皮。

北方斗

六星其狀似北斗，魁上建星三相對。天弁建上三三九，斗下圓安十四星。雖然名鼈貫索形，天雞建背雙黑星。天籥柄前八黄精，狗國四方雞下生。天淵十里鼈東邊，更有兩狗斗魁前。農家丈人狗下眠，天淵十黄狗色玄。

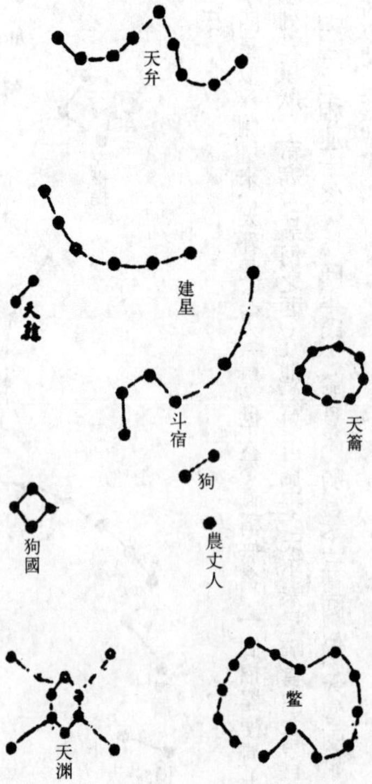

牛

六星近在河岸頭，頭上雖然有兩角。腹下從來欠一脚，牛下九黑是天田。田下三三九坎連，牛上直建三河鼓。鼓上三星號織女，左旗右旗各九星。河鼓兩畔右邊明，更有四黄名天桴。河鼓直下如連珠，羅堰三烏牛東居。漸臺四星似口形，輦道東足連五丁。輦道漸臺在何許，欲得見時近織女。

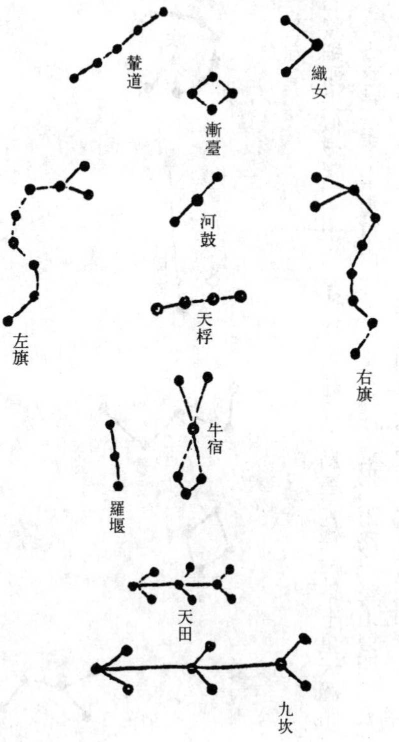

女

四星如箕主嫁娶，十二諸國在下陳。先從越國向東論，東西兩周次二秦。雍州南下雙雁門，代國向西一晉伸。韓魏各一晉北輪，楚之一國魏西屯。楚城南畔獨燕軍，燕西一郡是齊鄰。齊北兩邑平原君，欲知鄭在越下存。十六黃星細區分，五個離珠女上星。敗瓜珠上瓠瓜生，兩個各五瓠瓜明。天津九個彈弓形，兩星入牛河中橫。四個奚仲天津上，七個仲側扶箱星。

虚

上下各一如連珠，命禄危非虚上呈。虚危之下哭泣星，哭泣雙雙下壘城。天壘團圓十三星，敗臼四星城下横，臼西三個離瑜明。

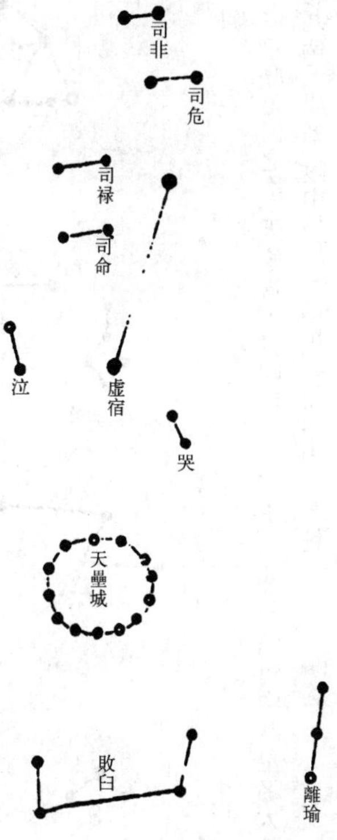

危

三星不直舊先知，危上五黑號人星。人下三四杵臼形，人上七烏號車府。府上天鈎九黃晶，鈎上五鴉字造父。危下四星號墳墓，墓下四星斜虚梁。十個天錢樑下黃，墓旁兩星能蓋屋。身著黑衣危下宿。

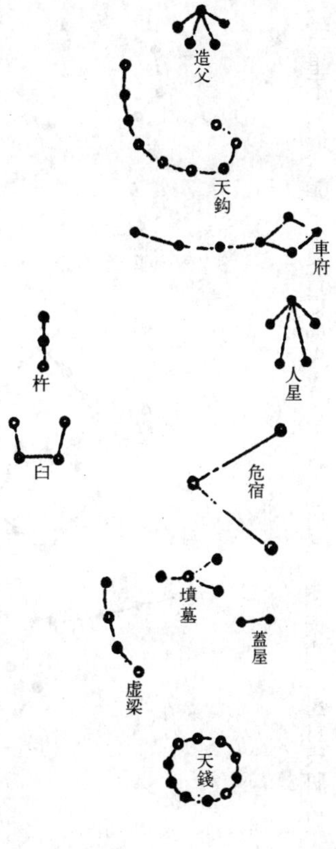

室

兩星上有離宮出，遶室三雙有六星。下頭六個雷電形，壘壁陳次十二星。十二兩頭大似井，陳下分佈羽林軍，四十五卒三爲羣。軍西四星多難論，子細歷歷看區分。三粒黃金名鈇鉞。一顆真珠北落門。門東八魁九個子，門西一宿天綱是。電旁兩黑土公吏。螣蛇室上二十二。

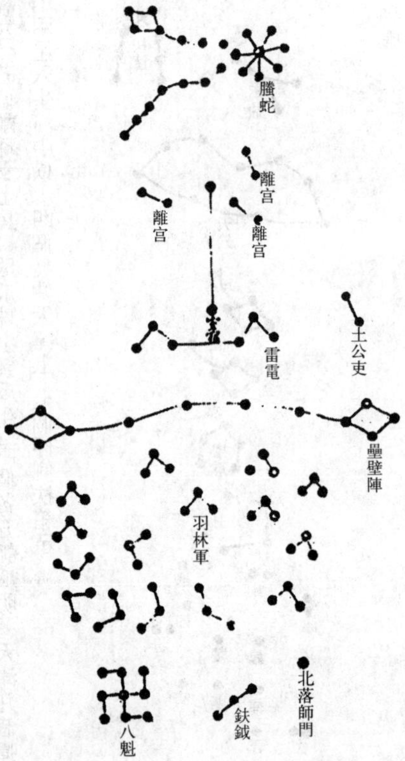

壁

兩星下頭是霹靂，霹靂五星横着行。雲雨次之曰四方，壁上天廄十圓黄。鈇鑕五星羽林旁。

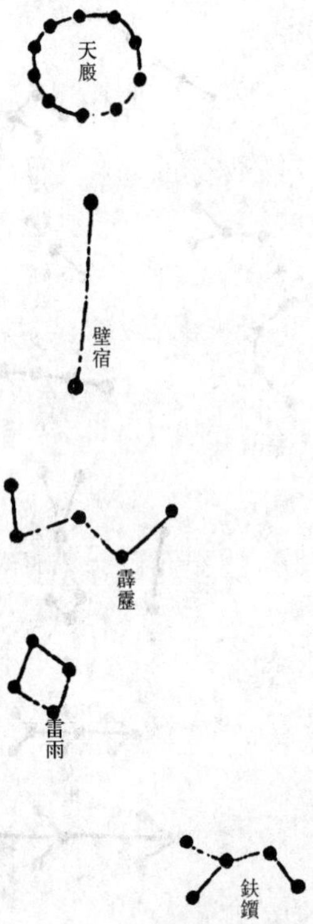

西方奎

腰細頭尖似破鞵，一十六星遶鞵生，外屏七烏奎下横，屏下七星天溷明。司空左畔土之精，奎上一宿軍南門。河中六個閣道形，附路一星道旁明。五個吐花王良星，良星近上一策名。〔天策天溷與外屏，一十五星皆不明〕

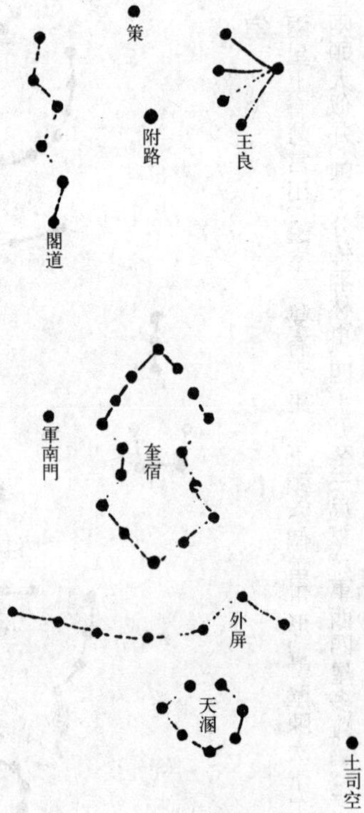

婁

三星不匀近一頭，左更右更烏夾婁。天倉六個婁下頭，天庾三星倉東脚，婁上十二將軍侯。

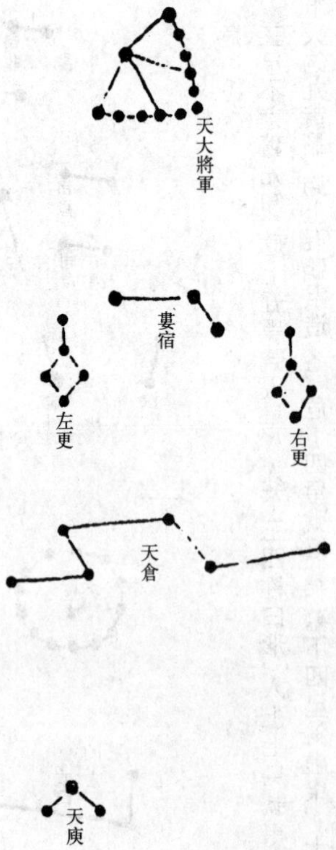

胃

三星鼎足河之次，天廩胃下斜四星。天囷十二如乙形，河中八星名太陵。陵北九個天船名，陵中積尸一個星，積水船中一黑精。

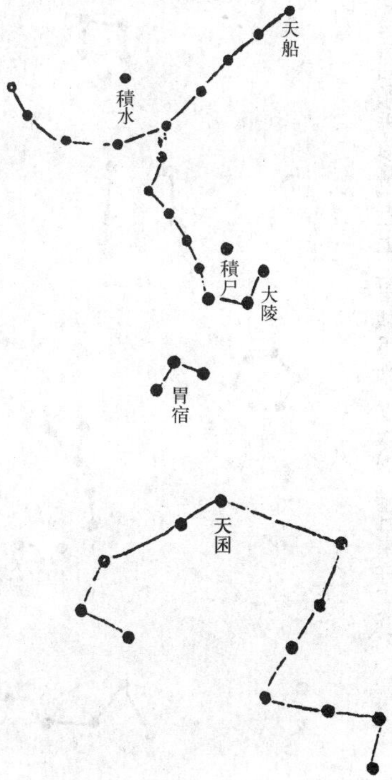

昴

七星一聚實不少，河西月東各一星。月下五黄天陰名，陰下六烏芻藁營。營南十六天苑形，河裏六星名卷舌。舌中黑點天讒星，礪石舌旁斜四丁。

畢

恰似瓜又八星出，附耳畢股一星光。天街兩星畢背旁，天節耳下八烏幢。畢上横列六諸王，王下四皂天高星。節下團圓九州城，畢口斜對五車口。車有三柱任縱横，車中五個天潢精。潢畔咸池三黑星，天關一星車脚邊。參旗九個參車間，旗下直建九斿連。斿下十三烏天園，九斿天園參脚邊。

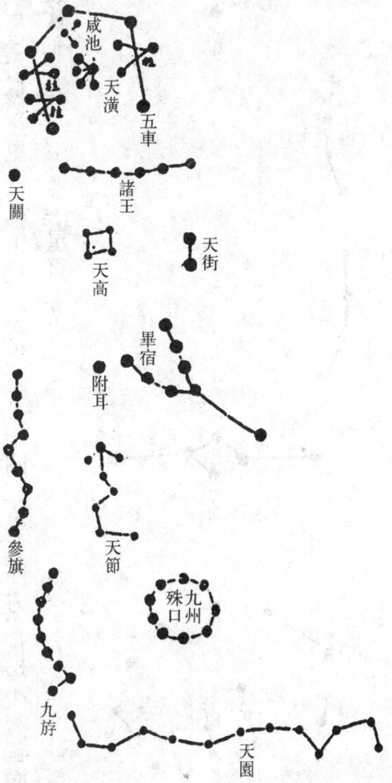

觜

三星相近作參蘂，觜上坐旗直指天。尊卑之位九相連，司怪曲立坐旗邊。四鴉大近井鉞前。

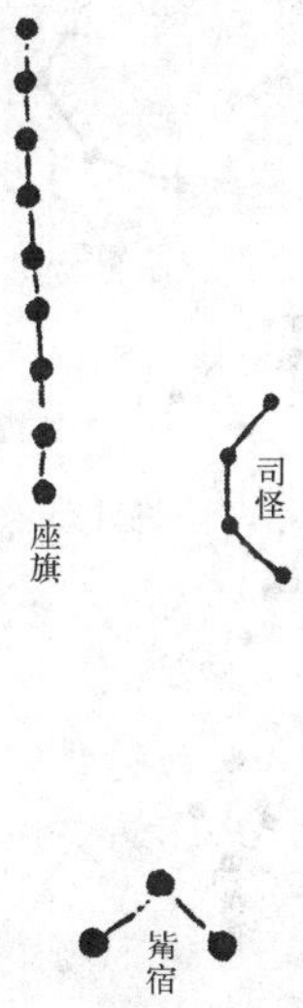

參

揔有七星觜相侵，兩肩雙足三爲心。伐有三星足裏深，玉井四星右足陰。屏星兩扇井南襟，軍井四星屏上吟。左足下四天厠臨，厠下一物天屎沉。

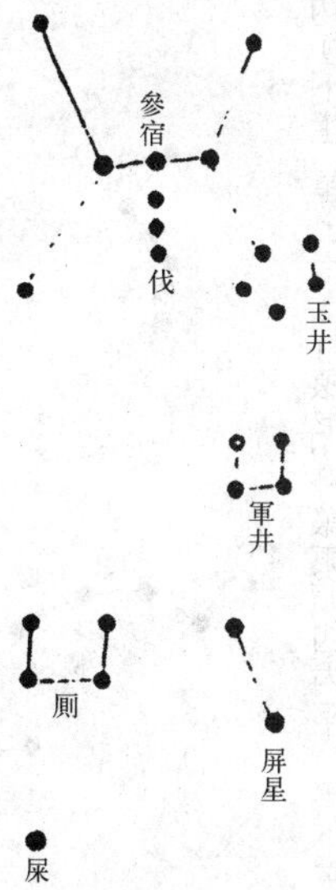

南方井

八星行列河中浄，一星名鉞井邊安。兩河各三南北正，天樽三星井上頭。

樽上横列五諸侯，侯上北河西積水。欲覓積薪東畔是，鉞下四星名水府。水位東邊四星序，四瀆横列南河裏。南河下頭是軍市，軍市團圓十三星。中有一個野雞精，孫子丈人市下列。各立兩星從東説，闕丘二個南河東。丘下一狼光蓬茸，左畔九個彎弧弓。一矢擬射頑狼胷，有個老人南極中，春秋出來壽無窮。

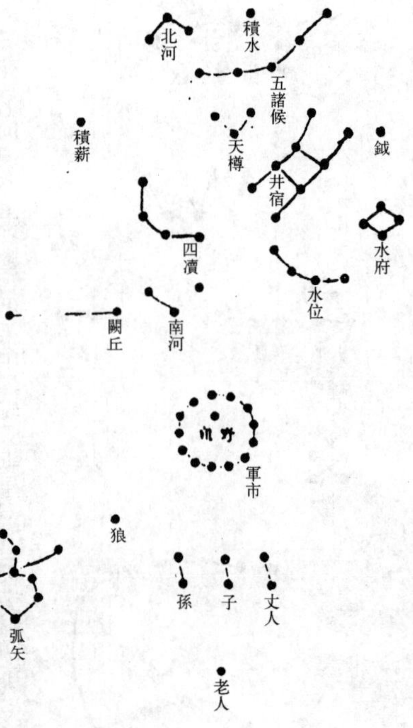

鬼

四星册方似木櫃，中央白者積尸氣。鬼上四星是爟位，天狗七星鬼下是。外厨六間柳星次，天社六個弧東倚，社東一星是天紀。

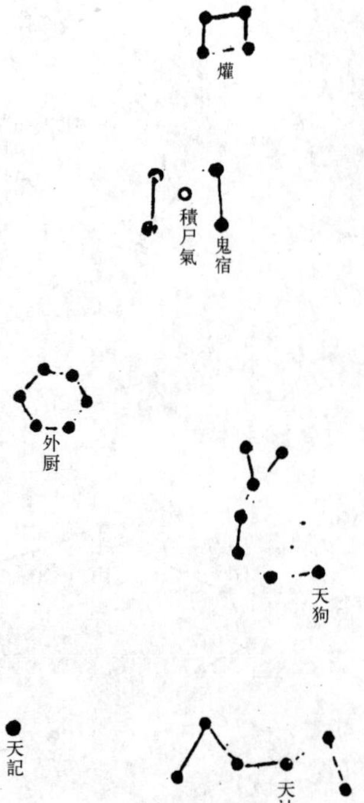

柳

八星曲頭垂似柳，近上三星號爲酒，享宴大酺五星守。

星

七星如鈎柳下生，星上十七軒轅形，軒轅東頭四内平。平下三個名天相，相下稷星横五靈。

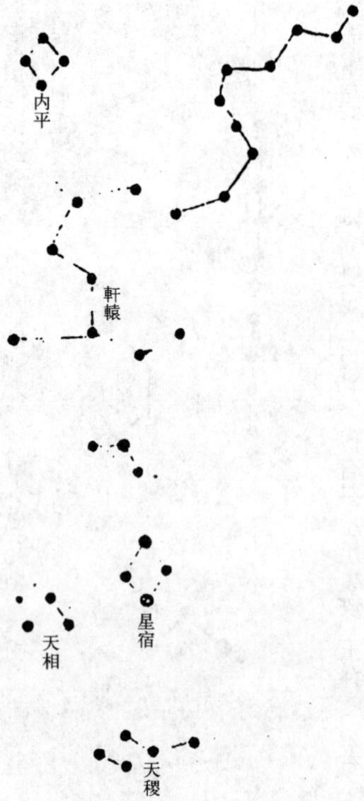

張

六星似軫在星旁，張下只是有天廟。十四之星册四方，長垣少微雖向上。星數欹在太微旁，天尊一星直上黄。

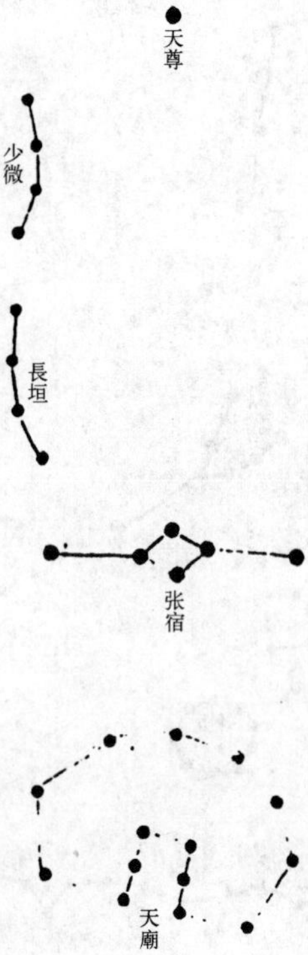

翼

二十二星太難識，上五下五横著行，中心六個恰似張，更有六星在何處，三三相連張畔附，必若不能分處所。更請向前看野取，五個黑星翼下頭，欲知名字是東甌。

軫

四星似張翼相近，中央一個長沙子。左轄右轄附兩星，軍門兩黄近翼是。門下四個土司空門，東七烏青丘子，青丘之下名器府器府，之星三十二。以上便爲太微宫，黄道向上看取是。

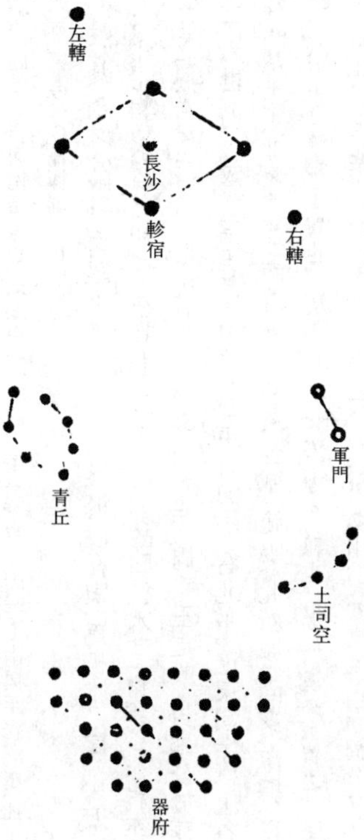

唐·李淳風《乙巳占》卷三　謹按：在天二十八宿，分爲十二次；在地十二辰，配屬十二國。至於九州分野，各有攸系，上下相應，故可得占而識焉。州郡國邑之號，並劉向所分，載於《漢書·地理志》，其疆境交錯，地勢寬窄，或有未同，多因春秋已後，戰國所據，取其地名國號而分配焉。星次度數，亦有進退。衆氏經文，莫審厥由。按列國地名，三代同目，地勢不改，人遽遷移，古往今來，封爵遞襲，上系星野，沿而未殊。自秦燔簡策，書史殘缺，時有片言，理無全據，雖欲考定，敢不闕疑？唯有《二十八宿山經》載其宿，山所在，各於其國分。星宿有變，則應乎其山，所處國分有異，其山亦上感星象。又其宿星辰，常居其山，而上伺察焉。上下遞相感應，以成譴告之理。或人疑之，以爲不爾，乃因以張華劍事而論之。張華昔見斗牛之間有異氣，知是神劍之精，遂按地分求之，果得寶劍。夫劍，一利器耳，尚能應見於天，況乎人物精靈，山川迂鬱，性情至理，大於劍乎？今輒列古十二次國號星度，以爲紀綱焉。其諸家星次度數不同者，乃別考論著於《曆象志》云。

角、亢，鄭之分野。自軫十二度至氐四度，於辰在辰，爲壽星。三月之時，萬物始建於地，春氣布養，各盡其性，不罹天夭，故曰壽星。《爾雅》曰：壽星，角亢也。《史記·天官書》曰：角亢氐，兖州也。今之南陽郡，秦置。潁川、定陵、襄城、潁陽、潁陰、長社、陰翟、郟鄏。八縣也。潁川，秦置之也。東接汝南，西接弘農，得新安，宜陰，二縣也，屬弘農郡，漢武帝置之。皆韓之分也。《韓世家》曰：韓氏，姬之苗裔也。韓武子事晉，得封於韓。武子曾孫獻子以韓爲氏，居於平陽。子宣子徙居州地。玄孫康子與趙、魏共滅智伯，分其地。康子五世孫哀侯滅鄭，因都於鄭，凡二十一世也。《詩·風》陳鄭之國，與韓同星分。《陳世家》曰：陳本太昊之墟也。周武王克殷，乃復求舜後，得嬀滿，封之於陳，以奉舜祀，爲胡公。胡公至渭侯二十三世，爲楚所滅。《詩》云：坎其擊鼓。淮陽之間，陳縣郡也。鄭國，今河南新鄭是也。新鄭，縣也，河南郡。秦三川郡，漢高帝改名。本高辛氏之火正祝融之墟也。重黎亦爲帝二縣也。及城皋、滎陽，潁川之嵩陽、陽城，皆鄭之分。《鄭世家》曰：周宣王立二十二年，初封庶弟友於鄭，是爲桓王，居虢城皋。後犬戎弑宣公，其事武公居溱渭，二十二世韓滅也，屬兖州。《尚書·禹貢》曰：濟河唯兖州。《周官》云：河東曰兖州。《爾雅》云：濟河間曰兖州，自河東至濟也。《未央分野》：由鄭潁川。從滎陽南至梁山、東至龍山，爲潁川也。

氐、房、心，宋之分野。自氐五度至尾九度，於辰在卯，爲大火。東方之木，心星在卯，火在木心，故曰大火。《爾雅》曰：大火謂之辰。大辰，房心尾也。《史記·天官書》曰：房心，豫州。《世語》曰：參辰，亦曰參商，謂參與心星也。已釋於魏次註中。今之沛梁，秦碭郡，漢高帝爲梁國也。楚，漢高帝置楚國，宣帝以爲彭城郡也。山陽郡，漢景帝分梁國治之。東平，漢景帝分梁國，置齊東國，宣帝改爲平國者也。濟陽，漢景帝分梁國爲濟陽國。及東郡之須昌、壽張，二縣也。壽張本名壽樑，漢光武避叔諱。改爲壽張。皆宋之分野。周封微子於宋，今之睢陽是也。睢陽縣，屬樑國。周武王封紂庶兄微於於宋，以奉殷祀。本陶唐氏之火正，閼伯之墟也。閼地，高辛氏之長子也。房，商丘也。濟陰、定陶，定陶，縣也，屬濟陰國。《詩・風》曹國是也，周武王封弟叔振鐸於曹，定陶縣是。屬豫州。《尚書・禹貢》曰：荊河唯豫州。《周官》曰：河南曰豫州。《爾雅》云：河南曰豫州。註云：自河南至漢也。《未央分野》曰：宋治下蔡、淮陰，從南恒至齊濮水、沛郡、濟陽、太行、東海。今爲樑國是也。

尾、箕，燕之分野。自尾十度至斗十一度，於辰在寅，爲析木。尾，東方木宿之末；斗，北方水宿之初，次在其間，隔別水木，故曰析木。《爾雅》曰：析木謂之津，箕斗之間，漢津也。《史記・天官書》曰：箕，幽州也。周武王定殷，封邵公於燕，其後三十六世，與六國並稱王。王易水也。東有漁陽，右北平，遼東、遼西、上谷、代郡、雁門。七郡，並秦置也。南得涿郡之易、容城、範陽、北新城、固安、涿縣、良鄉、新昌。八縣也。涿郡，秦置也。及渤海之安次、安次，縣也。渤海，漢高帝置之。樂浪、玄菟、朝鮮，三郡並漢武帝置之。皆燕之分也，屑幽州。《燕世家》曰：周分冀州至幽州。《周官》曰：東北曰幽州。《爾雅》曰：幽州。註云：自易水至北狄。《未央分野》曰：燕治冀，南至積石，東至海，西恒山。今爲上谷、漁陽，右北平，遼東，西至涿郡也。

斗、牛，吳越之分野。自斗十二度至女七度，於辰在丑，爲星紀。星紀者，言其統紀萬物。十二月之位，萬物之所終始，故曰星紀。《爾雅》曰：星紀，斗牛也。《史記・天官書》曰：斗老江湖。牽牛，婺女，揚州。高誘註：《呂氏春秋》云：斗，吳也；牛，趙也。今之會稽、九江，二郡秦置。丹陽、秦爲鄣郡，漢武改爲丹陽。豫章、漢高帝置。廬江、漢武帝置。廣陵、六安、漢武帝改江都國爲廣陵國。分衡山，立六安，置國。臨淮，漢武帝置。皆吳之分也。《吳世家》曰：吳太伯，周太王之長子也，與弟仲雍，讓國於季歷，奔荊蠻之地，斷髮文身，荊燭義之，從而歸之，自號句吳。周武王克殷，求太伯、仲雍之後，得雍曾孫周章，封之於吳也。今之蒼梧、郁林、合浦、交趾、九真、日南、南海，皆越之分也。《越世家》曰：越之先，夏後帝少康之庶子，封於會稽，號曰無余，以奉禹之祀。十有餘世，微弱爲民，禹祀中絕。千餘載後，有子生而能言，曰：我無餘之苗末也。越人尊以爲君，號曰無余王也。後至允常，越復興焉，並屬揚州。《尚書・禹貢》曰：淮海唯揚州。《周官》曰：東南曰揚州。《爾雅》曰：江南曰揚州。註云：自江至南海。《未央分野》曰：吳越，北至大江，南至衡山，東至海，西至洞庭。

女、虛，齊之分野。自女八度至危十五度，於辰在子，爲玄枵也。玄者黑也，北方之色；枵者耗也。十一月之時，陽氣在下，陰氣在上，萬物幽死，未有生者，天地空虛，故曰玄枵。玄枵，黃帝之嫡子也。顓頊墟。顓頊，黃帝之孫，昌仆之子也。《爾雅》曰：玄枵，虛也。顓頊之墟也。《史記・天官書》曰：虛危，青州也。東萊、郡，漢高帝置之。瑯琊、郡，秦置之。高密、漢宣帝改膠西國爲高密國。膠東，南有淄川、郡，漢高帝置也。城陽，漢文帝分齊國，立城陽國。北有千乘。漢高帝立爲國。得清河已南渤海、樂城、重合、陽信，西有濟南、漢文帝分爲齊國，立濟南國。平原，漢高帝置。皆齊之分也。《齊世家》曰：齊太公望，佐周武王而伐紂，紂亡，乃封太公於齊。武王崩，成王立，周命齊東至於海，西至於河南，南至於穆陵，北至於無棣，而都營丘也，屬青州。《尚書・禹貢》曰：海岱唯青州。《周官》曰：正東曰青州。《爾雅》曰：濟曰營州。註云：自岱東至海，即青州也。《未央分野》曰：齊治營丘，北至燕，西至九河，南至淄水，東至海矣。

危、室、壁，衛之分野。自危十六度至奎四度，於辰在亥，爲娵訾。娵訾者，言嘆貌也。十月之時，陰氣始盛，陽氣伏藏，萬物失養育之氣，故曰哀愁而嘆，悲嫌於無陽。《爾雅》曰：娵訾之口，營室東壁也。娵訾，古諸侯也。帝嚳取娵訾氏女，生摯。摯，堯兄也。一曰豕韋。豕韋，夏后禦龍氏之國也，春秋蔡侯之所封。《左傳》曰：萇弘對周景王曰：蔡侯殺其君之歲，歲在豕韋。《史記・天官書》曰：營室東壁，并州也。今之東郡、秦置。黎陽、河內、郡，漢高帝置也。本殷之舊國，周既克殷，分其畿內爲三國，《詩・風》邶、鄘、衛國是也。野王、朝歌，皆衛之分也，衛本國既爲狄人所滅，文公徙封於楚丘。後三十余年，子成公遷於帝丘。今濮陽是也。屬并州。周分冀州、置并州。《周官》曰：正北曰并州。所部郡縣，并州凡九郡，悉在燕、趙、秦次中，未詳之。《未央分野》曰：衛治濮陽，其地從三州。記東至沛，今爲東郡也。

奎、婁，魯之分野。自奎五度至胃六度，於辰在戌，爲降婁。降，下也；婁，曲也。陰生於午，與陽俱行。至八月，陽遂下。九月陽，剥卦用事。陽將剥盡，陰在上，萬物枯落，卷縮而死，故曰降婁。《爾雅》曰：降婁，婁奎也。《史記・天官書》曰：奎婁胃，徐州。《未央分野》曰：魯星得奎婁也。東至東海，郡，漢高帝置。西有泗水，泗水之國也。漢武帝分東海郡立。至淮，得臨淮之下睢，陵僮，取慮，皆魯分也。周成王以少昊之墟曲阜，封周公子伯禽爲魯侯，以爲周公主也。《魯世家》曰：周武王克殷，封弟周公旦於少昊之墟。周公留佐武王，不就封。武王崩，成王命周公子伯禽代居魯，是爲魯公也。屬徐州。《尚書・禹貢》曰：海岱及淮唯徐州。《爾雅》曰：濟東曰徐州。註云：自濟東至海也。周繼殷，罷徐以合青。漢武帝分置徐州。《未央分野》曰：魯東至海，西至營丘，北至代，南至淮也。

胃、昴，趙之分野。自胃七度至畢十一度，於辰在酉，爲大樑。樑，强也。八月之時，白露始降，萬物於是堅成而强大，故曰大樑。《爾雅》曰：大樑，昴也。《史記·天官書》曰：昴、畢，冀州。《淮南子·天文訓》曰：胃昴畢，魏也。《未央分野》曰：趙星得觜參也。趙本晉地，分晉得趙國。漢高帝以邯鄲郡爲趙國。北有信都，國，漢高帝立也。真定，國，漢武帝置之。常山，郡，漢高帝置。本國山爲名，曰恒山郡。漢文帝諱恒，改曰常山郡也。中山。漢景帝以郡爲國也。又得涿郡之高陽、靳鄉，三縣。涿郡，漢高帝置之也。東有廣平，國，漢武帝置之。鉅鹿，郡，秦置之。清河，郡，漢高帝置之。河間。國，漢文帝分趙國也。又得渤海之東平舒、中武邑、文安、萊州、成、章武。六縣也，漢高帝置之。河已北也，南至浮水，水名，作漳水也。繁陽、内黄、斥丘，三縣屬魏郡，漢高帝置之。西有太原，郡，秦置之。定襄，郡，漢高帝置。雲中，秦置。五原，秦九原郡，漢武帝改名也。朔方，漢武帝置。上黨。秦置。上黨本韓之别郡也，遠韓近趙，後卒降趙，趙皆得之。自趙後九世稱侯。四世敬侯徙都邯鄲。後三世有武靈王，五世爲秦所滅。《趙世家》云：趙氏之先，帝顓頊之苗裔，伯益之後也。又虞舜妻之姚姓二女，賜姓嬴氏。歷夏殷周，世爲諸侯。後造父爲周穆王禦，西巡狩，見西王母，樂之忘歸。而徐偃王反，穆王日馳千裏，還攻徐偃王，大破之，乃賜造父以趙。趙城由此爲趙氏，屬冀州。《尚書·禹貢》曰：冀州既載壺口，治樑及岐。《周官》曰：河内曰冀州。《爾雅》曰：兩河間曰冀州。註云：自東河至西河。《未央分野》曰：趙治邯鄲，北至常山、代郡、河間。

畢、觜、參，晉魏之分野。自畢十二度至井十五度，於辰在申，爲實沈。言七月之時，萬物極盛，陰氣沈重，降實萬物，故曰實沈。高辛氏有二子，伯曰閼伯，季曰實沈者，不相能，後帝不臧，遷閼伯於商丘，主辰，商人是因，故辰爲商星。遷實沈於大夏，主參，唐人是因，故參爲唐星。至周武王感靈夢而生叔虞。成王時，唐有亂，周公滅唐，成王因戲而封叔虞於唐，河汾以東方百裏，太原郡之晉陽縣是也。叔虞卒，子燮立，是爲晉侯。故參爲晉也。實沈，參之神也，因名實沈焉。後武侯興，趙、韓滅晉，分其地，故參爲魏之分野。《史記·天官書》曰：觜觿。參，益州也。《淮南子·天文訓》曰：觜觿、參，趙也。鄭玄註《周禮·保章氏》職曰：實沈，晉也。《未央分野》曰：晉魏星得胃昴畢。自高陵縣也，屬左馮翊。已東，盡河東，郡，秦置也。河内，漢高帝置。南有陳留。郡，漢武帝置也。汝南之郡陵、新汲秦置。及西華、長平，潁川之舞陽、郾、許、鄢陵，河南開封、中牟、陽武、酸棗、卷，酸棗縣屬陳國，則爲之重見也。□□，皆魏之分也。《魏世家》曰：魏之先，畢公高之後也，與周同姓。武王之伐紂，而高封於畢，是氏焉，長安縣西北是也。其後絶對爲庶人，或在中國，或在夷狄。復封其苗裔曰畢萬，事晉獻公。獻公之十六年，趙夙爲禦，畢萬爲右，以伐霍耿魏，滅之。獻公以魏封畢萬。魏，今河東郡，即河北縣是也。萬孫悼子徙治霍。霍，平陽郡之永安縣是也。悼子子昭子徙治安邑，河東安邑縣是也。昭子孫獻子，與趙、韓共誅祁羊舌氏，盡取其地。獻子曾孫桓子，與趙襄子、韓康子共滅智伯，分其地。桓子之孫曰文侯，時魏爲强大。周威烈王二十二年，賜命爲諸侯。子武侯，十一年與趙、韓滅晉，三分其地。故參爲魏之次野者，屬益州。漢武帝改梁州爲益州，非魏地也。益州地盡在秦楚次中，以魏爲益州，未詳其旨。《未央分野》曰：晉治太原，後魏巴西至定襄清河之水，今爲河内、上黨、雲中也。

井、鬼，秦之分野。自井十六度至柳八度，子辰在未，爲鶉首。南方七宿，其形象鳥，以井爲冠，以柳爲口，鶉鳥首頭也，故曰鶉首。鶉首，星名也，井、鬼、柳，朱鳥首宿也。故曰鶉首。《史記·天官書》曰：東井與鬼，雍州也。自弘農故關以西，故關，函谷關也。弘農郡，漢武帝置。京兆、扶風、馮翊，並秦内史，漢武帝分爲三輔。北地、上郡、二郡秦置。西河、安定、天水，三郡漢武帝置。南有巴郡、蜀郡，二郡秦置。廣漢，漢高帝置。犍爲，漢武帝置。武都，西有金城、武威，本休屠王置也。酒泉、敦煌，敦煌本屬酒泉，武帝置之也。又西南有洋河，漢武帝置。越巂、益州，皆其屬焉，三郡，並漢武帝開置。皆秦之分也。《秦世家》曰：秦之先曰非子者，與趙同姓，伯益之十六世孫也。周孝王養馬蕃息，孝王封爲附庸，邑之於秦，號曰秦嬴。今天水之隴西縣秦亭。即其地也。乙秦嬴曾孫曰秦仲，周宣王使伐西戎，西戎殺之。宣王後命仲之子莊公者，與四弟伐西戎，破之，賜仲大駱之地，於是居於犬丘扶風之槐裏縣是也，屬雍州。《尚書·禹貢》曰：黑水西河唯雍州。《周官》曰：正西曰雍州，漢武帝改爲涼州。《爾雅》云：河西曰雍州。註云：自河西至黑水也。《未央分野》曰：故治雍州，後治宜陽，又治咸陽，今爲長安。此地從華山西至流沙，今爲三輔。巴蜀漢中、隴西、北地上郡是也。

柳、七星、張，周之分野。自柳九度至張十六度，於辰在午，爲鶉火。南方爲火，言五月之時，陽氣始盛，火星昏中，在七星朱鳥之處，故曰鶉火。《爾雅》曰：柳，鶉火也。柳、七星、張，南方之中宿也。故曰火。《周禮》曰：鳥旟七斿，以象鶉火。《史記·天官書》云：柳、七星、張，三河也。今之河南洛陽、谷城、平陰、偃師、鞏縣、緱氏，七縣屬河南郡。並周之分野。《周本紀》曰：周之先曰棄，棄生有神怪，長好稼穡，爲舜播植百谷，舜封之於邰，扶風之斄縣是也。號曰後稷，姓爲姬氏。曾孫公劉、子慶節，立國於邠，扶風之漆縣。後十世孫曰太王，爲狄所侵，遷於邠，度漆沮，逾梁山，邑於岐下，扶風之美陽是也。太王孫文王，有聖德，周室方隆，徙都於酆，酆在京兆之杜縣是也。文王子武王滅商，徙都於鎬，鎬在京兆之長安縣是也。武王子成王，營洛邑，都河南是也。或云成王居洛邑，六世孫懿王，遷犬丘也，屬三河。河南、河內、河東三郡是也。按周之將士，唯河南一郡，故以爲國。周分野，其河內、河東，乃在魏次中，未詳。周之分野稱三河之謂矣。《未央分野》曰：洛陽西至華山、東至滎澤少室，北至河南，南至漢水，今爲河南陳留是也。

翼、軫，楚之分野，自張十七度至軫十一度，於辰在巳，爲鶉尾。南方朱鳥七宿，以軫爲尾，故曰鶉尾。《周禮·月令》曰：鶉尾，一名鳥帑。《史記·天官書》曰：翼軫，荊州也。今之南郡，秦置。江陵、江夏、漢高帝置。零陵，郡，漢武帝置之。桂陽、武陵、二郡漢高帝置。長沙，郡，秦爲郡，漢高帝改爲國。汲、漢中、秦置。汝南，漢高帝置。皆楚之分也。周成王時，封文王之先師鬻熊之曾孫繹於荊蠻，爲楚子，居丹陽。後十余世至熊通，號武王，浸以强大。後五世至莊王，總帥諸侯，觀兵周室，並吞江漢之間，內滅陳魯之國。後十余世，有項王，東徙於陳焉。《楚世家》曰：鬻熊，祝融之苗裔也，姓芈氏，居丹陽，今南郡枝江縣是也。武王子文王始都郢，江陵是也。莊王曾孫昭王，爲吳所破，吳兵入郢。昭王出奔隨，使楚大夫申包胥請救於秦，秦乃救楚，大敗吳師。闔廬弟夫概，返吳自立爲王，闔廬聞之班師。昭王乃得返國，更都於鄀。鄀，南郡鄀縣是也。屬荊州。《尚書·禹貢》曰：荊及衡陽唯荊州。《周官》曰：正南曰荊州。《爾雅》曰：漢南曰荊州，自漢南至衡山之陽。《未央分野》曰：楚治郢，南至九江，北至積水，東至海，西至魚腹山。今爲汝南、汝陽、廬江、豫章、長沙、南海，故楚治南郢者也。

《周禮·大司徒》職云：以土圭之法，辯十有二土之名，以相民宅而知厲害。鄭玄云：十二土分野十二邦，上系十二次焉。《保章氏》云：星辯九州之地，所封之地，皆有分星，以視祆祥。馬融云：星，土也，星所主也。《土地傳》曰：參主晉，商主大火也。辯，別也。封，界也。封域一國也。分星自斗十二度，謂之星紀之次、吳越之分野之類也。馮相氏掌十有二歲、十有二月、十有二辰、二十八宿之位，辨序其事，以會天位。位，大歲。歲星與日月同次之月，斗在建之辰。

《詩緯推度災》：邶國，結蝓之宿。宋均曰：謂營室星。鄘國，天漢之宿。天津也。衛國，天宿斗衡。國分所宜。王國，天宿箕斗。鄭國，天宿斗衡。魏國，天宿牽牛。唐國，天宿奎婁。秦國，天宿白虎，氣生玄武。陳國，天宿大角。鄶國，天宿招搖。曹國，天宿張弧。

右以上《詩緯》所載國次星野，與《淮南子》等不同。

《史記·天官書》：角、氐、亢，兗州。房、心，豫州。尾、箕，幽州。斗，江湖。牛、女，揚州。虛、危，青州。室、壁，并州。奎、婁、胃，徐州。昴、畢，冀州。觜、參，益州。井、鬼，雍州。柳、七星、張，三河翼、軫，荊州。

七星爲官員，辰星廟，蠻夷星也。

又曰：二十八舍，主十二州。斗乘兼之，所從來久矣。秦之疆，候在太白，占於辰弧。吳楚之疆，候在熒惑，占於衡星。燕齊之疆，候在辰星，占於虛尾。宋鄭之疆，候在歲星，占於房心。晉之疆，亦候在填星，占於參。秦並三晉已後，占更不同，山河以南爲中國，占於天街南，畢主之；其西北則胡貉月氏，占於街北，昴主之。

《淮南子》及《山海經》並云：地之所載，六合之間，四海之內。照之以日月，紀之以星辰，要之以太歲。淮南所分十二國分，同石氏。

《春秋內事》曰：天有十二次，日月之所躔；地有十二分，王侯之所國也。

圖緯降象，《河圖》雲：天中極星，下屬地中崑崙之墟。陽盛於己，立東太微天庭五帝圖，中和美玉在己。崑崙南東方五千里，名神州。中有五山地祇圖，隔以阻塞，帝王居之。

東嶽太山，角、亢、房之根，上爲天門明堂。邠之隘，上爲扶桑，日所陳；宣陸之阻，上爲吳泉，或曰虞泉。月所登。阿阮之隘，上爲陽谷，五星以陳；方域之險，上爲咸池。四殽險之阻，上爲女紀。今訾之塞，上爲緱星；井陘之險，上爲魁首。勾拒之阻，上五合五紐爲都星；居庸之隘，上爲極紫宮之户。

右以上九塞之星精，上著於天。

倉絡山，天運攝提精。代闕，天提高星精。王屋，天資華蓋精。握彌首山，天維輔星精。山戎足，天街北界之精。岐山，天維房星之精。太行，附路之精。嶽陽，天提紀漢之精。孟堪，地閏河鼓之精，燕齊之維。

右以上九山，稟大宿之精。

河導昆侖山，名地首，上爲權勢星。東流千里，至規其山，名地契，上爲距樓星。北流千里，至積石山，名地肩，上爲別符星。南千里，入隴首山間，抵龍門首，名地根，上爲宮室星。龍門，上爲王良星，爲天橋。神馬山河躍。南流千里，抵龍首，至卷重山，名地咽，上爲卷舌星。東流貫砥柱，觸閼流山，名地喉，上爲樞星，以運七政。西距卷重山千里，東至洛會，名地神遣，上爲紀星。東流至大伾山，名地肱，上爲輔星。東流過絳水千里，至大陸，名地腹幹，上爲虛星。

右以上黄河九曲上爲星。

洛涇之起，西維南嶓冢山，上爲狼星。漾水出端，東流過武關山南，上爲天高星。漢水東流至嶽首，北至荆山爲地雌，上爲軒轅星。大别山爲地裏，上爲庭蕃星。三危山，上爲天苑星。岐山爲地乳，上爲天廩星。岷山之地爲井絡，上爲天井星。岷江九折，上爲太微庭。九江北，東出南流，上爲東蕃。兖州濟汶，上爲天津。桐柏山爲地穴，維尾爲地腹，上爲太微帝座、三能、斗、軒轅，淮源出之。岱嶽表出鉤鈐。鳥鼠同穴山，地之幹，上爲奄畢星。熊耳山，地之門也，上爲畢。附耳星，洛水擊其間，東北過五湖山，至於陪尾。東北入中提山，五靈山上爲五諸侯，陪尾山爲軒轅，中提山上爲三台。

《洛書》分二十八宿於左：

岍，角。岐，亢。荆山，氐。壺口，房。雷首，心。太嶽，尾。砥柱，箕。析成，斗。王屋，牛。太行，須女。恒山，虛。碣石，危。西傾，室。朱圉，畢。鳥鼠，奎。太華，婁。熊耳，胃。外方，昴。桐柏，畢。陪尾，觜。冢，參。荆山，東井。内方，輿鬼。大别，柳。岷山，七星。衡山，張。九江，翼。敷淺原，軫。

右以上《洛書》以禹貢山川配二十八宿。

陳卓分野：角、亢、氐，鄭，兖州。東郡，入角一度。東平、任城、山陰，入角六度。泰山，入角十二度。濟北、陳留，入亢五度。濟陰，入氐二度。東平，入氐七度。

房、心，宋，豫州。潁川，入房一度。汝南，入房二度。沛郡，入房四度。梁國，入房五度。淮陽，入心一度。魯國，入心三度。

尾、箕，燕，幽州。上谷，入尾一度。漁陽，入尾三度。右北平，入尾七度。西河、上郡、北地、遼西、遼東，入尾十度。涿郡，入尾十六度。渤海，入箕一度。東浪，入箕三度。玄菟，入箕六度。廣陽，入箕九度。

斗、牛、女，吴越，揚州。九江，入斗一度。廬江，入斗六度。豫章，入斗十度。丹陽，入斗十六度。會稽，入牛一度。臨淮，入牛四度。廣陵，入牛八度。泗水，入牛一度。六安，入牛六度。

虚、危，齊，青州。齊國，入虚六度。北海，入虚九度。濟南，入危一度。東安，入危四度。東萊，入危一度。平原，入危十一度。淄川，入危十四度。

室、壁，衛，并州。安定，入室一度。天水，入室八度。隴西，入室四度。酒泉，入室十一度。張掖，入室十二度。武都，入壁一度。金城，入壁四度。武威，入壁六度。敦煌，入壁八度。

奎、婁、胃，徐州。東海，入奎一度。瑯琊，入奎六度。高密，入婁一度。陽城，入婁九度。膠東，入胃一度。

昴、畢，趙，冀州。魏郡，入昴一度。鉅鹿，入昴三度。常山，入昴五度。廣平，入昴七度。中山，入昴八度。清河，入昴九度。信都，入昴三度。趙郡，入畢八度。安平，入畢四度。河間，入畢十度。真定，入畢十三度。

觜、參，魏，益州。廣漢，入觜一度。越嶲，入觜二度。蜀郡，入參一度。犍爲，入參三度。洋河，入參五度。巴郡，入參六度。益州，入參七度。漢中，入參九度。

井、鬼，秦，雍州。雲中，入井一度。定襄，入井八度。雁門，入井十六度。代郡，入井十八度。太原，入井二十九度。上黨，入鬼二度。

柳、七星、張，三河。弘農，入柳一度。河南，入七星三度。河東，入張一度。河内，入張九度。

翼、軫，楚荆州。南陽，入翼六度。南郡，入翼十度。江夏，入翼十二度。零陵，入軫一度。桂陽，入軫六度。武陵，入軫十一度。長沙，入軫十六度。

《漢志》十二次。費直《周易》分野。蔡邕《月令章句》分野。未央《太一飛符九宫》分野。

星紀，起斗十二度。自斗十度。自斗六度，吴越。

玄枵，起女八度。自女六度。自女二度，齊。

娵訾，起危十六度。自危十四度。自尾十度，衛。

降婁，起奎五度。自奎二度。自壁八度，魯。

大梁，起胃七度。自胃四度。自胃一度，趙。

實沈，起畢十二度。自畢九度。自畢六度，晉。

鶉首，起井十六度。自井十二度。自井十度，秦。

鶉尾，起張十八度。自張十三度。自張十二度，楚。後次

鶉火，起柳九度。自柳五度。自柳三度，周。前

壽星，起軫十二度。自軫七度。自軫六度，鄭。

大火，起氐五度。自氐十一度。自亢八度，宋。

析木，起尾十度，自尾九度。自尾四度，燕。

《漢書・律曆志》云：六物者，歲時日月星辰也。辰者，日月之會，而斗建所指也。玉衡勺，建天之綱也，日月初躔之星紀也。是以斗牛系丑次，名紀下系地，分野當吴越。

費直，字長翁，東萊人。仕前漢爲單父令，能治《易》，撰《章句》，著筮占，所論天地義理，多有疏闊。言分野郡縣，與子政略同。説星分，皆壽星之次四十二度，大火之次三十二度，余次並三十度。不均之義，未能詳也。

蔡邕《月令章句》云：周天三百六十五度四分度之一，爲十二次，日月之所躔。地有十二分，王侯之所國也。每次三十度三十二分度之十四，至其初爲節，至其中爲氣。

未央，不知何許人也。漢孝安時爲千乘都尉，長於陰陽氣數之術。元初二年，上書言太乙九宫事。御有詔詰問，未央各以理對。制示太史，下章蘭臺石室，賜未央金百斤，增位二等，拜爲弘農太守。其言分野，簡略未可詳也。所屬星國名，與石氏頗同。

《宋書・曆志》云：大子旅賁中郎將戴法興議云：祖冲之造曆，歲別有差，則今之壽星，乃周之鶉尾。誣天背地，乃至於斯。冲之對曰：次隨方名，義合宿體，分至雖改，而厥位不遷。豈謂龍火，質處金水，亂列名號，乖舛之義，抑未詳究。

《天文録》云：天次十二分者，辯吉兇之所在，明兆應之攸歸。《周禮》以土圭之法定十有二壤。故馮相氏掌四七之位，以會天位。保章氏辯九州之分，以別祆祥，是以明王觀象而設教，睹變而修德。故能先天而天不違，後天而奉天時者也。自重黎之後，宜有其書，文紀絶滅，世莫得聞。今所行十二次者，漢光禄大夫劉向之所撰也，班固列爲《漢志》，群氏莫不宗焉。而言詞簡略，學者多疑，輒載其本文，而爲之註。因漢地理，覆其同異，蓋言次名之攸出，列國之興喪，都鄙之遷革，郡邑人所繼耳。乃若天以陽動，地以陰凝，變主於上，祥應於下。北方之宿，返主吴越；火午之辰，更在周邦。且天度均列，而分野殊形。一次所主，或綿亘萬里，跨涉數州；或止在寰内，不布一郡。而靈感遥通，有若影響。故非末學，未能詳之。

按，星官有《二十八宿山經》，其山各在十二次之分。分野有災，則宿與山相感，而見祥異。至如《石氏星經》配宿屬國，皆以星斷，不計度距。《漢・地理志》及蔡邕《月令章句》，皆以二十四氣日度所宿以分野。一設此法，莫能改張。而費直及未央，世不施用。且海内之廣，仰系天宿，州國郡縣，皇王代殊，星辰兆未萌之前，人事興布置之後。秦漢郡縣遠應天文，晉趙都邑交錯非一。周祖后稷，創國策豳，爲狄所侵，仍居岐下。而《國語》云：武王伐殷，歲在鶉火。歲之所在，則我有周分野。今周之分隸在豫州，豐鎬舊都，翻當秦宿，應以理實，事恐難詳。如熒惑守心，宋景攘其災咎；實沈爲崇，晉侯受其斃殃，此則天道影響，似逐人情，據其事驗，時以相應。今輒集星次如前，以存異説，州國分屬，義非所詳也。

或人問曰：天高不極，地厚無窮。凡在生靈，咸蒙覆載，而上分辰宿，下列侯王，分野獨擅於中華，星次不沾於荒服。至於蠻夷君長，敵戎虜酋豪，更稟英奇，並資山嶽。豈容變化，應驗全無？豈日月私照，意所未詳？冀爾達人，以祛所惑。

淳風答之曰：昔者周公，列聖之宗也。挾輔成王，定鼎河洛，辯方正位，處厥土中。都之以陰陽，隔之以寒暑，以爲四交之中，當二儀之正，是以建國焉。故知華夏者，道德、禮樂、忠信之秀氣也。故聖人處焉，君子生焉。彼四夷者，北狄沍寒，穹廬牧野；南蠻水族，暑濕鬱蒸；東夷穴處，寄托海隅；西戎氈裘，爰居瀚海。莫不殘暴狠戾，鳥語獸音，炎涼氣偏，風土憤薄，人面獸心，宴安鴆毒。以此而況，豈得與中夏皆同日而言哉？故孔子曰：夷狄之有君，不如諸夏之亡，此之謂也。是故越裳重譯，匈奴稽顙，肅慎獻矢，西戎聽律。莫不航海梯山，遠方致貢，人畜納首，殊類宅心。以此而言，四夷宗中國之驗也。故孔子曰：爲政以德，譬如北辰，居其所，而衆星拱之。又且聖人觀象，分配國野，或取水土所生，或視風氣所宜，因系之以成形象之應。故昴爲旄頭被髮之象，青丘蠻夷文身之國，梗河胡騎負戈之俗。胡人事天，以昴星爲主；越人伺察，以斗牛辨祥。秦人占狼弧，齊觀虚危，各是其國，自所宗奉。是以聖人因其情性所感而屬，豈越理苟且而傅會者哉？

唐・房玄齡等《晉書》卷一一《天文志上》 二十八舍

東方。角二星爲天關，其間天門也，其內天庭也。故黄道經其中，七曜之所行也。左角爲天田，爲理，主刑；其南爲太陽道。右角爲將，主兵；其北爲太陰道。蓋天之三門，猶房之四表。其星明大，王道太平，賢者在朝；動摇移徙，王者行。

亢四星，天子之内朝也，總攝天下奏事，聽訟理獄録功者也。一曰疏廟，主疾疫。星明大，輔納忠，天下寧。

氐四星，王者之宿宫，后妃之府，休解之房。前二星，適也；後二星，妾也。後二星大，則臣奉度。

房四星，爲明堂，天子布政之宫也，亦四輔也。下第一星，上將也；次，次將也；次，次相也；上星，上相也。南二星君位，北二星夫人位。又爲四表，中間爲天衢，爲天闕，黄道之所經也。南間曰陽環，其南曰太陽；北間曰陰間，其北曰太陰。七曜由乎天衢，則天下平和；由陽道則旱喪；由陰道則水兵。亦曰天駟，爲天馬，主車駕。南星曰左驂，次左服，次右服，次右驂。亦曰天廏，又主開閉，爲畜藏之所由也。房星明，則王者明；驂星大，則兵起；星離，民流。又北二小星曰鉤鈐，房之鈐鍵，天之管籥，主閉鍵天心也。明而近房，天下同心。房鉤鈐間有星及疏坼，則地動河清。

心三星，天王正位也。中星曰明堂，天子位，爲大辰，主天下之賞罰。天下變動，心星見祥。星明大，天下同。前星爲太子，後星爲庶子。心星直，則王失勢。

尾九星，後宫之場，妃后之府。上第一星，后也；次三星，夫人；次星，嬪妾。第三星傍一星名曰神宫，解衣之内室。尾亦爲九子，星色欲均明，大小相承，則後宫有敍，多子孫。

箕四星，亦後宫妃后之府。亦曰天津，一曰天雞，主八風。凡日月宿在箕、東壁、翼、軫者風起。又主口舌，主客蠻夷胡貉；故蠻胡將動，先表箕焉。

北方。南斗六星，天廟也，丞相太宰之位，主褒賢進士，稟授爵禄。又主兵，一曰天機。南二星魁，天樑也。中央二星，天相也。北二星，天府庭也，亦爲壽命之期也。將有天子之事，占於斗。斗星盛明，王道平和，爵禄行。

牽牛六星，天之關梁，主犧牲事。其北二星，一曰即路，一曰聚火。又曰，上一星主道路，次二星主關梁，次三星主南越。摇動變色則占之。星明大，王道昌，關梁通。

須女四星，天少府也。須，賤妾之稱，婦職之卑者也，主布帛裁製嫁娶。

虚二星，冢宰之官也，主北方邑居廟堂祭祀祝禱事，又主死喪哭泣。

危三星，主天府天市架屋；餘同虚占。墳墓四星，屬危之下，主死喪哭泣，爲墳墓也。

營室二星，天子之宫也。一曰玄宫，一曰清廟，又爲軍糧之府及土功事。星明，國昌；小不明，祠祀鬼神不享。離宫六星，天子之別宫，主隱藏休息之所。

東壁二星，主文章，天下圖書之祕府也。星明，王者興，道術行，國多君子，星失色，大小不同，王者好武，經士不用，圖書隱；星動，則有土功。

西方。奎十六星，天之武庫也。一曰天豕，亦曰封豕。主以兵禁暴，又主溝瀆。西南大星，所謂天豕目，亦曰大將，欲其明。

婁三星，爲天獄，主苑牧犧牲，供給郊祀。

胃三星，天之廚藏，主倉廩，五穀府也，明則和平。

昴七星，天之耳目也，主西方，主獄事。又爲旄頭，胡星也。昴畢間爲天街，天子出，旄頭罕畢以前驅，此其義也。黄道之所經也。昴明，則天下牢獄平。昴六星皆明，與大星等，大水。七星皆黄，兵大起。一星亡，爲兵喪。摇動，有大臣下獄，及有白衣之會。大而數盡動若跳躍者，胡兵大起。

畢八星，主邊兵，主弋獵。其大星曰天高，一曰邊將，主四夷之尉也。星明大，則遠夷來貢，天下安；失色，則邊兵亂。附耳一星，在畢下，主聽得失，伺諐邪，察不祥。星盛，則中國微，有盜賊，邊候驚，外國反；移動，佞讒行。月入畢，多雨。

觜觿三星，爲三軍之候，行軍之藏府，主葆旅，收斂萬物。明則軍儲盈，將得勢。

參十星，一曰參伐，一曰大辰，一曰天市，一曰鈇鉞，主斬刈。又爲天獄，主殺伐。又主權衡，所以平理也。又主邊城，爲九譯，故不欲其動也。參，白獸之體。其中三星横列，三將也。東北曰左肩，主左將；西北曰右肩，主右將；東南曰左足，主後將軍；西南曰右足，主偏將軍。故《黄帝占》參應七將。中央三小星曰伐，天之都尉也，主胡、鮮卑、戎、狄之國，故不欲明。七將皆明大，天下兵精也。王道缺則芒角張。伐星明與參等，大臣皆謀，兵起。參星失色，軍散敗。參芒角動摇，邊候有急，兵起，有斬伐之事。參星移，客伐主。參左足入玉井中，兵大起，秦大水，若有喪，山石爲怪。參星差戾，王臣貳。

南方。東井八星，天之南門，黄道所經，天之亭候，主水衡事，法令所取平也。王者用法平，則井星明而端列。鉞一星，附井之前，主伺淫奢而斬之。故不欲其明，明與井齊，則用鉞於大臣。月宿井，有風雨。

輿鬼五星，天目也，主視，明察姦謀。東北星主積馬，東南星主積兵，西南星主積布帛，西北星主積金玉，隨變占之。中央星爲積尸，主死喪祠祀。一曰鈇鑕，主誅斬。鬼星明，大穀成；不明，百姓散。鑕欲其忽忽不明，明則兵起，大臣誅。

柳八星，天之廚宰也，主尚食，和滋味，又主雷雨。

七星七星，一名天都，主衣裳文繡，又主急兵盜賊。故星明王道昌；闇則賢良不處，天下空。

張六星，主珍寶、宗廟所用及衣服，又主天廚飲食賞賚之事。星明則王者行五禮，得天之中。

翼二十二星，天之樂府，主俳倡戲樂，又主夷狄遠客、負海之賓。星明大，禮樂興，四夷賓。動則蠻夷使來，離徙則天子舉兵。

軫四星，主冢宰，輔臣也；主車騎，主載任。有軍出入，皆占於軫。又主風，主死喪。軫星明，則車駕備；動則車駕用。轄星傅軫兩傍，主王侯，左轄爲王者同姓，右轄爲異姓。星明，兵大起。遠軫，凶。轄舉，南蠻侵。長沙一星，在軫之中，主壽命。明則主壽長，子孫昌。又曰，車無轄，國有憂；軫就聚，兵大起。

星官在二十八宿之外者

庫樓十星，六大星爲庫，南四星爲樓，在角南。一曰天庫，兵車之府也。旁十五星三三而聚者，柱也。中央四小星，衡也，主陳兵。東北二星曰陽門，主守隘塞也。南門二星，在庫樓南，天之外門也，主守兵。平星二星，在庫樓北，平天下之法獄事，廷尉之象也。天門二星，在平星北。

亢南七星曰折威，主斬殺。頓頑二星，在折威東南，主考囚情狀，察詐僞也。

騎官二十七星，在氐南，若天子武賁，主宿衛。東端一星騎陣將軍，騎將也。南三星車騎，車騎之將也。陣車三星，在騎官東北，革車也。

積卒十二星，在房心南，主爲衛也。他星守之，近臣誅。從官二星，在積卒西北。

龜五星，在尾南，主卜以占吉凶。傅説一星，在尾後。傅説主章祝，巫官也。魚一星，在尾後河中，主陰事，知雲雨之期也。

杵三星，在箕南，杵給庖舂。客星入杵臼，天下有急。糠星在箕舌前杵西北。

鼈十四星，在南斗南。鼈爲水蟲，歸太陰。有星守之，白衣會，主有水令。農丈人一星，在南斗西南，老農主穡也。狗二星，在南斗魁前，主吠守。天田九星，在牛南。羅堰九星，在牽牛東，岠馬也，以壅蓄水潦，灌溉溝渠也。九坎九星，在牽牛南。坎，溝渠也，所以導達泉源，疏盈瀉溢，通溝洫也。九坎間十星曰天池，一曰三池，一曰天海，主灌溉田疇事。

虛南二星曰哭，哭東二星曰泣，泣、哭皆近墳墓。泣南十三星曰天壘城，如貫索狀，主北夷丁零、匈奴。南二星曰蓋屋，治宫室之官也。其南四星曰虛梁，園陵寢廟之所也。

羽林四十五星，在營室南，一曰天軍，主軍騎，又主翼王也。壘壁陣十二星，在羽林北，羽林之垣壘也，主軍衛爲營壅也。五星有在天軍中者，皆爲兵起，熒惑、太白、辰星尤甚。北落師門一星，在羽林西南。北者，宿在北方也；落，天之藩落也；師，衆也；師門，猶軍門也。長安城北門曰北落門，以象此也。主非常以候兵。有星守之，虜入塞中，兵起。其西北有十星，曰天錢。北落西南一星曰天綱，主武帳。北落東南九星曰八魁，主張禽獸。

天倉六星，在婁南，倉穀所藏也。南四星曰天庾，積廚粟之所也。

天囷十三星，在胃南。囷，倉廩之屬也，主給御糧也。

天廩四星在昴南，一曰天廥，主蓄黍稷以供饗祀；《春秋》所謂御廩，此之象也。天苑十六星，在昴畢南，天子之苑囿，養獸之所也。苑南十三星曰天園，植果菜之所也。

畢附耳南八星曰天節，主使臣之所持者也。天節下九星曰九州殊口，曉方俗之官，通重譯者也。

參旗九星在參西，一曰天旗，一曰天弓，主司弓弩之張，候變禦難。玉井四星，在參左足下，主水漿以給廚。西南九星曰九游，天子之旗也。玉井東南四星曰軍井，行軍之井也。軍井未達，將不言渴，名取此也。軍市十三星在參東南，天軍貿易之市，使有無通也。野雞一星，主變怪，在軍市中。軍市西南二星曰丈人，丈人東二星曰子，子東二星曰孫。

東井西南四星曰水府，主水之官也。東井南垣之東四星曰四瀆，江、河、淮、濟之精也。狼一星，在東井東南。狼爲野將，主侵掠。色有常，不欲動也。北七星曰天狗，主守財。弧九星，在狼東南，天弓也，主備盜賊，常向於狼。弧矢動移不如常者，多盜賊，胡兵大起。狼弧張，害及胡，天下乖亂。又曰，天弓張，天下盡兵。弧南六星爲天社，昔共工氏之子句龍，能平水土，故祀以配社，其精爲星。老人一星，在弧南，一曰南極，常以秋分之旦見于丙，春分之夕而没于丁。見則治平，主壽昌，常以秋分候之南郊。

柳南六星曰外廚。廚南一星曰天紀，主禽獸之齒。

稷五星，在七星南。稷，農正也，取乎百穀之長以爲號也。

張南十四星曰天廟，天子之祖廟也。客星守之，祠官有憂。

翼南五星曰東區，蠻夷星也。

軫南三十二星曰器府，樂器之府也。青丘七星，在軫東南，蠻夷之國號也。青丘西四星曰土司空，主界域，亦曰司徒。土司空北二星曰軍門，主營候彪尾威旗。

唐·魏徵等《隋書》卷一五《天文志中》 二十八舍

東方。角二星，爲天闕，其間天門也，其內天庭也。故黄道經其中，七曜之所行也。左角爲天田，爲理，主刑，其南爲太陽道。右角爲將，主兵，其北爲太陰道。蓋天之三門，猶房之四表。其星明大，王道太平，賢者在朝。動摇移徙，王者行。

亢四星，天子之內朝也。總攝天下奏事，聽訟理獄録功者也。一曰疏廟，主疾疫。星明大，輔納忠，天下寧，人無疾疫。動則多疾。

氐四星，王者之宿宫，后妃之府，休解之房。前二星適也，後二星妾也。將有徭役之事，氐先動。星明大則臣奉度，人無勞。

房四星爲明堂，天子布政之宫也，亦四輔也。下第一星，上將也；次，次將也；次，次相也；上星，上相也。南二星君位，北二星夫人位。又爲四表，中間爲天衢之大道，爲天闕，黄道之所經也。南間曰陽環，其南曰太陽。北間曰陰間，其北曰太陰。七曜由乎天衢，則天下平和。由陽道則主旱喪，由陰道則主水兵。亦曰天駟，爲天馬，主車駕。南星曰左驂，次左服，次右服，次右驂。亦曰天廄，又主開閉，爲畜藏之所由也。房星明則王者明。驂星大則兵起，星離則人流。又北二小星曰鉤鈐，房之鈐鍵，天之管籥，主閉藏，鍵天心也。王者孝則鉤鈐明。近房，天下同心，遠則天下不和，王者絶後。房鉤鈐間有星及疎坼，則地動河清。

心三星，天王正位也。中星曰明堂，天子位，爲大辰，主天下之賞罰。天下變動，心星見祥。星明大，天下同，暗則主暗。前星爲太子，其星不明，太子不得代。後星爲庶子，後星明，庶子代。心星變黑，大人有憂。直則王失勢，動則國有憂急，角摇則有兵，離則人流。

尾九星，後宫之場，妃后之府。上第一星，后也；次三星，夫人；次星，嬪妾。第三星傍一星，名曰神宫，解衣之内室。尾亦爲九子。星色欲均明，大小相承，則後宫有敍，多子孫。星微細暗，后有憂疾。疎遠，后失勢。動摇則君臣不和，天下亂。就聚則大水。

箕四星，亦後宫妃后之府。亦曰天津，一曰天雞。主八風，凡日月宿在箕、東壁、翼、軫者，風起。又主口舌，主客蠻夷胡貉，故蠻胡將動，先表箕焉。星大明直則穀熟，内外有差。就聚細微，天下憂。動則蠻夷有使來。離徙則人流動，不出三日，大風。

北方。南斗六星，天廟也，丞相太宰之位，主褒賢進士，稟授爵禄，又主兵。一曰天機。南二星魁，天樑也。中央二星，天相也。北二星杓，天府庭也，亦爲天子壽命之期也。將有天子之事，占於斗。斗星盛明，王道平和，爵禄行。芒角動摇，天子愁，兵起移徙，其臣逐。

牽牛六星，天之關梁，主犧牲事。其北二星，一曰即路，一曰聚火。又曰，上一星主道路，次二星主關梁，次三星主南越。摇動變色則占之。星明大，王道昌，關梁通，牛貴。怒則馬貴。不明失常，穀不登。細則牛賤。中星移上下，牛多死。小星亡，牛多疫。又曰，牽牛星動爲牛災。

須女四星，天之少府也。須，賤妾之稱，婦職之卑者也，主布帛裁製嫁娶。星明，天下豐，女功昌，國充富，小暗則國藏虚。動則有嫁娶出納裁製之事。

虚二星，冢宰之官也。主北方，主邑居廟堂祭祀祝禱事，又主死喪哭泣。

危三星，主天府天庫架屋，餘同虚占。星不明，客有誅。動則王者作宫殿，有土功。墳墓四星，屬危之下，主死喪哭泣，爲墳墓也。星不明，天下旱。動則有喪。

營室二星，天子之宫也。一曰玄宫，一曰清廟，又爲軍糧之府，及土功事。星明國昌，小不明，祠祀鬼神不享，國家多疾。動則有土功，兵出野。離宫六星，天子之别宫，主隱藏休息之所。

東壁二星，主文章，天下圖書之秘府也，主土功。星明，王者興，道術行，國多君子。星失色，大小不同，王者好武，經士不用，圖書隱。星動則有土功。離徙就聚，爲田宅事。

西方。奎十六星，天之武庫也。一曰天豕，亦曰封豕。主以兵禁暴，又主溝瀆。西南大星，所謂天豕目，亦曰大將，欲其明。若帝淫佚，政不平，則奎有角。

角動則有兵，不出年中，或有溝瀆之事。又曰，奎中星明，水大出。

婁三星，爲天獄，主苑牧犧牲，供給郊祀，亦爲興兵聚衆。星明，天下平和，郊祀大享，多子孫。動則有聚衆。星直則有執主之命者。就聚，國不安。

胃三星，天之厨藏，主倉廩五穀府也。明則和平倉實，動則有輸運事，就聚則穀貴人流。

昴七星，天之耳目也，主西方，主獄事。又爲旄頭，胡星也。又主喪。昴畢間爲天街，天子出，旄頭罕畢以前驅，此其義也。黄道之所經也。昴明則天下牢獄。昴六星皆明，與大星等，大水。七星黄，兵大起。一星亡，爲兵喪。摇動，有大臣下獄，及白衣之會。大而數盡動，若跳躍者，胡兵大起。一星獨跳躍，餘不動者，胡欲犯邊境也。

畢八星，主邊兵，主弋獵。其大星曰天高，一曰邊將，主四夷之尉也。星明大則遠夷來貢，天下安。失色則邊亂。一星亡，爲兵喪。動摇，邊城兵起，有讒臣。離徙，天下獄亂。就聚，法令酷。附耳一星在畢下，主聽得失，伺愆邪，察不祥。星盛則中國微，有盗賊，邊候驚，外國反，鬬兵連年。若移動，佞讒行，兵大起，邊尤甚。月入畢，多雨。

觜觿三星，爲三軍之候，行軍之藏府，主葆旅，收斂萬物。明則軍儲盈，將得勢。動而明，盗賊羣行，葆旅起。動移，將有逐者。

参十星，一曰参伐，一曰大辰，一曰天市，一曰鈇鉞，主斬刈。又爲天獄，主殺伐。又主權衡，所以平理也。又主邊城，爲九譯，故不欲其動也。参，白獸之體。其中三星横列，三將也。東北曰左肩，主左將。西北曰右肩，主右將。東南曰左足，主後將軍。西南曰右足，主偏將軍。故《黄帝占》参應七將。中央三小星曰伐，天之都尉也，主胡、鮮卑、戎狄之國，故不欲明。七將皆明大，天下兵精也。王道缺則芒角張。伐星明與参等，大臣皆謀，兵起。参星失色，軍散。参芒角動摇，邊候有急，天下兵起。又曰，有斬伐之事。参星移，客伐主。参左足入玉井中，兵大起，秦大水，若有喪，山石爲怪。参星差戻，王臣貳。

南方。東井八星，天之南門，黄道所經，天之亭候。主水衡事，法令所取平也。王者用法平，則井星明而端列。鉞一星，附井之前，主伺淫奢而斬之。故不欲其明。明與井齊，則用鉞，大臣有斬者，以欲殺也。月宿井，有風雨。

輿鬼五星，天目也，主視，明察姦謀。東北星主積馬，東南星主積兵，西南星主積布帛，西北星主積金玉，隨變占之。中央爲積尸，主死喪祠祀。一曰鈇質，主誅斬。鬼星明大，穀成。不明，人散。動而光，上賦斂重，徭役多。星徙，人愁，政令急。鬼質欲其忽忽不明則安，明則兵起，大臣誅。

柳八星，天之厨宰也，主尚食，和滋味，又主雷雨，若女主驕奢。一曰天相，一曰天庫，一曰注，又主木功。星明，大臣重慎，國安，厨食具。注舉首，王命興，輔佐出。星直，天下謀伐其主。星就聚，兵滿國門。

七星七星，一名天都，主衣裳文繡，又主急兵，守盗賊。故欲明。星明，王道昌，闇則賢良不處，天下空，天子疾。動則兵起，離則易政。

張六星，主珍寶，宗廟所用及衣服，又主天厨，飲食賞賚之事。星明則王者行五禮，得天之中。動則賞賚，離徙天下有逆人，就聚有兵。

翼二十二星，天之樂府，主俳倡戲樂，又主夷狄遠客，負海之賓。星明大，禮樂興，四夷賓。動則蠻夷使來，離徙則天子舉兵。

軫四星，主冢宰輔臣也，主車騎，主載任。有軍出入，皆占於軫。又主風，主死喪。軫星明，則車駕備。動則車騎用。離徙，天子憂。就聚，兵大起。轄星，傅軫兩傍，主王侯。左轄爲王者同姓，右轄爲異姓。星明，兵大起。遠軫凶。軫轄舉，南蠻侵。車無轄，國主憂。長沙一星，在軫之中，主壽命。明則主壽長，子孫昌。

右四方二十八宿并轄官一百八十二星。

星官在二十八宿之外者

庫樓十星，其六大星爲庫，南四星爲樓，在角南。一曰天庫，兵車之府也。旁十五星，三三而聚者，柱也。中央四小星，衡也。主陳兵。又曰，天庫空則兵四合。東北二星曰陽門，主守隘塞也。南門二星在庫樓南，天之外門也。主守兵。平星二星，在庫樓北，平天下之法獄事，廷尉之象也。天門二星，在平星北。亢南七星曰折威，主斬殺。頓頑二星，在折威東南，主考囚情狀，察詐僞也。騎官二十七星，在氐南，若天子武賁，主宿衛。東端一星，騎陣將軍，騎將也。南三星車騎，車騎之將也。陣車三星，在騎官東北，革車也。

積卒十二星，在房心南，主爲衛也。他星守之，近臣誅。從官二星，在積卒西北。

龜五星，在尾南，主卜，以占吉凶。傅説一星，在尾後。傅説主章祝巫官也。章，請號之聲也。主王后之内祭祀，以祈子孫，廣求胤嗣。《詩》云：「克禋克祀，以弗無子。」此之象也。星明大，王者多子孫。魚一星，在尾後河中，主陰事，知雲雨之期也。星不明，則魚多亡，若魚少，動摇則大水暴出。出漢中，則大魚多死。

杵三星，在箕南，杵給庖舂。客星入杵臼，天下有急。糠一星，在箕舌前，杵西北。

鼈十四星，在南斗南。鼈爲水蟲，歸太陰。有星守之，白衣會，主有水令。

農丈人一星，在南斗西南，老農主稼穡也。狗二星，在南斗魁前，主吠守。

天田九星，在牛南。羅堰九星，在牽牛東，岠馬也，以壅畜水潦，灌溉溝渠也。九坎九星，在牽牛南。坎，溝渠也，所以導達泉源，疏瀉盈溢，通溝洫也。九坎間十星曰天池，一曰三池，一曰天海，主灌溉事。九坎東列星：北一星曰齊，齊北二星曰趙，趙北一星曰鄭，鄭北一星曰越，越東二星曰周，周東南北列二星曰秦，秦南二星曰代，代西一星曰晉，晉北一星曰韓，韓北一星曰魏，魏西一星曰楚，楚南一星曰燕。其星有變，各以其國。秦、代東三星南北列，曰離瑜。離圭衣也，瑜玉飾，皆婦人之服星也。

虚南二星曰哭，哭東二星曰泣，泣哭皆近墳墓。泣南十三星，曰天壘城，如貫索狀，主北夷丁零、匈奴。敗臼四星，在虚危南，知凶災。他星守之，飢兵起。

天囷十三星在胃南。囷，倉廩之屬也，主給御糧也。星見則囷倉實，不見即虚。

天廪四星在昴南，一曰天廥，主畜黍稷，以供饗祀，《春秋》所謂御廪，此之象也。天苑十六星，在昴畢南，天子之苑囿，養禽獸之所也，主馬牛羊。星明則牛馬盈，希則死。苑西六星曰芻藁，以供牛馬之食也。一曰天積，天子之藏府也。星盛則歲豐穰，希則貨財散。苑南十三星曰天園，植果菜之所也。

畢附耳南八星，曰天節，主使臣之所持者也。天節下九星，曰九州殊口，曉方俗之官，通重譯者也。畢柄西五星曰天陰。

參旗九星在參西，一曰天旗，一曰天弓，主司弓弩之張，候變禦難。玉井四星，在參左足下，主水漿，以給廚。西南九星曰九游，天子之旗也。玉井東南四星曰軍井，行軍之井也。軍井未達，將不言渴，名取此也。屏二星在玉井南，屏爲屏風。客星入之，四足蟲大疾。天厠四星，在屏東，溷也，主觀天下疾病。天矢一星在厠南，色黄則吉，他色皆凶。軍市十三星，在參東南，天軍貿易之市，使有無通也。野雞一星，主變怪，在軍市中。軍市西南二星曰丈人，丈人東二星曰子，子東二星曰孫。

東井西南四星曰水府，主水之官也。東井南垣之東四星，曰四瀆，江、河、淮、濟之精也。狼一星，在東井東南。狼爲野將，主侵掠。色有常，不欲變動也。角而變色動摇，盗賊萌，胡兵起，人相食。躁則人主不静，不居其宫，馳騁天下。北七星曰天狗，主守財。弧九星在狼東南，天弓也，主備盗賊，常向於狼。弧矢動移，不如常者，多盗賊，胡兵大起。狼弧張，害及胡，天下乖亂。又曰，天弓張，天下盡兵，主與臣相謀。弧南六星爲天社。昔共工氏之子句龍，能平水土，故祀以配社，其精爲星。老人一星在弧南，一曰南極。常以秋分之旦見于丙，春分之夕而没于丁。見則化平，主壽昌，亡則君危代天。常以秋分候之南郊。

柳南六星曰外厨。厨南一星曰天紀，主禽獸之齒。

稷五星在七星南。稷，農正也。取乎百穀之長，以爲號也。

張南十四星曰天廟，天子之祖廟也。客星守之，祠官有憂。

翼南五星曰東區，蠻夷星也。

軫南三十二星曰器府，樂器之府也。青丘七星在軫東南，蠻夷之國號也。青丘西四星曰土司空，主界域，亦曰司徒。土司空北二星曰軍門，主營候豹尾威旗。

自攝提至此，大凡二百五十四官，一千二百八十三星。并二十八宿輔官，名曰經星常宿。遠近有度，小大有差。苟或失常，實表災異。

天漢，起東方，經尾箕之間，謂之漢津。乃分爲二道，其南經傅説、魚、天龠、天弁、河鼓，其北經龜，貫箕下，次絡南斗魁、左旗，至天津下而合南道。乃西南行，又分夾匏瓜，絡人星、杵、造父、騰蛇、王良、傅路、閣道北端、太陵、天船、卷舌而南行，絡五車，經北河之南，入東井水位而東南行，絡南河、闕丘、天狗、天紀、天稷，在七星南而没。

唐·瞿曇悉達《開元占經》卷六〇　東方七宿占一

角一

《春秋緯》曰：「列宿二十八，是日月五星之所由，吉凶之所由兆也。故石氏薄贊皆始於角，而終於軫，今如舊次。東方七神之宿，爲少陽，攝提建節，青華葉流，蒼帝靈威仰，協助所因乘也。角二星，天關也；其間，天門也；其内，天庭也。故黄道經其中，日月五星之所行也。角主兵，一曰維首，一曰天陳，一曰天相。左角爲天田，爲獄，爲理，主刑；南三度曰太陽道。右角爲尉，爲將，主兵；北三度曰太陰道。右角蓋天之三門，獨房之四表也；萬理之所由，禍福之源始也；故三光軌道，從之則吉，幹僻抵觸則兇也。」石氏曰：「角二星，十二度。」劉向《洪範傳》曰：與古度同。度距左角先，去極九十一度，在黃道外度，金星也；《巫咸占》同。春夏爲木，秋冬爲金。兩角之間是中道。鄭之分野，角，一名天田，一名天根。右角爲尉，左角爲獄。角者，天之府庭者也，天門者，左右角之間，天道之所治也；陽氣之所升也；臣之象也。」郗萌曰：「右角爲天庭，左角爲天田。又曰角亢秋獄，角爲龍角。」《二十八宿山經》曰：「角山與亢山相連，在韓金門山中；山中有憂變，則星應於上；星若有變，則山應於下；角亢星神，常居其上。」君臣和同，山星無異，麒麟，鳳凰，芝草，醴泉，四時降矣。《黃帝占》曰：「視兩角星明，王道大治；其星微小，不明，王道失政，輔臣不言。角星左蒼，右黃，正色也，吉；其色白也，兇；王者大行，百八十日，災應，遠不出一年二年。角星明而潤澤，朝臣有次第；兩角微小而不明，天下有兵，德令不行；亂，角垂芒。角星明大，王道太平。角爲天將之官，兩角之間，三光之道也；南三度，太陽道；北三度，太陰道；日月五星，出入中道，天下太平。出陽，多旱，多陰，多雨，有陰謀。乘左角，法官謀；南三尺，獄理多冤。兩角不明，天下有兵；右角赤明，天下有兵；左角赤明，天下平。日月五星，天之三明也，皆從角所行；行陽道，道其陽；不從其行，歲大水，有兵；二十八宿皆同。角星明大潤澤，賢者在朝廷，蒼帝德行，天門爲開。角主爲兵；動內五寸，國中兵起；動外五寸，邊兵起，左右動搖，非其常；人主憂，臣弑君，各以日占。」

亢二

石氏曰：「亢四星，九度，在黃道內五度半。春夏爲火，秋冬爲水；《五星占》曰：亢，火也。亢北四尺是中道。」鄭之分野。石氏曰：「亢者，廟也；亢者，天帝廟宮，亢爲天府。」《海中占》曰：「亢，三光也；三公之事。下者，地也；中央者，丞相也；主享祠。一曰亢爲疏廟；一名天庭，主火與疾，故亢龍多疾。亢星齊明，宗廟有敬，朝廷有序；星不明，則輔臣失次，君令不行。亢星不明，王者內亂；星明大，輔臣納忠，天下平安。」郗萌曰：「亢星明大，民無疾疫。」石氏曰：「亢星垂芒，爲亂錯。亢星離落位，有天子動旗，而卒戰於野；亢爲疾，國有疾，占在亢。秋分，視亢不見，五穀盡傷，糴將二倍。」石氏曰：「亢爲朝廷，總領四海，故置平星以統理。」《海中占》曰：「亢爲朝廷布政宮。」

氐宿三

石氏曰：「氐四星，十五度。古十七度。距西南星先至，去極九十四度。在黃道內一度。春夏爲金，秋冬爲水。《五星入宿占》：氐，木也。氐南二尺是中道。宋之分野。氐，天子行宮也，一名天廟，一名天府。前二大星，嫡，後二星，妾；前星，皇后貴族府；其星欲明，臣奉法度，邦君安寧；當大而小，其位臣失勢；其星動，其臣出。」《海圖》曰：「氐，宿宮，后女之貴府，出入路寢之宿。氐星發，即在土功事；氐爲天庭，氐主疫。」《二十八宿山經》曰：「氐山在鄭白馬山東，氐星神，常居其上。氐星明大，則民無出門之徭，馬無汗勢。氐主徭役，氐動者，徭役起。氐爲宿，路寢所止，故置庫樓，以捍咎，氐爲宿宮，休解之房。」

房宿四

石氏曰：「房四星，鉤鈐二星，五度。古七度。距房西南第二星，去極一百八度。在黃道外一度弱。春夏爲水，秋冬爲火。又曰：房，土星也。房兩服之間是中道。宋分野。房爲天府，一曰天馬，或曰天駟，一名天旗，一名天廄，一名天市，一名天街，一名天燕，一名天倉，一名天表，一名天龍。房爲天子明堂，王者歲始，布政之堂；房爲天馬，主車驚；房爲四表，表者桀也。」石氏曰：「天道，四表之間，三光之正路，人天之定位也。」天廟者，房也。房者，關也，日月之行，常出其中。不出其中，爲不道；不道者，政令不行。石氏曰：房主宿，街南二星，君位也；北二星，夫人之位也；房主財寶，房動外，財寶出；動內，財寶入。《二十八宿山經》曰：「房山在宋地，與心山相連；房心星神，常居其上。房心二宿動搖，則房心之山崩，國有走主。填星色黑，出入七十日以上，房心山崩，下伐上也；其星不明，則山有音聲，人民擾擾，五穀貴。房心星暗黑，火星守之二百日，房心山則音聲，萬民相驚，大水，魚鹽五穀貴，百姓愁；若星色赤，赤地千里；房心不見，帝無教；房星欲明，群臣奉忠，天下道興。鉤鈐，天子禦也。鉤鈐相去疏者，天下且赦，相去數者，天子急，多暴令關閉。鉤鈐去房，不驚；鉤鈐離房，法令。王者至孝，則鉤鈐明。昆弟有親親之思，則鉤鈐不離房；鉤鈐去房，欲其近也；近則天下同心，遠則天下不和；房主開閉，以其蓄藏之所由也。」

心宿五

石氏曰：「心三星，五度。古十二度。距前第二星，去極一百八度半，在黃道外三度半。春夏爲木，秋冬爲水。」又曰：心星，火也。北四尺是中道。宋之分野。心爲天相，一名大辰，一名大火，一名天司空。心者，宣氣也。心爲大丞相。」石氏曰：「心三星，帝座；大星者，天子也。心者，木中火，故其色赤，爲天關梁。心三星，星當曲，天下安；直南昌，天子失計。心爲明堂，中大星天王位，前後小星，子屬；以開德發陽。不欲直，直王失勢，期九十日，地動，主客，天子以弱亡。」《爾雅》曰：「大火謂之大辰，房心尾也。主天下之賞罰，主天下之急，故天下變動，則心星見，不詳。明堂旁多小星，天子憂弱子未處，天子威令不出閤，天下乖爭無君，伯八九。心星直，心星變，色黑，大人有憂，民血流。心星滅，則主泣血，后奔逃，强國起。心星消，江河爲害；期九年，天子滅。心星動，國有急，心星動摇，若角芒者，天下大兵。心星離移，有流民；心前後星皆光明赤黄者，太子、庶子，各有賜賀之事。心三星明大，則天下同慶，鄉風被澤。」太史公曰：「心三星，上星太子星，星不明，太子不得代；下星庶子星，星明，庶子代后，心動者，國有憂。」

尾宿六

石氏曰：「尾九星，十八度。古九度。距東第二星先至，去極百三十四度。在黄道外十五度少。春夏爲火，秋冬爲水。又曰水星。尾北十尺是中道。燕之分野。尾一名后族，一名天廁，一名天狗，一名天司空，一名天雞。尾者，後宫之場也；妃後之府也；上第一星，后也；第三星旁一星，相去一寸，名神宫，解衣之内室，説虞之堂；一曰天矢，一曰天九江。尾者，邊臣也，又曰通溜宫，尾市也，天復船也。尾第一星，嫡妃也；第三星，夫人也；次五星，嬪妾星。欲均明，大小相承，則後宫有序，多子孫。」《二十八宿山經》曰：「尾山與箕山相連，在燕九都山西，尾箕星神，常居其上。尾主水，又主君臣，尾動者，君臣不和，心有事。尾，天子之九子也。騰躍坼絶，不居其所，天下大亂，君臣不和。尾星明大，皇后有喜；不明微細，皇后有憂及疫；尾星疏遠，皇后失勢。尾星明，五穀大熟，則民不煩擾；其星不明，五穀大傷；尾星離徙而直，皇后失勢；其星就聚，有大水。君臣不和，則占於尾。」

箕宿七

石氏曰：「箕四星，十一度。古十度又十一度四分之一。度距西北星先至，去極百一十八度。在黄道外五度少。春夏爲金，秋冬爲土。人曰：金星也。箕北六尺，是中道也。燕之分野。箕星一名風星，月宿之，必大風。箕星爲風，東北之星也。一名天陣，一名狐星，主狐貉；一名風口；一名天后也。爲天貉府廷，天雞也，主時，金星也。箕斗，天子之冠服也，並後宫别府也，二十七世婦，八十一禦女妾。别宫四者，女相也，故尾、箕主百二十妃；尾者，蒼龍之末也，直寅，主八風之始。箕後星動，幾揚箕，王致客。箕庫也；一曰天司空，箕爲寄客。」《爾雅》曰：「析木謂之津，箕、斗之間，漢津也。」一曰天市，主八風。箕爲風，又箕主蠻夷；箕動者，蠻夷有使來；箕舌一星，芒動則大風，不出三日，箕舌動，如致風揚沙。箕星居河邊，歲大惡；若中河而居，天下食人。」《易緯是類謀》曰：「太山失金雞，西嶽亡玉羊，箕星明大，即國無讒賊；箕中少星，則糴貴。箕者，人之精也，故天下安樂即星衆。不安即星少。箕星離徙，天下大不安，民移徙其處，星不明，天下五穀傷；其星明，谷大熟。其就聚細微，天下憂食，箕中欲其多星。石氏曰：「尾箕主后宫妃后府，故置傅説，衍子孫。」

唐·瞿曇悉達《開元占經》卷六一　北方七宿占二

南斗占一

石氏曰：「南斗六星，二十六度四分度之一，甘氏同。《洪範傳》：古二十二度。《淮南子》無四分之一。度距魁第四星先至，去北極百一十六度。在黄道外十二度半，舊曆有四分度之一，在斗度中，後推校知度少爲多，今曆不三百四分度之一七五在營室一度之末。春夏爲水，秋冬爲金。《巫咸釋五星入宿言兇占》曰：諸斗，木星也。日月五星常貫之爲中道。」吴之分野。《黄帝占》曰：「南斗，一名鈇鉞。」《春秋·佐助期》曰：「南斗主爵禄，神名帙瞻，姓拒終。」石氏曰：「南斗魁第一星，主吴；第二星，主會稽；第三星，主丹陽；第四星，主豫章；第五星，主廬江；第六星，主九江。」郗萌曰：「南斗六星，一名天庫，知之使人不妄。」《北官候》曰：「南斗，一名天府，天闕，一名天機，一名天同，天子旗也。斗北二星，天府廷，中央二星，相也。南二星，天庫樓也，天樑也。斗西大星，天闕也，天子正旗也，士官也。六星欲均明，天下安寧。」韓揚曰：「南斗第一星，上將；第二星，相；第三星，妃；第四星，太子；第五星、第六星，天子。」《荆州占》曰：「南斗，太宰位也。」《聖洽符》曰：「南斗者，天子之廟，主紀天子壽命之期。」甘氏曰：「南斗，天子壽命之期也。故曰：將有天下之事，占於南斗也。」《二十八宿山經》曰：「斗山在吴陽羡山南，斗星之神，常居其上。」甘氏曰：「南斗主兵，斗動者，兵起。南斗星明大，爵禄行，天下安寧，將相同心；其星不明，大小失次，芒角動摇，則王者失政，天下多憂。」郗萌曰：「南斗星明，五穀大熟，其臣得勢而親近，治道和平，風雨順時；斗星不明，五穀不收，移徙位直其臣逐，風雨不節天下病。」《石氏贊》曰：「斗主爵禄，褒賢達士，故曰直；建星以成輔，又曰斗；主爵禄功德祥歲，周受分，和陰陽。」

牽牛占二

石氏曰：「牽牛六星，八度。古九度。度距中央大星光至，去極百一十度。在黄道内四度。春夏爲木，秋冬爲火。巫咸曰：木星也。日月五星常貫牽牛中道也。吴之分野。《佐助期》曰：「牽牛主關梁，神名略緒熾，姓蠲除。」《北官候》曰：「牽牛一名天鼓；一名天關；牛第一兩星如連李，名即路，一名聚火。」石氏曰：「牽牛六星，天府也；日月七政所王者，即察政；視牛星明大，次第相承，王道大昌，天下安寧。牛星不明其常色，其歲五穀不成，牛多災兇。」甘氏曰：「牽牛上二星，主道路，次南星，主關梁；次南三星，主南越；故動摇變色，從而占之。」郗萌曰：「天鼓星怒者，馬貴。」《天官書》曰：「牽牛爲犧牲。」宋均曰：「牽牛爲牛角。」《月食占》曰：「牽牛爲冬獄。」《二十八宿山經》曰：「牛山與女山相連，各法其星形。牽牛須女星神，常居其上。」《黄帝占》曰：「牽牛大星亡，大牛死；小星亡，小牛死疫；中央大星不明而黄者，天下芻大貴十倍；牽牛星直，糴平；曲，糴貴，牛中央大星左右出不明，大將心不正，牛大貴；後星前近中央大星者，牛貴；遠，牛賤。前星左右者，前將心不正；後星左右出者，后將心不正。所謂前者，星南星也；後者，星北星也。牽牛不與織女星直者，天下陰陽不和。」《黄帝》曰：「牽牛遠漢者，天下牛大貴；其入漢中者，天下牛多死。」甘氏曰：「牽牛動，牛災，四方皆然。」郗萌曰：「牽牛明大，關梁通利。牽牛主大豆，始出色黄，豆賤也；赤，豆蟲也；色青，豆貴。」《荆州占》曰：「牽牛後星前近中央星者，諸侯以四足爲弊。色青，道病；色黑，死不至。牽牛星明，牛貴；細微不明，牛賤。」石氏曰：「牽牛生於列澤之邑，以主越國，爲府廷。」《百二十占》曰：「將有犧牲之事，占於牽牛。」《石氏贊》曰：「牽牛主關梁七政，故置九坎，通水道。又曰牽牛險陰，主關梁；中星高，下牛多殃。」

須女占三

石氏曰：「須女四星，十二度。古十度。距西度距西南第一星先至，去極百六度。在黄道内八度。春夏爲水，秋冬爲火。《巫咸占》曰：須女，水星也。須女南九尺，是中道。」越之分野。《佐助期》曰：「須女星布帛，名色舒，姓終梨時。」《北官候》曰：「須女，一名天少府，一名天女，一名務女，一名臨官女。」《聖洽符》曰：「須女者，主娶婦嫁女也。」巫咸曰：「須女，天女也；天府天市斗也。」郗萌曰：「須女主麻，其色白者，麻爲色；黄，不爲色；青，麻蟲。」《黄帝》曰：「須女星欲明，明則士女有緒，國富民殷。」郗萌曰：「須女星明大，則女工昌；不明，則法令易，詩書滅絶。」《玄冥》曰：「須女星明，天下大豐，女工有儲，國充富；星不明，天下虚，藏不足。」甘氏曰：「須女動，則嫁娶；將有嫁娶，占於須女。」《石氏贊》曰：「須女主布帛，裁置之，故置雜珠爲藏府。又曰：須女，珍物寶所藏，故主布帛，奉給主。」

虚宿占四

石氏曰：「虚二星，十度，古十四度。度距南星先至，去極一百四度。在黄道内八度。春夏爲水，秋冬爲金。巫咸曰：虚，金星也。虚南九尺，是中道。」齊之分野。《佐助期》曰：「虚危爲禮堂，虚神名開陽。」《聖洽符》曰：「虚、危，天益也。」《孝經内記》曰：「虚，府廷也。」《北官候》曰：「虚主哭泣諒喑之事，一名天軍市；一名臨宫；一名天府；一名鄉中，黄鐘宫也；一名兑宫；一名申宫。」郗萌曰：「虚者生於牛山之中，以爲齊國府廷。」《爾雅》曰：「北陸，虚也。註曰：北陸，虚星名也。一名天府，主邑居，主廟堂，主祭祀，主祀禱之事。」《黄帝》曰：「虚二星，主墳墓冢宰之官。十一月，萬物盡，於虚星主之，故虚星死喪。」甘氏曰：「虚主喪事，動則有喪。」郗萌曰：「虚危並爲一體，主觴客之事。中有六星不欲明見也，明見，則神龜用事。將有哭泣之事，則占於虚。」《二十八宿山經》曰：「虚山、危山相連，在齊臣首山中坐，虚危星神，常居其上。」郗萌曰：「虚星動摇，有井田之法；虚星不明，天下大旱。」《荆州占》曰：「虚危中，有六星不欲明見，明見則有大喪，近期一年，中期二年，遠期三年。」

危宿占五

石氏曰：「危三星，墳墓四星，十七度。古九度。度距西南星先至，去極九十九度。在黄道内九度太。春夏爲水，秋冬爲火。巫咸曰：危，土星也。危南九尺，是中道。齊之分野。《佐助期》曰：「虚、危，爲禮堂，神名推長，姓吕賈王。」《北官候》曰：「危，一名天府，一名天市。」巫咸曰：「危爲百姓市，又爲架構。」《黄帝占》曰：「危主廟堂，上視危星，以主室。危星主柱，主蓋屋，以成帝宫，以教天下。其星明，則天下安寧。」甘氏曰：「危主架屋，星動，則有架屋之事。」郗萌曰：「危星動摇，移徙天下，謀作不解。其星不明，客有誅者。」《玄冥占》曰：「危動摇不明，天子作宫殿，民有土功事。」石氏曰：「虚危主廟堂，祀考妣，故置墳墓，識先祖塋域。虚、危五星，爲祠堂；墳墓四星，祠祀享。」郗萌曰：「危爲發屋之事，爲蓋屋；將有蓋屋之事，則占於危。」《石氏贊》曰：「墳墓四星，主悲涼也。」

營室占六

石氏曰：「營室二星，離宫六星，十六度。古二十度。度距南星先至，去極八十五度。在黃道內十八度半。春夏爲水，秋冬爲土。巫咸曰：營室，木星也。室南九尺，是中道。衛之分野。《佐助期》曰：「營室主軍市之糧，神名玄耀登，姓婁方。」皇甫謐《年曆》：「營室：一名休官。」《地軸占》曰：「營室：一名鰊鰌。」《北官候》曰：「營室一名玄冥，一名天官，大人之宮。」郗萌曰：「營室，西壁也。」《爾雅》曰：「營室，謂之定。」郭璞曰：定，正也。巫咸曰：「營室，爲天庫。」宋均曰：「營室，爲舌俞角。」《天官書》曰：「營室，爲清廟。」《廣雅》曰：「營室，曰豕。」《聖洽符》曰：「營室二星，天子廟；又曰攝提宮，府廷也。」《二十八宿山經》曰：「營室山在城山東南，與東壁山相連，室壁星神，常居其上。」《黃帝》曰：「營室二星，主軍糧；離宮六星，主隱藏。營室，三軍所立，外有羽林以衛帝。其星欲明，明則國昌，動搖則兵出。」甘氏曰：「營室動，有土功事。」郗萌曰：「離宮一星不具，憂子。」郗萌曰：「營室，一星小不明，禱祀不實，鬼神不享；一曰國家多疫。」郗萌曰：「將有土功之事，則占於營室。營室二星亡，則輔臣病死。營室東壁四星，四輔也。欲其正，中有二星，二舍也；欲其實正猶方，實其旁多小星也。」又《荊州占》曰：「四輔不正，則輔臣不忠，越職賣權；二舍不實，則宮女淫，出入不常，適媵相踰，君不悉禦，後宮女怨曠去心。」《荊州占》曰：「離宮者，天子之別宮也，主隱藏止息之所也。」《石氏贊》曰：「營室主軍糧，以稟士，故置羽林省道理。又曰營室二星，主軍糧。」

東壁占七

石氏曰：「東壁二星，九度。古十五度。度距南星先至，去極八十六度。在黃道內十二度半。春夏爲金，秋冬爲水。巫咸曰：東壁，土星也。東壁南九尺，爲中道。衛之分野。《佐助期》曰：「東壁主文章，神名瞻工，姓刑孫王。」《北官候》曰：「東壁，一名天池，一名天術。」巫咸曰：「東壁爲天樑。」《孝經章句》曰：「東壁，市也，又曰天市。」《聖洽符》曰：「東壁，主土功之事。」《黃帝占》曰：「東壁失色，大小不同，則王者好武，經士不用，圖書隱藏，天下咸愚。」《甘氏占》曰：「東壁主土，星動，則土功事興。東壁星明大，王者明道，術學大興，國有君子。」郗萌曰：「東壁，離徙作治田就聚，以田宅爲憂；一曰將有土功之事，占於東壁。」石氏曰：「東壁主文章圖書府，故置壘壁，以衛後。」《石氏贊》曰：「東壁，主文章萬物，犯壁，本鄉。」《洪範傳》曰：「北方七宿，九十九度；今九十八度四分度之一。」

唐·瞿曇悉達《開元占經》卷六二　西方七宿占三

奎宿占一

石氏曰：「奎十六星，十六度，古十二度。度距西南大星先至，去極七十度，在黃道內十四度少。春夏爲金，秋冬爲水。」巫咸曰：奎，金星也。奎南九尺，是中道。」魯之分野。《佐助期》曰：「奎主武庫兵，神名列常，姓均劉方。」《西官候》曰：「奎，一名天庫，一名天邊偏將軍，武庫，軍庫也。奎者，天之玄冥也，溝瀆陂池，江河漢也，其木榆也，其物牛筋革，奎金星也。」《矢官書》曰：「奎曰封豕，一名天豕。」《詩緯》曰：「奎爲女令。」《聖洽符》曰：「奎者，溝瀆也。」《孝經章句》曰：「奎，府廷也。」巫咸曰：「奎爲天庫；又曰奎婁，春獄。」郗萌曰：「將有溝瀆之事，則占於奎；其西南大星，所謂天豕目者也；亦曰大將，故欲其明也。」《玄冥占》曰：「奎大星，大將軍；其欲明，而行列兩頭免近河，以候水兵。芒角動搖進退，國必用兵；或曰有赦令。」《二十八宿山經》曰：「奎山、婁山相連，奎婁星神，常居其上。」《黃帝》曰：「奎星芒角動搖，國必有兵，不出年中。」《河圖》曰：「帝淫溢，政不平，則奎有兵。」《文曜鉤》曰：「奎星直朝九年，主弑，天下無文法，兵官營壘不寧。」甘氏曰：「奎星動，有溝瀆之事。」郗萌曰：「奎頭大星，色黃，忽然不明者，將軍叛王也，非其舊，故黃也。」《荊州占》曰：「奎中星明者，水大出。」《石氏贊》曰：「奎主軍，兵禁不明，故置軍以領之。又曰：奎主庫兵，秉統制政功以成。」

婁宿占二

石氏曰：「婁三星，十二度。古十五度。度距中央星先至，去極八十度。在黃道內十二度。春夏爲水，秋冬爲火。巫咸曰：婁，水星也。婁南九尺，是中道。魯之分野。《佐助期》曰：「婁主苑牧，神名及方，姓臺衛。」《黃帝》曰：「婁主宗廟五祀，一名天府，郊太牢也。」《西官候》曰：「婁，一名密官，一名國市，一名天廟。庫婁者，天獨祿車也，主爲聚衆之事。其木，柱也；其物，鉛、錫、銀、黃金、石。」《聖洽符》曰：「婁者，聚衆也。」《孝經章句》曰：「婁，市也。」巫咸曰：「婁爲天獄。」郗萌曰：「有聚衆之事，則占於婁。」《海中占》曰：「天子孝，則婁星明大，天下太平。」郗萌曰：「婁星直，有執主之命者就聚，國大不安。一曰星明大，則賦斂時。」《玄冥占》曰：「婁星明，則王者郊祀，天享之；天子明，臣子多忠孝，王者多子孫，天下和平；婁不明大，小失色，不修五祀。」《石氏贊》曰：「婁主苑牧，給享祀，故置天倉以養之。婁主苑牧，有掩斂蓋藏，以春嘗。」

胃宿占三

石氏曰：「胃三星，十四度。古十一度。度距西南星先至，去極八十二度。

在黃道內十二度。春夏爲木，秋冬爲水，巫咸曰：胃，金星也。胃南九尺，是中道。」趙之分野。《淮南子》、《洪範傳》曰：魏分。《佐助期》曰：「胃主稟倉，神名稽覽，姓研骨白。」《西官候》曰：「胃，一名天中府，一名密官，爲兵，爲喪。」金星也。《聖洽符》曰：「胃者，倉稟也。」《孝經章句》曰：「胃者，庫也。」《天官書》曰：「胃者，天庫。」《百二十占》曰：「胃爲天府，藏也。」郗萌曰：「將有倉囷之事，占於胃。」《二十八宿山經》曰：「胃山、昴山，東與畢山相連，在趙常山中央，其山最高大，胃、昴、畢之神，常居其上。」其氏曰：「胃動，有輸運之事；胃星明者，王者郊天得福，天下和平；星不明，大小失位。」《海中占》曰：「胃星明大，王者須祀，則壽命長，子孫昌。」郗萌曰：「胃星明大，倉稟實；胃星離徙，倉谷不出；其星就聚，谷大貴，民流於道。」《荆州占》曰：「胃中星衆者，谷聚；星少，谷散。」《石氏贊》曰：「胃主倉稟五穀基，故置天囷以盛之。」又曰：「胃宿三星，主倉稟，陰收積聚，一云萬物積聚。知入藏。」

昴宿占四

石氏曰：「昴七星，十一度。古十五度。度距西南第一星先，去極七十四度。在黃道內四度少。春夏爲火，秋冬爲金。巫咸曰：昴，火星也。昴南九尺，是中道。」趙之分野。《淮南子》曰：魏分。《佐助期》曰：「昴主獄事，神名敖，姓金，宋趙勝。」《西官候》曰：「昴，一名武，一名天廚，一名天路。胡星。主兵、主喪。其一星亡，邦有兵，水星也。」甘氏曰：「昴，茅也。」郗萌曰：「昴有一星大，名黃星。其星明者，天下安；不明者，天下大兇。」巫咸曰：「昴井，天耳目。」《黃帝》曰：「昴星，天牢獄也；王者承天，以利獄事，以檢淫奢；其星不欲明，明則天下多獄者。」《春秋緯》曰：「昴爲旄頭，房衡位，主胡星，陰之象。」《聖洽符》曰：「昴者，白衣。巫咸曰：昴爲白衣聚。又曰：胡聚。」《孝經章句》曰：「昴，市府廷也。」郗萌曰：「將有白衣之會，則占於昴。」《爾雅》曰：「西陸，昴也。一曰天獄。」石氏曰：「天街者，昴、畢之間，陰陽之所分，中國之境界。」《天官書》曰：陰，陰國，陽，陽國，孟康曰：陰，西南維，河山以北國也；陽，河山以南國也。《元命包》曰：「帝位明，即昴星光大。」甘氏曰：「昴星明，天下多犯獄；昴星動搖，必有大臣下獄。又曰：有白衣之會。又曰：昴星大而數動，盡跳者，胡兵大起，不出年中。又曰：昴一大星跳躍，余皆不動者，胡欲侵犯邊境，期年中，或三年。」郗萌曰：「昴星明大，則牢獄平；昴星皆明，與奎星等者，水滿天下。昴七星，黃道起。昴有一星亡者，多兵爲喪。」《五官書》曰：「白帝行德，畢、昴爲之圍，圍三暮，德乃成；不暮及圍不合，德不成。」《石氏贊》曰：「昴主獄事，典治囚，故置卷舌，以慎疑。昴主獄事，系淩淫化，伐所犯，謀是當。」

畢宿占五

石氏曰：「畢八星，附耳一星，附耳，主聽察也。十七度。古十五度。度距左股第一星先至，先極七十八度。在黃道外六度太。春夏爲金，秋冬爲水。巫咸曰：畢，火星；附耳，水星也。畢北七尺，是中道。」趙之分野，王者執畢前驅，即其象也。一曰四車，今掩免者曰：畢亦其義也。故主弋鼠。其大星曰天高。一曰邊將邦外候也。《淮南子》曰：魏分野。《佐助期》曰：「畢主邊兵，神名扶骨，姓傳兒候。」皇甫謐曰：「一名天耳，一名天目，一名風口。」《西官候》曰：「畢，一名濁，一名天罡，一名天都尉，主制候四方。」《聖洽符》曰：「畢者揚兵，一曰清池宮。」《河圖》曰：「畢爲天罡也。」《孝經章句》曰：「畢府廷也。」巫咸曰：「畢爲天獄。」郗萌曰：「畢主山河以南中國也。中國於四海內，則在東南爲陽，陽則曰歲星、熒惑、填星。占於街南。」《春秋緯》曰：「畢罕車，爲邊兵，主弋獵，陽微掇，故置附耳在大星旁，司天下搖動，讒臣亂主。」《春秋緯》曰：「畢爲邊界天街，主守備外國，故立附耳，以聞不祥。」郗萌曰：「將有田獵之事，則占於畢。」《黃帝》曰：「畢左股大星，邊將也，主邊邦胡狄，候五帝三王壘外域，其國倍叛，其星耀芒，其星欲明，明則遠夷來貢；失其色，大小不如其故，則邊境還自亂，中國不寧，天以畢罪掃奸雄，平通外域。」《西官候》曰：「畢大星，邊將軍也。星動，有芒角，邊將有急。」《百二十占》曰：「畢主弋獵，爲陽國；昴爲陰國，日月五星出陽國，即有水；入陰國，即旱，上教不行。」《黃帝》曰：「其國背叛，畢星耀芒。」《元命包》曰：「畢星光大，色度和同，天下太平，國號未央。」郗萌曰：「畢星動搖，有讒臣，畢一星亡，爲喪；一曰爲兵，畢中星出，國內亂；一曰國無主。畢星明大，則邊無近遠，夷貢來王廷中；畢離移，天下獄大亂；其星就聚，法令大酷。其明，太平；不明，天下謀爲亂。」《列宿説》曰：「畢星動者，邊城有兵起。」石氏曰：「附耳著畢，司街候邪。」巫咸曰：「附耳，火官也。」《黃帝》曰：「附耳搖動，有田之事。」《洛書》曰：「附耳角動，讒賊將起。」《春秋緯》曰：「附耳明，賊動。宋均曰：賊盛也。中國微，邊兵驚，外國交鬥連年，大將虜，主敗失，附耳搖動，非其處，有亂臣在側者。一曰主憂愁。」《論語讖》曰：「附耳明，盜賊令。」郗萌曰：「附耳入畢口，直一星，期四十日；直二星，期三十日；直三星，期二十日；直四星，期十日；直五星，期七日；直六星，期三日，兵起。附耳入畢中，爲兵革；入深大，附耳縮結，王命興，輔佐出。附耳動，兵大起，邊兵尤甚。」《石氏贊》曰：「畢主邊兵，備夷謀，故置天弓以射之。畢爲天街，主邊兵，守備境界，知暴横。附耳移動，讒邪行。」

觜觿占六

石氏曰：「觜觿三星，一度。古六度。度距西南星先至，去極八十四度。直黄道外十二度太。春夏爲水，秋冬爲土。巫咸曰：觜，金星也。觜北三尺，是中道。晉魏之分野。《淮南子》曰：趙分。《西官候》曰：「觜觿主斬刈，左足一名白虎將；一名天將，斧鉞。白虎首主外軍，其外梁也，其内魏也。其木楊，其物錢金器、礬石，金星也。」《聖洽符》曰：「觜觿、參伐，天市梁也。」石氏曰：「觜觿者，内主梁，外主巴漢；一曰觜觿者，三軍之候也。」巫咸曰：「觜爲寶貨，又爲天貨。」《天官書》：「小三星隅置，曰觜觿，爲白虎首，主葆旅之事。」如淳曰：關中俗謂：桑榆蘖生曰葆。晉灼曰：葆，菜也，野生謂之旅。《列宿説》曰：「觜觿動，葆旅起，將有葆旅之事，則占於觜。」《二十八宿山經》曰：「觜觿山與參山相連，在魏天山西南，觜參星神，常居其上。」甘氏曰：「觜觿三星，行軍府藏也。其星欲明，明則國盈，軍有儲；其星不明，不以出軍行將，天下軍士無食，王者將出，必察其星。」《百二十占》曰：「觜大㒵，其星明，則盗賊衆。」石氏曰：「觜星動明，寇戎發，盗群行。」郗萌曰：「觜星近參左股，臣有謀其君者，若主之命，奪主之藏；近右股，大臣謀伐其主，若有大命。觜星明，大將得勢。」《石氏贊》曰：「觜參主葆旅，收斂；故置參伐以相助。」

參宿占七

石氏曰：「參十星，十度。古度同。度距中央西星先至，去極九十四度半少。在黄道外二十三度半。春夏爲水，秋冬爲土。巫咸曰：參，金星也。參北十三尺，是中道。」晉魏之分野。《左氏傳》子産曰：昔高辛氏有二子，伯曰閼伯，季曰實沈，不相能，尋幹戈以相征伐。註曰：尋，用也。傳曰：后帝不藏。註曰：后帝，克也。傳曰：遷閼伯於商丘，主辰。註曰：商丘宋地，主祀辰星大火也。傳曰：商人是因，辰爲商星，遷實沈於大夏，主參。《淮南鴻烈》曰：趙分。《佐助期》曰：「參伐主斬刈，神名虚圖，姓祖及。」《黄帝》曰：「參應七將也，中央三小星，曰伐，天之都尉也，主胡、鮮卑、戎、狄之國，故不欲其明也。」《孝經章句》曰：「參伐，市府廷也。又爲天尉。」巫咸曰：「參爲衡。」石氏曰：「參伐，一名鐘龍。」《天官書》曰：「參爲白虎，三星直也，爲衡；右下有三星，鋭曰罰。」晉灼曰：星邪列爲鋭。爲斬刈事，其外四星，左右扇股也。參一名伐，一曰大辰，一曰天市，一曰鈇鉞，又爲天獄。」《彗星要占》曰：「參者，天之市也；伐者，天之都尉也，天之車騎也，與狼狐同精。天之候蜀也，主南夷戎之國，一曰晉地。」《玉曆》曰：「參中央星，主命；左星，主左司馬；右星，主右司馬；左臂，主天門；右臂，主天獄。」《西官候》曰：「參左大星，左將軍也；右大星，右將軍也；中央三星，三將軍。又三小星，小將軍也，主胡、鮮卑、越野諸君王也，其星動摇，兵起。」《聖洽符》曰：「參者，白虎宿也。足入井中，名曰滔足，虎不得動，天下無兵；足出井外，虎得放逸，縱暴爲害，天下兵起。」《元命苞》曰：「參主斬刈，所以行罰也；又主權衡，所以平理也；又主邊城九驛，故不欲其動也；參，白虎之體也。其星三列，三將也，東北星曰左肩，主左將軍；西北星曰右肩，主右將軍；東南星曰左足，主後將軍；西南星曰右足，主偏將軍。」《黄帝占》曰：「參星，天右將軍也。天市石武，金性剛强，斬刈平時，參應七將。其中三星，列三將也；右肩右足，右將也；左肩左足，左將也。白虎性有怒，左足下有井星，動而陷之，以節其勢；凡七將明大，天下之兵精，衛帝有方，茂明、芒角又張，赤耀横射，三軍駭動，帝自躬甲。」郗萌曰：「參爲横衡，不正，天下傾。」《百二十占》曰：「參爲將軍，常以夏三月視參，兩足進前，兵起；若退卻，兵罷國寧。又視參兩星動摇，則兵起，子有憂。一曰蟲苗。」《易緯》曰：「參無頭，國分兵疆。」《聖洽符》曰：「參伐者，衣冠衡石，天子之師也。」《春秋緯》曰：「參伐滅絶，臣弑君，子弑父。」石氏曰：「參左足不入井中，兵大起，參星不欲動，動則兵起。其星不具，其軍亡地；星失其色，其軍散敗；蹉跌不常，王臣不忠，外其心。參中央星差南，胡人入塞；復正，胡人出。」郗萌曰：「參星移，名曰失天，客伐主人；明動者，兵軍大起；參兩肩外向而大者，兵外疆；其内向而大者，兵内疆。參左股亡，則東方、南方不可舉兵；右股亡，則西方、北方不可舉兵。參左足入玉井中，兵大起，天下大水；若其有喪，山石爲怪。參爲天刑，主伐，星大，則兵起。進退迫居，及客番息，皆爲刑急。參星明者，大將執勢，奪去威權，天下變易，參星不明，大將疾；參星離處，大將逐；就聚，大將誅戮。參中央星差北，胡人北。」《荆州占》曰：「參星芒角動摇，邊候有急，天下兵起。參肩細微，天下兵弱。」石氏曰：「參四足，有進者，將出；有退者，無功失勢；進者，謂移北也；退者，謂南也。」《春秋緯》曰：「伐有角，黄芒，天子滅。」《春秋緯》曰：「數世絶，則伐生角。」《合誠圖》曰：「伐有角，諸侯之寢排門闍。」甘氏曰：「參伐動者，有斬伐之事。」巫咸曰：「伐，水宫也。」郗萌曰：「參伐星明大，則斬刈行。伐三星去，疏則法令緩，數則法令急。伐三星不欲明，明與參等者，天下大臣皆謀去，其君是謂不理。伐星大，則兵起。」《百二十占》曰：「伐星移南，胡山塞；移北，胡山塞。」《石氏贊》曰：「參伐斬刈，陰氣孳，故置玉井，以給廚。參伐主斬刈，摧傷九州，合謀自敗失。」劉向《洪範傳》曰：「西方八十三度，今八十度。」

唐・瞿曇悉達《開元占經》卷六三　南方七宿占四

東井占一

石氏曰：「東井八星，鉞一星，三十三度。古二十九度。度距北南轅西頭第一星先至，去極七十度。在黃道外二度半。春夏爲火，秋冬爲水。巫咸曰：東井，水星也。日月五星行貫井，是中道。秦之分野。」《黃帝占》曰：「東井，天府法令也，天讒也，一名東陵，一名天井，一名東井，一名天關，一名天闕，一曰天之南門，三光之正道。行不出其中，爲天下無道；三光行經其中，不得留守。東井主水，用法清平如水，王者心正，得天理；則井星正行位，主法制著明。左垣四星，四輔也，右垣四星，以輔赤帝；井中六星，主水衡。其星明大，水橫流。」《孝經章句》曰：「東井爲天渠。」巫咸曰：「東井爲天亭、天候，又曰井鬼夏獄。」《廣雅》曰：「東井曰鶉首。」《玉曆》曰：「東井曰天齊。」齊伯曰：「東井，天渠也，主於員山，又爲其國市。」何法盛《懸象説》曰：「井，女主之象也。」《百二十占》曰：「東井爲天池。」《二十八宿山經》曰：「東井，輿鬼山，在秦火山南；井鬼星神，常居其上。」《聖洽符》曰：「井、鉞星大而明，斧鉞且用，兵起。」《易緯》曰：「鉞星明，主自逋，諸侯亂。」石氏曰：「東井墮，天下湧水。井、鉞去，則水滿。」甘氏曰：「用法平，王者心正，則井星明，行位直。鉞星明，則臣多犯罪者。」《海中占》曰：「井鉞一星，司淫奢；其星不欲明，明則斧鉞用，以斬伏誅之臣。」焦延壽曰：「天鉞星不與井齊，則大臣有斬者，以欲然也。」郗萌曰：「父鑽用，王命興，輔佐出。」《石氏贊》曰：「東井，主水衡，以平時故，置鉞星，斬淫奢。東井八星，主水衡；井者像法，水法水平定，執性不淫，故主衡。」

輿鬼占二

石氏曰：「輿鬼五星，四度。古五度。度距西南先至，去極六十八度。在黃道內太。春夏爲火，秋冬爲水。巫咸曰：鬼，土星。輿鬼南六尺，是中道。秦之分野。」郗萌曰：「弧射狼，誤中參左肩，輿屍於鬼。鬼之言歸也。」《南官候》曰：「輿鬼，一名天鈇鑕，一名天訟，主察奸，天目也。」《孝經章句》曰：「輿鬼爲夏獄，又曰天金玉府也，又名天匱，天壙。其星明，則兵起而戰，不用節；無兵，兵雖在外，不戰。」《黃帝占》曰：「輿鬼南星，石氏曰：南二尺一星。積布帛；西星，石氏曰：西二尺一星。積金玉；北星，石氏曰：北二尺一星。積銖錢；東星，石氏曰：東二尺一星。積馬；中央星，積屍。」石氏曰：「鬼東北一星，主積馬；東西一星，主積兵；西南一星，主積布帛；西北一星，主積金玉；此四星有變，則占其所主也；中央色白，如粉絮者，所謂積屍氣也；一曰天屍，故主死喪，主祠事也；一曰鈇鑕，故主法，主誅斬。」郗萌曰：「輿鬼中者，爲鑕；鬼星章明，人民更相請召，五穀熟成。」《玉曆》曰：「輿鬼爲天屍，朱雀頸。中星如粉絮，鬼爲疫害。」《南官候》曰：「輿鬼者，天廟；主神祭祀之事。其國，秦也；其木，楊也；其物，馬牛羊虎也。」郗萌曰：「輿鬼星明大，歲熟；不明，民大散；其星移徙，民大愁，政令急。輿鬼星皆動，其色瞳瞳，望之若有光，上賦斂重數，徭役繁多，萬民悲怨，不出五年，身死家亡。又曰見此災後，連年大水，秦國尤甚。輿鬼，質星，欲其忽忽不明，不明則安，明則兵起，斧鉞且用。」《石氏贊》曰：「輿鬼視明，察奸媒，故置五諸侯以刺之。輿鬼五星，主視明，從陰視陽，不失精。」

柳占三

石氏曰：「柳八星，十五度。古十八度。度距西頭第三星先至，去極七十七度。在黃道外十二度。春夏爲水，秋冬爲火。巫咸曰：柳，土星。柳北六尺，是中道。」周之分野。《南官候》曰：「柳，天府也，一名天相，一名天大將軍，天少府也。其國，狄也；其木，桑也；其物，羊豕也。」《爾雅》曰：「咮，謂之柳。柳，鶉火也。一曰註，音相近也。」《聖洽符》曰：「註者，木功也。」《孝經章句》曰：「柳，天庫也。」巫咸曰：「柳爲本官，主工匠。」又曰：「柳爲天庫。」《天官書》曰：「柳爲鳥註，主草木。」齊伯曰：「柳者，生於道澤之山。爲其國府庭也。」郗萌曰：「將有木功，則占於柳。」《二十八宿山經》曰：「柳山、七星山、張山，皆相連，在周嵩高山東北。柳、七星、張星神，常居其上。」《黃帝占》曰：「柳者，朱雀頸也。主卿相大臣之廚。凡八星，以防詐僞。其星欲明，明則大臣重鎮，以防不虞；其不明，王者失令，宮室不安。」《春秋緯》曰：「參、註滅絕，臣弑君，子弑父。」郗萌曰：「柳星位直，天下謀伐主；其星就聚，兵滿國；其星不明，德弊離；其星明，國安昌。註星明，廚養具。註舉首，王命興，輔佐良。」《石氏贊》曰：「柳主上食，和味滋；故置天稷，以祭祀。柳主上食，長養形仁以行恩，成其名。」

七星占四

石氏曰：「七星七度。古十三度。度距中央大星先至，去極九十度。在黃道外二十一度少。春夏爲火，秋冬爲水。巫咸曰：七星，水星也。七星北十三度，是中道。」周之分野。《黄帝占》曰：「七星，赤帝也，一名天庫，一名天禦府。於午火隆，入中宫，德於上星。主衣裳、帝冠、被服、繡之屬。」皇甫謐曰：「七星，一名延頸。」《南官候》曰：「七星，一名天員，天府也。主保葆旅之事。」《玉曆》曰：「七星，一名天河。」《百二十占》曰：「七星爲員官，一名津橋。」宋均曰：「註，候七星也。」《聖洽符》曰：「七星者，倍海也。」巫咸曰：「七星，爲賜貨，又天廷。」《天官書》曰：「七星頸爲天員官，主急事。」郗萌曰：「七星，爲天帝守諸群盜賊。」《列宿占》曰：「七星，主兵。」《黄帝占》曰：「七星正，主陽，朱雀心也。星主衣裳，鳥之翅也，以覆鳥身，以主衣裳也。其星欲明，明則王道大昌，君子家不穩，賢人不逃藏；其星不明，中輔逃亡，賢良不處，天下虛空。王者開四門，則七星光澤，天援綱紀。」甘氏曰：「七星動者，兵起。」郗萌曰：「七星大，則麻熟成。七星明，執政者平；不明，天子疾。七星離，天下易政，家殊計。」《石氏贊》曰：「七星主衣裳，蓋身軀；故置軒轅裁制之。又曰德歸好，性信有成，故以衣裳屬七星。」

張宿占五

石氏曰：「張六星，十八度。古十三度。度距應前第一星先至，去極九十七度。在黄道外二十六度半。春夏爲木，秋冬爲水。巫咸曰：張，水星也。張北十三尺，是中道。」周之分野。《南官候》曰：「張爲天府也，一名禦府，寶文王神之藏也，一名天王，被服也，一名天倡，其星明，即天子昌。」齊伯曰：「張者，生於江水之山，爲天庫；一曰生於道釋之山，爲周庫；又爲都官。」《黄帝占》曰：「張，天府也，朱雀嗉也。主帝之珠玉寶，宗廟所用，天王内官衣服。其輔帝中宫内，張外翼以衛帝宫。」《聖洽符》曰：「張者，主酒食。」《孝經章句》曰：「張爲天相，王者珍寶物，宗廟所用。其西四星，四輔也。帝宫内翼、外張，以匡帝宫。」《天官書》曰：「張嗉爲廚，主觴客。」《南官候》曰：「張者爲廚，主觴客之事；其木，梧桐；其物，粟、雞、狗、羊皮；其國，周也。」《列宿説》曰：「張主賞與，星動者，有賞與之事。」《黄帝占》曰：「張星明大，則王者行五禮，得天下之中；其不明，修禮退金官，以木官代之，則星光明。」《海中占》曰：「張星不明，王者少子孫。」郗萌曰：「張星明大，則廚養具；若張星不明，多病者、移徙者；天下有逆民就聚者，有兵。」《石氏贊》曰：「張主賜客；賓主嬉，故近一本云故置之。少微，禮義時。張主長養，位盛陽；人君向治，統綱紀。」

翼宿占六

石氏曰：「翼二十二星，十八度。古十三度。度距中央西星先至，去極九十九度。在黄道外二十度半。春夏爲金，秋冬爲土。巫咸曰：翼，金星也。翼北十二尺，是中道。」楚之分野。《南官候》曰：「翼主天昌，五樂八佾也，一名化宫，一名天都市，一名天徐，以和五音。」石氏曰：「翼，天樂府也，主輔。翼以衛太微宫，法九州之位。入爲將士相，繩直有例。内外小星四十六，官各隨其度，小臣之象也。」《聖洽符》曰：「翼者，賓客也。」《孝經章句》曰：「翼者，市也。」《百二十占》曰：「翼爲天倡，倍海也，天旗天都也，其國，楚；其木，茱萸也；其物，輮幹也，奴婢、毛羽、節器也。」《黄帝占》曰：「翼和五音，調笙律；五輔，以衛太微宫，九州之位，入爲宰相。其星明則帝德明，王者納賢征聖，有進言之慶；禮樂大興，天下和平。其星不明，天子有憂，將有負海之客，禮樂不和，律吕不調。」巫咸曰：「翼，天羽翼，又爲負海。」《天官書》曰：「翼爲羽翮，主遠客。」《二十八宿山經》曰：「翼山，軫山相連，在楚門山中央最高，翼、軫星神，常居其上。」郗萌曰：「將有負海之事，則占於翼也。」《列宿説》曰：「翼主蠻夷，其星動，則蠻夷來見天子者。」《黄帝占》曰：「翼星光芒明，帝臣群聖，三王清徹，聖賢有期，集會之慶，禮樂大興，天下和平。」郗萌曰：「翼明大，則四夷賓服，翼星從天子；舉兵征伐，其星就聚，天下相伐；其星明，旗用，其星不明，天下無憂。」《石氏贊》曰：「翼主天倡，以戲娛，故近太微，並尊嬉。翼二十二星，主天倡，建旗秉節，物滿張。」

軫宿占七

石氏曰：「軫四星，長沙一星，轄二星，十七度。古十六度。度距西北星先至，去極九十九度。在黄道外十五度少。春夏爲木，秋冬爲土。巫咸曰：軫，金星也。軫北十三尺，是中道。」楚之分野。《南官候》曰：「軫，一名天誌，主風、死喪；東小星，轄；西小星，轄膏；軫同合，邊兵起；膏去軫二尺，所進近軫，名爲天膏；轄者，車騎發，膏轄反；故車騎罷，遠兵息。」《聖洽符》曰：「軫者，車事也。」《孝經章句》曰：「軫，府廷也，車也。」巫咸曰：「軫，天庫，楚國星也，會稽也。軫，天子政朝也。」《南官候》曰：「軫者，天員府也。其國，楚也，漢江荆湘衡也。其木，松柏弓。其物，青梟帛也。」齊伯曰：「軫者，生於蒙山，長爲楚之國，爲府廷。」《黄帝占》曰：「軫，主察兇災，冢宰之臣，四輔也。」《天官書》曰：「軫主風。」《黄帝》曰：「軫者，以候王者壽命，故置長沙一星，主延期；轄二星，主侯王；左轄爲同姓，右轄爲異姓；長沙、轄星欲明，明則壽命長，天下不亡也；細微，亡；不見七日，其位王侯當之。」《天官書》曰：「長沙星不欲明，明與四星等。若五星入軫中，兵大起。」郗萌曰：「軫北小星，去軫數寸者，轄也。轄明與四星等，若轄進退，兵大起。軫南小星，去軫二尺者，膏也。轄進膏博軫，是謂天亡，膏三日，車騎發，轄膏各反其處，車騎罷；有兵而轄遠軫者，兵罷。」《百二十占》曰：「軫爲天車，車失轄則傾。」郗萌曰：「軫星明大，則車駕備。軫星及長沙星明，天子内佐親强。軫星移徙，天子憂謀兵；其星就聚，兵大起。軫星流，不正，又無一星，如車無轄，國主憂。將有軍出入，則占於軫。軫轄舉，南蠻侵。」《列宿説》曰：「轄星動，車騎用。」石氏曰：「轄二星，不欲明，明則輻。車行罔，轄欲進，相去七寸，相去一尺以外皆兇。」郗萌曰：「軫星明，兵大起。」《百二十占》曰：「轄星動搖三月，車馬大兇。」《黄帝占》曰：「長沙明，則主壽長。」《洛書》曰：「長沙明，下大臣逆謀，兵乃生。」《春秋緯》曰：「長沙左轄中星，不欲明；明與四星等，兵大起。」石氏曰：「長沙星明，王者保慶，子孫昌。」巫咸曰：「長沙明，天子壽豐。」石氏曰：「軫，主死喪，知兇災；故設長沙，以延期。」石氏曰：「軫四星，主死喪，建時立節，威嚴莊，春王小終，季夏殃。」巫咸曰：「長沙，木官也。長沙一星，主囚亡。」《洪範傳》曰：「南方一百七度。今一百十二度。」

唐・瞿曇悉達《開元占經》卷六四 分野略例

宿次分野一

角、亢，鄭之分野，自軫十二度至氐四度，於辰在辰，爲壽星。三月之時，萬物始達於地，春氣布養萬物，各盡於其天性，不罹天夭，故曰壽星。《爾雅》曰：「壽星，角亢也。鄭玄註《月令》曰：「仲秋者，日月會於壽星。一名庫營。」皇甫謐曰：「壽星，一名天庫，一名天翼，一名天正。」《天官書》曰：「角亢氐兖州。」《淮南子》曰：「角亢，鄭也。」費直《周易分野》曰：「自軫七度至氐十一度，爲壽星。」蔡伯喈《月令章句》曰：「自軫六度至亢八度，謂之壽星之次，鄭之分野，曰鄭星得角亢也。」潁川之文城、定陵、襄城、隸陽、潁陰、長社、陽翟、郟，八縣，潁川郡，秦置。東接汝南，西接弘農，特得新安、宜陽，二縣屬弘農郡，漢武帝置。皆韓之分野。《韓世家》曰：韓氏，姬之苗裔也，韓武子事晉，得封於韓也。《詩・風》陳鄭之國，與韓同星分也。《陳世家》曰：陳本太昊之虚也，周武王克殷，求舜後，得嬀滿封之於陳，以奉舜祀，爲胡公，淮陰國之陳縣，則其地也。鄭國，今河南之新鄭是也，新鄭縣也，河南郡，秦三川郡也，漢高帝改名焉。本高辛氏之火正，祝融之虚，重黎爲帝嚳高辛氏居太正，甚有功，能光融天下，帝嚳命曰祝融，祝，大也，融明也。及成皋、滎陽，二縣也，屬河南，郡户也。潁川之嵩陽城，二縣也。皆鄭之分也。《鄭世家》曰：周宣王封庶弟友於鄭，是爲桓公也。屬兖州。《尚書・禹貢》曰：齊河惟兖州。《周官》曰：河東曰兖州。《未央分野》曰：鄭治潁川，從滎陽南至梁山，東至龍山，今爲潁川。

氐、房、心，宋之分野，自氐五度至尾九度。於辰在卯，爲大火。東方爲木，心星在卯，火出木心，故曰大火。《爾雅》曰：大辰，房心尾也，大火謂之辰也。《語》曰：參辰，亦曰參商，謂參星與心星也，已釋於魏次註中。鄭玄註《禮記・月令》曰：季秋者，日月會於大火，斗建戌之辰也。《周禮》曰：大火一名味，一名天馬。皇甫謐曰：大火一名天相，一名天府。《天官書》曰：房、心，豫州。《淮南子》曰：氐、房、心，宋也。費直曰：自氐十一度至尾八度，爲大火。蔡氏曰：自亢八度至尾四度，謂之大火之次。《未央分野》曰：家星得房、心，今爲梁也。梁，泰碭郡，漢高帝改爲梁國也。楚，漢高帝置楚周，宣帝以爲彭城郡也。山陽郡，漢景帝分梁國置。東平漢景帝分梁國置濟東國，宣帝改爲東平國也。濟陰，漢景帝分梁國爲濟陰國。東郡之須昌、壽張，二縣也，壽張本名壽良，漢光武避叔諱，改爲壽張也。皆宋之分野。周分微子於宋，今之睢陽是也。睢陽縣屬梁國，周成王封紂庶兄微子於宋，以奉殷祀。本陶唐火正閼伯之虚也。閼伯，高辛氏之長子也，居商丘也。濟陰定陶定陶縣也，屬濟陰國。《詩・風》曹國是也。周武王封弟叔振鐸於曹，定陶縣是也。屬豫州。《尚書・禹貢》：荆河惟豫州。《周官》：河南曰豫州。《未央分野》曰：宋治下蔡、淮陽，從南恒至濟、漢水、沛郡、濟陽、太行、東海，今爲梁也。

尾、箕，燕之分野，自尾十度至南斗十一度。於辰在寅，爲析木。尾東方木宿之末，斗、北方水宿之初。次在其間，隔别水木，故曰析木。《爾雅》曰：析木謂之津，箕斗之間，漢津也。鄭玄註《月令》曰：孟冬者，日月會於析木，而斗建，亥之辰也。《周禮》曰：析木之津，一名天昭，一名漢津。皇甫謐曰：析木，一名天丞相，一名天司空，一名天家子，一名天津。《天官書》曰：尾箕，幽州。《淮南子》曰：尾箕，燕也。費直曰：自尾九度至南斗九度，爲析木之津。蔡氏曰：自尾四度至南斗六度，謂之析木之次。《未央》曰：燕星得尾箕也。周武王定殷，封召公於燕，其後三十六世，與六國並稱王。王易王也。南東有漁陽，右北平、遼東、遼西，西有上谷、代郡、六郡，並秦置。雁門，郡，秦置。渤海之得涿郡之易、容城、範陽、北新城，故涿縣良鄉、新昌。八縣也，涿郡秦置。渤海之安次，安次，縣也，渤海漢高帝置。皆燕之分也，屬幽州。周分翼州、置幽州。《周官》曰：東北曰幽州。《爾雅》曰：燕，幽州。《未央》曰：幽州治薊，南至積石，東至恒山，今爲上谷，漁陽，右北平，遼東、遼西，涿郡也。

南斗牽牛，吴越之分野，自南斗十二度至須女七度。於辰在丑，爲星紀。星紀者，言其統紀萬物，十二月之位，萬物之所終始，故曰星紀也。《爾雅》曰：星紀，斗、牽牛也。鄭玄註《月令》曰：仲冬者，日月會於星紀，建子之辰也。皇甫謐《年曆》曰：星紀，一名天津，一名天府，一名天苟，一名天雞。《天官書》曰：斗，江湖，牽牛，婺女，柳州。

《淮南子》曰：斗，吴越也。高誘註《吕氏春秋》曰：斗，吴也。牛，越也。費直曰：自南斗十度至須女五度，爲星紀。蔡氏《月令章句》曰：自南斗六度至須女二度，謂之星紀之次。《未央》曰：吴越星，得牛斗。今之會稽、九江、二郡，秦置。丹陽、秦爲漳郡，漢武改爲丹陽。豫章、漢高帝置。廬江、漢文帝分淮南置。廣陵、六安、漢武帝改江都國爲廣陵國，分衡山，立六安國也。臨淮、郡，漢武帝置也。皆吴之分也。《史記、吴世家》曰：吴太伯，周太王之長子也。與弟仲雍讓國於季，乃奔荆蠻之地，斷髮文身，荆蠻義而歸之，自號句吴國。武王克殷，求太伯仲雍之後，得仲雍曾孫周章，封之於吴也。今之蒼梧、郁林、合浦、交趾、九真、日南、南海，皆越之分也。《越世家》曰：越之先，夏少康之庶子，封會稽，曰無余，以奉禹祀，十有余世，微弱爲民，禹祀中絶。千有餘載。後有子，生而能言，我無餘之苗裔也，越人尊以爲君，號曰無餘王也，至孫允常，越復興焉。並屬揚州。《禹貢》曰：淮海惟揚州。《周官》曰：東南曰揚州。《未央》曰：吴越北至大江，南至山，東至海，西至洞庭。

須女、虛，齊之分野，自須女八度至危十五度。於辰在子，爲玄枵也。玄者黑也，北方之色；枵者，耗也；十一月之時，陽氣在下，陰氣在上，萬物幽死，未有生者，天地空虛，故曰玄枵也。鄭玄註《月令》曰：季冬者，日月會於玄枵，斗建世之辰也。《周禮》曰：玄枵，一名天一，顓頊之虛。皇甫謐曰：玄枵，一名婺女，一名少府，一名河鼓，一名天機。《天官書》曰：虛、危，青州。《淮南子》曰：虛危，齊也。費直曰：自須女六度至危十三度，爲玄枵。蔡氏曰：自須女二度至危十度，謂之玄枵之次。《未央》曰：齊星得虛危。東有菑川、漢文帝分齊國爲藩川國。東萊、郡，漢高帝置。瑯邪、郡，秦置。高密、漢宣帝改膠西國爲高密國。膠東、漢高帝分齊爲膠東國。南有太山、郡，漢高帝置。城陽，漢文帝分齊國立城陽國，北有千乘，漢高帝立爲國。得清河以南，渤海之高樂、高城、重合、陽信，西有濟南、漢文帝分濟國立濟南國，平原，漢高帝置。皆齊之分也。《齊世家》曰：齊太公望，佐周武王，而王乃封太公於齊。武王崩，成王命齊國東至於海，西至於河，南至於穆陵，北至於無棣，而都營丘也。屬青州。《禹貢》曰：海岱惟青州。《周官》曰：東曰青州。《爾雅》曰：齊曰營州，則青州也。《未央》曰：齊治營，依於營丘，北至燕，西至九河，南至藺水，東至海。

危、室、壁，衛之分野，自危十六度至奎四度。於辰在亥，爲諏訾，諏訾嘆息也。十月之時，陰氣始盛，陽氣伏藏，萬物失歲養育之氣，故哀愁而歎。悲嫌無陽，故曰諏訾。諏訾者，古諸侯也，帝嚳娶諏訾氏女，生摯，堯兄也。《爾雅》曰：諏訾曰營室東壁也，一曰豕韋，夏氏之禦龍氏國也。《左傳》曰：萇弘對周景王曰：蔡侯弑其君之歲，歲在豕韋也。鄭玄註《月令》曰：孟春者，日月會於諏訾，而斗建寅之辰也。《周禮》曰：諏訾，一名豕韋，一名顓頊，一名諏訾，一名天府，一名北陵，一名卿中。《天官書》曰：營室，東壁，并州。《淮南子》曰：營室，東壁也。費直曰：自危十四度至奎一度，爲諏訾。蔡氏曰：自危十度至東壁八度，謂之豕韋之次。《未央》曰：衛星得營室東壁也。今東郡、秦置。魏郡、漢高帝置之。黎陽河内郡漢高帝置，本殷之舊都，周既克殷，分其畿内爲三國。《詩·風》鄘鄰，衛國是也。野王朝歌，皆衛之分也。衛爲翟人所滅，文公徙封楚丘，後三十年，子成公遷於帝丘，今濮陽是也，屬并州。周分冀州，置并州。《周官》曰：正北曰并州，今分野無并州所部郡縣，并州凡九郡，悉在燕趙秦次中，未詳也。《未央》曰：衛置濮陽，其地從王水以東至沛，今爲東郡也。

奎、婁，魯之分野，自奎五度至胃六度。於辰在戌，爲降婁，降下婁曲也。陰生於午，與陽俱行至八月，陽遂下；九月陽微，剥卦用事。陽浄剥盡；陽在上，萬物枯落，卷縮而死，故曰降婁。《爾雅》曰：降婁，奎婁也。鄭玄註《月令》曰：仲春者，日月會於降婁，而斗建卯之辰也。《周禮》曰：降婁一名清明。皇甫謐曰：降婁一名天官。《天官書》曰：降婁，魯徐州。《淮南子》曰：奎、婁，魯地。費直曰：自奎二度至胃三度，謂之降婁之次。《未央》曰：魯星得奎婁。東至東海、郡，漢高帝置。南有泗水、泗水國，漢武帝分東海郡立也。至淮、得臨淮之下，相睢、陵僮、取慮，皆魯之分也。周成王以少昊之虛曲阜，封周公子伯禽爲魯侯，以爲周公主也；《魯世家》曰：周武王克殷，封弟周公旦於少昊之虛，周公佐武王，不就封。武王崩，成王命周公子伯禽代居國，是爲魯公也。屬徐州。《禹貢》曰：海岱及淮惟徐州。《爾雅》曰：齊東曰徐州，而周罷徐合青，漢武復置徐州。《未央》曰：東至温水，西至滎陽，北至代，南至江。胃、昴、趙之分野，自胃七度至畢十一度，於辰在酉，爲大樑。樑强也，八月之時，白露始降，萬物於是堅成而强，故曰大樑。《爾雅》曰：大樑，昴也。鄭玄註《月令》曰：季春日月會於大樑，斗建辰之辰也。《註同禮》曰：大樑一名太陽，一名西陵。皇甫謐曰：大樑一名耕田，一名天倉，一名天獄，一名大軍，一名偏將軍。《天官書》曰：昴畢，冀州。《淮南子》曰：昴畢，魏也。費直曰：自胃四度至畢八度，爲大樑。蔡氏曰：自胃一度至畢二度，爲大樑之次。《未央》曰：趙星得參伐他。趙本晉地，分晉得趙國；漢高帝以邯鄲郡爲趙國。北有信都、漢高帝立。真定、國，漢武帝立。常山、郡，漢高帝置。本因山爲名恒山郡，漢文帝諱恒，故改曰常山也。又得涿郡之高陽、鄭州鄉，二縣也。涿郡，漢高帝立。東有廣平、國，漢武帝立。鉅鹿、郡，漢高帝置。清河，國，漢文帝分趙國立。又得勃海之東平、舒中、武邑、文安、東州、城平、童武，六縣也，漢置河以北也。南至浮水，水名，一作漳水。繁陽、内黄、斥丘，三縣，屬魏郡，高帝置。西有太原、郡，秦置。定襄、郡，漢高置。雲中、秦置。五原、秦九原郡，漢武帝改。朔方、漢武帝開置。上黨，秦置。本韓之別郡，元韓近趙，後卒降趙，皆得之自趙，夙後九世，稱侯四世，敬侯徙都邯鄲，後三世有武靈王，五世爲秦所滅。《趙世家》曰：趙氏之先，帝顓頊之苗裔，伯益之後也，又虞舜妻子，姚姓之女賜姓嬴氏，歷夏殷，世爲諸侯，後造父爲周穆王禦，而西巡狩，而偃王反繆王，日馳千里，還攻徐，破之，乃賜造父趙城，由此爲趙氏。屬冀州。《禹貢》曰：冀州既載壺口，治樑及岐。《周官》曰：河内曰冀州。《未央》曰：趙治邯鄲，北至常山、代郡。

畢、觜、參，魏之分野，自畢十二度至東井十五度。於辰在申。爲實沈，言七月之時，萬物極茂，陰氣沈重，降實萬物，故曰實沈。高辛氏有二子，伯曰閼伯，季曰實沈，而不相能。后帝不藏，遷閼伯於商丘，主辰，商人是因，故爲商星；遷實沈於大夏，主參，唐人是因，故參爲唐星，至周武王感靈夢而生叔虞。成王時唐有亂，周公滅唐，成王因戲而封虞於唐河，汾之東方百里，太原郡之晉陽縣是也，實沈參之辰也，因名次焉。鄭玄註《禮記·月令》曰：孟夏者，日月會於實沈，斗建巳之辰。《周禮》曰：實沈一名不疑。皇甫謐曰：實沈一名大唐，一名中尉，一名天路，一名天溝，一名天京，一名旄頭。《天官書》曰：觜觿、參，益州。《淮南子》曰：觜觿、參，趙也。鄭玄註《周禮·保章氏》曰：實沈，晉也。費直曰：自畢九度至東井十一度，爲實沈。蔡氏曰：自畢六度至東井十度爲實沈之次。《未央》曰：魏星得胃、昴、畢也。自高陵縣也，屬益州。以東，盡河東、郡，秦置。河内，漢高帝置。南有陳留、郡，漢武帝置。汝南，之邵陵、隱强、新汲，秦置。及西華、長平、潁川，之舞陽、郾許、鄢陵、河南之開封、中牟、陽武、酸棗，酸棗縣，屬陳留縣，則爲重見也。皆魏之分也。《魏世家》曰：畢公高之兵也，與周同姓，高佐同武王，得封於畢，更爲畢氏。後封其苗裔曰畢萬，事晉獻公從伐霍耿，魏滅之，獻公以魏封萬魏，河東郡之永安縣是也。武子子悼子，徙治霍。霍平，陽郡之永安縣是也。悼子子昭子，徙安邑河東之安邑縣，是昭子孫獻子與趙鞅共謀，祁羊舌氏，分其地，獻子曾孫桓子與趙韓滅智伯桓子，孫文侯時，魏爲强大，周烈王賜命爲諸侯，文侯子武侯，與趙韓滅晉，分其地，故參爲魏之分野也。屬益州，漢武帝改梁州，爲益州，非魏地，益州地盡在秦楚次中，爲甚略，未詳其旨。《未央》曰：晉治太原，從魏以西至襄治之，今爲河東、河内、上黨、雲中也。

東井、輿鬼，秦之分野，自東井十六度至柳八度，於辰在未，爲鶉首，南方七宿，其形象鳥，以井爲冠，以柳爲口。鶉鳥也，首，頭也，故曰鶉首。《爾雅》曰：咮謂之柳。鄭玄註《禮記·月令》曰：仲夏者日月會於鶉首，斗建午之辰也。《周禮》曰：鶉首一名小章。皇甫謐曰：鶉首一名天祿，一名天子市，一名白虎將，一名斧鉞。《天官書》曰：東井輿鬼，雍州。《淮南子》曰：東井、輿鬼，秦也。費直曰：自東井十二度，至柳四度，爲鶉首。蔡氏曰：自東井十度，至柳四度，謂之鶉首。《未央》曰：秦星得東井輿鬼也。自弘農故關以西，故關，古函谷關也。弘家郡，漢武帝置。京兆、扶風、馮翊、並秦內史，漢武帝分爲三輔。北地、上郡、二郡，秦置。西河、安定、天水、三郡，漢武帝置。隴西、秦置。南有巴郡、蜀郡、二郡，秦置。廣漢、漢置。犍爲、漢武帝置。武都，西北有金城、漢武帝置。武威、本休屠王地也。張掖、本昆耶王地。酒泉、敦煌、敦煌本屬酒泉，漢武帝置。又西有牂牁、越巂、益州，皆秦也。三郡並漢武帝開置。秦之分也，《秦世家》曰：秦之先曰非子，與趙同姓，伯益之十六世孫也，爲周孝王養馬，甚息，孝王封爲附庸，邑之於秦，號曰秦嬴。天水之隴縣，則其地也。秦嬴曾孫曰秦仲，周宣王使伐西戎，爲戎所殺，宣王復命仲子莊公與四弟伐戎，破之，賜仲大駱之地，於是居大丘，扶風之槐里縣是也。屬雍州。《禹貢》曰：黑水西河惟雍州。《周官》曰：正西曰雍州，漢武帝改爲涼州。《未央》曰：秦治機陽，又治咸陽，今爲長安，北地從華山，西至隨神流沙，今爲三輔，巴蜀、漢中、隴西，北地，上郡也。

柳、七星、張，周之分野，自柳九度至張十七度。於辰在午。爲鶉火，南方爲火，言五月之時，陽氣始隆，火星昏中，在七星朱鳥之處，故曰鶉火。《爾雅》曰：柳，鶉火也，柳、七星、張，南方之中宿也，故曰火。《周禮》曰：鳥與七遊，象以鶉大也。鄭玄註《禮記·月令》曰：季夏者，日月會於鶉火，斗建未之辰也。《周禮》曰：天井一名致方。註《天官書》曰：七星、張，三河。《淮南子》曰：七星、張，周也。費直曰：自柳五度至張十二度，爲鶉火。蔡氏曰：自柳三度至張二十度，謂之鶉火之次。《未央》曰：周星得註張。今之河南雒陽、谷城、平陽、偃師、鞏維氏北七縣，屬河南郡。並周分也。《周世家》曰：周之先曰棄，秦生有神怪，長好稼穡，爲舜播植百穀，舜封之於邰，扶風是也，號曰后，稷姓，爲姬氏。曾孫公劉，國於分扶風是也。十世孫曰太王，爲狄所侵，遷於岐，挾風之美陽是也。大王孫文王有聖德，周室方隆，從都於酆，酆在京兆之杜縣。文王子武王，滅商，徙都於鎬，鎬在京兆之長安縣。武王子成王營雒邑都，河南郡之河南縣是也。或云成王居雒邑，六世孫懿王，遷大丘也。屬三河。河南、河内、河東三郡是也，案：周之將亡，惟河南一郡，故以爲周分野，其河内河東，乃在魏次中，未詳周分野稱三河之謂矣。《未央》曰：周治洛陽，西至華山，東至滎澤、少室，北至河，南至濮水，今爲河東、陳留。

翼、軫，楚分野，自張十八度至軫十一度。於辰在巳。爲鶉尾，南方朱雀七宿，以軫爲尾，故曰鶉尾。鄭玄註《禮記·月令》曰：孟秋者，日月會於鶉尾，斗建申之辰。《周禮》曰：鶉尾一名鳥帑。皇甫謐曰：鶉尾一名鳥註，一名天根，一名旄，一名柳。《天官書》曰：翼軫到。《淮南子》曰：翼楚也。費直曰：自張十三度至軫六度爲鶉尾。蔡氏曰：自翼十二度，至軫六度，爲鶉尾之次。《未央》曰：楚星得翼軫也。今之南郡、秦置。江陵、江陵即南郡所部縣，即重見矣。江夏、漢高帝置。零陵、郡，漢武帝置。桂陽、武陵、二郡漢高帝置。長沙，郡，秦爲郡，漢高帝改爲國。及江中、秦置。汝南，漢高帝置。皆楚之分也。周成王先師鬻熊之曾孫。熊繹於荆蠻爲楚子，居丹陽。後十余世，至熊通，號武王，浸以强大。後五世，有莊王，並有江漢之間，吞陳蔡縣，申息服隨唐。後十世頃，王徙於東焉。《楚世家》曰：鬻熊，祝融之苗裔也，姓芈氏。丹陽，今南郡之枝江縣是也。武子文王，都於郢，江陵是也。莊王曾孫昭王，爲吴所破，吴兵入郢，昭王奔隨，楚大夫申包胥求救於秦，秦乃救楚，大敗吴師。闔廬弟夫槩王反，自立爲王。闔廬班師，昭王乃得反國，更都於鄀南郡，鄀縣是也。屬荆州。《禹貢》曰：荆及衡陽惟荆州。《周官》曰：正南曰荆州。《未央》曰：楚治，南至九江，北至淮水，東至海，西至魚腹山。今爲淮陽、汝陽、廬江、長沙，南海，故楚治南郢也。

唐·瞿曇悉達《開元占經》卷六八　石氏外官

庫樓占一

石氏曰：「庫樓十星，五柱十五星，衡四星，凡二十九星，左角南。」西北星入軫少，去極百四十度，在黄道外二十一度太。庫樓一曰天庫，兵車之府也。其大六星，庫也；西四星，樓也；旁十五星，三三而聚者，柱也；中央小星，衡也。巫咸曰：「天庫，金官也。」《春秋元命苞》曰：「天庫，主陳兵。」《黄帝占》曰：「五車外庫者，芒角明大，星多蕃衆，則兵大起，車騎多用。庫樓所指者兵，所指者兵所往，人能知。庫樓者，使人不忘。」《洛書》曰：「庫樓兵動，害及胡。一曰戎馬驚。」《洛書》曰：「庫無星，下土臣逆，謀兵乃生。」《春秋緯》曰：「天庫虚，諸侯謀反。一曰中州謀兵四合。」《春秋考異郵》曰：「王者謀伐四夷，則庫兵動。」又占曰：「庫樓五柱皆動，五將盡行。五柱生角若芒，多公及具無處車馬。」石氏曰：「庫樓及五柱皆不見，兵車盡出，天子自將兵。」焦延壽曰：「天樓星上近柱，王者樓殿有飛不如其處，若有天火燒之者。」郗萌曰：「天庫主遠兵，星摇者，其將行；星皆動，將盡行。」郗萌曰：「天庫星衆，則藏善散，若皆去，則兵起。」《石氏贊》曰：「庫樓之官兵所藏，其中欲實，惡虚空。」

南門星占二

石氏曰：「南門二星，在庫樓南。」右星入軫十四度，去極百三十度，在黄道外二十一度太。《春秋緯》曰：「角南兩大星，曰南門。」南門，天之外門也。《黄帝占》曰：「南門星欲明，執法吉，人主昌；吉星若不明，非其故，則臣不忠，若有兵起，王者憂。」石氏曰：「南門中有小星三芒者，則兵車出。」《石氏贊》曰：「南門二星，主守兵。」

平星占三

石氏曰：「平星二星，在庫樓北。」西星入軫十四度，去極百度，在黄道外十一度太也。《春秋合誠圖》曰：「平星，主廷平。」《論讖》曰：「平星，主法。」《黄帝占》曰：「平星，欲其明而正直，大小齊同而明，君臣和，政令行；其星不明，差戾不正，君臣不和，政法荒亂。」石氏曰：「平星欲齊等，廣狹有常，高下不差，則天下治，萬物成。」《石氏贊》曰：「平星執法正紀綱，其星差戾政亂荒。」郗萌曰：「平星主天下之獄事，若今廷尉之象。」

騎官星占四

石氏曰：「騎官二十七星，在垣南。」西行北星入亢四度太，去極百一十五度半，在黄道外十九半也。石氏曰：「騎官，一名輕能；星衆，天下安；星少，騎士畔。」騎官者，今虎賁也。石氏曰：「房南衆星曰騎官將軍；騎官主宿衛；一曰騎官，金官也。」《黄帝占》曰：「騎官者，宿衛帝宫，以防不虞；其星常衆而明，王者後宫吉，天下安；其星微少，若芒不見，守衛憂兵大起，騎乘出。」《荆州占》曰：「騎官星衆，則騎出；一曰星無故皆去，則騎官東守衛王。」

積卒星占五

石氏曰：「積卒十二星，在房心南。」西星入氐十三度太，去極百二十四度少，在黄道外二十一度少也。石氏曰：「積卒一名衛士，芒角動，聚兵事；一曰積卒，兵官，金官也。」郗萌曰：「積卒者，士也，積士也者，所以衛卒暴。」巫咸曰：「積卒，兵官，金官也。」《黄帝占》曰：「積卒主守衛明堂，其星欲微小而明，則天子吉，其國安昌；若明大動摇，則君臣不寧，朝廷有兵；一曰積卒主守衛。」《春秋合誠圖》曰：「積卒主衛尉。」石氏曰：「積卒一星亡，兵少半；出二星，亡兵大半；出三星，亡兵盡出。」《海中占》曰：「積卒不如其故，兵其微細，若不見，兵車盡出，士卒滿野。」《石氏贊》曰：「積卒十二星掃明堂。」

龜星占六

石氏曰：「龜五星，在尾南。」頭尾入尾十二度，去極百三十一度，在黄道外二十一度。《黄帝占》曰：「龜星，一名連珠，贊神明；其星明，則君臣和好，奉祀神明嶽瀆；其星不明，則上下乖離，臣逆於君，不事鬼神，其國不安，主有憂。」《黄帝占》曰：「龜星不居漢中，川有易者。」石氏曰：「龜星常居漢中，吉；星明，君臣和；不明，即乖。」又占曰：「龜星常居漢中，則陰陽和，雨澤時；星若不居漢中，有易水；一曰天下水，旱物不成。」《石氏贊》曰：「龜星在東，贊神明。」

傅説星占七

石氏曰：「傅説一星，在尾後。」入尾十二度太，去極百二十度半，在黄道外十三度太。《黄帝占》曰：「傅説星，主後宫，祈神明，保子孫；文章祝説，以求福慶；其星明，則後宫吉，子孫昌；其星不明，或若不見；則後宫人多疾，子孫兇，多有死者。」《春秋元命苞》曰：「傳説主祝章，巫官也；章，請號之聲也。傳説，蓋女巫也，主王后之内祭祀，以祈子孫，廣司胤嗣。」石氏曰：「傳説星亡，社稷無主。」石氏曰：「傳説星明大，則吉；不明者，天一多禱祠。」焦延壽曰：「傳説星入尾，天下有祝詛人主者，若有巫醫之害；以入日占國。」郗萌曰：「傳説星光明，王命興，輔佐出。」《荆州占》曰：「傳説星明大，王者多子孫；一曰傳説主祝章。」

魚星占八

石氏曰：「魚一星，在尾後河中。」入尾十四度，去極百二十二度在黄道外十二度也。《黄帝占》曰：「魚星，一名據星，一名蒙星；忽然不明而在，則魚多；星亡，則魚少。」《黄帝占》曰：「魚星，主雲旗，其星忽然不明，如雲常居漢中，微而不明，則陰陽和，風雨時；其星明而動摇，則陰陽不調，雨澤不時，有大水。」《春秋元命苞》曰：「魚星主雲旗，統陰事，調和雲雨之期。」《黄帝占》曰：「魚星常居河旁；中河而處，則兵起，期七月；常在河東，近箕。」石氏曰：「魚星大而明，則陰陽和。」又曰：「魚星動摇，則水暴出。」又曰：「魚星出河，大魚死；一曰旱。」《海中占》曰：「魚星中河而居，而明大，天下大水，津道塞；若微小，出河，中外天下大旱，五穀不成。」焦延壽曰：「魚星明，則河海水皆出。」班固《五行志》曰：「魚星中河而處，車騎滿野。」《石氏贊》曰：「漢中魚星知雲行。」

杵星占九

石氏曰：「杵三星，在箕南。」北星入箕一度太，去極百三十二度半，在黄道外二十一度太。巫咸曰：「杵臼，土官也。」《黄帝占》曰：「杵星明而動，天下有兵，杵臼用事，軍糧急；其星微小，天下安寧而無兵。」石氏曰：「天杵臼動，則民失其釜甑，大去其鄉；杵縱則民足食，横則民饑。」石氏曰：「天杵臼星不具，民賣釜甑。」甘氏曰：「杵臼星明，則天下安，五穀成，杵臼用，其年豊；星若不明，歲大惡，五穀不成，杵臼不用；一曰杵在箕南，給庖舂。」

鱉魚占十

石氏曰：「鱉十四星，在南斗。」右星入南斗一度，去極百二十九度半，在黄道外十四度也。《黄帝占》曰：「鱉魚常居漢中，微而不明，則天下和，雨澤時；其星若不居漢中，則陰陽不和，天下旱。」石氏曰：「鱉一星去，有白衣之會；二星去，有大喪；以去日占國。」班固《天文志》曰：「鱉星不居漢中，有易川者。」《石氏贊》曰：「鱉星爲水蟲，太陰也。」

九坎星占十一

石氏曰：「九坎九星，在牽牛南。」西南星入斗十四度半，去極百三十六度，在黄道外十九度太。巫咸曰：「九坎，水官也。」《荆州占》曰：「九坎九星，主水旱之事。」《黄帝占》曰：「九坎，主通水泉。星明，則陰陽調和，百川通流，皆註於海；星若不明，百泉不通，河海枯竭，天下大旱，人民饑饉，國有憂。」石氏曰：「微，吉；明，不吉。」《石氏贊》曰：「九坎九星水泉通。」

敗臼星占十二

石氏曰：「敗臼四星，在虚危南。」西南星入須女十度，去極百三十一度少，在黄道十九度。《荆州占》曰：「敗臼四星，主正治之事。」《黄帝占》曰：「敗臼，主殃咎。其星微而不明，温温然，則主者吉，人民安；星明而動摇者，人主有憂，疾多災兇，人民愁苦，天下不安，多死喪。」石氏曰：「敗臼一星不具，民賣釜甑，去其處；一曰敗臼四星，主兇災。」

羽林星占十三

石氏曰：「羽林四十五星；壘壁陣十二星；凡五十七星，在營室南。」四星入危四度太，去極百二十度太，在黄道外十三度太也。郗萌曰：「羽林一名材官，一名天南庫，一名罼於軍，又主翌王。」《春秋合誠圖》曰：「危南有衆星，曰：羽林，爲天軍，又羽林軍，水官也。」《元命苞》曰：「羽林主軍騎。」《黄帝占》曰：「羽林星，三三而居，行列相隨，守衛之官也。其星實而衆明，王者吉，其國安；星希而不明，若動，兵士出；星若亡不見，天下兵盡出。」郗萌曰：「羽林星不欲動，動即有兵，不出六十日，兵車發，有所之而起。又曰：不出三十日有兵。」又曰：「羽林中無星，天下兵盡出。一曰大將軍發，若大赦。」《春秋元命苞》曰：「壘城在軍位。」郗萌曰：「壘城鉞，主斬矛。」又曰：「陣星備武，急非其故，兵起，有破軍殺將。」《石氏贊》曰：「羽林衆星主翼王。」《石氏贊》曰：「壘壁陣十二星，爲營壅。」

北落星占十四

石氏曰：「北落一星，在羽林西南。」入危九度，去極百三十度太，在黄道外二十三度半。郗萌曰：「羽林西南有大赤星，狀如大角，天軍之門也，名曰北落，一名師門。」北者，宿在北也；落者，天軍之北落也，師者，衆也；門者，軍門也。《春秋合誠圖》曰：「北落主非常。」《黄帝占》曰：「北落師門，星明大，士卒昌，大將軍强；星微小，若亡不見，天下兵，大將出行，其國不寧，主有憂。」《春秋元命苞》曰：「北落角者，兵起。」《文曜鉤》曰：「北落亡角，有軍。」《石氏贊》曰：「北落師門一星，主候兵。」

土司空星占十五

石氏曰：「土司空一星，在奎南。」入壁七度太，去極百二十度少，在黄道外二十四度也。《春秋合誠圖》曰：「司空主土城。」石氏曰：「土司空星大，天下安，又曰色黄明則吉；一曰知禍殃。」《黄帝占》曰：「土司空星明而黄潤，則天下安吉，王者吉；其星不明，若亡不見，其國有喪，若土功之事，若有旱災。」

天倉星占十六

石氏曰：「天倉六星，在婁南。」南星入奎四度太，去極百二十度，在黄道外十八度。郗萌曰：「天倉者，天司農也。」《黄帝占》曰：「天倉，主倉府之藏也。天倉中星衆，穀粟聚其中，積儲實；其中星希少，倉中虚耗，無儲積，粟散出。」石氏曰：「天倉户開，則歲大熟，粟聚倉；户閉，歲穀不登，天下民饑。」《黄帝占》曰：「天下有兵，而倉庫之户俱開，主人勝客，客事不成，期二十日發。」石氏曰：「天倉中星小衆盛，則粟聚，歲實；星希，歲耗；穀散倉，則天下亂，若大饑。」郗萌曰：「天倉星不具，道不通。」《黄帝占》曰：「天倉不見，其所臨軍分絶倉，大窮而亡。」《石氏贊》曰：「天倉六星。」

天囷星占十七

石氏曰：「天囷十三星，在胃南。」東北入胃六度少，去極九十六度半，在黄道外十四度少。《黄帝占》曰：「天囷主禦糧，百庫之藏也。在野曰囷，在邑曰倉；一曰：圓曰囷，方曰倉。囷星欲明，其中星衆，百庫之藏實滿；其星不明，囷中星簡，庫藏空虚；若多散出，天下不安，其國有憂。」石氏曰：「天囷星明，則吉；微，則兇。」郗萌曰：「天囷見，即天下囷倉實；不見，即皆虚。」石氏曰：「天囷十三星，給禦糧者也。」

天廪星占十八

石氏曰：「天廪四星，在昴南。」南星入胃十一度少，去極九十度，在黄道外九度太。《春秋合誠圖》曰：「天廪，主廪倉。」巫咸曰：「天廪，一名天噲，主廪藏會計之事，其星齊明，則年豐國繞，人民安，王者吉；其星小而不明，歲惡，藏虚；人民饑；一曰臣受君禄。」《黄帝占》曰：「天廪星欲其明而盈實，則歲熟多粟；星黑而希，則歲敗腐矣。」

天苑星占十九

石氏曰：「天苑十六星，在昴畢南。」東北星入畢二度太，去極百一十四度，在黄道外四十八度少。巫咸曰：「天苑，金官也。」郗萌曰：「天苑，天子之苑也。」石氏：「天苑，天囷也，主馬牛羊非其故。若星不具，有斬死吏。」《黄帝占》曰：「天苑，主苑牧犧牲，牛羊之屬。其星行列齊明，苑中星衆，則畜牲蕃息，多饒野獸；其星微小，不明，若不見；苑中星希，則畜牧，不孳牛羊，野多死。」郗萌曰：「天苑星非其故，若不具，有斬刈之事。」《石氏贊》曰：「天苑十六星，主牛羊。」

參旗星占二十

石氏曰：「參旗九星，在參西；一名天弓。」南星入畢九度半，去極九十三度，在黄道外十三度半也。郗萌曰：「天弓九星不具，天下大赦，爲兵赦，非無故自赦也；一名參旗；一曰天府。」《春秋緯》曰：「參旗在參西，勾曲九星。三處：一曰天旗；二曰天苑；三曰九遊，以宣威，明開緒。」巫咸曰：「天弓，金官也。」《春秋緯》曰：「天旗，司五星之變；日月過之，熒惑守，日蝕星，天下亂。」郗萌曰：「天弓主司兵弩之事，其星動摇，有以迷惑主者。」《黄帝占》曰：「參旗星不欲明，微小而直，王者安，天下無兵；明而曲狀，如張弓，天下不寧，兵大起，人民憂。」《禮含義嘉》曰：「王者制度有科，物應以宜，則參旗弓行。」宋均註曰：弓行者，參旗星行列紆曲，似弓也。《易緯》曰：「旗星明振，主自消，諸侯亂。」《禮緯》曰：「天子至卿士，旗旐中禮，制度有科，則參旗弓行，正齊均平。」石氏曰：「參旗不明，吉；明，有白衣會；一曰邊寇動，兵起，弓弩射，士發。」石氏曰：「參旗九星，不欲張。」

玉井星占二十一

石氏曰：「玉井四星，在參左足下。」西南星入畢十二度少，去極百二十度太，在黄道外五十度少也。巫咸曰：「玉井，水官。」《春秋緯》曰：「玉井，主軍敵。」《論讖》曰：「玉井，主粥廚。」《黄帝占》曰：「玉井星微小，如其故，則陰陽和，雨澤時，五穀成，天下安；其星明而動摇；有大水，五穀不成，人民大饑，國不寧。」郗萌曰：「玉井動摇，有水，不出二年。」《石氏贊》曰：「玉井四星，主水漿。」

屏星占二十二

石氏曰：「屏星在玉井南。」北星入觜太，去極百一十八度，在黄道外四十六度太。《春秋緯》曰：「天屏主上疾。」石氏曰：「天屏星不具，人多疾。」《石氏贊》曰：「屏星在南，爲屏風。」

廁星占二十三

石氏曰：「廁四星，在屏東。」西北星入參三度少，去極一百一十五度，在黄道外四十四度半。郗萌曰：「廁星主觀天下疾病。」《黄帝占》曰：「天廁星欲黄赤，黄赤而明，吉；蒼黑，兇。」石氏曰：「廁星不具，貴人多病，一曰天，一曰陷廁。」石氏曰：「廁星青黑，主有腰下之疾；黄吉，白兇，黑死，皆爲貴人。」又曰：「黄澤者，歲熟。」《玉曆》曰：「廁星欲温温然明潤澤，則王者無疾病；出入不時，星若微小不見，人主帶病，腹腸之疾，若人民多疫。」《石氏贊》曰：「廁星在車，名自彰。」

天矢星占二十四

石氏曰：「天矢一星，在廁南。」入參七度，去極百二十三度，在黄道外五十三度也。石氏曰：「天矢星，主候吉兇，色黄即吉，青白，黑兇。」《黄帝占》曰：「天矢星明，萬物有命。」《黄帝占》曰：「天矢星微，萬物流；星不具，多疾病；星亡，萬民大瘠。」又占曰：「常以春秋分候矢星，明黄而潤澤，則天下人民無疾病，王者安；其星不明，色青黑，天下人民有腰腸之病，其國饑，人民餓死。」《黄帝占》曰：「天矢色黄，爲貴人吉；青白，願貴人疾；黑，貴人死，期三年。」石氏曰：「秋分候天矢，星亡，萬民大亂。」《荆州占》曰：「天矢星亡，萬民多死。」《石氏贊》曰：「天矢星在南，色欲黄。」

軍市星占二十五

石氏曰：「軍市星，在參東南。」西星入井三度少，去極百十度，在黄道外三十一度。石氏曰：「軍市十三星，水官也。」石氏曰：「軍市星衆，則軍有余糧；星少，即軍饑。」巫咸曰：「軍市，水官也。」

野雞星占二十六

石氏曰：「野雞一星，在軍市中。」入井八度，去極百一十一度，在黄道外四十二度太。《黄帝占》曰：「野雞，大將也，主屯營軍之號令，警急設備；其星明大，則主將猛，士卒强；其不明，主將弱，兵士離散。」石氏曰：「野雞安静，吉；芒角，兇。」《荆州占》曰：「野雞，野將也；主兵。」又占曰：「野雞出市，天下有兵，諸侯相攻。」《石氏贊》曰：「野雞一星，主野邦。」

狼星占二十七

石氏曰：「狼一星，在參東南。」入井十三度，去極百六度太。在黄道外四十二度少也。《黄帝占》曰：「狼星，一名夷將；其星色欲黄白，無光芒，不動摇，天下寧，兵不起；其星色赤而大，光芒四張，動摇變色，天下亂，大兵起，盜賊起於道路，人主不安，百姓憂苦。」《荆州占》曰：「狼星，秦、南夷也，名曰候，一名天紀，一曰天陵。狼者，賊盜；弧者，天弓，備盜賊也。故弧射狼，矢端直者，狼不敢動摇，則無盜賊而兵不起；動摇明大，多芒變色，不如常，胡兵大討。」《紀曆樞》曰：「狼星，爲野將。」宋均曰：「狼星，爲羊角。」鄭玄曰：狼星主羊。狼在於未，未爲羊也。巫咸曰：「狼星盛，兵弩貴；小，兵弩賤。金官也。」《黄帝占》曰：「狼星盛，兵弩貴；小，兵弩賤。」《元命苞》曰：「狼星變色，盜賊萌。」石氏曰：「狼星色赤而光明，芒角長大，天下兵起，將軍有死者，期二年。」巫咸曰：「狼星易其處，不如其故，天下饑，兵士滿野，其國兇荒，期不出年。」郗萌曰：「狼星白芒，百徒聚天下。」又占曰：「狼星躁走，爲人主不静，不居其宫，馳騁天下。」《荆州占》曰：「狼星芒角多，多盜賊；芒角少，少盜賊。」《荆州占》曰：「狼星非其故，人相食。」《石氏贊》曰：「狼星在參東南，有常；芒角變動，爲憂兵。」

弧星占二十八

石氏曰：「弧九星，在狼東南。」西星入井十六度，去極百二十二度少，在黄道外五十二度半也。石氏曰：「弧星者，天弓也，以備賊盜，狼星爲奸寇，弧星爲司其非。其矢常欲直，狼則不敢動，天下安寧，無兵起；若矢不直，弧其不張，天下多盜賊，兵大起，國不寧。」《黄帝占》占：「弧星，主弓矢之府，以備非常；其星大而齊明，其色黄潤，則四方安静，天下無兵；其生色變，不如其常，天下皆兵，弓矢大貴，人主不安。」《荆州占》曰：「弧星主武官，弧張，迎戰者不勝；弧動，先用兵吉，後者兇。」《黄帝占》曰：「狼旗七星屈曲者，夷狄弱可攻。」《洛書》曰：「狼弧張，害及胡。」《尚書緯》曰：「黑帝亡也，狼弧張。」《春秋緯》曰：「狼弧張，四年之後，天下永亂。」《焦延壽傳》曰：「天弓張，天下盡兵，主與臣相謀。」郗萌曰：「有兵，若弧星張，先起兵者利，後起兵者不利。」《荆州占》曰：「弧星青黑，有大憂。」《荆州占》曰：「弧矢動摇，明大多芒，變色，不如常者，多盜賊，胡兵起。」《石氏贊》曰：「弧在東南，陰謀張也。」

老人星占二十九

石氏曰：「老人星，在弧南。」入井十九度，去極百三十三度半，在黄道外七十五度太。

《黄帝占》曰：「老人星，一名壽星；色黄明大而見，則主壽昌，老者康，天下安寧；其星微小，若不見，主不康，老者不强，有兵起。」郗萌曰：「老人，南極星也，立秋二十五日，晨見丙午之間。」以秋分見南方，春分而没，出於丙，入於丁。巫咸曰：「老人星，木官也。」《春秋元命苞》曰：「直弧比地晉灼註《天官書》曰：比地，近地也。有一大星，曰南極老人，見則主安，不見則兵革起，常以秋分候之南郊，以慶主令天下。」《春秋緯》曰：「老人星見，則治平，主壽；老人星亡，則君危，若世天。」《春秋文耀鉤》曰：「王者安静，則老人星見。」《春秋運斗樞》曰：「王政和平，則老人星臨其國，萬民壽。」石氏曰：「老人星明，主壽昌，天下多賢士。」又占曰：「老人星色欲黃潤，王者、老人吉；其色青，主有憂，老人疾；色若黑白，主有，老人多死。各以五色占吉凶。」孫氏《瑞應圖》曰：「王者承天，則老人星臨其國。」

稷星占三十

石氏曰：「稷五星，在七星南。」西星入柳十四度少，去極百四十八度，在黃道外六十八度少也。祖暅曰：「上稷，農正也；稷者，稷也；取乎百谷之長，以爲長也。」《黃帝占》曰：「稷星，主五穀豐耗，其星溫溫而明，歲大熟，五穀成；其星不明，若亡不見，歲不熟，天下饑荒，人民流亡，去其鄉。」石氏曰：「稷星不見，歲饑也。」《石氏贊》曰：「稷在張南時報功。」

唐・瞿曇悉達《開元占經》卷七〇　甘氏外官

青丘星占一

甘氏曰：「青丘七星，在軫東南。」青丘，南方蠻夷之國號也。《荊州占》曰：「青丘星非常，動搖；大官有事。」《甘氏贊》曰：「南夷蠻貊，大赫青丘。」

折威占二

甘氏曰：「折威七星，在亢南。」折威者，獄卒也。石氏曰：「折威者，天子執法之徒也。」郗萌曰：「折威星不居積卒間，胡兵大興，中國大傷，邊將死。」《甘氏贊》曰：「將威斷獄，棄諸市都。」

陣車占三

《甘氏贊》曰：「陣車三星，在氐南。」陣車，猶革車也。

騎陣將軍占四

甘氏曰：「騎陣將軍一星，在騎官中，東端。」騎陣將軍，將軍騎將之行陣也。

車騎星占五

甘氏曰：「車騎三星，在騎官南。」巫咸曰：「車騎，金官也。」《甘氏贊》曰：「陣車騎部行。」

糠星占六

甘氏曰：「糠一星，在箕舌前。」《甘氏贊》曰：「箕主簸揚，糠給大豬。」

農丈人星占七

甘氏曰：「農丈人一星，在南斗西南。」農丈人，老農也。郗萌曰：「農丈人，主歲豐耗，在箕東，歲大熟；在箕西，饑；在箕南，小旱，穰；在箕北，大穰。」《甘氏贊》曰：「先農丈人，執斗與箕。」

狗星占八

甘氏曰：「狗二星，在南斗魁前。」《荊州占》曰：「狗星不如常，戒禦之臣當之。」《甘氏贊》曰：「狗主守內，夾門伏跗。」

狗國星占九

《荊州》曰：「狗國四星，在建星東南。」《黃帝》曰：「狗國星不具，天下有大盜。」《甘氏贊》曰：「狗國，鮮卑烏丸沃沮。」

天田星占十

甘氏曰：「天田九星，在牽牛南。」郗萌曰：「天田如井幹狀，在營室南。」《甘氏贊》曰：「天田本農，耕器犁鉏。」

哭星占十一

甘氏曰：「哭二星，在虛南。」

泣星占十二

甘氏曰：「泣二星，在哭星東。」《甘氏贊》曰：「哭泣悲涼，墳墓倚廬。」

蓋室星占十三

甘氏曰：「蓋室二星，在危南。」主蓋治之官也。《甘氏贊》曰：「危蓋屋室，柱櫟侏儒。」

八魁星占十四

甘氏曰：「八魁九星，在北落東南。」《甘氏贊》曰：「八魁陷阱，棧門揭翹。」八魁，主張捕陷阱設機也，棧覆阱也，揭翅爲毒熾，使人無踐也。

雷電星占十五

甘氏曰：「雷電六星，在營室西南。」《甘氏贊》曰：「雷電震音，殷殷動搖。」

雲雨星占十六

甘氏曰：「雲雨四星，在霹靂南。」《甘氏贊》曰：「雲雨興和，休祁茂孳。」興，發也；和，善也；休，亦善也。祁雨盛貌孳，草木蕃茂也。

霹靂星占十七

甘氏曰：「霹靂五星，在土公西南。」《甘氏贊》曰：「霹靂舊塹捽。」拽拖投也。

土公星占十八

甘氏曰：「土公二星，在東壁南。」《論語讖》曰：「土公，主豫儲。」

土公吏星占十九

郗萌曰：「土公吏，主司過度。」甘氏曰：「土公吏二星，在營室西南，一曰土公，司屏郎設儲。」

鈇鑕星占二十

甘氏曰：「鈇鑕五星，在天倉西南。」《甘氏贊》曰：「鈇鑕銼鉤後有饒。」鈇，斧也；鑕，椹也。主斬槁，以飴牛馬。四石爲鈞，言斬銼豐饒，盈鈞石也。

天溷星占二十一

甘氏曰：「天溷七星，在屏南。」《甘氏贊》曰：「天溷作，杍廁糞丘。」天溷，廁也。

外屏星占二十二

甘氏曰：「外屏七星，在奎西。」外屏，所以障天溷也。《甘氏贊》曰：「屏蔽擁幢，安溷莫睹。」

天庾星占二十三

甘氏曰：「天庾三星，在天倉東南。」屋積曰倉，露積曰庾。《甘氏贊》曰：「天庾積谷，草茂身拊。」

芻槁星占二十四

甘氏曰：「芻槁六星，在天苑西。」郗萌曰：「芻槁，一曰天積；天積，天子之藏府也。」《黄帝占》曰：「天積中星盛，則百庫之藏存；中星無，百庫之藏散出。」郗萌曰：「芻槁星見，芻臺賤，不即芻槁貴。」又曰：「天積中星繁，則歲豐穰，民乃安寧；星希，則貨財散出。」《甘氏贊》曰：「芻槁甸服，納輊總輸。」生草曰芻，禾稈曰槁，故《禹貢》曰：百裏賦納總，二百裏納輊。刈槁曰總，刈穗曰輊，謂甸服入之，以供牛馬之食也。

天園星占二十五

甘氏曰：「天園十三星，在天苑南。」郗萌曰：「天園中小勾曲星明，果熟，苑馬牛物羊皆善。」又曰：「天苑南，牛馬櫪也；其中小星，櫪槽也；不見者，牛馬羊多死傷者。」《甘氏贊》曰：「天園草實，菜茹畜儲。」生曰菜，熟曰蓄，茹儲果薪也。

九州殊口星占二十六

甘氏曰：「九州殊口九星，在天節下。」《黄帝占》曰：「九州殊口，一名勾風；凡九星，在参間，常以十月、十一月候；若一星不具，其國兇；三星已上不具，兵起，天下亂。」巫咸曰：「九州，外官也。」郗萌曰：「九州殊口，主聚議。」《甘氏贊》曰：「九州殊口重譯辭。」九州殊口，能曉方言之官，九州言語不同，要荒蠻夷，重譯乃通也。

天節星占二十七

石氏曰：「天節八星，在畢、附耳南。」甘氏曰：「天節小而明，節使忠直；其不明，若不見，奉使無威敬。」《甘氏贊》曰：「天節奉使，專對無疑。」天節以給使命，靈威德於四海。

九遊星占二十八

甘氏曰：「九遊九星，在玉井西南。」郗萌曰：「九遊，一名苑遊，在參西，九星。」石氏曰：「九遊，一名司曲；一名天旗，主司五星之過。」《元命苞》曰：「九遊，統九州，别邦。」石氏曰：「九遊光芒盛，兵起。」《元命苞》曰：「九遊星明大，則其位多大人；微，則小人臨州。」《甘氏贊》曰：「九遊威旗，色盛兵興。」

軍井星占二十九

甘氏曰：「軍井四星，在屏東南。」《荆州占》曰：「天井如輪曲，與狼星俱主水旱。」《甘氏贊》曰：「軍井給水，師用不竭。」

水府星占三十

甘氏曰：「水府四星，在東井南。」巫咸曰：「水府，水官也。」《甘氏贊》曰：「水府堤防，開道激滿。」

四瀆星占三十一

甘氏曰：「四瀆四星，在東井南，轅東。」四瀆者，江河淮濟之精也。《甘氏贊》曰：「四瀆受輸，滌源註海。」

闕丘星占三十二

甘氏曰：「闕丘二星，在南河南。」《元命苞》曰：「闕丘，主滅除之官；毁疏明恩，以帝五常。」宋均曰：闕丘，主厥墜丘之官也，毁疏過於王，歷則遷之於禮，更立近，明恩情。所在諸星也。《甘氏贊》曰：「闕丘雙塾，外屏罘罳。」闕立門外，象魏也，天子謂之闕，諸侯謂之兩觀，丘高也，塾門西高堂也。天子外屏，罘罳在宫門外，諸侯内屏，罘罳在宫門内，所以别尊卑也。

天狗星占三十三

甘氏曰：「天狗七星，在狼東北。」《元命苞》曰：「天狗主守賊。」郗萌曰：「天狗非其故，天下有大盜。」《甘氏贊》曰：「野狗向吠，雌雄咸嘷。」

丈人星占三十四

石氏曰：「丈人二星，在軍市西南。」

子星占三十五

石氏曰：「子二星，在丈人東。」

孫星占三十六

甘氏曰：「孫二星，在子星東。」《甘氏贊》曰：「丈人杖行，子孫扶持。」

天社星占三十七

甘氏曰：「天社六星，在弧南。」昔共工子曰勾龍，能平水土，其精爲星，故祀以爲社也。郗萌曰：「天公社者，小人天公祠祀，非私所事也；所祠者，公社主也。」《甘氏贊》曰：「老人天社，理落禱祀。」

天紀星占三十八

甘氏曰：「天紀一星，在外廚南。」天紀，主知禽獸年齒，凡所烹宰，不殺孕，不夭幼，以致繁盛，故處外廚之門也。《甘氏贊》曰：「紀別少齒，胎夭不屠。」

外廚星占三十九

甘氏曰：「外廚六星，在柳南。」《甘氏贊》曰：「外廚烹淪，雞羊犬豬。」

天廟星占四十

甘氏曰：「天廟十四星，在張南。」天子之祖廟也。《黄帝占》曰：「天廟星均明，則吉；微細，則兇。」又曰：「星非其故，有兇憂，若白衣之會。」又曰：「有兵，軍食不通。」郗萌曰：「天廟星大，色黄潤，則吉；蒼白爲憂；青黑，憂在宫中。」《荆州占》曰：「天廟星非其故，有廟殘之事，吏不去則死。」《甘氏贊》曰：「天廟祭祀，示民不怠。」

東甌星占四十一

甘氏曰：「東甌五星，在翼南。」東甌，東越也，今永嘉之永寧縣是也。謂東甌星，無主此地也。《甘氏贊》曰：「康居穿骨，越裳東甌。」

器府星占四十二

甘氏曰：「器府三十二星，在軫南。」器府，樂器之府。《甘氏贊》曰：「器府掌故，管弦絲竹。」

巫咸中外官

太尊星占一

巫咸曰：「太尊一星，在中臺北。」《巫咸贊》曰：「太尊一星，職比聖人。」

三公星占二

巫咸曰：「三公在北斗魁第一星西。」《黄帝占》曰：「三公一星去，天下危；一星去，天下亂；三星去，天下不治。」《巫咸贊》曰：「三公星，七政齊同；三公，猶今三公也；和陰陽，齊七政也。」

大理星占三

巫咸曰：「大理二星，在紫宫門左星内；大理者，平獄之官也。」《巫咸贊》曰：「大理奏事，南門左陬。」

女禦星占四

巫咸曰：「女禦四星，在鉤陣星後北，女禦，爲八十一禦妻之象也。」《巫咸贊》曰：「女禦禮儀，威容步趨。」

天相星占五

巫咸曰：「天相三星，在七星大星北。」石氏曰：「天相者，天丞相也，主服彩色文章。」《巫咸贊》曰：「天相爵服，彩色顯光。」

長垣星占六

巫咸曰：「長垣四星，在少微西，南北列。」郗萌曰：「長垣在七星北，南星亦在太微西六七尺。」《合誠圖》曰：「長垣主界域。」《巫咸贊》曰：「長垣四星，在城邑相包。」

虎賁星占七

巫咸曰：「虎賁一星，在下臺南。」虎賁士，以虎皮爲冠，示威猛也。《巫咸贊》曰：「虎賁四騎，室旄頭。」

軍門星占八

巫咸曰：「軍門二星，在青丘西；天子六軍之門也。」《荆州占》曰：「軍門非其故，軍道不通。」《巫咸贊》曰：「軍門營候，虎尾威旗。」

土司空星占九

巫咸曰：「土司空四星，在軍門南。」《合誠圖》曰：「土司空，主土城。」石氏曰：「土司空四星，近青丘；司空，水土司察者；星黄潤，則吉。」《巫咸贊》曰：「土司空，主界域，族神，土糞。」

陽門星占十

巫咸曰：「陽門二星，在庫樓東北。」《巫咸贊》曰：「陽門戍遠，劍戟楯矛。」

頓頑星占十一

巫咸曰：「頓頑二星，在折威東南；頓頑，亦獄官也；所以與折威相近。」《巫咸贊》曰：「頓頑捕制，察伺獄囚。」

從官星占十二

巫咸曰：「從官二星，在房星南。」《巫咸贊》曰：「從官二星，主疾病醫。」

天輻星占十三

巫咸曰：「天輻二星，在房，距西星；天輻，宰乘輿之官也。」《元命苞》曰：「天輻，主言祠事，氣有離合，設禱謝。」宋均曰：「離星相遠也，合星相近。焦延壽曰：「天輻近尾，吉；遠尾，天下有爲害者。」《巫咸贊》曰：「天輻陳駕，被軒鸞旗。」

鍵閉星占十四

巫咸曰：「鍵閉一星，在房東北；鍵閉主鑰，闕門之官。」《天官書》：鈐北一星，牽前。《天文志》曰：常也。《荊州占》曰：「鍵閉星明，則道大昌；不明，則闈亂，宮門不禁，津梁隔絶。」《巫咸贊》曰：「鍵閉司察，心腹口喉。」

罰星占十五

巫咸曰：「罰三星，在東咸西，南北列。」《巫咸贊》曰：「罰星受金，罰贖市租。」

列肆星占十六

巫咸曰：「列肆二星，在天市中斛西北；列肆，列店也。販鬻金玉珠珍，故在市南。」《巫咸贊》曰：「列肆貨販，金玉璣珠。」

車肆星占十七

巫咸曰：「車肆二星，在天市門左星內。」《巫咸贊》曰：「車肆二星，百賈肆區；車肆者，列車服之賈，百品隨類區別也。」

帛度星占十八

帛度二星，在宗星東北。《巫咸贊》曰：「帛度賣習，與平者俱。」

屠肆星占十九

巫咸曰：「屠肆二星，在帛度北。」《巫咸贊》曰：「屠肆烹煞盛饌，賓娛樓星，監市門，食毒夫。」屠宰之肆，以供待賓客相娛樂。

奚仲星占二十

巫咸曰：「奚仲四星，如衡狀，在天津北。」《巫咸贊》曰：「奚仲彌輪，路軨優綺。」奚仲，車正也，軨在軾前，優綺，覆軨者也。

鉤星占二十一

巫咸曰：「鉤九星，如鉤狀，在造父北。」《禮含文嘉》曰：「王者賜命，諸侯皆如其德，則陰陽和，風雨時，其九爲鉤曲直。」宋均曰：天之九星，主珍異，今賜諸侯，亦所以顯異之也；應於主珍之星，故爲之曲，有直者也。《荊州占》曰：「鉤星非其故，地動。」《巫咸贊》曰：「鉤星戒道，傳路宣輿。」

天桴星占二十二

巫咸曰：「天桴四星，在河鼓左旗端，南北列。」《黃帝占》曰：「天桴者，一名奚仲；星在河鼓東，天桴前近，河鼓則鼓用。」又曰：「天桴動，桴鼓用。」巫咸曰：「天桴星明，軍鼓鳴。」《荊州占》曰：「天桴星不明，度數改，漏刻失時。」《巫咸贊》曰：「天桴應度，節漏省時；天桴，鼓槌也。謂應漏刻時節也。」

天籥星占二十三

巫咸曰：「天籥八星，在南斗南杓第二星西。」天籥，宿鑰也。《巫咸贊》曰：「天籥祀記，稽問莫疑。」

天淵星占二十四

巫咸曰：「天淵十星，在鱉東南，九坎間；一名天淵，一名天海，主灌溉之官。」《廣雅》曰：「天淵，轅路寢。」《巫咸贊》曰：「天淵灌溉，盈滿淵區。」

齊星占二十五

齊一星，在九坎東。

趙星占二十六

趙二星，在齊西北。

鄭星占二十七

鄭一星，在趙東北。

越星占二十八

越一星，在鄭西北。

周星占二十九

周二星，在越東北。

秦星占三十

秦二星，在周東南。

代星占三十一

代二星，在秦東南。

晉星占三十二

晉一星，在代西南。

韓星占三十三

韓一星，在晉北。

魏星占三十四

魏一星，在韓，近秦星。

楚星占三十五

楚一星，在魏西南，近鄭星。

燕星占三十六

燕一星，在楚東南，近晉星。巫咸曰：「齊趙諸國，應天列宿，土地九州；其星有變，各爲其國。」

離瑜星占三十七

巫咸曰：「離瑜三星，在代東，南北列。」離，鬟衣也。瑜，玉飾，此婦人服也。《巫咸贊》曰：「離瑜玩飾，並見舅姑。」

天壘城星占三十八

巫咸曰：「天壘城十三星，如貫索狀，在哭泣南。」《巫咸贊》曰：「天壘主北夷，丁零匈奴。」

虛梁星占三十九

巫咸曰：「虛梁四星，在危南。」虛梁，園陵也，非人所處，故曰虛梁也。《巫咸贊》曰：「虛梁宮室，屋室謹禱。」

天錢星占四十

巫咸曰：「天錢十星，在北落西北。」《巫咸贊》曰：「天錢藏府，聚衆談誇。」

天綱星占四十一

巫咸曰：「天綱一星，在北落西南。」天綱，大絚索也；以張帳幔，天子遊犒，野次所須。《巫咸贊》曰：「天綱武帳，宮府置衛。」

鈇鑕星占四十二

巫咸曰：「鈇鑕三星，在八魁西北；一曰鈇鉞。」《元命苞》曰：「鈇鑕，主亂行斬，誅枉詐。」郗萌曰：「星欲不明，明若動，皆爲鈇鑕用。」又曰：「鈇鑕非其故，兵起，鈇鉞用。」《荆州占》曰：「星非其故，兵將有憂。」《巫咸贊》曰：「鈇鑕拒難，斬伐奸謀。」

天廄星占四十三

巫咸曰：「天廄十星，在東壁北，近王良。」《合誠圖》曰：「天廄官，主傳舍。」巫咸曰：「天廄星非其故，有廟戒之事，人主以馬爲憂；否則馬疾。」《巫咸贊》曰：「天廄置驛，逐漏馳騖。天廄主馬，如今驛馬其行，急疾與晷漏競也。」

天陰星占四十四

巫咸曰：「天陰五星，在畢柄西。」《巫咸贊》曰：「天陰羽獵，附耳密謀。」

唐・瞿曇悉達《開元占經》卷一〇六　星圖

二十八宿星座古今同異

東方青龍七宿一

角二星，十二度，夾左角星，去極九十一度，鄭分。舊南星在赤道內一度，今測其南星正押赤道。

亢四星，距西第二星，去極八十度，鄭分。舊南第二星在赤道外，今測在赤道內二度。

氐四星，十五度，距西南星，去極九十四度，宋分。古今同。

房四星，鉤鈐二星，五度，距西南第二星，去極一百八度，宋分。古今同。

心三星，古今同，五度，距前第一星，去極一百八度半，宋分。

尾九星，神宮一星，十八度，距本第二星，去極一百二十四度，燕分。舊去極一百二十度，又三星入河，今去極一百二十四度，有六星入河，又距星傍有一星，舊不載，按古《經贊》云：「神宮一星，在尾第二星傍，主解衣之內室。」既有古贊，今附入其天河，審視天河曲邪、中絶，與舊不同，並依天改正。

箕四星，十一度，距西北星，去極一百二十四度，燕分。舊四星，並在河內，審視天南二星出河，其天河與舊不同，今並依天改正。

北方玄武七宿二

南斗六星，二十六度四分度之一，距魁南第四星，去極一百一十六度，吳分。舊柄第二星在黃道內，又魁二星出河，今測在黃道外，魁四星出河。

牽牛六星，八度，距中央大星，去極一百一十度，吳分。舊南二星入南斗度，一星在牽牛度，今視天三星並在牽牛度，元不入斗。又舊去極一百六度，今測一百一十度。

須女四星，十二度，古今同，去極一百六度，趙分。

虛二星，十度，古今同，距南星，去極一百四度，齊分。

危三星，墳墓四星，古今同，十七度，距西南星，去極九十九度，齊分。

營室二星，離宮六星，十六度，距南星，去極八十五度，衛分。古今同。

東壁二星，九度，距南星，去極八十六度，衛分。古今同。

西方白虎七宿三

奎十六星，距西南大星，去極七十度，魯分。舊去極七十七度，今測七十度，又舊星並均，今視天即有疏有密，大小不等。

婁宿，古今同，三星，十二度，距中央大星，去極八十度，魯分。

昴，古今同，七星，十一度，距西南第一星，去極七十四度，趙分。

畢，古今同，八星，附耳一星，十六度，距左股第一星，去極七十八度，趙分。

觜，古今同，三星，二度，距西南星，去極八十四度，晉魏分。

參，古今同，十星，九度，距中央西星，去極九十四度，晉魏分。

南方朱雀七宿四

東井八星，鉞一星，三十三度，距南轅西頭，去極七十度，秦分。《星經》云：「去極七十度。」其距星，舊在黃道內一度，又八星並在河，今以儀測，在黃道外一度，又北轅二星出河。

輿鬼四星，四度，距西南，去極六十八度，秦分。舊積屍、積兵帛、積金玉等四星正指四方，今積屍等並全出黃道內，又外四星斜指四隅。

柳八星，十五度，距西頭第三星，去極七十七度，周分。舊西南口頭欠一星，東頭尾後加一星，添滿八星。今視天尾後無星，其星本在口邊，今改正。

星七星，七度，距中央大星，去極九十一度，周分。舊去極九十七度，距星合在亦道外六度，舊在赤道內一度，今測去極九十度，星正押赤道。

張宿，古今同，六星，十八度，距前第一星，去極九十七度，周分。

翼二十二星，十八度，距中央西星，去極九十九度，楚分。舊距前第一星，按《經》今距中央西星，今測正距中央西星；又星有遠近、斜曲，小異。

軫四星，長沙一星，轄二星，十七度，距西北星，去極九十八度，楚分。舊距西南星，即與《經》旨乖舛，今測取西北星即得確傳度數，如中央距星，并合赤道外。

唐·瞿曇悉達《開元占經》卷一〇八　石氏中官星座古今同異

庫樓，古今同，十星。五柱，十五星，冲四星，凡二十九星，在角南。

北落師門，古今同，一星，羽林西南。

土司空，舊在奎度，天混東南，視天在東壁度。一星，奎南。

土司空，新《圖》混西南。

南門，古今同，二星，庫樓南。

平星，古今同，二星，庫樓北。

天倉，舊二星在奎度，三星在婁度。今五星在奎度，一星在婁度。六星，在婁南。

騎官，舊三三又列並均，今其星有疏密，有橫堅，亦有斜不均。二十七星，在氐南。

天囷，古今同，十三星，在胃南。

天廩，舊四星並在赤道內，西北東南列。今三星在赤道外，又西南東北列。四星，在昴南。

積卒，古今同，十二星，房心南。

龜星，舊四星入河，一星出河。審視天，唯一星入河，四星出河，又天河曲直，與舊不同。五星，在尾南。

天苑，古今同，十六星，昴畢南。

傳說，古今同，一星，在尾後。

魚星，舊在傳說東南，今測在傳說東北，其天河斷絕曲斜，與舊不同。一星，在尾河中。

杵星，古今同，三星，在箕南。

參旗，古今同，九星，在參西。一名天弓。

玉井，古今同，玉井，四星，在參左足下。

天屏，古今同，二星，玉井南。

鱉星，舊在南斗度，又在斗魁東南。今測在箕度，又在斗魁西，唯東一星入南斗度。十四星，南斗南。

廁星，古今同，四星，在屏東。

天矢，古今同，一星，在廁南。

軍市，舊在廁正東，又星並均圖。今測在東北，其星有相近，亦有疏闊。十三星，參東南。

九坎，舊在斗牛女度，今在斗牛度，不至女宿。九星，牽牛南。

狼星，古今同，一星，參東南。

敗臼，舊在須女危度，今測唯在虛度。四星，虛危南。

弧星，舊全座並在河外，今測東頭一星入河，並疏密、大小不依象。九星，東南。

壘壁陳，東頭第一星入東壁度，又西頭五星入危度。今測不入東壁度，又西頭六星入危度。其羽林，舊八星，絡東壁距道，入壁度。三三又對，南北分爲五行，西一星入危度。審視，不絡東壁度，西九星入危度，南北只有四行，亦有不相入者。羽林四十五星，壘壁十二星，凡五十七星，室壁南。

老人，古今同，一星，在弧南。

稷星，古今同，五星，七星南。

唐・瞿曇悉達《開元占經》卷一一〇　二十八宿

甘氏外官一

青丘，古今同，七星，在軫東南。

折威，古今同，七星，在亢南。

陣車，古今同，三星，在氐南。

騎陣將軍，古今同，一星，騎官中東端。

糠星，古今同，一星，箕舌前。

車騎，古今同，三星，騎官南。

農丈人，舊在狗星西南，今在狗星西。一星，南斗西南。

狗星，古今同，二星，南斗魁前。

狗國，古今同，四星，建星東南。

天田，古今同，九星，牽牛南。

哭星，古今同，三星，在虛南。

泣星，古今同，二星，在哭東。

蓋屋，二星，在危南。

八魁，舊三星在營室度，六星在危度，今並在營室度。九星。北落東南。

雷電，古今同，營室西南。

雲雨，古今同，四星，霹靂西南。

霹靂，古今同，五星，土公西南。

土公，古今同，二星，東壁南。

土公吏，古今同，二星，營室西南。

鈇鑕，古今同，五星，天蒼西南。

天溷，古今同，七星，外屏南。

外屏，古今同，七星，在奎南。

天庾，古今同，三星，天倉東南。

芻槁，古今同，六星，天苑西。

天園，古今同，十三星，天苑南。

九州殊口，古今同，九星，天節下。

天節，古今同，八星，畢、附耳下星南。

九遊，古今同，玉井西南。

軍井，《經》云玉井東南，舊在屏南，今在屏東。四星。

水府，舊在東井南河外，今在河內。四星，東井南。

四瀆，一星入河，三星出河，今三星入河，一星出河。四星，東井南轅東。

闕丘，舊在南河東南赤道外，今在南河南赤道內。二星，南河南。

天狗，古今同，七星，狼東北。

三坐，舊並在西北斜列，今並在東北斜列。

丈人，二星，軍井西南。

子，二星，丈人東。

孫，二星，在子東。

天社，古今同，六星，在弧南。

天記，古今同，一星，外廚南。

外廚，舊近河，又東西俠，今去河遠，臨赤道，又東南濶。六星，柳南。

天廟，舊並引行正直，今有曲直。十四星，在張南。

東甌，古今同，五星，在翼南。

巫咸中官二

大尊，舊在中臺西，子規外。今在中臺北，子規內。一星，中臺北。

三師，古今同，三星，北斗魁第一星西。

大理，古今同，二星，紫微宮門老星內。

禦女，古今同，四星，鉤陳後北。

天相，古今同，三星，七星大星北。

長垣，舊在黃道外有二星，今並在黃道內。四星，少微西，南北列。

虎賁，古今同，一星，下臺南。

軍門，土司空二座，舊並在軫星南，今在軫星西南，近翼。軍門二星，青邱西。土司空四星，軍門南。

陽門，古今同，二星，庫樓東北。

頓頑，古今同，二星，折威東南。

從官，古今同，二星，房星南。

天輻，古今同，二星，房距星西。

鍵閉，古今同，一星，房東北。

罰星，古今同，三星，東咸北列。

列肆，古今同，二星，天市中，斛西北。

東肆，古今同，二星，天市門左星內。

帛度，古今同，二星，宗星東北。

屠肆，古今同，二星，帛度北。

奚仲，舊三星在虛度，一星入女度，其星在子規外竪立。今三星在牽牛度，一星在南斗度，泊子規，東南、西北斜列。四星如衡狀，天津北。

鉤星，古今同，九星如鉤狀，造父北。

天桴，舊在赤道外，今在赤道內，四星，河鼓左旗端，南北列。

天籥，古今同，八星，南斗柄第二星西。

天淵，古今同，十星，在鱉東南，九坎間。一名三泉。

齊，一星，九坎東，冲星東北。

趙，二星，在齊西北。

鄭，一星，在趙東北。

越，一星，在鄭西北。

周，二星，在趙東北。

秦，二星，在周東。

代，二星，在周東南。

晉，一星，在周西南。

韓，一星，在晉北。

魏，一星，在韓北，近秦星。

楚，一星，在魏西南，近鄭星。

燕，一星，在楚東南，近晉星。

秦趙等十二星座，舊《圖》並須女度，今齊、鄭、趙、越、周等五座在須女度，又列位不同。

璃瑜，古今同，三星，在代東南北外。

天壘城，古今同，十三星，如貫索狀，哭泣西。

虛梁，古今同，星，在危南。

天錢，古今同，十星，在北落東北。

天綱，古今同，一星，在北落西南。

斧鉞，古今同，三星，在八魁西北。

東廄，舊絡東壁距道，又在河外，今測絡奎距道仍北，三星入河，不絡東壁距道。

十星，東壁北，近主良。

天陰，舊騎赤道，今測近黃道，五車、畢柄西。

後晉·劉昫等《舊唐書》卷三五《天文志上》 游儀初成，太史所測二十八宿等與《經》同異狀：

角二星，十二度；赤道黃道度與古同。舊《經》去極九十一度，今則九十三度半。《星經》云：「角去極九十一度，距星正當赤道，其黃道在赤道南，不經角中。」今測角在赤道南二度半，黃道復經角中，即與天象符合。

亢四星，九度。舊去極八十九度，今九十一度半。

氐四星，十六度。舊去極九十四度，今九十八度。

房四星，五度。舊去極一百八度，今一百一十度半。

心三星，五度。舊去極一百八度，今一百一十一度。

尾九星，十八度。舊去極一百二十度，一云一百四十一度，今一百二十四度。

箕四星，十一度。舊去極一百一十八度，今一百二十度。

南斗六星，二十六度。舊去極一百一十六度，今一百一十九度。

牽牛六星，八度。舊去極一百六度，今一百四度。

須女四星，十二度。舊去極一百度，今一百一度。

虛二星，十度。舊去極一百四度，今一百一度。北星舊圖入虛宿，今測在須女九度。

危三星，十七度。舊去極九十七度，今九十七度。北星舊圖入危宿，今測在虛六度半。

室二星，十六度。舊去極八十五度，今八十三度。

東壁二星，九度。舊去極八十六度，今八十四度。

奎十六星，十六度。舊去極七十六度，一云七十度，今七十三度。東壁九度，奎十六度，此錯以奎西大星爲距，即損壁二度，加奎二度，今取西南大星爲距，即奎、壁各不失本度。

婁三星，十三度。舊去極八十度，今七十七度。

胃三星，十四度。

昴七星，十一度。舊去極七十四度，今七十二度。

畢八星，十七度。舊去極七十八度，今七十六度。

觜觿三度，舊去極八十四度，今八十二度。畢赤道與黄道度同。觜赤道二度，黄道三度。其二宿俱當黄道斜虛。畢有十六度，尚與赤道度同。觜總二度，黄道損加一度，此即承前有誤。今測畢有十七度半，觜觿半度，並依天正。

參十星，舊去極九十四度，今九十二度。

東井八星，三十三度。舊去極七十度，今六十八度。

輿鬼五星，舊去極六十八度，今古同也。

柳八星，十五度。舊去極七十七度，一云七十九度，今八十度半。柳，合用西頭第三星爲距，比來錯取第四星，今依第三星爲正。

七星十度，舊去極九十一度，一云九十三度，今九十三度半。

張六星，十八度。舊去極九十七度，今一百度。張六星，中央四星爲朱鳥嗉，外二星爲翼。比來不取膺前爲距，錯取翼星，即張加二度半，七星欠二度半。今依本《經》爲定。

翼二十二星，十八度。舊去極九十七度，今一百三度。

軫四星，十七度。舊去極九十八度，今一百度。

文昌，舊二星在鬼，四星在井；今四星在柳，一星在鬼，一星在井。

北斗，魁第一星舊在七星一度，今在張十三度。第二星舊在張二度，今在張十二度半。第三星舊在翼二度，今在翼十三度。第四星舊在翼八度，今在翼十七度太。第五星舊在軫八度，今在軫十度半。第六星舊在角七度，今在角四度少。第七星舊在亢四度，今在角十二度少。

天關，舊在黄道南四度，今當黄道。

天江，舊在黄道外，今當黄道。

天囷，舊在亦道外，今當赤道。

三台：上台舊在井，今測在柳；中台舊在七星，今在張。

建星，舊去黄道北半度，今四度半。

天苑，舊在昴、畢，今在胃、昴。

王良，舊五星在壁，今四星在奎，一星在壁外。

屏，舊在觜，今在畢宿。

雲雨，舊在黄道外，今在黄道内七度。

雷電，舊在赤道外五度，今在赤道内二度。

霹靂，舊五星並在赤道外四度，今四星在赤道内，一星在外。

土公吏，舊在赤道外，今在赤道内六度。

虛梁，舊在黄道内四度。

外屏，舊在黄道外三度，今當黄道。

八魁，舊九星並在室，今五星在壁，四星在室。

長垣，舊當黄道，今在黄道北五度。

軍井，準《經》在玉井東南二度半。

天桴，舊在黄道北，今當黄道。

天高，舊在黄道外，今當黄道。

狗國，舊在黄道外，今當黄道。

羅堰，舊當黄道，今在黄道北。

又 測影使者大相元太云：「交州望極，纔出地二十餘度。以八月自海中南望老人星殊高。老人星下，環星燦然，其明大者甚衆，圖所不載，莫辨其名。大率去南極二十度以上，其星皆見。乃古渾天家以爲常没地中，伏而不見之所也。」

又 天文之爲十二次，所以辨析天體，紀綱辰象，上以考七曜之宿度，下以配萬方之分野，仰觀變謫，而驗之於郡國也。《傳》曰：「歲在星紀，而淫于玄枵。」「姜氏、任氏，實守其地。」及七國交争，善星者有甘德、石申，更配十二分野，故有周、秦、齊、楚、韓、趙、燕、魏、宋、衛、魯、鄭、吴、越等國。張衡、蔡邕，又以漢郡配焉。自此因循，但守其舊文，無所變革。且懸象在上，終天不易，而郡國沿革，名稱屢遷，遂令後學難爲憑準。貞觀中，李淳風撰《法象志》，始以唐之州縣配焉。至開元初，沙門一行又增損其書，更爲詳密。既事包今古，與舊有異同，頗裨後學，故録其文著于篇。并配武德以來交蝕淺深及注蝕不虧，以紀日月之變云爾。

須女、虛、危，玄枵之次。子初起女五度，二千三百七十四分，秒四少。中虛九度，終危十二度。其分野：自濟北郡東踰濟水，涉平陰至于山茌，漢太山郡山茌縣，屬齊州西南之界。東南及高密，漢高密國，今在密州北界。自此以上，玄枵之分。東盡東萊之地，漢之東萊郡及膠東國，今爲萊州、登州也。又得漢之北海、千乘、淄川、濟南齊郡，今爲淄、青、齊等州，及濟州東界。及平原、渤海，盡九河故道之南，濱于碣石。今爲德州、棣州，滄州其北界。自九河故道之北，屬析木分也。

營室、東壁，陬訾之次。亥初起危十三度，二千九百二十六分太。中室十二度，五百五十分，秒二十一半。終奎一度。其分野：自王屋、太行而東，盡漢河內之地，今爲懷州、洛、衛州之西境。北負漳、鄴，東及館陶、聊城，漢地自黎陽、內黄及鄴、魏、武安，東至館陶、元城，皆屬魏郡；自頓邱、三城、武陽，東至聊城，皆屬東郡。今爲相、魏、衛州。東盡漢東郡之地，漢東郡、清河，西南至白馬、濮陽，東至東河、須昌，濱濟，至于鄆城。今爲滑州、濮州、鄆州。其須昌、濟東之地，屬降婁，非豕韋也。

奎、婁及胃，降婁之次。戌初起奎二度，一千二百一十七分，秒十七少。中婁一度，一千八百八十三。終胃三度。其分野：南屆鉅野，東達梁父，以負東海。又東至于呂梁，乃東南抵淮水，而東盡于徐夷之地。東爲降婁之次。得漢東平、魯國。漢東平國在任城、平陸，今在兗州。奎爲大澤，在陬訾之下流，濱于淮、泗，東北負山，爲婁、胃之墟。蓋中國膏腴之地，百穀之所阜也。胃星得馬牧之氣，與冀之北土同占。

昴、畢，大梁之次。酉初起胃四度，二千五百四十九分，秒八太。中昴六度；一百七十四分半。終畢九度。其分野：自魏郡濁漳之北，得漢之趙國、廣平、鉅鹿、常山，東及清河、信都，北據中山、真定。今爲洛、趙、邢、恒、定、冀、貝、深八州。又分相、魏、博之北界，與瀛州之西，全趙之分。又北盡漢代郡、鴈門、雲中、定襄之地，與北方羣狄之國，皆大梁分也。

觜觿、參伐，實沈之次也。申初起畢十度，八百四十一分，十五太。中參七度，一千五百二十六，終井十一度。其分野：得漢河東郡，今爲蒲、絳、晉州，又得澤州及慈州界也。及上黨，今爲澤、潞、儀、沁也。太原，今爲并、汾州。盡西河之地。今爲隰州、石州、嵐州，西涉河，得銀州以北也。又西河戎狄之國，皆實沈分也。今河東郡永樂、芮城、河北縣及河曲豐、勝、夏州，皆爲實沈之次，東井之分也。參伐爲戎索，爲武政，故殷河東，盡大夏之墟。上黨次居下流，與趙、魏相接，爲觜觿之分。

東井、輿鬼，鶉首之次也。未初起井十二度，二千一百七十二秒，十五太。中井二十七度，二千八百二十八分，秒一半。終柳六度。其分野：自漢之三輔及北地、上郡、安定，西自隴坻至河西，西南盡巴、蜀、漢中之地，及西南夷犍爲、越巂、益州郡，極南河之表，東至牂柯，皆鶉首分也。鶉首之分，得《禹貢》雍、梁二州，其郡縣易知，故不詳載。狼星分野在江、河上源之西，弧矢、犬、雞，皆徼外之象。今之西羌、吐蕃、蕃渾，及西南徼外夷，皆狼星之象。

柳、星、張，鶉火之次。午初起柳七度，四百六十四，秒七少。中七星七度，一千一百三。終張十四度。其分野：北自滎澤、滎陽，並京、索，暨山南，得新鄭、密縣，至於方陽。方陽之南得漢之潁川郡陽翟、崇高、郟城、襄城，南盡鄴縣。今爲鄧、汝、唐、仙四州界。又漢南陽郡，北自宛、葉，南盡漢東申、隨之地，大抵以淮源桐柏、東陽爲限。今之唐州、隨州屬鶉火，申州屬壽星。又自洛邑負河之南，西及函谷南紀，達武當漢水之陰，盡弘農郡。漢弘農盧氏、陝縣，今爲虢、陝二州。上洛、商洛爲商州。丹水爲均州。宜陽、沔池、新安、陸渾，今屬洛州。古成周、虢、鄭、管、鄶、東虢、密、滑、焦、唐、申、鄧，皆鶉火分也，及祝融氏之都。新鄭爲祝融氏之墟，屬鶉火。其東鄙則入壽星。舊説皆在函谷，非也。柳、星、輿鬼之東，又接漢源，故殷商、洛之陽，接南河之上流。七星上係軒轅，得土行之正位，中岳象也，故爲河南之分。張星直河南漢東，與鶉尾同占。

翼、軫，鶉尾之次。巳初起張十五度，一千七百九十五，秒二十二少。中翼十二度，二千四百六十一，秒八半。終軫九度。其分野：自房陵、白帝而東，盡漢之南郡、南郡：巫縣，今在夔州。秭歸在西，夷陵在峽州。襄、夔、郢、申在襄、郢界，餘爲荊州。江夏，江夏。竟陵今爲復州，安、鄂、蘄、沔、黄五州，皆漢江夏界。東達廬江南郡。漢廬江之尋陽，今在江州，於山河之像，宜屬鶉尾也。濱彭蠡之西，得漢長沙、武陵、桂陽、零陵郡。零陵今爲道州、永州。桂陽今爲郴州。大抵自沅、湘上流，西通黔安之左，皆楚之分也。又逾南紀，盡鬱林、合浦之地。鬱林縣今在貴州。定林縣今在廉州。合浦縣今爲桂州。今自富、昭、蒙、龔、繡、容、白、罕八州以西，皆屬鶉尾之墟也。荊、楚、鄖、鄀、羅、權、巴、夔與南方蠻貊，殷河南之南。其中一星主長沙國，逾嶺徼而南，皆甌東、青丘之分。今安南諸州，在雲漢上源之東，宜屬鶉火。

角、亢，壽星之次。辰初起軫十度，八十七，秒十四半。中角八度，七百五十，秒三十。終氐一度。其分野：自原武、管城，濱河、濟之南，東至封邱、陳留，盡陳、蔡、汝南之地，逾淮源至于弋陽。漢陳留郡，自封邱、陳留已東，皆入大火之分。漢汝南，今爲豫州。西華、南頓、項城縣今爲陳州。汝陰縣今在潁州。弋陽縣在光州。西涉南陽郡，至于桐柏，又東北抵嵩之東陽。漢南陽郡春陵、湖陽、蔡陽，後分爲春陵郡，後魏以爲南荆州，今有舊義陽郡，在中國之東界，今爲申州。按中國地絡，在南北河之間，故申、隨、光三州，皆屬《禹貢》豫州之分，宜屬鶉火、壽星。非南方負海之地。古陳、蔡、隨、許，皆屬壽星分也。氐星涉壽星之次，故其分野殷雒邑衆山之東，與亳土相接。

氐、房、心，大火之次也。卯初起氐二度，一千四百一十九分，秒五太。中房二度，二千八百五分，秒一半。終尾六度。其分野：得漢之陳留縣，自雍丘、襄邑、小而東，循濟陰，界于齊、魯，右泗水，達於吕梁，乃東南抵淮，西南接太昊之墟，盡濟陰、山陽、楚國、豐、沛之地。齊陰郡之定陶、寃句、乘氏，今在東郡。大抵曹、宋、徐、亳及鄆州西界，皆屬大火分。自商、亳以負北河，陽氣之所升也，爲心分。自豐、沛以負南河，陽氣之所布也，爲房分。故其下流皆與尾星同占，西接陳、鄭，爲氐星之分。

尾、箕，析木之次也。寅初起尾七度，二千七百五十分，秒二十一少。中箕星五度，三百七十分，秒六十七。終斗八度。其分野：自渤海九河之北，盡河間、涿郡、廣陽國，漢渤海郡浮陽，今爲清池縣，屬滄州。涿郡之饒陽，今屬瀛州。涿縣、良鄉與廣陽國薊縣，今在幽州。及上谷、漁陽、右北平、遼東、樂浪、玄菟，漁陽在幽州。右北平在白狼無終縣，隋代爲漁陽郡，古孤竹國，後置北平郡，今爲平州。遼東在無慮縣，即《周禮》醫無閭山。樂浪在朝鮮縣，玄菟在高句驪縣，今皆在東夷也。古之北燕、孤竹、無終及東方九夷之國，皆析木之分也，尾得雲漢之末流，北紀之所窮也。箕與南斗相近，故其分野在吴、越之東。

南斗、牽牛，星紀之次也。丑初起斗九度，一千四十二十分，秒二太。中斗二十四度，一千一百分，秒八半。終女四度。其分野：自廬江、九江，負淮水之南，盡臨淮、廣陵，至于東海，廬、壽、和、濠、揚，皆屬星紀也。又逾南河，得漢丹陽、會稽、豫章郡，西濱彭蠡，南涉越州，盡蒼梧、南海。又逾嶺表，自韶、廣、封、梧、藤、羅、雷州，南及珠崖自北以東爲星紀，其西皆屬鶉尾之次。古吴、越及東南百越之國，皆星紀分也。南斗在雲漢之下流，當淮、海之間，爲吴分。牽牛去南河寖遠，故其分野自豫章東達會稽，南逾嶺徼，爲越分。島夷蠻貊之人，聲教之所不洎，皆係于狗國。李淳風刊定《隋志》，郡國頗爲詳悉，所注郡邑多依用。其後州縣又隸管屬不同，但據山河以分耳。

宋·歐陽修、宋祁《新唐書》卷三一《天文志一》 其所測宿度與古異者：舊經，角距星去極九十一度，亢八十九度，氐九十四度，房百八度，心百八度，尾百二十度，箕百一十八度，南斗百一十六度，牽牛百六度，須女百度，虚百四度，危九十七度，營室八十五度，東壁八十六度，奎七十六度，婁八十度，胃、昴七十四度，畢七十八度，觜觿八十四度，參九十四度，東井七十度，輿鬼六十八度，柳七十七度，七星九十一度，張九十七度，翼九十七度，軫九十八度。今測，角九十三度半，亢九十一度半，氐九十八度，房百一十度半，心百一十度，尾百二十四度，箕百二十度，南斗百一十九度，牽牛百四度，須女百一度，虚百一度，危九十七度，營室八十三度，東壁八十四度，奎七十三度，婁七十七度，胃、昴七十二度，畢七十六度，觜觿八十二度，參九十三度，東井六十八度，輿鬼六十八度，柳八十度半，七星九十三度半，張百度，翼百三度，軫百度。

又舊經，角距星正當赤道，黄道在其南；今測，角在赤道南二度半，則黄道復經角中，與天象合。虚北星舊圖入虚，今測在須女九度。危北星舊圖入危，今測在虚六度半。又奎誤距以西大星，故壁損二度，奎增二度；今復距西南大星，即奎、壁各得本度。畢，赤道十六度，黄道亦十六度。觜觿，赤道二度，黄道三度。二宿俱當黄道斜虚，畢尚與赤道度同，觜觿總二度，黄道損加一度，蓋其誤也。今測畢十七度半，觜觿半度。又柳誤距以第四星，今復用第三星。張中央四星爲朱鳥嗉，外二星爲翼，比距以翼而不距以膺，故張增二度半，七星減二度半；今復以膺爲距，則七星、張各得本度。

其他星：舊經，文昌二星在輿鬼，四星在東井。北斗樞在七星一度，琁在張二度，機在翼二度，權在翼八度，衡在軫八度，開陽在角七度，杓在亢四度。天關在黄道南四度，天尊、天棓在黄道北，天江、天高、狗國、外屏、雲雨、虚樑在黄道外，天囷、土公吏在赤道外，上台在東井，中台在七星，建星在黄道北半度，天苑在昴、畢，王良在壁，外屏在觜觿，雷電在赤道外五度，霹靂在赤道外四度，八魁在營室，長垣、羅堰當黄道。今測，文昌四星在柳，一星在輿鬼，一星在東井。北斗樞在張十三度，琁在張十二度半，機在翼十三度，權在翼十七度太，衡在軫十度半，開陽在角四度少，杓在角十二度少。天關、天尊、天棓、天江、天高、狗國、外屏，皆當黄道。雲雨在黄道内七度，虚樑在黄道内四度，天囷當赤道，土公吏在赤道内六度，上台在柳，中台在張，建星在黄道北四度半，天苑在胃、昴，王良四星在奎，一星在壁，外屏在畢，雷電在赤道内二度，霹靂四星在赤道内，一星在外，八魁五星在壁，四星在營室，長垣在黄道北五度，羅堰在黄道北。

黄道，春分與赤道交於奎五度太；秋分交於軫十四度少；冬至在斗十度，去赤道南二十四度；夏至在井十三度少，去赤道北二十四度。其赤道帶天之中，以分列宿之度。黄道斜運，以明日月之行。乃立八節、九限，校二道差數，著之曆經。

又 於《易》，五月一陰生，而雲漢潛萌于天稷之下，進及井、鉞間，得坤維之氣，陰始達於地上，而雲漢上升，始交於列宿，七緯之氣通矣。東井據百川上流，故鶉首爲秦、蜀墟，得兩戎山河之首。雲漢達坤維右而漸升，始居列宿上，觜觿、參、伐皆直天闕表而在河陰，故實沈下流得大梁，距河稍遠，涉陰亦深。故其分野，自漳濱却負恒山，居北紀衆山之東南，外接髦頭地，皆河外陰國也。十月陰氣進踰乾維，始上達于天，雲漢至營室、東壁間，升氣悉究，與内規相接。故自南正達於西正，得雲漢升氣，爲山河上流；自北正達于東正，得雲漢降氣，爲山河下流。陬訾在雲漢升降中，居水行正位，故其分野當中州河、濟間。且王良、閣道由紫垣絶漢抵營室，上帝離宫也，内接成周、河内，皆豕韋分。十一月一陽生，而雲漢漸降，退及艮維，始下接于地，至斗、建間，復與列舍氣通，於《易》，天地始交，泰象也。踰析木津，陰氣益降，進及大辰，升陽之氣究，而雲漢沈潛於東正之中，故《易》雷出地曰豫，龍出泉爲解，皆房、心象也。星紀得雲漢下流，百川歸焉，析木爲雲漢末派，山河極焉。故其分野，自南河下流，窮南紀之曲，東南負海，爲星紀；自北河末派，窮北紀之曲，東北負海，爲析木。負海者，以其雲漢之陰也。唯陬訾内接紫宫，在王畿河、濟間。降婁、玄枵與山河首尾相遠，隣顓頊之墟，故爲中州負海之國也。其地當南河之北、北河之南，界以岱宗，至于東海。自鶉首踰河，戒東曰鶉火，得重離正位，軒轅之祇在焉。其分野，自河、華之交，東接祝融之墟，北負河，南及漢，蓋寒燠之所均也。自析木紀天漢而南，曰大火，得明堂升氣，天市之都在焉。其分野，自鉅野岱宗，西至陳留，北負河、濟，南及淮，皆和氣之所布也。陽氣自明堂漸升，達于龍角，曰壽星。龍角謂之天關，於《易》，氣以陽決陰，夬象也。升陽進踰天關，得純乾之位，故鶉尾直建巳之月，内列太微，爲天廷。其分野，自南河以負海，亦純陽地也。壽星在天關内，故其分野，在商、亳西南，淮水之陰，北連太室之東，自陽城際之，亦巽維地也。

夫雲漢自坤抵艮爲地紀，北斗自乾攜巽爲天綱，其分野與帝車相直，皆五帝墟也。究咸池之政而在乾維内者，降婁也，故爲少昊之墟。葉北宫之政而在乾維外者，陬訾也，故爲顓頊之墟。成攝提之政而在巽維内者，壽星也，故爲太昊之墟。布太微之政，而在巽維外者，鶉尾也，故爲列山氏之墟。得四海中承太階之政者，軒轅也，故爲有熊氏之墟。木、金得天地之微氣，其神治於季月；水、火得天地之章氣，其神治於孟月。故章道存乎至，微道存乎終，皆陰陽變化之際也。若微者沈潛而不及，章者高明而過亢，皆非上帝之居也。

斗杓謂之外廷，陽精之所布也。斗魁謂之會府，陽精之所復也。杓以治外，故鶉尾爲南方負海之國。魁以治内，故陬訾爲中州四戰之國。其餘列舍，在雲漢之陰者八，爲負海之國。在雲漢之陽者四，爲四戰之國。降婁、玄枵以負東海，其神主於岱宗，歲星位焉。星紀、鶉尾以負南海，其神主於衡山，熒惑位焉。鶉首、實沈以負西海，其神主於華山，太白位焉。大梁、析木以負北海，其神主於恒山，辰星位焉。鶉火、大火、壽星、豕韋爲中州，其神主於嵩丘，鎮星位焉。

近代諸儒言星土者，或以州，或以國。虞、夏、秦、漢，郡國廢置不同。周之興也，王畿千里。及其衰也，僅得河南七縣。今又天下一統，而直以鶉火爲周分，則疆埸舛矣。七國之初，天下地形雌韓而雄魏，魏地西距高陵，盡河東、河内，北固漳、鄴，東分梁、宋，至於汝南，韓據全鄭之地，南盡潁川、南陽，西達虢略，距函谷，固宜陽，北連上地，皆綿亘數州，相錯如繡。考雲漢山河之象，多者或至十餘宿。其後魏徙大梁，則西河合於東井；秦拔宜陽，而上黨入於輿鬼。方戰國未滅時，星家之言，屢有明效。今則同在畿甸之中矣。而或者猶據《漢書地理志》推之，是守甘、石遺術，而不知變通之數也。

又古之辰次與節氣相係，各據當時曆數，與歲差遷徙不同。今更以七宿之中分四象中位，自上元之首，以度數紀之，而著其分野，其州縣雖改隸不同，但據山河以分爾。

須女、虛、危，玄枵也。初，須女五度，餘二千三百七十四，秒四少。中，虛九度。終，危十二度。其分野，自濟北東踰濟水，涉平陰，至于山茌，循岱嶽衆山之陰，東南及高密，又東盡萊夷之地，得漢北海、千乘、淄川、濟南、齊郡及平原、渤海、九河故道之南，濱于碣石。古齊，紀、祝、淳于、萊、譚、寒及斟尋、有過、有鬲、蒲姑氏之國，其地得陬訾之下流，自濟東達于河外，故其象著爲天津，絶雲漢之陽。凡司人之星與羣臣之録，皆主虛、危，故岱宗爲十二諸侯受命府。又下流得婺女，當九河末派，比于星紀，與吴、越同占。

營室、東壁，陬訾也。初，危十三度，餘二千九百二十六，秒一太。中，營室十二度。終，奎一度。自王屋、太行而東，得漢河内，至北紀之東隅，北負漳、鄴，東及館陶、聊城。又自河、濟之交，涉滎波，濱濟水而東，得東郡之地，古邶、鄘、衛、凡、胙、邗、雍、共、微、觀、南燕、昆吾、豕韋之國。自閣道、王良至東壁，在豕韋，爲上流。當河內及漳、鄴之南，得山河之會，爲離宮。又循河、濟而東接玄枵爲營室之分。

奎、婁，降婁也。初，奎二度，餘千二百一十七，秒十七少。中，婁一度。終，胃三度。自蛇丘、肥成，南屆鉅野，東達梁父，循岱嶽衆山之陽，以負東海。又濱泗水，經方與、沛、留、彭城，東至于呂梁，乃東南抵淮，並淮水而東，盡徐夷之地，得漢東平、魯國、琅邪、東海、泗水、城陽，古魯、薛、邾、莒、小邾、徐、郯、鄫、鄅、邳、邿、任、宿、須句、顓臾、牟、遂、鑄夷、介、根牟及大庭氏之國。奎爲大澤，在陬訾下流，當鉅野之東陽，至于淮、泗。婁、胃之墟，東北負山，蓋中國膏腴地，百穀之所阜也。胃得馬牧之氣，與冀之北土同占。

胃、昴、畢，大梁也。初，胃四度，餘二千五百四十九，秒八太。中，昴六度。終，畢九度。自魏郡濁漳之北，得漢趙國、廣平、鉅鹿、常山，東及清河、信都，北據中山、真定，全趙之分。又北逾衆山，盡代郡、鴈門、雲中、定襄之地與北方羣狄之國。北紀之東陽，表裏山河，以蕃屏中國，爲畢分。循北河之表，西盡塞垣，皆髦頭故地，爲昴分。冀之北土，馬牧之所蕃庶，故天苑之象存焉。

觜觿、參、伐，實沈也。初，畢十度，餘八百四十一，秒四之一。中，參七度。終，東井十一度。自漢之河東及上黨、太原，盡西河之地，古晉、魏、虞、唐、耿、楊、霍、冀、黎、郇與西河戎狄之國。西河之濱，所以設險限秦、晉，故其地上應天闕。其南曲之陰，在晉地，衆山之陽；南曲之陽，在秦地，衆山之陰。陰陽之氣并，故與東井通。河東永樂、芮城、河北縣及河曲豐、勝、夏州，皆東井之分。參、伐爲戎索，爲武政，當河東，盡大夏之墟。上黨次居下流，與趙、魏接，爲觜觿之分。

東井、輿鬼，鶉首也。初，東井十二度，餘二千一百七十二，秒十五太。中，東井二十七度。終，柳六度。自漢三輔及北地、上郡、安定，西自隴坻至河右，西南盡巴、蜀、漢中之地，及西南夷犍爲、越巂、益州郡，極南河之表，東至牂柯，古秦、樑、豳、芮、豐、畢、駘杠、有扈、密須、庸、蜀、羌、髳之國。東井居兩河之陰，自山河上流，當地絡之西北。輿鬼居兩河之陽，自漢中東盡華陽，與鶉火相接，當地絡之東南。鶉首之外，雲漢潛流而未達，故狼星在江、河上源之西，弧矢、犬、雞皆徼外之備也。西羌、吐蕃、吐谷渾及西南徼外夷人，皆占狼星。

柳、七星、張，鶉火也。初，柳七度，餘四百六十四，秒七少。中，七星七度。終，張十四度。北自滎澤、滎陽，並京、索，暨山南，得新鄭、密縣，至外方東隅，斜至方城，抵桐柏，北自宛、葉，南暨漢東，盡漢南陽之地。又自雒邑負北河之南，西及函谷，逾南紀，達武當、漢水之陰，盡弘農郡，以淮源、桐柏、東陽爲限，而申州屬壽星，古成周、虢、鄭、管、鄶、東虢、密、滑、焦、唐、隨、申、鄧及祝融氏之都。新鄭爲軒轅、祝融之墟，其東鄙則入壽星。柳，在輿鬼東，又接漢源，當商、洛之陽，接南河上流。七星係軒轅，得土行正位，中岳象也，河南之分。張，直南陽、漢東，與鶉尾同占。

翼、軫，鶉尾也。初，張十五度，餘千七百九十五，秒二十二太。中，翼十二度。終，軫九度。自房陵、白帝而東，盡漢之南郡、江夏，東達廬江南部，濱彭蠡之西，得長沙、武陵，又逾南紀，盡鬱林、合浦之地，自沅、湘上流，西達黔安之左，皆全楚之分。自富、昭、象、龔、繡、容、白、廉州已西，亦鶉尾之墟。古荆、楚、鄖、鄀、羅、權、巴、夔與南方蠻貊之國。翼與咮張同象，當南河之北，軫在天關之外，當南河之南，其中一星主長沙，逾嶺徼而南，爲東甌、青丘之分。安南諸州在雲漢上源之東陽，宜屬鶉火。而柳、七星、張皆當中州，不得連負海之地，故麗于鶉尾。

角、亢，壽星也。初，軫十度，餘八十七，秒十四少。中，角八度。終，氐一度。自原武、管城，濱河、濟之南，東至封丘、陳留，盡陳、蔡、汝南之地，逾淮源至于弋陽，西涉南陽郡至于桐柏，又東北抵嵩之東陽，中國地絡在南北河之間，首自西傾，極于陪尾，故隨、申、光皆豫州之分，宜屬鶉火，古陳、蔡、許、息、江、黃、道、柏、沈、賴、蓼、須頓、胡、防、弦、厲之國。氐涉壽星，當洛邑衆山之東，與亳土相接，次南直潁水之間，曰太昊之墟，爲亢分。又南涉淮，氣連鶉尾，在成周之東陽，爲角分。

氐、房、心，大火也。初，氐二度，餘千四百一十九，秒五太。中，房二度。終，尾六度。自雍丘、襄邑、小黄而東，循濟陰，界于齊、魯，右泗水，達于呂梁，乃東南接太昊之墟，盡漢濟陰、山陽、楚國、豐、沛之地，古宋、曹、郕、滕、茅、郜、蕭、葛、向城、偪陽、申父之國。商、亳負北河，陽氣之所升也，爲心分。豐、沛負南河，陽氣之所布也，爲房分。其下流與尾同占，西接陳、鄭爲氐分。

尾、箕，析木津也。初，尾七度，餘二千七百五十，秒二十一少。中，箕五度。終，南斗八度。自渤海、九河之北，得漢河間、涿郡、廣陽及上谷、漁陽、右北平、遼西、遼東、樂浪、玄菟，古北燕、孤竹、無終、九夷之國。尾得雲漢之末派，龜、魚麗焉，當九河之下流，濱于渤碣，皆北紀之所窮也。箕與南斗相近，爲遼水之陽，盡朝鮮三韓之地，在吴、越東。

南斗、牽牛，星紀也。初，南斗九度，餘千四十二，秒十二太。中，南斗二十四度。終，女四度。自廬江、九江，負淮水，南盡臨淮、廣陵，至于東海，又逾南河，得漢丹楊、會稽、豫章，西濱彭蠡，南涉越門，迄蒼梧、南海，逾嶺表，自韶、廣以西，珠崖以東，爲星紀之分也。古吴、越，羣舒、廬、桐、六、蓼及東南百越之國。南斗在雲漢下流，當淮、海間，爲吴分。牽牛去南河寖遠，自豫章迄會稽，南逾嶺徼，爲越分。島夷蠻貊之人，聲教所不暨，皆係于狗國云。

宋・歐陽修《新五代史》卷五八《司天考一》 赤道宿次

斗：二十六度。牛：八度。女：十二度。虛：十度少。危：十七度。室：十六度。壁：九度。

北方七宿九十八度少。

奎：十六度。婁：十二度。胃：十四度。昴：十一度。畢：十七度。觜：一度。參：十度。

西方七宿八十一度。

井：三十三度。鬼：三度。柳：十五度。星：七度。張：十八度。翼：十八度。軫：十七度。

南方七宿一百一十一度。

角：十二度。亢：九度。氐：十五度。房：五度。心：五度。尾：十八度。箕：十一度。

東方七宿七十五度。

宋・邢昺《爾雅疏》卷六《釋天》 疏：「壽星」至「星名」。釋曰：此別星名也。案《周禮・保章氏》：「以星土辨九州之地所封，封域皆有分星，以觀妖祥。」鄭玄注云：「大界則曰九州。諸國之封域，於星亦有分焉。其書亡矣。堪輿雖有郡國所入度，非古數也。今其存可言者，十二次之分也。星紀，吴越也。玄枵，齊也。娵訾，衛也。降婁，魯也。大梁，趙也。實沈，晉也。鶉首，秦也。鶉火，周也。鶉尾，楚也。壽星，鄭也。大火，宋也。析木，燕也。」又《漢書・律曆志》：「東方：角、亢、氐、房、心、尾、箕。北方：斗、牛、女、虛、危、室、壁。西方：奎、婁、胃、昴、畢、觜、參。南方：井、鬼、柳、星、張、翼、軫。」宿凡二十八。此經所釋次，惟有九宿。惟十七者，以《爾雅》之作釋六藝所載者，所不載者，則闕焉。

「壽星，角、亢也」者，言壽星之次值角、亢之宿也。郭云：「數起角、亢，列宿之長，故曰壽。」《天文志》云：「東宫蒼龍，左角，理；右角，將。大角者，天王帝坐廷。亢主宗廟」，是也。

「天根，氐也」者，氐，一名天根。郭云：「角亢下係於氐，若木之有根。」《國語》曰：「天根見而水涸」，是也。

「天駟，房也」者，房一名天駟也。郭云：「龍爲天馬，故房駟星謂之天駟。」《天文志》曰：「房爲天府，曰天駟。」《國語》曰：「月在天駟」，是也。

「大辰，房、心、尾也」者，大辰，房、心、尾之總名也。辰，時也。郭云：「龍星明者，以爲時候，故曰大辰。」《春秋》昭十七年「冬，有星孛於大辰」，是也。

「大火謂之大辰」者，大火，大辰之次名也。李巡云：「大火，蒼龍宿心，以候四時。」郭云：「大火，心也。在中最明，故時候主焉。」《左傳》曰：「心爲大火」是也。

「析木謂之津，箕、斗之間，漢津也」者，析木之津，箕、斗之次名也。孫炎曰：「析別水木，以箕斗之間，是天漢之津也。」劉炫謂是。天漢即天河也。天河在箕、斗二星之間，箕在東方木位，斗在北方水位，分析水木以箕星爲隔，隔河須津梁以度，故謂此次爲析木之津也。不言析水而言析木者，此次自南而盡北，故依此次而名析木也。郭云：「箕，龍尾；斗，南斗，天漢之津梁。」以四方皆有七宿，各成一形。東方成龍形，西方成虎形，皆南首而北尾；南方成鳥形，北方成龜形，皆西首而東尾。箕在蒼龍之末，故云龍尾；斗至南方即見，故云南斗。昭八年《左傳》曰：「今在析木之津。」《國語》曰：「日在析木之津。」皆是也。案經典但有析木之津，無析木謂之津。今定本有「謂」字，因注云「即漢津也」，誤矣。

「星紀，斗、牽牛也」者，星紀，斗、牛之次也。郭云：「牽牛，斗者，日月五星之所終始，故謂之星紀。」《左傳》曰：「歲在星紀。」是也。

「玄枵，虛也」者，玄枵，虛之次名也。郭云：「虛在正北，北方色黑。枵之言耗，耗亦虛意。」然則以其色黑而虛耗，故名其次曰玄枵。案襄二十八年《左傳》云：「春，無冰。梓慎曰：『今玆宋、鄭其饑乎！』歲在星紀而淫於玄枵，以有時菑，陰不堪陽。蛇乘龍；龍，宋、鄭之星也。宋鄭必饑。玄枵，虛中也。枵，耗名也。土虛而民耗，不饑何爲？」顓頊之虛也。郭云：「顓頊水德，位在北方。」然則以北方三次，以玄枵爲中，玄枵次有三宿，又虛在其中，以水位在北，顓頊居之，故謂玄枵虛星，爲顓頊之虛也。昭十年《左傳》云：「鄭裨灶言於子產曰：

『今兹歲在顓頊之虚。』」是也。

「北陸，虚也」者，虚星又謂之北陸也。孫炎曰：「陸，中也。北方之宿，虚爲中也。」昭四年《左傳》云：「古者日在北陸而藏冰。」杜注云：「陸，道也。」陸之爲中爲道皆無正訓，各以意耳。要以虚爲北方中星宿，是日行之道，故謂之北陸。郭云「虚星之名凡四」者，玄枵也，虚也，顓頊之虚也，北陸也。

「營室謂之定室」者，營室一名定。郭云：「定，正也。作宫室皆以營室中爲正。」《詩・鄘風》云：「定之方中，作於楚宫。」鄭箋云：「定星昏中而正，於是可以營製宫室，故謂之營室。」「娵訾之口，營室、東壁也」者，娵訾，室，壁之次也。壁居南則在室東。孫炎曰：「娵訾之歎則口開方，營室、東壁，四方似口，故因名也。」郭云：「營室、東壁，星四方似口，因名云。」由其營室與東壁相成，故得正四方。襄三十年《左傳》云：「歲在娵訾之口。」是也。

「降婁，奎、婁也」者，降婁，奎、婁之次名也。孫炎曰：「降，下也。奎爲溝瀆，故稱降也。」郭云「奎爲溝瀆，故名降」者，《漢書・天文志》云：「奎曰封豨，爲溝瀆。」是也。案襄三十年《左傳》曰：「鄭公孫揮與裨灶晨過伯有氏，其門上生莠。子羽曰：『其莠猶在乎？』於是歲在降婁，降婁中而旦，裨灶指之曰：『猶可以終歲，歲不及此次也。』已及其亡也，歲在娵觜之口，其明年乃及降婁。」是也。

「大樑，昴也。西陸，昴也」者，大樑，昴之次名也。昴，西方之宿名也，昴又謂之西陸。昭四年《左傳》云：「古者日在北陸而藏冰，西陸朝覿而出之。」又十一年傳云：「歲及大樑，蔡複楚凶。」是昴星之名凡三。郭云「昴，西方之宿，别名旄頭」者，《天文志》云：「昴曰旄頭，胡星也。」是矣。

「濁謂之畢」者，畢，西方之宿名，一名濁。郭云：「掩兔之畢，或呼爲濁，因星形以名。」《詩・小雅》云：「有捄天畢。」毛傳云：「捄，畢貌。畢所以掩兔也。」《特牲饋食禮》曰：「宗人執畢。」鄭注云：「畢，狀如叉蓋，爲其似畢星取名焉。」然則掩兔，祭器之畢，俱象畢星爲之。但掩兔之畢，施網爲異爾。

「咮謂之柳。柳，鶉火也」者，柳，南方之宿名。南方七宿，共爲朱鳥之形，柳爲朱鳥之口，故名咮。咮即朱鳥之口也。鶉火，柳之次名也。鶉即朱鳥也。火屬南方行也，因名其次爲鶉火。襄九年《左傳》曰：「晉侯問於士弱曰：『吾聞之：宋災，於是乎知有天道。何故？』對曰：『古之火正，或食於心，或食於咮，以出内火。是故咮爲鶉火，心爲大火。』」是也。

「北極謂之北辰」者，極，中也；辰，時也。居天之中，人望之在北，因名北極。斗杓所建，以正四時，故云北辰。《論語》云：「爲政以德，譬如北辰。」是也。

「何鼓謂之牽牛」者，李巡云：「何鼓、牽牛皆二十八宿名也。」孫炎曰：「何鼓之旗，十二星，在牽牛北也。或名爲何鼓，亦名牽牛。」如此文，則牽牛、何鼓一星也。如李巡、孫炎之意，則二星。今不知其同異也。案《漢書・天文志》：「牽牛爲犧牲，其北河鼓。河鼓大星，上將；左，左將；右，右將。」亦以牽牛、河鼓爲二星。郭云：「今荆楚人呼牽牛星爲簷鼓，簷者荷也。」順經爲説，以時驗而言也。

又　案鄭注《考靈耀》云：「天者純陽，清明無形，聖人則之，制旋璣玉衡以度其象。」如鄭此言，則天是大虚，本無形體，但指諸星運轉以爲天耳。但諸星之轉，從東而西，凡三百六十五日四分日之一，星複舊處。星既左轉，日則右行，亦三百六十五日四分日之一，至舊星之處。即以一日之行而爲一度，計二十八宿一周天，凡三百六十五度四分度之一，是天之一周之數也。天如彈丸，圍圜三百六十五度四分度之一。案《考靈耀》云：「一度二千九百三十二里千四百六十一分里之三百四十八。」周天百十萬一千里者，是天圜周之里數也。以圍三徑一言之，則直徑三千五萬七千里，此爲二十八宿所回直徑之數也。然二十八宿之外，上下東西各有萬五千里，是爲四游之極，謂之四表。據四表之内並星宿内，總有三十八萬七千里。然則天之中央上下正半之處，則一十九萬三千五百里，地在於中，是地去天之數也。

佚名《通占大象曆星經》卷上　東方七宿，三十三星，七十五度，并中外宫輔座等。

角宿 

角二星，爲天門壽星、金星。春夏爲火，秋冬爲水，蒼龍角也。東方首宿南左角名天津，蒼色，爲列宿之長；北右角爲天門，黄色；中間名天闕，左主天田，右主天祇。十三度八月日在北，南去北辰九十一度。凡日月五星皆從天闕，行此爲黄道，入黄道爲旱；其角南二度爲太陽道，入陰道爲水；角宿北二度爲陰道。角宿直指辰即是耕種，次爲農官。若明大，王道太平，若暗及亡角摇動，王者失政；星微小，國弱失政，王道不行。春日月入角暈者，王失政；日月角中蝕者，其邦不寧；木星守七日，有赦，忠臣用；火星守，忠臣賢相受誅，繒帛貴，有鬭戰，萬人兵起，期以日，宫中盜賊内亂。火守角，宫道不通，大環遶鉤巳者，國大饑；火犯之，必戰。火守左角，太尉死，國危；守有角，五穀不熟，大水災；犯左右角，羣臣謀戰不成，伏誅。土守內，主喜六十日，國有忿爭；金守，天下兵大盛，國有爭事；金火合守太白居後，被軍將殺；水守，王者刑罰急，有水災疾疫。客、彗、孛入角，色白者，國有兵起及大喪，亦軍敗城掐；客守四十五日，旱五穀焦風雨，不時蝗蟲起；星流出角門，天子發使出外；從他宿入角門，外國使入中京，或爲近臣殺，主戰死；月蝕熒惑，有亂臣在宫，非賊而盜，月入天市及河而暈，三重兵起，天丁道斷，軍將失利。

天理

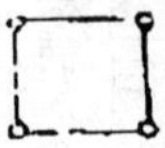

天理四星，在北斗杓中。主貴人牢，爲執法官。星不欲明，明則貴人被罪。

執法

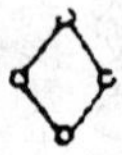

執法四星，在太陽首西北。主刑獄之人，又爲刑政之官，助宣王命內常侍官也。

太陽

太陽守，在西北。主大臣將備天下不虞事。星明，吉；暗，凶。星移，天下兵起，中國不安之應也。入張十三度，北極四十度。

相

相星，在北極斗南。總領百司，掌邦教，以佐帝王安撫國家、集衆事，冢宰之佐。星明，吉；暗，凶；亡，相死，不然流出。太陽入張十三度，去北辰四十五度，相入翼一度，去北辰三十一度。

平道

平道二星，在角間，主路道之官。

進賢

進賢一星，在平道西坦。卿相薦舉逸士、學官等之職也。星明，賢士用進；暗，小人用。

天門

天門二星，在左角南。主天門侍晏、應對之所。

天田

天田二星，在角北。主天子畿內、地左，對壃界、城邑、邊塞。

周鼎

周鼎三星，足狀云鼎，足星在攝提大角西，主神鼎。

庫樓

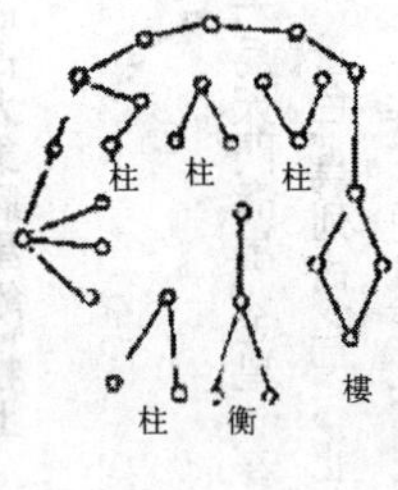

庫樓星，二十九星。庫樓十，五柱十五星，衡四星。在角南，軫東南，次器府東。一曰文陣兵車之府。中繁衆則大兵起；庫中無星，下臣逆謀，兵盡出，天下無災居者；庫中柱動，出兵戈四夷狄；柱半不具，天子自將，半兵出。木星守，人饑，米貴。西入軫一度，去北辰四十九度，昏中西去北辰八十九度。

左攝提

右攝提

攝提六星，在角、亢東北。主九卿，爲甲兵携紀綱、建時節，祥。火星守，天下更主；金星守，兵起。

大角

大角一星，天棟。在攝提中，主帝座。金星守，兵大起；月蝕，王者惡忌之。入亢三度半，去北辰五十九度也。

帝席

帝席三星，在大角北。星暗，天下安。星不欲明，明則王公凶。

亢池

亢池六星，在亢北。主度送迎之事。

折威 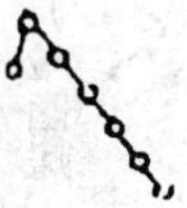

折威七星，在亢南。主詔獄斬殺、邊將死事。

陽門 

陽門二星，在庫樓東北。隘塞外寇盜之事。

陣車 

陣車三星，在氐南。主革車兵車。

亢宿 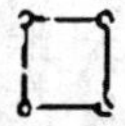

亢四星，名天府，一名天庭。總領四海。名火星，春夏水、秋冬金。暗，國內亂弱；大明，天下安寧。日月蝕亢，中國有事；五星犯亢逆行，君憂失國，大臣不用。木星守留三十日已上，有赦，年豐；久守，其國米貴，人多疾病，水災。木與火星同，穀不成，人死如草木，水災。火星守，多雨，天下兵盡返，大起。水星守，其分米貴；久守，多病，大水災也。土星守，萬物不成，多病。金星守，天下道不通，兵起，盜賊、水災傷人。金星行入南上道，五穀傷。赤色，旱，人流走。彗、孛犯之，其國兵起，大臣作亂一年。月暈圍光，士卒自將，百里不遂，士卒死。

梗河 

梗河三星，梗在大角、帝座北。主天子鋒，又主胡兵及喪。訣曰：梗河，去也。相去，吉；相向，兵起。客守，世亂矣。

騎官 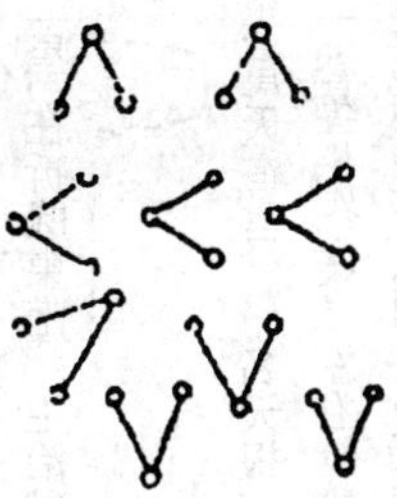

騎官二十七星，在氐南。主天子騎。虎賁、貴諸侯之族子弟宿衛天子，令三衛之像。星衆，天下安；星少，兵起。五星守之，兵起。西北入北辰一百十五度。

車騎將軍

車騎將軍星，在騎官東南，主車騎將軍之官。

車騎 

車騎三星，在騎官南。總領車騎行軍之事。

西咸 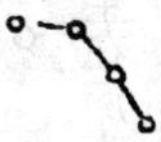

西咸四星，在氐東。主治淫佚。南星入氐五度，去北辰九十三度。

七公 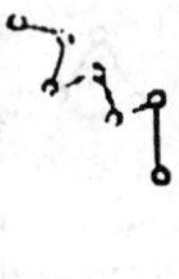

七公七星，在招搖東、氐北。爲天相，主三公、七政善惡。星明，則衆議詳審。星入河中，米貴，人相食。金星守，天下兵起，亂。西星入氐四度，去北辰四十九度。

積卒 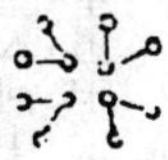

前下積卒星十二，在氐東南。星微小，吉。如大明及搖動，主朝廷有兵；微小，吉。一星，亡兵半；出二星，亡兵大半；出三星，亡兵盡；出五星，守兵起。星西入氐十三度，去北辰一百二十四度。

房宿 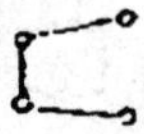

房四星，名天府，管四方。一名天旗，二名天駟，三名天龍，四名天馬，五名天衡，六爲明堂。是火星，春夏水，秋冬火。房爲四表，表三道，日月五星常道也。上第一星名爲右服次將，其名陽環上道；二星名右驂上相，其名中道；三名左服次將，其名下道；四名左驂上相，總四輔。左驂左服云東方及南方，可用兵；右驂右服云西方北方，不可用兵。

玄戈

玄戈一星，在招搖北。一名臣戈。五星守，兵起。星明，動，胡兵起。入氐一度，去北辰四十二度。

招搖 

招摇星在梗河北。主胡兵。芒角動，兵革起行。入氐二度，去北辰四十一度。

顳頊 

顳頊二星，在折威東南。主治獄官拷囚憎杖，察真僞也。

氐宿 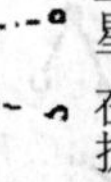

氐四星，爲天宿宮。一名天根，二名天符。木星，春夏木，秋冬水。主皇后、妃嬪。前二大星正妃，後二左右。大明爲臣奉事，君寧；暗，失臣勢，動臣出國。日月氐中，君犯惡之。木星守之后喜。守二十日，有王者之所行不利，疾則治遲，行臣職主。守，必有諸侯並王。火守，大臣相譖；逆行而赤色，大臣亡；久守六十日，有大赦。火星入之，有賊臣爲亂，近期一年，遠二年。金星守者，有兵起，將軍有封爵者。火之位水守，有大水漂浸宮館，萬物不成。水入，貴臣憂，有獄事。客守，布帛貴。土星守，有立太子；久守八十日已上，國有兵起。彗孛行入氐中，後宮有異，兵動不出，一百八日内遭水。東平月暈圜氐，大將軍殃，人多疾病。

鉤鈐 

鉤鈐二星，主法。去房宿七寸。第一名天健，二名天官。籥開藏，若近，夫妻同心；遠者，夫妻不和。大明，則羣臣奉職，天下道治；暗，則羣臣亂政，王道不行。日月蝕房中，王者亂昏，大臣專權。木星守，天下和平；留四十日，五穀豐，人安吉，無疾病，天子有令德，期在四月。火星守，有兵起，七月有大喪及赦十日。守大夫，災二十日不去，必臣反及君子，天子憂亂，王者惡之，天子兵旱。守止一日，大臣亂。土星守，有妾，王亦亂，旱及地動。久守，其有兵。金守，陪脇君，大有土功事，國亂，布帛貴；久守，人饑，易主。火守，姦臣謀主，大臣相譖，暴誅臣佐，天下乖離。若出房、心中間，地動。客守，米貴十倍。日、月、五星犯之，色青，國憂，兵喪；色白，大兵相殺，積尸如丘。彗、孛入房，國危人亂，相殘。流星入房，西行爲枉矢，王殺忠臣，臣殺主，輔臣亡，遠期三年，常以三月候房。日月出表南，大旱，喪；出表北，災及萬里，兵亂，陰雨；若出中道，太平許、徐、潁州。月暈圍房、心，災疫，兇。五度九月日，此上去北辰一百四度半。

罰 

罰三星，在東咸西下，西北而列。主受金、罰贖、市布租也。

東咸 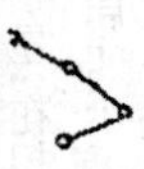

東咸四星，在房東北。主防淫佚。木在北守而摇動，天子淫佚過度。星南入心二度，去北辰一百三度也。後則不過百八十日，遠則不過三年，起於宋、汴等州。

天乳 

天乳星在氐北，主甘露。十五度十二中，西南星去北辰九十六度。北件屬前項，天乳別。

貫索 

貫索星九，在七公前，爲賊人牢。牢口一星爲門，門欲開，開則有赦。若赦，主人憂。若牢門閉及，口星入牢中，有自絞死者。以五子日夜候之，一星亡，有喜事；二星亡，有爵事；三星亡，有赦。甲庚期八十日，丙辛期七十日，戊壬期六十日。星入河中，人相食。若九星總見，獄事煩。水星守，水災，火星守，米貴。有大星出牢，大赦；小星，即小曲恩降，慮口舌。右星入尾一度，去北辰五十五度也。

巫官 

巫官二星，在房西南。主醫巫之職事也。

天福 

天福三星，在房西。主鑾駕乘輿之官也。

鍵閉 

鍵閉星在房東北，主管籥。星不欲明，明則内亂，門扉不禁，姦淫至行於女也。

心宿 

心三星，中天主，前爲太子，後爲庶子。火星也，春夏木，秋冬水。一名大火，二名大辰，三名鶉火。中星明、大、赤，爲照天子德行；暗、小、失常色，爲主微弱不能自斷。星不欲直，直則主失計、動摇，天子憂。木星守，天下安；久守而絶犯者，臣謀主，大兵起。火星守，地動；守二十日，臣謀主。色黑，主崩之像。土守，聖帝出謀臣，天下太平，有云：「國有赦」；久守不去，憂賊，天下大旱。有金星守，山崩，四方兵起，久守二十日已上，去心三寸，兵起，鉤戰上殿，期八十日，亦有大蟲災，人饑災也。水星犯，有水災及旱，兵起，布帛貴。客守犯，大旱，赤地千里。日、月、五星經心，失積赤暈虹蜺背向蝕，人饑，兵起，臣反，國易主，喪大臣、使客。月貫心，内亂。彗、孛入心，主憂有喪，大臣廢黜。心變，期急不過七日之應也。

佚名《通占大象曆星經》卷下

天維 

天維三星，在尾北、斗杓後。若星散，則天下不微名也。

天江 

天江四星，在尾北。主太陰。明動，大水不禁，兵起不具，天下津梁不通。南星入尾六度，去北辰一百十一度。

天黿 

天黿六星，在尾南漢中。主卜吉凶、明君臣。若火星守，旱澇災。入尾十二度，去北辰一百四十一度。

天魚 

天魚一星，在尾河中。主雲雨，理陰陽明河海出。天魚摇，暴水災。火星守，南旱北水。

神宮 

尾宿 

龍尾九星，爲後宫。第一星后，次三夫人，次九嬪，次嬪妾。一名后族，水星也。二風后，三天鷄，四天狗，五太廟，皆欲明。大小相承，則宫多子孫。傳説曰：一星在第二東二寸，小者是長。其星明，則輔臣忠政；暗則陪臣亂邦。木星守，立太子，三十日必后族逆兵，妾賣權，臣亂國。火星守，兵相向，大臣憂。火興水合守箕、尾間，名九江口，必有赦。若勝踴折絶者，天下亂，及旱災。土星守，多盜賊，旱，宫有廢黜。土入，魚鹽貴，兵起，大將出征。土、火、星金守准上，合星入守，人亂，大臣變易，失政。水守入，天下水災，江河決，魚米貴。客守，賊暴貴。客入，天下大饑，荒亂，人相食，疾疫死，竄他方，不耕織，君子貨衣，小人賣妻子。日月蝕於尾，貴臣中相刑。反暈、虹蜺背向尾，將相憂亂，后有喪。彗、孛行犯，貴臣誅，内寵亂政，幽州、定、冀、遼東等之應也。

箕宿 

箕四星，主後别府二十七世婦、八十一御女，爲相天子后也。亦爲天漢九江口，主樑在漢邊。金星，春夏金，秋冬土。箕后動有風，期三日也。前二星爲后也。箕入河中，大饑，人相食。箕前亦名糠星，大明，歲豐；小微，天下饑荒，天下無米。木守宫，有口舌。火星守，天下饑；久守環遶成鉤已，大臣被誅。火守，大水災，平溢澤。若十月守之，大水，米倍，饑。土、水二星守，萬物不成，饑；久守，兵起，或米貴，或赦。金星入守，兵起，有赦，更主；久守，風旱，防内亂，兵起攻政。水星守，穀不豐；入，大人憂。客守，天下大饑，米貴十倍，人相食，流亡他邑，不耕織。色赤，大風雨，亂。客在南，旱。計日月五星入之中，天下兵起，滄洲、洛陽、玄菟、廣陵等應之也。

建星 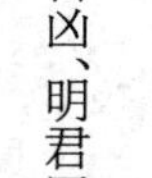

建六星，在南斗北、天之都開三光道也。主司七耀行得失。十一月甲子冬至，大應治政之宿所起也。木星守，水災，米貴，多病。金星守，萬物不成；久，惡等守惡。水星守，人饑。悀星入斗七度，去北辰一百十三度。

天弁

天弁九星，在建近河，爲市宫之長。暗，凶，無萬物；明，大，萬物興衆，主市易也。

狗 

狗二星，在斗魁前。主卿臣。移處，卿臣爲亂。

狗國

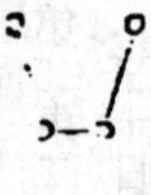

狗國四星，在建東南。主鮮卑、烏丸。明，邊兵起也。

天籥

天籥七星，在斗杓第二星西。主關籥開閉。明，吉；暗，凶災。

鱉

天鱉十五星，在斗南。主太陰、水蟲。不在漢中，有水火災。白衣食星，大人喪。火守，旱。水星，即水災。右入斗一度，去北辰一百二十七度。

漸臺

漸臺四星，屬織女東足。主晷漏、律呂、陰陽事。

輦道

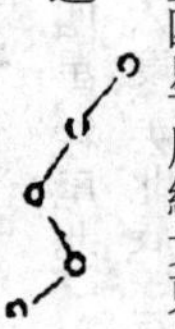

輦道五星，屬織女西足。主天子遊宮、嬉樂之道也。

杵

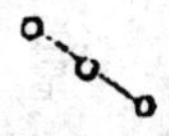

杵三星，在箕南。主杵臼舂米事。星動，人失釜甑修田横，大饑荒。守之，天下饑。北星入箕一度，去北辰一百四十三度。

農

農丈人一星，在斗南。主農官正政、司農卿等之職。北方七宿三十五星，九十八度七十五分五十秒。

斗宿

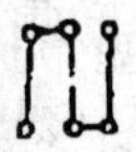

南斗六星，主天子壽命，亦云宰相爵禄之位。巫咸氏云：木星，春夏木，秋冬水。一名天斧，二名天關，三名天機。大明，王道和平，將相同心，帝命壽，天下安。暗，大臣失位，天下驚。芒角動摇，國失忠臣，天下愁。木守六十日，大臣增壽，爵，禄。木逆行入魁中，大臣逆；久守，兵起，水災，大饑，人相食。火守，國有内變，相輔不安，兵起。火逆行順守者，及遶城鉤巳，將相崩死，國災。火久守，國絶嗣。土星守入斗中，有王者不用，兵昇大位。守之九十日，兵起，水災。金星守，執法大臣作逆，國亂，兵起，有赦。火星、金俱入斗中，名曰鑠，必有臣子逆；久留遲火經過速出者，禍難速平。水星守，水災。火入斗，兵起於吴越，人大饑。守客，有兵絶、道卒，有大水、賊盗，多亂喪，弟攻兄，子殺父，或主崩，米貴。久守，國絶嗣。客守第二星，大水，人相食。客赤色入斗中，兵起，軍將死。日月入斗，大臣失位，或被戮。若斗中蝕者，日，帝惡；月，后惡。暈圍斗之，人流千里，江、池、丹、楊、越、廬、洪地等應也。

天泉

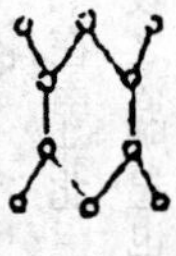

天泉十星，在鼈東。一曰大海。主灌溉溝渠之事也。

織女

織女三星，在天市東端。天女主苽果、絲帛、收藏、珍寶及女變。明大，天下平和。常以七月一月六七日見東方，色赤精明，女功善。一星，主兵起，女人爲役。常向扶匡，即善；不向，則絲帛倍貴。火星守，布帛貴，兵起十年乃息，公主憂。客守，絲帛等貴。入二十七，去北辰五十二度也。

牽牛

牽牛六星，主關梁工，異主大路中，主牛。水星，春夏木，秋冬火。中央火星，爲政始，日月五星行起於此。皆携星遠漢天下牛，貴；明，亦貴；暗，小賊。入漢中井，役死。直，米穀價平；曲，米貴。失常色，牛多死，穀不成。木星守，天下和平；久守，水災，人凍死，米貴賣子，虎害，人臣謀主。木逆守，有水道不通。火星守，老臣逆，牛貴十倍，人相食，兵起，將軍死，大水災，津梁不通。土星守，臣謀主，君有失位臣。金星守，地氣泄，兵起至城，天下人多死。水守，辰星常以冬朝牽牛，若不朝，來年五穀不熟，大水損害。客守二十日，兵起。彗孛行牛中，吴越有自王者。彗出牛中七十日，有政更像。虹蜺出牛，必有壞城臨淮。月暈圍牛，損小兒，災變也。八度，八月昏中氐，中去北辰一百十度。

扶匡

扶匡七星，在天柱東。主桑蠶之事。

天雞

天雞二星，在狗國北。主異鳥。火星守，兵起。土守，人饑相食，流亡。

河鼓

河鼓三星，中大星爲大將軍，左星爲左將軍，右爲右將軍。星直，吉，爲羽軍幹能；曲即凶，爲失計奪勢。左右旗各九星，並在牛北枕河，主軍鼓達者聲音。設守險，以旗表亡動兵起。左旗黑色，主陰幽之處備警急之事。河鼓有芒角，爲將軍雄强百盛也。

天浮

天浮四星，在左旗南北列。主漏刻、天鼓。若暗，漏刻失時；明則得所，吉。

九坎

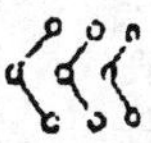

九坎九星，在牛南。立溝渠水泉流通。明，災起；暗，吉。五星守及犯之，水泛溢。西入斗四度，去北辰一百二十六度。

天田

天田九星，在牛東南。主畿内田苗之職。

羅堰

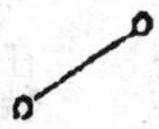

羅堰二星，在牛東。星不明，暗，吉；大明，馬被水淹浸。

女宿

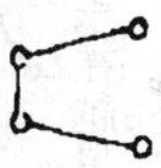

須女四星，主布帛，爲珍寶藏。一名婺女、天女。水星，春夏水，秋冬火。大明，女功有就，天下甚熟；小暗，天下不足，庫藏空虚。日月蝕女中，天下女功不爲，邦憂患。木星守，歲多水，有喜，女主人多凍死。火星守，産婦多死，布帛貴蒙。土星守，人相嫉惡，有錢人暴貴存，女喪。金星守，臣下謀主，兵起，人多死，女多寡，府藏出珍帛。水星守，有水災，萬物不成，布帛貴。客守，諸侯進妓女，布絹貴，有女暴貴。彗、孛行犯，國兵起，女亂常海、西郡、婺州、台州等。月暈，國主女死也。十二月日在此，二月旦中，西星去北辰一百六度。

離珠

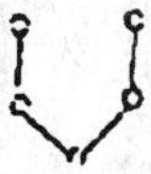

離珠五星，在女北。主藏府，以御後宫。移則亂。西入女一度，去北辰九十四度也。

瓜瓠

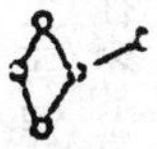

瓜瓠五星，在離珠北、敗瓜五瓜南。星明、大，熟，主陰謀後宫。天子果園。星不具，摇動，有賊害人。木、水、客星等守，魚鹽貴。瓜瓠入女一度，去北辰七十一度。

璃瑜

璃瑜三星，在秦代東南列北。主工餱衣服。

虚宿

虚二星，主廟堂哭泣。金星，春夏水，秋冬金。一名玄枵，二名顓頊，三名大卿，亦臨官。星欹枕斜，上下不比，則嚮祀失禮。木星守，昭穆失序，人饑多病。木星與土合守，名陰陽盡，爲大水災，魚行人道，民流亡，不居其處。期三年，當大旱，赤地千里。火星守，赤地千里，女子多死，萬物不成，有土功，役天子之兵；久守，人饑，米貴十倍。土守，風雨不時，大旱多風，米貴。金星守，臣謀主，國政隱，兵起殺，人流血。水星守，旱，萬物不成。其客守，其分有災疫；若湊犯、環遶鉤巳，國亂。彗、孛行犯久，有兵，人相殺，流血如川，屍如丘，大星如半。月守名天賊，爲帝王者奉郊廟，以銷災齊州。日暈，虚兵動，人饑。

越 

越一星，在婺女之南。

鄭 

鄭一星，在越星南。

趙 

趙二星，在鄭之南。

齊 

齊二星，在越星南。

周 

周二星，在越星東。

楚 

楚二星，在魏星南。

燕 

燕一星，在楚星南。

秦 

秦二星，在周星東南。

魏 

魏二星，在韓星北。

韓

韓一星，在正星北。

晉 

晉一星，在代星北。

代 

代二星，在秦星南。

有件星色黑，變動流亡。五星淩犯，則其國各當咎也。

司非  司危 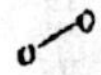 司祿 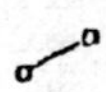 司命 

司命、司祿、司危、司非各二星，已上在虛北，司祿次，司命北，司危次，司祿北，司非次，司危北。

右各主天下壽命、爵祿、安泰、危敗、是非之事。

天津 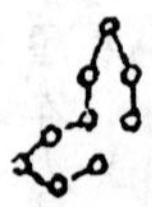

天津九星，在虛北、河中。主津瀆、津梁，知窮危、通濟度之官。星明動，兵起；參差，米貴。星大，津不通，三河水爲害。星移，河溢覆。赤氣入之，旱災；黃白氣入，天子有令德。火星守，天下大亂，及旱。西入牛二度，去北辰四十九度也。

危宿

危三星，主宮室、祭祀。土星，春夏水，秋冬火。動而暗，天子宮室土功事興。

墳

墳墓四星，在危下。主山陵悲慘事。暗，失本位；小不見，則山陵毀梓、宮剞劊事也。日月蝕危中，主宮殿崩陷，大臣殺，逆天下作。木星守，祀不敬，天子別造宮室。土、火守，人多役死，不葬，歲儉，南方有兵；久守東，大兵逆，國敗政，人饑，旱，米貴十倍。土星守，土功起，旱，損，隱兵。金星守，罷兵，將軍喜慶。水星守，臣下亂謀，敗破被刑，法官有憂，國有水災。日、月、五星入，天下亂，來年大饑。客守，國政主王侯事，米貴。彗、孛行犯，國返，兵起。流星入，天下不安，近半年，遠三年，蔡州、太原郡。月暈圍色，人多病。

室宿

營室二星，主軍糧、離宮。上六星主隱藏。木星，春夏火，秋冬水。一名宮，二名室。明，國昌；動摇，兵出起。日蝕室中，王自將出征，不伏。月蝕，歲饑，百姓絶種。上六星名離宮，主六宮妃后位，爲掖求卷。若危乘守入城鉤巳環遶左右，逆行往來於宫者，爲妃后廢黜，或主崩，后黨被誅，或宮女外通，以時占之。木星守在南東，有善事；北，即憂；西，米貴。火星守，將軍凶；久守成鉤巳者，主失官位，大臣陰謀，憂，旱，米貴十倍，大臣作逆；守經二十日已上至久九十日，臣亂殺，君寡位，天子惡之。土星守，主陰，造宮室，起土功，將軍益封。金星守，兵革散；久守，軍兵滿野。水星守，水災，民爲主，欲敗亡，候之不出四十。客守，有軍出，失兵，法主民，得地人，米貴，人散。彗、孛星出，天下亂，國易政，卒爲績，廣政。彗、孛犯之前起兵者，爲弱，亦不守鬬，戰必敗，淫衛、甘、秦、州。月暈圍室壁，下人謀成起，謀不成，婦兒多病死者，應之時，取占之應也。

奚仲

奚仲四星，在天津北。帝王東宮之官也。

鉤

鉤九星，在造父西、河中。星移，主地動之應也。

車府

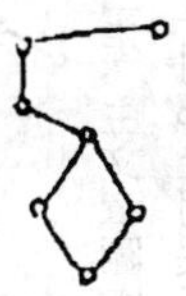

車府七星，在天津東、近河。主官車之府也。

哭

哭二星，在虚南。主死哭之事。

泣

泣二星，在哭星東巳上，並主死、悲泣之事。

造父

造父五星，在傅舍南。主御女之官，則馬貴。

蓋屋

蓋屋二星，在危宿之南。主宫室之事也。

虚梁

虚梁四星，在危南。主國陵寢廟，非人居處。

天壘

天壘十三星，如貫索狀，在哭泣之南。主北夷、丁零、匈奴之事也。

敗臼

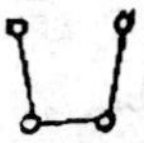

敗臼四星，在虚危南。主政治，如哭泣，亡人，賣釜甑，出鄉宅。客守，人亂。西南入女十三度，去北辰一百三十一度。

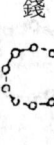

人星

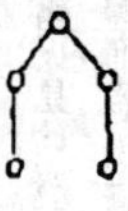

人五星，在危北。主天下百姓亡，官有詐、僞作詔勑之人，爲婦人凶亂者也。

杵臼

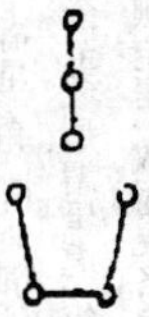

杵臼星在人傍。主春軍糧。臼四星在杵下，若杵臼不相當，軍事饑。臼仰，歲熟豐；傾覆，大饑也。

土吏

土吏三星，在室西南。主備設司過農事。

天錢

天錢十星，在虚梁南。主錢財，庫聚天下財物庸調之輩，司令左右庫藏是也。

螣蛇

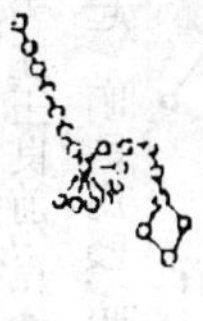

螣蛇二十三星，在室北，枕河。主水蟲。暗，國安。移南，大旱；移北，大水。客守，水災。頭入室一度，去北辰五十度也。

天海

天海十星，在壁西南。五星及客守之，水涌溢，浸溺人邑。

雷電

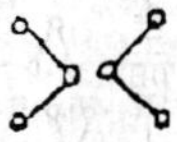

雷電六星，在室西南。主興雷電也。

雲雨

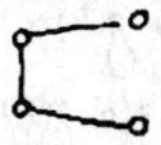

雲雨四星，在雷電東。主雨澤，萬物成之。

霹靂 

霹靂五星，在雲雨北。主天威，擊擘萬物。

北落 

北落師門一星，在羽林軍西。主候兵。星明大而角，軍兵安；小暗，天下兵。五星犯，兵起。金、水、木星守，尤甚。木、土犯，吉。火星守，人兵羽不可固，國殘朝亡。入危九度，去北辰一百二十度。

天剛 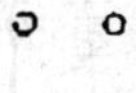

天剛二星，在北落西南。主天繩張漫野宿所用也。

八魁 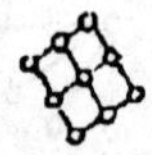

八魁九星，在北落東南。主獸之官。五星及客守之，兵起。金、火星守，尤凶甚。

鈇鑕 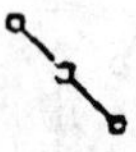

鈇鑕三星，在八魁西北。一名斧鉞。主斬刈亂行，誅誑詐僞人。暗，吉；移處，兵起。

壁宿 

東壁二星，主文章圖書也。土星，春夏金，秋冬土。一名天衕。失色，大小不同，天子將封鄙士而失天下。過日蝕壁中，國不用賢士，失文字。月蝕中，大臣憂，文者死。木星守，五經仕人被用，朝廷興。火星守，大臣謀君，歲旱不熟，米貴不顯，內外勝政，兵起。土星守久，賢臣國，用文章、道術興行，國君延壽，天下豐熟太平。火星入中街，君崩；五日則相薨，若不死則流散。土星守、逆行入壁，萬物不成；守經九十日已上，大兵起，百姓有立王者。金星守，天下不通，王者急刑罰，有兵，大臣憂。水守，水災，道不通。客守，多風雨及水災，臣下賊王者政，刑事內明、通明，有政事內清。月暈壁，其久，國亂。彗、孛行犯，兵起。火守，火災大廟門，天下有兼并者。辟明，王道興，有君子在位；星暗，王道衰，人得用武，蘭、涼、衛州等分也。

羽林 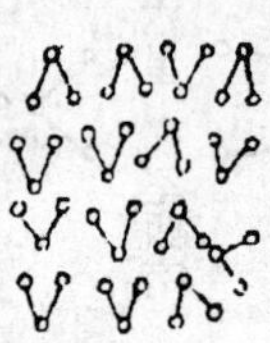

羽林軍星四十五星，壘辟十二星並在室南。主翊衛天子之軍。入，安。飛，將星欲威。明，天下安；星暗，兵盡失。西入室五度，去北辰一百二十三度也。

王良 

王良五星，在奎北河中，爲御馬官。漢中四星，天駟旁一星名王良，主疾及路；爲天橋，主急兵也。星不具，津河不通。移向四方，隨方有兵起也。

策 

策一星，在王良前，爲天子僕，策御馬。云：王良策馬，軍騎滿野，大兵起。火守良，兵起。明則馬賤，暗即馬貴。西入壁半度，去北辰四十二度。

土公 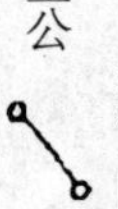

土公二星，在壁南。主營造宮室，起土之官等類也。

廄 

天廄十星，在壁北。主天子馬坊廄苑之官也。

宋·鮑雲龍《天原發微》卷八 《春秋傳》曰：二十八宿分在四方，方有七宿，共成一象。蟲獸在地，有象天。東蒼龍，西白虎，普南首北尾；南朱雀，北玄武，音西首東尾，從角起而左旋。《爾雅》：壽星，角、亢。郭注：數起於角，列宿之長，故曰壽星。方有七宿者，第斗至壁是謂星武，第奎至參是謂星虎，第井至軫是謂星鳥，第角至箕是謂星龍，環列四方，隨天西轉。方有定星，星無定居，故隱見各有其時。林氏曰：鳥、火、虛、昴皆分至之昏見於南方正午位之中星。仲春之月，七宿各居其方位，故星火在東，鳥在南，昴在西，虛在北，日在昴，入於酉地，則初昏時鶉火見於南方正午之位，當是時晝夜各五十刻，是爲春分之氣。至仲夏之月，則鳥轉而西，火轉而南，虛轉而東，昴轉而北，日在星，入於辛地，初昏之時大火房心見於南方正午之位，當是時晝長夜短，晝六十刻，夜四十刻，是爲夏至之氣。至仲秋之月，則火轉而西，虛轉而南，昴轉而東，鳥轉而北，日在心，入於酉地，初昏之時虛見於午，當是時晝夜分亦各五十刻，是爲秋分之氣。至仲冬之月，則虛轉而西，昴轉而南，鳥轉而東，火轉頁北，日在虛，入於申地，初昏之時昴見於午，當是時晝短夜長，晝四十刻，夜六十刻，是爲冬至之氣。分至之氣既定，則十二月之氣無不定矣。星鳥以象言，星火以言，昴以宿言，互相備也。愚謂天地四時之氣，皆不外於中。子午者，二至之中，亦天地之中；卯酉者，二分之中，亦陰陽之中也。以二十八宿之中星至於中而止，聖人出而致中和以位天地者亦曰執中而已。

七宿之星數

星龍之星三十二星，武之星三十五星，虎之星五十一星，雀之星六十四，合之而一百八十二星。

七宿之度數

星龍之度七十五，星武之度九十八四分度之一，星虎之度八十，星雀之度百二十，合之而爲周天三百六十五度之有根。宋分。

房

四星，爲明堂。天子市政之宫，中間爲天衢。七曜由其中，則天子和平。亦爲天駟，天馬，主車駕。《國語》曰：農祥晨正，日月底于天廟，土乃脈發。《隋志》曰：五緯入房，啓姬王肇迹。

心

三星，天王正位也。中星爲明堂，天子爲大辰，主天子賞罰。前星爲太子，後星爲庶子。大火爲大辰，大中寒暑乃退。《律書》云：心，言萬物始有華心。《唐志》曰：《易·雷承乾》曰：大壯，房以象焉。心爲乾精，而房升陽之駟也。房，日月之所有。《鈎命决》曰：歲星守心，年穀豐。《洪範》曰：重華者，謂歲星在心。歲星一名攝提，一名重華。《左傳》：心爲火。五月，火始昏見。《詩》：三星在天。

尾

尾九星，上第一星后，次三星夫人，次星若后嬪妾。第二傍一星名曰神宫，蒼龍之尾，爲九子。色均明，後宫有叙，多子孫。丙子辰龍尾伏。辰左尾，言萬物死生如尾。

箕

箕四星，爲後宫后妃之府，亦爲龍尾，爲敖客主口舌；亦曰天津，主八風。凡日月宿有箕、東壁，北方星翼軫，巳上風起。又曰天鷄。又曰傳説騎箕尾比於列星。《晉志》曰：傳説一星在尾後。《詩》疏曰：箕在南而斗在北，故南箕北斗。愚嘗以卦參之，龍屬東方震，震動重陰之下，龜吐氣，蛇起蟄，出而善變化者，龍也。卦直春分以後，辰爲蒼龍之次，動則變，故龍以春分升而爲雷出地奮之豫，以秋分降入爲雷澤歸妹之象。盛夏疾雷，木拔龍起，震木位於卯也。亢曰龍雷，同類。玄之中以次三爲龍，占家以甲乙寅卯爲龍，天文角爲蛟，亢爲龍，翌爲蛇，軫爲蚓。角、亢，辰也；翌、軫，巳也。自春分至芒種，震治也，而辰巳爲翌，故曰氣之散也。房爲天駟，又爲蒼龍之次，故馬亦曰龍馬。《志》言五緯入房，姬王肇迹者，亦興王之嘉瑞也。五馬一化爲龍説，亦本此。其象曰天田，曰農祥，曰多子，皆以應東方之春。

西宫咸池，奎爲溝瀆，婁爲聚泉，胃爲天倉，昴爲白衣，會畢爲邊兵，觜觿爲虎首，參爲斬艾。《靈憲》曰：白虎猛據於右。

四分度之一，一度二千九百三十三里分爲十二次。

七宿之分野

自斗十一度至婺女七，一名須女，曰星紀之次；辰在丑，謂之赤奮若，律中黄鍾；斗建子；今吴越分。自婺女八度至危十六，次玄枵，一名天黿；辰在子，曰困敦，律；大吕；斗建丑；今齊分。自危十七度至奎四，次豕韋，一名娵訾；辰在亥，曰大淵獻，律太簇；斗建寅；今衛分。奎五至胃六，次降婁，辰在戌，曰閹茂，律夾鍾，斗卯；今魯分。胃七至畢十一，次大樑，辰酉，曰作噩；律姑洗；斗辰；趙分。畢十二至東井度十五，次實沈，辰申，曰涒灘；律中吕；斗巳；晉魏分。井十六至柳八；次鶉首，辰未，曰協洽；律蕤賓，斗午；秦分。柳九至張十七，次鶉火，辰午，日敦牂，一名大律，於律爲林鍾；斗未；周分。張十八至軫十一，次鶉尾，辰巳，曰大荒落，律夷；則斗申；楚分。軫十二至氐四，次壽星；辰在辰曰執徐律，南吕；斗酉；韓分。氐五至尾九，次大火，辰卯，日單閼，律無射；斗戌；宋分。尾十至斗十百三十五分而終，析木；辰寅，曰攝提格；律應鍾；斗亥，今燕分。愚按司農鄭氏曰：天有十二次，日月之所躔；地有十二分，王侯之所國。是以二十八宿分配十二辰，與七政互行，一左一右，相爲經緯，所以兩其五行，以成天地四時之造化。

東宫蒼龍，角爲五帝坐庭，亢爲宗廟，氐爲天根，房爲天府，心爲明堂，尾爲人子，箕爲敖客。《靈憲》曰：蒼龍連蜷於左。

左爲青龍，屬木，居東，又分爲小象者，七星。家名角木，爲蛟；亢金，爲龍；氐土，爲貉；房日，爲兔；心，月，爲孤；尾火，爲虎；箕水，爲豹。日月居中，五星緯外。析木會寅，大火會卯，壽星會辰。

角

二星，爲天闕，其間天門，其内天庭。黄道經其中，七曜之所行也。龍左角爲天田，爲理，主刑；右角爲將，主兵。星明、大，王道泰，賢在朝。熒惑犯天田，旱。《郊祀志》：漢祖建靈星祠。

亢

四星，天子之内朝也，爲疏廟。主疾疫，總攝天下奏事，聽訟、理獄、録功。

氐

氐四星，王者之宿，宫后妃之府。前二星適，後二星妾。《單子》曰：天根見而水涸。《爾雅》曰：氐，天根也。角亢下係於氐，若木右，白虎屬金，居西，又分爲小象者，七星。家名奎木，爲狼；婁金，爲狗；胃土，爲雉；昴日，爲雞；畢月，爲烏；觜火，爲猴；參水，爲猿。日月居中，五星緯外。降婁會戌；大樑會酉，實沈會申。

奎

十六星，天之武庫，一曰天豕，亦曰封豕。主兵禁暴，又主溝瀆。《月令》：仲春，月在奎；季夏，奎旦中。

婁

三星，爲天子主苑囿、犧牲供給，郊祀大享，多子孫。明，則天下和平。《唐志》曰會在婁，爲大臣憂。

胃

三星，爲天厨，天倉，五穀之府。動，則有輸運之事。明，則天下和平。季春，日在胃。

昴

七星，天之耳也。主西方獄事。又爲毛頭，胡星。明，則天下牢獄平。《書》：日短星昴。

畢

八星，曰罕畢，爲邊兵。主弋獵。又主遠兵。黄道所經。天子出旄頭，罕畢以先驅。此其義也。《正義》云：箕、畢，尚妻之所好。中央土氣，爲風；東方木氣，爲雨。木克土爲妃，故箕星好風，是尚妃之所好也。畢屬西方，金氣，爲陰，克東方之木爲妃，故好雨而尚妻之所好。又申寅兩相衝破，申來逆寅，寅被逆，故爲飈風；寅來破申，申被逆，故爲暴雨。

觜

三星，爲虎首，爲三軍之候，行軍之藏府。明，則軍儲盈，將勢得。《月令》仲秋，旦觜觿中。

參

十星，一曰參伐，一曰大辰，一曰天市，一曰鐵鉞。主斬刈殺伐。又爲權衡，所以平理。又主邊城。參十星爲白虎之體。中三星横列者，三將也。下三星斜列，曰伐天之都尉，主胡鮮卑戎狄之國，故不欲明。其外四星，左右肩股也。東北曰左肩，主左將；西北曰右肩，主右將；東南曰左足，主後將軍；西南曰右足，主偏將軍。故《黄帝占》曰：參應七將，七將皆明，天下精兵伐。星明與參等，大臣皆謀起兵。參爲白虎，三星有一者，爲衡。西有勾曲九星，一曰天旗，二曰天苑，三曰九游。東有大星，曰狼。狼角變色，多盜賊。愚以《易》參之，虎屬西方，居兑。兑，金，禀收斂肅殺之氣，有虎象焉。履言履虎尾者，内卦兑也。革言虎變者，外卦兑也。頤言虎視眈眈者，有伏兑也。象言參爲白虎者，參申也。參據猛虎之首，有斬刈殺代之威。東有大狼，狼亦虎類也。是以爲天之將星，七宿中有取武庫天倉者，亦以應揫斂之秋。

南宫朱鳥，井爲水事；鬼爲祠事；柳爲鳥，主草木；星爲鶉火，主急事；張爲素厨，主觴客；翼爲羽翮，主遠客；軫爲車，主風。《靈憲》曰：朱雀奮翼於前。

前爲朱雀，屬火，居南，又分小象者，七星。家名井木，爲犴；鬼蚓。日月居中，五星緯外。鶉尾會巳，鶉火會午，鶉首會未。

井

八星，天之亭候。主水、衡事、法令，所取平也。《正義》曰：參旁之東有王井，故曰東井。王用法平，則井星明而端列。東井，京師分。又曰：熒惑犯東井旱。

鬼

五星，天目也。主視，明察奸謀。明，則五穀成。又云：主死喪。

柳

八星，天之厨宰也。主尚食，知滋味。又主雷雨。朱鳥之口，故曰鳥喙。《爾雅》：味，謂之柳。味，即喙，亦作噣，音晝。《左傳》：味爲鶉火。《天官書》爲鳥喙。主草木。又：季夏，日在柳；季秋，旦柳中。

星

七星，一名天都。主衣裳、文綉。又七星爲頸。

張

六星，爲溹，音素。鳥受食處。主珍寶，宗廟所用，天厨飲食賞賚之事。明，則王道昌。《漢志》：主觴客。《晉志》：朱張爲鳥星，故爲羽蟲。

翼

二十二星，天之樂府，俳優。主夷狄、遠客、負海之賓。明，則大禮樂興。動，則四夷使來。離徙，天子舉兵。翼爲羽翮，主遠。

軫

四星，爲車。主車騎，亦主載任有軍出入，皆占於軫。又主冢宰，輔臣。亦曰鳥帑，鳥尾。又主風，與巽同位。又軫爲首。愚以《易》參之，離。南方爲飛鳥，象朱雀也。史言流火爲鳥，又爲日中之鳥。午爲鶉火之次，未爲鶉首，巳爲鶉尾。其味在柳，其翼在翼。柳，午也，離也；翼，巳也，巽也。卜楚丘《論明夷之謙》曰：當鳥即朱鳥也。《歸藏初巽》曰：有鳥將來而垂其翼。翼爲鶉尾，故稱飛鳥。鶉雉之屬飛必附草，嶺南孔雀之類也。七星爲馬，於辰爲午，故馬爲火畜，午爲火蠶，爲馬首，龍星之精，故馬蠶同氣，蟹鼈龜卵，皆有黄離也。七宿中有鬼輿天目，七星主文綉，皆以應於南方離明之象。

北宫玄武，南斗爲廟，牽牛爲犧牲，婺女爲天孫，女虚爲哭泣之事，危爲蓋屋，營室爲清廟，東壁爲文章。《靈憲》曰：靈龜圈首於後。後爲玄武，屬水，居北，又分小象者，七星。家名斗木，爲蠏；牛金，爲牛；女士，爲蝠；虚日，爲鼠；危月，爲燕；室火，爲猪；壁水，貐。日月居中，五星緯外。玄枵會子，星紀會丑，娵訾會亥。

斗

南斗，六星，天廟，亦爲壽之期。又丞相、太宰位。主褒賞、進賢、禀授爵禄。又主兵。南二星天樑，中二星天相，北二星天府。庭斗星盛明，王道和平。《傳》曰：辰在斗柄，日月會南斗。

牛

六星，天之關梁。主犧牲事。《後志》云：七曜之起始於牽牛。此三星河鼓，河鼓亦名牽牛。《律書》：牽牛，言陽氣行，萬物出也。《博物志》：張騫乘槎窮河源。嚴君平占：客星犯牛斗。又云：太白犯牽牛，將軍凶。

女

婺女，四星，又曰須女。主布帛、裁製、嫁娶。須，賤妾之稱，婦職之卑者。其北織女，天女孫也。

虚

主北方邑，居廟堂，祭祀、祝禱事。又主哭泣之事。又冢宰之官。《書》宵中星虚。

危

三星，主天府，天市，架屋。卮爲玄枵，耗神也。虚亦耗神。

室

營室，二星，天子之宫，又有軍糧之府、及土功事。星明，國昌。一曰玄宫，二曰清廟。室二星謂之定。定，正也。主土功事。《詩》云：定之方中。

壁

二星，主文章，天下圖書之祕府也。《詩》疏云：壁者，室之外院。箕在南，則壁在室東，故稱東壁。星明，王者昌，道術明，國多君子。歲星守之，五穀以水傷。《月令》：仲冬，昏東壁中。以《易》參之，斗本北方，爲坎。北宫，龜形乃其本象，又分爲龜蛇兩物。于寶以坎爲狐，虞翻以艮爲狐，天文以心爲狐，互發也。《運斗樞》曰：玉衡散而爲鼠。玉衡，斗星，亦坎也。牽牛在丑，北星，河鼓亦名牽牛，言陽氣行而萬物出也。女須四星，賤；織女三星，貴；妾與天女異分也。天牢六星，在斗魁下，貴人之牢也。貫索九星，在招摇前，庶人之牢也。北七宿中多言宗廟禱祠者，以北方幽陰、鬼神之窟宅也。言宫室女工，以應冬候陰極陽生，是以列宿皆起於牽牛之初。

宋・王應麟《六經天文編》卷下　二十八星

北方九十八度四分一，斗二十六四分，退二。牛八，女十二，虚十，危十六，室十六，壁十。西方八十度，奎十六，婁十二，胃十四，昴十一，畢十六，觜二，參九。南方百十二度，井三十三，鬼四，柳十五，星七，張十八，翼十八，軫十七。東方七十五度，角十二，亢九，氐十五，房五，心五，尾十八，箕十一。

右亦道度，周天三百六十五度四分一。《後漢志》

《漢志》：斗二十六不載四分度之一，危十七，壁九。

《晉志》：斗二十六分四百五十五。《淮南子》：箕十一四分一。五代《欽天曆》：虚十少，畢十七，觜一，參十，鬼三，北九十八度少西八十一度。南一百一十一度。東七十五度。

北方九十六度四分一，斗二十四進一，牛七，女十一，虚十，危十六，室十八，壁十。西方八十三度，奎十七，婁十二，胃十五，昴十二，畢十六，觜三，參八。南方百九度，井三十，鬼四，柳十四，星七，張十七，翼十九，軫十八。東方七十七度，角十三，亢十，氐十六，房五，心五，尾十八，箕十。

右黄道度。永元《黄道銅儀》：斗二十四四分度之一。《後漢志》

凡二十八宿分爲十二次。寅爲析木，燕之分，自尾十度至斗十一度，卯爲大火，宋之分，自氐五度至尾九度；辰爲壽星，鄭之分，自軫十二度至氐四度；巳爲鶉尾，楚之分，自張十七度《漢志》十八。至軫十一度；午爲鶉火，周之分，自柳九度至張十六度；《漢志》十七未爲鶉首，秦之分，自井十六度至柳八度；申爲實沈，魏之分，自畢十二度至井十五度；酉爲大梁，晉之分，自胃七度至畢十一度；戌爲降婁，魯之分，自奎五度至胃六度；亥爲娵訾，衛之分，自危十六度至奎四度；子爲玄枵，齊之分，自女八度至危十五度；丑爲星紀，吴越之分，自斗十二度至女七度。《唐六典》

沈氏曰：二十八宿，爲其有二十八星當度，故立以爲宿。前世測候多或改變，如《唐書》測得畢有十七度半，觜只有半度之類，皆謬説也。星既不當度，自不當用爲宿次，自是渾儀度距疎密不等耳。凡二十八宿，度數皆以赤道爲法，唯黄道度有不合度者，蓋黄道有斜有直，故度數與赤道不等，即須以當度星爲宿。唯虚宿未有奇數，自是日之餘分，曆家取以爲斗分者也，餘宿則不然。

朱氏曰：天有黄道，有赤道天。如一圓匣，赤道是相合縫處，在天之中；黄道半在赤道之内，半在赤道之外，東西與赤道相交度，是横分爲度數。會是日月在黄道赤道相交處；望是月與日相向，如一在子，一在午，皆同一度謂。如月在畢十一度，日亦在畢十一度，雖同此度，却南北相向。日蝕於朔者，月常在下，日常在上，既相會，月在下遮日，故日蝕。望時月蝕，固是陰敢與陽敵，然曆家又謂之暗虚。蓋火日外影，其中實暗，望時當其中暗處，故月蝕。

星土分星

注云：星紀，吴越也；玄枵，齊也；娵訾，衛也；降婁，魯也；大梁，趙也；實沈，晉也；鶉首，秦也；鶉火，周也；鶉尾，楚也；壽星，鄭也；大火，宋也；析木，燕也。據鄭注與班固《地理志・分野》合《志》魏即晉地，韓即鄭地。《帝王・世紀》亦用其説。考之《左傳》、《國語》，皆合，但以國爲斷，則疆土變易，不合天文之正。

吴越揚州，斗、牛。齊青州，女、虚、危。衛冀州，室、壁。魯青州，奎、婁。趙晉冀、并州，胃、昴、畢、觜、參。秦雍州，井、鬼。周豫州，柳、星、張。楚荆州，翼、軫。鄭豫州，角、亢。宋豫州，氐、房、心。燕幽州，尾、箕。

又《春秋緯·文耀鈎》：北斗七星，主九州。華、岐、龍門、積石至三危之野；雍州，屬魁星；大行以東至碣石、王屋、砥柱，冀州，屬樞星；三河雷澤東至海岱以北，兖州、青州，屬機星；蒙山以東至南江、會稽、震澤、徐、揚之州，屬權星；大别以東至雷澤、九江，荆州，屬衡星；荆山西南至岷山、北嶇、鳥鼠、梁州，屬開星；外方熊耳以至泗水陪尾，豫州，屬摇星。

陳氏曰：九州十二域或繫之北斗，或繫之二十八宿，或繫之五星。雍主魁，冀主樞，青兖主機，揚、徐主權，荆主衡，梁主開陽，豫主摇光，此繫之北斗者也。星紀吴越，玄枵齊，娵訾衛，降婁魯，大樑趙，實沈晉，鶉首秦，鶉火周，鶉尾楚，壽星鄭，大火宋，析木燕，此繫之二十八宿者也。歲星主齊吴，熒惑主楚越，鎮星主王子，太白主大臣，辰星主燕趙代，此繫之五星者也。然吴越南而星紀在丑，齊東而玄枵在子，魯東而降婁在戌，東西南北相反而相屬，何耶？先儒以爲，古者受封之日，歲星所在之辰，其國屬焉。觀《春秋傳》，凡言占相之術，以歲之所在爲福，歲之所衝爲災，故師曠、梓慎、裨竈之徒以天道在西北而晉不害，歲在越而吴不利，歲淫玄枵而宋鄭饑，歲棄星紀而周楚惡，歲在豕韋而蔡禍，歲及大樑而楚凶，則古之言星次者，未嘗不視歲之所在也。梓慎曰：龍，宋鄭之星也，宋，大辰之虚也；陳，太皞之虚也；鄭，祝融之虚也，皆火房也。衛，高陽之虚也，其星爲大水，以陳爲火，則大皞之木爲火母故也。以衛爲水，則高陽水行故也。子産曰：遷閼伯於商丘，主辰，商人是因，故辰爲商星。遷實沈于大夏，主參，唐人是因，故參爲晉星。然則十二域之所主，亦若此也。易氏曰：在諸侯則謂之分星，在九州則謂之星土。九州星土之書亡矣。今其可言者，十二國之分。考之《傳》記裁祥所應，亦有可證而不誣者。昭十年，有星出於婺女。鄭裨竈曰：今兹歲在顓頊之墟，薑氏、任氏實守其地。釋者以顓頊之墟爲玄枵，此玄枵爲齊之分星而青州之星土也。昭三十二年，吴伐越晉。史墨曰：越得歲而吴伐之，必受其凶。釋者以爲歲在星紀。此星紀爲越之分星而揚州之星土也。昭元年，鄭子産曰：成王滅唐而封太叔焉。故參爲晉星，實沈爲參神。此實沈爲晉之分星而并州之星土也。襄九年，晉士弱曰：陶唐氏之火正閼伯居商丘，相土因之，故商主大火。此大火爲宋之分星而豫州之星土也。昭十七年，星孛及漢。申須曰：漢水，祥也。衛，顓頊之墟，故爲帝丘，其星爲大水。此娵訾爲衛之分星而冀州之星土也。襄二十八年春，無冰。梓慎曰：歲在星紀，而淫于玄枵，蛇乘龍。龍，宋鄭之星。此壽星爲鄭之分星而亦豫州之星土也。鄭語周史曰：楚，重黎之後也。黎，爲高辛氏火正。此鶉尾爲楚之分星而荆州之星土也。《爾雅》曰：析木，謂之津。釋者謂天漢之津。樑爲燕，此析木爲燕之分星而幽州之星土也。以至周之鶉火，秦之鶉首，趙之大樑，魯之降婁，無非以其州之星土而爲其國之分星。所占裁祥，其應不差，然亦有可疑者。武王伐殷，歲在鶉火。伶州鳩曰：歲之所在，我有周之分野。蓋指鶉火爲西周豐岐之地，今乃以當洛陽之東。周，何也？周平王以豐、岐之地賜秦襄公。而其分星乃謂之鶉首，又何也？如燕在北而，配以東方之析木；魯在東，而配以西方之降婁；秦居西北，而鶉首次於東南；吴越居東南，而星紀次於東北；此皆稽之分野有不合者。賈氏以爲古者受封之月，歲星所在之辰。恐不其然，若謂受封之辰，則春秋戰國之諸侯以之占妖祥可也。後世占分野而妖祥亦應。豈皆古者受封之辰乎！此堪輿之書雖足攷古，而言郡國所入之度則非古之瀍。一行曰：近代諸儒言星土者，或以州，或以國。虞夏秦漢郡國廢置不同。周之興也，王畿千里；及其衰也，僅得河南七縣。今又天下一統而直以鶉火爲周分，則疆埸舛矣。七國之初，天下地形雌韓而雄魏。魏地相距高陵，盡河東河内，北固漳鄴，東分樑、宋，至於汝南。韓據全鄭之地，南盡潁川、南陽，西達虢，畧距函谷，固宜陽，北連上黨，皆綿亘數州，相錯如繡。考雲漢山河之象，多者或至十餘宿。其後魏徙大樑，則西河合於東井。秦拔宜陽，而上黨入於輿鬼。方戰國未滅時，星家之言屢有明效，今則同在畿甸之中矣。而或者猶據《漢書·地理志》推之，是守甘石遺術而不知變通之數也。《春秋正義》曰：星紀在於東北，吴越實在東南，魯衛東方諸侯，遥屬戌亥之次。又三家分晉，方始有趙，而韓魏無分，趙獨有之。《地理志》分郡國以配諸次，其地分或多或少。鶉首極多，鶉火甚狹，徒以相傳爲説，其源不可得聞。《通典》曰：凡國之分野，上配天象始於周季。吕氏曰：十二次，蓋戰國言星者以當時所有之國分配之，《星經》出於戰國之末，故舉當時東西周疆界以言之。唐氏曰：子産言封實沈于大夏，主參；封閼伯於商邱，主辰。則辰爲商邱分，參爲大夏。分其來巳久，非因封國始有分野。若以封國歲星所在即爲分星，則每封國自有分星，不因相土。因閼伯晉人，因實沈矣。陳氏曰：所可據者，其惟析木乎。其宿尾、箕，亦艮之維燕，可以言東北也。十有二次，而可言者一。魏氏曰：星不依方，而以受封之日爲次，此《傳》注之可疑。班《志》始著十二國分野所屬，然獨秦周韓燕有所入宿度，他皆無之。既言角亢氐爲韓矣，又自井六度起井乃秦分也；既言尾箕爲燕矣，又謂自危四至斗六，然危斗乃齊吴分也。以漢晉二史所載宿度較之劉昭所注，則《漢志》之差多至十餘度，而《晉志》不過差一二度而已。洪氏曰：衛，本受封於河内；商，虚，後徙；楚，邱河内，乃冀州所部，漢屬司隸。其他邑皆在東郡，屬兖州於并州，了不相干。魏分晉地，得河内、河東數十縣，於益州亦不相干。

宋・王應麟《玉海》卷一

《漢志》《史・天官書》同。東宫蒼龍，房、心。心爲明堂，大星天王前，後星子屬。房爲天府，曰天駟。其陰右驂旁兩星曰衿。衿北一星曰轄。東北曲十二星曰旗。旗中四星曰天市。房南衆星曰騎官。左角理，右角將。大角者天王，帝坐廷，其兩旁各有三星鼎足句之，曰攝提。攝提直斗杓，所指以建時節，故曰攝提格。亢爲宗廟，其南北兩大星曰南門。氐爲天根。尾爲九子。箕爲敖客，后妃之府。南宫朱鳥，權、衡。衡，太微三光之廷，筐衛十二星。藩臣西，將東。相南四星執法，中端門，左右掖門。掖門内六星諸侯，其内五星五帝坐，後聚十五星曰哀烏。郎位旁一大星，將位也。藩西有隨星四，曰少微、士大夫。權，軒轅黄龍體。晉、隋《志》：軒轅十七星，在七星北。前大星女主象，旁小星御者，後宫屬。東井爲水事。其西曲星曰鉞北。北河南，南河。兩河天闕間爲闗梁輿鬼。鬼，祠事。柳爲鳥喙，主木草。七星頸爲員宫。張嗉爲厨，主觴客。翼爲羽翮，主遠客。軫爲車，主風。其旁一小星曰長沙星。軫南衆星曰天庫。西宫咸池，曰天五潢，五帝車舍。奎曰封豨，爲溝瀆。婁爲聚衆。胃爲天倉。其南衆星曰廥積。昴曰旄頭，胡星也。畢曰罕車，爲邊兵。其大星旁小星爲附耳。昴、畢間爲天街。参爲白虎，三星直者是爲衡石。下有三星鋭曰罰。其外四星，左右肩股也。觜觿爲虎首，主葆旅事。其南有四星，曰天厠。厠下一星，曰天矢。其西有句曲九星，三處羅列。一曰天旗，二曰天苑，三曰九斿。東大星曰狼。下四星曰弧直。狼北地有大星，曰南極老人。老人見，治安；不見，兵起。常以秋分時候之南郊。《文選》注《樂緯》曰：商爲五潢。北宫玄武，虚、危。危爲蓋屋。虚爲哭泣。其南有衆星，曰羽林天軍。軍西爲壘，或曰鉞。旁有一大星，爲北落。危東六星，兩兩而比，曰司寇。營室爲清廟，曰離宫、閣道。漢中四星曰天駟。旁一星曰王梁。《史》作良。旁有八星絶漢，曰天横。《史》作潢。旁江星。杵曰四星，在危南。匏瓜。南斗爲廟，其北建星。建星者，旗也。牽牛爲犧牲，其北河鼓。婺女，其北織女，天女孫也。《晉志》《隋志》同。東方角二星，爲天闕。其間天門也。其内庭也。黄道經其中，七曜之所行也。左角爲天田，爲理，右角爲將。其星明大，王道太平。亢四星，天子之内朝。氐四星，王者之宿宫。房四星爲明堂，天子布政之宫也，亦四輔也。中間爲天衢，爲天闕，黄道之所經也，七曜由乎。天衢，則天下和平。又北二小星曰鉤鈐，天之管籥。心三星，天王正位也。中星曰明堂，天子位，爲大辰。《漢五行志》劉向以爲《星傳》曰心大星，天王也，前星太子，後星庶子也。尾九星，妃后之府。大小相承，則後宫有敘，多子孫。箕四星，一曰天雞，主八風。北方南斗六星，天廟也，亦爲壽命之期。牽牛六星，天之闗梁。須女四星，天少府。虚二星，冢宰之官。危三星，主天府。墳墓四星，屬危之下。營室二星，天子之宫也。離宫六星，天子之别宫。東壁二星，圖書之祕府也。星明，王者興，道術行，國多君子。西方奎十六星，天之武庫也。婁三星，爲天獄。胃三星，天之厨藏。昴七星，天之耳；又爲旄頭，胡星也。天子出，旄頭罕畢以前驅。畢八星，主弋獵。附耳一星，在畢下。觜觿三星，爲三軍之候。明，則軍儲盈，將得勢。参十星，《黄帝占》：参應七將。南方東井八星，天之南門，黄道所經。用法平，則井星明而端列。鉞一星，附井之前。輿鬼五星，天目也。柳八星，主雷雨。星七星，主衣裳文繡。張六星，主珍寶、宗廟。翼二十二星，主天之樂府。星明、大，禮樂興，四夷賓；動，則蠻夷使來。軫四星，冢宰、輔臣也。軫星明，則車駕備、轄星傅。軫兩旁左轄爲王者同姓，右轄爲異姓。長沙一星，在軫之中。《隋志》曰：四方二十八宿并輔官一百八十二星。星官在二十八宿之外者，庫樓十星，在角南。旁十五星、三三而聚者，柱也。中之四小星，街也。東北二星，曰陽門。南門二星，在庫樓南。平星二星，在庫樓北。天門二星，在平星北。亢南七星，曰折威。頓頑二星，在折威東南。騎官二十七星，在氐南，若天子武賁，主宿衛。東端一星，騎陣。南三星，車騎。陣車三星，在騎官東北。積卒十二星，在房、心南。從官二星，在積卒西北。龜五星，在尾南。傳説一星，在尾後。魚一星，在尾後。河中杵三星，在箕南。糠一星，在箕舌前、杵西北。鼈十四星，在南斗南。農丈人一星，在南斗西南。狗二星，在南斗魁前。天田九星，在牛南。羅堰九星，在牽牛東。九坎九星，在牽牛南。九坎間十星，曰天池。虚南二星，曰哭。哭東二星，曰泣。泣南十三星，曰天壘城，如貫索狀。敗臼四星，在虚危南。危南二星，曰蓋屋。其南四星，曰虚梁。羽林四十五星，在營室南，一曰天軍，主軍騎壘壁。陣十二星，在羽林北，羽林之垣壘也。北落師門一星，在羽林南。北長安城北門曰北落門，以象北也。北落西北有十星，曰天錢。北落西南一星，曰天綱。北落東南九星，曰八魁。八魁西北三星，曰鈇質。奎南七星，曰外屏。外屏南七星，曰天溷。天溷南一星，曰土司空。婁東五星，曰左更。西五星，曰右更。天倉六星，在婁南。南四星，曰天庾。天囷十三星，在胃南。天廩四星，在昴南。天苑十六星，在昴、畢南。苑南十三星，曰天園。畢附耳南八星，曰天節。天節下九星，曰九州。殊口畢柄西五星，曰天陰。參旗九星，在參西。玉井四星，在參左足下。西南九星，曰九游。東南四星，曰軍井。軍市十三星，在參東南。野雞一星，在軍市中。軍市西南二星，曰丈人。丈人東二星，曰子。子東二星，曰孫。東井西南四星，曰水府。東井南垣之東四星，曰四瀆。狼一星，在東井東南。北七星，曰天狗。弧九星，在狼東南。弧南六星，曰天社。昔共工氏之子句龍能平水土，故以配社，其精爲星。老人之星在弧南，一曰南極。常以秋分之旦見于景，即丙字。春分之夕没于丁。見則治平，主壽昌，常以秋分候之南郊。柳南六星，曰外厨。厨南一星，曰天紀。稷五星在七星南，農正也。張南十四星，曰天廟，天子之祖廟也。翼南五星，曰東區，蠻夷星也。軫南三十二星，曰器府，樂器之府也。青丘七星，在軫東南。青丘西四星，曰土司空。土司空北二星，曰軍門。主營候彪尾威旗。已上《晉志》頗詳於《隋志》。《乾象新書》石申列舍星一百六十六，角至軫；石申中官星三百十八，招搖至郎將；石申外官星二百七十一，平星至長沙。甘德中官星二百一，平道至謁者；甘德外官星二百九，天門至青丘。巫咸中官星三十一，列肆至虎賁；巫咸外官星九十五，陽門至土司空。石申紫微垣星五十四，紫微垣至文昌。甘德紫微垣星一百一四，輔至八穀。巫咸紫微垣星十八，御女至鉤。後《魏書》永熙中詔通直散騎常侍孫僧化與太史令胡世榮、張龍、趙洪慶、及中書舍人孫子良等在門下外省校比天文書，集甘石二家《星經》及漢魏以來二十三家經占，集爲五十五卷。後集諸家撮要，前後所上雜占以類相從，日月五星、二十八宿、中外官圖合爲七十五卷。《中興書目》：《星簿讚曆》一卷，載星宿躔度應驗事案。《隋志》：《石氏星經簿讚》石申注，今本所載州名有徐、潁、婺、台之類，疑後人所附益也。晁氏志《司天考》：《占星通元寶鏡》一卷，題曰巫咸氏。《甘石星經》一卷，甘公石申撰以日月五星、三垣二十八宿常星圖象次舍，有占訣以候休咎。

漢《天文志》：星者，金之散氣，其本曰人。星衆，國吉；少，則凶。注孟康曰：星，石也，金石相生。《三五曆記》：星者，元氣之英，水之精也。《河圖括地象》：川德布精，上爲星。河精，象爲天漢。《朱子易傳》：班固曰：陰陽之精，其木在地。張衡曰：地有山嶽，精鍾爲星。蓋星辰者，地之精氣上發乎天而有光耀者也。星，日之餘也。辰，月之餘也。月生於日之所照也。衆星被耀，因水轉光。三辰同形，陰陽相配，其體則良也。《河洛篇》曰：天中極星，崑崙之墟。天門明堂，太山之精。中挺三台也，五靈諸侯也。岍岐，荆山，壺口雷首，太嶽砥柱，東方之宿也。析城王屋，太行常山，碣石，西傾朱圉，北方之宿也。鳥鼠太華，能耳外方，桐柏嶓冢陪尾，西方之宿也。荆山内方，大别岷山，衡山九江敷淺原，南方之宿也。九隘之險，九河之曲，瀁水三危，汶江九折，上爲列星。邵子曰：日隨天而轉，月隨日而行，星隨月而見。

周易分野星圖

《隋・經籍志》：《五行周易分野星圖》一卷。又天文梁有《天官宿野圖》一卷，亡，《天下十二次圖》一卷，《二十八宿分野圖》一卷。讖緯有《孝經分野圖》一卷。《唐・藝文志》天文類《周易分野星圖》一卷。《崇文目・地里類》：《開元分野圖》一卷。《晉志》十二次度數，費直説《周易》所言頗有先後。費直《周易》「分野」：壽星起軫七度，大火起氐十一，析木起尾九，星紀起斗十，玄枵起女六，娵訾起危十四，降婁起奎二，大樑起婁十，實沈起畢九，鶉首起井十二，鶉火起柳五，鶉尾起張十三度。《唐志》：雲漢自坤抵艮爲地紀，北斗自乾攜巽爲天綱。乾維内爲少昊之墟，乾維外爲顓帝之墟。巽維内爲太昊之墟，巽維外爲列山氏之墟。《賁象》曰：觀乎天文，以察時變。日，陽也，而爲離。月，陰也，而爲坎。緯星動者，陽也；而太白、辰星爲陰。經星不動者，陰也；而析木、鶉首爲陽。北斗、振天二極不動，故曰天文也。《繫辭》曰：在天成象，在地成形。象者，形之精華，發於上；形者，象之體質，留於下。十二次之分野，若《周禮・保章氏》注：星紀，吴越至析木燕。《春秋正義》謂：秦漢以來，地分天次是也。二十八宿之分野，若《史記・天官書》，二十八舍主十二州。角、亢、氐，兖；房、心，豫；尾、箕，幽；斗、江，湖；牽牛、婺女，揚；虚、危，青；營室、東壁并奎、婁、胃，徐；昴、畢，冀；觜觿、參，益；東井、輿鬼，雍；柳、七星、張，三河；翼、軫，荆。《淮南子》：角、亢，鄭，至翼、軫，楚。《漢志》：昴、畢間爲天街，其陰陰國、陽陽國。《藝文志》：有海中二十八宿，國分、臣分各二十八卷是也。五星之分野，若《天官書》秦之疆，候太白，占狼、弧；吴楚，候熒惑，占鳥、衡；燕齊，候辰星，占虚、危；宋鄭，候歲星，占房、心；晉亦候辰星，占參、罰。中國在東南爲陽，日、歲星、熒惑、填星占於街南，畢主之。西北，胡貉旃裘引弓之民，爲陰，月、太白、辰星占於街北，昴主之。秦晉好用兵，復占太白。胡貉數侵掠，獨占辰星。《續漢志》注：《星經》：歲星主泰山，徐、青、兗；熒惑主霍山，揚、荆、交；鎮星主嵩高，豫；太白主華陰山，涼、雍、益；辰星主常、主冀、幽、并。《唐志》岱宗，歲星位焉；至嵩丘，鎮星位焉是也。北斗之分野，若《天官書》，杓，自華以西南；衡，殷中州河濟之間；魁，海岱以東北。《星經》玉衡，一徐，二益，三冀，四荆，五兗，六揚，七豫，八幽，九并。《春秋緯文耀鉤》雍屬魁，冀屬樞，兗、青機，徐、揚權，荆衡，樑開，豫摇。《晉志》：一秦，二楚，三樑，四吴，五燕，六趙，七齊。《唐志》：杓以治外，故鶉尾，爲南方負海之國；魁以治内，故娵訾，爲中州四戰之國是也。干支之分野，若《天官書》甲乙，四海之外；丙丁，江淮海岱；戊巳，中州河濟；庚辛，華山以西；壬癸，常山以北。《淮南子》：甲齊，乙東夷，丙楚，丁南夷，戊魏，巳韓，庚秦，辛西夷，壬衛，癸越，子周，丑翟，寅楚，卯鄭，辰晉，巳衛，午秦，未宋，申齊，酉魯，戌趙，亥燕。《漢志》：壬燕趙，癸北夷，辰邯鄲，未中山，戌吴越，亥燕代。《星經》玉衡，第一星以五子日候之，二亥，三戌，四卯，五辰，六巳，七午，八寅，九申是也。河漢之分野，若《漢志》，南戒爲越門，北戒爲胡門。《唐志》：山河之象存兩戒，觀兩河之象與雲漢所始終是也。諸星之分野，若《晉志》東區青丘，《隋志》齊、趙、鄭、越、周、秦、代晉、韓、魏、楚、燕之星是也。詳見星土。《隋志》《春秋》有《左氏分野》一卷。《通典》云：諸國分野具於班固《漢書》。皇甫謐《帝王世記》下分區域，上配星躔。

又 《後曆志》蔡邕議馮光、陳晃曆，以《考靈曜》二十八宿度數及冬至日所在與今史官、甘石舊文錯異，不合考校。以今《渾天圖儀》檢《天文》，亦不合於《考靈曜》。《月令正義》熊氏引《石氏星經》云：司命二星，在虚北；司禄二星，在司命北；司危二星，在司禄北；司中二星，在司危北。詳見前類。

宋・王應麟《玉海》卷二 漢劉向言域分

《地理志》：成帝時劉向略言其地分，一作域分，分著于篇。秦地於《天官》東井、輿鬼之分壄也，自井十度至柳三度，謂之鶉首之次，秦之分也；魏地，觜觿、參之分壄也；周地，柳、七星、張之分壄也，自柳三度至張十二次，謂之鶉火之次，周之分也；韓地，角、亢、氐之分壄也；陳本太昊之墟，自東井六度至亢六度，謂之壽星之次；鄭之分壄與韓同分；趙地，昴畢之分也；燕地，尾箕之分壄也，自危四度至斗六度，謂之析木之次，燕之分也；齊地，虚、危之分壄也；魯地，奎、婁之分壄也；宋地，房、心之分壄也；衛地，營室、東壁之分壄也；楚地，翼、軫之分壄也；吴地，斗分壄也；粤地，牽牛、婺女之分壄也。《晉・天文志》班固取《三統曆》十二次配十二野，其言最詳。荀悦《漢紀》載災異分野目。七國時甘石始配十二分野。《續漢志》注：《星經》歲星主徐、青、兗，熒惑主揚、荆、交，鎮星主豫，太白主涼、雍益，辰星主冀、幽、并。琁璣謂北極星也，玉衡謂斗九星也。玉衡第一星主徐，二主益，三冀，四荆，五兗，六揚，七豫，八幽，九并。凡存六十郡，九州所領自有分而名焉。《吕氏》曰：《星經》出於戰國之末，故舉當時東西周疆界言之。

《史・天官書》二十八舍主十二州，斗秉兼之。詳見《分野圖》。《廣雅》云：摳爲雍，琁爲冀，機爲青、兗，權爲徐、揚，衡爲荆，開陽爲樑，摇光爲豫。《吕氏春秋》天有九野，地有九州。《淮南子・天文訓》曰：天有九野九千九百九十九隅，去地五億萬里。

又 蔡邕分星次度數與皇甫謐不同，兼明氣節所在，故載焉。《邕傳》云：好數衛天文。《晉志》「十二次度數」、「十二次」，班固取《三統曆》十二次配十二野，其言最詳。又有費直説《周易》、蔡邕《月令章句》，所言頗有先後。魏太史令陳卓，更言郡國所入宿度，今附而次之。壽星，卓謂角、亢、氐，鄭、兗也。自軫十二度至氐四度，辰在辰。東郡入角一，東平任城山陽角六，泰山角十二，濟北陳留亢五，濟陰氐一，東平氐七。費直謂起軫七度，蔡邕謂起軫六度。大火，卓謂房、心，宋、豫也。自氐五至尾九，辰在卯。潁川入房一，汝南房二，沛郡房四，樑國房五，淮南心一，魯國心三，楚國房四。直謂起氐十一，邕謂起亢八。析木，卓謂尾、箕，燕、幽也。自尾十至南斗十一，辰在寅。涼州入箕中十上，谷尾一，漁陽尾三，西河、上郡、北地、遼東西尾十，右北平尾七，涿郡尾十六，渤海箕一，樂浪箕三，玄菟箕六，廣陽箕九。直謂起尾九，邕謂起尾四。星紀，卓謂斗、牽牛、須女，吴越、揚也。自南斗十二至女七，辰在丑。九江入斗一，廬江斗六，豫章斗十，丹陽斗十六，會稽牛一，臨淮女四，廣陵牛八，泗水女一，六安女六。直謂起斗六。玄枵，卓謂虚、危，齊、青也。自女八至危十五，辰在子。齊國入虚六，北海虚九，濟南危一，樂安危四，東萊危九，平原危十一，菑川危十四。直謂起女六。陬訾，卓謂營室、東壁，衛、并也。自危十六至奎四，辰在亥。安定入室一，天水室八，隴西室四，酒泉室十一，張掖室十二，武都壁一，金城壁四，武威壁六，焞煌壁八。直謂起危十四，邕謂起危十。降婁，卓謂奎、婁、胃，魯、徐也。自奎五至胃六，辰在戌。東海入奎一，琅邪奎六，高密婁一，城陽婁九，膠東胃九。直謂起奎二，邕謂起奎八。大樑，卓謂昴、畢，趙、冀也。自胃七至畢十一，辰在酉。魏郡入昴一，鉅鹿三，常山五，廣平七，中山一，清河九，信都畢三，趙郡八，安平四，河間十，真定十三。直謂起婁十，邕謂起胃一。實沈，卓謂觜、參，魏、益也。自畢十二至東井十五，辰在申。廣漢入觜一，越嶲三，蜀郡參一，犍爲三，牂柯五，巴郡五，漢中九，益州七。直謂起畢九，邕謂起畢六。鶉首，卓謂東井、輿鬼，秦、雍也。自東井十六至柳八，辰在未。雲中入井一，定襄八，雁門井十六，代郡二十八，太原二十九，上黨鬼二。直謂起井十二，邕謂起井十。鶉火，卓謂柳、七星、張，周，三輔也。一曰屬三河。自柳九至張十六辰在午。弘農入柳一，河南星三，河東張一，河内張九。直謂起柳五，邕謂起柳三。鶉尾，卓謂軫、翼，楚，荆也。自張十七至軫十一度，辰在巳。南陽翼六，南郡翼十，江夏十二，武陵軫十一，桂陽軫六，零陵十，長沙十六。直謂起張十二，邕謂起張十三度。州郡躔次，陳卓、范蠡、鬼谷先生、張良、諸葛亮、譙周、京房、張衡並云，角、亢、氐，鄭、兖；房、心，宋、豫；尾、箕，燕、幽；斗、牽牛、須女，吴越、揚；虚、危，齊、青；營室、東壁，衛、并；奎、婁、胃，魯、徐；昴、畢，趙、冀；觜、參，魏、益；東井、輿鬼，秦、雍；柳、七星、張，周、三輔；翼、軫，楚、荆。《唐地理志》關内道，古雍州之域，爲鶉首，實沈、鶉火分；河南道，古豫兖青徐之域，爲實沈、鶉火、壽星、大火、降婁、玄枵、娵訾星紀分；河東道，古冀州之域，爲實沈、大樑分；河北道，古幽冀二州之域，爲娵訾、大樑、析木、津分；山南道，古樑荆二州之域，爲鶉尾、鶉火、鶉首分；隴右道，古雍樑境，爲鶉首分；淮南道，古揚州之域；江南道，古揚州南境，爲星紀，鶉尾分；劒南道，古梁州域，州三十八總爲鶉首分；嶺南道，古揚州南境，爲星紀，鶉尾分。《唐天文志》初貞觀中，李淳風撰《法象志》，因《漢書》十二次度數，始以唐州縣配焉。而一行以爲天下山河之象存乎兩戒。見「地理類」近代諸儒言星土者，或以州，或以國，虞夏秦漢郡國廢置不同。周之興也，王畿千里；及其衰也，僅得河南七縣。今又天下一統而直以鶉火爲周分，則疆埸舛矣。七國之初，韓魏綿亘數州，相錯如繡。考雲漢山河之象，多者至十餘宿。今同在畿甸之中，而或者猶據《漢書·地理志》推之，是守甘石遺術而不知變通之數也。並一行云。《通典·諸國分野》具於《漢書·帝王世紀》下分區域，上配星躔。固合同時，不應前後。當吴之未亡，天下列國尚有數十。韓魏趙三卿又未爲諸侯，晉國猶在。自吴滅至分晉，凡八十六年，時既不同，若爲分配。《崇文總目·地理類》《開元分野圖》一卷，《星土占》一卷。

漢《星經曆法》《星傳》

《唐·天文志》：漢以後表測景晷以求地中，分列境界以當星次，皆略依古，而又作儀以候天地。而渾天、周髀、宣夜之説至於《星經曆法》皆出於數術之學。《前漢志》《星傳》曰：日德月刑，故日食修德，月食修刑。《五行志》亦引《星傳》《天文志》注晉灼引《星經傳》。《續漢志》注引《星經》曰：六十郡，九州所領自有分而名。《禮·秋官》疏：案《星經》：角有大民小民之星。《史記正義》引《天官占》、《星經》。《晉志》引《星傳》曰：日，陽君象也。星，陰臣道也。案劉向説，天官列宿在位之象，其衆小星無名者，衆庶之類。翟方進好天文、星曆，其星曆則長安令田終術師也。唐檀好災異星占。

漢《荆州占》

《晉志》圖緯舊説及漢末劉表爲荆州牧，命武陵太守劉叡集天文衆占，名《荆州占》。其雜星之體有瑞妖客流星，瑞妖曰傍氣。《隋志》、《荆州占》二十卷。《唐志》劉表《荆州星占》二卷，劉叡《荆州星占》三十卷。《崇文目》荆州劉、石、甘、巫占一卷。

《後漢志》注引《荆州星經》。《周禮》疏：按，武陵太守《星傳》云：角有大民小民。文昌第一曰上將。又案，《石氏星傳》。《晉志》引《荆州占》云：老子星淳白，周伯星黄色。《太平御覽》引《荆州星占》。《史記索隱》引《荆州占》。《乾象新書》引《高宗占》、《荆州占》、《夏氏占》，董仲舒、京房對災異，《海中占》，巫咸、郄萌、甘德、石申、陳卓、陶隱居。又引《星讚大象占》，焦延壽、韓楊、趙蕤《長短經》廣古今占。

宋·王應麟《小學紺珠》卷一《天道類律曆類》 二十八宿《史記》曰：二十八舍。

角、亢、氐、房、心、尾、箕，七十五度，東方蒼龍。斗、牛、女、虚、危、室、壁，九十八度四分度之一，北方玄武。奎、婁、胃、昴、畢、觜、參，八十度，西方白虎。井、鬼、柳、星、張、翼、軫，百十二度，南方朱雀。《周禮》二十有八星之位。《左傳》天以七紀。注，二十八宿，面七，經星不動，周天三百六十五度四分一。

又 四宫

東宫蒼龍，南宫朱鳥，西宫白虎，北宫玄武。二十八舍一百六十八星；四宫二百八座一千一百三十六星。

宋·鄭樵《通志》卷三八《天文略一》 東方

角，兩星南北正直著，中有平道上天田。總是黑星兩相連，别有一烏名進賢。平道右畔獨淵然，最上三星周鼎形。角下天門左平星，雙雙横於庫樓上。庫樓十星屈曲明，樓中五柱十五星，三三相著如鼎形。其中四星别名衡，南門樓外兩星橫。

角，二星，十二度，爲主造化萬物，布君之威信，謂之天闕。其間，天門也。其內，天庭也。故黄道經其中，七曜之所行也。其星明則太平，芒動則國不寧。日食右角，國不寧。月食左角，天下道斷。金、火犯，有戰敵。金守之，大將持政。左角爲天田，爲理，主刑。其南爲太陽道，五星犯之爲旱。右角爲將，主兵。其北爲太陰道，五星犯之爲水。蓋天之三門，猶房之四表也。左右角間二星曰平道，爲天子八達之衢，明正則吉，動摇則法駕有虞。天田主天子畿内封疆，金守之，主兵；火守之，主旱；水守之，主潦。平道西一星曰進賢，在太微宫東，明則賢者在位，暗則在野。又曰，主卿相，舉逸才。周鼎三星，在攝提西，國之神器也，不見或移徙，則運祚不寧。天門二黑星，在平星北角之南，主天之門，爲朝聘待客之所，明則四方歸化，不見則兵革起，邪佞生。平星二星，在庫樓北，天平下之法獄，廷尉之象也。庫樓十星，其六大星爲庫，南四星爲樓。在角南一曰天庫，兵車之府也。旁十五星，三三而聚者，柱也。中央四小星，衡也，主陣兵。其占曰：「庫中星不見，兵四合。無星則下臣謀上，明而動摇則兵出四方，盡不見則國無君。」庫樓東北二星曰陽門，主守隘塞也。南門二星在庫樓南，天之外門也，主守兵，明則遠方入貢，暗則夷狄畔。客星守之，主兵至。

亢，四星恰如彎弓狀，大角一星直上明，折威七子亢下横。大角左右攝提星，三三相似如鼎形。折威下左頓頑星，兩箇斜安黄色精。頑下二星號陽門，色若頓頑直下跻。

亢，四星，九度，日月之中道，主天子内朝，天子之禮法也。又曰，總攝天下奏事、聽訟、理獄、録功者也。亦爲疏廟，主疾疫。其星明大，四海歸王，輔臣納忠，人無疾疫。移動，多病。不見，則天下鼎沸，而旱澇作矣。大角一星，在攝提間，天王坐也，又爲天子梁棟。金守之則兵起。日月食，主凶。亢南七黑星曰折威，主斬殺。金、火守之，夷狄犯邊，將有棄市者。攝提六星，直斗杓之南，主建時節，伺禨祥。攝提爲盾，以夾擁帝坐也，主九卿。明大，三公恣横。客星入之，聖人受制。一曰，大臣之象。頓頑二星，在折威東南，主考囚察情僞也。陽門在庫樓東北，主邊塞險阻之地。客星出陽門，夷狄犯邊。

氐，四星似斗側量米。天乳氐上黑一星，世人不識稱無名。一箇招摇梗河上，梗河横列三星狀。帝席三黑河之西，亢池六星近攝提。氐下衆星騎官出，騎官之衆二十七。三三相連十欠一，陣車氐下騎官次。騎官下三車騎位，天輻兩星立陣傍，將軍陣裏振威霜。

氐，十六度。下二尺爲五星日月中道，爲天子之路寢，明則大臣妃后奉君不失節，如不見或移動，則臣將謀内，禍亂生矣。日月食，主内亂。木犯之，立后妃。火犯，臣僭上。金犯，拜將。水犯，天官憂。客星犯，婚禮不整。彗孛犯，暴兵起。月暈，人不安。一曰，氐爲后妃之府，休解之房，前二星適也，後二星妾也。將有徭役之事，氐先動。星明大則民無勞。天乳在氐北，主甘露，明則潤澤，甘露降。招摇一星，在梗河北，次北斗柄端，主胡兵，芒角變色摇動，則兵革大起。梗河三星，在大角北，天子以備不虞，其色變動，有兵喪。帝席三星，在大角西北，天子宴樂獻壽之所。其星不見，大人失位。亢池六黑星，爲汎舟楫，主迎送，移徙則凶。騎官二十七星，在氐南，天子騎士之象，星衆則安，不見兵起。車騎三黑星，在氐南騎官之上，都車馬之將也。金、火犯，爲災。動摇，車騎行。天輻兩黄星，在房西，主鑾駕，客星來守之，則輦轂有憂也。騎陣將軍一星，在騎官東南，主騎將也，摇動則騎將出。

房，四星直下主明堂，鍵閉一黄斜向上，鈎鈐兩箇近其傍。罰有三星植鍵上，兩咸夾罰似房狀。房下一星號爲日，從官兩箇日下出。

房，六度，爲明堂，天子布政之宫也，亦四輔也。下第一星，上將也。次，次將也。次，次相也。上星，上相也。南二星君位，北二星夫人位。又爲四表，中間爲天衢之大道，亦謂之天闕，黄道之所經也。南間曰陽環，亦曰陽道，其南曰太陽。北間曰陰間，亦曰陰道，其北曰太陰。七曜由乎天衢，則天下平和；由陽道，則主旱喪；由陰道，則主水兵。房星亦曰天駟，爲天馬，主車駕。南星曰左驂，次左服，次右服，次右驂。亦曰天廄。又主開閉，爲蓄藏之所由也。房星明則王者明，驂星大則兵起，星離則人流。日月食，主昏亂，權臣横。彗孛犯之，兵起。下二星爲陰，五星犯之爲水。上二星爲陽，五星犯之爲旱。房北二小星曰鈎鈐，房之鈐鍵，天之管籥，主閉藏。鍵，天心也，王者孝則鈎鈐明；近房，天下同心；遠則天下不和，王者絶後。房鈎鈐間有星及疎坼，則地動河清。東咸、西咸各四星，在房、心北，日月五星之道也，爲房之户，所以防淫佚也，明則吉，暗則凶。日月五星犯守之，有陰謀。火守之，兵起。罰三星，在東咸正西，南北而列，主受金贖罪，正而直列則法令太平，曲而斜列則刑罰不中。日一星，在房中道前，太陽之精，主明德。金、火犯守之，有憂。從官二星，在積卒西北。

心，三星中央色最深，下有積卒共十二，三三相聚心下是。

心，六度。一名大火，王天位也。中星曰明堂，爲大辰，天子之正位也。前星爲太子，不明則太子不得位。後星爲庶子，明則庶子繼。心上四尺爲日月五星之中道。中心明則化成道昌，直則地動移徙，不見國亡。又曰，心變黑色，大人有憂，直則主失勢，動則國有憂，離則民流。金、火犯，血光不止。土、木犯，吉。日月食，吉。月暈，兵起。火來守之，國無主。客星及孛犯，天下兵荒。積卒十二星，在房、心西南，五營軍士也。微而小則吉，明大動摇，兵大起。一星亡，兵出；二星亡，兵半出；三星亡，兵出盡。他星守之，兵大起，近臣誅。

尾，九星如鉤蒼龍尾，下頭五點號龜星。尾上天江四横是，尾東一箇名傅說。傅說東畔一魚子，龜西一室是神宫，所以列在后妃中。

尾，十九度，后妃之府，後宫之場也。北之一丈爲天之中道。上第一星，后也。次三星，夫人。次則嬪妾。第三星傍一星，名曰神宫，解衣之内室。尾亦爲九子星，色欲均明，大小相承，則后妃無妒忌，後宫有叙，多子孫。星微細暗，后有憂疾；疎遠則后失勢；動移則君臣不和，天下亂；就聚則大水。木犯之及月暈，則后妃死。火犯，宫中内亂。土犯，吉。水犯，宫中有事。客星犯，大臣誅。日月食，主飢。一曰，金、火守之，後宫兵起。龜五星，在尾南漢中，主占定吉凶。明則君臣和，不明則爲乖戾，亡則赤地千里。火守之，兵起；在外守之，則兵罷。天江四星，在尾之北，主太陰。不欲明，明而動，水暴出。參差則馬貴。其星不具，則津河關道不通。熒惑守之，有立主。客星入，河津絶。傳説一星，在尾後河中，主後宮女巫祝祀神靈祈禱子孕，故曰，主王后之內祭祀以求子孫。《詩》云：「克禋克祀，以弗無子。」此之象也。其星明大，王者多子孫；小而暗，後宮少子；動摇則後宮不安；星摇則天子無嗣。魚一星，在尾後河中，主陰事，知雲雨之期也。大明則陰陽和，風雨時；暗則魚多亡；動摇則大水暴出；出漢中則大魚多死。火守在南則旱，在北則水起。

臣謹按：傅説一星，惟主後宮女巫禱祠求子之事。謂之傅説者，古有傅母，有保母，傅而説者，謂傅母喜之也。今之婦人求子皆祀婆神，此傅説之義也。偶商之傅説與此同音，諸子百家更不詳審其義，則曰「傅説騎箕尾而去」，殊不知箕、尾專主后宮之事，故有傅説之佐焉。

箕，四星形狀如簸箕，箕下三星名木杵，箕前一黑是糠皮。

箕，十一度，亦謂之天津，後宮妃后之位。上六尺爲天之中道。箕一曰天雞，主八風，凡日月宿在箕、東壁、翼、軫者，風起。又主口舌，主客蠻夷胡貊，故蠻夷將動，先表箕焉。星大明直則五穀熟，君無讒間；踈暗則無君世亂，五穀貴，蠻夷不伏，內外有差；就聚細微，天下憂；動則蠻夷有使來；離徙則人流；若移入河，國災，人相食。月暈，金、火犯之，兵起。流星犯，大臣叛。日宿其野，風起。杵三星，在箕南，主杵舂之用也。縱爲豐，橫爲飢。移徙，人失業。不見，人相食。客星入杵臼，天下有急變。糠一星，在箕口前杵臼西北，明則爲豐，暗則爲飢，不見，人相食。

北方

斗，六星其狀似北斗，魁上建星三相對，天弁建上三三九。斗下圓安十四星，雖然名鼈貫索形。天雞建背雙黑星，天籥柄前八黃精。狗國四方雞下生，天淵十星鼈東邊。更有兩狗斗魁前，農家丈人狗下眠，天淵十黃狗色玄。

斗，二十五度，天廟也，亦曰天機。五星貫中，日月正道，爲丞相太宰之位，酌量政事之宜，褒進賢良，稟授爵禄，又主兵。南二星魁，天樑也。中央二星，天相也。北二星，天府庭也。亦爲壽命之期。將有天子之事，占於南斗。星盛明，君臣一心，天下和平，爵禄行。芒角動摇，天子愁，兵起。移徙，其臣逐。日月五星逆入斗，天下流蕩。孛犯之，兵起。星小暗則廢宰相及死。鼈十四星，在南斗南。鼈爲水蟲，爲太陰，有星守之，白衣會，主有大水。火守之，旱。建六星，在斗背，亦曰天旗，臨於黃道，天之都關也。建，斗之間，七曜之道。建爲謀事，爲天皷，爲天馬。南二星，天庫也。中央二星，市也，鐵鑕也。上二星，旗跗也。建動摇則人勞。月暈之，蛟龍見，牛馬疫。月食，五星犯守，大臣相譖，臣謀主，亦爲關樑不通，有大水。天弁九星，在建星北，入河中，市官之長也，主列肆闤闠，若市籍之事以知市珍也。星明則吉。彗星犯守之，糴貴，兵起。天雞二星，在狗國北，主候時也。金、火守入，兵大起。天籥八星，在斗南斗杓西，主鏁籥關閉，明吉，暗凶。狗國四星，在建東北，主鮮卑、烏丸、沃沮，明則邊寇作。金、火犯守，外夷有變。太白逆守之，其國亂。客星守犯之，有大盜，其王且來。天淵十星，在鼈東南，一曰天海，主灌溉。火守之，大旱。水守之，大水。一曰，主海中魚鼈。狗二黑星，在斗魁前，主吠守禦姦回也，不居常處爲大災。農丈人一星，在南斗西南，老農主稼穡也，其占與糠略同。

牛，六星近在河岸頭，頭上雖然有兩角，腹下從來欠一脚。牛下九黑是天田，田下三三九坎連。牛上直建三河鼓，鼓上三星號織女。左旗右旗各九星，河鼓兩畔右邊明。更有四黃名天桴，河鼓直下如連珠，羅堰三烏牛東居。漸臺四星似口形，輦道東足連五丁。輦道漸臺在何許？欲得見時近織女。

牛，七度，天之關樑，日月五星之中道，主犧牲。其北二星，一曰即路，一曰聚火。又曰，上一星主道路，次二星主關樑，次三星主南越。甘氏曰：「上二星主道路，次二星主關樑，次二星主南夷。中一星主牛，移動則牛多殃，明大則王道昌，其星曲則糴貴。」又曰，星明大則關樑通，牛貴，怒則馬貴，不明失常，穀不登，細則牛賤。中星移上下，牛多死。小星亡則牛多疫。月暈，損犢。金、火犯之，兵災。水、土犯之，吉。天田九星，牽牛南，太微東，主天子畿內之田，其占與角之天田同。九坎九黑星，在天田東，主溝渠，所以道達泉源，流瀉盈溢。明盛則有水災，夷狄侵邊。不明則吉。河鼓三星，在牽牛北，天鼓也，主軍鼓及鈇鉞。一曰三武，主天子三將軍，中央大星爲大將軍，左星爲左將軍，右星爲右將軍。左星，南星也，所以備關樑，設險阻，而拒難也。明大光潤，將軍吉；動摇差度，亂兵起；直則將有功，曲則將失律。左旗、右旗各九星，在河鼓左右，皆天之旗鼓也。旗星明潤，將軍吉；動摇，兵起；怒則馬貴。旗端四星南北列，曰天桴，鼓桴也。星不明，漏刻失時；動摇，軍鼓用。桴鼓相直亦然。織女三星，在河北天紀東端，天女也，主果蓏絲綿珍寶也。王者至孝，神祇咸喜，則織女星俱明，天下和平。大星怒角，布帛貴。又曰，三星俱明，女功善；暗而微，天下女功廢；不見，兵起。東足四星曰漸臺，臨水之臺也，主刻漏律吕之事。西足五星曰輦道，天子嬉游之道。金、火守之，御路兵起。羅堰三星，在牽牛東，主隄塘，壅蓄水潦，灌溉田苗。大而明，大水泛溢。

臣謹按：張衡云「牽牛織女七月七日相見」者，即此也。《爾雅》云：「河鼓，謂之牽牛。」又歌曰：「東飛百勞西飛燕，黃姑織女時相見。」黃姑即河鼓也，音訛耳。

女，四星如箕主嫁娶，十二諸國在下陳。先從越國向東論，東西兩周次二秦，雍州南下雙雁門，代國向西一晉伸，韓魏各一晉北輪，楚之一國魏西屯，楚城南畔獨燕軍，燕西一郡是齊隣，齊北兩邑平原君，欲知鄭在越下存。十六黃星細區分，五箇離珠女上星，敗瓜珠上瓠瓜生，兩箇各五瓠瓜明。天津九箇彈弓形，兩星入牛河中橫。四箇奚仲天津上，七箇仲側扶筐星。

女，十一度。下九尺爲日月中道，天之少府也。謂之須女者，須，賤妾之稱，婦職之卑者也。主婦女之位。其星如婦功之式，主布帛裁製嫁娶。星明，天下豐，女功昌。小暗則國藏虛。移動則嫁女受殃，産死者多，后妃廢。日月食，國憂。木犯，立后。火犯，女喪。金犯，災。土孛犯，損蠶。月暈，婦人災。又曰，水守之，萬物不成。火守之，布帛貴，人多死。土守之，有女喪。金守之，兵起。十二國有十六星，齊一星在九坎之東，齊北二星曰趙，趙北一星曰鄭，鄭北一星曰越，越東二星曰周，周東南北列二星曰秦，秦南二星曰代，代西一星曰晉，晉北一星曰韓，韓北一星曰魏，魏西一星曰楚，楚南一星曰燕。其星有變，各以其國。離珠五星，在須女北，須女之藏府也，爲女子之星。非其故，後宫亂。宫星犯之，後宫凶。瓠瓜五星，在離珠北，主陰謀，主後宫，主果食。明則歲熟，微則后失勢，瓜果不登。客星守之，魚鹽貴。旁五星曰敗瓜，主種植，與瓠瓜略同。天津九星，在虛、危北，横漢中，津梁所度。明而動則兵起如流沙，死人如亂麻。參差不齊，馬貴。一星不備，關梁不通；三星不備，覆陷天下；星亡，水災河溢，水賊稱王。奚仲四星，在天津北，古車正也。金、火守之，兵車必起。扶筐七黑星，主蠶事，見吉，不見則凶。

臣謹按：天之所覆者廣，而華夏所占者，牛、女下十二國耳。牛、女在東南，故釋氏謂華夏爲南贍部洲。其二十八宿所管者，多十二國之分野，隨其所隸耳。

虛，上下各一如連珠，命禄危非虛上呈。虛危之下哭泣星，哭泣雙雙下壘城。天壘團圓十三星，敗臼四星城下横，臼西三箇離瑜明。

虛，九度，少彊冢宰之官也，主邑居廟堂祭祀之事，又主風雲死喪。下九尺爲天之中道。明靜則天下安，動摇則有死喪哭泣。日月食，兵起。流星犯，賊亂宗廟。五星犯，有災。虛北二星曰司命，主舉過行罰滅不祥。又北二星曰司禄，主爵禄增年延德，故在六宗之祀。司危二星在司禄之北，主矯枉失。司非二星在司危之北，主察愆過。凡此四司皆黑星，明大爲災，居常則平。虛南二星曰哭，主號哭也。哭東二星曰泣，主死。明則國多哭泣。金、火守之亦然。泣南十三星曰天壘城，如貫索形，主北夷丁零、匈奴。敗臼四星，在虛、危南，如凶災。他星守之，飢，兵起。秦代東三星南北列曰離瑜。離，袿衣也；瑜，玉飾，皆婦人之服也。星微則後宫儉約，明大則婦人奢。

危，三星不直舊先知。危上五黑號人星，人畔三四杵臼形。人上七烏號車府，府上天鈎九黄晶。鈎上五鴟字造父，危下四星號墳墓。墓下四星斜虛樑，十箇天錢樑下黄。墓傍兩星能蓋屋，身著黑衣危下宿。

危，十六度，主天府，曰天市，主架屋。甘氏云：「爲天市廟堂。」下九尺爲天之中道。主架屋，受藏風雨墓墳祠祀。如動則天下大動土功。張衡云：「虛、危等爲死喪哭泣之事，亦爲邑居廟堂祠祀之事。」冢宰之官動則死喪哭泣，火守則天子將兵，金守則飢饉兵起。虛、危動則有土功，火守則兵起，水守則下謀上。一云，危動而不明，土功兵革起。月暈，日月五星犯，即有災。車府東南五黑星曰人生，有如人象，主靜衆庶，柔遠能邇。一曰卧星，主防淫，不見則人有詐行詔書；明則人安；暗，凶。内杵三星，在人星傍，主軍糧。正直下臼，吉；不相當，糧絶；不直，民飢。内臼四星，在人星東南，主舂臼。覆則大飢，仰則豐。《隋志》云：「客星入杵臼，兵起，天下聚米。」天津東南七星曰車府，東近河邊，抵司非，主官車之府。金、火守之，兵車大動。天鈎九星如鈎狀，在造父西河中，主乘輦服飾法式。直則地將動，明則服飾正也。傳舍南河中五星曰造父，御官也。一曰司馬，或曰伯樂。星亡，馬大貴；明則吉。墳墓四星，在危下，如墓形，主喪葬之事，明則多死亡。虛樑四星在蓋屋南，主園陵寢廟，非人所處，故曰虛樑。金、火守入犯，兵災大起。天錢十星，在北落西北，主錢帛。所聚星明則府藏盈，不爾虛耗。金、火守之，兵盜起。蓋屋二星，在危南，主天子所居室，亦爲宫室之官。金守之，國兵起，彗孛尤甚也。

室，兩星上有離宫出，遶室三雙有六星。下頭六箇雷電形，壘壁陣次十二星。十二兩頭大似升，陣下分佈羽林軍，四十五卒三爲群。壁西四星多難論，子細歷歷看區分，三粒黄金名鈇鉞，一顆真珠北落門。門東八魁九箇子，門西一宿天綱是。電傍兩黑土公吏，騰蛇室上二十二。

室，十七度，亦謂之營室。甘氏云：「爲太廟天子之宫也。」石氏謂之玄宫。一曰清廟。又爲軍糧之府，及土功事。星明，國昌。小不明，祠祀鬼神不享，國多疾疫。動則有土功，兵出野。離宫六星，兩兩居之，分佈室、壁之間，天子之別宫也，主隱藏休息之所。金、火守入則兵起。室南六星曰雷電，主興雷動蟄，明或動則震雷作。壘壁陣十二星，在羽林北，横列營室之南，羽林之垣壘也。星衆而明則安寧；希而動則兵革起；不見，天下亂。五星入，天軍皆爲兵起，金、火、水尤甚。羽林四十五星，三三而聚，散在營室之南，天軍也，主軍騎，又主翼王也。星衆而明則安寧；希而動則兵革起；不見，天下亂。金、火、水守入，兵起。斧鉞三星，亦曰斧鑕，在八魁西北，主誅夷。不明則斧鑕不用，移動則兵起。有星入之，皆爲大臣誅。北落師門一星，在羽林西南，天之蕃落也，亦曰天軍蕃之候門，長安北門曰北落門，以象此也。主非常以候兵。明大則軍安，微弱則兵起。金、火守之，有兵災。一曰，有星守之，虜入塞。北落東南九黑星曰八魁，主張捕禽獸之官也。客星入之，多盜賊，兵起。金、火入亦然。北落西南一星曰天綱，主武帳，天子遊獵之所會。金、火守，兵起。室西南二星曰土功吏，主土功之官也。動摇則有修築之事。《隋志》：「土功吏，主司過度。」騰蛇二十二星，在營室北，若盤蛇之狀，居於河濱，謂之天蛇星，主水蟲。微則國安，明則不寧。移南，大旱；移北，大水。客星守之，水雷爲災，水物不收。

壁，兩星下頭是霹靂，霹靂五星横著行。雲雨次之口四方，壁上天廄十圓黄，鈇鑕五星羽林傍。

壁，九度。下九尺爲天之中道。主文章，天下圖書之秘府也，亦主土功。明則圖書集，道術行，小人退，君子進。星失色，大小不同，天子重武臣，賤文士，圖書隱，親黨回邪用。星動則有土功，離徙就聚，爲田宅事。日月食，損賢臣。五星孛犯，兵起。土功西南五星曰霹靂，主興雷奮擊。明而動，用事；不明，凶。霹靂南四星曰雲雨，明則多雨水，火守之，大旱。天廄十星，在東壁北，蓋天馬之廄，今之驛亭也。不見則天下道斷。鈇鑕五星，在天倉西南，刈具也，主斬芻飼牛馬。明則牛馬肥，微暗則牛馬飢餓并死喪也。

西方

奎，腰細頭尖似破鞋，一十六星遶鞋生。外屏七烏奎下横，屏下七星天溷明，司空左畔土之精。奎上一宿軍南門，河中六箇閣道形，附路一星道傍明。五箇吐花王良星，良星近上一策名。

奎，十六度，天之武庫也。石氏謂之天家，亦曰封豕。主兵。九尺下爲天之中道。又主溝瀆。西南大星，所謂天豕目，亦曰大將。明則天下安，動則兵亂。客星守入，兵起。金、火守，有水災。《隋志》云：「若帝淫泆，政不平，則奎有角，角動則有兵，不出年中，或有溝瀆之事。又曰，奎中星明，水大出。」日月食，五星犯，皆有凶。奎南七星曰外屏，以蔽天溷也。占與天囷同。天溷七星，在外屏南，天之厠也。不見則人不安，移徙亦然。天溷南一星曰土司空，主水土之事。大而黄明，天下安。若客星入之，多土功，天下大疫。軍南門一星，在天將軍西南，主誰何出入。動摇則軍行，不見則兵亂。閣道六星，在王良前，飛道也，從紫宫至河，神所乘也。一曰主道里。張衡云：「天子遊别宫之道。」一曰王良旗，一曰紫宫旗，亦所以爲旌表，而不欲其動摇。一星不具則輦道不通，動摇則宫掖之内兵起。附路一星，在閣道南，傍别道也，備閣道之敗，復而乘之也。一曰太僕，主禦風雨，亦遊從之義也。一曰，占與閣道同。王良五星，在奎北，居河中，天子奉車御官也。其四星曰天駟，旁一星曰王良，亦曰天馬。其星動爲策馬，故曰「王良策馬，車騎滿野」。亦曰王梁，梁爲天橋，主禦風雨水道，故或占津梁。其星移，主有兵，亦曰馬病。客星守之，橋不通。金、火守之，皆爲兵憂。前一星曰策，王良之御策也，主天子僕御。在王良旁，若移在馬後，是謂策馬。

婁，三星不匀近一頭，左更右更烏夾婁，天倉六箇婁下頭，天庾四星倉東脚，婁上十二將軍侯。

婁，十二度。下九尺爲日月中道，亦爲天獄，主苑牧犧牲，供給郊祀，亦爲興兵聚衆。動摇則聚衆；星直則有執主之命者；就聚，國不安。金、火守之，則宫苑之内兵起。日月食，宫内亂。金、木、火、土犯，凶。水犯，吉。孛犯，起兵。月暈，兩軍各退。左更五星，在婁東，山虞也，主知山澤林藪之事，亦主仁智。右更五星，在婁西，牧師也，主官養牧牛馬，亦主禮義。金、火守之，山澤有兵。其占兩更同。兩更者，秦爵名。天倉六星，在婁南，倉穀所藏也。星黄而大，歲熟。東南四星曰天庾，積厨粟之所也。天將軍十二星，在婁北，主武兵。中央大星，天之大將也。外小星，吏士也。大將星摇，兵起。大將出，小星不具，兵起。

胃，三星鼎足河之次，天廩胃下斜四星，天囷十二如乙形，河中八星名太陵。陵北九箇天船名，陵中積尸一箇星，積水船中一黑精。

胃，十五度，天之儲藏五穀之倉也，又名大梁。明則四時和平，天下晏然，倉廩實；不明則上下失位；星小則少穀輸運。又云，動則有輸運事，就聚則穀貴人流，暗則凶荒。五星犯，日月食，孛侵，並有災。天廩四星，在昴南，一曰天廥。張衡云：「主積蓄黍稷，以供享祀。」《春秋》所謂御廩也。天囷十三星，在胃南，倉廩之屬，主給御糧也。明而黄則歲豐，微變常色則不吉。金、火守之即災起。太陵八星，在胃北，主陵墓。明而大或中星多，則天下多死喪，或兵起。天船九星，在太陵之北，居河中，一曰舟星，主渡，亦主水旱。不在河中，津河不通，水泛溢。中四星欲其均明，即天下安，不則兵若喪，移徙亦然。客彗出入，爲大水有兵。太陵中一星曰積尸，明則死人如山。張衡云：「一名積廩。」積尸明而大，或其傍星多，則天下多死喪，或兵起。若不見而暗，皆吉。火守則天下大哭泣。天船中一星曰積水，主候水災。

昴，七星一聚實不少，阿西月東各一星。月下五黄天陰名，陰下六烏芻藁營，營南十六天苑形。河裏六星名卷舌，舌中黑點天讒星，礪石舌傍斜四丁。

昴，十一度。下爲日月中道，天之耳目也，主西方，主獄事，又爲旄頭，胡星也，又主喪。甘氏云：「主口舌奏對。若明大則君無佞臣，天下安和；暗小則佞者被誅；摇動，君信讒，殺忠良。」張衡云：「昴明則獄訟平，暗則刑罰濫。」六星與大星等，大水，有白衣會。七星黄，兵大起。動摇，有大臣下獄。大而盡動若跳躍者，胡兵大起。一星不見，皆憂兵之象也。天阿一星，在胃東，月一星，在昴東，皆黑星，並主女人災福。又曰天阿，主察山林妖變。天陰五星，在畢柄西，主從天子弋獵之臣，預陰謀也。不明則禁言漏泄。天苑十六星，在昴、畢南，如環狀，天子之苑囿，養禽獸之所也，主馬牛羊。明則牛馬羊盈，希則死。芻藁六星，在苑西，以供牛馬之食也。一曰天積，天子之藏府也。星盛則歲豐穰，希則貨財散。張衡云：「不見則牛暴死。」火守之則火災起。卷舌六星，在昴北天讒之外，主口語以知讒佞。張衡云：「主樞機。曲而静則賢人用。直而動則讒人得志。卷舌移出漢，則天下多妄言。旁星繁則死人如丘山。」天讒一星，在卷舌中，主醫巫。占與從官同。礪石四星，在五車北，主磨礪鋒刃。明則兵起，如常則吉。金、火及客星守之，兵動。

畢，恰似瓜義八星出，附耳畢股一星光。天街兩星畢背傍，天節耳下八烏幢，畢上横列六諸王。王下四皂天高星，節下團圓九州城。畢口斜對五車口，車不三柱任縱横，車中五箇天潢精，潢畔咸池三黑星。天關一星車脚邊，參旗九箇參車間，旗下直建九斿連，斿下十三烏天園，九斿天園參脚邊。

畢，十七度，主邊兵，主弋獵。其大星曰天高，一曰邊將，主四夷之尉也。星明大則遠夷來貢，天下安；失色則邊兵亂；一星亡，爲兵喪；動摇，邊城兵起，有讒臣；離徙，天下獄亂；就聚，法令酷。甘氏云：「畢主街巷陰雨，天之雨師也。故明而移動則霖潦，及街巷壅塞；明而定則天下安。」張衡云：「畢爲天馬。」一曰，日月食，邊兵凶，將衰。木犯，有軍功。昴、畢間二星曰天街，三光之道也，主伺候關梁。張衡云：「主國界也。」街南爲華夏，街北爲夷狄。金、火守之，胡夷兵起。明，王道正。暗，兵起。附耳一星，在畢下，天高東南隅，主聽得失，伺愆邪，察不祥。星盛則中國微，有盜賊，邊候警，外國反，鬬兵連年合。移動則佞讒行，兵大起，邊尤甚。月入畢，多雨。天節八星，在畢南，主使臣之所持也，宣威德於四方。明吉，闇凶。諸王六星，在五車南天漢之中，主宗社，蕃屏王室也。明則諸侯奉上，天下安；不見，宗社傾危，四方兵起。天高四星，在參旗西北，近畢，此臺榭之高，主遠望氣象。不見則官失其守，陰陽不和。五車五星，三柱九星，共十四星，在畢東北。五車主天子五兵，張衡云：「天子兵車舍也。」西北曰天庫，主太白，秦也。次東北星曰天獄，主辰星，燕、趙也。次東南星曰天倉，主歲星，衛、魯也。中央星曰司空，主鎮星，楚也。次西南星曰卿，主熒惑，魏也。五星有變，各以其所主而占之。三柱，一曰三泉，即天淵。一曰休，即天休。一曰旗。即天旗。五星均明，柱皆具，即人倉廪實；不具，其國絶食，兵且起。五車三柱有變，各以其國占之。三柱出，外兵出；柱入，兵入。柱出一月，米貴三倍，期一年。出兩月，米貴六倍，期二年。出三月，米貴十倍，期三年。柱出不與天倉相近，米穀運出千里，柱倒立尤甚。火入守，天下旱。金入守，兵起。水入，月暈，不爾則有赦。天潢五星，在五車中，主河梁津渡之處也，不見則河梁不通。咸池三星，在五車中天潢南，魚囿也。金、火犯之，則有大災。《隋志》云：「月五星入天潢，兵起，道不通，天下亂，易政。咸池明，有龍墮死，虎狼害人，兵起。」天關一星，在五車南畢西北，亦曰天門，日月五星所行之道也，主邊塞事，主關閉。芒角，有兵。五星守之，貴人多死。移徙，若與五車合，大將軍披甲。參旗九星，在參西五車之間，天旗也。明而希則邊寇不動，不然反是。《隋志》：「參旗，一曰天旗，一曰天弓，主司弓弩之張，候變禦難。」玉井西南九星曰九斿，天子之旗也，主邊軍進退。金、火守之，兵亂起。天苑之南十三星曰天園，植果菜之所也。曲而鉤則果菜熟，不然則否。

觜，三星相近作參蕊，觜上坐旗直指天，尊卑之位九相連，司怪曲立坐旗邊，四鴉大近井鉞前。

觜，一度，在參之右角，如鼎足形，主天之關。明大則天下安，五穀熟。移動則君臣失位，天下旱。《隋志》云：「觜觽爲三軍之候，行軍之藏府，主葆旅，收歛萬物。明則軍儲盈，將得勢。動而明，盗賊羣行，葆旅起。動移，將有逐者。」張衡云：「葆旅，野生之可食者。」金、火來守，國易政，兵起，災生。日食，臣不忠，月食，君害臣。五星犯，災生。孛客星犯，兵起。坐旗九星，在司怪西北，主別君臣尊卑之位。明則國有禮，暗則反是。司怪四星，在井鉞前，候天地、日月、星辰、禽獸、蟲蛇、草木之變，與天高占同。

參，總有十星觜相侵，兩肩雙足三爲心，伐有三星足裏深。玉井四星右足陰，屏星兩扇井南襟，軍井四星屏上吟。左足下四天厠臨，厠下一物天屎沉。

參，十度，上爲日月五星中道。甘氏曰：「參爲忠良孝謹之子，明大則臣忠子孝。安，吉。移動，殺忠臣。」一曰參伐，一曰大辰，一曰天市，一曰鈇鉞，主斬刈。又爲天獄，主殺伐。又主權衡，所以平理也。又主邊城，爲九譯故，不欲其動也。參，白獸之體，其中三星横列，三將也。東北曰左肩，主左將。西北曰右肩，主右將。東南曰左足，主後將軍。西南曰右足，主偏將軍。故《黄帝占》參應七將。中央三小星曰伐，天之都尉也，主胡、鮮卑、戎狄之國，故不欲明。又曰，七將皆明，天下兵精也。王道缺則芒角張。伐星明與參等，大臣謀亂，兵起。參星失色，軍散敗。參芒角動摇，邊候有急，天下兵起。又曰，有斬伐之事。參左足入玉井中，兵大起，秦地大水，若有喪，山石爲怪。參足若突出玉井，則虎狼暴害人。差戾，王臣貳。金、火來守，則國易政，兵起，災生。日月食則田荒米貴。五星犯，災甚。玉井四星，在參西右足下，水象也。屏二星，在玉井南。屏爲屏風，客星入之，四足蟲大疾，人亦多死。不見則國内寢疾。玉井東下四星曰軍井，行軍之井也。軍井未達，將不言渴，名取此也。又曰，主軍營之事。天厠四星，在屏東，溷也，主天下疾病。黄，吉。青、赤、白皆凶。不見，與屏同。天屎一星，在厠南，色黄則吉，他色皆凶。

南方

井，八星横列河中静，一星名鉞井邊安。兩河各三南北正，天樽三星井上頭，樽上横列五諸侯，侯上北河西積水，欲覓積薪東畔是。鉞下四星名水府，水位東邊四星序，四瀆横列南河裏，南河下頭是軍市。軍市團圓十三星，中有一箇野雞精。孫子丈人市下列，各立兩星從東説。闕丘二箇南河東，丘下一狼光蒙茸。左畔九箇彎弧弓，一矢擬射頑狼胸。有箇老人南極中，春秋出入壽無窮。

井，三十四度。甘氏云：「井八星在河中，生泉水，日月五星貫之爲中道。」石氏謂之東井，亦曰天井，主諸侯帝戚三公之位。故明大則封侯建國，摇動失色則諸侯戚廢戮，三公帝師受殃矣。張衡云：「天之南門也，黄道所經，爲天之亭候，主水衡事，法令所取平也。王者用法平，則井明而端列。」鉞一星，附井之前，主伺奢淫而斬之，故不欲其明。大與井齊，或摇動，則天子用鉞於大臣。月宿井，有風雨之應。又曰，井爲天子府，暗芒并日月食五星逆犯，大臣謀亂，兵起。中有六星不欲大明，明即水災。南北兩河各三星分夾東井，一曰天高，天之闕門，主關梁。南河曰南戍，一曰南宫，一曰陽門，一曰越門，一曰權星，主火。北河曰北戍，一曰北宫，一曰陰門，一曰胡門，一曰衡星，主水。兩戍之間，三光之常道也。河戍動摇，中國兵起。張衡云：「河南星不具則南道不通，北亦如之。」動摇及火守，中國兵起。天樽三星，在五諸侯南，主盛饘粥，以給酒食之正也。張衡云：「以給貧餒。」明則豐，暗則荒。或言暗吉。五諸侯五星，在東井東北，近北河，主刺舉，戒不虞。又曰，治陰陽，察得失。亦曰，主帝心。一曰帝師，二曰帝友，三曰三公，四曰博士，五曰太史，又曰五曰大夫。此五者，常爲帝定疑議。星明大潤澤則天下大治，芒角則禍在中。張衡又曰：「五諸侯治陰陽，察得失，明而潤，大小齊等，則國之福。」又曰：「赤則豐，暗則荒。」積水一星，在北河北，所以供酒用也。不見爲災。又曰，主候水災。積薪一星，在積水東，以備庖厨之用。明則人主康。火守之，大旱。水府四星，在東井西南，水官也。占與水位同。水位四星，在東井東，主水衡，又主瀉溢流也。故巫咸氏贊曰：「水位四星瀉溢流。」移動近北河，則國没爲江河。若水、火及客星守犯之，百川盈溢。四瀆四星，在東井南軒轅東，以江、河、淮、濟之積精也，明大則水泛溢。軍市十三星，如錢狀，在參東南，天軍貨易之市。客星及金、火守之，軍大飢。野雞一星，在軍市中，主變怪也。以芒角動摇爲兵災，移出則諸侯兵起。軍市西南二星曰丈人，丈人東二星曰子，子東二星曰孫。丈人主壽考之臣，不見，人臣不得通。子與孫皆侍丈人之側，相挟而居，不見爲災，守常無咎。闕丘三星，在南河東，主象魏，天子之雙闕，諸侯之兩觀也。金，火守之，兵戰闕下。狼一星，在天市東南，爲野將，主殺掠。色有常，不欲變動。角而變色動摇，盜賊作，胡兵起，人相食。躁則人主不静，不居其宫，馳騁天下。張衡云：「居非其處，則人相食。」色黄白而明，吉。黑，凶。赤芒角，兵起。金、火守之亦然。弧矢九星，在狼東南，天弓也，以備盜賊，常向狼。弧矢動摇不如常者，多盜賊。明則兵大起。狼弧張，害及胡，天下乖亂。又曰，天弓張，天下盡兵，主與臣相謀。張衡云：「引滿則天下兵起。」老人一星，在弧南，一曰南極。常以秋分之旦見于丙，春分之夕没于丁，常以秋分候之南郊。明大則人主有壽，天下安寧。不見則人主憂。

鬼，四星册方似木櫃，中央白者積尸氣。鬼上四星是爟位，天狗七星鬼下是。外廚六間柳星次，天社六箇弧東倚，社東一星是天紀。

輿鬼，二度，爲日月五星之中道，主死亡疾病。張衡云：「主祠祀，天目也。」又主視，明察姦謀。東北星主積馬，東南星主積兵，西南星主積布帛，西北星主積金玉，隨其變占之。中央一星名積尸，亦曰積尸氣者，但見氣而已，主死喪祠祀。一曰鈇鑕，主誅斬。鬼星明大則穀成；不明，人散。動而光，上賦歛重，徭役多。星徙，人愁，政令急。鬼質欲其忽忽不明則安，明則兵起，大臣謀主，下流亡。甘氏云：「積尸摇動失色則疾病，鬼哭人荒。」軒轅西四星曰爟，亦曰烽。爟主烽火，備警急。占以不明安静，明大甚則邊亭警急，摇動芒角亦然。又曰，明，吉；暗，凶。天狗七星，在鬼西南狼之北，横河中，以守賊也。移徙則兵起。金、火犯之，人相食。外廚六星，在柳南，天子之外廚也。占與天廚同。弧南六星爲天社，在老人東南，似柳直，明則吉。《隋志》云：「共工之子勾龍，能平水土，故祀以配社，其精爲星。」外廚之南一星曰天紀，主知禽獸齒歲。金、火守之，禽獸多死。

柳，八星曲頭垂似柳，近上三星號爲酒，享宴大酺五星守。

柳，十四度，上爲天之中道。甘氏云：「主飲食倉庫酒醋之位。明大則人豐酒食，摇動則大人酒死，失色則天下不安，飢饉流於道路，不過三五必應。」張衡云：「柳爲朱雀之嗉，天之廚宰也，主尚食和滋味。」《隋志》云：「又主雷雨。」一曰天相，一曰天庫，一曰注。又主木功。星明，大臣重慎，國安，廚食具。注舉首，王命興，輔佐出。星直，天下謀伐其主。就聚，兵鬪國門。酒旗三星，在軒轅右角之南，酒官之旗也，主享宴飲食。五星守酒旗，天下大酺，有酒肉財物之賜，及爵宗室。

星，七星如鉤柳下生，星上十七軒轅形，軒轅東頭四内平，平下三箇名天相，相下稷星横五靈。

七星，七度。甘氏云：「主后妃御女之位，亦爲賢士。若失色芒動則后妃死，賢士誅。明大則道化成，國盛。」張衡云：「七星爲朱鳥之頸，一名天都，主衣裳文繡。」《隋志》云：「主急兵，守盜賊，故欲明。星明則王道昌，暗則賢良不處，天下空，天子疾。動則兵起，離則易政。」日食，兵飢，婦人災。木犯，人安。火犯，旱。金、土、水犯，俱災。月暈，孛犯，兵起。軒轅十七星，在七星北，黄帝之神，黄龍之體也。后妃之主，士女職也。一曰東陵，一曰權星，主雷雨之神。南大星，女主也。次北一星，夫人也，屏也，上將也。次北一星，妃也，次將也。其次諸星，皆次妃之屬也。女主南小星，女御也。左一星少民，少后宗也。右一星大民，太后宗也。欲其色黄，小而明也。張衡云：「軒轅如龍之體，主雷雨之神，後宫之象焉。陰陽交合，盛爲雷，激爲電，和爲雨，怒爲風，亂爲霧，凝爲霜，散爲露，聚爲雲，立爲虹蜺，離爲背矞，分爲抱珥：此十四變，皆軒轅主之。其星欲小而黄明則吉，移徙則國人流迸，東西角張而振，后敗。水、火、金守之，女主惡。」《漢注》曰：「軒轅爲權，太微爲衡。月五星守犯者，如衡占。」内平四星，在中台南爟之北，平罪之官也。明則刑罰平，暗則否。酒旗南三星曰天相，丞相之象也。其占與相星略同。稷五星在七星之南，主農正也，取乎百穀之長以爲其號。明大則歲大豐，不明則儉，不見則人相食。

張，六星似軫在星旁，張下只是有天廚，十四之星册四方。長垣少微雖向上，星數歌在大微傍，天尊一星直上黄。

張，十七度。甘氏云：「主天廟明堂御史之位。上爲天之中道。若明大則國盛彊；失色，宗廟不安，明堂宫殿。」《隋志》云：「主珍寶，宗廟所用及衣服。又主天廚飲食賞賚之事。星明則王者行五禮，得天之中。動則賞賚。離徙，天下有逆人。就聚，有兵。」金、火守之，有兵起。或云：主貢物。色細無光，王者少子孫。日食，虧修禮也。月食，大澇，魚行人道。火孛犯，兵起。水、土犯，國不寧。張南十四星曰天廟，天子祖廟也。客星守之，祠官有憂。其占與虚樑同。長垣四星，在少微南，主界域及胡夷。火守之，胡人入中國。太白入之，九卿謀反。少微四星，在太微西，南北列，士大夫之位也，一名處士，亦天子副主，或曰博士官，一曰主衛掖門。南第一星爲處士，第二星爲議士，第三星爲博士，第四星爲大夫。明大而黄，則賢士舉。月五星犯守之，處士女主憂，宰相易。

翼，二十二星大難識，上五下五横著行，中心六箇恰如張，更有六星在何許？三三相連張畔附，必若不能分處所，更請向前看野取，五箇黑星翼下頭，欲知名字是東甌。

翼，十九度。甘氏云：」主太微三公化道文籍。失色則民流。日月交食，五星並逆，芒動，則化道不行，文籍壞滅。動移則三公廢，明大則化成。」《隋志》云：「翼爲天之樂府，主俳倡戲樂，又主夷狄遠客負海之賓。明大則禮樂興，四夷來賓。動則蠻夷使來。離徙則天子舉丘兵。」或云，明則禮樂興，暗則政教失。日食，臣僭。月食，婦人憂。五星孛流，客犯，大凶。東甌五星，在翼之南，蠻夷星也。張衡云：「主東越、穿胸、南越三夷。」金、火守之，其地有兵。芒角動移，兵内叛。

軫，四星似張翼相近，中央一箇長沙子，左轄右轄附兩星，軍門兩黄近翼是。門下四箇土司空，門東七烏青丘子，青丘之下名器府，器府之星三十二。以上便爲太微宫，黄道向上看取是。

軫，十七度。甘氏云：「軫四星，主將軍樂府歌謳之事。五星犯之，失位亡國，女子主政，人失業，賊黨掠人，禍生於百日內。若明大則天下昌，萬民康，四海歸王。」張衡云：「軫爲冢宰，輔臣也，主車騎。明大則車騎用。」一云，明大則車騎動。《隋志》云：「主載任，有軍出入，皆占於軫。又主死喪，明則車駕備，動則車騎用。離徙，天子憂。就聚，兵大起。轄兩星，附軫兩傍，主王侯，左轄爲王者同姓，右轄爲異姓。星明，兵大起。遠軫，凶。軫轄舉，南蠻侵。」張衡云：「轄不見，國有大憂。」長沙一星，在軫之中，主壽命也。長沙明則人壽長，子孫盛。土司空軍門二黃星，在青丘西，天子六軍之門也，主營候豹尾威旗。占以移其處爲道不通。土司空四黃星，在軍門南，主土功。巫咸氏云：「金、火犯之，天下男不得耕，女不得織。」《隋志》云：「一曰司徒，主界域。」青丘七黑星，在軫東南，主東方三韓之國，占與東甌同。軫南三十二星曰器府，主樂器之府也。明則樂器調理，暗則有咎。

又 十二次度數

十二次，班固取《三統曆》十二次配十二野，其言最詳。又有費直説《周易》，蔡邕《月令章句》，所言頗有先後；魏太史令陳卓，更言郡國所入宿度，今附而次之。

自軫十二度至氐四度爲壽星，於辰在辰，鄭之分野，屬兗州。費直《周易分野》，壽星起軫七度。蔡邕《月令章句》，壽星起軫六度。

自氐五度至尾九度爲大火，於辰在卯，宋之分野，屬豫州。費直，起氐十一度。蔡邕，起亢八度。

自尾十度至南斗十一度爲析木，於辰在寅，燕之分野，屬幽州。費直，起尾九度。蔡邕，起尾四度。

自南斗十二度至須女七度爲星紀，於辰在丑，吳越之分野，屬揚州。費直，起斗十度。蔡邕，起斗六度。

自須女八度至危十五度爲玄枵，於辰在子，齊之分野，屬青州。費直，起女六度。蔡邕，起女二度。

自危十六度至奎四度爲娵訾，於辰在亥，衛之分野，屬并州。費直，起危十四度。蔡邕，起危十度。

自奎五度至胃六度爲降婁，於辰在戌，魯之分野，屬徐州。費直，起奎二度。蔡邕，起奎八度。

自胃七度至畢十一度爲大梁，於辰在酉，趙之分野，屬冀州。費直，起婁十度。蔡邕，起胃一度。

自畢十二度至東井十五度爲實沈，於辰在申，魏之分野，屬益州。費直，起畢九度。蔡邕起畢六度。

自東井十六度至柳八度爲鶉首，於辰在未，秦之分野，屬雍州。費直，起井十二度。蔡邕，起井十度。

自柳九度至張十六度爲鶉火，於辰在午，周之分野，屬三河。費直，起柳五度。蔡邕，起柳三度。

自張十七度至軫十一度爲鶉尾，於辰在巳，楚之分野，屬荆州。費直，起張十三度。蔡邕，起張十二度。

州郡躔次

陳卓、范蠡、鬼谷先生、張良、諸葛亮、譙周、京房、張衡並云：

角、亢、氐，鄭，兗州。

東郡入角一度。

東平、任城、山陰入角六度。

濟北、陳留入亢五度。　濟陰入氐二度。

東平入氐七度。　泰山入角十二度。

房、心，宋，豫州。

潁川入房一度。　汝南入房二度。

沛郡入房四度。　梁國入房五度。

淮陽入心一度。　魯國入心三度。

楚國入房四度。

尾、箕，燕，幽州。

涼州入箕中十度。　上谷入尾一度。

漁陽入尾三度。　右北平入尾七度。

西河、上郡、北地、遼西東入尾十度。

涿郡入尾十六度。　渤海入箕一度。

樂浪入箕三度。　玄菟入箕六度。

廣陽入箕九度

斗、牽牛、須女，吳越，揚州。

九江入斗一度。　廬江入斗六度。

豫章入斗十度。　丹陽入斗十六度。

會稽入牛一度。　臨淮入牛四度。

廣陵入牛八度。　泗水入女一度。

六安入女六度。

虛、危，齊，青州。

齊國入虛六度。　北海入虛九度。

濟南入危一度。　樂安入危四度。

東萊入危九度。　平原入危十一度。

菑川入危十四度。

營室、東壁，衛，并州。

定安入營室一度。　天水入營室八度。

隴西入營室四度。　酒泉入營室十一度。

張掖入營室十二度。　武都入東壁一度。

金城入東壁四度。　武威入東壁六度。

敦煌入東壁八度。

奎、婁、胃，魯，徐州。

東海入奎一度。　琅琊入奎六度。

高密入婁一度。　城陽入婁九度。

膠東入胃一度。

昴、畢，趙，冀州。

魏郡入昴一度。　鉅鹿入昴三度。

常山入昴五度。　廣平入昴七度。

中山入昴八度。　清河入昴九度。

信都入畢三度。　趙郡入畢八度。

安平入畢四度。　河間入畢十度。

真定入畢十三度。

觜、參，魏，益州。

廣漢入觜一度。　越巂入觜三度。

蜀郡入參一度。　犍爲入參三度。

牂牁入參五度。　巴蜀入參八度。

漢中入參九度。　益州入參七度。

東井、輿鬼，秦，雍州。

雲中入東井一度。　定襄入東井八度。

雁門入東井十六度。

代郡入東井二十八度。

太原入東井二十九度。

上黨入輿鬼二度。

柳、七星、張，周，三輔。

弘農入柳一度。　河南入七星三度。

河東入張一度。　河内入張九度。

翼、軫，楚，荆州。

南陽入翼六度。　南郡入翼十度。

江夏入翼十二度。　零陵入軫十一度。

桂陽入軫六度。　武陵入軫十度。

長沙入軫十六度。

元·岳熙載《天文精義賦》卷三　列舍

蒼龍之角，左刑右兵。角二星，左曰天田，右曰天津。主刑理，其南爲太陽道，右爲天門，爲將主兵，其北爲太陰道，中爲天關，其内天庭，七曜之所行黄道經其中，蓋天之三門猶房之四表，凡日之行曰黄道，黄道所經曰天關，或曰天街，天闕三光之廷房與東井及天街天闕南北河其説畧同，然黄道歲久遷變占天者常參其所在而詳審焉。角爲壽星，蒼龍也，主造化飛龍之所昇，明盛之所布東方蒼龍角亢也。

亢爲廟廷疾病，亢四星總領天下，卿大夫之治曹猶尚書也，又主爲疏廟。

氐爲宫室妃嬪。氐四星説王者休解之宿宫，后妃之府也，前二大星嫡，後二星妾也，又爲天根之室之妃也。

房爲布政之宫，上下分將相之位。房四星爲明堂布政之宫，亦四輔也，下一星上將，次曰次將，次曰次相，上即上相，所以理陰陽正教化。南二星君位，北二星夫人位，又爲四表中間，黄道之所從，爲天衢，又爲天關，南間曰陽環，其南曰太陽，北間曰陰環，其北曰太陰，亦爲天廄，又爲天驛，亦爲天馬，主車駕，南星曰左驂，次左服，次右服，次又驂，又主開閉藏蓄之所。

心爲天王之位，前後别太庶之名。心三星天王之正位，爲大臣主賞罰，中央曰明堂，天子也，前星曰太子，後星曰庶子。

尾主君臣，亦爲後宫之府。尾九星亦曰天子，星所謂昇龍之尾，蓋陰陽之交泰，風雨之時興，上第一星后也，次三星夫人，其次嬪妾。爲后妃之宫府，又主君臣。

箕爲嬪御，亦主口舌及風。箕四星亦曰天津，又曰天雞，後宫之府，嬪御之象也。又主八風，又主口舌，蠻夷將動先表箕焉。《爾雅》曰：析木謂之津，箕斗之間漢津也。

南斗爲宰相而受壽禄，南斗六星，元龜之首，亦爲天廟，宰相之位，主褒賢進士禀授爵禄，故斗爲量器所以斟酌而賞也，又主兵一曰天機，南二星魁天。庫樓天樑也，中央二星天相也北，二星天府廷杓也，北星者初星也，初曰北廷，又曰天關，又曰鐵鑕，主兵主軍壽命，次主會稽，次主丹陽，次主豫章，次主廬江，次九江。一云南斗天子之廟，主紀天子壽命之期。

牽牛主道路而作犧牲。牽牛六星爲天之關樑，主犧牲，亦曰天鼓，主四足蟲。其大星斗星也，又曰上一星主道路，次二星主關樑，次三星主南越。

女作布帛之制，須女四星，賤妾之稱，婦職之卑也。又天之府藏，掌環珮布帛，裁製后妃御服，以爲婦功之式。

虚爲禱祀之稱。虚二星冢宰之官也，主北方及祭祀禱祝，又主死喪哭泣及風雨。

危主宗廟營造，危二星天府也，一曰天市，主宗廟宫室，又主營造受藏之事。

室爲宫室土功。營室二星天子之宫也，一曰玄宫，一清廟爲軍糧之府，又爲土功。《爾雅》曰營室謂之定。《詩》曰：定之方中作於楚宫。

壁爲文章圖府，東壁二星圖書之府也，亦爲土功事，一云主文章。

奎主溝瀆兵戎。奎十六星一曰天豕，亦封豕天之武庫，主兵，所以禁暴横又主溝瀆，其西南大星，所謂天豕目亦曰大將。

婁爲天獄苑牧，婁三星爲天微主苑牧犧牲以給郊祀，亦爲興兵聚衆也。

胃爲倉廩五穀。胃三星天之儲藏，主倉廩，五穀之府也，又主討捕誅殺之事。

昴主胡王，又爲喪獄。昴七星天之耳目也，主西方主獄事，又主喪爲旄頭胡星也，昴畢之間爲天街武密曰：自街之東爲冠帶之國，自街之西爲窮廬之國也。

畢弋獵而邊兵，畢八星爲四千車主弋獵，其大星曰天高，一曰主邊兵，所以備夷狄也，邊將四夷之尉也。

觜行軍之葆旅。觜觿三星三軍之後，行軍之藏府，主葆旅收斂萬物，西官侯曰主斬劉主外軍。

參掌殺伐，參十星一曰參伐，又曰大辰，又曰天市，又曰鈇鉞，又爲天獄，主殺伐，主權衡，所以平理，又主邊城，九澤參爲白獸之體，其中如衡横列三星三將也。西北東北曰左右肩，左主左將，右主右將，其左右兩足，左主後將軍，右主偏將軍，故占參以應七將。中央三小星曰伐天之都尉也，主夷狄之都尉也，主夷狄之國。《元命苞》曰：東北星左肩，西北星曰右肩，東南星曰左足，西南星曰右足是也。

井當水府。東井八星天之南門，爲亭候之所，黄道所經，三光之正道，主水衡法中平之事。

鬼主祠祀死喪，輿鬼五星主視明察奸謀天目也，中有積尸，又曰鐵鑕，主死喪祀祠斬誅。餘四星東北主積馬，東南主積□□西南主積布帛，西主積金玉，南官候曰中央色白如粉絮者積尸氣也。

柳爲庖廚祭具。柳八星一曰天相，又爲鳥喙，又爲天庫，天之廚宰，主庖厨享祀宴飲之事，亦主雷，主木功。《古今占》曰：天廚主鼎實之和爲籩豆饋羞之薦以享《宗廟神》衹以賓聖賢。

星爲文繡之羽儀，星七星又曰天都，爲朱雀頭文明之粹羽儀之所，主衣裳文繡，又主急兵賊盗。

張作珍寶之衣物。張六星主珍寶宗廟服用及衣服賞賚飲食之事，中四星又主輔辰。

翼爲娱樂以徘徊，翼二十三星天之樂府，亦爲夷狄遠客負海之賓。《古今占》曰：翼南宫之羽翼，而文物聲明之所，豐茂是爲鳥翮。故爲樂府，主徘徊娱樂，故近太微建立旌節。

軫主車騎而風雨。軫四星主車騎任載及風雨，死喪之事，軍之出入皆占之，主家宰弼臣也。

附官

鉤鈐有管籥之珍，鉤鈐二星，附於房天之管籥也，主閉藏，又爲輔弼之臣，傳曰第一星名天鍵，第二星名天管籥，其星去房七寸。《天文録》曰：鉤鈐者，房之鈐鍵，天之管籥，主藏内寶器。

神宫爲解衣之所。神宫一星，附與尾，解衣内室也。

離宫即天子之別宫，離宫之星，天子別宫，附於室，隱藏休息遊幸之所。

墳墓即兆域之所處。墳墓四星危之附座，主兆域死喪哭泣之事，北方玄武虚危也。

附耳聽以得失，附耳一星，附於畢，主聽得失伺候愆邪察不祥。

井鉞掌之誅戮。鉞一星，附於井，主伺候淫奢而斬之。

二轄並主侯王，右異左同而注。左右轄二星，附軫兩旁，左轄爲同姓，右轄爲異姓，主侯王。

元・岳熙載《天文精義賦》卷四　東方雜座

平道主除道塗轍，平道二星主除道路平道之官也，武密云：天子八達之衢，主誅道塗轍式路。

天田乃躬耕之野。天田二星畿内之田，亦爲藉田，主疆場躬耕之田也。

周鼎三星主流亡亦主壺罇，酒器國之神器也，秦無道周鼎淪於泗水，其精上而爲之。

攝提斗綱伺機祥而建時節。《天官書》曰：攝提者，直斗柄所指，以建時。故曰攝提主九卿，一名三光。

天門爲朝聘待客之所居也，天門二星，朝聘待客之所居也。

平星主執法平行以典獄。平星二星，主執法，平行以典獄是占曰大理，卿位主正綱紀平獄訟。

庫樓爲天庫以藏兵，庫樓二十九星爲天庫藏兵之府。

陽門主險隘而遠戍。陽門二星，主執法器以邊，武密云：主遠戍邊境險隘之處也。

南門天子之外門，守兵禁備戒之處。南門二星，天子之門，主守兵禁。

亢池主舟楫津渡，亢池六星，主舟楫津渡之事。

大角爲綱紀棟樑。大角一星爲天之紀綱棟樑，天王座也，一曰謀星。

帝席宴樂酬獻，帝席三星宴樂酬獻之所。

梗河矛鋒與喪。梗河三星一名天鋒，又曰天盾，主矛楯，以備不虞，亦主胡兵，又爲喪事。

招搖矛楯番戎，招搖一星，主矛楯，及胡兵。

玄戈夷狄胡兵。玄戈一星主夷狄胡馬兵革。

折威以斷軍獄，折威七星主斬殺，以斷軍獄。

頡頏考察囚情。頡頏二星，主考察囚情，治獄官也。

天乳飴醴之事，天乳一星，主飴醴之事。

陣車兵革之車。陣車三星，爲兵革之車。

騎官主宿衛而衛王者。騎官二十七星，宿衛之騎士也，主守衛王者。

騎陣爲統攝而帥萬夫。騎陣將軍一星，統車騎將也。

車騎主部陳行列，車騎三星，主部行列車騎之事，一云總車騎之將。

天輻主鸞駕乘輿。天輻二星，主鸞輿車駕之事。

賤人之牢，星名貫索。貫索九星，一曰連營，一曰天牢，賤人牢也。

鍵閉主管籥以主開閉，鍵閉一星，主管籥開閉之事。

七公主刑罰以别善惡。七公七星，主議政化執刑法，以别善惡，三公之象天之相也。

西咸以防淫泆，西咸四星，以占後宫，以防淫泆房之户也，一云掌鉤鈐主守帝心。

日爲太陽之表。日一星，所以昭明令德太陽之精也。

積卒爲庶士，而掃除不祥。積卒一十二星，主掃除，不祥五營軍是庶士之象也。

從官主醫巫，而疾病祝禱。從官二星主醫巫疾病祝禱之事。

罰星金作贖刑，罰三星主罰金之事，《書》所謂金作贖刑是也。

東咸亦如西考。東咸四星，所主如西咸。

天紀理獄訟，天紀九星，主理怨訟，爲萬事之紀綱，九卿之象。

天江主太陰。天江四星主太陰。

女牀御女侍從，女牀三星御女侍從也。

傅説巫祝神靈。傅説一星，巫祝之官也，主祝神靈而求繼嗣。

魚主雲雨風氣，魚一星主雲雨風氣，一云狀雲主陰事，故星讚云漢中魚星如雲行。

龜讚神明吉凶。龜五星主讚神定吉凶也。

天籥開閉關籥，天籥八星，主開閉關籥。

農丈稼穡老農。農丈人一星爲老農，主稼穡，農正之官也。

糠星以給豢養，糠一星，主簸糠粃以給豢養。

杵星以給庖舂。杵三星主舂以給庖廚。

北方雜座

河鼓軍之鈇鉞，拒難亦名三武。河鼓三星天鼓也，主軍鼓也，鈇鉞一曰三武，中央大星爲大將軍，左星爲左將軍，右星爲右將軍，皆守險而拒難者也。

二旗設險以知敵謀，左右旗各九星，天之旗鼓，爲旌表主音聲設險以知敵謀也。

建爲謀事亦爲旗鼓。建星六星，亦名天旗天之都關也，爲謀事爲天鼓爲天馬，南二星爲天庫，中二星市也，鈇鑕上二星爲旗，其間光之道也。

織女天女也，瓜果絲帛，織女三星，天女也，主瓜果絲帛珍寶。

漸臺晷漏也，吹灰律吕。漸臺四星臨水之臺也，主晷漏律吕吹灰之事，一云四高曰臺，下有水曰漸。

輦道嬉遊之路，輦道五星，人主嬉遊之道也。

天井市官之主。天井九星市官之長也。

奚仲居正，奚仲四星主車正。

天淵水府。天淵十星，别名有三，天泉、天海、太陰主灌溉、畎畝、溝洫等事。

天雞明伺候，天雞二星，主伺候察時節。

狗星主守禦。狗二星主守禦。

狗國爲烏桓獫狁之屬，狗國四星，主三韓，鮮卑、烏桓、獫狁之屬。

鱉星主水族魚蟲之物。鱉十四星，主水族魚蟲。

天桴主桴鼓刻漏，天桴四星，主漏刻桴鼓之事。

天津主四瀆津梁。天津九星，一曰天漢，二曰天江，主四瀆津梁，所以度神通四方也。武密曰：横河中津梁之所渡。

離珠五星後宫府藏，離珠五星，主天子旒珠，后妃環珮之飾。

羅堰三曜潴蓄池塘。羅堰二星主農潴蓄灌溉之事，亦爲拒馬，一云主堤塘。

九坎溝渠水旱，九坎九星，主溝渠之事，亦主水旱。

天田隴畝農桑。天田九星畿内之地，又主農桑。

匏敗二瓜，瓜果園圃；瓠瓜五星，主瓜果之果園，亦主瓜果之事，又主後宫陰謀，敗瓜五星主瓜果之事。

十二諸國，列國之王。十二分星十二諸國，周、趙、越、齊、秦、魯、鄭、楚、魏、燕、韓、晉各主其地，一云各分土地而居，有列土之象。

璃瑜珪衣玉飾，璃瑜三星，璃瑜衣瑜飾婦人之服也，拜見尊服。

哭星哭泣死喪。哭二星哭泣死喪。

司禄分官禄年德，司禄二星主增益年德官禄食料之事。

司危分臺榭安危。司危二星，主驕佚，以正下，又主臺榭死喪之事。

掌生筭者爲司命，司命二星，主執刑罰，又主生筭死喪之事。

主過失者爲司非。司非二星主司過失。

人星主萬民，亦爲巡夜；人星五星一曰三卦星，主萬民，二者巡夜防淫泆如人刑主安寧。

車府爲客館，亦其官爲。車府七星車輿之府，亦其官也，又爲客館。

壘壁陣天軍營壘，壘壁十二星，天軍營也，是羽林之垣壘。

天壘成鬼方北夷。天壘十三星，主鬼方，北夷也，所以候存亡。

敗臼亡敗，災咎流移。敗臼四星，主敗亡災咎。

土公吏設備而主土，土公吏二星，主備司過失主土之官也。

杵與臼給軍而舂糧。杵三星臼四星主舂軍糧供廚也。

造父御馬也，亦有官矣；造父五星，主御馬亦其官也。

螣蛇水蟲也，風雨北方。螣蛇二十二星，天蛇也，主北方水蟲風雨。

治天子宫室者爲蓋屋，蓋屋二星主治物之官，一云治天子所居宫室之官。

主陵寢禱祝者爲虚樑。虚樑四星，主陵廟禱祝之事。

網爲弋網武帳，天網一星，主武帳弋網之事。

泣主墳墓死喪。泣二星主墳墓倚瘧哭泣之事。

天錢軍之府藏，天錢十星主財帛所聚軍之府藏也。

師門藩落夷荒。北落、師門一星主候兵。天軍之藩落也。

雷電、霹靂、雲雨，各以其事所屬。雷電六星主興雷電，霹靂五星主陽氣太盛擊碎萬物，雲雨四星主四時雨澤。

羽林翊衛之天軍，羽林軍四十五星，主天軍翊衛之象。

斧鉞行誅而用戮。斧鉞三星主刑誅拒難斬伐姦謀。

王良車馬，御車之官；王良五星馭車之官，主駕車馬，又爲天橋，主津梁，又主風雨急兵等事。

天廄馬官驛遞之廄。天廄十星主馬廄之官，若今之遞驛也。

土公主營造而起土功，土公二星主營造及稼穡造起土之官。

八魁設機穽而張禽獸。八魁九星主設機穽張羅致禽獸官也。

西方雜座

附路乃閣道之便路，附路一星，閣道之便路也。

天溷乃養豢之穢所。天溷七星養豢之所也，一云貯糞穢。

外屏所以遮天溷而障臭穢，外屏七星主蔽障臭穢，所以遮擁天溷也。

天倉所以待邦用而藏五穀。天倉六星藏五穀以待邦用，主倉廩之官也。

土司乃功利之官，土司一星專主土水功利之官也，一云主土功原丘之事。

鈇鑕乃芟刈之具。鈇鑕五星乃芟刈之具，所以斬芻而秣畜也，一云主斬芻飼牛馬。

左更主仁智而爲山虞，左更五星主仁智陂澤林藪爲山虞之官。

右更主禮義而爲師牧。（缺）

軍之南門，禁出入以防奸；軍南門一星主禁出入，以防盗詐軍營之南門也。

天大將軍，用軍兵而主武。天大將軍十一星，主武用兵官也，中大星爲將軍小星爲吏士左右星爲旗。

御廩之處爲天廩，天廩四星御廩也，主蓄九穀養犧牲，以待祭祀飲膳之用。

積穀之所爲天庾。天庾三星積穀之所也。

陰私潛謀兮天陰，天陰五星主陰私潛謀之事，從天子弋獵臣也，一云主預密謀。

陵墓死喪兮大陵。大陵八星主陵墓死喪積京也。

積屍陵中之墓，積屍一星陵中之墓也，一名積京主死喪。

天河密候山林。天河一星類天高，主密候山林祆變。

積水候水之災異，積水一星主候水災。

天舡主舟楫津梁。天舡九星主舟楫水旱之事。

芻藁主積芻藁，芻藁六星又名天積，主積芻藁，以供牛馬之用。

天囷主給粢盛。天囷一十三星，主給御廩之粢盛百庫之儲蓄。

天苑兮牧養禽獸，天苑十六星，養禽獸之所，亦其官也。

天園兮園囿蔬珍。天園十三星，園囿也，亦掌蔬茹之官。

月星后臣之別，月一星，太陰蟾蜍也，女后大臣之象主，刑及死喪。

天街夷夏之分。天街二星，主保道路天門之外街，爲國界陰陽之所分，三光之正道，街南爲華夏，街北爲夷狄。

礪石利百工之器，礪石四星，主磨礪鋒刃利百工也，亦主伺候明兵律。

天讒主讒説之人。天讒一星主讒説佞人毁良善。

言語樞機兮卷舌，卷舌六星，主言語樞機之事讒之舌也，一云主利口持節奉使者天節。

天節八星，主持節奉使也。

參旗天子之兵旗，參旗九星天子之兵旗，所以尊居之進退。

天臺觀雲之臺榭。天臺八星主望八方，雲氣觀臺之象。

諸王爲王室之藩屏，諸王六星主宗廟，所以藩屏王室審察諸侯存王也。

車柱乃天子之車舍。五車五星天子車舍，五帝座也，主五兵五稼以候豐耗。其西北大星爲天庫，神曰令尉，主太白，主秦雍，主豆。東北一星曰天獄，神曰風伯，主辰星，主燕趙，主稻。東一星曰天倉，神曰雨師，歲星，主徐、魯、衛，并，主蕡麻。東南一星曰司空，神曰雷公，主填星，主楚、荆、主禾黍。西南一星曰卿，星神曰豐隆，主熒惑，主魏、益，主麥。三柱九星一曰天泉，一曰天休，天旆在車舍之外。

天潢津渡河樑，天潢五星，又曰五潢，天池也，主河梁津渡之事。

咸池陂澤魚鱉。咸池三星，魚囿也，主陂澤魚沼魚鱉鳧雁之事。

殊口傳譯也，遠方通俗；九州殊口，九星主遠方俗傳譯之官也。

九斿威旗也，不虞乃滅。九斿九星，一曰天旗，天弓也，司弓弩張弛之候以備不虞。

玉井主水泉而給廚用，玉井四星，主水泉給廚用也。

軍井給師旅以奉军營。軍井四星軍營之井，所以給師旅也。《晉志》曰：軍井遠將不言渴。名爲此也。

天屏障蔽天廁，天屏二星，所以障擁天廁。

矢廁積穢溷圊。天矢一星主糞穢。天廁四星，主圊溷疾病之事。

子孫主孝愛而侍老者，子一星，主孝愛，而侍者孫二星主與子同，占曰：子與孫侍丈人之側相扶而居。

丈人主壽考而哀孤窮。丈人二星，主壽考而哀孤窮也。

明堂玉堂也，布政垂裳；明堂三星，布政之宫也。

靈臺觀臺也，仰觀祅祥。靈臺三星，觀臺也以察祅祥，占曰：仰觀候變而爲人備。

土司空九土之界域，亦人民風土之所宜。土司空四星，又曰土司徒，爲界域人民之事，一云位九域地界風土所宜。

器府主八音之樂技，樂府三十二星，樂器之府也。

長沙主壽命以延期。長沙一星，輔相之臣也，主壽命，《星贊》曰：軫主死，喪知吉凶，設長沙以延期。

青丘爲南方蠻夷之國，青丘星爲南方蠻夷之國也。

進賢舉賢逸卿相之爲。進賢一星主卿相舉賢逸。

天漢起末，天漢之起，起於尾箕，經龜魚傅説，歷天江、糠籥。天漢起東方尾、箕之間，謂之漢津，始經龜、魚、傅説，歷天江、天糠、天籥斜行。

連天弁河，鼓二旗之上，倒一派映天市之吴越，至宗人宗星而止也。上連箕、斗、天弁、河鼓、左右旗上倒分一派，西映天市之吴越，至宗星而止。

其大勢上絡天津，而至大陵。下歷卷舌，而入東井。其大勢上絡天津、車府、造父、螣蛇、王良、附命、閣道、天船、大陵漸下而東南行，又歷卷舌、五車、天潢、司怪、水府，拂諸王入東井。

過四瀆，弧、矢之墟；在社稷、七星而没。過四瀆、闕、兵、天狗、弧、矢、天社、天稷，在七星南没。

元·岳熙載《天文精義賦》卷五　天鐏饘粥也，以給貧飢。天鐏三星，鐏器也，主盛饘粥以給貧餒。

五諸侯決疑斷獄，五諸侯五星，一曰帝師，二曰帝友，三曰三公，四曰博士，五曰太史，爲帝決獄斷疑戒不虞理陰陽察得失也。

弧與矢備盜陰謀。弧矢九星，天弓也，外一星矢也，常執矢以向狼，主行陰謀備盜賊。

軍市天天軍之貨易，軍市十三星，天軍貨易之市也。

野雞知變怪以虞伏。野雞一星知變怪，在野外之郊，以伏奸也。

天狗守禦之良畜，天狗七星主守禦，吠則地上狗皆應之。

天狼侵掠之兇徒。天狼一星爲野將，主盜賊侵掠。

天社土地之主，天社六星土地之主社神也，句龍之精上爲此星，又主禱之官，一云共工氏有子曰句龍，平水土也。死而精上爲天社。

老人壽考之符。老人一星主壽，考常以二分候之春分夕見於丁，秋分晨見於丙。

三分星列抵太微，爲三公宣符開德。三台六星占，上台、中台、下台，雯而居起文昌列抵太微，一曰天柱，三公之位，主開德宣符也。西近文昌二星曰上台，爲司命主壽，次二星曰中台，爲司理主宗室，東二星曰下台，司禄主兵所以昭德塞過也。三台爲天階也。又曰泰階太乙躡以上下上階，上星爲天子，下星爲女主，中階中星爲公侯，下星爲卿大夫，下階上星爲市，下星爲庶人，所以和陰陽理萬物。

主烹宰號爲外廚，外廚六星，天子之外饔，主烹宰以供宗廟。

司農穀則爲天稷。天稷五星，稷之神也，又爲農正。

天紀知禽獸之齒歲，天紀一星，主知禽獸齒歲壽醫也。

酒旗主饗宴之酒食。酒旗三星，主享宴酒食之事，亦爲酒官之旗幟也。

天相宰相也，朝服之製；天相三星，大臣之相亦御府之官也，主朝服之製。

天廟祖廟也，祭祀之儀。天廟十四星，祭祀天子祖廟也。

軒轅爲權，后妃雷電。軒轅十七星，一曰東陵，一曰權星，主雷雨之神，又爲黄帝之神，黄龍之體，后宫之象也。后妃之宫庭主内政，以弼太微，其南大星女后也，南小星女御也，左一星少民，后之宗右一星太民，太后之宗次此一星夫人也，屏也，上將也，又北也一星妃也，次將也，餘皆次妃之屬也，軒轅爲權太微爲衡，南宫朱雀權衡也。

長垣城邑也，無界不防；長垣四星，主邊界城邑也。

少微師保也，無微不諫。少微星四爲處士，又爲士大夫，亦女后之象，及太史博士之官也，一曰主衡掖，南第一星曰處士，次博士，次議士，次大夫。占曰以賓賢才而弼南官之紀師保之官也，故師以治王微保以見君。

内平平罪之官，内平四星執法平罪之也。

太尊貴戚之宦。太尊一星，貴戚也，聖公之象。

東甌爲南粵蠻夷之區，東甌五星南粵蠻夷之區也。

軍門乃天子軍門之辨。軍門二星天子之軍門也。

座旗爲旌表尊卑，座旗九星主旌表尊卑。

天闕主關防邊境。天闕一星日月之所行，謂之天門，主開閉邊防道路之事。

司怪史臣話言災變，司怪四星，主話災變而後祥異。

水府水官提防波湧。水府水官四星也，主提防溝洫之事。

南方雜座

四瀆江河淮濟，四瀆四星江河淮濟之精也。

水位主水無疑。水位四星主水衡。

積水供酒食之正，積水一星水官也，所以供給酒之正。

積薪給烹飪之爲。積薪一星主給外廚烹飪之事。

南北二河所以分諸夏而定夷貊，南河南三星與北河爲兩界也，南河南界也，一曰陽門，又曰越門，南界自弘農函谷絶江漢，南達嶺循漳西而東抵越巂東甌以爲南紀爲陽國，主禮樂之政。兩界之間得山河分險之限是謂帝闕，七曜之常道赤謂之天街，巂者隋郡名。北河三星爲北界，亦曰高門，又曰胡門，爲陰户，北界自陽壺口絶上紀而北負微垣而東極穢貊朝鮮以爲北紀，爲陰國，主征伐之政。

闕丘兩觀所以布象魏而別尊卑，闕丘二星，東星曰東觀，西星曰西觀，是天子午門兩旁樓名曰象魏。

爟星烽火也，四時變火。爟星四星，主四時變火及烽燧，司火之官也。

元・趙友欽《革象新書》卷一　於日行之道，定二十八宿之名。宿之星數多寡不等，各就其數，内定一點爲距星。距者，隔越之義。乃以此二十八點距星爲各宿之界，各宿度數由此而分。且如南斗從柄而起，以第三點爲距，前二點及爲距之半點，未離於箕，而尚屬於箕，餘三點半方在本宿度内。然本宿之星數少，所占乃有二十餘度者，蓋斗、牛之間又有建星等類，不在玄武七宿之數，就附於斗，所以斗星雖少，而占度卻多。他宿亦猶是也。

元・脱脱等《宋史》卷五〇《天文志三》　二十八舍

東方

角宿二星，爲天關，其間天門也，其内天庭也。故黄道經其中，七曜之所行也。左角爲天田，爲理，主刑。其南爲太陽道。右角爲將，主兵。其北爲太陰道。蓋天之三門，猶房之四表。星明大，吉，王道太平，賢者在朝；動摇、移徙，王者行；左角赤明，獄平；暗而微小，王道失。陶隱居曰：「左角天津，右角天門，中爲天關。」日食角宿，王者惡之；暈于角内，有陰謀，陰國用兵得地，又主大赦。月犯角，大臣憂獄事，法官憂黜，又占憂在宫中。月暈，其分兵起；右角，右將災；左，亦然，或曰主水；色黄，有大赦。月暈三重，入天門及兩角，兵起，將失利。歲星犯，爲饑。熒惑犯之，國衰，兵敗；犯左角，有赦；右角，兵起；守之，讒臣進，政事急；居陽，有喜。填星犯角爲喪，一曰兵起。太白犯角，羣臣有異謀。辰星犯，爲小兵；守之，大水。客星犯，兵起，五穀傷；守左角，色赤，爲旱；守右角，大水。彗星犯之，色白，爲兵；赤，所指破軍；出角，天下兵亂。星孛于角，白，爲兵；赤，軍敗；入天市，兵、喪。流星犯之，外國使來；入犯左角，兵起。雲氣黄白入右角，得地；赤入左，有兵；入右，戰勝；黑白氣入于右，兵將敗。

按漢永元銅儀，以角爲十三度；而唐開元游儀，角二星十二度。舊經去極九十一度，今測九十三度半。距星正當赤道，其黄道在赤道南，不經角中；今測角在赤道南二度半，黃道復經角中，即與天象合。景祐測驗，角二星十二度，距南星去極九十七度，在赤道外六度，與《乾象新書》合，今從《新唐》爲正。

南門二星，在庫樓南，天之外門也，主守兵禁。星明，則遠方來貢；暗，則夷叛；中有小星，兵動。客、彗守之，兵起。

庫樓十星，六大星庫也，南四星樓也，在角宿南。一曰天庫，兵車之府也。旁十五星，三三而聚者柱也，中央四小星衡也。芒角，兵起；星亡，臣下逆；動，則將行；實，爲吉；虛，乃凶。歲星犯之，主兵。熒惑犯之，爲兵、旱。月入庫樓，爲兵。彗、孛入，兵饑。客星入，夷兵起。流星入，兵盡出。赤雲氣入，內外不安。天庫生角，有兵。

平星二星，在庫樓北，角南，主平天下法獄，廷尉之象。正，則獄訟平；月暈，獄官憂。熒惑犯之，兵起，有赦。彗星犯，政不行，執法者黜。

平道二星，在角宿間，主平道之官。武密曰：「天子八達之衢，主轌軾。」明正，吉；動搖，法駕有虞。歲星守之，天下治。熒惑、太白守，爲亂。客星守，車駕出行。流星守，去賢用姦。

天田二星，在角北，主畿內封域。武密曰：「天子籍田也。」歲星守之，穀稔。熒惑守之，爲旱。太白守，穀傷。辰星守，爲水災。客星守，旱，蝗。

天門二星，在平星北。武密云：「在左角南，朝聘待客之所。」星明，萬方歸化；暗，則外兵至。月暈其外，兵起。熒惑入，關梁不通；守之，失禮。太白守，有伏兵。客星犯，有謀上者。

進賢一星，在平道西，主卿相舉逸材。明，則賢人用；暗，則邪臣進。太陰、歲星犯之，大臣死。熒惑犯，爲喪，賢人隱。太白犯之，賢者退。歲星、太白、填星、辰星合守之，其占內，有陰謀，陰國用兵得地，又主大赦。月犯角，大臣憂獄事，法官憂黜，又占憂在宮中。月暈，其分兵起；右角，右將災；左，亦然，或曰主水；色黃，有大赦。月暈三重，入天門及兩角，兵起，將失利。歲星犯，爲饑。熒惑犯之，國衰，兵敗；犯左角，有赦；右角，兵起；守之，讒臣進，政事急；居陽，有喜。填星犯角爲喪，一曰兵起。太白犯角，羣臣有異謀。辰星犯，爲小兵；守之，大水。客星犯，兵起，五穀傷；守左角，色赤，爲旱；守右角，大水。彗星犯之，色白，爲兵；赤，所指破軍；出角，天下兵亂。星孛于角，白，爲兵；赤，軍敗；入天市，兵、喪。流星犯之，外國使來；入犯左角，兵起。雲氣黃白入右角，得地；赤入左，有兵；入右，戰勝；黑白氣入于右，兵將敗。

按漢永元銅儀，以角爲十三度；而唐開元游儀，角二星十二度。舊經去極九十一度，今測九十三度半。距星正當赤道，其黃道在赤道南，不經角中；今測角在赤道南二度半，黃道復經角中，即與天象合。景祐測驗，角二星十二度，距南星去極九十七度，在赤道外六度，與《乾象新書》合，今從《新書》爲正。

南門二星，在庫樓南，天之外門也，主守兵禁。星明，則遠方來貢；暗，則夷叛；中有小星，兵動。客、彗守之，兵起。

庫樓十星，六大星庫也，南四星樓也，在角宿南。一曰天庫，兵車之府也。旁十五星，三三而聚者柱也，中央四小星衡也。芒角，兵起；星亡，臣下逆；動，則將行；實，爲吉；虛，乃凶。歲星犯之，主兵。熒惑犯之，爲兵、旱。月入庫樓，爲兵。彗、孛入，兵饑。客星入，夷兵起。流星入，兵盡出。赤雲氣入，內外不安。天庫生角，有兵。

平星二星，在庫樓北，角南，主平天下法獄，廷尉之象。正，則獄訟平；月暈，獄官憂。熒惑犯之，兵起，有赦。彗星犯，政不行，執法者黜。

平道二星，在角宿間，主平道之官。武密曰：「天子八達之衢，主轌軾。」明正，吉；動搖，法駕有虞。歲星守之，天下治。熒惑、太白守，爲亂。客星守，車駕出行。流星守，去賢用姦。

天田二星，在角北，主畿內封域。武密曰：「天子籍田也。」歲星守之，穀稔。熒惑守之，爲旱。太白守，穀傷。辰星守，爲水災。客星守，旱，蝗。

天門二星，在平星北。武密云：「在左角南，朝聘待客之所。」星明，萬方歸化；暗，則外兵至。月暈其外，兵起。熒惑入，關梁不通；守之，失禮。太白守，有伏兵。客星犯，有謀上者。

進賢一星，在平道西，主卿相舉逸材。明，則賢人用；暗，則邪臣進。太陰、歲星犯之，大臣死。熒惑犯，爲喪，賢人隱。太白犯之，賢者退。歲星、太白、填星、辰星合守之，其占爲天子求賢。黃白紫氣貫之，草澤賢人出。

周鼎三星，在角宿上，主流亡。星明，國安；不見，則運不昌；動搖，國將移。《乾象新書》引郟鄏定鼎事，以周衰秦無道鼎淪泗水，其精上爲星。李太異曰：「商巫咸《星圖》已有周鼎，蓋在秦前數百年矣。」

按《步天歌》，庫樓十星，柱十五星，衡四星，平星、平道、天田、天門各二星，進賢一星，周鼎三星，俱屬角宿。而《晉志》以左角爲天田，別不載天田二星，《隋志》有之。平道、進賢、周鼎《晉志》皆屬太微垣，庫樓并衡星、柱星、南門、天門、平星皆在二十八宿之外。唐武密及景祐書乃與《步天歌》合。

亢宿四星，爲天子内朝，總攝天下奏事。聽訟、理獄、録功。一曰疏廟，主疾疫。星明大，輔忠民安；動，則多疾。爲天子正坐，爲天符。秋分不見，則穀傷糴貴。太陽犯之，諸侯謀國，君憂。日暈，其分大臣凶，多雨，民饑，疫。月犯之，君憂或大臣當之；左爲水，右爲兵。月暈，其分先起兵者勝；在冬，大人憂。歲星犯之，有赦，穀有成；守之，有兵，人多病；留三十日以上，有赦；又曰：「犯則逆臣爲亂。」熒惑犯，居陽，爲喜；陰，爲憂；有芒角，大人惡之；守之久，民憂，多雨水，又爲兵。填星犯，穀傷，民亡；逆行，女專政，逆臣爲謀；守之，有兵。太白犯之，國亡，民災；逆行，爲兵亂；有芒角，貴臣戮；守之，有水旱災，或爲喪。辰星犯之，爲水，又爲大兵；守之，米貴，民疾，歲旱，盜起，民相惡。客星犯，國不安；色赤爲兵、旱，黄爲土功；青黑，使者憂；守之穀傷，一云有赦令；黑，民流，彗犯，國災；出，則有水、兵、疫、臣叛；白，爲喪。孛星犯，國危，爲水，爲兵；入，則民流；出，則其國饑。流星入，外國使來，穀熟；出，爲天子遣使，赦令出。李淳風曰：「流星入亢，倖臣死。」雲氣犯之，色蒼，民疫；白，爲土功；黑，水；赤，兵。一云白，民虐疾；黄，土功。

右亢宿四星，漢永元銅儀十度，唐開元游儀九度。舊去極八十九度，今九十一度半。景祐測驗，亢九度，距南第二星去極九十五度。

大角一星，在攝提間，天王坐也。又爲天棟，正經紀也。光明潤澤，爲吉；青，爲憂；赤，爲兵；白，爲喪；黑，爲疾；色黄而静，民安；動，則人主好游。月犯之，大臣憂，王者惡之。月暈，其分人主有服。五星犯之，臣謀主，有兵。太白守之，爲兵。彗星出，其分主更改，或爲兵。天子失仁則守之。孛星犯，爲兵；守之，主憂。客星犯守，臣謀上；出，則人主受制。流星入，王者惡之；犯之，邊兵起。雲氣青，主憂；白，爲喪；黄氣出，有喜。

折威七星，在亢南，主斬殺，斷軍獄。月犯之，天子憂。五星犯，將軍叛。彗、孛犯，邊將死。雲氣犯，蒼白，兵亂；赤，臣叛主；黄白，爲和親；出，則有赦；黑氣入，人主惡之。

攝提六星，左右各三，直斗杓南，主建時節，伺禨祥。其星爲楯，以夾擁帝坐，主九卿。星明大，三公恣，主弱；色温不明，天下安；近大角，近戚有謀。太陰入，主受制。月食，其分主惡之。熒惑、太白守，兵起，天下更主。彗、孛入，主自將兵；出，主受制。流星入，有兵；出，有使者出；犯之，公卿不安。雲氣入，赤，爲兵，九卿憂；色黄，喜；黑，大臣戮。

陽門二星，在庫樓東北，主守隘塞，禦外寇。五星入，五兵藏。彗星守之，外夷犯塞，兵起。赤雲氣入，主用兵。

頓頑二星，在折威東南，主考囚情狀，察詐僞也。星明，無咎；暗，則刑濫。彗星犯之，貴人下獄。

按《步天歌》，大角一星，折歲七星，左右攝提總六星，頓頑、陽門各二星，俱屬角宿。而《晉志》以大角、攝提屬太微垣，折威、頓頑在二十八宿之外。陽門則見於《隋志》，而《晉史》不載。武密書以攝提、折威、陽門皆屬角、亢。《乾象新書》以右攝提屬角，在攝提屬亢，餘與武密書同。《景祐》測驗，乃以大角、攝提、頓頑、陽門皆屬於亢，其説不同。

氐宿四星，爲天子舍室，后妃之府，休解之房。前二星適也，後二星妾也。又爲天根，主疫。後二星大，則臣奉度，主安；小，則臣失勢；動，則徭役起。日食，其分卿相有讒諛，一曰王者后妃惡之，大臣憂。日暈，女主恣，一曰國有憂，日下興師。月食其宿，大臣凶，后妃惡之，一曰糴貴。月暈，大將凶，人疫；在冬，爲水，主危，以赦解之。月犯，左右郎將有誅，一曰有兵、盜。犯右星，主水；掩之，有陰謀，將軍當之。歲星犯，有赦，或立后；守之，地動，年豐；逆行，爲兵。熒惑犯之，臣僭上，一云將軍憂；守，有赦。填星犯，左右郎將有誅；守之，有赦；色黄，后喜，或册太子；留舍，天下有兵；齊明，赦。太白犯之，郎將誅；入，其分疾疫；或云犯之，拜將；乘右星，水災。辰星犯，貴臣暴憂；守之，爲水，爲旱，爲兵；入守，貴人有獄；乘左星，天子自將。客星犯，牛馬貴；色黄白，爲喜，有赦，或曰邊兵起，後宫亂；五十日不去，有刺客。彗星犯，有大赦，糴貴；滅之，大疫；入，有小兵；一云主不安。孛星犯，糴貴；出，則有赦；入，爲小兵；或云犯之，臣干主。流星犯，秘閣官有事；在冬夏，爲水、旱；《乙巳占》：後宫有喜；色赤黑，後宫不安。雲氣入，黄爲土功；黑主水；赤爲兵；蒼白爲疾疫；白，後宫憂。

按漢永元銅儀，唐開元游儀，氐宿十六度，去極九十四度。景祐測驗與《乾象新書》皆九十八度。

天乳一星，在氐東北，當赤道中。明，則甘露降。彗，客入，天雨。

將軍一星，騎將也，在騎官東南，總領車騎軍將、部陣行列。色動摇，兵外行。太白、熒惑、客星犯之，大兵出，天下亂。

招摇一星，在梗河北，主北兵。芒角、變動，則兵大行；明，則兵起；若與棟星、梗河、北斗相直，則北方當來受命中國。又占：動，則近臣恣；離次，則庫兵發；色青，爲憂；白，爲君怒；赤，爲兵；黑，爲軍破；黄，則天下安。彗星犯，北邊兵動；出，其分夷兵大起。孛犯，蠻夷亂。客星出，蠻夷來貢，一云北地有兵，喪。流星出，有兵。雲氣犯，色黄白，相死；赤，爲内兵亂；色黄，兵罷；白，大人憂。

帝席三星，在大角北，主宴獻酬酢。星明，王公災；暗，天下安；星亡，大人失位；動摇，主危。彗犯，主憂，有亂兵。客星犯，主危。

亢池六星，在亢宿北。亢，舟也；池，水也。主渡水，往來送迎。微細，凶；散，則天下不通；移徙不居其度中，則宗廟有怪。五星犯之，川溢。客星犯，水，蟲多死。武密云：「主斷軍獄，掌棄市殺戮。」與舊史異説。

騎官二十七星，在氐南，天子虎賁也，主宿衛。星衆，天下安；稀，則騎士叛；不見，兵起。五星犯，爲兵。客星守之，將出有憂，士卒發。流星入，兵起；色蒼白，將死。

梗河三星，在帝席北，天矛也，一曰天鋒，主北邊兵，又主喪，故其變動應以兵，喪。星亡，國有兵謀。彗星犯之，北兵敗。客星入，兵出，陰陽不和；一云北兵侵中國。流星出，爲兵。赤雲氣犯，兵敗；蒼白，將死。

車騎三星，在騎官南，總車騎將，主部陣行列。變色動摇，則兵行。太白、熒惑、客星犯之，大兵出，天下亂。

陣車三星，在氐南，一云在騎官東北，革車也。太白、熒惑守之，主車騎滿野，内兵無禁。

天輻二星，在房西斜列，主乘輿，若《周官》巾車官也。近尾，天下有福。五星、客、彗犯之，則輦轂有變。一作天福。

按《步天歌》，已上諸星俱屬氐宿。《乾象新書》以帝席屬角，亢池屬亢；武密與《步天歌》合，皆屬氐，而以梗河屬亢。《占天録》又以陣車屬於亢，《乾象新書》屬氐，餘皆與《步天歌》合。

房宿四星，爲明堂，天子布政之官也，亦四輔也。下第一星，上將也；次，次將也；次，次相也；上星，上相也。南二星君位，北二星夫人位。又爲四表，中爲天衢，爲天關，黄道之所經也。南間曰陽環，其南曰太陽；北間曰陰環，其北曰太陰。七曜由乎天衢，則天下和平；由陽道，則旱、喪；由陰道，則水、兵。亦曰天駟，爲天馬，主車駕。南星曰左驂，次左服，次右服，次右驂。亦曰天廄，又主開閉，爲畜藏之所由。星明，則王者明；驂大，則兵起；星離，則民流；左驂、服亡，則東南方不可舉兵；右亡，則西北不可舉兵。日食，其分爲兵，大臣專權。日暈，亦爲兵，君臣失政，女主憂。月食其宿，大臣憂，又爲王者昏，大臣專政。月暈，爲兵；三宿，主赦，及五舍不出百日赦。太陰犯陽道，爲旱；陰道，爲雨；中道，歲稔，又占上將誅。當天門、天駟，穀熟。歲星犯之，更政令，又爲兵，爲饑，民流；守之，大赦，天下和平，一云良馬出。熒惑犯，馬貴，人主憂；色青，爲喪；赤，爲兵；黑，將相災；白芒，火災；守之，有赦令；十日勾巳者，臣叛。填星犯之，女主憂，勾巳，相有誅；守之，土功興，一曰旱，兵，一曰有赦。太白犯，四邊合從；守之，爲土功；出入，霜雨不時。辰星犯，有殃；守之，水災，一云北兵起，將軍爲亂。客星犯，歷陽道，爲旱；陰道，爲水，國空，民饑；色白，有攻戰；入，爲糴貴。彗星犯，國危，人亂，其分惡之。孛星犯，有兵，民饑，國災。流星犯之，在春夏，爲土功；秋冬，相憂；入，有喪。《乙巳占》：出，其分天子恤民，下德令。雲氣入，赤黄，吉，如人形，后有子；色赤，宫亂；蒼白氣出，將相憂。

按漢永元銅儀，唐開元游儀，房宿五度。舊去極百八度，今百十度半。景祐測驗，房距南第二星去極百十五度，在赤道外二十三度。《乾象新書》在赤道外二十四度。

鍵閉一星，在房東北，主關籥。明，吉；暗，則宫門不禁。月犯之，大臣憂，火災。歲星守之，王不宜出。填星占同。太白犯，將相憂。熒惑犯，主憂。彗星、客星守之，道路阻，兵起，一云兵滿野。

鈎鈐二星，在房北，房之鈐鍵，天之管籥。王者至孝則明；又曰明而近房，天下同心。房、鈎鈐間有星及疏拆，則地動，河清。月犯之，大人憂，車駕行。月食，其分將軍死。歲星守之，爲饑；去其宿三寸，王失政，近臣起亂。熒惑守之，有德令。太白守，喉舌憂。填星守，王失土。彗星犯，宫庭失業。客星、流星犯，王有奔馬之敗。

東咸西咸各四星，東咸在心北，西咸在房西北，日、月、五星之道也。爲房之户，以防淫泆也。明，則信吉。東咸近鈎鈐，有讒臣入。西咸近上及動，有知星者入。月、五星犯之，有陰謀，又爲女主失禮，民饑。熒惑犯之，臣謀上。與太白同犯，兵起。歲星、填星犯之，有陰謀。流星犯，后妃恣，王有憂。客星犯，主失禮，后妃恣。

罰三星，在東、西咸正南，主受金罰贖。曲而斜列，則刑罰不中。彗星、客星犯之，國無政令，憂多，枉法。

日一星，在房宿南，太陽之精，主昭明令德。明大，則君有德令。月犯之，下謀上。歲星守，王得忠臣，陰陽和，四夷賓，五穀豐。太白、熒惑犯之，主有憂。客星、彗星犯之，主失位。

從官二星，在房宿西南，主疾病巫醫。明大，則巫者擅權。彗、孛犯之，巫臣作亂。雲氣犯，黑，爲巫臣戮；黄，則受爵。

按《步天歌》以上諸星俱屬在房。日一星，《晉》、《隋志》皆不載，以他書考之，雖在房宿南，實入氐十二度半。武密書及《乾象新書》惟以東咸屬心，西咸屬房，與《步天歌》不同，餘皆脗合。

心宿三星，天王正位也。中星曰明堂，天子位，爲大辰，主天下之賞罰；前星爲太子；後星爲庶子。星直，則王失勢。明大，天下同心；天下變動，心星見祥；摇動，則兵離民流。日食，其分刑罰不中，將相疑，民饑，兵、喪。日暈，王者憂之。月食其宿，王者惡之，三公憂，下有喪。月暈，爲旱，穀貴，蟲生，將凶。與五星合，大凶。太陰犯之，大臣憂；犯中央及前後星，主惡之；出心大星北，國旱；出南，君憂，兵起。歲星犯之，有慶賀事，穀豐，華夷奉化；色不明，有喪，旱。熒惑犯之，大臣憂；貫心，爲饑；與太白俱守，爲喪。又曰熒惑居其陽，爲喜；陰，爲憂。又曰守之，主易政；犯，爲民流，大臣惡之；守星南，爲水；北，爲旱；逆行，大臣亂。填星犯之，大臣喜，穀豐；守之，有土功；留舍三十日有赦；居久，人主賢；中犯明堂，火災；逆行，女主干政。太白犯，糴貴，將軍憂，有水災，不出一年有大兵；舍之，色不明，爲喪；逆行環繞，大人惡之。辰星犯明堂，則大臣當之，在陽爲燕，在陰爲塞北，不則地動、大雨；守之，爲水，爲盜。客星犯之，爲旱；守之，爲火災；舍之，則糴貴，民饑。彗星犯之，大臣相疑；守之而出，爲蝗、饑，又曰爲兵。星孛，其分有兵、喪，民流。流星犯，臣叛；入之，外國使來；色青，爲兵，爲憂；黄，有土功；黑，爲凶。雲氣入，色黄，子孫喜；白，亂臣在側；黑，太子有罪。

按漢永元銅儀，唐開元游儀，心三星皆五度，去極百八度。景祐測驗，心三星五度，距西第一星去極百十四度。

積卒十二星，在房西南，五營軍士之象，主衛士掃除不祥。星小，爲吉；明，則有兵；一星亡，兵少出；二星亡，兵半出；三星亡，兵盡出。五星守之，兵起；不則近臣誅。彗星、客星守之，禁兵大出，天子自將。雲氣犯之，青赤，爲大臣持政，欲論兵事。

按《步天歌》，積卒十二星屬心，《晉志》在二十八宿之外，唐武密書與《步天歌》合，《乾象新書》乃以積卒屬房宿爲不同，今兩存其説。

尾宿九星，爲天子後宫，亦主后妃之位。上第一星，后也；次三星，夫人；次星，嬪妾也。亦爲九子。均明，大小相承，則後宫有序，子孫蕃昌。明，則后有喜，穀熟；不明，則后有憂，穀荒。日食，其分將有疾，在燕風沙，兵、喪，後宫有憂，人君戒出。日暈，女主喪，將相憂。月食，其分貴臣犯刑，後宫有憂。月暈，有疫，大赦，將相憂，其分有水災，后妃憂。太陰犯之，臣不和，將有憂。歲星犯，穀貴；入之，妾爲嫡，臣專政；守之，旱，火災。熒惑犯之，有兵；留二十日，水災；留三月，客兵聚；入之，人相食，又云宫内亂。填星犯之，色黄，后妃喜；入，爲兵、饑、盜賊；逆行，妾爲女主；守之而有芒角，更姓易政。太白犯入，大臣起兵；久留，爲水災；出、入、舍、守，糴貴，兵起，後宫憂；失行，軍破城亡。辰星犯守，爲水災，民疾，後宫有罪者，兵起；入，則萬物不成，民疫。客星犯入，宫人惡之；守之，賤女暴貴；出，則爲風，爲水，後宫惡之，兵罷，民饑多死。彗星犯，后惑主，宫人出，兵起，宫門多土功；出入，貴臣誅，有水災。孛犯，多土功，大臣誅；守之，宫人出；出，爲大水，民饑。流星入犯，色青，舊臣歸；在春夏，後宫有口舌；秋冬，賢良用事；出，則後宫喜，有子孫；色白，後宫妾死；出入，風雨時，穀熟；入后族進禄；青黑，則后妃喪。雲氣入，色青，外國來降；出，則臣有亂。赤氣入，有使來言兵。黑氣入，有諸侯客來。

按漢永元銅儀，尾宿十八度，唐開元游儀同。舊去極百二十度，一云百四十度；今百二十四度。景祐測驗，亦十八度，距西行從西第二星去極百二十八度，在赤道外二十二度。《乾象新書》二十七度。

神宫一星，在尾宿第三星旁，解衣之内室也。

天江四星，在尾宿北，主太陰。明動，爲水，兵起；星不具，則津梁不通；參差，馬貴。月犯，爲兵，爲臣彊，河津不通。熒惑犯，大旱；守之，有立主。太白犯，暴水。彗星犯，爲大兵。客星入，河津不通。流星犯，爲水，爲饑。赤雲氣犯，車騎出；青，爲多水；黄白，天子用事，兵起；入，則兵罷。

傳説一星，在尾後河中，主章祝官也，一曰後宫女巫也，司天王之内祭祀，以祈子孫。明大，則吉，王者多子孫，輔佐出；不明，則天下多禱祠；亡，則社稷無主；入尾下，多祝詛。《左氏傳》「天策焞焞」，即此星也。彗星、客星守之，天子不享宗廟。赤雲氣入，巫祝官有誅者。

魚一星，在尾後河中，主陰事，知雲雨之期。明大，則河海水出；不明，則陰陽和，多魚；亡，則魚少；動摇，則大水暴出；出，則河大魚多死。月暈或犯之，則旱，魚死。熒惑犯其陽，爲旱；陰，爲水。填星守之，爲旱。赤雲氣犯出，兵起，將憂；入，兵罷；黄白氣出，兵起。

龜五星，在尾南，主卜，以占吉凶。星明，君臣和；不明，則上下乖。熒惑犯，爲旱；守，爲火。客星入，爲水憂。流星出，色赤黄，爲兵；青黑，爲水，各以其國言之。赤雲氣出，卜祝官憂。

按神宫、傳説、魚各一星，天江四星，龜五星，《步天歌》與他書皆屬尾。而《晉志》列天江於天市垣，以傳説、魚、龜在二十八宿之外，其説不同。

箕宿四星，爲後宫妃后之府，亦曰天津，一曰天鷄，主八風，又主口舌，主蠻夷。星明大，穀熟；不正，爲兵；離徙，天下不安；中星衆亦然，糴貴。凡日月宿在箕、壁、翼、軫者，皆爲風起；舌動，三日有大風。日犯或食其宿，將疾，佞臣害忠良，皇后憂，大風沙。日暈，國有妖言。月食，爲風，爲水、旱，爲饑，后惡之。月暈，爲風，穀貴，大將易，又王者納后。月犯，多風，糴貴，爲旱，女主憂，君將死，后宫干政。歲星入，宫内口舌，歲熟；在箕南，爲旱；在北，爲有年；守之，多惡風，穀貴，民饑死。熒惑犯，地動；入，爲旱；出，則有赦；久守，爲水；逆行，諸侯相謀，人主惡之。填星犯，女主憂；久留，有赦；守之，后喜，有土功；色黄光潤，則太后喜；又占：守，有水；守九十日，人流，兵起，蝗。太白犯，女主喜；入，則有赦；出，爲土功，糴貴；守之，爲旱，爲風，民疾；出入留箕，五穀不登，多蝗。辰星犯，有赦；守，則爲旱；動摇、色青，臣自戮，又占爲水溢、旱、火災，穀不成。客星入犯，有土功，宫女不安，民流；守之，爲饑；色赤，爲兵；守其北，小熟；東，大熟；南，小饑；西，大饑；出，其分民饑，大臣有棄者；一云守之，秋冬水災。彗星犯守，東夷自滅；出，則爲旱，爲兵，北方亂。孛犯，爲外夷亂，糴貴；守之，外夷災；出，爲穀貴，民死，流亡；春夏犯之，金玉貴；秋冬，土功興；入，則多風雨；色黄，外夷來貢。雲氣出，色蒼白，國災除；入，則蠻夷來見；出而色黄，有使者；出箕口，斂，爲雨；開，爲多風少雨。

按漢永元銅儀，箕宿十度，唐開元游儀十一度。舊去極百十八度，今百二十度。景祐測驗，箕四星十度，距西北第一星去極百二十三度。

糠一星，在箕舌前，杵西北。明，則豐熟；暗，則民饑，流亡。杵三星在箕南，主給庖舂。動，則人失釜甑；縱，則豐；横，則大饑；亡，則歲荒；移徙，則人失業。熒惑守，民流。客星犯守，歲饑。彗、孛犯，天下有急兵。

按《晉志》，糠一星、杵三星在二十八宿之外。《乾象新書》與《步天歌》皆屬箕宿。

北方

南斗六星，天之賞禄府，主天子壽算，爲宰相爵禄之位，傳曰天廟也。丞相太宰之位，褒賢進士，稟受爵禄，又主兵。一曰天機。南二星魁，天梁也。中央二星，天相也。北二星，天府廷也。又謂南星者，魁星也；北星，杓也，第一星曰北亭，一曰天開，一曰鈇鑕。石申曰：「魁第一主吴，二會稽，三丹陽，四豫章，五廬江，六九江。」星明盛，則王道和平，帝王長齡，將相同心；不明，則大小失次；芒角、動摇，國失忠臣，兵起，民愁。日食在斗，將相憂，兵起，皇后災，吴分有兵。日暈，宰相憂，宗廟不安。月食，其分國饑，小兵，后、夫人憂。月暈，大將死，穀不生。月犯，將臣黜，風雨不時，大臣誅；一歲三入，大赦；又占：入，爲女主憂，趙、魏有兵；色惡，相死。歲星犯，有赦；久守，水災，穀貴；守及百日，兵用，大臣死。熒惑犯，有赦，破軍殺將，火災；入二十日，糴貴；四十日，有德令；守之，爲兵、盜；久守，災甚；出斗上行，天下憂；不行，臣憂；入，内外有謀；守七日，太子疾。填星犯，爲亂；入，則失地；逆行，地動；出、入、留二十日，有大喪；守之，大臣叛；又占：逆行，先水後旱；守之，國多義士。太白犯之，有兵，臣叛；留守之，破軍殺將；與火俱入，白爍，臣子爲逆；久，則禍大。辰星犯，水，穀不成，有兵；守之，兵、喪。客星犯，兵起，國亂；入，則諸侯相攻，多盜，大旱，宫廟火，穀貴；七日不去，有赦。彗星犯，國主憂；出，則其分有謀，又爲水災，宫中火，下謀上，有亂兵；入，則爲火，大臣叛。孛犯入，下謀上，有亂兵；出，則爲兵，爲疾，國憂。流星入，蠻夷來貢；犯之，宰相憂，在春天子壽，夏爲水，秋則相黜，冬大臣逆；色赤而出斗者，大臣死。雲氣入，蒼白，多風；赤，旱；出，有兵起，宫廟火；入，有兩赤氣，兵；黑，主病。

按漢永元銅儀，斗二十四度四分度之一；唐開元游儀，二十六度。去極百十六度，今百十九度。景祐測驗，亦二十六度，距魁第四星去極百二十二度。

鼈十四星，在南斗南，主水族，不居漢中，川有易者。熒惑守之，爲旱。辰星守，爲火。客星守，爲水。流星出，色青黑，爲水；黄，爲旱。雲氣占同。一曰有星守之，白衣會，主有水。

天淵十星，一曰天池，一曰天泉，一曰天海，在鼈星東南九坎間，又名太陰，主灌溉溝渠。五星守之，大水，河決。熒惑入，爲旱。客星入，海魚出。彗星守之，川溢傷人。

狗二星，在南斗魁前，主吠守，以不居常處爲災。熒惑犯之，爲旱。客星入，多土功，北邊饑；守之，守禦之臣作亂。

建六星，在南斗魁東北，臨黄道，一曰天旗，天之都關。爲謀事，爲天鼓，爲天馬。南二星，天庫也。中二星，市也，鈇鑕也。上二星，爲旗跗。斗建之間，三光道也，主司七曜行度得失，十一月甲子天正冬至，大曆所起宿也。星動，人勞役。月犯之，臣更天子法；掩之，有降兵。月食，其分皇后娣姪當黜。月暈，大將死，五穀不成，蛟龍見，牛馬疫。月與五星犯之，大臣相譖有謀，亦爲關梁不通，大水。歲星守，爲旱，糴貴，死者衆，諸侯有謀；入，則有兵。熒惑守之，臣有黜者，諸侯有謀，糴貴；入，則關梁不通，馬貴；守旗跗三十日，有兵。填星守之，王者有謀。太白守，外國使來。辰星守，爲水災，米貴，多病。彗、孛、客星犯之，王失道，忠臣黜。客星守之，道路不通，多盜。流星入，下有謀；色赤，昌。

天弁九星，井一作辨。在建星北，市官之長，主列肆、闤闠、市籍之事，以知市珍也。明盛，則萬物昌；不明及彗、客犯之，糴貴；久守之，囚徒起兵。

天鷄二星，在牛西，一在狗國北，主異鳥，一曰主候時。熒惑舍之，爲旱，鷄多夜鳴。太白、熒惑犯之，爲兵。填星犯之，民流亡。客星犯，水旱失時；入，爲大水。

狗國四星，在建星東南，主三韓、鮮卑、烏桓、玁狁、沃且之屬。星不具，天下有盜；不明，則安；明，則邊寇起。月犯之，烏桓、鮮卑國亂。熒惑守之，外夷兵起。太白守之，鮮卑受政。客星守，其王來中國。

天籥八星，在南斗杓第二星西，主開閉門户。明，則吉；不備，則關籥無禁。客星、彗星守之，關梁閉塞。

農丈人一星，在南斗西南，老農主稼穡者，又主先農、農正官。星明，歲豐；暗，則民失業；移徙，歲饑。客星、彗星守之，民失耕，歲荒。

按《步天歌》，已上諸星皆屬南斗。《晉志》以狗國、天鷄、天弁、天籥、建星皆屬天市垣，餘在二十八宿之外。《乾象新書》以天籥、農丈人屬箕，武密又以天籥屬尾，互有不同。

牛宿六星，天之關梁，主犧牲事。其北二星，一曰即路，一曰聚火。又曰上一星主道路，次二星主關梁，次三星主南越。明大，則王道昌，關梁通，牛貴；怒，則馬貴；動，則牛災，多死；始出而色黄，大豆賤；赤，則豆有蟲；青，則大豆貴；星直，糴賤；曲，則貴。日食，其分兵起；暈，爲陰國憂，兵起。月食，有兵；暈，爲水災，女子貴，五穀不成，牛多暴死，小兒多疾。月暈在冬三月，百四十日外有赦；暈中央大星，大將被戮。月犯之，有水，牛多死，其國有憂。歲星入犯，則諸侯失期；留守，則牛多疫，五穀傷；在牛東，不利小兒；西，主風雪；北，爲民流。逆行，宫中有火；居三十日至九十日，天下和平，道德明。熒惑犯之，諸侯多疾，臣謀主；守，則穀不成，兵起；入或出守斗南，赦。填星犯之，有土功；守之，雨雪，民人、牛馬病。太白犯之，諸侯不通；守，則國有兵起；入，則爲兵謀，人多死。辰星犯，敗軍移將，臣謀主。客星犯守之，牛馬貴，越地起兵；出，牛多死，地動，馬貴。彗星犯之，吴分兵起；出，爲糴貴，牛死。孛犯，改元易號，糴貴，牛多死，吴、越兵起，下當有自立者。流星犯之，王欲改事；春夏，穀熟；秋冬，穀貴；色黑，牛馬昌，關梁入貢。雲氣蒼白横貫，有兵、喪；赤，亦爲兵；黄白氣入，牛蕃息；黑，則牛死。

按漢永元銅儀，以牽牛爲七度；唐開元游儀，八度。舊去極百六度，今百四度。景祐測驗，牛六星八度，距中央大星去極百十度半。

天田九星，在斗南，一曰在牛東南，天子畿内之田。其占與角北天田同。客星犯之，天下憂。彗、孛犯守之，農夫失業。

河鼓三星，在牽牛西北，主天鼓，蓋天子及將軍鼓也。一曰三武，主天子三將軍，中央大星爲大將軍，左星爲左將軍，右星爲右將軍。左星南星也，所以備關梁而拒難也，設守險阻，知謀徵也。鼓欲正直而明，色黄光澤，將吉；不正，爲兵，憂；星怒，則馬貴；動，則兵起；曲，則將失計奪勢；有芒角，將軍凶猛象也；動摇，差度亂，兵起。月犯之，軍敗亡。五星犯之，兵起。彗星、客星犯，將軍被戮。流星犯，諸侯作亂。黄白雲氣入之，天子喜；赤，爲兵起；出，則戰勝；黑，爲將死。青氣入之，將憂；出，則禍除。

左旗九星，在河鼓左旁，右旗九星在牽牛北、河鼓西南，天之鼓旗旌表也。主聲音、設險、知敵謀。旗星明大，將吉。五星犯守，兵起。

織女三星，在天市垣東北，一曰在天紀東，天女也，主果蓏、絲帛、珍寶。王者至孝，神祇咸喜，則星俱明，天下和平；星怒而角，布帛貴。陶隱居曰：「常以十月朔至六七日晨見東方。」色赤精明者，女工善；星亡，兵起，女子爲候。織女足常向扶筐，則吉；不向，則絲綿大貴。月暈，其分兵起。熒惑守之，公主憂，絲帛貴，兵起。彗星犯，后族憂。星孛，則有女喪。客星入，色青，爲饑；赤，爲兵；黄，爲旱；白，爲喪；黑，爲水。流星入，有水、盜，女主憂。雲氣入，蒼白，女子憂；赤，則爲女子兵死；色黄，女有進者。

漸臺四星，在織女東南，臨水之臺也，主晷漏、律呂事。明，則陰陽調，而律呂和；不明，則常漏不定。客星、彗星犯之，陰陽反戾。

輦道五星，在織女西，主王者游嬉之道。漢輦道通南北宮，其象也。太白、熒惑守之，御路兵起。

九坎九星，在牽牛南，主溝渠，導引泉源，疏瀉盈溢，又主水旱。星明，爲水災；微小，吉。月暈，爲水；五星犯之，水溢。客星入，天下憂。雲氣入，青，爲旱；黑，爲水溢。

羅堰三星，在牽牛東，拒馬也，主隄塘，壅蓄水源以灌溉也。星明大，則水泛溢。

天桴四星，在牽牛東北横列，一曰在左旗端，鼓桴也，主漏刻。暗，則刻漏失時。武密曰：「主桴鼓之用。」動摇，則軍鼓用；前近河鼓，若桴鼓相直，皆爲桴鼓用。太白、熒惑守之，兵鼓起。客星犯之，主刻漏失時。

按《步天歌》，已上諸星俱屬牛宿。《晉志》以織女、漸臺、輦道皆屬太微垣，以河鼓、左旗、右旗、天桴屬天市垣，餘在二十八宿之外。武密以左旗屬箕屬斗，右旗亦屬斗，漸臺屬斗，又屬牛，餘與《步天歌》同。《乾象新書》則又以左旗、織女、漸臺、輦道、九坎皆屬於斗。

須女四星，天之少府，賤妾之稱，婦職之卑者也，主布帛裁製、嫁娶。星明，天下豐，女巧，國富；小而不明，反是。日食在女，戒在巫祝、后妃禱祠，又占越分饑，后妃疾。日暈，後宮及女主憂。月食，爲兵、旱，國有憂。月暈，有兵謀不成；兩重三重，女主死。月犯之，有女惑，有兵不戰而降，又曰將軍死。歲星犯之，后妃喜，外國進女；守之，多水，國饑，喪，糴貴，民大災。熒惑犯之，大臣、皇后憂，布帛貴，民大災；守之，士人不安，五穀不熟，民疾，有女喪，又爲兵；入，則糴貴；逆行犯守，大臣憂；居陽，喜；陰，爲憂。填星犯守，有苛政，山水出，壞民舍，女謁行，后專政，多妖女；留五十日，民流亡。太白犯之，布帛貴，兵起，天下多寡女；留守，有女喪，軍發。辰星犯，國饑，民疾；守之，天下水，有赦，南地火，北地水，又兵起，布帛貴。客星犯，兵起，女人爲亂；守之，宮人憂，諸侯有兵，江淮不通，糴貴。彗星犯，兵起，女爲亂；出，爲兵亂，有水災，米鹽貴。星孛，其分兵起，女爲亂，有奇女來進；出入，國有憂，王者惡之。流星犯，天子納美女，又曰有貴女下獄；抵須女，女主死。《乙巳占》：出入而色黄潤，立妃后；白，爲後宮妾死。雲氣入，黄白，有嫁女事；白，爲女多病；黑，爲女多死；赤，則婦人多兵死者。

按漢永元銅儀，以須女爲十一度。景祐測驗，十二度，距西南星去極百五度，在赤道外十四度。

十二國十六星，在牛女南，近九坎，各分土居列國之象。九坎之東一星曰齊，齊北二星曰趙，趙北一星曰鄭，鄭北一星曰越，越東二星曰周，周東南北列二星曰秦，秦南二星曰代，代西一星曰晉，晉北一星曰韓，韓北一星曰魏，魏西一星曰楚，楚南一星曰燕，有變動各以其國占之。陶隱居曰：「越星在婺女南，鄭一星在越北，趙二星在鄭南，周二星在越東，楚一星在魏西南，燕一星在楚南，韓一星在晉北，晉一星在代北，代二星在秦南，齊一星在燕東。」

離珠五星，在須女北，須女之藏府，女子之星也。又曰主天子旒珠，后、夫人環珮。去陽，旱；去陰，潦。客星犯之，後宮有憂。

奚仲四星，在天津北，主帝車之官。凡太白、熒惑守之，爲兵祥。

天津九星，在虚宿北，横河中，一曰天漢，一曰天江，主四瀆津梁，所以度神通四方也。一星不備，津梁不通；明，則兵起；參差，馬貴；大，則水災；移，則水溢。彗、孛犯之，津敗，道路有賊。客星犯，橋樑不修；守之，水道不通，船貴。流星出，必有使出，隨分野占之。赤雲氣入，爲旱；黄白，天子有德令；黑，爲大水；色蒼，爲水，爲憂；出，則禍除。

敗瓜五星，在匏瓜星南，主修瓜果之職，與匏瓜同占。

匏瓜五星一作瓠瓜。在離珠北，天子果園也，其西觜星主後宮。不明，則后失勢；不具或動摇，爲盜；光明，則歲豐；暗，則果實不登。彗、孛犯之，近臣僭，有戮死者。客星守之，魚鹽貴，山谷多水；犯之，有游兵不戰。蒼白雲氣入之，果不可食；青，爲天子攻城邑；黄，則天子賜諸侯果；黑，爲天子食果而致疾。

扶筐七星，爲盛桑之器，主勸蠶也，一曰供奉后與夫人之親蠶。明，吉；暗，凶；移徙，則女工失業。彗星犯，將叛。流星犯，絲綿大貴。

按《步天歌》，已上諸星俱屬須女，而十二國及奚仲、匏瓜、敗瓜等星，《晉志》不載，《隋志》有之。《晉志》又以離珠、天津屬天市垣，扶筐屬太微垣。《乾象新書》以周、越、齊、趙屬牛，秦、代、韓、魏、燕、晉、楚、鄭屬女。武密以離珠、匏瓜屬牛又屬女，以奚仲屬危。《乾象新書》以離珠、匏瓜屬牛，敗瓜屬斗又屬牛，以天津西一星屬斗，中屬牛，東五星屬女。

虚宿二星，爲盧堂，冢宰之官也，主死喪哭泣，又主北方邑居、廟堂祭祀祝禱事。宋均曰：「危上一星高，旁兩星下，似蓋屋也。」蓋屋之下，中無人，但空虚似乎殯宫，主哭泣也。明，則天下安；不明，爲旱；欹斜上下不正，享祀不恭；動，將有喪。日食其分，其邦有喪。日暈，民饑，后妃多喪。月食，主刀劍官有憂，國有喪。月暈，有兵謀，風起則不成，又爲民饑。月犯之，宗廟兵動，又國憂，將死。歲星犯，民饑；守之，失色，天王改服；與填星同守，水旱不時。熒惑犯之，流血滿野；守之，爲旱，民饑，軍叛；入，爲火災，功成見逐；或勾巳，大人戰不利。填星犯之，有急令；行疾，有客兵；入，則有赦，穀不成，人不安；守之，風雨不時，爲旱，米貴，大人欲危宗廟，有客兵。太白犯，下多孤寡，兵，喪；出，則政急；守之，臣叛君；入，則大臣下獄。辰星犯，春秋有水；守之，亦爲水災，在東爲春水，南爲夏水，西爲秋水，北冬有雷雨，水。客星犯，糴貴；守之，兵起，近期一年，遠則二年，有哭泣事；出，爲兵，喪。彗星犯之，國凶，有叛臣；出，爲野戰流血；出入，有兵起，芒燄所指國必亡。星孛其宿，有哭泣事；出，則爲野戰流血，國有叛臣。流星犯，光潤出入，則冢宰受賞，有赦令；色黑，大臣死；入而色青，有哭泣事；黄白，有受賜者；出，則貴人求醫藥。雲氣黄入，爲喜；蒼，爲哭；赤，火；黑，水；白，有幣客來。

按漢永元銅儀，以虚爲十度，唐開元游儀同。舊去極百四度，今百一度。景祐測驗，距南星去極百三度，在赤道外十二度。

司命二星，在虚北，主舉過、行罰、滅不祥，又主死亡。逢星出司命，王者憂疾，一曰宜防祆惑。

司禄二星，在司命北，主增年延德，又主掌功賞、食料、官爵。

司危二星，在司禄北，主矯失正下，又主樓閣臺榭、死喪、流亡。

司非二星，在司危北，主司候内外，察愆尤，主過失。《乾象新書》：命、禄、危、非八星主天子已下壽命、爵禄、安危、是非之事。明大，爲災；居常，爲吉。

哭二星，在虚南，主哭泣、死喪。月、五星、彗、孛犯之，爲喪。

泣二星在哭星東，與哭同占。

天壘城十三星，在泣南，圜如大錢，形若貫索，主鬼方、北邊丁零類，所以候興敗存亡。熒惑入守，夷人犯塞。客星入，北方侵。赤雲氣掩之，北方驚滅，有疾疫。

離瑜三星，在十二國東，《乾象新書》在天壘城南。離，圭衣也；瑜，玉飾：皆婦人見舅姑衣服也。微，則後宫儉約；明，則婦人奢縱。客星、彗星入之，後宫無禁。

敗臼四星，在虚、危南，兩兩相對，主敗亡、災害。石申曰：「一星不具，民賣甑釜；不見，民去其鄉。」五星入，除舊布新。客星、彗星犯之，民饑，流亡。黑氣入，主憂。

按《步天歌》，已上諸星俱屬虚宿。司命、司禄、司危、司非、離瑜、敗臼，《晉志》不載，《隋志》有之。《乾象新書》以司命、司禄、司危、司非屬須女；泣星、敗臼屬危。武密書與《步天歌》合。

危宿三星，在天津東南，爲天子宗廟祭祀，又爲天子土功，又主天府、天市、架屋、受藏之事。不明，客有誅，土功興；動或暗，營宫室，有兵事。日食，陵廟摧，有大喪，有叛臣。日暈，有喪。月食，大臣憂，有喪，宫殿圮。月暈，有兵、喪，先用兵者敗。月犯之，宫殿陷，臣叛主，來歲糴貴，有大喪。歲星犯守，爲兵、役徭，多土功，有哭泣事，又多盜。熒惑犯之，有赦；守之，人多疾，兵動，諸侯謀叛，宫中火災；守上星人民死，中星諸侯死，下星大臣死，各期百日十日；守三十日，東兵起，歲旱，近臣叛；入，爲兵，有變更之令。填星守之，爲旱，民疾，土功興，國大戰；犯之，皇后憂，兵，喪；出、入、留、舍，國亡地，有流血；入，則大亂，賊臣起。太白犯之，爲兵，一曰無兵兵起，有兵兵罷，五穀不成，多火災；守之，將憂，又爲旱，爲火；舍之，有急事。辰星犯之，大臣誅，法官憂，國多災；守之，臣下叛，一云皇后疾，兵、喪起。客星犯，有哭泣，一曰多雨水，穀不收；入之，有土功，或三日有赦；出，則多雨水，五穀不登；守之，國敗，民饑。彗星犯之，下有叛臣兵起；出，則將軍出國，易政，大水，民饑。孛犯，國有叛者兵起。流星犯之，春夏爲水災，秋冬爲口舌；入，則下謀上；抵危，北地交兵。《乙巳占》：流星出入色黄潤，人民安，穀熟，土功興；色黑，爲水，大臣災。雲氣入，蒼白，爲土功；青，爲國憂；黑，爲水，爲喪；赤，爲火；白，爲憂，爲兵；黄出入，爲喜。

按漢永元銅儀，以危爲十六度；唐開元游儀，十七度。舊去極九十七度，距南星去極九十八度，在赤道外七度。

虚梁四星，在危宿南，主園陵寢廟、禱祝。非人所處，故曰虚梁。一曰宫宅屋幃帳寢。太白、熒惑犯之，爲兵。彗、孛犯，兵起，宗廟改易。

天錢十星，在北落師門西北，主錢帛所聚，爲軍府藏。明，則庫盈；暗，爲虚。太白、熒惑守之，盗起。彗、孛犯之，庫藏有賊。

墳墓四星，在危南，主山陵、悲慘、死喪、哭泣。大曰墳，小曰墓。五星守犯，爲人主哭泣之事。

杵三星，在人星東，一云臼星北，主舂軍糧。不具，則民賣甑釜。

臼四星，在杵星下，一云危東。杵臼不明，則民饑；星衆，則歲樂；疏，爲饑；動摇，亦爲饑；杵直下對臼，則吉；不相當，則軍糧絶；縱，則吉；横，則荒；又臼星覆，歲饑；仰，則歲熟。彗星犯之，民饑，兵起，天下急。客星守之，天下聚會米粟。

蓋屋二星，在危宿南九度，主治宫室。五星犯之，兵起。彗、孛犯守，兵災尤甚。

造父五星，在傳舍南，一曰在螣蛇北，御官也。一曰司馬，或曰伯樂，主御營馬廄，馬乘，轡勒。移處，兵起，馬貴；星亡，馬大貴。彗、客入之，僕御謀主，有斬死者，一曰兵起；守之，兵動，廄馬出。

人五星，在虚北，車府東，如人形，一曰主萬民，柔遠能邇；又曰卧星，主夜行，以防淫人。星亡，則有詐作詔者，又爲婦人之亂；星不具，王子有憂。客、彗守犯，人多疾疫。

車府七星，在天津東，近河，東西列，主車府之官，又主賓客之館。星光明，潤澤，必有外賓，車駕華潔。熒惑守之，兵動。彗、客犯之，兵車出。一曰主輦

鈎九星，在造父西河中，如鈎狀。星直，則地動；他星守，占同。

輿、服飾。明，則服飾正。

按《步天歌》，已上諸星俱屬危宿。《晉志》不載人星、車府，《隋志》有之。杵、臼星，《晉》、《隋志》皆無。造父、鈎星，《晉志》屬紫薇垣，蓋屋、虚樑、天錢在二十八宿外。《乾象新書》以車府西四星屬虚，東三星屬危。武密書以造父屬危又屬室，餘皆與《步天歌》合。按《乾象新書》又有天綱一星在危宿南，入危八度，去極百三十二度，在赤道外四十一度。《晉》、《隋志》及諸家星書皆不載，止載危、室二宿間與北落師門相近者。近世天文乃載此一星，在鬼、柳間，與外廚、天紀相近。然《新書》兩天綱雖同在危度，其説不同，今姑附于此。

營室二星，天子之宫，一曰玄宫，一曰清廟，又爲軍糧之府，主土功事。一曰室一星爲天子宫，一星爲太廟，爲王者三軍之廪，故置羽林以衛；又爲離宫閣道，故有離宫六星在其側。一曰定室，《詩》曰「定之方中」也。星明，國昌；不明而小，祠祀鬼神不享；動，則有土功事；不具，憂子孫；無芒、不動，天下安。日食在室，國君憂，王者將兵，一曰軍絶糧，士卒亡。日暈，國憂，女主憂黜。日食，其分有土功，歲饑。月暈，爲水，爲火，爲風。月犯之，爲土功，有哭泣事。歲星犯之，有急而爲兵；入，天子有赦，爵禄及下；舍室東，民多死；舍北，民憂；又曰守之，宫中多火災，主不安，民疫。熒惑犯，歲不登；守之，有小災，爲旱，爲火，糴貴；逆行守之，臣謀叛；入，則創改宫室；成勾巳者，主失官。填星犯，爲兵；守之，天下不安，人主徙宫，后、夫人憂，關樑不通，貴人多死；久守，大人惡之，以赦解，吉；逆行，女主出入恣；留六十日，土功興。太白犯五寸許，天子政令不行；守，則兵大忌之，以赦令解；一曰太子、后妃有謀；若乘守勾巳，逆行往來，主廢后妃，有大喪，宫人恣；去室一尺，威令不行；留六十日，將死；入，則有暴兵。辰星犯之，爲水；入，則后有憂，諸侯發動於西北。客星犯入，天子有兵事，軍饑，將離，外兵來；出於室，兵先起者敗。彗星出，占同；或犯之，則弱不能戰；出入犯之，則先起兵者勝，一曰出室爲大水。孛犯或出入，先起兵者勝；出，有小災，後宫亂。武密曰：「孛出，其分有兵、喪；道藏所載，室專主兵。」流星犯，軍乏糧，在春夏將軍貶，秋冬水溢。《乙巳占》曰：「流星出入色黄潤，軍糧豐，五穀成，國安民樂。」雲氣入，黄，爲土功；蒼白，大人惡之；赤，爲兵，民疫；黑，則大人憂。

按漢永元銅儀，營室十八度；唐開元游儀，十六度。舊去極八十五度。

景祐測驗，室十六度，距南星去極八十五度，在赤道外六度。

雷電六星，在室南，明動，則雷電作。

離宮六星，兩兩相對爲一坐，夾附室宿上星，天子之別宮也，主隱藏止息之所。動摇，爲土功；不具，天子憂。太白、熒惑入，兵起；犯或勾巳環繞，爲后妃咎。彗星犯之，有修除之事。

壘壁陣十二星，一作壁壘。在羽林北，羽林之垣壘，主天軍營。星明，國安；移動，兵起；不見，兵盡出，將死。五星入犯，皆主兵。太白、辰星，尤甚。客星入，兵大起，將吏憂。流星入南，色青，后憂；入北，諸侯憂；色赤黑，入東，后有謀；入西，太子憂；黄白，爲吉。

騰蛇二十二星，在室宿北，主水蟲，居河濱。明而微，國安；移向南，則旱；向北，大水。彗、孛犯之，水道不通。客星犯，水物不成。

土功吏二星，在壁宿南，一曰在危東北，主營造宮室，起土之官。動摇，則版築事起。

北落師門一星，在羽林軍南，北宿在北方，落者天軍之藩落也，師門猶軍門。長安城北門曰「北落門」，象此也。主非常以候兵。星明大，安；微小、芒角，有大兵起。歲星犯之，吉。熒惑入，兵弱不可用。客星犯之，光芒相及爲兵，大將死；守之，邊人入塞。流星出而色黄，天子使出；入，則天子喜；出而色赤，或犯之，皆爲兵起。雲氣入，蒼白，爲疾疫；赤，爲兵；黄白，喜；黑雲氣入，邊將死。

八魁九星，在北落東南，主捕張禽獸之官也。客、彗入，多盜賊，兵起。太白，熒惑入守，占同。

天綱一星，在北落西南，一曰在危南，主武帳宮舍，天子遊獵所會。客、彗入，爲兵起，一云義兵。

羽林軍四十五星，三三而聚散，出壘壁之南，一曰在營室之南，東西布列，北第一行主天軍，軍騎翼衛之象。星衆，則國安；稀，則兵動；羽林中無星，則兵盡出，天下亂。月犯之，兵起。歲星入，諸侯悉發兵，臣下謀叛，必敗伏誅。太白入，兵起。填星入，大水。五星入，爲兵。熒惑、太白經過，天子以兵自守。熒惑入而芒赤，興兵者亡。客星入，色黄白，爲喜；赤，爲臣叛。流星入南，色青，后有疾；入北，諸侯憂；入東而赤黑，后有謀；入西，太子憂。雲氣蒼白入南，后有憂；北，諸侯憂；黑，太子、諸侯忌之；出，則禍除；黄白，吉。

斧鉞三星，在北落師門東，芟刈之具也，主斬芻稾以飼牛馬。明，則牛馬肥腯；動摇而暗，或不見，牛馬死。《隋志》、《通志》皆在八魁西北，主行誅、拒難、斬伐姦謀。明大，用兵將憂；暗，則不用；移動，兵起。月入，大臣誅。歲星犯，相誅。熒惑犯，大臣戮。填星入，大臣憂。太白入，將誅。客、彗犯，斧鉞用；又占：客犯，外兵被擒，士卒死傷，外國降；色青，憂；赤，兵；黄白，吉。

按《步天歌》已上諸星皆屬營室。雷電、土功吏、斧鉞，《晉志》皆不載，《隋志》有之。壘壁陣、北落師門、天綱、羽林軍，《晉志》在二十八宿外，騰蛇屬天市垣。武密書以騰蛇屬營室，又屬壁宿。《乾象新書》以西十六星屬尾、屬危，東六星屬室；羽林軍西六星屬危，東三十九星屬室；以天綱屬危，斧鉞屬奎。《通占録》又以斧鉞屬壁，屬奎，説皆不同。

壁宿二星，主文章，天下圖書之秘府。明大，則王者興，道術行，國多君子；星失色，大小不同，王者好武，經術不用，圖書廢；星動，則有土功。日食于壁，陽消陰壞，男女多傷，國不用賢。日暈，名士憂。月食，其分大臣憂，文章士廢，民多疫。月暈，爲風、水，其分有憂。月犯之，國有憂，爲饑，衛地有兵。歲星犯之，水傷五穀；久守或淩犯、勾巳，有兵起。熒惑犯之，衛地憂；守之，國旱，民饑，賢不用；一占：王有大災。填星犯守，圖書興，國王壽，天下豐，國用賢；一占：物不成，民多病；逆行成勾巳者，有土功；六十日，天下立王。太白犯之一二寸許，則諸侯用命；守之，文武並用，一曰有軍不戰，一曰有兵喪，一曰水災，多風雨；一曰犯之，多火災。辰星犯，國有蓋藏保守之事，王者刑法急；守之，近臣憂；一曰其分有喪，有兵，姦臣有謀；逆行守之，橋樑不通。客星犯之，文章士死，一曰有喪；入，爲土功，有水；守之，歲多風雨；舍，則牛馬多死。彗星犯之，爲兵，爲火，一曰大水，民流。孛犯，爲兵，有火水災。流星犯，文章廢；《乙巳占》曰：「若色黄白，天下文章士用。」赤雲氣入之，爲兵；黑，其下國破；黄，則外國貢獻，一曰天下有烈士立。

按漢永元銅儀，東壁二星九度。舊去極八十六度。景祐測驗，壁二星九度，距南星去極八十五度。

天廄十星，在東壁之北，主馬之官，若今驛亭也，主傳令置驛，逐漏馳騖，謂其急疾與晷漏競馳也。月犯之，兵馬歸。彗星入，馬廄火。客星入，馬出行。流星入，天下有驚。

霹靂五星，在雲雨北，一曰在雷電南，一曰在土功西，主陽氣大盛，擊碎萬物。與五星合，有霹靂之應。

雲雨四星在霹靂東，一云在霹靂南，主雨澤，成萬物。星明，則多雨水。辰星守之，有大水；一占：主陰謀殺事，孳生萬物。

鈇鑕五星，在天倉西南，刈具也，主斬芻飼牛馬。明，則牛馬肥；微暗，則牛馬飢餓。

按《步天歌》，壁宿下有鈇鑕五星，《晉》、《隋志》皆不載。《隋志》八魁西北三星曰鈇鑕，又曰鈇鉞，其占與《步天歌》室宿内斧鉞略同，恐即是此誤重出之。霹靂五星、雲雨四星，《晉志》無之，《隋志》有之。武密書以雲雨屬室宿，天廄十星《晉志》屬天市垣，其説皆不同。

元・脱脱等《宋史》卷五一《天文志四》　西方

奎宿十六星，天之武庫，一曰天豕，一曰封豕，主以兵禁暴，又主溝瀆。西南大星曰天豕目，亦曰大將。明動，則兵、水大出。日食，魯國凶，邊兵起及水旱。日暈，爲兵，爲火。月食，聚斂之臣有憂。月暈，兵敗，糴貴，將戮，人疾疫。月犯之，其分亂。歲星犯之，近臣爲逆；守之，蟲爲災，人飢，盜起，多獄訟；久守，北兵降；色潤澤，大熟；守二十日以上，兵起魯地；逆行守之，君好兵，民流亡。熒惑犯之，環繞三十日以上，將相凶，大水，民流；守二十日以上，魯地有兵；動摇，進退，有赦；舍，歲大熟；留，臣下專權，多獄訟；守百日以上，多盜。填星入犯，吳、越有兵，一曰齊、魯，一曰兵、喪；守之，有貴女執政；出入，水泉溢。太白犯之，大水，有兵，霜殺物；入，則外兵入國；晝見，將相死。辰星犯之，江河決，有兵，爲旱，爲火。守之，王者憂，兵、旱。客星犯之，有溝瀆事；守，則王者有憂，軍敗；賊臣在側；入之，破軍殺將；舍留不去，人飢；出，則爲謀臣惑天子。彗犯，爲飢，爲兵、喪；出，則有水災。星孛之，其下兵出，民飢，國無繼嗣；出，則西北有兵起。流星入犯之，有溝瀆事，破軍殺將。《乙巳占》：流星出入，色黄白光潤，文昌武偃；赤如火光作聲，爲弓弩用；一曰入則有聚衆事。赤雲氣入犯，爲兵；黄，爲天子喜；黑，則大人有憂。

按漢永元銅儀，以奎爲十七度；唐開元游儀，十六度。舊去極七十六度，景祐測驗同。

天溷七星，在外屏南，主天廁養豬之所，一曰天之廁溷也。暗，則人不安；移徙，則憂。

土司空一星，在奎南，一曰天倉，主土事。凡營城邑，浚溝洫，修隄防，則議其利，建其功，四方小大功課，歲盡則奏其殿最而行賞罰。星大，色黄，則天下安。五星犯之，男女不得耕織。彗、客犯之，水旱，民流，兵大起，土功興。客星守之，有土功、哭泣事。黄雲氣入，土功興，移京邑。

策一星，在王良北，天子僕也，主執策御。流星、彗、孛、客星犯之，皆爲大兵起，天子自將于野；近之，下有謀亂者。

附路一星，附一作傅。在閣道南旁，别道也。一曰在王良東，主太僕，主禦風雨。芒角，則車騎在野；星亡，有道路之變；不具，則兵起。太白、熒惑入，兵起。彗、孛犯之，道路不通。客星入，馬賤。蒼白雲氣入，太僕有憂；赤，爲太僕誅；黄白，太僕受賜；黑，爲太僕死。

閣道六星，在王良前，飛道也，從紫宫至河神所乘也。一曰主輦閣之道，天子游别宫之道也。星不見，則輦閣不通；動摇，則宫掖有兵。彗、孛、客星犯之，主不安國，有喪。白雲氣入，有急事；黑，主有疾；黄，則天子有喜。

王良五星，在奎北，居河中，天子奉車御官也。其四星曰天駟，旁一星曰王良，亦曰天馬星，動則車騎滿野。一曰爲天橋，主禦風雨、水道。星不具，或客星入守，爲兵。彗、客犯之，爲兵、喪，天下橋樑不通。流星犯，大兵將出。青雲氣守之，津梁不通。與閣道近，有江河之變。星明，馬賤；暗，則馬災。太白、熒惑入犯之，王良奉車憂墜車。雲氣赤，王良有斧鑕憂。

外屏七星，在奎南，主障蔽臭穢。

軍南門，在天大將軍南，天大將軍之南門也。主誰何出入。星不明，外國叛；動摇，則兵起；明，則遠方來貢。

按《步天歌》以上諸星俱屬奎宿。以《晉志》考之，王良、附路、閣道、軍南門、策星，俱在天市垣，别無外屏、天溷、土司空等星，《隋志》有之。而武密以王良、外屏、天溷皆屬于壁，或以外屏又屬奎。《乾象新書》以王良西一星屬壁，東四星屬奎，外屏西一星屬壁，東六星屬奎，與《步天歌》各有不合。

婁三星，爲天獄，主苑牧犧牲，供給郊祀，亦爲興兵聚衆。明大，則賦斂以時。星直，則有執主命者；就聚，國不安。日食于婁，宰相、大人當之，郊祀神不享。日暈，有兵，大人多死。月食，其分后妃憂，民飢。月暈，在春百八十日有赦，又爲糴貴，三日内雨解之。月犯，多畋獵，其分憂，將死，民流，一曰多寃獄。歲星犯之，牛多死，米賤，有赦；守之，國安，一曰民多疫，六畜貴，有兵自罷。熒惑犯守，爲旱，爲火，穀貴；又曰守二十日以上，大臣死。星動，人多死；若逆行入成勾巳者，國庫災。填星犯之，天子戒邊境，不可遠行，將兵凶；守之，穀豐民樂；若逆行，女謁行；留舍于婁，外國兵來。太白犯之，有聚衆事；守之，期三十日有兵，民飢。辰星犯之，刑罰急，多水旱，大臣憂，王者以赦除之；守而芒角，動摇，色赤黑者，臣下起兵。客星犯，爲大兵；守之，五穀不成，又曰臣惑主，專政，歲多獄訟；環繞三日，大赦。彗星犯之，民飢死；出，則先旱後水，穀大貴，六畜疾，倉庫空，又曰國有大兵。星孛，其分爲兵，爲饑。流星出犯之，有法令清獄。青赤雲氣入，爲兵、喪；黑，爲大水。

按漢永元銅儀，以婁爲十二度；唐開元游儀，十三度。舊去極八十度。景祐測驗，婁宿十二度，距中央大星去極八十度，在赤道内十一度。

天倉六星，在婁宿南，倉穀所藏也，待邦之用。星近而數，則歲熟粟聚；遠而疏，則反是。月犯之，主發粟。五星犯，兵起，歲饑，倉粟出。熒惑、太白合守，軍破將死。熒惑入，軍轉粟千里；近之，天下旱。太白犯之，外國人相食，兵起西北。辰星守之，大水。客、彗犯之，五穀不成。客星入，歲饑糴貴。流星入，色赤，爲兵；犯之，粟以兵出；色黄白，歲大稔。蒼白雲氣入，歲饑；赤，爲兵、旱，倉廩災；黄白，歲大熟。

右更五星，在婁西，秦爵名，主牧師官，亦主禮義。星不具，天下道不通。太白、熒惑犯守，山澤兵起。

左更五星，在婁東，亦秦爵名，山虞之官，主山澤林藪竹木蔬菜之屬，亦主仁智。占同右更。

天大將軍十一星，在婁北，主武兵。中央大星，天之大將也；外小星，吏士也。動摇，則兵起，大將出；小星動摇，或不具，亦爲兵；旗直揚者，隨所擊勝。五星犯守，大將憂。客星守之，大將不安，軍吏以飢敗。流星入，大將憂。蒼白雲氣犯之，兵多疾；赤，爲軍出。

天庾四星，在天倉東南，主露積。占與天倉同。

按《晉志》，天倉、天庾在二十八宿之外，天大將軍屬天市垣，左更、右更惟《隋志》有之。《乾象新書》以天倉屬奎。武密亦以屬奎，又屬婁。《步天歌》皆屬婁宿。

胃宿三星，天之廚藏，主倉廩，五穀府也。明，則天下和平，倉廩實，民安；動，則輸運；暗，則倉空；就聚，則穀貴、民流；中星聚，穀聚；星小，穀散；芒，則有兵。日食，大臣誅，一曰乏食，其分多疾，穀不實，又曰有委輸事。日暈，穀不熟。月食，王后有憂，將亡，亦爲饑，郊祀有咎。月暈，兵先動者敗，妊婦多死，又曰國主死，天多雨，或山崩，有破軍。歲星在暈内，天子有德令。月暈在四孟之月，有赦。熒惑在暈中，爲兵。月犯之，鄰國有暴兵，天下饑，外國憂，穀不實，民多疾，變色，將軍凶。歲星犯之，大人憂，兵起；守，則國昌；入，則國令變更，天下獄空；若逆行，五穀不成，國無積蓄。熒惑犯之，兵亂，倉粟出，貴人憂；守之，旱饑，民疫，客軍大敗；入，則改法令，牢獄空；進退環繞勾已，凌犯及百日以上，天下倉庫並空，兵起。填星犯之，大臣爲亂；守之，無蓄積，有德令，歲穀大貴；若逆行守勾已者，有兵；色赤，兵起流血；青，則有德令。辰星犯，其分不寧；守之，有兵，國有立侯，巫咸曰：「爲旱，穀不成，有急兵」；又逆行守之，倉空，水災。客星犯之，王者憂，倉廩用；退行入，則有赦；守之，强臣凌國，穀不熟；乘之，爲火；舍而不去，人飢；出，其分君有憂。彗星犯之，兵動，臣叛，有水災，穀不登。星孛，其分兵起，王者惡之。流星犯之，倉庫空；色赤，爲火災。蒼白雲氣出入犯之，以喪糴粟事；黑，爲倉穀敗腐；青黑，爲兵；黄白，倉實。

按漢永元銅儀，胃宿十五度；景祐測驗，十四度。

天囷十三星，如乙形，在胃南，倉廩之屬，主給御廩粢盛。星明，則豐稔；暗，則饑。月犯之，有移粟事。五星犯之，倉庫空虚。客、彗入，倉庫憂，水火焚溺。青白雲氣入，歲饑，民流亡。

大陵八星，在胃北，亦曰積京，主大喪也。中星繁，諸侯喪，民疫，兵起。月犯之，爲兵，爲水、旱，天下有喪。月暈前足，大赦。五星入，爲水旱、兵、喪。熒惑守之，天下有喪。客、彗入，民疫。流星出犯之，其下有積尸。蒼白雲氣犯之，天下兵、喪；赤，則人多戰死。

積尸一星，在大陵中。明，則有大喪，死人如山。月犯之，有叛臣。五星犯之，天下大疾。客、彗犯，有大喪。蒼色雲氣入犯之，人多死；黑，爲疫。

天船九星，在大陵北，河之中，天之船也，主通濟利涉。石申曰：「不在漢中，津河不通。」明，則天下安；不明及移徙，天下兵、喪。月犯之，百川流溢，津梁不通。五星犯之，水溢，民移居。彗星犯之，爲大水。客星犯，爲水，爲兵。青雲氣入，天子憂，不可御船；赤，爲兵，船用；黄白，天子喜。

天廩四星，在昴宿南，一曰天廥，主蓄黍稷，以供享祀。《春秋》所謂御廩，此之象也。又主賞功，掌九穀之要。明，則國實歲豐；移，則國虚；黑而希，則粟腐敗。月犯之，穀貴。五星犯之，歲饑。客星犯，倉庫空虚。流星入，色青爲憂;赤,爲旱,爲火;黄白,天下熟。青雲氣入,蝗,饑,民流;赤,爲旱;黑,爲水;黄,則歲稔。

積水一星,在天船中,候水災也。明動上行,舟船用。熒惑犯,有水。

按《晉志》大陵、積尸、天船、積水俱屬天市垣,天囷、天廩在二十八宿之外。武密以天囷、大陵屬婁,又屬胃;天船屬胃,又屬昴。《乾象新書》天囷五星屬婁,餘星屬胃,大陵西三星屬婁,東五星屬胃,與《步天歌》互有不同。

昴宿七星,天之耳目也,主西方及獄事。又爲旄頭,北星也,又主喪。昴、畢間爲天街,天子出,旄頭、罕畢以前驅,此其義也。黄道所經。明,則天下牢獄平;六星皆明與大星等,爲大水。七星皆黄,兵大起。一星亡,爲兵、喪。摇動,有大臣下獄及有白衣之會。大而數盡動,若跳躍者,北兵大起。一星獨跳躍而動,北兵欲犯邊。日食,王者疾,宗姓自立,又占邊兵起。日暈,陰國失地,北主憂,趙地凶,又云大饑。月食,大臣誅,女主憂,爲饑,邊兵起,將死,北地叛。月歲三暈,弓弩貴,民饑;暈在正月上旬,有赦;犯之,爲饑,北主憂,天子破北兵;變色,民流,國亡,下有暴兵,有赦;出昴北,天下有福;乘之,法令峻,大水,穀不登。歲星犯之,獄空;乘之,陰國有兵,北主憂;守之,王急刑罰,獄空,一曰臣下獄有解者;守其北,有德令,又曰水物不成;久守,大臣坐法,民饑;留守,破軍殺將。熒惑犯守,爲兵,爲旱,饑;守東,齊、楚、越地有兵;守南,荆、楚有兵;西,則兵起秦、鄭;北,則兵起燕、趙,又爲貴人多死,北地不寧;入則有喜,有赦,天下無兵;守而環繞勾巳,爲赦;久守,糴貴。填星犯,或出入守之,北地爲亂,有土功,五穀不成,水火爲災,民疫,又爲女主失勢;入,則地動水溢,宗廟壞;留,則大將出征。太白入犯之,大赦;在東,六畜傷;在西,六月有兵;又曰守之,北兵動,將下獄;晝見,邊兵起;出、入、留、舍,在南爲男喪,北爲女喪。辰星犯,北主憂;守之,穀不成,民饑;久守,爲水,爲兵。客星犯,貴人有急,北兵大敗,讒人在内;守之,臣叛主,兵起;入,則其分有喪。彗星犯之,大臣爲亂;出,則邊兵起,有赦。星孛,其分臣下亂,有邊兵,大臣誅。流星出入犯之,夷兵起。《乙巳占》:「流星入,北方來朝;出,則天子有赦令恤民。」蒼赤雲氣犯之,民疫;黑,則北主憂;青,爲水,爲兵;青白,人多喪;黄,則有喜。

按漢永元銅儀,昴宿十二度;唐開元游儀,十一度。舊去極七十四度。景祐測驗,昴宿十一度,距西南星去極七十一度。

芻藁六星,在天苑西,一曰在天囷南,主積藁之屬。一曰天積,天子之藏府。星明,則芻藁貴;星盛,則百庫之藏存;無星,則百庫之藏散。月犯之,財寶出。辰星、熒惑犯之,芻藁有焚溺之患。赤雲氣犯之,爲火;黄,爲喜。

天陰五星,主從天子弋獵之臣。不明,爲吉;明,則禁言泄。

天河一星,一作天阿。在天廩星北。《晉志》:在天高星西,主察山林妖變。五星、客、彗犯之,主妖言滿路。

卷舌六星,在昴北,主樞機智謀,一曰主口語,以知讒佞。曲而静,則賢人升;直而動,多讒人,兵起,天下有口舌之害。徙出漢外,則天外多妄説。星繁人多死。月犯之,天下多喪。五星犯,佞人在側。彗、客犯之,侍臣憂。

天苑十六星,在昴畢南,如環狀,天子養禽獸之苑。明,則禽獸牛馬盈;不明,則多瘠死;不具,有斬刈事。五星犯之,兵起。客、彗犯,爲兵,獸多死。流星入,色黑,禽獸多死;黄,則蕃息。《雲氣占》同。

天讒一星,在卷舌中,主巫醫。暗,爲吉;明盛,人君納佞言。

月一星,在昴宿東南,蟾蜍也,主日月之應,女主臣下之象,又主死喪之事。明大,則女主大專。太白、熒惑守之,臣下起兵爲亂。彗、客犯之,大臣黜,女主憂。

礪石四星,在五車星西,主百工磨礪鋒刃,亦主候伺。明,則兵起;常,則吉。熒惑入,邊兵起;守之,諸侯發兵。客星守之,爲兵。

按《晉志》天河、卷舌、天讒俱屬天市垣,天苑在二十八宿之外,芻藁、天陰、月、礪石,《晉志》不載,《隋史》有之。武密又以芻藁屬胃,卷舌屬胃,又屬昴。《乾象新書》以芻藁屬婁,卷舌西三星屬胃,東三星屬昴,天苑西八星屬胃,南八星屬昴。《步天歌》以上諸星皆屬昴宿,互有不合。

畢宿八星,主邊兵弋獵。其大星曰天高,一曰邊將,主四夷之尉也。《天官書》曰:「畢爲罕車。」明大,則遠人來朝,天下安;失色,邊兵亂;一星亡,爲兵、喪;動摇,則邊兵起;移徙,天下獄亂;就聚,則法令酷。日食,邊王死,軍自殺其主,遠國有謀亂。日暈,有邊兵;不則北主憂,又占有風雨。月食,有赦,趙分有兵,或趙君憂。月暈,兵亂,饑,喪;暈三重,邊有叛者,七日内風雨解之,又爲陰國有憂,天下赦。犯畢大星,下犯上,大將死,陰國憂;入畢口,多雨;穿畢,歲饑,盗起;失行,離于畢,則雨;居中,女主憂;又曰犯北,則陰國憂;南,則陽國憂。歲星犯之，多多風雨，又曰爲水；入畢口，邊兵起，民飢，有赦；守三十日，客兵起；出陽，爲旱；陰，爲水。熒惑犯右角，大戰；左角，小戰；入，則邊兵憂；守之，爲餓，有赦；成勾已環繞，大赦；一曰入畢中，有兵兵罷；又曰守之，有畋獵事，北主憂，天下道路不通；入畢口，有赦；逆行至昴，爲死喪；已去還守，貴臣憂；舍畢口，趙國憂。填星犯之，兵起西北，不戰；守之，兵有降軍，有赦，一曰土功徭役煩，兵起；入，則地震水溢；守畢口，大人當之；出、入、留、舍，其野兵起，客軍死。太白犯右角，戰敗，將死；入畢口，將相爲亂，大赦，國易政令，諸侯起兵，爲水，五穀不成；貫畢，倉廩空，四國兵起。辰星犯之，邊地災；入畢口，國易政；守之，水溢，民病，物不成，邊兵起；守畢口，人爲亂。客星犯之，大人憂，無兵兵起，有兵兵罷；入，則多獄事；守之，爲饑，邊兵起；出，爲車馬急行。彗星犯之，北地爲亂，人民憂。星孛，其分土功興，多徭役。色蒼，爲饑，破軍；黄，則女爲亂；白，爲兵、喪；黑，爲水。流星犯之，邊兵大戰；色赤貫之，戎兵大至；入而復出，爲赦；入而黄白有光，外人入貢。蒼白雲氣入，歲不收；赤，爲兵、旱，爲火；黄白，天子有喜。

按漢永元銅儀，畢十六度。舊去極七十八度。景祐測驗，畢宿十七度，距畢口北星去極七十七度。

天節八星，在畢、附耳南，主使臣持節宣威四方。明大，則使忠；不明，則奉使無狀。熒惑守之，臣有謀逆，或使臣死。太白守之，大將出。客、彗犯之，法令不行。客星守，持節臣有憂。

九州殊口九星，在天節南下，曉方俗之官，通重譯者也。常以十一月候之。亡一星，一國憂；二星以上，天下亂，兵起。太白、熒惑守之，亦爲兵。客星入，民憂，水負海，國不安，有兵。

附耳一星，在畢下，主聽得失，伺愆邪，察不祥也。星盛，則中國微，有盜賊，邊候警，外國反。動摇，則讒臣在君側。歲星犯之，爲兵，將相喪。太白犯之，佞臣在側。

九斿九星，在玉井西南，一曰在九州殊口東，南北列，主天下兵旗，又曰天子之旗也。太白、熒惑犯之，兵騎滿野。客星犯，諸侯兵起，禽獸多疾。

天街二星，在昴、畢間，一曰在畢宿北，爲陰陽之所分。《大象占》：近月星西，街南爲華夏，街北爲外邦。又曰三光之道，主伺候關樑中外之境。明，則王道正。月犯天街中，爲中平，天下安寧；街外，爲漏泄，讒夫當事，民不得志；不由天街，主政令不行。月暈其宿，關樑不通。熒惑守之，道路絶；久守，國絶禮。歲星居之，色赤，爲殃，或大旱。太白守之，兵塞道路，六夷旄頭滅，一曰民飢。

天高四星，在坐旗西，《乾象新書》：在畢口東北。臺榭之高，主望八方雲霧氛氣，今仰觀臺也。不見，爲官失禮；守常，則吉；微暗，陰陽不和。月、五星犯之，則水旱不時；乘之，外臣誅。月暈，不出六月有喪。熒惑入十日，爲小赦；留三十日，大赦。客、彗守之，大旱。蒼白雲氣犯，亦然。

諸王六星，在五車南，主察諸侯存亡。明，則下附上；不明，則下叛；不見，宗廟危，四方兵起。熒惑入之，諸王妃恣，爲下所謀；守之，下不信上。太白、熒惑犯，諸王當之，一曰宗臣憂。客、彗守，諸侯黜。

五車五星、三柱九星，在畢宿北，五帝坐也，又五帝之車舍也。主天子五兵，又主五穀豐耗。一車主蕡麻，一車主麥，一車主豆，一車主黍，一車主稻米。西北大星曰天庫，主太白，秦分及雍州，主豆。東北一星曰天獄，主辰星，燕、趙分及幽、冀，主稻。東南一星曰天倉，主歲星，魯分徐州，衛分并州，主麻。次東南一星曰司空，主填星，楚分荆州，主黍粟。次西南一星曰卿，主熒惑，魏分益州，主麥。《天文録》曰：「太白，其神令尉；辰星，其神風伯；歲星，其神雨師；熒惑，其神豐隆；填星，其神雷公。此五車有變，各以所主占之。」三柱，一曰天淵，一曰天休，一曰天旍，欲其均明闊狹有常，星繁，則兵大起。石申曰：「天庫星中河而見，天下多死人，河津絶。」又曰：「天子得靈臺之禮，則五車、三柱均明有常。」「天旍星不見，則大風折木；天休動，則四國叛。一柱出，或不見，兵半出；三柱盡出，及不見，兵亦盡出。柱外出一月，穀貴三倍；出二月、三月，以次倍貴；外出不盡兩間，主大水。月犯天庫，兵起，道不通；犯天淵，貴人死，臣踰主。月暈，女主惡之；在正月，爲赦；暈一車，赦小罪；五車俱暈，赦殊罪；四、七、十月暈之，爲水；暈十一、十二月，穀貴。五星犯，爲旱，喪；犯庫星，爲兵起。歲星入之，糴貴。熒惑入之，爲火，或與歲星占同。填星入天庫，爲兵，爲喪；舍中央，爲大旱，燕、代之地當之；舍東北，畜蓄，帛賤；舍西北，天下安。太白入之，兵大起；守五車，中國兵所向慴伏；舍西北，爲疾疫，牛馬死，應酒泉分。辰星入舍爲水；犯之，兵以水潦起。客星犯，則人勞；庚寅日候近之，爲金車，主兵；甲寅日候近之，爲木車，主槥增價；戊寅日候近之，爲土車，主土功；丙寅日候近之，爲火車，主旱；壬寅日候近之，爲水車，主水溢；入之，色青爲憂，赤爲兵；守天淵，有大水；守天休，左爲兵，右爲喪；黄爲吉。彗、孛犯之，兵起，民流。流星入，甲子日，主粟；丙午日，主麥；戊寅日，主豆；庚申日，主蕡；壬戌日，主黍；各以其日占之，而粟麥等價增。白雲氣入，民不安；赤，爲兵起。

天潢五星，在五車中。主河梁津渡。星不見，則津梁不通。月入天潢，兵起。五星失度，留守之，皆爲兵。熒惑、填星入之，爲大旱，爲火。熒惑舍之，牛馬疫，爲兵。辰星出天潢，有赦。客星入，爲兵；留守，則有水害。蒼白或黑雲氣入，爲喪；赤，爲兵；黃白，則天子有喜。

咸池三星，在天潢南，主陂澤池沼魚鼈鳧鴈。明大，則龍見，虎狼爲害；星不具，河道不通。月入，爲暴兵。五星入，爲兵，爲旱，失忠臣，君易政；守之，爲饑，爲兵。客星入，天下大水。流星入，爲喪；出，則兵起。雲氣入，色蒼白，魚多死；赤，爲旱；白，爲神魚見；黑，爲大水。

參旗九星，一曰天旗，一曰天弓，司弓弩，候變禦難。星如弓張，則兵起；明，則邊寇動；暗，爲吉。又曰天弓不具，天下有兵。五星犯之，兵起。熒惑守之，下謀上，諸侯起兵；一曰有邊兵。太白守之，兵亂。客星守，天下憂。流星入，北地兵起。雲氣犯之，色青，入自西北，兵來，期三年。

天關一星，在五車南，亦曰天門，日月之所行，主邊方，主關閉。星芒角，爲兵；不與五車合，大將出。月歲三暈，有赦；犯之，有亂臣更法。五星守之，貴人多死。歲星、熒惑守之，臣謀主，爲水，爲饑。太白、熒惑守之，大赦，關梁有兵。太白入，則大亂。填星守，王者壅蔽；犯之，臣謀主。太白失行，兵起。客星犯之，民多疾，關市不通；又曰諸侯不通，民相攻。客星入，多盜。流星犯之，天下有急，關梁不通，民憂，多盜。黃雲氣犯，四方入貢。

天園十三星，在天苑南，植菜果之處。曲而鉤，菜果熟。白雲氣犯之，兵起。

按《步天歌》以上諸星皆屬畢宿。武密書以天節屬昴，參旗、天關、五車、三柱皆屬觜，與《步天歌》不同。《乾象新書》以天節、參旗皆屬畢；天園西八星屬昴，東五星亦屬畢；五車北西南三大星屬畢，東一星及三柱屬參。說皆不同，今皆存之。

觜觿三星，爲三軍之候，行軍之藏府，葆旅收，斂萬物。明，則軍糧足，將得勢；動，則盜賊行，葆旅起；暗，則不可用兵。日食，臣犯主，戒在將臣。暈及三重，其下穀不登，民疫；五重，大赦，期六十日。月食，爲旱，大將憂，有叛主者。正月月暈，有赦，外軍不勝，大將憂，偏裨有死者。歲星犯之，其分兵起；守，則農夫失業，后有憂，丁壯多暴死，下有叛者，民多疾疫；入，則多盜，天時不和；國君誅伐不當，則逆行。熒惑犯之，其分有叛者，爲旱，爲火，爲兵起，爲糴貴；與觜觿合，趙分相憂；入，則其下有兵。填星入犯，爲兵，爲土功，其分失地；女主恣，則填星逆行而色黃。太白犯之，兵起；守之，其分易令，大臣叛，物不成，民疫。辰星犯之，不可舉兵；一曰趙地水，有叛者；守之，趙分饑。客星出入其宿，青爲憂，赤爲兵，黑爲水，白爲喪，黃白爲吉。彗星犯之，兵起；出入其分，失地，民流。星孛之，爲兵亂，軍破，其色與客星同占。流星入犯之，有叛者，有破軍。雲氣犯之，赤，爲兵；蒼白，爲兵、憂；黑，趙地大人有憂；色黃，有神寶入。

按漢永元銅儀、唐開元游儀，皆以觜觿爲三度。舊去極八十四度。景祐測驗，觜宿三星一度，距西南星去極八十四度，在赤道內七度。

坐旗九星，在司怪西北，君臣設位之表也。星明，則國有禮。司怪四星，在井鉞星前，主候天地、日月、星辰變異，鳥獸、草木之妖，明主聞災，修德保福。星不成行列，宮中及天下多怪。

按《步天歌》，坐旗、司怪俱屬觜宿，武密書及《乾象新書》皆屬于參。

參宿十星，一曰參伐，一曰天市，一曰大辰，一曰鈇鉞，主斬刈萬物，以助陰氣；又爲天獄，主殺，秉威行罰也；又主權衡，所以平理也；又主邊城，爲九譯，故不欲其動。參爲白虎之體，其中三星橫列者，三將也；東北曰左肩，主左將；西北曰右肩，主右將；東南曰左足，主後將軍；西南曰右足，主偏將軍。參應七將，中央三小星曰伐，天之都尉，主鮮卑外國，不欲其明。七將皆明大，天下兵精；王道缺，則芒角張；伐星明與參等，大臣有謀，兵起；失色，軍散敗；芒角、動，邊有急，兵起，有斬伐之事；星移，客伐主；肩細微，天下兵弱；左足入玉井中，兵起，秦有大水，有喪，山石爲怪；星差戾，王臣貳；左股星亡，東南不可舉兵；右股，則主西北。又曰參足移北爲進，將出有功；徙南爲退，將軍失勢。三星疏，法令急。日食，大臣憂，臣下相殘，陰國强。日暈，有來和親者，一曰大饑。月食其度，爲兵，臣下有謀，貴臣誅，其分大饑，外兵大將死，天下更令。月暈，將死，人殃亂，戰不利。月犯，貴臣憂，兵起，民飢；犯參伐，偏將死。歲星犯之，水旱不時，大疫，爲饑；守之，兵起，民疫；入，則天下更政。熒惑犯之，爲兵，爲內亂，秦、燕地凶；守之，爲旱，爲兵，四方不寧；逆行入，則大饑。填星犯之，有叛臣；守之，其下國亡，奸臣謀逆，一云有喪，后，夫人當之；逆行留守，兵起。太白犯之，天下發兵；守之，大人爲亂，國易政，邊民大戰。辰星犯之，爲水，爲兵，貴臣黜。辰星與參出西方，爲旱，大臣誅；逆守之，兵起。客星入犯之，國内有斬刈事；守之，邊州失地；環繞者，邊將有斬刈事。彗星犯之，邊兵敗，君亡，遠期三年；貫之，色白，爲兵、喪。星孛于參，君臣俱憂，國兵敗。流星入犯之，先起兵者亡。《乙巳占》曰：「流星出而光潤，邊安，有赦，獄空。」青雲氣入犯之，天子起邊城；蒼白，爲臣亂；赤，爲内兵；黄色潤澤，大將受賜；黑，爲水災，大臣憂。白雲氣出貫之，將死，天子疾。

按漢永元銅儀，參八度。舊去極九十四度。景祐測驗，參宿十星十度，右足入舉十三度。

玉井四星，在參左足下，主水泉，以給庖廚。動摇，爲憂。客星入，爲水，爲喪國失地；出，則國得地，一云將出。流星入，爲大水。雲氣入而色青，井水不可食。

屏二星，一作天屏，在玉井南，一云在參右足。星不具，人多疾。不明，大人寢疾。星亡，王多病。月、五星犯之，爲水。客星出于屏，亦爲大人有疾。彗星犯之，水旱不時。

軍井四星，在玉井東南，軍營之井，主給師，濟疲乏。月犯，芻稾財寶出。熒惑入，爲水，兵多死。太白入，兵動，民不安。客星入，憂水害。

廁四星，在屏星東，一曰在參右脚南，主溷。色黄，爲吉，歲豐；青黑，人主腰下有疾。星不具，則貴人多病。客星入，爲穀貴。彗、孛入，歲饑。青雲氣入，爲兵；黑，爲憂；黄，則天子有喜。

天屎一星，在天廁南。色黄，則年豐。凡變色，爲蝗，爲水旱，爲霜殺物。常以秋分候之。星亡不見，天下荒；星微，民多流。

按《步天歌》，玉井、軍井、廁各四星，屏二星，天屎一星，俱屬參宿。《晉志》玉井在參左足，武密書屬觜，《乾象新書》屬畢；軍井，《晉志》在玉井南，武密亦屬觜，《乾象新書》亦屬畢，唐開元游儀在玉井東南；屏、廁、天屎，《晉志》皆不載，《隋志》屏在玉井南，開元游儀在觜，《隋志》廁在屏東，屎在廁南，《乾象新書》皆屬參；與《步天歌》互有不合。

南方

東井八星，天之南門，黄道所經，七曜常行其中，爲天之亭候，主水衡事，法令所取平也。武密占曰：井中爲三光正道，五緯留守若經之，皆爲天下無道。不欲明，明則大水。又占曰：用法平，井宿明。鉞一星，附井宿前，主伺奢淫而斬之；明大與井宿齊，則用鉞於大臣。月宿，其分有風雨。日食，秦地旱，民流，有不臣者；暈，則多風雨；有青赤氣在日，爲冠，天子立侯王。月食，有内亂，大臣黜，后不安，五穀不登，分有兵、喪。月暈，爲旱，爲兵，爲民流，國有憂，一曰有赦；陰陽不和則暈，暈及三重，在三月爲大水，在十二月日壬癸爲大赦。月犯之，將死于兵，水官黜，刑不平；犯井鉞，大臣誅，有水事。歲星犯之，王急法，多獄訟，水溢，將軍惡之；犯井鉞，近臣爲亂，兵起；逆行入井，川流壅塞。熒惑犯之，兵先起者殃，又曰天子以水敗；入守經旬，下有兵，貴人不安；守三十日，成勾巳，角動，色赤黑，貴人當之，百川溢，兵起。填星入犯之，兵起東北，大臣憂；入井鉞，王者惡之；在觜而去東井，其下亡地。太白犯之，咎在將；久守，其分君失政，臣爲亂。辰星犯之，星進則兵進，退則兵退，刑法平，又曰北兵起，歲惡。芒角，動摇，色赤黑，爲水，爲兵起。客星犯之，穀不登，大臣誅，有土功，小兒妖言。彗星犯之，民譏言，國失政，一曰大臣誅，其分兵災。流星犯之，在春夏則秦地謀叛，在秋冬則宫中有憂。《乙巳占》：流星色黄潤，國安；赤黑，秦分民流，水災。蒼黑雲氣入犯之，民有疾疫；黄白潤澤，有客來言水澤事。黑氣入，爲大水。常以正月朔日入時候之。井宿上有雲，歲多水潦。

按漢永元銅儀，井宿三十度，唐開元游儀，三十三度，去極七十度。景祐測驗，亦三十三度，距西北星去極六十九度。

五諸侯五星，在東井北，主斷疑、刺舉、戒不虞、理陰陽、察得失，亦曰主帝心。一曰帝師，二曰帝友，三曰三公，四曰博士，五曰太史，五者常爲帝定疑議。星明大、潤澤，則天下治。五禮備，則光明，不相侵陵；暗，則貴人謀上；芒角，禍在中。歲星犯之，兵起三年。熒惑犯之，大臣叛不成。太白犯之，諸侯興兵亡國；經天書見，則諸侯受誅。客星犯，王室亂，諸侯亡地，秦國殃；守之，諸侯親屬失位。彗、孛犯之，執法臣誅，又曰貴臣當之，期一年。雲氣犯之，色蒼白，諸侯有喪；不，則臣有誅戮。

積水一星，在北河西北，所以供酒食之正也。不見，爲災。歲星犯之，水物不成，魚鹽貴，民飢。熒惑犯之，爲兵，爲水。辰星犯之，爲水、旱。客星犯之，兵起，大水，大臣憂，期一年。蒼白雲氣入犯之，天下有水。

積薪一星，在積水東北，供庖廚之正也。星不明，五穀不登。熒惑犯之，爲旱，爲兵，爲火災。客星守之，薪貴。赤雲氣入犯之，爲火災。

南河三星，與北河夾東井，一曰天之關門也，主關梁。南河曰南戍，一曰南宮，一曰陽門，一曰越門，一曰權星，主火。兩河戍間，日、月、五星之常道也。河戍動搖，中國兵起。河星不具，則路不通，水泛溢。月出入兩河間中道，民安，歲美，無兵；出中道之南，君惡之，大臣不附。星明，爲吉；昏昧動搖，則邊兵起，遠人叛，主憂。月犯之，爲中邦憂，一曰爲兵，爲喪，爲旱，爲疫；行西南，爲兵、旱；入南戍，則民疫；暈，則爲土功；乘之，四方兵起；經南戍南，則爲刑罰失。歲星犯之，北主憂。熒惑犯兩河，爲兵；守三十日以上，川溢；守南河，穀不登，女主憂；守南戍西，果不成；在東，則有攻戰。填星乘南河，爲旱，民憂；守之，爲兵，道不通。太白舍三十日，川溢；一曰有姦謀；守兩河，爲兵起。客星守之，爲旱，爲疫。彗、孛出，爲兵；守，爲旱。流星出，爲兵、喪，邊戍有憂。蒼白雲氣入之，河道不通；出而色赤，天子兵向諸侯。黃氣入之，有德令；出，爲災。

北河亦三星，北河曰北戍，一曰北宮，一曰陰門，一曰胡門，一曰衡星，主水。五星出、入、留、守之，爲兵起；犯之，爲女喪；乘之，爲北主憂。歲星入北戍，大臣誅。熒惑從西入北戍，六十日有喪；從東入，九十日有兵；一曰出北戍北守之，邊將有不請于上，而用兵外國者勝。填星守之，兵起，六十日內有赦，一曰有土功；若守戍西，五穀不實。太白舍北戍，三十日爲女喪，有內謀；守陰門，不出百日天下兵悉起。辰星守之，外兵起，邊臣有謀；留止，則兵起四方。客星入犯之，有喪於外，姦人在中；入自東，兵起，期九十日；入自西，有喪，期六十日；守之，爲大水。流星經兩河間，天下有難；入，爲北兵入中國，關梁不通。雲氣蒼白入犯之，邊有兵，疾疫，又爲北主憂。

四瀆四星，在東井南垣之東，江、河、淮、濟之精也。明大，則百川決。

水位四星，在積薪東，一曰在東井東北，主水衡。歲星犯之，爲大水；一曰出南，爲旱。熒惑守之，田不治。客星犯之，水道不通，伏兵在水中；一曰客星若水、火，守犯之，百川流溢。彗、孛出，爲大水，爲兵，穀不成。流星入之，天下有水，穀敗民飢。赤雲氣入，爲旱、饑。

天罇三星，在五諸侯南，一曰在東井北，罇器也，主盛饘粥，以給貧餒。明，爲豐；暗，則歲惡。

闕丘二星，在南河南，天子雙闕，諸侯兩觀也。太白、熒惑守之，兵戰闕下。

軍市十三星，狀如天錢，天軍貿易之市，有無相通也。中星衆，則軍餘糧；小，則軍飢。月入，爲兵起，主不安。五星守之，軍糧絕。客星入，有刺客起，將離卒亡。流星出，爲大將出。

野雞一星，在軍市中，主變怪。出市外，天下有兵。守靜，爲吉；芒角，爲凶。

狼一星，在東井東南，爲野將，主侵掠。色有常，不欲動也。芒角、動搖，則兵起；明盛，兵器貴；移位，人相食；色黃白，爲凶；赤，爲兵。月犯之，有兵不戰，一曰有水事。月食在狼，外國有謀。五星犯之，兵大起，多盜。彗、孛犯之，盜起。客星守之，色黃潤，爲喜；黑，則有憂。赤雲氣入，有兵。

弧矢九星，在狼星東南，天弓也，主行陰謀以備盜，常屬矢以向狼。武密曰：「天弓張，則北兵起。」又曰：「天下盡兵。」動搖明大，則多盜；矢不直狼，爲多盜；引滿，則天下盡爲盜。月入弧矢，臣逾主。月暈其宿，兵大起。客星入，南夷來降；若舍，其分秋雨雪，穀不成；守之，外夷飢；出入之，爲兵出入。流星入，北兵起，屠城殺將。赤雲氣入之，民驚，一曰北兵入中國。

老人一星，在弧矢南，一名南極。常以秋分之旦見于丙，候之南郊，春分之夕没于丁。見，則治平，天子壽昌；不見，則兵起，歲荒，君憂。客星入，爲民疫，一曰兵起，老者憂。流星犯之，老人多疾，一曰兵起。白雲氣入之，國當絕。

丈人二星，在軍市西南，主壽考，悼耄矜寡，以哀窮人。星亡，人臣不得自通。

子二星，在丈人東，主侍丈人側。不見，爲災。

孫二星，在子星東，以天孫侍丈人側，相扶而居以孝愛。不見，爲災；居常，爲無咎。

水府四星，在東井西南，水官也，主隄塘、道路、梁溝，以設隄防之備。熒惑入之，有謀臣。辰星入，爲水。客星入，天下大水。流星入，色青，主所之邑大水；赤，爲旱。

按《步天歌》，自五諸侯至水府常星一十八坐，俱屬東井。武密書以丈人二星，子、孫各一星爲牛宿。《乾象新書》以丈人與子屬參，孫屬井；又以水府四星亦屬參。武密以水府屬井。餘皆與《步天歌》合。

輿鬼五星，主觀察姦謀，天目也。東北星主積馬，東南星主積兵，西南星主積布帛，西北星主積金玉，隨變占之。中央星爲積尸，主死喪祠祀；一曰鈇鑕，主誅斬。星明大，穀不成；不明，民散。鑕欲其忽忽不明，明則兵起，大臣誅；動而光，賦重役煩，民懷嗟怨。日食，國不安，有大喪，貴人憂。暈，則其分有兵，大臣有誅廢者。月食，貴臣、皇后憂，期一年。暈，爲旱，爲赦。月犯之，秦分君憂，一曰軍將死，貴臣、女主憂，民疫。歲星犯之，穀傷民飢，君不聽事；犯鬼鑕，執法臣誅。熒惑犯之，忠臣誅，一曰兵起，后失勢；入，則后及相憂，一曰賊在君側，有兵，喪；勾巳，國有赦；留守十日，諸侯當之；二十日，太子當之；勾巳環繞，天子失廟。填星犯之，大臣、女主憂；守之，憂在後宫，爲旱，爲土功；入鑕，王者惡之；犯積尸，在陽爲君，在陰爲后，左爲太子，右爲貴臣，隨所守惡之。太白入犯之，爲兵，亂臣在内，一曰將有誅；貫之而怒，下有叛臣；久守之，下有兵，爲旱，爲火，萬物不成。辰星犯之，五穀不登；守，爲有喪，憂在貴人。客星犯之，國有自立者敗，一曰多土功；入之，有詛盟祠鬼事。彗星犯之，兵起，國不安。星孛，其下有喪，兵起，宜修德禳黄，爲土功；入犯積尸，貴臣有憂；青，爲病。

按漢永元銅儀，輿鬼四度。舊去極六十八度。景祐測驗，輿鬼三度，距西南星去極六十八度。

爟四星，在鬼宿西北，一曰在軒轅西，主烽火，備邊亭之警急。以不明爲安，明大則邊有警。赤雲氣入，天下烽火皆動。

天狗七星，在狼星北，主守財。動移，爲兵，爲饑，多寇盜，有亂兵。填星守之，人相食。客、彗守之，則羣盜起。

外廚六星，爲天子之外廚，主烹宰，以供宗廟。占與天廚同。

積尸氣一星，在鬼宿中，孛孛然入鬼一度半，去極六十九度，在赤道内二十二度，主死喪祠祀。

天紀一星，在外廚南，主禽獸之齒。太白、熒惑守犯之，禽獸死，民不安。客星守之，則政壞。

天社六星，在弧矢南。昔共工氏之勾龍能平水土，故祀之以配社，其精上爲星。明，則社稷安；不明、動摇，則下謀上。太白、熒惑犯之，社稷不安。客星入，有祀事于國内；出，則有祀事于國外。

按《晉志》，爟四星屬天市垣，天狗七星在七星北。武密以天狗屬牛宿，又屬輿鬼，《乾象新書》屬井。外廚六星，《晉志》在柳宿南，武密書亦屬柳，《乾象新書》與《步天歌》皆屬輿鬼。天紀一星，武密書及《乾象新書》皆屬柳，惟《步天歌》屬鬼宿。天社六星，武密書屬井，又屬鬼。《乾象新書》以西一星屬井，中一星屬鬼，末一星屬柳。今從《步天歌》以諸星俱屬輿鬼，而備存衆説。

柳宿八星，天之廚宰也，主尚食，和滋味，又主雷雨。《爾雅》曰：「咮，謂之柳；柳，鶉火也。」又主木功。一曰天庫，又爲鳥喙，主草木。明，則大臣謹重，國家廚食具，開張，則人飢死；亡，則都邑振動；直，則爲兵。日食，宫室不安，王者惡之，廚官、橋道、隄防有憂。日暈，飛鳥多死，五穀不成；三抱而戴者，君有喜。月食，宫室不安，大臣憂。月暈，林苑有兵，天下有土功，廚獄官憂，又爲兵，爲饑，爲旱、疫。歲星犯之，國多義兵。熒惑犯之，色赤而芒角，其下君死，一曰宫中憂火災；守之，有兵，逆臣在側；逆行守之，王不寧。填星犯守，君臣和，天下喜；石申曰：「天子戒飲食之官。」出、入、留、舍，有急令。太白犯之，有急兵。逆行勾巳，臣謀主；晝見，爲兵。辰星犯之，民相仇，歲旱，君戒在酒食。客星犯之，咎在周國；守，則布帛、魚鹽貴。色蒼白，殺邊地諸侯。彗星犯之，大臣誅，爲兵，爲喪。星孛于柳，南夷叛，甘德曰：「爲兵，爲喪。」流星出犯之，周分憂；色黄，爲喜；入，則王者内有火災；《乙巳占》：「出，則宗廟有喜，賢人用；入，爲天廚官有憂，木功廢。」赤雲氣入，爲火；黄，爲赦；黄白，爲天子有喜，起宫室。

按漢永元銅儀，以柳爲十四度；唐開元游儀十五度。舊去極七十七度。景祐測驗，柳八星一十五度，距西頭第三星去極八十三度。

酒旗三星，在軒轅右角南，酒官之旗也，主宴享飲食。星不具，則天下有大喪，帝王宴飲，沉昏非禮，以酒亡國；明，則宴樂謹。五星守之，天下大酺，有酒肉賜宗室。熒惑犯之，飲食失度。太白犯之，三公九卿有謀。客、彗犯，主以酒過爲相所害。赤雲氣入，君以酒失。

按《晉志》，酒旗在天市垣。《步天歌》以酒旗屬柳宿。以《通占鏡》考之，亦屬柳，又屬七星。《乾象新書》亦屬七星，與《步天歌》不同，今並存之。

七星七星，一名天都，主衣裳文繡，又主急兵。故星明，王道昌；暗，則賢良去，天下空；動，則兵起；離，則易政。蓋天曰：七星爲朱雀頸。頸者，文明之粹，羽儀所承。日食其宿，主不安，刑在門户之神，又曰文章士受誅，其分兵起，臣爲亂。日暈，周邦君憂；青色抱而順，在兵爲東軍吉。月食，后及大臣有憂，又爲歲饑，民流，其國更政。暈，其地旱，獄官凶。歲星犯之，王憂兵，五穀多傷。熒惑犯之，橋梁不通；逆行，則地動爲火災；出、入、留、舍，其國失地，水決。填星犯守，世治平，王道興，后、夫人喜。太白犯之，兵暴起，大臣爲亂；經天，防詐僞。辰星犯之，賊臣在側；守，則其分有憂，萬物不成，兵從中起，貴臣有罪，民疫流亡。客星犯之，爲兵，《荆州占》云：「河水決，民流。」彗犯，有亂兵起，貴臣戮；武密曰：「彗星出七星，狀如杵，爲兵。」星孛于星，有亂兵起宫殿，貴臣戮，大臣相譖。流星犯之，爲兵、憂；又曰：入，則有急使來。《乙巳占》：「流星入，庫官有喜，錦繡進，女工用。」蒼白雲氣入，貴人憂；出，則天子用急使。赤入，爲兵；黑，爲賢士死；黄，則遠人來貢；白，爲天子遣使賜諸侯帛。

按景祐測驗，七星七度，距大星去極九十七度。

軒轅十七星，在七星北，后妃之主，士職也。一曰東陵，一曰權星，主雷雨之神。南大星，女主也；次北一星，夫人也，屏也，上將也；次北一星，妃也，次將也；其次諸星，皆次妃之屬也。女主南小星，女御也；左一星少民，后宗也；右一星大民，太后宗也。欲其色黄小而明。武密曰：「后妃後宫之象，陰陽交合，感爲雷，激爲電，和爲雨，怒爲風，亂爲霧，凝爲霜，散爲露，聚爲雲氣，立爲虹蜺，離爲背璚，分爲抱珥，此二十四變皆權主之。」微細，則皇后不安；黑，則憂在大人；移徙，則民流；東西角大張而振，后族敗。月入之，女主失勢，或火災；犯左右角，大臣以罪免；中犯乘守大民，爲饑，太后宗有罪；守少民，小有饑，女主失勢；守御女，有憂。月暈，女主有喪。月、五星淩犯、環繞、乘守，皆爲女主有禍。月食，女主憂。歲星犯之，女主失勢，一曰大臣當之；乘守大民，爲大饑，太后宗黜；中犯乘守少民，爲小饑，後宫有黜者。熒惑犯守勾巳，后妃離德；犯御女，天子僕妾憂；犯大民、少民，憂在后宗；守之，宫中有戮者。填星行其中，女主失勢，有喪。太白犯之，皇后失勢。客星犯之，近臣謀滅宗族。彗、孛犯，女主爲寇，一曰兵起。流星入之，後宫多讒亂；《乙巳占》：「流星出之，后有中使出。」一曰天子有子孫喜。

天稷五星，在七星南，農正也，取百穀之長以爲號。明，則歲豐；暗，或不具爲饑；移徙，天下荒歉。客星入之，有祠事于內；出，有祠事于國外。

天相三星，在七星北，一曰在酒旗南，丞相大臣之象。武密曰：「占與相星同。」五星犯守之，后妃、將相憂。彗、客犯之，大臣誅。雲氣入，黄，爲大臣喜；黑，爲將疾。

內平四星，在三台南，一曰在中台南，執法平罪之官。明，則刑罰平。

按軒轅十七星，《晉志》在七星北，而列于天市垣；武密以軒轅屬七星，又屬柳；《乾象新書》以西八星屬柳，中屬七星，末屬張。天稷五星，《晉志》在七星南；武密亦以天稷屬七星，又屬柳；《乾象新書》以西二星屬柳，餘屬七星。天相三星，《晉志》在天市垣，武密書屬七星，《乾象新書》屬軫宿。內平四星，《晉志》在天市垣，武密書屬柳，《乾象新書》屬張，《步天歌》屬七星。諸説皆不同，今並存之。

張宿六星，主珍寶、宗廟所用及衣服，又主天廚飲食、賞賚之事。明，則王行五禮，得天之中；動，則賞賚不明，王者子孫多疾；移徙，則天下有逆；就聚，則有兵。日食，爲王者失禮，掌御饌者憂，甘德曰：「后失勢，貴臣憂，期七十日。」暈及有黄氣抱日，主功臣效忠，又曰：「財寶大臣黜，將相憂。」月食，其分饑，臣失勢，皇后有憂。暈，爲水災，陳卓曰：「五穀、魚鹽貴。」巫咸曰：「后妃惡之，宫中疫。」月犯之，將相死，其國憂。歲星入犯之，天子有慶賀事；守之，國大豐，君臣同心；三十日不出，天下安寧，其國升平。熒惑犯之，功臣當封；入，則爲兵起；又曰色如四時休王，其分貴人安，社稷無虞；又曰熒惑春守，諸侯叛；逆行守之，爲地動，爲火災，又曰將軍驚，土功作，又曰會則不可用兵。填星犯之，爲女主飲宴過度，或宫女失禮；入，爲兵；出，則其分失地；守之，有土功。太白犯之，國憂；守之，其國兵謀不成，石申曰：「國易政」；舍留，其國兵起。辰星犯守，五穀不成，兵起，大水，貴臣負國，民疫，多訟；芒角，臣傷其君；入，爲火災；出，則有叛臣。客星犯之，天子以酒爲憂；守之，周、楚之國有隱士出；入于張，兵起國饑；舍留不去，前將軍有謀，又曰利先起兵。彗星犯之，國用兵，民亡；守，爲兵；出，爲旱；又曰犯守，君欲移徙宫殿。星孛于張，爲民流，爲兵大起。《乙巳占》：「流星出入，宗社昌，有赦令，下臣入賀。」蒼白雲氣入之，庭中觴客有憂；黄白，天子因喜賜客；黑，爲其分水災；色赤，天子將用兵。

按漢永元銅儀，張宿十七度；唐開元游儀，十八度。舊去極九十七度。景祐測驗，張十八度，距西第二星去極一百三度。

天廟十四星，在張宿南，天子祖廟也。明，則吉；微細，其所有兵，軍食不通。客星中犯之，有白衣會，兵起，又曰祠官有憂。武密曰：「與虛樑同占。」

按天廟十四星，《晉志》雖列于二十八宿之外，而亦曰在張宿南，與《隋志》所載同，兼與《步天歌》合。

翼宿二十二星，天之樂府，主俳倡戲樂，又主外夷遠客、負海之賓。星明大，禮樂興，四國賓；動搖，則蠻夷使來；離徙，天子將舉兵。日食，王者失禮，忠臣見譖，爲旱災。暈，爲樂官黜；上有抱氣三，敵心欲和。月食，亦爲忠臣見譖，飛蟲多死，北方有兵，女主惡之，石申曰：「大臣有謀。」月犯之，國憂，其分有兵，大將亡，女主惡之。歲星犯，五穀爲風所傷；守之，王道具，將相忠，文術用；逆行入之，君好畋獵。熒惑犯之，其分民饑，臣下不從命，邊兵起；出入、留、舍，爲兵；守之，佞臣爲亂。填星犯之，大臣憂；守之，主聖臣賢，歲豐，后有喜；出、入、留、舍，兵起；逆行，則女主失政。太白入，或犯之，皆爲兵起；出入、留、舍，大風水災，其分君不安；舍左，爲旱；守犯，勾巳、凌突，則大臣專君令。辰星淩抵，下臣爲亂伏誅；守之，旱，餓，民流，龍蛇見；守其中，兵大起；同見西方，大臣憂。客星入犯之，國有兵，大臣憂，一曰負海國有使來；守之，爲兵起。彗星犯之，大臣憂，國有兵、喪。星孛于翼，亦爲大臣憂，其分失禮樂；出，則其地有謀，下有兵、喪；芒所指，有降人。流星犯之，亦爲憂在大臣；出，則其下有兵；入，爲貴臣囚繫，《乙巳占》曰：「流星入，天下賢士入見，南夷來貢，國有賢臣。」赤雲氣出入，有暴兵；黄而潤澤，諸侯來貢；黑，爲國憂。

按漢永元銅儀，翼宿十九度。唐開元游儀，十八度。舊去極九十七度。景祐測驗，翼宿一十八度，距中行西第二星去極百四度。

東甌五星，在翼南，蠻夷星也。《天文録》曰：「東甌，東越也，今永嘉郡永寧縣是也。」芒角，動摇，則蠻夷叛。太白、熒惑守之，其地有兵。

按東甌五星，《晉志》在二十八宿之外，《乾象新書》屬張宿；武密書屬翼宿，與《步天歌》合。

軫宿四星，主冢宰、輔臣，主車騎，主載任。有軍出入，皆占于軫。又主風，占死喪。明大，則車駕備；移徙，天子有憂；就聚，則兵起。轄二星，傅軫兩旁，主王侯，左轄爲王者同姓，右轄爲異姓。星明，兵大起；遠軫，凶；轄舉，南蠻侵；車無轄，國有憂。日食，憂在將相，戒車駕之官，一曰后不安。暈而生背氣，其下兵起，城拔，視背所向擊之勝，又曰王者惡之。月食，后及大臣憂。月暈，有兵，歲旱，多大風。歲星犯之，爲火災，爲民疫，大臣憂，主庫者有罪；入，則其國將死；守之，國有喪；七日不移，有赦，又曰君有憂。熒惑犯之，有亂兵；入軫，將軍爲亂，水傷稼，民多妖言；逆行，爲火，爲兵。填星犯之，爲兵，爲土功；入，則兵敗；逆行，婦主憂；出、入、舍、留，六十日兵起，大旱。太白犯之，爲兵起，得地；入，爲兵；守之，亡地，將憂；起左角，逆行至軫，失地；經天，則兵滿野。辰星犯之，民疫，大臣憂，中國有貴喪；守之，大水；入，則天下以火爲憂，一曰國有喪。客星犯之，爲兵，爲喪；入，則有土功，糴貴，諸侯使來；出，則君使諸侯；守之，邊兵起，民飢；守轄，軍吏憂。彗星犯之，爲兵，爲喪；色赤，爲君失道，又曰天子起兵，王公廢黜。星孛于軫，亦爲兵、喪，又曰下謀上，主憂。流星犯之，有兵起，亦有喪，不出一年，庫藏空；春夏犯之，爲皮革用；秋冬，爲水旱不調。

按漢永元銅儀，以軫宿爲十八度。舊去極九十八度。景祐測驗，亦十八度，去極一百度。

長沙一星，在軫宿中，入軫二度，去極百五度，主壽命。明，則君壽長，子孫昌。

青丘七星，在軫東南，蠻夷之國號。星明，則夷兵盛；動摇，夷兵爲亂；守常，則吉。

軍門二星，在青丘西，一曰在土司空北，天子六宫之門，主營候，設豹尾旗，與南門同占。星非其故，及客星犯之，皆爲道不通。

器府三十二星，在軫宿南，樂器之府也。明，則八音和，君臣平；不明，則反是。客、彗犯之，樂官誅。赤雲氣掩之，天下音樂廢。

土司空四星，在青丘西，主界域，亦曰司徒。均明，則天下豐；微暗，則稼穡不登。太白、熒惑犯之，男女廢耕桑。客、彗犯之，爲兵起，民流。

按《步天歌》，以左轄右轄二星、長沙一星、軍門二星、土司空四星、青丘七星、器府三十二星俱屬軫宿；《晉志》惟轄星、長沙附于軫，餘在二十八宿之外；《乾象新書》以軍門、器府、土司空屬翼，青丘屬軫；武密書以軍門屬翼，餘皆屬軫。今從《步天歌》，而附見諸家之説。

元・馬端臨《文獻通考》卷二七九《象緯考二》 二十八宿

東方　蒼龍七宿

宋《中興天文志》：石氏云，東宫青帝，其精蒼龍爲七宿。其象：有角，有亢，有氐，有房，有心，有尾，有箕，氐胸房腹，箕所糞也。司春，司木，司東嶽，司東方，司鱗蟲三百有六十，蒼龍爲鱗蟲之長。角兩星南北正直著。中有平道上天田，總是黑星兩相連。別有一烏名進賢，平道右畔獨淵然。最上三星周鼎形。角下天門右平星，雙雙横於庫樓上。庫樓十星屈曲明，樓中柱有十五星，三三相著如鼎形，其中四星别名衡。南門樓外兩星横。

角二星，十二度，爲主造化萬物，布君之威信，謂之天闕。其間天門也，其内天庭也。故黄道經其中，七曜之所行也。其明則太平，芒動則國不寧。日食右角國不寧，月食左角天下道斷。金火犯有戰敵，金守之大將持政。左角爲天田，爲理，主刑。其南爲太陽道。五星犯之，爲旱。右角爲將，主兵，其北爲太陰道。五星犯之，爲水。蓋天之三門，猶房之四表也。左右角間二星曰平道，爲天子八達之衢。明正則吉，動摇則法駕有虞。天田，主天子畿内封疆。金守之，主兵。火守之，主旱。水守之，主潦。平道西一星曰進賢，在太微宫東。明則賢者在位，暗則在野。又曰，主卿相，主逸才。周鼎三星，在攝提西，國之神器也。不見或移徙，則運作不寧。天門二黑星，在平星北，角之南，主天之門，爲朝聘待客之所。明則四方歸化，不見則兵革起，邪佞生。平星二星，在庫樓北，平天下之法獄，廷尉之象也。庫樓十星，其六大星爲庫，南四星爲樓，在角南。一曰天庫，兵車之府也。旁十五星，三三而聚者柱也，中央四小星衡也。主陳兵。其占曰：「庫中星不見，兵四合；無星則下臣謀上；明而動摇則兵出四方；盡不見則國無君。」庫樓東北二星，曰陽門，主守隘塞也。南門二星，在庫樓南，天之外門也，主守兵。明則遠方入貢，暗則夷狄畔。客星守之，主兵至。

《宋兩朝天文志》：角二星距南星，去極九十七度半。庫樓二星距西北星，去極一百二十三度，入軫十五度半。南門二星距西星，去極一百三十七度，入軫十一度。平道二星距東星，去極九十一度，入角二度。天門二星距西星，去極一百四度半，入軫十六度。平星二星距西星，去極一百九度半，入軫十六度。天田二星距西星，去極八十二度半，入角二度半。周鼎三星距東北星，去極六十四度半，入角宿七度半。亢四星恰似彎弓狀。大角一星直上明，折威七個亢下横。大角左右攝提星，三三相似如鼎形。折威下左頓頑星，兩個斜安黄色精。頑西二星號陽門，色若頓頑直下存。

亢四星，九度，日月之中道，主天子内朝，天下之禮法也。又曰，總攝天下奏事。聽訟、理獄、録功者也。亦爲疏廟，主疾疫。其星明大，四海歸王，輔臣納忠，人無疾疫；移動多病；不見則天下鼎沸而旱澇作矣。大角一星，在攝提間，天王坐也。又爲天子梁棟。金守之則兵起，日食主兇。亢南七黑星，曰折威，主斬殺。金火守之，夷狄犯邊，將有棄市者。攝提六星，直斗柄之南，主建時節，伺禨祥。攝提爲盾，以夾擁帝坐也，主九卿。明大，三公恣横。客星入之，聖人受制。一曰大臣之象。頓頑二星，在折威東南，主考囚，察情僞也。陽門在庫樓東北，主邊塞險阻之地。客星出陽門，夷狄犯邊。

《宋兩朝天文志》：亢四星距南第二星，去極九十六度。攝提六星其右距北大星，去極六十七度，入亢七度；其左距南星去極七十二度半，入亢七度。太陽門二星距西星，去極一百一十三度，入角十度。折威七星距西第三大星，去極一百三度，入亢三度。大角一星，去極六十六度，入亢二度半。頓頑二星距東南星，去極一百一十二度半，入亢四度。

氐四星似斗側量米。天乳氐上黑一星，世人不識稱無名。一個招摇梗河上，梗河横列三星狀，帝席三黑河之西。亢池六星近攝提。氐下衆星騎官出，騎官之衆二十七，三三相連十欠一。陣車氐下騎官次，騎官下三車騎位。天輻兩星在陣傍，將軍陣裏振威霜。

氐，十六度，下二尺爲五星日月中道，爲天子之路寢。明則大臣妃后奉君不失節；如不見或移動，則臣將謀内，禍亂生矣。日月食，主内亂。木犯之，立妃后。火犯，臣僭上。金犯，拜將。水犯，百官憂。客星犯，婚禮不整。彗孛犯，暴兵起。月暈，人不安。一曰氐爲后妃之府，休解之房。前二星適也，後二星妾也。將有徭役之事，氐先動。星明大則民無勞。天乳，在氐北，主甘露。明則潤澤，甘露降。招摇一星，在梗河北，次北斗柄端，主胡兵。芒角變色、摇動，則兵革大起。梗河二星，在大角北，天子以備不虞。其色變動，有兵喪。帝席三星，在大角西北，天子燕樂獻壽之所。其星不見，大人失位。亢池六黑星，爲泛舟楫，主迎送，移徙則兇。騎官二十七星，在氐南，天子騎士之象。星衆則安，不見兵起。車騎三黑星，在氐西，騎官之上，都車騎之將也。金火犯，爲災。動摇，車騎行。天輻兩黄星，在房西，主鸞駕。客星來守之，則輦轂有憂也。騎陣將軍一星，在騎官東南，主騎將也。摇動，則騎將出。

《宋兩朝天文志》：氐四星距西南星，去極一百四度半。亢池六星距北大星，去極七十度半，入亢三度。天乳一星，去極九十二度，入氐十四度。招摇一星，去極五十一度，入亢四度半。梗河三星距大星，去極五十九度，入氐二度。騎官二十七星距西北星，去極一百二十度，入氐宿初度。車騎三星距東南星，去極一百四十度，入氐二度。帝席三星距東星，去極六十七度半，入氐宿一度半。

房四星直下主明堂。鍵閉一黄斜向上，鉤鈐兩個近其傍。罰有三星直鍵上，兩咸夾罰似房狀。房下一星號爲日，從官兩個日下出。

房，六度，爲明堂，天子布政之宫也，亦四輔也。下第四星，上將也；次，次將也；次，次相也；上星，上相也。南二星君位，北二星大人位。又爲四表，中間爲天衢之大道，亦謂之天闕，黄道之所經也。南間曰陽環，亦曰陽道，其南曰太陽。北間曰陰間，亦曰陰道，其北曰太陰。七曜由乎天衢，則天下平和；由陽道，則主旱、喪；由陰道，則主水、兵。房星，亦曰天駟，爲天馬，主車駕。南星曰左驂，次左服，次右服，次右驂。亦曰天廄，又主開閉，爲蓄藏之所由也。房星明則王者明，驂星大則兵起，星離則人流。日月食，主昏亂，權臣横。彗孛犯之，兵起。下二星爲陰，五星犯之爲水。上二星爲陽，五星犯之爲旱。房北二小星曰鉤鈐，房之鈐鍵，天之管籥，主閉藏。鍵，天心也。王者孝則鉤鈐明。近房，天下同心；遠則天下不和，王者絶後。房、鉤鈐間有星及疏拆，則地動河清。東咸西咸各四星，在房星北，日月五星之道也。爲房之户，所以防淫佚也。明則吉，暗則兇。日月五星犯守之，有陰謀；火守之，兵起。罰三星，在東咸正西，南北而列，主受金贖罪。正而列，則法令太平；曲而斜行，則刑罰不中。日一星，在房中道前，太陽之精，主明德。金火犯守之，有憂。從官二星，在積卒西北。

《宋兩朝天文志》：房四星距南第二星，去極一百一十四度半。鍵閉一星，去極一百八度，入房四度。罰三星距南星，去極一百八度，入心一度半。東咸四星距西南星，去極一百一十一度，入心一度。日一星，去極一百一十三度，入氐十四度半。從官二星距西星，去極一百二十二度，入氐十四度。西咸四星距西南星，去極一百四度半，入氐十五度。鉤鈐二小星，去極一百九度半，入房二度半。

《中興天文志》：甘氏云，日一星，在房之西，氐之東。日者，陽宗之精也。爲雞三足，爲烏二足，雞在日中而烏之精爲星，以司太陽之行度。日生於東，故於是在焉。

心三星中央色最深。下有積卒共十二，三三相聚心下是。

心，六度，一名大火，天王位也。中星曰明堂，爲大辰，天子之正位也。前星爲太子，不明則太子不得位。後星爲庶子，明則庶子繼。心上四尺，爲日月五星之中道。中心明，則化成道昌；直則地動；移徙不見，國亡。又曰，心變黑色，大人有憂；直則王失勢，動則國有憂；離則民流。金火犯，血光不止。土木犯及日月食，不吉。月暈兵起。火來守之，國無主。客星及孛犯，天下兵荒。積卒十二星，在房心西南，五營軍士也。微而小則吉；明大摇動，兵大起。一星亡，兵出；二星亡，兵半出；三星亡，兵出盡。他星守之，兵大起，近臣誅。

《宋兩朝志》：心三星距西前星，去極一百一十四度半。積卒十二星距大星，去極一百二十六度半，入氐宿十五度。

尾九星如鉤蒼龍尾。下頭五點號龜星。尾上天江四横是。尾東一個名傳説，傳説東畔一魚子。龜西一室是神宫，所以列在后妃中。

尾，十九度，后妃之府，後宫之場也。北之一丈爲天之中道。上第一星后也，次三星夫人，次則嬪妾。第三星傍一星，名曰神宫，解衣之内室。尾亦爲九子星，色欲均明，大小相承，則后妃無妒忌，後宫有敘，多子孫。星微細暗，后有憂疾。疏遠則后失勢；動移則君臣不和，天下亂；就聚則大水。木犯之及月暈，則后妃死；火犯，宫中内亂；土犯吉；水犯，之中有事。客星犯，大臣誅。日月食，主饑。一曰，金火守之，後宫兵起。龜五星，在尾南漢中，主占定吉兇。明則君臣和，不明則爲乖戾，亡則赤地千裏。火守之，兵起；在外守之，兵罷。天江四星，在尾之北，主太陰。不欲明，明而動水暴出。參差，則馬貴。其星不具，則津河關道不通。熒惑守之，有立主。客星入，河津絶，傅説一星，在尾後河中，主後宫女巫祝祀神靈，祈禱子孕。故曰：主王后之内祭祀，以求子孫。《詩》云，克禋克祀，以弗無子，此之象也。其星明大，王者多子孫；小而暗，後宫少子。動摇則後宫不安，星摇則天子無嗣。魚一星，在尾後河中，主陰事，知雲雨之期也。大明，則陰陽和，風雨時；暗則魚多亡。動摇，則大水暴出漢中，則大魚多死。火守在南則旱，在北則水起。

《宋兩朝天文志》：尾九星，去極一百二十七度半。晁五星距南第二星，去極一百一十四度半，入尾宿十度。魚一星，去極一百二十六度，入尾宿十五度半。傅説一星，去極一百八度半，入尾宿十四度。

《中興天文志》：石氏云，傅説者，章祝女巫官，一名太祝，司天王之内祭祀，以祈子孫，故有太祝。以傅説於神宫，或讀傅爲傅，遂謂之殷相，説自莊周妄言。

夾漈鄭氏曰：按傅説一星，惟主後宫女巫禱祠求子之事。謂之傅説者，古有傅母有保母，傅而説者，謂傅母喜之也。今之婦人求子，皆祀婆神，此傅説之義也。偶商之傅説與此同音，諸子家更不詳審其義，則曰傅説騎箕、尾而去，殊不知箕、尾專主後宫之事，故有傅説之佐焉。

按傅説，商之良宰輔也。而其星則所主者宫中禱祠，以祈子孫，其事不類，故先儒疑之。然諸星中，所謂軒轅、社稷、造父、奚仲、王良皆古人之名也，蓋在天爲星辰，在人爲聖賢，於理有之。今疑其不類，而改以爲傳説，則過矣。

箕四星形狀如簸箕。箕下三星名木杵，箕前一黑是糠皮。

箕，十一度，亦謂之天津，後宫妃后之位。上六尺爲天之中道。箕一曰天雞，主八風。凡日月宿在箕、東壁、翼、軫者，風起。又主口舌，主客蠻夷胡貊。故蠻夷將動，先表箕焉。星大明直，則五穀熟，君無讒間。疏暗則無君世亂，五穀貴，蠻夷不伏，內外有差。就聚細微，天下憂。動則蠻夷有使來；離徙則人流，若移入河，國災人相食。月暈，金火犯之，兵起。流星犯，大臣叛。日宿其野，風起。杵三星，在箕南，主杵臼之用也。縱，爲豐；橫，爲饑；移徙，人失業。不見，人相食。客星入杵臼，天下有急變。糠一星，在箕口前，杵臼西北，明則爲豐，暗爲饑，不見人相食。

《宋兩朝天文志》：箕四星距西北星，去極一百二十一度半。杵三星距中心大星，去極一百三十八度，入箕宿三度。糠一星，去極一百一十七度，入尾宿十七度半。

北方　玄武七宿

宋《中興志》：石氏云，北方黑帝，其精元武爲七宿斗有龜蛇蟠結之象；牛蛇象；女龜象；虛、危、室、壁，皆龜蛇蟠蚪之象。司冬、司水、司北嶽、司北方、司介蟲三百有六十。王奕曰，龜不獨介蟲之長也，北冬令其氣蟄，藏有縮藏之象焉。

斗六星其狀似北斗。魁上建星三相對，天弁建上三三九。斗不圓安十四星，雖然名鱉貫索形。天雞建背雙黑星。天籥柄前八黃精。狗國四方雞下生。天淵十星鱉東邊。更有兩狗斗魁前。農家丈人狗下眠。天淵十黃狗色元。

斗，二十五度，天廟也，亦曰天機。五星貫中，日月正道。爲丞相太宰之位，酌量政事之宜，褒進賢良，稟授爵祿，又主兵。南二星魁，天樑也；中央二星，天相也；北二星杓，天府廷也，亦爲壽命之期。將有天子之事，占於南斗。星盛明，君臣一心，天下和平，爵祿行。芒角、動搖，天子愁，兵起；移徙，其臣逐。日月五星逆入斗，天下流蕩。孛犯之，兵起。星小暗，則廢宰相及死。鱉十四星，在南斗南，鱉爲水蟲，歸太陰，有星守之，白衣會，主有水。火守之，旱。建六星，在斗背，亦曰天旗，臨於黃道，天之都關也。建，斗之間，七曜之道。建爲謀事，爲天鼓，爲天馬。南二星，天庫也；中央二星，市也，鈇鑕也；上二星，旗跗也。建動搖，則人勞。月暈之，蛟龍見，牛馬疫。月食，五星犯守，大臣相譖，臣謀主，亦爲關梁不通，有大水。天弁九星，在建星北，入河，市官之長也，主列肆、闤闠、若市籍之事，以知市珍也。星明，則吉。彗星犯守之，糴貴，兵起。天雞二星，在狗國北，主候時也。金火守入，兵大起，天籥八星，在斗南斗杓西，主鎖籥關閉。明吉暗兇。狗國四星，在建東北，主鮮卑、烏丸、沃沮。明則邊寇作。金火犯守，外夷有變。太白逆守，其國亂。客星守犯之，有大盜，其王且來。天淵十星，在鱉東南，一曰天海，主溉灌。火守之，大旱。水守之，大水。一曰主海中魚鱉。狗二黑星，在斗魁前，主吠守，防奸回也。不居常處爲大災。農丈人一星，在南斗西南，老農主稼穡也。其占與糠略同。

《宋兩朝志》：南斗六星距西第三星，去極一百一十九度。鱉十四星距東大星，去極一百三十度，入斗五度。天弁九星距西大星，去極九十九度半，入斗宿初度。建六星距西星，去極一百一十三度，入斗宿四度。天籥八星距西大星，去極一百一十四度半，入尾宿十九度。狗二星距東大星，去極一百一十八度，入斗宿十二度。天淵十星距中北星，去極一百二十九度，入斗宿十七度。天雞二星距西星，去極一百一十度，入斗宿十六度半。狗國四星距西北星，去極一百二十度，入斗宿十八度。農丈人一星，去極一百二十四度半，入箕宿六度半。

牛六星近在河岸頭，頭上雖然有兩角，腹下從來欠一脚。牛下九黑是天田，田下三三九坎連。牛上直建三河鼓，鼓上三星號織女。左旗、右旗各九星，河鼓兩畔左邊明。更有四黃名天桴，河鼓直下如連珠。羅堰三烏牛東居。漸臺四星似口形。輦道東足連五丁。輦道、漸臺在何許，欲得見時近織女。

牛，七度，天之關樑，日月五星之中道，主犧牲。其北二星，一曰即路，二曰聚火。又曰上一星主道路，次二星主關樑，次三星主南越。甘氏曰，上二星主道路，次二星主關樑，次二星主南夷。中一星，主牛，移動則牛多殃。明大則王道昌。其星曲則糴貴。又曰星明大，則關樑通，牛貴；怒則馬貴；不明失常，穀不登；細則牛賤。中星移上下，牛多死。小星亡，則牛多疫。月暈，損犢。金火犯之兵災；水土犯之，吉。天田九星，牽牛南，太微東，主天子畿內之田。其占與角之天田同。九坎九黑星，在天田東，主溝渠，所以導達泉源，流瀉盈溢。明盛則有災，夷狄侵邊；不明則吉。河鼓三星，在牽牛北，天鼓也，主軍鼓及鈇鉞。一曰三武，主天子三將軍，中央大星爲大將軍，左星爲左將軍，右星爲右將軍。左星南星也，所以備關樑，設險阻，而拒難也。明大光潤，將軍吉；動搖，差度亂，兵起；直則將有功；曲則將失律。右旗左旗各九星，在河鼓左右，皆天之旗鼓也。旗星明潤，將軍吉；動搖，兵起；怒則馬貴。旗端四星，南北列，曰天桴，鼓桴也。星不明，漏刻失時；動搖，軍鼓用；桴鼓相直亦然。織女三星，在河北，天紀東端，天女也，主果瓜、絲綿、寶玉也。王者至孝，神祇咸喜，則織女星俱明，天下和平；大星怒角，布帛貴。又曰三星俱明，女功善；暗而微，天下女功廢；不見，兵起。東足四星曰漸臺，臨水之臺也，主漏刻、律吕之事。西足五星曰輦道，天子嬉遊之道。金火守之，禦路兵起。羅堰三星，在牽牛東，主堤塘，壅蓄水潦灌溉田苗。大而明，大水泛濫。

《宋兩朝天文志》：牛六星距中央大星，去極一百八度半。天田九星距西北星，去極一百一十六度半，入斗宿二十二度。九坎九星距大星，去極一百四十一度半，入斗宿二十五度。左旗九星距西第四大星，去極七十三度半，入斗宿二十四度。天桴四星距大星，去極九十四度，入斗宿二十四度半。羅堰三星距北星，去極一百九度，入牛宿四度。漸臺四星距東南星，去極五十八度，入斗宿十度。輦道五星距西北星，去極四十七度半，入斗宿十一度半。織女三星距大星，去極五十二度半，入斗宿五度。

夾漈鄭氏曰：按張衡云，牽牛、織女，七月七日相見者，即此也。《爾雅》云，河鼓謂之牽牛。又歌曰，東飛百勞西飛燕，黄姑、織女時相見。黄姑即河鼓也，音訛耳。

容齋洪氏《隨筆》曰：宋蒼梧王當七夕夜，令楊玉夫伺織女渡河，曰：「見，當報我；不見，當殺汝。」錢希白《洞微志》載：「蘇德哥爲徐肇祀其先人，曰：當夜半可以。蓋候鬼宿渡河之後。」翟公巽作《祭儀》十卷云：「或祭於春，或祭於旦，皆非是。當以鬼宿渡河爲候，而鬼宿渡河，常在中夜，必使仰占以候之。」葉少藴云，公巽博學多聞，援證皆有據，不肯碌碌同衆，所見必過人。予按天下經星，終古不動，鬼宿隨天西行，春昏見於南，夏晨見於東，秋夜半見於東，冬昏見於東安，有所謂渡河及常在中夜之理？織女昏晨與鬼宿正相反，其理則同。蒼梧王荒悖小兒，不足笑；錢、翟、葉三公皆名儒碩學，亦不深考如此。杜詩云：「牛、女漫愁思，秋期猶渡河。」「牛、女年年渡，何曾風浪生。」梁劉孝儀詩云：「欲待黄昏至，含嬌淺渡河。」唐人七夕詩，皆有此説，此自是牽俗遺詞之過。故杜老又有詩云：「牽牛出河西，織女處其東。萬古永相望，七夕誰見同。」神光竟難候，此事終朦朧。」蓋自洞曉其實，非他人比也。

女四星如箕主嫁娶。十二諸國在下陳，先從越國向東論，東西兩周次二秦。雍州南下雙雁門，代國向西一晉伸，韓、魏各一皆北輪。楚之一國魏西屯，楚城南畔獨燕軍。燕西一郡是齊鄰，齊北兩邑平原君。欲知鄭在越下存。十六黄星細區分。五個離珠女上星，敗瓜珠上瓠瓜生，兩個各五瓠瓜明。天津九個彈弓形，兩星入牛河中横。四個奚仲天津上，七個仲側扶筐星。

女，十一度，下九尺爲日月中道，天之少府也。謂之須女者，須，賤妾之稱，婦職之卑者也，主婦女之位。其星如婦功之式，主布帛、裁制、嫁娶。星明，天下豐，女功昌；小暗，則國藏虚；移動，則婦女受殃，産死者多，后妃廢。日月食，國憂。木犯，立后；火犯，女喪；金犯，災；土孛犯，損蠶。月暈，婦人災。又曰，水守之，萬物不成；火守之，布帛貴，人多死；土守之，有女喪；金守之，兵起。十二國有十六星：齊一星，在九坎之東。齊北二星曰趙，趙北一星曰鄭，鄭北一星曰越，越東二星曰周，周東南北列二星曰秦，秦南二星曰代，代西一星曰晉，晉北一星曰韓，韓北一星曰魏，魏西一星曰楚，楚南一星曰燕。其星有變，各以其國占之。離珠五星，在須女北，須女之藏府也，爲女子之星。非其故後宫亂。客星犯之，後宫兇。瓠瓜五星，在離珠北，主陰謀，主後宫，主果食。明則歲熟，微則后失勢，瓜果不登。客星守之，魚鹽貴。旁五星曰敗瓜，主種，與瓠瓜略同。天津九星，在虚、危北，横漢中，津梁所度。明而動，則兵起如流沙，死人如亂麻。參差不齊，馬貴。一星不備，關梁不通；三星不備，覆陷天下；星亡，水災河溢，水賊稱王。奚仲四星，在天津北，古車正也。金火守之，兵車必起。扶筐七黑星主蠶事，見吉不見兇。

《宋兩朝天文志》：女四星距西南星，去極一百四度半，十二諸侯十六星，其趙距西星，去極一百二十三度，入牛宿四度。離珠五星距東北大星，去極九十五度，入牛宿六度半。敗瓜五星距南星，去極八十二度半，入牛宿六度。瓠瓜五星距西星，去極七十九度，入牛宿七度。天津九星距西弰星，去極四十七度半，入斗宿二十三度。奚仲四星距西北星，去極三十八度，入牛宿十八度。

宋《中興天文志》：石氏云，女一名婺女。《左傳・昭公十年》：有星出於婺女。杜預註，婺女爲既嫁之女，織女爲處女也。

夾漈鄭氏曰：謹按天之所覆者廣，而華夏所占者，牛、女下十二國耳。牛、女在東南，故釋氏謂華夏爲南贍部州，其二十八宿所管者，多十二國之分野，隨其隸耳。

按鄭氏因牛、女間有十二國星，而以爲華夏所占者只牛、女二宿。且引釋氏南贍部州説以爲證。然以十二次言之，牛、女雖屬揚州，而華夏之地，所謂十二國者則不特揚州而已。又揚州雖可言東南，而牛、女在天則北方宿也，與南贍部州之説異矣。且北斗七星，其次舍，自張而至於角，星書以爲一主秦，二主楚，三主樑，四主吳，五主趙，六主燕，七主齊。五車五星，其次舍在畢，星書以爲西北一星主秦，東北一星主趙、燕，東南一星主魯、衛，中央一星主楚，西南一星主魏。然則北斗、五車所主者，亦此十二國，而此二星初未嘗屬乎牛、女也。謂牛、女專主華夏可乎。

虛，上下各一如連珠。命、禄、危、非，虛上呈。虛、危之下哭、泣星。哭、泣雙雙下壘城，天壘團圓十三星，敗臼四星城下横，臼西三個離瑜明。

虛，九度少強，冢宰之官也，主邑居、廟堂祭祀之事，又主風雲死喪。下九尺，爲天之中道。明静則天下安，動摇則有死喪哭泣。日月食，兵起。流星犯，賊亂宗廟。五星犯，有災。虛北二星曰司命，主舉過、行罰、滅不祥。又北二星曰司禄，主爵禄增年延德，故在六宗之祀。司危二星，在司禄之北，主驕佚。司非二星，在危之北，主愆過。凡此四司皆黑星，明大爲災，居常則平。虛南三星曰哭，主號哭也。哭東二星曰泣，主死，明則國多哭泣，金火守之亦然。泣南十三星曰天壘城，如貫索形，主北夷丁零、匈奴。敗臼四星，在虛、危南，知兇災。他星守之饑，兵起。秦、代東三星，南北列，曰離瑜。離，圭衣也；瑜，玉飾：皆婦人之服。星也微則後宮儉約，明大則婦人奢。

《宋兩朝天文志》：虛二星距南星，去極一百度半。司命二星距西星，去極九十二度，入虛宿三度。司禄二星距西星，去極九十度，入虛宿四度。司危二星距西星，去極八十五度半，入女宿八度。司非二星距西星，去極七十九度半，入女宿九度半。哭二星距西星，去極一百一十七度半，入女宿九度。泣二星距南星，去極一百四度半，入危宿三度。天壘城十三星距西星，去極一百二十六度，入女宿十一度。敗臼四星距北星，去極一百三十九度半，入虛宿八度。離瑜三星距西星，去極一百二十八度，入女宿九度。

危三星不直舊先知。危上五黑號人星，人下三四杵、臼形，人上七烏號車府。府上天鉤九黄晶，鉤上五鵶字造父。危下四星號墳墓，墓下四星斜虛樑，十個天錢樑下黄。墓傍兩星能蓋屋，身著黑衣危下宿。

危，十六度，主天府、天庫、架屋。甘氏云，爲天市廟堂。下九尺，爲天之中道。主架屋、受藏、風雨、墳墓祠祀。如動則天下大動土功。張衡云，虛、危等爲死喪哭泣之事，亦爲邑居廟堂祠祀之事，冢宰之官。動則死喪哭泣。火守，則天子將兵；金守，則饑饉、兵起。虛、危動，則有土功。火守，則兵起；水守，則下謀上。一云，危動則不明，土功、兵革起。月暈、日月五星犯，即有災。車府東南五黑星，曰人星，有如人象，主静衆庶，柔遠能邇。一曰卧星，主防淫。不見則人有詐行詔書，明則人安；暗，兇。内杵三星，在人星傍，主軍糧。正直下臼，吉；不相當，糧絶；不直，民饑。内臼四星，在人星東南，主舂臼。覆則大饑，仰則大豐。《隋志》云，客星入杵、臼，兵起，天下聚米。天津東南七星曰車府，東近河邊，抵司非，主官車之府。金火守之，兵車大動。天鉤九星如鉤狀，在造父西，河中，主乘輦、服飾法式。直則地將動，明則服飾正也。傳舍南，河中五星曰造父，禦官也。一曰司馬，或曰伯樂。星亡，馬大貴；明則吉。墳墓四星，在危下，如墓形，主喪葬之事，明則多死亡。虛樑四星，在蓋屋南，主園陵寢廟。非人所處，故曰虛樑。金火守入犯，兵災大起。天錢十星，在北落西北，主錢帛所聚。占：明則府藏盈，不爾虛耗。金火守之，兵盜起。蓋屋二星，在危南，主天子所居室，亦爲宫室之官。金守之，國兵起。彗星尤甚也。

《宋兩朝天文志》：危三星距南星，去極九十六度。人五星距西南星，去極七十度，入虛宿六度半。杵三星距南星，去極六十一度半，入危宿三度。臼四星距西南星，去極六十九度半，入危宿三度半。車府七星距西第一星，去極五十六度半，入虛宿四度半。造父五星距北星，去極三十八度，入危宿十一度。墳墓四星距中星，去極九十六度，入危宿五度半。虛樑四星距東西去極一百度半，入危宿八度。天錢十星距東北星，去極一百一十八度，入危宿三度。蓋屋二星距西星，去極九十七度，入虛宿九度。

室兩星上有離宫出，繞室三雙有六星。下頭六個雷電形。壘壁陣次十二星，十二兩頭大似並。陣下分佈羽林軍，四十五卒三爲群。軍西四星多難論，子細歷歷看區分，三粒黄金名鈇鉞，一顆真珠北落門。門東八魁九個子，門西一宿天綱是。電傍兩黑土功吏。騰蛇室上二十二。

室，十七度，亦謂之營室。甘氏爲太廟，天子之宫也。石氏謂之元宫，一曰清廟，又謂軍糧之府，及土功事。星明國昌；小不明，祠祀鬼神不享，國多疾疫。動則有土功，兵出野。離宫六星，兩兩居之，分佈室、壁之間，天子之别宫也，主隱藏休息之所。金火守入，則兵起。室南六星曰雷電，主興雷動蟄，明或動則震雷作。壁陣十二星，在羽林北，横列營室之南，羽林之垣壘也。星衆而明，則安寧；希而動，則兵革起；不見，天下亂。五星入，天軍皆爲兵起；金火水尤甚。羽林四十五星，三三而聚，散在營室之南，天軍也，主軍騎，又主翼王也。星衆而明，則安寧；希而動，則兵革起；不見，天下亂。金火水守入，兵起。鈇鉞三星，亦曰斧鑕，在八魁西北，主誅夷。不明則斧鑕不用，移動則兵起。有星入之，皆爲大臣誅。北落師門一星，在羽林西南，天之蕃落也，亦曰天軍蕃之候門。長安北門曰北落門，以象此也。主非常以候兵。明大則軍安，微弱則兵起。金火守之，有兵災。一曰有星守之，虜入塞。北落東南九黑星，曰八魁，主張禽獸之官也。客星入之，多盜賊，兵起。金火入，亦然。北落西南一星，曰天綱，主武帳，天子遊獵之所會。金火守，兵起。室西南二星，曰土功吏，主土功之官也。動摇則有修築之事。《隋志》：土功吏主司過度。騰蛇二十二星，在營室北，若盤蛇之狀，居於河濱，謂之天蛇星，主水蟲。微則國安，明則不寧。移南大旱，移北大水。客星守之，水雨爲災，水物不收。

《宋兩朝天文志》：室二星距南星，去極八十度半。雷電六星距西南星，去極八十七度，入危宿十二度。壁陣壘十二星距西第一星，去極一百十五度，入女宿十一度。羽林四十五星距大星，去極一百一十七度，入危宿十五度半。斧鉞三星距北星，去極一百三十度，入室宿二度。北落師門一星，去極一百二十六度，入危宿十一度半。八魁九星距南星，去極一百三十九度，入壁宿四度半。天綱一星，去極一百二十九度，入危宿五度。土功二星距西星，去極八十五度，入壁宿初度。騰蛇二十二星距中大星，去極四十四度少，入危宿九度半。

宋《中興天文志》曰：甘氏曰，雷電在室南，霹靂在雷電南，雲雨在霹靂南，土功吏在壁西南，蓋雷公、雷姥、雲將、雨師，與夫霹靂斧吏，皆北方水府之精，而娵訾爲天門，故其神棲焉，室不得司之也。

壁兩星下頭是霹靂，霹靂五星横著行。雲雨次之曰四方。壁上天廄十圓黄。鈇鑕五星羽林傍。

壁，九度，下九尺爲天之中道，主文章，天下圖書之秘府也，亦主土功。明則圖書集，道術行，小人退，君子進。星失色，大小不同，天子重，武臣賤，文士圖書隱，親黨回邪用。星動則有土功；離徙、就聚，爲田宅事。日月食，損賢臣。五星孛犯，兵起，土功。西南五星曰霹靂，主興雷奮擊。明而動用事，不明兇。霹靂南四星曰雲雨，明則多雨水，火守之大旱。天廄十星，在東壁北，蓋天馬之廄，今之驛亭也。不見則天下道斷。鈇鑕五星，在天倉西門，刈具也，主斬芻飼牛馬。明則牛馬肥，微暗則牛馬飢餓，並死喪也。

宋兩朝《天文志》：壁二星距南星，去極八十度半。霹靂五星距西星，去極九十三度，入危宿十五度。雲雨四星距西北星，去極九十五度，入室宿五度。天廄十星距西星，去極四十九度半，入壁宿初度。

西方　白虎七宿

宋《中興天文志》：石氏云，西宫白帝，其精白虎爲七宿。奎象白虎；婁、胃、昴，虎三子也；畢象虎；觜、參象麟，觜首參身也。司秋，司金，司西嶽，司西海，司西方，司毛蟲三百有六十。王奕曰，蒼龍、朱雀、靈龜，不獨蟲之長也，實爲王者嘉瑞，故列宿象焉。白虎奚頂也，曰白虎，亦瑞獸也。《爾雅》謂之甝，胡甘反，蓋騶虞之異名也。不食生物，食自死肉，其性至仁，五靈之一也，以五行媲之。蒼龍，木也，木得其性則蒼龍見。朱鳥，火也，火得其性則朱鳥見。靈龜，水也，水得其性則靈龜見。白虎，金也，金得其性則白虎見。與麟鳳龜，俱爲王者之瑞，故西方七宿配焉。漢宣帝時，南郡獲白虎。宋元嘉中，瑯琊有白虎，史臣俱以爲瑞而特書之也。

奎腰細頭尖似破鞋，一十六星繞鞋生。外屏七烏奎下横，屏下七星天混明，司空左畔土之精。奎上一宿軍南門。河中六個閣道形，附路一星道傍明。五個吐花王良星，良星近上一策名。

奎，十六度，天之武庫也。石氏謂之天豕，亦曰封豕，主兵。九尺下，爲天之中道。又主溝瀆。西南大星，所謂天豕目。亦曰大將。明則天下安，動則兵亂。客星守入，兵起；金火守，有水災。《隋志》云，若帝淫佚，政不平，則奎有角。角動則有兵，不出年中，或有溝瀆之事。又曰，奎中星明，水大出。日月食，五星犯，皆有兇。奎南七星曰外屏，以蔽天混也。占與天囷同。天混七星在外屏南，天之廁也。不見則人不安，移徙亦然。天混南一星曰土司空，主水土之事。大而黄明，天下安。若客星入之，多土功，天下大疫。軍南門一星，在將軍西南，主誰何出入。動摇則軍行，不見則兵亂。閣道六星，在王良前，飛道也，從紫宫至河，神所乘也。一曰主道裏。張衡云，天子遊别宫之道。一曰王良旗，一曰紫宫旗，亦所以爲旌表，而不欲其摇動。一星不具，則輦道不通；動摇，則宫掖之内兵起。附路一星，在閣道南傍，別道也，備閣道之敗復而乘之也。一曰太仆，主禦風雨，亦遊從之義也。一曰，占與閣道同。王良五星，在奎北，居河中，天子奉車禦官也。其四星曰天駟，旁一星曰王良，亦曰天馬，其星動爲策馬，故曰王良策馬，車騎滿野。亦曰王樑，樑爲天橋，主禦風雨、水道。故或占津梁。其星移，主有兵，亦曰馬病。客星守之，橋不通；金火守之，皆爲兵憂。前一星曰策，王良之禦策也，主天子仆禦。在王良旁，若移在馬後，是謂車騎滿野。

《宋兩朝天文志》：奎十六星距西南大星，去極七十二度。外屏距西星，去極八十九度，入壁宿八度半。天混七星距西南星，去極九十七度，入奎宿三度。土司空一星，去極一百一十五度少，入壁宿九度。軍南門一星，去極六十六度，入奎宿十五度。附路一星，去極三十五度半，入奎宿五度。王良五星距西星，去極三十七度，入壁宿初度。

婁三星不匀近一頭。左更右更烏夾婁，天蒼六個婁下頭。天庾三星倉東脚。婁上十二將軍侯。

婁，十二度，下九尺爲日月中道。亦爲天獄，主苑牧犧牲，供給郊祀，亦爲興兵聚衆。動摇，則聚衆；星直，則有執主之命者；就聚，國不安。金火守之，則宮苑之内兵起。日月食，宮内亂。金木火土犯，兇；水犯吉，孛起兵。月暈，兩軍各退。左更五星，在婁東，山虞也，主知山澤林藪之事，亦主仁智。右更五星，在婁西，牧師也，主官養牧牛馬，亦主禮義。金火守之，山澤有兵。其占兩更同。兩更者，秦爵名。天倉六星，在婁南，倉穀所藏也。星黄而大，歲熟。西南四星曰天庾，積廚粟之所也。天將軍十二星，在婁北，主武兵。中央大星，天之大將也；外小星，吏士也。大將星摇，兵起，大將出；小星不具，兵起。

《宋兩朝天文志》：婁三星距中星，去極七十五度半。左更五星距西南星，去極七十六度半，入婁宿四度半。右更五星距東北星，去極七十五度，入奎宿十四度。天倉六星距西北星，去極一百四度半，入奎宿十一度。天庾三星距中大星，去極一百二十五度半，入婁宿五度。天大將軍十二星距大星，去極六十度半，入婁宿四度。胃三星鼎足河之次。天廩胃下斜四星。天囷十三如乙形。河中八星名大陵，陵北九個天船名，陵中積屍一個星，積水船中一黑星。

胃，十五度，天之廚藏五穀之倉也，又名大樑。明則四時和平，天下晏然，倉廩實；不明則上下失位；星少則少穀輸運。又云，動則有輸運事，就聚則穀貴、人流，暗則兇荒。五星犯，日月食，孛侵，並有災。天廩四星，在昴南，一曰天廥。張衡云，主積蓄黍稷，以供享祀。《春秋》所謂禦廩也。天囷十三星，在胃南，倉廩之屬，主給禦糧也。明而黄則歲豐，微變常色則不吉。金火守之，即災起。大陵八星，在胃北，主陵墓。明而大，或中星多，則天下多死喪，或兵起。天船九星，在大陵之北，居河中，一曰舟星，主渡，亦主水旱。不在河中，津河不通，水泛溢。中四星欲其均明，即天下安；不，則兵若喪；移徙亦然。客彗出入，爲大水，有兵。大陵中一星曰積屍，明則死人如山。張衡云，一名積廩。積屍明而大，或有傍星多，則天下足死喪，或兵起。若不見而暗，皆吉。火守，則天下大哭泣。天船中一星曰積水，主候水災。

《宋兩朝天文志》：胃三星距西南星，去極六十七度半。天廩四星距南星，去極八十五度半，入胃宿十二度。天囷十三星距大星，去極九十一度半，入胃宿六度半。大陵八星距大星，去極五十四度，入胃宿七度。天船九星距大星，去極五十四度半，入胃宿十度。積屍一星，去極五十五度，入胃宿四度。積水一星，去極五十三度，入昴宿初度。

昴七星一聚實不少。河西月東各一星，月下五黄天陰名，陰下六烏芻槁營，營南十六天苑形。河裏六星名卷舌，舌中黑點天讒星，礪石舌傍斜四丁。

昴，十一度，下爲日月中道。天之耳目也，主西方，主獄事。又爲旄頭，胡星也，又主喪。甘氏云，主口舌奏對。若明大，則君無佞臣，天下安和；暗小，則佞者被誅；摇動則信讒，殺忠良。張衡云，昴明則獄訟平，暗則刑罰濫。六星與大星等，大水，有白衣會。七星黄，兵大起。動摇，有大臣下獄。大而盡動若跳躍者，胡兵大起。一星不見，皆憂兵之象也。天河一星，在胃東；月一星，在昴東。皆黑星，並主女人災福。又曰，天河主察山林妖變。天陰五星，在畢柄西，主從天子弋獵之臣，預陰謀也。不明則禁言漏泄。天苑十六星，在昴、畢南，如環狀，天子之苑囿，養禽獸之所也，主馬牛羊。明則馬牛羊盈，希則死。芻槁大星，在苑西，以供牛馬之食也。一曰天積，天子之藏府也。星盛則歲豐穰，希則貨財散。張衡云不見則牛暴死，火守之則火災起。卷舌六星，在昴北，天讒之外，主口語，以知讒佞。張衡云：主樞機，曲而静則賢人用，直而動則讒人得志。卷舌移出漢，則天下多妄言。旁星繁，則死人如邱山。天讒一生，在卷舌中，主醫巫，占與從官同。礪石四星，在五車北，主磨礪鋒刃。明則兵起，如常則吉。金火及客星守之，兵動。

《宋兩朝天文志》：昴七星距西南星，去極七十度。天河一星，去極六十六度，入胃宿十度。月一星，去極七十一度半，入昴宿五度。天陰五星距西星，去極七十五度半，入胃宿七度。天苑十六星距東北星，去極一百七度半，入昴宿七度半。芻槁六星距西行中星，去極一百八度，入婁宿十一度。卷舌六星，去極五十三度，入昴宿初度。天讒一星，去極六十一度半，入昴宿半度。礪石四星距南第二星，去極六十五度，入昴宿六度。

宋《中興天文志》：月與天街皆在昴、畢間，故昴、畢之間爲天街，黄道之所經也。月者，陰宗之精也。爲兔四足，爲蟾蜍三足，兔在月中，而蟾蜍之精爲星，以司太陰之行度，月生於西，故於是在焉。日精在氐、房，月精在昴、畢，自司其行度，而氐、房、昴、畢，乃黄道之所經不得而司之。

畢恰似爪叉八星出。附耳畢股一星光。天街兩星畢背傍。天節耳下八烏幢。畢上横列六諸王，王下四皂天高星。節下團圓九州城，畢口斜對五車口，車有三柱任縱横，車中五個天潢精，潢畔咸池三黑星。天關一星車脚邊。參旗九個參、車間，旗下直建九斿連，斿下十三烏、天園九斿、天園參脚邊。

畢，十七度，主邊兵，主弋獵。其大星曰天高，一曰邊將，主四夷之尉也。星明大，則遠夷來貢，天下安。失色，則邊兵亂。一星亡，爲兵，喪。動摇，邊城兵起，有讒臣。離徙，天下獄亂。就聚，法令酷。甘氏云，畢主街巷陰雨，天之雨師也。故明而移動，則霖潦及街壅塞。明而定，則天下安。張衡云，畢爲天馬。一曰日月食，邊兵兇，將衰。木犯，有軍功。昴、畢間二星，曰天街，三光之道也，主伺候關梁。張衡云，主國界也，街南爲華夏，街北爲夷狄。金火守之，胡夷兵起。大起，邊尤甚。入畢，兵起。天節八星，在畢南，主使臣之所持也，宣威德於四方。明吉，暗兇。諸王六星，在五車南，天漢之中，主宗社蕃屏王室也。明則諸侯奉上，天下安。不見，宗社傾危，四方兵起。天高四星，在參旗西北，近畢，此臺榭之高，主遠望氣象。不見，則官失其守，陰陽不和。五車五星，三柱九星，共十四星，在畢東北，五車主天子五兵。張衡云，天子兵車舍也。西北曰天庫，主太白，秦也。次東北星曰天獄，主辰星，燕、趙也。次東南星曰天倉，主歲星，衛、魯也。中央星曰司空，主鎮星，楚也。次西南星曰卿星，主熒惑，魏也。五星有變，各以其所主而占之。三柱，一曰三泉，一曰休，一曰旗。五星均明，柱皆具，即人倉廩實；不具，其國絶食，兵且起。五車、三柱有變，各以其國占之。三柱出外，兵出；柱入，兵入。柱出一月，米貴三倍，期一年。出兩月，米貴六倍，期二年。出三月，米貴十倍，期三年。柱出，不與天倉相近，米穀運出千裏。柱倒立尤甚。火入守，天下旱；金入守，兵起；水入，月暈，不爾則有赦。天潢五星，在五車中，主河梁濟渡之處也。不見，則河梁不通。咸池三星，在五車中，天潢南，魚囿也。金火犯之，則有大災。《隋志》云，月五星入天潢，兵起，道不通，天下亂，易政。咸池明，有龍墜死，虎狼害人，兵起。天關一星，在五車南，畢西北，亦曰天門，日月五星所行之道也。主邊塞事，主關閉。芒角，有兵。五星守之，貴人多死。移徙，若與五車合，大將軍披甲。參旗九星，在參西五車之間，天旗也。明而希，則邊寇不動；不然反是。《隋志》，參旗，一曰天旗，一曰天弓，主司弓弩之張，候變禦難。玉井西南九星，曰九斿，天子之旗也，主邊軍進退。金火守之，兵亂起。天苑之南十三星，曰天園，植果菜之所也。曲而鉤，則果菜熟；不然則否。

《宋兩朝天文志》：畢八星距右股第一星，去極七十五度。天街二星距南星，去極七十一度，入昴宿十度。附耳一星，去極七十七度，畢宿三度。天節八星距北星，去極八十度半，入畢宿三度。諸王六星距西星，去極七十度，入畢宿三度。天高四星距東星，去極七十四度半，入畢宿六度。五車五星，三柱九星距大星，去極四十七度半，入畢宿八度半。天潢三星距西北星，去極五十八度，入畢宿十一度。咸池三星距南星，去極五十一度，入畢宿十一度半。天關一星，去極七十一度半，入觜宿初度。參旗九星距南第一大星，去極八十七度，入畢宿六度。九斿九星距南星，去極一百一十三度，入畢宿十二度。天園十三星距東北星，去極一百二十四度，入畢宿五度。

觜三星相近作參蕊。觜上坐旗直指天，尊卑之位九相連。司怪曲立坐旗邊，四鴉大近井鉞前。

觜，一度，在參之右角，如鼎足形，主天之關。明大，則天下安，五穀熟。移動，則君臣失位，天下旱。《隋志》云，觜觽爲三軍之候行軍之藏府主葆旅，收斂萬物。明則軍儲盈，將得勢。動而明，盜賊群行，葆旅起。動移，將有逐者。張衡云，葆旅野生之可食者。金火來守，國易政，兵起災生。日食，臣不忠；月食，君害臣。五星犯，災生；孛客星犯，兵起。坐旗九星，在司怪西北，主別君臣尊卑之位。明則國有禮，暗則反是。司怪四星，在井鉞前。候天地、日月星辰、禽獸蟲蛇、草木之變，與天高占同。

《宋兩朝天文志》：觜三星距西南星，去極八十二度半。坐旗九星距南星，去極六十一度半，入參宿八度。司怪四星距西星，去極七十一度，入參宿六度半。

參總有三星觜相侵，兩肩雙足三爲心，伐有三星足裏深。玉井四星右足陰，屏星兩扇井南襟，軍井四星屏上吟。左足下四天廁臨，廁下一物天屎沈。

參，十度，上爲五星日月中道。甘氏曰，參爲忠良孝謹之子。明大，則臣忠子孝，安吉；移動，殺忠臣。一曰參伐，一曰大辰，一曰天市，一曰鈇鉞，主斬刈。又爲天獄，主殺伐。又主權衡，所以平理也。又主邊城，爲九譯，故不欲其動也。參，白獸之體，其中三星橫列，三將也。東北曰左肩，主左將；西北曰右肩，主右將；東南曰左足，主後將軍；西南曰右足，主偏將軍。故《黄帝占》，參應七將，中央三小星曰伐，天之都尉也，主胡鮮卑、戎狄之國，故不欲明。又曰，七將皆明，天下兵精也。王道缺，則芒角張。伐星明與參等，大臣謀亂，兵起。參星失色，軍散敗。芒角、動摇，邊候有急，天下兵起，又曰有斬伐之事。參左足入玉井中，兵大起，秦地大水，若有喪，山石爲怪。參足若突出玉井，則虎狼暴害，星差戾，王臣貳。金火來守，則國易政，兵起，災生。日月食，則田荒米貴。五星犯，災甚。玉井四星，在參西右下，水象也。屏二星，在玉井南，屏爲屏風。客星入之，四足蟲大疾，人亦多死。不見，則國内寢疾。玉井東西四星曰軍井，行軍之井也，軍井未達，將不言渴，名取此也。又曰，主軍營之事。天廁四星，在屏東，混也，主天下疾病。黄吉，青赤白皆兇。不見，與屏同。天屎一星，在廁南。色黄則吉，他色皆兇。

《兩朝天文志》：參十星距中星西第一星，去極九十二度半。玉井四星距西北星，去極九十八度少，入畢宿十一度半。天屏二星距南星，去極一百一十五度，入畢宿十三度半。軍井四星距西南星，去極一百五度半，入畢宿十四度。天廁四星距西北星，去極一百一十度半，入參宿二度。屎一星，去極一百一十五度，入參宿三度半。

南方　朱鳥七宿

《中興天文志》。石氏云，南官赤帝，其精朱鳥，爲七宿：井首、鬼目、柳喙、星頸、張嗉、翼翮、軫尾。司夏、司火、司南嶽、司南海、司南方、司羽蟲三百有六十。王奕曰，朱鳥其以羽蟲之長稱歟，而曰鶉首、鶉火、鶉尾，何也。師曠《禽經》，鶉，鳳也。青鳳謂之鶡，赤鳳謂之鶉，白鳳謂之鷫，紫鳳謂之鷟。蓋鳳生於丹穴，鶉又鳳之赤者，故南方七宿取象焉。考之《月令》，春，其蟲鱗，龍鱗之長，故東方之宿爲蒼龍。秋，其蟲毛，虎，毛蟲之長，故西方之宿爲白虎。冬，其蟲介，龜，介蟲之長，故北方之宿爲元武。夏，其蟲羽，鳳，羽蟲之長，故南方之宿爲朱鳥。吴興沈氏，以朱鳥爲丹鶉，豈知四獸皆蟲之長也，鶉之微何預。

井八星行列河中淨。一星名鉞井邊安。兩河各三南北正。天樽三星井上頭，樽上横列五諸侯。侯上北河西積水，欲覓積薪東畔是。鉞下四星名水府。水位東邊四星序。四瀆横列南河裏。南河下頭是軍市，軍市團圓十三星，中有一個野雞精。孫子丈人市下列，各立兩星從一説。闕邱三個南河東，邱下一狼光蓬茸。左畔九個彎弧弓，一矢擬射頑狼胸。有個老人南極中，春秋出來壽無窮。

井，三十四度，甘氏云，井八星，在河中，主泉水，日月五星貫之爲中道。石氏謂之東井，亦曰天井，主諸侯帝戚三公之位。故明大，則封侯建國；摇動、失色，則誅侯戚廢戮三公，帝師受殃矣。張衡云，天之南門也，黄道所經，爲天子之亭候，主水衡事，法令所取平也。王者用法平，則井明而端列。鉞一星，附井之前，主伺奢淫而斬之，故不欲其明。大與井齊，或摇動，則天子用鉞於大臣。月宿井，有風雨之應。又曰，井爲天子府。暗、芒、並日月食、五星逆犯，大臣謀亂，兵起。中有六星，不欲大明，明即水災。南北兩河各三星，分夾東井。一曰天高，天之闕門，主關梁。河南曰南戍，一曰南宫，一曰陽門，一曰越門，一曰權星，主火。北河曰北戍，一曰北宫，一曰陰門，一曰胡門，一曰衡星，主水。兩戍之間，三光之常道也。河戍動摇，中國兵起。天樽三星，在五諸侯南，主盛饘粥，以給酒食之正也。張衡云，以給貧餒。明則豐，暗則荒，或言暗吉。五諸侯五星，在東井東北，近北河，主刺舉、戒不虞。又曰治陰陽、察得失，亦曰主帝心。一曰帝師，二曰帝友，三曰三公，四曰博士，五曰太史。又曰，五曰大夫。此五者常爲帝定疑議。星明大潤澤，則天下大治；芒角則禍在中。張衡又曰，五諸侯治陰陽、察得失，明而潤，大小齊等，則國之福。又曰，赤則豐，暗則荒。積水一星，在河北，所以供酒用也。不見，爲災。又曰，主候水災。積薪一星，在積水東，以備庖廚之用。明則人主康，火守之，大旱。水府四星，在東井西南，水官也。占與水位同。水位四星，在東井東，主水衡，又主瀉溢流也。故巫咸氏贊曰，水位四星，瀉溢流。移動近北河，則國没爲江河；若水火及客星守犯之，百川盈溢。四瀆四星，在井南，軒轅東，是江、河、淮、濟之積精也。明大則水泛溢。軍市十三星，如錢狀，在參東南，天軍貨易之市。客星及金火守之，軍大饑。野雞一星，在軍市中，主變怪也。以芒角、動摇爲兵災，移出則諸侯兵。起軍市西南二星曰丈人，丈人東二星曰子，子東二星曰孫。丈人主壽考之臣，不見人臣不得通。子與孫皆侍丈人之側，相扶而居，不見爲災，守常無咎。闕邱二星，在南河東，主象魏，天子之雙闕，諸侯之兩觀也。金火守之，兵戰。闕下狼一星，在井東南，爲野將，主殺掠。色有常，不欲變動；角而變色、動摇，盜賊作，胡兵起，人相食。躁則人主不静，不居其宫，馳騁天下。張衡云，居非其處，則人相食。色黄白而明吉，黑兇；赤、芒角，兵起。金火守之，亦然。弧矢九星，在狼東南，天弓也，以備盜賊，嘗向狼。弧矢動摇不如常者，多盜賊；明則兵大起。狼弧張，害及胡，天下乖亂。又曰，天弓張，天下盡兵。主與臣相謀。張衡云，滿則天下兵起。老人一星，在弧南，一曰南極，常以秋分之旦見於丙，春分之夕没於丁，常以秋分候之南郊。明大則人主有壽，天下安寧；不見，則人主憂。

《兩朝天文志》：井八星距西扇北第一星，去極六十九度。鉞一星，去極六十九度少，入參宿八度半。北河三星距東大星，去極六十一度半，入井宿二十度。南河三星距東大星，去極八十三度半，入井宿二十一度。天樽三星距西星，去極六十八度，入井宿十六度。五諸侯五星距西星，去極五十六度半，入井宿六度半。積水一星，去極五十四度半，入井宿十八度。積薪一星，去極六十五度半，入井宿二十七度。水府四星距西星，去極七十六度半，入參宿七度半。水位四星距西星，去極七十三度半，入井宿十八度。四瀆四星距西南星，去極八十六度，入井宿二度。軍市十三星距西北星，去極一百七度半，入井宿初度。野雞一星，去極一百九度半，入井宿四度半。丈人二星距西星，去極一百二十八度，入參宿四度。子二星距西星，去極一百二十八度，入參宿九度。孫二星距西星，去極一百二十五度，入井宿六度。闕邱二星距大星，去極九十一度少，入井宿十五度。狼一星，去極一百七度半，入井宿十度。弧矢九星，去極一百一十四度，入井宿十五度。老人一星，去極一百四十三度，入井宿三度。

宋《中興天文志》：南極老人在弧矢南，司天下人民壽算。蓋北極在醜艮，故南極在未坤，南極入地三十六度，不可得而見也，故其精神出地，以見乎南，謂之南極老人。然其出地，亦不甚遠，故隱見不常，見則爲祥。其勢位等威，蓋與中斗相埒，以輔上帝，故雖在並分，井不得而司之也。

鬼四星册方似木櫃，中央白者積屍氣。鬼上四星是爟位，天狗七星鬼下是。外廚六間柳、星次。天社六個弧東倚，社東一星是天紀。

輿鬼，二度，爲日月五星之中道，主死亡疾病。張衡云，主祠事，天目也，又主視，明察奸謀。東北星主積馬，東南星主積兵，西南星主積布帛，西北星主積金玉，隨其變占之。中央一星名積屍，亦曰積屍氣者，但見氣而已，主死喪祠祀。一曰鈇質，主誅斬。鬼星明，六穀成；不明，人散。動而光，上賦斂重，徭役多；星徙，人愁，政令急。鬼質欲其忽忽不明，則安；明，則兵起，大臣謀主，下流亡。甘氏云，積屍摇動、失色，則疾病鬼哭人荒。軒轅西四星曰爟，亦曰烽爟，主烽火，備警急。占以不明安静；明大甚則邊亭警急；摇動、芒角，亦然。又曰，明吉暗兇。天狗七星，在鬼西南，狼之北，横河中，以守賊也。移徙，則兵起；金火守之，人相食。外廚六星，在柳南，天子之外廚也，占與天廚同。弧南六星爲天社，在老人東南，似柳，直明則吉。《隋志》云，共工之子勾龍能平水土，故祀以配社，其精爲星。外廚之南一星，曰天紀，主知禽獸齒歲。金火守之，禽獸多死。

《兩朝天文志》：鬼四星距西南星，去極六十九度半。爟四星距西北星，去極六十度半，入井宿二十九度。天狗七星距西星，去極一百二度，入井宿二十二度。外廚六星距大星，去極九十二度半，入鬼宿二度。天社六星距西南星，去極一百三十四度，入井宿十二度。天紀一星，去極一百一度半，入柳宿五度。

柳八星曲頭垂似柳。近上三星號爲酒，享宴大酺五星守。

柳，十四度，上爲天之中道。甘氏云，主飲食倉庫酒醋之位。明大則人豐酒食；摇動則大人酒死；失色則天下不安，饑饉流於道路。不過三年必應。張衡云，柳爲朱雀之咮，天之廚宰也，主尚食，和滋味。《隋志》云，又主雷雨。一曰天相，一曰天庫，一曰註，又主木功。星明，大臣重慎，國安廚食具。註舉首，王命興，輔佐出。星直，天下謀伐其主。就聚，兵鬥國門。酒旗三星，在軒轅右角之南，酒官之旗也，主宴享飲食。五星守酒旗，天下大酺，有酒肉財物之賜，及爵宗室。

《兩朝天文志》：柳八星距西第三星，去極八十二度半。酒旗三星距西北星，去極七十七度，入柳宿十四度。

星七星如鉤柳下生。星上十七軒轅形，軒轅東頭四内平。平下三個名天相，相下稷星横五靈。

七星，七度。甘氏云，主后妃禦女之位，亦爲賢士。失色、芒動，則后妃死，賢士誅；明大則道化成國盛。張衡云，七星爲朱鳥之頸，一名天都，主衣裳文繡。《隋志》云，主急兵，守盜賊。故欲明，明則主道昌；暗則賢良不處，天下空，天子疾。動則兵起，離則易政。日食，兵饑婦入災。木犯人安，火犯旱，金主水犯俱災。月暈、孛犯，兵起。軒轅十七星，在七星北，黄帝之神，黄龍之體也，后妃之主，士女職也。一曰東陵，一曰權星，主雷雨之神。南大星，女主也。次北一星，夫人也，屏也，上將也。次北一星，妃也，次將也。其次諸星，皆次妃之屬也。女主南小星，女禦也。左一星少民，少后宗也。右一星大民，太后宗也。欲其色黄小而明也。張衡云，軒轅如龍之體，主雷雨之神，後宫之象焉。陰陽交合，盛爲雷，激爲電，和爲雨，怒爲風，亂爲霧，凝爲霜，散爲露，聚爲雲，立爲虹蜺，離爲背矞，分爲抱珥，此乃十四變，皆軒轅主之。其星欲小而黄明則吉；移徙則國人流逆；東西角張而振，后敗。水火金守之，女主惡也。《漢》註曰，軒轅爲權，太微爲衡，月五星守犯者，如衡占。内平四星，在中臺南，爟之北，平罪之官也。明則刑罰平，暗則否。酒旗南三星，曰天相，丞相之象也，其占與相星略同，稷五星，在七星之南，主農正也，取乎百穀之長，以爲其號。明大則歲大豐，不明則儉，不見則人相食。

《兩朝天文志》：星七星距大星，去極九十六度。軒轅十七星距大星，去極七十五度，入張宿二度。内平四星距西星，去極五十二度，入張宿六度。天相三星距北星，去極九十五度，入星宿六度。天稷五星距大星，去極一百三十七度，入柳宿十三度。

《中興天文志》：石氏云，中宫黄帝，其精黄龍，爲軒轅。首枕星、張，尾掛柳、並，體映三臺，司四季，司中嶽，司中土，司黄河、江、漢、淮、濟之水，司黄帝之子孫，司倮蟲三百六十。按張衡《靈憲》，蒼龍連蜷於左，白虎猛據於右，朱雀奮翼於前，靈龜圈脊於後，黄龍軒轅於中，則是軒轅一星，與蒼龍、白虎、朱雀、元武四獸爲五矣。世之言星者，惟知四獸，而不知黄龍，是求之未盡也。孟康曰，軒轅爲權，太微爲衡。以軒轅一曰權星，故爲權。太微垣主理法平詞，如衡之平，故曰衡。《史記正義》謂，權四星在軒轅尾西，非也；軒轅西四曰爟星，主烽火，備警急。不曰權也。爟字從火，誤爲權字。張守節不審，指以釋此，殊爲疏繆。

又曰，或謂自有乾象，便有此星。軒轅果黄帝之神也，有黄帝而後有之乎。吕氏曰，軒轅之星，黄龍也，兩魚有軒轅之象，故名之曰軒轅。軒轅降神而生，黄帝知之，故自號曰軒轅云爾，號軒轅，非名也。且如王良、奚仲、造父，皆星名，亦其神降而爲人，人去而復爲星也。何獨於軒轅疑之。

按軒轅，本天市垣之星，而在張宿之分野，則南方朱鳥七宿之所司也。三垣中外官諸星，雖所掌有小大，其位有尊卑，而未有不隸於二十八宿者，蓋二十八宿分佈周天之躔度分野不可外也。《中興天文志》據石氏星書，以黄龍軒轅配四方二十八宿，所謂青龍、朱鳥、元武、白虎者，分而爲五。而以爲土德寄主鶉火，夫五行之不可缺土。土之寄王固然矣。遂以爲爟、積水、積薪、五諸侯、天樽、闕邱、北河、南河、四瀆、水位諸星，皆爲軒轅之屬。按爟以下諸星，與軒轅亦俱寄躔於二十八宿者也。今欲尊軒轅，而以諸星屬之，則軒轅豈能外二十八宿，而自爲躔度分野以處諸星乎。

張六星似軫在星傍。張下只是有天廟，十四之星册四方。長垣、少微雖向上，星數欹在太微傍。天尊一星直上黄。

張，十七度。甘氏云，主天廟明堂御史之位，上爲天之中道。若明大，國則盛强；失色，宗廟不安，明堂宫廢。《隋志》云，主珍寶、宗廟所用及衣服，又主天廚飲食、賞賚之事。星明，則王者行五禮，得天之中。動則賞賚；離徙，天下有逆人；就聚，有兵。金火守之，有兵起。或云，主貢物。色細無光，王者少子孫。日食，虧修禮也。月食大澇，魚行人道。火孛犯，兵起；土水犯，國不寧。張南十四星，曰天廟，天子祖廟也。客星守之，祠官有憂，其占與虚梁同。長垣四星，在少微南，主界域及胡夷。火守之，胡人入中國；太白入之，九卿謀反。少微四星，在太微西，南北列，士大夫之位也，一名處士。亦天子副主，或曰博士官。一曰主衛掖門。南第一星爲處士，第二星爲議士，第三星爲隱士，第四星爲大夫。明大而黄，則賢士舉。月五星犯守之，處士、女主憂，宰相易。

兩朝《天文志》：張六星距西第二星，去極一百二度半。天廟十四星距西北星，去極一百十三度半，入柳宿十三度。長垣四星距南星，去極七十六度，入張宿十四度。

少微四星距東南大星，去極六十五度半，入張宿十五度半。

翼二十二星太難識，上五下五横著行，中心六個恰似張，更有六星在何處，三三相連張畔附，必若不能分處所。更請向前看記取，五個黑星翼下頭，欲知名字是東甌。

翼，十九度。甘氏云，主太微三公化道文籍。失色，則民流。日月交食、五星並逆，芒動，則化道不行，文籍壞滅。動移，則三公廢。明大則化成。《隋志》云，翼爲天之樂府，主俳倡戲樂，又主夷狄遠客，負海之賓。明大則禮樂興，四夷來賓。動則蠻夷使來，離徙則天子舉兵。或云，明則禮樂興，暗則政教失。日食，臣僭；月食，婦人憂。五星、孛、流、客犯，大兇。東甌五星，在翼之南，蠻夷星也。張衡云，主東越，穿胸、越三夷。金火守之，其地有兵。芒角動移，兵内叛。

《兩朝天文志》：翼二十二星距中央西第二星，去極百四度。東甌五星距西南星，去極一百二十九度，入張宿七度。

軫四星似張翼相近，中央一個長沙子，左轄右轄附兩星。軍門兩黃近翼是，門下四個士司空，門東七烏青邱子。青邱之下名器府，器府之星三十二。以上便爲太微宮，黄道向二看取是。

軫，十七度。甘氏云，軫七星，主將軍樂府歌讙之事。五星犯之，失位亡國，女子主政，人失業，賊黨掠人，禍生於百日内。若明大，則天下昌，萬民康，四海歸王。張衡云，軫爲冢宰，輔臣也，主軍騎。明大，則車騎用。一云明大則車騎動。《隋志》云，主載任。有軍出入，皆占於軫。又主死喪。明則車駕備。動則車騎用；離徙，天子憂；就聚，兵大起。轄星，附軫兩傍，主王侯。右轄爲王者同姓，左轄爲異姓。星明，兵大起。遠軫兇。軫轄舉，南蠻侵。張衡云，轄不見，國有大憂。長沙一星，在軫之中，主壽命也。長沙明，則人壽長，子孫盛。軍門二黄星，在青邱西，天子六軍之門也，主營候豹尾威旗，占以移其處，爲道不通。土司空四黄星，在軍門南，主土功。巫咸氏云，金火犯之，天下田不得耕，女不得織。《隋志》云，一曰司徒，主界域。青邱七黑星，在軫東南，主東方三韓之國，占與東甌同。軫南三十二星，曰器府，主樂器之屬也。明則樂器調理，暗則有咎。

《兩朝天文志》：軫四星距西北星，去極一百三度半。右轄星，去極一百一十度半，入翼宿十六度半。左轄星，去極一百一度半，入軫宿五度。軍門二星距西南星，去極一百一十二度半，入翼宿十三度。土司空四星距南星，去極一百二十度，入翼宿十四度。青邱七星距西北星，去極一百二十四度半，入軫宿五度。器府三十二星距西北星，去極一百三十七度半，入翼宿八度半。

《中興天文志》總論曰：甘、石、巫咸三家，後代所宗也。顧或不深考。以故三垣、大角之列衛、二十八舍内官外官之分隸，不無異同。今於三家參諸説，考定二百九十座，所以不知者闕如也。蓋諸星有以一星爲一座者，有以二三十星爲一座者，有相爲比附者，有相比而不附者。杠附華蓋，凡十八星爲一座。衡附庫樓，凡二十九星爲一座也。鉞不附井，耳不附畢，糠不附箕，長沙不附軫，鈎鈐、鍵閉不附房，則以屬吏目爲官故也。矢得以附弧，臼不得以附杵，以弧矢一人司之，杵臼二人司之故也。野雞不附軍市，雞自守其所司也。南門不附庫樓，南門不但爲庫樓門也。他如積水不附天船，積屍不附大陵，天讒不附卷舌，咸池、天潢三淵不附五車。石氏、甘氏皆有其辨，不可臆説也。若夫稱名取類，傳記錯見，則又有不可概舉者。北極爲北辰，水星爲辰，參爲大辰，而大火亦曰大辰。宋，大辰之墟是也，見《左氏昭十七年》。孫炎曰，龍星明者，以爲時刻，故曰大辰。心在中最明，時刻主焉。元枵，亦曰天黿星，在天黿是也，見《國語》，武王伐商，星在天黿，《昭十九年》疏。天黿，元枵別名也。娵訾亦曰豕韋，歲在豕韋是也，見《襄十八年》疏。豕韋，亦名娵訾也。鶉尾亦曰鳥帑，以害鳥帑是也。見《襄二十八年》。裨竈曰，歲棄其次而旅於明年之次，以害鳥帑。註，南爲朱鳥，鳥尾曰帑。疏曰，人妻子爲帑，鳥尾曰帑，妻子爲人後，鳥尾亦鳥之後，故俱以帑爲言也。氐謂之天根，見《爾雅》。天根，氐也。郭璞曰，角、亢下係於氐，猶木之有根。《國語》曰，天根見而水涸也。室謂之定，見《爾雅》云，營室謂之定。郭璞曰，定，正也，作宫室以營室中爲正。《詩》，定之方中，作於楚宫。昴謂之留，見《史記》。《索隱》曰：留，昴也。而《毛傳》亦以留爲昴也。畢謂之濁，見《爾雅》濁謂之畢也。柳謂之味，丁救反，見《襄九年》。味爲鶉火。疏曰，柳謂之味。味，鳥口也。若斯名類，昉於《堯典》，詳於《爾雅》、《左氏》、《國語》諸書，而所入之度，則未悉也。若夫二十八舍，諸言度分，亦或差殊。斗、井度，視諸舍爲闊；參僅一度。古，昏、旦至觀弧、建爲定，亦由所見而莫著其度。近世王奕所述十二次、二十八度，有可考焉。

按史《志》言三家所考，三垣、大角之列衛、二十八舍内外官之分隸，不無異同。今按歷代《天文志》，惟《宋兩朝》及《中興志》，與隋丹元子《步天歌》，能言諸星之分隸。然大角一星，《兩朝志》以爲屬亢，《中興志》以爲屬角。庫樓十星，丹元子以爲屬角，而《兩朝志》以爲屬軫，其爲異同大概若此。蓋自唐開元中，一行所造渾儀，其所測宿度，已與舊經異。而宋太平興國中，渾儀所測，又與唐異。所争或一二度，或三五度。以管窺天，豈能無誤。於是此以爲軫，彼以爲角；甲以爲氐，乙以爲房；所差者常在裨鄰之次舍，則亦不過三五度間耳。天道幽遠，術家各持一説，固未有以訂其是非也。至如南斗六星，即斗、牛之斗，則其分野，反在北方。北斗天樞，在張宿十度，則其分野，反在南方。則其理有不可究詰者，當俟知星者而質之。

二十八宿度

《中興天文志》：王奕按自古言天者，皆曰周天三百六十五度四分度之一，何從而知審也。曰天本無度，因日之行一晝夜所躔闊狹，强名曰度。蓋日之行也，三百六十五日之外，又行四分日之一，以一年而周於天焉。以一日所行爲一度，故分爲三百六十五度四分度之一。范蔚宗謂，日之所行，在天成度，在曆成日，是也。曰天固有其度，而二十八宿亦各有度，何從而定之一也。曰二十八宿亦未始有度也。天體沖漠雖分爲三百六十五度，然其度難别也。故作曆者，隸其度於二十八宿，用以紀日月所躔而已。蓋天之有度也，猶地之有裏也。二十八宿所分之度，猶九州列縣所占之裏也。二十八宿各有其度，則日之行於天也，孟春在某星幾度，仲春在某星幾度，日躔可得而名也。九州列縣，各有其裏，則人之行於地也，某日至某州幾裏，某日至某縣幾裏，驛可得而計也。此星度所由起也。曰二十八宿之度，或闊狹何也。曰日之所躔，偶與此宿相當，此闊狹於是分也。故説渾天者曰，日之所躔，或多或寡，適當其星者，凡二十八，故度之多寡，於是生焉。井、斗之舍，非無星也，然不與日躔相當，故其度不得不闊。觜、鬼之傍，非無星也，然日躔一二日，而其星適於相當，故其度不得不狹也。夫其得度闊狹，非舉一宿全體盡占此度也。南斗六星也，舉全體言之，合距杓星爲度；而今歷家，距魁第四星爲度，杓二星則入於箕。牽牛六星也，舉全體言之，合距北星爲度；而今歷家，距南星爲度，北星則入於牽牛。虛二星也，舉全體言之，合距西二星爲度；今曆家，距中二星爲度，而西二星則入於斗。蓋南斗六星之中，杓二星不當日之度，而魁第四星當度，故距於魁而得二十六度。牽牛六星之中，西星不當日之度，而中二星當度，故牽牛距魁而得六度。虛二星之中，北一星不當日之度，而南一星當度，故虛距南星而得十度。古之造曆，假設是法以步日躔，或者不察謂二十八宿本有其度，又見某宿得幾度，遂謂舉一宿，全體在焉，則又非矣。又按《唐・志》，一行所謂，虛北星舊圖入虛，今側在須女九度。危北星舊圖入危，今側在虛六度半。又奎誤距以西大星，故壁損二度，奎增二度；今復距西南大星，即奎、壁各得本度。又柳誤距以第四星，今復用第三星。張中央四星爲朱鳥嗉，外二星爲翼，北距以翼而不距以膺，故張增二度半，七星減二度半；今復以膺爲距，則七星、張合得半度。吳興沈氏曰，二十八宿爲二十八星當度，故立以爲宿。前世測候，每或改變。如《唐書》測得，畢有十七度半，觜只有半度之類，皆繆説也。星既不當度，自不當爲宿次，自是渾儀度距疏密不等耳。凡二十八宿度數，皆以赤道爲法，推黄道有不合度者，蓋黄道有斜有直，故度數與赤道不等。即復以當度星爲宿，惟虛度未有奇數，自是日之餘分。歷家取於斗分者，此也。餘宿則不然。

沈氏《筆談》曰：予編校昭文書時，預詳定渾天儀。官長問予：「二十八宿，多者三十三度，少者止一度，如此不均，何也？」予對曰：「天事本無度，推歷者無以寓其數，乃以日所行分天爲三百六十五度有奇日平行三百六十五日有餘而一期天，故以一日爲一度也。既分之，必有物記之，然後可窺而數，於是以度度之星記之。循黄道，日之所行一期，當者止二十八宿星而已度如傘橑，當度謂正當傘橑上者，故車蓋二十八弓，以象二十八宿。則如《渾儀泰儀》所謂，度不可見，可見者星也。日月五星之所由，有星焉。當度之畫者，凡二十有八，謂之舍。舍所以挈度，所以生數也。今所謂距度星者是也。非不欲均也，黄道所由當度之星，止有此而已。」

按：《中興志》所載王奕之説，即沈括之説也。王、沈二公，不知其孰先孰後，孰倡孰襲，然王説詳而明，沈説簡而當，故不嫌並著之云。

元・馬端臨《文獻通考》卷二八〇《象緯考三》 十二次度數

《晉・天文志》：十二次，班固取《三統曆》十二次配十二野，其言最詳。又有費直説《周易》、蔡邕《月令章句》，所言頗有先後。魏太史令陳卓更言郡國所入宿度，今附而次之。《中興天文志》：王奕按星本無次，古昔黄帝因日月所會而爲之名耳。《帝王世紀》，一度二千九百三十二里，分爲十二次一次，三十度三十分度之十四，周天積一百七萬九百一十三里，經三十五萬六千九百七十一里。《三統曆》詳矣，然《帝王世紀》、費直《周易》、蔡邕《月令》又與《三統》殊，少或差一二度，多或五六度，何也？是日行也每歲有差，則日月所會之次、分度亦異。此言十二次所以不同也。

自軫十二度，至氐四度，爲壽星。於辰在辰，鄭之分野，屬兖州。費直《周易分野》：壽星起軫七度。蔡邕《月令章句》：壽星起軫六度。

自氐五度，至尾九度，爲大火。於辰在卯，宋之分野，屬豫州。費直：起氐十一度。蔡邕：起亢八度。

自尾十度，至南斗十一度，爲析木。於辰在寅，燕之分野，屬幽州。費直：起尾九度。蔡邕：起尾四度。

自南斗十二度，至須女七度，爲星紀。於辰在丑，吳、越之分野，屬揚州。費直：起斗十度。蔡邕：起斗六度。

自須女八度，至危十五度，爲玄枵。於辰在子，齊之分野，屬青州。費直：起女六度。蔡邕：起女二度。

自危十六度，至奎四度，娵訾於辰在亥，衛之分野，屬并州。費直：起危十四度。蔡邕：起危十度。

自奎五度，至胃六度，爲降婁。於辰在戌，魯之分野，屬徐州。費直：起奎二度。蔡邕：起奎八度。

自胃七度，至畢十一度，爲大梁。於辰在酉，趙之分野，屬冀州。費直：起婁十度。蔡邕：起婁一度。

自畢十二度，至東井十五度，爲實沈。於辰在申，魏之分野，屬益州。費直：起畢九度。蔡邕：起畢六度。

自東井十六度，至柳八度，爲鶉首。於辰在未，秦之分野，屬雍州。費直：起井十二度。蔡邕：起井十度。

自柳九度，至張十六度，爲鶉火。於辰在午，周之分野，屬三河。費直：起柳五度。蔡邕：起柳三度。

自張十七度，至軫十一度，爲鶉尾。於辰在巳，楚之分野，屬荆州。費直：起張十三度。蔡邕：起張十二度。

州郡躔次

陳卓、範蠡、鬼谷先生、張良、諸葛亮、譙周、京房、張衡並云：

角、亢、氐，鄭，兖州：

東郡入角一度　東平、任城、山陽入角六度　泰山入角十二度　濟北、陳留入亢五度　濟陰入氐二度　廣平入氐七度

房、心，宋，豫州：

潁川入房一度　汝南入房二度　沛郡入房四度　梁國入房五度　淮陽入心一度　魯國入心三度　楚國入心四度

尾、箕，燕，幽州：

營州入箕中十度　上谷入尾一度　漁陽入尾三度　右北平入尾七度　西河上郡北地遼西東入尾十度　涿郡入尾十六度　渤海入箕一度　樂浪入箕三度　玄菟入箕六度　廣陽入箕九度

斗、牽牛、須女，吳、越，揚州：

九江入斗一度　廬江入斗六度　豫州入斗十度　丹陽入斗十六度　會稽入牛一度　臨淮入牛四度　廣陵入牛八度　泗水入女一度　六安入女六度

虛、危，齊，青州：

齊國入虛六度　北海入虛九度　濟南入危一度　樂安入危四度　東萊入危九度　平原入危十一度　菑川入危十四度

營室、東壁，衛，并州：

安定入營室一度　天水入營室八度　隴西入營室四度　酒泉入營室十一度　張掖入營室十二度　武都入東壁一度　金城入東壁四度　武威入東壁六度　燉煌入東壁八度

奎、婁、胃，魯，徐州：

東海入奎一度　琅琊入奎六度　高密入婁一度　城陽入婁九度　膠東入胃一度

昴、畢，趙，冀州：

魏郡入昴一度　鉅鹿入昴三度　常山入昴五度　廣平入昴七度　中山入昴一度　清河入昴九度　信都入畢三度　趙郡入畢八度　安平入畢四度　河間入畢十度　真定入畢十三度。

觜、參，魏，益州：

廣漢入觜一度　越巂入觜三度　蜀郡入觜一度　犍爲入參三度　牂牁入參五度　巴郡入參八度　漢中入參九度　益州入參七度

東井、輿鬼，秦，雍州：

雲中入東井一度　定襄入東井八度　雁門入東井十六度　代郡入東井二十八度　太原入東井二十九度　上黨入輿鬼二度

柳、七星、張，周，三輔：

弘農入柳一度　河南入七星三度　河東入張一度　河內入張九度

翼、軫，楚，荆州：

南陽入翼六度　南郡入翼十度　江夏入翼十二度　零陵入軫十一度　桂陽入軫六度　武陵入軫十度　長沙入軫八度

容齋洪氏《隨筆》曰：十二國分野，上屬二十八宿，其爲義多不然，前輩固有論之者矣。其甚不可曉者，莫如《晉・天文志》謂：「自危至奎爲娵訾，於辰在亥，衛之分野也，屬并州。」且衛本受封於河內商墟，後徙楚邱。河內乃冀州所部，漢屬司隸，其他邑皆在東郡，屬兖州，於并州了不相干，而并州之下所列郡名，乃安定、天水、隴西、酒泉、張掖諸郡，自系涼州耳。又謂：「自畢至東井爲實沈，於辰在申，魏之分野也，屬益州。且魏分晉地，得河內、河東數十縣，於益州亦不相干，而雍州爲秦，其下乃列雲中、定襄、雁門、代、太原、上黨諸郡，蓋又自屬并州及幽州耳。謬亂如此，而出於李淳風之手，豈非蔽於天而不知地乎！」

明・佚名《觀象玩占》卷八　經星二十八舍角宿總叙

角二星爲天關，蒼龍角也。其間天門，其內天庭，黃道經其中，日月五星之所也。一曰維首，一曰天陳，一曰天相，一曰天田。金星也，主造化萬物，布君威

信。兩角之間，陽氣所生升。左角爲理主刑。其南三尺曰太陽道，三尺亦作五尺。右角爲將，主兵，其北三尺曰太陰道，三尺亦作五尺。蓋天之三門猶房之四表也，七曜由其中，則天下安寧。或失行而入其陽，則爲旱，入其陰則爲水。角星直指辰，即是耕始以爲農官。角星明大，則王道平，賢人用，天下安。微暗則王道失，輔臣不賢德，令天下有兵。動摇則人主憂，移徙則人主出，角動則國安，垂芒則天下亂，不見則國易政。

又 亢宿總叙

亢四星爲天庭，爲疏廟，爲天子之府，其下八尺爲日月五星中道所行之。火星也，主統領四海，總天下之政，奏事、録功德、訟理獄，一統于亢。《海中占》曰：亢者，天帝廟宫天子内朝下者下地也，中央丞相也，主享祀，主疾。亢星齊明則宗廟有敬，朝有序，輔臣納忠，民無疾病；亢星不明，則輔臣失職，君令不行，有内亂；摇動折或移徙，則人疾病；垂芒則國政錯亂離落；位直則兵起有戰；不見則水旱爲灾，天下鼎沸。郄萌曰：秋分視亢不見，則五穀俱傷。

明・佚名《觀象玩占》卷九 氐宿總叙

氐四星曰天根，爲天子宿宫，休解之房，后妃之府。一曰天府，土星也，主皇后妃嬪。二星主正妃，後二小星主左右媵妾，其北二尺爲日月五星中道。氐又主徭役，其星明大則臣妾奉法，人君安，天下無汗馬之勞；暗小則君失執，臣妾不度；動摇則徭役不時；移徙或不見，則臣妾内亂，兵起。一曰氐星動，大臣去國。

又 房宿總叙

房宿四星曰天牀，總官四方。一曰在旗，一曰天市，一曰天龍，一曰天倉，一曰天表，一曰天衛，一曰木星也。甘氏曰：房爲明堂，天子布政之宫也。石氏曰：房爲四輔，其北上第一星上相也，次二星次相也，次三星次將也，南下第四星上將也。南二星爲君位，北二星爲夫人，爲房又爲四表，中間爲天衢大道，亦謂之天闕，黄道所經，日月五星之所行也。南二星間爲陽環，亦曰陽道，其南爲陽道，北二星爲陰間，亦曰陰道，其北爲太陰道，七曜由乎天衢，則天下和；由陽道，則多旱；由陰道，則多水；或失行而南由太陽道，則爲大旱，爲喪；失行而北入太陰道則爲大水，爲兵。又曰：房爲天馬，亦天駟，主車駕，其南左驂，次上爲左服，北二星爲右驂，次下爲右服。又爲天廄，主啓閉，畜蓄藏之所。房星均明則王者明，臣奉職，天下太平，兵革不具；星亂則王道不行，臣亂；驂星欲明而不欲其火于中二星，則兵起；星離折則人流，星亡則兵大起；左驂左服爲東南，右驂右服爲西北。房星動外則財寶出，動内則財寶入。

明・佚名《觀象玩占》卷一〇 心宿總叙

心三星曰大火，一曰大辰，一曰大司空，一曰天相，火星也。心爲明堂，中央大星天黄正位，其北四星爲日月、五星中道。前星爲太子，後星爲庶子。天下變動則心星見其不祥。星贊爲天王，故置積卒以爲衛心者。木中火故其色赤，星爲天子闕樑。中央大星欲赤而明則天子明德服天下；微弱不能斷制；星不置則天子失計。心主天下賞罰，故天下有度，則心見其不祥。三星俱明，前後星不欲過其中星，而後星又不欲過其星前，前星明過中星，則太子踐位；後星明過前星，則庶子奪嫡；前星暗小，則太子憂；後星暗小，則庶子憂；心星動摇則國有憂；芒角則天下有大兵；離徙則民流散；失色則人主太子俱憂；色黑則有大喪；消小不見則河江爲害，期九年，天子滅；旁多小星則天下乖争，人主威令不出其宫。一曰心星直則地動，人主失勢，强國兵起，天子以弱亡。後星爲庶子亦爲親密大臣之位也，摇則庶子大臣也。

又 尾宿總叙

尾九星，蒼龍尾也，一曰天雞，一曰折木，一曰天狗，一曰風后，一曰天廟，一曰大司空，一曰龍罷，一曰九子，水星也。尾爲后宫，后妃之府，其北十尺爲日月五星中道，其上第一星主后，次二星主夫人，又次三星主九嬪，次三星主媵妾，其第三星爲后族，旁一小星相去一寸曰神宫，天子解衣之内室也。尾又主八風，箕尾之間謂之九江口，故尾星又曰九江，主水，九星欲其均明，大小相承，則后宗有序，后妃一不妬忌，則天子多子孫；微弱則后有憂疾；動則后妃不和，騰躍折絶；不居其所，則君臣乖天下亂，有灾旱；就聚則有大水；直則后皇失勢；大小不齊則媵妾奪嫡。蓋天曰：蒼龍之尾，陰陽之所交，電風之所具也，主禁密、祭祀、莳養之事，星明則五穀成熟，不明則五穀大傷。

又 箕宿總叙

箕四星，曰天津，一曰天漢，主津梁，一曰風言，一曰風星，主八風，一曰孤星，主狐狢，一曰天雞，主時，一曰天陣，金星也。又爲女相，主口舌。又曰天后，后宫之别府也，其北六尺爲日月五星中道，又主蠻夷，戎貊四夷，將動必占于箕。箕星明大則五穀蕃熟，讒諛不用，四夷來庭；暗小不明，則君臣亂，四夷不勝，内外有睽；摇動則蠻夷不有使來；折則大風爲災，且有口舌相殺事；離徙則人流亡，君失地，就聚細微則歲凶，粟貴；其中小星少亦如之；移入河，則歲大惡；中河而居，則人食人；箕前二星謂之天舌，芒動則大風不出三日。

明・佚名《觀象玩占》卷一一 斗宿總叙

南斗六星，曰天廟，一曰天立，一曰天關，一曰天機，一曰天府，一曰天庫，一曰天司，玄龜之首，丞相太宰之位，木星也。主天子壽命之期，主酌量政事稟命爵禄，日月五星貫之爲中道。其南二星曰魁，爲天庫，又爲天樑，主兵。中二星爲天相，主爵禄，北尾二星曰杓，爲天府。第二星魏，第三星主丹陽，第四星主豫章，第五星立廬江，杓尾第六星九江。在斗北大星亦曰天關，關天子之正旗也，土官也。六星欲其均明，明盛則君〔臣〕同心，天下安寧，爵禄不僭，風雨順時，人主壽康，五穀茂；暗小則君臣失位，天下不安；芒角動摇，則忠臣失勢，天下愁怨；大小不齊，上下乖違；移徙則賢逐，天下病；變色失常則陰陽不調，宰相憂。

又 牛宿總叙

牛六星，曰牽牛，一曰天鼓，木星也。亦曰天關，爲關樑，主犧牲之事，陽氣始于牽牛，日月五星常貫之，爲中央大星，七政之始，七曜之行起于此，其上二星一曰即路，一曰聚火，主道路火，五星，主樑關，攻二星主南夷，其中大星主牛。牛星明大則王道昌，關樑通，則天下寧；不明則五穀不成，牛多死；小星大明則牛貴；牛小而明則牛賤；色怒則馬貴；移動則牛多灾殃；星亡則牛盡死；小星亡則小牛死；牛星始見色黃則大豆賤；色赤大豆蟲傷；色白大豆貴；星近漢中天下牛貴；入漢中牛疫死；星直則穀價平；星曲米貴；失常變動，五穀不成。甘氏曰：牛上星主道路，次一星主關樑，次南三星主南越，變亦爲南夷，動摇變色，從而占之。牽牛亦爲將軍，（央中）〔中央〕大星左右出則大將心不正，前出則前將軍心不正，後星左右出，則后將軍心不正，所謂前者大星，南星也，後者大星，北者也。

明・佚名《觀象玩占》卷一二 女宿總叙

女四星，曰須女，一曰婺女，天之少府也。一曰天女，一曰臨官女，水星也，主布帛爲珍寶、庫藏，其下九尺爲日月五星中道。須女者，賤妾之稱，婦職之卑者也，故又主嫁娶，知婦工。其星大明則天下豐，女私就，府庫充；暗小則女工失職，府藏空虚；國用不足；移徙則后妃廢，天下婦女多以産死。郄萌曰：女星不明，則法令易，《詩》《書》絶。甘氏曰：女星動，則天下有嫁娶事。須女又主蘇，其色白則蘑色黃，而青則蘑以蟲傷。

又 虚宿總叙

虚二星，曰玄枵，一曰顓頊，一曰北陸，一曰天節，一曰宫，一曰卿中，一曰中宫，水官也。虚爲廟堂，爲天子冢宰之官，主喪死哭泣、墳墓祭祀，主天諳闇之事，主北方，又主黄鍾律管。其下九尺爲日月五星中道。又主風雲，將死喪哭泣葬祭之事，則占于虚星。明静則天下安；不明則天下旱；動摇則有死喪哭泣；欹斜則上下乖亡，享祀失禮。郄萌曰：虚星動，則有更令四制者。

明・佚名《觀象玩占》卷一三 危宿總叙

危三星，曰天府，一曰天市，土星也，主墳墓、宫室、祭祀，主架樑屋，天子宗廟也，又爲百姓之市。其南下九尺爲日月五星中道。虚危者，天子禮堂，亦爲冢宰之官，主天下死喪哭泣之事。星明則天下安；暗而動天子興工役；移徙則天下謀作不解；色失則客有誅者；不見則山陵毁敗；動摇則天下大動。

又 室宿總叙

室二星，曰營室，一曰定星，一曰玄宫，一曰清廟，一曰玄冥，一曰天宫，一曰天庫，一曰休官，天子之庫宫，軍糧之府，木星也，主宗廟，主三軍廩，實及土工事，其下九尺爲日月五星中道。其上六星兩兩而居，曰離宫，后妃六宫之位，爲宫掖永巷。一曰營室，二星上一星爲天子，宫下一星爲太廟，故置羽林軍以衛之。將有土工之事占于營室。星明正則國昌；不明則鬼神不享祠，國多疾疫；動則土工事；芒角則有兵疫；星亡則輔臣死。而實正方也，實其間小星多也。《荆州》曰：四輔欲其中，臣不忠，越職，賣杈；離合不時，宫中淫泆；出入不常，嫡妾相踰，宫女怨曠。

又 壁宿總叙

壁二星，曰東壁，一曰天街，一曰天池，一曰天樑，圖書之府土星也。主文章，亦主土工，興營室，共爲天子四輔，其南下九尺爲日月五星中道。星明正，道術行，國多君子；若大小不同、失色，則天子輕經術、賤文；動摇土工具離徙就；聚則天下有田宅；星闇王道失，小人進用。

明・佚名《觀象玩占》卷一四 奎宿總叙

奎有十六星，一曰封豕，一曰天豕，一曰天庫，一曰天邊，金星也。奎爲天之武庫，其下九尺爲日月五星中道。西南大星謂之天豕目，亦大將，又爲女令。石氏曰：奎主庫兵，兵禁不時，故置將軍以領之。奎又主溝瀆，故將有陂池、河江之事，皆占于奎。奎大星欲其明，明則天下安；角動搖，國用兵。或曰：有赦。奎星直入則人主殺，天下死文；動則有溝瀆之事；芒角則人主以淫泆廢政。奎中有小星，明則天下大水。豕目主水瀆，動則大小以日占國。

又 婁宿總叙

婁宿三星，曰天獄，一曰密宮，一曰國市，一曰天廟庫，土星也。主犧牲、宗廟、五祀、苑牧，故置天倉以養之。婁，聚也，故又主興兵。聚衆之事，占之於婁。其下九尺爲日月五星中道。《星經》曰婁者，天獄禄車萬物之所藏收也。婁星明則效禮得禮，天子有福，多子孫，天下臣子忠孝；暗小失色則反是；動搖則有聚，衆星直則有執主命者；就聚則國不安。又曰：婁星明，六樂和，不明則反是。婁又主音樂，動則歡娱，音樂大興。

明・佚名《觀象玩占》卷一五 胃星總叙

胃三星，曰大樑，一曰天府中，一曰天庫，一曰密宮，金星也。胃星者，五穀之府，天之厨藏，主倉粟，收藏積聚萬物。又主討捕、誅殺、菹醢之事。其南下九尺謂日月五星中道。胃星中道，胃明則倉庫盈，天下豐；暗小則天下米貴，倉廩虚，上下失位；星亡則兵大起；離徙則倉粟耗散；就聚則米貴，人流；動搖，有轉輸之事；芒角則有兵；旁星衆則粟聚；少則粟散。

又 昴宿總叙

昴七星，曰旄頭，一曰天器，一曰天獄，一曰天厨，一曰天路，水星也。旄爲天耳目，又爲白衣聚，又曰胡星，胡聚也。主兵喪、口舌、奏對，主獄事。其下九尺爲日月五星中道。中二星爲天街，陰陽之所分。昴大星明；其明則獄訟平，國無佞臣，天下安；不明則刑罰濫，佞臣得志，天下凶；其六星不欲明，明則天下受誅罰邊兵多死；星動則大臣下獄天子信讒殺害忠良亦爲白衣會聚；明而數動胡兵大起；其大星動若跳躍而他皆不動，則胡欲侵邊，期一年，不出三年；一星不見爲兵爲喪；六星與大星等，則天下大水；七星皆明而黄，則兵大起。

明・佚名《觀象玩占》卷一六 畢宿總叙

畢八星附耳一星，一曰軍車，主邊兵、弋獵、田狩之事。一曰天耳，一曰天口，一曰虎，一曰濁，一曰天尉，都主制侯四方。一曰天空，水星也。又爲天獄，主伺鬼神之動静姦謀以敵外患，故直衡地之陽，以爲胡夷之侯，改立附耳以譏不祥，又主街巷，主陰雨天之雨師也。其北上五星，爲日月五星中道。畢主山河以南國于海四海，則在東、在南爲陽。昴畢之間謂之天街，陰陽兩界之所分，畢爲陽國，昴爲陰國。畢左股大星曰天高，爲邊將王掃姦宄通外，其星光大則天下和同，遠來貢；失常改色則邊兵亂，國不寧；耀芒則外國叛背；動搖則邊將有急；一星不見爲兵、爲喪；離徙則天下獄大亂；就聚則法令酷；不明則天下謀亂；明而動則多雨；附耳摇動則有内令；角芒則讒邪行，兵大動，明春則邊兵交戰，中國失勢；移徙則有亂臣在主側；附耳入畢口中，則天下有大兵，邊地尤甚。

又 觜宿總叙

觜三星，曰觜觿，白虎之首也，爲三軍之侯，行軍之藏府，金星也。主葆旅、收斂萬物，亦爲刀鉞斬受之事，一曰天寶，主保寶貨。其北上三尺爲日月五星中道，内主樑，外主漢；星色明天下安，五穀熟，軍有儲將得勢；不明不可出師；動則葆旅事，天下旱，君臣失位；明而動搖，天下盜賊群行；移徙則將有逐者；移而近參左肩則臣謀君，近右肩大臣伐主，若有大命。

又 參宿總叙

參七星，伐三星，曰參伐，七星爲虎尾，觜爲首，共爲白虎，主西方。一曰大辰，一曰天市，一曰鍾龍，金星也。亦曰主鈇鉞，秉斬刈刑罰，又爲天尉，主殺伐，又爲天獄，主邊兵、九譚及鮮卑、戎狄之國。七星爲七將軍，其中三横列爲衡，主平理。前二大星曰左右股，又謂之左右肩，爲左右前將軍。役二大星曰左右又爲之左右偏，爲左右後將軍。中三星爲大將軍，乃爲三將也。七星皆主邊兵，左肩北三尺爲日月五星中道。七星皆明則天下兵精；暗小則將弱；芒角大張赤輝旁射則三軍騷動；天子射甲，自將兵出征；動搖則邊兵有急；死光則國欲改君；參差不齊則君任不忠，臣有外謀；大而動明則大將執權，天下易政；就聚則大將誅；細微天下兵不精；離徙則大將逐；迫促則天下刑急。參左足應在玉井中，虎性暴怒足下有井，動則陷之以節其勢，故謂之陷足虎不得妄動，是以天下無兵，若足出井外，使縱逸天下之兵大起；參星不具則國亡失地，則軍敗散；中星差而南胡兵入塞，復正則胡退；星移則客伐主人；參兩肩外明而大則兵外强；内明而大則兵内强；左股亡，東方不可舉兵；右股亡則西方北方不可舉兵；參左足入玉井，兵大起，天下大水，若有喪，山石爲怪；若突出玉井，則虎狼爲暴害；其中星而差北則胡人出；參四足有進者則將出有功；有退者死功；進者移而北，退者移而南也。甘氏曰：參爲忠良孝順之子，星明大則臣子忠孝，移動改常則忠良受枉，伐主斬刈。星不欲其明，與參等明，則大臣謀君；

星大則兵起；踈折則法令弛；就聚則刑法急；動則有斬伐之事；移南胡人入塞；移北則北胡人入塞；伐罪有角則諸侯之寇排門閣；角動黄芒則天子滅。常以夏三月視參四足，進前則兵起，退則兵罷。又視參前兩星，動揺則兵起，天子有憂。守常則吉。

明·佚名《觀象玩占》卷一七　井宿總叙

東井八星，曰天府，一曰東陵，一曰天井，一曰天關，一曰天門，一曰天渠，一曰天亭，一曰天候，一曰天齊，一曰天池，水星也。主水泉也，爲天之南門也。日月五星貫之爲中道。主酒食，女主之象，主諸侯、帝戚、三公之位。爲天之亭侯，主水衡。法令之所取也平，三光行不由其中，爲天下無道。雖經之，不得留之。王者心正，則井泉正；而明，則法度正，號令明。太盛則多風雨，有大水；暗小不正，則國弱政亂；動揺變色則諸侯廢戮，三公受殃；移徙則國亂君憂，洪水爲災。鉞一星附井口第一星邊二寸，主伺淫奢者而斬之。不欲其大明，大而明，鈇鉞用，兵起；動揺芒角則大臣多死於法者；星亡則天下大水。

又　鬼宿總叙

鬼四星曰輿鬼，一曰天目，主自明察奸爲。朱雀頭眼，一曰天鈇，鑕主誅殺，一曰天廟，主祀事，一曰天訟，一曰天貴，一曰天壙，主疾病死喪，土星也。其中爲日月五星中道。其東北星主積馬，東南星主積兵，西南星主積布帛，西北主積金玉，有變則占其所主。其中央白色如粉絮者，謂之積尸氣，一曰天尸，主死喪祠祝，亦曰鈇鑕，主刑罰，主誅斬，天尸如雲非雲，如星非星，見氣而已，不欲其明，明則鬼害人，多鬼死，其外四星欲其明，明則五穀成；不明則民散；移徙政急民愁；動揺則役重，其殃爲君死、國亡，連年水害。鬼質欲其不明則安，若明則兵起，臣謀主，民流亡。動揺則疾疫，兵、水之灾並起，人死麻。甘氏曰：積尸動揺，失色，則疾疫大起，鬼哭人荒。

明·佚名《觀象玩占》卷一八　柳宿總叙

柳八星爲朱鳥喙，一曰天相，一曰天庫，一曰天注，亦作咮，一曰天大將軍，一曰八臣，一曰天厨，主御膳、酒食、倉庫和鼎實以享宗廟，又主雷雨、主工匠、主草木，火星也，一曰土星。其北六尺爲日月五星中道。其星欲明，明則大臣；〔缺〕鎮星入，豐酒食，王者安，厨膳具；不明則王者失政，宮中不安；注舉首則主命行，賢佐出；直則天下謀代注；就聚則兵滿野；動揺則大人以酒食死；失色則天下飢饉；開張則人流亡。

又　星宿總叙

星七星，一曰天都，一曰員宫，一曰天廷，實爲赤地府，位於午，主衣裳、黼黻、文綉，是爲朱雀之頸。《周禮》：鳥旟七斿。斿以象鶉火，謂七星也，一曰天御，一曰注侯，一曰津橋，后妃御女之位，亦爲賢士，又爲烽亭，主急兵，守盗賊，水星也。一曰火星，其右星北上十三尺爲日月五星中道。七星大明，王道行，人主昌；暗小則賢良不用，天下空虚，吉士遁藏；動揺則兵起；不明則執政不平，天子疾病；離徙則天下易政，室家殊計；芒角動，則后妃、人主憂。

明·佚名《觀象玩占》卷一九　張宿總叙

張六星，爲天府，一曰御府，一曰天昌，實爲朱鳥之嗉，火星也。主天廟、明堂，御史之位，金玉、珍寶，宗廟所用之物，天子内官衣服，遠方貢物之庫，主天廟飲食賞賚之事，又主長養萬物。其北十三尺爲日月五星中道。張星明大，則人主昌，天下治，民物阜，蕃五禮，修厨養；其暗小不明，則五禮失，天子多疾病，少子孫；移徙則天下有逆民；就聚則兵起；失色則宗廟不安，明堂禮廢，動揺則有賜於之令。

又　翼宿總叙

翼二十二星，曰化宫，一曰天都市，一曰天除，一曰天旗，土星也。是爲朱雀之翼，爲天之樂府，主和五音，調六律，五樂八佾以御天宫，實爲南宫之羽儀，文物聲名之所豐茂，主三公化道文籍，及蠻夷遠客，負海之賓，徘優狄鞮戲娱之事。其北十三尺爲日月五星中道。其星光明有叙，則君明臣賢，禮樂興，天下平，四狄率服；星暗大小失次，則帝王失禮，正道衰；微動揺則蠻夷使來；就聚則天下相伐；移徙則三公廢；離散則民流；失色則日月五星亂行；星亡則化道不行，文籍壞滅；明大芒動則王者用兵，征伐四方。

又　軫宿總叙

軫四星，曰天車，主車騎任載、盗賊戰伐之事，亦爲喪車輬輀之象，主死喪。四星天輔冢宰之官，主察殃咎之凶灾，水星也。主凡其國。右星北上十三尺爲日月五星中道。軫東一小星曰右轄，西一小星曰左轄，主同姓諸侯；右轄主異姓，諸侯，一曰北星曰轄，南星曰胥，皆去軫七寸。一曰轄去軫五寸，胥去軫一尺爲常。軫中一小星曰長沙，爲棺木，主壽命，又主囚亡。軫星明大明則發駕車馬備用；移徙則天子憂；就聚則兵起；動揺則車騎動。轄星欲近軫去軫近，則上下和睦，遠則君臣相疑，七寸以上一尺爲遠，轄欲小而明，不欲大而明。

小而明則國祚安明；而大與四星等，則兵大起；微暗，諸侯有憂；星亡則天下傾；轄進退則車騎發，復其所則車騎罷；有兵在外而轄遠軫；兵亦罷；轄舉則南夷内侵；動摇則兵車興。長沙小而明，則主壽；微暗則國有憂；明大與四星等，則臣下謀逆，兵亂乃生；星亡不見，則人主惡之。

動摇就聚則神器將移。

明・佚名《觀象玩占》卷二六 角宿雜座周鼎總叙

周鼎三星，在攝提西南，國之神器也。星明則國安，移徙或不見運祚有危，

又 天田總叙

天田二星，在左角北，天子畿内躬耕，供祭祀之藉田也，主畿内封疆。星亡，郊祀之禮廢，農民大失業。

又 天門總叙

天門二星，在左角南平星之北，天子待朝聘賓客之所也。星明則四方歸化，不見則兵起，關梁不通，四方阻絶。

又 平道總叙

平道(總叙)〔二星〕，在左右角間，天子國中八達之衢也，主道路。星明正則吉，動摇法駕有虞。

又 進賢總叙

進賢一星，在平道西、太微東，主举逸搜賢。星明則賢人進用，不明則賢人在野。

又 平星總叙

平二星，在左角庫樓北，大理卿位，主正法，平獄訟。其星欲明正直、大小齊同，則君臣和，政令行。不明或差戾不正，君臣不和，政廢，法荒。石氏曰：平星執法之官，欲其齊等，廣狹有常，高下不差，則萬物成，天下法。

又 庫樓總叙

庫樓十星，在角南，其下大星爲庫，南四星爲樓。一曰天庫，金官也。是爲兵車之府庫，中十五星三三而聚者，柱也。中央四小星，衡也。主陳兵庫樓。明大而芒角，兵起，車騎用。庫中星衆，實則天子兵强，虚則諸侯謀反。庫樓中無星，則天下皆反。動摇則戎馬驚，一曰天子征伐四夷。庫樓五柱皆動，則五將皆行。五柱生角當芒，則天下盡合。庫中星不具，兵革出。五柱皆不見，兵車悉出，天子自將。一曰庫中無星，臣下謀上。庫樓盡空，則國無君。石氏曰：庫樓之官兵所藏欲實惡空。焦延曰：庫樓上近柱，則王殿有飛鳥，不知其處，若有天火燒之者。

又 南門總叙

南門二星，在庫樓南，乃天之外門也，主守兵。星欲明，明則人主昌，執法者正，遠人入貢。不明則臣不忠，夷狄叛，兵起，君憂。

又 亢宿總叙雜座大角

大角一星，在攝提間，天王之棟梁，亦爲天子之座。一曰天格，一曰天棟，一曰天幢，主正紀綱。其星色赤而明。甘氏曰：大角光澤大，揚芒舊角，强臣伏誅，天下安寧。芒之所指，兵從之往。石氏曰：大角明則天子威行，星亡天子失號令，大角失色，青憂，白喪，黑疾，皆爲天子當之。又曰：大角不明，則强臣凌主，天子衰弱。大角不見，王者滅亡。大角數動，人主好遊，不安其宫。動摇，臣下有以惡事劫主。

又 攝提總叙

攝提六星，在亢北，直倚北斗柄之南。一曰環樞，一曰天樞，一曰關丘，一曰治法，一曰三老，一曰天鈇，一曰天獄，一曰天盾，一曰天武，一曰天兵。主建時節，祠機祥，帝座。又主九卿大臣之象，形如鼎足。常東向，天子吉昌；北向，天子失位，聖人受制。巫咸曰：天質左右角西南向，人主易姓。又曰：天盾色欲其黄而温潤不明，天下安；明大，三公恣，天子弱，鈇鉞用；微暗則臣失職；踈潤則公卿僭差；移徙則戚有謀主者。

又 折威總叙

折威七星，在亢南下，天子執法官也，主斷獄。郄萌曰：折威移居積卒間，兵大起，中國傷，邊將死。

又 頓頑總叙

頓頑二星，在折威東南，獄之官也，主考察情僞。其星明則獄平，暗則獄濫。

又 陽門總叙

陽門二星，在庫樓東北，主邊寨、險要。動摇移徙，邊地有變。

又 氐宿雜座招摇總叙

招摇一星，在梗河北，次北斗杓端。一曰常陽，一曰天庫，一曰天矛，主兵。又爲矛盾之象，主夷狄。星欲其小而明，若大明而角動，胡兵大起，四夷昌，中國微。黄帝曰：招摇、梗河與天棟相直，則胡常來受命於中國；不相直則胡人叛。

招摇離其處名曰開庫，開庫則兵發；動摇則兵四行，九州震。《春秋緯》曰：矛盾動摇若芒角，天下殺主，村從中起。又曰：臣主相誅則矛盾角曜，星芒則兵起，人主遇賊。《荆州占》曰：招摇色青憂赤白而明，天子有怒；黄白小明，則天下安静；小而黑，軍弱將怯。又曰：矛盾動，近臣恣。

又 梗河總叙

梗河三星，在大角北，主矛鋒，以備天子不虞。一曰天盾，一曰天鋒，天之劒戰，主誅罰。其星明而不動，邊鄙安，天下寧。明大芒角動摇，邊夷兵起，胡人爲寇。梗河與玄戈相向，則兵大起。石氏曰：梗河主殺，在北斗杓端，所向無前，主胡兵，芒角大明則胡兵大敗。《黄帝占》曰：梗河主喪，星不見則國有喪。石氏曰：梗河亡不見，三日國有謀兵；不見七日，大喪。以其初不見日占國。

又 帝席總叙

帝席三星，在大角北，天子樂獻酬之所也。星不欲明大，明大則臣外心，動則不安，不見則天子失位。

又 亢池總叙

亢池六星，在亢北，主泛舟、迎送、渡水之事。一曰伐津。星不居亢度中，廟中有大怪，以主日見則主壽終。一曰亢池敗則天下不通。一曰亢池主水道，星微暗則水廟壞。

又 天乳總叙

天乳一星，在氐北，主雨露。星明則甘露降。

又 騎官總叙

騎官二十七星，在氐南，天子宿衛騎士，一曰輕騎，金官也，主守禦，防不虞。星衆天下安，稀則騎士叛，微小不見守禦散，出則天下兵亂，芒角動摇則兵大起。

又 天幅總叙

天幅二星，在房西，騎陣之東，主鑾駕。其星近尾則吉，遠則天下有謀害者。

又 車騎總叙

車騎三星，在騎官南，金官也，爲都車馬之將，主走陣行列。變色動摇則車騎行。

又 騎陣將軍總叙

騎陣將軍一星，在騎官東南端，騎將也。星明則將盛，微小不見則將弱，不能禁止士卒，動摇則騎將出。

明・佚名《觀象玩占》卷二七　房宿雜座

鈎鈐總叙

鈎鈐二星，在房東，近右服、右驂兩星之間，天子之腹心喉舌也。二星出房上星七寸，近則君臣同心。星不明及去房遠皆爲天下不和，王絶後。二星踈折，則地動河清。

又 鍵閉總叙

鍵閉一星，在房東北，主管籥、開閉之官。星明則吉，不明則人主閨亂，宫門不禁。星亡則關梁不通。

又 罰星總叙

罰三星，在東咸正西，南北列，主誅罰。星直而正，則法令平；曲而斜，則刑罰不中。一曰罰主贖刑。

又 東西兩咸總叙

東咸四星，西咸四星，皆在房星之北，日月五星之道也。一曰大明，爲房之户，常爲帝之屏，以表障後宫，防奸私。星明而行列正，則王者威令行，妃后安其宫。微(水)〔小〕則行不正，若亡不見則人主弱，妃后自恣奢淫無度，防守者憂。焦延壽曰：東感上近鈎鈐則有賊臣害主者，西咸前近上若芒角動摇則有人以知天數入爲害者。

又 日星總叙

日一星，在房中道前，太陽之精也，主明德。

又 從官總叙

從官二星，在積卒西北、房宿西南，主天子疾病、巫醫。星明大則巫醫弄權。

又 心宿雜座

積卒總叙

積卒十二星，在房星西南，一曰衛士，金官也，以所衛暴，卒所以守衛明堂，掃除不祥。其星細小而明則吉；明大動摇則君臣不寧，朝廷起兵；芒角動摇則有聚兵事；星亡則兵出，一星亡兵少，二星亡、星不見兵半出，三星亡兵大出，俱亡則國兵盡出，士卒滿野。

又 尾宿雜座

天江總叙

天江四星在尾北，主太陰。其星不欲明，明大則天下水灾；微小如常則陰陽和，水旱調；明而動則水暴出，河江溢，五穀不成，民以水爲飢；參差不齊則馬多死；中河而居則兵起，有流沙，人死如麻，以人度河；星不具則津梁不通；芒角動摇則大水没墎。

又　傳説總叙

傳説一星，在尾後河中，主祀章，爲後宫祈神明保子孫。《春秋元命包》曰：傳説主祝章，巫官也。章説號之聲也。一曰傳説女巫也，主王宫之囚，祭祀祝祠鬼神，祈禱子孫。《詩》云：克祀以福元子，此其象也。其星明大，多子孫，後宫安；暗小則後宫少子，天下多禱祠；動摇則後宫不安；不見則後宫多疾病，子孫不昌，多死者。石氏曰：傳説星亡，社稷無主。焦延壽曰：傳説星入尾則天下有諛説人主者，若有巫醫之害。

又　魚星總叙

魚一星，在尾後河中，一曰據星，一曰蒙星，主雲蜺，統陰事，如雲雨之期，其狀如星，如雲，忽忽不明。常居漢中則陰，陰雨和，風雨時。明大動摇則風雨失節，大水。《黄帝占》曰：魚星居河東邊，近箕爲常所居，中河而居則兵起。又曰：魚星動摇則水暴出，魚星出河則旱，大魚死。《海中》曰：魚星中河而居則天下大水，津道塞；若出河外，天下大旱，五穀不成；魚星亡則魚少。

又　龜星總叙

龜〔五〕星在尾南漢中，一曰連珠，主贊神明，定吉凶。其星〔明〕則君臣和，奉祀處，神明享；不明上下乖離，臣逆於君，不事鬼神，國不安，主有憂。其星不處漢中則川有易；一曰天下水旱，萬物不成；星亡則地千里。

又　神宫總叙

神宫一星，在尾西第二星旁，爲附座，解衣之内室也。

箕宿雜座

糠星總叙

糠一星，在箕口前，主簸揚，給犬豕。糠粃星明則天下豐熟，暗則簸歉，不見則人相食。

又　杵星總叙

杵三星，在箕南，木官也，主舂之用。其星小而明，則五穀成，天下安；不明，則歲惡；明而動，則天下有兵，杵臼用事，軍糧急，民〔色〕〔失〕釜甑，大去其鄉；杵縱則天下民食足；横則其飢；移徙則又失業；不具則民棄釜甑。

明・佚名《觀象玩占》卷二八　斗宿雜座

天弁總叙

天弁九星，在建星北，入河中，市官之長也，主列闤闠，市籍之事、商賈賦税。其星明大則市中物盛，不明則萬物衰耗。《黄帝》曰：天弁星欲其明大，不明則天下空虚，五穀不成。《樂緯》曰：天弁星羽也，壬子日候之，羽亂則危，其財有以女樂見主而害者。

又　建星總叙

建星六〔星〕在南斗背下，臨黄道。一曰天旗，一曰天關。巫咸曰：土官也，爲天之都官，爲謀事，爲天鼓，又爲天馬。南二星，天庫也；中二星，市也，鈇鑕也；上二星，旗附也。爲天之府庭。斗建之間，三光之道，陰陽始終之門，七政所〔起〕，律曆之本原。是爲上古十一月甲子天正大曆之所起宿，其星均明則大臣忠，王者得天心；不明則天子失道，忠臣不用；參差不齊則天下亂；動摇則民勞；一星不具則人主惡之。

又　鱉星總叙

鱉十四星，在南斗南，水蟲也，常居漢中，主水族。其星微小而不明，則雨澤均，天下和；其星不居漢中，則陰陽不和，天下旱，且有水灾，一曰有易川。石氏曰：鱉星不具，有白衣之會，以其去日占。

又　天雞總叙

天雞二星，在狗國北，主候時。其星動移失常則多大水。

又　狗國總叙

狗國四星，在建星東，主三韓、鮮卑、烏桓、玁狁之屬。星明則邊兵起，不具則天下多盜，一曰有大盜起。

又　狗星總叙

狗星有二，在南斗魁前，主守禦。星若失其常，所戒在守禦之官。一曰狗星移動，則庶民臣爲亂。

又　天淵總叙

天淵十星，在鱉星東南，一曰天海，一曰大陰，主灌溉，又主海中魚鱉。

又　天籥總叙

天籥八星，在南斗杓西，主鎖鑰開閉。其星明則吉，不明則管籥無禁。

又　農丈人總叙

農丈人一星，在南斗西南，箕星之東，老農也，主稼穡。其星明則天下農稔，暗則飢，不見則農失業。一曰農丈人主歲豐耗，在箕東則歲熟，在箕西則飢，在箕南小穰，在箕北大穰。

又 牛宿雜座

織女總敘

織女三星，在天市垣東，一曰東橋，一曰天女，天帝之女也，主經緯、布帛、絲枲之事，又主瓜果，主收藏珎寶，以制衣裳，成文綉，天之水官也。星足常向扶筐、牽牛，扶筐、牽牛亦常向織女之足。移徙則布帛倍貴，且大喪。一曰大星爲母后，二小星爲女子，王者至孝，神示咸喜，則織女三星俱明，天下和平，布帛賤。不明則反是。其大星怒而角，則布帛大貴，一星不見則兵起，女子爲侈。星不居其處，天下女子爲憂。石氏曰：織女之道與貫索相直，不相直則天下有急，布貴。織女入漢則天下婦女皆有水行。徙動變色則地動、牛疫。微暗則天下女工廢。石氏曰：織女一足亡，則兵起，女子無變，亦曰女病。郄萌曰：常以冬十月視織女晨出東方，色黄赤精明則女工善，不明則惡。

又 漸臺總敘

漸臺四星，在織女東足，主晷(滿)〔漏〕、律吕之事，臨水之臺也。其星明則陰陽和，律吕調；不明則反是。

又 輦道總敘

輦道五星，在織女西足，天子嬉遊之道也。其星動摇疎折，則天子戒出遊。

又 河鼓總敘

河鼓三星，在牽牛北，一曰天鼓，一曰三武，一曰三將軍，中央星大將，左星左將軍，右星右將軍，左星南星、右星北星是也。

巫咸曰：河鼓，金官也，主軍鼓，又主鈇斧，主外國，主軍喜怒，所以備關梁，(鼓)〔設〕險禦難。其星正直而明大黄潤則吉，易次則亂兵起，怒則馬貴，芒角則將雄猛，動摇則兵大出。黄帝占曰：河鼓直則將有功，曲則將失計。石氏曰：河鼓不正或變色皆爲兵憂。

又 左右旗總敘

左旗九星，在河鼓之左；右旗九星在河鼓之右，河鼓之旗也，主設備，知敵謀。其星明潤則將軍吉，動摇則兵起，怒則馬貴，不明則軍憂。

又 天桴總敘

天桴四星，在左旗南端，南北列，天子桴鼓也，主漏刻。其星不明則漏刻失時，動摇則桴鼓用，桴鼓相直宜然。黄帝占曰：天桴移近河鼓則軍鼓用。

又 羅堰總敘

羅堰三星，在牛宿東，主堤塘，以畜水灌溉。一曰拒馬之象也，主渠堰。其星明大(明)〔則〕大水灾爲害。

又 天田總敘

天田九星，在牛宿東南，主畿内田也。其占與角北天田同。

又 九坎總敘

九坎九星，在天田南，水官也，主水旱之事。《黄帝占》曰：九坎主溝渠，通水泉，瀉盈溢。其星小而明，則陰陽和，川澤通流。不明則百泉不通，河海枯竭，天下大旱，人飢。明大角張則有水灾。

又 女宿雜座

扶筐總敘

扶筐七星，在紫微宫東蕃之外，近天厨，主采桑勸蠶，又主藏蓋，量出入，知息耗。其星明則蠶吉及時；移徙則絲綿不成，女失業；星不正則天下府藏空虚。

又 奚仲總敘

奚仲四星，在天津北，天子之車正也。其星變動失常則車駕不安。

又 天津總敘

天津九星，在虚女之北横河中，一曰天漢，一曰天潢，一曰横中，一曰江星，一曰格星，一曰王柱，一曰横星，一曰天漢，主河梁，以度百神，通四方。其星明正則吉；明而動則兵起如流沙，死人如亂麻；參差不齊則馬貴；不明亦爲兵起。石氏曰：天津覆，洪水滔滔津梁絶，三星不見天下覆，移徙則江河决，百川溢。《黄帝占》曰：天津星有變則水賊稱王，水道不通。

又 瓠瓜總敘

瓠瓜五星，在離珠北，一曰天雞，一曰天瓠，主後宫，主司中，以和五味，又主陰謀，一曰瓠瓜，主掌瓜果。其星明則果實成，歲農收；不明則果物皆不實，大水，川道不通。《黄帝占》曰：瓠瓜明，後宫多子孫，不明，後宫失執；失常則地動山摇。石氏曰：瓠瓜星不正，若不見或動摇，皆爲有賊人主者，若以果實爲敗。

又　敗瓜總叙

敗瓜五星，在瓠瓜南，主瓜果，其占與瓠瓜同。

又　離珠總叙

離珠五星，在須女北，主後宫之府，后夫人環佩之餙。巫咸曰：離珠，女子之星也。石氏曰：離珠，主衣也，主環珮玉珠也，夫人之盛餙也，主進王后之衣服。星明如常則后妃安，微暗易處則后妃不安。石氏曰：離珠非其故則後宫亂，從左爲之陽，從右爲之陰，大水，五穀不登，失色則後宫不正。

又　十二國總叙

十二國合十有六星，在牛女之南，近九坎，分土而居，列國象也。齊一星在九坎東，齊北二星爲趙，趙北一星爲鄭，鄭北一星爲越，越東二星爲周，周東二星南北列爲秦，秦南二星爲代，代北一星爲晉，晉北一星爲韓，韓北一星爲魏，魏西一星爲楚，楚南一星爲燕。其星有變動失常或他星犯，各以其國言災。

明・佚名《觀象玩占》卷二九　虚宿雜座

司命、司禄、司危、司非總叙

司命二星，在虚北，主舉過刑罰，滅除不祥，主百魁，主生死。司禄二星在司命北，主爵禄，主增年延德。司危二星在司禄北，主矯失以正下，主察驕逸。司非二星在司非北，主祛多私，主伺察内外過失。星皆宜官之職，主天子以下至於庶人壽命、爵禄、安危，是非之事，制天下死生之命，福善禍淫皆其所司。其星微細不明則无咎，明大則天下灾。

又　離瑜總叙

離瑜三星，在十二國東主娘人服餙離袿衣也瑜主餙也其星微小則後宫儉約明盛則婦人奢縱。

又　敗臼總叙

敗臼四星，在北落師門之南，主凶灾。其星温温然，微而不明則天子吉，人民安；明大動摇則人主有憂疾，天下多灾凶，人愁若多死喪。石氏曰：敗臼一星不具則民棄釜甑，皆不見則室無居人。

又　危宿雜座

鈎星總叙

鈎星九星，一曰天鈎，在紫微宫東番之外，傳舍之東，造父之北，主具服法式。其星明則法式正，不明則服失度，星直則地動。

又　造父總叙

造父五星，在傳舍南河中，御馬之官也。一曰西橋，一曰司馬，一曰白樂。星亡則馬大貴，明則吉，移徙兵起，馬大貴。

又　車府總叙

車府七星，在河津東，近河首，抵司非，尾指天鈎，主官車之府，賓客之官也。其星動摇則兵車大動。

又　杵星臼星總叙

杵三星，在人星東，主舂糧。杵臼正直則吉，不相當則軍糧絶，不直則民飢，不具則人棄釜甑，不明則歲凶，聚則豐，踈則歉，動摇人大飢、流亡。臼四星，在杵星南。仰則歲豐，覆則歉，餘占與杵星同。

又　人星總叙

人星五〔星〕，在車府東，如人形，主萬民，一曰卧星，主防淫，土官也。一曰人星主静，安衆庶，柔遠能邇。星立則天下多死，不具則王者有子不成而死，星亡不見則有詐詔者，若訛言相驚事，且有婦人之亂天下，兵起人流移徙。

又　墳墓總叙

墳墓四星，綴危下，如墓形，主山陵喪葬之事。星不欲其明，明則天下多死人，失常則山陵毁敗。

又　虚梁總叙

虚梁四星，在危南，主國山陵寢廟鬼神之祠，非人所處，故謂之虚梁。

又　蓋屋總叙

蓋屋二星，在危南，天子治宫室之官也。其星明大動摇則工役大作。

又　天錢總叙

天錢十星，在北落師門西，主錢帛庫。其星明，府庫盈；暗則虚耗。

又　室宿雜座

螣蛇總叙

螣蛇二十二星，在室北河濱，若盤蛇之狀，一曰天蛇，蛇之牝也。與黽鱉(及)〔交〕，水之長也。主水族，水中蟲皆爲屬焉。星明則水族茂，魚鹽賤；不明反是。石氏曰：天蛇徙而南，則兵起；徙而北，則大水。一曰：天蛇明大、動摇，則水族爲孽，天下有大小灾。一曰：徙而南，大旱。

又　雷電總叙

雷電六星，在室宿南，主興雷電、動蜇。其星明大動摇則歲多雷電，不明則否。

又　壘壁總叙

壘壁陣十有二星，在室壁南，横列其中四星，在兩端各四星，四方羽林軍壘也，主天子軍營。星明則國安，失常則起兵，動摇則兵不安，移徙則將死，星不具則兵出，亡則兵悉出，天下亂。

又　羽林軍總叙

羽林軍四十五星，三三而居，散在壘壁陣之南，一曰材官，一曰天南庫，一曰單于，軍衛之象也，主翼王宫。巫咸曰：羽林爲天軍，水官也，守主衛天子之宫，故在室壁之南。其星明而衆實，則國安；稀踈不明，則兵士出；不具則兵大出；亡不見，則天下兵大出。郄萌曰：羽林軍動摇則兵起，不出六十日車騎發。

又　鈇鉞總叙

鈇鉞三星，亦曰鈇鑕，在羽林軍西，主斬殺、枉詐。星不欲明，皆爲鉞，移徙失常則兵起。

又　北落師門總叙

北落師門一星，在羽林軍西南，天軍之門也，主侯非常。落者，蕃落也。其星明大則殺主，兵精，天下安。細微則兵羸將，武備不修。亡不見則天下有兵，大將出國，不寧，人主憂。芒角動摇則兵大起。

又　八魁總叙

八魁九星，在北落師門東南，主設機穽張禽獸之官。

又　天綱總叙

天綱一星，在北落師南，主〔武〕（張）帳官（設）舍，天子弋獵之所。

又　壁宿雜座

天厩總叙

天厩十星，在東壁北，狀如天錢，天馬之厩，主傳舍。其星變色失常，則人主以馬爲憂；不則馬病。明而動則天下驛使繁多；星亡不見，則天下道路斷絶。

又　土工總叙

土工二星，在壁宿南，主營造起土之官。其星動摇則土工興。

又　雲雨總叙

雲雨四星，在霹靂東南，主雨澤，成萬物。星明則多雨，有水灾旱；亡則大旱。

又　霹靂總叙

霹靂五星，在土工南，主興雷奮擊。星明動則多震雷，不明則否。

又　鈇鎖總叙

鈇鎖五星，在羽林軍東，天倉西門，乃芟刈之具也，主斬蒭食牛馬。星明則牛馬蕃息，暗則耗亡，不見牛馬多死。

明・佚名《觀象玩占》卷三〇　奎宿雜座

王良總叙

王良紀五星，在奎北河中，一曰天津，一曰王濟，漢中四星謂之天駟，旁一星王良，主天馬，又主注梁，主御風雨之道；一曰天橋，天子奉車度水之官也。《荆州》曰：王良爲西橋，或占車騎，或占津梁。《黄帝占》曰：馬參差不行列則天下安，若駟馬齊行，王良舉策，則天下不安，天子自臨兵。石氏曰：王良星移則有兵，不具則津梁不通。王良策馬，車騎滿〔野〕，天下大亂，兵大起，明君出，期不出三年。郄萌曰：王良正，馬疾病。焦延壽曰：天駟星移近閣道，則有江河之變。《荆州占》曰：王良與馬齊則天下有急。郄萌曰：王良向造父則馬賤。石氏曰：王良不居漢中則有兵。又曰：王良四馬動摇則天子欲出，小動小出，大動大出，四馬芒角，天子自將兵，期二年。又曰：王良天駟皆爲馬吉，移徙失色則馬有灾。

又　附路總叙

附路在閣道南旁，别道也，所以備閣道之敗缺。一曰伯樂，主掃除，主禦風雨，一曰附路太白象也。石氏曰：附路以通備不虞。星明則人主昌，民不殃。亡不見則道路塞。郄萌曰：附路正馬，車騎滿野。正馬謂移居四馬之前，天下大亂，期十月。

又　閣道總叙

閣道六星，在王良前，從紫微宫至河中，王良旗也，一曰紫宫旗，水官也。主奸難滅咎。石氏曰：閣道形如飛閣，從紫宫北出至河上，天子御道，神所乘也。主道路，又爲天子遊别宫之道。其星行列正直而明，人主吉，天下安；不具則御道不通；動摇則宫掖之内兵起；移徙則臣下有謀者。

又　策星總叙

策一星，在王良前，天子僕也，主執御。郄萌曰：策主天子兵馬，金官也。

星動摇則天子出，移徙居馬後，亦謂之策馬，有大兵起。

又 軍南門總叙

軍南門一星，在天大將軍西南，主（誰何）〔詆訶〕出入。星動摇則兵起，不見則天下亂，不通。

又 外屏總叙

外屏七星，在奎南，以蔽天溷。其不見，或移徙，則國不安，民人失業。

又 天溷總叙

天溷七星，在外屏南，天厠也。星不見則人不安，多疾病。

又 土司空總叙

土司空一星，在奎南，地官也，主水土之事，知歲禍福。星大黄潤則天下安，不明若亡不見則國有喪，角動則土工興，微暗則有旱灾。

又 婁宿雜座

天大將軍總叙

天大將軍十有一星，在婁北，金官也。天之將帥，中央大星大將也，（軍）其餘小星吏士也。大星動摇則大將出，小星不具則兵發。《黄帝占》曰：天大將欲其安静而明，則天下兵不興；大將寧，星不明。若動摇則天下大兵起，大將出行。《海中占》曰：大將軍動摇則天子自將兵於野。左右星曰旗，芒角所指者敗。一曰天大將軍明將武兵精，暗小則兵羸將怯，星亡則將死。

又 左更右更總叙

左更五星，在婁東，山虞也，主山澤、林藪之事。右更五星，在婁西，牧師官也，主牧養牛馬。左更、右更，秦爵名也。左更主仁，右更主禮，兩更不具，天下道不通。摇動則王者出，不動而出則必道亡。左更不動而右更動則天子私出。左右俱動，千乘萬騎由道而行。

又 天倉總叙

天倉六星，在婁内，主倉庫之藏，大司農之事。星黄大而明則倉廪豐，倉中小星衆則儲積富，星稀少則倉廪虚。石氏曰：天倉户開，歲大熟，户閉，歲不登，天下飢。《黄帝占》曰：天下有兵而倉廪之户俱開，則主人勝客，事不成。天倉星不具，則道不通，軍糧絶。

又 天庾總叙

天庾三星，在天倉東南，主積露，以爲積粟之屋，場圃之所。占與天倉同。

又 胃宿雜座

天舡總叙

天舡九星，在大陵北河中，一曰舟星，一曰天更，主濟渡，又主水旱。常居漢中，天大將軍之兵舡也。其中有四星常欲均明，則天下安；不明或移徙或消小不見，皆爲天下有兵喪。石氏曰：天舡不居漢中，則天下兵起，津河不通，川水大出，有没國。

又 積水總叙

積水一星，在天舡中，主侯水灾。星明大動摇則大水。

又 大陵總叙

大陵八星，入胃北，主喪，又主陵墓。其星不欲明，明則人死如蔴，多兵起。其中小星衆，則天下粟聚。

又 積尸總叙

積尸一星，在大陵中，陵墓之屍也。一曰積尸主死喪。星明則天下多暴死；不則吉，不見天下無横死者。

又 天廪總叙

天廪四星，在昴南，主蓄，黍稷，共享祀。一曰天倉主廪藏會計之事。星明則年豐國足而安，天子吉。小而不明則歲惡、國虚（人）飢，臣（害）〔受〕君禄而不脩其職。其色黑，廪粟腐敗。

又 天囷總叙

天囷十有三星，在胃南，主御糧，百庫之藏。星欲明，明而衆實則庫藏滿；不明及中星稀則庫藏空，國有憂；不見則倉庫皆竭；變動失色則天下飢。

明・佚名《觀象玩占》卷三一 昴宿雜座

卷舌總叙

卷舌六星在昴北，主利口，一曰主機。其星曲而静，中星稀，則國安，賢人進用；直則天下多口舌之害；明大則利口用事，讒言大行；動摇則兵起；星衆則兵大起。郄萌曰：若不（具）漢（中）則天下盡爲妄言。

又 天讒總叙

天讒一星，在卷舌中，主誣。其星不見則吉，明大動摇則佞臣得志，國有大憂。

又 天阿總叙

天阿一星，在胃東昴西，主察山林妖變，動搖則國有妖。

又 礪石總叙

礪石四星，在五車北，主磨礪鋒刃，星明則兵起。

又 月星總叙

月一星，在昴東，女主大臣之象，主太陰，亦主死喪之事。星明大則女主專政，大臣用事。

又 天陰總叙

天陰五星，在畢西，主密謀，一曰天陰主從天子遊獵之臣。星不明則吉，明則禁言漏泄。

蒭藁總叙

蒭藁六星，在天苑西，主積草，供牛馬之食。一曰矢積，天子之庫藏也。星明而中星多則歲豐穰，不明及中星稀則歲不登，庫藏耗，無星則庫藏悉空，不見則蒭藁貴，牛馬多暴死。

又 天苑總叙

天苑十六星，在昴畢南，如環狀，天子畜牧之死，金官也，主畜牧犧牲。星行列齊明，其中小星衆，則畜獸蕃息。細微不見，及中星稀，則畜牧不孳，牛馬多死。石氏曰：天苑星不具，有誅吏。

又 畢宿雜座

五車總叙

五車五星，三柱共九星，合有十四星，在畢東北，五神之外座也。一曰天倉，其西北端一大星曰天庫，爲天將軍，主秦，主大白，其神名曰令尉。次東星曰天獄，主燕趙，主辰，其名風伯。次東星曰天倉，主魯衛，主歲星，其神名曰雨師。次東南星曰司空，主楚，主鎮星，其神名曰雷公。西南星曰鄉，主韓魏，主熒惑，其神名曰豐降。星有變則各以所主言之。三柱鼎足而居，一曰休格，一曰旗，一曰三泉。五車者，天子之兵車舍也，主天子五兵。郄萌曰：五車一名咸池，一名五潢，一曰重華。巫咸曰：五車，天子水官也，主五兵，又主輕車。石氏曰：五車，天庫星主豆，天獄星主稻，天倉星主蔴，正南司空星主黍粟，西南鄉主麥，占歲之豐凶必侯之。五車動搖或變色，則國有兵，五穀大貴，人飢亡。隨星所主占之，三柱動搖，期三十日，車騎發。一柱不見，三分之一車行；二柱不見，三分之二車行；三柱皆不見，車則盡行，天子自將兵。柱外出不與五車相近者，軍出谷貴，轉輸千里。柱出一月，穀貴三倍，期一年；出二月，穀貴十倍。石氏曰：五車柱外出，不居兩星之間，天下大水，木貴。柱倒立者，戰車行，穀大貴，轉輸千里。五車星欲其均明，潤狹有常。五星車庫或中河而居，則天下有積屍人，河不可度。五車中小星繁多，則兵大起。五車休庫出，甲兵强勁；車騎出天倉，大車出，婦女攜糧。休格所指，車從五車。倉星不見，軍絶食。大窮而亡。五車旗不見，天下大風，發屋折木。五車休旗動，四夷叛。五車移徙，五穀不成，兵起。五車休格反抵大星，天下兵起，先者勝。五車星俱明，五穀豐。一星不明，一穀不成。五車失色，赤地千里，野草不生。

又 天潢總叙

天潢五星在五車中，天池也。一曰五潢主渡人，神通四方，主津梁濟渡之處。星明則主壽昌，津梁通，民無灾。不見則津梁不通。

又 咸池總叙

咸池三星，在五車天潢中，一曰潢池，一曰潢龍，一曰天淵，一曰天井，水魚之囿也，主陂池，又主五穀。其星明大則有龍墜死，虎狼害人，兵大起。移動失常，則旱。不見則津梁不通。

又 天街總叙

天街二星，在昴間黄道之所經，陰陽之所分也，主國界。街南爲華夏之國，街北爲夷狄之國。街北昴以西也，街南畢以東也。天街處其中，爲日月五星中道。巫咸曰：水官也，星明則黄道正，暗則兵起。

又 天關總叙

天關一星，在五車南，畢西北，天門也，主關塞，在黄道之中日月五星之所必由。星明大則天下平，星亡則兵起，芒角天下有兵，移徙於五車舍則國門盡閉，大將被甲。

又 天節總叙

天節八星在附耳之南，使人之所持也，主宣德威以行四方。星明節使忠直，天子令行；不明，奉使失職。

又 諸王總叙

諸王六星，在五車天潢中，〔主〕蕃屏王室，又主朝會，主存亡。星明列正則諸侯奉法，天下安寧；不明則臣有叛者，宗社傾危，四方兵起。

又 天高總叙

天高二星，在諸王南，參其西北，近畢北，主齊戒之門，一曰天高爲望氣之臺，主視祲。星不見則宫〔失〕其守，陰陽不和；移近井鉞則大臣誅；不則高爲下，下爲高。

又 九州殊口總叙

九州殊口九星，在天節南，主九土重譯，殊方異俗。一曰句風主聚議。一星不見，一州有凶；三星以上不見，則天下亂，常以十一月候之。

又 參旗總叙

參旗九星，在五車西，一曰天旗也。一曰天弓，主伺弓弩，候變禦難，明吉暗凶。

又 九斿總叙

九斿九星，在玉井西南，天子之旗也。一曰天旗，一司曲，主司五星之過，主統九州，主導軍進退。星明静則九州之牧得人，微暗則小人臨州，光大盛或動摇則兵起。

又 天園總叙

天園十三星，起在天苑之南，屈曲而横，殖果菜之所也。其中星欲勾曲而明，果實茂，牛馬羊皆吉；不見則果實不成，牛馬羊多死。

又 附耳總叙

附耳一星，在畢下，主聽得失，伺奸邪，察不祥。星盛則中國微，有盜賤，邊堠驚，外國反。移動則佞讒行。

又 觜宿雜座

座旗總叙

座旗九星，在司怪西北，主别君臣尊卑之位。星明正則國有國，暗則反是。

司怪總叙

司怪四星，在井鉞前，主候〔天〕地、日月、星辰、山川、草木、禽獸、龍蛟之變；星不直則宫〔有〕怪，天下多怪物。

又 參宿雜座

玉井總叙

玉井四星，在參右足下，水官也，主水官給厨。星微小如常則陰陽和，五穀成。明大動摇則大水，天下飢。

又 軍井總叙

軍井四星在玉井南，軍中之井也，主給軍爨，又主水旱。一曰軍井星摇動則有大水。

又 屏星總叙

屏星二星，在玉井南，爲屏風，以障厠，主疾病。星明則天子寢疫，不具則天下人多疫病。

又 天厠總叙

天厠四星，在天屏東，天溷西，主天下病疾。星色黄而明則吉；蒼黑色，人主有腰下之疾；不具，穀貴人多病，若有陷厠之憂；亡不見則天子有病，天下疫。

又 天尿總叙

天尿一星在天厠南，主候吉凶。色黄則吉，色青白黑皆有憂。《黄帝占》曰：天尿明，萬物有命；星微則萬物不昌；不見則人病死。一曰天尿黑，大人死。常以春分日候之，其色黄潤而明，貴人無病，天子安；若青黑色，國飢，人病腹多死。

又 伐星總叙

伐〔三〕星，在參中，天之都尉也，不欲明，明有斬伐之事，伐星疏，法令縱，明與參等，大臣有謀，兵起。

明·佚名《觀象玩占》卷三二 井宿雜座

南河北河總叙

南河三星，北河三星，分夾東井，一曰天高，一曰天亭，天之闕門，主關梁。南河曰南戍，一曰南宫，一曰南紀，一曰陽門，一曰南闕，又爲越門。北河曰北戍，一曰北宫，一曰北紀，一曰陰門，一曰北闕，又爲胡門。南河戍爲權，主火，一曰南戒北，河戍爲衡，主水。一曰北戒兩戍間爲天中道，七曜之所常行，行而過之則吉，不得久留，久留則殃咎生焉。兩河星明則天下安，不明則四夷交侵。動摇則邊兵大起。星不具則有大水道不通，南星不具則南道不通，北星不具則北道不通。

又 積水總叙

積水一星在河北，一名聚水，主聚美水以給天子酒官。其星明則天下安，宴享禮行。不明則五穀不登，宴享禮廢，徭役煩興，人民憂。明大動摇則河海決溢，津梁不通。一曰星明則水大出淪邑。

又 五諸侯總叙

五諸侯五星，在東井東北，近北河，一曰帝師，一曰帝友，三曰三公，四曰傅士，五曰太史。主爲天子定疑，土官也主刺舉，戒不虞。又主扶顛持危，發奸摘伏，察陰私隱匿之事。星欲其均明、明大潤澤、大小齊等，則王者吉昌，輔臣忠正。差戾不明則忠良屏斥，上下相狗。動摇則王者不安，天下有憂。《春秋元命包》曰：五諸侯生角則禍從中起，移徙則外牧傷，天子避宫，公卿逃。郄萌曰：五諸侯不見則貴人有諸王者。張衡曰：五諸侯赤則豐，暗則歉。

又 天罇總叙

天罇三星，在井北，五諸侯南，主盛饘粥以給貧病。其星明則吉，暗則凶。

又 積薪總叙

積薪一星，在積水東，積薪也以給享祀，供庖厨。其星欲明，明則五穀熟，享祀修，庖厨足。不明則庖厨空虚，天下大旱，歲不登，人飢國憂。石氏曰：薪不明則君臣不和，宗廟不享。又曰：積水、積薪相去五尺以内，則天下和平，五穀豐；相去一丈以外，則天下飢荒，人民流亡。

又 水府總叙

水府四星，在東井西南，水官也，主設隄以備水。其星明大異常，則有大水災。他星犯之，占同水位。

又 水位總叙

水位四星，在東井西南列，主水衡以洩淫縊，水官也。星贊曰：水位四星瀉流。石氏曰：衡平尚水，水平而後流，其星微小如常則兩澤時，天下安；明大，水横流，五穀死傷，民以水飢；變色失常，則兵水俱興。焦延壽曰：水位上近北成則國没爲河，以變起日占國。

又 四瀆總叙

四瀆四星，在東井南，軒轅之東，江、河、淮、濟之積也。其星明大動摇則大水泛濫。

又 闕丘總叙

闕丘二星，在南河東，天子之象貌。其星動摇則天子宫闕間有變。

又 軍市總叙

軍市十三星，如錢狀，在參東南，天軍貨物之市，水官也。市中小星衆則軍食足，少則軍食乏，糧市空則士卒離叛。

又 野雞總叙

野雞一星，在軍市，主知變怪，虞伏奸。又曰：野雞，大將也，主屯營車之號令，警急設備。其星明大則將勇，兵强；不明，將弱，士卒離散；芒角動摇，則兵起。《荆州占》曰：野雞，將也。主〔兵〕，野雞出市則天下兵〔相〕攻。

又 丈人總叙

丈人二星，在軍市，南國之老臣也。其星不見則黎老之情不通，又曰主壽考而哀孤窮也。

又 子星孫星總叙

子二星在丈人東，孫二星在子東，皆所以侍丈人而扶持之，其星不見則凶。

老人總叙

老人一星，在弧矢南，一曰南極老人星，主壽考，去疾疫，除毒氣。一曰壽〔星〕，常以秋分之旦見於丙，春分之夕没於丁，故以春秋分候之南郊。明大而赤，則人主壽昌，老者安。微小若不見，老人不安，人主不昌。色黑白則老人哭，有咎。巫咸曰：老人，木官也，色白，老人不寧。

又 天狼總叙

天狼一星，在井東南，主殺掠，一曰夷將，一曰天陵，主南夷，主盜賊，金官也。其星色若黄白，無光芒，不動摇，則天下安寧。色赤而大，光芒四張，動摇變色，則天下亂兵大起，盜賊〔横行〕，故弧常射狼。狼矢端直則狼不敢動，而盜賊不起。狼星動摇則胡兵大動，人主不居其宫。躁怒則人主好馳騁。狼又主羊，又主狗。巫咸曰：狼星易處，則天下大飢，兵滿野。狼星白芒，則白〔衣〕徒聚天下。芒角麥盜賊，色赤則兵大起，色黑則國有憂。

又 弧矢總叙

弧矢九星，在天狼東南，天弓也，以備盜賊。狼爲奸寇，弧司其非，故常注矢以向狼。弧不張，矢不直，則天下盜賊横行。《黄帝占》曰：弧矢主備非常，其星大而齊明，色黄潤澤，則天下息兵。變色失常，則天下起兵。《荆州占》曰：弧主武官，弧張，迎戰者不勝；弧動，先用兵者吉，後起者凶。《黄帝占》曰：狼旗七星屈曲則夷狄可攻，狼旗，弧也。《洛書》曰：狼弧張害及胡。又曰：黑帝之亡也，狼弧張。《荆州占》曰：弧色青黑，國有大兵。張衡曰：弧矢引滿則君臣相謀，天下兵悉起；芒怒則四海交兵，弧不直狼夷則盜賊不禁。

又 鉞星總叙

鉞一星，附井之前，主伺淫奢而斬之，不欲其明，明與井齊，用鉞於大臣。

又 鬼宿雜座天狗總叙

天狗七星，在狼北，鬼宿西南，横河中，以守賊也。失色變常則天下有大盜，動搖移徙則兵起。

又 天社總叙

天社六星，在弧東南，社神也。其星明直則社稷安，動搖失常則下謀叛。

又 外厨總叙

外厨六星，在柳南，祭祀享宴之厨也。占與天厨同。

又 天紀總叙

天紀一星，在外厨南，主知禽獸齒歲，凡所烹宰，不殺幼，不殺孕，故處之外厨之門。

又 爟星總叙

爟四星，在軒轅西，亦曰烽爟，主降火，備警急。其星不欲明而不欲亡，小而不明則天下安静，明大則邊庭有急，動搖則外兵大入，亡不見則戒在守侯之臣。

又 積尸總叙

鬼中央白氣爲積尸氣，主死喪、祠祀。不欲明，明則兵起，主大臣有誅戮。

又 柳宿雜座酒旗總叙

酒旗三星，在軒轅右角南，酒官之旗也，主宴享飲食。其星明則歡娱之事，昏闇則天子以酒失禮，星已則天子沉酒，天〔下〕以酒亡。

明・佚名《觀象玩占》卷三三 星宿雜座軒轅總叙

軒轅十有七星，在七星北，黄帝之神，〔黄〕龍之體，一曰東陵，一曰權星，一曰昏昌，主雷雨之神，又爲後宫妃后之舍，典六宫之内政，以弼太微刑萬國。其南端明星，女主也，母也。女主北六尺一星，夫人也，屏也。又北六尺一星，次夫人也，妃也，次將也。又北六尺一星，次妃也，其次皆衆妃也。女主南三尺一小星，女御；西南一丈所一星曰太民，太后宗也；東南一丈所一星曰少民，皇后宗也。軒轅爲女之廷，一曰天柱，土官也。張衡曰：軒轅如龍文體，以主雷雨，合陰陽。震爲雷，激爲雹，和爲雨，怒爲風，亂爲霧，凝爲霜，散爲露，聚爲雲，淫爲虹蜺，雜爲背璚，分爲抱珥，皆軒轅主之。石氏曰：軒轅中央土神。黄帝〔占曰〕之舍也，其星色黄潤澤，大小有序，則時和歲豐，後宫多子。其小星明與大星等，則後宫乖争，妃妾僭移。徙出外則民亡從胡。徙移入内則民大飢，胡人來。動摇就聚皆爲后夫人死喪。女御去大星遠，則女使有賊心，迫近大明則有賞賜，若東西徙至大小民，則王者淫佚，以賤爲正。東西角張而振，則后族敗。消小不見則后妃不安。色變黑則後宫多死。

内平總叙

内平四星在中臺之南，軒轅之北，執法平罪之官也。其星明則刑罰平，微暗則獄不理。

又 翼宿雜座東甌總叙

東甌五星，在翼南，主東越反穿胷越裳諸國，蠻夷之星也。動則蠻夷有變，芒角則張蠻夷叛。

又 軫宿雜座左轄右轄總叙

左轄、右轄各一星，附軫兩旁，主王侯。左轄爲王者同姓，右轄爲異姓。星明大，兵起。遠軫凶，轄舉，南蠻侵；無轄，國有憂。

又 長沙總叙

長沙一星，在軫中，主壽命。明則王者壽，子孫昌。微暗細小，乍見乍不見，王侯有喜。

又 軍門總叙

軍門二星，在青丘西，天子六軍之門也，主營侯。其星移徙則軍道不通。

又 土司空總叙

土司空四星，在軍門南，主土工，主〔九〕域地界，正疆理，辯風土，均職貢，來遠人。其星均明則天下大同，暗小則德政不修，遠人離叛。

又 天相總叙

天相三星，在酒旗南，大臣之象，主爵位及五色作服之事。其星明則相臣忠，暗小則相非其才，動摇則相易，芒角則〔相〕專恣，星亡則輔相之臣有誅黜者。

又 天稷總叙

天稷五星，在七星南，農正官也，取百穀之長以爲號，主百穀。其星温温而明則百穀成歲大豐；不明，穀不成；星不具，歲飢；星亡不〔見〕，則大飢，人相食。

又 張宿雜座太尊總叙

太尊一星，亦名天尊，在中臺之北，貴戚也。守常則吉；細微失色則貴戚有憂；芒角動摇則貴戚恣横；星亡不見，貴戚有誅死者。

又 天廟總叙

天廟十四星，在張南，天子之祖廟也。其星均明則吉，微暗則失常，有白衣之會。又曰有兵，軍食不通。又曰天廟星色黄潤則吉，蒼白有憂，青黑則憂在宫中。

又 青丘總叙

青丘七星，在軫東南，主東方三韓之國，南夷蠻貊之星也。其星明大則四夷有兵，動摇芒角則蠻夷叛。

又 器府總叙

器府三十二星，在軫南，樂器之舍也，主音樂律吕。其星明則樂和，微暗不具則樂廢。

明·王英明《曆體略》卷上 太火起氐一度一十一分六十四秒太，於辰在卯。

析木起尾三度一十五分四十六秒少，於辰在寅。

星紀起斗四度〇九分二十七秒太，於辰在丑。

玄枵起女二度一十三分〇九秒少，於辰在子。

娵訾起危十二度二十六分一十二秒太，於辰在亥。

降婁起奎一度五十九分九十四秒少，於辰在戌。

太梁起胃三度六十三分七十五秒太，於辰在酉。

實沉起畢七度一十七分五十七秒少，於辰在申。

鶉首起井九度〇六分三十八秒太，於辰在未。

鶉火起柳四度〇〇二十〇秒少，於辰在午。

鶉尾起張十四度八十四分〇一秒太，於辰在巳。

壽星起軫九度二十七分八十三秒少，於辰在辰。

右十二辰分界從赤道剖之，乃占候家遂配以郡國分野，夫十二次盡乎天矣，華夏郡國，亦盡乎地耶，多見其爲坐井也。

明·王英明《曆體略》卷中 蒼龍七宿，居壽星大火析木《爾雅》云：角亢，壽星也。或曰：水土聚於辰，木得水土資氣，故曰壽。晉士弱曰：心爲大火。《公羊傳》曰：大火爲大辰。《爾雅》云：大辰房心尾也，諸宿中唯房心尾及參最明，故曰大辰尾箕析木津也。或曰：木生於寅，故名析木，大漢所起，故名曰津。之次。横亘七十有九度二十分，以建午未申酉月昏見南方午位。起太微左垣。終天市左垣。有角有心有尾。儼然一龍體也謂之東陸。

角二星南北相直，夾黄道，踦赤道，西北距太微垣不三四度，是爲天闕。黄道經其中，其南爲陽道，其北爲陰道，其距南星廣十有二度一十分。起壽星九度盡二十一度，《考要》云：一星爲李，一星爲將，兩星之間少右横。一星曰平道，平道右一星，近太微上相曰進賢。角北二星曰天田，亦曰李。其北三星近郎將曰周鼎。角南二星曰天門。天官書云：左角李，李，天田也。右角將，將，天門也。門南一星曰平星，東北一星曰陽門。平星南十星六大彎曲爲庫，四小方斜爲樓，是爲天庫，西入軫度，其中十五星三三而聚曰柱，中央四小星曰衡，又中央小星陣兵也，南二大星曰南門。

《步天歌》云角：兩星南北正直看，中有平道上天田，總是黑星兩相連，別有一烏名進賢，平道右畔獨淵然，最上三星周鼎形，角下天門左平星，雙雙横於庫樓上，庫樓十里屈曲明，樓中五柱十五星，三三相聚如鼎形，其中四星別名衡，南門樓外兩星横。

亢四星，狀若張弓，在角東黄赤道間，其距南第二星，廣九度二十分，亢北左右攝提各三星，鼎足句中適直斗柄所指，故曰攝提格。中夾拱一大星曰大角，亦云帝座，入亢三度半。亢南七星連亘而屈曰折威，東南二星，石氏曰顓頊，或作頓頑。

《步天歌》曰亢：四星恰似彎弓狀，大角一星直上明，折威七子亢下横，大角左右攝提星，三三相聚如鼎形，折威下左顓頊星，兩箇斜安黄色晶，顓下二星號陽門，色若顓頊直下存。

氐四星狀如側斗，踦黄道，出其南爲龍胸，爲天根，其距西南星廣十有六度三十分，起壽星末度，盡大火中度。大火卯也，故云天根。氐北三星曰帝席，席北三星曰梗河，又北西一星曰招摇，與玄戈相直遥連斗杓，帝席之右，近攝提六星，在亢宿上曰亢池，帝席之左。近天市西垣一星曰天乳。氐南三星曰陣車。又南二十七星。三三而北曰騎官，中一星爲騎陣將軍，其西南三星曰車騎，天輻二星，在騎官之東。

《步天歌》云氐：四星似斗側量米，天乳氐上一黑星。世人不識稱無名，一箇招摇梗河上。梗河横列三星狀，帝席三黑河之西。亢池六星近攝提，氐下衆星騎官出。騎官之數二十七，三三相連十欠一。陣車氐下騎官欠，騎官之下二騎位。天輻兩星立陣旁，將軍陣裏振威霜。

房四星跨踞黃道爲龍腹，四星之間，黃道之所經也。南間曰陽環其南爲太陽，北間曰陰環。其北爲太陰，亦曰天駟，自南而數，首左驂，次左服，次右服，次右驂，又名天厩，又名農祥。《左傳》農祥晨正是也。其距南第二星廣五度六十分起，大火十六度盡二十一度。房北二小星曰鉤鈐，東北一星曰鍵閉，亦曰牽。東咸西咸，各四星，在房左右，狀如房，房之門户也，爲日月五緯之道，其西咸入氐度，兩咸正中稍南三星，南北而列曰罰。房西南一星曰日，日南二星曰從官，石氏有巫官二星。天福三星，其天福或是天輻。

《步天歌》云房：四星直下主明堂，鍵閉一黃斜向上。鉤鈐兩箇近其旁，罰有三星植鍵上。兩咸夾罰似房狀，房下一星號爲日，從官兩箇日下出。

心三星，在黃道南，謂之火。春秋傳火猶西流。《詩》曰：七月流火是也。其於中星爲帝座。爲大辰。前星爲太子。後星爲庶子，其距西第一星廣六度五十分，起大火二十一度，盡二十七度，東咸與罰，皆在其上，上爲天市垣，其西南十有二星，在房下曰積卒。

《步天歌》云心：三星中央色最深，下有積卒共十二，三三相聚心下是。

尾九星，在黃道南，狀如鉤，亦名九子星，其距西行，從西第二星，廣十有九度一十分，起大火二十七度，盡析木十六度。第三星旁一星曰神宫。尾北，近市樓四星曰天江，尾左一星曰傳説，亦名天策，左傳云天策焞，焞即傳説也，説左一星曰天魚，在尾後天漢内尾南五星曰天黿。

《步天歌》云尾：九星如鉤蒼龍尾，下頭五黑號黿星。尾上天江四橫是，尾東一箇名傳説。傳説東畔一魚子，黿西一星是神宫，所以列在后妃中。

箕四星在黃道南，天漢内，龍所糞也，日月宿之風起，其距西北星廣十度四十分，起析木津十六度，盡二十六度，舌外一星曰糠。糠南三星爲木杵。

《步天歌》云箕：四星。形狀如簸箕，箕下三星爲木杵。箕前一星是糠粃。以上認取天市垣，黃道迤北天江邇。

天市垣。紫薇垣如天子都，而天市垣又後人惟以象，離宫如大子巡狩必有駐蹕之地，倘亦强附之説也。在析木之次，臨尾箕上：西離於氐東，入於斗垣星左右，各十有一。南門左一星爲宋，次南海，次燕，次東海，次徐，次吴、越次齊，次中山，次九河，次趙，次代。右一星爲韓，次楚，次梁，次蜀，次粵，次秦，次周，次魯，次甌，次閩，次河中。皆借其地而名之，亦云天旗庭也。帝座一星在市之正中，座南五星曰斗，與帝座皆入尾度。又南四星曰斛。又南六星，當韓宋間臨箕上曰市樓。樓左二星曰車肆。肆北二星曰宗正，在侯星之南。其左四星曰宗人。又左二星曰宗星。其東北二星爲帛度，帛度左二星爲屠肆。帝座東南一星曰侯，入箕度。侯右四星斜布座前曰宦者，入尾度，其西南二星，在斛西，北曰列肆，垣北九星當尾上曰天紀，紀西九星當氐房上曰貫索。索口一星爲門。《漢志》云：十五星也。索北七星橫列氐上，曰七公。紀北三星當尾箕上曰女牀。石氏有天捧五星，在女牀東北，《天官書》云：房東北曲十二星曰旗，旗中四星曰天市，中六星曰市樓而已，無垣名，而以貫索附紫薇中宫，其所云曲十二星者，蓋垣西藩也。

《步天歌》云：下垣一宫名天市，西扇垣墻二十二。當門六角黑市樓，樓左兩星是車肆。兩箇宗正四宗人，宗星一雙亦依次。帛度兩星屠肆前，侯星還在帝座邊。帝座一星常光明，四箇微茫宦者星。以次兩星名列肆，十斛帝前依其次。斗是五星斛是四，垣北九箇貫索星。索口橫者七公成，天紀恰似七公形。數著分明多兩星，紀北三星名女床，此座還依織女旁。

按帝座有五一在紫薇宫，一爲亢之大角，一爲心之中星，一在天市垣，一在太微垣，象黻扆之隨處而設也。

玄黿七宿，居星紀、玄枵、娵訾之次。古者曆紀日月五星，皆起於牽牛之次，故曰星紀。《爾雅》云：玄枵，虚也。玄，黑色。枵，虚中也。營室、東壁娵訾也，室壁各五星，如口象，又在西北隅。娵，隅置也。訾，口象也。橫亘九十有三度八十分，以建酉戌亥子月，昏見南方，起天漢左，終羽林左，謂之北陸，玄黿，一名天黿。《國語》曰辰在天黿。即女虚玄枵之分也。而室上有螣蛇二十二，故曰玄武。象爲黿蛇，或云玄，蛇也，武，黿也。虚危以前象蛇，室壁象黿。

斗六星，踦漢在黃道南，將有天子之事，占於南斗，其距柄第三星廣二十有五度二十分，起析木二十七度，盡星紀二十二度。斗柄西八星當箕上曰天籥。斗東北六星曰建南。臨黃道斗建之間，七曜所由行也。建上九星入河中曰天弁。魁東二星南北相直曰天雞。雞南二星東西相直曰天狗。狗南四星曰狗國，象鮮卑烏桓之夷也。斗西南一星，在箕之東曰農丈人。魁南十四星曰鼈。鼈東十星曰天淵，亦曰天池。

《步天歌》云斗：六星其狀似北斗，魁上建星正相對，天弁建上三三九，斗下圓安十四星。雖然名鼈貫索形，天雞建背雙黑星。天籥柄前八黃晶，狗國四星雞下生，天淵十星鼈東邊，更有兩狗斗魁前，農家丈人狗下眠，天淵色黃狗色玄。

牛六星二角觷然下四星句立在黃道北，其距中央大星廣七度二十分，起星紀二十三度，盡二十九度。牛上四星曰天桴。桴北三星踞漢湄曰河鼓，世謂之牽牛。中大星爲大將軍。南星爲左將軍。北星爲右將軍，左右旗各九星，夾河鼓，偃卷漢内。右旗在建星上，入斗度，左旗上有天津九星，漢北近天紀三星，一大二微曰織女。織女東足四星曰漸臺。西足五星曰輦道。織女漸臺輦道皆入斗度牛東三星，曰羅堰。牛南九星曰天田。田南九星曰九坎。

《步天歌》云牛：六星近在河岸頭，頭上雖然有兩角。腹下從來欠一脚，牛下九黑是天田。田下三三九坎連，牛上直建三河鼓。鼓上三星號織女，左旗右旗各九星。河鼓兩畔右邊明，更有四黃名天桴。河鼓直下如連珠，羅堰三烏牛東居。漸臺四星似口形，輦道東足連五丁。輦道漸臺在何許，欲得見時近織女。按，張衡云：牽牛織女七月七日相見者，即此也。《古雅》云：河鼓謂之牽牛，又歌曰：東飛伯勞西飛燕，黃姑織女時相見。黃姑即河鼓也，音譌耳。有謂牽斗即牛宿者，然以之配織女，恐當是河鼓。若是六星之牛宿，則當配以四星之女宿矣。原註。

女四星如箕，在黃道北，謂之須女，亦名婺女，其距西南星廣十有一度三十五分，起星紀二十九度盡玄枵十度。女北五星曰離珠。珠上五星曰敗瓜。其上五星曰瓠瓜。其北九星若張弓。橫亘河内曰天津入牛度。津北四星在輦道東曰奚仲，入斗度。其北近紫垣七星曰扶筐。亦云扶箱。女南十六星或比或散爲十二國。北列左二爲代，次二爲秦，次二爲周，次二爲趙，南列左一爲魏，次韓，次晉，次燕，次楚，次齊，次鄭，次越，按天之所覆者廣而華夏所分主者。牛女下十二國耳，其以十二國分野配十二辰次者，妄也。

《步天歌》云女：四星如箕主嫁娶。十二諸國在下陳，先從越國向東論。東西兩周次二秦，雍州南下雙雁門。代國向西一晉伸，韓魏各一晉北輪。楚之一國魏西屯，楚城南畔獨燕軍。燕西一郡是齊隣，齊北兩邑平原君，欲知鄭在越下存。十六黃星細區分，五箇離珠女上星。敗瓜珠上瓠瓜生，兩箇各五二瓜明。天津九箇彈弓形，兩星入牛河中橫。四箇奚仲天津上，七箇仲側扶筐星。

虛二星夾赤道，其距南星廣八度九十五分，起玄枵十度，盡十八度其第六度子中也。虛北二星曰司命。又北二星曰司祿。又北少西二星曰司危。又北二星曰司非。虛南二星在代之東曰哭。哭東二星曰泣，在危上。泣南十三星狀如貫索，曰天壘。其南四星曰敗臼，二入危，二入室。臼西三星在韓晉之東，曰離瑜。離瑜與哭皆入女度。

《步天歌》云虛：上下各一如連珠，命祿危非虛上呈。兩虛之下哭泣星，哭泣雙雙下壘城。天壘團團十三星，敗臼四星城下橫，臼西三箇離瑜明。

危三星，如矩在赤道北，其距南星廣十有五度四十分，起玄枵十九度，盡娵訾三度。危北五星，當司命上，曰人星，入虛度。人左三星曰杵。杵南四星曰臼。杵北七星連卷而大首，東近河，抵司非曰車府。河中五星如敗瓜曰造父，亦曰伯樂。河畔九星岐卷曰天鉤，見紫薇宮。危南二星曰蓋屋。屋左四星曰墳墓。其東南四星曰虛梁。其南十星正圜曰天錢，在北落西北羽林之西。

《步天歌》云危：三星不直舊先知，危上五黑號人星。人畔三四杵臼形，人上七烏號車府，府上天鉤九黃晶，鉤上五鵶字造父，危下四星是墳墓，墓下四星斜虛梁。十箇天錢梁下黃，墓旁兩星能蓋屋。身着黑衣危下宿。

室二星，北近天漢，謂之營室。離宫六星，兩兩而比附其旁。《爾雅》云：營室謂之定。《詩》云：定之方中是也。其距南星廣十有七度一十分，起娵訾四度，盡二十一度。室北二十二星蜿蜒而翔曰騰蛇。又上即造父也。室南六星曰雷電。其右二星在墳墓上曰土功吏。雷電南十二星西南抵虛東近壁，形如重擔曰壁壘陣。陣南四十五里，三三而聚曰羽林軍。其西南一星曰天綱。天綱左羽林南一星曰北落師門。以上五官，皆入危度其左三星曰鈇鉞。下二星即敗臼也。其東南九星狀如天田，曰八魁，入壁度，石氏有天海十星。

《步天歌》云室：兩星上有離宫出，遶室三雙有六星。下頭六箇雷電形，壁壘陣次十二星。十二兩頭大似升，陣下分佈羽林軍。四十五卒三爲羣。壁西四座星難論，仔細歷歷看區分。三粒黃金名鈇鉞，一顆珍珠北落門。門東八魁九箇子，門西一宿天綱是。電旁兩黑土功吏，螣蛇室上二十二。

壁二星如虛，在室東，謂之東壁。其距南星廣八度六十分，起娵訾二十一度，盡二十九度。壁北十星曰天廐。又北近垣五星王良也。壁南二星曰土公。

又南五星曰霹靂。又西南四星曰雲雨，二官入室度，羽林左五星曰鈇鑕入奎度。

《步天歌》云壁：兩星下頭是霹靂，霹靂五星横着行。雲雨次之曰四方，壁上天厩十圓黄，鈇鑕五星羽林旁。

白虎七宿居降婁、大梁、寔沈之次，横亘八十有三度，八十五分以建丑寅卯月昏見南方，起羽林左，終天側左謂之西陸。

奎一作雷。十六星，在天漢南爲溝瀆，其距西南大星名天豕目，廣十有六度六十分。起娵訾末度，盡降婁《爾雅》云：降婁，婁也。萬物至戌皆降而聚於婁，故曰降婁。十五度。奎北天漢内五星曰王良。其四星連曲爲天駟。一星爲御官，御官動爲策馬。《史》曰王良策馬，車騎滿野此也。旁，一星近天鉤曰策，入壁半度。良左一星曰附路。附路左六星曰閣道。奎南七星曰外屏。屏南七星如鉤曰天溷。溷右一星曰土司空。在八魁之西南，入壁度。

《步天歌》云奎：腰細頭尖似破鞋，一十六星遶鞋生。外屏七烏奎下横，屏下七星天溷明。司空左畔土之精，奎上一宿軍南門。河中六個閣道形，附路一星道旁明。五箇吐花王良星，良兮近上一策名。

婁三星不匀，在奎東南爲聚衆，其距中央大星，廣十有一度八十分，起降婁十六度，盡二十七度。婁東西各五星曰左更、右更。婁北天漢内十一星，左右列各五，中一大星曰天大將軍，入奎度。其南一星即軍南門。婁南六星曰天倉，亦入奎度。又南四星曰天庾。

《步天歌》云婁：三星不匀近一頭，左更右更烏夾婁。天倉六箇婁下頭，天庾四星倉東脚。婁上十一將軍侯。

胃三星，鼎足立在婁東北，近漢爲倉廩，其距西第一星，廣十有五度六十分，起降婁二十九度，盡大梁大梁昴畢也昴畢間七曜所入要道若梁然十二度。胃北八星如鉤曰大陵。陵中一星曰積尸。東天漢内九星，與大陵分勢者曰天船。船内一星曰積水。胃南左四星曰天廩。廩又臨赤道十三星，形如乙字，曰天囷。

《步天歌》云胃：三星鼎足河之次，天廩胃下斜四星。天囷十三如乙形，河中八星名大陵。陵北九箇天船名，陵中積尸一箇星，積水船中一黑晶。

昴七星，四三相承，一星獨大，南臨黄道。《史記·天官書》作留，《毛傳》亦以爲留也。又曰旄頭，主胡，其距西南星廣十有一度三十分，起大梁十三度，盡二十四度。昴北六星卷如曰卷舌。舌中一星曰天讒。舌後四星在五車北，曰礪石。昴左一星近黄道，曰月星。右一星曰天阿。月南阿東五星曰天陰。天囷南六星曰芻藁，亦曰廥積。其南十六星曰天苑。天阿以下五官入胃度。

《步天歌》云昴：七星一聚實不少，阿西月東各一星。月下五黄天陰名，陰下六烏芻藁營。營南十六天苑形，河裏六星名卷舌，舌中黑點天讒星。礪右舌旁斜四丁。

畢八星攲倚黄道，謂之罕車，天之雨師也。《天官書》作濁。《爾雅》云濁謂之畢，其大星曰天高，其距口北星，廣十有七度四十分，起大梁二十四度，盡實沈實沈高辛氏季子名也主參故以是名。十度。傍一小星爲附耳。其上二星夾黄道曰天街。東六星珠連曰諸王。諸王北漢中五大星斜對畢口曰五車。車旁九小星三三而聚曰三柱，亦曰三泉。車中五星曰天潢。其上三星曰咸池。車南一星曰天關。畢畔諸王下四小星亦曰天高。畢南耳下八星，大首而曲柄曰天節。其東九星連蜷直五車曰參旗。旗南九星夭矯而下垂曰九斿。斿旁九星如圜而長，曰九州殊域。天苑南十三星曰天園，入昴度。

《步天歌》云畢：恰似爪叉八星出，附耳畢股一星光，天街兩星畢背旁，天節耳下八烏色，畢上横列六諸王。王下四皁天高星，節下團團九州城。畢口斜對五車口，車有三柱任縱横。車中五箇天潢晶，潢畔咸池三黑星。天關一星車脚邊，參旗九箇參車間。旗下直建九斿連，斿下十三烏天園，九斿天園參脚邊。

觜三星隅置在參北曰觜觿，爲虎首，其距西南星廣百分度之五，觜北河中九星。直井鉞上曰坐旗，入井度。旗西南四星曰司怪，入畢度。

《步天歌》云觜：三星相近作參蕋，觜上坐旗直指天，尊卑之位九相連。司怪曲立坐旗邊，四鵶大近井鉞前。

參十星肩負黄道爲白虎，中横三星爲衡石。下三星爲伐。史記天官書作罰。其外四星左右肩足也。其距中西第一星，廣十有一度一十分，起實沈十度，盡二十一度。參右足下四星曰玉井。其南四星曰軍井。又南二星曰屏。屏左四星曰厠。厠下一星曰天矢。矢南有丈人子孫各二星，俱屬井。

《步天歌》云參：總有十星觜相侵，兩肩雙足三爲心。伐有三星足裏深，玉井四星右足陰。屏前兩扇井南襟，軍井四星屏上森。左足下四天厠臨，厠下一物天矢沈。

朱鳥七宿，居鶉首、鶉火、鶉尾之次，横亘百有八度四十分。以建卯辰巳午月昏見南方，謂之南陸。

井八星横列漢湄，謂之東井。其距北西星廣三十有三度三十分，起實沉二十一度，盡鶉首二十四度。井西一星曰鉞附。鉞南四星曰水府，入參度。東北三星居漢北滸曰北河。井南三星居漢南滸曰南河。兩河天闕間爲關梁七曜之道也，北河之南五星在井東曰五諸侯。侯南三星曰天樽。又積水一星，在北河之西，積薪一星在北河之東。其南四星居漢中曰水位。井西南四星曰四瀆。又南三星曰闕丘，亦曰天闕。闕丘西下十三星在南河之南，形若天錢，曰軍市。中一星曰野雞精，市東一大星曰狼。狼東南九星，狀若張弓，曰弧矢。弧南有一星曰老人，近南極中國不見，南海上候之。唐張籍送鄭尚書赴廣州詩云此處莫言多瘴癘。天邊看取老人星是也。軍市西南二星曰丈人。其東二星曰子。子東二星曰孫，皆入參度。

《步天歌》云井：八星横列河中凈，一星名鉞井邊安，兩河各三南北正，天樽三星井上頭。樽上横列五諸侯，侯上北河西積水。欲覓積薪東畔是，鉞下四星名水府。水位東邊四星序，四瀆横列南河裏。南河下頭是軍市，軍市團圓十三星，中有一箇野雞精。子孫丈人市下列，各立兩星從東説。闕丘三箇南河東，丘下一狼光蒙茸。左畔九箇彎弧弓，一矢擬射頑狼胸。有箇老人南極中，春秋出入壽無窮。

鬼在天漢東，黄道北，四星多置如匱，謂之輿鬼，中一星名積尸氣爲質。《書》曰德成衡觀成潢，傷成鉞，禍成井，誅成質是也，其距西南星廣二度二十分，起鶉首二十四度盡二十六度。北四星直軒轅西在井之東北曰爟。南七星横河中曰天狗。弧矢南六星曰天社，二官入井度。天狗東六星曰外廚。其南一星曰天紀，二官入柳度。

《步天歌》云鬼：四星册方似木櫃，中央白者積尸氣。鬼上四星是爟位，天狗七星狼北是。外廚六星柳星次，天社六箇弧東倚，社東一星是天紀。

柳八星在鬼東南，黄赤道間，《天官書》作注，朱鳥之注也。其距西頭第三星，廣十有三度三十分，起鶉首二十六度，盡鶉火柳爲鳥喙星爲鳥頸張爲鳥嗉三宿連體故總謂之鶉火十度。柳北三星近軒轅右角曰酒旂，入星度。南即外厨天紀也。柳近上臺張近中臺，翼近下臺。

《步天歌》云柳：八星曲頭垂似柳，近上三星號爲酒，享晏大酺五星守。

星七星如鈎，踦赤道爲鳥頸，其距大星廣六度三十分，起鶉火十一度，盡十七度。星北十七星，卷曲而翼飛，形如騰龍，度跨星張曰軒轅。其大星前一星爲御女。左角爲少民。右角爲大民，周禮天府祭天之司民司禄謂此。天文星第四星也，或曰黄龍之體。黄帝之神爲後宫，爲權，其東近中臺四星曰内平，入張度。酒旗南三星曰天相。相南五星曰天稷。

《步天歌》云星：七星如鉤柳下生，星上十七軒轅形。軒轅東頭四内平，平下三箇名天相。相下稷星横五明。

張六星在赤道南，爲鳥嗉，其距西第二星，廣十有七度，二十五分，起鶉火十七度，盡鶉尾三度。南方七宿取朱鳥爲象井鬼爲首翼軫爲尾故曰鶉尾。南十四星曰天廟，入星度。

《步天歌》云張：六星似軫在星旁，張下只是有天廟。十四之星册四方，長垣少微雖向上，星數歌在太微旁，太尊一星直上黄。

翼二十二星在赤道南，北連太微垣，若承捧然，爲鳥翼。其距中行西第二星廣十有八度七十五分，起鶉尾三度盡二十三度，南五星曰東甌，入張度。

《步天歌》云翼：二十二星大難識，上五下五横著行。中心六箇恰如張，更有六星在何許。三三相連張畔附，若必不能分處所。更請向前分度取，五箇黑星翼下頭，欲知名字是東甌。

軫四星在赤道南，爲鳥尾，爲車轄，二星附兩旁。其中一星名長沙，其距西南星廣十有七度三十分，起鶉尾二十三度，盡壽星八度。右轄西南二星曰軍門。其南四星曰土司空。其左七星曰青丘。其南三十二星曰器府。

《步天歌》云軫：四星似張翼相近，中央一箇長沙子。左轄右轄附兩星，軍門兩黄近翼是。門下四箇土司空，門東七烏青丘子。青丘之下名器府，器府之星三十二。以上便爲太微垣，黄道向上看取是。

明·熊明遇《格致草·星宿》 星經外有餘星

《昴宿傳》云：七星實則三十七星；鬼宿四星中白質，傳爲白氣耳，其間實有三十六小星；如牛宿中南星，尾宿東魚星、傳説星，觜宿南星，皆在六等外，所稱微茫難見。以遠鏡窺之，則見多星列次。甚遠如觜宿南一星，是二十一星大小不等。可見周天諸星實無數。《甘石星經》特其大都耳。

經星位置

經星二萬五千歲一周天，是爲歲差。亦時有移動，但其移密百年内所差未多，可以定儀取之。古稱萬有一千五百二十可名者，中外星官三百六十品，其光曜約有數等。今署舉大者以俟宵測。欲置渾儀，其法取各星入宿之位爲經，以離北極爲緯，合以黃道過宮之經，與離赤道南北之緯，如數安置，用銅輪轉之，可合天行不悖。

	入宿	離北極	體等	黃道過宮	離赤道
一勾陳三星	壁一度五十九分	三度	三	白羊一度十五分	北八十五度五十一分
二閣道南三星	壁六度十三分	三十六度三十分	三	白羊三度〇	北五十三度四十五分
三天綱星	壁七度四十六分	一百一度五十八分	三	白羊四度三十一分	南二十度二十六分
四奎左北五星	奎三度五十六分	六十二度三分	三	白羊十度四十三分	北三十四度一十三分
五天倉右三星	奎七度四十六分	一百一度五十八分	三	白羊二十三度二分	北三十四度一十三分
六天船西三星	胃五度四十二分	四十一度五十二分	二	金牛十四度五分	北四十七度四十三分
七大陵大星	胃三度四十五分	五十三度四十六分	二	金牛十一度二十分	北三十九度三十二分
八昴宿二星	胃十五度十分昴一度五分	六十八度十一分 六十八度十一分	俱五	金牛二十一度三十三分 二十一度五十四分	北二十一度二十六分 二十一度五十四分
九天囷東大星	胃八度七分	八十五度四十二分	三	金牛十一度二十三分	北二度十八分
十畢左大星	畢一度五十八分	七十五度二十一分	一	陰陽三度十八分	北十五度五十五分
十一五車右北	畢八度五十三分	四十五度四十八分	一	陰陽十一度二十一分	北四十四度五十六分
十二參右足星	畢十二度四十八分	九十八度三十分	一	陰陽十三度四十八分	南九度十四分
十三參左肩星	參五度二十分	八十二度四十四分	一	陰陽二十二度三十七分	北六度十六分
十四天狼星	井八度二十二分	一百六度二十二分	一	巨蟹五度三十三分	南十五度四十九分
十五北河中星	井十六度三十三分	五十八度六分	二	巨蟹十四度〇	北三十一度二十八分
十六北河東星	井二十度十八分	六十度五分	二	巨蟹十六度四十九分	北二十八度四十三分
十七南河東星	井二十度十八分	八十四度十三分	一	巨蟹十六度四十三分	北六度九分
十八星宿大星	星初度二十六分	九十七度四十三分	二	獅子十三度十四分	南四度三十二分
十九軒轅大星	張三度八分	七十五度四十五分	一	獅子二十二度□□分	北十四度□□分
二十軒轅南星	張三度二十七分	六十度二十八分	二	獅子二十四度四十九分	北□□度十九分
二十一北斗天旋	張十五度八分	三十一度十分	二		
二十二北斗天樞	張十五度二十八分	二十五度三十六分	二	雙女五度十九分	北六十二度三十六分
二十三北斗天璣	翼十三度〇	三十三度十分	二		
二十四北斗天權	翼十三度二十分	二十九度四十分	三		
二十五太微帝座	翼十三度二十六分	七十一度五十四分	一	雙女十九度十六分	北十七度九分
二十六微西垣上相	翼二度五十七分	六十六度三十分	二	雙女九度三十分	北二十二度五十一分
二十七北斗玉衡	軫十度二十一分	三十一度一分	二	天秤七度十七分	北五十八度七分
二十八角宿南星	角初度〇	九十八度三十分	一	天秤十五度十三分	南八度十六分

二十九北斗開陽	角一度十一分	三十二度一分	一	天秤十五度三十分	北五十七度二十四分
三十北斗摇光	角七度五十二分	三十七度二十六分	二	天秤二十二度五十七分	比五十一度四十二分
三十一大角	亢一度四十六分	六十七度五十八分	一	天秤二十九度二十一分	北二十一度四十五分
三十二招摇	亢六度三十六分	四十九度十五分	三	天蝎四度〇	北四十度三十二分
三十三氐右北星	氐初度〇	一百三度五十五分	二	天蝎十四度二十八分	南七度十八分
三十四氐右南星	氐四度五十六分	九十八度五十分	二	天蝎七度五十一分	南十三度二十九分
三十五貫索大星	氐四度四十六分	五十六度九分	二	天蝎二十度十一分	北二十八度五十一分
三十六天市垣梁	房四度五十六分	九十一度三十六分	三	天蝎二十九度〇	南一度五十八分
三十七心中星	心一度五十八分	一百十五度一十五分	二	人馬一度二十七分	南二十四度三十六分
三十八天市垣侯星	尾二度四十九分	七十六度二十一分	二	人馬十八度十分	北十三度十一分
三十九天市垣帝座	尾七度□□分	七十四度□□分	三	人馬十一度□□分	北十五度□□分
四十天棓南星	箕三度五十六分	四十度二十三分	三		
四十一河鼓中星	斗十八度二十分	八十三度四十四分	二	磨羯十八度五十七分	北七度十九分
四十二織女大星	斗二十度三十分	五十一度四十三分	一	磨羯三度五十一分	北三十八度三十六分
四十三天津右北三星	女二度十分	四十七度十七分	二	寶瓶三度五十五分	北四十三度四十三分
四十四天鉤大星	虛二度二十二分	三十度五十分	三	寶瓶十四度十分	北六十度四十分
四十五壘壁西星	虛三度十五分	一百九度五十分	三	寶瓶十五度八分	南十八度四十六分
四十六危宿北星	危初度三十八分	八十七度十分	三	寶瓶十七度四十一分	北七度五分
四十七室宿北星	室初度〇	六十五度三十分	二	雙魚七度四十七分	北二十五度三分
四十八室宿南星	室初度〇	七十八度十九分	二	雙魚八度〇	北十二度四十一分
四十九羽林大星	室九度四十五分	一百六度五十二分	三	雙魚四度十五分	南十八度〇

二十八宿定度

箕九度半，斗二十三度半，其三度太入丑宫。牛七度，女十一度，其二度入子宫。虛九度，危十六度，十二度太入亥宫。室十八度少，壁九度少，奎十七度太，一度太入戌宫。婁十二度少，胃十五度太，三度太入酉宫。昴十一度，畢十六度半，七度入申。觜三分，參十一度少，井三十一度，八度少入未宫。鬼二度，柳十三度，四度入午。星六度少，張十七度太，十五度少入巳。翼二十度，軫十八度太，十度入辰。角十二(太)度太，亢九度半，氐十六度半，一度少入卯宫。房五度半，心六度少，尾十八度。三度入寅。

明・佚名《三垣列舍入宿去極集》 赤道宿度

角十二度一十分，亢九度二十分，氐十六度三十分，房五度六十分，心宿六度五十分，尾十九度一十分，箕十度四十分，右東方七宿七十九度二十分。

斗二十五度二十分，牛七度二十分，女十一度三十五分，虚八度九十五分，危十五度四十分，室十七度一十分，壁八度六十分，右北方七宿九十三度八十分。

奎十六度六十分，婁十一度八十分，胃十五度六十分，昴十一度三十分，畢十七度四十分，觜初度〇五分，參十一度一十分，右西方七宿八十三度八十五分。

井三十三度三十分，鬼二度二十分，柳十三度三十分，星六度三十分，張十七度二十五分，翌十八度七十五分，軫十七度三十分，右南方七宿一百八度四十分。

黄道十二次宿度

危十二度六十四分九十一秒，入娵訾亥宫。

奎一度七十三分六十三秒，入降婁戌宫。

胃三度七十四分五十六秒，入大梁酉宫。

畢六度八十八分〇五秒，入實沉申宫。

井八度三十四分九十四秒，入鶉首未宫。

柳三度八十六分八十〇秒，入鶉火午宫。

張十五度二十六分〇六秒，入鶉尾巳宫。

軫一十度〇七分九十七秒，入壽星辰宫。

氐一度一十四分五十二秒，入大火卯宫。

尾三度〇一分一十五秒，入折木寅宫。

斗三度七十六分八十五秒，入星紀丑宫。

女二度〇六分三十八秒，入玄枵子宫。

周天三百六十五度四分度之一，二百八十三座，一千四百六十四星。

天漢起東方尾箕之間，謂之漢津，始經龜、魚、傳説、天江、糠星、天籥，斜行上連箕、斗、天弁、河鼓左右，旗上倒分一派西映天市之吴、越、宗人、宗星、而正，其大勢上絡天津、車府、造父、螣蛇、附路、閣道、天舡、大陵，漸下而東南行，歷卷舌、五車、天潢、天關、司怪、水府、拂諸王入東井，過四瀆、闕丘、天狗、弧矢、天社、天稷，在七星南而没。

清・湯若望《西洋新法曆書・恒星曆指》卷二 二十八宿各宿度變易

或問：二十八宿有次第，蓋日月五星各以本行，先歷角宿，至亢、至氐、房、心等，古昔如此。今世不然，所見先入參度，而後過觜度，自餘不覺者，宿度寬也，其實皆有之，何故曰二十八宿不以赤道極爲本行之極，而以黄道極爲極，故其行度時近時遠於赤道極，行漸近極，即北極所出赤道經圈漸密，七政過之其行則疾，漸遠極即赤道經圈漸踈，七政過之，其行則遲，七政行度，疾於恒星遠甚，其逐及於近極之恒星，在古覺速，在今覺遲，其逐及於遠極之恒星在古覺遲，在今覺速，皆緣二道二極能使其然，非七政有異行，亦非恒星有易位也。

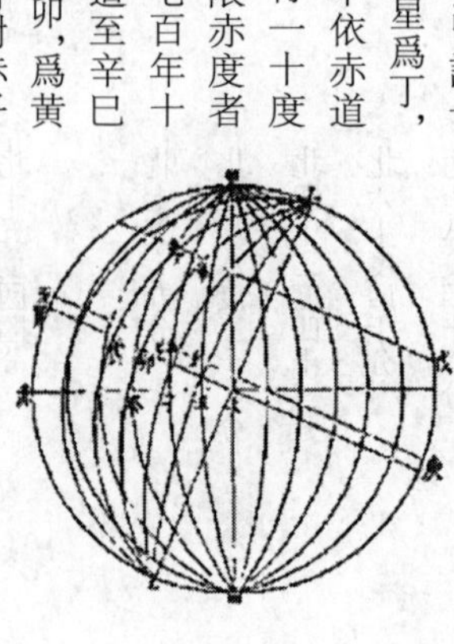

如圖，赤道南北極甲上所出各圈，相去皆設一十度，黄道兩極乙上所出各圈，亦如之，有星爲丁，即限其赤道經度者爲甲丁癸圈，而星却不依赤道行，乃依黄道自丁同戊行，約每七百年行一十度也，又一星爲巳，原設在丁前一十度，其限赤度者爲甲巳子圈而所行亦依黄道自巳向庚，七百年十度因是巳星依黄道至壬時，丁星亦依黄道至辛巳壬，以黄道算得十經度，而丁辛亦正對寅卯，爲黄道之十經度也，然以赤道算之，則黄巳壬所對赤子丑一十度之弧，而黄丁辛所對不止赤癸子一十度之弧更過赤道子而近丑，將及二十度，即丁星先在巳星之後十度而漸向前行，至逐及於甲丑圈上，即兩星同經度矣，過丑則丁反在前矣，假令日循黄道亦於丁戊線上行，何得不於七百載之先至卯，入丁宿度前距巳未及數度，而七百載之後乃至壬，并入丁巳二宿同經之度乎，此非行有疾遲皆因度有廣狹故也，度之所以廣狹者，分宿度以赤道所出經圈爲限，而步七政，以黄道所出經圈爲限也，但此設丁巳二星，一近北極一近黄道，相去稍遠者，欲令此理灼然易見，若設兩星距度不遠，即不必七百年，能超踰十度或進一二度，亦此理耳，若古時七政所歷先後不相越者，正當黄赤二度廣狹相等，故也。

考赤道宿度差

中曆古分宿度以相并，或不成一周天，今用之，不合天度，因自授時以來，如上所説宿度變易故也，法宜先求今之實宿度，以究極古今異同之故，仍立法以求古之實宿度，如堯時冬至，相傳日在虛七度，或在初分，或在末分，皆不可知今折中設在六度三十〇分，即所用虛宿距星，定在析木宮二十三度三十〇分，爲其赤道經度，則其距黄道之緯度，必八度四十二分，以此經緯度，依三角形法，推其黄道經度，所得與赤道經度不遠，亦在本宮二十三度三十八分，所以然者，兩星之黄經度差，終古不易，依諸距星今相離黄道經度，可以定古黄道各宿度，而更以黄經緯度覆求各距星之赤道經度及各宿本度也，其術俱用三角形法。

古赤道積宿度今算定	今赤道積宿度
角一百四十六度三十一分春分起算	一百九十六度二十六分
亢一百五十九度〇五分	二百〇八度一十分
氐一百六十八度四十四分	二百一十七度二十九分
房一百八十一度四十五分	二百三十四度一十分
心一百八七度二十五分	二百三十九度三十八分
尾一百八十九度二十〇分	二百四十五度四十七分
箕二百〇七度〇五分	二百六十五度〇五分
斗二百一十七度二十七分	二百七十五度三十九分
牛二百四十二度四十六分	三百度〇三分
女二百五十〇度十〇分	三百〇六度五十三分
虛二百六十三度三十〇分	三百一十八度〇〇分
危二百七十二度三十七分	三百二十六度四十一分
室二百九十一度二十四分	三百四十一度三十四分
壁三百〇七度二十四分	三百五十八度三十四分
奎三百一十九度五十三分	六度五十七分
婁三百三十三度四十六分	二十三度三十二分
胃三百四十四度二十分	三十五度三十六分
昴三百五十九度二十二分	五十〇度十六分
畢一十度二十二分	六十一度四十五分
觜二十八度二十五分	參七十八度二十九分
參二十度五十五分	觜七十八度四十三分
井三十五度一十七分	九十度〇七分
鬼六十五度〇八分	一百二十二度二十一分
柳七十二度三十三分	一百二十四度三十〇分
星八十八度五十四分	一百三十七度二十一分
張九十六度二十四分	一百四十三度〇九分
翼一百一十三度〇三分	一百六十度二十八分
軫一百三十度〇二分	一百七十九度〇六分

赤道古各宿度	今各宿度	依三百六十五度四分度之算
角十二度三十四分	十一度四十四分	十一度九十分四十四秒
亢九度三十九分	九度十九分	九度四十五分二十六秒
氐十三度〇一分	十六度四十一分	十六度九十二分六十六秒
房五度四十分	五度二十八分	五度五十四分六十四秒
心一度五十五分	六度九分	六度二十三分九十七秒
尾十七度四十五分	一十九度一十八分	十九度三十分〇秒
箕十度二十二分	十度三十四分	十度五十六分六十六秒
斗二十五度十九分	二十四度二十四分	二十四度七十五分五十八秒
牛七度二十四分	六度十分	六度九十三分六十一秒
女十三度二十二分	十七分	十一度二十七分五十七秒
虛九度七分	八度四十一分	八度八十一分〇秒
危十八度四十七分	十四度五十三分	十五度十分四秒
室十六度〇〇	十七度〇〇	十七度二十四分七十九秒
壁十二度二十九分	八度二十三分	八度四十四分五十六秒
奎十三度五十三分	十六度三十五分	十六度八十一分六十三秒
婁十度三十四分	十二度四分	十二度二十四分二十六秒
胃十五度〇二分	十四度三十分	十四度七十分五十八秒
昴十一度〇〇	十一度二十九分	十一度八十一分〇二秒
畢十八度〇三分	十六度三十四分	十六度八十分八十二秒
觜二度三十分	參〇度二十四分	〇度四十分〇秒
參四度二十二分	觜十一度二十四分	十一度五十六分〇二秒
井二十九度五十一分	三十二度四十九分	三十三度二十九分五十三秒
鬼七度二十五分	二度〇九分	二度一十五分〇秒
柳十六度二十一分	十二度五十一分	十二度八十五分〇秒

星	〇七度三十分	五度四十八分	五度八十八分四十六秒
張	十六度三十九分	十七度一十九分	十七度五十六分九十二秒
翼	十六度五十九分	一十八度三十八分	十八度六十三分三十三秒
軫	十六度二十九分	十七度二十分	十七度三十三分三十三秒

清·遊藝《天經或問》卷三　觜宿古今測異

問：測異之法蓋因出線定度從兩極而知之，然觜星故有異，他星獨不然乎？

曰：測星之法必以太陽爲主，太陽將入之時則測月或太白或歲星，測其距太陽度分若干，太陽既没，再測月或太白或歲星測其與某星相距度分若干，合兩測即得太陽與此星之距，然後查太陽本日躔某宫度，則知此星所在宫度矣。測一星經度如此，他星亦然。於是又測此星出地平之最高，即其距赤道之緯度並可得也。然而恒星之經緯度分有二，其一以黄道極爲樞，每歲東行五十一秒有奇，而其距本極之緯度則亘古無變。其一則因赤道以算其經緯，南北星位古今大異。如堯時外屏星全座在赤道南，今測在赤道北。角宿古測在北，今測亦在南矣。星緯變易多類如此，以至赤道論各宿距度亦有異者。如觜宿距星歷代漸減者，因觜度促而近參，易見也。他星互有損益，因度廣而畧之也。然距度各各不同，是恒星經緯之度，非赤道經緯故也。若謂循古已足，象數精微，豈其然乎！

又　度分宫舍

問：恒星之度尚可據，而曰天之度，曰黄道之度，赤道之度，又曰宫，曰舍何也？

曰：恒星二十八宿，亦未始有度也。天道冲漠，何以考測，惟以二十八宿爲體隸，其度於二十八宿上，以此星距彼星算也，用以紀日月所躔，而已天之度日，引之謂之度，度之離日行，則舒月行，則疾會而均别之。曰赤道之度日行，自南而北，升降四十八度，而迤别之。曰黄道之度，不可見，可見者，星也。剖周天爲十二界，謂之宫日月五星之所。由有星焉當，度之盡者，凡二十有八，謂之舍。舍所以挈度，度所以生數，度在天者也，爲之璣衡，則度在器。度在器，則日月五星可以轉乎。器中而天不爲難，知也。

度分廣狹

問：既以二十八宿爲度，而度有狹有闊，闊處尚有星可指，何不均分以便起算？

曰：天之分星度廣狹，爲日之所躔，或多或寡，適與此宿相當者，凡二十有八，故度之多寡，於是生焉。斗井之間，非無星也，然不與日躔相當，故其度不得不闊也。觜鬼之旁，非無星也，然與日躔相當，故其度不得不狹也。夫其得度廣狹，亦以所相值者，言耳非擧一星，全體盡占此度也。

度屬不同

問：分度以日所躔，相當者是也。何度内諸星，或測屬此，又測屬彼？如大角一星，《兩朝志》以爲屬亢，《中興志》以爲屬角。庫樓十星，丹元子以爲屬角，《兩朝志》以爲屬軫。適相當者，不可游移乎？不相當者，可游移乎？

曰：測星定度，古今畧異，唐開元所測，與舊經異，而宋所測，又與唐異，皆所争二三度也。而天道幽遠，測法未密，術家各持一説，固未有以訂其是非也。則於是，此以爲軫，彼以爲角，甲以爲氐，乙以爲房，然所差者，常在裨、鄰次舍之，間不過游移數度耳，今定周天爲四象限，限設三宫，宫分三十度，大約白羊，戌宫初度交壁初度，金牛，酉宫初度交婁五度，陰陽，申宫初度交昴七度，巨蟹，未宫初度際參末井初，獅子，午宫初度交井三十度，雙女，巳宫初度交張七度，天秤，辰宫初度交軫初度，天蝎，卯宫初度交亢初度，人馬，寅宫初度交房三度，磨羯，丑宫初度交箕三度，寶瓶，子宫初度交牛初度，雙魚亥宫初度交危三度。游熙曰：世人但知子屬本，日始得亥爲本，日終時殊，不知子對中正初之刻爲本，日始時夜子初四刻爲本，日終時如正月立，春建寅過宫，則在雨水始入寅宫，今人謂奎二度，在戌宫，胃四度，過酉宫，畢七度，過申宫者，俱不知宫順行逆，又不知宫分時析之故。法以線，按極心至周天宫，度某星在某宫線以内者，即屬某宫某宿之星。

又　分野

問：渾天之象，星辰周布，如無占星紀也，則徵應不能券合，然紀地分州與天度相符否？

曰：日月列宿，自東徂西，原無停住，日月無私，照列宿無私，顧何分彼此乎。秦漢謂：經星以角亢鄭之分野兖州，氐房心宋之分野豫州，尾箕燕之分野幽州，斗牛吳越之分野揚州，女虚齊之分野青州，危室壁衛之分野并州，奎婁魯之分野徐州，胃昴趙之分野冀州，畢觜參魏之分野益州，井鬼秦之分野雍州，柳星張周之分野三河翼軫楚之分野荆州。以二十八宿分主十二州也，夫星光有下施之功，能爲人物、方隅禨祥所，由理或不誣，然經星所分，如家人子别藉家財，何視玄昊之不廣也，而所分多少，迥絶如鄭宋齊魯，數百里地，而或分三宿二宿，已視秦趙異矣。斗牛楊州合江南數省延袤亘，亘五六千里，僅值二宿又四方萬國，而無一宿所值，然俱在覆載之中，抑何不平之甚，即如云，自古占星紀地徵應符合，而不知治亂、循環有一定之理，星文無變徵，以各地之氣爲變徵，事多符驗，史書於事後牽合傅，會耳潛草曰：地如瓠有蒂臍，以赤道之腰分南北、東西與二極爲六合矩也。卵伏必分上下圓，物水浮絲懸，便自定分三輪五線，證知中國當胸，西乾當左乳，中土以卦策定禮樂，表性命治教之大成，獨爲明備中正，豈偶然乎。當北極之下者，無用之地也。黄道之下，人靈物盛而中國在腰輪之南，天地人相應，其幾自應，地勢符天，全地應之，一方之地亦應之，可以平列，可以環列，古人因民之所知而列之。惜今無神明不能重定，中土之分野，而猶守《隋》《晉》之《志》，更今郡縣名耳。是古人因事觸幾用占，分野原非限定爲後世之執據也。如甲子干支，亦用分野可推矣。世人膠見，所以事事礙也。

清・張廷玉等《明史》卷二五《天文志一》 黄赤宿度

崇禎元年所測二十八宿黄赤度分，皆不合於古。夫星既依黄道行，而赤道與黄道斜交，其度不能無增減者，勢也。而黄道度亦有增減者，或推測有得失，抑恒星之行亦或各有遲速歟。謹列其數，以備參考。

赤道宿度周天三百六十度，每度六十分。黄道同。	黄道宿度
角，一十一度四十四分。	一十度三十五分。
亢，九度一十九分。	一十度四十分。
氐，一十六度四十一分。	一十七度五十四分。
房，五度二十八分。	四度四十六分。
心，六度零九分。	七度三十三分。
尾，二十一度零六分。	一十五度三十六分。
箕，八度四十六分。	九度二十分。
斗，二十四度二十四分。	二十三度五十一分。
牛，六度五十分。	七度四十一分。
女，一十一度零七分。	一十一度三十九分。
虛，八度四十一分。	九度五十九分。
危，一十四度五十三分。	二十度零七分。
室，一十七度。	一十五度四十一分。
壁，一十度二十八分。	一十三度一十六分。
奎，一十四度三十分。	一十一度二十九分。
婁，一十二度零四分。	一十三度。
胃，一十五度四十五分。	一十三度零一分。
昴，一十度二十四分。	八度二十九分。
畢，一十六度三十四分。	一十三度五十八分。
參，二十四分。	一度二十一分。
觜，一十一度二十四分。	一十一度三十三分。
井，三十二度四十九分。	三十度二十五分。
鬼，二度二十一分。	五度三十分。
柳，一十二度零四分。	一十六度零六分。
星，五度四十八分。	八度二十三分。
張，一十七度一十九分。	一十八度零四分。
翼，二十度二十八分。	一十七度。
軫，一十五度三十分。	一十三度零三分。

黄赤宮界

十二宮之名見於《爾雅》，大抵皆依星宿而定。如婁、奎爲降婁，心爲大火，朱鳥七宿爲鶉首、鶉尾之類。故宮有一定之宿，宿有常居之宮，由來尚矣。唐以後始用歲差，然亦天自爲天，歲自爲歲，宮與星仍舊不易。西洋之法，以中氣過宮，如日躔冬至，即爲星紀宮之類。而恒星既有歲進之差，於是宮無定宿，而宿可以遞居各宮，此變古法之大端也。茲以崇禎元年各宿交宮之黄赤度，分列於左方，以志權輿云。

赤道交宮宿度	黄道交宮宿度
箕，三度零七分，入星紀。	箕，四度一十七分，入星紀。
斗，二十四度二十一分，入玄枵。	牛，一度零六分，入玄枵。
危，三度一十九分，入娵訾。	危，一度四十七分，入娵訾。
壁，一度二十六分，入降婁。	室，一十一度四十分，入降婁。
婁，六度二十八分，入大梁。	婁，一度一十四分，入大梁。
昴，八度三十九分，入實沈。	昴，五度一十三分，入實沈。

觜，一十一度一十七分，入鶉首。　觜，一十一度二十五分，入鶉首。
井，二十九度五十三分，入鶉火。　井，二十九度五十二分，入鶉火。
張，六度五十一分，入鶉尾。　星，七度五十一分，入鶉尾。
翼，一十九度三十二分，入壽星。　翼，一十一度二十四分，入壽星。
亢，一度五十分，入大火。　亢，初度四十六分，入大火。
心，初度二十二分，入析木。　房，二度一十二分，入析木。

又 中星

古今中星不同，由於歲差。而歲差之說，中西復異。中法謂節氣差而西，西法謂恒星差而東，然其歸一也。今將李天經、湯若望等所推崇禎元年京師昏旦時刻中星列於後。

春分，戌初二刻五分昏，北河三中；寅正一刻一十分旦，尾中。清明，戌初三刻十三分昏，七星偏東四度；（昏旦時或無正中之星，則取中前、中後之大星用之。距中三度以內者，爲時不及一刻，可勿論。四度以上，去中稍遠，故紀其偏度焉。）寅正初刻二分旦，帝座中。穀雨，戌正一刻七分昏，翼偏東七度；寅初二刻八分旦，箕偏東四度。立夏，戌正三刻二分昏，軫偏東五度；寅初初刻十三分旦，箕偏西四度。小滿，亥初初刻十二分昏，角中；丑正三刻三分旦，箕中。芒種，亥初一刻十二分昏，大角偏西六度；丑正二刻三分旦，河鼓二中。

夏至，亥初二刻五分昏，房中；丑正一刻一十分旦，須女中。小暑，亥初一刻十二分昏，尾中；丑正二刻三分旦，危中。大暑，亥初初刻十二分昏，箕偏東七度；丑正三刻三分旦，營室中。立秋，戌正三刻二分昏，箕中；寅初三刻十三分旦，婁偏東六度。處暑，戌正一刻七分昏，織女一中；寅初二刻八分旦，婁中。白露，戌初三刻十三分昏，河鼓二偏東四度；寅正初刻二分旦，昴偏東四度。

秋分，戌初二刻五分昏，河鼓二中；寅正一刻十一分旦，畢偏西五度。寒露，戌初初刻十四分昏，牽牛中；寅正三刻一分旦參四中。霜降，酉正三刻十一分昏，須女偏西五度；卯初初刻四分旦，南河三偏東六度。立冬，酉正二刻一十分昏，危偏東四度；卯初一刻五分旦，輿鬼中。小雪，酉正一刻十二分昏，營室偏東七度；卯初二刻二分旦，張中。大雪，酉正一刻五分昏，營室偏西八度；卯初二刻一十分旦，翼中。

冬至，酉正一刻二分昏，土司空中；卯初二刻十三分旦，五帝座中。小寒，酉正一刻五分昏，婁中；卯初二刻一十分旦，角偏東五度。大寒，酉正一刻十三分昏，天囷一中；卯初二刻二分旦，亢中。立春，酉正二刻一十分昏，昴偏西六度；卯初一刻五分旦，氐中。雨水，酉正三刻十一分昏，參七中；卯初初刻四分旦，貫索一中。驚蟄，戌初初刻十四分昏，天狼中；寅正三刻一分旦，心中。

清・戴進賢《儀象考成・奏議》　和碩莊親王臣允祿等謹奏爲請旨更定《時憲書》觜、參之序，以歸畫一事。查《時憲書》內鋪註二十八宿值日，古法觜宿在前，參宿在後。自用西法以來，改爲參宿在前，觜宿在後。乾隆五年欽天監修《協紀辨方書》，奏稱星宿值日於算法疎密全無關涉，請依古改正，經大學士九卿議覆，二十八宿值日載在《時憲書》既於算法全無關涉，則亦不必更改等因在案。今臣等奉命重修《儀象志恒星經緯度表》，查明星座次第順序，改正參宿在後、觜宿在前，列於恒星經緯度表，恭候欽定。則乾隆十九年之《七政書》即用此表推算，若《時憲書》之值宿仍依參前觜後鋪註，則與《七政書》不能畫一，請以乾隆十九年爲始，依古觜前參後改正，鋪註則《七政書》之星度、《時憲書》之日宿皆一例順序矣。臣等未敢擅便，伏乞皇上聖鑒，勅下大學士九卿再行議覆施行，爲此謹奏請旨。又夾片謹查二十八宿星次，或自下而上，（如角、室等宿。）或自東而西，（如虛、畢等宿。）或自西而東，（如氐、尾等宿。）或自中而左右旋轉，（如斗、牛等宿。）而以第一星作距星則各宿皆同，惟觜、參二宿相近。自古星躔分野皆觜宿在前、參宿在後，西法以參宿中三星之西一星作距星，則參宿在前、觜宿在後。今以參宿中三星之東一星作距星，則觜前參後，與古合。再查二十八宿分列四方，每方各七宿，星家分配七政，皆木、金、土、日、月、火、水爲序，東方七宿角、亢、氐、房、心、尾、箕，尾屬火，箕屬水；北方七宿斗、牛、女、虛、危、室、壁，室屬火，壁屬水；南方七宿井、鬼、柳、星、張、翼、軫，翼屬火，軫屬水，皆係火前水後，惟西方七宿若以奎、婁、胃、昴、畢、參、觜爲序，參屬水，觜屬火，則水前火後，與三方之序不協。今改觜前參後，則火前水後，與三方之序脗合。乾隆十七年十一月二十四日具奏奉旨，大學士會同九卿議奏，欽此。

大學士忠勇公臣傅恒等謹題，爲遵旨議奏事。乾隆十七年十一月二十六日內閣抄出和碩莊親王等具奏內開查《時憲書》內鋪註二十八宿值日，古法觜宿在前，參宿在後，自用西法以來改爲參宿在前，觜宿在後，乾隆五年欽天監修《協紀辨方書》奏稱星宿值日與算法疎密全無關涉，請依古改正，經大學士九卿議覆，二十八宿值日載在《時憲書》既於算法全無關涉，則亦不必更改等因在案，今臣等奉命重修《儀象志恒星經緯度表》，查明星座次第順序，改正參宿在後、觜宿在前，列於《恒星經緯度表》，恭候欽定。則乾隆十九年之《七政書》即用此表推算，若《時憲書》之值宿仍依參前觜後鋪註，則與《七政書》不能畫一，請以乾隆十九年爲始，依古觜前參後改正鋪註，則《七政書》之星度、《時憲書》之值宿皆一例順序矣。伏乞皇上聖鑒，勅下大學士九卿再行議覆施行，謹奏請旨。又夾片内開謹查二十八宿星次，或自下而上，如角、室等宿，或自東而西，如虛、畢等宿，或自西而東，如心、尾等宿，或自中而左右旋轉，如斗、牛等宿，而以第一星作距星，則各宿皆同，惟觜參二宿相近。自古星躔分野皆觜宿在前，參宿在後，西法以參宿中三星之西一星作距星，則參宿在前，觜宿在後。今以參宿中三星之東一星作距星，則觜前參後與古合。再查二十八宿分列四方，每方各七宿，星家分配七政皆木、金、土、日、月、火、水爲序，東方七宿角、亢、氐、房、心、尾、箕，尾屬火，箕屬水；北方七宿斗、牛、女、虛、危、室、壁，室屬火，壁屬水；南方七宿井、鬼、柳、星、張、翼、軫，翼屬火，軫屬水，皆係火前水後，惟西方七宿若以奎、婁、胃、昴、畢、參、觜爲序，參屬水，觜屬火，則水前火後，與三方之序不協。今改觜前參後，則火前水後，與三方之序脗合等因具奏。奉旨：大學士會同九卿議奏，欽此。欽遵抄出到部，該臣等會議，得周天躔度以二十八宿爲經星，經星之星數多寡不一，所占之度數亦廣狹不一，而前後相次總以各宿之第一星爲距星，此天象之自然，古今所不易也。其間惟觜、參二宿相距最近，觜止三星，形如品字，其所占之度狹。參有七星，三星平列於中，四星角出於外，其所占之度廣。古法以參宿中三星之東一星作距星，則觜前參後。康熙年間用《西法算書》，以參中三星之西一星作距星，遂改爲參前觜後。故《時憲書》内星宿值日亦依此序鋪註。乾隆五年欽天監修《協紀辨方書》，曾奏稱宿之距星惟人所指，星宿值日於算法疎密全無關礙，請依古改正。當經大學士九卿奉旨議覆，以星宿值日既於算法全無關礙，則既經康熙年間改定，今亦不必更改等因在案。惟是宿之距星惟人所指，而以星度考之，觜之占度本狹，古以觜在前則距參一度，而分野之度狹。參之占度本廣，古以參在後則距井十度三十六分，而分野之度廣。若如西法以參在前、以觜在後，是則參反距觜一度，而參宿距井之十度三十六分移而歸觜，似不如古法爲優，今莊親王等既奏稱奉命重修《儀象志恒星經緯度表》，查明星座次第順序，改正參宿在後、觜宿在前，列於恒星經緯度表，乾隆十九年之《七政書》即用此表推算，並《時憲書》之值宿亦依古觜前參後改正鋪註等語，是觜、參之前後現今依古改正，至《時憲書》之值宿雖與《七政書》算法全無關礙，而《七政書》乃《時憲書》之所從出，其鋪註列宿次第未便與推算之星度互異，應如所奏，請以乾隆十九年爲始《時憲書》之值宿依古改正，仍以觜前參後鋪註。觜、參之前後既經順序改正，與《恒星經緯度表》相合，則二十八宿分列四方，星家以七宿分配七政，皆木、金、土、日、月、火、水爲序者，西方七宿亦火前水後，與三方之序脗合矣。恭候命下之日令欽天監遵照辦理可也。再，此本係禮部主稿，合并聲明，臣等未敢擅便，謹題請旨。乾隆十七年十二月十四日題，本月十六日奉旨依議。欽此。

清·戴進賢《儀象考成》卷一　角宿

角宿二星，外增十五星，黄道赤道俱在辰宫。

平道二星，黄道赤道俱在辰宫。

天田二星，外增六星黄道赤道俱在辰宫。

周鼎三星，黄道在辰巳宫，赤道在辰宫。

進賢一星，外增九星，黄道赤道俱在辰宫。

天門二星，外增十一星，黄道赤道俱在辰宫。

平二星，外增三星，黄道在卯辰宫，赤道在辰宫。

庫樓十星，外增一星，黄道赤道俱在卯辰宫。

柱十一星，黄道赤道俱在卯辰宫。

衡四星，黄道在卯宫，赤道在辰宫。

南門二星，外增二星，黄道在卯宫，赤道在卯辰宫。

右共十一座四十一星，外增四十七星。

亢宿

亢宿四星，外增十二星黄道在卯宫，赤道在卯辰宫。

大角一星，外增一星，黄道在辰宫，赤道在卯宫。

右攝提三星，外增三星，黄道赤道俱在辰宫。

左攝提三星，外增三星，黄道在卯辰宫，赤道在卯宫。

折威七星，外增六星，黄道赤道俱在卯宫。

頓頑二星，外增一星，黄道赤道俱在卯宫。

陽門二星，黄道赤道俱在卯宫。

右共七座二十二星，外增二十六星。

氐宿

氐宿四星，外增二十九星，黄道赤道俱在卯宮。

亢池四星，黄道在辰宮赤道在卯辰宮。

帝席三星，外增一星，黄道赤道俱在辰宮。

梗河三星，外增五星，黄道在卯辰宮，赤道在卯宮。

招摇一星，黄道在辰宮，赤道在卯宮。

天乳一星，外增三星，黄道赤道俱在卯宮。

天輻二星，外增一星，黄道赤道俱在卯宮。

陣車三星，外增二星，黄道赤道俱在卯宮。

騎官十星，黄道赤道俱在卯宮。

車騎三星，黄道赤道俱在卯宮。

將軍一星，黄道赤道俱在卯宮。

右共十一座三十五星，外增四十一星。

房宿

房宿四星，外增六星，黄道赤道俱在卯宮。

鈎鈐二星，附房宿爲一座，黄道在寅宮，赤道在卯宮。

鍵閉一星，黄道在卯宮，赤道在寅宮。

罰三星，外增三星，黄道在卯宮，赤道在寅卯宮。

西咸四星，外增二星，黄道赤道俱在卯宮。

東咸四星，外增一星，黄道赤道俱在寅宮。

日一星，外增一星，黄道赤道俱在卯宮。

從官二星，外增一星，黄道赤道俱在卯宮。

右共七座，二十一星外增十四星。

心宿

心宿三星，外增八星，黄道赤道俱在寅宮。

積卒二星，黄道在寅宮，赤道在卯宮。

右共二座，五星外增八星。

尾宿

尾宿九星，外增一星，黄道赤道俱在寅宮。

神宮一星，附尾宿爲一座，黄道赤道俱在寅宮。

天江四星，外增十一星，黄道赤道俱在寅宮。

傅説一星，黄道赤道俱在寅宮。

魚一星，黄道赤道俱在寅宮。

龜五星，黄道赤道俱在寅宮。

右共五座，二十一星，外增十二星。

箕宿

箕宿四星，黄道赤道俱在丑寅宮。

糠一星，黄道赤道俱在寅宮。

杵三星，外增一星，黄道赤道俱在寅宮。

右共三座，八星，外增一星。

斗宿

斗宿六星，外增四星，黄道赤道俱在丑寅宮。

天籥八星，外增四星，黄道赤道俱在寅宮。

天弁九星，外增五星，黄道赤道俱在丑宮。

建六星，外增八星，黄道赤道俱在丑宮。

天雞二星，外增三星，黄道赤道俱在丑宮。

狗二星，外增六星，黄道赤道俱在丑宮。

狗國四星，黄道赤道俱在丑宮。

天淵三星，黄道赤道俱在丑宮。

農丈人一星黄道赤道俱在丑宮。

鼈十一星黄道赤道俱在丑宮。

右共十座，五十二星，外增三十星。

牛宿

牛宿六星，外增九星，黄道赤道俱在子丑宮。

天桴四星，外增二星，黄道在子丑宮，赤道在丑宮。

河鼓三星，外增九星，黄道赤道俱在丑宮。

右旗九星，外增十二星，黄道赤道俱在丑宮。

左旗九星，外增二十九星，黄道赤道俱在子丑宮。

織女三星，外增四星，黄道赤道俱在丑宮。

漸臺四星，外增六星，黄道赤道俱在丑宮。

輦道五星，外增九星，黃道在子丑宮，赤道在丑宮。
羅堰三星，外增一星，黃道赤道俱在子宮。
天田四星，黃道赤道俱在子宮。
九坎四星，黃道赤道俱在子宮。
右共十一座，五十四星，外增八十一星。

女宿

女宿四星，外增五星，黃道赤道俱在子宮。
離珠四星，外增一星，黃道赤道俱在子宮。
敗瓜五星，外增三星，黃道赤道俱在子宮。
瓠瓜五星，外增五星，黃道赤道俱在子宮。
天津九星，外增三十八星，黃道在亥子宮，赤道在子丑宮。
奚仲四星，外增七星，黃道在子宮，赤道在丑宮。
扶筐七星，外增四星，黃道在子丑宮，赤道在丑宮。
十二國，十六星，周二星秦二星代二星趙二星越一星齊一星楚一星鄭一星魏一星韓一星晉一星燕一星外代增二星黃道赤道俱在子宮
右共八座五十四星外增六十五星

虚宿

虚宿二星，外增八星，黃道赤道俱在子宮。
司命二星，黃道赤道俱在子宮。
司祿二星，外增二星，黃道赤道俱在子宮。
司危二星，黃道赤道俱在子宮。
司非二星，外增二星，黃道赤道俱在子宮。
哭二星，外增四星，黃道赤道俱在子宮。
泣二星，外增二星，黃道在亥子宮，赤道在亥宮。
離瑜三星，外增三星，黃道赤道俱在子宮。
天壘城十三星，黃道赤道俱在子宮。
敗臼四星，外增一星，黃道在子宮，赤道在亥子宮。
右共十座三十四星外增二十二星

危宿

危宿三星，外增十一星，黃道在亥子宮，赤道在子宮。
墳墓四星附危宿爲一座，外增四星，黃道赤道俱在亥宮。
蓋屋二星，黃道赤道俱在子宮。
虚梁四星，黃道赤道俱在亥宮。
天錢五星，外增四星，黃道赤道俱在子宮。
人四星，外增四星，黃道在亥子宮，赤道在子宮。
杵三星，外增二星，黃道在亥宮，赤道在亥子宮。
臼四星，外增五星，黃道在亥宮，赤道在亥子宮。
車府七星，外增十九星，黃道在戌亥宮，赤道在亥子宮。
造父五星，外增五星，黃道在戌宮，赤道在亥子宮。
天鉤九星，外增十六星，黃道在酉戌宮，赤道在亥子宮。
右共十座五十星，外增七十星。

室宿

室宿二星，外增七星，黃道赤道俱在亥宮。
離宮六星，附室宿爲一座，外增八星，黃道赤道俱在亥宮。
螣蛇二十二星，外增十四星，黃道在戌亥宮，赤道在亥子宮。
雷電六星，外增八星，黃道赤道俱在亥宮。
土公吏二星，黃道赤道俱在亥宮。
壘壁陣十二星，外增七星，黃道赤道俱在亥子宮。
羽林軍四十五星，黃道赤道俱在亥子宮。
天綱一星，黃道在子宮，赤道在亥宮。
北落師門一星，黃道赤道俱在亥宮。
鈇鉞三星，外增二星，黃道赤道俱在亥宮。
八魁六星，黃道在亥宮，赤道在戌亥宮。
右共十座一百零六星，外增四十六星。

壁宿

壁宿二星，外增二十三星，黃道在戌宮，赤道在戌亥宮。
天廐三星，外增一星，黃道赤道俱在戌宮。
土公二星，外增十一星，黃道在戌宮，赤道在戌亥宮。
霹靂五星，外增八星，黃道赤道俱在亥宮。
雲雨四星，外增九星，黃道赤道俱在亥宮。

鈇鑕五星，黄道赤道俱在戌宫。
右共六座，二十一星，外增五十二星。
奎宿
奎宿十六星，外增二十二星，黄道赤道俱在戌宫。
王良五星，外增五星，黄道在酉宫，赤道在戌亥宫。
策一星，黄道在酉宫，赤道在戌宫。
附路一星，黄道在酉宫，赤道在戌宫。
軍南門一星，黄道在酉宫，赤道在戌宫。
閣道六星，外增五星，黄道赤道俱在酉戌宫。
外屏七星，外增十五星，黄道赤道俱在戌宫。
天溷四星，外增六星，黄道赤道俱在戌宫。
土司空一星，黄道在亥宫，赤道在戌宫。
右共九座，四十二星，外增五十三星。
婁宿
婁宿三星，外增十五星，黄道在酉戌宫，赤道在戌宫。
天大將軍十一星，外增十六星，黄道在酉宫，赤道在酉戌宫。
右更五星，外增五星，黄道赤道俱在戌宫。
左更五星，外增七星，黄道赤道俱在酉宫。
天倉六星，外增十八星，黄道在戌亥宫，赤道在戌宫。
天庾三星，外增三星，黄道在戌宫，赤道在酉戌宫。
右共六座，三十三星，外增六十四星。
胃宿
胃宿三星，外增五星，黄道赤道俱在酉宫。
大陵八星，外增二十星，黄道赤道俱在酉宫。
積尸一星，黄道赤道俱在酉宫。
天船九星，外增九星，黄道在申酉宫，赤道在酉宫。
積水一星，外增一星，黄道在申宫，赤道在酉宫。
天廩四星，外增二星，黄道赤道俱在酉宫。
天囷十三星，外增二十星，黄道赤道俱在酉戌宫。
右共七座三十九星，外增五十七星。

昴宿
昴宿七星，外增五星，黄道赤道俱在酉宫。
天阿一星，黄道赤道俱在酉宫。
月一星，外增一星，黄道赤道俱在酉宫。
卷舌六星，外增六星，黄道在申酉宫，赤道在酉宫。
天讒一星，黄道赤道俱在酉宫。
礪石四星，黄道在申宫，赤道在申酉宫。
天陰五星，外增四星，黄道赤道俱在酉宫。
芻藁六星，外增五星，黄道在戌宫，赤道在酉宫。
天苑十六星，外增十六星，黄道在酉戌宫，赤道在酉宫。
右共九座，四十七星，外增三十七星。
畢宿
畢宿八星，外增十三星，黄道赤道俱在申酉宫。
附耳一星，附畢宿爲一座，外增一星，黄道赤道俱在申宫。
天街二星，外增四星，黄道赤道俱在申宫。
天高四星，外增四星，黄道赤道俱在申宫。
諸王六星，外增四星，黄道赤道俱在申宫。
五車五星，外增十八星，黄道赤道俱在申宫。
柱九星，黄道赤道俱在申宫。
咸池三星，黄道赤道俱在申宫。
天潢五星，外增二星，黄道赤道俱在申宫。
天關一星，外增六星，黄道赤道俱在申宫。
天節八星，黄道赤道俱在申宫。
九州殊口六星，外增十星，黄道赤道俱在申酉宫。
參旗九星，外增十一星，黄道赤道俱在申宫。
九斿九星，外增五星，黄道赤道俱在申宫。
天園十三星，外增六星，黄道在酉戌亥宫，赤道在申酉戌宫。
右共十四座，八十九星，外增八十四星。
觜宿
觜宿三星，黄道赤道俱在申宫。

司怪四星，外增六星，黄道赤道俱在申宫。
座旗九星，外增十一星，黄道赤道俱在未宫。
右共三座，十六星，外增十七星。

參宿

參宿七星，外增三十七星，黄道赤道俱在申宫。
伐三星，附參宿爲一座，外增二星，黄道赤道俱在申宫。
玉井四星，外增二星，黄道赤道俱在申宫。
軍井四星，外增一星，黄道赤道俱在申宫。
屏二星，黄道赤道俱在申宫。
厠四星，外增七星，黄道赤道俱在申宫。
屎一星，黄道赤道俱在申宫。
右共六座，二十五星，外增四十九星。

井宿

井宿八星，外增十七星，黄道赤道俱在未宫。
鉞一星，附井宿爲一座，外增一星，黄道赤道俱在申宫。
水府四星，外增八星，黄道赤道俱在未申宫。
天罇三星，外增九星，黄道赤道俱在未宫。
五諸侯五星，外增五星，黄道赤道俱在未宫。
北河三星，外增四星，黄道赤道俱在未宫。
積水一星，黄道赤道俱在未宫。
積薪一星，外增三星，黄道赤道俱在未宫。
水位四星，外增十一星，黄道赤道俱在未宫。
南河三星，外增十星，黄道赤道俱在未宫。
四瀆四星，外增六星，黄道赤道俱在未宫。
闕邱二星，外增七星，黄道赤道俱在未宫。
軍市六星，外增五星，黄道赤道俱在未宫。
野雞一星，黄道赤道俱在未宫。
天狼一星，外增五星，黄道赤道俱在未宫。
丈人二星，黄道赤道俱在申宫。
子二星，外增一星，黄道赤道俱在申宫。
孫二星，外增四星，黄道赤道俱在未申宫。
老人一星，外增四星，黄道赤道俱在未宫。
弧矢九星，外增二十四星，黄道在午未宫，赤道在未宫。
右共十九座，六十三星，外增一百二十四星。

鬼宿

鬼宿四星，外增十八星，黄道赤道俱在午宫。
積尸氣一星，外增三星，黄道赤道俱在午宫。
爟四星，外增十一星，黄道赤道俱在未宫。
外厨六星，外增十七星，黄道赤道俱在午宫。
天記一星，外增二星，黄道在巳宫，赤道在午宫。
天狗七星，黄道在巳午宫，赤道在午宫。
天社六星，外增五星，黄道在辰巳午宫，赤道在午宫。
右共六座二十九星，外增五十七星。

柳宿

柳宿八星，外增十星，黄道赤道俱在午宫。
酒旗三星，外增五星，黄道赤道俱在午宫。
右共二座，十一星，外增十五星。

星宿

星宿七星，外增十五星，黄道赤道俱在午宫。
天相三星，外增十二星，黄道在巳宫，赤道在巳午宫。
軒轅十七星，外增五十七星，黄道赤道俱在巳午宫。
内平四星，外增十一星，黄道在午宫，赤道在巳午宫。
右共四座，三十一星，外增九十五星。

張宿

張宿六星，外增四星，黄道赤道俱在巳午宫。
右一座六星，外增四星。

翼宿

翼宿二十二星，外增七星，黄道在辰巳宫，赤道在巳宫。
右一座二十二星，外增七星。

軫宿

軫宿四星，外增五星，黃道在辰宮，赤道在辰巳宮。

右轄一星，附軫宿爲一座，黃道在辰宮，赤道在巳宮。

左轄一星，附軫宿爲一座，黃道赤道俱在辰宮。

長沙一星，附軫宿爲一座，黃道赤道俱在辰宮。

青邱七星，外增三星，黃道在辰宮，赤道在巳宮。

右共二座十四星，外增八星。

總計三垣二十八宿共二百七十七座一千三百一十九星，外增一千六百一十四星。按《天文步天歌》角宿内柱十五星，今少四星。氐宿内亢池六星，今少二星。騎官二十七星，今少十七星。心宿内積卒十二星，今少十星。斗宿内天淵十星，今少七星。鼈十四星今少三星。牛宿内天田九星，今少五星。九坎九星，今少五星。女宿内離珠五星，今少一星。危宿内天錢十星，今少五星。人五星，今少一星。室宿内八魁九星，今少三星。壁宿内天厩十星，今少七星。奎宿内天溷七星，今少三星。畢宿内九州殊口九星，今少三星。井宿内軍市十三星，今少七星，共少八十三星。星宿内天稷五星，張宿内天廟十四星，翼宿内東甌五星，軫宿内軍門二星，土司空四星，器府三十二星，共六座六十二星今無。

清・王家弼《天學闡微》卷二 前朱鳥而後玄武，左青龍而右白虎。

經言朱鳥、玄武、青龍、白虎者，其名見此。此以四獸畫之於旗，立於軍之前後左右，以象天體之周旋也。青龍在左，左東方也，壽星、大火、析木之分主之。白虎在右，右西方也，降婁、大梁、實沈之分主之。朱雀在前，前南方也，鶉首、鶉火、鶉尾之分主之。玄武在後，後北方也，星紀、玄枵、娵訾之分主之。所以謂之朱鳥者，柳爲鳥注。注者，朱鳥之喙也。七星頸爲員官。頸，朱鳥頸也。員官，嚨喉也。張爲素，素即嗉，鳥受食之處也。翼爲羽翮，朱鳥之翼也。其宮曰鶉首、鶉火、鶉尾，鶉即朱鳥，巧鳳也。所以謂之青龍者，角二星象角，故一名龍角，氐、房、心象龍身，心即其當心之處，尾宿即龍尾也。所以謂之玄武者，子曰玄枵。枵者，虛也，即虛危也。又象龜蛇，爲玄武也。所以謂之白虎者，奎曰封豕，參爲白虎，三星直者是爲衡，其外四星，左右肩股也。小三星曰觜觿，爲虎首也。是四獸者皆以星象而得名也。南方色朱，東方色青，北方色玄，西方色白，名以四獸而係以色，其義亦取象於四方也。南曰前，北曰後，東曰左，西曰古，專以南面之象言之，蓋北極亦倚北而嚮南也。後世堪輿家概謂左龍右虎、前鳥後武，有不問其爲東、爲西、爲南、爲北者，俗論固不足道。至曆家以冬至日躔星紀，夏至日躔鶉首，春分日躔降婁，秋分日躔壽星。今之星紀，箕也，龍而非武。今之鶉首，參也，虎而非鳥。今之降婁，壁也，武而非虎。今之壽星，翼也，鳥而非龍。歷年既多，歲差益遠，左不必龍而龍非青，右不必虎而虎非白，前不必鳥而鳥非朱，後不必武而武非玄，名實不既紊乎？竊謂日躔星紀云云，以無形之宮度言之，語赤道則爲宗動之位，語黃道則爲日輪之天，而二十八宿之分佈四方者，又別於列宿。天自成宮度，而與赤道、黃道之宮度，論其相入之淺深，相距之遠近，庶幾其並行而不悖乎！

又 二十有八星之位

二十八星東方角、亢、氐、房、心、尾、箕，北方斗、牛、女、虛、危、室、壁，西方奎、婁、胃、昴、畢、觜、參，南方井、鬼、柳、星、張、翼、軫。今法角宿二星，黃道、赤道俱在辰宮。亢宿四星，黃道在卯宮，赤道在卯、辰宮。氐宿四星，黃道、赤道俱在卯宮。房宿四星，黃道、赤宮俱在卯宮。心宿三星，黃道、赤道俱在寅宮。尾宿九星，黃道、赤道俱在寅宮。箕宿四星，黃道、赤道俱在丑、寅宮。斗宿六星，黃道赤道俱在丑、寅宮。牛宿六星，黃道、赤道俱在子、丑宮。女宿四星，黃道、赤道俱在子宮。虛宿二星，黃道赤道俱在子宮。危宿三星，黃道在亥、子宮，赤道在子宮。室宿二星，黃道、赤道俱在亥宮。壁宿二星，黃道在戌宮，赤道在戌、亥宮。奎宿十六星，黃道、赤道俱在戌宮。婁宿三星，黃道在酉、戌宮，赤道在戌宮。胃宿三星，黃道、赤道俱在酉宮。昴宿七星，黃道、赤道俱在酉宮。畢宿八星，黃道、赤道俱在申、酉宮。觜宿三星，黃道、赤道俱在申宮。參宿七星，黃道、赤道俱在申宮。井宿八星，黃道、赤道俱在未宮。鬼宿四星，黃道、赤道俱在午宮。柳宿八星，黃道、赤道俱在午宮。星宿七星，黃道、赤道俱在午宮。張宿六星，黃道、赤道俱在巳、午宮。翼宿二十二星，黃道在辰、巳宮，赤道在巳宮。軫宿四星，黃道在辰宮，赤道在辰、巳宮。又推道光甲申黃道經緯，角一辰宮二十一度二十五分，南一度五十九分；亢一卯宮二度四分，北二度五十八分；氐一卯宮十二度四十一分，北初度二十六分；房一寅宮初度三十二分，南五度二十三分；心一寅宮五度二十三分，南三度五十五分；尾一寅宮十三度三十八分，南十五度；箕一寅宮二十八度五十分，南六度三十分；斗一丑宮七度四十六分，南三度五十分；牛一子宮一度三十九分，北四度四十一分；女一子宮九度十九分，北八度十分；虛一子宮二十度五十九分；北八度四十二分；危一亥宮初度五十六分，北十度四十二分；室一亥宫二十一度三分，北十九度二十六分；壁一戌宫六度四十四分，北十二度三十五分；奎一戌宫二十度，北十五度十八分；婁一酉宫一度三十二分，北八度二十九分；胃一酉宫十四度三十分，北十一度十六分；昴一二十六度五十九分，北四度；畢一申宫六度三分，南三度；觜一申宫二十一度十六分，南十三度二十五分；參一申宫二十二度十五分，南二十五度二十分；井一未宫二度五十二分，南初度五十三分；鬼一午宫三度十九分，南初度四十八分；柳一午宫七度五十三分，南十二度二十七分；星一午宫二十四度五十二分，南二十二度二十四分；張一巳宫三度十七分，南二十六度十二分；翼一巳宫二十一度二十一分，南二十二度四十一分；軫一辰宫八度十九分，南十四度二十五分。緯度終古不變，經度每歲東行五十一秒。赤道經緯當用黄赤經緯互推法推之，赤道經度每歲各星遷改不同，而緯度或加或減，又因黄道斜絡之勢而度分多變動不居焉。

清·何君藩《步天歌》 二十八宿

·東方青龍

角宿

太微垣左兩星參，角宿微斜距在南。平道二星居左右，進賢一座道西探。五諸侯北有三星，周鼎爲名列足形。角上天田横兩顆，天門二數角南屏。兩箇平星近庫樓，衡星樓内四微勾。庫樓星十如垣列，十一紛披柱亂投。四楹内外竪衡南，東植雙楹北列三。西北兩珠皆庫外，南門星象地平含。

亢宿

角東亢宿四星符，距在中南象似弧。大角北瞻明一座，攝提左右各三珠。亢下横連七折威，陽門雙列直南扉。頓頑兩箇門東置，車騎諸星向氐歸。

氐宿

氐宿斜攲四角端，正西爲距亢東看。亢池大角微南四，帝席三星角北觀。梗河三數席之東，一顆招摇斗柄冲。天輻兩星當氐下，陣車三數輻四叢。騎官十箇頓頑南，騎陣將軍駐一驂。車騎三星臨地近，巴南天乳氐東探。

房宿

氐東房宿四偏南，距亦中南四直參。兩箇鉤鈐房左附，一珠鍵閉北東含。東西咸各四星披，房北還應左右窺。罰近西咸三數是，上當梁楚兩星歧。西咸勾下日星單，氐宿東南最易看。更向房西天輻左，迤南認取兩從官。

心宿

心當房左向堪稽，中座雖明距在西。好向東咸勾下認，三星斜倚象析析。房南直指兩星微，正界從官左畔歸。積卒斜瞻遥向處，恰當心二著清暉。

尾宿

尾蒞心南向徂東，九星勾折距西中。西南折處神宫附，傅説歧勾左畔充。勾東北視一星魚，北有天江四數居。江指尾中當宋下，龜星不見象非虚。

箕宿

尾東箕宿象其形，天市東南列四星。舌向西張當傅説，距爲西北本常經。尾勾正北一名糠，箕舌之西象簸揚。南置杵星臨地近，象因常隱不須詳。

北方玄武

斗宿

斗宿依稀北斗形，衡中缺一六珠熒。箕之東北當東海，正界魁衡是距星。斗西天籥八星圜，南海魚星兩界間。東海迤東天弁是，徐南九顆折三彎。建星曲六弁南迎，建左天雞兩直行。兩狗建南俱斗右，四星狗國又東傾。農丈人居斗下壘，鱉星十一丈人前。鱉東三數天淵是，半爲塵蒙象未全。

牛宿

六數交加宿號牛，正中爲距斗東求。南三北二皆攢聚，羅堰三星宿左修。堰南四顆是天田，九坎田形近地邊。牛北横三翹一者，天桴象與右旗牽。右旗曲折界齊東，河鼓斜三左畔冲。北列左旗形亦曲，旗皆九數鼓居中。天紀迤東天棓南，星名織女數爲三。漸臺四址中山左，輦道臺東五數參。

女宿

四星女宿對天桴，堰北牛東向不殊。距在西南應誌認，北迤斜四是離珠。敗瓜五數瓠瓜同，再北天津九類弓。七數扶筐天棓左，四爲奚仲界筐東。女宿迤南列國臻，越東一鄭兩周循。周東趙二南齊一，北列雙星並屬秦。趙東楚魏各星單，代列秦東兩數看。代右魏東三角似，南燕東晉北爲韓。

虚宿

兩星遥接略斜參，虚宿爲名距在南。北指司非星兩顆，司危亦二向東探。正東司禄兩星横，司命雙星禄下呈。天壘城依秦代北，十三環曲宿南營。列國迤南坎北區，三星略折號離瑜。瑜東敗臼南傾墜，四數微張若仰盂。天壘維東向好參，哭星兩箇近城南。哭東二數星名泣，危宿之南位易探。

危宿

危宿彎三禄左屏，折中東企距南星。商迤蓋屋星連二，墳墓居東四渺冥。危北人星略向西，天津南左四星棲。臼當人北東迤四，杵立三星臼上提。天津東北七星勾，車府爲名杵北修。造父五星車府北，北瞻九數是天鉤。蓋屋微東墳墓前，虚梁四數向東偏。天錢五箇離瑜左，哭泣迤南敗臼邊。

室宿

危東上下兩珠瑩，距亦南星室宿名。雷電六星南向列，土公吏二電西營。離宫右四左雙珠，室宿之巔六數敷。旋繞螣蛇星廿二，北瞻造父略南紆。天綱敗臼左隅連，北落師門各一圓。壘壁陣星聯十二，虚梁哭泣各星前。八魁左陣六星躋，鈇鉞三星略向西。四十五星三作隊，羽林軍在陣南栖。

壁宿

東壁星當營室東，以南爲距數攸同。北瞻天厩三微左，南有雙星是土公。雷電微東位列前，星名霹靂五珠連。再南雲雨星爲四，俱在梁東陣上邊。壁宿東南向最遥，五星鈇鑕遠相要。壁南火鳥星連十，雖附南規象半昭。

西方白虎

奎宿

十六星聯莫擬形，壁東奎宿象晶瑩。南西三顆中爲距，南列微平七外屏。軍南門傍宿之巔，閣道東翹六數連。翹接遠通傳舍北，適當華蓋略東偏。閣道螣蛇兩界中，王良五數舍南充。策依良北星惟一，附路良南數亦同。八魁微北向東探，鈇鑕迤西位好參。天溷四星屏下置，土司空又溷之南。

婁宿

奎宿微南向徂東，三星婁宿距爲中。北迤天大將軍是，十一星聯狀似弓。左右更居宿兩傍，東西各五數堪詳。天倉六數穿天溷，天庾三星列在廂。

胃宿

婁左三星胃宿名，以西爲距著晶瑩。外屏正左天囷列，十有三星近左更。天廩囷東四舍修，大陵胃北八星勾。天船九泛陵東北，尸水分投積一籌。

昴宿

胃東昴宿七星臨，距亦當西向下尋。西一天阿東一月，西南五數是天陰。天困天庾兩廂中，芻藁交加六數充。天苑環營星十六，天困南畔藁之東。卷舌星當昴北緘，曲勾六數隱天讒。舌東月北斜方者，礪石爲名四數函。

畢宿

天廩迤東畢宿欹，距當東北八星歧。天街兩顆微居右，附耳微東一數隨。畢南天節八星彰，左列參旗九數揚。旗北天高星四顆，北瞻六數是諸王。諸王再北五車乘，內有天潢五數仍。三數咸池微後載，西三東六柱分承。參旗南向九斿援，旗左天關列一藩。斿右九州殊口六，苑南當地是天園。

觜宿

天關正下宿名觜，參宿之巔界兩歧。距是北星三緊簇，北東司怪四堪窺。天高司怪夾天關，共列諸王略次斑。北列座旗維數九，五車東北疊三彎。

參宿

觜南參宿七星昭，距在中東自古標。中下伐星三顆具，西南玉井四星僑。宿南軍井四西偏，前列屏星厠右邊。屏左厠星爲四數，一星名屎厠之前。

南方朱雀

井宿

參東向北八星存，西北先將井宿論。水府四星鄰井右，井東三數是天樽。一珠積水北河三，五位諸侯又在南。南有積薪樽左一，鉞星附距一珠含。井前水位四居東，四瀆居西數亦同。位下南河三數具，闕邱瀆下兩星冲。井南厠左一天狼，軍市狼南六數襄。市内野雞星一數，九星弧矢市南張。弧矢迤西兩箇孫，子星再右丈人尊。屎南左右星皆二，一老人星向莫論。

鬼宿

水位迤東鬼宿停，西南爲距四方形。積尸一氣中間聚，北視微西四爟星。鬼宿之前六外廚，廚南天狗七星圖。再南天社星應六，天記居東止一珠。

柳宿

外廚近北鬼之前，兩界之中略左偏。距是西星名柳宿，向南勾曲八星連。鬼宿之東列酒旗，向當柳宿北東基。軒轅略右須詳認，旗是三星向左披。

星宿

酒旗直下七星宫，星宿爲名距正中。天相三星居宿左，軒轅恰與上臺冲。軒轅十六象之旋，御女還應附在前。軒左內平猶近北，四星正在勢西邊。

張宿

軒轅南徂宿名張，天相之前近處望。星宿略東堪誌認，張爲六數象須詳。兩珠左右各分牽，中有斜方四略偏。方際西星應作距，東鄰翼宿式相連。

翼宿

張宿之東翼宿繁，太微右衛向南看。明堂正下重相疊，廿二星形未易觀。

南北星皆五數充，中如張六距攸同。接連上下之旋處，各有三星象最豐。

軫宿

太微垣下四星留，軫宿爲名翼左求。西北一星詳認距，翼南軫右七青邱。

軫爲方式象宜參，內附長沙一粒含。轄其兩星分左右，左依東北右西南。

清・錢塘《淮南子天文訓補注》卷上 中央曰鈞天，其星角、亢、氐。

元注：韓、鄭之分野也。

補曰：高誘云：鈞，平也，爲四方主。故曰鈞天。角、亢、氐，東方宿，韓鄭分野。

東方曰蒼天，其星房心尾。

補曰：高誘云：東方，二月建卯，木之中也，木，青色，故曰蒼天。房、心、尾，東方宿。房、心，宋分野；尾，箕，燕分野。

東北曰變天，其星箕、斗、牽牛。

元注：陽氣始作，萬物萌芽。故曰變天。尾、箕，一名析木，燕之分野；斗，吳之分野。牽牛一名星紀，越之分野。案莊刻本，陽氣始作十二字在越之分野句下，與此異。

補曰：彼注云東北水之季，陰氣所盡，陽氣所始，萬物向生，故曰變天。斗、牛，北方宿，尾、箕一名析木之津，燕之分野；斗、牛，吳、越分野。

北方曰元天，其星須女、虛、危、營室。

元注：虛、危一名玄枵，齊之分野。

補曰：彼注云北方十一月建子，水之中也。水色黑，故曰玄天。婺女亦越之分野；虛、危，齊分野；營室，衛分野。

西北方曰幽天，其星東壁、奎、婁。

元注：幽，陰也，西北季秋，將即於陰，故曰幽天也。營室、東壁，一名豕韋，衛之分野；奎、婁，一名降婁，魯之分野。案豕韋，莊刻本作承韋，疑復誤也。

補曰：彼注云西北金之季也，將即大陰，故曰幽天。東壁，北方宿，一名豕韋，衛之分野；奎、婁，西方宿，一名降婁，魯之分野。

西方曰顥天，其星胃、昴、畢。

元注：顥，白也，西方金色白，故曰顥天，或作昊。昴、畢，一名大梁，趙之分野。

補曰：彼注云西方八月建酉，金之中也。金色白，故曰顥天。昴、畢，西方宿，一名大梁，趙之分野。

西南方曰朱天，其星觜巂、參、東井。

元注：朱，陽也，西南爲少陽，故曰朱天。觜巂、參，一名實沈，晉之分野。

補曰：彼注云西南火之季也，爲少陽，故曰朱天。觜巂、參，一名實沈，晉之分野；東井，南方宿，一名鶉首，秦之分野。

南方曰炎天，其星輿鬼、柳、七星。

元注：柳、七星，周之分野，一名鶉火。案：七星下原寫本有張字，莊刻本無張宿分野在下東南方，此當是衍字，今刪。

補曰：彼注云南方五月建午，火之中也，火曰炎上，故曰炎天。輿鬼，南方宿，秦之分野；柳、七星，南方宿，一名鶉火，周之分野。

東南方曰陽天，其星張、翼、軫。

元注：東南純乾用事，故曰陽天。翼、軫，一名鶉尾，楚之分野。

補曰：彼注云東南木之季也，將即太陽，純乾用事，故曰陽天。張、翼、軫，南方宿，張、翼，周之分野；翼、軫，一名鶉尾，楚之分野。

藝 文

《詩經・唐風・綢繆》 綢繆束薪，三星在天。

今夕何夕，見此良人。

子兮子兮，如此良人何！

綢繆束芻，三星在隅。

今夕何夕，見此邂逅。

子兮子兮，如此邂逅何！

綢繆束楚，三星在户。

今夕何夕，見此粲者。子兮子兮，如此粲者何！

《楚辭·天問》 角宿未旦，曜靈安藏？

《楚辭·九章·惜往日》 情寃見之日明兮，如列宿之錯置。

漢·司馬相如《長門賦》 觀衆星之行列兮，畢昴出於東方。

宋·黄庭堅《二十八宿歌贈別無咎》 虎剥文章犀解角，食未下亢奇禍作。藥材根氐罹斸掘，蜜蟲奪房抱飢渴。有心無心材慧死，人言不如龜曳尾。衛平哆口無南箕，斗柄指日江使噫。狐腋牛衣同一燠，高丘無女甘獨宿。虚名挽人受實禍，累棋既危安處我。室中凝塵散髮坐，四壁矗矗見天下。奎蹄曲隈取脂澤，婁豬艾豭彼何擇。傾腸倒胃得相知，貫日食昴終不疑。古來畢命黄金臺，佩君一言等觜觿。月没參横惜相違，秋風金井梧桐落。故人過半在鬼録，柳枝贈君當馬策。歲晏星回觀盛德，張弓射雉武且力。白鷗之翼没江波，抽弦去軫君謂何。

宋·王邁《贈術士陳談天》 我生之辰日在亢，斗牛之宿暗無耀。獨有首尾二暴星，角立昴氐爭擊標。一生奇蹇良苦之，已分青雲輸年少。每逢星史説經躔，探手止之頭屢掉。談天一日叩齋扉，信口陽秋天下妙。數靈不用蓍草占，機秘時將道眼照。玄中巧奪君平胎，聖處深入渾沌竅。俗人籌星亂如麻，蠡測管窺工竊剽。聽君談唾如秦青，字字宫商合腔調。如何孤身無所賞，萍梗風波任浮漂。正緣苦泄造化機，真宰忌之神所誚。方知多技故多窮，風事綿然君莫笑。雖然知己豈無人，試往京城謁權要。一絲莫久蹄還灣，滄海六鰲待君釣。

雜録

《黄帝内經·靈樞經》 黄帝曰：「余願聞五十營奈何？」岐伯答曰：「天周二十八宿，宿三十六分；人氣行一周，千八分，日行二十八宿。人經脈上下左右前後二十八脈，周身十六丈二尺，以應二十八宿。」

又 黄帝問於岐伯曰：「願聞衛氣之行，出入之合，何如？」岐伯曰：「歲有十二月，日有十二辰，子午爲經，卯酉爲緯。天周二十八宿，而一面七星，四七二十八星。房昴爲緯，虚張爲經。是故房至畢爲陽，昴至心爲陰。陽主晝，陰主夜。故衛氣之行，一日一夜五十周於身，晝日行於陽二十五周，夜行於陰二十五周，周於五藏。」

晉·皇甫謐《甲乙經》卷一 曰：「衛氣之行出入之會何如？」曰：「歲有十二月，日有十二辰，子午爲經，卯酉爲緯。天一面七宿，周天四七二十八宿，房昴爲緯，張虚爲經，是故房至畢爲陽，昴至心爲陰。」

南朝宋·范曄《後漢書》卷二二《馬武傳》 論曰：中興二十八將，前世以爲上應二十八宿，未之詳也。

圖表

宋・王應麟《六經天文編》卷下　六家分星異同之譜

	班固《漢志》	陳卓魏太史	費直《説周易》	蔡邕《月令章句》	皇甫謐《帝王世紀》	一行
壽星	天文：角、亢、氐，沇州，自東井六度至亢六度。地理：韓地，角、亢、氐之分。	自軫十二度至氐四度，辰在辰，鄭分，兖州。	起軫七度。	起軫六度，白露，秋分。	自軫十二度至氐四度，韓分。	初軫十度，中角八度，終氐一度。
大火	天文：房、心，豫州。地理：宋地，房、心、之分。	自氐五度至尾九度，辰在卯，宋分，豫州。	起氐十一度。	起亢八度，寒露，霜降。	自氐五度至尾九度，宋分。	初氐二度，中房二度，終尾六度。
析木	天文：尾、箕，幽州。地理：燕地，尾、箕之分，自危四度至斗六度。	自尾十度至斗十一度，辰在寅，燕分，幽州。	起尾九度。	起尾四度，立冬，小雪。	自尾十度，至斗十度，燕分。	初尾七度，中箕九度，終斗八度。
星紀	天文：斗，江湖；牛、女，揚州。地理：吴地，斗分，越地，牛、女分。	自斗十二度至女七度，辰在丑，吴越分，揚州。	起斗十度。	起斗六度，大雪，冬至，越分。	自斗十一度至女七度，吴越分。	初斗九度，中斗二十四度，終女四度。
玄枵	天文：虚、危，青州。地理：齊地，虚、危之分。	自女八度至危十五度，辰在子，齊分，青州。	起女六度。	起女二度，小寒，大寒。	自女八度至危十六度，齊分。	初女五度，中虚九度，終危十二度。
娵訾一曰豕韋	天文：室、壁，并州。地理衛地，室壁之分。	自危十六度至奎四度，辰在亥，衛分，并州。	起危十四度。	起危十度，立春，驚蟄。	自危十七度至奎四度，衛分。	初危十三度，中室十二度，終奎一度。
降婁	天文：奎、婁、胃，徐州。地理：魯地，奎、婁之分。	自奎五度至胃六度，辰在戌，魯分，徐州。	起奎二度。	起奎八度，雨水，春分。	自奎五度至胃六度，魯分。	初奎二度，中婁一度，終胃三度。
大梁	天文：昴、畢，冀州。地理：趙地，昴畢、之分。	自畢七度至畢十一度，辰在酉，趙分，冀州。	起婁十度。	起胃一度，清明，穀雨。	自胃七度至畢十一度，趙分。	初胃四度，中昴六度，終畢九度。
實沈	天文：觜、参，益州。地理：魏地，觜、参之分。	自畢十二度至井十五度，辰在申，魏分，益州。	起畢九度。	起畢六度，立夏，小滿，晋分。	自畢十二度至井十五度，晋魏分。	初畢十度，中参七度，終井十一度。

（續　表）

	班固《漢志》	陳卓魏太史	費直《説周易》	蔡邕《月令章句》	皇甫謐《帝王世紀》	一行
鶉首	天文：井、鬼，雍州。地理：秦地，井、鬼之分，自井十度至柳三度。	自井十六度至柳八度，辰在未，秦分，雍州。	起井十二度。	起井十度，芒種，夏至。	自井十六度至柳八度，秦分。	初井十二度，中井二十七度，終柳六度。
鶉火	天文：柳、星、張，三河，自柳三度至張十二度。地理：周地，柳、星、張之分。	自柳九度至張十六度，辰在午，周分，三河。	起柳五度。	起柳三度，小暑，大暑。	自柳九度至張十七度，周分。	初柳七度，中星七度，終張十四度。
鶉尾	天文：翼、軫，荆州。地理：楚地，翼、軫之分。	自張十七度至軫十一度，辰在巳，楚分，荆州。	起張十二度。	起張十二度至軫六度，立秋，處暑。	自張十八度至軫十一度，楚分。	初張十五度，中翼十二度，終軫九度。

明·貝琳《七政推步》卷七

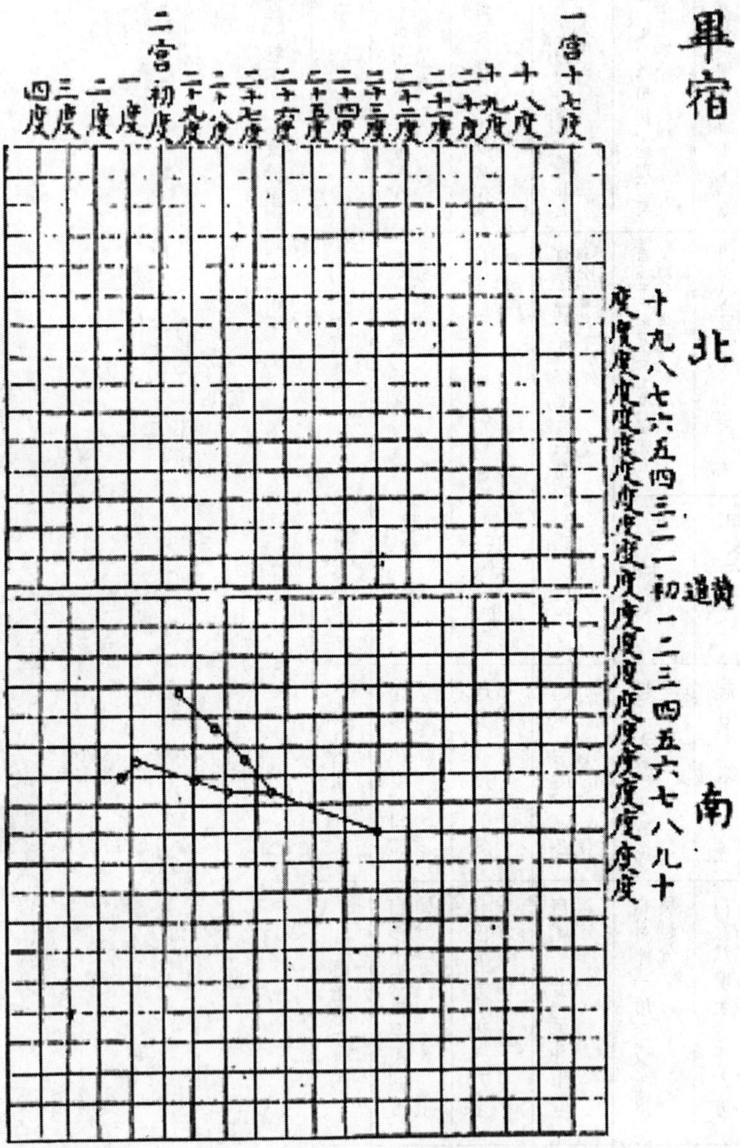

井宿

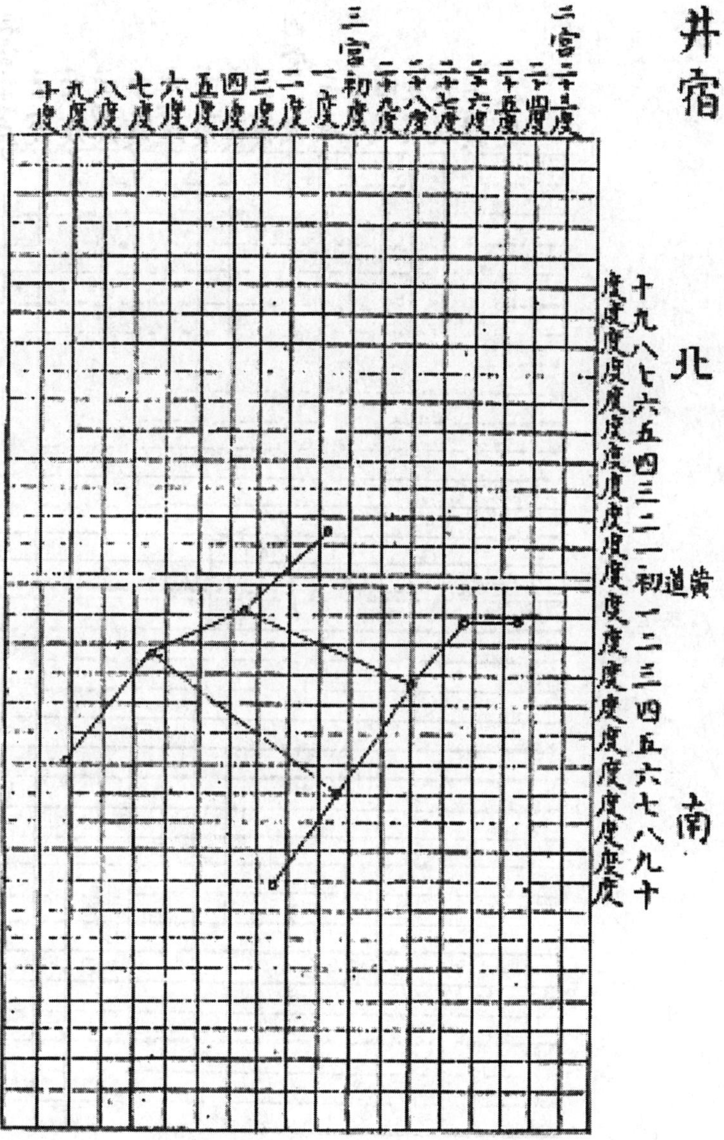
二宮二十三度
二十四度
二十五度
二十六度
二十七度
二十八度
二十九度
三宮初度
一度
二度
三度
四度
五度
六度
七度
八度
九度
十度
北
十度
九度
八度
七度
六度
五度
四度
三度
二度
一度
初度
黃道
一度
二度
三度
四度
五度
六度
七度
八度
九度
十度
南

鬼宿

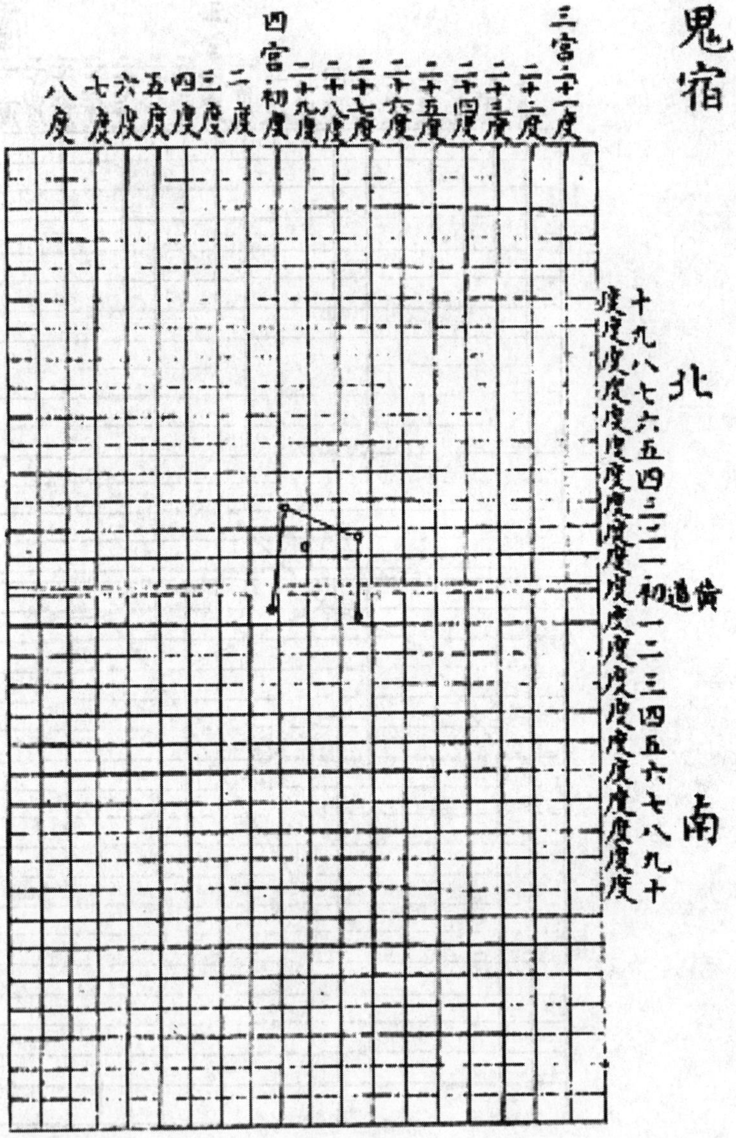
三宮二十一度
二十二度
二十三度
二十四度
二十五度
二十六度
二十七度
二十八度
二十九度
四宮初度
二度
三度
四度
五度
六度
七度
八度
北
十度
九度
八度
七度
六度
五度
四度
三度
二度
一度
初
黄道
一度
二度
三度
四度
五度
六度
七度
八度
九度
十度
南

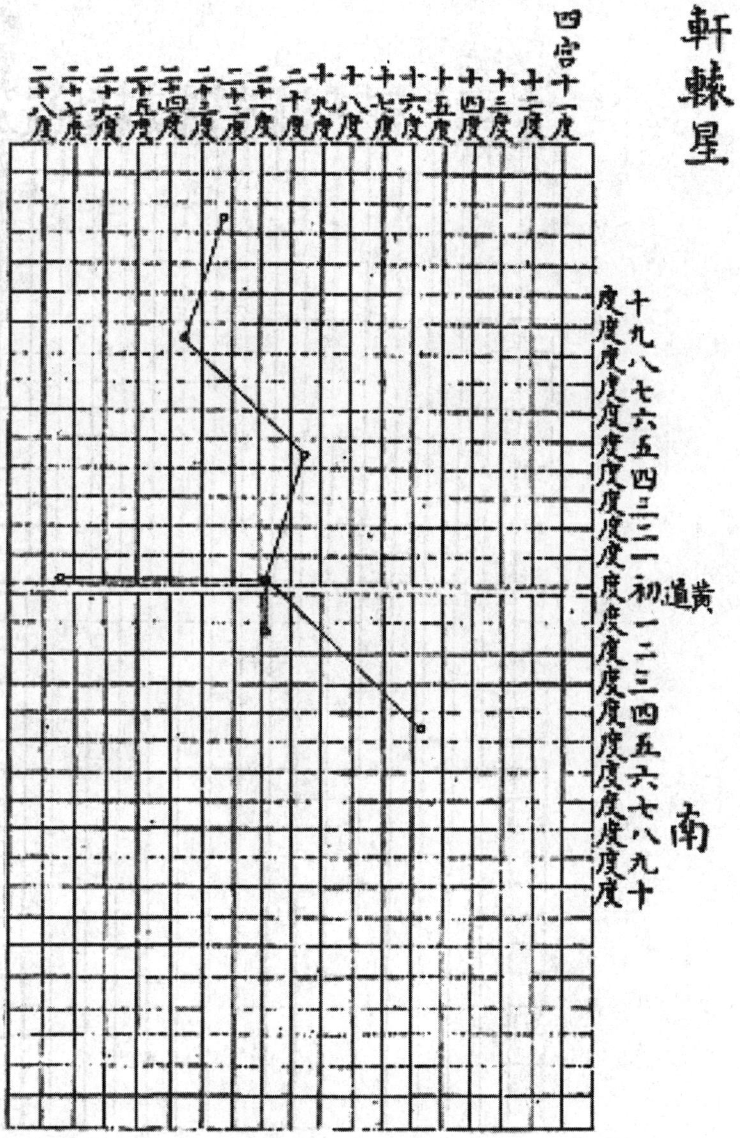
軒轅星
四宫十一度
南
黄道

角宿

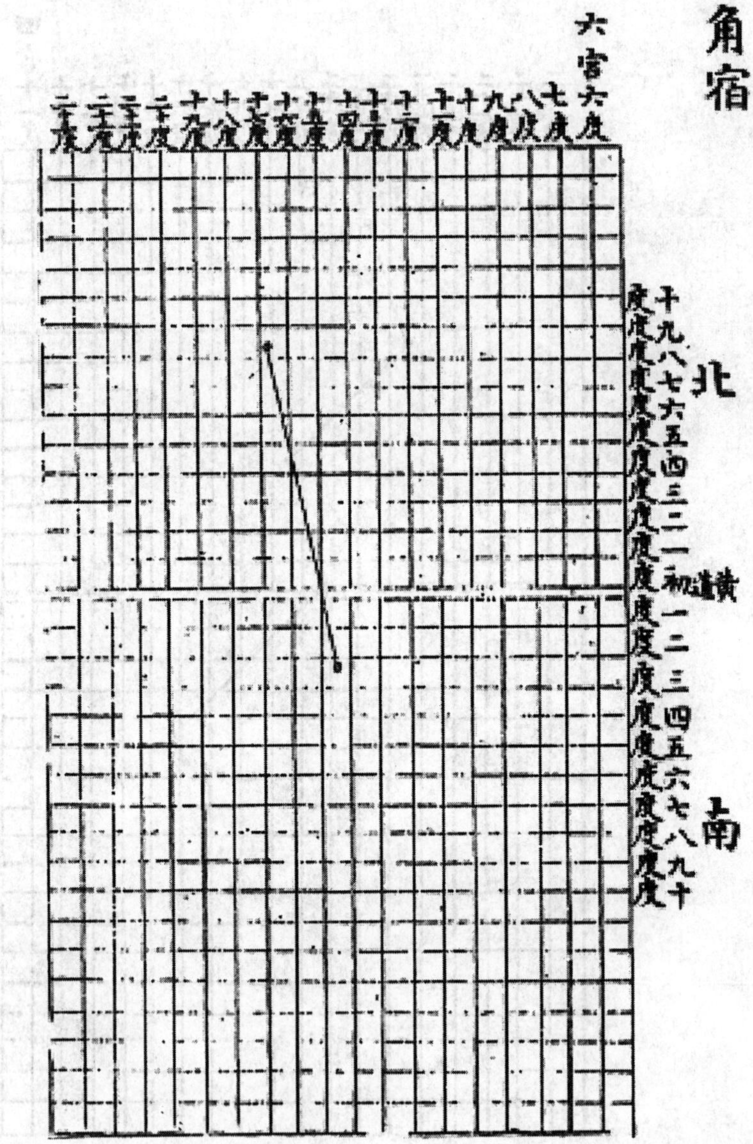

亢宿

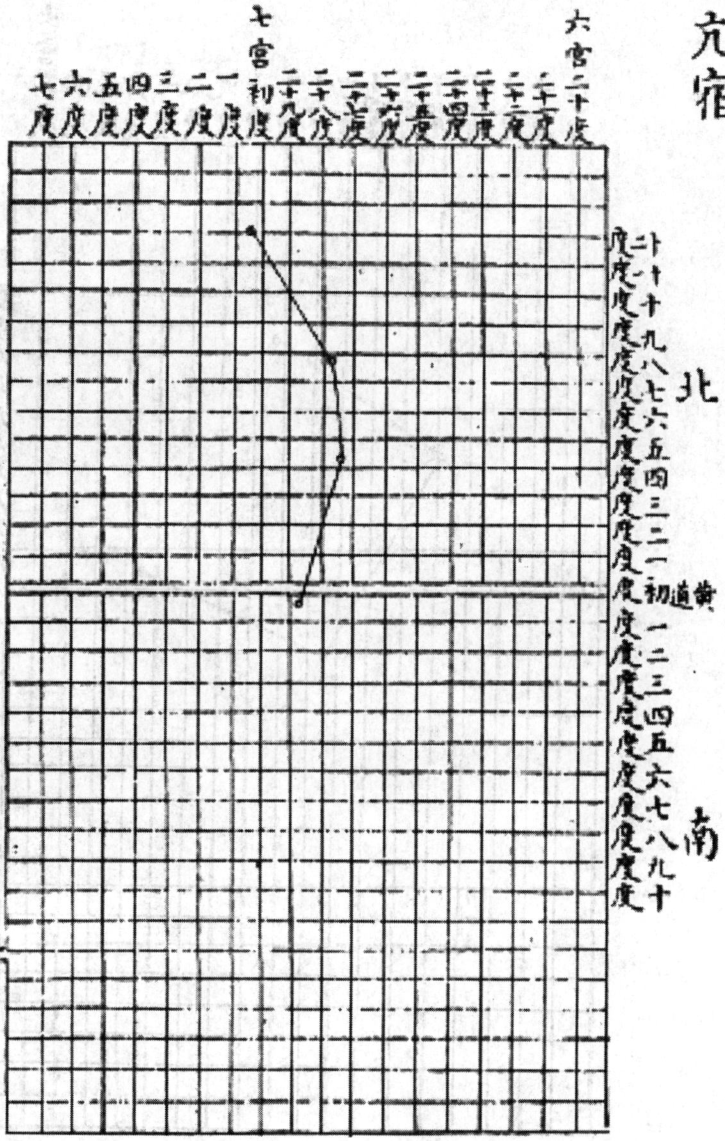

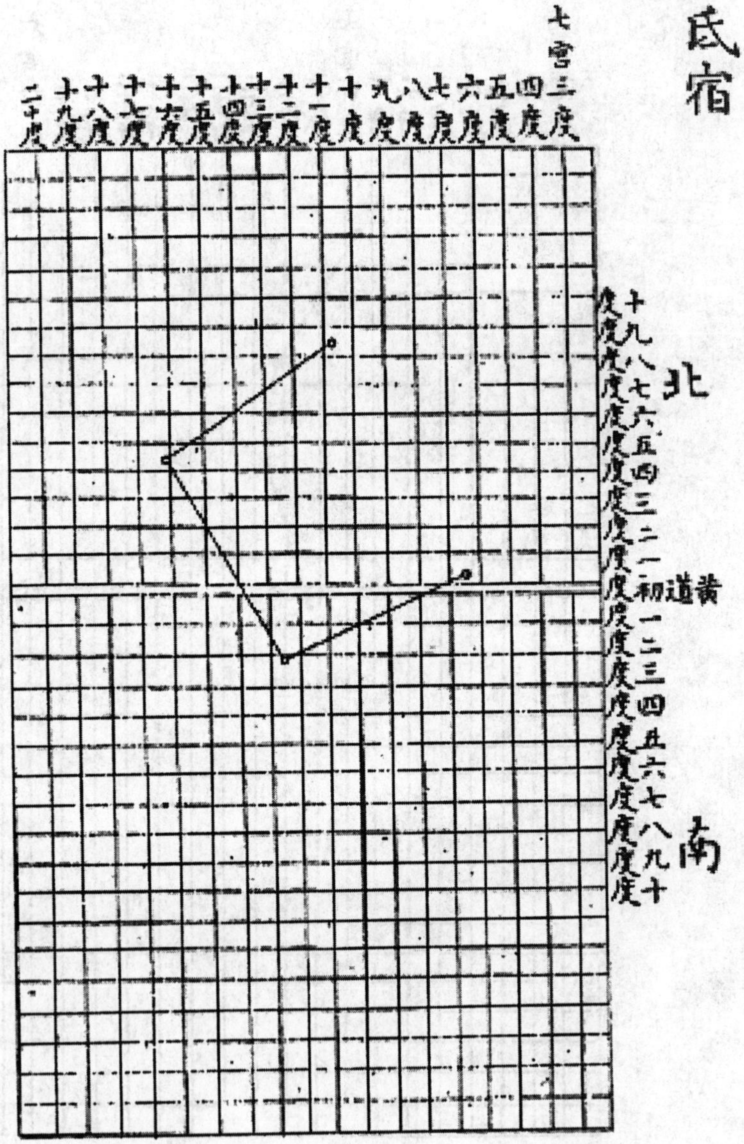
氐宿
七宮
三度
四度
五度
六度
七度
八度
九度
十度
十一度
十二度
十三度
十四度
十五度
十六度
十七度
十八度
十九度
二十度
北
十度
九度
八度
七度
六度
五度
四度
三度
二度
一度
黄道初度
一度
二度
三度
四度
五度
六度
七度
八度
九度
十度
南

房宿心宿

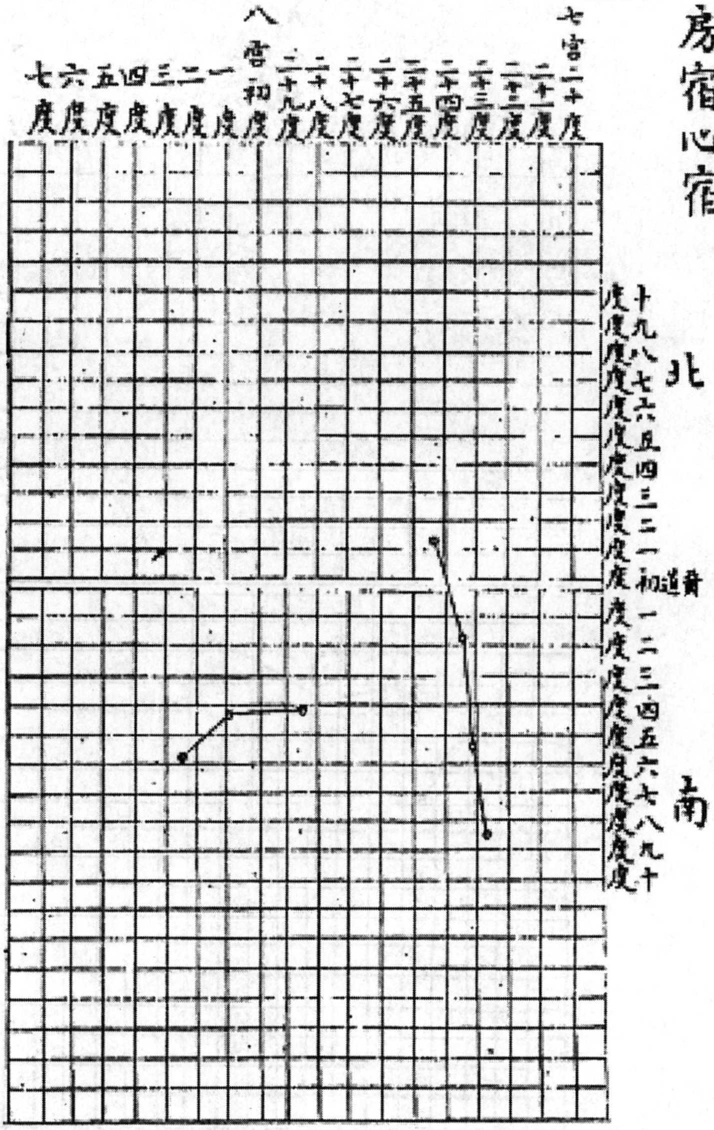
七宫二十度
二十一度
二十二度
二十三度
二十四度
二十五度
二十六度
二十七度
二十八度
二十九度
八宫初度
一度
二度
三度
四度
五度
六度
七度
北
十度
九度
八度
七度
六度
五度
四度
三度
二度
一度
初度
黄道
一度
二度
三度
四度
五度
六度
七度
八度
九度
十度
南

斗宿

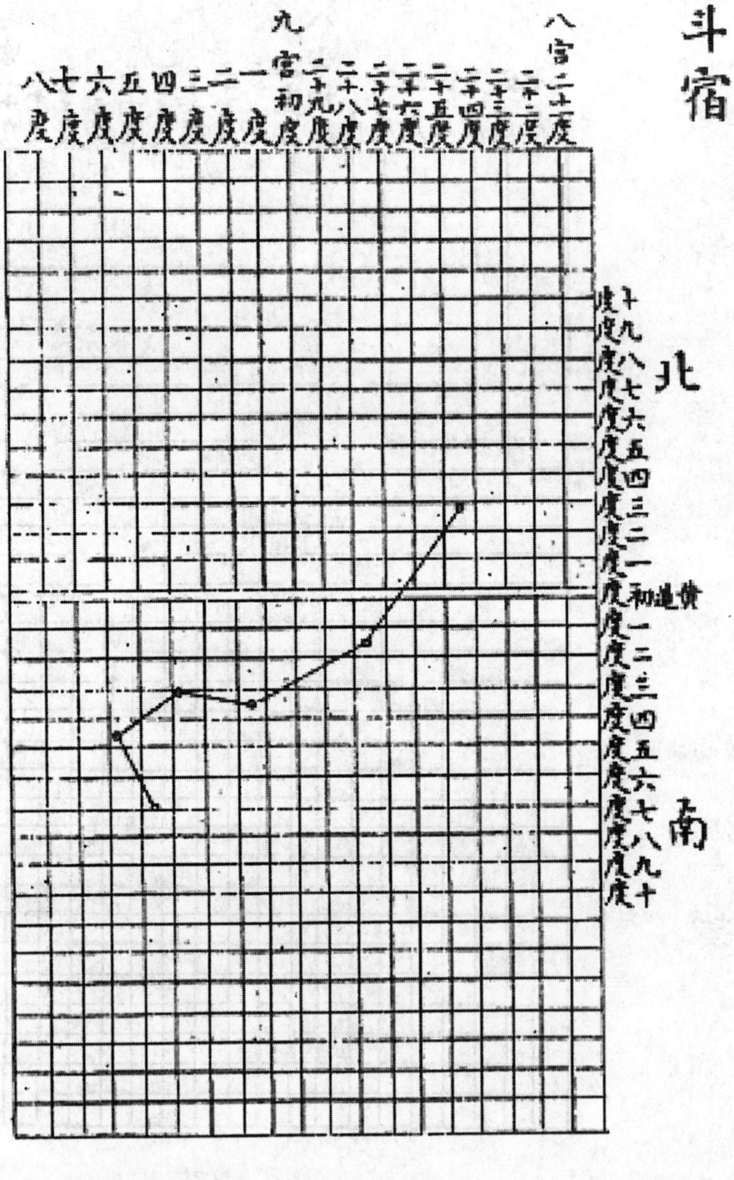
八宮二十一度
二十二度
二十三度
二十四度
二十五度
二十六度
二十七度
二十八度
二十九度
九宮初度
一度
二度
三度
四度
五度
六度
七度
八度
北
十度
九度
八度
七度
六度
五度
四度
三度
二度
一度
初度黃道
一度
二度
三度
四度
五度
六度
七度
八度
九度
十度
南

建星

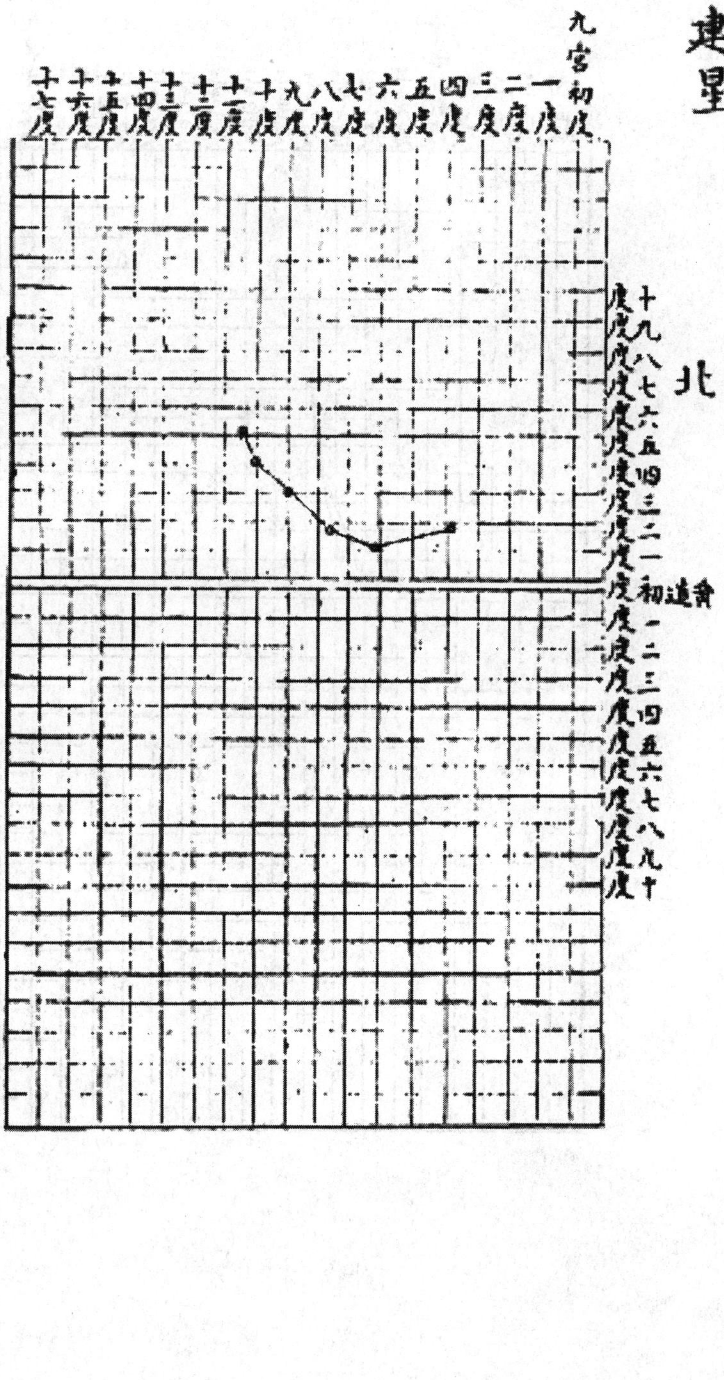
九宮初度
一度
二度
三度
四度
五度
六度
七度
八度
九度
十度
十一度
十二度
十三度
十四度
十五度
十六度
十七度
北
十度
九度
八度
七度
六度
五度
四度
三度
二度
一度
會道初度
一度
二度
三度
四度
五度
六度
七度
八度
九度
十度

牛宿

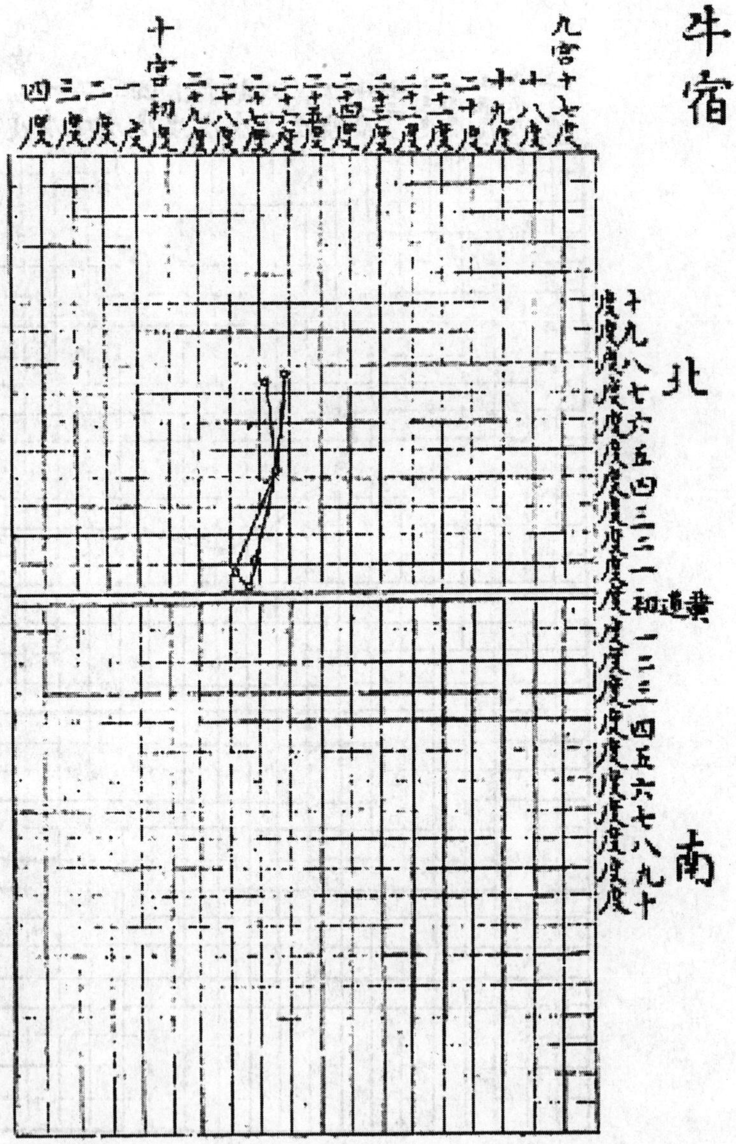
九宫十七度
十八度
十九度
二十度
二十一度
二十二度
二十三度
二十四度
二十五度
二十六度
二十七度
二十八度
二十九度
十宫初度
一度
二度
三度
四度
北
十度
九度
八度
七度
六度
五度
四度
三度
二度
一度
黄道初度
一度
二度
三度
四度
五度
六度
七度
八度
九度
十度
南

壘壁陣星

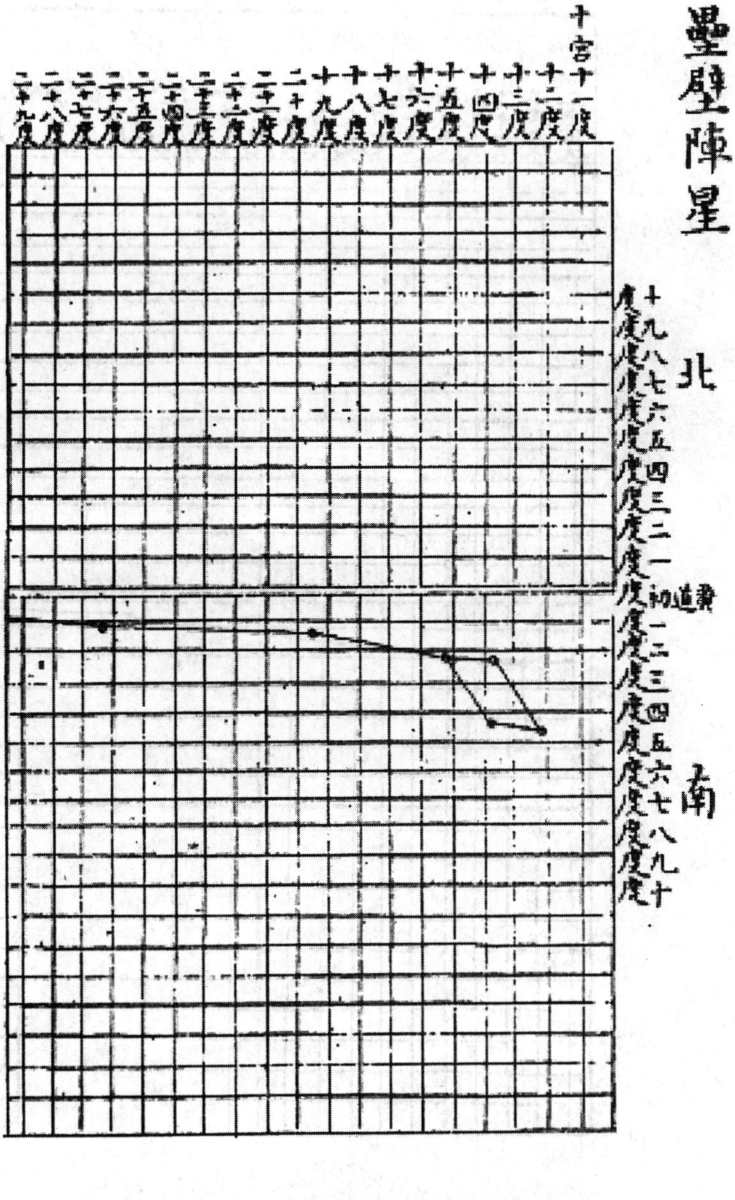
十宮
十一度
十二度
十三度
十四度
十五度
十六度
十七度
十八度
十九度
二十度
二十一度
二十二度
二十三度
二十四度
二十五度
二十六度
二十七度
二十八度
二十九度
北
十度
九度
八度
七度
六度
五度
四度
三度
二度
一度
初度
黃道
一度
二度
三度
四度
五度
六度
七度
八度
九度
十度
南

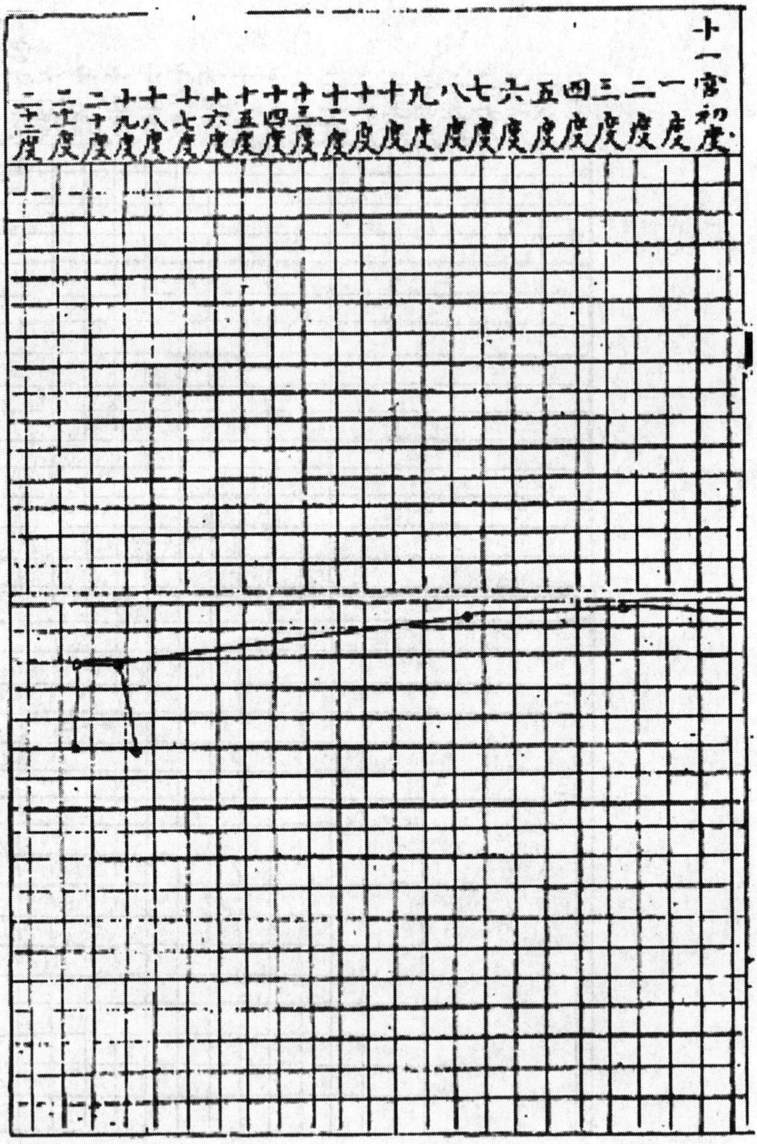
十一宮
初度
一度
二度
三度
四度
五度
六度
七度
八度
九度
十度
十一度
十二度
十三度
十四度
十五度
十六度
十七度
十八度
十九度
二十度
二十一度
二十二度

明・熊明遇《格致草・星經》 東宫蒼龍，房、心。心爲明堂，大星天王，前後子之屬。不欲直，直則天王失計。房爲府，曰天駟。其陰，右驂。旁有兩星曰衿，北一星曰轄。東北曲十二星曰旗，旗中四星曰天市，中六星曰市樓。市中星衆者實，其虚則耗。房南衆星曰騎官。左角，李。右角，將。大角者，大王帝庭。其兩旁各有三星句之，曰攝提。亢爲疏廟，主疾。其南北兩大星曰南門。氐爲天根，主疫。尾爲九子。箕爲敖客，曰口舌。火犯守角則有戰。房心，王者惡之也。按《天官書》列庫樓于軫南，軫與角比□懸象宜在角軫之界。

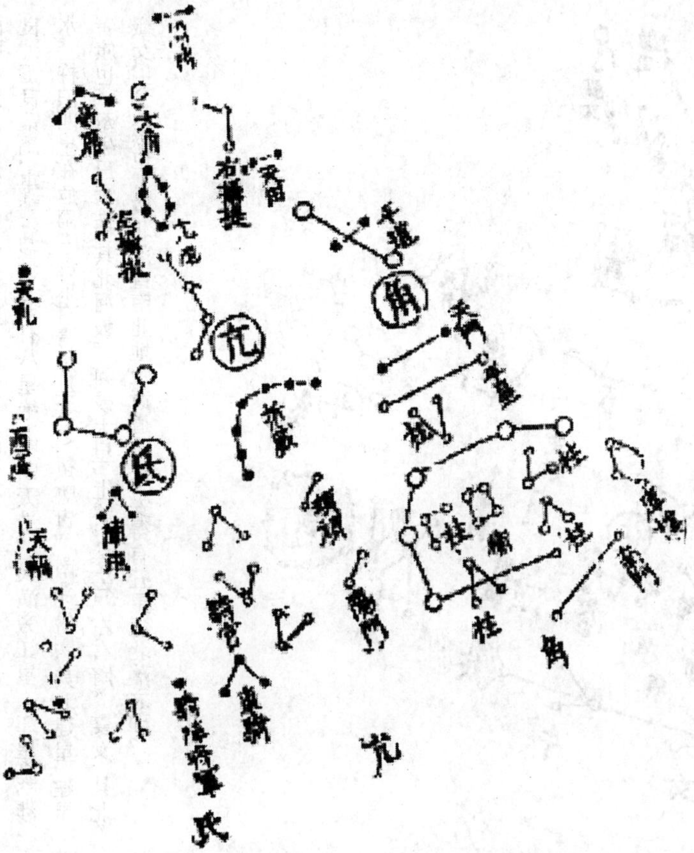

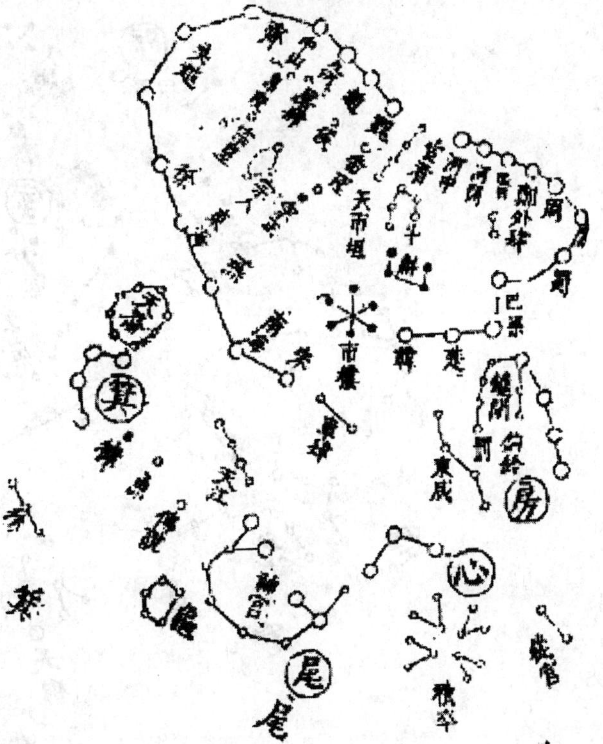

按《天宫書》曰東北曲星曰旗者，即周秦諸國大星也。

北宫玄武，虚、危。危爲蓋屋，虚爲哭泣之事。其南有衆星，曰羽林天軍。軍西爲壘，或曰鉞。旁有一大星爲北落。北落若微亡，軍星動角益希，及五星犯北落，入軍，軍起。火、金、水尤甚。火，軍憂。水，患。木、土，軍吉。危東六星，兩兩相比，曰司空。營室爲清廟，曰離宫、閣道。漢中四星曰天駟，旁一星曰王良。王良策馬，車騎滿野。旁有八星絶漢，曰天潢。天潢旁江星。江星動，涉水。杵臼四星在危南。匏瓜有青黑星守之，魚鹽貴。南斗爲廟，其北建星，建星者旗也。牽牛爲犧牲，其北河鼓。河鼓大星，上將。左右，左右將。婺女，其北織女，天女孫也。按北落直南北地距黄道□甚，安得有五星犯北落之理？

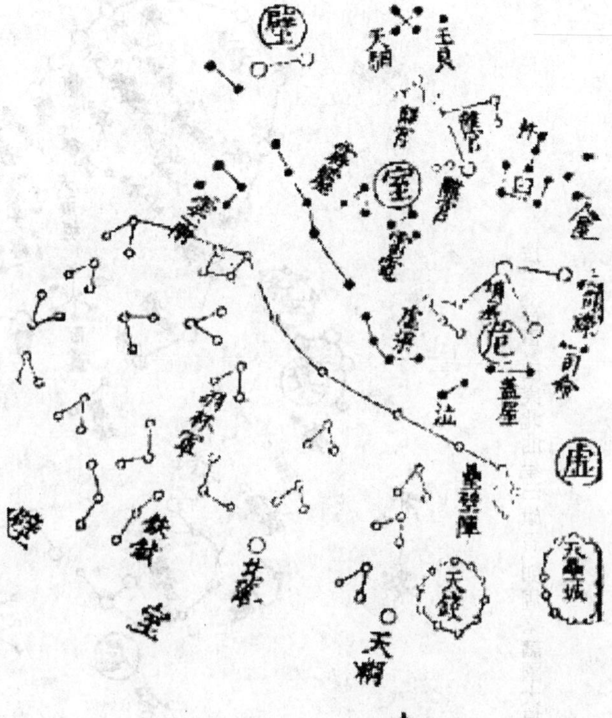

西官咸地，曰天五潢。五潢，五帝車舍。火入，旱。金，兵。水，水。中有三柱，柱不具，兵起。奎曰封豕，爲溝瀆。婁爲聚衆，胃爲天倉。其南衆星曰廥積。昴曰髦頭，胡星也，爲白衣會。畢曰罕車，爲邊兵，主弋獵。其大星旁小星爲附耳，附耳摇動有讒亂臣在側。昴畢間爲天街。其陰，陰國；陽，陽國。参爲白虎。三星直者，是爲衡石。下有三星，兑，曰罰，爲斬艾事。其外四星，左右肩股也。小三星隅置，曰觜觿，爲虎首，主葆旅事。其南有四星曰天厠。厠下一星曰天矢。矢黄則吉，青、白、黑凶。其西有句曲九星三處羅：一曰天旗，二曰天苑，三曰九游。其東有大星曰狼，賊。下有四星曰弧，直狼。比地有大星曰南極老人。老人見，治安。不見，兵起。常以秋分時候之于南郊。附耳入畢中，兵起。

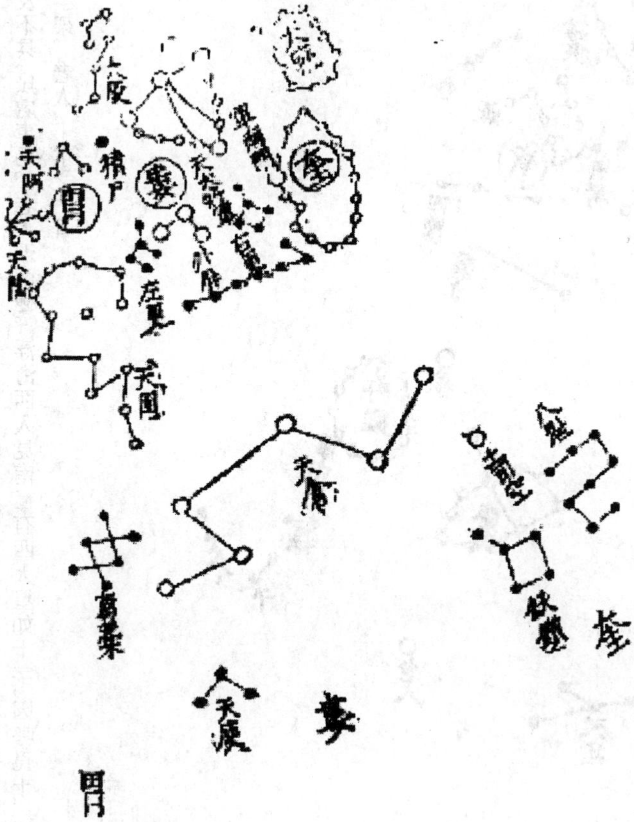

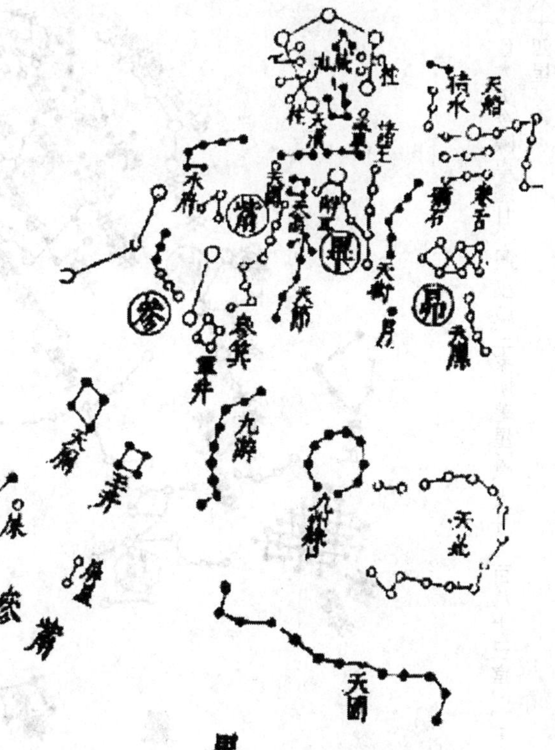

南官朱鳥，權、衡。衡，太微，三光之庭。匡衛十二星，藩臣：西，將；東，相；南四星，執法；中，端門；門左右，掖門。門内六星，諸侯。其内五星，五帝座。後聚一十五星，蔚然，曰郎位；傍一大星，將位也。日月五星順入軌道，司其出，所守，天子所誅也。其逆入，若不軌道，以所犯命之。中坐，成形，皆群下從謀也。金、火尤甚。廷藩西有隋星五，曰少微，士大夫。權，軒轅。軒轅，黄龍體。前大星女主象，旁小星御者後宫屬。月、五星守犯者，如衡占。東井爲水事。其西曲星曰鉞。鉞北，北河；南，南河。兩河、天闕間爲關梁。輿鬼，鬼祠事，中白者質。火守南北河，兵起，穀不登。故德成衡，觀成潢，傷成鉞，禍成井，誅成質。柳爲鳥注，主木草。七星，頸，爲員官，主急事。張，素，爲廚，主觴客。翼爲羽翮，主遠客。軫爲車，主風。其旁有一小星曰長水，星星不欲明。明與四星等，若五星入軫星中，兵大起。軫南衆星曰天庫樓，庫有五車，車星角若益衆，及不具，無處車馬。老人近南極。浮海西人見南極有四大星如十字，因呼爲十字架。老人，十字之一耳。

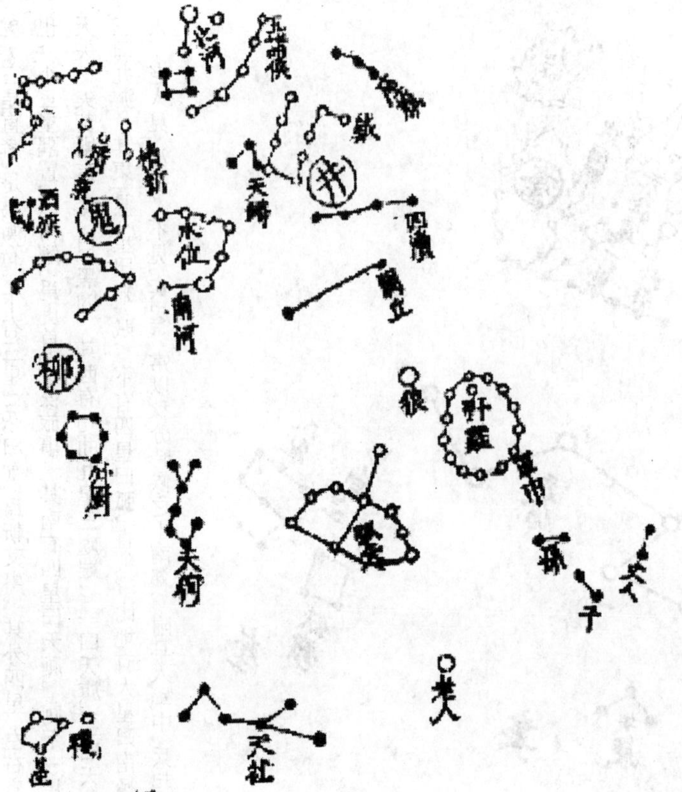

鬼　柳

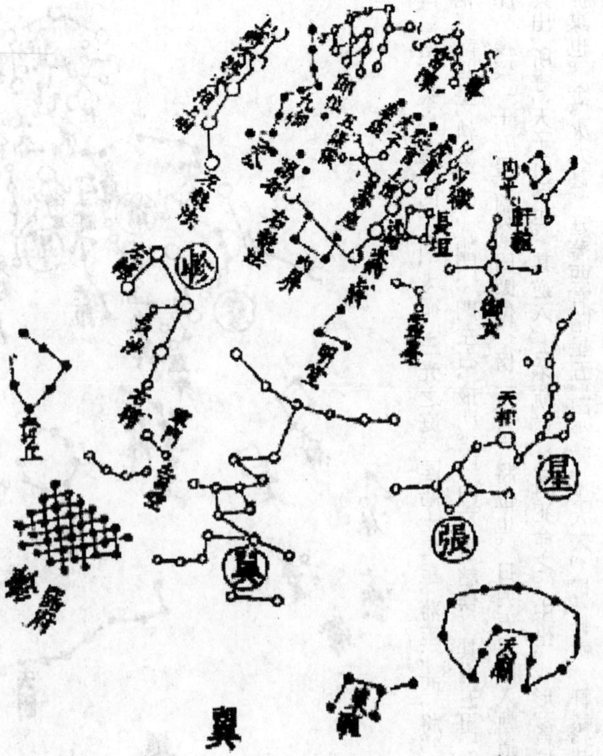

軫　翼

晉太史令陳卓總甘、石、巫咸三家所著星圖，大凡二百八十三官，一千四百六十四星。

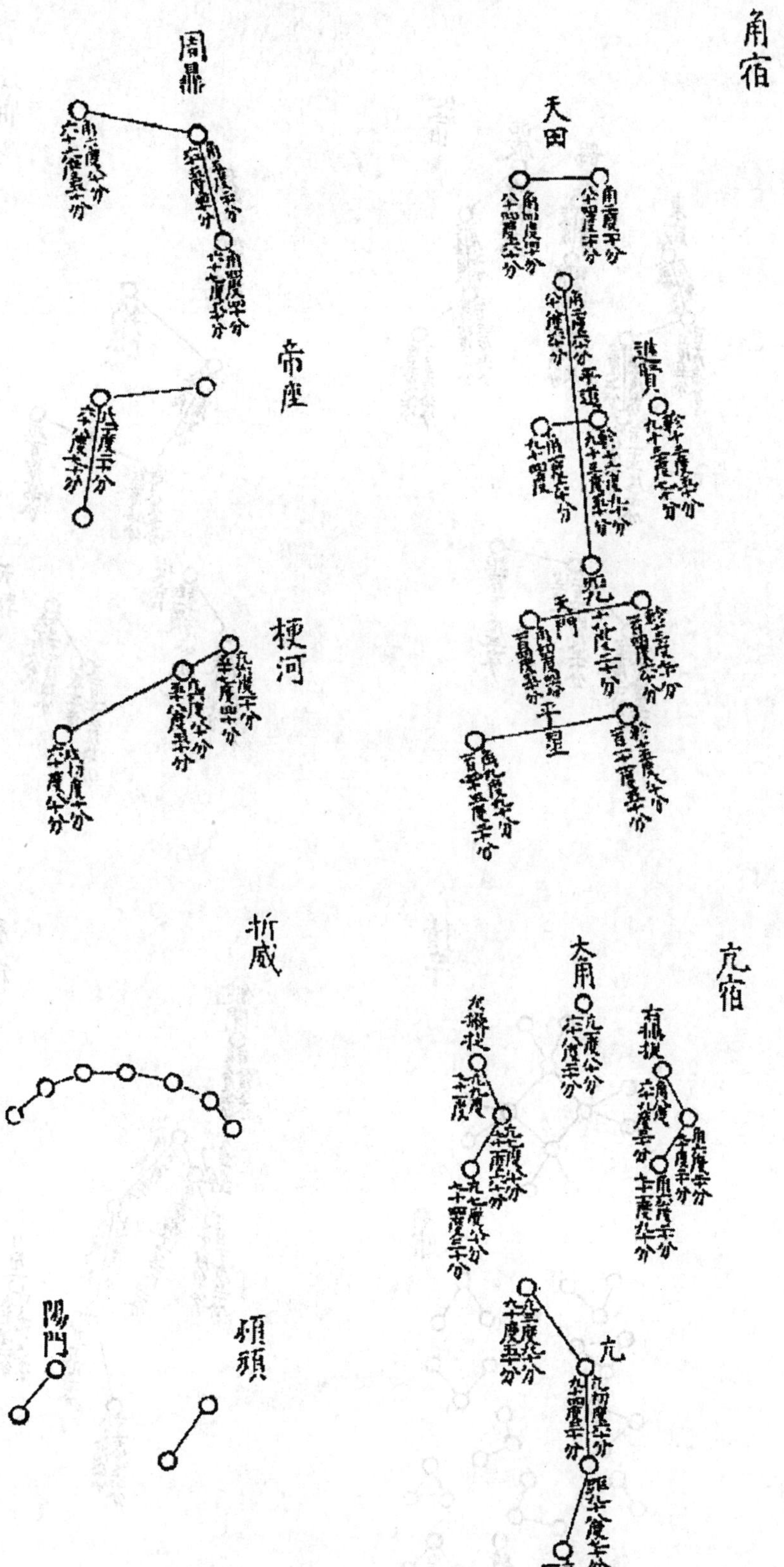
角宿
天田
周鼎
帝座
進賢
平道
天門
平星
梗河
亢宿
大角
折威
陽門
頓頑

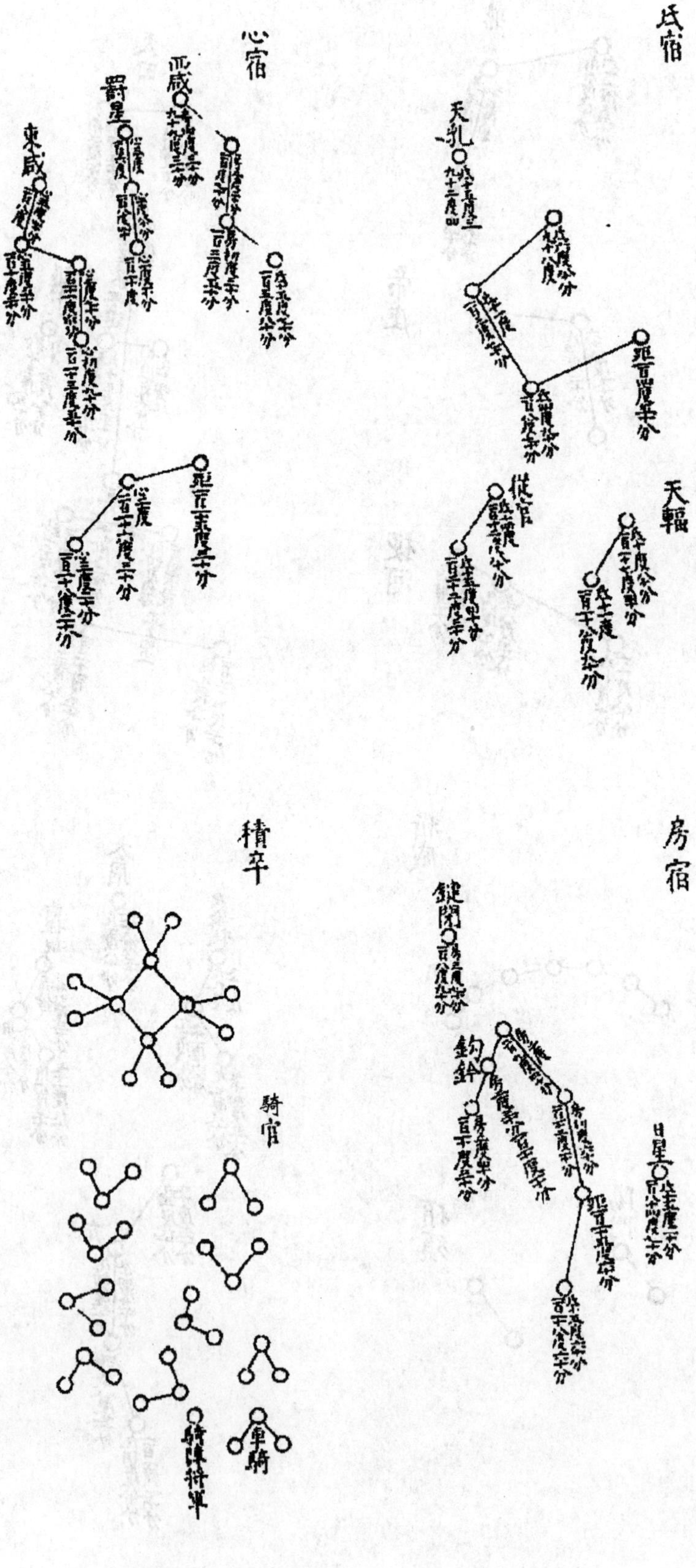
氐宿
天乳
天輻
從官
房宿
鍵閉
鉤鈐
日星
心宿
西咸
罰星
東咸
積卒
騎官
車騎
騎陣將軍

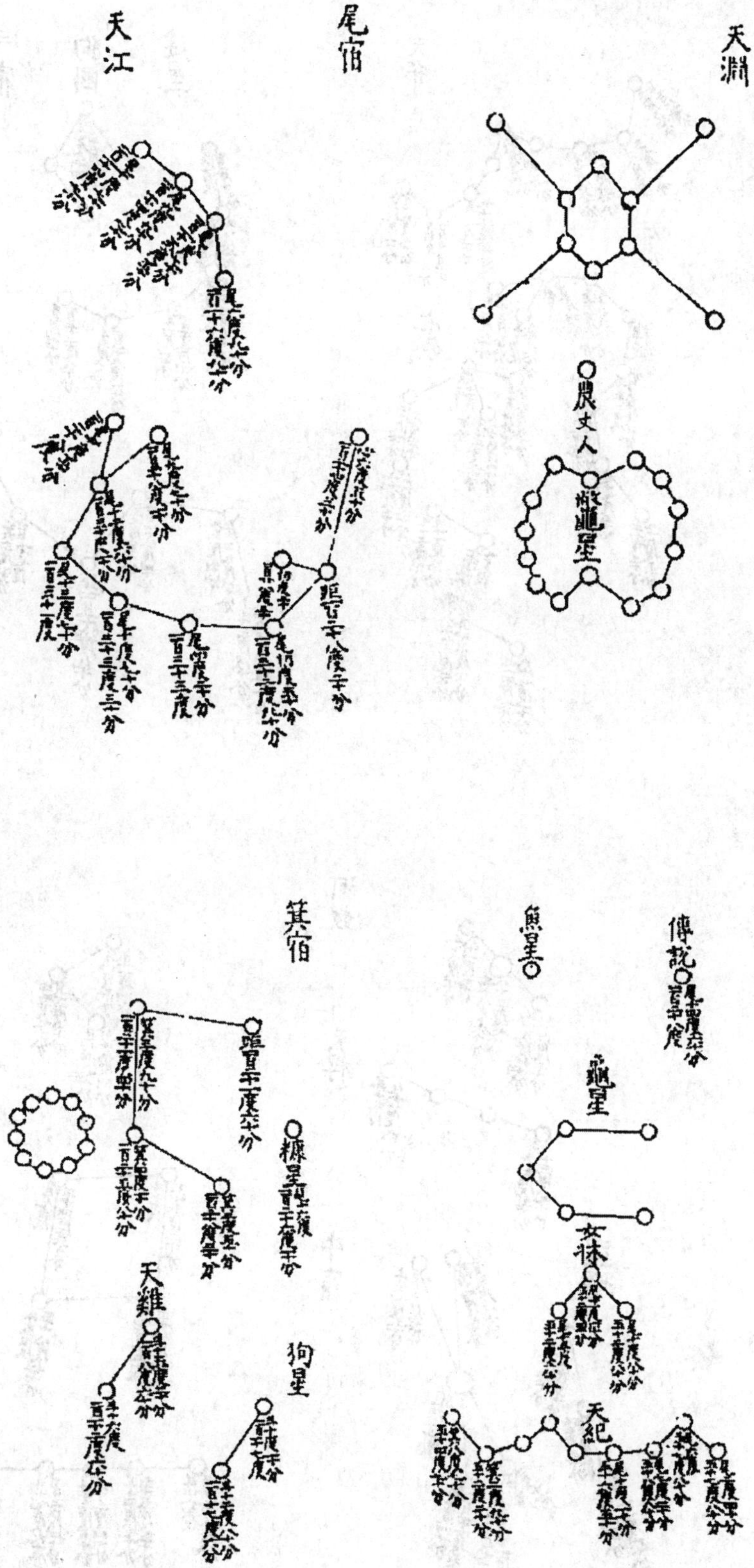
天江
尾宿
天淵
箕宿
魚星
傅說
龜星
糠星
天雞
狗星

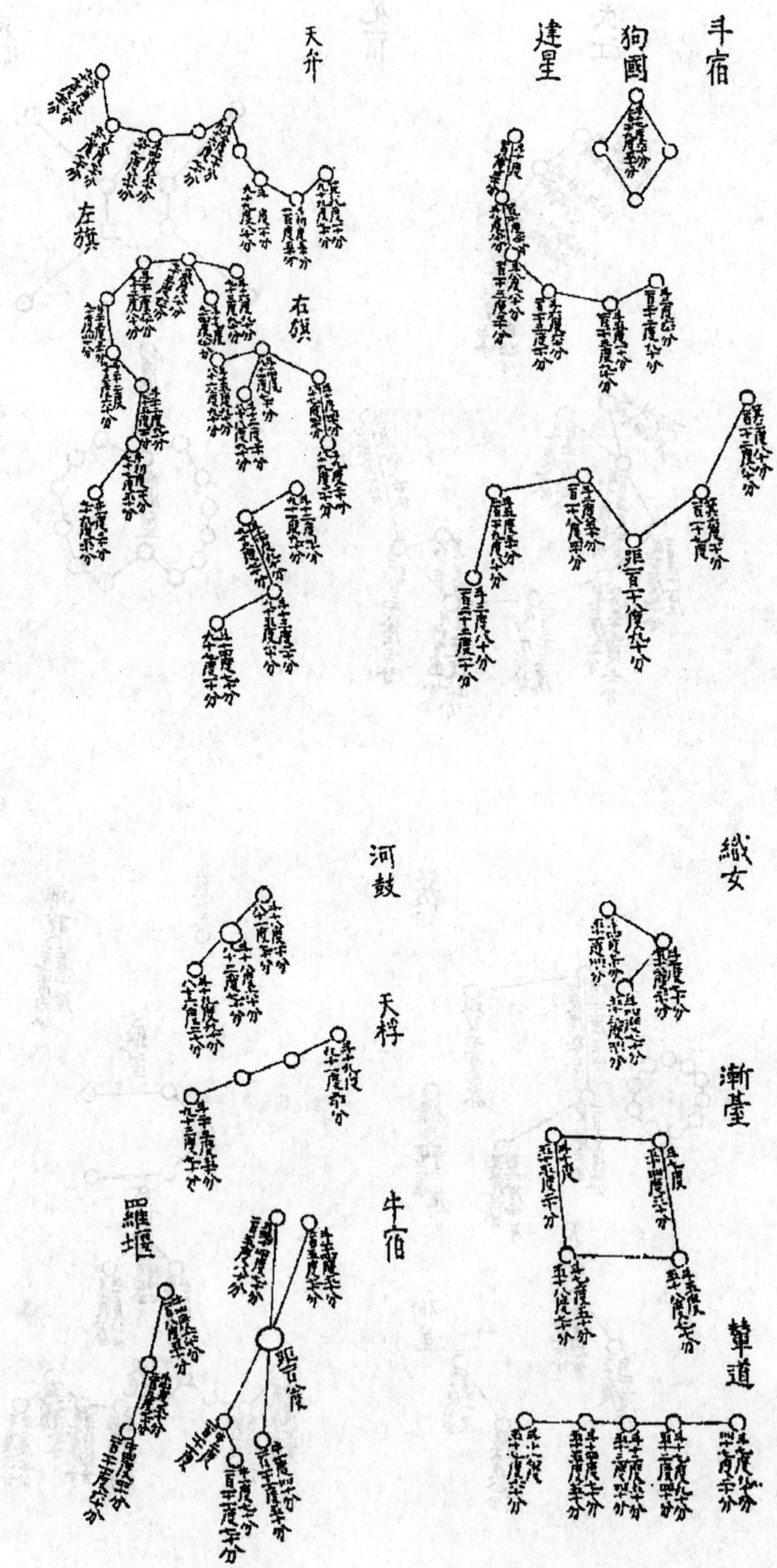
斗宿
狗國
建星
天弁
左旗
右旗
織女
河鼓
天桴
漸臺
羅堰
牛宿
輦道

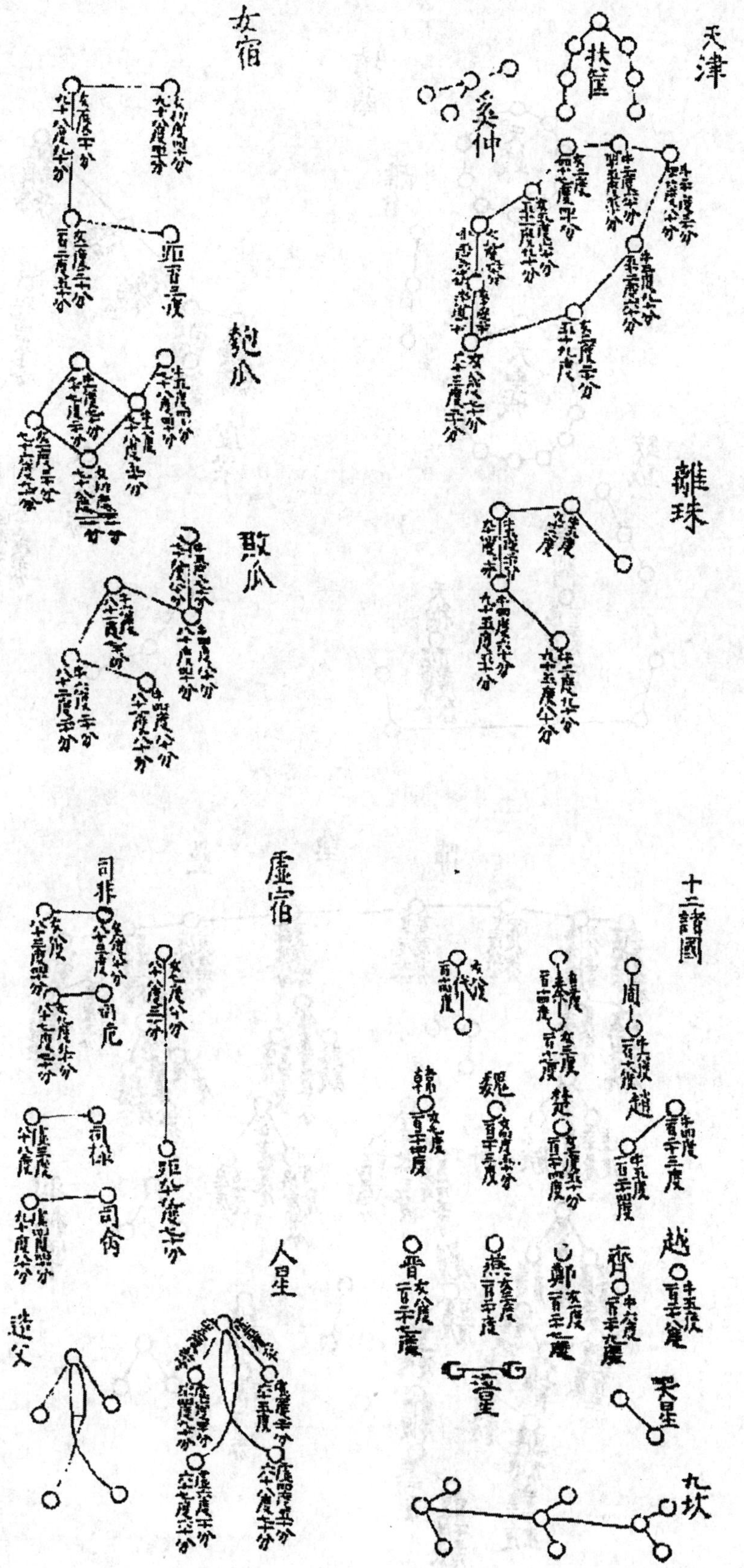
天津
扶筐
奚仲
女宿
離珠
匏瓜
敗瓜
虛宿
十二諸國
司非
司危
司祿
司命
周
趙
秦
代
韓
魏
楚
越
齊
鄭
燕
晉
人星
造父
九坎

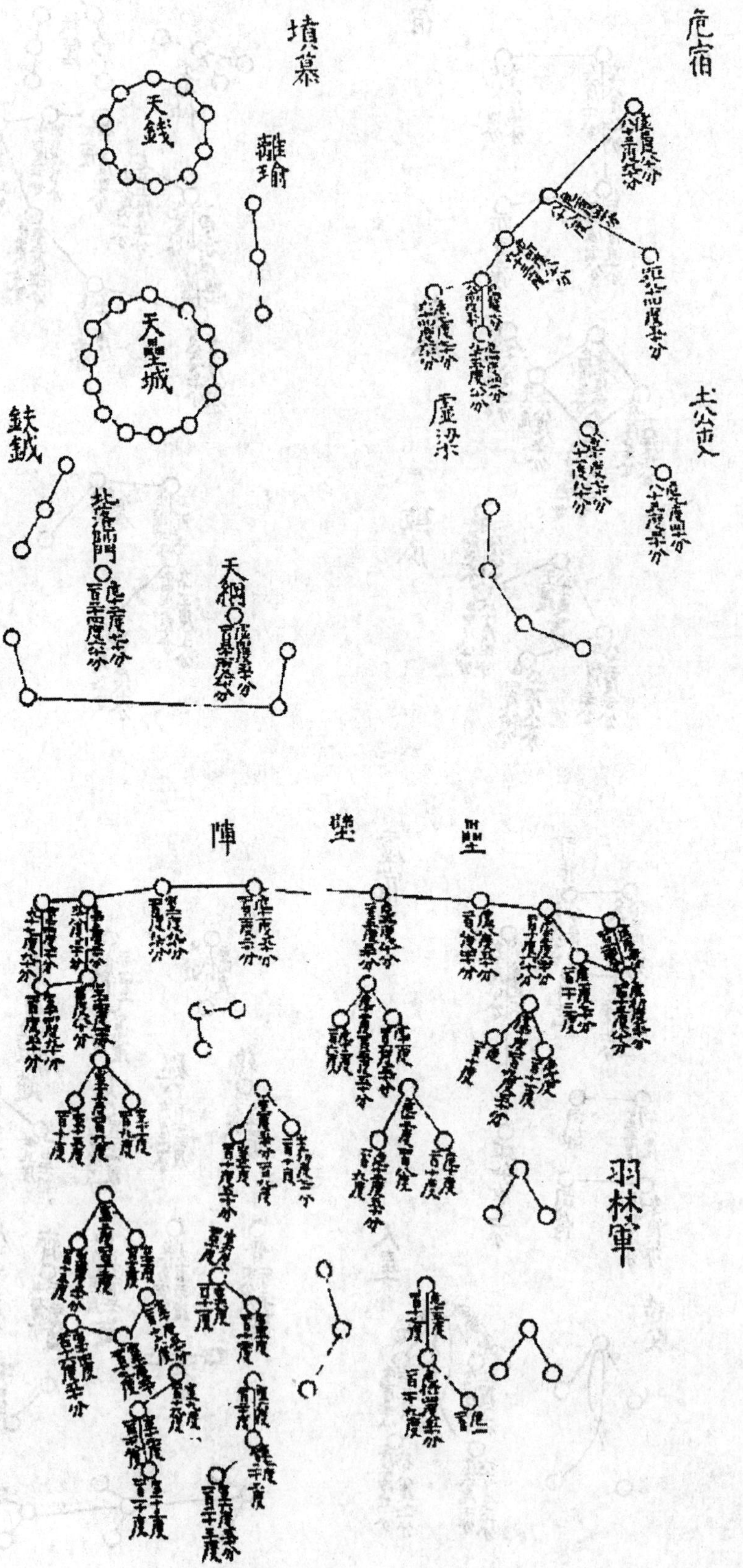
危宿
墳墓
天錢
離瑜
天壘城
鈇鉞
虛梁
天綱
壘壁陣
羽林軍

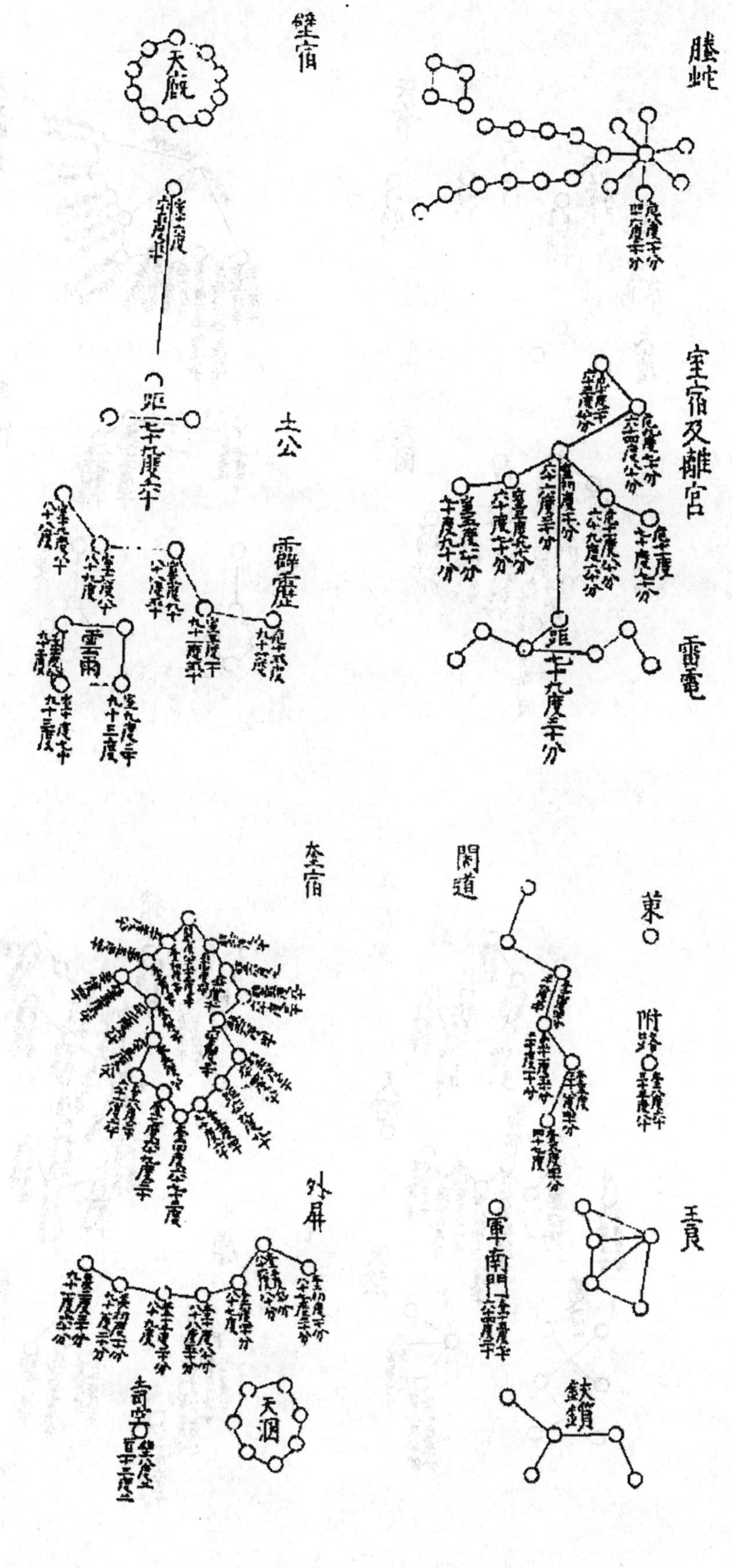
螣蛇
壁宿
天廐
土公
霹靂
雲雨
室宿及離宮
雷電
奎宿
閣道
東
附路
王良
外屛
軍南門
天溷
司空
鈇鑕

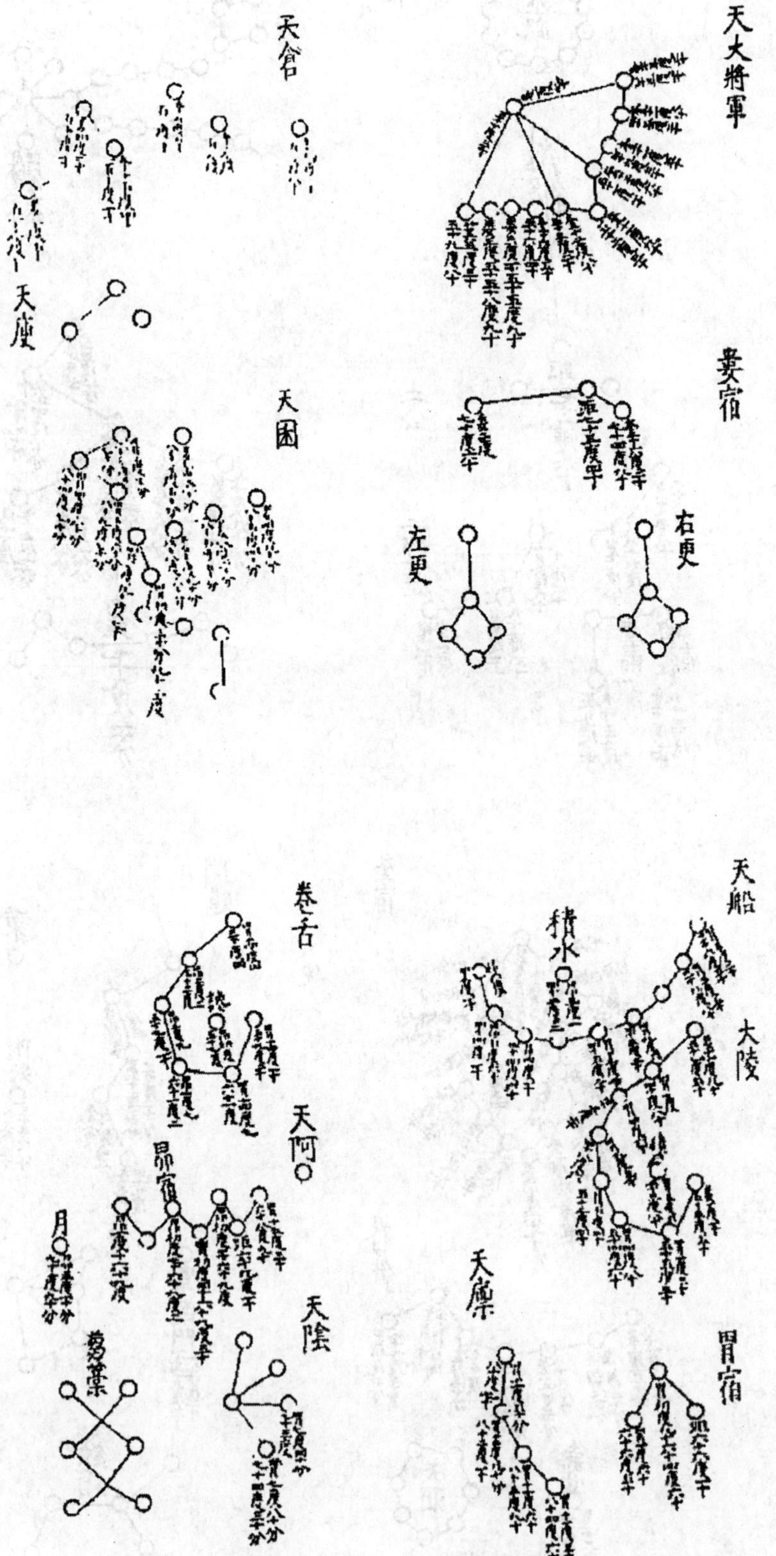
天大將軍
婁宿
右更
左更
天倉
天庾
天囷
天船
積水
大陵
卷舌
天阿
昴宿
月
天陰
芻藁
天廩
胃宿

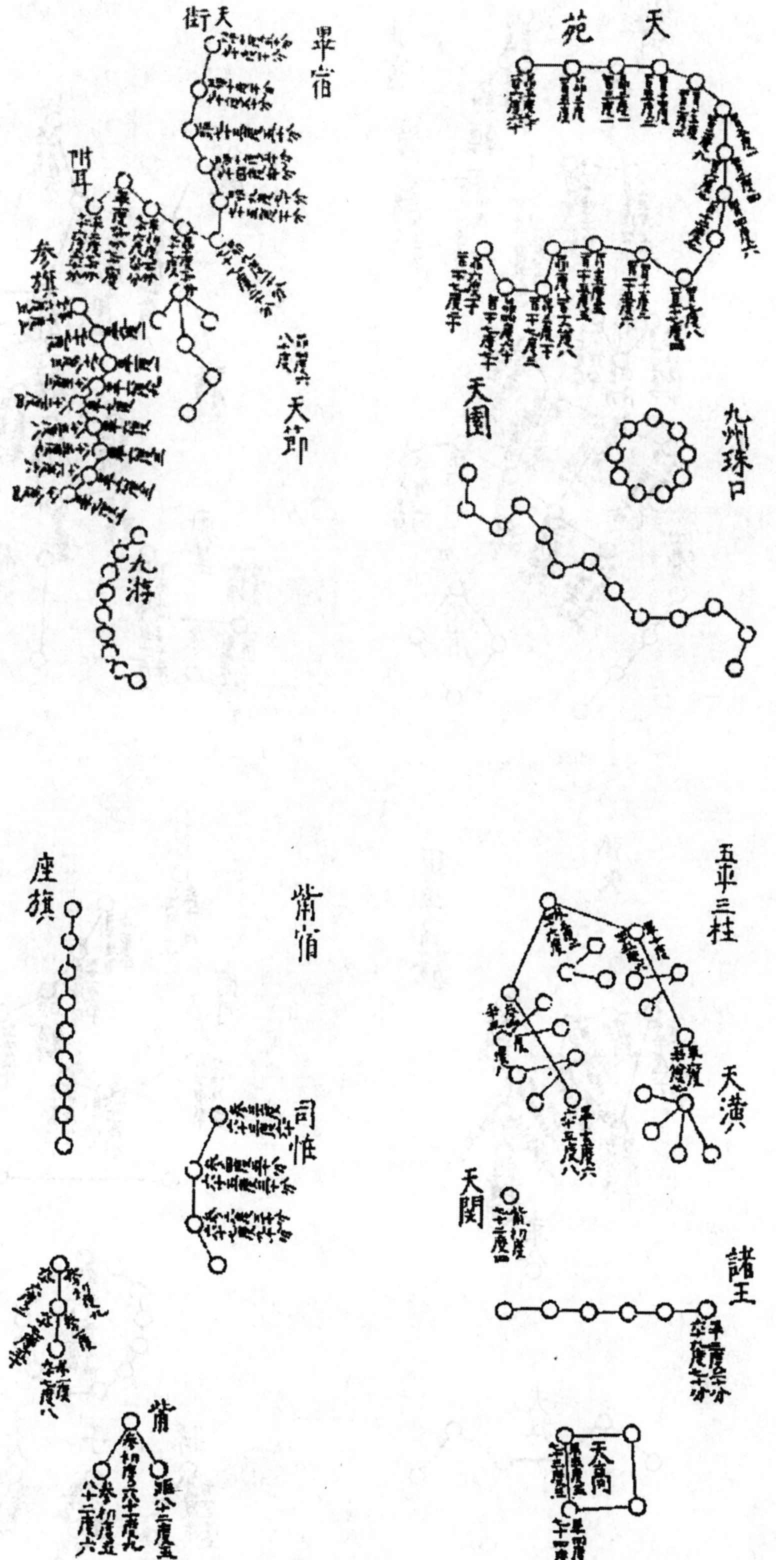
天苑
畢宿
天街
附耳
參旗
天節
天園
九州珠口
九斿
五車三柱
觜宿
座旗
天潢
司怪
天關
諸王
觜
天高

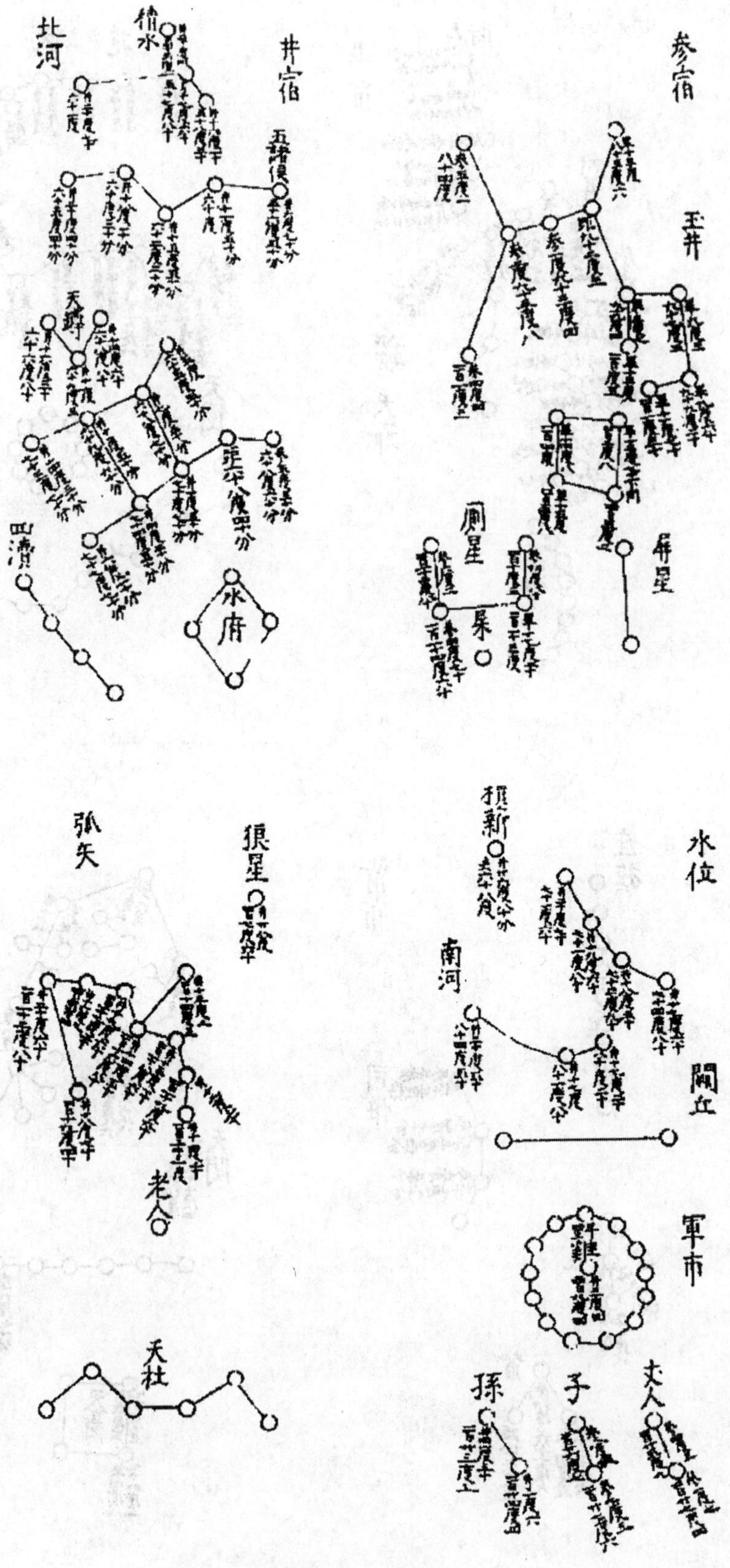
參宿
玉井
廁星
屎
屏星
井宿
積水
北河
五諸侯
天罇
四瀆
水府
積薪
水位
南河
闕丘
軍市
野雞
丈人
子
孫
狼星
弧矢
老人
天社

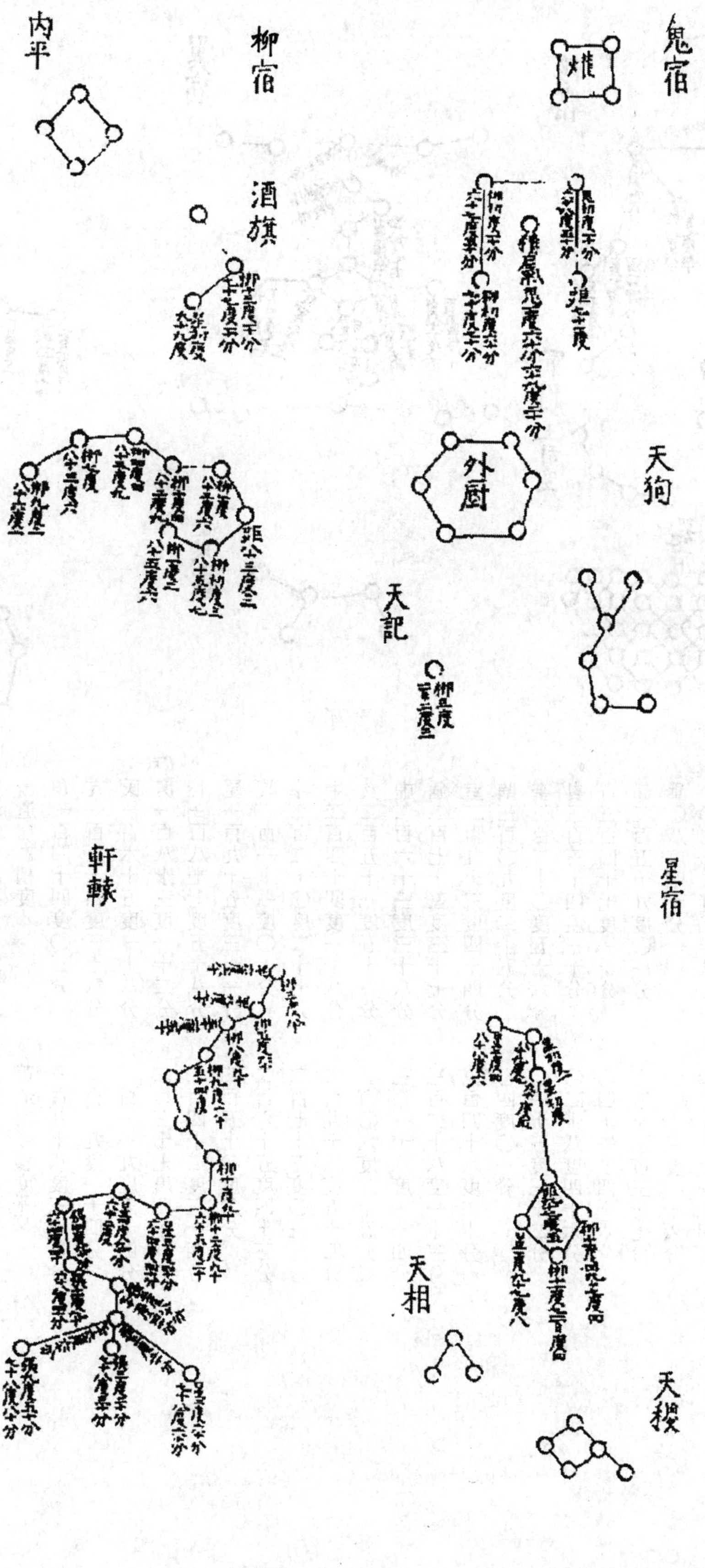
鬼宿
爟
柳宿
內平
酒旗
外廚
天狗
天記
軒轅
星宿
天相
天稷

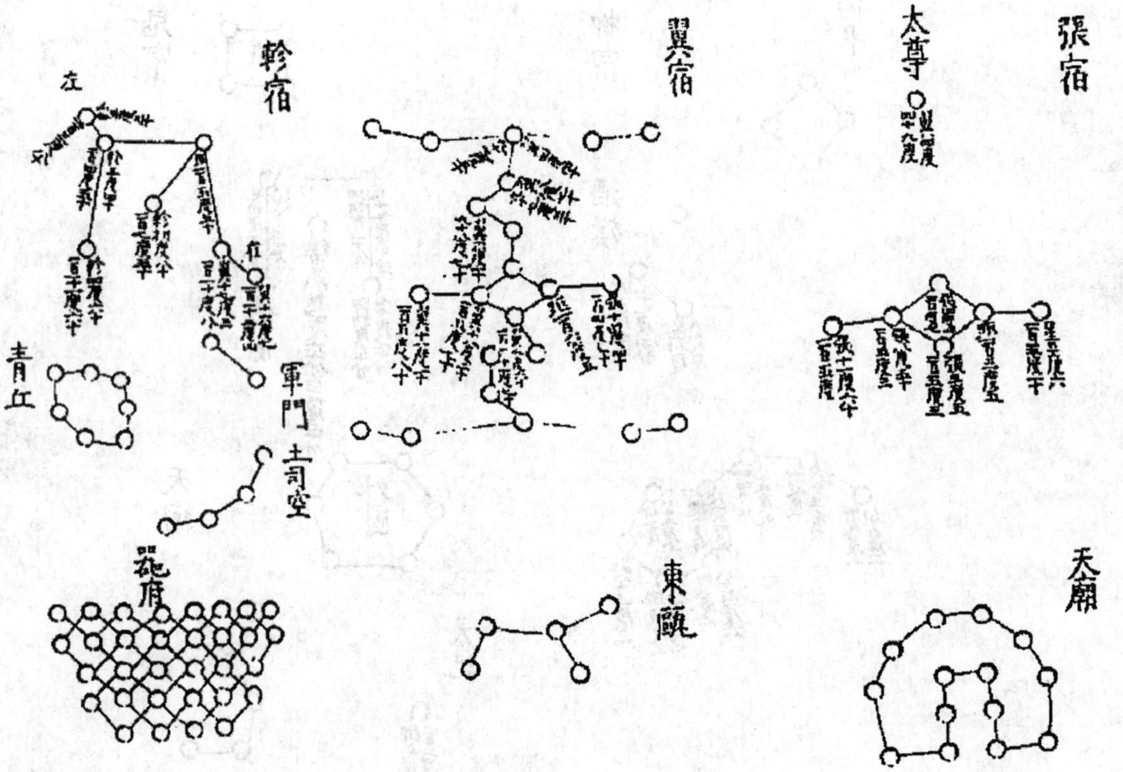

清·湯若望《西洋新法曆書·恒星曆指二》 考黃道宿度差

星自循黃道上行，而分別宿度之過極經圈，乃從赤道極上出，故以黃道之星歷赤道之度，迤行斜過，疎密疾遲，變遷不一。出黃極者，諸星依之運動，相距遠近，行度遲速，終古如一也。故當有諸恒星之黃道經度法先以堯時冬至日躔虛六度三十〇分，用三角形法，推得其正麗黃經度二百六十三度三十八分，而以經度差定率歷推古今之黃道各宿積度，各宿本度，並列于左：

黃道宿古積度	黃道宿今積度平度
角一百四十四度〇三分	一百九十八度三十九分
亢一百五十四度三十八分	二百〇九度一十四分
氐一百六十五度一十八分	二百一十九度五十四分
房一百八十三度一十二分	二百三十七度四十八分
心一百八十七度五十八分	二百四十二度三十四分
尾一百九十五度三十一分	二百五十〇度〇分
箕二百一十一度〇七分	二百六十五度四十三分
斗二百二十〇度二十七分	二百七十五度〇三分
牛二百四十四度一十八分	二百九十八度五十四分
女二百五十一度五十九分	三百〇六度三十五分
虛二百六十三度三十八分	三百一十八度一十四分
危二百七十三度三十七分	三百二十八度一十三分
室二百九十三度四十四分	三百四十八度二十分
壁三百〇九度二十五分	〇四度〇一分
奎三百二十〇度五十六分	〇一十五度三十二分
婁三百三十四度一十分	〇二十八度四十六分
胃三百四十七度一十分	〇四十一度四十六分
昴三百五十九度〇一分	〇五十三度三十七分
畢〇八度四十分	〇六十三度一十六分
參〇二十二度三十八分	〇七十七度一十四分
觜〇二十三度五十九分	〇七十八度二十五分
井〇三十五度三十二分	〇九十度〇八分
鬼〇六十五度五十七分	一百二十度三十三分

柳〇七十〇度三十三分　一百二十五度〇九分
星〇八十七度三十三分　一百四十二度〇九分
張〇九十五度五十六分　一百五十度三十二分
翼一百一十四度〇〇分　一百六十八度三十六分
軫一百三十一度〇〇分　一百八十五度三十六分

右黄道積度是各宿離春分東行之度，其十二次度分表見後方。

各宿黄道本度　以三百六十五度四分度之一分各宿度

角一十度三十五分　一十度七十三分七十六秒
亢一十度四十〇分　一十度八十二分二十二秒
氐一十七度五十四分　一十八度一十六分一十秒
房四度四十六分　四度八十三分六十二秒
心七度三十三分　七度六十六分〇一秒
尾一十五度三十六分　一十五度八十二分七十六秒
箕九度二十〇分　九度四十六分九十五秒
斗二十三度五十一分　二十四度一十九分七十八秒
牛七度四十一分　七度六十三分五十四秒
女〇十一度三十九分　一十度九十七分九十九秒
虛九度五十九分　一十度一十二分九十秒
危二十度〇七分　二十度四十一分〇一秒
室一十五度四十一分　一十五度九十一分二十一秒
壁二十一度三十一分　一十一度六十七分六十七秒
奎一十三度一十四分　一十三度四十二分二十六秒
婁一十三度〇〇分　一十三度一十八分九十六秒
胃一十一度五十一分　一十一度九十六分一十六秒
昴九度三十九分　九度七十八分一十一秒
畢一十三度五十八分　一十四度一十七分〇四秒
參一度一十一分　〇一度三十五分〇秒
觜一十一度三十三分　一十一度七十一分〇二秒
井三十度二十五分　三十度八十六分〇二秒
鬼四度三十六分　四度六十五分八十二秒
柳一十七度〇〇分　一十七度二十四分七十五秒
星八度二十三分　八度五十分五十六秒
張一十八度〇四分　一十八度三十三分〇一秒
翼一十七度〇〇分　一十七度二十四分七十九秒
軫一十三度〇三分　一十三度二十四分〇三秒

清·遊藝《天經或問》卷一　黄赤二道見界總星圖

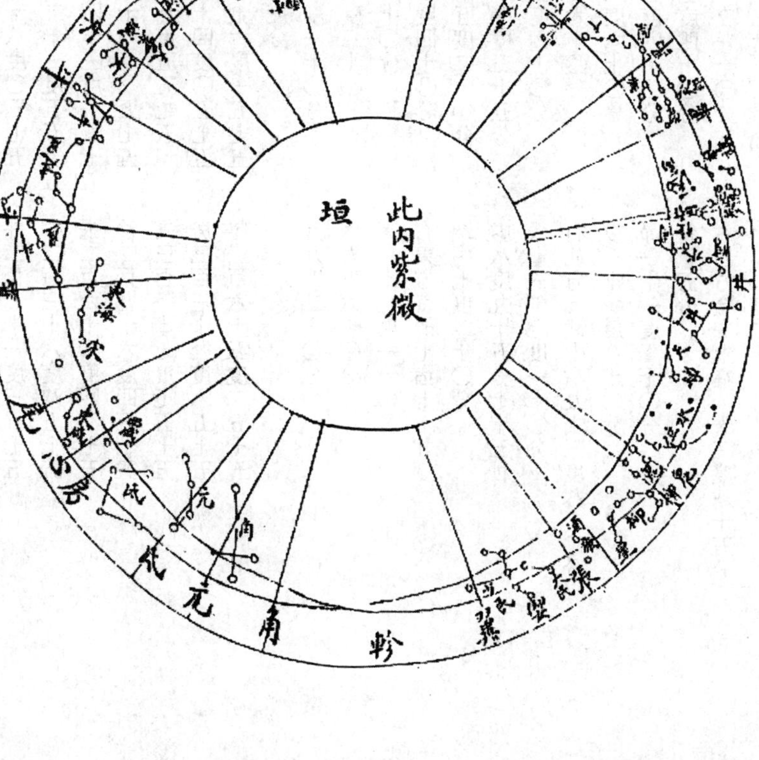

赤道平分南北，以爲東西經行之準；黄道斜跨赤道上，爲太陽行度。今以經星麗黄、赤二道界者，圖之則知黄、赤道麗天位分。

二十八宿見界總星圖

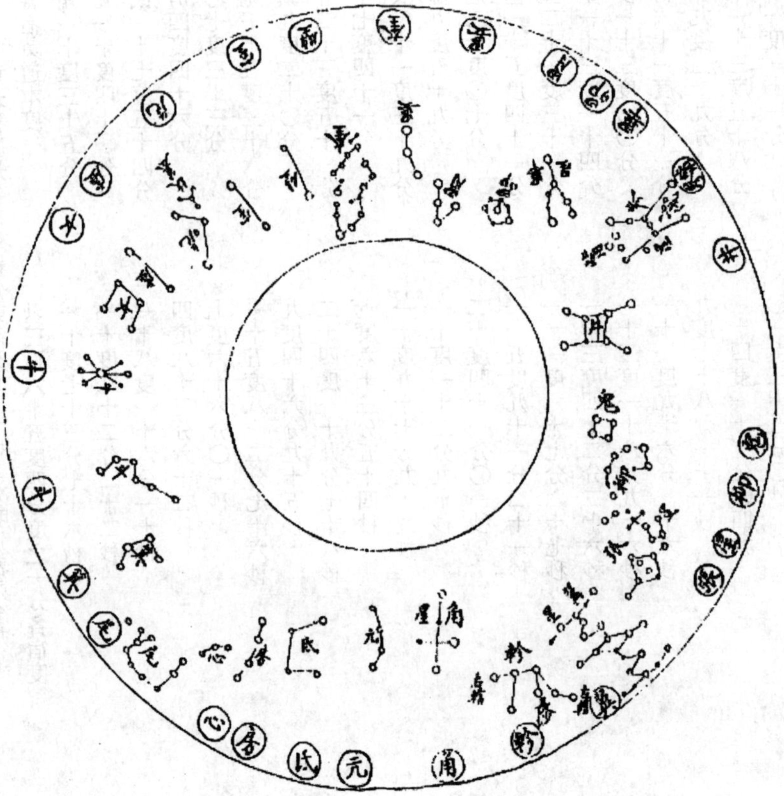

清·王錫闡《曉庵遺書·曆表下册》 赤道積度宿次鈐

箕一十〇度四　南斗三十五度六

牽牛四十二度八　婺女五十四度一五

虚六十三度一〇七五　危七十八度五〇七五

〇〇室九十五度六〇七五　東壁一百〇四度二〇七五

奎一百二十〇度八〇七五　婁一百三十二度六〇七五

胃一百四十八度二〇七五　昴一百五十九度五〇七五

畢一百七十六度九〇七五　觜觿一百七十六度九五七五

參一百八十八度〇五七五　井二百二十一度三五七五

輿鬼二百二十三度五五七五　柳二百三十六度八五七五

七星二百四十三度一五七五　張二百六十〇度四〇七五

翼二百七十九度一五七五　軫二百九十六度四五七五

角三百〇八度五五七五　亢三百一十七度七五七五

氐三百三十四度〇五七五　房三百三十九度六五七五

心三百四十六度一五七五　尾三百六十五度二五七五

赤道各宿度分

角一十二度一十〇分　亢九度二十〇分

氐一十六度三十〇分　房五度六十〇分

心六度五十〇分　尾一十九度一十〇分

箕一十〇度四十〇分　右東方蒼龍七宿七十九度二十〇分

南斗二十五度二十〇分　牽牛七度二十〇分

婺女一十一度三十五分　虚八度九十五分七十五秒

危一十五度四十〇分　營室一十七度一十〇分

東壁八度六十〇分　右北方元武七宿九十三度八十〇分大

奎一十六度六十〇分　婁一十一度八十〇分

胃一十五度六十〇分　昴一十一度三十〇分

畢一十七度四十〇分　觜觿五分

參一十一度一十〇分　右西方金虎七宿八十三度八十五分

東井三十三度三十〇分　輿鬼二度二十〇分

柳一十三度三十〇分　七星六度三十〇分

張一十七度二十五分　翼一十八度七十五分

軫一十七度三十〇分　右南方朱鳥七宿一百〇八度四十〇分

赤道十二宫次宿度鈐

南斗四度〇九分二八一二五，交丑宫、星紀之次。

婺女二度一十三分〇九三七五，交子宫、玄枵之次。

危一十二度二十六分一五六二五，交亥宮、娵訾之次。

奎一度五十九分九六八七五，交戌宮、降婁之次。

胃三度六十三分七八一二五，交卯宮、大梁之次。

畢七度一十七分五九三七五，交申宮、實沈之次。

東井九度○六分四○六二五，交未宮、鶉首之次。

柳四度○○二一八七五，交午宮、鶉火之次。

張一十四度八十四分○三一二五，交巳宮、鶉尾之次。

軫九度三十七分八四三七五，交辰宮、壽星之次。

氐一度一十一分六五六二五，交卯宮、大火之次。

尾三度一十五分四六八七五，交寅宮、析木之次。

黄道積度宿次鈐

箕九度五九　斗三十三度○六

牛三十九度九六　女五十一度○八

虛六十○度○八七五　危七十六度○三七五

室九十四度三五七五　壁一百○三度六九七五

奎一百二十一度五六七五　婁一百三十三度九二七五

胃一百四十九度七三七五　昴一百六十○度八一七五

畢一百七十七度三二七五　觜一百七十七度三六七五

參一百八十七度六四七五　井二百一十八度六七七五

鬼二百二十○度七八七五　柳二百三十三度七八七五

星二百四十○度○九七五　張二百五十七度八八七五

翼二百七十七度九七七五　軫二百九十六度七二七五

角三百○九度五九七五　亢三百一十九度一五七五

氐三百三十五度五五七五　房三百四十一度○三七五

心三百四十七度三○七五　尾三百六十五度二五七五

黄道各宿度分

箕九度五十九分　斗二十三度四十七分

牛六度九十○分　女一十一度一十二分

虛九度○○七十五秒　危一十五度九十五分

室一十八度三十二秒　壁九度三十四分

奎一十七度八十七分　婁一十二度三十六分

胃一十五度八十一分　昴一十一度○分

畢一十六度五十○分　觜五分

參一十○度二十八分　井三十一度○三分

鬼二度一十一分　柳一十三度

星六度三十一分　張一十七度七十九分

翼二十○度○九分　軫一十八度七十五分

角一十二度八十七分　亢九度五十六分

氐一十六度四十○分　房五度四十八分

心六度二十七分　尾一十七度九十五分

内虛宿小餘從赤道鈐正當作七十五秒。

算黄道十二宮次宿度鈐

斗三度七十六分八十五秒，交丑宮、星紀之次。

女二度○六分三十八秒，交子宮、玄枵之次。

危一十二度六十四分九十一秒，交亥宮、娵訾之次。

奎一度七十三分六十三秒，交戌宮、降婁之次。

胃三度七十四分五十六秒，交酉宮、大梁之次。

畢六度八十八分○五秒，交申宮、實沈之次。

井八度三十四分九十四秒，交未宮、鶉首之次。

柳三度八十六分八十○秒，交午宮、鶉火之次。

張一十五度二十六分○六秒，交巳宮、鶉尾之次。

軫一十○度○七分九十七秒，交辰宮、壽星之次。

氐一度一十四分五十二秒，交卯宮、大火之次。

尾三度○一分一十五秒，交寅宮、析木之次。

角亢氐三宿圖

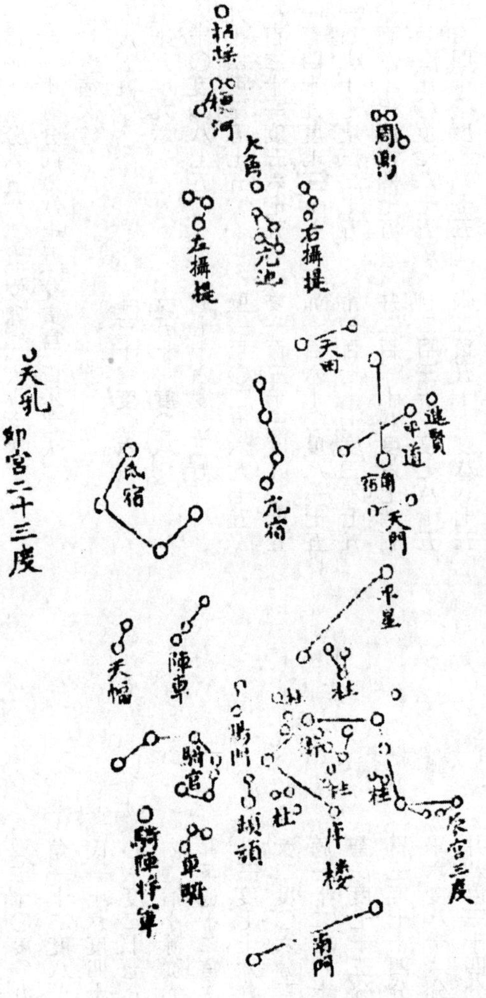

界辰卯二宮占五十度

房心尾箕四宿圖

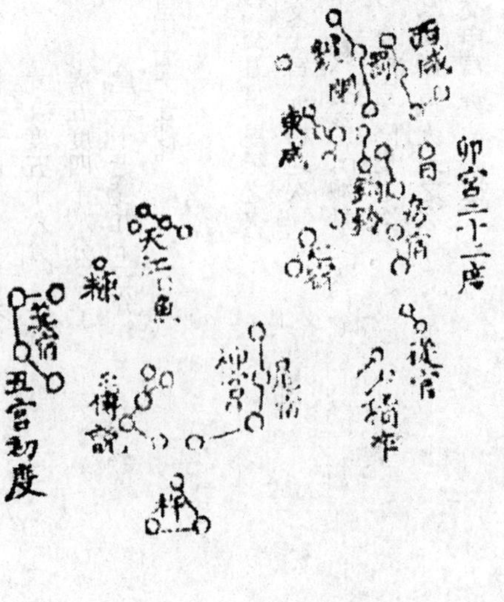

界卯寅二宮占三十八度

斗牛女三宿圖

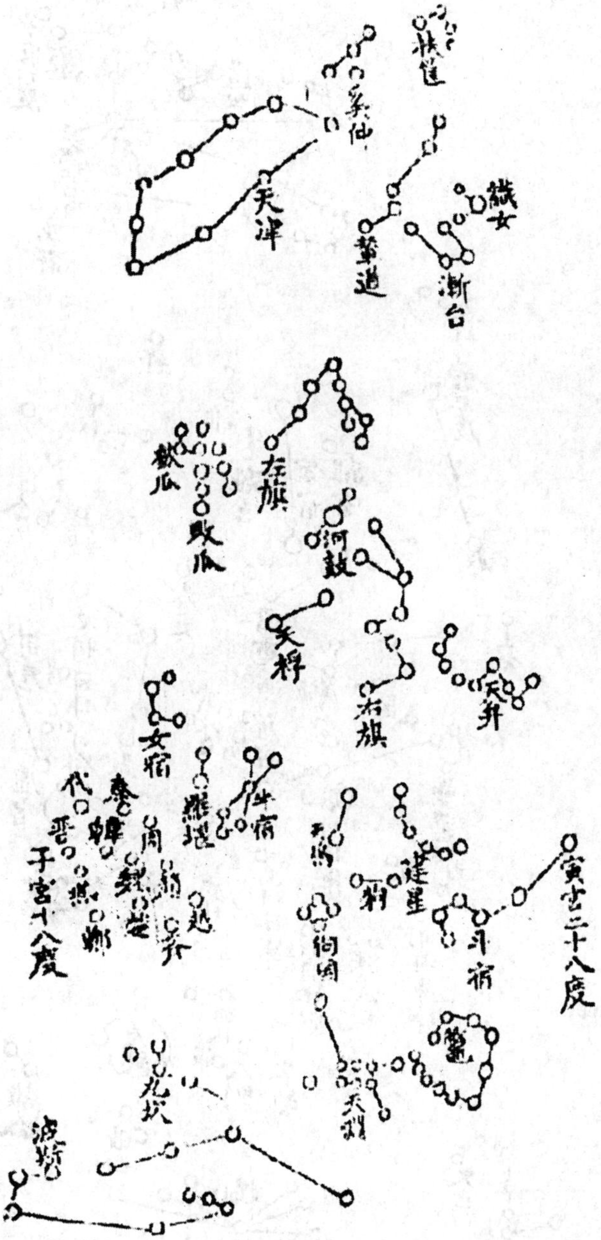

界寅丑子三宮占五十度

虛危室壁四宿圖

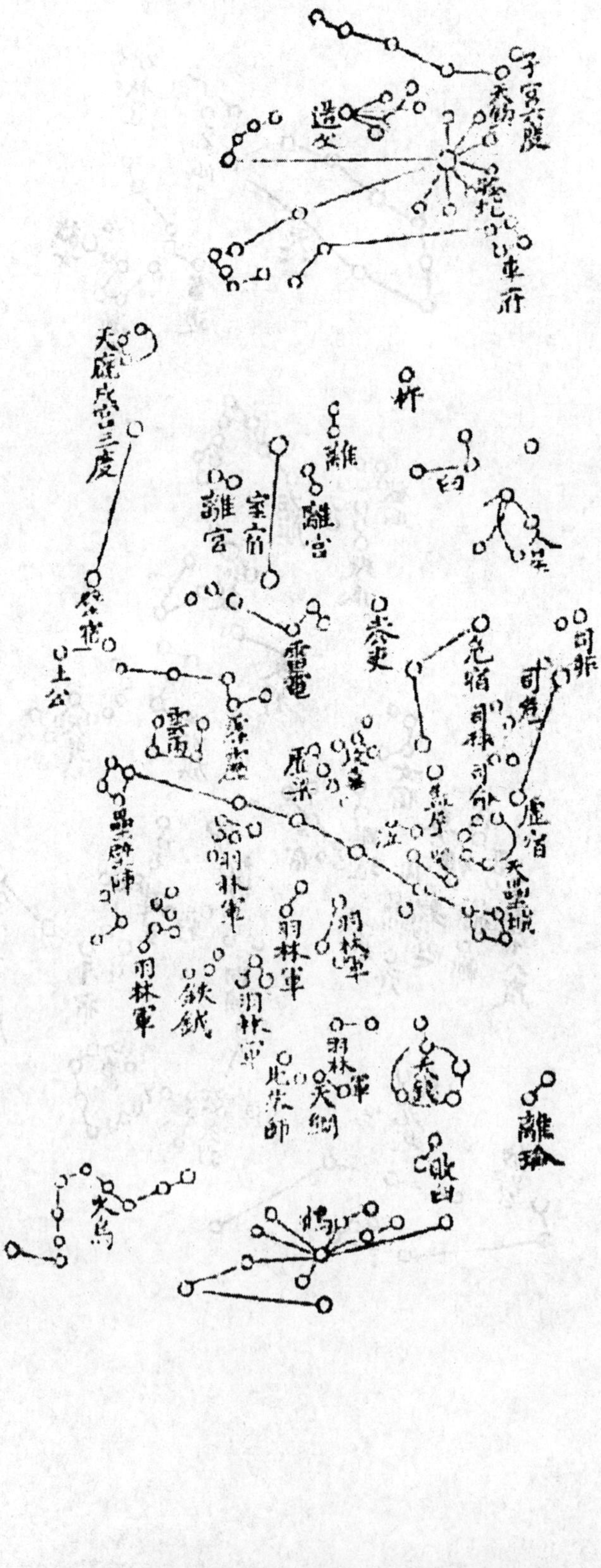

界子亥戌三宮占五十六度

奎婁胃三宿圖

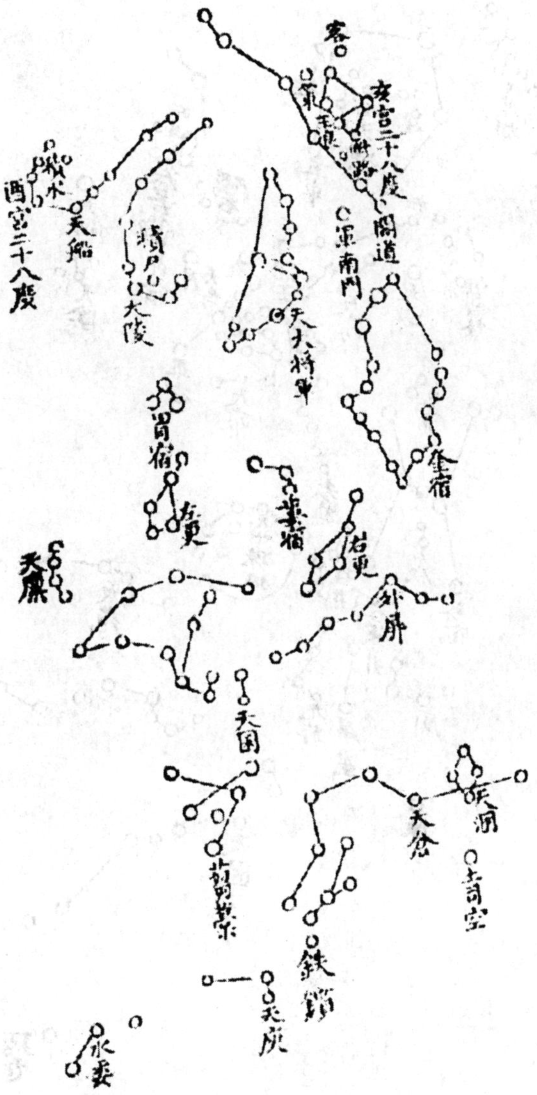

界亥戌酉三宮占六十度

昴畢参觜四宿圖

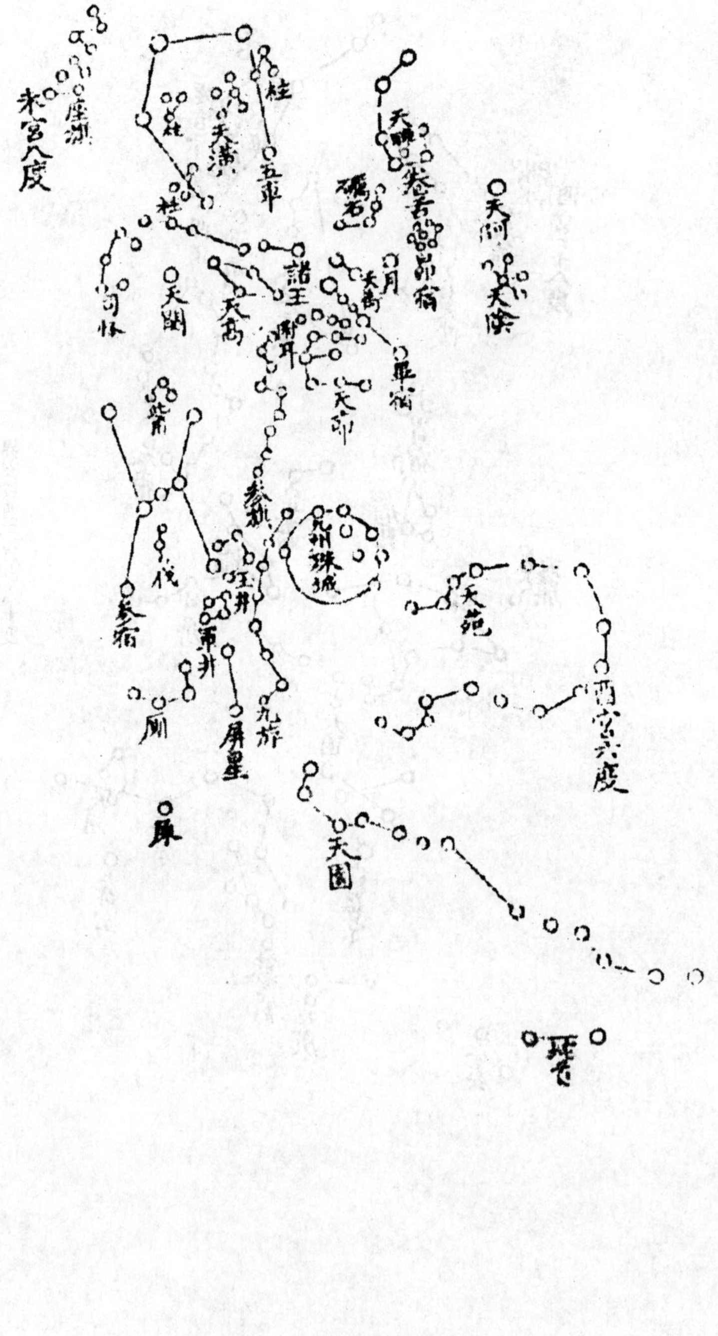

界酉申未三宮占六十二度

井鬼柳三宿圖

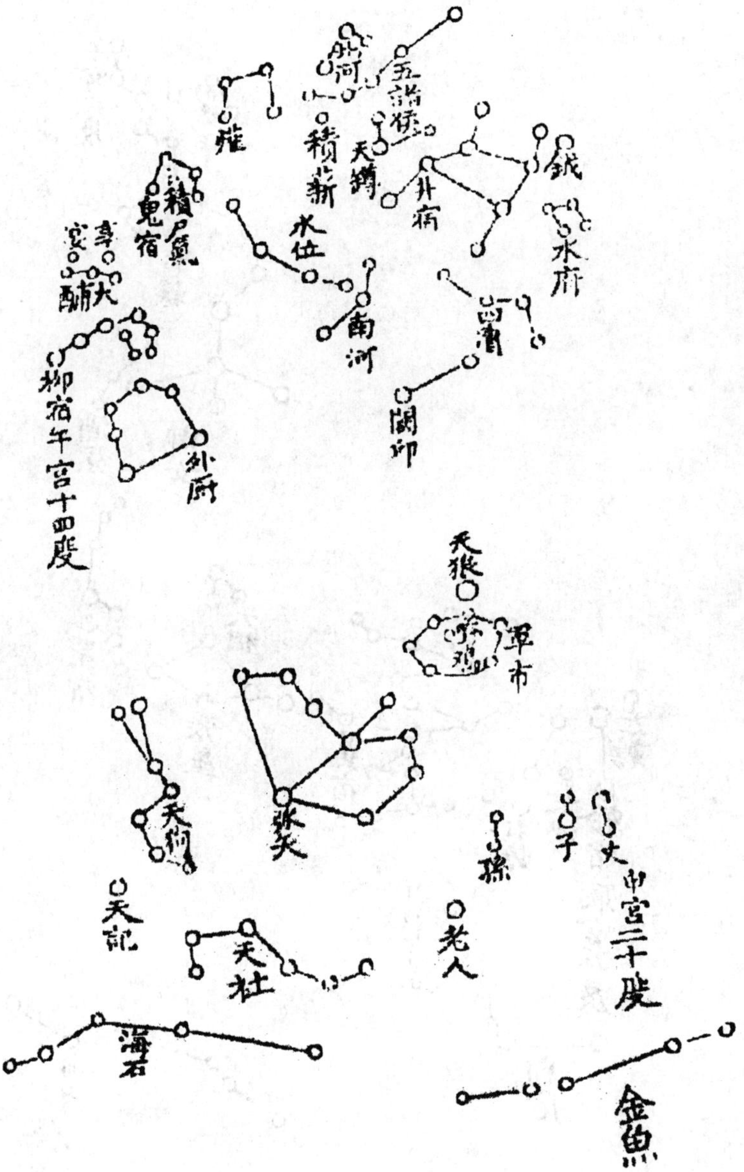

界申未午三宮占五十四度

星張翼軫四宿圖

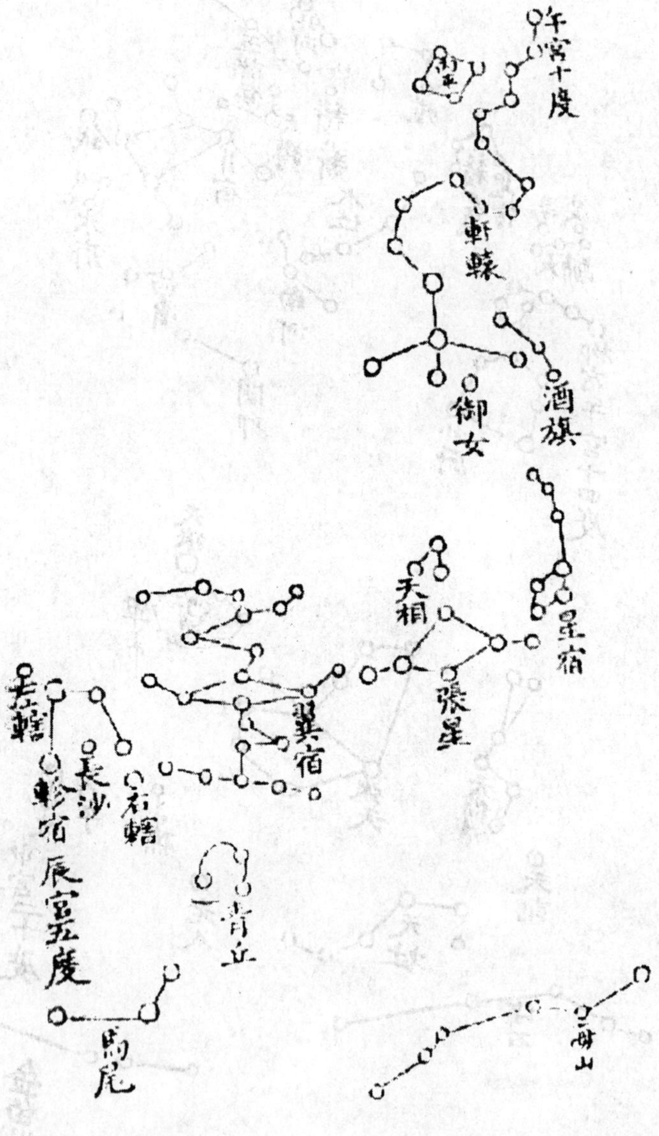

界午巳辰三宮占五十五度

清・李明徹《圓天圖說續編》卷上　二十八宿星象見界圖

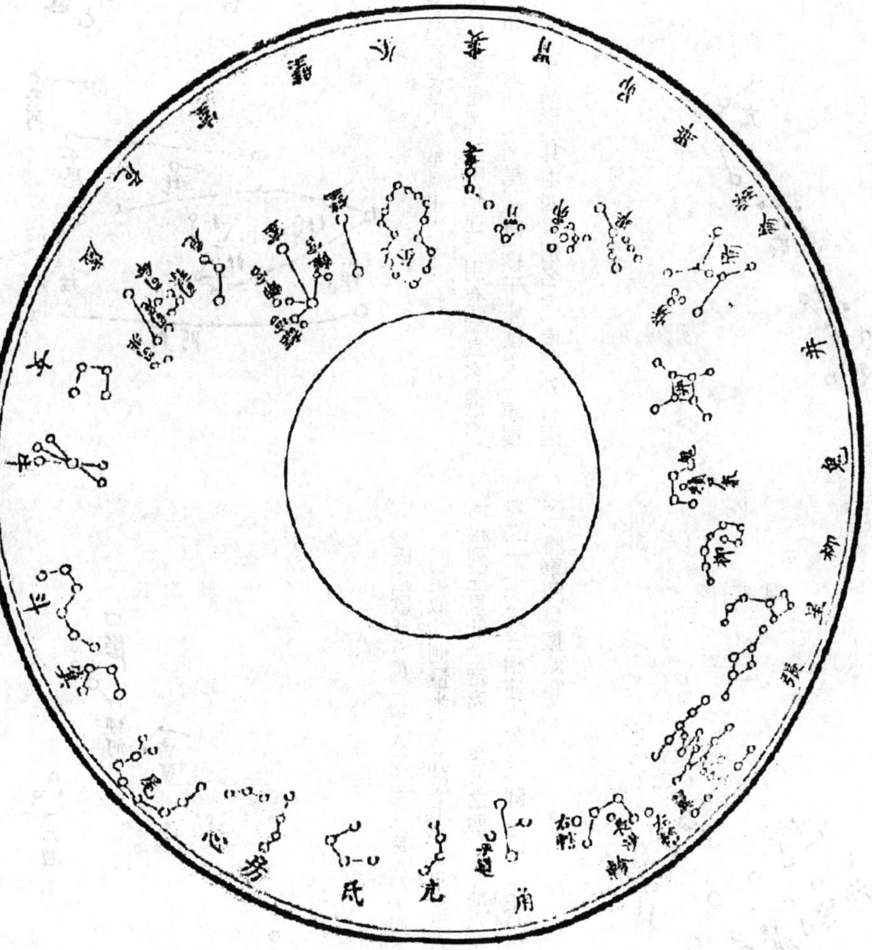

清·鍾瑞彪《星學初階》

角宿圖

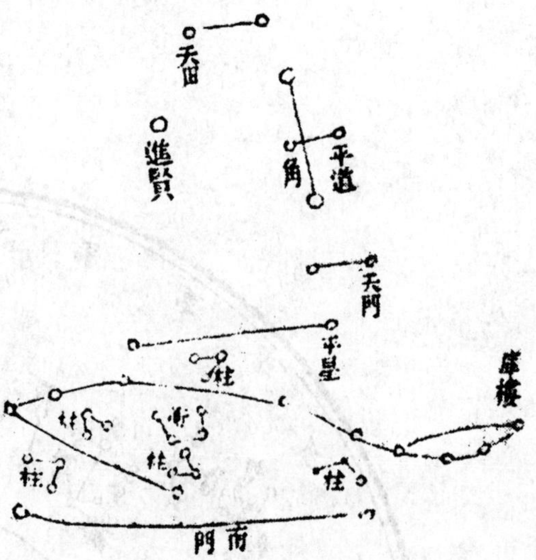

角宿歌十度，辰上，鄭、兖州，壽星之次，芒種昏中，冬至旦中。

兩星南北正直看，中有平道上天田，總是黑星兩相連。別有一烏名進賢。平道左畔獨淵然。最上三星周鼎形，角下天門左平星，雙雙横干庫樓上。庫樓十星屈曲明。樓中五柱十五星，三三相連如鼎形，其中四星別名衡，南門外有兩星横。

亢宿圖

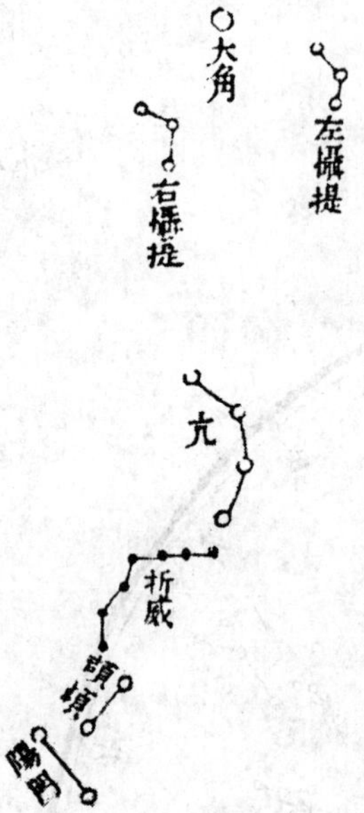

亢宿歌十一度，辰上，鄭分，兖州，壽星之次，夏至昏中，小寒旦中。

四星恰似彎弓狀，大角一星直上明。折威七子亢下横，大角左右攝提星，三三相似如鼎形。折威下左頡頏星，兩個斜安黄色精，頏西二星號陽門，色若頡頏直下存。

氐宿圖

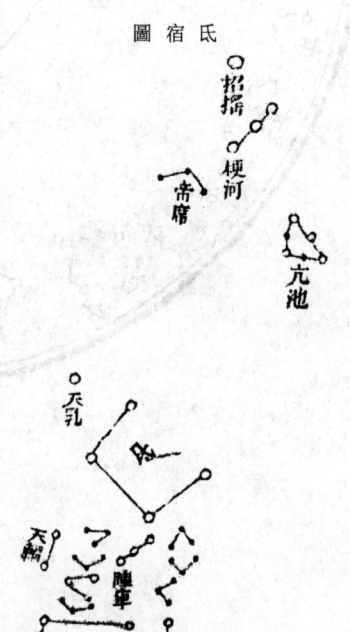

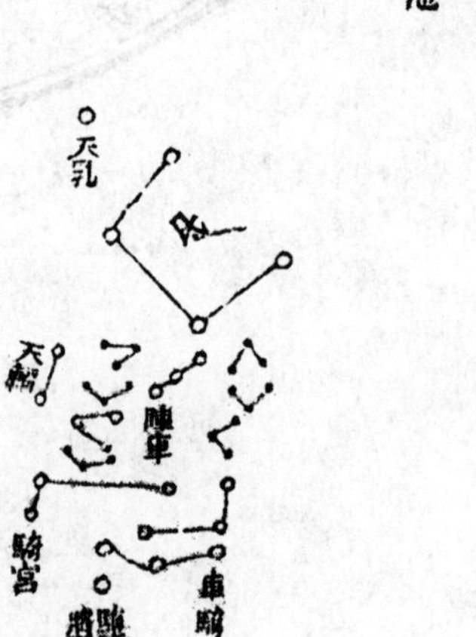

氐宿歌十八度，二度入卯，宋分，豫州。天蝎宫，大火之次，小暑昏中，大寒旦中。

四星似斗側量米，天乳氐上黑一星，世人不識稱無名。一個招摇梗河上，梗河横列三星狀。帝席三星河之西。亢池六星近攝提，氐下衆星騎官出，騎官之衆二十七，三三相連十欠一，陣車氐下騎官次，騎官之下三車騎。天輻兩星立陣旁，將軍陣裏振威霜。

房宿圖

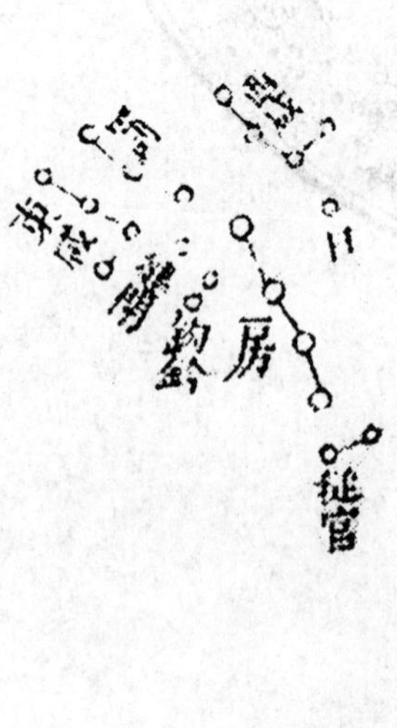

房宿歌五度，卯，宋分、豫州，大暑昏中，天蝎宫，大火之次，立春旦中。

四星直下主明堂，鍵閉一黄斜向上，鈎鈐兩箇近其傍，罰有三星直鍵上，兩咸夾罰似房狀，房西一星號爲日，從星兩個房下出。

心宿圖

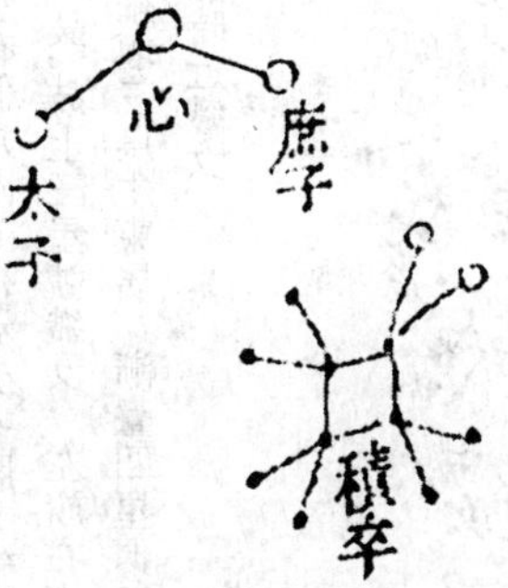

心宿歌九度，卯上，宋分，豫州，天蝎宫，大火之次，大暑昏中，立春旦中。

三星中央色最深，東西太庶中帝星，下有積卒共十二，三三相聚心下是。

尾宿圖

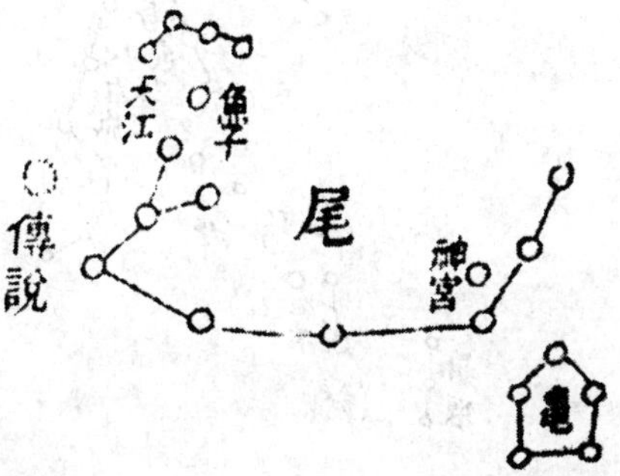

尾宿歌十六度，寅上，燕分，幽州，人馬宫，析木之次，雨水旦中，大暑、立秋昏中。

九星如鈎蒼龍形，下頭五個號龜星，尾上天江四横是，尾東一個名傳說，傳說東邊一魚子，尾西一室是神宫，所以列在后妃中。

箕宿圖

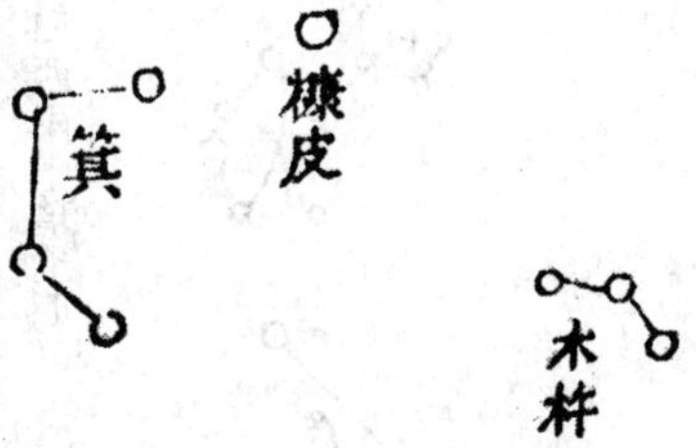

箕宿歌九度，寅，燕分，幽州，人馬宫，析木之次，驚蟄旦中，處暑昏中。

四星形狀如簸箕，箕下三星名木杵，箕前一黑是糠皮。

斗宿圖

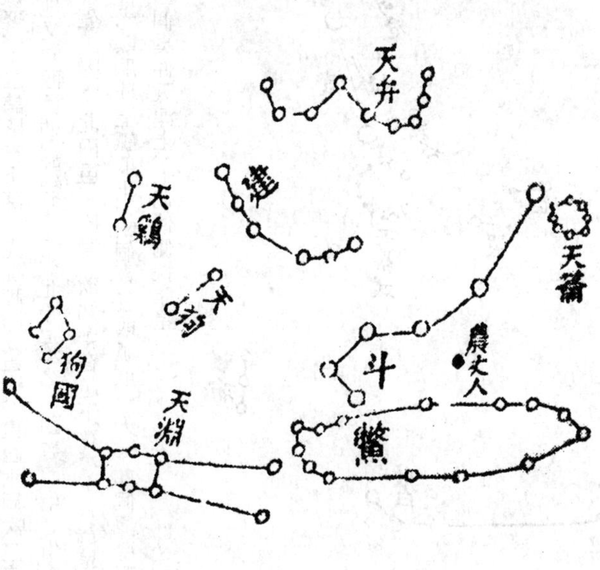

南斗宿歌二十四度，入丑，吴分，磨碣宫，星紀之次，春分、穀雨旦中，白露、秋分昏中。

六星形狀如北指，魁上建星三相對，天弁建上三復三，九下圓安十四星，雖然名鼈貫索形。天雞建背雙黑星，天籥柄前八黄精。狗國四方雞下生，天淵十星鼈東邊。更有兩狗斗魁前，農家丈人斗下眠，天淵十黄狗色玄。

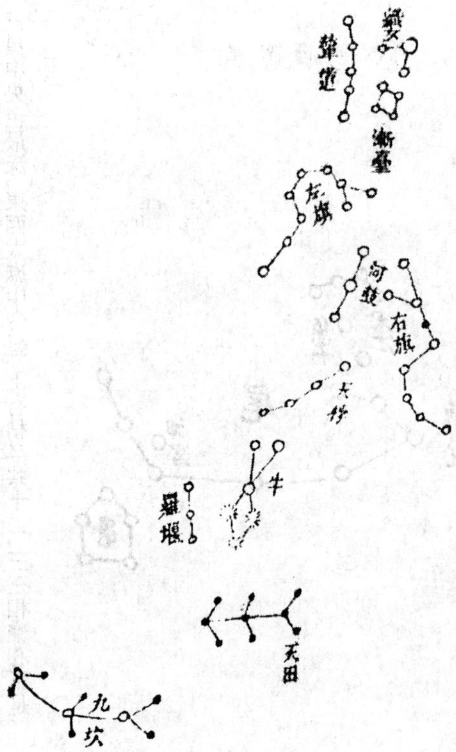

牛宿圖

牛宿歌七度，丑，磨碣宫，星紀，吴越之次，立夏旦中，寒露昏中。

六星近在河岸頭，頭上雖然有個角，腹下從來欠一脚。牛下九黑是天田，田下三三九坎連。牛上直建三河鼓，鼓上三星號織女。左旗右旗各九星，河鼓兩畔左邊明。更有四黄名天桴，羅堰三烏牛東居。漸臺四星似口形，輦道東側連五丁，輦道漸臺在河滸，欲得見時近織女。

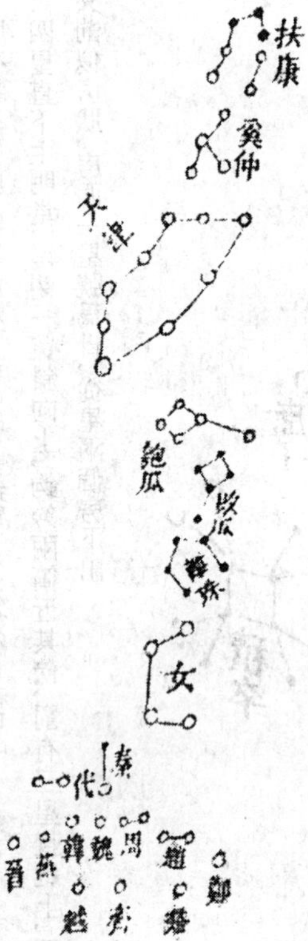

女宿圖

女宿歌十二度，二度入子，齊分，青州，寶瓶宫，玄枵之次，小滿旦中，霜降昏中。

四星如箕主嫁娶，十二諸國在下陳。先從越國向東論，東西兩周次三秦，雍州南下雙雁門，代地又向西晉伸，韓魏各一皆北輪，楚之一國魏西屯，楚之南畔獨燕軍，燕西一郡是齊鄰，齊北兩邑平原君，欲知鄭在越下存。十六黄星細區分，五箇璃珠女上星，敗瓜珠上瓠瓜生，兩個各五敗瓠瓜。天津九個彈弓形，兩星入牛河中横。四個奚仲天津上，七個仲側扶康星。

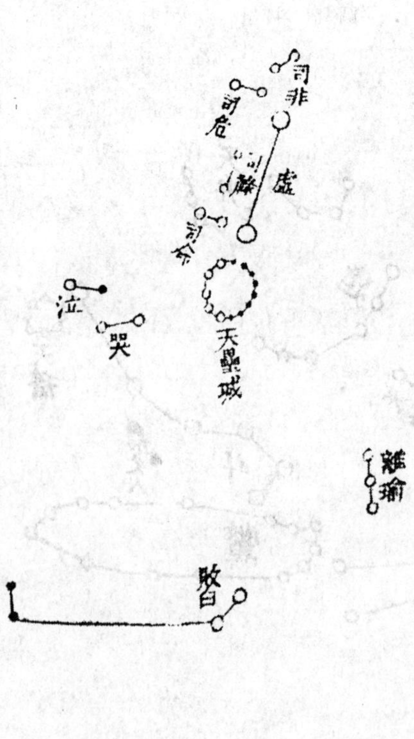

虚宿圖

虚宿歌十度，子，齊分，青州，寶瓶宫。玄枵之次，立冬昏中，小滿旦中。

上下各一如連珠，命禄危非虚上星。虚危之下哭泣星，哭泣雙雙下壘城。天壘團圓十三星，敗臼四星城下横，臼西兩下璃瑜明。

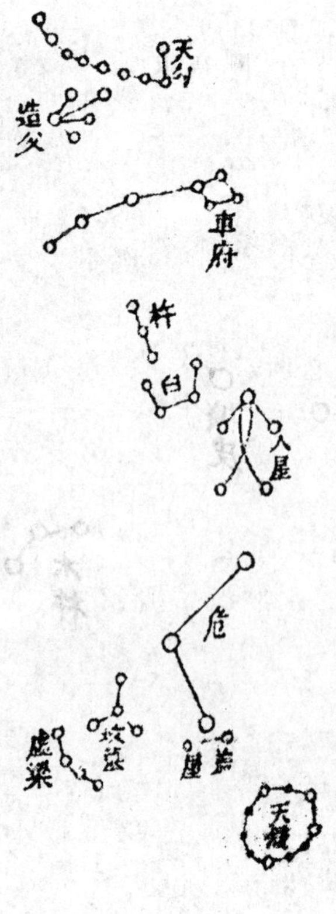

危宿圖

危宿歌廿一度，十三度入丑，雙魚宫，衛分，并州，陬訾之次，小雪昏中，芒種旦中。

三星不直舊先知，危上五黑號人星，人畔三四杵臼形，人上七烏號車府，府上天鈎九黄精，鈎下五鴉字造父。危下四星號墳墓，墓下四星斜虚梁。十個天錢梁下黄，墓旁兩星能蓋屋，身着黑衣危下宿。

室宿圖

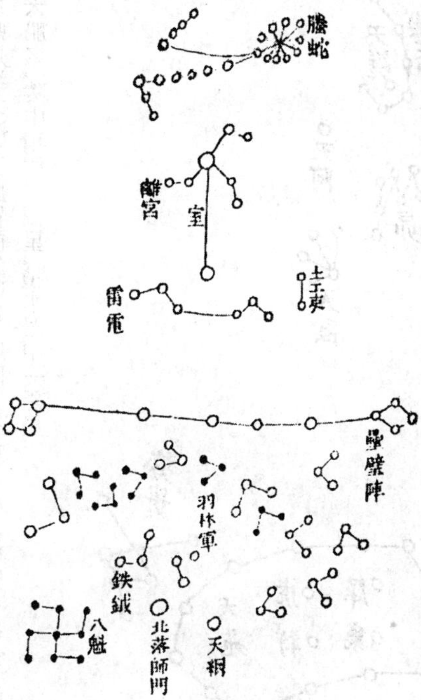

室宿歌十五度，亥上，在衛，并州，陬訾之次，夏至旦中，大雪昏中。

兩星上有離宫出，遶室三雙有六星，下頭六個雷電形。壘壁陣次十二星，十二兩頭大如井，陣下分佈羽林軍，四十五卒三爲羣。軍西四星多難論，子細歷歷看區分。三粒黄金名鐵鉞，一顆珍珠落北門。門東八魁九個子，門西一宿天綱是。電旁兩黑土公吏，螣蛇室上二十二。

壁宿圖

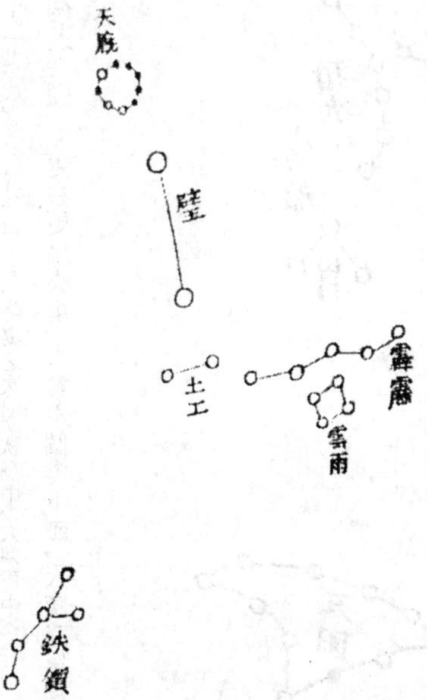

壁宿歌十三度，亥上，衛分，并州，雙魚宫，陬訾之次，小暑旦中，冬至昏中。

兩星下頭是霹靂，霹靂五星横看行，雲雨之星口四方，壁上天厩十圓黄。鐵鑕五星羽林傍，土公兩星壁下藏。

奎宿圖

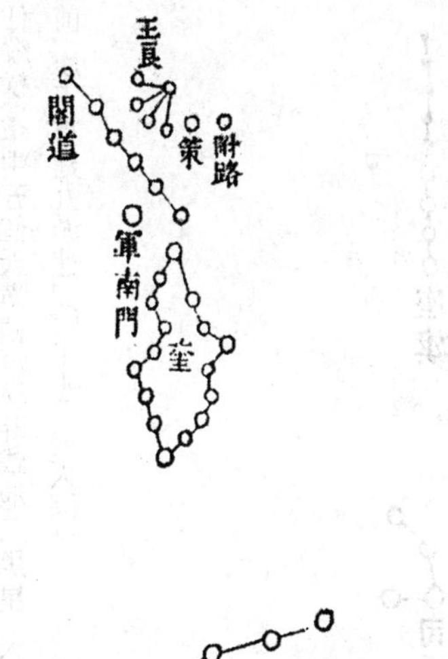

奎宿歌十六度，二度入戌，徐，魯分，白羊宫，降婁之次，大暑旦中，小暑昏中。

腰細頭尖似破鞋，一十六星遶鞋生，外屏七星奎下横，屏外七宿天溷明。司空左畔土之精，奎上一星軍南門。河中六個閣道形，附路一星道傍明，五個吐花王良星，良星近上一策停。

婁宿圖

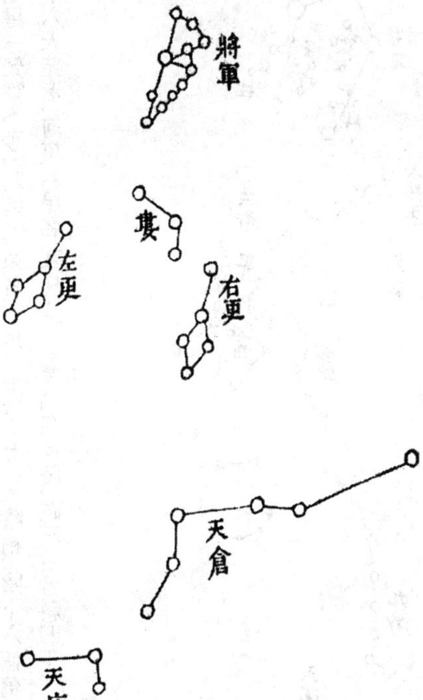

婁宿歌十二度，戌，徐、魯分，白羊宫，降婁之次，立秋旦中，大寒昏中。

三星不匀近一頭，左更右更烏夾婁，天倉六個婁下頭，天庾三星倉東脚，婁上十一將軍候。

胃宿圖

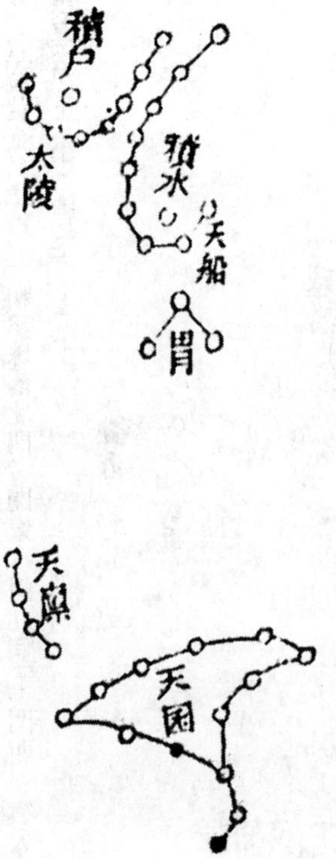

胃宿歌十三度，入酉，趙分，冀州，金牛宫，大梁之次，立春昏中，處暑旦中。

三星鼎足河之次，天廩胃前斜四星，天囷十三如月形。河中八星名太陵，陵北九個天船名，陵中積尸一個星，積水船中一黑星。

昴宿圖

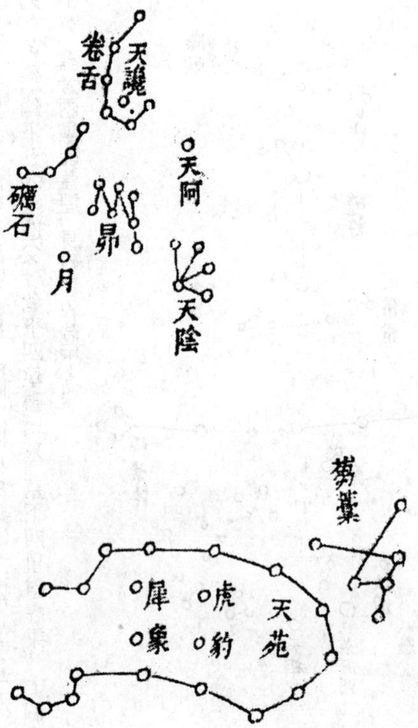

昴宿歌十五度，七度入申，晋分，益州，陰陽宫，實沈之次，白露旦中，雨水昏中。

七星一聚實不少，阿西月東各一星。阿下五黄天陰精，陰下六個芻蕘營。營南十六天苑形，河裏六星名卷舌。舌中黑點名天讒，礪石舌旁斜四丁。

畢宿圖

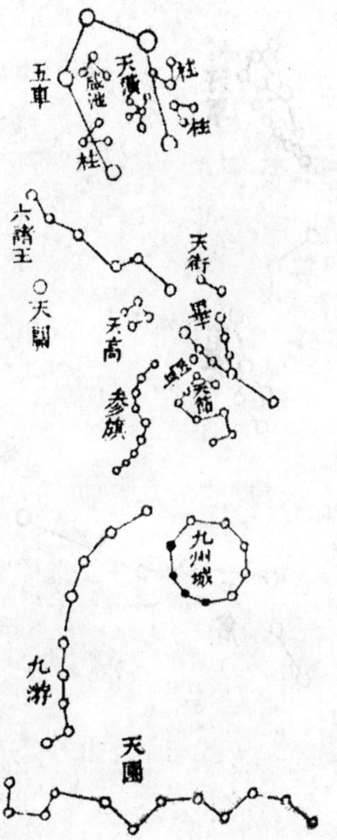

畢宿歌十五度，七度入申，晋分，益州，陰陽宫，實沈之次，白露旦中，雨水昏中。

恰似爪叉八星出，附耳畢股一星光。天街兩星畢背旁，天節耳下八烏幢。畢上横列六諸王，王下四個天高星。節下團圓九州城，畢口斜對五車口。車有三柱任縱横，車中五個天潢精。潢畔咸池三黑星，天關一星車脚連。參旗九個參車前，旗下直建九游連，游下十二烏天園。

觜宿圖

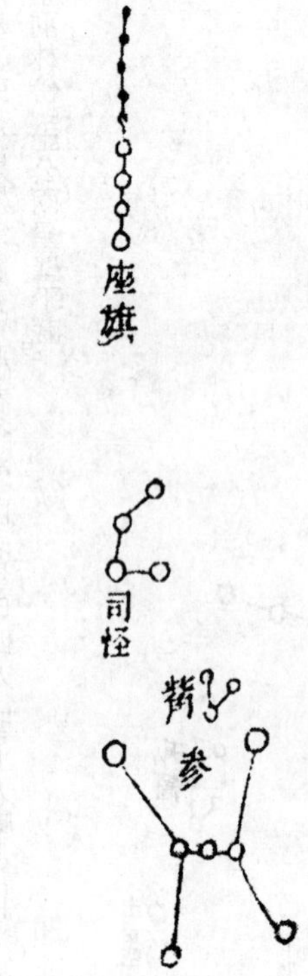

觜宿歌一度，申，晉分，益州，陰陽宫，實沈之次，雨水昏中，白露旦中。

三星相近作參蕊，觜上坐旗直指天，尊卑之位九相連，司怪曲立坐旗邊，四鴉大近井鉞前。

參宿圖

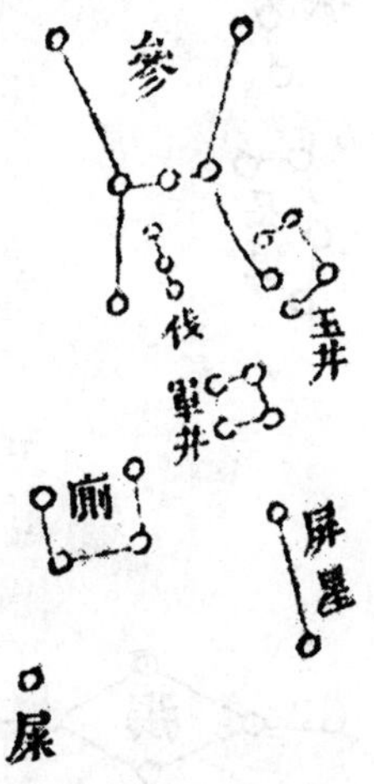

參宿歌十度，申，晉分，陰陽宫，實沈之次，雨水昏中，白露旦中。

總有七星觜相侵，兩肩雙足三爲心，伐有三星足裏深。玉井四星右足陰，屏星兩扇井南襟，軍井四星屏上吟，左足下四天厠臨，厠下一物天屎沉。

井宿圖

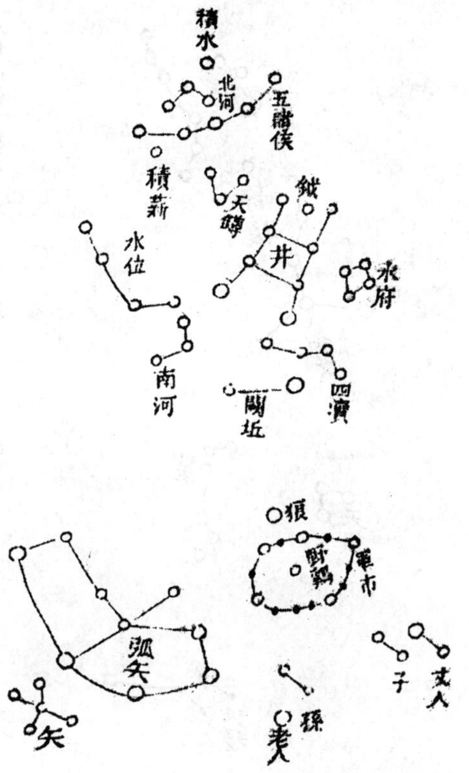

井宿歌三十度，九度入未，秦分，雍州，巨蟹宫，鶉首之次，驚蟄、春分昏中，秋分、寒露旦中。

八星行列河中净，一星名鉞井邊安，兩河各三南北正天。罇三星井上頭，罇上横列五諸侯，侯上北河西積水。欲覓積薪東畔是，鉞下四星名水府。水位東邊四星序，四瀆横列南河裏。南河下頭是軍市，軍市團圓十三星，中有一個野雞精。孫子丈人市下列，各立兩星從東説，闕丘兩個南河東，丘下一狼光蒙茸。左畔九個彎弧弓，一矢擬射頑狼胸。有個老人南極中，春秋出來壽無窮。

鬼宿圖

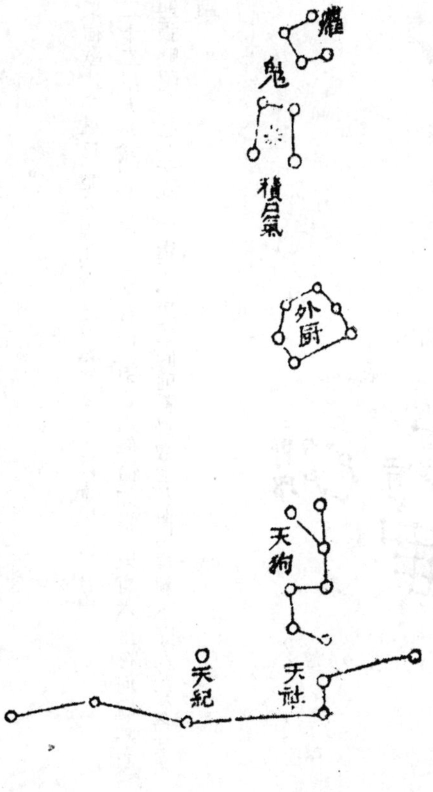

鬼宿歌四度，未，秦分，雍州，巨蟹宫，鶉首之次，春分昏中，寒露旦中。

四星册方似木櫃，中央白者積尸氣，鬼上四星是爟星，天狗七星鬼下是。外厨六間柳星次，天社六個弧東倚，社中一宿是天紀。

柳宿圖

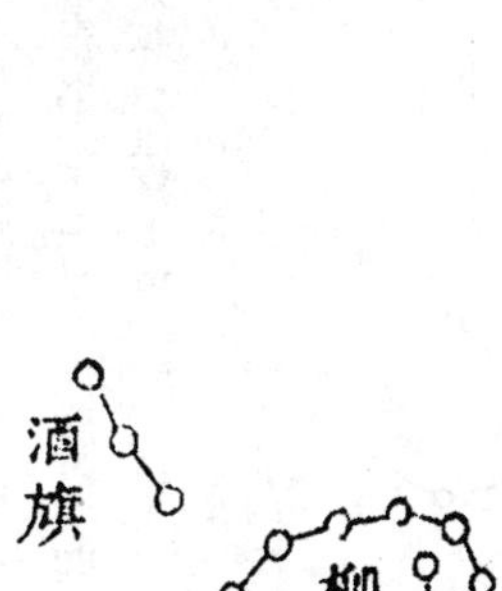

柳宿歌十七度，四度入午，周分，雍州，獅子宫，鶉火之次，清明昏中，霜降旦中。

八星曲頭垂似柳，近上三星號爲酒，享宴大酺五星守。

星宿圖

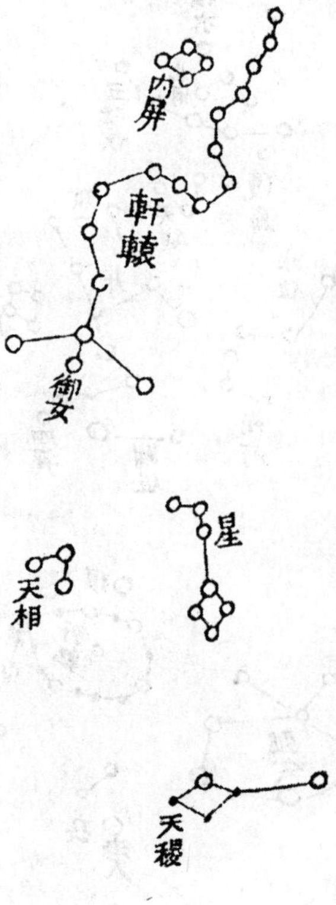

星宿歌九度，午上，周分，邕州，獅子宫，鶉火次，清明昏中，霜降旦中。

七星似鈎柳下生，星上十七軒轅形。東頭四名內屏星，星左三個天相名，相下稷星横五靈。

張宿圖

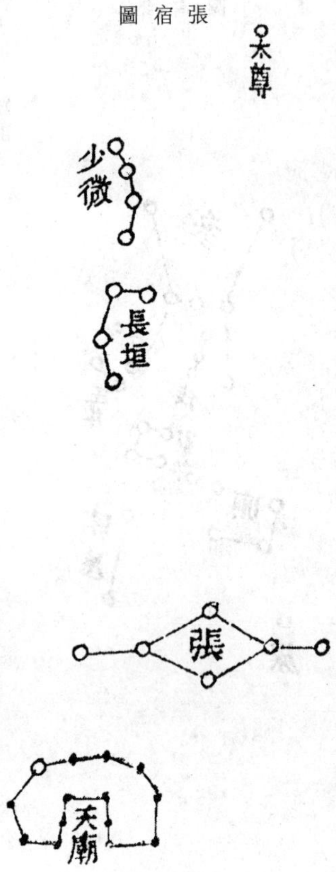

張宿歌（雙女）十八度，十五度入巳，宫，鶉尾之次，穀雨昏中，立冬旦中。

六星似軫近星傍，張下只是有天廟。十四之星册四方，長垣少微雖向上，星數欹在太微傍，太尊一星直上黄。

翼宿圖

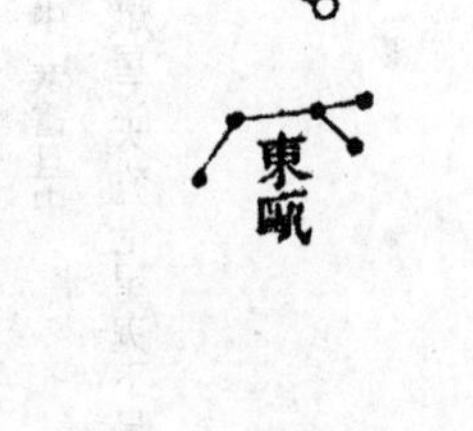

翼宿歌十七度，巳，楚分，荆州，雙女宫，鶉尾之次，立夏昏中，小雪旦中。

二十二星大難識，上五下五横看行，中心六個恰如張，更有六星在何處，三三相連張畔附。必若不能分處所，更請向前看野取，五個黑星翼下頭，欲知名字是東甌。

軫宿圖

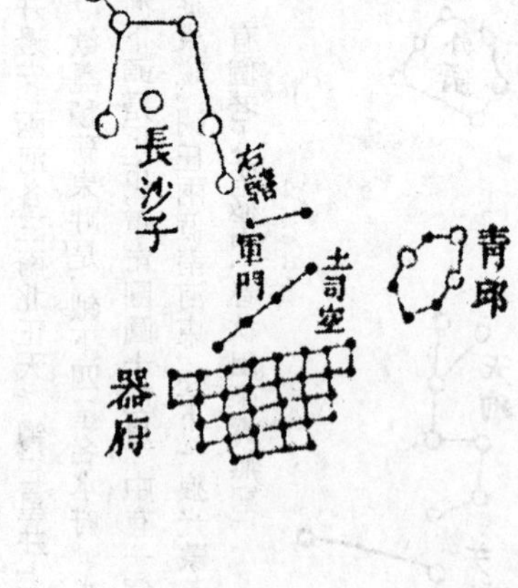

軫宿歌十三度，十度入辰，鄭分，兗州，天稱宫，壽星之次，小滿昏中，大雪旦中。

四星似張翼相近，中央一個長沙子。左轄右轄附兩星，軍門兩黄近翼是。門下四個土司空，門東七烏青丘子。青丘之下名器府，器府之星三十二。以上便是太微宫，黄道向上看取是。

遵依《曆象考成後編》新法，其週天星垣度數實與前法不同，今依新法改正，六十分爲一度。

角十度四十分	亢十度三十六分	氐十七度五十一分	房四度五十二分
心八度十四分	尾十五度十二分	箕八度五十五分	斗廿三度五十三分
牛七度四十分	女十一度四十分	虛九度五十八分	危二十度七分
室十五度四十一分	壁十三度十六分	奎十一度三十三分	婁十二度五十八分
胃十二度三十分	昴九度二分	畢十五度十五分	觜五十九分
參十度三十六分	井三十度廿七分	鬼四度三十四分	柳十六度五十九分
星八度二十六分	張十八度三分	翼十六度五十九分	軫十三度五分